Claus / Grobben / Kühn

LEHRBUCH DER ZOOLOGIE

SPEZIELLER TEIL

Reprint

Springer-Verlag Berlin · Heidelberg · New York 1971

Reprint aus: Lehrbuch der Zoologie, 10. Auflage

Begründet von CARL CLAUS
Neubearbeitet von KARL GROBBEN und ALFRED KÜHN
Verlag von Julius Springer, Berlin und Wien 1932

ISBN-13 : 978-3-642-64992-9   e-ISBN-13 : 978-3-642-64991-2
DOI : 10.1007/978-3-642-64991-2

Herstellung: fotokop wilhelm weihert, Darmstadt

Vorwort

Das als Standardwerk geltende "Lehrbuch der Zoologie" von CLAUS/
GROBBEN/KÜHN, dessen 10. Auflage 1932 herausgegeben wurde,
findet in Fachkreisen auch heute noch lebhaftes Interesse. Vor allem ist es der von GROBBEN bearbeitete, auf S. 391 der Originalausgabe beginnende "Spezielle Teil", der, wie dem Verlag wiederholt bestätigt wurde, nach wie vor von wissenschaftlichem Wert ist.

Auf vielfachen Wunsch hat sich der Springer-Verlag daher ent-
schlossen, diese Reprintausgabe des "Speziellen Teils" aus der
10. Auflage des Lehrbuches vorzulegen.

Da es sich um einen unveränderten Nachdruck handelt, war es aus
technischen Gründen erforderlich, auch die Originalpaginierung
der Seiten und die Numerierung der Abbildungen sowie entsprechende Verweisungen im Text beizubehalten. Hierdurch wird andererseits auch die zuverlässige Benutzung des am Schluß des Buches
befindlichen "Verzeichnis der zoologischen Namen" - das sich mit
wenigen Ausnahmen auf die Seiten des "Speziellen Teils" bezieht -
gewährleistet. Die ebenfalls am Schluß des Bandes befindliche
"Übersicht der Literaturhinweise" wurde der Vollständigkeit halber unverändert übernommen, obwohl sie selbstverständlich dem
Stand von 1932 entspricht.

Das Sachverzeichnis berücksichtigt ausschließlich Zitate aus dem
"Allgemeinen Teil" der Originalausgabe des Lehrbuches und wurde
daher in den Nachdruck nicht aufgenommen.

Berlin, im Frühjahr 1971   Der Verlag

Inhaltsverzeichnis

Spezieller Teil

Seite

Inhaltsverzeichnis   VII

SPEZIELLER TEIL.

1. Subregnum.

PROTOZOA, URTIERE[1].

*Einzellige Tiere von geringer Größe, mit mehr oder minder komplizierten Diffe-
renzierungen innerhalb des Protoplasmaleibes und ungeschlechtlicher Fortpflanzung.
Copulationsvorgänge weit verbreitet.*

Morphologisch stehen die Protozoen auf der Stufe der Zelle. Als Leibessub-
strat treffen wir überall das Cytoplasma, das eine außerordentlich reiche Differenzierung aufweisen und eine Anzahl den Organen der Vielzelligen analoger Zell-
organe (*Organellen, Organula*) zur Ausbildung bringen kann. Im einfachsten Falle
verhalten sich alle Teile des Zelleibes gleichartig; sonst ist eine äußere, als *Ectoplasma* bezeichnete Schicht von dem inneren *Entoplasma* zu unterscheiden. Der
Kern ist in einfacher oder mehrfacher Zahl vorhanden; er ist entweder bläschen-
förmig und enthält gewöhnlich einen centralen kugeligen sogenannten Binnen-
körper (Caryosom), oder es sind im Kern die Kernsubstanzen gleichmäßig verteilt
(massige Kerne). Für die Gruppe der *Ciliata* ist das Vorkommen von zwei physiologisch ungleichwertigen Kernen, eines vegetativen (somatischen) Kernes und
eines Geschlechtskernes, eigentümlich. Doch kommt es auch bei manchen anderen
Protozoen auf einer bestimmten Stufe des Lebenscyclus zu einer Scheidung des
Kernes in einen Geschlechtskern und einen vegetativen Kern.

Die Bewegung erfolgt entweder durch Pseudopodien, welche an beliebiger
Stelle des Körpers ausgestreckt werden (*Rhizopoda*), oder durch an bestimmten
Stellen des Körpers ausgebildete Geißeln oder undulierende Membranen (*Flagellata*) oder durch Wimpern und Wimperplättchen (Membranellen, *Ciliata*). Alle
genannten Bewegungsorgane sind Differenzierungen des Ectoplasmas. Wimpern
und Geißeln erscheinen zugleich als Sitz erhöhter Irritabilität und fungieren als
Sinnesorgane; bei einigen *Ciliaten* kommen besondere Sinnesborsten sowie als
statische Organe gedeutete Concrementvacuolen vor, bei einigen *Flagellaten* als
lichtempfindliche Organe aufgefaßte Pigmentflecke (Stigmen). Den *Sporozoa*
fehlen besondere Locomotionsorgane. Die Formveränderung des Körpers bei Vor-

---

[1] EHRENBERG, CH. G.: Die Infusionstierchen als vollkommene Organismen. Leipzig
1838. — CLAPARÈDE, E. u. J. LACHMANN: Études sur les Infusoires et les Rhizopodes.
2 vols. Génève 1858—1861. — BÜTSCHLI, O.: Protozoa. BRONNS Klassen und Ordnungen
des Tierreichs, 3 Bde. 1880—1889. — BLOCHMANN, F.: Die mikroskopische Tierwelt des Süßwassers. I. Protozoa, 2. Aufl. Hamburg 1895. — BRAUN, M.: Die tierischen Parasiten des
Menschen, 6. Aufl. Leipzig 1925. — DOFLEIN, F.: Lehrbuch der Protozoenkunde, 5. Aufl.,
herausgeg. von E. REICHENOW. Jena 1927—1929. — v. PROWAZEK, S. u. W. NÖLLER:
Handbuch der pathogenen Protozoen. Leipzig 1911—1925. — HARTMANN, M.: Das System
der Protozoen. Arch. Protistenkde 10 (1907). — POCHE, F.: Das System der Protozoen.
Ebenda 30 (1913). — HARTMANN, M. u. C. SCHILLING: Die pathogenen Protozoen und die
durch sie verursachten Krankheiten. Berlin 1917. — NÖLLER, W.: Die wichtigsten parasitischen Protozoen des Menschen und der Tiere, 1. Teil. Berlin 1922. — KÜHN, A.: Morphologie der Tiere in Bildern. 1. Flagellaten. Berlin 1921. 2. Rhizopoden. 1926. — Ferner
HERTWIG, R., SWARCZEWSKY u. a.

handensein einer festeren Körperhülle (Pellicula) erfolgt durch Muskelfibrillen (Myoneme), so bei *Ciliaten* und *Sporòzoen*.

Häufig finden sich Skeletbildungen in Form von Gehäusen oder inneren Hartteilen vor.

Die Nahrungsaufnahme geschieht vielfach durch Umfließen der Nahrungskörper mittels der Pseudopodien. In anderen Fällen ist eine besondere Mundöffnung (Zellmund, *Cytostom*) und ein vom Ectoplasma gebildeter Zellschlund (*Cytopharynx*) vorhanden, welcher zum Entoplasma führt, in dem die Verdauung stattfindet (Abb. 80). Die Nahrungskörper werden in Flüssigkeitsansammlungen (Nahrungsvacuolen) verdaut, die unverdaulichen Reste entweder an beliebiger Stelle oder durch einen besonderen Zellafter (*Cytopyge*) ausgestoßen. Die durchwegs parasitischen *Sporozoa* nehmen flüssige Nahrung endosmotisch durch die ganze Körperoberfläche auf.

Häufig tritt ein besonderes Excretionsorgan, die *pulsierende Vacuole*, auf; sie fehlt den meisten endoparasitischen und marinen Formen. Sie erscheint als an besonders differenzierter Stelle auftretende Flüssigkeitsansammlung, die in Intervallen durch Contraction des sie umschließenden Cytoplasmas ausgestoßen wird.

Die Protozoen vermehren sich auf ungeschlechtlichem Wege durch Teilung, Knospung oder durch multiple oder Zerfallsteilung. Die ungeschlechtliche Fortpflanzung kann entweder in vollständig differenziertem oder im entdifferenzierten Zustand stattfinden. Im letzteren Falle schwinden die Differenzierungen und das Tier besitzt die Form der ruhenden Zelle. Entdifferenzierung erfolgt manchmal zur Zeit der *Encystierung*, bei welcher das entdifferenzierte Protozoon eine Hülle (Cyste) zur Abscheidung bringt. Encystierung wird durch äußere, aber auch innere Faktoren verursacht. Sie ist für die Erhaltung der Einzelligen im Falle der Verdunstung des Wassers, in dem sie leben, von großer Bedeutung. Eingeschlossen in der Cyste können solche Tiere eine lange Trockenzeit überdauern.

Copulationsvorgänge sind weit verbreitet und bestehen in der Verschmelzung der Cytoplasmen und Kerne von zwei geschlechtlich verschieden veranlagten Individuen. Die Vereinigung der Individuen ist entweder eine dauernde (*Copulation*) oder nur eine vorübergehende (*Conjugation*). *Autogamie* (*Pädogamie*) kommt bei *Heliozoen* und *Neosporidien* (*Amöbosporidien*) vor. Generationswechsel findet sich bei *Flagellaten, Amöbozoen, Radiolarien* und *Sporozoen*. Als *Plasmogamie* wird die Verschmelzung von zwei oder mehreren Individuen bezeichnet, bei der aber eine Kerncopulation unterbleibt.

Die Protozoen sind Bewohner des Wassers oder feuchter Erde, viele leben parasitisch.

Sie werden folgenderweise eingeteilt: 1. *Cytomorpha* (Klassen: *Flagellata, Rhizopoda, Sporozoa*), 2. *Cytoidea* (Klasse: *Ciliata*).

I. Divisio.

Cytomorpha.

Protozoen mit einem oder mehreren gleichwertigen, vorübergehend auch mit physiologisch ungleichwertigen Kernen.

I. Klasse. Flagellata (Mastigophora). Geißelträger[1].

Protozoen von meist gestreckter Körperform mit einer oder mehr Geißeln, mit contractilen Vacuolen, in der Regel mit einfachem Nucleus.

---

[1] Außer EHRENBERG, CIENKOWSKI, GRASSI, LAUTERBORN, LAVERAN et MESNIL, PASCHER, KEYSSELITZ, KOFOID, PRATJE u. a. vgl.: STEIN, FR.: Organismus der Infusions-

Die Klasse der *Flagellaten* umfaßt eine große Zahl von Organismen, welche nur in dem Besitz von Geißeln ein gemeinsames Merkmal aufweisen. In der Ernährung verhalten sich viele wie Tiere, andere wie Pflanzen, eine Anzahl teils tierisch, teils pflanzlich, manche saprophytisch oder parasitisch. Mit Rücksicht darauf, daß die Flagellaten zu Pflanzen und zu Tieren Beziehungen aufweisen und flagellatenähnliche Entwicklungszustände bei allen übrigen Cytomorphen beobachtet sind, ist die Ansicht begründet, daß die Flagellaten den *ursprünglichsten Cytomorphentypus* repräsentieren. Als Organismengruppe vielfacher Beziehungen erweist sich die Flagellatengruppe auch dadurch, daß sich als Analogon des Weges von den Einzelligen zu den Vielzelligen von kolonienbildenden Formen, wie den *Volvocinen*, die einfachste Metazoenform, die Blastula, ableiten läßt.

Der meist gestreckte monaxone oder bilateralsymmetrische, oft auch asymmetrische Körper (Abb. 323) zeigt selten eine deutliche Scheidung von Ecto- und Entoplasma und ist häufig von einer Pellicula oder einem Gehäuse eingeschlossen. Er trägt an seinem Vorderende eine oder zwei Geißeln; seltener ist eine größere Anzahl von Geißeln (*Polymastigina, Hypermastigina*) vorhanden, die in der Längsrichtung des Tieres nach vorn oder auch nach hinten (Schleppgeißel) gerichtet sind. Zuweilen ist in Verbindung mit einer Geißel eine zarte Cytoplasmalamelle, eine sogenannte undulierende Membran, ausgebildet. Bei den *Choanoflagellaten* wird die Basis der Geißel von einem trichterförmigen Cytoplasmasaum umgeben. Die *Dinoflagellaten* sind dadurch charakterisiert, daß eine Geißel nach hinten gerichtet ist, während eine zweite horizontal in einer ringförmigen Körperfurche schwingt. Durch einen gallertigen Körper zeichnen sich die *Cystoflagellaten* aus.

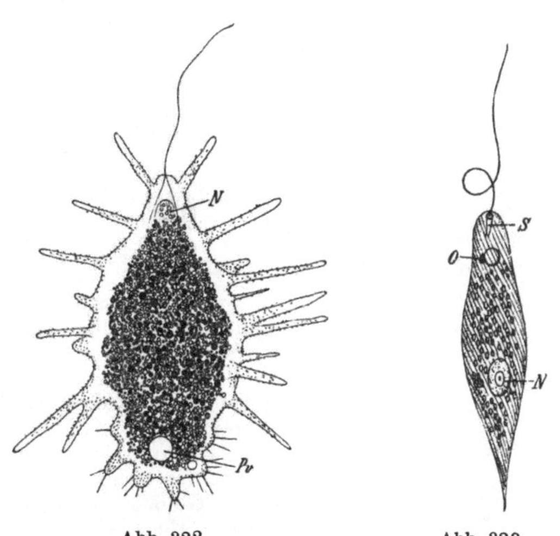

Abb. 322.   Abb. 323.

Abb. 322. *Mastigamoeba aspera.* (Nach Fr. E. Schulze.) $^{210}/_1$ *Pv* pulsierende Vacuole, *N* Kern.

Abb. 323. *Euglena viridis.* (Nach Stein.) *S* Geißelgrube, *N* Kern, *O* Stigma.

Den Anschluß an die Rhizopoden zeigen Formen wie *Mastigamoeba*, welche außer der Geißel Pseudopodien bildet (Abb. 322).

Die Nahrungsaufnahme erfolgt im letztgenannten Falle durch die Pseudopodien an beliebiger Stelle des Körpers; bei den übrigen Flagellaten ist dieselbe

tiere, III. 1878—1883. — Bütschli, O.: Beiträge zur Kenntnis der Flagellaten. Z. Zool. **30** (1878). — Kent, S.: A Manual of the Infusoria. 2 vols. London 1880—1882. — Danilewsky, B.: Parasitologie comparée du sang. Charkow 1889. — Klebs, G.: Flagellatenstudien. Z. Zool. **55** (1893). — Ishikawa, C.: Noctiluca miliaris usw. J. Coll. Sci. imp. Univ. Japan **6** (1894). — Senn, G.: Flagellata. In: Engler u. Prantl: Die natürlichen Pflanzenfamilien. 1900. — Doflein, F.: Studien zur Naturgeschichte der Protozoen. IV. Zool. Jb. **14** (1900). — Lohmann, H.: Die Coccolithophoridae, eine Monographie usw. Arch. Protistenkde **1** (1902). — Schaudinn, F.: Generations- und Wirtswechsel bei *Trypanosoma* und *Spirochaete.* Arb. ksl. Gesdhtamt **20** (1904). — Prowazek, S.: Studien über Säugetiertrypanosomen. Ebenda **22** (1905). — Goldschmidt, R.: Lebensgeschichte der Mastigamöben *Mastigella* usw. Arch. Protistenkde, Suppl. **1** (1907). — Janicki, C.: Untersuchungen an parasitischen Flagellaten. Z. Zool. **95** (1910); **112** (1915). — Bělař, K.: Protozoenstudien. I—III. Arch. Protistenkde **36** (1915/16); **43** (1921).

auf eine bestimmte Stelle an der Geißelbasis beschränkt und geschieht durch einen amöboiden Fortsatz (Abb. 332) oder mittels Cytostoma und Cytopharynx.

Contractile Vacuolen sind, ausgenommen endoparasitische und marine Formen, allgemein verbreitet und treten meist in einfacher oder zweifacher, seltener mehrfacher Zahl auf. Bei sehr zahlreichen Flagellaten (mit pflanzlichem Stoffwechsel) finden sich im Cytoplasma grün bis rot gefärbte Körper, die *Chromatophoren*, eingelagert. Der Kern ist meist in einfacher Zahl vorhanden.

Manche Flagellaten besitzen in der Nähe des Vorderendes einen roten Körper, der als Augenfleck (*Stigma*) bezeichnet und als lichtempfindliches Organ aufgefaßt wird (Abb. 323).

Die Flagellaten pflanzen sich fast durchwegs durch Längsteilung (Abb. 239), zuweilen im encystierten Zustande, fort. Copulationsvorgänge sind vielfach festgestellt; die copulierenden Individuen sind entweder gleichartig entwickelt, sogenannte Isogameten, oder (als Microgameten und Macrogameten) verschieden differenziert, sogenannte Anisogameten. Durch den Wechsel von vegetativ sich vermehrenden Generationen mit Copulationszuständen nach Gametenbildung ergibt sich manchmal ein Generationswechsel. Es kommt zuweilen zu Koloniebildung, indem die durch Teilung hervorgegangenen Individuen in charakteristischer Gruppierung vereinigt bleiben.

1. Ordnung. **Protomastigina.**

Meist kleine Flagellaten mit einer oder zwei in der Längsrichtung des Körpers schwingenden Geißeln, mit tierischer Ernährung, saprophytisch oder parasitisch.

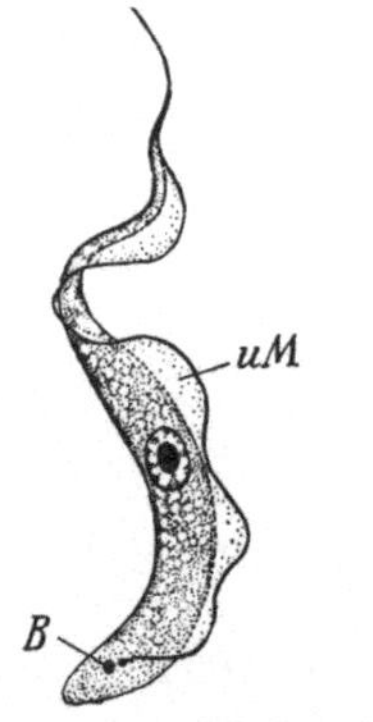

Fam. *Rhizomastigidae*. Nahrungsaufnahme mittels Pseudopodien, welche an der ganzen Körperoberfläche gebildet werden. Mit einer Geißel. *Mastigamoeba aspera* F. E. Sch. Im Süßwasser (Abb. 322). Vielleicht findet hier die in systematischer Hinsicht verschieden beurteilte *Multicilia* Cienk. ihren Platz. Mit zahlreichen über den Körper verteilten Geißeln. Nahrungsaufnahme durch Pseudopodien. Marin und Süßwasser.

Fam. *Cercomonadidae*. Mit lang ausgezogenem Hinterende, mit einer Geißel. *Cercomonas hominis* Davaine. Parasit im Darmkanal des Menschen. *C. crassicauda* Duj., in fauligem Wasser.

Fam. *Trypanosomatidae* (*Herpetomonadidae*). Der längliche, häufig spiralig gedrehte Körper mit einer Geißel am Vorderende und häufig mit längsverlaufender undulierender Membran. Dem Basalkorn der Geißel liegt ein kugeliges oder wurstförmiges, mit Kernfarbstoffen sich färbendes Körperchen, der sogenannte Blepharoplast, an. Meist Blutparasiten (im Blutplasma). *Herpetomonas muscae domesticae* Brnt. Im Darme der Stubenfliege. Europa, Nordamerika. *Trypanosoma rotatorium* Mayer (*sanguinis* Gruby), im Blute der Frösche. Die Infektion erfolgt im Kaulquappenstadium durch einen Egel (*Hemiclepsis marginata*). *T. lewisi* Kent, im Blute der Ratten (Abb. 239 d—f), übertragen durch eine blutsaugende Rattenlaus (*Haematopinus spinulosus*), oder Flöhe, in deren Magen bestimmte Entwicklungsvorgänge (früher glaubte man die Ausbildung und Copulation der Micro- und Macrogameten) erfolgen. Nach Teilungen an oder in den Darmzellen gelangen die Trypanosomen durch die Darmwand in die Leibeshöhle und vermutlich von hier in den Pharynx, aus dem sie beim nächsten Saugakte in das Blut der Ratte überführt werden. *T. gambiense* Dutton, im Blute des Menschen. Ursache der Schlafkrankheit. Überträger sind eine Tsetsefliege (*Glossina palpalis*), wahrscheinlich auch andere Stechfliegen und Mücken. Trop. Afrika. *T. brucei* Plimm. et Bradf., im Blute der Wiederkäuer und Einhufer. Ursache der Nagana oder Tsetsekrankheit. Überträger sind verschiedene Tsetsefliegen (*Glossina morsitans* u. a. Art.). Trop. Afrika (Abb. 239 a—c, 324). *Leishmania infantum* Nicolle, intracellulärer Parasit in Milz, Leber, Knochenmark beim Menschen und Hund. Erreger der Splenomegalie bei Kindern. Mittelmeergebiet. *L. donovani* Lav. et Mesn. Ursache der Kala-Azarkrankheit. Tropen und Subtropen der alten Welt. *Cryptobia* (*Trypanophis*) *grobbeni* Poche, in Siphonophoren. Mittelmeer. *Trypanoplasma borreli* Lav. et Mesn. Im Blutplasma verschiedener Süßwasserfische.

Abb. 324. *Trypanosoma brucei.* (Nach Kühn.) 2400/1. *B* Blepharoplast, *uM* undulierende Membran.

Überträger ist ein Fischegel (*Piscicola geometra*). Hier schließt sich vielleicht an *Prowazekella lacertae* GRASSI. In der Kloake von *Lacerta*-Arten.

Fam. *Choanoflagellata*. Mit nur einer Geißel und Protoplasmakragen um die Geißelbasis. *Codonosiga botrytis* EHRBG. Koloniebildend (Abb. 325). *Salpingoeca convallaria* F. ST. Einzeln lebend, mit Gehäuse. Im Süßwasser. Europa. Nordamerika.

2. Ordnung. Polymastigina.

Flagellaten mit mehreren, meist vier Geißeln in einer Gruppe. Vielfach in der Nähe der Geißelinsertion und des Kerns ein massiger Körper, der Parabasalapparat. Ernährung tierisch, saprophytisch oder parasitisch.

Fam. *Tetramitidae*. Mit einem Kern und einer Geißelgruppe, eine Geißel kann durch eine undulierende Membran vertreten sein. *Tetramitus rostratus* PERTY. In faulendem Wasser. *Costia necatrix* HENNEG. Mit tiefer Grube, in der vier Geißeln entspringen. An der Haut verschiedener Süßwasserfische. Europa. *Trichomonas vaginalis* DONNÉ. Mit drei Geißeln und undulierender Membran. Parasit im katarrhalischen Schleim der Vagina des Menschen. *Tr. intestinalis* LEUCK. Im Dünndarm des Menschen. *Tr. batrachorum* PERTY. In der Cloake von Fröschen (Abb. 326).

Fam. *Distomatidae*. Mit zwei Kernen und zwei Gruppen von je vier Geißeln. *Octomitus intestinalis* DUJ. Mit sechs vorderen Geißeln und zwei Schleppgeißeln. Im Darm von Amphibien und Fischen. *Giardia* (*Lamblia*) *intestinalis* LAMBL (*Megastoma entericum* GRASSI). Mit Sauggrube. Im Dünndarm des Menschen und von Säugetieren. Weit verbreitet (Abb. 327).

Fam. *Calonymphidae*. Mit zahlreichen Kernen und Geißelgruppen von je vier Geißeln. *Calonympha grassii* A. FOÀ. Im Enddarm von *Calotermes grassii*. Chile (Abb. 329).

Vielleicht lassen sich hier nach KOFOID und DODDS die früher zu den Ciliaten gestellten *Opalinidae*[1] anreihen. Körper an der ganzen Oberfläche gleichmäßig bewimpert, bei

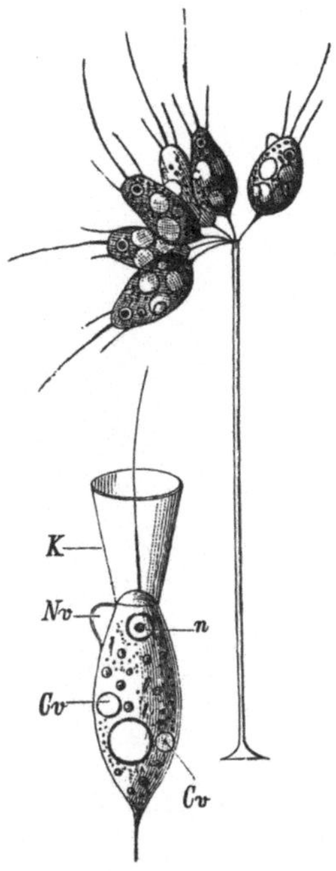

b   a

Abb. 325. *Codonosiga botrytis*. (Nach BÜTSCHLI.) a Kolonie. b ein Individuum. 1300/1 *K* Kragen, *n* Nucleus, *Cv* contractile Vacuolen, *Nv* Nahrung aufnehmendes Pseudopodium.

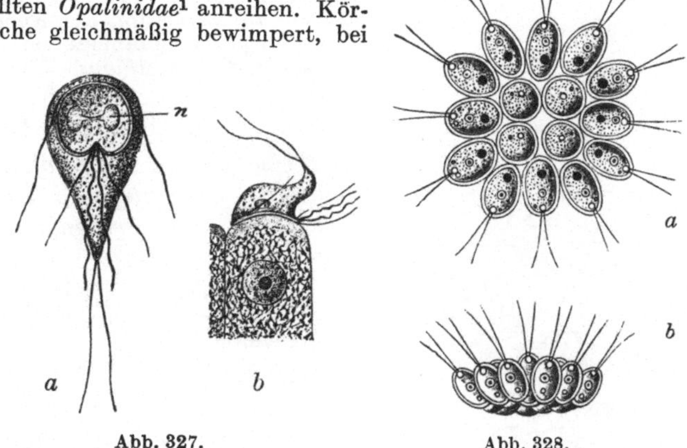

Abb. 326.   Abb. 327.   Abb. 328.

Abb. 326. *Trichomonas batrachorum*. (Nach DOBELL.) In der Mitte des Körpers der Achsenstab (Axostyl). 1200/1

Abb. 327. a *Giardia* (*Lamblia*) *intestinalis* von der Ventralseite geschen, *n* Kern. 1200/1 — b einer Epithelzelle des Darmes ansitzend, Lateralansicht. (Nach GRASSI und SCHEWIAKOFF.) 720/1

Abb. 328. *Gonium pectorale*. (Nach STEIN.) a Kolonie von oben b von der Seite gesehen. Etwa 180/1

---

[1] NERESHEIMER, E.: Die Fortpflanzung der Opalinen. Arch. Protistenkde, Suppl. 1 (1907). — METCALF, M.: *Opalina*. Ebenda 13 (1909). — SCHUSTER, F.: Entwicklung der Opalinen (tschech.) Prag 1912. — KOFOID, CH. u. M. DODDS: Relationships of the *Opalininae*. Anat. Rec. 41 (1928).

manchen Arten am Hinterende unbewimpert, ohne Mund und After. Entoparasiten. *Opalina ranarum* PURK. et VAL. (Abb. 330). Mit zahlreichen Kernen, ohne pulsierende Vacuole. Im Enddarm der Frösche und Kröten.

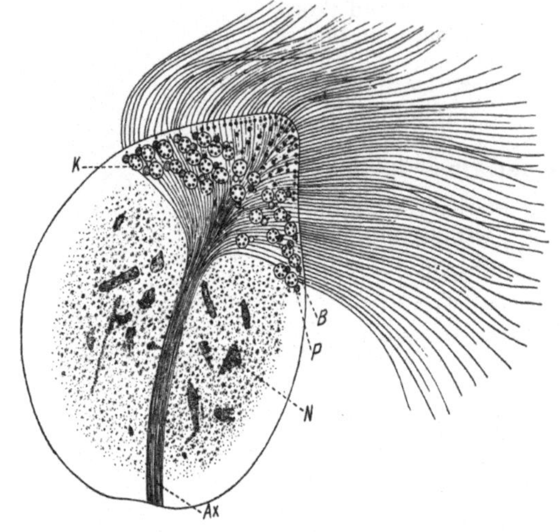

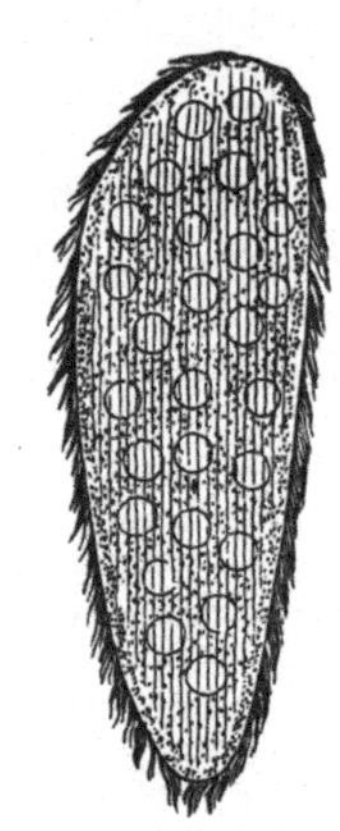

Abb. 329. *Calonympha grassii.* (Nach JANICKI u. KÜHN.) $^{1000}/_1$.
Ax Achsenbündel, *B* Basalkörper, *K* Kerne, *N* Nahrungskörper, *P* Parabasalkörper. Am Scheitel mehrere Kränze sog. Akaryomastigonten (Organellengruppen ohne Kern).

Abb. 330.
Opalina ranarum. (Nach W. ENGELMANN.) $^{70}/_1$

3. Ordnung. **Hypermastigina.**

Flagellaten mit sehr zahlreichen Geißeln und nur einem Kern. Meist mit kompliziertem Parabasalapparat. Sind Darmkommensalen oder Symbionten.

Fam. *Trichonymphidae.* Mit den Charakteren der Ordnung. *Lophomonas blattarum* F. ST. Mit vorderem Geißelschopf. Kommensal im Enddarm der Küchenschabe. Europa (Abb. 331.) *Trichonympha agilis* LEIDY. Mit zahlreichen an Längsrippen angeordneten langen Geißeln des Vorderkörpers. Symbiont im Enddarm von *Leucotermes flavipes* und *L. lucifugus.* Nordamerika, Italien.

4. Ordnung. **Euglenoidina.**

Meist größere Flagellaten mit starker, oft gestreifter Pellicula. Eine bis zwei Geißeln entspringen am Vorderende in einer grubenförmigen Vertiefung. In der Regel mit pflanzlicher Ernährung.

Fam. *Euglenidae.* Mit grünen Chromatophoren und Stigma. *Euglena viridis* EHRBG. (Abb. 323). *Phacus longicaudus* EHRBG. *Peranema trichophorum* EHRBG. Geißel steif, wird nur an der Spitze geschwungen. Im Süßwasser. Hier schließt sich die saprophytische *Astasia* DUJ. an.

5. Ordnung. **Chromomonadina.**

Flagellaten mit zarter Pellicula, mit einer oder zwei Geißeln am Vorderende. Meist mit gelben bis braunen Chromatophoren. Meist mit pflanzlicher Ernährung.

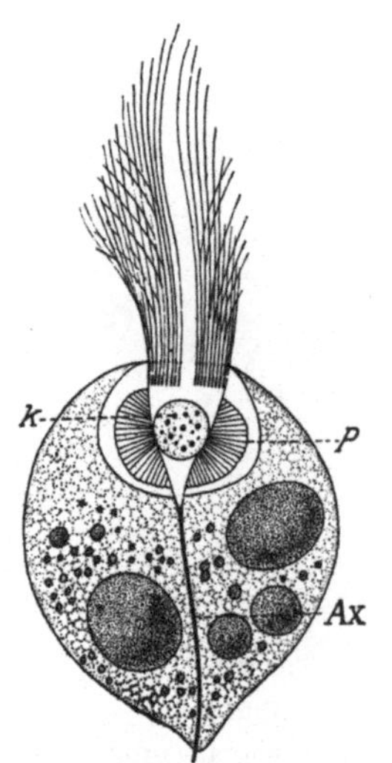

Abb. 331. *Lophomonas blattarum.* (Nach JANICKI.) Etwa $^{2400}/_1$. *Ax* Achsenstab, *K* Kern, *P* Parabasalapparat.

Fam. *Chrysomonadidae. Dinobryon sertularia* EHRBG. Mit längerer Hauptgeißel und kurzer Nebengeißel. Freischwimmende, buschförmige Kolonien Gehäuse tragender Formen. Im Süßwasser. *Heterochromulina (Oicomonas) termo* EHRBG. Ohne Chromatophoren, mit tierischer Ernährung. In Sumpfwasser (Abb. 332).

Fam. *Coccolithophoridae.* Mit Schalen aus scheibenförmigen Kalkplättchen, sogenannten Coccolithen. Sind planktonische Meeresbewohner. *Pontosphaera huxleyi* LOHM. *Coccolithophora leptopora* MURR. et BLACKM. Atlantischer Ozean. Mittelmeer.

Fam. *Silicoflagellidae.* Mit einer Geißel und zahlreichen Chromatophoren. Mit Gehäuse aus hohlen Kieselstäben. *Dictyocha navicula* EHRBG. Nordsee, Mittelmeer.

Fam. *Cryptomonadidae.* Mit Mundfurche, in der zwei ungleich lange Geißeln entspringen. *Chrysidella* PASCHER. In unbeweglichem Zustande entozoisch als Zooxanthellen in Foraminiferen, Radiolarien, Actinien. *Cryptomonas ovata* EHRBG. Im Süßwasser. Hier reiht sich an *Chilomonas paramaecium* EHRBG. Saprophyt, mit langem Schlund. In Sumpfwasser.

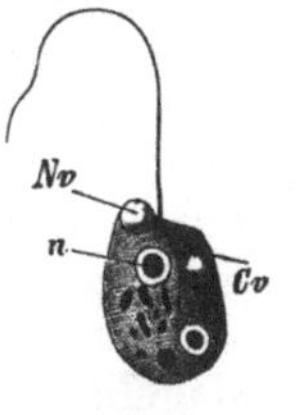

Abb. 332. *Heterochromulina (Oicomonas) termo.* (Nach BÜTSCHLI.) $^{700}/_1$ *n* Nucleus, *Cv* contraktile Vacuole, *Nv* Nahrung aufnehmender amöboïder Fortsatz mit Nahrungsvacuole.

6. Ordnung. Phytomonadina.

Flagellaten mit meist zwei gleichen Geißeln, mit zum Teil vom Plasmakörper abstehender Hülle. Meist mit einem lebhaft grünen Chromatophor. Ernährung pflanzlich.

Fam. *Chlamydomonadidae.* Nicht koloniebildende Formen. *Carteria* DIES. Mit vier Geißeln. Im geißellosen Zustande als Zoochlorellen symbiotisch in *Convoluta roscoffensis. Chlamydomonas pulvisculus* EHRBG. Mit zwei Geißeln. Bewirkt oft Grünfärbung des Wassers in Pfützen. *Haematococcus pluvialis* A. BRN. Ursache der Rotfärbung von Tümpeln, auch des Schnees.

Fam. *Volvocidae.* Kolonien durch gemeinsame Hülle vereinigter Individuen. *Gonium pectorale* EHRBG. Kolonie tafelförmig (Abb. 328). *Pandorina morum* EHRBG. *Eudorina elegans* EHRBG. Kolonie kugelförmig. *Volvox* EHRBG. Große, hohle, kugelige Kolonien, aus sehr zahlreichen Individuen bestehend, die durch Plasmafäden miteinander verbunden und in eine gallertige Hülle eingeschlossen sind. Nur bestimmte Zellindividuen dienen der Fortpflanzung. *V. globator* EHRBG. *V. aureus* EHRBG. (*minor* F. ST.) (Abb. 81). Alle im Süßwasser.

7. Ordnung. Dinoflagellata.

Flagellaten mit zwei nebeneinander entspringenden Geißeln, von denen die eine nach hinten gerichtet (Schleppgeißel), die andere horizontal schwingt. Geißeln meist in Geißelfurchen gelegen. In der Regel mit pflanzlicher Ernährung·

Die Dinoflagellaten erweisen sich durch den Besitz eines den meisten Formen zukommenden Cellulosepanzers sowie durch den Besitz von Chromatophoren als pflanzliche Organismen. Wenige nehmen auch feste Nahrung auf. Manche marine Arten besitzen Leuchtvermögen.

Fam. *Gymnodiniidae.* Körper nackt oder mit dünner Cellulosemembran. *Gymnodinium fuscum* EHRBG. Ohne Membran. Süßwasser. *G. pulvisculus* G. POUCH. Mittels Pseudopodien befestigt. Ectoparasitisch an Salpen und anderen pelagischen Tieren. Hier läßt sich *Haplozoon* DOGIEL anreihen. Endoparasitisch im Darm sedentärer Polychäten mit einem Stilett und Pseudopodien befestigt. Erzeugt durch seriale Teilung zahlreiche Individuen, die mit dem Befestigungsindividuum eine Zeit verbunden bleiben. Murmanküste, Norwegen. *Erythropsis agilis* R. HERTW. Mit großem Stigma und langem Tentakel. Sorrent, Croisic. *Polykrikos*

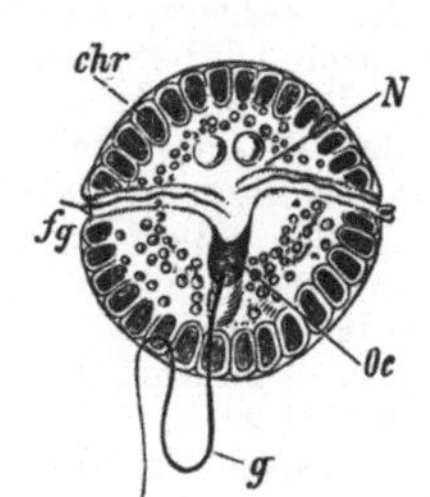

Abb. 333. *Glenodinium cinctum.* (Nach BÜTSCHLI.) *g* Längsfurchengeißel, *fg* Querfurchengeißel, *N* Nucleus, *Oc* Stigma, *chr* Chromatophoren. $^{600}/_1$

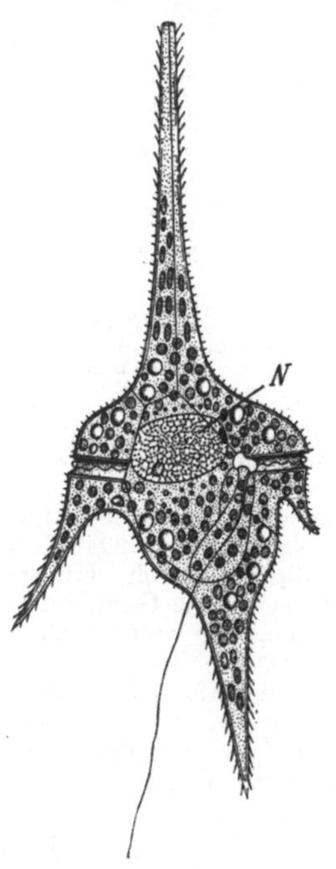

Abb. 334. *Ceratium hirundinella.* (Nach LAUTERBORN.) *N* Nucleus. $^{370}/_1$

schwartzi Bütsch. Durch unvollkommene Querteilung koloniale Form mit mehrfach wiederholten Furchen und Geißeln. Mit Nesselkapseln. Atlantischer Ozean, Mittelmeer. *Glenodinium cinctum* Ehrbg. (Abb. 333). Mit glatter Hülle. Im Süßwasser. Hier schließt sich an *Pyrocystis* Murr. Marin.

Fam. *Peridiniidae.* Mit aus Platten zusammengesetztem Panzer. *Peridinium divergens* Ehrbg. Marin. *Ceratium hirundinella* Müll. Mit hornförmigen Fortsätzen. Im Süßwasser (Abb. 334). *C. tripos* Müll. Marin.

8. Ordnung. Cystoflagellata.

Marine Flagellaten von gallertigem, mit einer Membran umschlossenem Körper, mit einer oder zwei Geißeln. Mit tierischer Ernährung.

Von den in diese Ordnung gestellten Formen schließt sich *Noctiluca* an die Dinoflagellaten an.

Noctiluca miliaris Surir. (Abb. 335) besitzt einen pfirsichförmigen, bis 1 mm großen Leib, welcher einen quergestreiften Tentakel (sogenannte Bandgeißel) trägt. An seiner Basis findet sich eine rinnenförmige Einbuchtung mit der spaltförmigen Mundöffnung, nebst zahnartigem Vorsprung und zarter Geißel. Unter der Mundeinsenkung liegt eine den Kern umschließende, reichlichere Protoplasmamasse, von welcher gegen die Peripherie Protoplasmastränge zwischen einer

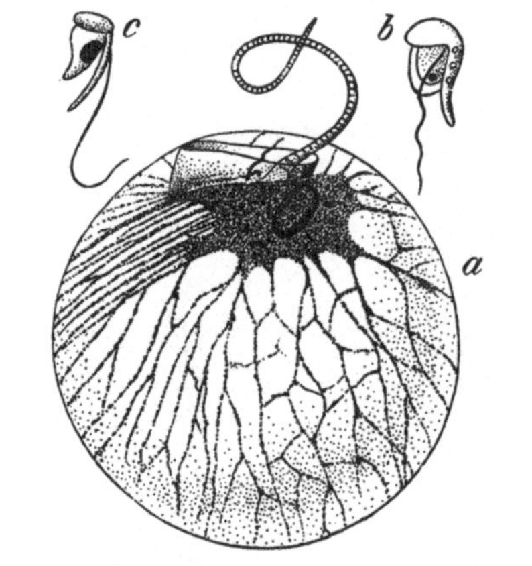

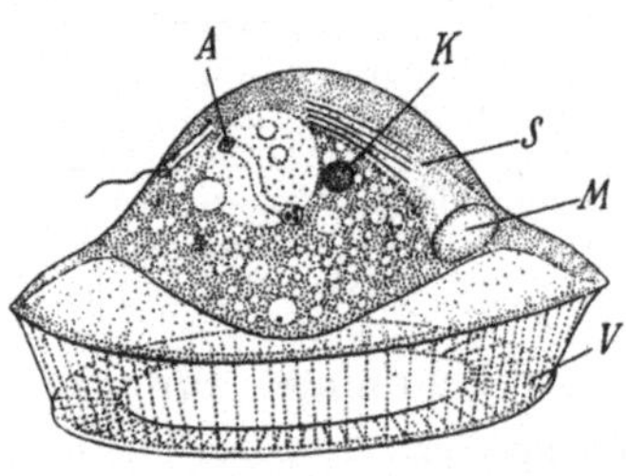

Abb. 335. *Noctiluca miliaris.*
a Vollausgebildetes Tier. b, c Schwärmer.
(Aus Doflein.)

Abb. 336. *Craspedotella pileolus.* (Nach Kofoid und Kühn.)
Etwa 150/1. *A* Afteröffnung, *K* Kern, *M* Mundöffnung, *S* Schlund, *V* Velum.

gallertigen Zwischensubstanz bis zur Körpermembran (Pellicula) verlaufen und dort netzartig verbunden sind. Ein verdickter, in einem Meridian verlaufender Teil der Pellicula bildet das sogenannte Staborgan. Als Nahrung werden tierische und pflanzliche Organismen, oft von bedeutender Größe (kleine Crustaceen) aufgenommen. Die Fortpflanzung erfolgt durch Längsteilung. Eine zweite Vermehrungsart geschieht in entdifferenziertem Zustande durch Knospung dinoflagellatenähnlicher Schwärmer (Abb. 335 b, c), die vielleicht die Gameten sind. Die Noctiluken verdanken ihren Namen dem Leuchtvermögen. Sie erscheinen zuweilen an der Oberfläche des Meeres in ungeheurer Menge, so daß die Meeresoberfläche auf weite Strecken hin des Nachts die prachtvolle Erscheinung des Meeresleuchtens bietet. Weit verbreitet.

Leptodiscus medusoides R. Hertw. Der uhrglasförmige Körper bewegt sich wie eine Qualle schwimmend. 1—1,5 mm im Durchmesser. Mittelmeer. *Craspedotella pileolus* Kofoid. Von Gestalt einer Hydroidmeduse. Pazifischer Ozean (Abb. 336).

II. Klasse. Rhizopoda. Wurzelfüßer.

Ein- oder mehrkernige Protozoen, die sich mittels Pseudopodien bewegen und die Nahrung aufnehmen, häufig mit Gehäuse oder einem Skeletgerüst.

Der Cytoplasmakörper dieser Tiere (Abb. 337) ist entweder gleichartig oder läßt eine peripherische zähere und hellere Ectoplasmaschicht von einem zentralen körnigen Entoplasma unterscheiden. Die Bewegung und Nahrungsaufnahme erfolgt mittels vorstreckbarer und einziehbarer Fortsätze, der Pseudopodien oder Scheinfüßchen, die bei leicht flüssiger Beschaffenheit des Plasmas lappig (Lobopodien) sind, wogegen spitze Pseudopodien (Filopodien) auf ein zäheres Cytoplasma schließen lassen. Es gibt ferner fadenförmige Pseudopodien, welche die Neigung zur Netzbildung zeigen (reticulose Pseudopodien); bei diesen besteht ein festerer Achsenteil und eine flüssigere Rinde, in der Körnchenströmung zu beobachten ist (Axopodien, *Foraminiferen, Heliozoen, Radiolarien*) (Abb. 338).

Eine pulsierende Vacuole kommt den Süßwasserformen zu. Hervorzuheben ist das zeitweilige Auftreten von Gasvacuolen (so bei *Amoeba, Arcella*), welche diesen Tieren als Schwimmblasen dienen.

In der Jugend sind alle Rhizopoden einkernig, später entwickelt sich oft Vielkernigkeit.

Skeletbildungen treten vielfach in Form eines Gehäuses auf, zu welchem noch ein aus Strontiumsulfat oder Kieselsubstanz gebildetes Skeletgerüst hinzutreten kann (*Radiolaria*).

Die Vermehrung erfolgt durch Teilung oder Knospung

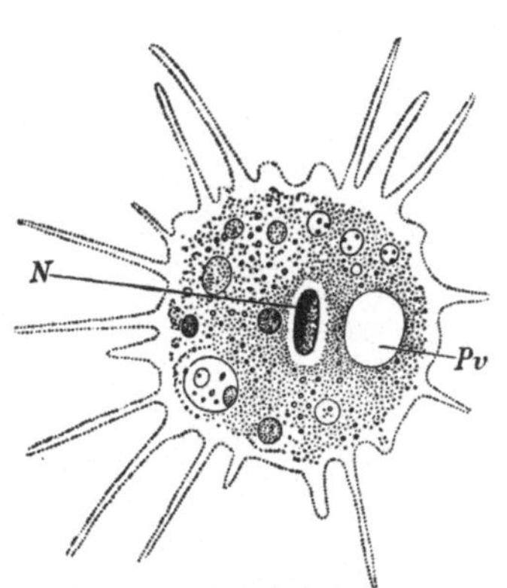

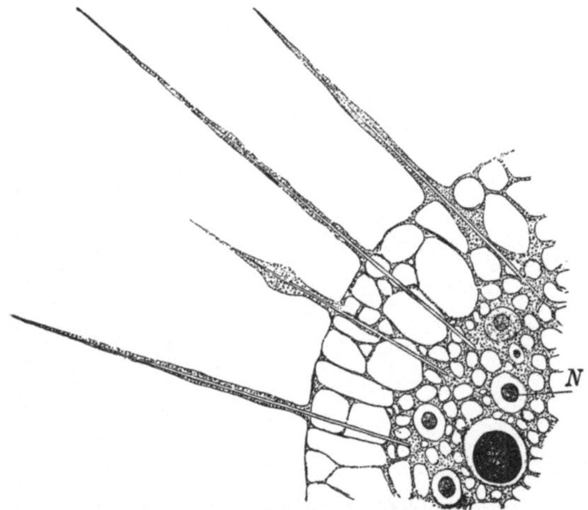

Abb. 337. *Amoeba (Dactylosphaera) polypodia.* (Nach F. E. Schulze.) *N* Nucleus, *Pv* pulsierende Vacuole. ⁴²⁰/₁

Abb. 338. Optischer Durchschnitt durch ein Stück von *Actinosphaerium eichhorni.* (Nach Hertwig u. Lesser.) *N* Nuclei im Entoplasma, Ectoplasma großblasig. In der Mitte der Pseudopodien (Axopodien) der Achsenfaden.

oder Zerfallsteilung im vollständig differenzierten oder auch im entdifferenzierten Zustand. Die Teilspößlinge erlangen häufig die Form von Geißelschwärmern, sind dann länglich gestreckt und am Vorderende mit einer oder zwei Geißeln ausgestattet. Die Geißelschwärmer treten im Entwicklungskreise aller Rhizopoden unter bestimmten Bedingungen auf und weisen auf nahe Verwandtschaft mit den Flagellaten hin. Copulation erfolgt sowohl im Zustande der Schwärmer als auch der amöboiden Zustände. Bei manchen Formen ergibt sich aus dem Wechsel von Vermehrungszuständen mit und ohne vorhergehende Copulation ein Generationswechsel, bei dem beiderlei Generationen verschieden gestaltet sein können.

1. Ordnung. Amoebozoa[1].

Nackte oder beschalte monaxone Rhizopoden, die sich entweder durch Hinfließen ihres Cytoplasmaleibes oder durch Pseudopodien bewegen, mit oder ohne pulsierende Vacuole.

---

[1] Außer d'Orbigny, Ehrenberg, Dujardin, Williamson, Greeff, Carter, Hertwig u. Lesser, Bütschli, Schewiakoff, Goette, vgl. Max Schultze: Über den Organismus der Polythalamien. Leipzig 1854. — Carpenter: Introduction to the Study of the Foraminifera. London 1862. — Reuss: Entwurf einer systematischen Zusammen-

Das Cytoplasma, aus dem sich der Körper dieser Tiere aufbaut, läßt entweder ein zäheres homogenes Ectoplasma von einem flüssigeren, körnchenreicheren Entoplasma unterscheiden, oder es ist keine solche Sonderung nachweisbar. Die Bewegung erfolgt bei manchen Formen auf die Weise, daß ihr

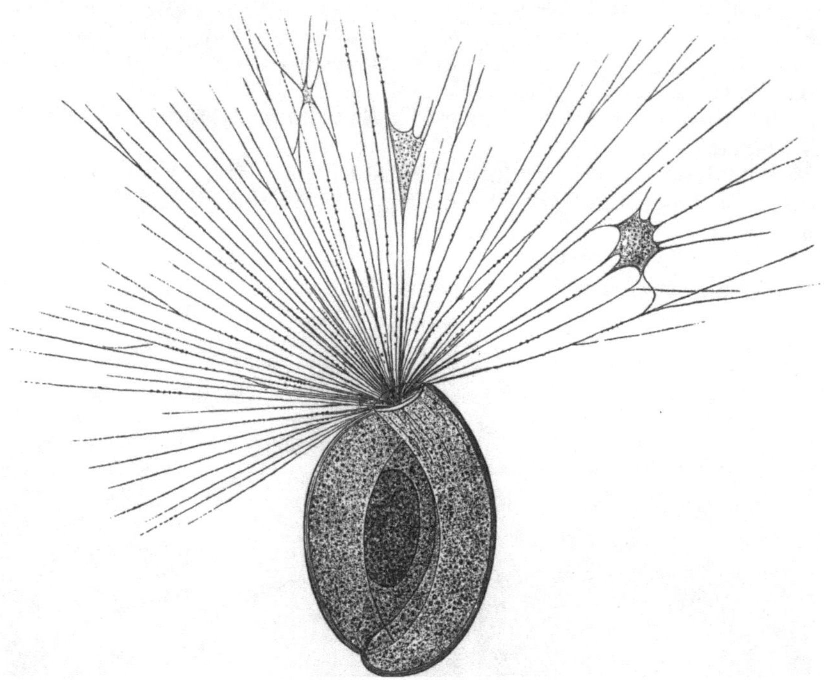

Abb. 339. *Miliolide (Miliola tenera* M. SCHULTZE) mit Pseudopodiennetzen. (Nach M. SCHULTZE.) $^{72}/_1$

stellung der Foraminiferen. Wien 1861. — SCHULZE, FR. E.: Rhizopodenstudien. Arch. mikrosk. Anat. 1874—1877, — ARCHER, W.: Résumé of recent contributions to our knowledge of „Freshwater Rhizopoda". Quart. J. microsc. Sci. 1877. — LEIDY, J.: Freshwater Rhizopods of North-America. Rep. Geolog. Survey 12. Washington 1879. — GRUBER, A.: Studien über Amöben. Z. Zool. 41 (1884). — BRADY, H.: Report on the Foraminifera. Challenger Report. Zoology 9 (1884). — NEUMAYR, M.: Die natürlichen Verwandtschaftsverhältnisse der schalentragenden Foraminiferen. Sitzgsber. Akad. Wiss. Wien, Math.-naturwiss. Kl. 1887. — SCHEWIAKOFF, W.: Über die karyokinetische Kernteilung der *Euglypha alveolata.* Morph. Jb. 13 (1888). — LISTER, J.: Contributions to the life-history of the Foraminifera. Philosoph. Trans. roy. Soc. London 1895. — SCHAUDINN, FR.: Über den Dimorphismus der Foraminiferen. Sitzgsber. Ges. naturforsch. Freunde Berl. 1895. — Untersuchungen über den Generationswechsel von *Trichosphaerium sieboldi* SCHN. Abh. preuß. Akad. Wiss., Physik. math. Kl. Berlin 1899. — SCHARDINGER, FR.: Entwicklungskreis einer *Amoeba lobosa (Gymnamoeba): Amoeba Gruberi.* Sitzgsber. Akad. Wiss. Wien, Math.-naturwiss. Kl. 1899. — HERTWIG, R.: Über Encystierung und Kernvermehrung bei *Arcella vulgaris.* Festschr. für KUPFFER. Jena 1899. — CHAPMAN, F.: The Foraminifera. London 1902. — CASH, J. a. J. HOPKINSON: The British Freshwater Rhizopoda and Heliozoa. Rhizopoda, 2 vols. London 1905, 1910. — SCHULZE, F. E.: Die Xenophyophoren, eine besondere Gruppe der Rhizopoden. Wiss. Erg. dtsch. Tiefsee-Exp. 11 (1905). — WINTER, F. W.: Zur Kenntnis der Thalamophoren. Arch. Protistenkde 10 (1907). — DOFLEIN, F.: Studien zur Naturgeschichte der Protozoen. Ebenda, Suppl. 1 (1907). — Zell- und Protoplasmastudien. II. Zool. Jb. 39 (1916). — SWARCZEWSKY, B.: Über die Fortpflanzungserscheinungen bei *Arcella vulgaris* EHRBG. Arch. Protistenkde 12 (1908). — RHUMBLER, L.: Die Foraminiferen (Thalomophoren) der Plankton-Expedition usw., 2 Teile. Erg. Plankt.-Exp. 1911/1913. — SCHEPOTIEFF, A.: Untersuchungen über niedere Organismen. Zool. Jb. 32 (1911). — JANICKI, C.: Paramöbenstudien. Z. Zool. 103 (1912). — CUSHMAN, J. A.: Foraminifera, their classification and economic use. Sharon 1927.

ganzer Körper hinfließt; in allen übrigen Fällen werden Pseudopodien entweder allseitig oder von einer beschränkten Stelle entsendet. Bei festsitzenden und schwebenden Formen dienen die Pseudopodien bloß der Nahrungsaufnahme. Die Pseudopodien sind häufig fingerförmig, lappig und unverästelt, seltener spitz und verästelt, in vielen Fällen feinfädig und mit ihren Verästelungen zu einem Netzwerk anastomosierend (Abb. 339). Pulsierende Vakuolen finden sich nur bei den Süßwasserformen. Der Kern ist in einfacher oder in größerer Zahl vorhanden. Im Cytoplasma wurde bei *Arcella, Euglypha, Difflugia, Polystomella* u. a. ein sogenanntes Chromidialnetz beobachtet, eine mantelförmig um den Kern gelagerte oder netzartig das Cytoplasma durchsetzende, mit manchen Farbstoffen wie Kernsubstanz sich färbende Masse, die aber nicht vom Kern abzuleiten ist.

Viele Amoebozoen sind nackt, die größere Zahl ist mit einer Schale versehen. Die Schale ist gewöhnlich monaxon, sie ist entweder einkammerig (monothalam) oder aus vielen, nach bestimmten Gesetzen aneinandergereihten Kammern zusammengesetzt (polythalam), deren Räume durch feinere Gänge oder größere Öffnungen der Scheidewände untereinander kommunizieren. Die Schale besitzt entweder nur eine größere Öffnung, durch welche die Pseudopodien hervortreten, während die übrigen Wandteile undurchbohrt (imperforat) sind, oder es sind außer der Hauptöffnung noch zahlreiche Poren vorhanden (perforat). Die Schalensubstanz besteht aus einer chitinösen organischen Substanz, welche verkalkt sein kann oder auch Sandteilchen aufnimmt (sandschalige Formen). Seltener ist die Schale kieselig. Kalkschalen kommen nur Meeresformen zu; die imperforaten Kalkschalen besitzen in der Regel porzellanartiges Aussehen, während die perforaten gewöhnlich glasartig durchsichtig sind. Bei vielen perforaten Formen ist der ursprünglichen Kalkschale eine kalkige sekundäre Schalenmasse aufgelagert, die von einem besonderen (extrathalamen) Kanalsystem durchzogen wird (*Rotalia, Polystomella, Nummulites*) (Abb. 340). Bei zahlreichen polythalamen Formen ist Dimorphismus der Schale beobachtet (Abb. 341).

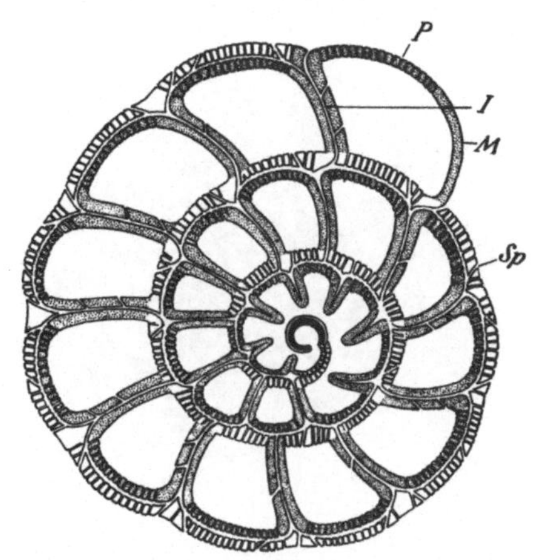

Abb. 340. Schematischer Schnitt durch die Schale von *Rotalia beccarii*. (Nach KÜHN.) $^{68}/_1$. Schale mit extrathalamem Kanalsystem. Anfangskammer schwarz, sekundäre Schale weiß. *M* Mündungswand, *P* Poren der primären, *Sp* der sekundären Schale. *I* Interseptallücken des extrathalamen Kanalsystems.

Die Fortpflanzung erfolgt durch Teilung, Knospung oder Zerfallsteilung. Bei den Gehäuse tragenden Formen des Süßwassers tritt (bei *Euglypha* nach vorausgegangener Neubildung der Schalenplättchen im Innern des Tieres) ein Teil des Cytoplasmas aus der Schale hervor und bildet sodann eine Schale, ehe es sich vom Muttertier trennt. Bei manchen marinen Formen (*Ammodiscus, Peneroplis* u. a.) findet frühzeitige Ausbildung der Schale schon vor Austritt der Jungen aus der mütterlichen Schale statt. Im anderen Falle (*Calcituba, Arcella* u. a.) treten die Teilsprößlinge als nackte amöbenartige Formen aus, um erst dann die Schale zu bilden. Auch das Auftreten von mit einer oder zwei Geißeln ausgestatteten Schwärmsprößlingen wurde beobachtet. Bei Foraminiferen findet sich ein mit Dimorphismus verbundener Generationswechsel, in welchem eine microsphärische Generation (mit kleiner Anfangskammer) mit einer macrosphärischen Generation (mit großer Anfangskammer) alterniert (Abb. 341).

Erstere geht aus einer Zygote hervor und produziert in der Regel kleine amöbenartige Junge, letztere entsteht aus einem amöbenförmigen Sprößling und erzeugt meist Geißelschwärmer, die copulieren (Abb. 341). Ein solcher Generationswechsel verbunden mit Dimorphismus wurde auch bei *Trichosphaerium* u. a. beobachtet. Encystierung kommt bei Süßwasserformen verbreitet vor; mit ihr ist zuweilen ein Vermehrungsprozeß verbunden.

Die Amöbozoen leben im Wasser oder in feuchter Erde, wenige parasitisch. Trotz der geringen Größe beanspruchen die Schalen der marinen, als *Foraminiferen* bezeichneten Formen eine nicht geringe Bedeutung, indem sie einesteils im Meeressande in ungeheurer Menge angehäuft liegen, anderenteils als Fossilien namentlich in der Kreide und in Tertiärbildungen gefunden werden und ein wesentliches Material zu dem Aufbau der Gesteine geliefert haben. Die auffallendsten, durch ihre bedeutende Größe hervorragenden Formen sind die *Nummuliten* in der mächtigen Formation des sogenannten Nummulitenkalkes.

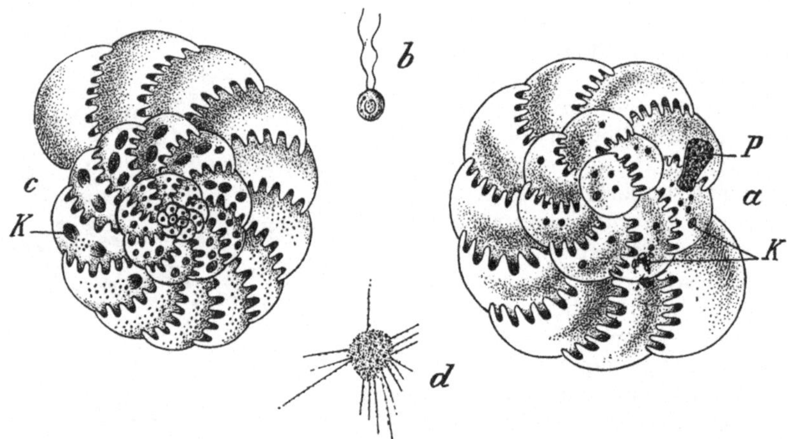

Abb. 341. Generationswechsel von *Polystomella crispa*. (Nach Figuren von Schaudinn aus Langs Lehrbuch.) a Macrosphärisches Individuum, b Schwärmer aus demselben, c aus dem Schwärmer hervorgegangenes microsphärisches Individuum, d amöbenartiger Sprößling des letzteren. *P* Prinzipalkern, *K* kleine Kerne.

Ein Grobkalk des Pariser Beckens, welcher als vortrefflicher Baustein benutzt wird, enthält die *Triloculina trigonula* (Miliolitenkalk). Foraminiferen finden sich schon im Cambrium.

Die meisten Amöbozoen bewegen sich kriechend auf dem Grunde oder an Pflanzen. Indessen werden Globigerinen und Orbulinen auch planktonisch angetroffen, deren Schalen nach dem Absterben der Tiere sich in sehr bedeutenden Tiefen am Meeresboden stellenweise aufhäufen (sogenannter Globigerinenschlamm) und zu fortdauernden Ablagerungen führen.

1. Unterordnung. *Amoebea.* Amöbozoen ohne Schale oder beschalt. Pseudopodien lappig oder spitz. *Vahlkampfia bistadialis* Puschk. Im Süßwasser (Abb. 14 u. 18). *Amoeba proteus* Pall. (Abb. 1c). In fauligem Süßwasser. *A. verrucosa* Ehrbg., in feuchter Erde, *A. (Hyalodiscus) limax* Duj., *A. (Dactylosphaera) polypodia* Pall. (Abb. 337). Süßwasser. *Entamoeba coli* Loesch, kommensalisch im Dickdarm des Menschen. Weit verbreitet. *E. dysenteriae* Councilman et Lafleur (*tetragena* Viereck, *histolytica* Schaud.), parasitisch im Dickdarm des Menschen. Ursache der Amöbenenteritis. In den Tropen und Subtropen weit verbreitet. *Pelomyxa palustris* Grff., im Schlamme von Süßwässern. *Arcella vulgaris* Ehrbg. Mit bräunlicher, hexagonal skulpturierter, flacher Schale (Abb. 342). *Difflugia oblonga* Ehrbg., mit birnförmiger sandiger Schale (Abb. 344). *Centropyxis aculeata* Ehrbg. Alle im Süßwasser. *Chlamydophrys enchelys* Ehrbg. In den Faeces verschiedener Tiere

und des Menschen. *Euglypha alveolata* Duj., *E. globosa* Cart. Schale aus Kieselplättchen aufgebaut (Abb. 343). *Microgromia socialis* Arch. Mit chitinöser Schale; meist zu Kolonien vereinigt. Alle im Süßwasser. Hier läßt sich anschließen: *Trichosphaerium sieboldi* Schn. Mit von radiär ·stehenden Stäbchen besetzter⁄gallertiger Hülle. Mittelmeer, Nordsee.

2. Unterordnung. *Foraminifera*. Fast durchweg beschalte Amöbozoen. Pseudopodien (Axopodien) fadenförmig, zur Netzbildung neigend.

1. Sektion. *Reticulosa nuda*. Ohne Schale. Vielleicht Entwicklungszustände beschalter Formen. *Protogenes porrectus* M. Schultze. Adria. *Rhizoplasma kaiseri* Verworen. Rotes Meer.

2. Sektion. *Astrorhizidea*. Monothalame Foraminiferen mit regellos verzweigtem, aus Sand

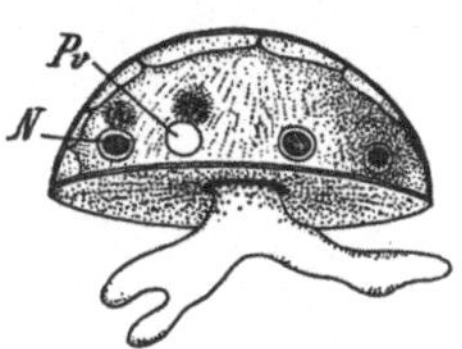

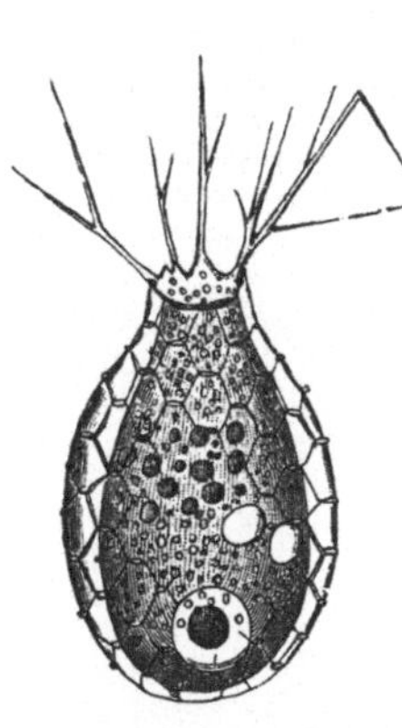

Abb. 342. *Arcella vulgaris*. (Nach Bütschli.) Etwa ²⁵⁰/₁. *N* Kern, *Pv* pulsierende Vacuole.

Abb. 343. *Euglypha globosa*. (Nach Hertwig u. Lesser.) ⁶⁵⁰/₁

Abb. 344. *Difflugia oblonga*. (Aus Carus.) Etwa ³⁵⁰/₁. *p* Pseudopodien, *n* Nucleus.

und Schlamm bestehendem offenem Gehäuse oder mit sternförmiger Kammer. Sind die ursprünglichsten beschalten Formen. *Placopsilina vesicularis* H. Brady, festgewachsen; *Rhabdammina abyssorum* Sars (Abb. 345 a), über alle Meere verbreitet. *Astrorhiza limicola* Sandahl. *Haliphysema tumanowiczi* Bwbk. Gehäuse keulenförmig, festgewachsen, großenteils aus Spongiennadeln bestehend. Nordatlant. Ozean.

Hier schließen sich vielleicht die der Tiefsee angehörigen *Xenophyophora* F. E. Sch. an. Es sind bis 7 cm große, scheibenförmige, klumpige, baumartig verzweigte oder fächerförmige Körper, die aus netzartig verbundenen oder dendritisch verzweigten Röhren ge-

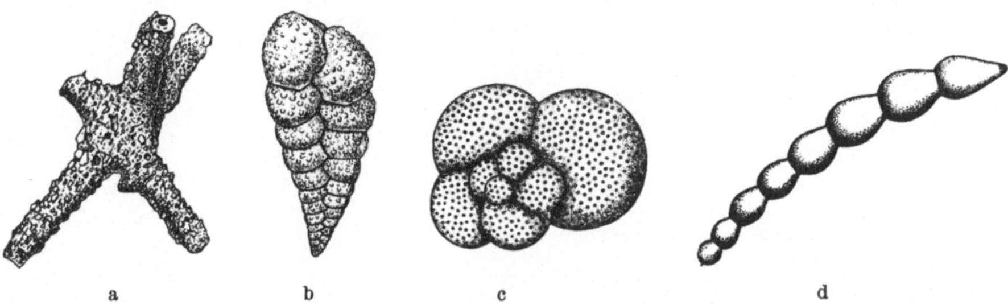

a   b   c   d

Abb. 345. a *Rhabdammina abyssorum*. ⁶/₁, b *Textularia agglutinans*. ¹⁶/₁, c *Globigerina bulloides*. ³⁶/₁, d *Nodosaria soluta*. ⁶/₁. (Nach Brady.)

bildet werden, zwischen denen sich ein Gerüst durch Kittmasse verbundener Fremdkörper findet. Die feineren Röhren sind von einem vielkernigen Plasma erfüllt.

3. Sektion. *Gromidea*. Gehäuse napfförmig und monothalam, imperforat, chitinös oder sandig. *Saccammina sphaerica* Sars. Schale sandig. Atlant. und Stiller Ozean. *Gromia oviformis* Duj. Schale chitinös. **Mittelmeer.**

4. Sektion. *Textularidea*. Schale aus zwei- oder mehrzeilig angeordneter Reihe von Kammern bestehend. Sandig oder kalkig, meist perforat. *Textularia agglutinans* Orb. (Abb. 345 b). Weit verbreitet. *Pavonina flabelliformis* Orb. Indischer Ozean.

5. Sektion. *Cornuspiridea*. Schale gewunden, selten einkammerig, meist vielkammerig; sandig oder kalkig porzellanartig, meist imperforat (Abb. 339). *Ammodiscus incertus* Orb. Schale einkammerig, sandig. Über alle Meere verbreitet. *Cornuspira foliacea* Phil. Schale monothalam, kalkig, imperforat. Weit verbreitet. *Spirillina vivipara* Ehrbg. Monothalam, perforat. *Spiroloculina (Miliola) planulata* Lm. *Triloculina trigonula* Lm. Weit verbreitet. Beide vielkammerig. *Peneroplis planatus* F. M. Vielkammerig. *Calcituba polymorpha* Ro-

BOZ, mit röhriger gekammerter Schale, festsitzend. Adria. *Orbitolites complanata* LM. Vielkammerig, mit Ausnahme der innersten alle Kammern kreisförmig geschlossen und durch Radialsepten untergeteilt. Weit verbreitet.

6. Sektion. *Nodosaria-Rotaliidea.* Mit einreihig gekammerter, gestreckter oder gewundener Schale. Sandig oder kalkig hyalin, meist perforat. *Nodosaria soluta* REUSS. Schale gestreckt (Abb. 345d). *Lagena marginata* WALKER u. BOYS. Hier trennen sich die neuen Kammern als selbständige monothalame Schalen ab. *Haplophragmium agglutinans* ORB. Schale sandig, gewunden. *Discorbina globularis* ORB. Schale kalkig (Abb. 346). *Globigerina bulloides* ORB. Pelagische Form. Schale mit kugelig aufgetriebenen Kammern, gewöhnlich mit Schwebestacheln besetzt, die leicht abfallen. Porenkanäle weit (Abb. 345c). *Orbulina* ORB. Die kugelige Endkammer umschließt die ältere Kammerreihe. *Rotalia beccarii* L.

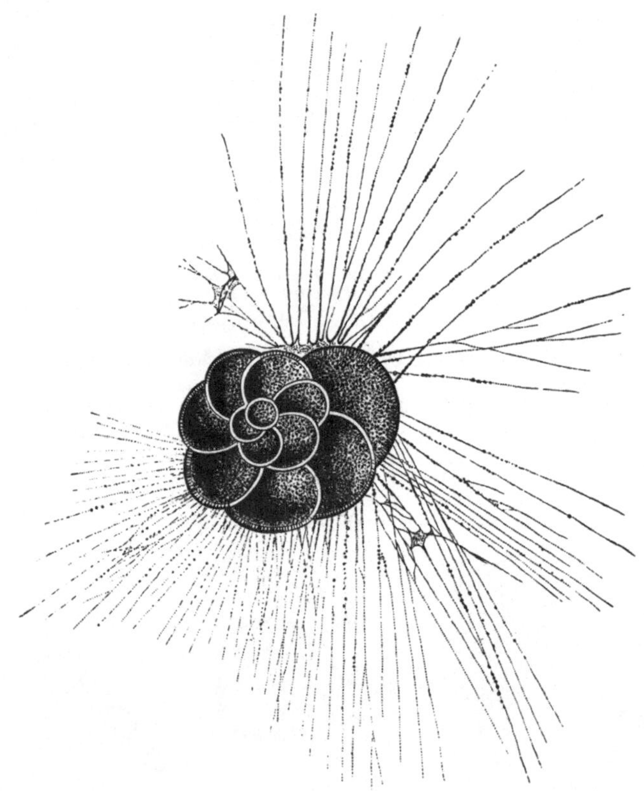

Abb. 346. *Discorbina (Rotalia veneta* M. SCHULTZE, nach M. SCHULTZE). $^{72}/_1$

Mit sekundärer Schalensubstanz und extrathalamem Kanalsystem (Abb. 340). *Polytrema miniaceum* L. Festgewachsen, baumförmig. *Polystomella strigilata* F. M. *Nummulites cumingi* CRPT. Bei beiden die Schale symmetrisch spiral gewunden, mit sekundärer Schalensubstanz und hochentwickeltem extrathalamen Kanalsystem. Alle marin.

2. Ordnung. Heliozoa[1], Sonnentierchen.

Kugelige, vorwiegend schwebende Rhizopoden meist des süßen Wassers, meist mit pulsierender Vacuole, mit feinen, radiär ausstrahlenden Pseudopodien (Axopodien), einem oder mehreren Kernen, zuweilen mit radiärem Kieselskelet.

---

[1] CIENKOWSKY, L.: Über *Clathrulina.* Arch. mikrosk. Anat. **3** (1867). — GREEFF, R.: Über Radiolarien und radiolarienartige Rhizopoden des süßen Wassers. Ebenda **5** (1869);

Der meist in Ento- und Ectoplasma geschiedene vacuolisierte Plasmaleib entsendet nach allen Richtungen zähe strahlenförmige Pseudopodien (Abb. 347). Sie werden durch einen Achsenfaden gestützt (Axopodien) (Abb. 338) und sind mehr oder minder starr, nicht zu Netzbildungen befähigt; bei manchen Formen entspringen die Achsenfäden von einem Centralkorn. Der Körper ist entweder nackt oder von einer gallertigen Hülle umgeben. In anderen Fällen findet sich ein Skelet, das aus Kieselnadeln (*Acanthocystis*) oder einem gegitterten Gehäuse (*Clathrulina*) (Abb. 348) besteht und den Skeletbildungen der Radiolarien ähnelt, so daß man die Heliozoen als *Süßwasserradiolarien* bezeichnet hat; indessen fehlt die für die Radiolarien eigentümliche Centralkapsel. Kerne finden sich in ein-

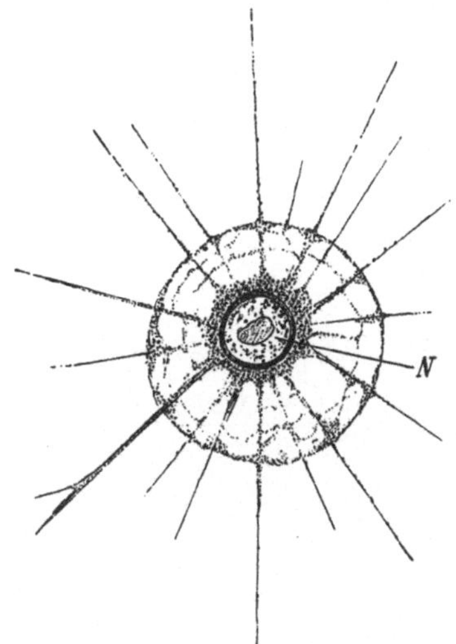

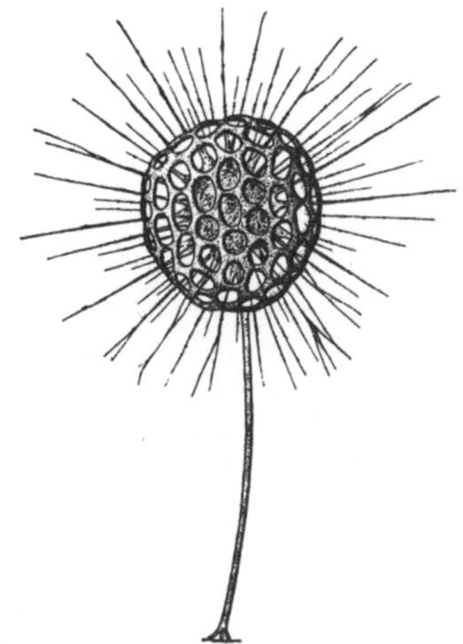

Abb. 347. Junges, noch einkerniges *Actinosphaerium eichhorni*. (Nach Fr. E. Schulze.) 300/1. *N* Nucleus.

Abb. 348. *Clathrulina elegans*. (Nach Greeff.) 175/1

facher oder mehrfacher Zahl im Entoplasma (Abb. 338). Pulsierende Vacuolen sind meist vorhanden.

Die Fortpflanzung erfolgt durch Teilung, zuweilen nach vorausgegangener Cystenbildung (*Actinosphaerium*) oder durch Knospung. Auch Vermehrung durch Geißeln tragende Schwärmer wurde nachgewiesen. Autogamie (Pädogamie) ist bei *Actinosphaerium* und *Actinophrys* (vgl. S. 56, Abb. 37) beobachtet. Nicht selten verschmelzen mehrere Individuen zu Kolonien.

Am besten lassen sich die Heliozoa in zwei Gruppen einteilen, die wahrscheinlich nicht monophyletischen Ursprungs sind (A. Kühn).

1. Tribus. *Actinophrydia*. Achsenfäden der Axopodien im Plasma frei endigend oder auf dem Kern aufgesetzt. *Actinophrys sol* Ehrbg. Mit nur einem Kern. Im Süßwasser und Meere. *Actinosphaerium eichhorni* Ehrbg. Mit zahlreichen Kernen. Im Süßwasser. Weit verbreitet. *Clathrulina elegans* Cienk. Mit gegitterter gestielter Schale. Im Süßwasser.

11 (1875). — Hertwig, R. u. Lesser: Über Rhizopoden und denselben nahestehende Organismen. Ebenda, Suppl. 10 (1874). — Brauer, A.: Über die Encystierung von *Actinosphaerium Eichhorni* Ehrbg. Z. Zool. 58 (1894). — Schaudinn, Fr.: Heliozoa. Das Tierreich. Probeliefg 1896. — Hertwig, R.: Über Kernteilung, Richtungskörperbildung und Befruchtung von *Actinosphaerium Eichhorni*. Abh. Akad. Münch. 1898. — Bělař, K.: Untersuchungen an *Actinophrys sol*. I, II. Arch. Protistenkde 46 (1922); 48 (1924). — Ferner Archer, Fr. E. Schulze, Stern u. a.

Weit verbreitet (Abb. 348). *Camptonema nutans* SCHAUD. Mit zahlreichen Kernen, auf denen die Achsenfäden der Pseudopodien mit kappenförmigen Verbreiterungen aufsitzen. Puddefjord bei Bergen. Hier schließt sich vielleicht an *Sticholonche zanclea* R. HERTW. Mit membranartiger Umhüllung und Bündeln von divergierenden Stacheln. Mittelmeer.

2. Tribus. *Centrohelidia.* Achsenfäden der Axopodien von einem Centralkorn entspringend. *Dimorpha nutans* GRBR. Mit zwei Geißeln außer den Pseudopodien. Im Süßwasser. *Actinolophus pedunculatus* F. E. SCH. Gestielt, mit Gallerthülle. Marin. *Sphaerastrum fockei* GRFF. Mit dicker Gallerthülle. Oft Kolonien bildend. Im Süßwasser. *Acanthocystis turfacea* CART. Mit Kieselnadeln. Im Süßwasser. Europa, Nordamerika. *Raphidiophrys elegans* HERTW. LESSER. Mit Kieselnadeln. Kolonienbildend. Im Süßwasser. Weit verbreitet.

<h3 style="text-align:center">3. Ordnung. Radiolaria[1], Radiolarien.</h3>

Marine schwebende Rhizopoden in der Regel mit Centralkapsel und mit Strontiumsulfat- oder Kieselskelet, ohne pulsierende Vacuole.

Abb. 349. *Thalassophysa* (*Thalassicolla*) *pelagica* mit Zentralkapsel und Binnenblase (Kern), mit zahlreichen Vacuolen im extrakapsulären Cytoplasma. (Nach HAECKEL.) $^{20}/_1$

Der kugelige oder monaxon gestaltete Körper weist in der Regel eine häutige, von Poren durchsetzte Kapsel (*Centralkapsel*) auf, die den zentralen Teil des

---

[1] MÜLLER, JOH.: Über die Thalassicollen, Polycystinen und Acanthometren. Abh. preuß. Akad. Wiss., Physik.-math. Kl. Berlin 1858. — HAECKEL, E.: Die Radiolarien. Berlin 1862. — BÜTSCHLI, O.: Beitrag zur Kenntnis der Radiolarienskelete, insbesondere der Cyrtida. Z. Zool. **36** (1881). — HERTWIG, R.: Zur Histologie der Radiolarien. Leipzig 1876. — Der Organismus der Radiolarien. Jena 1879. — BRANDT, K.: Die koloniebildenden Radiolarien des Golfes von Neapel. Fauna u. Flora Golf Neapel **1885**. — HAECKEL, E.: Report on the Radiolaria collected by H. M. S. Challenger. London 1887. — BORGERT, A.: Untersuchungen über die Fortpflanzung der tripyleen Radiolarien. Zool. Jb. **14** (1900). — II. Teil Arch. Protistenkde **14** (1909). — Die tripyleen Radiolarien der Planktonexpedition. Erg. Plankton-Exped. **3** (1905—1913). — BRANDT, K.: Beiträge zur Kenntnis der Colliden. Arch. Protistenkde **1** (1902). — POPOFSKY, A.: Die *Acantharia* der Plankton-Expedition, 2 Teile. 1904, 1906. — HAECKER, V.: Tiefsee-Radiolarien. Wiss. Erg. dtsch. Tiefsee-Exped. **14** (1908). — HUTH, W.: Zur Entwicklungsgeschichte der Thalassicollen. Arch. Protistenkde **30** (1913). — SCHEWIAKOFF, W.: *Acantharia*. Fauna u. Flora Golf Neapel **37** (1926). — Ferner DREYER, KARAWAIEW, IMMERMANN, W. J. SCHMIDT u. a.

Cytoplasmas (*intrakapsuläre Sarcode*) mit Bläschen und Körnchen, ferner Fett-
tropfen und Ölkugeln, Eiweißkörper, seltener Krystalle, sowie einen großen Kern
(Binnenblase) oder zahlreiche kleine Kerne umschließt (Abb. 349). Extrakapsulär
findet sich ein Gallertmantel (*Calymma*), von der extrakapsulären Sarcode durchzogen, die an der Oberfläche nach allen Seiten in fadenförmige, von Achsenfäden
gestützte Pseudopodien ausstrahlt; zuweilen trifft man Vacuolen (sogenannte
Alveolen) in den extrakapsulären Protoplasmanetzen sowie gewöhnlich zahlreiche
gelbe Zellen (symbiotisch lebende *Zooxanthellen*), manchmal auch Pigmenthaufen.
Bei den *Acanthometriden* kann der Gallertmantel mittels feiner, rasch contractiler Fäden (Myoneme) im Umkreis der Stacheln ausgespannt werden (Abb. 350).

Die extrakapsuläre Sarkode steht durch Öffnungen der Centralkapselwand mit
der intrakapsulären Sarcode
in Verbindung. Die Wand
der Centralkapsel ist entweder von sehr zahlreichen und
feinen Poren im ganzen Umkreis durchsetzt (*Peripylaria*),
oder es sind die Poren auf ein
begrenztes Feld beschränkt
(*Monopylaria*), oder endlich
es bestehen in der Centralkapselwand nur wenige (meist
drei) größere Öffnungen (*Tripylaria*). Bei den *Acantharia*
ist die Centralkapsel eine dünn-
wandige Hülle ohne präformierte Öffnungen oder sie
fehlt. Pulsierende Vacuolen
fehlen.

Manche Radiolarien
(*Sphaerozoen*, die Qualster)
sind kolonienbildend. Bei
ihnen liegen zahlreiche, durch
Teilung sich vermehrende Cen-
tralkapseln in einer gemeinsamen Gallerte und sind durch
die extrakapsuläre Sarcode
untereinander verbunden.

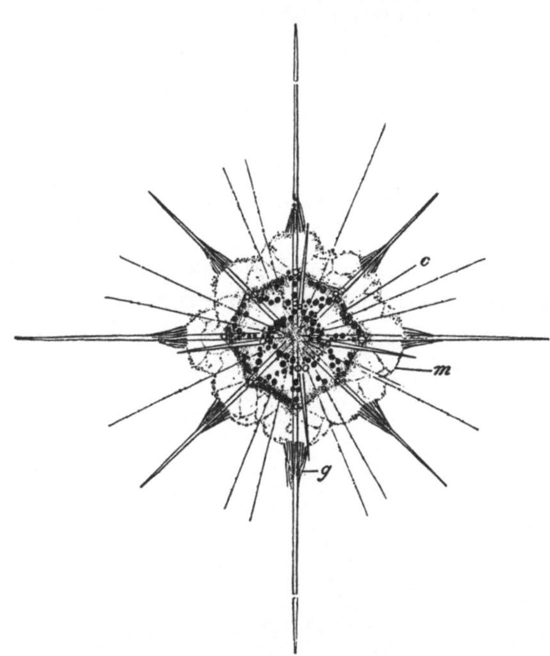

Abb. 350. *Acanthometron pellucidum.* (Nach R. Hertwig.) 180/1.
c Zentralkapsel, *m* extrakapsulärer Weichkörper, *g* kontraktile
Fäden (sogenannte Gallertcilien).

Nur wenige Radiolarien bleiben ohne feste Einlagerungen, in der Regel enthält der Weichkörper ein aus soliden oder hohlen, mit Gallerte erfüllten Kieselnadeln oder aus Nadeln meist von Strontiumsulfat (*Acantharia*) aufgebautes
Skelet, das entweder ganz außerhalb der Centralkapsel liegt oder in ihr Inneres
hineinragt (Abb. 350). Im einfachsten Falle besteht das Skelet aus kleinen vereinzelten, einfachen oder gezackten Kieselnadeln, die um die Peripherie des
Körpers ein feines Schwammwerk zusammensetzen; auf einer weiteren Stufe tritt
eine Gitterschale mit radiären Kieselstacheln auf, die in gesetzmäßiger Zahl und
Anordnung nach der Peripherie ausstrahlen (Abb. 351); zu diesen kann sich ein
peripherisches Netzwerk hinzugesellen oder es können mehrere konzentrische
Gitterkugeln vorhanden sein; in anderen Fällen finden sich monaxone einfache
oder zusammengesetzte Gitternetze und durchbrochene Gehäuse von äußerst
mannigfacher Gestalt (von Helmen, Vogelbauern usw.), auf deren Peripherie
sich Spitzen erheben können (Abb. 352).

Die Fortpflanzung erfolgt durch Teilung im vegetativen Zustande, gewöhnlich jedoch durch Zerfallsteilung unter Hinterlassung eines Restkörpers, bei der aus dem Inhalt der Centralkapsel mit Geißeln ausgestattete Schwärmsprößlinge hervorgehen, welche durch Platzen der Centralkapsel frei werden. Die Schwärmer enthalten je ein sogenanntes Krystalloid im Innern und werden Isosporen oder Krystallschwärmer genannt. Außerdem wurden Microsporen und Macrosporen beobachtet, die wahrscheinlich eine Copulation eingehen. Aller Wahrscheinlichkeit nach besteht auch ein Generationswechsel zwischen durch Teilung oder Isosporen sich vermehrenden und Micro- und Macrosporen produzierenden Generationen. Bemerkenswert ist die Beobachtung eines besonderen Geschlechtskernes und eines Dauerkernes bei *Oroscena* (HAECKER).

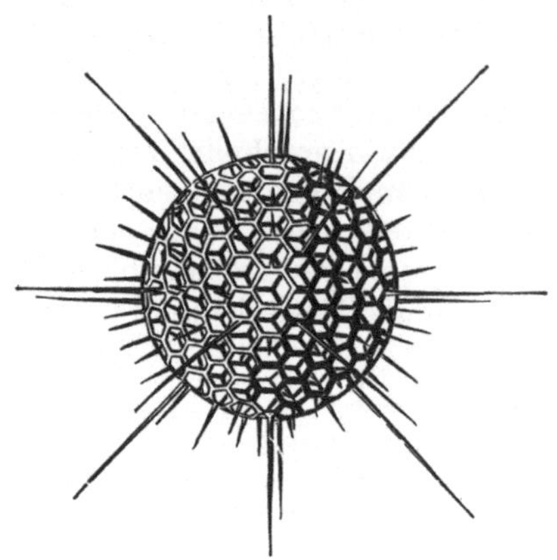

Abb. 351. Skelet von *Heliosphaera echinoides*. (Nach HAECKEL.) 280/1

Die Radiolarien sind Meeresbewohner und flottieren nahe der Oberfläche, vermögen aber auch in tiefere Schichten zu sinken, wie denn manche Formen (*Tripylaria*) in den größten Meerestiefen gefunden werden. Nur *Podactinelius* ist festsitzend.

Auch fossile Radiolarienreste sind in großer Zahl bekannt geworden, z. B. aus dem Kreidemergel und Polierschiefer von einzelnen Küstenpunkten des Mittelmeeres (Caltanissetta in Sizilien, Zante und Aegina in Griechenland), besonders aus Gesteinen von Barbados und den Nikobaren. Ebenso haben sich Ablagerungen aus sehr bedeutenden Meerestiefen reich an Radiolarienskeleten erwiesen (Radiolarienschlamm).

1. Unterordnung. *Acantharia*. Membran der Centralkapsel meist sehr zart und ohne präformierte Öffnungen oder fehlend. Skelet in der Regel aus 20 radialen Stacheln von Strontiumsulfat, die im Centrum des Körpers zusammenstoßen. *Acanthochiasma rubescens* KROHN. Ohne Centralkapsel. Atlant. Ozean, Mittelmeer. *Acanthometron pellucidum* J. MÜLL. (Ab-

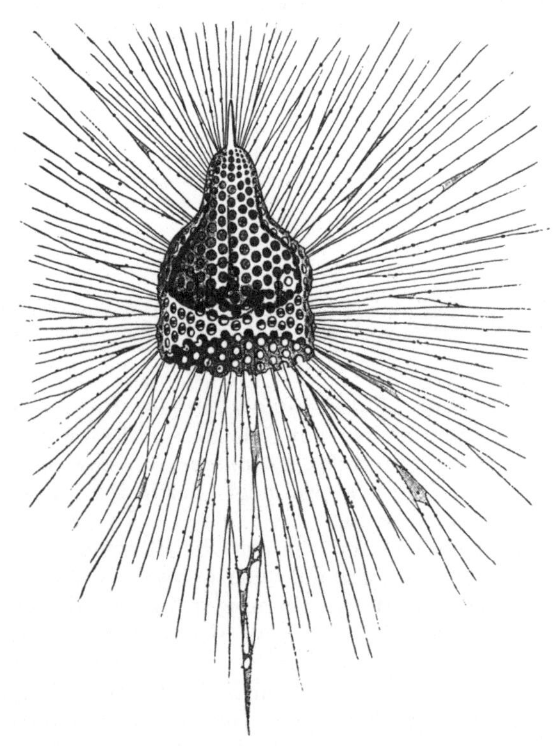

Abb. 352. *Theopilium (Eucyrtidium) cranoides*. (Nach HAECKEL.) 240/1

bild. 350). *Amphilonche elongata* J. Müll. *Dorataspis (Phractaspis) prototypus* H. Mit Gitterschale. *Diploconus fasces* H. Alle Kosmopolitisch. *Actinelius primordialis* H. Mit sehr zahlreichen Stacheln. Pazif. Ozean. *Podactinelius sessilis* Ol. Schr. Mittels Stieles festsitzend. Mit sehr zahlreichen Stacheln. Südpolarmeer.

2. Unterordnung. *Peripylaria (Spumellaria).* Membran der Centralkapsel allseitig von zahlreichen feinen Poren durchsetzt. Skelet fehlt oder besteht aus soliden Kieselnadeln oder wird durch Gitterkugeln oder ein spongiöses Netzwerk mit Stacheln gebildet. *Thalassophysa (Thalassicolla) pelagica* H. (Abb. 349), *Thalassicolla nucleata* Huxl. Beide ohne Skelet. Mittelmeer. *Oroscena* H. Tiefsee. Weit verbreitet. *Collozoum inerme* J. Müll. Koloniebildend, ohne Skelet. *Sphaerozoum punctatum* Huxl. Koloniebildend, Individuen mit Skelet aus losen Nadeln. *Collosphaera huxleyi* J. Müll. Koloniebildend, Individuen mit Gitterschale. *Heliosphaera actinota* H. Atlant. Ozean, Mittelmeer. *H. echinoides* H. Mittelmeer. Mit einer Gitterschale (Abb. 351). *Hexacontium (Actinomma) asteracanthion* H. Mit drei konzentrischen Gitterschalen. *Stylodictya arachnia* J. Müll. Skelet scheibenförmig. Kosmopolitisch.

3. Unterordnung. *Monopylaria (Nassellaria).* Centralkapsel monaxon, nur mit einem Porenfeld. Skelete meist helmförmige und käfigähnliche Gittergehäuse. *Theopilium (Eucyrtidium) cranoides* H. Mittelmeer (Abb. 352). *Lithocircus annularis* J. Müll. Skelet ein einfacher Kieselring. Kosmopolit. *Cystidium princeps* H. Skeletlos. Ind. Ozean.

4. Unterordnung. *Tripylaria (Phaeodaria).* Centralkapsel mit doppelter Membran, mit einer von Pigment (Phaeodium) umlagerten Hauptöffnung und meist zwei kleineren Nebenöffnungen. Skelet aus hohlen Kieselnadeln gebildet. *Aulacantha scolymantha* H. *Aulosphaera trigonopa* H. *Coelodendrum ramosissimum* H. Kosmopolit. *Challengeria naresi* Murr. Mit ovoider Schale. Kosmopolit. Tiefsee.

3. Klasse. Sporozoa[1].

Parasitische Protozoen, die flüssige Nahrung osmotisch aufnehmen und in deren Lebenscyclus eine Vermehrung durch meist mit fester Hülle umgebene Sprößlinge, sogenannte Sporen, auftritt.

Die als *Telosporidia* zusammengefaßten Sporozoen sind im erwachsenen Zustand (*Coccidiomorpha*) ruhende kugelige bis sphäroidische (*Coccidia*) oder amöboide

---

[1] Außer N. Lieberkühn vgl. Schneider, Aimé: Contributions à l'histoire des Grégarines des invertebrés de Paris et de Roscoff. Archives de Zool. 4 (1875). — Balbiani, G.: Leçons sur les sporozoaires. Paris 1884. — Schewiakoff, W.: Über die Ursache der fortschreitenden Bewegung der Gregarinen. Z. Zool. 58 (1894). — Thélohan, P.: Recherches sur les Myxosporidies. Bull. Sci. France et Belg. 26 (1895). — v. Wasielewski: Sporozoenkunde. Jena 1896. — Labbé, A.: Recherches zoologiques, cytologiques et biologiques sur les Coccidies. Archives de Zool. 1896. — Sporozoa. In: Tierreich, Liefg 5 (1899). — Doflein, F.: Studien zur Naturgeschichte der Protozoen. III. Über Myxosporidien. Zool. Jb. 11 (1898). — Siedlecki, M.: Über die geschlechtliche Vermehrung der *Monocystis ascidiae.* Bull. Akad. Wiss. Krakau 1899. — Schaudinn, Fr.: Untersuchungen über den Generationswechsel bei Coccidien. Zool. Jb. 13 (1900). — Grassi, B.: Studi di uno zoologo sulla malaria. R. Accad. Lincei. Roma 1900. (Deutsche Ausgabe 1901.) — Cuénot, L.: Recherches sur l'évolution et la conjugaison des Grégarines. Archives de Biol. 17 (1901). — Léger, L.: La reproduction sexuée chez les *Stylorhynchus.* Arch. Protistenkde 3 (1904). — Caullery, M. et F. Mesnil: Recherches sur les Haplosporidies. Archives de Zool. 1905. — Recherches sur les Actinomyxidies. Arch. Protistenkde 6 (1905). — Keysselitz, G.: Die Entwicklung von *Myxobolus pfeifferi* Th. Ebenda 11 (1908). — Léger L. et Dubosq, O.: Études sur la sexualité chez les Grégarines. Ebenda. 17 (1909). — Hesse, E.: Contribution à l'étude des Monocystidées des Oligochètes. Archives de Zool. 1909. — Mercier, L.: Contribution à l'étude de la sexualité chez les Myxosporidies et chez les Microsporidies. Mém. Acad. Brüssel 1909. — Auerbach, M.: Die Cnidosporidien. Leipzig 1910. — Studien über die Myxosporidien der norwegischen Seefische und ihre Verbreitung. Zool. Jb. 34 (1912). — Swarczewski, B.: Über den Lebenscyclus einiger Haplosporidien. Arch. Protistenkde 33 (1914). — Granata, L.: Ricerche sul ciclo evolutivo di *Haplosporidium limnodrili.* Ebenda 35 (1915). — Alexeieff, A.: Recherches sur les Sarcosporidies. Archives de Zool. 1913. — Kudo, R.: Studies on *Myxosporidia.* A Synopsis of Genera and Species. Illinois biol. Monogr. 5 (1919). — Schuurmans Stekhoven, J. H.: Myxosporidienstudien. Arch. Protistenkde 41 (1920). — Debaisieux, P.: Études sur les Microsporidies. La Cellule 30 (1919—1920). — Naville, A.: Les Sporozoaires. Mém. Soc. de Phys. et d'hist. nat. Genf 41 (1931). — Ferner Danilewsky, Kloss, Eimer, Wolters, Schuberg, Pfeiffer, Laveran, Prowazek, Moroff, Schröder, Bütschli, Berlin, Stempell u. a.

(*Haemosporidia*) Protozoen, die intracellulare Schmarotzer sind. Das Cytoplasma zeigt keine Differenzierung in Ecto- und Entoplasma und enthält einen einfachen Kern (Abb. 354). Die in dieselbe Gruppe gehörigen *Gregarinida* dagegen haben einen wurmförmig gestreckten Körper, an dem sich Ecto- und Entoplasma unterscheiden lassen (Abb. 353); der Körper der höher entwickelten Formen (Abb. 355a) zeigt drei Teile: 1. den vergänglichen Epimerit, der, mit Borsten und Haken ausgestattet, zur Befestigung dient; 2. einen kurzen Protomerit; 3. den zu hinterst gelegenen Deutomerit mit dem stets einfachen Kern. Protomerit und Deutomerit sind durch eine ectoplasmatische Scheidewand getrennt. Nach außen ist der Körper der *Gregarinen* von einer Cuticula bekleidet, unter der eine subcuticulare Gallertschicht liegt. Nach innen folgt das Ectoplasma, das gegen das Entoplasma zu ringförmig verlaufende Muskelfibrillen (Myoneme) ausbildet, welche die Contractionen des Körpers bewirken. Die Locomotion der *Gregarinen* beschränkt sich auf ein langsames Fortgleiten; es wird verursacht durch die Abscheidung gallertiger Fäden nach hinten, wodurch das Tier langsam vorwärtsgeschoben wird. Das Entoplasma ist trübkörnelig und enthält Körner von Paraglykogen eingelagert. Die junge *Gregarine* ist häufig zunächst Zellparasit, tritt jedoch mit ihrer Größenzunahme aus der Zelle heraus. Formen mit Epimerit bleiben durch diesen an den Zellen befestigt, lösen sich aber schließlich ganz ab. Oft sind die *Gregarinen* in zwei- oder mehrfacher Zahl, zuweilen zu langen Ketten aneinandergeheftet.

Abb. 353. *Gonospora terebellae.* (Nach AIMÉ SCHNEIDER.) Etwa $^{550}/_1$

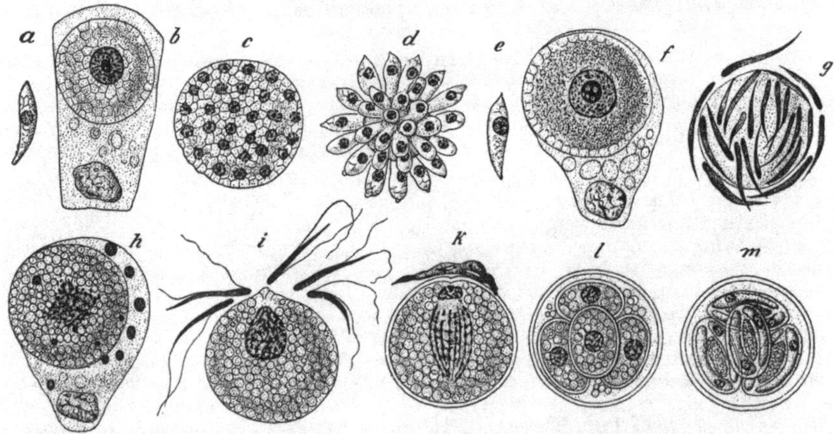

Abb. 354. Zeugungskreis von *Eimeria* (*Coccidium*) *schubergi*. (Nach SCHAUDINN.) Etwa $^{720}/_1$. a Sporozoit; b herangewachsenes Coccidium (Schizont) in einer Darmepithelzelle; c letzteres mit durch Teilung vermehrten Kernen; d in Bildung der Merozoiten begriffen; e Merozoit; f Mikrogametocyte in einer Epithelzelle eingeschlossen; g dieselbe in Bildung der Microgameten begriffen; h Macrogamet innerhalb einer Epithelzelle, im Zustande der Ausstoßung von Kernsubstanz (Reifungsprozeß); i Befruchtungsprozeß; k copulierte Coccidie (Oocyste, Sporont) mit Hülle; l dieselbe in vier Sporen zerfallen; m in jeder Spore sind zwei sichelförmige Keime (Sporozoiten) gebildet.

Eine zweite Gruppe von Sporozoen, die *Neosporidia* (*Amoebosporidia*) sind im ausgebildeten Zustande vielkernig und bewegen sich entweder amöboid oder sind unbeweglich.

Alle Sporozoen nehmen osmotisch flüssige Nahrung auf; contractile Vacuolen fehlen.

Die Fortpflanzung erfolgt durch Teilung oder durch häufig das Bild einer Knospung gewährende Zerfallsteilung. Copulation wurde vielfach beobachtet. Überall findet die Entwicklung sogenannter Sporen statt, und zwar entweder am Ende (*Telosporidia*) oder auch fortlaufend während der ganzen Vegetationsperiode (*Neosporidia*). Bei allen *Telosporidien* findet ein Generationswechsel statt, indem der geschlechtlichen Fortpfanzung (Gamogonie) der Gamonten eine vegetative Zerfallsteilung (Sporogonie) folgt. Bei den *Coccidiomorphen* und *Schizogregarinaria* besteht ein doppelter Generationswechsel, da die erwachsenen Formen (als Agamonten) sich auch durch Zerfallsteilung (Schizogonie) vermehren können.

Der Entwicklungscyclus von *Eimeria* (*Coccidium*) *schubergi* (Abb. 354) aus dem Darm von *Lithobius forficatus* verläuft folgenderweise: Das kugelige, in einer Darmepithelzelle parasitierende *Coccidium* produziert durch *Schizogonie* sichelförmige Keime (*Merozoiten*), wobei ein Teil des Cytoplasmas als sogenannter Restkörper zurückbleibt. Diese Keime entwickeln sich zu einer gleichartigen Generation, die zu weiterer Selbstinfektion des Wirtstieres führt. Nach mehreren schizogenen Generationen werden die Merozoiten als Gamonten zum Teil zu *Macrogameten*, die Reservestoffe in sich aufspeichern, oder zu Microgametocyten, die durch Teilung, mit Hinterlassung eines Restkörpers, zahlreiche mit zwei Geißeln versehene, sehr bewegliche *Microgameten* liefern, welche (wie beim Befruchtungsprozeß der Metazoen) mit einem Macrogameten, der einen Empfängnishügel bildet, copulieren. Die Zygote (*Oocyste* oder *Sporont*) scheidet nun eine feste Hülle ab und erzeugt durch *Sporogonie* vier mit einer Schale umhüllte Sporen, jede Spore sodann durch Teilung zwei sichelförmige Keime (*Sporozoiten*), wobei wieder ein Restkörper zurückbleibt.

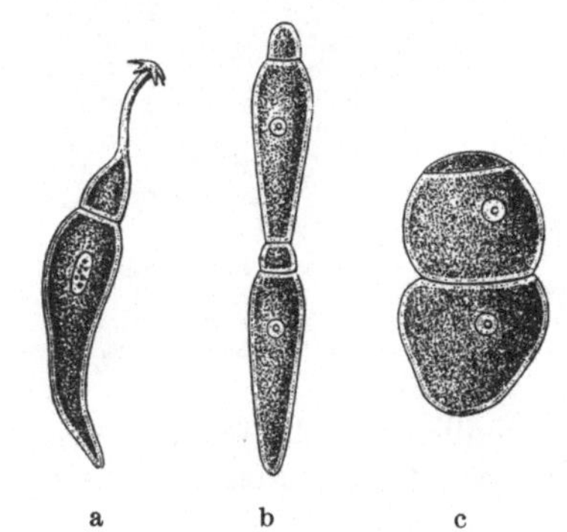

a   b   c

Abb. 355. a *Hoplorhynchus oligacanthus.* 68/1. b *Gregarina* (*Clepsidrina*) *polymorpha.* Zwei Individuen in Syzygie. c Dieselben kontrahiert auf dem Wege der Encystierung. (Nach STEIN.)

Die Sporogonie dient der Übertragung des Parasiten, da die Sporen auf irgend eine Weise nach außen gelangen. In anderen Wirtstieren kriechen die Sporozoiten aus der Hülle aus, bohren sich in die Darmzellen ein und stellen wieder die schizogone Generation vor.

Unter den *Gregarinen* (s. S. 313, Abb. 295) besteht ein einfacher Generationswechsel bei den *Eugregarinaria*, da hier keine schizogene Generation auftritt. Die Fortpflanzung wird durch die Vereinigung (Syzygie) von zwei geschlechtlich verschieden veranlagten, in manchen Fällen schon cytologisch unterscheidbaren Individuen eingeleitet. Es tritt sodann Encystierung der Syzygie ein. In beiden in der Syzygie vereinigten Individuen schnüren sich sodann nach lebhafter Vermehrung der Teilungskerne durch folgende Zerfallsteilung an der Oberfläche unter Hinterlassung eines großen Restkörpers kleine Zellen ab. Nun copulieren je zwei solche, meist sich gleichende Zellen (Isogameten) miteinander und es ist wahrscheinlich, daß die copulierenden Zellen von je einem der gemeinsam encystierten Individuen herrühren. Dies wird durch Beobachtungen an Formen mit Anisogamie bekräftigt. Bei *Stylorhynchus* z. B. werden von dem einen der beiden in einer Cyste vereinigten Individuen unbewegliche kugelige (weibliche) Gameten, von dem anderen aber gestreckte bewegliche, mit einer Geißel versehene (männliche) Gameten produziert, die dann copulieren (Abb. 356). Jede copulierte Zelle wandelt sich durch die Ausbildung einer Hülle zu einer Spore (hier auch

Pseudonavicelle genannt) um (Abb. 357) und erzeugt unter Hinterlassung eines sogenannten Restkörpers meist acht sichelförmige Keime (Sporozoiten). Die Entleerung der Cyste erfolgt nach Sprengung derselben oder durch besonders vorgebildete Röhren, sogenannte Sporoducte. Die Sporen dienen der Übertragung in ein anderes Wirtstier.

Für die *Neosporidia*, die vielkernig sind, ist eigentümlich, daß die Sporenbildung meist bei gleichzeitigem Weiterwachsen des Körpers fortlaufend bis zum

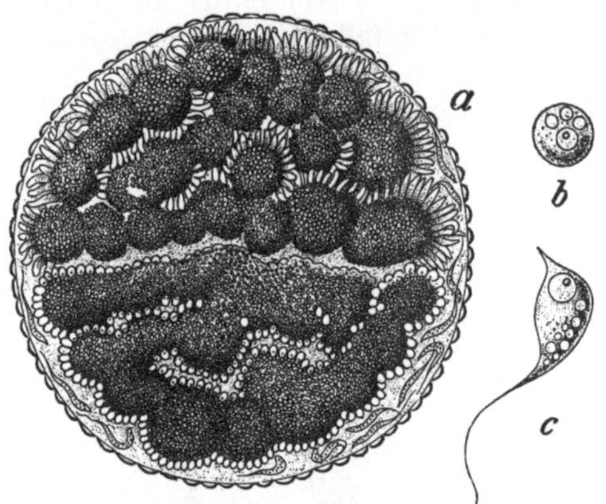

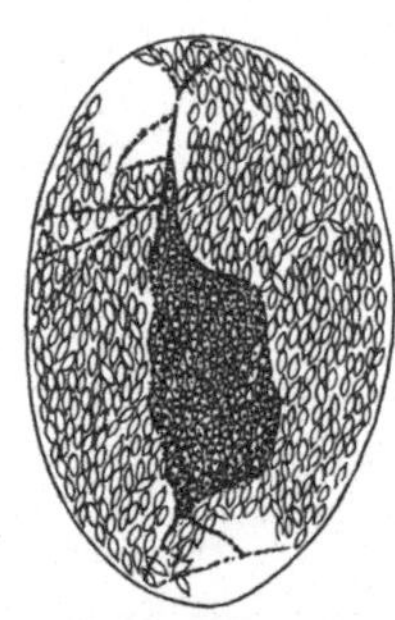

Abb. 356. a Cyste von *Stylorhynchus oblongatus*, das obere Individuum in Bildung männlicher, das untere in Bildung weiblicher Gameten begriffen, einige männliche Gameten bereits frei, $^{145}/_1$; b weiblicher, c männlicher Gamet, etwa $^{1200}/_1$. (Nach LÉGER.)

Abb. 357. Große Cyste einer Regenwurm-*Monocystis* mit reifen Sporen, in der Mitte ein Restkörper. (Nach BÜTSCHLI.)

schließlichen vollständigen Zerfall in Sporen stattfindet. Auch bilden sich in ihrem Körper zuerst abgegrenzte Plasmapartien, sogenannte Pansporoblasten aus,

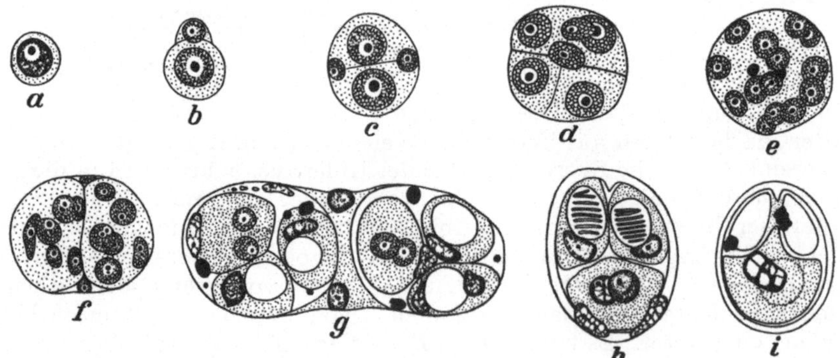

Abb. 358. Sporenbildung von *Myxobolus pfeifferi*. a Propagationszelle, b in Zweiteilung, c—e die weiteren Teilungsstadien, f der Pansporoblast mit den zwei Sporenanlagen, g Ausbildung der Sporen, h Spore mit unverschmolzenen Gametenkernen des Keimlings, i fertige Spore. Die Gametenkerne zum Synkaryon verschmolzen. (Nach KEYSSELITZ.)

welche die Sporen liefern. Jede Spore liefert nur *einen amöboiden* Keimling. Bei den meisten *Neosporidia* kommt Autogamie bei der Sporenbildung vor. Der Amöboidkeim ist die Zygote.

Bei *Myxobolus pfeifferi* (Abb. 358) entwickeln sich bei der Sporenbildung endogen im Körper Propagationszellen, aus denen die Sporen hervorgehen. Diese Zellen teilen sich zunächst in eine größere und eine kleinere Zelle; letztere liefert die Hülle für die Teilungsprodukte der größeren Zelle. So entstehen die Pansporoblasten. Die 12 Teilungsstücke der größeren Zelle werden auf zwei Gruppen verteilt. Aus jeder Gruppe geht eine Spore hervor. Zwei Zellen liefern dabei die beiden Schalenklappen, zwei die Polkapseln, zwei durch Kopulation die Zygote, den Keimling, dessen Kerne meist erst nach Entleerung der Spore ins Wasser zum Synkaryon verschmelzen. Die übrigen Kerne werden rückgebildet (s. auch S. 261 u. Abb. 240.)

Nach Schaudinn wird die Klasse der Sporozoen in zwei Unterklassen (*Telosporidia* und *Neosporidia*) eingeteilt, von Hartmann jedoch wahrscheinlich zutreffender die Auflösung der Gruppe in zwei entsprechende Klassen (*Sporozoa* und *Amoebosporidia* [= *Neosporidia*]) vorgenommen, die ihrer Abstammung nach verschiedenen Ursprungs sind.

1. Unterklasse. TELOSPORIDIA.

Einkernige Sporozoen, bei welchen die Sporenbildung am Schluß der vegetativen Periode eintritt.

1. Ordnung. Coccidiomorpha.

Intracellulär parasitierende Telosporidien, von rundlicher oder amöboider Gestalt.

1. Unterordnung. *Coccidia.* Sporozoiten in Sporenhülle. Die Oocyste (Sporont) unbeweglich. *Eimeria (Coccidium) schubergi* Schaud. Im Darm von *Lithobius forficatus* (Abb. 354). *E. stiedae* Lindem. (*Coccidium oviforme* und *perforans* Leuck.) Häufiger Parasit in Darm und Leber des Kaninchens. Auch beim Menschen gefunden; ferner bei Rindern (hier Ursache der sog. roten Ruhr), bei Pferd, Ziege, Schwein (Abb. 359). *E. avium* Silvestr. u. Rivolta, im Darm des Hausgeflügels. *Aggregata eberthi* Labbé. Wirtswechselnd im Darm von *Portunus* und *Sepia officinalis*. *Adelea ovata* Aim. Schn. Im Darm von *Lithobius forficatus. Klossia helicina* Aim. Schn. In der Niere von Helixarten. Hier schließen sich an *Haemogregarina stepanowi* Danilewsky. In dem Blute (den Blutkörperchen) der Sumpfschildkröte. Geschlechtliche Entwicklung in dem Egel *Placobdella catenigera. Lankesterella ranarum* Lank. Im Blute von *Rana esculenta. Haemoproteus danilewskyi* Grassi et Feletti. Im Blute von Vögeln. Übertragung durch *Culex*.

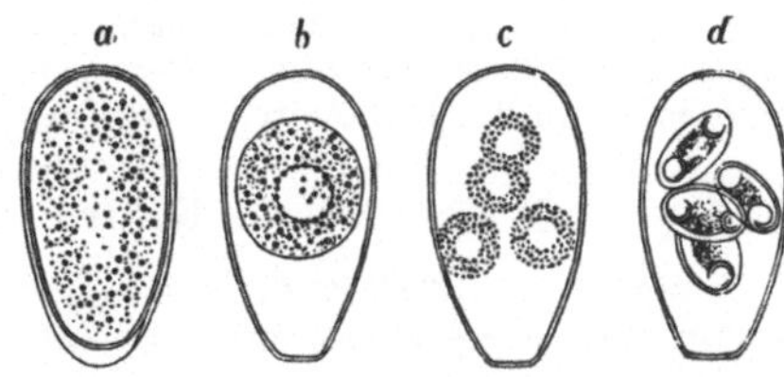

Abb. 359. *Eimeria stiedae* aus der Leber des Kaninchens. (Nach R. Leuckart.) a, b befruchtete Oocysten, c, d Zustände der Sporenbildung. Etwa $^{580}/_1$

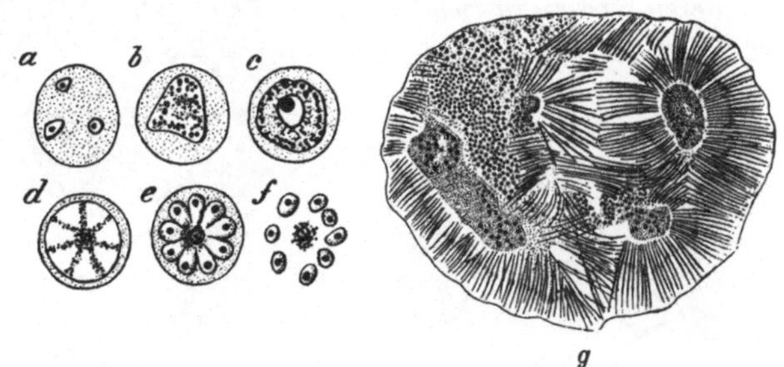

2. Unterordnung. *Haemosporidia*. Während ihrer vegetativen Periode Parasiten in den roten Blutkörperchen von Wirbeltieren. Sporozoiten nicht in Sporenhüllen. Oocyste (Sporont) beweglich. Generationswechsel mit Wirtswechsel verbunden. *Proteo-*

Abb. 360. a—f *Plasmodium malariae*. (a—e nach Labbé, f aus Labbé nach Golgi.) a Frisch infiziertes Blutkörperchen; b, c Blutkörperchen mit herangewachsenem Plasmodium, in welchem Pigment abgelagert ist; d, e die Plasmodien in Bildung der Keime begriffen; f freie Keime nach Zerfall des roten Blutkörperchens, um den Restkörper gelagert; g Oocyste mit reifen Sporozoiten von *Laverania malariae* (nach Grassi), die Sporozoiten um die Restkörper angeordnet.

soma praecox Grassi et Feletti. Im Blut von Vögeln. Übertragung durch *Culex*-Arten. *Laverania malariae* Grassi et Feletti. Ursache der gefährlichsten Malariaformen (Perniciosa, Quotidiana, Tropica). *Plasmodium vivax* Grassi et Feletti. Ursache des Tertianafiebers. *Pl. malariae* Laveran (Abb. 360). Ursache der Quartana. Erreger der verschiedenen Formen von Malaria des Menschen, in dessen Blut sich die schizogonen Generationen finden. Nach einer Reihe solcher kommen Geschlechtsindividuen (Gametocyten) zur Ausbildung, deren weitere Entwicklung erst im Darm von *Anopheles* erfolgt. Die Übertragung erfolgt durch eine Culicide (*Anopheles*), in deren Darmhöhle von Malariakranken aufgenommene Gametocyten zu Macrogameten werden oder fadenförmige Microgameten liefern, die hier die Copulation vollziehen. Die copulierte Gamete wird nicht gleich zur ruhenden Oocyste, sondern wird spindelförmig und bleibt beweglich (sogenanntes Ookinet), durchwandert das Darmepithel und gelangt in die Submucosa. Hier bilden sich aus der stark wachsenden Oocyste zahlreiche Sporoblasten, die, ohne eine Sporenhülle zu bilden, sich in zahlreiche, langsichelförmige Sporozoiten teilen. Die Sporozoiten werden in die Leibeshöhle der Mücke entleert und sammeln sich, wohl infolge chemotaktischer Anziehung, aus dem Blut in den Speicheldrüsen. Aus diesen gelangen sie mit dem Stich der Mücke wieder in das Blut des Menschen. Hier schließt sich an *Babesia bigemina* SMITH et KILBORNE. Im Rinde. Ursache des Texasfiebers. Übertragung durch Rinderzecken (*Margaropus*).

2. Ordnung. Gregarinida.

Telosporidien von mehr minder wurmförmiger Gestalt, im erwachsenen Zustand extracellulare Parasiten des Darmes oder Cöloms wirbelloser Tiere.

1. Unterordnung. *Eugregarinaria.* Schizogonie fehlt. 1. Sektion. *Monocystidea.* Ohne Epimerit. *Monocystis agilis* F. ST. *M. ventrosa* BERLIN. Beide in den Samensäcken verschiedener Lumbriciden. *Gonospora terebellae* KÖLL. In *Terebella, Audouinia* (Abb. 353). 2. Sektion. *Polycystidea.* Mit Epimerit. Körper häufig in Protomerit und Deutomerit geteilt. *Gregarina (Clepsidrina) blattarum* SIEB. Häufig im Darm der Küchenschabe. *Gr. polymorpha* HAMM. Im Darm der Larve des Mehlkäfers (Abb. 355 b). *Hoplorhynchus (Stylorhynchus) oligacanthus* SIEB. Im Darm der Larve von *Calopteryx* (Abb. 355 a). *Stylorhynchus longicollis* F. ST. Im Darm von *Blaps.*

2. Unterordnung. *Schizogregarinaria.* Mit Schizogonie. *Ophryocystis mesnili* LÉGER. Im Darm von *Tenebrio molitor. Porospora gigantea* E. BENED. 1 cm und mehr lang. Schizogonie im Darm des Hummers, Sporogonie in der Miesmuschel.

2. Unterklasse. NEOSPORIDIA (AMOEBOSPORIDIA).

Vielkernige Sporozoen, welche meist während der ganzen vegetativen Periode sporulieren. Jede Spore mit nur einem amöboiden Keimling.

1. Ordnung. Cnidosporidia.

Amöboid bewegliche oder in Cysten eingeschlossene Neosporidien, deren Sporen in zweifacher oder mehrfacher, seltener ein-

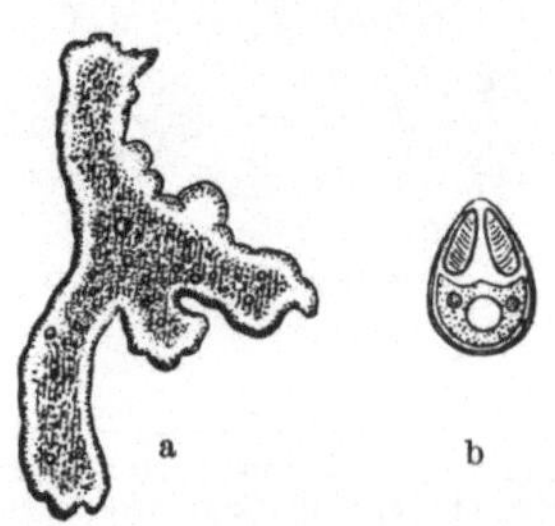

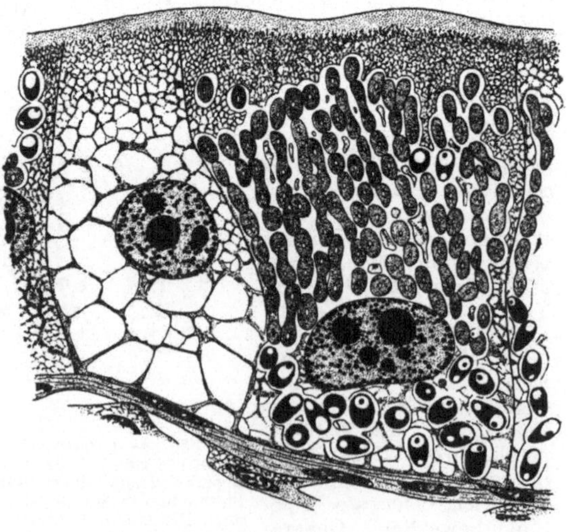

Abb. 361. a *Myxidium lieberkühni.* (Nach BÜTSCHLI.) 60/1. b Spore von *Myxobolus* (Original G.); oben die zwei Polkapseln, im unteren Teile der Amoeboidkeim (die Zygote mit noch unverschmolzenen Gametenkernen).

Abb. 362. *Nosema bombycis,* Teilungsstadien und Sporen in Epithelzellen des Darmes von *Arctia caja.* (Nach STEMPELL.) Etwa 1100/1.

facher Zahl in Pansporoblasten entstehen und mit Polkapseln (Nesselkapseln) oder einem in einer Vacuole aufgerollten Polfaden versehen sind.

1. Unterordnung. *Myxosporidia*. Im Pansporoblasten entstehen meist zwei Sporen mit 2—4 Polkapseln. Spore mit zwei Schalenklappen (Abb. 240f.). *Myxobolus pfeifferi* THÉLOHAN. Ursache der Barbenseuche. *M. cyprini* DOFLEIN et HOFER, in der Niere des Karpfen. Kommt auch bei der sogenannten Pockenkrankheit der Karpfen vor. *Myxosoma dujardini* THÉLOHAN, an den Kiemen von Cyprinoiden. *Myxidium lieberkühni* BÜTSCH. In der Harnblase des Hechtes (Abb. 361 a). *Sphaeromyxa sabrazesi* LAVERAN u. MESNIL. In der Gallenblase des Seepferdchens.

2. Unterordnung. *Actinomyxidia*. Sporen dreistrahlig, mit drei Polkapseln am Vorderende. Sind Parasiten in Oligochäten. *Triactinomyxon ignotum* STOLC, in *Tubifex*. *Sphaeractinomyxon stolci* CAULL. et MESN. In marinen Oligochäten.

3. Unterordnung. *Microsporidia*. Im Pansporoblasten entstehen eine oder vier oder mehr birnförmige oder ovoide Sporen mit einem Polfaden, der in einer Vacuole aufgerollt ist. Sind Zellparasiten. *Glugea anomala* MONZ. In Süßwasserstichlingen. *Nosema bombycis* NAEGELI (Abb. 362). In allen Organen der Seidenraupe. Ursache der Pébrine (Seidenraupenkrankheit); infolge derselben sterben die Raupen vor oder in der Verpuppung. *N. apis* ZANDER. Ursache der Ruhr der Bienen. *Thelohania corethrae* SCHUBERG et RODRIGUEZ. In der Leibeshöhle der Larve von Chaoborus crystallinus (Corethra plumicornis).

2. Ordnung. Acnidosporidia.

Nackte oder in Cysten eingeschlossene schlauchförmige Neosporidien mit zahlreichen Sporen in einem Pansporoblasten, ohne Polkapseln.

1. Unterordnung. *Haplosporidia*. Intra- oder interzelluläre oder in Körperhöhlen schmarotzende Acnidosporidia, die vielfach mit Microsporidien übereinstimmen. Spore meist mit Deckel. *Haplosporidium heterocirri* CAULL. et MESN. Im Darmepithel eines Polychäten (*Heterocirrus viridis*). *H. chitonis* LANKESTER. In Chitonarten.

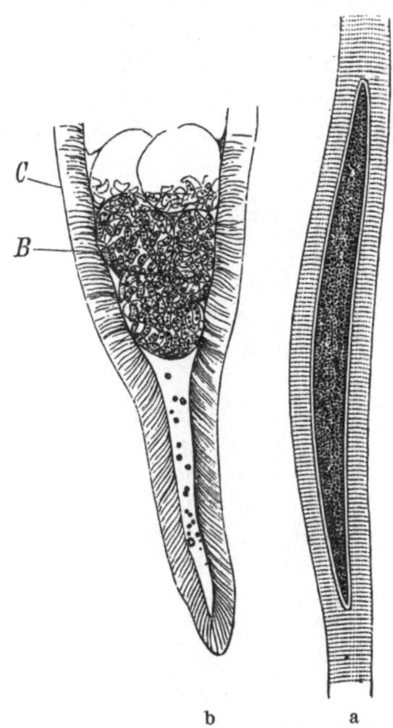

b   a

Abb. 363. *Sarcocystis*-Schläuche aus dem Fleische des Schweines. a Ein Schlauch im Inneren einer Muskelfaser. — b Das Hinterende desselben, stark vergrößert. C Cystenmembran (vom Wirtstier gebildet), B Sporenballen.

2. Unterordnung. *Sarcosporidia*. Spindelförmige, in Cysten eingeschlossene, Schläuche bildende Acnidosporidia (MIESCHERsche Schläuche) (Abb. 363). Sporen sichelförmig. *Sarcocystis miescheriana* KÜHN. In den Muskeln des Schweines. *S. tenella* RAILL. Im Schaf. *S. lindemanni* RIVOLTA. In Haustieren, selten beim Menschen.

2. Divisio.

Cytoidea.

Protozoen mit zweierlei, physiologisch verschiedenwertigen Kernen.

Klasse Ciliata (Infusoria), Wimperinfusorien [1].

Hochdifferenzierte Protozoen mit Cilienbekleidung, meist mit Mund und After, mit Macronucleus (vegetativer Kern) und Micronucleus (Geschlechtskern).

---

[1] STEIN, FR.: Die Infusionstiere auf ihre Entwicklungsgeschichte untersucht. Leipzig 1854. — Der Organismus der Infusionstiere. I. u. II. Leipzig 1859 u. 1867. — BALBIANI, G.: Recherches sur les phénomènes sexuels des Infusoires. J. de Phys. 4 (1861). — BÜTSCHLI, O.: Studien über die ersten Entwicklungsvorgänge der Eizelle, die Zellteilung und die Conjugation der Infusorien. Frankfurt 1876. — GRUBER, A.: Der Conjugationsprozeß bei *Paramaccium*. Ber. naturforsch. Ges. Freiburg 1886. — MAUPAS, E.: Contributions à l'étude

Die Ciliaten wurden gegen Ende des 17. Jahrhunderts von A. v. LEEUWENHOEK entdeckt. Der Name Infusionstierchen kam erst im Laufe des 18. Jahrhunderts durch LEDERMÜLLER und WRISBERG in Gebrauch, ursprünglich zur Bezeichnung aller kleinen, nur mit Hilfe des Mikroskops erkennbaren Tierchen, die in Aufgüssen (Infusionen) auftreten.

Der Körper der Ciliaten ist meist asymmetrisch, die Körperform eine bestimmte. Als bewegliche Anhänge fungieren entweder zarte Wimpern (*Cilien*), welche in Reihen angeordnet die Oberfläche bedecken, oder stärkere griffel- und hakenförmige, zum Kriechen und Anklammern dienende *Cirren*, ferner zumeist

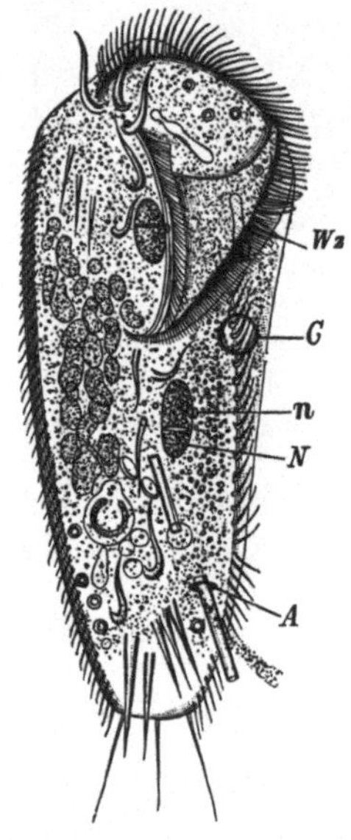

Abb. 364. *Stylonychia mytilus* (nach STEIN) von der Bauchfläche gesehen. 250/1. *Wz* Adorale Wimperzone, *C* contractile Vacuole, *N* Macronucleus, *n* Micronucleus, *A* Cytopyge.

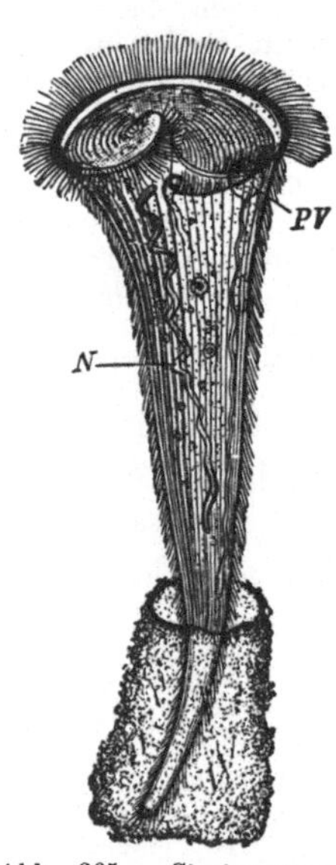

Abb. 365. *Stentor roeseli.* (Nach STEIN.) 70/1. *PV* Pulsierende Vacuole, *N* Macronucleus.

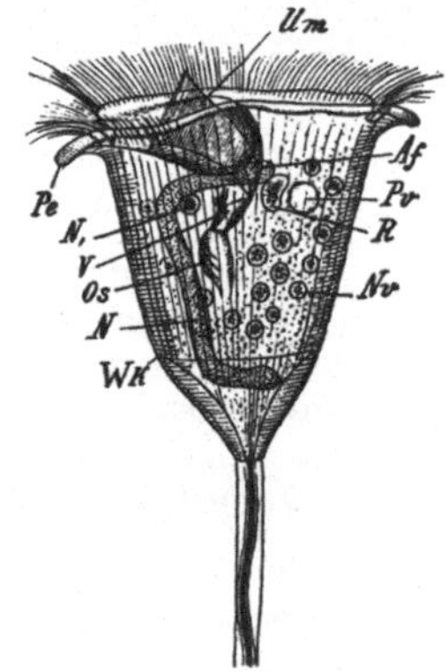

Abb. 366. *Vorticella nebulifera* mit dem oberen Teil des Stieles. (Nach BÜTSCHLI.) 300/1. *V* Vestibulum, *Um* undulierende Membran, *Os* Schlund, *Pv* contractile Vacuole, *R* ihr Reservoir, *Af* Afterstelle im Vestibulum, *N* Macronucleus, *N'* Micronucleus, *Nv* Nahrungsvacuolen, *WK* die Linie, an der sich der hintere Wimperkranz bildet. Die von dem Stielmuskel kommenden Myoneme verlaufen bis gegen den Peristomrand (*Pe*).

dreieckige Wimperplättchen (*Membranellen*) (Abb. 364). Letztere setzen vornehmlich die zum Munde führende *adorale Wimperzone* zusammen, welche beim Schwimmen eine Strudelung erregt und die Nahrung zur Mundöffnung hinleitet. Endlich kommen im Schlunde auch *undulierende Membranen* vor. Von unbeweg-

morphologique et anatomique des infusoires ciliés. Archives de Zool. 1883. — Recherches expérimentales sur la multiplication des infusoires ciliés. Ebenda 1888. — Le rajeunissement karyogamique chez les ciliés. Ebenda 1889. — HERTWIG, R.: Über die Conjugation der Infusorien. Abh. Akad. Münch. 1889. — SCHEWIAKOFF, W.: Beiträge zur Kenntnis der holotrichen Ciliaten. Bibliotheca zoologica H. 5, 1889. — PLATE, L. H.: Protozoenstudien. Zool. Jb. 3 (1888). — PROWAZEK, ST.: Protozoenstudien. Arb. zool. Inst. Wien 11 (1899). — WALLENGREN, H.: Zur Kenntnis des Neubildungs- und Resorptionsprozesses bei der Teilung der hypotrichen Infusorien. Zool. Jb. 15 (1901). — PRANDTL, H.: Die Konjugation von *Didinium nasutum*. Arch. Protistenkde 7 (1906). — POPOFF, M.: Die Gametenbildung und die Konjugation von *Carchesium polypinum*. Z. Zool. 89 (1908). — CÉPÈDE, C.: Recherches sur les Infusoires astomes. Archives de Zool. 1910. — COLLIN, B.: Étude monographique sur les Acinétiens. Ebenda 1911/1912. — DOGIEL, V.: Die Geschlechtsprozesse bei Infusorien (speziell bei den Ophryoscoleciden). Arch. Protistenkde 50 (1925). — Ferner vgl. KENT, WRZÉSNIOWSKI, EBERLEIN, SCHUBERG, ENRIQUES, JOSEPH, SCHRÖDER, SAND, MAIER, ENTZ, WOODRUFF, BR. KLEIN, v. GELEI u. a.

lichen Anhängen sind die meist sehr feinen *Tastborsten* zu erwähnen (*Stentor Hypotricha*).

Die Bewimperung des Körpers ist im einfachsten Falle eine gleichmäßige und allgemeine, ohne daß eine adorale Wimperzone entwickelt ist (*Holotricha*) (Abb. 373), oder es tritt bei allgemeiner Bewimperung bereits eine besondere adorale Wimperzone auf (*Heterotricha*) (Abb. 365). Die *Oligotricha* sind durch die bedeutende Reduktion der allgemeinen Bewimperung ausgezeichnet (Abb. 376). Bei den *Hypotricha* ist die Bewimperung auf die Bauchseite beschränkt und in bestimmt gruppierte Cilien und Cirren differenziert (Abb. 364). Der Körper der meist festsitzenden *Peritricha* entbehrt außer der adoralen Wimperzone, welche am Rande einer deckelartig erhobenen, einstülpbaren Scheibe (*Peristomscheibe*) liegt, in der Regel der Bewimperung (Abb. 366); nur bei freischwimmenden Formen sowie bei den festsitzenden zur Zeit ihres Umherschwärmens ist ein die hintere Körperregion umziehender Wimperkranz vorhanden.

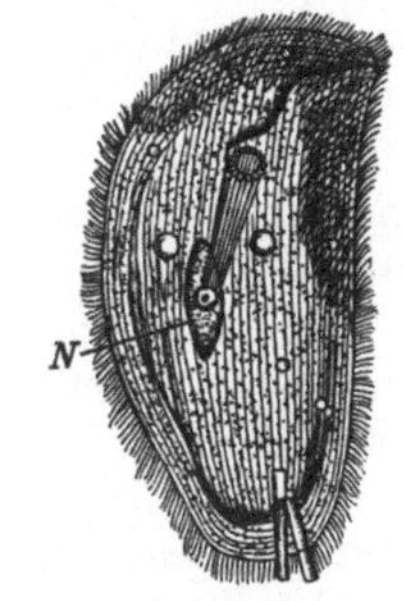

Abb. 367. *Chilodon cucullulus* (nach STEIN) mit fischreusenähnlichem Cytopharynx. $^{190}/_1$. *N* Macronucleus mit dem Micronucleus. Aus der Cytopyge treten Nahrungsreste aus.

Vollständig wimperlos im ausgebildeten Zustand und nur in der Jugend bewimpert sind die *Suctoria*, bei denen als eigentümliche Anhänge Röhrchen und Tentakel auftreten, mittels deren sie fremde Organismen (meist Ciliaten) festhalten und aussaugen (Abb. 369).

Mit Ausnahme der *Suctoria* und einiger mundloser entoparasitischer Formen, die endosmotisch durch die ganze Körperbedeckung Nahrung aufnehmen, erfolgt die Nahrungsaufnahme durch eine Mundöffnung (*Cytostom*), welche am vorderen Ende oder an der Ventralseite des Körpers gelegen ist und in der Regel im Grunde einer muldenförmigen Einsenkung, des *Peristoms*, liegt. Eine zweite Öffnung, die während des Austrittes der Nahrungsreste an einer bestimmten Körperstelle als Schlitz erkennbar wird, fungiert als After (*Cytopyge*) (Abb. 367).

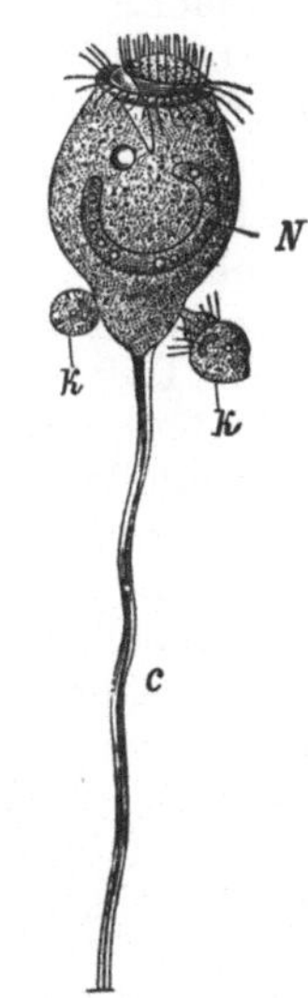

Das Körperplasma zerfällt bei den meisten *Ciliaten* in ein zähflüssiges Ectoplasma und ein flüssigeres Entoplasma, in das von der Mundöffnung aus häufig eine zarte, seltener durch feste Stäbchen (*Chilodon, Nassula*) gestützte Speiseröhre (*Cytopharynx*) hineinragt (Abb. 367). Durch sie gelangen die Nahrungsstoffe, in Speiseballen zusammengedrängt und in Nahrungsvacuolen eingeschlossen, in das Entoplasma, um unter dem Einfluß der Contractilität des Leibes in langsamen Rotationen (sogenannte *Cyclose*) umherbewegt, verdaut und endlich in ihren festen unbrauchbaren Überresten durch die Afteröffnung ausgeworfen zu werden.

Das zähflüssigere Ectoplasma repräsentiert vorzugsweise die bewegende und empfindende Substanz des Leibes, in der auch contractile Fibrillen (*Myoneme*) auftreten (Abb. 366).

Abb. 368. *Vorticella microstoma* (nach STEIN) im Zustande der Copulation. $^{200}/_1$. *K* die angehefteten Microgameten, *N* Macronucleus, *c* Stiel.

Das Ectoplasma bildet in vielen Fällen ein zartes Häutchen (sogenannte *Pellicula*) aus, das zuweilen große Festigkeit erlangt. Je nach der Festigkeit dieser Pellicula unterscheidet man metabolische, formbeständige und gepanzerte Formen (*Coleps, Ophryoscolecidae*). Einige festsitzende Ciliaten (*Stentor, Cothurnia*) sondern ein Gehäuse ab, in das sich die Tiere zurückziehen können.

Zuweilen (*Bursaria, Paramaecium*) ist das Ectoplasma der Sitz kleiner stäbchenförmiger Körper, der *Trichocysten*, die bei Reizung zu einem Faden ausschnellen und vielleicht als Schutzwaffen dienen (Abb. 373); selten (*Epistylis umbellaria*) finden sich echte Nesselkapseln. Als eine weitere Differenzierung des Ectoplasmas erweisen sich die *contractilen Vacuolen*, welche in einfacher oder mehrfacher Zahl an ganz bestimmten Stellen des Körpers auftreten. Häufig stehen die pulsierenden Vacuolen mit einer oder mehreren gefäßartigen Lacunen in Verbindung, welche während der Contraction der Vacuolen anschwellen (Abb. 373). Die contractilen Vacuolen münden durch eine feine Öffnung an der Oberfläche aus und sind Excretionsorgane.

Eine im Vorderkörper mancher Ciliaten (*Bütschlia, Paraisotricha*) sich findende, Concremente enthaltende Vacuole mit cuticularer Kappe scheint nach DOGIEL ein statisches Sinnesorgan zu sein.

Die Ciliaten besitzen zweierlei physiologisch verschiedenwertige Kerne, den *Macronucleus* (vegetativen oder somatischen Kern) und den *Micronucleus* oder Geschlechtskern, der in seltenen Fällen (*Ichthyophthirius*) nur zur Zeit der Conjugation in Erscheinung tritt.

Macronucleus und Micronucleus liegen im Entoplasma des Ciliatenleibes, werden aber durch ectoplasmatische Strukturen in ihrer Lage befestigt. Der erstere ist ein in einfacher oder mehrfacher Zahl auftretender Körper von bestimmter Form und Lage, bald rund oder oval, langgestreckt, hufeisenförmig oder bandförmig ausgezogen und in eine Reihe von Abschnitten eingeschnürt. Der sogenannte Micronucleus oder Geschlechtskern wechselt ebenfalls nach Form, Lage und Zahl bei den einzelnen Arten mannigfach. Stets ist er viel kleiner als der Macronucleus und stark lichtbrechend, in der Regel diesem dicht angelagert oder in eine Cavität desselben eingesenkt.

Die Fortpflanzung der *Ciliaten* erfolgt durch *Teilung* oder *Knospung*. Die Teilung ist stets Querteilung; die Teilungsebene liegt quer, schräg oder scheinbar parallel (*Vorticelliden*) zur Längsachse des Tieres. Bleiben die neu erzeugten Formen untereinander und mit dem Muttertiere in Verbindung, so entstehen Kolonien (festsitzende *Peritricha*). Auch können durch rasch aufeinander folgende seriale Teilung vorübergehend Ketten von Individuen entstehen (*Anoplophrya* [Abb. 374]). Die Teilung vollzieht sich unter ganz bestimmten Veränderungen und Neubildungen (Abb. 22). Die alte Mundöffnung mit Wimperzone verbleibt dem einen Teilstück, während in dem anderen ein neuer Mund gebildet wird. Bei den hypotrichen Ciliaten wird das ganze Wimperkleid beider Teilsprößlinge, die Pellicula und meist auch teilweise das Peristom des mütterlichen Tieres erneuert, während die alten Organe resorbiert werden, so daß eine weitgehende Renovation stattfindet. Überall teilt sich zuerst der Micronucleus, später der Macronucleus unter Streckung und biskuitförmiger Einschnürung (amitotisch).

Oft erfolgt die Teilung im Zustand der Encystierung (*Colpoda, Ichthyophthirius*), welche auch sonst bei Verdunstung des umgebenden Wassers, bzw. bei Nahrungsmangel eintritt. Das Tier contrahiert seinen Körper zu einer kugeligen Masse und scheidet eine helle erhärtende Cyste aus, in welcher es geschützt auch außerhalb des Wassers überdauert. Im Wasser zerfällt dann der Inhalt in manchen Fällen in eine Anzahl von Teilstücken, die beim Platzen der Cyste ins Freie gelangen und zu ebensoviel Sprößlingen werden.

Die *Knospung* ist ein besonders an festsitzenden Ciliaten, vor allem den *Suctoria* zu beobachtender Vorgang der Fortpflanzung. Bei *Ephelota* werden gleichzeitig zahlreiche Knospen gebildet, die sich als Schwärmsprößlinge ablösen (Abb. 369 b).

Allgemein verbreitet sind Conjugationsvorgänge, mit denen Veränderungen des Macro- und Micronucleus verbunden sind, die früher zu der irrtümlichen Deu-

tung beider Gebilde als Ovarium und Hoden Veranlassung gaben. Es sind zwei
Formen von Vereinigung zu sondern, von denen man die eine, welche auf vollständiger Fusion zweier Individuen beruht, als *Copulation*, die zweite, bei der
sich die Individuen nur vorübergehend vereinigen, als *Conjugation* bezeichnet.
Die erstere wird vornehmlich bei Peritrichen beobachtet, findet sich jedoch neben

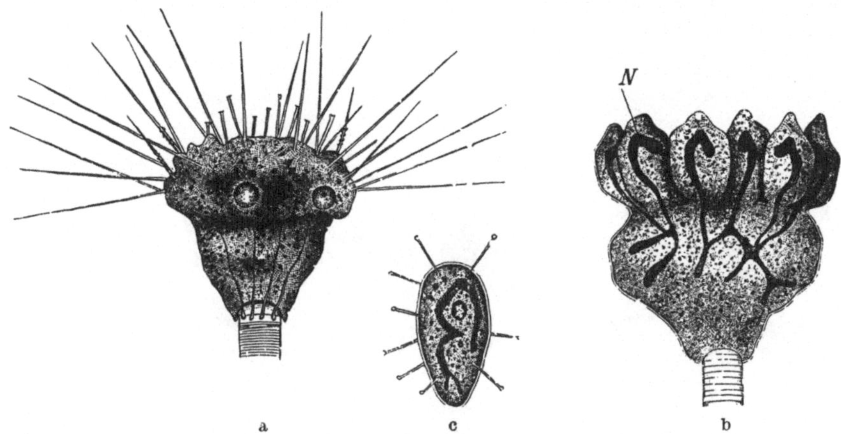

Abb. 369. *Ephelota (Podophrya) gemmipara.* (Nach R. HERTWIG.) $^{150}/_1$. a Mit ausgestreckten Saugröhrchen und
Fangfäden, mit zwei contractilen Vacuolen. — b Dieselbe mit reifen Knospen, in welche Fortsätze des verästelten
Macronucleus *N* eintreten. — c Abgelöster Schwärmer.

der Conjugation auch bei Hypotrichen (*Stylonychia*); sie ist bei den *Ciliaten* sekundär aus der Conjugation hervorgegangen. Die Conjugation erfolgt in verschiedener Weise und führt zu einer mehr oder minder vollständigen Verschmelzung. Die *Paramaecien, Stentoren* legen bei der Con-
jugation ihre Bauchflächen aneinander, andere Infusorien mit flachem Körper, wie die *Oxytrichinen,*
Chilodonten gehen eine laterale Conjugation ein
(Abb. 370), während *Enchelys, Halteria, Coleps* an
ihrem vorderen Körperende, also terminal, zusammentreten. Die Copulation bei den *Vorticellinen* erfolgt
lateral zwischen ungleich großen Individuen, von
denen die kleineren (Microgameten) durch rasch aufeinander folgende Teilungen hervorgehen (Abb. 368).
Übrigens gehen auch bei anderen Infusorien vielfach
der Conjugationsperiode lebhafte Teilungen voraus,
die zu einer Verkleinerung der Individuen führen.

Bei *Paramaecium* verlaufen die Vorgänge während
der Conjugation nach R. HERTWIG in folgender Weise:
Bei Tieren, die zur Conjugation schreiten, sind die
Micronuclei von auffallender Größe. Zwei Individuen
legen sich zunächst an ihrem vorderen Ende, dann mit
der ganzen Ventralseite aneinander (Abb. 371 a). Nahe
den zugewendeten Mundöffnungen entsteht später

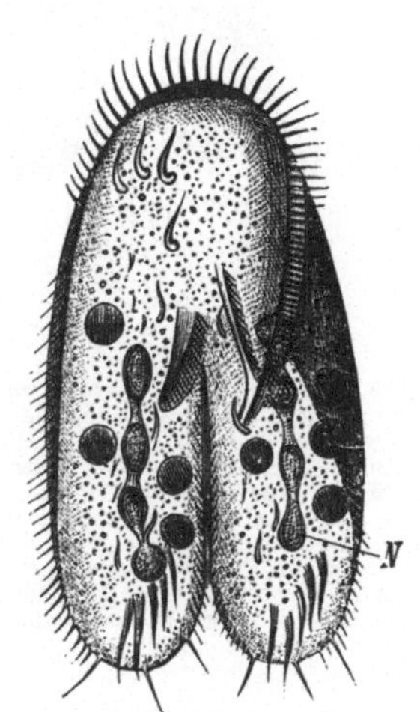

Abb. 370. *Stylonychia mytilus* in
Conjugation. (Nach BALBIANI.)

nach Rückbildung dieser eine Verwachsungsbrücke. Die spindelförmig gewordenen
Micronuclei erfahren nun eine zweimalige Teilung (Abb. 371 b), während der Macronucleus in Fortsätze auswächst und später in Stücke zerfällt. Von den vier Teil-
kernen des Micronucleus gehen drei zugrunde, der vierte in Spindelform (sog. Hauptspindel) stellt sich senkrecht zur Körperoberfläche und teilt sich in zwei Kerne,

einen mehr oberflächlich und einen tiefer gelegenen Kern (Abb. 371 c). Der erstere wandert (daher Wanderkern) durch die Querbrücke zu dem tiefer gelegenen stationären Kern des zweiten in der Conjugation befindlichen Tieres, dessen Wanderkern ebenfalls durch die Querbrücke zu dem stationären Kern des anderen Individuums gelangt. Nun verschmelzen die ausgetauschten Wanderkerne mit den zurückgebliebenen stationären Kernen zu je einem Syncaryon. Darauf trennen sich die conjugierten Tiere und regenerieren ihr Cytostom. Nach eingetretener

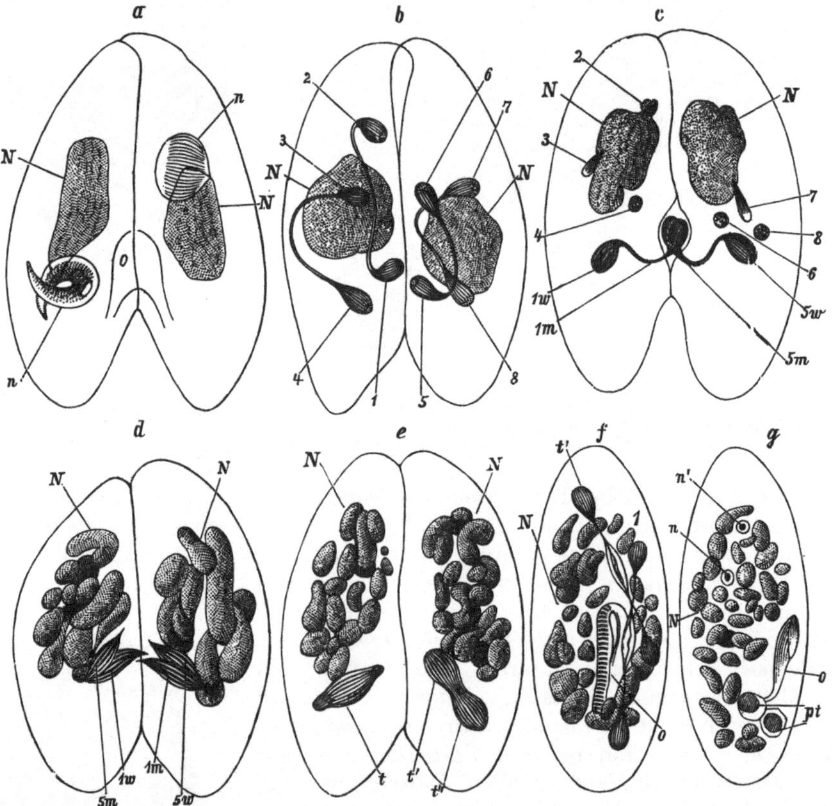

Abb. 371. Conjugation von *Paramaecium*. (Nach R. HERTWIG.) *N* Macronucleus, *n* Micronucleus. *o* Mund. — Die Abbildungen a, b, c beziehen sich auf *P. caudatum*. Abb. a. Der Micronucleus zur Kernspindel umgebildet, links Sichel- rechts Spindelstadium. Abb. b. Zweite Teilung des spindelförmigen Micronucleus in die Hauptspindel (1 und 5) und die Nebenspindeln (2, 3, 4, 6, 7 und 8). Abb. c. Letztere in Rückbildung; die Hauptspindeln teilen sich in den spindelförmigen Wanderkern (1m, 5m) und in den stationären Kern (1w, 5w). — Die Abb. d, e, f, g beziehen sich auf *P. aurelia*, das zwei Micronuclei besitzt. Abb. d. Austausch der Wanderkerne, die mit dem einen Teile noch in ihrem Muttertiere haften, mit dem anderen Teile mit dem stationären Kern des anderen Tieres zu verschmelzen beginnen (1w, 5m — 1m, 5w). Der Macronucleus zerfällt in Stücke. Abb. e. Die aus der conjugierten Kernspindel (Syncaryon) sich bildenden Teilspindeln (t' und t''), linksseitig (t) noch nicht geteilt. Abb. f, g. Die conjugierten Individuen nach der Trennung. Die Teilspindeln teilen sich in die Anlagen der neuen Micronuclei (n, n') und des Macronucleus (pt). Der alte Macronucleus (N) ist in Stücke zerfallen.

Spindelbildung teilt sich das Syncaryon und liefert aus seinen Teilstücken den neuen Macronucleus und den neuen Micronucleus. Die Teilstücke des alten Macronucleus verfallen der Rückbildung. Bei *Stylonychia* tritt eine gleiche Neubildung des Wimperkleides ein wie bei der Teilung. Nach DOGIEL durchbricht bei *Ophryoscoleciden* der Wanderkern die Körperwand und wandert (doch wohl in einem Plasmabelag eingeschlossen) durch den Schlund des anderen Conjuganten in dessen Körperplasma ein. Die Conjugationsvorgänge der Infusorien bieten eine Parallele zu den Befruchtungsvorgängen bei Metazoen; die drei zugrunde gehenden

Kerne sind den Richtungskörpern, der bewegliche Wanderkern dem Spermakern, der stationäre Kern dem Eikern zu vergleichen.

Die inneren Vorgänge bei der Copulation der *Peritrichen* verlaufen in gleicher Weise wie bei der Conjugation, mit dem Unterschied, daß das Paar der die Copulation eingehenden Kernteile des kleinen Conjuganten zugrunde geht. Es entsteht somit nur ein Syncaryon für die miteinander dauernd verschmelzenden Individuen.

Auf die Conjugation und deren Aufhebung folgt eine Periode fortgesetzter Teilungen. Nach bestimmter Zeit besteht wieder Neigung zur Conjugation. Wenn eine solche verhindert wird, tritt periodisch eine Erneuerung des Kernapparates, ähnlich wie bei der Conjugation ein (sog. Parthenogenesis der Infusorien) (vgl. S. 39).

Die Lebensweise der Ciliaten, welche sowohl im süßen Wasser wie im Meere verbreitet sind, ist überaus mannigfaltig. Die meisten ernähren sich selbständig, indem sie kleinere und größere Nahrungskörper, selbst Rotiferen, aufnehmen. Einige, wie *Trachelius*, *Amphileptus*, wählen sich festsitzende Ciliaten zur Beute und würgen dieselben bis zur Ursprungsstelle des Stieles ins Innere ein. Andere (wie *Balantidium*, *Ophryoscolex*, *Anoplophrya*) sind Schmarotzer oder Symbionten im Darm von Vertebraten und Anneliden. Die *Sphaerophryen* (Abb. 372) parasitieren in anderen Ciliaten (*Paramaecium*, *Stylonychia*) und wurden früher (STEIN) für Embryonen der Stylonychien gehalten.

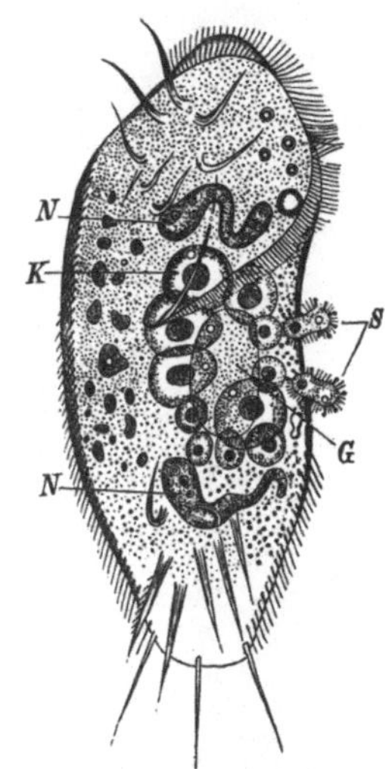

Abb. 372. *Stylonychia mytilus* mit durch die Öffnung *G* ausschwärmenden *Sphaerophryen* (*S*). *K* Unentwickelte ‹ Keime der letzteren, *N* Macronucleus der *Stylonychia*. (Nach STEIN.)

1. Unterklasse. EUCILIATA.

Ciliaten mit Wimperbekleidung und mit Mund.

1. Ordnung. Holotricha.

Wimpern kurz und gleichmäßig in Längsreihen über den ganzen Körper verbreitet, zuweilen nur in Kränzen angeordnet oder vornehmlich auf die Bauchseite beschränkt. Häufig in der Umgebung des Mundes längere Wimpern, aber keine adorale Wimperzone.

Fam. *Enchelydidae*. Körper meist länglich, Mund terminal. Nahrung wird durch Einziehen aufgenommen. *Enchelys farcimen* EHRBG. *Ichthyophthirius multifiliis* FOUQU. Parasit in der Haut von Süßwasserfischen. *Prorodon teres* EHRBG. *Coelosoma marina* ANIGSTEIN, Triest. Mit bewimpertem Schlund, der in einen einzigen großen Hohlraum (Vacuole) führt. *Coleps hirtus* MÜLL. Tönnchenförmig, mit Panzer. *Didinium nasutum* MÜLL. Hier schließt sich an *Bütschlia* SCHUBERG. Im Rumen der Wiederkäuer.

Fam. *Tracheliidae*. Körper metabolisch, meist in einen vorderen halsartigen Fortsatz verlängert. Mund ein langer ventraler Spalt oder kurz spaltenartig. *Trachelius ovum* EHRBG, mit seitlichem Haftnapf. *Amphileptus claparedei* F. ST., *Dileptus anser* MÜLL.

Fam. *Chlamydodontidae*. Körper oval bis nierenförmig. Mund ziemlich weit hinter dem Vorderende. *Nassula elegans* EHRBG., *Chilodon cucullulus* MÜLL. (Abb. 367); *Chlamydodon* EHRBG., marin.

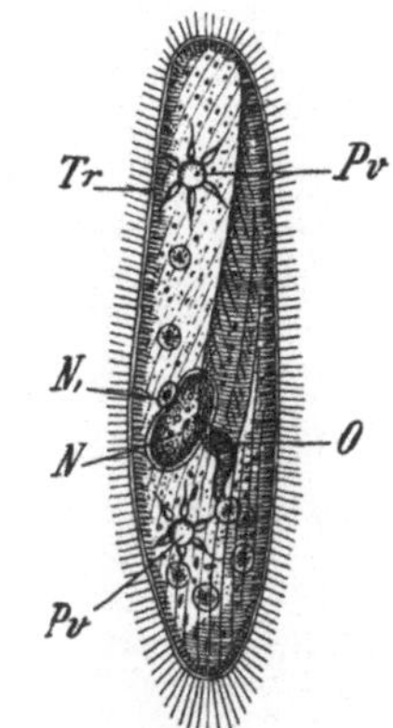

Abb. 373. *Paramaecium caudatum*, Ventralansicht. (Nach SCHEWIAKOFF.) $^{230}/_1$. *O* Cytostom, *Pv* pulsierende Vacuolen, *N* Macronucleus, *N'* Micronucleus, *Tr* Trichocysten.

Fam. *Paramaeciidae*. Körper nicht sehr langgestreckt; Mund ventral, an demselben oder im Schlund 1—2 undulierende Membranen. Bewimperung dicht. *Paramaecium caudatum* EHRBG. (Abb. 373), *P. aurelia* MÜLL., *P. bursaria* EHRBG., Pantoffeltierchen. *Glaucoma scintillans* EHRBG., *Colpoda cucullus* MÜLL. *Paraisotricha* FIORENTINI. Im Blinddarm des Pferdes.

Fam. *Anoplophryidae*. Ohne Mundöffnung, mit zahlreichen pulsierenden Vacuolen. *Anoplophrya nodulata* MÜLL. (*prolifera* KENT). Im Darm von Anneliden. Mit serialer Teilung (Abb. 374).

2. Ordnung. **Heterotricha.**

Körper gleichmäßig mit feinen Wimpern bekleidet, die in Längsreihen angeordnet sind. Mit linksgewundener adoraler Wimperzone.

Fam. *Bursariidae*. Körper formbeständig, meist stark abgeplattet. Peristom ein dreieckiges ausgehöhltes oder eingesenktes Feld. *Bursaria truncatella* MÜLL. Gestalt beutelförmig; mit mächtigem Peristom. *Balantidium coli* MALMST. Parasit im Colon des Schweines, selten des Menschen (Abb. 375).

Fam. *Stentoridae*. Festsitzend oder freischwimmend, Körper trichterförmig, vorn stark verbreitert. *Stentor polymorphus* EHRBG., *St. roeseli* EHRBG. (Abb. 365), Trompetentierchen. Verwandt ist *Spirostomum ambiguum* EHRBG., von langgestreckter wurmförmiger Gestalt. Peristom rinnenförmig. Im Süßwasser.

3. Ordnung. **Oligotricha.**

Körper unbewimpert oder nur mit Reihen oder Gruppen von Wimpern besetzt. Mit linksgewundener, fast kreisförmiger adoraler Wimperzone um das am Vorderende des Körpers gelegene Peristomfeld.

Fam. *Halteriidae*. Körper kugelig bis kegelförmig, Peristomfeld unbewimpert und vorgewölbt. *Halteria grandinella* MÜLL. Mit langen steifen Borsten am Rumpfe. Hier schließt sich die marine gehäusetragende Gattung *Tintinnus* SCHRANK an.

Fam. *Ophryoscolecidae*. Körper starr, mit dicker Pellicula, häufig am Hinterende mit stachelartigen Fortsätzen. *Ophryoscolex purkinjei* F. ST. (Abb. 376). Mit querem Membranellenbogen in der Körpermitte. *Entodinium caudatum* F. ST. Ohne queren Membranellenbogen. Im Pansen der Wiederkäuer. *Cycloposthium bipalmatum* FIORENTINI. Im Blinddarm des Pferdes. *Troglodytella gorillae* E. REICHENOW. Im Dickdarm des Gorilla.

4. Ordnung. **Hypotricha.**

Körper dorsoventral abgeflacht. Die konvexe Rückenfläche nackt oder mit feinen Tastborsten besetzt. Wimpern auf die Bauchseite beschränkt, meist als Griffel und Borsten ausgebildet und in Gruppen angeordnet. Mit linksgewundener adoraler Wimperzone. Mund auf der Bauchseite.

Fam. *Oxytrichidae*. Körper gepanzert oder nur formbeständig, meist langgestreckt. Bauchfläche mit Cirren und jederseits mit einer Reihe von Randwimpern. *Urostyla grandis* EHRBG., *Oxytricha fallax* F. ST. *Stylonychia mytilus* MÜLL. Formbeständig. Mit acht Stirn-, fünf Bauch- und fünf Aftercirren (Abb. 364).

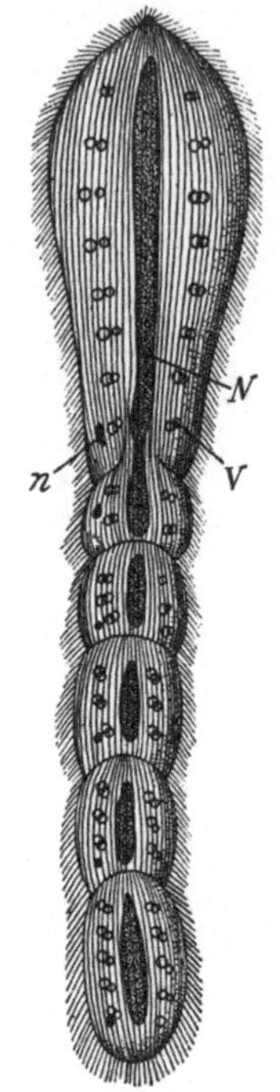

Abb. 374. *Anoplophrya nodulata* (*Monodontophrya prolifera* (in serialer Teilung.) (Nach SCHUSTER.) Etwa 260/₁. *N* Macronucleus, *n* Micronucleus, *V* pulsierende Vacuolen.

Abb. 375. *Balantidium coli* mit zwei pulsierenden Vacuolen. (Nach STEIN.) 340/₁. Unterhalb des Macronucleus ein gefressenes Stärkekorn. Ein Kotballen tritt am Hinterende aus der Cytopyge aus.

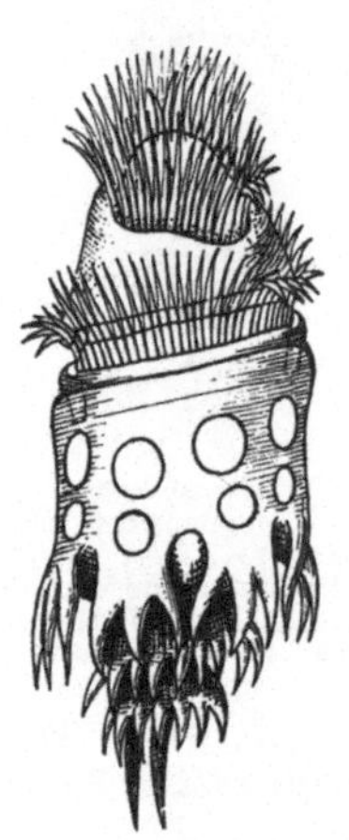

Abb. 376. *Ophryoscolex purkinjei.* (Nach BÜTSCHLI.) 250/₁

Fam. *Aspidiscidae*. Körper formbeständig, schildförmig, mit weit nach hinten reichendem adoralen Wimperbogen, mit sieben griffelförmigen Stirn- und meist fünf Afterwimpern. *Aspidisca lynceus* EHRBG., Süßwasser. *A. lyncaster* MÜLL. (Abb. 377), Ostsee. Verwandt: *Euplotes charon* EHRBG.

5. Ordnung. **Peritricha.**

Der drehrunde oder glockenförmige Körper in der Regel unbewimpert, selten ist ein hinterer Wimperkranz vorhanden. Adorale Wimperzone rechtsgewunden. Meist festsitzend.

Fam. *Spirochonidae*. Der Körper birnförmig, mittels eines saugnapfähnlichen Organes festsitzend. Peristomrand zu einem ansehnlichen Trichter entwickelt, an seiner Innenseite eine Zone feiner Wimpern. *Spirochona gemmipara* F. ST. Auf den Kiemenblättern des Flohkrebses (*Gammarus pulex*).

Fam. *Vorticellidae*, Glockentierchen. Körper glockenförmig, meist mittels Stieles festsitzend; häufig koloniebildend. *Trichodina pediculus* EHRBG. Körper kurz zylindrisch, mit hinterem Wimperkranz. Die Basalfläche zu einem saugnapfähnlichen Haftapparat umgebildet. Parasit auf dem Süßwasserpolypen (*Hydra*), auf der Haut von Fischen, in der Harnblase der Wassersalamander. *Vorticella nebulifera* EHRBG. (Abb. 366), *V. microstoma* EHRBG. (Abb. 368). Beide solitär, mit von einem Muskel durchzogenem Stiel festsitzend. *Carchesium poly-*

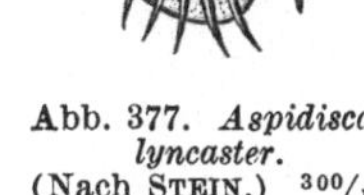

Abb. 377. *Aspidisca lyncaster.* (Nach STEIN.) 300/1

pinum L. (Abb. 378). Verzweigte Kolonien bildend. Jedes Individuum mit gesondertem Stielmuskel. *Zoothamnium arbuscula* EHRBG. Koloniebildend, der Stielmuskel durchsetzt kontinuierlich den ganzen Stock. *Epistylis plicatilis* EHRBG. Kolonien bildend. Stiel ohne Muskel. *E. umbellaria* L. Adorale Wimperzone in mehreren Windungen. Im Leib Nesselkapseln. Süßwasser. *Ophrydium versatile* MÜLL. Kugelige gallertige Kolonien bildend. *Cothurnia crystallina* EHRBG. Mit chitinigem Gehäuse.

2. Unterklasse. **SUCTORIA.**

Ciliaten mit unbewimpertem (nur in der Jugend bewimpertem) Körper, ohne Mund, mit tentakelartigen Fortsätzen und Saugröhrchen zum Ergreifen und Aussaugen der Nahrung.

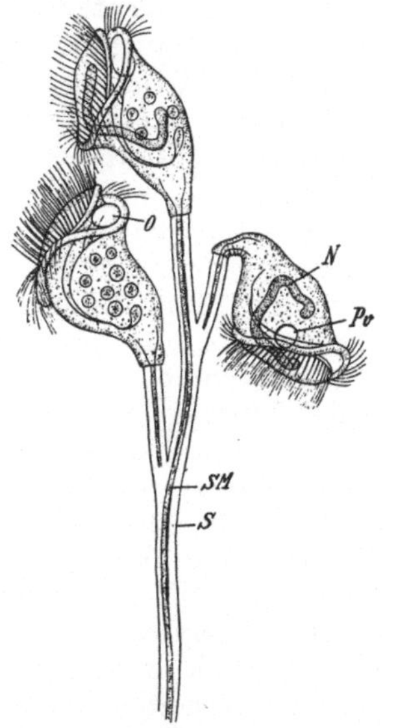

Fam. *Acinetidae*. Körper kugelig bis kegelförmig, selten frei, meist mittels Stieles festsitzend. *Sphaerophrya pusilla* CLAP. et LACHM. Ungestielt, sphäroidisch gestaltet. Freilebend und parasitisch in Ciliaten (Abb. 372). *Podophrya fixa* MÜLL. Kurzgestielt; allseitig mit geknöpften Tentakeln. *Ephelota gemmipara* R. HERTW. Marin (Abbild. 369). *Tokophrya quadripartita* CLAP. et LACHM. Körper mit vier knopfartigen, je ein Tentakelbüschel tragenden Fortsätzen. Gestielt. *Metacineta mystacina* EHRBG. Mit Gehäuse und gestielt. *Acineta tuberosa* EHRBG. Mit Gehäuse und dünnem Stiel. Nordsee.

Fam. *Dendrocometidae*. Körper halbkugelig, mittels chitiniger Platte festsitzend, in 3—5 gabelig geteilte Arme ausgezogen, welche meist 3 kurze Tentakel tragen. *Dendrocometes paradoxus* F. ST. Auf den Kiemenblättern von *Gammarus pulex*.

Abb. 378. *Carchesium polypinum*, Kolonie von drei Individuen. (Nach STEIN.) 330/1. *O* Mund, *N* Macronucleus, *Pv* pulsierende Vacuole, *S* Stiel, *SM* Stielmuskel.

Fam. *Dendrosomatidae*. Ungestielt. Tentakel zahlreich, in Büscheln angeordnet. *Dendrosoma radians* EHRBG. Vielfach verzweigt, ähnlich einem Hydroidstöckchen gestaltet. *Trichophrya epistylidis* CLAP. et LACHM. Körper breit, lappig. Süßwasser.

2. Subregnum.

METAZOA.

Vielzellige Tiere, deren Zellen zu Geweben vereinigt sind (daher Gewebetiere). Ihr Körper läßt sich auf die Grundform der Gastrula zurückführen und baut sich im einfachsten Falle aus zwei Epithelschichten (Ectoderm und Entoderm) auf. Doch treten meist weitere Komplikationen und Umgestaltungen durch das Auftreten einer dritten Gewebsschicht (Mesoderm) sowie durch Veränderungen, betreffend die Primärachse und den Urmund, auf. Die geschlechtliche Fortpflanzung beruht auf der Abstoßung von Keimzellen, die copulieren.

1. Divisio.

Coelenterata.

Festsitzende oder freischwimmende Metazoen, bei welchen die Primärachse der Gastrula unverändert bleibt. Der Körper aus zwei Epithelschichten (Ectoderm und Entoderm) aufgebaut, zu denen eine vom Ectoderm oder Entoderm abstammende mesenchymatische Mittelschicht meist hinzutritt. Die Darmhöhle bildet das einzige Hohlraumsystem des Körpers.

Bei allen Cölenteraten bleibt die Primärachse der Gastrula als Hauptachse des Körpers unverändert, doch treten innerhalb der Gruppe Veränderungen betreffend den Urmund ein.

Es lassen sich unter den Cölenteraten vier Typen unterscheiden, gemäß denen die Abteilung in vier Stämme zerfällt: 1. *Planuloidea,* 2. *Spongiaria,* 3. *Cnidaria,* 4. *Ctenophora.*

Die *Spongiarien* (Abb. 83 a) sind mit dem Prostomapol festsitzende schlauchartige Formen; ihr Urmund hat sich geschlossen und wird durch zahlreiche sekundäre Mundöffnungen, die Poren, ersetzt. Außerdem ist am apicalen Pol des Körpers eine Auswurfsöffnung (Osculum, After) vorhanden.

Als Grundform der *Cnidarien* (Abb. 83 b) erscheint der Polyp. Der Polyp hat schlauchförmige Gestalt und sitzt gleichfalls fest, doch erfolgt die Festheftung mit dem apicalen Pol. Der Urmund wird zum bleibenden Mund; er ist bei manchen Cnidarien (Anthozoen) durch die Ausbildung eines ectodermalen Schlundrohres in die Tiefe versenkt und zur Schlundpforte geworden. Ein Kranz von Tentakeln im Umkreis des Mundes ist für die Polypenform eigentümlich. Im Kreise der Cnidarien tritt noch die freischwimmende Meduse auf.

Die *Ctenophoren* (Abb. 83 c) sind freischwimmende Cölenteraten von ovoider Körpergestalt, welche sich mittels Wimperplatten bewegen. Der Urmund ist auch bei ihnen erhalten und durch die Ausbildung eines Schlundrohres als Schlundpforte in die Tiefe gerückt.

Die *Planuloideen* sind infolge von entoparasitischer Lebensweise mund- und darmlos gewordene bewimperte Cölenteraten von planulaähnlicher Gestalt.

Der Körper der Cölenteraten baut sich aus zwei Epithelschichten (Ectoderm und Entoderm) auf, die sich sehr mannigfaltig differenzieren. Vom Ecto- und Entoderm geht auch die Bildung der bei Spongiarien, Scyphozoen, Anthozoen und Ctenophoren auftretenden mesenchymatischen Mittelschicht aus.

Für die Cölenteraten ist die allseitige Ausbreitung des entodermalen Darmkanals (Urdarmes) charakteristisch, dessen häufig gefäßartige periphere Abschnitte zugleich die Verteilung der Nahrung im Körper, ähnlich dem Gefäßsystem der höheren Tiere, besorgen. Aus diesem physiologischen Gesichtspunkt wird auch das Darmsystem der Cölenteraten zutreffend als Gastrovascularsystem (Leuckart) bezeichnet. Die Höhle des Darmsystems ist das einzige Hohlraumsystem des Körpers.

Bei der niederen Lebensstufe der Cölenteraten und der relativ wenig hohen Differenzierung ihrer Gewebe sehen wir neben der geschlechtlichen Fortpflanzung die ungeschlechtliche Vermehrung durch Teilung und Knospung sehr verbreitet. Die Embryonalentwicklung beruht in der Regel auf Metamorphose.

1. Phylum.

Planuloidea.

Mund- und darmlose, entoparasitische planulaähnliche Cölenteraten von geringer Größe, mit entodermalen Keimzellen.

Die *Orthonectiden* und *Dicyemiden*, welche in dieser Gruppe zusammengefaßt erscheinen, wurden von Ed. van Beneden, dem Julin folgt, in eine zwischen Protozoen und Metazoen eingefügte Gruppe zweiblätteriger Organismen, der *Mesozoa*, gestellt, während Leuckart und Claus sie von in der Entwicklung gehemmten, geschlechtsreif gewordenen Trematodenlarven ableiten. Lang ordnet sie zuerst als besondere Cölenteratengruppe *Gastraeadae* ein. Es dürfte sich um infolge von Entoparasitismus mund- und darmlos gewordene Cölenteraten handeln, die vom Planulazustand ableitbar sind. Die ovoide Grundform des bewimperten Körpers sowie der Aufbau sprechen für diese Annahme. Die Ernährung erfolgt endosmotisch.

Klasse Planuladae.

1. Ordnung. Orthonectida[1].

Planuloideen von ovoider Körpergestalt, mit größtenteils bewimpertem Ectoderm, zuweilen einer Mittellage von fibrillärem Gewebe oder Muskelfasern und einer zentralen Masse entodermaler Geschlechtszellen.

Der ovoide Körper der *Orthonectiden* (Abb. 379 a, b) besteht aus einer äußeren Lage großer Zellen, die in Ringen angeordnet sind und meist Wimpern tragen. Darunter folgt zuweilen im Vorderkörper fibrilläres Gewebe, beim Männchen von *Rhopalura ophiocomae* eine Schicht längsverlaufender Muskelfasern, zu innerst eine zentrale Zellenmasse, die Fortpflanzungszellen. Es besteht meist Trennung der Geschlechter, seltener Hermaphroditismus. Die Männchen sind kleiner und schlanker als die Weibchen und besitzen im Inneren ein ovales Säckchen mit Spermatozoen.

Im Entwicklungscyclus (Heterogonie) der Orthonectiden kann man zwei Generationen unterscheiden, eine aus Männchen und Weibchen bestehende oder hermaphroditische, freilebende, bewimperte Geschlechtsgeneration und eine sich durch unbefruchtete Keimzellen (agametisch) fortpflanzende parasitäre Generation. Letztere geht aus den befruchteten Eiern der Geschlechtsgeneration hervor und dringt in einen Wirt ein; hier wachsen diese Individuen zu sogenannten Plasmodiumschläuchen aus, in denen wieder die Geschlechtstiere, sei es in getrennten Individuen oder in demselben Individuum, entstehen.

Die Orthonectiden leben parasitisch in der Leibeshöhle oder den Genitaldrüsen von Ophiuren, Anneliden, Nemertinen und Turbellarien.

---

[1] Giard, A.: Les Orthonectida. J. Anat. et Physiol. **15** (1879). — Metschnikoff, E.: Untersuchungen über Orthonectiden. Z. Zool. **35** (1881). — Julin, Ch.: Contribution à l'histoire des Mésozoaires etc. Archives de Biol. **3** (1882). — Caullery, M. et F. Mesnil: Recherches sur les Orthonectides. Archives Anat. microsc. Paris **4** (1901). — Caullery, M. et A. Lavallée: Fécondation et développement de l'œuf des Orthonectides. Archives de Zool. **1908**. — Recherches sur le cycle évolutif des Orthonectides. Bull. Sci. France et Belg. **46** (1912).

Fam. *Rhopaluridae. Rhopalura ophiocomae* GIARD (*giardi* METSCHN.), aus *Amphiura squamata* (Abb. 379 a, b). *R. intoshi* METSCHN. aus *Lineus lacteus. Stoecharthrum giardi* CAULL. et MESN. aus *Scoloplos mülleri* (Annelide), hermaphroditisch.

2. Ordnung. Rhombozoa (Dicyemida)[1].

Planuloideen, deren agametische Weibchen von langgestrecktem Körper sind und meist ein bewimpertes Ectoderm sowie eine axiale Entodermzelle aufweisen, in der die Fortpflanzungszellen liegen. Männchen kreiselförmig. Geschlechtsweibchen reduziert, spindelig.

Der wurmförmig gestreckte Körper der weiblichen agametischen (parthenogenetischen) *Dicyemiden* (Abb. 379 c) besteht aus einer äußeren flimmernden

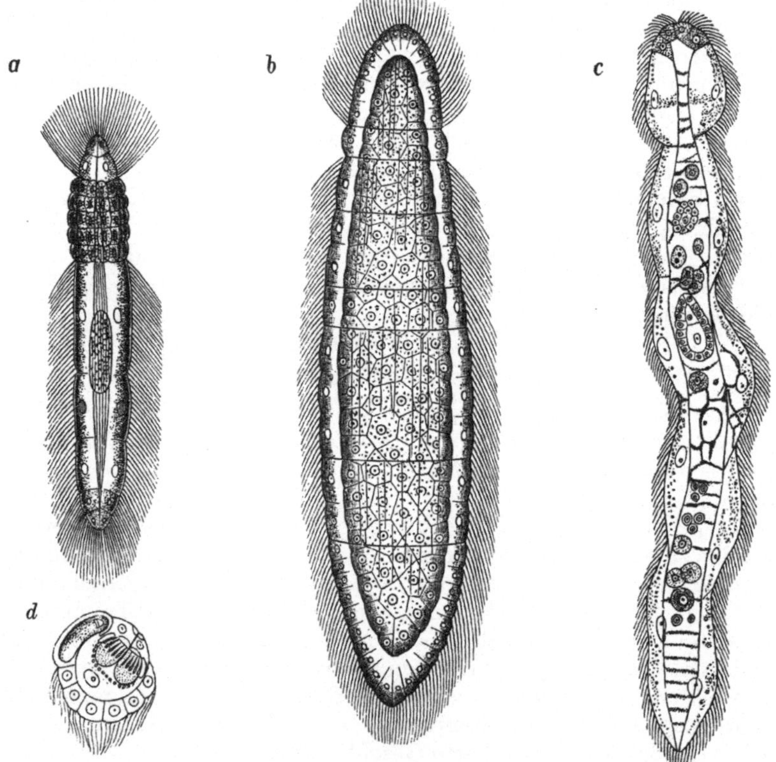

Abb. 379. *Rhopalura ophiocomae.* a Männchen $^{510}/_1$, b Weibchen. $^{358}/_1$ (nach JULIN); c *Dicyema macrocephalum,* junges Weibchen $^{400}/_1$; d Männchen von *Dicyemennea eledones* (*Dicyemella wageneri*) $^{440}/_1$ (nach ED. VAN BENEDEN).

Zellenschicht, die eine große axiale Zelle einschließt. Die vorderen Ectodermzellen bilden eine Kopfkappe. In der axialen Zelle liegen die Fortpflanzungszellen und die sich entwickelnden Embryonen. Die Weibchen (Geschlechtsweibchen),

---

[1] Außer KROHN, KÖLLIKER vgl. V. BENEDEN, ED.: Recherches sur les Dicyémides. Bull. Acad. Belg. 1876. — Contribution à l'histoire des Dicyémides. Archives de Biol. 3 (1882). — WHITMAN, C. O.: A Contribution to the Embryology, Lifehistory and Classification of the Dicyemids. Mitt. zool. Stat. Neapel 4 (1883). — KEPPEN, N. A.: Beobachtungen über Vermehrung der Dicyemiden (russisch). Odessa 1892. — WHEELER, W. M.: The Lifehistory of *Dicyema.* Zool. Anz. 22 (1899). — HARTMANN, M.: Untersuchungen über den Generationswechsel der Dicyemiden. Mém. Acad. roy. Belg. 1906.

welche der Befruchtung bedürftige Eier produzieren, sind klein und verharren im Morulazustand; sie verbleiben dauernd in der Axialzelle des Elterntieres und zerfallen bis auf ihre Axialzelle zu Eizellen. Die Männchen (Abb. 379 d) sind bilateralsymmetrisch, von kurzer kreiselförmiger Gestalt; von ihren ectodermalen Zellen sind die hinteren bewimpert; unter den vorderen wimperlosen enthalten zwei einen stark lichtbrechenden Körper, vier bilden eine Art Deckel über der inneren Zellgruppe. Letztere besteht aus zwei größeren Zellen, welche eine Schale zusammensetzen und die Fortpflanzungszellen umschließen.

Nach WHEELERS und HARTMANNS Beobachtungen gestaltet sich der Entwicklungscyclus (Heterogonie) der *Dicyemiden* folgendermaßen: In jungen Tintenfischen finden sich nur junge agametische Individuen, aus deren Keimzellen wieder agametische Generationen hervorgehen. Erst bei älteren Wirtstieren treten in den agametischen Weibchen, die dann zugleich eine gedrungene Gestalt annehmen, die Geschlechtstiere auf. Die Männchen sollen in der Regel aus Eiern der Geschlechtsweibchen hervorgehen, die (in erster Zeit durch von anderen Tintenfischen eingewanderte Männchen) befruchtet worden sind, entstehen aber auch ausnahmsweise aus der Befruchtung nicht bedürftigen Keimzellen (Agameten) agametischer Weibchen. Aus der letzten Generation befruchteter Eier der Geschlechtsweibchen gehen schließlich wieder agametische Weibchen hervor, durch die wahrscheinlich die Neuinfektion erfolgt.

Alle *Dicyemiden* sind Parasiten in der Niere von Cephalopoden, in der die Weibchen angeheftet leben, während die Männchen frei im Nierenlumen schwimmend angetroffen werden.

Fam. *Dicyemidae.* Im erwachsenen Zustande bewimpert, mit Kopfkappe. *Dicyema typus* E. BENED. in *Polypus (Octopus) vulgaris. D. macrocephalum* E. BENED. in *Sepiola rondeleti* (Abb. 379 c). *D. moschatum* WHITM. in *Eledone moschata. D. truncatum* WHITM. in *Sepia officinalis. Dicyemennea gracile* WGENR. in *Sepia officinalis. D. eledones* WGENR. (*Dicyemella wageneri* E. BENED.) aus *Eledone moschata.*

Fam. *Heterocyemidae.* Im erwachsenen Zustande unbewimpert, ohne Kopfkappe. *Microcyema vespa* E. BENED. im *Sepia officinalis. Conocyema polymorphum* E. BENED. in *Octopus vulgaris.*

Es mögen an dieser Stelle zwei Organismen anhangsweise angeführt werden, deren systematische Einordnung mangels Kenntnis ihrer geschlechtlichen Fortpflanzung und Entwicklung unsicher ist. Es sind dies *Trichoplax adhaerens* F. E. SCH. und *Treptoplax reptans* MONTIC [1]. Ersterer stammt aus der Bucht von Triest, letzterer aus jener von Neapel. Der Körper besitzt die Gestalt einer rundlichen Platte. Die Bewegung ist eine gleitende, dabei treten amöbenartige Formveränderungen auf. Der Körper baut sich aus einer äußeren epithelialen Zellage sowie einem mesenchymatischen Innengewebe auf. Erstere wird an der beim Kriechen gegen die Unterlage gekehrten Seite von hohen Geißelzellen, an der nach oben gewendeten Fläche von flachen Zellen gebildet, welche bei *Trichoplax* mit geißelartigen Wimpern besetzt, bei *Treptoplax* unbewimpert sind. Es wurde Vermehrung durch Teilung beobachtet. Über geschlechtliche Fortpflanzung und Entwicklung ist nichts bekannt.

2. Phylum.

Spongiaria (Porifera)[2], Schwammtiere.

Mit dem Urmundpol festsitzende Cölenteraten, entweder solitär, von meist monaxonem, sackförmigem Körper, oder massige oder baumförmige Stöcke bildend. Zahl-

---

[1] SCHULZE, F. E.: Über *Trichoplax adhaerens.* Abh. preuß. Akad. Wiss., Physik.-math. Kl. Berlin 1891. — MONTICELLI, F. S.: Adelotacta zoologica. Mitt. zool. Stat. Neapel **12** (1896).

[2] Außer G. D. NARDO, GRANT vgl. BOWERBANK, S. J.: On the Anatomy and Physiology of the Spongiadae. Philosophic. Trans. roy. Soc. Lond. **1858, 1862.** — LIEBERKÜHN, N.: Zur Anatomie der Spongien. Müllers Arch. **1857—1867.** — SCHMIDT, O.: Die Spongien des adriatischen Meeres. Leipzig 1862, nebst Suppl. — HAECKEL, E.: Die Kalkschwämme, 2 Bde. Berlin 1872. — SCHULZE, FR. E.: Untersuchungen über den Bau und die Entwicklung

*reiche Poren der Leibeswand dienen zur Einfuhr der Nahrung, am Apicalpol eine
Auswurföffnung (Osculum). Eine vom Ectoderm gebildete Mesenchymschicht ist der
Sitz von Skeletbildungen und der Genitalprodukte. Die Gastralschicht aus Kragen-
geißelzellen bestehend.*

Die einfachste Schwammform ist die monaxone *Ascon*-Form (*Olynthus*-Form).
Der Körper (Abb. 83 a) ist ein dünnwandiger Sack, welcher an dem oberen, der
Festheftungsstelle gegenüberliegenden Pol eine weite Öffnung, die Auswurfsöffnung (Osculum, After) besitzt. Zahlreiche feine Poren führen durch kurze
Kanälchen in die Darmhöhle und fun-
gieren als Mundöffnungen. Die Wand
des Spongienkörpers baut sich aus drei
Schichten (Abb. 380) auf: einem äußeren
ectodermalen Plattenepithel, einer mesenchymatischen Mittelschicht, die vom
Ectoderm aus gebildet wird und ihre enge
genetische Beziehung zum Ectodermepithel zeitlebens zeigt, indem eine schärfere
Abgrenzung zwischen Ectoderm und Mesenchym fehlt (daher beide auch als
Dermalschicht zusammengefaßt werden),
und aus dem das Darmlumen auskleidenden Entoderm (Gastralschicht), dessen hohe Zellen (Kragengeißelzellen)
durch den Besitz eines protoplasmati-
schen Kragens im Umkreis der Geißel
ausgezeichnet sind. Die Mittelschicht
des Spongienkörpers wird von einem
gallertigen Bindegewebe gebildet. Sie ist
Sitz der Skeletbildungen und Genitalprodukte.

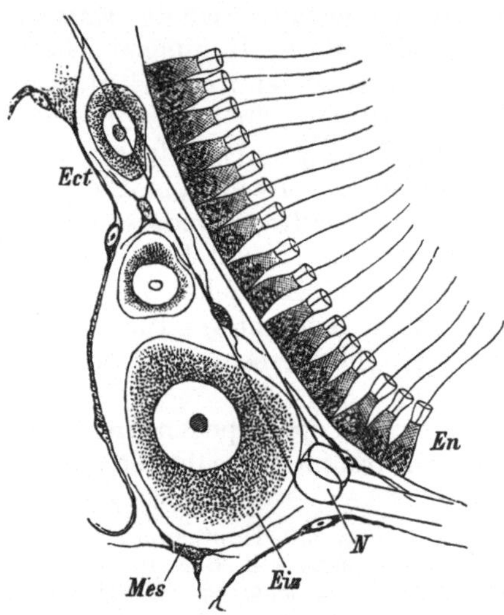

Abb. 380. Schnitt durch einen Kalkschwamm (*Sycon
raphanus*). (Nach F. E. SCHULZE.) *Ect* Ectoderm, *En*
Entoderm einer Radialtube, *Mes* Mesenchymschicht,
N Kalknadel in derselben, *Eiz* Eizelle.

Von der *Ascon*-Form, nach der nur die *Asconen* unter den Kalkschwämmen
gebaut sind, leitet sich die kompliziertere *Sycon*-, *Sylleibiden*- und *Leucon*-Form ab.
Bei der Syconform (Abb. 381) ist die Körperwand in zahlreiche radiär gestellte
Röhren (Radialtuben) ausgezogen, zwischen denen Einströmungskanäle sich
finden. Es ist dabei in der Gastralschicht eine Differenzierung eingetreten, indem
das Kragenzellenepithel sich nur in den Radialtuben findet, die Auskleidung des

der Spongien. Z. Zool. 1875—1881. — Report on the Hexactinellidae. Challenger Rep. 21
(1887). — POLÉJAEFF, N.: Report on the Calcarea. Ebenda 8 (1883). — SOLLAS, J. W.:
Tetractinellida. Ebenda 25 (1887). — RIDLEY a. DENDY: Monaxonida. Ebenda 20 (1887).
— v. LENDENFELD, R.: A Monograph of the Horny Sponges. Roy. Soc. London 1889. —
Die Clavulina der Adria. Nova Acta 69 (1896). — Tetraxonia. Das Tierreich 19 (1903). —
VOSMAER, G. C. J.: Porifera. BRONNS Klassen u. Ordnungen des Tierreichs 1887. —HEIDER,
C.: Zur Metamorphose der *Oscarella lobularis*. Arb. zool. Inst. Wien 6 (1885). — GOETTE,
A.: Untersuchungen zur Entwicklungsgeschichte von *Spongilla fluviatilis*. Hamburg u.
Leipzig 1886. — DELAGE, Y.: Embryogénie des Éponges. Archives de Zool., sér. 2, 10 (1892).
— MAAS, O.: Die Embryonalentwicklung und Metamorphose der Cornacuspongien. Zool.
Jb. 7 (1894).f — IJIMA, I.: Studies on the Hexactinellida. J. Coll. Sci. Tokyo 15 (1901). —
EVANS, R.: A description of *Ephydatia blembingia*, with an account of the Formation and
Structure of the Gemmula. Quart. J. microsc. Sci. 44 (1901). — DENDY, A. a. R. W. H.
Row: The Classification and Phylogeny of the Calcareous Sponges. Proc. Zool. Soc. Lond.
1913. — MÜLLER, K.: Gemmula-Studien und allgemein-biologische Untersuchungen an
Ficulina ficus. Wiss. Meeresunters. Kiel 1914. — HENTSCHEL, E.: Die Spikulationsmerk-
male der monaxonen Kieselschwämme. Mitt. Naturh. Mus. Hamburg 31 (1914).
Vgl. ferner die Arbeiten von ZITTEL, BARROIS, MARSHALL, NÖLDEKE, METSCHNIKOFF,
TOPSENT, WIERZEJSKI, MINCHIN, JAFFÉ, PRELL, OKADA u. a.

zentralen Oscularraumes dagegen von einem Plattenepithel gebildet wird. Da
die Radialtuben Faltungen der Körperwand sind, finden sich die Poren in ihrem
ganzen Umkreis. Nach diesem Typus sind nur gewisse Kalkschwämme, die *Sy-
conen*, gebaut. Die Syl-
leibidenform (Abb. 383)
ist durch Faltung der
Syconwand ableitbar,
indem an die Radial-
tuben erinnernde Geißel-
kammern durch abfüh-
rende divertikelartige
Nebenräume des Oscu-
larraumes in diesen
münden. Einen solcher-
weise gebauten Gastral-
raum weisen die *Syllei-
biden* unter den Kalk-
schwämmen auf; auch
der Bau der *Triaxonier*
schließt sich hier an.
Alle übrigen Spongien
zeigen im Bau den Leu-
contypus (Abb. 382).
Der Gastralraum ist in
diesem Falle zu kuge-
ligen Geißelkammern
ausgebuchtet. Von ihnen

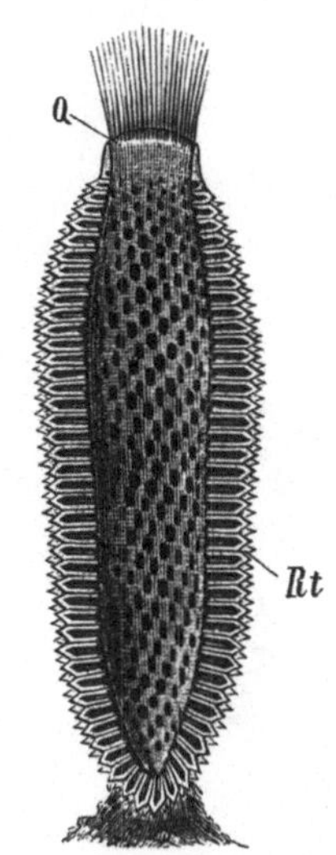

Abb. 381. Längsdurch-
schnitt von *Sycon rapha-
aus.* ²/₁. *O* Osculum mit
Nadelkragen, *Rt* die Ra-
dialtuben, welche sich in
den centralen Oscular-
raum öffnen.

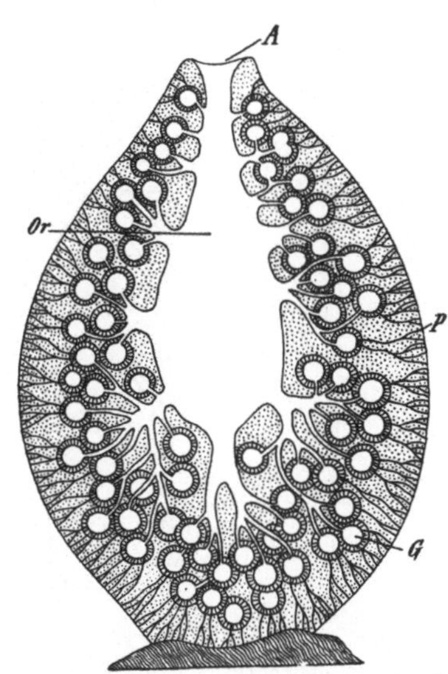

Abb. 382. Schematische Darstellung des
Darmsystems eines Kalkschwammes vom
Leucontypus. (Nach HAECKEL.) *P* Einströ-
mungsporen, *G* Geißelkammern, *Or* Oscularraum, *A* Osculum (Auswurfsöffnung).

führen Kanäle in den zentralen Oscularraum, während andererseits zahlreiche
Porenkanäle von der Oberfläche in die Geißelkammern führen. Das Kragenzellen-
epithel ist auf die Geißelkammern beschränkt. Durch weitere Faltungen der
Reihe der Geißelkammern und durch
Ausbildung größerer, unter der Körper-
oberfläche gelegener Räume (Subder-
malräume) kompliziert sich bei vielen
Schwämmen der Bau der Körperwand.

Die harten Skeletteile, die nur bei
wenigen Schwämmen (*Halisarca, Oscarella, Chondrosia*) vermißt werden, sind
entweder Nadeln oder Spicula (Kalknadeln, Kieselnadeln) oder Sponginfasern (sogenannte Hornskelete). Die
Kalkskelete (Abb. 386 c) bestehen aus
einstrahligen oder drei- und vierstrahligen Kalknadeln, die, wie auch die
Kieselnadeln, im Inneren von Zellen
ihre Entstehung nehmen. Eine viel
größere Formenmannigfaltigkeit zeigen

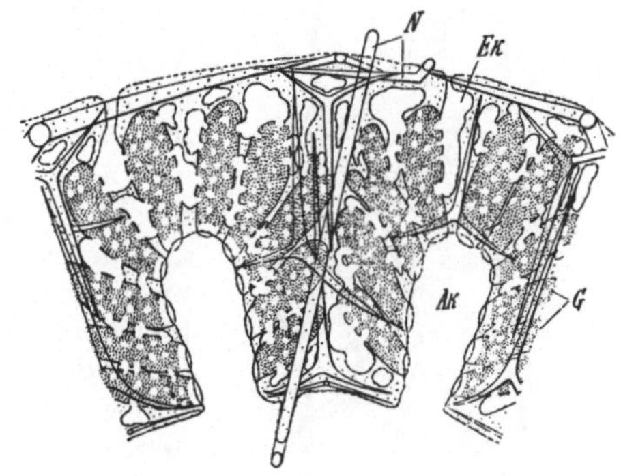

Abb. 383. Schnitt durch die Körperwand von *Vos-
maeropsis* (*Leucilla*) *connexiva*. (Nach POLÉJAEFF.)
G Geißelkammern, *Ek* einführendes Kanalsystem,
Ak in den Oscularraum ausführender Kanal,
N Nadeln.

die Kieselkörper (Abb. 384); sie treten in Form von Nadeln, Walzen, Ankern,
Kreuzen, Kugeln auf und weisen im Inneren einen Achsenfaden aus organischer
Substanz auf. Die großen Nadeln werden als Megasklere, die kleinen als Micro-
sklere unterschieden. Es lassen sich unter den Kieselnadeln zwei gesonderte
Typen, der triaxone und tetraxone Typus, unterscheiden, von dem sich die

monaxonen Nadeln ableiten. Die Kieselnadeln können durch Kieselsubstanz oder Sponginsubstanz miteinander zu einem festeren Gerüst verbunden sein. Die Sponginfasern (Abb. 385) (Hornfasern) bilden Netze von sehr verschiedener Dicke und bestehen aus einer organischen Abscheidung (Spongin), welche von

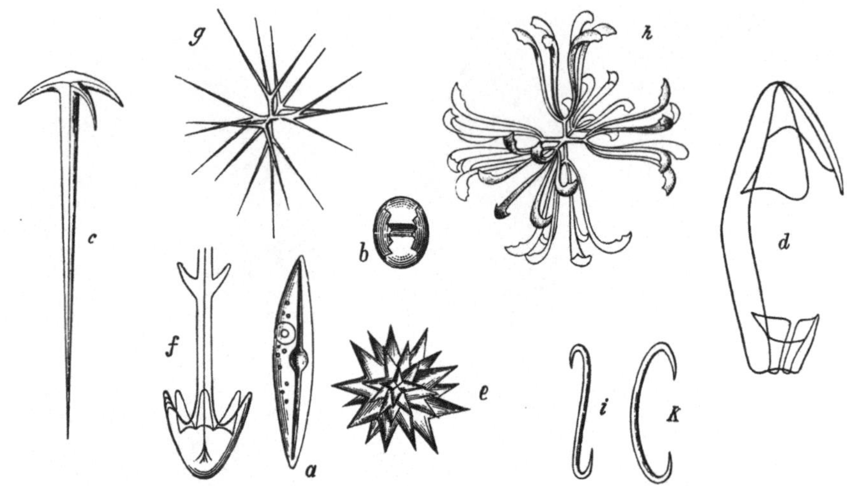

Abb. 384. Kieselnadeln. a Kieselnadel, b Amphidiscus einer *Spongilla* innerhalb der Bildungszelle (nach LIEBER-KÜHN); c Anker (Triaen) von *Geodia mülleri*, d Chele (Anisochele) von *Mycale (Esperia)*, Seitenansicht (nach HENTSCHEL), e Aster (Euaster) von *Chondrilla* (nach O. SCHMIDT); f Ankerknopf von *Euplectella aspergillum*, g Oxyhexaster, h Floricom derselben (nach F. E. SCHULZE); i, k Kieselhaken (Sigma) von *Mycale (Esperia)* contarenii (nach O. SCHMIDT).

epithelartig aneinander gereihten Mesenchymzellen (Spongoblasten) geliefert wird. Bisweilen sind in die axiale weiche Marksubstanz der Sponginfasern Fremdkörper aufgenommen.

Im Mesenchym mancher Spongien (*Chondrosia*) finden sich Fibrillen; auch sind in der Umgebung der Öffnungen spindelförmige contractile Faserzellen nachgewiesen, durch die ein Verschluß der Öffnungen bewirkt werden kann. Dagegen sind Nerven- und Sinneszellen nicht mit Sicherheit bekannt.

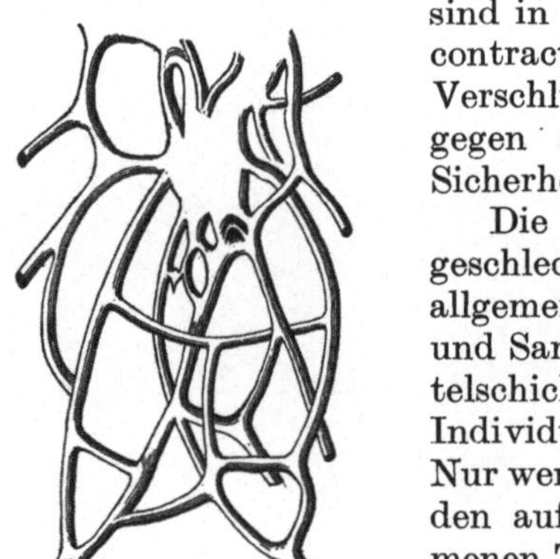

Abb. 385. Stück eines Spongin-fasernetzes von *Euspongia officinalis*. (Nach O. SCHMIDT.)

Die Fortpflanzung der Spongien ist sowohl eine geschlechtliche als eine ungeschlechtliche. Erstere ist allgemein verbreitet. Die Geschlechtsprodukte, Ei und Samenzelle, gehören der mesenchymatischen Mittelschicht an und finden sich entweder in demselben Individuum oder auf verschiedene Individuen verteilt. Nur wenige Spongien bleiben solitär. Die meisten bilden auf dem Wege der Knospung und unvollkommenen Teilung Stöcke von baumförmiger oder mehr massiger Gestalt. Die Zahl der in einem Stock enthaltenen Individuen ist aus der Anzahl der Oscula allerdings meist nur annähernd zu bestimmen, da nicht alle Individuen Oscula bilden. Seltener lösen sich die jungen Knospen ab und wachsen zu gesonderten Individuen heran (*Lophocalyx, Donatia*). Einen eigenartigen Keimkörper stellen die im Mesenchym des Schwammkörpers sich entwickelnden *Gemmulae* vor. Die Gemmulae der Süßwasserschwämme (*Spongilliden*) erscheinen im Herbst als gelb gefärbte Kugeln;

sie bestehen aus Gruppen embryonaler, dotterreicher Mesenchymzellen, die von
einer festen Hülle umschlossen sind (vgl. S. 308 und Abb. 292). Nach Ablauf der
kalten Jahreszeit kriecht der bereits ziemlich weit differenzierte Schwamm-
körper durch den Porus der Schale aus, umfließt letztere und bildet sich in
kurzer Zeit zu einem kleinen Schwamm aus. Solche Fortpflanzungskörper kommen auch einigen marinen Spongien (*Suberites, Ficulina* und anderen) zu; Gebilde gleicher Art dürften die bei einer Anzahl von *Hexactinelliden* beschriebenen *Sorite* sein.

Die Eier durchlaufen die ersten Stadien der Embryonalentwicklung im Mesenchym des mütterlichen Körpers. Erst die mit Geißeln versehenen Larven werden
in das Kanalsystem ausgestoßen und schwärmen
von hier aus. Die Furchung ist äqual oder inäqual. Aus ihr geht ein Blastulastadium hervor,

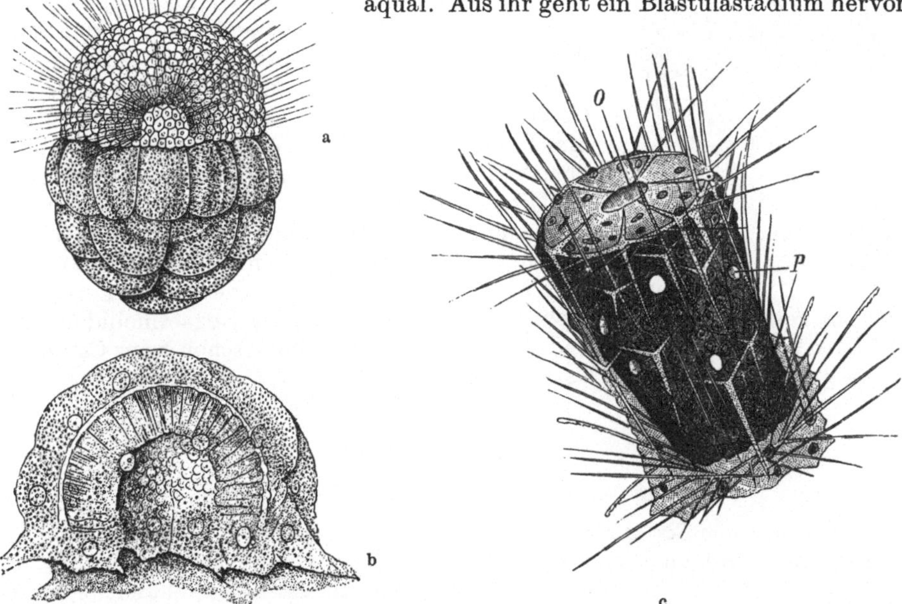

Abb. 386. Entwicklung von *Sycon (Sycandra) raphanus.* (Nach FR. E. SCHULZE.) a Freischwimmende Blastula
(Amphiblastula), b eben festgesetzte Larve, c junger Sycon nach Bildung der Poren (*P*) und des Osculums (*O*)
im Asconstadium (sogenannter Olynthus).

das bei *Oscarella* ein geräumiges Blastocöl besitzt; bei der Blastula von *Sycon*
(Abb. 386 a) hingegen ist letzteres klein; auch fällt hier die eine Hälfte der
Larve mit ihren großen körnigen Zellen gegenüber der aus langgestreckten
Geißelzellen bestehenden Hälfte auf (sogenannte Amphiblastula). Nun erfolgt bei
der Festsetzung der Larve eine Invagination, im letzteren Falle der Geißelzellen.
Die Festheftung geschieht mit der Einstülpungsstelle (Urmund) (Abb. 386 b), die
sich später vollständig schließt, während in der Seitenwand des sich streckenden
Körpers die Poren und am apicalen Pol das Osculum gebildet werden. Die mesen-
chymatische Mittelschicht entsteht frühzeitig vom Ectoderm aus.

Die ausschwärmende Larve (sogenannte Parenchymula) der *Cornacuspongien*
zeigt das Blastocöl mit einem Gewebe erfüllt, welches dem Mesenchym ähnlich
ist, auch bereits Skeletnadeln aufweisen kann und an dem beim Schwimmen hinteren Pol der Larve in eine Epithelstelle von histologisch gleicher Beschaffenheit
übergeht (Abb. 387), während im übrigen die Oberfläche der Larve von einem
Geißelepithel bekleidet wird. Nach Festsetzung der Larve mit dem bei der Be-

wegung vorderen Körperpol erfolgt eine Umkehrung der Schichten, indem die innere Zellmasse mit der hinteren Epithelstelle zur Dermalschicht, das Geißelepithel zur Auskleidung des Gastralraumes wird. Die innere Zellmasse samt der hinteren Epithelstelle entspricht somit den großen körnigen Zellen der Syconlarve.

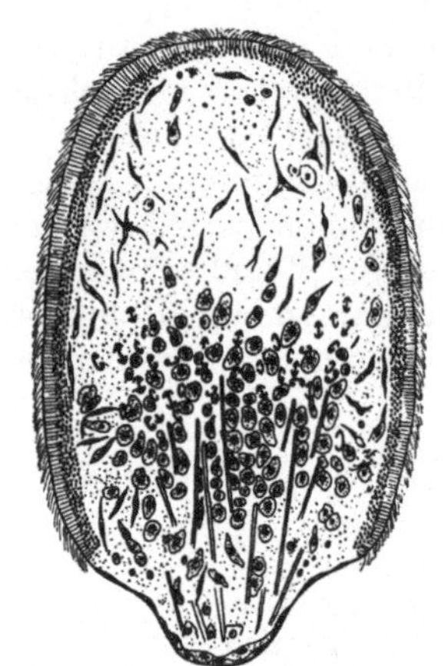

Abb. 387. Längsschnitt durch die freischwimmende Parenchymula von *Myxilla rosacea*. (Nach MAAS.)

Endlich gibt es Parenchymulalarven, deren ganze Oberfläche von einem Geißelepithel gebildet wird (*Spongilla*, Hornschwämme).

Unter allen Metazoen stehen die Spongien auf der niedrigsten Lebensstufe. Dies zeigt sich auch in dem Mangel von Muskeln (von den contractilen Faserzellen abgesehen) und Nerven. Es fehlen daher auch ausgiebigere Bewegungen des Körpers; nur geringe Gestaltveränderungen, wie auch das Schließen und Öffnen von Osculum und Poren finden statt, welche durch die Irritabilität der Zellen ausgelöst werden. Die Nahrungsaufnahme erfolgt durch die Geißeleinrichtungen des Darmes, die einen durch die Poren eintretenden Wasserstrom erregen, mit dem kleine Nahrungskörper eingeführt werden.

Mit Ausnahme der Spongillen gehören die Schwämme dem Meere an, wo sie in weiter Verbreitung angetroffen werden. *Cliona* (*Vioa*) bohrt sich in die Unterlage ein. Die meisten Spongien leben in geringen Tiefen, in sehr bedeutenden Tiefen die Hexactinelliden. Fossil finden sich bloß Kiesel- und Kalkschwämme, erstere schon vom Cambrium an, in größter Menge in Trias, Jura und Kreide.

Klasse **Spongiae**.

1. Ordnung. **Calcispongiae, Kalkschwämme**.

Spongien, deren Skelet aus Kalknadeln besteht.

Die Kalkschwämme sind meist farblos, selten rötlich gefärbt, solitär oder stockbildend. Ihr Skelet besteht entweder ausschließlich aus einstrahligen, dreistrahligen oder vierstrahligen Kalknadeln oder tritt in verschiedenen Kombinationen derselben auf.

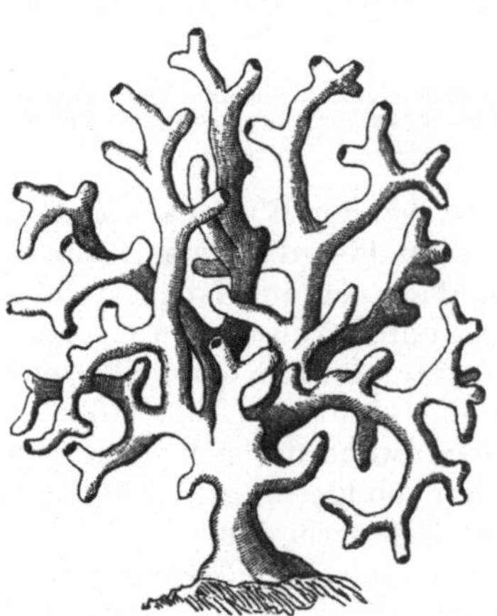

Abb. 388. *Ascyssa acufera*. (Nach E. HAECKEL.) ⁴/₁

Fam. *Asconidae*. Gastralraum einfach sackförmig. Mesenchym zart. *Leucosolenia* (*Ascetta*) *primordialis* H. Weit verbreitet. *L. botryoides* ELL. SOL. Atlant. Ozean. *Ascyssa acufera* H. (Abb. 388). Stockbildend. Spitzbergen.

Fam. *Syconidae*. Gastralraum mit radial gestellten, fingerhutförmigen Ausstülpungen (Radialtuben). *Sycon* (*Sycandra*) *raphanus* O. SCHM. (Abbild. 381), *Grantia* (*Ute*) *capillosa* O. SCHM. Mittelmeer.

Fam. *Sylleibidae*. Mit fingerhutförmigen, an Radialtuben erinnernden Geißelkammern, die in gefalteter Schicht angeordnet sind und mit dem Oscularraum durch ausführende Gänge in Verbindung stehen (Abb. 383). *Vosmaeropsis* (*Leucilla*) *connexiva* POLÉJ. *Leucilla uter* POLÉJ. Philippinen.

Fam. *Leuconidae*. Kalkschwämme mit dicker Wandung. Gastralraum mit kugeligen Geißelkammern, von und zu denen verzweigte Kanäle führen (Abb. 382). *Leucandra aspera* O. SCHM., Mittelmeer.

2. Ordnung. **Triaxonia (Hexactinellida), Glasschwämme.**

Becher- oder röhrenförmige Spongien mit großen, sackförmigen Geißelkammern und dünner Mittelschicht. Skelet aus triaxonen (dreiachsigen) Kieselnadeln bestehend.

1. Unterordnung. *Lyssacina.* Hexactinelliden mit isoliert bleibenden oder teilweise unregelmäßig durch Kieselsubstanz verbundenen Kieselnadeln. Häufig ein Wurzelschopf vorhanden.

Fam. *Euplectellidae.* Körper röhrenförmig, mit terminaler Siebplatte. An der Basis ein Schopf von Kieselhaaren zur Befestigung. *Euplectella aspergillum* Ow., Venuskorb, Philippinen. Im Innern des Schwammes leben häufig zwei Krebse: *Aega spongiphila* und ein kleiner Palämon. Verwandt: *Lophocalyx* (*Polylophus*) *philippinensis* Gray. Bildet sich loslösende Knospen. Philippinen.

Fam. *Hyalonematidae.* Körper gedrungen, am unteren Pole mit langem, aus spiralig fest zusammengedrehten Kieselnadeln bestehendem Wurzelschopf. *Hyalonema sieboldi* Gray. Japan.

2. Unterordnung. *Dictyonina.* Hexactinelliden, deren sechsstrahlige Hauptnadeln durch Kieselsubstanz zu einem zusammenhängenden Gitterwerk verbunden sind. Wurzelschopf fehlt.

Fam. *Farreidae.* Der röhrenförmige Körper baumförmig verästelt. *Farrea occa* Bwbk. Japan.

Fam. *Dactylocalycidae* (*Maeandrospongiae*). Körper ein System anastomosierender Röhren bildend. *Dactylocalyx pumiceus* Stutchb. Barbados.

3. Ordnung. **Tetraxonia (Tetractinellida).**

Häufig lebhaft gefärbte, meist massige Spongien mit kompliziertem Kanalsystem, kleinen runden Geißelkammern und hoch entwickelter Mittelschicht. Skelet aus tetraxonen (vierachsigen) Kieselnadeln gebildet, fehlt selten. Häufig eine härtere Rindenschicht vorhanden (Rindenschwämme).

Fam. *Oscarellidae.* Weiche krustenförmige Schwämme ohne Skelet. *Oscarella lobularis* O. Schm. Nordatlant. Ozean, Mittelmeer.

Fam. *Plakinidae.* Meist krustenförmige Schwämme. Skelet aus kurzen Ankernadeln (Triaenen) bestehend. *Plakina monolopha* F. E. Sch. Mittelmeer.

Fam. *Stellettidae.* Meist massige Schwämme. Skelet stets ohne Kieselkugeln (Sterraster), mit langen radial angeordneten Ankernadeln (Triaenen) (Abb. 384c). *Stelletta grubei* O. Schm. Nordatlant. Ozean, Mittelmeer. *Ancorina cerebrum* O. Schm. Mittelmeer. *Thenea muricata* Bwbk. Nordatlant. Ozean, Mittelmeer.

Fam. *Geodiidae.* Meist massige Schwämme. Mit zahlreichen Kieselkugeln (Sterrastern) in der harten Rinde. *Geodia mülleri* Flem. (*gigas* O. Schm.). Kosmopolit.

Hier schließen sich die *Lithistidae,* Steinschwämme, an, deren festes Skelet aus durch Zygose miteinander verflochtenen Nadeln besteht. Großenteils fossil. *Coscinospongia* (*Corallistes*) *typus* O. Schm. Atlant. Ozean.

Fam. *Donatiidae.* Körper kugelig, mit dicker Rinde, an der Oberfläche mit kugelförmigen Hervorragungen. Die Megasklere sind monactin. *Donatia* (*Tethya*) *lyncurium* L. Bildet abfallende Knospen. Mittelmeer, Atlant. u. Ind. Ozean.

Fam. *Chondrosiidae,* Lederschwämme. Körper lappig, von kautschukartiger Konsistenz, mit faseriger Rinde. *Chondrosia reniformis* Nardo. Ohne Kieselnadeln. Mittelmeer. *Chondrilla* O. Schm. Mit Kieselzackenkugeln (Euaster) (Abb. 384e) in der Rinde.

Fam. *Suberitidae.* Schwämme von massiger Form ohne deutliche Rinde, mit einseitig geknöpften monactinen Megaskleren (Tylostylen), die in der Regel zu netzartigen Zügen angeordnet sind. *Suberites domuncula* Olivi. Mittelmeer. Hier schließen sich an *Ficulina ficus* L. Nordsee; ferner *Poterion neptuni* Schl., Neptunsbecher. Bis $1^1/_2$ m hoher becherförmiger gestielter Schwamm. Pazif. Ozean. *Cliona* Grant (*Vioa* Nardo), Bohrschwamm. Bohrt in Kalksteinen, Molluskenschalen, Korallen.

4. Ordnung. **Cornacuspongiae.**

Spongien von mannigfaltiger Gestalt, mit kompliziertem Kanalsystem und meist großen Subdermalräumen. Skelet aus monaxonen Kieselnadeln gebildet, die durch Sponginsubstanz verbunden sein können, oder nur aus Sponginfasern bestehend.

Fam. *Mycalidae.* Meist ästige Schwämme. Skelet mit meist monactinen Megaskleren. Unter den Mikroskleren stets Chelae (Anisochelae) (Abb. 384d). *Mycale* (*Esperia*) *contarenii* G. Marts. Mittelmeer.

Fam. *Myxillidae.* Ästige oder massige Schwämme, Spongin oft stark entwickelt. Megasklere meist monactin. Stets doppelhakenförmige Mikrosklere (Chelae) vorhanden. *Myxilla rosacea* LIEBK. (*fasciculata* O. SCHM.). Mittelmeer. Hier schließen sich an *Clathria coralloides* O. SCHM. Mittelmeer. *Desmacidon* BWBK.

Fam. *Raspailiidae.* Meist baumförmige Schwämme. Die Nadeln des axialen Skeletes durch ein Sponginnetzwerk verbunden, nach außen Nadelbündel garbenförmig gegen die Oberfläche ausstrahlend. Von Microskleren kommen Chelae oder Sigmen (s-förmige Nadeln) vor. *Raspailia viminalis* O. Schn. Mittelmeer.

Fam. *Axinellidae.* Aufrecht wachsende Schwämme mit sponginreichem Skelet. Megasklere meist monactin. Die Microsklere sind Sigmen, nie Chelae. *Axinella polypoides* O. SCHM. (Abb. 389), Mittelmeer. Hier schließen sich an *Reniera cratera* O. SCHM., *R. semitubulosa* O. SCHM. Skelet sponginarm. Mittelmeer.

Fam. *Spongillidae.* Verästelte oder massige Süßwasserschwämme. Megasklere diactin. Fortpflanzung auch durch sogenannte Gemmulae (Abb. 292). *Spongilla lacustris* L., *Ephydatia fluviatilis* L. Kosmopoliten.

Fam. *Halichondriidae.* Meist zarte Schwämme, deren Skeletnadeln in netzförmigen Zügen angeordnet sind oder wirr durcheinander liegen. Mikrosklere fehlen. Spongin spärlich oder fehlend. *Halichondria panicea* JOHNST. Atlant. Ozean.

Abb. 389. *Axinella polypoides.* Oscula sternförmig angeordnet. (Nach O. SCHMIDT.) ²/₃

Abb. 390. *Euspongia officinalis* mit einer Anzahl Oscula (*O*). (Nach FR. E. SCHULZE.) ¹/₁

Fam. *Spongeliidae.* Mit netzförmigem Sponginskelet, das Sand eingelagert enthält. Selten Spicula. *Spongelia elegans* NARDO. *Sp. pallescens* O. SCHM. Adria. Hier schließt sich an *Hircinia variabilis* O. SCHM., ausgezeichnet durch den Besitz an den Enden geknöpfter sogenannter Filamente. Adria.

Fam. *Euspongiidae.* Mit elastischem, gleichmäßig starkem Spongingerüst, dessen Fasern einen nur dünnen Achsenstrang (Mark) enthalten. Spicula fehlen. *Euspongia officinalis* L. Badeschwamm (Abb. 390), östliches Mittelmeer und Ostküste der Adria. Unter seinen Varietäten ist die *var. mollissima*, der sogenannte feine Levantinerschwamm, die am meisten geschätzte. *E. zimocca* O. SCHM. Zimokkaschwamm. Skelet härter. *Hippospongia equina* O. SCHM. Pferdeschwamm, mit reich entwickeltem Kanalsystem, auch als Badeschwamm benutzt. Mittelmeer. *Cacospongia cavernosa* O. SCHM. Adria.

Fam. *Aplysinidae.* Sponginskelet locker. Sponginfasern mit reichlicher Achsensubstanz. Spicula fehlen. *Aplysina aërophoba* NARDO, Mittelmeer.

5. Ordnung. Dendroceratida.

Spongien von Kuchen- oder Baumform. Geißelkammern sackförmig. Meist mit baumförmig verzweigtem Sponginskelet, zuweilen mit nadelähnlichen Sponginstücken (sogenannten Sponginspicula).

Fam. *Darwinellidae.* Skelet baumförmig, zuweilen Sponginspicula. *Darwinella aurea* Fr. Müll. *Aplysilla sulfurea* F. E. Sch. Atlant. Ozean, Mittelmeer.

Fam. *Halisarcidae,* Gallertschwämme. Weiche fleischige Spongien ohne Skelet. *Halisarca dujardini* Johnst. Mittelmeer, Ost- und Nordsee.

3. Phylum.

Cnidaria, Nesseltiere.

Mit dem Apicalpol festsitzende oder freischwebende, radiär gebaute Cölenteraten mit persistierendem Urmund; mit hochdifferenziertem Ecto- und Entoderm, welche Sitz der Nesselkapseln sowie der Genitalprodukte sind, zuweilen mit vom Ectoderm oder Entoderm aus gebildeter Mesenchymschicht.

Als morphologische Grundform der Cnidarien kann der Polyp angesehen werden (Abb. 391 a). Er ist charakterisiert durch einen schlauchförmigen Körper, welcher am aboralen Pol befestigt ist und am entgegengesetzten Pol die auf den Urmund zurückzuführende Mundöffnung trägt; letztere findet sich in der Mitte einer scheibenförmigen Verbreiterung des Körpers (Mundscheibe), die von einem Tentakelkranz umgeben wird. Sein Bau ist vier- oder sechsstrahlig. Der Körper besteht aus zwei Epithelschichten, Ectoderm und Entoderm, zwischen welchen noch eine verschieden hoch differenzierte Mittelschicht gelegen ist.

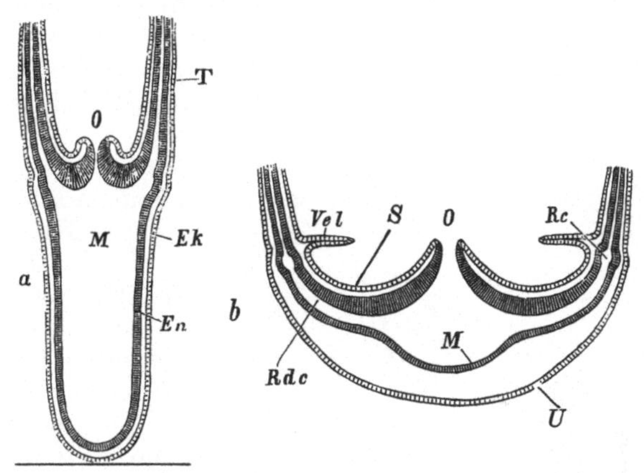

Abb. 391. Schematische Längsschnitte durch den Hydroidpolypen und die Hydroidmeduse. a Hydroidpolyp, *O* Mund, *T* Tentakel, *M* Magenraum, *Ek* Ectoderm, *En* Entoderm; b Hydroidmeduse im Durchschnitt zweier Radiärkanäle (*Rdc*), *Rc* Ringkanal, *O* Mund, *M* Magenraum, *Vel* Velum, *S* Subumbrella, *U* Umbrella (Exumbrella).

In der Gruppe der Cnidarien lassen sich drei Polypenformen unterscheiden: erstens der *Hydroidpolyp,* bei welchem die Stelle des Urmundes die definitive Mundöffnung bildet und der Darm ein einfacher Sack bleibt; zweitens der *Scyphopolyp,* bei dem gleichfalls der Urmund zur definitiven Mundöffnung wird, der Darm aber vier Gastralwülste (Taeniolen) aufweist, die einen von der Mundscheibe aus entstandenen ectodermalen Muskelstrang enthalten; ihnen gegenüber ist der *Anthozoenpolyp* dadurch charakterisiert, daß der Urmund zufolge Ausbildung eines ectodermalen Schlundrohres als Schlundpforte in die Tiefe verlegt und der periphere Teil des Darmes durch vorspringende Längsfalten (Scheidewände) mit entodermaler Muskulatur in eine Anzahl Taschen untergeteilt erscheint. Nach diesen drei Polypentypen werden unter den Cnidarien die drei Klassen der *Hydrozoa, Scyphozoa* und *Anthozoa* unterschieden.

Von dem festsitzenden Polypen läßt sich in den Grundzügen der Organisation die in der Cnidariengruppe auftretende freischwimmende Meduse (Qualle) ableiten (Abb. 391 b). Am glockenförmigen Körper der Qualle unterscheidet man eine Exumbrella, welche dem Körper des Polypen entspricht, und eine Subumbrella, die auf die vergrößerte und vertiefte Mundscheibe des Polypen zurückzuführen ist und in der Mitte den Mundkegel trägt. An der Grenze von Ex- und Subumbrella, dem Rande der Glocke, liegen die den Polypenfangarmen

28*

.homologen Randtentakel. Vom Polypen unterscheidet sich die Meduse durch die
mächtige Entwicklung der exumbrellaren Mittelschicht sowie dadurch, daß der
periphere Teil des Darmes (Kranzdarm) nicht durchgehends offen ist, sondern
zwischen den offenen taschenartigen oder gefäßartigen Räumen eine einfache
Entodermlamelle, die sogenannte Gefäßlamelle oder Kathammalplatte bildet.
Ihre eigentümliche Körpergestalt, die durch die Kathammalplatte hergestellte
festere Verbindung zwischen Ex- und Subumbrella, endlich die höhere Ausbildung
der an der Subumbrella entwickelten Muskulatur sowie des am Scheibenrande gelegenen Nervensystems und der Sinnesorgane sind aus der freischwimmenden
Lebensweise zu verstehen. Die Meduse bewegt sich durch Contraction der
Glocke, durch welche das Wasser aus der Glockenhöhle ausgestoßen und der
Körper mit dem apicalen Pol vorwärts bewegt wird.

Die Meduse wird meist als eine der freischwimmenden Lebensweise ange-
paßte Polypenform aufgefaßt. Das Velum der Hydroidmeduse sowie die Randlappen der Scyphomeduse sind dann den Polypen gegenüber Neubildungen im
Zusammenhang mit der besonderen Lebensweise. Doch wird auch die Auffassung vertreten, daß der Grundtypus der Cnidarien freischwimmend, medusen-
förmig war und die Polypen als ursprünglich larvale Formen aufzufassen sind
(A. KÜHN).

Den beiden Polypenformen des Hydroid- und Scyphopolypen entsprechend,
lassen sich zweierlei Medusentypen (*Hydromeduse* und *Scyphomeduse*) unterscheiden, welche sich entweder phylogenetisch ge-
trennt aus den beiden Polypenformen heraus-
gebildet haben oder nach der anderen Auffassung sich unmittelbar aus dem Grundtypus
herleiten und parallel Polypenformen ausgebildet haben.

Die gewebliche Differenzierung von Ecto-
und Entoderm ist bei den Cnidarien, wie
schon aus dem Auftreten von Muskeln,
Nerven- und Sinneszellen hervorgeht, sehr
hoch. Eine für die Cnidarien charakteristische
Bildung sind die Nesselkapseln (Cniden)
(Abb. 392). Es sind hellglänzende, mit einem
Secret gefüllte Kapseln, welche mit einem
Deckel verschlossen sind und im Inneren
einen spiral aufgerollten, fast immer mit

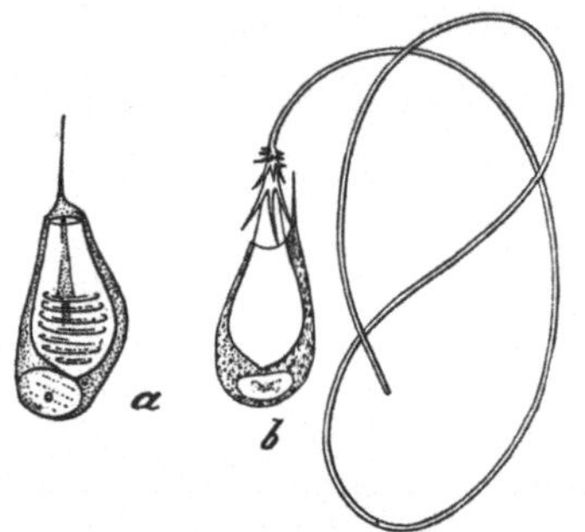

Abb. 392. Nesselkapselzellen des Süßwasserpolypen (*Hydra oligactis*). a Nesselkapsel
geschlossen, b gesprengt, mit ausgestülptem
Faden. Am oberen Zellende das Cnidocil.
(Nach F. E. SCHULZE.)

Dornen besetzten Faden enthalten. Die Nesselkapseln (Abb. 393) entstehen im
Plasma bestimmter subepithelialer Zellen, meist entfernt von ihrem Verbrauchs-
ort, an den die Bildungszellen mit den Kapseln amöboid wandern, sich dann
bis an die Körperoberfläche emporheben und hier einen feinen Sinnesfortsatz
(Cnidocil) entwickeln; sie können sowohl im Ectoderm als im Entoderm auftreten. Die Kapseln werden auf einen auf das Cnidocil ausgeübten Reiz gesprengt, wobei der Faden explosionsartig schnell ausgestülpt und die Secret-
flüssigkeit (Hypnotoxin) entleert wird, die lähmend auf die Beutetiere wirkt.
Ihre Bezeichnung rührt von der Empfindung des Brennens her, das die
gesprengten Kapseln auf der menschlichen Haut verursachen. P. SCHULZE hat
verschiedene Arten von Nesselkapseln unterschieden, und zwar: Penetranten,
große birnförmige Nesselkapseln mit bedorntem Basalstück des Fadens zur
Durchbrechung von dünnen Chitinmembranen; Volventen, rundliche Kapseln,
deren Faden sich bei der Explosion spiralig um Borsten eines Beutetieres wickelt;
Glutinanten, Haftkapseln, mit sehr langen Fäden, die an Oberflächen anhaften.

Die Genitalprodukte der Cnidarien liegen im Ectoderm (*Hydrozoa*) oder Entoderm (*Scyphozoa, Anthozoa*). Von diesen Epithelien aus entwickelt sich auch die bei *Scyphozoen* und *Anthozoen* vorhandene mesenchymatische Mittelschicht, die bei den *Hydrozoen* durch eine zellenlose gallertige Stützlamelle repräsentiert wird.

Die Cnidarien lassen drei Klassen unterscheiden: 1. *Hydrozoa*, 2. *Scyphozoa*, 3. *Anthozoa*.

1. Klasse. Hydrozoa.

Cnidarien mit meist ectodermal gelagerten Keimzellen und zellenloser Mittelschicht. Die Polypenform mit einfachem Darm (ohne Magenrohr und Scheidewände). Die Geschlechtstiere in der Regel Randsaummedusen oder medusoide Gemmen.

1. Ordnung. Hydroidea[1]. Hydroiden.

Solitäre Polypen und Medusen oder festsitzende Stöcke bildende Hydrozoen.

Die Ausgangsform ist der Hydroidpolyp. Er besitzt einen schlauchförmigen Körper, welcher am apicalen Pol festsitzt (Abb. 289). Der freie gegenüberliegende Pol trägt die Mundöffnung; sie liegt an einer kegelförmigen Erhebung (Mundkegel) inmitten der schmalen Mundscheibe, die von einem Kranz von Fangarmen (Tentakeln) umstellt ist. Bei den *Tubulariiden* findet sich noch ein zweiter Tentakelkranz am Mundrande vor. Im einfachsten Falle sind vier Tentakel vorhanden, in deren Anordnung sich der vierstrahlig radiäre Bau des Polypen kundgibt; meist erscheinen jedoch die Tentakel vermehrt und in manchen Fällen am oralen Polypenteil verstreut angeordnet. Die Mundöffnung führt in den einfachen Darm, von welchem Fortsetzungen in die Tentakel hineinreichen.

Ectoderm wie Entoderm (Abb. 393) bestehen aus einem Muskelepithel, dessen Fasern glatt sind und im ersteren längs, im letzteren ringförmig am Polypenleib verlaufen. An ihrer Außenseite weisen die Zellen des Ectoderms einen zarten

---

[1] GEGENBAUR, C.: Zur Lehre vom Generationswechsel und der Fortpflanzung bei Medusen und Polypen. Würzburg 1854. — AGASSIZ, L.: Contributions to the Natural History of the United States of America, vol. III—IV, 1860—1862. — HINCKS, TH.: A History of the British Hydroid Zoophytes. 2 vls. London 1868. — ALLMAN, G. J.: A monograph of the Gymnoblastic or Tubularian Hydroids. 2 vls. London 1871—1872. — KLEINENBERG, N.: *Hydra*. Leipzig 1872. — SCHULZE, FR. E.: Über den Bau und die Entwicklung von *Cordylophora lacustris*. Leipzig 1871. — Über den Bau von *Syncoryne Sarsii* und *Sarsia tubulosa*. Leipzig 1873. — GROBBEN, K.: Über *Podocoryne carnea*. Sitzgsber. Akad. Wiss. Wien, Math.-naturwiss. Kl. 1875. — MOSELEY, H. N.: On the Structure of a Species of Millepora etc. Philosophic. Trans. roy. Soc. London 1877. — On the Structure of the Stylasteridae. Ebenda 1878. — HERTWIG, O. u. R.: Das Nervensystem und die Sinnesorgane der Medusen. Leipzig 1878. — Der Organismus der Medusen und seine Stellung zur Keimblättertheorie. Jena 1878. — HAECKEL, E.: Monographie der Medusen, 2 Bde. Jena 1879—1881. — WEISMANN, A.: Die Entstehung der Sexualzellen bei den Hydromedusen. Jena 1883. — CLAUS, C.: Untersuchungen über die Organisation und Entwicklung der Medusen. Prag u. Leipzig 1883. — METSCHNIKOFF, E.: Embryologische Studien an Medusen. Wien 1886. — SCHNEIDER, K. C.: Histologie von *Hydra fusca* mit besonderer Berücksichtigung des Nervensystems der Hydropolypen. Arch. mikrosk. Anat. 35 (1890). — STSCHELKANOWZEW, J.: Die Entwicklung von *Cunina proboscidea*. Mitt. zool. Stat. Neapel 17 (1906). — GOETTE, A.: Vergleichende Entwicklungsgeschichte der Geschlechtsindividuen der Hydropolypen. Z. Zool. 87 (1907). — MAYER, A. G.: Medusae of the World. Vol. I. II. Washington 1910. — KÜHN, A.: Die Entwicklung der Geschlechtsindividuen der Hydromedusen. Zool. Jb. 30 (1910). — Entwicklungsgeschichte und Verwandtschaftsbeziehungen der Hydrozoen. I. Erg. Zool. 4 (1913). — HANITZSCH, P.: Über die Generationszyklen einiger raumparasitischer Cuninen. Zoologica 1912, H. 67. — NUTTING, CH. C.: American Hydroids. U. S. Nat. Mus. Spec. Bull. I—III. Washington 1900—1915. — SCHULZE, P.: Neue Beiträge zu einer Monographie der Gattung *Hydra*. Arch. f. Biontol. 4 (1917). — STECHOW, E.: Zur Kenntnis der Hydroidfauna des Mittelmeeres, Amerikas und anderer Gebiete. Zool. Jb. 42 (1920); 47 (1924). — Vgl. ferner die Arbeiten von HUXLEY, FORBES, KIRCHENPAUR, v. BENEDEN, FOL, A. LANG, v. LENDENFELD, A. BRAUER, LEVINSEN, MAAS, WOLFF, WULFERT, HARM, HADŽI, WILL, BROCH u. a.

Grenzsaum auf. Während die Zellen des Ectoderms plasmareich sind, zeichnen sich die umfangreicheren Entodermzellen durch starke Vacuolisierung aus und tragen Geißeln. In den Tentakeln bildet das Entoderm in vielen Fällen einen soliden, aus einer Reihe von zylindrischen Zellen aufgebauten axialen Stützstrang. Subepithelial liegen im Ectoderm die Bildungszellen der Nesselkapseln; sie strecken sich nach Reifung der Kapsel bis an die Oberfläche und bilden den Sinnesfortsatz, das Cnidocil, aus. Die Nesselkapseln finden sich am reichlichsten, zuweilen in Wülsten und Knöpfen gehäuft, an den Tentakeln.

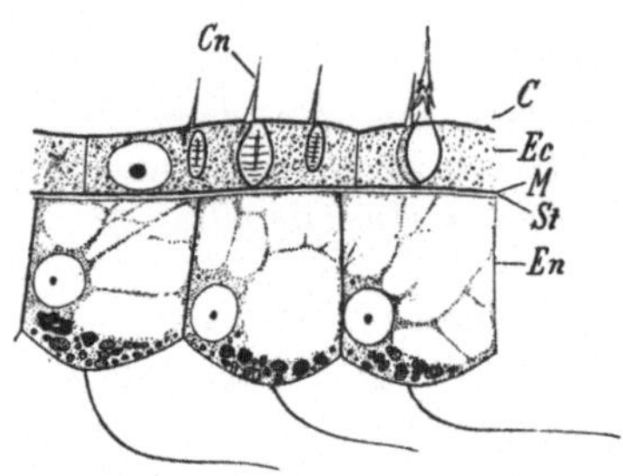

Abb. 393. Längsschnitt durch die Wand eines Tentakels von *Hydra oligactis*. (Nach F. E. SCHULZE.) *Ec* Ectoderm, *C* Grenzsaum, *M* Längsmuskelfasern, *St* Stützlamelle, *Cn* Cnidocil, *En* Entoderm. Die entodermalen Muskelfasern sind nicht abgebildet.

Das Nervensystem der Hydroidpolypen besteht aus einem Netz von Ganglienzellen und Nervenfasern, das subepithelial über der Muskelfaserschicht gelegen ist (Abb. 212a); am dichtesten ist es an der Mundscheibe sowie den Tentakeln ausgebildet und erstreckt sich, wenn auch schwächer entwickelt, in das Entoderm. Im Ectoderm finden sich Sinneszellen zuweilen mit langen Sinnesfortsätzen (Palpocils). Zwischen Ecto- und Entoderm liegt eine von denselben abgeschiedene dünne, gallertige, zellenlose Mittelschicht (Stützlamelle).

Der Polyp enthält nur ausnahmsweise die Genitalprodukte, und zwar subepithelial im Ectoderm (*Hydra*, deren Arten zum Teil hermaphroditisch sind) (Abb. 289). Immer pflanzt sich aber der Polyp ungeschlechtlich durch Knospung, selten durch Querteilung (*Protohydra*) fort. Die Knospen lösen sich bei der solitär bleibenden *Hydra* ab; sie verbleiben sonst miteinander im Verband. Auf diese Weise entstehen dendritische oder moosförmige Stöckchen (Cormen), in denen die Einzelindividuen durch röhrenförmige, den Stamm des Stockes und dessen Zweige bildende Verbindungen (*Cönosark, Hydrorhiza, Hydrocaulus*) zusammenhängen. Das Cönosark enthält einen Kanal, welcher mit dem Gastralraum der einzelnen Individuen kommuniziert (Abb. 394, 296). Die Knospen entstehen nach bestimmten Knospungsgesetzen (s. S. 309, Abb. 293, 294).

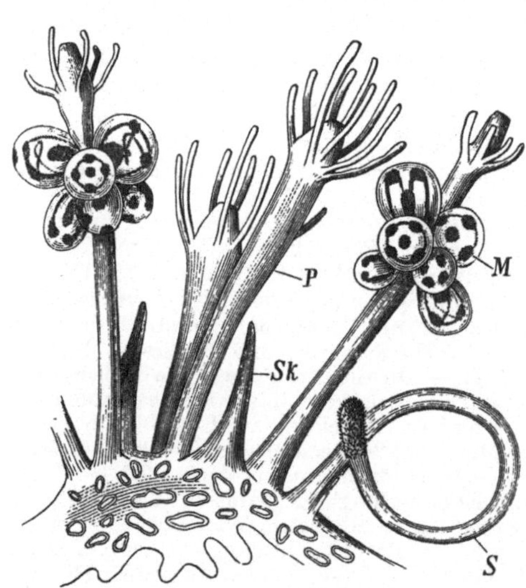

Abb. 394. *Podocoryne carnea*. (Nach GROBBEN.) *P* Polypen, *M* knospende Medusen an proliferierenden Polypen, *S* Spiralzooid, *Sk* Skeletpolypoid, alle verbunden durch das basale Coenosark (Hydrorhiza). ^{2}/₁

Bei stockbildenden Formen wird an der Oberfläche des Ectoderms ein chitiniges, selten verkalktes (*Milleporiden, Stylasteriden*) Cuticularskelet abgeschieden, das vornehmlich an den die Polypen verbindenden Stammverzweigungen (Hydrorhiza, Hydrocaulus) des Stockes sich entwickelt und zuweilen (*Campanulariae*) in der Umgebung des Polypen ein becherartiges Gehäuse (Theca) bildet (Abb. 399).

Nicht immer sind die Polypen eines Stockes gleich; es finden sich zunächst neben den gewöhnlichen Ernährungspolypen gewöhnlich proliferierende Individuen, welche die Geschlechtsindividuen erzeugen. Diese proliferierenden Polypen sind in vielen Fällen von den anderen in ihrem Bau weitgehend verschieden und werden dann als *Blastostyle* bezeichnet. Außerdem können modifizierte Polypenindividuen, sogenannte *Polypoide*, auftreten (*Hydractinia, Podocoryne, Plumularia*) (Abb. 394), so die als Wehrpolypen oder Machozoide bezeichneten, meist mund- und oft tentakellosen Spiralzooide und die tentakelförmig vorstreckbaren Nematophoren. Andere Polypoide sind die durch mächtige Entwicklung des Cuticularskelets ausgezeichneten Skeletpolypoide. Die Geschlechtsindividuen (*Gonophoren*) sind Quallen (Medusen), welche sich vom Stock ablösen und oft erst nach mit Metamorphose verbundener Größenzunahme geschlechtsreif werden; oder es erscheinen als Träger der Geschlechtsstoffe modifizierte vereinfachte mundlose Medusen, sogenannte *Medusoide*, oder *medusoide Gemmen* (*Sporosacs*), sessil bleibende Individuen, die in verschiedenem

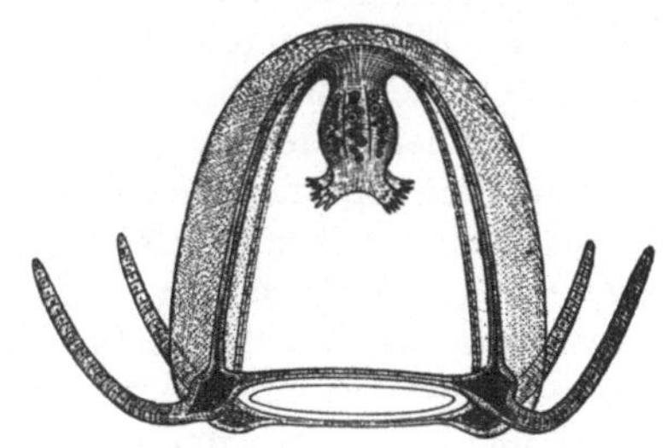

Abb. 395. Meduse von *Podocoryne carnea.* (Nach GROBBEN.) |$^{30}/_1$

Grad den Bau der Meduse noch zeigen und durch Rückbildung von letzterer abzuleiten sind.

Die Hydroidmeduse (Abb. 395, 396) ist in der Regel von geringer Größe, wenngleich einzelne Formen, wie *Aequorea, Geryonia* zu bedeutenderem Umfang heranwachsen. Sie besitzt eine tiefe oder mehr flache, glockenförmige Gestalt und ist charakterisiert durch den Besitz eines horizontalen muskulösen Randsaumes (Velum, Craspedon, daher *Craspedota*), der vom Glockenrand aus gegen die Subumbrellarhöhle vorspringt und deren Eingang verengt. Selten ist das Velum völlig reduziert (z. B. *Obelia*). Am Glockenrand finden sich in radiärer Anordnung 4, 6, 8 oder auch eine größere Zahl von Fangfäden (Tentakeln). In der Mitte der Subumbrella erhebt sich der Mundkegel, der am Ende die Mundöffnung trägt. Er führt in den zentralen Magen, von dem 4, 6, 8 oder mehr radial gelegene Gefäße bis zum Scheibenrand verlaufen, wo sie durch ein Ringgefäß verbunden sind. Von letzterem gehen die Entodermteile in die Randtentakel ab. Die interradial gelegenen breiten Felder zwischen Radiärgefäßen und Ringgefäß werden durch die einschichtige Gefäßlamelle eingenommen.

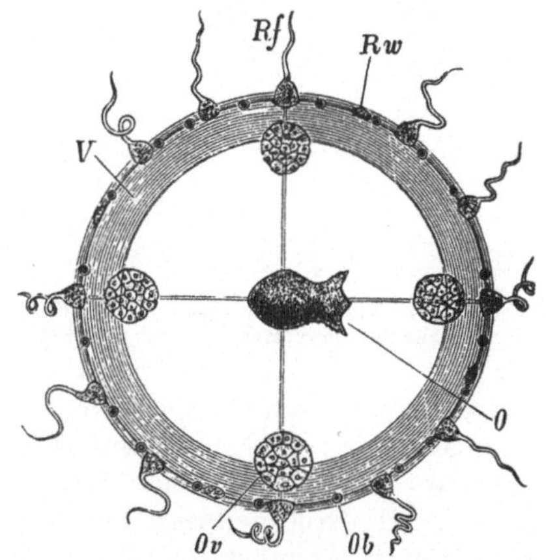

Abb. 393. *Phialidium variabile,* von der Subumbrellarseite gesehen. $^{12}/_1$. *O* Mund, *Ob* Statocysten, *Ov* Ovarien, *Rf* Tentakel, *Rw* Randwülste (Randtuberkel), *V* Velum. (Nach CLAUS.)

fäßen und Ringgefäß werden durch die einschichtige Gefäßlamelle eingenommen. Bei manchen Formen ist das Ringgefäß gegen die Subumbrellarhöhle zu mit Öffnungen versehen; diese liegen an subumbrellaren Höckern (*Subumbrellapapillen*), die ihrem Vorkommen nach den Tentakeln und Randtuberkeln (Tentakelanlagen) des Scheibenrandes entsprechen, und dienen als Ausfuhröffnungen der wahrscheinlich als Harnorgane fungierenden entodermalen Auskleidung der Subumbrellapapillen.

Die Muskulatur der Hydroidmeduse findet sich als Muskelepithel an der Subumbrella und dem Velum angeordnet; die Muskelfasern laufen circulär und sind quergestreift. Ihr wirkt die dicke zellenfreie Gallerte der Exumbrella entgegen, welche häufig von senkrecht verlaufenden elastischen Fasern durchsetzt ist. An ihrer Oberfläche wird die Exumbrella von einem flachen Epithel bedeckt.

Das ectodermale Epithel des Scheibenrandes an der Ansatzstelle des Velums sowohl exumbrellar als subumbrellar ist hoch, exumbrellar bewimpert, und besteht aus Stützzellen und schlanken Sinneszellen, deren basale Fasern einen stärkeren exumbrellaren und zarteren subumbrellaren *Nervenring* bilden (Abb. 179); auch liegen in den Nervenringen Ganglienzellen. Vom exumbrellaren Nervenring gehen die Fibrillenzüge zu den Tentakeln; der subumbrellare Nervenring hängt mit einem subepithelialen (oberhalb der Muskelfasern gelegenen) Plexus von Ganglienzellen in der Muskulatur der Subumbrella zusammen, während die Nerven zu den Sinnesorganen von beiden Nervenringen ausgehen können.

Die schon seit langer Zeit als *Sinnesorgane* in Anspruch genommenen *Randkörper* liegen am Scheibenrand an den Nervenringen und sind entweder Ocellen (*Anthomedusae*) oder statische Organe. Die Ocellen sind Augenflecke oder Sehgruben, zuweilen mit Linse (s. S. 200, Abb. 191 a, b). Die statischen Organe sind entweder frei vorstehende Kölbchen, welche dem exumbrellaren Nervenring angehören und entodermale Statolithen besitzen, auch in einem Bläschen eingeschlossen liegen (*Trachylina*) (Abb. 397), oder statische Gruben bzw. Statocysten, die dem subumbrellaren Nervenring angehören und ectodermale Statolithenzellen aufweisen (*Leptomedusae*) (vgl. S. 189, Abb. 179).

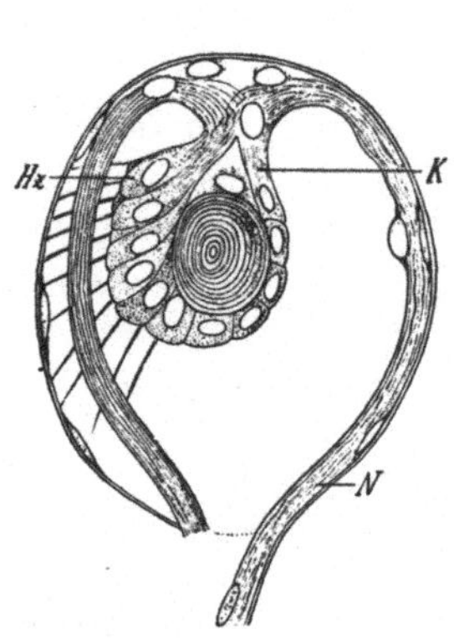

Abb. 397. Statocyste von *Carmarina hastata*. (Nach HERTWIG.) *K* Statisches Kölbchen, *Hz* Sinneszellen, *N* Nervenstrang des exumbrellaren Nervenringes.

Die Medusen, bzw. Medusoiden, sind meist getrennten Geschlechts. Die Genitalorgane finden sich entweder am Mundkegel oder an den Radiärgefäßen und bilden vorspringende Wülste. Die Keimzellen entstehen bei den meisten Medusen aus subepithelialen Zellen des Ectoderms der Subumbrella (Abb. 245). Bei stockbildenden Formen, besonders bei solchen mit medusoiden Gemmen, können die Urkeimzellen im Cönosark auftreten und amöboid in die Gonophorenknospen wandern (Abb. 294).

Bei stockbildenden Formen ist Diöcie die Regel.

Bei einigen Medusen findet sich auch ungeschlechtliche Vermehrung durch Knospung. Es entstehen auf diesem Wege stets Medusen, und zwar entweder am Mundkegel (*Sarsia gemmifera, Rathkea*) oder am Ringgefäß und Radiärkanälen. Auch wurde bei Jugendformen mancher Hydroidmedusen Teilung beobachtet (*Stomobrachium mirabile* [Larvenform einer Aequoride], *Gastroblasta raffaelei* [wahrscheinlich identisch mit *Phialidium variabile*]).

Was die Entwicklung betrifft, so erleidet das Ei eine äquale oder inäquale Furchung (Abb. 255). Es entsteht eine bewimperte Blastula, an welcher das Entoderm durch polare Einwucherung oder multipolare Einwanderung, seltener durch Delamination (*Geryoniden*) gebildet wird (Abb. 262—264). Die ovale Larve noch ohne Mund (sogenannte *Planula*) schwärmt aus, setzt sich mit dem apicalen Pole fest und entwickelt sich nach Durchbruch des Mundes und Bildung der Tentakel zum Polypen. Zuweilen (*Tubularia*) entwickelt sich das Ei direkt zu einer polypenartigen Larve, der sogenannten *Actinula*. Der Polyp pflanzt sich ungeschlechtlich durch Knospung fort und erzeugt zunächst ein Polypenstöckchen, an welchem dann die Geschlechtstiere, die Medusen, hervorsprossen. Letztere bringen nach ihrer Ablösung vom Stocke die Geschlechtsprodukte zur Reife. Die Entwicklung ist somit eine Metagenese. Letztere kann auch verdeckt sein, was für jene Fälle gilt, in denen das Geschlechtsindividuum nicht eine freie Meduse, sondern ein am Stocke verbleibendes Medusoid (medusoide Gemme, Sporosac) ist. Endlich kann in der Entwicklung die Polypengeneration und damit die Metagenese ganz ausfallen und aus dem Ei sogleich die Meduse hervorgehen (meiste *Trachylina*). In letzterer Gruppe kommt es sekundär zur Ausbildung einer Metagenese bei *Cunina proboscidea*. Aus einer freischwimmenden Medusengeneration geht hier eine zweite kleinere, im Gastrovascularraum der ersteren sich entwickelnde, abweichend gebaute Medusengeneration hervor, die in den Magen von *Geryonia* gelangt. Erst deren sich hier entwickelnde Nachkommen wachsen zu parasitierenden Stolonen aus, welche durch Knospung die freischwimmende erste Medusengeneration produzieren und im Zustande der Knospung die sogenannten Knospenähren des Geryoniamagens bilden (STSCHELKANOWZEW).

Die Medusen erfahren häufig eine Metamorphose, die nicht nur auf einer Formveränderung des sich vergrößernden Schirmes und Mundstieles, sondern auch auf einer Vermehrung der Randfäden, Randkörper und selbst Radiärkanäle (*Aequorea*) beruht. Manche Hydroidmedusen werden in verschiedenen Stadien ihrer Entwicklung vor Eintritt in das Endstadium geschlechtsreif (*Phialidium variabile*).

Die Schwierigkeit der Systematik wird durch den Umstand erhöht, daß die nächst verwandten Polypenstöckchen verschiedene Geschlechtsformen erzeugen können, wie z. B. *Branchiocerianthus* sessile Geschlechtsgemmen, *Corymorpha* freie Medusen hervorbringen. Auch können ähnlich gebaute Medusen, die man zu derselben Familie stellen würde, von Hydroidstöcken verschiedener Familien aufgeammt werden (*Isogonismus*). Daher erscheint es ebensowenig zulässig, der Einteilung ausschließlich die Geschlechtsgeneration zugrunde zu legen, als die Polypengeneration ohne die erstere zu berücksichtigen. Die früher unterschiedene Gruppe der *Hydrocoralliae* (*Stylasteridae*, *Milleporidae*) erweist sich als nicht systematisch einheitlich.

Die Hydroiden bewohnen mit wenigen Ausnahmen (*Hydra*, *Cordylophora*, *Microhydra* [*Craspedacusta*]) das Meer und ernähren sich von tierischen Substanzen, *Mnestra* parasitisch.

1. Unterordnung. *Hydrariae*. Solitäre nackte Polypen mit drüsiger Fußscheibe; pflanzen sich sowohl durch sich ablösende Knospen als geschlechtlich (zu bestimmten Zeiten) fort (Abb. 289).

Fam. *Hydridae*. Süßwasserpolypen, bekannt durch außerordentliche Regenerationskraft. Vermögen auch mittels der Fußscheibe den Ort zu verändern. *Hydra* (*Pelmatohydra*) *oligactis* PALL. (*fusca* L.), getrenntgeschlechtlich; *H.* (*Chlorohydra*) *viridissima* PALL. (*viridis* L.), *H. vulgaris* PALL. (*grisea* L.). Getrenntgeschlechtlich oder hermaphroditisch. Europa.
Hier läßt sich anschließen *Protohydra leuckarti* GRFF. Tentakellos. Fortpflanzung durch Querteilung. Ostende, Engl. Küste, Ostsee.

2. Unterordnung. *Tubulariae* (*Anthomedusae*). Von chitiniger Cuticula überkleidete Polypenstöckchen; Polypen nackt, ohne becherförmige Theka (Athecata). Die Medusen oder medusoiden Gemmen sprossen am Leibe der Polypen oder am Stock. Die Medusen (*Anthomedusen*, *Ocellaten*) besitzen meist Augenflecke. Die Genitalorgane liegen am Mundkegel.

Fam. *Clavidae*. Polypen keulenförmig mit zerstreut stehenden fadenförmigen Tentakeln. Meist medusoide Gemmen. *Clava squamata* MÜLL. Nordsee. *Cordylophora lacustris* ALLM. Diöcisch. Im Brackwasser der Nord- und Ostsee und im Süßwasser. *Turris* (*Tiara*) *pileata* FORSK. Meduse mit großem kegelförmigen Scheitelaufsatz und zahlreichen Tentakeln. Mittelmeer, Atlant. Ozean. *T.* (*Catablema*) *eurystoma* H. Küste von Grönland.
Fam. *Bougainvilliidae*. Tentakel des Polypen nach dem Mundkegel zu in einen oder mehrere dicht gedrängte Kreise zusammengerückt. Stöcke krusten- oder baumförmig Häufig Polymorphismus. *Podocoryne carnea* SARS. Stock krustenförmig. Mit Medusen

(*Oceania*). Diöcisch. Mittelmeer (Abb. 394, 395). *Hydractinia echinata* FLEM. Mit medusoiden Gemmen. Nordsee. *Bougainvillia ramosa* BENED. Mit Medusen (Abb. 296). *Rathkea* (*Lizzia*) *octopunctata* SARS. Mittelmeer, Nordsee. *Clathrozoon wilsoni* W. B. SP. Gorgoniden-ähnliche derbe Kolonien mit aus einem röhrigen Netzwerk gebildetem Cönosark. Polypen in zellartigen Räumen. Außerdem Tentakularzooids. Australien. Führen zu den Stylasteriden hinüber.

Fam. *Stylasteridae*. Korallenähnliche verästelte Stöcke mit verkalktem Cuticularskelet. Cönosark aus einem röhrigen Netzwerk gebildet mit nach der Oberfläche geöffneten zellenartigen Räumen für die Nährpolypen und Tastpolypoide, die in größerer Zahl häufig kreisförmig um je einen Nährpolypen angeordnet sind. Nährpolypen bougainvillienähnlich. Mit medusoiden Gemmen. Diöcisch. Meist Tiefseebewohner. *Stylaster roseus* PALL. Atlant. Ozean. *Distichopora coccinea* GRAY. Still. Ozean.

Fam. *Eudendriidae*. Tentakel des Polypen in einem Kreis angeordnet. Mundkegel rüsselförmig, scharf vom Polypenkörper abgesetzt. Stöcke baumförmig verzweigt. Mit medusoiden Gemmen. *Eudendrium ramosum* L. Atlant. Ozean, Mittelmeer.

Fam. *Corynidae*. Polypen keulenförmig mit geknöpften Tentakeln. *Syncoryne sarsi* LOV. Mit Medusen (*Sarsia tubulosa*). Nord- und Ostsee. *Sarsia gemmifera* FORB. Meduse, bildet Knospen am Mundkegel. Atlant. Ozean. *Coryne pusilla* GÄRTN. Mit medusoiden Gemmen. Mittelmeer, Nordsee. *Solanderia rufescens* JÄDERH. Mächtige baumförmige gorgonidenähnliche Stöcke mit aus einem dichten Netzwerk gebildetem Cönosark. Japan. Führen zu den Milleporiden hinüber. *Myriothela phrygia* F. Großer solitärer Polyp mit zahlreichen Tentakeln. Mit am basalen Teile gelegenen Blastostylen, zwischen denen Haftschläuche stehen, welche die von den Gonophoren ausgestoßenen Eier während der Embryonalentwicklung festhalten. Nordsee. *Stauridium cladonemae* DUJ. Zugehörige Meduse (*Cladonema radiatum* DUJ.) mit acht verästelten Tentakeln. Mittelmeer. *Clavatella prolifera* HCKS. Zugehörige Meduse *Eleutheria dichotoma* QTRF. Kriechend, mit meist sechs Tentakeln. Mundkegel bloß an den Radiärkanälen mit der Exumbrella zusammenhängend. Hermaphroditisch. Pflanzt sich auch durch Knospung fort. Atlant. Ozean, Mittelmeer. *Mnestra parasites* KROHN, parasitisch an *Phyllirhoë bucephalum* lebende Meduse. Mittelmeer.

Abb. 398. Stück einer *Millepora*. (Original G.) Etwa $^2/_1$. Man sieht die größeren Zellen für die Nährpolypen und die kleineren für die Tastpolypoide.

Fam. *Milleporidae*. Korallenähnliche massige oder krustenförmige Stöcke mit verkalktem Cuticularskelet. Das aus einem röhrigen Netzwerk gebildete Cönosark mit oberflächlichen zellenartigen Räumen zur Aufnahme der Nährpolypen und Tastpolypoide, die in größerer Zahl häufig kreisförmig um die Nährpolypen angeordnet stehen. Polypen mit geknöpften Tentakeln. Als Geschlechtsindividuen wurden bei einzelnen Arten freischwimmende Medusoide beobachtet. Die Milleporiden beteiligen sich am Aufbau der Korallenriffe. *Millepora alcicornis* L. Weit verbreitet (Abb. 398).

Fam. *Tubulariidae*. Polypen tragen außer dem Tentakelkranz einen den Mund umstellenden Kreis fadenförmiger Tentakel. Die Geschlechtsindividuen knospen an der Mundscheibe. *Tubularia mesembryanthemum* ALLM. Stöckchen mit kriechenden Wurzelverzweigungen, auf denen sich einfache Äste mit endständigen Polypen erheben. Medusoide Gemmen. Diöcisch. Adria. *T. indivisa* L. Nordsee, Ostsee. *Corymorpha* SARS. Der von gallertiger Cuticula umhüllte Stiel des solitären Polypen befestigt sich mit wurzelförmigen Fortsätzen. Die freiwerdende Meduse (*Steenstrupia*) mit einem Randfaden, aber bulbösen Anschwellungen am Ende der übrigen Radiärkanäle. *C. nutans* SARS. Nordsee. *Branchiocerianthus* (*Monocaulus*) *imperator* ALLM. Solitärer bilateralsymmetrischer Polyp, bis 2 m lang, mit medusoiden Gemmen. Tiefsee, Japan. *Pelagohydra mirabilis* DENDY. Freischwimmender solitärer Polyp mit apikalem blasenförmigen Floß. Mit Medusen. Ostküste von Neuseeland.

3. Unterordnung. *Campanulariae* (*Leptomedusae*). Polypenstöcke, deren chitinige Skeletröhren des Cönosarks sich um die Polypen in der Regel zu becherförmigem Gehäuse (Theka) erweitern (Thecata). Polypen stets nur mit einem Tentakelkranz. Die Geschlechtsindividuen entstehen fast regelmäßig an proliferierenden Polypoiden ohne Mund und Tentakel (sogenannte Blastostylen) und sind bald sessile Gemmen, bald Medusen mit Geschlechtsorganen an den Radiärkanälen und subumbrellar entstehenden statischen Bläschen (*Vesiculaten*).

Fam. *Campanulariidae.* Stöcke einfach oder verästelt, die glockenförmigen Theken besitzen geringelte Stiele. *Campanularia verticillata* L. Nordsee. *Clytia johnstoni* ALD. Meduse wahrscheinlich *Phialidium variabile* CLS. (Abb. 396), pflanzt sich durch Teilung fort, dürfte mit *Gastroblasta raffaelei* LANG identisch sein. Atlant. Ozean, Mittelmeer. *Obelia dichotoma* L., Meduse flach, scheibenförmig, mit zahlreichen Randtentakeln, Velum völlig reduziert (Abb. 399, 400). *Gonothyraea lovéni* ALLM. Mit medusoiden Gemmen. Ost- und Nordsee, Mittelmeer. *Orthopyxis (Laomedea) caliculata* HCKS. Weit verbreitet. Verwandt: *Mitrocoma annae* H. Mittelmeer. *Eucheilota* MCCRADY. Westl. Atl. Oz.

Fam. *Sertulariidae.* Stock verzweigt, Polypen besitzen sitzende flaschenförmige Becher und sind zweireihig an entgegengesetzten Seiten des Stammes und der Äste angeordnet. Mit Gonophoren. *Sertularia (Dynamena) pumila* L. Weit verbreitet. *Hydrallmania falcata* L. Nordsee. *Thuiaria argentea* L. Seemoos. Nordsee, Mittelmeer. *Sertularella polyzonias* L. Kosmopolit.

Fam. *Plumulariidae.* Stöckchen meist federförmig verzweigt. Polypen einreihig, nur an den Ästen; Theka sitzend. Neben denselben besondere kleine Individuen (Nematophoren). Stets Gonophoren. *Plumularia halecioides* ALD., *Aglaophenia pluma* L., *Lytocarpia (Thecocarpus) myriophyllum* L. Theken der proliferierenden Individuen zu sogenannten Corbulae vereinigt. Mittelmeer. *Antennularia antennina* L. Europäische Meere.

Fam. *Campanopsidae.* Polypenstöckchen zart, die Polypen campanulariaähnlich, jedoch ohne Theka. Basis der Tentakel durch eine Membran verbunden. Die Medusen erreichen eine ansehnliche Größe und besitzen Subumbrellarpapillen.

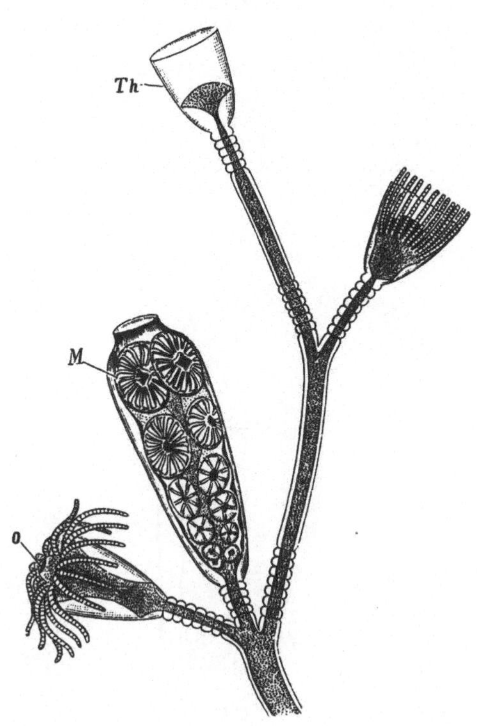

Abb. 399. Zweig eines Stöckchens von *Obelia dichotoma*. $^{2)}/_1$. *O* Mundöffnung eines vorgestreckten Nährpolypen, *M* Medusenknospen am proliferierenden Polypoid, *Th* becherförmiges Gehäuse (Theca) eines Nährpolypen.

Aequorea forskalea PÉR. LSR. Medusen mit zahlreichen Radiärgefäßen und Randtentakeln. *Eutima (Octorchis) campanulata* CLS. Polyp als *Campanopsis* CLS. beschrieben. Atlant. Ozean, Mittelmeer. *Phortis (Irene) pellucida* WILL, *Tima flavilabris* ESCHZ. Mittelmeer. Verwandt *Halecium* OK. Theka sehr klein.

4. Unterordnung. *Trachylina.* Medusen mit festem, oft durch vom Rande radial verlaufende Nesselstreifen (Schirmspangen) gestütztem Schirm, mit starren, von solidem Zellstrang erfüllten Tentakeln, welche auf den Jugendzustand beschränkt sein können (Larven der *Geryoniden*), mit exumbrellar entstandenen statischen Organen. Gonaden an den Radiärkanälen. Entwicklung in der Regel ohne polypenförmige Ammengeneration durch Metamorphose.

1. Sektion. *Trachymedusae.* Trachylinen mit ungeteiltem Schirmrand, meist mit zahlreichen Tentakeln. Gonaden an den Radiärkanälen.

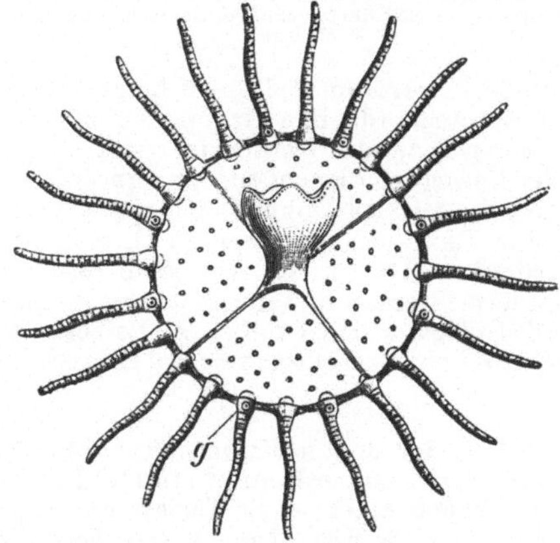

Abb. 400. Meduse von *Obelia dichotoma*, noch ohne Geschlechtsorgane. *g* Statocysten. $^{28}/_1$

Fam. *Olindiadae.* Mit vier Radiärkanälen. Zuweilen blindendigende Zentripetalkanäle. Tentakel häufig an die Exumbrella verlagert. Bei einigen Formen eine Polypengeneration. *Olindias phosphorica* CHIAJE. Mittelmeer. *Haleremita cumulans* SCHAUD. Solitärer Polyp, der durch Knospung Polypen und die als *Gonionemus vindobonensis* JOSEPH beschriebene Meduse erzeugt. Adria. *Microhydra ryderi* POTTS. Tentakelloser Polyp. Meduse als *Craspedacusta* LANK. (*Limnocodium* ALLM.) bekannt. Süßwasser, Europa, Nordamerika.

Fam. *Trachynemidae.* Mit acht Radiärkanälen. Die Gonaden an bläschenförmigen Ausstülpungen der Radiärkanäle. *Sminthea* (*Trachynema*) *eurygaster* GEGŃB. Atlant. Ozean, Mittelmeer. *Rhopalonema velatum* GEGNB. Weit verbreitet. *Aglaura hemistoma* PÉR. LSR. Weit verbreitet.

Fam. *Geryoniidae.* Rüsselquallen. Schirmrand mit mächtigem Nesselwulst, Schirmspangen vorhanden. 4—6 Radiärkanäle und hohle Randtentakel. Ein kurzer rüsselförmiger Mundkegel am Ende eines langen Magenstieles. Die Gonaden in Gestalt flacher Blätter an den Radiärkanälen. *Liriope eurybia* H. Mit vier Tentakeln. Magenstiel in einen innerhalb des Mundkegels gelegenen Zungenkegel auslaufend. *Geryonia proboscidalis* FORSK. Mit sechs Tentakeln. (Wahrscheinlich = *Carmarina hastata* H.) Mit vom Ringkanal entspringenden blinden Centripetalkanälen, Mittelmeer (Abb. 401).

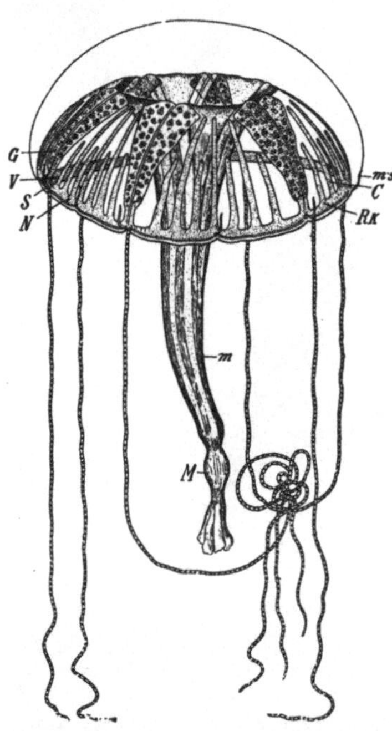

Abb. 401. *Geryonia proboscidalis* (*Carmarina hastata*). (Nach HAECKEL.) ¹/₂. *m* Magenstiel, *M* Mundkegel, *N* Nervenring, *S* statische Sinnesorgane, *Rk* Ringkanal, *C* Centripetalkanäle, *ms* Schirmspangen, *G* Genitalorgan, *V* Velum.

2. Sektion. *Narcomedusae.* Trachylinen von scheibenförmiger Gestalt mit radiären Magentaschen. Ringgefäß häufig fehlend. Umbrella knorpelhart, infolge des Hinaufrückens der Tentakel auf die Exumbrella am Rande in Lappen zerfällt. Die starren Tentakel mit dem Rande der Umbrella durch Spangen verbunden. Gonaden an den radiären Magentaschen.

Fam. *Cuninidae.* Narcomedusen mit ungeteilten radiären Magentaschen. *Cunina lativentris* GEGNB. Atlant. Ozean, Mittelmeer. *C. proboscidea* METSCHN. Bildet die sogenannten Knospenähren im Magen der Geryoniden. Mittelmeer.

Fam. *Aeginidae.* Die radiären Magentaschen zweiteilig. *Aegina citrea* ESCHZ. Pazif. Ozean. Hier schließen sich an *Solmaris* (*Aegineta*) *flavescens* KÖLL., *S.* (*Polyxenia*) *leucostyla* WILL. Mittelmeer. *Solmundella bitentaculata* Q. G. (*Aeginopsis mediterranea* J. MÜLL.) Mit zwei Tentakeln. Weit verbreitet.

Wahrscheinlich eine neotenische Narcomedusenlarve ist die eigenartige, unter ¹/₂ mm große *Halammohydra octopodides* REMANE. Mit reduzierter Umbrella. Nord- und Ostsee.

Von den meisten Autoren als zu den Hydroiden gehörig wird die eigentümliche, bis 8 mm große *Tetraplatia* W. BUSCH[1] betrachtet, für die von CARLGREN eine besondere, den Trachylinen einzuordnende Gruppe *Pteromedusae* gebildet wird. Der bewimperte Körper von *Tetraplatia*, von Gestalt einer vierseitigen Doppelpyramide, ist durch den Besitz von acht der Bewegung dienenden, im Äquator des Körpers entspringenden Randlappen ausgezeichnet, die zu vier Doppelflügellappen vereinigt und durch eine Randleiste verbunden sind. Diese Randbildungen werden als Schirmrand und ein Saum unterhalb derselben als Velum gedeutet (CARLGREN). An jedem Randlappen eine Statocyste mit statischen Kölbchen im Innern. Der am hinteren Körperende gelegene Mund führt in einen einfachen Gastralraum. Die Stützlamelle ist zellenlos. Es besteht Getrenntgeschlechtlichkeit. Die Genitalorgane in Form von vier ektodermalen eingestülpten Säcken, die zwischen den Randlappen aus-

---

[1] Außer BUSCH, KROHN, BARGONI vgl. CLAUS, C.: Über *Tetrapteron* (*Tetraplatia*) *volitans*. Arch. mikrosk. Anat. **15** (1878). — VIGUIER, C.: Études sur les animaux inférieures de la baie d'Alger. 4. Le Tétraptère. Archives de Zool. **1890**. — CARLGREN, O.: Die Tetraplatien. Wiss. Erg. dtsch. Tiefsee-Exp. **19** (1909). — DANTAN, J. L.: Contribution à l'étude du *Tetraplatia volitans*. Ann. Inst. Océanogr. Monaco **2** (1925).

münden. *Tetraplatia volitans* W. Busch. Mit vier den oralen und aboralen Teil des Körpers verbindenden Säulen zwischen den Randlappen. Mittelmeer, Ind. Ozean. *T. chuni* Carlgren. Ohne Säulen. Atlant. Ozean bei Kapstadt.

2. Ordnung. Siphonophora, Schwimmpolypen, Röhrenquallen[1].

Freischwimmende polymorphe Stöcke von Hydrozoen.

In morphologischer Beziehung sind die Siphonophoren Tierstöcke; physiologisch erscheinen sie jedoch weit mehr wie andere Cormen als einfache Individualität, und zwar infolge des hochentwickelten Polymorphismus und der weitgehenden, in Form und Leistung erfolgten wechselseitigen Anpassung der den Siphonophorenstock aufbauenden Individuen.

An der Siphonophore (Abb. 402) läßt sich als Träger der übrigen Individuen der *Stamm* (*Hydrosom*) unterscheiden. Derselbe ist meist langgestreckt röhrenförmig und sehr contractil, unverästelt, selten mit einfachen

---

[1] Außer Eschscholtz, C. Vogt, Huxley, A. Agassiz vgl. Kölliker, A.: Die Schwimmpolypen von Messina. Leipzig 1853. — Gegenbaur, C.: Beiträge zur näheren Kenntnis der Siphonophoren. Z. Zool. **5** (1854). — Leuckart, R.: Zoologische Untersuchungen. I. Gießen 1853. — Zur näheren Kenntnis der Siphonophoren von Nizza. Arch. Naturgesch. **1854**. — Haeckel, E.: Zur Entwicklungsgeschichte der Siphonophoren. Utrecht 1869. — Metschnikoff, E.: Studien über die Entwicklung der Medusen und Siphonophoren. Z. Zool. **24** (1874). — Claus, C.: Über *Halistemma tergestinum*. Arb. zool. Inst. Wien **1** (1878). — Haeckel, E.: Report on the Siphonophorae collected by H. M. S. Challenger. 1888. — Chun, C.: Die canarischen Siphonophoren in monographischen Darstellungen. Abh. Senckenberg. naturforsch. Ges. **16** (1890); **18** (1892). — Über den Bau und die morphologische Auffassung der Siphonophoren. Verh. dtsch. zool. Ges. **1897**. — Schneider, K. C.: Mitteilungen über Siphonophoren. Zool. Jb. **9** (1896). Arb. zool. Inst. Wien **11** (1899); **12** (1900). — Schaeppi, Th.: Untersuchungen über das Nervensystem der Siphonophoren. Jena. Z. Naturwiss. **32** (1898). — Woltereck, R.: Über die Entwicklung der *Vellela* usw. Zool. Jb., Suppl. **7** (1904). — Steche, O.: Die Genitalanlagen der Rhizophysalien. Z. Zool. **86** (1907). — Bigelow, H. B.: The Siphonophorae. Rep. Exp. „Albatross", Mem. Comp. Zool. Harvard Coll. **38** (1911). — Moser, F.: Die Siphonophoren der Deutschen Südpolar-Expedition 1901—1903, zugleich eine neue Darstellung der ontogenetischen und phylogenetischen Entwicklung dieser Klasse **17** (1925). — Ferner die Arbeiten von Korotneff, Bedot, Studer, Münter, Heyne, Lochmann, H. C. Delsman u. a.

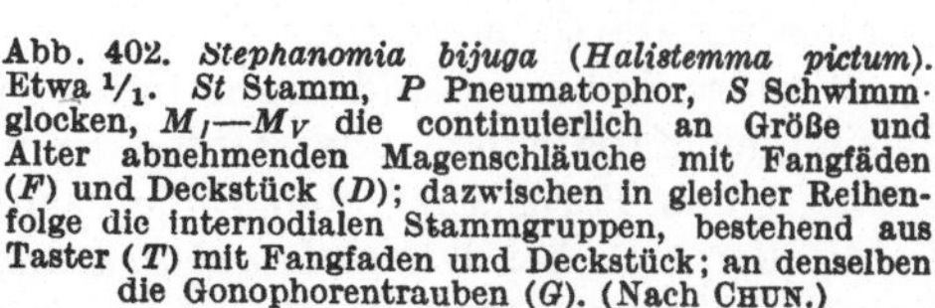

Abb. 402. *Stephanomia bijuga* (*Halistemma pictum*). Etwa 1/1. *St* Stamm, *P* Pneumatophor, *S* Schwimmglocken, M_I—M_V die continuierlich an Größe und Alter abnehmenden Magenschläuche mit Fangfäden (*F*) und Deckstück (*D*); dazwischen in gleicher Reihenfolge die internodialen Stammgruppen, bestehend aus Taster (*T*) mit Fangfaden und Deckstück; an denselben die Gonophorentrauben (*G*). (Nach Chun.)

Seitenzweigen versehen; zuweilen erscheint er in seinem unteren Teile (*Physophora*) oder vollständig zu einem kurzen Sacke (*Physalia*) aufgetrieben oder scheibenförmig gestaltet (*Disconectae*). Er enthält bei allen *Pneumatophorae* in seinem aufgetriebenen apicalen, oft durch einen lebhaft gefärbten Pigmentfleck ausgezeichneten Ende eine Luftkammer (Pneumatophor); letztere entsteht als Einsenkung des Ectoderms und sondert in ihrem oberen Teile eine Chitinmembran (Luftflasche) aus, während der untere Teil als Gasdrüse fungiert, welche die Luft abscheidet. Der Luftsack, der durch radiale Septen mit der äußeren Stammwand verbunden ist, hat die Bedeutung eines hydrostatischen Apparates. Bei den *Physalien* erscheint er zu einer umfangreichen Blase aufgetrieben, bei den *Disconecten* zu einer gekammerten Scheibe modifiziert; in beiden Fällen sowie bei *Rhizophysa* sind am Apicalpole eine oder mehrere Öffnungen zum Austritt der Luft vorhanden. Bei den *Auronectae* mündet der Luftsack durch einen besonderen glockenförmigen, Gas sezernierenden Anhang (Aurophor) nach außen (Abb. 407).

Am Stamme sprossen zahlreiche Anhänge, und zwar entweder einseitig in einer Linie (Ventralseite), welche jedoch infolge spiraliger Drehung des Stammes gleichfalls gedreht erscheint und eine entsprechende Anordnung der Anhänge bedingt, oder es sind wie bei den *Disconecten* die Individuen an der Unterseite des scheibenförmigen Stammes in konzentrischen Reihen angeordnet. Im ersteren Falle liegen die Anhänge in Gruppen (Cormidien), die jüngsten Anhänge gegen das apicale Ende des Stammes zu. Eine größere Komplikation ergibt sich dadurch, daß zwischen die primäre Individuenreihe neue Individuenreihen mit gleichfalls apicalwärts gelegener Knospungszone eingeschaltet sein können. Wo im oberen Teile des Stammes Schwimmglocken auftreten, besitzen sie eine besondere apicale Knospungszone.

Bei den meisten Siphonophoren findet sich am oberen Teile des Stammes eine Anzahl von medusoiden *Schwimmglocken.* Diese sprossen in einer Linie am Stamme, ihre definitive Anordnung in einer zwei- oder mehrreihigen Schwimmsäule entspricht einer spiralen Drehung des Stammes, die jener des unteren Stammteiles entgegengesetzt gerichtet ist. Die Schwimmglocken sind im Zusammenhange mit ihrer Anordnung am Stamme bilateral-symmetrisch gestaltet, wiederholen im übrigen den Bau der Hydroidmeduse, entbehren aber des Mundkegels und der Mundöffnung sowie der Tentakel (*Desmophyes* besitzt rudimentäre Randfäden) sowie der Randkörper. Dafür erlangt im Zusammenhange mit der locomotiven Leistung die tief glockenförmige Subumbrella eine um so kräftigere Muskelbekleidung. Die *Disconecten* und *Cystonecten* entbehren der Schwimmglocken.

Stets auftretende Anhänge der Siphonophoren sind die *Magenschläuche*; es sind Gebilde von schlauchförmiger Gestalt, am freien Ende mit einer rüsselförmigen erweiterungsfähigen Mundöffnung versehen. An ihrer Basis tragen sie einen langen, sehr contractilen *Fangfaden*; er bleibt selten einfach, in der Regel trägt er zahlreiche Seitenzweige. Stets sind die Fangfäden reich mit Nesselkapseln besetzt, welche namentlich an den Enden der Seitenzweige in großen, lebhaft gefärbten Anschwellungen, den *Nesselknöpfen*, besonders dicht gehäuft sind. In ihrer besonderen Gestaltung bieten die Nesselknöpfe wertvolle Anhaltspunkte für die Systematik.

Weitere Anhänge sind die mundlosen wurmförmigen *Taster*, welche an ihrer Basis gleichfalls einen, aber einfachen und kürzeren Fangfaden tragen und zuweilen einen Porus am freien Ende besitzen. Sie fehlen den *Calycophorae*. Endlich finden sich bei den *Calycophoren* und den meisten *Physonecten* blattförmige, knorpelig harte *Deckstücke*, die über den Tastern und Magenschläuchen auftreten und als Schutzanhänge für dieselben sowie die Genitalglocken fungieren.

Als Geschlechtsindividuen treten Medusen oder medusoide Gemmen auf, die an der Basis von Tastern oder Magenschläuchen, zuweilen an besonderen proliferierenden Blastostylen knospen. Bei den *Disconecten* lösen sich die Geschlechtsindividuen als Medusen los und bringen in der Tiefsee die Geschlechtsstoffe zur Ausbildung. Die Reifung der Genitalprodukte in der Tiefsee dürfte auch für die Gonophoren der *Cystonectae* gelten. Bei den *Diphyiden* und *Monophyiden* verbleiben die Genitalmedusoide als Schwimmglocken an den sich hier als sogenannte *Eudoxien* ablösenden Cormidien (Abb. 403). In den übrigen Fällen sind es in der Regel medusoide Gemmen, die weiblichen mit einem einzigen Ei. Männliche und weibliche Genitalzellen entstehen im Mundkegel, durchgängig gesondert in häufig verschieden gestalteten Medusoiden, finden sich aber meist nebeneinander monöcisch an demselben Stocke vereinigt. Diöcisch sind die *Cystonectae*, ferner *Apolemia uvaria*, *Diphyes appendiculata* (*acuminata*).

In Hinsicht auf den histologischen Bau stimmen die Siphonophoren mit den Hydroiden im wesentlichen überein. Auch ein Nervensystem wurde als Plexus epithelial oder subepithelial gelagerter Nervenzellen im Ectoderm, aber auch im Entoderm nachgewiesen.

Die Eier der Siphonophoren erfahren eine totale und äquale Furchung; eine Furchungshöhle fehlt. Es entsteht eine bewimperte Planula, an welcher bald einseitig die Knospungslinie sich ausbildet, indem hier das Ectoderm sich verdickt und das Entoderm aus kleinen Zellen besteht (Abb. 404b). Am Hinterende der Planula bricht nach Ausbildung der Urdarmhöhle die Mundöffnung durch. Die Planula stellt die Anlage des primären Magenschlauches (Stammes) vor.

Bei den *Calycophoren* entsteht an der Planula zuerst eine (larvale, später abgeworfene) Schwimmglocke und ein Fangfaden (*Calyconula*-Larve HAEKCEL) (Abb. 404b); die Larve der *Pneumatophoren* ist durch frühzeitige Ausbildung der Luftflasche sowie in den meisten Fällen durch das Auftreten eines kappenförmigen Deckstückes, welches später abgeworfen wird, ausgezeichnet. Die aus primärem Deckstück, Magenschlauch und Fangfaden bestehende Larve wird von HAECKEL als *Siphonula* bezeichnet und einer Meduse gleichgestellt. Dem bei *Disconecten* auftretenden achtstrahligen (Abb. 404c) Larvenstadium (*Disconula* HAECKEL) geht ein siphonulaartiges bilaterales Stadium voraus. Indem in der späteren Entwicklung neue Knospenanlagen auftreten, kommt es zur Ausbildung eines kleinen Stockes, häufig mit provisorischen larvalen Anhängen.

Die Siphonophoren sind Meeresbewohner und gehören zu den schönsten Formen der pelagischen Tierwelt. Ihr meist durchsichtiger, zuweilen lebhaft gefärbter Körper hat auch Leuchtvermögen.

Von der ältesten, nunmehr verlassenen morphologischen Auffassung abgesehen, nach der die Siphonophore als einfaches Medusenindividuum mit vervielfältigten und dislozierten Organen (HUXLEY) betrachtet wird, stehen sich

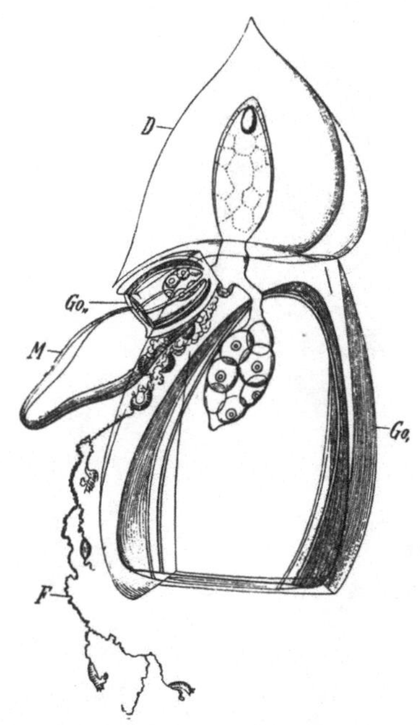

Abb. 403. *Eudoxia eschscholtzi*, das freiwerdende Cormidium von *Muggiaea kochi*. (Nach CHUN.) $^{40}/_1$. *D* Deckstück, *M* Magenschlauch, *F* Fangfaden, *Go,* Genitalmedusoid, *Go,,* jüngeres Genitalmedusoid.

zwei Auffassungen des Siphonophorenkörpers gegenüber; die eine, welche auf VOGT und LEUCKART zurückgeht, sieht in der Siphonophore einen Stock polypoider (Magenschläuche, Taster) und medusoider Individuen (Schwimmglocke, Deckstücke, Geschlechtsindividuen), die andere führt die Siphonophore auf eine sprossende Meduse zurück und betrachtet dieselbe als Stock von Medusoiden, zum Teil mit wiederholten und dislozierten Organen (METSCHNIKOFF, P. E. MÜLLER, HAECKEL). Die letztgenannte, von HAECKEL in seiner „Medusomtheorie" vertretene Auffassung, jedoch mit der (schon von HATSCHEK bezeichneten)

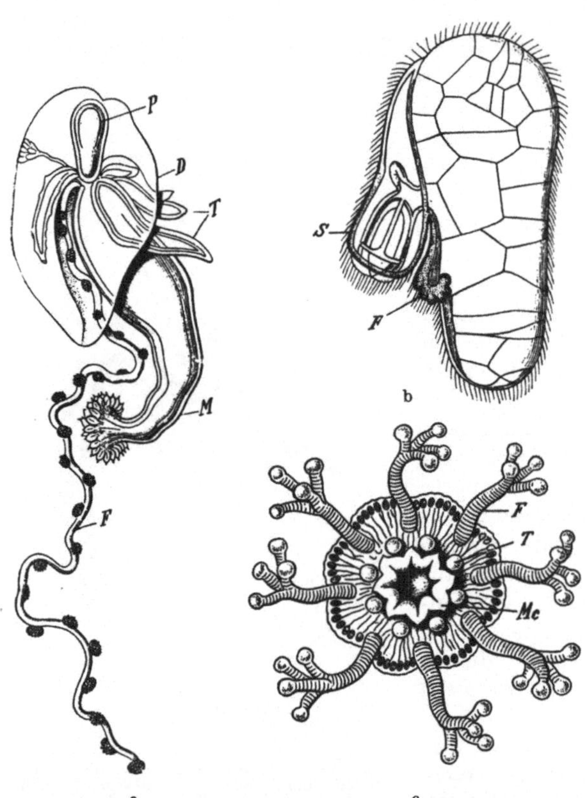

Abb. 404. Siphonophorenlarven. a Siphonulalarve einer Physophoride (*Discolabe*). *P* Pneumatophor, *M* primärer Magenschlauch, *D* kappenförmiges Deckstück, *T* Anlagen von Tastern, *F* Fangfaden. — b Larve von *Galeolaria quadrivalvis*. *S* Schwimmglocke, *F* Fangfaden. — c Disconulalarve von *Porpita* von der Unterseite gesehen. *Mc* zentraler Magenschlauch, *F* Fangfaden, *T* Anlagen von Tastern. (a, c nach HAECKEL, b nach METSCHNIKOFF.)

Modifikation, daß eine Organvermehrung wohl nicht anzunehmen ist, betrachtet eine Gruppe von Anhängen, und zwar Deckstück, Magenschlauch und Fangfaden zusammen als eine modifizierte Meduse (Medusom). Die Siphonulalarve (Abb. 404a) zeigt diesen Aufbau. Sie erscheint als primäres Medusom, an dessen Magenschlauch durch Knospung gleiche Anhangsgruppen entstehen. Doch gibt es auch reduzierte Medusome. Das Medusom bildet zusammen mit einer an demselben gesproßten Geschlechtsmeduse einen untergeordneten Medusenstock, ein sogenanntes Cormidium, wie sich dasselbe am besten in den sich ablösenden *Eudoxien* der *Diphyiden* zeigt (Abb. 403). Die Schwimmglocken sind wahrscheinlich aus den steril gewordenen Geschlechtsmedusen des primären Medusoms hervorgegangen. Dem gegenüber ist die ältere Auffassung der Siphonophore als Stockes polypoider und medusoider Individuen durch die Möglichkeit der Ableitung der Siphonophore von freischwebenden Hydroidstöckchen, das Polypen und Medusen knospte, gegeben.

1. Unterordnung. *Calycophorae.* Mit langem Stamme, mit Ölbehälter, mit einer, zwei oder mit mehreren Schwimmglocken. Taster fehlen. Die Anhänge entspringen gruppenweise in gleichmäßigen Abständen und können mit dem Stamme in einen Raum der Schwimmglocken zurückgezogen werden. Jede Individuengruppe besteht aus einem Magenschlauch nebst Fangfaden mit nackten nierenförmigen Nesselknöpfen und einem Deckstücke sowie Geschlechtsmedusoid. Diese Cormidien lösen sich bei den meisten *Diphyiden* und den *Mono-*

phyiden als sogenannte Eudoxien vom Stammesende zu selbständiger Existenz ab, wobei das Genitalmedusoid zugleich als Schwimmglocke fungiert.

Fam. *Monophyidae.* Mit einer einzigen Schwimmglocke am oberen Stammende. *Monophyes irregularis* CLS., *Sphaeronectes truncata* WILL. (*gracilis* CLS.) (mit *Diplophysa inermis* GEGNBR.), *Muggiaea kochi* WILL (mit *Eudoxia eschscholtzi* W. BUSCH). Weit verbreitet (Abb. 403).

Fam. *Diphyidae.* Mit zwei großen, einander gegenüberstehenden Schwimmglocken am oberen Stammende. *Diphyes appendiculata* ESCHZ. (mit *Eudoxia campanula* LEUCK.), diöcisch (Abb. 406). *Galeolaria quadrivalvis* LSR. (*Epibulia aurantiaca* VOGT), *Abylopsis* (*Abyla*) tetragona OTTO (mit *Eudoxia cuboides* LEUCK.), *Praya cymbiformis* CHIAJE. Weit verbreitet. Einen Übergang zu den Polyphyiden bildet *Desmophyes* H. (Fam. *Desmophyidae*), mit zweizeiliger Schwimmsäule.

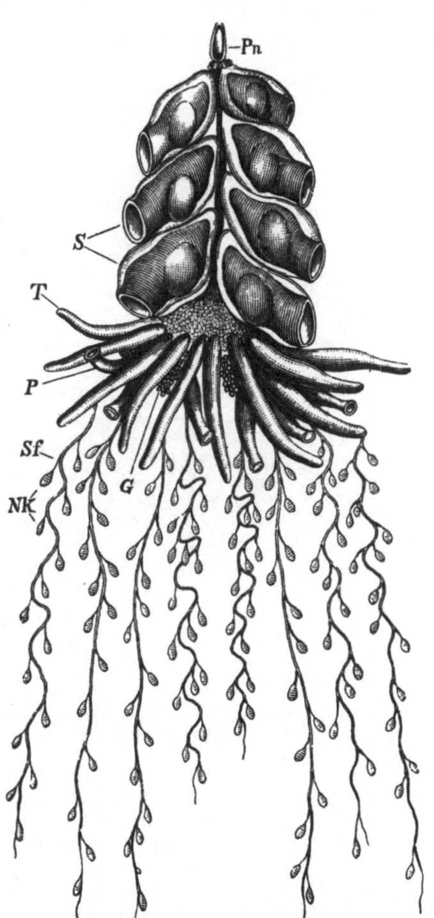

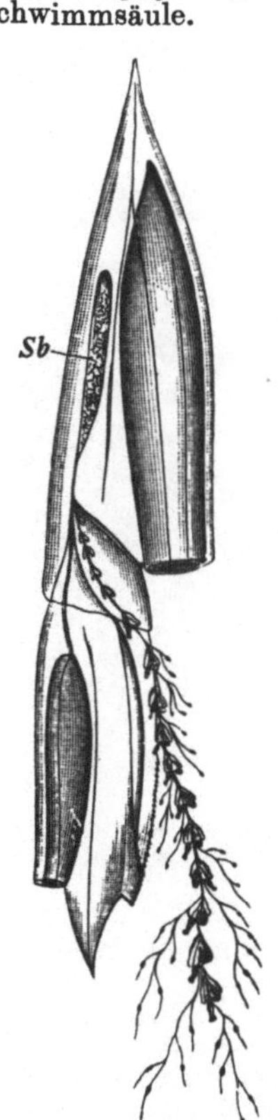

Abb. 405. *Physophora hydrostatica.* ¹/₁. *Pn* Pneumatophor, *S* Schwimmglocken, zweireihig in der Schwimmsäule angeordnet, *T* Tentakel, *P* Magenschlauch, *Sf* Fangfaden mit Nesselknöpfen (*Nk*), *G* Genitalträubchen.

Abb. 406. *Diphyes appendiculata* (*acuminata*). Etwa ⁵/₁. *Sb* Ölbehälter in der oberen Schwimmglocke.

Fam. *Polyphyidae.* Mit zweizeiliger Schwimmsäule an einer oberen seitlichen Abzweigung (Nebenachse) des Stammes, ohne Deckstücke. Die Geschlechtsmedusoide traubenförmig gruppiert. *Hippopodius hippopus* FORSK. Weit verbreitet.

2. Unterordnung. *Pneumatophorae.* Mit Pneumatophor am apicalen Ende des langgestreckten spiraligen oder verkürzten Stammes.

1. Tribus. *Physonectae.* Stamm langgestreckt, selten sackförmig erweitert, mit flaschenförmigem Pneumatophor; mit zwei- oder mehrreihiger Schwimmsäule, zuweilen an Stelle

letzterer ein Kranz von Deckstücken. Deckstücke meist vorhanden. Die Geschlechtsindividuen sind medusoide Gemmen; die weiblichen mit je einem Ei.

Fam. *Apolemiidae.* Individuengruppen am Stamm in weiten Abständen voneinander.
Apolemia uvaria LSR. Mittelmeer. Diöcisch.

Fam. *Agalmidae.* Stamm sehr lang, die Individuengruppen dicht aufeinander folgend.
Halistemma rubrum VOGT, *Stephanomia bijuga* CHIAJE (*Halistemma pictum* METSCHN.)
(Abb. 402), *Agalma elegans* SARS (*Agalmopsis sarsi* KÖLL.); *Forskalia contorta* M.-E., mit
mehrzeiliger Schwimmsäule. Weit verbreitet.

Fam. *Physophoridae.* Stamm zu einem spiraligen Sack erweitert. Deckstücke fehlen.
Physophora hydrostatica FORSK. Weit verbreitet (Abb. 405). *Discolabe* ESCHZ.

Fam. *Athorybiidae.* Stamm kurz, ohne Schwimmsäule, mit einer Krone wirtelförmig
gestellter Deckstücke. *Athorybia rosacea* FORSK. Weit verbreitet.

2. Tribus. *Auronectae.* Mit großem Pneumatophor, welcher durch einen seitlichen Sack
(Aurophor) ausmündet. Mit einem Kranz von Schwimmglocken. Stamm eiförmig, knorpelhart, durchsetzt von einem Netzwerk anastomosierender Kanäle des Darmes. Magenschläuche mit Fangfäden und einem Blastostyle mit Geschlechtsgemmen in dichter allsei-

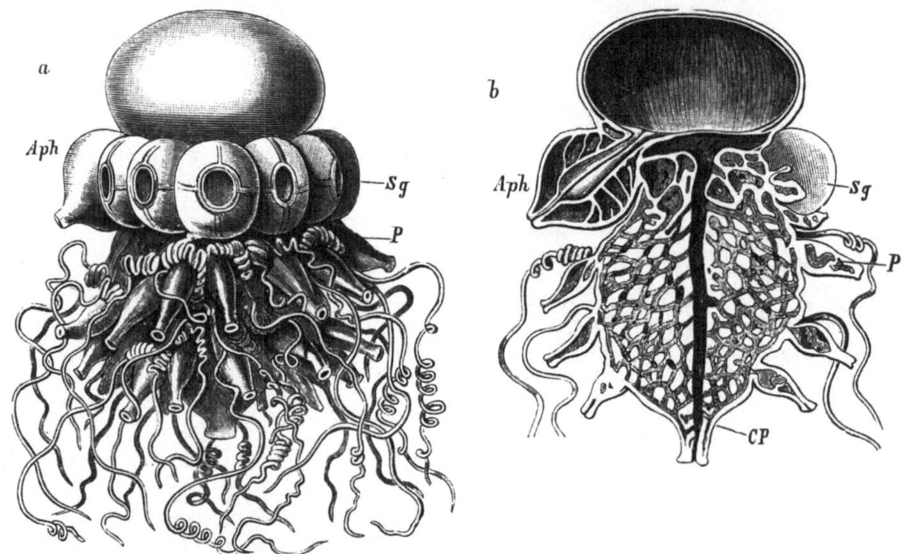

Abb. 407. *Stephalia corona.* (Nach HAECKEL.) $^{7}/_{1}$. a Seitenansicht, b Durchschnitt. *Aph* Aurophor, ausführender
Abschnitt des Pneumatophors, *CP* zentraler Magenschlauch, *P* Magenschläuche mit ihren Fangfäden, *Sg* Schwimmglocken.

tiger Anordnung um einen zentralen Magenschlauch. Keine Deckstücke (Abb. 407). Tiefseebewohner.

Fam. *Stephaliidae.* *Stephalia corona* H., Nordatlant. Ozean (Abb. 407). Hier schließt
sich an *Rhodalia* H.

3. Tribus. *Cystonectae.* Mit großem Pneumatophor, der sich durch einen apicalen Porus
öffnet. Deckstücke und Schwimmglocken fehlen. Die Geschlechtsindividuen knospen als
medusoide Gemmen an Tastern. Nach STECHE besteht Diöcie. Die an den Genitaltastern
auftretenden gestielten Medusen sind nicht die weiblichen Genitalindividuen; ihre Bedeutung ist unbekannt.

Fam. *Rhizophysidae.* Stamm langgestreckt, röhrenförmig mit apicalem, mäßig großem
Pneumatophor. Die Anhänge in weiten Abständen. *Rhizophysa filiformis* FORSK. Mittelmeer.

Fam. *Physaliidae.* Der verkürzte Stamm durch den großen Pneumatophor zu einer
mächtigen Blase ausgedehnt; an dessen Unterseite sitzen in der ventralen Mittellinie große
und kleine, mit langen Fangfäden ausgestattete Magenschläuche und Taster sowie die
Genitaltrauben. *Physalia physalis* L. (*caravella* MÜLL.). Atlant. Ozean, Mittelmeer, Ind.
Ozean. *Ph. utriculus* LA MARTINIÈRE. Weit verbreitet.

4. Tribus. *Disconectae* (*Discoidae*). Stamm flach, scheibenförmig, mit einem System
kanalartiger Räume. Am oberen Ende desselben der scheibenförmige, aus konzentrischen,
nach außen geöffneten Kammern zusammengesetzte Pneumatophor, von dessen Unter-

seite tracheenartige Verästelungen in den Stamm abgehen. Auf der Unterseite des Stammes ein zentraler großer Magenschlauch, konzentrisch um denselben kleine Magenschläuche oder Taster, welche die Geschlechtsindividuen tragen. Schwimmglocken und Deckstücke fehlen. Nicht weit vom Scheibenrande tasterähnliche Fangfäden. Die Geschlechtsindividuen werden als kleine Medusen (*Chrysomitra*) frei, die wahrscheinlich in der Tiefsee geschlechtsreif werden.

Fam. *Velellidae*. Scheibe elliptisch mit senkrechtem, schräggestelltem Kamm. *Velella velella* L. (*spirans* FORSK.), Larven als *Conaria* und *Rataria* bekannt. Mittelmeer.

Fam. *Porpitidae*. Scheibe kreisrund, ohne Kamm. *Porpita umbella* MÜLL. (*mediterranea* ESCHZ.). Mittelmeer (Abb. 404 c).

2. Klasse. Scyphozoa (Scyphomedusae, Acalephae)[1].

Cnidarien mit mesenchymatischer Mittelschicht des Körpers und entodermal gelagerten Genitalprodukten. Selten mit vier Taeniolen versehene Polypen; meist Medusen von bedeutender Größe, mit Randlappen des Schirmes und mit Gastralfilamenten.

Wie bei den Hydrozoen tritt auch bei den Scyphozoen die Polypenform (*Scyphostoma*) in der Regel als Ammengeneration der Meduse auf; sie zeigt innerhalb der Gruppe einen einförmigen Bau, selten Stockbildung, während die Meduse eine bedeutende Größe und sehr mannigfaltige Ausbildung erlangt. Nur in der Gruppe der *Stauromedusae* erscheint die allerdings in mehreren der Meduse eigentümlichen Merkmalen veränderte Scyphopolypenform als der geschlechtsreife Zustand.

Das *Scyphostoma* (Abb. 408) ist ein sechzehnarmiger Polyp, ausgezeichnet durch den Besitz eines vorspringenden Mundkegels (Proboscis) und von vier als Längswülste vorspringenden Falten (*Taeniolen*), die von einem Längsmuskel durchsetzt werden. Letzterer geht aus der strangförmigen Verlängerung je einer trichterförmigen Einsenkung (*Septaltrichter*) hervor, die sich von der Mundscheibe (Peristom) aus oberhalb des Taeniolenansatzes bildet. Durch die vier Taeniolen zerfällt der periphere Teil des Gastralraumes des Scyphostoma in vier Kammern (*Gastraltaschen*), welche axialwärts in den *Zentralmagen* münden; mit ihrer entodermalen Bekleidung hängen die soliden Entodermachsen der Tentakel zusam-

---

[1] Außer BRANDT, L. AGASSIZ, HUXLEY, EYSENHARDT, EHRENBERG, v. SIEBOLD vgl. SARS, M.: Über die Entwicklung der *Medusa aurita* und *Cyanea capillata*. Arch. Naturgesch. 1841. — CLARK, H. J.: Lucernariae and their allies. Washington 1878. — CLAUS, C.: Studien über Polypen und Quallen der Adria. Denkschr. Akad. Wiss. Wien 1877. — Untersuchungen über die Organisation und Entwicklung der Acalephen. Prag 1883. — Über *Charybdea marsupialis*. Arb. zool. Inst. Wien 1 (1879). — SCHÄFER, E. A.: Observations of the nervous system of *Aurelia aurita*. Philosophic. Trans. roy. Soc. London 1878. — GOETTE, A.: Über die Entwicklung von *Aurelia aurita* und *Cotylorhiza tuberculata* 1887. — Vergleichende Entwicklungsgeschichte von *Pelagia noctiluca*. Z. Zool. 55 (1893). — HAECKEL, E.: Monographie der Medusen. Jena 1879—1881. — CLAUS, C.: Über die Entwicklung des Scyphostoma von *Cotylorhiza*, *Aurelia* und *Chrysaora*, sowie über die systematische Stellung der Scyphomedusen. Arb. zool. Inst. Wien 9 (1891); 10 (1893). — HESSE, R.: Über das Nervensystem und die Sinnesorgane von *Rhizostoma Cuvieri*. Z. Zool. 60 (1895). — CONANT, FR. ST.: The Cubomedusae. Mem. Biol. Labor. Johns Hopkins Univ. 4. Baltimore 1898. — HEIN, W.: Untersuchungen über die Entwicklung von *Aurelia aurita*. Z. Zool. 67 (1900). — KASSIANOW, N.: Studien über das Nervensystem der Lucernariden usw. Ebenda 69 (1901). — VANHÖFFEN, E.: Die acraspeden Medusen der deutschen Tiefsee-Expedition. Wiss. Erg. dtsch. Tiefsee-Exp. 3 (1903). — HADŽI, J.: Einige Kapitel aus der Entwicklungsgeschichte von *Chrysaora*. Arb. zool. Inst. Wien 17 (1907). — MAYER, A. G.: Medusae of the World. Vol. III. Washington 1910. — WIETRZYKOWSKI, W.: Recherches sur le développement des Lucernaires. Arch.ves de Zool. 1912. — STIASNY, G.: Studien über Rhizostomeen mit besonderer Berücksichtigung der Fauna des Malaiischen Archipels nebst einer Revision des Systems. Capita Zool. 1. 's Gravenhage 1921. — LIPIN, A. N.: Geschlechtliche Form, Phylogenie und systematische Stellung von *Polypodium hydriforme*. Zool. Jb. 47 (1926). — UCHIDA, T.: Studies on the Stauromedusae and Cubomedusae etc. Jap. J. of Zool. 2 (1929). Außerdem v. LENDENFELD, HERTWIG, KLING, HYDE, MAAS u. a.

men. Später entstehen in den Septen infolge Schwund Ostien (*Septalostien*), durch welche die Magentaschen peripheriewärts in einem *Ringsinus* miteinander kommunizieren. Die vier Radien der Gastraltaschen werden als Radien erster Ordnung (Perradien), jene der Taeniolen als Radien zweiter Ordnung (Interradien) bezeichnet. In die Radien erster Ordnung fallen auch die vier Ecken der Proboscis. Von den Tentakeln gehören vier den Radien erster, vier jenen zweiter Ordnung, acht Tentakel dazwischenfallenden Radien dritter Ordnung (Adradien) an (Abb. 408b).

Bei den festsitzenden Scyphozoen, den *Stauromedusae* (Abb. 416), setzen sich am Körper ein Stiel und eine Scheibe scharf ab; bei einer Anzahl von Quallen (*Peromedusen*) ist an der Medusenscheibe ein dem Stiel entsprechender Scheitelaufsatz vorhanden (Abb. 412).

Die Meduse ist tiefglockenförmig oder von scheibenförmiger Gestalt (*Discomedusae*) (Abb. 411). Die Exumbrella enthält eine reichlich entwickelte Mittelschicht, welche in einer gallertigen Grundsubstanz Zellen und Fibrillen aufweist (Abb. 93a). Der Scheibenrand besitzt acht Paare von Randlappen, zu welchen

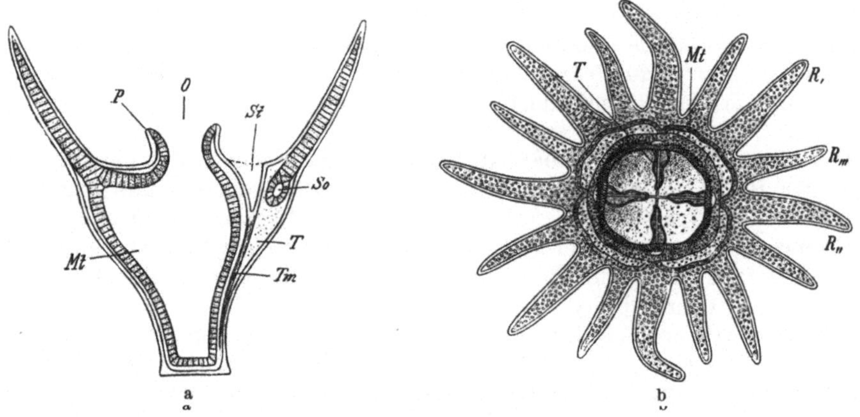

Abb. 408. a Schematisches Durchschnittsbild eines *Scyphostoma*, links der Radius 1., rechts der Radius 2. Ordnung getroffen. (Original G.) — b Scyphostoma von *Aurelia*, Oralansicht. (Nach CLAUS.) *O* Mund, *P* Proboscis, *Mt* Magentasche, *St* Septaltrichter, *So* Septalstoma, *T* Taeniole, *Tm* Taeniolmuskel, *R,* Radius erster, *R,,* zweiter, *R,,,* dritter Ordnung.

noch intermediäre Lappenbildungen hinzutreten können (Abb. 411, 412). Die Randlappen vereinigen sich bei den *Cubomedusae* zu einem ungeteilten Randsaum (*Velarium*). Ähnlich dem Velum der Hydroidmedusen erscheinen die Randlappen der Acalephen als sekundäre Bildungen des Scheibenrandes. Zwischen den Randlappen finden sich (ausgenommen die *Rhizostomeen*) Tentakel, ferner die auf modifizierte Tentakel zurückzuführenden Sinneskolben, welche sich bei den *Discomedusen* in achtfacher Zahl in den Radien erster und zweiter Ordnung finden, bei den *Peromedusen* und *Cubomedusen* bloß in vierfacher Zahl, bei ersteren in den Radien zweiter, bei letzteren in jenen erster Ordnung auftreten.

Die Subumbrella ist die Trägerin der Muskulatur, welche aus einem mächtigen Ringmuskel sowie auch radiär verlaufenden Muskelzügen besteht. Von der Subumbrella aus entstandene Subgenitalhöhlen sind entweder tief trichterförmig (*Stauromedusae, Peromedusae*) oder sind einfache Gruben unterhalb der Genitalorgane (*Discomedusae*) (Abb. 409, 410); sie fehlen den *Cubomedusen* und *Ephyropsiden*. Von der Subumbrella hängt der vierkantige Mundkegel (Magenrohr) herab; er erscheint bei den *Discomedusen* entsprechend den vier Ecken des Mundkreuzes in lange Mundarme ausgezogen. Bei den *Rhizostomeen* sind letztere geteilt und häufig vielfach verzweigt; hier kommt es auch schon im Jugendleben zu einer Verwachsung des zentralen Mundrandes sowie einer stellenweisen Ver-

wachsung der anschließenden, mit zahlreichen Tentakelchen besetzten Armrinnen derart, daß zahlreiche trichterförmige, in Kanäle einführende Mundöffnungen entstehen (Abbild. 410).

Die Gestaltung des Gastrovascularapparates ist von jener des Scyphostoma ableitbar, zeigt aber im einzelnen bedeutende Verschiedenheiten. Der Mund führt hier in den Zentralmagen, der an vier perradialen Stellen mit dem peripheren Abschnitte des Gastralraumes, dem Kranzdarme, kommuniziert. Letzterer besteht aus vier Gastraltaschen, die sich durch Ostien in den sie trennenden Scheidewänden in einem peripheren Ringsinus

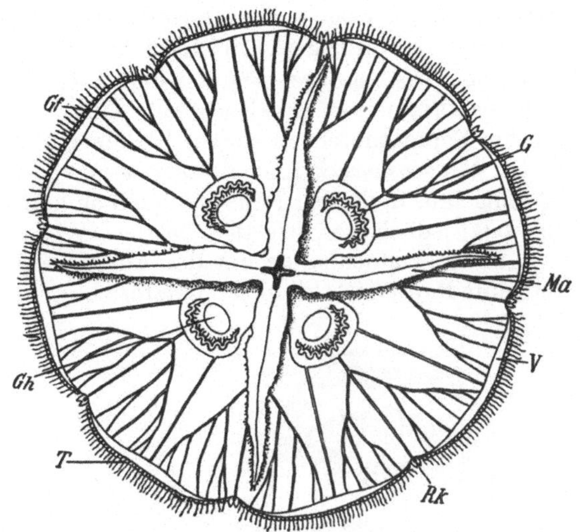

Abb. 409. *Aurelia aurita*, Oralansicht. ¹/₁. *Ma* Mundarme, *Gf* Marginalgefäße, *G* Genitalkrause, von den Gastralfilamenten begleitet, *Gh* Subgenitalhöhle, *Rk* Sinneskolben, *V* velumartiger Randsaum, *T* Randtentakel. (Original G.)

vereinigen. Bei den *Stauromedusae* bilden die vier Taeniolensepten die Scheide zwischen den Gastraltaschen, die aber durch ein am Rande der Scheibe gelegenes

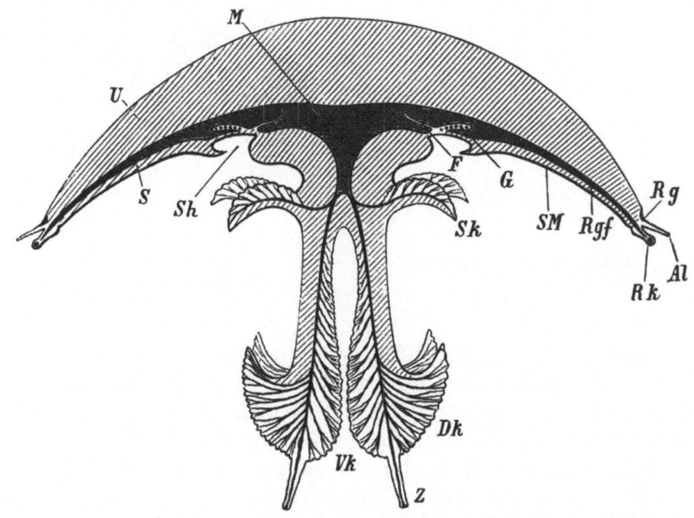

Abb. 410. Schematischer Längsschnitt durch eine *Rhizostoma*. *U* Umbrella, *S* Subumbrella, *SM* subumbrellare Muskellage, *Sh* Subgenitalhöhle, *G* Genitalorgan, *F* Gastralfilament, *M* Zentralmagen, *Rgf* Marginalgefäße, *Sk* Scapuletten, *Dk* Dorsalkrausen, *Vk* Ventralkrausen der acht Mundarme, *Z* Endkolben, *Rk* Sinneskolben, *Rg* Riechgrube, *Al* Decklappen des Sinneskolbens.

Septalostium miteinander kommunizieren. Bei den *Cubomedusen* sowie *Peromedusen* und *Ephyropsiden* dagegen sind an Stelle der fehlenden oder reduzierten Taeniolensepten neue Verwachsungen der exumbrellaren und subumbrellaren Gastralwand getreten; diese erscheinen entweder in Form kurzer *Septalknoten*

(Kathammalknoten, *Peromedusae*, *Ephyropsidae*) oder langer *Septalleisten* (Kathammalleisten, *Cubomedusae*) (Abb. 419). Längs der Taeniolen finden sich im Gastralraum wurmförmige bewegliche Filamente, die *Gastralfilamente*, welche den Mesenterialfilamenten der Anthozoen entsprechen und in gleicher Weise durch das Secret ihrer drüsigen Entodermbekleidung die Verdauung unterstützen.

Bei den *Discomedusen* ist von den Taeniolen nur der subumbrellare Ansatz mit Gastralfilamenten erhalten (Abb. 410). Während aber bei den *Ephyropsiden* noch ein Septalknoten an diesen Stellen zur Ausbildung kommt, fehlt derselbe bei den *Semaeostomeen* und *Rhizostomeen* vollständig und es sind Zentralmagen und Ringsinus in diesem Falle zu einem einheitlichen Raum vereinigt. Der Ringsinus zeigt jedoch hier, wie auch bei den *Peromedusen*, *Cubomedusen* und *Ephyropsiden*, im Zusammenhange mit der Ausbildung der Randlappen peripheriewärts eine sekundäre Weiterbildung. Letztere besteht entweder aus sechzehn *Marginal-*

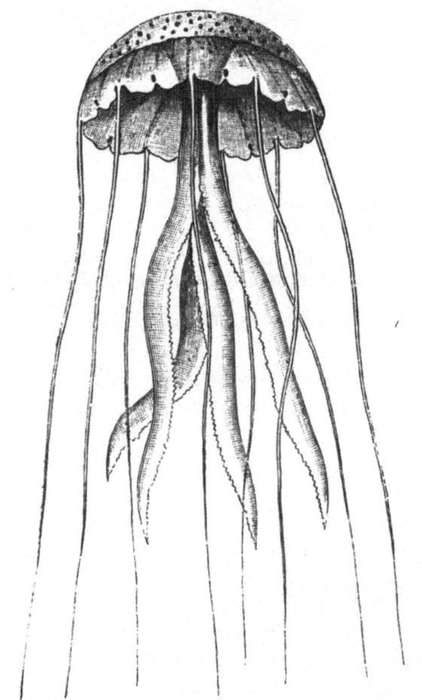

Abb. 411. Junge *Chrysaora* im Pelagiastadium mit acht Tentakeln. (Nach CLAUS.) ¹/₁

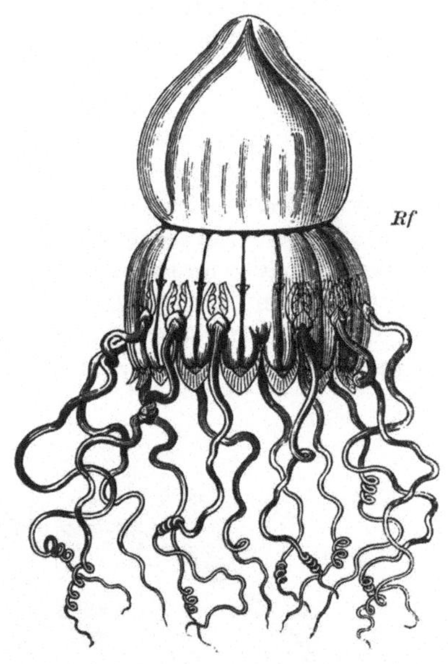

Abb. 412. *Periphylla hyacinthina*. (Nach HAECKEL.) ¹/₄. *Rf* Ringfurche zwischen Lappenkranz und Schirmkuppel.

taschen (Radialtaschen), welche durch schmale Verwachsungsstreifen (Kathammen) getrennt werden und in der Peripherie durch einen Ringkanal (*Festonkanal*) verbunden sein können; in anderen Fällen sind die Marginaltaschen zu Marginalgefäßen reduziert, welche durch breite Kathammalfelder getrennt sind, in denen durch Auseinanderweichen der beiden Lamellen ein reiches Netzwerk anastomosierender Gefäße sowie ein Ringkanal sekundär zur Ausbildung gelangen (*Aurelia*, *Rhizostomeae*) (Abb. 409). Bei *Aurelia* finden sich periphere Öffnungen des Gastrovascularsystems an der Einmündung der acht Marginalgefäße dritter Ordnung in den Ringkanal.

Die Zentren des Nervensystems der *Lobomedusen* sind im Ectoderm von Stiel und Basis der Sinneskolben enthalten, dessen bewimperte Sinnesnervenzellen eine mächtige Lage subepithelialer Nervenfibrillen liefern (Abb. 213). Dazu kommt ein Nervenplexus in der subumbrellaren Muskulatur, welcher mit den Nervenzentren der Sinneskolben in Verbindung steht und auch die einzelnen Sinneskolben verbindende Nervenfasern enthalten dürfte. Ein Nervenring an der Subumbrellarseite wurde bei den *Charybdeiden* nachgewiesen. Bei den *Stauromedusae* besteht das Nervensystem aus an den Armspitzen zwischen den Tentakeln gelegenen Nervenzentren, die dem subumbrellaren Ectoderm angehören, sowie aus einem weitverbreiteten Nervenplexus in Ectoderm und Entoderm.

Als Sinnesorgane sind die Sinneskolben sowie bewimperte grubenförmige Vertiefungen an der Exumbrellarseite der Sinneskolbennische (Spür- und Riechgruben) hervorzuheben (Abb. 413). Die Sinneskolben werden von Teilen des Schirmrandes überwachsen und scheinen überall die Funktion eines statischen Apparates und eines Auges zu vereinigen. Der erstere wird durch einen umfangreichen, aus Entodermzellen hervorgegangenen Krystallsack gebildet, während das Auge als eine mehr nach dem Stiel zu exumbrellarwärts gelegene und zugleich auch eine subumbrellarwärts gelegene (*Aurelia*) Pigmenteinlagerung erscheint, die ausnahmsweise (*Nausithoë*) eine lichtbrechende Cuticularlinse aufweist. Die höchste Ausbildung aber erreicht der Sinneskolben bei den *Charybdeiden*, der außer dem terminalen Krystallsack ein kompliziert gebautes, aus vier kleinen paarigen und zwei großen unpaaren Augen zusammengesetztes Sehorgan mit Linse und Glaskörper enthält (Abb. 191c).

Die vier Geschlechtsorgane der Scyphozoen fallen infolge ihrer bedeutenden Größe und zarten Färbung leicht in die Augen, zumal sie wenigstens bei den *Discomedusen* als krausenförmig gefaltete Bänder in besondere Kavitäten des Schirmes, die Subgenitalhöhlen, hineinragen.

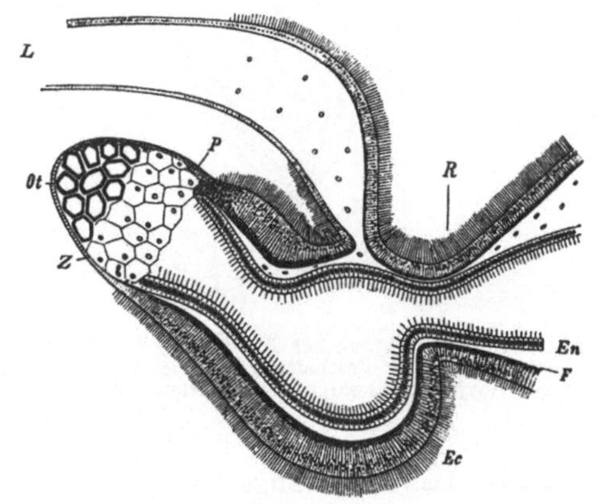

Abb. 413. Durchschnitt durch die Riechgrube, den Sinneskolben und dessen Nervenzentrum von *Aurelia aurita*. *R* Riechgrube, *L* Schirmlappen, welcher den Sinneskolben bedeckt, *P* Augenfleck, *Ot* Statolithen des statischen Organes, *Z* Zellen nach Auflösung ihrer Statolithen, *En* Entoderm, *Ec* Ectoderm mit der basalliegenden Schicht von Nervenfibrillen (*F*). Das untere Auge ist nicht dargestellt.

Überall gehören diese Bänder (Abb. 409, 410) den Radien zweiter Ordnung an und liegen an der subumbrellaren Magenwand, aus der sie als blattförmige Erhebungen entstanden sind. Die obere Fläche ist vom Gastralepithel, die untere, der Subumbrella zugewendete, vom Keimepithel bekleidet, dessen Elemente mit der weiteren Ausbildung in die Gallerte des Bandes aufgenommen werden. Die reifen Geschlechtsprodukte gelangen durch Dehiscenz der Wandung in den Gastralraum und durch die Mundöffnung nach außen, in manchen Fällen aber durchlaufen die Eier an Ort und Stelle in den Ovarien (*Chrysaora*) oder auch an den Mundarmen (*Aurelia*) die Embryonalentwicklung. Die Trennung der Geschlechter gilt als Regel. Männliche und weibliche Individuen zeigen, von der Färbung der Geschlechtsorgane abgesehen, nur geringfügige Geschlechtsunterschiede, wie z. B. in Form und Länge der Fangarme (*Aurelia*). *Chrysaora* ist hermaphroditisch.

Die Entwicklung erfolgt bei den *Discomedusen* mittels Generationswechsels, und zwar durch die Ammenzustände des *Scyphostoma*, ausnahmsweise (*Pelagia*) direkt. Aus dem befruchteten Ei geht nach Ablauf der totalen Furchung eine bewimperte *Planula* hervor, die sich mit dem Apicalpole festsetzt, während in der Umgebung des von neuem durchbrechenden Mundes die Tentakel hervorsprossen (Abb. 414). Um die sich erhebende Proboscis wachsen zuerst in den Radien des Mundkreuzes (Radien erster Ordnung) vier Tentakel hervor, dann alternierend das dritte und vierte Paar, in deren Ebenen (Radien zweiter Ordnung) sich bald vier Längswülste der Gastralhöhle, die Taeniolen, bemerkbar

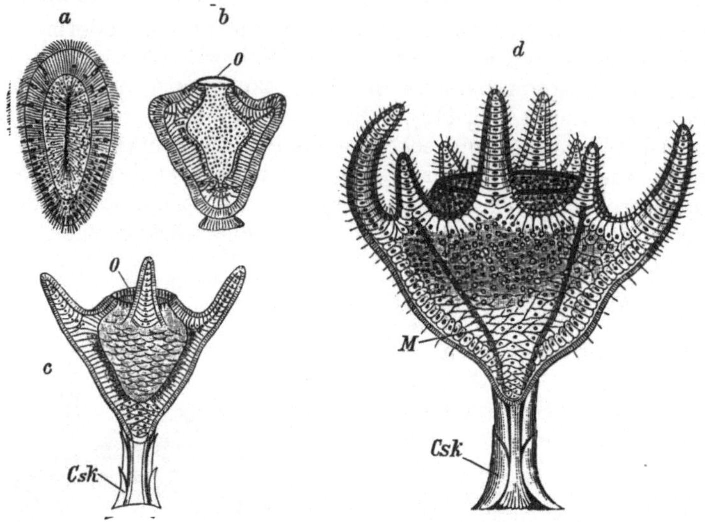

Abb. 414. Entwicklung der Planula (a) von *Chrysaora* bis zum achtarmigen Scyphostoma. (Nach CLAUS.) b Erstere nach der Festheftung mit neugebildeter Mundöffnung (*O*) und erster Tentakelanlage. c Vierarmiger Scyphostomapolyp. *Csk* Cuticularskelet des Stieles. d Achtarmiges Scyphostoma. *M* Längsmuskeln der Gastralwülste.

machen. Das achtarmige *Scyphostoma* treibt alsbald, und zwar alternierend mit den vorhandenen Tentakeln, acht neue Tentakel, deren Lage die Radien dritter Ordnung bezeichnen (Abb. 408b). Die Scyphostomen vermehren sich erstens durch Knospung, wobei wieder Scyphostomen erzeugt werden, die sich loslösen; nur das (in Spongien lebende, als *Spongicola* F. E. SCH., *Stephanoscyphus* ALLM. beschriebene) Scyphostoma von *Nausithoë* bildet dauernd ein von chitiniger Cuticula bekleidetes, verästeltes Stöckchen. Die zweite Form der Fortpflanzung, die *Strobilisierung*, beruht auf Querteilung der oberen Körperhälfte in eine Anzahl von Segmenten und gestaltet das Scyphostoma zur sogenannten *Strobila* (Abb. 297). Die Lostrennung der Abschnitte schreitet kontinuierlich von dem oberen Ende nach der Basis der Strobila vor, so daß zuerst nach Rückbildung seiner Tentakel das Endsegment, dann das zweite Segment und so fort zur Selbständigkeit gelangen. Acht langgestreckte Schirmlappenpaare, jedes mit einem Sinneskolben in der Ausbuchtung beider Lappen, wachsen

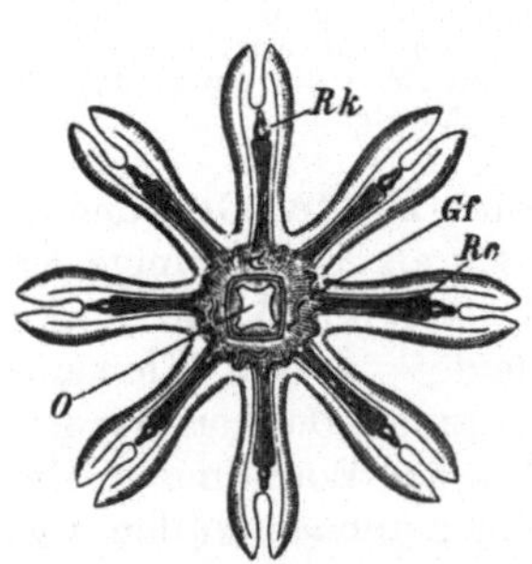

Abb. 415. Ephyra von *Aurelia aurita*. Oralansicht. Etwa 24/1. *Rk* Sinneskolben, *Gf* Gastralfilament, *Rc* Marginaltaschen, *O* Mund. (Nach CLAUS.)

hervor und bilden den charakteristischen Schirmrand der jungen sich ablösenden Scheibenquallenlarve, der *Ephyra* (Abb. 415), die erst ganz allmählich die Form- und Organisationseigentümlichkeiten der geschlechtsreifen Form zur Ausbildung bringt.

Die *Stauromedusen* entwickeln sich mittels Metamorphose, indem eine langgestreckte unbewimperte Planula mit einreihigem Entodermzellstrang ausschlüpft. Nach einiger Zeit des Umherkriechens setzt sich die Planula fest und gestaltet sich zylindrisch. Die weitere Entwicklung stimmt mit der des Scyphostoma überein. Über die Ontogenie der *Peromedusen* und *Cubomedusen* ist wenig

bekannt. Es ist wahrscheinlich, daß die *Cubomedusen* kein Strobilastadium besitzen.

Die Scyphozoen sind Bewohner des Meeres, *Catostylus tagi* des Brackwassers, und ernähren sich von tierischen Stoffen. Viele Quallen sind durch dichte Anhäufungen von Nesselkapseln an der Oberfläche der Scheibe, Mundarme und Fangfäden imstande, empfindlich zu brennen. Manche, wie z. B. *Pelagia*, besitzen die Fähigkeit zu leuchten.

Trotz der Zartheit uud leichten Zerstörbarkeit der Gewebe sind von einzelnen großen Scheibenquallen fossile Reste als Abdrücke (im lithographischen Schiefer von Solnhofen) erhalten (*Rhizostomites*).

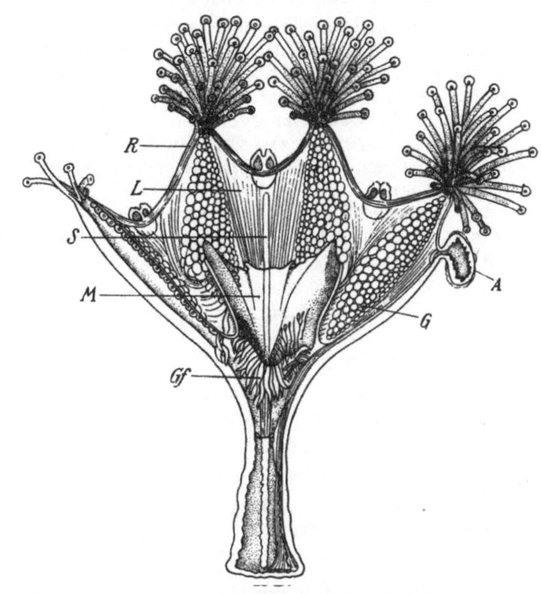

Abb. 416. *Haliclystus auricula* im Längsschnitt, links adradial, rechts interradial getroffen. (Nach H. J. CLARK.) ³/₁. *A* Randanker, *G* Genitalorgan, *Gf* Gastralfilamente, *L* Radialmuskel, *M* Mundrohr, *R* Ringmuskel, *S* Septum.

1. Ordnung. Stauromedusae (Calycozoa), Becherquallen.

Becherförmige, mittels eines Stieles festsitzende Scyphozoen mit vier weiten, durch schmale Taeniolensepten getrennten Gastraltaschen. Der Rand des Bechers in der Regel in acht adradiale, mit Büscheln geknöpfter Tentakeln besetzte Arme ausgezogen.

Die *Stauromedusen* stehen dem Scyphostoma in Körperform und Bau nahe, erscheinen jedoch in mehreren der Medusenform eigentümlichen Merkmalen verändert (Abb. 416, 417).

Der Schirmrand des becherförmigen Körpers ist in der Regel in acht adradiale Arme ausgezogen, welche - Büschel geknöpfter Tentakel tragen. In den Radien 1. und 2. Ordnung sind die primären Tentakel meist zu Haftpapillen (sogenannten Randankern) umgewandelt, können aber auch fehlen. Ein Ringmuskel des Schirmes ist geteilt oder ungeteilt. Außerdem sind zu Seiten der Septen Radiärmuskeln vorhanden, die in manchen Fällen sich in den Stiel hinein erstrecken. Im Zentrum des Bechers erhebt sich das Mund-

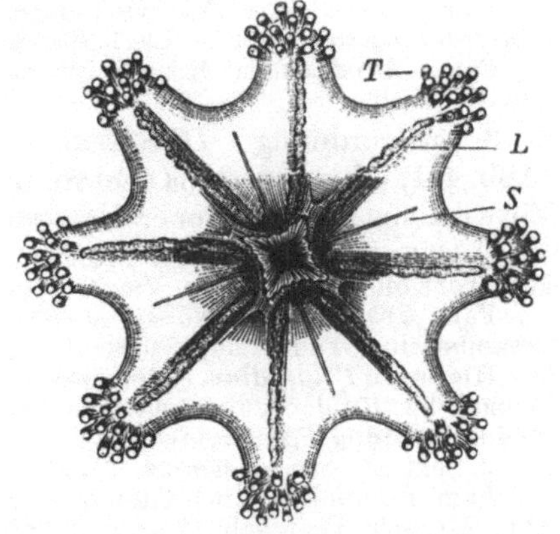

Abb. 417. *Lucernaria*, von der Oralseite. ⁶/₁. *L* Radiärmuskel und Genitalorgan, *S* Septen, *T* Tentakel.

rohr, zwischen dessen vorspringenden Ecken der Becher trichterförmig vertieft ist. Der Gastralraum besteht aus vier weiten, durch schmale Taeniolensepten

getrennten Magentaschen, von denen sich bei manchen Formen besondere
Gastrogenitaltaschen abschnüren. Die Genitalorgane erstrecken sich als bandförmige Wülste an der oralen Becherwand bis in die Arme.

Die Stauromedusen zeichnen sich durch hohes Regenerationsvermögen aus.

Fam. *Haliclystidae* (*Eleutherocarpidae*). Stauromedusen ohne Gastrogenitaltaschen.
Haliclystus octoradiatus Lm. Atlant. Ozean, Mittelmeer. *H. auricula* J. Clark. Atlant.
Küste von Nordamerika (Abb. 416). Beide mit Randankern. *Lucernaria quadricornis* Müll.
Nordatlant. Ozean. *L.* (*Lucernariopsis*) *campanulata* Lmx. Europ. Küsten. *L. walteri* Antipa.
Bis 16 cm hoch. Ostspitzbergen. Alle drei ohne Randanker (Abb. 417). Hier schließt
sich an *Sasakiella cruciformis* Okubo. Schirm in vier interradiale Arme mit je zwei kurzen
Armen ausgezogen. Die acht primären Tentakel nicht zu Randankern umgewandelt. Nord-
küste von Japan.

Fam. *Craterolophidae* (*Cleistocarpidae*). Stauromedusen mit Gastrogenitaltaschen. *De-
pastrum cyathiforme* Sars. Arme fehlen. Die acht primären Tentakel nicht zu Randankern
umgewandelt. *Craterolophus tethys* J. Clark. Randanker fehlen. Helgoland.

2. Ordnung. Lobomedusae, Lappenquallen.

Freischwimmende Scyphozoen mit Randlappen und mit Sinneskolben.

1. Unterordnung. *Peromedusae*, Taschenquallen. Schirm hoch glockenförmig
mit einer Ringfurche, welche den Lappenkranz von der Schirmkuppel abgrenzt,
mit vier Sinneskolben in den Radien zweiter Ordnung, mit vier Septalknoten und
tiefen Subgenitalhöhlen.

Fam. *Periphyllidae*. Mit 16 Randlappen und 12 Tentakeln. *Periphylla hyacinthina*
Steenstr. Tiefsee. Atlant. u. Ind. Ozean (Abb. 412). *Peripalma corona* H. Mittelmeer.

Fam. *Pericolpidae*. Mit acht Randlappen und vier Tentakeln. *Pericolpa quadrigata* H.
Antarktisch.

Die ähnlich gestaltete *Tesserantha connectens* H. aus der Tiefsee des Pazif. Ozeans, mit
einfachem, ungeteiltem Schirmrand und 16 einfachen Randtentakeln ist möglicherweise eine
Larvenform einer Peromeduse.

2. Unterordnung. *Cubomedusae*, Würfelquallen. Schirm vierseitig, beutelförmig, Lappenkranz zu einem Velarium verwachsen, mit vier Sinneskolben in den
Radien erster Ordnung. Magentaschen durch Septalleisten geschieden. Subgenitalhöhlen fehlen. Die acht blattförmigen Genitalorgane längs der Septalleisten befestigt (Abb. 418, 419).

Fam. *Charybdeidae*. Mit vier einfachen Tentakeln in den Radien zweiter Ordnung.
Charybdea marsupialis Pér. Lsr. Mittelmeer (Abb. 418).

Fam. *Chirodropidae*. Mit vier interradialen Tentakelbündeln. *Chirodropus palmatus* H.
Südatlantisch.

3. Unterordnung. *Discomedusae*, Scheibenquallen. Schirm scheibenförmig
(Abb. 411) mit mindestens acht Sinneskolben, meist mit flachen Subgenitalhöhlen.
Entwicklung mittels Generationswechsels, bei *Pelagia* direkt.

1. Sektion. *Cannostomeae*. Scheibe klein, ephyraähnlich, mit kurzen, soliden Tentakeln.
Mundrohr ohne Mundarme. Vier Septalknoten vorhanden. Subgenitalhöhlen fehlen.

Fam. *Ephyropsidae*. *Nausithoë punctata* Köll. Mittelmeer. *Atolla* H. Mit 16—32 Sinneskolben und Tentakeln. Tiefsee.

Hier wäre *Polypodium* (*Lipinium*) *hydriforme* Ussow, Parasit in den Eiern des Sterlets,
Wolgagebiet Rußland, anzuschließen, das nach Lipin ein Scyphozoon und der eigentümlichen
Medusengattung *Paraphyllina* Maas nächst verwandt ist.

2. Sektion. *Semaeostomeae*. Mundrohr in vier lange Mundarme ausgezogen.

Fam. *Pelagiidae*. Mit breiten Marginaltaschen, ohne Ringkanal. *Pelagia noctiluca* Pér.
Lsr. Mit acht Tentakeln. *Chrysaora mediterranea* Pér. Lsr. (*hysoscella* Ag.). Mit 24 Tentakeln, hermaphroditisch, Mittelmeer.

Fam. *Cyaneidae*. Mit breiten Marginaltaschen, ohne Ringkanal. Die Tentakel zahlreich und bündelweise vereinigt an der unteren Fläche des Schirmes. *Cyanea capillata* Eschz.
Mit Schirmdurchmesser bis 2 m. Atlant. Ozean, Nord- und Ostsee.

Fam. *Ulmaridae*. Schirm flach, Marginalgefäße schmal, alle oder zum Teil verästelt,
mit Ringkanal. *Umbrosa* (*Discomedusa*) *lobata* Cls. Tentakel lang, Subgenitalhöhlen fehlen.
Adria. *Ulmaris prototypus* H. Südatlant. Ozean. Hier fügt sich an *Aurelia aurita* L.

Ohrenqualle. Zwischen den Sinneskolbenlappen velumartige Randsäume, auf deren exumbrellarer Seite eine Reihe zahlreicher kurzer Tentakel. Europ. Meere (Abb. 409). *A. flavidula* PÉR. LSR. Atlant. Küste Nordamerika.

3. Sektion. *Rhizostomeae*, Wurzelquallen. Ohne große zentrale Mundöffnung, mit zahlreichen, durch stellenweise Verwachsung der Armrinnen entstandenen Öffnungen an den acht Mundarmen. Tentakel fehlen.

1. Tribus. *Kolpophorae*. Der primäre Gastralraum zu einem Anastomosennetz umgebildet, das mit dem Magen an vielen Stellen in Verbindung steht. Keine Papillen vor den Subgenitalostien.

Fam. *Cassiopeiidae*. Anastomosennetz feinmaschig. Keulenförmige Blasen an den Mundarmen. *Cassiopeia andromeda* FORSK. Rotes Meer, Ind. Ozean.

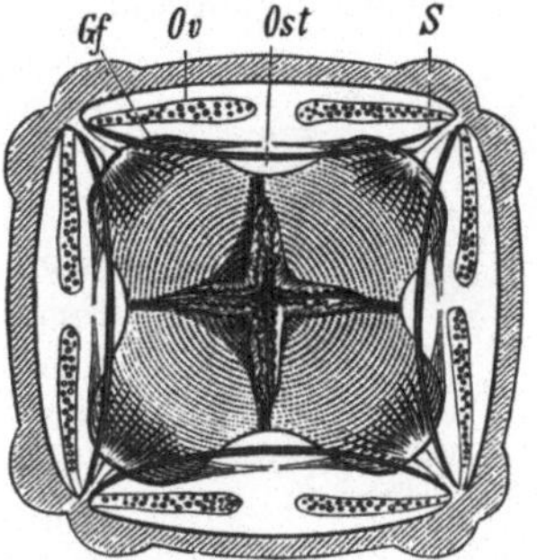

Abb. 419. Apicale Hälfte der quer durchschnittenen *Charybdea*, von der subumbrellaren Seite betrachtet. Man sieht die vier Mundarme. *Ov* Ovarien an den vier Septen (*S*). *Ost* Ostien der Gastraltaschen, *Gf* Gastralfilamente.

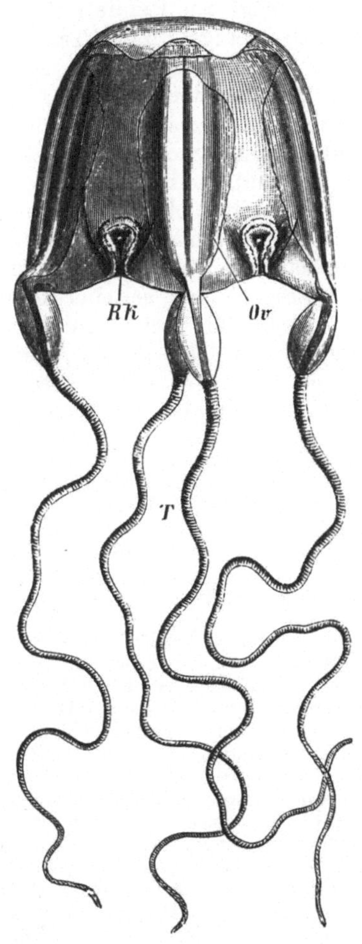

Abb. 418. *Charybdea marsupialis*. $^1/_1$. *T* Tentakel, *RK* Sinneskolben, *Ov* Ovarien.

Fam. *Cepheidae*. Subgenitalhöhlen mehr oder minder getrennt. *Cotylorhiza tuberculata* MACRI. Mit einheitlichem Subgenitalporticus. Mit acht gabelteiligen Mundarmen, an letzteren kurz- und langgestielte Saugkolben. Mittelmeer. *Cephea* PÉR. LSR.

2. Tribus. *Dactyliophorae*. Primärer Darmsinus klein, Anastomosennetz vom Ringkanal ausgehend, mit dem Magen nicht in direkter Verbindung. Subgenitalostien durch Papillen eingeengt.

Fam. *Catostylidae*. Ohne Nebenkrausen (Skapuletten) an der Basis der Arme. Mit einheitlichem Subgenitalporticus. *Catostylus* (*Crambessa*) *tagi* H. Im Brackwasser der Flußmündungen von Senegambien bis Frankreich. *C. mosaicus* Q. G. Australische Küste.

Fam. *Rhizostomidae*. Mundarme wenig verwachsen, tragen an ihrer Basis Nebenkrausen (Skapuletten) und enden mit einem kolbenförmigen Anhang. Vier getrennte Subgenitalhöhlen (Abb. 410). *Rhizostoma* (*Pilema*) *pulmo* MACRI. Mittelmeer. *Stomolophus* AG.

3. Klasse. **Anthozoa**[1].

Polypenförmige Cnidarien mit ectodermalem Schlundrohr, mit durch Scheidewände (Septen) gekammertem Darmraum. An den Septen entodermale Muskulatur,

[1] Außer RAPP, EHRENBERG vgl. DARWIN, CH.: The Structure and Distribution of Coralreefs. London 1842. — DANA, J. D.: United States Expl. Expedition, Zoophytes. Philadelphia 1846. — MILNE-EDWARDS, H. et J. HAIME: Histoire naturelle des Coralliaires, 3 vols. Paris 1857—1860. — GOSSE, P.: Actinologia britannica. London 1860. — DE LACAZE-

die Mesenterialfilamente sowie die Geschlechtsorgane. Mittelschicht mesenchymatisch. Häufig mit cuticularen oder mesodermalen Skeletbildungen. Solitär oder stockbildend.

Die Anthozoenpolypen unterscheiden sich von den Hydroid- und Scyphopolypen durch ihre bedeutendere Größe und kompliziertere Ausbildung des Gastrovascularraumes.

Der Körper ist ein Hohlzylinder, an dem man eine Seitenwand, eine obere Mund- und basale Fußscheibe unterscheidet (Abb. 420). Letztere fehlt den grabenden Formen, bei welchen der Leib basalwärts abgerundet endet (*Cerianthus, Edwardsia, Ilyanthus* u. a.). Die Mundscheibe trägt am Rande hohle, in einer oder mehreren Reihen angeordnete Tentakel, zu welchen bei *Cerianthus* noch ein Kranz von Mundtentakeln hinzukommt. Bei manchen Actinien treten dicht unterhalb des Tentakelkranzes an der Körperwand kleine sogenannte Randsäckchen (Nesselbatterien) auf. Inmitten der Mundscheibe liegt die spaltförmige Mundöffnung. Von ihr geht das Schlundrohr aus, welches mit einer (ventralen) oder zwei, einer dorsalen und ventralen bewimperten Schlundrinne (Siphonoglyphe) versehen ist; seltener fehlen

Abb. 420. *Sagartia elegans (nivea).* (Nach GOSSE.) $^1/_1$

Schlundrinnen (z. B. *Gonactinia*). Das Schlundrohr (Abb. 421) mündet mit seiner inneren verschließbaren Öffnung (Schlundpforte) in den Gastralraum, der in einen zentralen Teil und periphere taschenförmige Kammern (Magentaschen, Gastralfächer) zerfällt; letztere führen in die Hohlräume der Tentakel. Die

DUTHIERS, H.: Histoire naturelle du Corail. Paris 1864. — Développement des Coralliaires. Archives de Zool. 1/2(1872); 2 (1873). — KÖLLIKER, A.: Anatomisch-systematische Beschreibung der Alcyonarien. 1872. — MOSELEY, H. N.: The Structure and Relations of the Alcyonarian Heliopora. Philosophic. Trans. roy. Soc. London 1876. — HERTWIG, O. und R.: Die Actinien anatomisch-histologisch usw. untersucht. Jena. Z. Naturwiss. 1879. — HERTWIG, R.: Die Actinien der Challenger-Expedition. Jena 1882. — v. HEIDER, A.: Die Gattung *Cladocora*. Sitzgsber. Akad. Wiss. Wien, Math.-naturwiss. Kl. 1881. — KOWALEVSKY, A. et A. F. MARION: Documents pour l'histoire embryogénique des Alcyonaires. Ann. Mus. Hist. nat. Marseille 1883. — WILSON, E. B.: The development of *Renilla*. Philosophic. Trans. roy. Soc. London 174 (1884). — ANDRES, A.: Le Attinie. Fauna u. Flora Golf Neapel 9 (1884). — ERDMANN, A.: Über einige neue Zoantheen usw. Jena. Z. Naturwiss. 19 (1886). — v. KOCH, G.: Die Gorgoniden des Golfes von Neapel. Fauna u. Flora Golf Neapel 15 (1887). — JUNGERSEN, H.: Über Bau und Entwicklung der Kolonie von *Pennatula phosphorea*. Z. Zool. 47 (1888). — MC.MURRICH, J. P.: Contributions on the morphology of the *Actinozoa*. J. of Morph. 4 (1890); 5 (1891). — CARLGREN, O.: Studien über nordische Actinien. Svensk. Akad. Hdl. 25 (1893). — FAUROT, L.: Études sur l'anatomie, l'histologie et le développement des Actinies. Archives de Zool. 1895. — v. KOCH, G.: Das Skelet der Steinkorallen. Festschrift für GEGENBAUR 1896. — VAN BENEDEN, ED.: Die Anthozoen der Plankton-Expedition. 1898. — APPELLÖFF, A.: Studien über Actinienentwicklung. Bergens Mus. Aarb. 1900. — DÖDERLEIN, L.: Die Korallengattung *Fungia*. Abh. Senckenberg. naturforsch. Ges. 1902. — DUERDEN, J. E.: West Indian Madreporarian Polyps. Mem. nat. Acad. Washington 8 (1902). — KÜKENTHAL, W.: *Pennatularia*. Tierreich 43 (1915). — *Gorgonaria*. Ebenda 47 (1924). — *Alcyonacea*. Wiss. Erg. dtsch. Tiefsee-Exped. 13 (1906). — *Gorgonaria*. Ebenda 1919. — KÜKENTHAL, W. u. HJ. BROCH: *Pennatulacea*. Ebenda 1911. — BROOK, G. u. H. BERNARD: Catalogue of the Madreporarian Corals in the British Museum. I—VI. London 1893—1906. — MATTHAI, G.: Catalogue of the Madreporarian Corals in the British Museum. VII. London 1928. — v. MARENZELLER, E.: Riffkorallen. Zool. Erg. Pola-Exped. Denkschr. Akad. Wien 80 (1907). — KASSIANOW, N.: Untersuchungen über das Nervensystem der *Alcyonaria*. Z. Zool. 90 (1908). — PAX, F.: Die Actinien. Erg. Zool. 4 (1914). — Die Antipatharien. Zool. Jb. 41 (1918). — STEPHENSON, T. A.: On the Classification of *Actiniaria*. I—III. Quart. J. microsc. Sci. 64—66 (1920 bis 1922). — The British Sea Anemones. Ray Soc. 113 (1928). — Vgl. ferner die Schriften von BOVERI, KLUNZINGER, SEMPER, GOETTE, BOURNE, STUDER, HAVET, VERRILL, VAUGHAN, IWANZOFF, WILL, NIEDERMEYER, GERTH, VAN PESCH.

Septen (Mesenterialscheidewände, Sarkosepten), welche die Taschenräume voneinander scheiden, sind senkrechte, von der Seitenwand, der Fuß- und Mundscheibe entspringende radiale Falten des Darmes mit mesenchymatischer Stützlamelle. Zentral stehen sie entweder mit dem Schlundrohr in Verbindung oder enden in ganzer Länge frei; erstere werden als vollkommene, letztere als unvollkommene Septen bezeichnet. Die Anzahl und Anordnung der Septen ist verschieden und für die einzelnen Gruppen charakteristisch. Die vollkommenen Septen sind an ihrer oralen Insertionsstelle von einer Öffnung (*Septalstoma*) durchbohrt; zu diesen inneren Septalstomata können noch äußere, in der Nähe der Seitenwand gelegene Septalstomata hinzukommen.

Der Gastralraum kann außer durch den Mund noch an anderen Stellen mit der Außenwelt in Kommunikation stehen, so an den Spitzen der Tentakel (viele Actinien), bei *Sagartia*, *Adamsia* durch die sogenannten Cinclides, Öffnungen am unteren Dritteil der Seitenwand, endlich bei *Cerianthus* durch Poren an der Innenfläche der Randtentakel sowie einen Porus am Hinterende.

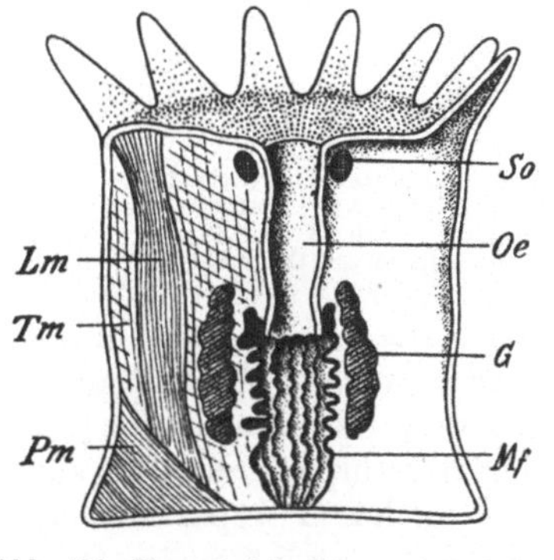

Der freie Rand der Septen wird von einem stellenweise vielfach gewundenen Wulst (*Mesenterialfilament*) eingenommen, der reich an Drüsen- und Nesselkapselzellen ist und im oralen Teile von seitlichen Flimmerstreifen begleitet wird (Abb. 309). Die Mesenterialfilamente haben secretorische Bedeutung. Weitere Bildungen des Septums sind die *Acontien* mancher Actinien (*Sagartia*, *Adamsia*), an der Septenbasis entspringende, reich mit Nesselkapseln ausgestattete Fäden, die als Verteidigungswaffen durch die Cinclides hervorgeschnellt und wieder zurückgezogen werden können.

Die Septen sind meist Träger einer kräftigen Muskulatur und es lassen sich zwei Muskelsysteme, ein transversales und longitudinales, unterscheiden, welche den beiden verschiedenen Seiten des Septums angehören.

Abb. 421. *Hexactinie* im Längsschnitt (schematisch, Original G.); links ist ein Septum, rechts eine Darmtasche getroffen. *Oe* Schlundrohr (Oesophagus), *G* Genitalorgan, *Mf* Mesenterialfilament, *So* inneres Septalstoma, *Lm* Längs-, *Tm* Transversal-, *Pm* Parietobasilarmuskel des Septums. Die Punktierung an der Mundscheibe sowie den Tentakeln und dem Mundrohr zeigt die diffuse Verbreitung des Nervensystems im Ectoderm.

Die longitudinalen Muskeln ziehen von der Fußscheibe zur Mundscheibe und bilden ein starkes Faserbündel, welches im Querschnitt als sogenannte *Muskelfahne* erscheint (Abb. 426). Die transversalen Muskeln beginnen an der Seitenwand und ziehen zum Schlund und zur Fußscheibe. Bei den *Cerianthiden* und *Antipathiden* ist die Septalmuskulatur sehr schwach; dagegen erscheint die ectodermale Muskulatur der Körperwand kräftig ausgebildet, während sie den meisten *Zoanthactiniaria* vollständig fehlt.

An den Septen liegen endlich die Geschlechtsorgane, welche bandförmige Wülste bilden. In der Regel sind die Geschlechter getrennt; hermaphroditisch sind *Cerianthus*, *Zoanthus*.

Das Nervensystem der Anthozoen ist ein diffuses und am mächtigsten im Ectoderm der Mundscheibe und der Tentakel entwickelt (Abb. 212 b); es besteht aus Sinneszellen und in der Tiefe gelegenen Ganglienzellen, deren Fasern unter dem Epithel eine Nervenfaserschicht bilden (Abb. 102 d). Die Nervenschicht findet sich, wenn auch schwächer entwickelt, im Entoderm. Besondere Sinnesorgane fehlen.

Zwischen dem Ectoderm, an welchem häufig bewimperte Epithel-, dann

Sinneszellen und zuweilen eine Muskelfaserschicht zu unterscheiden ist, und
dem ähnlich zusammengesetzten Entoderm liegt eine mesenchymatische Zwi-
schenlage (Mesogloea) von verschiedener Dicke und Beschaffenheit. Aus der
entodermalen Ringmuskulatur der Körperwand differenziert sich häufig ein
Sphincter, der die Körperwand über der eingestülpten Mundscheibe zusammen-
schnürt. Die Mesogloea erscheint als festes, von spindel- und sternförmigen Zellen
durchsetztes, gallertiges oder fibrilläres Binde-
gewebe.

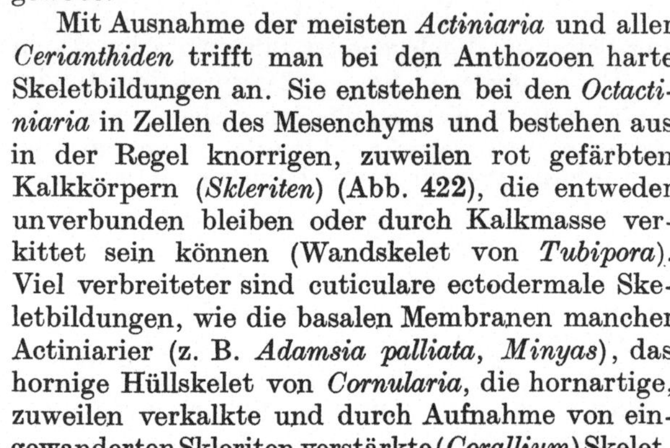

Mit Ausnahme der meisten *Actiniaria* und aller
Cerianthiden trifft man bei den Anthozoen harte
Skeletbildungen an. Sie entstehen bei den *Octacti-*
niaria in Zellen des Mesenchyms und bestehen aus
in der Regel knorrigen, zuweilen rot gefärbten
Kalkkörpern (*Skleriten*) (Abb. 422), die entweder
unverbunden bleiben oder durch Kalkmasse verkittet sein können (Wandskelet von *Tubipora*).
Viel verbreiteter sind cuticulare ectodermale Skeletbildungen, wie die basalen Membranen mancher
Actiniarier (z. B. *Adamsia palliata, Minyas*), das
hornige Hüllskelet von *Cornularia*, die hornartige,
zuweilen verkalkte und durch Aufnahme von eingewanderten Skleriten verstärkte (*Corallium*) Skelet-

Abb. 422. Kalkkörper (Scleriten) von
Octactiniarien, a von *Plexaurella,* b von
Gorgonia (nach KÖLLIKER), c von
Alcyonium (Original G.).

achse der *Gorgoniiden* und *Antipathiden*, sowie das steinharte Kalkskelet der
Madreporarien. Diese Skeletbildungen gehen von der Fußscheibe des Polypen
aus und wachsen häufig in den Polypenkörper hinein, die Wand desselben vor
sich herstülpend, so daß sie wie innere Skeletbildungen erscheinen (Abb. 423).
Das Skelet (Polyparium) der *Madreporarien* zeigt die Architektur des Weich-
körpers mit dem wesentlichen Unterschiede, daß
die harten Septen (*Sclerosepten*, Sternleisten) nicht
den weichen Septen, sondern der Mitte der Taschenräume entsprechen. An ihm unterscheidet man
eine basale Fußplatte, von der die Sclerosepten
ausstrahlen; letztere sind innerhalb der Leibeswand des Polypen durch ein dieser parallel laufen-
des hartes Mauerblatt (*Theca*) verbunden. Zuweilen erhebt sich in der Achse eine säulenförmige
Kalkmasse (*Columella*) sowie als Abscheidung
außen an der Leibeswand des Polypen die *Epithek*
(*Exotheca*). Als *Pali* werden rings um die Columella
auftretende, von den Sclerosepten abgetrennte Kalk-
stäbchen bezeichnet. Es können ferner zwischen
den Seitenflächen der Septen Bälkchen (*Synapti-*
culae) oder Querplättchen (*Dissepimenta*), endlich
quer den ganzen Polypen durchziehende Skelet-
lamellen, Böden (*Tabulae*), auftreten. Die peripherischen Abschnitte der Septen springen an der Außenfläche des Mauerblattes als Rippen (*Costae*) vor.

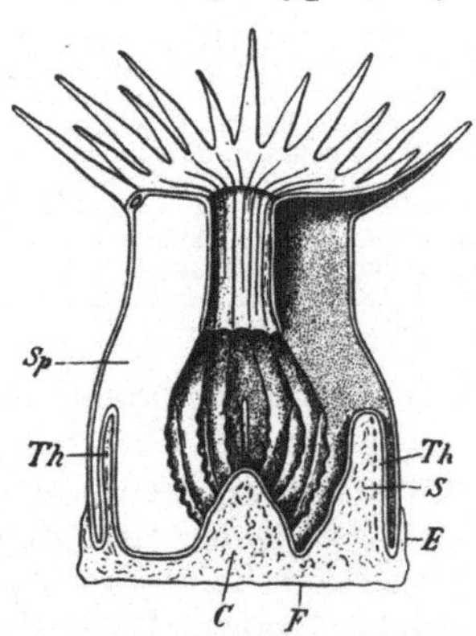

Abb. 423. Längsschnitt durch einen
Madreporarier (schematisch), um das
Verhältnis des Skelets zum Weich-
körper zu zeigen. Links ist ein Septum
(*Sp*), rechts ein Taschenraum getroffen.
F Fußplatte, *Th* Mauerblatt (Theca),
S Scleroseptum, *C* Columella, *E* Epi-
thek. (Original G.)

Neben der geschlechtlichen Fortpflanzung ist die ungeschlechtliche durch
Sprossung und Teilung von großer Bedeutung. Die Teilung ist in der Regel
Längs-, seltener Querteilung (*Gonactinia, Flabellum, Fungia*), in welchem letzteren
Falle eine strobilaähnliche Form zustande kommt (Abb. 286) und wahrscheinlich
Generationswechsel besteht. In der Regel bleiben die so erzeugten Individuen

zu Stöcken miteinander verbunden, die nach der Verschiedenartigkeit der Sprossung oder unvollkommenen Teilung bedeutende Formverschiedenheiten zeigen. Gewöhnlich sind die Individuen eines Stockes durch gemeinsame, von zahlreichen Ernährungskanälen durchsetzte Verbindungsteile (*Coenosark*) in Zusammenhang oder kommunizieren mehr oder minder unmittelbar mit ihren Gastralräumen; doch sind in vielen Fällen die Einzelindividuen mit ihrer Körperwand verwachsen und ein besonderes Coenosark fehlt. Von dem Coenosark wird ein Zwischenskelet ausgeschieden. Demgemäß unterscheidet man zahlreiche Modifikationen verästelter Stöcke, z. B. der *Acroporiden* und *Oculiniden*, ferner lamellöse und massige Stöcke, wie sie die *Astraeen* und *Maeandren* bieten. Die Individuen eines Stockes sind untereinander gleich; nur bei einigen Octactiniarien (einigen *Pennatuliden*, *Alcyoniiden*, *Corallium*) findet sich ein Dimorphismus, indem außer den normalen Polypen sogenannte Siphonozooide vorkommen, die sich durch Kleinheit des Körpers, Mangel der Tentakel, meist den Besitz von nur zwei Mesenterialfilamenten und durch Sterilität auszeichnen; auch sind die *Pennatularia* und manche *Antipatharia* diöcisch.

Die Eier durchlaufen die Embryonalentwicklung meist im mütterlichen Körper und es werden erst die Larven durch den Mund ausgeworfen. Seltener sind besondere Brut- räume der ectodermalen Körperwand vorhanden. Die Furchung ist im allgemeinen äqual (zuweilen superficial) und führt entweder zu einer Coeloblastula, an der das Entoderm durch Invagination entsteht, oder es bildet sich durch frühzeitige Einwanderung von Furchungskugeln nach innen ein solider, als Morula bezeichneter Entwicklungszustand aus; im letzteren Falle entsteht das Gastrocoel durch sekundäre Aushöhlung. Die freischwimmenden bewimperten Larven (auch als *Planula* bezeichnet), deren aboraler Pol zuweilen einen Schopf längerer Wimpern trägt, setzen sich mit dem aboralen Pole fest und bilden nach, zuweilen schon vor der Festsetzung das ectodermale Schlundrohr,

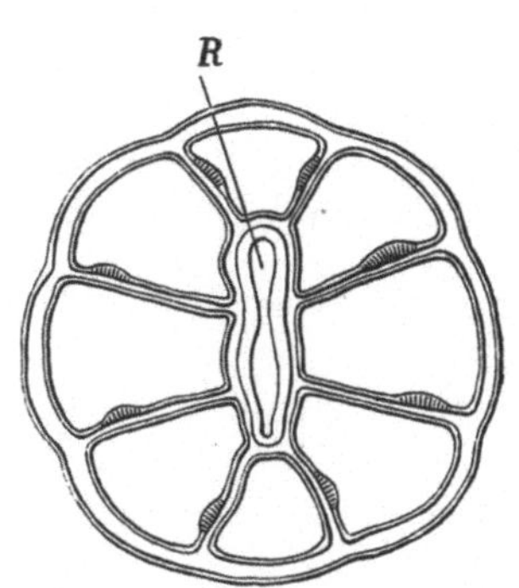

Abb. 424. Querschnitt durch eine Octactinie (*Alcyonium*). (Nach HERTWIG.) *R* Schlundrinne (Siphonoglyphe).

die Septen sowie die Tentakel aus (Abb. 425b). Bei den *Octactinien* entstehen alle acht Tentakel und Septen zu gleicher Zeit, letztere in bilateraler Anordnung um das sagittal gestreckte Mundrohr; ihre Muskelfahnen sind alle nach derselben (ventralen) Seite gerichtet, welche durch die Schlundwimperrinne (Siphonoglyphe) bezeichnet wird. Zwischen Ecto- und Entoderm kommt eine hyaline Gallerte zur Ausscheidung, in die vom Ectoderm aus Zellen einwandern (Abb. 424).

Bei den *Hexactiniarien*, deren Fangarme und Mesenterien sich auf ein Multiplum der 6-Zahl zurückführen lassen, glaubte man früher mit M. EDWARDS und HAIME, daß die Septen dem 6strahligen Typus entsprechend auftreten, daß also die Septen gleicher Größe je einem zu gleicher Zeit gebildeten Cyclus angehören. Indessen lieferte zuerst LACAZE-DUTHIERS den Nachweis, daß ein ganz anderes Wachstumsgesetz die Zunahme der Septen und Fangarme bestimmt, daß anfangs eine durchaus symmetrische Gestaltung zugrunde liegt, aus der erst später durch Egalisierung der alternierenden ungleichalterigen Elemente die regulär radiäre Architektonik hervorgeht. Die Mundspalte bezeichnet wie bei den Octactinien die Hauptebene (Sagittalebene), zu deren Seiten sich die Septensysteme spiegelbildlich gleich verhalten. Falls die beiden Haupttentakel einander gleich und zwei Schlundrinnen vorhanden sind, trennt auch die senkrecht zur Hauptebene gezogene Transversalebene den Leib in zwei spiegelbildlich gleiche Hälften

(Abb. 426) und die Anordnung ist eine *disymmetrische* (*Actinien, Madreporarien*) im Gegensatze zu der *einfachen* Symmetrie der *Octactiniarien, Cerianthiden, Antipathiden, Zoanthiden* und der *Tetracorallien*.

Bei den *Hexactiniarien* eilen zwei einander gegenüberstehende Septen in der Entwicklung voran, durch welche die Gastralhöhle in zwei ungleich große Taschenräume geteilt wird. Bald erhebt sich in dem größeren Taschenraume ein neues Faltenpaar, welchem in den vom ersten Septenpaar begrenzten Taschenraume

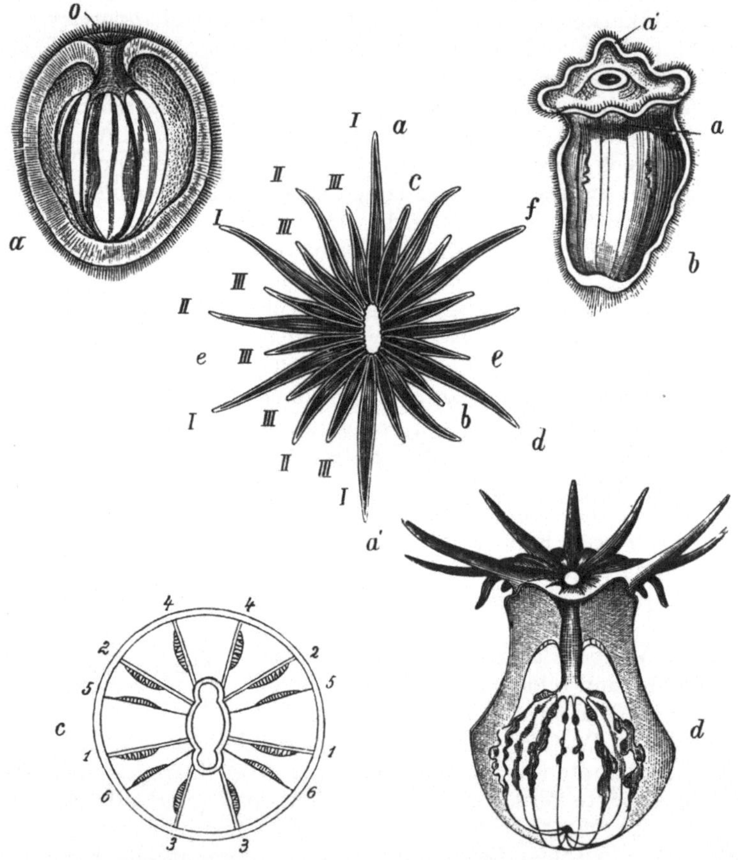

Abb. 425. Aus der Entwicklungsgeschichte von *Actinia equina* (*mesembryanthemum*). a Larve mit acht Scheidewänden und zwei Mesenterialfilamenten. *O* Mund. — b Etwas weiter vorgeschrittene Larve mit den Anlagen von acht Fangarmen. *a'* Der Tentakel über dem primären größeren Fache. — c Diagramm, die entwicklungsgeschichtliche Reihenfolge der ersten sechs Septenpaare zeigend. — d Junge Actinie mit 24 alternierend egalisierten Armen im Längsschnitt. — e Mundscheibe derselben, von der Fläche gesehen. Links die Fangarme mit *I—III* in Cyclen der Größe nach, rechts mit *a—f* jene der ersten sechs Taschenpaare bezeichnet. (a, b, d, e nach LACAZE-DUTHIERS, c nach BOURNE, etwas abgeändert.)

ein drittes, in dem gegenüberliegenden ein viertes Septenpaar folgt. Es tritt nun eine gewisse Ruhepause in der Entwicklung ein. Dieses Stadium entspricht nach Zahl der Septen und Anordnung der Muskelfahnen den ausgewachsenen *Edwardsien* und wird als Edwardsiastadium bezeichnet. Nachher werden die an das zuerst entstandene Faltenpaar angrenzenden Taschenräume durch je ein Septum geschieden (Abb. 425c). Dagegen wird bei *Adamsia* (*Aiptasia*) das fünfte und sechste Septenpaar in den zur Medianebene seitlichen Taschen zwischen den Septen 1 und 2 angelegt (Abb. 428). Die zwölf Septen ordnen sich zu sechs Paaren an und umschließen ein sogenanntes *Binnenfach*; zu diesen gehören auch die Fächer der Medianebene, deren Begrenzungssepten (*Richtungssepten*) sich an die Schlundrinnen inserieren und die Muskelfahnen an den abgewendeten Seiten tragen, während bei den übrigen Septen die Muskelfahnen einander zugewandt in das Binnenfach sehen. Das zwischen zwei Binnenfächern gelegene Fach wird als *Zwischenfach* bezeichnet. In der Folge entstehen alle weiteren Septen in Cyclen, dem radiären Typus folgend, und paarweise mit einander zugekehrten Muskelfahnen in den Zwischenfächern, während die Binnenfächer stets steril bleiben (Abbild. 426). Schon vor der Anlage des fünften und sechsten Septenpaares beginnt die Hervorsprossung der Tentakel, und zwar entstehen zuerst acht Tentakel, von denen der eine über dem größeren der beiden zuerst gebildeten Taschenräume den nachfolgenden an Größe vorauseilen soll (Abb. 425b) (Lacaze-Duthiers), dann treten vier weitere Tentakel hinzu. Nachdem sämtliche zwölf Fangarme gebildet sind, egalisieren sich dieselben alternierend, so daß sechs größere Fangarme,

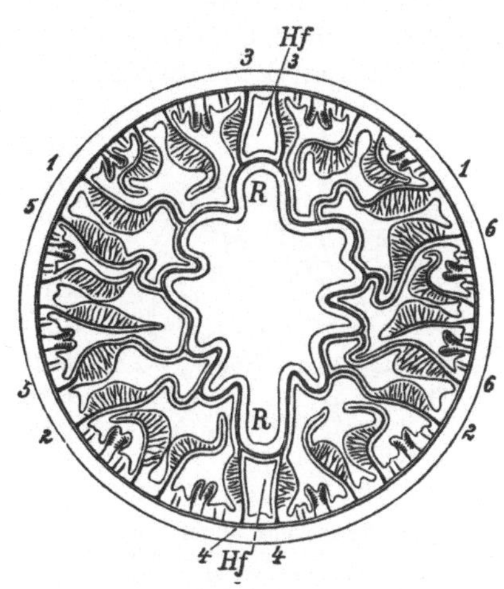

Abb. 426. Querschnitt durch eine *Adamsia* (*Aiptasia*) *diaphana*. (Nach Hertwig.) *Hf* die Fächer der Hauptebene (Richtungsfächer), *R* Schlundrinnen, *1—6* die ersten sechs Septenpaare, nach der Reihenfolge ihrer Entstehung bezeichnet.

zu denen die unpaaren Tentakel der Medianebene gehören, mit ebensoviel kleineren wechseln und zwei Kreise von sechs Armen erster und ebensoviel Armen zweiter Ordnung vorhanden sind. Die Größe der zwölf darauffolgend gebildeten, paarweise entstehenden, anfangs kurzen Tentakel regelt sich später in der Weise, daß die an die Tentakel der zweiten Ordnung angrenzenden sechs Fangarme die ersteren bald überragen und nun an Stelle jener scheinbar den zweiten Cyclus repräsentieren (Abb. 425e). Das gleiche Gesetz des Wachstums mit nachfolgender Egalisierung und Substitution wiederholt sich nun im Verlaufe der weiteren Entwicklungsvorgänge. Die Mesenterialfilamente, wenigstens jene der ersten Septenpaare, bei den *Octactiniarien* die beiden dorsalen, sind ectodermalen Ursprungs und entstehen als Ausläufer vom Schlundrohre aus.

In der Anordnung und Weiterentwicklung der Septen bestehen mannigfache Verschiedenheiten. Doch sind unter den

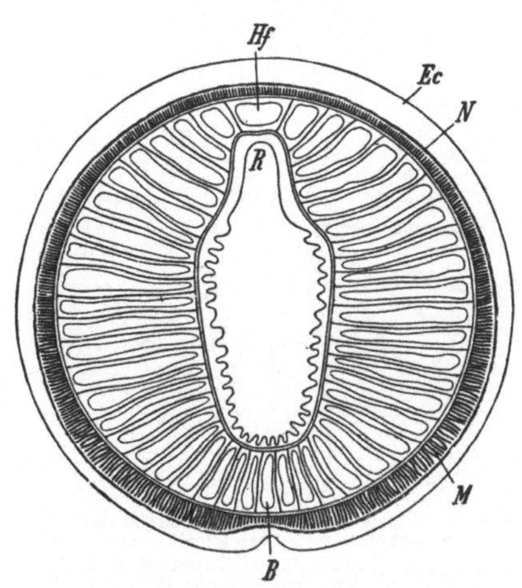

Abb. 427. Querschnitt durch *Cerianthus solitarius*. (Nach Hertwig.) *Hf* das von den Richtungssepten eingeschlossene Richtungsfach. *R* Schlundrinne, *B* das Zwischenfach, *Ec* Ectoderm, *N* Nervenschicht, *M* Muskelfaserschicht desselben.

Anthozoen noch zwei von dem besprochenen Typus sehr abweichende Typen rücksichtlich der Ausbildung und Neuentstehung der Septen zu unterscheiden, jene der *Zoanthiden* und der *Cerianthiden*. Bei den *Zoanthiden* (Abb. 429) sind die Septen bilateralsymmetrisch und in Paaren angeordnet; jedes Paar besteht aus einem unvollkommenen (Microseptum) und einem vollkommenen Septum (Macroseptum). Eine Ausnahme bilden die Richtungsseptenpaare, von denen das der Schlundrinne entsprechende aus Macrosepten, das gegenüberliegende aus Microsepten besteht. Die Muskelfahnen sind an allen Septenpaaren einander zugekehrt, bloß bei den Richtungssepten an den abgewendeten Seiten gelegen. Die primären Septenpaare, welche wahrscheinlich in der Reihenfolge wie bei den Actinien entstehen, erscheinen gegen das aus Microsepten gebildete Richtungsseptenpaar gedrängt und ihr Macroseptum letzterem zugekehrt. Die später auftretenden Septenpaare, deren Macroseptum umgekehrt dem macroseptalen Richtungsseptenpaar zu gelegen ist, entstehen paarweise nur in den zwei nächst dem macroseptalen Richtungsseptenpaar gelegenen Fächern, die sonach die beiden einzigen Zwischenfächer sind. Außer diesem sogenannten Microtypus unterscheidet man bei den Zoanthiden einen Macrotypus, dadurch charakterisiert, daß noch das vierte Septum vom microseptalen Richtungsseptenpaar aus ein Macroseptum ist. Viel mehr weichen die *Cerianthiden* (Abb. 427) ab. Alle Septen sind hier vollkommen und nicht in Paaren, sondern in einfacher Reihe symmetrisch

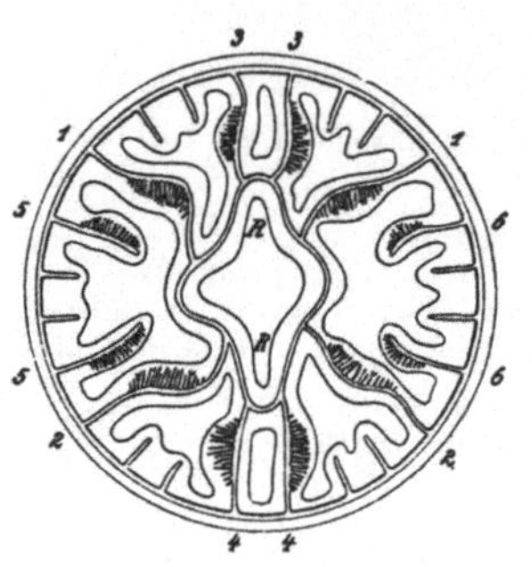

Abb. 428. Querschnitt durch eine junge *Adamsia* (*Aiptasia*) *diaphana*. (Nach HERTWIG, etwas abgeändert.) Septum *5* und *6* in Entwicklung begriffen, *R* Schlundrinnen.

angeordnet. Die Septalmuskulatur ist sehr schwach ausgebildet und bildet keine Muskelfahne. Nur das dem Richtungsfach gegenüberliegende Fach verhält sich als Zwischenfach, in welchem die neuen Septen paarweise in der Reihenfolge gegen das Richtungsfach hin entstehen.

Die *Anthozoen* sind durchaus Bewohner des Meeres und leben vorzugsweise in den wärmeren Zonen, wenngleich einzelne Typen der fleischigen Octactinien und auch Hexactinien über alle Breiten sich erstrecken. Die Polypen, welche Bänke und Riffe bauen, beschränken sich auf einen etwa vom 30. Grad nördlicher und südlicher Breite begrenzten Gürtel und reichen nur hier und da über denselben hinaus; meist leben sie in der Nähe der Küsten und erzeugen hier im Laufe der Zeit durch Ablagerungen ihrer steinharten Kalkgerüste Felsmassen von kolossaler Ausdehnung, welche als *Korallenriffe* (*Atolle, Saumriffe, Wallriffe*) der Schiffahrt gefahrbringend sind und zur Grundlage von Inseln werden können.

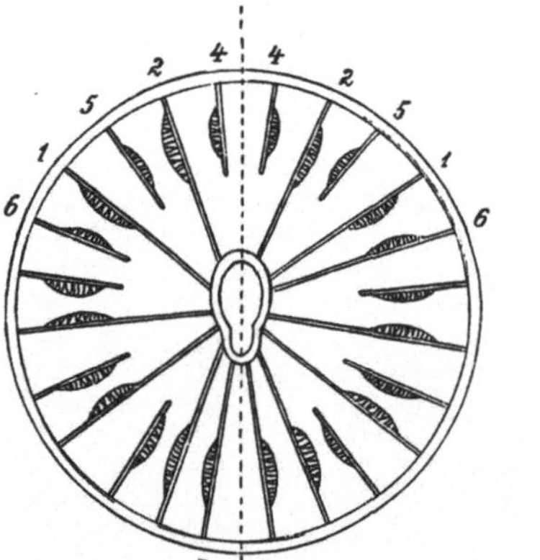

Die Anthozoen haben wesentlichen Anteil an den Veränderungen der Erdoberfläche genommen. Wie gegenwärtig, so waren sie auch in noch größerem Umfange in früheren geologischen Epochen tätig, von denen namentlich die Korallenbildungen der paläozoischen Zeit und der jurassischen Formation eine sehr bedeutende Mächtigkeit besitzen.

Abb. 429. Schematischer Querschnitt durch einen *Zoanthiden*, links der Micro-, rechts der Macrotypus. (Nach BOURNE, in der Darstellung verändert.) *1—6* die ersten sechs Septenpaare.

In der nachstehenden Übersicht ist teilweise der von ED. VAN BENEDEN gegebenen Gruppierung gefolgt.

1. Ordnung. Rugosa (Tetracorallia).

Paläozoische Anthozoen mit zahlreichen, in vier Systemen gruppierten, symmetrisch oder radiär angeordneten Septen.
Sie stehen wahrscheinlich den Zoanthactiniaria näher.

2. Ordnung. Octactiniaria.

Stockbildende Anthozoen mit acht gefiederten Tentakeln und acht Septen, deren Muskelfahnen gegen die Schlundrinne zu gerichtet sind. Als Skeletbildungen treten fast überall Scleriten auf.

1. Unterordnung. *Alcyonaria*, Lederkorallen. Festsitzende Stöcke ohne Achsenskelet.

Fam. *Cornulariidae.* Ketten- oder rasenförmige Stöcke, deren Einzeltiere nur durch basale Stolonen verbunden sind. Polypen relativ groß. *Cornularia cornucopiae* PALL. Mit hornigem ectodermalen Hüllskelet. Scleriten fehlen. Mittelmeer. *Anthelia crassa* M. E. Mittelmeer. *Sympodium coeruleum* EHRBG. Rotes Meer.

Fam. *Tubiporidae*, Orgelkorallen. Polypen in parallelen, durch Querplatten verbundenen roten Röhren, die aus den verschmolzenen Scleriten bestehen. *Tubipora hemprichi* EHRBG. Ind. Ozean, Rotes Meer.

Fam. *Alcyoniidae.* Polypen durch eine gemeinsame lederartige Cönenchymmasse verbunden. Scleriten in derselben spärlich. Zuweilen mit Siphonozooiden. *Alcyonium palmatum* PALL. Mittelmeer. *A. digitatum* L. Nordsee. Stock baumartig ramifiziert. *Parerythropodium (Sympodium) coralloides* PALL. Stock rasenförmig. Mittelmeer. *Sarcophyton* LESS. Stock hutpilzförmig. Mit Siphonozooiden.

Fam. *Helioporidae.* Skelet aus Lamellen kristallinischen Kalkes bestehend. Scleriten fehlen. Die Polypen in röhrigen Zellen, die durch reiches, aus feinen Röhren zusammengesetztes Cönenchym verbunden sind und wie letztere von Querböden (Tabulae) durchsetzt werden. Die Kelche mit nach innen vorspringenden Längsleisten (Pseudosepten). Nur eine lebende Art: *Heliopora coerulea* GRIMM. Ind. Ozean.

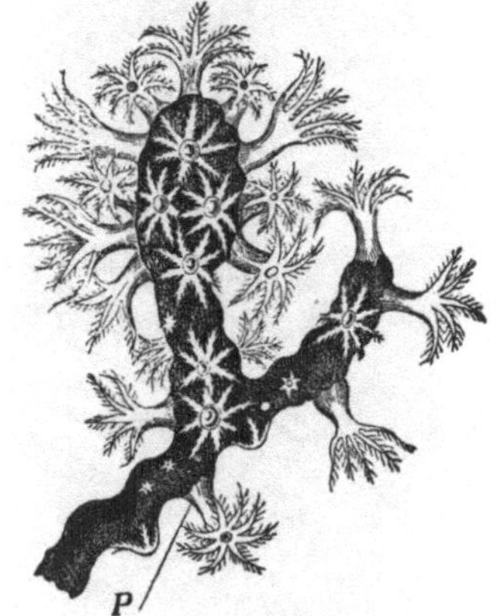

Abb. 430. Zweig eines Stöckchens von *Corallium rubrum* (Edelkoralle). (Nach LACAZE-DUTHIERS.) $^{15}/_1$
P einzelnes Polypenindividuum.

2. Unterordnung. *Gorgonaria*, Rindenkorallen. Meist baumförmige festsitzende Stöcke mit hornartigem oder kalkigem Achsenskelet. Die Polypen in einer von Scleriten durchsetzten Rinde.

1. Sektion. *Scleraxonia.* Das Achsenskelet besteht aus Skleriten, die durch Horn- oder Kalksubstanz verkittet sind.

Fam. *Coralliidae.* Mit ungegliederter harter Achse aus durch Kalksubstanz verkitteten Scleriten. Siphonozooide vorhanden. *Corallium rubrum* LM. Edelkoralle, rote Koralle (Abb. 430). Mittelmeer, namentlich an den Küsten von Tunis, Algier, Sizilien, Kanarische Inseln. Das Achsenskelet wird zu Schmuckgegenständen verarbeitet.

2. Sektion. *Holaxonia.* Achsenskelet aus hornartiger Substanz bestehend, in die Kalk eingelagert sein kann. Scleriten fehlen in der Achse oder kommen nur gelegentlich vor.

Fam. *Plexauridae.* Achse ungegliedert, Achsenrinde gefächert. *Euplexaura antipathes* L. Schwarze Koralle. Ind. Ozean, Rotes Meer. Zu Schmuckgegenständen verwendet. *Plexaura dubia* KÖLL. Westindien, Bermuda. *Eunicella verrucosa* PALL. Atlant. Ozean, Mittelmeer.

Fam. *Gorgoniidae.* Achse ungegliedert, Achsenrinde nicht gefächert. Achse fast stets rein hornig. Zwischen den Ästen des Stockes nicht selten Anastomosen. *Gorgonia media* VERRILL. Guayamas bis Panama. *Rhipidogorgia flabellum* L. Venusfächer. Stock fächerförmig. Florida, Antillen.

Fam. *Isididae.* Achse gegliedert, abwechselnd aus Kalk- und Horngliedern bestehend. *Isidella elongata* ESP. Mittelmeer. *Isis hippuris* L. Indopazif. Ozean.

3. Unterordnung. *Pennatularia*, Seefedern. Feder-, keulen- oder blattförmige Stöcke, die mit einem basalen Stiel lose im Sande stecken. Meist mit innerem

unverästelten hornigen, gewöhnlich verkalkten Achsenskelet. Stock aus einem großen umgewandelten Hauptpolypen und seitlichen sekundären Polypen bestehend. Meist sind Siphonozooide vorhanden. Diöcisch. Viele zeigen Leuchterscheinung.

Fam. *Veretillidae*. Stock walzenförmig, Polypen radiär angeordnet. *Veretillum cynomorium* PALL. Atlant. Ozean, Mittelmeer. *Cavernularia pusilla* PHIL. Sizilien.

Fam. *Renillidae*. Stock in Form eines nierenförmigen Blattes. Polypen nur an der dorsalen Fläche. Ein Achsenskelet fehlt. *Renilla reniformis* PALL. Ostküste Amerikas.

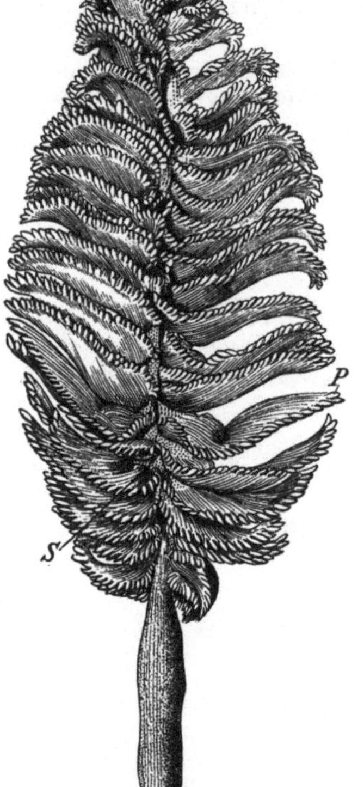

Fam. *Umbellulidae*. Langgestreckte Stöcke. Polypen am obersten Teile in Wirteln zusammengedrängt. *Umbellula encrinus* L. Arkt. Meere, Tiefsee.

Fam. *Pennatulidae*. Bilaterale federförmige Stöcke mit Blättern, die am Rande eine oder mehrere Reihen von Polypen tragen. *Pennatula phosphorea* L. Kosmopolit. *P. rubra* ELLIS. Mittelmeer (Abb. 431).

Fam. *Pteroeididae*. Bilaterale federförmige Stöcke mit seitlichen blattförmigen Polypenträgern. Blätter durch aus Scleriten gebildete Strahlen gestützt. *Pteroeides griseum* BOHADSCH. Atlant. Ozean, Mittelmeer.

3. Ordnung. Ceriantipatharia.

Solitäre oder stockbildende Anthozoen mit bilateraler Anordnung der muskelarmen Septen, mit kräftiger ectodermaler Muskulatur des Mauerblattes.

1. Unterordnung. *Antipatharia*. Stöcke mit hornartiger dorniger Achse und weicher, die Polypen enthaltender Rinde. Polypen mit sechs Tentakeln, mit sechs primären, zuweilen noch 4—6 sekundären Septen, von denen in der Regel nur zwei große transversale die Genitalorgane und Filamente tragen. Manche diöcisch.

Fam. *Antipathidae*. Mit den Charakteren der Unterordnung. Die tiefschwarze Achse mehrerer Arten als schwarze Koralle zu Schmuckgegenständen verarbeitet. *Parantipathes larix* ESP., *Antipathes (Leiopathes) glaberrima* ESP. Mittelmeer.

2. Unterordnung. *Ceriantharia*. Solitäre skeletlose Anthozoen mit abgerundetem Körperende, außer Randtentakeln noch Mundtentakel vorhanden. Septen in großer Zahl; nur ein Zwischenfach (Abb. 427).

Fam. *Cerianthidae*. Mit Porus am hinteren Körperende. Zwitterig. Leben im Sand, lose umhüllt von einer aus Schleim mit Nesselkapseln und Fremdpartikeln gebildeten Hülse. *Cerianthus membranaceus* SPALL., *C. solitarius* RAPP. Mittelmeer. *C. lloydi* GOSSE. Nordsee.

Abb. 431. *Pennatula rubra*. (Nach KÖLLIKER.) ²/₃. *P* Polypen, *S* Siphonozooide.

4. Ordnung. Zoanthactiniaria.

Solitäre oder stockbildende Anthozoen mit bilateraler oder zweifach symmetrischer Anordnung der in Paaren gruppierten Septen, deren Längsmuskulatur einen Wulst (Muskelfahne) bildet.

1. Unterordnung. *Zoanthiniaria*. Meist Stöcke, selten solitäre Polypen, deren symmetrisch angeordnete Septenpaare mit Ausnahme der Richtungsseptenpaare in der Regel aus einem sterilen Micro- und einem Genitalorgane tragenden Macroseptum bestehen. Mit nur zwei, neue Septenpaare produzierenden Zwischen-

fächern (Abb. 429). Die mesenchymatische Mittelschicht von ectodermalen Kanälen durchzogen. Harte Skelete fehlen, doch ist das Ectoderm, oft auch die Mesenchymschicht, durch aufgenommene Fremdkörper inkrustiert.

Fam. *Zoanthidae*. *Zoanthus sociatus* ELLIS. Hermaphroditisch. Antillen. *Palythoa arenacea* CHIAJE. Mittelmeer u. nordeurop. Meere. *Epizoanthus incrustatus* D. K. Nordsee. *Parazoanthus anguicomus* NORM. Nordsee. *Sphenopus* STEENSTR. Große solitäre Form, frei im Sande steckend. *Savaglia (Gerardia) lamarcki* NARDO. Mittelmeer, Madeira. Vielleicht nur ein *Parazoanthus* (CARLGREN).

2. Unterordnung. *Hexactiniaria.* Solitäre oder stockbildende sechsstrahlige Anthozoen, deren Septen meist in zweifach symmetrischer Weise angeordnet sind, mit Cyclen von neue Septenpaare produzierenden Zwischenfächern (Abb. 426). Skeletlos oder mit basalen harten Skeletbildungen.

1. Sektion. *Actiniaria*, Seeanemonen, Seerosen. Solitäre Formen, in der Regel ohne Skelet. Die häufige basale Haftscheibe befähigt auch zur Ortsveränderung. Oft von bedeutender Größe und lebhafter Färbung.

1. Tribus. *Protantheae.* Ectoderm der Körperwand mit Längsmuskelschichl Sphinc-

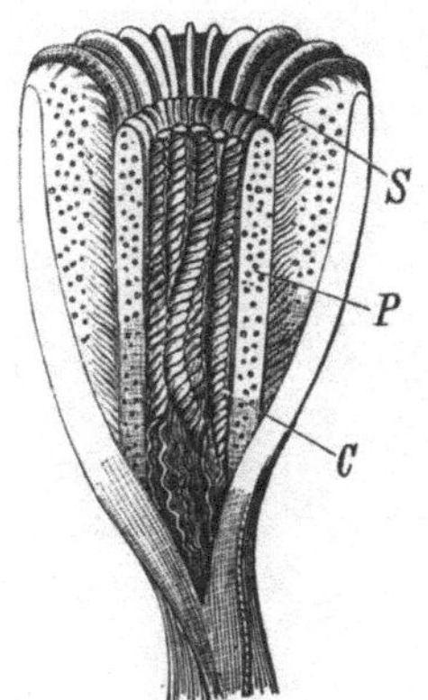

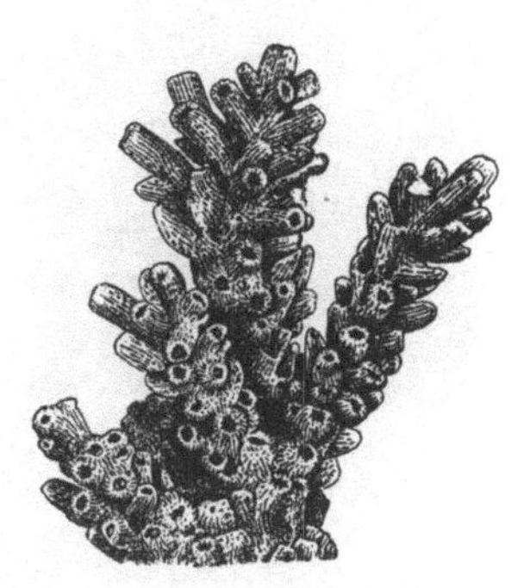

Abb. 432. Vertikalschnitt durch das Polypar von *Caryophyllia cyathus*. (Nach MILNE EDWARDS.) ¹/₁. *S* Septen, *P* Pali, *C* Columella.

Abb. 433. Ast von *Madrepora (Amphihelia) oculata.* (Original G.) ¹/₁

Abb. 434. Ast von *Acropora (Madrepora) eurystoma.* (Nach KLUNZINGER.) ¹/₁

ter der Körperwand fehlend oder sehr schwach. Keine specifischen Nesselorgane des Mauerblattes oder der Septen. Sind primitive Formen.

Fam. *Gonactiniidae*. Basales Körperende abgeplattet. Schlundrohr sehr kurz. Schlundrinnen fehlen. Mit nur wenigen vollständigen Septen. *Gonactinia prolifera* SARS. Mit 16 Tentakeln und 16 Septen. Pflanzt sich in der Jugend durch Querteilung fort. Nordsee (Abb. 286).

2. Tribus. *Nynantheae.* Ohne Längsmuskelschicht der Körperwand. Specifische Nesselorgane häufig.

Fam. *Edwardsiidae*. Im Sande lebende Formen ohne Fußscheibe, mit abgerundetem Körperende, mit nur acht vollkommenen Septen in bilateraler Anordnung. *Edwardsia claparedei* PANC. Mittelmeer.

Fam. *Ilyanthidae*. Im Sande lebende Formen ohne Fußscheibe, mit 24 vollkommenen Septen. *Ilyanthus parthenopeus* ANDR. Hier schließt sich an *Halcampa chrysanthellum* PEACH. Mittelmeer, Atlant. Ozean.

Fam. *Actiniidae*. Mit kräftiger Fußscheibe, Sphincter der Körperwand meist schwach, selten fehlend. *Actinia equina* L. (*mesembryanthemum* ELL. et SOL.), *Anemonia sulcata* PENN. (*Anthea cereus* ELLIS). Europ. Meere.

Fam. *Cribrinidae*. Fußscheibe und Sphincter kräftig. Körperwand in der Regel mit Saugwarzen oder blasenförmigen Anhängen. *Bunodactis verrucosa* PENN. (*Cribrina [Bunodes] gemmacea* ELLIS). *Urticina (Tealia) crassicornis* MÜLL. Europ. Meere.

Fam. *Sagartiidae*. Mit Fußscheibe. Acontien stets, Cinclides meist vorhanden. *Sagartia troglodytes* PRICE, *S. elegans* DALYELL (*venusta* GOSSE) (Abb. 420), *Cereus pedunculatus* PENN. (*Heliactis bellis* ELLIS), *Aiptasia diaphana* RAPP, *Metridium senile* L. (*Actinoloba dianthus* ELLIS), *Adamsia palliata* BOHADSCH. Europ. Meere.

Fam. *Minyadidae.* Schwimmende Formen, deren Fußscheibe zu einem pneumatischen Apparat mit chitinartiger Innenmasse eingestülpt ist. *Minyas coerulea* LESS. Wärmere Meere.

Fam. *Stoichactidae.* Gliederung in randständige und scheibenständige Tentakel nicht scharf ausgeprägt. *Stoichactis kenti* HADD. et SHACKL. Durchmesser bis 1 m. Malaiischer Archipel. Das *Polyparium ambulans* KOROTNEFF ist der abgeschnürte Mundscheibenrand einer Stoichactis.

Fam. *Thalassianthidae.* Mit verzweigten und kugelförmigen Tentakeln. *Thalassianthus aster* F. S. LEUCK. Rotes Meer.

2. Sektion. *Madreporaria.* Seltener solitär, meist stockbildend, mit hartem Kalkskelet von strahlig-faserigem, kristallinischem Gefüge.

1. Tribus. *Perforata.* Mit porösem Kalkskelet.

Fam. *Poritidae.* Massive Stöcke, Einzelpolypare durch die ganze Mauer verbunden. *Porites solida* FORSK. Rotes Meer.

Fam. *Acroporidae.* Meist ästige Stöcke, Einzelpolypare durch reichliches Cönenchym verbunden. *Acropora muricata* L. (*Madrepora prolifera* LM.). Westindien. *A. corymbosa* LM. *A. eurystoma* KLZGR. Rotes Meer (Abb. 434).

Abb. 435. *Goniastraea pectinata.* (Nach KLUNZINGER.) ¹/₁

Abb. 436. *Maeandra lamellina* (*Coeloria arabica*). (Nach KLUNZINGER.) ¹/₁

Fam. *Eupsammiidae.* Einzelpolypen oder Stöcke. *Balanophyllia italica* MICH., solitär. *Astroides calycularis* PALL. Stock massiv. *Dendrophyllia ramea* L. Stock verästelt. Mittelmeer.

2. Tribus. *Aporosa.* Mit dichtem Kalkskelet.

Fam. *Turbinoliidae.* Solitäre, meist festsitzende Formen. *Caryophyllia cyathus* ELL. SOL. Mittelmeer (Abb. 432). *Flabellum pavoninum* LESS. Ind. Ozean. *Blastotrochus nutrix* E. H. Philippinen.

Fam. *Astraeidae,* Sternkorallen. Meist massige Polypenstöcke, mit ganz oder teilweise verwachsenen Mauerblättern der Einzelkelche, ohne Cönenchym. *Orbicella annularis* ELL. SOL. Westindien. *Goniastraea pectinata* EHRBG. (Abb. 435). Rotes Meer. Polypare mit der ganzen Mauer verschmolzen. *Favia savignyi* E. H. Rotes Meer. *Maeandrina* LINK. Einzelkelche zu langen Reihen vereinigt. *M. labyrinthiformis* L. Westindien. *M. lamellina* EHRBG. (*Coeloria arabica* KLZGR.) (Abb. 436). Rotes Meer, Ind. Ozean. *Cladocora cespitosa* L. Stock verästelt, strauchförmig. Polypare frei. Mittelmeer. *Mussa angulosa* PALL. Westatlant. Ozean. *Lobophyllia* (*Mussa*) *corymbosa* FORSK. Indopazif. Ozean.

Fam. *Fungiidae.* Pilzkorallen. Meist große und flache Einzeltiere, zuweilen Stöcke; Mauerblatt unvollkommen oder fehlend. Septen sehr zahlreich, stark entwickelt und gezähnt, durch Synapticulae verbunden. *Fungia fungites* L. Ind. Ozean. Solitär, scheibenförmig, in der Jugend festsitzend, später frei. *Pavonia* LM. (*Lophoseris* E. H.), stockbildend. Indopazif. Ozean.

Fam. *Oculinidae.* Augenkorallen. Meist baumförmige Stöcke mit reichlichem Cönenchym. Skelet kompakt. *Oculina diffusa* LM. Westindien. *Madrepora* (*Amphihelia*) *oculata* L., weiße Koralle. Mittelmeer (Abb. 433).

4. Phylum.

Ctenophora, Rippenquallen[1].

Freischwimmende disymmetrische Cölenteraten von sphäroidischer, selten bandförmig gestreckter Gestalt, mit acht Meridianreihen von Flimmerplatten (Rippen) und apicalem Sinnesapparat, mit ectodermalem Schlundrohr und gastralen Gefäßkanälen, mit reich differenzierter mesenchymatischer Mittelschicht, in der Regel mit zwei in Taschen zurückziehbaren Fangfäden. Hermaphroditen.

Die Rippenquallen, deren Körperform sich auf ein Sphäroid zurückführen läßt, sind freischwimmende Coelenteraten von gallertiger Konsistenz (Abb. 438). In der Hauptachse des Körpers liegt der Mund und ihm entgegengesetzt am apicalen Pole ein Sinnesapparat mit dem Centralorgan des Nervensystems. Durch die Hauptachse lassen sich zwei zueinander senkrechte Ebenen, die Sagittalebene und Transversalebene (der Median- und Lateralebene der bilateralsymmetrischen Tiere analog) ziehen; beide Ebenen zerlegen den Körper in kongruente Hälften und es erweist sich der Bau demnach als disymmetrisch. Die sich kreuzenden Schnittflächen beider Ebenen zerfällen den Körper in vier paarweise nach der Diagonale kongruente Quadranten (Abb. 437). In die Transversalebene fallen fast alle nur in zweifacher Zahl auftretenden Körperteile, wie die beiden Fangfäden, die Stammgefäße der acht Rippengefäße und die Magengefäße.

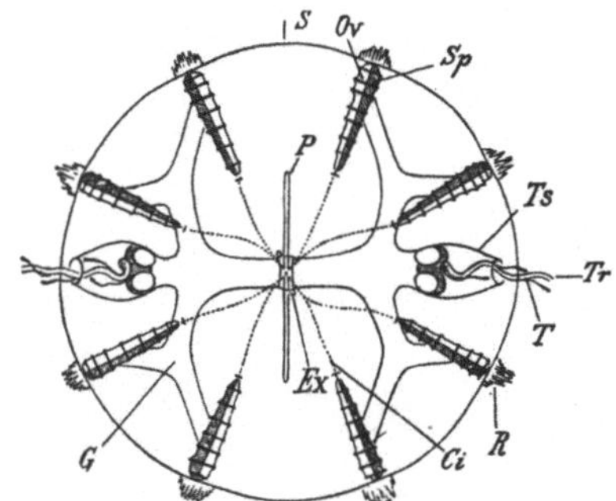

Abb. 437. *Cydippide* vom Sinnespol gesehen.
(Schematisch nach Chun.)
S Sagittal-, *Tr* Transversalebene, *R* Rippen, *Ci* Flimmerstreifen, *T* Fangfaden, *Ts* Tasche desselben, *G* Gastrovascularsystem, *Ex* Excretionsporus, *P* Polfelder, *Ov* Ovarial-, *Sp* Spermalhälften der Rippengefäße. Etwa ²/₁

Den Bewegungsapparat des Körpers bilden acht Meridianreihen von Wimperplatten (Rippen) (Abb. 87g), die derart angeordnet sind, daß jedem Quadranten des Körpers ein Paar von Plattenreihen (eine subsagittale und eine subtransversale Reihe) zugehören. Diese vier Plattenreihenpaare setzen sich als zarte Flimmerstreifen bis an den Apicalpol in die dort befindliche Sinnesgrube fort und vereinigen sich vor Übergang in dieselbe zu vier Flimmerstreifen, welche sich an die vier federartigen Sinnesplatten des statischen Organes anschließen.

Das Nervensystem der Ctenophoren ist ein diffuser, basiepithelial gelegener Hautnervenplexus, der wahrscheinlich mit den mit konischen Taststiften ver-

---

[1] Gegenbaur, C.: Studien über Organisation und Systematik der Ctenophoren. Arch. Naturgesch. 1856. — Agassiz, L.: Contributions to the Nat. History of the United States of America Vol. III. Boston 1860. — Kowalevski, A.: Entwicklungsgeschichte der Rippenquallen. Mém. Acad. S. Pétersbourg 1866. — Fol, H.: Ein Beitrag zur Anatomie und Entwicklungsgeschichte einiger Rippenquallen. Inaug.-Diss. Jena 1869. — Agassiz, A.: Embryology of the Ctenophorae. Cambridge 1874. — Chun, C.: Die Ctenophoren des Golfes von Neapel. Leipzig 1880. — Hertwig, R.: Über den Bau der Ctenophoren. Jena. Z. Naturwiss. 1880. — Metschnikoff, E.: Über die Gastrulation und Mesodermbildung der Ctenophoren. Z. Zool. 42 (1885). — Korotneff, A.: *Ctenoplana Kowalewskii*. Ebenda 43 (1886). — Samassa, P.: Zur Histologie der Ctenophoren. Arch. mikrosk. Anat. 40 (1892). — Willey, A.: On *Ctenoplana*. Quart. J. microsc. Sci. 39 (1896). — Garbe, A.: Untersuchungen über die Entstehung der Geschlechtsorgane bei den Ctenophoren. Z. Zool. 69 (1901). — Schneider, K. C.: Histologische Mitteilungen. 1. Die Urgenitalzellen der Ctenophoren. Ebenda 76 (1904). — Abbott, J. Fr.: The Morphology of *Coeloplana*. Zool. Jb. 24 (1907). — Mortensen, Th.: *Ctenophora*. The Danish Ingolf-Exp. 5 (1912). — Taku Komai: Studies on two aberrant Ctenophores, *Coeloplana* and *Gastrodes*. Kyoto 1922. — Heider, K.: Vom Nervensystem der Ctenophoren. Z. Morph. u. Ökol. Tiere 9 (1927).

sehenen Sinneszellen der Haut im Zusammenhange ist. Ein ähnlicher Nervenplexus findet sich an der Schlundwand. Ein modifizierter Teil des Hautnervenplexus sind zu beiden Seiten jeder Rippe längsverlaufende Plexuszüge (das sogenannte Stranggewebe [*Beroë*, K. HEIDER]), die durch zwischen den Wimperplatten gelegene Querbrücken miteinander in Verbindung stehen und die Innervation der Wimperplatten besorgen. Dieses Stranggewebe bildet nervöse Bahnen und setzt sich längs der Flimmerstreifen bis in das Epithel der apicalen Sinnesgrube fort. Ein Ring von Stranggewebe umgibt auch den Mund. Außerdem finden sich

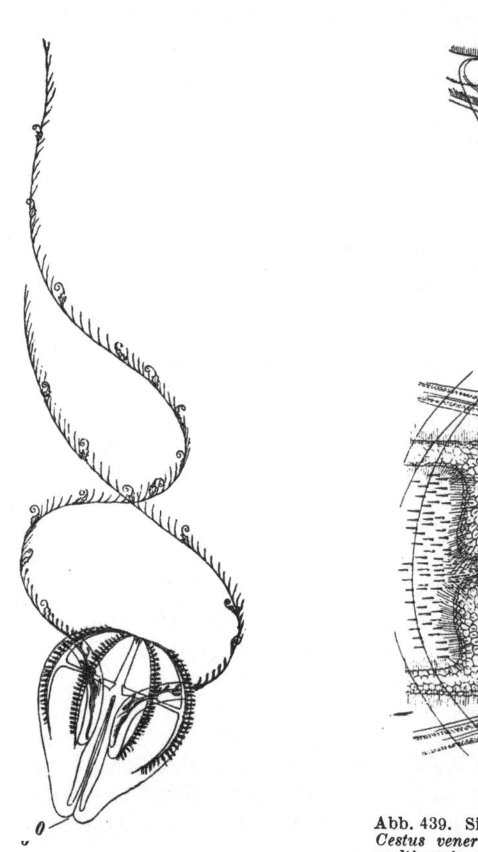

Abb. 438. *Hormiphora plumosa.* (Nach CHUN.) ¹/₁
O Mund.

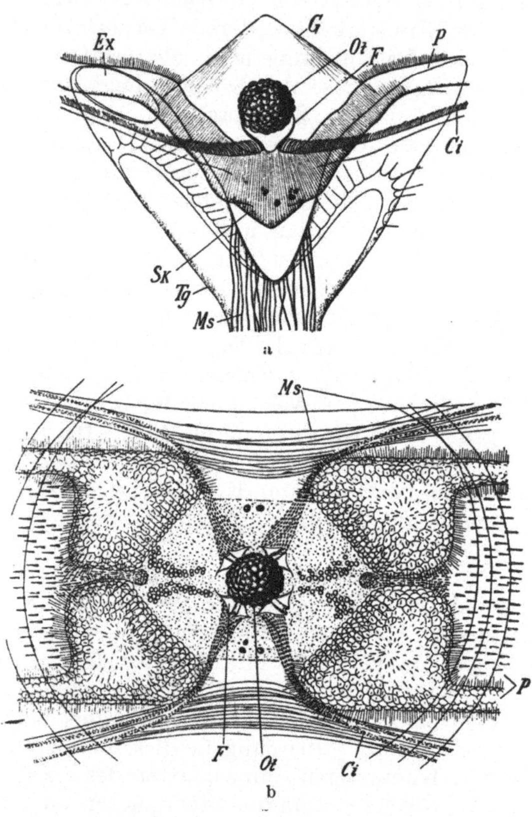

Abb. 439. Sinnesgrube mit den angrenzenden Organen. a von *Cestus veneris* in seitlicher Ansicht, b von *Leucothea (Eucharis) multicornis* in der Aufsicht. (Nach CHUN.) *Sk* Sinnesgrube, *Ot* Statolithenhaufen, *F* die federartigen Sinnesplatten, *Ci* Flimmerstreifen, *P* Polfeld, *G* Glocke, *Tg* Trichtergefäß, *Ex* Excretionsporus, *Ms* Muskeln.

in der Gallerte Nervenzellen vor. Die von hohen bewimperten Ectodermzellen ausgekleidete Grube am Apicalpole (Abb. 439) ist als Centralteil des Nervensystems anzusehen. Sie steht mit zwei Sinnesorganen in Verbindung. Direkt über der Grube befindet sich ein statisches Sinnesorgan, bestehend aus einem Häufchen von Statolithen, welche von vier federartigen Sinnesplatten getragen werden; dieser ganze Apparat wird von einer uhrglasförmigen Membran überdeckt, welche wie die Rippenplättchen aus vereinigten starren wimperartigen Zellfortsätzen gebildet wird und sechs basale Öffnungen besitzt. Durch vier Öffnungen treten die vier Flimmerstreifen in die Sinnesgrube ein; durch zwei Öffnungen steht die Sinnesgrube mit den zwei in der Sagittalebene verlaufenden bewimperten, sogenannten Polfeldern im Zusammenhang, die als Geruchsorgan aufgefaßt werden.

Mit Ausnahme der *Beroiden* (Abb. 443) besitzen die Ctenophoren zwei lange, einseitig mit Nebenfäden besetzte, sehr contractile Fangfäden. Diese entspringen im Grunde einer Tasche und bestehen aus einer muskulösen mesenchymatischen Achse sowie einer Epithelbekleidung. Letztere weist neben Tastzellen eigentümliche Klebzellen auf, deren Basis in einen contractilen Spiralfaden ausläuft, während das freie, konvex vorspringende Ende durch seine klebrige Beschaffenheit an Gegenständen der Berührung haftet (Abb. 440).

Die Mundöffnung führt in einen sagittalwärts ausgezogenen, zwei Längswülste aufweisenden ectodermalen Schlund, dessen innere, durch Muskeln verschließbare Öffnung (Schlundpforte) in den als Trichter bekannten Teil des Gastrovascularapparates einführt. Der senkrecht zum Schlundrohr verlängerte Trichter entsendet zwei transversale Hauptstämme, welche nach zweimaliger Gabelung in die unterhalb der Rippen verlaufenden Rippen- oder Meridiangefäße führen (Abb. 437); ferner entspringen vom transversalen Hauptstamm je ein längs des Schlundrohres absteigendes Schlund- (Magen-)gefäß sowie ein in die Tentakelbasis reichendes Tentakelgefäß. Rippen- und Schlundgefäße, die sich bei den *Beroiden* verästeln und stellenweise auch netzförmig verbinden (Abb. 443), treten bei diesen sowie den *Bolinopsiden* und *Cestiden* in der oralen Körperhälfte durch Anastomosen miteinander in Communication. Apicalwärts geht der Trichter in einen Trichterkanal über und spaltet sich unterhalb der Sinnesgrube in zwei Trichtergefäße, welche seitlich von den Polfeldern durch je eine verschließbare Öffnung (Excretionsporus) in einer Diagonalebene ausmünden. Bei *Callianira* sind vier Trichtergefäße und Excretionsporen vorhanden. Die Innenfläche des Magens sowie des Gastrovascularapparates ist bewimpert; letzterer ist mittels sogenannter Wimperrosetten, von Wimperzellen umkleideter Öffnungen, mit der mesenchymatischen Gallerte in Verbindung, in welcher der ganze

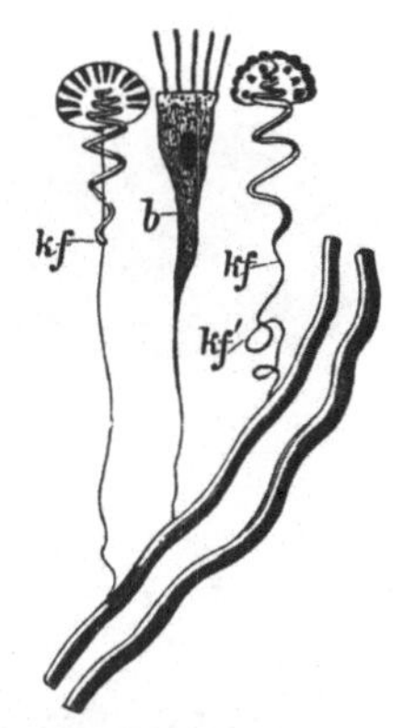

Abb. 440. Glatte Muskelfasern, Klebzellen (*kf*) und Tastzellen (*b*) eines Fangfadens von *Euplocamis stationis*. (Nach R. HERTWIG.) *kf'* Verlängerung des contractilen Fadens einer Klebzelle.

Darmapparat eingebettet liegt. Die mesenchymatische Mittelschicht enthält außer Bindegewebszellen und Nervenzellen eine sehr reich entwickelte Muskulatur, die gewöhnlich bloß zu Gestaltveränderungen, bei den bandförmigen *Cestiden* zu Schlängelungen des Körpers führt.

Die Ctenophoren sind *Zwitter*. Beiderlei Geschlechtsprodukte, die dem Entoderm zugehören (GARBE), liegen in der Wand der Rippengefäße, bzw. blindsackförmiger Ausstülpungen derselben, bald mehr in lokaler Beschränkung (*Cestus*), bald in der ganzen Länge der Rippengefäße, deren eine Seite mit Eifollikeln, die andere mit Samenschläuchen besetzt ist. Die Geschlechtsorgane sind in der Weise angeordnet, daß die Ovarien an der den Hauptebenen, die Hoden an der den Zwischenebenen zugekehrten Seite der Rippengefäße gelegen sind (Abb. 437). Die Geschlechtsprodukte gelangen in den Gastrovascularraum und werden von hier durch die Mundöffnung ausgeworfen.

Das Ei, von einer weitabstehenden Hülle umschlossen, besitzt eine feinkörnige Rindenschicht und ein centrales, blasiges Innenplasma. Die Furchung ist inäqual. Nach den ersten drei Meridianfurchen zeigt der Keim Schüsselform (Abb. 441). Schon im Stadium der Vierteilung bezeichnet die Trennungsebene der vier Furchungskugeln die Hauptebenen des Körpers, so daß jede der Furchungs-

kugeln einen Quadranten des Tieres liefert (FOL). Mit der Bildung der ersten
Äquatorialfurche trennen sich acht plasmareiche kleine Zellen ab. Sie bilden die
erste Anlage des Ectoderms, dessen Elemente durch neue, von den großen Furchungskugeln knospende Zellen vermehrt werden und allmählich die das Entoderm bildenden großen Furchungskugeln überwachsen, worauf eine Invagination
der inzwischen vermehrten Entodermzellen erfolgt. Vor ihrer Einstülpung liefern
die Entodermzellen durch einen Knospungsvorgang kleinere Elemente, welche
später apicalwärts gelangen und von METSCHNIKOFF für die Mesodermanlage

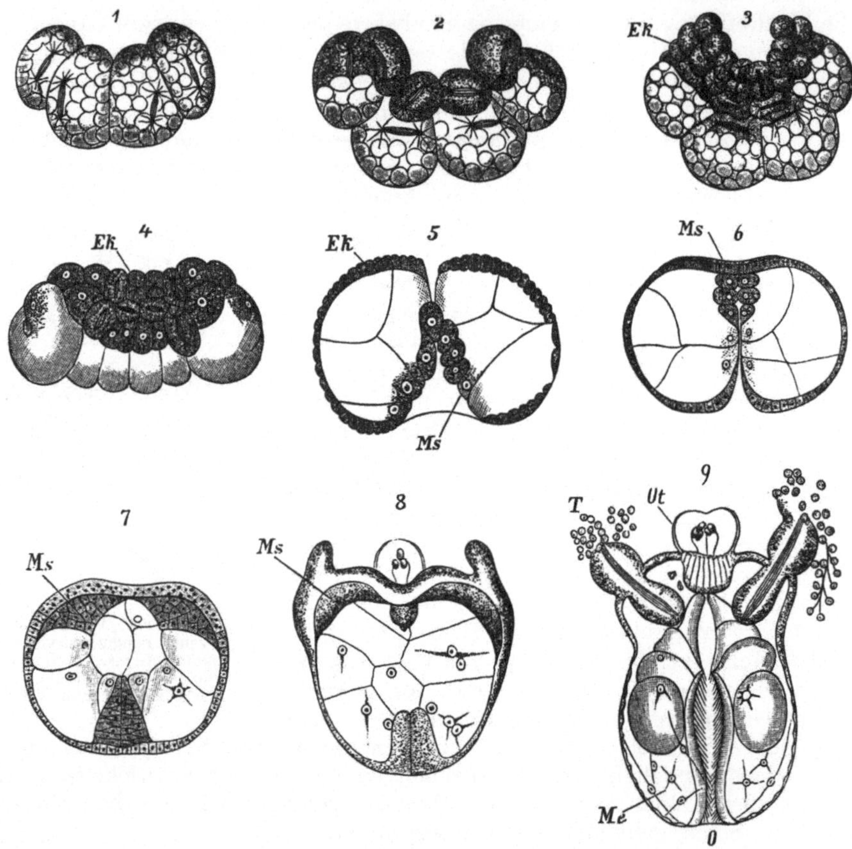

Abb. 441. Entwicklung von *Callianira bialata*. (Nach E. METSCHNIKOFF.) *1* Stadium der Achtteilung. *2* Stadium
von 16 Furchungszellen, die sämtlich in Teilung sind. *3* Auf den acht großen Furchungszellen liegt eine Kappe
von etwa 48 Ectodermzellen (*Ek*). *4* Seitliche Ansicht eines weiter vorgeschrittenen Stadiums. *5* Embryo im
Stadium der Invagination der apicalen Entodermzellen (*Ms*) (Mesodermanlage METSCHNIKOFF). *6* Weiter vorgeschrittenes Invaginationsstadium im Sagittalschnitt. *7* Stadium mit gebildetem Mundrohr. *8* Späteres Stadium
mit Fangfadenanlage. *9* Fertiger Embryo. *T* Fangfaden, *Ot* Statolithenblase, *O* Mund, *Me* Gallerte (Mesenchym).

gehalten wurden, nach (unpublizierten) Beobachtungen von HATSCHEK dagegen
dem Entoderm zugehören. Der Invagination des Entoderms schließt sich eine
solche des Ectoderms an, welche zur Bildung des Schlundrohres führt. Die Anlage
der Mesenchymzellen erfolgt durch Einwanderung von Zellen des Ectoderms aus
der Umgebung des Schlundrohres in die zwischen Ectoderm und Entoderm auftretende Gallerte.

Die jungen freigewordenen Ctenophoren sind von der Geschlechtsform durch
einfachere, meist kugelige Körperform, geringe Größe der Senkfäden und Rippen

sowie durch abweichende Größenverhältnisse der Teile des Darmapparates mehr
oder minder verschieden. Am auffallendsten ist die Abweichung bei den *Cestiden*,
Bolinopsiden und *Ctenoplaniden*, deren Jugend-
zustände Cydippen ähnlich sehen. Bemerkenswert ist die von CHUN beobachtete Erscheinung,
daß Larven von *Leucothea* (*Eucharis*) in der
heißen Jahreszeit die Geschlechtsreife erlangen
und nach Vollendung der Metamorphose zum
zweiten Male geschlechtsreif werden (*Dissogonie*).

Die Rippenquallen leben in den wärmeren
Meeren; sie sind pelagische Tiere und zeigen die
Erscheinung des Leuchtens. Als Nahrung dienen
denselben kleine oder größere Seetiere, die sie
mittels der Senkfäden einfangen. Manche, wie die
Beroiden, welche der Senkfäden entbehren, vermögen mit ihrem außerordentlich weiten Mund
relativ große Beutetiere, selbst Fische aufzunehmen. Einzelne Formen, wie *Cestus, Leu othea*,
erreichen eine Länge von 30 cm.

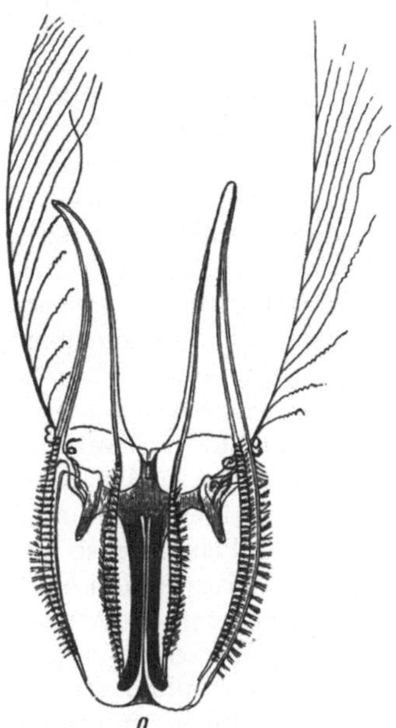

Abb. 442. *Callianira bialata.*
(Nach CHUN.) $^1/_1$

Klasse: **Ctenophorae.**

1. Tribus. *Tentaculata.* Fangfäden vorhanden.

Fam. *Cydippidae.* Körper kugelig bis walzig, zuweilen in der Sagittalebene wenig komprimiert. Rippen-
und Schlundgefäße endigen blind. *Pleurobrachia pileus*
FABR. (*rhodopis* CHUN). Atlant. Ozean, Mittelmeer.
Hormiphora (*Cydippe*) *plumosa* SARS (Abb. 438), *Euplocamis stationis* CHUN, *Callianira bialata* CHIAJE. Mittelmeer (Abb. 442). *Gastrodes parasiticum* KOROTN. Körper scheibenförmig, Fangfäden rudimentär. Parasitisch im Mantel von
Salpen. Nizza, Misaki.

Fam. *Ctenoplanidae.* Mit der Mundfläche kriechende oder
festsitzende Rippenquallen. Wimperplättchen meist fehlend.
Ctenoplana kowalevskii KOROTN. Sumatra. *Coeloplana metschni-
kowi* Kow. Körper flach. Wimperplättchen fehlen. Rotes Meer.
Tjalfiella tristoma MRTSN. Mit dem Munde festsitzend, ohne
Wimperplättchen. Westgrönland.

Fam. *Bolinopsidae* (*Lobatae*). Körper transversal komprimiert, mit zwei mächtigen Lappen jederseits in der Umgebung
des Mundes. An den Enden der subtransversalen Rippen mit
Schwimmplättchen besetzte Fortsätze (Aurikel). *Leucothea*
(*Eucharis*) *multicornis* ESCHZ. (*Chiaja papillosa* M. E.), Körper
mit zahlreichen Tastpapillen besetzt. Mittelmeer. *Bolinopsis*
(*Bolina*) *vitrea* AG. Atlant. Ozean.

Fam. *Cestidae.* Körper in der Sagittalebene bandförmig ausgezogen. Subtransversale Rippen sehr kurz, subsagittale Rippen
lang. *Cestus veneris* LSR., Venusgürtel, weit verbreitet.

2. Tribus. *Nuda.* Fangfäden fehlen.

Fam. *Beroidae.* Melonenquallen. Körper langgestreckt eiförmig, transversal komprimiert. Mundöffnung sehr weit, Magen
voluminös. Ränder der Polfelder zu verästelten Zöttchen erhoben. Rippen- und Magengefäße verästelt und auch zu einem
Netzwerk zusammentretend. Schlundwülste fehlen. *Beroë ovata*
ESCHZ. (Abb. 443). *B. forskåli* CHUN. Mittelmeer, Atlant. Ozean.

Abb. 443. *Beroë ovata.*
Ot Statolithenapparat, zu dessen Seiten die Tentakelchen
der Polfeder, *Tr* Trichter. $^1/_1$

II. Divisio.

Coelomata (Bilateria).

Metazoen von bilateralsymmetrischem Bau, mit reich differenziertem Mesoderm, welches aus paarigen, das Cölom umschließenden Epithelsäcken (Mesepithel-, Cölomsäcken) und einem von diesen aus gebildeten Mesenchym besteht.

Ein allgemeiner Charakter der Cölomaten ist ihr bilateralsymmetrischer Bau, weshalb sie auch *Bilateria* benannt werden; er erscheint bei den *Echinodermen* im ausgebildeten Zustand durch einen radiären Bau sekundär verdrängt.

Innerhalb der *Coelomata* (*Bilateria*) lassen sich zwei Typen (vgl. S. 98—100) unterscheiden, denen gemäß diese Abteilung in zwei Phyla zerfällt: 1. *Protostomia* (*Zygoneura*), 2. *Deuterostomia*.

Bei den *Protostomia* ist die primäre Hauptachse des Körpers nach der Ventralseite geknickt, an welche der Urmund (Prostoma) verschoben und später als Schlundpforte in die Tiefe verlagert erscheint. Wo ein After entwickelt wird, entsteht derselbe sekundär am hinteren Körperende. Bei den *Deuterostomia* bleibt die Primärachse als Hauptachse des Körpers erhalten. Der am Hinterende verbleibende Urmund wird zum After, während die definitive Mundöffnung an der späteren Ventralseite nahe dem Vorderende neu entsteht.

Den *Cölenteraten* gegenüber, deren Organe sämtlich aus Differenzierungen von Ectoderm und Entoderm hervorgehen, tritt bei den *Cölomaten* ein drittes, vom Entoderm (wohl ursprünglich durch Faltung vom Urdarm) entstandenes Keimblatt, das *Mesoderm*, auf, das eine reiche Differenzierung erfährt und die Muskulatur, Bindesubstanzen, Gefäße, Excretionsorgane (Nephridien) liefert. In ihm liegen stets die Genitalzellen. Es besteht aus paarigen Epithelsäcken (Mesepithelsäcken, Cölomsäcken), die durch Gänge nach außen münden, und aus einem Mesenchym, das aus den Mesepithelsäcken hervorgeht. Den *Cölenteraten* gegenüber, deren einziges Hohlraumsystem im Körper durch die Höhle des Darmsystems gebildet wird, ist bei den *Cölomaten* ein neuer Körperhohlraum, das *Cölom* (sekundäre Leibeshöhle), vorhanden, welches von den Mesepithelsäcken umschlossen wird und dem die Höhle der Genitaldrüse ihrer Entstehung nach zuzurechnen ist. Ferner finden sich bei den meisten *Cölomaten* innerhalb des Mesenchyms weitere (wahrscheinlich überall) auf die primäre Leibeshöhle (Blastocöl) zurückzubeziehende Hohlraumsysteme, die *Lymphe*-führenden Räume und das *Blutgefäßsystem*.

Durch sekundäre Veränderungen und Substitution ergibt sich innerhalb der *Coelomata* eine große Mannigfaltigkeit in den speziellen Organisationsverhältnissen.

Die Lebensstufe der *Cölomaten* ist entsprechend der verschieden hohen Differenzierung des Körpers eine einfache, bis zu den höchsten Formen innerhalb des Tierreiches sich erhebende.

5. Phylum.

Protostomia (Zygoneura).

Cölomaten (Bilaterien) mit ventralem, in der Schlundpforte (Stomodaealpforte) erhaltenem Prostoma, After sekundär am Hinterende entstanden.

Diese durch GEGENBAURS Erörterungen vorbereitete, von HATSCHEK aufgestellte und als *Zygoneura* bezeichnete Gruppe umfaßt die *Scolecida, Annelida,*

Arthropoda, Mollusca und *Molluscoidea.* Die Zusammengehörigkeit der hier eingereihten Formen spricht sich außer in den gemeinsamen Zügen der Organisation auch darin aus, daß bei *Anneliden, Mollusken* und *Molluskoideen* eine gemeinsame Larvenform, die Trochophoralarve, auftritt, mit welcher unter den *Scoleciden* der definitive Zustand der *Rotatorien* (unter denselben im besonderen die *Trochosphaera aequatorialis*) im wesentlichen übereinstimmt (Trochophoratheorie HATSCHEK). Nur die *Platyhelminthes* weisen in dem Mangel der Afteröffnung einen etwas niederen Zustand auf.

1. Kladus.

Scolecida, Niedere Würmer.

Protostomia mit geräumiger oder sehr enger primärer Leibeshöhle (Blastocöl) und kleiner Cölomhöhle, welche auf die Höhle der Genitaldrüse und vielleicht der Nephridien (Pronephridien) beschränkt ist.

Bisher ihrer Wurmgestalt wegen gewöhnlich mit den *Anneliden* in einen Kreis *Vermes* vereinigt, werden die *Scolecida* in neuerer Zeit wieder von den Anneliden mit Recht schärfer getrennt. Es sind aber auch nach dem Vorgange HATSCHEKS die festsitzenden, polypenartig gestalteten *Entoprocta*, die bisher gewöhnlich zu den Bryozoen gestellt werden, am besten zu den Scoleciden einzuordnen. Ein gemeinsamer Charakter aller hierher gerechneten Formen liegt in der geringen Entwicklung des Cöloms, welche auf die Höhle der Genitaldrüse und vielleicht der Nephridien (Pronephridien) beschränkt ist. Die primäre Leibeshöhle (Blastocöl) ist mehr minder geräumig (*Aschelminthes*) oder durch Ausbildung eines reichen Mesenchyms auf Lücken beschränkt (*Platyhelminthes, Entoprocta, Nemertini*). Am Darmkanal ist ein Proctodaeum vorhanden (*Aschelminthes, Entoprocta, Nemertini*) oder fehlt (*Platyhelminthes*). Zur Ausbildung eines besonderen, und zwar geschlossenen Blutgefäßsystems kommt es bei den Nemertinen.

1. Klasse. **Platyhelminthes, Plattwürmer**[1].

Afterlose Scoleciden von dorsoventral abgeplattetem Körper, mit reichentwickeltem Mesenchym, welches das Blastocöl bis auf Lücken erfüllt, hermaphroditisch.

Unter den hierher gehörigen Formen leben die *Turbellaria* meist frei im Wasser oder feuchter Erde, die *Trematodes* und *Cestodes* parasitisch. Der Körper ist stets dorsoventral abgeplattet und an seiner Oberfläche bei den *Turbellaria* von einem Wimperkleid, bei den *Trematodes* und *Cestodes* von einer Cuticula bedeckt. Der aus einem Stomodaeum und Mesenteron aufgebaute Darm ist stets blind geschlossen, ein After fehlt; die *Cestoden* sind darmlos. Die primäre Leibeshöhle erscheint bis auf kleine Lücken von einem zelligen Bindegewebe erfüllt. In dasselbe erscheinen alle übrigen Organe eingebettet, so auch die Muskulatur. Letztere bildet bei den *Platyhelminthen* einen Hautmuskelschlauch, der sich von außen nach innen aus einer Ringmuskelschicht, einer Längsmuskellage und einer aus gekreuzten Fasern bestehenden Schrägmuskelschicht aufbaut. Außerdem enthält die tiefere Schicht des Körperparenchyms in Bündeln angeordnete Längsmuskeln sowie quer und dorsoventral zwischen den Organen verlaufende Muskelfasern (Abb. 158).

Das Nervensystem besteht aus einem Cerebralganglion, von welchem außer vorderen Nerven nach hinten meist sechs paarig angeordnete Längsnervenstämme abgehen, und zwar meist ein stärkstes ventrales Paar, das bei manchen Formen allein beobachtet ist. Die Nervenstämme sind durch Querkommissuren

---

[1] POCHE, F.: Das System der *Platodaria*. Arch. Naturgesch. **91** (1925).

verbunden, überdies kann es zwischen den peripheren Nerven zur Ausbildung eines in oder unter der Hautmuskulatur gelegenen Nervenplexus kommen.

Die Excretionsorgane (Pronephridien) zeichnen sich durch außerordentlich reiche Verästelungen im ganzen Körper aus.

Mit einigen Ausnahmen herrscht Hermaphroditismus. An der weiblichen Genitaldrüse besteht meist eine Gliederung in Keimstock und Dotterstock. Die Entwicklung ist gewöhnlich eine zuweilen mit Generationswechsel oder Heterogonie verbundene Metamorphose.

1. Ordnung. Turbellaria, Strudelwürmer[1].

Meist freilebende Plattwürmer von ovaler oder blattförmiger Körpergestalt, mit bewimperter Haut und blindgeschlossenem Darm.

Die Strudelwürmer besitzen meist eine ovale, blattförmige Körpergestalt. Neben sehr kleinen Formen gibt es solche von ansehnlicher Größe. Mit ihrem Aufenthalte im süßen oder salzigen Wasser (einige planktonisch) oder in feuchter Erde steht die Bewimperung der Haut im Zusammenhange. Seltener treten Haftpapillen und Saugnäpfe auf. Das bewimperte Hautepithel weist einzellige Drüsen auf und enthält eigentümliche stäbchenförmige Secretkörperchen (Rhabditen). Die Rhabditen entstehen in besonderen Epithelzellen; letztere sind bei den *Rhabdocölen* und *Tricladen* in die Tiefe gerückt und mit dem Epithel mittels langer Plasmastränge in Verbindung, in denen die Rhabditen an die Oberfläche gelangen. Die zuweilen beobachteten Nesselkapseln (*Microstomum*) rühren von Cnidariernahrung her. Besonders bemerkenswert ist das Vorkommen von einzelligen Algen, z. B. bei *Dalyellia* (*Vortex*), *Convoluta* (Symbiose) (Abb. 310). Unter der ansehnlichen, die Oberhaut stützenden Basalmembran folgt der in das zellige, auch Pigment führende Bindegewebe eingelagerte Hautmuskelschlauch.

Das Nervensystem (Abb. 214) besteht aus einem meist in zwei Seitenlappen geteilten Cerebralganglion, das in der Nähe des vorderen Körperendes, zuweilen

[1] Außer DUGÈS, A. S. OERSTEDT, QUATREFAGES, O. SCHMIDT vgl. SCHULTZE, M.: Beiträge zur Naturgeschichte der Turbellarien. Greifswald 1851. — JENSEN, O. S.: Turbellaria ad litora Norvegiae occidentalis. Bergen 1878. — HALLEZ, P.: Contributions à l'histoire naturelle des Turbellariés. Lille 1879. — v. GRAFF, L.: Monographie der Turbellarien. I. u. II. Leipzig 1882 u. 1899. — Die Organisation der Turbellaria Acoela. 1891. — Die Turbellarien als Parasiten und Wirte. Graz 1903. — Turbellaria. Bronns Klassen u. Ordnungen des Tierreichs 4 (1904—1917). — Turbellaria. Tierreich, 23. u. 35. Liefg, 1905, 1913. — LANG, A.: Die Polycladen (Seeplanarien) des Golfes von Neapel. Fauna u. Flora Neapel 1884. — JJIMA, J.: Untersuchungen über den Bau und die Entwicklungsgeschichte der Süßwasser-Dendrocoelen. Z. Zool. 40 (1884). — DELAGE, Y.: Études histologiques sur les Planaires Rhabdocoeles Acoeles. Archives de Zool. 1886. — BÖHMIG, L.: Untersuchungen über rhabdocöle Turbellarien. Z. Zool. 43 (1886); 51 (1890). — VEJDOVSKÝ, F.: Zur vergleichenden Anatomie der Turbellarien. Ebenda 60 (1895). — WILSON, E. B.: Considerations on cell-lineage and ancestral reminiscence etc. Ann. Acad. Sci. New York 11 (1898). — BRESSLAU, E.: Beiträge zur Entwicklungsgeschichte der Turbellarien. Z. Zool. 76 (1904). — MATTIESEN, E.: Ein Beitrag zur Embryologie der Süßwasserdendrocoelen. Ebenda 77 (1904). — LUTHER, A.: Die Eumesostominen. Ebenda 77 (1904). — v. HOFSTEN, N.: Studien über Turbellarien aus dem Berner Oberland. Ebenda 85 (1907). — Eischale und Dotterzellen bei Turbellarien und Trematoden. Zool. Anz. 1912. — SURFACE, F. M.: The early development of a Polyclad, *Planocera inquilina*. Proc. Acad. natur. Sci. Philadelphia 1907. — WILHELMI, J.: Tricladen. Fauna u. Flora Neapel 32 (1909). — MERTON, H.: Beiträge zur Anatomie und Histologie von *Temnocephala*. Abh. Senckenberg. naturforsch. Ges. 35 (1914). — WESTBLAD, E.: Zur Physiologie der Turbellarien. Fysiogr. Sällsk. Handl. Lund 33 (1923). — STEINBÖCK, O.: Untersuchungen über die Geschlechtstrakt-Darmverbindung bei Turbellarien. Z. Biol. 2 (1924). — Vgl. ferner die Arbeiten von MOSELEY, STIMPSON, SELENKA, WOODWORTH, FR. v. WAGNER, CHICHKOFF, PEREYASLAWZEWA, METSCHNIKOFF, BERGENDAL, UDE, LAIDLAW, WACKE, GOETTE, MEIXNER, FULIŃSKI, BOCK, HASWELL, REISINGER u. a.

(*Polycladen*) etwas weiter nach hinten gelagert erscheint. Dasselbe entsendet nach vorn zahlreiche Nerven, nach hinten häufig sechs Längsnervenstämme, zwei stärkere ventrale, ferner zwei schwächere dorsale und laterale. Zwischen den Nervenstämmen treten meist Querkommissuren auf, sowie auch zuweilen ein reicher peripherer Nervenplexus zur Ausbildung kommt. Bei den *Acölen* sind bis sechs Paare von Längsnervenstämmen vorhanden, bei *Rhabdocölen* dagegen ist meist nur ein ventrales Paar von Längsnervenstämmen mit wenigen (oft nur einer) Kommissuren beobachtet (Abb. 444).

Von Sinnesorganen sind bei den Turbellarien Augen (Abb. 192b) verbreitet, die in paariger Anordnung dem Gehirnganglion aufliegen; weiter kommen aber Augen zuweilen in großer Zahl besonders am vorderen Körperrande vor. Ein unpaares statisches Sinnesorgan findet sich in Form einer einfachen, einen Statolithen führenden Blase dem Cerebralganglion anliegend bei *Acölen* und *Monocelididen*. Tastorgane sind allgemein verbreitet und in Form größerer Haare und Borsten vornehmlich am Körperrande zu finden; zuweilen sind auch Tentakel vorhanden. Ein eigentümliches Tastorgan stellt der bei gewissen Rhabdocölen (*Gyratricidae, Polycystididae*) am vorderen Körperende auftretende einstülpbare Tastrüssel dar. Auch (*Microstomiden, Prorhynchus, Monocelis, Bipalium*) kommen seitliche, als Spürorgane gedeutete Wimpergrübchen in der Höhe des Gehirns vor.

Mund und Darmkanal sind überall vorhanden. Der Mund liegt stets an der Bauchseite, entweder in der Mitte

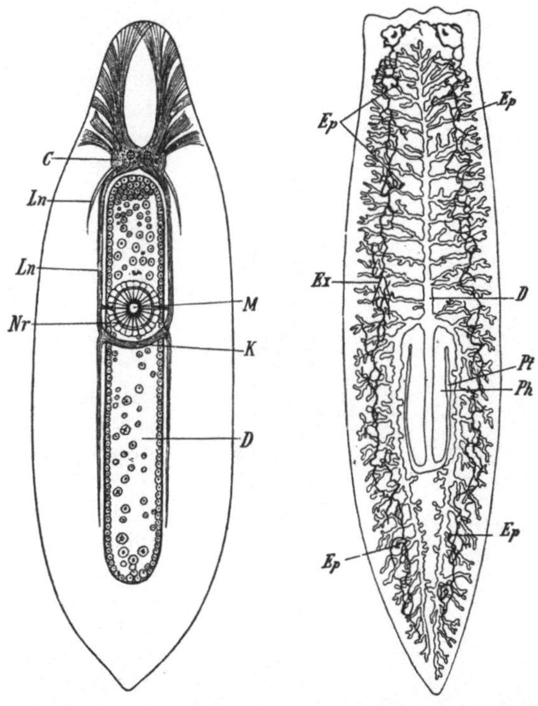

Abb. 444. *Mesostoma ehrenbergi*, Ventralansicht. (Nach v. GRAFF, kombiniert.) 6/1. *C* Cerebralganglion mit zwei Augenflecken, *Ln* Längsnervenstämme, *K* Quercommissur, *Nr* Pharyngealnervenring, *M* Mund, *D* Darm.

Abb. 445. *Dendrocoelum lacteum*. (Nach JJIMA.) *Ph* Pharynx, *Pt* Pharyngealtasche, *D* Darm, *Ex* Excretionsorgane, *Ep* äußere Öffnungen derselben. Etwa 3/1

oder er ist nach der hinteren, zuweilen an die vordere Körperhälfte gerückt. Er führt, mit Ausnahme einiger *Acoela*, in einen Schlund, welcher bei den meisten *Rhabdocölen* ein einfaches Rohr bleibt; in der Regel hat sich aber aus demselben ein vorstreckbarer, muskulöser Schlundkopf (*Pharynx*) differenziert, der von einer Pharyngealtasche umgeben wird. Der blindgeschlossene Mitteldarm ist röhrenförmig (*Rhabdocoela*) (Abb. 444), gelappt (*Alloeocoela*) oder verästelt; im letzteren Falle teilt er sich entweder in drei, einen vorderen und zwei hintere, mit Seitenzweigen versehene Hauptäste (*Tricladidea*) (Abb. 445) oder gibt außer einem unpaaren vorderen zahlreiche paarige, sich gegen den Körperrand verzweigende Äste ab (*Polycladidea*) (Abb. 450), die auch miteinander anastomosieren können und bei manchen Formen Öffnungen nach außen besitzen; bei *Leptoteredra maculata* mündet der Hauptdarm an seinem

Hinterende nach außen. Bei den *Acoela* wird der Mitteldarm durch ein aus einer centralen Zellmasse gebildetes Innenparenchym repräsentiert.

Das Excretionssystem (Wassergefäßsystem) besteht aus zwei (bei *Catenuliden* nur einem) in den Seiten des Körpers verlaufenden, an der Innenwand mit einzelnen Geißeln ausgestatteten verästelten Kanälen, die entweder vorn oder hinten meist durch paarige Öffnungen nach außen, bei *Mesostomen* in die Pharyngealtasche münden. Bei den *Tricladen* treten im Verlaufe der Nephridien mehrere an der Dorsalseite des Körpers gelegene Öffnungen auf (Abb. 445). An den Innenenden der Excretionskanäle finden sich geschlossene Wimperkölbchen. Bei *Acölen* wurde das Excretionssystem vermißt.

Die Turbellarien sind mit seltenen Ausnahmen (*Sabussowia dioica, Cercyra teissieri*) Zwitter. Die männlichen Geschlechtsorgane (Abb. 243 und 446) bestehen aus Hoden, welche als paarige Schläuche in den Seiten des Körpers liegen oder in zahlreiche kugelige Bläschen aufgelöst sind; die Ductus deferentes weisen eine Samenblase auf und münden in ein ausstülpbares, häufig mit Chitinteilen besetztes Begattungsorgan mit Drüse. Den meisten *Acölen* und einigen *Alloeocoela* fehlen Ductus deferentes. Die weibliche Genitaldrüse besteht entweder aus meist paarigen Schläuchen oder ist in zahlreiche, in den Seiten des Körpers gelegene Ovarialbläschen aufgelöst. In der Regel ist dieselbe in einen paarigen oder unpaaren Keimstock (Germarium) und einen paarigen verzweigten Dotterstock (Vitellarium) getrennt (*Tricladen*, meiste *Rhabdocoela* und *Alloeocoela*); seltener ist eine solche Arbeitsteilung nicht vorhanden (fast alle *Acoela*, einige *Rhabdocoela*, die *Polycladidea*). Eine Übergangsform bildet der bei einigen *Rhabdocölen* und *Alloeocölen* sich findende Keimdotterstock (Germovitellarium), welcher in einem Teile die Eizellen, in einem anderen Dotterzellen produziert. Die Oviducte führen in einen einfachen Eiergang mit Vagina und sogenannter Schalendrüse, dazu tritt Receptaculum seminis sowie häufig ein besonders ausmündender, vom Atrium genitale aus gebildeter Uterus und oft eine Bursa copulatrix.

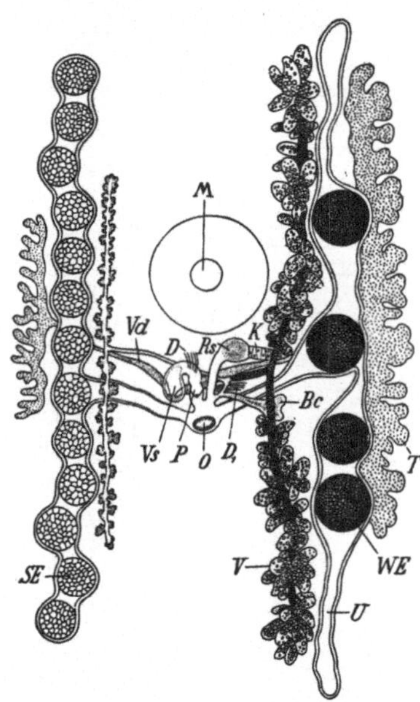

Abb. 446. Genitalapparat von *Mesostoma ehrenbergi*. (Aus v. GRAFF.) Hoden, Dotterstöcke, Uterus links in Sommer-, rechts in Wintertracht. *Bc* Bursa copulatrix, *D* Ausführungsgänge der Körnerdrüsen, *D₁* der Schalendrüsen, *K* Keimstock, *M* Mund, *O* Genitalöffnung, *P* Penis, *Rs* Receptaculum seminis, *SE* Sommereier, *T* Hoden, *U* Uterus, *V* Dotterstock, *Vd* Ductus deferens, *Vs* Vesicula seminalis, *WE* Wintereier.

Zwischen Bursa copulatrix und Receptaculum seminis besteht bei vielen *Rhabdocölen* und *Alloeocölen* ein besonderer Kanal (Ductus spermaticus), bei einigen Turbellarien ein vom Oviduct zur Haut verlaufender besonderer Kanal (Ductus vaginalis), vergleichbar dem LAURERschen Kanal der Trematoden.

Den Acölen und einigen *Rhabdocölen* (*Catenulidae, Fecampia*) und *Alloeocölen* (*Hofstenia*) fehlt der Oviduct. Die Eier gelangen hier durch Ruptur in den Darm bzw. in das Parenchym und durch den Mund oder auch durch eine Geschlechtsöffnung (manche *Acoela*) nach außen. Bei einer Anzahl von Turbellarien besteht ein Verbindungsgang (Ductus genito-intestinalis) zwischen Darm und weiblichem Genitaltrakt. Das männliche Begattungsorgan und die Vagina münden an der Ventralseite meist in ein gemeinsames Atrium, seltener getrennt (meiste

Polycladen, einige *Rhabdocoela* und *Alloeocoela, Convolutidae).* Mehrere männliche und weibliche Begattungsapparate finden sich bei manchen *Polycladen* vor.

Die Begattung ist eine wechselseitige. Begattung durch Einstich des bewaffneten Copulationsorganes an beliebiger Körperstelle eines anderen Individuums kommt bei *Polycladen* und vielen *Acölen* vor. Parthenogenese findet sich bei *Bothrioplana semperi,* bei *Rhynchoscolex,* vielleicht bei einigen *Stenostomum.*

Die Eier werden in Kokons oder in einem flachen Laich, zuweilen einzeln und dann von einer harten, meist rotbraun gefärbten Schale umhüllt abgelegt. Bei *Mesostomen* werden außer hartschaligen *Dauer-* oder *Wintereiern* auch durchsichtige Eier mit dünnen farblosen Hüllen (*Subitaneier, Sommereier*) gebildet, welche sich im mütterlichen Körper entwickeln (vgl. Abb. 446). Bei *Mesostoma ehrenbergi* liefern die überwinterten Dauereier Tiere, die stets zuerst Subitaneier (Sommereier), wobei Selbstbefruchtung stattfindet, und nach einiger Zeit dann Dauereier produzieren. Die aus den Subitaneiern der ersten Generation (Wintertiere) hervorgehenden Jungen erzeugen meist nur Dauereier, teilweise gehen sie aber erst nach Produktion von Sommereiern zur Dauereibildung über. So können mehrere Generationen im Laufe des Sommers folgen, bis die Herbsttiere dann nur Dauereier bilden.

Die Turbellarien besitzen ein großes Regenerationsvermögen. Mit demselben hängt die ungeschlechtliche Fortpflanzung zusammen, die sich bei einigen *Tricladen, Catenuliden* und *Microstomiden* als Querteilung vollzieht. Bei *Microstomum lineare* bildet sich an jugendlichen Individuen im hinteren Körperteile zunächst zwischen Haut und Darm ein queres Doppelseptum, hinter welchem Neubildungen, so Gehirn nebst Schlundring und Pharynx auftreten. Später schnürt sich der Leib und Darm zwischen den auseinanderrückenden Septen ringförmig ein. Bevor jedoch die Trennung beider Stücke erfolgt, bildet sich im hinteren Abschnitt eines jeden derselben der Vorderkörper eines neuen Tieres, so daß eine Kette von vier Individuen vorhanden ist, die durch fortgesetzte Wiederholung der gleichen Vorgänge zu einem Wurmstöckchen von 8, ja 16 Individuen wird, bevor die Trennung der letzteren eintritt (Abb. 447). Hier scheint Metagenese zu bestehen, indem die geschlechtliche Fortpflanzung erst bei den ungeschlechtlich erzeugten Individuen erfolgt.

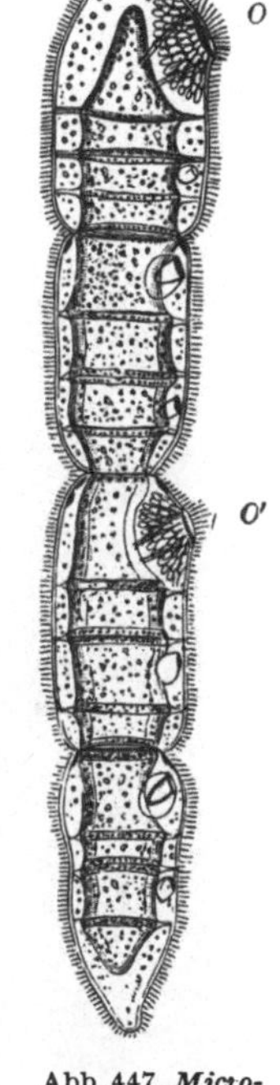

Abb. 447. *Microstomum lineare.* (Nach v. GRAFF.) $^{12}/_1$. Eine durch Teilung entstandene Kette. *O, O'* Mundöffnungen.

Die Entwicklung der Turbellarien erfolgt in der Regel direkt, nur bei einigen *Polycladen* durch Metamorphose. Das Ei der Polycladen durchläuft eine inäquale Furchung, in deren Verlauf die den animalen Pol einnehmenden kleineren Zellen die unteren größeren Zellen bis auf eine kleine Öffnung (Stelle des definitiven Mundes) umwachsen. Erstere bilden das Ectoderm, welches auch den Schlund und das Gehirn liefert, letztere das Entoderm, aus dem der Mitteldarm hervorgeht. Das auf das Ectoderm zurückführende larvale Mesoderm wird frühzeitig durch vier Zellen angelegt. Es liefert nur Mesodermbildungen des Pharynx, während die Anlage des übrigen Mesoderms durch zwei Urmesodermzellen, welche paarige Mesodermstreifen produzieren, erfolgt. Die mittels Metamorphose sich entwickelnden Turbellarien schlüpfen in Form der sogenannten MÜLLERschen Larve aus, die durch den Besitz von acht am Rande mit stärkeren Wimpern besetzten Lappen ausgezeichnet ist (Abb. 448). Die kleinen Eier der *Tricladen* entwickeln sich unter Aufnahme der zahlreichen Dotterzellen, welche dem Ei apponiert sind. Der Embryo schluckt mittels eines embryonalen Pharynx Dotterzellen und schwillt infolgedessen bedeutend an; sodann wird der Embryonalpharynx rückgebildet und durch den an gleicher Stelle entstehenden definitiven Schlund ersetzt. Zu dieser Zeit tritt auch die Abplattung des Körpers ein.

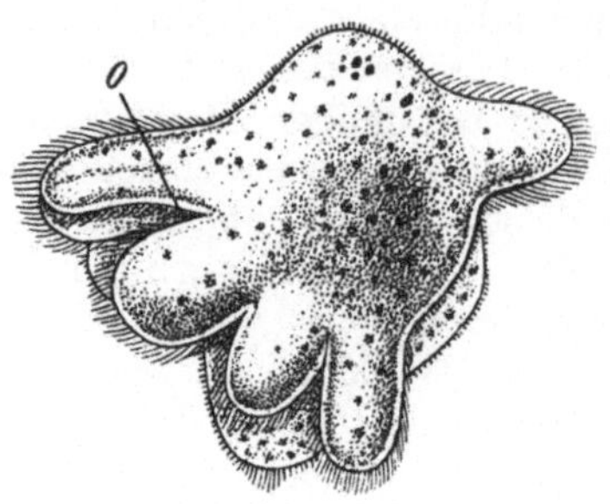

Abb. 448. MÜLLERsche Larve eines Polycladen (*Yungia aurantiaca*). *O* Mund. (Nach LANG.) Etwa ⁴⁵/₁

Die Turbellarien leben von kleinen Würmern, Krebsen und Insektenlarven, die sie mit ihrem fadenziehenden, von Rhabditen durchsetzten Secrete umspinnen, manche parasitisch. Das Hautsecret der Landplanarien dient auch zum Herablassen von Zweigen. Viele Formen haben die Fähigkeit, sich zu encystieren, als Schutz gegen Trockenheit oder (Landplanarien) gegen Überschwemmungsgefahr.

1. Unterordnung. *Acoela*. Marine Turbellarien von geringer Größe. Darm durch eine zentrale verdauende Zellmasse repräsentiert. Schlund fehlt oder ist eine einfache Hauteinsenkung.

Fam. *Proporidae*. Mit einer Geschlechtsöffnung. *Proporus venenosus* O. SCHM. (Abb. 449). *Haplodiscus* WELDON. Körper platt, scheibenförmig. Pelagisch lebend. Atlant. Ozean, Mittelmeer.

Fam. *Convolutidae*. Mit zwei Geschlechtsöffnungen. *Aphanostoma diversicolor* OERST., *Convoluta convoluta* ABILDG. (*paradoxa* OERST.). Mittelmeer, Nordsee. *C. roscoffensis* GRAFF. Roscoff.

2. Unterordnung. *Rhabdocoela*. Turbellarien mit röhrenförmigem Darm.

Fam. *Catenulidae*. Mund am Vorderende des Darmes. Pharynx einfach. Ein einfacher Exkretionsstamm. Meist mit ungeschlechtlicher Fortpflanzung. *Catenula lemnae* DUG. Bildet Ketten von meist 2—4 Individuen. Süßwasser, Europa. *Stenostomum leucops* DUG. Süßwasser, Europa, Nordamerika. *Rhynchoscolex simplex* LEIDY. Nordamerika, Steiermark.

Fam. *Microstomidae*. Mund nahe dem Vorderende, Pharynx einfach. Hauptstämme des Excretionssystems paarig. Teilweise mit ungeschlechtlicher Fortpflanzung. *Alaurina composita* METSCHN. Planktonisch. Nordatlant. Ozean. *Microstomum lineare* MÜLL. Süßwasser, Europa, Nordamerika (Abb. 447). Beide mit ungeschlechtlicher Fortpflanzung. *Macrostomum appendiculatum* O. FABR. Ohne ungeschlechtliche Fortpflanzung. Im Süßwasser und marin. Europa, Asien.

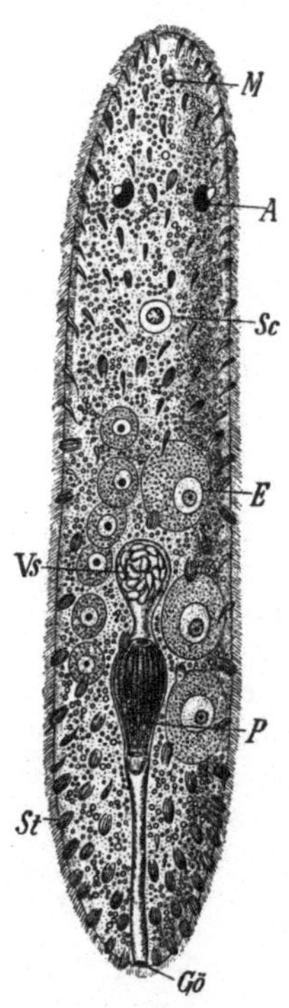

Abb. 449. *Proporus venenosus*. (Nach v. GRAFF.) Etwa ⁰⁰/₁. *M* Mund (etwas nach hinten verschoben), *A* Auge, *Sc* Statocyste, *E* Ei, *Vs* Vesicula seminalis, *P* Penis, *St* Rhabditenpakete, *Gö* Genitalöffnung.

Fam. *Dalyelliidae*. Lage des Mundes wechselnd. Pharynx meist tonnenförmig. Genitalöffnung einfach. *Dalyellia* (*Vortex*) *viridis* G. SHAW. *Phaenocora* (*Derostoma*) *unipunctata* OERST. *Opistomum pallidum* O. SCHM. Mund im letzten Körperdritteile. Alle im Süßwasser, Europa. Hier schließen sich an *Graffilla muricicola* IHRG. Parasit in der Niere von *Murex trunculus* und *M. brandaris*. Mittelmeer. *Genostoma tergestinum* CALANDR. Mund am Hinterende des Körpers. Körper nur an der Ventralseite bewimpert, vorn mit Saugscheibe. Parasitisch auf *Nebalia*. Mittelmeer.

Hier schließt sich wahrscheinlich an die Fam. *Temnocephalidae*. Körper breit, unbewimpert, am Hinterende mit bauchständigem Saugnapf, am Vorderende mit in der Regel fünf fingerförmigen Tentakeln. Leben in Biocönose auf Krebsen und Schildkröten tropischer und subtropischer Süßwässer. *Temnocephala chilensis* BLANCH. Auf *Aeglea laevis*. Chile. *Scutariella didactyla* MRÁZEK, auf *Atyaëphyra desmaresti*. Montenegro. *Caridinicola indica* ANNANDALE, auf *Caridina simoni*. Kandy.

Fam. *Typhloplanidae*. Mit rosettenförmigem Pharynx, von der Ventralfläche des Darmes entspringend. Nur eine Genitalöffnung. *Mesostoma ehrenbergi* FOCKE. Süßwasser,

Europa, Asien, Nordamerika (Abb. 444). *Typhloplana viridata* ABILDG. Süßwasser, Mittel-
und Nordeuropa, Nordamerika. *Castrada intermedia* VOLZ. Finn. Meerbusen. Süßwasser,
Nord- und Mitteleuropa.

Fam. *Polycystididae*. Mit Tastrüssel. Pharynx rosettenförmig. Mit einer Genital-
öffnung. *Acrorhynchus caledonicus* CLAP. Nordsee. *Polycystis (Macrorhynchus) naegelii*
KÖLL. Atlant. Ozean, Mittelmeer. *Phonorhynchus helgolandicus* METSCHN. Nordatlant.
Ozean, Adria.

Fam. *Gyratricidae*. Mit Tastrüssel. Pharynx rosettenförmig. Mit zwei Genitalöffnungen. *Gyratrix hermaphroditus* EHRBG. Süßwasser, Europa, Asien, Nordamerika und Atlant.
Ozean.

Hier schließt sich an die Fam. der *Fecampiidae* mit der Gattung *Fecampia* GIARD. Sind
in der Jugend freilebend, bilden im geschlechtsreifen Zustand, in der Leibeshöhle mariner
Crustaceen schmarotzend, Mund und Darm
zurück. Nordatlant. Oz.

3. **Unterordnung.** *Alloeocoela*. Turbellarien mit meist schwach gelapptem
sackförmigen oder in der Mitte in zwei
Schenkel gespaltenem Darm.

Fam. *Plagiostomidae*. Meist kleine drehrunde Formen mit verschmälertem Hinterende. Darm ohne seitliche Divertikel. Mit
einer Geschlechtsöffnung. *Plagiostomum vitta-
tum* LEUCK. Nordatlant. Ozean. Hier schließt
sich an *Pseudostomum (Cylindrostoma) kloster-
manni* GRAFF, Mittelmeer, Nordatlant. Ozean.

Fam. *Prorhynchidae*. Mund am Vorderende. Wimpergrübchen vorhanden. Pharynx
zylindrisch. Darm mit seitlichen Divertikeln
und ein bis zwei vorderen Blindsäcken.
Ductus genito-intestinalis vorhanden. Genitalöffnungen getrennt, die Penistasche mündet in das Mundrohr. *Prorhynchus stagnalis*
M. SCHULTZE. Im Süßwasser. Europa, Asien,
Nordamerika. Hier schließt sich an *Hofstenia
atroviridis* BOCK, MISAKI.

Fam. *Monocelididae*. Langgestreckte
platte Formen mit verbreitertem Hinterende.
Darm mit seitlichen Divertikeln. Mit zwei
Geschlechtsöffnungen. Statocyste vorhanden.
Monocelis lineata MÜLL. Europ. Meere. *M.
fusca* OERST. Nordatlant. Ozean. *Otomeso-
stoma auditivum* PLESS. Süßwasser, Europa.

Fam. *Bothrioplanidae*. Der schwach gelappte Darm in der Mitte in zwei Schenkel
gespalten. Genitalöffnung einfach. *Bothrioplana semperi* M. BRN. In einem Brunnen,
Dorpat. *Euporobothria bohemica* VEJD. Süßwasser, Europa.

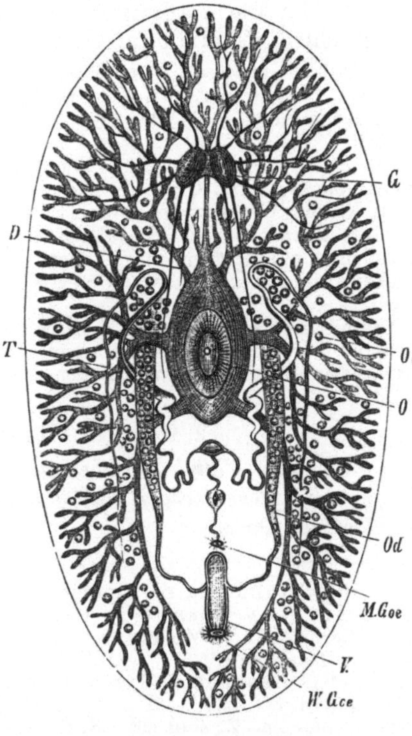

Abb. 450. Anatomie von *Stylochoplana* (*Leptoplana*)
pallida. (Nach QUATREFAGES.) Etwa ³/₁. *D* Darm,
G Gehirnganglion, *O* Mund, *Ov* Ovarien, *Od* Oviduct,
T Ductus deferens, *V* Vagina, *M Goe* männliche, *WGoe*
weibliche Geschlechtsöffnung.

4. **Unterordnung.** *Tricladidea*. Langgestreckte platte Turbellarien mit zwei
Keim- und Dotterstöcken und zahlreichen Hoden. Geschlechtsöffnung einfach.
Der Darm besteht aus einem vorderen und zwei hinteren Schenkeln mit Neben-
ästen.

Fam. *Planariidae*. Der langgestreckt-ovale und abgeflachte Körper vorn oft mit seitlichen lappenförmigen Fortsätzen, in der Regel mit zwei Augen. *Planaria torva* MÜLL., ohne
tentakelartige Fortsätze. Süßwasser, Europa, Ostsee. *P. gonocephala* DUG. Mitteleuropa.
P. alpina DANA. In kalten Wässern der mitteleurop. Gebirge und im Norden. *P. monte-
nigrina* MRÁZEK. Polypharyngeal, mit bis 30 Pharyngen. Bulgarien, Montenegro. *Phagocata
gracilis* LEIDY. Polypharyngeal. Nordamerika. *Dendrocoelum lacteum* MÜLL., mit tentakelartigen Fortsätzen (Abb. 445). *Polycelis nigra* MÜLL., mit zahlreichen randständigen
Augen. Süßwasser, Europa, Ostsee. *Procerodes lobata* O. SCHM. (*Gunda segmentata* LANG).
Messina, Schwarzes Meer. Hier schließen sich an *Sabussowia dioica* CLAP. Getrenntgeschlechtlich. Triest. *Cercyra teissieri* STEINMANN. Getrenntgeschlechtlich. Roscoff.

Fam. *Geoplanidae*. Landplanarien von meist gestrecktem Körper mit breiter Kriechsohle oder mit schmaler Kriechleiste, mit zahlreichen Augen, selten augenlos. Vorderende des Körpers von einer Sinneskante eingesäumt. *Geoplana rufiventris* FR. MÜLL. Brasilien.

Fam. *Bipaliidae*. Landplanarien, deren gestreckter Körper am Vorderende zu einer queren, mit einer Sinneskante und zahlreichen Augen besetzten Kopfplatte verbreitert ist und eine Kriechleiste besitzt. *Bipalium marginatum* LOMAN, *Placocephalus javanus* LOMAN. Java.

Fam. *Rhynchodemidae*. Landplanarien mit zwei Augen, häufig mit Kriechsohle oder Kriechleiste. *Rhynchodemus terrestris* MÜLL. West- und Mitteleuropa. *Rh. bilineatus* METSCHN. In Glashäusern in Europa beobachtet.

5. Unterordnung. *Polycladidea*. Turbellarien von meist ansehnlicher Größe, mit blattförmigem, gewöhnlich sehr breitem Körper. Augen in großer Zahl vorhanden. Der Darm allseitig in zahlreiche verzweigte Äste ausgehend. Dotterstöcke fehlen. Genitalöffnungen meist getrennt. Meeresbewohner.

1. Tribus. *Acotylea*. Ohne Saugnapf.

Fam. *Planoceridae*. Mit Nackententakeln. *Planocera folium* GR. Nordsee, Mittelmeer. *P. pellucida* MERT. Lebt pelagisch. Atlant. u. Still. Ozean. *Stylochus neapolitanus* CHIAJE. Neapel.

Fam. *Leptoplanidae*. Ohne Tentakeln. *Leptoplana tremellaris* MÜLL. Europ. Meere. *Stylochoplana pallida* QTRF. Mittelmeer (Abb. 450).

2. Tribus. *Cotylea*. Mit bauchständigem Saugnapf.

Fam. *Pseudoceridae*. Mit faltenförmigen Randtentakeln. Zahlreiche Darmastwurzeln; zuweilen mit doppeltem männlichen Begattungsapparat. *Thysanozoon brocchii* GR. mit Rückenzotten, in welche Darmdivertikel eintreten. *Pseudoceros velutinus* BLANCH. Mittelmeer.

Fam. *Euryleptidae*. Ohne oder mit zipfelförmigen Randtentakeln. Mund nahe dem vorderen Körperende. *Prostheceraeus vittatus* MONT., *Eurylepta cornuta* EHRBG., *Oligocladus sanguinolentus* QTRF. Europ. Meere. *Leptoteredra maculata* HALLEZ. Antarktis.

2. Ordnung. Trematodes, Saugwürmer[1].

Parasitische Platyhelminthen von meist blattförmigem, selten walzenförmigem Körper mit bauchständigen Haftorganen, mit in der Regel gabelig gespaltenem blindgeschlossenen Darm.

---

[1] Außer RUDOLPHI, DE FILIPPI, MOULINIÉ, DIESING, PAGENSTECHER, DE LA VALETTE ST. GEORGE vgl. v. NORDMANN, A.: Mikrographische Beiträge zur Kenntnis der wirbellosen Tiere. Berlin 1832. — WAGENER, G.: Beiträge zur Entwicklungsgeschichte der Eingeweidewürmer. Haarlem 1857. — VAN BENEDEN, P. J.: Mémoire sur les vers intestinaux. Paris 1861. — VAN BENEDEN et HESSE: Recherches sur les Bdelloides ou Hirudinées et les Trématodes marins. 1863. — ZELLER, E.: Untersuchungen über die Entwicklung von *Diplozoum paradoxum*. Z. Zool. **22** (1872). — Weiterer Beitrag zur Kenntnis der Polystomeen. Ebenda **27** (1876). — SOMMER, F.: Die Anatomie des Leberegels. Ebenda **34** (1880). — TASCHENBERG, O.: Beiträge zur Kenntnis ectoparasitischer mariner Trematoden. Abh. naturforsch. Ges. Halle 1879. — LEUCKART, R.: Zur Entwicklungsgeschichte des Leberegels. Arch. Naturgesch. 1882. — Die Parasiten des Menschen, 2. Aufl. Leipzig 1879—1901. — THOMAS, A. P.: The life history of the liver-fluke. Quart. J. microsc. Sci. **1883**. — SCHAUINSLAND, H.: Beitrag zur Kenntnis der embryonalen Entwicklung der Trematoden. Jena. Z. Naturwiss. **16** (1883). — HECKERT, H.: *Leucochloridium paradoxum* usw. Bibliotheca zoologica **4** (1889). — GOTO, S.: Studies on the Ectoparasitic Trematodes of Japan. J. Coll. Sci. Univ. Japan 8 (1894). — LOOSS, A.: Über *Amphistomum subclavatum* RUD. und seine Entwicklung. Festschrift für LEUCKART 1892. — Die Distomen unserer Fische und Frösche. Bibliotheca zoologica **16** (1894). — Recherches sur la Faune parasitaire de l'Egypte. Kairo 1896. — Weitere Beiträge zur Kenntnis der Trematodenfauna Ägyptens usw. Zool. Jb. **12** (1899). — BLOCHMANN, F.: Die Epithelfrage bei Cestoden und Trematoden. Hamburg 1896. — BETTENDORF, H.: Über Muskulatur und Sinneszellen der Trematoden. Zool. Jb. **10** (1897). — CERFONTAINE, P.: Contribution à l'étude des Octocotylidés. Arch. Biol. **16** (1900). — HALKIN, H.: Recherches sur la maturation, la fécondation et le développement du *Polystomum integerrimum*. Archives de Biol. 18 (1910). — BRAUN, M.: Vermes. Bronns Klass. u. Ordn. Tierreich 1879—1893. — Die tierischen Parasiten des Menschen, 6. Aufl. Leipzig 1925. — KATHARINER, L.: Über die Entwicklung von *Gyrodactylus elegans*. Zool. Jb., Suppl. 7 (1905). — ODHNER, T.: Zur Anatomie der Didymozoen usw. Zool. Studier.

Die Trematoden sind von Turbellarien abzuleiten. Die Wimperbekleidung ist nur im Larvenleben erhalten; dagegen erscheinen im Zusammenhang mit der parasitischen Lebensweise Haftorgane in Form von aus Differenzierungen der Hautmuskulatur hervorgegangenen Sauggruben und als Klammerhaken ausgebildet, deren Zahl, Form und Anordnung sehr zahlreiche Modifikationen bietet. Im allgemeinen richtet sich die Größe und Ausbildung der Haftorgane nach der endoparasitischen oder ectoparasitischen Lebensweise. Die Bewohner innerer Organe (*Digenea*) besitzen meistens außer dem Mundsaugnapf einen zweiten größeren Saugnapf auf der Bauchfläche, bald in der Nähe des Mundes (*Fasciolidae*) (Abb. 452), bald an dem entgegengesetzten Körperpol (*Paramphistomidae*). Indessen kann dieser größere Saugnapf, desgleichen der Mundsaugnapf, auch fehlen (*Cyclocoelum*). Die ectoparasitischen *Monogenea* zeichnen sich dagegen durch eine reichere Bewaffnung aus, indem sie außer zwei kleineren Saugnäpfen zu den Seiten des Mundes am hinteren Körperende eine große Haftscheibe mit sekundären Haftgruben oder zahlreiche kleine Saugnäpfe besitzen, die überdies noch durch Chitinstäbe gestützt sein können. Ferner kommen oft Chitinhaken, besonders häufig zwei größere Haken an der hinteren Haftscheibe hinzu (Abb. 460).

Die zuweilen Stachelchen oder Schüppchen tragende Körperbedeckung der Trematoden wird von einer Cuticula gebildet; die Zellen des sie abscheidenden Hautepithels sind in das darunterliegende bindegewebige Parenchym versenkt und stehen bloß durch Fortsätze mit der Cuticula in Verbindung (vgl. Abb. 468). Sehr verbreitet sind Hautdrüsen, die bei den Jugendformen Cystenbildung ermöglichen.

Die Mundöffnung liegt, die *Gasterostomata* ausgenommen, am Vorderende, sehr häufig im Grunde eines kleinen Saugnapfes. Sie führt in einen muskulösen

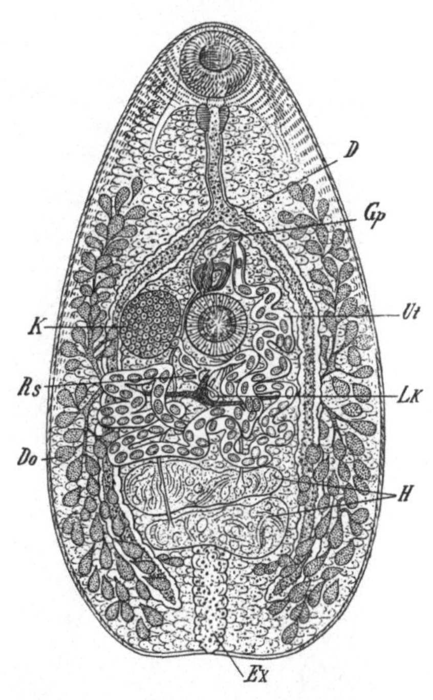

Abb. 451. *Opisthioglyphe ranae* (*Distomum endolobum*). (Nach Looss.) $^{50}/_1$. *D* Darm, *Ex* Excretionsblase, *Gp* Genitalporus, *K* Keimstock, *Ut* Uterus, *Lk* Laurerscher Kanal, *Do* Dotterstock, *H* Hoden, *Rs* Receptaculum seminis.

Pharynx, dem der Oesophagus folgt; letzterer setzt sich in den in der Regel gabelig geteilten (Abb. 451), blindgeschlossenen Mitteldarm fort, dessen Schenkel verästelt (Abb. 121) und durch Commissuren (Abb. 460) verbunden sein können. Bei einer Anzahl *Digenea* besitzt der Darm eine hintere Öffnung, die in die Excretionsblase oder neben derselben mündet. Bei *Paramphistomidae* und *Angiodictyidae* findet sich ein in sich geschlossenes System von contractilen, in der Umgebung

Uppsala 1907. — Zum natürlichen System der digenen Trematoden. I.—VI. Zool. Anz. **1911—1913.** — Die Homologien der weiblichen Genitalwege bei den Trematoden und Cestoden. Ebenda **1912.** — Ortmann, W.: Zur Embryonalentwicklung des Leberegels (*Fasciola hepatica*). Zool. Jb. **26** (1908). — Zailer, O.: Zur Kenntnis der Anatomie der Muskulatur und des Nervensystems der Trematoden. Zool. Anz. **1914.** — Szidat, L.: Beiträge zur Kenntnis der Gattung *Strigea*. Z. Parasitenkde 1 (1929). — Vgl. ferner die Schriften von Linstow, Gaffron, Ercolani, v. Lorenz, Wierzejski, E. Rossbach, Monticelli, Ssinitzin, Reuss, Schubmann, Kossack, Cort, Stunkard, Lühe, Ozaki u. a.

des Darmes längsverlaufenden, im Vorderkörper verzweigten Schläuchen (Lymphgefäßsystem Looss).

Der *Excretionsapparat* (Abb. 144) besteht aus zwei seitlichen, reich verzweigten
und mit zahlreichen terminalen Wimperkölbchen ausgestatteten Längskanälen,
die mittels unpaarer contractiler Blase am hinteren Körperende (*Digenea*) oder
durch paarige dorsale Poren nahe dem vorderen Körperende (*Monogenea*) ausmünden.

Am *Nervensystem* (Abb. 452) unterscheidet man ein dorsal vom Oesophagus
gelegenes Cerebralganglion; von ihm gehen außer vorderen Nerven sechs nach
hinten den Körper durch-
ziehende, mittels Quer-
commissuren verbundene
Längsnervenstämme ab,
unter denen das ventrale
Paar das stärkste ist. Dazu
tritt ein peripherer Nervenplexus. *Augen* kommen
zuweilen bei freien Larven
und bei den *Monogenea* vor.
Ferner sind über den gan-
zen Körper verbreitet, in
größter Menge aber in den
Saugnäpfen Sinneszellen
beobachtet, die in der Körpercuticula mit Endbläs-
chen endigen (vgl. Ab-
bild. 468).

Die Trematoden sind
mit seltener Ausnahme
Zwitter. Trennung des Ge-
schlechtes besteht bei den
paarweise vereinten *Schisto-*
somidae (Abb. 465) sowie
bei *Wedlia*, hier mit rudimentärem Hermaphrodi-
tismus.

In der Regel liegen
männliche und weibliche
Genitalöffnung nicht weit
von der Mittellinie der

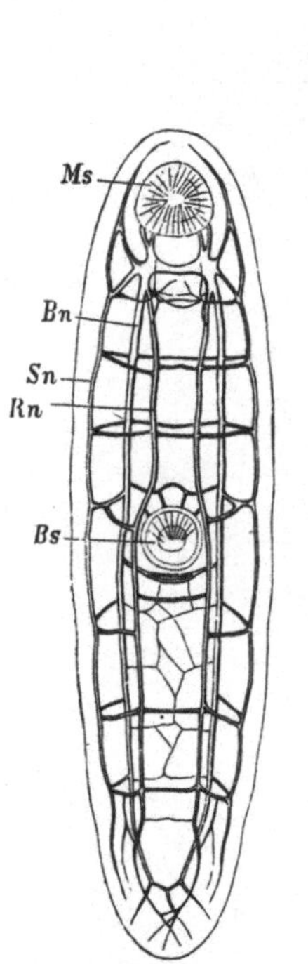

Abb. 452. Nervensystem
von *Distomum isostomum*.
(Nach E. GAFFRON.)
Ms Mundsaugnapf, *Bs*
Bauchsaugnapf, *Sn* Sei-
ten-, *Rn* Rücken-,
Bn Bauchnervenstamm.

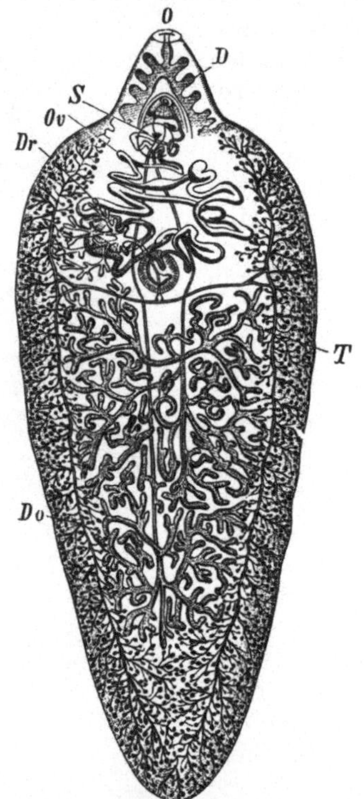

Abb. 453. *Fasciola* (*Distomum*) *hepatica.*
(Nach SOMMER.) ³/₁. *O* Mund, *D* Darm-
schenkel, *S* Bauchsaugnapf, *T* Hoden,
Do Dotterstöcke, *Dr* Keimstock, *Ov*
Oviduct.

Bauchfläche neben- oder hintereinander, dem vorderen Körperende ziemlich
genähert, häufig auch am Hinterende oder lateral. Die männliche Geschlechtsöffnung (Abb. 451, 453) führt in einen das vorstülpbare Endstück (Cirrus)
des Samenleiters umschließenden Sack (Cirrusbeutel), dann folgen der doppelte Samenleiter und zwei große einfache oder mehrlappige Hoden. Die weiblichen Geschlechtsorgane bestehen aus dem Ovarium, welches in einen Keimstock
und zwei Dotterstöcke zerfällt. Der Keimstock ist rundlich oder gelappt, die
Dotterstöcke erfüllen als vielfach verzweigte Schläuche die Seitenteile des Körpers.
Die Dottergänge münden in die als Ootyp bezeichnete Erweiterung am Anfang
des geschlängelt verlaufenden Eierbehälters (Uterus). In den Ootyp führt ferner
in der Regel ein besonderer, am Rücken ausmündender Gang (LAURERscher
Kanal), der oft mit einem Receptaculum versehen ist. Er ist der Vagina der

Cestoden homolog, aber ein in Rückbildung begriffenes Organ. In manchen Fällen (z. B. *Dicrocoelium lanceatum*) findet sich das Receptaculum seminis gegenüber der Einmündungsstelle des LAURERSchen Kanales in den Eiergang (Receptaculum uterinum Looss). Die Begattung findet durch den Endabschnitt (Metraterm) des Uterus statt. Dagegen gibt es bei den *Monogenea* eine unpaare oder paarige funktionierende Vagina, die dem LAURERSchen Kanal homolog ist, oder einen sekundären paarigen Befruchtungskanal (Ductus vaginalis TH. ODHNER), der in die Dotterwege einmündet (z. B. *Polystomum*). In diesem Falle ist stets ein Canalis genito-intestinalis, eine Kommunikation zwischen weiblichen Leitungswegen und Darm vorhanden, die wahrscheinlich der Vagina bzw. dem LAURERSchen Kanal homolog ist. Selbstbefruchtung scheint sehr häufig einzutreten. In dem mit Drüsen (sogenannten Schalendrüsen) versehenen Ootyp wird das Ei gebildet, indem eine Keimzelle nach Zutritt von Spermien aus dem Receptaculum seminis mit einer Anzahl von Dotterzellen zusammentritt und darauf von einer auch von den Dotterzellen gelieferten Schale umschlossen wird (Abb. 251).

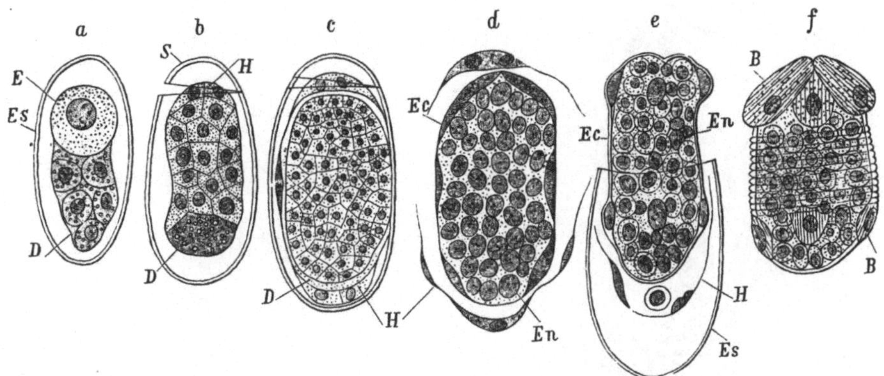

Abb. 454. Embryonalentwicklung der *Azygia* (*Distomum*) *tereticollis*. (Nach SCHAUINSLAND.) a Ungefurchtes Ei, *Es* Eischale, *E* Eizelle, *D* Dotterzellen. b Der Dotter größtenteils verbraucht zugunsten der Embryonalzellen, von denen sich am oberen Pole unterhalb des Deckels (*S*) zwei Hüllzellen (*H*) abheben. c Späteres Stadium, die Hüllmembran (*H*) umschließt den Embryo, Dotter (*D*) fast gänzlich verbraucht. d Auftreten des Außenepithels (*Ec*), dessen große Kerne sich von denen der inneren Zellmasse (*En*) abheben. e Späteres Stadium. f Embryo vor dem Ausschlüpfen, *B* Borstenplatten mit ihren Kernen.

Im Uterus häufen sich die stets gedeckelten Eier oft in großer Menge an und durchlaufen hier die ersten Stadien der Embryonalbildung. In vielen Fällen beginnt jedoch die Furchung erst nach der Eiablage. Die meisten Trematoden legen Eier ab. Die ausschlüpfenden Jungen ähneln entweder bereits dem Muttertier (*Monogenea*) oder befinden sich auf einer viel einfacheren Entwicklungsstufe. Im ersteren Falle werden große Eier am Aufenthaltsorte des Muttertieres befestigt, im letzteren gelangen die relativ kleinen Eier aus dem Wirtstier an feuchte Plätze, meist in das Wasser.

Die Eizelle der *Fascioliden* erfährt eine unregelmäßig totale Furchung (Abb. 454) und führt zur Ausbildung eines soliden Embryonalstadiums, wobei die dem Ei apponierten Dotterzellen als Nährmaterial verbraucht werden. An dem Embryo hebt sich zunächst eine zellige Hüllmembran ab, die eine Keimhülle vorstellt und bei seinem Ausschlüpfen in der Eischale zurückbleibt. Am Embryo differenziert sich nunmehr ein oberflächliches, bewimpertes oder eine Cuticula bildendes Epithel, während von der zentralen Zellmasse die peripherischen Zellen sich abflachen und epithelartig an die Innenseite des Außenepithels anlegen, andere am Kopfende zur Anlage des Darmes sich ordnen, der übrige Teil unverändert bleibt und die Keimzellen liefert.

Die postembryonale Entwicklung ist bei den *Monogenea* eine direkte oder eine Metamorphose, welche die durch Bewimperung und einfachere Organisation ausgezeichneten Larven an dem Aufenthaltsorte des Muttertieres, ausnahmsweise (*Polystomum*) an einem anderen Orte durchlaufen (Abb. 459).

Bei den *Digenea* findet sich eine mit Metamorphose verbundene Heterogonie, ausgenommen die *Aspidogastriden*, die eine einfache Metamorphose besitzen. Die aus dem befruchteten Ei hervorgegangene Larve (sogenanntes *Miracidium*) (Abb. 457a und 455) ist bewimpert und oft mit einem Augenfleck versehen, das dem Cerebralganglion aufliegt. Zwei Nephridien sind vorhanden und eine Gruppe von Keimzellen (Eizellen) nimmt den hinteren Teil des Larvenkörpers ein. Während ihrer Schwärmzeit im Wasser suchen die Larven in einen neuen Wirt zu gelangen; doch gibt es auch Fälle passiver Überführung durch Vermittlung der Nahrung. In der Regel ist es eine Wasserschnecke, in deren Inneres die Miracidien

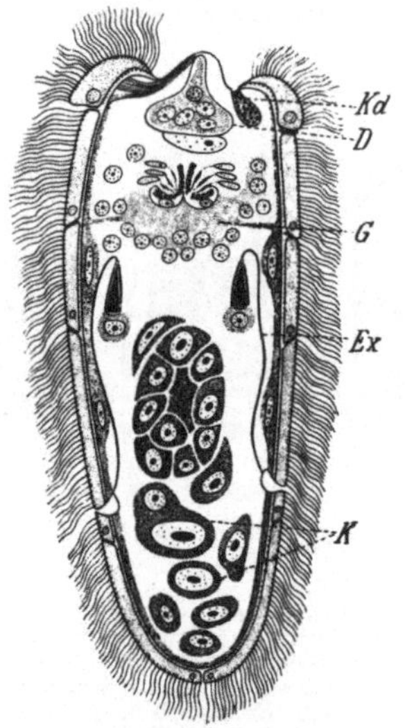

Abb. 455. Miracidium von *Fasciola hepatica* im Längsschnitt, schematisiert. (Nach ORTMANN.) Etwa. $^{480}/_1$. *D* rudimentäre Darmanlage, *Ex* Exkretionsorgane, *G* Gehirnganglion mit Auge, *K* Keimzellen, *Kd* Kopfdrüse.

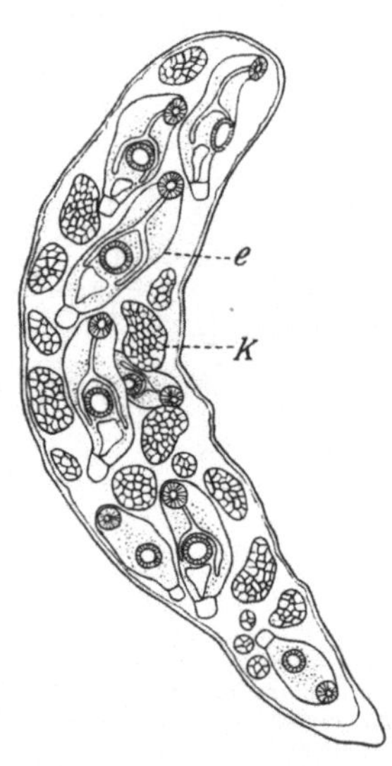

Abb. 456. Sporocyste von *Sphaerostomum bramae*. (Orginal G.) $^{10}/_1$. *e* Cercarien (die stummelschwänzige *Cercaria micrura*), *K* Entwicklungsstadien derselben.

eindringen, um nach Abwerfen des Wimperkleides zu einfachen oder verästelten Schläuchen ohne Mund und Darm (sogenannte *Sporocysten*) auszuwachsen (Abb. 456). Diese erzeugen aus den Keimzellen (parthenogenetisch sich entwickelnden Eiern) die geschwänzten *Cercarien*, die Larven der Geschlechtstiere. Mit beweglichem, zuweilen gabelig gespaltenem (furcocerk), in manchen Fällen stummelförmigem Schwanzanhang, häufig auch mit Mundstachel sowie zuweilen mit Augen ausgestattet, zeigen die Cercarien in ihrer Organisation bis auf die nur in der Anlage vorhandenen Geschlechtsorgane bereits große Übereinstimmung mit dem Geschlechtstier. In solcher Form verlassen sie selbständig den Leib ihres Trägers und bewegen sich teils kriechend, teils schwimmend im Wasser umher. Hier finden sie ein neues Wassertier (Schnecke, Wurm, Insektenlarve, Krebs, Fisch, Batrachier), in welches sie, unter Bohrbewegungen des vorderen Körperendes, unterstützt durch den kräftig schwingenden Schwanzanhang, eindringen, um sich nach Verlust des letzteren zu encystieren. Die im Inneren einer Schnecke erzeugte Cercarienbrut zerstreut sich so auf zahlreiche Träger und aus den geschwänzten Cercarien sind die encystierten Jugendformen der Geschlechtsgeneration geworden, die mit dem Fleisch ihres Trägers in den Magen eines anderen Tieres und von da, ihrer Cyste befreit, in das Organ (Darm, Harnblase usw.) ge-

langen, in dem sie geschlechtsreif werden. Somit kommen in der Regel drei verschiedene Tiere als Träger in Betracht, deren Organe die verschiedenen Entwicklungsstadien (Sporocyste, encystierte Form, Geschlechtstier) beherbergen.

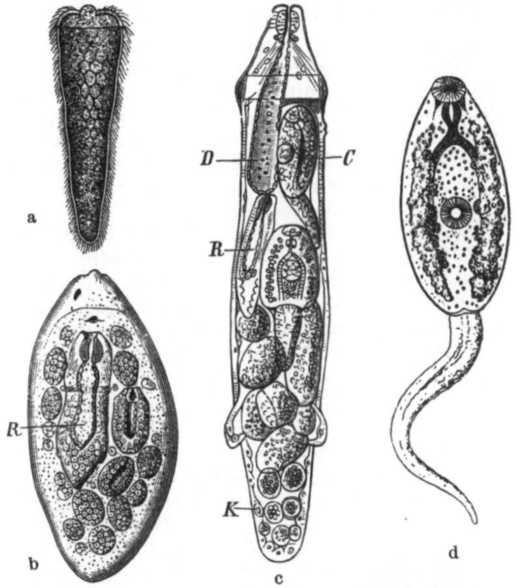

Indessen können Abweichungen von dem allgemeinen Entwicklungsgang eintreten, sowohl Komplikationen als Vereinfachungen. Zuweilen entstehen als zweite Generation in den Sporocysten sogenannte *Redien* (mit reicher gegliedertem Körper und einfachem Darm). Aus den Keimzellen der Redien geht eventuell eine zweite Generation von Redien hervor, welche erst die Cercarien produzieren (*Fasciola hepatica*) (Abb. 457). Eine Vereinfachung tritt dadurch ein, daß die Einwanderung in den zweiten Zwischenträger unterbleibt und die Cercarie sich am Boden (*Paramphistomum cervi*) oder an Pflanzen (*Fasciola hepatica*) encystiert. Die Cercarie kann auch passiv, noch eingeschlossen in der Sporocyste (Leuco-

Abb. 457. Entwicklungszustände von *Fasciola hepatica*. a Miracidium. Etwa $^{210}/_1$. — b Sporocyste mit Redien (R) im Inneren (nach R. LEUCKART). Etwa $^{60}/_1$. — c Entwickelte Redie (nach THOMAS). *D* Darm, *C* Cercarien, *R* Redie, *K* Keimzellen. $^{45}/_1$. — d Freie Cercarie (nach R. LEUCKART). Neben dem Darm die großen Hautdrüsen. Etwa $^{200}/_1$

chloridium der Bernsteinschnecke von *Urogonimus macrostomus* der Singvögel) (Abb. 464) durch Aufnahme mittels der Nahrung an den Ort des Geschlechtstieres gelangen. Dann entbehrt die Cercarie des Schwanzanhanges (sogenanntes *Cercariaeum*). Letzterer Entwicklungsmodus dürfte mit dem Aufenthalt der geschlechtsreifen Form in Landtieren zusammenhängen. Endlich kann sich auch die Cercarie durch die Haut in den definitiven Wirt einbohren (*Schistosomum, Sanguinicola*).

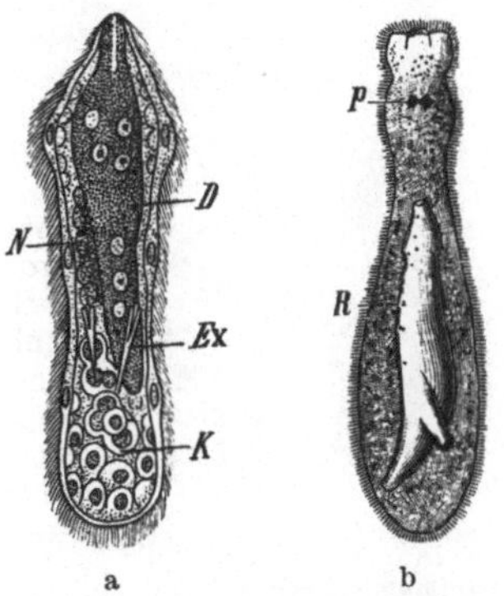

Auch kann bereits das freischwimmende Miracidium eine Redie erzeugen und diese vor Einwanderung in die Schnecke (*Cyclocoelum* [*Monostomum*] *mutabile, Typhlocoelum cucumerinum*) in sich bergen (Abb. 458 b). Ferner gibt es uneingekapselte junge Distomeen, welche in ihrem Träger nie geschlechtsreif werden, wie in der Linse und dem Glaskörper des Vertebratenauges sowie im Gallertgewebe der Cölenteraten. Umgekehrt hat man

Abb. 458. a Miracidium von *Paramphistomum subclavatum* (nach LOOSS). *D* Darm, *N* Nervensystem, *K* Keimzellen, *Ex* Excretionsorgane. — b Miracidium von *Cyclocoelum* (*Monostomum*) *mutabile* (nach v. SIEBOLD). *P* Augen, *R* Redie im Inneren.

encystierte Formen geschlechtsreif und in Eierproduktion gefunden.

In der Gruppenbildung ist hier TH. ODHNER gefolgt.

1. Unterordnung. *Monogenea*. Ectoparasitische Trematoden, gewöhnlich mit zwei kleinen seitlichen Sauggruben am Vorderende, am hinteren Körperende kräftige, mit Sauggruben und häufig mit Klammerhaken ausgestattete Haftorgane. Die Entwicklung ist direkt oder eine einfache Metamorphose.

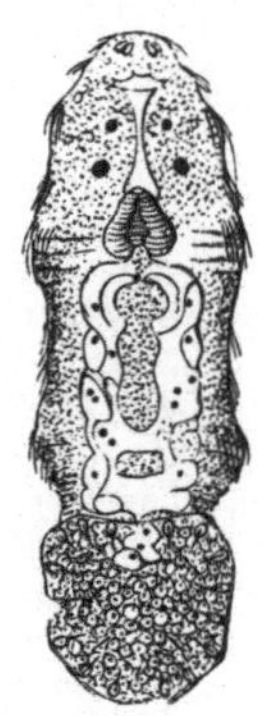

Abb. 459. Larve von *Polystomum integerrimum*. (Nach E. ZELLER.) 135/1

1. Sektion. *Monopisthocotylea*. Mit großer einheitlicher Haftscheibe am Hinterende und mit funktionierender echter Vagina, ohne Canalis genito-intestinalis.

Fam. *Tristomidae*. Körper scheibenförmig, mit zwei seitlichen Saugnäpfen am Vorderende und großer hinterer, zuweilen untergeteilter Saugscheibe. *Tristomum papillosum* DIES., *T. coccineum* CUV., an den Kiemen von *Xiphias gladius*. *T. molae* BLANCH., an den Kiemen von *Mola mola*.

Fam. *Monocotylidae*. Körper rundlich, ohne vordere Saugnäpfe, hintere Haftscheibe sehr klein oder groß und mit Haken. *Calicotyle kroyeri* DIES., in der Kloake von *Raja*-Arten. *Monocotyle myliobatis* O. TASCHB. An den Kiemen von *Myliobatis aquila*. Hier schließt sich an *Udonella caligarum* JOHNST. Auf *Caligus*.

Fam. *Gyrodactylidae*. Kleine Formen von schmalem Körper, mit großer hinterer Haftscheibe mit kräftigem Hakenapparat. *Gyrodactylus elegans* NORDM., an den Kiemen verschiedener Süßwasserfische. Der Körper birgt eine Tochter- und in dieser eingeschachtelt eine Enkel- und Urenkelgeneration. Die eingeschachtelten Generationen dürften pädogenetisch entstehen, die Entwicklung ist wahrscheinlich eine Heterogonie. *Dactylogyrus auriculatus* NORDM. An den Kiemen von Cyprinoiden. Mitteleuropa.

2. Sektion. *Polyopisthocotylea*. Mehrere bis zahlreiche Haftorgane am Hinterende, mit Ductus vaginalis und Canalis genito-intestinalis.

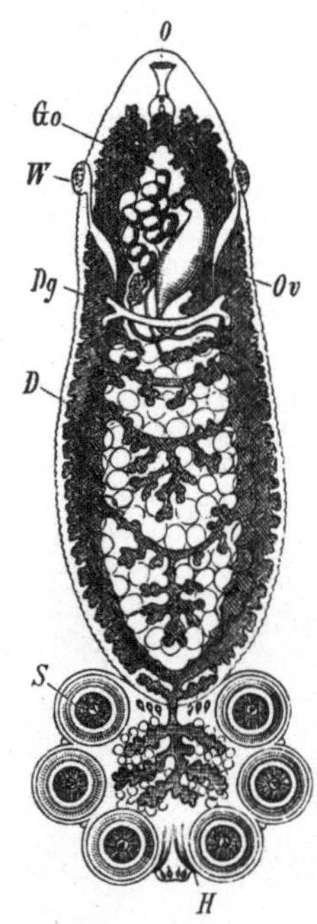

Abb. 460. *Polystomum integerrimum*. (Nach E. ZELLER.) Etwa 20/1. *O* Mund, *Go* Genitalöffnung, *D* Darm, *W* Begattungsöffnungen (Seitenwülste), *Dg* Dottergänge, *Ov* Keimstock, *S* Saugnapf, *H* Haken.

Fam. *Polystomidae*. Körper langgestreckt, ohne vordere Saugnäpfe, hintere Haftscheibe mit sechs meist in zwei seitliche Reihen angeordneten Saugnäpfen, oft mit Haken. *Polystomum* ZED. Mit vier Augen, ohne seitliche Sauggruben am vorderen Ende, mit sechs Saugnäpfen sowie zwei großen medianen Haken und 16 kleinen Häkchen an der hinteren Haftscheibe. *P. integerrimum* FRÖL., in der Harnblase von *Rana temporaria* (Abb. 460). Die Entwicklungsgeschichte ist durch E. ZELLER bekannt geworden. Die Eierproduktion beginnt im Frühjahre, wenn der Frosch sich zur Paarung anschickt, und währt 2—3 Wochen. Man kann dann die Polystomen in Wechselkreuzung beobachten. Beim Eierlegen drängt der Parasit seinen Vorderleib mit der Geschlechtsöffnung durch die Harnblasenmündung nahe bis zum After. Die Embryonalentwicklung erfolgt im Wasser und nimmt eine Reihe von Wochen in Anspruch, so daß die jungen Larven erst ausschlüpfen, wenn die Kaulquappen bereits innere Kiemen gewonnen haben. Die teilweise bewimperten Larven (Abb. 459) sind *Gyrodactylus*-ähnlich und zeigen vier Augen sowie eine von 16 Häkchen umstellte Haftscheibe. Sie wandern nun in die Kiemenhöhle der Kaulquappen ein, verlieren die Wimperhaare und wachsen unter Bildung der beiden Mittelhaken sowie der Sauggruben auf der hinteren Haftscheibe zum jungen *Polystomum* aus, welches etwa 8 Wochen nach der Einwanderung in die Kiemenhöhle, zur Zeit, wenn diese zu veröden beginnt, durch Magen und Darm in die Harnblase übertritt und hier nach 3 und mehr Jahren völlig geschlechtsreif wird. Ausnahmsweise und immer dann, wenn die Larven in die Kiemen sehr junger Kaulquappen gelangen, werden sie schon in der Kiemenhöhle der letzteren geschlechtsreif. Dann bleiben die Formen sehr klein, entbehren der Begattungskanäle und gehen nach Erzeugung von Eiern zugrunde, ohne in die Harnblase gelangt zu sein. *P. ocellatum* RUD., aus der Rachenhöhle von Emys. *Acanthonchocotyle* (*Onchocotyle*) *appendiculata* KUHN, an den Kiemen von Hundshaien.

Fam. *Microcotylidae*. Mit zwei kleinen vorderen Saugnäpfen, hinteres Körperende beil- oder fußartig verbreitert mit zahlreichen kleinen Haftorganen. *Axine belones* ABILDG., an den Kiemen von *Belone*. *Microcotyle labracis* HESSE et BENED. An den Kiemen von *Morone labrax*. *M. mormyri* LORENZ, an den Kiemen von *Pagellus mormyrus*.

Fam. *Octobothriidae* (*Octocotylidae*). Vordere Saugnäpfe am Eingange der Mundhöhle. Hintere Haftscheibe mit 4, 6 oder 8 Haftorganen, meist in paralleler Stellung, daneben zuweilen Chitinhaken. *Octobothrium* (*Octocotyle*) *lanceolatum* F. S. LEUCK. An den Kiemen von *Alosa*. *Diplozoon paradoxum* NORDM., Doppeltier, an den Kiemen verschiedener Cyprinoiden (Abb. 461). Zwei Einzeltiere zu einem x-förmigen Doppeltiere verwachsen. Am Hinterende eine viereckige Haftscheibe mit acht in zwei Längsreihen angeordneten Saugnäpfen. Augen fehlen. Im Jugendzustand als sogenannte *Diporpa* solitär lebend, besitzen sie einen Bauchsaugnapf sowie einen Rückenzapfen. Die Eier werden im Frühjahr einzeln

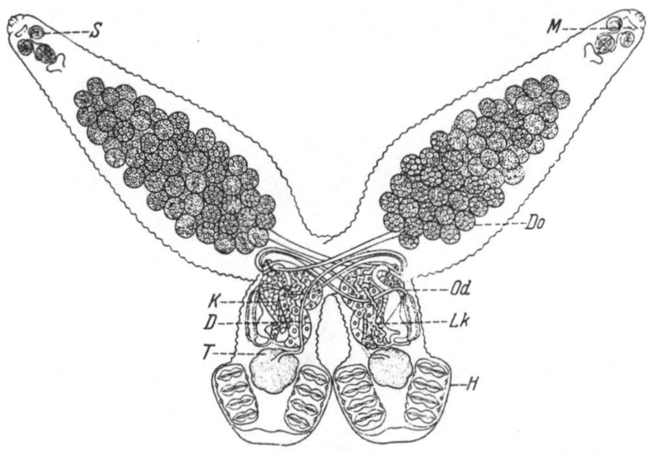

Abb. 461. *Diplozoon paradoxum*. (Nach ZELLER, etwas ergänzt.) *D* Ductus deferens, *Do* Dotterstock, *H* hintere Haftscheibe, *K* Keimstock, *Lk* LAURERscher Kanal, *M* Mund, *Od* Eiergang, *S* vorderer Saugnapf, *T* Hoden. ¹⁰/₁

ausgestoßen. Die Larve besitzt zwei Augen und ist an den Seitenrändern und der Hinterleibsspitze bewimpert (Abb. 462). Gelangen die Larven an die Kiemen von Süßwasserfischen zur Ansiedelung, so werden sie durch den Verlust der Wimpern zur *Diporpa*, die erst später den charakteristischen Haftapparat erhält und Kiemenblut einsaugt. Die bald erfolgende Vereinigung zweier Diporpen geschieht in der Art, daß sich der Bauchsaugnapf

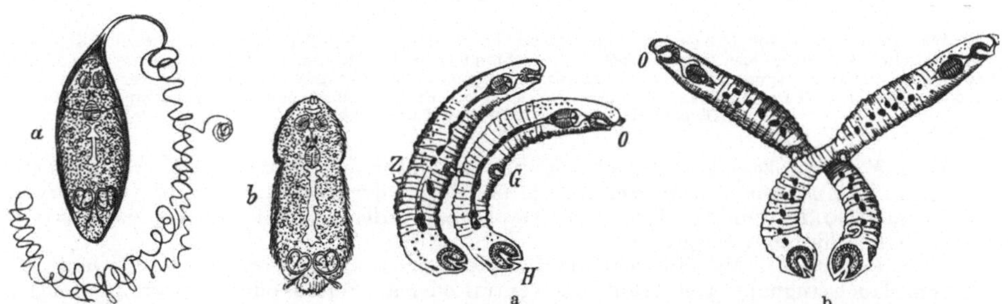

Abb. 462. Ei (a) und Larve (b) von *Diplozoon*. (Nach E. ZELLER.) Etwa ¹⁰⁰/₁

Abb. 463. Junges *Diplozoon*. (Nach E. ZELLER.) a Zwei *Diporpen* im Beginn der Aneinanderheftung, b nach erfolgter gegenseitiger Aneinanderheftung. *O* Mund, *H* Haftscheibe, *Z* Zapfen, *G* Grube. Etwa ¹⁰⁰/₁

jedes Tieres an den Rückenzapfen des anderen anheftet und mit diesem verwächst (Abb. 463). Zugleich tritt eine wechselseitige Verbindung der Ductus deferentes mit den Scheidenmündungen ein.

2. Unterordnung. *Digenea*. Entoparasitische Trematoden mit in der Regel nur einem oder zwei Saugnäpfen. Die Entwicklung ist eine mit Metamorphose und Wirtswechsel verbundene Heterogonie, selten eine einfache Metamorphose mit oder ohne Wirtswechsel. Die Geschlechtstiere vornehmlich im Darm der Wirbeltiere.

1. Sektion. *Gasterostomata*. Mundöffnung bauchständig.

Fam. *Gasterostomidae*. Mundöffnung in der Mitte der Bauchfläche, Darm einfach sackförmig. Am vorderen Körperende ein Saugnapf sowie tentakelartige Fortsätze. *Gasterostomum fimbriatum* SIEB., im Darm verschiedener Süßwasserfische. Die reich verzweigte Sporocyste in der Teich- und Flußmuschel und *Dreissensia*. Die Cercarie mit tief gespaltenem Schwanz als *Bucephalus polymorphus* bekannt.

2. Sektion. *Prostomata*. Mundöffnung terminal oder subterminal am vorderen Körperende.

Fam. *Aspidogastridae*. Mit großem bauchständigen, in zahlreiche Gruben untergeteiltem Saugnapf oder zahlreichen einreihig angeordneten Saugnäpfen. Darm einfach sackförmig. Mund vorderständig, ohne Saugnapf. Entwicklung eine einfache Metamorphose. *Aspidogaster conchicola* C. BAER, mit großem ventralen, untergeteiltem Saugnapf. In Nieren und Herzbeutel von *Anodonta* und *Unio*. *Stichocotyle nephropis* J. T. CUNNINGHAM. Mit bis 30 einreihig längs der Ventralseite angeordneten Saugnäpfen. In den Gallengängen von *Raja clavata*. Jugendform in Cysten in *Nephrops* und *Homarus americanus*. Schweden.

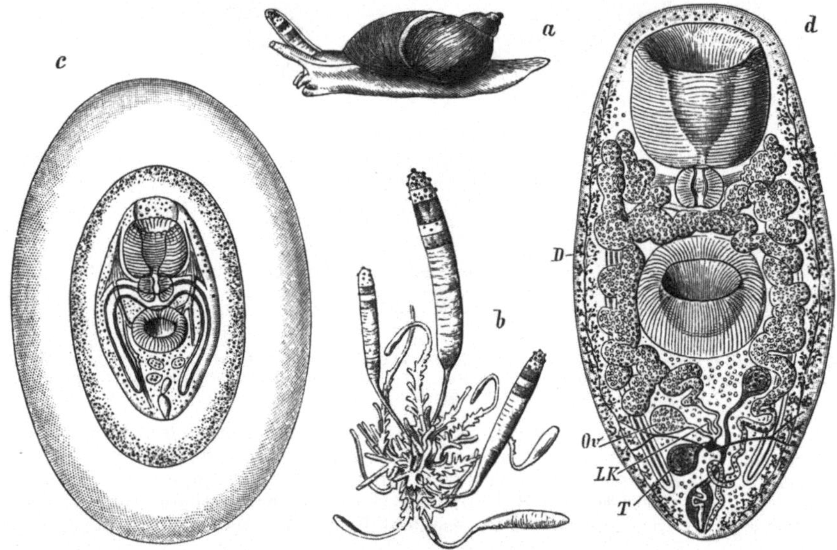

Abb. 464. Entwicklung von *Urogonimus macrostomus*. (Nach HECKERT.) a *Succinea putris* (Bernsteinschnecke) mit dem reifen Schlauche eines *Leucochloridium* im rechten Fühler. $^1/_1$. b *Leucochloridium paradoxum* isoliert. Etwa $^2/_1$. c Zur Übertragung reife Larve (schwanzlose Cercaria, sog. Cercariaeum) mit doppelter Hülle. d Geschlechtsreifes Tier. *D* Dotterstöcke, *T* Hoden, *Ov* Keimstock, die Ausmündungen der Leitungswege im hinteren Körperende, *LK* LAURERscher Kanal. Etwa $^{40}/_1$

Fam. *Paramphistomidae*. Bauchsaugnapf am hinteren Körperende. *Paramphistomum cervi* ZED. (*Amphistomum conicum* RUD.), im Magen der Wiederkäuer. *P.* (*Diplodiscus*) *subclavatum* GOEZE, im Enddarm von Amphibien. Hier schließt sich an *Angiodictyum* Looss. Ohne hinteren Saugnapf.

Fam. *Fasciolidae*. Mit Mundsaugnapf und mit meist an der vorderen Körperhälfte gelegenem Bauchsaugnapf. Genitalöffnung ventral oder am Seiten- oder Hinterrande gelegen. Hierher gehört die frühere Gattung *Distomum*, gegenwärtig in zahlreiche Gattungen und Familien aufgelöst.

Fasciola (*Distomum*) *hepatica* L. Leberegel (Abb. 453). Mit kegelförmigem Vorderende und zahlreichen stachelartigen Höckerchen an der Oberfläche des breiten blattförmigen Körpers. Bauchsaugnapf dem Mundsaugnapf genähert. Mit verästelten Darmschenkeln (Abb. 121), Genitaldrüsen ebenfalls verästelt. 20—30 mm lang. Lebt in den Gallengängen des Schafes und anderer Haustiere und erzeugt die sogenannte Leberfäule der Schafherden. Auch im Menschen kommt der Wurm gelegentlich vor und dringt sogar in die Pfortader und andere Venen ein. Der Embryo entwickelt sich erst nach längerem Aufenthalte des Eies im Wasser und hat einen kontinuierlichen Wimperüberzug sowie einen x-förmigen Augenfleck (Abb. 455, 457). Die Entwicklung wird nach R. LEUCKART und THOMAS in *Limnaea* (*Galba*) *truncatula* (*minuta*) durchlaufen, die Embryonen werden zu Sporocysten und diese erzeugen Redien. In den Redien entstehen entweder wieder Redien oder sogleich

Cercarien, die, frei geworden, sich an Pflanzen encystieren und direct mit der Pflanzenkost in den Darm des Trägers des Geschlechtstieres übertragen werden, von wo sie sich in die Blutgefäße einbohren und durch diese in die Leber gelangen. *Fasciolopsis buski* LANK. (*Distomum crassum* BUSK), im Darm des Menschen in Ost- und Südasien, von 7 cm Länge. *Paragonimus westermanni* KERB. (*D. pulmonale* BAELZ), von plumper, dicker Körperform, 8—10 mm lang, bräunlichrot. In der Lunge des Menschen in China und Japan. *Clonorchis sinensis* COBD. (*D. spathulatum* LEUCK. pp.). Langgestreckt, nach hinten verbreitert, 6 bis 13 mm lang. In der Leber, auch im Pankreas und Duodenum des Menschen, der Katze und des Hundes in Japan, Tonkin, Annam. *Heterophyes heterophyes* SIEB., bis 2 mm lang, im Darm des Menschen, der Katze und des Hundes in Ägypten. *Dicrocoelium lanceatum* STILES u. HASSAL (*lanceolatum* RUD.), Lanzettegel. Körper lanzettförmig, 8—10 mm lang, lebt mit *Fasciola hepatica* am gleichen Orte. Der Embryo ist birnförmig und nur an der vorderen Hälfte bewimpert, trägt auf dem vorspringenden Scheitel einen Bohrstachel. *Azygia tereticollis* RUD. im Magen und Darm von *Esox lucius* und *Lucioperca sandra*. *Opisthioglyphe ranae* FRÖL. (*Distomum endolobum* DUJ.) (Abb. 451) im Darme der Frösche und Salamander (mit *Cercaria armata* aus Sporocysten in *Limnaea* und *Planorbis*). *Gorgodera cygnoides* ZED., in der Harnblase von Amphibien mit *Cercaria macrocerca* aus Sporocysten in den Kiemen von *Cyclas cornea*. *Uro-gonimus macrostomus* RUD. (Abb. 464) am Kloakenrand von Vögeln; die in *Succinea putris* lebende verzweigte Sporocyste als *Leucochloridium paradoxum* bekannt. *Sphaerostomum bramae* MÜLL. (*Distomum globiporum* RUD.), im Darm von Süßwasserfischen (mit der stummel-schwänzigen *Cercaria micrura* aus Sporocysten von *Bithynia tentaculata* (Abb. 456). *Allocreadium isoporum* Looss, in Süßwasserfischen.

Fam. *Didymozoidae*. Meist paarweise in Cysten lebende Formen mit degeneriertem Darm und Exkretionssystem. Mit Mundsaugnapf, zuweilen auch Bauchsaugnapf. *Didymozoon scombri* O. TASCHB. In Cysten in der Mundhöhlenschleimhaut von *Scomber scombrus*. *Wedlia bipartita* WEDL, getrenntgeschlechtlich, aber mit rudimentärem Hermaphroditismus. Paarweise in Cysten, das männliche Individuum im sackartigen Hinterleibe des weiblichen steckend. Kiemen des Thunfisches. *Köllikeria okeni* KÖLL. Mit rudimentärem Bauchsaugnapf. In der Kiemenhöhle von *Brama raji*.

Fam. *Cyclocoelidae*. Von ovalgestreckter oder rundlicher Körperform, ohne Mundsaugnapf, zuweilen mit rudimentärem Bauchsaugnapf. Darmschenkel hinten in-einander übergehend. *Cyclocoelum* (*Monostomum*) *mutabile* ZED. In der Leibeshöhle von *Gallinula chloropus*. *Typhlocoelum cucumerinum* RUD. (*flavum* MEHL.). Mit Rudiment eines Bauchsaugnapfes. In der Nasenhöhle und Luftröhre von Enten und Sägern. Entwickelt sich aus *Cercaria ephemera* von *Planorbis*.

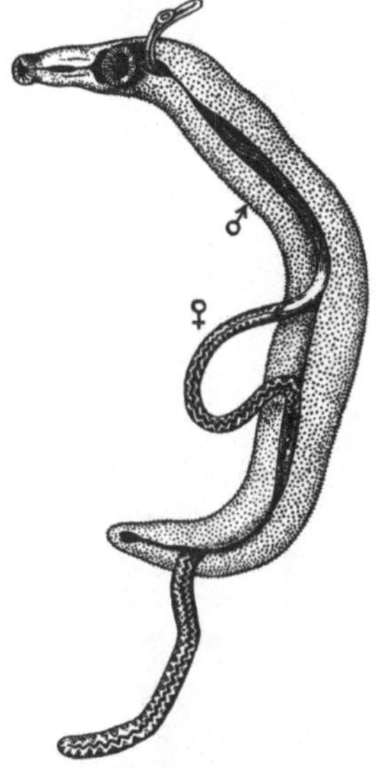

Abb. 465. *Schistosomum haematobium.* (Nach LOOSS.) Etwa $^8/_1$. Weibchen ($♀$) im Canalis gynaecophorus des Männchens ($♂$).

Fam. *Strigeidae* (*Holostomidae*). Mund- und Bauchsaugnapf klein, dagegen ein besonderer Haftapparat hinter dem Bauchsaugnapfe im vorderen Körperteile ausgebildet. Die furcocerke Cercarie entwickelt sich in einem zweiten Zwischenwirt (Süßwasserschnecken) zu der früher als *Tetracotyle* beschriebenen Jugendform. *Strigea* (*Holostomum*) *strigis* GOEZE, in Eulen. *S. sphaerula* RUD., im Darm von Corviden. *Hemistomum alatum* DIES., im Darm von Fuchs und Hund.

Fam. *Schistosomidae*. Langgestreckte, getrennt geschlechtliche dimorphe Blutparasiten. Darmschenkel nach hinten sich zu einem unpaaren Abschnitt vereinigend. *Schistosomum* (*Bilharzia*) *haematobium* BILHARZ (Abb. 465). Weibchen lang, fadenförmig, Männchen breit mit ventralwärts umgeschlagenen Seitenrändern, die einen Canalis gynaecophorus zur Aufnahme eines Weibchens bilden. Leben paarweise vereint in der Pfortader, den Darm- und Harnblasenvenen des Menschen in Ägypten, Abessinien, Kapland. Durch die in die Schleimhautgefäße der Harnleiter, Harnblase und des Dickdarmes abgesetzten Eiermassen werden Entzündungen erzeugt, die oft Hämaturie zur Folge haben. Zwischenwirte sind Süßwasserschnecken; die furcocerke Cercarie bohrt sich in die Haut des Menschen. *S. japonicum* KATSURADA, in der Pfortader und den Mesenterialvenen des Menschen und der Katze in Japan. *Gigantobilharzia acotyla* ODHN. Ohne Saugnäpfe, Männchen bis 16,5 cm, Weibchen 35 mm lang. In den Darmvenen von *Larus fuscus*. Hier schließt sich an *San-guinicola* M. PLEHN. Ohne Saugnapf, hermaphroditisch. Im Blute von Cypriniden.

3. Ordnung. Cestodes, Bandwürmer[1].

Langgestreckte entoparasitische Plattwürmer ohne Darm, mit Haftorganen an dem als Kopf unterschiedenen Vorderende, meist mit Proglottidenbildung.

An dem Körper der Cestoden (Abb. 466) lassen sich mit seltenen Ausnahmen der den Vorderleib bildende *Scolex* sowie eine größere oder geringere Anzahl Gliedstücke, die *Proglottiden*, unterscheiden. Der Scolex zeigt einen Kopfabschnitt, der die zur Befestigung des Bandwurmes im Wirtstiere dienenden Haftorgane trägt, sowie einen Halsteil; jede Proglottis enthält die Organe des Hinterleibes, darunter den Genitalapparat. Die Proglottiden entstehen am Halsteile des Scolex in kontinuierlicher Reihenfolge, während die das Hinterende des Bandwurmes einnehmenden ältesten Gliedstücke abgestoßen werden. Die ganze Bandwurmkette

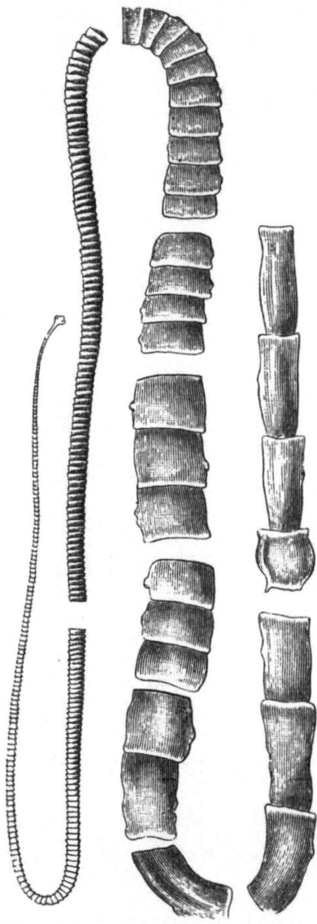

Abb. 466. *Taenia saginata.* (Nach R. LEUCKART.) $^1/_1$

[1] Außer PALLAS, ZEDER, BREMSER, RUDOLPHI, KÜCHENMEISTER, DIESING, v. SIEBOLD vgl. VAN BENEDEN, P. J.: Les vers cestoides. Bruxelles 1850. — WAGENER, G.: Die Entwicklung der Cestoden. Nova Acta Leop.-Carol. 24, Suppl. (1854). — LEUCKART, R.: Die Blasenbandwürmer und ihre Entwicklung. Gießen 1856.— Die menschlichen Parasiten, 2. Aufl. 1879—1886. — SOMMER, I. F. u. L. LANDOIS: Über den Bau der geschlechtsreifen Glieder von *Bothriocephalus latus.* Z. Zool. 1872. — SOMMER, F.:. Über den Bau und die Entwicklung der Geschlechtsorgane von *Taenia mediocanellata* KCHM. und *T. solium* L. Ebenda **24** (1874). — PINTNER, TH.: Untersuchungen über den Bau des Bandwurmkörpers. Arb. zool. Inst. Wien **3** (1880). — Neue Beiträge zur Kenntnis des Bandwurmkörpers. Ebenda **9** (1890). — Studien über Tetrarhynchen usw. I—III. Sitzgsber. Akad. Wiss. Wien, Math.-naturwiss. Kl. **1893—1903.** — Vorarbeiten zu einer Monographie der Tetrarhynchoideen. Ebenda **1913.** — Bemerkenswerte Strukturen im Kopfe von Tetrarhynchoideen. Z. Zool. **125** (1925). — VAN BENEDEN, ED.: Recherches sur le Développement embryonnaire de quelques Ténias. Archives de Biol. **2** (1881). — SCHAUINSLAND, H.: Die embryonale Entwicklung der Bothriocephalen. Jena. Z. Naturwiss. **19** (1886). — ZSCHOKKE, FR.: Recherches sur la structure anatomique et histologique des Cestodes. Génève 1888. — HÁMANN, O.: In *Gammarus pulex* lebende Cysticercoiden mit Schwanzanhängen. Jena. Z. Naturwiss. 1889. — GRASSI, B. e G. ROVELLI: Ricerche embriologiche sui Cestodi. Catania 1892. — ZERNECKE, E.: Untersuchungen über den feineren Bau der Cestoden. Zool. Jb. **9** (1895). — TOWER, W. L.: The Nervous System in the Cestode *Moniezia expansa.* Zool. Jb. **13** (1900). — BUGGE, G.: Zur Kenntnis des Excretionsgefäßsystems der Cestoden und Trematoden. Ebenda **16** (1902). — KUNSEMÜLLER, F.: Zur Kenntnis der polycephalen Blasenwürmer usw. Ebenda **18** (1903). — JANICKI, C.: Über die Embryonalentwicklung von *Taenia serrata.* Z. Zool. **87** (1907). — FUHRMANN, O.: Die Systematik der Ordnung der Cyclophyllidea. Zool. Anz. **1907.** — Die Cestoden der Vögel. Zool. Jb., Suppl. **10** (1908). — WATSON, E.: The Genus Gyrocotyle and its significance for problems of Cestode structure and Phylogeny. Univ. California Publ. Zool. **6** (1911). — JANICKI, C. et F. ROSEN: Le cycle évolutif du *Dibothriocephalus latus.* Bull. Soc. neuchât. Sci. natur. **42** (1917). — JANICKI, C.: Die Lebensgeschichte von *Amphilina foliacea* usw. Arb. biol. Wolgastation **10** (1928). — Vgl. ferner: BRAUN, M.: Cestodes. Bronns Klass. u. Ordn. Tierreich **1894** bis **1900.** — Die tierischen Parasiten des Menschen, 6. Aufl. Leipzig 1925, sowie die Schriften von R. BLANCHARD, MONIEZ, MRÁZEK, ZOGRAF, MONTICELLI, LINSTOW, STILES, BLOCHMANN, NIEMIEC, LÜHE, LÖNNBERG, WOLFFHÜGEL, SPENCER, BEDDARD, NYBELIN, WARD u. a.

repräsentiert ein einfaches Individuum, den Scolex mit vermehrter Zahl hinterer Körperabschnitte, welche durch vorzeitige Regeneration des abgestoßenen hinteren Körperabschnittes entstanden sind, entgegen der von STEENSTRUP begründeten Auffassung, die in dem Bandwurm eine Kette von Einzelindividuen, einen Tierstock, sieht. Die Richtigkeit ersterer Auffassung ergibt sich aus der Existenz von Cestoden (*Caryophyllaeus*, *Amphilina*), bei denen der Hinterleib mit dem Genitalapparat bloß in einfacher Zahl vorhanden in dauernder Verbindung mit dem Scolex steht und damit ein Verhältnis wie bei den Trematoden aufweist, von denen die Cestoden durch Verlust des Darmkanals wahrscheinlich abzuleiten sind und deren blattförmige Körpergestalt wenige Cestoden (*Amphilina*, *Gyrocotyle*) wiederholen.

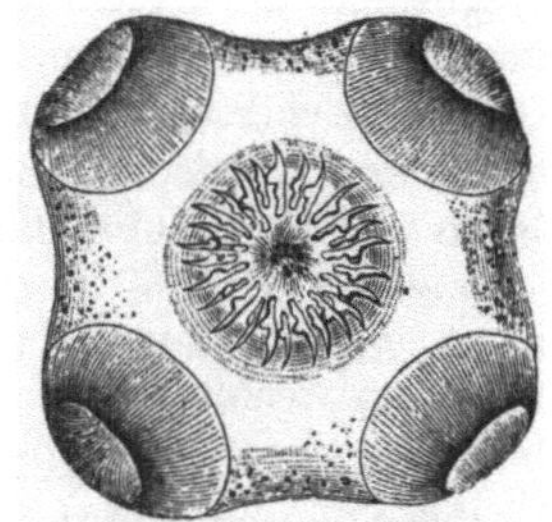

Abb. 467. Kopf von *Taenia solium*, von der Scheitelfläche gesehen. Etwa ⁴⁰/₁. In der Mitte das Rostellum mit Hakenkranz, an den vier Ecken die Saugnäpfe.

Der sekundär zweistrahlig radiär gebaute Kopf trägt die Haftorgane. Diese sind entweder vier schalenförmige, an den vier Ecken des Kopfes stehende Saugnäpfe (Acetabula), wie bei den *Taeniiden* (Abb. 467), oder mehr freibewegliche Sauggruben (Bothridien), welche bei den *Bothriocephaloidea* in Zweizahl, bei den *Tetraphyllidea* in Vierzahl und zuweilen gestielt auftreten. Außerdem können Haken in verschiedener Anordnung vorkommen; dieselben stehen bei manchen *Taeniiden* in einem Kranz an dem sogenannten *Rostellum*, einem an dem Scheitel des Kopfes sich findenden muskulösen Zapfen. Durch den Besitz von vier vorstülpbaren, mit Widerhaken besetzten Rüsseln sind die *Rhynchobothriidae* ausgezeichnet (Abb. 470). Tentakelförmige Fortsätze sind nur bei *Polypocephalus* bekannt. Selten fehlen besondere Haftorgane, wie bei *Caryophyllaeus*, dessen verbreiterter Kopf mit seinem gefalteten Rande die Befestigung vermittelt (Abb. 479). Bei *Bothriocephaloideen*, *Tetrarhynchoideen* und *Amphilina* finden sich am Vorderende des Kopfes Drüsen (Frontaldrüsen), die gewebelösend wirken.

Die am Halsteil des Scolex entstehenden Proglottiden erscheinen anfangs als kurze, undeutlich abgesetzte Querringel, die sich mit der Entfernung vom Scolex bestimmter abgrenzen. Die hintersten und ältesten Proglottiden besitzen den größten Umfang. Sie lösen sich einzeln oder in Gruppen (*Dibothriocephalidae*) ab, entweder nach erlangter voller Reife oder vor derselben; im letzteren Falle wachsen die abgelösten Proglottiden im Darm weiter heran. Bei einigen Cestoden (*Ligula*, *Triaenophörus*) unterbleibt die Proglottidenbildung

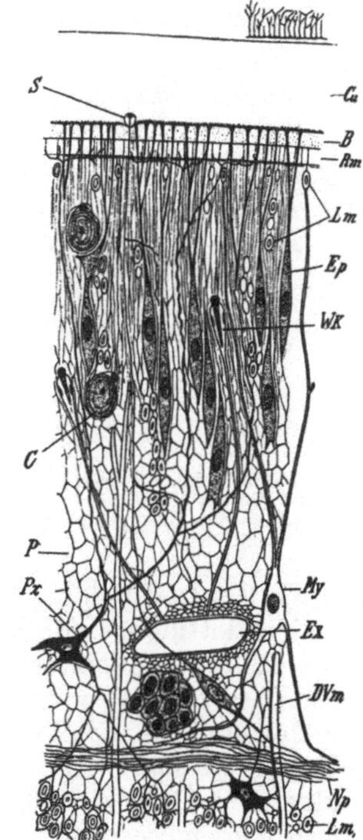

Abb. 468. Teil eines Querschnittes durch *Ligula*, schematisch. (Nach BLOCHMANN.) *Cu* Cuticula, an einer Stelle mit Härchenbesatz, *Ep* Epithel der Haut, *Rm* Ring-, *Lm*, *Lm'* Längs-, *DVm* Dorsoventralmuskeln, *My* Myoblast, *Np* Nervenplexus, *S* Endigung einer Sinneszelle, *P* Parenchym, *Pz* Parenchymzelle, *B* Basalmembran, *C* Kalkzelle, *Ex* Excretionsgefäß mit Endkölbchen (*WK*).

als äußere Gliederung, sie ist aber in der Wiederholung der inneren Organe ausgeprägt, ein Zustand, welcher als sekundär aus dem ersteren abzuleiten ist.

Der Körper der Cestoden wird von einer Cuticula bedeckt, welche in der Regel

einen feinen Härchenbesatz trägt (Abb. 468). Die Epithelzellen der Haut sind
wie bei den Trematoden in das darunterliegende bindegewebige Parenchym tief
eingesenkt und reichen nur mit Fortsätzen an die Cuticula, unter der sie sich zu
einer kontinuierlichen Plasmalage vereinigen. Das Parenchym besteht aus vielfach verzweigten Bindegewebszellen, deren Fortsätze mit einer von ihnen abge-
schiedenen Zwischensubstanz ein die übrigen Organe stützendes Maschenwerk
bilden. Diesem sind auch die Muskeln angelagert; die Bildungszellen letzterer
sind zuweilen bloß durch Fortsätze mit den Fasern in Verbindung. Im Parenchym finden sich bei fast allen Cestoden kleine geschichtete Kalkconcremente,
welche in besonderen Parenchymzellen abgeschieden werden. Ihre Bedeutung
steht nicht sicher. Auch Hautdrüsen kommen vor.

Das Nervensystem der Cestoden besteht aus einem im Kopf gelegenen paa-
rigen Gehirnganglion, von dem nach hinten zwei starke, in den Seiten des ganzen
Körpers verlaufende Längsnervenstränge ausgehen. Dazu kommen weitere acht
Längsnervenstämme. Von diesen sind bei *Taenien* zwei dorsale und ventrale
Begleitnerven der Seitennervenstränge, je zwei verlaufen an der Dorsal- und
Ventralfläche. Alle zehn Längsnervenstränge sind durch Commissuren verbunden.

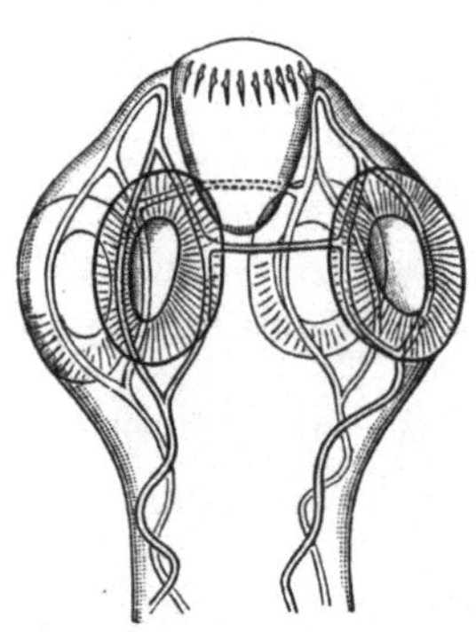

Abb. 469. Kopf einer *Taenia* mit
den Excretionsgefäßen, schematisch. (Nach einer Zeichnung von
PINTNER.)

Im Kopfe stehen sie durch eine Ringcommissur untereinander und durch weitere Commissuren mit dem
Cerebralganglion in Verbindung. Nach vorn gehen
in den Kopf sogenannte Apicalnerven ab, die sich
häufig abermals in einer Ringcommissur (Rostellar-
ring) vereinigen. Dem peripheren Nervensystem gehört ein oberflächlicher subepithelialer Nervenplexus
an. Von Sinnesorganen kennt man Sinneszellen,
deren Fortsätze in der Cuticula mit einem Endbläs-
chen endigen (Abb. 468).

Der Darmkanal fehlt. Die Aufnahme der resorp-
tionsfähigen Nahrungsflüssigkeit erfolgt durch die
Haut.

Sehr reich ist das Excretionssystem ausgebildet.
Es sind ursprünglich je zwei (ein dorsaler und ventraler)
an den Seiten verlaufende Längskanäle vorhanden,
die im Kopfe durch Querschlingen ineinander übergehen (Abb. 469, 470). In
den Proglottiden sind die ventralen Stämme stärker als die dorsalen, welche
auch obliterieren können. Häufig stehen die Längskanäle durch Queranasto-
mosen in den einzelnen Proglottiden in Verbindung (Abb. 471). Die Längskanäle sind die Sammelgänge sehr zahlreicher, im Parenchym verbreiteter
Wimperkölbchen (Abb. 145). In manchen Fällen (*Ligula, Caryophyllaeus* und
anderen) spalten sich die Längsstämme in zahlreiche Längsgefäße; die durch
Anastomosen verbunden sind; dazu tritt hier sowie auch in anderen Fällen
ein oberflächlich gelegenes Gefäßnetz. Die Ausmündung des Excretionssystems
liegt am hinteren Leibesende bzw. am Hinterrande des letzten Gliedes, an
dem im ersteren Falle eine kleine Blase die Längsstämme aufnimmt. Auch
können im Vorderende oder im ganzen Verlauf des Bandwurmes sekundäre
Öffnungen vorhanden sein.

Die Cestoden sind hermaphroditisch, nur *Dioecocestus* ist getrennt geschlechtlich. Jede Proglottis enthält einen vollständigen zwitterigen Genitalapparat; doch
bleiben häufig die zuerst entstandenen Proglottiden steril. Der männliche Genitalapparat (Abb. 471, 481) besteht aus zahlreichen kugeligen Hodenbläschen,
welche der Dorsalseite zugekehrt sind und deren Ductus efferentes in einen gemeinsamen Ausführungsgang münden. Das geschlängelte Ende des letzteren liegt

in einem muskulösen Beutel (*Cirrusbeutel*) und kann aus demselben als sogenannter *Cirrus* durch die Geschlechtsöffnung hervorgestülpt werden. Letzterer erscheint häufig mit rückwärts gerichteten Spitzen besetzt und dient als Copulationsorgan. Die weiblichen Geschlechtsorgane bestehen aus einem Keimstock, dessen Ausführungsgang (Keimleiter) oft mit einer muskulösen Erweiterung (Schluckapparat) beginnt, durch welche die Keimzellen weiterbefördert werden. In seinem ferneren Verlauf nimmt der weibliche Genitalgang den Ausführungsgang des paarigen oder unpaaren Dotterstockes (Eiweißdrüse) sowie die Mündungen der sogenannten Schalendrüsen auf und setzt sich in den Uterus fort, der in vielen Fällen (*Bothriocephaloidea, Caryophyllaeus*) einen gewundenen Gang mit einer Ausmündung auf der Ventralfläche der Proglottis bildet (Abb. 481), sonst blind geschlossen ist (Abb. 471). Im letzteren Falle bildet der Uterus bei seiner Füllung mit Eiern Seitenäste (Abbild. 483) oder zerfällt in zahlreiche Säckchen (*Dipylidium, Davainea*); dabei atrophieren in der Regel die beiderlei Keimdrüsen bis auf geringe Reste. Dem weiblichen Genitalapparat ist noch der an einer Stelle zu einem Receptaculum seminis anschwellende Begattungskanal (Vagina) zuzurechnen, welcher in der Regel dicht neben der männlichen

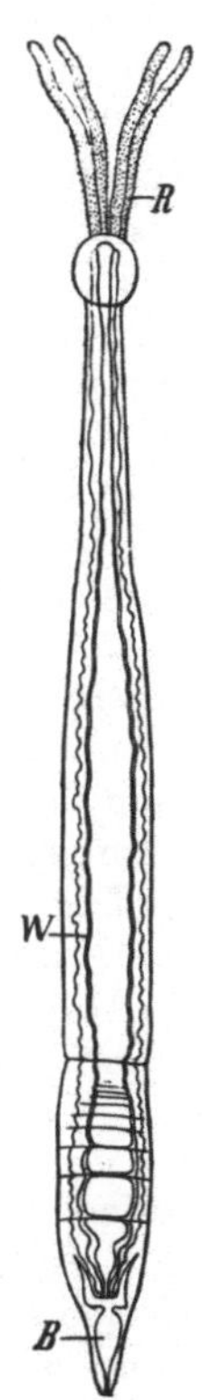

Abb. 470. Junger *Eutetrarhynchus ruficollum* mit beginnender Proglottidenbildung. *R* Rüssel, *W* Excretionskanäle, *B* Endblase des Excretionssystems. (Nach einer Zeichnung von PINTNER.)

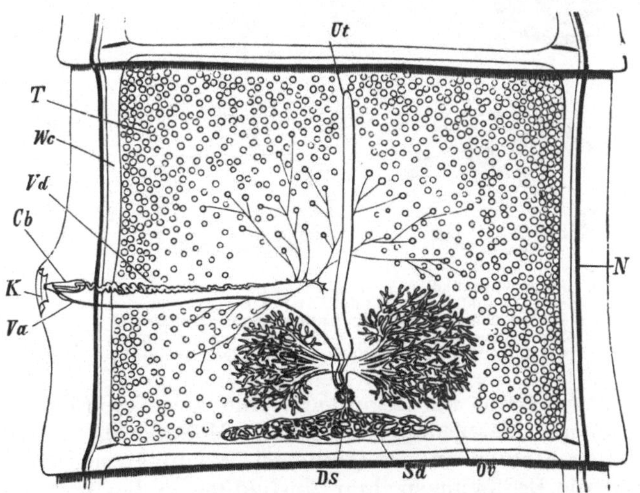

Abb. 471. Proglottis von *Taenia saginata* im Stadium männlicher und weiblicher Reife. (Nach SOMMER, verändert.) Etwa $^{10}/_1$. *Ov* Keimstock, *Ds* Dotterstock (Eiweißdrüse), *Sd* Schalendrüse, *Ut* Uterus, *T* Hodenbläschen, *Vd* Ductus deferens, *Cb* Cirrusbeutel, *K* Genitalporus, *Va* Begattungskanal, *Wc* Excretionsgefäß, *N* Nervenstrang.

Geschlechtsöffnung meist in einen gemeinsamen umwallten Genitalporus ausmündet. Bisweilen liegt dieser auf der Bauchfläche der Proglottis (*Dibothriocephalus*), zumeist am Seitenrand (meiste *Cyclophyllidea*), und dann meist alternierend bald rechts, bald links. Es kommt auch vor, daß in jeder Proglottis der Genitalapparat zu einem rechten und linken entweder vollständig (*Diplogonoporus, Moniezia*) oder teilweise (bei *Dipylidium* und anderen bis auf den Uterus) verdoppelt ist; dann sind auch zwei Genitalpori vorhanden.

Mit dem Wachstum der Glieder, deren Größe mit der Entfernung vom Kopf zunimmt, schreitet die geschlechtliche Ausbildung allmählich von vorn nach hinten vor. Wohl allgemein tritt die männliche Geschlechtsreife früher als die weibliche ein. Im weiteren Verlauf dieses Entwicklungsvorganges werden die Eier befruchtet und in den Fruchtbehälter übergeführt, welcher, je mehr er sich mit Eiern füllt, seine charakteristische Form und Größe erhält. Nur die letzten, zur Trennung reifen Proglottiden haben sämtliche Phasen der geschlechtlichen Entwicklung durchlaufen.

Die Eier der Cestoden sind von runder oder ovaler Form und geringer Größe. Die Embryonalentwicklung beginnt bei den *Taenien* früh, zur Zeit der Bildung der Eischale und wird bis zum Larvenstadium im mütterlichen Körper durchlaufen. Gleiches gilt für jene *Bothriocephaloideen*, welche dünnschalige Eier produzieren, während bei den *Bothriocephaloideen* mit dickschaligen Eiern die Embryonalentwicklung erst nach Ablage der Eier im Wasser erfolgt. Die Vorgänge der Embryonalentwicklung verhalten sich ähnlich wie bei den Trematoden. Auch hier wird eine Hüllmembran gebildet, welche beim Ausschlüpfen des Embryos in der Eihülle zurückbleibt. Innerhalb der ersteren wird der mit sechs Häkchen ausgestattete Embryo von einer weiteren epithelialen Hülle umgeben; diese gestaltet sich beim Ausschlüpfen der Larve aus dem Ei zu einem häufig mit langen feinen Wimpern besetzten Mantel (Abb. 476 a), mittels dessen die Larve im Wasser schwebt (die meisten *Bothriocephaloidea*), oder zu einer festen, aus Stäbchen aufgebauten cuticularen Embryonalschale (*Taeniiden*) (Abbild. 472 a). Die von diesen Hüllbildungen eingeschlossene, mit sechs Embryonalhäkchen versehene Larve, die *Oncosphaera*, ist von kugeliger oder ovaler Gestalt (Abb. 472b) und wandelt sich dann in ein *Finnenstadium* um.

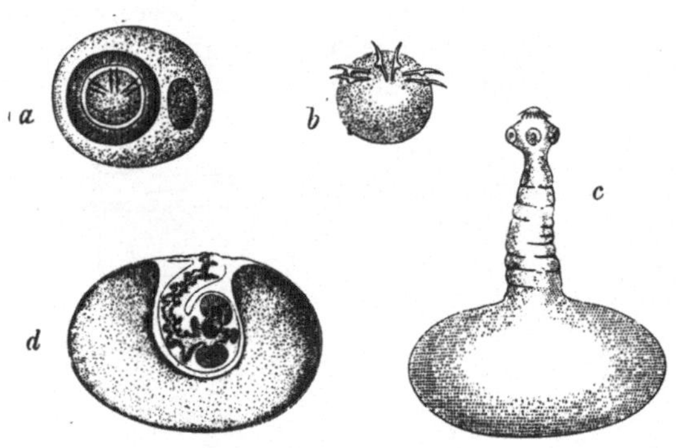

Abb. 472. Entwicklungstadien a—c von *Taenia solium*, d von *Taenia saginata*. (a und d nach LEUCKART.) a Embryo von der cuticularen Embryonalschale und der Hüllmembran umschlossen, 450/1. b freigewordene Oncosphaera, c Finne mit ausgestülptem Scolex, d Finne im Längsschnitt mit noch eingestülptem Scolex. 3/1

Die Entwicklung der Larve zum geschlechtsreifen Bandwurm erfolgt mit seltener Ausnahme nicht an demselben Aufenthaltsorte. Als Regel kann eine, zuweilen (*Taenia coenurus* und *echinococcus*) mit Metagenese verbundene Metamorphose gelten, deren aufeinanderfolgende Stadien an verschiedenen Wohnplätzen leben, in verschiedenen Tierarten die Bedingungen ihrer Ausbildung finden und passiv, seltener vielleicht durch aktive Wanderungen übertragen werden.

Bei den *Taenien* verlassen die Larven gewöhnlich noch eingeschlossen in den Proglottiden mit diesen den Darm des Bandwurmträgers und gelangen auf Düngerhaufen, an Pflanzen oder auch in das Wasser und von hier aus mittels der Nahrung in den Magen pflanzenfressender oder omnivorer Tiere. Nachdem in dem neuen Träger die feste Embryonalschale durch die Einwirkung des Magensaftes verdaut oder gesprengt worden ist, bohrt sich die im Magen oder Darm freigewordene Oncosphaera (Abb. 472) mittels ihrer sechs in Paaren angeordneten Häkchen in die Magen- und Darmgefäße ein. In diesen werden die Oncosphaeren passiv mit der Blutwelle fortgetrieben, in den Kapillaren der verschiedensten Organe, als Leber, Lunge, Muskeln, Gehirn usw., abgesetzt und wachsen nach Verlust ihrer Häkchen, in der Regel von einer bindegewebigen Cyste umkapselt, zu Bläschen mit wandständigem Parenchym und wässerigem Inhalt aus. Die Blase wird zum *Blasenwurm* (Finne, *Cysticercus*), indem von ihrer Wand der Scolex nach innen im rückgestülpten Zustand auswächst. Beim Finnenzustand (*Coenurus*) der *Taenia coenurus* entstehen zahlreiche Scoleces an der Blasenwand. Die als *Echinococcus* bekannte große Finnenblase der *Taenia echinococcus* kann nach innen oder nach außen Tochter- und Enkelblasen produzieren. An diesen Blasen nehmen die Scoleces in besonderen kleinen Brutkapseln ihren Ursprung (Abb. 473). Die Brutkapseln sind umgewandelte Scoleces und können sich in Tochterblasen umwandeln. Die Zahl der von einem Embryo entsprossenen Scoleces ist hier eine enorme und die aus demselben hervorgegangene Mutterblase kann einen sehr beträchtlichen Umfang, nicht selten die Größe eines Kinderkopfes erreichen, dabei infolge des in verschiedenen Richtungen ungleichen Wachstums eine unregelmäßige Form gewinnen. Dafür bleibt aber der zugehörige Bandwurm sehr klein und trägt meist nur eine einzige reife Proglottis (Abb. 484). Knospenbildung findet sich noch bei einigen Cysticercen und Cysticercoiden (vgl. Abb. 474 a).

Im Träger des Finnenzustandes, dem sogenannten Zwischenwirt, bildet sich der Scolex niemals zu dem geschlechtsreifen Bandwurm aus, wenngleich derselbe in manchen Fällen zu einer ansehnlichen Länge auswächst und Proglottiden anlegt (*Cysticercus fasciolaris* der Hausmaus). Die Finne muß erst in den Darm

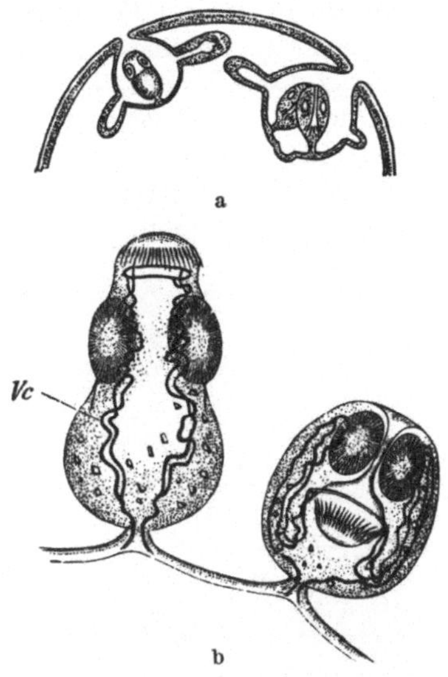

Abb. 473. a Schematische Darstellung eines proliferierenden *Echinococcus*. (Nach R. LEUCKART.) — b *Echinococcus*-Scoleces noch im Zusammenhange mit der Wand der Brutkapsel, der eine ausgestülpt. *Vc* Excretionskanäle.

des definitiven Wirtes gelangen, um sich zum geschlechtsreifen Zustand entwickeln zu können. Diese Übertragung erfolgt auf passivem Wege durch den Genuß des finnigen Fleisches oder der mit Blasenwürmern infizierten Organe. Im Magen wird der *Scolex* frei, wobei die Blase abgestoßen oder rückgebildet wird, und tritt in den Dünndarm ein, heftet sich hier an der Darmwand fest und wächst zur gegliederten Bandwurmform aus.

Bei vielen *Cyclophyllidea* sowie bei *Caryophyllaeus* wird der Cysticercus durch ein sogenanntes *Cysticercoid* vertreten, an dem sich meist ein die Embryonalhäkchen tragender Anhang von einem vorderen Abschnitt mit dem

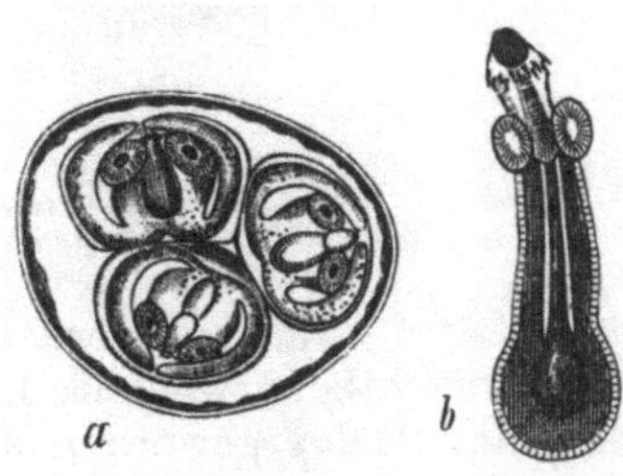

Abb. 474. *Echinococcus*-ähnliches Cysticercoid aus der Leibeshöhle des Regenwurmes. (Nach METSCHNIKOFF.) *a* Brutkapsel mit drei Cysticercoiden, *b* Cysticercoid mit ausgestülptem Kopf.

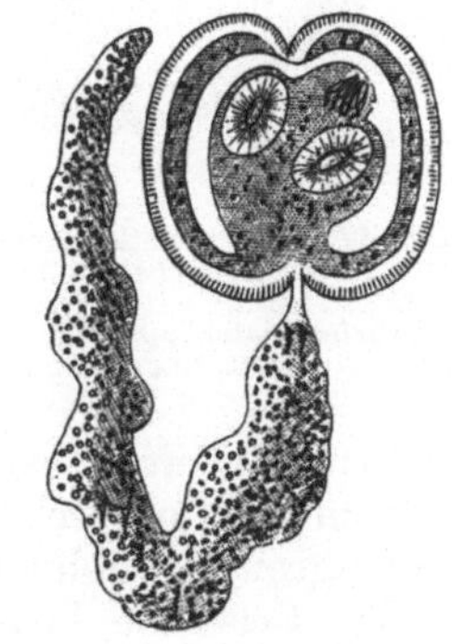

Abb. 475. Geschwänztes Cysticercoid von *Hymenolepis sinuosa* aus *Gammarus pulex*. (Nach HAMANN.)

eingestülpten Scolex abhebt. In manchen Fällen besitzt das Cysticercoid einen schwanzartigen Anhang (Abb. 475). Cysticercoiden finden vornehmlich in der Leibeshöhle wirbelloser Tiere die Bedingungen zur Entwicklung und wurden bisher in Gammariden, Cyclops, Insekten (Mehlwurm, Silpha, Ohrwurm, Floh, Hundelaus), Nacktschnecken und Oligochaeten (Regenwurm und Tubifex) gefunden. In seltenen Ausnahmefällen können sie auch im

Körper des Bandwurmträgers vorkommen, so daß die Entwicklung ohne Zwischenwirt erfolgt, nach GRASSI und ROVELLI bei *Hymenolepis fraterna* (*murina*) und deren Cysticercoid in den Darmzotten der Ratte. Der in der Leibeshöhle von Tubifex lebende, wie ein Cysticercoid (Procercoid) gestaltete *Archigetes* dürfte ein in diesem Formzustand geschlechtsreif gewordener Cestode sein.

Diesen Cysticercoiden gehört auch der procercoide Entwicklungszustand der *Dibothriocephaliden* an, deren Larvenentwicklung in zwei Zwischenwirten durchlaufen wird. Bei *Dibothriocephalus latus* gelangt die zunächst im Wasser freischwebende Larve in Copepoden (*Cyclops strenuus, Diaptomus gracilis*), entwickelt sich hier nach Verlust der Flimmerhülle und Durchbrechung des Darmes in deren Leibeshöhle zu einem sogenannten *Procercoid* von der Form des Scolex mit kleiner, die Embryonalhäkchen tragender Endblase (Abb. 477). Erst mit dem Zwischenwirt in den Magen von Raubfischen (*Lota, Esox, Salmo fario*) aufgenommen, erlangt das Procercoid nach Verlust der Blase die definitive Gestalt des Scolex mit eingezogenem Kopfteil und wird zum sogenannten *Plerocercoid* (Abb. 476 b), das durch die Magenwand in die Leibeshöhle und von hier in die Muskulatur oder in andere Eingeweide einwandert.

Der Entwicklungsgang der *Tetraphylliden*, vielleicht auch der *Tetrarhynchoideen*, dürfte damit übereinstimmen.

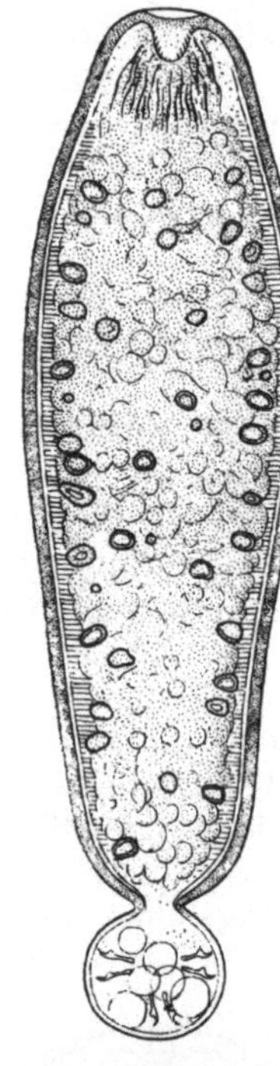

Abb. 477. Procercoid von *Dibothriocephalus latus*. (Nach JANICKI u. ROSEN.) $^{210}/_1$

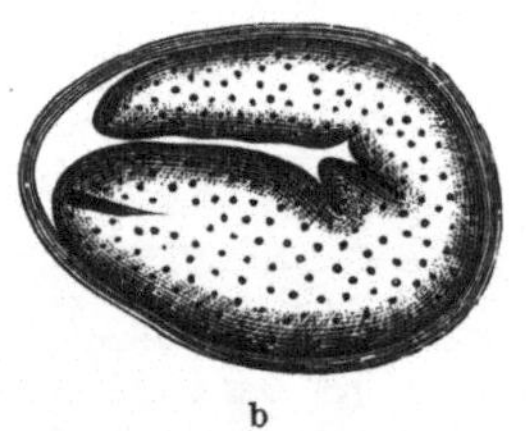

Abb. 476. a Freischwimmende Larve von *Dibothriocephalus latus*. (Nach SCHAUINSLAND.) — b Plerocercoid eines *Dibothriocephalus* aus dem Stint. (Nach R. LEUCKART.)

Im Vergleich zum Cysticercus entspricht das Cysticercoid einem ursprünglicheren Zustande. Den Cysticercus werden wir als sekundär veränderte Larvenform, bei welcher die mächtig entwickelte Blase des Hinterleibes zu einer umfangreichen Schutzhülle des Scolex geworden ist, aufzufassen haben.

Die Cestoden leben im geschlechtsreifen Zustande mit seltenen Ausnahmen befestigt im Darmkanal der Wirbeltiere.

In der folgenden systematischen Übersicht ist zum Teil der von M. BRAUN und FUHRMANN gegebenen Gruppierung gefolgt.

1. Tribus. *Trematodimorpha.* Körper trematodenähnlich. Genitalapparat in einfacher Zahl. Uterus mit Öffnung. Die eiförmige Larve (*Lycophora*) besitzt zehn Häkchen. Werden auch im System allen übrigen Cestoden als *Cestodaria* gegenübergestellt.

Fam. *Amphilinidae.* Körper blattförmig, die Oberfläche mit zahlreichen wabenartigen Grübchen. Eine kleine drüsenreiche Rüsselpapille am Vorderende. *Amphilina foliacea* RUD. In der Leibeshöhle von Acipenseriden. Zwischenwirte verschiedene Gammariden und eine *Metamysis* (JANICKI). Ist als geschlechtsreif gewordene Cestodenlarve aufzufassen (PINTNER).

Fam. *Gyrocotylidae*. Die Seitenränder des Körpers krausenartig gefaltet; am Vorderende ein von einer Krause umsäumter Trichter, am Hinterende ein Saugnapf. In der Haut Stacheln. *Gyrocotyle* (*Amphiptyches*) *urna* WGENR., im Darm von *Chimaera*.

2. Tribus. *Caryophylloidea*. Von gestrecktem Körper, Genitalapparat in einfacher Zahl. Uterus und Vagina münden durch einen gemeinsamen Gang aus.

Fam. *Caryophyllaeidae*. Kopf quer verbreitert mit gefaltetem Vorderrande, ohne Sauggruben. *Caryophyllaeus mutabilis* RUD., Nelkenwurm (Abb. 479). Im Darm der Cyprinoiden. Die Jugendform, ein geschwänztes Procercoid, lebt in *Tubifex*.

Fam. *Archigetidae*. Körper am Vorderende mit zwei flächenständigen Sauggruben, am Hinterende ein schwanzartiger, die Embryonalhäkchen tragender Anhang. *Archigetes appendiculatus* RATZ. In der Leibeshöhle von *Tubifex rivulorum*. Vielleicht ein im Procercoidzustand geschlechtsreif gewordener Cestode (Abb. 478).

3. Tribus. *Bothriocephaloidea*. Scolex mit zwei meist schwachen, flächenständigen Bothridien, zuweilen auch Haken. Äußere Gliederung kann fehlen. Uterus mit Öffnung.

Fam. *Dibothriocephalidae*. Geschlechtsöffnungen meist auf der Fläche des Körpers. Uterus bildet eine Rosette. Die Proglottiden trennen sich nicht einzeln, sondern in Gruppen. Entwicklung durch ein Plerocercoid. *Dibothriocephalus* LHE. Äußere Gliederung

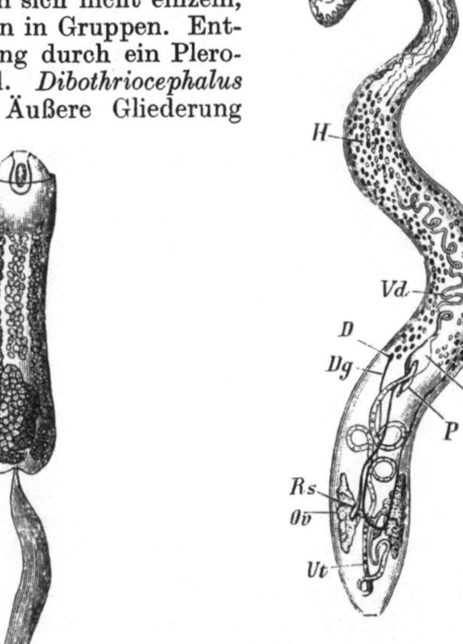

Abb. 479. *Caryophyllaeus mutabilis*. (Nach V. CARUS, Icones.) *H* Hoden, *Vd* Ductus deferens, *Vs* Vesicula seminalis, *P* Cirrus, *Ov* Ovarium, *D* Dotterstock, *Dg* Dottergang, *Ut* Uterus, *Rs* Receptaculum seminis, *W* Excretionsorgane. ²/₁

Abb. 478. *Archigetes appendiculatus*.(Nach R. LEUCKART.) ²⁰/₁

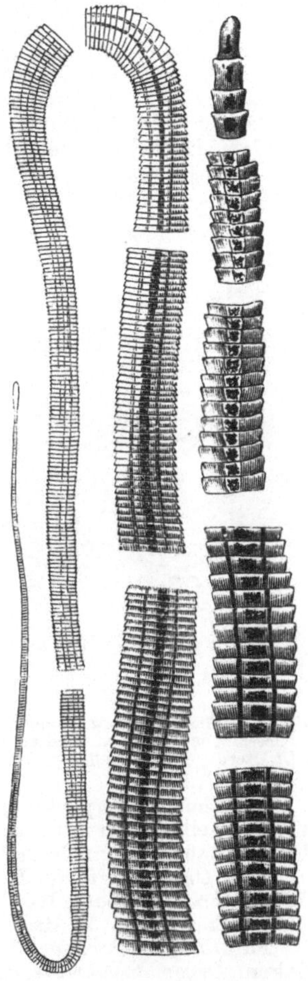

Abb. 480. *Dibothriocephalus latus*. (Nach R. LEUCKART.) ¹/₁

vorhanden. Kopf mit zwei Sauggruben, ohne Haken. *D. latus* L., der breite Bandwurm des Menschen (Abb. 480), bis 9 m lang, hat zwei Verbreitungsgebiete: von den Ostseeprovinzen nach Rußland, Polen, dann von der französischen Schweiz über das südliche Frankreich und nach Italien; häufig auch in Japan und Turkestan. Kopf keulenförmig. Die geschlechtsreifen Proglottiden sind breiter als lang (etwa 10—12 mm breit, 3—5 mm lang); die hintersten erscheinen jedoch schmäler und länger. Die Genitalöffnungen liegen in der Mitte des Gliedes übereinander (Abb. 481). Der schlauchförmige Uterus mit seinen zahlreichen queren Windungen erzeugt in der Mitte des Gliedes eine eigentümliche Figur (Wappenlilie, PALLAS). Die Eier entwickeln sich im Wasser und springen mittels einer deckelartigen Klappe am oberen Pole der Eischale auf. Die ausschlüpfende Oncosphaera trägt eine Flimmerhülle (Abb. 476 a) und flottiert einige Zeit im Wasser, gelangt in Copepoden, in deren Leibeshöhle sie sich zu einem sog. Procercoid (Abb. 477) entwickelt. Mit dem Zwischenwirt wird dieses in den Magen von Süßwasserfischen (*Esox, Lota, Salmo fario*) übertragen, von dem aus die zum Plerocercoid entwickelte Larve in die Muskulatur und Eingeweide einwandert (vgl. Abb. 476 b). *D. cordatus* LEUCK. Mit herzförmigem Kopf ohne fadenförmigen Halsteil. Im Darm der Seehunde, der Hunde, gelegentlich des Menschen in Grönland und Island. *D. mansoni* COBD. (= *liguloides* LEUCK.). Meist frei wie ein Plerocercoid in den Geweben verschiedener Wirbeltiere, auch im subperitonealen Bindegewebe des Menschen in Ostasien gefunden. Geschlechtsreif im Hundedarm gezogen. *Diplogonoporus grandis* R. BL. Mit doppeltem Genitalapparat in jeder Proglottis. Zweimal bei Japanern beobachtet. *Ligula avium* BL., Riemenwurm. Sauggruben schwach, äußere Gliederung undeutlich. Im Jugendzustand in der Leibeshöhle von Cyprinoiden, wo eine beträchtliche Größe und die volle Anlage der Genitalorgane erreicht wird, in geschlechtsreifem Zustande nur während ganz kurzer Zeit im Darm von Wasservögeln. *Schistocephalus nodosus* BL. In der Jugend in der Leibeshöhle von *Gasterosteus*, geschlechtsreif im Darm von Wasservögeln. *Triaenophorus nodulosus* PALL. Kopf mit schwachen Sauggruben und vier dreizackigen Haken. Äußere Gliederung fehlt. Im Darm von Raubfischen.

Fam. *Ptychobothriidae.* Uterus bildet keine Rosette. Uterusmündung ventral, Cirrus- und Vaginamündung dorsal, alle flächenständig. *Ptychobothrium belones* DUJ., in *Belone.* *Abothrium* (*Bothriocephalus*) *rugosum* GOEZE, in Gadiden.

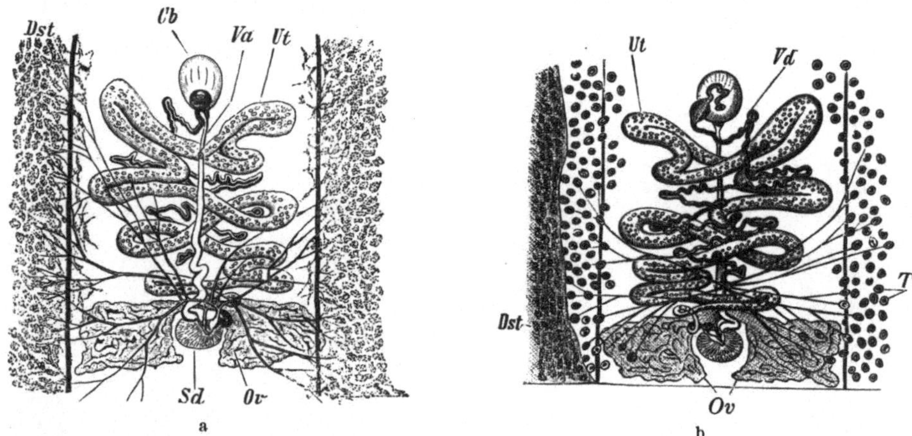

Abb. 481. Geschlechtsorgane einer reifen Proglottis von *Dibothriocephalus latus* (nach SOMMER u. LANDOIS) (mit Weglassung der seitlichen Gliedteile). a von der Bauchfläche, b von der Rückenfläche dargestellt. *Ov* Keimstock, *Ut* Uterus, *Sd* Schalendrüse, *Dst* Dotterstock, *Va* Vagina, *T* Hoden, *Vd* Ductus deferens, *Cb* Cirrusbeutel.

4. Tribus. *Tetraphyllidea.* Mit vier sehr beweglichen, gestielten oder sitzenden Bothridien, zuweilen noch mit Hakenbewaffnung. Uterus geschlossen. Cirrus und Vagina münden am Rande, Vaginalmündung vor dem Cirrus.

Fam. *Onchobothriidae.* In den Bothridien neben accessorischen Sauggruben stets Haken. *Onchobothrius uncinatus* RUD., *Calliobothrium verticillatum* RUD., in Haien. *Acanthobothrium corollatum* ABILDG., in Haien und Rochen.

Fam. *Phyllobothriidae.* Bothridien gestielt, meist mit accessorischen Sauggruben, ohne Haken. *Orygmatobothrium musteli* BENED., im Darm von *Mustelus.* *Anthobothrium auriculatum* RUD., im Darm von *Torpedo.* *Phyllobothrium lactuca* BENED., in *Mustelus.*

Zu den Tetraphyllidea gehört der tentakelförmige Fortsätze am Kopfe tragende *Polypocephalus radiatus* BRAUN aus *Rhinobatus granulatus.*

5. Tribus. *Cyclophyllidea.* Kopfbewaffnung aus vier muskulösen Saugnäpfen gebildet, zu denen häufig noch ein einfacher oder doppelter Hakenkranz auf einem Stirnzapfen (Rostellum) der Scheitelfläche hinzukommt. Proglottiden meist mit randständigem Genitalporus. Uterus geschlossen. Jugendzustände cysticerk oder cysticercoid.

Fam. *Mesocestoididae.* Scolex unbewaffnet, ohne Rostellum. Genitalpori flächenständig. *Mesocestoides lineatus* GOEZE, im Darm des Hundes und der Katze.

Fam. *Anoplocephalidae.* Scolex meist kugelig, unbewaffnet. Saugnäpfe relativ groß. Proglottiden kurz und breit. Genitalapparat einfach oder doppelt, Genitalpori randständig. *Anoplocephala perfoliata* GOEZE, im Pferd. *Moniezia expansa* RUD. Riesenbandwurm, über 10 m lang. Genitalapparat doppelt. Im Darm des Schafes und der Ziege, seltener des Rindes.

Fam. *Davaineidae.* Rostellum einfach gebaut, mit einem doppelten Kranz zahlreicher, meist sehr kleiner Haken. Genitalorgane einfach oder doppelt, Genitalpori randständig.

Davainea madagascariensis DAVAINE. Saugnäpfe mit Häkchen bewaffnet, Uterus löst sich in einzelne Säckchen auf. Im Menschen in Mauritius, Madagaskar, Bangkok.

Fam. *Dilepididae.* Scolex mit oder selten ohne bewaffnetes Rostellum. Genitalorgane meist einfach, selten verdoppelt. Genitalpori randständig. *Dilepis undula* SCHRANK, aus Drosseln. *Dipylidium caninum* L. (*Taenia cucumerina* BL., *T. elliptica* BATSCH). Mit keulenförmigem Rostellum. Geschlechtsapparat verdoppelt, der unpaare Uterus löst sich schließlich in einzelne Säckchen auf. Die reifen Proglottiden Gurkenkernen ähnlich. Im Darm des Hundes, der Katze, selten des Menschen. Das Cysticercoid lebt in der Leibeshöhle der Hundelaus und des Flohes. Die Infektion mit Cysticercoiden geschieht dadurch, daß der Hund den ihn belästigenden Parasiten verschluckt, während der Parasit die mit dem Kot an die Haut geriebenen Eier der Taenie frißt.

Fam. *Hymenolepididae.* Scolex meist bewaffnet, mit einfachem Hakenkranz. Proglottiden breiter als lang. Genitalporen alle einseitig. Uterus sackförmig. *Hymenolepis nana* LIEB. 10—15 mm lang, im Darm des Menschen in Ägypten, auch in Sizilien häufig beobachtet. Nahe verwandt, wenn nicht identisch mit *H. fraterna* STILES (*murina* DUJ.), deren Cysticercoid sich nach GRASSI und ROVELLI ohne Zwischenwirt in den Darmzotten der Ratte entwickelt und ausgebildet sodann in den Darm gelangt. *H. diminuta* RUD. (*Taenia*

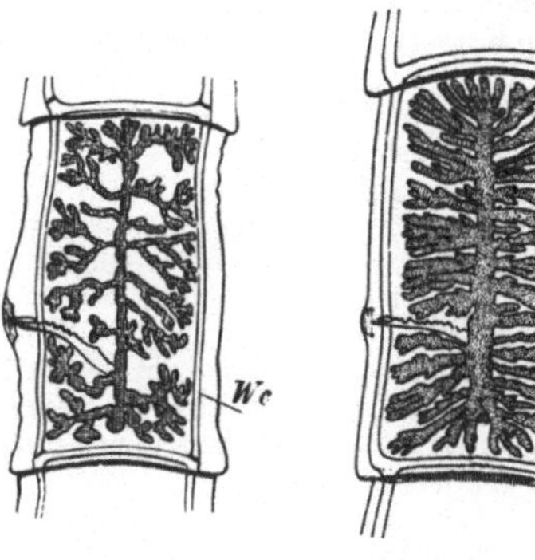

<table>
<tr><td>a</td><td>b</td><td></td></tr>
<tr><td>Abb. 482. Cysticercus von
Taenia saginata mit ausge-
stülptem Scolex. 8/1</td><td>Abb. 483. Zur Trennung reife Proglottis. a Von
Taenia solium. (Nach SOMMER, verändert.) b Von
Taenia saginata; Wc Excretionskanal. Etwa 2/1</td><td>Abb. 484. Taenia
echinococcus.
(Nach
R. LEUCKART.)
12/1</td></tr>
</table>

flavopunctata WEINL.), im Darm von Muriden, gelegentlich des Menschen in Nordamerika, auch in Italien gefunden. *H. sinuosa* ZED., im Darm der Gans und Ente, mit geschwänztem Cysticercoid in *Gammarus* (Abb. 475).

Fam. *Taeniidae.* Scolex meist mit doppeltem Hakenkranz, selten unbewaffnet. Genitalporen randständig, unregelmäßig alternierend. Uterus mit Medianstamm und später auftretenden Seitenästen. *Taenia solium* L. Von etwa 3 m Länge. Mit doppeltem Hakenkranz aus meist 26—28 Haken an einem Rostellum (Abb. 467). Die reifen Proglottiden etwa von 10 mm Länge und 5 mm Breite, der Uterus mit 7—10 dendritischen Verzweigungen (Abb. 483 a). Lebt im Darm des Menschen. Der zugehörige Blasenwurm, als Finne (*Cysticercus cellulosae*) bekannt, bis 1 cm groß, lebt vornehmlich in dem Unterhautzellgewebe und in den Muskeln des Schweines, aber auch im Körper des Menschen (Muskel, Augen, Gehirn), in welchem bei Vorhandensein der Taenie Selbstansteckung mit Finnen möglich ist, selten auch in den Muskeln des Rehes, des Hundes und der Katze. Im Gehirn des Menschen wächst die Finne in blasig ausgebuchtete Stränge aus, zuweilen ohne einen Kopf zu erzeugen. *T. saginata* GOEZE (*mediocanellata* KÜCHM.), im Darm des Menschen (Abb. 466). Kopf ohne Hakenkranz und Rostellum, an Stelle des letzteren ein saugnapfartiges Organ, mit vier um so kräftigeren Saugnäpfen (Abb. 482). Der Bandwurm wird 4—10 m lang und erscheint viel feister als *T. solium.* Die reifen Proglottiden etwa 18 mm lang und 7—8 mm breit. Der Fruchtbehälter bildet 20—35 dichotomische Seitenzweige (Abb. 483 b). Die zugehörige Finne (*Cysticercus bovis*) lebt in den Muskeln des Rindes (Abb. 482). Über Europa, den Orient, Afrika und Amerika verbreitet. *T. serrata* GOEZE, im Darmkanal des Hundes, mit der als *Cysticercus pisiformis* bekannten Finne in der Leber des Hasen und Kaninchens. *T. crassicollis* RUD. der Katze mit *Cysticercus fasciolaris* der Hausmaus. *T. marginata* BATSCH des Hundes (Fleischerhund) und Wolfes mit *Cysticercus tenuicollis* aus dem Netze der Wiederkäuer und Schweine, angeblich auch des Menschen. *T. crassiceps* RUD. des

Fuchses mit *Cysticercus longicollis* aus der Brusthöhle der Feldmäuse. *T. coenurus* v. Sieb., im Darme des Schäferhundes, mit *Coenurus cerebralis*, Quese oder Drehwurm, im Gehirn einjähriger Schafe und von Rindern als Finnenzustand, der zahlreiche Scoleces produziert. Übrigens wurde das Vorkommen des *Coenurus* auch an anderen Orten, wie z. B. in der Leibeshöhle des Kaninchens, konstatiert. *T. echinococcus* Sieb., im Darme des Hundes, Wolfes und Schakals gewöhnlich in großer Zahl, 3—6 mm lang, nur wenige Proglottiden bildend (Abb. 484). Die Haken des Kopfes zahlreich, aber klein. Der zugehörige Blasenwurm (Abb. 473) durch die bedeutende Dicke der geschichteten Cuticula und Produktion zahlreicher Scoleces in Brutkapseln ausgezeichnet, lebt als *Echinococcus polymorphus* (Hülsenwurm) vornehmlich in der Leber und Lunge des Menschen (*E. hominis*) und der Haustiere (*E. veterinorum*). Die erstere Form, durch die Produktion von Tochter- und Enkelblasen ausgezeichnet, erlangt meist eine viel bedeutendere Größe und durch Aussackungen eine sehr unregelmäßige Gestaltung, während die der Haustiere häufiger die Gestalt der einfachen Blase beibehält. Übrigens bleiben die *Echinococcus*-Blasen im letzteren Falle nicht selten steril, ohne Brutkapseln, sogenannte *Acephalocysten*. Eine andere, und zwar pathologische Form ist der sogenannte multiloculäre *Echinococcus*. In Europa nicht selten. Sehr verbreitet ist die *Echinococcus*-Krankheit (Hydatidenseuche) in Island und Australien. Hier schließt sich an *Dioecocestus paronai* Fuhrm. Getrennt geschlechtlich. In *Plegadis guarauna*. Argentinien.

6. Tribus. *Diphyllidea*. Kopf des Scolex nach hinten in einen Kopfstiel verlängert, mit zwei großen, flächenständigen Bothridien und einem hakentragenden Rostellum. Kopfstiel mit Längsreihen von Haken besetzt. Geschlechtsapparat wie bei den Tetraphylliden, jedoch die Genitalpori flächenständig.

Fam. *Echinobothriidae*. Mit den Charakteren der Tribus. *Echinobothrium typus* Bened., in Rochen. *E. musteli* Pintn., in *Mustelus*.

7. Tribus. *Tetrarhynchoidea*. Kopf nach hinten in einen Kopfstiel verlängert, mit zwei flächenständigen oder mit vier paarweise angeordneten Bothridien und vier retractilen, mit Haken besetzten Rüsseln, die einen aus quergestreifter Muskulatur gebildeten Propulsions-apparat besitzen (Abb. 470). Uterus häufig mit Ausmündung. Vaginalmündung nie vor dem Cirrus. Genitalpori marginal.

Fam. *Rhynchobothriidae*. Mit den Charakteren der Tribus. *Eutetrarhynchus ruficollum* Eysenhardt, im Spiraldarm von *Mustelus* (Abb. 470). *Rhynchobothrius tetrabothrius* Bened. im Spiraldarm von *Squalus acanthias*. *Heterotetrarhynchus institatum* Pintner (*corollatus* aut.) aus Hexanchus und Heptranchias.

2. Klasse. Aschelminthes.

Scoleciden von in der Regel mehr drehrundem Körper, mit Enddarm und After-öffnung, mit mehr oder minder geräumiger primärer Leibeshöhle und wenig entwickeltem Mesenchym, meist getrennten Geschlechts.

Die hier zusammengefaßten Formen sind entweder freilebend oder parasitisch, wie die meisten *Nematodes*, in der Jugend auch die *Nematomorpha* und die durchwegs entoparasitischen *Acanthocephala*, deren verwandtschaftliche Beziehungen unsicher sind, daher ihre Unterbringung in der Nähe der *Nematoden* keineswegs feststeht. Der meist drehrunde, seltener dorsoventral etwas abgeflachte Körper trägt bei den *Rotatoria* und *Gastrotricha* noch eine teilweise Bewimperung, während er sonst von einer Cuticula bedeckt wird. Am Darm ist ein Proctodaeum mit Afteröffnung vorhanden, die entoparasitischen *Acanthocephalen* sind darmlos. Die primäre Leibeshöhle erscheint relativ geräumig und das Mesenchym meist wenig entwickelt. Am Nervensystem unterscheidet man ein Cerebralganglion sowie zwei bis vier von demselben ausgehende Nervenstränge. Mit wenigen Ausnahmen herrscht Trennung der Geschlechter.

1. Ordnung. Rotatoria, Rädertiere[1].

Aschelminthen von walzenförmigem oder dorsoventral abgeflachtem, zuweilen in Ringe gegliedertem Körper, mit perioralem einziehbaren Wimperapparat (Räderapparat).

---

[1] Außer Ch. G. Ehrenberg, F. Dujardin vgl. Leydig, Fr.: Über den Bau und die systematische Stellung der Rädertiere. Z. Zool. 6 (1854). — Cohn, F.: Über Rädertiere.

Die Rotatorien wiederholen im wesentlichen die Organisationsverhältnisse der bei Anneliden auftretenden Trochophoralarve, mit welcher die Kugelrotatorie *Trochosphaera aequatorialis* (Abb. 487) auch in der Gestaltung des Körpers nahezu übereinstimmt. Bei allen übrigen Formen ist der Körper walzenförmig oder dorsoventral abgeflacht und zerfällt meist in drei Abschnitte, einen den Wimperapparat tragenden Vorderabschnitt, einen Rumpfabschnitt, welcher die Hauptmasse der Eingeweide enthält, sowie einen ventralen, schmalen, beweglichen Fußabschnitt (Abbild. 485). Letzterer endet meist mit zwei Fortsätzen (Zehen), an denen Drüsen münden, mittels deren Secret die Tiere sich befestigen können. Häufig sind Rumpf- und Fußabschnitt weiter in Ringe gegliedert, die sich fernrohrartig einziehen und mehr oder minder frei unter Biegungen verschieben können. Bei einigen Gattungen sind durch Muskeln bewegliche Borsten oder lanzettförmige Anhänge (*Polyarthra*, *Filinia*) oder extremitätenähnliche Ausstülpungen der Leibeswand (*Pedalia*) am Rumpfabschnitte vorhanden.

Ein wichtiger Charakter der Rotiferen liegt in dem am Vorderende sich erhebenden, meist einziehbaren Wimperapparat, der wegen seiner Ähnlichkeit mit einem rotierenden Rade als *Räderorgan* bezeichnet wird. Er besteht in der Regel aus einem stärkeren präoralen Wimperkranz (Trochus), welcher vor-

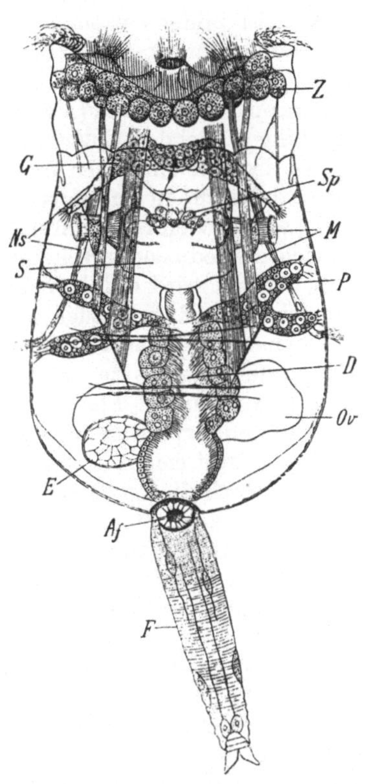

Abb. 485. *Brachionus plicatilis.* (Nach Moebius. $^{200}/_1$. Z Zellen des Wimperorgans, G Cerebralganglion, Ns an den Tastern endende Nervenstämme, S Kaumagen, Sp Speicheldrüsen, D Magendarm, P pancreatische Anhangsdrüsen, Af Kloakenöffnung, M Muskeln, Ov Ovarium, E Excretionsblase, F Fuß.

Ebenda 7 (1856); 9 (1858); 12 (1862). — Gosse, P.: On the structure, functions and homologies of the manducatory organs of the class Rotifera. Philosophic. Trans. roy. Soc. London 1856. — Claus, C.: Über die Organisation und die systematische Stellung der Gattung *Seison*. Festschr. zool.-bot. Ges. Wien 1876. — Joliet, L.: Monographie des Melicertes. Archives de Zool. 1883. — Plate, L.: Beiträge zur Naturgeschichte der Rotatorien. Jena. Z. Naturwiss. 19 (1886). — Über einige ectoparasitische Rotatorien des Golfes von Neapel. Mitt. zool. Stat. Neapel 7 (1887). — Zelinka, C.: Studien über Rädertiere. Z. Zool. 1886 bis 1891. — Jennings, H. S.: The early development of *Asplanchna herrickii*. Bull. Mus. Comp. Zool. Harvard Coll. 30 (1896). — Hudson, C. T. u. P. H. Gosse: The Rotifera or Wheel-Animalcules. 2 vols a. Suppl. London 1886—1889. — de Beauchamp, P.: Morphologie et variations de l'appareil rotateur dans la série des Rotifères. Archives de Zool. 1907. — Recherches sur les Rotifères. Ebenda 1909. — Shull, A. F.: Studies in the life cycle of *Hydatina senta*. J. of exper. Zool. 8 (1910); 10 (1911). — Harring, H. K.: Synopsis of the Rotatoria. Bull. nat. Mus. Washington 1913. — Wesenberg-Lund, C.: Contributions to the Biology of the Rotifera. Vidensk. Selsk. Skrift. Kopenhagen 1923. — Storch, O.: Die Eizellen der heterogenen Rädertiere. Zool. Jb. 45 (1924). — Nachtwey, R.: Untersuchungen über die Keimbahn, Organogenese und Anatomie von *Asplanchna priodonta*. Z. Zool. 126 (1925). — Cori, C. J.: Zur Morphologie und Biologie von *Apsilus vorax*. Ebenda 125 (1925). — Lemensick, R.: Zur Biologie, Anatomie und Eireifung der Rädertiere. Ebenda 128 (1926). — Vgl. ferner Dalrymple, Salensky, Eckstein, Gavarret, Gast, Masius, Montgomery, Lauterborn, Maupas, Tannreuther, Dobers u. a.

nehmlich der Bewegung dient, und einem postoralen, aus feineren Wimpern gebildeten Cilienkranz (Cingulum), der die zugestrudelte Nahrung in den Mund einleitet. Bei *Trochosphaera* umgürtet der Trochus den Körper fast vollständig im Äquator, während das Cingulum klein bleibt; in allen anderen Fällen nimmt der Räderapparat den vorderen Körperabschnitt ein und zeigt sich sehr mannigfaltig ausgebildet. Er bildet zuweilen einen vollständigen, auch schirmförmigen (*Floscularia*) Randsaum, erscheint aber häufig in der Dorsal- und Ventralseite unterbrochen und zerfällt dadurch in zwei Abschnitte (*Philodinidae*). Zuweilen ist der Wimperapparat teilweise (*Notommata, Seison*) oder vollständig (*Cupelopagis* u. a.) rückgebildet. Bei den *Collotheciden* gelangt das Cingulum zu mächtiger Entwicklung; es liegt an einer den hier terminalen Mund umgebenden trichterförmigen Hautfalte, welche in knopfartige (*Collotheca*) oder armförmige Fortsätze (*Stephanoceros*) ausgezogen ist, während der Trochus zu einem kleinen Kranz im Grunde des Trichters reduziert erscheint.

Im übrigen wird der Körper der Rädertiere von einer Cuticula überkleidet, welche sich am Rumpf auch zu einem festen Panzer ausbilden kann (*Loricata*), in welchen der Wimperapparat und Fuß zurückgezogen werden können (Abb. 485). Bei dauernd festsitzenden Formen scheidet der Körper eine gallertige Hülle ab, zu deren Aufbau bei *Floscularia* (*Melicerta*) *ringens* überdies aus zusammengeballten Fremdkörpern gebildete Kügelchen verwendet werden. Die Hautmuskulatur beschränkt sich auf einzelne längs- und ringförmig verlaufende Muskelzüge sowie frei durch die Leibeshöhle ziehende, nur mit ihren Insertionen an der Haut befestigte Muskeln, die zum Einziehen des Wimperapparates sowie zur Bewegung der einzelnen Körperringe gegeneinander dienen. Auch zu den Eingeweiden ziehen von der Haut Muskeln; sie dienen neben spärlichen Bindegewebszellen zugleich zur Befestigung der Eingeweide innerhalb der geräumigen, mit Lymphe erfüllten Leibeshöhle.

Die meist ventrale (nur bei den *Collotheciden* terminale) Mundöffnung führt, oft durch einen Mundtrichter, in einen breiten, mit einem aus kieferartigen Chitinstücken gebildeten Zahnapparat ausgestatteten Kaumagen (Mastax), an dessen Vorderende Speicheldrüsen münden. Aus diesem entspringt ein kurzer Oesophagus, der in den weiten, mit großen Wimperzellen bekleideten Magendarm führt. Am Eingange des letzteren finden sich zwei ansehnliche pankreatische Drüsen. Dann folgt der ebenfalls bewimperte Enddarm, welcher am Hinterende des Rumpfabschnittes in einer dorsalwärts gelegenen Kloake ausmündet. Bei den in Hüllen lebenden Formen erscheint die Kloakenöffnung weit nach vorn verschoben und im Zusammenhange damit der Darm hufeisenförmig gekrümmt. Bei einigen Rotiferen (*Asplanchna, Paraseison*) endet der Darm blindgeschlossen.

Die Excretionsorgane (Abb. 486) sind zwei stellenweise aufgeknäuelte Längskanäle, die mit kurzen Wimperkölbchen beginnen und meist vermittels einer contractilen Blase mit dem Enddarm in die Cloake münden.

Das Nervensystem besteht aus einem rundlichen oder zweilappigen, über dem Schlunde gelegenen Cerebralganglion. Von diesem gehen Nerven nach vorn zum Wimperapparat und zu den innerhalb des letzteren auftretenden sogenannten Stirntastern. Nach hinten entsendet es ein dorsales und laterales Längsnervenpaar; ersteres endet an zwei knospenförmigen, mit Borsten besetzten Dorsaltastern, die auch durch ein einfaches, stabförmiges Nackenorgan repräsentiert sein können, letzteres an zwei weiter nach hinten gelegenen, mit Borsten an der Oberfläche ausgestatteten Sinnesknospen, den sogenannten Lateraltastern. Von diesen Längsnerven gehen auch die Muskelnerven ab. Bei einigen Rotatorien ist ein subösophageales Ganglion beschrieben. Augen liegen nicht selten entweder als x-förmiger unpaarer Pigmentkörper oder als paarige, mit lichtbrechenden Kugeln verbundene Pigmentflecke dem Gehirn an. Dorsal hinter dem Cerebralganglion findet sich häufig ein drüsiges Organ (Kalkbeutel).

Die Geschlechter sind getrennt und, ausgenommen die *Seisonidae*, durch einen ausgeprägten Dimorphismus bezeichnet. Die Männchen der *Philodinidae* sind bisher nicht gefunden. Die sonst sehr kleinen Männchen (Abb. 486 b) treten nur zu gewissen Zeiten auf und entbehren des Darmkanals, dessen Anlage auf ein strangförmiges Rudiment reduziert bleibt; ihr Räderapparat ist vereinfacht. Der Geschlechtsapparat besteht aus einem unpaaren schlauchförmigen Hoden (bei *Seison* paarig), dessen Ausführungsgang zuweilen auf einem papillenartigen Höcker am hinteren Ende des Rumpfes mündet. Die Geschlechtsorgane der weit größeren Weibchen bestehen aus einem seltener paarigen (*Philodinidae, Seison*), gewöhnlich unpaaren Ovarium, das in einem Teile die Keimzellen produziert,

in einem anderen, als Dotterstock bezeichneten Abschnitte aus großen dotterreichen Zellen besteht, welche an die heranreifenden Eizellen durch Osmose Nährstoffe abgeben. Der kurze Eileiter mündet in die Kloake. Bei *Philodiniden* fehlen Ovidukte; die Eier entwickeln sich hier frei in der Leibeshöhle. Die Rotatorien produzieren dickschalige Dauereier (Winter- eier), die sich erst nach längerer Ruhe entwickeln, und dünnschalige Subitan- eier (Sommereier), unter letzteren größere, aus welchen Weibchen, und kleinere, aus denen Männchen her- vorgehen. Die Subitaneier entwickeln sich parthenogenetisch, die Dauereier sind befruchtet. Es besteht bei der Mehrzahl der Rotatorien Hetero- gonie, indem parthenogenesierende Generationen mit einer Geschlechts- generation alternieren. Aus den Dauer- eiern gehen Weibchen (amiktische Weibchen STORCH) hervor, die stets parthenogenetische Eier liefern, und

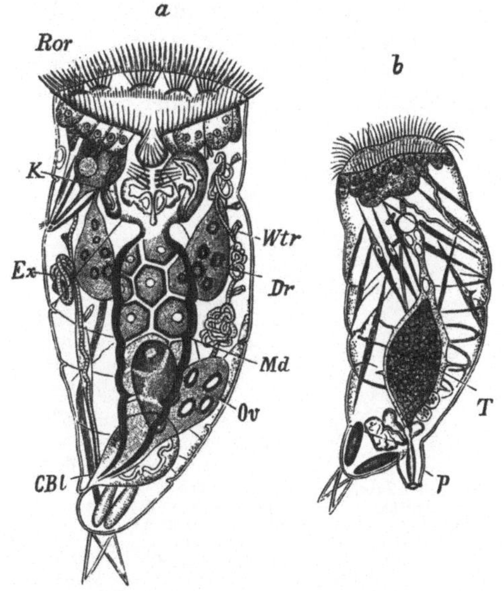

Abb. 486. *Epiphanes* (*Hydatina*) *senta*. (Nach F. COHN.) a Weibchen, b Männchen; *Ror* Räderorgan, *K* Kaumagen, *Dr* pancreatische Anhangsdrüsen, *Md* Magendarm, *Ov* Ovarium, *Wtr* Wimperkölbchen des Excretionsapparates (*Ex*), *CBl* contractile Blase, *P* Penis, *T* Hoden. 110/₁

denen weitere parthenogenesierende Generationen folgen. Bei Änderung der Lebensbedingungen treten Weibchen (Sexuparae, miktische Weibchen STORCH) auf, die fakultativ parthenogenetische Eier bilden, aus denen Männchen hervor- gehen, dagegen, wenn befruchtet, größere Dauereier ausbilden, die dann stets Weibchen liefern. Die Befruchtung erfolgt schon frühzeitig bei jungen Eiern (s. S. 317). Bei *Philodiniden* ist bisher bloß Parthenogenese beobachtet, und wurden Männchen noch nicht gefunden. Mit Ausnahme der *Philodinidae* werden die Eier meist abgelegt, häufig außen am Körper befestigt; die Subitaneier mancher Formen durchlaufen die Embryonalentwicklung im Eileiter.

Die Entwicklung verläuft direkt oder mit unbedeutender Metamorphose (*Collothecidae*). Nach einer inäqualen Furchung entsteht eine Umwachsungs- gastrula; an der Verschlußstelle des Ectoderms erfolgt von diesem aus die Schlund- einstülpung. Über die Bildung des Mesoderms ist Genaueres nicht bekannt. Die Sonderung der Genitalanlage erfolgt sehr frühzeitig. Der Embryo erfährt später eine ventrale Einbuchtung, durch welche sich der Hinterleib vom Vorderleib abgliedert; an letzterem legt sich der Wimperapparat an. Zwischen der Anlage des Räderorganes entsteht durch eine ectodermale Einwucherung das Gehirnganglion. Dorsal an der Basis des Hinterleibes legt sich der Enddarm an.

Die Rädertiere überschreiten selten eine Körperlänge von 1 mm. Sie bewohnen vornehmlich das süße Wasser, wenige das Meer und sind größtenteils Kosmopoliten. Sie bewegen sich teils schwimmend mit Hilfe des Räderorganes fort, teils legen sie sich mittels des zweizangigen drüsigen Fußendes vor Anker. Einige (*Philodinidae*) kriechen auch spannerartig, die *Polyarthriden* schnellen sich mittels ihrer Ruderfortsätze fort. Manche Formen sind dauernd befestigt und einige zu Kolonien vereinigt. Verhältnismäßig wenige leben als Parasiten (*Proales parasita, Albertia* u. a.). Einige Rotatorien (*Philodinidae*) vermögen einer Austrocknung zu widerstehen; so erklärt sich ihr Vorkommen in Moos und im Sande von Dachrinnen.

In der folgenden systematischen Übersicht ist teilweise eine Neubildung von Gruppen versucht.

1. Unterordnung. *Sphaeroidea*. Körper kugelig, vom Trochus im Äquator eingesäumt. Cingulum klein.

Fam. *Trochosphaeridae. Trochosphaera aequatorialis* Semp. Philippinen (Abb. 487).

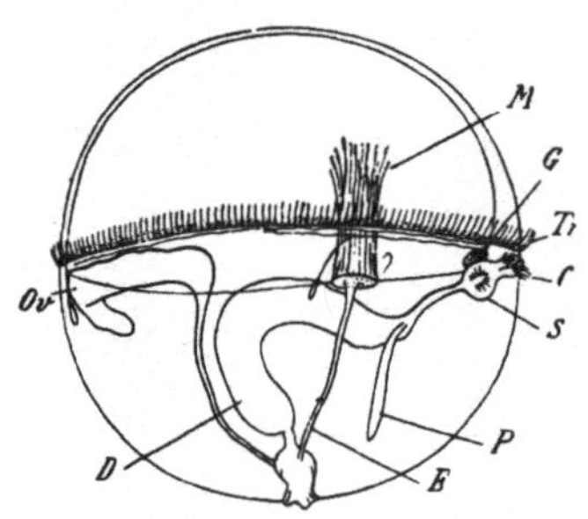

Abb. 487. *Trochosphaera aequatorialis.* (Nach Semper.) ⁵⁰/₁. *Tr* Trochus, *C* Cingulum, *G* Cerebralganglion, *M* Muskel, *S* Kaumagen, *D* Darm, *P* pancreatische Anhangsdrüse, *E* Excretionsorgan, *Ov* Ovarium.

2. Unterordnung. *Eurotatoria*. Körper gestreckt, Räderapparat am vorderen Körperende.

1. Tribus. *Bdelloidea*. Körper gestreckt, wurmartig, in zahlreiche Ringe gegliedert. Räderapparat zweiteilig. Dorsal von demselben ein aus dem verlängerten Scheitelfelde hervorgegangener sogenannter Rüssel. Männchen unbekannt. Schwimmen und bewegen sich auch spannerartig kriechend.

Fam. *Philodinidae. Philodina roseola* Ehrbg., *Rotaria rotatoria* Pall. (*Rotifer vulgaris* Schrank). Augenlos sind *Callidina* Ehrbg. und *Zelinkiella* (*Discopus*) *synaptae* Zel., letztere ectoparasitisch auf *Synapta*.

2. Tribus. *Cephaloidiphora*. Der in Ringe gegliederte wurmartige Körper zerfällt in vier Abschnitte, von denen der vorderste kopfartig gestaltet ist. Räderapparat rudimentär oder fehlend. Männchen und Weibchen nicht dimorph. Ectoparasiten auf *Nebalia*.

Fam. *Seisonidae. Seison nebaliae* Gr. *Paraseison asplanchnus* Plt. Ohne Enddarm. Mittelmeer, Atlant. Ozean.

3. Tribus. *Illoricata*. Körper konisch, seltener wurmförmig, ein Fußabschnitt fehlt oder ist kurz. Räderapparat aus den beiden Cilienkränzen bestehend, zuweilen reduziert, selten fehlend. Körperbedeckung biegsam, nicht gepanzert.

Fam. *Microcodonidae*. Körper kelchförmig, mit Fußabschnitt. Räderorgan nicht retraktil. *Microcodon clavus* Ehrbg.

Fam. *Asplanchnidae*. Körper sackförmig. Räderorgan kegelförmig. Fußabschnitt klein oder fehlend. Ohne Enddarm und After. *Asplanchna priodonta* Gosse. Ohne Fuß. *Asplanchnopus multiceps* Schrank (*myrmeleo* Ehrbg.). Mit kurzem Fuße.

Fam. *Synchaetidae*. Körper kegelförmig, Fuß kurz. Räderorgan in mehrere Abschnitte aufgelöst. Mit zwei seitlichen großen Wimperohren. *Synchaeta pectinata* Ehrbg. Europa.

Fam. *Polyarthridae*. Körper fußlos, mit langen, zum Springen dienenden Ruderfortsätzen. Räderorgan mit randständigem Wimperkranz. Cuticularbekleidung dick. *Filinia* (*Triarthra*) *longiseta* Ehrbg. Mit drei langen Springborsten. *Polyarthra trigla* Ehrbg. Jederseits zwei Gruppen von drei lanzettlichen Anhängen. Hier dürfte sich *Pedalia* (*Pedalion*) *mira* Huds., mit sechs beborsteten extremitätenähnlichen Körperfortsätzen, anschließen.

Fam. *Epiphanidae*. Körper kegelförmig, vorn abgestutzt. Fuß kurz. Räderorgan ventralwärts verlagert. Beide Wimperkränze gut entwickelt. Meist kriechende Formen. *Epiphanes* (*Hydatina*) *senta* Müll. (Abb. 486).

Fam. *Notommatidae*. Körper meist nach hinten verbreitert. Fuß kurz. Räderorgan meist wenig entwickelt. *Notommata aurita* Müll. *Proales parasita* Ehrbg., parasitisch in *Volvox*. *Albertia* Duj. Entoparasitisch im Darm von Oligochäten und Nacktschnecken.

4. Tribus. *Loricata*. Körper im schildförmigen Rumpfabschnitt gepanzert. Räderorgan zwei- oder mehrfach geteilt. Fuß geringelt oder kurz gegliedert.

Fam. *Euchlanidae*. Körper eiförmig. Panzer aus Rücken- und Bauchschild bestehend. Fuß kurzgliederig mit langen Fortsätzen (Zehen). *Euchlanis triquetra* EHRBG.

Fam. *Brachionidae*. Körper topfförmig. Panzer aus Rücken- und Bauchschild bestehend. Fuß gegliedert oder geringelt (Abb. 485). *Brachionus urceus* L. (*urceolaris* MÜLL.). *B. plicatilis* MÜLL. (Abb. 485). *Platyias (Noteus) quadricornis* EHRBG. Hier schließt sich an *Anuraea aculeata* EHRBG.

5. Tribus. *Rhizota*. Die Weibchen dauernd festsitzend, von einer röhrigen Hülle umgeben. Fuß lang. Räderorgan umfangreich. Die Männchen frei, ohne Gehäuse.

Fam. *Flosculariidae*. Räderorgan meist schirmförmig, zuweilen gelappt und stark nach der Dorsalseite geneigt. Mund ventral. *Floscularia (Melicerta) ringens* L. Räderorgan vierlappig. Hülse noch mit Kügelchen umbaut. *F. melicerta* EHRBG. (*Tubicolaria najas* EHRBG.). Räderorgan schirmförmig mit ventralem und dorsalem Ausschnitt. *Lacinularia flosculosa* MÜLL. (*socialis* L.). Räderorgan hufeisenförmig. Kolonienbildend. *Conochilus hippocrepis* SCHRANK (*volvox* EHRBG.). Kugelige freischwimmende Kolonien bildend.

Fam. *Collothecidae*. Am Räderorgan das Cingulum umfangreich, der Trochus reduziert. Ersteres an einem in meist fünf Fortsätze ausgezogenen Trichter im Umkreise des terminalen Mundes. *Collotheca (Floscularia) cornuta* DOBIE. Fortsätze knopfartig mit langen Borsten. *Stephanoceros fimbriatus* GLDF. (*eichhorni* EHRBG.). Fortsätze lang armförmig, mit wirtelförmig angeordneten Wimpern. Hier reiht sich vielleicht an *Cupelopagis (Apsilus) vorax* LEIDY. Körper linsenförmig, ohne Wimperapparat, mit großem Mundtrichter. Fuß zu einer Haftscheibe umgebildet. Ohne Gallerthülle. Europa, Nordamerika.

2. Ordnung. Gastrotricha[1].

Aschelminthen von flaschenförmigem Körper, mit paarigen ventralen Cilienbändern, am Hinterende meist gabelteilig. Mund subterminal, Darm nematodenartig.

Die *Gastrotrichen* besitzen einen flaschenförmigen oder wurmförmigen Leib mit abgeflachter Ventralseite

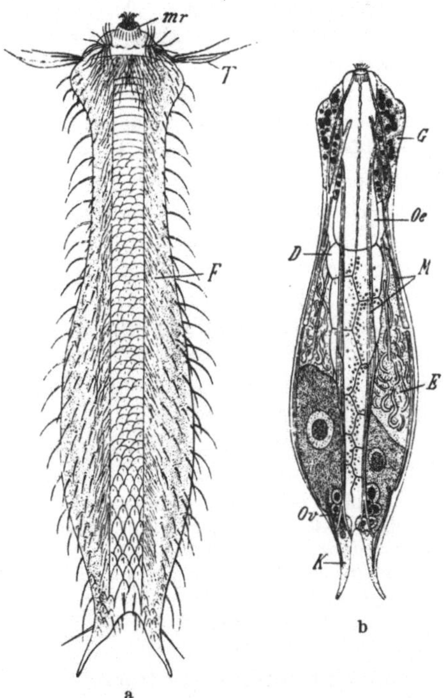

Abb. 488. *Chaetonotus maximus*. (Nach ZELINKA.) a Ventralansicht, $^{420}/_{1}$, b Übersicht der Anatomie. *F* Flimmerbänder, *T* Tasthaare, *mr* Mundrohr, *G* Cerebralganglion, *Oe* Oesophagus, *D* Darm, *M* Muskeln, *E* Nephridium, *Ov* Ovarium, *K* Klebdrüsen.

(Abb. 488). Der vorderste Abschnitt desselben setzt sich kopfartig ab; das Hinterende läuft meist in einen Gabelschwanz (Fuß) mit zwei Fortsätzen (Zehen) aus, an denen Klebdrüsen münden, oder es sind zahlreiche Haftröhrchen vorhanden. An der Ventralseite finden sich zwei Wimperbänder, dazu kommen Gruppen von Tastwimpern am kopfartigen Vorderende. Die übrigen Teile des Körpers werden von einer Cuticula bedeckt, deren oberflächliche

[1] LUDWIG, H.: Über die Ordnung Gastrotricha. Z. Zool. **26** (1876). — BÜTSCHLI, O.: Untersuchungen über freilebende Nematoden und die Gattung *Chaetonotus*. Ebenda. — STOKES, A. C.: Observations sur les *Chaetonotus*. J. de Microbiol. **11/12**. Paris 1887/1888. — ZELINKA, C.: Die Gastrotrichen. Z. Zool. **49** (1889). — GRÜNSPAN, TH.: Beiträge zur Systematik der Gastrotrichen. Zool. Jb. **26** (1908). — Die Süßwasser-Gastrotrichen Europas. Ann. Biol. lacustre 4 (1910). — REMANE, A.: Morphologie und Verwandtschaftsbeziehungen der aberraten Gastrotrichen. Z. Morph. u. Ökol. Tiere 5 (1926). — Beiträge zur Systematik der Süßwassergastrotrichen. Zool. Jb. **53** (1927).

Lage mit Ausnahme von *Ichthydium* und der *Macrodasyoidea* zu glatten oder in Stacheln auslaufenden Schuppen ausgebildet ist. Die subterminale, noch ventrale, bei den *Macrodasyoidea* terminale Mundöffnung liegt meist am Ende einer Mundröhre mit innerem Borstenkranze und führt in den zylindrischen Oesophagus mit dreiteiligem Lumen und radiärmuskulöser Wand. Der gerade Mitteldarm besteht aus vier Reihen großer Zellen und mündet mittels eines kurzen Enddarmes dorsal vom Gabelschwanz oder ventral aus. Als Excretionsorgan fungieren zwei vielfach verschlungene Kanälchen, welche mit einem stabförmigen geschlossenen Wimperkölbchen beginnen und im hinteren Körperdrittel ventral nach außen münden. Sie werden bei den *Macrodasyoidea* vermißt. Die Muskulatur besteht aus wenigen Längsmuskeln. Am Nervensystem unterscheidet man im vordersten Körperabschnitte ein großes Cerebralganglion, welches mit den dort gelegenen Tastwimperzellen in Verbindung steht; es liegt dorsal und seitlich vom Oesophagus und gibt nach hinten zwei Längsnervenstränge ab. Augen und seitliche Wimpergruben kommen ausnahmsweise vor. Die *Macrodasyoidea* und einige *Chaetonotoidea* sind hermaphroditisch, von den übrigen *Chaetonotoidea* sind nur Weibchen bekannt. Die unpaaren oder paarigen Hoden und Ovarien liegen im hinteren Körperteile. Die weibliche Genitalöffnung ist entweder mit dem After gemeinsam oder dicht bei ihm. Die männliche Genitalöffnung liegt median, ventral hinten oder mehr vorn. Ein Copulationsorgan und ein Receptaculum seminis findet sich zuweilen vor. Die Eier werden abgelegt. Entwicklung direkt.

Die *Gastrotrichen* sind mikroskopisch kleine, selten über 0,6 mm lange Bewohner des Süßwassers, einige sind Meeresbewohner; sie bewegen sich schwimmend mittels der ventralen Cilienbänder, können sich aber auch mit dem Gabelschwanze anheften.

1. Unterordnung. *Chaetonotoidea*. Mit Mundröhre, Haftröhrchen nur am Hinterende oder fehlend. After dorsal.

Fam. *Ichthydiidae*. Haut nackt oder beschuppt, ohne Stacheln. *Ichthydium* Ehrbg. Haut nackt. *I. podura* Müll. Weit verbreitet. *I. tergestinum* Grünspan. Marin. Triest. *Lepidoderma squammatum* Duj. Haut mit Schuppen. Europa, Nordamerika.

Fam. *Chaetonotidae*. Haut mit Stacheln. *Chaetonotus maximus* Ehrbg. (Abb. 488). Europa. *Ch. larus* Müll. Europa.

Fam. *Dasydytidae*. Mit langen Stacheln. Hinterende meist gerundet. *Dasydytes saltitans* Stokes. Europa, Nordamerika.

2. Unterordnung. *Macrodasyoidea*. Meist ohne Mundröhre. Mit vorderen, seitlichen und hinteren Haftröhrchen. After ventral.

Fam. *Hemidasydidae*. Mit den Charakteren der Unterordnung. *Hemidasys agaso* Clap. Neapel. *Macrodasys buddenbrocki* Remane, *Urodasys mirabilis* Remane. Hinterkörper schwanzartig. Afterlos. Kieler Bucht. *Turbanella hyalina* M. Schultze. Körper mit zahlreichen Fortsätzen. Cuxhaven, Kieler Bucht.

3. Ordnung. Kinorhyncha[1].

Aschelminthen von wurmförmigem Körper, mit einziehbarem, mit Haken besetztem, rüsselartigem Vorderende, mit chitiniger, in Ringe gegliederter Hautbedeckung, mit medianer Bauchrinne und gewöhnlich zwei langen Endborsten am Hinterende. Mund terminal. Darm nematodenartig.

Die *Kinorhynchen* (Abb. 489) besitzen einen wurmförmigen Körper mit cuticularer, in Ringe (Zoniten) gegliederter Hautbedeckung. Der 1. Zonit (Kopf) ist mit Hakenkränzen besetzt und meist zusammen mit dem 2. Zonit (Hals)

---

[1] Außer Claparède, Schepotieff vgl. Greeff, R.: Untersuchungen über einige merkwürdige Formen des Arthropoden- und Wurmtypus. Arch. Naturgesch. **1869**. — Reinhard, W.: *Kinorhyncha (Echinoderes)*, ihr anatomischer Bau und ihre Stellung im System. Z. Zool. **45** (1887). — Zelinka, K.: Monographie der *Echinodera*. Leipzig 1928.

rüsselartig einziehbar und vorstreckbar. Die Bauchseite besitzt eine rinnenförmige Aushöhlung. Das Hinterende geht gewöhnlich in zwei lange Borsten aus. Die vorn terminal gelegene Mundöffnung befindet sich am Ende eines Mundkegels und ist von dolchartigen Spitzen umstellt; sie führt in einen nematodenartigen Oesophagus, auf welchen der geradgestreckte, muskellose Mitteldarm und kurze Enddarm folgt, der hinten im After ausmündet. Das in der Haut gelegene Nervensystem besteht aus einem das Vorderende des Schlundes umgebenden, von Ganglien bekleideten Nervenring (Gehirn) und aus einem Bauchstrange mit den Gliedern entsprechend angeordneten Gangliengruppen. Bei den auf Meeresalgen lebenden Formen liegen dem Gehirn einfache Augen an. Tastorgane finden sich längs des Rückens und an den Seiten des Körpers. Die Muskulatur besteht aus Längs- und Dorsoventralmuskeln sowie Retractoren des Vorderkörpers. Als Excretionsorgane fungieren ein Paar vorn geschlossener, innen bewimperter Schläuche (Nephridien), welche am drittletzten Zonit sich nach außen öffnen. Die Geschlechter sind getrennt. Ovarien und Hoden liegen paarig zu den Seiten des Darmes und münden am letzten Hautringel bauchständig. An der männlichen Genitalöffnung finden sich Penisgebilde, am Oviduct ein dorsales Receptaculum seminis. Von der Entwicklung sind bloß weichhäutige Larvenstadien bekannt.

Die Kinorhynchen sind kleine (unter 1 mm lange) Meerestiere, welche auf Algen oder im Schlamme leben. Die Locomotion geschieht durch Vermittlung der Hakenkränze des Vorderendes.

1. Unterordnung. *Cyclorhagae*. Im Ruhezustand ist der 1. Zonit (Kopf) eingestülpt, der 2. Zonit bildet durch radiäre Faltung einen kuppelartigen Verschluß. Ventralplatten schmäler als die Körperbreite.

Fam. *Echinoderidae*. Endzonit mit zwei kräftigen Seitenendstacheln. *Echinoderes dujardini* Clap. Atlant. Ozean, Mittelmeer (Abb. 489). *Echinoderella setigera* Grff. Triest, Nordsee.

Fam. *Centroderidae*. Endzonit mit Seitenstacheln und Mittelendstachel. *Centroderes spinosus* W. Rhd. Odessa.

Fam. *Mesitoderidae*. Körper mit 14 Zoniten, indem die Basis des medianen Endstachels abgegliedert ist. *Campyloderes vanhöffeni* Zel. Südpolarregion.

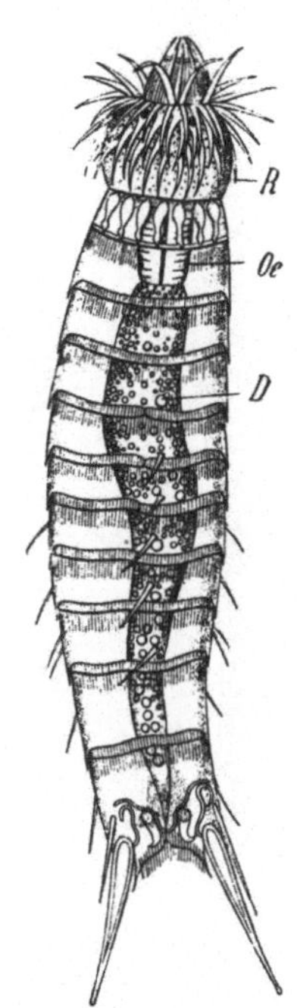

Abb. 489. *Echinoderes dujardini* (nach Greeff), mit ausgestülptem, rüsselartigem Vorderende (*R*). *Oe* Oesophagus, *D* Darm. 160/1

2. Unterordnung. *Conchorhagae*. Im Ruhezustand sind die beiden ersten Zoniten (Kopf und Hals) eingestülpt. Der Verschluß wird durch zwei muschelähnliche Platten des 3. Zoniten gebildet.

Fam. *Semnoderidae (Pentacontidae)*. 13. Zonit mit sechs Stacheln. *Semnoderes armiger* Zel. Adria.

3. Unterordnung. *Homalorhagae*. Im Ruhezustand sind die beiden ersten Zoniten (Kopf und Hals) eingestülpt. Der Verschluß wird durch Anpressen der drei ventralen Platten des 3. Zoniten an die Tergalplatte bewirkt.

Fam. *Trachydemidae*. Ohne Seitenendstachel. *Trachydemus giganteus* Zel. Mittelmeer, Kiel.

Fam. *Pycnophyidae*. Mit zwei Seitenendstacheln. *Pycnophyes communis* Zel. Triest, Neapel. *P. ponticus* W. Rhd. Odessa, Neapel, Kiel.

4. Ordnung. Nematodes, Fadenwürmer[1].

Parasitische oder freilebende Aschelminthen von spulen- oder fadenförmiger Gestalt, mit terminalem Mund und als Saugrohr ausgebildetem Oesophagus, mit cuticularer Körperbedeckung; Excretionskanäle verlaufen in subcuticularen seitlichen Verdickungen (Seitenlinien), welche nebst den die Hauptnervenstämme enthaltenden Medianlinien die wandständige Längsmuskelschicht der Haut in vier Felder teilen. In der Regel getrennten Geschlechts.

Die Nematoden besitzen einen spulen- oder fadenförmigen Leib (Abb. 490) welcher an seiner Oberfläche von einer bei größeren Formen kompliziert gebauten Cuticula bedeckt wird, die zuweilen besondere Skulpturen oder Fortsätze in Gestalt von Höckern, Haaren, seltener Stacheln (*Gnathostoma*) besitzen kann. Die

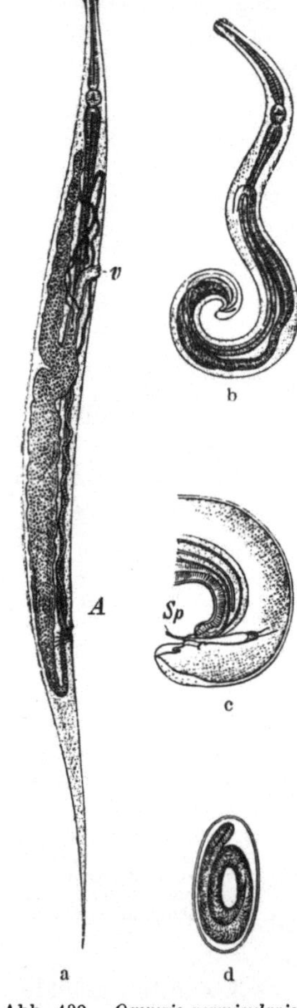

Abb. 490. *Oxyuris vermicularis.*
(Nach R. Leuckart.) a Weibchen.
O Mund, *A* After, *v* Genitalöffnung.
— b Männchen. $^{11}/_1$. — c Hinterende des letzteren vergrößert.
Sp Spiculum. — d Ei mit Embryo.
$^{320}/_1$

---

[1] Außer den Schriften von Rudolphi, Bremser, Cloquet, Dujardin, Davaine vgl. Diesing, K.: Systema helminthum, 2 Bde. Wien 1850—1851. — Bastian, H. C.: Monograph on the Anguillulidae. Trans. Linnean Soc. London 25 (1865). — Schneider, A.: Monographie der Nematoden. Berlin 1866. — Claus, C.: Über *Leptodera appendiculata.* Marburg 1868. — Leuckart, R.: Untersuchungen über *Trichina spiralis*, 2. Aufl. Leipzig u. Heidelberg 1866. — Die menschlichen Parasiten usw. 2. Leipzig u. Heidelberg 1876. — Neue Beiträge zur Kenntnis des Baues und der Lebensgeschichte der Nematoden. Abh. sächs. Ges. Wiss., Math.-physik. Kl. 1887. — Bütschli, O.: Beiträge zur Kenntnis der freilebenden Nematoden. Nova Acta Leop.-Carol. Akad. 36 (1873). — de Man, J. G.: Die frei in der reinen Erde und im süßen Wasser lebenden Nematoden der niederländischen Fauna. Leiden 1884. — Strubell, A.: Untersuchungen über den Bau und die Entwicklung des Rübennematoden *Heterodera schachtii.* Bibliotheca zoologica 2 (1888). — Hesse, R.: Über das Nervensystem von *Ascaris megalocephala.* Z. Zool. 54 (1892). — zur Strassen, O.: Embryonalentwicklung der *Ascaris megalocephala.* Arch. Entw.mechan. 3 (1896). — Graham, J.: Beiträge zur Naturgeschichte der *Trichina spiralis.* Arch. mikrosk. Anat. 50 (1897). — Boveri, Th.: Die Entwicklung von *Ascaris megalocephala* usw. Festschrift für Kupffer 1899. — Toldt, C.: Über den feineren Bau der Cuticula von *Ascaris megalocephala* usw. Arb. Zool. Inst. Wien 11 (1899). — Nassonow, N.: Zur Kenntnis der phagocytären Organe bei den parasitischen Nematoden. Arch. mikrosk. Anat. 55 (1900). — Maupas, E.: Modes et formes de reproduction des Nématodes. Archives de Zool. 1901. — Looss, A.: The anatomy and life history of *Agchylostoma duodenale* Dub. Rec. Egypt. Govern. School Med. Cairo. 3 (1905); 4 (1911). — Goldschmidt, R.: Das Nervensystem von *Ascaris lumbricoides* und *megalocephala.* Z. Zool. 90 (1908), 92 (1909). — Martini, E.: Über Furchung und Gastrulation bei *Cucullanus elegans.* Ebenda 74 (1903). — Über Subcuticula und Seitenfelder einiger Nematoden. Ebenda 81 (1906); 86 (1907); 91 (1908). — Ransom, B. H. a. W. D. Foster: Recent discoveries concerning the Life - History of *Ascaris lumbricoides.* J. of Parasitol. 1919. — Pintner, Th.: Die vermutliche Bedeutung der Helminthenwanderungen. Sitzgsber. Akad. Wiss. Wien, Math.-naturwiss. Kl. 1922. — Wülker, G.: Über Fortpflanzung und Entwicklung von *Allantonema* und verwandten Nematoden. Erg. Zool. 5 (1923). — Braun, M.: Die tierischen Parasiten des Menschen, 6. Aufl. Leipzig 1925. — Yorke, W. a. P. A. Maplestone: The Nematode Parasites of Vertebrates. London 1926. Vgl. außerdem Arbeiten von Hamann, Linstow, Railliet, Manson, Grassi, Noè, Rohde, Ziegler, Jaegerskjöld, Golowin, Rauther, Martin, Wandolleck, H. Müller, Spemann, Zoja, Hagmeier, v. Daday, Deineka, Micoletzky, Schröder u. a.

Cuticula ist ein Produkt der unter ihr gelegenen weichen Subcuticula, welche in der Regel aus einem von Kernen und Fasern durchsetzten Syncytium besteht. Die Subcuticula bildet vier nach innen vorspringende Verdickungen (Abb. 491), zwei breite laterale, die sogenannten Seitenlinien, und die beiden an der Dorsal- und Ventralseite gelegenen Medianlinien. Selten (*Allantonema, Trichotrachelidae* u. a.) sind die Seitenlinien ganz oder teilweise geschwunden. Die Körpermuskulatur besteht aus der Subcuticula epithelartig angelagerten Längsmuskeln und ist in vier durch die Verdickungen der Subcuticula getrennten Feldern angeordnet. Bei den meisten Nematoden finden sich in jedem Felde zwei Reihen rhombenförmiger Muskelzellen, so daß im Querschnitte bloß acht Muskelzellen erscheinen (sogenannte *Meromyarier*); diese zeigen die Form von Epithelmuskelzellen, deren ebene Fibrillenlage der Subcuticula zugekehrt liegt (Abb. 491a). Bei großen Nematodenformen sind die Muskelzellen von ansehnlicher Länge, so daß im Querschnitt auf ein Muskelfeld eine beträchtlichere Zahl von Muskelzellen entfällt (sogenannte *Polymyarier*) (Abb. 491b). Überdies ist hier die Fibrillenschichte fast im ganzen Umfange der Zelle entwickelt; der Zellkörper mit dem Kern ragt bruchsackartig in die Leibeshöhle vor und

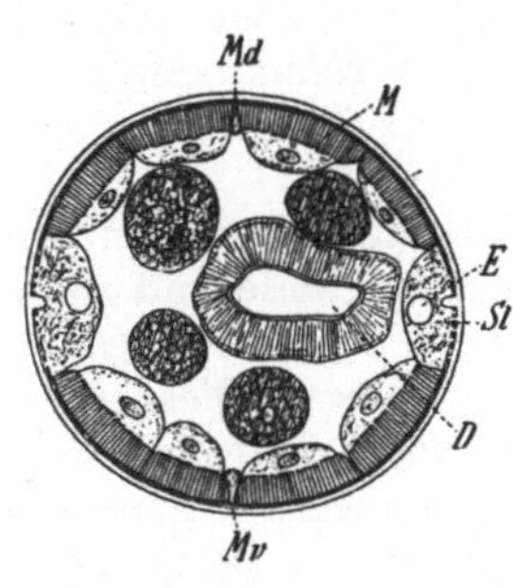

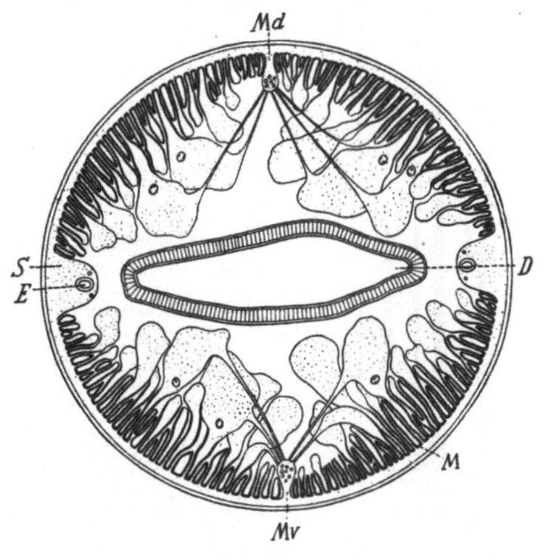

Abb. 491. Querschnitte von Nematoden. a Vom Meromyariertypus (*Strongylus*), b vom Polymyariertypus (*Ascaris megalocephala*, etwas schematisiert). (a nach R. LEUCKART, b Original G.) *D* Darm, *E* Excretionskanal, *M* Hautmuskulatur, *Md* dorsale, *Mv* ventrale Medianlinie, *S*, *Sl* Seitenlinie.

steht mittels eines strangförmigen Fortsatzes mit der nächsten Medianlinie und den in ihr verlaufenden Nerven in Verbindung. Bei *Allantonema* fehlt die Muskulatur. Einzellige Hautdrüsen sind vornehmlich in der Nähe des Oesophagus, im hinteren Körperende (Schwanzdrüsen, zur Befestigung dienend) sowie in den Seitenlinien beobachtet. Ihnen sind auch die vorn an den Seiten der Mundkapsel ausmündenden sogenannten Kopfdrüsen (*Ancylostoma, Strongylus*) zuzurechnen.

Die am Vorderende terminal gelegene Mundöffnung ist von Lippen und Papillen umgeben und führt in eine von einer Cuticula bekleidete, zuweilen mit Spitzen und Zähnen ausgestattete Mundhöhle. An diese schließt sich die enge, flaschenförmige Speiseröhre, deren Wand von einem Radiärmuskelfasern enthaltenden Epithel gebildet ist und in ihrem dreiteiligen Lumen von einer Cuticula ausgekleidet wird (Abb. 490). Das Hinterende des Oesophagus ist zuweilen (*Rhabditis, Oxyuris*) zu einem Bulbus (Pharynx) angeschwollen, in welchem die Cuticula leistenartige Vorsprünge (Zähne) bildet und auch einzellige Drüsen liegen. Bei den *Trichotracheliden* ist der enge Oesophagus sehr lang und sein hinterer längerer Abschnitt von einer Reihe großer Zellen gebildet (Abb. 498). Seiner Funktion nach ist der Oesophagus ein Saugrohr, das durch geringe, von vorn nach hinten fortschreitende Erweiterungen Flüssigkeiten einpumpt. Es folgt der gerade, in der Regel muskellose Mitteldarm, sowie ein kurzer, muskulöser Enddarm, an dessen Wandung häufig noch Muskelfasern von der Haut herantreten. Zuweilen sind Darmblindsäcke vorhanden. Die Afteröffnung liegt ventral nicht weit vom hinteren Körperende. Sie kann fehlen (*Mermis*). In anderen Fällen (*Mermis, Atractonema*) ist der Darm zu einem Zellstrang reduziert oder schwindet während der Entwicklung vollständig (*Allantonema mirabile*).

Zwischen Haut und Darm finden sich in der Leibeshöhle bei einigen Nematoden dünne Lamellen von Bindesubstanz.

Das *Excretionsorgan* der Nematoden besteht aus einem in jeder Seitenlinie verlaufenden Kanal (Abb. 491). Beide Seitenkanäle vereinigen sich in der vorderen Körpergegend zu einem Endgang, der durch einen ventralen Porus ausmündet. Bei manchen Formen ist bloß der linke Kanal vorhanden; in einigen Fällen fehlt das Organ vollständig (*Trichotrachelidae, Allantonema* u. a.) Die Excretionskanäle gehören als intracelluläre Gänge meist einer einzigen großen Zelle an. Bei *Enopliden* und *Anguilluliden* sind die Seitenkanäle oft durch eine unpaare sogenannte Bauchdrüse ersetzt. In den Nieren der Nematoden handelt es sich daher wohl um eine excretorische Hautdrüse, welche die fehlenden Nephridien substituiert.

In der Leibeshöhle der Nematoden finden sich der Körperwand, häufig den Seitenlinien, anliegend große, vielfach verästelte Zellen, welche die Fähigkeit besitzen, gewisse Substanzen in sich aufzuspeichern. Diese in der Vieroder Sechszahl, auch größerer Anzahl auftretenden Gebilde sind als *büschelförmige* oder *phagocytäre* Organe bekannt.

Das größtenteils in der Subcuticula gelegene Nervensystem (Abb. 492) der Nematoden (*Ascaris megalocephala*) besteht aus einem Nervenring in der Umgebung des Oesophagus, der nach vorn sechs Nerven entsendet, von denen zwei lateral, vier submedian verlaufen und die Papillen im Umkreis des Mundes versorgen; nach hinten gehen bis zum Körperende vom Nervenring vier Nervenstämme aus, je ein stärkerer in der Rücken- und Bauchlinie gelegener Mediannerv sowie ein dorsal neben jeder Laterallinie verlaufender Sublateralnerv, während ein ventraler Sublateralnerv jederseits aus dem Bauchnerv hervorgeht. Ganglien liegen im Nervenring am Ursprung der hinteren Nervenstämme, insbesondere aber können zwei Seitenganglien unterschieden werden. Vor der Cloake liegt im Bauchnerv ein Analganglion, von dem beim Männchen ein die Cloake umgebender Nervenring ausgeht. Rücken- und Bauchnerv sind durch Commissuren miteinander verbunden, und zwar sind rechts mehr Commissuren vorhanden als links; solche bestehen auch hinten zwischen Bauchnerv und ventralem Sublateralnerv. Alle Längsnerven stehen am hinteren Ende miteinander in Verbindung.

Als Sinnesorgane sind die vornehmlich in der Nähe des Mundes und beim Männchen am Hinterleibe auftretenden Sinnespapillen sowie bei frei lebenden Nematoden Augen hervorzuheben.

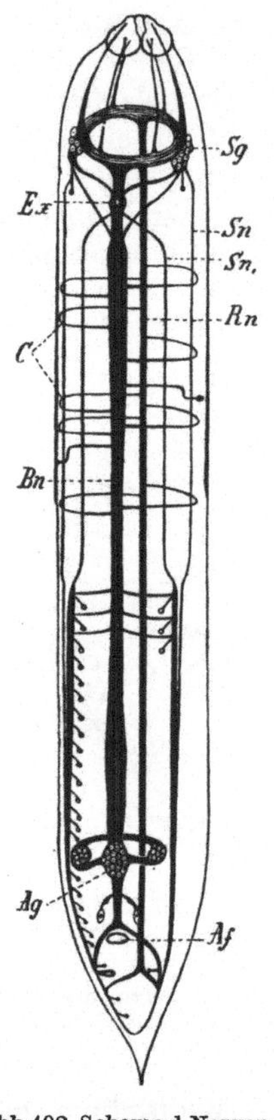

Abb. 492. Schema d. Nervensystems einer männlichen *Ascaris megalocephala.* (Nach BRANDES.) *Sg* Seitenganglion des Schlundringes, *Bn* ventraler, *Rn* dorsaler Mediannerv, *Sn* dorsaler, *Sn'* ventraler Sublateralnerv, *C* Commissuren, *Ag* Analganglion, *Ex* Excretionsporus, *Af* After.

Die Nematoden sind in der Regel getrennten Geschlechtes. Nur wenige Formen (mehrere *Rhabditis*-Arten, die parasitäre Generation von *Angiostomum nigrovenosum* u. a.) sind Hermaphroditen. Interessant ist das Vorkommen von (rudimentären) Männchen, zuweilen von Weibchen bei hermaphroditischen *Rhabditiden* (MAUPAS). Auch Parthenogenese wurde für einige Formen (so *Rhabditis schneideri* u. a.) konstatiert.

Beiderlei Geschlechtsorgane werden durch oft vielfach geschlängelte Röhren gebildet, welche in ihrem oberen Abschnitte die Keimzellen erzeugen, in ihrem unteren Teile die Leitungswege und Behälter für jene darstellen. Die in der Regel paarigen, im distalen Abschnitte als Oviduct und Uterus fungierenden Ovarialschläuche sitzen einer kurzen Vagina auf, welche ventral in der Körpermitte, zuweilen dem vorderen, selten dem hinteren Körperende genähert ausmündet (Abb. 490, 498 a). Die heranwachsenden Eizellen sitzen einem zentralen Plasmastrange an. Der männliche Geschlechtsapparat erweist sich fast allgemein als unpaarer Schlauch und mündet durch seinen als Samenleiter dienenden Endabschnitt nahe dem hinteren Körperende mit dem Darm aus. Häufig enthält der gemeinsame Cloakenabschnitt in einer dorsalen taschenförmigen Ausbuchtung ein oder zwei spitze cuticulare Stäbe, sogenannte *Spicula*, welche durch einen besonderen Muskelapparat vor- und wieder zurückgezogen werden und zur Fixierung bei der Begattung dienen. Oft (*Strongyliden*) kommt noch eine schirmförmige Bursa (Abb. 499) hinzu, oder es ist der Endteil der Cloake in Form eines Begattungsgliedes vorstülpbar (*Trichinella*). Dann liegt die Cloakenöffnung beinahe am hinteren Körperende (Acrophalli), aber doch noch ventral. Fast überall sind in der Nähe des hinteren Körperendes beim Männchen Papillen vorhanden, deren Zahl und Anordnung wichtige Artcharaktere liefert. Für die Männchen erscheint die geringere Körpergröße sowie das meist gekrümmte hintere Körperende charakteristisch. Die Samenkörperchen sind kegelförmig (Abb. 254b) oder kugelig.

Die Nematoden sind in der Regel ovipar, selten lebendig gebärend. Die Eier besitzen meist eine harte Schale und können in verschiedenen Stadien der Embryonalentwicklung oder vor Beginn derselben abgesetzt werden. Bei lebendig gebärenden Formen verlieren die Eier ihre in diesem Falle zarte Hülle schon im Fruchtbehälter des Muttertieres (*Trichinella, Filaria*). Die Furchung ist eine nahezu äquale und führt zur Entstehung einer Gastrula durch Invagination oder Epibolie. Der schlitzförmige Urmund schließt sich von hinten nach vorn. Aus den beiden Zellschichten gehen Körperwand und Mitteldarm hervor. Das mittlere Keimblatt wird durch zwei seitlich am Urmundrande gelegene Zellstreifen (Ectomesoderm) angelegt, während eine durch ihre Größe hervorragende Zelle die Genitalanlage (vielleicht Repräsentant des Entomesoderms) bildet. Oesophagus, Enddarm und Nervensystem entstehen vom Ectoderm. Anstatt der ursprünglich plumpen Form gewinnt der Embryo allmählich eine langgestreckt-zylindrische Gestalt und liegt nun in mehreren Windungen in der Eischale eingerollt. Die Entwicklung ist bei den freilebenden Formen direkt, bei den parasitischen Nematoden meist eine Metamorphose, die in vielen Fällen nicht an dem Wohnort des Muttertieres zum Ablauf kommt. Die Jugendformen können ihren Aufenthaltsort in schlammigem Wasser oder in der Erde oder in einem Zwischenträger haben, in welchem sie frei oder in einer Bindegewebskapsel eingeschlossen leben. Fast durchweg besitzen die Embryonen eine durch die besondere Form des Mund- und Schwanzendes bezeichnete Gestalt, zuweilen auch einen Bohrzahn. Im besonderen erweist sich die bei vielen parasitischen Formen auftretende *rhabditis*förmige Larve (Abb. 493) mit zugespitztem hinteren Körperende und doppelter Anschwellung des Oesophagus sowie Zahnapparat im Oesophagealbulbus als eine

33*

für diese Wurmgruppe phyletische Larvenform. Im Laufe der weiteren Entwicklung erfolgt eine mehrmalige (häufig viermalige) Häutung.

Die postembryonale Entwicklung der parasitischen Nematoden bietet zahlreiche Modifikationen. In einigen Fällen geschieht die Übertragung der noch von den Eihüllen umschlossenen Embryonen passiv mit der Nahrung bzw. Trinkwasser (*Oxyuris, Ascaris, Trichocephalus*). Bei *Ascaris lumbricoides* wandern die ausgeschlüpften Larven vom Darm in die Gefäße der Leber und Lunge, von hier in die Bronchien, die Trachea und durch den Oesophagus zurück in den Darm, wo sie sich zur geschlechtsreifen Form ausbilden. In anderen Fällen gelangen die Jugendformen in einen Zwischenträger, in welchem sie von einer Kapsel umschlossen und passiv in den Magen oder Darm des definitiven Trägers übergeführt werden, so die mit der Nahrung noch innerhalb der Eihüllen von den Mehlwürmern aufgenommenen Embryonen von *Spiroptera obtusa* der Hausmaus im Leibesraum der Zwischenträger. Bei der viviparen *Trichinella* (*Trichina*) *spiralis* liegt insofern eine Modifikation dieses Entwicklungsmodus vor, als die Wanderung ihrer Larven und die Ausbildung derselben zu den eingekapselten Muskeltrichinen in demselben Tiere erfolgt, welches die geschlechtsreifen Darmtrichinen enthält.

Nicht selten schreitet die Entwicklung der eingewanderten Nematodenlarven im Zwischenträger bedeutend vor; so z. B. bei *Camallanus lacustris* (*Cucullanus elegans*), dessen Larven in Cyclopiden einwandern, dann in der Leibeshöhle dieser kleinen Krebse eine zweimalige Häutung unter wesentlicher Formveränderung erfahren und schon die charakteristische Mundkapsel des geschlechtsreifen Zustandes gewinnen, zu welchem sie sich erst im Darm des Barsches ausbilden. Eine ähnliche Entwicklungsweise kommt bei *Filaria medinensis* vor. Die in Pfützen gelangten Larven wandern in die Leibeshöhle der Cyclopiden ein und nehmen nach Abstreifung ihrer Haut eine Form an, die im allgemeinen den *Camallanus* (*Cucullanus*)-Larven gleicht. Die Übertragung der Filarienlarve erfolgt wahrscheinlich mit dem Leibe der Cyclopiden.

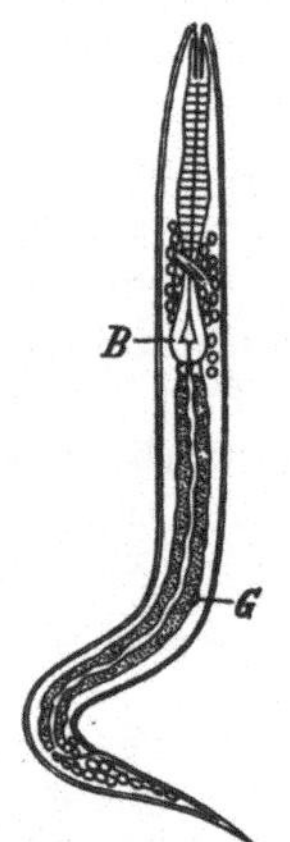

Abb. 493. Frisch ausgeschlüpfte Larve von *Ancylostoma duodenale*. (Nach Looss.) 250/1 *B* Oesophagealbulbus, *G* Genitalanlage.

Die Embryonen einiger Nematoden (*Ancylostoma, Strongylus*) entwickeln sich in feuchter schlammiger Erde nach Abstreifung der Haut zu kleinen sogenannten *rhabditisförmigen* Larven (Abbild. 493) mit doppelter Anschwellung des Oesophagus und mit dreizähniger Pharyngealbewaffnung, ernähren sich an diesem Aufenthaltsorte selbständig, wachsen und erhalten nach Abstreifung der Haut eine andere Gestaltung. Schließlich gelangen sie (bei *Ancylostoma* wie auch bei *Strongyloides* durch aktive Einwanderung in die Haut des definitiven Wirtes) zu parasitischem Leben auf dem Wege des Blutgefäßsystems und der Lunge in den Darm, wo sie noch weitere Häutungen und Formveränderungen bis zur Geschlechtsreife erfahren.

Bei einer Anzahl von Nematoden wechselt eine im Freien in feuchter Erde lebende getrenntgeschlechtliche rhabditisförmige Generation mit einer parasitären Generation ab. Es besteht hier somit Heterogonie. Bei *Angiostomum* (*Rhabdonema*) *nigrovenosum* (Abb. 494) ist die bis 13 mm lange parasitische Generation hermaphroditisch und lebt in der Lunge der Batrachier. Ihre Eier werden in die Lunge abgelegt, gelangen von hier durch den Darm in feuchte Erde und bilden sich in kurzer Zeit zu der 1—2 mm langen, getrennt geschlechtlichen Rhabditisgeneration aus (Abb. 494 b). In den befruchteten Weibchen dieser letzteren entwickeln sich nur 2 bis 4 Embryonen, die in die Leibeshöhle des mütterlichen

Körpers eindringen und von den zu einem körnigen Detritus zerfallenden Körper-
teilen der Mutter sich ernähren. Schließlich gelangen die Jungen ins Freie und
wandern durch die Haut und die Blutbahn in die Lunge der Batrachier ein, wo
sie sich zur parasitischen Form entwickeln. Ein ähnlicher Wechsel mit freilebenden
Rhabditisgenerationen ist für den im Darm des Menschen lebenden *Strongyloides
stercoralis* (*Rhabdonema strongyloides*) nachgewiesen worden. Auch *Leptodera appendiculata* zeigt in ihrer Entwicklung einen ähnlichen Wechsel heteromorpher
Generationen, der freilich insofern verschieden ist, als je nach Umständen facul-
tativ mehrere parasitische und freilebende Generationen aufeinander folgen
können. Auch darin verhält sich *Leptodera* eigentümlich, daß die in *Arion* parasitierende Form getrenntgeschlechtlich ist, mundlos bleibt und sich durch den Besitz von zwei langen bandförmigen Cuticularanhängen am hinteren Körperende

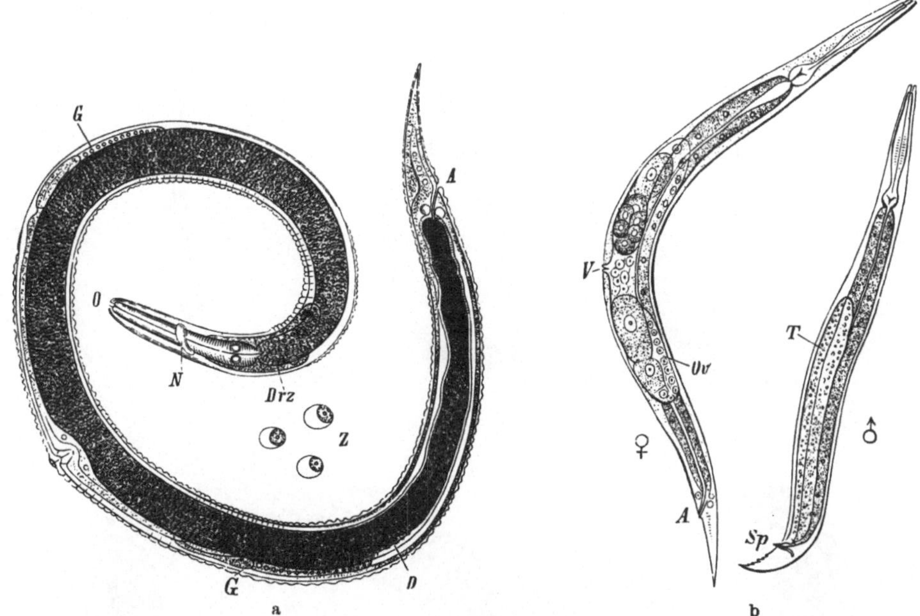

Abb. 494. *Angiostomum* (*Rhabdonema*) *nigrovenosum.* a Parasitische Generation. $^{20}/_1$. *O* Mund, *D* Darm, *A* After,
G Genitaldrüse, *N* Nervenring, *Drz* Drüsenzellen, *Z* isolierte Spermien. — b Männchen (♂) und Weibchen
(♀) der Rhabditisgeneration. $^{60}/_1$. *Ov* Ovarium, *V* Genitalöffnung, *J* Hoden, *Sp* Spicula.

auszeichnet; sie wird erst nach der Auswanderung in feuchte Erde, nach Abstreifung der Haut und Verlust der Schwanzbänder geschlechtsreif.

Die Nematoden ernähren sich von organischen Säften, einige auch von Blut
und vermögen dann mit ihrer Mundbewaffnung Wunden zu schlagen. Sie bewegen sich unter lebhaft schlängelnden Krümmungen nach der Bauch- und
Rückenfläche, die somit als die Seitenflächen des sich bewegenden Körpers erscheinen. Ihrer Mehrzahl nach sind die Nematoden Parasiten der Tiere, seltener
von Pflanzen (*Tylenchus, Heterodera*). Zahlreiche Nematoden leben frei im Süßwasser, im Meere oder im Erdboden, andere in faulenden vegetabilischen Substanzen, z. B. das Essigälchen in gärendem Essig und Kleister. Auch kann die
Auswanderung des Parasiten notwendige Bedingung zum Eintritt der Geschlechtsreife sein, die erst bei freiem Aufenthalt in feuchter Erde (*Mermis*) erfolgt. Etwas
abweichend sind die Fälle kleiner Nematoden, deren Weibchen es ausschließlich
sind, welche nach der Begattung in Insekten einwandern und durch die günstigen

Ernährungsbedingungen als Parasiten nicht nur eine ansehnliche Größenzunahme,
sondern mit der Brutproduktion auch eigentümliche Umgestaltungen des Körpers
erfahren. Bei *Atractonema gibbosum* und dem merkwürdigen Schmarotzer der
Hummel *Sphaerularia bombi* wandern die Weibchen nach der im Freien erfolgten
Begattung, jene in die Larven der *Cecidomyia pini*, diese in die überwinternden
Hummelweibchen ein, bilden den Darm zu einem Zellenstrang bzw. Fettkörper
zurück und bringen die Vagina zur Vorstülpung, welche den Uterus nebst Eiern,

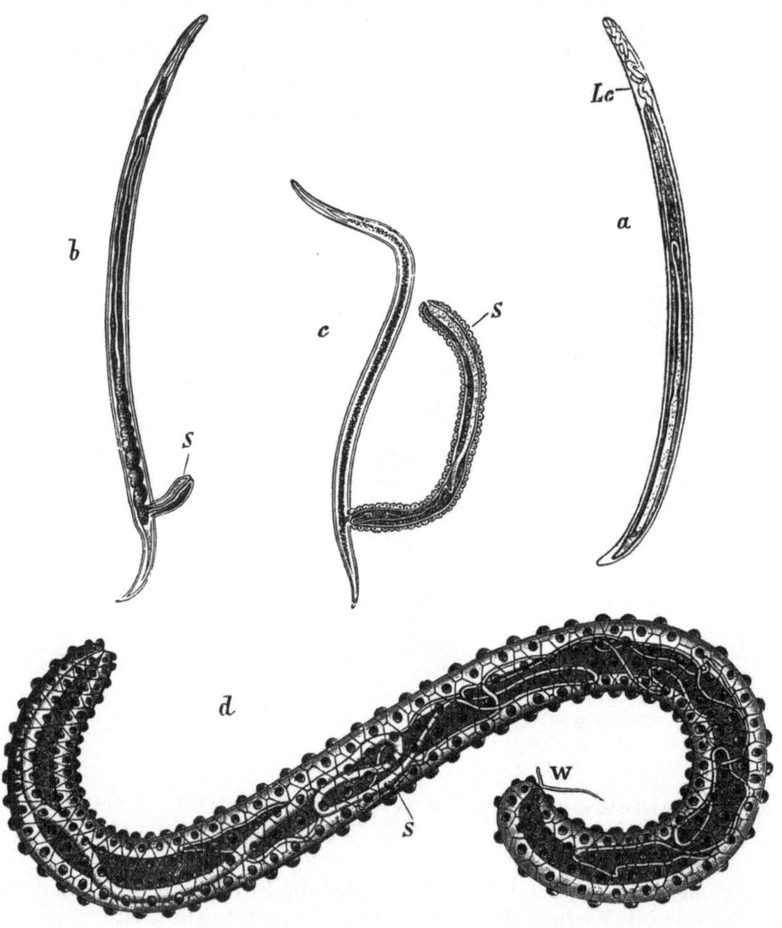

Abb. 495. *Sphaerularia bombi.* (Nach R. LEUCKART.) a Männchen noch in der Larvenhaut (*Lc*). $^{70}/_1$. b Weibchen mit halbausgestülpter Scheide (*S*). $^{70}/_1$. c Dasselbe mit schlauchförmig ausgewachsener Scheide. $^{66}/_1$.
d Ausgebildeter Schlauch der Scheide mit anhängendem Wurmkörper (*W*). $^{10}/_1$

Ovarium und Darm in sich aufnimmt, während der Leib des Tieres als kleiner
Anhang zusammenschrumpft (Abb. 495). Die Larven entwickeln sich schon im
Körper des Trägers und gelangen schließlich ins Freie, wo sie entweder nach
wenigen Tagen (*Atractonema*) oder erst nach Monaten zu Geschlechtstieren
werden.

Zu bemerken ist die Fähigkeit kleiner Nematoden, der Austrocknung lange
zu widerstehen und nach Befeuchtung wieder aufzuleben.

Fam. *Enoplidae*. Von geringer Größe, am Vorderkörper oft Borsten und Haare. Oesophagus ohne Bulbus. Seitenkanäle oft durch eine sogenannte Bauchdrüse ersetzt. An der

Schwanzspitze münden häufig Drüsen, deren Secret zum Anheften dient. Leben frei im Meere, Süßwasser oder in der Erde. *Dorylaimus maximus* BÜTSCH., in der Erde, Europa. *D. stagnalis* DUJ., im Schlamme des Süßwassers. Beide mit Mundstachel. *Monohystera vulgaris* MAN. Süßwasser, Europa, Südafrika. *Enoplus tridentatus* DUJ., Mittelmeer, Atlant. Ozean. *Thoracostoma globicaudatum* SCHN. Nordsee.

Hier schließen sich die Familien der *Desmoscolecidae* und *Chaetosomatidae* an.

Fam. *Anguillulidae.* Nematoden meist von geringer Körpergröße. Oesophagus mit doppelter Anschwellung. Zuweilen ein Stachel in der Mundhöhle. Männchen mit zwei Spicula, zuweilen mit Bursa. Hinterende des Weibchens zugespitzt. Seitenkanäle oft durch sogenannte Bauchdrüsen ersetzt. Einige Arten leben in Pflanzen oder Tieren parasitisch, andere in gärenden oder faulenden Stoffen, die meisten frei in der Erde oder im Wasser. *Tylenchus* BASTIAN. Mit kleiner Mundhöhle, in der ein kleiner Stachel liegt. *T. scandens* SCHN. (*Anguillula tritici* NEEDH.), Weizenälchen. In gichtkranken Weizenkörnern. Mit der Aussaat dieser Körner erwachen in der feuchten Erde die eingetrockneten Jugendformen und dringen in die aufkeimenden Weizenpflänzchen ein. Hier überwintern sie ohne Veränderung, bis im Frühjahr sich in der Achse des Triebes die Ähre anlegt. In diese dringen sie ein, wachsen aus und werden geschlechtsreif, während die Ähre blüht und reift. Sie begatten sich, die Weibchen legen die Eier ab, aus denen Embryonen auskriechen, die in den Weizenkörnern verbleiben. *T. dipsaci* KÜHN, in den Blütenköpfen der Weberkarde. *T. davainei* BASTIAN, an Wurzeln von Moos und Gras. *Heterodera schachti* SCHM. Weibchen sackförmig. An den Wurzeln der Runkelrübe, auch an denen des Kohls, des Weizens, der Gerste usw. Ursache der Rübenmüdigkeit. *Rhabditis teres* SCHN., in feuchter Erde und faulenden Substanzen. *Rh. flexilis* DUJ., in den Speicheldrüsen von *Agriolimax agrestis*. *Rh. schneideri* BÜTSCH., in faulenden Pilzen. Pflanzt sich parthenogenetisch fort. *Anguillula aceti* MÜLL., Essigälchen oder Kleisterälchen, von 1—2 mm Länge, in Kleister, gärendem Essig.

Angiostomum (Rhabdonema) nigrovenosum RUD. (Abb. 494). Entwicklung eine Heterogonie. Die im Schlamm lebende Rhabditisgeneration ist klein und getrenntgeschlechtlich, die größere parasitierende Form in der Lunge der Batrachier hermaphroditisch. *Strongyloides (Anguillula) stercoralis* BAVAŸ (*Rhabdonema strongyloides* LEUCK.). Die parasitische, als *Anguillula intestinalis* bekannte Generation im Darm des Menschen in Cochinchina, Japan, Amerika, Afrika und Italien, bei der sogenannten cochinchinesischen Diarrhöe beobachtet, nach LEUCKART hermaphroditisch, nach ROVELLI parthenogenetisch sich fortpflanzend. Die als *Anguillula stercoralis* beschriebene frei lebende Form ist die zugehörige getrenntgeschlechtliche Rhabditisgeneration, die aber in Europa in der Regel ausfällt. Die Infektion erfolgt durch die Haut. *Leptodera appendiculata* SCHN., in feuchter Erde. Die mundlose, anfänglich mit zwei bandförmigen Cuticularanhängen am Hinterende versehene Zwischengeneration lebt in *Arion empiricorum*, wird aber erst im Freien geschlechtsreif und ist wie die im Freien lebende *Rhabditis*-Generation getrenntgeschlechtlich. *Allantonema mirabile* LEUCK., nierenförmig, ohne Darm, Muskulatur und Excretionssystem. In der Leibeshöhle des Fichtenrüsselkäfers (*Hylobius pini*) von einer zelligen Hülle umgeben und durch Tracheen festgehalten. *Atractonema gibbosum* LEUCK., in der Leibeshöhle der Larve von *Cecidomyia pini*, ohne Mund und After, Darm zu einem Zellstrange umgewandelt. Vagina zu einem großen buckelartigen, den Genitalapparat aufnehmenden Anhange ausgestülpt. Die Begattung erfolgt im Freien, die Einwanderung in *Cecidomyia* beschränkt sich auf das weibliche Tier, welches dann den Vorfall der Vagina erleidet. *Sphaerularia bombi* DUF. In der Leibeshöhle überwinterter Hummelweibchen. Der kleine Wurm mit vorgestülpter Vagina, die zu einem 15 mm langen, den Genitalapparat aufnehmenden Schlauch heranwächst (Abb. 495). Die Jungen werden schon in der Hummel frei, aber erst im Freien bei einer Länge von etwa 1 mm geschlechtsreif. Nach der Begattung wandern dann die befruchteten Weibchen in den Körper überwinternder Hummelweibchen ein.

Fam. *Mermithidae.* Afterlose Nematoden von dünnem, sehr langgetrecktem Körper. Mit meist sechs Kopfpapillen. Mitteldarm zu einem Fettkörper umgewandelt. Das männliche Schwanzende verbreitert und mit ein oder zwei Spicula und meist drei Längsreihen zahlreicher Papillen versehen. Leben in der Larvenzeit in der Leibeshöhle von Insecten und wandern in feuchte Erde, manche ins Wasser aus, wo sie geschlechtsreif werden und sich begatten. *Mermis nigrescens* DUJ. gab die Veranlassung zu der Fabel vom Wurmregen. Die Eier besitzen eine dicke braune Schale mit zwei quastenförmigen Anhängen. *M. albicans* SIEB. v. SIEBOLD konstatierte experimentell die Einwanderung der Larven in die Räupchen der Spindelbaummotte (*Hyponomeuta evonymella*). Leben beide in der Erde. *Paramermis contorta* LINST. Lebt im Wasser. Larvenentwicklung in Larven von *Tendipes* (*Chironomus*). Ist beim Auswandern ins Wasser geschlechtsreif.

Fam. *Gnathostomatidae.* Körper fast zylindrisch, ganz oder nur im vorderen Teile mit Dornen bedeckt. *Gnathostoma (Cheiracanthus) hispidum* FDSCHKO., im Magen des Schweines.

Fam. *Camallanidae.* Körper kurz. Mund schlitzförmig. Mit chitiniger Mundkapsel, die wie aus zwei muschelähnlichen Schalen gebildet ist. *Camallanus lacustris* ZOEGA (*Cucullanus elegans* ZED.), Kappenwurm. Im Darm vieler Süßwasserfische. Europa.

Fam. *Filariidae.* Körper fadenförmig verlängert, oft mit sechs Mundpapillen, zuweilen mit einer hornigen Mundkapsel. Hinterende des Männchens gekrümmt oder spiralig eingerollt mit vier präanalen Papillenpaaren, zu denen jedoch noch eine unpaare Papille hinzukommen kann, mit zwei ungleichen Spicula oder mit einfachem Spiculum.

Filaria MÜLL. Mit kleiner Mundöffnung und engem Oesophagealrohr. Die zuweilen der Papillen entbehrenden Arten leben meist im Bindegewebe, häufig unter der Haut. *F. (Dracunculus) medinensis* L., der Medinawurm, Guineawurm (Abb. 496), im Unterhautzellgewebe des Menschen in den Tropengegenden der alten Welt, wird 50—80 cm lang. Der Kopf mit zwei medianen Lippen und drei Paaren seitlicher Papillen. Darm atrophiert. Weibchen vivipar. Geschlechtsöffnung fehlt. Männchen unbekannt. Der eingewanderte Wurm erzeugt nach erlangter Geschlechtsreife ein schmerzhaftes Geschwür der Haut (Dracontiasis), mit dessen Inhalt die Brut entleert wird. Die in das Wasser entleerten Filarienembryonen wandern in Cyclopiden ein, bestehen hier eine Häutung und werden wahrscheinlich mitsamt dem Cyclopidenkörper durch den Genuß des Trinkwassers in den Menschen übertragen, gelangen in den Darm und von hier aus in die Leibeshöhle, wo die Begattung im Jugendzustande stattfinden dürfte, worauf die Männchen absterben, während die Weibchen in die Haut wandern. *F. immitis* LEIDY lebt im rechten Ventrikel und Venensystem des Hundes, außerordentlich häufig im östlichen Asien, auch in Europa, besonders Italien; lebendiggebärend. Die Embryonen treten direkt in das Blut über, gelangen wie die Malariaparasiten mit dem aufgesogenen Blute in *Anopheles*- und *Culex*-Arten, wandern in die MALPIGHISchen Gefäße ein, machen hier ihre weitere Entwicklung durch und treten sodann in die Leibeshöhle und das Labium ein. Beim Stich der Mücke erfolgt die weitere Übertragung auf den Hund. *Filaria bancrofti* COBB. (*F. nocturna* MANSON), in den Lymphdrüsen und Lymphgefäßen des Menschen in den Subtropen und Tropen. Ursache einer Art der Elephantiasis. Die Weibchen sind lebendiggebärend. Die Larven gelangen in das Blut (*Filaria sanguinis hominis* LEWIS). Die Entwicklung erfolgt in der Brustmuskulatur von *Culex*-Arten, die weitere Übertragung wieder auf den Menschen durch den Stich. *F. equina* ABILDG. (*papillosa* RUD.), im Peritoneum, auch im Auge des Pferdes und des Rindes. *F. loa* GUYOT, im Unterhautbindegewebe der Neger am Kongo. *Spiroptera obtusa*

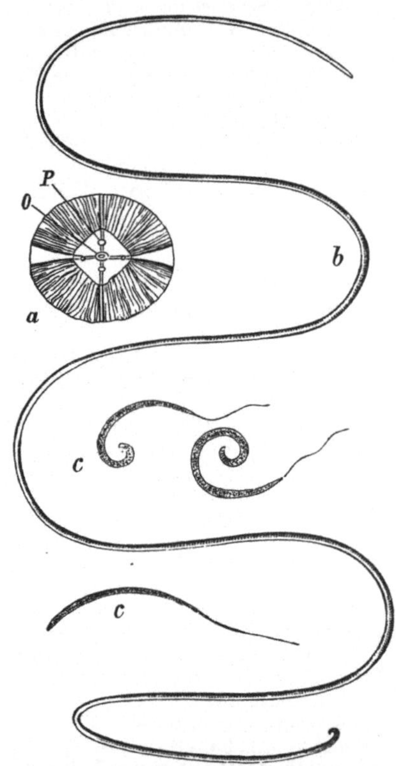

Abb. 496. *Filaria medinensis.* (Nach BASTIAN und R. LEUCKART.) a Vorderende von der Mundfläche gesehen. O Mund, P Papillen. — b Trächtiges Weibchen. Etwa ¹/₂. — c Embryonen, stark vergrößert.

RUD., im Magen der Hausmaus. *Sp. megastoma* RUD., in der Magenschleimhaut des Pferdes.

Fam. *Trichotrachelidae.* Mit dünnem und langem Vorderkörper. Mundöffnung klein, papillenlos. Speiseröhre sehr lang, in einem einreihigen Zellstrang verlaufend. Ovarium einfach.

Trichocephalus GOEZE. Mit peitschenförmig verlängertem Vorderleib und walzenförmigem, scharf abgesetztem Hinterleib, der die Geschlechtsorgane einschließt und beim Männchen eingerollt ist. Seitenfelder fehlen. Das einfache Spiculum mit einer beim Hervortreten sich umstülpenden Scheide. *T. trichiurus* L. (*dispar* RUD.), Peitschenwurm, im Blinddarm und Colon des Menschen, über die ganze Erde verbreitet. Die Würmer leben nicht frei im Darme, sondern mit dem fadenförmigen Vorderleib in die Schleimhaut eingegraben (Abb. 497). Die hartschaligen zitronenförmigen Eier treten mit dem Kote aus dem Körper des Wirtes noch ohne Zeichen beginnender Embryonalentwicklung, die erst nach längerem Aufenthalt im Wasser oder an feuchten Orten durchlaufen wird. Die Larven werden noch von der Eihülle umschlossen, direkt ohne Zwischenträger mittels des Wassers oder verunreinigter

Speisen übertragen. *T. affinis* RUD. im Dickdarm und Blinddarm des Schafes und der Ziege. *T. crenatus* RUD. Im Dickdarm und Blinddarm des Schweines. *T. depressiusculus* RUD. Im Blinddarm des Hundes.

Trichosomum RUD. Körper haarförmig dünn, doch der Hinterleib des Weibchens aufgetrieben. Schwanzende des Männchens mit Hautsaum und einfachem Spiculum mit Scheide. *T. crassicauda* BELLINGH., in der Harnblase der Wanderratte. Nach R. LEUCKART lebt das Zwergmännchen im Uterus des Weibchens. Gewöhnlich finden sich 2—3, seltener 4 oder 5 Männchen in einem Weibchen.

Trichinella RAILLIET (*Trichina* OW.). Körper haardünn. Weibliche Geschlechtsöffnung weit nach vorne gerückt. Hinterleibsende des Männchens mit zwei konischen terminalen Zapfen, zwischen denen die Cloake vorgestülpt wird, ohne Spiculum. *T. spiralis* OW., Trichine, im Dünndarm des Menschen und zahlreicher, vornehmlich fleischfressender Säugetiere, Weibchen 3—3,5 mm lang (Abb. 498). Die viviparen Weibchen bohren sich in die Zotten sowie die Darmwand ein und gelangen meist in die Lymphräume; etwa 8 Tage nach ihrer Einwanderung beginnen sie dort Junge abzusetzen, welche passiv mit dem Lymph- bzw. Blutstrom, teilweise wohl auch aktiv in die quergestreiften Muskeln des Körpers einwandern. Die Larven durchbohren das Sarcolemma, dringen in die Primitivbündel ein, deren Substanz unter lebhafter Wucherung der Muskelkerne degeneriert, und wachsen in einer schlauchförmigen Auftreibung der Muskelfaser während eines Zeitraumes von 14 Tagen zu spiralig zusammengerollten Würmchen aus, um welche sich innerhalb des verdickten Sarcolemmas von der entzündeten Bindegewebsumhüllung aus glashelle zitronenförmige Kapseln (von 0,4 mm Länge) bilden. In dieser anfangs sehr zarten, bald aber durch Schichtung verdickten und fest gewordenen, mit der Zeit allmählich verkalkenden Kapsel kann die jugendliche Muskeltrichine jahrelang lebendig bleiben. Wird dieselbe mit dem Fleische des Trägers in den Darm eines Warmblüters übergeführt, so wird sie aus ihrer Kapsel durch die Wirkung des Magensaftes befreit und bringt die bereits ziemlich weit entwickelten Geschlechtsanlagen rasch zur Reife. Schon 3—4 Tage nach der Einfuhr sind die Muskeltrichinen zu Geschlechtstrichinen geworden, welche sich begatten und die in

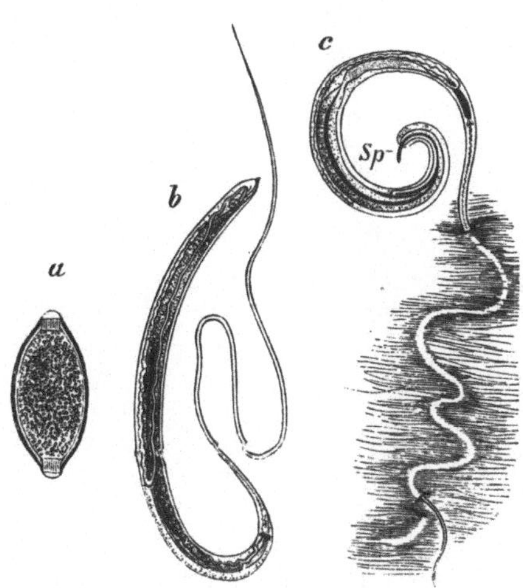

Abb. 497. *Trichocephalus trichiurus (dispar)*. (Nach R. LEUCKART.) a Ei. ³⁶⁰/₁. b Weibchen. c Männchen, mit dem Vorderleib in die Darmschleimhaut eingegraben. *Sp* Spiculum. Etwa ³/₁

dem Träger wandernde Brut (ein Weibchen wohl bis 1000 Embryonen) erzeugen. Die Männchen sterben nach der Begattung ab. Als der natürliche Träger der Trichine ist vor allem die Hausratte zu nennen, welche die Cadaver des eigenen Geschlechtes nicht verschont und so die Trichineninfektion von Generation zu Generation erhält. Gelegentlich werden aber trichinenhaltige Cadaver von den omnivoren Schweinen gefressen, mit dessen Fleische die Trichinenbrut in den Darm des Menschen gelangt und zur Ursache der so berüchtigten Trichinenkrankheit wird, welche, wenn die Einwanderung massenhaft erfolgt, einen tödlichen Ausgang nimmt.

Fam. *Dioctophymidae*. Körper cylindrisch. Mit zwölf vorspringenden Mundpapillen sowie einer Papillenreihe an jeder Seitenlinie. Männchen mit kragenförmiger rippenloser Bursa und nur einem Spiculum. Weibliche Genitalöffnung weit vorn. Die Larven leben wahrscheinlich in Fischen. *Dioctophyme renale* GOEZE (*Eustrongylus gigas* RUD.), Palissadenwurm. Weibchen bis 100 cm lang. Lebt vereinzelt im Nierenbecken verschiedener Säugetiere, sehr selten im Menschen.

Fam. *Strongylidae*. Körper zylindrisch, selten fadenförmig. Mundöffnung bald eng, bald weit und in eine oft mit Zähnen bewaffnete Mundkapsel führend. Mundöffnung gewöhnlich von einer Blätterkrone umgeben. Männchen mit zweiflügeliger, durch muskulöse Rippen gestützter Bursa und mit zwei Spiculis. *Strongylus* RUD. Mundkapsel mit oder ohne Zähne am Grunde. Die weibliche Genitalöffnung zuweilen dem hinteren Leibesende genähert. Leben teils im Darm, teils in der Lunge und den Bronchen der Wirbeltiere. *Strongylus* (*Sclerostomum*) *equinus* MÜLL. (*armatus* RUD.). Im Darm und den Gekrösarterien des Pferdes. *Trichonema* (*Cylichnostomum*) *tetracanthum* MEHL. Im Darm des Pferdes. *Meta-*

strongylus elongatus Duj. (*apri* Gm., *paradoxus* Mehl.), in den Bronchen des Schweines, gelegentlich des Menschen. *Dictyocaulus filaria* Rud., in den Bronchen des Schafes.

Ancylostoma Dubini. Mit weitem Mund. Mundkapsel mit drei Paar Zähnen am Ventralrand. Im Grunde der Mundkapsel zwei bauchständige Zähne. Am Mundende münden

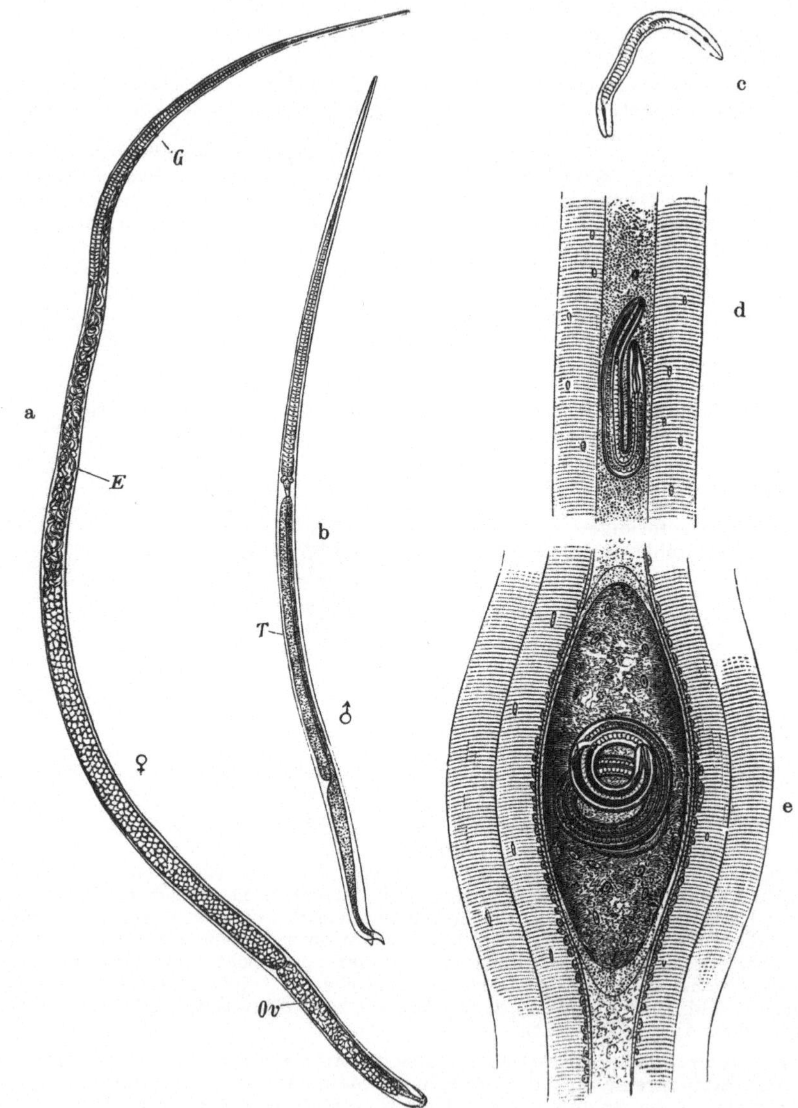

Abb. 498. *Trichinella* (*Trichina*) *spiralis*. a Weibliche Darmtrichine. *Ov* Ovarium *G* Genitalöffnung, *E* Embryonen. $^{60}/_1$. — b Männchen. *T* Hoden. $^{80}/_1$. — c Larve, etwa $^{400}/_1$. — d in eine Muskelfaser eingewandert, etwas gewachsen. — e zur eingerollten Muskeltrichine ausgebildet und eingekapselt. (Nach Claus.)

Drüsen. *Ancylostoma* (*Dochmius*) *duodenale* Dubini, Hakenwurm, 10—15 mm lang, im Dünndarm des Menschen, in Italien entdeckt, in den Nilländern massenhaft, auch sonst in den wärmeren Zonen verbreitet (Abb. 499). Beißt mit Hilfe der starken Mundbewaffnung Wunden in die Darmhaut und saugt auch Blut aus den Darmgefäßen. Die häufigen, von diesen Parasiten erzeugten Blutungen sind die Ursache der unter dem Namen der ägyptischen Chlorose, Tunnel-, Bergwerks- und Grubenwurmkrankheit bekannten Krankheit. Die Entwicklung der Eier erfolgt in Pfützen, die rhabditisförmigen Larven (Abb. 493) dringen nach Looss durch die Haut ein, gelangen in die kleinen Venen und Lymphgefäße der Haut und von da mit dem Kreislaufe in die Lungenkapillaren, aus diesen in die Lunge und durch die Luftwege und den Rachen in den Darm. Die Larven können auch mit der Nahrung übertragen werden. *A. (Dochmius) trigonocephalum* Rud., im Hund. *Necator americanus* Stiles. Im Menschen im südöstlichen Nordamerika, Kuba, Brasilien, Afrika, auch nach Italien verschleppt. Verursacht schwere Erkrankungen. *Bunostomum phlebotomum* Raill. (*radiatum* Rud.). Im Darm von Rind und Schaf. Hier schließt sich an *Syngamus trachea* Mont. (*trachealis* Sieb.). In der Trachea und den Bronchen verschiedener Vögel. Nordamerika, Europa.

Fam. *Ascaridae*. Körper ziemlich gedrungen, mit drei papillentragenden Mundlippen, von denen die eine der Rückenfläche zugekehrt ist, während die beiden anderen in der Ventrallinie zusammenstoßen. Hinterleibsende des Männchens ventralwärts gekrümmt, meist mit zwei Spicula.

Ascaris L. Polymyarier mit drei starken Mundlippen, deren Rand bei den größeren Arten gezähnelt ist. Oesophagealbulbus nicht vorhanden. Schwanzende meist kurz und kegelförmig, im männlichen Geschlecht mit zwei Spicula (Abb. 500). *A. lumbricoides* L., der menschliche Spulwurm, lebt im Dünndarm, ist weit verbreitet, 20—40 cm lang, in einer kleineren Varietät (*A. suilla* Duj.) im Schwein. Die Eier gelangen in das Wasser oder in feuchte Erde, verweilen hier eine Reihe von Wochen bis zum Ablauf der Embryonalentwicklung und werden direkt in den Darm des späteren Wirtes übergeführt. Die Jungen wandern aus dem Darm in das Blutgefäßsystem von Leber und Lunge und aus letzterer durch die Stimmritze zurück in den Darm, wo sie dann geschlechtsreif werden. *A. megalocephala* Cloq. im Pferd. *A. canis* Werner (*mystax* Zed.), im Hund. *A. felis* Goeze, in der Katze. Beide gelegentlich Parasiten des Menschen. Bei beiden das Vorderende mit zwei flügelförmigen Anhängen. *Ascaridia (Heterakis) vesicularis* Fröl. Männchen mit präanalem Saugnapf. In den Blinddärmen von Huhn, Ente, Gans.

Oxyuris Rud. Meromyarier mit meist drei Mundlippen, die kleine Papillen tragen. Das hintere Ende der Speiseröhre zu einem kugeligen Bulbus mit Zahnapparat erweitert. Hinterleibsende des Weibchens pfriemenförmig

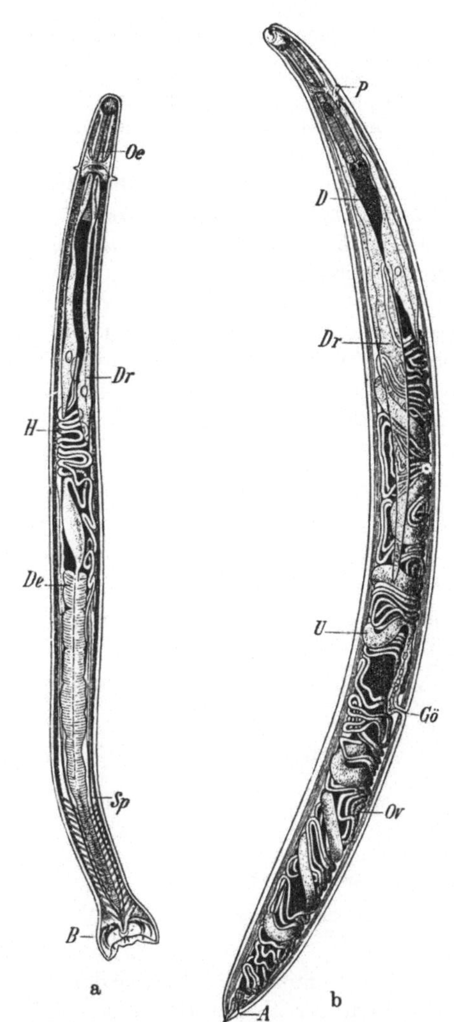

Abb. 499. *Ancylostoma duodenale*. (Nach Looss.) ¹⁵/₁ a Männchen, b Weibchen. *Oe* Oesophagus, *D* Darm, *A* After, *H* Hoden, *De* Ductus ejaculatorius, *Sp* Spiculum, *B* Bursa, *U* Uterus, *Ov* Ovarium, *Gö* Genitalöffnung, *P* Porus excretorius, *Dr* Kopf- und Nackendrüsen.

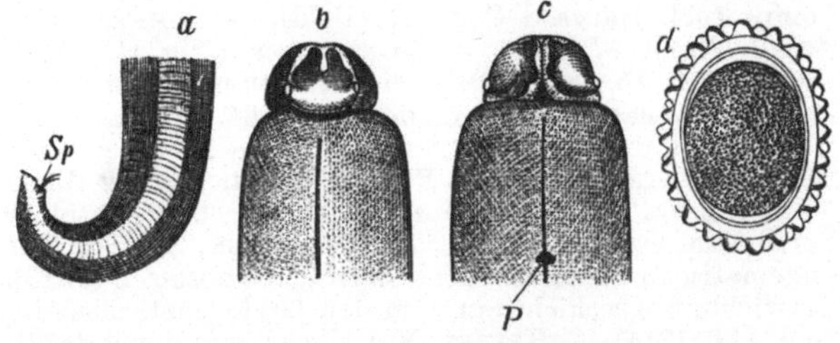

Abb. 500. *Ascaris lumbricoides*. (Nach R. Leuckart.) a Hinterende des Männchens, *Sp* Spicula. b Vorderende von der Rückenseite mit der dorsalen, zwei Papillen tragenden Mundlippe. c Dasselbe von der Bauchseite mit den beiden ventralen Mundlippen. *P* Excretionspo rus. ³/₁ d Ei mit der in Buckeln vorspringenden Hülle. ³⁶⁰/₁

verlängert, des Männchens stumpf und mit einfachem Spiculum (Abb. 490). *O. vermicularis* L., der Pfriemenschwanz oder Madenwurm, im Dickdarm des Menschen, über alle Länder verbreitet. Weibchen etwa 10 mm lang. Die Übertragung der von den Eihüllen umschlossenen Embryonen erfolgt direkt. *O. curvula* Rud., im Blinddarm des Pferdes.

Als sehr weitgehend rückgebildeter Nematode wird von O. Schröder die in der Leibeshöhle von *Plumatella* sich findende *Buddenbrockia plumatellae* O. Schröder angesehen.

5. Ordnung. Nematomorpha[1].

Langgestreckte nematodenähnliche Aschelminthen ohne Seitenlinien, mit Cerebralring und Bauchnervenstrang, mit engem, teilweise rückgebildetem Darm. Bis zur Geschlechtsreife parasitisch.

Die systematische Stellung der von Vejdovský als *Nematomorpha* bezeichneten Würmer ist nicht sicher zu beurteilen. Gewöhnlich zu den Nematoden eingereiht, bieten die hierher gehörigen Formen so vielfache Besonderheiten im Bau, daß ihre Trennung von den Nematoden vorläufig gerechtfertigt erscheint. Doch wird wieder ihre Zuteilung zu letzteren vertreten (K. Heider).

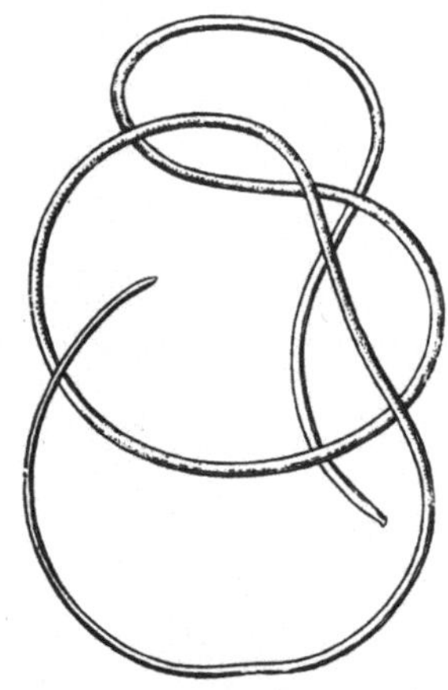

Abb. 501. Geschlechtsreifer *Gordius*. (Original G.) ¹⁄₁

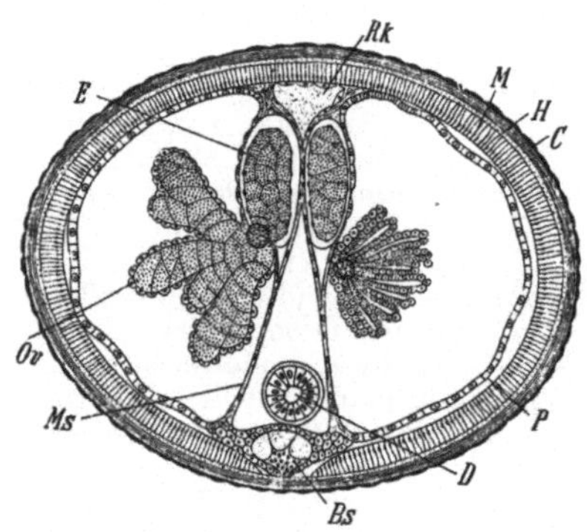

Abb. 502. Querschnitt durch ein Weibchen von *Parachordodes* (*Gordius*) *tolosanus*. (Nach Vejdovsky.) *C* Cuticula, *H* Hypodermis, *M* Längsmuskelschicht, *P* epitheliales Parenchym der Leibeshöhle, *Ms* Mesenterien, *D* Darm, *Bs* Bauchstrang, *Ov* Ovarium, *E* Eibehälter (Uterus), *Rk* Rückenkanal.

Der mit einer Cuticula überdeckte Körper ist langgestreckt fadenförmig, ähnlich jenem der Nematoden (Abb. 501). Die Leibeswand (Abb. 502) weist keine

---

[1] Außer Meissner, Rohde, Bürger, Tretjakoff, Schepotieff vgl. Grenacher, H.: Zur Anatomie der Gattung *Gordius*. Z. Zool. 18 (1868). — Villot, M. A.: Monographie des dragonneaux. Archives de Zool. 3 (1874). — Vejdovský, Fr.: Zur Morphologie der Gordiiden. Z. Zool. 43 (1886). — Studien über Gordiiden. Ebenda 46 (1888). — Organogenie der Gordiiden. Ebenda 57 (1894). — Ward, H. B.: On *Nectonema agile*. Bull. Mus. Comp. Zool. Harvard Coll. 23 (1892). — Camerano, L.: Monografia dei Gordii. Mem. Accad. Torino 47 (1897). — Montgomery, Th. H.: The adult Organisation of *Paragordius varius*. Zool. Jb. 18 (1903). — The Development and Structure of the Larva of *Paragordius*. Proc. Acad. natur. Sci. Philadelphia 1904. — Rauther, M.: Beiträge zur Kenntnis der Morphologie und der phylogenetischen Beziehungen der Gordiiden., Jena. Z. Naturwiss. 40 (1905). — Nierstrasz, H. F.: Die *Nematomorpha* der Siboga-Expedition. Leiden 1907. — Švábeník, J.: Beiträge zur Anatomie und Histologie der Nematomorphen (tschech.) Ber. böhm. Ges. Wiss. Prag 1909. — Bock, S.: Zur Kenntnis von *Nectonema* und dessen systematische Stellung. Zool. Beiträge Uppsala 2 (1913). — Mühldorf, A.: Beiträge zur Entwicklungsgeschichte und zu den phylogenetischen Beziehungen der *Gordius*-Larve. Z. Zool. 111 (1914). — Heider, K.: Über die Stellung der Gordiiden. Sitzgsber. preuß. Akad. Wiss., Physik.-math. Kl. Berlin 1920. — May, H. G.: Contributions to the Life Histories of *Gordius robustus* Leidy and *Paragordius varius* (Leidy). Ill. Biol. Monogr. 5 (1919). — Müller, G. W.: Über Gordiaceen. Z. Morph. u. Ökol. Tiere 7 (1926).

Seitenlinien auf, dagegen findet sich bei *Gordius* eine ventrale, bei *Nectonema* außerdem eine dorsale Medianlinie. Das Nervensystem besteht aus einem den Oesophagus umgebenden ringförmigen Teil und dem sich anschließenden unpaaren Bauchstrang, der bis an das hintere Körperende reicht und mit der ventralen Medianlinie durch die sogenannte Neurallamelle verbunden ist. Der terminale Mund ist sehr klein oder obliteriert, auch der Darm beim ausgebildeten Tier eng und streckenweise rückgebildet. Die Leibeshöhle wird bei *Gordius* von einem großzelligen Parenchym (perienterisches Zellgewebe) erfüllt, in welchem Hohlräume auftreten, womit eine epitheliale und mesenterische Anordnung der Parenchymzellen sich ausbildet. Besondere Excretionsorgane scheinen zu fehlen. An den dorsoventral verlaufenden Mesenterien liegen die Genitalorgane befestigt. Die Nematomorphen sind getrennten Geschlechtes. Bei *Gordius* sind die Genitalorgane paarig. Die gelappten Ovarien hängen dem dorsalen Mesenterium an, in welchem auch die beiden Eibehälter (Uteri) liegen, die hinten durch ein Atrium mit dem After in einer Cloake ausmünden. Dazu kommt ein in das Atrium einmündendes Receptaculum seminis. Auch die paarigen männlichen Keimdrüsen öffnen sich hinten in die Cloake. Desgleichen liegt bei *Nectonema* die Genitalöffnung hinten terminal.

Die Nematomorphen leben im Jugendzustand in der Leibeshöhle von Arthropoden, wandern aber zur Begattungszeit in das Wasser aus, wo sie vollkommen geschlechtsreif werden.

Fam. *Gordiidae*, Saitenwürmer. Ohne dorsale Medianlinie. Schwanzende des Männchens gabelig. Im Süßwasser. Die mit Stachelkränzen und am Vorderende mit Stiletten versehenen Larven (Abb. 503) durchbohren die Eihüllen, wandern in Insectenlarven (*Tendipes*- [*Chironomus*-]Larven, Ephemeridenlarven) ein und kapseln sich hier ein. Raubinsekten des Wassers nehmen mit dem Fleische der Ephemeridenlarve die eingekapselten Jugendformen auf, die sich nun in der Leibeshöhle der neuen größeren Träger zu jungen Gordiiden entwickeln und zur Zeit der Erlangung der Geschlechtsreife in das Wasser auswandern. Doch soll der erste Zwischenwirt ausfallen können und dies das normale Verhalten bilden (G.W. MÜLLER). *Gordius aquaticus* L. (*villoti* ROSA), *Parachordodes tolosanus* DUJ. (*subbifurcus* SIEB.), Mitteleuropa. *Paragordius varius* LEIDY. Nordamerika. *Chordodes ornatus* GRENACHER. Philippinen.

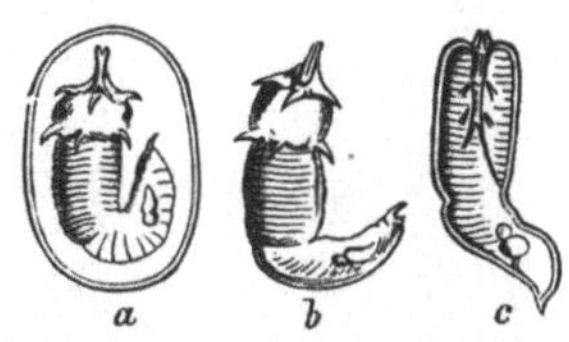

Abb. 503. Larven von *Parachordodes tolosanus* (*subbifurcus*). (Nach MEISSNER.) Etwa $^{250}/_1$. a In der Eihülle mit vorgeschobenem Rüssel, b außerhalb der Eihülle, c mit eingestülptem Vorderende.

Fam. *Nectonematidae*. Mit beiden Medianlinien, längs derselben zwei Reihen haarähnlicher Borsten. Das Männchen mit ventralwärts gebogenem konischen Körperende. After fehlt. Marin. *Nectonema agile* VERRILL. Atlantisch, Nordamerika, auch in Neapel gefunden. Jugendform in *Periclimenes* (*Palaemonetes*).

6. Ordnung. Acanthocephali, Kratzer[1].

Entoparasitische Aschelminthen von walzenförmigem Körper, vorn mit einstülpbarem hakentragenden Rüssel, ohne Darm.

Die verwandtschaftlichen Beziehungen der Acanthocephalen sind unklar und ihre von manchen Forschern vorgenommene nähere Zusammenordnung mit den Nematoden wird durch die Organisationsverhältnisse nicht genügend begründet.

Der schlauchförmige, oft quergeringelte Körper (Abb. 504) beginnt mit einem

[1] Außer WESTRUMB, DUJARDIN, DIESING vgl. LEUCKART, R.: Parasiten des Menschen 2 (1876). — GREEFF, R.: Untersuchungen über *Echinorhynchus miliaris*. Arch. Naturgesch. 1864. — HAMANN, O.: Die Nemathelminthen. I. Monographie der Acanthocephalen. Jena. Z. Naturwiss. 25 (1891). — Die Nemathelminthen. Jena 1895. — KAISER, J. E.: Die Acanthocephalen und ihre Entwicklung. Bibliotheca zoologica 7 (1893) und 12. Jber. IV. städt. Realschule Leipzig 1913. — LÜHE, M.: Geschichte und Ergebnisse der Echinorhynchen-Forschung usw. Zool. Annal. 1 (1905). — MEYER, A.: Die Furchung nebst Eibildung, Reifung und Befruchtung des *Gigantorhynchus gigas*. Zool. Jb. 50 (1928). — Vgl. ferner die Schriften von A. SCHNEIDER, ANDRES, SÄFFTIGEN, KNÜPFFER, SCHEPOTIEFF u. a.

Widerhaken tragenden Rüssel, welcher in einen in die Leibeshöhle hineinragenden muskulösen Sack (Rüsselscheide) zurückgezogen werden kann. Das hintere Ende dieser Rüsselscheide wird durch ein Band und durch Retraktoren (Retinacula) an der Leibeswand befestigt. Die Körperwand ist von einer zarten Cuticula überdeckt, unter welcher eine hohe, faserig differenzierte Subcuticula liegt. Nach innen folgt die aus einer äußeren Ring- und inneren Längsmuskelschicht bestehende Leibesmuskulatur. Die Subcuticula bildet zwei neben der Rüsselscheide in die Leibeshöhle hineinhängende birnförmige Wucherungen, die Lemnisci. Eigentümlich ist den Acanthocephalen ein in der unteren Schicht der Subcuticula gelegenes Netz von Lacunen, die eine körnchenreiche Ernährungsflüssigkeit führen. Es zerfällt in zwei getrennte Abschnitte. Mit dem vorderen, im Rüssel und Halse sich verzweigenden Abschnitt hängen auch die Lacunen der Lemnisci zusammen, welche in eine Ringlacune der Haut münden. Der hintere Abschnitt umfaßt die Lacunen des gesamten Hinterleibes; an ihm lassen sich zwei größere Längsstämme unterscheiden, von welchen die sich verästelnden kleineren Kanäle ausgehen. Die Haut der Acanthocephalen mit ihrem Kanalsystem dient als Organ der Nahrungsaufnahme und die Lemnisci haben die Bedeutung, die Nahrungsstoffe aus der Leibeshöhle aufzusaugen und den Kanälen der Rüsselregion zuzuführen (KAISER). Ein Darmkanal fehlt. Das Nervensystem besteht aus einem gegen das Hinterende der Rüsselscheide gelegenen Ganglion, welches Nerven nach vorn in den Rüssel und zwei große hintere Seitennerven durch die Retinacula nach den Wandungen des Körpers entsendet (Abb. 504). Die sich von hier aus verteilenden, lateral verlaufenden Nervenfasern versorgen teils die Muskulatur des Körpers, teils den Geschlechtsapparat, für welchen sich beim männlichen Tier in zwei Ganglien besondere Zentren finden. Von Sinnesorganen sind bloß wenige Tastpapillen am Rüssel sowie an der Bursa des Männchens bekannt. Excretionsorgane sind nur bei *Echinorhynchus hirudinaceus* (*gigas*) gefunden als ein Paar schüsselförmiger, in die Leibeshöhle ragender Körper, welche der Uterusglocke bzw. dem Ductus ejaculatorius ansitzen. Jedes Organ baut sich aus drei Zellen auf und besteht aus einem verästelten Kanälchen, das in zahlreichen zylindrischen Kölbchen endet, deren geschlossenes Ende eine in das Lumen ragende Wimperflamme trägt. Die Ausmündung geschieht in die Genitalgänge.

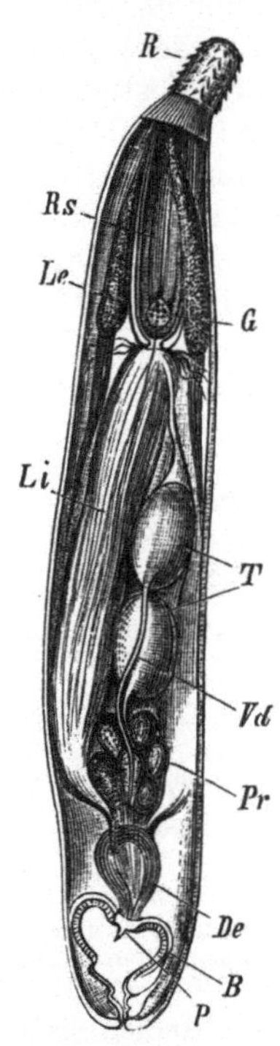

Abb. 504. Männchen von *Echinorhynchus lucii* (*angustatus*). (Nach R. LEUCKART.) ¹⁷/₁. *R* Rüssel, *Rs* Rüsselscheide, *Li* Ligament, *G* Ganglion, *Le* Lemnisci, *T* Hoden, *Vd* Ductus deferens, *Pr* Anhangsdrüsen, *De* Ductus ejaculatorius, *P* Penis, *B* eingestülpte Bursa.

Die Leibeshöhle umschließt die mächtig entwickelten Geschlechtsorgane, welche größtenteils in einem vom Grunde der Rüsselscheide durch die ganze Leibeshöhle ausgespannten Ligament eingelagert sind. Die Geschlechter sind getrennt. Die Männchen besitzen zwei Hoden, ebensoviele Ductus deferentes, einen gemeinsamen, mit sechs Anhangsdrüsen versehenen Ductus ejaculatorius und einen kegelförmigen Penis im Grunde einer glockenförmigen, am hinteren Leibesende hervorstülpbaren Bursa (Abb. 504). Die Geschlechtsorgane der größeren Weibchen bestehen aus zwei Ovarien, welche sich nur im Jugendstadium innerhalb des Ligamentes finden; sie zerfallen später in einzelne Eierballen, die durch das Ligament in die Leibeshöhle gelangen, wo man sie und die sich aus ihnen lösenden Eier flottierend antrifft. Der Ausführungsapparat (Abb. 505) besteht aus einer mit freier Mündung in der Leibeshöhle beginnenden Uterusglocke und einer kurzen Scheide, welche am hinteren Körperende ausmündet. Bei *Echinorhynchus hirudinaceus (gigas)* mündet die Uterusglocke in gegen die Leibeshöhle abgeschlossene Ligamenträume. Die Befruchtung des Eies und die Embryonalentwicklung bis zum Larvenstadium findet bereits in der Leibeshöhle des mütterlichen Tieres statt. Durch die Schluckbewegung der Uterusglocke werden die in der Leibeshöhle flottierenden unreifen und die langgestreckten, bereits Embryonen beherbergenden Eier in erstere aufgenommen. In der Uterusglocke findet eine Scheidung der unreifen und reifen Eier statt; erstere gelangen durch eine besondere Öffnung (untere Glockenöffnung) in die Leibeshöhle zurück, letztere werden durch paarige hintere Gänge (Glockenschlundgänge) in den Uterus überführt. Die von mehreren Hüllen umschlossenen Embryonen (Abb. 506 a) gelangen nach außen und bedürfen zu ihrer Weiterentwicklung der Übertragung in einen Zwischenwirt. Als solcher erweisen sich kleine Krebse und Insekten, in deren Darm die Embryonen frei werden. Die ausschlüpfenden Larven (Abb. 506 b und 507) sind schlank und besitzen am Vorderende einen Kranz von Haken oder Stacheln. Sie durchbohren die Darmwandung und bilden sich in der Leibeshöhle des Zwischenwirtes nach Verlust der Embryonalhaken zu kleinen Echinorhynchen aus. Erst nach Einführung in den Darm des Endwirtes erfolgt die Ausbildung der Geschlechtsreife und definitiven Größe.

Die Acanthocephalen leben im Darm von Wirbeltieren und sind mittels des Rüssels an der Darmwand befestigt.

Fam. *Echinorhynchidae.* Mit den Charakteren der Ordnung. *Echinorhynchus (Gigan-*

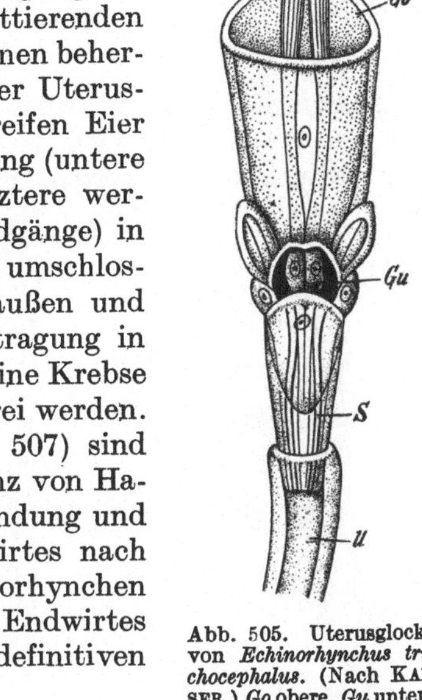

Abb. 505. Uterusglocke von *Echinorhynchus trichocephalus.* (Nach KAISER.) *Go* obere, *Gu* untere Glockenöffnung, *L* Ligament, *S* Glockenschlundgänge, *U* Uterus.

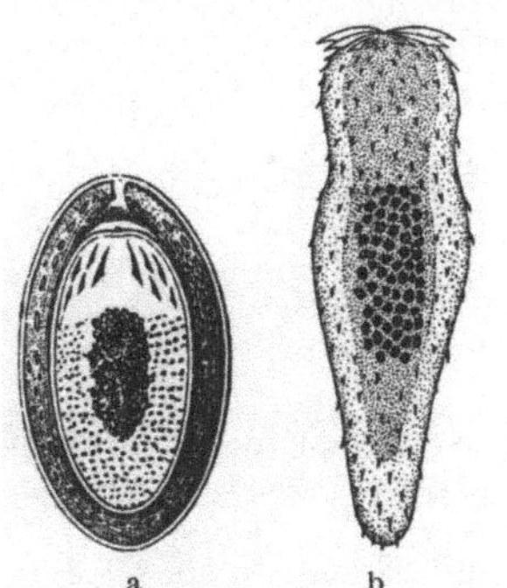

Abb. 506. a Von den Eihüllen umschlossener Embryo von *Echinorhynchus (Gigantorhynchus) hirudinaceus.* 300/1 (nach R. LEUCKART); b Larve (nach KAISER).

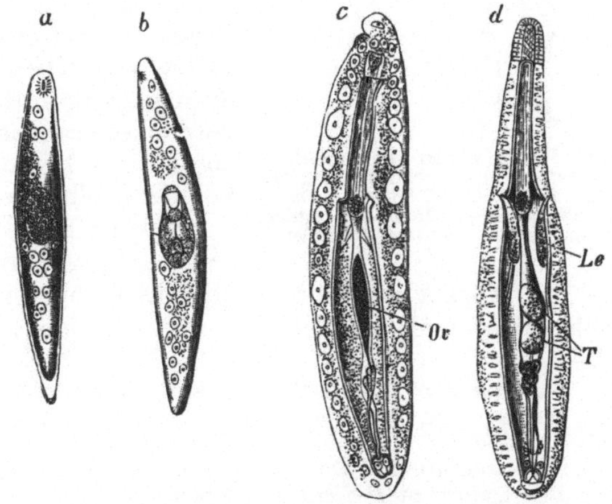

Abb. 507. Larven von *Echinorhynchus proteus.* (Nach R. LEUCKART.) a Freigewordene Larve. — b Älteres Stadium. — c Junger weiblicher Wurm. *Ov* Ovarium. — d Junger männlicher Wurm. *T* Hoden, *Le* Lemnisci.

torhynchus) hirudinaceus PALL. (*gigas* GOEZE), Riesenkratzer, 10—65 cm lang, im Schwein. Larve im Engerling des Maikäfers. *E. polymorphus* BREMS., im Darm der Ente und anderer

Vögel. Jugendform in *Gammarus*, auch im Flußkrebs. *E. proteus* WESTRUMB, in Süßwasserfischen, Jugendform in *Gammarus* und in der Leibeshöhle und Leber von *Phoxinus*.
E. lucii MÜLL. (*angustatus* RUD.), in Süßwasserfischen (Abb. 504), Jugendform in der Wasserassel. *E. haeruca* RUD., in Fröschen, Jugendform in der Wasserassel. *E. moniliformis*
BREMS., im Darm von *Eliomys quercinus* sowie der Feldmaus und des Hamsters, Jugendstadium in *Blaps mortisaga*. Diese Art gelangt nach einem Infektionsversuche auch im
Darm des Menschen zur Entwicklung (GRASSI und CALANDRUCCIO). Von LAMBL ist ein nicht
geschlechtsreifer *Echinorhynchus* spec.? im Dünndarm eines an Leukämie verstorbenen
Kindes gefunden worden.

3. Klasse. Entoprocta[1].

*Kelchförmige, mittels Stieles festsitzende solitäre oder stockbildende Scoleciden mit
den Mund und After umkreisendem Tentakelkranz.*

Die Entoprocten werden im System in der Regel als Abteilung der Bryozoa,
deren zweite Untergruppe die Ectoprocta bilden, aufgeführt. Trotz vielfacher
Ähnlichkeiten in der Organisation und besonders in
den Larvenorganen besteht doch zwischen Entoprocten und den Ectoprocten, die nun ausschließlich die Bryozoa repräsentieren, keine nähere verwandtschaftliche Beziehung, worauf schon von
HATSCHEK, KORSCHELT und K. HEIDER hingewiesen
wurde. Die Embryonalentwicklung lehrt, daß die
zwischen Mund und After innerhalb des Tentakelkranzes gelegene Körperregion, in welche das Ganglion fällt, bei den *Entoprocten* der Bauchseite, das
Ganglion somit einem Bauchganglion entspricht, ihr
Tentakelkranz ein präoraler ist; dagegen bei den
Bryozoen (Ectoprocten), deren Tentakelkranz ein
postoraler ist und bloß den Mund umsäumt, der verkürzten Dorsalseite, ihr Ganglion sonach dem Cerebralganglion entspricht. Die Ähnlichkeiten in der
Ausbildung der Larvenorgane bei Entoprocten und
Bryozoen (Ectoprocten) erweisen sich als Analogien;
so ist vor allem das mit dem sogenannten birnförmigen Organ der Bryozoen- (Ectoprocten-) Larve
verglichene sogenannte Dorsalorgan der Entoprocten-
larve nicht homolog; ersteres liegt hinter, letzteres
vor dem Wimperkranz.

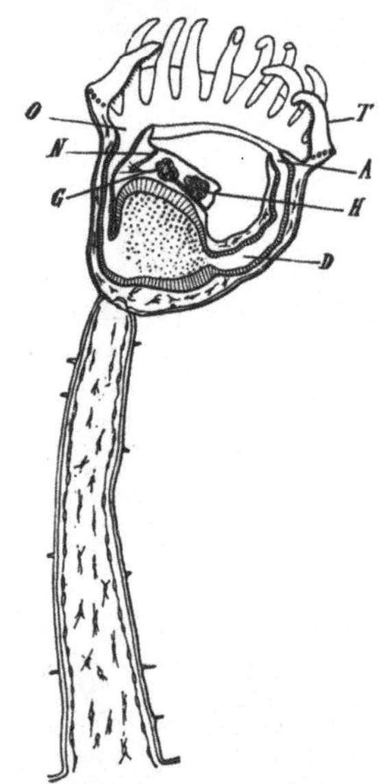

Abb. 508. Einzeltier von *Pedicellina
echinata* im Medianschnitt. (Orig. G.)
²⁸/₁. *T* Tentakel, *O* Mund, *D* Darm,
A After, *N* Nephridium, *G* Ganglion,
dahinter das Ovarium, *H* Hoden.

Bei den Scoleciden wurden die Entoprocten zuerst von HATSCHEK eingeordnet.

Am Körper der Entoprocten (Abb. 508) ist ein durch Längsmuskel beweglicher Stiel und ein Kelch zu unterscheiden. Letzterer enthält die Eingeweide

[1] Außer KOWALEVSKY, SALENSKY, FOETTINGER, PROUHO, STIASNY u. a. vgl. NITSCHE,
H.: Beiträge zur Kenntnis der Bryozoen. Z. Zool. 20 (1870). — HATSCHEK, B.: Embryonalentwicklung und Knospung der *Pedicellina echinata*. Ebenda 29 (1877). — HARMER, S. F.:
On the Structure and Development of *Loxosoma*. Quart. J. microsc. Sci. 25 (1885). — On
the Life-history of *Pedicellina*. Ebenda 27 (1887). — BARROIS, J.: Mémoire sur la Méta-
morphose de quelques Bryozoaires. Ann. des Sci. natur. Paris 1886. — SEELIGER, O.: Die
ungeschlechtliche Vermehrung der entoprocten Bryozoen. Z. Zool. 49 (1889). — Über die
Larven und Verwandtschaftsbeziehungen der Bryozoen. Ebenda 84 (1906). — EHLERS, E.:
Zur Kenntnis der Pedicellineen. Abh. Ges. Wiss. Göttingen, Math.-physik. Kl. 36 (1890). —
DAVENPORT, C. B.: On *Urnatella gracilis*. Bull. Mus. comp. Zool. Harvard Coll. 24 (1893).
— CZWIKLITZER, R.: Die Anatomie der Larve von *Pedicellina echinata*. Arb. zool. Inst.Wien
17 (1908). — NASSONOW, N.: *Arthropodaria kovalevskii*. Arb. zool. Labor. Akad.Wiss. Lenin-
grad 2 (1926).

und wird an seinem oberen Rande von einem Kranz an der Innenseite bewimperter Tentakel umstellt, die in das Atrium des Kelches eingeschlagen werden können. Das Körperepithel sondert eine Cuticula ab, die am Stiel und bei den stockbildenden Formen an den die Einzeltiere verbindenden Stolonen am stärksten ist und auch Stacheln tragen kann. Die (primäre) Leibeshöhle ist von einem reichlichen Mesenchym erfüllt. Am Grunde des Atriums liegen Mund und After, die in einen hufeisenförmigen Darm führen. Zwischen Mund und After, dem Oesophagus anliegend, findet sich ein Ganglion. Vor letzterem liegt ein Paar am inneren Ende geschlossener Nephridien. Analwärts folgen die kleinen sackförmigen Genitaldrüsen, deren Ausführungsgang in das Atrium mündet. Die Entoprocten sind getrenntgeschlechtlich oder hermaphroditisch. Neben der geschlechtlichen Fortpflanzung besteht auch die ungeschlechtliche durch Knospung (Abb. 290), die mit Ausnahme von *Loxosoma*, bei dem sich die Knospen loslösen, zur Stockbildung führt. Die Embryonalentwicklung wird im Atrium durchlaufen und ist eine Metamorphose. Die Larve von *Pedicellina* (Abb. 509) besitzt einen Wimperkranz, am apicalen Pol eine von Sinneshaaren umstellte Scheitelplatte sowie ventral vor dem Wimperkranz ein vorstreckbares Sinnesorgan (sogenanntes Dorsalorgan). Die Festsetzung der freischwimmenden Larve erfolgt mit der Oralseite. Der Darm der Larve mit der vom Wimperkranz umsäumten Vestibularanlage erfährt eine Drehung nach dem freien Pol. Dorsalorgan und Scheitelorgan werden rückgebildet.

Die meisten Entoprocten sind Meeresbewohner, *Urnatella* lebt im Süßwasser.

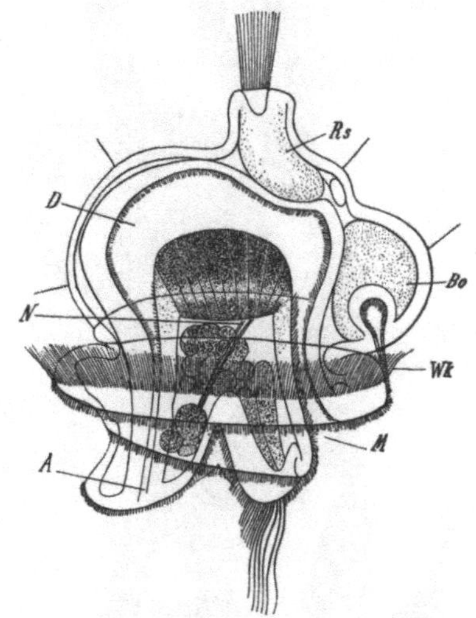</p>

Abb. 509. Larve von *Pedicellina*. Etwa 130/1. *M* Mund, *D* Darm, *A* After, *N* Nephridium, *Rs* Scheitelorgan, *Bo* sogenanntes Dorsalorgan, *Wk* Wimperkranz. (Nach HATSCHEK.)

Fam. *Pedicellinidae*. Mit den Charakteren der Gruppe. *Loxosoma singulare* KEF., St. Vaast. *L. neapolitanum* Kow., Neapel. Beide solitär. *Pedicellina echinata* SARS, Nordsee, Mittelmeer (Abb. 508). *Urnatella gracilis* LEIDY, im Süßwasser Nordamerikas. *Arthropodaria kovalevskii* NASSONOW, im Brackwasser. Bucht von Sebastopol.

4. Klasse. Nemertini, Schnurwürmer [1].

Langgestreckte Scoleciden mit bewimperter Haut und dickem Hautmuskelschlauch, mit mittels Afteröffnung ausmündendem Darm; mit am Vorderende des Körpers vorstülpbarem Rüssel, mit Blutgefäßsystem, mit zwei Sinnesgruben am Kopfteil. Die Genitalorgane einfach sackförmig, wiederholen sich in vielfacher Zahl. In der Regel getrenntgeschlechtlich.

---

[1] DE QUATREFAGES, A.: Études sur les types inférieurs de l'embranchement des Annelés. Ann. des Sci. natur. 1846. — METSCHNIKOFF, E.: Studien über die Entwicklung der Echinodermen und Nemertinen. Mém. Acad. St.-Pétersbourg 1869. — McINTOSH, W. C.: A monograph of the British Annelids. P. I: Nemerteans. London 1873—1874. — BARROIS, J.: Mémoire sur l'embryologie des Némertes. Ann. des Sci. natur. 1877. — KENNEL, J.: Beiträge zur Kenntnis der Nemertinen. Arb. zool. Inst. Würzburg 4 (1878). — HUBRECHT, A. A. W.: The Genera of European Nemerteans etc. Notes from the Leyden Mus. vol. I (1879). — SALENSKY, W.: Recherches sur le développement du *Monopora* etc. Archives de Biol. 5 (1884). — Morphogenetische Studien an Würmern. II. Mém. Acad. St.-Pétersbourg 30 (1912). — DEWOLETZKY, R.: Das Seitenorgan der Nemertinen. Arb. zool. Inst. Wien 7 (1888). — BÜRGER, O.: Die Nemertinen des Golfes von Neapel 1985. — Nemertini. Bronns

Die *Nemertinen* stehen in vielen Punkten den übrigen Scoleciden gegenüber. Eine Reihe von Forschern betrachtet sie als Anneliden, eine Ansicht, für welche sich manche Tatsachen (wie das Blutgefäßsystem und Wiederholung der Genitaldrüse) anführen lassen. Indessen sprechen die Art der Ausbildung des Blutgefäßsystems und auch die bei der Entwicklung auftretenden Larvenzustände und Anderes dafür, daß eine nähere Verwandtschaft zu den Anneliden nicht besteht, somit die sich bei den Nemertinen in der Wiederholung der Genitaldrüse ausprägende Metamerie selbständig entstanden und nicht auf die Metamerie der Anneliden beziehbar ist.

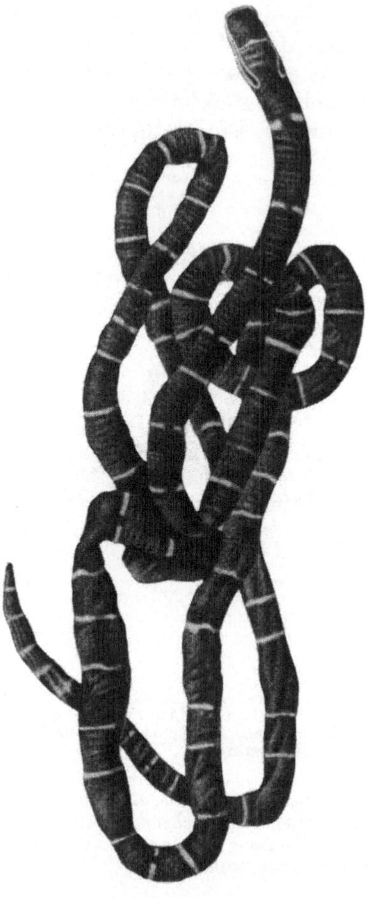

Der Körper (Abb. 510, 511) ist schnurförmig, dorsoventral etwas abgeplattet, sein Vorderende häufig als Kopf abgesetzt. Die Länge schwankt von wenigen Millimetern bis zu einigen Metern, während die Breite stets eine geringe bleibt. Die dicke Körperwand besteht aus einem bewimperten drüsenreichen Hautepithel, welches auch Pigmente enthält, sowie einer bindegewebigen Unterhaut und einem Hautmuskelschlauche, der sich aus einer äußeren Ringmuskel- und inneren Längsmuskelschicht zusammensetzt. Dazu kommt bei den *Heteronemertinen* noch eine außerhalb der Ringmuskulatur entwickelte Längsmuskelschicht. Endlich sind auch dorsoventral verlaufende Muskeln vorhanden, welche zwischen den Darmdivertikeln in dem Parenchym verlaufen, in das alle Organe der Nemertinen eingebettet liegen. Der Mund liegt ventral nahe dem Vorderende (seltener mündet er mit der terminalen Rüsselöffnung gemeinsam aus) und führt in den Vorderdarm, auf welchen ein langer Mitteldarm folgt, welcher regelmäßig sich wiederholende Seitentaschen aufweist; zuweilen (*Metanemertini*) ist vor der Einmündungsstelle des Vorderdarmes in den Mitteldarm ein ventraler Blinddarm vorhanden. Der Darm mündet bei den Nemertinen durch einen After am Hinterende aus. Am

Abb. 510. *Lineus geniculatus*. (Nach Bürger.) Am Vorderende die Kopfspalten erkennbar. ³/₄

Klass. u. Ordn. Tierreichs **4**, Suppl. 1897—1907. — Nemertini. Tierreich 20. Liefg. **1904.** — Böhmig, L.: Beiträge zur Anatomie und Histologie der Nemertinen. Z. Zool. **64** (1898). — Wilson, C. B.: The Habits and Early Development of *Cerebratulus lacteus*. Quart. J. microsc. Sci. **43** (1900). — Bergendal, D.: Studien über Nermertinen. I.—III. Fysiogr. Sällsk. Handl. Lund 1901—1903. — Wijnhoff, G.: Die Gattung *Cephalothrix* und ihre Bedeutung für die Systematik der Nemertinen. Zool. Jb. **30** (1910); **34** (1913). — Nusbaum, J. u. M. Oxner: Die Embryonalentwicklung des *Lineus ruber*. Z. Zool. **107** (1913). — Hammarsten, O.: Beitrag zur Embryonalentwicklung der *Malacobdella grossa*. Arb. zool. Inst. Stockholms Högskola 1 (1919). — Coe, W. R.: The pelagic Nemerteans. Rep. Sci. Results Exped. „ Albatross". Mem. Mus. Comp. Zool. Harvard Coll. **49** (1926). — Vgl. ferner die Schriften von Max Schultze, Desor, Oudemans, Arnold, Punnett, Zeleny, Brinkmann u. a.

vorderen Körperende liegt die Öffnung des für die Nemertinen charakteristischen vorstülpbaren schlauchförmigen Rüssels (Abb. 511), der in einer geschlossenen, dorsal vom Darm gelegenen Rüsselscheide (Rhynchocöl) mittels eines Retractors befestigt liegt. Der Rüssel ist entweder kurz und mit Rhabditenzellen, selbst Nesselkapseln ausgestattet, oder (fast alle *Metanemertinen*) lang und in zwei Abschnitte gegliedert, von denen der vordere ausstülpbare ein größeres Stilet und zu dessen Seiten in Nebentaschen mehrere Reservestilete besitzt, der hintere drüsig und als Giftapparat aufzufassen ist. Beim Hervorstülpen des Rüssels rückt das Stilet an die äußerste Spitze und es wird aus der Giftdrüse Secret entleert. Das Rhynchocöl ist von einer farblosen Flüssigkeit erfüllt, in welcher große amöboid bewegliche Zellen (Rhynchocölkörperchen) flottieren. Bei vielen Nemertinen mündet oberhalb der Rüsselöffnung eine größere Drüse, die Kopfdrüse.

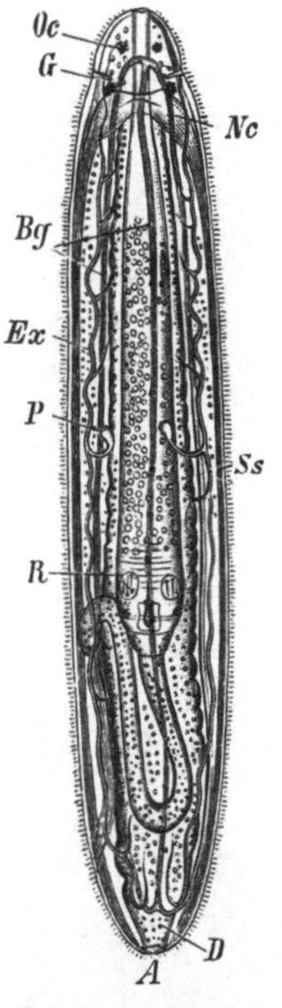

Die Nemertinen besitzen ein Blutgefäßsystem, welches entweder aus zwei lateralen Längsstämmen besteht, die sich vorn und hinten vereinigen (*Palaeonemertinen*), oder es tritt noch ein medianes, dorsal über dem Darm verlaufendes Rückengefäß hinzu (Abb. 511). Im letzteren Falle sind zwischen Rückengefäß und den Seitengefäßen Querschlingen vorhanden (*Meta-* und *Heteronemertinen*). Außerdem gehen nach vorn Gefäße zum Vorderdarm und Rhynchocöl ab. Die Gefäße besitzen contractile Wandungen. Der Blutstrom ist im Rückengefäße von hinten nach vorn, in den Seitengefäßen umgekehrt gerichtet. Das Blut ist meist farblos, bei einigen Arten jedoch rötlich gefärbt. Bei wenigen *Amphiporiden* und *Euborlasia* ist die rote Farbe an die ovalen scheibenförmigen Blutkörperchen gebunden.

Die Excretionsorgane sind zwei kurze, zu den Seiten des Vorderdarmes gelegene verzweigte, seltener den Körper in ganzer Länge durchziehende Nephridien, welche seitlich durch einen, selten mehrere Poren nach außen münden der feinen Nephridienzweige werden von geschlossenen bildet, welche in die Wand der lateralen Blutgefäße eindringen. Bei den *Cephalothriciden* und einigen anderen Formen, so *Geonemertes*, sind zahlreiche (sekundäre) Nephridien vorhanden, bei *Stichostemma graecense* die ursprünglich in einem Paar vorhandenen Nephridien später in eine größere Zahl von Einzelkanälen aufgelöst.

Das Cerebralganglion erlangt eine bedeutende Entwicklung, seine beiden Hälften lassen eine dorsale und ventrale Ganglienmasse unterscheiden und sind durch eine Quercommissur über dem Schlunde, zu der noch eine dorsale, den Rüssel umgreifende Commissur hinzukommt, verbunden. Die zwei ventralen Ganglien setzen sich in die seitlichen Nervenstämme fort, welche sich in der Nähe des Afters vereinigen. Seltener (*Drepanophorus*) verlaufen die Seitenstämme an der

Abb. 511. *Prostoma* (*Tetrastemma*) *obscurum*. (Nach M. SCHULTZE.) Etwa $^{14}/_1$. Junges Tier. *O* Rüsselmündung, *D* Darm, *A* After, *Bg* Blutgefäße, *R* Rüssel mit Stilet, *Ex* Nephridium, *P* seine Ausmündung, *G* Seitenorgan, *Nc* Cerebralganglion, *Ss* seitliche Nervenstämme, *Oc* Augen.

Die inneren Enden Wimperkölbchen ge-

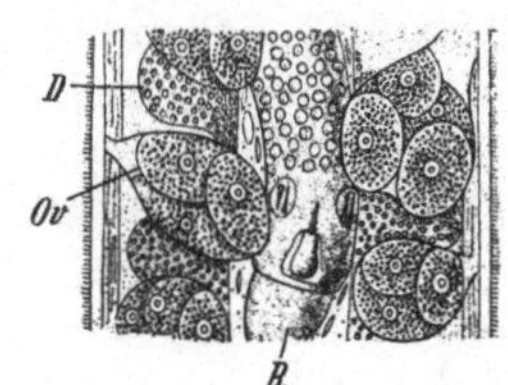

Abb. 512. Rumpfabschnitt eines geschlechtsreifen *Prostoma* (*Tetrastemma*). (Nach M. SCHULTZE.) *D* Darmtaschen, *Ov* Ovarium, *R* Rüssel.

Bauchseite einander genähert. Die Nervenstämme enthalten eine zentrale Fasersubstanz und einen Belag von Ganglienzellen. Gehirn und Seitenstämme liegen entweder außerhalb (*Tubulanidae*), oder inmitten (*Cephalothricidae* und *Heteronemertini*) oder innerhalb des Hautmuskelschlauches (*Metanemertini*). Vom Gehirn entspringen die Nerven für die am vorderen Körperende gelegenen Sinnesorgane sowie die Schlund- und Rüsselnerven, ferner ein unpaarer, durch den ganzen Rumpf sich erstreckender Rückennerv. Die Seitenstämme, welche die Nerven des Rumpfes abgeben, stehen mit dem Rückennerv und untereinander durch regelmäßig angeordnete Commissuren oder einen tiefen Nervenplexus in Verbindung.

Von Sinnesorganen kommen Augen sehr verbreitet vor und treten meist in großer Zahl auf. Nur selten (*Ototyphlonemertes*) treten zwei Statocysten am Gehirn auf. Am Kopfteil finden sich zwei als Kopfspalten bezeichnete Längsschlitze (Abb. 510) oder querverlaufende Kopffurchen, welche in für fast alle Nemertinen typische, von Nerven des Gehirns versorgte Sinnesorgane, die sogenannten Cerebralorgane (auch Seitenorgane genannt) einführen. Letztere sind grubenförmige oder kanalartige Einsenkungen der Haut, reich mit Nerven- und Drüsenzellen ausgestattet, und haben die Bedeutung von Spürorganen. Die Cerebralorgane werden bei den *Cephalothriciden* sowie bei *Malacobdella* und *Pelagonemertes* vermißt. Endlich sind am Kopfe gelegene Sinneshügel bekannt.

Die Nemertinen sind, von wenigen Ausnahmen (*Prosadenoporus*, einige *Prostoma* [*Tetrastemma*] und *Geonemertes*) abgesehen, getrennten Geschlechtes.

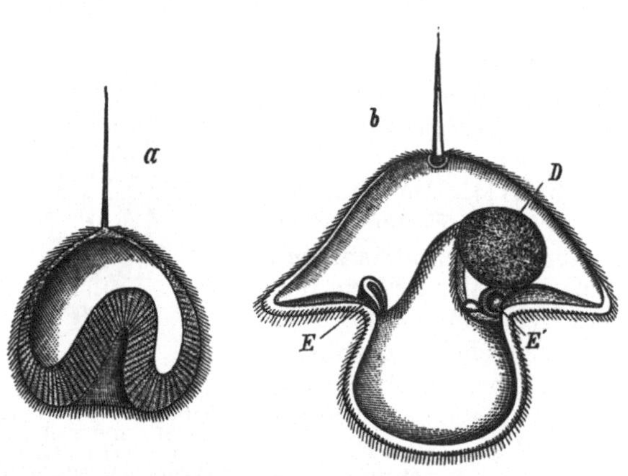

Abb. 513. *Pilidium*. (Nach E. METSCHNIKOFF.) a Freischwimmende Jugendform mit Darmanlage, b ausgebildetes Pilidium. *D* Darm, *E E'* vordere und hintere Embryonalscheiben. ³⁵/₁

Beiderlei Geschlechtsorgane besitzen den gleichen Bau und erweisen sich als mit Eiern oder Samenfäden gefüllte Säcke, die, in vielfacher Zahl sich wiederholend, in den Seitenteilen des Körpers zwischen den Taschen des Darmes liegen und durch paarige dorsale Öffnungen nach außen münden (Abb. 512). Die ausgetretenen Eier bleiben häufig durch eine schleimige Gallerte verbunden und werden dann in Klumpen oder Schnüren abgesetzt. Einige Formen, wie *Prosorhochmus*- und *Lineus*-Arten, *Prostoma lacustre*, *Geonemertes agricola* sind lebendig gebärend.

Die Entwicklung ist eine direkte (*Metanemertini*) oder eine Metamorphose, bald mit pelagisch lebenden helmförmigen Larvenzuständen (sogenanntes *Pilidium*), bald durch die innerhalb der Eimembran sich ausbildende DESORsche Larve (Abb. 515) charakterisiert. Aus der inäqualen Furchung geht eine Blastula hervor, an welcher das Entoderm durch Invagination entsteht (Abb. 513a). Das Mesoderm wird durch zwei Urmesodermzellen angelegt, außerdem sollen weitere vom Ectoderm stammende Zellen Mesenchymelemente liefern. Bereits in diesem Stadium schlüpft die mit Wimpern bedeckte und am apicalen Pole mit einer starken Geißel ausgestattete Pilidiumlarve aus, welche durch die Entwicklung zweier Lappen zu den Seiten des Mundes die Gestalt eines Fechterhutes annimmt

(Abb. 513b). Das Mundfeld mit den Seitenlappen wird jetzt von einer präoralen Wimperschnur umsäumt, unter welcher ein Nervenring verlaufen soll. Die apical gelegene Zellverdickung (Scheitelplatte) mit der Geißel faßt man als Sinnesapparat auf. Der Mund führt in den vom Ectoderm entstandenen Oesophagus und dieser in den blindgeschlossenen Mitteldarm. Zwischen Haut und Darm findet sich eine von Zellen durchsetzte Gallerte. Ein paariger Muskelstrang zieht von der Scheitelplatte gegen die Mundregion; ferner finden sich im ganzen Mundfelde eine Muskelschicht sowie Muskeln in den Seitenlappen. Die DESORsche Larve ist gedrungen wurmförmig und an der ganzen Oberfläche gleichmäßig bewimpert. Die Anlage des Nemertinenkörpers erfolgt durch drei Paare (ein vorderes, seitliches und hinteres) von Ectodermeinstülpungen (Embryonalscheiben) am Mundfelde und eine unpaare sogenannte Rückenscheibe an der Dorsalseite, an welchen auch Mesodermzellen zu beobachten sind. Die vorderen und hinteren Einstülpungen sowie die Rückenscheibe schnüren sich ab, ihre äußere Schicht wird zu einem Amnion, die innere, als Embryonalscheibe zu unterscheidende, liefert die Körperwand der Nemertine; sie umwachsen, indem sie sich allseitig vereinigen, den Darm der Larve (Ab-

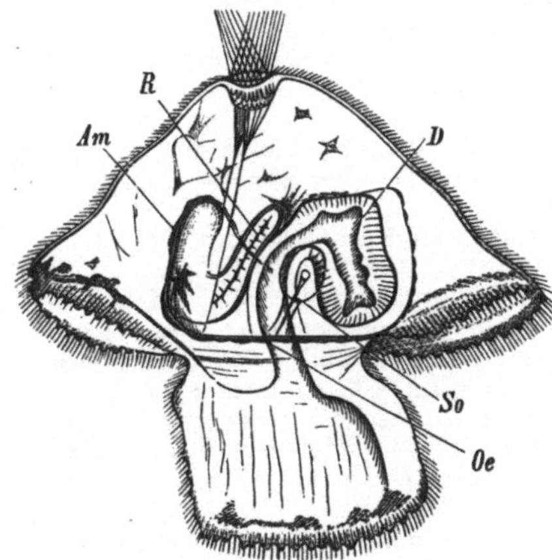

Abb. 514. Ein *Pilidium* mit Wimperschopf und weiter entwickeltem Wurmkörper. (Nach BÜTSCHLI.) *Oe* Oesophagus, *D* Darm, *Am* Amnionhülle, *R* Rüsselanlage der Nemertine, *So* Cerebralorgan (Seitenorgan).

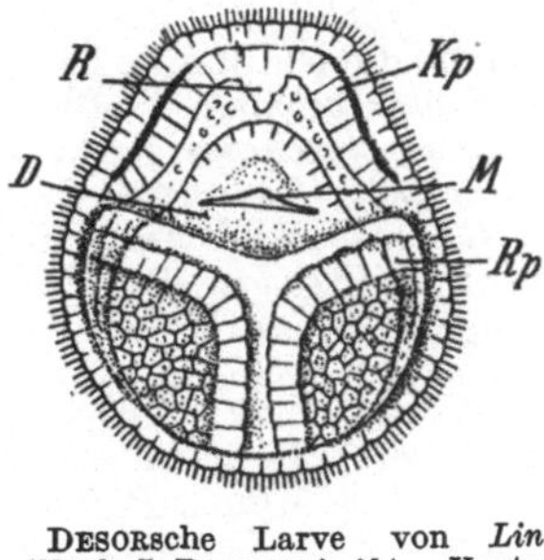

Abb. 515. DESORsche Larve von *Lineus ruber* (*obscurus*). (Nach J. BARROIS.) $^{65}/_1$. Ventralansicht. *D* Darm, *M* Mund, *Kp* vordere, *Rp* hintere Embryonalscheibe, *R* Rüsselanlage.

bild. 514, 515); die seitlichen Einstülpungen sind die Anlagen der Cerebralorgane. Dazu kommt noch eine besondere unpaare Anlage des Rüssels. Die junge Nemertine wird, die Wand des Amnions und der Larvenhaut (Serosa) durchbrechend, frei. Bei der DESORschen Larve wird kein Amnion gebildet.

Die Nemertinen leben vorzugsweise im Meere unter Steinen im Schlamm, die kleineren Arten schwimmen frei umher. Doch gibt es im Süßwasser und am Lande lebende sowie parasitische Formen und Kommensalen, unter denen *Malacobdella* mit einem hinteren Saugnapfe ausgestattet ist. Einzelne Arten bauen Röhren und Gänge, die mit einem schleimigen Absonderungsprodukt ausgekleidet werden. Die Nahrung besteht bei den größeren Arten vornehmlich aus Röhrenwürmern, die sie aus den Gehäusen mittels des Rüssels hervorziehen. Die Schnurwürmer zeichnen sich durch eine große Regenerationsfähigkeit aus. Teilstücke, in welche einzelne Arten leicht zerbrechen, sollen sich unter günstigen Umständen zu ganzen Tieren entwickeln können.

In der systematischen Gruppierung ist hier im allgemeinen BÜRGER gefolgt; späteren Forschern (BERGENDAL, COE) gemäß sind jedoch die *Protonemertini* und *Mesonemertini* BÜRGERS nach dem älteren Vorgange HUBRECHTS in einer Gruppe *Palaeonemertini* vereinigt.

1. Tribus. *Palaeonemertini.* Hautmuskelschlauch zweischichtig. Rüssel ohne Stilete. Mund hinter dem Gehirn. Darm meist ohne Taschen. Rückengefäß fehlt fast stets. Fam. *Tubulanidae.* Nervenstämme im Epithel oder in der Cutis. Die Cerebralorgane sind Grübchen. *Carinina grata* HUBR., bei Bermudas, in großer Tiefe. *Tubulanus (Carinella) annulatus* MONT., *T. polymorphus* REN., Atlant. Ozean und Mittelmeer. Fam. *Cephalothricidae.* Nervenstämme inmitten des Hautmuskelschlauches. Cerebralorgane fehlen. *Cephalothrix linearis* J. RATHKE, *C. rufifrons* JOHNST., Atlant. Ozean, Mittelmeer.

2. Tribus. *Heteronemertini.* Nervenstämme im Hautmuskelschlauch, letzterer dreischichtig. Rüssel ohne Stilete. Mund hinter dem Gehirn. Fam. *Baseodiscidae.* Kopf scharf abgesetzt, ohne tiefe Kopfspalten. *Baseodiscus (Eupolia) delineatus* CHIAJE. Weit verbreitet. Fam. *Lineidae.* Mit tiefen Kopfspalten. *Lineus geniculatus* CHIAJE, Mittelmeer, Schwarzes Meer (Abb. 510). *L. lacteus* RATHKE, Nordsee, Mittelmeer. *L. ruber* MÜLL., Nordmeere, Mittelmeer. *L. longissimus* GUNN. (Sea-long-worm des BORLASE) wird bis 10 m und darüber lang. Nordsee. *Euborlasia elizabethae* M'INT., Küste von England, Mittelmeer. *Micrura fasciolata* EHRBG. Klein, am Hinterende ein Schwänzchen. Nordsee, Mittelmeer. *Cerebratulus marginatus* REN., von breitem, kräftigem Körper, am Hinterende ein Schwänzchen. Nordatlant. und Mittelmeer.

3. Tribus. *Metanemertini (Hoplonemertini, Enopla).* Nervenstämme innerhalb des Hautmuskelschlauches. Letzterer zweischichtig. Rüssel mit Stileten. Blinddarm vorhanden. Mund vor dem Gehirn. Fam. *Emplectonematidae.* Sehr lange platte Formen. Meist mit vielen Augen. *Emplectonema (Eunemertes) gracile* JOHNST., Nordsee, Mittelmeer. *Carcinonemertes carcinophila* KÖLL. Parasit an Krabben. Mittelmeer, Atlant. Ozean. Fam. *Ototyphlonemertidae.* Augen fehlen, dagegen sind Statocysten vorhanden. *Ototyphlonemertes duplex* BÜRG., Neapel. Fam. *Prosorhochmidae.* Mit vier Augen. Cerebralorgane sehr klein. Meist Zwitter. *Prosorhochmus claparèdei* KEF., Nordsee, Mittelmeer. *Prosadenoporus arenarius* BÜRG., Ostind. Archipel. *Geonemertes* SEMP., Landbewohner, Rüssel- und Mundöffnung fallen zusammen. *G. palaensis* SEMP., Palaos-Ins. *G. agricola* WILL.-SUHM, Bermudas. Fam. *Amphiporidae.* Ziemlich dicke Formen. Darmtaschen verzweigt. *Amphiporus lactifloreus* JOHNST., *A. pulcher* JOHNST., Atlant. Ozean und Mittelmeer. Hier schließt sich an *Drepanophorus spectabilis* QTRF., Nordsee, Mittelmeer. *D. crassus* QRTF. Weit verbreitet. Fam. *Prostomatidae.* Körper kurz und schlank. Fast immer vier Augen vorhanden (Abb. 511). Cerebralorgane vor dem Gehirn. Einige hermaphroditisch. *Prostoma (Tetrastemma) candidum* MÜLL., *P. flavidum* EHRBG., Atlant. Ozean und Mittelmeer. *P. lacustre* PLESS. Genfer See. Lebendiggebärend. *Stichostemma graecense* BÖHMIG, Süßwasserform, Europa. *Oerstedia dorsalis* ABILDG., Atlant. Ozean, Mittelmeer. Fam. *Pelagonemertidae.* Pelagische Tiefseeformen von blattförmigem Körper. *Pelagonemertes rollestoni* MOS., südöstl. von Australien gefunden. Fam. *Malacobdellidae.* Körper kurz, gedrungen; am hinteren Körperende ein Saugnapf. Darm geschlängelt. Mund- und Rüsselöffnung fallen zusammen. Rüssel ohne Waffenapparat. Kommensalen. *Malacobdella grossa* MÜLL., in der Mantelhöhle von *Mya, Cyprina* und anderen Muscheln der Ostsee, Nordsee, im Mittelmeer.

2. Kladus.

Annelida, Gliederwürmer.

Meist homonom metamerische Protostomier mit paarigen großen, hochdifferenzierten Cölomsäcken, in deren epithelialer Wand die Genitalprodukte lagern, mit Bauchnervenstrang und geschlossenem Blutgefäßsystem; segmentale Nephridien (Segmentalorgane) meist mit Wimpertrichter.

Der Körper der Anneliden ist cylindrisch oder etwas abgeplattet. An ihm unterscheidet man (Abb. 516) einen primären Kopfabschnitt (Kopfsegment), dessen vor dem Munde gelegener Teil als *Prostomium* oder *Kopflappen*, der hintere mit dem Munde als *Metastomium* bezeichnet worden ist. Es folgen auf den Kopfabschnitt eine größere Anzahl von Rumpfmetameren, die untereinander gleich ausgebildet sind, sowie das letzte Metamer mit dem After, das Endsegment, welches in der Regel einen etwas embryonalen Charakter bewahrt. Das Metastomium ist mit dem ersten (zuweilen auch zweiten) Rumpfmetamer zu dem sogenannten *Mundsegment (Peristomium)* verschmolzen. Die ursprüngliche homonome Metamerie weicht in vielen Fällen infolge ungleichartiger Ausbildung der Metameren einer heteronomen. Die Metamerie des Körpers ist in der Regel auch äußerlich ausgeprägt, in einigen Fällen (*Hirudinea*) durch eine Ringelung der Haut verwischt; auch kann die Metamerie beim ausgebildeten Tiere mehr oder weniger geschwunden sein (*Echiuroidea*). Bei den *Sipunculoidea* wird der Rumpf durch ein einziges Segment gebildet. Bei einigen *Archiannelida* und bei den *Polychaeta* finden sich an den Rumpfmetameren seitliche, mit Borsten ausgestattete Fußstummel (Parapodien), die bei den *Oligochaeta* zu Borstengruppen der Haut reduziert erscheinen.

Der Querschnitt durch ein Rumpfmetamer (Abb. 517 und 520) zeigt zwischen Haut- und Darmepithel jederseits einen Cölomsack, aus dessen lateralem (somatischem) Blatt ein dorsaler und ventraler Längsmuskel sowie die die Cölomhöhle auskleidende Somatopleura hervorgeht. Die vier dem Hautmuskelschlauch angehörigen Längsmuskelbänder sind in der dorsalen und ventralen Mittellinie sowie in den Seitenlinien durch die Insertion der beiden Mesenterien und des Transversalmuskels unterbrochen. Letzterer verläuft von der Seitenlinie schräg durch die Cölomhöhle zur Ventrallinie und kammert dadurch einen Teil der Cölomhöhle (die Seitenkammer) ab. Zum Hautmuskelschlauche gehört in der Regel noch eine äußere (mesenchymatische) Ringmuskelschicht. Der mediale, dem Darm anliegende Teil der Cölomwand wird als splanchnisches Blatt unterschieden und liefert die Muskulatur des Darmes und die Splanchnopleura. Somatopleura und Splanchnopleura der beiden Cölomsäcke eines Metamers stoßen dorsal und ventral vom Darm zu den Mesenterien zusammen. Jedes Metamer mit Ausnahme des Kopfabschnittes enthält ein Paar von Cölomsäcken und die aneinanderstoßenden Wände der sich folgenden Cölomsäcke bilden die Dissepimente, welche die Grenze des Metamers bezeichnen. Die Cölomsäcke stehen in der Regel mit der Außenwelt durch die schleifenförmig gewundenen Nephridien (Segmentalorgane) in Verbindung, deren Wimpertrichter in die Cölomhöhle des vorhergehenden Metamers mündet (Abbild. 146). Die Nephridien dienen auch zur Ausleitung der an dem Cölomepithel gelagerten Genitalprodukte; zuweilen sind

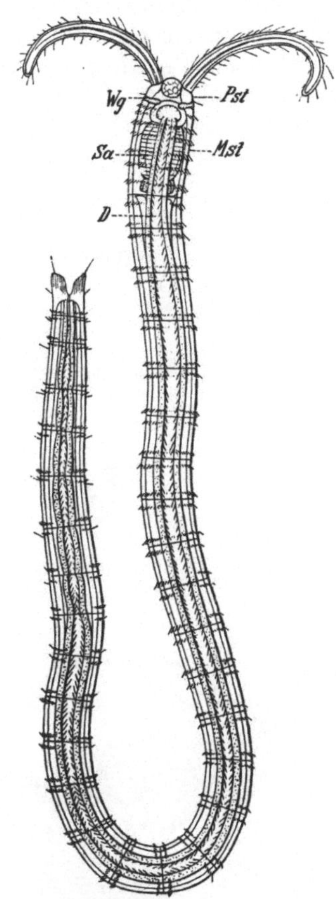

Abb. 516. *Protodrilus leuckarti*. (Nach HATSCHEK.) 57/1. *Pst* Prostomium, *Mst* Peristomium, *Wg* Wimpergrube (Nuchalorgan), *Sa* Schlundanhang, *D* Darm.

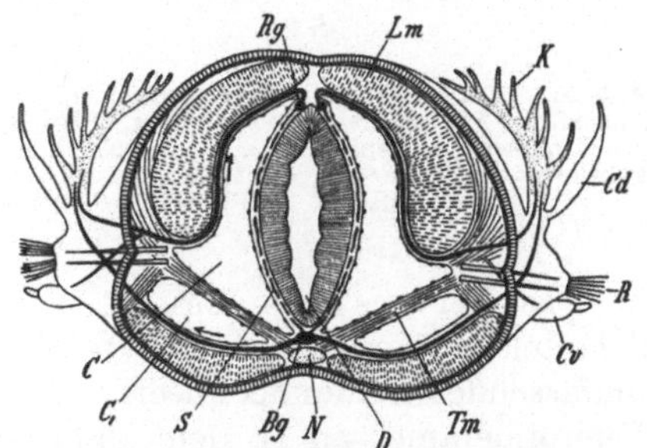

Abb. 517. Querschnitt durch ein Rumpfmetamer von *Eunice*. (Nach EHLERS u. HATSCHEK, etwas verändert.) *Lm* Längsmuskelband, *K* Kieme, *R* Borsten des Parapodiums, *Cd* dorsaler, *Cv* ventraler Cirrus, *D* Darm, *Rg* Rückengefäß (paarig), *Bg* Bauchgefäß, *S* Darmgefäße, *C* Hauptkammer, *C'* Seitenkammer des Cöloms, *Tm* Transversalmuskel, *N* Bauchnervensystem.

besondere Genitalgänge vorhanden, die wahrscheinlich auf Nephridien zurückzuführen sind. Das Blutgefäßsystem der Anneliden ist ein geschlossenes System
von Bahnen und weist verschiedene Stufen der Differenzierung auf. In der Regel
ist ein dorsaler contractiler Hauptstamm, in welchem das Blut von hinten nach
vorn strömt, sowie ein ventraler Hauptstamm mit umgekehrter Stromrichtung
zu unterscheiden. Beide sind durch metamere, an der Rumpfwand verlaufende
Gefäßschlingen sowie einen den Mitteldarm umgebenden Blutsinus oder ein
Darmgefäßnetz verbunden (Abb. 517, 138).

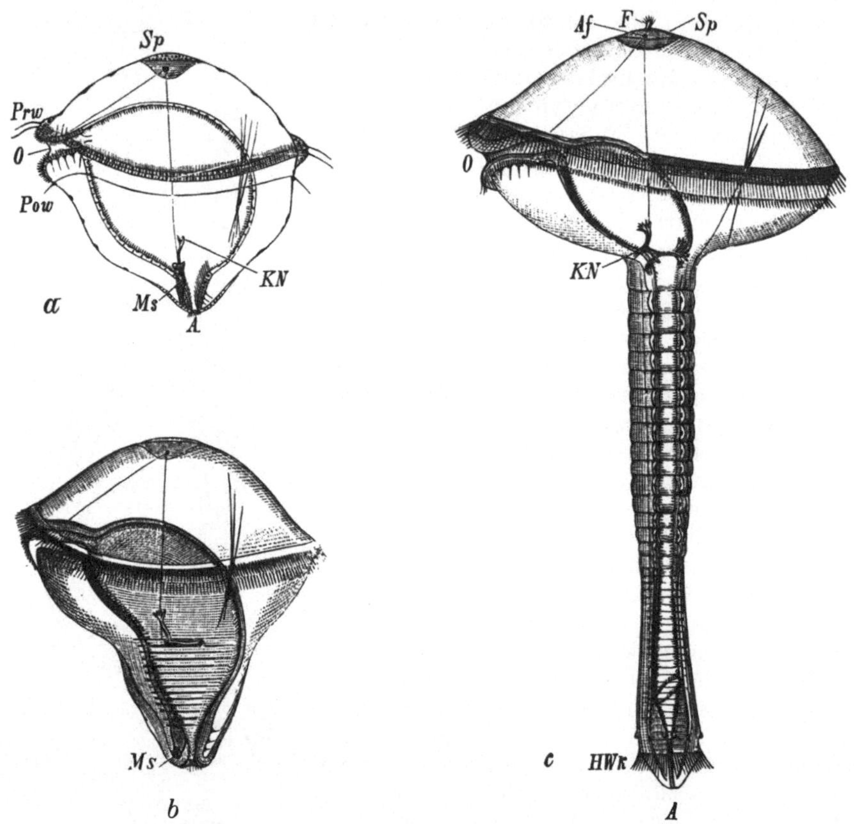

Abb. 518. Larvenstadien von *Polygordius*. (Nach HATSCHEK.) a Trochophorastadium. *Sp* Scheitelplatte mit
Augenfleck, *Prw* präoraler Wimperkranz, *O* Mund, *Pow* postoraler Wimperkranz, *A* After, *Ms* Mesodermstreifen,
KN Kopfniere (Pronephridium). ⁶⁰/₁. — b Metatrochophora. An der Kopfniere hat sich noch ein zweiter Schenkel
entwickelt. Etwa ⁶⁰/₁. — c Älteres Stadium. Der Rumpf wurmförmig gestreckt und in zahlreiche Metameren
gegliedert. *HWk* hinterer Wimperkranz, *Af* Augenfleck, *F* Fühler. Etwa ⁴²/₁

Das Nervensystem besteht aus einem im Prostomium gelegenen, mit den
Scheitelsinnesorganen verbundenen Cerebralganglion, von dem ein den Schlund
umfassendes Schlundconnectiv ausgeht; letzteres vereinigt sich vom ersten
Rumpfmetamer an zu dem Bauchstrang, welcher der Metamerie entsprechend
meist in eine Anzahl von Ganglien zu einer Bauchganglienkette gegliedert ist.

Die *Polychaeta, Echiuroidea* sind von Ausnahmen abgesehen getrenntgeschlechtlich, die *Oligochaeta, Hirudinea* hermaphroditisch.

Die Entwicklung erfolgt mit Metamorphose, bei den *Oligochaeten* und *Hirudineen* direkt.

Bei der Metamorphose tritt ein wichtiger Larvenzustand, die LovÉNsche *Larve* oder *Trochophoralarve* auf, welche morphologisch den Typus der Rotatorien zeigt. Der Körper dieses Larvenstadiums (Abb. 265 und 518) ist ungegliedert und repräsentiert vornehmlich den Annelidenkopf, welcher sich in einen undifferenzierten Endabschnitt, die Anlage des Rumpfes, fortsetzt. Die Larve ist von doppelkegelförmiger Gestalt und charakterisiert durch einen zweizellreihigen, vor dem Munde verlaufenden präoralen (Trochus, Prototroch) und einen schwächeren einreihigen postoralen Wimperkranz (Cingulum, Metatroch); auch die zwischen beiden Wimperkränzen gelegene Zone ist bewimpert und setzt sich zuweilen in einen ventralen, vom Munde bis an das Hinterende verlaufenden Wimperstreifen fort. Häufig kommt ein Wimperkranz (Paratroch) am Hinterende hinzu. Der präorale Körperabschnitt (Prostomium) trägt am vorderen Pole eine ectodermale Verdickung mit Wimperschopf, die Scheitelplatte, als Anlage des Cerebralganglions und in Verbindung mit derselben die Hauptsinnesorgane (Fühler, Augenflecke, Wimpergruben). Von der Scheitelplatte gehen ventral und dorsal Nerven sowie jederseits lateral ein stärkerer, mit Ganglienzellen versehener Nervenstamm (Anlage des Schlundconnectivs) ab, der sich auch in die postorale Körperregion nach hinten fortsetzt. Unter den Wimperkränzen verlaufen Ringnerven. Der Mund liegt ventral, der After terminal. Am Darm ist der röhrenförmige Vorderdarm, ein entodermaler Mitteldarm und ein kurzer Enddarm zu unterscheiden. Im hinteren Körperabschnitte findet sich ventral vom Darm eine Gruppe undifferenzierter Mesodermzellen, der Mesodermstreifen, mit einer Urzelle am Ende. Vor demselben liegt jederseits die Kopfniere (Pronephridium) vom Bau des Scolecidennephridiums. Einzelne ventrale und dorsale Längsmuskeln sowie Bindegewebszellen durchsetzen die geräumige primäre Leibeshöhle; ringförmig verlaufende Muskeln, darunter die unter den Wimperkränzen gelegenen Ringmuskeln liegen der Haut an. Endlich sind Muskeln am Darm vorhanden. Aus dem Endabschnitt des Körpers geht der metamere Rumpf auf die Weise hervor, daß ersterer mehr und mehr in die Länge wächst und die Metameren in der Reihenfolge von vorn nach hinten zur Abgliederung bringt. Zunächst zerfällt dabei der ungegliederte Mesodermstreifen in eine Anzahl hintereinander gelegener Abschnitte (Abb. 266), die sich durch spätere Aushöhlung zu den Cölomsäcken entwickeln. Die älteren, noch die Trochophoracharaktere aufweisenden Larvenzustände mit Metamerenanlagen werden als *Metatrochophora* bezeichnet. Unter Rückbildung der Kopfniere, in manchen Fällen unter Abstoßung des Larvenwimperapparates und Ersatz der larvalen Organe durch Neubildungen wird die definitive Körpergestalt erlangt (Abb. 519).

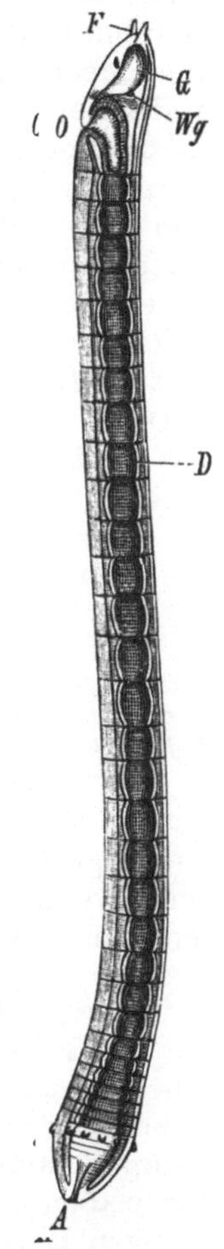

Abb. 519. Junger *Polygordius*. (Nach HATSCHEK.) 40/1. *G* Gehirn, *Wg* Wimpergrube, *F* Tentakel, *O* Mund, *D* Darm, *A* After.

1. Klasse. Chaetopoda, Borstenwürmer.

Anneliden in der Regel mit Borsten in der Haut. Innere und in der Regel äußere Metamerie wohl ausgebildet, meist mit Fühlern und Cirren.

Der Körper der Chätopoden (Abb. 523) ist in der Regel äußerlich in Segmente gegliedert, die den inneren Metameren entsprechen und sich meist ziemlich gleichartig verhalten, nur nach hinten zu allmählich verjüngen. Zuweilen sind die vorderen Metameren auch im inneren Bau abweichend ausgebildet. Das Prostomium (*Kopflappen*) und das aus dem Metastomium durch Verschmelzung mit dem ersten, zuweilen auch zweiten Rumpfmetamer hervorgegangene Peristomium (*Mundsegment*) bilden den Kopfabschnitt des Körpers, der jedoch nicht scharf gegen den Rumpf abgesetzt ist.

Mit seltenen, meist durch Reduktion zu erklärenden Ausnahmen treten an allen Rumpfmetameren Borsten mit Ersatzborsten auf, welche in vom Hautepithel entstandenen Borstensäckchen als cuticulare Abscheidung von einer einzigen basalen Zelle aus gebildet werden. Bei den *Polychäten* und einigen *Archianneliden* sind die Borsten in extremitätenartige Anhänge, die *Parapodien*, eingelagert. Die Parapodien sind entweder sehr einfach und einästig oder zweiästig, in einen dorsalen und ventralen Teil gegliedert (*Polychaeta*), in vielen Fällen infolge Rückbildung verkürzt und in einen dorsalen und ventralen Borstenwulst oder Borstenhöcker getrennt. Bei den *Oligochaeta*, *Hirudinea* und *Echiuroidea* fehlen Parapodien und es sind die Borsten in Gruben der Haut eingesenkt. Als weitere äußere Anhänge treten in vielen Fällen Tentakel, Cirren und Kiemen auf.

Das Körperepithel wird von einer Cuticula bedeckt, doch ist auch Flimmerung noch vielfach vorhanden. Die Haut weist reichlich Drüsen auf. Im Hautmuskelschlauch sind die vier Längsmuskelbänder durch Faltung vergrößert und außen von einer Ringmuskellage umgeben. Auch kompliziert sich die Muskulatur mit dem Auftreten der Parapodien.

1. Ordnung. Archiannelida[1].

Kleine homonom segmentierte Chätopoden mit ventralem Schlundsack, in der Regel mit Klebeeinrichtungen am hinteren Körperende, mit oder ohne Borsten.

Die von HATSCHEK für die Gattungen *Polygordius* und *Protodrilus* aufgestellte Gruppe der *Archiannelida* umfaßt einfache Anneliden, die von HATSCHEK als ursprüngliche, sonst meistens als sekundär vereinfachte Formen aufgefaßt werden. Ihnen werden auf Grund neuer Kenntnisse eine Anzahl einfacher Wurmformen und auch die von HATSCHEK als *Protochaeta* unterschiedenen *Saccocirriden* eingereiht.

Der verschieden gestaltete Körper (Abb. 516, 521) zeigt die Metamerie äußerlich in vielen Fällen nicht ausgeprägt. Er weist einen häufig mit Tentakeln oder Palpen ausgestatteten Kopflappen, ein wahrscheinlich zwei Segmente enthaltendes Mundsegment (Peristomium), eine größere oder geringere Anzahl homonomer Rumpfmetameren, die bei *Nerilla*, *Nerillidium*, *Saccocirrus*, *Troglochaetus* einfache Parapodien mit Borsten besitzen, sowie ein Endsegment mit der Afteröffnung und drüsigen Haftlappen, bei *Polygordius appendiculatus* und *Nerilla* mit zwei Prä-

---

[1] Außer A. SCHNEIDER, ULJANIN, REPIACHOFF, VAN BENEDEN, FOETTINGER, NELSON, DELACHAUX, MARION et BOBRETZKY, JANOWSKY, WELDON, REMANE, SÖDERSTRÖM, vgl. HATSCHEK, B.: Studien über die Entwicklungsgeschichte der Anneliden. Arb. zool. Inst. Wien 1 (1878). — KORSCHELT, E.: Über Bau und Entwicklung des *Dinophilus apatris*. Z. Zool. 37 (1882). — FRAIPONT, J.: Le genre *Polygordius*. Fauna u. Flora Golf Neapel 1887. — SCHIMKEWITSCH, W.: Zur Kenntnis des Baues und der Entwicklung des *Dinophilus* vom Weißen Meere. Z. Zool. 59 (1895). — WOLTERECK, R.: *Trochophora*-Studien. Bibliotheca zoologica 34 (1902). — HEMPELMANN, F.: Zur Morphologie von *Polygordius lacteus* SCHN. und *Polygordius triestinus* WOLTERECK. Z. Zool. 84 (1906). — SALENSKY, W.: Morphogenetische Studien an Würmern. Mém. Acad. St.-Pétersbourg 1907. — PIERANTONI, U.: Osservazioni sullo sviluppo embrionale et larvale del *Saccocirrus papillocercus*. Mitt. zool. Stat. Neapel 18 (1906). — *Protodrilus*. Fauna u. Flora Golf Neapel 1908. — SHEARER, C.: On the Anatomy of *Histriobdella homari*. Quart. J. microsc. Sci. 55 (1910). — HASWELL, W.: On a new *Histriobdellid*. Ebenda 43 (1900). — GOODRICH, E. S.: On the Structure and Affinities of *Saccocirrus*. Ebenda 44 (1901). — *Nerilla* an Archiannelid. Ebenda 57 (1912). — HEIDER, K.: Über Archianneliden. Sitzgsber. Akad. Berlin 1922.

analcirren, auf. Bei *Protodrilus* und *Dinophilus* ist die Haut stellenweise bewimpert (Abb. 521). Es sind eine ventrale Wimperrinne und metamer sich wiederholende Wimperkränze vorhanden. Die vier Längsmuskelbänder des Hautmuskelschlauches sind meist schwach, eine Ringmuskelschicht fehlt oder ist nur wenig entwickelt (Abb. 520).

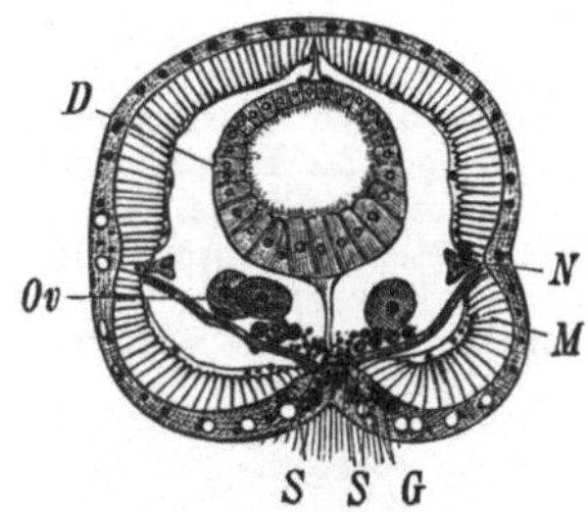

Abb. 520. Querschnitt durch ein Rumpfmetamer von *Protodrilus leuckarti*. (Nach HATSCHEK.) *D* Darm, *G* Ganglienzellen der im Hautepithel gelegenen Seitenstränge (*SS*) des Nervensystems, *M* Muskulatur, *N* Niere, *Ov* Ovarium.

Das Nervensystem besteht aus einem Cerebralganglion und einem ungegliederten, in einigen Fällen gegliederten Bauchstrang. Alle Teile des Nervensystems sind mit dem Hautepithel im Zusammenhang. Von Sinnesorganen sind außer Tentakeln seitliche Flimmergruben am Prostomium zu nennen. Statocysten finden sich bei *Protodrilus*, Augen sind bei einigen Formen beobachtet.

Die Mundöffnung führt in einen Oesophagus mit ventralem Schlundsack, der in einigen Fällen einen Kieferapparat besitzt. Der Darm verläuft gerade durch den Körper zur terminalen Afteröffnung. Ein Blutgefäßsystem fehlt in vielen Fällen. Bei *Protodrilus* besteht es aus einem den Darm umgebenden Blutsinus, der hinter dem Schlunde in ein contractiles, an einer Stelle herzartig erweitertes Rückengefäß übergeht. Dieses setzt sich in zwei Gefäßschlingen fort, die sich zu einer durch den ganzen Körper verlaufenden ventralen Gefäßlakune vereinigen. Bei *Polygordius*, *Saccocirrus* und *Nerilla* ist ein contractiles Rückengefäß sowie ein Bauchgefäß vorhanden, die durch Gefäßschlingen in Verbindung stehen.

Die Kopftentakel von *Protodrilus* und *Saccocirrus* enthalten einen Kanal, der im Kopfe in eine ampullenartige Erweiterung übergeht, einen erectilen Apparat der Tentakel (Tentakelrohrapparat SALENSKY) (Abb. 522).

Die Excretionsorgane sind meist kurze S-förmig gewundene Kanälchen mit Wimpertrichter. *Protodrilus*, *Polygordius triestinus* sind hermaphroditisch, sonst besteht Getrenntgeschlechtlichkeit. In der Gattung *Protodrilus* sollen auch nur männliche Individuen vorkommen (Ergänzungsmännchen PIERANTONI). Die Gonaden liegen in den hinteren Rumpfmetameren; die Genitalprodukte gelangen in die Cölomhöhle und von hier bei *Polygordiiden* durch einen Bruch der Leibeswand oder Ablösung der hinteren Körpersegmente nach außen. Bei den übrigen Formen findet sich ein auf Nephridien zurückführbarer Ausführungsapparat und im männlichen Geschlecht eine Copulationseinrichtung.

Die Entwicklung ist eine Metamorphose (Abb. 518). Die Archianneliden sind meist marin und leben im Sande, einige halbparasitisch.

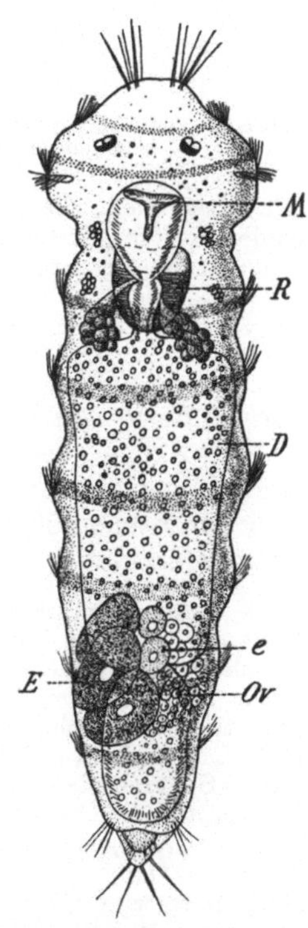

Abb. 521. *Dinophilus apatris*, Weibchen. (Nach KORSCHELT.) 70/1. *D* Darm, *E* weibliche, *e* männliche Eier, *M* Mundöffnung, *Ov* Ovarium, *R* Rüssel.

Fam. *Polygordiidae*. Körper langgestreckt, cylindrisch. Schlundsack rudimentär. Kopftentakel solid. Bauchstrang unpaar, ungegliedert. Ohne Copulationseinrichtung im männlichen Geschlechte. *Polygordius lacteus* SCHN. Helgoland. *P. appendiculatus* FRAIPONT, Helgoland, westl. Mittelmeer. *P. triestinus* WOLTERECK, Triest. *Chaetogordius canaliculatus* J. P. MOORE. Mit Borsten an den letzten Metameren, Cape Cod.

Fam. *Saccocirridae*. Körper langgestreckt, cylindrisch. Mit Tentakelrohrapparat. Bauchstränge des Nervensystems getrennt. Mit Copulationseinrichtungen des männlichen Geschlechtsapparates. *Saccocirrus papillocercus* BOBR., Mittelmeer, Schwarzes Meer, Madeira (Abb. 522). *S. major* PIERANTONI, Mittelmeer. Beide mit einästigen Parapodien. *Protodrilus flavocapitatus* ULJ., Neapel, Sebastopol. *P. leuckarti* HTSCHK. In einem Salzsee (Pantano) bei Messina (Abb. 516). *P. schneideri* LNGHS., Madeira, lebt auch im Süßwasser. *P. spongioides* PIERANTONI, im Süßwasser, Neapel.

Fam. *Nerillidae*. Körper kurz. Bauchmark in der Regel eine gegliederte Bauchganglienkette. Mit Copulationseinrichtungen am männlichen Geschlechtsapparat. *Dinophilus apatris* KORSCHELT (Abb. 521). *D. gyrociliatus* SCHM., Neapel. *Nerilla antennata* O. SCHM., Nordsee, Ostsee. Mit Parapodien. *Nerillidium mediterraneum* REMANE. Marin. Neapel.

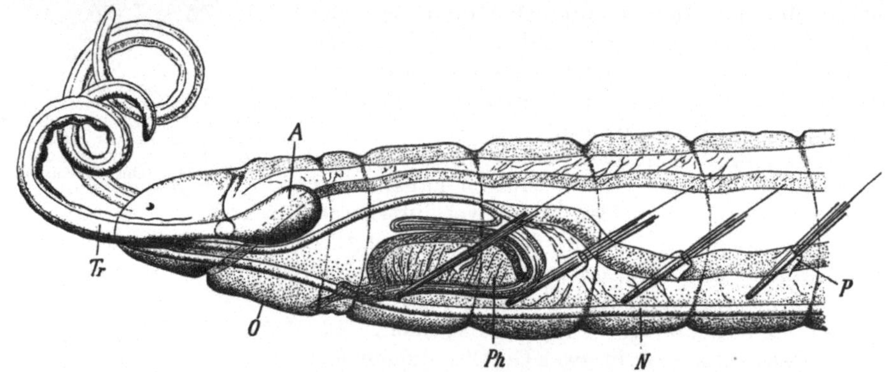

Abb. 522. Vorderkörper von *Saccocirrus papillocercus*. (Nach GOODRICH.) Etwa $^7/_1$. *N* Ventraler Nervenstrang, *O* Mund, *Ph* Schlundsack, *P* Parapodium, *Tr* Tentakelrohr, *A* Ampulle desselben.

Mit Parapodien. *Troglochaetus beranecki* DELACHAUX, Grotte de Ver (Schweiz). Mit Parapodien. *Histriobdella homari* BENED. In der Kiemenhöhle des europäischen Hummers. *Stratiodrilus tasmanicus* HASWELL. In der Kiemenhöhle von *Astacopsis*, Tasmanien.

2. Ordnung. Polychaeta[1].

Marine Chätopoden mit vollkommenen oder modifizierten Parapodien und zahlreichen Borsten in denselben. In der Regel getrenntgeschlechtlich.

Der Körper der *Polychäten* ist entweder langgestreckt und cylindrisch oder breit, gedrungen und aus einer geringeren Zahl von Metameren aufgebaut (Abb. 523). Man unterscheidet zunächst den Kopf, der sich von den folgenden Rumpfmetameren nicht scharf absetzt. Er besteht aus dem Kopflappen (Prostomium)

[1] Außer SAVIGNY, DELLE CHIAJE, AUDOUIN et MILNE EDWARDS, GRUBE vgl. DE QUATREFAGES, A.: Histoire naturelle des Annélides. Paris 1865. — CLAPARÈDE, E.: Les Annélides chétopodes du golfe de Naples. Genève et Bâle 1868, Suppl. 1870. — Recherches sur la structure des Annélides sédentaires. Genève 1873. — AGASSIZ, A.: On alternate generation in Annelids etc. Boston. J. Nat. Hist. 1862. — EHLERS, E.: Die Borstenwürmer 1, 2. Leipzig 1864 u. 1868. — MALMGREN, A. J.: Nordiska Hafs-Annulater. Annulata polychaeta Spetsbergiae etc. Vetensk. Akad. Förhandl. 1865—1867. — CLAPARÈDE, E. u. E. METSCHNIKOFF: Beiträge zur Erkenntnis der Entwicklungsgeschichte der Chätopoden. Z. Zool. 19 (1869). — GREEFF, R.: Untersuchungen über die Alciopiden. Nov. Acta 1876. — v. MARENZELLER, E.: Zur Kenntnis der adriatischen Anneliden. Sitzgsber. Akad. Wiss. Wien, Math.-naturwiss. Kl. 1874—1884. — v. GRAFF, L.: Das Genus *Myzostoma*. Leipzig 1877. — SALENSKY, W.: Études sur le développement des Annélides. Archives de Biol. 3—4 (1882—1883). — WIRÉN, A.: Om circulations- och digestions-organen hos Annelider etc. Svensk. Akad. Handl. 21 (1884—1885). — McINTOSH, W.: A Monograph of the British Annelids. Polychaeta. London 1900—1908. — NANSEN, F.: Bidrag til Myzostomernes Anatomi og Histologi. Bergen 1885. — HATSCHEK, B.: Entwicklung der Trochophora von *Eupomatus uncinatus*. Arb. zool. Inst. Wien 6 (1885). — System der Anneliden. Lotos 1893. — JAQUET, M.: Recherches sur le Système vasculaire des Annélides. Mitt. zool. Stat. Neapel 6 (1886). — KLEINENBERG, N.: Die Entstehung des Annelids aus der Larve von *Lopadorhynchus*. Z. Zool. 44 (1886). — EISIG, H.: Die Capitelliden des Golfes von Neapel. Fauna

sowie dem Mundsegment, welches durch Verschmelzung des Metastomiums mit
einem oder zwei (*Nereidae*) Rumpfmetameren (E. MEYER) hervorgegangen ist.
Die Rumpfmetameren sind häufig untereinander gleich, zuweilen jedoch erscheinen besonders die vorderen different ausgebildet und heben sich auch durch die verschiedene Gestaltung ihrer Anhänge als besondere Körperregion ab, so daß
zwei (Thorax, Abdomen) oder auch drei Regionen unterschieden werden können. Das Ende des Körpers bildet das
Endsegment (Analsegment) mit der Afteröffnung.

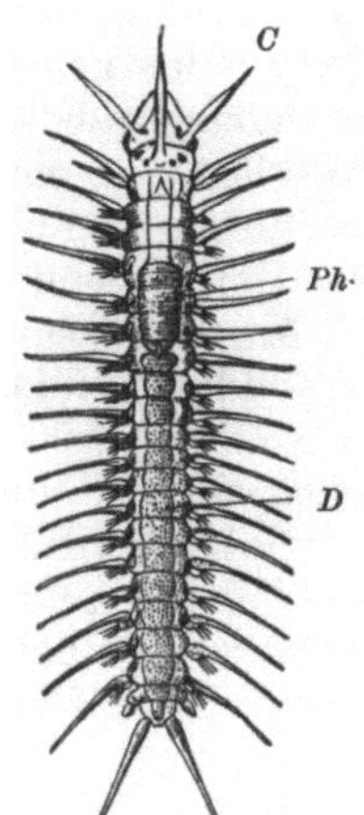

Ein Charakter der Polychäten liegt in dem Vorhandensein von extremitätenartigen Anhängen an den Rumpfmetameren, den *Parapodien* (Abb. 517, 524). In ihnen finden sich
auch die hier zahlreichen in Reihen oder Büscheln angeordneten Borsten, welche, in Säcken eingelagert, durch besondere Muskeln vorgeschoben und zurückgezogen werden können. An einem kompletten Parapodium unterscheidet man
einen dorsalen und ventralen borstentragenden Ast, dazu
einen dorsalen und ventralen Cirrus sowie als dorsalen Anhang eine fadenförmige, baum- oder kammförmige Kieme.
Nicht immer sind alle Teile des Parapodiums vorhanden.
Auch kann der Stamm des Parapodiums soweit verkürzt sein,
daß seine beiden gleichfalls reduzierten

Abb. 523. *Grubea fusi-
fera.* (Nach QUATRE-
FAGES.) *Ph* Pharynx,
D Darmkanal, *C* Cirren.
Etwa ⁵/₁

Äste als getrennte Borstenhöcker oder
Borstenwülste der Rumpfwand ansitzen.
Zuweilen fehlt ein Ast vollständig. Auch
Borsten können teilweise oder ganz fehlen.

Die Form der chitinösen, selten verkalkten Borsten variiert außerordentlich
und bietet gute Anhaltspunkte zur Charakterisierung der Familien und Gattungen.
Man unterscheidet zunächst einfache
Borsten, das heißt solche, die aus einem
Stücke, sowie zusammengesetzte, die aus
zwei beweglich verbundenen Teilen bestehen, und weiter unter ersteren Stacheln,
Haarborsten, Hakenborsten, Plattborsten

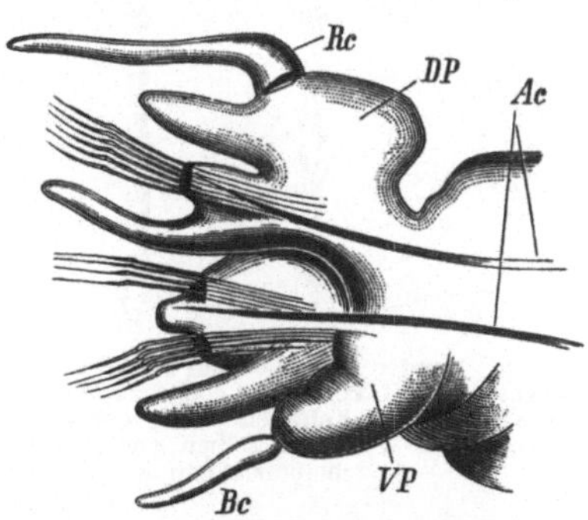

Abb. 524. Dorsaler (*DP*) und ventraler (*VP*) Ast des
Parapodiums mit den Borstenbündeln von *Nereis*.
(Nach QUATREFAGES.) *Ac* Aciculae, *Rc* Rücken-
cirrus, *Bc* Bauchcirrus.

u. Flora Golf Neapel **16** (1887). — MEYER, E.: Studien über den Körperbau der Anneliden.
Mitt. zool. Stat. Neapel **7, 8, 14** (1887—1901). — GROBBEN, C.: Die Pericardialdrüse der
chätopoden Anneliden usw. Sitzgsber. Akad. Wiss. Wien, Math.-naturwiss. Kl. **1888**.
— WILSON, E. B.: The cell-lineage of *Nereis*. J. Morph. **6** (1892). — MALAQUIN, A.:
Recherches sur les Syllidiens. Lille 1893. — RACOVITZA, R.: Le lobe céphalique et l'en-
céphale des Annélides polychètes. Archives de Zool. **1896**. — GOODRICH, E. S.: On the
Nephridia of the Polychaeta. Quart. J. microsc. Sci. **1897—1900**. — MEAD, A. D.: The
early development of marine Annelids. J. Morph. **13** (1897). — CHILD, C. M.: The early
development of *Arenicola* and *Sternapsis*. Arch. Entw.-Mechan. **9** (1900). — v. STUM-
MER-TRAUNFELS, R.: Beiträge zur Anatomie und Histologie der Myzostomen. Z. Zool. **75**
(1903). — FAGE, L.: Recherches sur les organes segmentaires des Annélides polychètes.
Ann. des Sci. natur. **1906**. — ROSA, D.: *Tomopteridi*. Raccolte plancton. fatte d. r. nave
Liguria. 1. Firenze 1908. — HEMPELMANN, F.: Zur Naturgeschichte von *Nereis dumerilii*.
Bibliotheca zoologica. H. 62 (1911). — STORCH, O.: Vergleichend-anatomische Polychäten-
studien. Sitzgsber. Akad. Wiss. Wien, Math.-naturwiss. Kl. **122** (1913). — HEIDER, K.:
Über *Eunice*. Z. Zool. **125** (1925). — Vgl. ferner die Schriften von WILLIAMS, KINBERG,
MESNIL, v. DRASCHE, PRUVOT, COSMOVICI, HAMAKER, DE SAINT-JOSEPH, HÄCKER, ATTEMS,
GILSON, DUNCKER, FAUVEL, GALVAGNI, WOODWORTH, SHEARER, SÖDERSTRÖM, REMSCHEID,
GUSTAFSON u. a.

(*Paleen*), Lanzenborsten, unter letzteren Spießborsten, Sichelborsten, Pfeil-
borsten, je nach der Stärke, Gestalt und Art der Endigung (Abb. 525). Leit-
oder Stützborsten (*Aciculae*) werden starke, wenig vorstreckbare, im Innern der
Parapodien gelegene Borsten genannt. Die Cirren sind meist fadenförmig und
zuweilen gegliedert, oder konisch und dann oft mit einem besonderen Wurzelglied
versehen. In einigen Fällen erlangen die Rückencirren eine flächenhafte Verbreiterung und bilden sich zu breiten Schuppen, *Elytren*, um, welche ein schützendes Dach zusammensetzen (*Aphroditidae*) (Abb. 534).

Am Mundsegment (Abb. 533) erfährt das Parapodium meist eine verschiedene
Ausbildung, indem die borstentragenden Äste rudimentär werden oder fehlen.
Dagegen entwickeln sich die Cirren sehr umfangreich und werden hier als *Cirri
tentaculares* (Fühlercirren) bezeichnet. Am Kopflappen (Prostomium) finden sich
zwei große Tentakel (Primärtentakel), die verkürzt als sogenannte Palpen auftreten.
Außerdem kommen in wechselnder Zahl Kopfcirren vor (Abb. 219). Den *Drilomorpha*
fehlen alle Anhänge des Prostomiums (Abb. 536). Dagegen sind bei den *Serpulimorpha* die Primärtentakel zu einer Tentakelkrone umgebildet, auch bei den

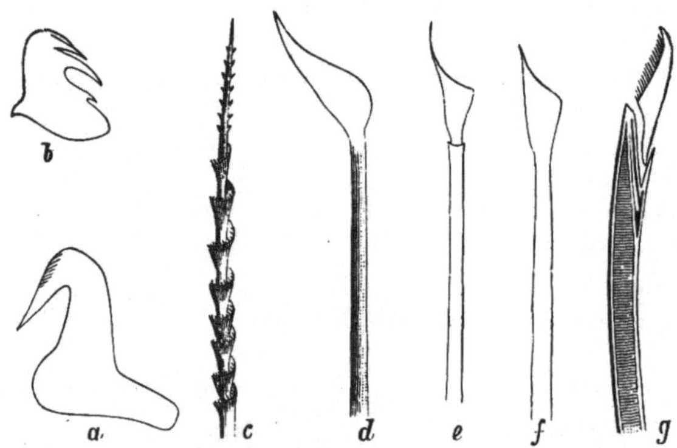

Abb. 525. Borsten verschiedener Polychäten. (Nach MALMGREN und
CLAPARÈDE.) a Hakenborste von *Sabella*, b dieselbe von einer *Tere-
bella*, c Borste mit Spiralleiste von *Sthenelais*, d Lanzenborste von
Phyllochaetopterus, e, f dieselben von *Sabella*, g zusammengesetzte
Sichelborste von *Nereis cultrifera*.

Terebellimorpha vermehrt
und zu langen Fangfäden
entwickelt (Abb. 528, 537).
Die Cirren des Analsegments
werden als Aftercirren unterschieden.

Das Nervensystem (Ab-
bild. 526) besteht aus einem
im Prostomium gelegenen
Gehirn, dem Schlundcon-
nectiv und der metamer gegliederten Bauchganglien-
kette, deren Ganglien zuweilen (*Serpuliden*), am meisten
im vorderen Abschnitte des
Körpers, weit auseinanderweichen, so daß die Ganglienkette strickleiterförmig wird.
Die Lagerung des Nervensystems ist noch vielfach eine subepitheliale. Vom
Gehirn werden der Kopflappen und die sich an demselben findenden Sinnesorgane versorgt. Bei den *Amphinomiden* findet sich ein zweites Paar vom Gehirn
ausgehender sogenannter podialer Längsnerven, die segmental mit einem Ganglion (Podialganglion) versehen sind, das mit dem Bauchganglion des betreffenden Segmentes durch eine Commissur in Verbindung steht. Dieser podiale Längsnerv mit seinen Ganglien ist bei zahlreichen Polychaeten auf das 1. oder 1. und
2. Metamer beschränkt, während bei den *Rapacia* sich auch in allen übrigen
Metameren noch die Podialganglien finden, aber bloß mit den Bauchganglien
durch eine Commissur verbunden sind. Mit dem Gehirn und dem Schlundconnectiv hängen auch die Nerven und Ganglien des Schlundnervensystems zusammen.

Von Sinnesorganen sind ein oder zwei Paare Augen vom Typus der Napf- oder
Blasenaugen (Abb. 198) am Kopflappen sehr verbreitet; am höchsten entwickelt
sind die zwei großen Kopfaugen der *Alciopiden*. Seltener sind zahlreiche kleine
Augen am Kopflappen vorhanden. Augenflecke können auch am hinteren
Körperende liegen (*Fabricia*) oder an den Seiten vieler Segmente sich wieder-
holen (*Polyophthalmus*). Bei einigen Serpuliden (*Branchiomma*) finden sich Augen

vom Typus der Komplexaugen an den Tentakeln. Beschränkter erscheint das Vorkommen von statischen Organen (Statocysten), die als paarige Bläschen am Schlundringe von *Arenicoliden*, *Ariciiden*, einigen *Serpuliden* und *Terebelliden* beobachtet sind, zuweilen mit Kanalverbindung zur Haut wie bei *Arenicola marina*, *Branchiomma vesiculosum* u. a. Dagegen sind seitliche, als Spürorgane gedeutete Flimmergruben (Nackenorgan) am Prostomium zahlreicher Polychäten nachgewiesen. Knospenförmige Sinnesorgane am Mundrande und der Mundhöhle werden als Geschmacksorgane aufgefaßt. Einzelne mit Härchen, Borsten an der Oberfläche ausgestattete Sinneszellen (Tastzellen) oder Gruppen solcher finden sich über die ganze Haut, insbesondere aber an den Tentakeln und Cirren verbreitet (Abb. 219).

Der Verdauungskanal gliedert sich in Vorder-, Mittel- und Enddarm. Der Mund liegt ventral, bei den in Röhren lebenden *Serpuliden* und *Hermelliden* terminal. Der muskulöse Vorderdarm erstreckt sich durch mehrere Rumpf-

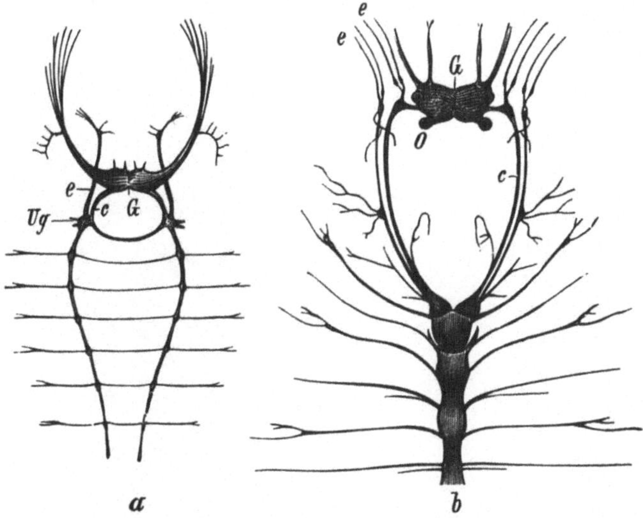

Abb. 526. Gehirn und vorderer Abschnitt der Ganglienkette. a Von *Serpula*, b von *Nereis*. (Nach QUATREFAGES.) *G* Gehirnganglion, *c* Schlundconnectiv, *Ug* unteres Schlundganglion, *e e'* Nerven für die Cirri tentaculares, bzw. die Anhänge des Mundsegmentes, *O* Augen.

metameren und ist häufig entweder selbst als Rüssel vorstülpbar, oder sein vorstülpbarer Teil erscheint als besonderer, von der Schlundwand als Scheide umgebener Schlauch differenziert. In anderen Fällen ist ein ventraler muskulöser Schlundsack vorhanden. Der Schlund ist in sehr mannigfaltiger Weise mit Papillen oder cuticularen Zähnen (sogenannten Kiefern) ausgestattet. Der Mitteldarm verhält sich in seiner ganzen Länge ziemlich gleichartig; er erscheint zwischen den Dissepimenten, somit segmental, zu seitlichen Taschen erweitert, die zuweilen (*Aphroditidae*) zu langen Blindsäcken entwickelt sein können (Abb. 527). Bei *Capitelliden* und *Euniciden* kommt ein sogenannter Nebendarm vor, ein ventrales, längs des Mitteldarmes verlaufendes Rohr, das an seinen beiden Enden in den Darm mündet. Der Enddarm ist kurz und öffnet sich terminal im After. Von Anhangsorganen sind häufig sich findende drüsige Anhänge am hinteren Ende des Oesophagus zu erwähnen.

Zahlreiche Polychäten besitzen in den dorsal an den Parapodien auftretenden fadenförmigen (*Spiomorpha*) oder baumförmig verzweigten (*Amphinome*) oder kammförmigen (*Eunice*) Kiemen besondere Atmungsorgane (Abb. 517). Die

Kiemen können an allen Rumpfmetameren entwickelt sein oder sich auf die mittlere Rumpfregion beschränken (*Arenicola*, Abb. 536); bei in Röhren lebenden
Formen finden sie sich bloß an den zwei oder drei (*Terebellidae*) vorderen Rumpfmetameren vor (Abb. 528). Beim Mangel von Kiemen wird die Atmung durch die
ganze Körperhaut, insbesondere aber ihre zarten Anhänge (Tentakel, Cirren) vermittelt; so besitzen auch die vermehrten und vergrößerten Tentakel (*Serpulimorpha, Terebellimorpha*) des Kopflappens neben ihrer Funktion als Fangorgane
und Taster die Bedeutung von Atmungsorganen.

Das Blutgefäßsystem der Polychäten ist ein geschlossenes System von Bahnen.
Es besteht gewöhnlich aus einem (zuweilen paarigen) Rückengefäß und einem

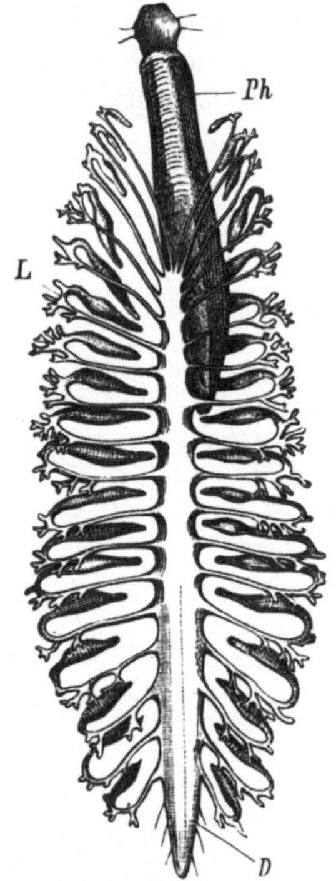

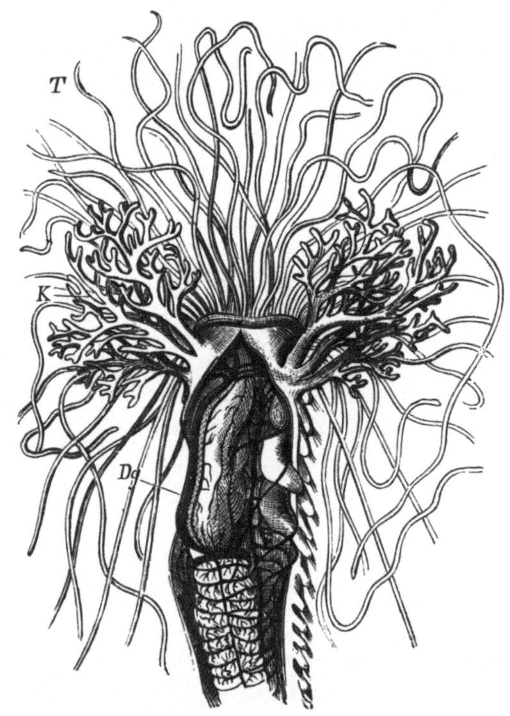

Abb. 527. Darmkanal von *Aphrodite aculeata*. (Nach M. EDWARDS.) *Ph* Pharynx, *D* Mitteldarm, *L* Blindsäcke desselben.

Abb. 528. *Eupolymnia (Terebella) nebulosa*, von der Rückenseite geöffnet. (Nach M. EDWARDS.) *Dg* Vorderer Abschnitt des Dorsalgefäßes (Herz), *K* Kiemen, *T* Tentakel.

über den Bauchstrang des Nervensystems und unter dem Darm gelegenen Bauchgefäße (Abb. 517, 528). Beide Gefäße hängen durch ein den Darm umspinnendes
Gefäßnetz sowie durch vorn im Kopfe gelegene und ferner segmentale, an der
Körperwand verlaufende Gefäßschlingen, in welche auch die Parapodialkiemen
eingeschaltet sind, miteinander zusammen (Abb. 138). In anderen Fällen (*Spionidae, Serpulidae* u. a.) dagegen ist das splanchnische Gefäßnetz durch einen den
Darm umgebenden Blutsinus vertreten und ein gesondertes Rückengefäß nur im
vordersten Abschnitte des Körpers über dem Oesophagus zu unterscheiden.
Komplikationen ergeben sich durch das Auftreten von Längsgefäßen am Nervensystem oder auch zu den Seiten des Körpers sowie weiterer Verzweigungen. Meist
ist bloß das Rückengefäß oder der Darmsinus contractil und leitet den Blutstrom
von hinten nach vorn, zuweilen fungieren einzelne erweiterte Querschlingen als

herzartige Abschnitte, seltener erweisen sich alle größeren Gefäßstämme als contractil. In einigen Fällen (*Glycera, Capitella, Polycirrus*) fehlt das Blutgefäßsystem infolge von Rückbildung. Die Blutflüssigkeit ist rot oder grün gefärbt oder farblos und enthält zuweilen farblose Blutzellen. Im Rückengefäß findet sich häufig der sogenannte Herzkörper, ein Strang drüsiger, pigmentführender Zellen, die vom Cölomepithel stammen.

Die geräumige, vom Peritonealepithel ausgekleidete Cölomhöhle wird durch die Mesenterien und Dissepimente in Kammern geteilt, welche indessen durch Öffnungen in den Dissepimenten miteinander kommunizieren. Dissepimente und Mesenterien können auch eine mehr oder weniger weitgehende Reduktion erfahren, wie dies besonders im Vorderkörper in der Ausdehnung des Oesophagus der Fall ist, so daß größere zusammenhängende Räume entstehen. Die Cölomhöhle wird von einer lymphoiden Flüssigkeit (perienterische Flüssigkeit) erfüllt, welche farblose Zellen führt. In einigen Fällen (*Capitella, Glycera, Polycirrus*) sind diese Zellen jedoch rot gefärbt und die Cölomflüssigkeit vertritt hier mit dem Ausfalle des Blutgefäßsystems das Blut. Die Zellen der perienterischen Flüssigkeit stammen von besonderen drüsigen Bildungsstätten des Peritonealepithels (Lymphkörperdrüsen). Außerdem zeigt sich das Peritonealepithel über den Blutgefäßen stellenweise excretorisch (sogenannte Chloragogendrüsen) differenziert und bildet zuweilen (*Terebella, Arenicola* u. a.) in die Cölomhöhle vorspringende, an Blindgefäßen entwickelte drüsige Zotten. Die concrementführenden Zellen werden in die Cölomflüssigkeit abgestoßen und durch die Nephridien ausgeführt.

Die Genitaldrüsen lagern im Peritonealepithel. Sie wiederholen sich in zahlreichen Segmenten, zuweilen sind sie auf wenige Metameren beschränkt. Die Genitalprodukte fallen in die Cölomhöhle und erlangen hier ihre volle Reife.

Als *Excretionsorgane* finden sich ursprünglich in allen Metameren paarige Nephridien (*Segmentalorgane*). Dieselben beginnen mittels eines Wimpertrichters im Cölom des vorhergehenden Metamers und bilden einen meist kurzen, drüsigen Kanal, der lateral mündet (Abb. 146). Die Nephridien dienen auch zur Ausführung von Excretionsstoffen der Leibeshöhle (Chloragogenzellen) und werden zur Brunstzeit in den Genitalsegmenten als Eileiter und Samenleiter verwendet, um die in die Cölomhöhle abgestoßenen Genitalprodukte nach außen zu schaffen. In einigen Fällen (*Glyceridae, Phyllodocidae* u. a.) sind jedoch die Nephridien gegen das Cölom geschlossen und mit zahlreichen cylindrischen Wimperkölbchen (Solenocyten) am Innenende ausgestattet; zur Ausleitung der Genitalprodukte dient dann ein in den Genitalsegmenten dem Nephridium anliegender Wimpertrichter, der sich bloß zur Zeit der Geschlechtsreife in den Nephridialkanal öffnet. Seltener (einige *Capitellidae*) findet sich neben dem Nephridium ein gesondert ausmündender Wimpertrichter zur Ausfuhr der Genitalprodukte vor, Verhältnisse, die eine Verdoppelung des Nephridiums vorstellen und damit zusammenhängen mögen, daß bei *Capitelliden* innerhalb eines Metamers das Nephridium vermehrt auftritt. Eine ungleichartige Ausbildung der Nephridien und eine Beschränkung auf bestimmte Körperabschnitte ist bei *Terebelliden, Cirratuliden* und *Serpuliden* zu beobachten. Bei *Terebelliden* sind die gewöhnlich in drei Paaren (bei *Cirratuliden* und *Serpuliden* in nur einem Paar, Abb. 537) auftretenden Nephridien der vorderen Thoracalregion sehr groß, ihr Wimpertrichter klein; sie fungieren bloß als Nieren. In der hinteren, durch ein starkes Dissepiment geschiedenen Thoracalregion dagegen bleiben die Nephridialkanäle klein, besitzen aber einen großen Trichter und dienen zur Ausfuhr der Geschlechtsprodukte. Als Eigentümlichkeit möge die Verbindung der vier Nephridien der hinteren Thoracalregion jederseits durch einen Längskanal bei *Lanice conchilega* erwähnt sein.

Mit Ausnahme einiger hermaphroditischer Formen (*Spirorbis, Salmacina, Myzostomiden* u. a.) sind die Polychäten getrennten Geschlechtes. Männliche und weibliche Individuen erscheinen zuweilen in Körperform und im Bau der Sinnes- und Bewegungsorgane verschieden. Ein solcher Dimorphismus des Geschlechtes wurde von MALMGREN für die Gattung *Nereis* nachgewiesen, deren geschlechtsreifer (sogenannter epitoker) Formzustand (früher als *Heteronereis* beschrieben) überdies durch die Umbildung der Parapodien und die Entwicklung besonderer Schwimmborsten in der hinteren Körperregion zur Zeit der Geschlechtsreife ausgezeichnet ist. Bei dem Palolowurm (*Eunice viridis*) (Abb. 529) lösen sich die hinteren verschmälerten Metameren mit den Geschlechtsprodukten (epitoke Körperstrecke) vom Vorderkörper (atoke Körperstrecke) vollends los und schwimmen frei umher. Sie gehen schließlich zugrunde, während der Vorderkörper vermutlich die abgeworfenen Genitalsegmente regeneriert.

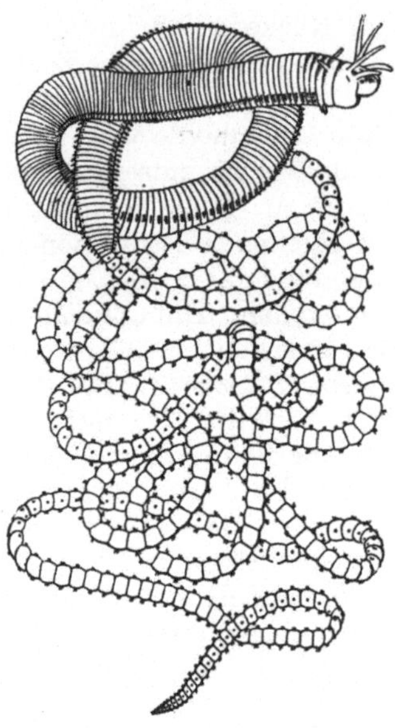

Abb. 529. *Eunice viridis.* Die hintere schmälere epitoke Körperregion stellt abgelöst und freischwimmend den „Palolo" vor. (Nach WOODWORTH.) Etwa ¹/₁

An diese Verhältnisse schließen sich gewisse *Syllideen* an, die am Hinterende durch fortgesetzte Teilung heteromorph gestaltete Geschlechtstiere produzieren, indem die epitoke Körperstrecke unter Neubildung eines Kopfes als besonderes Geschlechtsindividuum sich abtrennt (Abb. 530). In solchem Falle, wie bei *Autolytus*, kommt es zu einer Metagenese, in welcher eine Ammengeneration mit einer heteromorphen Geschlechtsgeneration wechselt, deren auffallend dimorphe Männchen und Weibchen früher als in verschiedene Gattungen gehörig, das Weibchen als *Nereis* und *Sacconereis*, das Männchen als *Polybostrichus* beschrieben wurden. Auch bei der in Hexactinelliden gefundenen *Syllis ramosa* scheint ein solcher Generationswechsel vorzukommen; die Ammenform ist hier dadurch ausgezeichnet, daß die neuen Individuen nicht bloß in der Längsachse des Körpers, sondern auch seitlich wie Knospen entstehen, wodurch ein verzweigter Wurmstock zustande kommt.

Ungeschlechtliche Fortpflanzung durch Teilung ist noch bei anderen Polychäten, so *Myrianida* (Abb. 288), *Filograna, Ctenodrilus* beobachtet. Sie knüpft an die Fähigkeit der Regeneration an, die bei Polychäten allgemein verbreitet scheint.

Nach CLAPARÈDE findet sich bei *Nereis* Heterogonie, bei der eine kleinere, an der Oberfläche schwimmende Generation mit einer größeren, schwerfälligen, auf dem Boden in der Tiefe lebenden wechselt; bei *Nereis dumerili* besteht neben zweierlei heteronereiden ein nereider geschlechtsreifer Formzustand, auch Dissogonie (HEMPELMANN).

Abb. 530. *Autolytus cornutus* mit dem männlichen Tiere (*Polybostrichus*). (Nach A. AGASSIZ.) *F* Cirri, *CT* Cirri tentaculares; *f* Cirri, *ct* Cirri tentaculares des Männchens.

Nur wenige Polychäten, wie z. B. *Syllis vivipara*, gebären lebendige Junge, alle übrigen sind eierlegend; viele legen die Eier in zusammenhängenden Gruppen ab und tragen sie mit sich herum.

Die Entwicklung der Polychäten ist eine Metamorphose. Die Furchung ist inäqual. Das Entoderm entsteht durch Invagination oder Epibolie der vegetativen größeren Zellen. Das mittlere Keimblatt wird außer einigen Zellen am Mundrande, die larvales Mesenchym (Ectomesenchym) liefern, durch zwei Urmesodermzellen angelegt, welche zwei sich später in Metameren gliedernde, ventrale Mesodermstreifen erzeugen (Abb. 265, vgl. auch 266). Oberhalb letzterer entsteht aus einer Verdickung des äußeren Blattes die Anlage des Bauchnervensystems. Die Entwicklung dieser streifenförmigen Anlage fällt bei den Polychätenembryonen oft erst in eine spätere Zeit, nachdem der Embryo als Larve ein freies Leben zu führen begonnen hat. Oesophagus und Enddarm gehen aus Ectodermeinstülpungen hervor. Die Jugendformen schlüpfen als Larven aus, deren Grundform, die Trochophora, in zahlreichen Modifikationen auftritt. Auf das *Trochophora*-Stadium folgen Zustände mit beginnender Metamerie, welche als *Metatrochophora* bezeichnet werden. Als *Nectochaeta*-Stadium (Abb. 531) hat HÄCKER einen bei Phyllodociden, Aphroditiden, Nereiden und einigen Euniciden auftretenden, pelagisch lebenden späteren Larvenzustand unterschieden, der nur aus wenigen Metameren besteht und nach teilweiser oder vollständiger Rückbildung der Wimperkränze sich mittels kräftiger Parapodien schwimmend bewegt.

Nach der besonderen Verteilung der Bewimperung hat man auch die Polychätenlarven unterschieden und als *Atrochae* solche mit gleichmäßigem Wimperkleid, als *Monotrochae* jene nur mit perioralen Wimperkränzen bezeichnet; tritt zu letzteren noch ein präanaler Wimperkranz hinzu, so heißen die Larven *Telotrochae*; *Mesotrochae* dann, wenn ein Wimperkranz die Mitte des Körpers umgürtet (*Telepsavus, Chaetopterus*). Unter den durch eine Mehrzahl von Wimperkränzen oder Wimperbogen ausgezeichneten *Polytrochae* werden wieder solche mit Halbringen von Wimpern am Bauch oder Rücken als *Gasterotrochae* und *Nototrochae* benannt

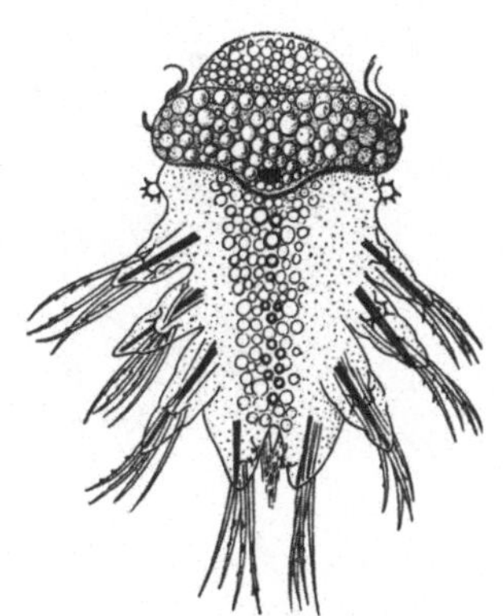

Abb. 531. Larve von *Hermione hystrix*. (Nach v. DRASCHE.) Nectochaetastadium. $^{92}/_1$

und als *Amphitrochae* jene unterschieden, bei denen ventrale und dorsale Wimperbogen auftreten.

Bei Trochophoralarven treten zuweilen provisorische Borsten von meist ansehnlicher Länge auf, so auch bei der als *Mitraria* bezeichneten eigentümlichen Trochophora einer Maldanide, deren relativ sehr umfangreicher, prostomialer Körperabschnitt glockenförmig über den kleinen Hinterkörper hinüberragt (Abb. 532).

Mit seltenen Ausnahmen sind die Polychäten marin. Relativ wenige Formen, wie z. B. die durchsichtigen *Tomopteriden* und *Alciopiden*, halten sich an der Oberfläche des Meeres auf, die meisten bewohnen die Region der Küsten. Sie leben hier frei, indem sie sich schlängelnd und auch durch Verschiebung der Parapodien bewegen und vom Raube ernähren; oder sie halten sich im Schlamm und Sand oder in selbstgebildeten, mehr oder minder festen Röhren (*Serpulidae, Terebellidae, Chaetopteridae*) auf und ernähren sich von vegetabilischen Stoffen, die sie mittels des Tentakelapparates herbeischaffen. Auch freischwimmende Formen bewohnen zeitweilig dünnhäutige Röhren. Diese Röhren werden von Drüsen der Haut, insbesondere von den in den sogenannten Bauchschilden gehäuften Bauchdrüsen geliefert. Zahlreiche Formen gehen in die Tiefe hinab. Auch gibt es Anneliden, welche in Kalksteinen und Muschelschalen bohren, z. B. *Potamilla reni-*

formis MÜLL. (*Sabella saxicola* GR.), *Polydora ciliata*. Parasitisch leben nur wenige Formen, wie *Acholoë astericola* und *Ophiodromus flexuosus* in den Ambulacralrinnen von Seesternen, *Oligognathus bonelliae* in der Leibeshöhle von *Bonellia*, *Ichthyotomus sanguinarius* auf Aalen und die *Myzostomiden* auf Crinoideen und Ophiuroideen. Manche zeigen intensive Leuchterscheinung, so besonders Arten der Gattung *Chaetopterus*, deren Fühler und Körperanhänge leuchten. Ebenso leuchten die Elytren von *Polynoë*, die Tentakel von *Polycirrus* und die Haut einiger *Syllideen*.

Fossile Reste von Borstenwürmern finden sich vom Silur an in den verschiedensten Formationen.

In der Gruppenbildung der Polychäten ist wesentlich dem von HATSCHEK gemachten Einteilungsversuch gefolgt, welcher im einzelnen indes noch späteren Modifikationen unterliegen dürfte.

1. Unterordnung. *Amphinomorpha*. Mit kompletten Parapodien, einfachen Borsten und mehreren Acicularborsten. Der Mund sekundär nach hinten vergrößert, daher von mehreren Segmenten umgeben. Schlund vorstülpbar, unbewaffnet.

Fam. *Amphinomidae*. Von plumpem Körperbau mit nicht sehr zahlreichen Metameren. Kopflappen wenig deutlich begrenzt und auf der Rückenfläche in eine über mehrere Segmente reichende Karunkel ausgehend. Mund auf die Bauchfläche gerückt, von mehreren (bis fünf) Segmenten umgeben. *Amphinome rostrata* PALL., Ind. Ozean. *Euphrosyne foliosa* AUD. M. E., *Hermodice carunculata* PALL. Stößt bei Reizung Borsten aus, ist deshalb von den Fischern gefürchtet. Mittelmeer. Fraglich ist die Zugehörigkeit von *Spinther miniaceus* GR. Ectoparasitisch auf Spongien. Mittelmeer, Nordsee.

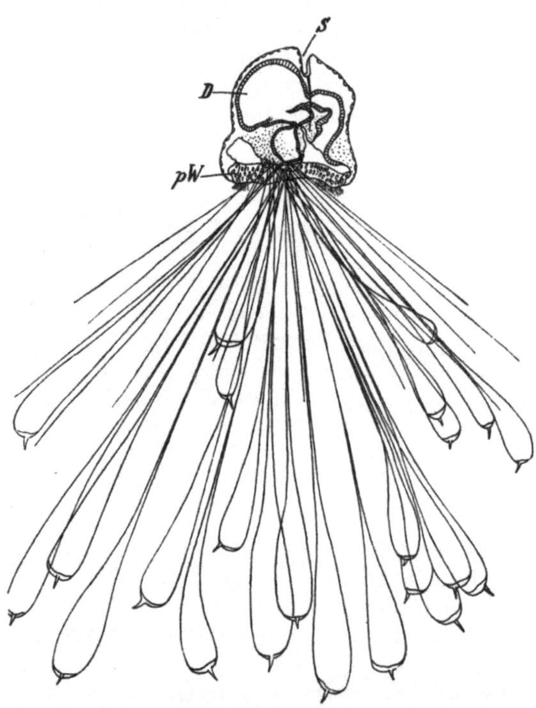

Abb. 532. Trochophora (sog. *Mitraria*) mit provisorischen Borsten. (Original G.) $^{110}/_1$. *D* Darm, *pW* präoraler Wimperkranz, *S* eingezogene Scheitelplatte.

2. Unterordnung. *Rapacia* (*Nereimorpha*). Mit großen, meist inkompletten Parapodien; neben einfachen in der Regel auch zusammengesetzte Borsten und stets Aciculae. Schlund vorstülpbar, meist bewaffnet.

Fam. *Eunicidae*. Leib sehr lang, aus zahlreichen Segmenten zusammengesetzt. Kopflappen mit mehreren Fühlern, zuweilen auch Palpen (Abb. 127). Fußstummel meist einästig, selten zweiästig, gewöhnlich mit Bauch- und Rückencirren nebst Kiemen (Abb. 517). Ein aus mehreren Stücken zusammengesetzter Oberkiefer und ein aus zwei Platten bestehender Unterkiefer liegen in einem ventralen, dem Schlundrohr anhängenden Kiefersack. *Diopatra neapolitana* CHIAJE, Mittelmeer. *Onuphis conchylega* SARS. Verfertigt eine mit Sand und Muschelschalen besetzte Röhre. Nordatlant. *Hyalinoecia tubicola* MÜLL. Bildet eine starre, durchsichtige Röhre. Kosmopolit. *Eunice punctata* RISSO (*harassii* AUD. M. E.), Atlant. Ozean, Mittelmeer. *E.* (*Lysidice*) *viridis* GRAY, Palolowurm. Samoa- und Fidschiinseln. Hält sich in den Korallenfelsen auf. Der von den Eingeborenen gegessene Palolo ist die hintere epitoke Körperregion mit den Genitalprodukten, welche sich vom

Vorderkörper ablöst und an der Oberfläche frei schwimmt (Abb. 529). *Halla parthenopeia* CHIAJE, Neapel. *Staurocephalus rubrovittatus* GR., Mittelmeer. *Oligognathus bonelliae* SPENG., schmarotzt in der Leibeshöhle von *Bonellia*. Neapel. *Ophryotrocha puerilis* CLAP. METSCHN., Mittelmeer.

Fam. *Nereidae* (*Lycoridae*). Der gestreckte Körper aus zahlreichen Segmenten zusammengesetzt. Kopflappen mit zwei Cirren, zwei Palpen und vier Augen (Abb. 533). Mundsegment ruderlos, mit zwei Paar Fühlercirren jederseits. Ruder (Abbild. 524) ein- oder zweiästig, mit Rücken- und Bauchcirren, mit zusammengesetzten Borsten. Rüssel stets mit zwei Kiefern, meist auch mit Kieferspitzen besetzt. *Nereis dumerili* AUD. M. E. (Abb. 533) (mit zwei epitoken Formen, einer vom *Nereis*-Habitus, die andere sogenannte *Heteronereis*-Form früher als *Heteronereis fucicola* beschrieben), *N. diversicolor* MÜLL. Bei beiden Arten soll auch Hermaphroditismus vorkommen. *N. cultrifera* GR., Europ. Meere.

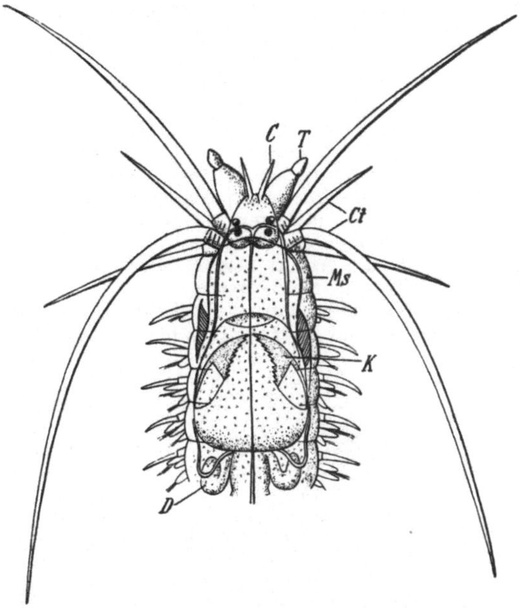

Hier fügt sich die Fam. *Nephthydidae* an. *Nephthys hombergi* CUV., Mittelmeer.

Fam. *Glyceridae*. Körper schlank, aus zahlreichen geringelten Segmenten zusammengesetzt. Kopflappen kegelförmig, geringelt, mit vier kleinen Fühlern an der Spitze und zwei Palpen an der Basis. Rüssel weit vorstülpbar, mit vier starken Kieferzähnen. Die Zellen der Cölomflüssigkeit stellen rote Blutkörperchen dar; Gefäßsystem fehlt. *Glycera capitata* OERST., Nordsee, Mittelmeer.

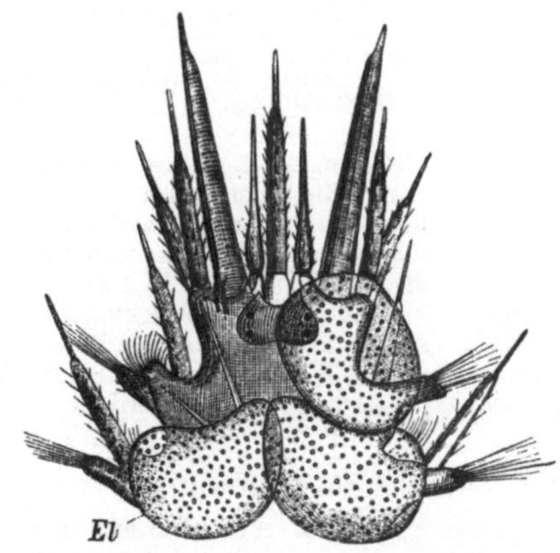

Abb. 533. Kopf und vordere Rumpfsegmente von *Nereis dumerili*. (Nach CLAPARÈDE.) Etwa $^8/_1$. *Ms* Mundsegment, *Ct* Cirri tentaculares, *C* Kopfcirren, *T* Palpen, *K* Schlundkiefer, *D* Anhangsdrüsen des Darmes.

Fam. *Aphroditidae*. An den Fußstummeln des Rückens breite Schuppen (*Elytren*) an Stelle der Dorsalcirren (Abb. 534), welche meist alternierend, oft nur am Vorderkörper, den Segmenten aufsitzen. Kopflappen mit Augen, mit einem unpaaren und meist mit zwei seitlichen Stirnfühlern, zu denen noch zwei stärkere seitliche untere Fühler (Palpen KINB.) hinzukommen. Vor dem Munde zuweilen ein sogenannter Facialtuberkel. Rüssel cylindrisch, vorstülpbar, mit zwei oberen und zwei unteren Kiefern. *Aphrodite aculeata* L., Seeraupe, Rücken mit Haarfilz. Augen sitzend. Borsten der Bauchstummeln zahlreich und lebhaft irisierend. *Hermione hystrix* SAV. Augen gestielt. Europ. Meere. *Polynoë scolopendrina* SAV., Atlant. Ozean. *Lepidasthenia elegans* GR., Mittelmeer. *Acholoë astericola* CHIAJE, lebt in den Ambulacralrinnen von Astropecten. Zeigt Leuchterscheinung. Mittelmeer. *Sthenelais boa* JOHNST., Europ. Meere.

Fam. *Hesionidae*. Körper kurz, abgeplattet, mit wenigen Segmenten. Kopflappen mit Fühlern, zuweilen auch Palpen, die folgenden Segmente mit großen Cirren. Rüsselröhre kurz, vorstülpbar. *Hesione pantherina* RISSO, Mittelmeer. *Ophiodromus flexuosus* CHIAJE, Mittelmeer, lebt in den Ambulacralfurchen größerer Seesterne.

Fam. *Syllididae*. Körper gestreckt und abgeplattet. Kopf meist mit drei Fühlern und

Abb. 534. Vorderende von *Lagisca* (*Polynoë*) *extenuata* nach Entfernung der ersten linken Elytra. (Nach CLAPARÈDE.) $^{11}/_1$. Die zwei Borsten des Mundsegmentes bloßgelegt. *El* Elytra.

zwei bis vier Fühlercirren, oft mit Palpen (Abb. 530). Der vorstülpbare Rüssel besteht aus einer kurzen Rüsselröhre, einer durch Cuticularbildung starren Schlundröhre und einem darauffolgenden drüsigen Abschnitt. Ruder einfach. Im Kreise derselben Art treten zuweilen verschiedene Formen als Geschlechtstiere und als Ammen auf. Viele tragen die Eier bis zum Ausschlüpfen der Jungen mit sich umher. *Syllis variegata* GR., Mittelmeer, Atlant. Ozean. *S. ramosa* M'INT., Arafurasee. *Odontosyllis ctenostoma* CLAP., Mittelmeer. *Autolytus prismaticus* O. FABR. (Männchen als *Polybostrichus longosetosus* OERST., Weibchen als *Nereis bifrons* O. FABR. beschrieben). Nord. Meere. Eine zweifelhafte Art ist *Autolytus prolifer* MÜLL. (Männchen als *Polybostrichus mülleri*, Weibchen als *Sacconereis helgolandica* bekannt). *A. cornutus* A. AG., Atlant., Nord-Amer. (Abb. 530). *Myrianida fasciata* M.-E., Adria (Abb. 288). *Grubea* QTRF. (Abb. 523). Hier schließt sich an *Ichthyotomus sanguinarius* EISIG. Lebt parasitisch auf Aalen. Neapel.

Fam. *Phyllodocidae*. Körper mit zahlreichen Segmenten. Kopflappen nur mit vier oder fünf Fühlern und mit Augen. Ruder klein, mit blattförmigem, an Schleimdrüsen reichem Rücken- und Bauchcirrus. Rüssel glatt oder papillentragend. *Phyllodoce laminosa* SAV., *Eulalia viridis* L., Atlant. Ozean, Mittelmeer. *Lopadorhynchus krohni* CLAP., Mittelmeer. *Eteone flava* FABR., Nord. Meere.

Fam. *Alciopidae*. Körper glashell, Kopf mit zwei großen, halbkugelig vorspringenden Augen. Bauch- und Rückencirren blattartig. Rüssel vorstülpbar mit dünnhäutiger Rüsselröhre und dickwandigem Endabschnitt, an dessen Eingang zwei hakenförmige Papillen stehen. Leben pelagisch. Die Larven zum Teil parasitisch in Rippenquallen. *Alciopa cantraini* CHIAJE, *Asterope candida* CHIAJE, Mittelmeer.

Fam. *Tomopteridae* (*Gymnocopa*). Kopf wohl gesondert, mit zwei Augen und zwei oder vier Fühlern. Mundsegment mit zwei langen Fühlercirren, die durch eine kräftige innere Borste gestützt werden. Mund ohne Rüssel und Kieferbewaffnung. Die großen Parapodien borstenlos, zweilappig. Leben pelagisch. Körper sehr durchsichtig. *Tomopteris* (*Johnstonella*) *catharina* GOSSE, Mittelmeer, Atlant. Ozean.

Fam. *Myzostomidae*. Kleine scheibenförmige Polychäten (Abb. 535) mit weicher, flimmernder Körperbedeckung. Am Rande des Körpers erheben sich kleine Wärzchen oder Cirren; an den Seiten fünf Paare kurzer, je einen Haken (mit ein bis drei Ersatzhaken) sowie eine Stützborste enthaltender Fußhöcker, nach außen von ihnen vier Paare saugnapfähnlicher Seitenorgane (Sinnesorgane). Rüssel papillentragend, der Darm mit Seitenästen, mündet nahe dem hinteren Körperende dorsal mit der weiblichen Genitalöffnung in eine Kloake, die

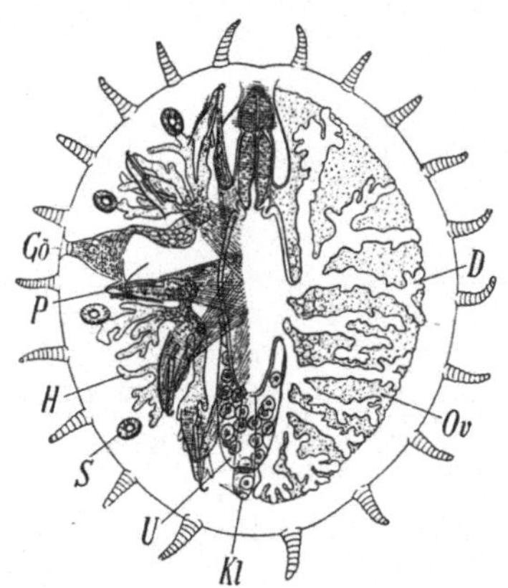

Abb. 535. *Myzostoma cirriferum*. (Nach v. GRAFF.) Etwa ¹⁰/₁. *P* Parapodium, *S* Seitenorgan, *D* Darm, *Kl* Kloakenöffnung, *U* Eiersack (sog. Uterus), *Ov* seine Nebenabzweigungen, *H* Hoden, *Gö* männliche Genitalöffnung.

auch die Öffnungen der zwei Nephridien aufnimmt. Kreislauforgane und Atmungsorgane fehlen. Die Tiere sind Zwitter. Die männlichen paarigen Geschlechtsöffnungen liegen seitlich. Leben ectoparasitisch oder in Cysten an Crinoideen, auch Ophiuroideen; seltener entoparasitisch in Asteroideen und *Gorgonocephalus*. *Myzostoma glabrum* F. S. LEUCK., *M. cirriferum* F. S. LEUCK. (Abb. 535), beide ectoparasitisch auf *Antedon mediterranea*. *M. asteriae* MARENZ. Entoparasitisch in *Asterias richardi* und *Stolasterias neglecta*. *M. cysticolum* GRAFF, ohne Seitenorgane, paarweise in Cysten von *Comactinia* (*Actinometra*) *meridionalis*. *Protomyzostomum polynephris* FEDOTOV. Entoparasit in *Gorgonocephalus eucnemis*. Kolafjord.

3. **Unterordnung. *Spiomorpha*. Mit kompletten Parapodien und einfachen Borsten. Schlund vorstülpbar, unbewaffnet.**

Fam. *Spionidae*. Polychäten von geringer Größe, der kleine Kopflappen zuweilen mit fühlerartigen Vorsprüngen und meist kleinen Augen, mit zwei langen, meist von einer Rinne gefurchten Tentakeln. Kiemen einfach fadenförmig. Leben in Röhren. *Spio seticornis* O. FABR., Nordmeere. *Scolecolepis fuliginosa* CLAP., Mittelmeer. *Nerine cirratulus* CHIAJE. *Polydora ciliata* JOHNST. Mittelmeer, Atlant. Ozean.

Fam. *Ariciidae*. Körper etwas flachgedrückt, mit vielen kurzen Segmenten. Kopflappen ohne Anhänge. Rüssel kurz, unbewaffnet. Die kurzen Fußhöcker mit lanzettförmigen Kiemen. *Aricia foetida* CLAP. Bekannt wegen ihres fauligen Geruches. Neapel. *Scoloplos armiger* MÜLL. Weit verbreitet.

Fam. *Chaetopteridae*. Körper gestreckt, in mehrere ungleichartige Regionen gesondert. Meist zwei oder vier sehr lange Fühler. Rückenanhänge der mittleren Segmente flügelförmig, oft gelappt. Bewohnen pergamentartige Röhren. *Telepsavus costarum* Clap., Neapel. *Chaetopterus pergamentaceus* Cuv., Westindien. *Ch. variopedatus* Clap., Mittelmeer.

Fam. *Chlorhaemidae (Pherusidae)*. Körper gestreckt, mit kurzen Segmenten. Kopf ringförmig, mit zwei starken, gefurchten Fühlern und mit Kiemenfäden, in den Vorderkörper zurückziehbar, dessen vorderes oder zwei vordere Segmente auffallend lange, nach vorn gerichtete Borsten tragen. Borstenbündel auf kleinen Fußhöckern oder direkt in die Haut eingelagert. Haut mit zahlreichen Papillen, schleimabsondernd. Blut grün. *Flabelligera (Siphonostoma) diplochaitos* Otto, *Stylarioides monilifer* Chiaje, Mittelmeer.

4. Unterordnung. *Drilomorpha*. Prostomium kegelförmig, ohne Anhänge. Parapodien zu zwei Borstenhöckern geteilt. Meist Parapodialkiemen vorhanden. Schlund vorstülpbar, unbewaffnet.

Fam. *Cirratulidae*. Körper rund. Kopf lang, kegelförmig, ohne Fühler, meist auch ohne Fühlercirren. Fußstummel niedrig. Fadenförmige Kiemen (Cirren) an einzelnen oder zahlreichen Segmenten. *Cirratulus cirratus* Müll. (*borealis* Lm.), Nordmeere. *Audouinia tentaculata* Mont. (*lamarcki* Aud. M. E.), Europ. Meere.

Hier reiht sich die Fam. *Ctenodrilidae* an. *Ctenodrilus serratus* O. Schm. (*pardalis* Clap.), Mittelmeer. Pflanzt sich durch Teilung fort.

Fam. *Arenicolidae*. Kopflappen sehr klein, ohne Anhänge. Mundsegment ohne Fühlercirren. Rüssel mit Papillen. Parapodien als kleine Höcker entwickelt, obere mit Haar-, untere mit Hakenborsten. Verästelte Kiemen an den mittleren Segmenten. Bohren im Sande. *Arenicola marina* L. (*piscatorum* Lm.), Fischerwurm (Abb. 536), Atlant. Ozean, Mittelmeer. Dient als Köder beim Fischfang.

Fam. *Capitellidae*. Kopf nicht scharf gesondert, meist mit fühlerartigen, ausstülpbaren, bewimperten Organen und mit Augenflecken. Rüssel kurz, papillentragend. Borstenhöcker rudimentär. Blutgefäßsystem rückgebildet. Leben in Röhren. *Capitella capitata* Fabr., Nordsee.

Fam. *Maldanidae (Clymenidae)*. Körper drehrund, in zwei bis drei Regionen gesondert. Kopflappen mit dem Mundsegmente verschmolzen, oft eine Nackenplatte bildend. Fühler und Kiemen fehlen. After meist von einem Trichter umgeben. Wohnen in langen Sandröhren. *Maldane glebifex* Gr., Mittelmeer. *Euclymene lumbricoides* Qtrf., Mittelmeer, Atlant. Ozean. *Owenia filiformis* Chiaje, Mittelmeer.

Zu der Fam. der *Opheliidae* gehört *Polyophthalmus* Qtrf. Mit seitlichen Augen an zahlreichen Segmenten. Mittelmeer.

Fam. *Sternaspidae*. Körper stark verkürzt, die vorderen verbreiterten und die hinteren Segmente mit Borsten. Bauchseite nahe dem Hinterende mit einem Schild. Um die Afterpapille jederseits ein Büschel von Kiemenfäden. *Sternaspis scutata* Ranz. (*thalassemoides* Otto), Mittelmeer.

Abb. 536. *Arenicola marina (piscatorum)*. (Aus règne animal.) $^1/_2$

5. Unterordnung. *Terebellomorpha*. Prostomium reduziert, mit Büscheln von fadenförmigen Fühlern. Parapodialkiemen meist nur an den vorderen Segmenten. Parapodien zu zwei Borstenhöckern geteilt. Schlund nicht vorstülpbar.

Fam. *Amphictenidae*. Körper aus wenig Segmenten bestehend. Kopflappen niedergedrückt. Erstes Segment mit nach vorn gerichtetem Paleenkamm, der die Röhre des Tieres schließt. Kammförmige Kiemen am zweiten und dritten Segment. Die geraden oder etwas gebogenen, an beiden Enden offenen Röhren sind aus kleinen Sandkörnchen aufgebaut. *Pectinaria (Amphictene) auricoma* Müll. *Lagis koreni* Malmgr., Europ. Meere.

Fam. *Terebellidae*. Körper gestreckt, vorn dicker. Der dünnere Hinterabschnitt zuweilen als borstenloser Anhang deutlich abgesetzt. Kopflappen vom Mundsegment undeutlich geschieden, häufig mit einem Lippenblatt über dem Munde. Zahlreiche fadenförmige Fühler sitzen meist in zwei Büscheln auf. Nur an wenigen vorderen Segmenten kammförmige oder verästelte, selten fadenförmige Kiemen (Abb. 528). Obere Borstenhöcker mit Haarborsten, untere in Form von Querwülsten mit Hakenborsten. Leben in Röhren. Die jungen, noch frei schwimmenden Tiere zuweilen mit zarten Hülsen. *Lanice* (*Terebella*) *conchilega* PALL., *Eupolymnia nebulosa* MONT. (Abb. 528), *Terebellides stroemi* SARS, Europ. Meere. *Polycirrus* GR.

6. Unterordnung. *Serpulimorpha*. Prostomium reduziert, mit Tentakelkrone. Mundsegment mit Kragen. Schlund nicht vorstülpbar. Parapodien zu zwei Borstenhöckern geteilt.

Fam. *Serpulidae*. Körper meist deutlich in zwei Regionen (Thorax, Abdomen) geschieden. Kopflappen mit dem Mundsegment verschmolzen, letzteres in der Regel mit einem Kragen versehen. Mund terminal zwischen zwei seitlichen, halbkreisförmig oder spiralig eingerollten Blättern, an deren Vorderrande sich Tentakel mit Flimmerrinne erheben. Diese tragen secundäre Filamente, können durch ein Knorpelskelet gestützt und am Grunde durch eine Membran verbunden sein. Häufig ein oder zwei Tentakel zu einem gestielten Deckel umgewandelt, der die Röhre beim Zurückziehen des Tieres verschließt. Bei *Serpula* und Verwandten ist eine Thoracalmembran vorhanden. Bei einigen *Spirorbis*-Arten (Abbild. 537) entwickeln sich die Eier in einer Höhlung des Deckels. Bauen lederartige oder kalkige Röhren, die gewöhnlich angewachsen sind. *Spirographis spallanzanii* VIV. Mit lederartiger Röhre. Mittelmeer. *Branchiomma vesiculosum* MONT. Tentakel mit zusammengesetzten Augen. Europ. Meere. *Sabella pavonina* SAV., Atlant. Ozean, Mittelmeer. *Dasychone lucullana* CHIAJE, Nordsee, Mittelmeer. *Myxicola infundibulum* GR. Lebt in gallertigen Klumpen. Europ. Meere. *Fabricia* BLAINV.

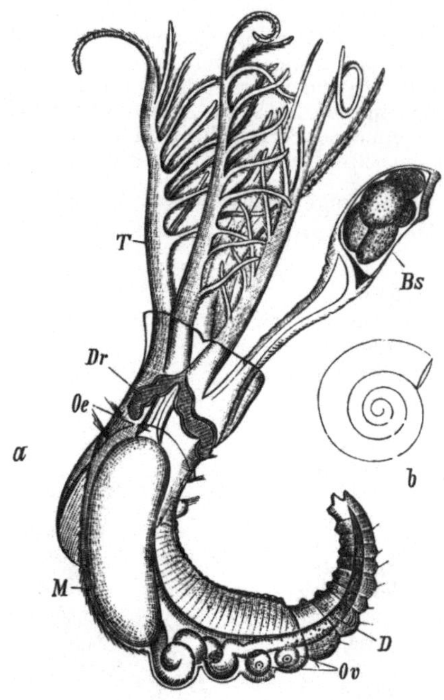

Abb. 537. *Spirorbis laevis*. (Nach CLAPARÈDE.) *a* Das Tier. ⁶⁰/₁. — b Röhre. ⁸/₁. *Bs* Brutsack am Deckel, *D* Darm, *Dr* vorderes Nephridium, *M* Magen, *Ov* Eier, *Oe* Oesophagus, *T* Tentakel.

Serpula vermicularis L. Röhre kalkig. *Hydroides* (*Eupomatus*) *uncinata* PHIL., Mittelmeer. *Spirorbis spirillum* L., Nordmeere, *S. corrugatus* MONT., Mittelmeer. Röhre posthornförmig. *Filograna implexa* BERK., Mittelmeer. *Protula tubularia* MONT., Mittelmeer, Nordsee. *Salmacina* CLAP. *Marifugia cavatica* ABS. et HRABĚ. In Höhlen. Westbalkan.

Hier schließt sich die Fam. der *Hermellidae* an. *Sabellaria* (*Hermella*) *alveolata* L., Nordsee, Mittelmeer. *S. spinulosa* LEUCK., Nordsee.

3. Ordnung. Oligochaeta[1].

Hermaphroditische Chätopoden ohne Schlundbewaffnung und Parapodien, mit direkt der Körperwand eingepflanzten Borsten, ohne Fühler und Cirren. Peristomium kurz. Entwicklung direkt.

---

[1] Außer W. HOFFMEISTER, D'UDEKEM, HERING, RAY LANKESTER, RATZEL vgl. CLAPARÈDE, E.: Recherches anatomiques sur les Oligochètes. Genève 1862. — DORNER, H.: Über die Gattung *Branchiobdella*. Z. Zool. 15 (1865). — KOWALEWSKI, A.: Embryologische Studien an Würmern und Arthropoden. Mém. Acad. St.-Pétersbourg 1871. — PERRIER, E.: Études sur l'organisation des lombriciens terrestres. Archives de Zool. 1874 u. 1881. — VEJDOVSKÝ, F.: Beiträge zur vergleichenden Morphologie der Anneliden. I. Monographie der Enchytraeiden. Prag 1879. — System und Morphologie der Oligochäten. Prag 1884. — Entwicklungsgeschichtliche Untersuchungen. Prag 1888—1892. — WILSON, E. B.: The Embryology of the earthworm. J. of Morph. 3 (1889). — BERGH, R. S.: Neue Beiträge zur Embryologie der Anneliden. Z. Zool. 50 (1890). — HESSE, R.: Zur vergleichenden Anatomie der Oligochäten. Ebenda 58 (1894). — BEDDARD, F. E.: A Monograph of the order of *Oligochaeta*. Oxford 1895. — MICHAELSEN, W.: *Oligochaeta*. Tierreich 10. Liefg. 1900. — Die geographische Verbreitung der Oligochäten. Berlin 1903. — Die Lumbriciden. Zool. Jb. 41 (1918). — MRÁZEK, A.: Die Geschlechtsverhältnisse und die Geschlechtsorgane von

An dem homonom metamerischen Körper der Oligochäten (Abb. 538) ist der aus dem zuweilen nur kleinen Kopflappen und dem stets borstenlosen Mundsegmente gebildete Kopf nicht scharf gesondert. Fühler und Cirren treten niemals auf. Die Borsten sind nur in geringer Zahl vorhanden und liegen in Gruben der Haut. Bei *Tubificiden, Naididen* sind sie in einem Segment in mehrfacher Zahl zu vier Bündeln angeordnet; in anderen Fällen (z. B. *Lumbricidae*) sind acht einzeln eingepflanzte Borsten vorhanden; bei gewissen *Megascolecidae* bilden die zahlreichen Borsten in jedem Metamer einen kompletten oder dorsal und ventral unterbrochenen Kranz. Borstenlos sind *Achaeta* und *Branchiobdella*. Als Geschlechtsborsten werden gewisse, im Zusammenhang mit geschlechtlichen Leistungen modifizierte, meist größere Borsten unterschieden. In der Nähe der Genitalöffnungen bilden die Drüsen der Haut vornehmlich zur Zeit der Geschlechtsreife eine mächtige, über eine Anzahl von Segmenten reichende Verdickung, den Gürtel oder Sattel (*Clitellum*). Einen hinteren ventralen Saugnapf besitzt die parasitische *Branchiobdella*.

Von Sinnesorganen finden sich Tastborsten und knospenähnliche Sinnesapparate (Sinnesknospen) (Abbild. 184). Augen fehlen oft, oder es sind sehr einfach gebaute Augen vorhanden. Bei *Lumbricus* wurden eigentümliche, lichtempfindliche, pigmentlose Sinneszellen („Lichtzellen") in und unter der Haut beschrieben (vgl. S. 200, Abb. 190).

Der Darmkanal zerfällt häufig in mehrere Abschnitte, die sich bei den Lumbriciden am kompliziertesten verhalten. Auf die Mundhöhle folgt bei *Lumbricus* ein muskulöser (aus dem Stomodaeum hervorgegangener) Schlundkopf, auf diesen eine lange, bis in das 13. Segment hineinreichende Speiseröhre mit anhängenden drüsigen Taschen (Kalksäckchen), dann ein Kropf, ein Muskelmagen und sodann der eigentliche Darm, der an seiner Rückenseite eine eingestülpte Längsfalte, die *Typhlosolis*, besitzt und durch einen kurzen Enddarm am Endsegmente ausmündet. Bei den primitiveren, im Wasser lebenden Oligochäten verhält sich der Darmkanal einfacher, indem stets der Muskelmagen fehlt; indessen findet sich überall ein Schlundkopf vor dem Oesophagus.

Das Blutgefäßsystem, welches rotes Blut führt, zeigt verschiedene Stufen der Ausbildung. Es erscheint am reichsten ausgebildet bei den großen, in der Erde lebenden Formen. Bei *Lumbriciden* findet sich ein Rückengefäß, daß die Darmgefäße aufnimmt, sowie ein Bauchgefäß. Die bei den niederen Oligochäten zwischen

Abb. 538. *Lumbricus rubellus*. (Nach G. EISEN.) $^1/_1$. a Der ganze Wurm. *Cl* Clitellum. b Das vordere Körperende von der Bauchseite. c Borste, vergr.

Lumbriculus variegatus. Ebenda **23** (1906). — TANNREUTHER, G.: The Embryology of *Bdellodrilus philadelphicus*. J. of Morph. **26** (1915). — KARM NARAYAN BAHL: On a new Type of Nephridia found in Indian Earthworm of the Genus *Pheretima*. Quart. J. microsc. Sci. **64** (1920). — PENNERS, A.: Die Furchung von *Tubifex rivulorum*. Zool. Jb. **43** (1922). — STEPHENSON, J.: The *Oligochaeta*. Oxford 1930. — Überdies vgl. die Arbeiten von BENHAM, HATSCHEK, EISEN, CERFONTAINE, HORST, ROSA, TAUBER, SALENSKY, FREUDWEILER, DECHANT, SVETLOV u. a.

Rücken- und Bauchgefäß vorhandenen einfachen, längs der Dissepimente verlaufenden somatischen Gefäßbogen erhalten sich bei *Lumbriciden* in den vorderen Metameren und stellen in den Genitalsegmenten die fünf bis acht contractilen sogenannten Herzen vor. In den hinteren Körpersegmenten sind sie in ihrem Verlaufe in ein integumentales Gefäßnetz aufgelöst. Dazu kommt ein subneurales Längsgefäß, das mit den Gefäßbogen kommuniziert. Am Gefäßsystem mancher Oligochäten finden sich auch contractile Blindgefäße (z. B. *Lumbriculus*). Die Atmung erfolgt durch die Haut. Kiemen finden sich selten (*Dero*, *Alma nilotica*, *Branchiodrilus*).

Im Cölom fehlen die Dissepimente meist vollkommen bei *Aeolosoma*, dorsale Mesenterien stets, ebenso bis auf Reste die ventralen. Die epitheliale Bekleidung erscheint über den Darmgefäßen und anderen Gefäßen aus höheren, grünliche Körnchen enthaltenden Zellen, den sogenannten Chloragogenzellen, gebildet. Ein medianer, dorsaler, intersegmentaler Cölomporus findet sich bei einer großen Zahl von Oligochäten in jedem Metamer. Ein solcher Porus am Kopf (Kopfporus) besteht bei einigen im Wasser lebenden Formen.

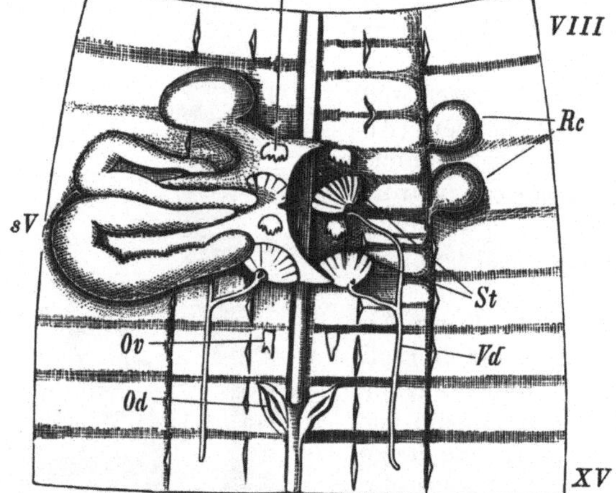

Abb. 539. Geschlechtsorgane von *Lumbricus* im IX. bis XV. Segmente. (Nach E. HERING.) *T* Hoden, *Vs* Samensäcke, *St* Samentrichter, *Vd* Ductus deferens, *Ov* Ovarium, *Od* Oviduct, *Rc* Spermatotheken.

Die Nephridien mit Wimpertrichter und häufig auch muskulöser Endblase treten in fast allen Körpersegmenten auf; sie fehlen stets in den Genitalsegmenten bei im Wasser lebenden Oligochäten. Es finden sich in einem Segment entweder zwei größere oder eine Anzahl kleiner Nephridien (gewisse *Megascolecidae*), die auch durch ein durch mehrere Segmente sich erstreckendes Netzwerk von Kanälen verbunden sein können. Bei einigen *Megascoleciden* (so *Pheretima*, *Woodwardia*) finden sich neben trichterlosen kleinen, in sehr großer Zahl in einem Segmente auftretenden, an der Haut ausmündenden Nephridien große an den Septen befestigte, mit Trichter versehene Nephridien vor, deren Endgang in einen unter dem Dorsalgefäß verlaufenden Längskanal mündet, der selbst wieder durch segmentale Öffnungen mit dem Darm kommuniziert, endlich trichterlose in den Schlund einmündende Nephridien. Bei *Chaetogaster* fehlen die Wimpertrichter.

Die Oligochäten sind Zwitter; ihre Eier setzen sie einzeln oder in größerer Zahl vereint in Kokons ab, welche vom Clitellum geliefert werden. Die Genitalorgane (Abb. 539, 540) liegen in bestimmten Leibessegmenten, meist dem vorderen Körperende genähert, die männlichen stets weiter vorn als die weiblichen, und sind nach Form und Anordnung für die Systematik von hervorragender Bedeutung. Die in der Regel in ein oder zwei Paaren vorhandenen Hoden und Ovarien entleeren ihre Produkte in die Cölomhöhle, aus der sie durch besondere, nephridienähnliche Ausführungsgänge nach außen gelangen. In einigen Fällen sind es einfache Poren, durch welche die Eier entleert werden (*Aeolosoma* u. a.). Copulationsorgane kommen bei einigen Formen (*Tubifex*, *Alma* u. a.) vor. Spermatophoren werden bei *Tubificiden*, *Pheretima*, *Alma* u. a. gebildet. Beim Regenwurm besteht der weibliche Geschlechtsapparat aus zwei im 13. Segmente (der Kopf, d. i. Kopflappen und Mundsegment als 1. Segment gezählt) gelegenen Ovarien und zwei Eileitern, welche mit Wimpertrichtern beginnen, mehrere Eier in einer Aussackung (Eiersack) bergen und ventral am 14. Segmente ausmünden. Außerdem finden sich im 9. und 10. Segmente zwei Paare von Samentaschen (Spermatotheken), welche in ebensoviel Öffnungen an der Grenze des 9. und 10. sowie 10. und 11. Segmentes münden und sich bei der Begattung mit Sperma füllen (Abb. 540). An den männlichen Geschlechtsorganen unterscheidet man zwei Paare von Hoden im 10. und 11. Segmente und die Samenleiter, welche je mit zwei Samentrichtern beginnen und sich im 15. Segmente nach außen öffnen. Hoden und Samentrichter sind von besonderen Membranen (Samenkapseln) umschlossen; die Räume dieser Samenkapseln setzen sich in Aussackungen der angrenzenden drei Dissepimente, die Samensäcke fort, in denen die männlichen losgelösten Geschlechtsprodukte aufbewahrt werden. Die Begattung beruht auf einer Wechselkreuzung und geschieht beim Regenwurm in den Monaten Juni und Juli über der Erde zur Nachtzeit. Die Würmer legen sich mit ihrer Bauchfläche aneinander und zwar in entgegengesetzter Richtung so, daß die Öffnungen der Samentaschen des einen Wurmes dem Gürtel des anderen gegenüberstehen, und sind durch das Secret des Sattels miteinander verbunden. Während der Begattung fließt Sperma aus den Öffnungen der Samenleiter aus, gelangt in einer Längsrinne (Samenrinne) bis zum Gürtel und von da in die Samentasche des anderen Wurmes.

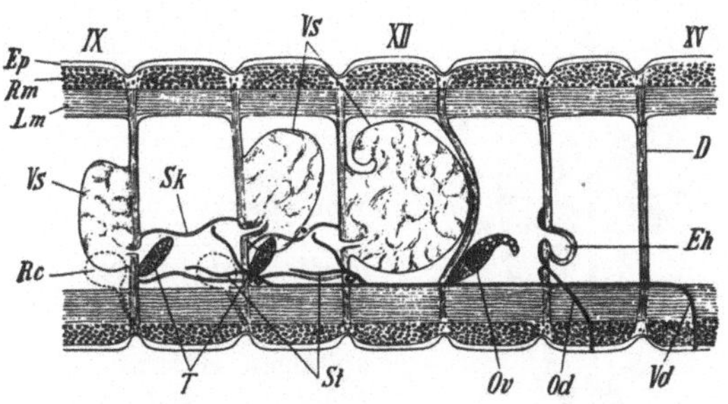

Abb. 540. Schematischer Längsschnitt durch die Genitalsegment. von *Lumbricus herculeus*. (Nach HESSE.) *IX—XV* 9.—15. Segment *T* Hoden, *Ov* Ovarium, *St* Samentrichter, *Vs* Samensäcke, *Eh* Eiersack, *Rc* Spermatotheca, *Vd* Ductus deferens, *Od* Oviducte *Sk* Samenkapsel, *D* Dissepiment, *Ep* Epidermis, *Rm* Ring-, *Lm* Längsmuskelschicht.

Neben der geschlechtlichen Fortpflanzung findet sich bei *Naididen*, *Aeolosomatiden* und *Lumbriculiden* eine ungeschlechtliche durch Teilung. Auch besteht ein gewisser Wechsel zwischen gemmiparer und geschlechtlicher Fortpflanzung, indem jene im Frühjahr und Sommer, diese erst später im Herbste auftritt.

Die Embryonalentwicklung erfolgt direkt.

Wenige, wie z. B. *Chaetogaster limnaei*, *Branchiobdella*, leben parasitisch an Wassertieren, die übrigen frei, teils in feuchter Erde, teils im süßen Wasser, einzelne auch im Meere. Die in der Erde lebenden Formen sind durch ihre Wühltätigkeit zur Auflockerung des Erdreiches und zur Ermöglichung des Verwitterungsprozesses von größter Bedeutung. Einige Oligochäten (*Lumbriciden*, *Claparedeilla*) ziehen sich unter ungünstigen Lebensverhältnissen (im Winter, bei Trockenheit) in die Tiefe zurück und umgeben sich mit einer Cyste.

Viele Oligochäten zeichnen sich durch ein hohes Regenerationsvermögen aus.

Fam. *Aeolosomatidae.* Von geringer Größe, mit wenigen Metameren. Borsten in vier Bündeln, meist haarförmig. Dissepimente fehlen meist vollkommen. Kopflappen ventral bewimpert. Vermehren sich vorherrschend ungeschlechtlich. *Aeolosoma quaternarium* EHRBG. Haut mit orangeroten Öldrüsen. Im Süßwasser. Weit verbreitet.

Fam. *Naididae.* Kleine Formen mit zarter Haut. Borsten zu mehreren in Bündeln, ventral Hakenborsten. Dorsale Bündel manchmal fehlend. Blut farblos oder gelb. Pflanzen sich auch ungeschlechtlich fort. Im Süßwasser. *Chaetogaster diaphanus* GRUITH (Abb. 541). *Ch. limnaei* C. BAER, schmarotzt an Süßwasserschnecken. *Nais elinguis* MÜLL.

Dero digitata MÜLL. Mit Kiemen am Hinterende. Europa. *Branchiodrilus* MICH. Mit Kiemen an den meisten Körpersegmenten. Ostindien. *Stylaria lacustris* L. Kopflappen mit langer, fadenförmiger Spitze. Europa, Nordamerika. *Pristina longiseta* EHRBG. Europa.

Fam. *Tubificidae*. Borsten in vier Bündeln, ventrale Borsten einfach-spitzig oder gabelspitzig. Meist im Süßwasser, manche marin. Leben in Schlammröhren, aus denen das Hinterende stetig schlängelnd herausragt. *Limnodrilus hoffmeisteri* CLAP., Europa. *Tubifex tubifex* MÜLL. (*rivulorum* LM.), Europa, Nordamerika. *Psammoryctes barbatus* GR., Europa.

Fam. *Lumbriculidae*. Acht einfachspitzige oder gabelspitzige Hakenborsten in zwei ventralen und zwei lateralen Paaren an einem Segment. Rückengefäß meist mit contractilen Blindgefäßen. Im Süßwasser. Einige pflanzen sich auch ungeschlechtlich fort. *Lumbriculus variegatus* MÜLL. Weit verbreitet. *Rhynchelmis limosella* HOFFMSTR., Europa. *Claparedeilla* VEJD.

Fam. *Branchiobdellidae* (*Discodrilidae*). Hirudineenartige, parasitische Oligochäten. Körper nur aus wenigen Metameren bestehend, ohne Borsten, mit hinterem, ventralem Saugnapf. Schlund mit dorsaler und ventraler Kieferplatte. *Branchiobdella parasita* BRAUN. Lebt an den Kiemen und am Abdomen des Flußkrebses. *Astacobdella* (*Bdellodrilus*) *philadelphica* LEIDY. Lebt an *Cambarus*. Nordamerika.

Fam. *Enchytraeidae*. Madenförmige Oligochäten mit vier Reihen meist zu mehreren in fächerförmigen Bündeln angeordneter kurzer, häufig an der Spitze gebogener Borsten. Selten fehlen letztere. Sie leben in der Erde, im Süßwasser oder am Meeresstrande. *Lumbricillus lineatus* MÜLL. Am Meeresstrande und im Süßwasser. Nördl. Mitteleuropa. *Enchytraeus albidus* HENLE, in Gartenerde, am Meeresstrande unter Steinen. Weit verbreitet. *Achaeta* VEJD. Borstenlos. In Erde und an Wurzeln von Pflanzen. Europa.

Hier schließt sich an die Fam. *Haplotaxidae*. *Haplotaxis gordioides* G. HARTM. (*Phreoryctes menkeanus* HOFFMSTR.). In Sümpfen, Brunnen. Europa, Nordamerika, Sibirien.

Fam. *Megascolecidae*. Die S-förmig gebogenen, einfachspitzigen Hakenborsten zu acht oder zu vielen und dann geschlossene oder dorsal und ventral unterbrochene Kränze bildend. Oesophagus meist mit einem oder einigen Muskelmagen. Leben meist in der Erde. *Acanthodrilus ungulatus* E. PERR. Neukaledonien. *Microscolex* (*Photodrilus*) *phosphoreus* DUG. Pigmentlos, im Leben phosphoreszierend. Südamerika, Europa. *Megascolex enormis* FLETCH., Australien. *Pheretima indica* HORST. Durch Verschleppung fast Kosmopolit.

Fam. *Glossoscolecidae*. S-förmig gebogene, meist einfachspitzige Hakenborsten zu acht an einem Segment. Rückenporen fehlen. Meist ein Muskelmagen. Geschlechtsborsten häufig vorhanden. Männliche Genitalöffnungen im Bereiche des Gürtels. Meist in der Erde, zum Teil im Süßwasser, einige am Meeresstrande. *Glossoscolex giganteus* F. S. LEUCK. Bis 1,2 m lang. Brasilien. *Microchaetus microchaetus* RAPP. 1 m und mehr lang. Kapland. *Alma nilotica* GR. Am Hinterkörper dorsal fingerförmige Kiemen. Mit großen bandförmigen Copulationsanhängen. Ägypten. *Criodrilus lacuum* HOFFMSTR. Im Süßwasser. Europa, Syrien.

Fam. *Lumbricidae*. Regenwürmer. S-förmig gebogene, einfach-spitzige Hakenborsten zu acht in einem Segment, in regelmäßigen Längslinien. Rückenporen vorhanden. Gürtel meist sattelförmig, mehr oder weniger weit hinter dem Segment der männlichen Genitalöffnungen beginnend. Häufig Geschlechtsborsten. Oesophagus mit Kalkdrüsen. Mit wohl entwickeltem Muskelmagen. Meist in der Erde. *Eisenia* (*Allolobophora*) *foetida* SAV. Weit verbreitet. *Helodrilus smaragdinus* ROSA, Österreich. *Lumbricus rubellus* HOFFMSTR. Weit verbreitet (Abb. 538). *L. terrestris* L. (*herculeus* SAV.), Europa, Nordamerika. *L. polyphemus* FITZ., Österreich.

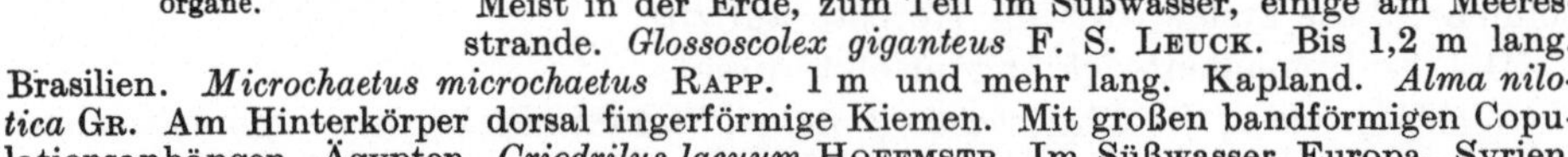

Abb. 541. *Chaetogaster diaphanus*. (Nach VEJDOVSKÝ.) ⁶/₁. *B* Borstenbündel, *D* Dissepimente, *J* Darm, *N* Bauchganglienkette, *S* Segmentalorgane.

4. Ordnung. Hirudinea, Egel[1].

In der Regel borstenlose Chätopoden von meist abgeplattetem Körper mit durch sekundäre, kurze Ringelung verwischter äußerer Metamerie, mit Saugmund und

[1] BRANDT u. RATZEBURG: Medic. Zool. **1829—1833**. — MOQUIN-TANDON, A.: Monographie de la famille des Hirudinées. 2e édit. Paris 1846. — MALM, A. W.: Svenska Iglar. Göte-

hinterer, ventraler Haftscheibe, stets ohne Fühler und Cirren. Die Cölomhöhle durch mächtige Ausbildung der Muskulatur zu einem Kanalsystem umgewandelt. Hermaphroditen.

Die Hirudineen schließen sich in jeder Hinsicht an die Oligochäten an. Die nahe verwandtschaftliche Beziehung zwischen Hirudineen und Oligochäten wurde von MICHAELSEN durch deren Zusammenfassung in eine Gruppe *Clitellata* zum Ausdruck gebracht.

Der Körper der Hirudineen ist drehrund oder dorsoventral abgeflacht und besteht aus 34 (nach LIVANOW 32) vorn und hinten modifizierten Metameren, deren äußere Abgrenzung durch eine kurze Ringelung verwischt wird (Abb. 542). Die Ringel sind sekundäre Glieder der Haut, von denen meist drei oder fünf auf ein Metamer kommen. Als Hauptbefestigungsorgan fungiert eine große Haftscheibe am hinteren Leibesende, zu der noch eine zweite kleinere Sauggrube in der Umgebung des Mundes hinzukommt (Abb. 543). Fußstummel fehlen, Borsten mit seltenen Ausnahmen (*Acanthobdella*); auch kommt es niemals zur Bildung eines scharf gesonderten Kopfes, indem sich die vorderen Ringel von den nachfolgenden nicht wesentlich verschieden zeigen. Fühler und Cirren fehlen stets.

Unter dem drüsenreichen Hautepithel liegt eine mächtige, in reichliches Bindegewebe eingebettete Muskulatur, die sich aus einer äußeren Ring-, mittleren Diagonal- und

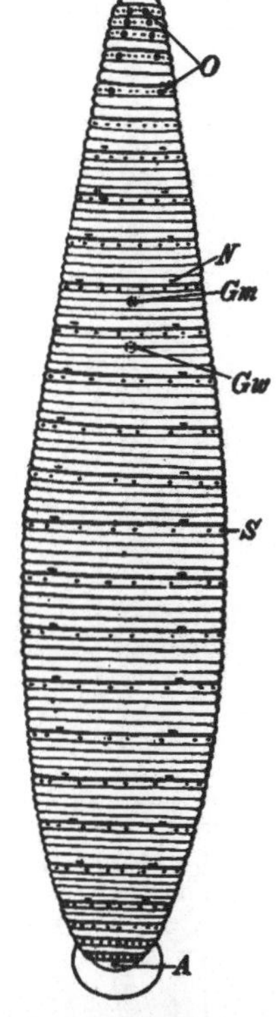

Abb. 542. *Hirudo medicinalis*, Dorsalansicht mit Einzeichnung der Metamerie. (Aus LEUCKART.) $^1/_1$. *A* After, *Gm* männliche, *Gw* weibliche Genitalöffnung, *N* ventrale Ausmündungen der Nephridien, *O* Augen, *S* Sinnespapillen.

borg 1860. — LEUCKART, R.: Parasiten des Menschen **1, 2**. Aufl. Leipzig 1886—1901. — VAN BENEDEN et HESSE: Recherches sur les Bdelloides ou Hirudinées et les Trématodes marins **1863**. — LEYDIG, FR.: Vom Bau des tierischen Körpers. Tübingen 1864, u. Tafeln. — ROBIN, CH.: Mémoire sur le développement embryogénique des Hirudinées. Paris 1875. — WHITMAN, CH. O.: The embryology of *Clepsine*. Quart. J. microsc. Sci. **18** (1878). — BOURNE, A. G.: Contributions to the Anatomy of the Hirudinea. Ebenda **24** (1884). — BERGH, R. S.: Die Metamorphose von *Aulastoma gulo*. Arb. zool. Inst. Würzburg **7** (1885). — APÁTHY, ST.: Analyse der äußeren Körperform der Hirudineen. Mitt. zool. Stat. Neapel **8** (1888). — OKA, A.: Beiträge zur Anatomie von *Clepsine*. Z. Zool. 1894. — Über das Blutgefäßsystem der Hirudineen. Annot. Zool. Japon. **4** (1902). — DUNCAN MCKIM, W.: Über den nephridialen Trichterapparat von *Hirudo*. Z. Zool. 1895. — JOHANSSON, L.: Bidrag till kännedomen om Sveriges Ichthyobdellider. Upsala 1896. — Zur Kenntnis der Herpobdelliden Deutschlands. Zool. Anz. 1910. — GOODRICH, E. S.: On the Communication between the Coelom and the Vascular System in the Leech, *Hirudo medicinalis*. Quart. J. microsc. Sci. **42** (1899). — KOWALEVSKY, A.: Étude biologique de l'*Haementeria costata*. Mém. Acad. St.-Pétersbourg 1900. — CASTLE, W. E.: The Metamerism of the Hirudinea. Proc. americ. Acad. Arts a. Sci. **35**. Cambridge 1900. — SUKATSCHOFF, R.: Beiträge zur Entwicklungsgeschichte der Hirudineen. Z. Zool. **73** (1903). — LIVANOW, N.: Untersuchungen zur Morphologie der Hirudineen. Zool. Jb. **19, 20** (1904). — *Acanthobdella peledina*. Ebenda **22** (1906). — SELENSKY, W.: Zur Kenntnis des Gefäßsystems der *Piscicola*. Zool. Anz. **31** (1906). — LOESER, R.: Beiträge zur Kenntnis der Wimperorgane (Wimpertrichter) der Hirudineen. Z. Zool. **93** (1909). — SCHLEIP, W.: Die Furchung des Eies der Rüsselegel. Zool. Jb. **37** (1914). — DIMPKER, A. M.: Die Eifurchung von *Herpobdella atomaria*. Ebenda **40** (1918). — MICHAELSEN, W.: Über die Beziehungen der Hirudineen zu den Oligochäten. Mitt. zool. Mus. Hamb. **36** (1919). — SCHMIDT, G. A.: Untersuchungen über die Embryologie der Anneliden. Zool. Jb. **47** (1926). — Vgl. außerdem die Schriften von RATHKE, LEYDIG, BIDDER, GRATIOLET, GRAF, HERMANN, RAY LANKESTER, BLANCHARD, HESSE, BOLSIUS, BAYER, BRANDES, V. EMDEN u. a.

inneren starken Längsmuskellage zusammensetzt. Dazu kommen dorsoventral verlaufende Muskelfasern.

Das Nervensystem (Abb. 543, 545) besteht aus einem Cerebralganglion sowie einer ventralen Ganglienkette, an welcher das vorderste und das letzte große Ganglion aus der Verschmelzung mehrerer Ganglien hervorgegangen sind. Ein unpaarer, mittlerer Längsnerv (FAIVRE, LEYDIG), der zwischen den beiden Hälften des Bauchstranges von Ganglion zu Ganglion zieht, entspricht höchstwahrscheinlich dem unpaaren, zwischen zwei Ganglien verlaufenden Nervenstamme, welchen NEWPORT bei den Insekten entdeckte. Daneben kennt man ein Eingeweidenervensystem, das aus einem über und neben der Ganglienkette verlaufenden Magendarmnerven besteht, der vom Cerebralganglion entspringt und mit seinen Ästen die Blindsäcke des Magendarmes versorgt. Drei Ganglienknötchen, welche bei dem gemeinen Blutegel vor dem Cerebralganglion liegen und ihre Nervenplexus an Kiefermuskeln und Schlund senden, stehen vielleicht der Schluckbewegung vor.

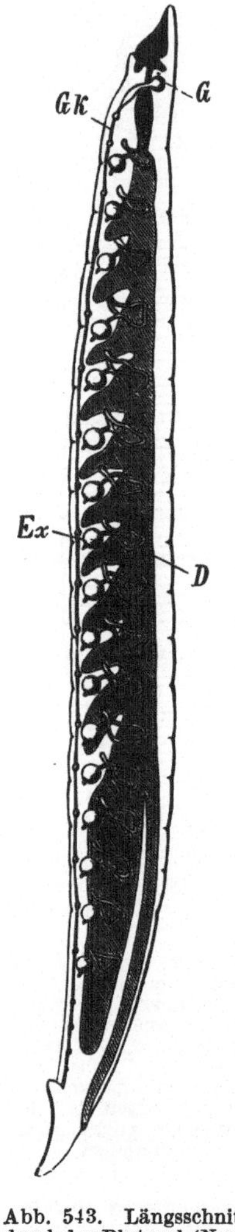

Von Sinnesorganen finden sich segmental angeordnete Sinnespapillen sowie Augen, welche an der Dorsalseite der vorderen Körperregion auftreten (Abb. 545); beim medizinischen Blutegel sind sie in Zehnzahl vorhanden (vgl. S. 201, Abb. 194). *Piscicola* besitzt Augen auch am hinteren Saugnapf.

Die Mundöffnung liegt in der Nähe des vorderen Körperendes, bald in der Tiefe eines vorderen Saugnapfes (*Rhynchobdellae*), bald von einem vorspringenden, löffelförmigen, saugnapfähnlichen Kopfschirm überragt (*Gnathobdellae*) (Abbild. 543). Sie führt in einen muskulösen Pharynx, der entweder in seiner vorderen, als Mundhöhle zu bezeichnenden Partie drei mit Zähnchen besetzte oder zahnlose Längswülste, sogenannte Kiefer (*Gnathobdellae*) (Abb. 544), aufweist, oder einen vorstülpbaren, in seinem vorderen Abschnitte freiliegenden Rüssel enthält (*Rhynchobdellae*). Am Rande der Kiefer zwischen den Zähnchen bzw. an der Rüsselspitze münden Speicheldrüsen. Der auf den Schlund folgende Magendarm liegt als geradgestrecktes Rohr in der Achse des Leibes und zeigt sich bald nach den einzelnen Segmenten eingeschnürt, bald in eine größere oder geringere Zahl paariger Blindsäcke erweitert, von denen der letzte weit nach

Abb. 543. Längsschnitt durch den Blutegel. (Nach R. LEUCKART.) *D* Darmkanal, *Ex* Nephridien, *G* Gehirn, *Gk* Ganglienkette.

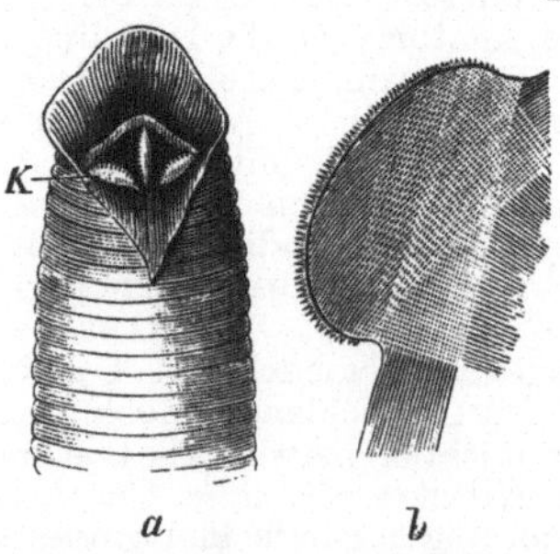

Abb. 454. a Kopfende des Blutegels mit aufgeschnittener Mundhöhle. *K* die drei Kieferplatten, b Kieferplatte. (Nach R. LEUCKART.) Vergr.

hinten reicht; er führt in einen zuweilen ebenfalls mit Aussackungen versehenen Chylusdarm, welcher dorsal von der hinteren Sauggrube durch einen kurzen Afterdarm nach außen mündet. Ein, bzw. zwei überzählige Darmöffnungen sind bei *Trematobdella perspicax* und einer *Herpobdella* aus Sumatra beobachtet.

Ein Blutgefäßsystem findet sich bei den *Rhynchobdellae*. Es ist vollständig geschlossen und besteht aus einem Rückengefäß (mit Klappen, Bildungsstätten der Blutkörperchen) und dem Bauchgefäß, die vorn und hinten durch Schlingen verbunden sind. Außerdem hängt das Rückengefäß mit einem den Chylusdarm umgebenden Blutsinus zusammen. Den *Gnathobdellae* fehlt das Gefäßsystem. Besondere *Respirationsorgane* finden sich bei *Branchellion* als blattförmige Seitenanhänge.

Die Cölomhöhle zeigt in ihrer Ausbildung bei *Acanthobdella* weitgehende Übereinstimmung mit jener der Oligochäten, wogegen sie bei den übrigen Hirudineen (Abb. 546) infolge mächtiger Entwicklung der Muskulatur und des Bindegewebes auf ein Lakunensystem verengt ist, an dem auch contractile Abschnitte vorhanden sein können. Bei *Glossosiphonia* (*Clepsine*) unterscheidet man eine Anzahl Längslakunen, und zwar eine den Darm, die Gefäße, das Nervensystem sowie die Genitalorgane umfassende, durch Septa geteilte Medianlakune, die streckenweise in eine Dorsal- und Ventrallakune getrennt ist, sowie zwei Seitenlakunen, von denen ringförmige hypodermale Lakunen ausgehen. Alle diese Lakunen sind segmentweise durch ein Netz von weiteren Lakunen verbunden. Im Lakunensystem findet sich ein epithelialer Wandbelag, im Inneren eine Flüssigkeit (Cölomflüssigkeit) mit Zellen, die von den Epithelzellen des Wandbelages abstammen. Bei den *Piscicoliden* sind die Seitenlakunen contractil und es finden sich an den seitlichen Kommunikationslakunen pulsierende, an den Seitenrändern des Körpers vorspringende Bläschen (Abb. 549). Hypodermale Lakunen fehlen zuweilen (*Piscicola*). Bei den Gnathobdellen (*Hirudo*) kommen die gleichen vier Längslakunen vor, doch sind sie enger; auch ist das verbindende Lakunennetz ein viel reicheres und bildet ein förmliches Capillarsystem. Dieses hochentwickelte Cölomkanalsystem führt eine rotgefärbte Flüssigkeit und vertritt zugleich das hier rückgebildete Blutgefäßsystem. In der Umgebung des Darmes bilden die Lakunen mit Chloragogenzellen ausgekleidete Aussackungen (sogenanntes Bothryoidalgewebe).

Als Nephridien (Abb. 543) fungieren schleifenförmige Kanäle, von denen die Segmente der mittleren Körperregion je ein Paar enthalten und die Kieferegel meist 17 Paare besitzen. Bei einigen *Piscicoliden* sind die Nephridien desselben Segmentes untereinander und mit jenen

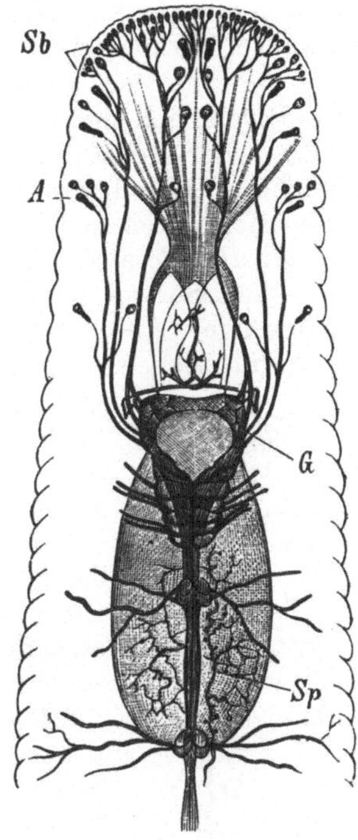

Abb. 545. Vorderende von *Hirudo*. (Nach Leydig.) *A* Augen, *G* Gehirn nebst der suboesophagealen Ganglienmasse, *Sb* Sinnespapillen, *Sp* Magendarmnerv.

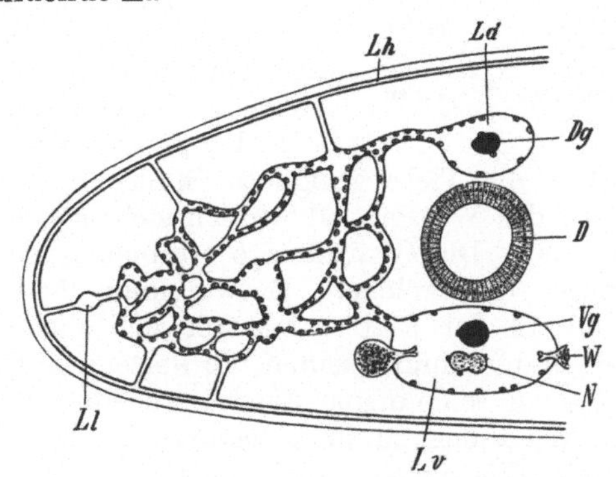

Abb. 546. Schematischer Querschnitt durch *Glossosiphonia*, um die Ausbildung des Cöloms zu zeigen. (Nach A. Kowalevsky.) *Ld* Dorsal-, *Lv* Ventral-, *Ll* Laterallakune des Cöloms durch ein Lakunennetz verbunden, *Lh* Hypodermallakune, *Dg* Dorsal-, *Vg* Ventralgefäß, *D* Darm, *N* Bauchstrang des Nervensystems, *W* Wimperorgan (Wimpertrichter).

der benachbarten Segmente netzartig verbunden. Die Ausmündung erfolgt mittels einer Blase. Ein Wimperorgan (wohl homolog dem Wimpertrichter der Nephridien), an das sich bei *Glossosiphonia* eine geschlossene Kapsel anschließt, mündet hier in die Ventrallakune (Abb. 546); bei den *Gnathobdellae* ist es in einer besonderen mit der Ventrallakune kommunizierenden Lakunenampulle (Perinephrostomialsinus) eingeschlossen, die bei *Hirudo* in den Hodensegmenten den Hodenbläschen anliegt. Eine Kommunikation des Wimperorganes mit den Nephridien wird vermißt. In manchen Fällen fehlt der Trichterapparat ganz.

Die Hirudineen sind Zwitter. Männliche und weibliche Geschlechtswerkzeuge münden in der Medianlinie des Vorderleibes hintereinander, und zwar liegt die männliche Geschlechtsöffnung vor der weiblichen (Abb. 542). Die Hoden erstrecken sich durch mehrere aufeinanderfolgende Segmente (Abb. 547) und bestehen bei *Hirudo* aus neun bis zehn Paaren von Hodenbläschen, die jederseits mittels eines Samenleiters verbunden sind. Jeder Samenleiter geht in einen knäuelförmigen Abschnitt (Samenblase) über und setzt sich in einen Ductus ejaculatorius fort, welcher sich mit dem der Gegenseite in einem unpaaren Begattungsapparat vereinigt. Dieser steht mit einer Prostatadrüse in Verbindung und ist entweder ein zweihörniger Sack (*Herpobdella*, *Rhynchobdellae*) oder ein fadenförmiger Penis, der aus einem knieförmig gebogenen Muskelsacke vorgestülpt wird (meiste *Gnathobdellae*). Bei *Acanthobdella* sollen die schlauchförmigen Hoden mit dem Cölom noch zusammenhängen (LIVANOW). Der weibliche Geschlechtsapparat besteht bei den *Rhynchobdellae* aus zwei langen, schlauchförmigen Ovarien mit gemeinsamer Ausführungsöffnung, bei den *Gnathobdellae* aus zwei kurzen, sackförmigen Ovarien, zwei Oviducten, einem gemeinsamen, von einer Eiweißdrüse umgebenen Eiergang und einer sackförmig erweiterten Scheide mit der Genitalöffnung.

Die Begattung erfolgt entweder durch Einführung des Begattungsapparates in die Scheide (meiste *Gnathobdellae*); oder es wird (*Herpobdella*, *Rhynchobdellae*) in dem zweihörnigen Endteile des männlichen Genitalorganes ein chitiniger, kanülenartiger Copulationsapparat (sogenannte Spermatophore) ausgeschieden, welcher an der Haut des zweiten Individuums eingepflanzt wird; das Sperma, durch denselben in die Leibeshöhle des anderen Individuums ejaculiert, dringt von hier in die Ovarien ein. Bei der Eiablage

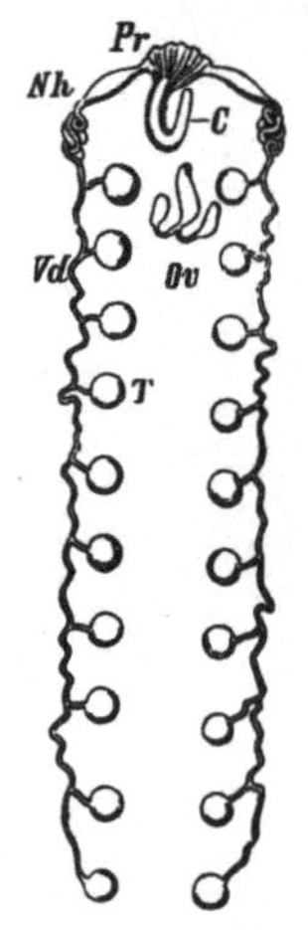

Abb. 547. Geschlechtsapparat des Blutegels. *T* Hoden. *Vd* Ductus deferens, *Nh* Vesicula seminalis, *Pr* Prostata, *C* Cirrussack, *Ov* Ovarien nebst Scheide.

suchen die Tiere geeignete Stellen an Steinen und Pflanzen auf oder verlassen das Wasser und wühlen sich, wie der medizinische Blutegel, in feuchter Erde ein. Die Genitalringe erscheinen zu dieser Zeit zum Sattel aufgetrieben infolge der reichen Entwicklung besonderer Hautdrüsen (Chitindrüsen). Während der Eiablage heftet sich der Blutegel mittels seiner Bauchscheibe fest und umhüllt seinen Vorderleib unter den mannigfaltigsten Drehungen mit einer schleimigen Masse, welche die Genitalringe gürtelförmig überdeckt und allmählich zu einer festeren Hülle erstarrt. Schließlich tritt eine Anzahl kleiner Eier nebst einer ansehnlichen Menge von Eiweiß aus und der Wurm zieht sein Kopfende aus der nun gefüllten, tonnenförmigen Hülse heraus, die sich nach ihrer Abstreifung durch Verengerung der endständigen Öffnungen zu einem ziemlich vollständig geschlossenen Kokon (Abb. 548) zusammenzieht und in die Erde versenkt wird. Sonst wird der Kokon an fremden Körpern im Wasser befestigt, seltener (einige *Glossosiphonien*) an der Bauchfläche mitgetragen. So klein auch die Eier sind, die in niemals bedeutender Zahl in den Kokons abgesetzt werden, so besitzen doch die jungen Blutegel beim Verlassen des Kokons eine ansehnliche Größe, die Jungen des medizinischen Blutegels z. B. eine Länge von etwa 17 mm, und haben bereits im wesentlichen bis auf die mangelnde Geschlechtsreife die Organisation der ausgewachsenen Tiere. Nur die *Glossosiphonien* verlassen sehr frühzeitig den Kokon und differieren von den Geschlechtstieren. Mit einfachem Darme und ohne hintere Saugscheibe leben sie längere Zeit an der Bauchfläche des Muttertieres angeheftet und erreichen erst hier ihre definitive Ausbildung.

Während die Rüsselegel auf weit vorgeschrittenem Entwicklungsstadium die Eihülle verlassen, schlüpfen die Gnathobdellen sehr frühzeitig als Larven aus und gelangen in das bei den Gnathobdellen im Kokon enthaltene Eiweiß, von dem sie sich ernähren. Für die Gnathobdellen ist auch die Ausbildung einer provisorischen Larvenhaut eigentümlich, unter der durch sogenannte Kopf- und Rumpfkeime (ähnlich wie bei der DESORschen Larve der Nemertinen) die definitive Körperwand sich anlegt.

Die Egel leben großenteils im Wasser oder, wenn auch nur zeitweise, in feuchter Erde. Sie bewegen sich teils spannerartig kriechend mit Hilfe der Haftscheiben, teils schwimmend unter lebhaften Schlängelungen des meist abgeflachten Körpers. Viele nähren sich parasitisch an der Haut von Wasserbewohnern, z. B. an Fischen, die meisten aber sind nur gelegentliche Schmarotzer an der äußeren Haut von Warmblütern. Einzelne Formen sind Raubtiere, welche, wie *Haemopis sanguisuga*, Schnecken und Regenwürmer verzehren oder, wie die *Glossosiphonien*, Schnecken aussaugen. Auch scheint die Nahrung keineswegs überall auf eine bestimmte Tiergattung beschränkt, auch nicht in jedem Lebensalter gleich. Der medizinische Blutegel nährt sich z. B. in der Jugendzeit von Insektenblut, dann vom Blut der Frösche, und erst später wird ihm zur vollen Geschlechtsreife der Genuß eines warmen Blutes notwendig.

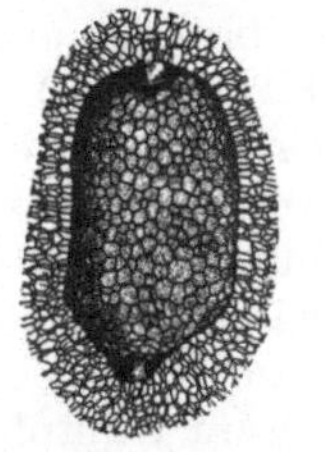

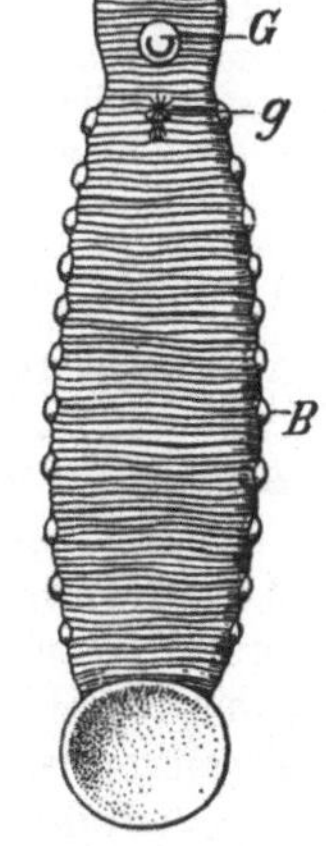

Abb. 549. *Cystobranchus respirans*, Ventralansicht. (Orig. G.) $^2/_1$. *B* Seitenbläschen, *G* männliche, *g* weibliche Genitalöffnung, *O* Mund.

Abb. 548. Kokon von *Hirudo medicinalis*, median durchschnitten. (Original G.) $^2/_1$

1. Unterordnung. *Rhynchobdellae*, Rüsselegel. Schlund mit vorstreckbarem Rüssel.

Fam. *Acanthobdellidae*. Körper mehr spindelförmig, vorn zugespitzt ohne Haftscheibe, dagegen mit Hakenborsten in den vordersten fünf Segmenten. Hintere Haftscheibe endständig. Rüssel kurz. *Acanthobdella peledina* GR. An Fischen. Jenissei.

Fam. *Piscicolidae*, Fischegel. Körper langgestreckt. Mittelkörpersegment mit mehr als drei Ringeln. Mundsaugnapf stark abgesetzt. Die elf ersten Segmente des Hinterkörpers mit Seitenbläschen (Abb. 549). *Piscicola geometra* L. *Cystobranchus respirans* TROSCH. Seitenbläschen groß (Abb. 549). Beide auf Süßwasserfischen. Europa. *Pontobdella muricata* L. Auf Rochen. Mittelmeer, Nordsee. *Branchellion torpedinis* SAV. Mit blattförmigen Seitenanhängen. Auf dem Zitterrochen. Mittelmeer. Atlant. Ozean.

Fam. *Glossosiphoniidae*, Plattegel. Körper abgeflacht. Mittelkörpersegment mit drei Ringeln. Mundsaugnapf meist nicht abgesetzt. Seitenbläschen fehlen. *Hemiclepsis marginata* MÜLL. *Protoclepsis tessellata* MÜLL. *Glossosiphonia (Clepsine) complanata* L. (*sexoculata* BERGM.). *Helobdella stagnalis* L. (*bioculata* BERGM.). Beide saugen Schnecken und Würmer aus. Süßwasser, Mitteleuropa. *Haementeria ghilianii* FIL., Amazonenstrom. *H. officinalis* FIL. (*mexicana* FIL.), in den Gewässern von Mexiko, nach Art des Blutegels zu medizinischen Zwecken benutzt. *Placobdella catenigera* M.-TD. (*Haementeria costata* FR. MÜLL.). Auf der Sumpfschildkröte. Europa.

2. Unterordnung. *Gnathobdellae*, Kieferegel. Ohne Rüssel, im Schlunde drei bezahnte oder unbezahnte Längswülste (Kiefer). Mundsaugnapf nicht abgesetzt. Mittelkörpersegment mit fünf Ringeln.

Fam. *Hirudinidae.* Körper wenig abgeflacht, stark zusammenziehbar. Kiefer mit Zähnen, nach Art einer Kreissäge wirkend. Mit fünf Augenpaaren. *Haemopis sanguisuga* BERGM. (*vorax* M.-TD., *Aulastomum gulo* M.-TD.), Pferdeegel. Mit wenigen gröberen Zähnen an den Kiefern. In Europa und Nordafrika. Lebt von Regenwürmern und Weichtieren. Beißt sich im Schlunde von Pferden, Rindern, auch des Menschen fest. *Hirudo medicinalis* L. Gemeiner Blutegel mit der als *H. officinalis* unterschiedenen Varietät. Mit 102 Ringeln, von denen vier auf den löffelförmigen Kopfschirm fallen. Die drei vorderen Ringel, sowie das fünfte und achte tragen die fünf Augenpaare (Abb. 542). Kiefer mit 80—90 feinen Zähnen, geeignet, eine leicht vernarbende Wunde in die äußere Haut des Menschen zu schlagen. Magendarm mit zehn Paaren von Seitentaschen. Männliche Genitalöffnung zwischen 30. und 31., weibliche zwischen 35. und 36. Ringel. Die Kokons (Abb. 548) werden in feuchter Erde abgesetzt. Früher in Deutschland verbreitet, jetzt noch häufig in Ungarn und in Frankreich, wird in Blutegelteichen gezüchtet und braucht 3 Jahre bis zum Eintritt der Geschlechtsreife. *H. troctina* JOHNST., Drachenegel, Algier, Spanien, auch zu medizinischen Zwecken benutzt. *Limnatis nilotica* SAV., Algier, Ägypten, Syrien. *L. mysomelas* VIR., Senegambien. *L. granulosa* SAV., Indien. *L. (Hirudinaria) javanica* WAHLB., Java, alle drei zu medizinischen Zwecken benutzt. *Haemadipsa ceylonica* BL., Landblutegel, Ceylon. *Xerobdella lecomtei* FRFLD., Landblutegel, Österreich.

Fam. *Herpobdellidae.* Körper schmal. Mit vier Augenpaaren. Im Schlunde drei Längswülste ohne Zähne. *Herpobdella (Nephelis) octoculata* L. (*atomaria* CARENA). *H. (Dina) lineata* MÜLL. Ernähren sich von kleinen Wassertieren. Europa. *Dina absoloni* L. JOH. Wahrscheinlich blind. In unterirdischen Höhlengewässern. Herzegowina. Hier schließt sich an *Trematobdella perspicax* L. JOH. Mit rudimentären Zähnen. Weißer Nil.

5. Ordnung. Echiuroidea (Gephyrea chaetifera)[1].

Chätopoden von walzenförmigem Körper mit mehr oder weniger geschwundener Metamerie, mit rüsselartig verlängertem Prostomium, stets mit zwei starken ventralen Hakenborsten am Vorderende des Rumpfes.

Die *Echiuroideen* besitzen einen walzenförmigen Körper, an dessen Vorderende das Prostomium (Kopflappen) als ventralwärts rinnenförmiger und bewimperter, langer Anhang vorsteht, während das Metastomium mit dem Rumpfe vereinigt erscheint (Abb. 550). Die in den Larvenstadien vorhandene Anlage von Rumpfmetameren ist beim ausgebildeten Tiere nur mehr zuweilen in der Anordnung der Körperpapillen sowie mehrfachen Wiederholung der Nephridien nachweisbar. Im übrigen ist die Metamerie geschwunden und die angelegten Dissepimente werden rückgebildet, so daß im Rumpfe ein einheitlicher Cölomraum vorhanden ist.

Die von einer Cuticula überdeckte Haut besteht aus einem Epithel mit eingestreuten Drüsen, dem Bindegewebe und dem Hautmuskelschlauche, der sich aus einer äußeren Schichte von Ringmuskeln, einer darunter folgenden Längsmuskel- und inneren Schrägmuskelschichte zusammensetzt. Stets finden sich an der Ventralseite entsprechend dem ersten larvalen Rumpfsegmente zwei große Hakenborsten, zu denen noch ein oder zwei Borstenkränze (*Echiurus*) am Hinterende hinzukommen können.

---

[1] QUATREFAGES, A.: Mémoires sur l'Echiure. Ann. des Sci. natur. 1847. — LACAZE-DUTHIERS, H.: Recherches sur la Bonellie. Ebenda 1858. — GREEFF, R.: Die Echiuren. Nova Acta 41 (1879). — HATSCHEK, B.: Über Entwicklungsgeschichte von *Echiurus* usw. Arb. zool. Inst. Wien 3 (1880). — SPENGEL, J. W.: Beiträge zur Kenntnis der Gephyreen. Mitt. zool. Stat. Neapel 1 (1879); Z. Zool. 34 (1880) u. 101 (1912). — RIETSCH, M.: Étude sur les Géphyriens armés ou Échiuriens. Rec. zool. Suisse 3 (1886). — CONN, H. W.: Life History of *Thalassema*. Stud. Biol. Lab. John Hopkins Univ. 3 (1886). — TORREY, J. C.: The early Embryology of *Thalassema mellita*. Ann. New York Acad. Sci. 14 (1903). — IKEDA, J.: On three new and remarkable Species of Echiuroids. J. Coll. of Sci. Tokyo 21. 1907. — SALENSKY, W.: Morphogenetische Studien an Würmern. I. Mém. Acad. St.-Pétersbourg 1905. — Über die Metamorphose des *Echiurus*. Bull. Acad. St. Petersburg 1908. — BALTZER, F.: Echiuriden. Fauna u. Flora Golf Neapel 34 (1917). — Zur Entwicklungsgeschichte und Auffassung des Männchens der *Bonellia*. Verh. dtsch. zool. Ges. 1923. — Vgl. überdies die Abhandlungen von DANIELSSEN et KOREN, KOWALEVSKY, SHIPLEY u. a.

Am hinteren Ende des rüsselförmigen Kopflappens liegt ventral der Mund. Er führt in einen langen, vielfach gewundenen, durch zahlreiche muskulöse Fäden an der Leibeswand aufgehängten Darm (Abb. 551), an dem ein Schlundabschnitt, ein langer Mitteldarm und der Enddarm zu unterscheiden sind; letzterer mündet in einer endständigen Kloake. Längs des Mitteldarmes findet sich ventral ein an seinen beiden Enden mit demselben kommuni zierender Nebendarm.

Das Gefäßsystem ist geschlossen und besteht aus einem über dem Schlunde verlaufenden Rückengefäß, welches hinten aus einem kurzen, den Vorderabschnitt des Mitteldarmes umgebenden Blutsinus entspringt. Vorn geht es im Kopflappen durch zwei Schlingen in ein Bauchgefäß über, das einerseits in der Höhe des Darmblutsinus mit letzterem durch eine Gefäßanastomose kommuniziert, andererseits sich über dem Bauchnervenstrange bis an das Hinterende des Körpers fortsetzt, wo es blind endigt. Das gegen die Kopfhöhle durch ein Diaphragma (vielleicht ein Dissepiment) abgegrenzte Cölom wird von einem Peritoneum ausgekleidet und ist von einer zellenführenden Flüssigkeit erfüllt.

Am Nervensystem läßt sich ein im Kopflappen gelegener Schlundring und der durch den Rumpf sich erstreckende Bauchstrang unterscheiden. Von Sinnesorganen kennt man über die Haut verbreitete Tastpapillen.

Nephridien finden sich in einem bis drei, seltener mehr (*Thalassema*) metamer angeordneten Paaren im vorderen Rumpfabschnitte. Sie beginnen mit einem Wimpertrichter und fungieren zugleich als Ausleitungswege der Genitalprodukte. Ihre Ausmündung liegt ventral. Bei *Bonellia* (Abb. 551 c) ist bloß ein unpaares solches Nephridium vorhanden, dagegen sind die Nephridien bei *Thalassema*

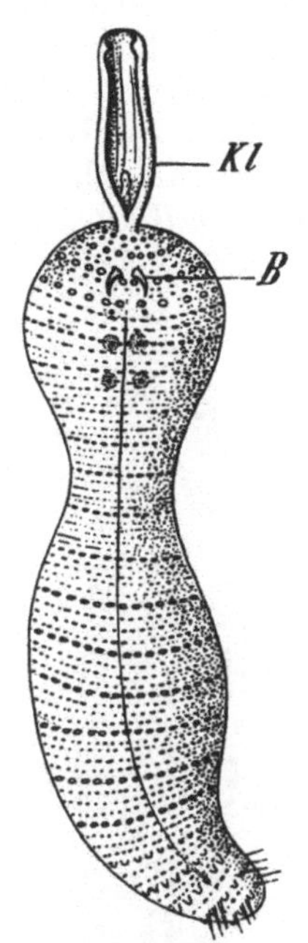

Abb. 550. *Echiurus echiurus (pallasi)*. Ventralansicht. (Nach GREEFF.) *Kl* Rüsselartiger Kopflappen, *B* die vorderen Hakenborsten, dahinter die zwei Paare von Nephridialporen. Etwa $^1/_2$

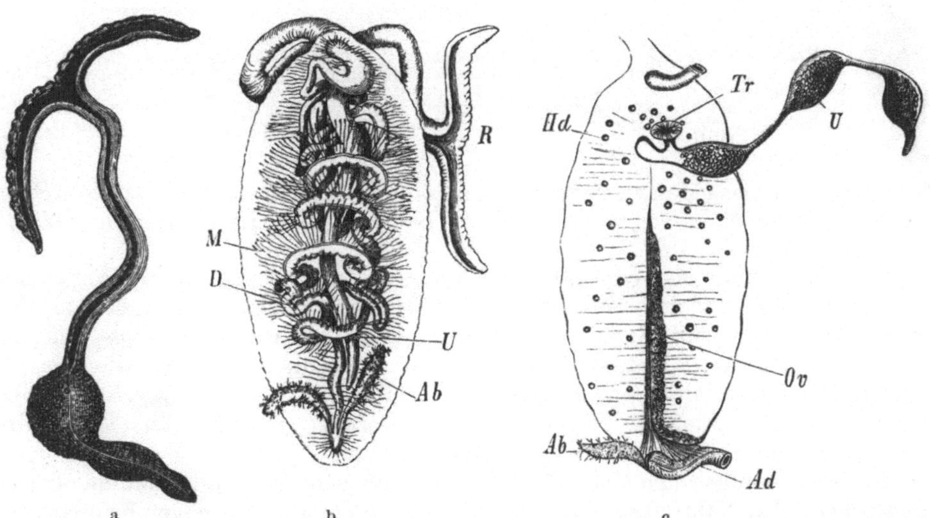

Abb. 551. a Weibchen von *Bonellia viridis*. $^1/_1$. — b Anatomie desselben. *D* Darm, *M* Mesenterium, *U* Uterus (Nephridium), *R* Kopflappen, *Ab* Analschläuche. — c Haut und Geschlechtsorgane nach Entfernung des Darmes. *Hd* Hautdrüsen, *Ad* Afterdarm, *Ov* Ovarium, *Tr* Wimpertrichter des Uterus (*U*). (Nach LACAZE-DUTHIERS.)

taenioides auf 200—400 vermehrt. Außerdem sind bei den Echiuroideen im hinteren Körperabschnitte zwei mit zahlreichen Wimpertrichtern ausgestattete schlauchförmige Nephridien (sogenannte Analschläuche) zu finden, deren Ausmündung gemeinsam mit dem Enddarm in die Kloake erfolgt.

Die Echiuroideen sind getrennten Geschlechts. Die Keimdrüse bildet einen unpaaren Wulst am Peritoneum im hinteren Rumpfabschnitte oberhalb des Bauchgefäßes. Die Keimprodukte gelangen in die Cölomhöhle und werden durch die ventralen Nephridien, die als Uterus, bzw. als Samenblasen fungieren, ausgeführt. Bei *Bonellia* besteht ein auffälliger Dimorphismus der Geschlechter. Die Männchen (Abb. 552) sind sehr klein, turbellarienähnlich, ihr Darm ist ein geschlossener

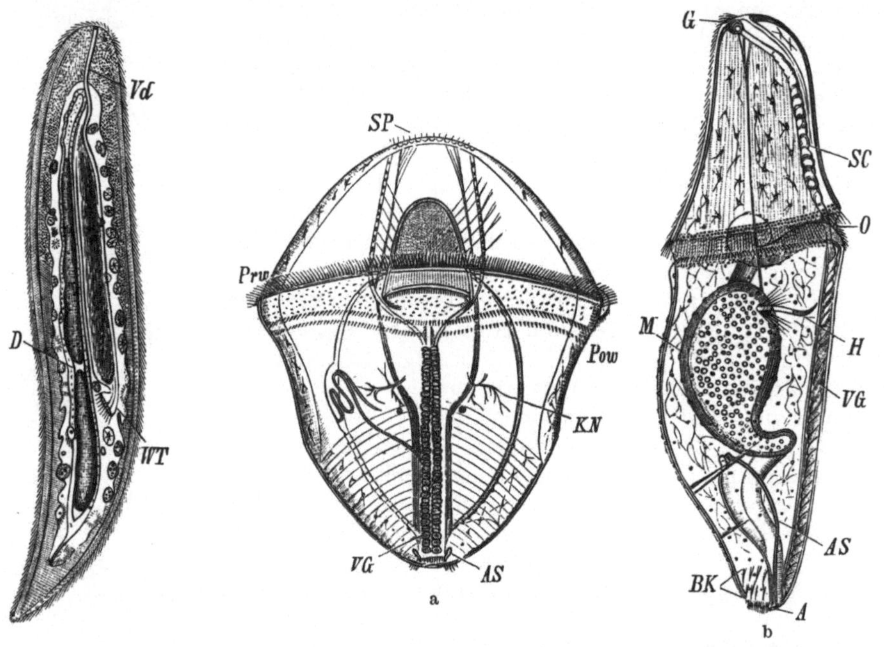

Abb. 552. Männchen von *Bonellia*. (Nach SPENGEL.) *D* Darm, *W T* Wimpertrichter des mit Sperma gefüllten Samenschlauches (*Vd*). ⁴⁹/₁

Abb. 553. a Metatrochophora von *Echiurus*, Ventralansicht. ²⁷/₁. b Ältere Larve. Seitenansicht. (Nach HATSCHEK.) ²⁸/₁. *Sp* Scheitelplatte, Anlage des Cerebralringes (*G*), *VG* Bauchnervenstrang, *Prw* präoraler, *Pow* postoraler Wimperkranz, *KN* Kopfniere (Pronephridium), *AS* Analschläuche, *SC* Schlundconnectiv, *O* Mund, *M* Darm, *H* Bauchhaken, *BK* hintere Borstenkränze, *A* After.

Schlauch, Analblasen fehlen; sie sind auf einer einfachen Entwicklungsstufe stehen geblieben. Die Männchen halten sich als Kommensalen im Eileiter des Weibchens auf.

Die Entwicklung ist eine Metamorphose, in welcher die für die Anneliden charakteristische Trochophoralarve (Abb. 553) auftritt. Bei *Echiurus* kommt ein Mesodermstreifen zur Ausbildung, welcher sich in 15 Cölomsäcke gliedert (Abb. 266) (von BALTZER bestritten). In späteren Stadien schwinden die Dissepimente. Das Prostomium streckt sich rüsselförmig in die Länge. Aus der Embryonalentwicklung sowie dem Vorkommen von Borsten geht die nahe Verwandtschaft der Echiuroidea mit den Chätopoden hervor.

Alle Echiuroideen sind Meeresbewohner, sie leben im Sand und Schlamm oder in Felslöchern. Die Nahrungsaufnahme erfolgt durch den rüsselförmigen Kopflappen.

Fam. *Echiuridae*. Mit den Charakteren der Gruppe. *Echiurus echiurus* PALL. (*pallasi* GUÉR.). Nordatlant. und Nordpaz. Ozean (Abb. 550). *E. abyssalis* SKORIKOW, Mittelmeer.

Thalassema gigas M. Müll., Mittelmeer. *T. taenioides* J. Ikeda, Küsten von Japan. *Bonellia viridis* Rol. Kopflappen des Weibchens sehr lang, am Ende gabelig geteilt (Abb. 551). Männchen (Abb. 552) turbellarienähnlich. Atlant. Ozean, Mittelmeer.

2. Klasse. Sipunculoidea (Gephyrea achaeta)[1].

Den Anneliden ähnlich gebaute Würmer von walzenförmiger Gestalt, ohne nachweisbare Metamerie, ohne Borsten, mit Bauchnervenstrang. Vorderkörper rüsselartig einstülpbar. Prostomium rückgebildet. Mundöffnung vorderständig, zuweilen von Tentakeln umstellt.

Die *Sipunculoideen*, früher mit den Echiuroideen in eine Gruppe *Gephyrea* vereinigt, weichen in so zahlreichen Punkten ihres Baues von den Echiuroideen ab, daß ihre Trennung von letzteren notwendig erscheint. Eine Metamerie ist beim ausgebildeten Tier nicht nachweisbar. (Nach Angabe Geroulds sollen bei *Phascolosoma* in der Entwicklung vier Mesodermsegmente vorübergehend vorhanden sein.) Der Anschluß an die Anneliden wird vornehmlich durch das Vorhandensein eines längs der ganzen Ventralseite sich erstreckenden Bauchnervenstranges begründet. Doch muß mit Rücksicht auf den Mangel der Metamerie die strangartige Ausbildung des Bauchnervensystems als mit dem Bauchstrang der Anneliden analoge Formentwicklung des Bauchnervensystems angesehen werden.

In den *Sipunculoideen* handelt es sich wohl um eingliedrige Wurmformen, die allen übrigen Anneliden schärfer gegenüberstehen.

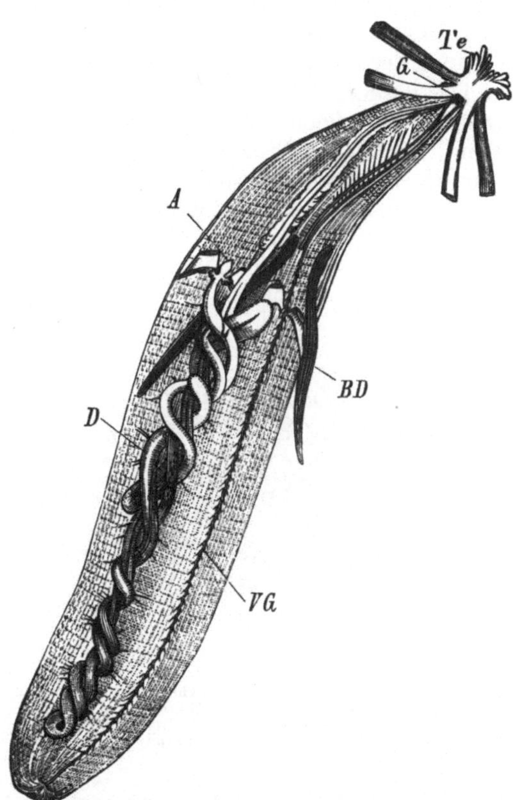

Abb. 554. *Sipunculus nudus* seitlich geöffnet. (Nach W. Keferstein.) Etwa $1/2$. *Te* Tentakel, *G* Cerebralganglion, *VG* Bauchstrang, *D* Darm, *A* After, *BD* Nephridien (Bauchdrüsen).

---

[1] Keferstein, W.: Beiträge zur anatomischen und systematischen Kenntnis der Sipunculiden. Z. Zoo. **15** (1865). — Théel, H.: Recherches sur le *Phascolion strombi*. Svensk. Akad. Handl. **1875**. — Northern and arctic Invertebrates in the Collection of the Swedish State Museum. I. II. Svensk. Vet. Akad. Handl. **1904, 1906**. — Hatschek, B.: Über Entwicklung von *Sipunculus nudus*. Arb. zool. Inst. Wien **5** (1883). — Selenka, E.: Die Sipunculiden **1883**. — Apel, W.: Beitrag zur Anatomie und Histologie des *Priapulus caudatus* (Lam.) und *Halicryptus spinulosus* (v. Sieb.). Z. Zool. **42** (1885). — Ward, H. B.: On some Points in the Anatomy and Histology of *Sipunculus nudus*. Bull. Mus. Comp. Zool. Harv. Coll. Cambridge **1891**. — Metalnikoff, S.: *Sipunculus nudus*. Z. Zool. **68** (1900). — v. Mack, H.: Das Centralnervensystem von *Sipunculus nudus*. Arb. zool. Inst. Wien **13** (1902). — Gerould, J. H.: The Development of *Phascolosoma*. Zool. Jb. **23** (1906). — Harms, W.: Morphologische und causal-analytische Untersuchungen über das Internephridialorgan von *Physcosoma lanzarotae*. Arch. Entw.mechan. **47** (1921). — Vgl. ferner die Arbeiten von Ehlers, Schauinsland, Sluiter, Baird, Koren og Danielssen, Spengel, Hammarsten u. a.

Der Körper der Sipunculoideen ist walzenförmig, unsegmentiert und sein vorderer engerer Teil nach Art eines Rüssels einstülpbar. Das Prostomium erscheint reduziert, infolge davon die Mundöffnung am Vorderende des Körpers gelegen (Abb. 554). Borsten fehlen.

Die Haut ist papillös oder gerunzelt und wird von einer dicken, zuweilen stellenweise zu Schildern und Haken ausgebildeten Cuticula bedeckt. Unter dem drüsenreichen Hautepithel folgt eine bindegewebige Cutis sowie die dicke, in Bündeln angeordnete Muskulatur, welche sich aus äußeren Ring-, mittleren Schräg- und inneren Längsmuskeln zusammensetzt. Zu innerst folgt die peritoneale Bekleidung des Cöloms.

Der vordere, durch vier Retractoren einstülpbare Teil des Körpers zeigt eine papillöse Oberfläche oder ist mit Haken besetzt. Er trägt am Vorderende den Mund, der bei den *Sipunculiden* von bewimperten Tentakeln umstellt ist. Dieser führt in einen Schlund und den langen Mitteldarm, welcher eine spiralig zusammengedrehte Schleife bildet und mittels eines kurzen Enddarmes dorsal an der

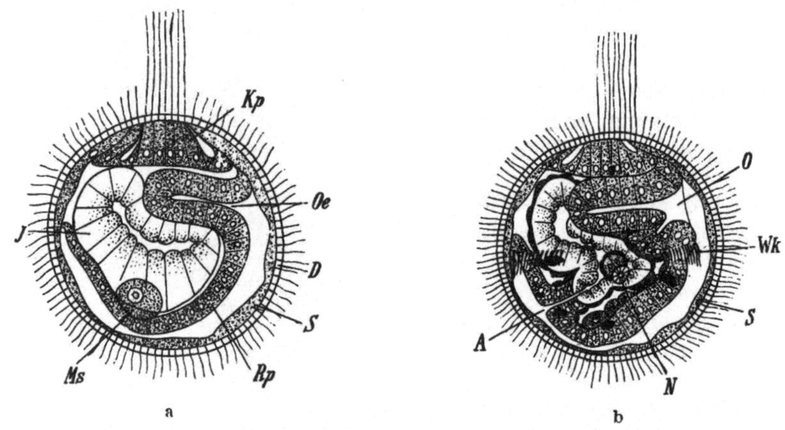

Abb. 555. a Jüngeres, b älteres Entwicklungsstadium von *Sipunculus nudus*, in dem Kopf- und Rumpfplatte ventral bereits vereinigt sind. (Nach HATSCHEK.) 185/1. *Kp* Kopfplatte, *Rp* Rumpfplatte des Embryos, *S* Serosa, *D* Dottermembran, *Oe* Oesophagus, *J* Mitteldarm, *O* Mund, *A* After, *N* Nephridium, *Wk* postoraler Wimperkranz, *Ms* Polzelle des Mesoderms.

Basis des einstülpbaren Vorderkörpers im After ausmündet. Am Enddarm gelegene „büschelförmige Anhänge" (sogenannte Analdrüsen) einiger *Sipunculiden* sind Aussackungen des zwischen Darmepithel und Cölomwand gelegenen Sinus (Blutsinus). Der Darm liegt mittels Fäden im Cölom befestigt. Bei den *Priapuliden* beschreibt der Darm keine Windungen und mündet am Hinterende; auch ist hier der Schlund zu einem muskulösen Schlundkopf mit Zähnen und Papillen umgestaltet.

Der Körper wird von dem geräumigen Cölom eingenommen, das zwischen die Muskelbündel bis in die Cutis reichende blinde Fortsätze (Integumentalkanäle) entsendet. Als abgetrennte Bildung des Cöloms ist das in die Tentakel der *Sipunculiden* reichende System von Cölomgefäßen zu betrachten. Es besteht aus einem dorsalen und ventralen, blind endigenden Stamme längs des Schlundes, einem Ringkanal an der Tentakelbasis sowie Tentakelgefäßen. Cölom und cölomatisches Gefäßsystem sind mit einer Flüssigkeit erfüllt, welche die gleichen Formelemente, nämlich weiße und auch rot gefärbte scheibenförmige Zellen führt; in ihr finden sich ferner bei *Sipunculus* und *Physcosoma* bewimperte kugel- oder schüsselförmige, aus abgelösten Wimperzellgruppen des Cölomepithels gebildete

Blasen (sogenannte Urnen). Eine sogenannte Blutdrüse (blutbildendes Organ) liegt bei *Physcosoma* dorsal am Oesophagus. Das Blutgefäßsystem wird durch einen vollkommen geschlossenen, längs des Mitteldarmes vorhandenen Darmblutsinus repräsentiert.

Das Nervensystem (Abb. 554) besteht aus einem dorsal gelegenen Cerebralganglion, einem Schlundkonnectiv und dem bis an das Hinterende reichenden Bauchstrang. Von Sinnesorganen kommen dem Cerebralganglion aufliegende Augenflecke bei sehr vielen Formen, sodann zahlreiche knospenförmige Hautsinnesorgane vor. Eine über dem Cerebralganglion gelegene, von Nerven versorgte Stelle an der Basis einer kanalartig eingezogenen Hautgrube wird als Sinnesorgan beschrieben.

Als Excretionsorgane fungieren zwei (seltener ein) große, in der Gegend des Afters gelegene, ventral mündende Nephridien, die sogenannten Bauchdrüsen. Sie dienen auch als Ausleitungsorgane der Genitalprodukte. Bei *Physcosoma* und wahrscheinlich allen Sipunculoideen finden sich an der Außenwand des hinteren Abschnittes der Nephridien vom Cölomepithel überzogene Zellkappen (Internephridialorgan) incretorischer Funktion, die in die Leibeshöhle ein Incret absondern, vergleichbar dem Interrenalorgan der Vertebraten. Die Geschlechter sind getrennt. Die Gonade bildet eine quer über die Wurzel der ventralen Retractoren ziehende Krause an der Cölomwand. Die Genitalprodukte fallen in die

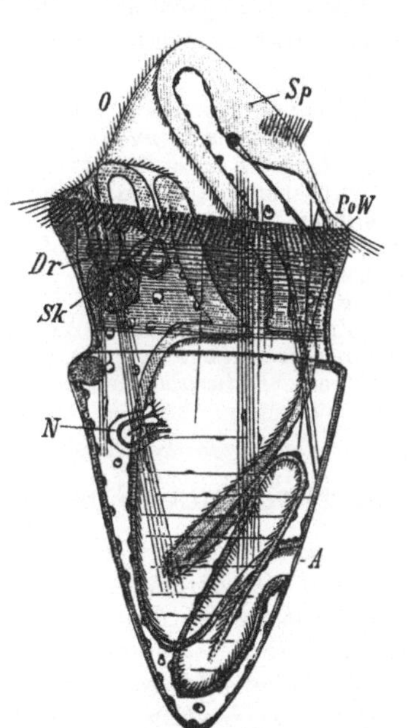

Abb. 556. Larve von *Sipunculus nudus.* (Nach HATSCHEK.) $^{180}/_1$. *O* Mund, *Sp* Scheitelplatte, *Pow* postoraler Wimperkranz, *Sk* Schlundkopf, *Dr* Anhangsdrüse, *N* Nephridium, *A* After.

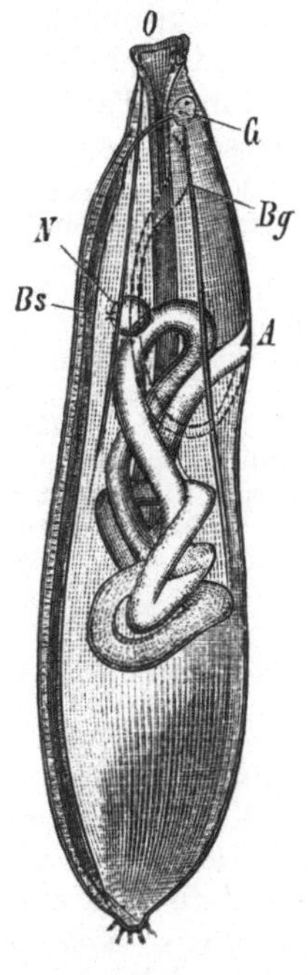

Abb. 557. Junger *Sipunculus*, noch ohne Tentakel. (Nach HATSCHEK.) Etwa $^{40}/_1$. *O* Mund, *A* After, *G* Cerebralganglion, *Bs* Bauchstrang, *N* Niere, *Bg* Gefäß.

Cölomhöhle. Bei den *Priapuliden* finden sich zwei an einer Peritonealfalte aufgehängte geschlossene Keimdrüsen, welche durch einen Ausführungsgang hinten neben dem After münden. Die Ausführungsgänge sind die mit der Keimdrüse verwachsenen Nephridien, welche an ihrer der ersteren abgewendeten Seite mit zahlreichen, in geschlossene Wimperkölbchen endenden Kanälchen besetzt sind.

In der Embryonalentwicklung entsteht das Entoderm durch Invagination. Das Mesoderm wird durch zwei Urzellen angelegt, welche zwei Mesodermstreifen erzeugen, an denen eine Metamerie nur von GEROULD bei *Phascolosoma* angegeben, sonst vermißt wurde. Bei *Sipunculus* treten zwei Zellplatten, eine am animalen Pole (Kopfplatte) und eine am vegetativen Pole (Rumpfplatte), aus dem Verbande des Ectoderms. Sie bilden die Anlage der definitiven Körperbedeckung, während die übrigen, dem Trochus der Annelidentrochophora entsprechenden Ectodermzellen zu einer Embryonalhülle (Serosa) werden (Abb. 555). Diese sendet durch die Poren der Eihaut Flimmerhaare, mittels welcher der Embryo umherschwimmt.

Die ursprünglich getrennten Kopf- und Rumpfplatte vereinigen sich schließlich unterhalb der Serosa. Letztere wird zugleich mit der Eimembran von der ausschlüpfenden Larve (Abb. 556) abgeworfen, die einen großen postoralen Wimperkranz sowie provisorische Anhangsorgane des Oesophagus (Drüse und Schlundkopf) besitzt. Erst während des Larvenlebens entwickelt sich der Bauchstrang vom Ectoderm aus; dann wird der Wimperkranz rückgebildet, am Mundrande wachsen die ersten Tentakel hervor, wodurch die Umwandlung der schwimmenden Larve in den kriechenden Sipunculus (Abb. 557) erfolgt. Bei *Phascolosoma* kommt es nicht zur Ausbildung der Embryonalhülle. Der Trochus ist hier als schwacher präoraler Wimperkranz ausgebildet.

Alle Sipunculoiden sind marin und leben frei im Sand und Schlamm oder in Röhren und Schalen. Manche *Physcosoma*-Arten bohren in Gestein mit Hilfe bezahnter Papillen des Vorderkörpers unter Einwirkung eines an diesen Papillen abgesonderten Drüsensecretes.

Fam. *Sipunculidae*. Mit Tentakeln in der Umgebung des Mundes und rückenständigem After. Darm spiral gewunden. *Sipunculus nudus* L. Weit verbreitet (Abb. 554). *S. tesselatus* RAF., Mittelmeer. *Aspidosiphon mülleri* DIES. Am After und Hinterende ein Schild. Lebt in Steingängen oder Schneckenschalen. Mittelmeer. *Physcosoma (Phymosoma) granulatum* F. S. LEUCK., Mittelmeer. *Phascolion strombi* MONT. Bewohnt Dentalium- und Schneckenschalen. Mittelmeer, Nord. Meere. *Phascolosoma vulgare* BLAINV., *Ph. elongatum* KEF., Mittelmeer, Atlant. Ozean.

Fam. *Priapulidae*. Ohne Tentakel. After am Hinterende des Körpers, etwas dorsal. Schlund mit Papillen und Zahnreihen. Darm geradegestreckt. *Priapulus caudatus* LAM. Körper hinten mit einem Schwanzanhange (Kieme), welcher papillenförmige Seitenanhänge trägt. Ostsee, Nordeurop. Meere. *Halicryptus spinulosus* SIEB., Ostsee, nördl. Eismeer.

3. Kladus.

Arthropoda, Gliederfüßer.

Protostomier von heteronom metamerischem Körper, mit ungegliederten oder gegliederten Segmentanhängen (Gliedmaßen, Extremitäten) und mit Bauchganglienkette. Der Hautmuskelschlauch in der Regel in einzelne segmentale Muskelgruppen aufgelöst. Primäre und sekundäre Leibeshöhle (Cölom) infolge Schwund der Cölomwand zu einer einheitlichen Leibeshöhle vereinigt; das Blutgefäßsystem mit derselben in offener Kommunikation. Nephridien und Genitaldrüsen gegen die Leibeshöhle abgekapselt.

Die Arthropoden sind ihrer Organisation nach von den Anneliden abzuleiten. Doch wird die Einheitlichkeit der Arthropodengruppe im Sinne eines monophyletischen Ursprungs von einer Anzahl von Forschern (BALFOUR, KINGSLEY, OUDEMANS, FERNALD, HAECKEL, PACKARD) bezweifelt.

In dem Kladus der Arthropoden sind zum mindesten zwei Subkladus zu unterscheiden, deren Ursprung aus einer gemeinsamen Wurzel nicht sicher ist. Für einen gemeinsamen Ursprung der beiden aus Anneliden würden die baulichen und entwicklungsgeschichtlichen Übereinstimmungen in der Ausbildung des Gefäßsystems, Cöloms, Genitalapparates, der Nephridien sowie in der superficialen Furchung sprechen. Den einen Subkladus bilden die *Malacopoda* (*Onychophora, Tardigrada*), den zweiten alle übrigen Arthropoden, die *Euarthropoda* (GROBBEN). Die Malacopoden stellen einen nicht weiter entwickelten, inadaptiven Arthropodentypus dar, während die Euarthropoden eine sehr mannigfaltige Entwicklung zeigen.

Der wichtigste Charakter, der die Arthropoden von den Anneliden unterscheidet und Grundbedingung für eine höhere Organisation und Lebensstufe ist, beruht auf dem Besitze von ungegliederten, in der Regel aber gegliederten, aus paarigen Segmentanhängen hervorgegangenen, an der Ventralseite gelegenen Extremitäten, die den Parapodien der Anneliden gegenüber zu einer vollkommeneren Leistung befähigt sind. Jedes Segment vermag ein Gliedmaßenpaar hervorzubringen (Abb. 558). Während bei den Anneliden die Locomotion durch Verschieben der Segmente und Schlängelungen des gesamten Leibes zustande kommt, wird bei den Arthropoden die Funktion der Ortsbewegung von der Hauptachse des Leibes auf die Nebenachsen, die Gliedmaßen, übertragen, und hiermit eine weit vollkommenere Leistung erreicht. Die Extremitäten gestatten den Arthropoden nicht nur ein leichteres und rascheres Schwimmen oder Kriechen, sondern führen auch zu mannigfaltigeren Formen einer schwierigen Bewegung, zum Laufen, Klettern und Springen; bei den Insekten tritt mit der Ausbildung von dorsalen Flügeln auch noch die Flugfähigkeit hinzu. Die Arthropoden erheben sich zu wahren Land- und Lufttieren.

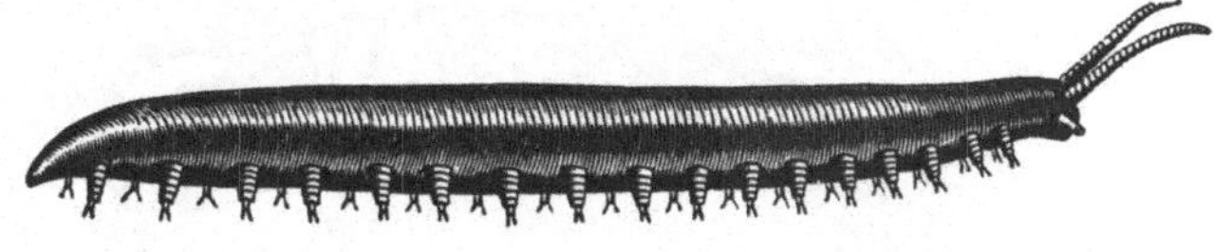

Abb. 558. *Peripatopsis (Peripatus) capensis*. (Nach MOSELEY.) $^{1\cdot 5}/_1$.

Mit einer differenten Ausbildung der Extremitäten geht die Heteronomie der Segmentierung und die Regionenbildung parallel, indem gleichartig entwickelte Segmente sich als besondere Komplexe hervorheben und miteinander fest verbunden oder zu einer einheitlichen Kapsel verschmolzen sein können.

Im allgemeinen unterscheidet man drei Leibesregionen, als *Kopf*, *Brust* oder *Mittelleib* (Thorax) und *Hinterleib* (Abdomen) (Abb. 559).

Der Kopf bildet die vorderste Körperregion, in welcher die Segmente miteinander verschmolzen sind. Er umschließt das Gehirn und trägt die Mundöffnung. Seine Gliedmaßen sind zu Antennen und Mundwerkzeugen umgestaltet. Im Vergleich zum Annelidenkopf faßt er außer dem primären, dem Kopflappen der Anneliden homologen Kopfabschnitte (Acron) eine größere Zahl nachfolgender Metameren in sich.

Bei den *Malacopoda* bildet der auf den Kopf folgende Rumpf eine einheitliche Region ohne äußerlich abgesetzte Segmentgrenzen. Bei den *Euarthropoda* hingegen gliedert sich der Rumpf in Thorax und Abdomen und weist deutliche Absetzung der Segmente auf.

Der Mittelleib oder *Thorax* zeichnet sich durch eine festere Verbindung oder Verschmelzung seiner Segmente sowie durch die Festigkeit der Haut aus. Meist

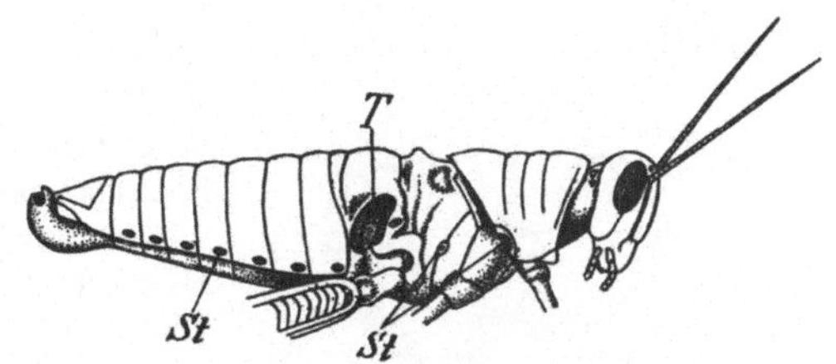

Abb. 559. Seitenansicht von *Anacridium aegyptium (tartaricum)*. (Nach FISCHER) $^1/_1$. *T* Tympanalorgan, *St* Stigmen.

ist er scharf vom Kopfe abgesetzt, häufig dagegen mit dem Kopfe zu einer gemeinsamen Leibesregion (*Cephalothorax*) verschmolzen (Abb. 560). Der Thorax trägt die wichtigsten Gliedmaßen der Bewegung.

Der Hinterleib (*Abdomen*) zeigt die Zusammensetzung aus deutlich gesonderten Leibesringen und entbehrt häufig der Extremitäten. Seltener, wie bei den Skorpionen, sondert sich das Abdomen in einen breiteren Vorderabschnitt, *Praeabdomen*, und in einen engeren beweglichen Hinterabschnitt, *Postabdomen*.

Die Haut wird von einer Chitincuticula bedeckt, welche schichtenweise von dem darunterliegenden Hautepithel (Hypodermis, Matrix) geliefert wird (Abb. 89). Diese Cuticula erstarrt häufig durch Aufnahme von Kalksalzen zu einem festen, das Skelet bildenden Hautpanzer, der zwischen den einzelnen Segmenten durch weiche Verbindungshäute unterbrochen ist. Die mannigfachen Cuticularanhänge der Haut, welche als einfache oder gefiederte Haare, Fäden und Borsten, Dornen und Haken auftreten können, verdanken ihre Entstehung ähnlich gestalteten Fortsätzen und Auswüchsen der darunterliegenden Hypodermis. Die Chitincuticula erfährt zeitweise, vornehmlich während des Wachstums im Jugendzustande, Erneuerungen und wird dann als zusammenhängende Haut abgeworfen (Häutungsprozeß). Die an der Innenseite dieses Hautskelets angeordnete Körpermuskulatur bildet nur bei *Onychophoren* einen kontinuierlichen, an den der Anne-

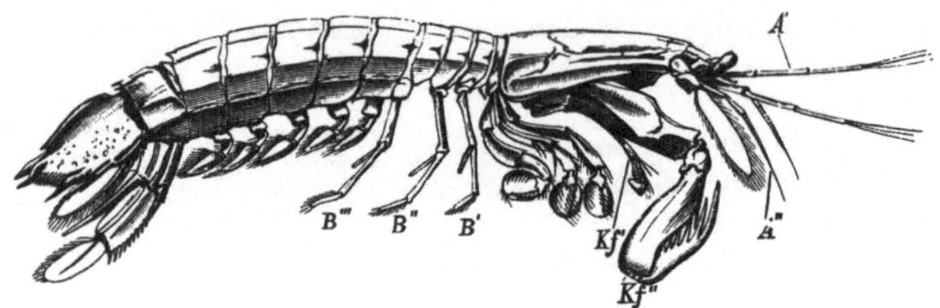

Abb. 560. *Squilla mantes,* ¹/₂. *A′, A″* Antennen- *Kf′, Kf″* die vorderen Kieferfußpaare am Cephalothorax, *B′, B″, B‴* die drei Spaltbeinpaare der Brust.

liden erinnernden Hautmuskelschlauch, in allen übrigen Fällen zeigt sie sich in einzelne, der Metamerie entsprechende Muskelgruppen aufgelöst (Abb. 561). Die Muskelfasern sind, ausgenommen die *Malacopoda,* quergestreift. Auch sei als histologischer Charakter der Arthropoden der Mangel von Wimpern (für die Nephridien von *Peripatus* werden Wimpern angegeben) bemerkt.

Das Centralnervensystem besteht aus Gehirn, Schlundkonnectiv und Bauchmark, das meist in Form einer Ganglienkette (Abb. 612) unter dem Darme ver-

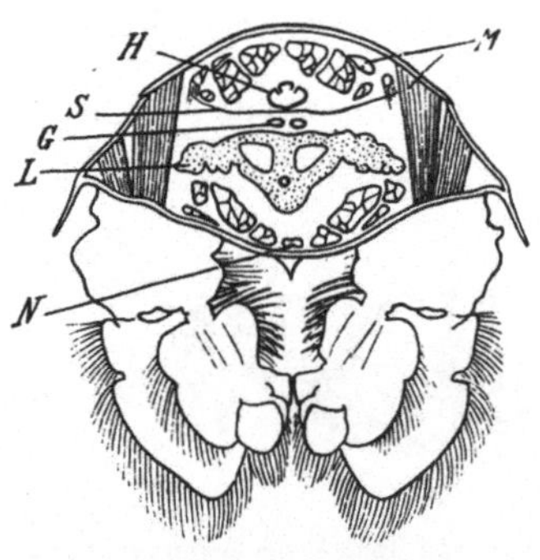

Abb. 561. Querschnitt durch das 1. Abdominalsegment einer männlichen *Squilla mantis* (teilweise schematisch, Original G.). *G* Genitaldrüse, *H* Herz, *M* Muskeln, *S* ventrale Wand des Pericardialsinus, *L* Leber, *N* Nervensystem.

läuft, zuweilen aber eine große Konzentrierung zeigt. Die Gliederung der Bauchganglienkette entspricht der heteronomen Segmentierung des Körpers, indem in den größeren, durch Verschmelzung von Segmenten entstandenen Abschnitten auch eine Annäherung oder Verschmelzung der entsprechenden Ganglien erfolgt. Von Sinnesorganen sind Augen, bei den *Euarthropoden* zusammengesetzte Augen, weit verbreitet. Statische Organe kommen bei Krebsen vor. Ferner treten chordotonale und tympanale Organe bei den Insekten auf. Ebenfalls verbreitet sind Geruchsorgane, die ihren Sitz an der Oberfläche der Antennen haben und aus zarten Schläuchen oder eigentümlichen Zapfen bestehen, unter denen die Sinneszellen liegen. Geschmacksborsten finden sich an den Mundteilen bei Insekten. Als Tastorgane hat man die Antennen und Taster der Mundwerkzeuge sowie wohl auch die Extremitätenspitzen und an diesen eigentümliche Borsten und Haare der Haut mit Nervenendigungen anzusehen (Abb. 169).

Die geräumige Leibeshöhle der Arthropoden ist aus der Vereinigung der primären Leibeshöhle und des Cöloms hervorgegangen, indem die Cölomwände aufgelöst sind. Infolgedessen fehlen Mesenterien und Dissepimente. Damit hängt auch die eigentümliche Ausbildung des Blutgefäßsystems zusammen. In seiner ursprünglichen Form (Abb. 575) besteht es aus einem durch den ganzen Rumpf verlaufenden Rückengefäße, das der Körpersegmentierung entsprechend paarige seitliche, mit Klappen versehene Spaltöffnungen besitzt. Es liegt (Abb. 561) in einem gesonderten Teile der Leibeshöhle, dem Pericardialsinus, dessen ventrale Begrenzung durch eine Membran (Pericardialseptum) gebildet wird. Das Blut gelangt aus dem Herzen am Vorder- und Hinterende desselben schließlich in den ventralen Teil der Leibeshöhle und zum Herzen zurückkehrend durch Spalt- öffnungen des Pericardialseptums in den Pericardialsinus, aus dem es bei der Diastole des Herzens durch dessen Ostien aufgepumpt wird. Auch in jenen Fällen, in denen Arterien und auch venöse Bahnen vorhanden sind, besteht diese Kommunikation mit der Leibeshöhle; stets führen die venösen Bahnen zum Pericardialsinus und schließen nie an die Herzwand an (Abb. 140). Das Herz ist ein arterielles. In vielen Fällen (zahlreiche Krebse, die meisten Milben, *Tardigraden*) fehlt es.

Der Darmkanal zieht frei durch die Leibeshöhle. Ausnahmsweise ist der Darm infolge von Parasitismus rückgebildet (*Rhizocephala*).

Die Atmung wird sehr häufig, besonders bei kleineren und zarten Arthro- poden, durch die gesamte Oberfläche des Körpers vermittelt. Bei größeren Wasserbewohnern (*Crustacea*) übernehmen Kiemen diese Funktion, während bei am Lande lebenden Formen innere Atmungsorgane vorhanden sind. Diese be- stehen entweder aus im Körper sich verteilenden Röhren (Röhrentracheen) wie bei den *Onychophoren, Eutracheaten*, oder aus Säcken mit Hohlblättern (Fächer- tracheen, Fächerlungen), so bei *Arachnoideen*.

Als Exkretionsorgane finden sich bei Arthropoden vielfach Nephridien vor, entweder in fast allen Metameren (*Onychophora*), oder auf wenige Metameren beschränkt (Antennen- und Maxillar- oder Schalendrüse der Krebse, Coxaldrüse der *Arachnomorpha*). Sie erscheinen gegen die Leibeshöhle stets geschlossen (Abb. 147) und am Innenende an Stelle des Wimpertrichters mit einem drüsigen Endsäckchen, das als Cölomrest aufgefaßt wird, ausgestattet, eine Eigentümlich- keit, welche mit den besonderen Verhältnissen der Leibeshöhle und des Blutgefäß- systems zusammenhängt. Den übrigen Arthropoden fehlen Nephridien und werden durch excretorische Anhangsdrüsen des Enddarms, die MALPIGHIschen Gefäße, substituiert. Analoge, dem Mitteldarm angehörige Anhangsdrüsen finden sich bei *Arachnomorphen* und *Crustaceen* neben den Nephridien vor.

Die Fortpflanzung der Arthropoden ist eine geschlechtliche, in manchen Fällen kommt Parthenogenese vor. Mit seltenen Ausnahmen (*Cirripedia, Cymothoidae*) sind die Geschlechter getrennt. Die ihrer Anlage nach paarigen Keimdrüsen stellen gegen die Leibeshöhle zu geschlossene Säcke vor, welche durch auf Nephridien zurückführbare Ausführungsgänge nach außen münden.

Die Entwicklung ist meist eine Metamorphose.

Das System der Arthropoden gestaltet sich folgendermaßen:

1. Unterkladus *Malacopoda* mit den Klassen *Onychophora* und *Tardigrada*,

2. Unterkladus *Euarthropoda* mit den Klassen *Crustacea, Arachnomorpha, Linguatulida, Pantopoda, Eutracheata*.

1. Subkladus. **MALACOPODA.**

Arthropoden ohne äußerlich abgesetzte Segmentgrenzen, mit ungegliederten Seg- mentanhängen (Extremitäten), die Muskulatur zuweilen noch als Hautmuskelschlauch ausgebildet. Muskelfasern glatt.

1. Klasse. Onychophora (Protracheata)[1].

Wurmförmige Malacopoden mit einem Antennenpaar, mit kurzen, mit Klauen bewaffneten Beinpaaren, mit Nephridien in fast allen Metameren, durch zerstreut über den ganzen Körper entstandene Büscheltracheen atmend.

Die Onychophoren bilden eine interessante, Anneliden- und Arthropodencharaktere verbindende Tiergruppe. Der mäßig gestreckte Körper (Abb. 558) erweist eine größere oder geringere Zahl geringelter, untereinander gleicher, äußerlich nicht abgesetzter Segmente mit je einem kegelförmigen kurzen Beinpaar, das am Ende mit zwei Krallen bewaffnet ist. Der vom Rumpf nicht scharf abgesetzte Kopf (Abb. 562) trägt zwei Antennen und zwei Seitenaugen vom Bau der Blasenaugen. An seiner Unterseite befindet sich das von einer Sauglippe umgebene

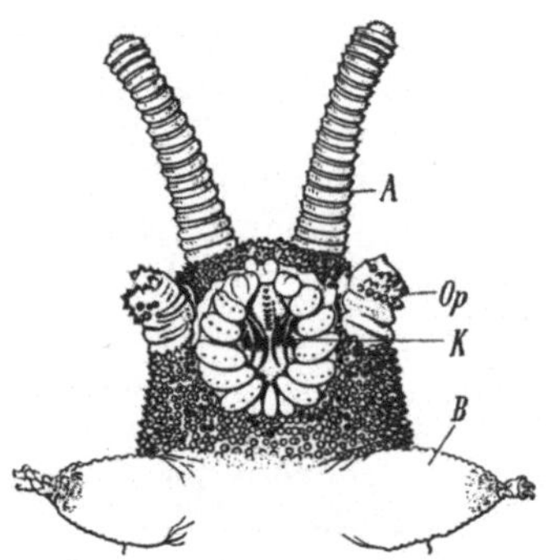

Abb. 562. Kopf von *Peripatopsis capensis*, von der Ventralseite. (Nach BALFOUR.) *A* Antennen, *B* erstes Beinpaar des Rumpfes, *K* Kiefer, *Op* Oralpapillen.

Mundatrium. In ihm liegt ein Paar aus je zwei Krallen gebildeter Kiefer, außerhalb desselben seitlich jederseits eine kurze Papille (sogenannte Oralpapillen), die wie die

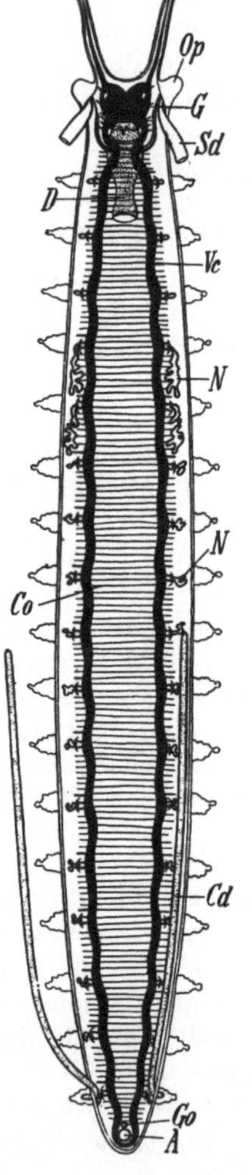

Abb. 563. Anatomie von *Peripatopsis capensis*, Nervensystem und Nieren. (Nach BALFOUR.) *G* Gehirn, *Vc* Bauchstränge des Nervensystems, *Co* Commissuren zwischen denselben, *N* Nephridien, *Cd* große Cruraldrüse des Männchens, *Op* Oralpapille, *Sd* Mündungsstück der Schleimdrüse, *D* Darm, abgeschnitten, *Go* Genitalöffnung, *A* After.

---

[1] MOSELEY, H. N.: On the Structure and Development of *Peripatus capensis*. Philosophic. Trans. roy. Soc. London 1874. — BALFOUR, F. M.: The Anatomy and Development of *Peripatus capensis*. Quart. J. microsc. Sci. **23** (1883). — GAFFRON, ED.: Beiträge zur Anatomie und Histologie des *Peripatus*. Zool. Beiträge, herausg. von SCHNEIDER. I. Breslau 1883, 1885. — KENNEL, J.: Entwicklungsgeschichte von *Peripatus Edwardsii* BLANCH. und *Peripatus torquatus*. Arb. zool.-zoot. Inst. Würzburg **7** (1884); **8** (1886). — SEDGWICK, A.: The development of the Cape species of *Peripatus*. Quart. J. microsc. Sci. 1885 bis 1888. — A Monograph on the species and distribution of the genus *Peripatus*. Ebenda 1888. — The distribution and classification of the *Onychophora*. Ebenda **1908**. — SHELDON, L.: On the Development of *Peripatus novaezealandiae*. Ebenda 1888—1889. — WILLEY, A.: The Anatomy and Development of *Peripatus Novae-Britanniae*. Cambridge 1898. — EVANS, R.: On two New Species of *Onychophora* from the Siamese Malay States. Quart. J. microsc. Sci. **44, 45** (1901—1902). — BOUVIER, E. L.: Monographie des Onychophores. Ann. des Sci. natur. Paris 1905—1907. — CLARK, A. H.: The present Distribution of the *Onychophora*. Smiths. Misc. Coll. Washington 1915. — Vgl. außerdem die Arbeiten von GRUBE, BLANCHARD, DENDY, MONTGOMERY u. a.

Kiefer modifizierte Extremitäten sind. Die Haut der Onychophoren ist in zahlreiche Tastwarzen erhoben. Die Leibesmuskulatur wird von einem Hautmuskelschlauche gebildet, der aus einer äußeren Ring- und mittleren Diagonalschicht besteht, auf welche nach innen die in Feldern angeordnete Längsmuskulatur folgt. Außerdem sind Transversalmuskeln vorhanden, die wie bei Anneliden ein Septum herstellen, das die Leibeshöhle in eine mediane Hauptkammer und zwei Seitenkammern teilt. Die Muskelfasern sind glatt. Das Gehirnganglion entsendet zwei mit Ganglienzellen belegte Nervenstränge (nach BALFOUR mit Anschwellungen in jedem Segmente), die bis zum Hinterleibsende weit voneinander getrennt verlaufen (Abb. 563). In ihrer ganzen Länge durch zahlreiche feine Querkommissuren verbunden, vereinigen sie sich am Hinterleibsende. Der Darm (Abbild. 564) beginnt mit muskulösem

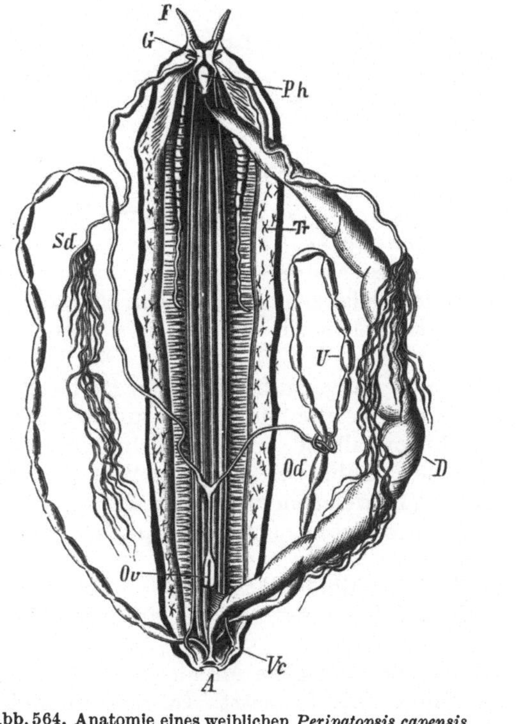

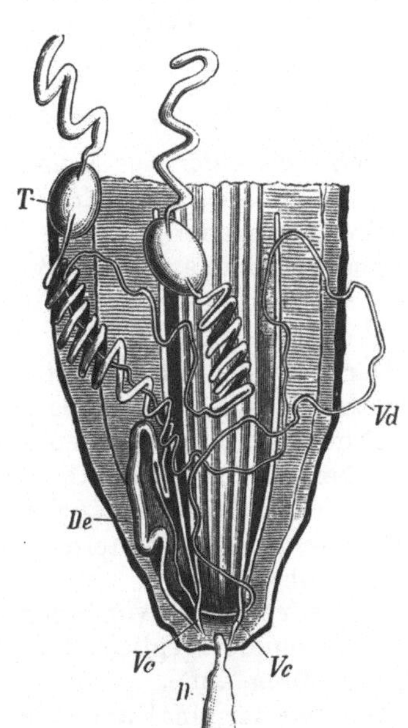

Abb. 564. Anatomie eines weiblichen *Peripatopsis capensis.* (Nach MOSELEY.) *A* After, *D* Darm, *F* Fühler, *G* Gehirn, *Ph* Pharynx, *Sd* Schleimdrüsen, *Tr* Tracheenbüschel, *Ov* Ovarien, *Od* Oviducte, *U* Uterus, *Vc* ventrale Nervenstränge.

Abb. 565. Körperende eines männlichen *Peripatopsis capensis.* (Nach MOSELEY.) *D* Afterdarm, *De* Ductus ejaculatorius, *T* Hoden, oben an denselben die Prostata, *Vc* Bauchnervenstränge, *Vd* Ductus deferentes.

Schlunde und verläuft gerade gestreckt durch den Körper; der After liegt endständig. In den Mund öffnen sich durch einen gemeinsamen kurzen Gang zwei Speicheldrüsen. Als Herz fungiert ein durch die ganze Länge des Körpers sich erstreckendes Rückengefäß mit paarigen, segmental angeordneten Ostien. Nach MOSELEYS Entdeckung ist ein mächtig entwickeltes Tracheensystem vorhanden. Die Stigmen liegen über die ganze Oberfläche unregelmäßig verteilt und führen jedes in eine kurze Tasche, von der aus feine, sehr lange Tracheen in einem dichten Büschel entspringen. Als Excretionsorgane finden sich fast in jedem Segmente ein Paar von Nephridien (Abb. 563), welche mit geschlossenem Endsäckchen (Cölomrest) beginnen und ventralwärts an der Basis der Füße mittels einer Blase nach außen führen; für den inneren Kanalabschnitt wird Bewimperung angegeben. Langgestreckte Schleimdrüsen münden an den Oralpapillen und erzeugen durch ihr Secret ein Gewebe von zähen Fäden; sie entsprechen den sich an Rumpfbeinen vorfindenden Cruraldrüsen. Die Onychophoren sind getrennten Geschlechts. Die Ovarien (Abb. 564) führen in zwei meist mit Receptaculum seminis versehene, als Uterus fungierende Eileiter, die am vorletzten Segmente mit einer gemeinsamen Vagina ausmünden. Die mit einer Prostata ausgestatteten Hoden gehen in lange gewundene Samenleiter über und münden an gleicher Stelle wie die Vagina mittels unpaaren Ductus ejaculatorius (Abb. 565). Außerdem besitzt das Männchen eine accessorische Drüse, sogenannte Analdrüse, die meist in der Nähe des Afters oder der Genitalöffnung ausmündet. Die Entwicklung ist direkt und erfolgt im Uterus. Bei den südamerikanischen Formen bildet sich eine Placenta aus, mit welcher der Embryo dorsal durch einen Nabelstrang verbunden ist.

Die Tiere leben an feuchten Orten unter faulendem Holze.

Fam. *Peripatidae*. Mit den Charakteren der Gruppe. *Peripatus edwardsi* BLANCH. Cayenne. *Peripatopsis capensis* GR. (Abb. 558). Kap. *Peripatoides novae-zealandiae* HUTT. Neuseeland.

2. Klasse. Tardigrada, Bärtierchen[1].

Kleine walzenförmige Malacopoden mit Saugmund, nur mit vier stummelförmigen Rumpfextremitäten, ohne Herz und Respirationsorgane.

Die Tardigraden weichen in dem Bau ihres Körpers von allen übrigen Arthropoden so vielfach ab, daß sie als besondere Klasse unter dieselben einzureihen sind. Der Ansicht einiger Forscher nach schließen sie sich am meisten an die Onychophoren an.

Der Körper der kleinen (bis 1 mm langen), langsam kriechenden Bärtierchen ist walzenförmig, ohne äußere Metamerie und besitzt vier Paare kurzer, in der Regel mit mehreren Krallen endigender Stummelfüße, von denen die hintersten am äußersten Ende des Körpers entspringen (Abb. 566). Das kegelförmige Vorderende des Körpers entspricht dem Kopfe, in welchem außer dem Kopfsegment höchstens noch ein weiteres Segment enthalten ist; es entbehrt jeglichen Extremitätenanhanges.

Der Körper wird von einer Cuticula bedeckt, die bei *Echiniscus* an der Dorsalseite in Schilder gegliedert ist. Die Muskulatur weist wie bei *Peripatus* keine Querstreifung auf.

Die fast terminal am vorderen Körperende gelegene Mundöffnung führt in eine Mundhöhle, die sich in eine lange Mundröhre fortsetzt. In die Mundhöhle ragen zwei vorstoßbare Zähne, neben welchen je eine sogenannte Speicheldrüse (Giftdrüse) mündet, die Bildnerin der Zähne ist (WENCK). Auf die Mundröhre folgt ein Saugmagen (Schlundkopf), sodann der Oesophagus, der Magen und der kurze Enddarm. Die Afteröffnung liegt ventral. Am Beginne des Enddarmes münden häufig zwei excretorische Anhangsdrüsen (MALPIGHIsche Gefäße) sowie eine dorsale Anhangsdrüse (Rectaldrüse) ein. Respirations- und Kreislauforgane

---

[1] DOYÈRE: Mémoire sur les Tardigrades. Ann. des Sci. natur. 1840. — GREEFF, R.: Untersuchungen über den Bau und die Naturgeschichte der Bärtierchen. Arch. mikrosk. Anat. 2 (1866). — PLATE, L. H.: Beiträge zur Naturgeschichte der Tardigraden. Zool. Jb. 3 (1888). — v. ERLANGER, R.: Beiträge zur Morphologie der Tardigraden. Morph. Jb. 22 (1895). — BASSE, A.: Beiträge zur Kenntnis des Baues der Tardigraden. Z. Zool. 80 (1906). — HENNEKE, J.: Beiträge zur Kenntnis der Biologie und Anatomie der Tardigraden. Ebenda 97 (1911). — v. WENCK, W.: Entwicklungsgeschichtliche Untersuchungen an Tardigraden. Zool. Jb. 37 (1914). — BAUMANN, H.: Beitrag zur Kenntnis der Anatomie der Tardigraden. Z. Zool. 118 (1921). — MARCUS, E.: Tardigrada. Bronns, Klass. u. Ordnung. d. Tierr. V. (1929). — Vgl. überdies die Abhandlungen von DUJARDIN, KAUFMANN, v. KENNEL, C. A. S. SCHULTZE, LAMEERE, RICHTERS, THULIN u. a.

fehlen. Die geräumige Leibeshöhle ist von Hämolymphe erfüllt, die zahlreiche große Zellen enthält. Das Nervensystem besteht aus dem Cerebralganglion, einem unteren Schlundganglion und vier durch lange Konnective verbundenen Ganglien der Bauchkette. Von Sinnesorganen kommen Augen sowie kurze Taster vor.

Die Tardigraden sind getrennten Geschlechts. Bei einigen Formen sind Männchen bisher nicht gefunden, so daß hier Parthenogenese vermutet werden kann. Sowohl die männliche als die weibliche Genitaldrüse bildet einen dorsal über dem Magendarm gelegenen unpaaren Sack, der in den Enddarm mündet, welcher somit als Kloake fungiert. Eine besondere präanale Genitalöffnung findet sich bei den *Heterotardigrada*. Der Ductus deferens ist paarig, der Oviduct unpaar. Die Weibchen legen große Eier entweder frei ab, oder letztere bleiben von der abgestreiften Cuticula des Muttertieres bis zum Ausschlüpfen der Jungen umhüllt. Die Entwicklung erfolgt direkt. Hervorzuheben ist die Anlage des Mesoderms durch Bildung von fünf Paaren aus dem Entoderm hervorgehender Cölomsäcke.

Die Bärtierchen leben zwischen Moos und Flechten, in feuchtem Sande von Dachrinnen, wenige (*Macrobiotus macronyx*) dauernd im Süßwasser, einige sind marin. Sie sind besonders dadurch bemerkenswert geworden, daß sie wie die Rotiferen nach langem Eintrocknen durch Befeuchtung wieder zu neuem Leben erwachen.

1. Ordnung. *Heterotardigrada*. Mit Kopfsinnesanhängen. Krallen gleichartig. Die Genitalgänge münden gesondert in einem praeanalen Porus. Darmanhangsdrüsen fehlen.

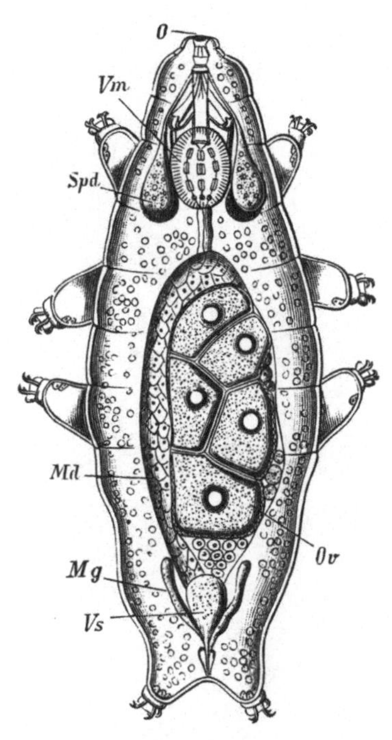

Abb. 566. *Macrobiotus hufelandi* (*schultzei*). (Nach Greeff.) Etwa $^{100}/_1$.
O Mund, *Md* Magendarm, *Spd* Speicheldrüsen, *Ov* Ovarium, *Mg* Malpighische Gefäße, *Vm* Schlundkopf, *Vs* Rectaldrüse.

Fam. *Echiniscidae*. *Echiniscus* (*Emydium*) *testudo* Doj. (*bellermanni* Sigm. Schltze.) Nord- u. Mitteleuropa. *Echiniscoides sigismundi* M. Schultze. Nordsee, Mittelmeer. Hier schließen sich an *Batillipes mirus* Rchtrs. Atl. Oz., Nord- u. Ostsee. *Tetrakentron synaptae* Cuén. Körper abgeflacht. Ectoparasit auf *Leptosynapta inhaerens*.

2. Ordnung. *Eutardigrada*. Ohne Kopfsinnesanhänge. Krallen untereinander verschiedenartig. Die Genitalgänge münden in den Enddarm. Darmanhangsdrüsen vorhanden.

Fam. *Macrobiotidae*. *Macrobiotus macronyx* Duj. Im Süßwasser. *M. hufelandi* Sigm. Schltze. Landform (Abb. 566). Kosmopolit. *Hypsibius dujardini* Doj. Im Süßwasser. Nord- u. Mitteleuropa. Hier schließt sich an *Milnesium tardigradum* Doj. Kosmopolit.

2. Subkladus. EUARTHROPODA.

Arthropoden mit äußerlich abgesetzten Segmentgrenzen, mit gegliederten Segmentanhängen (Extremitäten). Hautmuskelschlauch in segmentale Muskelgruppen aufgelöst. Muskulatur quergestreift.

1. Klasse. **Crustacea, Krebse**[1].

Wasserbewohnende, durch Kiemen atmende Euarthropoden mit in der Regel zwei Antennenpaaren und mit zweiästigen Extremitäten. Meist mit Schalenduplikatur.

Die Crustaceen, deren Namen von der oft harten, durch Kalksalze inkrustierten Körperhaut entlehnt ist und lediglich für die größeren Malacostraken paßt, bewohnen vorwiegend das Wasser und nur in vereinzelten Ausnahmen das Land. Als wichtiger Charakter ist die große Zahl von Gliedmaßenpaaren hervorzuheben, welche mit Ausnahme der Vorderfühler oder vorderen Antennen (Antennulae) auf zweiästige Spaltfüße zurückzuführen sind.

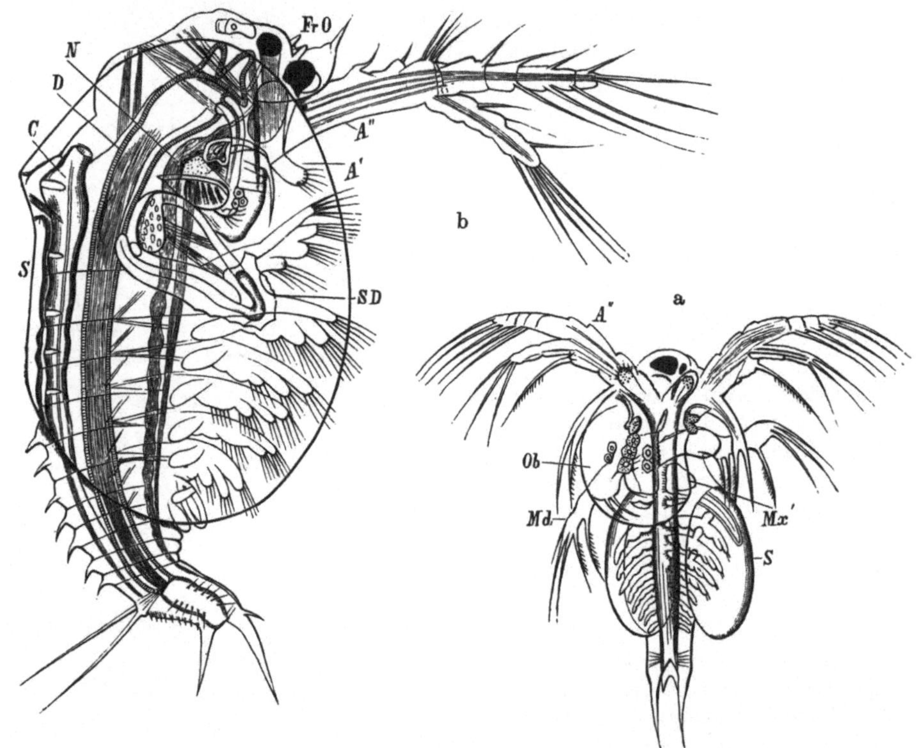

Abb. 567. Larven von *Cyzicus* (*Estheria*). (Nach CLAUS.) a Jüngeres Stadium. Die Schale noch klein. $^{50}/_1$. b Älteres Stadium. $^{80}/_1$. Die Schale beginnt den Kopf zu überwachsen. *A'* Antennula, *A''* (zweite) Antenne, *C* Herz, *Md* Mandibel, *Mx'* erste Maxille, *Ob* Oberlippe, *S* Schale, *SD* Schalendrüse, *D* Darm, *N* Nervensystem, *FrO* Frontalorgan.

In die Bildung des Kopfes treten außer dem primären Kopfsegmente mit den Augen noch fünf nachfolgende, mit jenem und untereinander verschmolzene Segmente ein, deren Gliedmaßen die vorderen und hinteren Antennen, die Mandibeln

1 MILNE EDWARDS, H.: Histoire naturelle des Crustacés. 3 Bde. u. Atlas. Paris 1834 bis 1840. — MÜLLER, FR.: Für Darwin. Leipzig 1864. — CLAUS, C.: Untersuchungen zur Erforschung der genealogischen Grundlage des Crustaceensystems. Wien 1876. — FAXON, W.: Sélections from Embryological Monographs. I. Crustacea. Mem. Mus. Comp. Zool. Harvard Coll. Cambridge 1882. — BOAS, J. E. V.: Studien über die Verwandtschaftsbeziehungen der Malacostraken. Morph. Jb. 8 (1883). — CLAUS, C.: Neue Beiträge zur Morphologie der Crustaceen. Arb. zool. Inst. Univ. Wien 6 (1886). — GROBBEN, K.: Zur Kenntnis des Stammbaumes und des Systems der Crustaceen. Sitzgsber. Akad. Wiss. Wien, Math. naturwiss. Kl. 101 (1892). — Vgl. ferner die Abhandlungen von A. DOHRN, HUXLEY, BRUNTZ u. a.

und zwei Maxillenpaare sind; bei *Trilobiten* und einigen *Phyllopoden* ist nur eine als Antenne entwickelte Kopfgliedmaße vorhanden. Häufig verschmilzt diese als Kopf zu unterscheidende Region mit einem oder zahlreichen nachfolgenden Segmenten des Mittelleibes oder Thorax zu einem *Kopfbruststück* (*Cephalothorax*).

Die Verschmelzung der Körpersegmente kann aber auch eine sehr ausgedehnte sein und sich nicht allein auf eine festere Vereinigung fast sämtlicher Brustsegmente (*Decapoden*) erstrecken, sondern auch die des Abdomens betreffen (*Isopoden*). Von großer Bedeutung ist eine am Rücken und den Seiten der Maxillarregion des Kopfes auftretende Hautduplikatur, die in Form einer einfachen oder zweiklappigen *Schale* (Rückenschild) den Thorax und das Abdomen sowie zuweilen auch den Kopf überwächst (Abb. 567), in einigen Fällen aber fehlt.

Am Kopfe heften sich zwei, gewöhnlich als Sinnesorgane fungierende Fühlerpaare an, die aber auch als Bewegungsorgane oder zum Ergreifen und Anklammern dienen können.
Von denselben stehen die Vorderantennen insofern allen übrigen Gliedmaßen gegenüber, als sie die zweiästige Grundform niemals aufweisen lassen.

Sämtliche folgende Gliedmaßen sind auf die Grundform einer zweiästigen Extremität zurückzuführen. An ihr ist ein zweigliedriger Stamm (*Protopodit*), ein die Fortsetzung des Stammes bildender Innenast (*Endopodit*) sowie ein lateralwärts am zweiten Stammglied entspringender Außenast (*Exopodit*) (Abb. 571) zu unter-

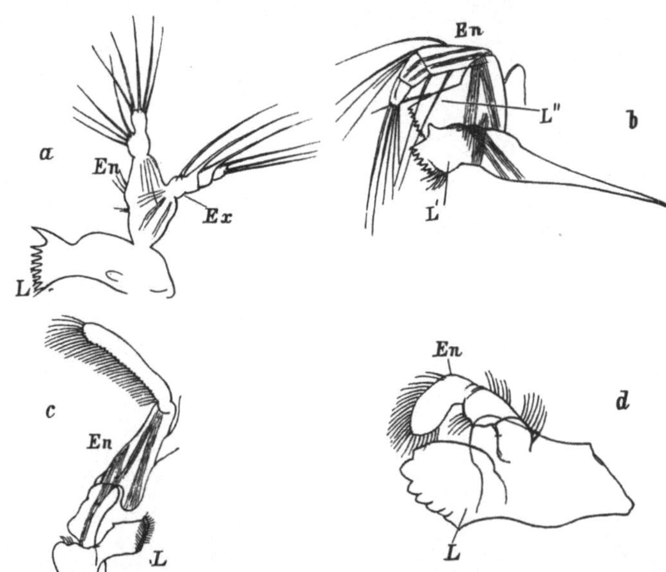

Abb. 568. Mandibeln von a *Centropages typicus* (*Ichthyophorba denticornis*), b *Conchoecia*, c *Nebalia*, d *Potamobius* (*Astacus*). (a, b, c nach CLAUS.) *L* Kaulade (Endit), *En* Endopodit, *Ex* Exopodit. Bei *Conchoecia* auch am ersten Gliede des Tasters eine Kaulade (*L"*).

scheiden. Dazu können ein oder mehrere äußere Anhänge des Stammes (*Epipoditen*) treten, die meist als Kiemen fungieren. Medianwärts gerichtete ladenartige Fortsätze am Protopodit und Endopodit werden *Enditen* genannt.

Die als Mundwerkzeuge dienenden Gliedmaßen des Kopfes besitzen bei den *Trilobiten* wie auch die 2. Antenne die ursprüngliche Spaltfußform; bei den übrigen Crustaceen sind sie als *Mandibeln* und zwei Paare von *Maxillen* besonders differenziert. Die Mandibeln liegen zu den Seiten einer meist helmförmig die Mundöffnung überragenden *Oberlippe*, unter welcher häufig eine kleine als *Unterlippe* unterschiedene, zwei tasterähnliche Lappen (*Paragnathen*) tragende Platte liegt. Sie bilden meist einfache, aber harte, bezahnte Kauplatten (Abb. 568), die morphologisch dem mächtigen Enditen am Stammgliede der Gliedmaßen entsprechen, deren nachfolgende Glieder einen tasterartigen Anhang (*Mandibulartaster*) darstellen. Viel schwächer, aber mit mehreren Laden versehen, erweisen sich die zwei Paare Unterkiefer (*Maxillae*). Sie charakterisieren sich durch das Auftreten von Kaufortsätzen (Enditen) des Stammes, an welchem der Endopodit und Exopodit meist als beinförmige Tasteranhänge oder fächerartige Platten erhalten sind (Abb. 569, 570). Ausnahmsweise (*Calaniden*) kann auch ein Epipodialanhang, der bei den höheren Krebsen erst an den Thoracalfüßen auftritt, vorhanden sein (Abb. 569a).

Die Thoracalfüße gestatten die gleiche Zurückführung auf eine zweiästige Grundform und tragen häufig Epipoditen. Sie können untereinander im wesent-

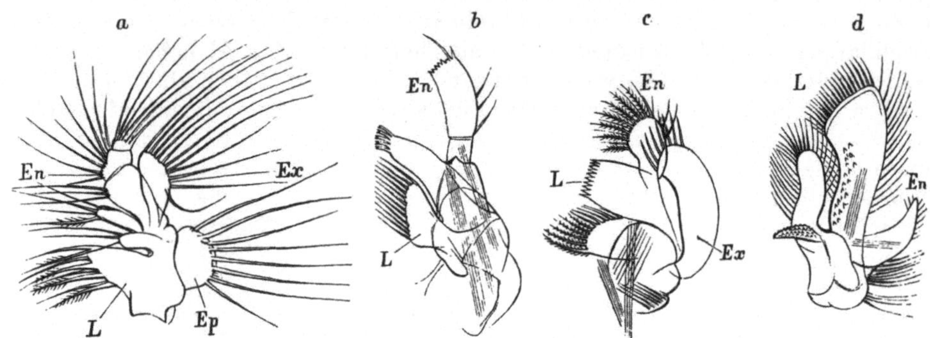

Abb. 569. Maxillen des ersten Paares. a Von *Calanus*, b von *Gammarus*, c von *Euphausia*, d von *Potamobius* (*Astacus*). (c nach CLAUS.) *L* Laden (Endit), *En* Endopodit, *Ep* Epipodialplatte (Epipodit), *Ex* Exopodit.

lichen gleichgestaltet bleiben und dienen dann sämtlich vornehmlich zur Herbeistrudelung der Nahrung und zur Locomotion (*Nebalia*). Nach der besonderen Lebensweise und Bewegungsart bieten sie eine äußerst mannigfache Gestaltung;

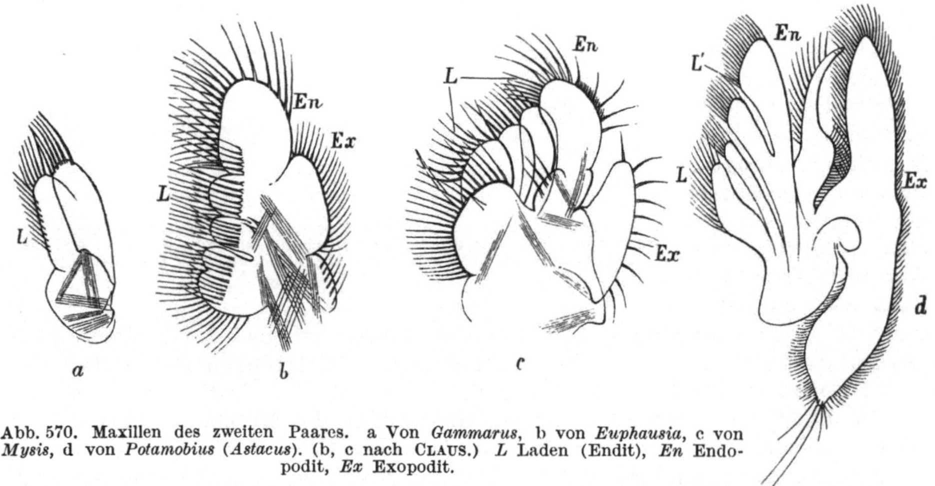

Abb. 570. Maxillen des zweiten Paares. a Von *Gammarus*, b von *Euphausia*, c von *Mysis*, d von *Potamobius* (*Astacus*). (b, c nach CLAUS.) *L* Laden (Endit), *En* Endopodit, *Ex* Exopodit.

sie sind breite, blattförmige Schwimm- und Strudelfüße (*Trilobiten, Phyllopoden*) oder zweiästige Ruderfüße (*Copepoden*), sie können als Rankenfüße (*Cirripedien*) zum Einfangen der Beute dienen, oder zum Kriechen, Gehen und Laufen (*Isopoden, Decapoden*) eingerichtet sein. Im letzteren Falle endigen einige von ihnen mit Haken oder Scheren. In ihren vorderen Paaren treten sie oft in Beziehung zur Nahrungsaufnahme und sind dann zu dem Munde genäherten, nach vorn gerückten sogenannten Kieferfüßen (*Pedes maxillares*) umgebildet.

Die Gliedmaßen des Hinterleibes (Pleopoden) (Abb. 560) endlich, welcher häufig in toto bewegt wird und zur Unterstützung der Locomotion dient, sind von jenen des Mittelleibes (die *Trilobiten* ausgenommen) verschieden und entweder ausschließlich Locomotionsorgane, Spring- und Schwimmfüße (*Amphipoden, Stomatopoden*), oder sie dienen mit ihren Anhängen zur Respiration, auch wohl zum Tragen der Eier und zur Begattung (*Decapoden*). Zuweilen fehlen Abdominalfüße.

Nicht minder verschieden als die äußere Form und der Körperbau verhält sich die innere Organisation. Von Sinnesorganen sind Komplexaugen am meisten verbreitet und oft in beweglich abgesetzte Seitenteile des Kopfes (*Stielaugen*) hineingerückt.

Der Verdauungskanal erstreckt sich in der Regel in gerader Richtung vom Mund zu dem am hinteren Leibesende gelegenen After. Bei den höheren Formen erweitert sich die Speiseröhre vor dem Mitteldarme in einen mit Chitinplatten ausgestatteten Vormagen. Am Anfange des Mitteldarmes sitzen einfache oder ramifizierte Mitteldarmdrüsenschläuche (Leberschläuche) auf.

Als Harnorgane finden sich Nephridien; zu denselben gehören die an der Basis der hinteren (zweiten) Antenne ausmündende Antennendrüse sowie die dem zweiten Maxillarsegmente angehörige Maxillar- oder Schalendrüse. Es können aber auch am Ende des Mitteldarmes einmündende, den MALPIGHIschen Gefäßen analoge harnabsondernde Schläuche vorkommen (*Brachyuren, Amphipoden*).

Die Kreislauforgane treten in sehr verschiedenen Formen auf, von der größten Einfachheit an bis zur höchsten Komplikation eines reich entwickelten Systems arterieller Gefäße und venöser Blutbahnen. Zuweilen fehlen Kreislauforgane. Ein eigenartiges, vollständig geschlossenes Gefäßsystem tritt bei *Lernanthropus* und anderen parasitischen *Copepoden* auf. Das Blut ist meist farblos, zuweilen bläulich, oder rot gefärbt und enthält in der Regel farblose Blutkörperchen.

Atmungsorgane fehlen entweder völlig oder sind Kiemen am Basalgliede der Brustfüße oder an den Füßen des Abdomens.

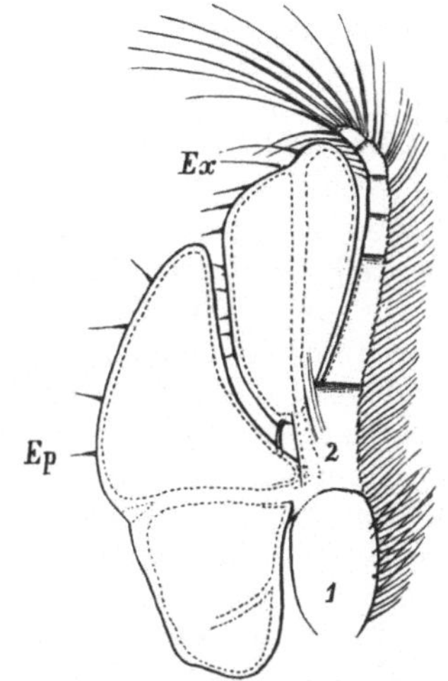

Abb. 571. Brustfuß von *Nebalia bipes*. (Nach CLAUS.) *1, 2* die Glieder des Stammes (Protopodit), in ihrer Verlängerung der Endopodit, *Ex* Exopodit, *Ep* Epipodit.

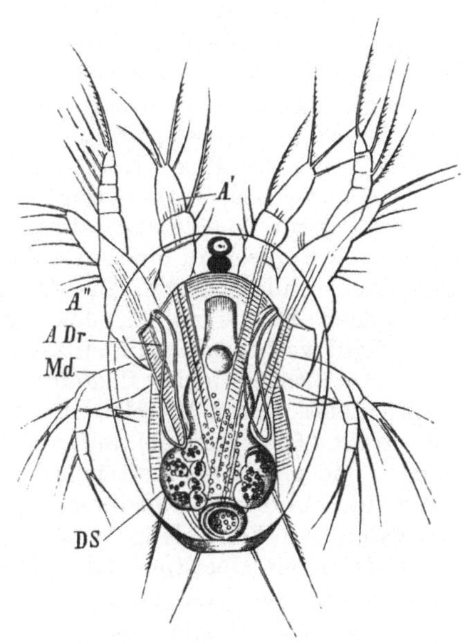

Abb. 572. Nauplius von *Cyclops albidus (tenuicornis)*. (Nach CLAUS.) *A Dr* Antennendrüse, *A', A'', Md* die drei den Antennen und der Mandibel entsprechenden Gliedmaßenpaare, *DS* Darmaussackungen mit Harnzellen.

Mit Ausnahme der hermaphroditischen Cirripedien und Fischasseln sind die Krebse getrennten Geschlechtes. Männliche und weibliche Geschlechtsorgane münden am Hinterende des Thorax oder an der Basis des Abdomens.

Für die Entwicklung ist (die *Trilobiten* ausgenommen) die als *Nauplius* bekannte Larve (Abb. 572) charakteristisch. Diese Larve zeigt im allgemeinen den Phyllopoden-Habitus; sie besitzt einen ovalen Leib, der am Hinterende mit zwei Borsten (Furcalborsten) ausgestattet ist, und trägt drei Gliedmaßenpaare, welche der ersten und zweiten Antenne sowie den Mandibeln entsprechen und der Tastempfindung, Nahrungsaufnahme und Locomotion dienen. Die vorderen Gliedmaßen, welche zu den ersten Antennen werden, sind stets einästig, die beiden anderen zweiästig und an ihrer Basis mit Kauhaken ausgestattet. Das Nervensystem hängt noch mit dem Ectoderm zusammen. Außer dem Gehirn, dem ein dreiteiliges Medianauge (Naupliusauge) anliegt, ist ein unteres Schlundganglion vorhanden. Die Mundöffnung ist von einer umfangreichen Oberlippe überragt und führt in den terminal am Hinterende mündenden Darm. Als Harnorgan findet sich die Antennendrüse; zuweilen fungieren in gleicher Weise Aussackungen des Darmes. Die folgenden Metameren entstehen vom weiterwachsenden Endabschnitte des Körpers (Aftersegment) aus in der Reihenfolge von vorn nach hinten wie bei Anneliden. Spätere Naupliuszustände mit der Anlage der weiteren Metameren werden als *Metanauplius* unterschieden. Zu dieser Zeit tritt bereits die Schalenanlage sowie die Genitalzelle hervor.

In der Klasse der Crustaceen lassen sich folgende Ordnungen unterscheiden: *Trilobita, Phyllopoda, Ostracoda, Branchiura, Copepoda, Cirripedia* und *Malacostraca*. Die Zusammenfassung der *Phyllopoda, Ostracoda, Branchiura, Copepoda* und *Cirripedia* als *Entomostraca* ist nicht durch nähere Verwandtschaft derselben untereinander begründet und daher nicht aufrecht zu erhalten (GROBBEN).

<h3 align="center">1. Ordnung. Trilobita[1].</h3>

Palaeozoische Crustaceen mit Kopfschild, dem ein Antennenpaar und vier spaltfußförmige Extremitätenpaare angehören, einer wechselnden Zahl von freien Thoraxsegmenten und einem Schwanzschild (Pygidium), dem Abdomen. Gliedmaßen des Thorax und Abdomens spaltfußförmig.

Der häufig einrollbare Körper der *Trilobiten* (Abb. 573) wird dorsal von einem dicken Panzer bedeckt und zeigt einen erhöhten Mittelteil (Rhachis) und zwei flachere Seitenteile (Pleurae). Er gliedert sich in einen vorderen halbkreisförmig begrenzten Kopfschild, eine Anzahl scharf abgesetzter Rumpfsegmente (Thorax) und einen schildförmigen, aus der Verschmelzung mehrerer Segmente hervorgegangenen Schwanzschild, das Pygidium (Abdomen). Die Rumpfsegmente, deren Zahl wechselt, für die einzelnen Gattungen aber bestimmt ist, besitzen an ihren Seitenteilen meist flügelförmige Fortsätze. Die Seitenteile (genae) des Kopfschildes, dessen Mittelabschnitt als sogenannte Glabella vorspringt, weisen eine Naht (Gesichtsnaht) auf, vor welcher meist große Komplexaugen sich finden, und ziehen sich oft in sehr lange nach hinten gerichtete Stacheln aus. Auch sind ein dorsales Medianauge und auf der Unterseite des Kopfschildes am Hypostom ein Ventralauge vorhanden.

Außer einer Oberlippe (Hypostoma) finden sich an der Ventralfläche des Kopfschildes ein Paar geringelter Antennen sowie vier Paare Spaltfüße (Kaufüße), die außer einem Basalstück (Coxopodit) mit Kaufortsatz (Endit) einen blattförmigen reich beborsteten Endopodit und einen sechsgliedrigen Exopodit unterscheiden lassen. An den Segmenten des Rumpfes und des Pygidiums sind gleichgestaltete Spaltfüße mit schwächeren Enditen am Basalstück vorhanden, die sich gegen das Hinterende des Körpers zu verjüngen. Das letzte Segment

---

[1] Außer den älteren Werken von BARRANDE, SALTER u. WOODWARD, sowie jüngeren von BEECHER, MATTHEW, RAYMOND, WALCOTT vgl. STORCH, O.: Über Bau und Funktion der Trilobitengliedmaßen. Z. Zool. **125** (1925).

(Telson) ist gliedmaßenlos; auch Furcalanhänge wurden beobachtet (Abb. 574). Als Epipoditen werden borstentragende Anhänge des Stammgliedes angesehen.

Die Trilobiten waren Bewohner des Meeres. Ihre Überreste finden sich in den palaeozoischen Ablagerungen und gehören zu den ältesten tierischen Organismen.

In dem Besitze von fünf Extremitätenpaaren am Kopfe und von Spaltfüßen zeigen die Trilobiten Übereinstimmungen mit den Crustaceen, weisen aber diesen gegenüber in dem Vorhandensein nur einer als Antenne ausgebildeten Kopfgliedmaße und in der primitiven Ausbildung der übrigen Kopfgliedmaßen ur-

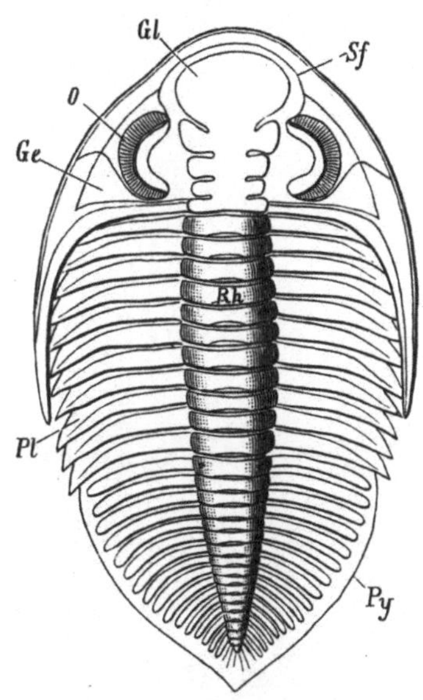

Abb. 573. Diagramm von *Dalmanites*. (Nach PICTET.) *Ge* Wangen (Genae), *Gl* Glabella, *Sf* Gesichtsnaht, *O* Auge, *Rh* Rhachis, *Pl* Pleurae, *Py* Pygidium.

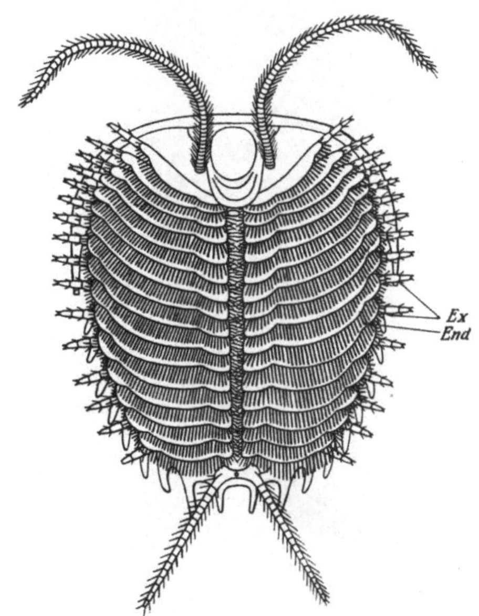

Abb. 574. *Neolenus serratus* aus dem Cambrium. (Nach RAYMOND, mit Abänderungen von STORCH. Original.) *End* Endopodit, *Ex* Exopodit.

sprünglichere Verhältnisse auf. Das Vorkommen eines Naupliuszustandes konnte unter den bekannt gewordenen Jugendstadien nicht festgestellt werden. Die Trilobiten stehen den Phyllopoden am nächsten.

2. Ordnung. Phyllopoda[1], Blattfüßer.

Crustaceen von meist gestrecktem und deutlich gegliedertem Körper, mit oder ohne Schalenduplikatur, mit tasterloser Mandibel und rudimentären Maxillen, mit wenigstens vier, oft mit zahlreichen Paaren von meist blattförmigen, gelappten Brustfüßen.

[1] Außer den älteren Werken von O. FR. MÜLLER, JURINE, STRAUS-DÜRKHEIM, SCHÄFFER vgl. ZADDACH: De Apodis cancriformis anatome et historia evolutionis. Bonnae 1841. — GRUBE, E.: Bemerkungen über die Phyllopoden. Arch. f. Naturg. 1853 u. 1855. — LEYDIG, FR.: Naturgeschichte der Daphniden. Tübingen 1860. — MÜLLER, P. E.: Bidrag til Cladocerernes Fortplantning-historie. Kjöbenhavn 1868. — CLAUS, C.: Zur Kenntnis des Baues und der Entwicklung von *Branchipus* und *Apus*. Abh. Ges. d. Wiss. Göttingen 1873. — Zur Kenntnis der Organisation und des feineren Baues der Daphniden. Z. Zool. 27 (1876). — Zur Kenntnis des Baues und der Organisation der Polyphemiden. Denkschr. Akad. Wien 1877. — Untersuchungen über die Organisation und Entwicklung von *Branchipus* und *Artemia*. Arb. zool. Inst. Wien 6 (1886). — GROBBEN, C.: Die Embryonalentwicklung von *Moina rectirostris*. Ebenda 2 (1879). — WEISMANN, A.: Beiträge zur Naturgeschichte der Daphnoiden. Z. Zool. 1876—1880. — PACKARD, A. S.: A monograph

Crustaceen von geringer Körpergröße, welche in der Bildung ihrer blattförmigen, gelappten Beine übereinstimmen, in der Zahl der Leibessegmente und
Extremitäten mannigfach abweichen. Nach ihrer Organisation und Entwicklung
scheinen die *Phyllopoden* als die am we-
nigsten veränderten Abkömmlinge alter
Typen betrachtet werden zu können.

Der Körper der reicher gegliederten
Euphyllopoda ist zumeist zylindrisch,
langgestreckt und deutlich segmentiert
und wird bei *Apus* zum größten Teile

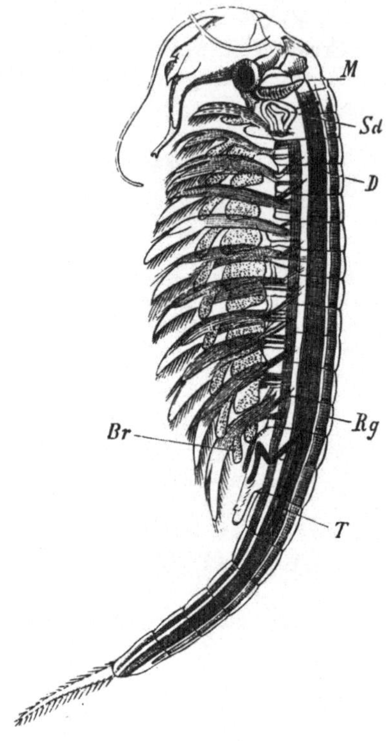

Abb. 575. Männchen von *Branchipus schaefferi*
(*stagnalis*). (Nach CLAUS.) *Br* Kiemenanhang, *D*
Darm, *M* Mandibel, *Rg* Herz, *Sd* Schalendrüse,
T Hoden. ⁷/₁

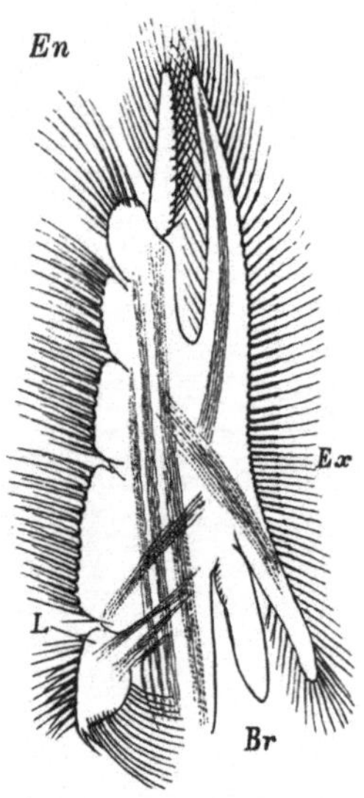

Abb. 576. Brustfuß von *Cyzicus* (*Estheria*). Die
beiden Stammglieder mit dem Enditen (*L*), *En*
gelappter Endopodit, *Ex* Exopodit, *Br* Branchialsäckchen (Epipodit).

von einer breiten flachen Schale bedeckt (Abb. 578), die in den schildförmigen
Vorderrand des Kopfes übergeht, während *Branchipus* der Schale entbehrt
(Abb. 575). Bei den *Limnadiiden* (Abb. 567) ist der Körper seitlich kompreß und
samt dem Kopfe von einer zweiklappigen, durch einen Schalenmuskel schließbaren

of the Phyllopod Crustacea of North America. 12. Ann. Rep. U. S. Geol. a. Geogr. Survey.
Washington 1884. — SARS, G. O.: Fauna Norvegiae. I. Phyllocarida and Phyllopoda.
Christiania 1896. — MILTZ, O.: Das Auge der Polyphemiden. Bibliotheca zoologica 28.
Stuttgart 1899. — SAMTER, M.: Studien zur Entwicklungsgeschichte der *Leptodora hyalina*.
Z. Zool. 68 (1900). — LILLJEBORG, W.: Cladocera Sueciae. Nova acta Soc. Sci. Upsala
1900. — NOWIKOFF, M.: Untersuchungen über den Bau der *Limnadia lenticularis*. Z.
Zool. 78 (1905). — DADAY, E.: Monographie systématique des Phyllopodes Anostracés.
Ann. des Sci. natur. 1910. — Monographie systématique des Phyllopodes Conchostracés.
Ebenda 1915, 1923 u. 1925. — KÜHN, A.: Die Sonderung der Keimesbezirke in der
Entwicklung der Sommereier von *Polyphemus pediculus*. Zool. Jb. 35 (1912). — VOLLMER, C.:
Zur Entwicklung der Cladoceren aus dem Dauerei. Z. Zool. 102 (1912). — CANNON, H. GR.:
On the Development of an Estherid Crustacean. Philosophic. Trans. roy. Soc. London 212
(1924). — STORCH. O.: Morphologie und Physiologie des Fangapparates der Daphniden.
Erg. Zool. 6 (1924). — Der Phyllopoden-Fangapparat. Internat. Rev. d. Hydrobiol. 12, 13
(1925). — Vgl. außerdem die Schriften von KOZUBOWSKI, F. BRAUER, RICHARD, ISHIKAWA,
RAY LANKESTER, A. BRAUER, BERNARD, CUNNINGTON, STINGELIN, SUDLER, v. ZOGRAF,
WOLFF, EKMAN, WOLTERECK, WESENBERG-LUND u. a.

Schale umschlossen. Der Rumpf der *Cladoceren* (Abb. 577) baut sich aus wenigen (vier bis sechs) Metameren auf und trägt eine zweiklappige Schale, aus welcher der Vorderteil des Kopfes her-vorragt. Zuweilen setzt sich der Kopf schärfer ab, während Thorax und Abdomen nicht immer scharf abzugrenzen sind. Meist bleiben die hinteren Segmente gliedmaßenlos. Der Hinterleib endet mit zwei flos-senförmigen (*Branchipodidae*) oder fadenförmigen (*Apodidae*) Furcalgliedern, bei den *Limna-diiden* und *Cladoceren* mit einem ventralwärts nach vorne um-gebogenen, in zwei Blätter ge-spaltenen Abschnitt, welcher an der Spitze zwei nach hin-ten gerichtete Krallen trägt.

Am Kopfe finden wir zwei Antennenpaare; die vorderen bleiben klein und sind Träger von Geruchsborsten, die hin-teren sind häufig große zwei-ästige Ruderarme, können aber auch beim Männchen Greif-organe sein (*Branchipus*), in anderen Fällen (*Apus*) sind sie rudimentär. Von Mundwerk-zeugen unterscheidet man über-all unterhalb der ansehnlichen Oberlippe zwei breite taster-lose Mandibeln mit bezahnter Kaufläche, denen noch ein (*Cladocera*) oder zwei (*Euiphyllo-poda*) Paare von schwachen Maxillen folgen. Letztere sind einfache Ladenplatten. Die Beinpaare des Rumpfes ver-jüngen sich nach dem hinteren Körperende zu. Sie sind blattförmige Schwimmfüße (Abb. 576) und dienen zu-gleich oder fast ausschließlich durch Strudelung als Hilfs-werkzeuge der Nahrungsaufnahme (s. S. 125). Auf den kurzen, meist mit einem Kieferfortsatze versehenen Basal-abschnitt folgt ein langer blattförmiger Stamm mit Borsten am Innenrand. Er setzt sich direkt in den Endopoditen fort und trägt an seiner Außenseite den borstenrandigen Exopodit sowie nahe seiner Basis ein schlauchförmiges Kiemensäckchen. Indessen können die vorderen, ja sämtliche Beinpaare Greiffüße sein (Abb. 579, 580) und auch der Kiemenanhänge entbehren. Als eine bei *Apus* auftretende Eigentümlichkeit ist hervorzuheben, daß vom 12. Rumpfsegmente angefangen den nachfolgenden fuß-

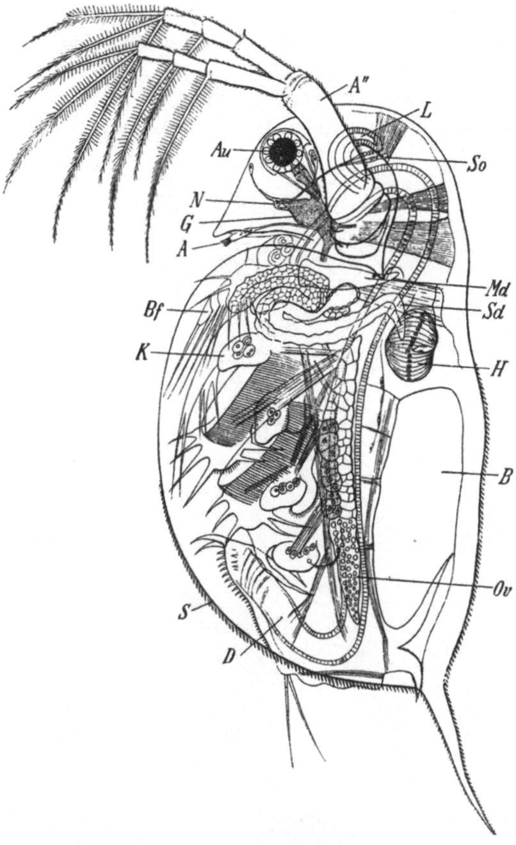

Abb. 577. Weibliche *Daphnia*. (Nach CLAUS, verändert und er-gänzt.) Etwa $^{26}/_1$. *A* erste, *A″* zweite Antenne, *B* Brutraum, *Bf* erster Brustfuß, *K* Kiemensäckchen, *Md* Mandibel, *S* Schale, *G* Cerebralganglion, *N* Naupliusauge, *Au* zusammengesetztes Stirnauge, *So* Scheitelsinnesorgan, *D* Darm, *L* Mitteldarm-drüsenschläuche, *Sd* Schalendrüse, *H* Herz, *Ov* Ovarium.

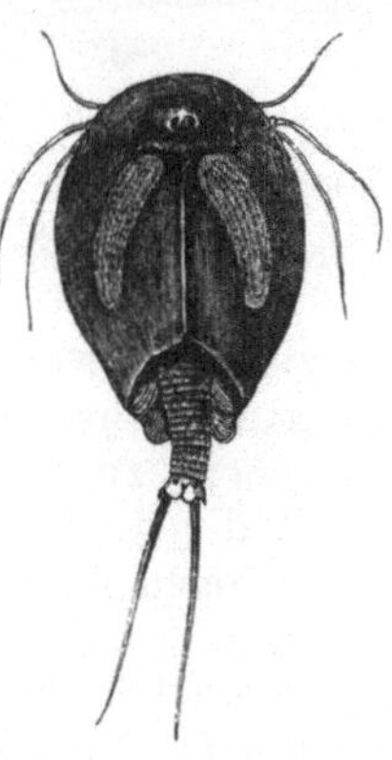

Abb. 578.
Apus cancriformis. $^1/_1$

tragenden Segmenten eine größere, nach hinten sich steigernde Zahl von Gliedmaßen zukommt (Polypodie).

Das Nervensystem besteht aus dem Cerebralganglion und einer meist strickleiterförmigen Bauchganglienkette. Von Sinnesorganen finden sich neben dem Naupliusauge ein Paar zusammengesetzter Augen mit glatter Cornea, welche entweder seitlich liegen und gestielt sind (*Branchipus*) oder in der Medianebene genähert, selbst zu einer einzigen Augenkugel verschmolzen, von einer Hautduplikatur überwachsen in der Tiefe liegen und durch besondere Muskeln bewegt werden können. An dem Naupliusauge liegt das sogenannte mediale Frontalorgan; ein zweites paariges Frontalorgan findet sich in der Stirngegend (*Euphyllopoden*) oder an den Seiten des Kopfes (Scheitelsinnesorgan der *Cladoceren*).

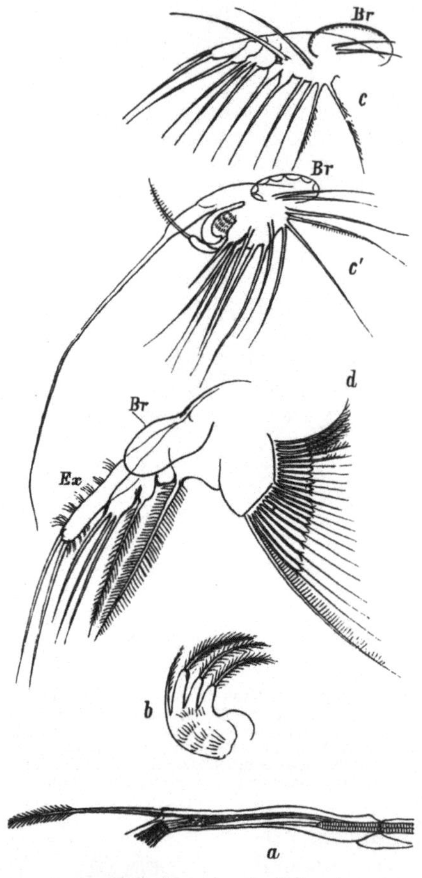

Die von einer großen Oberlippe überdeckte Mundöffnung führt in einen bogenförmig aufsteigenden Oesophagus, einen meist geraden Mitteldarm und kurzen Enddarm (Abb. 577). Am Anfang des Mitteldarmes münden zwei einfache oder verästelte Mitteldarmdrüsenschläuche. Die Kreislaufsorgane beschränken sich auf ein Herz, das als sogenanntes gekammertes Rückengefäß bei *Branchipus* sich durch alle Rumpfsegmente erstreckt (Abb. 575), bei *Limnadiiden* auf die vorderen Brustsegmente beschränkt, bei den *Cladoceren* zu einem sackförmigen Herzen mit nur einem Spaltenpaare reduziert ist (Abbild. 577). Als Excretionsorgan tritt die am 2. Maxillarsegmente ausmündende, in die Schale eingelagerte sogenannte Schalendrüse auf. Zur Respiration dienen die Kiemensäckchen und die durch die Schalenduplikatur sowie durch die blattförmigen Schwimmfüße sehr vergrößerte Oberfläche des Körpers. Ein verbreitetes Organ ist das an der Dorsalseite des Kopfes auftretende Nackenorgan, mittels dessen sich manche Formen festheften können.

Abb. 579. a Erste Antenne des Männchens von *Daphnia.* b Maxille. c Erster Thoraxfuß des Weibchens, c' des Männchens. d Zweiter Thoraxfuß, *Br* Branchialsäckchen, *Ex* Exopodit. (Nach CLAUS.)

Die Phyllopoden sind getrennten Geschlechts; einige *Apodiden* sollen hermaphroditisch sein. Die Männchen unterscheiden sich von den Weibchen durch größere und mit Riechhaaren reicher besetzte vordere Antennen. Bei *Branchipus* sind die hinteren Antennen des Männchens zu Greifwerkzeugen umgebildet; bei *Limnadiiden* und *Cladoceren* tragen die vorderen Thoraxextremitäten Greifhaken (Abb. 579 c').

Im allgemeinen treten die Männchen minder häufig und in der Regel nur zu bestimmten Zeiten auf. Die Weibchen der *Cladoceren* vermögen parthenogenetisch sich entwickelnde Eier abzulegen, bei *Artemia, Apus* ist Parthenogenese Regel; dies scheint auch bei *Limnadia lenticularis* der Fall zu sein. Die Genitaldrüsen sind paarig und münden an der Grenze von Thorax und Abdomen, bei den *Clado-*

ceren die Ductus deferentes ventral oder am hinteren Körperende, die Oviducte dorsal in den Schalenraum. Vorstülpbare Begattungsorgane besitzt *Branchipus*. Die Eientwicklung geschieht mittels Einährzellen (vgl. S. 270, Abb. 249 und 577).

Die Weibchen tragen die Eier entweder in einer taschenförmigen, mit Drüsen versehenen Erweiterung der vereinigten Oviducte, die eine sackförmige Auftreibung der Genitalsegmente hervorruft (*Branchipodidae*), oder zwischen den Schalen an fadenförmigen Anhängen (*Limnadiidae*) oder in schalenartigen (*Apus*) Teilen bestimmter (bei *Limnadiiden* 10., 11., bei *Apus* 11.) Beinpaare, oder wie bei den *Cladoceren* in dem durch Schale und Körper begrenzten dorsalen Brutraum, der nach hinten durch mehrere von der Rückenseite des Rumpfes ausgehende Höcker abgeschlossen ist.

Die ausschlüpfenden Jungen besitzen entweder bereits die Form des ausgewachsenen Geschlechtstieres (*Cladocera*), oder durchlaufen eine Metamorphose, indem sie als Naupliuslarven die Eihülle verlassen (*Euphyllopoda*). Die Phyllopoden bewohnen zum kleineren Teile das Meer, leben vielmehr vorzugsweise in stehenden Süßwasserlachen, einzelne auch in Salzlachen und sind über alle Weltteile verbreitet.

1. Unterordnung. *Euphyllopoda*. Phyllopoden mit reich segmentiertem Körper, meist mit Schale. Mit zwei Maxillenpaaren und 10—30 und mehr Paaren blattförmiger Brustfüße.

Die Euphyllopoden weisen drei sehr verschieden aussehende Typen auf. Sie gehören fast durchweg den Binnengewässern an und leben vornehmlich in Süßwasserlachen, nach deren Austrocknung die im Schlamme eingetrockneten Eier entwicklungsfähig bleiben.

Fam. *Branchipodidae* (*Anostraca*). Körper langgestreckt, ohne Schale. Meist mit elf Thoracalfußpaaren und fußlosem acht- bis neungliedrigem Abdomen; Furcalplatten flossenförmig. Kopf scharf abgesetzt mit gestielten Seitenaugen. *Branchipus schaefferi* FISCH. (*stagnalis* AUT.) (Abb. 575). *Streptocephalus torvicornis* WAGA. *Chirocephalus diaphanus* PRÉV. Europa. *Artemia salina* L., in Salzlachen. Weit verbreitet. *Polyartemia forcipata* S. FISCH. Mit 19 Thoracalfußpaarèn und achtgliedrigem fußlosem Abdomen. In Süßwasserlachen. Arktisch.

Fam. *Apodidae* (*Notostraca*). Körper von einer flachen Schale bedeckt, die sich in den schildförmigen Vorderrand des Kopfes fortsetzt. Die zusammengesetzten Augen der Mitte genähert und von einer Hautduplikatur überwachsen. Hintere Antennen rudimentär. Dreißig und mehr Beinpaare, von denen das vorderste in drei lange Geißeln ausläuft. Furcalanhänge fadenförmig. *Apus* (*Triops*) *cancriformis* Bosc. (Abb. 578). *Lepidurus apus* L. (*productus* Bosc.). Europa.

Fam. *Limnadiidae* (*Conchostraca*). Körper seitlich kompreß, von einer zweiklappigen Schale vollständig umschlossen. Kopf am Scheitel durch eine Incisur gesondert (Abb. 567). Die zusammengesetzten Augen in der Mittellinie zusammengerückt und von einer Hautduplikatur überwachsen. Die hinteren Antennen sind zweiästige Ruder. Hinterleibsende in zwei mit Haken versehene Blätter ausgehend. *Cyzicus* (*Estheria*) *tetracerus* KRYN. Europa. *Leptestheria dahalacensis* RÜPP. *Eoleptestheria ticinensis* CRIV. *Limnadia lenticularis* L. Kopf mit dorsalem kolbenförmigem Anhang. Europa. *Lynceus* (*Limnetis*) *brachyurus* MÜLL. Zweite Maxille rudimentär. Europa.

2. Unterordnung. *Cladocera*, Wasserflöhe. Kleine, seitlich kompresse Phyllopoden, deren Körper sich nur aus wenigen Segmenten aufbaut und bis auf den frei hervorstehenden Kopf meist von einer zweiklappigen Schale umschlossen wird. Hintere Antennen als Ruderarme ausgebildet. Zweite Maxille rückgebildet. Am Rumpfe vier bis sechs Paare von Blatt- oder Greiffüßen. Kiemensäckchen fehlen zuweilen.

Die Cladoceren lassen sich von Estherialarven mit sechs Beinpaaren ableiten (vgl. Abb. 567). Die kleineren Männchen erscheinen entweder erst im Herbst oder bei vielen Arten mehrmals im Jahr. Solange die Männchen fehlen, also gewöhnlich im Frühjahr und Sommer, produzieren die Weibchen sogenannte Sommereier (Subitaneier), die mit Dotterschollen und Ölkugeln erfüllt und von zarter Dotter-

hülle umgeben, parthenogenetisch im Brutraume zwischen Schale und Rückenfläche des Muttertieres rasch zur Entwicklung gelangen. In anderen Fällen sind
die Sommereier dotterarm; dann findet eine Ausscheidung von Eiweiß zur Ernährung der Embryonen in den Brutraum hinein statt (*Moina, Onychopoda*).

Zur Zeit, in welcher die Männchen auftreten, produzieren die Weibchen unabhängig von der Begattung sogenannte Dauer- oder Wintereier, die sich erst nach
erfolgter Befruchtung entwickeln und ein Dauerstadium in der Entwicklung be-

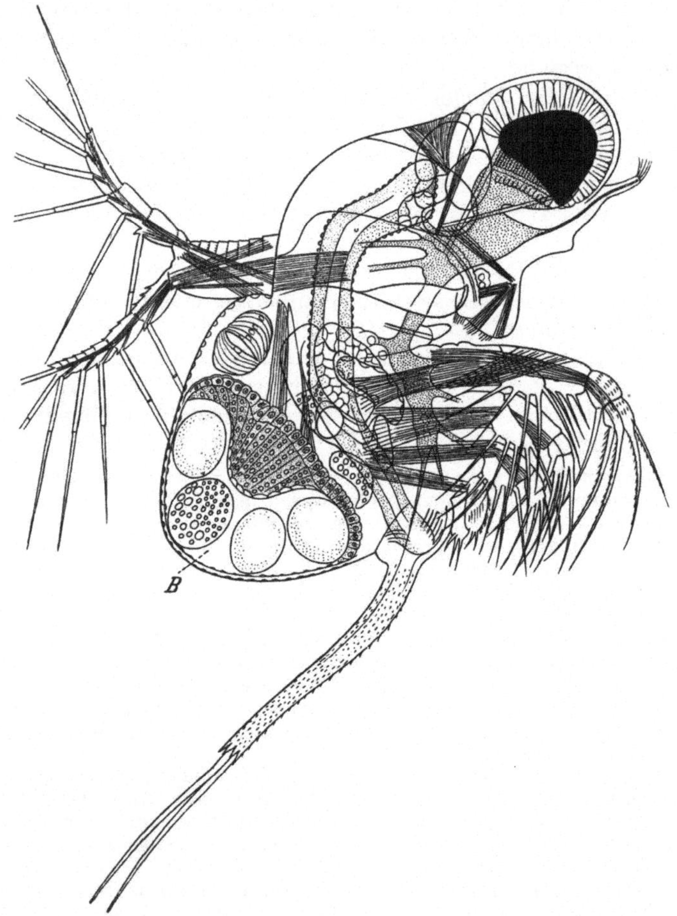

Abb. 580. *Polyphemus pediculus*. (Nach CLAUS.) Etwa $^{100}/_1$. *B* Brutraum (Schalenraum) mit Eiern.

sitzen. Die Zahl der hartschaligen Dauereier ist immer eine relativ geringe; dafür aber sind sie durch bedeutenderen Umfang und reicheren Nahrungsdotter von
den Sommereiern unterschieden. Die Dauereier werden in einigen Fällen frei ins
Wasser abgeworfen (*Sida* u. a.), in anderen Fällen in ein sogenanntes Ephippium
eingeschlossen, eine zur Zeit der Dauereierbildung sich entwickelnde Verdickung
der Rückenhaut der Schale mit Luftzellen; das Ephippium wird mit den Wintereiern bei einer Häutung abgestoßen und bildet einen Schwimmapparat.

Die Cladoceren leben großenteils im süßen Wasser, einzelne Arten auch in
tiefen Landseen, im Brackwasser und im Meere. Sie schwimmen hurtig und meist
stoßweise in Sprüngen. Einige legen sich mittels der Nackendrüse an.

1. Tribus. *Ctenopoda*. Mit sechs blattähnlichen Fußpaaren.

Fam. *Sididae*. Ruderantennen groß mit zahlreichen Borsten. Herz langgestreckt. *Sida crystallina* MÜLL. Der große Kopf mit umfangreichem Haftorgan. In klaren Wässern. Europa. *Latona setifera* MÜLL. Mittel- und Nordeuropa. Hier schließt sich an *Holopedium gibberum* ZADD. Das Tier in einer großen klebrigen Hülle eingeschlossen. Europa, Nordamerika.

2. Tribus. *Anomopoda*. Mit fünf bis sechs Brustfußpaaren von verschiedenem Bau, die zwei vorderen Greiffüße.

Fam. *Daphniidae*. Mit fünf Fußpaaren. Vorderantennen des Weibchens klein, nicht oder kaum beweglich (Abb. 577, 579). *Daphnia magna* STRAUS, *D. pulex* GEER, *D. longispina* MÜLL., *Scapholeberis mucronata* MÜLL., *Simocephalus vetulus* MÜLL., *Ceriodaphnia quadrangula* MÜLL., *Moina rectirostris* LEYDIG, *M. brachiata* JUR. Europa.

Fam. *Bosminidae*. Körper kurz, vordere Antennen lang, gebogen, mit Spuren von Gliederung, mit Reihen von Borsten besetzt. *Bosmina longirostris* MÜLL. Weit verbreitet. Hier schließen sich an *Iliocryptus acutifrons* O. SARS, *Macrothrix laticornis* JUR.

Fam. *Chydoridae*. Kopf mit seitlichem, stark vorspringendem Dache. Schale groß. Hintere Antenne schwach. Mit fünf bis sechs Fußpaaren, die vorderen ohne Kiemenanhänge. Darm mit Schlinge. Leben meist am Boden. *Eurycercus lamellatus* MÜLL. Mit sechs Beinpaaren. *Alona quadrangularis* MÜLL., *Peracantha truncata* MÜLL., *Pleuroxus trigonellus* MÜLL., *Chydorus sphaericus* MÜLL. Kosmopolit.

3. Tribus. *Onychopoda*. Mit vier Paaren von Greiffüßen. Die zu einem Brutraum reduzierte Schale umschließt nicht den Körper.

Fam. *Polyphemidae*. Kopf mit großem Komplexauge. Hinterleib oft in einen langen Stil ausgezogen. Kiemen fehlen. *Polyphemus pediculus* L. (Abb. 580), *Bythotrephes longimanus* LEYDIG, in Landseen der Schweiz, Österreichs, Skandinaviens. *Podon intermedius* LILLJ., Nordsee. *Evadne nordmanni* LOV. Nordsee, Atlant. Ozean, Mittelmeer.

4. Tribus. *Haplopoda*. Mit sechs fast cylindrischen Brustfüßen ohne Außenast und Kieme.

Fam. *Leptodoridae*. Abdomen sehr langgestreckt, cylindrisch. Kopf abgesetzt. Weibchen mit kleiner Schale, welche den Brutraum deckt. *Leptodora kindti* FOCKE (*hyalina* LILLJ.). In Landseen Europas.

3. Ordnung. Ostracoda, Muschelkrebse[1].

Kleine, meist seitlich kompresse Crustaceen, mit zweiklappiger, den ganzen Körper umschließender Schale und sieben, als Fühler, Kiefer, Kriech- und Schwimmbeine fungierenden Gliedmaßenpaaren, mit beinförmigem Mandibulartaster und ventral gekrümmter Furca.

Der Leib dieser kleinen Crustaceen entbehrt der Gliederung und liegt vollständig in einer zweiklappigen Schale eingeschlossen, deren Ähnlichkeit mit Muschelschalen zu dem Namen „Muschelkrebse" Anlaß gegeben hat (Abb. 581). Die Schale ist glatt oder mit leistenartigen oder dornförmigen Fortsätzen versehen und häufig mit Borsten, bei einigen *Cypridiniden* sowie den *Halocyprididen* sehr

[1] Außer STRAUS-DÜRKHEIM, FISCHER, LILLJEBORG, BAIRD, GARBINI, JENSEN, WOLTERECK, FASSBINDER, SKOGSBERG u. a. vgl. ZENKER, W.: Monographie der Ostracoden. Arch. f. Naturg. 20 (1854). — SARS, G. O.: Oversigt af Norges marine Ostracoder. Vid. Selsk. Forh. Christiania 1865. — An account of the Crustacea of Norway. IX. Ostracoda. Bergen 1922—1928. — CLAUS, C.: Beiträge zur Kenntnis der Ostracoden. Marburg 1868. — Die Halocypriden des atlantischen Ozeans und Mittelmeeres. Wien 1891. — Beiträge zur Kenntnis der Süßwasserostracoden. Arb. zool. Inst. Wien 10 (1893); 11 (1895). — BRADY, G. S.: A Monograph of the recent British Ostracoda. Trans. Linn. Soc. London 26 (1868). — Ostracoda. Challenger-Rep. 1 (1880). — NORDQVIST, O.: Beitrag zur Kenntnis der inneren männlichen Geschlechtsorgane der Cypriden. Acta Soc. Sc. fenn. 15. Helsingfors 1885. — KAUFMANN, A.: Beiträge zur Kenntnis der Cytheriden. Rec. zool. Suisse 3 (1886). — MÜLLER, G. W.: Die Ostracoden des Golfes von Neapel. Fauna u. Flora Golf Neapel 21 (1894). — Deutschlands Süßwasserostracoden. Bibliotheca zoologica 1900. — Ostracoda. Wiss. Ergebn. dtsche Tiefsee-Exp. 8 (1906). — Ostracoda. Tierreich 31 (1912). — RAMSCH, A.: Die weiblichen Geschlechtsorgane von *Cypridina mediterranea*. Arb. zool. Inst. Wien 16 (1906). — LÜDERS, L.: *Gigantocypris Agassizii*. Z. Zool. 1909. — BERGOLD, A.: Beiträge zur Kenntnis des inneren Baues der Süßwasserostracoden. Zool. Jb. 30 (1910). — MÜLLER-CALÉ, C.: Über die Entwicklung von *Cypris incongruens*. Ebenda 36 (1913). — STORCH, O.: Über den Fangapparat eines Ostracoden. Verh. dtsch. zool. Ges. 1926.

reich mit Drüsen ausgestattet. Beide oft etwas asymmetrisch entwickelten Schalenhälften stoßen längs der Mittellinie des Rückens zusammen und sind hier durch ein elastisches Ligament miteinander verbunden; auch kann durch eine Schloßbildung eine festere Verbindung hergestellt sein. Dem Bande entgegengesetzt wirkt ein zweiköpfiger Schließmuskel, dessen Ansatzstellen an beiden Schalen charakteristische Muskeleindrücke bilden. An beiden Enden und längs der ventralen Seite sind die Ränder der Schalenklappen frei, bei den marinen *Cypridiniden* und *Halocypriden* findet sich vorn eine tiefe Incisur zum Hervortreten der Antennen (Abb. 582). Beim Öffnen der Schalenklappen werden an der Bauchseite mehrere beinartige Gliedmaßenpaare vorgestreckt, die den Körper kriechend oder schwimmend im Wasser fortbewegen. Ebenso tritt das kurze Abdomen hervor, welches entweder mit zwei Furcalgliedern (*Cypris* und *Cythere*), oder mit einer aus Verschmelzung dieser entstandenen, am Hinterrande mit Haken bewaffneten Platte endet.

Am vorderen Abschnitte des Körpers entspringen die beiden Antennenpaare, die ihrer Verwendung nach zugleich Fühler und Kriech- oder Schwimmbeine sind.

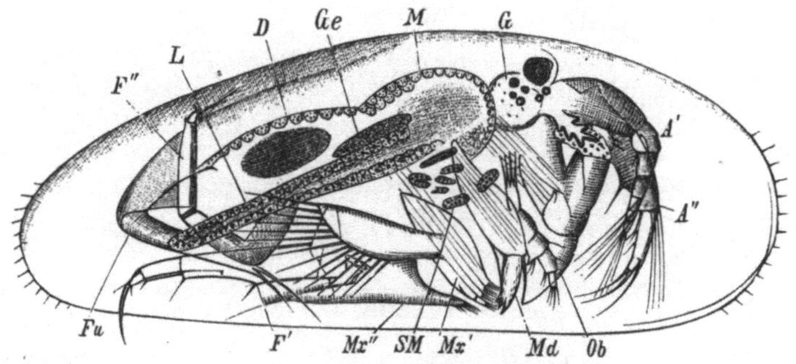

Abb. 581. Noch nicht geschlechtsreifes *Cypris*-Weibchen nach Entfernung der rechten Schalenklappe. (Nach CLAUS.) ⁹⁰/₁. *A'*, *A''* Die erste und zweite Antenne, *Ob* Oberlippe, *Md* Mandibel, *Mx'*, *Mx''* erste und zweite Maxille, *F'* Kriechfuß, *F''* Putzfuß, *Fu* Furca, *G* Gehirnganglion mit dem unpaaren Auge, vor demselben die Antennendrüse, *SM* Schalenmuskel, *M* Magen, *D* Darm, *L* Leberschlauch, *Ge* Genitalanlage.

Das vordere Paar ist einästig und trägt bei den *Cypridiniden* und *Halocypriden* große Spürfäden. Die Antennen des zweiten Paares sind das wichtigste Bewegungsorgan. Sie sind bei *Cyprididen* und *Cytheriden* einästig, beinartig und enden mit kräftigen Hakenborsten, mit deren Hilfe sich die Tiere an fremde Gegenstände anklammern und gleichsam vor Anker legen. Bei den ausschließlich marinen *Cypridiniden* und *Halocypriden* aber ist dieses Gliedmaßenpaar ein zweiästiger Schwimmfuß, an welchen sich auf breiter, triangulärer Basalplatte ein vielgliedriger, mit langen Schwimmborsten besetzter Hauptast und ein rudimentärer, im männlichen Geschlecht stärkerer und mit einem Greifhaken bewaffneter Nebenast anheften.

Zu Seiten der Mundöffnung liegen unterhalb einer ansehnlichen Oberlippe zwei kräftige Mandibeln mit drei- oder viergliedrigem, beinartig verlängertem Taster (Abb. 568 b). Nur ausnahmsweise (*Paradoxostoma*) werden die Mandibeln zu stilettförmigen Stechwaffen und rücken in einem von Ober- und Unterlippe gebildeten Saugrüssel hinein.

Die folgenden ersten Maxillen sind durch vorwiegende Entwicklung ihres Ladenteiles und Reduction des Tasters ausgezeichnet. Bei den *Cyprididen* und *Cytheriden* trägt ihr basaler Abschnitt eine große fächerförmige, mit Borsten besetzte Platte, die durch ihre Schwingungen die Atmung begünstigt und morphologisch dem Exopoditen entspricht. Auch an den beiden nachfolgenden Gliedmaßen (des fünften und sechsten Paares), welche bald zu Kiefern, bald zu Beinen umgestaltet sind, kann diese Fächerplatte wiederkehren.

Die Gliedmaße des sechsten Paares ist meist zu einem langgestreckten mehrgliedrigen Kriech- und Klammerfuß geworden, der bei den *Halocyprididen* eine große Fächerplatte trägt. Die Gliedmaße des siebenten Paares erscheint überall beinförmig verlängert, entweder wie die vorausgehende gebildet, oder dorsalwärts emporgerückt, aufwärts gebogen und neben einer kurzen Klaue mit quer abstehenden Endborsten besetzt. Sie dient in letzterem Falle ebenso wie der dem siebenten Gliedmaßenpaare entsprechende lange zylindrische Anhang der *Cyprididen* als Putzfuß zur Reinhaltung der inneren Schalenhaut.

Das Nervensystem besteht aus einem zweilappigen Gehirnganglion und einer Bauchkette mit dichtgedrängten Ganglienpaaren, von denen die beiden vorderen, welche die Mandibeln und Maxillen versorgen, zu einer umfangreichen unteren Schlundganglienmasse verschmolzen sind. Von Sinnesorganen finden sich außer den schon erwähnten Spürfäden meist ein Frontalorgan und ein dreiteiliges Medianauge oder (*Cyprididen*) neben diesem zwei größere zusammengesetzte, halbkugelige und bewegliche Seitenaugen (Abb. 582). Die

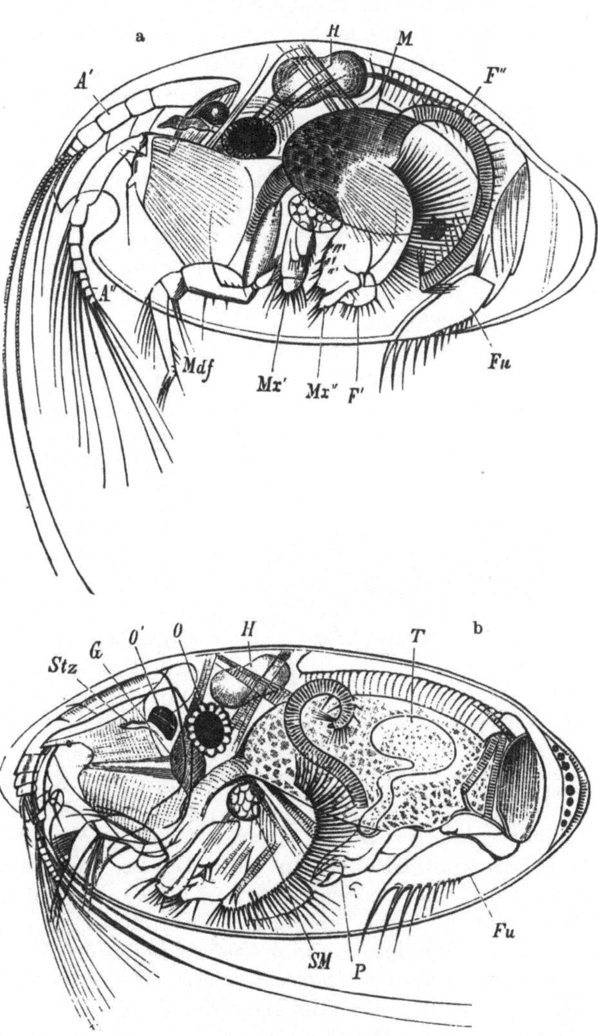

Abb. 582. *Cypridina mediterranea.* a Weibchen ²⁰/₁, b Männchen ³⁰/₁. (Nach CLAUS.) *M* Magen, *H* Herz, *SM* Schalenmuskel, *O* paariges Auge, *O'* unpaariges Auge, *G* Gehirn, *Stz* Frontalorgan, *T* Hoden, *P* Begattungsorgan, *A'*, *A''* die beiden Antennen, *Mdf* Mandibularfuß, *Mx'*, *Mx''* die beiden Maxillen, *F'*, *F''* die beiden Fußpaare, *Fu* Furcalplatte.

Halocyprididen sind augenlos. In diesen beiden Familien tritt das frontale Sinnesorgan als stabförmiger Stirnzapfen auf.

Der weite, bei den *Cyprididen* mit gezähnten Seitenleisten bewaffnete Mund führt meist in ein durch die Ober- und Unterlippe begrenztes Atrium und dieses in eine enge Speiseröhre mit einem kolbig erweiterten, als Vormagen bezeichneten Abschnitt, auf welchen der weite Magendarm mit zwei langen seitlichen, zwischen

die Schalenlamellen hineinreichenden Mitteldarmdrüsenschläuchen folgt (Abb.583).
In den übrigen Familien verhält sich der Darm einfacher; ein Vormagen kommt
auch den *Cytheriden* zu, und wenn zwei Mitteldarmdrüsen vorhanden sind
(*Halocypriden*), bleiben sie kurze Säcke, welche nicht in die Schalenduplikatur
eintreten. Der After mündet an der Basis des Hinterleibes. Bei *Halocypriden*
scheint der Enddarm rückgebildet. Von besonderen Drüsen ist bei *Cythere* das
Vorhandensein eines kolbig erweiterten Drüsenschlauches zu erwähnen, dessen
Ausführungsgang in einen stachelähnlichen Anhang der hinteren Antennen
mündet. Ein sackförmiges, von zwei seitlichen Ostien durchbrochenes Herz findet
sich bei den *Cypridiniden* und *Halocypriden* dorsal, da, wo die Schale mit dem
Tiere zusammenhängt. Zur *Respiration* dient vornehmlich die Oberfläche der
zarten inneren Schalenlamelle, an welcher durch die Schwingungen der fächerförmigen Atemplatten eine ununterbrochene Wasserströmung unterhalten wird.
Kiemen fehlen an den Gliedmaßen; dagegen findet sich bei *Asterope* in der Nähe
des Putzfußes am Rücken eine Doppelreihe von Kiemenblättern. Als Exkretionsorgane sind die Antennendrüse (Abb. 581) sowie auch die Kieferdrüse (Schalendrüse) nachgewiesen.

Die Geschlechter sind durchweg getrennt und durch nicht unmerkliche Differenzen des gesamten Baues unterschieden. Die Männchen besitzen, von der
stärkeren Entwicklung der Sinnesorgane abgesehen, an verschiedenen Gliedmaßen, an der zweiten Antenne (*Cypridina*) oder an der zweiten Maxille (*Cypris*),
zum Festhalten des Weibchens dienende Ein-
richtungen oder auch zugleich ein vergrößertes Beinpaar (*Halocypriden*). Häufig ist
auch die Schalenform in beiden Geschlechtern
verschieden. Dazu kommt überall ein umfangreiches, oft sehr kompliziert gebautes
Copulationsorgan, das auf ein umgestaltetes
Gliedmaßenpaar zurückzuführen sein dürfte.
Für den männlichen Geschlechtsapparat, der
jederseits aus einem kugeligen oder (*Cyprididae*) mehreren langgestreckten und dann
in die Schalenduplikatur hineinragenden
Hodenschläuchen, den Samenleitern mit

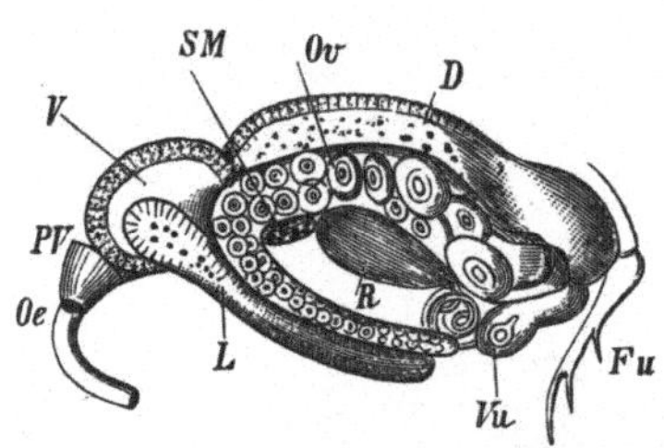

Abb. 583. Darm und Geschlechtsorgane einer
weiblichen *Cypris*. (Nach W. ZENKER.) *Fu* Furca, *Oe* Speiseröhre, *PV* Vormagen, *V* Magen,
D Darm, *L* Leber, *Ov* Ovarium, *SM* Schalenmuskel, *R* Receptaculum seminis, *Vu* Vulva.

paariger oder unpaarer Ausmündung besteht, ist bei *Cyprididen* ein eigentümlicher zylindrischer, in den Ductus deferens mündender Ejaculationsapparat (sogenannte Schleimdrüse) sowie die Größe und Form der Samenfäden
bemerkenswert. Die weiblichen Genitaldrüsen sind sackförmig und liegen im
Hinterleibe (*Myodocopa*) oder sind schlauchförmig (*Podocopa*) und ragen dann in
die Schalenduplikatur (fast alle *Cyprididae*) hinein (Abb. 583). Die Ausmündung
liegt auf Erhebungen an der Basis des Hinterleibes und ist meist paarig, bei *Halocypriden* unpaar. Daneben mündet ein meist paariger, nur bei *Halocypriden*
unpaarer Copulationsapparat, der bei *Cyprididen* und anderen *Podocopen* besonders
kompliziert ist. Hier führt jede Copulationsöffnung in ein Rohr, das sich zuweilen
zu einer Blase erweitert und in einen spiralgewundenen Kanal übergeht, der in
einem Säckchen (Spermatotheca) endet. Bei *Cypridina* fehlt eine Spermatotheca;
das Sperma wird hier in einer Spermatophore angeklebt.

Die meisten Ostracoden legen Eier, die sie entweder an Wasserpflanzen ankleben (*Cypris*), oder, wie *Cypridina*, zwischen den Schalen bis zum Ausschlüpfen
der Jungen herumtragen. Parthenogenese ist für eine Anzahl von *Cyprididen*
nachgewiesen worden. Die Eier, aber auch Larven und ausgebildete Formzustände vieler Süßwasserostracoden vermögen Trockenheitsperioden zu über-

dauern. Die ausschlüpfenden Larven von *Cyprididen* und *Cytheriden* sind Naupliusformen, seitlich stark komprimiert und bereits von einer dünnen zweiklappigen Schale umschlossen (Abb. 584). Bei den übrigen Ostracoden vereinfacht sich die Entwicklung bis zum völligen Ausfall der Metamorphose.

Die Ostracoden leben meist am Grunde des Meeres oder der Süßwässer; manche graben sich in den Schlamm ein. Die meisten schwimmen auch gut, die *Cytheriden* bewegen sich nur kriechend. Die *Halocyprididen* leben pelagisch. *Cypridina*, *Pyrocypris* besitzen in der Oberlippe Leuchtdrüsen. Die Ostracoden ernähren sich vorwiegend von tierischen Stoffen. Zahlreiche fossile Formen sind fast aus allen Formationen, jedoch nur in ihren Schalen bekannt geworden.

1. Tribus. *Myodocopa.* Schale mit Rostralincisur. Zweite Antenne zweiästig. Furcaläste breit, lamellös. Herz vorhanden.

Fam. *Cypridinidae.* Mit großen zusammengesetzten Seitenaugen. Kauteil der Mandibel schwach oder ganz verkümmert, ihr Taster beinförmig. Siebente Gliedmaße ein zylindrischer geringelter Anhang (Putzfuß). *Cypridina mediterranea* COSTA (Abb. 582). *Pyrocypris chierchiae* G. W. MÜLL. Ind. Ozean. *Gigantocypris agassizi* G. W. MÜLL. Bis 23 mm lang. Westlich von Zentralamerika. *Asterope mariae* W. BAIRD (*oblonga* GR.). Mit jederseits sieben blattförmigen Kiemen am Rücken. Mittelmeer, Atlant. Ozean.

Fam. *Halocyprididae.* Augenlos. Schalen drüsenreich. Siebente Gliedmaße stabförmig mit langer Endborste. *Conchoecia spinirostris* CLS. *Halocypris inflata* DANA. Weit verbreitet.

2. Tribus. *Podocopa.* Schale ohne Rostralausschnitt. Zweite Antenne einästig. Furca stabförmig oder rudimentär. Herz fehlt.

Fam. *Cyprididae.* Schale leicht, aber stark. Zwei Beinpaare, von denen das hintere schwächere dorsalwärts gerichtet ist. Furcalglieder schmal und langgestreckt (Abb. 581). Hoden und Ovarien treten zwischen die Schalenblätter. Männlicher Genitalapparat mit Ejaculationsapparat. *Eucypris fuscata* JUR. Europa, Nordamerika. *E. ornata* MÜLL. Europa. *Cypris pubera* MÜLL. *Cypridopsis vidua* MÜLL. Europa, Nordamerika. *Cyprinotus incongruens* RAMDOHR. *Notodromas monacha* MÜLL. *Candona candida* MÜLL. Europa, Asien, Nordamerika. Alle Süßwasserbewohner. Marin ist *Pontocypris* O. SARS.

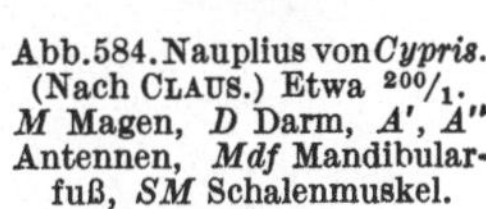

Abb. 584. Nauplius von *Cypris*. (Nach CLAUS.) Etwa $^{200}/_1$. *M* Magen, *D* Darm, *A'*, *A''* Antennen, *Mdf* Mandibularfuß, *SM* Schalenmuskel.

Fam. *Cytheridae.* Schale meist stark verkalkt, mit rauher Sculptur. Drei Beinpaare, von denen das hintere am stärksten entwickelt. Furcalglieder klein, lappenförmig. *Cythere lutea* MÜLL. Nordmeere und Mittelmeer. *Loxoconcha viridis* MÜLL. Ostsee, Nordsee. *Cythereis antiquata* W. BAIRD. *C. jonesi* W. BAIRD. Nordsee, Mittelmeer. *Paradoxostoma* S. FISCH. Mit stilettförmigen Mandibeln. *Limnicythere inopinata* W. BAIRD, im Süßwasser. Europa, Kleinasien.

4. Ordnung. Branchiura, Kiemenschwänze[1].

Parasitisch sich ernährende Crustaceen mit schildförmiger Schale, viergliedrigem, gestreckte zweiästige Schwimmfüße tragendem Thorax und zu zwei flossenförmigen kiemenartigen Blättern verbreitertem Abdomen. Mundteile stechend, die beiden Maxillenpaare zu maxillarfußartigen Haftorganen umgestaltet. Mit unter die Haut versenkten zusammengesetzten Seitenaugen.

Die Branchiuren bilden eine besondere Ordnung parasitisch sich ernährender Crustaceen, die in ihren Organisationseigentümlichkeiten an Euphyllopoden, Cirripedien, zum Teil auch Copepoden Anschlüsse bietet.

---

[1] Außer JURINE, THORELL, BOUVIER vgl. LEYDIG, F.: Über *Argulus foliaceus.* Z. Zool. **2** (1850). — CLAUS, C.: Über die Entwicklung, Organisation und systematische Stellung der Arguliden. Ebenda **25** (1875). — v. NETTOVICH, L.: Neue Beiträge zur Kenntnis der Arguliden. Arb. zool. Inst. Wien **13** (1900). — WILSON, CH. BR.: North American Parasitic Copepods of the family Argulidae usw. Proc. U. S. nat. Mus. **25**. Washington 1902. — THIELE, J.: Beiträge zur Morphologie der Arguliden. Mitt. zool. Mus. Berlin **2** (1904). — GROBBEN, K.: Beiträge zur Kenntnis des Baues und der systematischen Stellung der Arguliden. Sitzgsber. Akad. Wiss. Wien, Math.-naturwiss. Kl. **117** (1908). — MAIDL, F.: Beiträge zur Kenntnis des anatomischen Baues der Branchiurengattung *Dolops.* Arb. zool. Inst. Wien **19** (1912).

Der Körper (Abb. 585) ist abgeflacht und von einer breiten Schale großenteils überdeckt. Er endet mit zwei flossenförmigen Blättern (Schwanzflosse), die sich vom letzten als Abdomen zu bezeichnenden Körperabschnitt aus entwickeln und die kurzen Furcalglieder zwischen sich einschließen. Die Antennen sind klein, die vorderen mit Hakenplatte versehen. Der Mund liegt bei *Dolops* an einer flachen Papille, die sich bei *Argulus* zu einer rüsselartigen Röhre verlängert. In der von Ober- und Unterlippe gebildeten Mundhöhle finden sich feingesägte Mandibeln und ventral ein unpaarer, als Zunge bezeichneter Wulst. Vor der die Mundhöhle tragenden Röhre entspringt bei *Argulus* ein langer, einziehbarer Stachel, der als Tastorgan zu fungieren scheint. Zu den Seiten des Mundes liegen kräftige Klammerorgane, und zwar ein oberes, den vorderen Maxillen entsprechendes Maxillarfußpaar, das bei *Dolops* als Klammerfuß ausgebildet ist, deren Basalteil bei *Argulus* dagegen unter Verkümmerung des Endabschnittes in eine große Haftscheibe umgebildet ist; es folgt ein zweites am Basalabschnitte stark bedorntes Maxillarfußpaar (zweite Maxille). Nun folgen die vier Schwimmfußpaare der Brustregion, bis auf das letzte dorsal in der Regel von den Seiten des Kopfbrustschildes bedeckt. Sie bestehen je aus einem umfangreichen zweigliedrigen Basalabschnitt und zwei schmalen, mit langen Schwimmborsten besetzten Ästen, welche den Rankenfüßen der Cirripedien nicht unähnlich sehen und wie diese aus copepodenähnlichen Füßen der Larve ihren Ursprung nehmen. Das an den vorderen Schwimmfüßen auftretende Flagellum entspricht vielleicht einem Epipoditen und fungiert als Putzanhang.

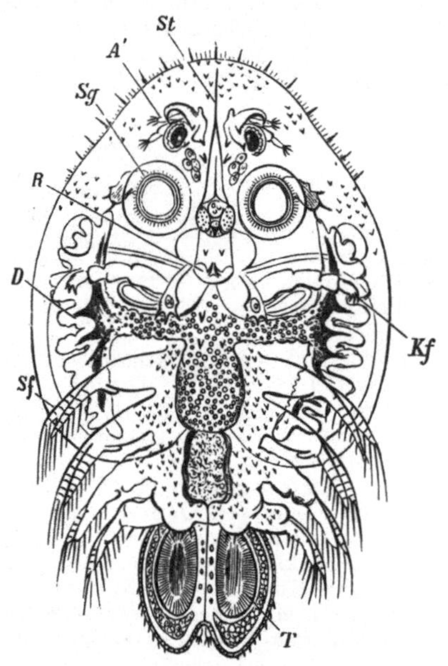

Abb. 585. *Argulus foliaceus.* Junges Männchen. (Nach CLAUS.) ⁴³/₁. *A'* Vordere Antenne, *Sg* Saugnapf am vorderen Kieferfuß, *Kf''* hinterer Kieferfuß, *Sf* Schwimmfüße, *R* Saugröhre, *St* Stachel, *D* Darm, *T* Hoden.

Die innere Organisation erinnert mehrfach an die Euphyllopoden. Das Nervensystem zeichnet sich durch die Größe des Gehirns und des aus sechs dichtgedrängten Ganglienknoten zusammengesetzten Bauchmarkes aus. Außer dem Medianauge finden sich die zusammengesetzten Seitenaugen, welche unter die Haut versenkt sind. Am Darmkanal unterscheidet man den Oesophagus, einen weiten, mit zwei seitlichen ramifizierten Ausstülpungen versehenen Magendarm, einen folgenden engeren Dünndarm und den Enddarm, der zwischen den Furcalgliedern ausmündet. An dem im Hinterende des Thorax gelegenen Herzen finden sich zwei seitliche Spaltöffnungen; die bis nach vorn reichende Aorta besitzt an ihrem Ursprung noch eine ventrale Öffnung. Der Respiration dient die gesamte Oberfläche der Schale, insbesondere die sogenannten Schalenfelder ihrer Ventralwand; auch die von Blut reich durchströmten Blätter der Schwanzflosse kommen als eine Art Kieme in Betracht. Als Excretionsorgan fungiert die Kieferdrüse. Die Haut weist großen Drüsenreichtum auf.

Die Geschlechter sind getrennt. Das einfache Ovarium liegt im Thorax, die paarigen Hoden in den Blättern der Schwanzflosse; beide münden am letzten Thoracalsegmente. Der Oviduct ist nur an der einen Seite in Funktion. Beim

Weibchen finden sich an der Basis des Abdomens zwei gesondert an Papillen ausmündende Spermatotheken. In den Ductus deferens mündet eine große Prostatadrüse.

Die kleineren lebhafteren Männchen besitzen an den hinteren Brustfußpaaren eigentümliche Copulationsanhänge. Die Weibchen kleben die Eier als Laich an fremden Objekten an. Die ausschlüpfenden Jungen durchlaufen eine Metamorphose.

Die Branchiuren ernähren sich parasitisch an der Haut und in der Kiemenhöhle von Fischen. Sie kommen im Süßwasser, einige im Meere vor.

Fam. *Argulidae*. *Dolops* AUD. (*Gyropeltis* HELL.). Vorderes Kieferfußpaar mit Klaue. Stachel fehlt. *D. longicauda* HELL. An den Kiemen von *Salminus brevidens*. Brasilien. *Argulus* MÜLL. Vorderer Kieferfuß zu einem Saugnapf umgestaltet. Stachel vorhanden. *A. foliaceus* L. (Pou des poissons, BALDNER), Karpfenlaus, 6—8 mm lang. Auf Süßwasserfischen (Abb. 585). *A. viridis* NETTOVICH, auf Cyprinoiden. Europa. *A. coregoni* THOR., auf Salmoniden. Schweden.

5. Ordnung. Copepoda, Ruderfüßer[1].

Crustaceen von gestrecktem, meist wohlgegliedertem Körper, ohne Schale, mit maxillarfußähnlicher zweiter Maxille und einem Maxillarfußpaar, mit Ruderfüßen am Thorax und mit gliedmaßenlosem Abdomen.

Eine vielgestaltige Formengruppe, deren freilebende Glieder sich durch eine konstante Zahl von Segmenten und Gliedmaßenpaaren auszeichnen. Die zahlreichen parasitischen Formen hingegen entfernen sich von der Körpergestalt der freischwimmenden in einer Reihe von Abstufungen und erhalten schließlich eine so veränderte Gestalt, daß sie ohne Kenntnis ihres Baues eher für Schmarotzerwürmer als für Arthropoden gehalten werden können. Indessen lassen sich meist die charakteristischen Ruderfüße, wenn freilich oft in geringer Zahl, als rudimentäre oder umgestaltete Anhänge nachweisen. Beim Mangel der letzteren aber gibt die Entwicklungsgeschichte sicheren Aufschluß über die Copepodennatur.

[1] Außer O. FR. MÜLLER, DANA, BURMEISTER, BAIRD, JURINE vgl. v. NORDMANN, A.: Micrographische Beiträge usw. Berlin 1832. — LILLJEBORG, W.: De crustaceis ex ordinibus tribus: Cladocera, Ostracoda et Copepoda, in Scania occurrentibus. Lund 1853. — CLAUS, C.: Die freilebenden Copepoden. Leipzig 1863. — Beobachtungen über *Lernaeocera, Peniculus* und *Lernaea*. Marburg 1868. — Neue Beiträge zur Kenntnis parasitischer Copepoden. Z. Zool. **25** (1875). — BRADY, G. S.: A Monograph of the free and semiparasitic Copepoda of the British Islands. London 1878—1880. — STEENSTRUP et LÜTKEN: Bidrag til Kundskab om det aabne Havs Snyltekrebs og Lernaeer. Kjöbenhavn 1861. — HEIDER, C.: Die Gattung *Lernanthropus*. Arb. zool. Inst. Wien **2** (1879). — GROBBEN, C.: Die Entwicklungsgeschichte von *Cetochilus septentrionalis*. Ebenda **3** (1881). — HARTOG, M.: The Morphology of *Cyclops* and the Relations of the Copepoda. Trans. Linn. Soc. London 1888. — RICHARD, J.: Recherches sur le système glandulaire et sur le système nerveux des Copépodes libres d'eau douce. Ann. des Sci. natur. 1891. — CANU, É.: Les Copépodes du Boulonnais. Trav. Labor. Zool. Wimereux 1892. — GIESBRECHT, W.: Systematik und Faunistik der pelagischen Copepoden des Golfes von Neapel. Fauna u. Flora Golf Neapel **19**. Berlin 1892. — Die Asterocheriden des Golfes von Neapel. Berlin 1899. — HANSEN, H. J.: The Choniostomatidae. Kopenhagen 1897. — PEDASCHENKO, D.: Die Embryonalentwicklung und Metamorphose von *Lernaea branchialis* (russ.). Trav. Soc. Natur. St.-Pétersbourg 1898. — SCHMEIL, O.: Deutschlands freilebende Süßwasser-Copepoden. Bibliotheca zoologica 1892—1898. — GIESBRECHT, W. u. O. SCHMEIL: Copepoda. Tierreich VI, 1898. — MALAQUIN, A.: Le parasitisme évolutif des Monstrillides. Archives de Zool. 1901. — STEUER, A.: *Mytilicola intestinalis*. Arb. zool. Inst. Wien **15** (1903). — McCLENDON, J.: On the development of parasitic Copepods. Biol. Bull. Mar. biol. Labor. Wood's Hole **12** (1907). — SARS, G. O.: An account of the Crustacea of Norway 4—8. Copepoda. Bergen 1903—1921. — SCOTT, T. u. A.: British Parasitic Copepoda. 2 vols. London 1913. — FUCHS, K.: Die Keimblätterentwicklung von *Cyclops viridis*. Zool. Jb. **38** (1914). — STORCH, O. u. O. PFISTERER: Der Fangapparat von *Diaptomus*. Z. vergl. Physiol. **3** (1925). — WILSON, C. B.: North American parasitic Copepods. Proc. U. S. nat. Mus. **27—53** (1900—1917). — Vgl. ferner die Schriften von GRUBER, KRÖYER, HELLER, METZGER, KERSCHNER, URBANOWICZ, OBERG, J. PLENK u. a.

Den ersten Abschnitt des Körpers bildet ein Cephalothorax, welcher die beiden Antennenpaare, die Mandibeln, die beiden Maxillenpaare sowie ein Maxillarfußpaar trägt. Es folgen dann fünf freie Thoracalsegmente mit ebensoviel Ruderfußpaaren, von denen das letzte häufig verkümmert, im männlichen Geschlechte auch oft als Hilfsorgan der Begattung umgestaltet sein kann. Übrigens kann sowohl das fünfte Fußpaar als das entsprechende Thoracalsegment ganz hinwegfallen. Häufig verschmilzt das erste Thoracalsegment, dessen Fußpaar nicht selten abweichend gestaltet ist, mit dem Cephalothorax, so daß nur vier freie Thoracalsegmente vorhanden sind (Abb. 586). Das Abdomen besteht gleichfalls aus fünf Segmenten, entbehrt der Gliedmaßen und endet mit zwei gabelig auseinanderstehenden Gliedern (Furca), an deren Spitze mehrere lange Borsten aufsitzen. Am weiblichen Körper sind

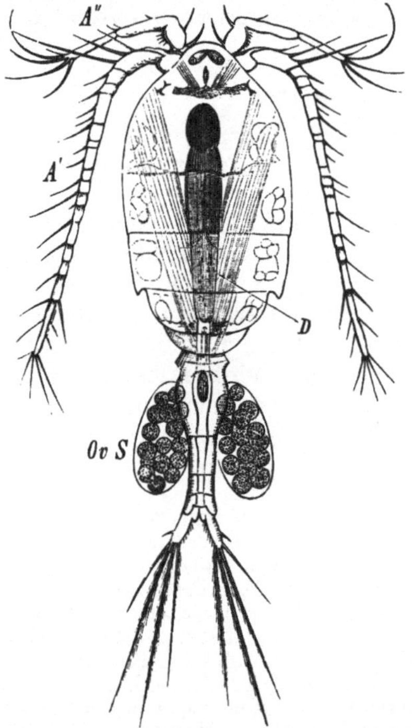

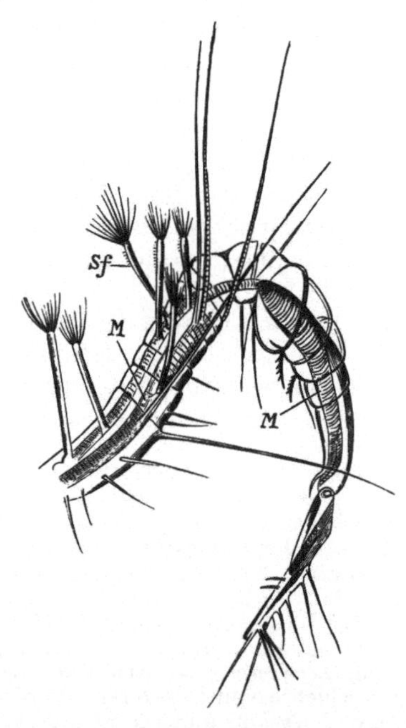

Abb. 586. Weibchen von *Cyclops fuscus* (*coronatus*). Rückenansicht. (Nach CLAUS.) $^{18}/_1$. *A'*, *A''* erste und zweite Antenne, *D* Darm, *OvS* Eiersäckchen.

Abb. 587. Männliche erste Antenne von *Cyclops serrulatus.* (Nach CLAUS.) *Sf* Spürborsten, *M* Muskel.

die zwei oder drei ersten Abdominalsegmente verschmolzen. Sehr häufig, vornehmlich bei den parasitischen Formen, erfährt das Abdomen eine bedeutende Reduktion. Eine Schale fehlt.

Die vorderen, meist vielgliedrigen, stets einästigen Antennen sind Träger von Spürborsten und dienen bei den freischwimmenden Formen als Schwebeorgan, im männlichen Geschlechte häufig als Greifarme zum Fangen und Festhalten des Weibchens während der Begattung (Abb. 587). Die hinteren Antennen bleiben durchwegs kürzer, tragen nicht selten noch beide Äste und sind bei den parasitischen Formen als Klammerorgane ausgebildet (Abb. 594). Von Mundwerkzeugen liegen unterhalb der Oberlippe zwei bezahnte, meist tastertragende Mandibeln (Abb. 568 a), die bei den freilebenden Copepoden als Kauorgane fungieren, bei den parasitischen aber in der Regel zu spitzen stilettförmigen Stäben umgebildet, zum

Stechen benutzt werden; in diesem Falle rücken sie meist in eine durch Vereinigung der Oberlippe und Unterlippe gebildete Saugröhre. Das auf die Mandibeln folgende erste Maxillenpaar (Abb. 588) besitzt in der Regel mehrere Laden und einen Taster, oft auch einen Epipodialanhang (Abb. 569 a), verkümmert aber bei den Schmarotzerkrebsen zu kleinen tasterartigen Höckern, welche außerhalb der Saugröhre liegen. Die beiden folgenden (auch als innerer und äußerer Maxillarfuß bezeichneten) Gliedmaßen, die zweite Maxille und der Maxillarfuß, dienen sowohl zum Ergreifen der Nahrung (Abb. 588), als vornehmlich bei den Schmarotzerkrebsen zum Anklammern (Abb. 593). Alle Gliedmaßen des Cephalothorax mit Ausnahme der ersten Antenne fehlen den *Monstrillidae*.

Die Ruderfüße der Brust bestehen aus einem zweigliedrigen Basalabschnitte und aus zwei in der Regel dreigliedrigen, mit Borsten besetzten Ästen, welche breiten Ruderplatten vergleichbar, das sprungweise Fortschnellen im Wasser bewirken (Abb. 589). Doch sind sie oft rudimentär oder umgestaltet. Die Basalglieder der Brustfüße eines Paares sind bei freilebenden Copepoden durch eine Hautplatte verbunden.

Das Nervensystem besteht aus dem Gehirn und einer gegliederten Bauchganglienkette, die auch zu einer gemeinsamen unteren Schlundganglienmasse konzentriert sein kann. Von Sinnesorganen ist das mediane dreiteilige Stirnauge (Naupliusauge) ziemlich allgemein verbreitet, zuweilen in ein Mittelauge und zwei Seitenaugen geteilt (*Pontelliden, Corycaeiden, Miracia*), während das paarige zusammengesetzte Auge nachweisbar rückgebildet ist. Außer den Tastborsten kommen Spürborsten an den vorderen Antennen vornehmlich im männlichen Geschlechte vor (Abb. 587).

Der Darmkanal zerfällt in eine kurze Speiseröhre, einen weiten, zuweilen mit zwei Blindschläuchen beginnenden Magendarm und einen engen Enddarm, der am letzten Abdominalsegmente etwas dorsalwärts ausmündet. Die Respiration wird durch die gesamte Hautoberfläche vermittelt. Kiemen fehlen. Als Kreislaufsorgan tritt bei *Calaniden, Centropagiden* und *Pontelliden* im Vorderteile des Thorax ein kurzes sackförmiges Herz auf, das sich auch in eine Aorta fortsetzen kann (Abbild. 590). Sonst fehlt es und regelmäßige Schwingungen des Darmes (*Cyclops, Achtheres*) ersetzen es funktionell. Ein eigenartiges System von im ganzen Körper verästelten, gegen die Leibeshöhle vollkommen geschlossenen Gefäßen, die eine rötliche Blutflüssigkeit enthalten, findet sich bei einigen parasitischen Formen (*Lernanthropus, Mytilicola* u. a.).

Als Excretionsorgan fungiert die Kieferdrüse (Schalendrüse); häufig scheinen Teile des Darmes die Funktion von Harnorganen zu übernehmen. Einzellige Hautdrüsen sind sehr verbreitet. Von bestimmten Drüsenzellen der Haut wird auch

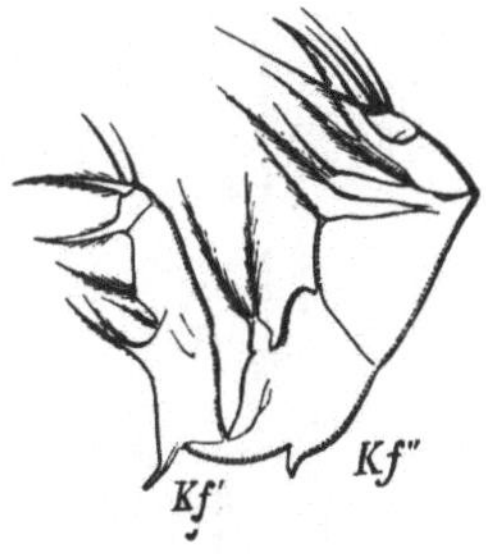

Abb. 588. Mundteile von *Cyclops*. (Nach CLAUS.) *M* Mandibel, *Mx* 1. Maxille, *Kf'* 2. Maxille, *Kf''* Maxillarfuß.

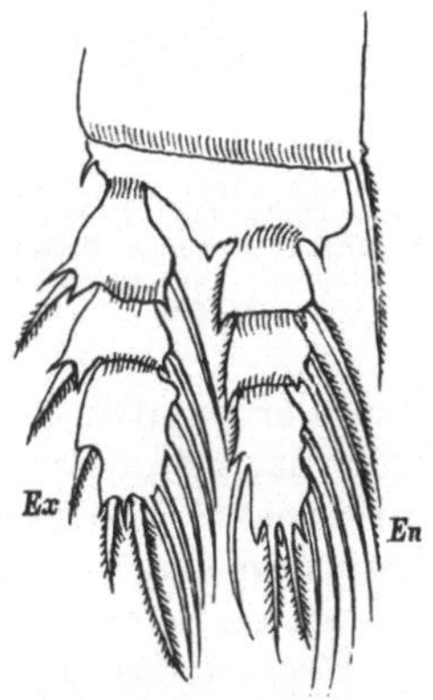

Abb. 589. Ruderfuß von *Cyclops*. (Nach CLAUS.) *En* Innenast, *Ex* Außenast.

bei einzelnen leuchtenden Copepoden (*Pleuromamma, Heterorhabdus, Oncaea* u. a.) der Leuchtstoff ausgeschieden.

Die Copepoden sind getrennten Geschlechtes. Beiderlei Geschlechtsorgane liegen im Cephalothorax und in den Brustsegmenten und bestehen aus einer unpaaren oder paarigen Geschlechtsdrüse, deren paariger oder unpaarer Ausführungsgang am 1. Segmente des Hinterleibes mündet. Fast regelmäßig machen sich in Form und Bildung verschiedener Körperteile Geschlechtsunterschiede geltend, welche bei einigen Schmarotzerkrebsen (*Chondracanthiden, Lernaeopodiden*) zu einem höchst auffallenden Dimorphismus führen (Abb. 593, 595). Die Männchen sind kleiner und leichter beweglich, die vorderen Antennen und die Füße des letzten Paares werden zu akzessorischen Copulationsorganen, indem sich jene zum Festhalten des Weibchens, diese zum Ankleben der Spermatophoren umgestalten. Die letzteren bilden sich innerhalb der Samenleiter vermittels eines Secretes, das in der Umgebung der Samenmasse zu einer festen Hülle erstarrt. Die Weibchen tragen meist die Eier in paarigen oder unpaaren Säckchen am Abdomen mit sich herum; sie besitzen am Endabschnitte des Oviducts Drüsenzellen oder eine gesonderte Kittdrüse, deren Absonderungsprodukt zugleich mit den Eiern austritt und die erstarrende Hülle der Eiersäckchen liefert. Bei einigen *Calaniden* werden die Eier einzeln abgelegt, bei den *Notodelphyiden* in einem dorsalen, durch eine Hautduplikatur gebildeten Brutraum aufgenommen. Während der Begattung, die nur eine äußere Vereinigung beider Geschlechter bleibt, klebt das Männchen dem Weibchen eine oder mehrere Spermatophoren am Genitalsegment, und zwar an besonderen Öffnungen an, durch welche die Samenkörper in eine Tasche (Spermatotheca) übertreten und die Eier während ihres Austrittes in die sich bildenden Eiersäckchen befruchten.

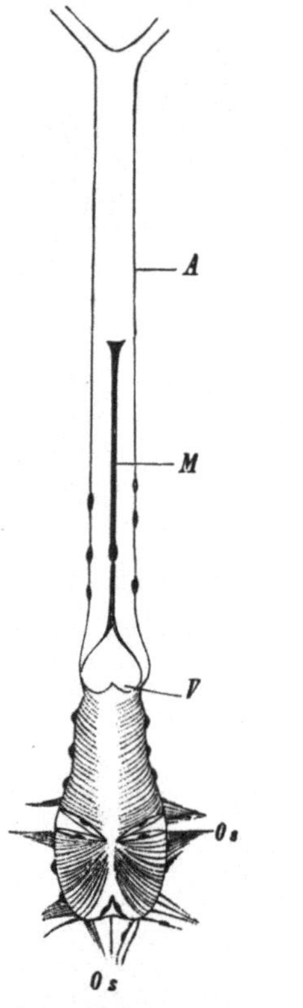

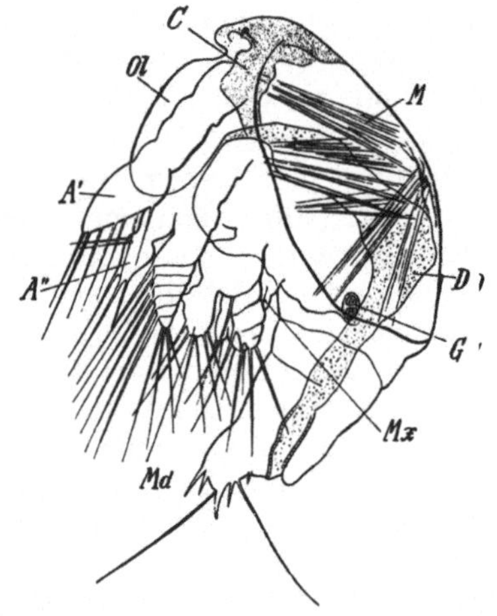

Abb. 590. Herz von *Eucalanus* (*Calanella*). *A* Aorta, *M* Muskel, *Os* venöse Ostien, *V* Klappen am arteriellen Ostium.

Abb. 591. Metanauplius von *Calanus finmarchicus* (*Cetochilus septentrionalis*). (Nach Grobben.) 90/1. *C* Cerebralganglion, *Ol* Oberlippe, *A'* erste, *A"* zweite Antenne, *Md* Mandibel, *Mx* erste Maxille, *M* Muskeln, *D* Darm, *G* Genitalanlage.

Die Entwicklung beruht auf einer (bei vielen Schmarotzerkrebsen rückschreitenden) Metamorphose. Die Larven schlüpfen als *Nauplius* (Abb. 572) aus.

Die Veränderungen, welche die Larven mit dem weiteren Wachstume erleiden, knüpfen an mehrfach aufeinanderfolgende Abstreifungen der Cuticula und beruhen auf terminaler weiterer Metamerenbildung und dem Hervorsprossen neuer Gliedmaßen. Schon das nachfolgende Larvenstadium (Abb. 592 a) weist hinter den drei ursprünglichen, zu den Antennen und Mandibeln werdenden Gliedmaßenpaaren ein viertes Paar, die späteren ersten Maxillen auf; in einem späteren Stadium sind vier neue Gliedmaßenpaare angelegt, von denen die zwei vorderen

der zweiten Maxille und den Kieferfüßen, die zwei letzten Paare den Anlagen der vorderen Ruderfüße entsprechen. Auf diesem Stadium (*Metanauplius*) (Abb. 591) ist die Larve noch immer naupliusähnlich und erst nach einer nochmaligen Häutung geht sie in die erste copepodenähnliche Form (*Copepodidform*) über. Diese gleicht im Habitus auch der Fühler und Mundteile dem ausgewachsenen Tiere, wenngleich die Zahl der Gliedmaßen und Segmente eine geringere ist (Abb. 592 b). Der Körper besteht jetzt aus dem ovalen Kopfbruststück, dem zweiten bis vierten Thoracalsegment und einem langgestreckten Endgliede mit der Furca. Die beiden ersten Gliedmaßenpaare des Thorax sind kurze zweiästige Ruderfüße, die Anlagen des dritten und vierten Ruderfußes mit Borsten besetzte Wülste.

Viele parasitische Copepoden, z. B. *Lernanthropus*, *Chondracanthus* gelangen über diese Stufe der Leibesgliederung nicht hinaus und erhalten (*Chondracanthus*) weder die Schwimmfüße des dritten und vierten Paares, noch ein weiteres, vom stummelförmigen Abdomen gesondertes Brustsegment; andere, wie z. B. *Achtheres*, sinken durch den späteren Verlust der beiden vorderen Schwimmfußpaare auf eine noch tiefere Formstufe zurück (Abb. 593).

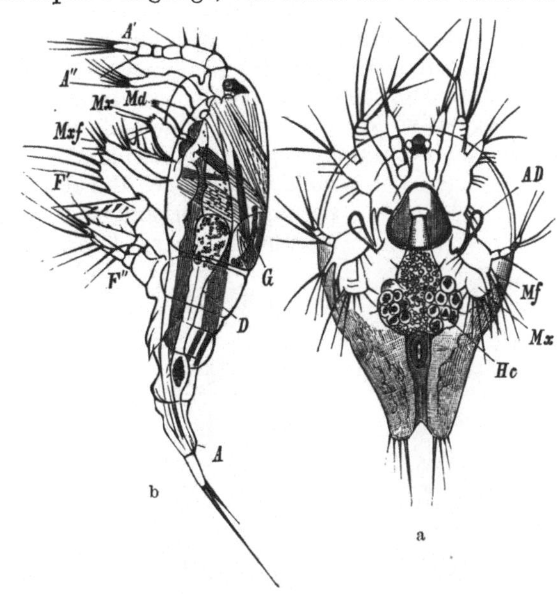

Abb. 592. Metamorphose von *Cyclops*. a Metanauplius von *Cyclops serrulatus*. b Erstes Copepodidstadium. (Nach CLAUS.) *A'*, *A''* erste und zweite Antenne, *AD* Antennendrüse, *Mf* Mandibularfuß, *Md* Mandibel, *Mx* erste Maxille, *Mxf* Maxillarfuß, *F'*, *F''* erster und zweiter Ruderfuß, *A* After, *D* Darm, *G* Genitalanlage, *Hc* Harnkonkremente in den Darmzellen.

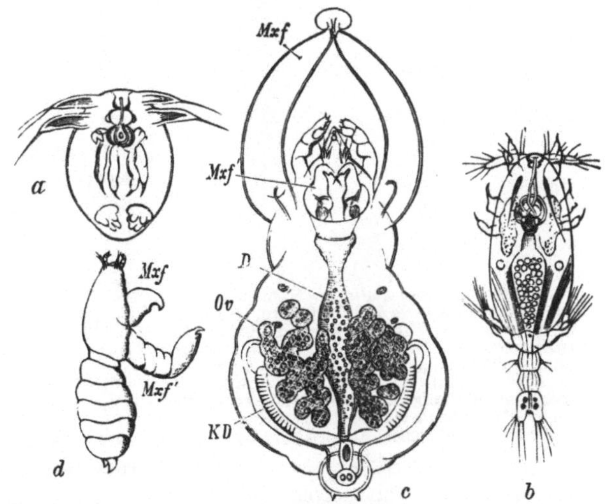

Abb. 593. *Achtheres percarum*. a Naupliusform. — b Larve im jüngsten Copepodidstadium. — c Weibchen von der Bauchseite gesehen. ¹⁶/₁. *D* Darm, *KD* Kittdrüsen, *Mxf* zweite Maxille, *Mxf'* Maxillarfuß, *O* Ovarium. — d Männchen in seitlicher Lage etwa ³⁰/₁. (a—c nach CLAUS, d nach NORDMANN.)

Bei *Herpyllobius* entbehrt der kugelige Körper aller Extremitäten.

Die freilebenden und auch viele parasitische Copepoden durchlaufen mit den noch folgenden Häutungen eine Reihe von Entwicklungsstadien, an welchen die noch fehlenden Segmente und Gliedmaßen hervortreten und die bereits vorhandenen Extremitäten eine reichere Gliederung erfahren. Viele Schmarotzerkrebse überspringen indessen die Entwicklungsreihe der Metanaupliusformen, indem der Nauplius alsbald nach seinem Ausschlüpfen die Cuticula abwirft und bereits in der jüngsten Copepodidform mit Klammerantennen und stechenden Mundwerkzeugen erscheint (Abb. 593). Die Weibchen durchlaufen schon von diesem Stadium an eine regressive Metamorphose, indem sie sich als Parasiten an ein Wohntier anheften, an ihrem unförmig auswachsenden Leibe die Gliederung mehr oder minder vollständig, auch die Ruderfüße verlieren und selbst das ursprünglich vorhandene Auge rückbilden (*Lernaeopodiden*). Die Männchen aber bleiben in solchen Fällen oft zwergartig klein und sitzen dann (häufig in mehrfacher Zahl) in der Nähe der Geschlechtsöffnung am weiblichen Körper angeklammert fest.

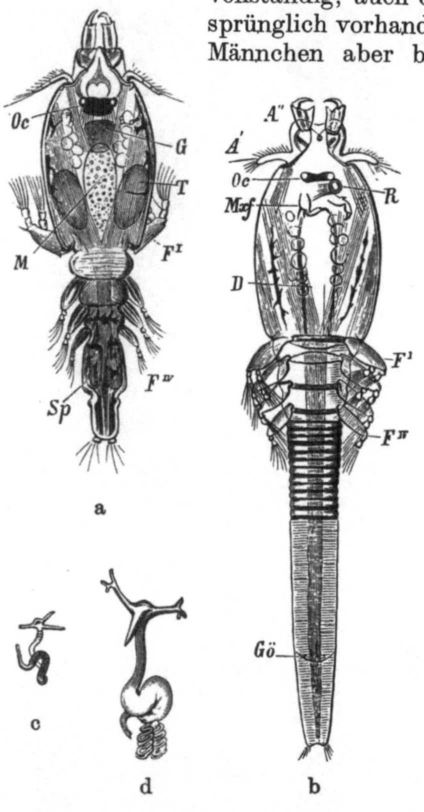

Bei den *Lernaeen* schwimmen die sehr kleinen cyclopsförmigen Männchen mittels ihrer vier Schwimmfußpaare frei herum; die Weibchen sind im Begattungsstadium jenen ähnlich gestaltet und erfahren erst nach der Begattung als Parasiten die bedeutende Größenzunahme und Umgestaltung ihres Leibes (Abb. 594).

Sehr eigentümlich ist die Entwicklung der im geschlechtsreifen Zustande pelagisch lebenden *Monstrilliden*, welche des Darmes und der zweiten Antennen sowie aller Mundgliedmaßen entbehren. Der Nauplius heftet sich an sedentären Polychäten fest und dringt unter Verlust der Naupliusgliedmaßen in das Blutgefäßsystem derselben ein, wo er alle weiteren Entwicklungsstadien durchläuft. Seine Ernährung erfolgt hier vermittels der wieder hervorgesprossenen zweiten Antennen und zuweilen auch Mandibeln, die sich zu langen tentakelartigen Anhängen ausbilden, vergleichbar den Wurzelausläufern von Rhizocephalen. Zu geschlechtsreifer Form herangewachsen, verlassen die *Monstrillen* nach Verlust der tentakelartigen Anhänge das Wirtstier, werden pelagisch, gehen

Abb. 594. *Lernaea branchialis.* a Männchen (von etwa 2—3 mm Länge). *Oc* Auge, *G* Gehirn, *M* Darm, F^I bis F^{IV} die vier Brustfußpaare, *T* Hoden, *Sp* Spermatophorensack. — b Weibchen (im Begattungsstadium, 5—6 mm lang). A', A'' die beiden Antennenpaare, *R* Rüssel, *Mxf* zweite Maxille, *D* Darm, *Gö* Anlage der Genitalöffnungen. — c In der Metamorphose begriffenes Weibchen nach der Begattung. — d Dasselbe mit Eiersäckchen. $^1/_1$. (Nach CLAUS.)

aber, unfähig, sich selbst zu ernähren, in kurzer Zeit nach Ablage der Geschlechtsprodukte zugrunde. Auch eine Schnecke (*Odostomia*) wurde als Wirtstier von Monstrillalarven bekannt.

Die Copepoden leben entweder frei oder parasitisch; die meisten gehören dem Meere, viele dem Süßwasser an. Die freilebenden Formen treten oft in großen Scharen auf und bilden neben den Daphniden die Nahrung vieler Fische. An diese Formen schließen sich jene an, welche noch frei umherschwimmen und nur gelegentlich parasitieren (*Corycaeiden*). Die Schmarotzer finden sich an den Kiemen, in der Rachenhöhle oder an der Haut von Fischen, wie auch an oder in wirbellosen Tieren. Die meisten sind mittels ihrer zu Klammerorganen ausgebildeten zweiten Antennen und Maxillarfüße befestigt, manche teilweise (*Lernaeen*) oder vollständig (*Philichthys*) eingebohrt.

Von den Süßwassercopepoden bildet *Diaptomus* Dauereier (wahrscheinlich kommen solche auch bei *Cyclopiden* und *Harpacticiden* vor). Cyclopiden und Harpacticiden vermögen im Jugendzustand und als Geschlechtstiere, zuweilen in einer Schlammcyste eingeschlossen (eine Secretcyste ist bei *Canthocamptus micro-staphylinus* bekannt) eine Hitze- oder Trockenperiode zu überdauern.

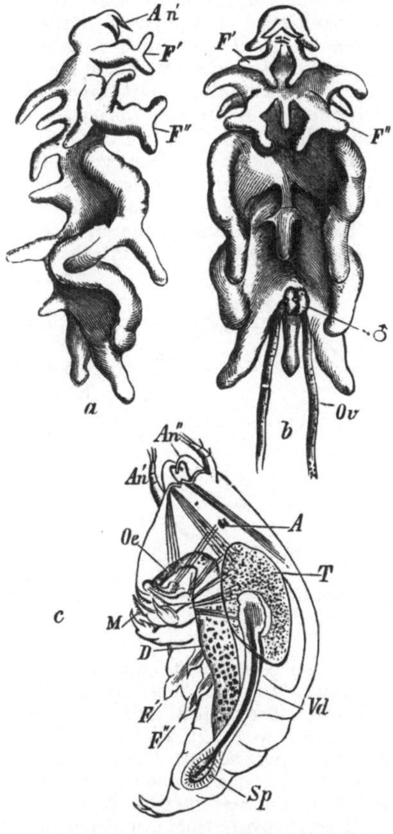

Fam. *Calanidae*. Vordere Antennen sehr lang, im männlichen Geschlechte nur durch reichere Ausstattung mit Spürborsten ausgezeichnet. Hintere Antennen zweiästig. Herz vorhanden. *Calanus finmarchicus* GUNN. (*Cetochilus septentrionalis* GOODS.), *Eucalanus attenuatus* DANA (*Calanella mediterranea* CLS.), *Pseudocalanus elongatus* BOECK, *Euchaeta marina* PRESTAND. Marin, weit verbreitet.

Fam. *Centropagidae*. Calanidenähnlich. Von den vorderen Antennen des Männchens die eine (meist rechte) zu einem Greiforgan umgestaltet. Herz vorhanden. *Centropages typicus* KRÖY. Atlant. Ozean, Mittelmeer. Europ. Süßwasserformen sind: *Diaptomus castor* JUR., *D. vulgaris* SCHMEIL (*coeruleus* S. FISCH.). In Tümpeln und Teichen. *Heterocope saliens* LILLJ., in Seen. *Temora stylifera* DANA (*armata* CLS.), Atlant. Ozean, Mittelmeer. *Eurytemora velox* LILLJ. In Seen, aber auch im Meere. *Pleuromamma* (*Pleuromma*) *gracilis* CLS. *Heterorhabdus* (*Heterochaeta*) *spinifrons* CLS. Mittelmeer, Atlant. u. Stiller Ozean. Letzterer zeigt Leuchterscheinung.

Fam. *Pontellidae*. Das Auge in ein Mittelauge und zwei Seitenaugen geteilt. Mit Herz. *Pontella mediterranea* CLS. Mittelmeer. *Anomalocera* (*Irenaeus*) *patersoni* TEMPL. Mittelmeer, Atlant. u. Stiller Ozean.

Fam. *Cyclopidae*. Meist Süßwasserbewohner, ohne Herz. Antennen des zweiten Paares einästig. Mandibulartaster verkümmert (Abbild. 588). Füße des fünften Paares in beiden Geschlechtern rudimentär. Beim Männchen beide Antennen des ersten Paares zu Greifarmen umgebildet. Das Weibchen bildet zwei Eiersäckchen. *Oithona plumifera* W. BAIRD. Atlant. Ozean, Mittelmeer. *Cyclops fuscus* JUR. (*coronatus* CLS.) (Abb. 586). *C. serrulatus* S. FISCH., *C. strenuus* S. FISCH., *C. viridis* JUR. Im Süßwasser Mitteleuropas.

Fam. *Harpacticidae*. Körper mehr walzenförmig. Die ersten Antennen kurz, beim Männchen beide zu Greiforganen umgestaltet. Das Kieferfußpaar mit Greifhaken. Erstes Fußpaar meist modifiziert. Herz fehlt. Weibchen bildet meist ein Eiersäckchen. *Euterpe acutifrons* DANA. Atlant. Ozean, Mittelmeer. *Harpacticus chelifer* MÜLL., Nordsee. *Canthocamptus staphylinus* JUR., *C. minutus* CLS. Beide im Süßwasser. *Tegastes* NORM. (*Amymone* CLS.). Amphipodenähnlich. Marin. *Miracia* DANA. Auge in ein Mittelauge und zwei Seitenaugen geteilt. Atlant. und Pazif. Ozean.

Hier schließen sich die marinen, schildförmigen, asselähnlichen *Peltidiidae* an.

Fam. *Monstrillidae*. Pelagische Formen ohne Darm. Der Mund führt in ein kurzes blindgeschlossenes Oesophagusrohr. Zweite Antennen sowie alle Mundgliedmaßen fehlen. Die Larven entwickeln sich parasitisch im Blutgefäßsystem sedentärer Polychäten, auch in

Abb. 595. *Chondracanthus lophii* (*gibbosus*). a Weibchen in seitlicher Lage, b von der Bauchfläche mit anhaftendem Männchen ♂. ⁶/₁. — c Männchen stark vergr. (Nach CLAUS.) *An'* vordere, *An''* hintere Antennen, *F'*, *F''* 1. und 2. Brustfuß, *A* Auge, *D* Darm, *M* Mundteile, *Oe* Oesophagus, *T* Hoden, *Vd* Samenleiter, *Sp* Spermatophorensack, *Ov* Eierschläuche.

einer Schnecke (*Odostomia*). *Haemocera danae* CLAP. Atlant. Ozean. Entwicklung in *Salmacina dysteri*. *H. filogranarum* MLQN. Atlant. Ozean. Entwicklung in *Filograna implexa*. *Monstrilla anglica* LUBB. Nordsee. *M. helgolandica* CLS. Nordsee. Entwicklung in *Odostomia rissoides*. *Thaumaleus claparèdi* GIESBR. Mittelmeer.

Fam. *Notodelphyidae*. Körper wie bei den Cyclopiden gebaut. Die hinteren Antennen sind Klammerantennen. Die beiden letzten Thoracalsegmente von einer dorsalen Duplikatur überdeckt, welche einen Brutbehälter zur Aufnahme der Eier bildet. Leben in dem Kiemensacke von Ascidien. *Notodelphys agilis* ALLM. *Notopterophorus (Doropygus) elongatus* COSTA. *Ascidicola rosea* THOR.

Fam. *Corycaeidae.* Körper in beiden Geschlechtern oft auffallend verschieden. Vordere Antennen kurz, in beiden Geschlechtern gleich, die hinteren mit Klammerhaken. Mundteile zum Stechen eingerichtet. Das Auge in einen medianen Teil und zwei Seitenaugen gesondert. Leben teilweise als temporäre Parasiten. *Sapphirina ovatolanceolata* DANA, *S. gemma* DANA (*fulgens* CLS.). Die Männchen haben einen verbreiterten Körper, sind durch Farbenschiller ausgezeichnet und schwimmen frei umher, während die schmäleren Weibchen teilweise in Salpen sich aufhalten. Mittelmeer. *Copilia vitrea* H., *C. mediterranea* CLS. Atlant. Ozean, Mittelmeer, Ind. Ozean. *Corycaeus elongatus* CLS. Mittelmeer. *C. anglicus* LUBB. Nordsee. Hier schließt sich *Oncaea* PHIL. an.

Fam. *Ergasilidae*. Der cyclopsähnliche Körper mehr oder minder bauchig aufgetrieben. Hintere Antennen sehr lange kräftige Klammerfüße. Mundteile stechend, ohne Saugschnabel. *Ergasilus sieboldi* NORDM. An den Kiemen von Cyprinoiden.

Fam. *Chondracanthidae*. Körper gestreckt, oft ohne deutliche Gliederung und mit zipfelförmigen Auswüchsen. Hinterleib stummelförmig. Die beiden vorderen Ruderfußpaare sind rudimentär oder zweizipflige Lappen, die übrigen fehlen. Ohne Saugrüssel. Mandibeln sichelförmig. Die birnförmigen Männchen zwergartig klein, oft zu zweien am weiblichen Körper befestigt. *Chondracanthus lophii* JOHNST. (*gibbosus* KRÖY.) auf *Lophius* (Abb. 595), *C. cornutus* MÜLL. Auf Schollen.

Fam. *Asterocheridae* (*Ascomyzontidae*). Körper cyclopsähnlich, jedoch mehr oder minder schildförmig verbreitert. Mandibeln stilettförmig, in einem langen Rüssel gelegen. Zweite Maxille und Kieferfuß mit Fanghaken. Vier zweiästige Schwimmfußpaare. Ernähren sich parasitisch, vermögen aber den Wirt zu wechseln. *Asterocheres lilljeborgi* BOECK, auf *Cribrella sanguinolenta*. *A. suberitis* GIESBR., auf *Suberites domuncula*. *A. violaceus* CLS., an Seeigeln. Mittelmeer. *Dyspontius* THOR.

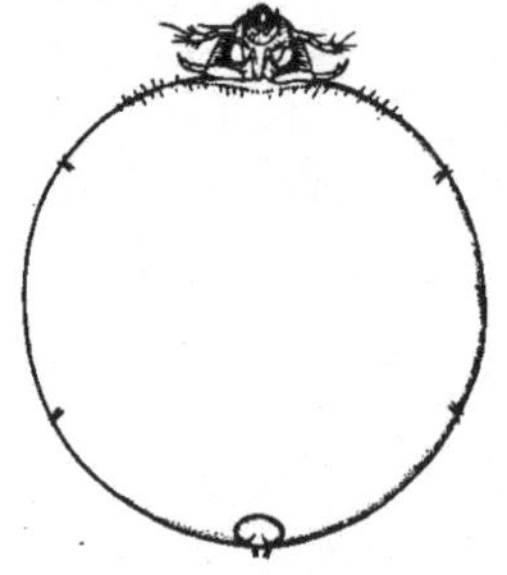

Abb. 596. *Sphaeronella chinensis*, Weibchen. (Nach H. J. HANSEN.) 34/1

Fam. *Caligidae*. Körper flach, mit schildförmigem Cephalothorax. Abdomen mit umfangreichem, namentlich im weiblichen Geschlechte aufgetriebenem Genitalsegment, in seinem hinteren Abschnitte reduziert. Vordere Antennen am Grunde mit dem Stirnrande verwachsen. Mit Saugröhre und stilettförmigen Mandibeln. Vier zweiästige Ruderfußpaare ermöglichen eine rasche Schwimmbewegung. Eierschläuche schnurförmig. Leben an den Kiemen und der Haut meist von Seefischen. *Caligus rapax* M. E., auf verschiedenen Seefischen. *C. lacustris* STP. et LTK. An den Kiemen von Süßwasserfischen. *Lepeophtheirus pectoralis* MÜLL. An Schollen. *Cecrops latreillei* LEACH, auf *Mola* (*Orthagoriscus*).

Fam. *Dichelestiidae*. Körper langgestreckt. Thoraxsegmente gesondert und ansehnlich groß. Genitalsegment des Weibchens zuweilen sehr lang. Abdomen meist rudimentär. Saugrüssel in der Regel lang. Die hinteren Thoracalfüße meist schlauchförmig oder rudimentär. *Dichelestium oblongum* ABILDG. (*sturionis* HERM.), an den Kiemen des Störs. *Lamproglena pulchella* NORDM., an den Kiemen von Cyprinoiden. *Lernanthropus gisleri* BENED., an den Kiemen von Sciaeniden. *L. kröyeri* BENED., an den Kiemen von *Morone*. *Mytilicola intestinalis* STEUER, im Darm der Miesmuschel. Adria.

Fam. *Lernaeidae*. Körper des Weibchens stab- oder wurmförmig gestreckt, zuweilen asymmetrisch gewunden, ungegliedert, mit Fortsätzen und Auswüchsen am Kopfe. Mundteile stechend mit Saugröhre. Vier Paare sehr kleiner Schwimmfüße oder Reste derselben. Männchen und Weibchen von *Lernaea* im Begattungsstadium frei umherschwimmend. Die Weibchen sitzen mit ihrem Vorderkörper eingebohrt an Fischen fest. *Lernaea branchialis* L. (Abb. 594), an *Gadus*-Arten. *Penella filosa* GUÉR. auf *Mola mola*. *Lernaeenicus (Lernaeonema) sprattae* SOW. In der Sklera von *Clupea sprattus* festgeheftet. Hier schließt sich an *Lernaeocera cyprinacea* L., an Cyprinoiden.

Eine besondere Familie bilden die *Philichthyidae*. *Philichthys xiphiae* STEENSTR. Lebt in dem Sinus der Stirnbeine von *Xiphias*.

Fam. *Lernaeopodidae*. Körper in Kopf und Thorax abgesetzt, mit rudimentärem Hinterleib. Mundteile stechend mit Saugröhre. Die zweiten Maxillen von bedeutender Größe, vereinigen sich an ihrer Spitze beim Weibchen zur Herstellung eines Haftapparates, der eine dauernde Fixierung herbeiführt. Schwimmfüße fehlen. Die mehr oder minder zwergartigen Männchen mit großen und freien Klammermaxillarfüßen, ebenfalls ohne Ruderfüße. *Achtheres percarum* NORDM. (Abb. 593), an den Kiemen des Barsches und Zanders. *Lernaeopoda elongata* GRANT, auf Haifischen. *Tracheliastes polycolpus* NORDM., an den Flossen von Cyprinoiden. *Basanistes huchonis* SCHRANK, auf dem Huchen. *Clavella* (*Anchorella*) *uncinata* MÜLL., auf *Gadus*-Arten.

Fam. *Choniostomatidae* (*Sphaeronellidae*). Körper des Weibchens kugelig. Abdomen rudimentär. Der von einer Trichtermembran umgebene Mund an einem konischen Rüssel gelegen. Mundteile stechend. Die zweiten Maxillen und Maxillarfüße sind Greiffüße. Thoraxfüße rudimentär, in zwei Paaren vorhanden oder fehlend (Abb. 596). Männchen viel kleiner. Leben parasitisch auf Malacostraken. *Sphaeronella leuckarti* SAL. An einem Amphipoden (*Microdeutopus*). Neapel. *Choniostoma mirabile* H. J. HANS. In der Kiemenhöhle von *Hippolyte gaimardi*, Karasee. Vielleicht schließt sich hier an *Herpyllobius arcticus* STP. et LTK. Körper des Weibchens kugelig, ohne Extremitäten, am Vorderende mit einem Saugkörper ähnlich wie bei *Sacculina*. Mundöffnung soll fehlen. Auf Polynoiden. Grönland.

6. Ordnung. Cirripedia[1], Rankenfüßer.

Festsitzende, größtenteils hermaphroditische Crustaceen. Körper undeutlich gegliedert, von einer mantelförmigen, meist verkalkte Schalenstücke aufweisenden Schale umschlossen, in der Regel mit sechs Paaren von Rankenfüßen.

Die Cirripedien wurden wegen der Ähnlichkeit ihrer Schale mit Muscheln für Mollusken gehalten, bis die Entdeckung der Larven durch THOMPSON und BURMEISTER ihre Zugehörigkeit zu den Crustaceen unzweifelhaft machte. Das Tier ist mit dem Vorderende des Kopfes, das bei den *Lepadiden* zu einem muskulösen Stiel verlängert ist, festgeheftet (Abb. 597 a). Die Befestigung erfolgt mittels des erhärteten Secretes der Cementdrüse, welche an dem vorletzten saugnapfartig erweiterten Gliede der kleinen vorderen Antennen ausmündet. Nur bei den *Ascothoracida* und *Apoda* findet die Befestigung mittels der Antennen nicht statt und es bleibt der Kopf frei. Der hintere Kopfabschnitt sowie der Rumpf werden (ausgenommen die *Apoda*) von einer mantelförmigen Schale umschlossen, aus deren

---

[1] Außer THOMPSON, BURMEISTER vgl. DARWIN, CH.: A monograph of the Sub-Class Cirripedia, 2 Vol. London 1851—1854. — CLAUS, C.: Die cyprisähnliche Larve der Cirripedien. Marburg 1869. — DE LACAZE-DUTHIERS, H.: Histoire de la *Laura Gerardiae*. Mém. Acad. Paris 1882. — DELAGE, YVES: Evolution de la Sacculine. Archives de Zool. 1884. — HOEK, P. P. C.: Report on the Cirripedia. Challenger Rep. VIII, u. X. 1883 to 1884. — The Cirripedia of the Siboga-Expedition, 2 Teile. Leyden 1907—1913. — KOEHLER, R.: Recherches sur l'organisation des Cirrhipèdes. Archives de Biol. **9** (1889). — FOWLER, G. H.: A Remarkable Crustacean Parasite etc. Quart. J. microsc. Sci. **30** (1890). — NUSSBAUM, M.: Anatomische Studien an californischen Cirripedien. Bonn 1890. — KNIPOWITSCH, N.: Beiträge zur Kenntnis der Gruppe Ascothoracida. Trav. Soc. Natur. St.-Pétersbourg 1892. — AURIVILLIUS, C. W. S.: Studien an Cirripedien. Sv. Akad. Handl. Stockholm 1894. — GRUVEL, A.: Contribution à l'étude des Cirripèdes. Archives de Zool. **1894.** — Monographie des Cirrhipèdes. Paris 1905. — GROOM, TH.: On the early development of Cirripedia. Philosophic. Trans. roy. Soc. London 1894. — BIGELOW, M.: The early development of *Lepas*. Bull. Mus. Comp. Zool. Harvard Coll. Cambridge 1902. — BERNDT, W.: Zur Biologie und Anatomie von *Alcippe lampas*. Z. Zool. **74** (1903). — Studien an bohrenden Cirripedien. I. Arch. f. Biontol. **1** (1906). — HOFFENDAHL, K.: Beitrag zur Entwicklungsgeschichte und Anatomie von *Poecilasma aurantium*. Zool. Jb. **20** (1904). — SMITH, G.: *Rhizocephala*. Fauna u. Flora Golf Neapel **29** (1906). — LE ROI, O.: *Dendrogaster arborescens* und *Dendrogaster ludwigi*, zwei entoparasitische Ascothoraciden. Z. Zool. **86** (1907). — DEFNER, A.: Der Bau der Maxillardrüse bei Cirripedien. Arb. zool. Inst. Wien **18** (1910). — DELSMAN, H. C.: Die Embryonalentwicklung von *Balanus balanoides*. Tijdskr. nederl. dierk. Vereenig. **1917.** — NILSSON-CANTELL, C. A.: Cirripeden-Studien. Zool. Bidr. Uppsala **7** (1921). — KRÜGER, P.: Die Embryonalentwicklung von *Scalpellum scalpellum*. Arch. mikrosk. Anat. **96** (1922). — Vgl. überdies die Schriften von KROHN, FR. MÜLLER, LILLJEBORG, KOSSMANN, E. VAN BENEDEN, LANG, PAGENSTECHER, NOLL, STEWART, S. RUNNSTRÖM u. a.

schlitzförmiger ventraler, durch einen Muskel (Adductor scutorum) verschließbarer Spalte die zum Strudeln dienenden Extremitäten des Thorax hervorgestreckt werden. Die Schale enthält häufig Verkalkungen, die Schalenplatten, von
denen bei *Lepas* gewöhnlich fünf, die paarigen Scuta, Terga und die unpaare dorsale Carina unterschieden werden. Zuweilen (*Pollicipes, Scalpellum*) ist die Zahl
der Schalenplatten eine größere, indem der Carina gegenüber an der Ventralseite
ein unpaares Schalenstück, das Rostrum, sowie seitlich an der Basis des Stieles
kleinere Schalenplatten, die Lateralia, hinzukommen (Abb. 603, 604). Bei den
Balaniden entwickeln sich Carina und Rostrum mit einer bestimmten Anzahl von
Lateralia zu einem festen Schalenkranze, der sich von dem scheibenförmig verbreiterten Vorderkopfe um den Körper erhebt, während Scuta und Terga einen mit

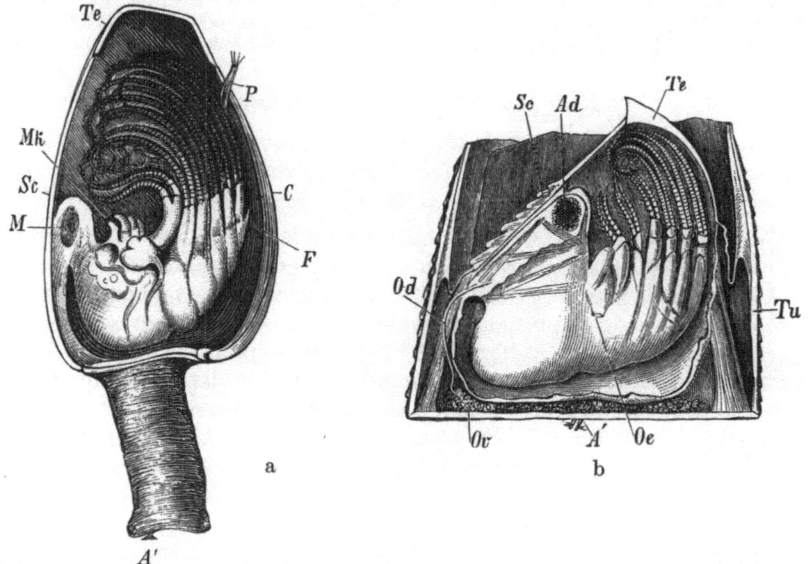

Abb. 597. a *Lepas*, nach Entfernung der linken Schale. Etwa $^1/_1$. *A'* Haftantenne, *C* Carina, *Te* Tergum, *Sc* Scutum, *Mk* Mundkegel, *F* Furca, *P* Copulationsorgan, *M* Adductor scutorum. — b *Balanus tintinnabulum* nach Entfernung der einen Schalenhälfte. (Nach DARWIN.) *Tu* äußerer Schalenkranz, *Ov* Ovarium, *Od* Oviduct, *Oe* seine
Ausmündung, *Ad* Adductor scutorum. $^{1·5}/_1$

dem Schalenkranz beweglich verbundenen Deckel des Tieres nach der freien Seite
hin bilden (Abb. 597 b).

An den von der Schale umschlossenen Hinterkopf mit den Mundwerkzeugen
und den sechsgliedrigen Thorax schließt sich ein gliedmaßenloses, stummel-
förmiges, meist nur durch die zwei Furcalglieder bezeichnetes Abdomen an, an
welchem die Afteröffnung liegt. Hintere Antennen fehlen stets, während die vorderen Antennen auch bei dem ausgebildeten Tiere als winzig kleine Haftorgane
nachweisbar bleiben. Die Mundwerkzeuge sitzen einer ventralen Erhebung des
Kopfabschnittes auf und bestehen aus Oberlippe mit zwei als Taster bezeichneten
Anhängen, zwei Mandibeln und vier Maxillen, von denen die zwei hinteren zu einer
Art Unterlippe sich vereinigen. Selten sind die Mundteile saugend. Am Leibe erheben sich meist sechs Paare vielgliedriger Rankenfüße, deren cirrenartig verlängerte, reich mit Borsten und Haaren besetzte Äste zum Herbeistrudeln der im
Wasser suspendierten Nahrungsstoffe dienen. Der stummelförmige Hinterleib
trägt einen langgestreckten, zwischen den Rankenfüßen nach der Bauchfläche umgeschlagenen Schlauch, das männliche Copulationsorgan. Übrigens gibt es für die

Gestaltung des gesamten Leibes zahlreiche und höchst sonderbare Abweichungen. Es können nicht nur Verkalkungen des Mantels unterbleiben und die Rankenfüße ihrer Zahl nach reduziert sein (*Abdominalia*) (Abbild. 599), sondern auch die Mundteile und Gliedmaßen vollständig fehlen und der Körper zur Form eines ungegliederten Schlauches, Sackes oder einer gelappten Scheibe herabsinken (*Rhizocephala*) (Abb. 605).

Die Cirripedien besitzen ein paariges Gehirnganglion und eine meist aus sechs Ganglienpaaren gebildete, zuweilen (*Alcippe*, *Balaniden*) zu einer gemeinsamen Ganglienmasse verschmolzene Bauchganglienkette. Von Sinnesorganen ist das Vorkommen eines rudimentären Naupliusauges zu erwähnen.

Der Darmkanal (Abb. 598) der *Lepadiden* und *Balaniden* besteht aus einem kurzen Oesophagus, welcher in den geradeverlaufenden Mitteldarm führt, dessen erweiterter Anfangsteil mehrere blinddarmförmige Ausstülpungen (Mitteldarmdrüsenschläuche) besitzt. Der kurze Enddarm öffnet sich am Hinterende. Bei *Alcippe* ist der Darm verzweigt und afterlos, bei *Cryptophialus* der Endteil des Oesophagus zu einem Kaumagen entwickelt. Mächtige, reichverästelte Darmausstülpungen, welche auch in die Schalenduplikatur hineinreichen, finden sich bei den meist afterlosen *Ascothoracida*. Die *Rhizocephalen* entbehren des Darmes; sie nehmen die Nahrung endosmotisch durch kopfständige, wurzelartige Ausläufer auf, mittels deren sie die inneren Organe von Decapoden umstricken.

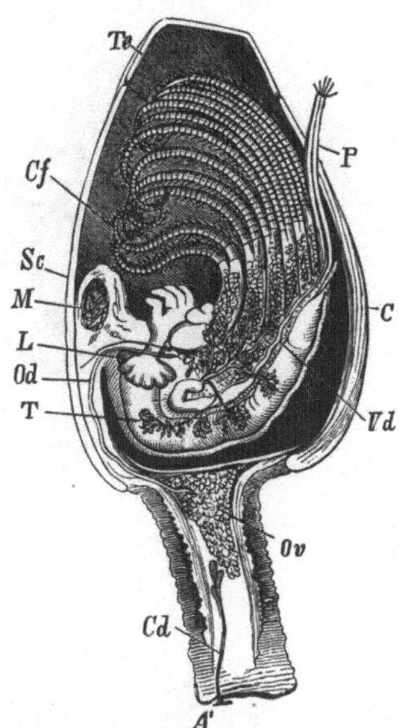

Abb. 598. Innere Organisation von *Lepas*. *A'* erste Antenne, *Cd* Cementdrüse, *L* Mitteldarmdrüsenschläuche, *T* Hoden, *Vd* Ductusdeferens, *P* Copulationsorgan, *Ov* Ovarium, *Od* Oviduct, *Cf* Rankenfüße, *Te* Tergum, *Sc* Scutum, *C* Carina, *M* Adductor scutorum.

Besondere Kreislauforgane fehlen. Als Kiemen betrachtet man Schläuche, die an mehreren Rankenfüßen mancher *Lepadiden* auftreten, sowie zwei krausenartig gefaltete Lamellen an der Innenseite des Mantels bei *Balaniden* und *Alcippe*. Als Excretionsorgan findet sich die Kieferdrüse.

Die Cirripedien sind mit wenigen Ausnahmen Zwitter. Die Hoden liegen als vielfach verästelte Drüsenschläuche zu den Seiten des Darmes und entsenden Fortsätze in die Basalglieder der Rankenfüße, ihre in Samenblasen erweiterten Samenleiter erstrecken sich nach der Basis des cirrusförmigen Copulationsorganes, in welchem sie sich zu einem an der Spitze desselben mündenden Ductus ejaculatorius vereinigen (Abb. 598). Beim Männchen der

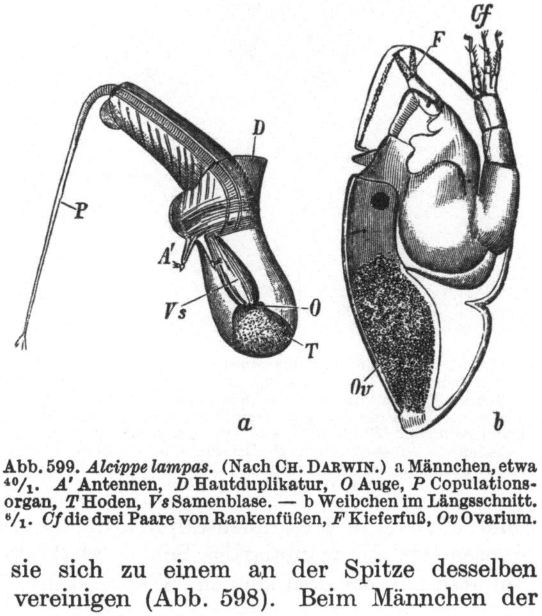

Abb. 599. *Alcippe lampas*. (Nach CH. DARWIN.) a Männchen, etwa ⁴⁰/₁. *A'* Antennen, *D* Hautduplikatur, *O* Auge, *P* Copulationsorgan, *T* Hoden, *Vs* Samenblase. — b Weibchen im Längsschnitt. ⁶/₁. *Cf* die drei Paare von Rankenfüßen, *F* Kieferfuß, *Ov* Ovarium.

Abdominalia ist der Hoden unpaar. Die Ovarien liegen bei den *Balaniden* im basalen Teile der Leibeshöhle im Schalenkranze, bei den *Lepadiden* rücken sie in den Stiel hinein, ihre Oviducte münden auf einemVorsprung am Basalgliede der ersten Rankenfüße aus (Abbild. 597 b). Die austretenden Eier sammeln sich zwischen Mantel und Leib in großen, zarthäutigen Schläuchen, welche von dem erweiterten Endabschnitt der Oviducte (Kittdrüsen) abgeschieden werden.

Trotz des Hermaphroditismus existieren nach DARWIN in einzelnen Gattungen (*Ibla, Scalpellum*) sehr einfach organisierte Zwergmännchen von eigentümlicher Form, sogenannte Ergänzungsmännchen (*complemental males*), die parasitenähnlich am Körper des Zwitters haften (Abb. 604). Auch gibt es getrenntgeschlechtliche Cirripedien mit ausgeprägtem Dimorphismus beider Geschlechtstiere. Dieser Fall trifft für *Scalpellum ornatum* und *Ibla cumingi*, ferner für die Gattungen *Cryptophialus* und *Alcippe* (Abbild. 599) und für einige *Ascothoraciden* zu. Die Männchen ersterer Formen bleiben zwergartig klein und entbehren des Verdauungskanals sowie der Rankenfüße; in der Regel sitzen zwei, zuweilen auch eine größere Zahl von Männchen am weiblichen Körper. Die Männchen der *Ascothoraciden* zeigen im allgemeinen die Charaktere des sogenannten Cyprisstadiums. Bei einigen *Rhizocephalen* soll Parthenogenese vorkommen.

Die aus den Eihüllen ausgeschlüpften Larven sind Naupliusformen (Abb. 600), die sich durch seitliche Stirnhörner auszeichnen.

Nach mehrmaliger Abstreifung der Haut. tritt die zu beträchtlicher Größe herangewachsene Larve in das sogenannte Cyprisstadium (Puppe) ein (Abbild. 601). Die Integumentduplikatur des nun seitlich kompressen Körpers repräsentiert eine mantelartige Schale, an deren klaffendem Bauchrande die Extremitäten hervortreten können. Während die Form der Schale oberflächlich an die

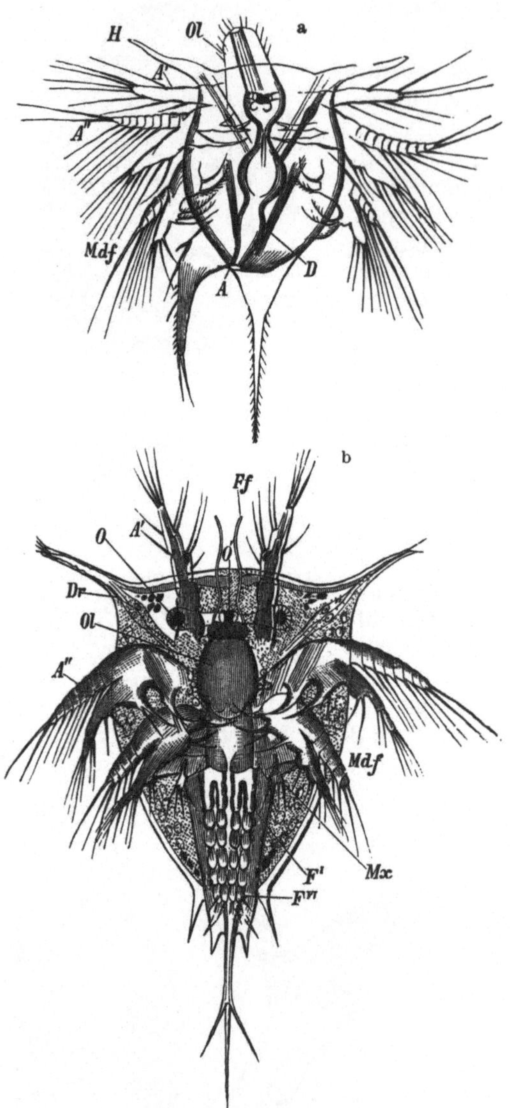

Abb. 600. a Älterer Nauplius eines Cirripeds, *Ol* Oberlippe, *H* Stirnhörner, *D* Darm, *A* After, *A'*, *A''* vordere und hintere Antenne, *Mdf* Mandibularfuß. — b Metanauplius von *Balanus*. Unter der Haut die Anlagen der Seitenaugen (*O*) und sämtlicher Beinpaare (*F^I* bis *F^{VI}*) der Puppe nachweisbar. *Ff* Frontalfäden, *O'* unpaares Auge, *Dr* Drüsenzellen der Stirnhörner, *A'* erste Antenne mit der Anlage der Haftscheibe, *Mx* Maxillaranlage. (Nach CLAUS.) Etwa ¹⁵⁰/₁

Ostracoden erinnert, nähert sich der Körperbau der Puppe dem der Copepoden.
Aus den ersten Gliedmaßen der Naupliuslarve ist eine viergliedrige armförmig
gebogene Haftantenne hervorgegangen, deren vor-
letztes Glied sich scheibenförmig verbreitert hat
und die Mündung der Cementdrüse enthält. Als
Reste der Stirnhörner finden sich zwei kegelförmige Vorsprünge in der Nähe des Vorderrandes.
Von den beiden zweiästigen Extremitätenpaaren
des Nauplius ist das dem zweiten Antennenpaar
entsprechende geschwunden, das hintere zur Mandibel an dem noch geschlossenen Mundkegel geworden, an welchem die Anlagen der Maxillen und
Unterlippe bemerkbar sind. Auf den Mundkegel
folgt der Thorax mit sechs zweiästigen, Copepoden-
füßen ähnlichen Ruderfußpaaren und ein kleines,
viergliedriges, mit Furcalgliedern endendes Abdomen. Die Puppe trägt zu den Seiten des unpaaren Augenfleckes ein Paar schon im Naupliusstadium angelegter großer zusammengesetzter
Augen und schwimmt mittels der Ruderfüße umher. Eine Nahrungsaufnahme scheint nicht stattzufinden. Das zur weiteren Ernährung notwendige
Material ist in einem mächtig entwickelten Fettkörper vornehmlich im Kopfteile und Rücken aufgespeichert.

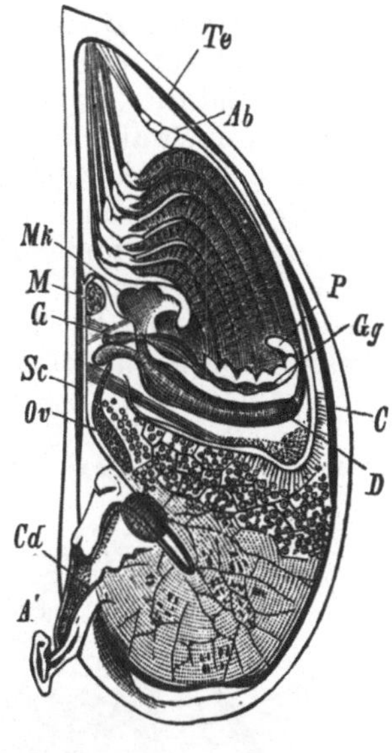

Abb. 601. *Lepas*-Puppe. (Nach CLAUS.)
A' Haftantenne, *C* Carina, *Te* Tergum,
Sc Scutum, *G* Gehirn, *Gg* Ganglienkette,
Mk Mundkegel, *Cd* Zementdrüsen-
gang, *D* Darm, *Ov* Ovarium, *Ab* Abdomen, *P* Anlage des Copulationsorgans, *M* Adductor scutorum.

Nach längerem oder kürzerem Umherschwär-
men heftet sich die Puppe mittels der Haftscheibe ihrer Vorderantennen an fremden Gegenständen an und es beginnt aus der Cementdrüse die
Abscheidung eines erstarrenden Kittes, der die dauernde
Fixation des jungen Rankenfüßers bewirkt. Bei den
Lepadiden wächst der vordere Kopfteil über die Schale,
unter welcher die Kalkstücke der Cirripedienschale bereits durchschimmern, hervor und stellt nach Abstreifung der Puppencuticula den die Befestigung vermitteln-
den Stiel dar, in den auch die Ovarialanlagen eintreten
(Abb. 602). Die paarigen Augen der schwärmenden
Puppe sind geschwunden, während das Naupliusauge
verbleibt. Die Mundwerkzeuge treten in voller Differenzierung ihrer Teile hervor und aus den zweiästigen
Ruderfüßen sind kurze vielgliedrige Strudelfüße geworden.

Was die *Rhizocephalen* betrifft, so setzt sich die
cyprisähnliche Larve an einer jungen Krabbe mittels
der Haftantennen fest, dringt, zu einem ovalen Sack
reduziert, mittels eines pfeilförmigen Körperfortsatzes
(kentrogones Stadium) in die Leibeshöhle des Wirtes
ein und wird zur entoparasitischen, dem Darm anliegenden Sacculina interna. Ihre Haut treibt zahlreiche wurzelförmige Ausläufer um die inneren Organe

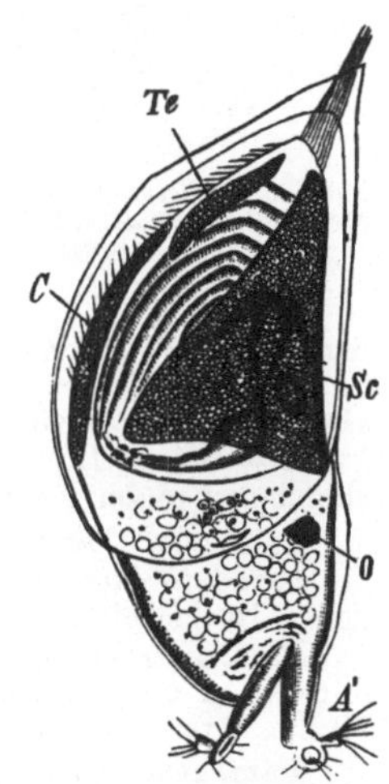

Abb. 602. Junge *Lepas* mit
stielförmig vorgetretenem
Vorderkopf. (Nach CLAUS.)
O Unpaares Auge, *A'* Haft-
antenne, *C* Carina, *Sc* Scutum,
Te Tergum.

des Wirtes, während der Körper schließlich durch die Haut des Wirtes
nach außen durchbricht und zum externen Parasitenkörper wird, mit welchem

die im Inneren des Wirtes zurückbleibenden Wurzelfortsätze durch einen Stiel verbunden sind (DELAGE).

Die Cirripedien sind Bewohner des Meeres und siedeln sich an verschiedenen Gegenständen, z.B. Holzpfählen, Felsen, Schiffen, sowie ferner an Molluskenschalen, Krebsen, Haut von Walen usw., meist kolonieweise an. Einige, wie *Lithotrya*, *Alcippe* und die *Cryptophialiden*, vermögen sich in Muschelschalen und Korallen einzubohren, während die *Rhizocephalen* an Decapoden schmarotzen, die *Ascothoracida* in Anthozoen oder Asteriden als Kommensalen oder Parasiten leben. Auch *Proteolepas* ist Parasit.

Fossile Reste finden sich schon im Silur.

1. Unterordnung. *Thoracica*. Der Körper mit einer meist feste Kalkplatten enthaltenden Schale. Thorax mehr oder minder deutlich segmentiert. Mit sechs Paaren von Rankenfüßen. Großenteils Zwitter.

1. Tribus. *Pedunculata*. Vorderkopf zu einem Stiel verlängert. Körper seitlich kompreß.
Fam. *Scalpellidae*. Stiel nicht scharf abgesetzt, beschuppt oder behaart. Schalenstücke sehr stark und in großer Zahl. Scuta und Terga nebeneinander gelegen. Meist Zwitter.

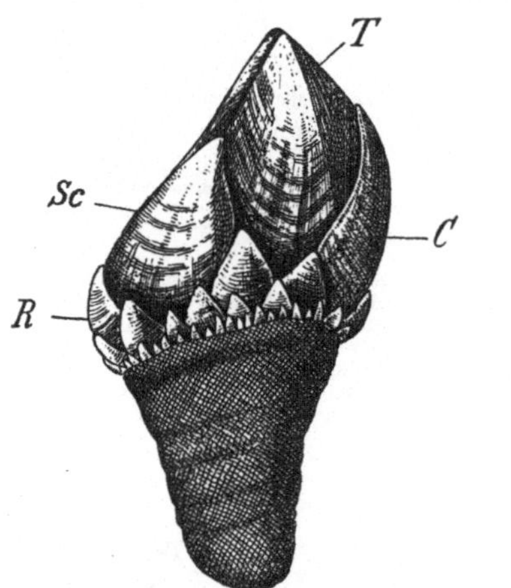

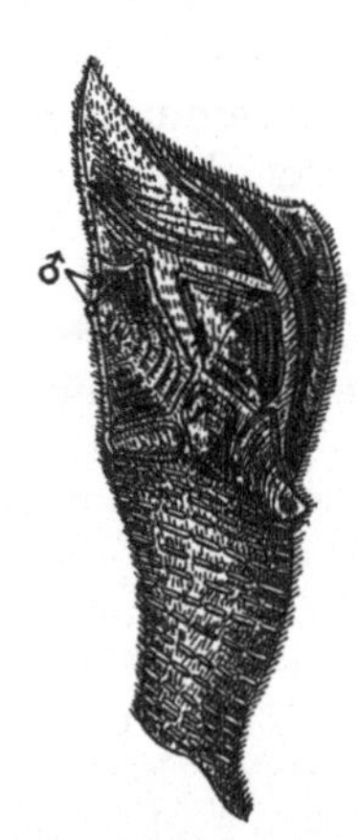

Zuweilen mit Ergänzungsmännchen, einige getrenntgeschlechtlich. *Pollicipes cornucopia* LEACH. Mittelmeer, Atlant. Ozean (Abb. 603). *Scalpellum scalpellum* L. (*vulgare* LEACH) mit Ergänzungsmännchen. Nordsee, Mittelmeer (Abb. 604). *S. ornatum* GRAY, getrenntgeschlechtlich. Algoa-Bai, Südafrika. *Lithotrya truncata* Q. G., lebt in Kalkfelsen, Muschelschalen oder Korallen eingebohrt. Philippinen, Sundainseln. *Ibla quadrivalvis* CUV., hermaphroditisch. Ind. u. Pazif. Ozean. *I. cumingi* DARW., getrenntgeschlechtlich. Rotes Meer, Ind. Ozean.

Fam. *Lepadidae*. Entenmuscheln. Stiel deutlich abgesetzt, nackt. Schale meist mit fünf Kalkstücken. Scuta und Terga liegen hintereinan-

Abb. 603. *Pollicipes cornucopia*. (Nach DARWIN.) 1·5/1. *T* Tergum, *Sc* Scutum, *C* Carina, *R* Rostrum.

Abb. 604. *Scalpellum scalpellum*. (Nach DARWIN.) Etwa 2/1. ♂ Ergänzungsmännchen.

der (Abb. 597 a). Zwitter. *Lepas fascicularis* ELL. SOL., *L. anatifera* L., *L. pectinata* SPENGL., *Conchoderma virgatum* SPENGL., *C. auritum* L., alle weit verbreitet. *Alepas parasita* RANG. Nur chitinige Scuta vorhanden. Auf Medusen. Atlant. Ozean, Mittelmeer. *Anelasma squalicola* LOV., Schale ohne Schalenplatten. Stiel mit verästelten Filamenten. Lebt eingebohrt in der Rückenhaut von Haien. Nordsee.

2. Tribus. *Operculata*. Körper ohne Stiel, von einem äußeren, häufig aus 6 Stücken bestehenden Schalenkranze umgeben, an welchem Scuta und Terga einen meist freibeweglichen Deckel bilden (Abb. 597 b).
Fam. *Verrucidae*. Scuta und Terga nur an einer Seite freibeweglich, an der anderen mit Carina und Rostrum zu einer unsymmetrischen Schale verschmolzen. *Verruca strömia* MÜLL., Atlant. Ozean, Mittelmeer.
Fam. *Balanidae*. Seepocken. Scuta und Terga freibeweglich, untereinander artikulierend. Kiemen je aus einer Falte bestehend. *Chelonibia testudinaria* L., weit verbreitet, an Seeschildkröten, Walen befestigt. *Balanus tintinnabulum* L., weit verbreitet. *B. improvisus* DARW., sehr verbreitet. Lebt auch im Brackwasser. *B. crenatus* BRUG., *B. balanoides* L., *Chthamalus stellatus* RANZANI, weit verbreitet.
Fam. *Coronulidae*. Scuta und Terga freibeweglich, nicht miteinander artikulierend. Kiemen je aus zwei Falten bestehend. *Coronula diadema* L., auf Walen. Nordatlantisch. *Tubicinella trachealis* SHAW, Schalenkranz sehr hoch, fast cylindrisch. In die Haut von Walen eingegraben. Südsee. *Xenobalanus globicipitis* STEENSTR., Schalenkranz rudimentär.

Deckel fehlt. Körper verlängert, vom Habitus des *Conchoderma*. An Delphinen. Nordatlantisch.

2. Unterordnung. *Abdominalia.* Der ungleichmäßig segmentierte Körper von einer flaschenförmigen Schale ohne Schalenplatten umschlossen, mittels großer Haftscheibe befestigt. Zweiter und dritter Thoracalfuß fehlen; der erste Thoracalfuß tasterförmig, bildet einen Maxillarfuß; vierter bis sechster Thoraxfuß am Hinterende gelegen. Getrenntgeschlechtlich. Leben eingebohrt in die Schale von Mollusken und Cirripedien.

Fam. *Cryptophialidae.* Die drei hinteren Thoraxfüße sind zweiästige Rankenfüße. *Cryptophialus minutus* DARW., Maxillarfuß rudimentär. In der Schale von *Concholepas peruviana.* Chile. Nahe verwandt ist *Kochlorine hamata* NOLL, ohne Haftscheibe, in der Schale von *Haliotis.* Cadiz.

Fam. *Alcippidae.* Die drei hinteren Thoracalfüße einästig. After fehlt. *Alcippe lampas* HANC., eingebohrt in *Fusus-* und *Buccinum-*Schalen. Nordsee (Abb. 599).

3. Unterordnung. *Rhizocephala, Wurzelkrebse.* Der Körper schlauch- oder sackförmig, ohne Segmentierung und ohne Gliedmaßen, mit engem, kurzem Haftstiel, an welchem lange, wurzelartig verzweigte Fäden entspringen (Abb. 605). Diese durchsetzen den Leib des Wirtes und führen dem Parasiten die Nahrung zu. Schale sackförmig, ohne Kalkstücke, mit enger verschließbarer Öffnung. Darm fehlt. Zwitter. Es sollen cyprisförmige Zwergmännchen vorhanden sein. Leben als Parasiten vornehmlich am Abdomen von Decapoden, deren innere Organe sie mit ihren wurzelartigen Fäden umspinnen.

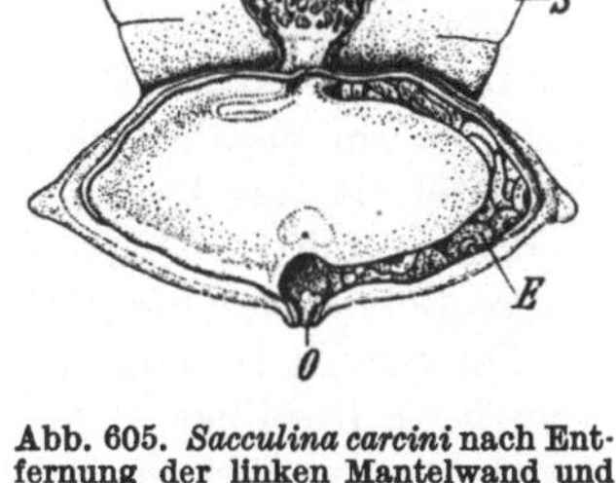

Abb. 605. *Sacculina carcini* nach Entfernung der linken Mantelwand und linken Eierschläuche. (Nach DELAGE, etwas verändert.) *E* Eierschläuche der rechten Seite in der Mantelhöhle, *O* Mantelöffnung, *R* Wurzelausläufer, die den Darm (*D*) der Krabbe umspinnen, *S* Abdomen der Krabbe. 1·6/1

Fam. *Peltogastridae. Peltogaster paguri* RATHKE, an *Pagurus-*Arten. *Sacculina carcini* THOMPS., am Abdomen von *Carcinides maenas* und anderer Krabben. Nordsee (Abb. 605). *Lernaeodiscus porcellanae* FR. MÜLL. Brasilien. *Mycetomorpha vancouverensis* POTTS, auf *Crangon communis.* Vancouverinsel, Beringsmeer.

4. Unterordnung. *Apoda.* Der madenförmige, aus elf Ringen gebildete Körper ohne Schale. Haftfühler bandförmig verlängert. Mund zum Saugen eingerichtet, mit Mandibeln und Maxillen. Rankenfüße fehlen. Verdauungskanal rudimentär. Zwitter. Leben als Parasiten.

Fam. *Proteolepadidae. Proteolepas bivincta* DARW., parasitisch in *Alepas cornuta.* Westindien.

5. Unterordnung. *Ascothoracida.* Körper klein mit sehr großer, ihn vollständig umhüllender Schale, nicht mittels der Antennen befestigt. Abdomen drei- bis viergliedrig oder ohne deutliche Gliederung. Thoracalfüße klein, einästig oder fehlend. Mundteile stechend und saugend. After fehlt meist. Darmausstülpungen und Ovarien reichen in die Mantellappen. Zwitter oder getrenntgeschlechtlich. Leben kommensalisch oder parasitisch in Anthozoen und Echinodermen.

Fam. *Lauridae. Laura gerardiae* LACAZE, lebt im Cönosark einer Anthozoë (*Savaglia*) versenkt. Mittelmeer. *Petrarca bathyactidis* H. FOWLER, in *Bathyactis. Dendrogaster astericola* KNIPOWITSCH, in der Leibeshöhle von *Echinaster* und *Solaster.* Weißes Meer. *D. arborescens* LE ROI, in der Leibeshöhle von *Dipsacaster sladeni.* Getrenntgeschlechtlich. Kapstadt.

7. Ordnung. Malacostraca.

Crustaceen, deren Kopf und Thorax außer dem primären Kopfaschnitte aus 13 Segmenten besteht. Abdomen aus sechs, selten sieben Segmenten nebst dem Endsegment (Telson) zusammengesetzt.

Der Körper fast aller Malacostraken setzt sich, von Reduktionen abgesehen, außer dem primären Kopfabschnitte aus 20 Segmenten zusammen, von denen das Endsegment meist als Platte (Telson) entwickelt ist.

Unter den lebenden Malacostraken sind es nur die *Leptostraca* (*Nebalia*), die neben anderen Eigentümlichkeiten durch eine größere Zahl von Abdominalsegmenten abweichen, indem das Abdomen sieben Segmente sowie ein in zwei Furcalglieder auslaufendes Endsegment aufweist. Es ist somit hier auch in der Gestaltung des Endsegmentes noch nicht die besondere Form der Schwanzplatte, des Telsons, entwickelt. Die Leptostraken stehen in diesen sowie auch anderen Organisationseigentümlichkeiten zwischen Phyllopoden und Malacostraken, letzteren jedoch viel näher. Wahrscheinlich handelt es sich in den Leptostraken um Reste einer alten Crustaceengruppe, welche zu den Malacostraken hinführte.

Am Kopfe der Malacostraken finden sich zwei Antennenpaare, das Mandibelpaar sowie zwei Maxillenpaare. Die nachfolgenden acht Gliedmaßenpaare des Thorax können untereinander nahezu gleich sein (*Leptostraca*); in der Regel treten aber ein bis fünf vordere Thoracalfüße in nähere Beziehung zum Mund und besitzen dann als Maxillarfüße eine zwischen Maxille und Thoracalfuß vermittelnde Form. Als Grundform des Thoracalfußes der Malacostraken erscheint der Spaltfuß (Schizopodenfuß). Er besteht aus einem zweigliedrigen Stamme, einem fünfgliedrigen Innenast (Endopodit) und geißelförmigem Außenast (Exopodit). Dazu kommen am Basalgliede des Stammes Epipoditen, die entweder lamellös verbreitert oder als verschieden gestaltete Kiemen ausgebildet sind. Von den sieben das Abdomen zusammensetzenden Segmenten tragen die sechs vorderen meist zweiästige Beinpaare (Pleopoden), während das Telson gliedmaßenlos ist.

Die Schale ist eine schildförmige, häufig mit einem Stirnfortsatz (Rostrum) versehene Duplikatur, hinter welcher die hinteren, seltener sämtliche Thoracalsegmente frei bleiben, oder ein den Rücken des Thorax unmittelbar bildender Schalenpanzer (*Decapoda*). Bei den *Leptostraca* und *Stomatopoda* ist das Rostrum der Schale als Rostralplatte (Kopfklappe) beweglich abgesetzt.

Bei den *Arthrostraca* ist die Schalenduplikatur rudimentär und der aus dem Kopf und einem Thoracalsegment bestehende Cephalothorax kopfartig abgesetzt, welchem die sieben freibleibenden Brustsegmente folgen. In anderen Malacostrakengruppen verhalten sich auch noch das nächste oder die beiden nächstfolgenden Paare von Brustbeinen als Kieferfüße, ohne daß es zu einer scharfen Absetzung von Kopf und Thorax kommt.

Am Darm ist stets ein Vormagen zu unterscheiden. Die männlichen Genitalöffnungen liegen am letzten, die weiblichen am drittletzten Thoracalsegmente.

Die *Malacostraca* lassen fünf große Gruppen unterscheiden: *Leptostraca*, *Stomatopoda*, *Thoracostraca*, *Anomostraca*, *Arthrostraca*, von denen die *Leptostraca* den übrigen Abteilungen, den *Eumalacostraca* (GROBBEN) schärfer gegenüberstehen.

1. Legion. Leptostraca[1].

Malacostraken mit zweiklappiger, den Kopf und Thorax umlagernder Schale und beweglicher Rostralplatte, mit acht freien Brustsegmenten, deren Extremitäten blattfußähnlich entwickelt sind. Abdomen achtgliedrig, mit zwei Furcalästen am Endsegment.

---

[1] Außer LEACH, LATREILLE, M. EDWARDS vgl. METSCHNIKOFF, E.: Entwicklungsgeschichte von *Nebalia* (russ.). Sapiski Acad. St.-Pétersbourg 1868. — PACKARD, A. S.: The order *Phyllocarida* and its systematic position, in: A monograph of North American Phyllopod Crustacea. Washington 1883. — SARS, G. O.: Report on the *Phyllocarida*. Challenger Rep. 19 (1887). — CLAUS, C.: Über den Organismus der Nebaliden und die systematische Stellung der Leptostraken. Arb. zool. Inst. Wien 8 (1888). — ROBINSON, M.: On the Deve-

Der seitlich compresse Körper (Abb. 606) wird von einer Schale umschlossen, aus welcher bloß die hinteren Abdominalsegmente frei hervorragen; sie setzt sich vorn in eine bewegliche Rostralplatte fort, die morphologisch dem Rostrum anderer Malacostrakenschalen entspricht. Die beiden Schalenhälften können durch einen kräftigen Schließmuskel geschlossen werden.

Der Vorderkopf ist beweglich abgesetzt; an ihm entspringen unterhalb der Rostralplatte zwei Stielaugen, weiter abwärts die ersten Antennen, die auf viergliedrigem Schaft eine borstenrandige Schuppe und eine vielgliedrige Geißel tragen. Die zweite Antenne besitzt einen dreigliedrigen Schaft und eine lange, beim Männchen bis zum hinteren Körperende reichende Geißel. Mandibeln mit dreigliedrigem Taster (Abb. 568 c). Vordere Maxillen zweilappig, mit beinartig verlängertem, als Putzfuß dienendem Taster, die zweiten Maxillen nach Art eines Phyllopodenfußes gelappt. An den acht deutlich abgegliederten Brustsegmenten erheben sich ebensoviele Beinpaare mit schlankem Innen- und lamellösem Außenast sowie mit Kiemenanhang (Epipoditen) (Abbild. 571), die eine Mischform von Schizopodenfuß und Phyllopodenfuß vorstellen. Die vier vorderen Segmente des Abdomens tragen kräftige zweiästige Schwimmfüße, deren Endopoditen einen mit Häkchen besetzten Fortsatz (Retinaculum, Stylamblys) zur Verbindung mit dem Bein der Gegenseite besitzen. Der frei aus der Schale hervorragende Abschnitt des noch an zwei Segmenten Fußstummel tragenden Abdomens verjüngt sich nach dem Ende zu und

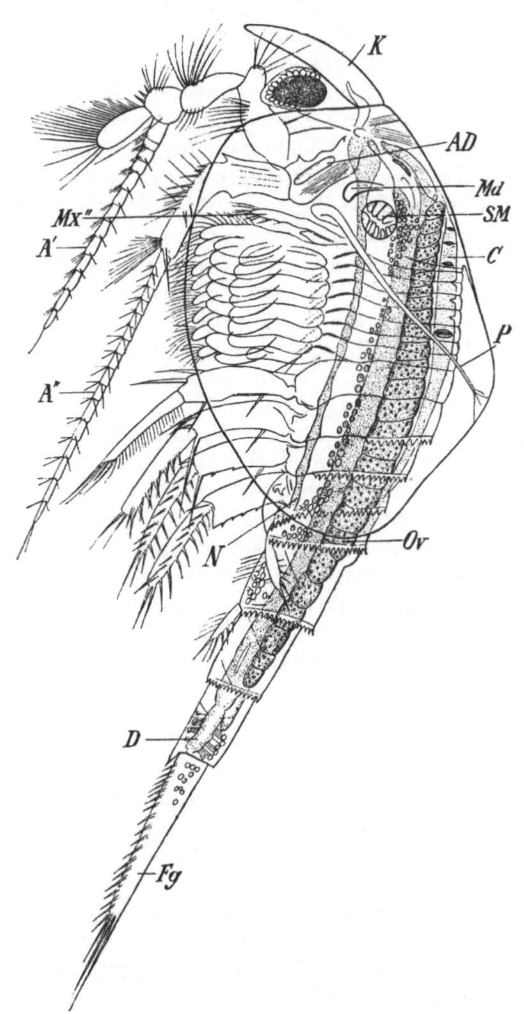

Abb. 606. Weibchen von *Nebalia bipes*. (Nach CLAUS.) $^{12}/_1$. *A'* erste, *A''* zweite Antenne, *AD* Antennendrüse, *C* Herz, *D* Darm, *Fg* Furca, *K* Kopfklappe (Rostralplatte), *Md* Mandibel, *Mx''* zweite Maxille, *N* Nervensystem, *Ov* Ovarium, *P* Taster (Putzfuß) der ersten Maxille, *SM* Schalenmuskel.

endet mit zwei langen borstenrandigen Furcalästen (Abb. 606).

Das Nervensystem besteht aus einem zweilappigen Gehirn und einer langgestreckten Bauchganglienkette mit 17 Ganglienpaaren. Der Oesophagus geht in einen mit Borstenleisten und Kieferplatten bewaffneten Vormagen über. In den

lopment of *Nebalia*. Quart. J. microsc. Sci. **50** (1906). — WOLLNER, E.: Zur Kenntnis des Baues und der Muskulatur des Vorderkopfes und seiner Anhänge von *Nebalia* und den Schizopoden. Göteborgs kgl. Vetensk. o. Vitterh.-Samh. Handlingar **26** (1924).

Anfang des Darmrohres münden zwei kurze, nach vorn gerichtete und sechs lange, den ganzen Leib durchsetzende Mitteldarmdrüsenschläuche ein. Am Ende des Mitteldarmes findet sich ein unpaarer dorsaler Blindanhang. Der kurze, mittels Dilatatoren befestigte Afterdarm mündet zwischen den Furcalästen aus. Eine Antennendrüse ist vorhanden, ebenso eine rudimentäre Kieferdrüse. Das langgestreckte Herz durchsetzt die Brust und den vorderen Abschnitt des Abdomens und besitzt vier große laterale und drei kleine dorsale Ostienpaare. Sein vorderes und hinteres Ende setzt sich in Aorten fort. Die Blutbewegung erfolgt in regelmäßigen Bahnen der Leibeshöhle und in gefäßartigen Kanälen der Schale.

Ovarien und Hoden erstrecken sich als lange Schläuche seitlich vom Darm durch Brust und Abdomen. Das Männchen ist an den dichter gehäuften Spürhaaren der Vorderantennen sowie an der bedeutenderen Länge der hinteren Antennen zu erkennen. Das Weibchen trägt die abgelegten Eier zwischen den Brustbeinen bis zum Ausschlüpfen der Jungen.

Die Embryonalentwicklung ist direkt und bietet vielfach Ähnlichkeit mit jener der Mysideen. Bei den den Brutraum verlassenden Jungen ist das vierte Pleopodenpaar noch rudimentär.

Die Nebalien gehören dem Meere an, nähren sich von tierischen Stoffen und besitzen eine ungewöhnliche Lebenszähigkeit.

Fam. *Nebaliidae*. *Nebalia bipes* O. FABR. (*geoffroyi* M. E.), Atlant. Ozean, Mittelmeer (Abb. 606), Arkt. Meere. *Paranebalia longipes* WILL. SUHM, Bermudas, Harrington Sound. *Nebaliopsis typica* O. SARS. In großer Tiefe. Südsee.

Mit den Leptostraken verwandt sind die paläozoischen, als *Archaeostraca* zu bezeichnenden *Ceratiocariden* (*Ceratiocaris, Dictyocaris, Hymenocaris*), welche bei viel bedeutenderer Körpergröße mit stärkeren Schalenklappen, vielgliedrigem Hinterleib und drei- oder mehrstacheligem Schwanzende versehen sind. Leider läßt sich über die nähere Beschaffenheit der Gliedmaßen und die innere Organisation dieser nach höchst unvollständig erhaltenen Resten bekannt gewordenen Formen nichts Sicheres aussagen. Die beweglichen Seitenstacheln am Schwanzstachel (Telson) scheinen Gliedmaßen zu entsprechen. Die Tiere lebten im Meere oder Brackwasser.

2. Legion. Stomatopoda, Maulfüßer[1].

Langgestreckte Malacostraken mit kurzer, die drei Brustsegmente nicht überdeckender Schale, letztere mit beweglich abgesetzter Rostralplatte; mit fünf Paaren von Maxillarfüßen und spaltästigen Beinen am Thorax, mit mächtig entwickeltem Abdomen.

Die Stomatopoden sind eine eigentümlich entwickelte Gruppe von Malacostraken, die sich als Seitenstamm von schizopodenähnlichen Ureumalacostraken aus getrennt hat. Es sind Malacostraken von ansehnlicher Größe und gestrecktem Körper mit schwachem Thorax und breitem mächtigen Abdomen, das mit einer

---

[1] Außer DANA, MILNE EDWARDS, DUVERNOY, FR. MÜLLER, PETRICEVIC, TAKU KOMAI vgl. CLAUS, C.: Die Metamorphose der Squilliden. Abh. Ges. Wiss. Göttingen 1872. — Die Kreislauforgane und Blutbewegung der Stomatopoden. Arb. zool. Inst. Wien 5 (1884). — GROBBEN, C.: Die Geschlechtsorgane von *Squilla mantis*. Sitzgsber. Akad. Wiss. Wien, Math.-naturwiss. Kl.-1876. — Über die Muskulatur des Vorderkopfes der Stomatopoden und die systematische Stellung dieser Malakostrakengruppe. Ebenda 1919. — BROOKS, W. K.: The larval stages of *Squilla empusa*. Chesapeake Zool. Labor. Baltimore 1879. — Report on the *Stomatopoda*. Challenger Rep. 16 (1886). — HANSEN, H. J.: Isopoden, Cumaceen und Stomatopoden. Erg. Plankton-Exped. Kiel 1895. — ORLANDI, S.: Sulla struttura dell'intestino della *Squilla mantis*. Atti Soc. Ligust. Genova 12 (1901). — GIESBRECHT, W.: Stomatopoden. Fauna u. Flora Golf Neapel 33 (1910). — WOODLAND, W. N. F.: On the Maxillary Gland and some other features in the internal Anatomy of *Squilla*. Quart. J. microsc. Sci. 59 (1913).

großen Schwanzflosse endet (Abb. 607). Die weichhäutige Schale bleibt kurz und läßt die drei hinteren Thoracalsegmente völlig unbedeckt. Aber auch die kurzen Segmente der Kieferfüße liegen am Hinterrande des Schildes mehr oder minder frei. Der vorderste Teil der Schale ist (gleich der Rostralplatte von *Nebalia*) beweglich abgegliedert und in manchen Fällen in einen Rostralstachel ausgezogen.

Der Vorderkopf mit den Augen und ersten Antennen ist beweglich abgesetzt und an ihm wieder der Augenabschnitt abgegliedert. Die vorderen Antennen tragen auf einem langgestreckten dreigliedrigen Stiele drei kurze vielgliedrige Geißeln, während die Antennen des zweiten Paares an der äußeren Seite ihrer vielgliedrigen Geißel eine breite umfangreiche Schuppe (Exopodit) besitzen. Seitlich von dem weit nach hinten gelegenen, von einer helmförmigen Oberlippe überragten Munde liegen die Mandibeln, meist mit dünnem dreigliedrigen Taster. Die erste Maxille ist verhältnismäßig klein und schwach, mit kaum nachweisbarem Tasterrest, die zweite Maxille eine viergliedrige gelappte blattförmige Gliedmaße mit basaler Kaulade. Die fünf folgenden beinartig gestalteten Extremitätenpaare erscheinen dicht um den Mund gedrängt und sind deshalb treffend als Mundfüße bezeichnet worden. Sämtlich tragen sie an der Basis eine scheibenförmige Epipodialplatte. Der erste Kieferfuß ist dünn, tasterförmig und endet mit einer kleinen Greifzange. Bei weitem am umfangreichsten ist der zweite

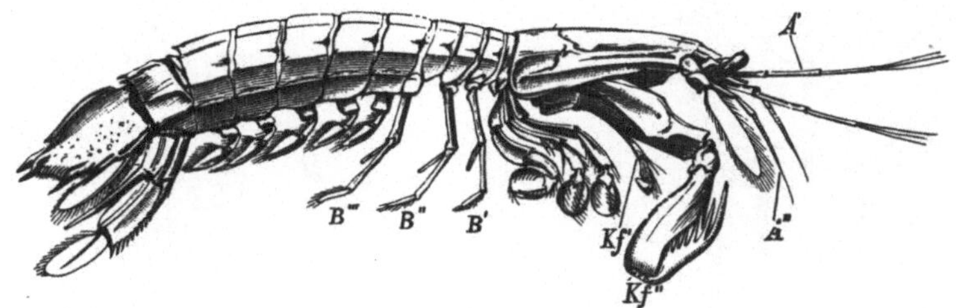

Abb. 607. *Squilla mantis.* *A'*, *A''* Antennen, *Kf'*, *Kf''* die vorderen Kieferfußpaare, *B'*, *B''*, *B'''* die Spaltbeinpaare des Thorax. ¹/₂

Kieferfuß, welcher einen gewaltigen Raubfuß mit enorm verlängerter Greifhand darstellt. Die drei folgenden Paare sind gleichgestaltet und enden mit schwächerer rundlicher Greifhand. Die Extremitäten der drei Thoracalsegmente sind spaltfußförmig. Mächtig sind die breiten Schwimmfüße des Abdomens entwickelt, deren Endopoditen einen mit Häkchen besetzten Fortsatz (Stylamblys, Retinaculum) zur Verbindung mit dem Bein der Gegenseite besitzen; die Exopoditen tragen Kiemenbüschel.

Der Darm ist durch den Besitz von zwei langen, segmental ausgebuchteten Mitteldarmdrüsenschläuchen ausgezeichnet, die sich bis in das Telson erstrecken. In das Rectum münden zwei weite Drüsensäcke (Rectaldrüsen) und einige kleine Schläuche vielleicht excretorischer Natur. Das Herz ist ein durch Thorax und Abdomen sich erstreckendes, an seinem Vorderende erweitertes Rückengefäß mit zahlreichen Spaltenpaaren, welches unpaare und paarige Gefäße abgibt. Als Niere findet sich die Maxillardrüse vor. Dem Gehirnganglion anliegend persistiert das Naupliusauge (*Squilla*).

Beide Geschlechter sind nur wenig verschieden. Indes ist das Männchen leicht an dem Besitze des Rutenpaares an der Basis der letzten Brustbeine sowie an dem umgestalteten ersten Pleopodenpaare mit Greifanhang kenntlich (Abb. 561). Die Genitalorgane erstrecken sich durch Thorax und Abdomen. Im männlichen Geschlecht findet sich eine Anhangsdrüse vor. Die Ausmündung der weiblichen Keimdrüsen erfolgt in der Mitte des drittletzten Thoracalsegments, wo auch eine

Spermatotheca zur Ausbildung kommt. Kittdrüsen finden sich in den drei Thoracalsegmenten.

Die Eier werden vom Weibchen bis zum Ausschlüpfen der Larven zwischen den drei hinteren Maxillarfüßen getragen oder (*Gonodactylus*) in der Wohngrube vom Muttertier abgesetzt und beschützt. Die postembryonale Entwicklung beruht auf einer Metamorphose. Die ausschlüpfenden Larven sind entweder die sogenannte *Erichthoidina* oder die *Pseudozoëa* (wie bei *Squilla, Gonodactylus*). Die *Erichthoidina* besitzt alle 8 Segmente der Brust und an den fünf vorderen zweiästige Schwimmfußpaare, entbehrt aber noch des Hinterleibes bis auf die Schwanzplatte (Abb. 608). In den folgenden Stadien entstehen die Abdominalsegmente sowie ihre Extremitäten, während die drei letzten Thoracalsegmente noch gliedmaßenlos sind. Die *Pseudozoëa* (Abb. 609) weist fast alle Rumpfsegmente auf; sie ist charakterisiert durch

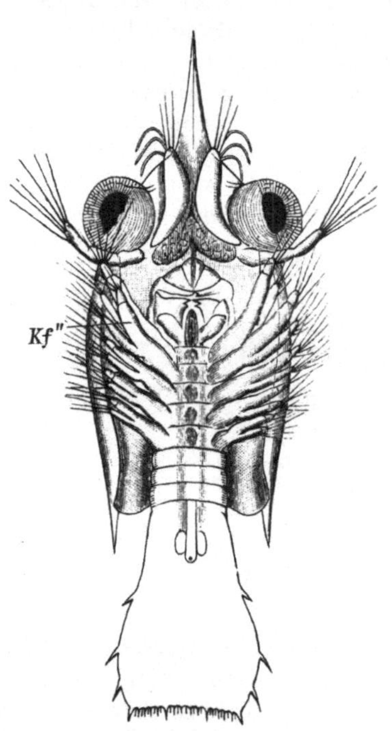

Abb. 608. *Erichthoidina*-Stadium. (Nach CLAUS, etwas abgeändert.) ⁴²/₁. *Kf″* späterer zweiter Maxillarfuß.

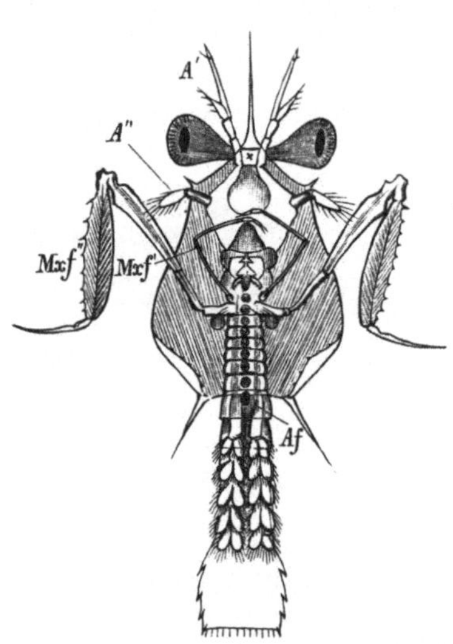

Abb. 609. *Pseudozoëa*-Stadium. (Nach CLAUS, etwas abgeändert.) ²¹/₁. *A′, A″* die Antennen, *Af* Abdominalfüße, *Mxf′* erster Maxillarfuß, *Mxf″* der große Raubfuß (zweiter Maxillarfuß).

die Gliedmaßenlosigkeit der 6 hinteren Thoraxsegmente. Die beiden vorderen Maxillarfüße besitzen eine der definitiven ähnliche Gestaltung und das Abdomen trägt bereits 4—5 Paare von Schwimmfüßen. Die Larve zeigt eine gewisse Übereinstimmung mit der Zoëa der Decapoden. Nach Hervorsprossen der fehlenden Thoraxgliedmaßen wird ein Larvenstadium erreicht, das von GIESBRECHT als *Synzoëa* bezeichnet wird und das zwei von älteren Autoren als *Erichthus* und *Alima* beschriebene Haupttypen unterscheiden läßt. Der letztere, durch lange Augenstiele und kurze Schale ausgezeichnet, gehört zum Genus *Squilla*.

Die Stomatopoden gehören ausschließlich den wärmeren Meeren an und leben in Erdlöchern am Meeresgrunde. Sie schwimmen vortrefflich und ernähren sich vom Raube anderer Seetiere. Die Larven leben pelagisch.

Fam. *Squillidae*. Heuschreckenkrebse. Mit den Charakteren der Gruppe. *Squilla mantis* L. (Abb. 607). *S. desmaresti* RISSO. Atlant. Ozean, Mittelmeer. *Lysiosquilla eusebia* RISSO. Mittelmeer. *Gonodactylus chiragra* F. Indopazif. Ozean.

3. Legion. Thoracostraca[1] (Podophthalmata), Schalenkrebse.

Malacostraken mit meist auf beweglichen Stielen sitzenden zusammengesetzten Augen, mit Schale, hinter welcher die hinteren Brustsegmente frei bleiben, oder die Schale bildet unmittelbar den Rücken des Thorax.

Die Schalenkrebse besitzen eine als Rückenschild entwickelte Schale, welche in ihrer höchsten Entwicklung unmittelbar das Rückenintegument sämtlicher

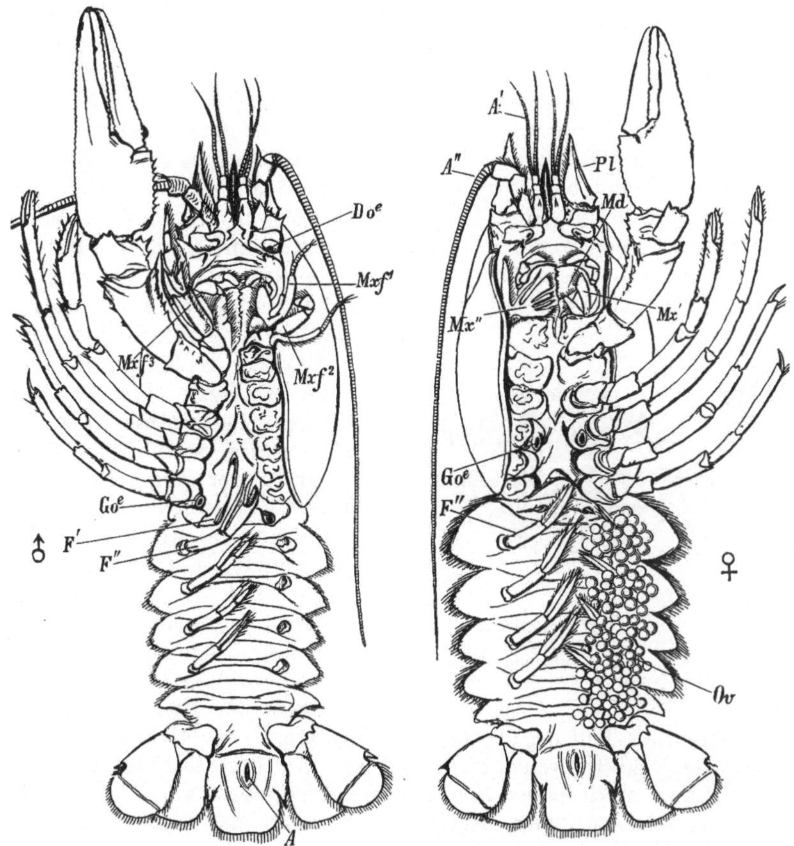

Abb. 610. Männchen (♂) und Weibchen (♀) von *Potamobius (Astacus) fluviatilis*. Ventralansicht. ¹/₁. Beim Männchen sind Gehfüße und Abdominalfüße der linken Seite, beim Weibchen außer den Gehfüßen der rechten Seite auch die Kieferfüße beider Seiten entfernt. *A'* innere (vordere), *A''* äußere Antenne, *Pl* Schuppe derselben, *Md* Mandibel mit Taster, *Mx'* erste, *Mx''* zweite Maxille, *Mxf¹* bis *Mxf³* die drei Kieferfüße, *Goe* Geschlechtsöffnung, *Doe* Öffnung der Antennendrüse (grünen Drüse), *F'*, *F''* erster und zweiter Abdominalfuß, *Ov* Eier, *A* After.

Brustringe bildet und dann nur in ihren seitlichen, nach der Bauchseite gebogenen Flügeln noch als freie Duplikatur erscheint (Abb. 611).

Der Vorderkopf ist bei *Schizopoden*, *Penaeiden* und *Cariden* noch beweglich abgesetzt.

Die erste Antenne (Abb. 610) trägt auf einem gemeinsamen Schafte in der Regel zwei oder drei Geißeln, wie man die sekundären, als geringelte Fäden sich

---

[1] Außer den Werken von Milne-Edwards, Dana, Claus vgl. Leach, W. E.: *Malacostraca podophthalma Britanniae.* London 1817—1821. — Bell, Th.: A history of the British stalk-eyed Crustacea. London 1853. — Heller, C.: Die Crustaceen des südlichen Europa. Wien 1863. — Pesta, O.: Die Decapodenfauna der Adria. Leipzig u. Wien 1918. — Ferner Gerstaecker u. Ortmann: Bronns Klass. u. Ordn. Tierreich 5.

darstellenden Gliederreihen bezeichnet, und ist vorzugsweise Sinnesorgan. Die zweiten Antennen heften sich außerhalb und in der Regel etwas unter den vorderen an, tragen eine lange Geißel und bei den *Schizopoden* sowie langschwänzigen *Decapoden* meist eine mehr oder minder umfangreiche Schuppe (Exopodit). Als Mundwerkzeuge fungieren die nachfolgenden drei Gliedmaßenpaare, zu den Seiten der Oberlippe die kräftigen, tastertragenden Mandibeln und weiter abwärts die beiden mehrfach gelappten Maxillenpaare, vor denen unterhalb der Mundöffnung die kleine zweilappige Unterlippe (Paragnathen) liegt. Die nachfolgenden acht Gliedmaßenpaare zeigen in den einzelnen Gruppen eine sehr verschiedene Form und Verwendung. In der Regel rücken die vorderen Paare, zu Hilfsorganen der Nahrungsaufnahme umgebildet, als Kieferfüße (Maxillarfüße) näher zur Mundöffnung hinauf und nehmen auch ihrem Baue nach eine vermittelnde Stellung zwischen Kiefern und Füßen ein. Bei manchen *Schizopoden* ist ein Kieferfußpaar, bei *Cumaceen* sind zwei, bei *Decapoden* (Abb. 610) drei Paare von Kieferfüßen vorhanden, so daß bei diesen fünf Paare von Beinen am Thorax übrigbleiben. Die Beine der Brust sind entweder Spaltfüße (mit Schwimmfußast) oder entbehren des Außenastes und sind Gehfüße (*Decapoden*); alsdann enden sie mit einfachen Klauen oder mit Scheren; indessen können ihre Endglieder auch breite Platten

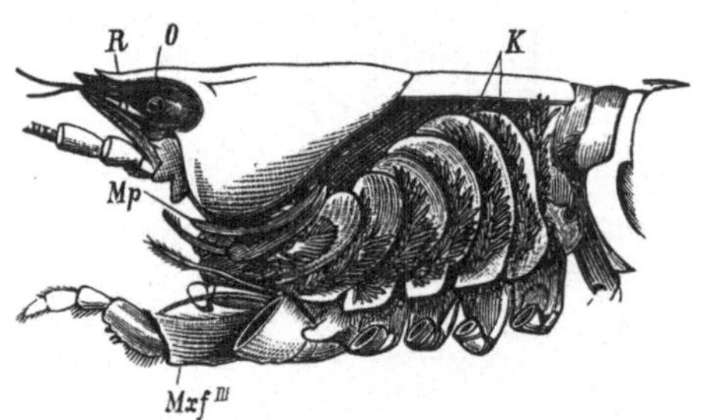

Abb. 611. Cephalothorax von *Potamobius* (*Astacus*) *fluviatilis*, nach Entfernung der Kiemendecke. (Nach HUXLEY.) *K* Kiemen, *Mp* schwingende Platte der zweiten Maxille, *Mxf III* dritter Maxillarfuß, *O* Stielauge, *R* Rostrum.

werden und die Gliedmaßen zum Gebrauche als Schwimm- oder Grabfüße befähigen. Von den sechs zweiästigen Beinpaaren des Abdomens (Pleopoden) verbreitert sich das letzte Paar in der Regel flossenartig und bildet mit dem plattenförmigen Endsegmente des Abdomens (Telson) die Schwanzflosse (Schwanzfächer). Dagegen sind die fünf vorausgehenden Fußpaare, welche den fünf vorderen Abdominalsegmenten angehören, teils Schwimmfüße, teils dienen sie zum Tragen der Eier oder die vorderen beim Männchen als Hilfsorgane bei der Begattung; sie können aber auch rudimentär werden und teilweise hinwegfallen. Bei den *Euphausiacea, Carididae, Macrura palinura* und *Axius* besitzen die Pleopoden am Endopoditen einen Häkchen tragenden Anhang (Stylamblys, Retinaculum) zur Verbindung mit dem Beine der Gegenseite.

Mit seltenen Ausnahmen (*Mysideen*) besitzen die Schalenkrebse büschelförmige oder aus regelmäßigen lanzettförmigen Fiederblättchen zusammengesetzte Kiemen, die als Anhänge der Thoraxgliedmaßen (Podobranchien) auftreten, auch an den Seiten der Brustsegmente (Pleurobranchien) aufsitzen; die *Cumaceen* entbehren derselben bis auf ein Kiemenpaar an dem ersten Kieferfuße. Bei den *Decapoden* liegen die Kiemen durchwegs in einem besonderen Kiemenraum unter den seitlichen Ausbreitungen des Panzers (Abb. 611). Die Kreislauforgane erlangen eine hohe Entwicklung. Das Herz besitzt eine schlauch- oder sackförmige Gestalt und liegt im hinteren Teile des Kopfbruststückes; bei den *Decapoden* (Abb. 140) wird die Herzwand von zwei dorsalen und einem ventralen Ostienpaar durchbrochen. Eine vordere Kopfaorta versorgt das Gehirn und die Augen, zwei seitliche Arterienpaare entsenden ihre Zweige zu den Antennen und in die Schale, ein ventrales Gefäßpaar, die Leberarterie, versorgt Magen, Leber und Geschlechtsorgane, eine hintere abdominale Aorta verläuft in das Abdomen. Vor ihr tritt eine absteigende Arterie (Sternalarterie) aus, die sich ventral von der Ganglienkette in ein vorderes und hinteres Gefäß teilt (Abb. 612). Aus den nicht selten capillarenartigen Verzweigungen strömt das Blut in größere oder kleinere bindegewebig begrenzte Kanäle und aus diesen in einen weiten, an der Kiemenbasis gelegenen Blutsinus. Von da aus durchsetzt es die Kiemen und tritt, arteriell geworden, in neue gefäßartige Bahnen (Kiemenvenen mit arteriellem Blute), welche in den Pericardialsinus führen, aus dem es in die mit Klappen versehenen

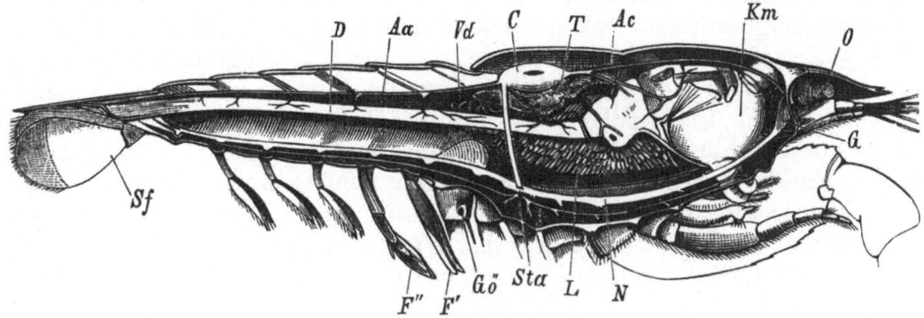

Abb. 612. Längsschnitt durch *Potamobius* (*Astacus*) *fluviatilis*. (Nach Huxley.) *C* Herz, *Ac* Aorta cephalica, *Aa* Aorta abdominalis, an ihrem Ursprung tritt die Sternalarterie (*Sta*) aus, *D* Enddarm, *Km* Kaumagen, *L* Mitteldarmdrüse (Leber), *T* Hoden, *Vd* Ductus deferens, *Gö* Genitalöffnung, *F'*, *F''* die beiden ersten als Copulationsorgane umgewandelten Pleopoden, *G* Gehirn, *N* Ganglienkette, *O* Stielauge, *Sf* Seitenplatte des Schwanzfächers.

Spaltöffnungen des Herzens einfließt. Ein Blutkörper bildendes Organ (Lymphdrüse) findet sich bei *Schizopoden* und *Decapoden* an der Kopfarterie.

Der Verdauungskanal besteht aus einem kurzen Oesophagus mit weitem sackförmigen Vormagen, einem meist kurzen Mesenteron und einem geradgestreckten

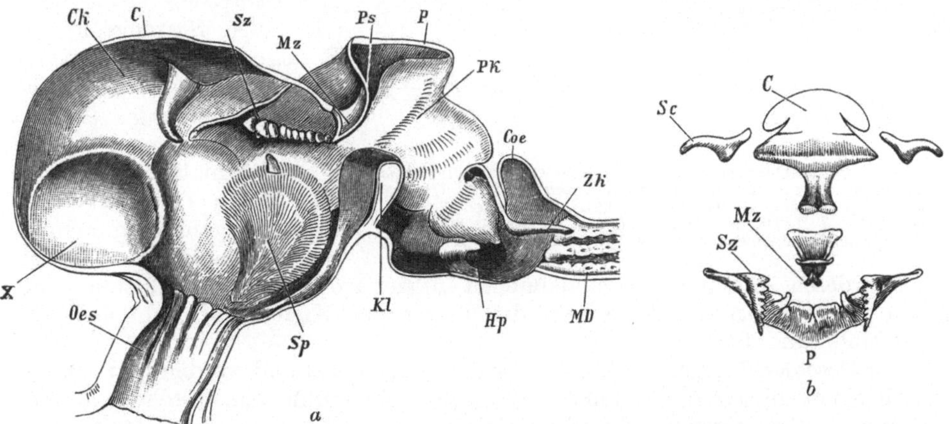

Abb. 613. a Längsdurchschnitt des Vormagens von *Potamobius* (*Astacus*) *fluviatilis*. b Dorsale Stücke der sogenannten Magenmühle. (Nach Huxley.) *Oes* Oesophagus, *C* Cardiacalplatte, *Ck* Cardiacalkammer, *Mz* Mittelzahn, *Pk* Pyloricalkammer, *P* Pyloricalplatte, *Sc* seitliche Cardiacalplatte, *X* sogenannte Krebssteine, *Ps* Präpyloricalstück, *Sz* Seitenzähne, *Sp* Seitenplatte mit dem unteren Seitenzahn, *Kl* Klappe zwischen beiden Kammern, *Coe* Coecum, *Hp* Einmündung der Mitteldarmdrüse, *MD* Enddarm, *ZK* zangenförmige Klappe.

Enddarm, der ventralwärts an dem Telson ausmündet (Abb. 612). Der Vormagen (Kaumagen) besitzt mehrere nach innen vorragende, aus der inneren Chitinhaut hervorgegangene bezahnte oder beborstete Platten (sogenannte Magenmühle) (Abb. 613). Bei dem Flußkrebs werden vor der Häutung von der Wand der Cardiacalkammer des Vormagens zwei runde Concremente von kohlensaurem Kalk, die sogenannten Krebssteine, abgeschieden. In das Mesenteron münden die Ausführungsgänge der umfangreichen, vielfach gelappten Mitteldarmdrüse (Leber) ein, auch finden sich bei zahlreichen *Decapoden* dorsale Blinddärme vor. Als Excretionsorgan fungiert die Antennendrüse (grüne Drüse beim Flußkrebs genannt), die Schalendrüse fehlt.

Das Nervensystem zeichnet sich durch die Größe des weit nach vorne gerückten Gehirns aus, von welchem die Augen- und Antennenerven entspringen. Die durch sehr lange Connective mit dem Cerebralganglion (Gehirn) verbundene Bauch-ganglienkette zeigt eine sehr verschiedene Konzentration, die bei den kurzschwän-zigen *Decapoden* ihre höchste Stufe erreicht, indem alle Ganglien zu einem großen Brustknoten verschmolzen sind. Ebenso ist das System der Eingeweidenerven hoch entwickelt. Es findet sich ein unpaarer am Cerebralganglion und mit paariger Wurzel aus dem Schlundconnectiv entspringender Nerv, der den Kaumagen ver-sorgt; der Enddarm erhält seine Innervation vom letzten Abdominalganglion.

Von Sinnesorganen treten am meisten die großen Facettenaugen hervor, zwischen denen im Larvenzustande das Naupliusauge sich findet, welches in einigen Fällen auch bei dem ausgebildeten Tiere erhalten bleibt. Die Facettenaugen werden meist als Stielaugen von zwei beweglich abge-setzten Seitenstücken des Kopfes getragen, die man lange Zeit als vorderstes Gliedmaßenpaar deutete. Statische Organe treten bei den *Decapoden* als Gruben oder als Statocysten im Basalgliede der vorderen An-tennen (Abb. 176 a, b), bei einigen *Schizopoden* (*Mysis*) in dem inneren Aste des 6. Abdominalfußes auf; sie fehlen den *Cumaceen*. Als Geruchsorgane fungieren die zarten Geruchsborsten an

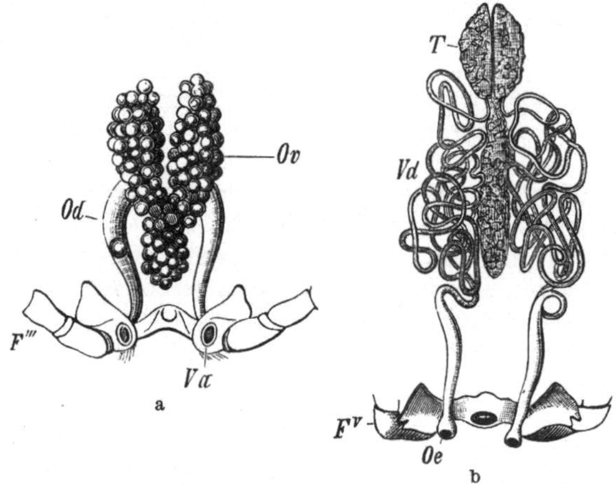

Abb. 614. Geschlechtsorgane von *Potamobius* (*Astacus*) *fluviatilis.* a weibliche (nach Suckow), b männliche (nach Brandt). *Ov* Ova-rium, *Od* Oviduct, *Va* Vulva am Basalglied des dritten Thoracal-fußes (*F^{III}*), *T* Hoden, *Vd* Ductus deferens, *Oe* Geschlechtsöffnung am Basalgliede des fünften Thoracalfußes (*F^V*).

den vorderen Antennen (beim Männchen in viel größerer Zahl vorhanden); als Tastorgane dienen die Antennen, die Taster der Kiefer und wohl auch die Kieferfüße und Beine.

Die Geschlechtsorgane (Abb. 614) liegen in der Brust und werden in der Regel durch einen unpaaren Abschnitt verbunden. Die weiblichen bestehen aus den Ovarien und paarigen Oviducten, welche am Hüftgliede des drittletzten Bein-paares oder auf der Brustplatte zwischen diesem Beinpaare ausmünden. Die wie die Ovarien in der Regel durch einen unpaaren Abschnitt verbundenen Hoden münden durch meist vielfach gewundene Samenleiter am Hüftgliede des letzten Beinpaares, seltener auf der Brust, in vielen Fällen auf einem besonderen schlauch-förmigen Begattungsorgane aus. Das erste und zweite Paar der Bauchfüße dienen in der Regel beim Männchen als Hilfsorgane der Begattung (Abb. 610). Die Eier werden bei den *Penaeiden* in das Wasser fallen gelassen, sonst gelangen sie entweder in einen von lamellösen Plattenanhängen der Brustfüße gebildeten Brutbehälter (*Cumacea*, *Mysidacea*), oder werden von dem Weibchen mittels einer Kittsubstanz, dem Secrete besonderer Hautdrüsen, an den mit Haaren besetzten Pleopoden befestigt bis zum Ausschlüpfen der Jungen umhergetragen (*Decapoda*).

Die Schalenkrebse erleiden großenteils eine Metamorphose, freilich unter sehr verschiedenen Modifikationen. Die *Cumaceen* sowie einige *Schizopoden* (*Mysideen*) verlassen mit vollzähliger Segmentierung und mit fast sämtlichen Extremitäten die Eihüllen. Dagegen schlüpfen fast alle *Decapoden* in der als *Zoëa* bekannten Larvenform mit nur sieben (Abb. 615), zuweilen acht (Garneelen) (Abb. 616) Gliedmaßenpaaren des Vorderleibes, noch ohne die übrigen Brustsegmente, indessen mit langem, bereits gegliedertem, jedoch gliedmaßenlosem Abdomen aus. Die beiden Fühlerpaare der Zoëa sind kurz und geißellos, die Mandibeln ohne Taster, die Maxillen gelappt; die zwei vorderen Maxillarfüße sind Spaltfüße und fungieren als zweiästige Schwimmfüße, hinter denen bei den langschwänzigen Decapoden auch noch der Kieferfuß des dritten Paares als Spaltfuß hinzutritt. Kiemen fehlen noch und werden durch die dünnhäutigen Seitenflächen des Kopfbrustschildes vertreten, unter welchem eine beständige Wasserströmung in der Richtung von hinten nach vorne unterhalten wird. Ein kurzes Herz mit ein oder zwei Spaltenpaaren ist vorhanden. Die Facettenaugen sind von ansehnlicher Größe, aber noch nicht auf abgesetztem Augenstiele. Außerdem findet sich zwischen beiden das Naupliusauge. Die Zoëalarven der kurz-

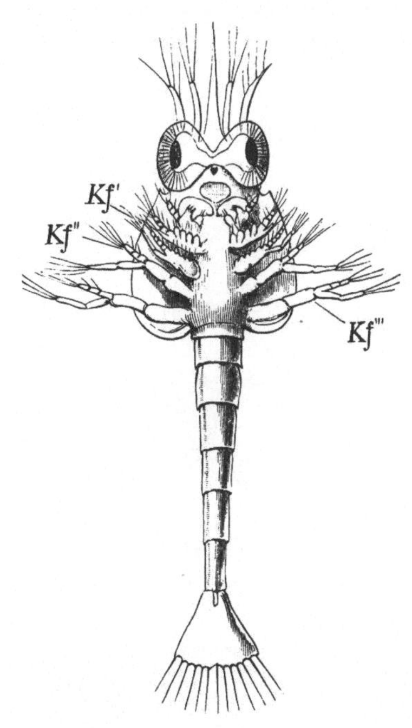

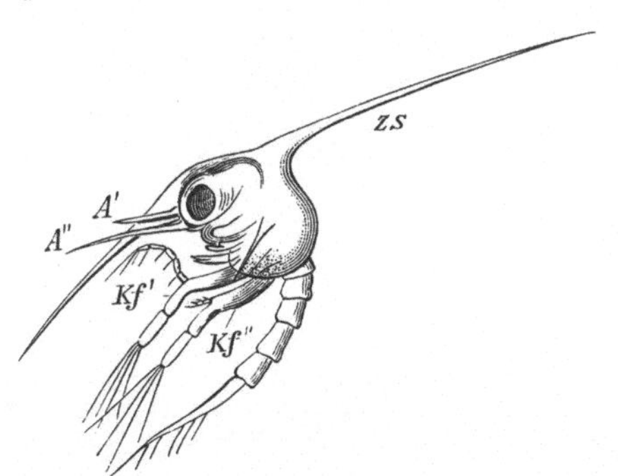

Abb. 615. Zoëa einer Krabbe (*Thia polita*) nach der ersten Häutung. (Nach CLAUS.) *ZS* Zoëastachel am Rücken, *A'*, *A"* die Antennenpaare, *Kf'*, *Kf"* die beiden Spaltfußpaare, welche dem ersten und zweiten Kieferfuße entsprechen.

Abb. 616. Zoëa von *Spirontocaris* (*Hippolyte*). (Nach CLAUS.) *Kf'*, *Kf"*, *Kf'"* die drei späteren Kieferfußpaare, welche als spaltästige Schwimmfüße fungieren.

schwänzigen Decapoden (Krabben) sind in der Regel mit stachelförmigen Fortsätzen, gewöhnlich mit einem Stirnstachel, einem langen, gekrümmten Rückenstachel und zwei seitlichen Stachelfortsätzen des Kopfbrustpanzers bewaffnet und besitzen nur fünf freie Abdominalsegmente, da das sechste Segment vom Telson noch nicht abgegliedert ist (Abb. 615).

Übrigens stellt die *Zoëa* keineswegs überall die niedrigste Larvenstufe dar. Es gibt Thoracostraken, welche als *Nauplius*, wie *Euphausia*, *Penaeus* (Abb. 617a), oder als *Metanauplius* (*Lucifer*) das Ei verlassen.

In der Entwicklung von *Penaeus* und *Sergestiden* tritt ein weiteres Larvenstadium, die *Protozoëa*, auf. Sie (Abb. 617b) ist dadurch charakterisiert, daß eine kleine, den Kopf bedeckende Schale entwickelt ist, die Segmente des Thorax bereits angelegt sind, aber das langgestreckte, mit Furcalästen endigende Abdomen nicht oder unvollständig gegliedert ist. Von Gliedmaßen sind die ersten sieben vorhanden; die Antennen zeigen eine ähnliche Formgestaltung wie im

Naupliusstadium und dienen wie die Maxillarfüße der Schwimmbewegung. *Sergestes* schlüpft in diesem Zustande aus. Ein entsprechendes Larvenstadium in der Entwicklung der *Euphausiiden* ist die sogenannte *Calyptopis*, von der Protozoëa durch den Besitz nur eines Maxillarfußes unterschieden (Abb. 621).

Während des Wachstums der Zoëa, deren weitere Umwandlung eine ganz allmähliche und überaus verschiedene ist, sprossen unter dem Kopfbrustschild die fehlenden fünf — bei den Krabbenzoëen sechs — Beinpaare der Brust und am Abdomen die Pleopoden hervor. Die Zoëen der Garneelen gehen weiter in ein den

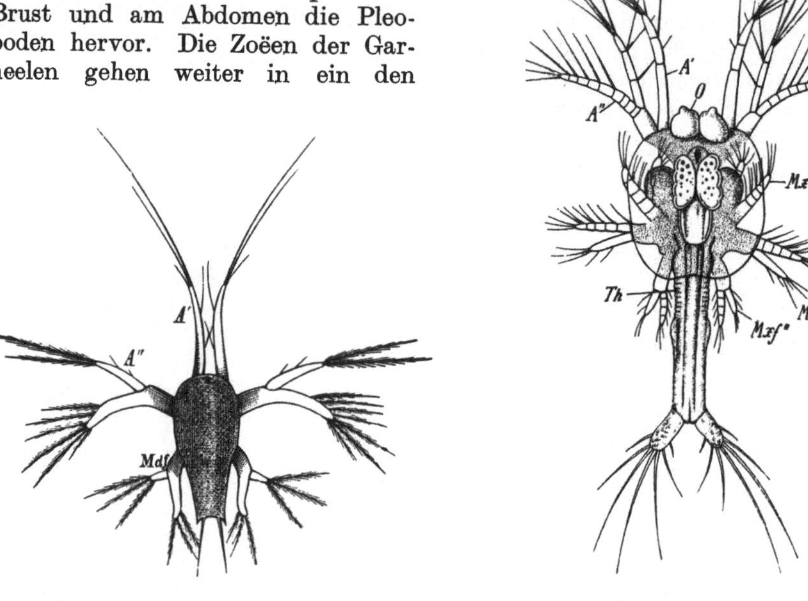

Abb. 617. a Nauplius, etwa $^{50}/_1$. b Protozoëa von *Penaeus*. (Nach Fr. Müller.) $^{36}/_1$. *A'* erste, *A"* zweite Antenne, *Mdf* Mandibularfuß, *Mx"* zweite Maxille, *Mxf'*, *Mxf"* erster und zweiter Maxillarfuß, *Th* Anlagen des dritten bis achten Thoracalsegmentes, *O* Anlage des Stielauges.

Schizopoden ähnliches Stadium (sogenanntes *Mysisstadium*) (Abb. 618) über, welches dadurch ausgezeichnet ist, daß die Brustfüße als Spaltfüße einen äußeren Schwimmfußast tragen. Bei *Anomuren* (ausgenommen die *Thalassiniden*, die ein Mysisstadium besitzen) und *Brachyuren* hingegen treten die Brustfüße in ihrer definitiven Gestalt als einästige Gangbeine auf, ohne daß es zur Anlage eines Außenastes kommt. Dieser in seiner äußeren Erscheinung zoëaähnliche, dem Mysisstadium der *Macruren* entsprechende Larvenzustand wird *Metazoëa* genannt (Abb. 624). Im Mysisstadium schlüpfen die marinen

Abb. 618. Mysisstadium des Hummers. (Nach G.O. Sars, etwas verändert.) Etwa $^7/_1$. *R* Rostrum, *A'*, *A"* Antennen, *Kf"'* dritter Kieferfuß, *F'* erster Gehfuß.

Astaciden aus. Als Endstadium der Metamorphose erscheint bei den *Penaeiden* und *Carididen* das erste *Garneelstadium*, in welchem die Exopoditen der Thoraxfüße bereits verloren gegangen sind; die Metazoëa der Krabben und Anomuren geht in die sogenannte *Megalopa* (Abb. 619b) über, die bei *Anomuren* dem geschlechtsreifen Formzustand sehr nahe steht, bei *Brachyuren* noch vom Geschlechtstiere durch den Besitz eines Schwanzfächers und ansehnlichere Größe des Abdomens abweicht.

Die Metamorphose ist mehr oder minder völlig in Ausfall gekommen bei *Potamobius* (*Astacus*), *Periclimenes*, *Potamon* (*Telphusa*), *Gecarcinus* u. a., deren ausschlüpfende Junge eine der Geschlechtsform sehr ähnliche Ausbildung besitzen.

Die Schalenkrebse sind größtenteils Meeresbewohner und ernähren sich von tierischen Stoffen. Die meisten schwimmen vortrefflich, andere, wie zahlreiche Krabben, bewegen sich gehend und laufend und vermögen oft mit großer Behendigkeit rückwärts und nach den Seiten zu schreiten. In den Scheren ihrer vorderen Brustfüße haben sie meist kräftige Verteidigungswaffen. Abgesehen von den mehrmaligen Häutungen im Jugendzustande werfen auch die geschlechtsreifen Tiere einmal oder mehrmals im Jahre die Cuticula ab und (*Decapoden*) bleiben

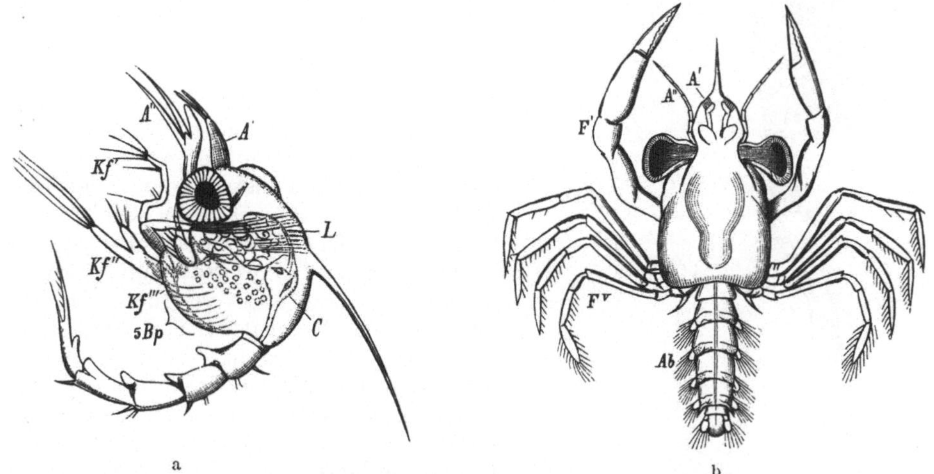

Abb. 619. a Ältere Zoëa von *Inachus aorsettensis* mit den Anlagen des dritten Kieferfußes (*Kf'''*) und der fünf Gehfußpaare (*5 Bp*). *C* Herz, *L* Leber, *A'*, *A''* die beiden Antennenpaare, *Kf'* erster, *Kf''* zweiter Kieferfuß. — b Megalopastadium von *Portunus*. *Ab* Abdomen, *F^I* bis *F^V* erster bis fünfter Gehfuß. (Nach CLAUS.)

dann einige Zeit mit der neuen, noch weichen Hautcuticula in geschützten Schlupfwinkeln. Einige Brachyuren vermögen längere Zeit vom Meere entfernt auf dem Lande in Erdlöchern zu leben. Diese Landkrabben unternehmen meist zur Zeit der Eiablage gemeinsame Wanderungen nach dem Meere und kehren später mit ihrer groß gewordenen Brut nach dem Lande zurück (*Gecarcinus ruricola*). Die ältesten bis jetzt bekannt gewordenen fossilen Thoracostraken sind langschwänzige Decapoden (vielleicht Schizopoden) aus dem Devon (*Palaeopalaemon*) und dem Carbon (*Anthrapalaemon*, *Pygocephalus*).

1. Unterordnung: *Schizopoda, Spaltfüßer*[1]. Vorwiegend kleine Schalenkrebse mit meist zarthäutigem Kopfbrustschild und acht Paaren ziemlich gleichartig gestalteter Spaltfüße am Thorax, zuweilen mit Kiemen.

---

[1] Außer KRÖYER, WILLEMOES-SUHM, DELAGE, BOAS, E. VAN BENEDEN, NORMAN vgl. SARS, G. O.: Histoire naturelle des Crustacés d'eau douce de Norvège. Christiania 1867. — METSCHNIKOFF, E.: Über den Naupliuszustand von *Euphausia*. Z. Zool. 21 (1871). — SARS, G. O.: Carcinologiske Bidrag til Norges Fauna. Mysider. Christiania 1870—1879. — Bidrag til Middelhavets Invertebratfauna. 1. Mysidae. Christiania 1877. — CLAUS, C.: Zur Kenntnis der Kreislauforgane der Schizopoden und Decapoden. Arb. zool. Inst. Wien

In dieser Krebsgruppe lassen sich zwei Formenreihen unterscheiden, so daß von Boas ihre Auflösung in zwei Gruppen *Euphausiacea* und *Mysidacea* vorgenommen wurde; erstere leitet zu den Decapoden, letztere zu den Cumaceen hin.

In ihrer äußeren Erscheinung zeigen die Schizopoden den Habitus der langschwänzigen Decapoden, da sie wie diese einen langgestreckten, meist ziemlich stark komprimierten Körper mit ansehnlichem, die kurzen Brustsegmente mehr oder minder vollkommen überdeckendem Rückenschild und mächtig entwickeltem Abdomen besitzen (Abb. 620). Unter dem Rückenschild bleiben eines (*Euphausiacea*) oder fünf Thoracalsegmente (*Mysidacea*), im früheren Larvenalter (*Euphausia*) aber wie bei *Nebalia* sämtliche Segmente des Thorax frei.

Der Vorderkopf ist beweglich abgesetzt. Die vordere Antenne trägt zwei lange Geißeln, die zweite Antenne, die nur eine sehr lange Geißel besitzt, eine Schuppe. Die Mandibeln sind mit Taster versehen. Von den Maxillen weisen die vorderen meist zwei Kauladen, die hinteren eine größere Zahl von Laden nebst äußerer lamellöser Platte auf (Abb. 569c, 570b, c). Die Thoraxfüße bleiben fast durchaus im Dienste der Locomotion und sind Spaltfüße, welche durch den Besitz eines vielgliedrigen bortenbesetzten Außenastes zur Strudelung und Schwimmbewegung geeignet erscheinen. Bei den *Euphausiacea* besitzen alle einen als Kieme ausgebildeten Epipoditen. Bei den *Mysidacea* stehen das erste oder die beiden vorderen Paare durch kürzere und gedrungenere Form und das vordere Paar auch durch Ladenfortsätze des Stammes in näherer Beziehung zu den Mundwerkzeugen; bei den *Mysiden* trägt nur letzteres einen Epipoditen. Der Hauptast des Beines

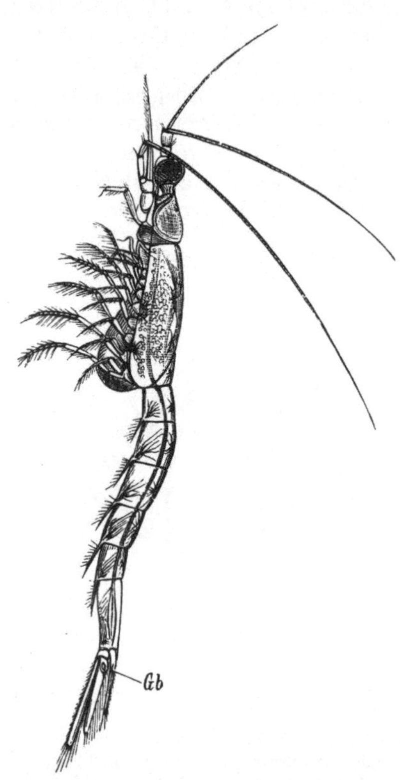

Abb. 620. *Mysis oculata* var. *relicta*. Weibchen mit Brutblättern. (Nach G. O. Sars.) *Gb* Statocyste im Schwanzfächer. Etwa ⁴/₁

ist immer verhältnismäßig dünn und schmächtig und endet mit einfacher schwacher Klaue. Zuweilen wird das vorletzte Glied mehrgliedrig (Tarsalgeißel). Bei den *Euphausiacea* bleiben das letzte oder beide letzten Beinpaare bis auf die

5 (1884). — Sars, G. O.: Report on the Schizopoda coll. by H. M. S. Challenger 1885. — Nusbaum, J.: L'embryologie de *Mysis chamaeleo*. Archives de Zool. 1887. — Butschinsky, P.: Zur Entwicklungsgeschichte der Mysiden. Schr. neuruss. Ges. Naturforsch. (russ.). Odessa 1890. — Bergh, R. S.: Beiträge zur Embryologie der Crustaceen. I. Zool. Jb. 6 (1893). — Wagner, J.: Untersuchungen über die Entwicklungsgeschichte der Arthropoden. Arb. naturforsch. Ges. Petersburg 1896. — Chun, C.: Atlantis. Bibliotheca zoologica 19 (1896). — Taube, E.: Beiträge zur Entwicklungsgeschichte der Euphausiden. Z. Zool. 92 (1909); 114 (1915). — Hansen, H. J.: The genera and species of the order Euphausiacea. Bull. Inst. Océanogr. Monaco 1911. — Zimmer, C.: Untersuchungen über den inneren Bau von *Euphausia superba*. Bibliotheca zoologica 26 (1913). — Raab, F.: Beitrag zur Anatomie und Histologie der Euphausiiden. Arb. zool. Inst. Wien 20 (1914). — Manton, S. M.: On the Embryology of a Mysid Crustacean, *Hemimysis lamornae*. Philosophic. Trans. roy. Soc. Lond. 216 (1928).

mächtig entwickelten Kiemenanhänge (Epipoditen) mehr oder minder rudimentär. Die Pleopoden sind im weiblichen Geschlechte zuweilen (*Mysiden*) sehr klein, im männlichen Geschlechte aber stets wohl entwickelt und tragen ausnahmsweise (*Siriella*-Männchen) Kiemen. Das Fußpaar des sechsten, meist sehr gestreckten Abdominalsegmentes ist zweiästig, lamellös, schließt bei den *Mysiden* in der inneren Lamelle eine Statocyste ein (Abb. 620 u. 176 c, d) und bildet mit dem Telson eine kräftige Schwimmflosse.

Die innere Organisation schließt sich bei den *Euphausiacea* an jene der Decapoden, bei den *Mysidacea* teilweise an die der Cumaceen an. Das Herz ist bei den *Euphausiacea* kurz sackförmig und besitzt 2—3 Paare Ostien, bei den *Mysiden* dagegen ist es langgestreckt und mit ein oder zwei Spaltpaaren versehen. Kompliziert gebaute augenähnliche Leuchtorgane finden sich bei *Euphausiiden* neben dem Stielauge, an den Seiten des zweiten und zweitletzten Thoracalfußes und vier unpaare zwischen den vier ersten Abdominalbeinen (vgl. S. 181 und Abb. 167). Das Naupliusauge ist zuweilen erhalten.

Die Männchen sind von den Weibchen durchwegs verschieden. Erstere besitzen bei den *Mysiden* an den Vorderfühlern eine kammförmige Erhebung mit zahlreichen Riechhaaren und sind durch die ansehnlichere Größe der Abdominalfüße zu rascherer Bewegung befähigt, welcher wiederum das größere Atmungsbedürfnis und der Besitz von Kiemenanhängen bei *Siriella* entspricht. Auch besitzen die Männchen der *Mysidacea* am letzten Brustfuße einen Penis. Bei den *Euphausiacea* sind die vorderen Pleopoden mit Copulationsanhängen

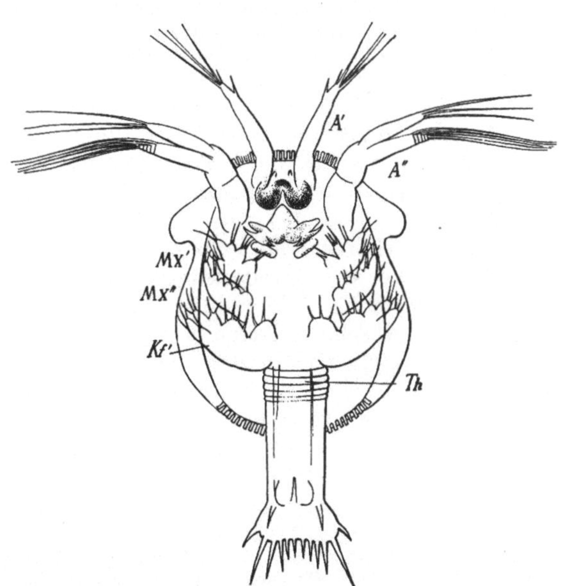

Abb. 621. Calyptopisstadium von *Euphausia*. *A'* erste, *A"* zweite Antenne, *Mx'* erste, *Mx"* zweite Maxille, *Kf'* erster Maxillarfuß, *Th* Thoracalsegmente. (Nach CLAUS.) Etwa $^{37}/_1$

versehen. Der Same wird bei den *Euphausiiden* in Spermatophoren an eine Spermatotheca des weiblichen Körpers gebracht. Die Weibchen der *Mysidacea* tragen an den Brustfüßen Brutbehälter zur Bildung eines Brutraumes, in welchem wie bei den Cumaceen und Arthrostraken die großen Eier ihre Entwicklung durchlaufen; bei den *Euphausiiden* werden Eiersäckchen gebildet. Die Jungen verlassen bei den *Mysiden* den Brutraum meist schon im Besitze sämtlicher Extremitäten. Die junge *Euphausia* dagegen schlüpft als Naupliuslarve aus, an der alsbald die drei nachfolgenden Gliedmaßenpaare in Form wulstförmiger Erhebungen auftreten. Später folgen die der Protozoëa und Zoëa entsprechenden *Calyptopis*-Stadien, die sich von ersteren durch den Besitz nur des ersten Maxillarfußes unterscheiden (Abb. 621).

Die Schizopoden gehören mit seltener Ausnahme dem Meere an.

1. Sektion. *Euphausiacea*. Schale fast alle Thoraxsegmente umfassend, nur das letzte Thoraxsegment erhält sich als freier Abschnitt. Erster Brustfuß wenig von den folgenden

abweichend. Die zwei hinteren Brustfüße mehr oder minder rudimentär. Kiemen vorhanden, unbedeckt, die hinteren größer. Telson sehr schlank, nahe am Hinterende mit zwei lanzettförmigen Anhängen. Weibchen ohne Brutblätter.

Fam. *Euphausiidae*. Meist mit Leuchtorganen. *Euphausia pellucida* DANA. Weit verbreitet. *Meganyctiphanes norvegica* SARS. Atlant. Ozean, Mittelmeer. *Thysanopoda tricuspidata* M.-E. Südatlant. u. Stiller Ozean. *Nematoscelis megalops* O. SARS. Atlant. Ozean. *Stylocheiron mastigophorum* CHUN. Atlant. Ozean, Mittelmeer.

2. Sektion. *Mysidacea*. Die fünf letzten Thoraxsegmente erhalten sich frei. Erstes bis zweites Brustfußpaar als Kieferfüße ausgebildet. Beim Weibchen Brutblätter.

Fam. *Lophogastridae*. Schale groß, mehr oder minder verkalkt. Erster Brustfuß ein gedrungener Maxillarfuß. An den Brustfüßen Kiemen, teilweise von der Schale bedeckt. Brutblätter des Weibchens an allen sieben Brustfüßen. *Lophogaster typicus* SARS. Norwegen, Mittelmeer, Kap der guten Hoffnung. *Gnathophausia gigas* WILL.-SUHM, über 14 cm lang, Tiefseeform. Nordatlant. Ozean, Südsee.

Fam. *Mysidae*. Schale in der Regel klein. Zwei Paare von Maxillarfüßen. Die Brustfüße meist mit Tarsalgeißel. Kiemen an den Brustfüßen fehlen. Abdominalfüße des Weibchens klein. Statische Organe in dem Innenast der Schwanzfüße. Brutblätter meist nur an den zwei oder drei hinteren Brustfüßen. *Neomysis vulgaris* THOMPS., *Praunus flexuosus* MÜLL. Nord- und Ostsee. *Mysis oculata* FABR. (var. *relicta* LOV.) in Binnenseen Nordeuropas (Abb. 620). *Leptomysis mediterranea* O. SARS. Mittelmeer. *Mysidopsis gibbosa* O. SARS. Nordsee, Mittelmeer. *Siriella thompsoni* M.-E., Männchen mit Kiemenanhängen an den Abdominalfüßen. Weit verbreitet. *Pseudosiriella frontalis* M.-E. Adria.

2. Unterordnung. *Decapoda*[1], *zehnfüßige Krebse*. Thoracostraken mit großem Rückenschilde, welches in der Regel unmittelbar den Rücken des ganzen Thorax bildet, mit drei Kieferfußpaaren und zehn teilweise mit Scheren bewaffneten Gehfüßen.

Kopf und Thorax sind vollständig in den Rückenschild einbezogen, dessen Seitenflügel über den Basalgliedern der Kieferfüße und Beine eine die Kiemen bergende Atemhöhle bilden (Abb. 611). Nur das letzte Thoraxsegment kann sich als freier Abschnitt getrennt erhalten. Der Vorderkopf ist bei *Penaeiden* und *Carididen* beweglich abgesetzt. Das Stirnende des Rückenschildes läuft in ein Rostrum aus. Das feste kalkhaltige Integument des Rückenschildes zeigt vornehmlich bei den größeren Formen symmetrische, durch die Ausbreitung der unterliegenden inneren Organe bedingte Erhebungen, welche als bestimmte, nach

---

[1] HERBST: Versuch einer Naturgeschichte der Krabben und Krebse, 3 Bde. Berlin 1782—1804. — SPENCE BATE: On the development of Decapod Crustacea. Philosophic. Trans. roy. Soc. London 1859. — MÜLLER, FR.: Die Verwandlung der Garneelen. Arch. Naturgesch. 19 (1863). — HENSEN, V.: Studien über das Gehörorgan der Dekapoden. Z. Zool. 13 (1863). — GROBBEN, C.: Beiträge zur Kenntnis der männlichen Geschlechtsorgane der Decapoden usw. Arb. zool. Inst. Wien 1 (1878). — BOAS, J. E. V.: Studier over Decapodernes Slaegtskabsforhold. Vidensk. Selsk. Skr. Kjöbenhavn 1880. — HUXLEY, TH.: Der Krebs. Leipzig 1881. — BROOKS, W. K.: Lucifer, a study in Morphology. Philosophic. Trans. roy. Soc. London 1882. — REICHENBACH, H.: Studien zur Entwicklungsgeschichte des Flußkrebses. Abh. Senckenberg. naturforsch. Ges. Frankfurt 1886. — SPENCE BATE, C.: Report on the Crustacea *Macrura*. Challenger-Rep. 24 (1888). — BUMPUS, H. C.: The Embryology of the American Lobster. J. of Morph. 5 (1891). — BOUVIER, E.: Recherches anatomiques sur le système artériel des Crustacés Décapodes. Ann. des Sci. natur. 1891. — BROOKS, W. K. a. F. H. HERRICK: The Embryology and Metamorphosis of the Macroura. Mem. nat. Acad. Sci. Washington 1891. — MARCHAL, P.: Recherches anatom. et physiol. sur l'appareil excréteur des Crustacés décapodes. Archives de Zool. 1892. — ORTMANN, A.: Das System der Decapodenkrebse. Zool. Jb. 9 (1897). — PRENTISS, C. W.: The Otocyst of Decapod Crustacea. Bull. Mus. Comp. Zool. Harvard Coll. 36 (1901). — DOFLEIN, F.: Brachyura. Wiss. Erg. dtsch. Tiefsee-Exped. 6 (1904). — BORRADAILE, L. A.: On the Classification of the Decapod Crustaceans. Ann. Mag. nat. hist. 1907. — WETTSTEIN, O.: Über den Pericardialsinus einiger Decapoden. Arb. zool. Inst. Wien 20 (1915). — GROBBEN, K.: Der Schalenschließmuskel der dekapoden Crustaceen, zugleich ein Beitrag zur Kenntnis ihrer Kopfmuskulatur. Sitzgsber. Akad. Wiss. Wien, Math.-naturwiss. Kl. 1917. — Vgl. außerdem die Schriften von LEACH, RATHKE, LEREBOULLET, DOHRN, G. O. SARS, G. H. PARKER, GILSON, BROCCHI, SABATIER, CANO, FAXON, WELDON, KINGSLEY, MIERS, HENDERSON, COUTIÈRE, ANDREWS u. a.

jenen benannte Regionen unterschieden werden. Bei den meisten *Macrura* sowie bei den *Anomura* ist ein (zuweilen rudimentärer) Schalenschließmuskel vorhanden.

Sehr verschiedene Größe und Gestalt zeigt das Abdomen. Bei den *Macrura* erreicht es einen bedeutenden Umfang und besitzt außer den fünf Fußpaaren, von denen oft das vordere im weiblichen Geschlechte verkümmert, eine große Schwimmflosse (Telson und großes Schwimmfußpaar des sechsten Segmentes). Am Abdomen der *Anomura* ist die Schwanzflosse meist reduziert (Abb. 623). Bei den *Brachyura* reduziert sich das Abdomen auf eine breite (Weibchen) oder schmale trianguläre (Männchen) Platte, die deckelartig über das ausgehöhlte Sternum umgeklappt wird und der Schwanzflosse entbehrt. Auch sind hier die Pleopoden stielförmig und finden sich beim Männchen nur an den zwei vorderen Abdominalsegmenten.

Die ersten (inneren) Antennen, bei den *Brachyuren* oft in seitlichen Gruben versteckt, entspringen meist unterhalb der beweglich eingelenkten Augenstiele

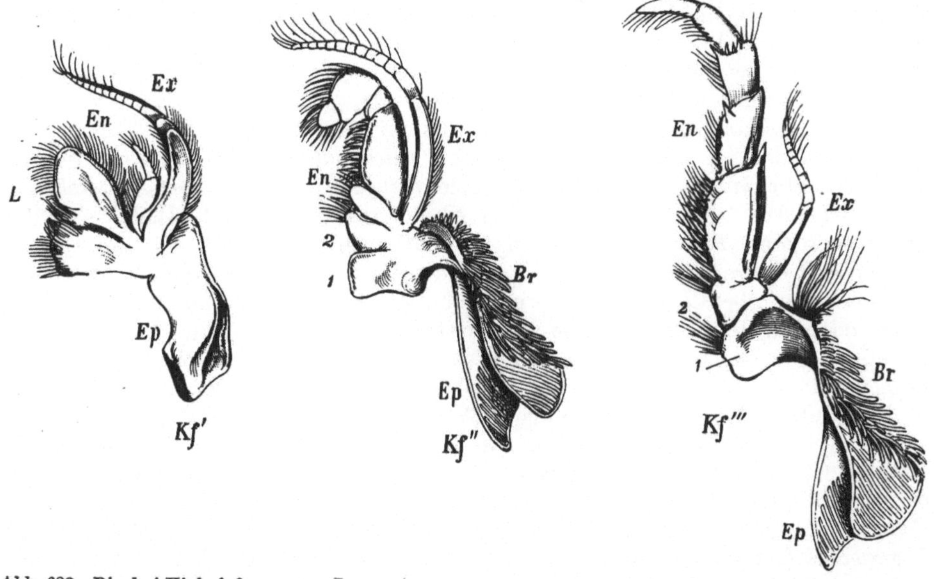

Abb. 622. Die drei Kieferfußpaare von *Potamobius* (*Astacus*). *Kf'* Erster Kieferfuß, *En* Endopodit, *L* Kauladen, *Ex* Exopodit, *Ep* Epipodialplatte. *Kf''* Zweiter Kieferfuß, *Br* Epipodialkieme, *1, 2* die Glieder des Stammes. *Kf'''* Dritter Kieferfuß.

und bestehen aus einem dreigliedrigen Schaft mit zwei bis drei vielgliedrigen Geißeln. Die zweiten Antennen inserieren meist an der Außenseite der ersteren etwas abwärts an einer flachen, vor dem Munde gelegenen Platte (*Epistom*, Mundschild) und besitzen bei den guten Schwimmern einen schuppenförmigen Anhang (Exopodit). An ihrer Basis erhebt sich ein Höcker, auf dem die Antennendrüse ausmündet (Abb. 610).

Von den Mundteilen sind die Mandibeln überaus verschieden gestaltet, mit einem zwei- bis dreigliedrigen Taster versehen (Abb. 568d), der bei Garneelen auch fehlen kann. Die vorderen Maxillen bestehen aus zwei Laden und einem meist einfachen Taster (Abb. 569d). Die hinteren Maxillen, an welchen meist vier Laden (zwei Doppelladen) nebst Taster unterschieden werden, tragen als Exopodit eine große borstenrandige, schwingende Atemplatte (Abb. 570d). Es folgen sodann drei Paare von Kieferfüßen, welche einen Geißelast (Exopodit), aber auch einen epipodialen Anhang (Kieme) besitzen (Abb. 622). So bleiben von den Gliedmaßen der Brust nur fünf Paare als Beine zur Verwendung, von denen die beiden hinteren zuweilen verkümmern, ja in seltenen Fällen infolge von Rückbildung ganz ausfallen können (*Lucifer*). Die zugehörigen Brustsegmente bilden auf der Bauchseite eine zusammenhängende, bei den Brachyuren überaus breite Platte. Die Beine bestehen aus sieben Gliedern und enden häufig mit einer Schere oder Greifhand. Selten (*Penaeus, Pasiphaea*) tragen sie noch einen kleinen Exopoditen.

Das Herz (Abb. 612) ist kurz und von drei Spaltenpaaren durchbrochen, das Arteriensystem reich ausgebildet. Die Kiemen liegen als feder- oder büschelförmige Anhänge der Maxillar- und Thoraxfüße in einer geräumigen, von den Seitenflügeln des Cephalothoraxschildes überwölbten Kiemenhöhle. Den Wechsel des Wassers in letzterer besorgt die schwingende Platte der zweiten Maxille, durch welche das in der Kiemenhöhle enthaltene Wasser durch die vordere Öffnung letzterer herausgedrängt wird und frisches Wasser durch die ventrale Längsspalte oder eine besondere Öffnung vor dem 1. Brustfuße (Krabben) einströmt. Bei den am Lande lebenden Krabben sind verschiedene Einrichtungen vorhanden, die Kiemen feucht zu erhalten. Bei dem gleichfalls zu längerem Aufenthalt auf dem Lande befähigten sogenannten Palmendieb (*Birgus latro*) ist unter Verkümmerung der Kiemen die mit Luft gefüllte Kiemenhöhle an ihrer Decke mit baumförmigen Excrescenzen besetzt, welchen ein respiratorisches Gefäßnetz zugehört, und erscheint somit als eine Art Lunge.

Die Geschlechter sind getrennt; *Lysmata seticaudata* und *Calocaris macandreae* sind hermaphroditisch. Die Männchen zeichnen sich durch reichere Entwicklung der Spürborsten, schlankere Form des Abdomens sowie durch Ausbildung der beiden vorderen Pleopodenpaare zu Copulationsorganen aus. An den Ductus deferentes bei *Brachyuren* ist das Vorhandensein von drüsigen Anhängen zu bemerken. Fast überall werden Spermatophoren gebildet. Die Samenkörper sind stern- oder nagelförmig (Abb. 254c). Am Oviducte findet sich bei *Brachyuren* ein Receptaculum seminis, eine Spermatotheca bei *Penaeiden, Sergestiden* und *Cambarus*.

Die Entwicklung ist mit wenigen Ausnahmen eine Metamorphose. Selten verlassen die marinen Decapoden die Eihülle im Nauplius- oder Protozoëastadium (Abb. 617), meist als Zoëa (Abb. 615, 616). Bei den marinen Nephropsiden schlüpfen die Jungen im Mysisstadium aus (Abb. 618). Zuweilen ist die Metamorphose fast vollständig ausgefallen; die ausschlüpfenden Jungen von *Potamobius* (*Astacus*) stimmen bis auf die noch rudimentäre Schwanzflosse mit dem ausgebildeten Tiere überein.

Die Decapoden leben vorzugsweise im Meere, einige im Süßwasser, manche können auch auf dem Lande leben.

In der systematischen Übersicht ist der Gruppenbildung von BORRADAILE gefolgt.

1. Sektion. *Macrura natantia.* Körper mehr oder weniger seitlich komprimiert, Abdomen gut entwickelt. Erstes Abdominalsegment nicht auffällig kleiner als die folgenden. Zweite Antenne in der Regel mit großer Schuppe. Brustfüße schlank. Abdominalfüße kräftige Schwimmbeine.

Fam. *Penaeidae*, Geißelgarneelen. Dritter Brustfuß stets mit Schere. Dritter Maxillarfuß beinförmig. Die Epimeren des 1. Abdominalsegmentes werden nicht von den Vorderrändern des 2. bedeckt. Kiemen doppelt gefiedert (Dendrobranchien). Mit rudimentären Exopoditen an den Brustfüßen. Keine Brutpflege. Die Metamorphose ist eine viel vollständigere. *Penaeus trisulcatus* LEACH (*caramote* RISSO). *Sicyonia carinata* OL. (*sculpta* M. E.). Atlant. Ozean, Mittelmeer. Hier schließen sich an die pelagischen Formen *Sergestes arcticus* KRÖY. Atlant. Ozean, Mittelmeer. *S. challengeri* HANS. Ind. u. Pazif. Ozean *S. gloriosus* STEBB. Kap. Beide aus der Tiefsee mit Leuchtorganen. *S. rubroguttatus* W.-MAS. Mit zwei großen Leuchtorganen (?). Tiefsee. Mittelmeer, Ind. Ozean, Rotes Meer. *Lucifer acestra* DANA. Beide letzte Brustfüße und die Kiemen fehlen. Kosmopolit. Verwandt ist: *Stenopus hispidus* OL. Ind. Ozean.

Fam. *Carididae* (*Eucyphidea*), Garneelen. Nur die beiden vorderen Brustfüße mit Scheren. Der Exopodit des ersten Maxillarfußes am Außenrand mit lappenartigem Vorsprung (Eucyphidenanhang). Die Epimeren des zweiten Abdominalsegments sind groß und bedecken den Hinterrand der Epimeren des ersten Abdominalsegments. Kiemen mit verbreiterten Blättern (Phyllobranchien). Zuweilen noch Exopoditen an den Brustfüßen. *Pasiphaea sivado* Risso. Mittelmeer, Atlant., Ind. Ozean. *Caridina desmaresti* Joly. Im Süßwasser. Südeuropa, Nordafrika, Syrien. *Troglocaris schmidti* Dorm. Blind. In den Gewässern der Höhlen in Krain. *Alpheus dentipes* Guér. Mittelmeer. *A. ruber* M.-E. Atlant. Ozean, Mittelmeer. *Athanas nitescens* Leach, Atlant. Ozean, Mittelmeer. *Parapandalus* (*Pandalus*) *pristis* Risso (*narwal* Fabr.). Mittelmeer. *Rhynchocinetes typus* M.-E. Mit gelenkig abgesetztem Rostralstachel. Küste von Chile. *Hippolyte prideauxiana* Leach (*Virbius viridis* Otto), *Spirontocaris* (*Hippolyte*) *cranchi* Leach, *Lysmata seticaudata* Risso. Hermaphroditisch. *Pontonia custos* Forsk. (*tyrrhena* Risso), lebt zwischen den Schalen von *Pinna*, auch in Spongien. *Typton spongicola* Costa. In Spongien. Atlant. Ozean, Mittelmeer. *Leander* (*Palaemon*) *squilla* L. Europ. Meere. *Periclimenes migratorius* Hell. (*Palaemonetes varians* Leach), im Süßwasser, Südeuropa, im Brackwasser im Norden. *Palaemon acanthurus* Wgm. Brasilien. *Processa canaliculata* Leach, (*Nika edulis* Risso). Weit verbreitet. *Crangon crangon* L. (*vulgaris* F.), Sandgarneele, europ. Meere.

2. Sektion. *Macrura palinura*. Körper meist abgeflacht. Abdomen gut entwickelt. Rückenschild an den Seiten mit dem Epistom verschmolzen. Brustfüße kräftig. Abdominalfüße nicht zum Schwimmen geeignet. Kiemen büschelförmig (Trichobranchien).

Fam. *Eryonidae*. Körper abgeflacht, Cephalothorax breit. Augen vom Stirnrand bedeckt, oft reduziert. Dritter Maxillarfuß beinförmig. Brustfüße siebengliedrig, vier bis fünf mit Scheren. Tiefseeformen. *Polycheles typhlops* Hell. Atlant. Ozean, Mittelmeer, Ind. Ozean. *Willemoesia leptodactyla* Will.-Suhm. Mittelmeer, Atlant. u. Pazif. Ozean. *Eryon* Desm. Fossil. Lias, Jura, untere Kreide.

Fam. *Palinuridae* (*Loricata*), Panzerkrebse. Meist große Formen. Körper cylindroid oder

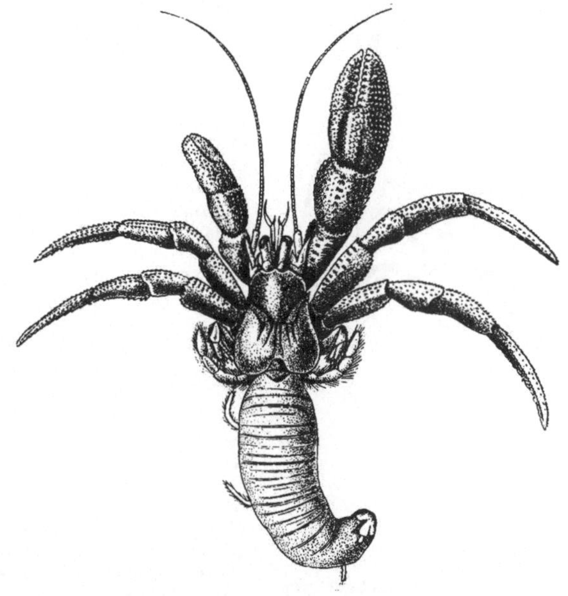

Abb. 623. *Eupagurus* (*Pagurus*) *bernhardus* (aus règne animal). $^2/_3$

abgeflacht. Abdomen breit. Panzer dick. Schwanzflosse im hinteren Teile weichhäutig. Schuppe fehlt. Brustfüße sechsgliedrig, enden mit Klauen. Männchen ohne Sexualanhänge. Die blattförmigen pelagischen Larven wurden früher als *Phyllosoma* beschrieben. *Palinurus vulgaris* Latr. Languste, *Scyllarus arctus* L. Bärenkrebs. Atlant. Küste Europas, Mittelmeer. *Palinurellus gundlachi* Marts. Westindien.

3. Sektion. *Macrura astacura*. Körper cylindroid. Abdomen gut entwickelt. Rückenschild nicht mit dem Epistom verschmolzen. Zweite Antenne mit ziemlich großer Schuppe. Die drei vorderen Brustfüße mit Scheren, erster viel stärker. Abdominalfüße nicht zum Schwimmen geeignet. Kiemen büschelförmig (Trichobranchien).

Fam. *Nephropsidae*. Ziemlich große Formen. Fünftes Thoraxsegment häufig frei beweglich. *Nephrops norvegicus* L. Atlant. Ozean, Mittelmeer. *Astacus gammarus* L. (*Homarus vulgaris* M. E.), Hummer. Mittelmeer, Atlant. Ozean, Nordsee. *Potamobius* (*Astacus*) *fluviatilis* L., Flußkrebs, Edelkrebs. Süßwasserform, Europa (Abb. 610). *P. torrentium* Schrank, vornehmlich Berglandbewohner. Mitteleuropa. *P. leptodactylus* Eschz. Südrußland, Ungarn. *Cambarus pellucidus* Tellk. Blind, in der Mammuthöhle von Kentucky. *Astacopsis* Huxl. Australien.

4. Sektion. *Anomura*. Rückenschild gewöhnlich nicht mit dem Epistom verschmolzen. Abdomen seltener wohl entwickelt, meist von mäßiger Größe mit nach vorn umgeschlagener, meist reduzierter Schwanzflosse. Das letzte, zuweilen auch das vorletzte Paar der Brustfüße

in Größe und Ausbildung verschieden. Kieferfüße des dritten Paares beinförmig. Die Zoëalarven besitzen beim Ausschlüpfen die Anlage des dritten Kieferfußpaares, zeigen sonst im wesentlichen den Habitus der Garneellarven. Auf dieses Stadium folgt bei *Thalassiniden* ein Mysisstadium, sonst die Metazoëa (Abb. 624). Ein späteres Entwicklungsstadium der *Paguriden* mit noch wenig ausgeprägter Asymmetrie wird als *Glaucothoë* bezeichnet.

Fam. *Thalassinidae.* Körper cylindroid, Abdomen wohlentwickelt, flachgedrückt. Schale verhältnismäßig klein, weichhäutig. Zweite Antenne mit oder ohne Schuppe. Fünftes Thoracalsegment freibeweglich, dritter Thoracalfuß stets ohne Schere. Graben sich im Ufersande ein. Führen zu den Paguriden hin. *Axius stirhynchus* LEACH. Atlant. Ozean. *Callianassa stebbingi* BORRADAILE (*subterranea* aut.). Atlant. Ozean, Mittelmeer. *Thalassina anomala* HBST. Indopazif. Ozean. *Upogebia (Gebia) litoralis* RISSO. Atlant. Ozean, Mittelmeer. *Jaxea nocturna* NARDO (*Calliaxis adriatica* HELL.). Mittelmeer. *Calocaris macandreae* BELL, hermaphroditisch. Tiefsee. Weit verbreitet.

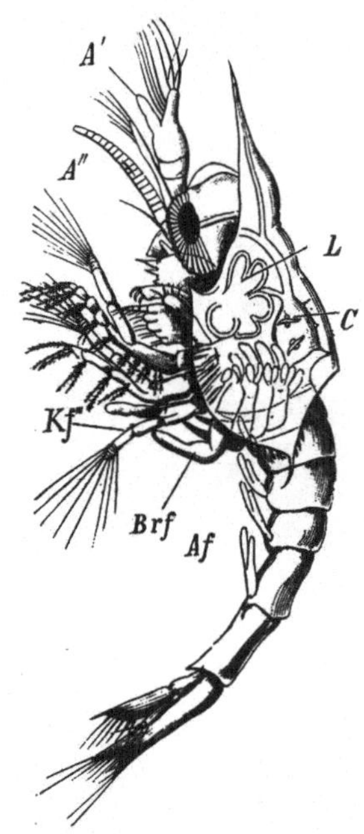

Abb. 624. Metazoëastadium von *Galathea.* (Nach CLAUS.) *L* Leber, *C* Herz, *A'*, *A''* erste und zweite Antenne, *Kf'''* dritter Maxillarfuß, *Brf* Brustfüße, *Af* Abdominalfüße.

Fam. *Paguridae,* Einsiedlerkrebse. Abdomen langgestreckt, meist weichhäutig und asymmetrisch, mit schmaler Afterflosse und stummelförmigen Bauchfüßen (Abb. 623). Erstes Fußpaar des Thorax mit kräftigen Scheren, die beiden letzten verkümmert. Sexualanhänge beim Männchen zuweilen fehlend. Die meisten suchen leere Schneckengehäuse zum Schutze ihres weichhäutigen Hinterleibes auf. *Pylocheles* A. M.-E., *Mixtopagurus* A. M.-E. u. a. Bei diesen ist das Abdomen symmetrisch, nicht weichhäutig. Sie tragen nicht Schneckengehäuse als Schutz mit sich, sondern leben in Höhlen von Spongien, die sie gelegentlich verlassen. Sind die ursprünglichsten recenten Paguriden. *Paguristes oculatus* FABR. (*maculatus* ROUX), *Clibanarius misanthropus* RISSO, *Pagurus calidus* RISSO. Atlant. Ozean, Mittelmeer. *Eupagurus bernhardus* L. Atlant. Ozean, Nordsee (Abb. 623). *E. prideauxi* LEACH, Atlant. Ozean, Mittelmeer. *Coenobita rugosa* M. E., Ind. u. Stiller Ozean. *Birgus latro* HBST. Palmendieb. Kiemenhöhle fungiert als Lunge. Kiemen klein. Lebt in Erdlöchern. Ostindien. Hier schließt sich an *Lithodes maja* L. (*arctica* LM.). Brachyurenähnlich. Letzter Thoraxfuß rudimentär, in der Kiemenhöhle verborgen. Nordeurop. Meere.

Fam. *Galatheidae.* Körper abgeflacht, mit wohlentwickeltem Abdomen, das gewöhnlich eingeschlagen getragen wird. Schwanzflosse wohl ausgebildet. Schuppe selten ein stachelartiger Anhang, meist fehlend. Fünfter Brustfuß in der Kiemenhöhle versteckt. *Galathea squamifera* LEACH, *G. strigosa* L., *Munida bamffica* PENN. (*rugosa* LEACH). Atlant. Ozean, Mittelmeer. *Aeglea laevis* LATR. Im Süßwasser. Südamerika. Hier schließt sich an *Porcellana platycheles* PENN., *P. longicornis* PENN. Mittelmeer, Atlant. Ozean.

Fam. *Hippidae,* Sandkrebse. Mit länglichem Kopfbruststück und umgeschlagenem Endteil des Abdomens. Erstes Beinpaar des Thorax meist mit fingerförmigem Endgliede, die nachfolgenden breit und kurz, letztes schwach, in der Kiemenhöhle versteckt. Sexualanhänge des Männchens fehlen. *Hippa emerita* L., lebt im Meeressande vergraben. Brasilien. *Remipes testudinarius* LATR. Südsee. *Albunea symnista* L. Mittelmeer, Ind. Ozean.

5. Sektion. *Brachyura,* Krabben. Körper gedrungen, mit Gruben zur Aufnahme der kurzen ersten Antennen, und sogenannten Orbitae, Höhlen zur Aufnahme der Stielaugen (Abb. 625). Rückenschild mit dem Epistom verschmolzen. Hinterleib klein, ohne Schwanzflosse, gegen die vertiefte Unterfläche der Brust umgeschlagen, im männlichen Geschlechte schmal zugespitzt und nur mit einem, seltener mit zwei Fußpaaren, im weiblichen breit, meist mit vier Paaren von Füßen. Das dritte Paar der Kieferfüße mit breiten platten Gliedern, die vorausgehenden Mundteile völlig bedeckend. Die ausschlüpfenden Zoëalarven von gedrungener Form, mit meist nur zwei Spaltfußpaaren und fünf freien Abdominalsegmenten, meist mit Stirn- und Rückenstachel, treten später in die Megalopaform ein (Abb. 619b). Viele sind Landbewohner.

1. Tribus. *Notopoda,* Rückenfüßer. Cephalothorax rundlich oder viereckig. Die zwei letzten Beinpaare der Brust sind kleiner und auf den Rücken hinaufgerückt. Zuweilen noch rudimentäre Abdominalfüße des sechsten Paares. Schließen sich in den Larvenformen an die Anomuren an. Bedecken ihren Rücken mit Schwämmen, Synascidien.

Fam. *Dromiidae.* Mit den Charakteren der Tribus. *Homola barbata* HBST. (*spinifrons* LEACH), *Dromia vulgaris* M. E., Wollkrabbe. Atlant. Ozean, Mittelmeer.

2. Tribus. *Oxystomata,* Rundkrabben. Mit rundlichem Cephalothorax und meist nicht vorspringender Stirn. Mundrahmen dreieckig.

Fam. *Dorippidae.* Cephalothorax rundlich oder länglich. Die beiden hinteren Brustfußpaare kleiner und dorsal gerückt. *Dorippe lanata* L. *Ethusa mascarone* HBST. Mittelmeer, Atlant. Ozean.

Fam. *Calappidae.* Cephalothorax breit, stark gewölbt. Eingangsöffnung in die Kiemenhöhle vor dem ersten Brustfuße. Vorderbeine die untere Körperfläche fast bedeckend. *Calappa granulata* L., Schamkrabbe. Atlant. Ozean, Mittelmeer.

Fam. *Leucosiidae.* Zufuhrskanal zu der Kiemenhöhle weit vorn am Mundwinkel gelegen. Schale meist kugelig. *Leucosia craniolaris* F., Ind. Ozean. *Ilia nucleus* HBST. Atlant. Ozean, Mittelmeer. *Ebalia granulosa* M.-E. (*costae* HELL.). Mittelmeer.

Fam. *Raninidae.* Cephalothorax nach hinten verschmälert, den Sandkrebsen ähnlich. Abdomen von oben her sichtbar. Tarsalglieder der Brustfüße breit. *Ranina serrata* LM., Froschkrabbe. Ind. und Pazif. Ozean.

3. Tribus. *Brachygnatha.* Mundrahmen viereckig. Letzter Brustfuß normal. Erster Abdominalfuß beim Weibchen fehlend. Wenig Kiemen.

1. Subtribus. *Oxyrhyncha,* Dreieckskrabben. Meist mit dreieckigem Cephalothorax, mit vortretendem spitzen Stirnschnabel. Mundrahmen nach vorne verbreitert. Eingang zur Kiemenhöhle vor dem ersten Beinpaar, Ausgang vorn am Mundwinkel. Schwimmen nicht, sondern kriechen.

Fam. *Majidae.* Körper vorn verschmälert, in einen Schnabel auslaufend. Beinpaare des Thorax ziemlich gleich lang, das vordere zuweilen kürzer. *Inachus dorsettensis* PENN., (*scorpio* FABR.). Europ. Meere. *Maja squinado* LATR., Meerspinne. Mittelmeer, Atlant. Ozean. *M. verrucosa* M.-E. Mittelmeer. *Hyas araneus* L. Nordatlant. Ozean. *Pisa armata* LATR. *Eurynome aspera* PENN. Atlant. Ozean, Mittelmeer. *Macropodia rostrata* L. (*Stenorhynchus phalangium* LEACH). Mittelmeer, Nordsee, Ostsee. *Macrochira* (*Kaempfferia*) *kämpfferi* HAAN, Riesenkrabbe. Japan.

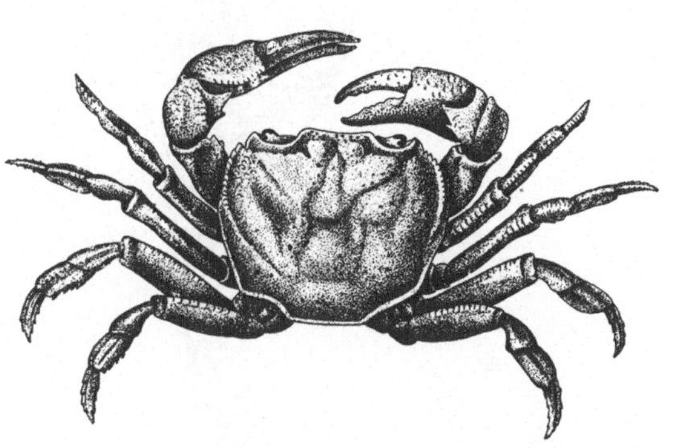

Abb. 625. *Potamon* (*Telphusa*) *fluviatile* (a us règne animal). $^1/_2$

Fam. *Parthenopidae.* Kopfbruststück kurz, triangulär. Vorderer Brustfuß sehr verlängert. *Lambrus massena* ROUX. Atlant. Ozean, Mittelmeer. *Parthenope* F.

2. Subtribus. *Brachyrhyncha.* Körper oval oder viereckig. Cephalothorax breit. Rostrum reduziert oder fehlend. Umfaßt die früher als *Cyclometopa* (Bogenkrabben) und *Catometopa* oder *Quadrilatera* (Viereckskrabben) unterschiedenen Gruppen.

Fam. *Corystidae.* Körper länglich oval. *Corystes cassivelaunus* PENN. Atlant. Ozean, Mittelmeer.

Fam. *Cancridae.* Hinterer Brustfuß den vorausgehenden gleich mit spitzem Endgliede. *Cancer pagurus* L., Taschenkrebs. Atlant. Ozean, Mittelmeer. *Carcinides* (*Carcinus*) *maenas* L., gemeine Strandkrabbe. Europ. Meere. *Xantho hydrophilus* HBST. (*rivulosus* RISSO), *Pilumnus hirtellus* PENN., *Eriphia spinifrons* HBST. Atlant. Ozean, Mittelmeer. Hier reiht sich an *Thia polita* LEACH. Mittelmeer, Nordsee.

Fam. *Portunidae.* Hinterer Brustfuß mit blattförmig verbreitertem Endgliede, zum Schwimmen dienend. *Neptunus* (*Lupa*) *hastatus* L., *Portunus depurator* L. Atlant. Ozean, Mittelmeer.

Fam. *Potamonidae,* Süßwasserkrabben. Kopfbruststück queroval, leicht gerundet. *Potamon* (*Telphusa*) *fluviatile* LATR., Flußkrabbe. Mittelmeergebiet (Abb. 625).

Fam. *Pinnoteridae,* Muschelwächter. Kopfbruststück gewölbt, glatt, zuweilen weichhäutig. Augen klein. Leben in der Mantelhöhle von Muscheltieren. *Pinnoteres pisum* L., lebt in *Ostrea, Mytilus. P. pinnoteres* L. (*veterum* aut.), lebt in *Pinna.* Atlant. Ozean, Mittelmeer.

Fam. *Gonoplacidae.* Kopfbruststück vierseitig mit großer Stirn. Augen langgestielt. *Gonoplax angulata* PENN. (*rhomboides* F.). Atlant. Ozean, Mittelmeer.

Fam. *Ocypodidae.* Kopfbruststück rhomboid oder quadratisch, vorn sehr breit mit scharfen Winkeln. Augenstiele sehr lang. Äußere Antennen rudimentär. *Uca* (*Gelasimus*) *cultrimana* WHITE, Winkerkrabbe. Ind. Ozean, Südsee. *Ocypode ceratophthalma* PALL. Sandkrabbe. Indo-Pazific.

Fam. *Grapsidae.* Kopfbruststück abgeflacht, minder regelmäßig quadratisch. Augenstiele mäßig lang. Leben meist am Gestade und auf Felsen. *Grapsus strigosus* HBST. Chile, Ind. Ozean, Pazif. Ozean. *Pachygrapsus marmoratus* F., Atlant. Ozean, Mittelmeer. *Sesarma* SAY. Im Süßwasser oder auf dem Lande. Tropisch und subtropisch.

Fam. *Gecarcinidae*, Landkrabben. Kopfbruststück stark gewölbt. Augen kurz. Landbewohner der Tropen. *Gecarcinus ruricola* L. In den Kiemenhöhlen derselben hält sich das Wasser längere Zeit zufolge Vorhandensein von sekundären Räumen im Umkreis der Kiemenblättchen, welche deshalb nicht miteinander verkleben können. Wandert zur Zeit der Ablage der Brut nach dem Meere. Lebt in Erdlöchern auf den Antillen.

3. Unterordnung. *Cumacea*[1]. Mit kleinem Kopfbrustschild und mit fünf freien Brustsegmenten, mit zwei Kieferfußpaaren und sechs Beinpaaren, von

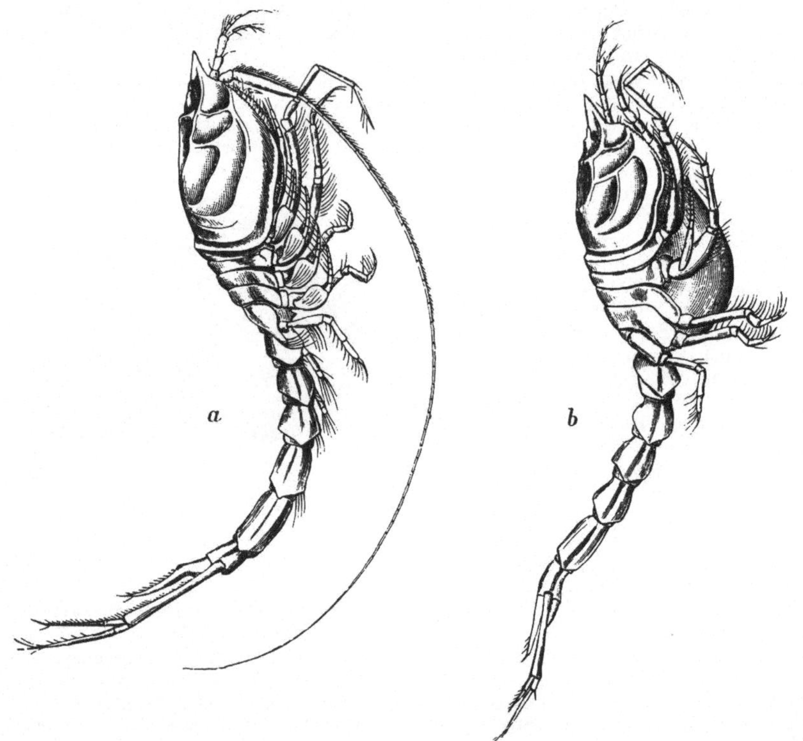

Abb. 626. *Ekdiastylis sculptus.* a Männchen. b Weibchen. (Nach G. O. SARS.) $^9/_1$

denen mindestens die zwei vorderen Paare Spaltfüße sind, mit langgestrecktem Abdomen, das beim Männchen außer den griffelförmigen Schwanzfüßen zwei, drei oder fünf Schwimmfußpaare trägt. Komplexaugen fehlen oder sind rudimentär, zusammengedrängt, nicht gestielt.

---

[1] KRÖYER, H.: Om Cumaceernes Familie. Naturh. Tidskr. 1846. — DOHRN, A.: Über den Bau und die Entwicklung der Cumaceen. Jena. naturwiss. Z. 5 (1870). — BLANC, H.: Développement de l'œuf et formation des feuillets primitifs chez la *Cuma Rathkii*. Rec. zool. Suisse 2 (1885). — HANSEN, H. J.: Isopoden, Cumaceen und Stomatopoden der Plankton-Expedition 1895. — SARS, G. O.: An Account of the Crustacea of Norway. III. Cumacea. Bergen 1900. — CALMAN, W. T.: On new or rare Crustacea of the order Cumacea from the collection of the Copenhagen Museum. 1. Trans. Zool. Soc. London 18 (1907—11). — STEBBING, T. R.: Cumacea. Tierreich 39 (1913). — SCHUCH, K.: Beiträge zur Kenntnis der Schalendrüse und der Geschlechtsorgane der Cumaceen. Arb. zool. Inst. Wien 20 (1913).

Die Cumaceen erinnern in ihrer Organisation mehrfach an die Anisopoden unter den Arthrostraken, denen sie auch nahestehen. Stets ist ein Rückenschild vorhanden, welches außer den Kopfsegmenten die drei vorderen der (8) Brustringe umfaßt. Somit bleiben die fünf hinteren Brustringe frei (Abb. 626). Die Kiemenhöhle ist klein.

Von den beiden Antennenpaaren sind die vorderen klein und bestehen aus einem dreigliedrigen Schaft, aus einer kurzen Geißel mit beim Männchen zahlreichen Spürborsten und Nebengeißel. Die hinteren Antennen bleiben im weiblichen Geschlechte kurz und rudimentär, während sie beim ausgebildeten Männchen mit ihrer vielgliedrigen Geißel die Länge des Körpers erreichen können.

Die Oberlippe ist meist klein, während die tief geteilte Unterlippe einen bedeutenden Umfang zeigt. Die Mandibeln entbehren des Tasters. Von den Maxillen bestehen die vorderen aus zwei gezähnten Laden und einem cylindrischen, nach hinten gerichteten Geißelanhang, die tasterlosen Kiefer des zweiten Paares aus mehreren Kauplatten nebst borstenlosem Fächeranhang (Exopodit).

Die beiden nachfolgenden Extremitätenpaare sind als Kieferfüße zu bezeichnen. Die vorderen besitzen einen fünfgliedrigen Endopoditen; an der Außenseite des zu einer Art Unterlippe verschmolzenen Stammes erhebt sich eine mächtige Epipodialplatte mit großer gefiederter Kieme sowie einem nach vorn reichenden Fortsatz, der mit dem Stirnschnabel einen Egestionstubus für das Atemwasser bildet. Die hinteren Kieferfüße, von bedeutenderer Länge, zeigen einen sehr gestreckten cylindrischen Stamm, dessen kurzes Basalglied eine rudimentäre Epipodialplatte tragen kann. Von den noch übrigen sechs Fußpaaren der Brust sind die beiden vorderen Paare stets nach Art der Schizopodenfüße gebildet und bestehen aus einem lamellösen Stamm, einem fünfgliedrigen Endopoditen und einem mit Schwimmborsten besetzten Exopoditen. Die vier letzten Brustfußpaare sind kürzer und tragen in vielen Fällen sowie im männlichen Geschlecht, stets mit Ausnahme des letzten Paares, einen Exopoditen.

Das stark verengte und sehr langgestreckte Abdomen entbehrt im weiblichen Geschlechte der Schwimmfüße durchaus, trägt aber an dem sechsten Segment zu den Seiten der Schwanzplatte langgestielte zweiästige Schwanzgriffel, während beim Männchen noch zwei, drei oder fünf Schwimmfußpaare an den vorausgehenden Segmenten hinzukommen.

Die Cuticula des Integuments ist stark inkrustiert. Die beiden Komplexaugen sind nicht gestielt, rudimentär, zu einem unpaaren Sehorgan zusammengedrängt oder liegen als kleine Erhebungen dicht nebeneinander. In vielen Fällen fehlen sie.

Rücksichtlich des inneren Baues ist das Vorkommen der Maxillardrüse und bei *Diastylis rathkei* einer Speicherniere zu bemerken. Das mäßig gestreckte Herz liegt im Thorax und weist drei Spaltenpaare auf. Das arterielle Gefäßsystem stimmt wesentlich mit jenem der nächststehenden Krebse überein. Als Kieme fungiert außer der inneren Schalenlamelle der große fiederförmige Epipodialanhang des ersten Kieferfußes (wie bei den Tanaiden).

Die Männchen unterscheiden sich durch die Länge der hinteren Antennen sowie das Vorhandensein von Pleopoden. Die Genitalorgane erinnern an jene der Arthrostraken. Die Eier gelangen in eine von Lamellen der Brustbeine des Weibchens gebildete Bruttasche und durchlaufen hier die Embryonalentwicklung, die jener der Isopoden ähnlich ist. Die ausschlüpfenden Jungen entbehren noch des letzten Brustfußes und der Abdominalfüße.

Die Cumaceen halten sich nahe am Strande auf sandigem und morastigem Grunde, teilweise auch in bedeutenden Tiefen auf.

Fam. *Diastylidae.* Körper in der Regel nicht schlank. Cephalothoraxschild groß. Telson gesondert. Kiemenblättchen zahlreich. Augen vorhanden oder fehlend. *Diastylis*

(*Cuma*) *rathkei* KRÖY. Nordmeere. Hier schließt sich an *Ekdiastylis sculptus* O. SARS (Abb. 626). Nordamerika.

Fam. *Leuconidae*. Körper mehr oder minder schlank. Cephalothoraxschild gewöhnlich klein. Telson mit dem vorhergehenden Abdominalsegmente verschmolzen. Augen fehlen. Kieme mit nur wenig fingerförmigen Anhängen. *Leucon longirostris* G. O. SARS. Atlant. Ozean, Mittelmeer. *L. nasicus* KRÖY., *Eudorella emarginata* KRÖY. Nordmeere. *E. truncatula* BATE. Nordsee, Mittelmeer.

Fam. *Bodotriidae*. Zuweilen nur mit 2—4 freien Thoraxsegmenten. Telson mit dem vorhergehenden Abdominalsegmente vereinigt. Nebengeißel der Vorderantenne sehr klein oder fehlend. *Bodotria scorpioides* MONT. Europ. Meere. *Iphinoë serrata* NORM. Atlant. Ozean, Mittelmeer.

4. Legion. Anomostraca[1].

Malacostraken vom Habitus der Arthrostraken oder Garneelen, ohne Schale, mit gestielten oder sitzenden Augen oder augenlos, mit 7—8 freien Thoraxsegmenten und Spaltfüßen an denselben.

Als *Anomostraca* (GROBBEN) sind Krebsformen zusammengefaßt, die in ihren Merkmalen Mischcharaktere von Thoracostraken (Schizopoden) und Arthrostraken aufweisen und sich am besten an die paläozoischen Gattungen *Uronectes* (*Gampsonyx*) und *Palaeocaris* anschließen lassen. Sie scheinen Reste alter Krebsformen zu sein, von denen aus die Arthrostraken ihren Ursprung genommen haben:

Der Körper der in der heutigen Lebewelt bloß in wenigen Repräsentanten bekannten Anomostraken (Abb. 627) ist entweder arthrostraken- oder garneelenähnlich und besteht außer dem Kopf, bzw. Cephalothorax, falls auch das erste Brustsegment einbezogen ist, aus acht oder sieben freien breiten Thoracalsegmenten und sieben Abdominalsegmenten. Eine Schale fehlt. Von den acht Gliedmaßen der Brust ist bei den *Anaspididen* die vorderste als Maxillarfuß ausgebildet.

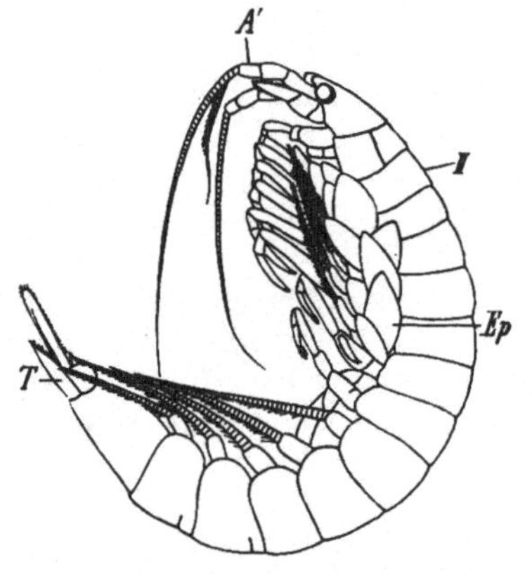

Abb. 627. *Anaspides tasmaniae*. (Nach CALMAN.) $^2/_1$. *A'* erste Antenne, *II* zweites Thoracalsegment, *Ep* Epipoditen, *T* Telson.

Von den folgenden tragen die meisten einen geißelartigen Exopoditen, der an den hinteren zwei Thoracalfüßen reduziert ist oder fehlt, sowie ein oder zwei blattartige Epipoditen (Kiemen). Die fünf vorderen Abdominalfüße sind entweder langgestreckte Schwimmbeine mit reduziertem Endopoditen (*Anaspides*, *Paranaspides*) oder bis auf die beiden ersten des Männchens ohne Endopodit (*Koonunga*); sie fehlen bis auf das erste bei *Bathynella*. Das letzte (6.) Abdominalfußpaar bildet mit dem Telson eine Schwanzflosse (*Anaspididae*) oder ist ebenso wie das gespaltene Endsegment griffelförmig entwickelt. Die Männchen der *Anaspididae* zeigen die Innenäste der beiden ersten Abdominalfüße, bei *Bathynella* den letzten Thoracalfuß zu

---

[1] THOMSON, G. M.: On a freshwater Schizopod from Tasmania. Trans. Linnean Soc. Lond. 1895. — CALMAN, W. T.: On the Genus *Anaspides* and its Affinities with certain fossil Crustacea. Trans. roy. Soc. Edinburgh 38 (1897). — Notes on the Morphology of *Bathynella* and some allied Crustacea. Quart. J. microsc. Sci. 62 (1917). — VEJDOVSKÝ, F.: Tierische Organismen der Brunnenwässer von Prag. 1882. — SAYCE, O. A.: On *Koonunga cursor*, a remarkable new type of Malacostracous Crustaceans. Trans. Linnean Soc. London 1908. — SMITH, G.: On the *Anaspidacea*, living and fossil. Quart. J. microsc. Sci. 53 (1909). — CHAPPUIS, P. A.: *Bathynella natans* und ihre Stellung im System. Zool. Jb. 40 (1915). — VANHÖFFEN, E.: Die Anomostraken. Sitzgsber. Ges. naturforsch. Freunde Berlin 1916. — DELACHAUX, TH.: *Bathynella chappuisi*. Bull. Soc. Neuchâtel. Sci. natur. 44 (1920).

Copulationsorganen umgewandelt. Bei *Anaspides* und *Paranaspides* finden sich gestielte, bei *Koonunga* sessile Augen; *Bathynella* ist augenlos. Erstere Formen besitzen eine Statocyste in der Basis der 1. Antenne. Das Herz von *Anaspides* ist langgestreckt schlauchförmig und reicht durch den größten Teil des Thorax; es scheint nur ein Spaltenpaar zu besitzen; bei *Bathynella* ist es kurz sackförmig. Als Excretionsorgan fungiert die Kieferdrüse. Die paarigen Gonaden sind schlauchförmig und erstrecken sich durch Thorax und Abdomen. Der Same wird in Spermatophoren in die am 8. Brustsegmente gelegene Spermatotheca des Weibchens gebracht. Die Eier werden einzeln abgelegt. Die Entwicklung scheint bei allen Formen direkt zu sein. Die Tiere sind Süßwasserbewohner.

Fam. *Anaspididae*. Körper arthrostraken- oder garneelenähnlich, mit sieben freien Thoracalsegmenten. Augen gestielt. Erste Antenne mit zwei Geißeln. Außenast der zweiten Antenne eine Schuppe. Exopoditen der vorderen Thoracalfüße geißelartig. Je zwei Epipodialanhänge an den vorderen Thoraxfüßen. Erster Thoracalfuß als Maxillarfuß entwickelt. Abdominalfüße lang, mit kurzen Endopoditen. Am Hinterende eine Schwanzflosse. *Anaspides tasmaniae* C. M. Thoms. Wird über 50 mm lang. Körper amphipodenähnlich.

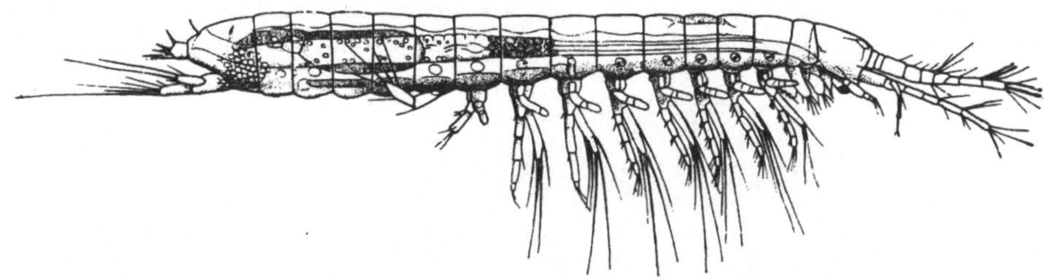

Abb. 628. *Bathynella chappuisi*, Weibchen (Nach Delachaux.) Etwa $^{80}/_1$

In Sümpfen des Mount Wellington, 2000—4000 Fuß über dem Meere, Tasmanien (Abb. 627). *Paranaspides lacustris* G. Smith. Körper garneelenähnlich. Bis 25 mm lang. Im Great Lake 3700 Fuß über dem Meere. Tasmanien.

Fam. *Koonungidae*. Körper anisopodenähnlich. Augen sessil, eine Antennenschuppe fehlt. Abdominalfüße, ausgenommen die beiden ersten Paare des Männchens, ohne Endopoditen. *Koonunga cursor* Sayce. Körperlänge etwa 8 mm. In Sümpfen bei Melbourne.

Fam. *Bathynellidae*. Körper langgestreckt, mit acht freien Thoracalsegmenten. Augenlos. Erste Antenne mit rudimentärer Nebengeißel. Zweite Antenne mit schmalem ungegliederten Exopoditen. Außenäste der Brustfüße kurz, eingliedrig. 2. bis 5. Abdominalfuß fehlen, sechster Abdominalfuß griffelförmig. Telson geteilt. *Bathynella natans* Vejd. Bis 2 mm lang. Aus Brunnen, Prag, Basel, Oefingen. *B. chappuisi* Delachaux (Abb. 628). In unterirdischen Wasserläufen. Grotte de Ver (Schweiz), Bern, Westfalen, Rumänien. *Parabathynella stygia* Chappuis. Serbien.

5. Legion. Arthrostraca (Edriophthalmata), Ringelkrebse[1].

Malacostraken mit sessilen Seitenaugen, mit meist sieben, seltener sechs mehr oder weniger gesonderten Brustsegmenten und ebensoviel einästigen Beinpaaren, ohne Schale.

Der kopfähnlich abgesetzte Cephalothorax, meist schlechthin als Kopf bezeichnet, trägt die beiden Antennenpaare und die Mandibeln, ferner zwei Maxillen-

---

[1] Außer den Werken von Latreille, M. Edwards, Dana u. a. vgl. Spence Bate a. J. O. Westwood: A History of the British sessile-eyed Crustacea, 2 Vols. London 1863 to 1868). — Sars, G. O.: Histoire naturelle des Crustacés d'eau douce de Norvège. Christiania 1867. — An Account of the Crustacea of Norway. I. Amphipoda. Christiania u. Kopenhagen 1895. II. Isopoda. Bergen 1899. — Delage. Y.: Contribution à l'étude de l'appareil circulatoire des Crustacés Edriophthalmes marins. Archives de Zool. 9 (1881). — Vgl. ferner Bronns Klass. u. Ordn. Tierreich 5.

paare und ein Maxillarfußpaar. Selten ist noch ein folgendes Thoracalsegment einbezogen. Eine Schale fehlt.

Auf den Kopf (Cephalothorax) folgen in der Regel sieben, selten sechs (*Anisopoda*) freie Brustsegmente mit ebensoviel zum Kriechen oder Schwimmen dienenden einästigen Beinpaaren (Abb. 634). Bei den *Apseudiden* finden sich rudimentäre Exopoditen an den beiden vorderen Brustfüßen (Abb. 629).

Das Abdomen umfaßt in der Regel sechs beintragende Segmente und eine gliedmaßenlose, das Endsegment repräsentierende einfache oder gespaltene Platte. Indessen kann sich die Zahl der Abdominalsegmente und Beinpaare reduzieren (*Isopoda*), ja sogar das ganze Abdomen ein ungegliederter stummelförmiger Anhang werden (*Laemodipoda*) (Abb. 637).

Die beiden Augen sind sessile Komplexaugen (daher *Edriophthalmata*) mit glatter oder facettierter Hornhaut.

Am Verdauungskanal findet sich ein kurzer aufsteigender Oesophagus und ein oft mit kräftigen Chitinplatten bewaffneter Vormagen, auf welchen ein mit zwei bis drei Paaren von Mitteldarmdrüsenschläuchen versehener Magendarm folgt. Der Enddarm mündet am hinteren Körperende aus. Überall findet sich ein Herz, welches entweder röhrenartig ist und in der Brust verläuft (*Amphipoda*) (Abb. 636),

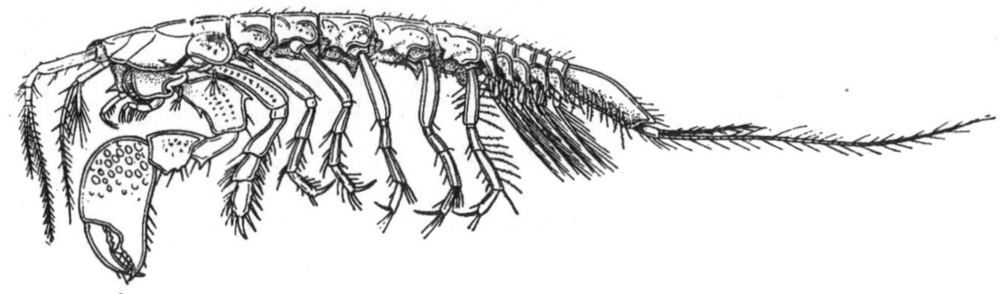

Abb. 629. *Apseudes spinosus*. (Nach G. O. Sars.) Etwa ⁵/₁.

oder nach dem Hinterleib gerückt, sackförmig verkürzt erscheint (*Isopoda*). Im ersteren Falle liegen die Kiemen als schlauchförmige Anhänge an den Brustfüßen, im letzteren dagegen fungieren in vielen Fällen die inneren Äste der Pleopoden als Kiemen. Aus dem Herzen strömt das Blut durch eine vordere, zuweilen auch eine hintere Aorta sowie meist auch durch seitliche Arterien aus.

Die Männchen unterscheiden sich häufig von den Weibchen durch Umformung bestimmter Gliedmaßenteile zu Klammerorganen, durch eine ansehnlichere Entwicklung der Spürfäden an den vorderen Antennen sowie durch die Lage der Geschlechtsöffnungen und die Begattungsorgane. Seltener kommt es zu einem ausgeprägten Dimorphismus (*Bopyrus*, *Gnathia*). Die reifen Eier werden von den Weibchen in der Regel in Bruträumen umhergetragen, zu deren Bildung sich lamellöse Epipodialanhänge der Brustfüße zusammenlegen. Die Entwicklung erfolgt in der Regel ohne Metamorphose, indessen sind nicht selten Körperform und Gliedmaßen jugendlicher Tiere abweichend gestaltet. Unter den heute lebenden Arthrostraken weisen die Anisopoden die ursprünglichsten Eigentümlichkeiten auf. Fossile Ringelkrebse finden sich bereits in palaeozoischer Zeit.

1. Unterordnung. *Anisopoda*[1], *Scherenasseln*. Arthrostraken mit kleiner seit-

---

[1] Müller, Fr.: Über den Bau der Scheerenasseln. Arch. Naturgesch. **30** (1864). — Dohrn, A.: Zur Kenntnis vom Bau und der Entwicklung von *Tanais*. Jena. Z. Naturwiss. **5** (1870). — Blanc, H.: Contribution à l'histoire naturelle des asellotes hétéropodes. Rec. zool. Suisse **1** (1884). — Claus, C.: Über *Apseudes Latreillii* Edw. Arb. zool. Inst. Wien **5** (1884); **7** (1888). — Vgl. überdies die Arbeiten von Hansen, Butschinsky.

licher Schalenduplikatur. Nur sechs freie Thoracalsegmente. Zuweilen noch an den vorderen Thoracalfüßen ein Exopodit.

Der Körper weist nur sechs freie Brustsegmente auf, da außer dem Segmente des Kieferfußes auch das folgende Brustsegment mit seinem mächtigen Scherenfuß in den Cephalothorax einbezogen ist (Abb. 629). An letzterem ist eine kleine (bei *Apseudes* in ein kurzes Rostrum auslaufende) Schale mit Atemhöhle entwickelt, in welcher der Epipodialanhang des Maxillarfußes als Kiemenplatte schwingt. Der Scherenfuß und der nachfolgende Brustfuß tragen bei *Apseudiden* einen kleinen Exopoditen. Abdomen sechsgliedrig, mit zweiästigen Schwimmfüßen. Das Herz liegt wie bei den Amphipoden im Thorax. Die Entwicklung ist eine Metamorphose. Die Larven entbehren des letzten Brustfußes sowie der Abdominalfüße.

Die Anisopoden zeigen in ihren Organisationseigentümlichkeiten Beziehungen zu den Cumaceen.

Fam. *Apseudidae*. Körper isopodenähnlich, Abdomen schmal. Vorderfühler mit zwei Geißeln. Die vorderen zwei Brustfüße verschieden von den übrigen und mit kleinen Exopoditen. Äste des sechsten Abdominalfußes fadenförmig. *Apseudes latreillei* M. E., Mittelmeer. *A. spinosus* SARS, Nordsee (Abb. 629). *Sphyrapus anomalus* O. SARS, ohne Augen, Karasee.

Fam. *Tanaidae*. Körper amphipodenähnlich, Abdomen breit. Zweiter Brustfuß nicht sehr verschieden von den folgenden. Letztes Pleopodenpaar nicht fadenförmig. *Tanais vittatus* RATHKE, Nördl. Meere. *Leptochelia dubia* KRÖY. Brasilien. Nach FR. MÜLLER mit zweierlei Männchen (Riecher und Packer). *Heterotanais oerstedi* KRÖY. Nord- und Ostsee. *Paratanais batei* O. SARS. Nordsee, Mittelmeer. *Typhlotanais* O. SARS, Augen fehlen.

2. Unterordnung. *Isopoda*[1], *Asseln*. Arthrostraken von vorherrschend breiter, dorsoventral abgeflachter Körperform, mit sieben freien Thoracalsegmenten und in vielen Fällen als Kiemen fungierenden inneren Fußästen des kurz geringelten, oft reduzierten Abdomens.

Der Körper der Isopoden ist dorsoventral abgeflacht und von einer harten, in der Regel inkrustierten Cuticula bedeckt. Er besteht außer dem Cephalothorax aus sieben freien Thoracalsegmenten. Selten (*Serolis*) ist das vordere Brustsegment mit dem Cephalothorax verschmolzen. Das Abdomen ist meist stark verkürzt und aus sechs kurzen, oft miteinander verschmolzenen Segmenten zu-

---

[1] Außer RATHKE, LEREBOULLET, LEYDIG vgl. CORNALIA e PANCERI: Osservazioni zool.-anatom. sopra un nuovo genere di Crostacei Isopodi sedentarii. Torino 1858. — VAN BENEDEN, E.: Recherches sur l'embryogénie des Crustacés. I. Bull. Acad. Bruxelles. **1869**. — DOHRN, A.: Entwicklung und Organisation von *Praniza (Anceus) maxillaris*. Z. Zool. **20** (1870). — BOBRETZKY, N.: Zur Embryologie des *Oniscus murarius*. Ebenda **24** (1874). — BULLAR, J.: The generative organs of parasitic Isopoda. J. Anat. a. Physiol. **1876**. — MAYER, P.: Über den Hermaphroditismus bei einigen Isopoden. Mitt. zool. Stat. Neapel 1 (1879). — SCHIÖDTE, J. C. u. FR. MEINERT: Symbolae ad monographiam Cymothoarum etc. Nat. Tidskr. **12** (1879); **13** (1883). — KOSSMANN, R.: Die Entonisciden. Mitt. zool. Stat. Neapel **3** (1882). — WALZ, R.: Über die Familie der Bopyriden usw. Arb. zool. Inst. Wien **4** (1882). — BUDDE-LUND, G.: Crustacea isopoda terrestria. Havniae 1885. — BEDDARD, F. E.: Report on the Isopoda. Challenger-Rep. **17** (1886). — HANSEN, H. J.: Cirolanidae et familiae nonnullae propinquae. Vidensk. Selsk. Skrift. Kjöbenhavn 1890. — McMURRICH, J. P.: Embryology of the Isopod Crustacea. J. of Morph. **11** (1895). — GIARD, A. et J. BONNIER: Contributions à l'étude des Épicarides. Bull. Sci. France et Belg. **1895**. — NUSBAUM, J.: Materialien zur Embryogenie und Histogenie der Isopoden (poln.). Abh. Akad. Krakau **1893**. — STOLLER, J. H.: On the organs of respiration of the Oniscidae. Bibl. Zool. **25** (1899).— BONNIER, J.: Contribution à l'étude des Épicarides: Les Bopyridae. Trav. Stat. Z. Wimereux 8 (1900). — RICHARDSON, H.: Monograph on the Isopods of North-America. Bull. U. S. Nation. Mus. Washington **1905**. — CAULLERY, M.: Recherches sur les Liriopsidae. Mitt. zool. Stat. Neapel 18 (1908). — ROGENHOFER, A.: Zur Kenntnis des Baues der Kieferdrüse bei Isopoden. Arb. zool. Inst. Wien **17** (1908). — Vgl. außerdem die Schriften von G. O. SARS, SCHÖBL, NĚMEC, M. WEBER, FRAISSE, ROULE, SCHÖNICHEN, G. SMITH, NIERSTRASS, VERHOEFF u. a.

sammengesetzt, welche mit einer umfangreichen schildförmigen Schwanzplatte abschließen (Abb. 630).

Die vorderen Fühler sind, von wenigen Ausnahmen abgesehen, kürzer als die hinteren (äußeren), seltener (Landasseln) verkümmern sie so sehr, daß sie unter dem Kopfschilde verborgen bleiben. An ihnen finden sich blasse Fiederborsten und Spürzapfen. Im Telson gelegene Statocysten kommen *Cyathura carinata* zu.

Von den Mundwerkzeugen, die bei einigen parasitischen Asseln zum Stechen und Saugen umgestaltet sind, tragen die Mandibeln, mit Ausnahme jener der *Bopyriden* und Landasseln, einen dreigliedrigen Taster. Dagegen entbehren die beiden meist zwei- oder dreilappigen Maxillenpaare der Taster; die Maxillen fehlen bei den *Epicariden*. Überaus verschieden verhalten sich die eine Art Unterlippe darstellenden Maxillarfüße.

In der Regel sind die sieben Beinpaare der Brust Schreit- oder Klammerfüße und tragen teilweise beim Weibchen zarthäutige Platten zur Bildung einer Bruttasche (Abb. 630). Die Abdominalextremitäten sind Schwimmfüße oder kiemenartige Platten, das letzte Paar zuweilen mit griffelförmigen Ästen. Bei *Bathynomus* tragen die Endopoditen der Abdominalfüße eine büschelförmige Kieme.

Niemals finden sich an den Brustfüßen Kiemen, welche in vielen Fällen durch die zarthäutigen inneren Pleopodenäste hergestellt werden. Häufig ist das vordere oder das letzte Pleopodenpaar zu einem großen, die übrigen Paare überlagernden Deckel umgestaltet. Bei gewissen Landasseln (*Porcellio, Armadillidium*) enthalten die Außenäste meist der beiden vorderen Pleopodenpaare ein System tracheenartiger, lateral ausmündender, luftführender Räume, welche der Respiration dienen. Bei *Oniscus* finden sich dorsal in dem lateralen Teile des Außenastes der ersten fünf Pleopodenpaare radiäre Furchen, die als Vorstufe von Luftkanälen betrachtet werden können (VERHOEFF). Im Gegensatze zu den Amphipoden liegt das Herz in den hinteren Brustsegmenten oder im Abdomen. Es ist hinten blind geschlossen und besitzt zwei bis vier asymmetrisch angeordnete Ostien. Außer der vorderen Aorta gehen von demselben gewöhnlich fünf Paar Seitengefäße ab. Die vordere Aorta bildet in der Regel einen Gefäßring um den Oesophagus, von dem eine große, ventral von der Bauchganglienkette verlaufende Arterie abgeht. Von Excretionsorganen kann eine kleine Antennendrüse vorhanden sein; mächtiger ist die Maxillardrüse entwickelt.

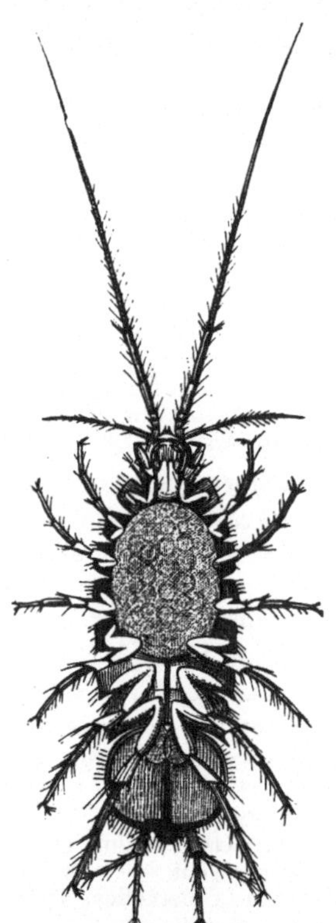

Abb. 630. *Asellus aquaticus*. Weibchen mit Brutsack, Ventralansicht. (Nach G. O. SARS.) ⁴⁄₁

Die Geschlechter sind (mit Ausnahme der *Cymothoiden*) getrennt. Beiderlei Geschlechtstiere unterscheiden sich auch durch äußere Sexualcharaktere, die in einzelnen Fällen zu einem höchst ausgeprägten Dimorphismus führen (Abb. 631), so bei den Garneelasseln (*Bopyridae*), deren Weibchen im Zusammenhange mit der parasitischen Lebensweise im Kiemenraum der Garneelen eine relativ ansehnliche Größe erreichen und unter Verlust der Augen und Reduktion der Gliedmaßen zu unsymmetrischen Scheiben auswachsen, während die winzig kleinen Männchen gleich den Pygmaeenmännchen parasitischer Copepoden die Symmetrie ihres

Körpers und die freie Beweglichkeit bewahren. Eine noch unregelmäßigere Gestalt erlangen die Weibchen der *Entonisciden*. Die Ovarien sind paarig und münden an der Innenseite des fünften Brustfußes nach außen. Beim Männchen führen jederseits ein oder drei Hodenschläuche in einen aufgetriebenen Samenbehälter, aus welchem die Samenleiter hervorgehen. Diese treten entweder am Ende des letzten Thoracalsegmentes je in einen cylindrischen Anhang ein (*Asellus*), oder vereinigen sich in einer unpaaren medianen Penisröhre, welche an der Basis des Abdomens liegt (*Oniscoidea*). Als accessorische Copulationsorgane hat man ein Paar stilettförmiger oder komplizierter gestalteter, hakentragender Anhänge der vorderen Abdominalfüße aufzufassen, zu welchen noch an der Innenseite des zweiten Fußpaares ein Paar nach außen gewendeter Chitinstäbe hinzutreten kann (*Oniscoidea*). Die *Cymothoiden* sind Hermaphroditen, jedoch mit zeitlicher Trennung der männlichen und weiblichen Geschlechtsreife. Im jugendlichen Alter sind sie

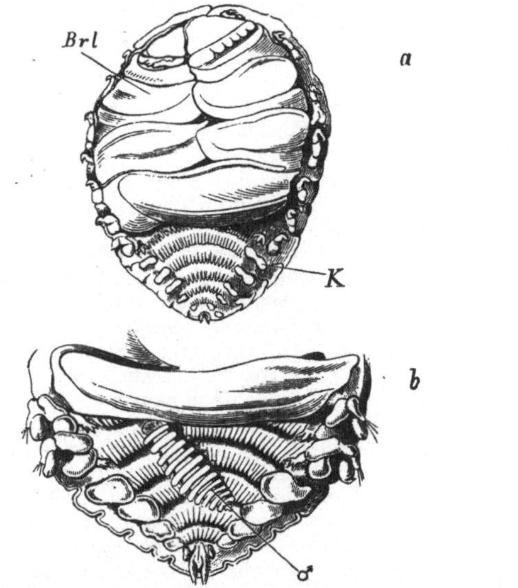

Abb. 631. *Gyge branchialis*. (Nach CORNALIA u. PANCERI.) a Weibchen von der Bauchseite. ⁴/₁, *Brl* Brutlamellen, *K* Kiemen. — b Sein Abdomen stärker vergr. mit ansitzendem Männchen ♂.

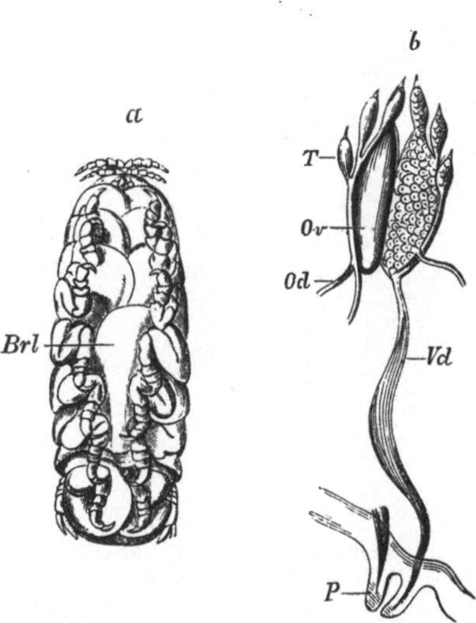

Abb. 632. a Weibchen von *Cymothoa banksi*, Ventralansicht (nach M.-EDWARDS). *Brl* Brutlamellen. ²/₃. — b Geschlechtsorgane einer 13 mm langen *Cymothoa oestroides* (nach P. MAYER). *T* Die drei Hoden, *Ov* Ovarium, *Od* Oviduct, *Vd* Ductus deferens, *P* Penis.

begattungsfähige Männchen mit drei Paaren von Hodenschläuchen, zwei Ovarialanlagen an der Innenseite derselben und einem paarigen Copulationsorgan, an welchem die beiden Samenleiter ausmünden (Abb. 632). Nach einer späteren Häutung, nachdem sich allmählich die weiblichen Drüsen auf Kosten der mehr und mehr zurückgedrängten männlichen entwickelt haben, werden die inzwischen angelegten Brutlamellen an den Brustbeinen frei und die Begattungsglieder abgeworfen. Von nun an fungiert das Tier als Weibchen.

Die Embryonalentwicklung beginnt im Brutraum. Bei *Asellus* entstehen in der Region des Cephalothorax zwei blattförmige dreilappige Anhänge, die als Rudimente einer Schalenduplikatur gedeutet worden sind; von den Gliedmaßen bilden sich zuerst die beiden Antennenpaare und die Mandibeln, nach deren Entstehung eine neue Cuticula, die dem Naupliusstadium entsprechende Larvenhaut, zur Sonderung kommt (wie auch bei *Ligia*). Im Gegensatz zu den Amphipoden zeigt sich der Schwanzteil des Embryo nach dem Rücken zu umgeschlagen.

Die im Brutraume freigewordenen Jungen (Abb. 633) entbehren noch des letzten Brustbeinpaares und erfahren bis zum Eintritt der Geschlechtsreife auch in der Gestaltung der Gliedmaßen nicht unerhebliche Veränderungen. Man kann daher den Asseln eine Metamorphose zuschreiben, die bei *Gnathia* (*Anceus*) und den *Bopyriden* am vollkommensten ist.

Die Asseln leben teils im Meere, teils im süßen Wasser, teils auf dem Lande (*Oniscoidea*) und ernähren sich von tierischen Stoffen. Viele sind Schmarotzer vornehmlich an der Haut, in der Mund- und Kiemenhöhle von Fischen (*Cymothoidae*) oder in dem Kiemenraum und an der Haut von anderen Crustaceen (*Epicarida*).

1. Tribus. *Flabellifera*. Die letzten Abdominalfüße bilden mit dem Endsegment einen Schwanzfächer. Pleopoden meist Schwimmfüße.

Fam. *Anthuridae*. Körper lang und schmal, Abdomen kurz. Antennen kurz. Mundteile stechend und saugend. Erster Thoracalfuß größer. *Anthura gracilis* MONT. Engl. Küste, *Paranthura penicillata* RISSO. Mittelmeer. *Calathura norvegica* O. SARS. Norwegen. *Cyathura carinata* KRÖY. Nordatlant., Nordsee, Ostsee.

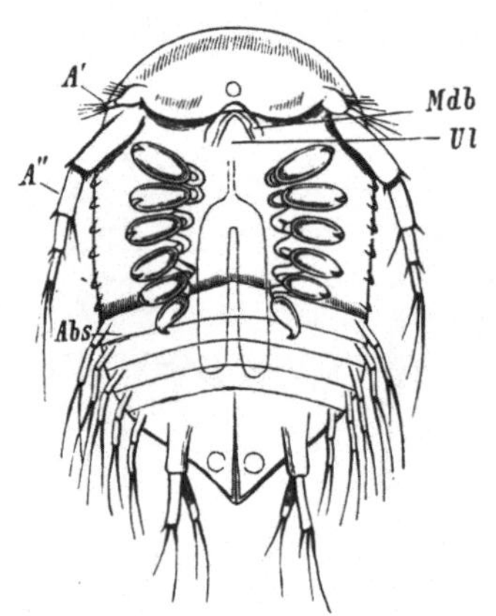

Abb. 633. Larve von *Bopyrus virbii*, mit sechs Brustbeinpaaren. (Nach R. WALZ.) *A'*, *A''* Antennen, *Mdb* Mandibel, *Ul* Unterlippe, *Abs* erstes Abdominalsegment.

Fam. *Gnathiidae* (*Pranizidae*, *Anceidae*). Männchen und Weibchen auffällig verschieden. Kopf des Männchens sehr breit, fast quadratisch, beim Weibchen klein. Mundteile stechend, beim erwachsenen Tier reduziert. Beim Männchen die Mandibeln zangenförmig und weit vorstehend. Erstes und letztes Thoracalsegment rudimentär, das letzte gliedmaßenlos. Von den fünf wohlentwickelten Thoraxsegmenten die drei hinteren beim Weibchen zu einem sackförmigen Abschnitte verschmolzen. Der erste Thoracalfuß zu einem Kieferfuß umgebildet. Die Weibchen leben wie die Larven parasitisch an Fischen, die Männchen frei. *Gnathia* (*Anceus*) *maxillaris* MONT. (Weibchen als *Praniza coeruleata* DESM. beschrieben). Nord- und Westküste Europas, Mittelmeer.

Fam. *Cymothoidae*. Körper flach gewölbt. Mundteile meist saugend, selten kauend. Abdomen kurz, die Abdominalsegmente in der Regel frei, zuweilen verschmolzen. Telson schildförmig (Abb. 632). Leben teils parasitisch an Fischen, teils frei umherschweifend. *Cymothoa oestrum* FABR., *C. oestroides* RISSO, Fischassel. Mittelmeer. *Anilocra mediterranea* LEACH, *Nerocila bivittata* RISSO, Mittelmeer. *Aega bicarinata* LEACH, Europ. Meere. *Bathynomus giganteus* A. M. E., Riesenassel, von 23 cm Länge. Mit büschelförmigen Kiemen an den Abdominalfüßen. Tiefsee, Golf von Mexiko, Ind. Ozean. *Cirolana borealis* LILLJ. Atlant. Ozean, Mittelmeer.

Fam. *Serolidae*. [Körper breit und flach. Erstes Brustsegment mit dem Kopfe fest verbunden. Die vier letzten Abdominalsegmente zu einem großen Schwanzschild verschmolzen. Kauende Mundteile. Erster oder auch zweiter Thoracalfuß mit Greifhand. *Serolis paradoxa* FABR. Feuerland.

Fam. *Sphaeromidae*. Freilebende Asseln mit breitem Kopf und verkürztem, stark konvexem Körper, der zuweilen nach der Bauchseite eingerollt werden kann. Abdominalsegmente zum Teil verwachsen. Alle Thoracalfüße sind Schreitbeine. *Sphaeroma serratum* FABR. Atlant. Ozean, Mittelmeer, auch Brackwasserform. *S. fossarum* MONT. Pontinische Sümpfe, dem *S. granulatum* M. E. des Mittelmeeres nahe verwandt. Hier schließt sich an *Limnoria terebrans* LEACH (*lignorum* WHITE), Bohrassel. Zernagt Holz und wird daher Hafenholze sehr schädlich. Nordsee, Ostsee.

2. Tribus *Valvifera*. Die letzten Pleopoden klappenartig, die übrigen Pleopoden, welche in großer Ausdehnung Atemplatten sind, bedeckend.

Fam. *Idotheidae*. Freilebende Asseln mit langgestrecktem Körper, kauenden Mundwerkzeugen und länglichem, aus mehreren Segmenten verschmolzenem Caudalschild. *Idothea baltica* PALL. (*tricuspidata* DESM.). Europ. Meere. *Chiridothea entomon* L. Nordsee, Ostsee, in Süßwasserseen Skandinaviens, auch im Kaspisee.

Fam. *Arcturidae*. Von schlanker cylindrischer Körperform, zweite Antennen sehr lang. Die vier vorderen Thoracalfüße zart und dicht mit Borsten besetzt, die drei hinteren kräftige

Schreitfüße. Bewegen sich nach Art der Spannerraupen. *Arcturus deshayesi* Luc. Mittelmeer. *Astacilla longicornis* Sow. Nordsee.

3. Tribus. *Asellota*. Pleopoden ausschließlich der Atmung dienend, gewöhnlich überdeckt von dem plattenförmigen ersten Paar. Abdominalsegmente sämtlich oder bis auf die vordersten zu einem großen Schwanzschilde verschmolzen.

Fam. *Asellidae*. Die Füße des Thorax sind Schreitbeine, das erste bildet eine Greifhand. Erstes Pleopodenpaar klein, nicht deckelförmig, letztes griffelförmig. *Asellus aquaticus* L., gemeine Wasserassel. Im Süßwasser Europas (Abb. 630). *A. cavaticus* Schdte., Grottenassel. Blind. Lebt in tiefen Brunnen, Höhlengewässern, auch tiefen Seen. Hier schließt sich *Jaera* Leach an.

Fam. *Munnidae*. Körper kurz, Abdominalsegmente zu einer Platte verschmolzen, die mehr oder minder nach oben gewölbt ist. Augen an stielförmigen Vorsprüngen des Kopfes. Die hinteren Thoracalbeine lang. *Munna kröyeri* Goods. Nordsee.

Fam. *Munnopsidae*. Der Körper zeigt eine Zweiteilung, indem sich Kopf und die vier vorderen Thoraxsegmente von dem hinteren Körperabschnitt durch eine Einschnürung schärfer absetzen. Zweiter bis vierter Thoracalfuß sehr verlängerte Schreitbeine, die drei hinteren blattförmig verbreiterte Schwimmfüße. Augen fehlen. *Munnopsis typica* Sars, Nord. Meere.

4. Tribus. *Oniscoidea*. Nur die Innenäste der Pleopoden zarthäutige Kiemen, die Außenäste zu festen Deckplatten umgebildet, zuweilen mit Lufträumen. Vordere Fühler verkümmert und unter dem Kopfschilde verborgen. Mandibeln tasterlos. Leben vornehmlich an feuchten Orten auf dem Lande.

Fam. *Ligiidae*. Zweite Antenne mit vielgliedriger Geißel. Außenast der Pleopoden ohne Luftkammern. *Ligia oceanica* L., an Ufersteinen, Nordsee, Atlant. Ozean. *Ligidium hypnorum* Cuv., Nord- und Mitteleuropa, an feuchten Stellen unter Moos und Laub.

Fam. *Trichoniscidae*. Meist kleine Formen. Augen aus 1—3 Ocellen oder fehlen. *Trichoniscus pusillus* J. F. Brandt. Mittel- u. Nordeuropa, Nordamerika. *Titanethes albus* C. L. Koch. Bis 15 mm, blind. Höhlen Krains.

Fam. *Oniscidae*. Außenast des sechsten Pleopodenpaares lanzettförmig. Hintere Antennen mit dreigliedriger Geißel. *Oniscus asellus* L. (*murarius* Cuv.), Mauerassel, Europa, Nordamerika.

Fam. *Porcellionidae*. Zweite Antenne mit zweigliedriger Geißel. *Porcellio scaber* Latr., Kellerassel. Weit verbreitet. *P. laevis* Latr., Kosmopolit. *Platyarthrus hoffmannseggi* J. F. Brandt. Blind. In Ameisennestern. Mitteleuropa. *Hemilepistus reaumuri*. Aud. Sav. Wüstenassel. Syrien, Nordafrika.

Fam. *Armadillidiidae*. Körper stärker gewölbt, zusammenrollbar. *Armadillidium vulgare* Latr., Rollassel, weit verbreitet. Hier schließt sich an *Armadillo officinalis* Dum., im Mittelmeergebiet.

5. Tribus. *Epicarida*. Pleopoden, wenn vorhanden, ausschließlich Kiemen und nicht bedeckt durch eine Deckplatte. Maxillen fehlen. Durchwegs Parasiten an anderen Crustaceen.

Fam. *Bopyridae*. Körper des Weibchens scheibenförmig, unsymmetrisch, ohne Augen. Männchen sehr klein, gestreckt und deutlich gegliedert, mit Augen. Mandibeln tasterlos in einem Saugrüssel. Die Brustbeine sind kurze Klammerfüße. *Bopyrus squillarum* Latr. In der Kiemenhöhle besonders von *Leander* (*Palaemon*). *Gyge branchialis* Corn. Panc., in der Kiemenhöhle von *Upogebia*. Mittelmeer (Abb. 631). *Phryxus abdominalis* Kröy., am Abdomen von Garneelen.

Fam. *Cryptoniscidae*. Männchen und Weibchen sehr verschieden. Körper des Weibchens sackförmig. Thorax ohne Gliedmaßen. Männchen klein, regelmäßig gegliedert. *Cryptoniscus planarioides* Fr. Müll., an *Sacculina purpurea*. Brasilien. *Liriopsis pygmaea* Rathke, an *Peltogaster paguri*. Nordsee, Atlant. Ozean, Mittelmeer.

Fam. *Entoniscidae*. Binnenasseln. Weibchen Lernaea-ähnlich gekrümmt. Thorax ungegliedert. Abdominalgliedmaßen lamellös. Männchen klein, ähnlich dem Bopyrus-Männchen. Leben eingesenkt in tiefen Hauteinsackungen. *Entoniscus* (*Entione*) *cavolinii* Fraisse, auf *Carcinides maenas* und *Pachygrapsus marmoratus*. Neapel. *E. porcellanae* Fr. Müll., auf einer *Porcellana*-Art. Brasilien. *Portunion maenadis* Giard, an *Carcinides maenas*.

3. Unterordnung. *Amphipoda*[1], *Flohkrebse*. Arthrostraken mit seitlich komprimiertem Leib, mit Kiemen an den Brustfüßen und meist mit langgestrecktem

---

[1] Spence Bate, C.: Catalogue of the specimens of Amphipodous Crustacea in the collection of the British Museum. London 1862. — van Beneden E. et Em. Bessels: Mémoire sur la formation du Blastoderme chez les Amphipodes etc. Bruxelles 1868. — Lütken C. F.: Bitrag til kundskab om Arterne af Slaegten *Cyamus*. Vidensk. Selsk. Skrift. Kjöbenhavn 1873. — Claus, C.: Der Organismus der Phronimiden. Arb. zool. Inst. Wien **2** (1879)

Abdomen. Die drei vorderen Segmente des letzteren tragen Schwimmfüße, die drei hinteren nach hinten gerichtete, meist griffelförmige Springfüße.

Die Amphipoden sind kleine, nur selten bis 11 cm lange (*Eurythenes gryllus, Cystisoma spinosum*) Ringelkrebse, welche sich im Wasser vorwiegend schwimmend und springend fortbewegen. Der bald kleine (*Crevettina*, Abbild. 634), bald umfangreiche und stark aufgetriebene (*Hyperina*, Abbild. 636) Kopf (Kopfbruststück) ist scharf abgesetzt und nur in der aberranten Gruppe der *Laemodipoda* mit dem ersten der sieben sonst freien Brustsegmente verschmolzen (Abb. 637).

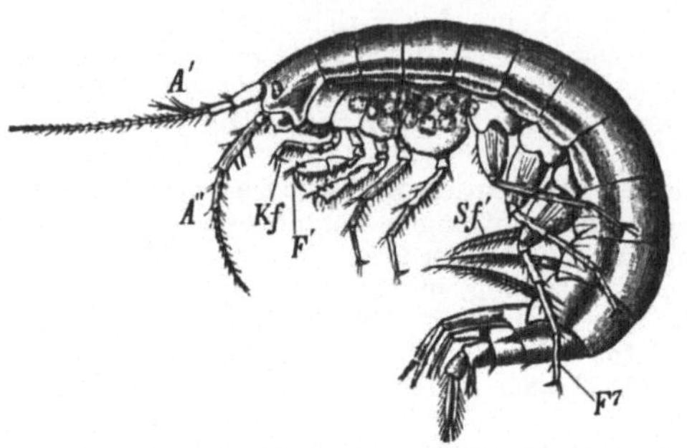

Abb. 634. *Gammarus pulex* (*neglectus*) (nach G. O. SARS) mit Eiern zwischen den Brutblättern am Thorax. Etwa $^6/_1$. *A', A"* Die beiden Antennen, *Kf* Kieferfuß, F^1 bis F^7 die Thoracalfüße, *Sf'* erster Schwimmfuß des Abdomens.

Beide Antennenpaare bestehen meist aus einem stämmigeren kürzeren Schaft, und einer langen vielgliedrigen Geißel, die aber mehr oder minder verkümmern kann. Die vorderen, beim Männchen wohl durchwegs längeren Fühler tragen nicht selten eine kurze Nebengeißel und bieten in ihrer besonderen Gestaltung zahlreiche Modifikationen; bei den *Hyperinen* sind sie im weiblichen Geschlecht sehr kurz, im männlichen dagegen von ansehnlicher Länge und dicht mit Spürhaaren besetzt. Die hinteren Antennen sind häufig länger als die vorderen, bei den männlichen *Platysceliden* zickzackförmig zusammengelegt, bei *Corophium* zu starken beinähnlichen Extremitäten umgebildet. Dagegen können sie beim Weibchen bis auf das Grundglied rückgebildet sein (*Phronima*) (Abbild. 636).

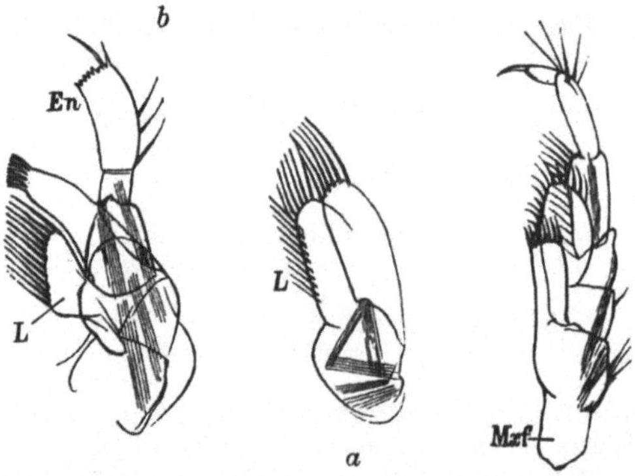

Die Mandibeln sind kräftige Kauplatten mit scharfem, gezahntem Kaurand und unterem Kaufortsatz, meist mit dreigliedrigem, zuweilen verkümmertem Taster. Ebenso tragen die vorderen zweilappigen Maxillen in der Regel einen kurzen zweigliedrigen Taster (Abb. 635), während sich die Maxillen des zweiten Paares auf zwei ansehnliche, einer gemeinsamen Basis aufsitzende

Abb. 635. b Erste Maxille, a zweite Maxille, *Mxf* Maxillarfuß von *Gammarus*. *En* Endopodit, *L* Lade.

— NEBESKI, O.: Beiträge zur Kenntnis der Amphipoden der Adria. Ebenda 3 (1881). — MAYER, P.: Die Caprelliden des Golfes von Neapel. 1882, 1890. — Die Caprellidae der Siboga-Expedition. Leiden 1903. — BOVALLIUS, C.: Contributions to a monograph of the Amphipoda *Hyperiidea*. Sv. vet. Akad. Handl. 1887 u. 1889. — CLAUS, C.: Die Platysceliden. Wien 1887. — STEBBING, T.: Report of the Amphipoda collected by H. M. S. Challenger. 1888. — Amphipoda. I. *Gammaridea*. Tierreich 21 (1906). — DELLA VALLE, A.: Gamarini del Golfo di Napoli. Fauna u. Flora Golf Neapel 20 (1893). — BERGH, R. S.: Beiträge zur Embryologie der Crustaceen. II. Zool. Jb. 7 (1893). — CHUN, C.: Atlantis. Bibl. zoologica 1896. — VEJDOVSKÝ, F.: Über einige Süßwasser-Amphipoden. Sitzgsber. böhm. Ges. Wiss. Prag 1896—1905. — HEIDECKE, P.: Untersuchungen über die ersten Embryonalstadien von *Gammarus locusta*. Jena. Z. Naturwiss. 38 (1904). — Vgl. ferner die Schriften von G. O. SARS, HELLER, GARBOWSKI, CHEVREUX, NORMAN, SAYCE, PEREYASLAWZEWA u. a.

Laden beschränken. Die Kieferfüße verschmelzen zu einer Art Unterlippe, die entweder auf gemeinsamem Basalabschnitt ein inneres und äußeres Ladenpaar trägt, von denen das letztere dem Grundgliede des ansehnlichen fünfgliedrigen, häufig beinförmigen Endopoditen zugehört (*Crevettina* und *Laemodipoda*), oder die zu einer zwei- oder dreilappigen Platte rückgebildet ist (*Hyperina*).

Die sieben Beinpaare des Thorax weisen in Gestaltung manche Verschiedenheiten auf. Ganz allgemein zeigen die drei hinteren Paare eine entgegengesetzte Winkelstellung ihrer Abschnitte. Das Basalglied der Brustfüße verbreitert sich an der Außenseite meist zu einer ansehnlichen Platte (Epimeralplatte), die bei den *Crevettinen* vornehmlich an den vier vorderen Paaren einen großen Umfang erreicht.

Das meist sechsgliedrige Abdomen, das bei den *Laemodipoden* zu einem Höcker verkümmert ist, zerfällt in zwei nach Lage und Gestalt der Abdominalfüße differente Regionen. Die vordere Region trägt Schwimmfüße, die hintere Region, deren Segmente kürzer und zuweilen verschmolzen sind, meist griffelförmige Springfüße. Das Telson ist zuweilen gespalten.

Vornehmlich die Thoraxfüße (so besonders bei den *Corophiidae*) weisen häufig zahlreiche Drüsen (Abb. 636 und 90a) auf.

Bei einigen *Crevettinen* und mehreren *Platysceliden* liegt eine paarige Statocyste vor dem Cerebralganglion.

Am Darm finden sich am Ende des Mitteldarmes dorsal in der Regel paarige, vielleicht als Excretionsorgane fungierende Schläuche. Von Nephridien ist die Antennendrüse vorhanden.

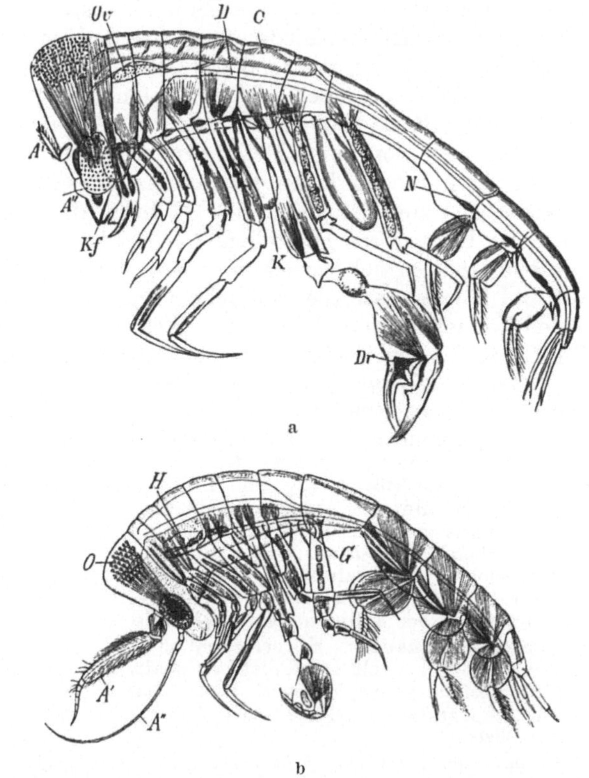

Abb. 636. *Phronima sedentaria.* a Weibchen (nach CLAUS), $^{2 \cdot 5}/_1$. b Männchen (nach CHUN). $^6/_1$. *A'*, *A''* Die beiden Antennen, *D* Darm, *Dr* Drüsen in der Greifzange des fünften Brustfußes, *G* Geschlechtsöffnung, *C* Herz, *H* Hoden, *K* Kiemen, *Kf* Kiefer, *N* Nervensystem, *O* Auge, *Ov* Ovarium.

Als Kiemen fungieren zarthäutige Schläuche am Coxalgliede der Brustbeine, welche durch lebhafte Bewegungen der Schwimmfüße des Abdomens neues Wasser zugeführt erhalten. Im weiblichen Geschlecht finden sich neben den Kiemen noch Epipodialanhänge als lamellöse Platten, die sich zur Bildung der Bruttasche zusammenlegen.

Das Herz liegt im vorderen Teile des Thorax und ist meist mit drei Spaltenpaaren versehen (Abb. 636a). Vom Herzen gehen eine vordere und hintere Aorta, zuweilen auch Seitengefäße ab. Die vordere Aorta bildet einen pericerebralen und darauffolgend einen perioesophagealen Gefäßring. Eine Ventralarterie fehlt.

Die Ovarien sind zwei einfache oder verästelte Schläuche mit ebensoviel Oviducten, welche am drittletzten Brustsegmente ausmünden. Ähnlich erscheinen die Hoden jederseits aus einem Schlauche gebildet, dessen Samenleiter am letzten Brustsegmente sich öffnen.

Die Männchen unterscheiden sich von den Weibchen nicht nur durch den Mangel der Brutblätter, sondern durch stärkere Ausbildung der Greif- und Klammerhaken an den vorderen Brustfüßen sowie durch abweichende Antennenbildung (Abb. 636b).

Die in die Bruttasche gelangten Eier entwickeln sich unter dem Schutze des mütterlichen Körpers. Der ventralwärts eingekrümmte Embryo weist an der Rückenseite ein eigentümliches kugelförmiges Organ auf (als die Anlage einer auf das Embryonalleben beschränkten Nackendrüse gedeutet, nach C. HEIDER möglicherweise die Involutionsform des den Nahrungsdotter bedeckenden Blastodermteiles). Die aus den Eihüllen ausschlüpfenden Jungen besitzen in der Regel meist sämtliche Gliedmaßenpaare und im wesentlichen die Gestaltung des ausgebildeten Tieres, während die Gliederzahl der Antennen und die besondere Form der Beinpaare noch Abweichungen bietet; nur bei den *Hyperinen* können die Abdominalfüße noch fehlen und die Abweichungen des Leibes so bedeutend sein, daß man von einer Metamorphose sprechen kann.

Die Amphipoden leben großenteils im süßen und salzigen Wasser, einige (*Corophiidae*) sind Bewohner von Röhren, die sie aus Sand oder Schlamm mit Hilfe der Hautdrüsen herstellen, *Chelura* lebt in Gängen zernagten Holzes. Die *Hyperinen* halten sich vornehmlich an pelagischen Seetieren, insbesondere Quallen auf und können, wie die weibliche *Phronima sedentaria*, mit ihrer Brut in glashellen Tönnchen (ausgefressenen Pyrosomen und Diphyiden) Wohnung nehmen. Die *Cyamiden* sind Parasiten an der Haut von Walen.

1. Tribus. *Crevettina*. Amphipoden mit kleinem Kopf, wenig umfangreichen Augen und vielgliedrigen beinförmigen Kieferfüßen.

Beide Antennenpaare lang und vielgliedrig, beim Männchen umfangreicher. Gewöhnlich sind die vorderen Antennen die längeren und tragen auf dem mehrgliedrigen Schaft neben der Hauptgeißel häufig eine kleine Nebengeißel (Abb. 634). Indessen können auch umgekehrt die hinteren Antennen beinartig verlängert sein (*Corophium*). Die Kieferfüße an ihrer Basis verwachsen, bilden eine große Unterlippe meist mit vier Laden und zwei beinähnlichen Endopoditen. Die Coxalglieder der Brustbeine gestalten sich zu breiten, meist umfangreichen Epimeralplatten. Die drei hinteren Fußpaare des Abdomens (Uropoden) sind oft griffelförmig verlängert. Die Crevettinen sind in erstaunlichem Formenreichtum vornehmlich in den kälteren Meeren verbreitet.

Fam. *Lysianassidae*. Körper ziemlich hoch, Epimeralplatten teilweise groß. Vordere Antenne mit Nebengeißel und dickem Schaft. Hintere Antenne beim Männchen mit langer Geißel. *Lysianassa longicornis* H. LUC. Atlant. Ozean, Mittelmeer. *Anonyx nugax* PHIPPS. Arktisch. *Eurythenes gryllus* LCHT. (*Lysianassa magellanica* M.-E.). Bis 11,5 cm lang. Atlant. Ozean.

Fam. *Pontoporeiidae*. Epimeralplatten mäßig groß, mit Borsten umsäumt. Erste Antenne mit Nebengeißel. Die drei letzten Brustfüße häufig zum Eingraben geeignet. Telson gespalten. *Pontoporeia femorata* KRÖY. Nordatlant., Ostsee. *Urothoë pulchella* A. COSTA. Atlant. Ozean, Mittelmeer.

Fam. *Gammaridae*. Körper schlank. Vorderantenne meist mit Nebengeißel. Letztes Pleopodenpaar gewöhnlich die übrigen überragend, mit mehr oder minder blattförmigen Ästen. Bewegen sich mehr schwimmend. Großenteils Brack- und Süßwasserbewohner. *Gammarus marinus* LEACH. Europ. Meere. *G. locusta* L. Arktisch, Atlant. Ozean, Mittelmeer. *G. pulex* L., im Süßwasser, Europa (Abb. 634). *Niphargus puteanus* C. L. KOCH. Augen rudimentär. In tiefen Brunnen. Europa. *N. stygius* SCHDTE. Blind. In Höhlengewässern, Krain. *N. aquilex* SCHDTE. Blind. Europa. *Melita palmata* MONT. Atlant. Ozean, Mittelmeer.

Fam. *Orchestiidae*. Körper gedrungen. Vordere Antennen meist kurz, ohne Nebengeißel. Mandibel tasterlos. Letztes Pleopodenpaar gewöhnlich einästig. Leben am Strande, besonders an sandigem Meeresufer oder am Lande und bewegen sich springend. *Talitrus saltator* MONT., *Orchestia gammarellus* PALL. (*littorea* MONT.). Europ. Meere.

Fam. *Corophiidae*. Körper nicht seitlich kompreß. Abdomen klein. Epimeralplatten klein. Hintere Antennen zuweilen beinförmig gestaltet. Bewegen sich mehr schreitend.

Bauen Röhren. *Cerapus crassicornis* BATE, Nordsee. *Corophium volutator* PALL. Atlant. Ozean, Mittelmeer.

Fam. *Cheluridae.* Körper ziemlich cylindrisch, die drei hinteren Segmente des Abdomens verschmolzen. Die drei letzten Pleopoden sehr ungleich gestaltet. *Chelura terebrans* PHIL. Zernagt mit *Limnoria terebrans* Holzwerk in der See. Atlant. Ozean, Mittelmeer.

Fam. *Dulichiidae.* Körper meist schlank, mit langgestrecktem sechsgliedrigen Thorax, dessen zwei letzten Segmente verschmolzen sind. Abdomen schwach, zuweilen nur fünfgliedrig, viertes Segment lang. Epimeralplatten sehr klein. Antennen sehr verlängert. Die drei hinteren Brustfüße gewöhnlich zum Anklammern eingerichtet. Bilden den Übergang zu den Laemodipoden. *Dulichia porrecta* BATE, Nordmeere. *Podocerus variegatus* LEACH, Atlant. Ozean, Mittelmeer.

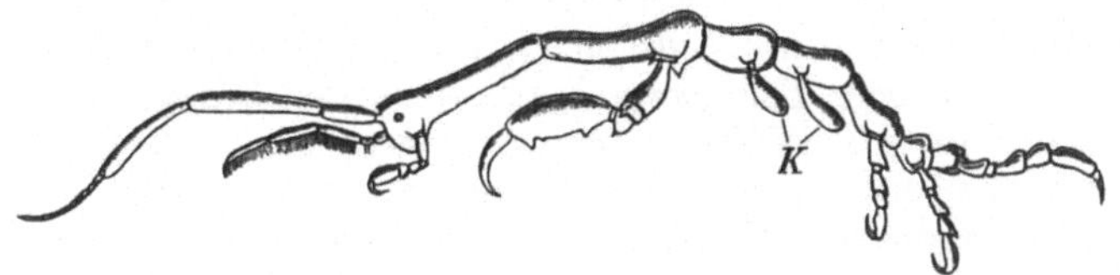

Abb. 637. Männchen von *Caprella aequilibra.* (Nach P. MAYER.) *K* Kiemen. Etwa $^2/_1$

2. Tribus. *Hyperina.* Amphipoden mit großem, stark aufgetriebenem Kopf, umfangreichen, meist in Scheitel- und Wangenauge geteilten Augen, mit rudimentärem, als Unterlippe fungierendem Kieferfußpaar.

Vorderantennen bald kurz, stummelförmig, bald von ansehnlicher Größe, beim Männchen in eine vielgliedrige Geißel verlängert (*Hyperiidae*). Die hinteren Antennen können im weiblichen Geschlecht bis auf das Basalglied wegfallen (*Phronima*) (Abb. 636a), beim Männchen zickzackförmig zusammengelegt sein (*Platyscelidae*). Die Kieferfüße bilden unter Reduktion der Endopoditen eine kleine zwei- oder dreilappige Unterlippe. Brustfüße teilweise mit kräftiger Greifhand oder Schere. Caudalgriffel bald lamellös und flossenartig, bald stielförmig. Entwicklung mittels Metamorphose. Leben pelagisch, vornehmlich an Quallen, und schwimmen sehr behend.

Fam. *Hyperiidae.* Kopf kugelig, fast ganz von den Augen erfüllt. Beide Antennenpaare mit mehrgliedrigem Schaft, beim Männchen mit langer Geißel. Mandibel mit dreigliedrigem Taster. Fünftes Fußpaar dem sechsten und siebenten meist gleich gebildet, mit klauenförmigem Endgliede. *Hyperia* (*Lestrigonus*) *medusarum* MÜLL. Nord. Meere, Mittelmeer.

Fam. *Phronimidae.* Kopf groß, mit prominierender Schnauze und großem geteiltem Auge. Vordere Antennen im weiblichen Geschlecht kurz, nur zwei- oder dreigliedrig, beim Männchen mit langer vielgliedriger Geißel und dicht mit Riechhaaren besetztem Schaft. Hintere Antenne beim Weibchen rudimentär. Mandibel ohne Taster. Die Thoracalbeine teilweise mit kräftigem Greifhaken. *Phronima sedentaria* FORSK. Das Weibchen lebt mit seiner Brut in glas-

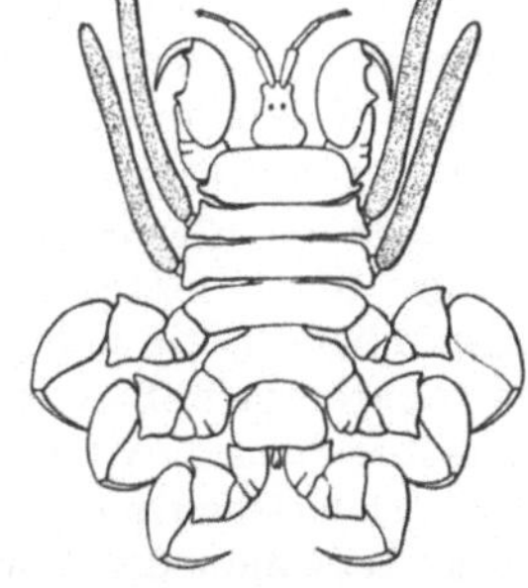

Abb. 638. *Cyamus mysticeti,* Männchen. (Nach LÜTKEN.) $^{1\cdot5}/_1$

hellen Tönnchen (ausgefressenen Pyrosomen und Diphyiden). Kosmopolit (Abb. 636). *Phronimella elongata* CLS. Weit verbreitet. Verwandt sind *Cystisoma spinosum* F. Wird über 10 cm lang. Tiefsee. *Phrosina semilunata* RISSO, Atlant. Ozean, Mittelmeer.

Fam. *Platyscelidae* (*Typhidae*). Beide Antennenpaare unter dem Kopfe verborgen, die vorderen klein, im männlichen Geschlechte mit stark aufgetriebenem buschigen Schaft und kurzer schmächtiger, weniggliedriger Geißel. Die hinteren Antennen beim Männchen sehr lang, zickzackförmig drei- bis viermal zusammengelegt, beim Weibchen kurz und gerade gestreckt, zuweilen ganz reduziert. Basalglieder des fünften und sechsten Brustfußes meist zu großen Deckplatten der Brust verbreitert. Siebenter Brustfuß meist rudimentär. *Platyscelus* (*Eutyphis*) *ovoides* RISSO. Weit verbreitet. *Amphithyrus bispinosus* CLS. Atlant. Ozean. Hier schließt sich an *Oxycephalus piscator* M. E. Weit verbreitet.

3. Tribus. *Laemodipoda,* Kehlfüßer. Erstes Thoracalsegment mit dem Kopf verschmolzen. Abdomen stummelförmig.

Das erste Thoracalsegment mit dem Kopf verschmolzen und das ihm zugehörige Beinpaar an die Kehle gerückt (Abb. 637). Die Kieferfüße bilden eine vierteilige Unterlippe mit langen Endopoditen. Kiemenschläuche meist auf das dritte und vierte Brustsegment beschränkt, dessen Beine oft verkümmern. Die Thoraxbeine enden mit Klammerhaken. Am stummelförmigen Abdomen Rudimente von Gliedmaßen.

Fam. *C aprellidae.* Körper linear gestreckt. Leben in Algenpolstern und ernähren sich von kleinen Tieren. *Phtisica marina* SLABBER (*Proto ventricosa* MÜLL.). Mit sieben völlig entwickelten Thoracalfüßen. Nordsee, Mittelmeer, Atlant. Ozean. *Caprella aequilibra* SAY. Weit verbreitet (Abb. 637). *C. linearis* L. Nord. Meere. Dritter und vierter Thoracalfuß fehlen.

Fam. *Cyamidae.* Körper breit und flach, Abdomen ganz rudimentär. Parasiten an der Haut von Cetaceen. *Cyamus mysticeti* LTK., Walfischlaus. Auf *Balaena mysticetus* (Abbildung 638).

2. Klasse. Arachnomorpha (Chelicerata)[1].

Wasserbewohnende oder landbewohnende Euarthropoden mit Cephalothorax, dem sechs Paare als Kau- oder Bewegungsorgane dienende Gliedmaßenpaare angehören, mit reichgegliedertem bis rudimentärem Abdomen, durch Kiemen oder Fächertracheen (Fächerlungen), seltener durch Röhrentracheen atmend.

Den als *Arachnomorpha* (K. HEIDER) oder *Chelicerata* (HEYMONS) zusammengefaßten Tierformen gehören die im Wasser lebenden *Merostomata* (*Palaeostraca*) und die am Lande lebenden *Arachnoidea* an, deren nahe Verwandtschaft aus den zwischen *Xiphosura* und *Scorpionidea* bestehenden weitgehend übereinstimmenden baulichen Verhältnissen hervorgeht. Die verwandtschaftlichen Beziehungen mit Crustaceen, zu denen früher die Merostomen gerechnet wurden, gehen jedenfalls auf alte Formen zurück, die den Trilobiten nahegestanden sein mögen.

Charakteristisch für alle Arachnomorphen ist der Besitz von nur sechs der Nahrungsaufnahme oder der Bewegung dienenden Extremitätenpaaren am Cephalothorax, von denen eines vor dem Munde steht und als Chelicere bezeichnet wird. Das Abdomen ist reichgegliedert bis rudimentär und im letzten Falle mit dem Cephalothorax verschmolzen.

Als Atmungsorgane treten bei den Merostomen Kiemen, bei den Arachnoideen sogenannte Fächertracheen (Fächerlungen) auf, aus denen Röhrentracheen entwickelt sein können. Die Fächertracheen werden von einigen Forschern (RAY LANKESTER u. a.) aus den an der Hinterseite der Abdominalfüße gelegenen Kiemen von *Limulus* abgeleitet und als in die Tiefe versenkte Kiemen aufgefaßt; damit stimmt ihre Entstehung an der Hinterseite von abdominalen Extremitätenanlagen überein, die sich bei Arachnoideen zur Embryonalzeit vorfinden (Abb. 645) und später die äußere Decke der Fächertracheen bilden. Nach der Ansicht anderer Forscher (VERSLUYS u. a.) sollten dagegen die Kiemen der Merostomen gegenüber den Fächertracheen der Arachnoideen den sekundären Zustand darstellen. Mit dieser verschiedenen Auffassung hängt die verschiedene Beurteilung der Frage zusammen, ob unter den sich verwandtschaftlich nächststehenden Arachnomorphen die Gigantostraken oder, was weniger wahrscheinlich scheint, die Scorpioniden die ursprünglicheren sind.

1. Unterklasse. MEROSTOMATA (PALAEOSTRACA).

Im Wasser lebende Arachnomorphen mit einem präoral gelegenen scherentragenden Gliedmaßenpaare und fünf um den Mund gelegenen, als Kau- und Bewegungsorgane dienenden Fußpaaren des Cephalothorax, mit gegliedertem oder einheitlichem Abdomen.

---

[1] Vgl. RAY LANKESTER, E.: *Limulus* an Arachnid. Quart. J. microsc. Sci. **21** (1881). — VERSLUYS, J.: Die Kiemen von *Limulus* und die Lungen der Arachniden. Bijdrag tot de Dierk. **21** (1919). — VERSLUYS, J. u. R. DEMOLL: Das *Limulus*-Problem. Erg. Zool. **5** (1922). — HANSTRÖM, B.: Eine genetische Studie über die Augen und Sehzentren von Turbellarien, Anneliden und Arthropoden (Trilobiten, Xiphosuren usw.). K. Svenska Vetensk. Hdl. **1925**.

Den Merostomen gehören die durchaus fossilen Gigantostraca und die Xiphosuren an; nur einen Vertreter weisen die letzteren in der heutigen Lebewelt auf, die Gattung *Limulus.*

In erster Linie ist für die Merostomen der Besitz eines einzigen, vor dem Munde gelegenen, mit einer Schere endenden Gliedmaßenpaares (Cheliceren), das der zweiten Antenne der Crustaceen entsprechen dürfte, sowie das Vorkommen von fünf um den Mund gelegenen Beinpaaren charakteristisch, deren Basalglieder als umfangreiche mandibelähnliche Kaustücke (Enditen) umgebildet sind. Hinter dem letzten Beinpaare folgt als eine Art Unterlippe eine einfache oder gespaltene Platte (Metastoma). Der Körperteil, welcher die Gliedmaßenpaare trägt, ist als Kopfbruststück zu bezeichnen, dessen schildförmig verbreiterte Schale in flügelförmig vorstehende Seitenstücke ausgezogen sein kann und auf der oberen Fläche außer zwei großen Seitenaugen zwei kleine mediane Stirnaugen trägt.

Auf das Kopfbruststück folgt ein aus einer größeren Zahl von (zuweilen verschmolzenen) Segmenten zusammengesetztes langgestrecktes oder kürzeres Abdomen, das mit einem

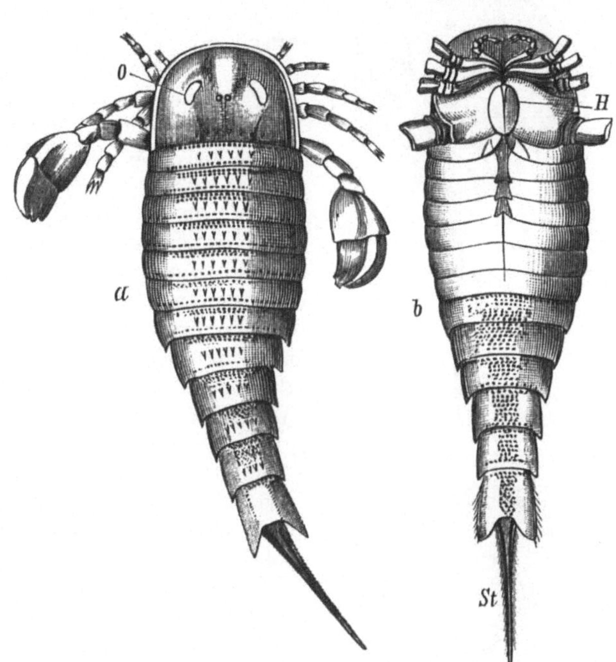

Abb. 639. *Eurypterus remipes.* (Nach Nieszkowski.) a Rückenansicht, b Bauchansicht. *O* Augen, *St* Telson, *H* Metastoma.

flachen oder stachelförmig ausgezogenen Telson endet. Die vorderen Abdominalsegmente tragen blattförmige Füße, an denen die Kiemen liegen.

1. Ordnung. Gigantostraca.

Paläozoische Merostomen mit relativ kurzem Cephalothorax und langgestrecktem, aus zwölf Segmenten zusammengesetztem Abdomen, das mit einem flachen oder stachelförmigen Telson abschließt.

Der gewaltige Körper dieser schon im Untersilur auftretenden Tiere (Abb. 639) erreicht zuweilen die Länge von 1,5 m. An der Unterseite des Kopfbrustschildes liegen um den Mund sechs langgestreckte bestachelte Beinpaare, von denen das letzte, bei weitem größte mit breiter Ruderflosse endet. Die vordersten Gliedmaßen sind mit einer Schere bewaffnet. An der Ventralseite der ersten fünf Abdominalsegmente liegen bewegliche Platten, welche die Kiemen bedecken. Bemerkenswert ist die Annäherung der hierher gehörigen *Eurypteriden* in ihrer allgemeinen Körperform an die Scorpioniden.

2. Ordnung. Xiphosura (Poecilopoda), Schwertschwänze[1].

Merostomen mit großem schildförmigen Cephalothorax und gelenkig abgesetztem, sechs lamellöse Fußpaare tragendem Abdomen, welches mit einem langen Schwanzstachel (Telson) endet.

Der große, mit festem Chitinpanzer bedeckte Körper dieser Tiere (Abb. 640) zerfällt in ein gewölbtes Kopfbrustschild und ein flaches, fast sechsseitiges Abdomen, welchem sich noch ein schwertförmiger beweglicher Stachel (Telson) anschließt. Das erstere bildet die weit größere Vorderhälfte des Leibes und besitzt auf seiner gewölbten Rückenfläche zwei große zusammengesetzte Seitenaugen und weiter nach vorne, der konvexen Stirnfläche zugekehrt, zwei kleinere, der Medianlinie genäherte Mittelaugen. Außerdem ist ein Paar rudimentärer Augen vor der Oberlippe an der Unterseite des Kopfschildes vorhanden. Auf der unteren Seite des Cephalothorax entspringen sechs Paare von Gliedmaßen, von denen das vordere, schmächtige vor der Mundöffnung liegt und wie die meisten nachfolgenden Beine mit einer Schere endet. Die Gliedmaßen des Cephalothorax umstellen rechts und links die Mundöffnung und dienen in ihren ladenförmigen Coxalgliedern zugleich als Mundteile zur Zerkleinerung der Nahrung. Am Basalgliede der letzten Gliedmaße entspringt ein spatelförmiger Anhang. Das Metastoma wird durch eine paarige Bildung (Chilaria) repräsentiert. Der schildförmige Hinterleib, welcher mittels eines queren Gelenkes am Kopfschilde in der Richtung vom Rücken nach dem Bauche bewegt wird, ist jederseits mit beweglichen pfriemenförmigen Stacheln bewaffnet; ihm gehören sechs Paare lamellöser Beine an, von denen das erste einen Deckel (Operculum) für die nachfolgenden bildet. Die fünf hinteren Beine dienen sowohl zum Schwimmen als zur Respiration, da an ihnen die Kiemenblätter liegen.

Die innere Organisation erlangt eine hohe Entwicklung. Am Nervensystem unterscheidet man einen breiten ringförmigen Schlundnervenstrang, dessen vordere Partie als Gehirn die Augennerven entsendet, während aus den seitlichen Teilen des ersteren die sechs Nervenpaare der Cheliceren und Beine entspringen; ferner eine untere Schlundganglienmasse mit

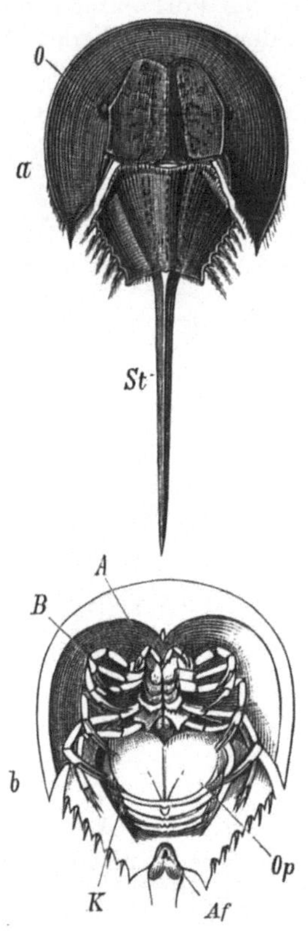

Abb. 640. a *Limulus moluccanus*, Dorsalansicht (nach HUXLEY). ¹/₆. *O* Augen, *St* Schwanzstachel. — b *L. rotundicauda* (nach M.-EDWARDS). Ventralansicht. *A* Cheliceren, *B* die Füße, *K* Kiemen, *Op* Operculum, *Af* After.

[1] Außer STRAUS-DÜRKHEIM, VAN DER HOEVEN, GEGENBAUR vgl. DOHRN, A.: Zur Embryologie und Morphologie von *Limulus Polyphemus*. Jena. Z. Naturwiss. **6** (1871). — PACKARD, A. S.: The anatomy, histology and embryology of *Limulus polyphemus*. Mem. Boston Soc. Nat. Hist. Boston 1880. — MILNE-EDWARDS, A.: Recherches sur l'anatomie des Limules. Ann. des Sci. natur. **1873**. — RAY LANKESTER, E.: *Limulus* an Arachnid. Quart. J. microsc. Sci. **21** (1881). — WATASE, S.: On the Morphology of the compound Eyes of Arthropods. Stud. Biol. Labor. Johns Hopkins Univ. **4** (1890). — KINGSLEY, J. S.: The Embryology of *Limulus*. J. of Morph. **7, 8** (1892—1893). — KISHINOUYE, K.: On the Development of *Limulus longispina*. J. Coll. Sci. Japan **1892**. — PATTEN, W. u. W. A. REDENBAUGH: Studies on *Limulus*. J. of Morph. **16** (1900). — HANSTRÖM, B.: Das Nervensystem und die Sinnesorgane von *Limulus polyphemus*. Fysiogr. Sällsk. Hdl. Lund. **37** (1926).

drei Quercommissuren und einem sechs Ganglien aufweisenden Bauchstrang, der Äste an die Bauchfüße abgibt und dessen letztes Ganglion aus der Verschmelzung von drei Ganglien hervorgegangen sein soll. Auch mit dem Gehirn in Verbindung stehende Eingeweidenerven sind gefunden.

Der Verdauungskanal besteht aus Oesophagus, Vormagen und einem geradgestreckten, mit einer Leber (Mitteldarmdrüse) versehenen Magendarm, welcher vor der Basis des Schwanzstachels im After ausmündet. Als Nephridien finden sich ansehnliche ziegelrote Drüsenschläuche, die Coxaldrüsen, welche jederseits im Cephalothorax liegen und bei dem jugendlichen Tiere am fünften Gliedmaßenpaare sich nach außen öffnen.

Das Herz ist ein langgestrecktes, von acht Spaltenpaaren durchbrochenes Rückengefäß und führt in Arterien, die sich in lakunäre Blutbahnen fortsetzen. Nach vorn entsendet das Herz außer einer Arteria frontalis zwei Gefäßbogen, die den Vormagen umfassend ventralwärts ziehen und sich zu dem das Nervensystem einschließenden Blutsinus und zur Arteria ventralis vereinigen. Außerdem gehen vom Herzen vier Arterienpaare ab, die sich jederseits zu einem Längsgefäß (Art. collateralis) verbinden, welche hinter dem Herzen zur Arteria abdominalis superior zusammentreten.

Die verästelten Ovarien vereinigen sich zu zwei Eileitern, welche an der unteren Seite des Operculums mit zwei getrennten Öffnungen ausmünden; an gleicher Stelle liegen beim Männchen die Öffnungen der beiden Samenleiter. Die kleineren Männchen sind von den Weibchen schon äußerlich verschieden, indem die vorderen Brustfüße mit einer Klaue enden.

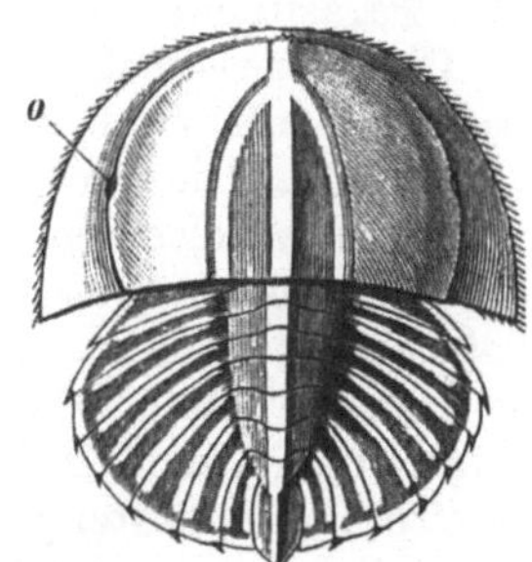

Abb. 641. Larve von *Limulus polyphemus* im sogenannten Trilobitenstadium. (Nach DOHRN.) *o* Auge. $^{12}/_1$

Die Jungen schlüpfen noch ohne langen Schwanzstachel, auch oft ohne die drei hinteren Kiemenfußpaare aus. Man hat dieses Stadium wegen der Trilobitenähnlichkeit das Trilobitenstadium genannt (Abb. 641). An dem Kopfschild erhebt sich glabellaähnlich ein wulstförmiges Mittelstück, das auch an den acht Abdominalsegmenten wiederkehrt, von denen das letzte zwischen den Seitenteilen die kurze Anlage des Schwanzstachels umfaßt.

Die ausgewachsenen Tiere erreichen die Länge von bis 60 cm und leben ausschließlich in den warmen Meeren. Sie halten sich in einer Tiefe von 2—6 Faden auf und wühlen im Schlamme. Als Nahrung dienen vornehmlich Würmer.

Fam. *Limulidae*. Mit den Charakteren der Ordnung. *Limulus moluccanus* CLUS., Molukkenkrebs. Sunda-Inseln, Molukken (Abb. 640). *L. polyphemus* L. Ostküste von Nordamerika.

2. Unterklasse. ARACHNOIDEA[1].

Am Lande lebende Arachnomorphen mit Cephalothorax, mit zwei Paaren von Mundgliedmaßen und vier Beinpaaren, mit gliedmaßenlosem Abdomen.

---

[1] WALCKENAER, C. A. et P. GERVAIS: Histoire naturelle des Insectes Aptères. 3 Vols. Paris 1837—1844. — HAHN u. KOCH: Die Arachniden, getreu nach der Natur abgebildet und beschrieben. Nürnberg 1831—1849. — BLANCHARD, E.: Organisation du règne animal. Arachnides. Paris 1852. — NEWPORT, G.: On the structure, relations and development of the nervous and circulatory systems in Myriapoda and macrourous Arachnida. Philosophic. Trans. roy. Soc. London 1843. — MACLEOD, J.: Recherches sur la structure et la signification de l'appareil respiratoire des Arachnides. Archives de Biol. 5 (1884). — STURANY, R.: Die Coxaldrüsen der Arachnoideen. Arb. zool. Inst. Wien 9 (1891). — BÖRNER, C.: Arachnologische Studien. Zool. Anz. 25 (1902). — RAY LANKESTER, E.: The Structure and Classification of the Arachnida. Quart. J. microsc. Sci. 48 (1905). — BUXTON, B. H.: Coxal glands

Bei den Arachnoideen bildet den vordersten Körperabschnitt ein kurzer Cephalothorax, der bei einigen *Pedipalpi* und den *Solifugae* eine sekundäre Gliederung aufweist. Das Abdomen ist sehr häufig gegliedert und sitzt dem Cephalothorax in ganzer Breite an. Bei den Skorpionen ist es langgestreckt und zerfällt in ein breites Präabdomen und ein schmales, sehr bewegliches Postabdomen. Bei den Spinnen ist der kugelig aufgetriebene Hinterleib ungegliedert und mittels eines kurzen Stieles dem Cephalothorax angefügt, bei den Milben rudimentär und mit dem Cephalothorax verschmolzen.

Die Skorpione sind als die ursprünglichsten Arachnoideen zu betrachten und von den kiemenatmenden Merostomen abzuleiten, mit denen sie eine weitgehende bauliche Übereinstimmung zeigen. Die übrigen Gruppen ergeben sich sowohl der Größe als der Organisation nach als in verschiedenem Maße und zum Teil infolge von Parasitismus reduzierte Formenreihen.

Charakteristisch ist die durchgreifende Reduktion des Kopfabschnittes, welchem nur zwei zu Mundwerkzeugen verwendete Extremitäten angehören (Abb. 642). Die vorderen, zu Kiefern verwendeten Gliedmaßen des Kopfes, die *Kieferfühler* (*Cheliceren*), dürften der 2. Antenne der Crustaceen gleichzustellen sein. Sie enden entweder mit einer Schere (Scherenkiefer, wie bei Skorpionen, zahlreichen Milben), oder mit einer Klaue (Klauenkiefer, wie bei Spinnen). Es können die Kieferfühler aber auch Stilette bilden, die dann von den rinnenförmigen Laden der Kiefertaster scheidenartig umschlossen werden (Milben). Das zweite Extremitätenpaar des Kopfes, die *Kiefertaster* (*Maxillarpalpen*) zeigen meist Beinform und besitzen am Grundgliede eine Kieferlade. Sie enden entweder klauenlos oder als *Klauentaster* mit einer Klaue oder als *Scherentaster* mit einer Schere. Bei den Araneiden sowie einigen anderen Arachnoideen kommt noch eine unpaare Platte als Unterlippe hinzu. Die vier nachfolgenden Gliedmaßenpaare der Brust sind die zur Ortsbewegung verwendeten Beine, von denen das erste zuweilen eine abweichende Form erhält, sich tasterartig verlängert (*Pedipalpi*) und wie auch das zweite mit seinem Basalglied als Kiefer fungieren kann. Die Beine bestehen aus sieben oder sechs Gliedern, die bei den höheren Formen analog den Abschnitten des Insektenbeines bezeichnet werden.

Die innere Organisation der Arachnoideen schließt sich an jene der Xiphosuren an, zeigt aber innerhalb der Gruppe mannigfache Verschiedenheiten. Am Nervensystem weist die Bauchganglienkette sehr verschiedene Stufen der Konzentration auf. Vom Gehirn entspringen die Augennerven, während die Nerven der Kieferfühler in dem vorderen, an das Connectiv emporgerückten Teile des unteren Schlundganglions wurzeln. Von Sinnesorganen treten Augen auf, welche, der Zahl nach zwischen 2—12 schwankend, in symmetrischer Weise auf der Scheitelfläche des Cephalothorax verteilt sind. Es sind unbewegliche zweischichtige Napfaugen oder wie die Mittelaugen des Skorpions, die vorderen Mittelaugen (Hauptaugen) der Spinnen und die Augen der Opilioniden inverse Blasenaugen (Abb. 196a).

Der Darmkanal gliedert sich in einen engen Oesophagus und einen weiteren Magendarm, welcher in der Regel seitliche Blindsäcke trägt. Der letztere gliedert sich wiederum bei den Spinnen und Skorpionen in einen vorderen erweiterten Abschnitt, den sogenannten Magen, und in den Darm ab. Als Anhangsdrüsen des Darmes finden sich Speicheldrüsen, bei den Spinnen und Skorpionen eine umfangreiche Mitteldarmdrüse (Leber) und am hinteren Teile des Mitteldarmes mit Ausnahmen (*Opilionidea, Pseudoscorpionidea, Koeneniidae*, einige Milben) excre-

---

of the Arachnids. Zool. Jb. Suppl. **14** (1913). — SCHEURING, L.: Die Augen der Arachnoideen. Ebenda **33** (1913); **37** (1914). — Vgl. ferner die Arbeiten von POCOCK, WEISSENBORN, OUDEMANS u. a.

torische schlauchförmige Anhänge (analog den MALPIGHIschen Gefäßen der Insecten).

Von Nephridien treten bei den meisten Arachnoideen die *Coxaldrüsen* als lange gewundene Schläuche in den Seiten des Thorax (wie bei *Limulus*) auf. Sie münden am Grundgliede des 1. oder 3. Thoraxfußes aus, scheinen aber beim ausgebildeten Tiere meist keine Ausmündung zu besitzen.

Die Organe des *Kreislaufes* und der *Respiration* zeigen ebenfalls verschiedene Grade der Ausbildung und fallen nur bei den niedersten Milben vollständig hinweg. Das Herz liegt im Abdomen als langgestrecktes oder kürzeres Rückengefäß mit seitlichen Spaltöffnungen und meist mit vorderer und hinterer Aorta, zu denen zuweilen noch seitliche verzweigte Gefäßstämme hinzukommen. Die *Respirationsorgane* sind *Fächertracheen* (Fächerlungen) (Abb. 134), welche in ein bis vier Paaren segmental am Abdomen sich finden. Sie stellen von der Haut aus entstandene Einstülpungen vor, die sich durch Stigmen nach außen öffnen und in deren Innenraum mehr oder minder zahlreiche parallel gelagerte Lamellen hineinragen. Bei zahlreichen Arachnoideen (viele Spinnen, *Pseudoskorpione*, *Opilionidea*, viele Milben) sind Röhrentracheen vorhanden; sie sind als gesondert in der Arachnoideengruppe entstanden anzusehen und von der Fächerlunge abzuleiten. Die cephalothoracalen Tracheen der *Solifugae* sowie von *Acarina* sind Bildungen eigener Art.

Die Arachnoideen sind getrennten Geschlechtes. Die Geschlechtsorgane münden an der Basis des Abdomens am 1. bzw. 2. Abdominalsegment unterhalb einer Klappe (Genitaloperculum).

Nur wenige Arachnoideen gebären lebende Junge (Skorpione, einige Milben sind ovovivipar), die meisten legen die Eier ab. In der Regel haben die ausgeschlüpften Jungen bereits die Körperform der ausgewachsenen Tiere; die Entwicklung der Milben ist eine Metamorphose.

Fast alle Arachnoideen nähren sich von tierischen, wenige von pflanzlichen Säften, viele Milben parasitisch. Die größeren, höher organisierten Formen bemächtigen sich als Raubtiere der lebenden, vorzugsweise aus Insecten und Spinnen bestehenden Beute und besitzen meist Giftwaffen zum Töten derselben. Viele bauen sich mittels Secretes von Spinndrüsen Gewebe und Netze, in denen sie die zu ihrer Nahrung dienenden Tiere fangen. Die meisten halten sich den Tag über unter Steinen und in Verstecken auf und kommen erst am Abend und zur Nachtzeit aus den Schlupfwinkeln zum Nahrungserwerbe hervor. Die ältesten Arachnoideen sind Skorpione aus dem Silur.

1. Ordnung. **Scorpionidea, Skorpione**[1].

Große Arachnoideen mit umfangreichem Abdomen, das in ein siebengliedriges Präabdomen und sechsgliedriges schmales Postabdomen mit einem Giftstachel am Hinterende zerfällt. Die Cheliceren und beinförmigen Maxillarpalpen enden mit Schere. Mit vier Paaren von Fächertracheen.

---

[1] GERVAIS, P.: Remarques sur la famille des scorpions et description de plusieurs espèces nouvelles etc. Arch. Mus. d'hist. nat. 4 (1844). — DUFOUR, L.: Histoire anatomique et physiologique des Scorpions. Mém. prés. a l'acad. 14 (1856). — PARKER, G. H.: The Eyes in Scorpions. Bull. Mus. Comp. Zool. Harvard Coll. 13 (1887). — LAURIE, M.: The Embryology of a Scorpion. Quart. J. microsc. Sci. 31 (1890). — BRAUER, A.: Beiträge zur Kenntnis der Entwicklungsgeschichte des Skorpions. Z. Zool. 1 (1894); 2 (1895). — KOWALEVSKI, A.: Une nouvelle glande lymphatique chez le Scorpion d'Europe. Mém. Acad. St.-Pétersbourg 1897. — KRAEPELIN, K.: Scorpiones und Pedipalpi. Tierreich. 8. Liefg. Berlin 1899. — PAWLOWSKY, E.: Scorpiotomische Mitteilungen. Z. Zool. 105 (1913); Zool. Jb. 46 (1924). — Beiträge zur vergleichenden Anatomie und Entwicklungsgeschichte der Skorpione. Petrograd 1917 (russ.). — Vgl. außerdem die Schriften von METSCHNIKOFF, RAY LANKESTER, POCOCK, BIRULA, SIMON, BORELLI, POLICE, SCHRÖDER u. a.

Die Skorpione haben durch ihre gewaltigen Scherentaster und ihren festen Körperpanzer eine gewisse Ähnlichkeit mit den zehnfüßigen Schalenkrebsen (Abb. 642). Dem gedrungenen Kopfbruststück schließt sich ein langgestrecktes Abdomen an, welches in ein walzenförmiges siebengliedriges Präabdomen und ein sehr enges sechsgliedriges Postabdomen zerfällt, an dessen Ende sich ein gekrümmter, mit zwei Giftdrüsen versehener Giftstachel erhebt (Abb. 643). Das Präabdomen zeigt beim Embryo acht Segmente, von denen das erste (prägenitale) eine Rückbildung erfährt. Die Cheliceren sind dreigliedrige Scherenfühler, die Maxillarpalpen enden mit aufgetriebener Schere, während das Basalglied mit breiter Mahlfläche als Lade dient. Die vier Beinpaare sind kräftig entwickelt und enden mit Doppelkrallen; die zwei vorderen besitzen einen basalen ladenartigen Fortsatz.

Das Nervensystem besteht aus einem zweilappigen Gehirn, einer großen ovalen Brustganglienmasse und sieben bis acht Ganglien des Abdomens, von denen die vier letzten dem Postabdomen zugehören (Abbild. 643). Als Eingeweidenervensystem betrachtet man ein kleines, am Anfange des Schlundes gelegenes Ganglion, das durch Nerven mit dem Gehirn verbunden ist und Nervenäste zum Darmkanal entsendet. Von Sinnesorganen finden sich auf der Mitte des Cephalothorax zwei größere Mittelaugen sowie seitlich nahe dem Vorderrande 2—5 Paare von Seitenaugen. Selten fehlen Sehorgane.

Die von einer Oberlippe überdeckte Mundöffnung führt in den Darm, der ein enges gerades Rohr bildet, welches im Präabdomen von der umfangreichen fünflappigen Mitteldarmdrüse (Leber) umlagert wird und am vorletzten Hinterleibsringe ausmündet. Als Excretionsorgane

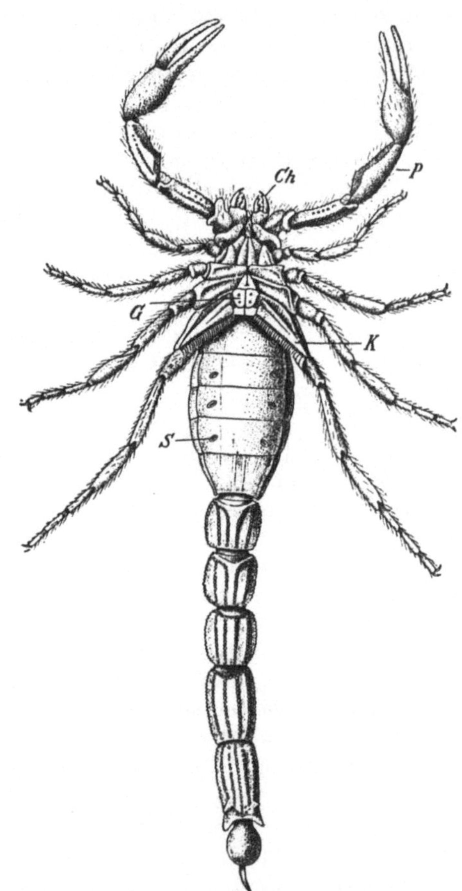

Abb. 642. *Buthus occitanus*. (Nach BLANCHARD.) $^1/_1$. *Ch* Cheliceren, *G* Genitalklappe, *K* kammförmige Anhänge, *P* Maxillarpalpen, *S* Stigmen.

fungieren zwei vom Mitteldarm entstandene Drüsenschläuche. Dazu kommt ein Paar Coxaldrüsen, die wenigstens bei jungen Tieren am dritten Beinpaare ausmünden.

Die Kreislaufsorgane sind am höchsten entwickelt in der ganzen Klasse. Das durch das Präabdomen sich erstreckende Rückengefäß besitzt acht Paare von Spaltöffnungen; von ihm gehen eine vordere und hintere sowie seitliche sich weiter verästelnde Arterien ab. Aus der vorderen Arterie entspringen zwei Seitenarterien, die den Schlund umfassen und in ein das Bauchnervensystem umschließendes Blutgefäß (sogenannte Supraneuralarterie) sich fortsetzen (Abb. 643). Die Arterienenden gehen in venöse Lacunen über, aus denen sich das Blut in einem der Bauchwand dicht aufliegenden Sinus sammelt. Von diesem strömt das Blut auch nach den Atmungsorganen und durch rückführende Bahnen in den Pericardialsinus. Lymphatische Drüsen wurden im Präabdomen gefunden.

Die Respiration erfolgt durch vier Paare von Fächertracheen, welche mit ebensoviel Stigmenpaaren an dem 3.—6. Abdominalsegmente sich öffnen. Die

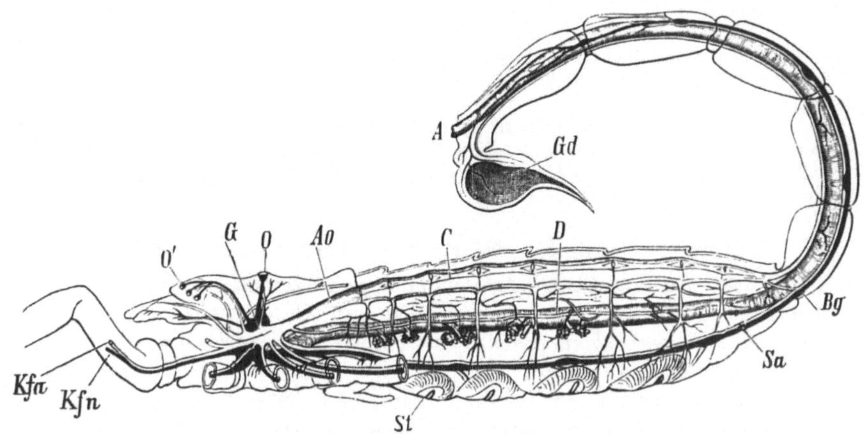

Abb. 643. Durchschnitt durch den Körper eines Skorpions. (Nach NEWPORT.) *C* Herz, *Ao* Aorta, *G* Gehirn, *O* Mittelauge, *O'* Seitenaugen, *D* Darmkanal, *Sa* sogenannte Supraneuralarterie, *Bg* Bauchganglienkette, *Kfn* Nerv des Kiefertasters, *Kfa* Arterie desselben, *St* Stigmen der Fächertracheen (Fächerlungen), *A* After, *Gd* Giftdrüse.

paarige männliche und unpaare weibliche Geschlechtsdrüse (Abb. 644) sind strickleiterförmig gestaltet und münden an der Basis des Abdomens unter der Genitalklappe, vor zwei eigentümlichen kammförmigen Anhängen, den modifizierten Gliedmaßen des 2. (usprünglichen 3.) Abdominalsegmentes, welche als Tast- und Spürorgane dienen. Die Männchen zeichnen sich durch verschiedene Ausbildung der Scheren, des Postabdomens, der Kämme usw. aus. Die Weibchen sind lebendig gebärend. Die Entwicklung des Eies erfolgt in den Ovarien und ist eine direkte. Die Furchung ist discoidal. Der sich entwickelnde Embryo besitzt an den vorderen sieben Segmenten des achtgliedrig angelegten Präabdomens Anlagen von Beinpaaren (Abb. 645) und wird von Embryonalhüllen (Amnion, Serosa) umschlossen, die erst nach der Geburt abgestreift werden. Die Jungen verbleiben nach der Geburt noch einige Zeit am mütterlichen Körper.

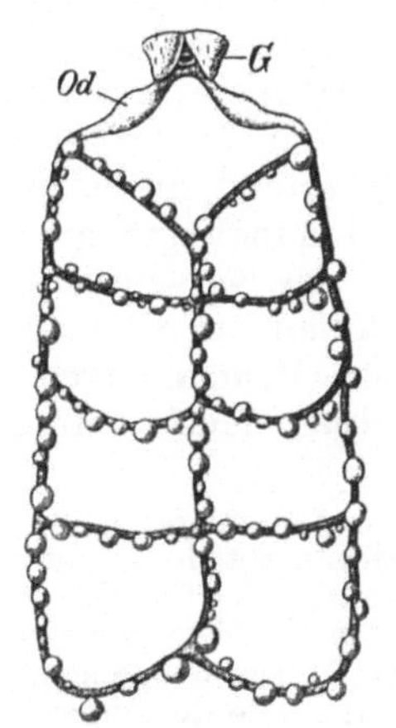

Abb. 644. Ovarium von *Buthus occitanus*. (Nach BLANCHARD.) *G* Genitalklappe, *Od* Ovidukt.

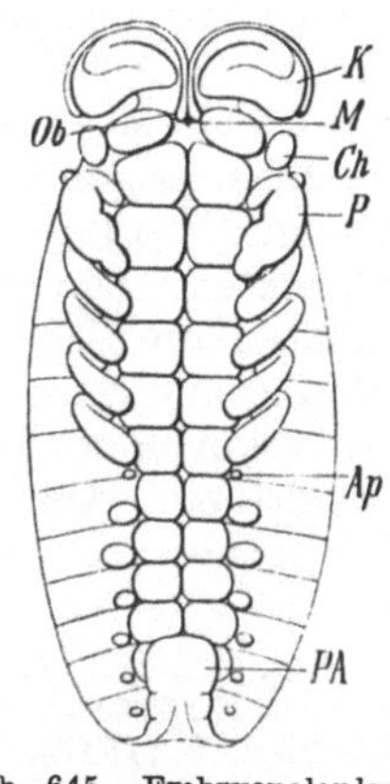

Abb. 645. Embryonalanlag von *Euscorpius carpathicus* mit den Anlagen von sieben Abdominalgliedmaßen (*Ap*). (Nach A. BRAUER.) *Ch* Cheliceren, *K* Kopflappen, *M* Mund, *Ob* Oberlippe, *P* Maxillarpalpen, *PA* Postabdomen.

Die Skorpione leben in wärmeren Gegenden und kommen zur Dämmerungszeit aus ihren Verstecken hervor. Sie ergreifen die zur Nahrung dienenden Tiere, besonders Spinnen und größere Insecten, mit den Scherentastern und töten sie durch das mit dem Stiche in die Wunde einfließende Gift der terminalen Giftdrüse.

Einzelne Arten erlangen eine sehr bedeutende Größe und können selbst den Menschen durch ihren Stich tödlich verletzen.

Fam. *Buthidae*. Mit triangulärem, nach vorn stark verschmälertem Sternum. Seitenaugen jederseits 3—5. Scherenhand der Maxillarpalpen gerundet. *Buthus occitanus* AMOR. Küsten des Mittelmeeres, bis zum Senegal, Arabien (Abb. 642). *B. quinquestriatus* H. E. Vorderasien, Nordafrika. *Isometrus maculatus* GEER. In den Tropen und Subtropen allgemein verbreitet.

Fam. *Scorpionidae*. Sternum mit parallelen Seitenrändern, meist pentagonal. Seitenaugen jederseits 3. Scherenhand oft plattgedrückt. *Pandinus imperator* C. L. KOCH. Bis über 17 cm lang. Tropisches Afrika. *Heterometrus indus* GEER. Ostindien. *Scorpio maurus* L. Nordafrika.

Fam. *Chactidae*. Sternum meist nicht länger als breit. Mit zwei Seitenaugen, selten alle Augen fehlend. *Euscorpius italicus* HBST. Norditalien bis Kaukasus. *E. carpathicus* L. Südeuropa bis Kaukasus, auch Ostalpen, Karpathen. *E. germanus* C. L. KOCH. Südtirol, Oberitalien. *Chactas* GERV.

2. Ordnung. Pedipalpi, Skorpionspinnen. Geißelskorpione[1].

Arachnoideen mit einfachem oder sekundär gegliedertem Cephalothorax, mit abgeschnürtem 11—12gliedrigen Abdomen, meist mit Klauencheliceren, die Maxillarpalpen mit Klaue oder Schere endend, mit geißelförmig verlängerten Vorderbeinen, meist mit 2 Paar Fächertracheen.

Der Cephalothorax der Pedipalpen (Abb. 646) ist entweder einheitlich oder sekundär gegliedert, das durch eine Einschnürung von demselben abgesetzte Abdomen 11—12gliedrig. Bei der den Skorpionen am nächsten stehenden Gattung *Thelyphonus* sind die drei letzten Segmente des Abdomens zu einer kurzen Röhre verengt, deren Ende sich in einen gegliederten Fadenanhang fortsetzt, der mit Ausnahme der *Tarantuliden* auch den übrigen Pedipalpen zukommt. Die Cheliceren sind meist Klauenkiefer und bergen wahrscheinlich wie bei den Spinnen eine Giftdrüse, da der Biß dieser Tiere sehr gefürchtet ist. Die Maxillartaster sind bald Klauentaster von bedeutender Stärke und mit Stacheln bewaffnet, bald Scherentaster (*Thelyphonidae*). Stets endet das vordere Beinpaar mit einem geißelförmig geringelten Abschnitt. Die Geißelskorpione besitzen zwei Mittelaugen und jederseits drei in einer Gruppe vereinigte Seitenaugen. Zuweilen fehlen Augen. Eigentümliche, angeblich der Temperaturempfindung dienende Sinnesorgane (leierförmige Organe) liegen an der Ventralseite des Cephalothorax und an den Extremitäten. Die Atmung erfolgt durch zwei (seltener ein) Paare von Fächertracheen am 2. und 3. Abdominalsegment; sie fehlen bei den *Koeneniidae*. In der Bildung des Darmkanals, des Nervensystems und der Genitalorgane stehen die Geißelskorpione den Spinnen am nächsten. Die *Thelyphoniden* besitzen zwei Analdrüsen. Ausstülpbare Ventralsäckchen finden sich bei *Tarantuliden* und *Koeneniiden*. Die Pedipalpen sind fast durchwegs eierlegend. Sie sind Bewohner

---

[1] LUCAS, H.: Essai sur une monographie du genre *Thelyphonus*. Magas. de Zool. **1835**. — v. D. HOEVEN, J.: Bijdragen tot de kennis van het geslacht *Phrynus*. Tijdschr. nat. Geschied. 9 (1842). — LAURIE, M.: On the Morphology of the Pedipalpi. J. Linnean Soc. **25** (1896). — KRAEPELIN, K.: Scorpiones und Pedipalpi. Tierreich. 8. Liefg. Berlin 1899. — PEREYASLAWZEWA, S.: Développement embryonnaire des Phrynes. Ann. des Sci. natur. **1901**. — GOUGH, L. H.: The development of *Admetus pumilio*. Quart. J. microsc. Sci. **45** (1902). — SCHIMKEWITSCH, W.: Über die Entwicklung von *Thelyphonus caudatus*. Z. Zool. **81** (1906). — GRASSI, B.: Intorno ad un nuovo Aracnide Artrogastro. Bull. Soc. Entom. Ital. **18** (1886). — HANSEN, H. J. a. W. SÖRENSEN: The order Palpigradi. Entom. Tidskr. Stockholm 1897. — HANSEN, H. J.: On six species of *Koenenia*, with remarks on the order Palpigradi. Ebenda **1901**. — BÖRNER, C.: Beiträge zur Morphologie der Arthropoden. I. Ein Beitrag zur Kenntnis der Pedipalpen. Bibliotheca zoologica **42** (1904). — TARNANI, J. K.: Anatomie de *Thelyphonus caudatus* (russ.). Warschau 1904. — HANSEN, H. J. a. W. SÖRENSEN: The Tartarides. Ark. Zool. Stockholm 1905. —Vgl. ferner die Schriften von E. BLANCHARD, POCOCK, ADENSAMER, SIMON u. a.

der Tropen und Subtropen. Die *Thelyphoniden* und *Schizonotiden* werden auch als *Uropygi* zusammengefaßt.

Fam. *Thelyphonidae*. Cephalothorax länger als breit. Die drei letzten Glieder des Abdomens zu einer kurzen Röhre verengt, an deren Ende ein langer gegliederter Caudalfaden. Maxillarpalpen mit Schere. Tarsalgeißel des ersten Beinpaares kurz. *Thelyphonus caudatus* L. Java.

Fam. *Schizonotidae* (*Tartaridi*). Cephalothorax in drei Abschnitte geteilt. Caudalfaden kurz. Maxillarpalpen mit Klaue. Nur ein Paar Fächertracheen. Augen fehlen. *Schizonotus crassicaudatus* CAMBR. Ceylon.

Fam. *Koeneniidae* (*Palpigradi*). Die beiden hinteren Thoracalsegmente frei und vom Cephalothorax abgegliedert. Abdomen mit langem gegliederten Caudalfaden. Cheliceren mit Schere, Maxillarpalpen beinartig. Atmungsorgane und Augen fehlen. Etwa 2 mm große Tiere, die unter Steinen und in Höhlen leben. *Koenenia mirabilis* GRASSI. Mittel- und Unteritalien, Tunis (Abb. 647). *K. wheeleri* RUCKER, Texas.

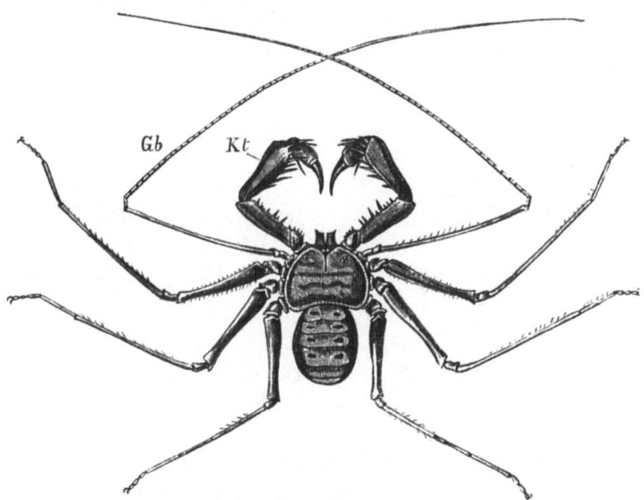

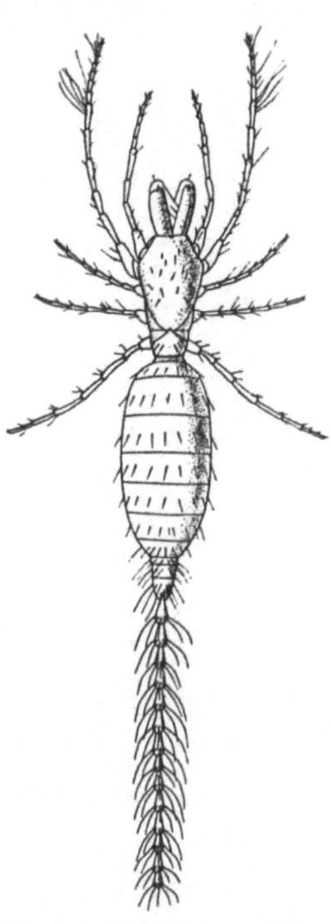

Abb. 646. *Phrynichus reniformis* (aus règne animal). *Kt* Maxillarpalpen, *Gb* geißelförmiges erstes Beinpaar. 2/3

Abb. 647. *Koenenia mirabilis*. (Nach HANSEN u. SÖRENSEN.) 32/1

Fam. *Tarantulidae* (*Amblypygi*). Cephalothorax breit, nierenförmig. Abdomen oval, ohne Caudalfaden. Maxillarpalpen mit Klaue. Tarsalgeißel sehr lang. *Phrynichus* (*Phrynus*) *reniformis* L. Vorderindien, Ceylon, Ostafrika (Abb. 646). *Tarantula fuscimana* C. L. KOCH, Zentralamerika. *Admetus pumilio* C. L. KOCH. Nördl. Südamerika.

3. Ordnung. Araneida, Spinnen[1].

Arachnoideen mit gestieltem, in der Regel ungegliedertem Hinterleib, mit klauenförmigen Cheliceren und beinförmigen Maxillarpalpen, mit vier oder sechs Spinnwarzen und vier Fächertracheen oder zwei Fächertracheen und zwei Röhrentracheen, selten mit vier Röhrentracheen.

[1] Außer den Schriften von C. A. WALCKENAER, TREVIRANUS, C. J. SUNDEVALL, TH. THORELL, KOCH, DUGÈS, LEBERT, CLAPARÈDE, BALFOUR vgl. MENGE, A.: Preußische Spinnen. Danzig 1866. — PLATEAU, F.: Recherches sur la structure de l'appareil digestif et sur les phénomènes de la digestion chez les Aranées dipneumones. Bruxelles 1877. — BERTKAU, PH.: Über den Generationsapparat der Araneiden. Arch. Naturgesch. 41 (1875). — Über den Verdauungsapparat der Spinnen. Arch. mikrosk. Anat. 24 (1885). — SCHIMKEWITSCH, W.: Étude sur l'anatomie de l'Epeire. Ann. des Sci. natur. 17 (1884). — APSTEIN, C.: Bau und Funktion der Spinndrüsen der Araneida. Arch. Naturgesch. 55 (1889). — SIMON, E.: Histoire naturelle des Araignées. 2. éd., 2 Bde. Paris 1892—1903. — KISHINOUYE, K.: On the development of Araneina. Journ. Coll. Sci. Univ. Tokio 4 (1891). —

Die Körperform der echten Spinnen erhält ihren eigentümlichen Charakter durch den angeschwollenen, in der Regel ungegliederten Hinterleib, dessen Basis stielförmig eingeschnürt ist (Abb. 648). Nur bei den *Liphistiiden* zeigt das Abdomen dorsal eine Gliederung (Abb. 662). Die großen Cheliceren über dem Stirnrande bestehen aus einem kräftigen, an der Innenseite gefurchten Basalabschnitt und einem klauenförmigen einschlagbaren Endgliede, an dessen Spitze der Ausführungsgang einer Giftdrüse mündet (Abb. 649); im Momente des Bisses fließt das Secret dieser Drüse in die durch die Klaue geschlagene Wunde ein und bewirkt bei kleineren Tieren den fast augenblicklichen Tod. Hinter denselben folgen die mit einer Speicheldrüse versehene Oberlippe, zu deren Seite die ebenfalls eine Drüse in sich bergenden Laden (sogenannte Unterkiefer) der mehrgliedrigen Maxillarpalpen. Nach unten wird die Mundöffnung von einer unpaaren Platte, die eine Unterlippe bildet, begrenzt. Die vier meist langen Beinpaare, deren Form und Größe nach der verschiedenen Lebensweise vielfach abändern, enden mit zwei kammartig ge-

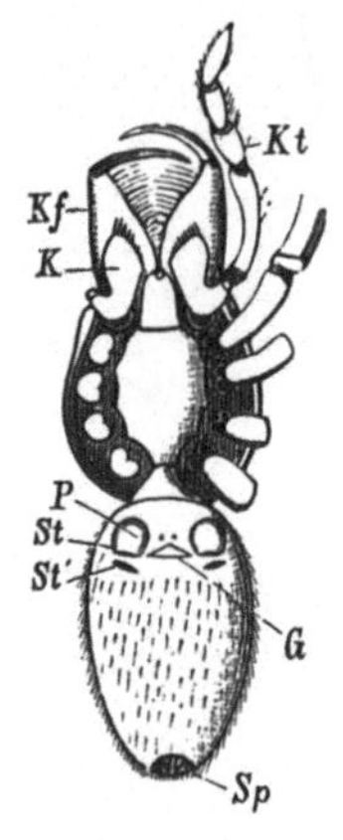

Abb. 648. *Dysdera erythrina.* Ventralansicht (aus règne animal).³/₁. *Kf* Cheliceren, *Kt* Maxillarpalpen, *K* Maxillarlade, *P* Fächertracheen (Fächerlungen), *St* ihre Stigmen, *St'* hintere Stigmen, die in die Röhrentracheen führen, *G* Genitalöffnung, *Sp* Spinnwarzen.

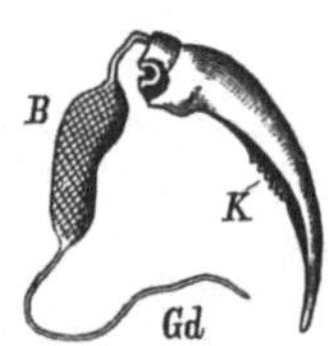

Abb. 649. Giftdrüse nebst Chelicerenklaue von *Avicularia* (*Mygale*) (aus règne animal). *K* Klaue, *Gd* Giftdrüse, *B* Giftblase.

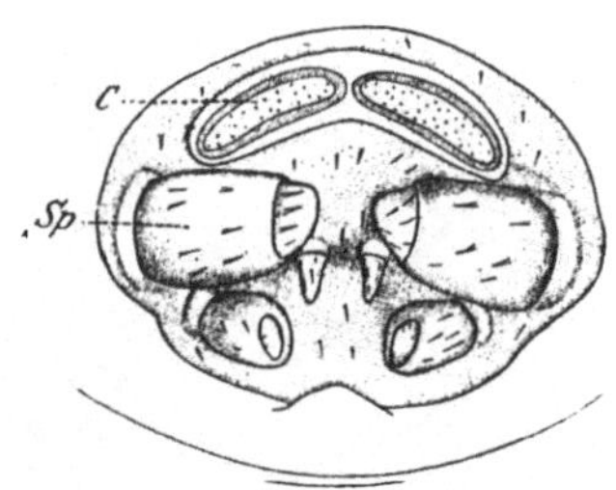

Abb. 650. Spinnorgan von *Amaurobius ferox.* (Nach BERLAND.) *C* Cribellum, *Sp* Spinnwarzen.

zähnten Krallen, zu denen häufig eine kleine Vorkralle (Trittklaue) und sogenannte Afterkrallen sowie verschieden gestaltete gezahnte Borsten, Spatelhaare usw. hinzukommen (Abb. 651). Nahe der Basis des Abdomens liegt die unpaare Geschlechtsöffnung, zu deren Seiten die Spaltöffnungen der vorderen Fächertracheen (Fächerlungen). Hinter diesen Öffnungen findet sich ein

WAGNER, W.: L'industrie des Araneina. Mém. Acad. St.-Pétersbourg 42 (1894). — CAUSARD, M.: Recherches sur l'appareil circulatoire des Aranéides. Bull. biol. France et Belg. 29 (1896). — BÖSENBERG, W.: Die Spinnen Deutschlands. Bibliotheca zoologica 35 (1903). — MONTGOMERY, TH.: Studies on the Habits of Spiders, particularly those of the Mating Period. Proc. Acad. nat. Sci. Philadelphia 1903. — On the Spinnerets, Cribellum, Colulus, Tracheae and Lung-Books of Araneads. Ebenda 1909. — WIDMANN, E.: Über den feineren Bau der Augen einiger Spinnen. Z. Zool. 90 (1908). — WALLSTABE, P.: Beiträge zur Kenntnis der Entwicklungsgeschichte der Araneinen. Zool. Jb. 26 (1908). — PURCELL, W. F.: Development and origin of the respiratory organs in Araneae. Quart. J. microsc. Sci. 1909. — The Phylogeny of the Tracheae in Araneae. Ebenda 1910. — KAUTZSCH, G.: Über die Entwicklung von *Agelena labyrinthica*. Zool. Jb. 28 (1909); 30 (1910). — v. ENGELHARDT, V.: Beiträge zur Kenntnis der weiblichen Copulationsorgane einiger Spinnen. Z. Zool. 96 (1910). — OSTERLOH, A.: Beiträge zur Kenntnis des Copulationsapparates einiger Spinnen. Ebenda 119 (1922). — VOGEL, H.: Über die Spaltsinnesorgane der Radnetzspinnen. Jena. Z. Naturwiss. 59 (1923). — GERHARDT, U.: Weitere sexualbiologische Untersuchung an Spinnen. Arch. Naturgesch. 89 (1923). — Neue biologische Untersuchungen an einheimischen und ausländischen Spinnen. Z. Morph. u. Ökol. Tiere, 8 (1927). — PETRUNKEVITCH, A.: Systema Aranearum. Trans. Connecticut Acad. 29 (1928). — Vgl. außerdem die Abhandlungen von BALBIANI, LOCY, AIMÉ SCHNEIDER, MORIN, GRENACHER, LAMY, HERMAN, DAHL, KULCZÝNSKI, MARK, HALLER, HAMBURGER, POCOCK, JOHANSSON, JÄRVI u. a.

zweites Stigmenpaar, welches bei den *Mesothelae, Mygalomorphae* und *Hypochilidae* ebenfalls in Fächertracheen führt (Abb. 654). Bei den übrigen Araneiden (fast alle *Araneimorphae*) führt das zweite, ausgenommen die *Dysderidae, Oonopidae* und *Caponiidae*, zu einer unpaaren, nach hinten gerückten Spalte vereinigte Stigmenpaar in Röhrentracheen. Nur bei den *Caponiidae* sind zwei Paar Röhrentracheen vorhanden. Der After liegt am Ende des Abdomens. Vor demselben, bei *Liphistiiden* aber, ursprünglichem Verhalten entsprechend, auf der Mitte der Bauchseite (Abb. 662) finden sich die vier bis sechs, aus Extremitätenanlagen des 4. und 5. Abdominalsegmentes hervorgegangenen *Spinnwarzen*. Zwischen oder vor den vorderen Spinnwarzen liegt bei einigen *Araneimorphen* ein eigentümliches, als *Cribellum* bezeichnetes Feld mit feinem Härchenbesatz und Spinndrüsen, das den medianen hinteren Spinnwarzen homodynam ist (Abbild. 650). Zu demselben steht immer eine Doppelreihe kammförmig angeordneter Haare, das sogenannte *Calamistrum*, am Metatarsus des 4. Beines in Beziehung (Abbild. 651 a). An Stelle des Cribellums findet sich bei einigen Araneimorphen (z. B. *Agelenidae*) ein homologer, aber der Spinndrüsen entbehrender Höcker, der sogenannte *Colulus*. Die Spinndrüsen (Abb. 652) sind von verschiedener Form; sie

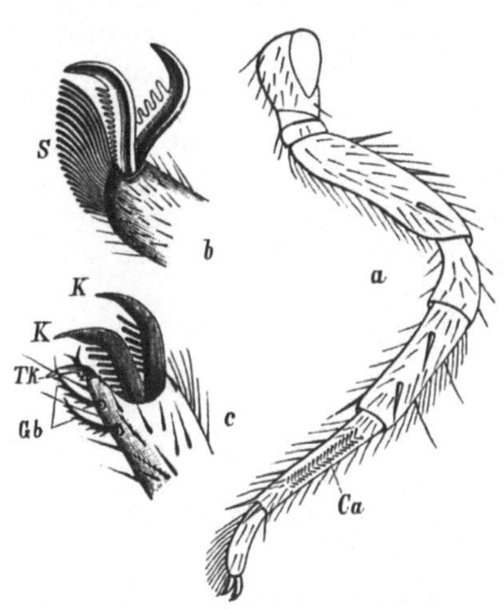

Abb. 651. a Bein des vierten Paares von *Amaurobius ferox. Ca* Calamistrum. — b Fußende von *Philaeus chrysops* mit zwei Klauen und aus Spatelhaaren bestehendem Pinsel (*S*). — c Fußende von *Aranea (Epeira) diademata. K* Webeklauen, *Tk* Trittklaue, *Gb* gezähnte Borsten. (Nach O. HERMAN.)

münden durch feine Poren an der Oberfläche der Spinnwarzen und sezernieren einen klebrigen Stoff, der an der Luft zu einem Faden erhärtet und unter Beihilfe der Fußkrallen zu dem bekannten Gespinste verwebt wird.

An dem Nervensystem (Abb. 653, 654) unterscheidet man außer dem die Augennerven abgebenden Gehirne eine gemeinsame, gewöhnlich sternförmige Brustganglienmasse, hinter der bei den *Mesothelae* und *Mygalomorphae* noch ein Ganglion folgt. Auch wurden Eingeweidenerven am Nahrungskanal nachgewiesen. In der Regel finden sich hinter dem Stirnrande acht, seltener sechs Augen, die in zwei Bogenreihen oder mehr im Quadrat auf der oberen Fläche des Kopfabschnittes in für die einzelnen Gattungen charakteristischer Weise verteilt sind (Abb. 655). Es sind zweischichtige Napfaugen, ausgenommen die vorderen Mittelaugen (Hauptaugen), die sich als inverse Blasenaugen (Abbild. 196 a) erweisen. Selten (*Stalita*) fehlen Augen. Sinnesorgane unbekannter Bedeutung (angeblich der Temperaturempfindung dienend) sind die sogenannten leierförmigen Organe an der Ventralseite des Cephalothorax und an den Extremitäten. Sie bestehen aus Gruppen feinster Spaltöffnungen, die zu einem nach außen verschlossenen Kanal führen, in welchem Fortsätze von Sinneszellen gelegen sind.

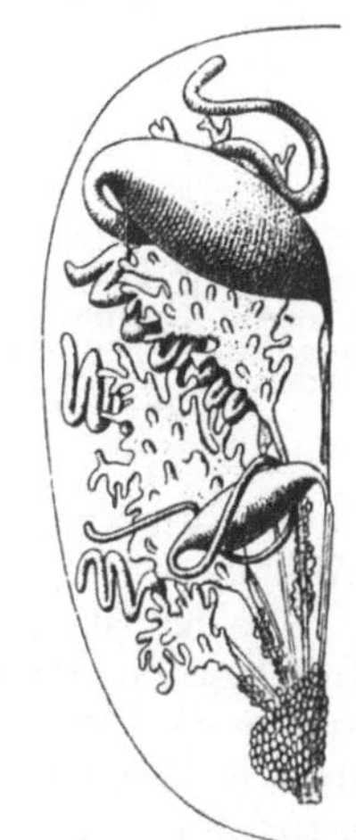

Abb.652. Spinndrüsen der einen Seite von *Aranea (Epeira) diademata.* (Nach APSTEIN.)

Der Verdauungskanal (Abb. 653, 656) beginnt zwischen Unterlippe und Oberlippe mit einem langen aufsteigenden Atrium. Auf dieses folgt der als Pharynx zu unterscheidende, durch Dilatatoren erweiterungsfähige Vorderabschnitt der Speiseröhre. Diese erweitert sich hinter dem Gehirne vor dem Übergang in den Mitteldarm zu einem Saugmagen, an welchem sich dorsale, vom Rücken des Cephalothorax absteigende und ventrale, an eine innere Skeletplatte, den Endosternit, tretende Muskeln anheften. Der Mitteldarm zerfällt in einen vorderen, im Kopfbruststück gelegenen Abschnitt mit einem vorderen und zwei bis vier Paaren seitlicher Blindschläuche und in einen engeren abdominalen Dünndarm, in welchen die Ausführungsgänge der verästelten Leber (Mitteldarmdrüse) ihr Secret ergießen. Der hintere Abschnitt des Mitteldarmes nimmt zwei verästelte Harnkanäle auf und erweitert sich vor dem kurzen Enddarm zur Cloacalblase,

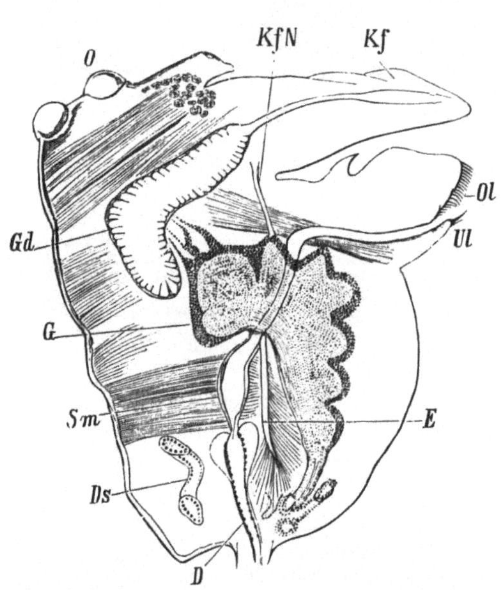

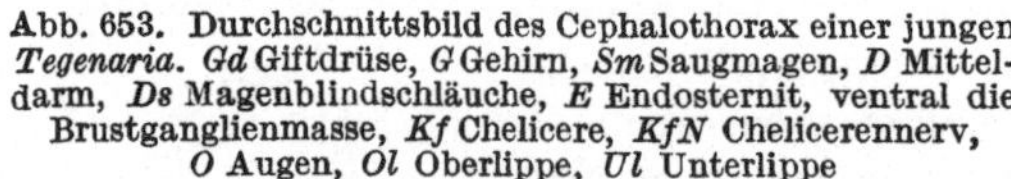

Abb. 653. Durchschnittsbild des Cephalothorax einer jungen *Tegenaria*. *Gd* Giftdrüse, *G* Gehirn, *Sm* Saugmagen, *D* Mitteldarm, *Ds* Magenblindschläuche, *E* Endosternit, ventral die Brustganglienmasse, *Kf* Chelicere, *KfN* Chelicerennerv, *O* Augen, *Ol* Oberlippe, *Ul* Unterlippe

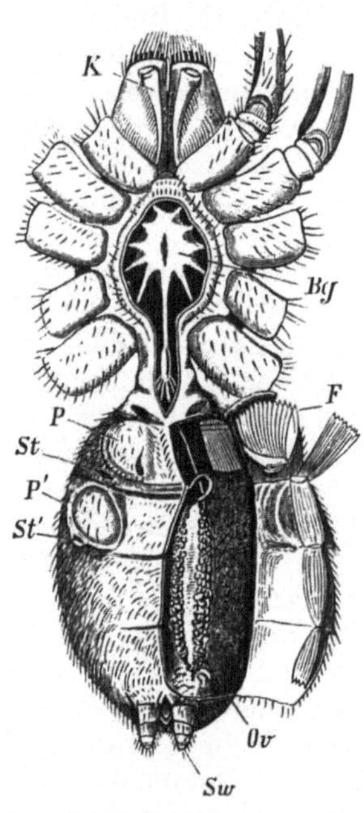

Abb. 654. *Avicularia* (*Mygale*) von der Bauchseite, ein Teil der Haut zur Seite gelegt (aus règne animal). *K* Cheliceren, *Bg* Brustganglienmasse, *P*, *P'* Fächertracheen (Fächerlungen), *F* Blättchen derselben, *St*, *St'* Stigmen, *Ov* Ovarium, *Sw* Spinnwarzen.

einem Reservoir für die Excretionsprodukte. Auch Coxaldrüsen finden sich vor (Abb. 657).

Die Kreislauforgane bestehen aus dem im Abdomen gelegenen Herzen, das drei oder vier Paare Ostien besitzt. Von ihm geht eine sich im Cephalothorax alsbald in zwei Stämme teilende, sich weiter verzweigende vordere sowie eine kurze hintere Aorta aus (Abb. 658), außerdem entsendet das Herz mehrere seitliche Arterienpaare.

Die Ovarien (Abb. 654) sind zwei traubige Drüsen, deren kurze Eileiter sich zu einem gemeinsamen Gange vereinigen und ventral an der Basis des Hinterleibes ausmünden. Überall finden sich Receptacula seminis (Spermatotheken?) entweder als Anhangsorgane der Vagina, oder häufig gesondert neben dieser ausmündend. Im letzteren Falle führt bei vielen Formen ein besonderer Befruchtungskanal vom Receptaculum zum gemeinsamen Oviductende. Die Hoden sind schlauchförmig und ihre Ausführungsgänge lange, gewundene Kanäle mit gemeinsamem Endgang, dessen Öffnung ebenfalls an der Basis des Abdomens liegt (Abb. 659).

Die Männchen unterscheiden sich durch den geringeren Umfang ihres Hinterleibes, zuweilen durch auffallende Kleinheit (*Nephila, Gasteracantha*) von den durchwegs oviparen Weibchen, welche ihre abgelegten Eier häufig in besonderen Gespinsten mit sich herumtragen (*Theridium, Dolomedes*). Sehr selten ist das Männchen größer als das Weibchen (z. B. *Argyroneta aquatica*). Ferner ist der Maxillarpalpus des Männchens als Copulationsorgan umgestaltet, indem das verdickte und ausgehöhlte Endglied löffelförmig und mit einem blasenförmigen Copulationsanhang nebst spiralig gebogenem Faden bzw. verschieden gestaltetem, kompliziertem Zangenapparat besetzt erscheint (Abb. 660). Vor der Begattung füllt das Männchen den Anhang mit Sperma und führt den Endfaden bei der Begattung an die weibliche Geschlechtsöffnung. Zuweilen leben beide Geschlechter friedlich nebeneinander auf benachbarten Gespinsten oder selbst eine Zeitlang auf demselben Gewebe; in anderen Fällen stellt das stärkere Weibchen dem Männchen wie jedem anderen schwächeren Tiere nach und schont dasselbe nicht einmal während oder nach der Begattung, zu der sich das Männchen mit größter Vorsicht naht.

Die Embryonen der Spinnen besitzen ein 8—9gliedriges Abdomen und an den vorderen Abdominalsegmenten auch Extremitätenanlagen, von denen sich die des 4. und 5. Abdominalsegmentes zu den Spinnwarzen umgestalten (Abbild. 661). Die aus den Eiern ausgeschlüpften Jungen haben

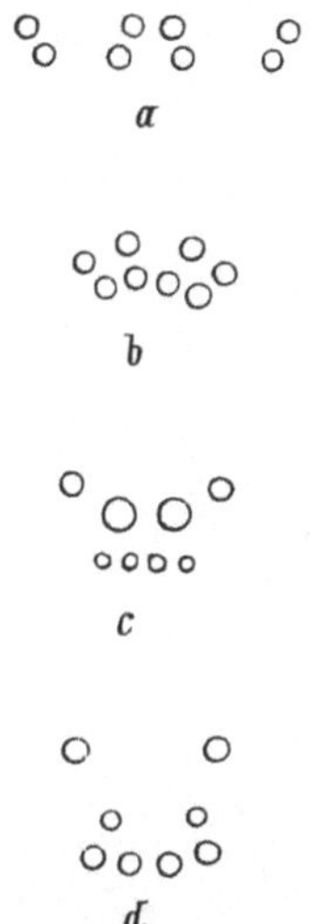

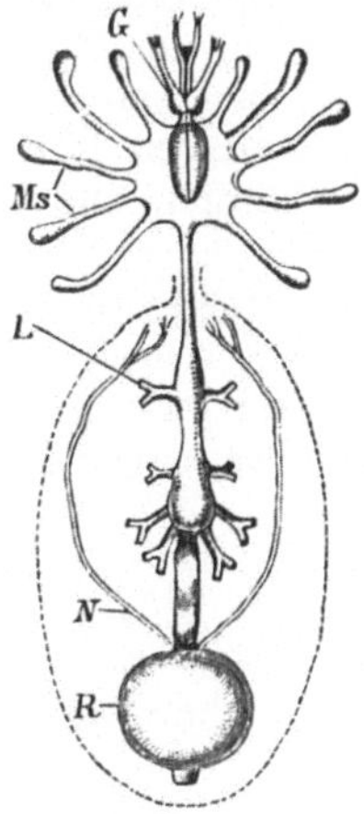

Abb. 655. Augenstellung verschiedener Spinnen. (Nach LEBERT.) a *Aranea* (*Epeira*), b *Tegenaria*, c *Dolomedes*, d *Salticus*.

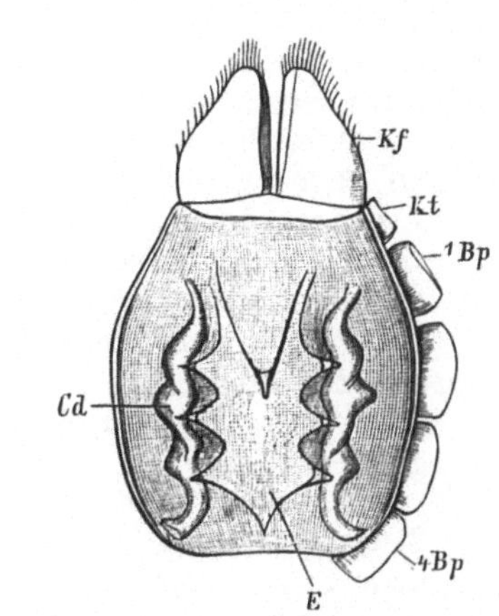

Abb. 656. Darmkanal von *Avicularia* (*Mygale*) (aus règne animal). *G* Gehirn, *Ms* Magenblindschläuche, *L* Lebergänge, *N* MALPIGHIsche Gefäße, *R* Cloacalblase.

Abb. 657. Kopfbruststück einer *Avicularia* (*Mygale*) nach Wegnahme der Rückendecke. *E* Endosternit, *Cd* Coxaldrüse, *Kf* Cheliceren, *Kt* Maxillarpalpen, *1 Bp*, *4 Bp* 1. und 4. Beinpaar.

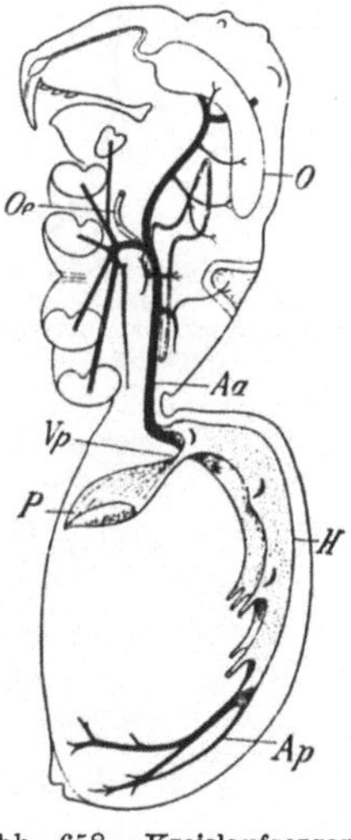

Abb. 658. Kreislaufsorgane von *Hogna* (*Lycosa*) *carolinensis*. (Nach PETRUNKEWITSCH.) *Aa* Vordere, *Ap* hintere Aorta, *H* Herz, *O* Giftdrüse, *Oe* Oesophagus, *P* Fächertrachee (Fächerlunge), *Vp* sogenannte Vena pulmonalis.

bereits die Gestalt der Eltern. Indessen sind dieselben vor ihrer ersten Häutung noch nicht imstande, Fäden zu spinnen und auf Raub auszugehen. Erst nach der Häutung sind sie dazu befähigt, verlassen das Gespinst der Eihüllen und beginnen Fäden zu ziehen und zu schießen sowie auf kleine Insecten Jagd zu machen. Die im Herbste massenhaft auftretenden, unter dem Namen „alter Weibersommer" bekannten Gespinste sind das Werk junger Spinnen, welche sich mittels derselben in die Luft erheben und an geschützte Orte zur Überwinterung getragen werden.

Die Spinnen nähren sich vom Raube anderer Tiere, insbesondere Insecten, und saugen deren Säfte ein. Die Art und Weise, wie sie sich in Besitz der Beute setzen, ist höchst verschieden und oft auf hoch entwickelte Kunsttriebe gestützt. Die sogenannten vagabundierenden Spinnen bauen überhaupt keine Fangnetze und verwenden das Secret der Spinndrüsen nur zur Überkleidung ihrer Schlupfwinkel und zur Verfertigung von Eiersäckchen; sie überfallen die Beute im Laufe oder selbst im Sprung. Die sogenannten sedentären Spinnen besitzen zwar auch die Fähigkeit der raschen und freien Ortsbewegung, verfertigen aber zum Beuteerwerbe Gespinste und Netze, auf denen sie selbst mit großer Geschicklichkeit hin- und herlaufen, während sich fremde Tiere, namentlich Insecten, sehr leicht in denselben verstricken. Die Gewebe selbst sind äußerst mannigfach und mit größerer oder geringerer Kunstfertigkeit angelegt, entweder zart und dünn aus unregelmäßig gezogenen Fäden gebildet, oder von filziger Beschaffenheit und horizontal ausgebreitet, oder sie stellen vertikale radförmige Netze dar, die in bewunderungswürdiger Regelmäßigkeit aus konzentrischen und radiären, im Mittelpunkte zusammenlaufenden Fäden verwoben sind. Sehr häufig finden sich in der Nähe der Gewebe und Netze röhrenartige oder trichterförmige Verstecke zum Aufenthalte der Spinne angelegt. Die meisten Spinnen gehen zur Dämmerung oder zur Nachtzeit auf Beute aus. Indessen gibt es auch zahlreiche vagabundierende Spinnen, die am hellen Tage jagen.

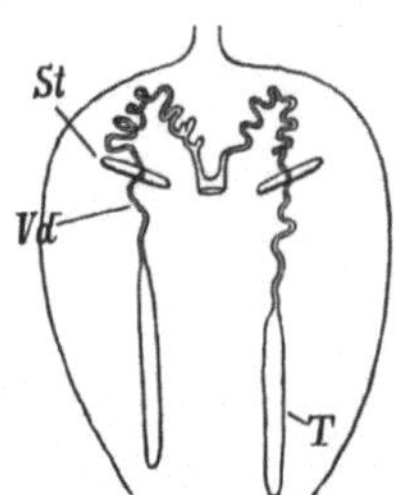

Abb. 659. Männliche Geschlechtsorgane von *Tegenaria domestica* mit den Umrissen des Hinterleibes. (Nach BERTKAU.) *St* Stigma, *T* Hoden, *Vd* Ductus deferens.

Abb. 660. Endteil des Maxillarpalpus des *Segestria*-Männchens mit dem Spermatophorenbehälter. (Nach BERTKAU.)

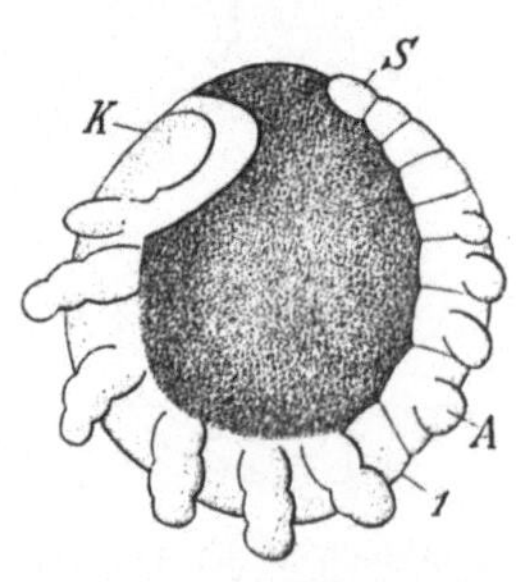

Abb. 661. Embryo von *Agelena labyrinthica*. (Nach WALLSTABE.) *1* Erstes Abdominalsegment, *A* Anlagen von Abdominalfüßen, *K* Kopflappen, *S* Endsegment.

1. Unterordnung. *Mesothelae.* Abdomen mit Gliederung. Die Spinnwarzen in Vierzahl mit je zwei Ästen liegen auf der Mitte des Abdomens vom After entfernt. Mit zwei Paar Fächertracheen. Sind ursprüngliche Formen.

Fam. *Liphistiidae.* Mit den Charakteren der Unterordnung. *Liphistius desultor* SCHDTE. Sumatra, Pinang (Abbild. 662). *Heptathela kimurai* KISHIDA. Südl. Japan.

2. Unterordnung. *Mygalomorphae.* Abdomen ungegliedert. Mit vier Fächertracheen und in der Regel mit vier hinten, vor dem After gelegenen Spinnwarzen (Abb. 654). Cheliceren nach vorn gerichtet.

Fam. *Aviculariidae (Mygalidae).* Meist große, dichtbehaarte Spinnen mit vier Spinnwarzen, von denen zwei sehr klein sind (Abb. 654). Bauen keine wahren Gewebe, sondern verfertigen lange Röhren im Erdboden oder tapezieren sich ihre Schlupfwinkel in Baumritzen und Erdlöchern mit einem dichten Gespinste aus und lauern teils an dem Eingange derselben auf Beute, teils suchen sie diese im Freien springend zu erhaschen. *Avicularia (Mygale) avicularia* L., Vogelspinne, bis 5 cm lang. Lebt in einem röhrenförmigen Gespinst zwischen Steinen und in Löchern von Baumrinde. Südamerika. *Selenocosmia javanensis* WALCK. Java. *Cteniza sauvagei* ROSSI, Tapezierspinne, Korsika, lebt in röhrenartigen Erdlöchern, deren Eingang mit einem Deckel wie mit einer Art Falltür geschlossen wird. *Nemesia caementaria* LATR. Südwesteuropa.

Fam. *Atypidae*. Mit sechs Spinnwarzen. *Atypus piceus* SULZ, Europa.

3. Unterordnung. *Araneimorphae*. Abdomen ungegliedert. In der Regel zwei Fächertracheen und zwei Röhrentracheen, selten mit zwei Paar Fächertracheen oder zwei Paar Röhrentracheen. Mit sechs hinten vor dem After gelegenen Spinnwarzen. Cheliceren nach unten gerichtet.

Fam. *Hypochilidae*. Mit vier Fächertracheen, mit Cribellum und Calamistrum. *Hypochilus thorelli* MARX, Nordamerika.

Fam. *Eresidae*. Körper gedrungen. Mit Cribellum und Calamistrum. *Eresus niger* PETAG. (*cinnaberinus* OL.). Süd- und Mitteleuropa. Verwandt *Amaurobius fenestralis* STROEM. Nord- und Mitteleuropa. *A. ferox* C. L. KOCH. Hier schließt sich an *Filistata* LATR.

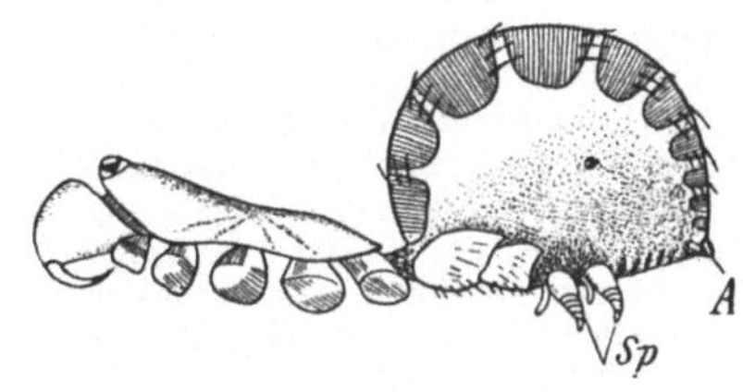

Abb. 662. *Liphistius desultor*, Maxillarpalpen und Füße abgeschnitten. (Nach RAY LANKESTER.) Etwas vergr. *A* Analöffnung, *Sp* Spinnwarzen.

Fam. *Dysderidae*. Mit sechs Augen und vier Stigmen. *Dysdera erythrina* LATR. (Abbild. 648). *Segestria senoculata* L. Europa. *Stalita taenaria* SCHDTE. Blind. In Höhlen Krains.

Hier schließt sich die Fam. *Oonopidae* an.

Fam. *Caponiidae*. Mit vier Röhrentracheen. Spinnwarzen in zwei Querreihen angeordnet. *Caponia natalensis* CAMBR. Südafrika.

Fam. *Pholcidae*. Cheliceren schwach, Beine sehr lang und dünn. *Pholcus opilionoides* SCHR., *Ph. phalangioides* FÜSSL. Mitteleuropa.

Fam. *Theridiidae*. Beine fast stets dünn. Bauen unregelmäßige Gewebe mit in allen Richtungen sich kreuzenden Fäden und halten sich auf dem Gewebe selbst auf. *Theridium lineatum* CLERCK. Nord- und Mitteleuropa. *Steatoda bipunctata* L., Fettspinne. *Latrodectus tredecimguttatus* ROSSI. Des Bisses wegen gefürchtet. Trop. und Subtrop.

Fam. *Argiopidae*. Zeigen im höchsten Grade die Charaktere sedentärer Spinnen ausgebildet, so auch in den gleichlangen Spinnwarzen, welche in einer engen Gruppe zusammengeschlossen liegen. Bauen ein horizontales deckenartiges oder senkrecht schwebendes radförmiges Gewebe. *Linyphia triangularis* CLERCK, *Tetragnatha extensa* L. Nord- und Mitteleuropa. *Gasteracantha cancriformis* L. Mittelamerika. Männchen zwergartig klein. *Nephila maculata* FABR. Trop. Asien, Malai. Inseln. *N. madagascariensis* VINS., Madagaskar. Beides Seidenspinnen, deren Fäden als Spinnenseide verwendet werden. Männchen sehr klein. *Argiope lobata* PALL. Südeuropa. *Meta segmentata* CLERCK, *Aranea* (*Epeira*) *diademata* CLERCK, Kreuzspinne. Europa.

Fam. *Thomisidae*. Krabbenspinnen. Die beiden vorderen Beinpaare länger als die nachfolgenden (Abb. 663c). Spinnen nur vereinzelte Fäden und jagen unter Blättern nach Insecten. Laufen auch rasch seitlich und rückwärts. *Thomisus albus* GM., *Philodromus aureolus* CLERCK. Europa.

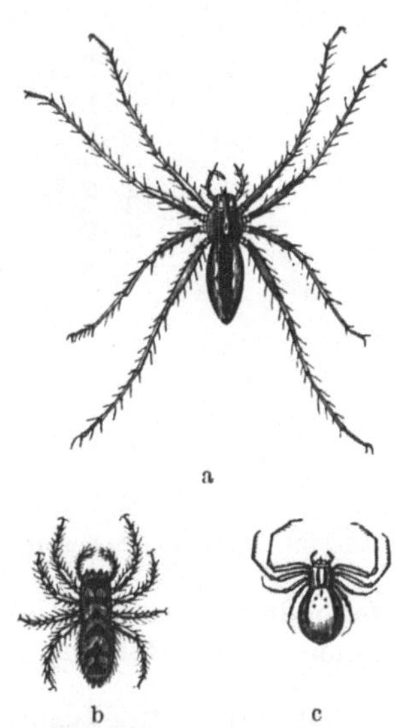

Fam. *Clubionidae*. Mit zwei Tarsalkrallen. Cheliceren stark. Die beiden unteren Spinnwarzen untereinander verbunden. *Micrommata virescens* CLERCK. Europa. *Clubiona pallidula* CLERCK (*holosericea* WALCK.). Europa. Spinnt ein durchsichtiges, anhaftendes Gewebe an gerollten Blättern. *Agroeca brunnea* BLACKW. Kokon mit Lehmkruste. Europa, Nordafrika. *Myrmecium* LATR. Ameisenähnlich. Südamerika.

Abb. 663. a *Pisaura mirabilis*. ¹/₁. b *Salticus scenicus*. ²/₁. c *Thomisus citreus*. ¹/₁. (Aus règne animal.)

Fam. *Agelenidae*. Tarsalkrallen in Dreizahl, gezähnt. Spinnen ein mehr oder minder ausgedehntes horizontales, feines und dichtes Gewebe. *Argyroneta aquatica* CLERCK, Wasserspinne. Spinnt ein glockenförmiges wasserdichtes Gewebe, welches einer Taucherglocke vergleichbar, mit Luft gefüllt ist und an Wasserpflanzen angeheftet wird. *Agelena laby-*

rinthica Clerck, *Tegenaria domestica* Clerck, Winkelspinne. Nord- und Mitteleuropa. Hier schließen sich an *Dolomedes fimbriatus* Clerck, *Pisaura (Ocyale) mirabilis* Clerck (Abb. 663a). Europa.

Fam. *Lycosidae*, Wolfsspinnen. Mit länglich ovalem, nach vorn verschmälertem, aber stark gewölbtem Kopfbruststück und acht, meist in drei Querreihen angeordneten Augen. Sie laufen mit ihren langen starken Beinen frei umher, erjagen ihre Beute und sind tagsüber meist unter Steinen in austapezierten Schlupfwinkeln verborgen. Die Weibchen sitzen häufig auf ihrem Eiersacke oder tragen denselben mit sich am Hinterleibe herum und beschützen meist die Jungen noch eine Zeitlang nach dem Ausschlüpfen. *Hogna (Trochosa) singoriensis* Laxm. Osteuropa. *H. (Lycosa) tarentula* Rossi, Tarantelspinne. Südosteuropa, lebt in Höhlen unter der Erde. *Lycosa saccata* L. (*amentata* Clerck). Mitteleuropa.

Fam. *Salticidae (Attidae)*, Springspinnen. Mit großem gewölbten Bruststück und acht ungleich großen, fast im Quadrat gruppierten Augen (Abb. 655d). Die ziemlich kurzen, kräftigen Beine dienen zum Sprunge, mit dem sie frei umherirrend ihre Beute erhaschen. Bauen keine Netze, wohl aber feine, sackförmige Gespinste, in denen sie sich nachts aufhalten und später ihre Eiersäckchen bewachen. *Salticus scenicus* Clerck (Abb. 663b), *Myrmarachne formicaria* Geer. Europa. *Sitticus (Attus) pubescens* Fabr., *Philaeus chrysops* Poda. Mitteleuropa.

<h3 align="center">4. Ordnung, Solifugae, Walzenspinnen[1].</h3>

Arachnoideen mit zwei freien, vom Cephalothorax abgegliederten Thoracalsegmenten und 10gliedrigem sitzenden Abdomen. Cheliceren mit Scheren, Maxillarpalpen beinartig. Atmen durch Röhrentracheen.

An dem reich behaarten Körper der Solifugen (Abb. 664) ist der Cephalothorax kurz und trägt bloß vier Gliedmaßenpaare, während die zwei hinteren Thoracalsegmente mit je einem Extremitätenpaar frei bleiben. Das Abdomen weist zehn Segmente auf, von denen das Genitalsegment das größte ist. Die mächtigen Cheliceren sind vertikal gestellte Scheren, die beinartigen Maxillarpalpen enden mit einem fächerförmigen Haftorgan. Das stets schmächtige erste Beinpaar endigt abgerundet mit Borsten oder trägt winzige Krallen, während die drei hinteren Thoraxbeine mächtige Krallen besitzen. An den Grundgliedern des 4. Beines finden sich eigentümliche hammerförmige Plättchen (Malleoli), die reich an Sinnesnervenendigungen sind; sie sind beim Männchen größer. Die Walzenspinnen besitzen zwei große vorstehende Augen sowie ein oder zwei Paare rudimentärer Seitenaugen. Sie atmen durch Röhrentracheen, welche an den dem Genitalsegment folgenden

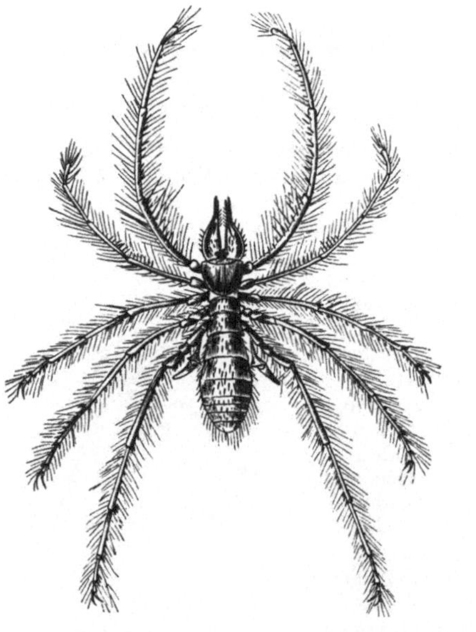

Abb. 664. *Galeodes arabs* (aus règne animal). 2/3

[1] Kittary, M.: Anatomische Untersuchung der gemeinen (*Galeodes araneoides*) und der furchtlosen (*G. intrepida*) *Solpuga*. Bull. Soc. Nat. Moskau **21** (1848). — Dufour, L.: Anatomie, physiologie et histoire naturelle des Galéodes. Mém. prés. à l'Acad. Paris **17** (1862). — Bernard, H. M.: The comparative Morphology of the Galeodidae. Trans. Linnean Soc. London 1896. — Kraepelin, K.: Palpigradi und Solifugae. Tierreich, 12. Liefg. Berlin 1901. — Heymons, R.: Biologische Beobachtungen an asiatischen Solifugen. Abh. preuß. Akad. Wiss., Physik.-math. Kl. Berlin 1902. — Über die Entwicklungsgeschichte und Morphologie der Solifugen. C. r. Congr. internat. Zool. 1904. — Rühlemann, H.: Über die Fächerorgane, sog. Malleoli oder Raquettes coxales, des vierten Beinpaares der Sol-

drei Abdominalsegmenten ausmünden. Dazu kommt ein akzessorisches Stigmenpaar am Cephalothorax hinter dem 2. Fußpaare. Das Männchen ist durch den Besitz eines Flagellums an den Cheliceren ausgezeichnet. Die Entwicklung ist direkt; der Embryo besitzt am zweiten bis letzten Abdominalsegment Extremitätenanlagen. Die Walzenspinnen leben in sandigen warmen Gegenden als nächtliche Tiere und sind ihres Bisses halber gefürchtet; doch wurde eine Giftdrüse nicht gefunden.

Fam. *Galeodidae.* Die Stigmen der beiden ersten abdominalen Paare von einer feingezähnelten Platte überdeckt. Krallen der Beine behaart. *Galeodes araneoides* PALL. Südrußland, Kleinasien, Persien, Turkestan. *G. graecus* C. L. KOCH. Griechenland, Kleinasien. *G. arabs* C. L. KOCH, Arabien, Kleinasien, Afrika (Abb. 664).

Fam. *Solpugidae.* Die Stigmen der beiden ersten abdominalen Paare nicht von gezähnelten Platten geschützt. Endkrallen der Beine kahl. *Solpuga flavescens* C. L. KOCH. Nordafrika. *Rhagodes melanus* OL. Algier, Ägypten.

5. Ordnung. **Pseudoscorpionidea (Chelonethi), Afterskorpione**[1].

Arachnoideen von geringer Größe mit breitem, 11gliedrigem Abdomen. Cephalothorax zuweilen mit zwei Querfurchen. Cheliceren und Maxillarpalpen mit Scheren. Mit Spinndrüsen an den Cheliceren, durch Röhrentracheen atmend.

In ihrer äußeren Erscheinung erinnern die Afterskorpione (Abb. 665) an die Skorpione. Der Cephalothorax ist zuweilen durch zwei Querfurchen in drei Abschnitte geteilt, das 11gliedrige Abdomen breit und platt. Die Füße enden mit zwei Krallen und einem kegelförmigen Haftorgan. Eine Giftdrüse ist nicht vorhanden. Alle besitzen Spinndrüsen, die an den Cheliceren ausmünden. Augen finden sich zwei oder vier vor, können aber auch fehlen. Die Atmung erfolgt durch Röhrentracheen, welche in zwei Paaren von Stigmen am Hinterrande des Genitalsegmentes und des folgenden Abdominalsegmentes münden. Excretorische Darmdrüsen fehlen. Die abgelegten Eier werden in einem an der Genitalöffnung befestigten Sack getragen. Die frühzeitig die Eihüllen verlassenden Larven besitzen ein provisorisches Saugorgan. Die Afterskorpione halten sich unter Baumrinde, Moos, zwischen den Blättern alter Folianten usw. auf,

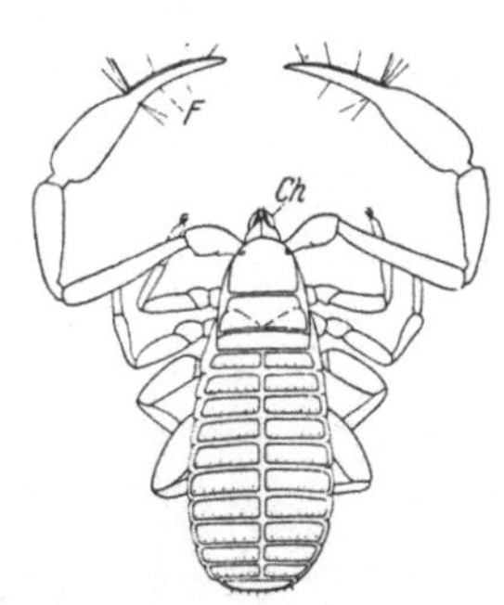

Abb. 665. *Chelifer cancroides.* (Nach M. BEIER.) *Ch* Cheliceren, *F* Maxillarpalpen. Etwa 8/1

laufen schnell seitlich und rückwärts und ernähren sich von Milben und kleinen Insecten.

Fam. *Chthoniidae.* Cephalothorax hinten verschmälert. Tarsen teils ein-, teils zweigliedrig. *Chthonius tetrachelatus* PREYSSL. (*trombidioides* LATR.). Unter Steinen in Wäldern. Europa, Nordafrika.

Fam. *Neobisiidae.* Seiten des Cephalothorax parallel. Tarsen zweigliedrig. *Neobisium* (*Obisium*) *muscorum* LEACH. In Wäldern, Europa. *N. spelaeum* SCHDTE. Augenlos. In

pugiden. Z. Zool. **91** (1908). — SÖRENSEN, W.: Recherches sur l'anatomie, extérieure et intérieure, des Solifuges. Oversigt Vidensk. Selsk. Forh. Kopenhagen 1914. — Vgl. überdies die Schriften von CRONEBERG, HANSEN, BIRULA u. a.

[1] MENGE, A.: Über die Scheerenspinnen. Neueste Schrift. Naturf. Ges. Danzig **1855**. — KOCH, L.: Übersichtliche Darstellung der europäischen Chernetiden. Nürnberg 1873. — SIMON, E.: Les Arachnides de France. 7. Paris 1879. — BARROIS, J.: Mémoire sur le développement des Chelifer. Rev. Suisse Zool. **3** (1896). — SCHTSCHELKANOWZEW, J.: Beiträge zur Anatomie der Pseudoskorpione (russ.). Gel. Schrift. Univ. Moskau **1903**. — Der Bau der männlichen Geschlechtsorgane von Chelifer und Chernes. Festschr. R. Hertwig **2** (1910). — WITH, C. J.: Chelonethi. Danish Exp. to Siam. Vidensk. Selsk. Skrifter. Kopenhagen 1907. — BEIER, M.: Die Pseudoscorpionidea. Tierr. **57**(1932). Vgl. überdies die Arbeiten von METSCHNIKOFF, CRONEBERG, HANSEN, BALZAN u. a.

Höhlen Krains. *Garypus beauvoisi* SAV. (*bravaisi* GERV.). Mittelmeergebiet. An der Küste unter Tang.

    Fam. *Cheliferidae.* Cephalothorax nach vorn verschmälert. Tarsen eingliedrig. *Chelifer cancroides* L., Bücherskorpion. In alten Folianten. Weit verbreitet (Abb. 665). *Chernes cimicoides* FABR. Augenlos. Europa. *Cheiridium museorum* LEACH. Augenlos. Europa, Nordafrika.

6. Ordnung. Opilionidea, Afterspinnen[1].

Arachnoideen mit gegliedertem, dem Kopfbruststück breit angefügtem Abdomen, mit Scherencheliceren und beinförmigen Maxillarpalpen, mit vier oft langen, dünnen Beinpaaren, durch Röhrentracheen atmend.

Der Cephalothorax der Afterspinnen (Abb. 666) trägt mit Scheren endende Cheliceren, beinartige, mit Klauen bewaffnete Maxillarpalpen sowie vier Paare oft langer, dünner Beine. Die Coxen der vorderen Füße besitzen Kauladen. Das kurze, breite Abdomen ist (zuweilen undeutlich) gegliedert (die Zahl der Segmente ist wohl 10); seine vorderen Segmente

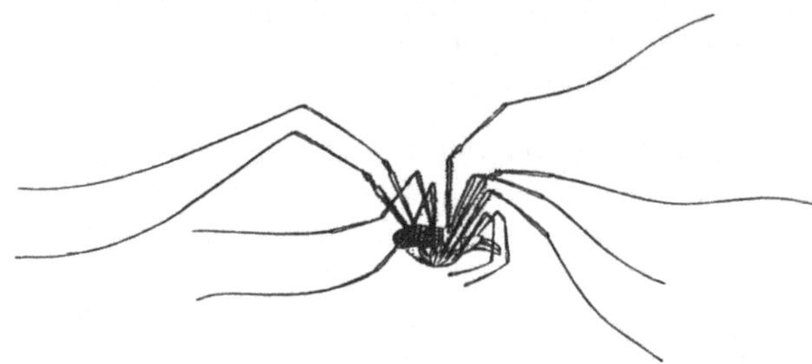

Abb. 666. *Phalangium opilio (cornutum)* (aus règne animal). 1/1

können bis auf die letzten mit dem Cephalothorax verwachsen. Vorne am Seitenrande des letzteren mündet jederseits ein Drüsensack (Stinkdrüse). Das Nervensystem gliedert sich in Gehirn und eine Unterschlundganglienmasse. Von Sinnesorganen finden sich zwei Augen, in der Regel auf einer kleinen Erhebung in der Mittellinie des Cephalothorax. Auch sogenannte leierförmige Organe kommen vor. Die Atmungsorgane münden am Vorderende des Abdomens mittels eines einzigen Stigmenpaares (Abb. 667), meist unter den Hüften des letzten Beinpaares, und sind Röhrentracheen. Akzessorische Stigmen finden sich je zwei an der Tibia aller Füße bei *Phalangiiden.* Das Herz ist ein mit zwei Spaltenpaaren versehenes Rückengefäß. Ein Saugmagen fehlt. Der Mitteldarm bildet große Blindsäcke. Excretorische Darmdrüsen fehlen.

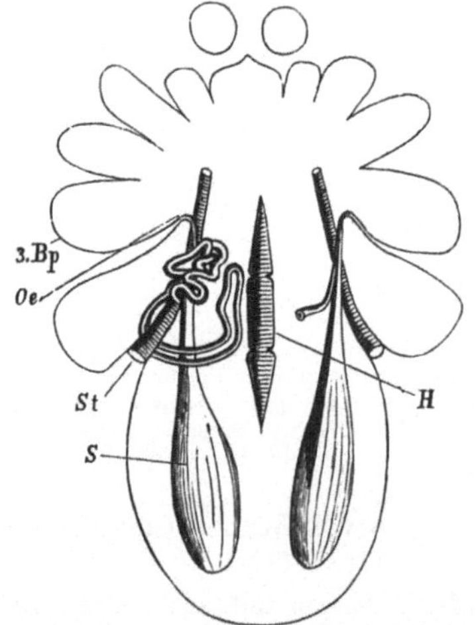

Abb. 667. Die Coxaldrüsen von *Eugagrella variegata.* (Nach LOMAN.) *Oe* ihre Ausmündung, *S* Nebensack, *St* Stigma, *H* Herz, *3. Bp* drittes Beinpaar.

[1] TULK, A.: Upon the anatomy of *Phalangium opilio.* Ann. of nat. hist. 12 (1843). — MENGE, A.: Über die Lebensweise der Afterspinnen. Danzig 1850. — JOSEPH, G.: *Cyphophthalmus duricorius.* Berl. entomol. Z. 12 (1868). — LOMAN, J. C. C.: Vergleichend anatomische Untersuchungen an chilenischen und anderen Opilioniden. Zool. Jb. Suppl. 6 (1905). — HENKING, H.: Untersuchungen über die Entwicklung der Phalangiden. Z. Zool. 45 (1887). — PURCELL, F.: Über den Bau des Phalangidenauges. Ebenda 58 (1894). — FAUSSEK, V.: Studien über die Entwicklungsgeschichte und Anatomie der Afterspinnen (Phalangiidae) (russ.). Arb. Petersb. naturforsch. Ges. 22 (1891). — HANSEN, H. J. a. W. SÖRENSEN: On two orders of Arachnida, Opiliones, especially the suborder Cyphophthalmi, and Ricinulei etc. Cambridge 1904. — ROEWER, C. F.: Die Weberknechte der Erde. Jena 1923. — Ferner die Schriften von TREVIRANUS, THORELL, SIMON, KROHN, DE GRAAF, RÖSSLER, THON, SCHWANGART, A. MÜLLER u. a.

Eine mächtige Coxaldrüse mit Nebensack mündet am Hüftgliede des dritten Beinpaares (Abb. 667). Sowohl die männliche als die weibliche Geschlechtsöffnung liegt
zwischen dem hinteren Beinpaare, im ersteren Falle kann aus ihr ein rohrartiges
Begattungsorgan, im letzteren eine häufig langgestreckte Legeröhre (Ovipositor)
hervorgestreckt werden (Abb. 668). Das Ovarium ist halbringförmig und besitzt
einen engen, in seinem Verlaufe zu einer bauchigen Auftreibung (Uterus) erweiterten Oviduct. Auch der Hoden ist halbringförmig. Seine zwei Ductus deferentes
vereinigen sich zu einem gemeinsamen Endgang. Dazu kommt in beiden Geschlechtern ein Drüsenpaar nicht weit von der Genitalöffnung. Zu bemerken ist
die Erzeugung von Eiern neben dem Sperma im Hoden bei fast allen Männchen.
Bei der Begattung dringt das rohrförmige Begattungsorgan des Männchens in die
Legeröhre des Weibchens. Die Eier werden mittels der Legeröhre in feuchte Erde
abgelegt und überdauern hier die Zeit des Winters bis zum Frühjahr, in welchem
die Jungen ausschlüpfen. Die Afterspinnen halten sich am Tage meist in Verstecken auf und gehen zur Nachtzeit auf Nah-
rung aus, die aus pflanzlichen Stoffen und toten

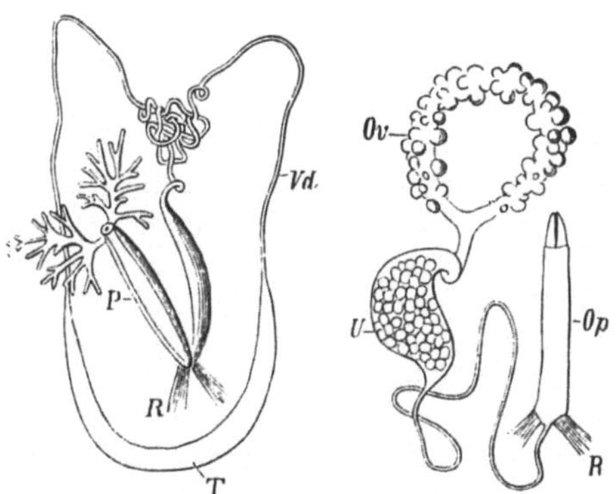

Abb. 668. Männliche und weibliche Geschlechtsorgane von *Phalangium opilio*. (Nach KROHN.) *P* Copulationsorgan mit Anhangsdrüsen, *R* Retractoren, *T* Hoden, *Vd* Ductus deferentes, *Ov* Ovarium,
Op Ovipositor, *U* Uterus.

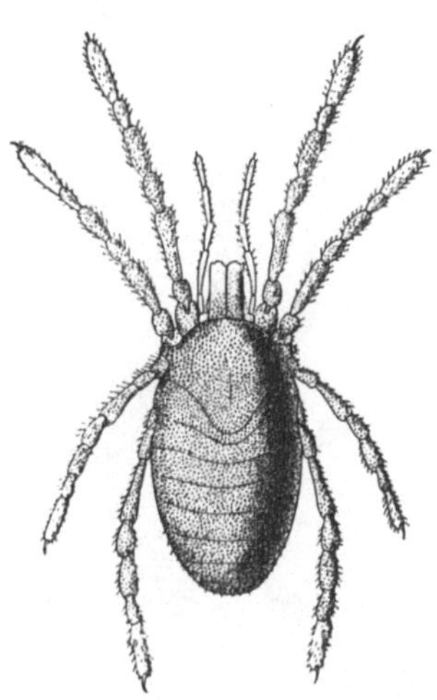

Abb. 669. *Siro duricorius.*   (Nach
HANSEN u. SÖRENSEN.) 12·5/1

Insecten besteht. Besonders zahlreiche Arten und höchst bizarre Formen leben
in Südamerika.

1. Unterordnung. *Cyphophthalmi.* Die Abdominalsegmente mit Ausnahme
des letzten dorsal und ventral zu einem Schilde vereinigt. Sternum ziemlich lang
und sehr schmal. Maxillarpalpen fadenförmig. Beine kurz mit langer Klaue.

Fam. *Sironidae.* Kleine, cheliferidenähnliche Tiere. Körper harthäutig. Augen fehlen
meist. *Siro (Cyphophthalmus) duricorius* JOSEPH. In Höhlen von Krain (Abb. 669). *Para-
siro corsicus* E. SIM. Korsika.

2. Unterordnung. *Palpatores.* Sternum kurz. Maxillarpalpen schlank, Füße
stets nur mit einer Klaue bewaffnet.

Fam. *Trogulidae.* Körper zeckenähnlich, harthäutig, mit langgestrecktem Abdomen.
Vorderende des Cephalothorax in eine die Mundteile deckende Kappe verlängert. Beine
ziemlich kurz. *Trogulus tricarinatus* L. Südeuropa.
Fam. *Phalangiidae.* Körper meist weichhäutig. Beine lang und dünn. Tarsen viel-
gliedrig. *Phalangium opilio* L. (*cornutum* L.), gemeiner Weberknecht (Abb. 666). *Liobonum
rotundum* LATR., *Lacinius (Acantholophus) hispidus* HBST. Mitteleuropa. *Gagrella spinulosa*
THOR. Birma. *Eugagrella variegata* DOL. Java. Hier schließt sich an *Nemastoma lugubre*
MÜLL. Europa.

3. Unterordnung. *Laniatores.* Sternum lang und schmal. Maxillarpalpen

stark. Die zwei ersten Fußpaare mit einer Klaue, die beiden hinteren mit zwei Klauen bewaffnet.

Fam. *Phalangodidae.* Körper birnförmig oder dreieckig, hinten am breitesten. *Scotolemon terricola* E. Sim. In Grotten oder unter Steinen. Mittel- und Norditalien, Algier. *Phalangodes armata* Tellk. Blind. In Höhlen. Nordamerika.

Fam. *Gonyleptidae.* Cephalothorax und Dorsalplatten der fünf ersten Abdominalsegmente zu einem Schilde vereinigt. Maxillarpalpen bedornt. Hinterbeine sehr groß, von den übrigen weit entfernt. *Gonyleptes horridus* Kirby. Brasilien.

7. Ordnung. Ricinulei (Podogona)[1].

Arachnoideen von plumpem Körper, Kopfbruststück am Vorderende mit beweglich abgesetzter Platte. Abdomen mit vier sichtbaren Gliedern. Cheliceren mit Scheren, Maxillarpalpen fußartig mit schwacher Schere.

Die *Ricinulei* bilden eine kleine Gruppe von Arachnoideen, die durch manche Eigentümlichkeiten ausgezeichnet sind. Sie wurden meistens zu den Opilioniden gestellt, von Karsch als rezente Ausläufer der fossilen Arachnoideenordnung *Anthracomarti* (*Meridogastra*) aufgefaßt.

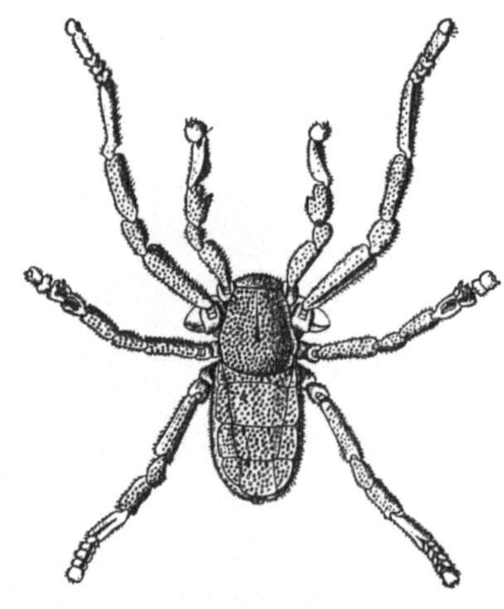

Der von einer dicken und harten Cuticula bedeckte plumpe Körper (Abb. 670) weist einen Cephalothorax auf, der eine mit seinem Vorderrande artikulierende Platte besitzt. An dem vom Cephalothorax mit kurzem Stiele beweglich abgesetzten Abdomen sind vier Segmente sichtbar; doch besteht es nach Hansen und Sörensen aus neun Metameren, von denen jedoch die vorderen und hinteren reduziert sind. Die kurzen Cheliceren enden mit einer Schere, die beinartigen Maxillarpalpen sind mit ihren Basalgliedern verschmolzen und am Ende gleichfalls mit einer nur schwachen Schere ausgestattet. Von den vier Brustfußpaaren sind die Basalteile der vorderen unbeweglich mit dem Cephalothorax verbunden, die des 4. Beinpaares beweglich eingelenkt. Der zweite Brustfuß ist der längste, der erste der kürzeste. Alle Brustfüße enden mit zwei kleinen Krallen. Beim Männchen ist der Metatarsus des 3. Beinpaares verdickt und ausgehöhlt, die beiden ersten Tarsalglieder besitzen löffelförmige Platten, Bildungen, die jedenfalls einen Copulationsapparat vorstellen (daher *Podogona*). Die Genitalöffnung liegt an der Basis des Abdomens. Die Tiere atmen durch ein Paar Büscheltracheen, deren Stigmen am Hinterrande des Cephalothorax ausmünden. Augen fehlen.

Abb. 670. *Cryptostemma sjöstedti*, Männchen. (Nach Hansen u. Sörensen.) Etwa ³/₁

Fam. *Cryptostemmatidae.* *Cryptostemma westermanni* Guér. Zentralafrika. *C. sjöstedti* H. J. Hans. et Sörensen. Westl. Zentralafrika (Abb. 670). *Cryptocellus foedus* Westw. Brasilien.

---

[1] Außer Guérin-Méneville vgl. Karsch, F.: Über *Cryptostemma* Guér usw. Berl. entomol. Z. 37 (1892). — Thorell, T.: On an apparently new Arachnid belonging to the family Cryptostemmoidae Westw. Bihang Vetensk. Akad. Hdl. Stockholm 17 (1892). — Hansen, H. J. a. W. Sörensen: On two orders of Arachnida, Opiliones and Ricinulei. Cambridge 1904.

8. Ordnung. **Acarina, Milben**[1].

Arachnoideen von meist gedrungener Körperform, mit ungegliedertem, mit dem Kopfbruststück verschmolzenem Abdomen, mit beißenden oder saugenden und stechenden Mundwerkzeugen, meist durch Röhrentracheen atmend.

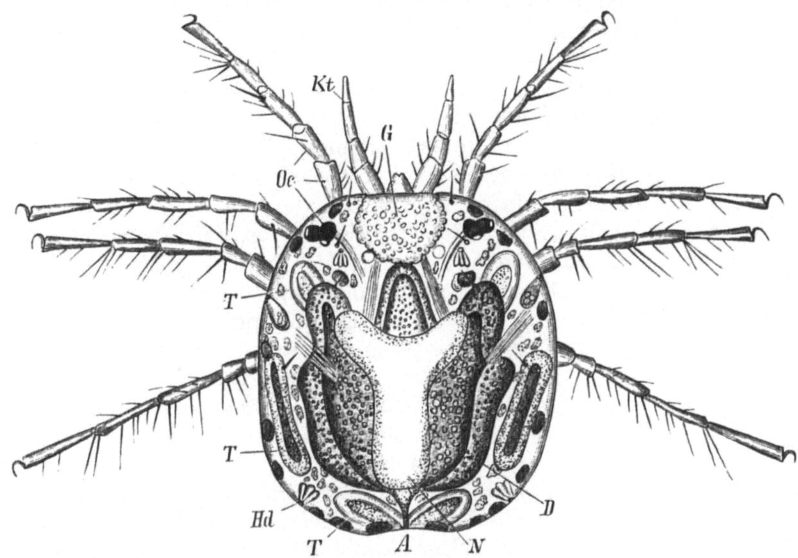

Abb. 671. Männchen von *Atax bonzi*. (Nach E. CLAPARÈDE.) $^{70}/_1$. *Kt* Maxillarpalpen, *D* Darm, *G* Gehirn, *N* Harnorgan (Y-förmige Drüse), *A* After, *Hd* Hautdrüsen, *Oc* Auge, *T* Hoden.

Der Körper der durchgängig kleinen Acarinen besitzt eine gedrungene ungegliederte Gestalt. Cephalothorax und Abdomen sind zu einer einheitlichen Masse

---

[1] Außer O. FR. MÜLLER, DUGÈS, NICOLET vgl. FÜRSTENBERG, O.: Die Krätzmilben des Menschen und der Tiere. Leipzig 1861. — PAGENSTECHER, AL.: Beiträge zur Anatomie der Milben 1, 2. Leipzig 1860, 1861. — CLAPARÈDE, E.: Studien an Acariden. Z. Zool. **18** (1868). — KRAMER, P.: Grundzüge zur Systematik der Milben. Arch. Naturgesch. **43** (1877). — MÉGNIN, P.: Les parasites et les maladies parasitaires. Paris 1880. — HENKING, H.: Beiträge zur Anatomie, Entwicklungsgeschichte und Biologie von *Trombidium fuliginosum*. Z. Zool. **37** (1882). — WINKLER, W.: Das Herz der Acarinen usw. Arb. zool. Inst. Wien **7** (1886). — Anatomie der Gamasiden. Ebenda **7** (1888). — v. SCHAUB, R.: Über die Anatomie von *Hydrodroma*. Sitzgsber. Akad. Wiss. Wien, Math.-naturwiss. Kl. **1888**. — WAGNER, J.: Die Embryonalentwicklung von *Ixodes calcaratus* (russ.). Arb. Zool. Labor. Univ. Petersbrug **1894**. — NALEPA, A.: Die Anatomie der Tyroglyphen. Sitzgsber. Akad. Wiss. Wien, Math.-naturwiss. Kl. **1884, 1885**. — Die Anatomie der Phytopten. Ebenda **1887**. — Eriophyidae. Tierreich 4. Liefg. **1898**. — Eriophyiden. Bibliotheca zoologica **61** (1910). — MICHAEL, A. D.: Oribatidae. Tierreich 3. Liefg. **1898**. — British Tyroglyphidae. 2 Bde. London 1901—1903. — PIERSIG, R.: Deutschlands Hydrachniden. Bibliotheca zoologica **22** (1897—1900). — PIERSIG, R. u. H. LOHMANN: Hydrachnidae und Halacaridae. Tierreich 13. Liefg. **1901**. — CANESTRINI, G. u. P. KRAMER: Demodicidae und Sarcoptidae. Ebenda 7. Liefg. **1899**. — NEUMANN, L. G.: Ixodidae. Ebenda 26. Liefg. **1911**. — CANESTRINI, G.: Prospetto dell' Acarofauna Italiana. Atti Soc. Veneto-Trent. **1885— 1899**. — THOR, S.: Recherches sur l'anatomie comparée des Acariens prostigmatiques. Ann. des Sci. natur. **1904**. — BONNET, A.: Recherches sur l'anatomie comparée et le développement des Ixodidés. Ann. Univ. Lyon **1907**. — NORDENSKIÖLD, E.: Zur Anatomie und Histologie von *Ixodes reduvius*. Zool. Jb. 3 Tle. **1908—1911**. — NUTTALL, G., WARBURTON, C., COOPER, W. a. L. ROBINSON: Ticks. Monograph of the Ixodoidea. Cambridge 1908—1911; 1926. — REUTER, E.: Zur Morphologie und Ontogenie der Acariden usw. Acta Soc. Sci. Fenn. **36** (1909). — WITH, C. J.: The Notostigmata, a new suborder of Acari. Vidensk. Medd. Kopenhagen **1904**. — Vgl. außerdem die Arbeiten von BERLESE, G. HALLER, CRONEBERG, THON, TROUESSART, OUDEMANS, CHRISTOPHERS, VITZTHUM, SAMSON, HALÍK u. a.

vereinigt (Abb. 671). Äußerst wechselnd ist die Form der Mundwerkzeuge, die entweder zum Beißen oder zum Stechen und Saugen dienen können. Die Cheliceren sind demgemäß bald vorstehend und mit Klauen oder Scheren ausgestattet, bald einziehbare Stilette. Im letzteren Falle bilden die mit Klauen oder Scheren endenden oder tasterförmigen Maxillarpalpen mit ihrer Basis eine als Saugrüssel dienende Scheide (Abb. 676). Die vier (selten zwei) Beinpaare gestalten sich nicht minder verschieden, indem sie zum Kriechen, Anklammern, Laufen oder Schwimmen dienen können. Sie endigen meist mit zwei Klauen, zuweilen bei parasitischer Lebensweise mit gestielten Haftscheiben. Bei vielen Formen finden sich Hautdrüsen vor. Bei *Ixodiden* ist an der Grenze zwischen den Mundteilen und dem Rückenschild eine vorstülpbare Blase mit Drüsen (Subscutaldrüse) vorhanden, die bei der Eiablage ein Secret zur Umhüllung der Eier liefert.

Das Nervensystem ist auf eine gemeinsame, Gehirn und Bauchganglien vereinigende, den Oesophagus umgebende Ganglienmasse zusammengedrängt; auch ein unpaarer Eingeweidenerv ist beobachtet. Augen können fehlen oder treten in ein oder zwei Paaren auf. Ein bei Zecken sich findendes Sinnesorgan ist das sogenannte HALLERsche Organ am Tarsus des 1. Beinpaares (Geruchsorgan). Der Darmkanal ist mit Speicheldrüsen versehen und bildet jederseits eine Anzahl blindsackartiger Fortsätze. Viele Milben besitzen zwei oder eine excretorische Darmdrüse (Abb. 671, 673). Coxaldrüsen sind bei einigen Milben bekannt (*Limnochares, Ixodes, Argas*). Nur in wenigen Fällen (*Gamasus, Ixodes*) findet sich im Abdomen ein kurzes sackförmiges Herz mit zwei oder vier Seitenspalten, nebst Aorta (Abb. 672), bei *Ixodes* auch eine hintere Caudalarterie (NORDENSKIÖLD). Bei zahlreichen Milben treten Tracheen auf, welche büschelweise aus einem in der Regel vor oder hinter dem letzten Beinpaare gelegenen Stigmenpaare entspringen; zuweilen finden sich sekundäre Stigmen dorsal bei den Cheliceren. Die parasitischen Formen entbehren besonderer Respirationsorgane. Die Milben sind getrennten Geschlechtes. Parthenogenese findet sich bei *Amblyomma agamum*, *Cheyletus*, *Tetranychus*. Der männliche Geschlechtsapparat besteht aus einem paarigen oder unpaaren Hoden, dessen Ausführungsgänge durch einen oft mit

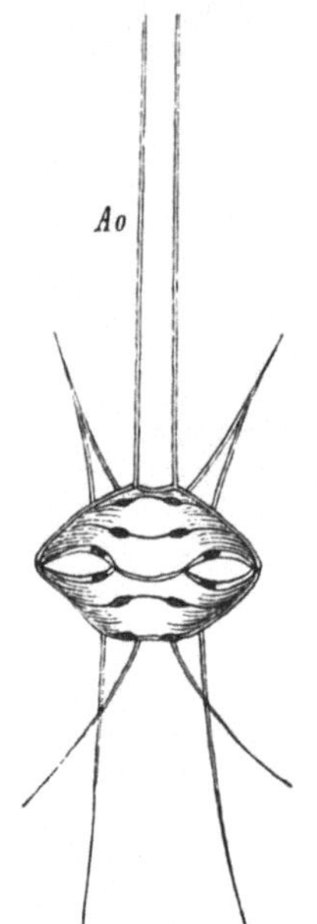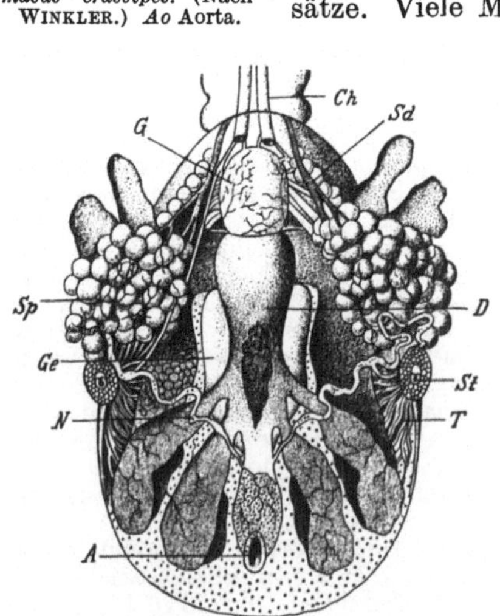

einer Anhangsdrüse versehenen gemeinsamen Endgang an einem Copulationsorgan nach außen münden. Bei *Ixodiden* wird eine Spermatophore gebildet. Die Ovarien sind gleichfalls unpaar oder paarig und ebenso deren Ausführungsgänge, welche sich zur Bildung eines gemeinsamen Eileiters, häufig mit Anhangsdrüse und

Abb. 672. Herz von *Gamasus crassipes*. (Nach WINKLER.) *Ao* Aorta.

Abb. 673. Anatomie von *Ixodes ricinus*, Weibchen. (Nach PAGENSTECHER.) *A* After, *Ch* Grundglieder der Cheliceren, *D* Darm, *G* Gehirnganglion, *Ge* Teil des Genitalapparates, *Sd* Ausführungsgang der Speicheldrüse (*Sp*), *St* Stigmenplatte, *T* Tracheenbüschel, *N* Harnorgan.

Receptaculum seminis, vereinigen (Abb. 674). Die einfache Geschlechtsöffnung liegt in der Regel von der Afteröffnung entfernt und rückt oft nach vorne zwischen die hinteren Beinpaare hinauf. Auch ist in manchen Fällen eine Legeröhre und zuweilen (*Acaridae* [*Sarcoptidae*], *Tyroglyphidae*) eine besondere Begattungsöffnung vorhanden, durch welche das Sperma in eine Spermatotheca gelangt. Die Männchen unterscheiden sich häufig nicht nur durch kräftigere und zum Teil abweichend gebildete Gliedmaßen, sondern auch durch den Besitz von hinteren sogenannten Haftgruben (sind wahrscheinlich Sinnesorgane), zuweilen durch die Art der Ernährung und Lebensweise. Die Acarinen legen Eier, manche sind vivipar, einige *Gamasiden* und *Oribatiden* ovovivipar. Die Jungen verlassen als Larven mit nur drei Beinpaaren das Ei und werden nach einer Ruhezeit (Puppenzeit) zu einer achtbeinigen Nymphe, die nach abermaligem

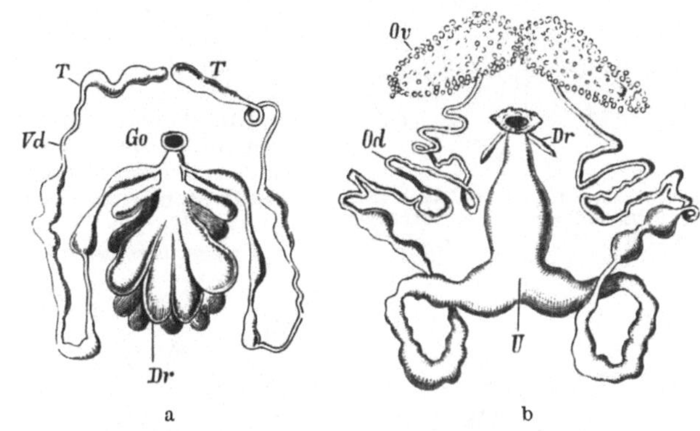

Abb. 674. a Männliche, b weibliche Genitalorgane von *Argas reflexus*. (Nach PAGENSTECHER.) *T* Hoden, *Vd* Samenleiter, *Dr* Prostata, *Go* Geschlechtsöffnung, *Ov* Ovarien, *Od* Oviducte, *Dr* Anhangsdrüsen, *U* Uterus.

Puppenzustand zur Imago wird (Abb. 675). Sehr viele Milben leben parasitisch an Tieren und Pflanzen, andere ernähren sich selbständig vom Raube teils im Wasser, teils auf dem Lande.

Die *Acarinen* sind wahrscheinlich von *Opilioniden* abzuleiten.

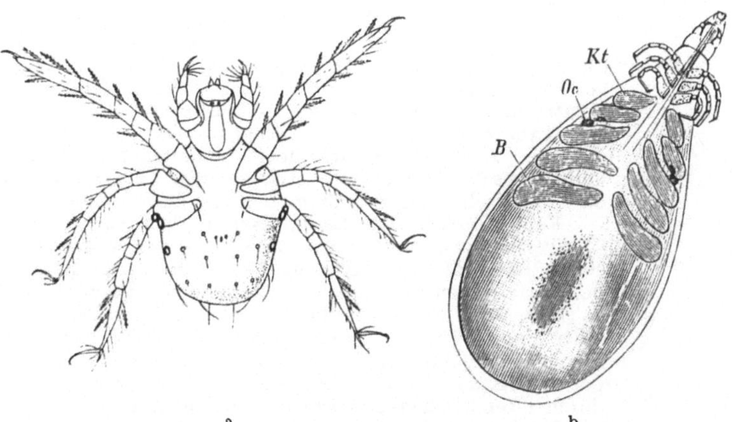

Abb. 675. a Larve von *Hydryphantes*. (Nach KOENIKE, ergänzt.) b Puppe einer *Hydrachnide*. *Oc* Augen, *B* Imaginalanlagen der Beine, *Kt* der Maxillarpalpen.

Fam. *Ixodidae*. Zecken. Größere, meist blutsaugende Milben mit großen vorstoßbaren, gezähnten Cheliceren. Die Maxillarpalpen drei- bis viergliedrig, kolbig angeschwollen, ihre Laden zu einem Widerhaken tragenden Rüssel aneinandergelegt (Abb. 676). Die Mundteile an einem beweglich am Körper eingelenkten Chitinring. Die schlanken Beine enden mit zwei Klauen und oft auch mit Haftscheibe. Zwei Punktaugen kommen oft vor. Herz vorhanden. Atmen durch Tracheen. *Ixodes ricinus* L., Holzbock, hält sich in Wäldern im Gebüsch auf, als Larve und Nymphe häufig an Eidechsen, geht als Imago auf Säugetiere und den Menschen über, in deren Haut sich die Weibchen mit dem Rüssel einbohren und

Blut saugen, dabei mächtig anschwellen. Weit verbreitet. *Rhipicephalus sanguineus* LATR. Auf Vögeln, Säugetieren und dem Menschen. Südeuropa, Afrika, Asien, Brasilien. *Margaropus* (*Boophilus*) *annulatus* SAY. Insbesondere auf Rindern. Mittel- und Südamerika. Überträger des Texasfiebers. *Hyalomma aegyptium* L. Säugetiere und den Menschen befallend. Vornehmlich in Ägypten und Algerien, auch sonst in Afrika, Asien, Südeuropa. *Amblyomma cayennense* KOCH. Auf Menschen und Säugetieren. Mittel- und Südamerika. *Argas reflexus* F. Besonders in Taubenställen, des Nachts an Tauben; gelegentlich Parasit des Menschen. Europa, Nordafrika (Abb. 677). *A. persicus* FISCH.-WALDH. Mianawanze. Blind. Auf Geflügel. In Häusern, des Nachts den Menschen befallend. Stich gefürchtet. Kosmopolit. *Ornithodorus savignyi* AUD. Auf dem Menschen. Afrika, Asien. *O. moubata* MURR. Überträger des afrikanischen Rückfallfiebers beim Menschen. Trop. Afrika, Madagaskar.

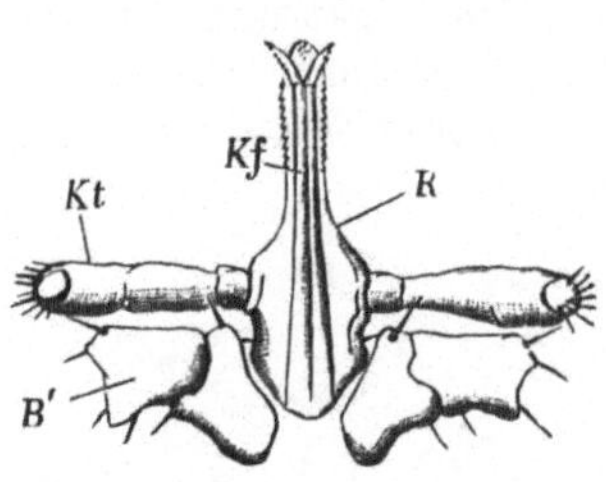

Abb. 676. Mundteile eines *Ixodes*. (Nach A. PAGENSTECHER.) *B′* Grundglied des ersten Beinpaares, *Kf* Cheliceren, *Kt* Maxillarpalpen, *R* Rüssel.

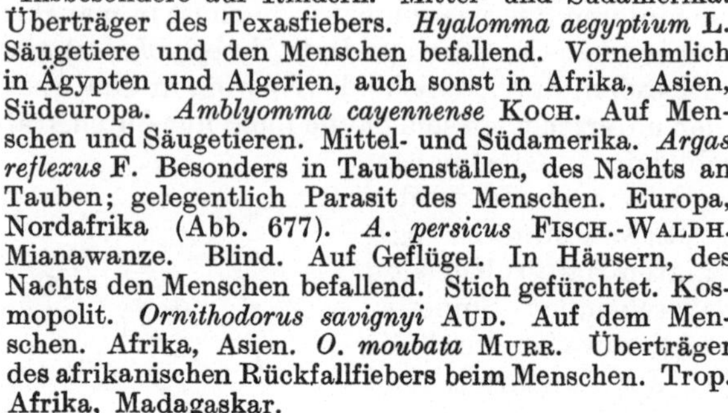

Fam. *Gamasidae*. Cheliceren mit Scheren, Maxillarpalpen fünfgliedrig. Die Beine mit zwei Klauen und einem Haftlappen. Tracheen vorhanden. Augen fehlen. Leben teils frei vom Raube, teils als Schmarotzer an Käfern und auf der Haut von Vögeln und Säugetieren. *Gamasus crassipes* L., in Moos. *G. fucorum* GEER (*coleoptratorum* L.), Käfermilbe. Europa. *Dermanyssus gallinae* GEER (*avium* DUG.), Vogelmilbe, gelegentlich am Menschen. *Pteroptus vespertilionis* HERM. An Fledermäusen. Europa.

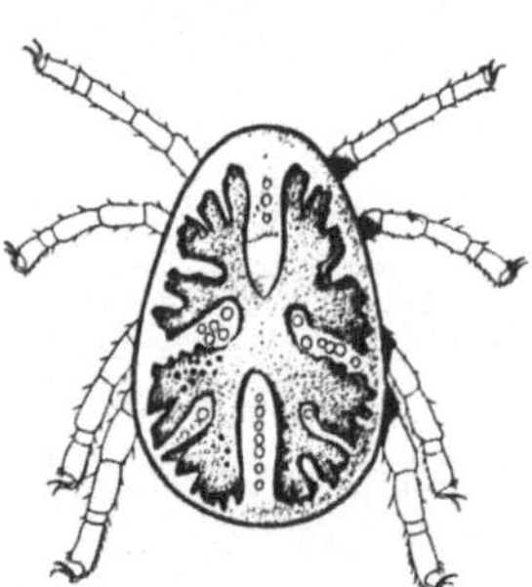

Abb. 677. *Argas reflexus*. (Nach A. PAGENSTECHER.) etwa 5/1

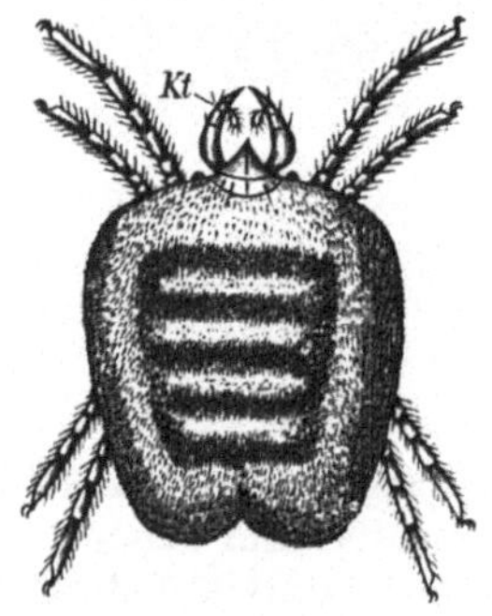

Abb. 678. *Trombidium holosericeum*. (Nach MÉGNIN.) *Kt* Maxillarpalpen. 13/1

Fam. *Oribatidae*. In der Regel Landmilben mit harter Cuticula. Kopfteil abgesetzt. Cheliceren einziehbar, mit Scheren. Maxillarpalpen fünfgliedrig, mit gezähnter Kaulade des Basalgliedes. Ocellen fehlen. *Oribata alata* HERM., unter Moos. Weit verbreitet. *Hydrozetes* (*Notaspis*) *lacustris* MICHAEL. Lebt im Wasser. Europa.

Fam. *Bdellidae*, Rüsselmilben. Kopfteil rüsselförmig verlängert und abgesetzt. Cheliceren mit Scheren. Maxillarpalpen lang und dünn. Kriechen auf feuchtem Boden. *Bdella longicornis* L. Europa.

Fam. *Trombidiidae*, Laufmilben. Körper lebhaft gefärbt, behaart. Cheliceren meist mit Klauen. Maxillarpalpen mit einer Klaue neben einem lappenförmigen Anhang. Beine mit zwei Krallen und Haftbürsten. Augen und Tracheen vorhanden. *Trombidium holosericeum* L. (Abb. 678). Sammetmilbe. *Trombicula* (*Microthrombidium*) *autumnalis* SHAW. Die als *Leptus autumnalis* SHAW bekannte Larve (ein Sammelname für alle Trombidiose erzeugenden Milbenlarven) lebt parasitisch auf Vögeln, Säugern und dem Menschen, bei dem sie durch ihren Stich einen vorübergehenden Hautausschlag (Trombidiose) verursacht. England, Frankreich, Süddeutschland, Österreich. Hier schließt sich an *Tetranychus telarius* L., Spinnmilbe. Europa. Ferner *Cheyletus eruditus* SCHRANK. Maxillarpalpen sehr groß, zum Raube eingerichtet. Lebt von Tyroglyphiden.

Fam. *Hydrarachnidae*, Wassermilben. Körper kugelig, oft lebhaft gefärbt. Cheliceren meist mit klauenförmigem Endglied; mit Schwimmbeinen, mit vier, zuweilen zu zweien verschmolzenen Augen. Tracheen vorhanden oder fehlend. Die Jugendzustände oft parasitisch an Wasserinsekten. *Limnochares aquatica* L., *Eulais extendens* MÜLL., *Hydrarachna globosa* GEER, *Hydryphantes* (*Hydrodroma*) *ruber* GEER, *Arrhenurus caudatus* GEER. Männchen mit schwanzartigem Anhang. *Unionicola* (*Atax*) *ypsilophora* BONZ, *Atax bonzi* CLAP. Beide

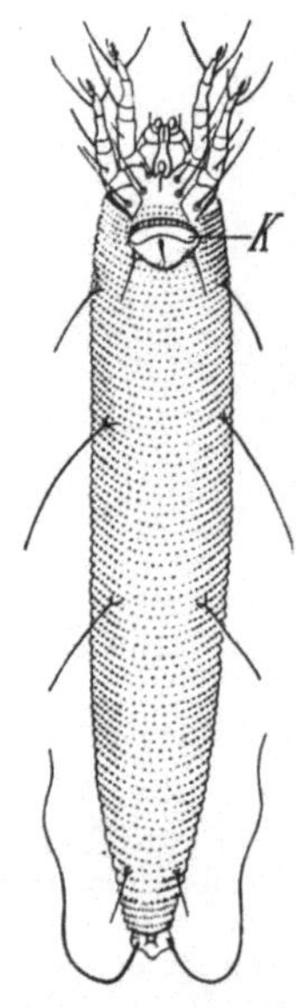

Abb. 679. *Eriophyes vitis*, Ventralansicht. (Nach NALEPA.) 390/1. *K* Genitalklappe.

schmarotzen zwischen den Kiemen von Unioniden (Abb. 671). *Piona (Nesaea) nodata* MÜLL.; alle im Süßwasser Europas. *Pontarachna tergestina* SCHAUB. Im Hafen von Triest. *Halacarus* GOSSE. Marin und im Süßwasser.

Fam. *Opilioacaridae (Notostigmata)*. Abdomen dorsal undeutlich segmentiert. Maxillarpalpen gedrungen fußartig, Cheliceren mit Scheren. Zwei Paare Augen. Vier dorsale abdominale Stigmen. *Opilioacarus segmentatus* WITH. Algier.

Fam. *Tyroglyphidae*. Sehr kleine Milben von mehr gestreckter Form mit konischem Rüssel. Cheliceren mit Scheren, Maxillarpalpen dreigliedrig. Die ziemlich langen Beine mit Haftlappen und Klaue. Augen und Tracheen fehlen. Leben auf vegetabilischen und tieri-

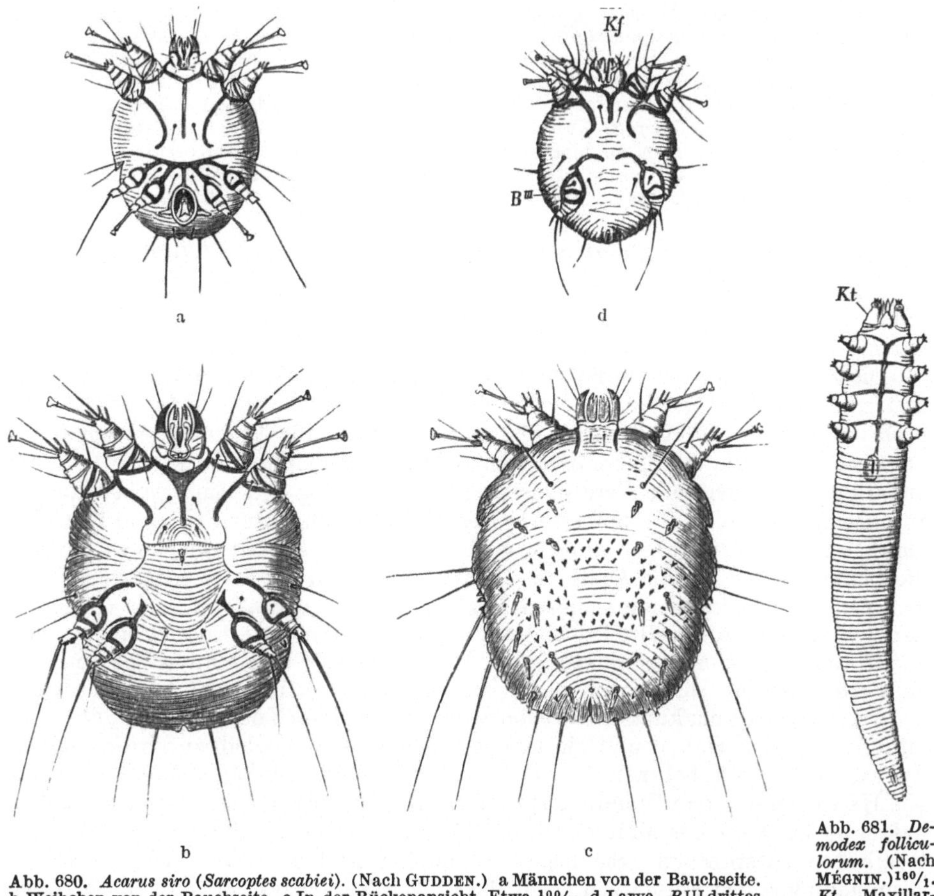

Abb. 680. *Acarus siro (Sarcoptes scabiei)*. (Nach GUDDEN.) a Männchen von der Bauchseite. b Weibchen von der Bauchseite. c In der Rückenansicht. Etwa $^{100}/_1$. d Larve. *B*III drittes Beinpaar. *Kf* Cheliceren.

Abb. 681. *Demodex folliculorum*. (Nach MÉGNIN.) $^{160}/_1$. *Kt* Maxillarpalpen.

schen Stoffen. *Tyroglyphus casei* OUDMS. (*siro* L.), Käsemilbe, *T. farinae* KOCH, Mehlmilbe, *T. wasmanni* MONZ. In Ameisennestern. *Glycyphagus domesticus* GEER, auf Heuabfällen, trockenen Früchten. *Hypopus* DUG. sind Nymphenstadien, welche sich an Insecten, Myriapoden, Phalangiden, Gamasiden finden.

Fam. *Tarsonemidae*. Mundteile an einer abgegrenzten Vorderregion des Cephalothorax. Cheliceren nadelförmig, Maxillarpalpen reduziert. *Tarsonemus pallidus* BANKS, auf Cyclamen und anderen Pflanzen. *Pediculoides ventricosus* NEWP. Auf Insecten. Lebendig gebärend; der Hinterkörper des Weibchens schwillt dadurch sackförmig an. *Acarapis woodi* RENNIE. Lebt in den thoracalen Haupttracheen der Honigbiene. Ist Ursache der Milbenseuche der Biene. Insel Wight, England, Schweiz, Deutschland, Österreich.

Fam. *Acaridae (Sarcoptidae)*, Krätzmilben. Körper mikroskopisch klein, gedrungen, weichhäutig. Augen und Tracheen fehlen. Die Mundteile bestehen aus einem Saugkegel mit in Scheren endenden Cheliceren und kurzen Maxillarpalpen. Die Beine kurz und stummelförmig, teilweise oder sämtlich mit gestielten Haftscheiben. Die Männchen oft mit Haftgruben und Fortsätzen am Hinterleibsende. Leben auf oder in der Haut von Wirbeltieren und erzeugen die Krätze und Räude. *Acarus siro* L. (*Sarcoptes scabiei* GEER), Krätzmilbe. Auf der Rückenfläche mit zahlreichen spitzen Höckern, Dornen und Haaren. Beine fünfgliedrig, die beiden vorderen enden mit gestielter Haftscheibe, das letzte Beinpaar des Männchens läuft nicht wie beim Weibchen in eine Borste, sondern in eine gestielte Haftscheibe aus (Abb. 680). Bohren in der Epidermis des Menschen tiefe Gänge, an deren Ende sie sich aufhalten, und erzeugen durch ihre Stiche den unter dem Namen Krätze bekannten Hautausschlag. *Psoroptes* (*Dermatocoptes*) *bovis* GERL. Auf dem Rind. Hier schließt sich an *Analges passerinus* L., auf Singvögeln.

Fam. *Demodicidae*. Haarbalgmilben. Langgestreckte kleine Milben mit wurmförmig verlängertem, quergeringeltem Abdomen. Mit stilettförmigen Cheliceren und kurzen Maxillarpalpen, mit kurzen Beinen. Tracheen und Augen fehlen. *Demodex folliculorum* SIM. In den Haarbälgen des Menschen (Abb. 681). *D. canis* LEYDIG, auf dem Hunde.

Fam. *Eriophyidae* (*Phytoptidae*). Rumpf wurmähnlich. Abdomen gestreckt, quergeringelt. Cheliceren nadelförmig. Nur zwei Beinpaare mit Fiederborste und Kralle am Ende. Augen fehlen. Auf Pflanzen, an denen sie Mißbildungen (Cecidien) hervorrufen. *Eriophyes* (*Phytoptus*) *pini* NAL., auf Pinus silvestris. Mitteleuropa. *E. vitis* PGST., auf dem Weinstock (Abb. 679). *Phyllocoptes* NAL.

3. Klasse. Linguatulida (Pentastomida), Zungenwürmer[1].

Parasitische Euarthropoden von wurmförmig gestrecktem, geringeltem Körper, mit zwei Paar Klammerhaken in der Umgebung des kieferlosen Mundes. Getrennten Geschlechts.

Die Zungenwürmer wurden in der Regel nach dem Vorgange LEUCKARTs den Acarinen eingeordnet. Der wurmförmige, mehr oder weniger abgeplattete oder drehrunde geringelte Leib (Abb. 682) dieser früher für Eingeweidewürmer gehaltenen Parasiten würde bei dem sehr reduzierten Kopfbruststück vornehmlich auf die außerordentliche Vergrößerung und Streckung des Hinterleibes zurückzuführen sein, wofür die Leibesform der Eriophyiden unter den Acarinen Vergleichspunkte liefert. Doch sind sonst nicht genügend Anhaltspunkte vorhanden, die Linguatuliden bei den Acarinen einzureihen. Auch mit anderen Arthropodengruppen bieten sich keine sicheren Beziehungen. Jedenfalls handelt es sich in den Linguatuliden um durch Parasitismus stark veränderte Euarthropoden, die, wie in der Gestaltung des Genitalapparates, Charaktere besitzen, daß sie vorläufig am besten den Arachnomorphen als besondere Klasse angeschlossen werden.

Am Körper ist ein kurzer, zuweilen scharf abgesetzter Vorderteil mit der Mundöffnung und den Haken und ein langer geringelter Hinterleib zu unterscheiden, der am Hinterende bei manchen Formen zwei Schwanzanhänge trägt. Die vier aus Hauttaschen vorstülpbaren, auf besondere Chitinstäbe gestützten Klammerhaken in der Nähe des Mundes (Abb. 683) dürften den Endklauen von zwei Extremitäten entsprechen. Sie liegen in einigen Fällen (z. B. *Cephalobaena*) an stummelfußartigen Fortsätzen (Abb. 684). Das Nervensystem weist in der Regel eine suboesophageale verschmolzene Ganglienmasse und ein den Schlund umgreifendes Connectiv auf. Bei *Raillietiella* aber besteht das Nervensystem aus einer den Schlund umgebenden Ganglienmasse und einem gegliederten Bauch-

---

[1] LEUCKART, R.: Bau und Entwicklungsgeschichte der Pentastomen. Leipzig u. Heidelberg 1860. — LOHRMANN, E.: Untersuchungen über den anatomischen Bau der Pentastomen. Arch. Naturgesch. 55 (1889). — STILES, C. W.: Bau und Entwicklungsgeschichte von *Pentastomum proboscideum* RUD. und *Pentastomum subcylindricum* DIES. Z. Zool. 52 (1891). — SPENCER, W. B.: The Anatomy of *Pentastomum teretiusculum*. Quart. J. microsc. Sci. 34 (1893). — HAFFNER, K.: Beiträge zur Kenntnis der Linguatuliden. Zool. Anz. 61 (1924). — Die Sinnesorgane der Linguatuliden usw. Z. Zool. 128 (1926). — HETT, M. L.: On the family Linguatulidae. Proc. Zool. Soc. Lond. 1924. — HEYMONS, R.: Pentastomida. KÜKENTHAL, Handbuch der Zoologie 3 (1926). — Außerdem KULAGIN u. a.

strang. Von Sinnesorganen finden sich vordere und laterale Sinnespapillen. Re-
spirations- und Circulationsorgane fehlen. Der von einem Chitinring umgebene
Mund führt in ein geradegestrecktes Darmrohr, welches am Hinterende im After
ausmündet. In großer Zahl sind Hautdrüsen vorhanden. Insbesondere sind umfangreiche paarige, zu Seiten des Darmes gelagerte Drüsen, die an der Basis der
Klammerhaken ausmünden, und eine vorn gelegene und mündende Drüse zu
nennen. Die Genitalöffnung des in der Regel viel kleineren Männchens liegt
am Anfange des Hinterleibes, jene des Weibchens meist in der Nähe des Afters,
doch bei einigen ursprünglicheren Formen (*Cephalobaenidae*) wie beim Männchen
vorn. Die dorsal vom Darm gelegene paarige oder unpaare männliche Keimdrüse

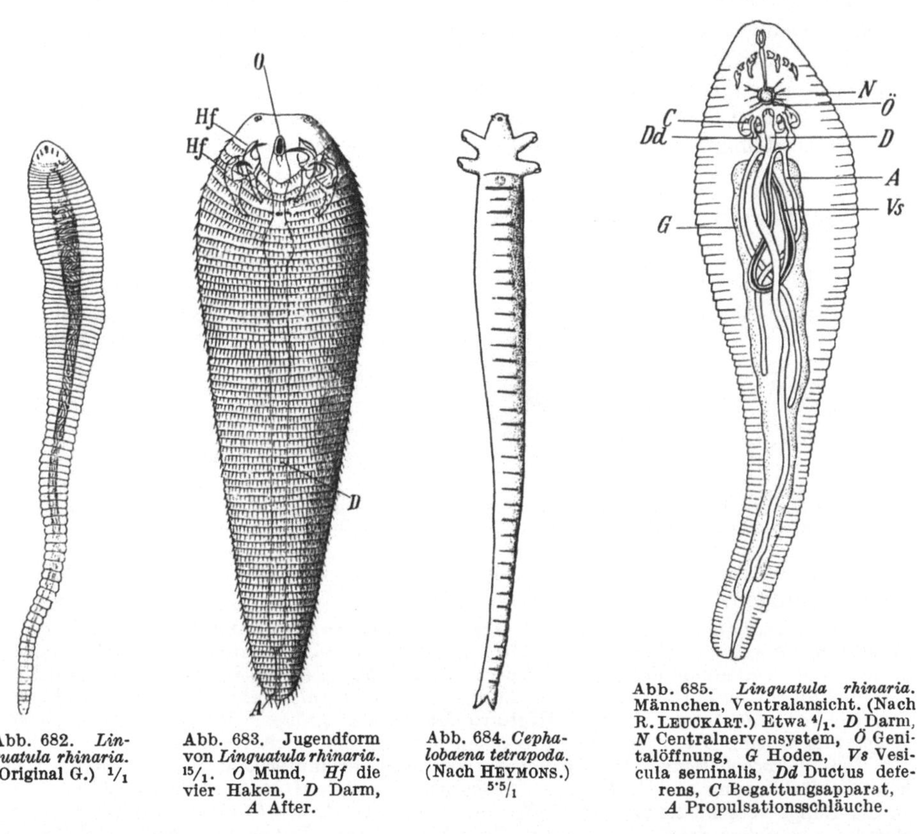

Abb. 682. *Lin-*
guatula rhinaria.
(Original G.) ¹/₁

Abb. 683. Jugendform
von *Linguatula rhinaria.*
¹⁵/₁. *O* Mund, *Hf* die
vier Haken, *D* Darm,
A After.

Abb. 684. *Cepha-*
lobaena tetrapoda.
(Nach Heymons.)
⁵·⁵/₁

Abb. 685. *Linguatula   rhinaria.*
Männchen, Ventralansicht. (Nach
R. Leuckart.) Etwa ⁴/₁. *D* Darm,
N Centralnervensystem, *Ö* Geni-
talöffnung, *G* Hoden, *Vs* Vesi-
cula seminalis, *Dd* Ductus defe-
rens, *C* Begattungsapparat,
A Propulsationsschläuche.

(Abb. 685) geht vorn in einen unpaaren Gang (Vesicula seminalis) über, der sich
in zwei den Darm umgreifende Ductus deferentes teilt, die je in einen sehr langen,
in einer Tasche aufgerollten Cirrus führen. Beide Cirrusbeutel haben eine gemeinsame Ausmündung. In jeden Ductus deferens mündet ein Blindschlauch
(propulsatorischer Apparat). Die gleichgelagerte unpaare weibliche Genitaldrüse
führt am Vorderende in zwei den Darm umgreifende Oviducte, die sich in den
langen Uterus fortsetzen, der durch die Vagina ausmündet. Am Anfange des
Uterus münden zwei Receptacula seminis.

Die Zungenwürmer leben im geschlechtsreifen Zustande in Lufträumen von
Warmblütern und Reptilien. Zuerst durch R. Leuckarts Untersuchungen
wurde die Entwicklung für *Linguatula rhinaria* (*Pentastomum taenioides*) bekannt,
welche sich in den Nasenhöhlen und im Stirnsinus des Hundes und Wolfes auf-

hält. Die mit vier Stummelfüßen ausgestatteten Larven (Abb. 686) gelangen in den Eihüllen mit dem Schleime nach außen auf Pflanzen und von da in den Magen des Kaninchens und Hasen, seltener in den des Menschen. Sie durchsetzen dann, von den Eihüllen befreit, die Darmwandungen, kommen in die Leber und werden von einer bindegewebigen Kapsel umschlossen, in welcher sie die weitere Entwicklung durchmachen. Sie erleiden hier mehrfache Häutungen, bei der ersten Häutung gehen die Stummelfüße der Larve verloren. Erst nach Verlauf von sechs Monaten haben die nun madenförmigen Larven eine ansehnliche Größe erlangt und die vier Klammerhaken sowie zahlreiche feingezähnelte Ringel der Oberfläche erhalten; sie sind in das früher als *Linguatula serrata* (*P. denticulatum*) bezeichnete Stadium (Abb. 683) eingetreten, in welchem sie sich von neuem auf die Wanderung begeben, die Kapseln durchbrechen, die Leber durchsetzen und, falls sie in größerer Zahl vorhanden sind, den Tod des Wirtes veranlassen, im anderen Falle dagegen bald von einer neuen Cyste umschlossen werden. Gelangen sie zu dieser Zeit mit dem Fleische des Hasen oder Kaninchens in den Magen des Hundes, so dringen sie von da durch die Darmwand und das Zwerchfell in die

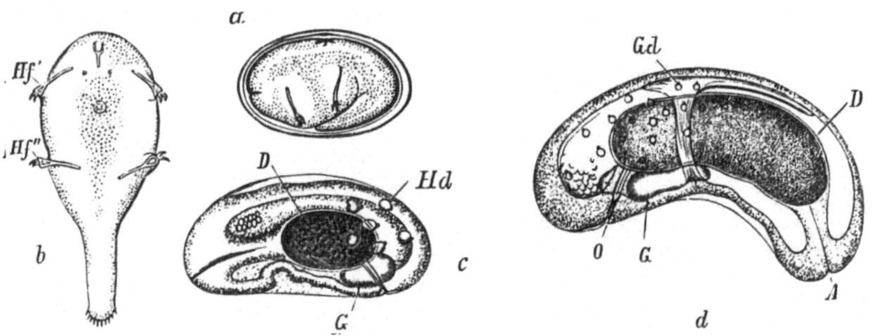

Abb. 686. Entwicklungsstadien von *Linguatula rhinaria*. (Nach R. LEUCKART.) a Ei mit Embryo. — b Larve mit Schwanzanhang. *Hf'*, *Hf''* Fußstummel. Etwa $^{300}/_1$. — c Larve aus der Leber des Kaninchens. *D* Darm, *G* Ganglion, *Hd* Hautdrüsen. — d Ältere Larve. *O* Mund, *A* After, *Gd* Geschlechtsdrüse.

Luftwege und die Nasenhöhle, wo sie sich in etwa zwei Monaten zu Geschlechtstieren ausbilden.

Fam. *Cephalobaenidae.* Vorderende des Körpers meist scharf abgesetzt, am Hinterende meist zwei Schwanzanhänge. Mundöffnung vor den Hakenpaaren. Weibliche Genitalöffnung am Vorderende des Hinterkörpers. *Cephalobaena tetrapoda* HEYMONS. Haken an stummelfußartigen Fortsätzen. In der Lunge von *Lachesis alternatus.* Paraguay (Abb. 684). *Raillietiella mediterranea* HETT. Hinteres Hakenpaar größer. In *Zamenis gemonensis. Reighardia sternae* DIES. In den Luftsäcken von Möven. Weit verbreitet.

Fam. *Porocephalidae.* Mundöffnung zwischen oder hinter den Hakenpaaren. Weibliche Genitalöffnung am Hinterende. *Porocephalus crotali* HUMBOLDT (*proboscideus* RUD.). In der Lunge verschiedener *Crotalus*-Arten. Amerika. *Armillifer armillatus* WYM. (*Pentastomum constrictum* SIEB.). Mit breiter Ringelung. In der Lunge verschiedener Schlangen. Encystierte Jugendstadien in Säugern, nicht selten beim Menschen. Trop. Afrika, Ägypten. *Linguatula rhinaria* PILGER (*Pentastomum taenioides* RUD.). Weibchen 80—130 mm, Männchen 18—20 mm lang. In den Nasen- und Stirnhöhlen von Hund, Wolf, Fuchs, auch Rind, Schaf, Ziege, Pferd, gelegentlich beim Menschen (Abb. 682). Weit verbreitet.

4. Klasse. Pantopoda, Asselspinnen[1].

Marine Euarthropoden, deren Körper in einen gegliederten Rumpf und einen stummelförmigen Hinterleib zerfällt, mit höchstens acht dem Rumpfe angehörigen Gliedmaßenpaaren; Mund an einem Schnabel.

---

[1] Außer KRÖYER, QUATREFAGES, ADLERZ, CAVANNA, BOUVIER, COLE, HANSTRÖM vgl. DOHRN, A.: Die Pantopoden des Golfes von Neapel. Leipzig 1881. — HOEK, P. P. C.: Nouvelles études sur les Pycnogonides. Archives de Zool. **9** (1881). — Report on the Pycno-

Der Bau der *Pantopoden* weist am meisten auf Arachnomorphe hin, ohne daß es mit Bezug auf viele Besonderheiten ersterer möglich ist, sie letzteren einzureihen. Es erscheinen die *Pantopoda* als besondere Euarthropodenklasse, die jedoch wahrscheinlich mit dem Stamme der Arachnomorphen auf eine gemeinsame Wurzel zurückgeht.

Am Körper der Pantopoden (Abb. 687) läßt sich ein gegliederter Rumpf und ein stummelförmiger ungegliederter Hinterleib unterscheiden. Der Rumpf zerfällt in einen vorderen größeren, aus der Verschmelzung mehrerer Segmente hervorgegangenen Abschnitt, dem vier Gliedmaßenpaare angehören, von denen aber das erste bis dritte fehlen können, sowie drei bis vier Segmente mit je einem Gliedmaßenpaar. Bei *Colossendeis* ist der Rumpf ungegliedert, nur mit Spuren von Gliederung bei *Decolopoda*. Die erste Extremität ist kurz und endet mit einer Schere, die folgenden 2. und 3. Gliedmaßenpaare (Palpen und Eierträger) sind schmächtig, fußartig, das dritte ist mehr ventral inseriert (Abb. 690) und beim Männchen stets vorhanden. Die Extremitäten der hinteren vier, selten fünf (*Decolopoda, Pentanymphon, Pentapycnon*) (Abb. 688) Paare sind sehr groß, neungliedrig und überwiegen über den schmächtigen Rumpf. Sie enden mit einer Kralle.

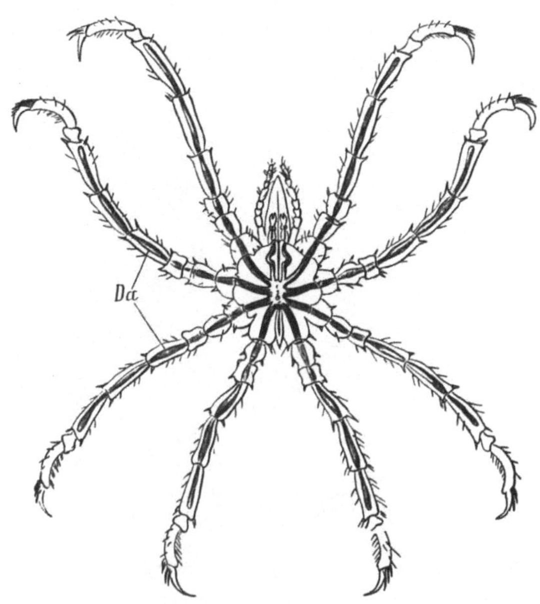

Abb. 687. *Ammothea pycnogonoides* QTRF. (aus règne animal). *Da* Darmschläuche in den Extremitäten. Vergr.

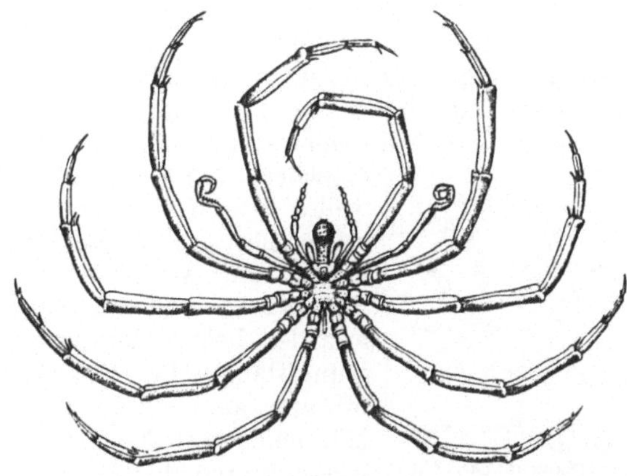

Abb. 688. *Decolopoda australis*, Männchen. (Nach HODGSON.) ½

gonida. Challenger Rep. 3 (1881). — SARS, G. O.: Pycnogonidea. Norske Nordhavs-Exped. 20 (1891). — MORGAN, T. H.: A Contribution to the Embryology and Phylogeny of the Pycnogonids. Stud. Biol. Labor. John Hopkins Univ. 5 (1891). — KOWALEVSKY, A.: Ein Beitrag zur Kenntnis der Excretionsorgane der Pantopoden. Mém. Acad. St.-Pétersbourg 1892. — MEISENHEIMER, J.: Beiträge zur Entwicklungsgeschichte der Pantopoden. Z. Zool. 72 (1902). — LOMAN, J. C. C.: Biologische Beobachtungen an einem Pantopoden. Tijdschr. nederl. dierkd. Vereeng. 1907. — Die Pantopoden der Siboga-Expedition. Leiden 1908. — HODGSON, T. V.: The Pycnogonida of Scott. Antarct. Exp. Trans. roy. Soc. Edinburgh 46 (1909). — DOGIEL, V.: Embryologische Studien an Pantopoden. Z. Zool. 107 (1913). — SCHIMKEWITSCH, W.: Ein Beitrag zur Klassifikation der Pantopoden. Zool. Anz. 51 (1913). — WIRÉN, E.: Zur Morphologie und Phylogenie der Pantopoden. Zool. Bidrag Uppsala 6 (1918).

Die von drei Lippen umstellte Mundöffnung liegt an einem das Vorderende des Körpers bildenden konischen Saugschnabel und führt in den Darm, an dem ein mit einem Reusenapparat versehener Vorderdarm, ein Mitteldarm mit langen Blindsäcken, welche in die Beine hineinragen (Abb. 687), und ein kurzer Enddarm zu unterscheiden sind. Besondere Atmungsorgane fehlen. Ein Herz mit zwei oder

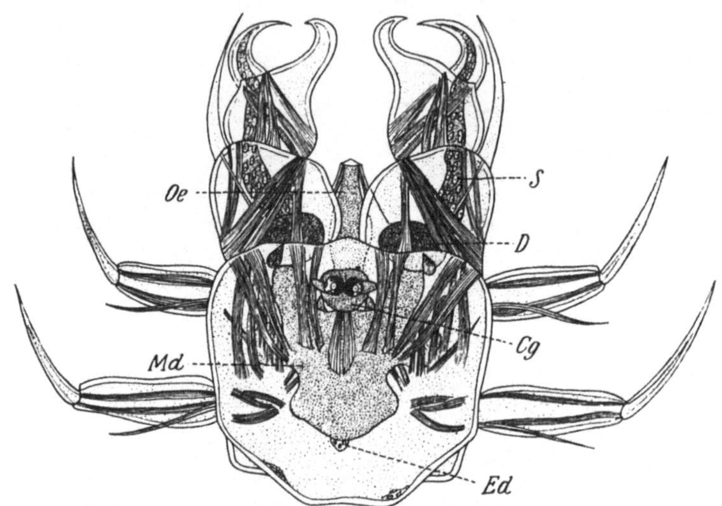

Abb. 689. Protonymphonlarve von *Ammothea echinata*. (Nach MEISENHEIMER, etwas vereinfacht.) 240/1. *Cg* Cerebralganglion mit aufliegendem Auge, *D* Beindrüse, *Ed* Enddarm, *Md* Mitteldarm, *Oe* Oesophagus, *S* Scherendrüse.

drei Ostienpaaren ist vorhanden. Das Centralnervensystem besteht aus einem Cerebralganglion sowie einer Bauchganglienkette. Von Sinnesorganen finden sich am ersten Rumpfabschnitte an einem Hügel vier kleine Augen. Die Deutung der in der 2. und 3. Extremität gefundenen Drüsensäcke als Excretionsorgane ist

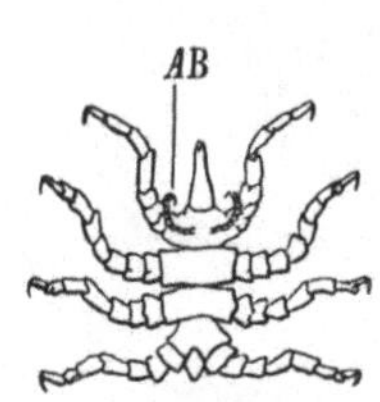

Abb. 690. *Pycnogonum littorale*, Männchen (aus règne animal). 2/1. *AB* Eiertragendes Beinpaar.

unsicher. Die Geschlechter sind getrennt, die Weibchen zuweilen durch das Fehlen des 3. Extremitätenpaares charakterisiert. Die paarigen Genitaldrüsen, die sich hinten miteinander verbinden, entsenden Ausläufer in die großen Rumpfbeine und münden am 2. Gliede, beim Männchen meist nur der beiden letzten, beim Weibchen in der Regel aller Rumpfbeine. Bei *Pycnogonum* findet sich bloß eine Genitalöffnung am letzten Beinpaar vor. Die Eier werden vom Männchen am 3. Extremitätenpaare (Eierträger) bis zum Ausschlüpfen der Larven getragen. Das hüllbildende Secret für die Eierballen wird von Kittdrüsen des Männchens geliefert, die im 4. Gliede der Rumpfbeine gelegen sind. Die Entwicklung ist meist eine Metamorphose, die Larve (*Protonymphon*-Larve) besitzt bloß drei Extremitätenpaare (Abb. 689). Die Jungen von *Phoxichilidium* schmarotzen in Hydroidpolypen.

Die Pantopoden leben langsam kriechend an Hydroidstöckchen und Algen des Meeres.

Fam. *Nymphonidae*. Scherentragende Extremität und Palpen vorhanden. Dritte Extremität bei beiden Geschlechtern. *Pentanymphon antarcticum* HDGS. Mit fünf Beinpaaren. Antarktisch. *Nymphon gracile* LEACH. Nordsee.

Fam. *Phoxichilidiidae*. Scherentragende Extremität vorhanden, Palpen fehlen. *Phoxichilidium femoratum* RATHKE. Nord. Meere. Hier schließt sich *Pallene* JOHNST. an.

Fam. *Ammotheidae.* Scherentragende Extremität klein und rudimentär. Palpi vorhanden (Abb. 687). Dritte Extremität bei beiden Geschlechtern. *Ammothea (Achelia) echinata* Hodge. Atlant. Ozean. *A. fibulifera* A. Dohrn. Mittelmeer.

Fam. *Decolopodidae.* Scherentragende Extremität und Palpen vorhanden. Dritte Extremität bei beiden Geschlechtern. Mit fünf mächtigen Beinpaaren. Körper scheibenförmig. *Decolopoda australis* Eights. Antarktisch (Abb. 688).

Fam. *Colossendeidae.* Scherentragende Extremität rudimentär oder fehlend. Palpen vorhanden. Dritte Extremität in beiden Geschlechtern. *Colossendeis gigas* Hoek. Bis über 8 cm lang. Tiefsee. Südl. Ozeane.

Fam. *Pycnogonidae.* Scherentragende Extremität und Palpen fehlen. *Pentapycnon charcoti* Bouv. Mit fünf Beinpaaren. Antarktisch. *Pycnogonum littorale* Ström. Nord. Meere (Abb. 690).

5. Klasse. **Eutracheata.**

Euarthropoden mit wohl abgesetzter Kopfkapsel, mit einem Antennenpaar, durch Tracheen atmend, deren Stigmen in metamerischer Anordnung der Seitenlinie des Körpers angehören.

In dieser Arthropodengruppe sind vier Unterklassen zu unterscheiden: 1. *Myriapoda.* 2. *Chilopoda.* 3. *Apterygogenea.* 4. *Insecta.*

1. Unterklasse. **MYRIAPODA, TAUSENDFÜSSER**[1].

Eutracheaten mit meist zahlreichen gleichgebildeten beintragenden Leibesringen, mit meist nur einem Maxillenpaar, mit einem oder zwei Beinpaaren an je einem Körperringe, mit an einem der vorderen Rumpfsegmente gelegenen Genitalöffnungen.

Die in dieser Unterklasse vereinigten Gruppen der *Symphyla*, *Pauropoda* und *Diplopoda* besitzen einen homonom meist reich gegliederten Rumpf, dessen Segmente mit Ausnahme des Endsegments durchwegs Gliedmaßen tragen. Mit Bezug auf die vordere Lage der Geschlechtsöffnung wurden sie von Pocock als *Progoneata* bezeichnet. Die mit Rücksicht auf eine übereinstimmende Körperbildung früher gleichfalls zu den Myriapoden gestellten *Chilopoden* weichen in so vielfacher Beziehung von ersteren ab, stimmen andererseits in so vieler Hinsicht mit den Insecten überein, daß sie am besten als besondere Unterklasse der Eutracheaten in der Nähe der Insecten ihre systematische Einordnung finden.

1. Ordnung. **Symphyla**[2].

Kleine chilopodenähnliche Myriapoden mit wenigen Rumpfsegmenten, von denen jedes nur ein Beinpaar trägt, mit einem Maxillenpaar und einer dem Gnathochilarium der Diplopoden ähnlichen Mundklappe.

---

[1] Brandt, J. F.: Recueil des mémoires relatifs à l'ordre des Insectes Myriapodes. St.-Pétersbourg 1841. — Newport, G.: On the nervous and circulatory systems of Myriapoda and Macrourous Arachnida. Philosophic. Trans. roy. Soc. London 1843. — Fabre, M.: Recherches sur l'anatomie des organes reproducteurs et sur le développement des Myriapodes. Ann. des Sci. natur. Paris 1855. — Koch, C. L.: Die Myriapoden. 2 Bde. Halle 1863. — Grenacher, H.: Über die Augen einiger Myriapoden. Arch: mikrosk. Anat. 18 (1880). — Latzel, R.: Die Myriopoden der österreichisch-ungarischen Monarchie 1 u. 2. Wien 1880, 1884. — Kowalevsky, A.: Étude des glandes lymphatiques de quelques Myriapodes. Archives de Zool. 1896. — Heymons, R.: Mitteilungen über die Segmentierung und den Körperbau der Myriopoden. Sitzgsber. preuß. Akad. Wiss., Physik.-math. Kl. Berlin 1897. — Rossi, G.: Sulla organizzazione dei Myriapodi. Ric. Labor. Anat. Roma 9 (1902). — Hennings, C.: Das Tömösvarysche Organ der Myriopoden. Z. Zool. 80 (1906). — Verhoeff, K. W.: Myriapoda. Bronns Klassen u. Ordnungen des Tierreiches 5 (1902—1931). — Vgl. außerdem die Arbeiten von Lucas, Berlese, Pocock u. a.

[2] Außer den Schriften von Gervais, Menge, Latzel, Ryder, Wood-Mason, E. Haase vgl. Grassi, B.: I Progenitori degli Insetti e dei Miriapodi. Mem. Accad. Torino 1886. — Schmidt, P.: Beiträge zur Kenntnis der niederen Myriapoden. Z. Zool. 59 (1895). — Hansen, H. J.: The Genera and Species of the Order Symphyla. Quart. J. microsc. Sci. 1903. — Williams, S. R.: Habits and Structure of *Scutigerella immaculata*. Proc. Soc. nat. Hist.

Der kleine Körper der Symphylen (Abb. 691) erinnert im Bau vielfach an *Campodea*, in der Form an die Chilopoden. Der Rumpf setzt sich aus nur 12 beintragenden Segmenten und dem Endsegmente zusammen. Am Kopfe finden sich vielgliedrige Antennen. Die Mundteile stehen jenen von Campodea sehr nahe und weisen ein Paar Mandibeln, ein Maxillenpaar sowie eine dem Gnathochilarium der Diplopoden ähnliche Mundklappe (wahrscheinlich 2. Maxillenpaar) auf; außerdem ist ein in die Mundhöhle frei vorspringender Hypopharynx ausgebildet. Neben den Rumpfbeinen, deren Coxen seitlich auseinandergerückt sind, tritt häufig ein griffelförmiger Fortsatz und an dessen Innenseite ein vorstülpbares Säckchen (Coxalsäckchen) auf (Abb. 692). Am Körperende liegen zwei vielleicht Gliedmaßen entsprechende Fortsätze mit der Ausmündung einer Spinndrüse. Der geradgestreckte

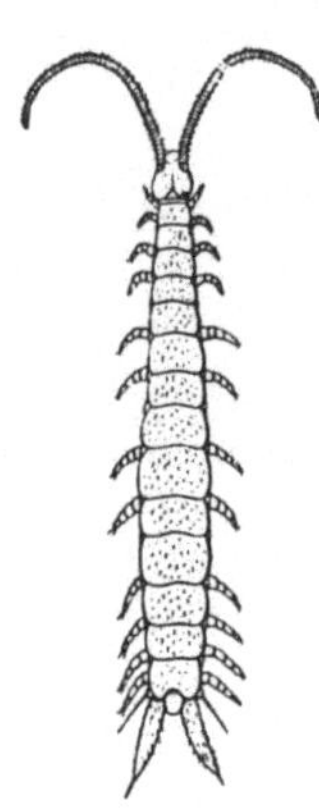

Abb. 691. *Scutigerella (Scolopendrella) immaculata.* (Nach Latzel.) ¹/₁

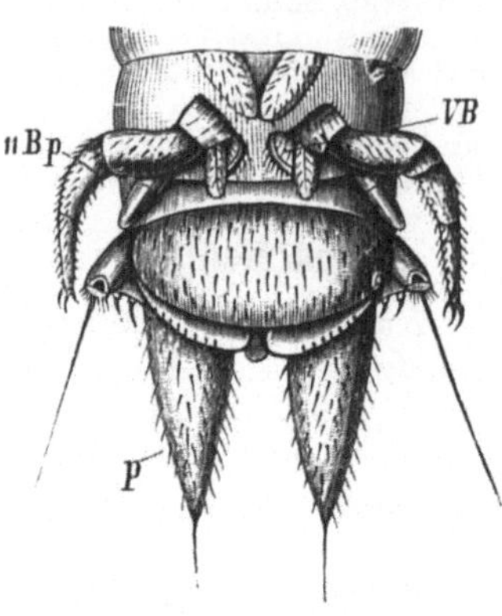

Abb. 692. Hinteres Körperende einer jungen *Scutigerella immaculata*. (Nach Latzel.) *11 Bp* Elftes Beinpaar, *VB* vorstülpbares Coxalsäckchen, *p* griffelförmiges Terminalglied mit dem Spinnorgan.

Darmkanal nimmt zwei Malpighische Gefäße auf. Respirationsorgane sind in Gestalt von zwei am Kopfe unterhalb der Antennen ausmündender Büscheltracheen entwickelt. Am Kopfe sollen sich zwei Augen finden. Die paarigen Genitaldrüsen sind im männlichen Geschlecht teilweise verbunden und münden vor dem 4. Beinpaare.

Die lichtscheuen Tiere leben unter Steinen, faulendem Laube, in der Erde.

Fam. *Scolopendrellidae*. Mit den Charakteren der Ordnung. *Scutigerella (Scolopendrella) immaculata* Newp. Europa, Algier (Abb. 691), *Scolopendrella notacantha* Gerv. Italien. *Symphylella vulgaris* Hansen. Europa.

2. Ordnung. Pauropoda[1].

Kleine Myriapoden mit nur wenigen Rumpfsegmenten, welche nur je ein Beinpaar tragen. Antenne mit drei langen Geißeln. Nur ein Paar Maxillen.

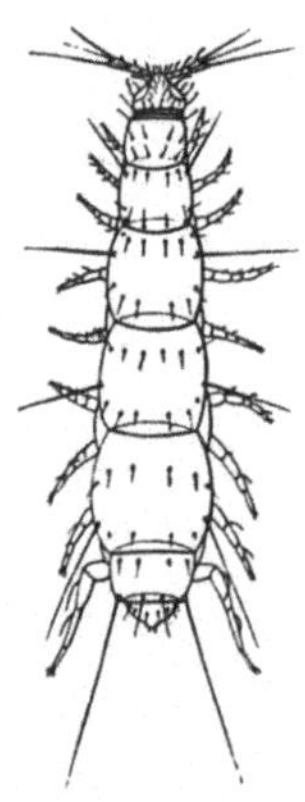

Abb. 693. *Pauropus huxleyi.* (Nach Latzel.) ³⁵/₁

Der kleine Körper dieser Tiere (Abb. 693) weist nur 10 Rumpfsegmente nebst dem Endsegmente auf, welche von meist 6 Rückenplatten bedeckt sind. Der Kopf trägt außer den eigentümlichen, mit drei Geißelfäden ausgestatteten Fühlern ein Paar Mandibeln und ein Paar zu einer Unterlippe vereinigter schwacher Maxillen. Das auf den Kopf folgende erste Rumpf-

Boston **33** (1907). — Bagnall, R.: On the Classification of the Order Symphyla. J. Linnean Soc. **32** (1913). — Adensamer, W.: Über den Bau der Mundteile von *Scutigerella immaculata*. Arch. Naturgesch. **91** (1925).

[1] Außer Latzel, P. Schmidt vgl. Lubbock, J.: On Pauropus, a new type of centipede. Trans. Linnean Soc. **1866**. — Kenyon, F. C.: The Morphology and Classification of the Pauropoda. Tufts Coll. Studies Nr. 4, **1895**. — Hansen, H. J.: On the Genera and Species of the order Pauropoda. Vid. Medd. Naturh. For. Kopenhagen 1902. — Silvestri, F.: Ordo Pauropoda in Berlese: Acari, Myriopoda et Scorpiones hucusque in Italia reperta. Portici 1902.

segment ist schwach und besitzt ein rudimentäres Gliedmaßenpaar. Auch an den folgenden Rumpfsegmenten findet sich nur je ein Gliedmaßenpaar; doch entsprechen vier (2.—5.) Rückenplatten je zwei Fußpaaren, so daß eine Diplopodie angebahnt erscheint. Die Beincoxen sind seitlich auseinandergerückt. Am Rumpfe fallen fünf Paare langer Tastborsten auf. Rücksichtlich der inneren Organisation ist das Fehlen des Blutgefäßsystems und der Atmungsorgane hervorzuheben. Der geradgestreckte Darm trägt zwei MALPIGHIsche Gefäße. Die beim Weibchen unpaare Genitaldrüse mündet an der Basis des zweiten Beinpaares. Die Tiere besitzen keine Augen und leben an feuchten moderigen Orten in Waldungen. Sie schlüpfen als Larven mit nur drei Beinpaaren aus.

Fam. *Pauropodidae*. Körper und Beine gestreckt. Sechs Rückenplatten vorhanden. *Pauropus huxleyi* LUBB. Europa (Abb. 693).

Fam. *Eurypauropodidae*. Mit abgeflachtem Körper und sechs Rückenplatten. Beine kurz. *Eurypauropus ornatus* LATZ. Nieder-Österreich.

3. Ordnung. Diplopoda[1].

Myriapoden von drehrundem oder halbcylindrischem Körper, mit einem Paar zu einer Mundklappe (Gnathochilarium) ausgebildeter Maxillen, mit zwei Beinpaaren an den meisten Körperringen.

Der Körper der Diplopoden hat in der Regel eine cylindrische oder halbcylindrische, zuweilen mehr plattgedrückte Form. Am Kopfe finden sich kurze,

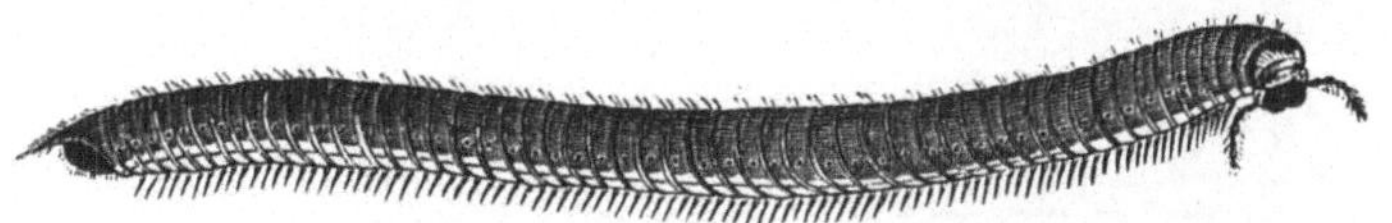

Abb. 694. *Iulus terrestris*. (Nach C. L. KOCH.) $^{2 \cdot 6}/_1$

in der Regel keulenförmige Fühler und oberhalb derselben gehäufte Napfaugen. Hinter der Oberlippe liegen zu Seiten des Mundes die tasterlosen Mandibeln mit breiten Kauflächen und einem beweglich eingelenkten spitzen Zahn. Das erste Maxillenpaar wird rückgebildet. Das zweite Maxillenpaar vereinigt sich zur Herstellung einer unteren Mundklappe (Gnathochilarium), deren Seitenteile in der Regel kurze Taster tragen (Abb. 699b). Der Rumpf ist in vielen Fällen langgestreckt und aus zahlreichen Ringen aufgebaut (Abb. 694), in anderen (*Glomeris*) verkürzt, asselähnlich (Abb. 699a). Die sehr harte, an Calciumcarbonat reiche Cuticula der Haut erscheint in jedem Körperringe in Rücken-, Bauch- und Seitenplatten gegliedert, die aber auch zu einem Ringe verwachsen können. Der Rumpf setzt sich aus gleichgestalteten Körperringen zusammen. Indessen verhalten sich die vorderen vier Körperringe (Segmente) verschieden (Abb. 695), indem das erste beinlos ist, die drei folgenden bloß je ein Beinpaar besitzen. Alle nachfolgen-

---

[1] MEINERT, FR.: Danmarks Chilognather. Naturh. Tidsskr. **1868—1869**. — VOGES, E.: Beiträge zur Kenntnis der Juliden. Z. Zool. **31** (1878). — HAASE, E.: Schlesiens Diplopoden. Z. Entomol., N. F., H. 11, **1886**. — METSCHNIKOFF, E.: Embryologie der doppelfüßigen Myriopoden (Chilognathen). Z. Zool. **24** (1874). — v. RATH, O.: Beiträge zur Kenntnis der Chilognathen. Bonn 1886. — HEATHCOTE, F. G.: The early development of *Julus terrestris*. Quart. J. microsc. Sci. **26** (1886). — The postembryonic development of *Julus terrestris*. Philosophic. Trans. roy. Soc. London **1888**. — ATTEMS, C. Graf: System der Polydesmiden. 2 Teile. Denkschr. Akad. Wien **1898—1899**. — Myriapoda. I. Tierreich **52** (1929). — SILVESTRI, F.: Classis Diplopoda I, in BERLESE: Acari, Myriopoda et Scorpiones hucusque in Italia reperta. Portici 1903. — ROBINSON, M.: On the segmentation of the Head of Diplopoda. Quart. J. microsc. Sci. **51** (1907). — VERHOEFF, K. W.: Die Diplopoden Deutschlands. Leipzig 1915. — Vgl. außerdem die Arbeiten von ROSSI, BRUNTZ, EFFENBERGER u. a.

den Körperringe, mit Ausnahme der letzten, tragen zwei Paare von Extremitäten, so daß man diese Ringe als durch Verschmelzung von je zwei Segmenten entstandene Doppelsegmente aufzufassen hat, womit auch das Vorkommen von zwei Ganglien der Bauchkette und zwei Stigmenpaaren in denselben übereinstimmt. Die Beine heften sich in der Regel der Mittellinie genähert auf der Bauchfläche an und enden mit einer Klaue sowie borstenförmigen Nebenklauen.

Das Nervensystem besteht aus dem Cerebralganglion und einer homonom gegliederten Ganglienkette; nur die drei ersten Ganglienpaare der Bauchkette verschmelzen miteinander. In

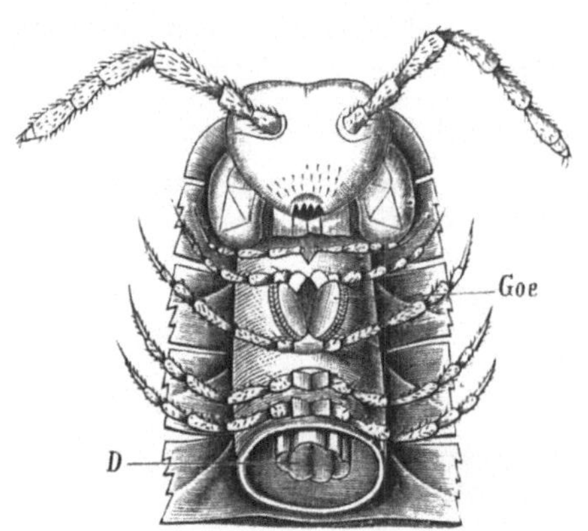

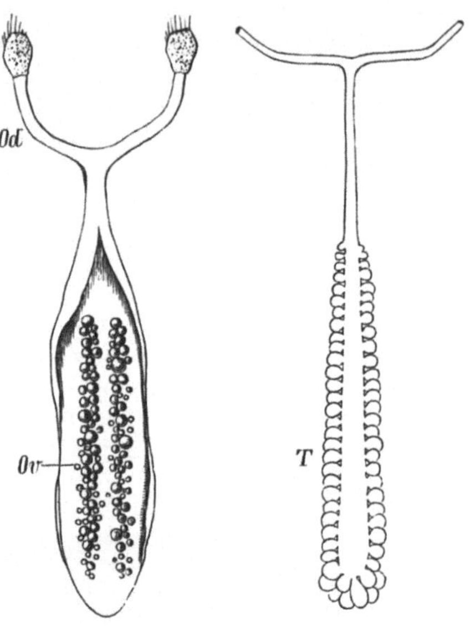

Abb. 695. Kopf und vordere Segmente von *Polydesmus complanatus*. (Nach LATZEL.) $^{10}/_1$. *Goe* die weiblichen Geschlechtsöffnungen, *D* Darm.

Abb. 696. Geschlechtsorgane von *Glomeris marginata*. (Nach FABRE.) *Od* Ovidukt, *Ov* Ovaium, *T* Hoden.

den zwei Beinpaare tragenden Körperringen liegen je zwei Ganglien. Auch ein System von Eingeweidenerven ist nachgewiesen. Von Sinnesorganen finden sich außer den Augen Riechzapfen an den Antennen und ein ähnlich gestaltetes

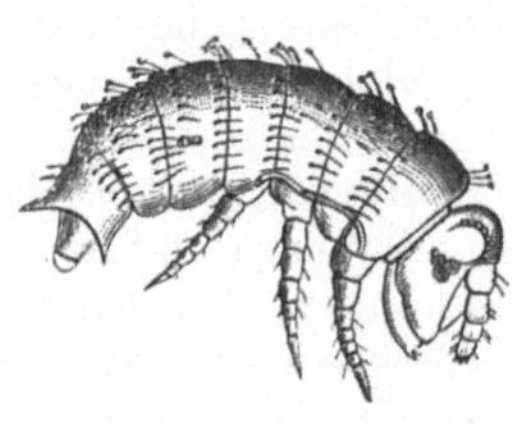

Abb. 697. Larve von *Strongylosoma*. (Nach METSCHNIKOFF.)

Sinnesorgan an dem Gnathochilarium, ferner am Kopfe zwischen Antenne und Auge ein Sinnesorgan unbekannter Bedeutung (TÖMÖSVÁRYsches Organ). Der Verdauungskanal verläuft mit seltenen Ausnahmen (*Glomeris*) ohne Windungen in gerader Richtung und mündet am letzten Körperringe aus. Man unterscheidet eine dünne Speiseröhre, vor der zwei Speicheldrüsen münden, sodann einen weiten, sehr langen Mitteldarm, dessen Oberfläche mit kurzen Drüsendivertikeln besetzt ist, ferner einen Enddarm mit zwei oder vier MALPIGHIschen Gefäßen und einen kurzen, erweiterten Mastdarm.

Als Centralorgan des Kreislaufes fungiert ein langgestrecktes, sogenanntes gekammertes Rückengefäß, das eine kurze vordere Aorta sowie in jedem Segmente zwei laterale Gefäße entsendet. Über der Bauchganglienkette findet sich eine supraneurale Lakune. Die Diplopoden atmen durch büschelförmige Tracheen, deren Stigmen unter den Basalgliedern der Beine liegen. An den Doppelsegmenten sind je zwei Stigmenpaare vorhanden. Auch finden sich bei vielen Formen am Hüftgliede der Beine ausstülpbare Säckchen (Coxalsäckchen). Die häufig als Stigmen angesehenen Saftlöcher (*foramina repugnatoria*) zu beiden Seiten des

Rückens sind Öffnungen von Hautdrüsen, die zum Schutze des Tieres einen unangenehm riechenden Saft entleeren. Bei einer Polydesmide, *Orthomorpha* (*Fontaria*) *gracilis*, enthält das Secret dieser Drüsen freie Blausäure. 2—3 Paare von Spinndrüsen münden am Analsegmente bei *Lysiopetaliden* und *Chordeumatiden*. Die Diplopoden sind getrennten Geschlechts. Die Geschlechtsdrüsen (Abb. 696) sind unpaare langgestreckte Schläuche, deren paarige Ausführungsgänge hinter dem 2. Beinpaare am 3. Körpersegmente münden.

Im männlichen Geschlechte sind ein Beinpaar am 7. Körperringe, zuweilen auch 1—3 benachbarte Paare zu Copulationsfüßen (Gonopoden) umgewandelt. Bei den *Opisthandria* finden sich 1—2 Paar Copulationsfüße (sekundäre Gonopoden, Telopoden) am Hinterende des Körpers. Copulationsfüße fehlen den *Polyxeniden*. Die meist größeren Weibchen legen ihre Eier in die Erde. Die ausschlüpfenden Jungen besitzen wenige Segmente und bloß drei Beinpaare (Abb. 697). Parthenogenese scheint bei einigen Formen (*Polyxenus* u. a.) vorzukommen.

Die Diplopoden leben an feuchten Orten unter Steinen am Erdboden, nähren sich von vegetabilischen und wohl auch von abgestorbenen tierischen Stoffen. Viele kugeln sich nach Art der Kugelasseln zusammen oder rollen ihren Leib spiralig ein.

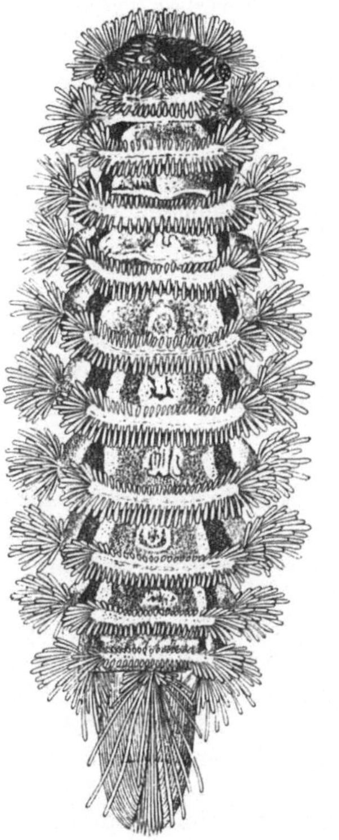

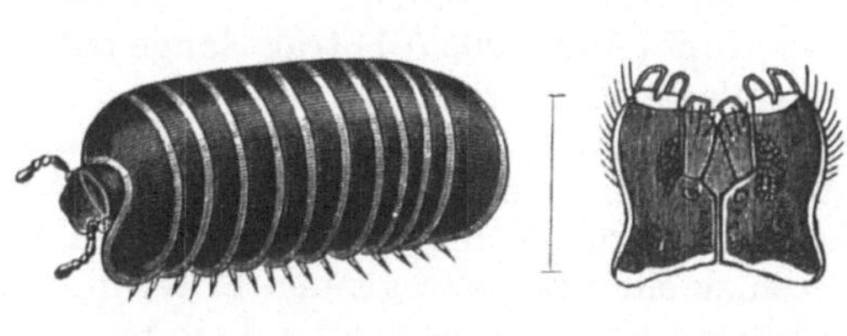

a   b

Abb. 698. *Polyxenus lagurus*. (Nach Reinecke.) $^{32}/_1$

Abb. 699. a *Glomeris marginata*. (Nach C. L. Koch.) b Gnathochilarium von *Iulus terrestris*.

1. Unterordnung. *Pselaphognatha*. Körper weich, mit Haarbüscheln besetzt. Oberlippe frei. Oberkiefer in der Mundhöhle verborgen. Gnathochilarium jederseits mit 1—2 großen in ihrer Form abweichenden Tastern. Die Hüften der Beine weit auseinandergerückt. Männchen ohne Copulationsfüße.

Fam. *Polyxenidae*. Kleine Formen mit nur 11—13 Körperringen. *Polyxenus lagurus* L. Mittel- und Südeuropa (Abb. 698).

2. Unterordnug. *Chilognatha*. Körperbedeckung hart, Oberlippe mit dem Kopfschild verwachsen. Die Seitenteile des Gnathochilariums mit 1—3 hakenförmigen rudimentären Tastern. Gonopoden beim Männchen stets vorhanden.

1. Tribus. *Opisthandria* (*Oniscomorpha*). Körper kurz und breit, zum Zusammenkugeln befähigt, aus 14—16 Körperringen bestehend. Beim Männchen Copulationsfüße am Hinterende des Körpers (Telopoden).

Fam. *Glomeridae*. Zahl der Körperringe höchstens 14. Saftlöcher median am Rücken gelegen. *Glomeris marginata* Vill. Westeuropa (Abb. 699). *Gl. pustulata* Latr. Mitteleuropa. *Sphaerotherium elongatum* Brdt., Kap.

2. Tribus. *Proterandria* (*Helminthomorpha*). Körper meist langgestreckt, 19 bis über 100 Körperringe aufweisend. Beim Männchen stets wenigstens ein Beinpaar des 7. Ringes oder auch noch benachbarte Beinpaare zu Gonopoden umgewandelt.

Fam. *Polydesmidae*. Körperringe 19—20. Körper meist flachgedrückt. Augen und Coxalsäckchen fehlen. Nur das erste Beinpaar des 7. Ringes beim Männchen zu Gonopoden umgebildet. *Strongylosoma pallipes* OL., *Orthomorpha* (*Fontaria*) *gracilis* C. KOCH. Viti-Inseln, Südamerika; auch in Gewächshäusern in Europa gefunden. *Polydesmus complanatus* L. Mitteleuropa. *Brachydesmus subterraneus* HELL. Höhlen des Karstes, Krain, Kärnten.

Fam. *Chordeumatidae*. Körper cylindrisch, 26—32 Körperringe. Saftlöcher fehlen. 1—4 Paare von Gonopoden. *Chordeuma silvestre* C. KOCH, Mitteleuropa.

Fam. *Lysiopetalidae*. Körperringe zahlreich, Körperform cylindrisch, erstes Beinpaar des 7. Ringes beim Männchen zu Gonopoden umgewandelt. *Lysiopetalum carinatum* BRDT., Dalmatien.

Fam. *Iulidae*. Körper cylindrisch, Körperringe zahlreich. Coxalsäckchen fehlen. Beide Beinpaare des 7. Ringes zu Gonopoden umgewandelt. *Nopoiulus pulchellus* C. KOCH, *Blaniulus guttulatus* BOSC, Österreich. *Unciger foetidus* C. KOCH, *Iulus terrestris* L. (Abb. 694), *Archiiulus sabulosus* L., Europa. *Pachyiulus fuscipes* C. KOCH, Istrien. *P. flavipes* C. KOCH, Dalmatien. *Spirobolus maximus* BRDT. Bis 12 cm lang. Brasilien.

Fam. *Polyzoniidae*. Mundteile verkümmert. Beim Männchen das erste Beinpaar des 7. Ringes und das zweite Beinpaar des 8. Ringes zu Gonopoden umgebildet. *Polyzonium germanicum* BRDT., Österreich, Rußland, Deutschland.

2. Unterklasse. CHILOPODA[1].

Eutracheaten von meist flachgedrücktem Körper, mit zahlreichen gleichgebildeten beintragenden Segmenten, mit zwei Maxillenpaaren und einem Maxillarfußpaar, mit nur einem Extremitätenpaar an einem Körperringe. Genitalöffnungen hinten am vorletzten Segmente.

Die früher mit den Diplopoden und verwandten Gruppen als Myriapoden vereinigten Chilopoden zeigen trotz der Ähnlichkeit in der Körperbildung in ihrem Bau so viele Abweichungen von ersteren, andererseits so vielfache Übereinstimmung mit den Insecten, daß sie am besten als besondere Unterklasse im System eingeordnet werden.

Der Kopf (Abb. 700, 701) trägt lange faden- oder borstenförmige Fühler sowie meist einfache oder gehäufte Napfaugen, die bei *Scutigera* zu einem Komplexauge vereinigt sind. *Cryptops*, die *Geophiliden* und einige *Lithobiiden* sind blind. Hinter der Oberlippe folgen ein Paar tasterlose Mandibeln sowie zwei Paare von Maxillen, von denen die vorderen eine Lade und kurzen Taster aufweisen, die hinteren zu einer tastertragenden Unterlippe gestaltet sind (Abb. 702). Der langgestreckte, meist flach gedrückte Leib ist homonom gegliedert und baut sich aus 15—173 beintragenden Segmenten auf. Er wird von einer glatten Chitinhaut bekleidet, welche in jedem Segment in einen durch weiche Zwischenhäute verbundenen Bauch- und Rückenschild differenziert ist. Zuweilen entwickeln sich einige der Rückenschilder umfangreicher und überdecken die kleinen dazwischen gelegenen Segmente dachziegelförmig. Niemals übersteigt die Zahl der Beinpaare die der Körperringe. Das vordere Beinpaar des Rumpfes rückt überall als ein Paar Kieferfüße an den Kopf heran und bildet durch die Verwachsung seiner Hüftteile eine mediane ansehnliche Platte, an der rechts und links die großen viergliedrigen Raubfüße mit Endklaue und Giftdrüse hervorstehen. Die übrigen

---

[1] Außer der bei den Myriapoden citierten Literatur vgl. NEWPORT, G.: Monograph of the class Myriopoda, order Chilopoda. Trans. Linnean Soc. 19 (1845). — MEINERT, FR.: Danmarks Scolopendrer og Lithobier. Naturh. Tidsskr. Kopenhagen. 3. R. V. 1868. — METSCHNIKOFF, E.: Embryologisches über Geophilus. Z. Zool. 25 (1875). — ZOGRAF, N.: Anatomie von Lithobius forficatus (russ.). Schrift. d. Ges. d. Freunde d. Naturw. usw. Moskau 1880. — HAASE, E.: Schlesiens Chilopoden. Breslau 1880—1881. — Das Respirationssystem der Symphylen und Chilopoden. Zool. Beitr. 1. Breslau 1885. — HERBST, C.: Beiträge zur Kenntnis der Chilopoden. Bibliotheca zoologica 9 (1891). — DUBOSCQ, O.: Recherches sur les Chilopodes. Archives de Zool. 1898. — HEYMONS, R.: Die Entwicklungsgeschichte der Scolopender. Bibliotheca zoologica 33 (1901). — VERHOEFF, K.: Über die Entwickelungsstufen der Steinläufer usw. Zool. Jb. Suppl. 8 (1905). — ATTEMS, C. Graf· Myriopoda. II. Tierreich 54 (1930).

Beinpaare entspringen an den Seiten der Leibesringe, das letzte, häufig verlängerte
Paar (Analbeine, Schleppbeine) streckt sich weit nach hinten über das stets fußlose
Endsegment hinaus. Die Beine enden mit einer Kralle.

Das Nervensystem besteht aus dem Gehirn und einer homonom gegliederten
Bauchganglienkette. Auch Eingeweidenerven, ähnlich jenen bei Insecten, sind
nachgewiesen. Außer den Augen findet sich am Kopfe bei den *Anamorpha* ein
Tömösvarysches Organ. Der Darmkanal durchsetzt in gerader Richtung den
Körper und mündet am letzten Körpersegmente aus. In die Mundhöhle ergießt
sich das Secret zweier Speicheldrüsen. Der Darm gliedert sich in eine dünnere
Speiseröhre, einen weiten langen Mitteldarm und einen Enddarm, an dessen
Anfang zwei Malpighische Gefäße einmünden. Als Centralorgan des Kreislaufes
fungiert ein langes sogenanntes gekammertes Rückengefäß; es entsendet in der
Regel laterale Arterienpaare sowie eine vordere, in drei Äste sich teilende Kopf-
aorta (Abb. 703), deren seitliche bogenförmige Äste sich unterhalb des Schlundes

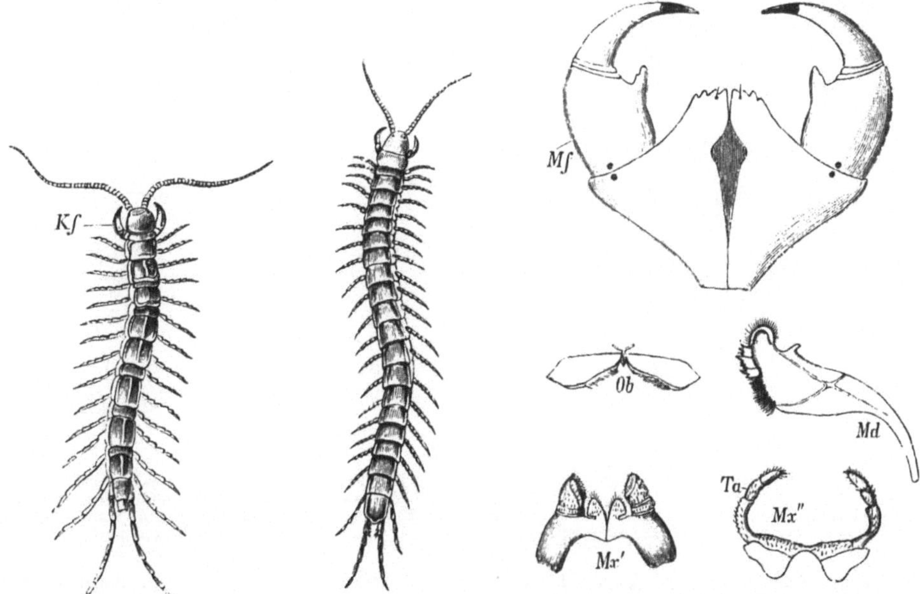

Abb. 700. *Lithobius forficatus*. (Nach
C. L. Koch.) $^{14}/_1$. *Kf* Kieferfuß.

Abb. 701. *Scolopendra*
morsitans. $^1/_3$

Abb. 702. Mundwerkzeuge von *Scolopendra*. (Nach
Stein.) *Ob* Oberlippe, *Md* Mandibel, *Mx'* erste,
Mx'' zweite Maxille, *Ta* Taster, *Mf* Maxillarfuß.

zur Bildung eines Supraneuralgefäßes vereinigen. Die Chilopoden atmen durch
Röhrentracheen, welche an fast allen oder nur wenigen Segmenten in den seitlichen Verbindungshäuten zwischen Rücken- und Bauchplatten in Stigmen ausmünden und ähnlich wie bei Insecten anastomosieren können. Bei *Scutigera* sind
die Stigmen unpaar und liegen in der Medianlinie an den Rückenplatten; sie führen
in Lufttaschen, von denen eine große Zahl einfacher Tracheenröhren ausstrahlen.
Besondere Hautdrüsen finden sich am Kopf und im ersten Rumpfsegmente,
am Aftersegmente sowie den Hüftgliedern der vier bis fünf letzten Beinpaare,
endlich an den Bauchschildern; das Secret der an letzteren ausmündenden Bauchdrüsen leuchtet zuweilen (*Scolioplanes*). Die Geschlechter sind getrennt. Die
Geschlechtsdrüsen sind langgestreckte unpaare Schläuche (Abb. 704), deren einfacher, mit Drüsen ausgestatteter Ausführungsgang ventral am vorletzten Körpersegmente ausmündet.

Die Weibchen legen Eier ab. Brutpflege besteht bei den *Epimorpha*. Die ausschlüpfenden Jungen besitzen bloß sieben (*Anamorpha*) oder sämtliche Gliedmaßenpaare (*Epimorpha*). Die Chilopoden nähren sich durchwegs von Tieren, welche sie mit den Kieferfüßen beißen und durch das in die Wu de einfließende Secret der Giftdrüse töten. Einzelne tropische Arten können bei ihrer bedeutenden Körpergröße selbst den Menschen gefährlich verletzen.

1. Tribus. *Epimorpha*. Körper langgestreckt, mit 25 und mehr Segmenten. Die ausschlüpfenden Jungen besitzen sämtliche Segmente und Beinpaare.

Fam. *Geophilidae*. Körper sehr lang, wurmförmig. Augen fehlen. Fühler kurz. Analbeine kurz. Bauchschilder in der Regel von den Poren der Bauchdrüsen durchbohrt. *Geophilus ferrugineus* C. L. KOCH, *Scolioplanes crassipes* C. KOCH, zeigt Leuchterscheinung. Mitteleuropa. *Himantarium gabrielis* L. Südeuropa.

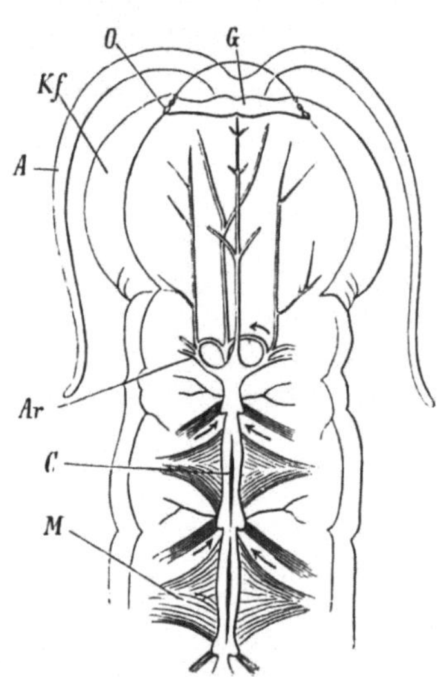

Abb. 703. Kopf und vordere Segmente von *Scolopendra*. (Nach NEWPORT.) *G* Gehirn, *A* Antennen, *Kf* Kieferfuß, *C* Herz, *M* sogenannte Flügelmuskeln des Herzens, *O* Augen, *Ar* Arterien.

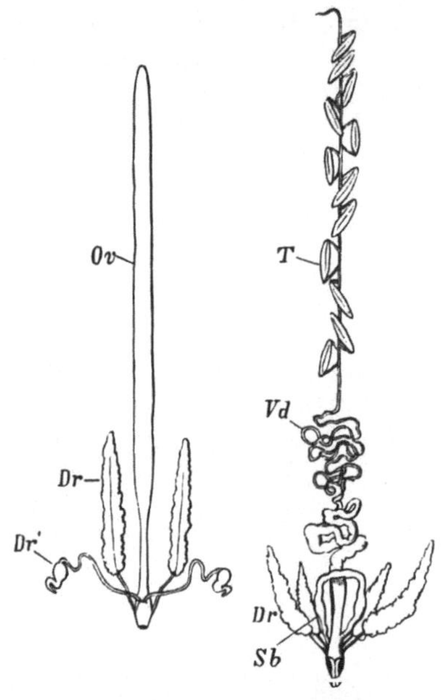

Abb. 704. Geschlechtsorgane von *Scolopendra cingulata*. (Nach FABRE.) *Ov* Ovarium, *Sb* Samenblase, *T* Hoden, *Vd* Ductus deferens, *Dr* Anhangsdrüsen, *Dr'* Receptacula seminis.

Fam. *Scolopendridae*. Augen 1—4, zuweilen fehlend. Fühler kurz, Analbeine kräftig. Zahl der Stigmen 9—10. *Scolopendra cingulata* LATR. Südeuropa. *Sc. morsitans* L. Nordafrika, Kleinasien (Abb. 701). *Sc. gigantea* LEACH. Wird 26,5 cm lang. Ostindien. *Cryptops hortensis* LEACH. Blind. Mitteleuropa.

2. Tribus. *Anamorpha*. Körper gedrungen, mit nur 15 Beinpaaren. Die ausschlüpfenden Jungen mit bloß sieben Beinpaaren.

Fam. *Lithobiidae*. Körper mäßig lang. Kopf meist mit mehreren oder zahlreichen, aggregierten Augen. Fühler verhältnismäßig lang. Einzelne Rückenplatten entwickeln sich zu einer besonderen Größe. *Lithobius forficatus* L. Europa, Amerika (Abb. 700).

Fam. *Scutigeridae*. Körper kurz, gedrungen. Augen groß, sind Komplexaugen. Fühler sehr lang. Beine lang, die hinteren an Länge zunehmend. Nur acht Rückenschilder. *Scutigera coleoptrata* L. Mittel- und Südeuropa.

3. Unterklasse. APTERYGOGENEA [1].

Eutracheaten mit behaarter (beschuppter) Körperbedeckung, in der Regel mit beißenden Mundteilen, mit dreigliedrigem, drei Beinpaare tragendem Thorax und

---

[1] Außer NICOLET, MEINERT, SOMMER, VERHOEFF, BRUNTZ, SCHEPOTIEFF, BÖRNER, TULLBERG vgl. LUBBOCK, J.: Monograph of the Collembola and Thysanura. London 1873. — OUDEMANS, J. T.: Beiträge zur Kenntnis der Thysanura und Collembola. Amsterdam

zwölf- bis sechsgliedrigem Abdomen, welches Gliedmaßenreste aufweist und meist mit borstenförmigen Fäden endet oder einen ventralen Springapparat besitzt.

Die Apterygogenen, früher zu den Insecten gestellt, werden ihrer zahlreichen Eigentümlichkeiten wegen am besten als besondere Eutracheatengruppe ab-

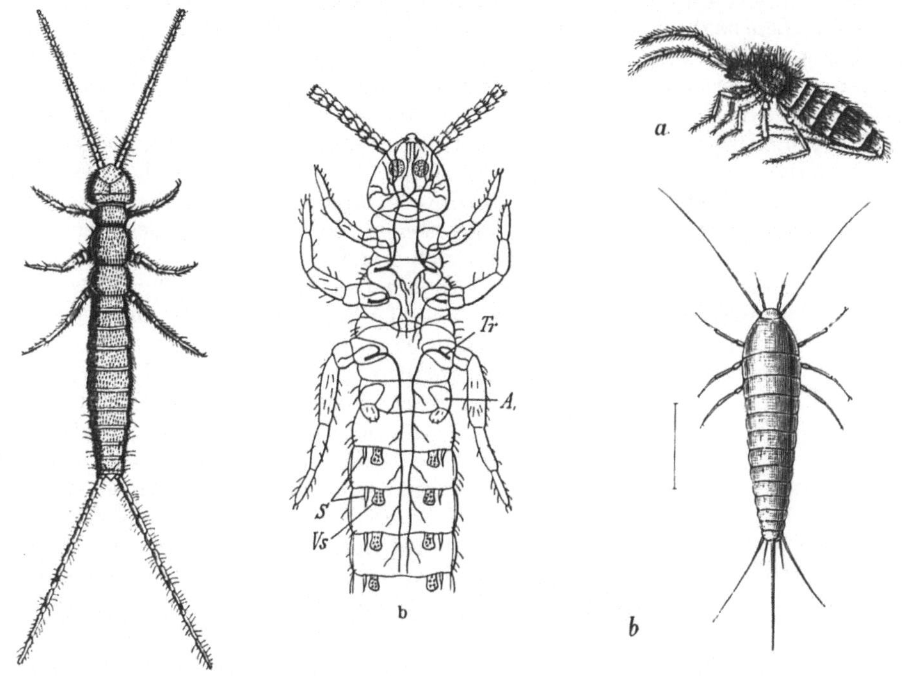

Abb. 705. a *Campodea staphylinus* (nach LUBBOCK). ¹⁰/₁.
b Vordere Körperhälfte in Ventralansicht (nach HAASE).
A' Rudimentäres erstes Abdominalbein, *S* Griffel, *Tr₁* Tracheen, *Vs* Ventralsäcke.

Abb. 706. a *Orchesella* (*Podura*) *villosa*, ⁷/₁. b *Lepisma saccharina* (aus règne animal).

1887. — NASSONOW, N.: Zur Morphologie der niedersten Insecten *Lepisma, Campodea* und *Podura.* Schrift. d. Ges. d. Freunde d. Naturwiss. usw. Moskau 1887 (russ). — GRASSI, B.: I Progenitori dei Miriapodi e degli Insetti. VII. Atti Accad. dei Lincei Roma 1888. — HAASE, E.: Die Abdominalanhänge der Insecten. Morph. Jb. **15** (1889). — v. STUMMER-TRAUNFELS, R.: Vergleichende Untersuchungen über die Mundwerkzeuge der Thysanuren und Collembolen. Sitzgsber. Akad. Wiss. Wien, Math.-naturwiss. Kl. **1891.** — HEYMONS, R.: Entwicklungsgeschichtliche Untersuchungen an *Lepisma saccharina.* Z. Zool. **62** (1897). — HEYMONS, R. u. H.: Die Entwicklungsgeschichte von *Machilis.* Verh. dtsch. zool. Ges. **1905.** — CLAYPOLE, A.: The Embryology and Oogenesis of *Anurida maritima.* J. Morph. a. Physiol. **14** (1898). — UZEL, H.: Studien über die Entwicklung der apterygoten Insecten. Berlin 1898. — FOLSOM, J. W.: The Development of the Mouth-Parts of *Anurida.* Bull. Mus. Comp. Zool. Harvard Coll. **36** (1900). — PROWAZEK, S.: Bau und Entwicklung der Collembolen. Arb. zool. Inst. Wien **12** (1900). — WILLEM, V.: Recherches sur les Collemboles et les Thysanoures. Mém. cour. Acad. Belg. **1900.** — LÉCAILLON, A.: Recherches sur l'ovaire des Collemboles. Archives Anat. microsc. Paris 1901. — HOFFMANN, R. W.: Über den Ventraltubus von *Tomocerus plumbeus* L. usw. Zool. Anz. **1904.** — Über die Morphologie und die Funktion der Kauwerkzeuge und über das Kopfnervensystem von *Tomocerus plumbeus* L. Z. Zool. **89** (1908). — ESCHERICH, K.: Das System der Lepismatiden. Bibliotheca zoologica **43** (1904). — IMMS, A. D.: *Anurida.* Liverpool Mar. Biol. Comm. Mem. **1906.** — SILVESTRI, F.: Contribuzione alla conoscenza dei Campodeidae (Thysanura) d'Europa. Boll. Labor. Zool. VI. Portici 1912. — BERLESE, A.: Monografia dei Myrientomata. Redia **6** (1910). — RIMSKY-KORSAKOW, M.: Über die systematische Stellung der Protura. Zool. Anz. **1911.** — PHILIPTSCHENKO, J.: Beiträge zur Kenntnis der Apterygoten. Z. Zool. **103** (1912). — PRELL, H.: Deutsche Proturen. Verh. dtsch. zool. Ges. **1913.** Ferner TUXEN.

zutrennen sein. Sie bieten in *Campodea* einerseits Anschlüsse an Symphylen (*Scutigerella*) unter den Myriapoden, andererseits in den *Ectognatha* einen Formtypus, welcher Charaktere der ungeflügelten Stammformen der Insecten zeigt. Ob die Apterygogenen eine einheitliche Gruppe bilden, erscheint zweifelhaft.

Der Kopf (Abb. 705, 706) trägt in der Regel lange Fühler und selten größere (*Machilis, Lepisma*) Facettenaugen; meist sind letztere reduziert oder fehlen. Oft sind auch Stirnaugen vorhanden. Die Mundteile sind kauend, selten zum Stechen modifiziert und liegen frei (*Ectognatha*) oder in einem Atrium eingezogen (*Entognatha*). Sie bestehen aus Mandibeln und zwei Maxillenpaaren, welche bei den *Ectognatha* wohlentwickelte Taster tragen, während bei den *Entognatha* die Taster rudimentär bleiben oder fehlen. Dazu kommt ein Hypopharynx. Eine zuweilen beobachtete embryonale Gliedmaßenanlage eines Vorkiefersegmentes (Intercalarsegmentes) soll sich bei *Campodea* in einem präoral gelegenen Intercalarlappen erhalten. Der Thorax setzt sich aus drei Segmenten zusammen, von denen jedes ein Beinpaar trägt. Das Abdomen ist bei den *Protura* 12gliedrig, bei den *Campodeidea* und *Ectognatha* 10—11gliedrig und endet meist mit gegliederten Fäden oder mit Zangen (Cerci). Seine Segmente besitzen zumeist vorstülpbare Ventralsäcke und griffelförmige Anhänge (Abb. 707), Bildungen, die

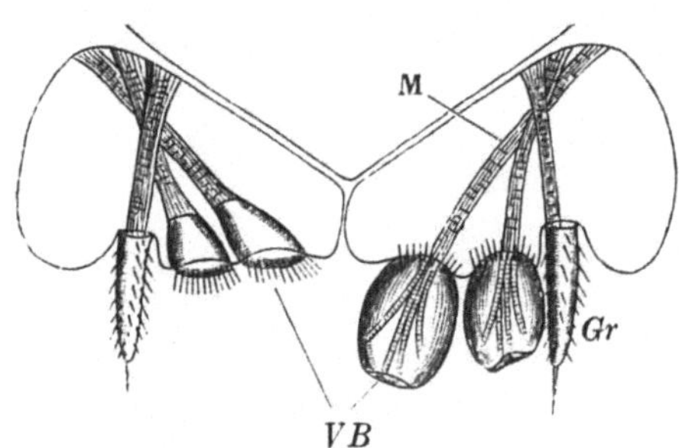

Abb. 707. Ventralschild eines Abdominalsegmentes von *Machilis maritima*. (Nach OUDEMANS.) *VB* Vorstülpbare Bläschen (Ventralsäcke), *M* ihre Muskeln, *Gr* Griffel.

den Coxalsäckchen und Coxalgriffeln von *Scutigerella* homolog und als Reste von Abdominalgliedmaßen aufzufassen sind. Bei den *Collembola* ist das Abdomen nur sechsgliedrig und trägt ventral am 5. (4.) Segmente eine Springgabel, vor welcher am 3. Segmente ein als Hamulus bezeichnetes Gebilde (beides Extremitätenreste) liegt. Überdies ist oft am 1. Abdominalsegment ein sogenannter Ventraltubus (gleichfalls Extremitätenrest) mit zwei vorstülpbaren Ventralsäcken vorhanden, der als Haftapparat dient.

Der gerade verlaufende Darmkanal läßt bei *Collembolen* und *Campodeiden* MALPIGHIsche Gefäße vermissen. Das Herz ist ein sogenanntes gekammertes Rückengefäß, welches durch das Abdomen bis in das zweite Thoracalsegment reicht und hier in eine Aorta übergeht. Das Tracheensystem, bei *Japyx* mit Längsstämmen (Abb. 135), ist zuweilen auf drei (*Campodea*) (Abb. 705b) oder zwei (*Eosentomon*) Büscheltracheen im Thorax beschränkt; es fehlt den *Acerentomidae* und Collembolen, ausgenommen *Sminthurus*, dem ein Paar Tracheenbüschel im Prothorax zukommt. Für *Japyx* werden vier Stigmenpaare am Thorax angegeben. Die paarigen Genitaldrüsen, welche bei den *Ectognatha* wie bei Insecten in einzelne Schläuche gegliedert sind, münden gemeinsam ventral am vor- oder drittletzten Abdominalsegment. Beim Weibchen ist ein Receptaculum seminis vorhanden. Zuweilen sind Genitalanhänge (Gonapophysen) ausgebildet. Parthenogenese ist bei *Machilis* beobachtet. Die Entwicklung ist direkt; bei *Lepisma* kommt es zur Bildung eines mittels Porus (Amnionporus) geöffneten Amnions.

Die Apterygogenea leben an feuchten dunklen Orten, einige *Lepismatiden* in Ameisen- oder Termitenbauten, und ernähren sich von organischem Detritus.

1. Ordnung. **Entognatha.**

Apterygogenea mit in einem Atrium eingezogenen Mundteilen. Taster rudimentär oder fehlend.

Die Entognathen schließen sich mit *Campodea* an die Symphylen an; die *Collembolen* stellen eine spezialisierte, mit Sprungvermögen ausgestattete Gruppe vor.

1. Unterordnung. *Campodeidea.* Entognathen von langgestrecktem Körper, Abdomen 10gliedrig, mit Cerci. Thoraxsegmente gleich. Tarsen eingliedrig. Augen fehlen.

Fam. *Campodeidae.* Cerci fadenförmig. Am 1. Abdominalsegment ein rudimentäres Bein, an den folgenden Ventralsäcke und Griffel. *Campodea staphylinus* Westw. (Abb. 705). Europa.

Fam. *Japygidae.* Cerci zangenförmig (Abb. 135), Ventralsäcke fehlen meist. *Japyx gigas* Burm. Kleinasien. *J. solifugus* Halid. Südeuropa, Algier.

2. Unterordnung. *Protura.* Entognathen von langgestrecktem Körper. Kopf klein, ohne Antennen. Mundteile saugend. Erster Brustfuß tasterartig nach vorn gerichtet. Abdomen 12gliedrig, die drei ersten Abdominalsegmente mit rudimentären Füßen. Cerci fehlen.

Fam. *Acerentomidae.* Tracheen fehlen. Die zwei hinteren Abdominalfußpaare stummelförmig. *Acerentomon doderoi* Silv. Mitteleuropa bis Oberitalien. *Acerentulus confinis* Berl. Nord- und Mittelitalien.

Fam. *Eosentomidae.* Tracheensystem vorhanden, mit zwei Stigmenpaaren am Thorax. Alle Abdominalfüße gleich ausgebildet. *Eosentomon transitorium* Berl. Von Norwegen bis Oberitalien (Abb. 708). *E. (Protapteron) indicum* Schepotieff. Malabarküste.

3. Unterordnung. *Collembola.* Entognathen von gedrungenem Körper. Abdomen mit sechs zuweilen verschmolzenen Segmenten, in der Regel mit Springapparat. Erstes Thoracalsegment klein. Tarsen eingliedrig.

Fam. *Poduridae.* Körper gedrungen-cylindrisch. Springapparat kurz oder fehlt. *Aphorura fimetaria* L., *Anurida maritima* Guér., *Podura aquatica* L. Europa.

Fam. *Entomobryidae.* Körper cylindrisch mit langem Springapparat. Antennen lang. *Orchesella cincta* L., *O. villosa* Geoffr. (Abb. 706a), *Entomobrya (Degeeria) nivalis* L., Schneefloh. *Tomocerus plumbeus* L., *Isotoma saltans* Ag. (*Desoria glacialis* Nic.), Gletscherfloh. Europa.

Fam. *Sminthuridae.* Körper fast kugelig, mit Springapparat. Tracheen vorhanden. *Sminthurus fuscus* Geer, Europa.

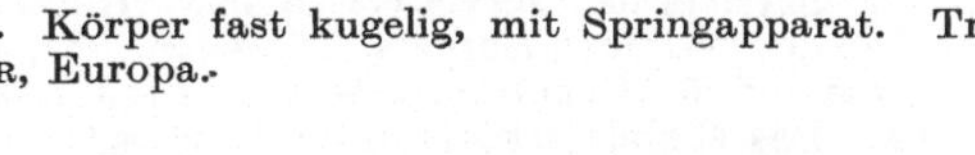

Abb. 708. *Eosentomon transitorium.* (Nach Berlese.) ⁵⁰/₁. *A* Abdominalfüße.

2. Ordnung. Ectognatha (Thysanura).

Apterygogenea mit freiliegenden Mundteilen und wohlentwickelten Tastern.

Die Ectognathen erinnern im Bau an die Orthopteren, zu denen sie hinüberführen. Ihr gestreckter Körper ist dicht mit metallisch glänzenden Schuppen bedeckt. Fühler borstenförmig. Tarsen der Brustfüße 2—3gliedrig. Das 11gliedrige Abdomen mit drei Schwanzborsten (zwei Cerci und mediane Borste des Endsegments). Facettenaugen vorhanden.

Fam. *Lepismatidae.* Hinterleib ohne Springorgan. Ventralsäcke fehlen. *Lepisma saccharina* L., Zuckergast, Silberfischchen (Abb. 706b). Weit verbreitet. *Thermobia domestica* Pack. Europa, Nordamerika, Asien. *Atelura formicaria* Heyd. Lebt in Ameisenhaufen. Mitteleuropa. *Nicoletia* Gerv.

Fam. *Machilidae.* Hinterleib mit Springorgan. Ventralsäcke vorhanden. *Machilis polypoda* L. Europa. *M. maritima* Leach, an den Meeresküsten.

4. Unterklasse. INSECTA (PTERYGOGENEA, HEXAPODA), INSECTEN[1].

Geflügelte Eutracheaten mit drei Beinpaaren an dem dreigliedrigen Thorax, mit fußlosem, 9—10gliedrigem Abdomen.

Der Körper der Insecten bringt die drei als Kopf, Brust und Hinterleib unterschiedenen Leibesregionen am schärfsten zur Sonderung. Auch erscheint die Zahl der zur Bildung des Körpers verwendeten Segmente und Gliedmaßen fixiert, indem im Kopf mit seinen vier Gliedmaßenpaaren mindestens vier Rumpfsegmente einbezogen sind (beim Embryo wird auch noch ein Vorkiefer- oder Intercalarsegment unterschieden), die Brust oder der Thorax aus drei, das Abdomen gewöhnlich aus neun oder zehn (ursprünglich elf) Segmenten besteht (Abb. 709). Zuweilen beteiligt sich jedoch auch das erste Abdominalsegment (segment entremédiaire) an der Bildung des Thorax. (*Hymenoptera Apocrita*).

Der Kopf bildet eine ungegliederte Kapsel, an der man verschiedene Regionen nach Analogie des Wirbeltierkopfes als Gesicht, Stirn, Wange, Kehle, Scheitel, Hinterhaupt usw. unterscheidet. Die obere Seite des Kopfes wird seitlich von den Facettenaugen eingenommen und trägt Fühler, an der unteren inserieren in der Umgebung des Mundes die drei Paare von Mundgliedmaßen. Die vordersten Gliedmaßen, die Fühler, bilden bei den Insecten eine einfache Gliederreihe, variieren aber in Form und Größe sehr mannigfach. Sie entspringen gewöhnlich auf

---

[1] SWAMMERDAM, J.: Bibel der Natur. Leipzig 1752. — DE REAUMUR, R.: Mémoires pour servir à l'histoire des Insectes. 6 vols. Paris 1734—1742. — BONNET, CH.: Traité d'Insectologie. 2 vols. Paris 1745. — RÖSEL V. ROSENHOF, A.: Insektenbelustigungen. Nürnberg 1746—1761. — DE GEER, CH.: Mémoires pour servir à l'histoire des Insectes. 8 vols. 1752—1776. — LATREILLE, P. A.: Histoire naturelle des Crustacés et des Insectes. 14 vols. Paris 1802—1805. — SAVIGNY, J. C.: Mémoires sur les animaux sans vertèbres. Paris 1816. — DUFOUR, L.: Recherches anatomiques etc. Ann. des Sci. natur. 1824—1858. — BURMEISTER, H.: Handbuch der Entomologie. Halle 1832. — WESTWOOD, J. O.: An Introduction to the modern Classification of Insects. 2 vols. London 1839—1840. — LUBBOCK, J.: Origin of Insects 1874. — BRAUER, FR.: Betrachtungen über die Verwandlung der Insecten im Sinne der Descendenztheorie. Verh. zool.-bot. Ges. Wien 1869 u. 1878. — Systematisch-zoologische Studien. Sitzgsber. Akad. Wiss. Wien, Math.-naturwiss. Kl. 1885. — KOLBE, H. J.: Einführung in die Kenntnis der Insecten. Berlin 1893. — PACKARD, A.S.: A Textbook of Entomology. New- York 1898. — COMSTOCK, J. H. a. J. G. NEEDHAM: The wings of Insects. Amer. Naturalist 1898—1899. — LEUCKART, R.: Über die Mikropyle und den feineren Bau der Schalenhaut bei den Insecten. Arch. f. Anat. 1855. — PALMÉN, J. A.: Zur Morphologie des Tracheensystems. Helsingfors 1877. — BRANDT, ED.: Vergleichend-anatomische Untersuchungen über das Nervensystem usw. Horae Soc. Entom. Ross. 1879. — LEYDIG, FR.: Vom Bau des tierischen Körpers. Tübingen 1864, mit Atlas. — GRABER, V.: Die chordotonalen Organe und das Gehör der Insecten. Arch. mikrosk. Anat. 20, 21 (1882 bis 1883). — WILL, FR.: Das Geschmacksorgan der Insecten. Z. Zool. 42 (1885). — VOM RATH, O.: Über die Hautsinnesorgane der Insecten. Ebenda 46 (1888). — NAGEL, W. A.: Vergleichend physiologische und anatomische Untersuchungen über den Geruchs- und Geschmackssinn usw. Bibliotheca zoologica 18 (1894). — HEYMONS, R.: Die Segmentierung des Insectenkörpers. Abh. preuß. Akad. Wiss., Physik.-math. Kl. Berlin 1895. — Zur Morphologie der Abdominalanhänge bei den Insecten. Morph. Jb. 24 (1896). — REGEN, J.: Neue Beobachtungen über die Stridulationsorgane der saltatoren Orthopteren. Arb. zool. Inst. Wien 14 (1903). — GROSS, J.: Untersuchungen über die Histologie des Insectenovariums. Zool. Jb. 18 (1903). — VOSS, F.: Über den Thorax von *Gryllus domesticus* usw. Z. Zool. 1905—1912. — SCHWABE, J.: Beiträge zur Morphologie und Histologie der tympanalen Sinnesapparate der Orthopteren. Bibliotheca zoologica 50 (1906). — HANDLIRSCH, A.: Die fossilen Insecten und die Phylogenie der recenten Formen. Leipzig 1906 bis 1908. — WYTSMAN, P.: Genera Insectorum. Brüssel 1902 (im weiteren Erscheinen begriffen). — RITTER, W.: The flying Apparatus of the Blow-Fly. Smiths. Misc. Coll. Washington 1911. — BERLESE, A.: Gli Insetti. 2 Bde. Milano 1909—1925. — SCHRÖDER, CHR.: Handbuch der Entomologie. 3 Bde. Jena 1912—1929. — ROUSSEAU, E.: Les Larves et Nymphes aquatiques des Insectes d'Europe. 1. Bruxelles 1921. — EGGERS, F.: Die stiftführenden Sinnesorgane. Zool. Bausteine 2. Berlin 1928. — Vgl. außerdem die Arbeiten von KOWALEVSKY, GRENACHER, CUÉNOT, SCHENK, POPOVICI-BAZNOȘANU, ERHARDT, DEMOLL u. a.

der Stirn und dienen nicht nur zum Tasten, sondern vornehmlich als Spür- oder Geruchsorgane. Man unterscheidet zunächst *gleichmäßige* (mit gleichartig gestalteten Gliedern) und *ungleichmäßige* Fühler (Abb. 710). Erstere erscheinen borstenförmig, fadenförmig, schnurförmig, gesägt, gekämmt; die ungleichmäßigen

Fühler, an welchen besonders die Wurzelglieder und die Endglieder eine veränderte Gestalt besitzen, sind am häufigsten keulenförmig, geknöpft, gelappt, gebrochen. Im letzteren Falle ist das erste oder zweite Glied als *Schaft* verlängert und die Reihe der nachfolgenden kürzeren Glieder als *Geißel* winkelig abgesetzt (*Apis*).

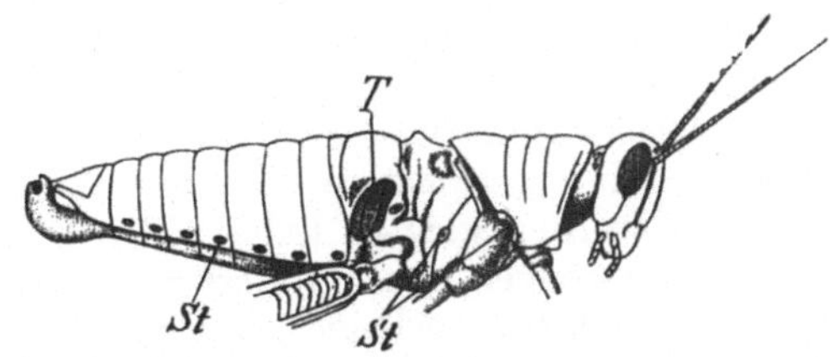

Abb. 709. Seitenansicht von *Anacridium aegyptium* (*tartaricum*). (Nach FISCHER.) ¹/₁. *T* Tympanalorgan, *St* Stigmen.

An der Bildung der Mundwerkzeuge nehmen Anteil: die Oberlippe (*labrum*), die Oberkiefer (*mandibulae*), die Unterkiefer (*maxillae*), die Unterlippe (*labium*) (Abb. 711). Die Oberlippe ist eine am Kopfschilde (*clypeus*) meist bewegliche

Platte, welche die Mundöffnung von oben bedeckt. Unterhalb der Oberlippe entspringen rechts und links die Mandibeln (Oberkiefer), zwei stets tasterlose kräftige Kauladen, welche jeglicher Gliederung entbehren. Komplizierter sind die Maxillen (Unterkiefer) gebaut, welche bei ihrer reicheren Gliederung eine vielseitigere, aber schwächere Leistung beim Kaugeschäft übernehmen. Man unterscheidet an der Maxille ein kurzes Basalglied (*cardo*), einen Stiel oder Stamm (*stipes*) mit einem äußeren Schuppengliede (*squama palpigera*), welchem ein mehrgliedriger Taster (*palpus maxillaris*) aufsitzt, ferner am oberen Rande des Stammes zwei zum Kauen dienende Platten als äußere und innere Laden (*lobus externus, internus*). Die Unterlippe entspringt an der Kehle und wird von einem zweiten Paar von Maxillen gebildet, deren Teile in der Mittellinie an ihrem Innenrande verschmolzen sind. Selten bleiben alle Abschnitte des Unterkieferpaares an der Unterlippe noch nachweisbar (*Blattodea*) (Abb. 711). Meistens ist die Unterlippe auf eine einfache Platte mit zwei seitlichen Lippentastern (*palpi labiales*) reduziert. An der Unterlippe der Orthopteren unterscheidet man ein unteres, an der Kehle

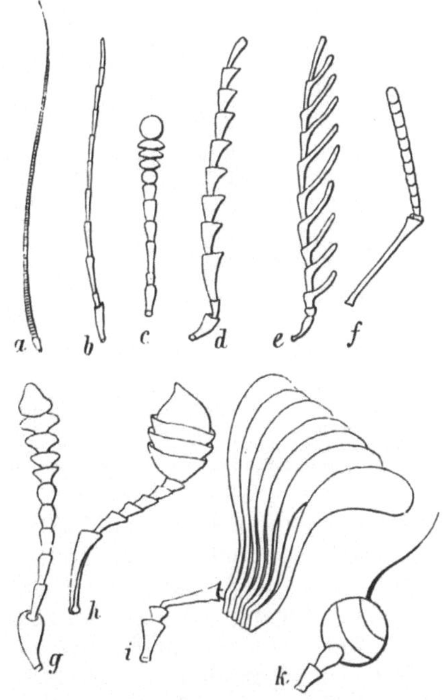

Abb. 710. Verschiedene Antennenformen. (Nach BURMEISTER.) a Borstenförmige Antenne von *Locusta*, b fadenförmige von *Carabus*, c schnurförmige von *Tenebrio*, d gesägte von *Elater*, e gekämmte von *Ctenicera*, f gebrochene von *Apis*, g keulenförmige von *Silpha*, h geknöpfte von *Necrophorus*, i durchblätterte von *Melolontha*, k Fühler mit Borste von *Sargus*.

befestigtes Unterkinn (*submentum*) von einem nachfolgenden, die beiden Taster tragenden Abschnitte, dem Kinn (*mentum*), auf dessen Spitze sich die Lippe oder Zunge (*glossa*) zuweilen noch mit Nebenzungen (*paraglossae*) erhebt. Das Unterkinn entspricht nachweisbar den verschmolzenen Angelgliedern, das Kinn den verschmolzenen Stielen, die einfache oder zweispaltige Zunge den inneren Laden, die Nebenzungen den äußeren Laden. Mediane, zuweilen Mundteilen ähnlich entwickelte Hervorragungen innen von der Unterlippe werden als *Hypopharynx* (Innenlippe, *Endolabium*) unterschieden.

Im Gegensatze zu den beschriebenen *kauenden* oder *beißenden* Mundteilen treten da, wo flüssige Nahrung aufgenommen wird, so auffallende Umformungen einzelner oder aller Mundteile ein, daß erst der Scharfblick von Savigny ihre morphologische Übereinstimmung nachzuweisen vermochte. Den *Beißwerkzeugen*, welche sich bei den *Coleopteren, Neuropteren, Orthopteren* usw. finden, schließen sich am nächsten die Mundteile der *Hymenopteren* an, die als *leckende* bezeichnet werden können (Abb. 712). Oberlippe und Mandibeln stimmen mit den Kauwerkzeugen überein, dagegen sind Maxillen und Unterlippe mehr oder minder beträchtlich verlängert und zum Lecken und Aufsaugen von Flüssigkeiten umgebildet. *Saugende* Mundwerkzeuge treten bei den *Lepidopteren* auf, deren Maxillen sich zu einem *Rollrüssel* zusammenlegen, während die übrigen Teile mehr oder

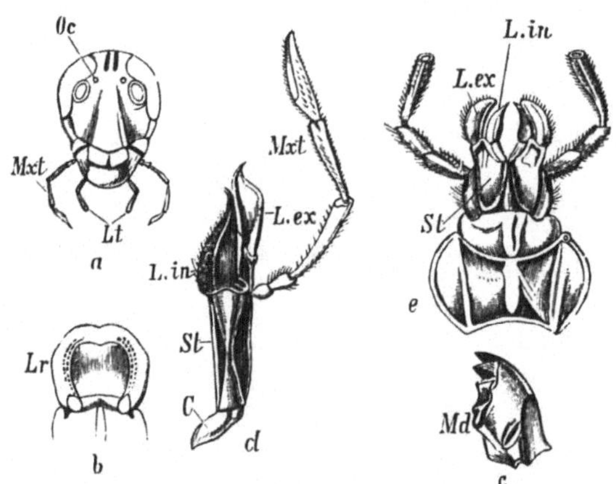

Abb. 711. Mundteile einer *Blattide*. (Nach Savigny.) a Kopf von vorn. *Oc* Ocellen, *Mxt* Maxillartaster, *Lt* Lippentaster. — b Oberlippe (Labrum *Lr*). — c Mandibel (*Md*). — d Maxille. *C* Cardo, *St* Stipes, *L.in* Lobus internus, *L.ex* Lobus externus. — e Unterlippe deutlich aus zwei Hälften zusammengesetzt.

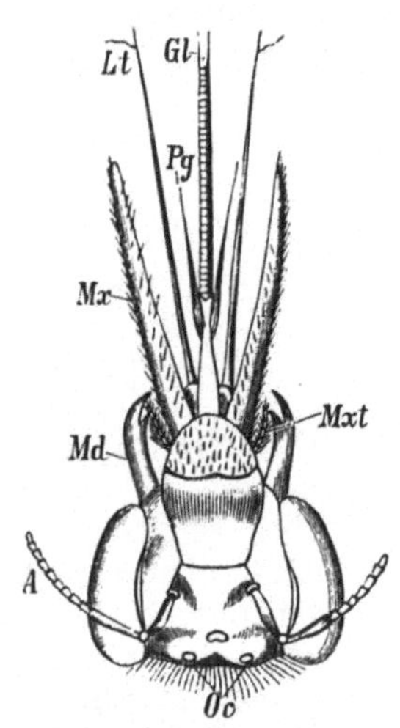

Abb. 712. Mundteile von *Anthophora retusa*. (Nach Newport.) *A* Antennen, *Oc* Nebenaugen, *Md* Mandibeln, *Mx* Maxille, *Mxt* Maxillartaster, *Lt* Labialtaster, *Gl* Glossa, Zunge, *Pg* Paraglossae.

minder verkümmern (Abb. 713). Die *stechenden* Mundteile der *Dipteren* und *Rhynchoten* endlich besitzen ebenfalls einen meist aus der Unterlippe hervorgegangenen Saugapparat, aber zugleich stilettförmige Waffen, vermittels deren sie sich Zugang zu den aufzusaugenden Nahrungsflüssigkeiten verschaffen (Abb. 714, 715). Als solche erscheinen sowohl die Mandibeln als die Unterkiefer, selbst der Hypopharynx in zahlreichen Modifikationen verwendet. Da diese Stechwaffen aber auch vollständig verkümmern oder wenigstens funktionsunfähig werden können, so begreift es sich, daß zwischen stechenden und saugenden Mundteilen keine scharfe Grenze zu ziehen ist. Es gibt jedoch noch eine große Zahl von Modifikationen saugender und stechender Mundteile (*Trichoptera, Siphonaptera*), die noch durch abweichende Gestaltungsverhältnisse der Larvenmundteile vermehrt werden (*Osmylus, Myrmeleon*). Nicht selten weichen letztere dann, der Ernährungsweise entsprechend, von denen der ausgebildeten Form ab und es vollzieht sich die Umwandlung während des Puppenlebens.

Der zweite Hauptabschnitt des Insectenleibes, der *Thorax*, zeichnet sich durch mächtige Entwicklung und große Festigkeit aus. Er verbindet sich mit dem Kopfe durch einen engen Halsteil und besteht aus drei mehr oder weniger fest verbundenen Segmenten, welche die drei Beinpaare und auf der Rückenfläche mit Ausnahmen zwei Flügelpaare tragen. Diese Segmente, *Prothorax*, *Mesothorax* und *Metathorax*, setzen sich in der Regel aus mehrfachen, durch Nähte verbundenen Stücken zusammen. Man unterscheidet zunächst an jedem Segmente Rückenplatte, Seitenstücke und Bauchplatte als *Notum*, *Pleurae* und *Sternum* und bezeichnet sie nach den drei Brustringen als *Pro-*, *Meso-* und *Metanotum*, *Pro-*, *Meso-* und *Metasternum*. Während die Seitenstücke in ein vorderes (*Episternum*) und ein hinteres Stück (*Epimerum*) zerfallen, hebt sich auf dem Mesonotum eine mediane dreieckige Platte als Schildchen (*Scutellum*) ab, auf welches nicht selten ein ähnliches, aber kleineres Hinterschildchen (*Postscutellum*) am Metanotum folgt. Die Art, wie sich die drei Thoracalabschnitte miteinander verbinden, wechselt nach den einzelnen Ordnungen. Bei den *Coleopteren*, *Neuropteren*, *Orthopteren*, vielen *Rhynchoten* u. a. bleibt der Prothorax frei beweglich, während er in den übrigen Fällen als relativ kleiner Ring mit dem nachfolgenden Segmente verschmilzt.

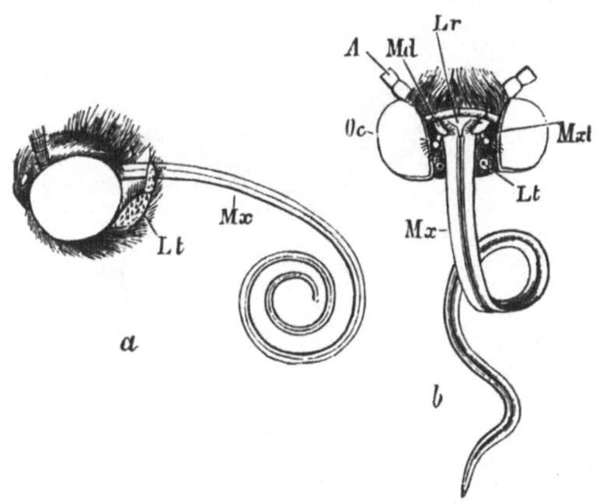

Abb. 713. Mundteile von Schmetterlingen. (Nach SAVIGNY.) a von *Zygaena*, b von *Noctua*. *A* Antenne, *Lr* Oberlippe, *Md* Mandibel, *Mx* Maxille, *Mxt* Maxillartaster, *Lt* Labialtaster, in b abgeschnitten, *Oc* Facettenaugen.

An der Bauchfläche des Thorax lenken sich drei Beinpaare in Ausschnitten des Hautpanzers, den sogenannten Hüftpfannen, zwischen Sternum und Pleurae ein. Die Glieder des Insectenbeines erscheinen der Zahl und Größe nach fixiert. Man kann fünf Abschnitte unterscheiden. Ein kugeliges oder walzenförmiges Hüftglied (*coxa*) vermittelt die Einlenkung der Extremität in der Hüftpfanne. Diesem folgt ein sehr kurzer Ring, der zuweilen in zwei Stücke zerfällt, in anderen Fällen mit dem nachfolgenden Abschnitte verschmilzt, der Schenkelring (*trochanter*). Der dritte, durch Stärke und Umfang am meisten hervortretende Abschnitt ist der langgestreckte Schenkel (*femur*), dem sich die dünnere, aber ebenfalls gestreckte, oft an der Spitze mit beweglichen Dornen bewaffnete Schiene (*tibia*) anschließt. Der letzte Abschnitt endlich, der Fuß (*tarsus*),

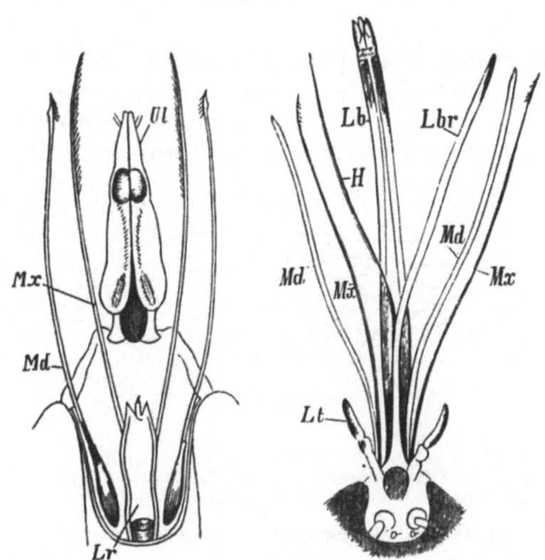

Abb. 714. Mundteile von *Nepa cinerea*. (Nach SAVIGNY.) *Lr* Oberlippe, *Md* Mandibel, *Mx* Maxille, *Ul* Unterlippe oder Rostrum.

Abb. 715. Mundteile von *Culex nemorosus* ♀. (Nach BECHER.) *Lbr* Oberlippe, *Lb* Unterlippe (Rüssel), *Lt* Labialtaster, *Md* Mandibel, *Mx* Maxille, *H* Hypopharynx (Stechborste).

ist minder beweglich eingelenkt; er bleibt nur in seltenen Fällen einfach und wird in der Regel aus einer Reihe (meist fünf) hintereinander liegender Glieder zusammengesetzt, von denen das letzte mit zwei beweglichen Krallen, Fußklauen, zuweilen noch mit Haftlappen oder Afterklauen endet. Die spezielle Gestaltung des Beines wechselt nach Art der Bewegung und des besonderen Gebrauches mannigfach, so daß man Lauf-, Gang-, Schwimm-, Grab-, Sprung- und Raubbeine unterscheidet (Abb. 716). Bei den letzteren, welche nur die Vorderbeine betreffen, wird die Schiene wie die Klinge eines Taschenmessers gegen den Schenkel zurückgeschlagen (*Mantis, Mantispa, Nepa*). Die Sprungbeine, zu welchen sich die hinteren Extremitäten gestalten, charakterisieren sich durch die kräftigen Schenkel (*Saltatoria*), während als Grabbeine vorzüglich die vorderen Extremitäten zur Entwicklung kommen und an den breiten, schaufelartigen Schienen kenntlich sind (*Gryllotalpa*). An den Schwimmbeinen sind alle Teile flach und dicht mit langen Schwimmhaaren besetzt (*Naucoris*). Die Gangbeine endlich unterscheiden sich von den gewöhnlichen Laufbeinen durch die breite, haarige Sohle des Tarsus (*Lamia*).

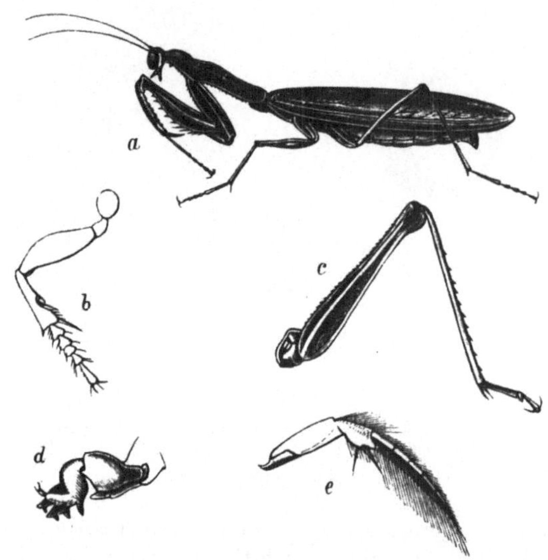

Abb. 716. Beinformen (aus règne animal). a *Mantis religiosa* mit Raubbein. ¹/₁. b Laufbein eines *Carabus*, c Sprungbein von *Acrydium*, d Grabbein von *Gryllotalpa*, e Schwimmbein eines *Dytiscus*.

Die Flügel, ihrem Ursprunge nach vielleicht aus Tracheenkiemen (GEGENBAUR) ableitbar oder als seitliche Fortsätze der Rückenplatten (FRITZ MÜLLER) entstanden, beschränken sich durchwegs auf das ausgebildete geschlechtsreife Insect, dem sie nur in verhältnismäßig seltenen Fällen fehlen. Dieselben heften sich an der Rückenfläche von Meso- und Metathorax zwischen Notum und Pleurae in Gelenken an. Die dem Mesothorax zugehörigen Flügel sind die *Vorderflügel*, die nachfolgenden des Metathorax die *Hinterflügel*. Ihrer Form und Bildung nach handelt es sich um dünne, flächenhaft ausgebreitete Hautduplicaturen, die aus zwei am Rande kontinuierlich verbundenen, fest aneinander haftenden Häuten bestehen und meist bei einer zarten, glasartig durchsichtigen Beschaffenheit von verschiedenen stark chitinisierten Leisten, *Adern* oder *Rippen*, durchzogen werden (Abbild. 717).

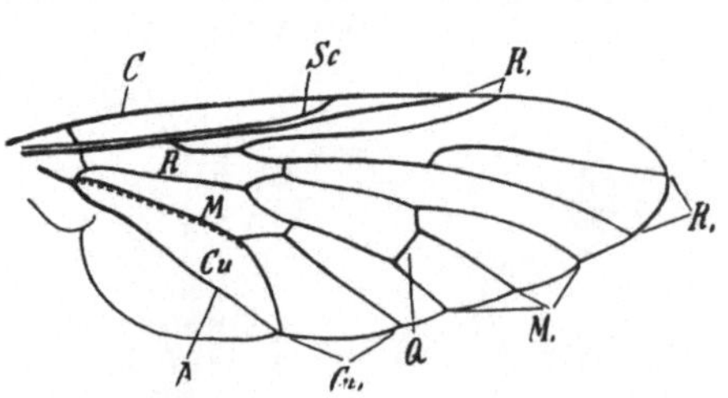

Abb. 717. Flügel von *Leptis* (Diptere). (Nach COMSTOCK u. NEEDHAM.) *C* Costa, *Sc* Subcosta, *R* Radius, *M* Mediana, *Cu* Cubitus, *A* Analader, *R* Äste des Radius, *M,* der Mediana, *Cu,* des Cubitus, *Q* eine der Queradern.

Die Rippen nehmen einen bestimmten und systematisch wichtigen Verlauf und sind Zwischenräume beider Flügellamellen mit stärker chitinisierter Umgebung, zur Aufnahme von Blutflüssigkeit, Nerven und besonders Tracheen, deren Ausbreitung dem Verlaufe der Flügeladern im allgemeinen entspricht. Daher entspringen die letzteren durchwegs von der Wurzel des Flügels aus mit einigen Hauptstämmen und geben besonders an der vorderen Hälfte desselben ihre Äste ab. Der erste Hauptstamm, welcher unterhalb des oberen Flügelrandes verläuft, heißt *Randrippe* (*Costa*) und endet oft mit einer hornigen Erweiterung, dem *Flügelpunkt*. Unterhalb derselben verläuft eine zweite Hauptader, *Subcosta*, auf welche die hervorragendste Flügelader, der sich gegen den Rand zu in mehrere Äste gabelnde *Radius* folgt. Die Mitte des Flügels nimmt die *Mediana* ein, die wie die analwärts folgende Hinterrippe (*Cubitus*) weiter gabelförmig in Äste zerfällt. Endlich kommen noch hintere Adern (*Analadern*) an dem sogenannten Fächer des Flügels hinzu. Die Zahl der Flügeladern kann durch Atrophierung von Adern oder Vereinigung von zwei oder mehr benachbarten Adern verringert werden. Umgekehrt kann auch eine Vermehrung eintreten. Oft finden sich zwischen den Adern Anastomosen (*Queradern*). Die von den Flügelrippen und ihren Ästen eingerahmten Felder des Flügels werden nach der sie vorn begrenzenden Rippe bezeichnet. Form und Beschaffenheit der Flügel zeigen mannigfache Modifikationen. Die Vorderflügel können durch stärkere Chitinisierung, wie z. B. bei den *Orthopteren* und *Rhynchoten*, pergamentartig werden, oder wie bei den *Coleopteren* eine feste, hornige Beschaffenheit erhalten und als Flügeldecken (*Elytra*) teilweise zum Fluge, teilweise zum Schutze des weichhäutigen Rückens dienen. Großenteils hornig, nur an der Spitze häutig, sind die Vorderflügel in der *Rhynchoten*-Gruppe der *Hemipteren*, während die Hinterflügel auch hier häutig bleiben. Behalten beide Flügelpaare eine häutige Beschaffenheit, so wird ihre Oberfläche entweder mit Schuppen und Härchen dicht bedeckt (*Lepidopteren*, *Trichopteren*), oder sie bleiben nackt mit sehr deutlich hervortretender Felderung, welche sich, wie bei den Netzflüglern (*Neuropteren*), zu einem dichten, netzartigen Maschenwerke gestalten kann. In der Regel ist die Größe beider Flügelpaare verschieden, indem Insecten mit pergamentartigen Vorderflügeln und mit halben oder ganzen Flügeldecken weit umfangreichere Hinterflügel besitzen, bei Insecten mit häutigen Flügeln dagegen die Vorderflügel an Größe meist bedeutend überwiegen. Indessen besitzen viele Insecten ziemlich gleichgroße Flügelpaare, während bei den *Dipteren* die Hinterflügel zu Schwingkölbchen (*Halteren*) verkümmern. Auch gibt es Fälle von rudimentären Flügeln oder von gänzlichem Flügelmangel in beiden Geschlechtern oder nur in einem, meist im weiblichen, ausnahmsweise im männlichen Geschlechte; in allen diesen Fällen ist der Flügelmangel ein sekundärer.

Als Flugmuskeln fungieren bei den *Odonata* direkt an die Flügelwurzel sich inserierende Muskeln (*direkte* Flugmuskeln). Bei den übrigen Insecten sind letztere schwach und es dienen der Flugbewegung balkenartige, den Thorax durchsetzende Muskeln (sogenannte *indirekte* Flugmuskeln), welche durch Zusammendrücken der Thoraxwand die Flügel in Bewegung setzen.

Der dritte Leibesabschnitt, der den größten Teil der vegetativen Organe und die Organe der Fortpflanzung in sich einschließt, ist der gestreckte und wohlsegmentierte Hinterleib, das *Abdomen*. Beim ausgebildeten Insect gliedmaßenlos, trägt derselbe sehr häufig im Larvenleben kurze Extremitäten. Die Abdominalsegmente sind voneinander durch weiche Verbindungshäute deutlich abgegrenzt und setzen sich aus einfachen Rücken- und Bauchschienen zusammen, welche seitlich ebenfalls durch weiche, eingefaltete Gelenkhäute in Verbindung stehen. Ein solcher Bau gestattet dem Hinterleibe, der auch die Respirations- und Geschlechtsorgane in sich einschließt, eine Erweiterung und Verengerung (bei der Respirationsbewegung, Schwellung der Ovarien). Sehr oft gewinnen die hinteren Segmente durch verschiedene, auf die Begattung und Eiablage bezügliche Anhänge eine besondere Gestaltung. Am letzten Bauchringe liegt gewöhnlich der After, während die Geschlechtsöffnung, von demselben gesondert, an der Bauchseite des vorausgehenden Segmentes mündet (Abb. 718). Terminale, auf Extremitäten zurückführbare Anhänge treten als gegliederte Fäden, Raife (*Cerci*), Griffel

(*Styli*) zu Seiten des Afters auf. In der Umgebung der Geschlechtsöffnung liegen die Appendices genitales (*Gonapophysen*), die nicht auf Gliedmaßen zurückzuführen sind (HEYMONS). Beim Männchen als Klappen, beim Weibchen in Form von Legebohrern und Legestacheln entwickelt, gehen sie aus Wucherungen der Haut, bei den *Hymenopteren* und Heuschrecken am achten (ein Paar) und neunten (zwei Paare) Abdominalsegmente hervor (Abb. 719). Die Legeröhren der *Coleopteren*, *Dipteren* dagegen sind auf die eingezogenen hinteren Segmente zurückzuführen.

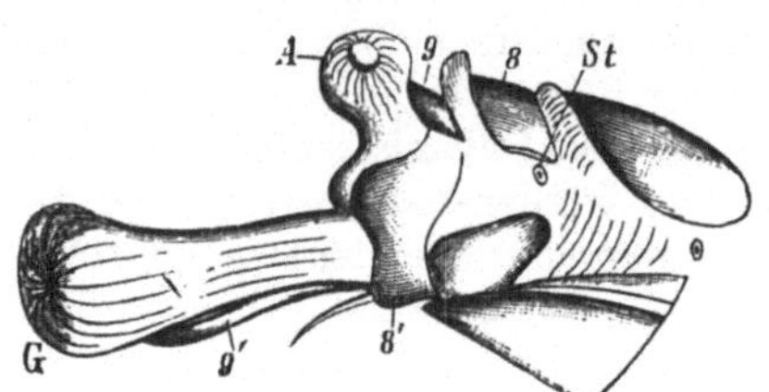

Abb. 718. Hinterleibsende eines Käfers (*Pterostichus* ♂). (Nach STEIN.) *8, 9* Rückenschienen. *8', 9'* Bauchschienen, *A* After, *G* Genitalöffnung, *St* Stigma.

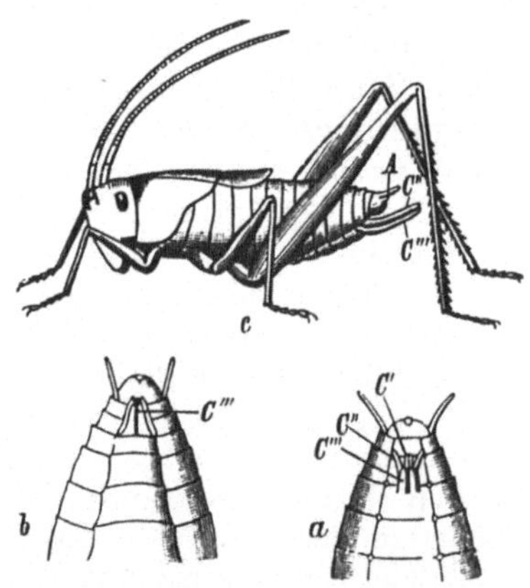

Abb. 719. a Hinterleibsende einer weiblichen Larve von *Locusta viridissima* mit den Anlagen der Gonapophysen und den Analgriffeln. *C', C''* Innere und äußere Gonapophysenanlagen des vorletzten, *C'''* Anlagen des drittletzten Segmentes. — b Älteres Stadium. — c Nymphe, *A* After mit den Analgriffeln. (Nach DEWITZ.)

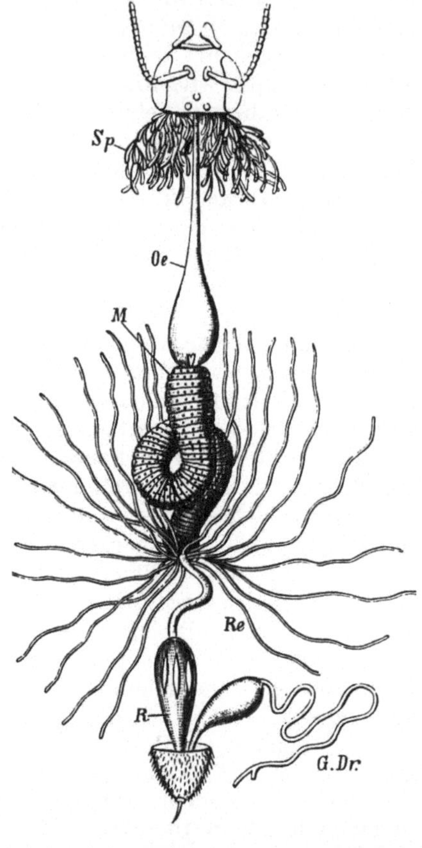

Abb. 720. Verdauungsapparat von *Apis mellifica*. (Nach LÉON DUFOUR.) *Sp* Speicheldrüsen, *Oe* Oesophagus mit kropfartiger Erweiterung, *M* Mitteldarm, *Re* MALPIGHIsche Gefäße, *R* Rectum mit den sogenannten Rectaldrüsen, *G.Dr* Giftdrüse.

Der von der Oberlippe überdeckte Mund führt in eine enge Speiseröhre, in deren vorderem, als Mundhöhle zu unterscheidendem Eingangsabschnitt ein oder mehrere Paare schlauchförmiger oder traubenförmiger Speicheldrüsen einmünden (Abb. 123, 720). Bei zahlreichen saugenden Insecten erweitert sich das Ende der Speiseröhre in einen kurz gestielten, dünnhäutigen Sack (Abb. 722), bei anderen in eine mehr gleichmäßige, als *Kropf* (Abb. 720) bekannte Auftreibung. Der auf den Oesophagus folgende, bald gerade gestreckte, bald mehrfach gewundene Darm verhält sich nach der Lebensweise außerordentlich verschieden und zerfällt überall wenigstens in einen längeren, die Verdauung besorgenden Mitteldarm (*Chylusmagen*) und in den Enddarm. Bei Raubinsecten, insbesondere aus den Ordnungen der *Coleopteren* und *Orthopteren*, schiebt sich zwischen Kropf und Chylusmagen ein *Vor-* oder *Kaumagen* von kugeliger Form und kräftiger, muskulöser Wandung ein, deren innere chitinige Cuticularbekleidung eine besondere Dicke gewinnt und mit stärkeren Leisten, Zähnen und Borsten besetzt ist (Abb. 721). Auch der Chylusmagen zerfällt zuweilen in mehrfache Abschnitte, wie z. B. bei den Laufkäfern der vordere Teil des Chylusmagens durch zahlreiche hervorragende Blindsäckchen ein zottiges Aussehen erhält und sich von dem nachfolgenden einfachen, engeren Darmrohre abgrenzt. Auch können am Anfange des Chylusmagens größere Blindschläuche nach Art von Mitteldarmdrüsen aufsitzen (*Orthopteren*). Der Beginn des Enddarmes wird durch die Einmündung fadenförmiger Blindschläuche, der MALPIGHI*schen Gefäße*, bezeichnet. Der Enddarm zerfällt meist in zwei, seltener drei Abschnitte, die als *Dünndarm, Dickdarm* und *Mastdarm* unterschieden werden. Der letzte besitzt eine starke Muskellage

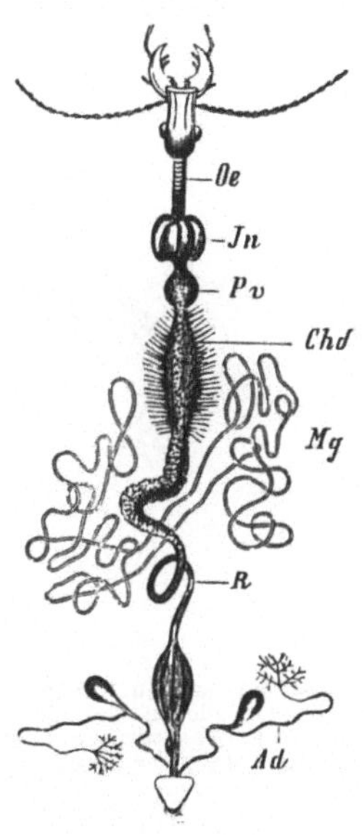

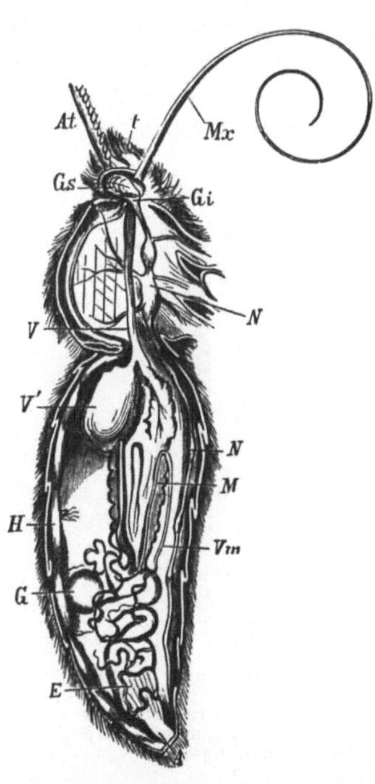

Abb. 721. Darmkanal eines Laufkäfers (*Carabus*). (Nach L. DUFOUR.) *Oe* Oesophagus, *Jn* Kropf, *Pv* Vormagen, *Chd* Mitteldarm, *Mg* MALPIGHIsche Gefäße, *R* Colon, *Ad* Analdrüsen mit Blase.

Abb. 722. Längsschnitt durch *Sphinx ligustri*. (Nach NEWPORT.) *At* Antenne, *Gs* Gehirn, *Gi* unteres Schlundganglion, *Mx* Maxillen (Rollrüssel), *N* Bauchganglienkette, *t* Lippentaster, *V* Oesophagus, *V'* Kropf, *M* Mitteldarm, *Vm* MALPIGHIsche Gefäße, *E* Enddarm, *A* After, *H* Herz, *G* Hoden.

und enthält in seiner Wandung vier, sechs oder mehr Längswülste, die sogenannten *Rectaldrüsen*. Zuweilen münden noch unmittelbar vor der am hinteren Körperpole gelegenen Afteröffnung sogenannte *Analdrüsen* ein, deren Secret durch ätzende übelriechende Beschaffenheit als Verteidigungsmittel zu dienen scheint. Ausnahmsweise nehmen Insecten ausschließlich im Jugendzustande Nahrung auf und entbehren in der geflügelten geschlechtsreifen Form der Mundöffnung (*Ephemera*); wenige besitzen im Larvenzustande einen mit dem Enddarme nicht kommunizierenden Magendarm (*Hymenopteren, Pupiparen, Neuroptera planipennia*).

Die MALPIGHI*schen Gefäße* fungieren als Harn absondernde Organe. Ihr von den großkernigen Zellen der Wandung secernierter Inhalt hat meist eine braungelbliche oder weißliche Färbung und erweist sich als eine Anhäufung kleinerer Körnchen und Concremente, welche großenteils aus Harnsäure bestehen. Zahl und Gruppierung der meist sehr langen und dann am Chylusdarme in Windungen zusammengelegten Fäden wechselt mannigfach. Während in der Regel vier oder sechs (Abb. 723), seltener acht vielfach geschlängelte Harnröhren vorhanden sind, ist ihre Zahl besonders bei den *Hymenopteren* (Abb. 720) und *Orthopteren* eine weit größere; bei letzteren kann ein gemeinsamer Ausführungsgang die Fäden zu einem Büschel vereinigen (*Gryllotalpa*). Bei den Larven der *Neuroptera planipennia* liefern die MALPIGHIschen Gefäße in einem Teile das Spinnsecret zur Herstellung des Puppenkokons.

Als *Absonderungsorgane* sind die sogenannten *Glandulae odoriferae*, die *Schmierdrüsen* der Haut, die *Wachsdrüsen*, *Spinndrüsen* und *Giftdrüsen* hervorzuheben. Die ersteren, zu denen auch die früher erwähnten *Analdrüsen* (Abb. 721) gehören, sondern meist zwischen den Gelenksverbindungen stark riechende Secrete ab. Ein Duftorgan liegt bei der Honigbiene zwischen 5. und 6. Abdominaltergit, an gleicher Stelle liegen bei *Blatta orientalis* die Stinksäcke; Duftorgane (besonders geformte *Duftschuppen*, unter welchen den Duftstoff absondernde Drüsenzellen

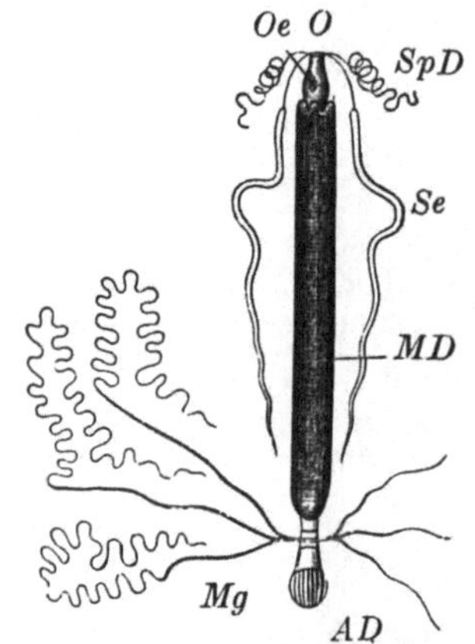

Abb. 723. Darmkanal einer Raupe. *O* Mund, *Oe* Oesophagus, *SpD* Speicheldrüsen, *Se* Spinndrüsen (Sericterien), *MD* Mitteldarm, *AD* Enddarm, *Mg* MALPIGHIsche Gefäße.

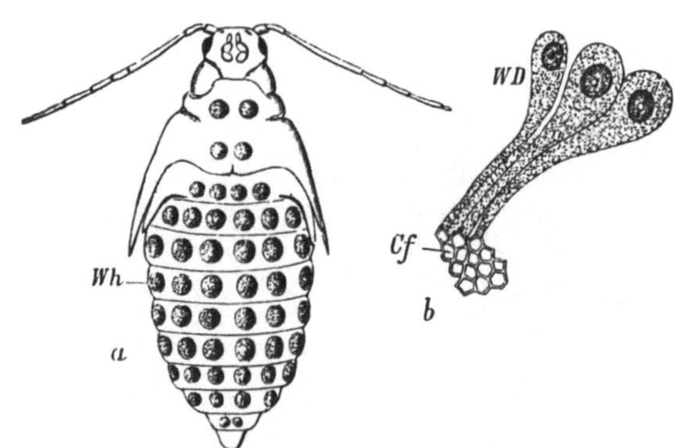

Abb. 724. Wachshöcker und Wachsdrüsen einer *Aphide* (*Schizoneura lonicerae*). a Nymphe, vom Rücken aus gesehen. *Wh* Wachshöcker. — b Die einzelligen Wachsdrüsen (*WD*) unter den cuticularen Facetten (*Cf*) der Haut.

liegen) finden sich ferner bei Schmetterlingen, beim Männchen vornehmlich auf den Flügelflächen, dann an den Beinen oder auch am Abdomen, beim Weibchen außer auf den Flügeln im Umkreis der äußeren Genitalien. Bei den *Wanzen* ist es eine unpaare birnförmige Drüse im Metathorax, welche ihr Secret durch eine Öffnung zwischen den Hinterbeinen austreten läßt und den berüchtigten Gestank verbreitet. Einzellige Hautdrüsen (Schmierdrüsen) sind an verschiedenen Teilen des Insectenkörpers nachgewiesen worden und scheinen, den Talgdrüsen der Wirbeltiere vergleichbar, eine ölige, die Gelenke geschmeidig erhaltende Flüssigkeit abzusondern. Als *Wachsdrüsen* zu bezeichnende Drüsenzellen der Haut secernieren Plättchen (Biene) oder weißliche Fäden und Flocken, die zuweilen den Leib wie mit einer Art Puder oder Wolle umgeben (*Pflanzenläuse, Fulgoriden*) (Abb. 724). *Spinndrüsen* kommen ausschließlich bei Insectenlarven vor und dienen zur Verfertigung von Geweben und Hüllen. Diese Drüsen (*Sericterien*) sind zwei langgestreckte Schläuche, welche an der Unterlippe nach außen münden (Abb. 723). Die bei Hymenopterenweibchen vorkommenden *Giftdrüsen* bilden zwei einfache oder verästelte Schläuche, deren gemeinsamer Ausführungsgang zu einem blasenartigen Reservoir für die secernierte, ameisensäurehaltige Flüssigkeit anschwillt (Abb. 720). Sein Ende steht mit dem *Giftstachel* in Zusammenhang. Giftdrüsen finden sich ferner unter den Haaren mancher Schmetterlingsraupen (Abb. 89).

Die bei *Meloiden* und *Coccinelliden* in den Beingelenken, bei *Timarcha* an dem Munde, bei *Ephippiger brunneri* an dem Elytrenansatz hervortretenden gelb oder rötlich gefärbten Flüssigkeitstropfen sind Blut, das bei Reizung reflektorisch an diesen dünnen Hautstellen austritt und durch seinen widerlichen Geruch und Geschmack sowie giftige Wirkung gleich einem Schutzsecrete fungiert.

Die Respiration erfolgt durch ein reich ausgebildetes *Tracheensystem* (Röhrentracheen); dasselbe nimmt durch paarige, ursprünglich an allen mittleren Rumpfsegmenten auftretende seitliche, meist in den Gelenkshäuten gelegene und mit Schutz- und Verschlußeinrichtungen versehene Spaltöffnungen (Stigmen) (Abb. 726) unter deutlichen Atembewegungen des Hinterleibes die Luft auf. Jedes Stigma führt

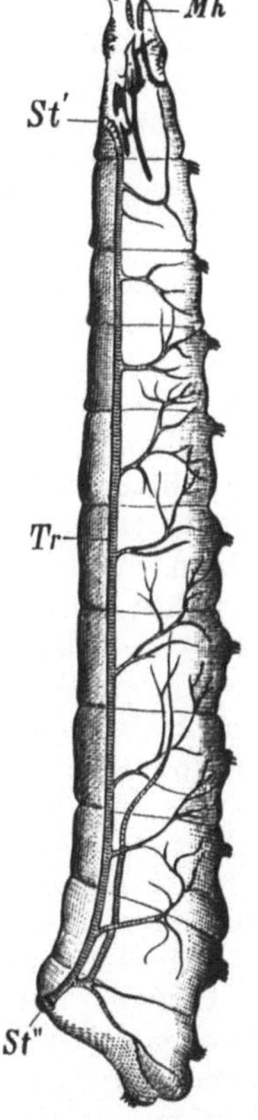

Abb. 725. Tracheensystem einer Fliegenmade. $^9/_1$. *Tr* Längsstamm der rechten Seite mit den Tracheenbüscheln der Segmente, *St'* vorderes, *St''* hinteres Stigma, *Mh* Mundhaken.

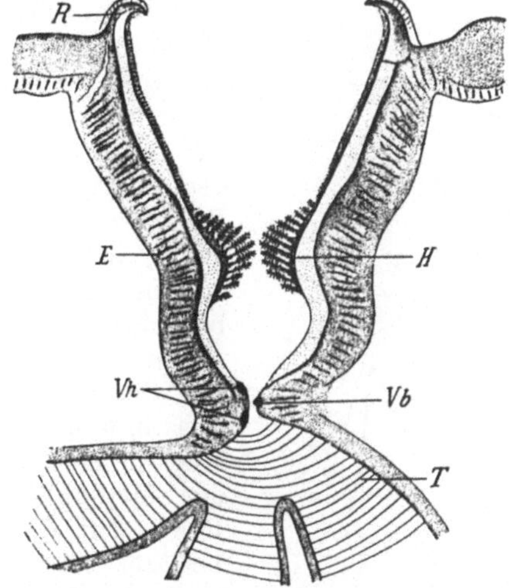

Abb. 726. Stigma der Raupe von *Cossus cossus*, im Schnitt. (Nach KRANCHER.) *E* Hypodermis, *H* Haarfilter, *E* äußerer Chitinring des Stigmas, *T* Trachee, *Vb* Verschlußbügel, *Vh* Doppelarmiger Verschlußhebel.

in einen Tracheenstamm (Stigmenast), welcher ein Tracheenbüschel an die Haut und die Eingeweide ausstrahlen läßt und zu den benachbarten Stigmenästen Querbrücken entsendet. Es entstehen auf diese Weise zwei Seitenstämme (Hauptstämme) (Abb. 725), welche wieder durch quere Verbindungsröhren miteinander kommunizieren können. Die durch spiralige Verdickungen der chitinigen Intima versteiften Tracheenröhren gehen in ein capillares Endnetz über (Abb. 136), welches alle Organe umspinnt und der eigentlich respiratorische Teil des Tracheensystems ist, während zum mindesten die größeren Tracheenstämme bloß als Luftwege dienen. Nicht selten treten an den Tracheen blasenförmige Erweiterungen auf, welche sich bei guten Fliegern, z. B. *Hymenopteren, Dipteren* usw., zu Luftsäcken von bedeutendem Umfange vergrößern und den Luftsäcken der Vögel funktionell zu vergleichen sind. Sie besitzen eine zartere, des Spiralfadens entbehrende Chitinhaut. Ob das sog. Pumpen, wie es besonders bei den verhältnismäßig schwerfälligen *Lamellicorniern* vor dem Emporfliegen bemerkbar ist, der Luftaufnahme dient, wird neuerer Zeit in Frage gestellt.

Nicht alle Stigmen bleiben offen, sondern es schließt sich eine Anzahl derselben. Die Zahl der offenen Stigmen variiert daher überaus und es sind selten mehr als zehn und weniger als zwei Paare vorhanden. Am geringsten ist ihre Zahl bei wasserbewohnenden Larven von Käfern und Dipteren, bei denen sich nur zwei Stigmen, und zwar am Ende des Hinterleibes auf einer einfachen oder auch gespaltenen Röhre finden; häufig kommen noch zwei Spaltöffnungen am Thorax hinzu (Abb. 725); seltener sind bei solchen Larven alle Stigmen geschlossen. Einige Wasserwanzen, wie *Nepa, Ranatra,* tragen am Ende des Hinterleibes zwei lange, aus Halbkanälen gebildete Fäden, welche am Grunde zu zwei Stigmen führen und eine Atemröhre bilden (Abb. 794). Solche Wasserwanzen können bei dieser Einrichtung ebenso wie Dipterenlarven mit emporgestreckter Atemröhre an der Oberfläche des Wassers Luft aufnehmen.

Bei im Wasser lebenden Insectenlarven finden sich *Tracheenkiemen.* Solche treten als schlauch- oder blattförmige Anhänge am Hinterleibsende von *Agrion-* und *Dipteren*-Larven, am ganzen Abdomen von *Phryganiden*-Larven und als schwingende Blättchen an den Seiten des Abdomens bei *Ephemeriden*-Larven (Abb. 137) auf. Bei *Aeschna-* und *Libellula* - Larven liegen sie im Mastdarm, dessen Wandung durch seine kräftige Muskulatur zu einem regelmäßigen Aus- und Einpumpen von Wasser befähigt ist.

Die Vereinfachung des Circulationsapparates steht mit der reichen Verteilung der Respirationsorgane im Zusammenhange. Derselbe beschränkt sich auf ein als Rückengefäß entwickeltes Herz (Abb. 722), welches in der Medianlinie des Abdomens verläuft und in der Regel acht, den Segmenten entsprechende laterale Ostien besitzt. Das Herz liegt in einem Pericardialsinus, dessen ventrale Wand mit ihren flügelartigen Muskeln (sogenannten Flügelmuskeln des Herzens), die aber auch einzelne Fasern an die Herzwand senden, bei der Contraction aspirierend wirkt. Vorn setzt sich das Herz in eine bis zum Kopfe verlängerte Aorta fort, aus der sich das Blut in den Leibesraum ergießt. Nur ausnahmsweise

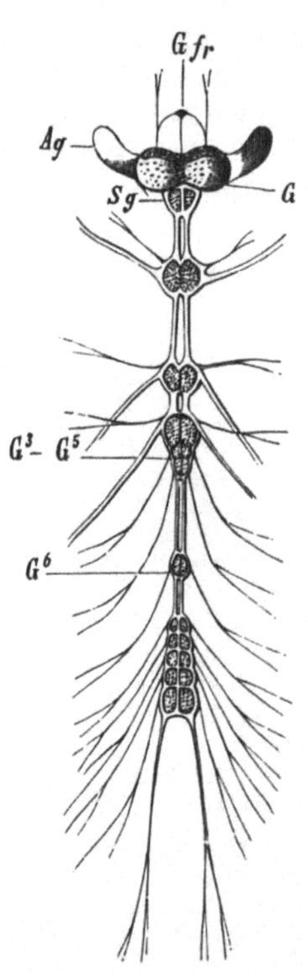

Abb. 727. Nervensystem eines Käfers (*Coccinella*). (Nach ED. BRANDT.) *Ag* Augenganglion, *G* Gehirn, *Gfr* Ganglion frontale, *Sg* Suboesophagealganglion, *G³—G⁶* Ganglien der Bauchganglienkette.

finden sich noch andere vom Herzen ausgehende arterienartige Röhren, so in den Schwanzfäden der *Ephemera*-Larven. Bei den *Mallophagen, Siphunculaten* sowie bei Dipterenlarven (*Chironomus, Ptychoptera*) erscheint das Herz vereinfacht und abweichend gestaltet. Vielfach sind bei Insecten in den Extremitäten besondere Blutbahnen für den Eintritt und Austritt des Blutes sowie unabhängig vom Rückengefäß rhythmisch bewegte propulsatorische Organe ausgebildet. Letztere sind entweder Ampullen an der Basis der Extremitäten (*auxiliäre Herzen*) (Abb. 139) oder diagonal gestellte Membranen (wie in den Tibien von *Rhynchoten*), welche durch einen an der Wand inserierten Muskel bewegt werden. Die Blutflüssigkeit (Hämolymphe) ist farblos oder grünlich gefärbt und enthält amöboide Blutzellen. Zellgruppen am Pericardialsinus (Pericardialzellen) sind befähigt, gewisse Substanzen aus dem Blut auszuscheiden und in sich aufzuspeichern.

Alle Insecten besitzen einen Fettkörper. Er besteht aus meist gelblich gefärbten Lappen, die von Fettzellen gebildet werden und sowohl unter der Haut als zwischen den Organen, besonders reich während der Larvenzeit, ausgebreitet liegen. Innerhalb des Fettkörpers sind, meist in segmentaler Anordnung in der Nähe der abdominalen Stigmen, zu Gruppen oder Strängen angeordnet die sogenannten Önocyten gelegen, deren Plasma von feinen Kanälchen durchzogen ist und Vacuolen enthält. Sie werden als Zellen mit innerer Secretion aufgefaßt.

Mit dem Fettkörper gleichen Ursprungs und ähnlichen Baues sind die bei *Lampyriden* und gewissen Elateriden (*Pyrophorus*) sich findenden Leuchtorgane (vgl. S. 180). Bei *Lampyriden* (Abb. 165) liegen sie an den Ventralschienen des vorletzten und drittletzten Abdominalsegmentes, außerdem zuweilen in den Seitenteilen des Abdomens, bei *Pyrophorus* im Prothorax und an der ersten Abdominalschiene.

Das Nervensystem der Insecten zeigt eine ebenso hohe Entwicklung als mannigfaltige Gestaltung und es finden sich alle Übergänge von einer langgestreckten, etwa zwölf Ganglienpaare enthaltenden Bauchganglienkette (Abb. 727) bis zu einem einheitlichen Brustknoten. Das im Kopfe gelegene Gehirn (obere Schlundganglion) erlangt einen bedeutenden Umfang und bildet mehrere Gruppen von Anschwellungen, die sich vornehmlich bei den psychisch am höchsten stehenden Hymenopteren ausprägen (Abb. 222). Es entsendet die Sinnesnerven, wie es auch als Sitz der instinktiven Leistungen erscheint. Das untere Schlundganglion versorgt die Mundteile mit Nerven und entspricht den verschmolzenen Ganglien der Kiefersegmente. Die Bauchkette bewahrt die ursprüngliche gleichmäßige Gliederung bei den meisten Larven und ist am wenigsten verändert bei den Insecten mit freiem Prothorax und langgestrecktem Hinterleibe. Hier bleiben nicht nur die drei größeren Thoracalganglien, welche die Beine und Flügel mit Nerven versehen, sondern auch eine größere Zahl von Abdominalganglien gesondert. Von den letzteren zeichnet sich stets das letzte, welches aus der Verschmelzung mehrerer Ganglien entstanden ist und Nerven an den Ausführungsgang des Geschlechtsapparates und an den Mastdarm entsendet, durch bedeutende Größe aus. Die allmählich fortschreitende, auch während der Entwicklung der Larve und Puppe zu verfolgende Konzentrierung der Bauchkette ergibt sich sowohl aus der Zusammenziehung der Abdominalganglien, als aus der Verschmelzung der Brustganglien, von denen zuerst die des Meso- und Metathorax zu einem hinteren größeren Brustknoten und dann auch mit dem Ganglion des Prothorax zu einer gemeinsamen Brustganglienmasse zusammentreten. Vereinigt sich endlich mit dieser auch noch die verschmolzene Masse der Hinterleibsganglien, so ist die höchste Stufe der Konzentration, wie sie sich bei *Dipteren* und *Hemipteren* findet, erreicht.

Das Eingeweidenervensystem zerfällt in das System der Schlundnerven und in den eigentlichen Sympathicus. An jenem unterscheidet man einen unpaaren und paarige Schlundnerven. Der erstere entspringt mit zwei Wurzeln an der Vorderfläche des Gehirns oder an dem Schlundconnectiv und bildet an der vorderen Vereinigung jener das *Ganglion frontale*, von welchem Nerven nach dem Oesophagus gehen und ein stärkerer hinterer Nerv (N. recurrens) unter dem Gehirne hindurch an der dorsalen Wand der Speiseröhre verläuft, der Nerven an den Darm abgibt (Abb. 728). Die paarigen Schlundnerven entspringen jederseits an der hinteren Fläche des Gehirns und schwellen zur Seite des Schlundes in meist umfangreichere Ganglien an, welche ebenfalls die Schlundwandung mit Nerven versehen. Als eigentlichen Sympathicus bezeichnet man ein System von Nerven, die zuerst NEWPORT als *Nervi respiratorii* oder *transversi* beschrieb. Sie zweigen in der Nähe eines Ganglions der Bauchkette von einem medianen, zwischen den Connectiven verlaufenden Nerven ab, welcher in dem Ganglion wurzelt und zuweilen ein kleines sympathisches Ganglion bildet. Nach ihrer Trennung weisen sie abermals Ganglien auf, deren Nerven sich mit den Seitennerven der Bauchkette verbinden und die Tracheenstämme und Muskeln der Stigmen versorgen.

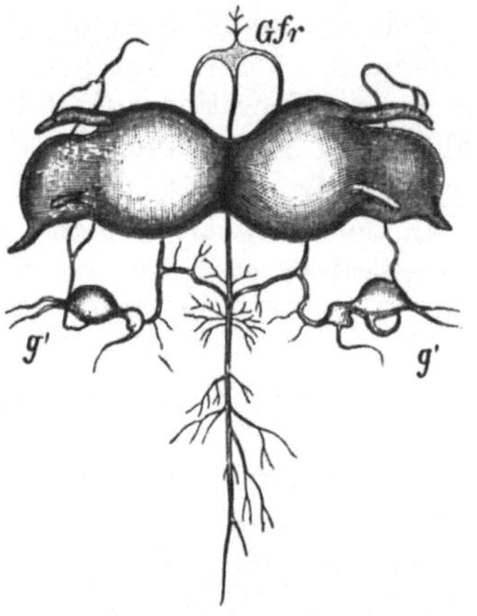

Von den Sinnesorganen sind die *Augen* hochentwickelt. Die nach dem Typus der Napfaugen gebauten Stirn- oder Punktaugen (*Ocelli*) treten vorzugsweise im Larvenleben auf, finden sich indessen auch oft in zwei- oder dreifacher Zahl auf der Scheitelfläche des ausgebildeten Insectes (Abb. 195, 196b, 729). Allgemein verbreitet finden sich Facettenaugen. Sie nehmen die Seitenflächen des Kopfes ein und erlangen oft im männlichen Geschlechte einen solchen Umfang, daß sie in der Mittellinie am Scheitel zusammenstoßen (Abb. 729). Abgesehen von den Verschiedenheiten, die in der Gestaltung der Corneafacetten auftreten, bietet vornehmlich das Verhalten der Krystallkegel mannigfache Abweichungen (s. S. 209 u. ff.).

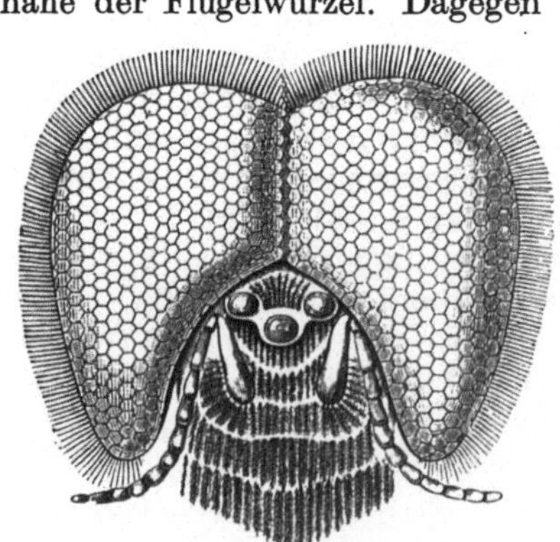

Abb. 728. Gehirn und Schlundnervenganglien von *Sphinx ligustri*. (Nach NEWPORT.) *Gfr* Ganglion frontale, *g'* die Ganglien der paarigen Schlundnerven.

Statocystenartige Sinnesorgane sind unter den Insecten bei einigen *Dipteren* (*Ptychoptera*, *Tabaniden*) im Abdomen nachgewiesen; bei Aphiden (*Phylloxera*, *Chermes*) liegt ein gestieltes statisches Bläschen zwischen 1. und 2. Thoraxsegment nahe der Flügelwurzel. Dagegen finden sich sogenannte *chordotonale* und *tympanale* Sinnesorgane vor, von denen die Tympanalorgane als Gehörorgane fungieren, wogegen es sich in den Chordotonalorganen um proprioceptive Sinnesorgane ähnlich jenen des Muskelsinnes oder auch um statische Organe, nach v. BUDDENBROCK wahrscheinlich um Stimulationsorgane handelt. Die chordotonalen Organe (vgl. S. 185, Abb. 174) kommen in weiter Verbreitung vor und werden von saitenartig zwischen zwei Stellen der Körperwand in der Leibeshöhle ausgespannten Sinneszellen mit sogenannten Stiften im Inneren gebildet. Tympanalorgane (vgl. S. 193, Abb. 730, 183) finden sich bei den mit Zirporganen begabten Orthopteren, einigen Lepidopteren (*Pyraliden*, *Geometrinen*, *Noctuiden*, gewissen *Bombycimorphen* und *Arctiaemorphen*) und Hemipteren (Singzikaden, *Corixa*).

Abb. 729. Kopf der Drohne, Frontalansicht, mit den Facettenaugen, den drei Ocellen und den Antennen. (Nach SWAMMERDAM.)

Sie liegen lateral am Anfang des Abdomens oder am Thorax, bei den *Acrydiiden* am 1. Abdominalsegment (Abb. 709), bei den *Locustiden* und *Achetiden* hingegen in den Schienen des ersten Thoraxfußes. Sie sind mit den chordotonalen Organen nahe verwandt, unterscheiden sich von denselben durch das Hinzutreten schallverstärkender Apparate. Die in größerer Zahl vorhandenen Sinneszellen mit Stiften liegen hinter einer trommelfellartig verdünnten Stelle der Cuticula. Bei den *Locustiden* ist das Trommelfell, das hier wie bei den *Achetiden* in doppelter Zahl auftritt, tief eingesenkt und wird von einem durch eine Hautduplicatur gebildeten Deckel überwölbt (Abb. 730, 183). Außerdem kommt eine Tracheenblase hinzu. Auch das metathoracale Tympanalorgan der Schmetterlinge besitzt ein zweites Trommelfell. Chordotonalorgane wurden in den Beinen von Orthopteren, Ameisen, *Chloroperla*, *Termes* u. a., im Flügel verschiedener Insecten, im Basalstück der Halteren der Fliegen nachgewiesen. Ein allgemein bei Insecten sich findendes stiftführendes Sinnesorgan ist das JOHNSTONsche Organ im 2. Antennengliede (Abb. 174c).

Tastorgane finden sich in Form von Tastborsten an den Fühlern und Palpen, aber auch an den Flügeln, Beinen sowie der übrigen Oberfläche des Körpers. Als Geruchsorgane werden die als Kegel, Zapfen und Kolben ausgebildeten, oft in Gruben eingesenkten Borsten angesprochen, die ihren Sitz an den Antennen haben. Auch die sogenannten Porenplatten an den Antennen mancher Formen (*Hymenopteren*, *Coleopteren*) gehören hierher (vgl. S. 195, Abb. 185). Als Organe des Geschmackssinnes werden bei den Insecten den

Abb. 730. Schienenstück des Vorderbeines von *Locusta viridissima*. (Nach GRABER.) *Ty* Deckel über den beiden Trommelfellen.

Geruchsborsten gleichende Sinnesborsten der Mundhöhle (des Gaumens, Epipharynx), der Maxillen und an der Unterlippe in Anspruch genommen. Auch die Tarsen der Beine von gewissen Tagfaltern (*Vanessa*, *Pyrameis*) und Fliegen sind Sitz von Geschmacksempfindung.

Die beiderlei Geschlechtsorgane der Insecten sind fast durchweg auf verschiedene Individuen verteilt (für die flügellose Diptere *Termitoxenia* wird Hermaphroditismus angegeben), und korrespondieren in ihren Abschnitten und in ihrer Lage sowie hinsichtlich ihrer Ausmündung an der Bauchseite des hinteren Körperendes. Hoden und Ovarien führen in paarige Leitungswege, welche mit unpaarem Endabschnitt münden, der aber bei *Ephemeriden* und männlichen *Forficuliden* fehlt, daher die Ausmündung der Leitungswege hier paarig ist. Selten unterbleibt die volle Ausbildung und Reife der Genitalorgane, wie bei den zur Fortpflanzung unfähigen sogenannten *geschlechtslosen* Individuen (Arbeiter, Soldaten) der in Staaten lebenden *Hymenopteren* und *Termiten*.

Männchen und Weibchen unterscheiden sich auch durch äußerliche, mehr oder minder tiefgreifende Abweichungen zahlreicher

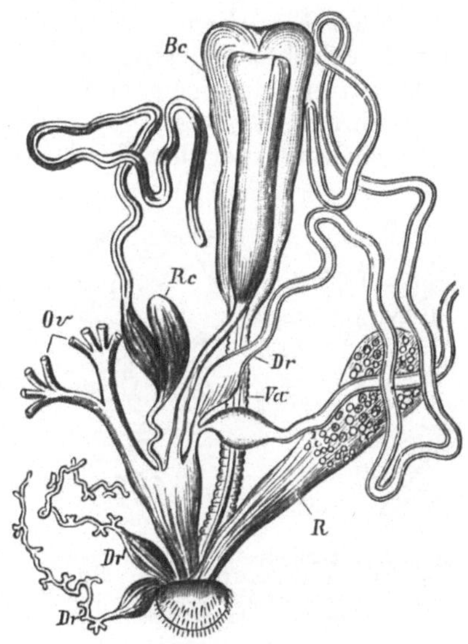

Abb. 731. Weibliche Geschlechtsorgane von *Vanessa urticae*. (Nach STEIN.) *Ov* Die unteren Enden der abgeschnittenen Ovarialröhren, *Rc* Receptaculum seminis nebst Anhangsdrüse, *Va* Vagina, *Bc* Bursa copulatrix mit Gang zum Oviduct, *Dr* Glandulae sebaceae, *Dr'* Anhangsdrüsen, *R* Rectum.

Körperteile, die zuweilen zu einem ausgeprägten Dimorphismus der Geschlechter führen. Fast durchweg sind die Männchen schlanker gebaut sowie leichter und rascher beweglich. Sie besitzen größere Augen und Fühler und eine lebhaftere

Färbung. In Fällen eines ausgeprägten Dimorphismus bleiben die Weibchen flügellos und der Form der Larve genähert (*Cocciden, Psychiden, Strepsipteren, Lampyris*), während die Männchen Flügel tragen. Auch Dimorphismus und Polymorphismus der Weibchen kommt vor.

An den weiblichen Geschlechtsorganen unterscheidet man die paarigen *Ovarien* und *Tuben* oder *Eileiter*, den unpaaren *Eiergang*, die *Scheide* und die äußeren Geschlechtsteile. Die Ovarien bestehen aus röhrenartig verlängerten Schläuchen (Eiröhren), in denen die Eier ihren Ursprung nehmen und, von dem blinden Ende nach der Mündung in die Tuben zu an Größe wachsend, in einfacher Reihe perlschnurartig hintereinander liegen (Abb. 242a). Die Anordnung dieser Eiröhren wechselt außerordentlich. Auch ist ihre Zahl höchst verschieden, am geringsten bei einigen *Rhynchoten* und den *Schmetterlingen*, welche letztere jederseits nur vier sehr lange Eiröhren besitzen. Nach hinten laufen jederseits die Eiröhren in den kelchartig erweiterten Anfangsteil (*Eierkelch*) des *Eileiters* zusammen, welcher sich mit dem der entgegengesetzten Seite zur Bildung eines unpaaren *Eierganges* vereinigt. Das untere Ende des letzteren repräsentiert die *Scheide* und nimmt in der Nähe der Geschlechtsöffnung häufig die Ausführungsgänge besonderer Kitt- und Schmierdrüsen (*Glandulae sebaceae*) auf, deren Secret zur Umhüllung und Befestigung der abzu-

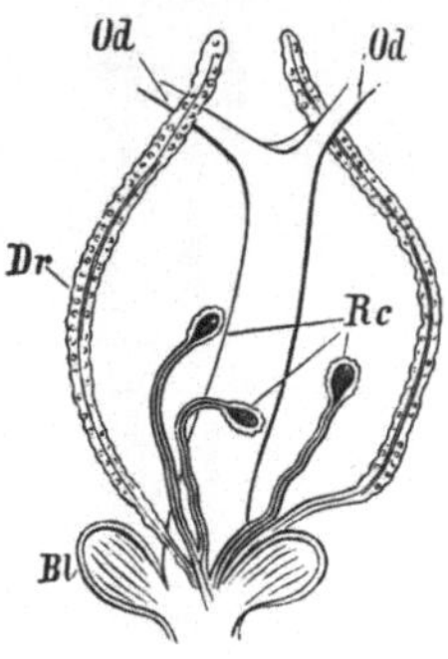

Abb. 732. Ausführender Abschnitt der weiblichen Geschlechtsorgane von *Musca domestica*. (Nach STEIN.) *Od* Oviduct, *Rc* die drei Receptacula seminis, *Dr* Anhangsdrüse der Vagina, *Bl* blindsackförmige Nebenschläuche.

setzenden Eier dient. Außer diesen Drüsen ist der unpaare Ausführungsgang des Geschlechtsapparates sehr allgemein mit einem in einfacher oder mehrfacher Zahl auftretenden, meist gestielten *Receptaculum seminis* ausgestattet, in welchem die während der Begattung häufig in Form von *Spermatophoren* aufgenommene Samenmasse unter dem Einflusse des Secrets einer Anhangsdrüse längere Zeit, zuweilen Jahre lang, befruchtungsfähig bleibt (Abb. 731, 732). Unterhalb des Samenbehälters sondert sich zuweilen von der Scheide eine größere taschenartige Aussackung, die Begattungstasche (*Bursa copulatrix*), ab, welche die Funktion der Scheide übernimmt. Bei den Schmetterlingen leitet ein besonderer Gang das Sperma von der hier in der Regel unterhalb der Genitalöffnung getrennt ausmündenden Bursa copulatrix zum Receptaculum (Abb. 731). Dazu kommen die als Legeröhren und Legestachel entwickelten äußeren Genitalanhänge.

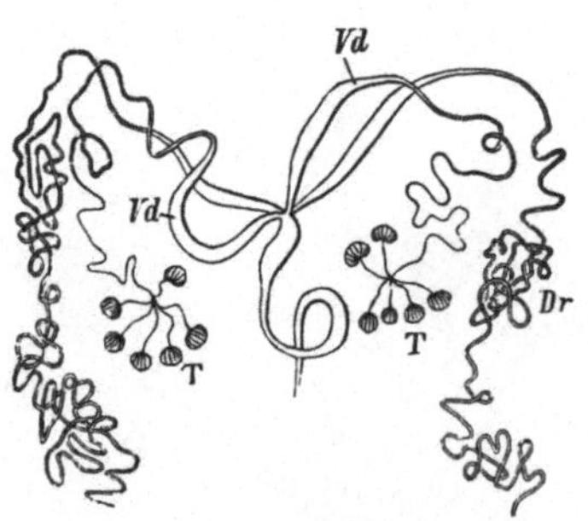

Abb. 733. Männliche Geschlechtsorgane des Maikäfers. (Nach GEGENBAUR.) *T* Hoden, *Vd* erweiterter Abschnitt des Samenleiters, *Dr* Anhangsdrüsen.

Die Bildungsstätte der Eizellen ist das verjüngte, häufig in einen dünnen Faden verlängerte Endstück der Eiröhren. Nach dem Eierkelch zu nimmt die Ovarialröhre kontinuierlich an Durchmesser zu, entsprechend der allmählichen Größenzunahme, welche die im Lumen der Röhre perlschnurartig aneinander gereihten Eier erfahren (Abb. 250). Jedes Ei erfüllt eine Kammer (Follikel) und erhält hier eine hartschalige Eihaut (*Chorion*), welche als Cuticularbildung von dem die Kammerwand auskleidenden Epithel ausgeschieden wird. In vielen Fällen sind auch Einährzellen vorhanden, die, falls ihre Zahl sehr groß ist, eine besondere, jedem Ei folgende Kammer der Eiröhre einnehmen können (Biene).

Die männlichen Geschlechtsorgane bestehen aus paarigen *Hoden* und deren Samenleitern, aus einem gemeinsamen *Ductus ejaculatorius* und dem äußeren Begattungsorgan (Abb. 242b, 733). Die Hoden bestehen aus Blindschläuchen, welche jederseits in einfacher oder viel-facher Zahl auftreten und oft knäuel-artig zusammengedrängt, einen schein-bar kompakten, oft lebhaft gefärbten Körper darstellen. Auch können sie sich zu einem unpaaren Organe in der Me-dianlinie verbinden (*Lepidoptera*) (Ab-bild. 722). Die Hodenröhren setzen sich jederseits in einen meist geschlängelten Ausführungsgang (*Ductus deferens*) fort, dessen unteres Ende beträchtlich er-weitert und selbst blasenförmig (*Samen-blase*) aufgetrieben sein kann. An der

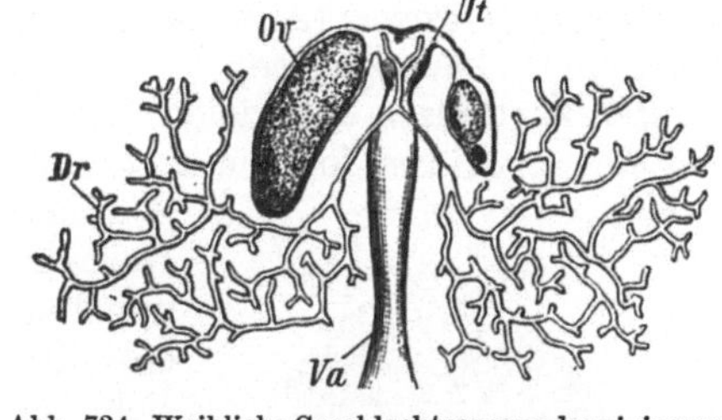

Abb. 734. Weibliche Geschlechtsorgane des viviparen *Melophagus ovinus* (Pupipare). (Nach R. LEUCKART.) *Ov* Ei in der Ovarialröhre der einen Seite, *Ut* Uterus, *Dr* die in denselben einmündenden Drüsen, *Va* Vagina.

Vereinigungsstelle beider Samenleiter zu dem muskulösen *Ductus ejaculatorius* ergießen in den letzteren häufig ein oder mehrere Drüsenschläuche ihr Secret, das vielfach die Samenballen in eine Spermatophore einschließt. Die Über-führung der Spermatophoren (Abb. 735) in oder an den weiblichen Körper wird durch eine chitinige, das Ende des Ductus ejaculatorius umfassende Röhre oder Rinne vermittelt. Diese liegt in der Ruhe meist in den Hinterleib eingezogen und wird beim Hervorstülpen von äußeren Klappen oder Zangen scheidenartig umfaßt. Nur ausnahmsweise (*Odonata*) liegen die zur Übertragung des Spermas dienenden Begattungswerkzeuge von der Geschlechtsöffnung entfernt an der Bauchseite des zweiten, blasig auf-getriebenen Abdominalsegments.

Die Insecten sind fast durchwegs ovipar und nur wenige, wie die *Tachinen*, einige *Oestriden* und *Pupi-paren* usw. sind lebendig gebärend (Abb. 734). In der Regel werden die Eier kurz nach der Befruch-tung, selten mit bereits fertigem Embryo abgelegt. Im letzteren Falle vollziehen sich die Vorgänge der Furchung und Embryonalbildung im Inneren der Vagina. Die Befruchtung des Eies erfolgt meist wäh-rend seines Durchgleitens durch den Eiergang an der Mündungsstelle des Receptaculum seminis. Da die Eier bereits in den Eiröhren mit einem hartschaligen Chorion umgeben werden, sind eine oder zahlreiche Poren (*Micropylen*) am oberen, beim Durchgleiten des Eies nach dem blinden Ende der Eiröhren ge-richteten Pole vorhanden, die in sehr charakte-ristischer Form und Gruppierung das Chorion durch-setzen (Abb. 736).

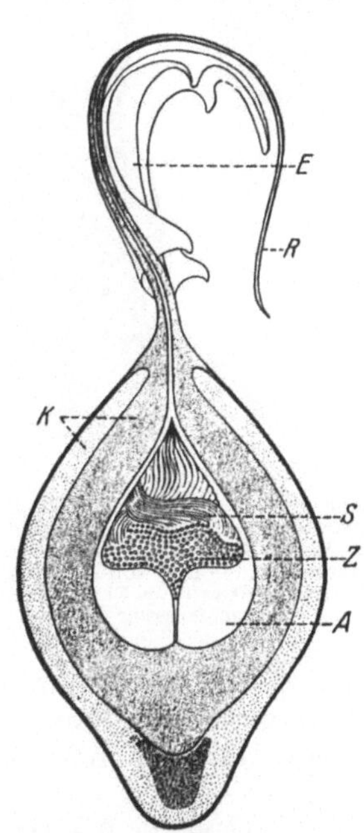

Abb. 735. Spermatophore von *Liogryllus campestris*, teilweise im Durchschnitt. (Nach REGEN.) *A* Druckkörper (Austreibestoff). *E* Befestigungsapparat, *K* Kapsel-wand, *R* Spermaröhre, *S* Sper-mien, *Z* Zwischensubstanz.

Bei verschiedenen Insecten wurde *Parthenogenese* nachgewiesen, so bei den *Phasmatiden, Saga*, einigen *Thysanopteren, Psychiden (Psyche), Tineiden (Solenobia), Cocciden (Lecanium, Aspidiotus), Aphis* und *Chermes*, ferner bei zahlreichen *Hymenopteren*, so *Bienen, Faltenwespen, Gallwespen, Blattwespen (Nematus)*. Bei den in sogenannten Staaten zusammenlebenden *Vespiden* und *Apiden*, wahrscheinlich auch bei *Ameisen* und einigen solitären Bienen (z. B. *Osmia*) entstehen aus den unbefruchteten Eiern ausschließlich männliche Formen (Arrenotokie). (Doch soll die Entstehung von Männchen unter gewissen Verhältnissen aus befruchteten Eiern nicht ausgeschlossen sein.) Parthenogenese wurde ferner bei Larven von *Heteropeza* (*Miastor*) (Abb. 241) sowie in einem Falle (*Chironomus*) bei der Puppe beobachtet (Paedogenese).

Bei Blattläusen und vielen Gallwespen ist *Heterogonie* nachgewiesen (Abb. 298). Bei den *Aphiden* folgt auf zahlreiche parthenogenetisch sich fortpflanzende Sommergenerationen eine geschlechtlich ausgebildete Herbstgeneration, welche außer den oviparen, stets ungeflügelten Weibchen meist geflügelte Männchen enthält. Aus den befruchteten Eiern entwickeln sich im Frühjahre wieder vivipare Weibchen (Sommergeneration), welche häufig geflügelt sind und rücksichtlich ihrer Organisation die Eigentümlichkeit zeigen, daß an ihrem Genitalapparat im Zusammenhange mit dem Ausfalle der Begattung ein Receptaculum seminis fehlt. Die Keimdrüsen dieser parthenogenesierenden sogenannten agamen Weibchen wurden als Pseudovarien bezeichnet. Der Heterogonie ist auch der sogenannte Saisondimorphismus einiger Schmetterlinge (*Araschnia levana-prorsa*) zuzurechnen (Abb. 765).

Die Entwicklung[1] des Embryos erfolgt in der Regel außerhalb des mütterlichen Körpers. Eine superficiale Furchung (Abb. 258) führt zur Anlage eines peripherischen Blastoderms und von im Dotter verbleibenden Zellen (Vitellophagen), welche später die Resorption des Dotters bewirken (abortiver Teil des Entoderms). Aus dem den Dotter umschließenden Blastoderm geht durch Verdickung an der späteren Bauchseite die als *Keimstreifen* bezeichnete Embryonalanlage hervor. Der mediane Teil dieser Keimanlage wuchert oder stülpt sich ein und bildet die Anlage des sogenannten unteren Blattes (plastischer Teil des Entoderms und Mesoderm) (Abb. 278a bis c, 737). Am Rande der Embryonalanlage erheben sich alsbald neue Falten, welche zur Entstehung der Embryonalhüllen führen; sie überwachsen die Embryonalanlage und liefern eine äußere (Serosa) und innere Hülle (Amnion) (Abb. 278d). Schon vor der erwähnten Überwachsung

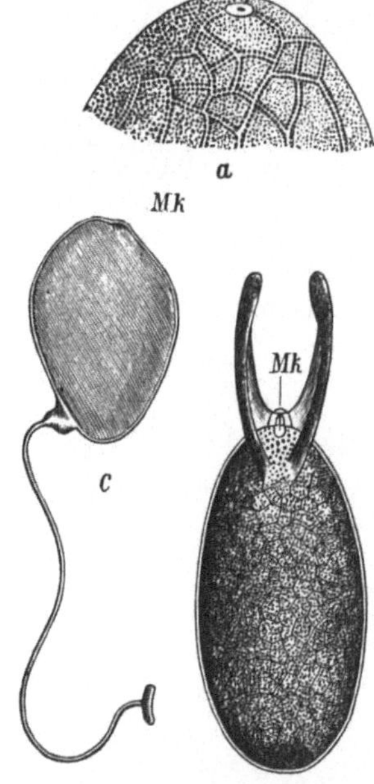

Abb. 736. Mikropylen (*Mk*) von Insecteneiern. (Nach R. LEUCKART.) a Oberes Stück der Eischale von *Anthomyia*. — b Ei von *Drosophila cellaris*. — c Gestieltes Ei von *Paniscus testaceus*.

[1] WEISMANN, A.: Die Entwicklung der Dipteren. Z. Zool. **13, 14** (1863—1864). — METSCHNIKOFF, E.: Embryologische Studien an Insecten. Ebenda **16** (1866). — KOWALEVSKY, A.: Embryologische Studien an Würmern und Arthropoden. Mém. Acad. St.-Pétersbourg **1871**. — Beiträge zur Kenntnis der nachembryonalen Entwicklung der Musciden. Z. Zool. **45** (1887). — GRABER, V.: Vergleichende Studien über die Keimhüllen und die Rückenbildung der Insecten. Denkschr. Akad. Wien **1888**. — VAN REES, J.: Beiträge zur Kenntnis der inneren Metamorphose von *Musca vomitoria*. Zool. Jb. **3** (1888). — HEIDER, K.: Die Embryonalentwicklung von *Hydrophilus piceus* L. Jena **1889**. — HEYMONS, R.: Die Entwicklung der weiblichen Geschlechtsorgane von *Phyllodromia* usw. Z. Zool. **53** (1891). — Die Embryonalentwicklung von Dermapteren und Orthopteren. Jena **1895**. — WHEELER, W. M.: A Contribution to Insect Embryology. J. Morph. a. Physiol. **8** (1893). — DE BRUYNE, C.: Recherches au sujet de l'intervention de la Phagocytose dans le développement des Invertébrés. Archives de Biol. **15** (1898). — WAHL, B.: Über das Tracheensystem und die Imaginalscheiben der Larve von *Eristalis tenax*. Arb. zool.

tritt die Segmentierung auf. Sodann bilden sich im Mesoderm metamerisch Cölomsäckchen, die sich später in die primäre Leibeshöhle öffnen. Die folgenden Stadien zeigen die Anlagen der Extremitäten, welche auch an den Abdominalsegmenten auftreten. Die Anlage des Mitteldarmes (plastischer Teil des Entoderms) erfolgt durch eine mittlere Einwucherung vom sogenannten unteren

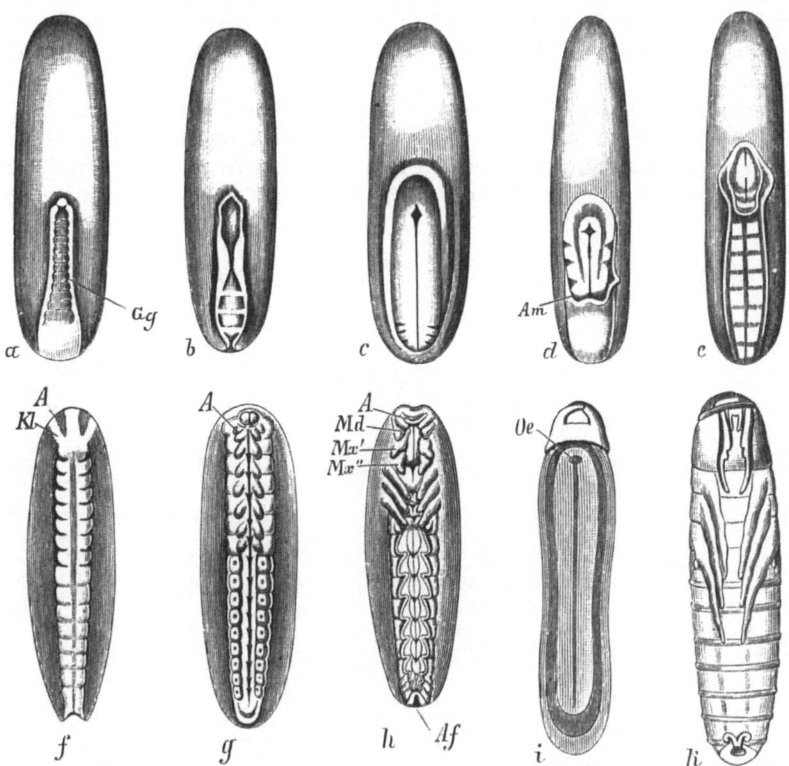

Abb. 737. Entwicklungsstadien von *Hydrous (Hydrophilus) piceus.* (Nach KOWALEVSKY.) a Schildförmige Embryonalanlage (Keimstreifen) mit erhobenen Seitenrändern (*Gg*) (Beginn der Gastrulation). — b Diese Ränder wachsen in der Mitte bereits zusammen. — c Die Rinne fast geschlossen (Schluß der Gastrula). — d Die Schwanzfalte der Embryonalhüllen (*Am*) hat das Hinterende der Embryonalanlage überwachsen. — e Die Embryonalhüllen haben die Embryonalanlage fast vollständig überwachsen. — f Der Keimstreifen unter den geschlossenen Embryonalhüllen. *Kl* Kopflappen, *A* Antenne. — g Späteres Stadium. Man sieht die Oberlippe, Fühler-, Kiefer- und Beinanlagen. Auch am ersten Abdominalsegment eine Extremitätenanlage. Am Abdomen runde Einstülpungen (Tracheenanlagen). — h Weiter vorgeschrittenes Stadium. Am ersten Bauchsegment noch der Extremitätenstummel. *Md* Mandibel, *Mx'* erste, *Mx''* zweite Maxille, *Af* After. — i Die sogenannte Rückenplatte im Stadium des Schlusses zu einem Rohre, *Oe* ihre Öffnung. — k Embryo vor dem Ausschlüpfen.

Blatte und besteht aus einem vorderen und hinteren, dem ectodermalen Stomodaeum bzw. Proctodaeum anliegenden Anteile und zuweilen einem beide ver-

---

Inst. Wien **12** (1899). — BERLESE, A.: Osservazioni su fenomeni che avvengono durante la ninfosi degli Insetti metabolici. Riv. Pat. veg. Firenze 8 (1899). — PRATT, H. S.: The embryonic History of imaginal Discs in *Melophagus ovinus* etc. Proc. Boston Soc. Nat. Hist. **29** (1900). — KAHLE, W.: Die Paedogenesis der Cecidomyiden. Bibliotheca zoologica **55** (1908). — NUSBAUM, J. u. B. FULIŃSKI: Zur Entwicklungsgeschichte des Darmdrüsenblattes bei *Gryllotalpa vulgaris.* Z. Zool. **93** (1909). — PÉREZ, C.: Recherches histologiques sur la métamorphose des Muscides. Archives de Zool. **1910**. — Observations sur l'histolyse et l'histogénèse dans la métamorphose des Vespides. Mém. Acad. Brüssel **1912**. — HASPER, M.: Zur Entwicklung der Geschlechtsorgane von *Chironomus.* Zool. Jb. **31** (1911). — STRINDBERG, H.: Embryologische Studien an Insecten. Z. Zool. **106** (1913). — Überdies vgl. KORSCHELT u. HEIDER: Lehrbuch der vergleichenden Entwicklungsgeschichte der wirbellosen Tiere **2** (1892); ferner die Arbeiten von DEEGENER, LÉCAILLON, HIRSCHLER u. a.

bindenden Zellstrang (vgl. S. 290). Nervensystem und Tracheen gehen aus dem äußeren Keimblatte hervor. Nun reißen die Embryonalhüllen ein; sie werden nach der Dorsalseite des Embryos (oft zu einem sogenannten Rückenrohre) zurückgestülpt und rückgebildet; zuweilen aber trennen sich eine oder beide Embryonalhüllen vom Embryo vollständig ab. In vielen Fällen (*Rhynchoten*, *Libellen*) wächst der Keimstreifen in das Innere des Dotters hinein, wodurch ein innerer invaginierter Keimstreifen entsteht (Abb. 738), der später nach außen zurückgestülpt wird. Zuweilen (*Pteromalinen*, *Musciden*) bleiben die Embryonalhüllen rudimentär.

Die freie Entwicklung erfolgt in der Regel mittels *Metamorphose*, die nur bei den flügellosen Formen wie *Mallophagen, Pediculiden* wegfällt (Ametabola). Bei den einer Verwandlung unterworfenen Insecten ist die Art und der Grad der Metamorphose sehr verschieden, so daß die aus früherer Zeit überkommene Bezeichnung

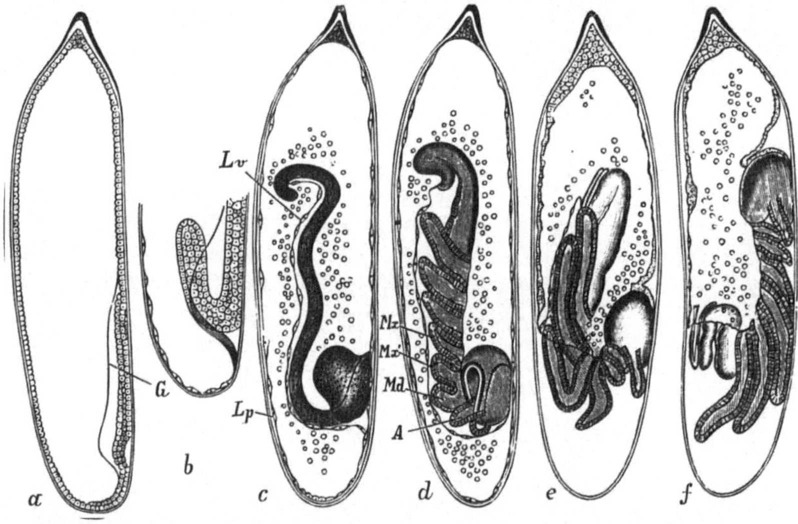

Abb. 738. Entwicklungsstadien einer Libelle (*Calopteryx virgo*) mit der Eischale. (Nach A. BRANDT.) a Beginn des Einwachsens der Embryonalanlage in den Dotter. *G* Seitenrand derselben. — b Etwas älteres Stadium. — c Die Keimstreifenanlage vollständig eingestülpt und damit die Embryonalhüllen ausgebildet. *Lv* Amnion, *Lp* Serosa. — d Späteres Stadium mit Extremitätenanlagen. Die Amnionhöhle vollständig geschlossen. *A* Antenne, *Md* Mandibel, *Mx*, *Mx'* die beiden Maxillen. — e Stadium der Umrollung des Embryos. — f Letztere nahe dem Abschlusse.

einer *halbvollkommenen* (Hemimetabola) und *vollkommenen* Metamorphose (Holometabola) in gewissem Sinne berechtigt erscheint. Im ersteren Falle (*Rhynchoten, Orthopteren*) wird der Übergang der aussschlüpfenden Larven in das ausgebildete geflügelte Insect, die *Imago*, durch eine Anzahl frei beweglicher und Nahrung aufnehmender Larvenstadien vermittelt, welche unter Häutungen aus einander hervorgehen, mit zunehmender Größe Flügelstummel erhalten, die Anlage der Geschlechtsorgane weiter ausbilden und den geflügelten Insecten immer ähnlicher werden. Auch die Lebensweise und Organisation der jungen Larven kann mit der des Geschlechtstieres übereinstimmen, z. B. bei den *Hemiptera, Orthoptera, Thysanoptera*. In anderen Fällen weichen Larve und Geschlechtstier durch Lebensweise und Aufenthaltsort beträchtlich ab. So leben z. B. die *Cicaden* im Larvenalter unter der Erde und besitzen Grabfüße, während der Imagozustand auf Bäumen lebt. Die Larven der *Plecoptera, Ephemeriden* und *Odonaten* (Abb. 739) leben im Wasser unter abweichenden Ernährungsbedingungen und bestehen meist eine große Zahl von Häutungen (*Cloëon* mehr als 20); sie besitzen Tracheenkiemen und entbehren offener Stigmen, welche sich erst beim Übergang in das geflügelte Tier öffnen. Das letzte Larvenstadium mit entwickelten Flügelanlagen wird als *Nymphe* unterschieden. Bei den *Ephemeriden* wird das dem Imagostadium vorausgehende, diesem sehr ähnliche, der Nahrungsaufnahme entbehrende Stadium als *Subimago* bezeichnet.

Vollkommen wird die Verwandlung durch das Auftreten eines meist ruhenden (nicht selten frei sich bewegenden), stets aber der Nahrungsaufnahme entbehrenden *Puppen*-Stadiums, mit welchem das Larvenleben abschließt. Trotz der scheinbaren Discontinuität der Entwicklung, die bei dem Übergang der Larve in die Puppe und dieser in das Stadium der *Imago* besteht, schreitet die Umgestaltung auch hier ganz allmählich vor, indem sich schon in der Larve die Anlage der Flügel und Extremitäten vollzieht, welche erst mit der Abstreifung der Haut an der Puppe äußerlich hervortreten. Auch kann die Puppe selbst mehrere Formzustände zeigen, wie z. B. bei den *Apiden*, wo sie zuerst als *Halbpuppe* (*Semipupa*, Subnymphe) einen noch kurzen Meso- und Metathorax mit kurzen Flügellappen und Gliedmaßen besitzt, während in dem späteren Zustande der Puppe diese Körperabschnitte dem Imagozustand viel näher stehen (Abb. 740). Den Puppenstadien der Insecten mit vollkommener Metamorphose sind die Nymphen bei den Insecten mit unvollkommener Verwandlung einigermaßen vergleichbar. Die vollkommene Verwandlung erscheint im Gegensatze zu der allmählichen kontinuier-

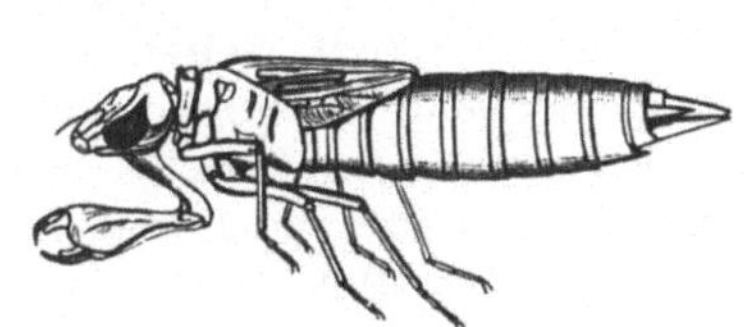

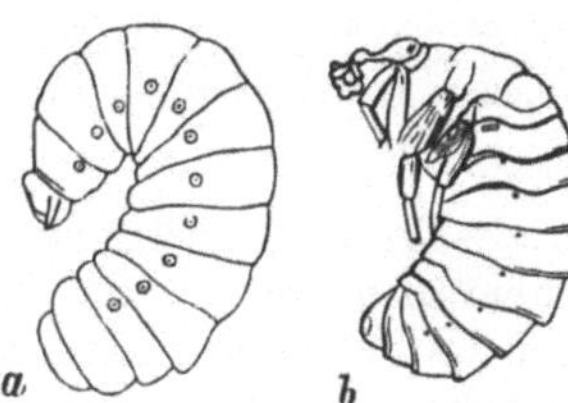

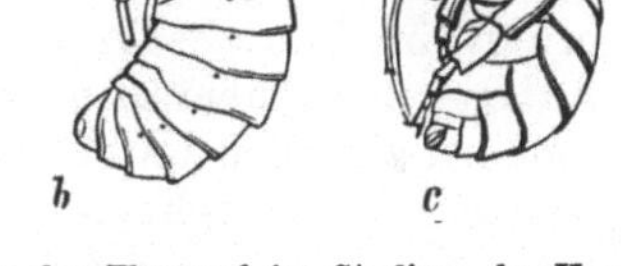

Abb. 739. *Aeschna*-Larve mit Flügelstummeln und Maske. $^1/_1$

Abb. 740. a Larve der Hummel im Stadium der Verpuppung. b Subnymphe (*Semipupa*). c Puppe. (Nach PACKARD.)

lichen Umgestaltung bei der unvollkommenen Metamorphose diskontinuierlich, ein sekundäres Verhältnis, welches phyletisch aus der kontinuierlichen abzuleiten ist. Auch erscheint alsdann die Zahl der Häutungen eine beschränkte, indem meist schon die vierte Häutung in das letzte (5.) Stadium der Imago überführt.

Als *Hypermetamorphose* hat man nach dem Vorgange FABRES eine Metamorphose unterschieden, welche durch das Auftreten eines puppenartigen Larvenstadiums gewissermaßen noch über die vollkommene Verwandlung hinausgeht (*Meloiden*) (Abb. 741). Doch ist in diesen Fällen die Zahl der Häutungen keineswegs vermehrt.

Verhältnismäßig nur wenige Insectenlarven zeigen eine ursprüngliche Formgestaltung und sind als phyletische aufzufassen, wie die sogenannten *Campodea*-ähnlichen Larven der *Forficuliden*, *Perliden*, von *Mantispa* und manchen Käfern (*Meloiden*) (Abb. 741 a). In den meisten Fällen verdanken die Insectenlarven sekundären Anpassungen ihre Eigentümlichkeiten. Die Larven der *Panorpatae*, zahlreicher Käfer, der Blattwespen und Schmetterlinge sind wurmförmig (*Raupen*) und besitzen an ihren drei freien Brustsegmenten gegliederte Extremitäten, häufig aber auch an den Hinterleibssegmenten eine größere oder geringere Zahl von Fußstummeln (Afterfüße). An dem wohlentwickelten Kopfe dieser Larven finden sich zwei Antennenstummel und einfache Punktaugen in verschiedener Zahl. Die Mundteile sind in der Regel beißend, auch da, wo die ausgebildeten Insecten Saugröhren besitzen, bleiben aber mit Ausnahme der Mandibeln gewöhnlich rudimentär (Freßspitzen). In anderen Fällen sind die Brust- und Hinterleibssegmente fußlos. Die am tiefsten stehenden, häufig parasitischen Larven sind die *Maden* (Abb. 725) (zahlreiche *Dipteren* und *Hymenopteren*), welche wurmförmig und meist fußlos sind und einen kleinen einziehbaren oder großenteils eingestülpten (*Dipteren*-Maden) Kopf besitzen.

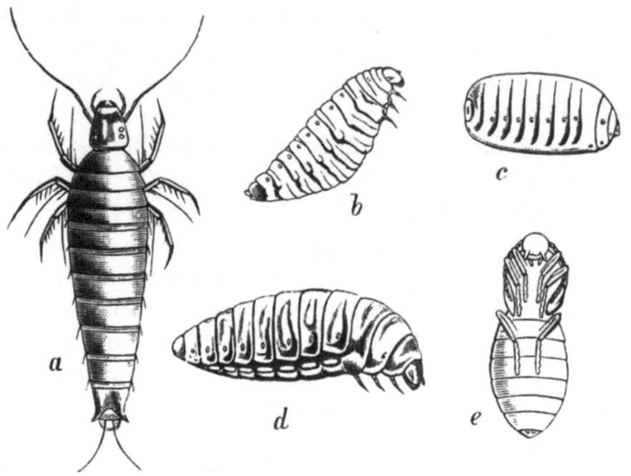

Durch absonderliche Larvenformen ist die Metamorphose bei einigen im Larvenleben parasitierenden Hymenopteren ausgezeichnet, deren Eier in andere Insectenlarven abgelegt werden (Abb. 742).

Die Ernährungsart der Larve wechselt mannigfach, indessen prävalieren vegetabilische Substanzen, welche im Überflusse dem rasch wachsenden Körper zu Gebote stehen. Derselbe besteht meist in kurzer Zeit vier oder fünf, selten eine größere Zahl Häutungen und

Abb. 741. Metamorphose von *Apalus* (*Sitaris*) *muralis* (*humeralis*). (Nach FABRE.) a Erste Larvenform, $^{40}/_1$, b zweite Larvenform, c ruhendes Larvenstadium (Scheinpuppe), d letzte Larvenform, e Puppe. Etwa $^2/_1$

bringt im Laufe seines Wachstums den Körper des geflügelten Insectes zur Anlage, nicht überall durch unmittelbare Umbildung bereits vorhandener Teile, sondern zuweilen unter wesentlichen Neubildungen. In dieser Hinsicht kommen bedeutende Verschiedenheiten vor, deren Extreme bei den Dipteren durch die Gattungen *Chaoborus* (*Corethra*) und *Musca* repräsentiert werden. Im ersteren Falle verwandeln sich die Larvensegmente und die Gliedmaßen des Kopfes direkt in die entsprechenden Teile der Mücke, während nur Beine und Flügel nach der letzten Larvenhäutung als Neubildungen (sog. *Imaginalscheiben*) auftreten (Abb. 743). Die Muskeln des Abdomens und die übrigen Organsysteme gehen unverändert oder mit geringen Umgestaltungen in die des geflügelten Tieres über, die Bein- und Flügelmuskeln dagegen entstehen als Neubildungen. Mit diesen geringen Veränderungen steht die Beweglichkeit der Puppe

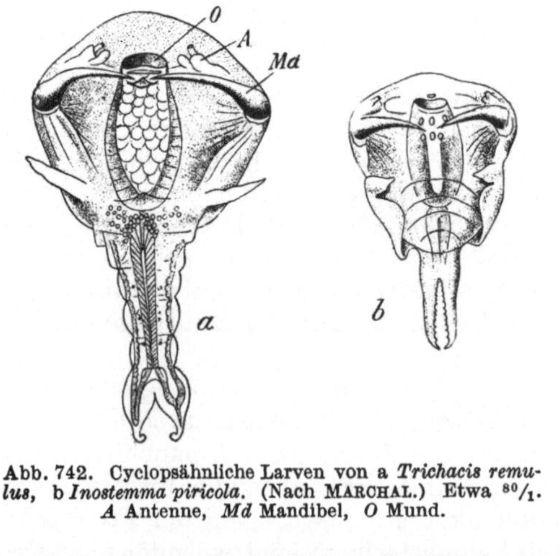

Abb. 742. Cyclopsähnliche Larven von a *Trichacis remulus*, b *Inostemma piricola*. (Nach MARCHAL.) Etwa $^{80}/_1$. A Antenne, Md Mandibel, O Mund.

und die geringe Entwicklung des Fettkörpers in Correlation. Bei *Musca* dagegen, deren ruhende Puppen von der festen tonnenförmigen Larvenhaut eingeschlossen liegen und einen reichlichen Fettkörper besitzen, entsteht das ausgebildete Tier unter tiefgreifenden Umbildungen der Larvenorgane. Die Wand von Kopf, Thorax und Hinterleib der Imago geht aus Imaginalscheiben hervor, die, bereits beim Embryo angelegt, im Larvenkörper zur Entwicklung gelangen. Während des

Puppenstadiums verwachsen diese Scheiben zur Bildung der Körperwand der Imago, während die Larvenhaut zerstört wird. Jedes Rumpfsegment der Imago wird in der Regel aus zwei (einem dorsalen und ventralen) Paaren von Imaginalscheiben aufgebaut, deren Anhänge im Thorax die Beine und Flügel darstellen. Auch die inneren Organe (Darm, Speicheldrüsen, Muskulatur, Tracheensystem) der Larve erfahren wesentliche Umgestaltungen, zerfallen zum Teil, um durch Neubildungen ersetzt zu werden. Der ganze Vorgang ist als ein tiefgreifender Regenerationsprozeß der Körpergewebe aufzufassen.

Hat die Larve ihre definitive Größe und Ausbildung erreicht, so schickt sie sich zur Verpuppung an. Die Larven zahlreicher Insecten verfertigen sich mittels ihrer Spinndrüsen über oder unter der Erde ein schützendes Gespinst, in welchem sie nach Abstreifung der Haut in das Stadium der *Puppe* (*Chrysalis*) eintreten. Entweder liegen die äußeren Körperteile des geflügelten Insectes der gemeinsamen festen Puppenhaut an (*Lepidopteren*, *Pupa obtecta*), oder sie stehen frei vom Rumpfe ab (*Coleopteren*, *Pupa libera*). Bleibt die Puppe auch noch von der letzten Larvenhaut umschlossen (*Musciden*), so heißt sie *Pupa coarctata*. Überall liegt bereits der Körper des geflügelten Insects mit seinen äußeren Teilen in der Puppe scharf umschrieben vor, und es wird während des Puppenlebens die Umgestaltung der inneren Organisation und Reife der Geschlechtsorgane vollendet. Schließlich sprengt das geflügelte Insect die Puppenhaut, arbeitet sich mit Fühlern, Flügeln und Beinen hervor, breitet die zusammengefalteten Teile unter lebhafter Inspiration auseinander, und aus dem Enddarm tropft das während des Puppenschlafes entstandene und aufgespeicherte Harnsecret aus.

Die Lebensweise der Insecten ist so mannigfach, daß sich kaum eine allgemeine Darstellung geben läßt. Zur Nahrung dienen sowohl vegetabilische als animalische Substanzen, seien es

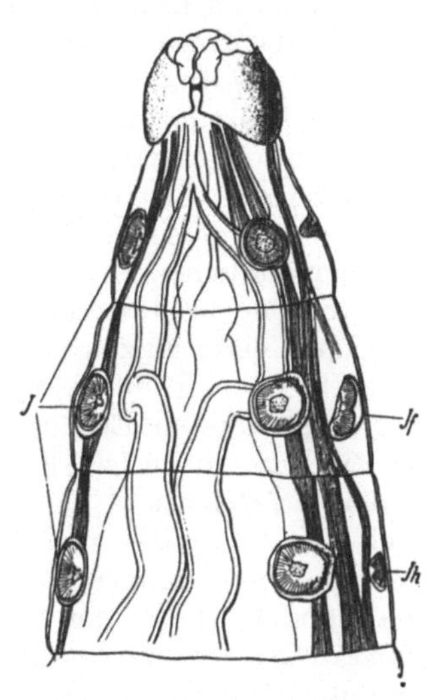

Abb. 743. Kopf und Thorax einer Pilzmückenlarve mit den Imaginalscheiben. (Original G.) *J* Anlagen der Füße, *Jf* Anlage des Vorderflügels, *Jh* Anlage der Haltere.

feste Stoffe oder Flüssigkeiten, sei es im frischen oder im faulenden Zustande. Insbesondere werden die Pflanzen von den Insecten und deren Larven heimgesucht und es existiert wohl keine Phanerogame, welche nicht eine oder mehrere Insectenarten ernährte. Umgekehrt erscheinen viele Insecten wiederum für das Gedeihen der Pflanzenwelt nützlich und notwendig, indem sie, wie zahlreiche Fliegen, Bienen und Schmetterlinge, durch Übertragung des Pollens auf die Narbe der Blüten die Befruchtung vermitteln.

Der hohen Organisation entsprechen die vielseitigen und oft sehr komplizierten, teils rein reflektorischen (instinktiven), teils auf mnemischer Grundlage beruhenden Handlungen (s. S. 256ff.). Die instinktiven Äußerungen beziehen sich zunächst auf die Erhaltung des Individuums, indem sie Mittel und Wege zum Erwerbe der Nahrung und zur Verteidigung schaffen, ganz besonders aber durch die Sorge um die Brut auf die Erhaltung der Art. Am einfachsten offenbart sich die letztere in der zweckmäßigen Ablage der Eier an geschützten Plätzen und an bestimmten, dem ausschlüpfenden Tiere zur Nahrung dienenden Futterpflanzen. Komplizierter werden die Handlungen des Mutterinsects überall da, wo sich die Larve in besonders gefertigten Räumen entwickelt und nach ihrem

Ausschlüpfen die erforderliche Menge geeigneter Nahrungsmittel vorfindet (*Ammophila sabulosa*). Am wunderbarsten aber bilden sich die Brutpflegeinstinkte bei einigen *Hymenopteren* (Ameisen, Wespen, Bienen) und den *Termiten* aus, welche die jungen Larven mit zugetragener und in besonderen Drüsen oder Darmabschnitten zubereiteter Nahrung großziehen. In solchen Fällen erscheint eine große Zahl von Individuen zu gemeinsamem Wirken in sogenannten *Tierstaaten* mit ausgeprägter Arbeitsteilung ihrer männlichen, weiblichen und geschlechtlich verkümmerten Generationen vereinigt (s. S. 257).

Einige Insecten erscheinen zu Tonproduktionen befähigt, die wir zum Teil als Äußerung einer inneren Stimmung aufzufassen haben. Man wird in dieser Hinsicht von den summenden Geräuschen der im Fluge befindlichen Coleopteren, Lepidopteren, Hymenopteren und Dipteren (Vibrieren der Flügel, die Bedeutung des sogenannten Brummapparates in den Stigmen für die Tonproduktion wird bezweifelt), ebensowohl von den knarrenden Tönen zahlreicher Käfer, welche durch die Reibung bestimmter Körpersegmente aneinander (Pronotum und Mesonotum, *Cerambycidae*) oder mit der Innenseite der Flügeldecken entstehen, abstrahieren können, obwohl es möglich bleibt, daß sie zur Abwehr feindlicher Angriffe eine Beziehung haben. Eigentümliche Stimmorgane, welche Locktöne behufs Anregung zur Begattung erzeugen, finden sich bei den männlichen *Singzirpen* (*Cicada*) sowie bei den männlichen *Achetiden* und *Locustiden*. Ähnliche, wenngleich schwächer zirpende Töne produzieren beide Geschlechter der *Acrydiiden*. Wie bei Käfern, desgleichen einer Anzahl von Wanzen und Ameisen, werden bei den genannten Orthopteren die Töne durch *Stridulationsorgane* erzeugt, indem eine mit reihenweise angeordneten Erhöhungen (Schrillzähnchen) besetzte Leiste (Schrilleiste) oder Rillen gegen eine stark vorspringende Kante (Schrillkante) angestrichen wird. Bei den *Achetiden* und *Locustiden* liegen diese Organe an der Basis des Vorderflügels; die *Acrydiiden* streichen in der Regel eine Schrilleiste des Hinterschenkels gegen eine stark vorspringende Ader des Vorderflügels an. Bei den *Singzirpen* hingegen handelt es sich um ein jederseits am ersten Abdominalsegmente gelegenes *trommelartiges Organ*, bestehend aus einer von einer Platte überdeckten elastischen Membran, die durch einen Muskel in Schwingungen versetzt wird; schallverstärkend wirken die anliegenden großen Tracheenblasen. Nach PRELL entsteht der Laut bei *Acherontia atropos* beim Einsaugen von Luft durch den Pharynx zufolge dadurch hervorgerufener Schwingungen des Epipharynx.

Die Verbreitung der Insecten ist eine fast allgemeine, vom Äquator an bis zu den äußersten Grenzen der Vegetation. Einige Formen sind wahre Kosmopoliten, z. B. der Distelfalter.

Fossile Insecten sind zuerst aus dem Carbon bekannt (*Palaeodictyoptera*); die Entwicklung der großen Formenmannigfaltigkeit fällt in die Kreidezeit.

In der systematischen Übersicht ist hier im allgemeinen den Auffassungen von BRAUER und HANDLIRSCH gefolgt.

1. Ordnung. Orthoptera, Geradflügler[1].

Insecten mit beißenden Mundwerkzeugen, vierteiliger Unterlippe, mit zwei ungleichartigen Flügelpaaren und unvollkommener Metamorphose.

In der äußeren Erscheinung und inneren Organisation waltet große Mannigfaltigkeit ob. Meist trägt der große Kopf lange vielgliedrige Fühler, ansehnliche

[1] SERVILLE, A.: Histoire naturelle des Insectes Orthoptères. Paris 1839. — DE CHARPENTIER, T.: Orthoptera descripta et depicta. Leipzig 1841. — FISCHER, L. H.: Orthoptera Europaea. Leipzig 1853. — BRUNNER V. WATTENWYL, K.: Prodromus der europäischen Orthopteren. Leipzig 1882. — DE BORMANS A. u. H. KRAUSS: Forficulidae und Hemi-

Facettenaugen und zwei oder drei Punktaugen. Die Mundwerkzeuge sind zum Beißen eingerichtet (Abb. 711). Die Maxillen sind mit an der Spitze gezahnter Innenlade versehen, diese von der helmförmigen häutigen Außenlade (Galea) überdeckt, mit 5gliedrigem Taster. An der Unterlippe bleiben in der Regel die vier Laden, zuweilen selbst ihre Stipites getrennt. Die Labialtaster sind 3gliedrig. Der Prothorax zeigt sich durchweg frei beweglich. Form und Bildung der Flügel schwanken außerordentlich. Meist sind die schmalen Vorderflügel pergamentartige Flügeldecken oder wenigstens stärker und dickhäutiger als die größeren und der Länge nach zusammenlegbaren Hinterflügel. Die Flügel können auch fehlen. Verschieden verhalten sich auch die Beine, deren Tarsen selten nur aus zwei, meist aus drei bis fünf Gliedern bestehen.

Der Hinterleib bewahrt die vollzählige Segmentierung und trägt hinten zangen-, griffel-, faden- oder borstenförmige Cerci; meist gehen zehn Segmente in seine Bildung ein. Am weiblichen Abdomen findet sich zuweilen (Heuschrecken) eine Legescheide; sie entspringt am vorletzten und drittletzten Segment und besteht jederseits aus einer oberen und unteren Scheidenklappe und einem inneren, der oberen Scheidenklappe anliegenden, auf einer Rinne am oberen Rande der unteren Scheidenklappe laufenden Stachelstab (Abb. 719).

Viele Orthopteren besitzen an der Speiseröhre einen Kropf, ferner einen Kaumagen, auf welchen der häufig mit einigen Blinddärmchen beginnende Chylusmagen folgt. Die Speicheldrüsen sind oft außerordentlich umfangreich und mit einem blasenförmigen Reservoir versehen. MALPIGHISche Gefäße sehr zahlreich. Einige Orthopteren besitzen Tympanalorgane. Für die Geschlechtsorgane gilt im allgemeinen das Vorhandensein zahlreicher Eiröhren und Hodenschläuche, in deren Leitungskanäle mächtige Drüsen einmünden. Eine Bursa copulatrix fehlt.

Beide Geschlechter unterscheiden sich — von der Verschiedenheit der äußeren Copulationsorgane und des Hinterleibsumfanges abgesehen — zuweilen durch geringere Größe oder Mangel der Flügel im weiblichen Geschlechte, sowie bei den springenden Orthopteren durch die Ausbildung eines Stimmorganes am Körper des Männchens. Selten besitzt auch das Weibchen den Stimmapparat in vollkommener Ausbildung (*Ephippiger*). Die Eier werden in der Erde oder an äußere Gegenstände abgesetzt. Die Entwicklung ist eine unvollkommene Metamorphose. Die Larven der geflügelten Formen verlassen das Ei ohne Flügelstummel, stimmen sonst in Körperform und Lebensweise mit den Geschlechtern überein. Die meisten ernähren sich im ausgebildeten Zustande von Früchten und Blättern, einige von tierischen Substanzen.

1. Unterordnung. *Dermaptera*. Körper langgestreckt (Abb. 744a). Die Vorderflügel sind kurze, stark chitinisierte Flügeldecken, die Hinterflügel groß, fächerförmig und doppelt quergefaltet. Flügel fehlen zuweilen. Fühler schnurförmig. Unterlippe mit gespaltenen Stipites. Ocellen fehlen. Cerci ungegliedert oder eine Zange bildend.

Fam. *Forficulidae.* Ohrwürmer. Letztes Abdominalsegment mit zwei eine Zange bildenden Cerci. Genitalgänge des Männchens getrennt ausmündend oder einseitig rückgebildet. Ernähren sich von Tier- und Pflanzenstoffen, besonders Früchten, und verkriechen sich am Tage in Schlupfwinkeln. *Labidura riparia* PALL. Am Meeresstrand und Flußufern. Weit verbreitet. *Labia minor* L. Fliegt bei Tage. *Forficula auricularia* L. Europa, Asien, Afrika, Nordamerika (Abb. 744a).

---

meridae. Tierreich 11. Liefg. 1900. — KIRBY, W. F.: A Synonymic Catalogue of Orthoptera 1, 2. London 1904—1906. — BRUNNER V. WATTENWYL, K. u. J. REDTENBACHER: Die Insectenfamilie der Phasmiden. Leipzig 1908. — HANSEN, H. J.: On the Structure and Habits of *Hemimerus talpoides*. Entomol. Tidsskr. 15 (1894). — HEYMONS, R.: Über den Genitalapparat und die Entwicklung von *Hemimerus talpoides*. Zool. Jb. Suppl. 15, 2 (1912). — Vgl. außerdem die Arbeiten von WESTWOOD, BORDAS, SINÉTY, WERNER, KARNY, KÜHNLE u. a.

Fam. *Hemimeridae*. Körper blattidenähnlich, Flügel und Augen fehlen. Beine zum Laufen geeignet. Am Körperende zwei lange ungegliederte Cerci. Vivipar. Embryonalentwicklung mittels Placentarorganen. *Hemimerus talpoides* WLK. Auf dem Fell von *Cricetomys*. Ost- und Westafrika.

2. Unterordnung. *Blattodea*. Orthopteren von flacher Körperform, mit breitem, schildförmigem, den Kopf überdeckendem Prothorax. Fühler lang, vielgliedrig. Ocellen fehlen in der Regel. Beine stark, mit bestachelten Schienen, zum Laufen geeignet. Tarsen 5gliedrig. Die Vorderflügel sind große übereinander greifende Flügeldecken, können aber samt den Hinterflügeln in beiden Geschlechtern fehlen. Cerci gegliedert. Die Schaben leben von harten Stoffen und halten sich am Tage in dunklen Verstecken auf. Viele Arten sind über alle Weltteile verschleppt und richten bei massenhaftem Auftreten in Bäckereien und Magazinen großen Schaden an. Die Weibchen legen ihre Eier in Kapseln ab, welche bei *Blatta orientalis* ungefähr 40 Eier, in einer Doppelreihe gelagert, umschließen.

Fam. *Blattidae*. Mit den Charakteren der Unterordnung. *Blatta (Stylopyga) orientalis* L., Küchenschabe. Weibchen mit rudimentären Flügeln. Soll aus dem Orient in Europa eingewandert sein. Entwicklung soll 4 Jahre dauern (Abb. 744 b). *Periplaneta americana* L., *Blattella (Phyllodromia) germanica* L. Europa, Syrien, Nordafrika. *Ectobius lapponicus* L. Nord- und Mitteleuropa. *Heterogamia aegyptiaca* L. Weibchen ungeflügelt. Östl. Mittelmeerländer, Ostindien.

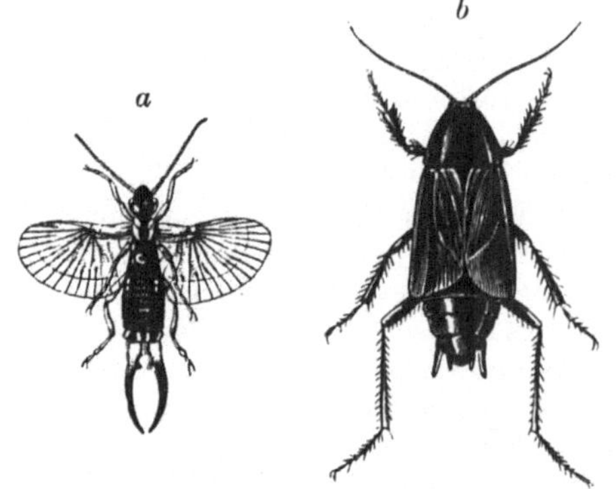

Abb. 744. a *Forficula auricularia*. (Nach CURTIS.) b *Blatta orientalis* ♂ (aus règne animal). $^1/_1$

3. Unterordnung. *Mantodea*. Meist größere Orthopteren mit vorderen Raubbeinen. Prothorax verlängert. Vorderflügel derber, deckenartig, Hinterflügel fächerartig. Cerci vielgliedrig. Leben vom Raube anderer Insecten und sind meist Bewohner der wärmeren und heißen Klimate. Die Weibchen legen ihre Eier klumpenweise an Pflanzen und in einer schaumigen Kapsel ab.

Fam. *Mantidae*. Fangheuschrecken. *Mantis religiosa* L., Gottesanbeterin. Mittel- und Südeuropa (Abb. 716 a). *Sphodromantis bioculata* BURM. Nordafrika. *Empusa fasciata* BRULLÉ. Östl. Mittelmeerländer.

4. Unterordnung. *Phasmodea*. Körper stab- oder blattförmig. Meso- und Metathorax verwachsen. Vorderflügel deckenartig, Hinterflügel mit stark entwickeltem Fächer. Beide Flügel häufig abortiv oder fehlend. Die Füße sind Schreitbeine, deren 5gliedrige Tarsen zwischen den Endklauen einen großen Haftlappen tragen. Cerci nicht gegliedert. Leben in den Tropengegenden und ernähren sich von Blättern. Die flügellosen Formen gleichen verdorrten Zweigen, die geflügelten trockenen Blättern.

Fam. *Phasmatidae*, Gespenstheuschrecken. *Bacillus rossius* F. Pflanzt sich parthenogenetisch fort. Südeuropa. *Phasma fasciatum* GRAY. Brasilien. *Dixippus (Carausius) morosus* BRUNNER, Ostindien. *Phyllum siccifolium* L. Wandelndes Blatt. *P. pulchrifolium* SERV. Ostindien (Abb. 307).

5. Unterordnung. *Saltatoria*. Mit großem, senkrecht gestelltem Kopf. Prothorax groß, Meso- und Metathorax fest verbunden. Vorderflügel stärker chitinisiert, Hinterflügel meist groß, fächerförmig. Hinterbeine als Springbeine entwickelt. Cerci nicht gegliedert.

Fam. *Gryllacridae*. Körper gedrungen, geflügelt oder flügellos. Viele Längsadern an den Flügeln. Männchen ohne Zirporgane. Tarsalglieder stark verbreitert. Sind die primitivsten Saltatoria. *Gryllacris macilenta* PICT. SAUSS. Java. *G. signifera* STOLL. Korea bis Java.

Fam. *Acrydiidae*, Feldheuschrecken. Körper seitlich komprimiert mit kurzen, schnur- oder fadenförmigen Fühlern. Pronotum schildförmig, das Mesonotum überragend. Die derben Vorderflügel meist schmal. Flügel mitunter verkümmert oder fehlend. Tympanalorgane liegen im 1. Abdominalsegmente (Abb. 709). Weibchen mit kurzer Legescheide. Die Männchen produzieren ein schrillendes Geräusch, indem sie eine gezähnte Leiste der Hinterschenkel an vorspringenden Adern der Flügeldecken anstreichen. Auch bei den Weibchen ist dieser Stridulationsapparat, wenngleich rudimentär, vorhanden, und es vermögen die Weibchen mancher Arten schwache zirpende Töne hervorzubringen. Sie halten sich vorzugsweise auf Feldern, Wiesen und Bergen auf, manche fliegen mit schnarrendem Geräusch in der Regel nur auf kurze Strecken und ernähren sich von Pflanzenteilen. *Acrida turrita* L. (*Tryxalis nasuta* L.). Südeuropa, Asien, Afrika, Australien. *Mecosthetus grossus* L., *Chorthippus* (*Stenobothrus*) *lineatus* PANZ. Europa. *Dociostaurus* (*Stauronotus*) *maroccanus* THUNB., marokkanische Wanderheuschrecke. Mittelmeerländer. *Gomphocerus rufus* L. Mitteleuropa. *Phrynotettix magnus* THOMAS. Mexico. *Circotettix* (*Trimerotropis*) *suffusus* SCUDD. Westl. Nordamerika. *Oedipoda coerulescens* L. Mittelmeerländer. *Pachytylus migratorius* L., europäische Wanderheuschrecke. Östl. Europa. Ungeheure Schwärme unternehmen gemeinsame Züge und verbreiten sich verheerend und zerstörend über Getreidefelder. *Psophus stridulus* L., Wiesenschnarre. *Anacridium* (*Locusta*) *aegyptium* L. (*tartaricum* CYR.). Mittelmeerländer. *Schistocerca peregrina* OL., afrikanische Wanderheuschrecke. Nordafrika. *Acrydium* (*Tettix*) *subulatum* L. Europa.

Abb. 745. *Liogryllus campestris* ♂ (aus règne animal). $^1/_1$

Fam. *Locustidae*, Laubheuschrecken. Körper langgestreckt, meist grasgrün oder braun gefärbt, mit sehr dünnen Fühlern und meist vertikal dem Körper anliegenden Flügeldecken. Zirporgan an der Basis der Vorderflügel. Tympanalorgan in den Schienen der Vorderbeine (Abb. 730). Weibchen mit säbelförmiger Legescheide. Die im Spätsommer oder im Herbste in der Erde abgesetzten Eier überwintern. Die Laubheuschrecken leben im Wald und Gebüsch, auch wohl auf dem Felde und sitzen hoch auf dem Gipfel der Halme oder Sträucher. Leben vom Raube. *Saga pedo* PALL. (*serrata* F.). Weibchen flügellos. Pflanzt sich parthenogenetisch fort. Österreich, Südeuropa. *Locusta* (*Tettigonia*) *viridissima* L., Heupferd. Europa. *L. cantans* FÜSSL. Nord- und Mitteleuropa. *Pholidoptera* (*Thamnotrizon*) *griseoaptera* GEER (*cinerea* L.). Nord- und Mitteleuropa. *Decticus verrucivorus* L. Europa.

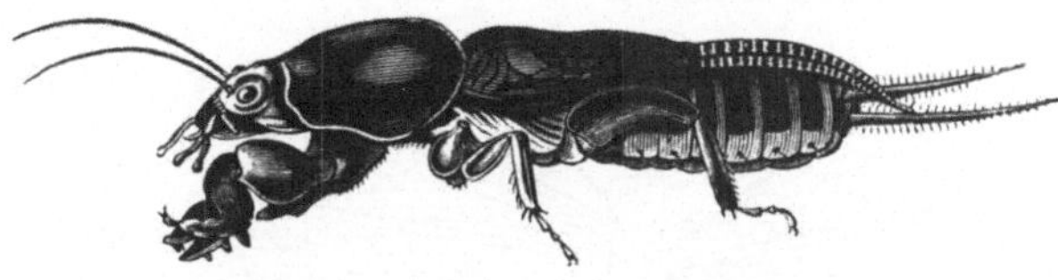

Abb. 746. *Gryllotalpa gryllotalpa* (*vulgaris*) (aus règne animal). $^1/_1$

Ephippiger ephippiger F. (*vitium* SERV.). Flügel rudimentär. Mitteleuropa. *Troglophilus cavicola* KOLL. Flügellos. In Kalksteinhöhlen und unter Laub. Österreich und Balkan.

Fam. *Achetidae*, Grabheuschrecken. Von dicker, walziger Körperform, mit dickem Kopf, meist langen, borstenförmigen Fühlern und kurzen, horizontal aufliegenden Flügeldecken, welche von den eingerollten Hinterflügeln weit überragt werden. Die Vorderbeine zuweilen Grabfüße. Das Männchen bringt durch Aneinanderreiben beider Flügeldecken, die übrigens die gleiche Bildung, Zähne einer Flügelader (Schrillader) der Unterseite und vorspringende glatte Schrillkante am Innenrande haben, schrillende Töne hervor und heftet während der Begattung an die weibliche Geschlechtsöffnung eine kolbige Spermatophore, welche bis zur Entleerung umhergetragen wird. Weibchen meist mit gerader Legescheide. Sie leben meist unterirdisch in Gängen und Höhlungen und ernähren sich sowohl von Wurzeln als von animalischen Stoffen. Die Larven schlüpfen im Sommer aus und überwintern in der Erde. *Oecanthus pellucens* SCOP., Weinhähnchen. *Nemobius sylvestris* F. Mitteleuropa. *Liogryllus campestris* L., Feldgrille (Abb. 745). Europa. *Acheta* (*Gryllus*) *domestica*

L., Hausheimchen. Kosmopolit. *Myrmecophila acervorum* PANZ. Flügellos. Lebt in Ameisenhaufen unter Steinen. *Gryllotalpa gryllotalpa* L. (*vulgaris* LATR.), Werre, Maulwurfsgrille. Europa (Abb. 746).

2. Ordnung. Corrodentia[1].

Insecten mit beißenden, zuweilen reduzierten Mundteilen, mit gleichartigen Flügeln oder flügellos, mit unvollkommener oder ohne Metamorphose.

Diese Ordnung umfaßt sowohl freilebende Formen, wie die *Isoptera* und *Psocoidea*, als auch Ectoparasiten (*Mallophaga, Siphunculata*). Erstere tragen zum Teil häutige Flügel, welche gleichartig entwickelt sind, die übrigen sind flügellos. Der Prothorax bleibt frei, wogegen Meso- und Metathorax zuweilen verwachsen. Die Füße erscheinen zum Laufen oder Anklammern eingerichtet. Die Mundteile sind beißend, entweder wohlentwickelt (*Isoptera*) oder teilweise reduziert (*Psocoidea, Mallophaga*), bei den *Siphunculata* teilweise rückgebildet. Am Hinterleibe finden sich bloß bei den *Isoptera* Cerci. Entwicklung direkt oder eine unvollkommene Metamorphose.

1. Unterordnung. *Isoptera*. In Staaten lebende Corrodentien mit großem Kopf, der beim Geschlechtstier große Komplexaugen, häufig auch Ocellen, sowie perlschnurförmige Fühler trägt. Mundteile wohlentwickelt, beißend. Kiefertaster 5gliedrig, Lippentaster 3gliedrig. Die gleichgroßen Flügel, bloß bei den Geschlechtstieren entwickelt, sind wenig geädert und zeigen eine quere Teilungsfalte am Grunde, an welcher sie abfallen. Füße zum Laufen geeignet, mit 4gliedrigen Tarsen. Cerci vorhanden. Am Darm ein Kaumagen. Ernähren sich von trockenen vegetabilischen und tierischen Substanzen.

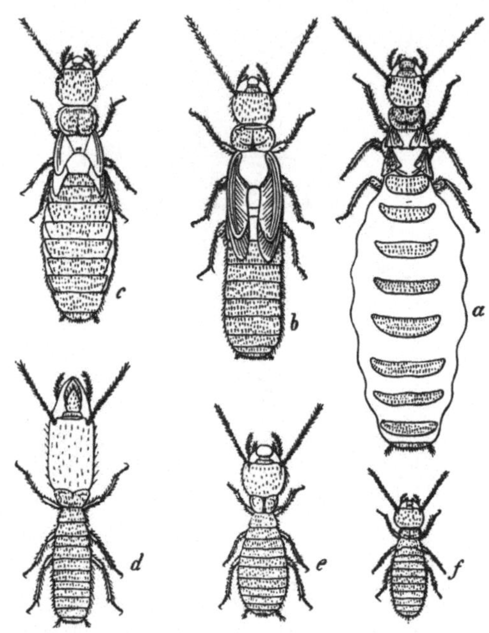

Abb. 747. *Leucotermes lucifugus*. (Nach LESPÈS.) ⁵/₁. a Trächtiges Weibchen (Königin), b Nymphe, c Nymphe der zweiten Form, d Soldat, e Arbeiter, f Larve.

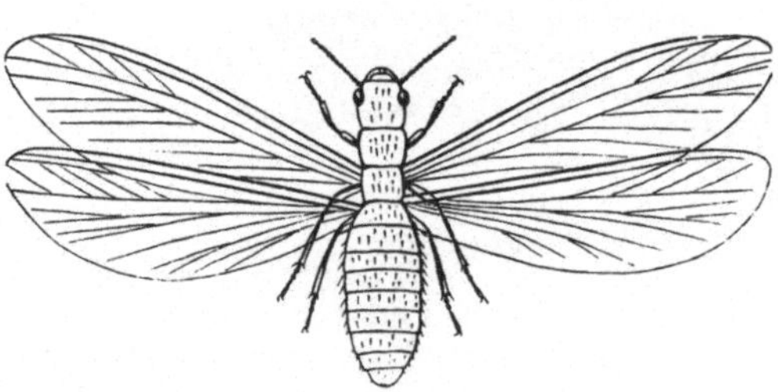

Abb. 748. Männchen von *Leucotermes lucifugus* (aus règne animal). ⁵/₁

Fam. *Termitidae*, weiße Ameisen. Die Termiten leben gesellig in Vereinen verschieden gestalteter Individuen, von denen die geflügelten die Geschlechtstiere sind (Abb. 748), die

---

[1] Außer FROGGATT, DESNEUX, WASMANN vgl. HAGEN, H.: Monographie der Termiten. Linnean Entomol. 10 (1855); 12 (1858); 14 (1860). — LESPÈS, CH.: Recherches sur l'organisation et les mœurs du Termite lucifuge. Ann. des Sci. natur. 1856. — MÜLLER, FR.: Beiträge zur Kenntnis der Termiten. Jena. Z. Naturwiss. 7 (1873); 9 (1875). — GRASSI, B. u. A. SANDIAS: Costituzione e sviluppo della società dei Termitidi. Atti Accad. Gioenia. Catania 1893—1894. — SILVESTRI, F.: Ergebnisse biologischer Studien an südamerikani-

ungeflügelten teils den Larven und Nymphen der ersteren entsprechen, teils eine ausgebildete, jedoch geschlechtlich verkümmerte, meist augenlose männliche und weibliche Formengruppe repräsentieren. Diese gliedert sich meist in Soldaten mit großem viereckigen Kopf und sehr starken Mandibeln, welche die Verteidigung besorgen, und in Arbeiter mit kleinerem rundlichen Kopf und mit weniger vortretenden Mandibeln, denen die übrigen Arbeiten im Stocke obliegen (Abb. 747). Bei *Calotermes* finden sich bloß Soldaten, bei *Anoplotermes* nur Arbeiter. Jede Kolonie besitzt ein Königspaar oder auch Ersatzkönige bzw. -königinnen. Einzelne Arten leben in Südeuropa, die meisten aber gehören den heißen Gegenden Afrikas und Amerikas an, wo sie durch ihre Zerstörungen, sowie durch ihre Bauten berüchtigt sind. Die letzteren legen sie entweder im Erdboden, in Baumstämmen, oft nur unter der Rinde, oder auf der Erde in Form von Hügeln an, die sie ganz und gar von Gängen und Höhlungen durchsetzen. Die Begattung erfolgt nicht im Fluge. Nach der Begattung werden die Flügel abgeworfen; die Königin schwillt infolge der Vergrößerung des Ovariums meist zu kolossalen Dimensionen an und beginnt häufig in besonderen Räumen des Stockes die Eier abzusetzen, die alsbald von den Arbeitern fortgeschafft werden. Manche Termiten züchten in ihrem Bau Pilzmycelien (Pilzgärten) als Nahrungsquelle. Als Gäste, Termitophile, leben in den Termitennestern gewisse Carabidenlarven, verschiedene, zum Teil bizarr gestaltete Staphyliniden, einige Dipteren (so *Termitoxenia* WASM.). *Mastotermes darwiniensis* FROGG. Nordaustralien. Primitivste, den Blattiden sich nähernde Form. *Calotermes flavicollis* FABR. Südeuropa, Nordafrika. *Leucotermes lucifugus* ROSSI. Südeuropa (Abb. 747, 748). *L. flavipes* KOLL. Nordamerika. *Termes bellicosus* SMEATHM., im tropischen Afrika, baut Erdhügel von 3—4 m Höhe. *Anoplotermes pacificus* FR. MÜLL. Paraguay, Argentinien.

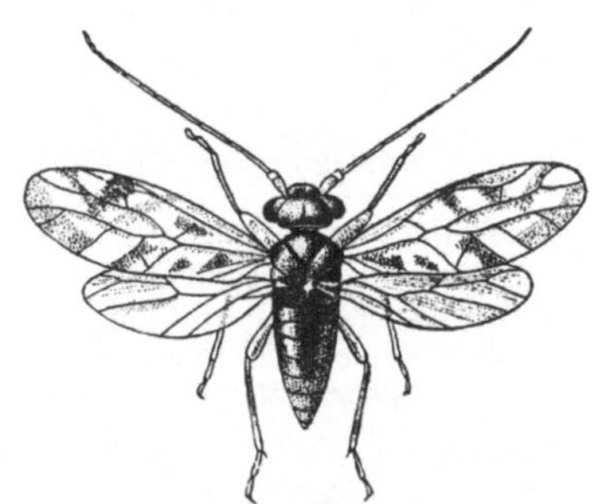

Abb. 749. *Graphopsocus (Stenopsocus) cruciatus.* (Nach M'LACHLAN.) $^{10}/_1$

2. Unterordnung. *Zoraptera*, Bodenläuse. Kleine Corrodentien von schlankem Körper mit schräggestelltem Kopf. Mit kleinen Komplexaugen und drei Ocellen. Mit vier gleichartigen wimperhaarigen Flügeln, die später abgeworfen werden. Mundteile beißend, Lippentaster 3gliedrig. Fühler schnurförmig, Beine kräftig mit 2gliedrigem Tarsus. Die Thoraxsegmente gut getrennt, Abdomen mit kurzen Cerci. Leben im Erdboden oder unter Rinde. Dürften den Stammformen der Thysanopteren nahestehen (KARNY).

Fam. *Zorotypidae. Zorotypus javanicus* SILVESTRI. Java. *Z. hubbardi* CAUDELL. Texas, Florida. *Z. guineensis* SILVESTRI. Westafrika.

3. Unterordnung. *Psocoidea (Copeognatha)*. Kleine Corrodentien mit großem Kopf, mit vier gleichartigen zarten Flügeln, die Hinterflügel viel kleiner, oder flügellos. Mundteile beißend, Lippentaster reduziert. Fühler lang borstenförmig,

schen Termiten. Allg. Z. Entomol. 7 (1902). — SJÖSTEDT, Y.: Monographie der Termiten Afrikas. Vetensk. Akad. Hdl. Stockholm 34 (1901); 38 (1904). — HOLMGREN, N.: Termitenstudien. 4 Teile. Svensk. Vet. Akad. Hdl. 44—50 (1909—1913). — ESCHERICH, K.: Die Termiten oder weißen Ameisen. Leipzig 1909. — KOLBE, H.: Monographie der deutschen Psociden. Münster 1880. — RIBAGA, C.: Anatomia del *Trichopsocus Dalii*. Riv. Pat. Veg. 9 (1902). — LANDOIS, L.: Untersuchungen über die auf dem Menschen schmarotzenden Pediculinen. Z. Zool. 14—15 (1864—1865). — GROSSE, F.: Beiträge zur Kenntnis der Mallophagen. Ebenda 42 (1885). — GIEBEL-NITZSCH, C.: Insecta Epizoa. Leipzig 1874. — PIAGET, E.: Les Pédiculines. Leide 1880. Suppl. 1885. — SNODGRASS, R. E.: The Anatomy of the Mallophaga. California Acad. of Sci. 6 (1899). — CHOLODKOVSKY, N.: Zur Morphologie der Pediculiden. Zool. Anz. 1903. — ENDERLEIN, G.: Läusestudien. Ebenda 28 (1905). — FULMEK, L.: Das Rückengefäß der Mallophagen. Arb. Zool. Inst. Wien 17 (1907). — MJÖBERG, E.: Studien über Mallophagen und Anopluren. Ark. Zool. 6. Stockholm 1910. — SILVESTRI, F.: Descrizione di un nuovo ordine di Insetti. Boll. Labor. Zool. Gen. e Agr. 7. Portici 1913. — MÜLLER, J.: Zur Naturgeschichte der Kleiderlaus. Wien u. Leipzig 1915. — STRINDBERG, H.: Zur Entwicklungsgeschichte und Anatomie der Mallophagen. Z. Zool. 115 (1916). — KARNY, H.: Zorapteren aus Südsumatra. Treubia 3 (1922). — Ferner ROSTOCK, M. u. H. KOLBE: Neuroptera germanica. Zwickau 1888.

Beine mit 2—3gliedrigen Tarsen. Abdomen ohne Cerci. Am Kopfe meist drei Stirnaugen. Kein Kaumagen entwickelt.

Fam. *Psocidae*, Holzläuse. *Amphigerontia bifasciata* LATR. *Psocus nebulosus* STEPH., *Pterodela* (*Caecilius*) *pedicularia* L. Nord- und Mitteleuropa, auf Laub- und Nadelholz. *Caecilius flavidus* CURT, *Graphopsocus cruciatus* L., auf Laubholz (Abb. 749). *Troctes divinatorius* MÜLL., *Atropos pulsatoria* L., Bücherlaus, beide flügellos, in Insectensammlungen, Büchern. Europa.

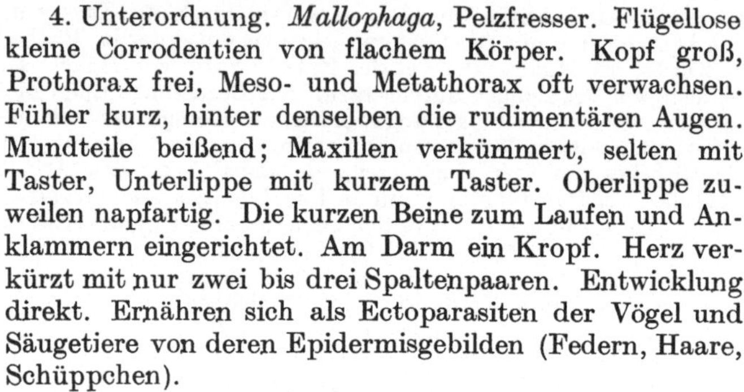

4. Unterordnung. *Mallophaga*, Pelzfresser. Flügellose kleine Corrodentien von flachem Körper. Kopf groß, Prothorax frei, Meso- und Metathorax oft verwachsen. Fühler kurz, hinter denselben die rudimentären Augen. Mundteile beißend; Maxillen verkümmert, selten mit Taster, Unterlippe mit kurzem Taster. Oberlippe zuweilen napfartig. Die kurzen Beine zum Laufen und Anklammern eingerichtet. Am Darm ein Kropf. Herz verkürzt mit nur zwei bis drei Spaltenpaaren. Entwicklung direkt. Ernähren sich als Ectoparasiten der Vögel und Säugetiere von deren Epidermisgebilden (Federn, Haare, Schüppchen).

Abb. 750. *Menopon pallidum.* (Nach GIEBEL-NITZSCH.) ³⁶/₁

Fam. *Menoponidae* (*Amblycera*). Mesonotum und Metanotum getrennt, Fühler geknöpft oder gekeult. *Menopon* (*Liotheum*) *pallidum* NITZSCH, auf dem Haushuhn (Abb. 750). Hier schließt sich an *Gyropus ovalis* GIEB., auf Meerschweinchen.

Fam. *Goniocotididae* (*Ischnocera*). Meso- und Metanotum verschmolzen. Fühler fadenförmig. *Docophorus atratus* NITZSCH, auf Krähen. *Lipeurus baculus* NITZSCH, auf Tauben. *Goniocotes* (*Philopterus*) *hologaster* NITZSCH, auf dem Haushuhn. *Nirmus gracilis* NITZSCH, auf Schwalben. Hier schließt sich an *Trichodectes latus* NITZSCH (*canis* GEER), auf dem Hund.

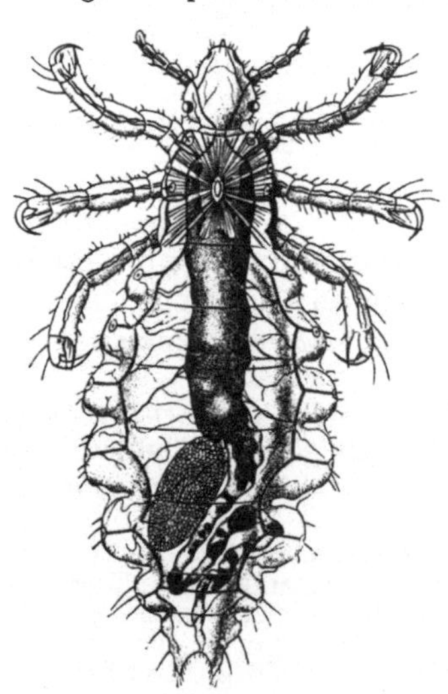

5. Unterordnung. *Siphunculata* (*Anoplura*). Flügellose kleine Insecten. Mund am Vorderende des Kopfes, mit aus der Oberlippe und einer sich anschließenden Hautfalte gebildetem vorstülpbaren Saugrohr, mit Bohrstachel (Hypopharynx) und ihm anliegenden feinen Stiletten (Maxillen?), die in einer ventral in die Mundhöhle mündenden Stachelscheide gelegen sind. Oberkiefer rückgebildet. Komplexaugen auf ein Ommatidium reduziert. Thoraxsegmente undeutlich geschieden. Beine zum Anklammern geeignet. Entwicklung direkt. Leben parasitisch auf der Haut von Säugetieren und saugen Blut. Die birnförmigen Eier (Nisse) werden an die Haare abgelegt.

Abb. 751. *Pediculus vestimenti* ♀. (Nach J. MÜLLER.) ¹⁶/₁

Fam. *Pediculidae*, Läuse. *Pediculus capitis* GEER, Kopflaus des Menschen. Die Jungen sind schon in 18 Tagen fortpflanzungsfähig. *P. vestimenti* NITZSCH, Kleiderlaus (Abb. 751). Beide Überträger des Fleckfiebers. *Phthirus* (*Phthirius*) *pubis* L., Schamlaus. *Haematopinus piliferus* BURM., Hundelaus. *H. suis* L. Auf dem Schwein.

3. Ordnung. **Thysanoptera (Physapoda), Blasenfüßer**[1].

Kleine Insecten mit saugenden Mundteilen, mit gleichartigen schmalen wimper-haarigen Flügeln oder ungeflügelt, mit Haftscheibe an den Enden der Beine, mit halbvollkommener Metamorphose.

Die Thysanopteren (Abb. 752) besitzen einen schmalen flachen Körper, welcher vier gleichartige schmale lang behaarte Flügel trägt oder ungeflügelt ist. Komplex-augen und meist drei Ocellen vorhanden. Die Mundteile sind saugend. Oberlippe und beide Maxillenpaare sind zu einem Rohre verwachsen, in welchem drei Stechborsten, die linke Mandibel (die rechte ist atrophiert) sowie zwei der ersten Maxille zugezählte Anhänge liegen. Taster erhalten. Die 2gliedrigen Tarsen der Füße enden mit einem saugnapfartig wirkenden vorstülpbaren Haftlappen. Larven den ausgebildeten Tieren sehr ähnlich. Bei einigen Formen kommt Parthenogenese vor. Viele *Thripiden* zeigen Springvermögen. Kleine Tiere, welche auf Blättern und Blüten oder in Baumrinde leben. Die *Aeolo-thripinen* sind carnivor.

Abb. 752. *Limo-thrips cerealium.*
(Aus NÖRDLINGER.)

1. Unterordnung. *Terebrantia.* Weibchen mit Legebohrer, 10. Abdominalsegment des Männchens nicht röhrenförmig.

Fam. *Aeolothripidae.* Legebohrer nach oben gekrümmt. Flügel mit gerundeter Spitze. Ohne Springvermögen. *Aeolothrips fasciatus* L. Carnivor. Europa, Nördl. Asien, Nord-amerika. *Orothrips* MOULTON. Mit gut entwickeltem Flügelgeäder.

Fam. *Thripidae.* Legebohrer nach unten gekrümmt. Flügel mit scharfer Spitze. Mit oder ohne Springvermögen. *Limothrips cerealium* HALID., Getreideblasenfuß, in Getreide-ähren. Europa, Nordafrika, Nordamerika, Hawai (Abb. 752). *Heliothrips haemorrhoidalis* BOUCHÉ, in Gewächshäusern, eingeschleppt. Kosmopolit. *Thrips physapus* L., Gemeiner Blasenfuß. In verschiedenen Blüten. Europa, Nordamerika.

2. Unterordnung. *Tubulifera.* Weibchen ohne Legebohrer; 10. Abdominal-segment bei beiden Geschlechtern röhrenförmig.

Fam. *Phloeothripidae.* Zum Teil mit scharfspitzigem Mundkegel. *Phloeothrips oryzae* MATS., an Reispflanzen. Japan. *P. coriacea* HALID., unter Baumrinde. Europa. *Haplothrips aculeatus* FABR., in verschiedenen Blüten. Europa, Afrika, Asien.

4. Ordnung. **Embidaria**[2].

Kleine, im männlichen Geschlechte meist geflügelte, im weiblichen Geschlechte stets flügellose Insecten von schlankem Körper, mit freien Thoraxsegmenten, mit beißenden Mundteilen, Flügel gleichartig, häutig und wenig geädert. Metamorphose unvollkommen.

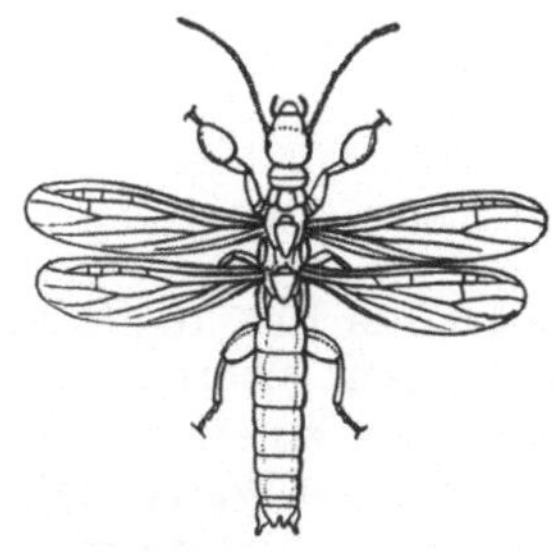

Abb. 753. *Embia mauritanica.* (Nach LUCAS.) 2·5/1

---

[1] Außer HALIDAY, HEEGER, BAGNALL, KLOCKE, KURT MÜLLER u. a. vgl. JORDAN, K.: Anatomie und Biologie der Physapoda. Z. Zool. 47 (1888). — BOHLS, J.: Die Mundwerk-zeuge der Physopoden. Göttingen 1891. — UZEL, H.: Monographie der Ordnung Thysano-ptera. Königgrätz 1895. — BUFFA, P.: Contributo allo studio anatomico della *Heliothrips haemorrhoidalis.* Riv. Pat. veg. Firenze 7 (1898). — HINDS, W. E.: Contribution to a mono-graph of the Insects of the order Thysanoptera inhabiting North America. Proc. U. S. nat. Mus. 26 (1903). — KARNY, H.: Zur Systematik der orthopteroiden Insecten. Treubia 1 (1921). — PRIESNER, H.: Die Thysanopteren Europas. Wien 1928.

[2] HAGEN, H. A.: Monograph of the Embidina. Canadian Entomol. 17 (1885). — GRASSI, B.: Contribuzione allo studio delle Embidine. Atti Acc. Gioenia. Catania 1894. — FRIEDERICHS, K.: Zur Biologie der Embiiden. Berlin. Mitt. Zool. Mus. 1906. — KRAUSS, H. A.: Monographie der Embien. Bibliotheca zoologica 60 (1911). — ENDERLEIN, G.: Die Embiidinen. Coll. Selys. Brüssel 1912. — Vgl. ferner die Abhandlungen von LUCAS, VERHOEFF, MELANDER.

Die Embidarien (Abb. 753) bilden eine kleine Insectengruppe, welche am besten als eigene Ordnung getrennt wird. Der flache Kopf trägt fadenförmige Fühler und kleine nierenförmige oder elliptische Augen. Die Mundteile sind beißend wie bei Orthopteren. Der Körper ist lang und schmal, der Prothorax klein, wogegen Meso- und Metathorax stärker sind. Die vier schwachen, wenig geäderten Flügel sind gleichartig, häutig; sie fehlen stets beim Weibchen, zuweilen auch beim Männchen. Am schlanken Abdomen zwei Cerci. Die Tiere spinnen Galerien. Das Spinnsecret stammt aus Drüsen, die sich in dem stark verbreiterten ersten Tarsalgliede des ersten Beinpaares finden. Die Embidarien gehören den wärmeren trockenen Gegenden an und ernähren sich vorwiegend von vegetabilischen Stoffen.

Fam. *Oligotomidae.* Abdomenspitze des Männchens stark asymmetrisch. Flügel schmal, Flügelgeäder sehr reduziert. *Oligotoma nigra* HAG. Ägypten. *Haploembia solieri* RAMB. Männchen flügellos. Südeuropa.

Fam. *Embiidae.* Flügelgeäder meist vollständig entwickelt. Cerci stark asymmetrisch. *Embia mauritanica* LUC. Algier (Abb. 753).

5. Ordnung. Plecoptera[1].

Insecten von flachem Körper, mit beißenden Mundteilen, mit vier häutigen, weitmaschig geäderten gleichartigen Flügeln. Am Hinterleibsende meist zwei Cerci. Metamorphose unvollkommen.

Der Körper der Plecopteren (Abb. 754) ist langgestreckt, gleichbreit und abgeflacht. Am Kopfe finden sich lange borstenförmige Fühler, kleine Komplexaugen und drei Stirnaugen. Mundteile beißend, Kiefer klein. Der Prothorax ist groß, das Pronotum bildet einen Halsschild. Die gleichgebildeten Meso- und Metathorax tragen gleichartige zarthäutige, weitmaschig geäderte Flügel. Die Hinterflügel sind meist verbreitert, mit mehr oder minder entwickeltem Analfächer. Bei dem Männchen sind die Flügel zuweilen verkümmert. Die kräftigen Beine enden mit zwei Klauen und einem Haftlappen.

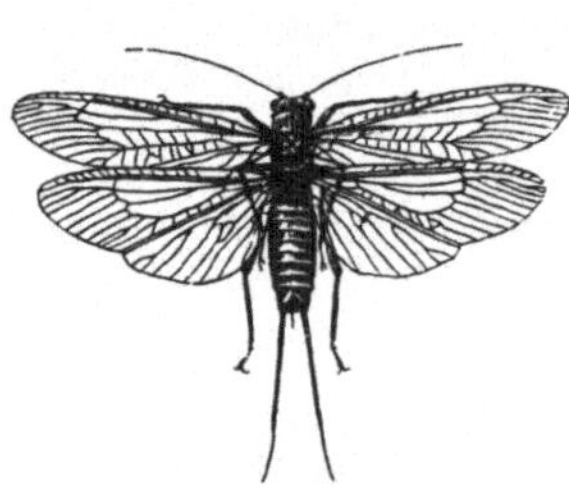

Abb. 754. *Perla abdominalis.* 1/1.

Das Ende des 10gliedrigen Abdomens meist mit zwei zuweilen sehr langen Cerci. Am Thorax zuweilen Tracheenkiemen. Die Weibchen tragen die Eier einige Zeit zu einem Ballen zusammengekittet an der Genitalöffnung und lassen sie dann ins Wasser fallen. Die campodeaähnlichen Larven leben in fließenden Wässern unter Steinen, haben meist am Thorax Tracheenkiemenbüschel und ernähren sich vornehmlich von Ephemeridenlarven.

Fam. *Perlidae*, Afterfrühlingsfliegen. *Isogenus nubecula* NEWM., *Perla maxima* SCOP., *P. abdominalis* BURM. (Abb. 754), *Chloroperla grammatica* SCOP., *Isopteryx tripunctata* SCOP., *Nemura variegata* OL. Nord- und Mitteleuropa. *Pteronarcys reticulata* BURM. Mit büschelförmigen Tracheenkiemen. Sibirien.

---

[1] PICTET, F. J.: Histoire naturelle des Insectes névroptères. Famille des Perlides. Genève 1841. — KLAPÁLEK, FR.: Über die Geschlechtsteile der Plecopteren usw. Sitzgsber. Akad. Wiss. Wien, Math.-naturwiss. Kl. 1896. — KEMPNY, P.: Zur Kenntnis der Plecopteren. Verh. zool.-bot. Ges. Wien 1898—1899. — ENDERLEIN, G.: Klassifikation der Plecopteren usw. Zool. Anz. 1909. — KLAPÁLEK, F.: Perlodidae. Coll. Selys. Brüssel 1912, 1923. — Vgl. überdies die Abhandlungen von BRAUER, MORTON, GERSTÄCKER u. a.

6. Ordnung. Odonata, Wasserjungfern[1].

Große, schlank gebaute Insecten mit querwalzigem Kopf, mit kräftigen beißenden Mundteilen, mit vier großen glasartigen, dicht netzartig geäderten Flügeln, mit unvollkommener Metamorphose.

Der freibewegliche Kopf trägt mächtige Komplexaugen sowie drei Punktaugen und kurze pfriemenförmige Fühler (Abb. 755). Die Mundteile sind beißend, sehr kräftig entwickelt und von der großen Oberlippe und Unterlippe bedeckt; sie bilden einen mächtigen Fangapparat. Unterkiefer stark, Taster 1gliedrig. Außerdem ist ein gut entwickelter Hypopharynx vorhanden. Der Prothorax ist schmal und frei, während der große Meso- und Metathorax miteinander verwachsen sind. Die Beine nach vorne gerückt. Die Flügel in der Regel fast gleich groß, glasartig, reich genetzt; die indirekten Flugmuskeln fehlen. Der 10gliedrige schlanke Hinterleib mit zwei ungegliederten, zangenartig gegenüberstehenden Analgriffeln. Die Odonaten leben in der Nähe des Wassers vom Raube anderer Insecten, sind meist in beiden Geschlechtern verschieden gefärbt und haben einen ausdauernden raschen Flug. Bei der Begattung umfaßt das Männchen mit der Zange seines Abdomens den Nacken des Weibchens, welches seinen Hinterleib nach der Basis des männlichen Abdomens umbiegt. An dieser (am 2. Segmente) liegt von der Geschlechtsöffnung entfernt ein Copulationsorgan, das bereits vorher mit Sperma gefüllt wurde. Die Eier werden entweder vom sitzenden Tiere in Pflanzengewebe eingebohrt oder im Fluge in das Wasser, in die Erde oder an Pflanzen abgesetzt. Die Larven leben im Wasser und ernähren sich ebenfalls vom Raube, zu dem sie besonders durch den Besitz einer eigentümlichen, durch die Unterlippe gebildeten Fangzange, welche die sogenannte Maske bildet, befähigt werden (Abb. 739). Sie atmen durch Tracheenkiemen, die am Ende des Hinterleibes oder im Mastdarm liegen.

Abb. 755. *Gomphus vulgatissimus* ♂. (Nach TÜMPEL.) ¹/₁

1. Sektion. *Anisozygoptera*. Flügel schwach gestielt, Hinterflügel etwas breiter. Augen beim Männchen am Scheitel stark genähert. Thorax robust, Hinterleib vor dem Ende verdickt.

Fam. *Epiophlebiidae*. Einziger lebender Vertreter (Relict): *Epiophlebia superstes* SELYS. Japan.

---

1 Außer BRAUER, CHARPENTIER, SADONES, WESENBERG-LUND u. a. vgl. DE SELYS-LONGCHAMPS, E. et H. A. HAGEN: Revue des Odonates. Brüssel 1850. — DUFOUR, L.: Études anatomiques et physiologiques sur les larves des Libellules. Ann. des Sci. natur. 1852. — HEYMONS, R.: Grundzüge der Entwicklung und des Körperbaues von Odonaten und Ephemeriden. Abh. preuß. Akad. Wiss., Physik.-math. Kl. Berlin 1896. — NEEDHAM, J. G.: A genealogical study of Dragon-fly wing venation. Proc. U. S. Nat. Mus. **26** (1903). — HEYMONS, R.: Die Hinterleibsanhänge der Libellen und ihrer Larven. Ann. naturhist. Hofmus. Wien **19** (1904). — VAN DER WEELE, H. W.: Morphologie und Entwicklung der Gonapophysen der Odonata. Tijd. Entomol. **49** (1906). — RIS, F.: Libellulinen. Coll. Selys. Brüssel **1909—1916**. — SCHMIDT, E.: Vergleichende Morphologie des 2. und 3. Abdominalsegmentes bei männlichen Libellen. Zool. Jb. **39** (1916). — TILLYARD, R..J.: The Biology of Dragonflies. Cambridge 1917. — STORCH, O.: Libellenstudien. I. Sitzgsber. Akad. Wiss. Wien, Math.-naturwiss. Kl. **1924**.

2. Sektion. *Zygoptera*. Körper schlank, Vorderflügel und Hinterflügel ganz oder fast ganz gleich. Augen durch breiten Zwischenraum getrennt. Larve mit drei blattförmigen Tracheenkiemen am Hinterende.

Fam. *Calopterygidae*. Flügel nicht gestielt. *Calopteryx virgo* L. Europa, Nordasien.

Fam. *Agrionidae*. Flügel gestielt. *Lestes sponsa* HANSEM. Europa, Nordasien. *Agrion puella* L. Europa.

3. Sektion. *Anisoptera*. Körper meist kräftig, Kopf mehr halbkugelig mit großen Augen. Ocellen an einer Scheitelblase gelegen. Hinterflügel von den Vorderflügeln verschieden. Flügel in der Ruhe horizontal ausgespannt. Larve mit Darmkiemen.

Fam. *Aeschnidae*. Zweite Maxille mit großem Mittellappen. *Gomphus vulgatissimus* L. (Abb. 755). Mitteleuropa, Vorderasien. *Aeschna grandis* L. Europa, Nordasien. *Anax imperator* LEACH (*formosus* LINDEN). Mitteleuropa.

Fam. *Libellulidae*. Mittellappen der zweiten Maxille sehr klein. *Libellula depressa* L., *L. quadrimaculata* L., *Somatochlora* (*Cordulia*) *metallica* LINDEN. Europa. *Neurothemis* BRAUER. Viele Arten mit dimorphen Weibchen. Orient. Region bis Nordaustralien.

<h2 style="text-align:center">7. Ordnung. Ephemeroidea[1].</h2>

Zarte, schlanke Insecten mit verkümmerten (beißenden) Mundwerkzeugen, mit gleichartigen Flügeln, von denen das hintere Paar klein ist oder fehlt. Am Hinterende zwei oder drei lange Schwanzfäden. Mit unvollkommener Verwandlung.

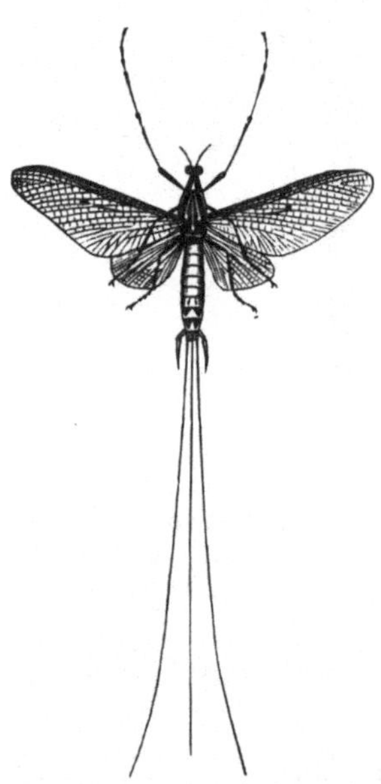

Abb. 756. *Ephemera vulgata* ♂ (aus règne animal). $^1/_1$

Die Ephemeroideen repräsentieren einen in vieler Hinsicht primitiven Insectentypus. Ihr Körper (Abbild. 756) ist schlank und weichhäutig. Der Kopf trägt halbkugelige, beim Männchen oft geteilte Komplexaugen sowie zwei bis drei Stirnaugen und kurze pfriemenförmige Fühler. Die Mundteile sind rudimentär. Der Mesothorax ist am stärksten entwickelt. Die dreieckigen Vorderflügel groß, die Hinterflügel klein, gerundet, zuweilen ganz fehlend. Das Abdomen mit deutlich erhaltenem 11. Segment endet mit zwei langen Cerci und meist auch einem medianen dorsalen Fortsatz, dem Tergit des 11. Segmentes. Die Genitalorgane besitzen einfache, getrennt (paarig) ausmündende Ausführungsgänge. Das Männchen mit sehr langen Vorderbeinen, am vorletzten Abdominalsegment mit zwei Copulationszangen. Die Eintagsfliegen leben im geflügelten Zustande nur kurze Zeit, ohne Nahrung aufzunehmen, ausschließlich dem Fortpflanzungsgeschäfte. Man findet sie an warmen Sommerabenden oft in großer Menge die Luft erfüllend in der Nähe der Gewässer und trifft am anderen Morgen ihre Leichen am Ufer angehäuft. Die campodeoiden Larven leben im Wasser meist vom Raube anderer Insecten, besitzen beißende Mundteile, am Abdomen tragen sie sechs bis sieben Doppelpaare von Tracheenkiemen und am Hinterende drei lange gefiederte Schwanzborsten (Abb. 137). Die Larven häuten sich oftmals (bei *Cloëon* mehr als 20mal) und sollen nach SWAMMERDAM 3 Jahre brauchen bis zum Übergange

---

[1] PICTET, F. J.: Histoire naturelle des Insectes névroptères. Famille des Éphémérines. Genève et Paris 1843. — EATON, A. E.: A revisional Monograph of recent Ephemeridae. Trans. Linnean Soc. Lond. 1888. — VAYSSIÈRE, A.: Recherches sur l'organisation des larves des Éphémérines. Ann. des Sci. natur. 1882. — PALMÉN, J. A.: Über paarige Ausführungsgänge der Geschlechtsorgane bei Insecten. Helsingfors 1884. — ZIMMER, C.: Die Facettenaugen der Ephemeriden. Z. Zool. **63** (1897). — LESTAGE, J. A.: Contribution à l'étude des Larves des Éphémères Paléarctiques. Ann. Biol. lacustre 8 (1916). — Vgl. überdies die Abhandlungen von BRAUER, HEYMONS u. a.

in das geflügelte Insect. Nach dem Abstreifen der mit Flügelstummeln versehenen Nymphenhaut erfährt das geflügelte Insect als Subimago eine nochmalige Häutung und wird erst mit dieser zur Imago.

Fam. *Ephemeridae.* Eintagsfliegen, Hafte. Mit den Charakteren der Ordnung. *Palingenia longicauda* OL., *Polymitarcis virgo* OL., *Ephemera vulgata* L. (Abb. 756). Hier schließt sich an *Cloëon dipterum* L., ohne Hinterflügel. Europa.

8. Ordnung. Neuroptera, Netzflügler[1].

Insecten mit beißenden Mundwerkzeugen, mit freiem Prothorax, mit gleichartigen häutigen, netzförmig geäderten Flügeln und vollkommener Verwandlung.

Der kurze Kopf (Abb. 758) trägt meist schnur- oder borstenförmige Fühler sowie Komplexaugen mittlerer Größe. Stirnaugen vorhanden oder fehlend. Die Mundwerkzeuge sind beißend, an der Unterlippe beide Ladenpaare zu einer unpaaren Platte verwachsen. Der Prothorax ist stets freibeweglich, das Abdomen aus acht oder neun Segmenten zusammengesetzt. Die Beine meist zart, die Tarsen 5gliedrig. Beide Flügelpaare sind von gleicher häutiger Beschaffenheit sowie ziemlich übereinstimmender Größe, ihr Geäder eng- oder weitmaschig genetzt, selten die Hinterflügel lang und schmal (*Nemoptera*) oder rudimentär. Am Darmkanal findet sich meist ein Saugmagen. Die Metamorphose ist eine vollkommene. Die vom Raube lebenden campodeoiden oder mit Saugzangen (Mandibeln und Maxillen jederseits zu einer Saugröhre verbunden) versehenen Larven verwandeln sich in eine ruhende Puppe, welche bei den *Megaloptera* frei bleibt, sonst von einem Kokon umschlossen wird; das Spinnsecret zu diesem wird von den MALPIGHIschen Gefäßen geliefert und tritt durch den gegen den Mitteldarm geschlossenen Enddarm hervor. Bei

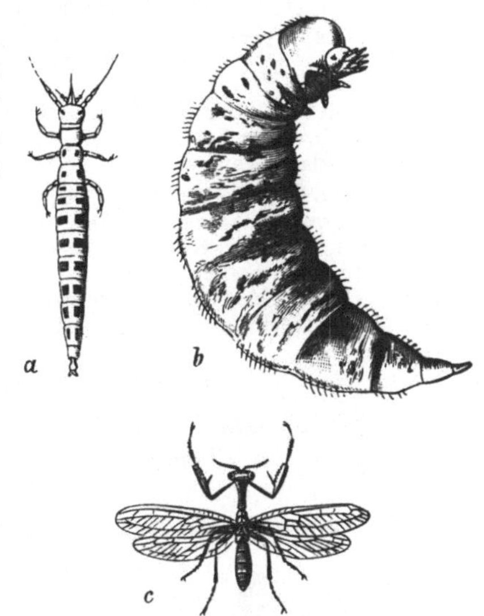

Abb. 757. *Mantispa pagana (styriaca).* a Larve nach dem Ausschlüpfen, $^{29}/_1$, b vor der Verpuppung. (Nach F. BRAUER.) Etwa $^5/_1$. c Imagostadium (aus règne animal). $^1/_1$

einigen Formen ist die Puppe vor dem Ausschlüpfen beweglich und kriecht weit herum.

1. Sektion. *Megaloptera.* Flügel mit reichem Geäder. Prothorax groß. Larven mit beißenden Mundteilen (keine Saugzangen). Puppe frei.

Fam. *Sialidae.* Mit großem, fast wagrecht gestelltem Kopf. Fühler borstenförmig. Flügel mäßig groß und dicht geädert. Hinterleib wenig lang. Die Larve lebt im Wasser und besitzt am Hinterleib gegliederte Tracheenkiemen (morphologisch Extremitäten). *Sialis lutaria* L., Wasserflorfliege. Europa. *Corydalis cornuta* L. Nordamerika.

Fam. *Raphidiidae.* Prothorax stark verlängert und sehr beweglich. Weibchen mit langer Legeröhre. Die Larve lebt am Lande. *Raphidia ophiopsis* L., Kamelhalsfliege. Europa, Syrien.

2. Sektion. *Planipennia.* Flügel groß, oft bunt gefleckt, reich gegittert. Larven mit langen Mandibeln und Maxillen, die sich zu Saugzangen zusammenlegen. Puppe von einem Kokon umschlossen.

---

[1] RAMBUR, P.: Histoire naturelle des Névroptères. Paris 1842. — BRAUER, FR. und FR. LÖW: Neuroptera Austriaca. Wien 1857. — BRAUER, FR.: Beiträge zur Kenntnis der Verwandlung der Neuropteren. Verh. zool.-bot. Ges. Wien 4 (1854); 5 (1855). — Die Neuropteren Europas und insbesondere Österreichs usw. Wien 1876. — STITZ, H.: Zur Kenntnis des Genitalapparates der Neuropteren. Zool. Jb. 27 (1909). — Vgl. auch ROSTOCK und KOLBE.

Fam. *Hemerobiidae.* Mit senkrecht gestelltem Kopf. Komplexaugen halbkugelig. Fühler faden- oder schnurförmig. Hinterflügel zuweilen reduziert. Hinterleib lang. *Osmylus chrysops* L., *Sisyra fuscata* F. Larve lebt in Süßwasserschwämmen. *Chrysopa perla* L., Florfliege. Eier langgestielt. Die Larven leben von Blattläusen. *Hemerobius micans* OLIV., Blattlauslöwe. Die Larve lebt von Blattläusen. Europa. Hier schließt sich an *Nemoptera coa* L. Hinterflügel lang und schmal. Kleinasien, Balkanhalbinsel.

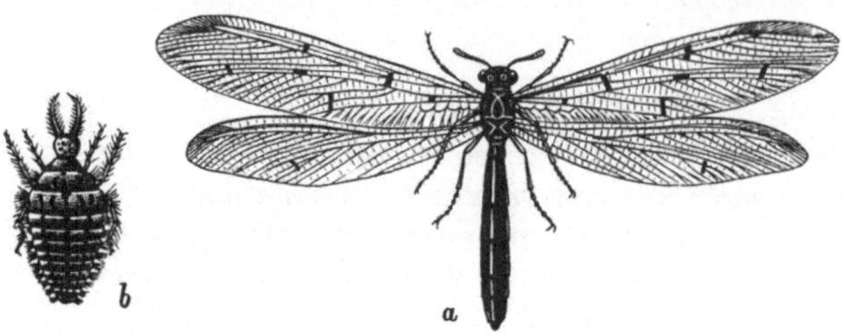

Fam. *Mantispidae.* Prothorax stark verlängert. Fühler kurz. Vorderbeine zu Raubbeinen umgestaltet. *Mantispa pagana* FBR. (*styriaca* PODA) (Abb. 757). Die ausschlüpfenden Larven bohren sich in die Eiersäckchen von Spinnen und saugen Eier und Junge aus.

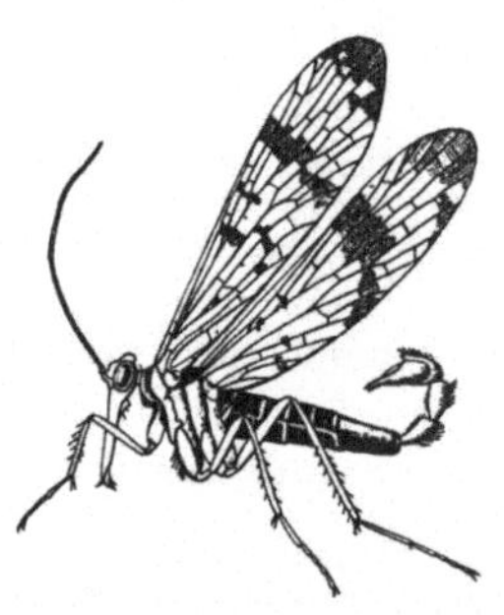

Abb. 758. *Myrmeleon formicarius* (aus règne animal,) ¹/₁, b Larve, etwas vergr.

Nach der ersten Häutung reduzieren sich die Beine zu kurzen Stummeln und der Körper wird einer Hymenopterenmade ähnlich. Zur Verpuppung spinnen sie sich im Eiersack einen Kokon. Die Nymphe durchbricht das Gespinst und läuft eine Zeitlang umher, bis sie nach Abstreifung der Haut in das geflügelte Insect übergeht. Europa.

Fam. *Myrmeleonidae.* Größere Tiere mit keulenförmigen oder geknöpften Fühlern. Prothorax kurz. *Myrmeleon formicarius* L., Ameisenlöwe (Abb. 758). Die Larven leben auf leichtem Sandboden, in dem sie Trichter aushöhlen. Zur Verpuppung spinnen sie eine kugelige Hülse. Europa. *Palpares libelluloides* L., Südeuropa. *Ascalaphus macaronius* SCOP., Schmetterlingshaft. Südl. Mitteleuropa.

9. Ordnung. Panorpatae (Mecoptera)[1].

Insecten mit schnabelförmigem Kopf, mit beißenden Mundteilen, mit vier gleichgebauten schmalen Flügeln, mit vollkommener Metamorphose.

Der Kopf der Panorpaten ist klein, senkrecht gestellt und schnabelförmig verlängert (Abb. 759). Von den Mundteilen, welche beißend sind, sind die kurzen Oberkiefer an der Spitze, die Unterkiefer am Grunde des Schnabels eingelenkt, mit der Unterlippe verwachsen. Die Fühler vielgliedrig schnurförmig, die Komplexaugen mäßig groß. Der Prothorax bleibt klein und frei. Die Flügel sind lang und schmal, nicht faltbar, einander gleich. Beine zum Laufen oder Klettern geeignet. Abdomen meist schlank. Ein Saugmagen fehlt, dagegen ist ein Kaumagen entwickelt. Leben vom Raube. Die Larven sind raupenähnlich, mit beißenden Mundwerkzeugen und leben in feuchte Erde, wo sie sich verpuppen.

Abb. 759. *Panorpa communis* Männchen. (Nach D. SHARP.)²/₁

Fam. *Panorpidae*, Schnabelfliegen. *Panorpa communis* L., Skorpion- oder Schnabelfliege (Abb. 759). Beim Männchen die letzten Abdominalsegmente einen dorsal umgeschlagenen Schwanz mit Zange bildend. Europa, Sibirien. *Bittacus italicus* MÜLL. (*tipularius* FABR.), *Boreus hyemalis* L. Flügel verkümmert. Winterliche Tiere, auf Schnee. Europa.

---

[1] Vgl. Literatur über die Neuroptera. Ferner KLUG, F.: Versuch einer systematischen Feststellung der Insektenfamilie Panorpatae. Abh. preuß. Acad. Wiss., Physik.-math. Kl. Berlin 1836. — BRAUER, F.: Beiträge zur Kenntnis der Panorpiden-Larven. Verh. zool.-bot. Ges. Wien 1863. — Beiträge zur Kenntnis der Lebensweise und Verwandlung der Neuropteren. Ebenda 1871. — STITZ, H.: Zur Kenntnis des Genitalapparats der Panorpaten. Zool. Jb. 26 (1908). — ENDERLEIN, G.: Über die Phylogenie und Klassifikation der Mecopteren usw. Zool. Anz. 35 (1910). — MIYAKÉ, T.: Studies on the Mecoptera of Japan. J. Coll. Agricult. Tokyo 4 (1913). — ESBEN-PETERSEN, P.: Mecoptera. Coll. Selys. Brüssel 1912.

10. Ordnung. Trichoptera[1].

Insecten mit rudimentären Mandibeln und einem durch Maxillen und Unterlippe gebildeten stumpfen Saugrüssel. Flügel behaart, selten beschuppt, die hinteren mit wohlentwickeltem Analfächer. Mit vollkommener Metamorphose.

Die Trichopteren (Abb. 760) führen in der Ausbildung der Flügel und im Bau der Mundwerkzeuge zu den Lepidopteren hin Der Kopf ist klein. Die Mandibeln sind verkümmert, während Maxillen und Unterlippe einen stumpfen Rüssel bilden. Die Taster sind wohlentwickelt. In manchen Fällen werden auch Kiefertaster und Unterlippe rückgebildet. Die Fühler sind borstenförmig, die Komplexaugen halbkugelig. Der Prothorax ist kurz, ringförmig, der Mesothorax größer als der Metathorax. Die vier Flügel sind häutig, behaart, selten beschuppt, die hinteren oft größer und dann fächerförmig faltbar, die Vorderflügel in manchen Fällen derber. Zuweilen sind Vorder- und Hinterflügel durch ein aus Haftborsten gebildetes Frenulum des Hinterflügels verbunden. Die Beine sind lang. Hinterleib schlank.

Darm ohne Saugmagen. Die Larven sind raupenähnlich oder campodeoid; sie besitzen beißende Mundteile, meist fadenförmige Tracheenkiemen an den Abdominalsegmenten und am hinteren Körperende zwei gegliederte Anhänge (Nachschieber, Festhalter). Sie leben im Wasser, und zwar meist in röhrenförmigen Gehäusen (Köchern),

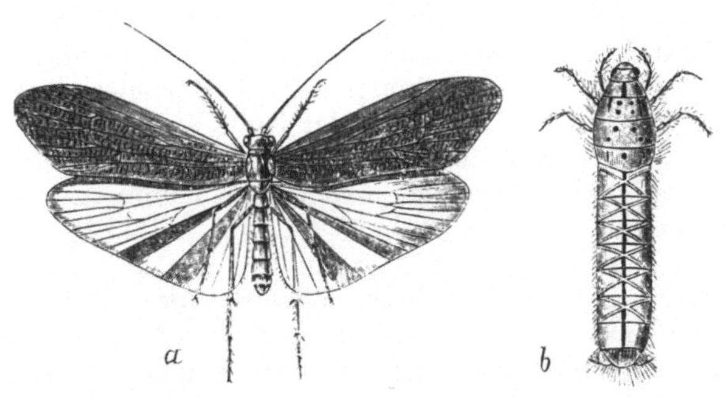

Abb. 760. a *Phryganea striata*, ¹/₁, b die Larve (aus règne animal). ²/₁

in deren Wandung sie Sandkörnchen, Pflanzenteile und leere Schneckengehäuse mittels des Secretes einer an der Unterlippe ausmündenden Drüse zusammenspinnen. Aus diesen Röhren strecken sie den Kopf und die drei mit Beipaaren versehenen Brustsegmente hervor und kriechen umher. Viele campodeoide Larven bauen bloß aus Fäden gebildete Gespinste (Fangnetze), die zwischen Pflanzen und Steinen befestigt sind. Die Nymphe verläßt das Gehäuse, welches ihr auch als Puppenhülle dient, um sich außerhalb des Wassers zur Imago zu verwandeln. Das geflügelte Tier hält sich in der Nähe des Wassers an Blättern und Baumstämmen auf.

Fam. *Phryganeidae*, Köcherfliegen, Frühlingsfliegen. *Rhyacophila vulgaris* PICT. Die Larve lebt frei. Süddeutschland. *Hydroptila pulchricornis* PICT. Klein, mottenartig. Flügel lang und schmal. *Hydropsyche angustipennis* CURT. Larvengehäuse an Steinen befestigt. *Phryganea grandis* L., *P. striata* L. (Abb. 760). *Mystacides longicornis* L. Fühler sehr lang. *Limnophilus vittatus* F., *Anabolia nervosa* LEACH. *Enoicyla pusilla* BURM. Beim Weibchen die Flügel rudimentär. Europa. *Helicopsyche sperata* McLACHL. Larvengehäuse schneckenförmig gewunden. Italien.

---

[1] PICTET, J.: Recherches pour servir à l'histoire et l'anatomie des Phryganides. Genève 1834. — HAGEN, H.: Synopsis of the British Phryganidae. Entomol. Annual for 1859, 1860 and 1861. — MacLACHLAN, R.: A monographic Revision and Synopsis of the Trichoptera of the European Fauna. London 1874—1880. — ROSTOCK, M. u. H. KOLBE: Neuroptera germaniae. Zwickau 1888. — ZANDER, E.: Beiträge zur Morphologie der männlichen Geschlechtsanhänge der Trichopteren. Z. Zool. 70 (1901). — ULMER, G.: Über die Metamorphose der Trichopteren. Abh. naturwiss. Ver. Hamburg **1903**. — Trichoptera. WYTSMAN, Gerera Insect. 1907. — SILFVENIUS, A. J.: Beiträge zur Metamorphose der Trichopteren. Acta Soc. fenn. Helsingfors **17** (1905). — LÜBBEN, H.: Über die innere Metamorphose der Trichopteren. Zool. Jb. **24** (1907). — SILTALA, A. J.: Trichopterologische Untersuchungen. 2. Ebenda, Suppl. **9** (1907). — Vgl. ferner STITZ, KLAPÁLEK, WESENBERG-LUND.

11. Ordnung. Lepidoptera, Schmetterlinge[1].

Insecten mit einem aus den Maxillen gebildeten Saugrüssel, mit vier gleichartigen, beschuppten Flügeln, mit verwachsenem Prothorax und vollkommener Metamorphose.

Der frei eingelenkte, dicht behaarte Kopf trägt große halbkugelige Komplexaugen und zuweilen zwei Punktaugen. Die Antennen sind vielgliedrig, oft borsten- oder fadenförmig, auch keulenförmig und nicht minder selten gesägt oder gekämmt. Die Mundteile (Abb. 713) sind zum Aufsaugen flüssiger Nahrung, besonders süßer Honigsäfte, umgestaltet, zuweilen aber sehr verkürzt oder ganz rückgebildet. Oberlippe und Mandibeln verkümmern zu Rudimenten, letztere häufig vollständig, dagegen verlängern sich die Außenladen der Maxillen in Form von dicht gegliederten Halbrinnen und legen sich zu dem spiralig aufgerollten *Rüssel* (*Rollzunge*) zusammen, dessen oberflächliche Dörnchen zum Aufritzen der Nektarien dienen, während durch die Höhlung die Honigsäfte unter dem Einflusse pumpender Bewegungen der Speiseröhre aufgesaugt werden. In vielen Fällen ist der Rüssel rudimentär, seltener fehlt er ganz. Die Maxillartaster sind zuweilen ganz geschwunden, bleiben aber in der Regel rudimentär und nur ein- oder zweigliedrig, mit Ausnahme der *Tineiden*, welche einen 5gliedrigen Maxillartaster besitzen. Bei *Micropteryx* finden sich wohlentwickelte Mandibeln und Maxillen mit getrennten Laden. In der Ruhe liegt der Rüssel unterhalb der Mundöffnung zusammengerollt, seitlich von den großen 3gliedrigen, oft buschig behaarten Labialtastern begrenzt, welche der rudimentären dreieckigen Unterlippe aufsitzen.

Die drei Ringe der Brust sind innig miteinander verschmolzen und wie fast alle äußeren Körperteile dicht behaart. Die meist umfangreichen, nur selten ganz rudimentären Flügel, von denen die vorderen meist an Größe hervorragen, zeichnen sich durch teilweise oder vollständige Überkleidung mit schuppenförmigen Haaren aus, welche dachziegelförmig übereinander liegen und die äußerst mannigfache Zeichnung, Färbung und das Irisieren des Flügels bedingen. Es sind kleine, meist fein gerippte und gezähnelte Blättchen, welche mit stielförmiger Wurzel in Poren der Flügelhaut stecken. Beide Flügelpaare sind häufig durch Retinacula miteinander verbunden, indem vom oberen Rande der Hinterflügel eine Haftborste (*Frenulum*) in ein Bändchen der Vorderflügel eingreift oder ein Haftlappen (*Jugum*) des Vorderflügels die Verbindung bewerkstelligt. An den Flügeln finden sich zahlreiche Sinnesorgane (Sinneskuppeln und -haare) vor. Die Beine sind zart und schwach, ihre Schienen mit ansehnlichen Sporen bewaffnet, die Tarsen

---

[1] HÜBNER, J.: Sammlung europäischer Schmetterlinge. Augsburg 1793—1827. — HERRICH-SCHÄFFER, W.: Systematische Beschreibung der Schmetterlinge von Europa, 5 Bde. Regensburg 1843—1855. — WALTER, ALFRED: Palpus maxillaris lepidopterorum. Jena. Z. Naturwiss. 18 (1884). — SPULER, A.: Zur Phylogenie und Ontogenie des Flügelgeäders der Schmetterlinge. Z. Zool. 53 (1892). — GENTHE, K. W.: Die Mundwerkzeuge der Mikrolepidopteren. Zool. Jb. 10 1897. — HAMPSON, G. F.: Catalogue of the Lepidoptera Phalaenae in the British Museum. London 1898—1913. — STAUDINGER, O. u. H. REBEL: Katalog der Lepidopteren des paläarctischen Faunengebietes. Berlin 1901. — ILLIG, K. G.: Duftorgane der männlichen Schmetterlinge. Zoologica 38 (1902). — ZANDER, E.: Beiträge zur Morphologie der männlichen Geschlechtsanhänge der Lepidopteren. Z. Zool. 74 (1903). — FREILING, H.: Duftorgane der weiblichen Schmetterlinge usw. Ebenda 92 (1909). — VOGEL, R.: Über die Innervierung der Schmetterlingsflügel und über den Bau und die Verbreitung der Sinnesorgane auf denselben. Ebenda 98 (1911). — URBAHN, E.: Abdominale Duftorgane bei weiblichen Schmetterlingen. Jena. Z. Naturwiss. 50 (1913). — EGGERS, F.: Das thoracale bitympanale Organ einer Gruppe der Lepidoptera Heterocera. Zool. Jb. 41 (1920). — SEITZ, A.: Die Großschmetterlinge der Erde. Stuttgart 1906—1930. (in weiterem Erscheinen). — BERGE, FR.: Schmetterlingsbuch. Neubearbeitet von H. REBEL, 9. Aufl. Stuttgart 1910. — Vgl. außerdem die Schriften von OCHSENHEIMER u. TREITSCHKE, HEROLD, COMSTOCK, WEISMANN, MEYRICK, A. S. PACKARD, STANDFUSS, CHAPMAN, POLJANEC, STOBBE, VAN BEMMELEN u. a.

5gliedrig. Der 6—7gliedrige (der Anlage nach 10gliedrige) Hinterleib ist ebenfalls dicht behaart und endet nicht selten mit einem stark vortretenden Haarbüschel. Besonders geformte Duftschuppen finden sich an den Flügeln, Beinen und am Körper (vgl. S. 692).

Das Gehirn ist zweilappig. Die Bauchganglienkette reduziert sich, von dem unteren Schlundganglion abgesehen, auf zwei Brustganglien (das größere zweite aus der Verschmelzung von vier Ganglien hervorgegangen) und auf vier oder fünf Ganglien des Hinterleibes (Abb. 722). Der Darm-kanal besitzt eine lange, mit einem gestielten Kropf verbundene Speiseröhre und zwei bis sechs MALPIGHIsche Gefäße. Die Ovarien bestehen jeder-seits aus vier sehr langen vielkammerigen Eiröhren. Am Ausführungsapparat findet sich eine große Begattungstasche, die, einige Fälle ausgenommen, unterhalb der Genitalöffnung gesondert nach außen mündet (Abb. 731). Die beiden Hoden sind mit wenigen Ausnahmen (z. B. *Hepialus*) zu einem un-paaren, meist lebhaft gefärbten Körper verpackt. Nicht selten entfernen sich beide Geschlechter durch Größe, Färbung und Flügelbildung in auffallendem Dimorphismus. Die Männchen sind oft lebhafter

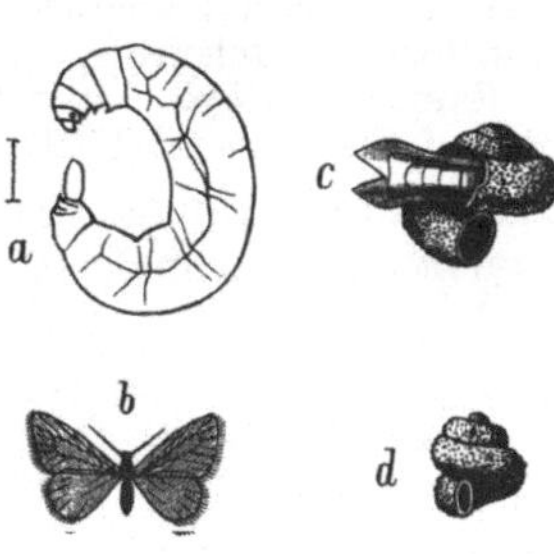

Abb. 761. *Apterona crenullela* (*Psyche helix*). a Weibchen, b Männchen, 1/1, c Gehäuse der männlichen 3/1, d der weiblichen Raupe, 2/1. (Nach CLAUS.)

und prachtvoller gefärbt. Auch kommt im weiblichen Geschlechte bei einer An-zahl von *Rhopaloceren* Dimorphismus oder Polymorphismus vor. Manche Arten zeigen in beiden Geschlechtern nach der Jahreszeit bedeutende Verschiedenheiten der Färbung (Saisondimorphismus, der auch in den Tropen auftritt) (Abb. 765). Parthenogenese kommt ausnahmsweise bei *Bombycimorphen* und *Tineola*, regel-mäßig bei vielen Sackträgern (*Psychiden*) (Abb. 761) und einigen Motten (*Sole-nobia*) (Abb. 763) vor, deren larvenähn-liche Weibchen der Flügel entbehren.

Die Larven (*Raupen*) besitzen kauende Freßwerkzeuge (Abb. 762), leben am Lande, selten im Wasser und nähren sich vorzugsweise von Pflanzenteilen. An ihrem großen harthäutigen Kopfe finden sich 3gliedrige kurze Antennen und jeder-seits vier oder sechs Punktaugen. Überall folgen auf die drei 5gliedrigen konischen Beinpaare der Brustringe noch Afterfüße, entweder meist nur zwei Paare, wie bei den Spannerraupen, oder fünf Paare, welche dann dem dritten bis sechsten und letzten Abdominalringe angehören.

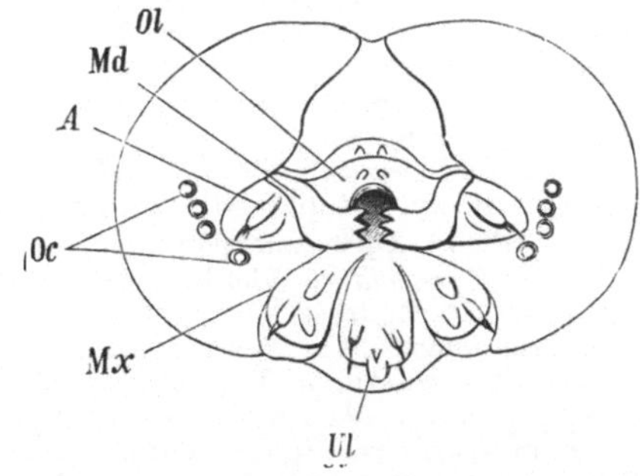

Abb. 762. Kopf und Mundteile der Raupe des Maul-beerspinners. *Oc* Ocellen, *A* Antenne, *Ol* Oberlippe, *Md* Mandibel, *Mx* Maxille, *Ul* Unterlippe.

Die Raupen einiger Schmetterlinge (z. B. von *Epipyrops anomala*) leben ecto-parasitisch an Zikaden. Die Raupen befestigen sich vor der Verpuppung an geschützten Orten oder spinnen sich Kokons und verwandeln sich in Pupae liberae oder Pupae obtectae. Die Imagines besitzen in der Regel eine kurze Lebensdauer. Manche Tagfalter überwintern als Imagines. Dem Schaden einiger sehr verbreiteten Raupenarten an Waldungen und Kulturpflanzen wird durch die Verfolgungen ein Ziel gesetzt, welche sie vonseiten bestimmter *Ichneumoniden* und *Tachinen* zu erleiden haben.

In der folgenden systematischen Übersicht ist im allgemeinen den Auffassungen von COMSTOCK, MEYRICK, REBEL gefolgt.

1. Unterordnung. *Jugatae*. Vorder- und Hinterflügel mit fast übereinstimmendem Geäder und durch einen Haftlappen (Jugum) des Vorderflügels vereint. Sind die primitivsten Schmetterlinge.

Fam. *Micropterygidae*. Körper klein, mottenartig. Mandibeln wohl entwickelt, Maxillen mit Lobus externus und internus, keine Rollzunge bildend, Maxillartaster sechsgliedrig. Larve jener von *Panorpa* ähnlich. *Micropteryx calthella* L. Europa. *Sabatinca incongruella* J. WALKER (*Palaeomicra chalcophanes* MEYR.). Sehr ursprüngliche Form. Neuseeland.

Fam. *Eriocraniidae*. Mandibeln reduziert. Maxillen einen kurzen Rollrüssel bildend, Lobus internus rudimentär. Maxillartaster sechsgliedrig. Larve fußlos. *Eriocrania sparmanella* BOSC. Mitteleuropa.

Fam. *Hepialidae*. Mittelgroße, zuweilen sehr große Tiere. Rollrüssel und Maxillarpalpen fehlen, ebenso die Tibialsporen. *Hepialus humuli* L. Hopfenspinner. Europa.

2. Unterordnung. *Frenatae*. Eine Haftborste (Frenulum) des Hinterflügels bewirkt die Verbindung mit dem Vorderflügel. Hinterflügel mit reduziertem Geäder.

1. Tribus. *Tineaemorpha*.

Fam. *Tineidae*, Motten, Schaben. Flügel schmal, zugespitzt, langgefranst. Mandibelrudiment groß, ebenso der meist fünfgliedrige Maxillartaster. Die Raupen bohren Gänge in Pflanzen (Minierraupen) oder leben in Säcken, manche von tierischen Substanzen. *Tinea granella* L., Kornmotte. Raupe als „weißer Kornwurm" bekannt. *T. pellionella* L., Pelzmotte. *Tineola biselliella* HUMMEL, Kleidermotte. *Trichophaga tapetiella* L., Tapetenmotte. *Solenobia pineti* ZELL. (*lichenella*), *S. triquetrella* F. R. Weibchen flügellos (Abb. 763). Die Raupen leben in kurzen Säcken. Pflanzen sich teilweise parthenogenetisch fort. Hier schließt sich an *Adela degeerella* L. sowie *Hyponomeuta evonymella* L., Spindelbaummotte. Die Raupen leben gesellig in Gespinsten. Europa.

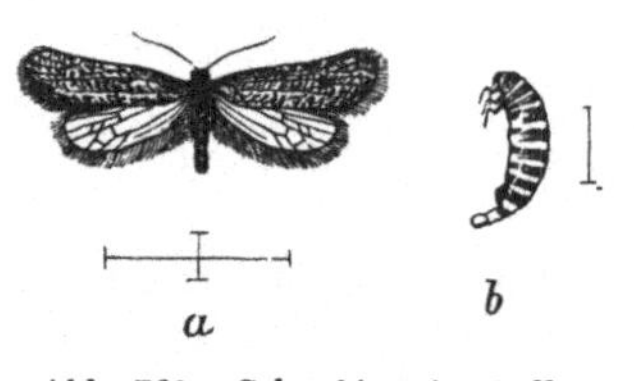

Abb. 763. *Solenobia triquetrella*.
a Männchen, b Weibchen.

Fam. *Sesiidae*, Glasflügler. Hymenopterenähnlich. Rüssel oft verkümmert. Flügel schmal, meist glashell. *Aegeria* (*Trochilium*) *apiformis* CLERCK (Abb. 308 a). *Sesia tipuliformis* CLERCK. Europa.

Fam. *Psychidae*. Rüssel fehlt. Weibchen flügellos, lebt wie die Larven in sackförmigen Gehäusen. Pflanzen sich zum Teil auch parthenogenetisch fort. *Pachythelia* (*Psyche*) *unicolor* HFN. *Psyche viciella* SCHIFF. *Apterona crenulella* BRD. (*Psyche helix* CLS.) Weibchen larvenförmig. Raupensack schneckenförmig gewunden und mit Sandkörnchen bedeckt (Abb. 761). Europa.

Hier schließt sich die Fam. *Limacodidae* an. Zu dieser gehört *Epipyrops anomala* WESTW. Raupe ectoparasitisch an Zikaden.

2. Tribus. *Tortricimorpha*.

Fam. *Tortricidae*, Wickler. Flügel kurz gefranst, die vorderen langgestreckt, die hinteren breiter. Rollrüssel kurz, kräftig. Maxillartaster buschig behaart. Raupen leben meist in zusammengerollten Blättern, auch in Früchten. *Tortrix viridana* L., Eichenwickler. *Grapholitha funebrana* TR., Pflaumenwickler. *Carpocapsa pomonella* L., Apfelwickler. *Conchylis ambiguella* HB., Traubenwickler. Raupe als „Sauerwurm" bekannt. Europa.

Fam. *Cossidae*. Spinnerartig. Rüssel fehlt. Die Raupen leben meist im Marke von Pflanzen. *Cossus cossus* L. (*ligniperda* F.), Weidenbohrer. *Zeuzera pyrina* L. (*aesculi* L.), Blausieb. Europa.

3. Tribus. *Pyralimorpha*.

Fam. *Pyralidae*, Zünsler. Vorderflügel dreieckig, Hinterflügel rundlich. Raupen meist in zusammengesponnenen Blättern, einige leben im Wasser. *Galleria mellonella* L. Wachsmotte, Bienenzünsler, in Bienenstöcken. *Aglossa pinguinalis* L., Fettschabe. *Pyralis farinalis* L., Mehlzünsler. *Ephestia kühniella* ZELL., Mehlmotte (Abb. 55). Kann für den Mühlenbetrieb durch ihre Gespinste gefährlich werden. *Nymphula* (*Hydrocampa*) *nymphaeata* L. Raupe im Wasser, ebenso bei *N.* (*Parapoynx*) *stratiotata* L. und *Acentropus niveus* OL. *Crambus pascuellus* L. Alle Europa.

Fam. *Pterophoridae*, Federgeistchen. Flügel in federartige Lappen gespalten. Mandibelrudimente sehr groß. Maxillartaster eingliedrig. *Pterophorus monodactylus* L., *Aciptilia pentadactyla* L., *Alucita hexadactyla* L. Europa.

4. Tribus. *Zygaenaemorpha*.

Fam. *Zygaenidae*, Widderchen. Mittelgroße träge Tagfalter. Körper meist plump. Vorderflügel schmal, Hinterflügel kurzgefranst. Fühler keulenförmig. Raupen asselförmig, verpuppen sich in einem festen glänzenden Gespinst. *Ino statices* L. *Zygaena filipendulae* L. *Z. lonicerae* SCHEVEN. Europa.

5. Tribus. *Arctiaemorpha*.

Fam. *Lithosiidae*. Körper schlank. Flügel groß und zart, die vorderen schmal, die hinteren sehr breit. Stirnaugen fehlen. Raupen meist auf Flechten. *Lithosia deplana* ESP. Europa.

Fam. *Arctiidae*, Bärenspinner. Mittelgroße bis große Falter mit kräftigem Körper. Flügel breit. Stirnaugen vorhanden. Fliegen meist bei Nacht. Die Raupen (Bärenraupen) mit lang behaarten Warzen. *Arctia caja* L., Brauner Bär. *Callimorpha dominula* L. *C. quadripunctaria* PODA (*hera* L.). *Parasemia* (*Nemeophila*) *plantaginis* L. Europa.

Fam. *Syntomidae*. Körper schlank. Fühler fadenförmig. Vorderflügel lang dreieckig, Hinterflügel sehr klein. Ohne Nebenaugen. Raupe mit behaarten Warzen. *Syntomis phegea* L. Europa.

6. Tribus. *Geometrina*.

Fam. *Uraniidae*. Papilionidenähnlich, oft glänzend gefärbt. Fühler borstenförmig. Fliegen bei Tage. Tropische Formen. *Urania leilus* L. Südamerika.

Fam. *Geometridae*, Spanner. Meist von schlankem Körperbau, seltener spinnerartig, mit großen, in der Ruhe dachförmig ausgebreiteten Flügeln. Kopf klein, Fühler borstenförmig, oft gekämmt. Rüssel schwach, Maxillartaster ein- oder zweigliedrig. Die Raupen mit 10—12 Füßen bewegen sich spannend. Vorzugsweise nächtliche Tiere. *Abraxas grossulariata* L., Harlekin. *Hybernia defoliaria* CLERCK, großer Frostspanner. Weibchen flügellos. *Bupalus piniarius* L., Kiefernspanner. *Geometra papilionaria* L., Buchenspanner. *Operophthera* (*Cheimatobia*) *brumata* L., Frostspanner. Weibchen mit verkümmerten Flügeln. *Acidalia trilineata* SCOP. Europa.

7. Tribus. *Noctuina*.

Fam. *Noctuidae*, Eulen. Nachtschmetterlinge mit breitem, nach hinten verschmälertem Leib und düster gefärbten Flügeln. Fühler lang, borstenförmig, beim Männchen zuweilen gekämmt. Maxillartaster zwei-, seltener dreigliedrig. Flügel in der Ruhe dachförmig. Die bald nackten, bald behaarten Raupen besitzen meist 16, seltener durch Verkümmerung der vorderen Bauchfüße 12 oder 14 Beine und verpuppen sich großenteils in der Erde. *Diloba caeruleocephala* L. *Acronycta psi* L. *Mamestra brassicae* L., Kohleule. *Cucullia verbasci* L. *Panolis griseovariegata* GOEZE (*piniperda* PANZ.), Kieferneule, *Agrotis segetum* SCHIFF., Saateule. *A.* (*Tryphaena*) *pronuba* L., Hausmutter. *Catocala fulminea* SCOP. (*paranympha* L.), gelbes Ordensband. *C. nupta* L., *C. elocata* ESP., *C. sponsa* L., rote Ordensbänder. *C. fraxini* L., blaues Ordensband. *Plusia gamma* L. *P. chrysitis* L. Europa.

8. Tribus. *Bombycimorpha*.

Fam. *Bombycidae*, Spinner. Nachtschmetterlinge von plumpem Körperbau, wollig behaart. Flügel nicht sehr groß. Vorderflügel mit vorgezogener Spitze. Fühler in beiden Geschlechtern doppeltkammzähnig. Rüssel ganz rückgebildet. Labialpalpen sehr klein. Raupe nackt. *Bombyx mandarina* MOORE, wilder Maulbeerseidenspinner. China. Stammform des domestizierten Maulbeerseidenspinners (*B. mori* L.).

Fam. *Saturniidae*. Große Nachtschmetterlinge mit dickem, wollig behaartem Körper, mit großen Flügeln. Rüssel fehlt meist. Beine sehr kurz, spornlos. Raupen mit kurz behaarten Warzen. *Saturnia pyri* SCHIFF., großes Nachtpfauenauge. *S. pavonia* L., kleines Nachtpfauenauge. *Aglia tau* L. Europa. *Attacus atlas* L. China, Ostindien. *Philosamia cynthia* DRURY, Ailanthusspinner. Heimat Ostindien, China, Japan, malaiische Inseln. Eingebürgert in Europa, Nordamerika, Australien. *Antheraea mylitta* DRURY, Indischer Tussahspinner. Ostindien. *A. pernyi* GUÉR., Chinesischer Tussahspinner. Nordchina. *A. yamamai* GUÉR. Japan. *Samia cecropia* L. Nordamerika, die letzten fünf zur Gewinnung von Seide gezüchtet.

Fam. *Lasiocampidae*, Glucken. Große oder kleine kräftige Nachtschmetterlinge mit dichtbehaartem Körper, mit breiten kräftigen, verhältnismäßig kleinen Flügeln. Beine kurz und stark. Raupen weichhaarig, mit seitlich ventralen Haarbüscheln. *Malacosoma neustria* L., Ringelspinner. *Lasiocampa quercus* L. *Macrothylacia rubi* L., Brombeerspinner. *Gastropacha quercifolia* L., Kupferglucke. Flügel tief gezähnt. *Dendrolimus pini* L., Kiefernspinner. *Cosmotriche potatoria* L. Europa.

Fam. *Lymantriidae* (*Liparidae*). Mäßig große Nachtschmetterlinge von plumpem behaartem Körper. Rüssel rudimentär. Fühler kurz, Flügel breit. Raupen mit behaarten Warzen oder Haarbüscheln. *Orgyia antiqua* L. Weibchen mit Flügelstummeln (Abb. 764). *Dasychira pudibunda* L., *Euproctis chrysorrhoea* L. Goldafter. *Stilpnotia salicis* L., Weidenspinner. *Lymantria* (*Liparis*) *dispar* L., Schwammspinner. *L.* (*Psilura*) *monacha* L., Nonne. Europa.

Fam. *Notodontidae*. Mittelgroße Nachtschmetterlinge von meist plumpem, stark behaartem Körper. Rüssel kurz. Beine kurz. Vorderflügel schmal. Raupen nackt oder dünn behaart. *Dicranura* (*Harpyia*) *vinula* L., Gabelschwanz. Raupe mit zwei langen

Schwanzspitzen. *Stauropus fagi* L., Buchenspinner. Raupe mit langen Brustfüßen. *Noto-donta ziczac* L. Hier schließt sich an *Thaumetopoea (Cnethocampa) processionea* L., Pro-zessionsspinner. Europa.

9. Tribus. *Sphingina.*

Fam. *Sphingidae,* Schwärmer. Mit kräftigem Körper. Hinterleib gestreckt, am Ende zugespitzt. Flügel stark, Vorderflügel lang und schmal, Hinterflügel kurz. Fühler kantig. Rüssel meist sehr lang. Raupen nackt, meist mit einem Afterhorn versehen, verpuppen sich in der Erde. Die Schwärmer fliegen in der Dämmerung, einige auch am Tage. *Ache-*

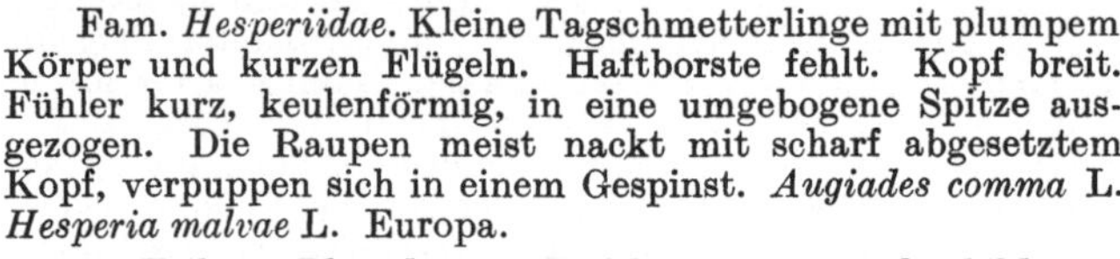

rontia atropos L., Totenkopfschwärmer. *Smerinthus ocellata* L., Abendpfauenauge. *S. (Amorpha) populi* L., Pappelschwärmer. *Daphnis nerii* L., Oleanderschwärmer. *Sphinx ligustri* L. Li-gusterschwärmer. *Herse (Protoparce) convolvuli* L., Windig. *Celerio (Deilephila) euphorbiae* L., Wolfsmilchschwärmer. *Per-gesa elpenor* L., Weinschwärmer. *Macroglossum stellatarum* L., Taubenschwanz. Alle Europa.

10. Tribus. *Grypocera.*

Fam. *Hesperiidae.* Kleine Tagschmetterlinge mit plumpem Körper und kurzen Flügeln. Haftborste fehlt. Kopf breit. Fühler kurz, keulenförmig, in eine umgebogene Spitze aus-gezogen. Die Raupen meist nackt mit scharf abgesetztem Kopf, verpuppen sich in einem Gespinst. *Augiades comma* L. *Hesperia malvae* L. Europa.

11. Tribus. *Rhopalocera.* Haftborste stets rückgebildet.

Abb. 764. *Orgyia antiqua* (aus règne animal). ¹/₁. a Männchen, b Weibchen.

Fam. *Papilionidae (Equites).* Zum Teil große Tagfalter. Fühler kurz mit länglich kolbenförmiger Verbreiterung. Hin-terflügel am Innenrande ausgeschnitten. Raupe mit vor-streckbarer Gabel hinter dem Kopfe. Puppe frei, ohne Kokon, mit Fäden kopfaufwärts befestigt. *Troides (Ornithoptera) priamus* L. Molukken. *Papilio paris* L. Ostindien. *P. polytes* L. *(pamon).* Ostindien. *P. memnon* L. Ostasien. *P. podalirius* L. Segelfalter. *P. machaon* L., Schwalbenschwanz. *Zerynthia (Thais) polyxena* SCHIFF. *Parnassius apollo* L. Apollofalter. Die Weibchen tragen ventral am Hinterende des Abdomens einen taschen-förmigen, bei der Begattung aus einem Secret des Männchens hervorgegangenen Anhang (Begattungszeichen v. SIEBOLD). Europa.

Fam. *Pieridae,* Weißlinge. Weiß oder gelb gefärbte Tagfalter von mittlerer Größe mit ganzrandigen Flügeln. Raupen dünn behaart, Puppe ohne Kokon, an einem Faden be-festigt. *Aporia crataegi* L., Heckenweißling, Baumweißling. *Pieris brassicae* L., Kohlweiß-

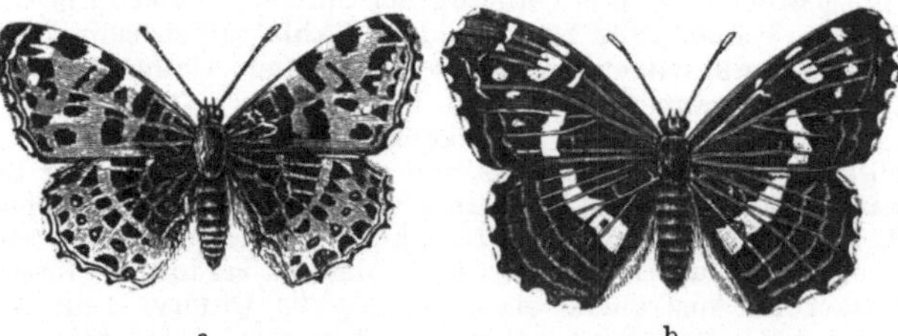

ling. *P. napi* L., *P. rapae* L., *Euchloë cardamines* L., Aurorafalter, *Colias hyale* L., *C. edusa* F., *Gonepteryx rhamni* L., Zitronenfalter. Europa.

Fam. *Lycaenidae,* Bläu-linge. Kleine Tagfalter, dunkelbraun, im männ-lichen Geschlecht meist blau oder feuerfarben. Vor-derbeine etwas kleiner als die Mittelbeine. Raupen

Abb. 765. *Araschnia (Vanessa) levana*-Weibchen. a Winterform, b Sommer-form *(prorsa).* (Nach WEISMANN.) Über ¹/₁.

asselförmig, fein behaart, einige myrmecophil. Die dicke Puppe mit einem Faden um den Leib befestigt. *Chrysophanus virgaureae* L., *Ch. phlaeas* L., *Thecla spini* SCHIFF., *Zephyrus betulae* L., *Lycaena icarus* ROTT. Europa.

Fam. *Nymphalidae.* Vorderbeine verkümmert. Raupen mit dornigen Auswüchsen oder kurz behaart. Puppe meist frei am After hängend. Tagfalter. *Melanargia galathea* L., *Satyrus semele* L., *Epinephele jurtina* L. *(janira), Charaxes (Nymphalis) jasius* L., *Apatura iris* L., Schillerfalter. *Limenitis populi* L., Eisvogel. *Araschnia levana* L. *(prorsa),* Land-kärtchen (Abb. 765). *Pyrameïs cardui* L., Distelfalter. Kosmopolit. *P. atalanta* L., Admiral. *Vanessa antiopa* L., Trauermantel. *V. io* L., Tagpfauenauge. *V. urticae* L., kleiner Fuchs. *V. polychloros* L., großer Fuchs. *Polygonia c-album* L., *Argynnis paphia* L., Kaisermantel. *A. aglaia* L., großer Perlmutterfalter. *A. latonia* L., kleiner Perlmutterfalter. *Melitaea cinxia* L. Europa. *Hypolimnas (Diadema) anthedon* DOUBL. Trop. Westafrika. *Kallima inachis* BSD., Ostindien. Hier fügt sich an *Morpho cypris* WESTW. Kolumbien.

Hier schließen sich an die Fam. *Danaidae, Acraeidae* und *Heliconiidae* (Abb. 308 d).

12. Ordnung. Diptera, Zweiflügler[1].

Insecten mit saugenden und stechenden Mundteilen, mit häutigen Vorderflügeln, zu Schwingkolben (Halteren) verkümmerten Hinterflügeln, mit vollkommener Metamorphose.

Der freibewegliche Kopf ist mittels eines engen und kurzen Halses eingelenkt und trägt große Facettenaugen. In der Regel sind drei Ocellen vorhanden. Die Fühler bleiben entweder klein, dreigliedrig und tragen häufig an der Spitze eine Fühlerborste (Arista) (Abb. 710k) oder sind schnurförmig, von bedeutender Länge und aus einer großen Gliederzahl zusammengesetzt. Die Mundwerkzeuge bilden die als Schöpfrüssel

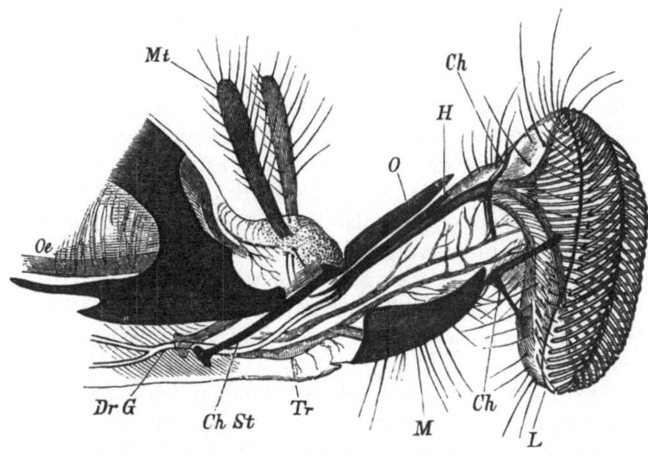

Abb. 766. Rüssel einer Fliege. *ChSt* Chitinstützen der Oberlippe (Reste der Maxillen), *O* Oberlippe, *Oe* Oesophagus, *L* Unterlippe (Labellen), *Ch, Ch'* ihre Chitinstützen, *M* Mentum, *Mt* Maxillartaster, *H* Hypopharynx, *DrG* Ausführungsgang der Speicheldrüsen, *Tr* Tracheen.

(*Proboscis, Haustellum*) bekannte Form von Saugorganen, in denen die Kiefer und eine unpaare, an der unteren Pharynxwand entspringende Borste, der Hypopharynx, als Stechorgane auftreten können (Abb. 715). In den letzteren mündet der gemeinsame Ausführungsgang der Speicheldrüsen. Oberlippe meist spitz. Die Mandibeln fehlen im männlichen Geschlechte, sowie bei sämtlichen *Cyclorhapha* auch beim Weibchen. Die Saugröhre, vornehmlich aus der Unterlippe gebildet, endet häufig mit schwammig aufgetriebenen Endlippen, den Labellen (den umgeformten Lippentastern) (Abb. 766, 767), während die Unterkiefer Taster tragen,

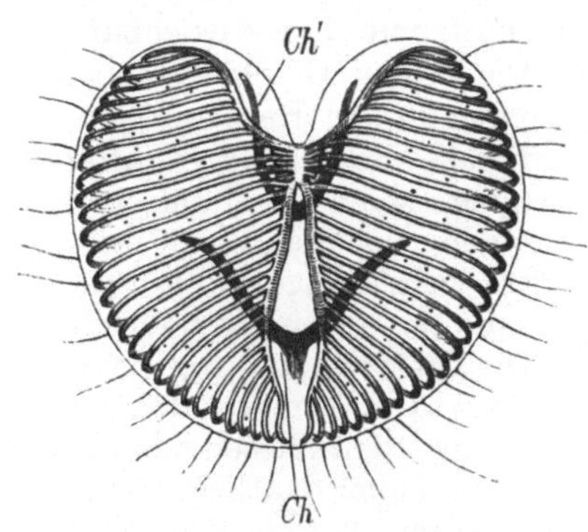

Abb. 767. Die Labellen einer Fliege von vorn gesehen. *Ch, Ch'* Chitinstützen.

[1] MEIGEN, J. W.: Systematische Beschreibung der bekannten europäischen zweiflügeligen Insecten, 7 Teile. Aachen 1818—1838. — WIEDEMANN, C. R. G.: Außereuropäische zweiflügelige Insecten, 2 Teile. Hamm 1828—1830. — LEUCKART, R.: Die Fortpflanzung und Entwicklung der Pupiparen. Abh. naturforsch. Ges. Halle 4 (1858). — SCHINER, R.: Fauna austriaca (Fliegen). Wien 1860. — WEISMANN, A.: Die Metamorphose der *Corethra plumicornis*. Z. Zool. 16 (1866). — BECHER, E.: Zur Kenntnis der Mundteile der Dipteren. Denkschr. Akad. Wiss. Wien 1882. — BRAUER, F.: Monographie der Oestriden. Wien 1863. — Die Zweiflügler des ksl. Museums zu Wien. I—III. Denkschr. Akad. Wiss. Wien 1880 bis 1883. — KAHLE, W.: Die Pädogenesis der Cecidomyiden. Zoologica 55 (1908). — MASSONNAT, E.: Contribution à l'étude des Pupipares. Ann. Univ. Lyon 1909. — PFLUGSTAEDT, H.: Die Halteren der Dipteren. Z. Zool. 100 (1912). — LINDNER, E.: Die Fliegen der palaearktischen Region. Stuttgart 1924—1931 (im weiteren Erscheinen). — Vgl. ferner die Schriften von VAN DER WULP, DE MEIJERE, LOEW, VANEY, GIRSCHNER, JOST, HEWITT, WEINLAND, PANTEL u. a.

welche bei Verschmelzung der Kieferreste mit der Unterlippe dem Schöpfrüssel aufsitzen. Thoraxsegmente fest verbunden. Prothorax und Metathorax kurz und ringförmig, Mesothorax am stärksten entwickelt. Das Abdomen ist häufig gestielt und besteht aus 5—9 Ringen. Die Beine besitzen in der Regel fünfgliedrige Tarsen, welche mit Klauen und meist mit sohlenartigen Haftlappen (Pelotten) enden. Die Vorderflügel sind zu großen, glasartig durchsichtigen Schwingen entwickelt, die Hinterflügel bleiben in rudimentärer Gestalt als gestielte Knöpfchen, Schwinger oder Schwingkölbchen (*Halteres*) erhalten (Abb. 768). Am Innenrande der Vorderflügel markieren sich durch Einschnitte zwei Lappen, ein äußerer (*Alula*) und ein innerer (*Squamula alaris*), an welchen sich meist das sogenannte Thoraxschüppchen (*Squamula thoracalis*) anschließt, das die Halteren überdeckt. Letztere bestehen aus einem dünnen Stiel und einem kugeligen Körper; sie enthalten in ihrem Basalstück Chordotonalorgane, sowie ein zweites Sinnesorgan (Papillensinnesorgan). Die Halteren mit ihren in der Basis gelegenen Sinnesapparaten (Chordotonalorganen) fungieren nach v. BUDDENBROCK als Stimulationsorgan für das normale Funktionieren des allgemeinen Bewegungsapparates des Tieres. Einigen *Pupiparen* und *Chionea* fehlen die Vorderflügel.

Am Nervensystem sind bei Fliegen mit sehr gedrungenem Körperbau die Ganglien des Abdomens und der Brust zu einem einzigen Ganglienknoten verschmolzen. Für den Darmkanal ist das Auftreten eines gestielten Saugmagens am Oesophagus sowie die Vier- oder Fünfzahl der MALPIGHIschen Gefäße hervorzuheben. Die beiden Tracheenstämme erweitern sich zu zwei großen blasigen Säcken an der Basis des Hinterleibes. Die weiblichen Genitalorgane tragen drei Samenbehälter an der Scheide (Abb. 732), entbehren einer Bursa copulatrix und enden oft mit einer einziehbaren Legeröhre.

Die beiden Geschlechter sind selten auffallend verschieden. Die Männchen besitzen in der Regel größere Augen, die zuweilen median zusammenstoßen, häufig ein abweichend gestaltetes Abdomen, ausnahmsweise (*Bibio*) verschiedene Färbung. Auch die Mundteile können Abweichungen bieten, wie z. B. die Männchen stets der Mandibeln entbehren. Die Männchen der *Culiciden* besitzen behaarte vielgliedrige Fühler, während die Fühler der Weibchen fadenförmig sind und aus einer geringeren Gliederzahl bestehen.

Die Dipteren sind eierlegend. Manche Fliegen (*Sarcophaga*) werden als Larven, die *Pupiparen* kurz vor der Verpuppung geboren. Die Verwandlung ist eine vollkommene; die fußlosen oder mit Kriechschwielen ausgestatteten Larven besitzen entweder einen deutlich gesonderten, mit Fühlern und Ocellen versehenen Kopf (die meisten *Nematocera*), oder der Kopf ist kurz, eingezogen, ohne Fühler und Augen, mit ganz rudimentären Mundwerkzeugen, zuweilen mit zwei zur Befestigung dienenden Mundhaken (Abb. 725). Im ersteren Falle haben die Larven kauende Mundteile und nähren sich vom Raube oder von Pflanzen, im letzteren saugen sie als Maden Flüssigkeiten oder breiige Substanzen ein. Die zuweilen im Wasser oder parasitisch lebenden Larven verwandeln sich entweder in der erhärtenden Larvencuticula zur Puppe (*P. coarctata*), oder bilden sich unter Abstreifung der Larvencuticula in bewegliche, oft frei im Wasser schwimmende Puppen (*P. obtecta*) um, welche Tracheenkiemen besitzen können. Bei den meisten *Cylorhapha* findet sich oberhalb der Antennen eine halbkreisförmige Furche (sogenannte Bogennaht), die Stelle einer eingestülpten Stirnblase, mittels welcher die Sprengung der Puppentonne erfolgt.

Viele Dipteren produzieren beim Fliegen summende Töne, und zwar durch Vibrationen der Flügel.

In der systematischen Übersicht ist hier F. BRAUER gefolgt.

1. **Unterordnung.** *Orthorhapha.* Kopf ohne Bogennaht und ohne sogenannte Lunula über den Fühlern. Fühler drei- bis vielgliedrig. Die Puppe ist entweder eine Mumienpuppe (*P. obtecta*) oder bleibt eingeschlossen in der Larvenhaut und sprengt letztere beim Auskriechen dorsal in T-förmiger Naht, zuweilen durch einen Querriß zwischen 8. und 9. Hinterleibsring.

1. **Sektion.** *Nematocera.* Fühler meist vielgliedrig und homonom gegliedert. Flügel groß, nackt oder behaart, Thoraxschüppchen fehlt, Halteren frei. Die Puppe eine freie Mumienpuppe.

1. **Tribus.** *Eucephala.* Flügel meist mehräderig. Beide Quernähte des Rückenschildes rudimentär. Larven mit wohlentwickelter Kopfkapsel.

Fam. *Mycetophilidae*, Pilzmücken. Hüften sehr verlängert. Fühler zart, borsten- oder spindelförmig. Die Larven leben in Pilzen. *Sciara thomae* L., *Sc. militaris* Now. Die Larven unternehmen oft in ungeheurer Zahl, zu einem schlangenförmigen, als „Heerwurm" bekannten Zuge vereinigt, Wanderungen. *Mycetophila lunata* Fabr., *Sciophila maculata* Fabr., Schattenmücke. *Epidapus atomarius* Geer. Weibchen flügellos. Europa.

Fam. *Bibionidae*. Körper fliegenähnlich, plump. Hüften kurz. Flügel meist breit. *Bibio marci* L., Märzfliege. *B. hortulanus* L. Männchen schwarz, Weibchen ziegelrot mit schwarzem Kopf. Europa.

Fam. *Chironomidae* (*Tendipedidae*). Körper schlank, Beine sehr dünn. Flügel schmal. Larven im Wasser, in der Erde oder in Dünger. Die Mücken treten oft massenhaft auf, in einer Säule in der Luft tanzend. *Chironomus* (*Tendipes*) *plumosus* L., *Ceratopogon communis* Meig. *Tanytarsus tenuis* Meig. Europa.

Fam. *Culicidae*, Stechmücken. Randadern um den ganzen Flügel herumgehend. Flügel schmal, an den Adern stark behaart oder beschuppt. Larven und Puppen im Wasser. Larve zuweilen mit Atemröhre und Tracheenkiemen am Hinterende. *Culex pipiens* L. Nur die Weibchen stechen. *Anopheles maculipennis* Meig. u. andere Arten. Überträger der Malaria. *Chaoborus crystallinus* Geer (*Corethra plumicornis* Fabr.). Larve mit vier Tracheenblasen. Europa. *Aëdes* (*Stegomyia*) *argenteus* Poiret (*fasciatus* F.), Kosmopolit. Überträger des Gelbfiebers.

Fam. *Simuliidae* (*Melusinidae*). Körper gedrungen, Beine stark, Flügel breit, kahl. Larve mit dem haftscheibenartigen

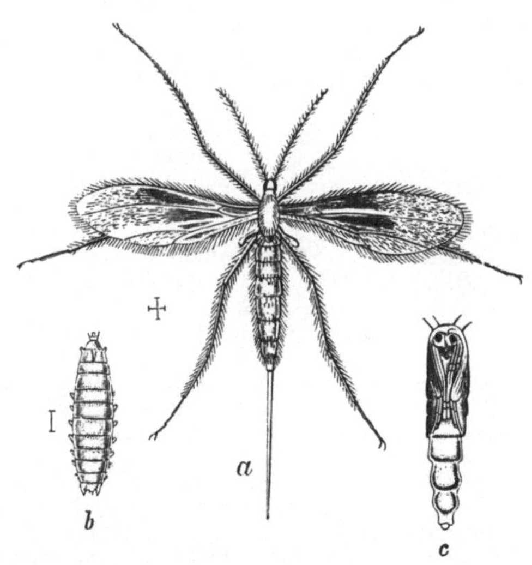

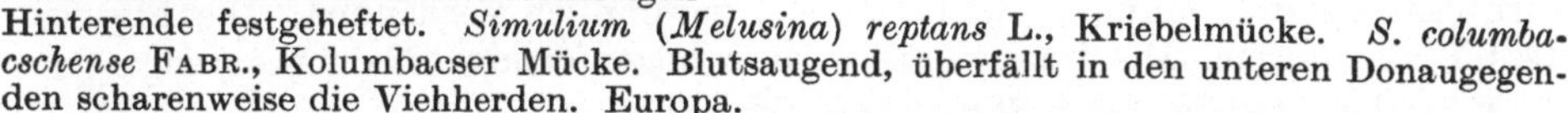

Abb. 768. *Contarina* (*Cecidomyia*) *tritici.* (Nach Wagner.) a Weibchen mit ausgestreckter Legeröhre, b Larve, c Puppe.

Hinterende festgeheftet. *Simulium* (*Melusina*) *reptans* L., Kriebelmücke. *S. columbacschense* Fabr., Kolumbacser Mücke. Blutsaugend, überfällt in den unteren Donaugegenden scharenweise die Viehherden. Europa.

Hier schließen sich die *Blepharoceridae* an, deren auffallend gestalteten, dorsoventral abgeplatteten Larven sechs große unpaare Saugscheiben in der Mittellinie der Ventralseite besitzen.

Fam. *Psychodidae*, Schmetterlingsmücken. Flügel ohne Queradern, stark behaart oder beschuppt, lanzettförmig, in der Ruhe dachförmig. *Psychoda phalaenoides* L. Europa. *Phlebotomus papatasii* Scop., Larve in Cloaken. Italien.

Fam. *Ptychopteridae*. *Ptychoptera contaminata* L., Faltenmücke. Larven im Schlamme, mit langer Atemröhre am Hinterende. Europa.

2. **Tribus.** *Oligoneura.* Flügel wenig geädert. Schienen ohne Sporne. Beide Quernähte des Rückenschildes rudimentär. Larve mit einziehbarer Kieferkapsel und rudimentären Mundteilen.

Fam. *Cecidomyidae*, Gallmücken. Von geringer Größe. Larven in Pflanzen, erzeugen Gallen (Cecidien) oder andere Mißbildungen. *Mayetiola destructor* Say, Hessenfliege. Seit 1778 in den Vereinigten Staaten als Weizenverwüster berüchtigt (eingeschleppt [?] im Stroh von hessischen Soldaten). *Contarina tritici* Kirby, im Weizen (Abb. 768). *Mikiola fagi* Htg. Larve in Gallen der Buchenblätter. *Cecidomyia pini* Geer. Die viviparen pädogenetischen Larven (Abb. 241) gehören der Gattung *Heteropeza* WINN. (*Miastor* MEIN.) an. Europa.

3. Tribus. *Polyneura*. Erste Rückenschildnaht rudimentär. Ocellen meist fehlend. Larve mit einziehbarem rudimentären Kopf und entwickelten beißenden Kiefern.

Fam. *Limnobiidae*. Fühler lang. Letztes Tasterglied kurz. *Trichocera hiemalis* GEER, Winterschnake. *Limnobia tripunctata* FABR. *Chionea araneoides* DALM. Ohne Vorderflügel, spinnenartig; läuft im Winter auf dem Schnee umher. Europa.

Fam. *Tipulidae*, Schnaken. Letztes Tasterglied sehr lang, peitschenförmig. Larven in der Erde oder in faulem Holze. *Tipula oleracea* L., Kohlschnake. *Ctenophora atrata* L., Kammücke. Europa.

2. Sektion. *Brachycera*. Fühler meist kurz, dreigliedrig oder die auf das zweite Glied folgenden Glieder anders geformt. Larven mit eingezogenem rudimentären Kopf und rudimentären Kiefern.

1. Tribus. *Platygenya*. Das Chitinskelet der Unterlippe bei der Larve eine flache Platte.

Fam. *Stratiomyidae*, Waffenfliegen. Fühler mit geringeltem dritten Gliede. Alula wenig entwickelt. Larven im Wasser oder in Erde. *Stratiomys chamaeleon* L., *Sargus cuprarius* L. Europa.

Fam. *Tabanidae*, Bremsen. Rüssel kurz wagrecht vorstehend mit sechs oder vier (Männchen) Stiletten und zweigliedrigem Taster. Stechen und saugen Blut. Larven carnivor, in der Erde oder im Wasser. *Chrysops caecutiens* L. *Tabanus bovinus* L., Rinderbremse. *Haematopota pluvialis* L., Regenbremse. Europa.

Fam. *Rhagionidae* (*Leptidae*), Schnepfenfliegen. Auch die Larven leben vom Raube. *Rhagio* (*Leptis*) *scolopaceus* L. *Psammorycter vermileo* SCHRK. Die Larve gräbt im Sande Trichter und fängt in denselben wie der Ameisenlöwe Insecten. Südeuropa.

Fam. *Asilidae*, Raubfliegen. Augen stark vorgequollen. Drittes Fühlerglied ungeringelt. Beine stark, behaart. Leben vom Raube anderer Insecten. Larven in der Erde oder in Holz. *Asilus germanicus* L., *A. crabroniformis* L., *Laphria gibbosa* FABR., *L. flava* FABR. Europa.

Fam. *Bombyliidae*, Hummelfliegen. Körper meist wollig behaart. Thoraxschüppchen fehlt. Larven parasitisch in Hymenopteren- und Lepidopterenlarven und -puppen. *Bombylius major* L., *Anthrax morio* FABR. Europa.

Hier schließt sich an die Fam. *Scenopinidae*. Thoraxschüppchen fehlt. *Scenopinus fenestralis* L. Europa.

2. Tribus. *Orthogenya*. Chitinskelet der Unterlippe bei der Larve von zwei vertikal stehenden Leisten gebildet.

Fam. *Empidae*, Tanzfliegen. Kopf klein. Rüssel lang. Thoraxschüppchen fehlt. Leben vom Raube. Die Larven in Moos oder

Abb. 769. *Eristalis tenax.* a Fliege, b Larve. $^1/_1$.

Moder. *Empis tessellata* FABR. Europa. *Hilara sartor* BECKER. Das Männchen trägt unter dem Leibe mit den Beinen ein selbstgesponnenes schleierartiges Blättchen. Alpen.

Fam. *Dolichopodidae*, Langbeinfliegen. Alula fehlt. Leben vom Raube. *Dolichopus aeneus* GEER. Europa.

2. Unterordnung. *Cyclorhapha*. Am Kopfe meist eine Bogennaht (Rest der Stirnblasenspalte). Lunula (Stirnschwiele) gewöhnlich vorhanden. Die Puppen stets P. coarctatae. Die Tonnenhaut wird in bogenförmiger Naht gesprengt.

1. Sektion. *Aschiza*. Ohne Stirnblasenspalte.

Fam. *Lonchopteridae*. (*Acroptera*). Flügel auffallend spitz. Thoraxschüppchen und Alula fehlen. Larve asselartig. *Lonchoptera trilineata* FRFLD. Europa.

Fam. *Syrphidae*, Schwebfliegen. Lebhaft gefärbte, meist mit hellen Binden versehene, dickleibige Fliegen, ernähren sich von Pollen und Honig. Larven leben meist in morschem Holze oder auf Blättern von Blattläusen. *Syrphus pyrastri* L., *S. balteatus* GEER, *Volucella bombylans* L., *V. pellucens* L. *Microdon mutabilis* L. Larve wie eine Nacktschnecke (*Doris*). *Eristalis tenax* L. Larve mit langer Atemröhre am Hinterleibsende, in Cloaken, stehendem Wasser (Abb. 769). Europa.

Fam. *Phoridae*. Fühler dicht über dem Mund entspringend. Mittelleib buckelig. *Phora incrassata* MEIG. Faulbrutfliege. Larve parasitisch im Bienenstocke in den Bienenlarven. *P. rufipes* MEIG. Larve an faulen Kartoffeln, Pilzen. Europa. *Termitoxenia heimi* WASM. Flügel reduziert. Abdomen blasig aufgetrieben. Zwitter. Termitengast. Südindien.

Fam. *Platypezidae*, Pilzfliegen. Die Larven leben in Pilzen. *Platypeza boletina* FALL. Europa. Hier schließt sich an *Pipunculus campestris* LATR.

2. Sektion. *Schizophora*. Mit Stirnblasenspalte.

1. Tribus. *Eumyidae.* Kopf halbkugelig, senkrecht gestellt. Stirnblasennaht halbkreisförmig. Stirnblase sehr groß.

Fam.-Gruppe *Schizometopa.* Wangen scharf von der vertieften Stirn abgesetzt. *Anthomyia brassicae* BOUCHÉ. Larve in Kohlstrünken, *A. pluvialis* L. *Fannia (Homalomyia) canicularis* L., kleine Stubenfliege. *Musca domestica* L., Stubenfliege. *Lucilia caesar* L., Goldfliege. *Calliphora vomitoria* L., *C. erythrocephala* MEIG., Brechfliegen, Schmeißfliegen, Brummer. *Pyrellia cadaverina* L., Aasfliege. *Stomoxys calcitrans* L., Stechfliege. Europa. *Glossina palpalis* ROB. DESV., *G. morsitans* WESTW., Tsetsefliegen. Trop. Afrika. *Ochromyia anthropophaga* BLANCH. Larve parasitisch in der Haut von Hund, Katze, Ziege, auch des Menschen. Senegal. *Sarcophaga carnaria* L., Fleischfliege, vivipar. *Eutachina larvarum* L., *Tachina grossa* L., Larven parasitisch in Raupen, ebenso von *Echinomyia fera* L.
Hier schließen sich die *Oestrinen*, Biesfliegen, Dasselfliegen an. Rüssel verkümmert. Die Weibchen haben eine Legeröhre und bringen ihre Eier oder (und in diesem Falle fehlt die Legeröhre) die lebendig geborenen Larven an bestimmte Stellen von Säugetieren, z. B. in die Nüstern der Hirsche, an die Brust der Pferde. Die Larven mit gezähnelten Körperringen und häufig mit Mundhaken leben in der Stirnhöhle, unter der Haut, selbst im Magen bestimmter Säugetiere parasitisch. An der Haut erzeugen sie die sogenannten Dasselbeulen. Die Oestrinen sind sehr wahrscheinlich diphyletischen Ursprunges. *Hypoderma bovis* GEER. Larve am Rinde. Weit verbreitet. *H. actaeon* BR. Larve am Edelhirsch. Die *Hypoderma*larven gelangen durch Auflecken von der Haut in den Oesophagus des Wirtes und wandern von hier in die Haut ein (COOPER-CURTICE). *Dermatobia cyaniventris* MACQ., Larve

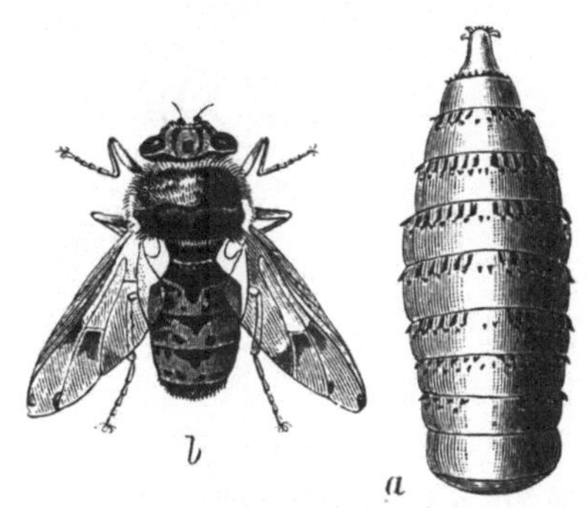

Abb. 770. *Gastrophilus equi.* (Nach F. BRAUER.) $^2/_1$. a Larve, b Männchen.

auf Wiederkäuern, Katzen (Jaguar) und auf dem Menschen im tropischen Amerika. *Cephalomyia (Oestrus) ovis* L. Larve in der Nase und deren Nebenhöhlen des Schafes. Europa. *Gastrophilus equi* FABR. (Abb. 770). Das Ei wird an die Brust des Pferdes abgesetzt und von diesem abgeleckt, die ausschlüpfende Larve hängt sich an der Magenwand mittels ihrer Mundhaken auf und wird vor der Verpuppung mit den Exkrementen entleert. Weit verbreitet.

Fam.-Gruppe *Holometopa (Acalyptera).* Wangen von der Stirn nicht abgesetzt. *Conops flavipes* L. Larve in Hymenopteren. *Piophila casei* L., Käsefliege. *Chlorops lineata* FABR., Weizenhalmfliege. Larve in Weizenhalmen, diese oft verwüstend. *Scatophaga stercoraria* L., Dungfliege. *Trypeta onotrophes* Lw. Europa. *Diopsis apicalis* DALM. Kopf seitlich in Stiele ausgezogen, an deren Enden die Augen und Antennen liegen. Afrika. *Drosophila funebris* F., Taufliege. Larve in gärenden Stoffen (vgl. Abb. 67). *Ochthera mantis* GEER. Vorderfüße als Fangbeine ausgebildet. Europa.

Fam. *Braulidae,* Bienenläuse. Der große querovale Kopf ohne Augen. Flügel und Schwinger fehlen. Fußklauen lang, dichtgezähnt. *Braula coeca* NITZSCH, auf der Honigbiene, namentlich den Drohnen.

2. Tribus. *Pupipara.* Lausfliegen. Kopf plattgedrückt, Augen zuweilen fehlend. Körper gedrungen, das Abdomen breit und oft abgeflacht. Fühler kurz, häufig nur zweigliedrig. Die Beine mit gezähnten Klammerkrallen. Die Flügel können rudimentär sein oder

Abb. 771. *Melophagus ovinus.* (Nach PACKARD.)

fehlen. Die Entwicklung des Embryos und der Larve geschieht in der uterusähnlichen Scheide. Die aus dem Ei hervorgegangene Made (ohne Schlundgerüst und Mundhaken) schluckt das Secret ansehnlicher Drüsenanhänge des Uterus (Abb. 734) und wird unmittelbar vor der Verpuppung geboren. Schmarotzen wie die Läuse an der Haut von Warmblütern.

Fam. *Hippoboscidae.* Kopf mit meist großen Facettenaugen. Saugrüssel tasterlos. Flügel vorhanden oder fehlend. Beine kurz und stark. *Hippobosca equina* L., Pferdelausfliege. *Lipoptena cervi* L., auf Hirschen. *Ornithomyia avicularia* L., auf Vögeln. *Oxypterum (Anapera) pallidum* LEACH, auf Schwalben. *Melophagus ovinus* L., Schafzecke, flügellos (Abb. 771). Europa.

Fam. *Nycteribiidae.* Fledermausfliegen. Kopf klein, in der Ruhe dorsal auf den Thorax zurückgeschlagen. Facettenaugen fehlen, ebenso Flügel. Beine lang, an der Seite der Brust eingelenkt. *Nycteribia latreillei* LEACH. Auf Fledermäusen. Europa.

Hier schließt sich *Ascodipteron* ADENSAMER an. Das ausgebildete Weibchen sackförmig, in der Flughaut von Fledermäusen eingebohrt. Java, Assab, Nordamerika.

13. Ordnung. Siphonaptera (Aphaniptera), Flöhe[1].

Flügellose Insecten ohne Komplexaugen, mit seitlich kompressem Körper und deutlich getrennten Thoracalringen, mit saugenden und stechenden Mundwerkzeugen, Hinterbeine zum Springen ausgebildet, mit vollkommener Metamorphose.

Kopf mit breiter Fläche mit dem Thorax verbunden, ohne Facettenaugen (Abb. 772). Fühler sehr kurz, in einer Grube hinter den Punktaugen entspringend.

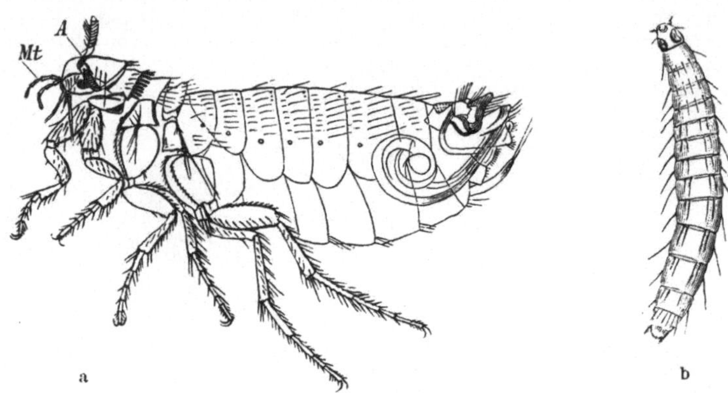

Abb. 772. a *Ceratophyllus gallinae* (*Pulex avium*) ♂, b Larve von *Pulex irritans*. (Nach TASCHENBERG.) ²⁰/₁
A Antennen, *Mt* Maxillartaster.

Mundwerkzeuge zu einem Saugrohr umgeformt, das aus der rinnenförmigen Oberlippe, den zu gesägten Stechorganen umgebildeten Mandibeln sowie den ihnen anliegenden viergliedrigen Lippentastern gebildet wird. Die Speicheldrüsen münden in die Oberkieferrinne aus. Die Maxillen sind breite schützende Platten zur Seite des Saugrohres mit viergliedrigem Taster. Flügel fehlen, dagegen finden sich zwei seitliche plattenförmige Fortsätze an den Pleuren von Meso- und Metathorax. Hinterbeine zum Sprunge dienend. Die beinlose langbehaarte Larve

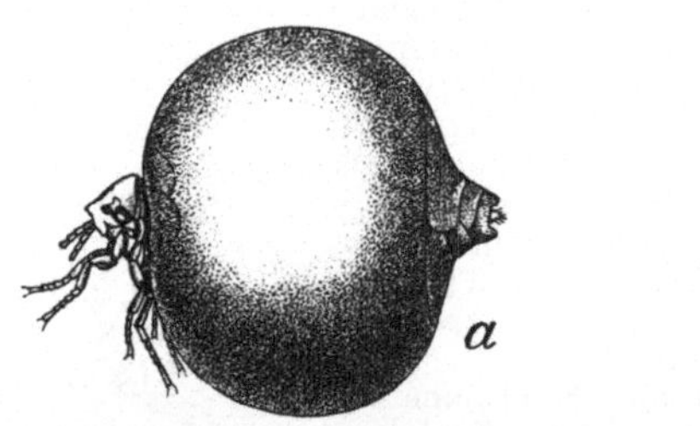

Abb. 773. a Trächtiges Weibchen von *Sarcopsylla penetrans*. ⁵/₁. b Fuß einer Maus aus Peru, mit *Sarcopsylla* behaftet. (Nach H. KARSTEN.) ¹/₁.

mit gesondertem Kopf und mit beißenden Mundteilen (Abb. 772 b). Die Puppe ist freigliedrig und meist in einem Kokon eingesponnen. Die Flöhe sind temporäre oder stationäre Parasiten.

Fam. *Pulicidae*. *Pulex irritans* L., Floh des Menschen. Rücken des Männchens konkav, zur Aufnahme des größeren Weibchens. Die großen fußlosen Larven leben in Sägespänen und zwischen Dielen, wo auch die länglich ovalen Eier abgesetzt werden. *Ctenocephalus canis* CURT. Hundefloh. *Ceratophyllus gallinae* SCHRANK, auf Hühnern, Tauben (Abb. 772).

---

[1] KARSTEN, H.: Beitrag zur Kenntnis des *Rhynchoprion penetrans*. Bull. Soc. Natural. Moskau 1864. — LANDOIS, L.: Anatomie des Hundeflohes. Nova Acta 1867. — TASCHENBERG, O.: Die Flöhe. Halle 1880. — KRAEPELIN, K.: Über die systematische Stellung der Puliciden. Hamburg 1884. — HEYMONS, R.: Die systematische Stellung der Puliciden. Zool. Anz. 1899. — BAKER, C. F.: A Revision of American Siphonaptera. Proc. Nat. Mus. Washington 1904. — LASS, M.: Beiträge zur Kenntnis des histologisch-anatomischen Baues des weiblichen Hundeflohes. Z. Zool. 79 (1905). — JORDAN, K. u. N. C. ROTHSCHILD: Revision of the non-combed eyed Siphonaptera. J. of Hyg. Suppl. 1 (1908).

Xenopsylla cheopis ROTHSCH., auf Nagetieren. Überträger der Beulenpest. In tropischen und subtropischen Gegenden. *Hystrichopsylla talpae* CURT. Wird über 0,5 cm groß. Hier schließt sich an *Dermatophilus (Sarcopsylla) penetrans* L., Sandfloh, lebt frei im Sande (Abb. 773). Das befruchtete Weibchen bohrt sich in die Haut des menschlichen Fußes, auch verschiedener Säugetiere ein, sein Abdomen gewinnt kugelige Form und bedeutende Ausdehnung. Heimat Mittel- u. Südamerika. Jetzt auch in Afrika u. Südasien verbreitet.

14. Ordnung. Coleoptera, Käfer[1].

Insecten mit kauenden Mundwerkzeugen und hornigen Vorderflügeln (Flügeldecken), mit frei beweglichem Prothorax und vollkommener Metamorphose.

Die Hauptcharaktere dieser umfangreichen, ziemlich scharf umgrenzten Insectengruppe beruhen auf der Bildung der Flügel, von denen die vorderen als Flügeldecken (*Elytra*) in der Ruhe die häutigen, der Quere und Länge nach zusammengelegten Hinterflügel bedecken und dem Hinterleibe horizontal aufliegen (Abb. 774). Vorwiegend letztere dienen zum Fluge, während die Vorderflügel, zu Schutzwerkzeugen umgebildet, in Form und Größe gewöhnlich dem weichhäutigen Rücken des Hinterleibes angepaßt sind, von dem zuweilen das letzte Segment bei *abgestutzten* oder auch mehrere Segmente (*Staphyliniden*) bei *abgekürzten* Flügeln unbedeckt bleiben. In der Regel schließen in der Ruhe die geradlinigen Innenränder beider Flügeldecken unterhalb des Schildchens dicht aneinander, während sich die Außenränder um die Seiten des Hinterleibes umschlagen. Zuweilen verwachsen die inneren Flügeldeckenränder beim Mangel von Hinterflügeln untereinander. Selten fehlen die Flügeldecken vollständig, oft die Hinterflügel. Der in der Regel in den Prothorax eingesenkte Kopf trägt sehr

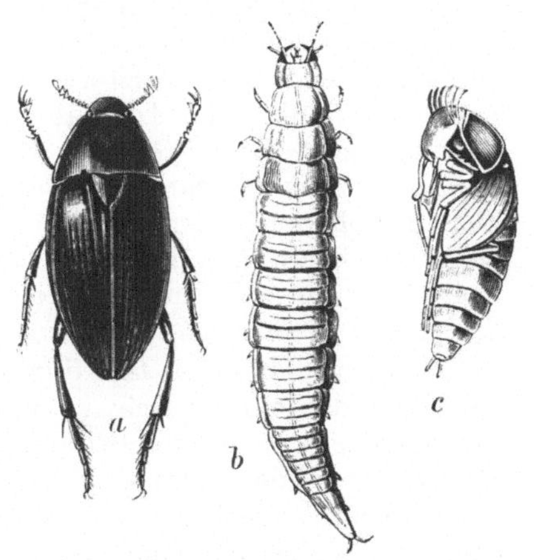

Abb. 774. *Hydrous (Hydrophilus) piceus* (aus règne animal). 2/3. a Käfer, b Larve, c Puppe.

mannigfach gestaltete, meist elfgliedrige Fühler, welche im männlichen Geschlechte eine ansehnliche Größe und Oberfläche besitzen. Nebenaugen fehlen in der Regel, die Facettenaugen werden nur bei einigen Höhlenbewohnern vermißt. Die Mundteile sind beißend. Die Maxillartaster sind gewöhnlich viergliedrig, die Labial-

[1] BLANCHARD, E.: Du système nerveux des Insectes. Mém. s. l. Coléoptères. Ann. des Sci. nat. 1846. — ERICHSON, W. F.: Naturgeschichte der Insecten Deutschlands. Coleoptera. Berlin 1848—1894. — LACORDAIRE, TH. et F. CHAPUIS: Genera des Coléoptères 12 Bde. Paris 1854—1876. — GEMMINGER u. HAROLD: Catalogus Coleopterorum etc. 12 Bde. München 1868—1876. — JACQUELIN DU VAL, C.: Genera des Coléoptères d'Europe. 4 Bde. Paris 1855—1868. — SCHIÖDTE, J. G.: De Metamorphosi Eleutheratorum observationes. Naturh. Tidskr. 1861—1883. — STEIN, F.: Die weiblichen Geschlechtsorgane der Käfer. Berlin 1847. — LECONTE, J. L. a. G. H. HORN: Classification of the Coleoptera of North America. Washington 1883. — GANGLBAUER, L.: Käfer von Mitteleuropa. 4 Bde. Wien 1892—1904. — Systematisch-koleopterologische Studien. Münch. koleopt. Z. 1 (1903). — BORDAS, L.: Recherches sur les organes reproducteurs mâles des Coléoptères. Ann. des Sci. natur. 1900. — KUHNT, P.: Illustrierte Bestimmungstabellen der Käfer Deutschlands. Stuttgart 1913. — REITTER, E.: Fauna Germanica. Die Käfer 1—5 (1908—1916). — SCHENKLING-JUNK, S.: Coleopterorum Catalogus. Berolini 1910—1930 (im weiteren Erscheinen). — KORSCHELT, E.: Bearbeitung einheimischer Tiere. I. Monogr. Der Gelbrand *Dytiscus marginalis*. 2 Bde. Leipzig 1924. — CALWERS, Käferbuch. 6. Aufl. 2 Bde. Stuttgart 1916. — Vgl. ferner die Schriften von BURMEISTER, DUFOUR, LATREILLE, LAMEERE, WASMANN, KOLBE, VERHOEFF, LÉCAILLON, GAHAN, TOWER, KÜHNE u. a.

taster dreigliedrig; bei den *Carabiden und Dytisciden* besitzt die Außenlade der 1. Maxille eine tasterartige Form und Gliederung. Die durch Reduction ihrer Teile vereinfachte Unterlippe verlängert sich selten zu einer geteilten Zunge. Der umfangreiche Prothorax (*Halsschild*) lenkt sich dem schwachen Mesothorax frei-beweglich ein; an ihm sowohl wie an den übrigen Brustringen rücken die Pleurae auf die Sternalfläche. Die höchst verschieden gestalteten Beine enden am häufig-sten mit fünfgliedrigen, selten viergliedrigen Tarsen; seltener ist der Tarsus ein- bis dreigliedrig. Der Hinterleib schließt sich mit breiter Basis dem Metathorax an und besitzt stets eine größere Zahl von Rückenschienen als Bauchschienen, von denen einzelne miteinander verschmelzen können. Die kleineren Endseg-mente liegen meist eingezogen in den vorhergehenden verborgen.

Am Nervensystem der Käfer folgen auf das untere Schlundganglion zwei oder drei Thoracalganglien, in deren hinteren Abschnitt auch ein oder zwei abdominale Ganglien eingeschmolzen sind. Im Abdomen erhält sich meist eine Reihe von Ganglien (2—7) gesondert (Abb. 727); doch können auch alle zu einer länglichen Masse verschmolzen oder in die Brustganglien eingezogen sein. Der lange ge-wundene Darmkanal erweitert sich bei den fleischfressenden Käfern zu einem Kaumagen (Abb. 721). Die Zahl der MALPIGHIschen Gefäße beschränkt sich auf vier oder sechs. Beim Weibchen finden sich zahlreiche Eiröhren, am Ausführungs-apparat oft eine Begattungstasche. Die Männchen besitzen einfache tubulöse oder aus Follikeln zusammengesetzte Hoden (Abb. 733) sowie einen umfangreichen Penis, welcher während der Ruhe im Hinterleib eingezogen liegt. Männchen und Weibchen sind in Form und Größe der Fühler sowie in der Bildung der Tarsal-glieder und besonderen Verhältnissen der Größe und Körperform unterschieden.

Die Larven besitzen fast durchwegs beißende Mundwerkzeuge, selten Saug-zangen, und ernähren sich, in der Regel verborgen und dem Lichte entzogen, unter den verschiedensten Bedingungen, meist in ähnlicher Weise wie die Imagines. Sie sind entweder campodeoid (Abb. 741) oder madenförmig (Abb. 778) ohne Füße, aber mit deutlich ausgebildetem Kopf, oder sind engerlingförmig (Abb. 781) und besitzen drei Beinpaare an der Brust. Anstatt der noch fehlenden Facetten-augen treten Ocellen in verschiedener Zahl und Lage auf. Einige Käferlarven nähren sich im Innern der Bienenwohnungen von Eiern und Honig (*Meloë, Apalus*). Die Puppen der Käfer, welche entweder aufgehängt und befestigt sind oder auf der Erde oder in Höhlungen liegen, sind *Pupae liberae*.

In der systematischen Gruppierung ist hier EMERY und GANGLBAUER gefolgt.

1. Unterordnung. *Adephaga*. Geäder des Hinterflügels durch die queradrige Verbindung der beiden Äste der Mediana am Gelenk charakterisiert (Typus I). Hoden einfach tubulös. Ovarien mit Nährkammer an je einer Eikammer. Vier MALPIGHIsche Gefäße. Larven campodeoid oder nur wenig von der Campodea-form abweichend, mit zweigliedrigen Tarsen.

Fam. *Cicindelidae*. Sandläufer. Fühler fadenförmig, über der Oberkieferwurzel ein-gelenkt. Mit kräftigen Mandibeln und Laufbeinen. Innenladen des Unterkiefers am Rande gebartet, mit beweglichem Endhaken, Außenladen tasterförmig. *Cicindela campestris* L. Die Larve gräbt Gänge unter der Erde und trägt am Rücken des 8. Leibessegmentes zwei Haken zum Festhalten in dem Gange, an dessen Mündung sie auf Beute lauert (Abb. 775).

Fam. *Carabidae*, Laufkäfer. Die fadenförmigen Antennen (Abb. 710b) hinter der Ober-kieferwurzel eingelenkt. Mit kräftigen zangenförmigen Mandibeln und Laufbeinen. Innen-laden des Unterkiefers am Rande gebartet, Außenladen tasterförmig. Larven langgestreckt, mit viergliedrigen Fühlern, 4—6 Ocellenpaaren, sichelförmig vorstehenden Mandibeln und ziemlich langen, fünfgliedrigen Beinen. *Carabus granulatus* L., *C.* (*Procrustes*) *coriaceus* L. Hinterflügel fehlen. *Calosoma sycophanta* L., Puppenräuber. *Elaphrus riparius* L., Ufer-läufer. *Brachynus crepitans* L., Bombardierkäfer. *Bembidion ustulatum* L., *Harpalus aeneus* F. *Zabrus tenebrioides* GOEZE (*gibbus* F.), Getreidelaufkäfer. Europa. *Typhlotrechus bilimeki* STURM. Augenlos, Hinterflügel fehlen. In Höhlen von Krain.

Fam. *Dytiscidae*, Schwimmkäfer. Mundteile und Fühler wie bei Carabiden. Körper breit, Hinterbeine flach, Schwimmbeine. Die Larven mit von einer zu einem Kanal abgeschlossenen Rinne durchsetzten, als Saugzangen dienenden Mandibeln, Mund durch Verklemmung von Ober- und Unterlippe bis auf seitliche, an den Mandibelkanal sich anschließende Öffnungen geschlossen. *Dytiscus marginalis* L. Besitzt im Prothorax eine Schreckdrüse, die ein milchiges giftiges Secret absondert. *Colymbetes fuscus* L., *Acilius sulcatus* L., *Hydroporus palustris* L. Europa.

Fam. *Gyrinidae*. Taumelkäfer. Außenlade des Unterkiefers verkümmert. Augen geteilt. Fühler kurz. Vorderbeine armartig verlängert, die hinteren kurz, flossenartig. Flügeldecken abgestutzt. *Gyrinus natator* L., Europa.

2. Unterordnung. *Polyphaga*. Am Geäder des Hinterflügels sind entweder alle Queradern ausgefallen und die Wurzel des vorderen Astes der Mediana atrophiert (Typus II); oder ist ein Teil des vorderen Mediana- und hinteren Radiusastes als sogenannte rücklaufende Adern ausgebildet (Typus III). Hoden aus Follikeln zusammengesetzt. Ovarien mit endständiger Nährkammer. 4 oder 6 MALPIGHIsche Gefäße. Die Larven mit Beinen und dann mit eingliedrigen Tarsen oder ohne Beine, campodeoid bis maden- oder engerlingförmig.

1. Sektion. *Staphylinoidea*. Geäder des Hinterflügels vom Typus II. Fühler einfach oder mit Keule, bisweilen gekniet. Tarsen mit variabler Gliederzahl. Larven campodeoid oder von diesem Typus wenig abweichend.

Fam. *Staphylinidae*, Kurzdeckflügler. Mit sehr kurzen, den Hinterleib gar nicht oder nur an der Basis bedeckenden Elytren. Körper langgestreckt. *Zyras (Myrmedonia) humeralis* GRAV. Lebt unter Ameisen. *Staphylinus caesareus* CEDERHJ. *Omalium rivulare* PAYK. *Lomechusa strumosa* FABR. In Haufen von *Formica sanguinea*. Europa.

Fam. *Pselaphidae*. Fühler gekeult. Flügeldecken verkürzt, abgestutzt, den Hinterleib zum Teil freilassend. Sehr kleine träge Käfer. *Pselaphus heisei* HERBST. Hier schließt sich an *Claviger testaceus* PREYSSL. Lebt unter Steinen zusammen mit Ameisen. Europa.

Fam. *Silphidae*, Aaskäfer. Käfer von sehr verschiedener Form, mit meist elfgliedrigen keulenförmigen (Abbild. 710 g) Fühlern. Flügeldecken den Hinterleib ganz bedeckend, selten abgestutzt. Käfer und Larven leben von faulenden Stoffen und legen an denselben ihre Eier ab, einige fallen lebende Insecten an. Angegriffen, verteidigen sich viele durch ein stinkendes Analsecret. *Necrophorus vespillo* L., *N. germanicus* L., Totengräber, *Silpha obscura* L.,

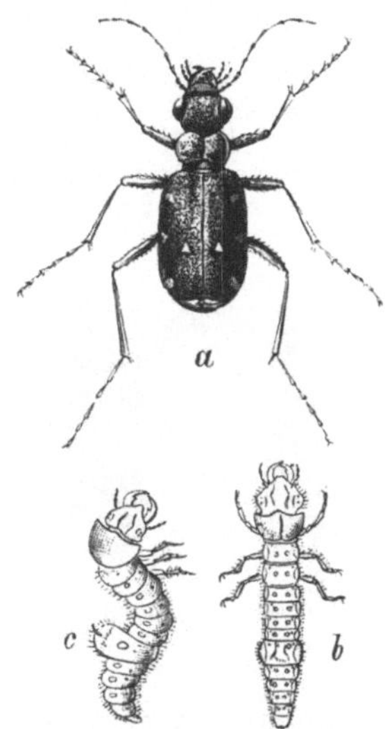

Abb. 775. a *Cicindela campestris*, $^2/_1$. b, c Larven mit den beiden Rückenhaken am fünften Abdominalsegment, etwas vergr. (aus règne animal).

Oeceoptoma (Silpha) thoracicum L., *Phosphuga (Silpha) atrata* L. Europa. *Leptoderus hohenwarti* SCHMIDT. Flügellos und blind. Beine lang. In Höhlen des Karstes. Krain. *Platypsyllus castoris* RTSM. Körper flach. Augen und Hinterflügel fehlen. Parasitisch auf dem Biber.

Fam. *Histeridae*, Stutzkäfer. Fühler kurz, gekniet, zurückziehbar. Flügeldecken abgestutzt, die Hinterleibspitze freilassend. Beine kurz, flach. Leben hauptsächlich in Mist. *Hister quadrimaculatus* L. Europa.

2. Sektion. *Diversicornia*. Geäder des Hinterflügels nach Typus III oder dem Typus II sich nähernd. Fühler sehr verschieden gebildet. Tarsen fünfgliedrig bis eingliedrig. Larven campodeoid, bisweilen ohne Beine, selten engerlingartig.

Fam. *Lampyridae* (*Malacodermata*), Leuchtkäfer. Mit weicher lederartiger Körperbedeckung. Larven leben von Tieren. *Lampyris noctiluca* L., Johanniswurm, Leuchtkäfer. Weibchen ungeflügelt (Abb. 776). *Phausis splendidula* L. Weibchen mit zwei kleinen Schuppen statt der Flügeldecken. *Photinus marginellatus* OL. Brasilien. *Luciola italica* L. Weibchen ungeflügelt. Italien. Alle mit Leuchtorganen am Abdomen (Abb. 165). Hier schließen sich an *Cantharis (Telephorus) fusca* L. *Malachius aeneus* L. Stülpt beim Anfassen rote Wülste an den Seiten des Körpers hervor. Europa.

Fam. *Cleridae*. Körper schlank, eingeschnürt. Tarsen mit Haftlappen. Käfer bunt gefärbt. Die rot gefärbten Larven leben meist unter Baumrinde von anderen Insecten. *Thanasimus (Clerus) formicarius* L., *Trichodes apiarius* L., Bienenwolf. Die Larve schmarotzt in Bienenstöcken. Europa.

Fam. *Lymexylonidae.* Kopf frei, Hinterbrust sehr lang. Die Larven bohren im Holze. *Lymexylon navale* L., Europa.

Fam. *Elateridae,* Schnellkäfer, Schmiede. Der langgestreckte Leib zeichnet sich durch die sehr freie Gelenkverbindung zwischen Pro- und Mesothorax, sowie durch den Besitz eines Stachels am Prothorax aus, welcher in eine Grube der Mittelbrust paßt. Beide Einrichtungen befähigen den auf dem Rücken liegenden Käfer zum Emporschnellen. Die langgestreckten Larven leben unter Baumrinde carnivor, teilweise aber auch in den Wurzeln des Getreides und der Rübe und können sehr schädlich werden. Sie werden als Drahtwürmer bezeichnet. *Lacon murinus* L., *Elater sanguineus* L. *Pyrophorus noctilucus* L., Feuerfliege, Cucujo, mit blasenartiger gelber Auftreibung rechts und links am Prothorax, welche leuchtet. Ein weiteres ventrales Leuchtorgan an der ersten Abdominalschiene. Kuba. *Corymbites pectinicornis* L., *Agriotes lineatus* L., Saatschnellkäfer. Europa.

Fam. *Buprestidae,* Prachtkäfer. Körper langgestreckt, nach hinten zugespitzt, oft lebhaft gefärbt und metallisch glänzend. Kopf und Mundteile klein, Beine kurz. Kopf bis zu den Augen in den Thorax eingesenkt. Die langgestreckten wurmförmigen Larven entbehren der Ocellen und in der Regel auch der Beine und besitzen eine sehr verbreiterte Vorderbrust. Sie leben im Holze und bohren flache, ellipsoidische Gänge. *Chrysochroa fulminans* F. Java. *Euchroma gigantea* L. Brasilien. *Chalcophora mariana* LAP., Kiefernprachtkäfer. *Buprestis rustica* L. *Agrilus biguttatus* F., *Trachys minuta* L., Europa.

Fam. *Anobiidae.* Kopf vom Prothorax bedeckt. Die Larven ernähren sich phytophag namentlich in Holz. *Anobium punctatum* GEER (*pertinax* L.), Totenuhr, erzeugt im Holz ein tickendes Geräusch. *Stegobium* (*Sitodrepa*) *paniceum* L., Brotkäfer, häufig in hartem Brot. Hier schließen sich an *Ptinus fur* L. In Vegetabilien. Kosmopolit. *Niptus hololeucus* FALD., Messingkäfer. Kleinasien, Europa. *Gibbium psylloides* CZEM. Flügeldecken verwachsen; ferner *Cis boleti* F. In Baumpilzen. Europa.

Fam. *Dermestidae,* Speckkäfer. Kleine Käfer von cylindrischem oder ovalem Körper; Kopf gesenkt. Beine kurz, einziehbar. Die Larven mit langer Haarbekleidung. Leben von toten tierischen Stoffen. *Dermestes lardarius* L., Speckkäfer. *Attagenus pellio* L., Pelzkäfer. Mit einem einzelnen Stirnauge. *Anthrenus museorum* L., Kabinettkäfer. Europa.

Fam. *Byrrhidae,* Pillenkäfer. Kopf unter dem Thorax versteckt. Körper hochgewölbt, eiförmig. Beine einziehbar. Leben auf Moos. *Byrrhus pilula* L. Unter Steinen. Europa.

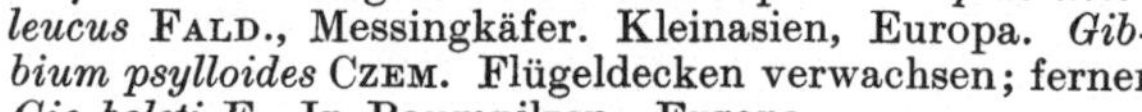

Abb. 776. *Lampyris noctiluca* (aus règne animal). a Männchen, b Weibchen.

Fam. *Hydrophilidae* (*Palpicornia*). Wasserkäfer, die unbeholfen schwimmen, mit kurzen keulenförmigen Fühlern und langen, die Fühler oft überragenden Maxillartastern. Nähren sich von Pflanzen. Die Eier werden in einem birnförmigen, an schwimmenden Pflanzenteilen befestigten Kokon abgelegt. Die im Wasser lebende Larve langgestreckt, am Hinterende des Körpers mit zwei griffelförmigen Anhängen, mit zum Beißen eingerichteten Mandibeln, ernährt sich von Wassertieren. *Hydrous* (*Hydrophilus*) *piceus* L. (Abb. 774). *Hydrophilus* (*Hydrous*) *caraboides* L. *Cercyon unipunctatus* L. Europa.

Fam. *Nitidulidae,* Glanzkäfer. Von geringer Körpergröße, Fühler elfgliedrig, mit meist dreigliedriger Keule. Beine kurz. *Nitidula bipunctata* L. *Meligethes aeneus* F., Rapsglanzkäfer. Europa.

Fam. *Endomychidae,* Pilzkäfer. Kopf schnauzenartig verlängert. Fühler auf der Stirn entspringend, gekeult. Thorax an der Basis mit drei Furchen. *Lycoperdina succincta* L., in Bovisten. *Endomychus coccineus* L. Europa.

Fam. *Coccinellidae,* Marienkäfer. Körper halbkugelig. Kopf kurz, Fühler nach unten einschlagbar. Thorax ohne Furchen. Larven länglich eiförmig, hinten zugespitzt, oft lebhaft gefärbt und mit Warzen besetzt. Die Käfer und Larven geben bei Berührung einen gelben, scharf riechenden Saft (austretendes Blut) von sich. *Subcoccinella vigintiquatuorpunctata* L. Phytophag. *Coccinella septempunctata* L. Europa. *Rodolia cardinalis* MULS. Heimat Australien. Leben von Blatt- und Schildläusen.

3. Sektion. *Heteromera.* Geäder des Hinterflügels vom Typus III. Fühler meist einfach. Tarsen heteromer, d. h. mit fünf Gliedern an Vorder- und Mittelbeinen und vier Gliedern an den Hinterbeinen. Larven meist mit kurzen Beinen, bei den *Meloiden* im ersten Stadium campodeoid.

Fam. *Oedemeridae.* Von langgestrecktem, schmalem Körper. Fühler lang, dünn, ebenso die Beine. Die Käfer auf Blüten, die Larven leben im Holze. *Oedemera virescens* L. Europa. Hier schließt sich an *Pyrochroa coccinea* L., Feuerkäfer.

Fam. *Meloidae*. Flügeldecken biegsam, oft den Körper nicht ganz bedeckend. Käfer meist lebhaft gefärbt. Werden wegen der blasenziehenden Eigenschaft ihrer Säfte (Cantharidin) zur Bereitung von Vesicantien benutzt. Die Larven leben teils parasitisch an Insecten, teils frei unter Baumrinde und durchlaufen teilweise eine complizierte, von Fabre als Hypermetamorphose bezeichnete Verwandlung (Abb. 741). *Apalus (Sitaris) muralis* Forst. (*humeralis* F.), Europa (Abb. 777b). *Lytta (Cantharis) vesicatoria* L., spanische Fliege. *Mylabris polymorpha (floralis)* Pall. *Meloë proscarabaeus* L. (Abb. 777a). *M. violaceus* Marsh, Ölkäfer. Die Käfer leben im Grase und lassen bei der Berührung eine scharfe Flüssigkeit (es ist Blut) zwischen den Gelenken der Beine austreten. Die ausgeschlüpften Larven kriechen an Pflanzenstengeln empor, dringen in die Blüten von Asclepiadeen, Primulaceen usw. ein und klammern sich an den Leib von Bienen fest (*Pediculus melittae* Kirby), um auf diesem in das Bienennest getragen zu werden, in welchem sie sich vorwiegend von Honig ernähren. Europa.

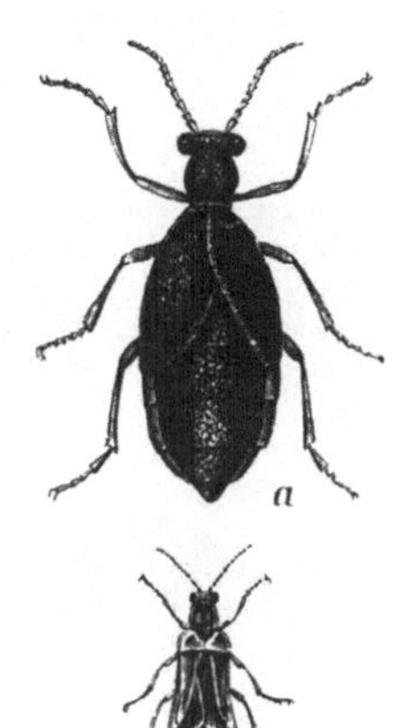

Abb. 777. a *Meloë proscarabaeus*, b *Apalus (Sitaris) muralis* (aus règne animal). ¹/₁.

Fam. *Rhipiphoridae*. Kopf senkrecht. Flügeldecken oft klaffend oder verkürzt. Käfer auf Blüten. *Rhipidius pectinicornis* Thunb. (*blattarum* Sund.). Larve im Hinterleibe von *Blatta*. *Rhipiphorus subdipterus* Bosc., Südeuropa. *Macrosiagon tricuspidata* Lepech. (*Rhipiphorus bimaculatus* F.). *Metoecus paradoxus* L. Larve lebt in Wespennestern. Europa.

Fam. *Mordellidae*. Körper keilförmig oder scharf zugespitzt. Augen groß. Kopf in den Thorax eingesenkt. Leben auf Blüten und morschem Holze. *Mordella fasciata* Fabr. Europa.

Fam. *Tenebrionidae*. Meist düster oder schwarz gefärbte Käfer, häufig mit verkümmerten Hinterflügeln und dann mit verwachsenen Elytren. Die meisten Formen zeichnen sich durch einen widerlichen Geruch aus, viele sondern an der Haut ein pulveriges Secret aus. Leben vorzugsweise an dunklen feuchten Orten, einige auf Blüten, Bäumen. *Blaps mortisaga* L., *Opatrum sabulosum* L. *Pimelia bipunctata* F. West- u. Südeuropa. *Tenebrio molitor* L. Mehlkäfer. Larve als Mehlwurm bekannt. Europa.

4. Sektion. *Phytophaga*. Geäder des Hinterflügels vom Typus III. Fühler meist einfach. Tarsen cryptopentamer, d. h. fünfgliedrig mit kleinem, mit dem Endgliede verwachsenem, viertem Gliede und mit breiter Sohle, selten pentamer. Sechs Malpighische Gefäße. Larven mit kurzen Beinen oder ohne Beine.

Fam. *Cerambycidae (Longicornia)*, Bockkäfer. Kopf vorgestreckt, Fühler sehr lang. Augen ausgerandet, selten geteilt. Körper gestreckt. Tarsen mit Sohle. Die meisten erzeugen durch Reiben des Prothorax an einem mit Querrillen besetzten dorsalen Fortsatz des Mesothorax ein zirpendes Geräusch. Die langgestreckten madenförmigen Larven besitzen kräftige Mandibeln, kleine Fühler und entbehren häufig der Ocellen und Beine; sie besitzen meist eine rauhe Platte an den Leibesringen (Abb. 778). Sie leben meist im Holz, bohren Gänge in demselben und richten zuweilen starken Schaden an. *Prionus coriarius* L. *Cerambyx cerdo* L., Großer Eichenbock. *Rosalia alpina* L. *Aromia moschata* L., Moschusbock. Von moschusartigem Geruch. *Pyrrhidium (Callidium) sanguineum* L. *Hylotrupes bajulus* L., Hausbock. *Clytus arietis* L. *Stenura (Leptura) maculata* Poda. *Necydalis major* L., Flügeldecken kurz, den Metathorax nicht überragend. *Acanthocinus aedilis* F., Zimmerbock. Fühler sehr lang. *Lamia textor* L., *Dorcadion fulvum* Scop. *Saperda carcharias* L., Pappelbock. Europa.

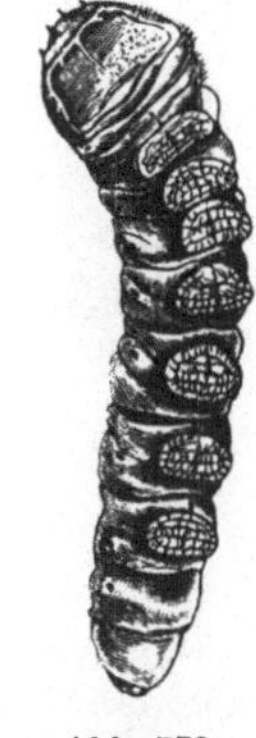

Abb. 778. Larve von *Cerambyx cerdo*. (Nach Ratzeburg.) ²/₃.

Fam. *Chrysomelidae*, Blattkäfer. Körper meist kurz und gedrungen. Kopf mehr oder weniger vom Thorax eingeschlossen. Fühler von mittlerer Länge. Die meist lebhaft gefärbten Käfer leben von Blättern. Ihre Larven sind von walziger, gedrungener Körperform, sehr allgemein mit Warzen und dornigen Erhebungen besetzt und besitzen stets wohlentwickelte Beine. Sie ernähren sich ebenfalls von Blättern, in deren Parenchym einige (*Hispa, Haltica*) minieren, und haben zum Teil die Eigentümlichkeit, ihre Excremente über sich aufzuhäufen (*Cassida, Crioceris*) oder zur Verfertigung von Hüllen und Gehäusen zu benützen, die sie mit sich umhertragen (*Clytra*). Vor der Verpuppung befestigen sie sich meist mit ihrem Hinterende an Blättern. *Donacia marginata* Hope (*limbata* Panz.), *Crioceris asparagi* L., *Clytra quadripunctata* L., *Cryptocephalus sericeus* L. *Chrysomela cerealis* L., *Ch. menthastri* Suffr., *Melasoma (Lina) populi* L. *Leptinotarsa (Doryphora) decem-

lineata SAY, Kartoffelkäfer, Coloradokäfer. Heimat Nordamerika (Abb. 779). *Timarcha tenebricosa* F. *Agelastica alni* L. *Haltica oleracea* L., Erdfloh. *Hispa testacea* L. *Cassida viridis* L. (*equestris* F.), Schildkäfer. Europa. *Desmonota variolosa* F. WEBER. Zu Schmuck verwendet. Brasilien.

Hier schließt sich an die Fam. *Lariidae. Laria (Bruchus) pisorum* L., Erbsenkäfer. Europa.

5. Sektion. *Rhynchophora.* Geäder des Hinterflügels vom Typus II oder dem Typus III sich nähernd. Kopf meist rüsselförmig verlängert. Fühler gerade oder gekniet. Sechs MALPIGHIsche Gefäße. Die Larven mit kurzen Beinen oder madenförmig.

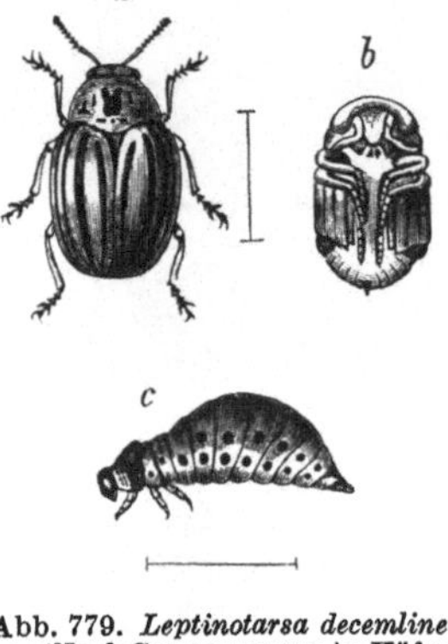

Abb. 779. *Leptinotarsa decemlineata.*(Nach GERSTAECKER.) a Käfer, b Puppe, c Larve.

Fam. *Anthribidae.* Körper länglich. Fühler lang. Rüssel kurz. *Anthribus fasciatus* FORST. *Platystomus albinus* L. Europa.

Fam. *Curculionidae,* Rüsselkäfer. Mit kürzerem oder längerem Rüssel. Fühler kurz. Vielen fehlen die Hinterflügel. Larven in der Regel ohne Ocellen. Käfer und Larven nähren sich phytophag. *Bytiscus betulae* L. (*Rhynchites betuleti* F.), Rebenstecher. *Apion frumentarium* PAYK. *Otiorhynchus niger* F., Fichtenrüsselkäfer. *Entimus imperialis* L. Brillantkäfer. Brasilien. *Hylobius (Curculio) abietis* L., *Pissodes notatus* F., Kiefernrüsselkäfer. *Balaninus nucum* L., Haselnußbohrer. *Anthonomus pomorum* L., Apfelblütenstecher. *Calandra granaria* L., Schwarzer Kornwurm. Europa. *C. oryzae,* Reiskäfer, indischer Kornwurm. In den tropischen Ländern weit verbreitet. *Rhynchophorus palmarum* L., Palmenbohrer. Trop. Amerika.

Fam. *Ipidae (Bostrychidae),* Borkenkäfer. Körper klein, walzig. Kopf dick, vorn abgestutzt, Rüssel rudimentär. Beine kurz. Die Larven gedrungen walzig, ohne Beine, mit stellvertretenden behaarten Wülsten, bohren Gänge im Holz, von dem sie sich ernähren. Sie leben stets gesellig und gehören zu den gefürchtetsten Verwüstern der Nadelholzwaldungen. Sehr eigentümlich ist der für die einzelnen Arten charakteristische und die Lebensweise bezeichnende Fraß in der Rinde. Beide Geschlechter begegnen sich in den oberflächlichen Gängen, welche das Weibchen nach der Begattung fortführt und verlängert, um in ausgenagten Grübchen die Eier abzulegen. Die ausschlüpfenden Larven fressen sich dann seitliche Gänge aus, die mit der wachsenden Größe der Larve und der weiteren Entfernung vom Hauptgang breiter werden und der Innenseite der Rinde die charakteristische Sculptur verleihen. *Hylurgus ligniperda* F. *Myelophilus piniperda* L., an Kiefern. *Hylastes palliatus* GYLL., Bastkäfer. An Nadelholz. *Ips (Bostrychus) typographus* L. (Abb. 780), an Fichten. *Eccoptogaster scolytus* F. (*Scolytus destructor* OL.), an Laubbäumen.

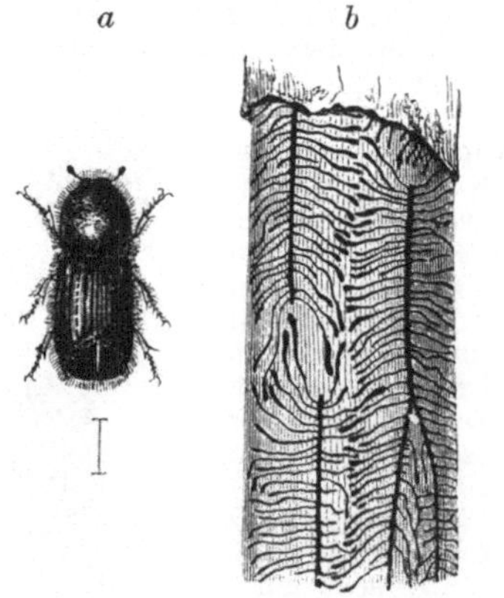

6. Sektion. *Lamellicornia,* Blatthornkäfer. Geäder der Hinterflügel vom Typus III oder durch Reduktion dem Typus II sich nähernd. Fühler gekniet, mit Blätterkeule (Abb. 710i). Körper kräftig. Beine hochdifferenziert, die Vorderbeine zum Graben geeignet. Vordertarsen zuweilen fehlend. Vier

Abb. 780. a *Ips (Bostrychus) typographus,* b Stammabschnitt einer Fichte mit Bohrgängen von *Ips typographus.* (Nach ALTUM.)

Abb. 781. Larve von *Melolontha vulgaris.* ¹/₁. (Nach RATZEBURG.)

MALPIGHIsche Gefäße. Larven (Engerlinge) meist ohne Ocellen, mit dickem, gekrümmtem Körper und mit Beinen. Die Larvenzeit währt bei manchen Formen mehrere Jahre. Verpuppung unter der Erde in einem Kokon. Lebensweise phytophag; andere ernähren sich von Kot oder Aas.

Fam. *Scarabaeidae.* Mit den Charakteren der Sektion. *Lucanus cervus* L., Hirschkäfer, Schröter. *Dorcus parallelopipedus* L. *Lethrus apterus* LAXM. (*cephalotes* PALL.), Rebenschneider. *Geotrupes stercorarius* L., Roßkäfer. *Aphodius fossor* L., *A. fimetarius* L., Dungkäfer, *Onthophagus taurus* L. *Copris lunaris* L., Mondhornkäfer. Europa. *Scarabaeus (Ateuchus) sacer* L., Heiliger Pillenkäfer. Südeuropa, Nordafrika. *Melolontha vulgaris* F., Maikäfer. Die Larve, als Engerling bekannt (Abb. 781), nährt sich zunächst von modernden Pflanzenstoffen, später (im 2. und 3. Jahre) von Wurzeln, durch deren Zerstörung sie großen Schaden anrichtet. Gegen Ende des vierten Sommers entwickelt sich der Käfer aus der in einer glatten runden Höhle liegenden Puppe, verharrt aber bis zum nächsten Frühjahr in der Erde. In wärmeren Gegenden dauert die Entwicklung nur 3 statt 4, in kälteren 5 Jahre. *M. hippocastani* F. *Polyphylla fullo* L., Walker. *Amphimallus (Rhizotrogus) solstitialis* L., Junikäfer. *Trichius fasciatus* L., Pinselkäfer. *Cetonia aurata* L., Rosenkäfer. *Potosia aeruginosa* DRURY (*speciosissima* SCOP.). Europa. *Goliathus giganteus* LM., Goliathkäfer. Trop. Westafrika. *Oryctes nasicornis* L., Nashornkäfer. Europa. *Dynastes hercules* L., Herkuleskäfer. Mittel- und Südamerika.

15. Ordnung. Strepsiptera, Fächerflügler[1].

Insecten im männlichen Geschlecht mit stummelförmigen, an der Spitze aufgerollten Vorderflügeln, großen, der Länge nach faltbaren Hinterflügeln, rudimentären Mundwerkzeugen, im weiblichen Geschlecht ohne Flügel und Beine, Metamorphose vollkommen.

Die Strepsipteren zeigen einen auffallenden Dimorphismus der Geschlechter im Zusammenhange damit, daß die Weibchen einen parasitischen Aufenthalt im Hinterleibe von Hymenopteren oder auch Zikaden und Orthopteren besitzen, während die Männchen frei herumfliegen.

Das Männchen trägt am Kopf große halbkugelige, eigentümlich gebaute Komplexaugen, sowie die Fühler. Die Mundteile sind verkümmert und bestehen aus zwei spitzen, übereinander greifenden Mandibeln und kleinen Maxillen nebst zweigliedrigen Tastern. Vorderbrust und Mittelbrust bleiben sehr kurze Ringe, dagegen verlängert sich der Metathorax zu einer ungewöhnlichen Ausdehnung und überdeckt die Basis des Hinterleibes. Die Männchen besitzen kleine aufgerollte Vorderflügel und sehr große, fächerartig faltbare Hinterflügel (Abb. 782). Die augenlosen Weibchen dagegen zeigen Ähnlichkeit mit einer Made. Kopf und Thorax sind bei ihnen zu einem Abschnitt (Cephalothorax) verschmolzen. Von Mundteilen finden sich nur Mandibeln. Der Mitteldarm ist blindgeschlossen. Die Ovarien verharren auf einem frühen Entwicklungsstadium ähnlich wie bei viviparen Cecidomyidenlarven. Die Eier fallen in die Leibeshöhle, entwickeln sich hier (nach einigen Angaben zum Teil parthenogenetisch) zu Larven, welche durch drei bis fünf unpaare ventrale Gänge (Genitalkanäle) am zweiten bis sechsten Abdominalsegmente nach außen gelangen. Die ausschlüpfenden Larven sind campodeoid, sehr beweglich und vermögen zu springen; sie gelangen, durch die Wirtstiere übertragen, auf deren Larven und

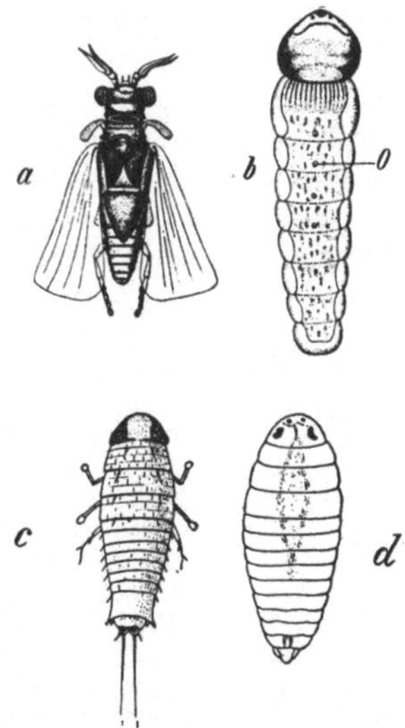

Abb. 782. *Xenos vesparum.* a Männchen, b Weibchen von der Ventralseite gesehen. ¹/₁. O Ausmündungen der Genitalgänge. c freies Larvenstadium, d fußloses parasitisches Larvenstadium. (Nach NASSONOW.)

[1] KIRBY, W.: Strepsiptera, a new order of Insects. Trans. Linnean Soc. 11 (1815). — v. SIEBOLD: Über Strepsiptera. Arch. Naturgesch. 9 (1843). — CURTIS: British Entomology. London 1849. — NASSANOW, N.: Untersuchungen zur Naturgeschichte der Strepsipteren. Warschau 1893 (russ.). Deutsche Übers. v. A. SIPIAGIN, herausgeg. v. K. HOFENEDER. Ber. naturwiss. med. Ver. Innsbruck 1910. — MEINERT, F.: Bidrag til Strepsipterernes Naturhistorie. Ent. Medd. Kopenhagen 5 (1896). — DWIGHT-PIERCE, W.: A Monographic Revision of the twisted winged Insects etc. Bull. Nat. Mus. Washington 1909. — HOFFMANN, R. W.: Die embryonalen Vorgänge bei den Strepsipteren und ihre Deutung. Verh. dtsch. zool. Ges. 1914. — Vgl. ferner BRUES, RÖSCH, STROHM u. a.

bohren sich in diese ein. Hier verwandeln sie sich unter Abstreifung der Haut in eine fußlose Made, welche in der Puppe des Wirtes zur Puppe wird und sich vor der Verpuppung aus dem Hinterleib jener mit dem Kopfe hervorbohrt. Die Männchen verlassen die Puppenhülle und besitzen eine nur kurze Lebensdauer, während die Weibchen in der Puppenhülle verharren. Mit Strepsipteren behaftete Insecten werden als „stylopisiert" bezeichnet.

Fam. *Stylopidae. Xenos vesparum* Rossi (*rossii* Kirby). Schmarotzt besonders in *Polistes gallica* (Abb. 782). *Stylops melittae* Kirby. In *Andrena* parasitisch. Europa.

16. Ordnung. Hymenoptera, Hautflügler [1].

Insecten mit beißenden und leckenden Mundwerkzeugen, mit vier häutigen, nur wenig geaderten Flügeln und vollkommener Metamorphose.

Der Körper besitzt einen frei beweglichen Kopf mit großen, im männlichen Geschlechte fast zusammenstoßenden Facettenaugen und drei Ocellen (Abb. 729). Die Fühler lassen gewöhnlich ein großes Basalglied (Schaft) und elf bis zwölf kürzere Glieder (Geißel) unterscheiden (Abb. 710f), oder sind ungebrochen und bestehen dann aus einer größeren Gliederzahl. Mundwerkzeuge beißend und leckend. Oberlippe und Mandibeln wie bei Käfern und Orthopteren gebildet, die Maxillen und Unterlippe dagegen verlängert, zum Lecken eingerichtet, in der Ruhe häufig knieförmig umgelegt (Abb. 712). Bei den Bienen kann die Zunge durch bedeutende Streckung die Form eines Rüssels annehmen; in diesen Fällen verlängern sich auch die Kieferladen in ähnlicher Ausdehnung und bilden eine Art Scheide in der Umgebung der Zunge. Die Kiefertaster sind meist sechsgliedrig, die Labialtaster dagegen nur viergliedrig, können aber auch auf eine

---

[1] Außer Jurine, Dufour, Latreille, Lepeletier de St. Fargeau vgl. Huber, P.: Recherches sur les mœurs des fourmis indigènes. Génève 1810. — Gravenhorst, C.: Ichneumologia Europaea. Vratislaviae 1829. — de Saussure, H.: Études sur la famille des Vespides. 3 Vols. Paris 1852—1857. — Fabre: Études sur l'instinct et les métamorphoses des Sphégiens. Ann. des Sci. natur. 1856. — Mayr, G.: Die europäischen Formiciden. Wien 1861. — Die mitteleuropäischen Eichengallen. Wien 1870—1871. — v. Siebold, Th.: Beiträge zur Parthenogenesis der Arthropoden. Leipzig 1871. — Adler, H.: Über den Generationswechsel der Eichengallwespen. Z. Zool. 35 (1881). — Lubbock, J.: Ants, Bees and Wasps. London 1882. — André, Ed.: Species des Hyménoptères d'Europe et d'Algérie. 10 Bde. 1879—1914. — Schmiedeknecht, O. u. H. Friese: Apidae Europaeae 1882—1901. — de Dalla Torre, C.: Catalogus Hymenopterorum. 10 Bde. Lipsiae 1892—1902. — Bordas, L.: Appareil glandulaire des Hyménoptères. Ann. des Sci. natur. 1895. — Mocsáry, A.: Monographia Chrysididarum. Budapest 1889. — Kohl, F. F.: Die Gattungen der Sphegiden. Ann. Hofmus. Wien 11 (1896). — Carrière J. u. O. Bürger: Die Entwicklungsgeschichte der Mauerbiene. Nova Acta 1897. — Karawaiew, W.: Die nachembryonale Entwicklung von *Lasius flavus*. Z. Zool. 64 (1898). — Zander, E.: Beiträge zur Morphologie des Stachelapparates der Hymenopteren. Ebenda 66 (1899). — Beiträge zur Morphologie der männlichen Geschlechtsanhänge der Hymenopteren. Ebenda 67 (1900). — Handbuch der Bienenkunde. 4 Teile. Stuttgart 1910—1919. — Rengel, C.: Über den Zusammenhang von Mitteldarm und Enddarm bei den Larven der aculeaten Hymenopteren. Z. Zool. 75 (1903). — v. Jhering, H.: Biologie der stachellosen Honigbienen Brasiliens. Zool. Jb. 19 (1903). — Marchal, P.: Recherches sur la biologie et le développement des Hyménoptères parasites. Archives de Zool. 1904—1906. — Escherich, K.: Die Ameise. Braunschweig 1906. — v. Buttel-Reepen, H.: Apistica, Beiträge zur Systematik, Biologie usw. der Honigbiene. Mitt. Zool. Mus. Berlin 3 (1906). — Schmiedeknecht, O.: Die Hymenopteren Mitteleuropas. Jena 1907. — v. Dalla Torre, K. W. u. J. I. Kieffer: Cynipidae. Tierreich 24. Liefg. 1910. — Martin, F.: Zur Entwicklungsgeschichte des polyembryonalen Chalcidiers *Ageniaspis* (*Encyrtus*) *fuscicollis*. Z. Zool. 110 (1914). — Räsänen, V.: Stridulationsapparate bei Ameisen, besonders bei Formicidae. Acta Soc. pro Fauna et Flora Fennica. Helsingfors 40 (1915). — v. Frisch, K.: Aus dem Leben der Bienen. Berlin 1927. — Überdies vgl. die Schriften von Janet, Wasmann, Forel, Emery, Kulagin, Adlerz, Demoll, Embleton, Silvestri, Wheeler, Koschevnikow, Schröder u. a.

geringere Gliederzahl reduziert sein. Vom kleinen Prothorax verschmilzt das Pronotum (mit Ausnahme der Blatt- und Holzwespen) mit dem Mesonotum, während das rudimentäre Prosternum frei beweglich bleibt. Am Mesothorax finden sich über der Basis der Vorderflügel zwei kleine bewegliche Deckschuppen (*Tegulae*) und hinter dem Scutellum bildet sich der vordere Teil des Metanotum

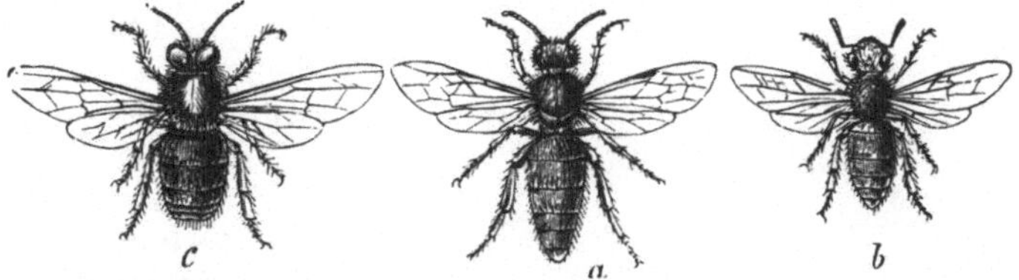

Abb. 783. *Apis mellifica.* a Königin, b Arbeiterin, c Drohne. Über ¹/₁

zu dem Hinterschildchen (*Postscutellum*) aus. Auch das erste Abdominalsegment wird meist (*Apocrita*) in die Bildung des Thorax mit eingezogen (segment entremédiaire). Beide Flügelpaare sind häutig, durchsichtig und von wenigen Adern durchsetzt, die vorderen beträcht-
lich größer als die hinteren, von deren Vorderrand kleine übergreifende Häkchen entspringen, welche sich an dem hinteren Rande der Vorderflügel befestigen und die Verbindung beider Flügelpaare herstellen. Zuweilen fehlen die Flügel einem der beiden Geschlechter, bei manchen gesellig lebenden Hymenopteren den Arbeitern. Die Beine besitzen meist fünfgliedrige Tarsen. Seltener (*Symphyta*) schließt sich der Hinterleib in seiner ganzen Breite (sitzend) dem Thorax an, meist ist er durch eine stielförmige Verengerung beweglich eingelenkt (gestielt) (*Apocrita*). Im weiblichen Geschlecht endet der Hinterleib mit einem in der Regel eingezogenen Legestachel (*Terebra*) oder Giftstachel (*Aculeus*). Der Stachel (Abbild. 784) besteht aus der Stachelrinne, zwei Stechborsten und zwei Stachelscheiden (nebst oblongen Platten) und liegt im Ruhezustand eingezogen. Erstere, mit ihrer Rinne

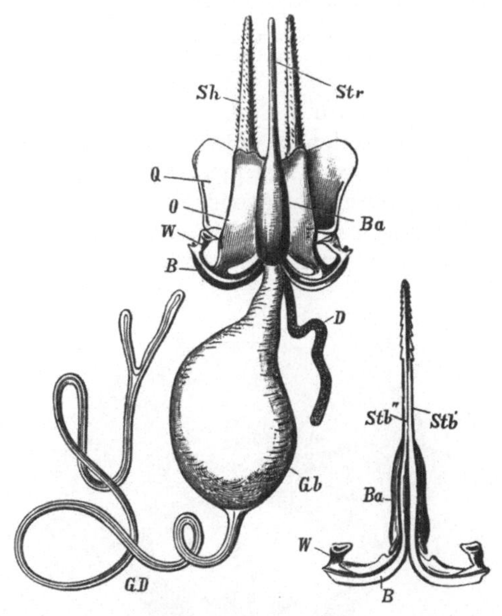

Abb. 784. Stachelapparat der Honigbiene von der Rückenseite. (Nach KRAEPELIN.) *GD* Giftdrüse, *Gb* Giftblase, *D* Schlauchdrüse, *Str* Schienenrinne mit den Stechborsten, *Ba* bulböse Basis der ersteren, *B* Bogen derselben, *W* Winkel, *Sh* Stachelscheide, *O* oblonge Platte, *Q* quadratische Platte, *Stb'*, *Stb''* die beiden Stechborsten an der ventralen Seite der Schienenrinne.

nach unten gewendet, entsteht aus dem inneren Warzenpaar des vorletzten Segmentes, während die an den Rändern der Stachelrinne laufenden Stechborsten dem Zapfenpaare des drittletzten Segmentes entsprechen. Übrigens nehmen auch die Segmente selbst insofern an der Stachelbildung Anteil, als sie kräftige Stützplatten des Stachels (quadratische und oblonge Platte) liefern.

Das Nervensystem besteht aus einem umfangreichen Gehirn, dem unteren Schlundganglion, zwei Brustknoten (die Ganglien des Meso- und Metathorax sind mit den vorderen Bauchganglien verschmolzen) und fünf bis sechs Ganglien des Hinterleibes. Der Darm erreicht häufig eine bedeutende Länge. Umfangreiche Speicheldrüsen sind vorhanden (Abb. 720). Meist erweitert sich der Oesophagus zu einem Saugmagen, seltener zu einem kugeligen Kaumagen (Ameisen). Die Zahl der kurzen MALPIGHIschen Gefäße ist eine beträchtliche. Im Zusammenhange mit dem ausdauernden Flugvermögen bilden die Längsstämme der Tracheen blasige Erweiterungen, von denen zwei an der Basis des Hinterleibes durch ihre Größe hervortreten. Die Weibchen besitzen meist sehr zahlreiche (bis zu hundert) vielfächerige Eiröhren und ein großes Receptaculum seminis mit Anhangsdrüse; eine gesonderte Begattungstasche fehlt (Abb. 785). Da, wo ein Giftstachel auftritt, sind fadenförmige oder verästelte Giftdrüsen mit gemeinsamer Giftblase und in die Stachelscheide mündendem Ausführungsgange vorhanden

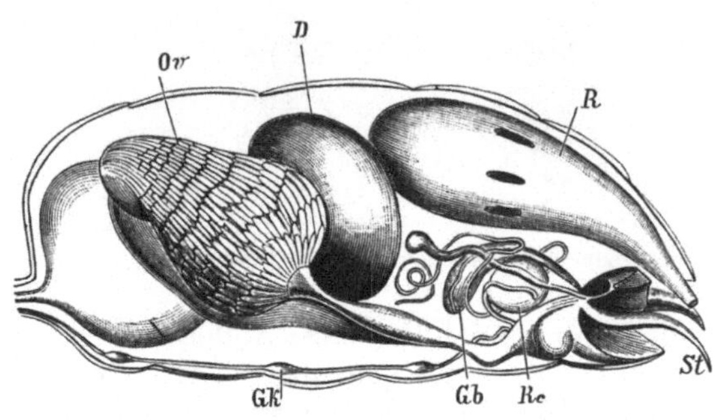

Abb. 785. Die Eingeweide des Hinterleibes der Bienenkönigin. (Nach R. LEUCKART.) *D* Darm, *Gb* Giftdrüsenblase, *Gk* Bauchganglienkette, *Ov* Ovarium, *R* Rectum mit den Rectaldrüsen, *Rc* Receptaculum seminis, *St* Stachel.

(Abb. 784). Im männlichen Geschlechte verbinden sich mit den Samenleitern der beiden, zuweilen zu einem unpaaren Organ vereinigten Hoden zwei akzessorische Drüsen, während der gemeinsame Ductus ejaculatorius mit einem umfangreichen ausstülpbaren Penis endet.

Bei zahlreichen Ameisen finden sich Stridulationsorgane in Form von Rillen an der Vorderseite der Abdominalsegmente, die durch die Hinterleiste der vorhergehenden Segmente angerieben werden.

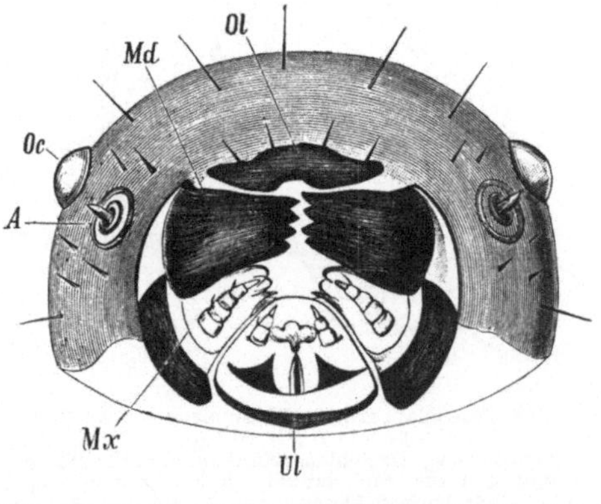

Die Larven der *Symphyta* (Blatt- und Holzwespen) sind raupenförmig und leben frei, meist von Blättern. Sie besitzen jederseits ein einfaches großes Auge (Abb. 786) und außer den Thoracalbeinen in der Regel sechs bis acht Paare von Abdominalfüßen (Abb. 787 b). Die Larven der *Apocrita* sind madenartig (Abb. 790 d) und leben entweder parasitisch im Leibe von Insecten (bei *Chalcididen* eine Art Hypermetamorphose mit sehr abweichend gestalteten Larvenformen [Abb. 742] durchlaufend), oder in Pflanzen, oder in Brut räumen von pflanzlicher wie von

Abb. 786. Kopf der Larve einer Tenthredinide (*Lophyrus*) von vorne gesehen. *A* Antenne, *Md* Mandibel, *Mx* Maxille mit Taster, *Oc* Ocellus, *Ol* Oberlippe, *Ul* Unterlippe mit Taster.

tierischer Nahrung, die sie entweder aufgespeichert vorfinden oder ihnen während des Heranwachsens zugeführt wird. Meist besitzen sie, wie z. B. die Larven der Bienen und Wespen, einen kleinen einziehbaren Kopf mit kurzen Mandibeln und Freßspitzen (Kiefer und Unterlippe). Das Lumen des Mitteldarmes kommuniziert nicht mit dem des Enddarmes. Die meisten Larven spinnen sich zur Verpuppung eine unregelmäßige Hülle oder einen festeren Kokon aus seidenartigen Fäden. Die der Wespen und Bienen erfahren dann bald eine Häutung, mit der sie jedoch erst in ein Vorstadium der Puppe, die Halbpuppe (Subnymphe), eintreten (Abb. 740).

Bei einigen im Larvenleben parasitischen Hymenopteren (wie *Ageniaspis fuscicollis, Platygaster minutula*) tritt durch Zerfall des Keimes im Morulastadium regelmäßig Polyembryonie auf.

1. Unterordnung. *Symphyta.* Thorax nur aus den drei Thoracalsegmenten gebildet; der Hinterleib demselben mit breiter Basis ansitzend. Flügel vollkommen geadert. Trochanter zweiringelig. Larven raupenförmig.

Fam. *Tenthredinidae*, Blattwespen. Hinterleib mit kurzem Legebohrer. Die den Schmetterlingsraupen ähnlichen Larven selten mit drei, meist mit neun bis elf Beinpaaren. Die Weibchen legen die Eier in die Haut von Blättern, der Stich veranlaßt den Zufluß von Pflanzensäften, zuweilen gallenartige Bildungen (Cecidien). Die ausschlüpfenden Larven nähren sich von Blättern, leben in der Jugend oft gemeinsam und verpuppen sich in einem Kokon. Von den Schmetterlingsraupen unterscheiden sich diese sogenannten Afterraupen durch die größere Zahl (12—16) der Abdominalfüße und die beiden Punktaugen des Kopfes (Abb. 786). *Cimbex femorata* L. Larve auf Weiden. *Arge (Hylotoma) rosae* L. *Athalia spinarum* FABR., Rübenblattwespe. Auf Kohlarten (Abb. 787). *Tenthredo scalaris* KL. *Eriocampoides (Caliroa) limacina* RETZ. Auf Obstbäumen. Die gelbliche Larve mit dunkelgrünem

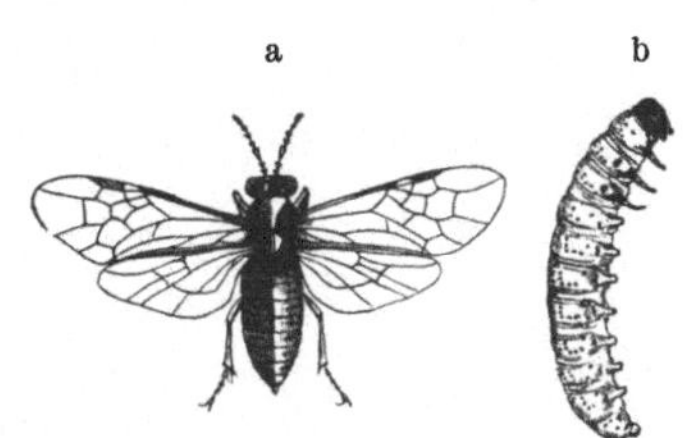

Abb. 787. a *Athalia spinarum* (aus NÖRDLINGER). $^{1\cdot8}/_1$ b Larve von *Athalia.* $^{1\cdot5}/_1$

Schleim überdeckt, wie eine Nacktschnecke aussehend. *Pteronidea ribesi* SCOP. (*Nematus ventricosus* LATR.). Larve auf Stachelbeeren. *Lophyrus pini* L., Kiefernblattwespe. *Lyda hieroglyphica* CHRIST (*campestris* F.). Larve ohne Bauchfüße. *Cephus pygmaeus* M., Getreidehalmwespe. Europa.

Fam. *Siricidae*, Holzwespen. Abdomen mit gespaltener erster Dorsalplatte und meist langem, frei vorstehendem Legebohrer. Die Weibchen bohren Holz an und legen ihre Eier in dasselbe. Die Larven ohne Bauchfüße bohren sich im Holz weiter und haben eine beträchtliche Lebensdauer. *Sirex (Urocerus) gigas* L., Riesenholzwespe. Europa.

2. Unterordnung. *Apocrita.* Das erste Abdominalsegment in die Bildung des Thorax eingezogen. Abdomen gestielt. Larven madenförmig.

1. Sektion. *Terebrantia.* Weibchen mit Legebohrer (Terebra), der frei am Hinterleibsende hervorsteht.

Fam. *Cynipidae*, Gallwespen. Thorax buckelförmig erhoben. Hinterleib meist kurz, seitlich komprimiert. Der an der Bauchseite desselben entspringende Legebohrer ist mit der Spitze aufwärts gerichtet. Die Weibchen legen die Eier in Pflanzenteile und veranlassen durch den Reiz einer ausfließenden scharfen Flüssigkeit die Entstehung der als *Gallen (Cecidien)* bekannten Auswüchse, in denen entweder eine oder zahlreiche fußlose Larven ihre Nahrung finden. Wegen des Gehaltes an Gerbsäure finden gewisse Gallen eine offizinelle Verwendung, namentlich die kleinasiatischen (Aleppo) Eichengallen. Von manchen Formen sind bis jetzt nur Weibchen bekannt, deren Eier sich parthenogenetisch entwickeln, bei vielen ist Heterogonie nachgewiesen. Einige Cynipiden legen ihre Eier in die Gallen anderer Arten, manche in Insecten. *Andricus quercus-*

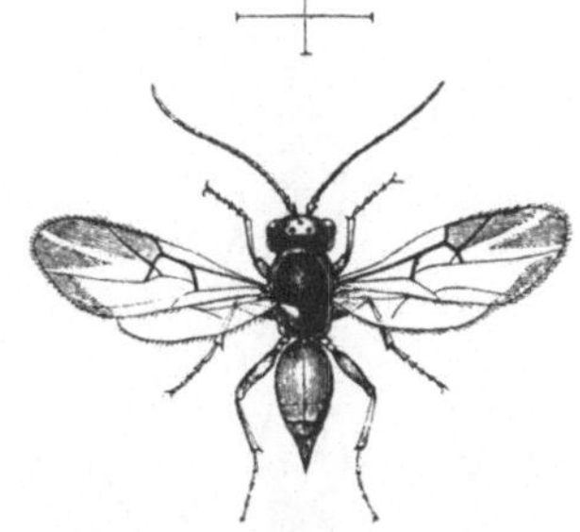

Abb. 788. *Rhodites rosae* (aus BRANDT u. RATZEBURG).

radicis BURGSD. *Diplolepis (Dryophanta) quercus-folii* L. *Cynips gallae-tinctoriae* OL. Erzeugt die sogenannten Istrischen Gallen und Aleppogallen. *C. quercus-calicis* BURGSD. Erzeugt die Knoppern. Südeuropa, Kleinasien. *Biorhiza pallida* OL. Weibchen häufig mit verkümmerten Flügeln oder flügellos. *Rhodites rosae* L., Rosengallwespe, erzeugt den sogenannten Bedeguar der Rosen (Abb. 788). *Figites scutellaris* ROSSI. Larven parasitisch in der *Sarcophaga*made. Europa.

Fam. *Ichneumonidae*, Schlupfwespen. Fühler lang, gerade. Vorderflügel mit Randmal. Legebohrer stachelartig, häufig weit hervorragend. Die Weibchen legen die Eier in oder an Larven oder Puppen von Insecten. *Ichneumon corruscator* L. *Trogus lutorius* F., Larve

in Schwärmerraupen. *Rhyssa persuasoria* L. *Ephialtes (Pimpla) manifestator* L. (Abb. 789),
Larve in Käferpuppen. *Ophion luteus* L., Larve in Spinnerraupen. *Paniscus testaceus* GRAV.,
Europa.

Fam. *Braconidae*. Fühler lang, meist borstenförmig. Vorderflügel mit Randmal. 2. und
3. Abdominalring unbeweglich untereinander verbunden. Die
Larven schmarotzen in Larven und Imagines von Insecten.
Bracon impostor SCOP. *Apanteles (Microgaster) glomeratus* L.,
Larve in der Raupe des Kohlweißlings. *Aphidius rosarum*
NEES. Larve in der Rosenblattlaus. *Aspilota nervosa* HALID.
Larve in der Puppe von *Phora incrassata*. Europa. *Habrobracon
juglandis* ASHM. Kalifornien (Abb. 31).

Fam. *Chalcididae (Pteromalidae)*, Erzwespen (Zehrwespen).
Fühler kurz, gebrochen. Vorderflügel ohne Randmal. Legebohrer vor der Hinterleibsspitze ventral entspringend. Meist
kleine buntgefärbte Formen deren Larven in Eiern, Larven
oder Puppen anderer Insecten schmarotzen. *Chalcis femorata*
NEES. *Torymus bedeguaris* L. Larve in Rosenbedeguar.
Ageniaspis (Encyrtus) fuscicollis DALM. *Encyrtus scutellaris*
DALM. *Prestwichia aquatica* LUBB. Beim Männchen Flügel
rudimentär. Das Tier lebt tagelang unter Wasser. *Pteromalus
puparum* L. Larve in Puppen von Tagschmetterlingen. *Blasto-
phaga psenes* L., Feigengallwespe. Männchen ungeflügelt.
Teleas clavicornis LATR. *Inostemma piricola* KIEFF. *Trichacis
remulus* WLK. *Platygaster minutula* D. T. (*Polygnotus minutus*
LINDEM.). Europa.

Fam. *Evaniidae*. Vorderflügel mit Randmal. Hinterleib
hoch eingelenkt. Larven schmarotzen in Insectenlarven.
Evania appendigaster L. *Gasteruption (Foenus) affectator* L.
Europa.

Fam. *Chrysididae*. Goldwespen. Körper cylindrisch, meist
zum Zusammenkugeln, hartschalig und metallisch gefärbt.
Die Weibchen legen ihre Eier in die Nester anderer Hymenopteren. *Chrysis ignita* L. Europa.

2. Sektion. *Aculeata*. Weibchen mit zurückziehbarem
Giftstachel.

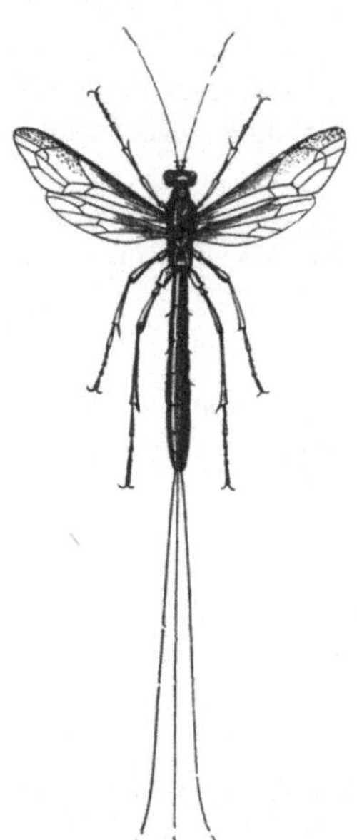

Abb. 789. *Ephialtes (Pimpla)
manifestator* (aus règne animal).
$^2/_3$

Fam. *Formicidae*, Ameisen. Fühler gekniet. Flügel hinfällig. Leben gemeinsam in Gesellschaften, welche neben den geflügelten Männchen und Weibchen kleine ungeflügelte
Arbeiter mit stärkerem Prothorax in Überzahl enthalten (Abb. 790). Nach der Größe des
Kopfes und der Kiefer zerfallen die
letzteren zuweilen wieder in zwei Formenreihen, in Soldaten und eigentliche Arbeiter. Wie die Weibchen
sind auch die Arbeiter als verkümmerte Weibchen mit einer Giftdrüse
versehen, deren saures Secret (Amei-
sensäure) sie entweder mit Hilfe des
Giftstachels entleeren oder beim
Mangel des letzteren in die von den
Mandibeln gemachte Wunde ein-
spritzen. Die Bauten der Ameisen
bestehen aus Gängen und Höhlungen,
welche in morschen Bäumen, in der
Erde oder in hügelartig aufgetragenen
Haufen angelegt sind. Wintervorräte
werden in diese Räume nicht einge-
tragen, da die Arbeiterameisen, die
mit den Königinnen in der Tiefe ihrer
Wohnungen überwintern, in eine Art
Winterschlaf verfallen, während die
Männchen im Herbste absterben. Im
Frühjahr finden sich auch die Larven,

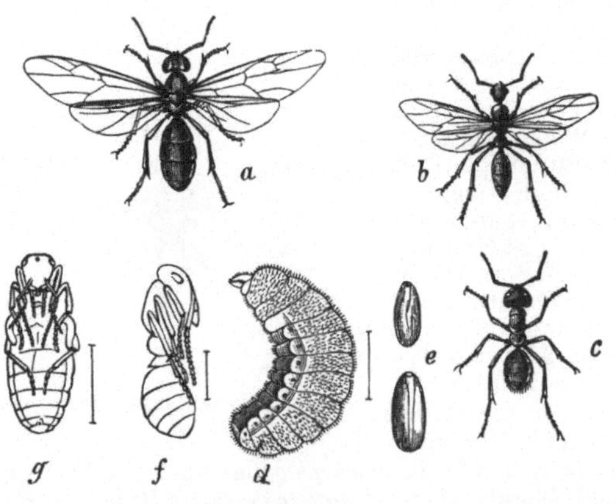

Abb. 790. *Camponotus herculeanus.* $^1/_1$. a Weibchen, b Männchen, c Arbeiterin. — *Formica rufa.* d Larve, e Puppe im
Kokon, f, g Puppe aus dem Kokon befreit (aus BREHM).

welche von den Arbeitern sorgfältig gepflegt, gefüttert und verteidigt werden. Dieselben
verwandeln sich in eiförmigen Kokons zu Puppen (sogenannten Ameiseneiern) und entwickeln sich teils zu Arbeitern, teils zu den geflügelten Geschlechtstieren, die bei uns im
Laufe des Sommers erscheinen und sich im Fluge begatten. Nach der Begattung gehen die

Männchen zugrunde, die Weibchen aber verlieren die Flügel und werden von den Arbeitern in die Bauten zur Eierablage zurückgetragen oder gründen auch mit einem Teile der Arbeiter neue Gesellschaften. In den Tropengegenden unternehmen die Ameisen in ungeheuren Scharen gemeinsame Wanderungen und können zu einer wahren Plage werden, wenn sie, in die Häuser eindringend, alles Eßbare zerstören. Besonders schädlich sind manche Formen dadurch, daß sie junge Bäume und Pflanzen entlauben (Blattschneiderameisen). Nützlich aber erweisen sich einige Formen sowohl durch die Kämpfe mit den Termiten, als durch Zerstörung anderer schädlicher Insecten, wie Blattiden. Viele Arten, insbesondere der Gattung *Eciton*, sind Raubameisen und überfallen andere Ameisenkolonien. Gewisse Arten sollen sich in Kämpfe mit fremden Ameisenstaaten einlassen, deren Brut rauben und zur Dienstleistung in ihren eigenen Bauten erziehen (Amazonenstaaten, *Polyergus rufescens, Formica sanguinea*). Unbestreitbar ist die relativ hohe Lebensstufe. Die Ameisen halten sich Blattläuse gewissermaßen als zu melkende Kühe, tragen Vorräte in ihre Wohnungen und ziehen in geordneten Kolonnen in den Kampf aus. Viele tropische Formen der Gattung *Atta* züchten in ihrem Bau Pilzmycelien (Pilzgärten) als Nahrungsquelle. Im Kontrast zu den Raubzügen der Sklavenstaaten stehen die freundschaftlichen Beziehungen der Ameisen zu anderen Insecten, welche als Myrmecophilen in den Ameisenhaufen sich aufhalten (Larven von *Cetonia*, ferner *Zyras* [*Myrmedonia*], *Lomechusa, Claviger*). *Camponotus ligniperda* LATR. Europa. *C. herculeanus* L. (Abb. 790), Roßameise. Europa, Nordasien, Nordamerika. *Solenopsis fugax* LATR., Diebsameise. Winzig klein. Europa, Nordasien. *Polyergus rufescens* LATR. *Formica rufa* L., Waldameise. *F. sanguinea* LATR. Europa, Nordasien, Nordamerika. *Lasius fuliginosus* LATR., Holzameise. Europa, Asien. *L. niger* L., *Myrmica rubra* L. Mit Giftstachel. *Aphænogaster subterranea* LATR. Mit Giftstachel. Europa, Nordasien, Nordamerika. *Atta cephalotes* FABR. Sauba, Blattschneiderameise. Südamerika. *Oecophylla smaragdina* F. eine Weberameise. Bedient sich beim Bau des Nestes ihrer spinnenden Larven als Werkzeuge. Tropisches Afrika, Ostindien. *Crematogaster sordidula* NYL. Südeuropa, Centralasien.

Fam. *Scoliidae* (*Heterogyna*). Pronotum bis zur Flügelbasis reichend. Männchen und Weibchen in Form, Größe und Fühlerbau sehr verschieden. Die Weibchen, mit verkürzten Flügeln oder flügellos, legen ihre Eier an anderen Insecten oder in Bienennestern ab, ohne sich um die Ernährung und Pflege der Brut zu kümmern. *Scolia flavifrons* F. (*hortorum* F.). Die Larve lebt an der des Nashornkäfers parasitisch. Europa. Hier schließt sich an *Mutilla europaea* L. Weibchen ungeflügelt. Larve parasitisch in Hummelnestern.

Fam. *Vespidae*, Faltenwespen. Mit schlankem, glattem Leibe und schmalen, der Länge nach zusammenfaltbaren Vorderflügeln. Pronotum bis zur Flügelbasis reichend. Leben bald in Gesellschaften, bald solitär, im ersteren Falle sind auch die Arbeiter geflügelt. Die Weibchen der solitär lebenden Wespen bauen ihre Brutzellen im Sande, auch an Stengeln von Pflanzen aus Sand und Lehm und füllen sie sehr selten mit Honig, in der Regel mit herbeigetragenen Insecten, namentlich Raupen und Spinnen, wodurch sie sich in ihrer Lebensweise den Grabwespen anschließen. Die gesellschaftlich vereinigten Wespen bauen ihre Nester aus zernagtem Holze, welches sie zu papierartigen Platten verarbeiten und zur Anlage regelmäßig sechseckiger Zellen verkleben. Entweder werden die aus einer einfachen Lage aneinandergefügter Zellen gebildeten Waben frei an Baumzweigen oder in Erdlöchern und hohlen Bäumen aufgehängt oder mit einem gemeinsamen blättrigen Außenbau umgeben, an dessen unterer Fläche das Flugloch liegt. In diesem Falle besteht der Innenbau häufig aus mehreren wagrecht aufgehängten Waben, welche wie Etagen übereinanderliegen und durch Strebepfeiler verbunden sind. Die Öffnungen der sechseckigen, vertikal gestellten Zellen sind nach unten gerichtet. Die Anlage eines jeden Wespenbaues wird im Frühjahre von einem einzigen, im Herbste des Vorjahres befruchteten und überwinterten Weibchen angelegt, welches im Laufe des Frühjahres und Sommers Arbeiter erzeugt, die ihm bei der Vergrößerung des Baues und bei der Erziehung der Brut zur Seite stehen, und von denen nicht selten auch die größeren, im Laufe des Sommers erzeugten Formen an der Eierlage sich beteiligen und parthenogenetisch (zu männlichen Wespen) sich entwickelnde Eier legen. Die Larven werden mit zerkauten Insecten gefüttert und verwandeln sich in einem zarten Gespinst innerhalb der zugedeckten Zellen in die Puppen. Die ausgebildeten Tiere nähren sich in der Regel von süßen Substanzen und Honigsäften, die sie auch gelegentlich eintragen sollen (*Polistes*). Erst im Spätsommer treten Weibchen und Männchen auf, welche sich im Fluge hoch in der Luft begatten. Letztere gehen bald zugrunde, wie sich überhaupt der gesamte Wespenstaat im Herbste auflöst; die befruchteten Weibchen dagegen überwintern unter Steinen und Moos, um im nächsten Jahre einzelne neue Staaten zu gründen. Bei tropischen Wespen (*Polybia, Synoeca* u. a.) hingegen überdauern die Nester den Winter; die Kolonien enthalten zahlreiche befruchtete Weibchen und senden Schwärme aus gleich der Honigbiene, Verhältnisse, die als ursprünglichere anzusehen sind (H. v. JHERING). *Vespa crabro* L., Hornisse (Abb. 308 b). *V. vulgaris* L., gemeine Wespe. Europa. *V. germanica* F. Nördl. Hemisphäre. *Polistes gallicus* L. Nester ohne Umhüllungsblätter, aus einer gestielten Wabe bestehend. Europa. *Polybia sedula* SAUSS. *Synoeca cyanea* F. Brasilien. *Odynerus (Ancistrocerus) parietum* L. Lebt solitär. Europa.

Fam. *Pompilidae.* Pronotum bis zur Flügelbasis reichend. Flügel meist groß und breit. Beine sehr verlängert mit gestachelten Schienen. Stimmen in der Lebensweise mit den Sphegiden überein. Larvennahrung sind Spinnen. *Pompilus (Anoplius) viaticus* F. (*fuscus* L.). Europa.

Fam. *Sphegidae,* Grabwespen. Pronotum nicht bis zur Flügelbasis reichend. Solitär lebende Hymenopteren mit ungebrochenen Fühlern und verlängerten Beinen, von Honig und Pollen lebend. Die Weibchen graben Gänge und Röhren meist im Sande und in der Erde, jedoch auch in trockenem Holze, und legen am Ende derselben ihre Brutzellen an,

welche je mit einem Ei und tierischem Nahrungsmaterial für die ausschlüpfende Larve besetzt werden. Einige (*Bembex*) tragen den in offenen Zellen heranwachsenden Larven täglich frisches Futter zu, andere haben in der geschlossenen Zelle so viele Insecten angehäuft, als die Larve zur Entwicklung braucht. Im letzteren Falle sind die herbeigetragenen Insecten durch einen Stich in das Bauchmark gelähmt. Meist erbeuten die einzelnen Arten ganz bestimmte Insecten (Raupen, Curculioniden, Buprestiden, Acrydier usw.), die sie in höchst überraschender Weise bewältigen und lähmen. *Ammophila sabulosa* L. *Sphex (Chlorion) maxillosus* F. *Cerceris arenaria* L. (Abb. 791). *Nysson spinosus* FORST. *Bembex rostrata* L. *Crabro cribrarius* L., Siebwespe. Europa.

Abb. 791. *Cerceris arenaria* (aus règne animal). ¹·⁵/₁

Fam. *Apidae,* Bienen. Pronotum nicht bis zur Flügelbasis reichend. Schienen und Tarsen der Hinterbeine verbreitert, das erste Tarsalglied an der Innenseite bürstenförmig behaart (Fersenbürste). Vorderflügel nicht zusammenfaltbar. Leib behaart. Die Haare an den Hinterbeinen oder am Bauch als Sammelapparat des Pollens dienend (Schienensammler oder Bauchsammler). Die Unterlippe und Unterkiefer erreichen oft eine sehr bedeutende Länge. Letztere legen sich scheidenförmig um die Zunge und haben rudimentäre Taster. Die Bie-

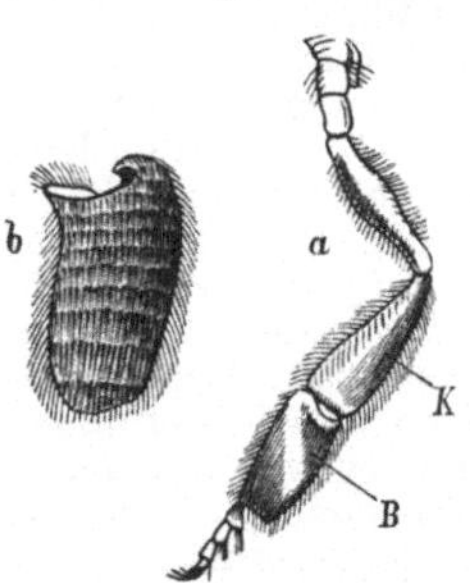

nen leben sowohl solitär als in Gesellschaften; letztere besitzen sogenannte Arbeiter. Die Bienen legen ihre Nester in Mauern, unter der Erde und in hohlen Bäumen an und füttern ihre Larven mit Honig und Pollen. Einige bauen keine Nester, sondern legen ihre Eier in die gefüllten Zellen anderer Bienen (Schmarotzerbienen). *Prosopis variegata* F. *Melecta luctuosa* SCOP. *Nomada ruficornis* L. Beide letzteren Schmarotzerbienen. *Megachile centuncularis* L. *Chalicodoma muraria* F., Mörtelbiene. *Osmia cornuta* Latr., Mauerbiene. *Anthidium manicatum* L. *Halictus sexcinctus* F. *Andrena cineraria* L., Erdbiene. *Dasypoda plumipes* PANZ. *Xylocopa violacea* F., Holzbiene, baut senkrechte Gänge im Holz und teilt sie durch Querwände in Zellen. *Anthophora retusa* L. *Eucera longicornis* L. Europa.

Abb. 792. a Hinterbein der Arbeiterin von *Apis mellifica,* b Bürstchen, stärker vergr. *K* Körbchen an der Tibia, *B* vergrößertes erstes Tarsalglied mit dem Bürstchen auf der Innenseite.

Bombus LATR., Hummel. Körper plump, pelzartig behaart. Die Nester werden meist in Löchern unter der Erde angelegt und umfassen eine nur geringe Zahl, etwa 50—200, selten bis zu 500 Arbeitshummeln neben dem befruchteten Weibchen. Sie bauen keine künstlichen Waben, sondern häufen unregelmäßige Massen von Pollen an, welche mit Eiern besetzt werden und den ausschlüpfenden Maden zur Nahrung dienen. Diese fressen in den Pollenklumpen zellige Höhlungen aus und bilden ausgewachsen eiförmige, frei, aber unregelmäßig nebeneinanderliegende Kokons. Auch das Hummelnest wird von einem einzigen überwinterten Weibchen gegründet, das anfangs die Geschäfte der Brutpflege allein besorgt; später beteiligen sich an demselben die ausgeschlüpften, verschieden großen Arbeiter, die selbst auch unbefruchtete Eier ablegen. Wie bei tropischen Wespen überdauern auch die Nester tropischer *Bombus*-Formen den Winter, enthalten mehrere befruchtete Weibchen und entsenden Schwärme (R. v. JHERING). *B. lapidarius* L., *B. terrestris* L., *B. hortorum* L., *Psithyrus rupestris* F., Schmarotzerhummel. Europa.

Apis L., Honigbiene. Mit eingliedrigen Kiefertastern. Die Arbeiter mit seitlichen getrennten Augen; die Außenfläche der Hinterschienen grubenartig eingedrückt, von einfachen Randborsten umstellt (Körbchen), die Innenfläche des Tarsus mit regelmäßigen Borstenreihen besetzt (Bürstchen) (Abb. 792). Das Weibchen, Königin oder Weisel, mit kürzerer Zunge, längerem Hinterleib, das Männchen, Drohne, mit großen zusammenstoßenden Augen, breitem Hinterleib und kurzen Mundteilen, beide ohne Körbchen und Bürstchen. *A. mellifica*, Honigbiene, mit verschiedenen Varietäten, wie italienische (*m.-ligustica*), ägyptische (*m.-fasciata*) Biene u. a. Weit verbreitet (Abb. 783). Bei Arbeitern und Königin ein vorstülpbares Duftorgan zwischen 5. und 6. Abdominaltergit. Die Arbeitsbienen (s. S. 257) bauen in hohlen Bäumen oder in sonst geschützten Räumen, unter dem Einfluß der menschlichen Pflege in zweckmäßig eingerichteten Körben oder in Stöcken, stets senkrechte Waben. Das zum Wabenbau verwendete Wachs erzeugen sie als Umsatzprodukt des Honigs und secernieren es in Form kleiner Täfelchen an den ventralen Schienen der vier letzten Hinterleibssegmente. Die Waben bestehen aus zwei Lagen von horizontalen sechsseitigen Zellen, deren Boden aus drei Rhombenflächen gebildet wird. Die kleineren Zellen dienen zur Aufnahme von Vorräten (Honig und Blütenstaub) und der Arbeiterbrut, die größeren für die Aufnahme von Honig und Drohnenbrut. Außerdem findet sich am Rande der Waben zu bestimmten Zeiten eine geringe Anzahl von großen unregelmäßigen Königinnenzellen (Weiselwiegen), in welchen die Larven der weiblichen Bienen aufgezogen werden. Wenn die Zellen mit Honig gefüllt sind oder die in ihnen befindlichen Larven die Reife zur Verpuppung erlangt haben, werden sie bedeckelt. Eine kleine Öffnung am Grunde des Stockes dient als Flugloch, im übrigen sind alle Spalten und Ritzen mit Stopfwachs (Propolis), der harzigen Substanz von Pflanzenknospen, verklebt, und es dringt kein Lichtstrahl in das Innere des Baues. Die Arbeitsteilung ist in keinem Hymenopterenstaate so streng durchgeführt wie in dem der Bienen. Normalerweise ist nur eine befruchtete Königin da und besorgt einzig und allein die Ablage der Eier, von denen sie an einem Tage gegen 3000 abzusetzen imstande ist. Die Arbeitsbienen teilen sich in die Geschäfte des Honigerwerbes, der Wachsbereitung, der Fütterung der Brut und des Ausbaues des Stockes. Die Drohnen, überdies nur zur Schwarmzeit in verhältnismäßig geringer Zahl vorhanden (200 bis 300 in einem Stocke von 20000—30000 Arbeitern), besorgen keinerlei Arbeit im Stocke. Die aus unbefruchteten Eiern entstandenen Drohnen werden zu Herbstanfang aus dem Stocke gedrängt (Drohnenschlacht) und gehen zugrunde, desgleichen sterben mit Beginn des Winters zahlreiche Arbeiterinnen ab; die Königin und die übrigen Arbeitsbienen überwintern, von den angehäuften Vorräten zehrend, unter dem Wärmeschutz des dichten Zusammenlebens im Stocke. Noch vor dem Reinigungsausflug in den ersten Tagen des erwachenden Frühlings belegt die Königin zuerst die Arbeiterzellen, später auch Drohnenzellen mit Eiern. Dann werden auch einige Weiselwiegen belegt und in Intervallen jede mit einem befruchteten Ei besetzt. In diesen letzteren werden die Larven durch reichlichere Nahrung und königliche Kost (Futterbrei) zu geschlechtsreifen, begattungsfähigen Weibchen, Königinnen, erzogen. Bevor die älteste der jungen Königinnen ausschlüpft — die von der Absetzung des Eies bis zum Ausschlüpfen 16 Tage braucht, während sich die Arbeiter in 21, die Drohnen in 24 Tagen entwickeln — verläßt die Mutterkönigin mit einem Teile des Bienenvolkes den Stock (Vorschwarm). Die ausgeschlüpfte junge Königin tötet entweder die noch vorhandene Brut von Königinnen und bleibt dann in dem alten Stock, oder verläßt ebenfalls, wenn sie von jenem Geschäfte durch die Arbeiter zurückgehalten wird und die Volksmenge noch groß genug ist, vor dem Ausschlüpfen einer zweiten Königin den alten Stock mit einem Teile der Arbeiter (Nachschwarm oder Jungfernschwarm). Bald nach ihrem Ausschlüpfen hält die junge Königin ihren Hochzeitsflug und kehrt mit dem Begattungszeichen in den Stock zurück. Nur einmal begattet sich die Königin während ihrer ganzen, auf 4—5 Jahre ausgedehnten Lebensdauer; sie ist von da an imstande, männliche und weibliche Brut zu erzeugen. Eine flügellahme, zur Begattung untaugliche Königin legt nur Drohneneier, ebenso die befruchtete Königin im hohen Alter bei erschöpftem Inhalt des Receptaculum seminis. Auch Arbeiter können zum Legen von Drohneneiern fähig werden (Drohnenmütterchen), die Larven der Arbeiter aber im frühen Alter (unter 3 Tagen) durch besondere Ernährung zu Königinnen erzogen werden. Als Parasiten an Bienenstöcken sind hervorzuheben: der Totenkopfschwärmer, die Wachsmotte, die Larve der Faulbrutfliege (*Phora incrassata*), jene vom Bienenwolf (*Trichodes apiarius*) und die Bienenlaus (*Braula coeca*). *A. dorsata* F., indische Riesenbiene. Ostindien.

Hier schließt sich an *Melipona* ILL. Kleine stachellose Bienen. Auch hier ist nur eine Königin vorhanden. Die Nestanlage erfolgt meist in Baumhöhlungen. Die Brutwaben sind gewöhnlich horizontal gelagert und bestehen nur aus einer Zellenlage. Die Brutzellen werden schon vor Ablage des Eies mit Pollen und Honig gefüllt und nachher zugedeckelt. Auch verfertigen die Arbeiter außerhalb des Brutwabenraumes zur Aufspeicherung von Honig und Pollen große faßförmige, unregelmäßig angeordnete Behälter. *M. anthidioides* LEP., Mandassaiabiene. Brasilien.

17. Ordnung. Rhynchota, Schnabelkerfe[1].

Insecten mit gegliedertem, aus der Unterlippe hervorgegangenem Schnabel (Rostrum), stechenden Mundwerkzeugen, mit in der Regel freiem Prothorax, ohne oder mit halbvollkommener, selten vollkommener Metamorphose.

Die Mundwerkzeuge, durchwegs zur Aufnahme einer flüssigen Nahrung eingerichtet, stellen gewöhnlich einen Schnabel dar, in welchem die Mandibeln und Maxillen (nach HEYMONS sind es die Innenladen der Maxillen, während der Maxillenstamm sich an der Bildung der Kopfwand beteiligt) als vier grätenartige Stechborsten vor- und zurückgeschoben werden (Abb. 714). Der Schnabel (*Rostrum*), aus der Unterlippe hervorgegangen, ist eine drei- bis viergliedrige, nach der Spitze verschmälerte, ziemlich geschlossene Rinne und wird an der breiteren klaffenden Basis von der verlängerten dreieckigen Oberlippe bedeckt. Die Fühler sind entweder kurz, dreigliedrig, mit borstenförmigem Endgliede oder mehrgliedrig und oft langgestreckt. Die Facettenaugen bleiben klein, häufig finden sich zwei Ocellen. Ein tympanales Gehörorgan findet sich am 2. Abdominalsegmente der Singzikaden. Der Prothorax ist meist groß und frei beweglich. Flügel fehlen zuweilen ganz, zuweilen nur im weiblichen Geschlecht, selten sind zwei, in der Regel vier Flügel vorhanden, dann sind entweder die vorderen halbhornig und an der Spitze häutig (*Hemiptera*), oder vordere und hintere sind gleichgebildet und häutig (*Homoptera*), die vorderen zuweilen derber und pergamentartig. Die Beine sind in der Regel Gangbeine, dienen zuweilen aber auch zum Schwimmen, in anderen Fällen die hinteren zum Springen oder die vorderen zum Raube. Der Darmkanal zeichnet sich durch die umfangreichen Speicheldrüsen und durch den komplizierten, oft in drei Abschnitte geteilten Chylusmagen aus.

---

[1] Außer BURMEISTER, BONNET, DUFOUR, KYBER, REUTER, HANSEN, NÜSSLIN, TULLGREN, PUTON, NEWSTEAD, STRINDBERG vgl. KALTENBACH, J. H.: Monographie der Familie der Pflanzenläuse. Aachen 1843. — LEUCKART, R.: Die Fortpflanzung der Rindenläuse. Arch. Naturgesch. 1859. — FIEBER, F. X.: Die europäischen Hemipteren nach der analytischen Methode. Wien 1860. — STÅL, C.: Enumeratio Hemipterorum. Svensk. Vet. Akad. Hdl. 1870—1877. — MAYER, P.: Der Tonapparat der Cicaden. Z. Zool. 28 (1877). — SIGNORET, V.: Essai sur les Cochenilles ou Gallinsectes (Homoptères — Coccides). Paris 1877. — BUCKTON, G. B.: Monograph of the British Aphides. 4 Bde. London 1876—1883. — LÖW, FR.: Revision der paläarktischen Psylloden. Verh. zool.-bot. Ges. Wien 1882. — WITLACZIL, E.: Die Anatomie der Psylliden. Z. Zool. 42 (1885). — LIST, J. H.: *Orthezia cataphracta*. Ebenda 45 (1887). — WILL, L.: Entwicklungsgeschichte der viviparen Aphiden. Zool. Jb. 1888. — MELICHAR, L.: Cikadinen von Mitteleuropa. Berlin 1896. — HEYMONS, R.: Beiträge zur Morphologie und Entwicklungsgeschichte der Rhynchoten. Nova Acta 1899. — HANDLIRSCH, A.: Zur Kenntnis der Stridulationsorgane bei den Rhynchoten. Ann. Hofmus. Wien 15 (1900). — CORNU, M.: Études sur le *Phylloxera vastatrix*. Mém. Acad. Sci. Paris 1878. — BLOCHMANN, F.: Über die Geschlechtsgeneration von *Chermes abietis* L. Biol. Cbl. 1877. — DREYFUS, L.: Über Phylloxerinen. Wiesbaden 1889. — CHOLODKOVSKY, N.: Beiträge zu einer Monographie der Coniferenläuse. Horae Soc. entomol. Ross. 1895, 1896. — RITTER, C. u. E. H. RÜBSAMEN: Die Reblaus und ihre Lebensweise. Berlin 1900. — BEMIS, F. E.: The Aleurodids. Proc. U. S. Nat. Mus. Washington 1894. — MORDWILKO, A.: Zur Biologie und Morphologie der Pflanzenläuse. II. Horae Soc. entomol. Ross. (russ.) 33 (1901). — Beiträge zur Biologie der Pflanzenläuse. Biol. Cbl. 1907—1909. — FERNALD, M. E.: A Catalogue of the Coccidae of the World. Amherst 1903. — BÖRNER, C.: Eine monographische Studie über die Chermiden. Arb. biol. Reichsanst. Land- u. Forstw. 6 (1908). — GRASSI, B., FOÀ u. a.: Contributo alla conoscenza delle Fillosserine etc. Roma 1912. — KLODNITSKI, J.: Beiträge zur Kenntnis des Generationswechsels bei einigen Aphididae. Zool. Jb. 33 (1912). — MARCHAL, P.: Contribution à l'étude de la Biologie des Chermes. Ann. des Sci. natur. 1913. — CRAWFORD, D. L.: A Monograph of the jumping plant-lice or Psyllidae of the new world. Bull. U. S. Nat. Mus. 1914. — OSHANIN, B.: Katalog der palaearktischen Hemipteren. Berlin 1912. — VAN DUZEE, E.: Catalogue of the Hemiptera of America north of Mexico. Univ. of Californ. Publ. in Entomology 2 (1917). — MACGILLIVRAY, A. D.: The Coccidae. Urbana 1921. — VOGEL, R.: Über ein tympanales Sinnesorgan, das mutmaßliche Hörorgan der Singzikaden. Z. Anat. 67 (1923).

Meist sind vier MALPIGHISche Gefäße vorhanden. Das Bauchmark konzentriert sich oft auf drei, meist sogar auf zwei Ganglien. Mit Ausnahme der Cikaden besitzen die weiblichen Geschlechtsorgane nur vier bis acht Eiröhren, ein einfaches Receptaculum seminis und keine Begattungstasche. Die Hoden (Abb. 242 b) sind zwei oder mehr Schläuche, deren Samenleiter meist am unteren Ende blasenförmig anschwellen. Viele (Wanzen) verbreiten einen widerlichen Geruch, welcher von dem Secrete einer im Metathorax gelegenen, im letzteren Falle zwischen den Hinterbeinen ausmündenden Drüse herrührt. Andere (*Homopteren*) sondern durch Hautdrüsen (Abb. 724) einen Wachsflaum auf der Oberfläche ihres Körpers ab. Alle nähren sich von vegetabilischen oder tierischen Säften, zu denen sie sich vermittels der stechenden Gräten ihres Schnabels Zugang verschaffen, viele werden durch massenhaftes Auftreten jungen Pflanzen verderblich und erzeugen zum Teil gallenartige Auswüchse, andere sind Parasiten an Tieren. Die ausgeschlüpften Jungen besitzen bereits die Körperform und Lebensweise der geschlechtsreifen Tiere, entbehren aber der Flügel, die schon nach einer der ersten Häutungen als kleine Stummel auftreten. Die Singcikaden bedürfen eines Zeitraumes von mehreren Jahren zur Metamorphose. Ihre Larven haben Grabfüße und durchlaufen ein kurzes Ruhestadium (Abb. 794) vor Übergang in die Imago. Die *Aleurodiden* verwandeln sich unter der Larvencuticula, die männlichen Schildläuse innerhalb eines Kokons in eine ruhende Puppe und durchlaufen somit eine vollkommene Metamorphose.

Ein eigentümliches Stimmorgan findet sich am 1. Abdominalsegment der männlichen Singcikaden (Abb. 794 c und S. 706). Ferner besitzt eine Anzahl Wanzen Stridulationsorgane; bei den *Reduviiden* wird das Schrillgeräusch durch Reiben der Schnabelspitze an einer gerillten Längsrinne des Prothorax erzeugt.

1. Unterordnung. *Hemiptera, Wanzen.* Die vorderen Flügel sind halbhornig, halbhäutig (Hemielytra) und liegen dem Körper horizontal auf, die Hinterflügel häutig, faltbar, häufig mit gut entwickeltem Analfächer.

1. Sektion. *Gymnocerata (Geocores)*, Landwanzen. Fühler vorgestreckt, mittellang und vier- oder fünfgliedrig. Schnabel meist lang.

Fam. *Pentatomidae*, Schildwanzen. Kopf bis zu den Augen eingesenkt. Fühler lang, Scutellum sehr groß. *Sehirus (Cydnus) bicolor* L., Erdwanze. *Graphosoma lineatum* L. *Dolycoris baccarum* L. *Pentatoma (Tropicoris) rufipes* L., gemeine Baumwanze. *Palomena prasina* L. *Eurydema (Strachia) oleraceum* L.; Kohlwanze. Europa. *Eusthenes robustus* LEP. et SERV. Ostindien, China. *Euschistus euschistoides* VOLL. Nordamerika. *Brachynema quadripustulata* F. Mexiko, südl. Nordamerika.

Fam. *Coreidae*, Randwanzen. Fühler an der Oberseite des Kopfes eingelenkt. Thorax mit scharfrandigen Seitenflügeln. *Syromastes (Coreus) marginatus* L. Europa. *Anasa tristis* GEER. Nordamerika. *Protenor* STÅL. Hier schließt sich an *Aradus depressus* FABR. Europa.

Fam. *Lygaeidae*. Langwanzen. Fühler an der Unterseite des dreieckigen Kopfes eingelenkt. *Pyrrhocoris apterus* L., Feuerwanze. *Lygaeus equestris* L. Europa.

Fam. *Capsidae*, Blindwanzen. Kopf klein, dreieckig. Fühler borstenförmig. Punktaugen fehlen. Körper weichhäutig. *Capsus ruber* L. *Stenodema (Miris) laevigatum* L. *Calocoris sexguttatus* F. Europa.

Fam. *Cimicidae (Membranacei)*, Hautwanzen. Mit flachem Körper, Schnabel in einer Kehlrinne eingelegt. *Cimex (Acanthia) lectularius* L., Bettwanze. Flügellos.

Fam. *Reduviidae*, Schreitwanzen. Kopf frei vortretend, an der Basis halsförmig verengt. Schnabel bogenförmig abstehend. Beine stark, die vorderen zuweilen zu Raubbeinen gestaltet. Leben von anderen Insecten. *Reduvius personatus* L., Kotwanze. *Pirates hybridus* SCOP. (*stridulus* FABR.). *Rhinocoris (Harpactor) iracundus* PODA, Mordwanze. Europa.

Fam. *Hydrometridae (Ploteres)*, Wasserläufer. Körper linear gestreckt, fein behaart. Kopf fast so breit wie die Brust. Mittel- und Hinterbeine verlängert. Laufen auf der Oberfläche des Wassers und ernähren sich von Insecten. *Hydrometra (Limnobates) stagnorum* L. Hinterflügel fehlen. *Limnotrechus (Gerris) lacustris* L. Europa. *Halobates sericeus* ESCHZ. Flügellos. Still. Ozean.

2. Sektion. *Cryptocerata (Hydrocores)*, Wasserwanzen. Fühler kürzer als der Kopf, drei- oder viergliedrig, mehr oder minder versteckt, Schnabel kurz. Nähren sich von tierischen Säften.

Fam. *Nepidae*, Wasserskorpione. Körper flach. Die Vorderbeine sind kräftige Raubfüße. *Nepa cinerea* L. (Abb. 793). *Ranatra linearis* L. Europa. Beide mit langer Atemröhre am Hinterende. *Belostoma grande* L. Surinam. *B. niloticum* STÅL. Dalmatien. *Naucoris cimicoides* L. Europa.

Fam. *Notonectidae*, Rückenschwimmer. Rücken gewölbt, Bauchseite flach, beim Schwimmen nach oben gewendet. Kopf groß. Schienen und Fuß der Hinterbeine flach, beiderseits mit langen Haaren besetzt. *Corixa striata* L. *Notonecta glauca* L. Europa.

2. Unterordnung. *Homoptera*. Flügel meist gleichartig, seltener die vorderen derber; sie liegen dem Körper in der Ruhe dachförmig auf. Mundteile an die Kehle heruntergerückt.

1. Sektion. *Auchenorhyncha*, Cikaden, Zirpen. Vorderflügel oft undurchsichtig, lederartig. Kopf verhältnismäßig groß, mit kurzen, borstenförmigen Fühlern. Bei vielen sind die Hinterbeine Sprungbeine, mit denen sich die Tiere vor dem Fluge fortschnellen. Die Weibchen besitzen einen Legestachel und bringen die Eier oft unter die Rinde und in Zweige der Pflanzen.

Fam. *Cicadidae* (*Stridulantia*), Singcikaden. Körper plump, der kurze Kopf mit aufgetriebener Stirn. Vorderflügel gestreckt und länger als die Hinterflügel. Hinterbeine nicht zu Sprungbeinen entwickelt. Am 1. Abdominalsegment beim Männchen ein Stimmorgan, welches einen lautschrillenden Ton hervorbringt (Abb. 794 c). Als scheue Tiere halten sie

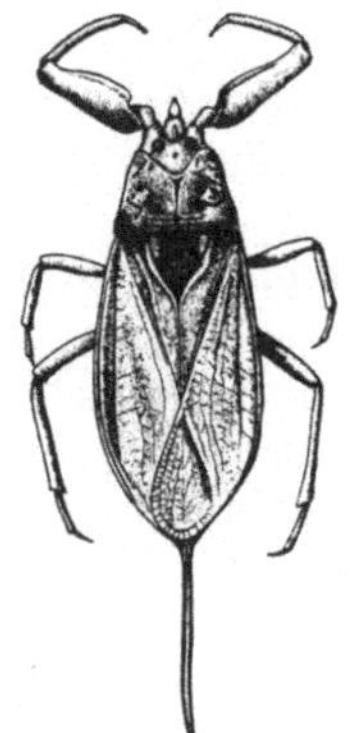

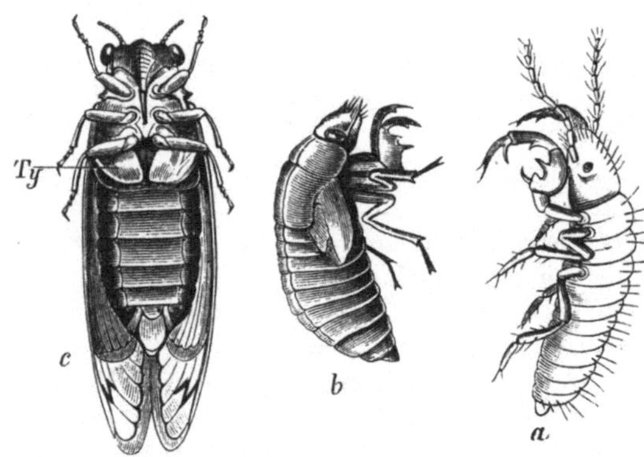

Abb. 793. *Nepa cinerea* (Orig. G.). 1·5/1

Abb. 794. *Tibicina septemdecim*. (Nach PACKARD.) ¹/₁. a Larve, b Puppe (Nymphe), c Männchen, *Ty* Deckel über dem Stimmorgan.

sich am Tage zwischen Blättern versteckt. Sie leben von den Säften junger Triebe und können durch ihren Stich das Ausfließen süßer Pflanzensäfte veranlassen, die zu dem Manna erhärten (*Tettigia orni*). Die ausschlüpfenden Larven (Abb. 794 a) graben sich mit ihren schaufelförmigen Vorderbeinen in die Erde und saugen Wurzeln an. *Tettigia orni* L., Mannacikade. *Cicada plebeja* SCOP. Südeuropa. *Tibicina septemdecim* L. Larvenzeit soll 17 Jahre dauern. Nordamerika (Abb. 794). *Tibicen haematodes* SCOP. Mittel- und Südeuropa. *Cicadetta montana* SCOP. Europa.

Fam. *Fulgoridae*, Leuchtzirpen. Kopf vielgestaltig. Vorderflügel mit Deckschüppchen. Bei vielen bedeckt sich der Hinterleib mit Wachsflaum und Wachssträngen, die bei einer Art (*Flata limbata*) in so reicher Menge secerniert werden, daß sie gewonnen werden und als „chinesisches Wachs" in den Handel kommen. *Fulgora laternaria* L., der Laternenträger aus Surinam, sollte nach den irrtümlichen Angaben MERIANS aus dem laternenförmigen Stirnfortsatze Licht ausstrahlen. *Pyrops candelaria* L., chinesischer Laternenträger. *Lystra lanata* L. Brasilien. *Flata limbata* FABR. China. *Issus coleopteratus* FABR. *Dictyophora europaea* L. Südeuropa.

Fam. *Triecphoridae*. Kopf mit vorgewölbter Stirn, Beine wenig bedornt. Mit Sprungbeinen. Die Larven mancher Formen (Schaumcikaden) lassen aus dem After, nach anderen Angaben auch aus dorsalen Hautdrüsen ein durch die Luft aus den Tracheen schaumig aufgeblasenes Secret (sogenannter Kuckucksspeichel) hervortreten, in das sie sich einhüllen. *Triecphora vulnerata* GERM. (*Cercopis sanguinolenta* L.). *Philaenus* (*Aphrophora*) *spumarius* L., Gemeine Schaumcikade. *Aphrophora alni* FALL. Europa.

Fam. *Membracidae*, Buckelzirpen. Kopf nach unten gerückt. Prothorax meist mit großem, den Hinterkörper überdeckendem buckelförmigen Fortsatze. *Membracis foliata* FABR. Brasilien. *Centrotus cornutus* L. Europa.

Fam. *Jassidae*. Mit frei vortretendem Kopf. Der Prothorax bedeckt den Mesothorax bis zum Scutellum. Vorderflügel lederartig. Hinterbeine verlängert und bedornt. *Ledra aurita* L. *Tettigoniella viridis* L. *Cicadula sexnotata* FALL., Zwergcikade. *Jassus atomarius* FABR. Europa.

2. Sektion. *Psylloidea*, Blattflöhe. Kleine Homopteren. Vorderflügel meist lederartig. Abdomen klein. Fühler lang, zehngliedrig. Beine kurz, die hinteren zum Sprunge dienend. Wachsabscheidungen kommen allgemein vor. Geben durch ihren Stich häufig Veranlassung zu Deformitäten von Blüten und Blättern. Stehen den Zirpen nahe.

Fam. *Psyllidae*. *Psylla alni* L., *P. fraxini* L. (Abb. 795), *Trioza urticae* L., *Livia juncorum* LATR., Binsenfloh. Europa.

3. Sektion. *Phytophthires*, Pflanzenläuse. Homopteren mit zwei häutigen, wenig geaderten Flügelpaaren, im weiblichen Geschlecht jedoch meist flügellos. Sehr häufig wird die Oberfläche der Haut von einem dichten Wachsflaum überdeckt, dem Produkte von Hautdrüsen (Abb. 724).

Fam. *Aleurodidae*. Beide Geschlechter mit vier Flügeln und von gleicher Form. Fühler sechsgliedrig. *Aleurodes chelidonii* LATR. auf Chelidonium, *A. aceris* GEOFFR. auf Ahorn. Europa.

Fam. *Aphidae*, Blattläuse. In der Regel mit vier durchsichtigen Flügeln, die jedoch dem Weibchen, selten auch dem Männchen fehlen können. Fühler lang. Die Blattläuse leben von Pflanzensäften aus Wurzeln, Blättern und Knospen bestimmter Pflanzen, häufig in den Räumen gallenartiger Anschwellungen oder Blattdeformitäten, die durch den Stich dieser Tiere erzeugt werden.

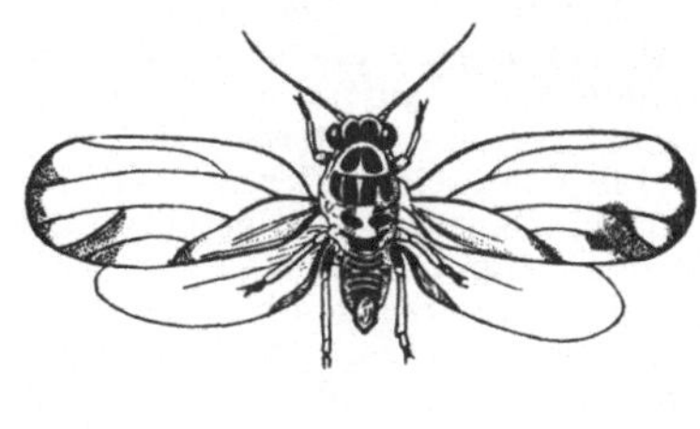

Abb. 795. *Psylla fraxini*. (Nach CURTIS.)

Viele besitzen auf der Rückenfläche des drittletzten Abdominalsegmentes zwei sogenannte „Honigröhren", die eine wachsartige Masse absondern. Die süße, von Ameisen eifrig aufgesuchte Flüssigkeit, der Honigtau, wird von den Excrementen gebildet. Außer den stets flügellosen Weibchen, welche meist erst im Herbste zugleich mit den meist geflügelten Männchen auftreten und nach der Begattung befruchtete Eier ablegen,

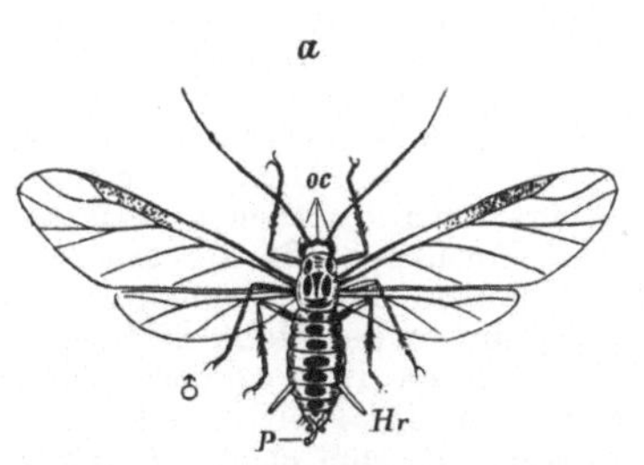

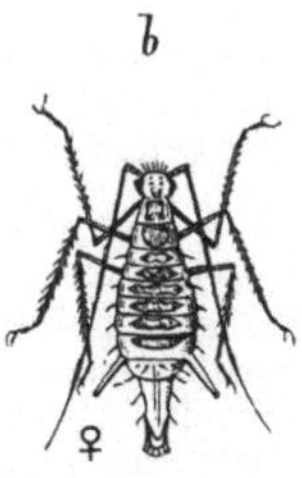

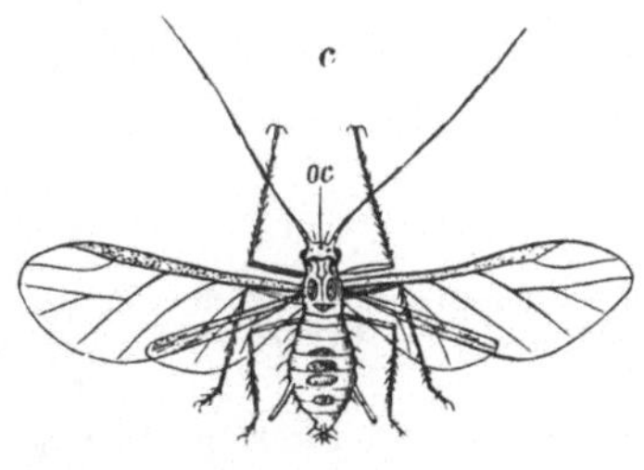

Abb. 796.

Männchen von *Drepanosiphum (Aphis) platanoides*. *Oc* Ocellen, *Hr* Honigröhrchen, *P* Begattungsorgan. ⁶/₁

Flügelloses ovipares Weibchen desselben. ⁶/₁

Vivipares Weibchen (sogenannte Amme) von *Drepanosiphum platanoides*. *Oc* Ocellen. ⁶/₁

gibt es parthenogenetische, vivipare, häufig geflügelte Generationen (sogenannte Ammen), die vorzugsweise im Frühjahr und Sommer verbreitet sind (Abb. 796). Bereits BONNET sah neun Generationen viviparer Aphiden aufeinander folgen. Sie unterscheiden sich von den oviparen Weibchen der Geschlechtsgeneration nicht nur in Form und Färbung, sowie häufig durch den Besitz von Flügeln (die erste vivipare Form ist bei fast allen Aphiden ungeflügelt), sondern auch dadurch, daß ihrem Genitalapparat ein Receptaculum seminis fehlt und die Eier (Pseudova, Keime) bereits in den sehr langen Eiröhren (Keimröhren) unter fortschreitendem Wachstum die Embryonalentwicklung durchlaufen. Vivipare und ovipare Aphiden folgen meist in gesetzmäßigem Wechsel, indem aus den befruchteten, überwinterten Eiern der Weibchen im Frühjahr vivipare Weibchen hervorgehen, deren Nachkommenschaft durch zahlreiche Generationen hindurch lebendig gebärende Formen erzeugt. Im Herbst erst werden Männchen und ovipare Weibchen geboren, die sich miteinander begatten. Indessen gibt es auch *Aphiden*, die sich mehr als 1 Jahr hindurch parthenogenetisch fortpflanzen. Die *Pemphiginen* (*Schizoneura*, *Pemphigus*) weichen insofern ab, als die sehr kleinen und ungeflügelten Männchen und Weibchen der nicht migrierenden

Formen des Rüssels und Darmkanals entbehren, wie dies auch für die Geschlechtstiere der Rindenläuse (*Chermesinen*) zutrifft.

Während die meisten Blattläuse den ganzen Generationscyclus auf derselben Nährpflanze durchmachen, verteilt sich bei einer Anzahl von Blattläusen (sogenannten migrierenden) der Cyclus der Generationen regelmäßig auf zwei Pflanzen, indem parthenogenesierende Weibchen der späteren Generationen auf eine Zwischenpflanze überfliegen. Auf dieser entwickeln sich eine Reihe weiterer parthenogenetischer Generationen, schließlich in der zweiten Hälfte des Sommers geflügelte Formen (sogenannte Sexuparae), die auf die Hauptnährpflanze zurückfliegen und hier die Geschlechtstiere produzieren. Bei den *Aphidinen* gelangen die Männchen bereits auf der Zwischenpflanze zur Ausbildung und fliegen mit den Sexuparen der Weibchen auf die Hauptnährpflanze zurück; bei den *Chermes*arten und den *Pemphigus*arten der Pistazien entstehen und überfliegen die Sexuparen erst im Frühjahr des nächstfolgenden Jahres.

Die Fortpflanzung von *Chermes* weicht insofern ab, als hier anstatt der viviparen Generationen ovipare parthenogenesierende Generationen (*Cnaphalodes strobilobius* KLTB. und andere Arten) auftreten. Die weibliche flügellose, sogenannte Tannenlaus (Generation A, Fundatrix) überwintert an der Basis der Fichtenknospe, wächst im Frühjahr beträchtlich und legt zahlreiche Eier ab, welche sich parthenogenetisch entwickeln. Die ausgeschlüpften Jungen (Generation B) erzeugen die ananasähnliche Galle; sie erhalten später Flügel, überfliegen (Migrantes alatae) von der Fichte auf eine Zwischenpflanze (*Cn. strobilobius* auf die Lärche) und erzeugen hier parthenogenetisch eine ungeflügelte Generation (C), welche auf der Lärche überwintert. Aus dieser gehen dann im Frühjahr zweierlei Individuen (Generation D) hervor, und zwar geflügelte (sogenannte Sexuparae) und ungeflügelte (Exsules).

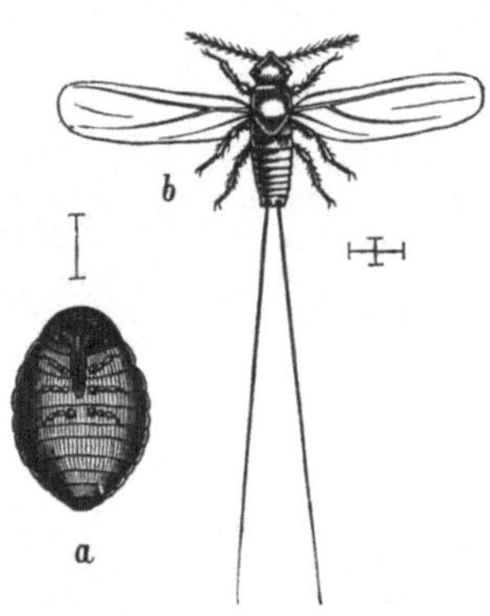

Abb. 797. *Coccus cacti.* a Weibchen, b Männchen. (Nach BURMEISTER.)

Die Sexuparen kehren auf die Fichte zurück und liefern die kleinen flügellosen Männchen und Weibchen (Generation E), aus deren befruchteten Eiern wieder die Generation A hervorgeht; die Exsules verbleiben auf der Zwischenpflanze und liefern weitere flügellose parthenogenesierende Generationen, welche im nächsten Frühling wieder einerseits Sexuparen, andererseits Exsulen den Ursprung geben. Bei manchen *Chermes*-Formen, so *Ch. abietis, pini, piceae* soll die Geschlechtsgeneration rudimentär sein oder fehlen, so daß hier ausschließlich Parthenogenese beobachtet wird.

Der Entwicklungsgang der berüchtigten Reblaus (*Phylloxera vastatrix*) ist ein ähnlicher (Abb. 298). Aus dem unter der Rinde des Rebstockes abgelegten befruchteten Winterei schlüpft im Frühjahr eine Form (Fundatrix) aus, welche flügellos bleibt und am Stamme aufwärts wandernd zur Gallenlaus der Blätter wird. Die Gallenläuse pflanzen sich durch mehrere Generationen parthenogenetisch fort und liefern teils gleiche Formen, teils abwärts an die Wurzeln gelangende Individuen, die Wurzelläuse, welche die Nodositäten an den Wurzeln der Rebe erzeugen und hier teilweise überwintern. Auch diese können sich viele Generationen hindurch parthenogenetisch fortpflanzen. Im Spätsommer oder Herbst produzieren die Wurzelläuse geflügelte Formen (Sexuparae), die sich ebenfalls parthenogenetisch fortpflanzen, jederseits nur eine Eiröhre besitzen und an der Unterseite der Blätter dimorphe Eier legen; aus den großen entstehen die darmlosen und des Saugrüssels entbehrenden, ungeflügelten Weibchen, aus den kleinen die ebenfalls darmlosen und des Saugrüssels entbehrenden und ungeflügelten Männchen. Das Weibchen legt ein einziges befruchtetes Ei unter den Schuppen der Rinde ab, welches überwintert. Daneben überwintern auch von der letzten Ammengeneration herstammende Larven. An der europäischen Rebe werden in der Regel nur Wurzelgenerationen beobachtet, während an der amerikanischen Rebe der typische Entwicklungscyclus abläuft.

Die Hauptfeinde der Blattläuse sind die Larven von Braconiden (*Aphidius*), Syrphiden, Coccinelliden und Hemerobiiden.

Lachnus pini L. *Ptychodes juglandis* FRISCH. *Aphis brassicae* L. *Macrosiphum (Siphonophora) rosae* L. *Drepanosiphum platanoides* SCHR. (Abb. 796). *Eriosoma (Schizoneura) lanigerum* HAUSM., Blutlaus, auf Apfelbäumen. *Pemphigus bursarius* L., Pappelwollaus. *Pemphigella cornicularia* PASS., auf Pistacia terebinthus. *Chermes abietis* L., Tannenlaus, erzeugt wie die folgenden ananasähnliche Gallen an der Fichte. *Ch. (Dreyfusia) piceae* RTZB. auf der Weißtanne. *Ch. (Pineus) pini* L. auf Pinus silvestris. *Cnaphalodes strobilobius* KLTB. auf Fichten, mit der Lärchenlaus als Zwischengeneration. *Phylloxera quercus* FONSC., an Eichenblättern. Europa. *P. (Xerampelus) vastatrix* PLANCHON, Reblaus (Abb. 298). Heimat südliches Nordamerika.

Fam. *Coccidae*, Schildläuse. Die größeren Weibchen haben einen schildförmigen Leib und sind flügellos, die viel kleineren Männchen besitzen dagegen große Vorderflügel, zu denen noch verkümmerte Hinterflügel hinzukommen können. Fühler schnurförmig. Die Männchen entbehren im ausgebildeten Zustande des Rüssels und nehmen keine Nahrung auf, während die plumpen, oft unsymmetrischen und sogar die Gliederung einbüßenden Weibchen mit ihrem langen Schnabel bewegungslos im Pflanzenparenchym eingesenkt sind. Die Eier werden unter dem schildförmigen Leibe abgesetzt und entwickeln sich, von dem eintrocknenden Körper der Mutter geschützt, nach vorausgegangener Befruchtung (*Coccus*), zuweilen parthenogenetisch (*Lecanium, Aspidiotus*). Im Gegensatze zu den Weibchen erleiden die Männchen eine vollkommene Metamorphose, indem sich die flügellosen Larven mit einem Gespinst umgeben und in eine ruhende Puppe umwandeln. Viele sind in Treibhäusern sehr schädlich, andere werden teils durch den Farbstoff, den sie in ihrem Leibe erzeugen (Cochenille), teils dadurch nützlich, daß sie durch ihren Stich den Ausfluß von pflanzlichen Säften veranlassen, welche getrocknet im Haushalt des Menschen Verwendung finden (Manna, Lack). *Aspidiotus hederae* SIGN. (*nerii* BOUCHÉ), auf Oleander. *Lecanium hesperidum* L. *Kermes ilicis* L., Kermesschildlaus, auf Quercus coccifera. Als Alkermes im Handel, zum Rotfärben benützt. Südeuropa. *Tachardia* (*Carteria*) *lacca* KERR, auf Ficus religiosa, bewirkt die Bildung von Schellack. Ostindien. *Coccus cacti* L., Cochenillelaus. Lebt auf Opuntia, liefert die Cochenille. Heimat Mexiko (Abb. 797). *Eriococcus mannifer* HARD., auf der Tamariske, die Bildung der Manna verursachend. Sinai. *Pseudococcus adonidum* L., *Margarodes* (*Porphyrophora*) *polonicus* L., Polnische Cochenille, Johannisblut. Deutschland, Polen. *Orthezia urticae* L. *O. cataphracta* SHAW. Europa.

4. Kladus.

Mollusca, Weichtiere[1].

Protostomier ohne Metamerenbildung. Die dorsale, von einer Falte umsäumte, den sogenannten Eingeweidesack bildende Körperwand (Mantel) mit Stachel- oder Schalenbildungen bedeckt, ventral der aus dem Hautmuskelschlauch hervorgegangene Fuß. Nervensystem aus Cerebral-, Pedal- und Visceralganglien bestehend. Blutgefäßsystem mit der primären Leibeshöhle in Kommunication. Cölom in der Regel durch reichliches Mesenchym verkleinert, ein Paar Nephridien, diese, in manchen Fällen auch die Genitaldrüse mit dem Cölom in Verbindung, letztere sonst vom Cölom abgekapselt.

Seit LAMARCK und CUVIER begreift man unter Mollusken eine Reihe von Tiergruppen, die LINNÉ zu den Würmern stellte.

Der Körper der Mollusken (Abb. 798) zeigt keine Metamerie. Er ist bilateral symmetrisch, nur bei den *Gastropoden* erscheint die Bilaterie dorsal durch die asymmetrische Entwicklung des Eingeweidesackes gestört.

---

[1] CUVIER, G.: Mémoires pour servir à l'histoire et à l'anatomie des Mollusques. Paris 1817. — LEUCKART, R.: Über die Morphologie und die Verwandtschaftsverhältnisse der wirbellosen Tiere. Braunschweig 1848. — HUXLEY, T. H.: On the Morphology of the cephalous Mollusca etc. Philosophic. Trans. roy. Soc. London 1853. — v. JHERING, H.: Vergleichende Anatomie des Nervensystems und Phylogenie der Mollusken. Leipzig 1877. — SPENGEL, J. W.: Die Geruchsorgane und das Nervensystem der Mollusken. Z. Zool. 35 (1881). — PELSENEER, P.: La Classification générale des Mollusques. Bull. Sci. de France et Belg. 24 (1892). — Recherches morphologiques et phylogénétiques sur les Mollusques archaïques. Mém. cour. Acad. de Belgique 1899. — Introduction à l'étude des Mollusques. Bruxelles 1894. — GROBBEN, K.: Zur Kenntnis der Morphologie, der Verwandtschaftsverhältnisse und des Systems der Mollusken. Sitzgsber. Akad. Wiss. Wien, Math.-naturwiss. Kl. 1894. — BIEDERMANN, W.: Untersuchungen über Bau und Entstehung der Molluskenschalen. Jena. Z. Naturwiss. 36 (1900). — SIMROTH, H.: Mollusca. Bronns Klassen u. Ordnungen des Tierreichs 3 (1892—1909). — FISCHER, P.: Manuel de Conchyliologie. Paris 1887. — MARTINI u. CHEMNITZ: Systematisches Conchylienkabinett. Nürnberg 1837—1920. — TRYON, G.: Manual of Conchology, fortgesetzt von H. PILSBRY. Philadelphia 1879 bis 1931 (im weiteren Erscheinen). — NAEF, A.: Studien zur generellen Morphologie der Mollusken. Erg. Zool. 3 (1913). — CUÉNOT, L.: Les organes phagocytaires des Mollusques. Archives de Zool. 1914. — THIELE, J.: Handbuch der systematischen Weichtierkunde 1. Jena 1929 (im weiteren Erscheinen). — Vgl. außerdem die Werke von WOODWARD, JOHNSTON, CHENU, ADAMS, REEVE, RAY LANKESTER u. a.

Der Körper wird von einer weichen, an Schleimdrüsen reichen Haut bedeckt, ist daher besonders für einen Aufenthalt im Wasser oder feuchter Erde geeignet. Nur zum kleineren Teile sind die Weichtiere Landbewohner und dann stets von beschränkter Locomotion, während die im Wasser lebenden Formen unter den weit günstigeren Bewegungsbedingungen dieses Mediums sogar zu einer raschen Schwimmbewegung befähigt sein können.

Bei den meisten Mollusken setzt sich der Vorderteil des Körpers mit dem Eingange in den Verdauungstract, den Centralteilen des Nervensystems und den Sinnesorganen mehr oder minder scharf als Kopf ab. Nur bei den *Lamellibranchiaten*, einigen *Gastropoden* und *Amphineuren* erscheint dieser Körperabschnitt reduziert. Der Rumpf enthält in seinem dorsalen gewölbten, zuweilen turmförmig erhobenen und spiral eingerollten Abschnitte, dem sogenannten *Eingeweidesack*, die vegetativen Organe. Die ihn bedeckende Haut bleibt meist zart, während sich an der Ventralseite der Hautmuskelschlauch mächtig entwickelt und zu dem überaus verschieden geformten Bewegungsorgane, dem *Fuß*, ausbildet. Der Fuß ist unpaar (*Protopodium*), doch können paarige

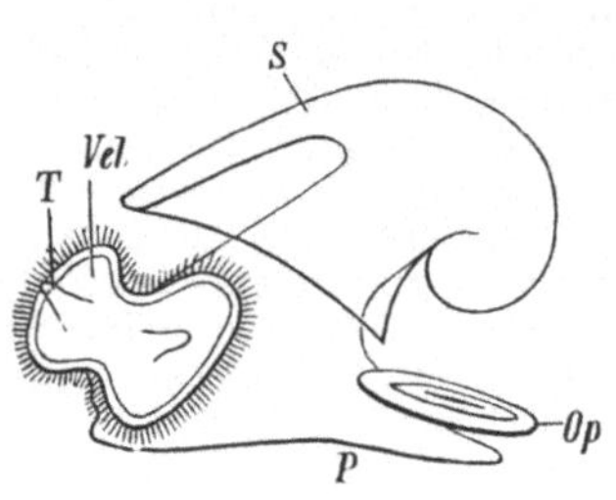

Abb. 798. Ältere Larve (Veliger) eines *Gastropoden*. (Nach GEGENBAUR.) *S* Mantel mit Schale, *P* Fuß, *Vel* Velum, *T* Tentakel, *Op* Deckel (Operculum).

Teile (*Parapodien*) an ihm zur Entwicklung kommen. Oberhalb des Fußes erhebt sich um den Körper eine Hautfalte (Mantelfalte), die sich entweder im ganzen Umkreis des Rumpfes und des Kopflappens entwickelt oder auf den Rumpf beschränkt bleibt; ersteres trifft für die *Amphineura* (*Placophora, Solenogastres*), letzteres für die von GEGENBAUR als *Conchifera* zusammengefaßten *Gastropoda, Lamellibranchiata, Solenoconchae* und *Cephalopoda* zu. Die von der Mantelfalte umsäumte dorsale Körperwand wird als *Mantel* bezeichnet. Sie scheidet Skeletbildungen ab, entweder in Form von einer dicken Cuticula mit Stacheln (*Amphineura*) (Abb. 802), oder als einheitliche Schale (*Conchifera*) (Abbild. 799). Die zwischen Mantelfalte und Fuß gelegene Höhle heißt *Mantelhöhle*.

Das Nervensystem (Abb. 800, 801) besteht aus einem dorsal vom Darm gelegenen *Cerebralganglion* (bzw. einem mit kontinuierlichem Ganglienbelag

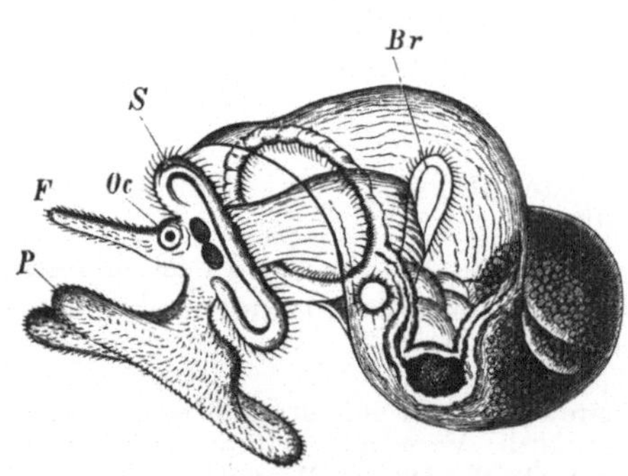

Abb. 799. Veligerlarve von *Vermetus*. (Nach LACAZE-DUTHIERS.) *Br* Kieme, *F* Fühler, *Oc* Auge, *P* Fuß, *S* Segel (Velum).

versehenen *Cerebralstrang*) mit den Nerven für den Kopf und besonderen Ganglien (*Buccalganglien*) für den Vorderdarm. Mit ihm stehen zwei ventrale, durch Quercommissuren verbundene *Pedalstränge* oder *Pedalganglien*, welche die Nerven für den Fuß abgeben, in Zusammenhang. Dazu kommen bei den *Amphineura* zwei laterale *Visceropallialstränge* (Pleuralstränge), die mit den Pedalsträngen durch Commissuren verbunden sind und dorsal über dem Enddarm miteinander zusammenhängen. Sie liefern die Nerven für den Mantel und die meisten Eingeweide. Bei den *Conchifera* hingegen sind eine ventral vom Darm verlaufende *Visceralschlinge* (*Visceralcommissur*) mit eingelagerten Ganglien sowie gesonderte Mantelnerven vorhanden; beide entspringen an dem sogenannten *Pleuralganglion*, das durch Connective mit dem Pedal- und Cerebralganglion verbunden ist.

Tastorgane finden sich insbesondere an den Tentakelbildungen allgemein verbreitet. Auch Geschmacksorgane wurden beobachtet. Geruchsorgane treten entweder am Kopfe oder am Eingange der Mantelhöhle (Osphradium) in der Nähe der Kiemen auf. Weit verbreitet finden sich Augen vom Typus der Napf- oder Blasenaugen paarig am Kopf. Augen anderen Baues können am Mantel auftreten. Fast allgemein kommen statische Organe (Statocysten) vor, dem Gehirn- oder dem Pedalganglion angelagert, jedoch stets von ersterem innerviert.

Am Darm lassen sich die als Vorder-, Mittel- und Enddarm bezeichneten Abschnitte unterscheiden, der

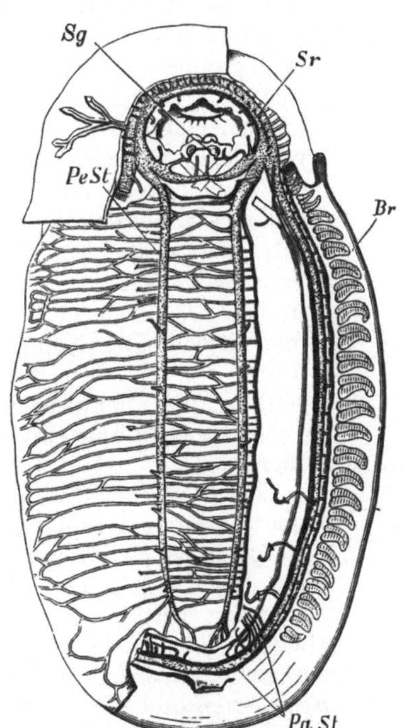

Abb. 800. Nervensystem von *Chiton olivaceus* (*siculus*). (Nach B. HALLER.) *Sr* Cerebralstrang, *Sg* Subradularganglion, *PeSt* Pedalstrang, *PaSt* Visceropallialstrang, *Br* Kiemen (Ctenidien).

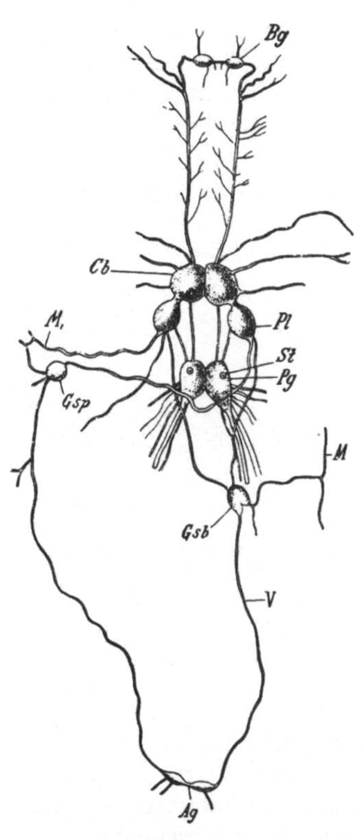

Abb. 801. Nervensystem von *Cassidaria echinophora*. (Nach B. HALLER.) *Bg* Buccalganglion, *Cb* Cerebralganglion, *Pl* Pleuralganglion, *Pg* Pedalganglion, *St* Statocyste, *V* Visceralschlinge, *Gsb* Sub-, *Gsp* Supraintestinalganglion, *Ag* Abdominalganglion, *M, M₁* Mantelnerven.

Mitteldarm meist mit einer umfangreichen Mitteldarmdrüse (Leber). In der Mundhöhle liegt ventral auf einem zungenförmigen Wulst (Zunge) eine mit zahlreichen in Reihen (Gliedern) auf einer gemeinsamen Membran angeordneten chitinigen Zähnchen besetzte Reibplatte (*Radula*). Die Bildungsstätte der Radula ist die sogenannte Radulascheide, ein an die Zunge nach hinten sich anschließender Blindschlauch, von dem aus die vorn an der Radula sich abnützenden Zähne auch steten Nachschub erhalten. Die Radula fehlt sämtlichen *Lamellibranchiaten* sowie in einzelnen anderen Fällen. Der After ragt hinten in die Mantelhöhle; bei Formen mit asymmetrisch entwickeltem und gedrehtem Eingeweidesack (*Gastropoda*) liegt er aus der Mittellinie an eine Körperseite verschoben.

Als Respirationsorgane finden sich in der Mantelhöhle zu Seiten des Afters Kiemen (*Ctenidien*) von ursprünglich doppelfiedrigem Typus in einem, selten mehreren Paaren vor. Nur ein Ctenidium besitzen infolge asymmetrischer Ausbildung des Körpers die meisten *Gastropoden*. Daneben dient auch meist die freie (innere) Oberfläche des Mantels der Respiration. Bei Ausfall der Ctenidien (*Solenoconchae*, viele *Gastropoda*) besorgt der Mantel allein die Respiration und wird bei am Lande lebenden Schnecken (*Pulmonata*) dann als Lunge bezeichnet, in anderen Fällen (meiste *Nudibranchiata*) bilden sich sekundäre Kiemenanhänge aus.

Die Mollusken besitzen ein in Atrium und Ventrikel gegliedertes Herz (Abb. 802), dazu kommt ein System von Arterien und Venen. Vollkommen geschlossen ist das Blutgefäßsystem vielleicht in keinem Falle, indem auch da, wo Arterien und Venen durch Capillaren verbunden sind (*Cephalopoda*), sich Lacunen der primären Leibeshöhle einschieben. Das Herz ist ein arterielles.

Das Cölom (Abb. 802) ist durch die mächtige Entwicklung einer in reichliches Bindegewebe eingelagerten mesenchymatischen Muskulatur in der Regel zu einem kleinen Sack (*Pericardium*) reduziert, der meist bloß das Herz enthält. Mit dem Cölom kommuniziert mittels Wimpertrichters ein paariges (bei Asymmetrie unpaares), meist sackförmig entwickeltes Nephridium, das in zahlreichen Fällen auch der Ausleitung der Genitalprodukte dient.

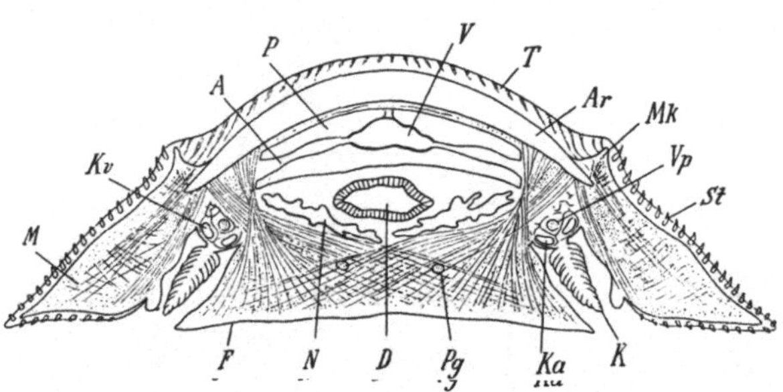

Abb. 802. Querschnitt durch *Chiton* (schematisiert) (Original G.). *F* Fuß mit an der Schalenplatte befestigter reicher Muskulatur, *M* Mantel, *St* Stachel in der cuticularen Mantelbedeckung, *Ar* Articulamentum, *T* Tegmentmu der Schalenplatte, *Mk* Aesthetenbildende Mantelkante, *K* Kieme (Ctenidium) in der Mantelhöhle, *Ka* Kiemenarterie, *Kv* Kiemenvene, *V* Ventrikel, *A* Vorhöfe des Herzens, *P* Pericardialraum (Coelom), *D* Darm, *N* Nephridien, *Pg* Pedalstrang, *Vp* Visceropallialstrang.

Die Höhle der Genitaldrüse steht zuweilen (*Solenogastres*, *Cephalopoda*) mit dem Cölom (Pericard) in offener Verbindung, sonst ist eine getrennte Genitaldrüse vorhanden.

Die Fortpflanzung erfolgt durchweg auf geschlechtlichem Wege. Die Mollusken sind entweder hermaphroditisch oder, wie zahlreiche marine *Gastropoden*, die *Solenoconchen*, die meisten *Lamellibranchiaten* und *Amphineuren* und alle *Cephalopoden*, getrenntgeschlechtlich.

Die Entwicklung ist in der Regel eine Metamorphose, in welcher ein Larvenstadium auftritt, das nach Form, Wimperbekleidung und innerer Organisation mit der *Trochophora*-Larve der Anneliden große Übereinstimmung zeigt, sich aber bereits durch den Besitz einer Schalenanlage (Schalendrüse) auszeichnet. Der Apparat der Wimperkränze entfaltet sich häufig (*Veligerstadium*) zu ansehnlicher Größe und wird dann als Segel (Velum) bezeichnet (Abb. 799).

Die Molluskenschalen bilden die zahlreichsten Leitfossile. Alle Gruppen, mit Ausnahme der Amphineura, welche zur Erhaltung im fossilen Zustande weniger tauglich erscheinen, sind bis ins Cambrium zurück zu verfolgen.

Die Mollusken zerfallen in zwei Klassen: 1. *Amphineura*, 2. *Conchifera*.

1. Klasse. Amphineura.

Dorsoventral abgeflachte oder wurmförmige Mollusken mit wenig entwickeltem Kopfe, mit auch am Kopfe entwickeltem Mantel, der von einer dicken Cuticula mit Stachelbildungen bedeckt ist, mit Visceropallialstrang. Fuß eine Kriechsohle oder rückgebildet.

Von den in dieser Klasse durch v. Jhering als *Amphineura* bezeichneten vereinigten *Placophora* und *Solenogastres* erweisen sich erstere als ursprünglicher und überhaupt als die primitivsten Mollusken.

1. Ordnung. Placophora, Käferschnecken [1].

Amphineuren von in der Regel dorsoventral abgeflachtem Körper, mit wenig entwickeltem Kopfe. Mantel von acht schienenartigen Schalenstücken nebst Stacheln bedeckt. Fuß eine Kriechsohle. Ctenidien zahlreich.

Der symmetrisch entwickelte Körper (Abb. 803) ist in der Regel dorsoventral abgeflacht, seltener wurmförmig (*Cryptoplax*) und besitzt einen wenig scharf abgesetzten Kopf. Der Fuß ist eine Kriechsohle. Die mächtig entwickelte Mantelfalte deckt dorsal Kopf und Rumpf vollständig. An seiner Oberfläche entwickelt der Mantel eine dicke Cuticula und kalkige Stachelbildungen (Abb. 802). Letztere erscheinen in den Seitenteilen des Mantels als spitze oder schuppenförmige

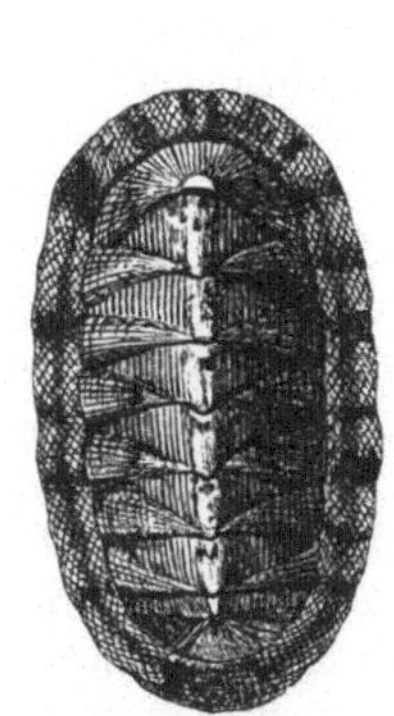

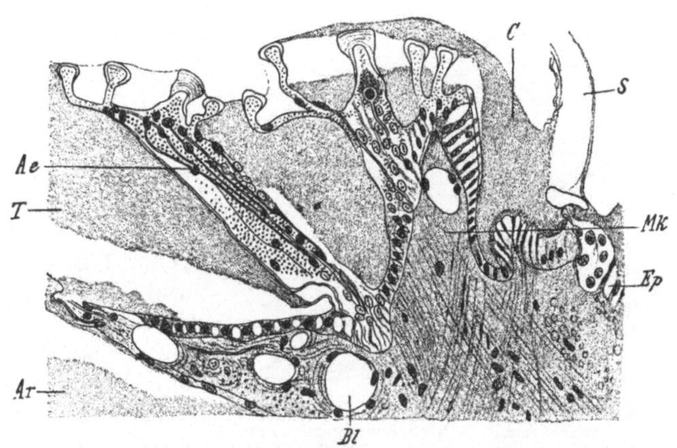

Abb. 803. *Chiton oliva ceus.* Etwa ²/₁

Abb. 804. Querschnitt durch die Mantelbedeckung von *Chiton* (*Callochiton*) *laevis.* (Nach Blumrich.) *Ar* Articulamentum, *T* Tegmentum der Schalenplatte, *Ae* Aesthet, *C* Cuticula, *S* Stachel der peripheren Mantelbedeckung, *Mk* Aesthetenbildende Mantelkante, *Ep* Mantelepithel, *Bl* Blutlacunen.

Stacheln, welche in die Cuticula eingebettet sind und an Epithelpapillen entstehen. Die Mitte des Rückens dagegen wird von acht schienenartigen, miteinander artikulierenden Schalenplatten bedeckt, die sich aus zwei Schichten aufbauen. Die untere kalkige Schichte (Articulamentum) entspricht einem verbreiterten Schuppenstachel, die obere (Tegmentum) besteht aus der verkalkten Cuticula mit eingelagerten Epithelpapillen (Aestheten), welche oberflächlich von einer cuticularen Kappe bedeckt sind (Abb. 804). Die Aestheten nehmen von einer am Rande der Schalenstücke erhobenen Mantelkante ihre Entstehung, sie sind wahrscheinlich Sinnesorgane und bei manchen tropischen Formen augenartig

---

[1] Middendorf, A. Th.: Beiträge zu einer Malacozoologia Rossica. Mém. Acad. St.-Pétersbourg 1849. — Haller, B.: Die Organisation der Chitonen der Adria. Arb. zool. Inst. Wien 4, 5 (1882—1883). — Kowalevsky, A.: Embryogénie du Chiton Polii. Ann. Mus. Hist. natur. Marseille 1 (1883). — Blumrich, J.: Das Integument der Chitonen. Z. Zool. 52 (1891). — Plate, L.: Die Anatomie und Phylogenie der Chitonen. Zool. Jb. Suppl. 4 u. 5 (1898—1901). — Heath, H.: The Development of *Ischnochiton*. Ebenda 12 (1899). — Nowikoff, M.: Über die Rückensinnesorgane der Placophoren etc. Z. Zool. 88 (1907). — Thiele, J.: Revision des Systems der Chitonen. Bibliotheca zoologica 56 (1909—1910). — Hammarsten, O. u. J. Runnström: Zur Embryologie von *Acanthochiton discrepans.* Zool. Jb. 47 (1925). — Vgl. außerdem die Abhandlungen von Lovén, van Bemmelen, Moseley, Sedgwick, A., Sampson, Wissel, Bergenhaynu. a.

ausgebildet. Bei *Cryptoplax* werden die Schalenplatten teilweise, bei *Crypto-chiton* vollständig vom Mantel umschlossen.

In der rinnenförmigen Mantelhöhle finden sich mehrere (6) bis zahlreiche (80) Paare zweifiedriger Kiemen (Ctenidien) entweder längs der ganzen Mantel-rinne (Abb. 800) oder auf den hinteren Abschnitt derselben beschränkt. Viele Placophoren besitzen in der Mantelrinne Schleimdrüsenwülste.

Die ventral gelegene Mundöffnung führt in die Mundhöhle und den zwei seit-liche Divertikel aufweisenden Pharynx mit langer Radula; in letzteren münden ein Paar Speicheldrüsen und zwei sackförmige Drüsen (Zuckerdrüsen). Es folgt der kurze Oesophagus, der Magen mit paariger Leber sowie der in mehrfachen Schlingen gewundene Darm, welcher hinten in der Mantelrinne ausmündet.

Das Herz (Abb. 802) liegt dorsal vom Darm in einem Pericardialsack (Cölom) und besteht aus einer hinten blind endigenden Kammer und zwei Atrien, deren Hinterenden miteinander kommunizieren. Atrioventricularostien finden sich 1—4, zumeist 2. Von der Herzkammer geht nach vorn eine Aorta mit Neben-ästen ab, sie endet trichterförmig an einem zwischen Kopfhöhle und Rumpf-höhle ausgespannten Diaphragma, das einen großen Kopfblutsinus nach hinten abschließt. Aus diesem Sinus entspringt die Arteria visceralis. Das Blut gelangt sodann in die Leibeshöhle, sammelt sich ventral in einem großen venösen Sinus und fließt von hier in die Kiemenarterien ein. Aus den Kiemen wird das arteriell gewordene Blut durch die Kiemenvenen zum Vorhof zurückgeführt. Ein Teil des im Mantel circulierenden Blutes gelangt mit Umgehung der Kiemen direkt in die Kiemenvene.

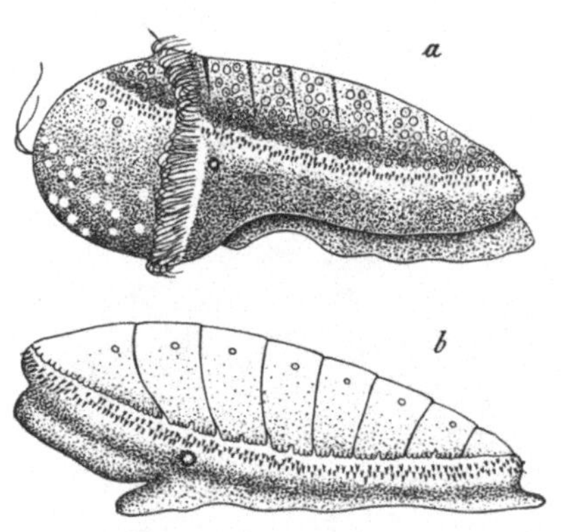

Abb. 805. Larvenstadien von *Ischnochiton magda-lenensis*, Seitenansicht. a Freischwimmende Larve mit Wimperkranz, b ältere Larve. (Nach HEATH.)

Am Nervensystem (Abb. 800) unterscheidet man einen Cerebralstrang, welcher den Kopflappen und die vordere Mantelregion innerviert und sich unter dem Oesophagus in der sogenannten Labialcommissur fortsetzt, zwei durch zahlreiche Quercommissuren verbundene Pedalstränge und zwei über dem Enddarm sich vereinigende Visceropallialstränge. Letztere stehen mit den Pedalsträngen in vielen Fällen gleichfalls durch Quercommissuren (Lateropedalcommissuren) in Verbindung. Mit dem Cerebralstrang hängen zwei Buccalganglien zusammen, mit der Labialcommissur zwei Subradularganglien, die zu einem am Boden der Mundhöhle gelegenen Sinnesorgan (Subradularorgan), einem Geschmacksorgan, gehören. Von sonstigen Sinnesorganen finden sich Geruchsorgane (Osphradien) in der Nähe der Afterpapille. Als Tastorgane sind auch die Stacheln zu betrachten. Kopffühler fehlen, ebenso statische Organe. Endlich sei hier an die Aestheten erinnert.

Die U-förmig gestalteten Nieren sind paarig, kommunizieren mittels eines Wimpertrichters mit dem Pericardialraum und münden rechts und links in der Region der 7. Rückenplatte in die Mantelrinne aus. Die Placophoren sind ge-trennten Geschlechtes. Hoden und Ovarien bilden eine einfache Drüse, welche zwischen Aorta und Darm liegt und jederseits vor der Nierenöffnung durch einen Ausführungsgang mündet.

Die Entwicklung ist eine Metamorphose. Die Larve (Abb. 805a) besitzt außer dem präoralen Wimperkranz einen apicalen Wimperschopf. Als larvale Organe sind eine hinter dem Munde ausmündende Fußdrüse sowie bei älteren Larven zwei hinter dem Wimperkranz gelegene Augen zu erwähnen. Bemerkenswert ist die Erstreckung der Mantel- und Schalenanlage in die präorale Körperregion (Abb. 805).

Sämtliche Placophoren sind marin und können sich ventral einrollen.

Fam. *Lepidopleuridae*. Alle Schalenplatten ohne Insertionsplatten. Tegmentum so groß wie das Articulamèntum. *Lepidopleurus cajetanus* POLI. Mittelmeer, Atlant. Ozean.

Fam. *Acanthochitidae*. Tegmentum der Schalenplatten reduziert. *Acanthochites fascicularis* L. Atlant. Ozean und Mittelmeer. *Cryptochiton stelleri* MIDD. Schale vom Mantel vollständig überwachsen. Nordpazif. Ozean.

Fam. *Cryptoplacidae*. Körper wurmförmig. Schalenplatten klein, zum Teil voneinander entfernt. Fuß schmal. *Cryptoplax (Chitonellus) larvaeformis* BLAINV. Still. Ozean.

Fam. *Ischnochitonidae*. Alle Schalen mit Insertionsplatten. *Ischnochiton textilis* GRAY. Kap d. gut. Hoffnung. *I. magdalenensis* HINDS. Westküste von Nordamerika. *Callochiton laevis* MONT. Atlant. Ozean, Mittelmeer.

Fam. *Chitonidae*. Schalenstücke breit. *Chiton olivaceus* SPENGL. (*siculus* GRAY). Mittelmeer (Abb. 803). *Ch. magnificus* DH. Chile. *Tonicia chilensis* FRMBL. Mit Schalenaugen. Chile.

<h2 align="center">2. Ordnung. Solenogastres (Aplacophora)[1].</h2>

Amphineuren von wurmförmigem Körper, mit reduziertem Kopfe. Der den Körper fast oder vollständig umschließende Mantel mit Stacheln besetzt. Fuß rückgebildet oder fehlend, Ctenidien meist nicht vorhanden.

Der Körper der Solenogastres ist wurmförmig-zylindrisch (Abb. 807). Ein Kopfabschnitt hebt sich nicht ab, doch kann der vordere Abschnitt des Körpers durch eine Einschnürung abgesetzt sein (Abb. 811). Der Körper wird fast vollständig vom Mantel umhüllt, die Mantelhöhle erscheint auf eine schmale, drüsenreiche Bauchfurche verengt, die eine bewimperte Falte, den rudimentären Fuß, enthält (Abb. 806) und sich nur am Hinterende zu der sogenannten Cloake erweitert (Abbild. 809). Am Vorderende der Bauchfurche mündet eine große Drüse (homolog der larvalen Fußdrüse von *Chiton*). Bei *Chaetoderma* fehlt die Bauchfurche mit Fuß, so daß der Mantel allseitig den Körper umgibt; von der Mantelhöhle findet sich hier bloß

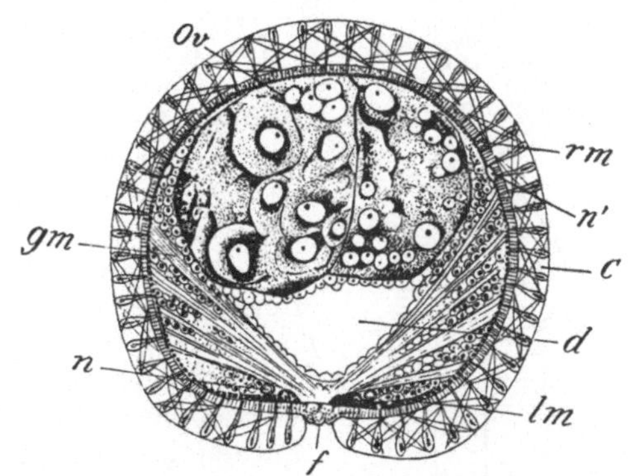

Abb. 806. Querschnitt durch *Rhopalomenia gorgonophila*. *C* Cuticula, Stacheln und Epithelpapillen enthaltend, *f* Fußrudiment, *d* Darm, *Ov* Ovarium, *n* Pedalnervenstrang, *n'* Visceropallialstrang, *lm* Längsmuskeln, *rm* Ringmuskeln, *gm* Muskeln zwischen Fuß und seitlicher Körperwand. (Nach KOWALEVSKY.)

die im glockenförmigen Endabschnitt des Körpers gelegene Cloake. Der Mantel der Solenogastres wird von einer Cuticula bedeckt, welche Kalkstacheln, zuweilen auch Epithel- (Sinnes-) Papillen enthält (Abb. 806).

---

[1] Außer KOREN und DANIELSSEN vgl. TULLBERG, T.: *Neomenia a new genus of invertebrate animals*. Svenska Vet. Akad. Hdl. 3 (1875). — HANSEN, G. A.: Anatom. Beskrivelse af *Chaetoderma nitidulum*. Nyt. magaz. for naturvidensk. 22 (1877). — HUBRECHT, A. A. W.: *Proneomenia Sluiteri*. Niederl. Arch. f. Zool., Suppl. 1 (1881). — KOWALEVSKY, A. et A. F. MARION: Contributions à l'histoire des Solénogastres ou Aplacophores. Ann. Mus. Hist. natur. Marseille 3 (1887). — PELSENEER, P.: Sur le pied de *Chitonellus* et des Aplacophora. Bull. Sci. France et Belg. 22 (1890). — PRUVOT, G.: Sur le développement d'un Solénogastre. C. r. Acad. Sci. Paris 111 (1890). — Sur l'organisation de quelques Néoméniens des côtes de France. Archives de Zool. 1891. — Sur l'embryogénie d'une *Proneomenia*. C. r. Acad. Sci. Paris 114 (1892). — Sur les affinités et le classement des Néo-

Das Nervensystem (Abb. 808) besteht aus dem Cerebralganglion, von dem eine Commissur mit Buccalganglien ausgeht, sowie aus zwei Pedal- und zwei Visceropallialsträngen, letztere über dem Rectum untereinander verbunden. Die Pedalstränge stehen sowohl untereinander als auch mit den Visceropallialsträngen durch zahlreiche Quercommissuren in Verbindung. Bei *Chaetoderma* verschmelzen Pedal- und Visceropallialstränge jederseits hinten miteinander, und Quercommissuren sind auf den vorderen Abschnitt beschränkt. Von Sinnesorganen ist besonders eine kleine, dorsal gelegene Grube nahe dem hinteren Körperende zu erwähnen.

Die im vorderen Körperende ventral, bei den *Chaetodermatoidea* terminal gelegene Mundöffnung führt in einen geradegestreckten Darm, welcher in einen Pharynx, Mitteldarm und Enddarm zerfällt. Der After öffnet sich in die Cloake (Abb. 809). In den Pharynx münden ein Radulasack mit kleiner Radula sowie ein Paar Speicheldrüsen ein. Zuweilen (z. B. *Neomenia*) fehlt die Radula. Am Darm von *Chaetoderma* findet sich ein weiter, als Leber betrachteter ventraler Blindsack. Von besonderen Drüsen sind zwei in die Cloakenhöhle mündende Blindschläuche mancher Formen zu erwähnen, deren Fadensecret ihre Deutung als Byssusdrüse veranlaßte (HUBRECHT).

Die Kreislauforgane bestehen aus einem sackförmigen, durch eine Einstülpung der dorsalen Pericardialwand gebildeten Herzen, das sich aus einem Ventrikel und in der Regel einem hinter dem Ventrikel gelegenen Atrium mit meist nachweisbar ursprünglicher Duplizität zusammensetzt (selten sind zwei Atrien vorhanden), sowie einem dorsalen und einem ventralen, dorsalwärts durch ein Septum begrenzten Blutsinus. Besondere Respirationsorgane fehlen meist. Nur bei *Chaetoderma* findet sich in der Cloake ein Paar doppelfiedriger Ctenidien (Abb. 811), einige *Neomenien* besitzen im Umkreis der Cloake eine Reihe respiratorischer Epithelfalten (Abb. 810).

Die *Neomenien* sind hermaphroditisch, bei *Chaetoderma* herrscht getrenntes Geschlecht. Der Urogenitalapparat (Abb. 809) besteht aus der paarigen, bei *Chaetoderma* unpaaren, dorsal vom Darmkanal gelagerten Genitaldrüse, deren Produkte durch zwei Gänge zunächst in den Pericardialraum (Cölom) gelangen und von hier durch die paarigen, S-förmig verlaufenden Nieren (Nephridien) nach außen befördert werden, welche in der Regel mittels eines gemeinschaftlichen Endstückes unterhalb des Darmes in die Cloake münden. Die Nephridien zeigen im Zusammenhange mit

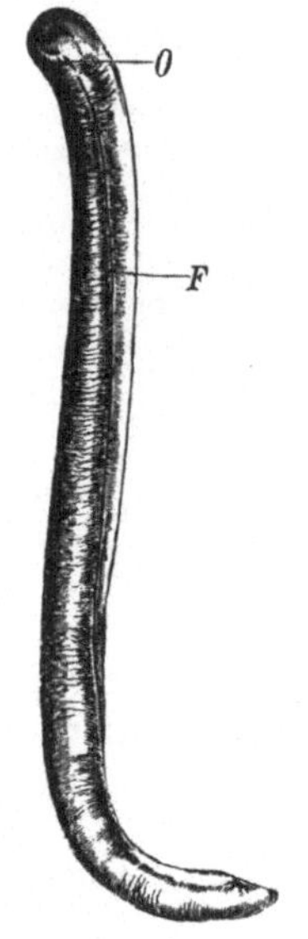

Abb. 807. *Proneomenia sluiteri.* (Nach HUBRECHT.) *O* Mund, *F* Bauchfurche. ³/₄.

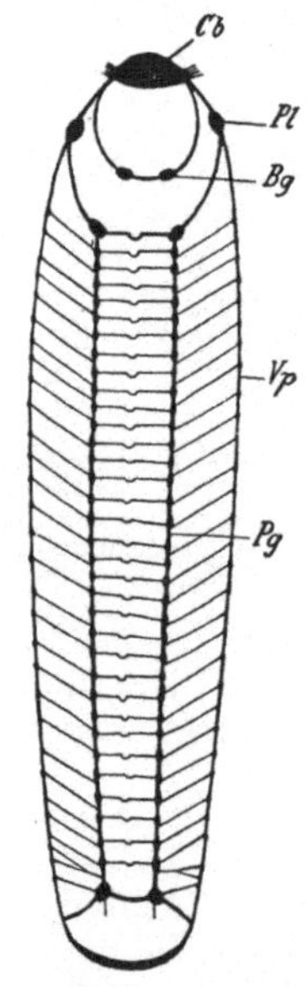

Abb. 808. Nervensystem von *Neomenia carinata* (schematisch). *Cb* Cerebralganglion, *Pl* Pleuralganglion, *Bg* Buccalganglion, *Pg* Pedalstrang, *Vp* Visceropallialstrang. (Nach WIRÉN.)

méniens. Archives de Zool. **1902.** — WIRÉN, A.: Studien über Solenogastres 1, 2. Svenska Vet. Akad. Hdl. **24** (1892). — NIERSTRASZ, H. F.: Das Herz der Solenogastren. Verh. Akad. Wetenschap. Amsterdam **1903.** — HEATH, H.: The Morphology of a Solenogastre. Zool. Jb. **21** (1905). — The Solenogastres. Rep. Exp. Albatross. Mem. Mus. Comp. Zool. Harv. Coll. Cambridge **45** (1911). — THIELE, J.: Solenogastres. Tierreich 38. Liefg. **1913.** — ODHNER, N.: Norwegian Solenogastres. Bergens Mus. Aarb. **1918—1919.**

ihrer gleichzeitigen Funktion als Genitalgänge besondere Differenzierungen, wie blasige Anhänge, die als Vesicula seminalis fungieren, und im letzten Abschnitt eine drüsige Wandbekleidung. In der Kommunikation der Genitaldrüse mit dem Pericardialraum und in der Ausfuhr der Genitalprodukte durch die Nieren weist der Urogenitalapparat ursprüngliche Verhältnisse auf.

Die Entwicklung ist eine Metamorphose.

Die Solenogastres sind meist kleinere Tiere und gehören durchwegs dem Meere an. Die längeren, wurmförmigen Formen vermögen sich spiralig einzurollen.

1. Unterordnung. *Neomenioidea.* Hermaphroditische Solenogastres mit Bauchfurche. Ctenidien fehlen.

Fam. *Lepidomeniidae.* Körper schlank, hinten zugespitzt. Cuticula dünn, ohne Epithelpapillen. Kalkstacheln meist schuppenförmig. *Lepidomenia hystrix* MAR. et KOW. *Ichthyomenia (Ismenia) ichthyodes* PRUV. Mittelmeer. *Dondersia festiva* HUBR. Neapel.

Fam. *Neomeniidae.* Körper kurz, gedrungen, hinten abgestumpft. In der Cloake ein Kreis von Hautkiemen. *Neomenia carinata* TULLB. Nordatlant. (Abb. 810). *N. affinis* KOR. et DAN. Mittelmeer.

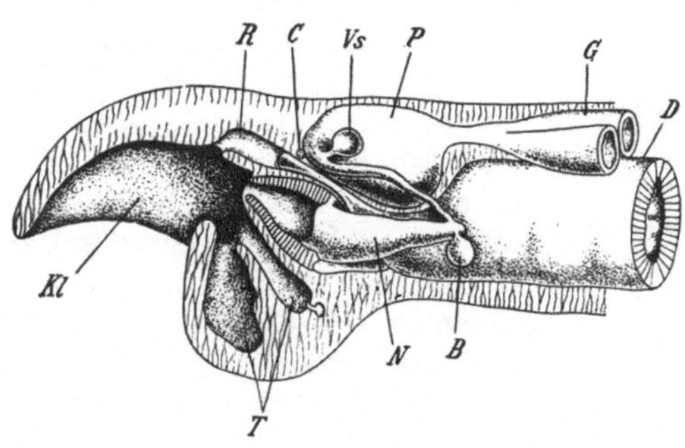

Abb. 809. Hinteres Körperende von *Ichthyomenia (Ismenia)* *ichthyodes*, teilweise im Medianschnitt. *D* Mitteldarm, *R* Rectum, *Kl* Cloake (Mantelhöhle), *G* Genitaldrüse, *P* Pericardium, *N* Nephridium, *Vs* Vesicula seminalis, *B* Divertikel, *C* Commissur der beiden Visce pallialstränge, *T* Taschen des Cloakenraumes. (Nach PRUVOT.)

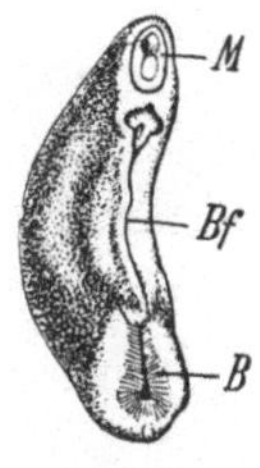

Abb. 810.
Neomenia carinata.
(Nach HANSEN.)
$^1/_1$. *M* Mund, *Bf* Bauchfurche, *B* Cloake mit den respiratorischen Hautfalten.

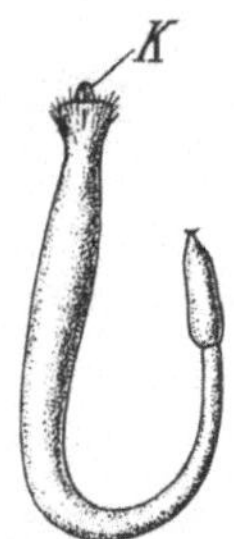

Abb. 811.
Chaetoderma nitidulum. *K* Ctenidien
(Nach WIRÉN). $^2/_1$

Fam. *Proneomeniidae.* Körper langgestreckt, zylindrisch, Vorder- und Hinterende abgerundet. Cuticula dick, mit keulenförmigen Epithelpapillen. Kalkstacheln zahlreich. *Proneomenia sluiteri* HUBR. Nördl. Eismeer (Abb. 807). *Rhopalomenia aglaopheniae* KOW. et MAR. Atlant. Ozean, Mittelmeer.

2. Unterordnung. *Chaetodermatoidea.* Getrenntgeschlechtliche Formen ohne Bauchfurche. Mit zwei Ctenidien.

Fam. *Chaetodermatidae.* *Chaetoderma nitidulum* LOV. Nordatlant. (Abb. 811). *C. productum* WIRÉN. Karasee. Radula mit einem großen Zahn. *Limifossor talpoideus* HEATH. Alaska.

2. Klasse. Conchifera.

Mollusken mit wohlentwickeltem oder reduziertem Kopfe, mit nur auf dem Rumpfe entwickeltem Mantel, meist mit hohem Eingeweidesack, mit einheitlicher Schalenbildung, mit Visceralschlinge und gesonderten Pallialnerven.

In dieser Gruppe erscheinen nach dem Vorgange GEGENBAURS die *Gastropoda, Solenoconchae, Lamellibranchiata* und *Cephalopoda* vereinigt. Die drei ersten Gruppen stehen einander näher und den *Cephalopoden* schärfer gegenüber; sie wurden deshalb auch als *Prorhipidoglossomorpha* zusammengefaßt (GROBBEN). Für alle Conchiferen ist die Beschränkung des Mantels auf den Rumpf, die einheitliche Schalenbildung sowie das Verhalten der Visceral- und Pallialnerven charakteristisch. Ihnen gegenüber erweisen sich die *Amphineura* als die ursprünglicheren Formen.

1. Ordnung. Gastropoda, Schnecken[1].

*Conchiferen mit wohlausgebildetem Kopfe, mit asymmetrischem Eingeweidesack
und einfacher Schale, mit söhligem, zuweilen mit Schwimmlappen versehenem Fuße.*

Der vordere als Kopf bezeichnete Abschnitt trägt die Mundöffnung und zwei
oder vier Fühler sowie die Augen (Abb. 812). Die Ventralwand des Rumpfes ist
zum Fuße ausgebildet, er stellt in der Regel eine breite Kriechsohle (*Protopodium*)
dar, die jedoch auch reduziert sein oder vollständig fehlen kann. Auch ist der
Fuß zuweilen in Abschnitte geteilt; an ihm entwickelt sich bei den pelagisch
lebenden *Heteropoden* eine vordere senkrechte Schwimmflosse (*Pterygopodium*),
bei einer Anzahl von *Opisthobranchiern* ein Paar seitlicher Schwimmlappen
(*Parapodien*). Der Eingeweidesack tritt bei den Gastropoden meist mächtig vor,
er ist nach dem oberen Ende allmählich verjüngt, asymmetrisch, in der Regel
nach rechts (seltener nach links) entwickelt und spiralig eingerollt. Die Asymmetrie ist Folge einer während des
Embryonallebens eintretenden
Drehung (Abb. 813) des ursprünglich (wie bei den Amphineuren)
am Hinterende in der Mantelhöhle gelagerten sogenannten
pallialen Organkomplexes (Kiemen, After, Genital- und Nieren-
öffnungen) an der rechten (selten
linken) Seite nach vorn. Dadurch
kommen bei der in der Regel
nach rechts erfolgenden Drehung
der palliale Organkomplex nach

Abb. 812. *Helix pomatia.* (Nach Férussac.) ²/₃. *O* Augen an
der Spitze des langen Fühlerpaares, *Pe* Fuß.

vorn, die Organe seiner rechten Seite nach links und jene der linken Seite
nach rechts zu liegen. Bei Linksdrehung ist dieses Verhältnis umgekehrt. Die
sich zugleich ausbildende Asymmetrie führt weiter bei den paarigen Organen des
pallialen Komplexes zur Rückbildung der Organe der einen Seite (Abb. 813c)
derart, daß bei den rechtsgedrehten Formen der Eingeweidesack zugleich nach
rechts spiralig eingerollt liegt und von den paarigen Organen sich jene der ursprünglich (vor der Drehung) rechten Seite erhalten und umgekehrt. Doch gibt
es auch Fälle (*Lanistes, Limacina*) einer der Drehung entgegengesetzten spiraligen
Einrollung, ein Vorkommen, das als Hyperstrophie bezeichnet wird. Bei zahlreichen Gastropoden (*Opisthobranchier* u. a.) ist eine mehr oder weniger weitgehende Rückdrehung des Pallialkomplexes nachweisbar, wodurch derselbe, aber
mit Beibehaltung asymmetrischer Ausbildung, wieder an die rechte Seite gelangt

[1] Quoy et Gaimard: Voyage de la corvette l'Astrolabe. Mollusques. Paris 1826—1834.
— Troschel, H.: Das Gebiß der Schnecken. Berlin 1856—1893. — Baudelot, E.: Re-
cherches sur l'appareil générateur des Mollusques Gastéropodes. Ann. des Sci. natur. 1863.
— Flemming, W.: Untersuchungen über Sinnesepithelien der Mollusken. Arch. mikrosk.
Anat. 1870. — Schiemenz, P.: Über die Wasseraufnahme bei Lamellibranchiaten und
Gastropoden. Mitt. zool. Stat. Neapel 1884 u. 1887. — Bütschli, O.: Bemerkungen über
die wahrscheinliche Herleitung der Asymmetrie der Gastropoden. Morph. Jb. 12 (1886). —
Grobben, C.: Die Pericardialdrüse der Gastropoden. Arb. zool. Inst. Wien 9 (1890). —
Einige Betrachtungen über die phylogenetische Entstehung der Drehung und der asymmetrischen Aufrollung bei den Gastropoden. Ebenda 12 (1899). — v. Jhering, H.: Sur
les relations naturelles des Cochlides et des Ichnopodes. Bull. Sci. France et Belg. 23 (1891).
— Lang, A.: Versuch einer Erklärung der Asymmetrie der Gastropoden. Vjschr. naturforsch. Ges. Zürich 1891. — Plate, L. H.: Bemerkungen über die Phylogenie und die Entstehung der Asymmetrie der Mollusken. Zool. Jb. 9 (1896). — Vgl. außerdem die Abhandlungen von Lacaze-Duthiers, Spengel, Pelseneer, Fischer u. Bouvier, Amaudrut,
Boutan, Willem, Naef u. a.

(Abb. 813d); vielfach tritt endlich sekundär äußere Symmetrie der Körperausbildung unter Erhaltung der inneren Asymmetrie ein. In den genannten Fällen wird der Eingeweidesack in der Regel niedriger und flacher. Mit der Drehung hängen auch die Ausbildung und Lage des Herzens zur Kieme (Prosobranchie) sowie das eigentümliche Verhalten der Visceralschlinge des Nervensystems (Chiastoneurie) zusammen.

Die zwischen der Mantelfalte und dem Rumpfe gelegene Mantelrinne vertieft sich um den pallialen Organkomplex sehr ansehnlich zur Mantelhöhle. Letztere liegt infolge der Drehung vorn oberhalb der Nackengegend und besitzt bei vielen *Rhipidoglossen* in ihrer Decke einen Schlitz (Abb. 813b). In zahlreichen anderen Fällen ist der Rand der Mantelhöhle in ein mehr oder minder langes Halbrohr (*Sipho*) verlängert (Abb. 822).

Der Mantel scheidet eine stets einfache Schale ab, welche die Form des Eingeweidesackes bzw. des Mantels wiederholt und meist auch Kopf und Fuß beim

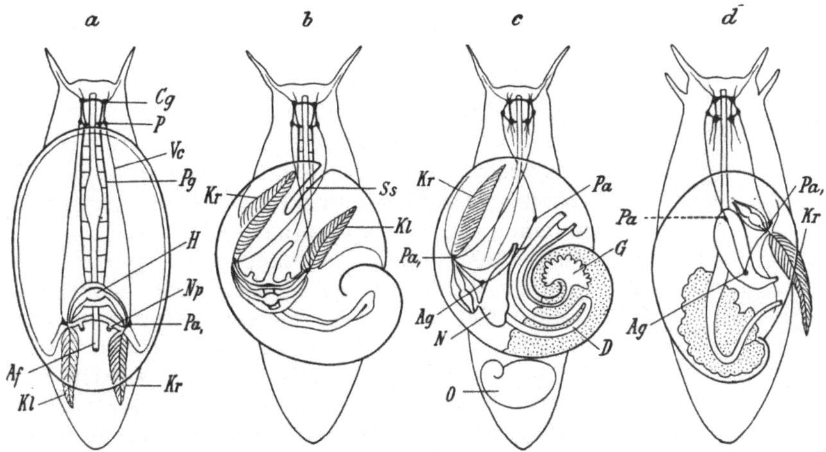

Abb. 813. Schemen von *Gastropoden* (Original G.). a Hypothetische Ausgangsform. b Streptoneurer (Prosobranchier) mit zwei Kiemen (rhipidoglosser Aspidobranchier). c Ctenobranchier Streptoneurer (Prosobranchier). d Opisthobranchier Euthyneurer. *Cg* Cerebralganglion, *P* Pleuralganglion, *Pg* Pedalganglion bzw. Pedalstrang, *Vc* Visceralschlinge, *Pa* linkes, *Pa,* rechtes Parietalganglion, *Ag* Abdominalganglion, *Af* Afterpapille, *D* Darm, *G* Genitaldrüse, *H* Herz, *Kr* rechtes, *Kl* linkes Ctenidium, *N* Niere, *Np* Nierenpapille, *O* Operculum (Deckel), *Ss* Mantelschlitz.

Zurückziehen des Tieres vollkommen in sich aufnehmen kann. Es sind die an der Mantelfalte dicht angehäuften Hautdrüsen, welche das Wachstum der Schale bedingen und neue Schalensubstanz (Anwachsstreifen) absondern. Die Schale ist in der Regel eine feste Kalkschale mit einer organischen Grundlage (Conchiolin), die sich aus drei Lagen von aus schiefen Prismen zusammengesetzten Blättern aufbaut. Die oberste Schicht der Schale bleibt oft als zartes Periostracum unverkalkt, während an der Innenfläche zuweilen (*Rhipidoglossa*) Perlmutterschichten zur Ablage kommen. Auch Perlbildung kommt bei einigen Gastropoden (*Strombus gigas, Haliotis* u. a.) vor. In manchen Fällen ist die Schale teilweise oder vollständig vom Mantel überwachsen, dann bleibt sie kalkarm und dünn (zahlreiche *Opisthobranchier*). In anderen Fällen wird sie in der Jugend abgeworfen und fehlt dem ausgebildeten Tiere vollständig (viele marine Nacktschnecken), oder sie wird (*Cymbuliidae*) durch eine gallertige, unter dem Hautepithel gelegene (sekundäre) Schale ersetzt.

Ihrer Gestalt nach die Form des Eingeweidesackes wiederholend, ist die Schale in sehr verschiedener Weise spiral gewunden von einer flachen, scheiben-

förmigen bis zu einer lang ausgezogenen, turmförmig verlängerten Spirale, im
Falle sekundärer Symmetrie napfförmig (*Patella*, *Fissurella*, *Siphonaria*). In
seltenen Fällen wächst die Schale später unregelmäßig zu einer langen Röhre aus
(*Vermetus*, *Magilus*, *Caecum*) (Abb. 816). Da, wo ein Mantelschlitz vorhanden ist, kommt er auch an der Schale als
Schalenschlitz und Schlitzband zum Ausdruck (viele
Rhipidoglossa) (Abb. 832). Bei manchen Formen zieht
sich das Tier aus den älteren Windungen der Schale zurück und bildet am Hinterende ein Septum, über welchem die Schalenspitze zuweilen abgestoßen (dekolliert)
wird (*Caecum*, *Rumina* [*Stenogyra*] *decollata*) (Abb. 815).
Man unterscheidet an der Schale (Abb. 814) den Scheitel oder die Spitze (*Apex*), ferner die Mündung, welche in
die letzte Windung führt und mit ihren beim ausgewachsenen Tiere aufgewulsteten Lippen (*Peristoma*) dem
Mantelrande aufliegt. Die Windungen verlaufen in einer
meist rechts, seltener links (*Clausilia*, *Physa* u. a.) gewundenen Spirale. Die Windung der Schale wird bestimmt, indem man die Schale mit der Spitze nach oben
und mit der Apertur dem Beschauer zukehrt; liegt letztere rechts, so ist die Schale rechts gewunden und umgekehrt. Die Schalenwindungen berühren sich entweder
in einer von der Spitze nach der Mündung gerichteten
Achse und bilden die sogenannte Spindel (*Columella*),
oder sie berühren sich in der Achse nicht, so daß ein
hohler Kanal entsteht, dessen Öffnung man als Nabel
(*Umbo*) benennt. Dieser kann zu einem fast kegelförmigen Raume mit weitem Nabel werden (*Solarium*).
In der Regel legen sich die Windungen auch oben und
unten aneinander an, seltener bleiben sie getrennt (*Scala*).
Nach der Lage der Spindel unterscheidet man einen Spindelrand oder innere Lippe und einen Außenrand oder
äußere Lippe der Apertur. Die Außenlippe erweist sich
entweder ganzrandig (*holostom*) oder in den Fällen der
Ausbildung eines Siphos am Mantelrande mit einer Ausbuchtung versehen, die sich oft in einem rinnenförmigen
Fortsatz verlängert (*siphonostom*). Bei vielen Schnecken
kommt zum Gehäuse ein horniger oder kalkiger Deckel
(*Operculum*) hinzu, der am hinteren Teile des Fußes aufsitzt und beim Zurückziehen des Tieres die Schalenöff-
nung verschließt; er zeigt zuweilen Spiralwindungen,
welche dann stets entgegengesetzt der Schalenspirale
gerichtet sind (Abb. 813c).

Viele Lungenschnecken sondern vor Eintritt des
Winterschlafes ein deckelartiges Kalkgebilde (*Epiphrag-
ma*) ab, das im kommenden Frühjahre wieder abgestoßen
wird. Die Verbindung des Tieres mit der Schale wird durch
einen Muskel vermittelt, welcher wegen seiner Lage an
der Spindel *Spindelmuskel* heißt. Er entspringt am Rücken des Fußes und setzt
sich am Anfang der letzten Windung an der Spindel fest (Abb. 819).

Die Mantelhöhle enthält die Kiemen (Ctenidien), die bloß bei den ursprünglichsten Gastropoden (*Pleurotomariidae*, *Fissurellidae*, *Haliotidae*) noch paarig

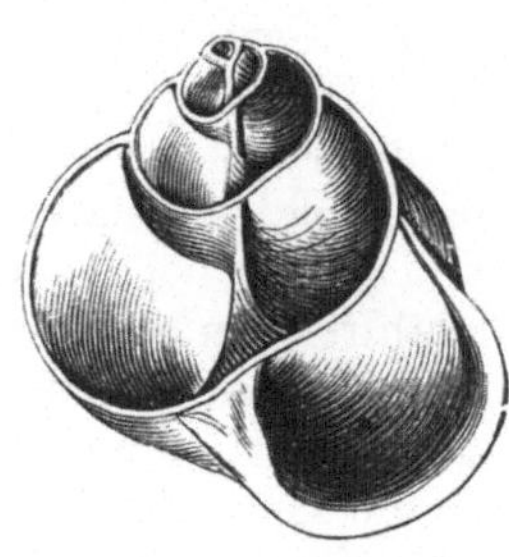

Abb. 814.   Schale von *Helix
pomatia*, durchschnitten.

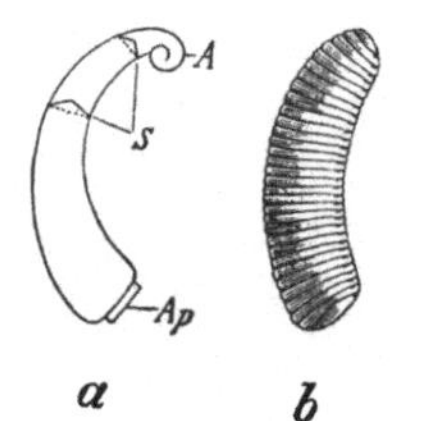

Abb. 815. Schale von *Caecum*.
a Noch mit spiraligem Apex
(*A*). *S* Septen, *Ap* Apertur.
(Nach FOLIN.) b Dekolliert
(aus BRONN). $^7/_1$.

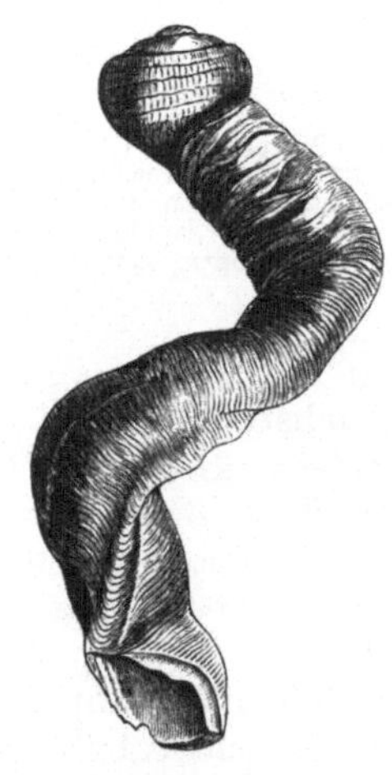

Abb. 816. Schale von *Magilus
antiquus* (aus règne animal).
$^2/_3$.

auftreten (Abb. 830). Unter allen anderen Gastropoden ist bei rechtsgedrehten nur die linksgelegene (morphologisch rechte) Kieme erhalten (Abb. 822), sie kommt bei rückgedrehten Formen (*Opisthobranchia tectibranchiata*) wieder an die rechte Seite zu liegen (Abb. 841). Die Ctenidien besitzen zwei oder nur eine Reihe (*Ctenobranchia*) von Seitenblättern. In zahl-reichen Fällen fehlen die Ctenidien, dann fun-giert entweder wie bei den Landgastropoden (einige *Streptoneuren*, die *Pulmonaten*) der Man-telraum als eine Art Lunge, indem die Decke an ihrer inneren Fläche ein reiches respiratorisches Blutgefäßnetz entwickelt (Abb. 819) und der Mantelhöhleneingang sich zu einer rundlichen, verschließbaren Öffnung verengt; oder es treten an dem Mantel sekundäre Kiemen auf, so in der Mantelrinne bei *Patella*, als äußere, meist gefiederte Anhänge bei den *Nudibranchiaten*. Endlich können besondere Atmungsorgane voll-

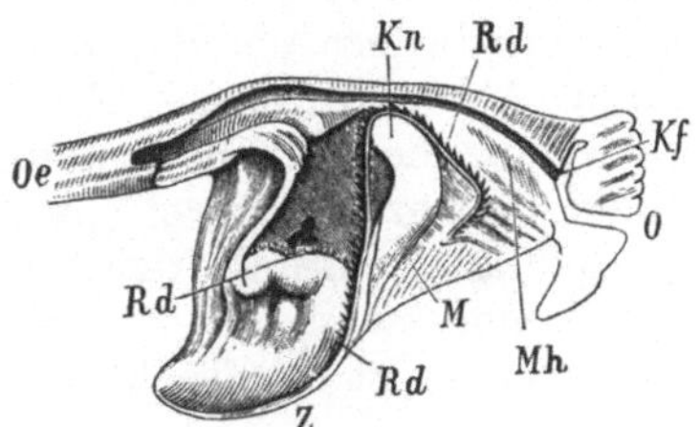

Abb. 817. Längsschnitt durch die Mund-masse von *Helix pomatia*. (Nach W. KEFER-STEIN.) *Mh* Mundhöhle, *M* Muskeln, *O* Mund, *Rd* Radula, *Kn* Zungenknorpel, *Z* Radula-scheide, *Kf* Kiefer, *Oe* Oesophagus.

ständig fehlen (*Elysia, Phyllirhoë, Clione*). Die *Ampullariiden* besitzen Kiemen- und Lungenatmung zugleich, indem ihre Mantelhöhle in eine rechte Kiemenkammer mit dem Ctenidium und einen als Lunge fungierenden linken Abschnitt geteilt ist.

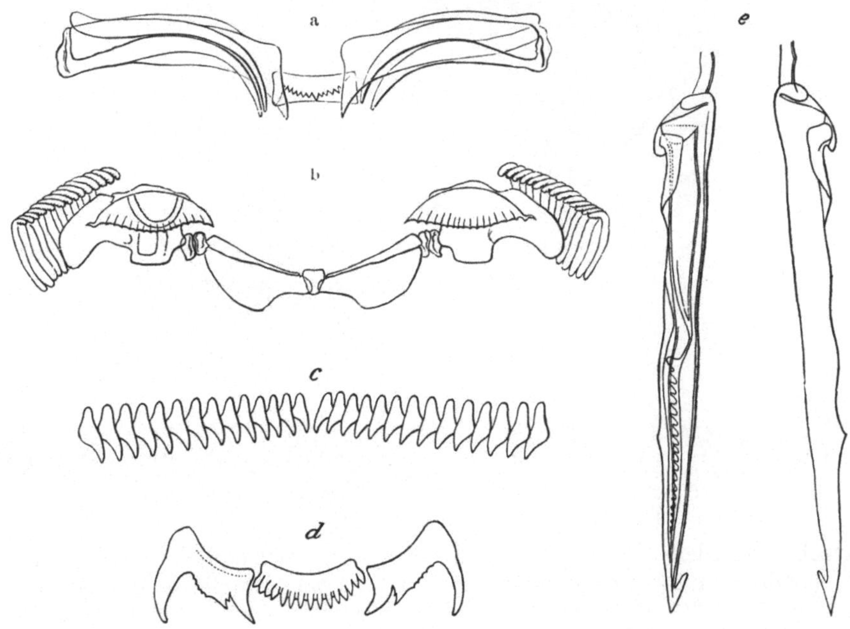

Abb. 818. a Ein Glied der tänioglossen Radula von *Pterotrachea lesueuri*. (Nach MACDONALD.) b der rhipido-glossen Radula von *Neritina fluviatilis*, c der ptenoglossen Radula von *Scalaria turtonis*, d der rhachiglossen Radula von *Bullia (Nassa) annulata*, e der toxoglossen Radula von *Conus* spec. (b—e nach LOVÉN.)

Der Darmkanal besitzt (Abb. 819) infolge der Drehung im allgemeinen einen U-förmigen Verlauf, indem der After vorn etwas rechtsseitig in die Mantelhöhle mündet. Bei rückgedrehten Formen erhält der After eine rechtsseitige oder auch hintere Lage. Der Mund liegt vorn am Kopfe, zuweilen an einer vorspringenden Schnauze, bei vielen Gastropoden an einem von der Spitze einstülpbaren oder von

der Basis zurückziehbaren Rüssel (Abb. 822). Die von Lippenrändern umgrenzte
Mundöffnung führt in die Mundhöhle (Abb. 817), an deren Eingang sich gewöhnlich zwei seitliche Kiefer oder eine einfache dorsale sichelförmige Kieferplatte
finden. Am Boden der Mundhöhle liegt die Zunge, ein von Knorpeln gestützter
muskulöser Wulst, welcher an seiner Oberfläche die Reibplatte (*Radula*) trägt.
An den Gliedern der Reibplatte unterscheidet man Mittel-, Seiten- und Rand-
zähne (Abb. 818). Größe, Form und Zahl der Radulazähne variieren überaus und
liefern für die Systematik gute Charaktere. Zuweilen fehlt die Radula. In die
Mundhöhle münden zwei Speicheldrüsen ein. Auf dieselbe folgt der Oesophagus,
der häufig eine kropfartige Erweiterung, bei einigen *Opisthobranchiern* an seinem
Hinterende einen mit Platten ausgestatteten Kaumagen bildet, dann ein erweiterter, meist blindsackförmiger Magen und auf diesen der in der Regel lange,

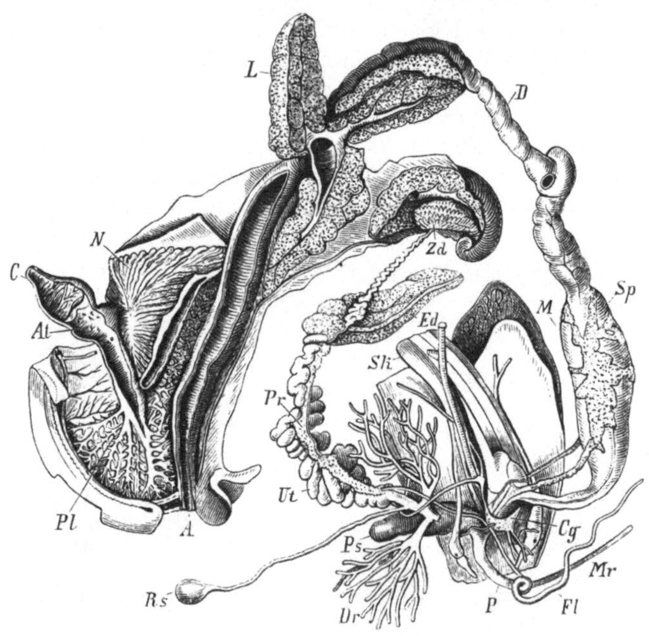

Abb. 819. Anatomie von *Helix pomata*. (Nach CUVIER.) Der Mantel nach rechts umgeschlagen, die Eingeweide auseinandergelegt. *Cg* Cerebralganglion, *Sp* Speicheldrüse, *M* Magen, *D* Darm, *L* Leber (Mitteldarmdrüse), *A* After, *N* Niere, *At* Atrium, *C* Ventrikel des Herzens, *Pl* dorsale Mantelwand (Lunge), *Zd* Zwitterdrüse, *Ed* Eiweißdrüse, *Pr* Prostata, *Ut* Uterus, *Rs* Receptaculum seminis, *Dr* fingerförmige Drüsen, *Ps* Pfeilsack, *P* Copulationsorgan, *Fl* Flagellum, *Mr* Retractor, *Sk* Spindelmuskel.

mehrfach gewundene Dünndarm, dem sich der weite Enddarm anschließt. Bei
einer Anzahl von *Streptoneuren* findet sich wie bei Lamellibranchiaten ein sogenannter Krystallstiel. Von Anhangsdrüsen ist die sehr umfangreiche, vielfach
gelappte Mitteldarmdrüse (Leber) zu nennen, welche vornehmlich den oberen
Teil des Eingeweidesackes einnimmt und ihr Secret in den Magen ergießt. Eine
eigentümliche Modifikation zeigt die Leber bei den *Aeolididen, Elysiiden*, indem
sie in zahlreiche Blindsäcke geteilt ist, welche sich im Körper verästeln (Abb. 820)
und auch in die dorsalen Rückenpapillen eintreten können. Bei *Aeolididen* erweitern sich diese Leberendäste in den Rückenpapillen zu Säcken, welche nach
außen geöffnet sind und Nesselkapseln enthalten, die von der Cnidariernahrung
herrühren. Zahlreiche *Ctenobranchien* besitzen eine große Drüse am Oesophagus
(LEIBLEINsches Organ), manche eine Drüse am Enddarm.

Das Herz liegt, vom Pericardium (Cölom) umschlossen, dorsal in der Nähe der Atmungsorgane. Es besteht aus einer Kammer und besitzt in wenigen Fällen noch zwei Vorhöfe (fast alle *Rhipidoglossa*) (Abb. 830); in der Regel ist aber der asymmetrischen Entwicklung der Atmungsorgane entsprechend nur ein Vorhof (der morphologisch rechte) vorhanden (Abb. 821). Bei *Rhipidoglossen* (die *Heliciniden* ausgenommen) liegt die Herzkammer rings um den Enddarm herum. Die Aorta teilt sich gewöhnlich in zwei Arterienstämme, von denen sich der eine nach vorn im Kopf und Fuß verzweigt, der andere zu den Eingeweiden verläuft. Die Enden der Arterien öffnen sich in Lacunen der primären Leibeshöhle, aus denen das Blut entweder ohne Dazwischentreten von Gefäßen (*Heteropoden, Nudibranchiaten*) oder durch sogenannte Kiemen-(Lungen-) Arterien nach den Respirationsorganen und von da durch Kiemen-(Lungen-)Venen nach dem Herzen zurückgeführt wird. Ein großer Teil des venösen Blutes passiert längs der

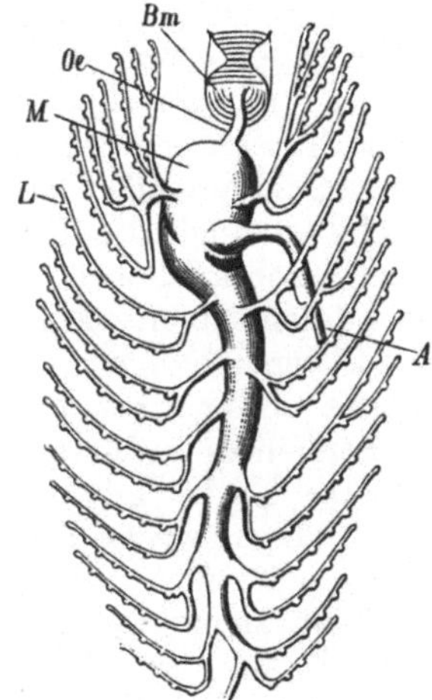

Abb. 820. Darm von *Aeolis papillosa*. (Nach HANCOCK.) *Bm* Buccalmasse, *Oe* Oesophagus, *M* Magendarm, *L* Leberschläuche, welche in die Anhänge des Rückens eintreten, *A* After.

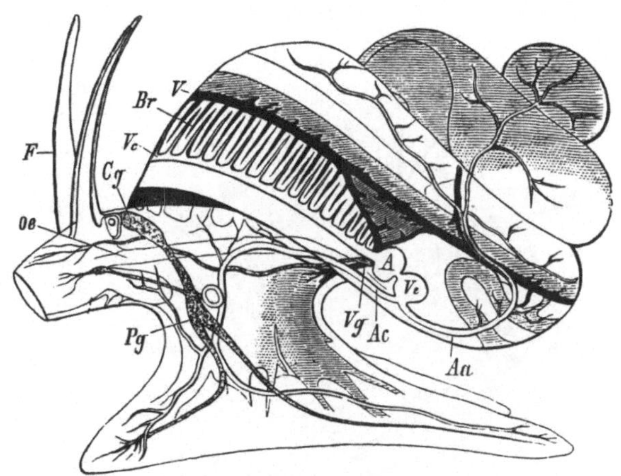

Abb. 821. Nervensystem und Kreislaufsorgane von *Paludina vivipara*. (Nach LEYDIG.) *F* Fühler, *Oe* Oesophagus, *Cg* Cerebralganglion mit dem Auge, *Pg* Pedalganglion mit anliegender Statocyste, *Vg* Visceralganglion, *A* Atrium des Herzens, *Ve* Ventrikel, *Aa* Aorta visceralis, *Ac* Aorta cephalica, *V* Venen, *Vc* Kiemenvene, *Br* Ctenidium.

Niere vor Eintritt in die Kiemenarterie. Ein Teil des Blutes gelangt direkt, mit Umgehung der Kieme, zum Herzen zurück. Nach der Lage der Respirationsorgane zum Herzen kann man mit MILNE-EDWARDS zwei Typen gegenüberstellen: *Prosobranchia*, deren Vorhof und Kieme infolge der Drehung vor der Herzkammer ihre Lage haben, ihnen schließen sich in diesem Charakter die *Pulmonaten* an; und *Opisthobranchia*, deren Kieme hinter dem Herzen liegt (Abb. 813).

Eine große Blutdrüse (Lymphdrüse) findet sich bei einigen *Opisthobranchien* an der Aorta.

Das Epithel der Pericardialwand bildet bei einigen Gastropoden über den Vorhöfen oder an anderen Stellen drüsige Faltungen (*Pericardialdrüse*).

Einrichtungen, welche nach älterer Meinung Wasser in die Bluträume eintreten lassen sollten, haben sich nicht als diesem Zwecke dienlich erweisen lassen. In neuerer Zeit wurde (so bei *Natica josephinia*) das Vorhandensein besonderer Wasserporen und vom Circulationssystem getrennter Wasserräume am Fuße wahrscheinlich gemacht.

Die Niere liegt in der Nähe des Pericards (Abb. 819), mit dem sie durch einen

Wimpertrichter in Verbindung steht. Sie ist nur in wenigen Fällen noch paarig erhalten (meiste *Aspidobranchien*), jedoch in diesem Falle die linksgelegene Niere rudimentär; an letzterer ist in einigen Fällen (*Fissurella, Emarginula*) der Wimpertrichter rückgebildet. Bei allen übrigen Gastropoden ist nur die Niere der linken (morphologisch rechten) Seite erhalten. Die Niere besitzt die Form eines Sackes mit spongiöser, seltener mit glatter, dann häufig in Verästelungen ausgebuchteter Wandung. Ihr Secret besteht großenteils aus festen Concrementen. Entweder öffnet sich die Niere an einer Papille oder durch eine verschließbare Spalte oder vermittels eines besonderen, neben dem Mastdarm verlaufenden Ausführungsganges, überall in der Nähe des Afters in die Mantelhöhle.

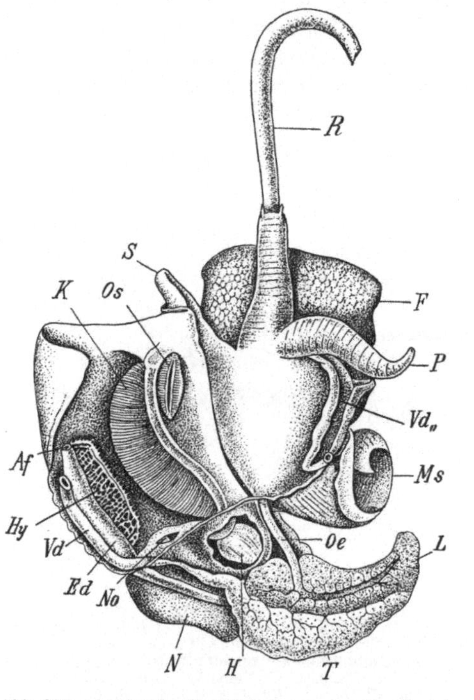

Von den zahlreichen Drüsen der Haut ist zunächst die weit verbreitet sich findende *Hypobranchialdrüse* oder Schleimdrüse zu nennen (Abb. 822), welche zwischen Kieme und Enddarm gelegen ist und oft eine erstaunliche Menge ihres Secretes aus der Mantelöffnung zu ergießen vermag. Eine solche ist auch die *Purpurdrüse* einiger Ctenobranchien (*Purpura, Murex*), deren farbloses Secret nach den Untersuchungen von LACAZE-DUTHIERS unter dem Einflusse des Sonnenlichtes rasch eine rote oder violette Farbe gewinnt, welche als echter Purpur wegen ihrer Beständigkeit schon im Altertum geschätzt war. Nicht zu verwechseln mit dem echten Purpur ist der gefärbte Saft, den manche Opisthobranchien, z. B. die *Aplysien*, aus Drüsen ihrer Haut entleeren. Sehr reich an Drüsen erweist sich der Fuß, welche an einigen Stellen desselben gehäuft auftreten. Eine solche Drüsenmasse stellt die am Vorderrande des Fußes zahlreicher *Streptoneuren* und *Opisthobranchien* auftretende vordere Fußdrüse dar, ferner die bei

Abb. 822. Anatomie des Männchens von *Pyrula tuba*. Manteldecke nach links umgeschlagen. (Nach SOULEYET.) *R* Rüssel, vorgestülpt, *F* Fuß, *S* Atemsipho, *K* Ctenidium, *Os* Osphradium, *Hy* Hypobranchialdrüse, *Ms* Spindelmuskel, *Oe* Magendarm, *L* Leber, *Ed* Enddarm, *Af* After, *N* Niere, *No* Nierenmündung, *H* Herz, *T* Hoden, *Vd* Ductus deferens (quer durchschnitten), *Vd,,* Samenrinne, *P* Copulationsorgan.

vielen *Ctenobranchien* auf der Fußsohle mittels eines großen Porus mündende Fußsohlendrüse; endlich kann am Hinterende des Fußes eine derartige Drüsenmasse vorhanden sein (einige *Opisthobranchien, Pulmonaten*). Bei *Phyllirhoë* ist es das Secret einzelliger Hautdrüsen, welches das Leuchten dieses Tieres bedingt.

Das Nervensystem (Abb. 801, 823) besteht aus einem Paar von Cerebralganglien, Pleuralganglien sowie Pedalganglien, welche durch Commissuren untereinander verbunden sind. Statt der Pedalganglien treten bei den *Aspidobranchien* und einigen *Ctenobranchien* durch mehrfache Commissuren untereinander verbundene Pedalstränge auf. Von den Pleuralganglien, die bei den ursprünglichsten Formen am Pedalstrang anliegen, geht die Visceralschlinge ab, welche jederseits ein sogenanntes Parietalganglion sowie ein drittes hinteres Abdominal- oder Visceralganglion aufweist. Die Visceralschlinge ist bei zahlreichen Gastropoden

(*Streptoneura*) infolge der Drehung des Pallialkomplexes achterförmig gedreht, indem der rechte Teil der Visceralschlinge mit dem rechten Parietalganglion (dann Supraintestinalganglion genannt) nach links dorsal über den Darm, der linke Teil mit seinem Parietalganglion (Subintestinalganglion) nach rechts unterhalb des Darmes verzogen erscheint (*Chiastoneurie*). In einer anderen Gruppe (*Euthyneura*) ist die Visceralschlinge nicht achterförmig gedreht, sondern infolge Rückdrehung ventral vom Darm gelagert, wobei gewöhnlich eine starke Verkürzung eintritt, die bis zur Vereinigung aller ihrer Ganglien, denen noch die Pleuralganglien angeschlossen sein können, führt (z. B. *Helix*). Auch können alle Ganglien dem Cerebralganglion angeschlossen sein (*Nudibranchiata*). Die Cerebralganglien versorgen den Kopf; mit ihnen hängen auch durch eine besondere Commissur die Buccalganglien zusammen, deren Nerven zum Schlund und Darm

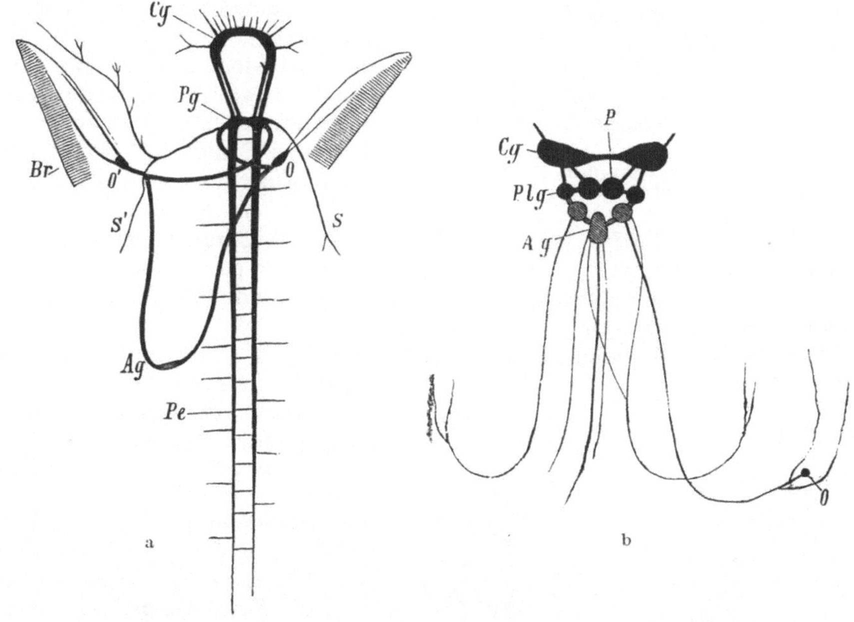

Abb. 823. a Nervensystem von *Haliotis*. *Br* Ctenidien, *Cg* Cerebralganglion, *Pg* Pleuralganglion, *Ag* Abdominalganglion, *O, O'* Osphradien mit den Parietalganglien, *Pe* Pedalstränge, *S, S'* Mantelnerven. — b Nervensystem von *Limnaea*. *P* Pedalganglion, *Plg* Pleuralganglion, *O* Osphradium. (Nach Lacaze-Duthiers, schematisch nach Spengel.)

treten. Die Pedalganglien innervieren den Fuß, die Pleuralganglien entsenden die Mantelnerven. Die Parietalganglien versorgen die Kieme, die Osphradien, aber auch einen Teil des Mantels, während das Abdominalganglion die übrigen Eingeweidenerven entsendet.

Von Sinnesorganen treten Augen fast allgemein auf. Sie liegen an der Basis, seltener an der Spitze der Kopffühler und sind Napf- oder Blasenaugen (Abb. 197); ihre höchste Ausbildung erlangen sie bei den *Heteropoden*, während sie bei zahlreichen *Opisthobranchien* rudimentär werden. Bei *Oncidium* finden sich außerdem zahlreiche Mantelaugen an den dorsalen Papillen des Körpers; diese Augen besitzen eine zellige Linse und sind inversen Blasenaugen ähnlich. Ebenso finden sich fast stets Statocysten, die meist dem Fußganglion anliegen, doch stets vom Gehirn innerviert werden (Abb. 837). Als Tastorgane hat man vor allem die Fühler anzusehen, ferner die Lippenränder, aber auch tasterartige Verlängerungen, welche sich hin und wieder am Kopfe, Mantel und Fuße finden. Die Fühler sind häufig in doppelter Zahl vorhanden und fehlen nur ausnahmsweise vollständig, sie sind einfache contractile Fortsetzungen der Körperwand, zuweilen (*Pulmonaten*) zurückstülpbar. Überall wohl finden sich eigentümliche Sinneszellen, deren Haarbüschel bei den Wasserschnecken pinselförmig hervorragen. Die hinteren Fühler der Landschnecken besitzen an ihrer Endplatte eine

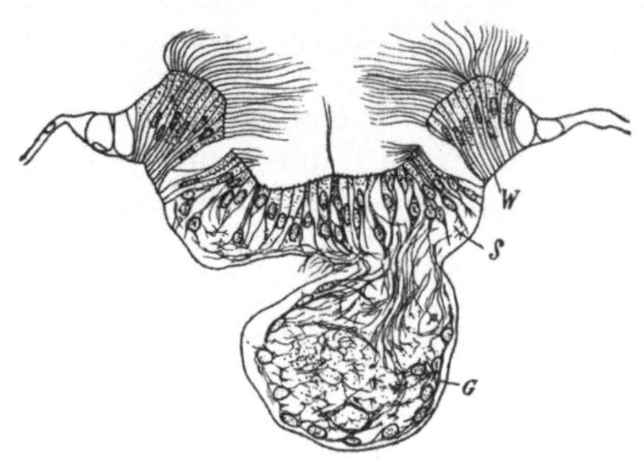

Abb. 824. Osphradium von *Pterotrachea* im Querschnitt (Original G.). *G* Osphradialganglion, *S* Sinneszellen, *W* Wimperzellen.

sehr reiche Ausbreitung feiner Sinneszellen und fungieren als Spürorgane. Auch bei den übrigen Gastropoden betrachtet man die Fühler (bei den *Opisthobranchien* die hinteren) als Sitz eines Spürsinnes (Geruchsinnes). Ein weiteres bewimpertes Sinnesorgan (Geruchsorgan), das *Osphradium* (Abb. 824), findet sich bei den meisten im Wasser lebenden Gastropoden in der Mantelhöhle an der Basis oder außen zur Seite der Ctenidien. Es tritt häufig wulstförmig oder geblättert, in Gestalt an ein Ctenidium erinnernd

(Abb. 822), auf und wird vom betreffenden Parietalganglion inneviert. Bei Vorhandensein von zwei Ctenidien ist es gleichfalls paarig vorhanden. Geschmacksorgane (Geschmacksknospen) sind in der Mundhöhle einer Anzahl von Gastropoden nachgewiesen.

Unter den Gastropoden sind fast alle *Streptoneura (Aspidobranchia, Ctenobranchia, Heteropoda)* getrennten Geschlechts, die *Euthyneura (Opisthobranchia, Pulmonata)* Zwitter. Unter den getrenntgeschlechtlichen Formen besitzt die Genitaldrüse bei den *Aspidobranchien* (mit Ausnahme der *Neritiden* und *Heliciniden*) keinen spezifisch differenzierten Ausführungsgang und es werden die Genitalprodukte durch die rechte Niere ausgeleitet. In den übrigen Fällen ist ein differenzierter Ausführungsgang vorhanden, der auf die rechte Niere zurückführbar ist, wofür das Vorkommen eines mittels Wimpertrichters in einen besonderen Abschnitt des Cöloms (Pericardiums) mündenden Verbin-

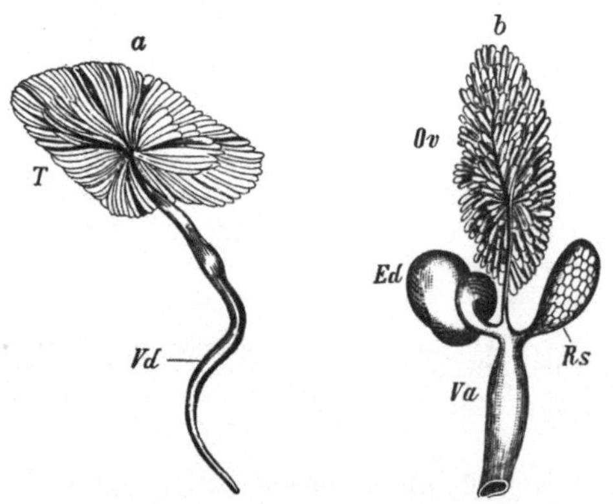

Abb. 825. Geschlechtsorgane eines Heteropoden (*Pterotrachea*). (Nach R. LEUCKART.) a des Männchens. *T* Hoden, *Vd* Samenleiter. — b des Weibchens. *Ov* Ovarium, *Ed* Eiweißdrüse, *Rs* Receptaculum seminis, *Va* Vagina.

dungskanales des Oviducts bei *Neritiden* spricht. Im männlichen Geschlecht schließt sich an den Hoden ein Ductus deferens (Abb. 825), manchmal mit Vesicula seminalis an, der in die Mantelhöhle rechts vom Darm mündet. Von da wird der Samen in einer Wimperrinne (Samenrinne) bis an das fast überall vorhandene Copulationsorgan (Penis) geführt, welches rechterseits von der Genitalöffnung frei vorhängt. Diese Wimperrinne schließt sich in vielen Fällen zu einem Kanal. Am Ausführungsgang der weiblichen Keimdrüse finden sich zuweilen Receptaculum seminis und Eiweißdrüse, sein verbreitertes Ende fungiert als

Vagina. Bei den hermaphroditischen Formen ist eine Zwitterdrüse vorhanden, in welcher Eier und Samenfäden entweder in verschiedenen Follikeln (*Nudibranchien*) oder in demselben Follikel nebeneinander entstehen, wenn auch in der Regel nicht gleichzeitig, indem die männliche Reife des Tieres der weiblichen vorausgeht (Landschnecken). Der Ausführungsgang (Zwittergang) bleibt im ursprünglichsten Falle bis zur Mündung einfach (monauler Typus) (Abb. 826), doch kann durch das Auftreten von zwei Falten in einem Teile eine teilweise Trennung des Lumens vorgebildet sein (*Aplysia*); der Samen wird auch hier mittels einer Flimmerrinne zum Begattungsorgan geleitet. In zahlreichen anderen Fällen teilt sich der Ausführungsgang gegen die Mündung hin in zwei Kanäle, einen männlichen und weiblichen (diauler Typus) (Abb. 244). Die Samenrinne ist hier zu einem Kanal geschlossen, welcher das vor der weiblichen Genitalöffnung gelegene einziehbare Copulationsorgan durchsetzt, doch können beide Genitalgänge in einem gemeinsamen Atrium münden (*Pulmonata stylommatophora*). Bei einem dritten Typus (triauler Typus) ist der Genitalgang am Ende in drei Kanäle geteilt, indem sich vom weiblichen Ausführungsgang ein besonderer Begattungsgang abgespalten hat (*Dorididae*, *Elysia*). Eiweißdrüse und Receptaculum seminis kommen allgemein vor. Bei den *Heliciden* (Abb. 819) trägt die Scheide zwei Büschel von fingerförmigen Drüsenschläuchen sowie einen eigentümlichen Sack, den *Pfeilsack*, welcher ein pfeilförmiges kalkiges

Abb. 826. Geschlechtsorgan von *Cymbulia*. (Nach GEGENBAUR.) *Zd* Zwitterdrüse mit gemeinsamem Ausführungsgang, *Rs* Receptaculum seminis, *U* Uterus.

Stäbchen in seinem Innern erzeugt. Das letztere, der sogenannte *Liebespfeil*, tritt bei der Begattung hervor und hat die Bedeutung eines Reizorganes. Am Innenende des Copulationsorgans mündet ein langer fadenförmiger Drüsenanhang, das Flagellum, der die Hülle zur Bildung der Spermatophoren liefert. Eigentümlich ist das Vorkommen von anscheinend zweierlei Spermien bei einigen *Streptoneuren*, von denen aber die sog. wurmförmigen Spermien abortive Degenerationsprodukte sind.

Die Eier werden entweder einzeln (*Patella*, *Pulmonata stylommatophora*), oder in großer Zahl in einem gallertigen Laich (*Opisthobranchia*, *Heteropoda*, *Pulmonata basommatophora*) oder zu mehreren in festen Kokons (*Ctenobranchia*) abgelegt. In einigen Fällen (*Paludina* u. a.) entwickeln sich die Eier im Oviduct, der dann als Uterus fungiert.

Die Entwicklung ist entweder direkt (*Pulmonata*, ausgenommen *Amphibola*, *Auricula*, die ein freies Veligerstadium besitzen) (Abb. 827), meist aber eine Metamorphose. Die Larve, welche im wesentlichen den Trochophoratypus zeigt, erfährt später eine mächtige Entwicklung des Wimperapparates (Velum), der sich zweilappig gestaltet (Abb. 799, 828), und wird dann als *Veliger* bezeichnet, der Fuß ist zu dieser Zeit noch klein, die Schale bereits vorhanden und in der Regel durch einen Deckel verschließbar. Die Embryonen sind anfänglich symmetrisch,

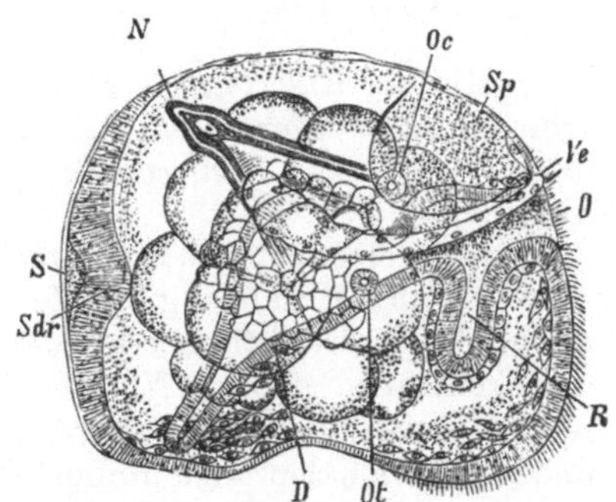

Abb. 827. Embryo von *Planorbis* mit beginnender Asymmetrie. (Nach C. RABL.) *O* Mund, *D* Darm, *R* Radulaanlage, *Sp* Scheitelplatte, *Oc* Auge, *Ot* Statocyste, *Ve* Velum (präoraler Wimperkranz), *N* Kopfniere, *Sdr* Schalendrüse, *S* Schale.

erst später gelangt die Asymmetrie zur Ausbildung. Bei den im ausgebildeten Zustande schalenlosen Formen wird die Schale abgeworfen. In seltenen Fällen (*Clionidae*, *Pneumodermatidae*) besteht nach Rückbildung des Velums ein zweites Larvenstadium mit drei Wimperkränzen am Rumpfe (Abb. 829). Bei Süßwasser- und Landgastropoden ist das Velum meist stark reduziert (Abb. 827). Die Embryonen der *Landpulmonaten* sind durch eine umfangreiche provisorische Kopf- und Fußblase ausgezeichnet.

Bei weitem die meisten Gastropoden sind Meeresbewohner, im süßen Wasser leben die *basommatophoren Pulmonaten* und einige *Streptoneuren* (*Paludina, Valvata, Melania, Neritina* usw.), im Brackwasser kommen viele *Littorinen, Cerithien, Melanien* usw. vor. Landbewohner sind die *Heliciniden, Ericiiden* und *stylommatophoren Pulmonaten*. Viele Kiemenschnecken sind imstande, eine Zeitlang im Trockenen auszudauern, indem sie sich in ihre Schale zurückziehen und diese durch den Deckel verschließen. Fast alle bewegen sich kriechend mittels der Fußfläche, einige aber, wie *Strombus*, springen, andere, wie *Oliva* und *Ancilla*, manche *Opisthobranchien*, darunter alle pelagischen Formen, und die *Heteropoden* schwimmen mit Hilfe ihres Fußes. Einzelne Meeresbewohner, wie *Magilus*, *Vermetus*, sind mit ihren Schalen festgewachsen, wenige leben parasitisch auf oder in Echinodermen (*Stilifer*,

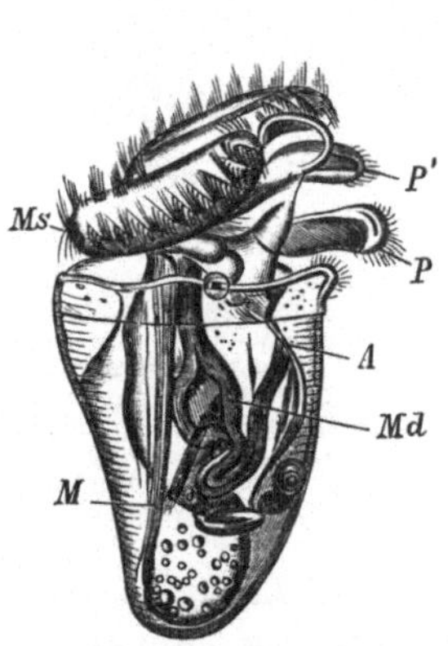

Abb. 828. Veligerlarve von *Cavolinia* (*Hyalaea*) *tridentata*. (Nach Fol.) *P* Mittelfuß, *P'* die beiden Seitenflossen des Fußes (Parapodien), *M* Retractor, *Md* Magendarm, *Ms* Velum, *A* After.

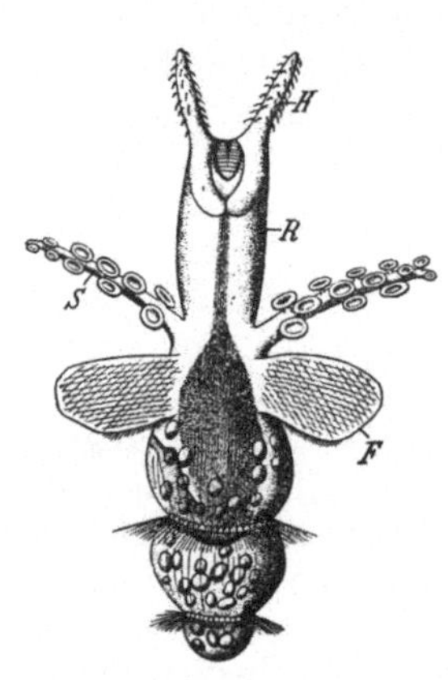

Abb. 829. Ältere *Pneumoderma*-Larve mit Wimperkränzen. (Nach Gegenbaur.) Am vorgestülpten Rüssel (*R*) die entfalteten Saugorgane (*S*) und Hakensäcke (*H*). *F* Parapodien.

Gasterosiphon, Entoconcha, Enteroxenos, Thyca u. a.), oder auch an Muscheltieren (z. B. *Odostomia*) oder Ascidien (*Sacculus okai*). Bei einigen parasitischen Formen (*Entocolax, Entoconcha*) sind die Männchen zwergartig klein und sackförmig.

Ebenso verschieden wie die besondere Art des Aufenthalts und Vorkommens ist die Art der Ernährung. Viele, insbesondere die *siphonostomen Streptoneuren*, sind gefräßige Raubtiere und machen Jagd auf lebende Tiere, einige Kiemenschnecken, wie *Murex, Natica, Purpura*, bohren, wohl mittels eines sauren Secretes (bei *Natica* einer ventral am Rüssel gelegenen Drüsenscheibe), zu diesem Zwecke die Schalen von Mollusken an, mehrere (*Strombus, Buccinum*) suchen vorzugsweise tote Tiere auf. Fast alle *Pulmonaten* und *holostomen Streptoneuren* sind Pflanzenfresser.

1. Legion. Streptoneura (Prosobranchia)[1].

Gastropoden mit achterförmig gewundener Visceralschlinge, mit nach vorn vom Herzen gelegenen Ctenidien, in der Regel getrenntgeschlechtlich.

[1] Leydig, Fr.: Über *Paludina vivipara*. Z. Zool. 2 (1850). — Lacaze-Duthiers, H.: Mémoire sur le Système nerveux de l'Haliotide. — Mémoire sur la Pourpre. Ann. des Sci. natur. 1859. — Haller, B.: Untersuchungen über marine Rhipidoglossen. Morph. Jb. 9 (1884). — Die Morphologie der Prosobranchier. Ebenda 14—19 (1888—1893). — Studien

Der Kopf trägt nur ein Tentakelpaar. In der vorn und links gelegenen Atemhöhle erhält sich in der Regel infolge der Drehung und Asymmetrie des Eingeweidesackes nur ein (rechtes) Ctenidium an der linken Seite, seltener sind beide Ctenidien erhalten. Das Ctenidium liegt vor dem Herzen. Die Visceralschlinge ist achterförmig gekreuzt. Es herrscht in der Regel Getrenntgeschlechtlichkeit. Die Männchen sind schlanker und besitzen, ausgenommen fast alle *Aspidobranchia* und die *Ptenoglossa*, ein großes, an der rechten Seite des Vorderkörpers frei vorragendes Copulationsorgan.

1. Unterordnung. *Aspidobranchia.* Streptoneuren mit an der Spitze freien Ctenidien, welche zwei Reihen von Seitenblättern besitzen (Abb. 830).

Zeigen in der geringeren Konzentration des Nervensystems, in der teilweisen Erhaltung der beiden Nieren, Kiemen und Vorhöfe sowie bei den meisten Formen in der Ausfuhr der Genitalprodukte durch die rechtsgelegene Niere ursprüngliche Verhältnisse. Äußere Begattungsorgane fehlen zumeist.

1. Sektion. *Docoglossa.* Radula lang, ihre Zähne balkenartig. Schale schüsselförmig. Deckel fehlt.

Fam. *Acmaeidae.* Ein (linksgelegenes) Ctenidium vorhanden. *Acmaea virginea* MÜLL. Atlant. Ozean. Mittelmeer. *Tectura fluviatilis* BLANF. Im Brackwasser. Ostindien. Bei *Scurria* GRAY außerdem ein Kreis sekundärer Mantelkiemen.

Fam. *Patellidae,* Napfschnecken. Ctenidien fehlen. Ein Kreis blattförmiger sekundärer Mantelkiemen am ganzen Mantelrande. *Patella vulgata* L. Europ. Meere. *P. caerulea* L. Mittelmeer. *P. (Nacella) pellucida* L. Atlant. Ozean.

2. Sektion. *Rhipidoglossa.* Die Radula in jedem Gliede aus mehreren Mittelzähnen, einem Seitenzahn und einer großen Zahl fächerartig geordneter Marginalzähne bestehend (Abb. 818 b). Mantel häufig mit Schlitz, der auch an der Schale als Schlitz und sich anschließendem Schlitzband (Abb. 832) oder als Loch zum Ausdruck kommt. Mit (ausgenommen die *Helicinidae*) doppeltem Vorhofe des Herzens, dessen Kammer (die *Heliciniden* ausgenommen) um den Enddarm herumliegt. Häufig noch zwei Ctenidien. Oft mit fadenförmigen Anhängen am Fuße.

Fam. *Pleurotomariidae.* Schale kreiselförmig, mit Schlitz, innen mit Perlmutterschicht. Ein horniger Deckel vorhanden. Mit zwei symmetrisch gelagerten Ctenidien. Repräsen

über docoglosse und rhipidoglosse Prosobranchier. Leipzig 1894. — CARRIÈRE, J.: Die Fußdrüsen der Prosobranchier usw. Arch. mikrosk. Anat. **21** (1882). — BOUTAN, L.: Recherches sur l'anatomie et le développement de la Fissurelle. Archives de Zool. **1886.** — BOUVIER, E. L.: Système nerveux, morphologie générale et classification des Gastéropodes prosobranches. Ann. des Sci. natur. **1887.** — PERRIER, R.: Recherches sur l'anatomie et l'histologie du rein des Gastéropodes prosobranches. Ebenda **1889.** — BERNARD, F.: Recherches sur les organes palléaux des Gastéropodes prosobranches. Ebenda **1890.** — PELSENEER, P.: Prosobranches aëriens et Pulmonés branchifères. Archives de Biol. **14** (1895). — WOODWARD, M. F.: The Anatomy of *Pleurotomaria Beyrichii.* Quart. J. microsc. Sci. **44** (1901). — FISHER, W. K.: The Anatomy of *Lottia gigantea* GRAY. Zool. Jb. **20** (1904). — GRABAU, A. W.: Phylogeny of Fusus and its Allies. Smithson. Misc. Coll. Washington **44** (1904). — MÜLLER, JOH.: Über *Synapta digitata* und über die Erzeugung von Schnecken in Holothurien. Berlin 1852. — BOBRETZKY, N.: Studien über die embryonale Entwicklung der Gastropoden. Arch. mikrosk. Anat. **13** (1876). — PATTEN, W.: The Embryology of *Patella.* Arb. Zool. Inst. Wien **6** (1886). — SALENSKY, W.: Études sur le développement du Vermet. Archives de Biol. **6** (1887). — v. ERLANGER, R.: Zur Entwicklung der *Paludina vivipara.* Morph. Jb. **17** (1891). — CONKLIN, E. G.: The Embryology of *Crepidula.* J. Morph. a. Physiol. **13** (1897). — ROBERT, A.: Recherches sur le développement des Troques. Archives de Zool. **1903.** — OTTO, H. u. C. TÖNNIGES: Untersuchungen über die Entwicklung von *Paludina vivipara.* Z. Zool. **80** (1906). — BOURNE, G. C.: Contributions to the Morphology of the Group Neritacea etc. I. II. Proc. Zool. Soc. London **1908, 1911.** — ROSÉN, N.: Zur Kenntnis der parasitischen Schnecken. Fysiograf. Sällsk. Hdl. Lund **1910.** — SCHWANWITSCH, B. N.: Observations sur la femelle et le mâle rudimentaire d'*Entocolax ludwigi.* J. Russe de Zool. **2** (1917). — THIEM, H.: Beiträge zur Anatomie und Phylogenie der Docoglossen. Jena. Z. Natruwiss. **54** (1917). — DAUTERT, E.: Die Bildung der Keimblätter von *Paludina vivipara.* Zool. Jb. **50** (1929). — Vgl. außerdem die Arbeiten von ADAMS, RAY LANKESTER, DALL, SARASIN, BÜTSCHLI, BLOCHMANN, WILLCOX, HOUSSAY, RANDLES, LENSSEN u. a.

tieren die ursprünglichsten Gastropoden der heutigen Lebewelt. *Pleurotomaria quoyana* FISCH. u. BERN. Westindien (Abb. 832).

Fam. *Fissurellidae*, Spaltnapfschnecken. Schale symmetrisch, napf- oder mützenförmig, mit einem Schlitze oder Loche am Vorderrande oder einem Loche an der Spitze (Abb. 831). Deckel fehlt. Zwei symmetrische Ctenidien. Fuß sehr groß. *Emarginula elongata* COSTA. Schale mit Schlitz am Vorderrande. Mittelmeer. *Fissurella graeca* L. Mittelmeer. *F. maxima* Sow. Chile. Schale mit länglichem Loche an der Spitze. *Clypidina notata* L. Küste von Ostindien, Ceylon. Schale ohne Schlitz, an seiner Stelle an der Innenseite der Schale eine flache Rinne. Bildet den Übergang zu den Docoglossen. Hier schließt sich an *Scissurella crispata* FLEM. Atlant. Ozean, Mittelmeer. Mit spiraliger Schale und Schlitz an derselben, mit hornigem Deckel.

Fam. *Haliotidae*, Seeohren. Schale flach, ohrförmig, mit kleiner Spira, innen mit Perlmutterschicht (auch Perlbildung kommt vor), mit einer Reihe von Löchern an der linken Seite. Deckel fehlt. Mit zwei Ctenidien, das rechts gelegene kleiner. Fuß mit seitlicher Franse. *Haliotis tuberculata* L. Mittelmeer (Abb. 830). *H. gigantea* CHEMN. Ostasien.

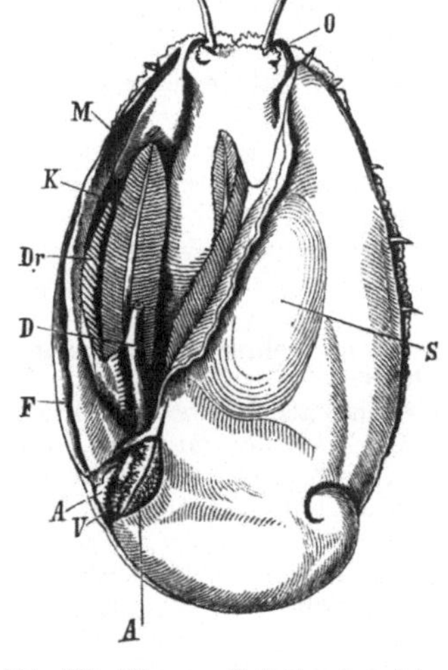

Fam. *Trochidae*. Schale kreisel- oder turmförmig, innen mit Perlmutterlage. Deckel hornig oder kalkig, gewunden. Fuß an den Seiten mit Tentakeln. Nur ein Ctenidium. *Trochus niloticus* L. Ind. Ozean. *Calliostoma zizyphinum* L. *Gibbula fanulum* GM. Mittelmeer. Hier schließt sich an *Turbo marmoratus* L. Ind. Ozean. *Astralium* (*Turbo*) *rugosum* L. *Trochocochlea* (*Monodonta*) *turbinata* BORN. Abgeschliffen zu Schmuck verwendet. Mittelmeer.

Fam. *Neritidae*. Schale dick, halbkugelig, Spira wenig vortretend. Deckel kalkig. Nur ein Ctenidium. Genitaldrüse mit hochdifferenziertem Ausführungsgang. Beim Männchen ein Copulationsorgan. *Nerita polita* L. Ind. Ozean. *Theodoxus fluviatilis* MÜLL., im Süßwasser. Europa. *Neritina prevostiana* PARTSCH. Warme Quellen, Vöslau, Tapolcsa.

Fam. *Helicinidae*. Schale flach kegelförmig bis kugelig. Ctenidium fehlt. Die Atmung erfolgt durch die gefäßreiche Decke der Mantelhöhle. Nur ein Vorhof. Landbewohner. *Helicina neritella* LM. Westindien.

Abb. 830. Tier von *Haliotis tuberculata*. ¹/₁. *M* Die zurückgeschlagenen Mantellappen. In der Kiemenhöhle die beiden Ctenidien (*K*), der Enddarm (*D*) sowie die Hypobranchialdrüse (*Dr*): *F* Fuß, *O*/Auge, *S* Spindelmuskel, *T* Fühler. Im geöffneten Pericardialraum der den Darm umgebende Ventrikel des Herzens (*V*) und die beiden gefransten Atrien (*A*).

2. Unterordnung. *Ctenobranchia*. Streptoneuren mit nur einem (dem linksgelegenen) kammförmigen Ctenidium, das bloß eine Reihe von Seitenblättern trägt. Nur die linksgelegene (morphologisch rechte) Niere und Vorhof erhalten. Genitaldrüse mit besonderem Ausführungsgang.

1. Sektion. *Ptenoglossa*. Radula kurz, jedes Glied mit zahlreichen kleinen hakenförmigen Seitenzähnen, ohne Mittelzahn (Abb. 818 c). Ohne Atemsipho. Copulationsorgan fehlt.

Fam. *Janthinidae*. Schale leicht, ohne Deckel. Fuß klein. Leben pelagisch. Die Tiere vermögen mittels eines aus dem erhärtenden Secret der Fußdrüsen unter Aufnahme von Luftblasen gebildeten Flosses, an dessen Unterseite auch die Eikapseln angeklebt werden, im Wasser zu schweben. *Janthina fragilis* LM. Atlant. Ozean, Mittelmeer.

Fam. *Solariidae*, Perspektivschnecken. Schale kreiselförmig, mit weitem, tiefem Nabel. Mit Deckel. *Solarium perspectivum* L. Ind. Ozean.

Fam. *Scalidae*, Wendeltreppen. Schale turmförmig, mit Deckel. Das Tier sondert einen Purpursaft ab. *Scala* (*Scalaria*) *scalaris* L. (*pretiosa* LM.). Ind. Ozean. *S. communis* LM. Mittelmeer.

2. Sektion. *Taenioglossa*. Radula in jedem Gliede meist mit sieben Zähnen, einem Mittelzahn und drei Seitenzähnen (Abb. 818 a).

Fam. *Paludinidae*, Flußkiemenschnecken. Schale kegelförmig. Deckel hornig. Copulationsorgan im rechten Tentakel enthalten. Süßwasserbewohner. *Paludina* (*Vivipara*) *vivipara* L. Lebendiggebärend. Europa.

Fam. *Hydrobiidae*. Copulationsorgan entfernt vom rechten Tentakel. *Bithynia tentaculata* L. Im Süßwasser. Europa. *Hydrobia ulvae* PENN. Brackwasserform. Europ. Küsten. *Bithynella austriaca* Frfld. In Quellen. Europa.

Fam. *Ampullariidae*. Tier mit in Lunge und Kiemenhöhle geteilter Atemhöhle. Leben in Flüssen heißer Länder und dauern in eingetrocknetem Schlamme aus. *Ampullaria glauca* L. Orinoko. *Pachylabra (Ampullaria) wernei* PHIL. Afrika. *Ceratodes (Ampullaria) cornu-arietis* L. Südamerika (Abb. 833). *Lanistes carinatus* OL. (*bolteniana* CHEMN.). Schale nach links hyperstroph. Nil.

Fam. *Littorinidae*. Schale kegelförmig oder eiförmig, Deckel hornig. Leben an den Meeresküsten, manche im Brack- oder Süßwasser. *Littorina littorea* L. Uferschnecke. Nord- und Ostsee. Hier schließt sich an *Rissoa membranacea* AD. Europ. Meere.

Fam. *Ericiidae (Cyclostomatidae)*. Schale meist kegelförmig, Deckel kalkig oder hornig. Ohne Ctenidium. Atmen wie die Lungenschnecken durch die gefäßreiche Mantelwand. Landbewohner. *Ericia (Cyclostoma) elegans* MÜLL. Südl. Europa. *Cyclophorus involvulus* MÜLL. Ostindien.

Fam. *Valvatidae*. Mit federförmiger Kieme, welche aus der Mantelhöhle vorgestreckt wird. Hermaphroditen. Im Süßwasser. *Valvata piscinalis* MÜLL. Europa.

Fam. *Melaniidae*. Schale turmförmig oder konisch, mit dickem, dunklem Periostracum und kleiner Mündung. Süßwasserbewohner. *Melania amarula* L. Ostindien. *Melanella holandri* FÉR. Südeuropa.

Fam. *Cerithiidae*. Schale turmförmig. Teils Meeresbewohner, teils Brack- und Süßwasserbewohner. *Cerithium vulgatum* BRUG. Atlant. Ozean, Mittelmeer. *Potamides fluviatilis* POT. MICH. Ostindien.

Fam. *Eulimidae*. Schale porzellanartig-weiß, turmförmig, mit zahlreichen Windungen. Rüssel sehr lang. Radula fehlt. Einige sind Parasiten. *Eulima polita* L. Europ. Meere. Hier schließt sich an *Odostomia rissoides* HANL. Parasitisch an *Mytilus edulis*. Nordsee.

Fam. *Stiliferidae*. Ein vom Kopfe ausgehender Scheinmantel umgibt den ganzen

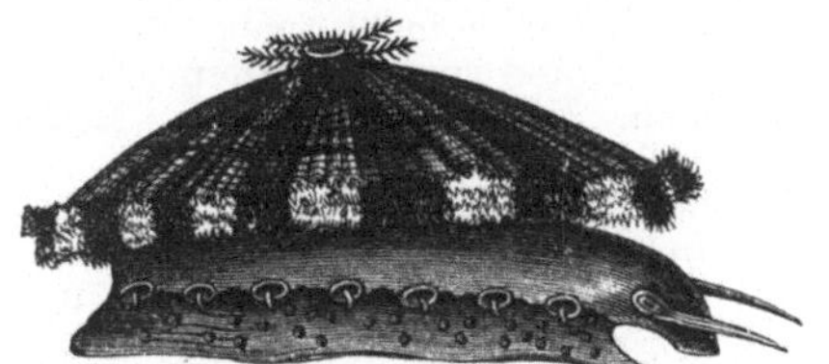

Abb. 831. *Fissurella maxima* (aus BRONN). ¹/₂

Abb. 832. *Pleurotomaria quoyana*.
(Nach SCHMALZ.) ¹/₁

Körper. Fuß reduziert. Rüssel sehr lang. Radula fehlt. Hermaphroditisch. Leben parasitisch. *Stilifer astericola* BROD. Parasitisch auf Seesternen. Ind. Ozean. *Gasterosiphon deimatis* KHLR. et VANEY. Ohne Schale. In der Holothurie *Deima blakei*. Ind. Ozean.

Fam. *Entoconchidae*. In Echinodermen entoparasitisch lebende schalenlose Schnecken von schlauchförmigem Körper (Abb. 834). Mit reduziertem, von einem Scheinmantel umschlossenem Eingeweidesack. Darm rudimentär. Radula fehlt. *Entocolax ludwigi* VOIGT, in *Myriotrochus rinki*. Nördl. Eismeer. Männchen ovoid, zwergartig klein, leben in mehrfacher Zahl in der Scheinmantelhöhle des Weibchens. *Entoconcha mirabilis* J. MÜLL. (Abb. 834). In *Labidoplax (Synapta) digitata*. Mittelmeer. *Enteroxenos östergreni* BONNEVIE. Darmlos. Hermaphroditisch. In *Stichopus tremulus*. Westküste von Norwegen.

Fam. *Turritellidae*, Turmschnecken. Schale lang, turmförmig zugespitzt. *Turritella terebra* L. (*communis* RISSO). Europ. Meere.

Fam. *Vermetidae*, Wurmschnecken. Schale in der Jugend spiral, später mit aufgelösten Windungen. Meist festgewachsen. *Vermetus lumbricalis* L. Ind. Ozean. *V. gigas* BIV. Mittelmeer. *Siliquaria anguina* L. Mantel längs der Kiemenhöhle geschlitzt. Schale der ganzen Länge nach mit einem Schlitze. Lebt in Spongien. Ind. Ozean. Hier schließt sich an *Caecum trachea* MONT. Schale eine langgestreckte, geringelte, am oberen Ende durch ein Septum geschlossene Röhre, der spirale Anfangsteil abgeworfen. Atlant. Ozean, Mittelmeer (Abb. 815).

Fam. *Capulidae*. Schale mützenförmig. Sind hermaphroditisch. *Capulus hungaricus* L. *Calyptraea sinensis* L., *Crepidula fornicata* LM. Atlant. Ozean, Mittelmeer. *Thyca ectoconcha* SARASIN. Mit langem Rüssel. Radula fehlt; parasitisch auf *Linckia multiforis*. Ceylon.

Fam. *Naticidae*. Schale mit kleiner Spira, halbkugelig, mit verdickter Columella. Fuß sehr groß, oft die Schale ganz bedeckend. Wühlen im Sand. Bohren Muscheln an. *Natica millepunctata* LM., *N. josephinia* RISSO. Mittelmeer. *N. canrena* L. Ind. Ozean. *Sigaretus haliotideus* L. Atlant. Ozean. *Lamellaria perspicua* L. Schale zart, im Mantel eingeschlossen. Atlant. Ozean, Mittelmeer. Hier schließt sich wahrscheinlich an *Sacculus okai* HIRASE, parasitisch in Ascidien. Paz. Ozean.

Fam. *Cypraeidae*, Porzellanschnecken. Schale eiförmig, eingerollt, sämtliche Windungen umhüllt, mit langer schmaler Mündung. Deckel fehlt. *Ovula ovum* L. *Cypraea tigris* LM. *C. moneta* L., Kauri. Ind Ozean. *C. (Trivia) europaea* MONT. Mittelmeer.

Fam. *Strombidae*, Flügelschnecken. Schale mit spitzem Gewinde. Außenlippe ausgebreitet. Deckel klauenförmig. Fuß in zwei Teile gesondert, der hintere Teil trägt den Deckel, der vordere mit verkürzter Fußsohle dient zum Sprunge. *Strombus pugilis* L., *S. gigas* L. Westindien. Letzterer liefert Perlen. *Pteroceras lambis* L., *P. chiragra* L. Ind. Ozean. *Rostellaria* LM. Nahe verwandt *Chenopus (Aporrhais) pes-pelecani* L. Atlant. Ozean, Mittelmeer.

Fam. *Cassidae*. Schale bauchig, Mündung eng und lang. Außenlippe mit gefaltetem Wulst, Deckel klein oder fehlend. *Cassis cornuta* L. Ind. Ozean. *Cassidaria echinophora* L. Mittelmeer.

Abb. 833. *Ceratodes (Ampullaria) cornuarietis* (aus règne animal). Etwa ²/₅.

Fam. *Doliidae*. Schale bauchig, dünnwandig, Mündung weit. Deckel fehlt. Das Secret der umfangreichen Speicheldrüsen enthält freie Schwefelsäure. *Dolium galea* L. Mittelmeer.

Fam. *Tritonidae*, Tritonshörner. Schale ei- bis spindelförmig, mit langen äußeren Wülsten. *Triton (Tritonium) tritonis* L. Ind. Ozean. *Ranella* LM.

3. Sektion. *Rhachiglossa*. Zunge lang und schmal, Radula (Abb. 818 d) mit höchstens drei Platten in jedem Gliede, einem Mittelzahn und einem Seitenzahn jederseits, der aber auch fehlen kann (*Volutidae*). Sind marine Raubschnecken.

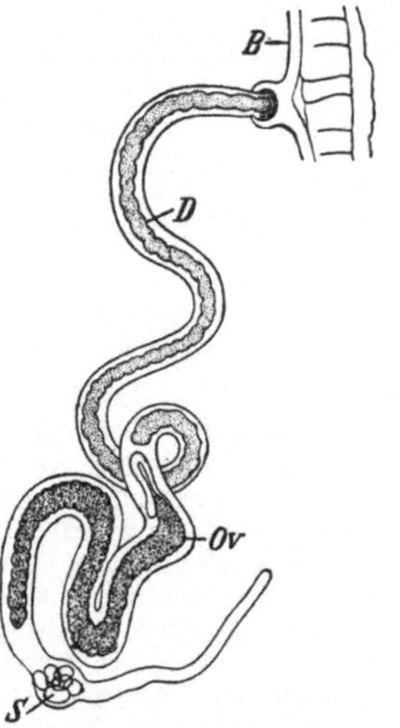

Fam. *Fasciolariidae*. Schale spindelförmig, Mündung mit geradem Kanal. Spindelrand vorn mit Falten. *Fasciolaria tulipa* L. Westindien. *Fusus syracusanus* L. Mittelmeer. Hier schließen sich an *Turbinella pyrum* L. Ind. Ozean. *Pyrula (Hemifusus) tuba* GM. China.

Fam. *Buccinidae*. Schale vorn mit kurzem Ausschnitt. *Buccinum undatum* L. Wellhorn. *Nassa reticulata* L. Europ. Meere. *Bullia annulata* LM. Ind. Ozean. Hier schließt sich an *Columbella mercatoria* L. Atlant. Ozean.

Fam. *Muricidae*. Schale mit geradem, kurzem oder sehr langem Kanal, Außenlippe der Mündung mit einem Umschlag oder Wulst. *Murex brandaris* L. Mittelmeer. *M. trunculus* L. Mittelmeer, Atlant. Ozean. Beide im Altertum zur Purpurfärberei verwendet. *M. tenuispina* LM. Ind. Ozean. *M. erinaceus* L. Den Austernbänken schädlich. Europ. Meere. *Purpura lapillus* L. Purpurschnecke. Atlant. Ozean. Hier schließt sich an *Magilus antiquus* MONTF. Schale in der Jugend spiralig, später die Mündung in eine gekielte Röhre ausgezogen, während der hintere Teil der Schale mit Kalkmasse erfüllt wird. Lebt in Korallen. Rotes Meer (Abb. 816).

Fam. *Mitridae*. Mit glatter, spindelförmiger Schale und hoher Spira. Mit kleiner Apertur und Spindelfalten. *Mitra episcopalis* LM. *M. papalis* L. Ind. Ozean.

Fam. *Volutidae*, Faltenschnecken. Schale dick, mit kurzer Spira und schrägen Falten auf der Spindel. Radula nur mit Mittelzahn. *Voluta vespertilio* L. Ind. Ozean. *Cymbium proboscidale* Lm. Westafrika.

Fam. *Olividae*. Schale länglich-eiförmig, mit kurzer Spira. Mündung schmal mit scharfer Außenlippe. Fuß groß. *Oliva ispidula* L. Ind. Ozean. Hier schließt sich an *Harpa ventricosa* LM. Ind. Ozean. *Ancilla* LM.

Abb. 834. *Entoconcha mirabilis* (nach JOH. MÜLLER). ³/₁. *B* Blutgefäß von Labidoplax, an dem Entoconcha befestigt ist. *D* Darm, *Ov* Ovarium, *S* Hoden (wahrscheinlich die Männchen).

4. Sektion. *Toxoglossa*. Radula ohne Mittelzähne, mit zwei Reihen langer hohler Zähne, welche aus dem Munde pfeilartig vorgestreckt werden können (Abb. 818 e).

Fam. *Pleurotomidae*. Schale spindelförmig. Außenlippe mit einem Einschnitt. *Pleurotoma babylonia* L. Ind. Ozean.

Fam. *Terebridae*, Schraubenschnecken. Schale hoch, turmförmig spitz; Windungen zahlreich, Außenlippe scharf. *Terebra maculata* L. Südsee.

Fam. *Conidae*, Kegelschnecken. Schale kegelförmig, mit hoher letzter Windung. Mündung schmal, Außenlippe scharf. *Conus marmoreus* L., *C. textile* L., goldenes Netz. Ind. Ozean (Abb. 835). *C. mediterraneus* Brug. Mittelmeer.

3. Unterordnung. *Heteropoda, Kielfüßer*[1]. Pelagische Streptoneuren mit senkrechter Fußflosse (Pterygopodium), großem schnauzenförmigen Kopfe und meist reduziertem Eingeweidesack. Schale leicht oder fehlend.

Der Körper der Heteropoden (Abbild. 836) ist durchsichtig, meist gestreckt cylindrisch und besitzt einen rüsselförmig vorragenden Kopf, welcher meist Fühler trägt und eine kräftig bewaffnete, vorstülpbare Zunge mit taenioglosser Radula in sich einschließt (Abb. 818a). Die Haupteigentümlichkeit beruht auf

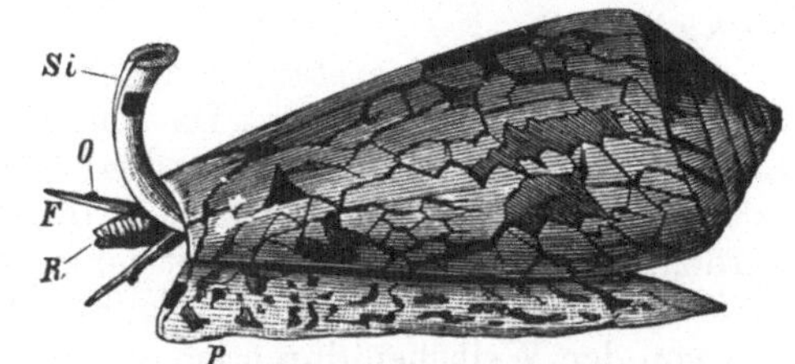

Abb. 835. *Conus textile* (aus règne animal). ¹/₁. *F* Fühler, *O* Auge, *P* Fuß, *R* Schnauze, *Si* Sipho.

der Bildung des Fußes, an welchem die Fußsohle zu einem saugnapfartigen Gebilde reduziert ist, während sich am Fußstamme ein vorderer flossenförmiger Schwimmlappen (*Pterygopodium*) entwickelt hat, meist aber der ganze Fußstamm

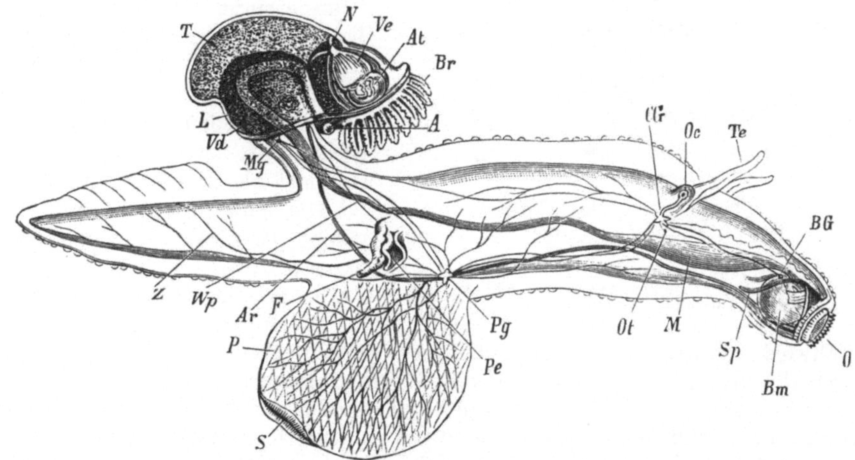

Abb. 836. Männchen von *Carinaria lamarcki (mediterranea)*, die Schale vom Eingeweidesack entfernt (nach Souleyet, Gegenbaur u. Keferstein). ¹/₁. *P* Fuß (Pterygopodium), *S* Fußsohle (Saugnapf), *O* Mund, *Bm* Buccalmasse, *M* Darm, *Sp* Speicheldrüsen, *L* Leber, *A* After, *CG* Cerebropleuralganglion, *Te* Tentakel, *Oc* Auge, *Ot* Statocyste, *BG* Buccalganglion, *Pg* Pedalganglion, *Mg* Mantelganglion, *N* Niere, *Br* Kieme, *At* Atrium, *Ve* Ventrikel, *Ar* Körperarterie, *Z* ihr hinterer Ast, *T* Hoden, *Vd* Ductus deferens, *Wp* Wimperrinne, *Pe* Copulationsorgan, *F* Drüsenanhang.

zu einer Flosse umgewandelt ist. Der Deckelträger des Fußes erscheint bedeutend gestreckt, weit nach hinten gerückt und bildet die schwanzartige Fortsetzung des Rumpfes (Abb. 836). Der Eingeweidesack ist entweder spiral gewunden, um-

---

[1] Souleyet: Hétéropodes. Voyage autour du monde exécuté pendant les années 1836 et 1837 sur la corvette La Bonite etc. 2. Paris 1862. — Leuckart, R.: Zoologische Untersuchungen. H. 3. Gießen 1854. — Gegenbaur, C.: Untersuchungen über Pteropoden und Heteropoden. Leipzig 1854. — Fol, H.: Sur le développement des Hétéropodes. Archives de Zool. 5 (1876). — Grobben, C.: Zur Morphologie des Fußes der Heteropoden. Arb. zool. Inst. Wien 7. 1888. — Tesch, J. J.: Die Heteropoden der Siboga-Expedition. Leiden 1906. — Das Nervensystem der Heteropoden. Z. Zool. 105 (1913). — Reupsch, E.: Beiträge zur Anatomie und Histologie der Heteropoden. Ebenda 102 (1912). — Gerwerzhagen, A.: Zur Organisation der Heteropoden. Sitzgsber. Heidelberg. Akad. Wiss., Math.-naturwiss. Kl. 1914.

fangreich und von einer großen Schale (mit Deckel) eingeschlossen (*Atlantidae*), in die sich das Tier ganz zurückziehen kann, oder ist klein und bildet einen sackartig an der Grenze des hinteren Fußabschnittes vortretenden Anhang, der von einer hutförmigen Schale bedeckt wird (*Carinaria*), oder verkümmert zu einem kaum vorspringenden sogenannten Eingeweidenucleus, welcher, vorn von einer metallglänzenden Haut überzogen, der Schale vollkommen entbehrt (*Pterotrachea*).

Am Centralnervensystem sind Cerebral- und Pleuralganglien zu einem Cerebropleuralganglion vereinigt. Die Sinnesorgane des Kopfes erlangen die höchste Entwicklung unter den Gastropoden. Die zwei großen Augen liegen neben den Fühlern in besonderen Kapseln, in denen sie durch mehrere Muskeln bewegt werden. Auch die Statocyste ist hochentwickelt (Abb. 837). Das Osphradium stellt eine bewimperte Sinnesgrube vor (Abb. 824). Die Männchen unterscheiden sich von den Weibchen durch ein an der rechten Körperseite frei hervorragendes Copulationsorgan, wozu noch der Ausfall des Saugnapfes am Fuße beim Weibchen von *Pterotrachea* hinzukommt. Samenleiter sowohl als Eileiter münden rechterseits, der erstere in weiter Entfernung vom Begattungsorgan, zu welchem das Sperma von der Geschlechtsöffnung aus durch eine Wimperrinne hingeleitet wird. Das Begattungsorgan besitzt einen Anhang, dessen Ende eine Drüse einschließt. Der Eileiter weist eine große Eiweißdrüse und eine Samentasche auf, sein erweitertes Ende fungiert als Scheide (Abb. 825).

Die Heteropoden sind pelagische Taenioglossen (von *Strombiden* abzuleiten), die oft scharenweise in den wärmeren Meeren auftreten. Sie bewegen sich ziemlich schwerfällig mit nach oben gekehrter Bauchfläche durch Hin- und Herschlagen des gesamten Körpers und der Flosse. Alle ernähren sich vom Raube. Beim Hervorstrecken der Zunge klappen sich die Seitenzähne zangenähnlich auseinander und werden bei dem Einziehen der Zunge wieder zusammengeschlagen. Mittels dieser Greifbewegung werden kleine Seetiere erfaßt.

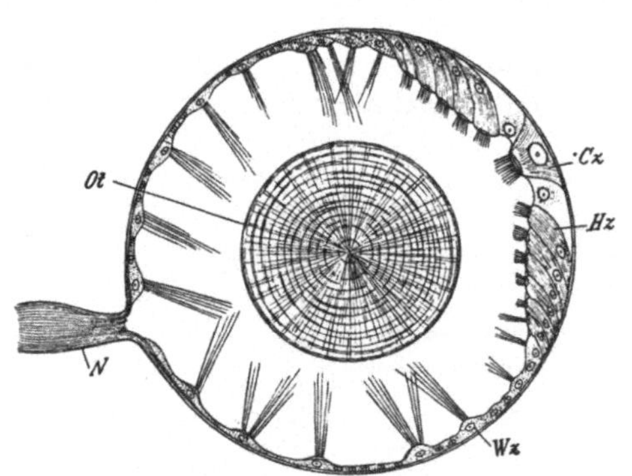

Abb. 837. Statocyste von *Pterotrachea*. (Nach CLAUS.) *Cz* centrale Sinneszelle der Macula statica (*Hz*), *N* Nerv, *Ot* Statolith, *Wz* Wimperzellen.

Fam. *Atlantidae*. Tier mit großem, spiraligem, von einer scheibenförmigen Schale bedecktem Eingeweidesack. Deckel vorhanden. Am Fuße das Pterygopodium gut abgesetzt. *Oxygyrus keraudreni* RANG. Atlant., Ind. Ozean, Mittelmeer. *Atlanta peroni* LSR. In allen wärmeren Meeren.

Fam. *Pterotracheidae*. Körper langgestreckt, zylindrisch, mit kleinem Eingeweidesack. Auch der Fußstamm flossenförmig. *Carinaria lamarcki* PÉR. LSR. (*mediterranea* PÉR. LSR.). Mit kleiner Schale (Abb. 836). *Pterotrachea coronata* FORSK. *P. mutica* LSR. Mit fadenförmigem Anhang am Hinterende. *Firoloida demarestia* LSR. Alle drei ohne Schale. Mittelmeer.

2. Legion. Euthyneura[1].

Gastropoden mit in der Regel symmetrisch gelagerter Visceralschlinge, hermaphroditisch.

---

[1] ALDER, J. a. HANCOCK: A Monograph of the British Nudibranchiate Mollusca. London 1855. Suppl. von C. ELIOT. 1910. — MÜLLER, H. u. C. GEGENBAUR: Über *Phyllirhoë bucephalum*. Z. Zool. 4 (1854). — TRINCHESE, S.: Per la fauna marittima italiana. Aeolididae e famiglie affini. Atti Accad. dei Lincei. Roma 1883. — VAYSSIÈRE, A.: Recherche

Die Euthyneuren zeichnen sich gewöhnlich durch den Besitz von vier Kopf-
fühlern sowie die symmetrisch gelagerte, meist sehr verkürzte Visceralschlinge
aus, die nur bei wenigen Formen (*Bullidae, Aplysia*) noch lang, bei *Actaeon* unter
den Opisthobranchiern und bei *Chilina* unter den Pulmonaten gleichwie bei
Streptoneuren achterförmig gedreht ist. Alle Euthyneuren sind Hermaphroditen.

1. Unterordnung. *Opisthobranchia.* Marine Euthyneuren, deren Ctenidium in
der Regel hinter dem Herzen liegt.

Die Opisthobranchier zeigen mit Ausnahme von *Actaeon* einen mehr oder
minder rückgedrehten, meist verkleinerten, häufig äußerlich symmetrischen
Eingeweidesack sowie eine schwache Schale. Letztere fehlt in vielen Fällen ganz.
Der Fuß ist söhlig, zuweilen treten paarige Schwimmlappen
(Parapodien) auf, wobei dann die Fußsohle fehlen kann. Rechtes
Ctenidium und After sowie Nierenöffnung liegen zufolge der
Rückdrehung rechtsseitig und das Ctenidium hinter dem Herzen.
Zuweilen (*Dorididae*) gelangen After und Herz sogar in die
Mittellinie nach hinten. Das Ctenidium fehlt häufig und wird
durch sekundäre Kiemen substituiert. Radula meist reich an
Zähnen.

Unter den Opisthobranchiern erscheinen hier auch die früher
als besondere Gruppe *Pteropoda* getrennten Formen nach dem
Vorgange von Boas und Pelseneer aufgenommen.

1. Sektion. *Tectibranchiata.* Opisthobranchier mit Ctenidium, das
nur ausnahmsweise fehlt, meist mit Schale.

1. Tribus. *Bulloidea.* Mit äußerer oder innerer Schale. Ctenidium
in der Mantelhöhle eingeschlossen. Kopf dorsal mit einem Schilde, in
welchem die Tentakel einbezogen sind. Zuweilen Schwimmlappen am
Fuße.

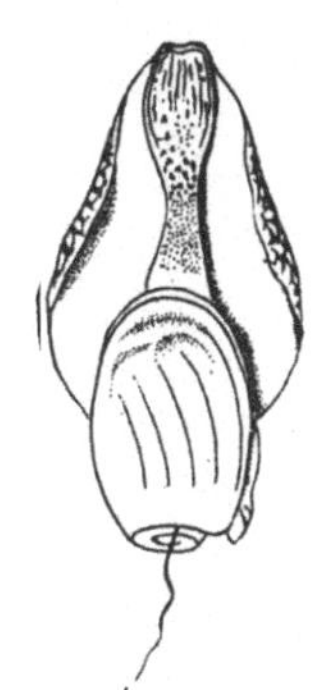

Abb. 838.
Acera bullata
(Original G.). ¹/₁

Fam. *Actaeonidae.* Mit großer Schale und mit Deckel. Visceralschlinge chiastoneur.
Ctenidium vor dem Herzen gelegen. Sind die primitivsten Formen unter den Opisthobranchiern. *Actaeon tornatilis* L. Atlant. Ozean, Mittelmeer.

Fam. *Bullidae.* Mit dünner eingerollter Schale. Seitenlappen des Fußes wohlentwickelt. *Bulla ampulla* L. Atlant. Ozean. *Haminea hydatis* L. *Acera bullata* Müll. Atlant.
Ozean, Mittelmeer (Abb. 838).

Fam. *Philinidae.* Schale innerlich. *Philine aperta* L. Atlant. Ozean, Mittelmeer.
Gastropteron meckeli Kosse. Schale reduziert und zart. Mit großen flossenförmigen Parapodien. Mittelmeer.

Fam. *Oxynoidae.* Mit äußerer Schale. Fuß lang, Parapodien von der Fußsohle getrennt
entspringend. *Oxynoë olivacea* Raf. (*Lophccercus sieboldi* Krohn). *Lobiger serradifalci*
Calc. (*philippii* Krohn). Parapodien in zwei Flügel geteilt. Mittelmeer.

Fam. *Limacinidae.* Kopf undeutlich gesondert. Mit spiraliger, nach links hyperstropher
Schale und mit Deckel. Mantelhöhle dorsal, ohne Ctenidium. Parapodien groß, Fußsohle

zoologiques et anatomiques sur les Mollusques opisthobranches du Golfe de Marseille. Ann.
Mus. Hist. natur. Marseille 1885—1903. — Pelseneer, P.: Recherches sur divers Opistho-
branches. Mém. Acad. Belgique 1894. — Heymons, R.: Zur Entwicklungsgeschichte von
Umbrella mediterranea. Z. Zool. 56 (1893). — Böhmig, L.: Zur feineren Anatomie von
Rhodope Veranii. Ebenda 56 (1893). — Kowalevsky, A.: Études anatomiques sur le genre
Pseudovermis. Mém. Acad. St.-Pétersbourg 1901. — Rang et Souleyet: Histoire natu-
relle des Mollusques Ptéropodes. Paris 1852. — Gegenbaur, C.: Untersuchungen über
Pteropoden und Heteropoden. Leipzig 1854. — Fol, H.: Sur le développement des Ptéro-
podes. Archives de Zool. 4 (1875). — Boas, J. E. V.: Spolia Atlantica. Vidensk. Selsk.
Skrift. Kopenhagen 1886. — Pelseneer, P.: Report on the Pteropoda. Rep. Voyage of
H. M. S. Challenger 23 (1888). — Kwietniewski, C.: Contribuzioni alla conoscenza ana-
tomo-zoologica degli Pteropodi gimnosomi del Mare mediterraneo. Ric. Labor. Anat. Roma
1903. — Meisenheimer, J.: Pteropoda. Wiss. Erg. dtsch. Tiefsee-Exp. 9 (1905). — Ca-
steel, D. Br.: The cell-lineage and early larval development of *Fiona marina.* Proc. Acad.
natur. Sci. Philad. 56 (1905). — Tesch, J. J.: Pteropoda. Tierreich Liefg. 36, 1913. —
Vgl. ferner die Schriften von Krohn, Mazzarelli, Guiart, Bergh, Carazzi u. a.

fehlt. Pelagisch lebend. *Limacina helicina* PHIPPS (*arctica* F.). Arkt. und Antarkt. Meere.
L. (Spirialis) bulimoides ORB. Alle wärmeren Meere.

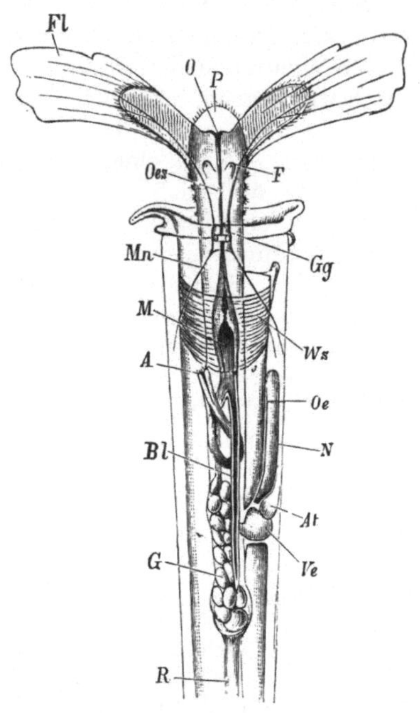

Abb. 839. *Creseis acicula*, Dorsalansicht. (Nach GEGEN-BAUR.) Etwa ¹⁵/₁. Der hintere Teil weggelassen. *Fl* Parapodien, *P* Mittellappen des Fußes, *F* Fühler, *Gg* Gehirn-ganglion, *Mn* Mantelnerv, *Ws* sogenannter Wimper-schild, *O* Mund, *Oes* Oesophagus, *M* Magen, *Bl* Blindsack des Magens, *A* After, *N* Niere, *Oe* ihre Mündung in die Mantelhöhle, *At* Atrium, *Ve* Ventrikel, *G* Geschlechtsdrüse, *R* Retractor.

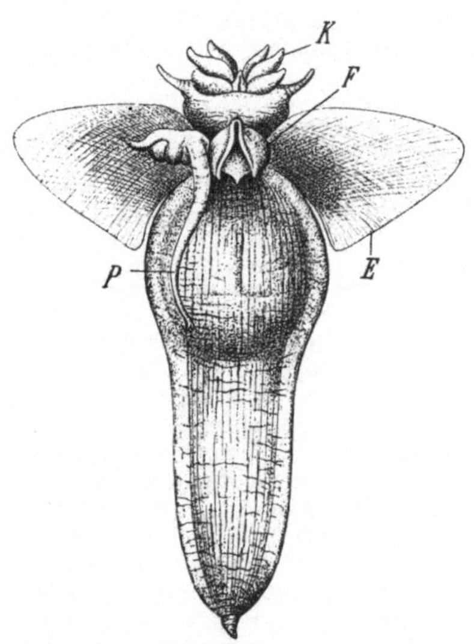

Abb. 840. *Clione limacina*, Ventralansicht. (Nach BOAS.) ²/₁. *K* Buccalkegel, *F* Kriechsohle des Fußes, *E* Parapodien, *P* Copulationsorgan.

Fam. *Cymbuliidae*. Kopf undeutlich gesondert. Mit symmetrischem Eingeweidesack und sekundärer gallertiger Schale. Mantelöffnung ventral. Ohne Ctenidium. Parapodien groß, Fußsohle fehlt. Leben pelagisch. *Cymbulia peroni* BLAINV. Sekundäre Schale pantoffelför-mig. *Tiedemannia neapolitana* CHIAJE. Mittelmeer.

Fam. *Cavoliniidae*. Kopf undeutlich gesondert. Mit langem, symmetrischem, geradgestrecktem, vollständig rückge-drehtem Eingeweidesack, Mantelhöhle daher ventral und hinten. Kieme fehlt meist. Schale zart. Parapodien groß. Fußsohle fehlt. Leben pelagisch in den wärmeren Meeren. *Cavolinia (Hyalaea) tridentata* FORSK. Mit hufeisenförmiger Kieme. *Clio (Cleodora) pyramidata* L. *Creseis acicula* RANG. (Abb. 839). Kosmopolit.

2. Tribus. *Aplysioidea*. Schale stets reduziert oder fehlend. Tentakel wohl ausgebildet. Am Fuß entspringen die Parapodien getrennt ober der Fußsohle.

Fam. *Aplysiidae*, Seehasen. Mit innerer verkümmerter Schale. Fühler ohr-förmig. Fuß mit großen, über den Eingeweidesack geschlagenen Seitenteilen (Parapodien). *Aplysia depilans* L. *A. limacina* L. Schale nicht vollständig eingeschlossen. Mittelmeer.

Fam. *Pneumodermatidae*. Mit symmetrisch entwickeltem, geradem Eingeweidesack, ohne Mantelfalte und Schale. Fußsohle klein, Parapodien groß. Am Rüssel Saugnäpfe. In der Mundhöhle vorstülp-bare Hakensäcke (Abb. 829). Zuweilen mit zipfelförmigem, rechtsseitigem Ctenidium und sekundären Mantelkiemen am Hinterende. Leben pelagisch. *Pneumodermopsis (Dexiobran-chaea) ciliata* GEGNB. Atlant. Ozean, Mittelmeer. *Pneumoderma violaceum* ORB. Atlant. Ozean.

Fam. *Clionidae*. Mit symmetrisch entwickel-tem Eingeweidesack, ohne Mantelfalte und Schale. Fußsohle klein, Parapodien groß. Mit kegelförmigen drüsigen Buccalanhängen (Cephaloconen). Kieme fehlt. Leben pelagisch. *Clione limacina* PHIPPS (*Clio borealis* PALL.). Bildet mit *Limacina helicina* die Hauptnahrung der Bartenwale. Arkt. und antarkt. Meere (Abb. 840).

3. Tribus. *Pleurobranchoidea*. Am Kopfe zwei Tentakelpaare. Fuß ohne Parapodien. Kiemenhöhle nicht vertieft, das Ctenidium rech-terseits in der Mantelrinne.

Fam. *Umbrellidae*. Mit äußerer schildför-miger Schale. *Umbrella mediterranea* LM. Mit-telmeer.

Fam. *Pleurobranchidae*. Schale eine innere und zarte oder fehlend. *Pleurobranchus auran-tiacus* RISSO. *Pleurobranchaea meckeli* BLAINV. Ohne Schale. Mittelmeer (Abb. 841).

2. Sektion. *Nudibranchiata.* Opisthobranchier ohne Schale und ohne Ctedinium.

1. Tribus. *Tritonoidea.* Meist mit zwei Reihen dorsaler verästelter, respiratorischer Anhänge.

Fam. *Tritoniidae.* Die vorderen Fühler ein Stirnsegel bildend. *Tritonia hombergi* Cuv. Hier schließt sich an *Tethys leporina* L. Radula fehlt. Atlant. Ozean, Mittelmeer.

Fam. *Phyllirhoidae.* Körper seitlich kompreß, Fußsohle als Rudiment vorhanden. Vordere Tentakel und Rückenanhänge fehlen. Leben pelagisch. *Phyllirhoë bucephalum* P. Lsr. Mit Leuchtvermögen. Mittelmeer, Atlant. Ozean.

2. Tribus. *Doridoidea.* After median nahe am Hinterende des Rückens, von verästelten respiratorischen Anhängen umgeben (Abb. 843). Im Mantel Kalkspicula.

Fam. *Polyceratidae.* Kiemen nicht retractil. *Polycera quadrilineata* Müll. Atlant. Ozean, Mittelmeer. *Goniodoris nodosa* Mont. Nordatlant. *Acanthodoris pilosa* Müll. Atlant. Ozean (Abb. 843).

Fam. *Dorididae.* Kiemen retractil. *Doris (Archidoris) tuberculata* L. *Chromodoris elegans* Cantr. Atlant. Ozean, Mittelmeer. Hier schließt sich an *Doridopsis limbata* Cuv. Radula fehlt. Europ. Meere.

Fam. *Phyllidiidae.* Zahlreiche Kiemenblätter im Umkreise des Körpers zwischen Mantel und Fuß. Radula fehlt. *Phyllidia varicosa* Lm. Ind. Ozean.

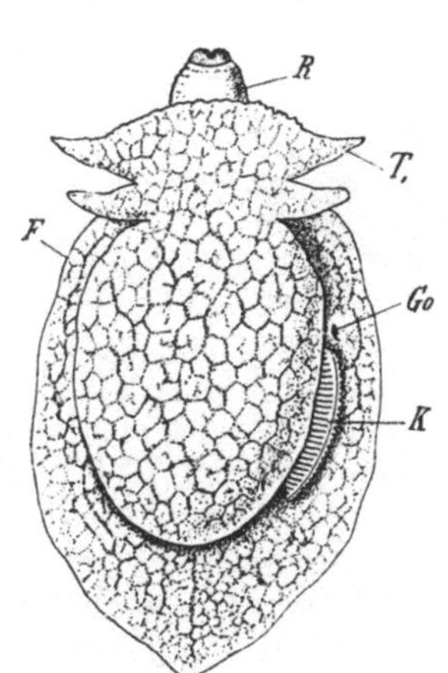

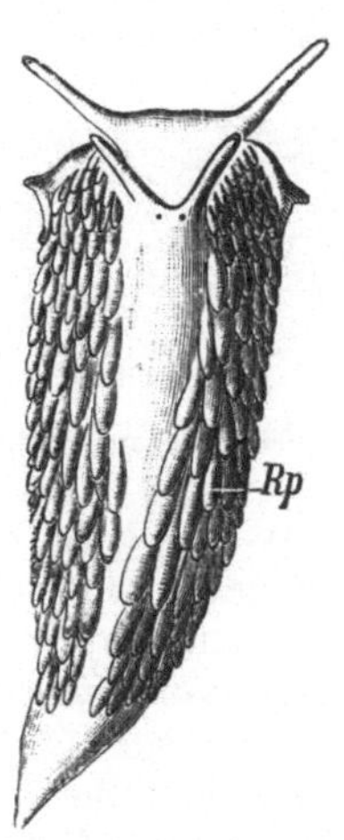

Abb. 841. *Pleurobranchaea meckeli.* (Nach Pelseneer.) *R* vorgestülpter Rüssel, *T,* vordere Fühler, *F* Fuß, *K* Ctenidium, *Go* Genitalöffnung. Etwa ³/₅

Abb. 842. *Aeolis papillosa* (aus Bronn). *Rp* Rückenpapillen. ¹/₁

Abb. 843. *Acanthodoris pilosa* (aus Bronn). ²/₁. *Br* Kiemen, *A* After, *F* hintere Fühler.

3. Tribus. *Aeolidoidea.* Mit zahlreichen nicht verästelten Fortsätzen, in welche Ausläufer der Leber eintreten.

Fam. *Aeolididae.* Mit dorsalen keulenförmigen Fortsätzen, an deren Ende in einem nach außen offenen Sacke Nesselkapseln sich finden, die von der Cnidariernahrung herrühren. Radula mit einem oder drei Zähnen in einem Gliede. *Aeolis papillosa* L. Nordatlant. (Abb. 842). Hier schließt sich an *Glaucus atlanticus* Forst. Lebt auf flottierenden Algen pelagisch. Atlant. Ozean, Mittelmeer. *Doto coronata* Gm. Rückenfortsätze bauchig, ohne Nesselkapseln, nur in zwei Reihen. Atlant. Ozean, Mittelmeer. *Fiona* A. H. Mit den Aeolidien verwandt ist der turbellarienähnliche *Pseudovermis paradoxus* Pereyaslawzew. Sebastopol.

Fam. *Pleurophyllidiidae.* Die Vorderfühler einen Schild bildend. Blattförmige Fortsätze an der Unterseite des Mantels. *Pleurophyllidia lineata* Otto. Atlant. Ozean, Mittelmeer.

4. Tribus. *Elysioidea.* Leber verästelt. Nur ein Paar Fühler. Radula mit einer einzigen Reihe von Zahnplatten.

Fam. *Elysiidae.* Körper mit einer flügelförmigen Verbreiterung jederseits. *Elysia viridis* Mont. Atlant. Ozean, Mittelmeer.

Fam. *Limapontiidae.* Körper ohne jegliche Fortsätze. *Limapontia capitata* Müll. Ost- und Nordsee.

Den nudibranchiaten Opisthobranchiern ist wohl zuzurechnen die turbellarienähnliche *Rhodope veranyi* Köll. aus dem Mittelmeer. Ihre spezielle systematische Einordnung ist noch unsicher.

2. Unterordnung. *Pulmonata*, Lungenschnecken[1]. Meist Land- und Süßwassereuthyneuren ohne Ctenidium. Mantelhöhle als Lunge entwickelt, mit enger verschließbarer Mündung.

Die Pulmonaten besitzen eine verhältnismäßig dünne, meist rechtsgewundene Schale; *Physa, Planorbis*, die meisten *Clausilia*-Arten, einige Arten der Gattung *Pupa*, einzelne Exemplare von *Helix* (sogenannter Schneckenkönig) sind linksgewunden. Ein Operculum kommt nur noch *Amphibola* zu; Epiphragmata werden von vielen Formen gebildet. Einige Pulmonaten besitzen rudimentäre innere Schalen oder sind schalenlos.

Die Mantelhöhle ist an der Decke mit einem Luft respirierenden Netzwerk von Gefäßen ausgestattet und mündet durch ein enges Atemloch rechtsseitig nach außen (Abb. 844). Bei den *Janelliden* ist sie klein und mit Divertikeln versehen, von denen je mehrere Büschel von Atemröhren ausgehen (Büschel- oder Tracheallunge, PLATE). Die Süßwasserpulmonaten füllen im Jugendzustande ihre Atemhöhle mit Wasser, später erst mit Luft. Einige *Planorbis*- und *Limnaea*-Arten bewahren sich das Anpassungsvermögen an Luft- und Wasseratmung zeitlebens

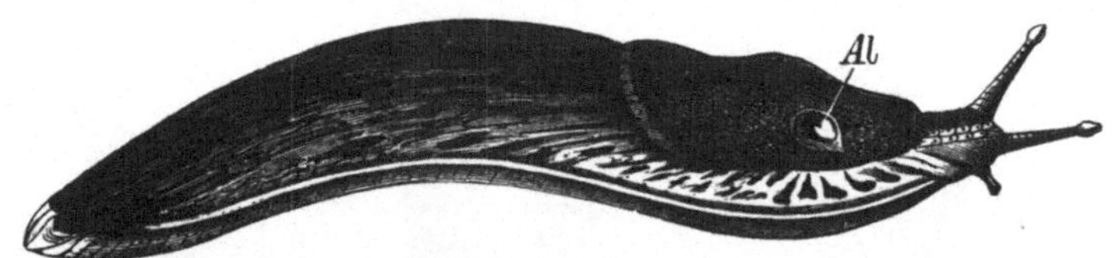

Abb. 844. *Arion empiricorum* (aus règne animal). ¹/₁. *Al* Atemloch.

(Limnaeen, deren Lungen mit Wasser gefüllt waren, wurden aus sehr bedeutender Tiefe des Bodensees heraufgezogen). Eine sekundäre Kieme tritt bei *Siphonaria, Planorbiden* auf. Neben dem Atemloch, eventuell noch in der Atemhöhle liegen After- und Nierenöffnung. Weit vor demselben, aber an gleicher Seite münden die Geschlechtsorgane. Bei den linksgewundenen Formen liegen Atemloch, After und Geschlechtsöffnung linksseitig. Bei vollständiger Rückdrehung des Eingeweidesackes finden sich After und Atemloch am Hinterende des äußerlich symmetrischen Körpers (*Oncidiidae*).

Während die Pulmonaten mit den Prosobranchiern die Lage der Respirationsorgane und somit des Vorhofes vor der Herzkammer gemeinsam haben (nur die rückgedrehten Formen zeigen Opisthopneumonie), schließen sie sich in anderen

---

[1] PFEIFFER, L.: Monographia Heliceorum viventium. Leipzig 1848—1869. — ROSSMÄSSLER, A.: Iconographie der Land- und Süßwassermollusken Europas, fortgesetzt von KOBELT 1837—1920. — FÉRUSSAC et DESHAYES: Histoire naturelle générale et particulière des Mollusques terrestres et fluviatiles. Paris 1829—1851. — BROCK, J.: Die Entwicklung des Geschlechtsapparates der stylommatophoren Pulmonaten. Z. Zool. 64 (1886). — PLATE, L.: Studien über opisthopneumone Lungenschnecken. Zool. Jb. 4 (1891); 7 (1894). — Beiträge zur Anatomie und Systematik der Janelliden. Ebenda 11 (1898). — PELSENEER, P.: Études sur les Gastropodes Pulmonés. Mém. Acad. Belgique 1901. — RABL, C.: Über die Entwicklung der Tellerschnecke. Morph. Jb. 5 (1879). — FOL, H.: Sur le développement des Gastéropodes pulmonés. Archives de Zool. 8 (1879—1880). — MEISENHEIMER, J.: Entwicklungsgeschichte von *Limax maximus*. Z. Zool. 62—63 (1897—1898). — Biologie, Morphologie und Physiologie des Begattungsvorganges und der Eiablage von *Helix pomatia*. Zool. Jb. 25 (1907). — WIERZEJSKI, A.: Embryologie von *Physa fontinalis* L. Z. Zool. 83 (1905). — HAECKEL, W.: Beiträge zur Anatomie der Gattung *Chilina*. Zool. Jb. Suppl. 13 (1911). — SCHMALZ, E.: Zur Morphologie des Nervensystems von *Helix pomatia*. Z. Zool. 111 (1914). — FARNIE, W. CH.: The development of *Amphibola crenata*. Quart. J. microsc. Sci. 68 (1924). — HOFFMAN, H.: Die Vaginuliden. Jena. Z. Naturwiss. 61 (1925). Vgl. ferner die Arbeiten von A. SCHMIDT, von JHERING, MARK, JOYEUX-LAFFUIE, KOFOID, SIMROTH, SARASIN, COLLINGE u. a.

Organen den Opisthobranchiern an. Schwache Chiastoneurie der Visceralschlinge findet sich bei *Chilina*. Das Gebiß besteht aus einem unpaaren hornigen, meist längsgerippten Oberkiefer (der aber auch fehlen kann) und aus einer Radula mit einer großen Zahl von Zahnplättchen.

1. Sektion. *Basommatophora*. Nur ein Paar rückstülpbarer Fühler, an deren Basis die Augen liegen. Meist Bewohner des Wassers.

Fam. *Auriculidae*. Die dicke Schale mit langer Endwindung und gezähnten dicken Lippen. Halten sich an der Meeresküste, in Salzsümpfen oder feuchten Orten auf dem Lande auf. *Auricula auris-judae* L. An der Meeresküste. Ostindien. *Carychium minimum* Müll., Zwergschnecke. Europa. *Zospeum spelaeum* Rssm., in Höhlen von Krain.

Fam. *Amphibolidae*. Mit spiraler Schale und Operculum. Marine Tiere. *Amphibola avellana* Chemn. Neuseeland.

Fam. *Siphonariidae*. Schale konisch. Marine Formen. *Siphonaria aspera* Krauss. Südafrika. *S. algesirae* Q. G. Südwesteuropa. Beide mit sekundärer Kieme.

Fam. *Chilinidae*. Schale auriculaartig. Fühler sehr breit und flach. Mit Chiastoneurie der Visceralschlinge. *Chilina puelcha* Orb. In Flüssen in Südamerika.

Fam. *Limnaeidae*. Schale dünn, sehr verschieden geformt, mit scharfrandiger Mündung. Leben im Süßwasser. *Limnaea stagnalis* L., Schlammschnecke. Europa, Nordamerika, Nordasien. *L. auricularia* L. Europa, Nordasien. *L. (Galba) truncatula* Müll. (*minuta* Drap.). Mitteleuropa. Hier schließt sich an *Planorbis corneus* L., *P. carinatus* Müll., *Ancylus fluviatilis* Müll. Mit napfförmiger Schale. Ohne Lunge, mit sekundärer blattförmiger Kieme. *Physa fontinalis* L., *P. hypnorum* L. Alle Europa.

2. Sektion. *Stylommatophora*. Die Augen liegen an der Spitze zweier rückstülpbarer Fühler, vor welchen in der Regel noch zwei kleinere Fühler stehen. Leben am Lande.

Fam. *Succineidae*. Vordere Fühler wenig entwickelt oder fehlend. Nähern sich in der Bildung des Geschlechtsapparates den Limnaeiden. *Succinea putris* L. (*amphibia* Drap.), Bernsteinschnecke. Europa.

Fam. *Janellidae*. Mit Büschel- oder Tracheallunge. Schale rudimentär in Form von Kalkstücken. Nur die Augen tragenden Fühler vorhanden. *Janella (Athoracophorus) bitentaculata* Q. G. Neuseeland.

Fam. *Pupillidae*. Schale verlängert, mit zahlreichen Windungen, Mündung klein, häufig durch Zähne oder Lamellen verengt. *Abida (Pupa) frumentum* Drap. *Pupilla muscorum* Müll. *Clausilia* Drap., Schließmundschnecke. Mit einer kalkigen beweglichen Lamelle, dem als Clausilium bekannten Schließplättchen. *Cl. laminata* Mont. (*bidens* Drap.). Europa. *Laminifera* O. Bttgr. Pyrenäen. *Buliminus detritus* Müll. Süd- und Mitteleuropa. Hier schließen sich an *Cochlicopa lubrica* Müll. Europa, Nordasien, Nordamerika, Nordafrika. *Achatina zebra* Lm. Madagaskar. *Helicter (Achatinella) vulpinus* Fér. Hawaiinseln. *Rumina (Stenogyra) decollata* L. Schale im ausgebildeten Zustand ohne die oberen Windungen. Südeuropa, Nordafrika. Ferner schließt sich hier an *Spelaeodiscus (Patula) hauffeni* F. Schm. Blind. Höhlen von Krain.

Fam. *Helicidae*. Beschalte oder nackte Formen. Radula aus ziemlich gleichartigen Zähnen gebildet. *Helix pomatia* L., Große Weinbergschnecke (Abb. 812). Mitteleuropa. *Cepaea (Tachea) nemoralis* L., Hainschnecke. *C. hortensis* Müll., Gartenschnecke. *Arianta arbustorum* L. Mittel- und Nordeuropa. *Campylaea setigera* Ziegl. Dalmatien. *Isognomostoma personatum* Lam. Mitteleuropa. *Helicella (Xerophila) obvia* Hartm. Ost- u. Mitteleuropa. *Arion empiricorum* Fér. Tier nackt. Schale eine innere, aus einzelnen Kalkstückchen bestehend. Atemloch vor der Mitte des schildförmigen Mantels. Europa (Abb. 844).

Fam. *Limacidae*. Nackte Formen, mit innerem Schalenplättchen. Atemloch hinter der Mitte des Mantelschildes. Marginalzähne der Radula spitz. *Agriolimax agrestis* L. *Limax maximus* L. *Amalia marginata* Drap. Europa. Hier schließen sich an *Zonites acies* Fér. Schale weitgenabelt. Dalmatien. *Vitrina diaphana* Drap. Schale glashell. Mitteleuropa.

Fam. *Testacellidae*. Fleischfressende Landschnecken mit meist kleiner haliotisförmiger Schale am Hinterende des Körpers. Oberkiefer fehlt, Radula stark, weit vorstreckbar. *Testacella haliotidea* Drap. Südwesteuropa. *Daudebardia rufa* Drap. Mitteleuropa. Hier schließt sich wahrscheinlich an *Poiretia (Glandina) algira* Brug. Mittelmeerländer.

Fam. *Oncidiidae*. Schalenlose, äußerlich symmetrische Tiere, After und Atemloch am Hinterende. Häufig mit Rückenaugen. Leben an der Meeresküste. *Oncidium verruculatum* Cuv. Amboina, Ceylon. *Oncidiella celtica* Cuv. Nordsee.

Fam. *Vaginulidae*. Schalenlos, Lungenöffnung und After am hinteren Körperende. Hautatmung. Männliche und weibliche Genitalöffnung getrennt. Sind ein aberranter Zweig der Pulmonaten und wurden von Simroth mit den Oncidien als besondere Pulmonatengruppe *Soleolifera* getrennt. *Vaginula (Veronicella) bleekeri* Kef. Java.

2. Ordnung. Solenoconchae (Scaphopoda)[1].

Conchiferen mit rudimentärem Kopf und cylindrischem Fuße, mit turmförmig erhobenem Eingeweidesack, mit zu einer an beiden Polen offenen Röhre verwachsenem Mantel und röhrenförmiger Schale, mit einem Büschel fadenförmiger Cirren zu Seiten eines Kopflappens, ohne Kiemen, getrennten Geschlechts.

Der Körper (Abb. 845) ist infolge des dorsalwärts erhobenen Eingeweidesackes langgestreckt, er erscheint nach der Hinterseite etwas konvex gekrümmt, nach der dorsalen Spitze zu verschmälert und trägt zufolge Verwachsung der Mantellappen einen röhrenförmigen Mantel, der sich auch über den Kopflappen und Fuß nach vorn verlängert und eine gleichgestaltete Schale absondert, mit welcher das Tier durch einen nahe dem dorsalen Schalenrande inserierten Muskel (Retractor) verbunden ist. Das vordere Körperende wird durch eine Art Kopflappen (Mundkegel) eingenommen, an dessen Spitze die zuweilen von blattähnlichen Lippenanhängen umstellte Mundöffnung liegt. Zu Seiten dieses Mundkegels entspringen an zwei Lappen zahlreiche fadenförmige, am Ende keulenförmig verbreiterte bewimperte Cirren, die zur unteren breiteren Mantelöffnung hervorgestreckt werden und als Sinneswerkzeuge, zugleich auch der Nahrungsaufnahme dienen. Der Fuß ist cylindrisch, am Ende dreilappig (*Dentalium*) oder mit einer von Randpapillen besetzten Scheibe (Fußsohle) (*Siphonodentalium*) versehen. Der Mund führt in einen Pharyngealbulbus, in welchem ein dorsaler unpaarer Kiefer sowie ventral die von einer Radula besetzte Zunge liegt. Er führt in einen kurzen Oesophagus, weiter in den mit einer in die Mantellappen hineinragenden Leber (Mitteldarmdrüse) versehenen Magen und in den Darm, der nach mehrfachen Windungen hinter der Fußbasis in den Mantelraum mündet. In den

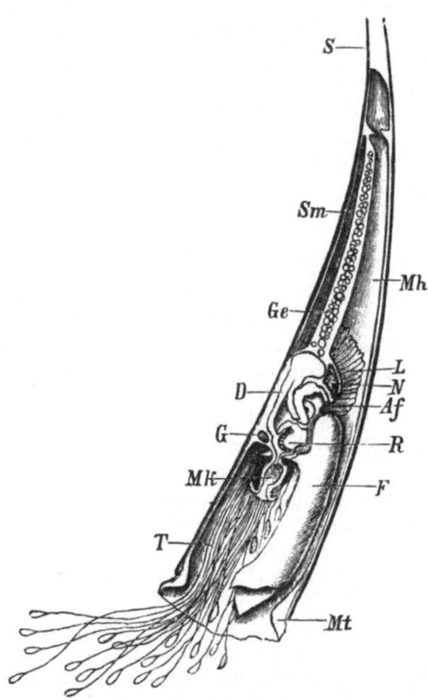

Abb. 845. *Dentalium*, mit Ausnahme des Fußes im Längsschnitte (Original G.). ³/₁. *S* Schale, *Mt* Mantel, *Sm* Schalenmuskel, *Mh* Mantelhöhle, *F* Fuß, *Mk* Mundkegel, *T* Cirren, *R* Radula, *D* Darm, *L* Leber, *Af* After, *G* Gehirnganglion, *N* Niere, *Ge* Geschlechtsdrüse.

Enddarm öffnet sich eine Drüse (Rectaldrüse). Kiemen fehlen, die Atmung erfolgt durch den Mantel. Die Kreislauforgane verhalten sich sehr einfach. Das Blut strömt in den Lacunen und Sinus der primären Leibeshöhle. Als Centralorgan fungiert ein sehr einfach gebautes Herz, das in den dorsal vom Enddarm gelegenen Herzbeutel (Cölom) als eine sackförmige contractile Einstülpung der dorsalen Pericardialwand hineinragt (PLATE). Als besondere Bildungen sind zwei zu Seiten des Afters gelegene spaltförmige Poren zu erwähnen, durch welche der

[1] LACAZE-DUTHIERS: Histoire de l'organisation et du développement du Dentale. Ann. des Sci. natur. **1856—1858**. — SARS, M.: Om *Siphonodentalium vitreum*. Christiania 1861. — SARS, G. O.: Bidrag til Kundskaben om Norges arktiske Fauna 1. Christiania 1878. — KOWALEVSKY, A.: Étude sur l'Embryogénie du Dentale. Ann. Mus. Hist. natur. Marseille **1** (1883). — PLATE, L. H.: Über den Bau und die Verwandtschaftsbeziehungen der Solenoconchen. Zool. Jb. **5** (1892). — HENDERSON, J. B.: A Monograph of the East American Scaphopod Mollusks. Smiths. Inst. U. S. Nat. Mus. Bull. **111** (1920). — Vgl. ferner die Schriften von FOL, NASSONOW, PELSENEER, SIMROTH, BOISSEVAIN u. a.

perianale Blutsinus mit dem Mantelraum in Verbindung steht; sie dienen wahrscheinlich einem eventuellen Blutaustritte bei heftiger plötzlicher Contraction des Körpers. Den Cerebralganglien liegen die Pleuralganglien dicht an. Von Sinnesorganen finden sich außer den Cirren noch Statocysten sowie das Subradularorgan. Die paarigen Nieren münden zu Seiten des Afters und entbehren eines Wimpertrichters. Die Solenoconchen sind getrenntgeschlechtlich. Die Genitaldrüse ist unpaar, fingerförmig gelappt und nimmt den dorsalen Teil des Eingeweidesackes ein, sie mündet durch die rechte Niere nach außen.

Die Entwicklung ist eine Metamorphose (Abb. 846). Die ausschlüpfende Larve besitzt außer dem breiten präoralen Wimperkranz einen apicalen Wimperschopf und trägt eine kleine napfförmige Schale. Später entwickelt sich der Mantel, dessen Lappen verwachsen; dann gestaltet sich auch die Schale röhrenförmig.

Die Solenoconchen sind marin und kriechen im Schlamme mit schräg erhobener Schale langsam umher.

Fam. *Dentaliidae.* Fuß mit Seitenlappen. *Dentalium entalis* L. Atlant. Ozean. *D. vulgare* DA COSTA. Atlant. Ozean, Mittelmeer. *D. dentalis* L. Mittelmeer, Adria.

Fam. *Siphonodentaliidae.* Fuß lang, mit Endscheibe. *Siphonodentalium vitreum* SARS. *S. (Pulsellum) lofotense* SARS. Nordatlant. *Cadulus* PHIL.

3. Ordnung. Lamellibranchiata (Pelecypoda), Muscheltiere[1].

Lateral kompresse Conchiferen mit rudimentärem Kopfe, mit großem zweilappigen Mantel und rechter und linker, durch ein dorsales Ligament verbundener Schalenklappe, meist mit beilförmigem Fuße, mit Doppelblattkiemen, in der Regel getrennten Geschlechts.

Der meist symmetrische, selten asymmetrische Körper der Lamellibranchiaten ist seitlich kompreß. Der Kopf ist rudimentär (daher *Acephala*) und gegen den Rumpf nicht abgesetzt. Der umfangreiche Mantel entwickelt sich in Gestalt zweier seitlicher Mantellappen, die den Körper vollständig umschließen. Am Mantelrande finden sich in der Regel drei Duplikaturen. Die Innenfläche

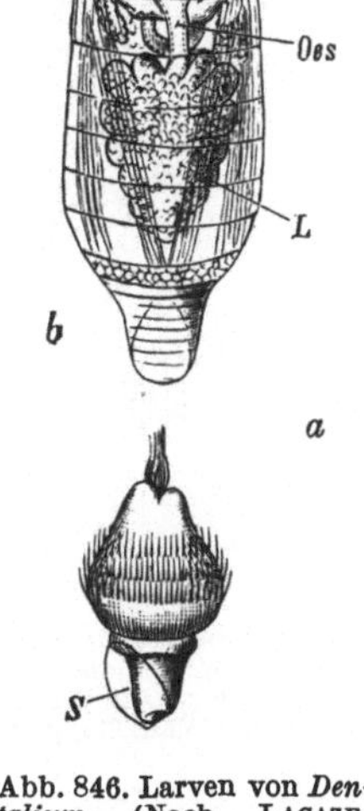

Abb. 846. Larven von *Dentalium.* (Nach LACAZE-DUTHIERS.) a Junge Larve mit Schalenanlage (*S*). b Ältere Larve, Rückenansicht. *P* Fuß, *Mt* Mantel, *T* Cirren, *BM* Buccalmasse, *Oes* Oesophagus *L* Leber.

---

[1] Außer BOJANUS, GARNER, KEBER, LACAZE-DUTHIERS, DESHAYES, MOEBIUS vgl. POLI: Testacea utriusque Siciliae 1791—1795. — LANGER, C.: Das Gefäßsystem der Teichmuschel. Denkschr. Akad. Wien 1855—1856. — FLEISCHMANN, A.: Die Bewegung des Fußes der Lamellibranchiaten. Z. Zool. 42 (1885). — GROBBEN, C.: Die Pericardialdrüse der Lamellibranchiaten. Arb. zool. Inst. Wien 7 (1888). — Beiträge zur Kenntnis des Baues von *Cuspidaria* usw. Ebenda 10 (1892). — Beiträge zur Morphologie und Anatomie der Tridacniden. Denkschr. Akad. Wien 1898. — PELSENEER, P.: Contribution à l'étude des Lamellibranches. Archives de Biol. 11 (1891). — Les Lamellibranches de l'Expédition du Siboga. P. Anat. Leiden 1911. — NEUMAYR, M.: Beiträge zu einer morphologischen Einteilung der Bivalven. Denkschr. Akad. Wien 1891. — JACKSON, R. T.: Phylogeny of the Pelecypoda. The Aviculidae and their allies. Mem. Boston Soc. Nat. Hist. 1890. — BERNARD, F.: Recherches ontogéniques et morphologiques sur la coquille des Lamellibranches. Ann. des Sci. natur. 1898. — BEUK, ST.: Zur Kenntnis des Baues der Niere und der Morphologie von *Teredo.* Arb. zool. Inst. Wien 11 (1899). — LIST, TH.: Die Mytiliden des Golfes von Neapel. Fauna u. Flora Golf Neapel 27 (1902). — STENTA, M.: Zur Kenntnis der Strömungen im Mantelraume der Lamellibranchiaten. Arb. zool. Inst. Wien 14 (1902). — DREW, G. A.: The Life-History of *Nucula delphinodonta.* Quart. J. microsc. Sci. 44 (1901). — RIDEWOOD,

des Mantels wird von einem Flimmerepithel bekleidet (Abb. 850). Pigmente treten vornehmlich an dem Mantelsaum auf.

Die beiden Mantellappen zeigen fast überall an ihrem hinteren Ende zwei aufeinanderfolgende Ausschnitte, welche, von Papillen oder Tentakeln umsäumt, beim Zusammenlegen der Ränder beider Mantellappen zwei nebeneinander gelegene spaltförmige Öffnungen bilden (Abb. 847). Die obere (dorsale) fungiert als Ausströmungsöffnung, die untere als Einströmungsöffnung, durch welche das Wasser unter dem Einflusse der Wimpereinrichtungen der Kiemen bei etwas klaffender Schale in den Mantelraum gelangt. Mit dem Wasser werden auch die Nahrungsstoffe eingeführt und in einer Wandströmung längs der unteren Kiemen-

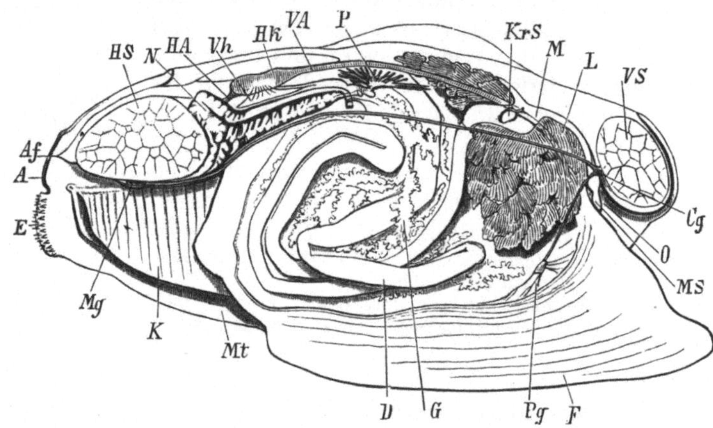

Abb. 847. Anatomie der Malermuschel (*Unio pictorum*) (Original G.). $^1/_1$. *VS* Vorderer, *HS* hinterer Schalenschließer, *Ms* Mundlappen, *F* Fuß, *Mt* Mantel, *K* Kiemen, *Cg* Cerebropleuralganglion, *Pg* Pedalganglion, *Mg* Visceralganglion, *O* Mund, *M* Magen, *L* Leber, *KrS* Krystallstiel, *D* Darm, *Af* After. *G* Geschlechtsorgan, *A* Ausschnitt des Mantellappens zum Auswurf, *E* zur Einfuhr, *N* Niere, *Vh* Vorhof, *Hk* Herzkammer, *VA* vordere, *HA* hintere Aorta, *P* Pericardialdrüse (schematisch).

ränder zur Mundöffnung geleitet, während eine in der Nähe des Mundes beginnende Wandströmung längs des Mantelrandes die überflüssigen Fremdkörper wieder nach

---

W. G.: On the Structure of the Gills of the Lamellibranchia. Philosophic. Trans. roy. Soc. London 1903. — WALLENGREN, H.: Zur Biologie der Muscheln. I. Die Wasserströmungen. II. Die Nahrungsaufnahme. Fysiogr. Sällsk. Hdl. Lund 1905. — SEYDEL, E.: Untersuchungen über den Byssusapparat der Lamellibranchiaten. Zool. Jb. 27 (1909). — LOVÉN, S.: Bidrag til Kännedomen om Utvecklingen af Mollusca Acephala Lamellibranchiata. Stockholm 1848. — RABL, C.: Über die Entwicklungsgeschichte der Malermuschel. Jena. Z. Naturwiss. 1876. — HATSCHEK, B.: Über die Entwicklungsgeschichte von *Teredo*. Arb. zool. Inst. Wien 3 (1881). — ZIEGLER, E.: Die Entwicklung von *Cyclas cornea*. Z. Zool. 41 (1885). — LILLIE, FR. R.: The Embryology of the Unionidae. J. Morph. a. Physiol. 10 (1895). — MEISENHEIMER, J.: Entwicklungsgeschichte von *Dreissensia polymorpha*. Z. Zool. 69 (1901). — ODHNER, N.: Morphologische und phylogenetische Untersuchungen über die Nephridien der Lamellibranchien. Ebenda 100 (1912). — RUBBEL, A.: Über Perlen und Perlbildung bei *Margaritana margaritifera* usw. Zool. Jb. 32 (1911). — KORSCHELT, E.: Perlen. Fortschr. naturwiss. Forschg 1912. — STEMPELL, W.: Über das sogenannte sympathische Nervensystem der Muscheln. Festschr. med.-naturwiss. Ges. Münster 1912. — HERBERS, K.: Entwicklungsgeschichte von *Anodonta cellensis*. Z. Zool. 108 (1913). — KELLOGG, J. L.: Ciliary mechanisms of lamellibranches etc. J. Morph. a. Physiol. 26 (1915). — WEISENSEE, H.: Die Geschlechtsverhältnisse und der Geschlechtsapparat bei *Anodonta*. Z. Zool. 115 (1916). — VAN DER WILLIGEN, C. A.: Onderzoekingen over den Bouw van het Zenuwstelsel der Lamellibranchiata. Utrecht 1920. — Vgl. ferner die Arbeiten von CARRIÈRE, DALL, MENEGAUX, MITSUKURI, WOODWARD, THIELE, SASSI, ANTHONY, HERDMAN u. HORNELL, BOURNE, FAUSSEK, DUBOIS, RASSBACH, ALVERDES, HARMS, JAMESON, YONGE u. a.

außen schafft. Seltener bleiben die Ränder beider Mantellappen in ihrer ganzen Länge frei, meist tritt eine Verwachsung vom hinteren Ende her ein. Diese ist entweder nur eine einfache, durch welche die Ausströmungsöffnung von dem übrigen Teile des Mantelschlitzes getrennt wird, oder es kommt überdies die Einströmungsöffnung durch eine Verwachsung zur Trennung, so daß der vordere Mantelschlitz ausschließlich als Fußschlitz fun-giert und bei fortschreitender Verwachsung bis auf eine kleine Öffnung verengt sein kann. Je weiter sich nun der Mantel nach vorne zu schließt, um so mehr schreitet die Verlängerung der hin-teren Mantelgegend um Einströmungs- und Ausströmungsöffnung vor, so daß zwei contrac-tile Röhren, *Siphonen*, gebildet werden (Ab-bild. 852). Diese können einen solchen Umfang erreichen, daß sie überhaupt nicht mehr zwischen die am Hinterrande klaffenden Schalen zurück-gezogen werden. Oft sind beide Siphonen äußer-lich miteinander vereinigt (Abb. 848 a). Bei *Pholas* und noch mehr bei *Teredo* wächst die hintere verwachsene Mantelregion zu einem langen Rohre aus, an dessen Ende erst die Siphonen sitzen (Abb. 861).

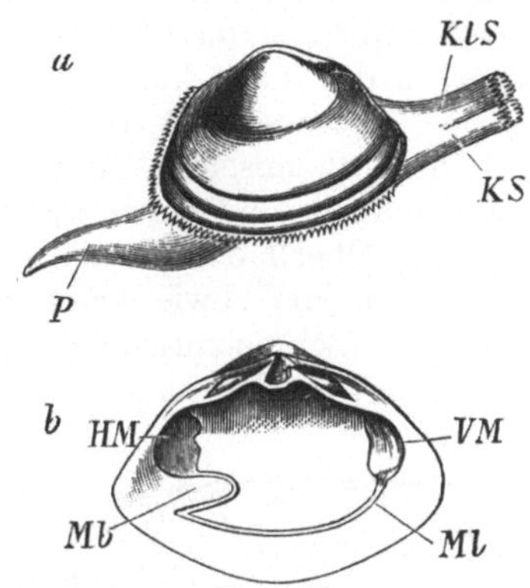

Abb. 848. a *Mactra elliptica.* Tier mit Schale. *Kls* Ausströmungssipho, *KS* Ein-strömungssipho, *P* Fuß. — b Linke Schalenklappe von *M. solida.* ¹/₁. *VM* Vorderer, *HM* hinterer Schließmuskel-eindruck, *Ml* Mantellinie, *Mb* Mantel-bucht (aus BRONN).

An seiner Oberfläche sondert der Mantel eine feste Kalkschale ab, welche sich den beiden Mantellappen entsprechend in zwei seitliche, am Rücken durch das Ligament verbundene Klappen gliedert. Nur selten sind die Schalenklappen vollkommen gleich, indessen nennt man nur diejenigen Schalen ungleichklappig, welche sich auffallend asymmetrisch und ihrer Lage nach als obere und untere erweisen. Meist schließen die Schalenränder fest aneinander, doch können sie auch an verschie-denen Stellen zum Durchtritt des Fußes, des Byssus, der Siphonen mehr oder minder weit klaffen. Letzteres gilt insbesondere für diejenigen Mu-scheltiere, welche sich in Sand, in Holz oder in festes Gestein einbohren. Im Extrem bedeckt die Schale nur einen kleinen Teil des Körpers, wäh-rend die unbedeckten Teile sekundäre Kalkabsonderungen produzieren (Ab-bild. 860), von denen jene bei *Clava-gelliden* röhrenförmig und mit dem Schalenrudimente innig verwachsen sind (Abb. 859). Nur selten schlagen

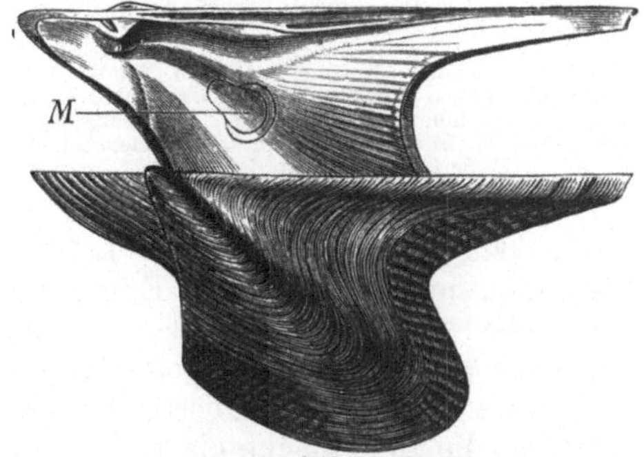

Abb. 849. *Avicula semisagitta* LM., die Klappen überein-ander verschoben. *M* Muskeleindruck (aus BRONN). ²/₃

sich die Mantelränder außen über die Schale (*Galeomma*) oder es wird die kleine Schale vollständig vom Mantel umschlossen (*Chlamydoconcha, Scioberetia, Entovalva*).

Die Verbindung beider Schalen erfolgt an der Rückenfläche durch ein äußeres oder inneres elastisches Ligament, das die Schalenklappen zu öffnen bestrebt ist. Daneben beteiligt sich auch der obere Rand durch ineinandergreifende Zähne beider Schalenhälften an der festen Verbindung der letzteren und bildet das sogenannte Schloß (*cardo*), dessen besondere Ausbildung in der Systematik verwertet wird. Man unterscheidet demnach den Schloßrand mit dem Ligamente von dem freien Rande der Schale, dessen Vorder- und Hinterrand sich im allgemeinen leicht nach der Lage des Schloßbandes zu den zwei Wirbeln oder Buckeln (*umbones, nates*) bestimmen lassen, welche als zwei hervorragende Höcker über dem Rückenrande den Ausgangspunkt für das Wachstum der beiden Schalenklappen bezeichnen und ihren Scheitel (*apex*) bilden. Der meist oblonge Umkreis des Ligamentes, das Höfchen (*area*), findet sich hinter dem Scheitel. Andererseits liegt an der meist kürzeren Vorderseite wenigstens bei den Gleichklappigen ein vertiefter Ausschnitt, das Mondchen (*lunula*).

Ihrer chemischen Zusammensetzung nach besteht die Schale aus kohlensaurem Kalk und einer organischen Grundsubstanz (Conchiolin). Sie baut sich aus zur Oberfläche parallelen, zuweilen perlmutterglänzenden Schichten (Perlmutterschicht) sowie einer äußeren, aus palissadenartig aneinander gereihten Prismen (Schmelzprismen) zusammengesetzten Schicht, die aber auch fehlen kann, auf, welcher an der äußeren Oberfläche der Schale eine hornartige Conchiolinlage, das Periostracum, aufliegt (Abbild. 850). Als vierte Schicht ist die sogenannte helle Schicht (Hypostracum) zu unterscheiden, die sich an den Muskelansatzstellen bildet. Das Wachstum der Schale ergibt sich teils als eine Verdickung der Substanz, indem die ganze Oberfläche des Mantels neue, konzentrisch geschichtete Lagen absondert, teils als peripherische Größenzunahme, welche durch schichtenweise angesetzte Neubildungen, zuvörderst des Periostracums und der Prismenschicht, am freien Mantelrande bedingt wird. Die Mantelsecretion liefert bei einer Anzahl von Muscheln (*Pinna, Mytilus, Tridacna* u. a.) insbesondere den sogenannten Perlmuscheln (*Meleagrina margaritifera, Margaritana margaritifera, Lampsilis ligamentina, Quadrula ebenus, Symphynota complanata,*

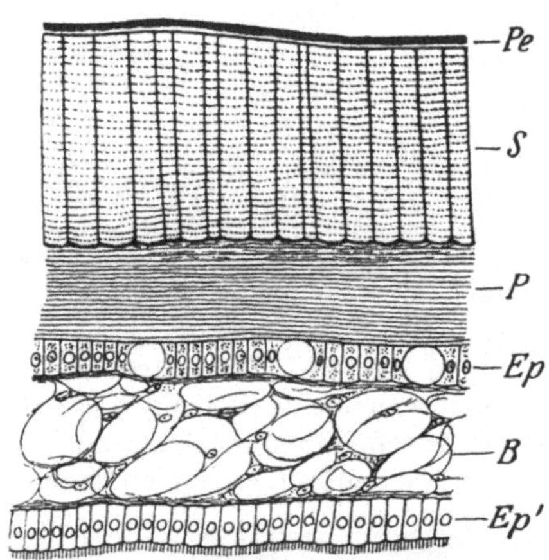

Abb. 850. Schnitt durch Schale und Mantel von *Anodonta*. (Nach LEYDIG, Schale Original G.) *Ep* äußeres, *Ep'* inneres Mantelepithel, *B* Bindegewebe des Mantels, *Pe* Periostracum, *S* Prismenschicht, *P* Perlmutterschicht der Schale.

Dipsas plicatus) auch die Perlen. Letztere entstehen in geschlossenen, vom äußeren Mantelepithel abgeschnürten Epithelsäcken, hervorgerufen durch Secretionspartikel oder vielleicht auch (bei marinen Muscheln) durch abgestorbene Wurmparasiten (Trematoden, Cestodenlarven).

Während die äußere Oberfläche der Schale mannigfache Skulpturverhältnisse zeigt, ist die Innenfläche glatt, weist aber einige Eindrücke auf, welche den Insertionsstellen der sich an die Schale ansetzenden Muskeln entsprechen. Dem Schalenrande parallel verläuft ein schmaler Streifen, die *Mantellinie*, welche der Insertion der zahlreichen in einer Reihe angeordneten Retractoren des Mantelrandes entspricht. Eine verstärkte Partie der letzteren bildet den Retractor der Siphonen, dessen vergrößerte Befestigungslinie eine nach innen vorspringende Bucht der Mantellinie, die *Mantelbucht*, erzeugt (Abb. 848b). Sodann finden sich an der Schale die Eindrücke der quer den Körper des Tieres durchsetzenden Schalenschließer (Adductoren), von denen meist zwei, ein vorderer dorsal vom Darm und ein hinterer ventral vom Darm verlaufender vorhanden sind. Dieselben sind entweder nahezu gleich groß, oder es verkümmert bei gleichzeitiger Verkürzung des vorderen Körperabschnittes der vordere Adductor (*Mytilus, Pinna*) bis zum vollständigen Schwunde (*Pecten, Ostrea, Tridacna*); dann rückt der hintere, um so umfangreichere Adductor weiter nach vorn bis in die Mitte des Körpers hinein (Abb. 849). Danach hat man die Lamellibranchiaten auch als *Dimyarier* (*Homomyarier, Heteromyarier*) und *Monomyarier* unterschieden. Beide Adductoren fehlen bei *Brechites*. Bei den *Pholadidae* ist der vordere Adductor außen an einer Umschlagslamelle der Schale befestigt und fungiert infolgedessen als Divaricator; dagegen bildet sich bei ihnen aus dem zwischen Einströmungsöffnung und Fußschlitz gelegenen Teile der Retractoren des Mantelrandes ein akzessorischer Schalenschließer aus. An der Innenseite der Adductoren inserieren sich an der Schale die in die Fußmuskulatur verlaufenden Retractoren, wozu noch schwache Elevatoren etwa in der Mitte des Eingeweidesackes hinzukommen, deren Eindrücke gleichfalls an der Schale erkennbar sind.

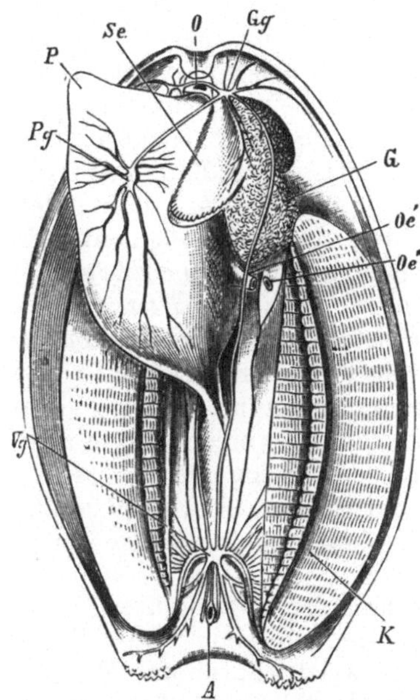

Abb. 851. Nervensystem der Teichmuschel (*Anodonta*). (Nach KEBER.) *A* After, *K* Kiemen, *O* Mund, *P* Fuß, *Se* Mundlappen (Mundsegel), *Gg* Cerebropleuralganglion, *Pg* Pedalganglion, *Vg* Visceralganglion, *G* Genitaldrüse, *Oe'* Genitalöffnung, *Oe''* Nierenöffnung.

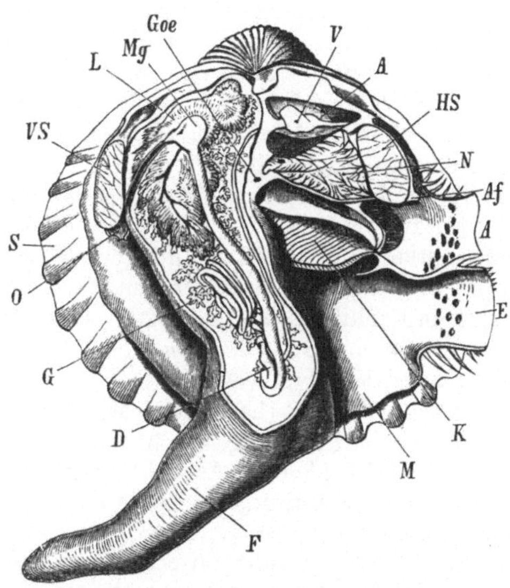

Abb. 852. Anatomie von *Cardium tuberculatum*. (Nach GROBBEN.) $^5/_4$. *S* Rechte Schalenklappe, *M* rechter Mantellappen, *E* Einströmungs-, *A* Ausströmungssipho, *F* Springfuß, *VS* vorderer, *HS* hinterer Adductor, *O* Mund, *Mg* Magen, *D* Darm, *L* Leber, *Af* After, *V* Kammer, *A* Vorhof des Herzens, *N* Niere, *K* rechte Kieme, *G* Genitalorgan, *Goe* Genitalöffnung.

Der Fuß der Lamellibranchiaten hat bei den ursprünglichsten Formen (*Protobranchiata*) sowie bei *Pectunculus* die Form eines seitlich kompressen Cylinders und ist am Ende söhlig gestaltet (Abb. 858). Sonst ist er meist beil- oder walzenförmig. Er dient zum Eingraben im Sande und Schlamme. Seltener wird er knieförmig und dient zum Springen (*Cardium*) (Abb. 852) oder verlängert sich wurmförmig (*Lucina*). In zahlreichen Fällen verkümmert er zu einem fingerartigen (Abb. 862) oder kurz abgestumpften Gebilde, endlich kann er auch vollständig rückgebildet sein (*Ostrea, Aetheria*). Der Fuß besitzt in der Regel an seinem Hinterabschnitte eine aus einzelligen Drüsen bestehende, mittels einer größeren Öffnung ausmündende, zuweilen mächtige Drüsenanhäufung, die *Byssusdrüse*, die ein fädiges Secret (*Byssus*) absondert, das zur zeitweiligen oder beständigen Befestigung dient (Abb. 862).

Das Nervensystem (Abb. 851) besteht bei den *Protobranchiata* noch aus gesonderten Cerebral- und Pleuralganglien, während letztere bei allen übrigen Lamellibranchiaten mit den Cerebralganglien zu Cerebropleuralganglien vereinigt sind und die Mundregion sowie vordere Mantelregion innervieren. Außerdem unterscheidet man ein Paar Pedalganglien, deren Nerven den Fuß versorgen, sowie ein Paar Visceralganglien, welche ventral dem hinteren Adductor anliegen und Nerven zu den Kiemen, dem Herzen sowie dem hinteren Teile des Mantels entsenden, an dessen Rande sich diese mit dem vom Cerebropleuralganglion entspringenden vorderen Mantelnerven oft unter Bildung von Geflechten vereinigen. Bei einer Anzahl von Muscheln wurde ein buccales Nervensystem, bestehend aus einer suboesophagealen Commissur, von welcher der Oesophagusnerv abgeht, in manchen Fällen mit Buccalganglien, gefunden. Die hinteren Darmnerven, desgleichen jene für die Genitalorgane gehen von der Visceralschlinge ab.

Von Sinnesorganen finden sich paarige Statocysten, die bei den *Protobranchiaten, Pecten, Mytilus* noch durch einen Kanal nach außen geöffnet sind. Sie liegen dem Pedalganglion an, werden aber vom Cerebralganglion aus innerviert. Kopfaugen sind bei *Nucula* in der Nähe des Mundes, bei *Arca,* einigen *Mytiliden,* bei *Avicula* u. a. an der Basis des ersten Kiemenfilamentes beobachtet; sie liegen über dem Cerebralganglion und werden von diesem innerviert, ihrem Baue nach sind sie Napfaugen. Alle übrigen Sehorgane der Lamellibranchiaten gehören dem Mantelrande an und sind entweder einfache lichtempfindliche Pigmentflecke am Ende der Siphonen (*Solen, Venus*) oder zusammengesetzte Augen am ganzen Mantelrande von *Arca, Pectunculus,* oder Sehgruben bei *Lima.* Bei *Pecten, Spondylus* sitzen die Augen als gestielte Köpfchen von smaragdgrünem oder braunrotem Farbenglanze zwischen den Randtentakeln verteilt und sind inverse Becheraugen mit zelliger Linse (s. S. 201, Abb. 192c). Inverse Augen finden sich auch an den Siphonen von *Cardium muticum.* Als Sitz des Tastgefühles erscheint vor allem der Mantelrand, an welchem sich auch in größerer oder geringerer Verbreitung Tentakelbildungen (besonders bei *Pecten, Lima*) entwickeln. Ein Osphradium findet sich am Ursprunge der Kiemennerven und zuweilen ein weiteres Sinnesorgan wahrscheinlich gleicher Art zu Seiten der Afterpapille.

Die Verdauungsorgane beginnen mit der zwischen den sogenannten Mundsegeln (Mundlappen) ventral vom vorderen Adductor gelegenen Mundöffnung (Abb. 847). Diese führt in eine kurze Speiseröhre, in welche durch den Wimperbesatz der Mundsegel kleine, mit dem Wasser in die Mantelhöhle aufgenommene Nahrungskörper eingeleitet werden. Kiefer und Zunge fehlen stets. Die Speiseröhre geht in einen sackförmigen Magen mit umfangreicher Leber (Mitteldarmdrüse) über, an dessen Pylorusteil meist ein Blindsack anhängt. In der eben erwähnten blindsackartigen Ausstülpung oder im Anfangsteile des Darmkanales findet man ein stabförmiges durchsichtiges Gebilde (*Krystallstiel*), ein periodisch sich erneuerndes Ausscheidungsprodukt des Darmepithels. Der Darm erreicht überall eine ansehnliche Länge und erstreckt sich unter mehrfachen Windungen, von den Geschlechtsdrüsen umlagert, gegen den Fuß hin, steigt dann hinter dem Magen bis zum Rücken empor und mündet, nach Durchsetzung des Pericardialraumes dorsal vom hinteren Schalenschließer verlaufend, auf einer in den Mantelraum hineinragenden Papille am hinteren Leibesende aus (Abb. 852).

Die Kiemen (Ctenidien) der Lamellibranchier zeigen nur noch bei den *Protobranchiata* die doppelfiedrige Form (Abb. 858). In allen übrigen Fällen sind die Seitenblätter der Kiemen zu dorsalwärts zurückgebogenen Fäden umgestaltet, welche dicht aneinander gelegt und meist durch Querbrücken miteinander verbunden sind. Dadurch wird jede Kieme doppelblattförmig (Abb. 862); an diesem Doppelblatt kann das äußere Blatt teilweise oder vollständig (*Lucina*) rückgebildet sein. Die inneren Kiemenblätter der beiderseitigen Kiemen verwachsen häufig hinter dem Fuß miteinander, im Vorderabschnitte mit dem Eingeweidesack, desgleichen die Außenlamelle mit dem Mantel. Dann erscheint die Mantelhöhle durch die Kieme vollständig in eine ventrale und dorsale Kammer geteilt (Abb. 852). Das in die untere Mantelkammer aufgenommene Atemwasser gelangt durch die Spalten der Kiemen in die obere Mantelkammer und von hier durch die Ausströmungsöffnung nach außen. Bei den auch als *Septibranchia* zusammengefaßten Muscheltieren (wie *Cuspidaria*) sind die miteinander verwachsenen Kiemen zu einer muskulösen Scheidewand mit wenigen Öffnungen umgebildet. Die Atmung erfolgt hier vornehmlich durch den Mantel, der aber auch bei allen übrigen Lamellibranchiaten an der Respiration beteiligt ist.

Das Herz (Abb. 847) findet sich vor dem hinteren Adductor und besteht aus einer Kammer und zwei Vorkammern. Es liegt dorsal vom Darm bei *Nucula*, ventral bei *Teredo*, *Ostrea*, in der Regel liegt die Kammer rings um den Enddarm herum. Bei *Arca* ist die Herzkammer in zwei Hälften getrennt (Abbild. 853). Von der Herzkammer entspringt bei einigen Formen nur eine vordere Aorta, in allen übrigen Fällen ist eine vordere und hintere Aorta vorhanden. Erstere verläuft dorsal, letztere ventral vom Darm. Am Ursprung der hinteren Aorta findet sich in vielen Fällen (*Veneridae*, *Tridacnidae*, *Mactra*) ein Bulbus arteriosus. Aus den Enden der sich verästelnden Arterien gelangt das Blut in die Lacunen der primären Leibeshöhle. Das venöse Blut sammelt sich in einem unpaaren, ventral vom Pericardium gelegenen großen Venensinus, der an seinem Vorderende durch eine Klappe (KEBERsche Klappe) abgesperrt werden kann. Aus dem Sinus strömt das Blut der Hauptmasse nach durch ein Netz von Kanälen in der Wandung der Nieren wie durch eine Art Pfortaderkreislauf in die Kiemen, um von da arteriell geworden in die Vorhöfe des Herzens zurückzukehren. Ein Teil des Blutes aus dem Mantel gelangt mit Umgehung der Kiemen direkt zum Herzen zurück. Bei *Cuspidaria* fehlen Gefäße.

Das Herz mit den Vorhöfen liegt in einem Pericardialsacke (Cölom). Aus dem Pericardialepithel entwickelt sich bei einer großen Zahl von Lamellibranchiaten eine sogenannte Pericardialdrüse. Sie tritt entweder in Form drüsiger Anhänge am Vorhofe auf (z. B. *Arca*, *Mytilus*, *Pecten*) oder stellt eine im Mantel gelegene, aus zahlreichen Blindsäcken zusammengesetzte Drüse vor, welche vorne in den Pericardialraum einmündet (*Unio*, *Venus* u. a.) (Abb. 847).

Die Niere (Abb. 847), nach ihrem Entdecker auch als BOJANUSsches Organ benannt, ist paarig und liegt ventral vom Pericardialraum, mit welchem sie durch einen Wimpertrichter in Verbindung steht. Sie bildet einen S-förmig gebogenen Kanal, der sich in der Regel zu einem Sack mit zahlreichen nach innen vorspringenden Falten entwickelt; selten (*Ostrea*) ist die Niere ramificiert, bei *Sphaerium* ein vielfach gewundener Kanal. Die Nieren beider Seiten kommunizieren in den meisten Fällen miteinander. Ihre Ausmündung liegt an der Basis des Fußes.

Die Lamellibranchiaten sind meist getrennten Geschlechts, manche (*Anatinidae*, *Ostrea*, *Sphaerium*, *Tridacna*, einige *Cardium*- und *Pecten*-Arten u. a.) her-

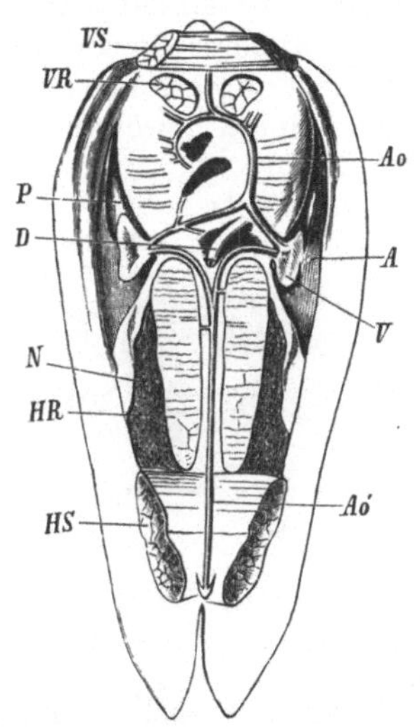

Abb. 853. Tier von *Arca noae*, Dorsalansicht. (Nach GROBBEN.) Die hier doppelten Pericardialräume (*P*) eröffnet, der Enddarm bis auf das Anfangsstück (*D*) abpräpariert. *VS* vorderer, *HS* hinterer Adductor, *VR* vorderer, *HR* hinterer Retractor des Fußes, *V* Herzkammer, *A* Vorhof, *Ao* vordere, *Ao'* hintere Aorta, *N* Niere.

maphroditisch. Die Geschlechtsdrüsen (Abb. 847) sind paarig und bilden vielfach gelappte oder traubige Schläuche, welche die Windungen des Darmes umlagern, selten (*Mytilidae*) in die Mantellappen sich hineinerstrecken. Ähnlich verhalten sich die Zwitterdrüsen, deren samen- und eierbereitende Follikel entweder räumlich gesondert sind und dann bald getrennt ausmünden (*Anatinidae*), bald in einem gemeinsamen Genitalgang (*Pecten, Sphaerium*) nach außen führen, oder dieselben Follikel erzeugen sowohl Spermien als Eier (*Ostrea*). Die Genitaldrüsen münden bei vielen Formen in die Niere nahe deren Öffnung (*Nuculidae, Arca, Pectinidae, Ostrea*), in anderen Fällen (*Aviculidae*) mit der Niere in einem gemeinsamen Porus, bei den übrigen Lamellibranchiern ist eine besondere, neben der Nierenöffnung gelegene Genitalöffnung vorhanden. Bei einigen *Nuculiden* besteht zwischen dem Anfange des Urogenitalganges und dem Wimpertrichter ein Verbindungsgang (Gonopericardialgang STEMPELL), der als Kommunikation zwischen Pericard und Genitaldrüse aufzufassen ist.

Ein äußerer Geschlechtsdimorphismus findet sich bei *Unioniden*, deren Weibchen sich im Zusammenhange mit der Aufnahme der Eier in die äußeren Kiemenblätter durch gewölbtere Schalen auszeichnen.

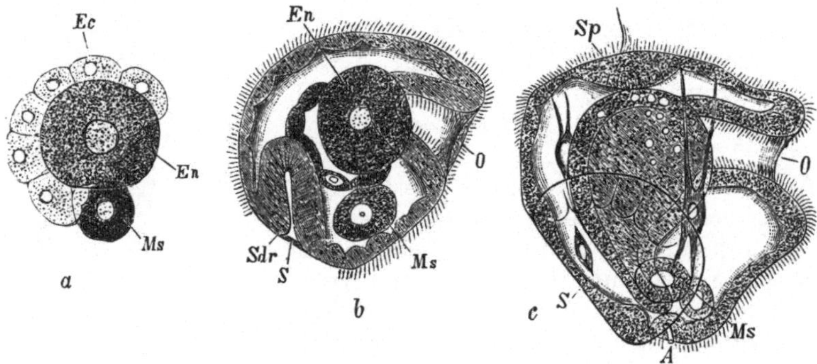

Abb. 854. Entwicklungsstadien von *Teredo*. (Nach HATSCHEK.) a Stadium mit zwei Urmesodermzellen (*Ms*) und zwei Entodermzellen (*En*). *Ec* Ectoderm. — b Bewimperter Embryo mit Mund (*O*), Darm und Schalengrube (*Sdr*). *S* Schale. — c Späteres Stadium. *Sp* Scheitelplatte. *A* Analeinstülpung.

Die Befruchtung der Eier erfolgt in der Regel im Mantel- oder Kiemenraum des mütterlichen Tieres, wo die Eier in vielen Fällen die Embryonalentwicklung durchlaufen. Besonders tritt die Brutpflege bei den Süßwasserformen hervor, unter denen bei *Unioniden* die Eier in die äußeren (*Anodonta, Unio*) oder äußeren und inneren (*Margaritana*), bei den *Cyreniden* in die inneren Kiemenblätter aufgenommen werden.

Die Furchung ist inaequal, die Gastrulation erfolgt durch Einstülpung oder Überwachsung (*Teredo*), die Anlage des Mesoderms durch zwei Urmesodermzellen (Abb. 854a). Die ausschlüpfende Larve zeigt bei den marinen Formen und bei *Dreissensia* den Typus der Trochophoralarve mit großem kreisförmigen präoralen Wimperkranz und meist auch apicalem Wimperschopf sowie mit Schalenanlage (Abb. 855). Von den Adductoren wird zuerst der vordere angelegt (Abb. 856). Aus dem Wimperapparat (Velum) der Larve gehen die Mundlappen des ausgebildeten Tieres hervor. Erst später entstehen Fuß und Kiemen.

Bei *Nuculiden* ist der Velarapparat als Hüllmembran entwickelt und wird abgestoßen. Bei *Sphaerium* ist die Entwicklung eine direkte und der Velarapparat rudimentär. Eine kompliziertere Metamorphose ist für die Entwicklung der *Unioniden* eigentümlich. Die als *Glochidium* bezeichnete Larve (Abb. 857) ist eine sekundäre Larvenform; sie entbehrt der Wimperkränze und besitzt einen rudimentären Darm. Dagegen ist sie durch den Besitz von Schalenhaken, sowie einen langen, vor dem breiten larvalen Adductor hervortretenden bysussähnlichen Haftfaden ausgezeichnet. Die Unionidenlarve befestigt sich mittels der Schalenhaken und des larvalen Haftfadens an die Kiemen und Flossen von Fischen; sie durchläuft ihre weitere Entwicklung parasitisch, in einer Epithelwucherung des

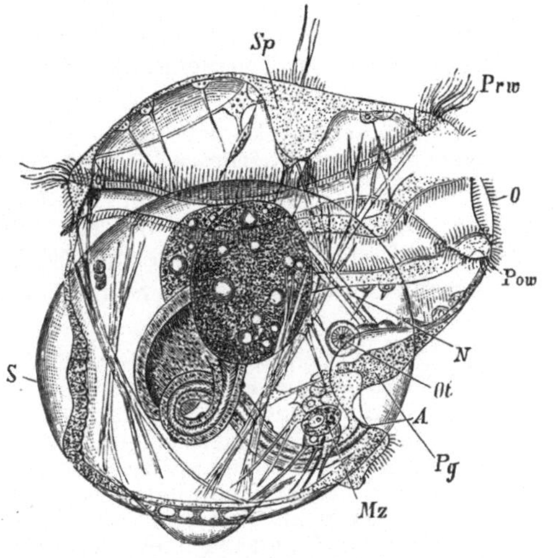

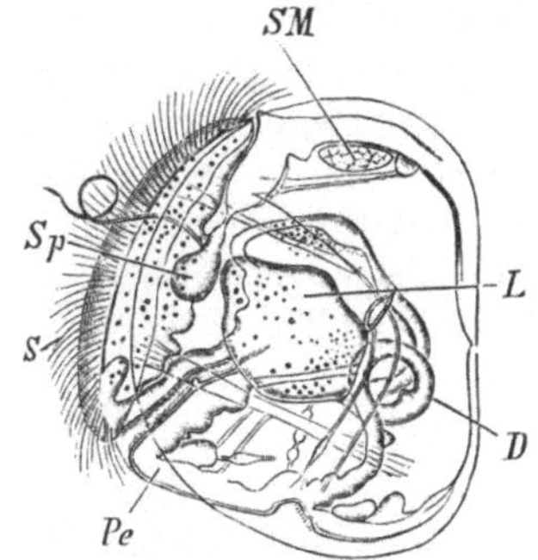

Abb. 855. Freischwimmende *Teredo*-Larve. (Nach Hatschek.) $^{210}/_1$. *A* After, *Prw* präoraler, *Pow* postoraler Wimperkranz, *N* Kopfniere, *O* Mund, *Ot* Statocyste, *Pg* Pedalganglion, *Mz* Mesodermzellen, *S* Schale, *Sp* Scheitelplatte.

Abb. 856. Larve von *Montacuta bidentata*. (Nach Lovén). $^{240}/_1$. *D* Darm, *L* Leber, *Pe* Fuß, *S* Segel, *SM* vorderer Schalenschließer, *Sp* Scheitelplatte.

Wirtstieres eingeschlossen, und ernährt sich vermittels des großzelligen inneren Mantelepithels.

Die meisten Muscheltiere sind Meeresbewohner und leben in verschiedenen Tiefen, teils kriechend, teils mittels des Fußes oder durch Zusammenklappen der Schalen schwimmend und springend (z. B. *Pecten*). Viele entbehren der Ortsbewegung, indem sie sich frühzeitig mittels des Byssus festsetzen oder mit einer Schalenklappe auf Felsen und Gesteinen festwachsen (Austern). Andere, wie die Bohrmuscheln, bohren Gänge in Schiffholz, Pfahlwerk (*Teredo*) oder in Gestein (*Lithodomus, Pholas, Saxicava, Gastrochaena, Petricola*), nur wenige leben ectoparasitisch oder commensalisch, meist auf Echinodermen (*Montacuta, Scioberetia*), *Jousseaumiella* commensalisch in solitären Korallen (*Heteropsammia, Heterocyathus*), *Entovalva* als Entoparasit im Oesophagus einer Synaptide. Planktonisch ist *Planktomya henseni* Simr., deren Schale unverkalkt bleibt. Leuchterscheinung zeigt *Pholas*.

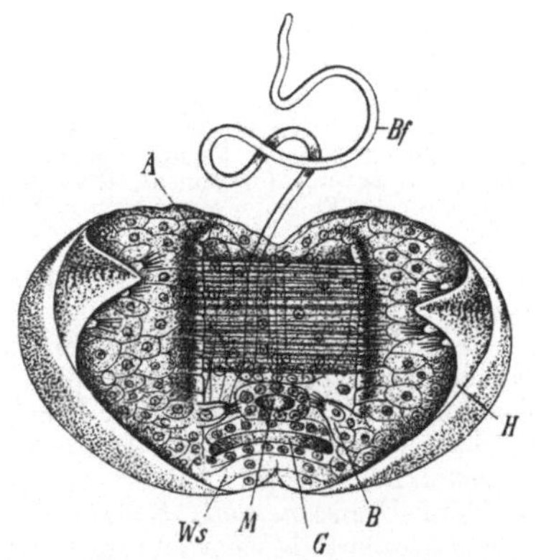

Abb. 857. Larve von *Unio pictorum*, Ventralansicht. (Nach C. Rabl.) $^{210}/_1$. *H* Schalenhaken, *A* Adductor, *Bf* Haftfaden, *M* Mund, *B* Sinnesborsten, *G* Seitengruben, *Ws* Wimperfeld (Cilien nicht dargestellt).

In der folgenden systematischen Einteilung ist teils den Prinzipien Pelseneers, vornehmlich aber jenen Neumayrs gefolgt.

1. Unterordnung. *Protobranchiata*. Kiemen doppelfiedrig. Fuß am Ende söhlig. Schalenschloß zahnlos oder mit zahlreichen gleichartigen zwischeneinandergreifenden Zähnen (taxodont) (Abb. 858). Sind die ursprünglichsten Lamellibranchier.

Fam. *Nuculidae*. Schloß taxodont. *Nucula nucleus* L. (Abb. 858). *Leda pella* L. Atlant. Ozean, Mittelmeer. *Yoldia limatula* SAY. Atlant. Ozean, Nordamerika. *Malletia* DESMOUL. Fam. *Solenomyidae*. Schale mit dicker Epidermis, Schloß zahnlos. *Solenomya togata* POLI. Mittelmeer.

Hier schließen sich wahrscheinlich zahlreiche der fossilen *Palaeoconchae* NEUMAYR an.

2. Unterordnung. *Eutaxodonta*. Kiemen doppelblattförmig, aus freien Kiemenfäden bestehend. Schloß mit zahlreichen gleichartigen, zwischeneinandergreifenden Zähnen (taxodont).

Fam. *Arcidae*. Schalen dick, von haarigem Periostracum bekleidet. *Arca noae* L., Archemuschel. *A. (Barbatia) barbata* L. *Pectunculus glycimeris* L. (*pilosus* LM.), Sammetmuschel. Mittelmeer.

3. Unterordnung. *Heterodonta*. Kiemen doppelblattförmig, die Kiemenfäden in der Regel durch Querbrücken verbunden. Schloßzähne in geringer Zahl, wechselständig, in laterale und cardinale geschieden (heterodontes Schloß), zuweilen gespalten, selten rückgebildet.

Fam. *Trigoniidae*. Schalen trigonal, innen mit schöner Perlmutterschicht. Schloßzähne leistenförmig, quergestreift, V-förmig divergierend. *Trigonia pectinata* LM. Australien.

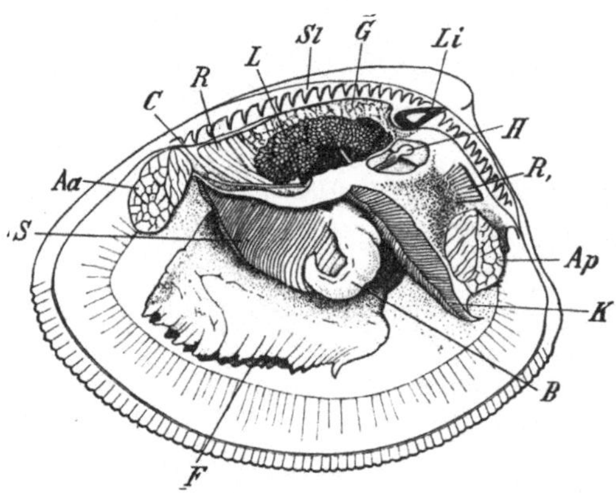

Abb. 858. *Nucula nucleus* (Original G.). ⁵/₁. *Aa* Vorderer, *Ap* hinterer Adductor, *B* Anhang des Mundsegels, *C* Cerebralganglion, *F* Fuß mit Sohle, *G* Genitaldrüse, *H* Herz, *K* Kieme, *L* Leber, *Li* Ligament, *R* vorderer, *R,* hinterer Retractor des Fußes, *S* Mundsegel, *Sl* Schalenschloß.

Fam. *Unionidae* (*Najades*), Flußmuscheln. Mit länglichen gleichklappigen Schalen, die ein dickes bräunlichgrünes Periostracum, innen eine Perlmutterschicht besitzen. Schloß mit wenigen Hauptzähnen und leistenförmigen hinteren Seitenzähnen, oder zahnlos. *Unio pictorum* L., Malermuschel. *U. tumidus* RETZ. *U. batavus* LM. Europa. *U. heros* SAY. Nordamerika. *Margaritana margaritifera* L., Flußperlmuschel. In Gebirgsbächen Nord- und Mitteleuropas, Nordamerika. Liefert die Flußperlen. *Quadrula ebenus* LEA. *Lampsilis ligamentina* LM. *Symphynota complanata* BARNES. Alle Süßwasserperlmuscheln. Nordamerika. *Anodonta cygnea* L., Teichmuschel. Schloß zahnlos. Zuweilen hermaphroditisch. Europa. *Dipsas plicatus* SOLAND. Liefert Perlen. China. Hier schließen sich an *Castalia ambigua* LM. Amazonenstrom. *Pleiodon ovatus* SOW. Mit taxodontenähnlichem Schloß.

Senegal; ferner *Aetheria* LM. Schale austernartig, festgewachsen. Tier ohne Fuß. In Flüssen und Seen. Trop. Afrika.

Fam. *Cyrenidae*. Schale gleichklappig, bauchig aufgetrieben, mit dickem Periostracum. Mantel mit zwei (selten einer) mehr oder minder vereinigten Siphonalröhren. Fuß groß. Bewohner des Süßwassers und Brackwassers. *Corbicula consobrina* CAILL. Afrika. *Cyrena ceylonica* CHEMN. Ceylon. *Sphaerium (Cyclas) corneum* L. Hermaphroditisch. *Pisidium amnicum* L. Europa.

Fam. *Dreissensiidae*. Schale jener der Miesmuschel ähnlich. Vorderer Adductor klein. Mantel großenteils verwachsen, mit Siphonen. Fuß zungenförmig mit Byssus. *Dreissensia polymorpha* PALL. Heimat Kaspisches und Schwarzes Meer, von da aus über alle größeren Flüsse Europas verbreitet.

Fam. *Astartidae*. Schale dick, mit Periostracum. Band äußerlich. Schloß dick mit zwei bis drei Hauptzähnen. *Astarte sulcata* DA COSTA. Atlant. Ozean, Mittelmeer. Hier schließt sich an *Crassatella* LM.

Fam. *Cyprinidae*. Schalen gleichklappig, gewölbt, mit dickem Periostracum. Hauptschloßzähne ein bis drei und gewöhnlich ein hinterer Seitenzahn. Mantelränder zur Bildung zweier Siphonalöffnungen verwachsen. *Cyprina islandica* L. Nordatlant. und Ostsee. *Isocardia cor* L. Mit stark spiral eingerolltem Wirbel. Mittelmeer, Atlant. Ozean.

Fam. *Lucinidae*. Schale kreisförmig, Schloß mit ein bis zwei Hauptzähnen und zuweilen verkümmerten Seitenzähnen. Fuß wurmförmig. *Lucina divaricata* L. Atlant. Ozean, Mittelmeer. *Loripes lacteus* L. Mittelmeer. Hier schließen sich an *Montacuta bidentata* MONT.

Atlant. Ozean, Mittelmeer. *Jousseaumiella* BOURNE. Commensalisch in *Heterocyathus* und *Heteropsammia*. Ceylon. *Scioberetia* BRND. Ectoparasit auf einem *Spatangus* von Kap Horn. *Entovalva* VOELTZK. Entoparasitisch im Oesophagus einer Synaptide. Zanzibar. Beide mit innerer Schale.

Fam. *Galeommatidae*. Schale teilweise vom Mantel bedeckt und zart, klaffend. *Galeomma turtoni* Sow. Atlant. Ozean, Mittelmeer. Es schließt sich hier an *Chlamydoconcha orcutti* DALL. Mit innerer Schale. Kalifornien.

Fam. *Chamidae*, Gienmuscheln. Schalen ungleichklappig, dick, festgewachsen. Schloßzähne stark. *Chama lazarus* L. Ind. Ozean. *Ch. gryphoides* L. Mittelmeer.

Fam. *Cardiidae*, Herzmuscheln. Schalen herzförmig gewölbt, mit großen eingekrümmten Wirbeln, mit Rippen. Ligament äußerlich, Schloß mit zwei Cardinal- und zwei Lateralzähnen jederseits. Mantel mit kurzen Siphonen. Fuß meist knieförmig. *Cardium edule* L. *C. tuberculatum* L. Europ. Meere (Abb. 852). *Hemicardium cardissa* L. Ind. Ozean.

Fam. *Tridacnidae*. Mit dicken, stark gerippten Schalen. Vorderkörper reduziert, Hinterkörper nach vorn gedreht. Nur der hintere Adductor vorhanden. Fuß mit Byssus. *Tridacna gigas* LM., Riesenmuschel. Schale bis 250 kg schwer. Ind. Ozean *T. elongata*. LM. Rotes Meer. *Hippopus maculatus* LM. Ind. Ozean.

Fam. *Veneridae*. Schale regulär rundlich bis oblong, mit drei divergierenden Schloßzähnen in jeder Klappe. Atemröhren von ungleicher Größe, an der Basis vereint. *Meretrix (Cytherea) dione* L. Atlant. Ozean. *M. chione* L. *Dosinia (Artemis) exoleta* L. *Venus verrucosa* L. *Chione gallina* L. *Tapes decussatus* L. Atlant. Ozean, Mittelmeer. Hier schließt sich an *Petricola lithophaga* RETZ. Bohrt in Felsen. Europ. Meere.

Fam. *Tellinidae*. Die langgestreckte Schale am Vorderrande länger als hinten, mit äußerem Ligamente, Atemröhren lang, vollständig getrennt. *Tellina nitida* POLI. Mittelmeer. Hier schließt sich an *Scrobicularia piperata* GM., Pfeffermuschel. Europ. Meere. Ferner *Psammobia vespertina* CHEMN. Atlant. Ozean, Mittelmeer.

Abb. 859. Schale von *Brechites (Aspergillum) javanus*. (Nach ADAMS). $^1/_1$

Fam. *Donacidae*. Schale trigonal, mit äußerem Ligament, Schloß jederseits mit ein bis zwei Cardinalzähnen und mit Seitenzahn. *Donax trunculus* L. Mittelmeer.

Fam. *Solenidae*. Schale lang und schmal, an beiden Enden klaffend. Fuß cylindrisch. *Solenocurtus strigilatus* L. Mittelmeer. *Ensis siliqua* L. Atlant. Ozean, Mittelmeer. *Solen vagina* L., Messerscheide. Europ. Meere.

Fam. *Mactridae*. Schale trigonal oder oval, geschlossen oder leicht klaffend. Vor der dreieckigen Bandgrube ein V-förmiger Hauptzahn, sowie vorn und hinten Lateralzähne. Siphonen verwachsen (Abb. 848). *Mactra stultorum* L. Atlant. Ozean, Mittelmeer. *Lutraria elliptica* LM. Europ. Meere.

Fam. *Myidae*. Schale dick, ungleichklappig, hinten klaffend, mit Ligamentlöffel. Mantel fast ganz geschlossen, Siphonen lang, verwachsen, Fuß kurz. Graben sich tief im Schlamme und Sande ein. *Mya arenaria* L., Klaffmuschel. Nordeurop. Meere. *Corbula gibba* OLIVI. Europ. Meere. Hier schließt sich an *Saxicava rugosa* L. Bohrt in Steinen. Weit verbreitet. Ferner *Gastrochaena dubia* PENN. Die Schalen frei in einer Kalkröhre. Bohrt in Muscheln, Gestein. Atlant. Ozean, Mittelmeer.

Fam. *Anatinidae*. Schale dünn, außen granuliert, mit Ligamentlöffel, Schloßzähne verkümmert. Siphonen lang, Fuß schlank. Hermaphroditisch. *Anatina subrostrata* LM. Ind. Ozean. *Thracia papyracea* POLI. Atlant. Ozean, Mittelmeer.

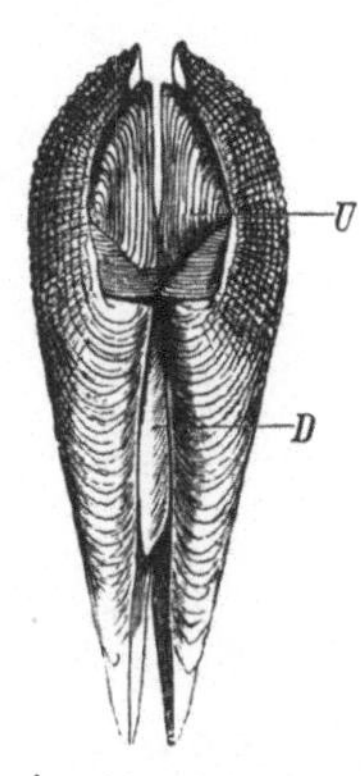

Abb. 860. Schale von *Pholas dactylus*. $^1/_1$. *U*, *D* Akzessorische Platten.

Fam. *Clavagellidae*. Schalen dünn, in eine Kalkröhre eingefügt, welche vorn bis auf kleine Öffnungen oder vollkommen geschlossen ist. Fuß rudimentär. *Clavagella aperta* SOW. Nur die linke Schale mit der Kalkröhre verwachsen, die rechte frei. Mittelmeer. *Brechites (Aspergillum) javanus* BRUG., Gießkannenmuschel. Beide Schalen mit der Kalkröhre verwachsen. Ind. Ozean (Abb. 859).

Fam. *Cuspidariidae*. Schale hinten schnabelförmig verlängert. Kiemen zu einem muskulösen, von wenigen Spalten durchsetzten Septum umgebildet (Septibranchia). *Cuspidaria cuspidata* OLIVI. Atlant. Ozean, Mittelmeer. Nahe verwandt ist *Poromya granulata* NYST. Atlant., Mittelmeer.

Fam. *Pholadidae*. Die klaffende Schale ohne Schloßzähne und Ligament, mit raspelähnlicher Streifung. Vorderseite des Schloßrandes nach außen umgeschlagen. An der Innenseite des Umbos ein stielförmiger Fortsatz. Vorderer Adductor außen an den umgeschlagenen Schalenlamellen inseriert. Mantel verwachsen. Hinterer Mantelabschnitt röhrenförmig verlängert. Die nicht von der Schale bedeckten Teile des Tieres mit akzessorischen Kalkstücken. Fuß stempelartig, zuweilen verkümmert. Bohren in Holz oder Steinen und Korallen Gänge, aus denen sie die Siphonen hervorstrecken. *Pholas dactylus* L. Bohrt in Stein (Abb. 860). *Jouannetia cumingi* Sow. Schale kugelig. Bohrt in Felsen und Korallen. Paz. Ozean. *Teredo navalis* L., Schiffsbohrwurm (Abb. 861). Die kleine Schale bedeckt nur den vordersten Teil des Körpers. Hintere Mantelregion sehr lang, in dieselbe der Eingeweidesack und die Kiemen nach hinten verschoben. An der Basis der Siphonen zwei

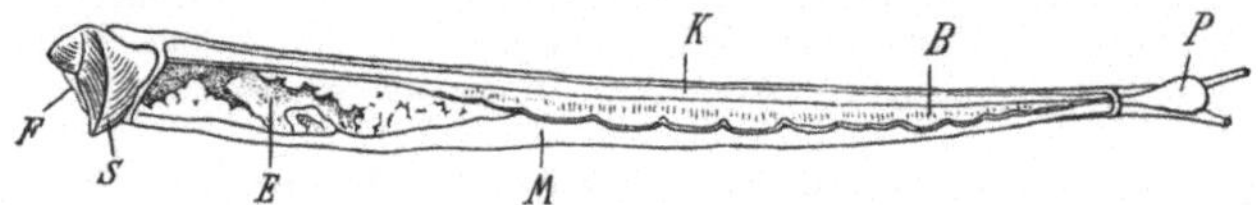

Abb. 861. *Teredo navalis*, der hintere Körperabschnitt durch Abtragung der linken Mantelwand eröffnet (Original G.). Etwa $^1/_1$. *B* Kieme, *E* Eingeweidesack, *F* Fuß, *M* Einströmungs-, *K* Ausströmungsfach des Mantelraumes, *P* Paletten an der Basis der Siphonen, *S* Schale.

Kalkplättchen (Paletten). Die freie Oberfläche des Körpers scheidet eine dünne Kalkröhre ab, welche die Wohnröhre auskleidet. Bohrt im Holze der Häfen und Schiffe. Europ. Meere.

4. Unterordnung. *Anisomyaria*. Schloßzähne fehlen meist; wenn vorhanden, niemals in Cardinal- und Lateralzähne geschieden. Kiemen doppelblattförmig. Zwei sehr ungleiche oder bloß ein einziger Schließmuskel.

Fam. *Aviculidae*. Schalen schief, ungleichklappig mit dicker Perlmutterlage. Schloßrand gerade, oft mit flügelförmigen Fortsätzen, zahnlos oder mit schwachen Zähnen

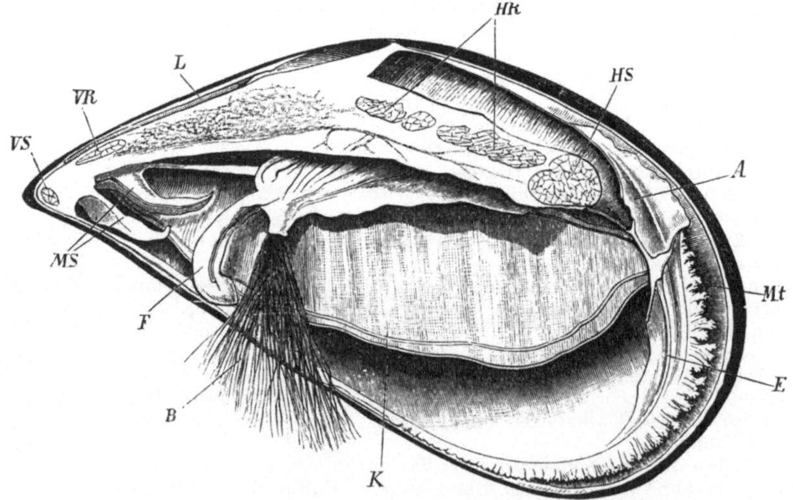

Abb. 862. *Mytilus galloprovincialis*, nach Abhebung von Schalenklappe, Mantellappen und Kieme der linken Seite (Original G.). $^1/_1$. *Mt* Mantel, *E* Einfuhrsöffnung, *A* Auswurfsöffnung, *VS* vorderer, *HS* hinterer Adductor, *VR* vorderer, *HR* hinterer Retractor, *L* Ligament, *MS* Mundlappen, *F* Fuß, *B* Byssus, *K* rechte Kieme.

(Abb. 849). Fuß klein mit Byssus. Vorderer Schließmuskel fehlt meist. *Avicula hirundo* L. Mittelmeer. *Meleagrina margaritifera* L., Perlmuschel. Ind. Ozean. Liefert die wertvollen sogenannten orientalischen Perlen, sowie die Perlmutter im Handel. *Malleus vulgaris* Lм. Ind. Ozean. Hier schließt sich an *Pinna squamosa* Lм., Steckmuschel. Vorderer Adductor vorhanden. Mittelmeer.

Fam. *Ostreidae*. Schalen ungleich, blättrig, mit schwachem, zahnlosem Schlosse. Die gewölbtere linke Klappe festgewachsen, während die obere rechte Schale wie ein Deckel der unteren Schale aufliegt. Mantel vollständig gespalten und am Rande gefranst. Fuß fehlt. Hermaphroditisch. Siedeln sich meist kolonienweise in den wärmeren Meeren an, wo sie Bänke von bedeutender Ausdehnung bilden können (Austernbänke). *Ostrea edulis* L., Auster, an den europäischen Küsten auf felsigem Meeresgrunde.

Fam. *Mytilidae.* Schalen gleichklappig, meist keilförmig, von starkem Periostracum überzogen, in der Regel ohne Schloß. Vorderer Adductor klein. Fuß fingerförmig mit starkem Byssus (Abb. 862). *Mytilus edulis* L., Miesmuschel. Nordeurop. Meere. *M. galloprovincialis* Lm. Mittelmeer. *Modiola barbata* L. Atlant. Ozean, Mittelmeer. *M. modiolus* L. Nordatlant. Ozean. *Lithodomus lithophagus* L. Bohrt sich in Gestein, Korallen ein. Mittelmeer.

Fam. *Pectinidae,* Kammuscheln. Schale gleichklappig oder ungleichklappig, mit geradem Schloßrand, häufig mit fächerförmigen Rippen und Leisten. Die Mantelränder tragen zahlreiche Tentakel und oft Augen. Der kleine Fuß meist mit Byssus. Einige sitzen auch mittels ihrer gewölbten Schalenklappe fest (*Spondylus*). Meist hermaphroditisch. *Pecten varius* L. Europ. Meere. *P. maximus* L. Atlant. Ozean, Nordsee. *P. jacobaeus* L., Pilgermuschel. *P. glaber* L. *Lima squamosa* Lm. Mittelmeer. *L. hians* Gm. Europ. Meere. Baut sich aus einzeln abgestoßenen Byssusfäden unter Zuhilfenahme von Steinchen ein Nest. *Spondylus gaederopus* L. Mit eigentümlichem Angelschloß. Mittelmeer. Hier schließt sich an *Anomia ephippium* L. Mittels eines verkalkten Byssus befestigt, der von der rechten Schale umwachsen wird, welche daher einen tiefen Sinus zeigt. Mittelmeer.

<h3 style="text-align:center">4. Ordnung. Cephalopoda, Kopffüßer[1].</h3>

Conchiferen mit großem Kopfe, mit meist Saugnäpfe tragenden Armen in der Umgebung des Mundes und trichterförmigem Fuße, mit dorsal erhobenem Eingeweidesack. Schale in der Regel reduziert oder fehlend. Getrenntgeschlechtlich.

Die Cephalopoden (Abb. 863) besitzen einen großen Kopf, welcher außer einem Paar hochentwickelter Augen bei *Nautilus* (Abb. 875) noch zwei zu Seiten jedes Auges stehende Fühler aufweist. Der Kopf wird von einem Kreise von Armen umgeben, die zum Ergreifen der Beute, in manchen Fällen auch zum Kriechen dienen und ihrer Innervierung nach dem Fuße angehören. Sie finden sich bei *Nautilus* in großer Zahl an Lappen angeordnet und sind in Scheiden zurückziehbar; durch das an der oralen drüsigen Seite abgeschiedene Secret fungieren sie

[1] Férussac et d'Orbigny: Histoire naturelle générale et particulière des Céphalopodes acétabulifères vivants et fossiles. Paris 1835—1848. — Verany, J. B.: Mollusques méditerranéens etc.: I. Céphalopodes de la Méditerranée. Gênes 1851. — Steenstrup, Jap.: Hectocotylus-dannelsen hos Octopodslaegterne etc. K. Dansk. Vidensk. Selsk. Skr. **1856.** Übers. in Arch. Naturgesch. **1856.** — Kölliker, A.: Entwicklungsgeschichte der Cephalopoden. Zürich 1844. — Grobben, C.: Morphologische Studien über den Harn- und Geschlechtsapparat, sowie die Leibeshöhle der Cephalopoden. Arb. zool. Inst. Wien **5** (1884). — Hoyle, W. E.: Report on the Cephalopoda coll. by H. M. S. Challenger. Chall. Rep. **16** (1886). — Watase, S.: Studies on Cephalopods. J. Morph. a. Physiol. **4** (1891). — Korschelt, E.: Beiträge zur Entwicklungsgeschichte der Cephalopoden. Festschr. f. Leuckart. Leipzig 1892. — Appellöf, A.: Die Schalen von *Sepia, Spirula* und *Nautilus.* Svenska Akad. Hdl. **25** (1894). — Haller, B.: Beiträge zur Kenntnis der Morphologie von *Nautilus pompilius.* Semon: Zool. Forschungsreisen in Australien **5** (1895). — Jatta, G.: I Cefalopodi viventi nel Golfo di Napoli. Fauna u. Flora Golf Neapel **23** (1896). — Griffin, L. E.: The Anatomy of *Nautilus pompilius.* Mem. Acad. Washington **8** (1898). — Faussek, V.: Untersuchungen über die Entwicklung der Cephalopoden. Mitt. Zool. Stat. Neapel **14** (1900). — Rabl, H.: Über Bau und Entwicklung der Chromatophoren der Cephalopoden. Sitzgsber. Akad. Wiss. Wien, Math.-naturwiss. Kl. **1900.** — Marchand, W.: Studien über Cephalopoden. I. Z. Zool. **86** (1907); II. Bibliotheca zoologica **1913.** — Döring, W.: Über Bau und Entwicklung des weiblichen Geschlechtsapparates bei myopsiden Cephalopoden. Z. Zool. **91** (1908). — Chun, C.: Die Cephalopoden. Wiss. Erg. dtsch. Tiefsee-Exp. **18** (1910—1915). — Pfeffer, G.: Die Cephalopoden der Plankton-Expedition. Wiss. Erg. Plankt.-Exp. **1912.** — Hillig, R.: Das Nervensystem von *Sepia officinalis.* Z. Zool. **101** (1912). — Grimpe, G.: Das Blutgefäßsystem der dibranchiaten Cephalopoden. I. Ebenda **104** (1913). — Systematische Übersicht der europäischen Cephalopoden. Sitzsber. naturforsch. Ges. Leipzig **1922.** — Naef, A.: Die Cephalopoden. Fauna u. Flora Golf Neapel **35** (1921—1928). — Steinmann, G.: Beiträge zur Stammesgeschichte der Cephalopoden Z. Abstammgslehre **36** (1925). — Robson, G. C.: A monograph of the recent Cephalopoda etc. 1. London 1929. — Vgl. außerdem die Arbeiten von Grenacher, Owen, Vigelius, Ficalbi, Bobretzky, Brooks, Owsjannikow u. Kowalevsky, Hamlyn-Harris, Girod, Meyer, Distaso, Teichmann, Richter, Ebersbach, Pfefferkorn, Joubin, Brock, Sasaki u. a.

als Hafttentakel. Bei den übrigen Cephalopoden erscheinen die Arme auf zehn
(*Decapoda*) oder acht (*Octopoda*) reduziert, jedoch mächtig entwickelt und mit
Saugnäpfen oder mit solchen und Haken (*Onychoteuthidae, Enoploteuthidae*) an
der Mundseite besetzt. Unter den zehn Armen der Decapoden sind zwei zu langen,
oft in Taschen zurückziehbaren Fangarmen (sogenannten Tentakeln) ausgebildet,
die nur an ihrem freien Ende Saugnäpfe tragen. Zuweilen findet sich zwischen
der Basis der Arme eine Hautfalte, so daß der Armapparat um die Mundöffnung
einen Trichter bildet, dessen Raum bei der Bewegung verengt und erweitert
wird (Abb. 864).

Wie LEUCKART zuerst gezeigt hat, ist die Länge des Eingeweidesackes als die
Höhe desselben, somit sein äußerstes Ende als die Spitze des Rückens zu deuten.
Die beim Schwimmen der Tiere scheinbare Rückenfläche des Eingeweidesackes
ist demnach als die vordere aufsteigende
Fläche des Rückens, die scheinbare Bauchfläche als die hintere absteigende Fläche
desselben anzusehen, die Lage des Afters
bezeichnet das hintere Körperende. Auf
der hinteren, in natürlicher Lage ventralen
Seite des Leibes liegt die Mantelhöhle.
Die hintere Mantelwand ist zuweilen (*Decapoda*) seitlich durch Haftnäpfe an der
Trichterbasis befestigt. Bei *Decapoden*
und *Cirroteuthis* trägt der Mantel seitliche Flossen.

Der Fuß erhebt sich an der Bauchseite
aus der breiten Mantelspalte und erscheint
dütenförmig (*Nautilus*) (Abb. 875) oder
durch Verwachsung der Seitenränder zu
einem Trichterrohre umgestaltet, das mit
seiner breiten Basis in die Mantelhöhle
hineinreicht (Abb. 871). Er fungiert im
Vereine mit der kräftigen Mantelmus-
kulatur als Locomotionsorgan, indem
das Atemwasser durch die Contraction
des Mantels aus dem Trichter stoßweise
entleert wird; infolge des Rückstoßes
schießt das Tier nach rückwärts im Wasser
fort. Im Inneren des Trichters findet
sich bei *Nautilus* sowie den meisten *Deca-*

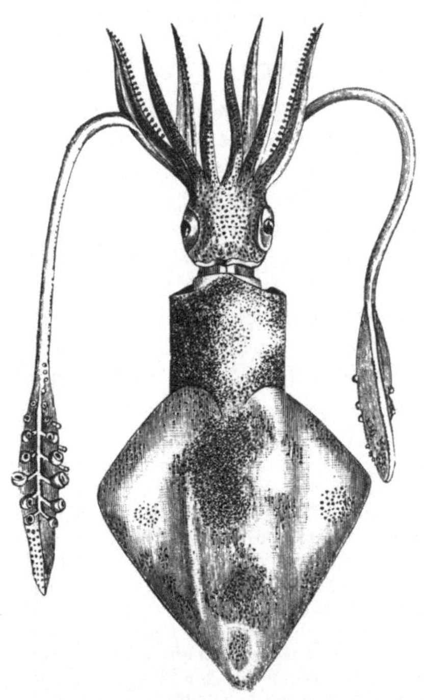

Abb. 863. *Loligo vulgaris.* (Nach VERANY.)
Etwa ¹/₅

poden eine Klappe und allgemein eine Schleimdrüse (MÜLLERsches Organ).
Morphologisch entspricht der düten- oder trichterförmige Fuß übereinander-
gelegten, bzw. verwachsenen Parapodien, während die Trichterklappe aus dem
Mittelteile des Fußes hervorgegangen ist.

Eine äußere umfangreiche Schale findet sich unter den heute lebenden Cephalopoden nur bei *Nautilus*, wo sie dorsalwärts spiralig eingerollt und durch nach vorn
konkave, mit einer Öffnung und apicalwärts gerichteten Siphonaltute versehene
Querscheidewände in Kammern geteilt ist, von denen die äußerste größte dem
Tiere zur Wohnung (Wohnkammer) dient (Abb. 875). Die übrigen kontinuierlich
sich verjüngenden Kammern sind mit Luft erfüllt, und werden von einer central
die Scheidewände durchsetzenden kalkigen Röhre (Sipho), welche einen Fortsatz
des Tierkörpers einschließt, durchzogen.

Sonst ist die Schale stets eine innere. *Spirula* (Abb. 877) besitzt noch eine kleine gekammerte, jedoch ventralwärts eingerollte Schale, die dorsal und ventral unter dem hier verdünnten Mantel durchschimmert und bloß die Spitze des Eingeweidesackes in ihrer Wohnkammer birgt. Bei allen übrigen Formen ist die Schale reduziert oder fehlt vollständig. Im ersteren Falle stellt sie meist ein blattförmiges Gebilde (Schulpe) vor (Abb. 871). Bei *Sepia* besteht die Hauptmasse der Schulpe aus parallelen Kalkschichten. Ihr hinterer Napf dürfte dem Rest der gekammerten Schale (sogenannter Phragmoconus), das kopfwärts gerichtete Schalenblatt dem Proostracum, einer blattförmigen Verlängerung des Phragmoconus, der hintere Stachel samt der Außenschichte des Proostracums dem Rostrum (einer sekundären Auflagerung) der *Belemnitenschale* entsprechen. In

anderen Fällen (*Oegopsiden, Loligo*) bildet die Schulpe ein federkielförmiges chitiniges Schalenblatt (Proostracum), bei *Ommatostrephes* mit kleinem Endconus (Phragmoconusrest). Endlich kann die Schale zu einem Blättchen oder zu kleinen paarigen Stäbchen (*Octopus, Eledone*) rückgebildet sein oder vollständig fehlen. Unter den Octopoda besitzt das Weibchen von *Argonauta* eine ungekammerte, dorsalwärts eingekrümmte Schale, in welcher das Tier frei steckt und die von dem mit breiten Lappen versehenen dorsalen Armpaar abgeschieden werden soll (Abb. 878). Nach STEINMANN soll dagegen die Schale von *Argonauta* aus der Ammonitenschale hervorgegangen sein und vom Mantelrande, von der Mantelfläche und den Rückenarmen gebildet werden. Höchstwahrscheinlich aber handelt

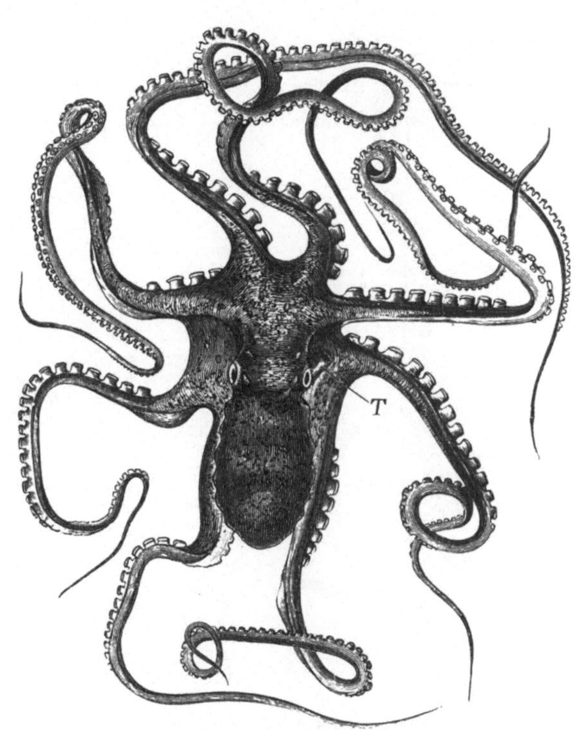

Abb. 864. *Octopus (Polypus) macropus*, kriechend. (Nach VERANY.) $^1/_3$. *T* Trichter.

es sich bei der Schale der weiblichen *Argonauta* um eine sekundäre Schalenbildung, die eine Zurückführung auf die Ammonitenschale kaum gestattet.

Die Verbindung zwischen Tier und Schale erfolgt bei *Nautilus* durch an die Schale befestigte Retractoren; die gleichen Muskeln erhalten sich auch bei den übrigen Cephalopoden.

Die Unterhaut der Cephalopoden ist Sitz der das bekannte Farbenspiel veranlassenden *Chromatophoren*. Es sind sackförmige Pigmentzellen, an deren Hülle sich zahlreiche radiäre Muskelfasern befestigen. Kontrahieren sich letztere, so bildet die Zelle Ausläufer, in die sich der Farbstoff peripherisch verteilt (Abb. 115). Bei Expansion der Muskeln zieht sich die Zelle wieder zu ihrer kugeligen Form zusammen und der Farbstoff koncentriert sich auf einen geringen Raum. Zu diesen von einem besonderen Innervationscentrum (am Stiele des Ganglion opticum) abhängigen Chromatophoren kommt eine tiefer liegende Schicht von Zellen (Irido-

cyten) mit kleinen glänzenden Flitterchen, deren Interferenzfarben die Haut
ihren Schiller und Silberglanz verdankt (Abb. 116). Leuchtorgane finden sich vor
allem bei *Oegopsiden* der Tiefsee (*Histioteuthis*, *Abraliopsis*, *Lycoteuthis* u. a.)
(Abb. 876), aber auch bei einigen *Myopsiden* (*Spirula*, *Sepiola* u. a.). Sie liegen
um die Augen, am Körper und an den Kopfarmen; bei *Loligo*, *Sepia*, *Sepiola*
fungieren die accessorischen Nidamentaldrüsen als Leuchtorgan zu Folge in
ihrem Inneren sich findender Leuchtbakterien (s. S. 180 Abb. 166).

Die Cephalopoden besitzen auch
innere Knorpelskeletteile. So findet

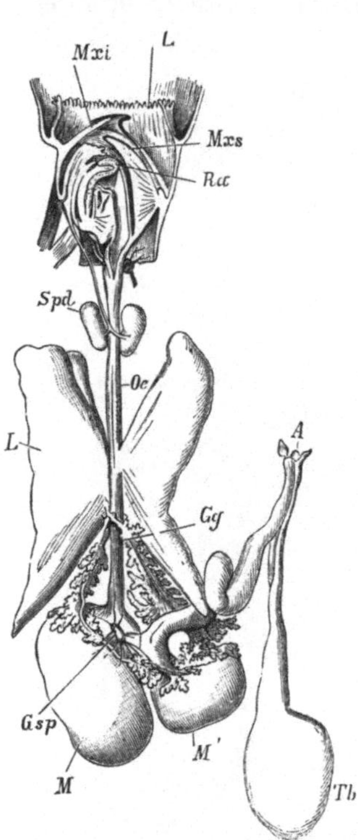

Abb. 865. Verdauungsapparat von *Sepia officinalis*.
(Nach KEFERSTEIN, kombiniert.) *L* Buccalmem-
bran, *Mxi* unterer, *Mxs* oberer Kiefer, *Ra* Radula,
Spd Speicheldrüse, *Oe* Oesophagus. *L* Leber,
Gg Lebergänge mit den pancreatischen Anhängen,
Gsp Ganglion gastricum, *M* Magen, *M'* Magen-
blindsack, *A* After, *Tb* Tintenbeutel.

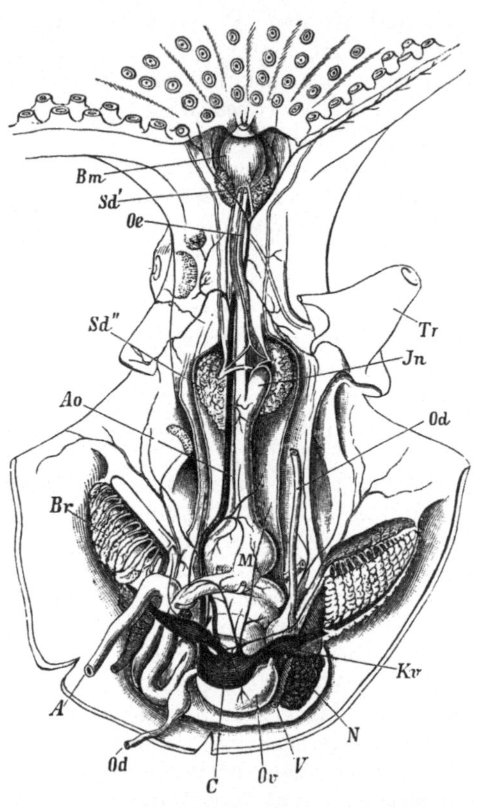

Abb. 866. Anatomie von *Octopus (Polypus) vulgaris*, die
Leber entfernt. (Nach M. EDWARDS.) *Bm* Buccalmasse,
Sd', *Sd"* Speicheldrüsen, *Oe* Oesophagus, *Jn* Kropf, *M*
Magen, *A* zurückgeschlagener Afterdarm, *Tr* Trichter,
Br Kiemen, *Ov* Ovarium, *Od* Oviducte, *N* Niere, *Kv*
Kiemenvene, *C* Herzkammer, *Ao* Aorta, *V* Vene.

man einen Kopfknorpel zum Schutze des Centralnervensystems und der Statocysten. Dazu kommen noch Augenknorpel, ein sogenannter Armknorpel und
Nackenknorpel, verschiedene Knorpel am Verschlusse des Mantels und Flossen-
knorpel als Stütze der Flossen.

Im Centrum der Arme liegt die Mundöffnung (Abb. 865), von einer ringförmigen
Hautfalte, der Buccalmembran, umgeben und mit kräftigen Kiefern bewaffnet,
welche als hornige Ober- und Unterkiefer in Gestalt eines umgekehrten Papageien-
schnabels hervorragen. Die (einigen *Cirroteuthiden* fehlende) Radula trägt in
jedem Gliede einen Mittelzahn und jederseits drei lange, hakenförmige Seitenzähne,
zu denen auch noch flache zahnlose Platten hinzutreten können. In die Mundhöhle münden meist zwei Paare von Speicheldrüsen. Der lange Oesophagus bleibt

entweder eine einfache Röhre oder bildet (*Nautilus, Octopoden*) vor dem Übergange in den Magen eine kropfartige Erweiterung (Abb. 866). Der Magen hat eine meist kugelige Form und eine innere, in Längsfalten oder Zotten erhobene Auskleidung. Neben der Übergangsstelle in den Darm entspringt ein umfangreicher, zuweilen spiral gewundener Blindsack, welcher die Ausführungsgänge der mächtigen paarigen Leber aufnimmt. Die Lebergänge sind bei den *Decapoden* mit Drüsenläppchen (sogenannte pancreatische Anhänge) besetzt und ragen,

vom Nierenepithel bedeckt, in die Niere (Abb. 871); bei den *Octopoden* finden sich diese Drüsenanhänge am Anfange der Lebergänge zusammengedrängt. An der Afteröffnung mündet fast allgemein eine vom Rectum aus sich entwickelnde Anhangsdrüse, der Tintenbeutel; er besitzt die Gestalt eines birnförmigen gestielten Sackes und produziert ein schwarzes Secret (Tinte), welches entleert das Tier in eine schwarze Wolke hüllt und vor Nachstellungen größerer Seetiere schützen kann.

Als Respirationsorgane finden sich an den Seiten des Eingeweidesackes in der Mantelhöhle entweder vier ganz freie (*Tetrabranchiata*) oder zwei angewachsene (*Dibranchiata*) doppelfiederige Kiemen. Das Herz liegt im oberen (hinteren) Teile des Eingeweidesackes und nimmt seitlich ebenso viele Kiemenvenen (sogenannte Vorhöfe) auf, als Kiemen vorhanden sind (Abb. 866, 868). Nach vorne entsendet es eine große Aorta (A. cephalica), die in ihrem Verlaufe Äste an den vorderen Teil des Mantels, Darmkanal und Trichter abgibt und sich im Kopfe in Gefäßstämme für Augen, Lippen und Arme auflöst. Außerdem tritt aus dem Herzen eine hintere Eingeweide-

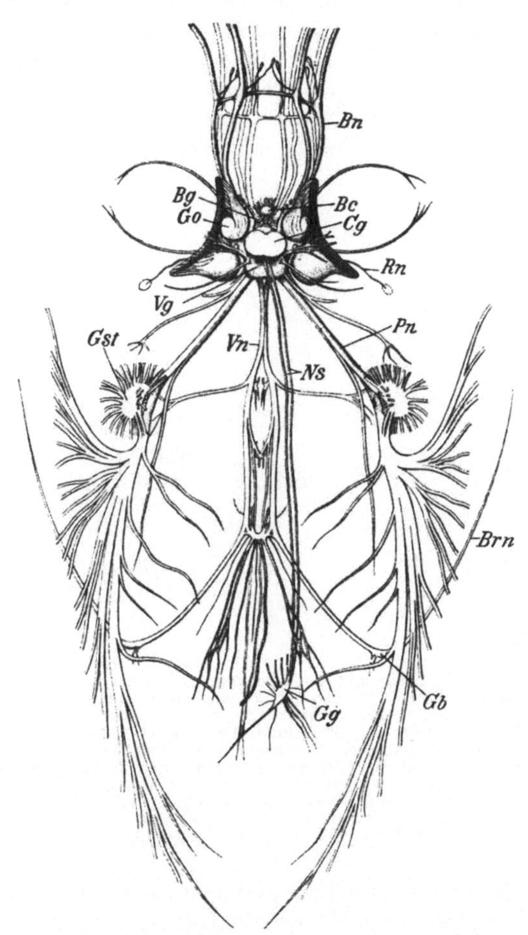

Abb. 867. Nervensystem von *Sepia officinalis*. (Nach HILLIG, etwas vereinfacht.) *Bc* Oberes Buccalganglion, *Bg* Brachialganglion, *Bn* Tentakelnerven, *Brn* Kiemennerv, *Cg* Cerebralganglion, *Gb* Kiemenganglion, *Gg* Ganglion gastricum, *Go* Augenganglion, *Gst* Ganglion stellatum, *Ns* Nervus sympathicus, *Pn* Mantelnerv, *Rn* Nervus olfactorius, *Vg* Visceralganglion, *Vn* Visceralnerven.

arterie sowie meist eine gesonderte Genitalarterie aus. Die in allen Organen reich entwickelten Capillarnetze gehen teils in Blutsinus, teils in Venen über, welche sich in einer großen vorderen sogenannten Hohlvene sowie in seitlichen Venen sammeln. Erstere teilt sich gabelförmig in zwei oder (*Nautilus*) vier, das Blut zu den Kiemen führende, die seitlichen Venen aufnehmende Stämme, die sogenannten Kiemenarterien, deren Wandung (*Nautilus* ausgenommen) vor ihrem Eintritt in die Kiemen regelmäßig pulsierende Kiemenherzen bildet. Bei

den Cephalopoden gelangt alles Blut durch die Kiemen zum Herzen. In dem
Ligamente der Kieme findet sich bei den Dibranchiaten eine Blutdrüse (Kiemen-
milz). Eine Lymphdrüse (?) ist der um das Auge, zwischen ihm und dem Augenganglion gelegene sogenannte weiße Körper.

Das Nervensystem (Abb. 867) zeichnet sich durch große Konzentration aus.
Es besteht bei *Nautilus* aus kurzen, dem Kopfknorpel aufgelagerten Cerebral-,
Pedal- und Visceralstrang, bei den *Dibranchiaten* aus dicht um den Schlund zu-
sammengedrängten und in dem Kopfknorpel vollständig eingeschlossenen Cere-
bral-, Pedal- und Visceralganglien. Mit dem Cerebralganglion hängt ein kleines,
vor ihm über dem Schlund gelegenes Ganglion buccale superius zusammen, von
dem die Buccalcommissur mit zwei
aneinander gelagerten Ganglien (Ganglion buccale inferius) sowie eine Com-

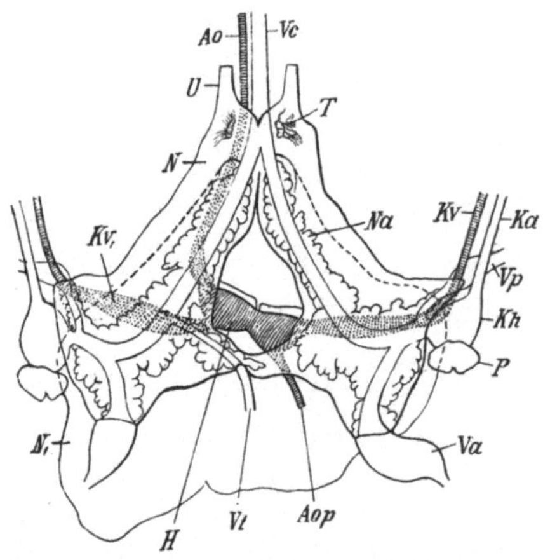

Abb. 868. Niere und Kreislaufsorgane von *Sepia
officinalis* (Original G.). *Ao* Vordere, *Aop* hintere Aorta,
H Herzkammer, *Ka* Kiemenarterie, *Kh* Kiemenherz,
Kv Kiemenvene, *Kv$_t$* ihr Vorhofsabschnitt, *N* Niere,
N$_1$ vorderer unpaarer Nierensack, *Na* Faltungen
der Nierenwand über den Venen (sogenannte Venen-
anhänge), *P* Pericardialdrüse (Kiemenherzanhang),
T Kommunikation der Niere mit dem Cölom (Nephro-
stom), *U* Ureter, *Va* Vena abdominalis, *Vc* Vena cava,
Vp Vena pallialis, *Vt* Vene des Tintenbeutels.

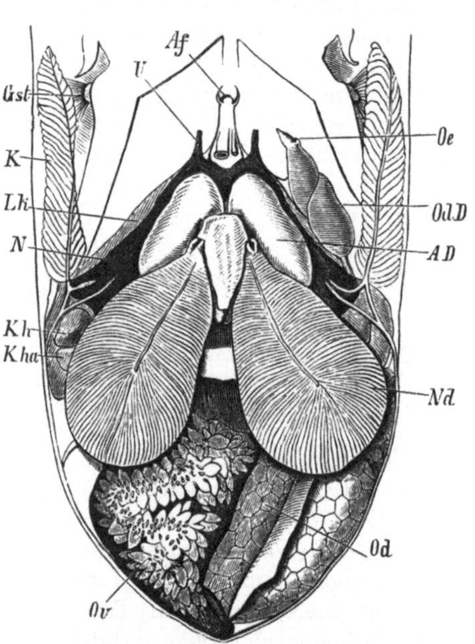

Abb. 869. Anatomie des Rumpfes von *Sepia officina.lis*
(Nach Grobben.) *Ov* Ovarium im geöffneten Cölom,
Od Oviduct, *Oe* seine Öffnung, *OdD* Eileiterdrüse,
Nd Nidamentaldrüse, *AD* akzessorische Nidamental-
drüse, *N* Niere, *U* Ureter, *Lk* Cölomkanal, *Kh* Kie-
menherz, *Kha* Kiemenherzanhang (Pericardialdrüse),
K Kiemen, *Af* After, *Gst* Ganglion stellatum.

missur zum Brachialganglion ausgeht. Vom Pedalganglion entspringt der Trichter-
nerv und das große Brachialganglion mit den Nerven für die Arme. Die äußerlich
nicht abgesetzten Pleuralganglien (Pleuralcentren) entsenden die Mantelnerven,
in deren Verlauf das Ganglion stellatum auftritt, die Visceralganglien die Visceralnerven mit eingelagerten besonderen Kiemenganglien. Vom unteren Buccalganglion entspringen zwei Eingeweidenerven, die längs des Oesophagus zu dem am
Magen gelegenen Ganglion gastricum gehen (Abb. 865).

Von Sinnesorganen finden sich bei *Nautilus* zwei Kopffühler neben dem Auge.
Große, zu Seiten des Kopfes gelegene Augen kommen allen Cephalopoden zu. Bei
Nautilus ist das Auge ein tiefer Becher ohne lichtbrechenden Apparat (Abb. 199),
bei den übrigen Cephalopoden ein Blasenauge von hoher Complication (vgl.
S. 204, Abb. 200). Es liegt hier in einer teilweise vom Kopfknorpel gebildeten
Orbita und wird von weiteren Knorpeln gestützt. Die vordere Augenkammer ist
entweder durch eine ziemlich weite Stelle in der als Cornea bezeichneten Haut-

falte nach außen offen (*Oegopsida*), oder es wird, wie bei den *Myopsida* und *Octopoda*, die Öffnung sehr eng oder vollkommen geschlossen. Die Statocysten liegen bei den *Dibranchiaten* im Kopfknorpel eingeschlossen und enthalten einen großen Statolithen über der Macula statica princeps sowie Maculae neglectae mit Statoconien, außerdem ist eine Crista statica vorhanden. Von der Statocyste geht ein kleiner blindgeschlossener Kanal ab (Rest der Communication mit der Haut). Ein Geruchsorgan liegt ventral vom Auge meist in Form einer Grube; Osphradien sind nur bei *Nautilus* in der Nähe der Kiemen vorhanden.

Als Excretionsorgan fungieren ein Paar, bei *Nautilus* zwei Paar Nierensäcke mit je einer Ausmündung, zuweilen auf einer Papille, zu Seiten des Afters. Die vordere Wand dieser Säcke ist oberhalb der vorbeiziehenden Venen in Form traubiger Läppchen eingestülpt (sogenannte Venenanhänge) (Abb. 868, 871). Häufig (*Decapoda*) verschmelzen die beiden Nierensäcke miteinander und stülpen sich überdies zu einem großen unpaaren Nierensacke aus. Eine trichterförmige Communication (Nephrostom) mit dem Cölom liegt in der Nähe der Nierenpapille, *Nautilus* ausgenommen, bei dem das Cölom neben der Öffnung der hinteren Niere direkt nach außen mündet.

Die Cölomhöhle (Abb. 871) ist bei *Nautilus* und den *Decapoden* umfangreich. Sie zerfällt in einen ventralen (vorderen) Teil, den Pericardialraum, der das Herz enthält, und in einen dorsalen (hinteren), mit ersterem in offener Verbindung stehenden Teil (Genitalhöhle), an dessen Wand die Genitaldrüse liegt. In Seitenkammern des Pericardialraumes liegen die Kiemenherzen, sowie an denselben der sog. Kiemenherzanhang, eine Drüse des Cölomepithels (Pericardialdrüse) vielleicht incretorischer Funktion. Vom Pericardialraum gehen Cölomkanäle zum Wimpertrichter der Niere. Bei

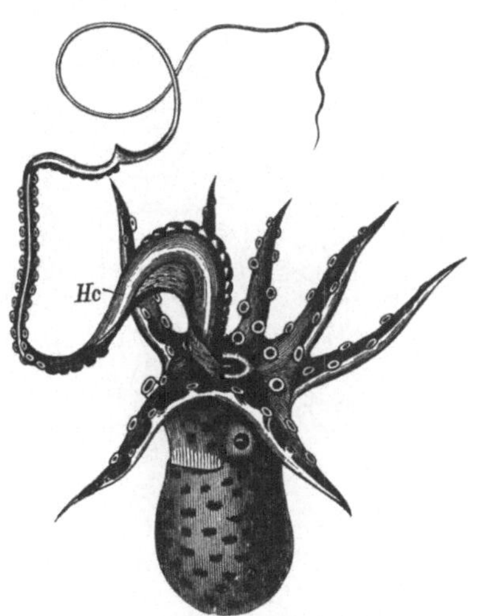

Abb. 870. Männchen von *Argonauta argo*. (Nach H. MÜLLER.) ⁴/₁. *Hc* Hectocotylus.

Nautilus öffnet sich das Cölom neben der hinteren Nierenöffnung direkt nach außen. Das Cölom der *Octopoden* ist sehr verengt, es beschränkt sich auf die Höhle der Genitaldrüse sowie von ihr zum Nephrostom verlaufende dünne Kanäle mit einem kleinen lateralen Säckchen, das die Pericardialdrüse enthält.

Die Cephalopoden sind getrennten Geschlechts. Männchen und Weibchen zeigen schon äußerlich, vornehmlich an einem bestimmten Arme, Geschlechtsdifferenzen. Nach der Entdeckung STEENSTRUPS erscheint beim Männchen stets ein bestimmter Arm als Hilfsorgan der Begattung umgestaltet, *hectocotylisiert*. Bei *Spirula* sind beide Arme des 4. (ventralen) Paares hectocotylisiert. Die meisten *Oegopsiden*, *Sepia*, *Loligo* zeigen den 4. linken Arm verändert (Abb. 876), die Saugnäpfe an der Armbasis rudimentär (*Sepia*). Bei *Sepiola* und *Sepietta* ist das 3. Armpaar des Männchens verstärkt und mit kleineren Saugnäpfchen ausgestattet, während der linke (1.) Dorsalarm hectocotylisiert ist und an der Basis einen besonders gestalteten Apparat besitzt. Bei den *Octopoden* ist fast überall der 3. Arm der rechten Seite hectocotylisiert; bei einigen (*Ocythoë*, *Tremoctopus*, *Argonauta*) erscheint der männliche Hectocotylusarm (bei *Argonauta* der 3. Arm der linken Seite) als individualisierter Begattungsapparat, der sich in einem Sack entwickelt und mit einer großen Spermatophore füllt;

bei der Begattung trennt er sich vom männlichen Körper ab, bleibt eine Zeitlang in der Mantelhöhle des Weibchens lebensfähig und überträgt selbständig
das Sperma in den weiblichen Leitungsweg (Abb. 870). Sehr ansehnlich differieren beide Geschlechter von *Argonauta*, dessen Weibchen sich durch bedeutendere Körpergröße sowie den Besitz einer äußeren Schale dem kleinen schalenlosen Männchen gegenüber auszeichnet (Abb. 870 und 878). Das Männchen
von *Nautilus* ist durch den sogenannten Spadix unterschieden, der sich aus den
vier ventralen linksseitigen umgewandelten inneren Tentakeln aufbaut.

Die Höhle der stets unpaaren, in der
Spitze des Eingeweidesackes gelegenen

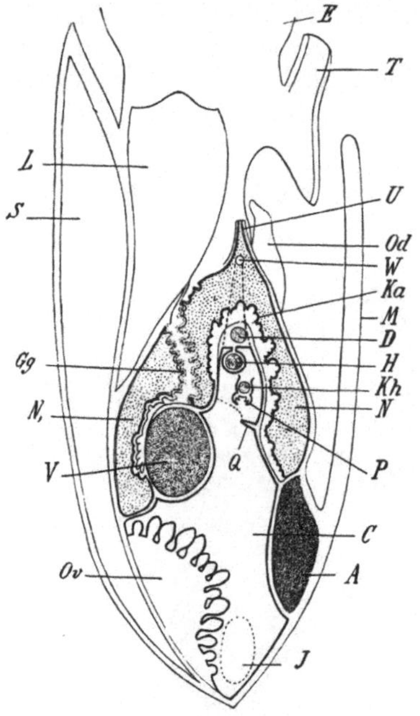

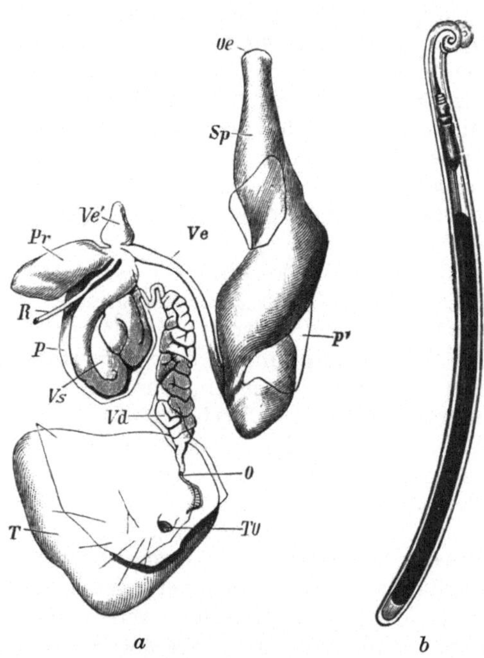

Abb. 871. Schematischer Längsschnitt durch
den Eingeweidesack einer weiblichen *Sepia
officinalis*. (Nach GROBBEN.) *E* Kopf, *T* Trichter, *S* Schulpe, *M* hintere Mantelwand,
L Leber, *V* Magen, *A* Tintenbeutel, *U* Nierenpapille, *N* Niere, *N*₁ vorderer unpaarer Nierensack, *Ka* Faltungen der Nierenwand oberhalb der Venen (sogenannte Venenanhänge),
Gg Lebergang mit den pancreatischen Anhängen, *D* Darm, *H* Herzkammer, *Kh* Kiemenherz, *P* Pericardialdrüse (Kiemenherzanhang),
C Cölom, *Q* Querfalte der Cölomwand zwischen
Pericardial- und Genitalabschnitt des Cöloms,
Ov Ovarium, *J* innere Öffnung des Oviducts
(*Od*), *W* Kommunikation der Niere mit dem
Cölom (Wimpertrichter).

Abb. 872. a Männliche Geschlechtsorgane von *Sepia officinalis* (Original G.). *T* Hoden mit einem Stück Peritoneum,
TO Öffnung des Hodens in die Cölomhöhle, *Vd* Ductus
deferens, *O* seine Mündung in die Cölomhöhle, *Vs* Vesicula
seminalis, *Pr* Prostata, *R* Seitenröhrchen (Canalis ciliaris),
das durch eine Öffnung in die eröffnete sogenannte Genitaltasche (*P*) führt, *Ve* distaler Teil des Ductus deferens,
Ve' Blindsack des Ductus deferens, *Sp* Spermatophorensack (NEEDHAMsche Tasche), *Oe* Geschlechtsöffnung, *P*,
P' Abschnitte der Genitaltasche, von welcher der eine (*P*)
die Vesicula seminalis aufnimmt. — b Spermatophore von
Sepia. (Nach M. EDWARDS.)

Genitaldrüse bildet einen Teil des Cöloms und steht oft mit dem Pericardialraum
in offener Communikation (Abb. 871); die Genitaldrüse stellt ein Keimlager vor,
dessen Producte in das Cölom fallen und aus demselben durch die gesondert einmündenden Ausführungsgänge aufgenommen werden. Die Oviducte sind bei fast
allen *Oegopsiden* und *Octopoden* sowie bei *Nautilus* paarig, bei letzterem aber der
linke rudimentär. In allen übrigen Fällen ist nur ein linksseitiger Eileiter vorhanden (Abb. 869). Im Verlaufe des Oviductes findet sich eine rundliche Drüse.
Dazu kommen noch bei den *Decapoden* und *Nautilus* Drüsen der Mantelhöhle, die
Nidamentaldrüsen, welche in der Nähe der Geschlechtsöffnung ausmünden und

einen Kittstoff zur Umhüllung und Verbindung der Eier secernieren. Die Eier werden zuweilen einzeln (*Octopus, Sepia*) von langgestielten Kapseln umhüllt und bilden nebeneinander an fremden Gegenständen des Meeres abgelegt die soge-nannten Seetrauben; in anderen Fällen liegen sie in einen gallertigen, bei *Oego-psiden* flottierenden Laich in großer Zahl eingeschlossen. Brutpflege besteht bei *Argo-nauta*, die den Laich an die Schale befestigt mit sich herumträgt. *Ocythoë* ist vivipar.

Der männliche Genitalgang (Abb. 872 a) ist bei *Nautilus* beiderseits vorhanden, aber nur der rechte in Funktion, sonst mit sel-tener Ausnahme (*Calliteuthis*) unpaar und linksseitig ausgebildet. Man unterscheidet an ihm einen engen, vielfach gewundenen Abschnitt (Samenleiter), eine erweiterte lange Samenblase mit Prostatadrüse an ihrem Ende und einen geräumigen Sper-matophorensack, die Needhamsche Tasche, welche durch eine Papille in die Mantelhöhle ausmündet. Bei den *Decapoden* geht vom Ende der Samenblase ein Röhrchen (Canalis ciliaris) aus, das sich in einem besonderen Sack, die sogenannte Genitaltasche, in wel-cher Vesicula seminalis, Prostata und Blind-sack des Ductus deferens liegen, öffnet. Die Genitaltasche entsteht von der Haut aus und bleibt bei *Oegopsiden* weit offen, wäh-rend sie sich bei *Myopsiden*, ebenso bei *Octopoden* schließt. Die Samenmassen wer-den in Spermatophoren (Abb. 872 b) ein-geschlossen, welche durch Vermittlung des Hectocotylusarmes an den weiblichen Kör-per gebracht werden.

Die Entwicklung ist direkt und wird durch eine discoidale, auffällig symmetrische Dotterfurchung eingeleitet (Abb. 257). Es bildet sich eine Keimscheibe aus, die sich während ihrer weiteren Entwicklung von dem ventralen Teile des Keimes, der sich zum Dottersack gestaltet, mehr und mehr abschnürt. An der Embryonalanlage (Ab-bild. 873) entstehen der Mantel, zu dessen Seiten die beiden Trichterlappen, sodann zwischen diesen und dem Mantel die Kiemen. Ebenfalls seitlich, aber außer-halb der Trichterhälften, erheben sich die Anlagen des Kopfes als zwei Paare läng-

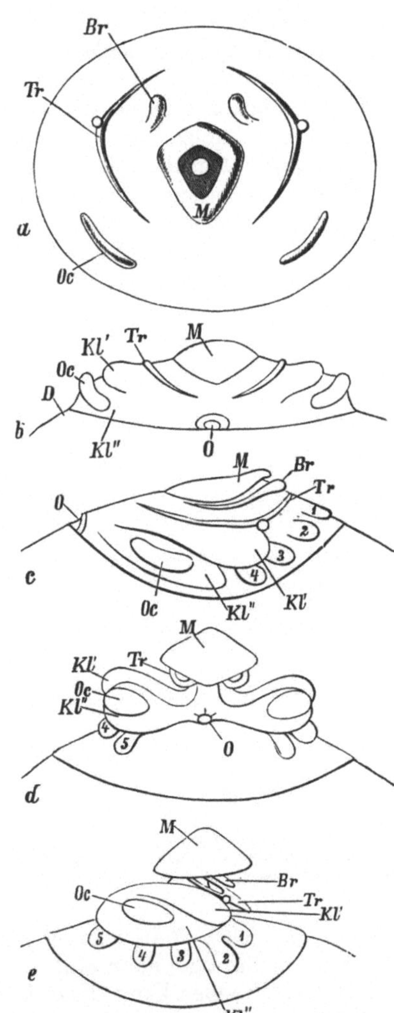

Abb. 873. Entwicklungsstadien von *Sepia offi-cinalis*. (Nach Kölliker.) a Keimscheibe von oben gesehen. *Br* Kiemen-, *Tr* Trichteranlage, *Oc* Auge, *M* Mantel. — b Etwas älteres Sta-dium, von vorn gesehen. *D* Dotter, *Kl'* vorderer, *Kl''* hinterer Kopflappen, *O* Mund. — c Späteres Stadium von der Seite. *1—4* Anlagen der Arme. — d Älteres Stadium, von vorn gesehen. *5* Fünf-tes Armpaar. — e Noch späteres Stadium in seitlicher Ansicht. Die Trichterhälften haben sich vereint.

licher Lappen, und am äußeren ventralen Rande des Keimes die Anlagen der Arme. Mit der weiteren Entwicklung überwächst der Mantel die Kiemen und die Trichterhälften, welche zur Bildung des Trichters verschmelzen. Der zwischen den Armen vorragende Dottersack (Abb. 874) bildet sich allmählich bis zur Zeit des

Ausschlüpfens zurück. Gleichzeitig gelangt durch dorsales Vorrücken der Arme der ursprünglich außerhalb der Armanlagen gelegene Mund inmitten der Arme.

Die Cephalopoden sind Meeresbewohner und gute Schwimmer, welche teils an den Küsten, teils auf hoher See, viele in großen Tiefen leben und sich vom Fleische anderer Tiere, besonders Crustaceen, ernähren. Einige erreichen eine sehr bedeutende Größe (*Architeuthis* wird mit ausgestreckten Fangarmen bis 18 m lang). Von Cephalopoden findet das Fleisch, dann der Farbstoff des Tintenbeutels (Sepia) und die Rückenschulpe (Os sepiae) Verwendung. Von der ältesten silurischen Periode an kommen Cephalopoden (*Belemniten, Ammoniten*) in allen Formationen als wichtige Charakterversteinerungen vor.

1. Unterordnung. *Tetrabranchiata.* Cephalopoden mit vier Kiemen, mit zahlreichen retractilen drüsigen Armen (Tentakeln) um den Kopf, mit dütenförmigem Fuße und vielkammeriger äußerer Schale.

Eigentümlich verhält sich die Kopfbewaffnung, indem eine große Zahl von fadenförmigen, drüsigen, in Scheiden retractilen Tentakeln die Mundöffnung um-

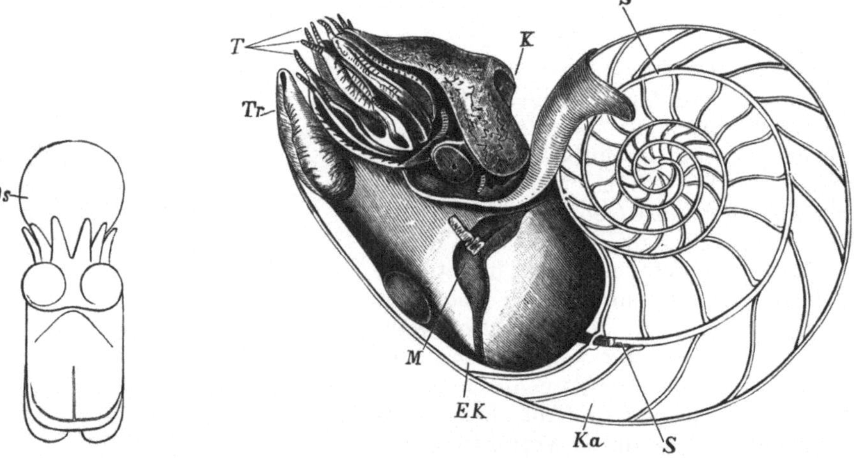

Abb. 874. Fast reifer Embryo von *Sepia officinalis.* (Nach KÖLLIKER.) *Ds* Dottersack.

Abb. 875. *Nautilus* (aus règne animal). ²/₅. *T* Kopfarme, *K* Kopfkappe, *T* Trichter, *Ka* Kammern, *EK* Endkammer der Schale, *S* Sipho, *M* Schalenmuskel.

stellt (Abb. 875). Man unterscheidet jederseits 19 äußere Tentakel, von denen das rückenständige Paar eine Art Kopfkappe bildet, welche die Mündung der Schale verschließen kann; dazu kommen jederseits 12 innere Tentakel, von denen sich die vier ventralen linksseitigen beim Männchen zum sogenannten Spadix umwandeln. Beim Weibchen finden sich innerhalb der letzteren noch an jeder Seite 14—15 bauchständige Lippententakel. Die Augen sind gestielt und entbehren aller brechenden Medien. Der Trichter bildet ein dütenförmig zusammengerolltes Blatt und besitzt eine Klappe. Ein Tintenbeutel fehlt. Die Kiemen sind in Vierzahl vorhanden, ebenso die Kiemengefäße und Nierensäcke. Kiemenherzen fehlen.

Die dicke äußere Schale der Tetrabranchiaten ist in ihrem hinteren Teile durch Querscheidewände in zahlreiche mit Luft gefüllte Kammern geteilt, welche von dem Sipho durchsetzt werden, und besteht aus einer äußeren, häufig gefärbten Kalkschichte und einer inneren Perlmutterlage. Bei *Nautilus pompilius* kommt auch Perlbildung vor.

Fam. *Nautilidae.* Scheidewände der Schalenkammern einfach gebogen, nach vorn konkav. Siphonaltuten nach hinten gerichtet. *Nautilus pompilius* L. Still. Ozean.

Hier schließen sich die fossilen *Orthoceratidae* und *Ascoceratidae* an. Vielleicht waren auch die fossilen, mit Ende der mesozoischen Ära erlöschenden *Ammonoideen* tetrabranchiat.

2. Unterordnung. *Dibranchiata.* Cephalopoden mit zwei Kiemen, acht bis zehn saugnapf- oder hakentragenden Armen um den Kopf, mit trichterförmigem Fuße und reduzierter Schale.

Die *Dibranchiaten* besitzen acht mit Saugnäpfen oder Haken bewaffnete Arme, zu denen bei den Decapoden noch zwei lange Tentakel zwischen dem dritten und vierten Armpaare hinzukommen. Es finden sich nur zwei Kiemen, denen die Zahl der Kiemengefäße und Nieren entspricht. Der Trichter ist geschlossen. Tintenbeutel meist vorhanden. Der Körper ist nackt, die Schale reduziert und eine innere; sie fehlt bei manchen Formen vollständig. Eine sekundäre äußere Schale besitzt das Weibchen von *Argonauta.*

1. Sektion. *Decapoda.* Außer den acht Armen zwei lange Tentakel. Saugnäpfe gestielt und mit Chitinringen versehen. Der Mantel trägt zwei seitliche Flossen. Innere Schale gewöhnlich vorhanden.

1. Tribus. *Oegopsida.* Augen mit weit offener Hornhaut. Fangarme (Tentakel) nicht retractil.

Fam. *Ommatostrephidae.* Körper schlank. Kopf und Armapparat groß. Saugnäpfe mit gezähntem Ring. Schulpe kielförmig mit kleinem Endkonus. *Ommatostrephes sagittatus* Lm. Mittelmeer, Atlant. Ozean. *Stenoteuthis bartrami* Lsr. In allen wärmeren Meeren. Hier schließt sich an *Thysanoteuthis rhombus* Trosch. Atlant. Ozean, Mittelmeer.

Fam. *Onychoteuthidae.* Körper schlank, Hinterende spitz. Arme mit Haken an Stelle aller oder der meisten Saugnäpfe. *Onychoteuthis banksi* Leach. Weit verbreitet. *Ancistroteuthis lichtensteini* Orb. Mittelmeer.

Fam. *Enoploteuthidae.* Armapparat kräftig. Augen groß. Saugnäpfe meist in Haken umgewandelt. Häufig mit Leuchtorganen. *Octopodoteuthis (Veranya) sicula* Rüpp. Die Tentakel gehen bei dem ausgebildeten Tiere verloren. Mittelmeer. *Enoploteuthis leptura* Leach. *Abraliopsis morisi* Ver. Tiefsee, Ind. Ozean (Abb. 876). Hier schließen sich an *Lycoteuthis (Thaumatolampas) diadema* Chun. Tiefsee, Südatlant. Ozean. *Histioteuthis bonelliana* Fér. Mit Leuchtorganen. Mittelmeer, Atlant. Ozean. *Calliteuthis* Verrill. Ferner *Architeuthis* Steenstr. Atlant. Ozean. Größte lebende Cephalopoden, mit ausgestreckten Fangarmen bis 18 m lang.

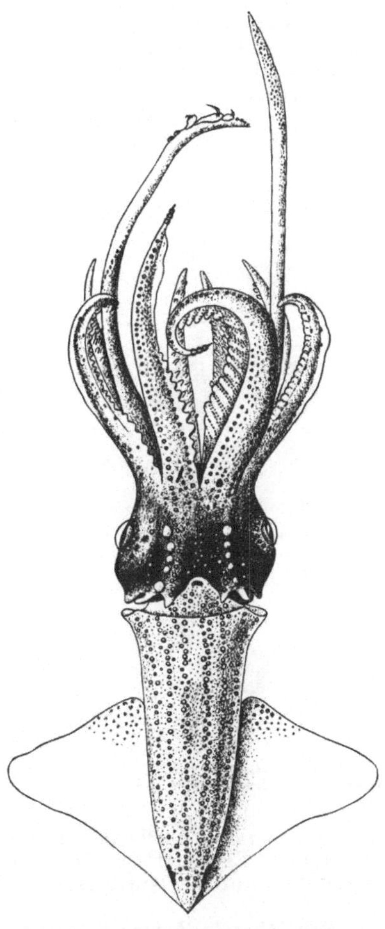

Abb. 876. *Abraliopsis morisi*, Männchen, mit hectocotylisiertem Arm und Leuchtorganen. (Nach Chun.) ²/₁

Fam. *Cranchiidae.* Arme sehr kurz. Flossen klein, am Ende des Körpers. Augen vorspringend. Mit Leuchtorganen. *Cranchia scabra* Leach. Tiefsee, in den wärmeren Meeren.

2. Tribus. *Myopsida.* Augen (*Spirula* ausgenommen) mit bis auf einen kleinen Porus oder vollkommen geschlossener Hornhaut.

Fam. *Loliginidae.* Körper ziemlich lang, konisch. Flossen groß. Fangarme nicht retractil. Schulpe chitinig, kielfederförmig. Zipfel der Buccalmembran zuweilen mit Saugnäpfen. *Loligo vulgaris* Lm. Atlant. Ozean, Mittelmeer (Abb. 863). *Sepioteuthis sepioidea* Blainv. Ind. Ozean.

Fam. *Sepiolidae.* Körper kurz, hinten abgerundet, mit rundlichen Flossen, Schulpe rudimentär oder fehlend. Fangarme retractil. *Sepietta oweniana* Orb. *Sepiola rondeleti*

STEENSTR. Atlant. Ozean, Mittelmeer. *S. (Eusepiola) intermedia* NAEF. *Rossia macrosoma* CHIAJE. Mittelmeer.

Fam. *Spirulidae.* Mit innerer kleiner, ventralwärts eingerollter, gekammerter, mit einem Sipho versehener Schale, deren Windungen sich nicht berühren und die dorsal und ventral durch den hier verdünnten Mantel durchschimmert (Abb. 877). Zwischen den Flossen die sogenannte Terminalscheibe mit centralem Leuchtorgan (CHUN). Öffnung der Hornhaut groß. *Spirula spirula* L. (*australis* LM.). Tiefsee, Atlant. Ozean, Paz. Ozean (Abb. 877). Verwandt sind die fossilen *Belemnitidae.*

Fam. *Sepiidae.* Körper oval, mit langen Seitenflossen. Schuppe kalkig. Fangarme retractil. *Sepia officinalis* L., Tintenfisch. Europ. Meere.

2. Sektion. *Octopoda.* Die beiden Tentakel fehlen. Die acht Arme groß, mit ungestielten Saugnäpfen ohne Chitinring. Der kurze rundliche Körper entbehrt in vielen Fällen der inneren Schulpe und der Flossenanhänge. Mantel durch ein breites Nackenband an den Kopf befestigt. Trichter ohne Klappe.

1. Tribus. *Cirrata.* Arme oft fast bis zur Spitze durch eine Hautfalte verbunden. Alternierend mit den einreihig angeordneten Saugnäpfen je eine Reihe fädiger Cirren. Flossen vorhanden. Tintenbeutel fehlt. Tiefseebewohner.

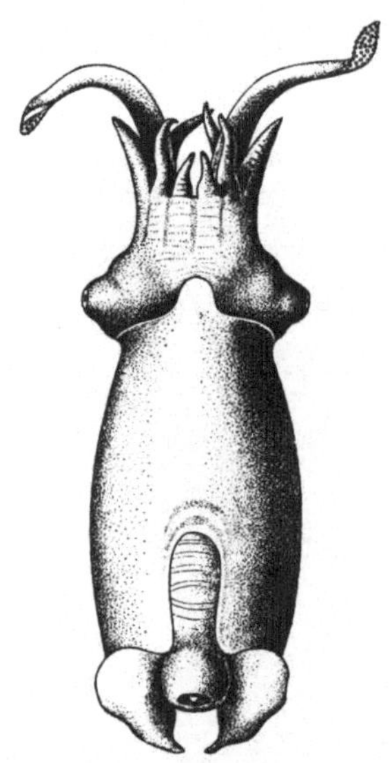
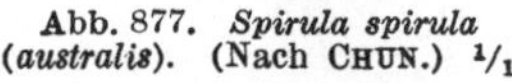

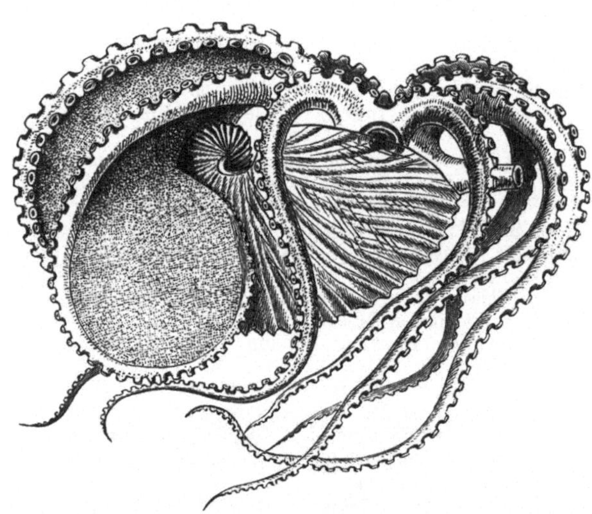

Abb. 877. *Spirula spirula* (*australis*). (Nach CHUN.) $^1/_1$ Abb. 878. *Argonauta argo*, Weibchen, schwimmend (aus BREHM). $^3/_5$

Fam. *Vampyroteuthidae.* Radula wohlentwickelt. Mantelspalte weit. Leuchtorgane vorhanden. Es findet sich ein unpaares blattartiges Schalenrudiment vor. *Vampyroteuthis infernalis* CHUN. Atlant. Ozean. *Watasella nigra* SASAKI. Mit zwei Paar Flossen. Paz. Ozean.

Fam. *Cirroteuthidae.* Radula fehlt oder rudimentär. Flossen meist groß. Mantelspalte eng. Ein unpaares sattel- oder hufeisenförmiges Schalenrudiment vorhanden. *Cirroteuthis mülleri* ESCHR. Arktisch-atlantisch. *Cirrothauma murrayi* CHUN. Mit weitgehend reduziertem Auge. Nordatlant. Ozean. *Opisthoteuthis* VERILL. Eingeweidesack stark verflacht. Flossen klein.

2. Tribus. *Incirrata.* Arme nur teilweise oder nicht durch eine Hautfalte verbunden. Cirren fehlen. Saugnäpfe ein- oder zweireihig. Stets fehlen Flossen. Radula wohlentwickelt. Tintenbeutel meist vorhanden.

Fam. *Octopodidae.* Arme groß, untereinander gleich, durch eine kurze Membran an der Basis verbunden. Schalenrudimente als paarige kleine stäbchenartige Gebilde erhalten. *Octopus (Polypus) vulgaris* LM. Kosmopolit. *O. macropus* RISSO. Mittelmeer, Atlant. und Ind. Ozean (Abb. 864). *Eledone (Moschites) moschata* LM. Saugnäpfe an den Armen einreihig. Riecht nach Moschus. Mittelmeer. *Bathypolypus arcticus* PROSCH. Tintenbeutel fehlt. Hectocotylus mächtig. Tiefsee, Nordatlant. Ozean.

Fam. *Amphitretidae.* Mit gallertig verquollenen Geweben. Trichter in der Mittellinie mit dem Mantel verwachsen. Mit Teleskopaugen. *Amphitretus pelagicus* HOYLE. Tiefsee, Paz. Ozean.

Fam. *Tremoctopodidae (Argonautidae).* Zeichnen sich durch einen sich ablösenden Hectocotylusarm aus. *Tremoctopus (Philonexis) violaceus* CHIAJE. *Ocythoë tuberculata* RAF. Atlant. Ozean, Mittelmeer. *Argonauta argo* L., Papierboot. Das Weibchen mit breiten Lappen an den Rückenarmen, trägt eine dünne, kahnförmige, spirale, nicht gekammerte (sekundäre) Schale. Männchen viel kleiner, schalenlos. Atlant. Ozean, Mittelmeer (Abb. 870, 878).

5. Kladus.

Tentaculata (Molluscoidea) Kranzfühler.

Meist festsitzende, seltener in Röhren lebende Protostomier ohne Metamerie, mit bewimpertem, den Mund postoral umgebendem Tentakelapparat, mit als Röhre oder als anliegende Cyste oder zweiklappige Schale entwickelter Cuticularbedeckung, mit einfachem Ganglion oder mit supra- und suboesophagealem Ganglion, mit oder ohne Blutgefäßsystem, mit geräumiger Cölomhöhle, in deren Wand die Genitalproducte liegen.

In der Gruppe der *Tentaculata* erscheinen die in Röhren lebenden *Phoronidea,* die festsitzenden stockbildenden *Bryozoa (Ectoprocta)* sowie die mit Schalen versehenen *Brachiopoda* vereinigt. Ihre verwandtschaftlichen Beziehungen mit den Protostomiern sind zuvörderst in dem Verhalten des Urmundes begründet, auch zeigen die Larven einige Charaktere der Trochophora. Von einer Anzahl von Forschern wird aber die Auffassung vertreten, daß die *Tentaculata* auch Beziehungen zu den Deuterostomiern (*Pterobranchia*) besitzen, was durch entwicklungsgeschichtliche Momente (Entstehung des Mesoderms durch Faltung vom Entoderm bei *Brachiopoden,* gewisse Übereinstimmungen der *Bugula*-Larve mit jener von *Cephalodiscus*) gestützt wird.

1. Klasse. Phoronidea[1].

In Röhren lebende Tentaculaten von wurmförmiger Gestalt mit an einem hufeisenförmigen Träger angeordnetem Tentakelapparat, mit geschlossenem Blutgefäßsystem. Hermaphroditisch.

Der Körper der Phoronidea (Abb. 879) ist wurmförmig, an seinem Hinterende kolbig angeschwollen und trägt am Vorderende eine Tentakelkrone, welche an einem hufeisenförmigen, dorsal eingebogenen, bei manchen Formen spiral eingerollten Träger (Lophophor) angeordnet ist.

Die Haut sondert eine Chitinröhre ab, in welcher das Tier lebt. Unterhalb des Hautepithels folgt der aus Ringfasern und aus inneren Längsmuskelfasern aufgebaute Hautmuskelschlauch. Innerhalb des Tentakelkranzes liegt der Mund, von einem dorsal vorspringenden Deckel (Epistom) überragt. Er führt in einen bis in das Hinterende des Körpers reichenden U-förmigen Darm, an dem sich Oesophagus, Magen und Dünndarm unterscheiden lassen und der dorsal vom Munde außerhalb des Tentakelkranzes im After ausmündet.

---

[1] Außer den Arbeiten von KOWALEVSKY, A. SCHNEIDER, METSCHNIKOFF, CALDWELL, MACINTOSH, BENHAM, SHEARER u. a. vgl. CORI, C. J.: Untersuchungen über die Anatomie und Histologie der Gattung *Phoronis.* Z. Zool. 51 (1890). — ROULE, R.: Étude sur le développement embryonnaire des Phoronidiens. Ann. des Sci. natur. 1900. — MASTERMAN, A. T.: On the Diplochorda. III. The early Development and Anatomy of *Phoronis Buskii.* Quart. J. microsc. Sci. 43 (1900). — IKEDA, J.: Observations on the Development, Structure and Metamorphosis of Actinotrocha. J. Coll. Sci. Tokio 13 (1901). — GOODRICH, E. S.: On the Body-Cavities and Nephridia of the Actinotrocha Larva. Quart. J. microsc. Sci. 47 (1903). — BROOKS, W. K. a. R. P. COWLES: *Phoronis architecta*: its life history, anatomy and breeding habits. Mem. Nat. Acad. Washington 10 (1906). — DE SELYS-LONGCHAMPS, M.: *Phoronis.* Fauna u. Flora Golf Neapel 30 (1907).

Die Phoronidea besitzen eine geräumige Cölomhöhle, die sich durch ein unterhalb des Mundes gelegenes Diaphragma in eine Rumpfhöhle, in welcher der Darm mittels Mesenterien befestigt liegt, und eine vordere Tentakelkronenhöhle gliedert, die aus der Lophophorhöhle und der Epistomhöhle besteht. Es ist ein geschlossenes Blutgefäßsystem vorhanden, das sich aus zwei Längsgefäßstämmen aufbaut, die am Darm verlaufen. Das ventrale (nach links verschobene) Längsgefäß ist mit Blindgefäßen besetzt und geht hinten am Magen in ein Gefäßnetz über, durch das es mit dem zweiten, dorsalen, zwischen beiden Darmschenkeln gelegenen Gefäßstamm in Verbindung steht. Vorne sind die Gefäße durch einen vor dem Diaphragma gelegenen Gefäßring verbunden, von dem in je einen Tentakel ein Blindgefäß abgeht. Das Blut enthält große rote Blutkörper. Der Peritonealüberzug am hinteren Abschnitte des Ventralgefäßes ist ähnlich wie das Chloragogengewebe der Lumbriciden entwickelt. Zu den Seiten des Afters münden zwei kurze, hinter dem Diaphragma gelegene Nephridien aus, die mit einem Wimpertrichter in das Rumpfcölom sich öffnen und zugleich der Ausfuhr der Genitalprodukte dienen (Abb. 879). Die Phoronidea sind hermaphroditisch. Die Genitalprodukte liegen im Cölomepithel an den Blindgefäßen des hinteren Körperabschnittes und fallen in die Cölomhöhle, von wo sie durch die Nephridialkanäle nach außen gelangen.

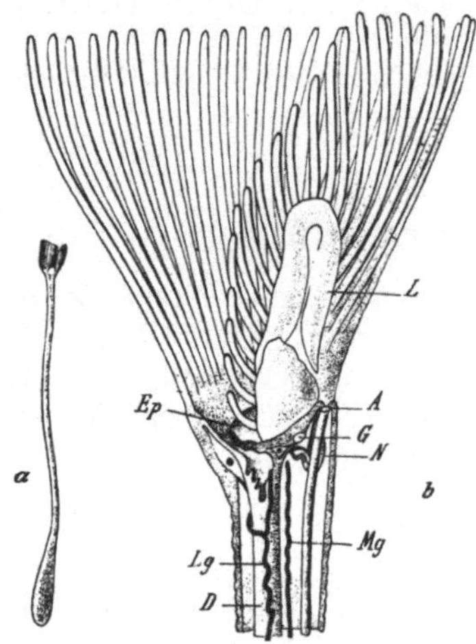

Abb. 879. *Phoronis psammophila*. (Nach CORI.) a Ganzes Tier. $^1/_1$. b Vorderkörper im Medianschnitt, vergr. *L* Lophophor, *Ep* Epistom, *D* Darm, *A* After, *G* Ganglion, *N* Nephridium, *Lg* Lateral- (Ventral-), *Mg* Median-(Dorsal-)gefäß.

Das Nervensystem liegt subepithelial in der Haut und besteht aus einem dorsal vom Mund gelegenen Cerebralganglion und einem davon ausgehenden, den Vorderdarm umfassenden Nervenring, von dem aus noch ein linkerseits verlaufender Längsnerv im Vorderabschnitte des Rumpfes zu verfolgen ist.

Die abgelegten Eier verbleiben während der Entwicklung innerhalb des Tentakelkranzes. Die Entwicklung ist eine Metamorphose. Die als *Actinotrocha* bezeichnete Larve (Abb. 880) besitzt einen großen bewimperten Kopfschirm mit Scheitelplatte sowie einen postoralen Kranz bewimperter Tentakel, wozu ein circumanaler Wimperkranz hinzukommt. Es findet sich bereits das Diaphragma und ein paariges Nephridium (definitives Nephridium). Der hintere, lange Körperabschnitt des ausgebildeten Tieres legt sich an der Ventralseite der Larve als ein eingestülpter Schlauch an, welcher zur Zeit der

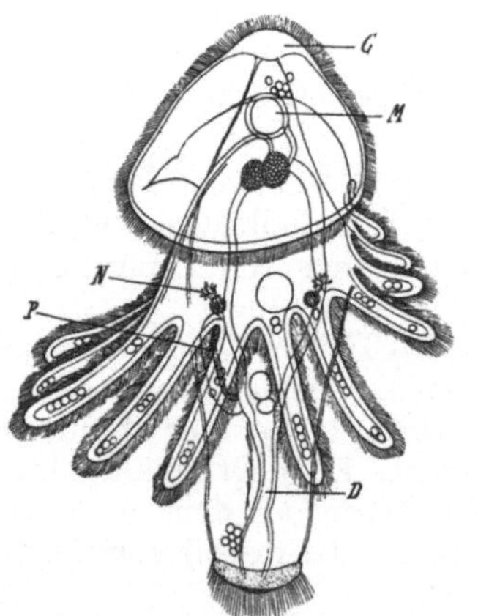

Abb. 880. *Phoronis*-Larve (*Actinotrocha*). (Nach IKEDA.) Etwa $^{35}/_1$. *D* Darm, *G* Scheitelplatte (Cerebralganglion), *M* Mund, *N* Nephridium, *P* ventrale Einstülpung (Anlage des Hinterkörpers der Geschlechtsform).

Verwandlung durch den Einstülpungsporus mit einer ihm folgenden Darmschlinge vorgestülpt wird. Kopfschirm und Tentakelkranz werden rückgebildet; das Epistom und die definitiven Tentakel sind homologe Neubildungen, letztere entstehen an der Basis der Larvententakel.

Die Phoroniden sind kleine Meerestiere, welche sich kolonienweise ansiedeln.
Fam. *Phoronidae.* Mit dem Charakter der Klasse. *Phoronis hippocrepia* WRIGHT. Atlant. Ozean. *Ph. psammophila* CORI. Röhre mit Sandkörnchen umgeben. Pantano bei Messina, Neapel (Abb. 879). *Ph. buski* M'INT. Tentakelkrone spiral eingerollt. Philippinen.

2. Klasse. **Bryozoa (Ectoprocta, Polyzoa), Moostierchen**[1].

Kleine, stockbildende polypenähnliche Tentaculaten mit hufeisenförmig an einem Lophophor oder kreisförmig angeordnetem Tentakelkranz, mit einer als Ectocyste bezeichneten cuticularen Bedeckung, ohne Blutgefäßsystem, hermaphroditisch.

Die Klasse der Bryozoa umfaßt in der hier gegebenen Abgrenzung bloß die *Ectoprocta*, da die *Entoprocta* trotz vielfacher Ähnlichkeiten, besonders in den Larvenorganen, eine nähere Verwandtschaft mit ersteren nicht besitzen, eine Auffassung, die von HATSCHEK, KORSCHELT und HEIDER vertreten wurde.

Die Ectoprocten bilden baumförmige oder moosähnliche, zuweilen rindenartig fremde Gegenstände überziehende festsitzende (nur *Cristatella* ein freibewegliches) Stöckchen, in denen die kleinen Einzeltiere in gesetzmäßiger Weise vereinigt sind (Abb. 882, 888). In der Regel besitzen die Stöckchen eine hornartige, häufig auch eine kalkige, seltener gallertige Beschaffenheit, letztere ist abhängig von der besonderen Beschaffenheit des cuticularen Skeletes der Einzeltiere. Jedes Einzeltier (sogenanntes *Zooecium*) besitzt ein Gehäuse, aus dessen Öffnung der weichhäutige Vorderkörper mit dem Tentakelkranz vorgestreckt wird (Abb. 881). Die Zoöcien stehen untereinander durch Wandporen in Verbindung. Die chitinige, häufig inkrustierte Cuticula (Ectocyste) des Gehäuses wird von dem Epithel der Körperwand (Endocyste) abgeschieden; unter demselben folgt die aus äußeren Ring- und inneren Längsmuskelfasern bestehende Muskulatur (Parietalmuskeln).

---

[1] BUSK, G.: Catalogue of Marine Polyzoa in the Collection of the British Museum. London 1852—1875. — ALLMAN, G. I.: Monograph of the Freshwater Polyzoa. Ray Soc. Lond. **1856.** — SMITT, F. A.: Kritisk förteckning öfver Skandinaviens Hafs-Bryozoer. Öfvers. Vetensk. Akad. Förhandl. Stockholm **1865—1867.** — NITSCHE, H.: Beiträge zur Kenntnis der Bryozoen. Z. Zool. **20** (1870); **21** (1871). — BARROIS, J.: Recherches sur l'embryologie des Bryozaires. Lille 1877. — Mémoire sur la Métamorphose de quelques Bryozoaires. Ann. des Sci. natur. Paris 1886. — HINCKS, TH.: A History of the British Marine Polyzoa. London 1880. — KRAEPELIN, K.: Die deutschen Süßwasserbryozoen. Abh. naturwiss. Ver. Hamburg **10** (1887); **12** (1892). — BRAEM, F.: Untersuchungen über Bryozoen des süßen Wassers. Bibliotheca zoologica **6** (1890). — Die geschlechtliche Entwicklung von *Plumatella fungosa.* Ebenda **23** (1897). — Die geschlechtliche Entwicklung von *Fredericella sultana* usw. Ebenda **52** (1908). — Die Keimung der Statoblasten von *Pectinatella* und *Cristatella.* Ebenda **67** (1912). — Die Knospung von *Paludicella.* Arch. f. Hydrobiol. **9** (1914). — DAVENPORT, C. B.: *Cristatella*: The Origin and Development of the Individual in the Colony. Bull. Mus. Comp. Zool. Harvard Coll. **20** (1890). — Observations on Budding in *Paludicella* and some other Bryozoa. Ebenda **22** (1891). — PROUHO, H.: Contribution à l'histoire des Bryozoaires. Archives de Zool. **1892.** — SEELIGER, O.: Bemerkungen zur Knospenentwicklung der Bryozoen. Z. Zool. **50** (1890). — Über die Larven und Verwandtschaftsbeziehungen der Bryozoen. Ebenda **84** (1906). — CORI, C. J.: Die Nephridien der *Cristatella.* Ebenda **55** (1893). — OKA, A.: On the so-called Excretory Organ of Fresh-water Polyzoa. J. Coll. Sci. Japan **8** (1896). — HARMER, S. F.: On the Occurence of Embryonic Fission in Cyclostomatous Polyzoa. Quart. J. microsc. Sci. **34** (1893). — On the Morphology of the Cheilostomata. Ebenda **46** (1903). — The Polyzoa of the Siboga-Expedition **1915, 1926.** — CALVET, L.: Contribution à l'histoire naturelle des Bryozoaires Ectoproctes marins. Montpellier 1900. — KUPELWIESER, H.: Untersuchungen über den feineren Bau und die Metamorphose des Cyphonautes. Bibliotheca zoologica **47** (1906). — LEVINSEN, G. M. R.: Morphological and systematic Studies on the Cheilostomatous Bryozoa. Kopenhagen 1909. — GERWERZHAGEN, A.: Beiträge zur Kenntnis der Bryozoen. Z. Zool. **107** (1913). — BUCHNER, P.: Studien über den Polymorphismus der Bryozoen. Zool. Jb. **48** (1924). — BORG, F.: Studies on recent Cyclostomatous Bryozoa. Zool. Bidrag Uppsala **10** (1926). — GRAUPNER, H.: Zur Kenntnis der feineren Anatomie der Bryozoen. Z. Zool. **136** (1930). — Vgl. außerdem die Arbeiten von J. P. VAN BENEDEN, FARRE, CLAPARÈDE, JOLIET, OSTROUMOFF, ROBERTSON, LADEWIG, ZSCHIESCHE, BUDDENBROCK, HERWIG, MARCUS u. a.

Bei einigen stelmatopoden Bryozoen ist die Ventralwand des Körpers von einer Kalklamelle (Cryptocyste) unterlagert, die von der Ectocyste durch eine schmale Cölomspalte getrennt ist (Abb. 883). Der vorgestreckte Vorderkörper, welcher den Tentrakelkranz trägt, wird in den von der festen Ectocyste umschlossenen Hinterkörper von der Basis aus eingestülpt; bei den meisten Süßwasserbryozoen bildet der Basalteil des Vorderkörpers, durch Parietovaginalmuskeln festgehalten, dauernd eine Duplicatur. Die Zurückziehung des Vorderkörpers und des Tentakelkranzes erfolgt durch mächtige paarige Retractoren. Bei den *Chilostomata* mit vollständig verkalkter Körpercuticula ist der den Deckel tragende Bezirk der Ventralwand (Frontalmembran) in das Zoöciuminnere zu einem langen Sack (Jullien-Harmerscher Kompensationssack) eingestülpt, der am Proximalrande des Deckels oder in einem besonderen Porus nach außen mündet, und der der Vor- und Rückstülpung des Vorderkörpers mit dem Tentakelapparat dient (Abb. 883).

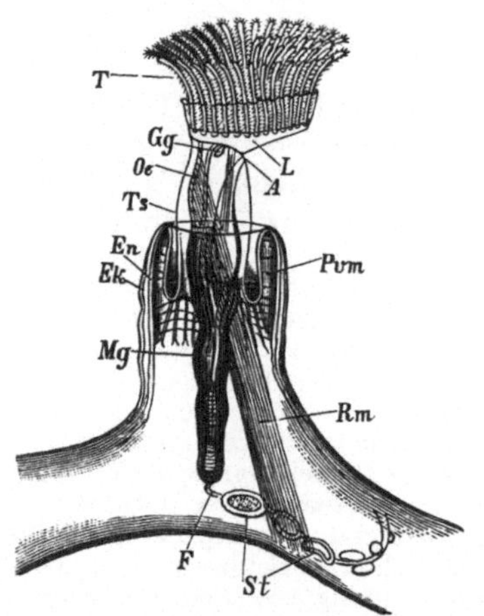

Abb. 881. *Plumatella repens.* (Nach Allman.)
L Lophophor, *Oe* Oesophagus, *Mg* Magendarm,
A After, *F* Funiculus, *Ek* Ectocyste, *En* Endocyste, *Gg* Ganglion, *Pvm* Parietovaginalmuskel,
Rm Retractor, *St* Statoblasten, *T* Tentakel,
Ts Tentakelscheide.

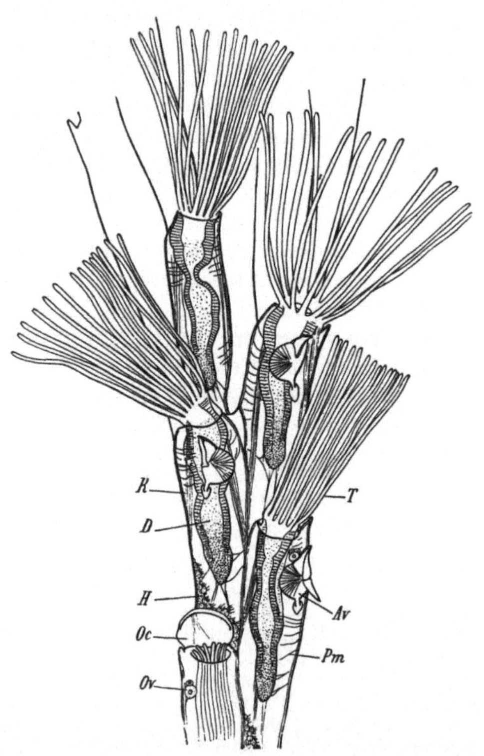

Abb. 882. Abschnitt eines Stöckchens von *Bugula* (Original G.). $^{50}/_1$. *T* Tentakelkranz, *R* Retractoren, *Pm* Parietalmuskel, *D* Darm, *H* Hoden, *Ov* Ovarium, *Av* Avicular *Oc* Ovicelle.

Der Tentakelapparat mit Tentakelscheide und Darm wurde einer älteren Auffassung entsprechend als Polypid, die Körperwand als Cystid bezeichnet. Die Tentakel umstellen den Mund und sind entweder (*Lophopoda*) auf einem hufeisenförmigen, dorsal eingebogenen Träger (Lophophor) oder (*Stelmatopoda*) im Kreise angeordnet und stellen hohle, bewimperte, mit Längsmuskeln versehene Ausstülpungen der Leibeswand dar, deren Raum mit der Leibeshöhle kommuniziert. Sie dienen sowohl zum Herbeistrudeln von Nahrungsstoffen als zur Vermittlung der Respiration und fungieren als Sinnesorgane.

Die Mundöffnung liegt in der Mitte innerhalb des Tentakelkranzes und wird bei den *Lophopoda* von einem dorsalwärts vorragenden Deckel (Epistom) überragt. Sie führt in einen hufeisenförmig gebogenen Darmkanal, an welchem man eine langgestreckte, bewimperte, oft zu einem Pharynx erweiterte Speiseröhre, einen

blindsackartig verlängerten Magendarm und einen nach vorne zurücklaufenden
Enddarm unterscheidet. Der letztere mündet dorsal außerhalb des Tentakelkranzes durch die Afteröffnung aus. Von dem Hinterende des Magendarmes entspringt ein runder, die Leibeshöhle durchziehender Strang (*Funiculus*), der andererseits an die Leibeswand befestigt ist. Die Ectoprocten besitzen eine geräumige Cölomhöhle, bei den *Lophopoden* ist die Lophophorhöhle von dem hinteren Teil der Cölomhöhle durch ein Diaphragma geschieden. Ein Blutgefäßsystem
fehlt. Der Excretion dient das Cölomepithel, seine mit Harnstoffen beladenen
Zellen werden durch einen analwärts vom Tentakelkranz gelegenen Porus (kurzer
Kanal) entleert, in dessen Nähe das Cölomepithel durch lebhafte Wimperung ausgezeichnet ist (vielleicht reduzierte Nephridien). Das Nervensystem besteht aus
einem an dem Schlunde zwischen Mund und After gelegenen Ganglion, von
welchem ein oraler, den Schlund umfassender Nervenring sowie Nerven zu den
Tentakeln, zur Körperwand und nach dem
Darme abgehen. Von Sinnesorganen sind
Sinneszellen (wohl Tastzellen) insbesondere
am Tentakelapparat beobachtet.

Die Ectoprocten sind Zwitter. Männliche und weibliche Geschlechtsorgane reduzieren sich auf Keimlager, welche im Cölomepithel liegen. Die Ovarien finden sich im
vorderen Körperteile, während die Hoden
entweder an dem oberen Teile des Funiculus oder nahe der Insertionsstelle desselben an der Leibeswandung ihren Ursprung nehmen (Abb. 882). Beiderlei Geschlechtsproducte fallen in die Leibeshöhle,
wo die Befruchtung erfolgt. Aus der Leibeshöhle gelangt das Ei durch den Porus dorsal
vom Tentakelkranz nach außen oder (*Chilostomata*) in eine besondere äußere oder innere Brutkapsel, das sogenannte *Ooecium*
(*Ovicelle*), wo die Embryonalentwicklung
stattfindet, oder diese verläuft in der Leibeshöhle bis zum Ausschwärmen der Larve.
Innere Oöcien kommen auch bei *Lophopoden*

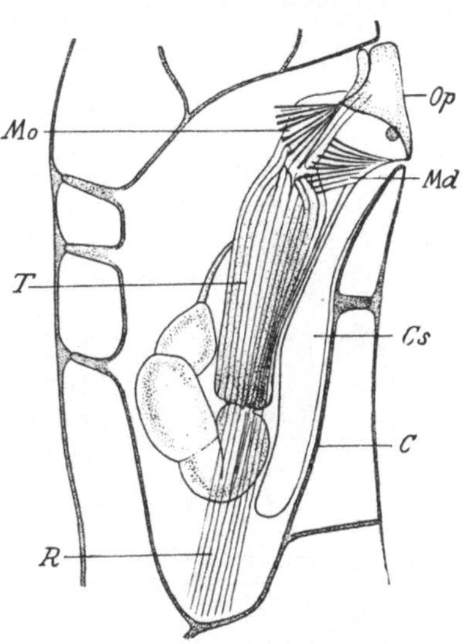

Abb. 883. Längsschnitt durch ein Zooid von
Euthyris obtecta. (Nach HARMER.) *C* Cryptocyste, *Cs* Compensationssack, *Mo* Musculus
occlusor, *Md* Musc. divaricator des Deckels
(*Op*), *R* Retractor, *T* Tentakelapparat.

vor. Die Fortpflanzung erfolgt aber auch auf ungeschlechtlichem Wege durch
Knospung, die zur Stockbildung führt. Bei den Süßwasserformen werden
noch Dauerknospen (Winterknospen) gebildet, und zwar bei *Paludicella* in der
Art der gewöhnlichen Knospen mit fester Hülle, bei den *Lophopoden* als sogenannte *Statoblasten*. Letztere sind innere Knospen, die am Funiculus ihre Entstehung nehmen (Abb. 881). Sie entwickeln sich zu linsenförmigen Gebilden und
erhalten eine harte Chitinschale, deren Peripherie häufig mit einem flachen, aus
lufthaltigen Chitinkammern bestehenden Schwimmring eingefaßt ist, zuweilen
auch (*Cristatella*) einen Kranz von hervorstehenden Stacheln zur Entwicklung
bringt (Abb. 884). Die Dauerknospen überwintern und erfahren im Frühjahr
ihre Weiterentwicklung.

Die äußere Knospung führt zur Entstehung der Stöcke, von denen viele
marine Formen (insbesondere *Chilostomata*) auch Polymorphismus zeigen. Bei
Amathia (*Serialaria*) und Verwandten stellen die sogenannten Stengelglieder
(Stammglieder, *Caularien*) eine solche abweichende Individuenform vor. Sie besitzen bei bedeutender Größe eine vereinfachte Organisation und dienen zur Her-

stellung der ramifizierten Unterlage. Auch gibt es hier und da Wurzelglieder, welche als ranken- oder stolonenartige Fortsätze die Befestigung vermitteln. Eigentümliche Individuen mancher marinen Bryozoen sind die vogelkopfähnlichen

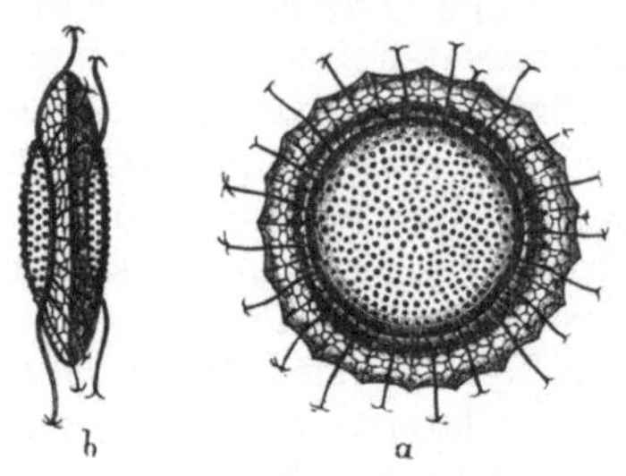

Abb. 884. Statoblasten von *Cristatella mucedo*. (Nach ALLMAN.) a Flächen-, b Seitenansicht. Etwa $^{30}/_1$

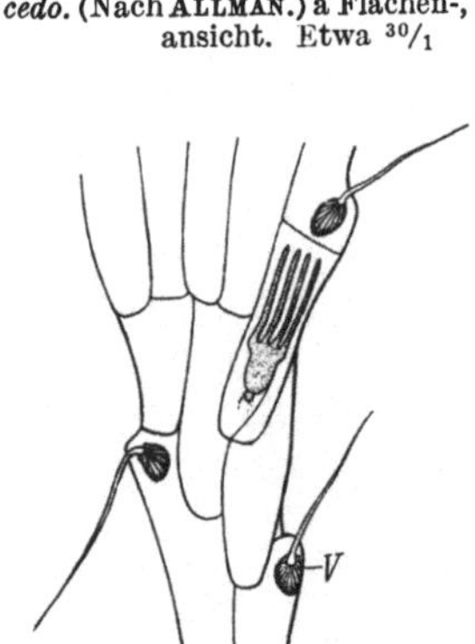

Abb. 885. *Scrupocellaria scruposa* (aus KORSCHELT und HEIDER) *V* Vibracularien.

Avicularien und die *Vibracularien*, die sich nie geschlechtlich fortpflanzen. Erstere (Abb. 882) sind zweiarmige Zangen, welche den gewöhnlichen Individuen in der Nähe ihrer Öffnungen ansitzen und schnappende Bewegungen ausführen, mittels welcher sie kleine Organismen auffangen und bis zum Absterben festhalten, deren zerfallende organische Reste in die durch die Tentakelwimpern veranlaßte Strömung gelangen; sie dienen auch zur Reinhaltung des Stockes und als Wehrtiere. Die Vibracularien (Abb. 885) stellen ganz ähnliche Köpfchen dar, welche an Stelle des beweglichen Zangenarmes einen langen, äußerst beweglichen Geißelfaden tragen. Bei den *Cyclostomata* unterscheidet man besondere bauchige Geschlechtsindividuen (*Gonozoöcien*). Auch die *Oöcien* werden von manchen als besondere Individuenform aufgefaßt. Allen abweichend gestalteten Individuen fehlen Darm und Tentakelapparat.

Zu bemerken ist noch, daß bei den marinen Ectoprocten Darm und Tentakelapparat der älteren Individuen eines Stöckchens zu dem sogenannten braunen Körper rückgebildet werden, jedoch von der Körperwand aus regeneriert werden können.

Die Entwicklung der marinen Formen ist eine Metamorphose. Die Larve (Abb. 886) ist ausgezeichnet durch eine große, am aboralen Pole gelegene, von steifen Wimperhaaren umsäumte Platte (retractiles Scheitelorgan) sowie einen den Körper umgebenden Wimperkranz (Corona), der vom retractilen Scheitelorgan durch eine ringförmige Einsenkung (sogenannte Mantelhöhle) getrennt ist. Dem retractilen Scheitelorgan gegenüber liegt die Mundöffnung, vor welcher eine am Rande bewimperte

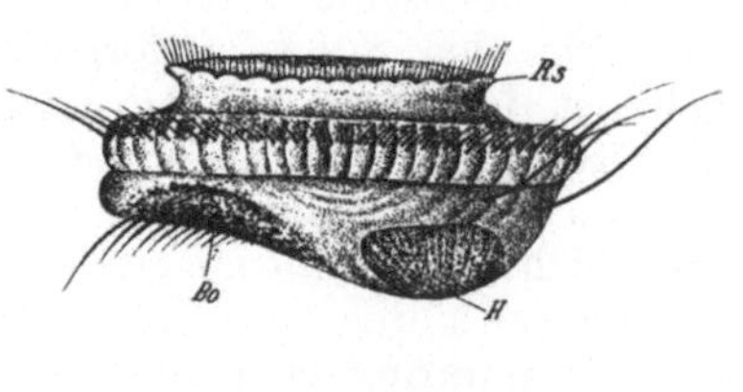
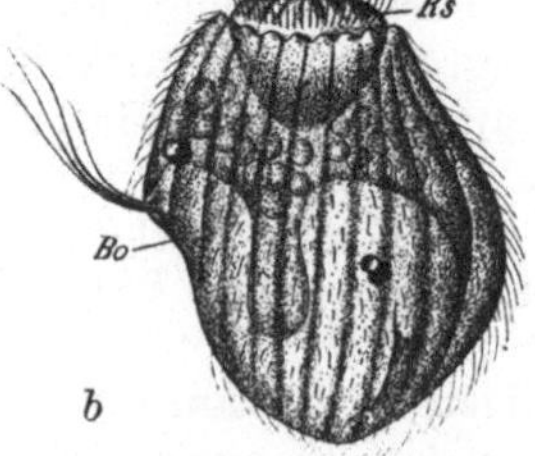

Abb. 886. a Larve von *Alcyonidium mytili*. $^{113}/_1$. — b von *Bugula plumosa*. $^{150}/_1$. *Rs* Retractiles Scheitelorgan, *Bo* birnförmiges Organ, *H* Haftorgan. (Nach J. BARROIS.)

Ectodermvertiefung (sogenanntes birnförmiges Organ), funktionell ein Sinnesorgan, liegt. Zwischen letzterem und dem retractilen Scheitelorgan verläuft ein aus Muskeln und Nerven bestehender Strang. Hinter dem Mund findet sich eine saugnapfartige drüsige Einstülpung (Haftorgan). Der Darm der Larve ist entweder rudimentär und blindgeschlossen, oder er fehlt vollständig, wie z. B. bei der *Bugula*-Larve, die sich durch mehr hohe Form und mächtige Ausbildung des Wimperkranzes auszeichnet (Abb. 886 b). Einen funktionsfähigen, mit After versehenen Darm besitzt die als *Cyphonautes* (Abb. 887) bekannte Larve von *Membranipora* u. a.; für dieselbe ist ferner das Vorhandensein eines tiefen Atriums

sowie die Bedeckung durch zwei dreieckige, durch einen Schließmuskel verbundene Schalenklappen eigentümlich, zwischen denen aboral das kleine retractile Scheitelorgan hervorragt. Die Corona umsäumt den Rand des Atriums. Die Ectoproctenlarve heftet sich mittels des saugnapfartigen Haftorganes fest und erfährt eine Rückbildung aller Larvenorgane, während am aboralen Pole der definitive Darm und Tentakelapparat des ersten Individuums durch einen Regenerationsvorgang sich entwickelt. Die Entwicklung der Süßwasserectoprocten scheint eine direktere zu sein. Bei einigen cyclostomen Stelmatopoden (*Crisia, Tubulipora* u. a.) findet sich Polyembryonie infolge frühzeitig eintretender Teilung der Embryonen.

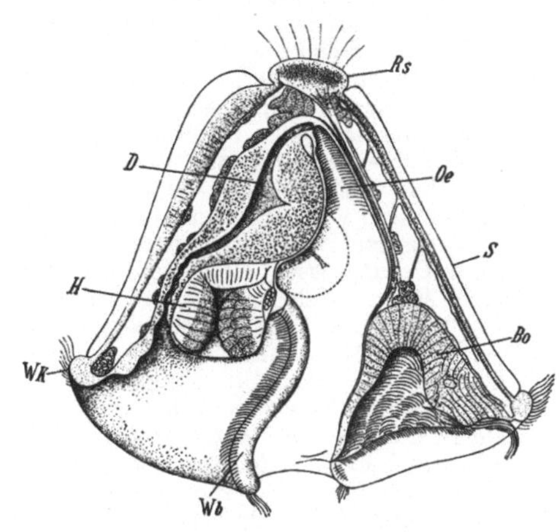

Abb. 887. *Cyphonautes* im Medianschnitt. (Nach PROUHO.) 140/1. *Rs* Retractiles Scheitelorgan, *S* Schale, *Oe* Oesophagus, *D* Darm, *Wk* Wimperkranz, *Wb* Wimperbogen im Vestibulum, *H* Haftorgan, *Bo* birnförmiges Organ.

Die Mehrzahl der Ectoprocten gehört dem Meere an; nur die *Lophopoda* sowie *Paludicella* leben im Süßwasser.

1. Unterordnung. *Lophopoda*, Armwirbler (*Phylactolaemata*). Süßwasserformen mit hufeisenförmigem Tentakelträger und mit Epistom.

Die Lophopoden bilden stets aus homomorphen Individuen zusammengesetzte ramifizierte oder mehr spongiöse Stöckchen von bald horniger, bald mehr lederartiger bis gallertiger Beschaffenheit.

Fam. *Cristatellidae*. Freibewegliche Stöckchen von langgestreckter Form, auf deren oberer Fläche die Individuen sich in konzentrischen Kreisen erheben. *Cristatella mucedo* Cuv. Europa.

Fam. *Plumatellidae*. Festsitzende massige oder verästelte Stöckchen. *Plumatella repens* L. (*Alcyonella fungosa* PALL.) (Abb. 888). *Fredericella sultana* BLMB. Arme des Lophophors verkümmert, so daß die Tentakel in ziemlich geschlossenem Kreise stehen. Europa.

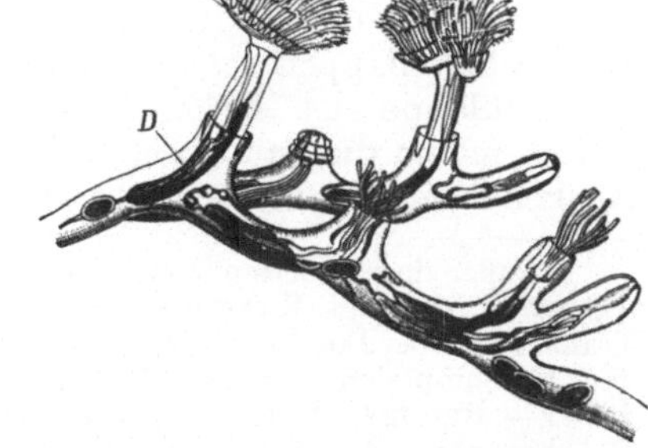

Abb. 888. *Plumatella repens*. (Nach ALLMAN.) Etwa ⁵/₁. *Lp* Lophophor, *D* Darm.

2. Unterordnung. *Stelmatopoda*, Kreiswirbler (*Gymnolaemata*). Ectoprocte mit in geschlossenem Kreise angeordneten Tentakeln, ohne Epistom. Mit Ausnahme der *Paludicellidae* marine Formen.

Die Stelmatopodenstöckchen zeigen häufig Polymorphismus und sind meist hornig oder kalkig.

1. Tribus. *Cyclostomata*. Mündungen der Zooecien kreisförmig, endständig, ohne besonderen Verschluß. Stöckchen kalkig. Die meisten Arten sind fossil.

Fam. *Crisiidae*. Stöckchen aufrecht, gegliedert, mit Wurzelfäden befestigt. *Crisia eburnea* L. Weit verbreitet.

Fam. *Tubuliporidae.* Stöckchen kriechend oder aufrecht. Zooecien röhrenförmig, stehen in zusammenhängenden Reihen. *Tubulipora flabellaris* FABR. Atlant. Ozean, Mittelmeer.

2. Tribus. *Ctenostomata.* Die Mündungen der Zooecien endständig, ohne Deckel, durch einen zusammenfaltbaren Kragen verschließbar. Kolonien niemals kalkig.

Fam. *Alcyonidiidae.* Zooecien unter sich zu gelatinösen Stöckchen von unregelmäßiger Form vereint. *Alcyonidium gelatinosum* L. Nordische Meere.

Fam. *Vesiculariidae.* Stöckchen verzweigt, kriechend oder aufgerichtet, Zooecien schlauchförmig, sich frei erhebend. *Vesicularia spinosa* L. Atlant. Ozean, Mittelmeer. *Zoobotryon pellucidum* EHRBG. Mittelmeer. *Amathia (Serialaria) lendigera* L. Atlant. Ozean, Mittelmeer. *Farrella* EHRBG.

Fam. *Paludicellidae.* Süßwasserformen mit röhrigen, einander ansitzenden Zooecien. *Paludicella ehrenbergi* BENED. Europa.

3. Tribus. *Chilostomata.* Mündungen der hornigen oder kalkigen Zooecien nicht endständig, sondern vor dem Ende des Zooeciums, durch einen beweglichen Deckel verschließbar. Avicularien, Vibracularien und Ovicellen werden oft angetroffen.

Fam. *Cellulariidae.* Dichotomisch verzweigte Stöckchen, deren Zooecien in zwei oder mehreren Reihen stehen. Meist Avicularien, zuweilen Vibracularien vorhanden. *Cellularia peachi* BUSK. Atlant. Ozean. *Scrupocellaria scruposa* L. (Abb. 885). *S. (Canda) reptans* L. Atlant. Ozean, Mittelmeer.

Fam. *Bicellariidae.* Stock verzweigt, aufrecht. Zooecien mehr locker in zwei oder mehr Reihen stehend. Zuweilen Avicularien. *Bicellaria ciliata* L. Atlant. Ozean. *Bugula avicularia* L. *B. plumosa* PALL. Atlant. Ozean, Mittelmeer (Abb. 882). Hier schließt sich an *Cellaria fistulosa* L. (*Salicornaria farciminoides* JOHNST.). Atlant. Ozean, Mittelmeer.

Fam. *Flustridae.* Kolonien aufrecht, breitblättrig. Zooecien vielreihig. *Flustra foliacea* L. Atlant. Ozean, Mittelmeer.

Fam. *Membraniporidae.* Zooecien eine inkrustierende Kolonie bildend. *Membranipora pilosa* L. Atlant. Ozean, Mittelmeer.

Fam. *Escharidae.* Kolonien kalkig, inkrustierend oder aufrecht und verästelt. *Lepralia (Eschara) pallasiana* MOLL. Atlant. Ozean, Mittelmeer. *L. pertusa* ESP. Weit verbreitet. *Euthyris obtecta* HCKS. Nordaustralien. *Myriozoum truncatum* DONATI. Mittelmeer. Hier schließt sich an *Retepora cellulosa* CAVOL. Kolonie netzförmig. Atlant. Ozean, Mittelmeer.

3. Klasse. **Brachiopoda, Armfüßer**[1].

Festsitzende Tentaculaten mit dorsaler und ventraler Schalenklappe, mit an zwei spiralig aufgerollten Mundarmen angeordneten Tentakeln, mit Blutgefäßsystem, getrennten Geschlechts.

Die Brachiopoden (Abb. 889, 890) besitzen einen breiten Körper, welcher von einer dorsalen und ventralen Duplicatur, den Mantellappen, umschlossen wird. Jeder Mantellappen scheidet eine meist mit Kalksalzen imprägnierte chitinige Schalenklappe aus. Beide Schalenklappen sind mehr oder weniger ungleich gestaltet, indem die Bauchschale stets tiefer gewölbt ist und in der Regel über die Rückenklappe hinten schnabelartig vorspringt. Zuweilen (*Testicardines*) ist am

---

[1] Außer den Arbeiten von OWEN, HUXLEY, GRATIOLET, LACAZE-DUTHIERS, VAN BEMMELEN, EKMAN vgl. HANCOCK, H.: On the Organisation of the Brachiopoda. Philosophic. Trans. roy. Soc. London **1859**. — KOWALEVSKY, A.: Untersuchungen über die Entwicklung der Brachiopoden. (Russ.) Nachr. Ges. d. Fr. d. Naturwiss. Anthrop. Ethnogr. Moskau **1874**. — BROOKS, W. K.: The development of *Lingula* and the Systematic Position of the Brachiopoda. Chesapeake zool. Labor. Sci. Res. **1878**. — DAVIDSON, TH.: A monograph of the recent Brachiopoda. Trans. Linnean Soc. London **1886—1888**. — BLOCHMANN, F.: Untersuchungen über den Bau der Brachiopoden. 2 Teile. Jena 1892, 1900. — JOUBIN, L.: Recherches sur l'anatomie de *Waldheimia venosa*. Mém. Soc. Zool. France **5** (1892). — BEECHER, C. E.: Revision of the families of the loop-bearing Brachiopoda. Trans. Connecticut Acad. **9** (1893). — MORSE, EDW. S.: On the Embryology of *Terebratulina*. Mem. Boston Soc. Nat. Hist. **3** (1873). — Observations on living Brachiopoda. Ebenda **5** (1902). — YATSU, N.: On the Development of *Lingula anatina*. J. Coll. Sci. Tokio 18 (1902). — Notes on Histology of *Lingula anatina*. Ebenda **1902**. — CONKLIN, E. G.: The Embryology of a Brachiopod (*Terebratulina septentrionalis*). Proc. Amer. Philos. Soc. Washington **1902**. — PLENK, H.: Die Entwicklung von *Cistella* (*Argiope*) *neapolitana*. Arb. Zool. Inst. Wien **20** (1913). — SCHAEFFER, C.: Untersuchungen zur vergleichenden Anatomie und Histologie der Brachiopodengattung *Lingula*. Acta Zool. 7 (1926).

Hinterrande der Schale ein Schloß entwickelt. Die Schalen werden durch besondere Muskeln (Divaricatoren) geöffnet und ebenso durch besondere Muskeln (Occlusoren) geschlossen. Sehr häufig wird die Brachiopodenschale von feinen Porenkanälen durchsetzt, welche Epithelpapillen des Mantels enthalten. Am verdickten Mantelrande finden sich fast regelmäßig Borsten. Auch kann der Mantel Kalknadeln oder ein zusammenhängendes Kalknetz in sich produzieren. Am Hinterende des Körpers ent-

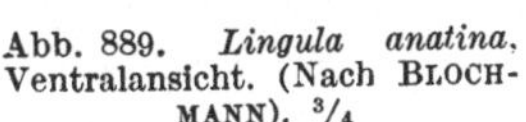

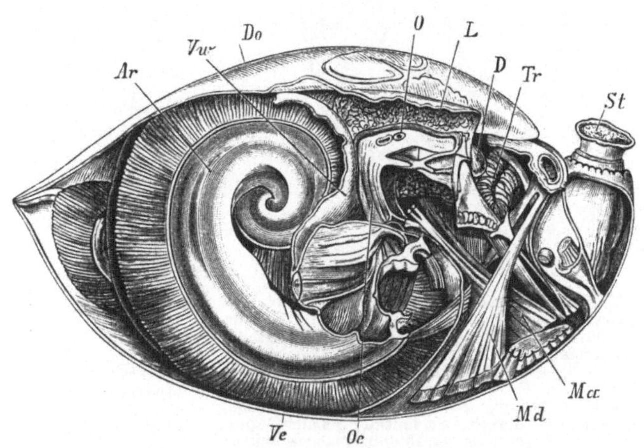

Abb. 889. *Lingula anatina,* Ventralansicht. (Nach BLOCH-MANN). ³/₄

Abb. 890. Anatomie von *Waldheimia australis (flavescens)* in Seitenansicht. (Nach HANCOCK.) ²·⁵/₁. *Do* Dorsallappen, *Ve* Ventrallappen des Mantels, *St* Stiel, *Ma* Occlusor, *Md* Divaricator, *Ar* Arme, *Vw* vordere Körperwand, *Oe* Oesophagus, *D* Darm, blind endend, *O* Einmündungsstelle der Leber (*L*), *Tr* Trichter des Nephridiums.

springt aus der Ventralwand der zur Befestigung dienende muskulöse Stiel, der bei *Linguliden* und *Disciniden* eine Fortsetzung des Cöloms enthält; seltener (*Crania*) ist die ventrale Schale in ganzer Ausdehnung festgewachsen.

In der vorn von den beiden freien Mantellappen gebildeten Mantelhöhle liegt der Tentakelapparat, welcher an zwei zu Seiten der Mundöffnung gelegenen, in verschiedener Art spiralig aufgerollten Armen angeordnet erscheint (Abb. 890, 892) und zuweilen (meiste *Testicardines*) durch ein mit der Dorsalschale zusammenhängendes Armgerüst (Abb. 891) gestützt wird. Die Spiralarme werden von einer Rinne durchzogen, welche an der Mundöffnung beginnt und dorsal von einer Falte (Armfalte), der Fortsetzung des Epistoms, ventral (postoral) von einer Doppelreihe bewimperter Tentakel begleitet wird. Der Tentakelapparat dient in erster Linie der Nahrungsaufnahme, wohl auch der Atmung. Die Mundöffnung führt in den Oesophagus, dieser in den mit einer paarigen gelappten Leber (Mittel-

Abb. 891. Rückenschale von *Waldheimia australis (flavescens)* mit dem Armgerüst. (Nach HANCOCK.) ¹·⁵/₁

darmdrüse) ausgestatteten Magen, welchem ein Dünndarm sowie bei den *Ecardines* ein Enddarm folgt. Der Darm beschreibt zuweilen Windungen (*Ecardines*) und mündet an der rechten Seite, bei *Crania* am Hinterende aus, während er bei den

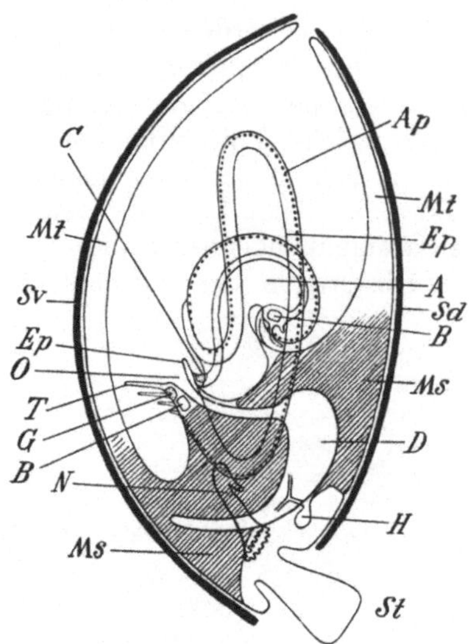

Abb. 892. Schema des Baues eines Brachiopoden (*Terebratella coreanica*) (aus KORSCHELT u. HEIDER kombiniert). *A* Großer Armsinus (Epistomhöhle), *Ap* Armapparat, *B* kleiner Armsinus (Lophophorhöhle), *C* Cerebralganglion, *D* Darm, *Ep* Epistom (Armfalte), *G* Suboesophagealganglion, *H* Herz, *Ms* Mesenterium, *Mt* Mantel, *N* Nephridium, *O* Mund, *Sd* dorsale, *Sv* ventrale Schalenklappe, *St* Stiel, *T* Tentakel (größtenteils abgeschnitten gedacht).

Testicardines kurz bleibt und blindgeschlossen endet.

Der Darm wird durch ein ventrales und dorsales Mesenterium, in denen sich auch ein Kalkseptum bilden kann, sowie lateral gelegene transversale Mesenterien (sogenannte Gastro- und Ileoparietalbänder) in dem sehr geräumigen, von einem Wimperepithel ausgekleideten Cölom festgehalten. Die beiden rechts und links vom Mesenterium gelegenen Cölomhöhlen setzen sich in den Mantel als sogenannter Mantelsinus fort; Cölomabschnitte sind auch die die Mundarme durchziehenden zwei Armsinus (Abb. 892). Die Cölömhöhle enthält eine Flüssigkeit, welche amöboide Zellen führt.

Auf der Rückenfläche des Magens liegt ein sackförmiges Herz, das sich nach vorn in ein Rückengefäß mit den beiden Armgefäßen und einen den Oesophagus umgebenden Gefäßring, nach hinten in zwei Mantelgefäße fortsetzt. Zu beiden Seiten des Darmes finden sich jederseits ein, bei *Rhynchonella* zwei Nephridien, die mit

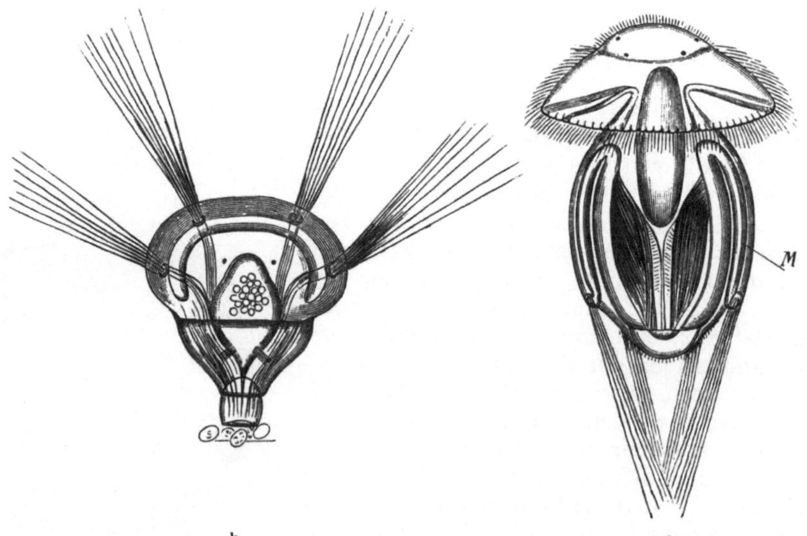

b   a

Abb. 893. Larvenstadien von *Argiope*. (Nach KOWALEVSKY.) a Freischwärmende Larve. *M* Mantel. — b Festsitzende Larve mit nach vorn umgeschlagenen Mantellappen.

weitem Trichter im Cölom beginnen und seitlich am Körper ausführen. Sie fungieren zugleich als Genitalgänge.

Das Nervensystem besteht aus den zu den Hauptarmnerven sich verlängernden Cerebralganglien. Viel mächtiger ist das suboesophageale Ganglion des

Schlundringes, von welchem Nerven zu den Mantellappen, Armen und Muskeln entspringen. Am Rande des Mantels verläuft ein Mantelrandnerv. Das Nervensystem liegt subepithelial. Als Sinnesorgan dürften die Borsten des Mantelrandes zu betrachten sein. Statocysten werden bei *Lingula* beobachtet.

Die Brachiopoden sind geschlechtlich getrennt. Die Geschlechtsproducte liegen im Cölomepithel, bei den *Ecardines* an den Parietalbändern, bei den *Testicardines* ragen sie in den Mantelsinus. Sie gelangen in die Cölomhöhle, aus welcher sie durch die Nephridien nach außen geführt werden.

Die Entwicklung ist eine Metamorphose. Nach Ablauf der äqualen Furchung entsteht meist durch Einstülpung eine Gastrula. Das Mesoderm wird durch Abfaltung oder als solide Zellmasse vom Entoderm angelegt. Der Gastrulamund schließt sich schlitzförmig von hinten nach vorn. Die definitive Mundöffnung ist auf den Gastrulamund zurückzuführen. Die Larve (Abb. 893) zeigt eine Gliederung in drei Abschnitte, von denen der vordere schirmförmige einen präoralen Wimperkranz und am Vorderende eine Scheitelplatte besitzt. Auch liegen am Scheitelfelde vier Augenflecke. Dieser Abschnitt, der Kopflappen, bildet wahrscheinlich die Anlage des Epistoms. An dem mittleren Abschnitte erhebt sich eine Falte zur Bildung der beiden Mantellappen, welche bald den Mittelleib nebst einem Teile des Endabschnittes bedecken; an dem dorsalen Mantellappen treten vier Bündel provisorischer Borsten auf. Dieser Rumpfabschnitt weist auch ein Paar Nephridien (definitives Nephridium) auf. Später setzt sich die Larve mit dem Endabschnitte (Fuße) fest. Letzterer wird zum Stiel, die Mantellappen schlagen sich nach vorn um und erzeugen die Schalenklappen. Die Tentakelanlage ist anfänglich kreisförmig. Bei den *Ecardines* sind die Mantellappen der Embryonen bereits in der Anlage nach vorn gerichtet; auch schwärmen die Larven zur Zeit der Tentakelentwicklung noch frei herum (Abb. 894). Der Stiel wird erst während des Larvenlebens angelegt.

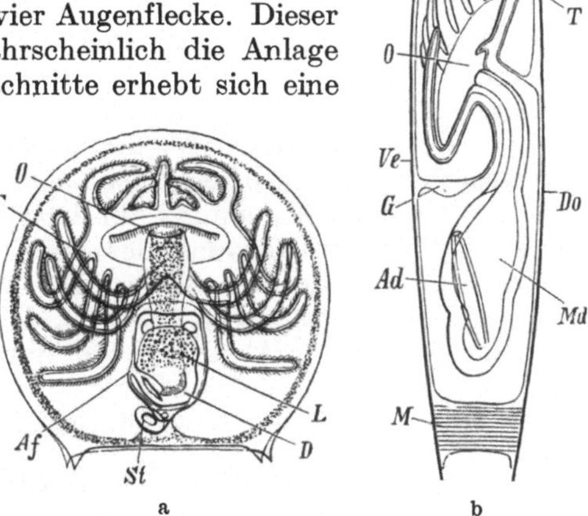

Abb. 894. a Larve von *Lingula*, b Medianschnitt durch eine ältere Larve. (Nach Brooks.) *Do* Dorsale, *Ve* ventrale Schalenklappe, *Mr* verdickter Mantelrand, *O* Mund, *D, Md* Magendarm, *Ad* Enddarm, *Af* After, *M* hinterer Muskel, *G* ventrales Ganglion, *L* Leber, *St* Stielanlage, *T* Tentakel.

Gegenwärtig leben nur wenige Brachiopoden in verschiedenen Meeren, um so größer war dagegen die Verbreitung in früheren Erdperioden. Es gehören die Brachiopoden zu den ältesten Versteinerungen (seit Cambrium), einzelne Formen, so *Lingula*, haben sich vom Silur an bis zur Gegenwart erhalten.

1. Ordnung. **Ecardines.**

Schale ohne Schloß und ohne Armgerüst. Darm mit After. Ränder der Mantellappen vollständig getrennt.

Fam. *Lingulidae.* Schale fast gleichklappig. Stiel lang und fleischig. Stecken mit dem Stiele in einem Sandrohre. *Lingula anatina* Brug. Ind. Ozean (Abb. 889).

Fam. *Discinidae.* Schale ungleichklappig, rundlich, fein punktiert; Stiel durch eine Öffnung oder einen Ausschnitt der flachen unteren Schale durchtretend. *Discina striata* Schum. Westafrika. *Discinisca lamellosa* Brod. Küste von Chile.

Fam. *Craniidae.* Schale ungleichklappig, rundlich. Ventrale Schale in ganzer Ausdehnung festgewachsen. *Crania anomala* Müll. Nordatlant. Ozean.

2. Ordnung. **Testicardines.**

Schale kalkig mit Schloß und Armgerüst. Darm blind geschlossen. Mantellappen hinten verwachsen.

Fam. *Rhynchonellidae.* Schale mit spitzem Schnabel. Armgerüst aus zwei einfachen Fortsätzen bestehend. *Rhynchonella (Hemithyris) psittacea* CHEMN. Nord. Meere.

Fam. *Thecidiidae.* Schale dick, aufgewachsen. Armgerüst schleifenförmig mit nach innen gerichteten Fortsätzen. Arme des Tieres ohne Spirale. *Thecidium (Lacazella) mediterraneum* RISSO. Mittelmeer.

Fam. *Terebratulidae.* Schale länglich oder queroval, glatt oder gefaltet und punktiert. Große Klappe mit durchbohrtem Schnabel. Armgerüst schleifenförmig, am Schloßrand befestigt (Abb. 890, 891). *Liothyrina (Terebratula) vitrea* BORN. Atlant. Ozean, Mittelmeer. *Terebratulina caputserpentis* L. Nordatlant. Ozean. *Terebratella coreanica* AD. RV. Korea. *Waldheimia cranium* MÜLL. Nordatlant. Ozean. *Megerlia truncata* L. *Argiope decollata* CHEMN. Atlant. Ozean, Mittelmeer. *A. (Cistella) neapolitana* SCACCHI. Mittelmeer.

6. Phylum.

Deuterostomia.

Cölomaten (Bilaterien) mit hinterem oder mit ventralem, zum After gewordenem Prostoma, Mundöffnung sekundär an der Ventralseite nahe dem Vorderende entstanden.

In diesem Tierkreis sind die *Coelomopora (Enteropneusta, Echinoderma)*, *Homalopterygia (Chaetognatha)* und *Chordonia (Tunicata, Acrania, Vertebrata)* als Subphyla vereinigt (GROBBEN). In der Umbildung des Prostoma zum After und der sekundären Entwicklung der definitiven Mundöffnung besitzen die *Deuterostomia* gemeinsame Charaktere. Der Darm ist in allen drei Abschnitten entodermalen Ursprunges. Auch erscheint als allgemeiner Charakter die Entwicklung der Cölomsäcke durch Abfaltung vom Entoderm.

1. Subphylum.

Coelomopora.

Deuterostomier mit in drei Regionen gegliedertem Körper und entsprechender Zahl von Cölomabschnitten, die teilweise durch Poren (Pforten) sich nach außen öffnen. Das als After fungierende Prostoma terminal am Hinterende oder secundär verlagert. In der Entwicklung tritt die Dipleurulalarve auf.

Die in dieser Gruppe vereinigten Tierformen, die bilateralsymmetrischen *Enteropneusta* und die radiär gebauten *Echinoderma*, wurden zuerst von METSCHNIKOFF als *Ambulacraria* zusammengefaßt, eine Bezeichnung, welche mit Rücksicht auf das Fehlen eines Ambulacralgefäßsystems bei den Enteropneusta hier aufgelassen und durch *Coelomopora* ersetzt wurde. Wenngleich in äußerer Erscheinung und spezieller Ausbildung auffällige Verschiedenheiten bietend, stimmen *Enteropneusta* und *Echinoderma* rücksichtlich der Gliederung ihres Körpers in drei Abschnitte mit entsprechenden Cölomsäcken (Eichel-, Kragen- und Rumpfcölom der *Enteropneusta*, Axocöl, Hydrocöl und Somatocöl der *Echinoderma*) sowie in der Larvenform (*Dipleurula*) miteinander überein. Charakteristisch sind Cölomporen (Cölompforten), durch welche Wasser in gewisse Cölomräume aufgenommen werden kann. Die Dipleurulalarve ist eine bilateralsymmetrische Larvenform, ausgezeichnet durch eine das eingesenkte Mundfeld umsäumende longitudinale Wimperschnur. Der aus dem Prostoma hervorgegangene After liegt ursprünglich hinten, der definitive Mund ventral. Außer dem Darm weist die Dipleurulalarve die Cölomsackanlagen, von denen der vorderste Abschnitt durch einen Porus ausmündet, sowie ein Mesenchym auf.

6. Kladus.

Enteropneusta, Schlundatmer.

Bilateralsymmetrische, wurmförmige oder bryozoenförmige Cölomoporen mit eichelförmigem oder scheibenförmigem präoralen Körperabschnitt, der Vorderteil des Darmes mit Schlundspalten dient der Atmung.

Die Zusammenordnung der in diese Gruppe gehörigen Formen (*Helmintho-morpha* und *Pterobranchia*) mit den Echinodermen stützt sich einerseits auf die weitgehendere Übereinstimmung der Tornarialarve der *Helmin-thomorpha* mit der Dipleurulalarve der Echinodermen, anderer-seits bei den *Pterobranchia* auf die anatomische Übereinstim-mung mit ersteren. Unter den Enteropneusten dürften die *Helminthomorpha* als die ursprünglicheren anzusehen sein. Sie gestatten durch die Ausbildung des Kiemendarmes und eines dorsalen Nervencentrums auch einen Anschluß an die Chor-donier.

1. Klasse. **Helminthomorpha, Eichelwürmer**[1].

Wurmförmige Enteropneusten mit eichelförmigem präoralen Körperabschnitt und terminalem After.

Der bilateralsymmetrische wurmförmige Körper (Abb. 895) läßt drei Hauptabschnitte unterscheiden; zunächst die *Eichel* (Rüssel), welche präoral am vorderen Körperende kopfähnlich vorsteht; sie ist sehr contractil und dient nebst der folgenden Kragenregion dem Tier zum Einbohren im Sande. Es folgt sodann die kurze *Kragenregion,* an deren Anfang ventral die Mundöffnung liegt, und eine lange *Rumpfregion* mit dem After am Hinterende. Die Rumpfregion gliedert sich in zwei bis drei Unterregionen, die Branchiogenital-, die Leber- und Abdominalregion. In der Branchiogenitalregion finden sich dorsal im Vorderabschnitte jederseits eine Reihe von Öffnun-gen, welche in den Kiemendarm führen und zum Abflusse des Atemwassers dienen, mehr im hinteren Abschnitte die Öff-nungen der Genitalorgane. Bei den *Ptychoderiden* bildet die dorsale Körperwand hier jederseits eine flügelförmige Längs-falte, in der die Genitalorgane liegen (Genitalflügel) (Ab-

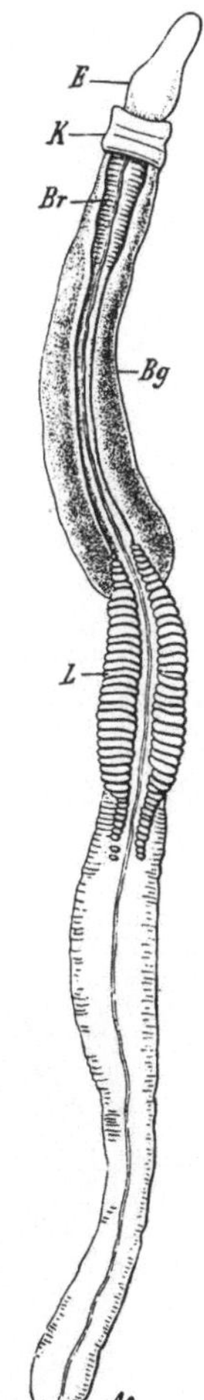

Abb. 895. *Glossobala-nus minutus.* (Nach Spengel.) *E* Eichel, *K* Kragen, *Bg* Bran-chiogenitalregion, *Br* Kiemenspalten, *L* Leberregion, *Af* After. $^{1\cdot 5}/_1$

---

[1] Kowalevsky, A.: Anatomie von *Balanoglossus.* Mém. Acad. St.-Pétersbourg **1866**. — Metschnikoff, E.: Über *Tornaria.* Z. Zool. **20** (1870). — Bateson, W.: Early and later stages in the de-velopment of *Balanoglossus.* Quart. J. microsc. Sci. **24—26** (1884 bis 1886). — Spengel, J. W.: Die Enteropneusten des Golfes von Neapel. Fauna u. Flora Golf Neapel **18** (1893). — Die Benennung der Entero-pneustengattungen. Zool. Jb. **15** (1901). — Neue Beiträge zur Kennt-nis der Enteropneusten. Ebenda **18** (1903); **20** (1904). — Studien über die Enteropneusten der Siboga-Expedition. Leiden 1907. — Morgan, T. H.: The Development of *Balanoglossus.* J. Morph. a. Physiol. **9** (1894). — Caullery, M. et F. Mesnil: Contribution à l'étude des Entéropneustes. Zool. Jb. **20** (1904). — Heider, K.: Zur Entwick-lung von *Balanoglossus clavigerus.* Zool. Anz. **1909**. — Stiasny, G.: Studien über die Entwicklung des *Balanoglossus clavigerus.* 2 Teile. Z. Zool. **110** (1914); Mitt. Zool. Stat. Neapel **22** (1914). — Stiasny-Wijnhoff, G. u. G. Stiasny: Die Tornarien. Erg. Zool. **7** (1927). — Vgl. überdies die Arbeiten von Agassiz, Willey, Marion, Koehler, Punnett, Davis u. a.

bild. 897). Wo eine Leberregion entwickelt ist, wird dieselbe durch die Ausbildung von dorsalen Lebersäckchen des Darmes bedingt.

Die Körperbedeckung wird von einem an Drüsenzellen reichen Wimperepithel gebildet, in dessen Tiefe eine Nervenfaserschicht liegt. Als Hauptabschnitte dieses subepithelialen Nervensystems erscheinen ein dorsaler und ventraler gangliöser Längsstrang in der ganzen Länge des Rumpfes (Abb. 896, 897). Eine verstärkte ringförmige Verbindung liegt an der Grenze zwischen Rumpf und Kragen. Der dorsale Hauptstrang ist bis in die Eichel zu verfolgen; er erscheint in der Kragenregion unter der Haut in die Tiefe versenkt und enthält hier einen oder mehrere Hohlräume. Dieses Kragenmark kann als Centralteil des Nervensystems betrachtet werden.

Der Mund führt in die Mundhöhle, deren Wand ein Divertikel (Eicheldarm) nach vorn in die Eichelbasis entsendet, das von manchen Forschern als Chordarudiment (Notochord) aufgefaßt wird. Unterhalb desselben liegt ein den Mund dorsal umfassender Skeletbogen (Eichelskelet) (Abb. 896). Es folgt im Rumpf der Kiemendarm mit zwei Reihen dorsaler taschenförmiger Aussackungen (Kiementaschen), die durch spaltförmige Kiemenporen nach außen führen. In jede Kiementasche springt von der Dorsalseite ein zungenförmiger Fortsatz, die Kiemenzunge, vor, die bei vielen Formen durch feine Querbrücken (Synaptikel) mit den gegenüberliegenden Seitenwänden der Kiemenspalte verbunden ist. Die Wände der Kiemenspalten werden durch ein System von Skeletspangen gestützt. Zuweilen ist der dorsale Abschnitt des Kiemendarmes mit den Kiemenspalten durch zwei vorspringende Längswülste von dem ventralen, nur als Oesophagus fungierenden Abschnitte geschieden (Abb. 897). Der folgende verdauende Darmabschnitt zeigt im Vorderteil bei einigen Formen dorsale Leberausstülpungen; ein dorsal gelegener Nebendarm wird bei einigen *Glandiceps*-Arten in der hinteren Körperregion beobachtet. Auch kommen in der Genitalregion vieler Helminthomorphen paarige dorsale Darmpforten vor.

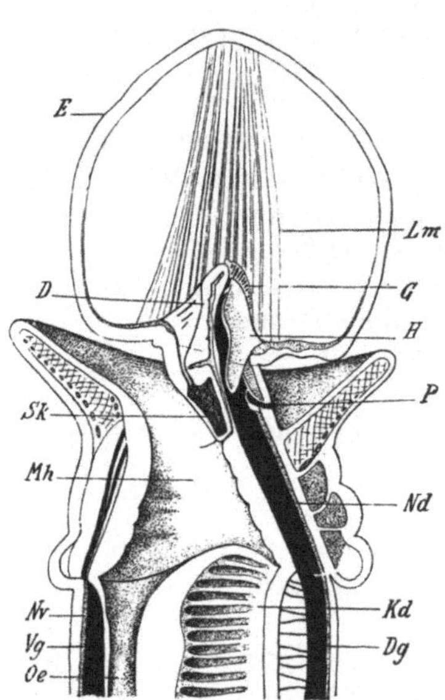

Abb. 896. Eichel, Kragen und vorderster Teil der Kiemenregion von *Glossobalanus minutus*, im Sagittalschnitt.(Nach SPENGEL.) *E* Eichel, *Lm* Längsmuskel, *D* Eicheldivertikel des Darmes, *Sk* Eichelskelet, *H* Herzblase oder Pericard, *G* Eichelglomerulus, *P* Eichelporus, *Mh* Mundhöhle, *Oe* Oesophagus, *Kd* Kiemendarmhöhle, *Nd* Kragenmark, *Nv* ventraler Nervenstamm, *Dg* Dorsal-, *Vg* Ventralgefäß.

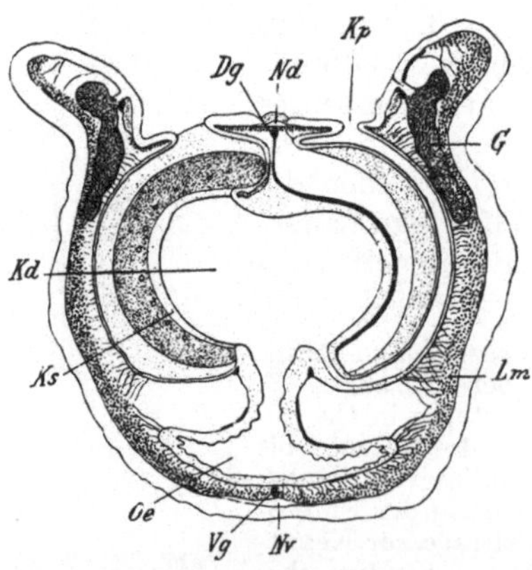

Abb. 897. Querschnitt durch die Kiemenregion von *Balanoglossus apertus*. (Nach SPENGEL.) *Oe* Oesophagus, *Kd* Kiemendarm, links ein Kiemenseptum (*Ks*), rechts eine Kiemenzunge getroffen, *Kp* Kiemenporus, *Dg* Dorsal-, *Vg* Ventralgefäß, *Nd* dorsaler, *Nv* ventraler Nervenstamm, *G* Genitalorgan, *Lm* Längsmuskulatur.

Der Darm ist an der Leibeswand durch ein dorsales und ventrales Mesenterium befestigt, das von den aneinander stoßenden paarigen Cölomsäckchen gebildet wird. Man unterscheidet ein Paar Cölomsäcke im Kragen und ein Paar in der

Rumpfregion (Abb. 85a). Ein unpaarer Cölomsack nimmt die Eichel ein und mündet dorsal durch einen, seltener zwei Poren an der Eichelbasis nach außen (Abb. 896). Durch solche Poren öffnet sich auch das Kragencölom an der Vorderwand der ersten Kiementasche nach außen. Von dem somatischen Blatte der Cölomsäcke geht die Entwicklung der Körpermuskulatur aus (Abb. 897), welche aus zwei bis vier Längsmuskelfeldern besteht; dazu treten noch radiär verlaufende Muskelfasern und zuweilen eine äußere Ringfaserlage. Durch die Muskulatur und Bindegewebe werden die Cölomräume fast vollständig verdrängt.

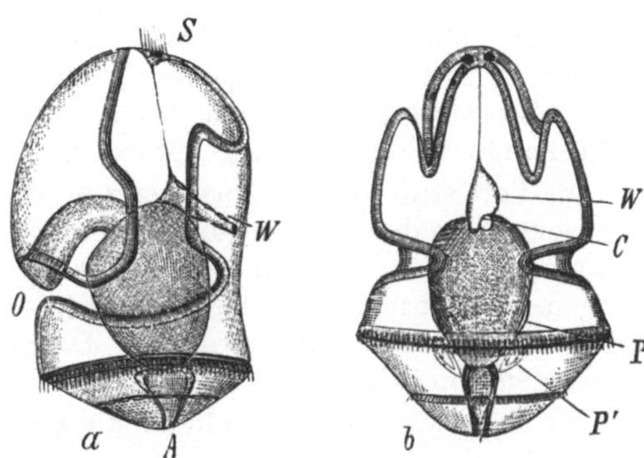

Abb. 898. *Tornaria*-Larve. (Nach METSCHNIKOFF.) a Seiten-, b Dorsalansicht. *O* Mund, *A* After, *C* Herzblase, *S* Scheitelplatte, *W* Eichel-, *P* Kragen-, *P'* Rumpfcölomsack.

Die Helminthomorphen besitzen ein Blutgefäßsystem (Abb. 896), an dem sich ein dorsaler und ventraler Längsstamm unterscheiden lassen, welche am Hinterende des Kragens durch zwei Seitengefäße verbunden sind; im dorsalen Längsstamme bewegt sich das Blut von hinten nach vorn. Dazu kommen verbindende Gefäße und capillare Gefäßnetze in der Haut und am Darm.

Im Basalteil der Eichel liegt dorsal von dem vorderen Darmdivertikel ein geschlossenes, teilweise contractiles Säckchen, sogenannte Herzblase oder Pericard, das jedoch nicht dem Blutgefäßsystem zugehört (Abb. 896). Als Eichelglomerulus wird eine Gruppe von mit Bluträumen erfüllten Vorstülpungen der Wand des Eichelcöloms oberhalb der Herzblase bezeichnet. Vielleicht handelt es sich hier um ein Excretionsorgan.

Die Geschlechter sind getrennt. Die Gonaden (Abbild. 897) stellen einfache oder verästelte Schläuche dar, die sich von der hinteren Kiemenregion bis in die Leberregion in einer oder auch zwei Längsreihen (bei *Ptychoderiden* in der flügelförmigen Längsfalte) angeordnet finden und dorsal durch einfache Gänge ausmünden.

Die Entwicklung ist eine Metamorphose, zuweilen verläuft sie direkter. Im ersteren Falle tritt die als *Tornaria* bekannte pelagische Larvenform (Abb. 898) auf. Die Entwicklung zeigt vielfach gemeinsame Charakterzüge mit den Echinodermen. Die Furchung ist äqual, die Gastrulation erfolgt durch Invagination. Der After ist auf das Prostoma zurückzuführen, während der Mund sekundär an der Ventralseite entsteht. Die Cölomsäcke werden durch Abfaltung vom Entoderm gebildet, zuerst das unpaare Eichelcölom, von dem aus später Mesenchymzellen in die das Blastocöl erfüllende Gallerte einwandern. Die Tornaria besitzt Walzenform und weist ein sattelförmig eingedrücktes Mundfeld auf, das von einer Wimperschnur umsäumt wird; und zwar ist ein den Mundschild umgebender Abschnitt der Wimperschnur von dem übrigen Teile am Scheitelpole getrennt. An letzterem liegt eine Scheitelplatte mit Wimperschopf und zwei Augenflecken.

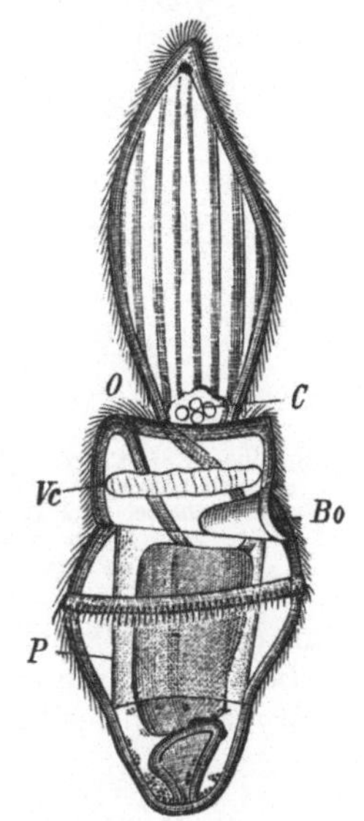

Abb. 899. Späteres Entwicklungsstadium von *Balanoglossus*, mit einem Paar von Kiemenspalten (Seitenansicht). (Nach METSCHNIKOFF.) *Bo* Kiemenporus, *C* Herzblase, *O* Mund, *P* Cölomsack, *Vc* Ringgefäß.

Nahe dem Hinterende des Körpers findet sich ein präanaler Wimperkranz. Die Mundöffnung liegt ventral innerhalb des Mundfeldes, der After terminal. Dorsal vom Darm findet sich ein großer Sack, der durch einen dorsalen Porus ausmündet und durch einen Strang mit der Scheitelplatte verbunden ist, das Eichelcölom. Ihm liegt rechterseits die Herzblase an. Rechts und links vom Darm folgen zwei Paare von Cölomsäckchen (Kragen- und Rumpfcölom). Das Eichelcölom wurde unrichtigerweise dem Hydrocöl der Echinodermen verglichen; letzterem ist das linke Kragencölom homolog (SPENGEL).

Die Verwandlung der Tornaria zum Eichelwurm vollzieht sich bei auffallender Verkleinerung des Körpervolumens unter Rückbildung der Wimperschnur; der präorale Teil des Larvenkörpers wird zur Eichel, der orale Abschnitt zum Halskragen und der nachfolgende gestreckte Teil mit dem noch vorhandenen Wimperkranz zum Rumpf. Am vorderen Darmabschnitt kommen paarweise Kiemenöffnungen zum Durchbruch (Abb. 899).

Die Tiere leben in mit Schleim ausgekleideten Gängen im Sande und bewegen sich, indem Eichel und Kragen bei abwechselnder Verlängerung und Verkürzung den übrigen Körper nachschleppen.

Fam. *Glandicipitidae*. Genitalflügel nicht vorhanden. *Glandiceps talaboti* MAR. Mittelmeer. Hier schließt sich an *Dolichoglossus kowalevskii* A. AG. Atlant. Küste, Nordamerika. *Protobalanus koehleri* CAULL. et MESN. Kanal la Manche.

Fam. *Ptychoderidae*. Genitalflügel vorhanden. *Glossobalanus minutus* KOW. Neapel (Abbild. 895). *Balanoglossus clavigerus* CHIAJE. Atlant. Ozean. Mittelmeer. *B. gigas* FR. MÜLL. Brasilien. Wird bis 2,5 m lang. *Ptychodera flava* ESCHZ. Still. Ozean.

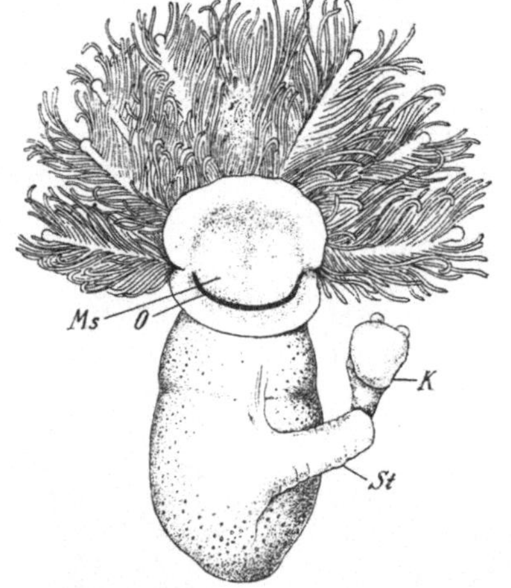

Abb. 900. *Cephalodiscus dodecalophus* von der Ventralseite gesehen. (Nach MAC INTOSH.) $^{20}/_1$. *Ms* Kopfscheibe, *O* Pigmentstreifen derselben, *St* Stiel, *K* Knospe.

2. Klasse. **Pterobranchia** [1].

Bryozoenförmige, in Röhren lebende Enteropneusten mit Tentakelapparat und ventralem Stiel, mit zu einer Scheibe entwickeltem präoralen Körperabschnitt und dorsal gelegenem After.

Der Gruppe Pterobranchia gehören die Gattungen *Cephalodiscus* und *Rhabdopleura* an (Abb. 900, 902). Der gewöhnlich etwa 1—5 mm, selten (*Cephalodiscus solidus*) 4—5 cm große Körper dieser Tiere erinnert im Habitus an Tentaculaten (Bryozoen), besitzt aber im Bau große Übereinstimmung mit den Helmintho-

---

[1] MACINTOSH, W.: Report on *Cephalodiscus dodecalophus*. Chall. Rep. **20** (1887), mit Appendix von S. F. HARMER. — MASTERMAN, A. T.: On the Diplochorda. Quart. J. microsc. Sci. **40** (1898). — On the further Anatomy and the Budding Processes of *Cephalodiscus dodecalophus*. Trans. roy. Soc. Edinburgh **39** (1900). — RAY LANKESTER, E.: A contribution to the knowledge of *Rhabdopleura*. Quart. J. microsc. Sci. **24** (1884). — FOWLER, G. H.: The morphology of *Rhabdopleura Normani*. Festschr. f. LEUCKART. Leipzig 1892. — HARMER, S. F.: The Pterobranchia of the Siboga-Expedition. Leyden 1905. — ANDERSSON, K. A.: Die Pterobranchier der Schwed. Südpolar-Exp. Stockholm 1907. — RIDEWOOD, W. G.: Pterobranchia. *Cephalodiscus*. Nat. Antarctic Exp. London 1907. — SCHEPOTIEFF, A.: Die Pterobranchier. Zool. Jb. **23**—**25** (1907—1908). — Die Pterobranchier des Indischen Ozeans. Ebenda **28** (1910). — BRAEM, F.: Pterobranchier und Bryozoen. Zool. Anz. **1911**. — Vgl. außerdem die Arbeiten von ALLMAN, G. O. SARS, EHLERS, A. LANG.

morphen und läßt wie bei diesen drei Abschnitte mit ebensovielen Abschnitten des Cöloms unterscheiden; er zeigt bei *Rhabdopleura* meist eine Asymmetrie in stärkerer Entwicklung der linken Körperseite, wobei der Mund nach links verschoben ist. Der erste, präorale Abschnitt ist zu einer großen, über den Mund vorragenden drüsenreichen Scheibe (Kopfscheibe) entwickelt, die dem Tier von *Cephalodiscus* auch als Kriechscheibe dient; der zweite schmale Abschnitt (Kragen) trägt ventral die Mundöffnung, dorsal jederseits bei *Rhabdopleura* einen, bei *Cephalodiscus* fünf, sechs oder acht mit zahlreichen Tentakeln besetzte, bei *Cephalodiscus* zuweilen am Ende geknöpfte Arme (Tentakelträger), in die hinein das Kragencölom Divertikel entsendet; der dritte Abschnitt, der Rumpf, ist sack-

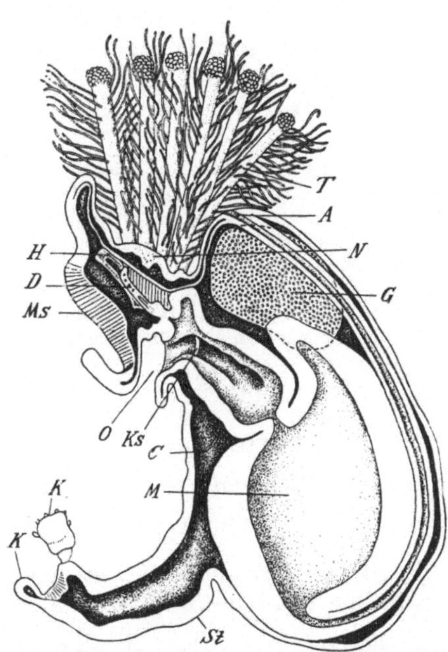

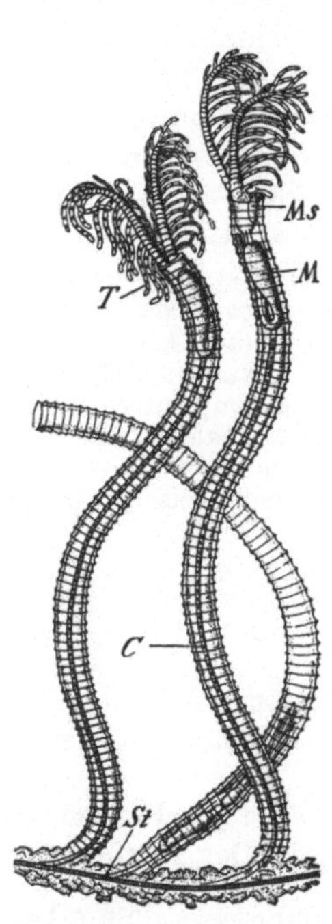

Abb. 901. *Cephalodiscus dodecalophus* im Medianschnitt, schematisch. (Nach SCHEPOTIEFF.) *A* After, *C* Rumpfcölom, *D* vorderes Darmvertikel, *G* Ovarium, *H* Herzblase, *K* Knospen, *Ks* Kiemenspalte, *M* Magen, *Ms* Kopfscheibe, *N* Kragenmark (Centralnervensystem), *O* Mund, *St* Stiel, *T* Tentakel.

Abb. 902. *Rhabdopleura mirabilis*. (Nach O. SARS.) Etwa $^{10}/_1$. *C* Contractiler Strang, *M* Magen, *Ms* Kopfscheibe *St* Axialstrang, *T* Tentakel.

förmig und besitzt bei *Cephalodiscus* einen ventralen Stiel (mit endständigem Haftnapf), in welchem die Längsmuskeln der Ventralseite zusammenlaufen. Dieser contractile Stiel setzt sich bei *Rhabdopleura* in einen (schwarzen) Stolo fort, der die Einzeltiere verbindet (Abb. 902). Der vorderste unpaare Cölomsack nimmt die Kopfscheibe ein und öffnet sich durch zwei Poren nach außen, desgleichen der zweite paarige, den Kragen einnehmende Cölomsack, auf den im Rumpf ein drittes Paar von Cölomsäcken folgt, das sich in den Stiel hinein fortsetzt. Der Darm ist U-förmig gebogen (Abb. 901); er weist im vorderen Teile ein dorsales, gegen die Kopfscheibe ragendes Divertikel, bei *Cephalodiscus* außerdem zwei Kiemenspalten auf; der After mündet dorsal weit vorn. Das Nervensystem wird wie bei *Helminthomorphen* von einer subepithelialen Nervenschicht gebildet. Als Centralteil ist ein Ganglion an der Dorsalseite der Kragenregion anzusehen. Von ihm geht ein dorsaler starker Nervenstamm in die Kopfscheibe, ferner ein hinterer dorsaler

Nerv sowie seitliche Nerven aus, die sich vor dem Stiel zu einem ventralen Nervenstamme vereinigen. Auch ein System von Gefäßen, ähnlich jenem der Helminthomorphen ist beobachtet. Eine sogenannte Herzblase findet sich in der Kopfscheibe, dem Vorderende des vorderen Darmdivertikels angelagert.

Die Tiere sind meist getrenntgeschlechtlich, wenige hermaphroditisch, die Männchen zuweilen verschieden. Die säckchenförmige, bei *Rhabdopleura* unpaare (nur rechts vorhandene) Genitaldrüse mündet an der Dorsalseite des Rumpfes vor dem After. Außerdem pflanzen sich die Pterobranchier durch Knospung fort. Die Knospen entstehen bei *Cephalodiscus* am Ende des Stieles, bei *Rhabdopleura* an den freien Stoloenden. Die Entwicklung ist eine Metamorphose. Die Larven von *Cephalodiscus* ähneln jenen der Bryozoen (*Bugula*).

Die Tiere von *Cephalodiscus* leben kolonieweise in zuweilen verzweigten Röhren, die von den Tieren ausgeschieden werden; sie sind innerhalb derselben frei beweglich und halten sich mittels der am Ende des Stieles vorhandenen Saugscheibe fest. *Rhabdopleura* bildet verzweigte Stöcke, in denen die in Röhren lebenden Tiere durch Stolonen verbunden sind. Alle Pterobranchier sind marin und leben meist in beträchtlicher Tiefe.

Fam. *Cephalodiscidae*. Tiere frei innerhalb der Röhre beweglich, in Kolonien lebend. *Cephalodiscus dodecalophus* M'Int. Mit sechs Paaren von Armen. Magellanstr. (Abb. 900). *C. inaequatus* Andersson. Beim Weibchen fünf, beim Männchen sechs Armpaare. *C. solidus* Andersson. Mit acht Armpaaren. Antarkt., Graham-Region. *C. sibogae* Harmer. Männchen mit nur einem Paar tentakelloser Arme. Malaiisch. Arch.

Fam. *Rhabdopleuridae*. Stöckchen bildend, Tiere durch Stolonen verbunden, mit nur zwei Armen. Kiemenspalten fehlen (Abb. 902). *Rhabdopleura ncrmani* Allm. Atlant. Ozean.

Die paläozoischen *Graptolithen* dürften zum Teil Röhren von Pterobranchiern sein.

7. Kladus.

Echinoderma, Stachelhäuter[1].

Coelomopora von sekundär-radiärem fünfstrahligen Bau, mit kalkigem, oft stacheltragendem Unterhautskelet, mit kompliziert entwickeltem Ambulacralgefäßsystem.

Die Echinodermen bilden eine wohlabgeschlossene, ausschließlich marine Tiergruppe. Der Körper der Echinodermen läßt eine Oralseite mit dem Munde von

---

[1] Tiedemann, Fr.: Anatomie der Röhrenholothurie, des pomeranzfarbigen Seesternes und des Stein-Seeigels. Heidelberg 1820. — Müller, Joh.: Über den Bau der Echinodermen. Abh. preuß. Akad. Wiss., Physik.-math. Kl. Berlin 1854. — Über die Larven und Metamorphose der Echinodermen. Ebenda 1848—1854. — Agassiz, A.: Embryology of the Starfish. Mem. Mus. Harvard Coll. 5 (1877). — Metschnikoff, E.: Studien über die Entwicklungsgeschichte der Echinodermen und Nemertinen. Mém. Acad. St.-Pétersbourg 1869. — Ludwig, H.: Morphologische Studien an Echinodermen. Z. Zool. 1877—1882. — Selenka, E.: Die Keimblätter der Echinodermen. Wiesbaden 1883. — Hamann, O.: Beiträge zur Histologie der Echinodermen. Jena. Z. Naturwiss. 1884—1889. — Semon, R.: Die Entwicklung der *Synapta digitata* und die Stammesgeschichte der Echinodermen. Ebenda 22 (1888). — Sarasin, F. u. P.: Über die Anatomie der Echinothuriden und die Phylogenie der Echinodermen. Erg. Ceylon. 1 (1888). — Cuénot, L.: Études morphologiques sur les Echinodermes. Archives de Biol. 11 (1891). — Théel, H.: On the Development of *Echinocyamus pusillus*. Nova Acta Soc. Sci. Upsala 1892. — Bury, H.: The Metamorphosis of Echinoderms. Quart. J. microsc. Sci. 38 (1896). — Goto, S.: The Metamorphosis of *Asterias pallida* etc. J. Coll. of Sci. Tokio 10 (1898). — Carpenter, W. B.: Researches on the Structure, Physiology and Development of *Antedon rosaceus*. Philosophic. Trans. roy. Soc. London 1866. — Barrois, J.: Recherches sur le développement de la Comatule. Rec. Zool. Suisse 4 (1888). — Perrier, E.: Mémoire sur l'organisation et le développement de la Comatule de la Méditerranée. Nouv. Arch. Mus. Hist. Nat. Paris 1889—1890. — Seeliger, O.: Studien zur Entwicklungsgeschichte der Crinoiden (*Antedon rosacea*). Zool. Jb. 6 (1893). — Russo, A.: Studii su gli Echinodermi. Atti Accad. Gioenia. Catania 1902. — Masterman, A.: The Early Development of *Cribrella oculata* etc. Trans. roy. Soc. Edinburgh 40

einer gegenüberliegenden Apicalseite unterscheiden und erscheint in der Anordnung seiner Teile im Typus fünfstrahlig gebaut, zuweilen treten 4, 6 oder mehr Strahlen auf. Bei den regulär ausgebildeten Formen sind um eine durch den Oral- und Apicalpol zu ziehende Hauptachse fünf Abschnitte zu unterscheiden, in welche die Ambulacralstämme, Nervenstämme usw. fallen; sie werden als Radien oder *Ambulacra* bezeichnet, während die dazwischenfallenden Körperstücke als Interradien oder *Interambulacra* unterschieden werden (Abb. 903 und 75c).

Der radiäre Körperbau der Echinodermen ist sekundär einer bilateralsymmetrischen Grundform aufgeprägt — es zeigt dies in erster Linie die Bilateral-

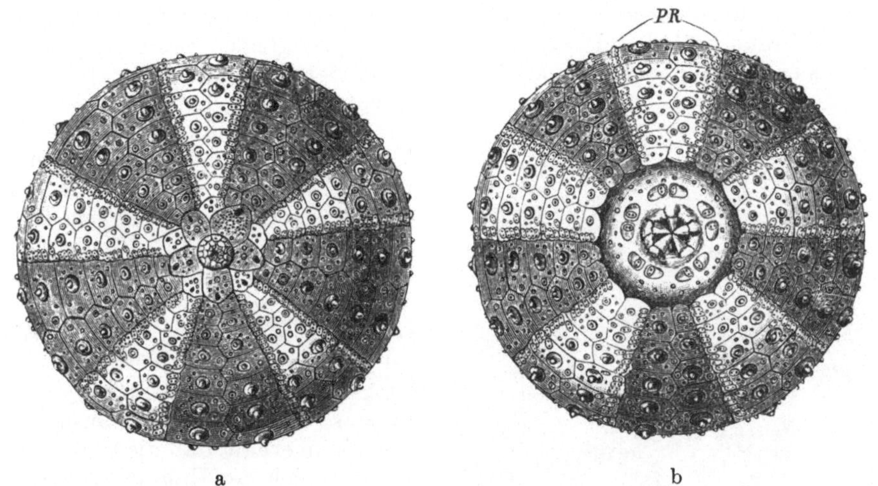

Abb. 903. Schale eines regulären Seeigels (*Strongylocentrotus droebachiensis*). $^1/_1$. a Apicalseite. In der Mitte das Afterfeld, in seinem Umkreis die fünf interradialen Genitalplatten, von denen die rechte vordere zugleich Madreporenplatte ist. Zwischen den Genitalplatten radial die kleinen, von einem Porus (für den Sinnestentakel) durchsetzten fünf Ocellarplatten. — b Oralseite. *PR* Porenreihen im vorderen Radius. Um den Mund (mit den fünf Zähnen) auf dem Peristom fünf Plattenpaare (Buccalplatten) mit den Poren der oralen Ambulacralfüßchen.

symmetrie der Larvenform — und ist auf die festsitzende Lebensweise ursprünglich freibeweglicher bilateralsymmetrischer Stammformen zurückzuführen. (Vielleicht sind die Pterobranchia Reste solcher Stammformen.) Auch unter den heute

(1902). — PIETSCHMANN, V.: Zur Kenntnis des Axialorgans und der ventralen Biuträume der Asteriden. Arb. zool. Inst. Wien 16 (1905). — SCHURIG, W.: Anatomie der Echinothuriden. Wiss. Erg. dtsch. Tiefsee-Exp. 5 (1906). — MAC BRIDE, E. W.: The development of *Echinus esculentus* etc. Philosophic. Trans. roy. Soc. London 1903. — The development of *Ophiothrix fragilis*. Quart. J. microsc. Sci. 51 (1907). — HEIDER, K.: Über Organverlagerungen bei der Echinodermenmetamorphose. Verh. dtsch. Zool. Ges. 1912. — v. UBISCH, L.: Die Anlage und Ausbildung des Skeletsystems einiger Echiniden und die Symmetrieverhältnisse von Larve und Imago. Z. Zool. 104 (1913). — Die Entwicklung von *Strongylocentrotus lividus*. Ebenda 106 (1913). — BECHER, S.: Stachelhäuter. Handwörterbuch der Naturwiss. 9 (1913). — Echinodermata in Bronns Klassen u. Ordn. d. Tierreichs. Bearb. von H. LUDWIG u. O. HAMANN, 1889—1904. — GEMMILL, J. F.: The Development of the Starfish *Solaster endeca*. Trans. Zool. Soc. London 20 (1912). — The Development and Certain Points in the Adult Structure of the Starfish *Asterias rubens*. Philosophic. Trans. roy. Soc. London 1914. — MORTENSEN, TH.: Studies in the Development of Crinoids. Pap. Departm. of mar. Biol. Carnegie Inst. Washington 16 (1920). — Studies on the Development and Larval forms of Echinoderms. Kopenhagen 1921. — GROBBEN, K.: Theoretische Erörterungen betreffend die phylogenetische Ableitung der Echinodermen. Sitzgsber. Akad. Wiss. Wien, Math.-naturwiss. Kl. 1923. — Vgl. ferner die Schriften von FORBES, BELL, W. THOMSON, P. H. CARPENTER, GREEFF, GOETTE, BÜTSCHLI, FEWKES, PFEFFER, J. WAGNER, GRAVE, BATHER, REIMERS, ZIEGLER.

lebenden Echinodermen gibt es eine Gruppe, die *Pelmatozoa*, welche im entwickelten Zustande oder wenigstens in der Jugend festsitzend sind, während alle übrigen Echinodermen, die *Eleutherozoa* (*Echinozoa*), einige Asteroideen ausgenommen, auch während der Entwicklung keinen festsitzenden Zustand mehr aufweisen. Den *Pelmatozoa* gehören in der heutigen Lebewelt die *Crinoidea*, den *Eleutherozoa* die *Asteroidea* (Seesterne), *Ophiuroidea* (Schlangensterne), *Echinoidea* (Seeigel) und *Holothurioidea* (Seewalzen) an.

Die Abstammung der Echinodermen von bilateralsymmetrischen Formen kommt auch noch beim ausgebildeten Tier einigermaßen zum Ausdruck, indem einzelne unpaare Organe (wie Steinkanal, Axialorgan) vorhanden sind, welche nicht in die Hauptachse fallen, ohne daß aber eine Teilungsebene durch das das unpaare Organ enthaltende Strahlstück der ursprünglichen Symmetrieebene des Körpers entspräche. Es ist somit für die Echinodermen eine Asymmetrie im Bau eigentümlich (H. Ludwig).

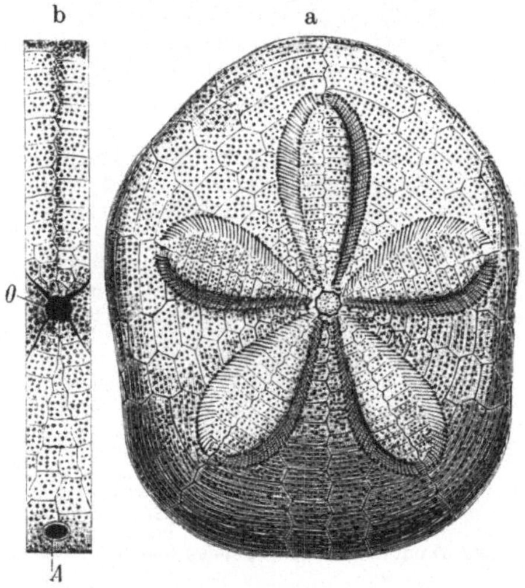

Aus der sekundär radiären *regulären* Echinodermenform hat sich in verschiedener Weise tertiär eine Bilateralsymmetrie bei manchen Formen ausgebildet. Eine solche findet sich bei einigen Seeigeln, indem der eine Radius eine ungleiche Größe erlangt. Bei den sogenannten *irregulären* Seeigeln schreitet die zweiseitigsymmetrische Gestaltung weiter vor. Nicht nur daß der unpaare Radius eine abnorme Größe und Form erhält, daß die Winkel, unter welchen sich der Hauptstrahl mit den Nebenstrahlen schneidet, nur paarweise gleichbleiben, auch die Afteröffnung rückt bei den *Clypeastroideen* (Abb. 904) aus dem Scheitelpole nach der oralen Hälfte in den unpaaren Interradius, während sich bei den *Spatangoideen* zugleich der Mund in der Richtung des unpaaren Radius nach vorn

Abb. 904. *Clypeaster rosaceus.* ³/₅. a Apicalansicht. Im Centrum die Madreporenplatte, umgeben von den fünf Genitalporen und der Ambulacralrosette. b Medianer Teil der Oralfläche. O Mund, A After.

verschoben zeigt (Abb. 905). Mit dieser Verschiebung des Mundes erfahren die zwei hinteren Ambulacren (Bivium) eine Verlängerung und erscheinen in größerem Umfange an der Bildung der Oralfläche des Körpers beteiligt. In ganz anderer Weise ist bei zahlreichen *Holothurien* eine Bilateralsymmetrie entwickelt. Mund und After behalten hier ihre normale Lage und der walzenförmige Körper flacht sich parallel zur Hauptachse zu einer Kriechsohle ab, welcher drei Radien (Trivium), in der Mitte der dem dorsalen Genitalorgan gegenüberliegende Radius, angehören.

Was die unter den Echinodermen auftretenden (regulären) Formentypen anbelangt, so zeigen die Seeigel (*Echinoidea*) eine oral etwas abgeflachte sphäroidische Gestalt. In der Hauptachse liegt der Mund, ihm gegenüber der After in dem als Periproct bezeichneten Felde (Abb. 903). Durch Verlängerung der Achse ergibt sich die Walzenform der *Holothurioidea* (Abb. 906). Die Gestalt der Seesterne (*Asteroidea*) (Abb. 936) ist durch Verkürzung des Körpers in der Hauptachse sowie Ausbreitung der Ambulacren auf der oralen Seite abzuleiten, wobei die Radien (Ambulacren) armförmig hervortreten und die apicale Körperwand von einer von Kalktafeln durchsetzten Haut gebildet wird. Die pentagonale Scheibenform mancher Seesterne kann als Übergang dienen (Abb. 937); die Arme erscheinen hier bloß als Ecken der Scheibe. Bei den *Ophiuroidea* sind die Arme von der kleinen Scheibe schärfer abgesetzt, in der Regel einfach, selten verzweigt. Der Körper der *Crinoidea* (Abb. 934, 935) ist kelchförmig und setzt sich in gleichfalls bewegliche, einfache oder verästelte schlanke Arme fort, die gegliederte Seitenanhänge (*Pinnulae*) tragen, welche alternierend den einzelnen Armgliedern zugehören und im Grunde nur die äußersten Armzweige repräsentieren. Die Crinoideenarme sind nicht den Armen der Asteroideen und Ophiuroideen vergleichbar, sondern Bildungen eigener Art. Dazu kommt bei den Crinoideen, bei den *Antedoniden* nur in der Jugend, der am apicalen Körperpole entspringende gegliederte Stiel, mittels dessen die Tiere mit nach oben gekehrtem Mund festsitzen (Abb. 932, 934). Den Crinoideen gegenüber, deren Mund ihrer festsitzenden Lebensweise entsprechend nach aufwärts gerichtet ist, bewegen sich die Echinoideen, Asteroideen und Ophiuroideen mit nach unten gerichtetem Munde, während bei den Holothurioideen der Mund bei der Bewegung nach vorn gerichtet liegt.

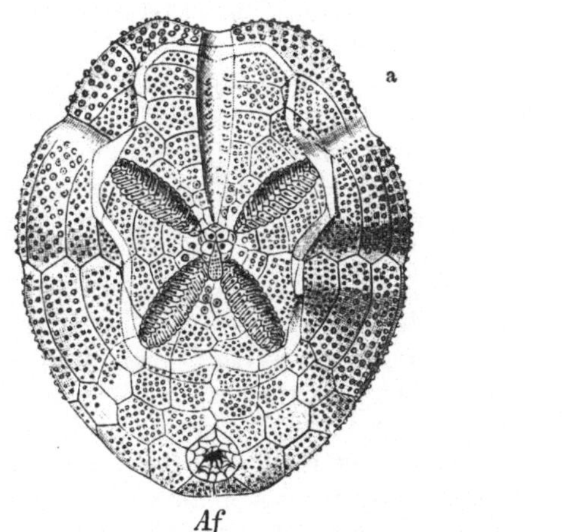
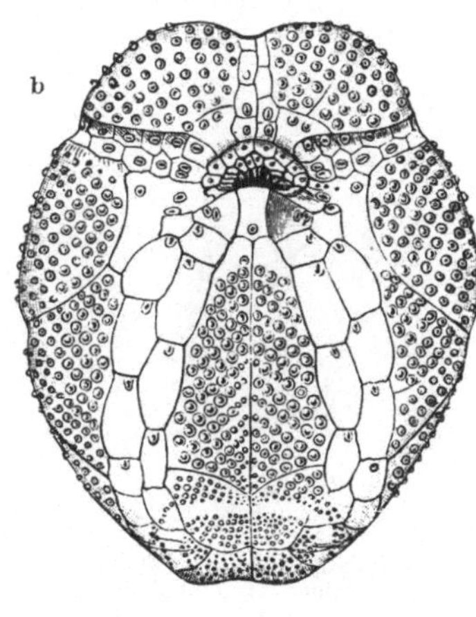

Abb. 905. Schale eines Seeigels der Spatangidengruppe (*Brissopsis lyrifera*). $^{1.3}/_1$. a Apicalseite mit vier Genitalporen und Madreporenplatte im hinteren Interradius. *Af* After. — b Oralseite, mit dem nach vorn gerückten Munde.

Als allgemeiner Charakter der Echinodermen erweist sich die Entwicklung kalkiger Skeletteile von charakteristischem netzförmigen Gefüge in dem Bindegewebe, vor allem der Unterhaut. Bei den *Holothurien* bleiben diese Skeletbildungen auf einen in der Umgebung des Schlundes gelegenen, aus zehn Stücken gebildeten Kalkring und auf isolierte, bestimmt gestaltete Kalkkörper (Abb. 907) beschränkt, welche in Form von gegitterten Täfelchen, Stühlchen, Rädchen oder Ankern im Integumente eingelagert sind. In diesem Falle ist ein kräftiger Hautmuskelschlauch vorhanden, bestehend aus fünf oder zehn starken radialen Längsmuskeln, denen vorn der Kalkring zur Befestigung dient, und zwischen ihnen aus einer Lage von Ringfasern, welche die innere Oberfläche der Haut auskleidet. Das Hautepithel der Echinodermen ist oft bewimpert.

Bei den übrigen Echinodermen läßt sich ein apicaler und oraler Abschnitt eines Plattenskeletes mit fünfstrahliger Anordnung seiner Teile unterscheiden.

Ausgehend vom Primärskelet der *Antedon*-Larve (Abb. 932 b), sehen wir dasselbe im apicalen Abschnitte, dem Kelche, aus einem den Apex des Kelches einnehmenden *Centrale*, dem sich fünf interradiale *Basalia* (Interradialia) und weiter fünf radiär gelagerte Skeletplatten, die *Radialia*, anschließen, bestehen, im oralen Abschnitte finden wir fünf um den Mund interradial gelagerte *Oralia*. Bei den

Larven der *Asteroideen, Ophiuroideen* und *Echinoideen* erscheinen im oralen Abschnitte des Primärskeletes fünf radiale Platten, die *Terminalia* (Abb. 908).

Zu diesem Primärskelet kommen später neue Plattensysteme (perisomatisches Skelet) hinzu, die als *Ambulacralia, Interambulacralia* usw. bezeichnet werden.

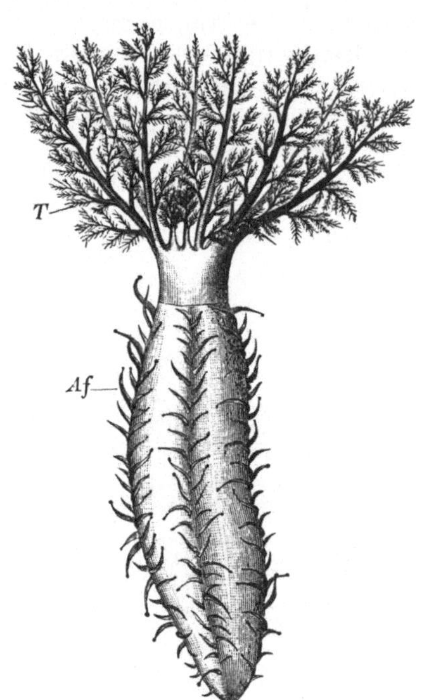

Abb. 906. *Cucumaria planci.* $^2/_3$. *T* Tentakel, die zwei ventralen kleiner. *Af* Ambulacralfüßchen.

Ob die miteinander verglichenen und gleichbenannten Platten bei *Pelmatozoen* und *Eleutherozoen* als homolog anzusehen sind, bleibt zweifelhaft.

Bei den *Crinoideen* finden sich am ausgebildeten Tiere außer Primärplatten als wichtigste Skeletteile die apicalwärts gelagerten Brachialia der Arme, an der Oralseite die Saumplättchen (Ambulacralia) der Ambulacralfurchen. Dazu kommt bei den gestielten Formen das aus runden oder fünfeckigen Gliedstücken aufgebaute Skelet des Stieles.

Bei den *Asteroideen* und *Ophiuroideen* ist an der Oralseite längs der Ambulacren ein bewegliches Hautskelet mit inneren wirbelartig verbundenen Kalkstücken (sogenannten Wirbeln) ausgebildet (Ambulacralplatten), an die sich lateral marginale Plattenreihen anschließen (Abb. 910, 914). Es endet an der Spitze des Armes mit einer einfachen Skeletplatte, dem *Terminale*. Die apicale Fläche wird von einer mit Kalkgebilden erfüllten Haut gebildet. Unter diesen Kalkgebilden lassen sich im Jugendzustande (Abb. 908) vom primären Apicalplattensystem das Centrale, die Basalia und die Radialia in unmittelbarer Aneinanderlagerung erkennen. Bei den erwachsenen Tieren hingegen werden diese Primärplatten mit seltenen Ausnahmen, in denen Centrale und Basalia noch aneinanderstoßen (*Cnemidaster*), durch die Entwicklung sekundärer Platten auseinandergedrängt, wobei Basalia und Radialia bei den *Asteroideen* an der Apicalseite der Scheibe verbleiben. Bei den *Ophiuroideen* dagegen werden die apicalen Teile der Scheibe in den Interradien oralwärts verschoben; damit gelangen fünf primäre, vielleicht den Basalia homologe Interradialia an die Oralseite und werden zu den *Mundschildern* (Abb. 938).

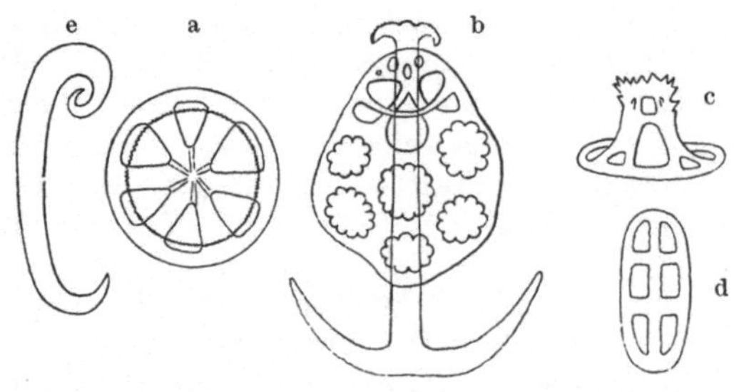

Abb. 907. Kalkkörper aus der Haut von *Holothurien.* a Rädchen von *Taeniogyrus (Chiridota) contortus,* b Anker mit Stützplatte einer *Synaptide,* c Stühlchen, d Platten von *Holothuria impatiens,* e Haken von *Taeniogyrus (Chiridota) contortus.* (Nach H. LUDWIG, b nach SELENKA.)

Bei den *Echinoideen* nimmt das apicale Skelet nur einen kleinen Teil der Schale ein, es wird der Apicalpol bloß bei *Salenia* (Abb. 909) und im Jugendzustande von einer Centralplatte allein eingenommen, während sich sonst bei den erwachsenen Seeigeln an deren Stelle ein von kleinen sekundären Kalktäfelchen erfülltes Feld

(Periproct) mit der Afteröffnung findet; in dessen Umgebung folgen vom primären Apicalskelet nur fünf Basalia (Genitalplatten) mit je einer Genitalöffnung. An diese schließen sich fünf je einen Sinnestentakel tragende radiale Skeletplatten, die Ocellarplatten, an, die möglicherweise den Terminalia, vielleicht aber den Radialia der Asteroideen und Ophiuroideen entsprechen, im ersteren Falle dann dem oralen Skeletsystem angehören (Abbild. 903). An diese reiht sich oralwärts bis zu der den Mund umgebenden Haut ein mächtiges unbewegliches Hautskelet, bestehend aus 20 in Meridianen angeordneten Reihen von festen Kalkplatten, die durch Nähte verbunden eine unbewegliche Kapsel (Schale, Corona) zusammensetzen. Diese Plattenreihen scheiden sich in zwei Gruppen von je fünf Paaren, von denen die einen, die Ambulacralplatten, in die Radien hineinfallen und von Öffnungen zum Durchtritt der Ambulacralfüßchen durchbrochen sind, die anderen, ebenfalls paarweise nebeneinander laufenden Reihen den Interradien angehören und jener Poren entbehren (Interambu-

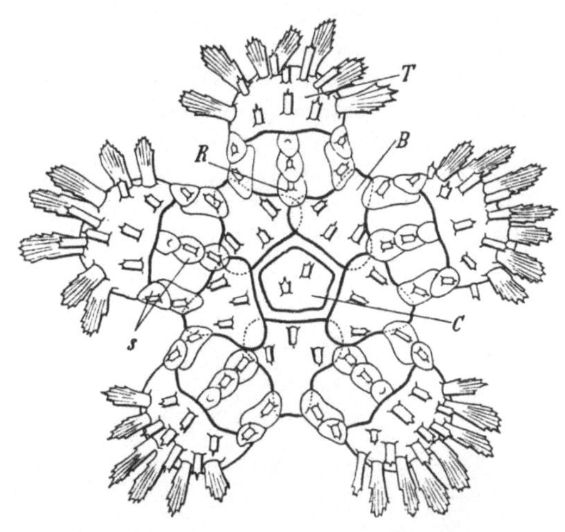

Abb. 908. Junger *Asterias glacialis*, Apicalansicht. (Nach LOVÉN, Deutung teilweise verändert.) *C* Centrale, *B* Basalia (das bezeichnete die Madreporenplatte), *R* (primäre) Radiala, *T* Terminalia, *s* sekundäre Skeletplatten.

lacralplatten). In einigen Fällen setzen sich Ambulacral- und Interambulacralplatten oder nur erstere auf die Mundhaut in beweglich verbundenen Reihen fort.

Als Anhänge des Hautpanzers sind bei *Echinoideen, Asteroideen* und *Ophiuroideen* mannigfach gestaltete *Stacheln* sowie die auf solche zurückführbaren *Sphaeridien* und *Pedicellarien* zu erwähnen (Abb. 911). Die Stacheln sind bei den Seeigeln auf warzenförmigen Tuberkeln der Schalenplatten durch Muskeln beweglich eingelenkt; bei *Spatangoideen* treten auf den sogenannten Fasciolen borstenförmige, am Ende verdickte kleine Stacheln (*Clavulae*) auf. *Asthenosoma* besitzt Giftstacheln, deren Spitze von einem Giftbeutel umgeben ist. Sehr verbreitet kommen bei den Seeigeln auf den Ambulacren glashelle, mit Wimperepithel bekleidete sphäroidische Körperchen, die *Sphaeridien* (Abb. 939) vor, welche wahrscheinlich die Bedeutung von (vielleicht statischen) Sinnesorganen haben.

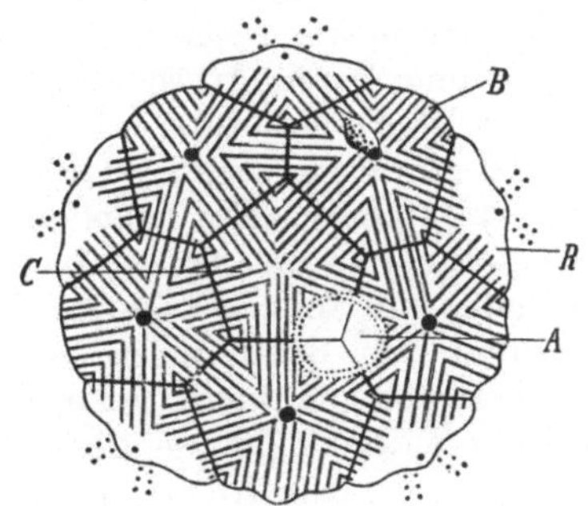

Abb. 909. Apicalskelet von *Salenia*. *C* Centralplatte, *B* Basalia (Genitalplatten, die bezeichnete die Madreporenplatte), *R* Ocellarplatten, *A* After. (Nach LOVÉN.)

Die Pedicellarien (Abb. 912) sind gestielte oder sitzende, zwei-, drei- oder vierschenklige Greifzangen, welche bei Seeigeln an verschiedenen Körperstellen, bei Seesternen auf der Aboralfläche sich finden; bei Echinoideen sind sie zuweilen auch an der Zange und am Stiel mit Drüsen ausgestattet (Drüsenpedicellarien) oder es ist der obere Teil des Pedicellars mit der Greifzange verkümmert (Globi-

feren). Die Pedicellarien funktionieren wahrscheinlich als Schutzorgane zur
Reinhaltung des Körpers. Bei *Porcellanasteriden* finden sich auf den Randplatten die sogenannten *cribriformen Organe*. Sie bestehen aus einer Anzahl senkrecht stehender, parallel verlaufender bewimperter Hautfalten oder Wärzchen,
die im Inneren durch winzige Kalkstachel gestützt werden.

Der Darmkanal der Echinodermen zerfällt in Speiseröhre, Magendarm und
Enddarm. Der Mund liegt in der Hauptachse des Körpers, der After am entgegengesetzten apicalen Pole, meist etwas excentrisch in einem Interradius, zuweilen oralwärts verschoben, bei den *Crinoideen* dagegen an der oralen Kelchdecke
in der Nähe des Mundes (Abb. 934). Eine Afteröffnung fehlt bei den *Ophiuroideen,*
Porcellanasteriden und *Astropectiniden*. Bei den *Crinoideen, Echinoideen* und
Holothurioideen ist der Darm ein cylindrisches Rohr von ansehnlicher Länge. Er
verläuft entweder in einer flachen horizontalen Spiraltour im Sinne des Uhrzeigers,
wie bei den Crinoideen (Abb. 932d), oder wie bei den Seeigeln in einer zurück-

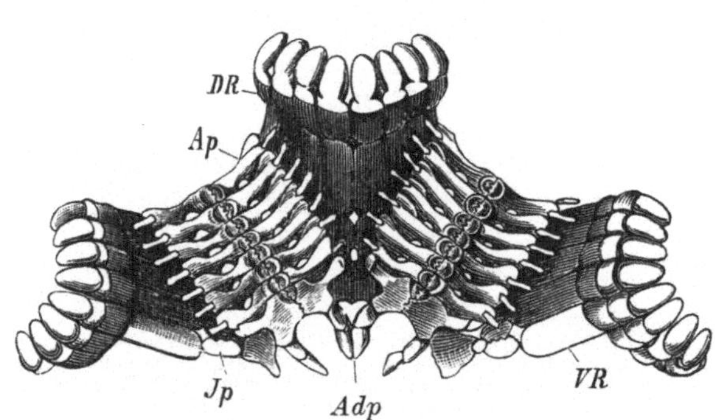

Abb. 910. Skeletplatten von *Astropecten hemprichi* M. T. (Nach
J. MÜLLER.) *DR* Dorsale Randplatten, *VR* ventrale Randplatten, *Ap*
Ambulacralplatten, *Jp* intermediäre Interambulacralplatten (Ventrolateralplatten), *Adp* vorderste Adambulacralplatten, eine Mundecke
bildend.

laufenden Schlinge, an der
Innenseite der Schale durch
Mesenterialfäden befestigt
(Abb. 915), bei den Holo-
thurien dreifach zusammengelegt an einem Mesente-
rium suspendiert (Abb. 916).
Bei fast allen *Echinoideen*
findet sich ein Nebendarm,
der an der Innenseite längs
des Mitteldarmes in einer
ansehnlichen Strecke ver-
läuft (Abb. 911). Bei *Aste-*
roideen und *Ophiuroideen*
ist der Darm sackförmig
und bei *Asteroideen* mit
verästelten   Blindsäcken

versehen (Abb. 920), von denen die des Magendarmes als fünf Paare gelappter
Schläuche in die Arme hineinreichen, jene des Afterdarmes in den Interradien
liegen und kurze Aussackungen bilden.

Die Nahrungszufuhr erfolgt bei den *Crinoideen* durch von der Mundöffnung
aus bis zu den letzten Armanhängen (Pinnulae) verlaufende Wimperrinnen (Ambulacralfurchen). Bei *Holothurien* dienen die Tentakel der Nahrungsaufnahme.
Bei *Asteroideen* und *Ophiuroideen* finden sich in der Umgebung des Mundes vorragende, mit Spitzen besetzte Platten des Skelets (Mundskelet), oder es bilden,
so unter den Echinoideen bei den *Regularia* und *Clypeastroideen*, spitze, von
Schmelzsubstanz überzogene Zähne einen kräftigen, beweglichen Kauapparat,
welcher in der Umgebung des Schlundes durch ein System von Platten und Stäben
(Laterne des ARISTOTELES) gestützt wird (Abb. 911).

Das Cölomsystem der Echinodermen besteht bei der bilateralsymmetrischen
Dipleurulalarve (wie bei Enteropneusten) aus jederseits drei Abschnitten, dem ursprünglich unpaaren Axocöl, den paarigen Hydrocöl und Somatocöl (Bezeichnung
von K. HEIDER) (Abb. 922). Bei der Entwicklung zur radiären Form erfahren
Axocöl und Hydrocöl der rechten Seite eine weitgehende oder vollständige Rückbildung. Aus dem Axocöl der linken Seite entsteht der Axialsinus (Parietalkanal der *Crinoideen*); er öffnet sich durch einen dorsalen Porus nach außen.
Aus dem Hydrocöl der linken Seite geht das Ambulacralgefäßsystem hervor, das
durch den sogenannten Steinkanal mit dem linken Axocöl in Verbindung steht.

Von den beiden Somatocölsäckchen, welche die Leibeshöhle bilden, gelangt das rechte an die apicale, das linke an die orale Seite des ausgebildeten Echinoderms (Abb. 929) und damit das von ihnen gebildete dorsoventral verlaufende Mesenterium (die *Holothurioideen* ausgenommen) in horizontale Lagerung. Bei den *Crinoideen* ist das apicale Somatocöl das umfangreichere, bei den *Eleutherozoa* dagegen meist sehr verkleinert; der ursprüngliche Verlauf des trennenden Mesenteriums wird durch die Lage des Genitalsinus bezeichnet.

Das Somatocöl der ausgebildeten Echinodermen, insbesonders bei den *Echinoideen* und *Holothurioideen* ist geräumig und besitzt bei *Asteroideen, Ophiuroideen* und *Crinoideen* auch Fortsetzungen in die Arme. Das ursprüngliche horizontale Mesenterium ist meist stark reduziert und sein Ansatz bei den *Eleutherozoa* durch den Verlauf des Genitalsinus bezeichnet; bei den *Holothurioideen* ist das dorsale Mesenterium erhalten und nimmt nicht einen horizontalen, sondern entsprechend der Verlagerung der Somatocölsäcke einen von der Dorsalseite nach hinten und links bis nach rechts hinüber gerichteten spiraligen Verlauf. Doch ist der vorderste Teil des Dorsalmesenteriums der *Holothurioideen*, der den Steinkanal und das Genitalorgan umschließt, nicht aus dem ursprünglichen Dorsalmesenterium hervorgegangen, sondern entspricht dem sekundären senkrechten Mesenterium der übrigen Eleutherozoen, das den Axensinus und das Axialorgan umschließt. Die Somatocölhöhle wird von einem meist bewimperten Epithel ausgekleidet und enthält eine amöboide Zellen führende Flüssigkeit (Cölomflüssigkeit); besondere wimpertrichterförmige Bildungen (Wimperurnen) der Somatocölwand sind bei *Synaptiden* und *Crinoideen* beobachtet. Die Somatocölhöhle der *Crinoideen* ist sekundär in zahlreiche Maschenräume geteilt. Bei einigen *Holothurioideen* steht das Somatocöl hinten durch große Poren mit der Außenwelt in Verbindung.

Seinem Ursprunge nach dem linken (oralen) Somatocöl gehört das bei den Eleutherozoa vorhandene sogenannte *Pseudohaemal-* oder *Sinussystem* an. Es ist ein Begleiter des centralen Nervensystems an dessen Innenseite und besteht dem-

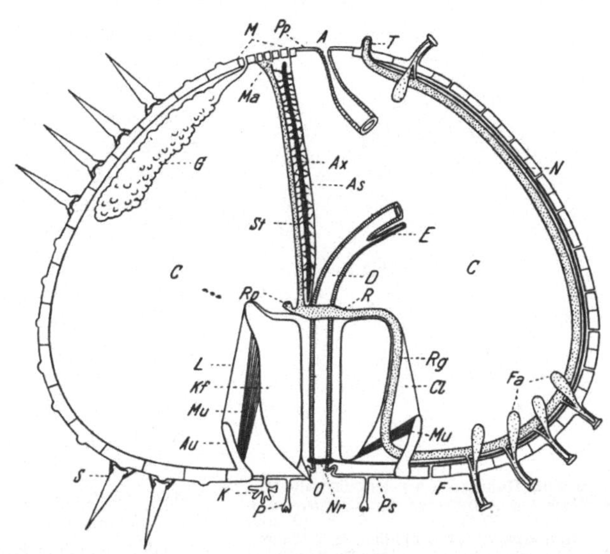

Abb. 911. Schematischer Axialschnitt durch einen regulären Seeigel, rechts ambulacral, links interambulacral (mit Benutzung von Abb. von A. LANG und v. BUDDENBROCK). *A* After, *Au* Aurikel, *As* Axensinus, *Ax* Axialorgan, *C* Somatocoel, *Cl* oraler Ringsinus, *D* Darm, *E* Nebendarm, *F* Ambulacralfüßchen, *Fa* Füßchenampullen, *G* Genitaldrüse, *K* Kieme, *Kf* Kiefer, *L* Laternenmembran, *M* Madreporenplatte, *Ma* Madreporenampulle, *Mu* Muskel des Kauapparates, *N* Radiärnerv, *Nr* oraler Nervenring, *O* Mund, *P* Pedicellarie, *Pp* Periprokt, *Ps* Peristommembran, *R, Rg* Ringkanal und Radiärgefäß des Ambulacralgefäßsystems, *Rp* spongiöse Bläschen (POLISCHE Blasen ?), *S* Stachel, *St* Steinkanal, *T* Endfüßchen (Fühler.)

Abb. 912. Pedicellarie eines *Phyllacanthus*. (Nach PERRIER.)

gemäß aus einem Ringkanal und davon ausgehenden radiären Pseudohämal-
kanälen (Abb. 914) mit Seitenästen. Bei *Echinoideen* und *Holothurioideen* ist der
orale Ringsinus zu einem großen, den Schlund umgebenden Peripharyngealsinus
geworden, der bei den kiefertragenden Seeigeln durch die sogenannte Laternenmembran gegen das übrige Somatocöl hin abgegrenzt ist (Abb. 911). Von dieser Membran
bilden sich gegen das Somatocöl zu bei einer
Anzahl von Seigeln (*Cidaridae, Echinothuriidae*) schlauchförmige Ausstülpungen (STE-
WARTsche Organe). Zum Pseudohämalsystem
gehört ferner der apicale Genitalsinus. Ein
Derivat des aboralen Somatocöls ist das sogenannte gekammerte Organ (Abb. 932 d) der
Crinoideen, das an der Basis des Kelches liegt
und bei den mit Stiel versehenen Formen Fortsetzungen durch den ganzen Stiel entsendet.

Einen besonderen Teil des Cölomsystems
bildet der aus dem linken Axocöl hervorgegangene *Axialsinus*. Er ist bei *Asteroideen*
(Abb. 913), *Ophiuroideen* und *Echinoideen* (Abbild. 911) ein kanalartiger Raum, der von der
Madreporenplatte gegen den Ringkanal des
Ambulacralgefäßsystems verläuft und bei
Asteroideen sich in einen zum oralen Ringsinus
parallel gelagerten Ringkanal (innerer oraler
Ringsinus) fortsetzt. Der Axialsinus umschließt
das sogenannte *Axialorgan* (auch Herz genannt) und den Steinkanal (Abb. 913). Den

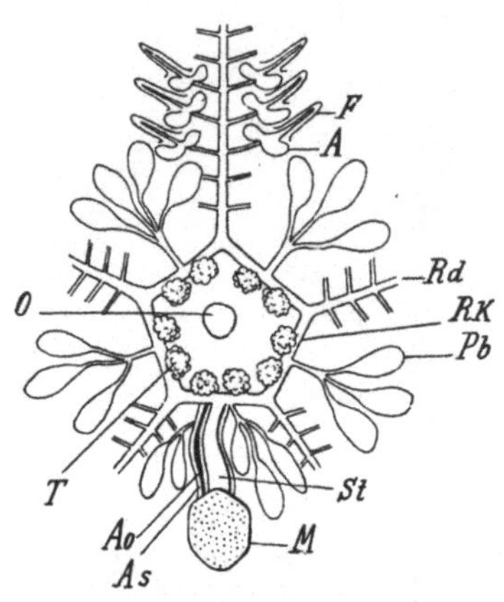

Abb. 913. Hauptteile des Ambulacralgefäß-
systems von *Astropecten aurantiacus*, etwas
schematisch (Original G.). *Rk* Ringkanal,
Rd Radiärgefäß, *A* Ampullen, *F* Füßchen,
Pb POLIsche Blasen, *T* TIEDEMANNsche
Körperchen, *M* Madreporenplatte, *St* Stein-
kanal, *Ao* Axialorgan (sogenanntes Herz),
As Axialsinus, *O* Mund.

Holothurioideen scheint der Axialsinus zu fehlen (vielleicht entspricht das Madreporenköpfchen des Steinkanales einem solchen); sie haben auch kein Axialorgan.
Der Axensinus der *Crinoideen* ist als Parietalkanal bei der Antedonlarve bekannt;
er verschmilzt später mit dem Soma-
tocöl; ihm entspricht jener Teil des
Cöloms, der die Steinkanäle aufnimmt; wahrscheinlich ist auch der
centrale Cölomabschnitt, der das
Axialorgan enthält, ein Teil desselben.

Die höchste Differenzierung erfährt das linke Hydrocöl, welches sich
zu dem den Echinodermen eigentümlichen *Ambulacral-* oder *Wassergefäßsystem* entwickelt, das mit schwellbaren äußeren Hautanhängen in
Verbindung tritt.

Das Ambulacralgefäßsystem (Abbild. 913) besteht aus einem den
Schlund umfassenden Ringkanal und
aus in den Strahlen (Ambulacren)

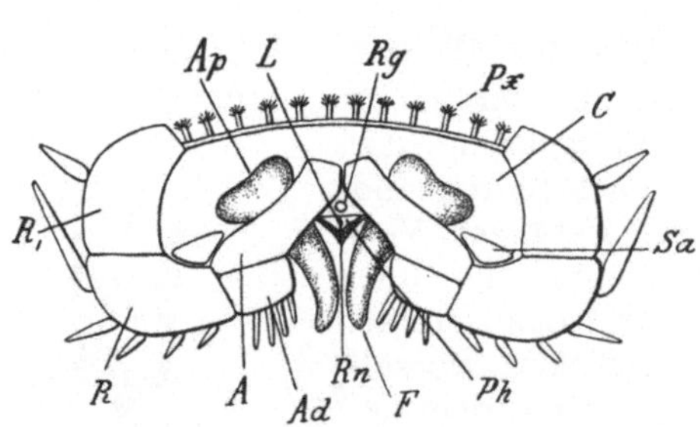

Abb. 914. Querschnitt durch den Arm von *Astropecten*
(schematisch mit Weglassung der Darmblindsäcke, kom-
biniert, nach H. LUDWIG). *A* Ambulacralstück (= Wir-
belhälfte), *Ad* Adambulacralplatte, *R* untere, *R₁* obere
Randplatte, *Sa* Superambulacralstück, *Px* Paxillen der
Apicalhaut, *Ap* Ampulle, *F* Füßchen, *Rg* radiäres
Ambulacralgefäß, *L* Blutlacune, *Ph* Pseudohämalkanal,
Rn Radialnerv, *C* Cölom.

liegenden radiären Stämmen, welche an der Innenfläche ihrer Wandung bewimpert und mit einer wässerigen Flüssigkeit gefüllt sind, in der auch amöboide
Zellen sich finden. In das Ringgefäß münden meist blasige Schläuche, die
POLIschen *Blasen*, und traubige Anhänge (TIEDEMANNsche *Körperchen* der Asteroideen), welche mit die Bedeutung von Lymphdrüsen besitzen. Sodann verbindet

sich in einem Interradius mit demselben der *Steinkanal*, welcher die Communication des flüssigen Inhalts mit dem Seewasser vermittelt. Der Steinkanal, von den häufigen Kalkablagerungen seiner Wandung so genannt, verläuft zu einer an der Körperwand stets interradial gelegenen porösen Kalkplatte, der *Madreporenplatte*. Bei *Echinoideen* und *Ophiuroideen* mündet der Steinkanal nicht direkt nach außen, sondern in den an die Madreporenplatte stoßenden Teil des Axialsinus (sogenannte Madreporenampulle), in welchen die Poren der Madreporenplatte einführen (Abb. 911). Auch bei *Asteroideen* erhält sich teilweise diese ursprüngliche Communication zwischen Steinkanal und Axialsinus.

Als Madreporenplatte fungiert bei den *Echinoideen* und *Ophiuroideen* eine Interradialplatte, die bei ersteren als Genitalplatte an der Apicalseite (Abb. 903), bei letzteren an der Oralseite als Mundschild liegt. Bei einigen *Echinoideen* verbreiten sich die Madreporenöffnungen über mehrere Apicalplatten (Abb. 904). Bei den *Asteroideen* ist entweder auch ein Basale (primäre Interradialplatte) der Apicalwand zur Madreporenplatte umgebildet, oder es ist eine besondere interradiale Platte dicht am distalen Rande der gleichwertigen primären Interradialplatte als Madreporenplatte entwickelt. Mehrere Steinkanäle und Madreporenplatten besitzen einige *Asteroideen* und *Ophiuroideen*. Bei den *Holothurien* fehlt die Madreporenplatte; der zuweilen in vermehrter Zahl auftretende Steinkanal hängt in der Regel frei in die Leibeshöhle und nimmt von hier aus durch das sogenannte Madreporenköpfchen (vielleicht Rudiment des Axialsinus) Flüssigkeit

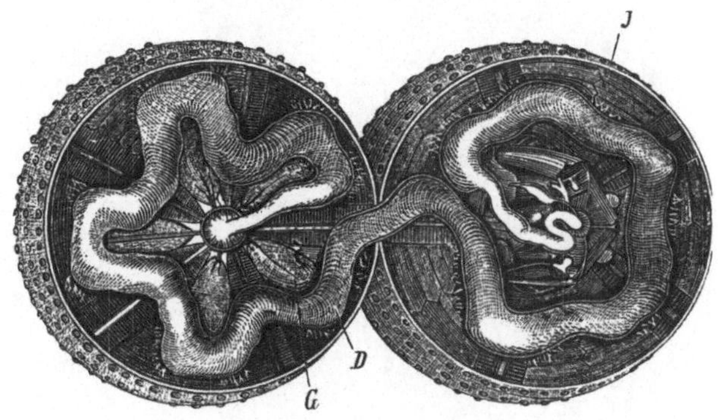

Abb. 915. Seeigel, mittels Äquatorialschnittes geöffnet. (Nach TIEDEMANN.) *D* Darmkanal, durch Mesenterialfäden an der Schale befestigt. *G* Genitalorgane, *J* Interradialplatten.

auf; nur bei vielen Tiefseeholothurien und einigen *Synaptiden* mündet der Steinkanal in dem dorsalen Interradius noch nach außen.

Die *Crinoidea* (vgl. Abb. 932d) verhalten sich insofern verschieden, als bei ihnen in radiärer (cyclomerer) Anordnung mindestens fünf, meist sehr zahlreiche Steinkanäle mit terminaler Öffnung in die Cölomhöhle (in deren aus dem Axocöl [Parietalkanal] hervorgegangenen Abschnitt) hängen und aus letzterer Flüssigkeit aufnehmen. In die Cölomhöhle wird das Wasser durch fünf oder zahlreiche interradiale bewimperte Porenkanäle der oralen Körperwand (*Kelchporen*) eingeführt. POLIsche Blasen fehlen.

Von den Radiärgefäßen, die blind geschlossen meist in einem terminalen Tentakel endigen, entspringen gleichfalls blind endigende Seitengefäße, welche in äußere Hautanhänge eintreten, die bei den *Eleutherozoa* längs der Ambulacren als schwellbare, meist mit einer Saugscheibe am Ende versehene Schläuche auftreten und als sogenannte *Ambulacralfüßchen* der Locomotion dienen. An der Eintrittstelle der Gefäßästchen finden sich (*Crinoideen* und *Ophiuroideen* ausgenommen) contractile *Ampullen*, welche den flüssigen Inhalt in die Saugfüßchen eintreiben und dieselben schwellen machen. Dazu kommen semilunare Klappen am Eingang in die Füßchenkanäle. Indem sich zahlreiche Füßchen strecken und mittels der Saugscheibe anheften, andere sich zusammenziehen und ihren Fixationspunkt aufgeben, bewegt sich der Echinodermenleib langsam in der Richtung der Radien. Bei den *Ophiuroideen* dienen die tentakelförmigen Ambulacralanhänge infolge des Besitzes von Klebdrüsen zum Anheften und als Tastfüßchen. Auch sonst zeigen die Ambulacralanhänge verschiedenartige Ausbildung und dienen keineswegs immer der Locomotion. Als große tentakelartige Schläuche treten sie im Tentakelkranz um den Mund der *Holothurien* auf (Abb. 906), pinselförmige Tastfüßchen finden sich bei *Spatangoideen*. Bei den *Clypeastroideen* und *Spatangoideen* dienen die zartwandigen verästelten Ambulacralanhänge der aboralen Ambulacralrosette als *Ambulacralkiemen* der Respiration. Die Ambulacralanhänge der *Crinoideen* sind kleine Tentakelchen, welche als Organe der Atmung und Nahrungsaufnahme fungieren.

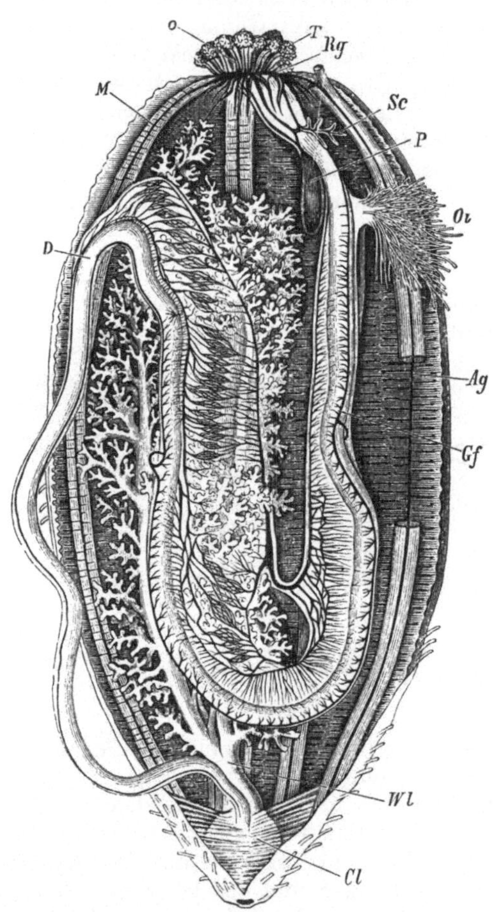

Abb. 916. *Holothuria tubulosa*, der Länge nach aufgeschnitten. (Nach MILNE-EDWARDS.) ¹/₂. *O* Mund im Centrum der Tentakel (*T*), *D* Darmkanal, *Sc* Steinkanal, *P* POLIsche Blase, *Rg* Ringgefäß des Ambulacralgefäßsystems, *Ag* Radiärgefäß, *M* Längsmuskel, *Gf* Blutgefäß des Darmes, *Ov* Ovarium, *Cl* Cloake, *Wl* Wasserlunge.

Ein kleines geschlossenes Säckchen neben der Madreporenampulle, das sich bei *Echinoideen* (contractiler sogenannter Dorsalsack der Larve, vielleicht Homologon der sogenannten Herzblase der Enteropneusta) und *Ophiuroideen* findet, wird als Rest des rechten vorderen rudimentären Cölomsäckchens (*Axohydrocoels*) angesehen.

Das centrale Nervensystem (Abbild. 917) besteht aus einem den Mund oder Schlund umgebenden, aus Ganglienzellen und Nervenfasern bestehenden Nervenring und von diesem in die Radien ausstrahlenden Hauptstämmen, welche bei den *Crinoideen* und *Asteroideen* subepithelial in der Ambulacralrinne verlaufen (Abb. 914), bei den übrigen Echinodermen in die Cutis oder unter das Hautskelet gerückt sind und die Haut sowie ihre Anhänge innervieren. Dazu kommen tiefer liegende, an der oralen Seite des Körpers verlaufende Nervenstämme, sowie ein apicales System von Nerven, das besonders stark bei *Crinoideen* ausgebildet ist und die Skeletteile des Kelches und der Arme durchläuft. Ein apicales Nervensystem wird bei den *Holothurien* vermißt. Das centrale Nervensystem der *Echinoideen*, *Holothurioideen* und *Ophiuroideen* wird außen von einem Kanal (Epineuralkanal) begleitet, dessen Entstehung mit der Verlagerung dieses Nervensystems in die Tiefe zusammenhängt

Sinneszellen sind in dem verdickten Hautepithel, unter welchem die Nervenstämme der *Asteroideen* verlaufen, in reicher Menge enthalten, ebenso bei den übrigen Echinodermen an vielen Körperstellen anzutreffen.

Als Tastorgane fungieren die Ambulacralfüßchen und Ambulacraltentakel, an denen zuweilen auch Sinnesknospen beobachtet sind, so insbesondere die Fühler, welche in der Einzahl das Ende der Ambulacren bei *Asteroideen, Ophiuroideen* und *Echinoideen* einnehmen, die Mundtentakel der *Holothurien* und die pinselförmigen Tastfüßchen der *Spatangoideen*. Bei Seesternen sind die Fühler am Ende der Ambulacren auch Sitz von Geruchsempfindung. Als statische Organe sind die bei manchen Holothurioideen (*Synaptiden, Elpidia*, Abb. 930) an den radiären Nervenstämmen oder am Nervenringe vorkommenden Bläschen mit Concrementen im Innern aufzufassen; in gleicher Weise werden auch die Sphäridien der Echinoideen gedeutet. Zusammengesetzte Augen kommen bei Asteroideen vor; sie liegen oralwärts an der Basis des Endfühlers an der Spitze der Arme als halbkugelige, lebhaft rot gefärbte Erhebungen und bauen sich aus zahlreichen becherförmigen Ommatidien auf (Abbild. 918). Bei *Diadematiden* unter den Echinoideen sind in der Haut Bildungen bekannt, die früher als Augen, gegenwärtig als Leuchtorgane gedeutet werden.

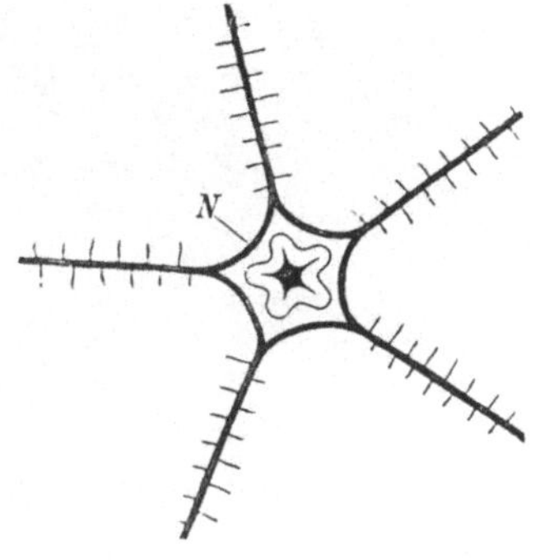
Abb. 917. Schema des centralen Nervensystems eines Seesternes. *N* Nervenring, welcher die fünf ambulacralen Centren verbindet.

Der Respiration dienen wohl alle äußeren Ambulacralanhänge. Im besonderen betrachtet man als spezielle Respirationsorgane die blattförmigen und gefiederten Ambulacralanhänge der irregulären Seeigel (*Ambulacralkiemen*), ferner die blinddarmförmigen, mit der Leibeshöhle communizierenden Kiemenschläuche (*Papulae*) einiger regulärer Seeigel und der Asteroideen, welche bei diesen als einfache Blindschläuche über die ganze Aboralfläche zerstreut sind, bei jenen als fünf Paare verästelter Blindschläuche in den Ausschnitten der Schale die Mundöffnung umgeben, endlich die sog. *Wasserlungen* der Holothurien. Die letzteren sind zwei sehr umfangreiche, baumähnlich verästelte Blindschläuche, welche häufig mit gemeinsamem Stamme in den Enddarm einmünden (Abb. 916). Das hier vom After aus aufgenommene Wasser wird zeitweilig mit großer Gewalt ausgespritzt. Auch die *Bursae* der Ophiuroideen kommen als Atmungsorgane in Betracht.

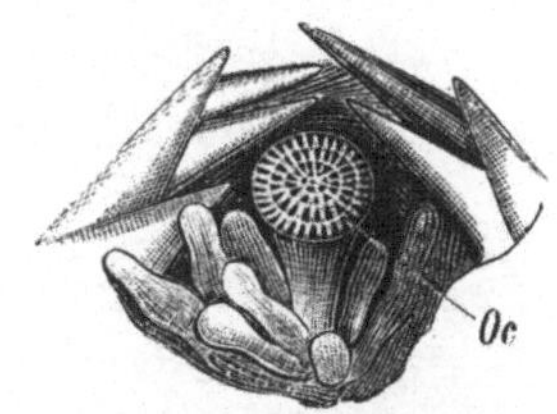
Abb. 918. Armende mit dem von Stacheln umstellten Auge (*Oc*) von *Astropecten aurantiacus*. (Nach E. HAECKEL.)

Besondere Excretionsorgane sind bei den Echinodermen nicht nachgewiesen. Excretorisch fungiert ein Teil der Cölomzellen sowie Wanderzellen, die sich mit Excreten beladen. Solche sind reichlich im Axialorgan zu finden. Auch die sogenannten Sacculi vieler *Crinoideen*, kugelige Zellsäcke mesenchymatischen Ursprunges, sind excretorischer Natur.

Die Echinodermen besitzen im Bindegewebe des Körpers ein gewöhnlich als Blutgefäßsystem benanntes Lacunensystem, dem jedoch ein regelmäßiger Kreislauf der in ihm enthaltenen, Zellen führenden Flüssigkeit fehlt. Dieses Blutgefäßsystem besteht aus Lacunennetzen, und zwar einem den Schlund umkreisenden Blutgefäßring, von dem radiäre Blutgefäße abgehen, die zwischen radiärem Nerven und Ambulacralgefäß verlaufen (Abb. 914). Dazu kommt ein Blutgefäßnetz am Darm, bei *Echinoideen* und *Holothurien* mit zwei in das orale Ringgefäß einmündenden Längsgefäßen, sowie ein Gefäßnetz im Axialorgan (sogenanntes Herz, Abb. 911, 913), das einerseits in den oralen Gefäßring mündet, andererseits mit dem aboralen Gefäßnetz an den Genitaldrüsen zusammenhängt.

Die *Fortpflanzung* ist vorwiegend eine geschlechtliche, und zwar gilt die Trennung des Geschlechtes als Regel. Nur wenige Formen, wie *Synaptiden*, *Molpadiiden*, *Amphiura*, sind hermaphroditisch; auch *Asterina gibbosa* ist protandrischer Hermaphrodit. Die Fortpflanzungsorgane sind sehr einfach und in beiden Geschlechtern gleichartig gebaut.

Zahl und Lagerung der Geschlechtsorgane entsprechen meist streng dem radiären Bau. Bei den regulären Seeigeln liegen in den Interradien an der inneren Schalenfläche des Rückens die fünf gelappten, aus verästelten Blindschläuchen zusammengesetzten *Ovarien* oder *Hoden*, deren Ausführungsgänge durch fünf Öffnungen der Skeletplatten (Genitalplatten, Basalia) im Umkreise des Scheitelpoles nach außen münden (Abb. 919). Die wieder symmetrisch gewordenen Spatangoideen dagegen und einige Clypeastroideen verlieren zunächst das hintere Genital-

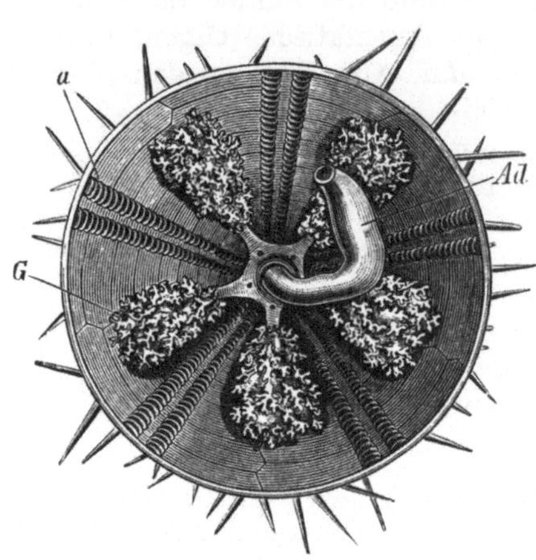

Abb. 919. Genitalorgane eines *Echinus*. (Nach GEGENBAUR.) *Ad* Afterdarm, *G* Genitaldrüsen, *a* Ampullen.

organ; bei Spatangoideen kann eine weitere Reduktion auf 3 oder 2 Genitalorgane eintreten. Die Genitalöffnungen mancher Clypeastroideen liegen außerhalb der Genitalplatten (Basalia).

Bei den *Asteroideen* liegen gewöhnlich fünf Paare von Genitalbüscheln gleichfalls interradiär (Abb. 920), zuweilen aber sind fünf Paar Reihen Genitalbüschel vorhanden, die sich dann in die Arme hinein erstrecken; die Genitalöffnungen liegen auf der Apicalfläche, bei *Asterina gibbosa* auf der Oralseite. Bei den *Ophiuroideen* münden die Genitaldrüsen in fünf Paare von Säcken (*Bursae*), welche sich an der Oralseite zwischen den Armen durch schlitzförmige Spalten nach außen öffnen (Abb. 938). Bei *Crinoideen* entwickeln sich die Genitalprodukte aus einem die Arme bis in die Pinnulae durchziehenden Genitalschlauch, zuweilen (*Isocrinus*, *Holopus*) im ganzen Verlauf der Arme, sonst meist nur in den Pinnulae (Abb. 935), an deren Seiten jene nach außen gelangen. Nur bei den *Holothurien* besteht der Genitalapparat aus einer einfachen verzweigten Drüse, deren Ausführungsgang nicht weit vom vorderen Körperpole in dem Interradius der Rückenseite (des Steinkanals) ausmündet (Abb. 916).

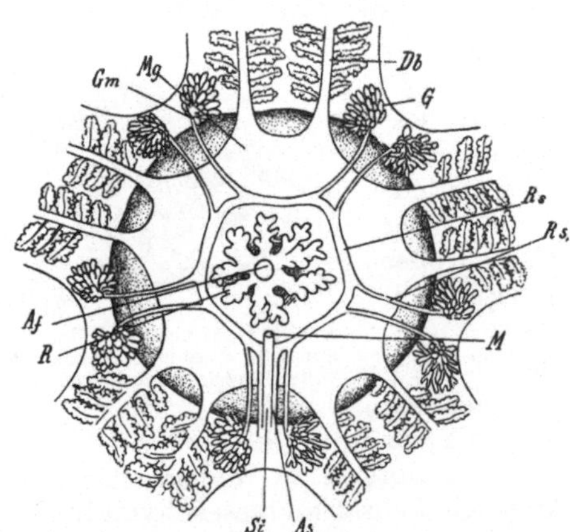

Abb. 920. Genitalorgane und centraler Teil des Darmes eines Seesternes, schematisch. (Nach LANG.) *G* Genitaldrüsen, *Gm* ihre Ausmündungsstellen, *As* Axialsinus, *Rs* apicaler Ringsinus mit dem Genitalstrang, *Rs,* seine radiären Fortsetzungen zu den Genitaldrüsen, *St* Steinkanal, *M* Madreporenöffnung, *Mg* Magen, *Db* radiäre Blindsäcke desselben, *R* Rectaldivertikel, *Af* After.

Bei den *Asteroideen*, *Ophiuroideen* und manchen *Crinoideen* besteht zwischen den Genitaldrüsen und dem *Axialorgan* ein Zusammenhang; bei den *Echinoideen* und meisten *Crinoideen* ist derselbe beim ausgebildeten Tier nicht mehr vorhanden. Dieser Zusammenhang ist auf die wahrscheinlich gemeinsame Anlage von Genitalorgan und Axialorgan zurückzuführen, die als Wucherung bei den *Eleutherozoa* vom linken, bei *Antedon* vom rechten Somatocölsäckchen entsteht. Später wächst der Genitalstrang (die *Holothurioideen* ausgenommen) radiär aus. Dabei werden die Genitaldrüsen mit ihren Verbindungen von kanalartigen Fortsetzungen des (bei den *Eleutherozoa* linken) Somatocöls (apicaler Sinus oder Genitalsinus) begleitet, in denen sie eingeschlossen liegen (Abb. 920). Die *Holothurioideen* entbehren eines Axialorgans und wahrscheinlich des Axialsinus; hier ist das erstere durch die Genitaldrüse selbst repräsentiert. Die Basis letzterer wird von einem Kanal begleitet, der wahrscheinlich dem Genitalsinus entspricht.

Außer der geschlechtlichen Vermehrung besitzen manche Echinodermen auch eine ungeschlechtliche Fortpflanzung durch Teilung (Schizogonie), wie *Ophiactis virens, Asterias tenuispina, Linckia multiforis*. Es hängt dies mit einer großen Regenerationsfähigkeit zusammen, welche diese, aber auch andere Formen (*Crinoideen, Holothurien*, Seesterne) besitzen, die imstande sind, nicht bloß einzelne verlorengegangene Stücke, wie Arme, einige *Holothurien* den ausgestoßenen Darm

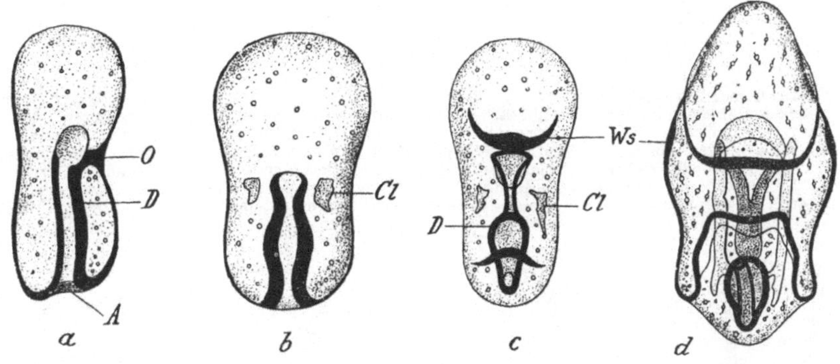

Abb. 921. Entwicklungsstadien von *Asterias fissispina (berylinus)*. (Nach A. AGASSIZ.) a Stadium mit Anlage des Mundes (*O*), Seitenansicht. *D* Darm, *A* After (Urmund). — b Ventralansicht eines älteren Stadiums. *Cl* linkes Cölomsäckchen. — c Späteres Stadium mit Anlage der Wimperschnur (*Ws*), *D* Darm, *Cl* linker Cölomsack in einen dorsalen Porus durchgebrochen. — d Larvenstadium mit ausgebildeter Wimperschnur.

neuzubilden, sondern, wie manche Seesterne, auch die ganze Scheibe von einem losgetrennten Arme aus zu regenerieren (sog. Kometenform).

Die Befruchtung erfolgt im Wasser, in dem sich die ausgestoßenen Genitalprodukte begegnen, selten im mütterlichen Körper. Letzteres gilt für die lebendig gebärenden Formen. Solche sind *Synaptula hydriformis (Synapta vivipara), Phyllophorus urna*, deren Eier sich hier in der Leibeshöhle entwickeln. Brutpflege kommt bei einigen Ophiuroideen (*Amphiura squamata, Ophiacantha vivipara* u. a.) vor, bei denen die Bursae als Bruträume fungieren, ferner bei den *Pterasteriden*, deren Junge unter der für diese Formen eigentümlichen Supradorsalmembran ihre Entwicklung durchlaufen; *Anochanus sinensis* besitzt einen apicalen Brutsack. In anderen Fällen werden die Eier und Jungen an bestimmten Stellen der Körperoberfläche des Muttertieres getragen, wie bei den meisten brutpflegenden Seesternen in der Umgebung des Mundes (z. B. *Cribrella sanguinolenta, Asterias muelleri*), bei *Abatus (Hemiaster) cavernosus* an dem Apicalfelde, bei *Psolus ephippifer* unter den Rückenplatten, bei *Antedon* an den Pinnulae. Im Falle von Brutpflege besteht ein gewisser Dimorphismus beider Geschlechter, insofern sich beim weiblichen Tiere sekundäre, auf die Brutpflege bezügliche Charaktere entwickelt haben (stärker gewölbte Schale, weitere Genitalöffnungen).

Die Entwicklung der Echinodermen beruht in der Regel auf einer durch bilaterale Larven charakterisierten Metamorphose. Manche entwickeln sich ohne diese Larvenform mehr oder weniger direkt. Dann ist das erste Jugendstadium meist tonnenförmig und mit vier Wimperreifen versehen, die Zeit des Umherschwärmens abgekürzt oder beseitigt, wie vor allem bei den brutpflegenden Echinodermen.

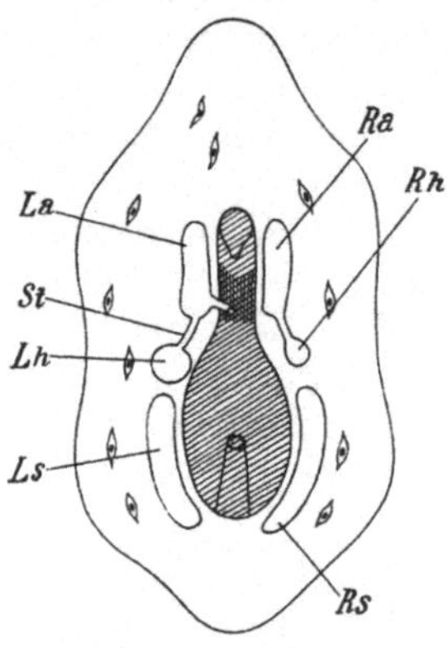

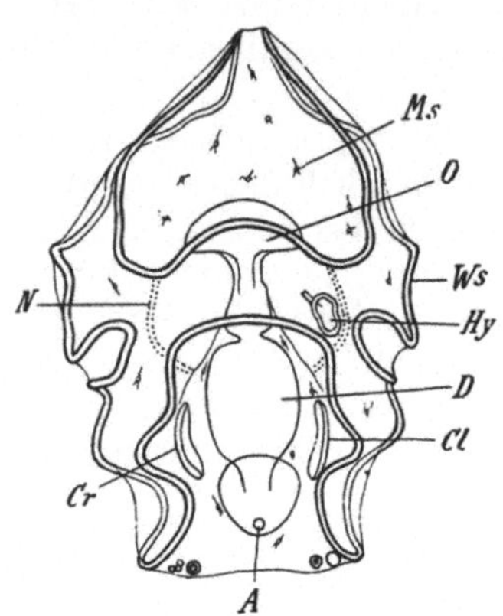

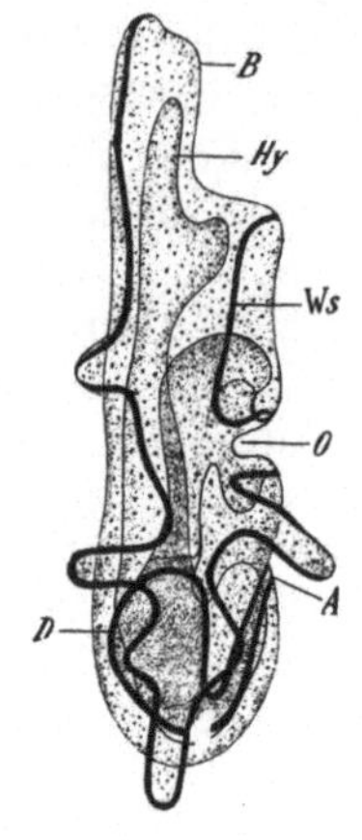

Abb. 922. Schema der Entwicklung der Cölomsäckchen in einer Echinodermenlarve, Dorsalansicht. (Nach K. HEIDER.) *La* Linkes, *Ra* rechtes Axocöl, *Lh* linkes, *Rh* rechtes Hydrocöl, *Ls* linkes, *Rs* rechtes Somatocöl, *St* Steinkanal.

Abb. 923. Auricularia von *Labidoplax* (*Synapta*). Ventralansicht (Original G.). $^{45}/_1$. *Ws* Wimperschnur, *O* Mund, *D* Darm, *A* After, *Cr* rechtes, *Cl* linkes Somatocöl, *Hy* Hydrocöl, *Ms* Mesenchymzellen, *N* Anlage des definitiven Nervensystems.

Abb. 924. Bipinnaria von *Asterias vulgaris* (*pallidus*), Seitenansicht. (Nach A. AGASSIZ.) *Ws* abgetrennter, den Mundschild umsäumender Teil der Wimperschnur, *O* Mund, *D* Darm, *A* After, *Hy* Coelomo-Hydrocöl, *B* Brachiolariafortsatz.

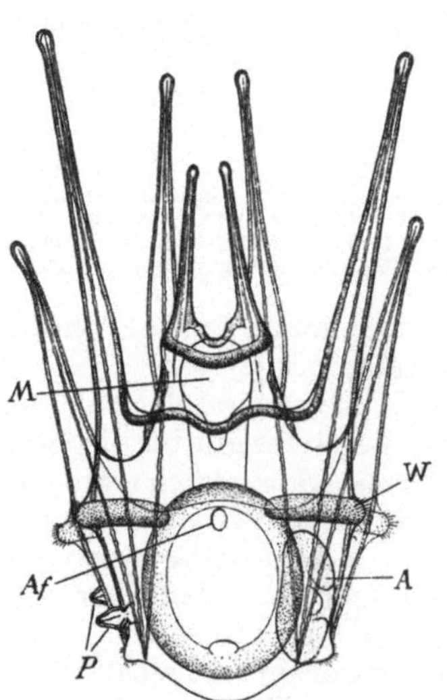

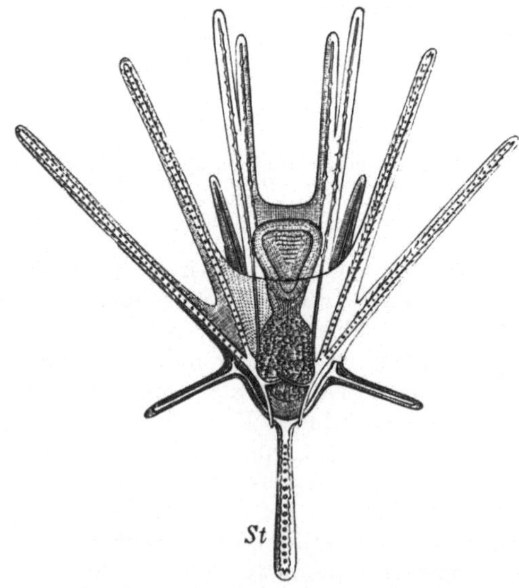

Abb. 925. Pluteus eines *Echiniden*, Ventralansicht (Original G.). $^{60}/_1$. *A* Anlage des oralen Teiles des Seeigels, *Af* After, *M* Mund, *P* Pedicellarien, *W* Wimperepauletten.

Abb. 926. Pluteus eines Spatangiden mit Rückenstab (*St*). (Nach J. MÜLLER.)

Die Furchung des Echinodermeneies ist eine äquale, zuweilen inäquale und führt zu einer begeißelten Cöloblastula (Abb. 82), an welcher das Entoderm stets durch Invagination entsteht. Meist während oder nach Anlage des Entoderms

wandern vom Scheitel des Urdarmes Zellen in die das Blastocöl erfüllende Gallerte und bilden ein Mesenchym, aus dem das Bindegewebe und Skelet hervorgehen.
Bei den *Echinoideen* und *Ophiuroideen* geht die Anlage des Mesenchyms der

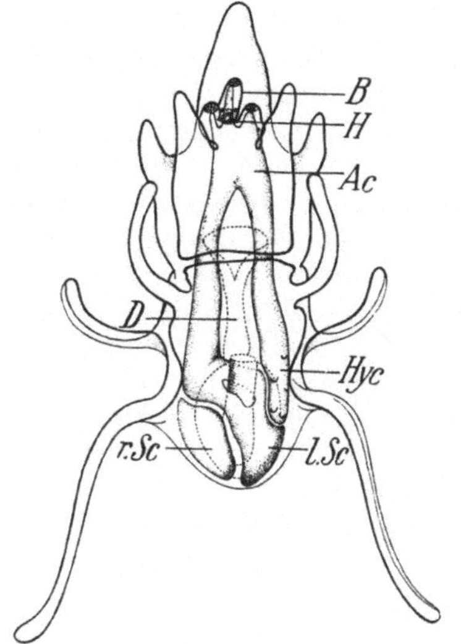

Abb. 927. Brachiolaria von *Asterias rubens*. Ventralansicht. (Nach GEMMILL.) $^{24}/_1$. *Ac* vorderer Teil des Coeloms, *B* Brachiolariaarme, *H* Haftnapf, *D* Darm, *Hyc* Anlage des Hydrocöls, *l.Sc* linke, *r.Sc* rechte Somatocölanlage.

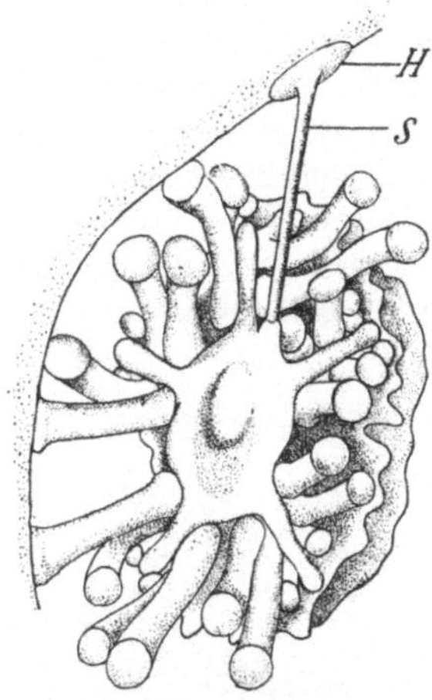

Abb. 928. Junger *Asterias rubens* im befestigten Zustand, kurz vor der Ablösung. (Nach GEMMILL.) $^{34}/_1$. *H* Haftnapf, *S* Befestigungsstiel (stielförmiger Vorderkörper der Larve).

Gastrulation voraus; sie erfolgt auch hier von der Einstülpungsstelle des Entoderms. Der Gastrulamund wird zum After, der Mund entsteht sekundär an der nun etwas konkav werdenden Bauchseite (Abb. 921), gegen welche das innere Ende des

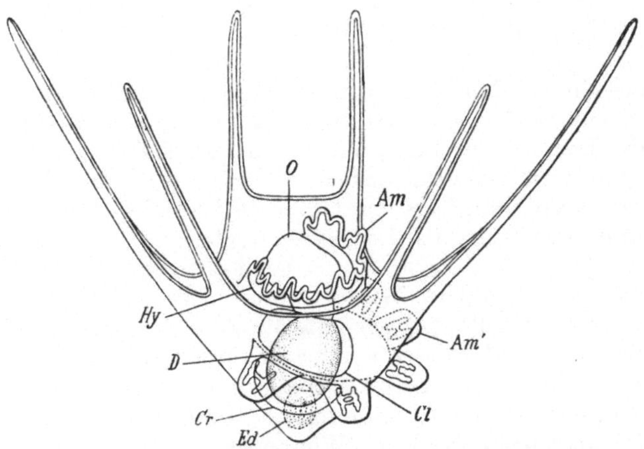

Abb. 929. Pluteus einer *Ophiuroide* mit Anlage des Sternes. Ventralansicht, schematisch (Original G.). *O* Mund, *D* Darm, *Ed* Enddarm (rückgebildet), *Cr* rechtes (apicales), *Cl* linkes (orales) Somatocöl, *Hy* Hydrocöl, *Am* die oralen, *Am'* die apicalen Anlagen des Sternes.

Urdarmes sich hinüberneigt. Der Embryo gestaltet sich zu einer bilateral-symmetrischen Larve mit gewölbtem Rücken und sattelförmig eingedrückter Bauchfläche. Die Geißeln erhalten sich nur an einer das vertiefte Mundfeld umsäumen-

den Wimperschnur. Der After erscheint zu dieser Zeit ventralwärts gerückt. Bereits
vor Durchbruch des Mundes bilden sich vom Vorderende des Entoderms durch
Abfaltung ein (erst später in zwei sich teilendes), zuweilen zwei Cölomsäckchen.
Diese wachsen nach hinten und teilen sich in einen vorderen und hinteren Abschnitt. Die hinteren Abschnitte kommen zu Seiten des Magens zu liegen und
werden zum Somatocöl. Der linke vordere Cölomsackabschnitt bricht dorsal
in einem Porus nach außen durch (primärer Porus der Madreporenplatte, homolog dem Eichelporus der Tornaria) (Abb. 922). Nun schnürt sich der hintere
Teil dieses Cölomsackabschnittes ab und bildet das Hydrocöl, die Anlage des
Ambulacralgefäßsystems. Er bleibt mit dem vorderen Teil des Säckchens, dem
Axocöl, durch einen Kanal in Verbindung, der zum Steinkanal des Ambulacralgefäßsystems wird. Das rechtsseitige vordere Cölomsäckchen erfährt ähnliche
Umwandlungen, bildet sich aber bis auf geringe Reste oder vollständig zurück.

Übrigens finden sich mannigfache Variationen in der Entwicklung der Cölomteile, insbesondere
bei *Holothurien* und *Antedon*, welche
auch die Anlage eines rechten Hydrocöls und Axocöls vermissen lassen.

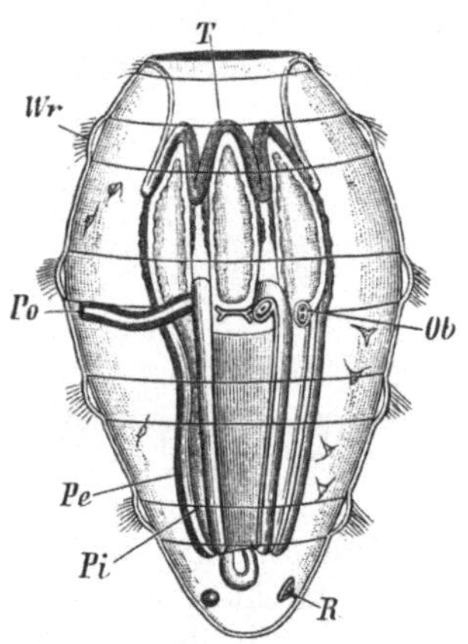

Abb. 930. Puppenstadium von *Labidoplax* (*Synapta*) im
Profil. (Nach METSCHNIKOFF.) *T* Tentakel, *Wr* Wimperreifen, *Pe, Pi* äußeres und inneres Blatt der Somatocölsäckchen, *Ob* Statocysten, *Po* Porus des Hydrocöls,
R Kalkrädchen.

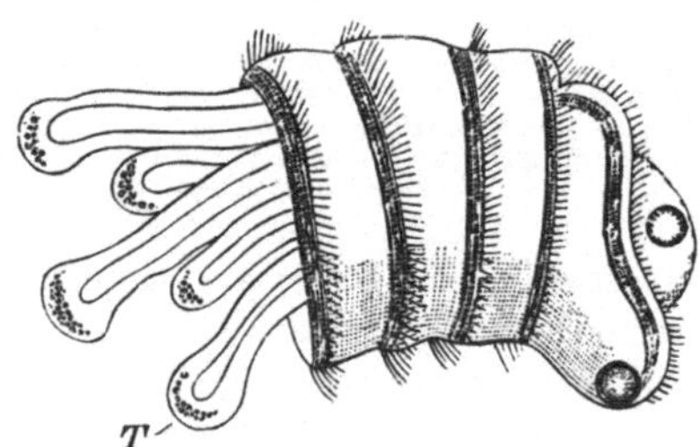

Abb. 931. Junge Synaptide mit vorgestreckten
Tentakeln (*T*). (Nach J. MÜLLER.)

Mit dem fortschreitenden Wachstum weichen die als *Dipleurula* bezeichneten
Larven der Seeigel, Seesterne, Schlangensterne und Holothurien mehr und mehr
voneinander ab. Der wulstige Rand mit der rücklaufenden Wimperschnur erhält
Einbiegungen und Fortsätze verschiedener Form in durchaus bilateral-symmetri-
scher Verteilung, deren Zahl, Lage und Größe die besondere Gestaltung des Leibes
bestimmt. Man unterscheidet als *Auricularia* die bei den Holothurien auftretende
Dipleurulalarve (Abb. 923); sie ist durch langgestreckten Körper, eine an ohr-
förmigen Fortsätzen vergrößerte Wimperschnur und das seitlich nach vorn und
hinten ausgebuchtete, sattelförmig vertiefte Mundfeld ausgezeichnet, wodurch sich
vor dem Munde ein schildförmiger Vorsprung (Mundschild), ein zweiter hinterer
mit dem After abhebt. Die Larven der Asteroideen, die *Bipinnaria* (Abb. 924)
und *Brachiolaria*, unterscheiden sich dadurch von der Auricularia, daß sich der
den Mundschild umgebende Teil der Wimperschnur am Vorderende der Larve
als selbständiger Wimpersaum abschnürt; bei der *Brachiolaria* treten zwischen
den Endbogen der präoralen und dorsalen Wimperschnur drei vordere Arme auf,
welche warzenförmige Höcker am Ende besitzen und als Haftapparate dienen,
in manchen Fällen noch ein medianer Haftnapf (Homologon der Festheftungsgrube
von *Antedon*) (Abb. 927). Die Larve der Ophiuroideen und Seeigel, der sogenannte
Pluteus, zeichnet sich durch sehr kleinen Mundschild und umfangreiche stab-

förmige Fortsätze aus, die durch ein System von Kalkstäben gestützt werden. Die Pluteuslarve der Ophiuroideen (Ophiopluteus) besitzt lange Seitenfortsätze (Abb. 929). Für die Pluteuslarve (Echinopluteus) der *Spatangiden* ist ein unpaarer Rückenstab (Abb. 926), für den von *Echiniden* das Vorkommen von Wimperepauletten (Abb. 925) charakteristisch.

Während der nun folgenden Zeit der Metamorphose ist die Larve einiger Asteroideen (*Asterias, Asterina, Porania, Solaster, Crossaster*) mit nach abwärts

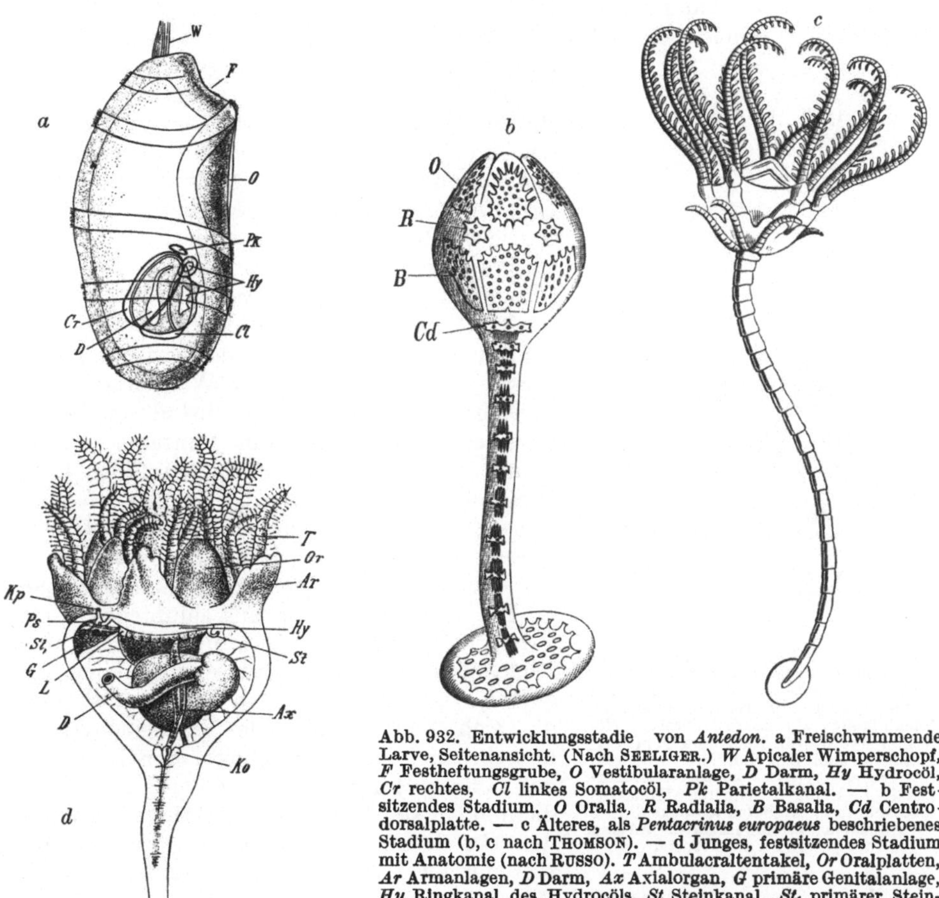

Abb. 932. Entwicklungsstadie von *Antedon*. a Freischwimmende Larve, Seitenansicht. (Nach SEELIGER.) *W* Apicaler Wimperschopf, *F* Festheftungsgrube, *O* Vestibularanlage, *D* Darm, *Hy* Hydrocöl, *Cr* rechtes, *Cl* linkes Somatocöl, *Pk* Parietalkanal. — b Festsitzendes Stadium. *O* Oralia, *R* Radialia, *B* Basalia, *Cd* Centrodorsalplatte. — c Älteres, als *Pentacrinus europaeus* beschriebenes Stadium (b, c nach THOMSON). — d Junges, festsitzendes Stadium mit Anatomie (nach RUSSO). *T* Ambulacraltentakel, *Or* Oralplatten, *Ar* Armanlagen, *D* Darm, *Ax* Axialorgan, *G* primäre Genitalanlage, *Hy* Ringkanal des Hydrocöls, *St* Steinkanal, *St₁* primärer Steinkanal, *Ps* Parietalsinus, *Kp* Kelchporus, *L* perioesophageale Lacune, *Ko* gekammertes Organ.

gerichtetem Munde durch einen stielförmigen Fortsatz (Homologon des Stieles der *Antedon*-Larve) befestigt, von dem sich die Sternanlage später ablöst oder der sich rückbildet (Abb. 928).

Die Anlage des radiären Körpers des definitiven Tieres erfolgt asymmetrisch an der linken Seite der Larve (Abb. 929), und zwar treten die fünfteilig angelegte orale und apicale Partie des Körpers getrennt hervor. Bei manchen Bipinnarien nimmt die Anlage des Seesternes einen nur kleinen Teil der Larve ein, so daß der junge Seestern wie eine Knospe dem Larvenkörper ansitzt (*Bipinnaria asterigera*). Diese zuerst bogenförmige, nach rechts herübergreifende Anlage des definitiven Körpers erfährt eine Rechtsdrehung und schließt sich in der Folge kreisförmig um den Larvenkörper. Dabei erfährt der Mund eine Verschiebung nach links, der Darm eine Drehung nach rechts und es umwächst das Hydrocölsäckchen zuerst in Hufeisenform, dann kreisförmig den Oesophagus; auch die Somatocölsäcke erfahren eine entsprechende Umgestaltung und Verschiebung derart, daß das linke Somatocöl oral, das rechte aboral zu liegen kommt, womit das mediane dorsoventrale Mesenterium eine horizontale Lagerung erhält. Durch Zusammentreffen der beiden Schenkel der Somatocölsäcke entsteht ein neues senkrechtes Mesenterium, welches das Axialorgan und den Steinkanal umschließt. Im Umkreise des oralen Somatocöls werden von den primären Skeletplatten die Terminalia angelegt, während Centrale, Basalia und Radialia im Umkreise des aboralen (apicalen) Somatocöls sich entwickeln. Die Hauptachse des fünfstrahligen

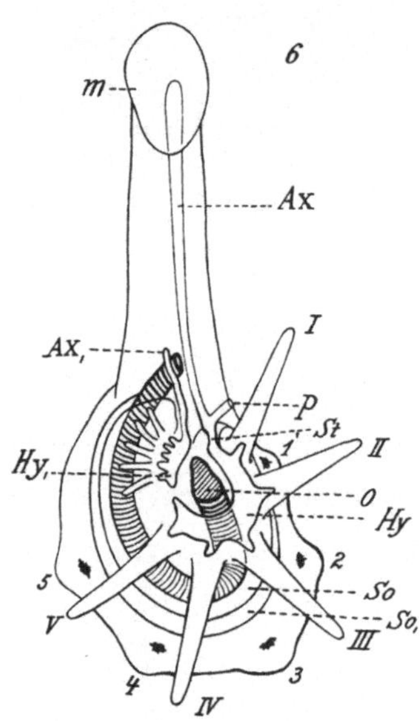

Abb. 933. Rekonstruiertes phylogenetisches Entwicklungsstadium eines Echinoderms, Ventralansicht (Original G.). *Ax* linkes Axocöl, *Ax,* rechtes Axocöl in Rückbildung, *Hy* linkes Hydrocöl, *Hy,* rechtes Hydrocöl in Rückbildung, *m* Festheftungsgrube, *O* Mund, *P* Hydroporus, *So* linkes, *So,* rechtes Somatocöl, *St* Steinkanal, *I—V* die 5 primären Hydrocöltentakel, bzw. Ambulakralanlagen, *1—5* die 5 apikalen (antiambulakralen) Anlagen des Echinodermenkörpers.

Körpers zeigt zur Hauptachse der Larve eine schräg nach links und ventral gerichtete Lage (LUDWIG). Die armförmigen Larventeile erfahren eine Resorption. In vielen Fällen wird der Larvenmund durch eine Neubildung ersetzt. Die Umwandlung der Auricularia in die Holothurie erfolgt ohne solche äußerlich hervortretende tiefgreifende Änderungen. Bei *Labidoplax* (*Synapta*) geht aus der Auricularia unter beträchtlicher Verkleinerung des Körpers ein tonnenförmiges, von fünf aus der zerteilten Wimperschnur hervorgegangenen Wimperreifen umgürtetes sogenanntes Puppenstadium hervor, in welchem die ersten fünf Tentakel um den Mund angelegt werden (Abb. 930, 931). Unter allmählicher Rückbildung der Wimperreifen geht dieses Stadium in die definitive Form über. Doch besteht auch hier die gleiche Lageveränderung der Organe wie bei den übrigen Echinodermen.

Bei *Antedon* ist die ausschlüpfende Larve (Abb. 932) tonnenförmig, ventral etwas abgeflacht und wird von fünf Wimperreifen umgürtet, von denen der vorderste ventral durch die sich hier ausbildende Festheftungsgrube unterbrochen ist. Am Scheitel der Larve findet sich ein Wimperschopf an dem daselbst verdickten, in der Tiefe Nervenfibrillen aufweisenden Ectoderm, der embryonalen Scheitelplatte, von der zwei Nervenstränge seitlich von der Vestibulareinstülpung bis zum 4. Wimperreifen zu verfolgen sind. Zwischen 2. und 3. Wimperreifen liegt die Vestibulargrube, von welcher auch die Anlage der Mundbucht ausgeht. Vom Entodermsäckchen aus sind in dieser Zeit der blindgeschlossene Darm abgeschnürt, ferner die beiden (rechtes und linkes) Somatocölsäcke sowie das Hydrocöl mit der Anlage des sogenannten Parietalkanales (Axocöl), der sich links in einem Porus (1. Kelchporus) öffnet und nach vorne bis zur Festheftungsgrube erstreckt, später aber mit dem Somatocöl verschmilzt. Auch das Kalkskelet erscheint bereits in dem reichlichen Mesenchym der primären Leibeshöhle angelegt. Nach einiger Zeit des Umherschwärmens setzt sich die Larve mittels der Festheftungsgrube fest und bildet Wimperkränze und Wimperschopf zurück; sie gestaltet sich polypenförmig, indem sich ein aus dem Vorderabschnitt des Larvenkörpers hervorgehender Stiel von einem Köpfchen (Kelchanlage) absetzt. Die Vestibulargrube schnürt sich von der Haut ab und gelangt nach hinten über die Kelchanlage, die zugleich eine Drehung nach hinten erfährt. Das rechte Somatocöl erfährt bei der allgemeinen Verschiebung der Organanlagen von links nach rechts eine Verlagerung an die aborale, das linke an die orale Seite des Darmes. Vom rechten (aboralen) Somatocölsack entwickeln sich fünf Ausstülpungen, die Anlagen des sogenannten gekammerten Organes, welche die Kalkplatten des Stieles durchsetzen. Es bilden sich Mund und After sowie vom Hydrocöl der erste Steinkanal, ferner die ersten Tentakel aus. Vom visceralen Blatte des aboralen Somatocölsackes entsteht das Axialorgan oder Dorsalorgan (Anlage des Geschlechtsstranges). Schließlich bricht das Vestibulum nach außen durch. Durch die folgende Ausbildung der Arme wird die sogenannte Pentacrinusform (Abb. 932 c) erreicht, worauf die Ablösung des Kelches vom Stiel erfolgt.

Die Echinodermen lassen sich von einer *Cephalodiscus*-ähnlichen Stammform ableiten, die sich mit ihrer vorderen drüsigen Kopfscheibe festsetzte. Zufolgedessen erfuhr der Mund mit dem Tentakelapparat eine Verlagerung an das hintere freie Ende des Körpers und zwar linkerseits; dabei bildete sich zugleich eine Asymmetrie des ganzen Körpers aus. Die sich stärker entwickelnden linksseitigen Tentakel (ersten Anlagen der Ambulacren) und die sich überwiegend entwickelnde linke Körperhälfte verdrängten allmählich die rechtsseitigen homologen Anlagen bis zu fast vollständigem Schwund und erfuhren eine radiäre Anordnung, wofür die Ontogenie und insbesondere die Larven mit gelegentlich beiderseitig entwickelten Ambulacralanlagen ausreichende Anhaltspunkte liefern. Einen solchen hypothetischen, mit den Stadien der Ontogenie weitgehend übereinstimmenden phylogenetischen Formzustand zeigt Abb. 933. Aus der asymmetrischen Entwicklung des Echinodermenkörpers versteht sich die auch das ausgebildete Tier beherrschende Asymmetrie, aus der Festheftung der phylogenetischen Ausgangsform die sekundär radiäre Ausbildung des Körpers.

Die Echinodermen sind durchweg Meeresbewohner und ernähren sich meist bei einer langsam kriechenden Locomotion von Seetieren, besonders Mollusken, aber auch von Tangen. Die Crinoideen nehmen durch die Wimperfurchen ihrer Ambulacralrinnen kleine Organismen als Nahrung auf. Manche wie *Brisinga* (?), *Amphiura squamata*, *Ophiacantha spinulosa*, *Ophiopsila annulosa* besitzen Leuchtvermögen; auch die sogenannten Augen der *Diadematiden* werden als Leuchtorgane angesehen. Fast alle Echinodermen sind Bodentiere, viele leben in der Nähe der Küsten, einige ursprünglichere Typen kommen in bedeutenden Tiefen vor. Fossile Echinodermen finden sich bereits im unteren Cambrium.

1. Klasse. Pelmatozoa.

Zeitlebens oder in der Jugend aboral festsitzende Echinodermen von kugel- oder kelchförmigem, mehr oder minder getäfeltem Körper, oft mit ambulacralen Pinnulae, bzw. Armen. Mund nach aufwärts gerichtet.

Diese Gruppe umfaßt als wichtigste Ordnungen die *Cystoidea*, *Blastoidea*, *Crinoidea* und *Edrioasteroidea*; nur von *Crinoideen* gibt es eine Anzahl rezenter Formen.

Wenn aus dem Bau der lebenden Formen auf den der ausgestorbenen geschlossen werden kann, so ist für alle Pelmatozoen im Zusammenhang mit ihrer festsitzenden Lebensweise die Aufnahme der Nahrung durch bewimperte Ambulacralfurchen eigentümlich, in denen die äußeren Ambulacralanhänge als Tentakel auftreten. Die Ambulacralfurchen setzen sich auf etwa vorhandene Pinnulae fort, die sich bei vielen Formen zu Armen entwickeln.

1. Ordnung. Cystoidea, Beutelstrahler.

Paläozoische ungestielte oder kurzgestielte, festgewachsene Pelmatozoen mit sackförmigem oder mehr kugelförmigem, unregelmäßig getäfeltem Kelch, an dem der fünfstrahlige Bau häufig nicht ausgebildet ist, meist mit schwach entwickelten Armen, stets ohne Pinnulae.

Gehören zu den ursprünglichsten Pelmatozoen, die schon im Cambrium auftreten.

2. Ordnung. Blastoidea, Knospenstrahler.

Paläozoische kurzgestielte oder ungestielte knospenförmige Pelmatozoen mit regelmäßig fünfstrahligem Kelch, ohne Arme, mit von Pinnulae besetzten Ambulacralfeldern.

3. Ordnung. Crinoidea, Haarsterne, Seelilien[1].

Meist langgestielte, seltener ungestielte oder freilebende Pelmatozoen mit gegliederten, Pinnulae tragenden Armen, mit kelchförmigem, aboral getäfeltem Körper, mit bewimperten, von Ambulacraltentakeln besetzten Ambulacralfurchen, die sich bis auf die Pinnulae fortsetzen.

Der kelchförmige Körper der Crinoideen ist in der Regel mittels eines am aboralen Ende entspringenden, langen, gegliederten Stieles befestigt (Abb. 934), der bei den *Antedoniden* nur der Jugendform zukommt, während das ausgewachsene Tier sich frei bewegt. Die den Stiel zusammensetzenden Stielglieder sind rund oder pentagonal, durch Bandmasse verbunden und werden von einer Fortsetzung des Axialorgans, von einem dasselbe begleitenden Sinus sowie von Fortsetzungen des an der Kelchbasis gelegenen sogenannten gekammerten Organes durchsetzt. In gewissen Abständen trägt der Stiel bei manchen Formen wirtelförmig gestellte, ebenfalls gegliederte Ranken.

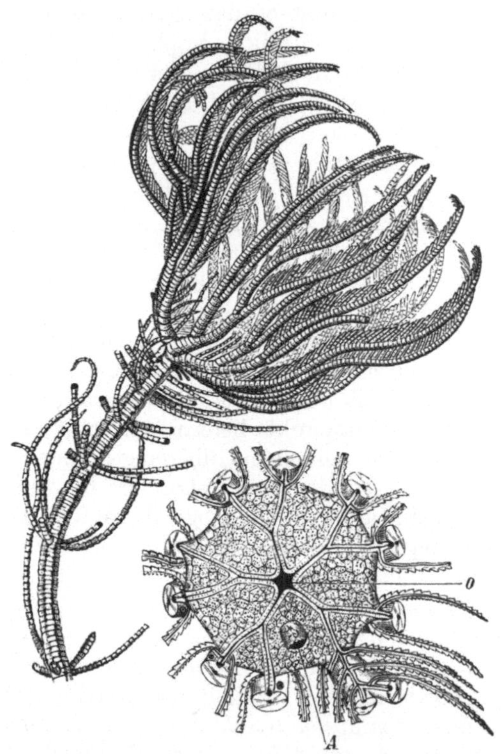

Abb. 934. *Isocrinus asteria* (*Pentacrinus caput medusae*). (Nach J. MÜLLER.) ¹/₂. *O* Mund, *A* After an dem von der Oralfläche dargestellten Kelche.

---

[1] Außer J. S. MILLER, WACHSMUTH u. SPRINGER, JAEKEL, H. LUDWIG, DÖDERLEIN, RUSSO, BATHER u. a. vgl. MÜLLER, J.: Über den Bau von *Pentacrinus caput Medusae*. Abh. preuß. Akad. Wiss., Physik.-math. Kl. Berlin 1841. — Über die Gattung *Comatula* und ihre Arten. Ebenda 1847. — SARS, M.: Mémoires pour servir à la connaissance des Crinoides vivants. Christiania 1868. — CARPENTER, P. H.: Report on the Crinoidea. Challenger Rep. 11 (1884); 26 (1888). — HARTLAUB, C.: Beitrag zur Kenntnis der Comatulidenfauna des Indischen Archipels. Nova Acta 58 (1891). — AGASSIZ, A.: *Calamocrinus diomedae*. Mem. Mus. Harvard Coll. 17 (1892). — REICHENSPERGER, A.: Zur Anatomie des *Pentacrinus decorus*. Z. Zool. 80 (1906). — CLARK, A. H.: A Monograph of the existing Crinoids. Bull. U. S. Nat. Mus. Washington 1915—1931. — Phylogenetic Study of recent Crinoids etc. Smiths. Misc. Coll. Washington 1915.

Der kelchförmige Körper trägt am Rande dem fünfstrahligen Bau entsprechend fünf bewegliche, einfache oder in zwei oder mehr Äste gegabelte und gegliederte Arme, deren Lage den Radien des Körpers entspricht (Abb. 935). Überall tragen die Arme gegliederte Seitenanhänge, *Pinnulae*, welche alternierend den einzelnen Armgliedern zugehören und im Grunde nur die äußersten Armzweige repräsentieren. Die Decke des Kelches wird auf der Oralseite von einer weichen oder von Kalktäfelchen durchsetzten Haut gebildet, während sie auf der Aboralseite aus regelmäßig gruppierten Kalktafeln besteht. Hier unterscheidet man, von der Jugendform der *Antedon* ausgehend (Abb. 932 b), fünf interradial gelagerte Basalia, zwischen denen stielwärts fünf radiale Infrabasalia zur Anlage kommen, die zu der sogenannten Centrodorsalplatte sich vereinigen. Oralwärts fügen sich fünf Radialia an; an diese schließen sich die Skeletstücke der Arme (Brachialia),

deren Dorsalwand sie bilden. Fünf um den Mund bei der jungen *Antedon* angelegte interradiale *Oralia* finden sich unter den rezenten Crinoideen zuweilen erhalten (*Hyocrinus*, *Rhizocrinus*, *Holopus*).

Der Mund liegt in der Regel im Centrum der oralen Decke (excentrisch bei *Comatula*, *Comanthus*) und führt in einen Darm, der im Sinne des Uhrzeigers in einer Spiraltour verläuft (Abb. 932 d). Der After liegt excentrisch in einem Interradius gleichfalls an der oralen Kelchdecke (Abb. 934, 935), zuweilen auf einer schornsteinförmigen Erhebung. Die Nahrungsaufnahme erfolgt durch bewimperte Furchen (Ambulacralfurchen), welche vom Munde

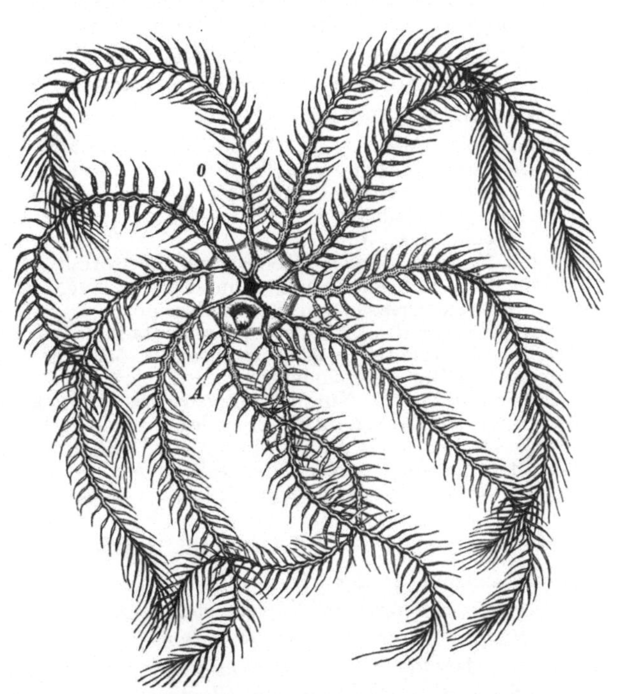

Abb. 935. *Antedon mediterranea*, Oralansicht. ¹/₁. *O* Mund, *A* After. Die Pinnulae mit reifen Genitalprodukten gefüllt.

über den Kelch nach den Armen, deren Verzweigungen und den Pinnulae verlaufen und an beiden Seiten von Saumläppchen mit Saumplättchen (Ambulacralia) und den kleinen tentakelartigen Ambulacralanhängen besetzt sind (Abb. 935).

Am Ambulacralsystem hängen vom Ringgefäße mindestens fünf, meist zahlreiche unverkalkte kleine bewimperte Röhren (Steinkanäle) in die Cölomhöhle (Axocölteil) und nehmen durch eine endständige Öffnung aus letzterer Flüssigkeit in das Ambulacralsystem auf (Abb. 932 d). In die Cölomhöhle wird Wasser durch gleichfalls bewimperte fünf oder zahlreiche interradiale Porenkanäle der Kelchdecke (*Kelchporen*) eingeführt. Pоlische Blasen und Ampullen fehlen.

Die Genitalorgane bestehen aus einem Genitalschlauche, der sich durch die Arme und Pinnulae erstreckt und bei *Isocrinus* und *Holopus* im ganzen Verlauf der Arme, sonst jedoch bloß in den Pinnulae reife Genitalzellen entwickelt, die an den Seiten der Pinnulae nach außen gelangen. Die Genitalstränge hängen (wenigstens in der Jugendform) mit dem Axialorgan (Abb. 932d) zusammen, das in der Kelchachse gelegen ist und sich auch in den Stiel hinein fortsetzt.

Die Entwicklung von *Antedon* erfolgt durch ein festsitzendes Stadium (Pentacrinusform) (Abb. 932c).

Die Crinoideen finden sich in reicher Entwicklung fossil seit paläozoischer Zeit und weisen nur wenig Vertreter in der rezenten Fauna auf, die meist in ansehnlichen Meerestiefen leben.

In der Unterscheidung der beiden Untergruppen wurde BATHER gefolgt.

1. Unterordnung. *Monocyclica.* Kelchbasis ohne Infrabasalia, die 5 aboralen Fortsätze des gekammerten Organes interradial.

Fam. *Hyocrinidae.* Kelch hoch. Fünf Arme, unverästelt, mit sehr langen Pinnulae. Kelchdecke getäfelt, mit großen Oralplatten. Stiel dünn, mit runden Gliedern. *Hyocrinus bethellianus* WYV. TH. Tiefsee, Crozet-Inseln. Einziger lebender Vertreter der Monocyclica.

2. Unterordnung. *Dicyclica.* Kelchbasis mit Infrabasalia, die atrophieren können, oft verborgen oder mit dem obersten Stielglied vereinigt sind. Die 5 Fortsätze des gekammerten Organes radial.

Fam. *Pentacrinidae.* Kelch klein, Kelchdecke häutig, mit sehr dünnen Kalktäfelchen. Arme stark und vielfach verästelt. Stiel lang, meist fünfkantig, mit wirtelförmig gestellten Ranken. *Isocrinus decorus* WYV. TH. Karaib. Meer. *I. asteria* L. (*Pentacrinus caput medusae* LM.). Westindien (Abb. 934). *Metacrinus rotundus* H. CRPT. Japan. *Pentacrinus* BLBCH. Fossil. Lias, Jura.

Fam. *Bourgueticrinidae.* Kelch klein, birnförmig. Fünf Oralplatten vorhanden. Mit fünf oder zehn dünnen Armen, Pinnulae sehr lang. *Rhizocrinus lofotensis* SARS. Atlant. Ozean. *Bourgueticrinus* ORB. Fossil. Kreide.

Fam. *Holopodidae.* Basalstücke und Radialia zu einem säulenförmigen Kelch verschmolzen, der unmittelbar festgewachsen ist. Mit fünf Oralplatten, mit zehn dicken Armen. *Holopus rangi* ORB. Westindien.

Fam. *Antedonidae.* Nur in der Jugend gestielt, im ausgebildeten Zustand freibeweglich, indessen mittels Ranken im Umkreis des die Basalia bedeckenden Centrodorsale zeitweilig fixiert. *Antedon bifida* PENN. Nordatlant. *A. (Comatula) mediterranea* LM. Mittelmeer (Abb. 935). *Comatula (Actinometra) solaris* LM. Ind. Ozean. *Comanthus (Actinometra) parvicirra* J. MÜLL. Indopaz. Ozean. Mund bei beiden letzteren exzentrisch.

4. Ordnung. Edrioasteroidea.

Paläozoische, in der Regel mit der ganzen Unterseite festsitzende, selten freie Pelmatozoen von breitem Körper, dessen Kelch von zahlreichen irregulär angeordneten Platten bedeckt ist. Mit fünf vom centralen Mund ausgehenden geraden oder gebogenen Ambulacralfeldern, ohne Arme und Pinnulae.

Sind die Stammformen der *Eleutherozoa*. Finden sich schon im Cambrium.

2. Klasse. Eleutherozoa (Echinozoa).

Freibewegliche Echinodermen, denen die vorwiegend als Füßchen ausgebildeten Ambulacralanhänge als Bewegungsorgane dienen.

In diese Klasse gehören die *Asteroidea, Ophiuroidea, Echinoidea* und *Holothurioidea*.

1. Ordnung. Asteroidea, Seesterne [1].

Echinodermen von flachem pentagonalen oder sternförmigen Körper, dessen breite Arme allmählich in die Scheibe übergehen, eine Doppelreihe wirbelartig verbundener

---

[1] Außer SARS, VERRILL u. a. vgl. MÜLLER, J. u. TROSCHEL: System der Asteriden. Braunschweig 1841. — SLADEN, W. P.: Report on the Asteroidea. Challenger Rep. **30** (1889). — PERRIER, E.: Révision de la Collection de Stellérides du Muséum d'hist. nat. Paris. Archives de Zool. 1875—1876. — Les Echinodermes des expéditions scientif. du Travailleur et du Talisman. 1. Stellérides. Paris 1894. — LUDWIG, H.: Die Seesterne des

*Skeletstücke besitzen und die Blindsäcke des Darmes sowie auch Teile der Genital-
drüsen aufnehmen. Füßchen in einer an der oralen Seite verlaufenden offenen Ambulacralfurche.*

Die Asteroideen charakterisieren sich durch Verkürzung des Körpers in der
Hauptachse sowie Ausbreitung der Ambulacren auf die orale Seite, wobei die
Radien (Ambulacren) mehr oder minder armförmig hervortreten (Abb. 936)
Die apicale (antiambulacrale) Körperwand ist mit Kalktafeln verschiedener
Art erfüllt (sekundäre Radialplatten, Dorsolateralplatten usw.); zwischen ihnen
sind in dem Scheibenteil das Centrale, die primären Radialia und die Basalia
(primäre Interradialia) nachweisbar (Abb. 908). Die Umrandung der apicalen

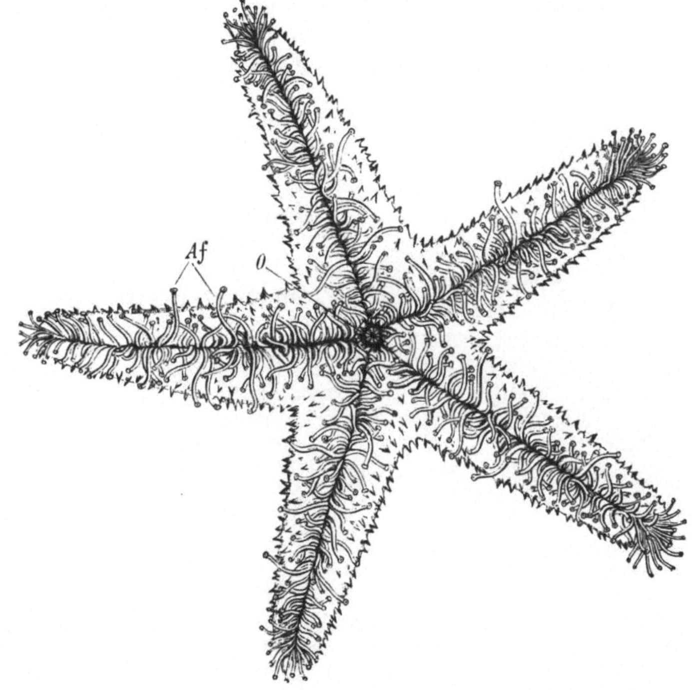

Abb. 936. *Echinaster sentus*, Oralansicht. (Nach A. AGASSIZ.) Etwa ²/₃. *O* Mund, *Af* Ambulacralfüßchen.

Seite bilden die oberen Randplatten. An der oralen Seite wird das Skelet aus
inneren wirbelartigen, beweglich verbundenen Kalkstücken (Ambulacralplatten)
gebildet, die in einer Doppelreihe angeordnet sind und mit einem Terminale an
der Spitze der Arme abschließen (Abb. 910). Auf ihrer Außenseite findet sich
eine tiefe Ambulacralrinne, in welcher der Nervenstamm, unter ihm die Radiär-
lacune sowie das Ambulacralgefäß verlaufen (Abb. 914); die äußere Berandung
der Ambulacralrinne wird von den Adambulacralplatten gebildet. Es folgen
lateral von letzteren meist größere, dem interambulacralen Skelet zugezählte
Platten, die unteren Randplatten, zu denen gegen die Adambulacralplatten hin

Mittelmeeres. Fauna u. Flora Golf Neapel 1897. — Asteroidea. Reports on an Exploration
etc. by the U. S. Fish Comm. Steam. „Albatross". Mem. Mus. Comp. Zool. Harvard Coll.
32 (1905). — Notomyota, eine neue Ordnung der Seesterne. Sitzgsber. preuß. Akad. Wiss.,
Physik.-math. Kl. Berlin 1910. — FISHER, W. K.: Asteroidea of the North Pacific and
adjacent Waters. 1—3. Bull. U. S. Nat. Mus. 1911—1930.

noch sogenannte Ventrolateralplatten hinzukommen. Die Mundöffnung liegt in einem pentagonalen oder sternförmigen Ausschnitt. Die interradialen Ecken werden durch je zwei zusammentretende Adambulacralplatten gebildet. Die Afteröffnung kann fehlen (*Astropectinidae*, *Porcellanasteridae*), im anderen Falle liegt sie interradial nahe dem Scheitelpole. Der Darm ist sackförmig und besitzt in die Arme reichende Aussackungen (Abb. 920). Pedicellarien und Hautkiemen kommen vor. Die Madreporenplatte findet sich in einfacher, bei manchen Formen in mehrfacher Zahl interradial auf der Apicalseite. Die Genitalorgane liegen in Büscheln an der Apicalwand zu Seiten des Interradius (Abb. 920), reichen aber auch zuweilen in die Arme hinein. Die in der Entwicklung auftretenden freien Larvenstadien sind Bipinnarien und Brachiolarien.

Die Seesterne ernähren sich größtenteils von Weichtieren und kriechen mit Hilfe ihrer Füßchen langsam am Boden umher.

Fossile Seesterne finden sich bereits im unteren Silur.

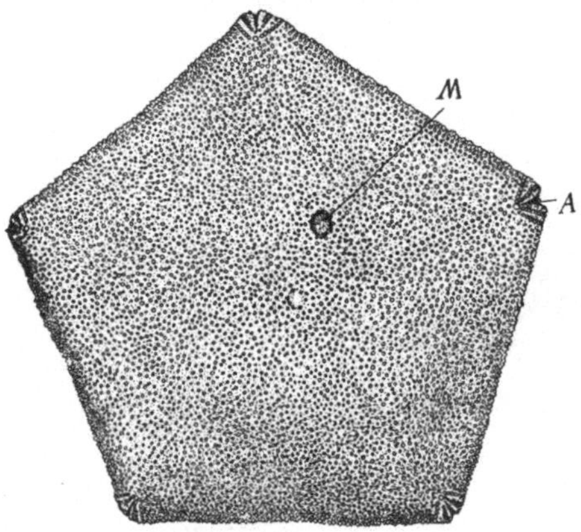

In der systematischen Übersicht ist HAMANN im Anschlusse an SLADEN und PERRIER gefolgt.

1. Unterordnung. *Phanerozonia*. Marginalplatten (Randplatten) groß und stark. Kiemenschläuche (Papulae) auf die Apicalfläche beschränkt, Ambulacralplatten breit.

Fam. *Archasteridae*. Arme lang, zugespitzt. After meist vorhanden. Apicalskelet zuweilen mit Paxillen. *Archaster typicus* M. T. Ind. Ozean.

Fam. *Porcellanasteridae*. Arme meist schmal, Scheibe geschwollen. Randplatten schwach, porzellanartig. Inmitten der Scheibe eine tubenförmige Erhebung. After fehlt. Cribriforme Organe vorhanden. Bewohner der Tiefsee. *Porcellanaster caeruleus* WYV. TH. Atlant. Ozean. *Ctenodiscus* M. T.

Abb. 937. *Culcita coriacea*, Apicalansicht (Original G.). ½. *A* Ende der Ambulacralfurche, *M* Madreporenplatte.

Fam. *Astropectinidae*. Arme verlängert. Ohne After. Apicalskelet mit Paxillen (Abb. 914). Ambulacralfüßchen konisch. Gewöhnlich ohne Pedicellarien. *Astropecten aurantiacus* L. *A. bispinosus* OTTO. *A. spinulosus* PHIL. *A. pentacanthus* CHIAJE. Mittelmeer. Hier schließt sich an *Luidia ciliaris* PHIL. Atlant. Ozean, Mittelmeer.

Fam. *Benthopectinidae* (*Notomyota* LUDWIG). In der nachgiebigen Apicalwand der Arme zwei Längsmuskel, die den Ambulacralmuskeln entgegenwirken, wodurch das Tier wahrscheinlich zur Schwimmbewegung befähigt ist. Tiefseeformen. *Benthopecten simplex* E. PERR. Atlant. Ozean. *Pontaster tenuispinus* D. K. Nordatlant.

Fam. *Pentagonasteridae*. Körper abgeplattet. Arme oft verkürzt, so daß der Körper ein Pentagon wird. *Pentagonaster placenta* M. T. Mittelmeer. *P. pulchellus* GRAY. Südostaustralien, Neuseeland.

Fam. *Pentacerotidae*. Körper plump, Apicalskelet netzförmig gekörnelt oder von einer lederartigen Haut überzogen. *Pentaceros reticulatus* L. Westindien. *Culcita coriacea* M. T. Körper eine pentagonale dicke Scheibe. Rotes Meer (Abb. 937).

Fam. *Asterinidae*. Randplatten klein. Arme durch große interbrachiale Ausbreitungen der Scheibe miteinander verbunden, Apicalskelet aus dachziegelartigen Platten bestehend. *Asterina gibbosa* PENN. (*Asteriscus verruculatus* M. T.). Hermaphroditisch. *Palmipes placenta* PENN. (*membranaceus* RETZ.). Körper sehr dünn, fünflappig umrandet. Atlant. Ozean, Mittelmeer. *Porania* GRAY.

2. Unterordnung. *Cryptozonia*. Marginalplatten (Randplatten) mehr oder weniger rudimentär. Papulae nicht auf die Apicalfläche beschränkt. Ambulacralplatten schmal.

Fam. *Linckiidae.* Scheibe klein, Arme dünn, lang, cylindrisch. Apicalskelet würfelig. *Chaetaster longipes* Retz. *Ophidiaster ophidianus* Lm. Mittelmeer. *Linckia multiforis* Lm. Ind. Ozean.

Fam. *Zoroasteridae.* Scheibe klein, Arme zugespitzt. Apicalskelet in regelmäßigen Längs- und Querreihen. *Cnemidaster wyvillei* Sl. Apicalfläche der Scheibe mit großen Platten. Tiefsee, Nordpaz. Ozean. *Zoroaster fulgens* Wyv. Th. Tiefsee, Atlant. Ozean.

Fam. *Solasteridae.* Apicalplatten netzförmig, mit paxillenähnlichen Stacheln. Pedicellarien fehlen. *Crossaster papposus* Fabr. Zahl der Arme 11—14. *Solaster endeca* L. Zahl der Arme 8—10. Nordatlant.

Fam. *Pterasteridae.* Gestalt scheibenförmig pentagonal. Apicalskelet aus kreuz- und sternförmigen Platten mit Gruppen von Stacheln, die durch eine Membran verbunden sind, im Centrum der Scheibe eine Öffnung, die in den Raum unter diese Membran führt. Pedicellarien fehlen. *Pteraster militaris* Müll. Nordeurop. Meere.

Fam. *Echinasteridae.* Apicalskelet netzförmig. Scheibe breit, aber klein, Arme lang. *Cribrella sanguinolenta* Müll. Nordatlant. *Echinaster sepositus* Lm. Mittelmeer. *E. sentus* Say. Westindien (Abb. 936).

Fam. *Heliasteridae.* Scheibe breit, mehr als 25 Arme. Apicalskelet netzförmig. Füßchen vierreihig. *Heliaster helianthus* Lm. Chile.

Fam. *Asteriidae.* Scheibe ziemlich klein, Arme 5—12, lang. Apicalskelet netzförmig mit Stacheln. Ambulacralfüßchen vierreihig, mit breiter Saugscheibe. *Asterias (Asteracanthion) glacialis* L. Europ. Meere. *A. rubens* L. Atlant. Ozean. *A. tenuispina* Lm. Mittelmeer.

Fam. *Brisingidae.* Scheibe klein, Arme sehr zahlreich, lang. Apicalskelet rückgebildet oder nur auf der Scheibe. Stachel in einer Haut liegend. *Brisinga coronata* O. Sars. Nordeurop. Meere.

2. Ordnung. **Ophiuroidea, Schlangensterne**[1].

Afterlose Echinodermen von sternförmiger Gestalt, mit langen cylindrischen, einfachen oder verästelten Armen, welche scharf von der Scheibe abgesetzt sind, keine Anhänge des Darmes aufnehmen und eine einfache Reihe wirbelartig verbundener Skeletstücke (Ambulacralia) besitzen. Die Ambulacralfurche von Schildern der Haut bedeckt, so daß die Ambulacralfüßchen an den Seiten der Arme hervorstehen. Mit Bursae.

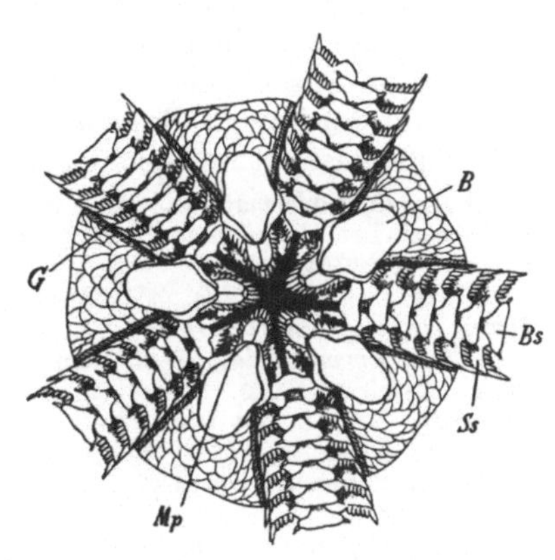

Abb. 938. Scheibe von *Ophiura ciliata* von der Oralseite (Original G.). Etwa $^2/_1$. *B* Mundschild, *Bs* Bauchschild, *Ss* Seitenschild der Arme, *Mp* Mundpapillen, *G* Bursalspalte.

Die Ophiuroideen zeichnen sich durch die cylindrischen, schlangenartig biegsamen einfachen, seltener verästelten Arme aus, welche von der flachen Scheibe scharf abgegrenzt sind und weder Fortsätze des Darmes noch Genitalorgane aufnehmen (Abb. 938). Die große Beweglichkeit der Arme vermittelt eine kriechende, sogar kletternde Locomotion. Das Armskelet der Ophiuroideen besteht aus einer im Inneren gelegenen Reihe einfacher, aber paarig angelegter, als Wirbel bezeichneter Kalkstücke (Ambulacralia), die mit einem an der Spitze des Armes gelegenen Terminale abschließen, und aus vier Reihen von ihrer Lage nach den Wirbeln entsprechenden äußeren Schildern, die als Rückenschilder, Seitenschilder (Adambulacralia) und Bauchschilder unterschieden werden. Letztere überdecken die

---

[1] Außer Müller u. Troschel, Ljungman, Verrill, Koehler, Perrier, Gregory vgl. Lütken, Ch. F.: Additamenta ad historiam Ophiuridarum. Vidensk. Selsk. Skrift. Kopenhagen 1858—1869. — Lyman, T.: Report on the Ophiuroidea. Challenger Rep. 5 (1882). — Bell, J.: A Contribution to the Classification of Ophiuroids etc. Proc. Zool. Soc. Lond. 1892. — Matsumoto, H. A.: A new Classification of the Ophiuroidea. Proc. Acad. natur. Sci. Philadelphia. 67 (1915). — A Monograph of Japanese Ophiuroidea. J. Coll. Sci. Univ. Tokio 38 (1916—1917). — Fedotov, D. M.: Die Morphologie der Euryalae. Z. Zool. 127 (1926). — Morphologische Studien an Euryalae. Z. Biol. A. 9 (1927).

Ambulacralfurche. Im Umkreise des Mundes stellen die Skeletstücke der Arme ein Mundskelet her. Zuweilen (*Cladophiurae*) bleibt die Körperhaut weich und enthält bloß kleine Kalkkörner. Am apicalen Scheibenskelet sind häufig die Centralplatte und primären Radialia nachweisbar, während fünf primäre Interradialia (vielleicht Homologa der Basalia) mit der oralen Verschiebung der apicalen Teile der Scheibe in den Interradien nach der Oralseite gelangen und zu den sogenannten Mundschildern werden (Abb. 938). Die Ambulacralfüßchen sind tentakelförmig; sie dienen als Tastfüßchen, aber auch durch den Besitz von Klebdrüsen zum Anheften, somit der Locomotion. Ampullen fehlen. Als Madreporenplatte fungiert eines der fünf Mundschilder. Bei einigen Formen sind bis 5 Steinkanäle und Madreporenplatten vorhanden. Die Afteröffnung fehlt stets, ebenso eigentliche Pedicellarien. Die Genitaldrüsen münden in Taschen (Bursae), welche durch 2—4 schlitzförmige Spalten in jedem Interradius zu Seiten der Armbasis an der Oralseite der Scheibe sich öffnen. Bei den *Cladophiurae* sind die Bursae mehr oder minder untereinander vereinigt. Bursae fehlen bei *Ophiactis virens*.

Die freischwimmenden Larven der Ophiuroideen zeigen den Typus des Pluteus.

Die systematische Gruppierung folgt M. MEISSNER in Bronns Klassen u. Ordn. d. Tierr. im Anschlusse an BELL und PERRIER.

1. Unterordnung. *Zygophiurae*. Mit Gelenkteilen an den Armskeletgliedern. Arme unverzweigt und nicht gegen den Mund einrollbar.

Fam. *Ophiodermatidae*. Mit zahlreichen Mundpapillen, ohne Zahnpapillen. *Ophioderma lacertosum* LM. (*longicauda* RETZ.). Mit je vier Bursalspalten in einem Interradius. Mittelmeer. *Pectinura* FORB.

Fam. *Ophiolepididae*. Mit 3—6 Mundpapillen. Zahnpapillen fehlen. *Ophiura ciliata* RETZ. (*Ophioglypha lacertosa* LYM.). Atlant. Ozean, Mittelmeer (Abb. 938). *Ophiolepis* M.T.

Fam. *Amphiuridae*. 1—5 Mundpapillen. Arme auf der Oralseite der Scheibe eingesetzt. *Ophiactis virens* SARS. Fast stets mit sechs Armen. Bursae fehlen. Mittelmeer. *Amphiura squamata* CHIAJE. Zwitter. Weit verbreitet. *Ophiopsila aranea* FORB. Mittelmeer.

Fam. *Ophiacanthidae*. Scheibe von einer weichen Haut überzogen, welche die unterliegenden Schuppen verbirgt. Keine oder wenige Zahnpapillen. *Ophiacantha setosa* RETZ. Mittelmeer.

Ophiothrichidae. Armrückenschilder rückgebildet. Zahnpapillen 8—10, Mundpapillen fehlen. *Ophiothrix alopecurus* M. T. Atlant. Ozean, Mittelmeer. *O. fragilis* ABILDG. Europ. Meere. *Ophiopteron elegans* LUDW. Mit Flossen an den Seitenschildern. Ind. Archipel.

2. Unterordnung. *Streptophiurae*. Arme unverzweigt. Armskeletglieder ohne ausgebildete Gelenkteile, so daß die Arme nach dem Munde einrollbar sind.

Fam. *Ophiomyxidae*. Mundpapillen 3—7, Zähne fehlen, Arme an der Oralseite der Scheibe eingesetzt, mit weicher Haut bedeckt. *Ophiomyxa pentagona* LM. Mittelmeer.

3. Unterordnung. *Cladophiurae*. Mit sattelförmigen Gelenken an den Armgliedern. Arme meist verzweigt, nach dem Munde zu einrollbar.

Fam. *Astrophytonidae*. Haut meist weich, mit Kalkeinlagerungen. *Astroschema* OERST. LÜTK. Arme unverzweigt, sehr lang und schlank. *Trichaster palmiferus* LM. Arme nur am Ende verzweigt. Pac. Ozean. *Gorgonocephalus* (*Astrophyton*) *costosus* LM. (*arborescens* ROND.). Mittelmeer, Westindien. *G. verrucosus* LM. Ind. Ozean. *Euryale aspera* LM. Indopaz. Ozean.

3. Ordnung. Echinoidea, Seeigel[1].

Kugelige, herzförmige oder scheibenförmige Echinodermen in der Regel mit unbeweglichem, aus Kalktafeln zusammengesetztem Skelet, welches als Schale den

---

[1] Außer J. TH. KLEIN, DESOR, DE MEIJERE u. a. vgl. LOVÉN, S.: Études sur les Echinoidées. Stockholm 1874. — AGASSIZ, AL.: Revision of the Echini. Cambridge 1872—1874. — Report on the Echinoidea. Challenger Rep. 3 (1881). — DUNCAN, P. M.: A Revision of the Genera and great Groups of the Echinoidea. J. Linnean Soc. Lond. 23 (1889). — MORTENSEN, TH.: Echinoidea. Danish Ingolf-Exp. 4 (1903—1907). — DÖDERLEIN, L.: Die Echinoiden der deutschen Tiefsee-Expedition. Wiss. Erg. dtsch. Tiefsee-Exp. 5 (1906). —

Körper umschließt und bewegliche Stacheln trägt, stets mit Mund- und Afteröffnung, mit locomotiven und oft auch respiratorischen Ambulacralanhängen.

Die Skeletplatten der Haut verbinden sich zur Herstellung einer in der Regel festen, unbeweglichen, mehr oder minder sphäroidischen Schale, welche bald regulär radial, bald irregulär oder symmetrisch gestaltet ist. Mit seltenen Ausnahmen (*Echinothuriidae*) schließen die Kalkplatten mittels Suturen fest aneinander und bilden zwanzig in Meridianen angeordnete Reihen, von denen je zwei benachbarte alternierend in die Strahlen und Zwischenstrahlen fallen (Abb. 903). Fünf Paare, die Ambulacralplatten, werden von feinen Porenreihen zum Durchtritt der langen Saugfüßchen durchbrochen und tragen ebenso wie die breiten Interambulacralplatten kugelige Höcker und Tuberkeln, auf welchen die äußerst verschieden gestalteten Stacheln beweglich eingelenkt sind. Der Mund wird von einer weichen Mundhaut (*Peristom*) umgeben, auf die sich bei den *Cidariden* die Ambulacral- und Interambulacralplatten, bei den *Streptosomata* (*Echinothuriidae*) bloß die Ambulacralplatten in beweglich verbundenen Reihen fortsetzen, welche sich bei den *Stereodermata* auf je 2 ambulacrale sogenannte Buccalplatten beschränken. Am apicalen Pole enden die ambulacralen Plattenreihen mit je einer unpaaren durchbohrten, möglicherweise dem Terminale, vielleicht aber dem Radiale homologen Platte (sogenannte Ocellarplatte). Die interambulacralen Plattenreihen schließen am Apex mit einem in der Regel vom Genitalporus durchsetzten Basale (sogenannte Genitalplatte). Letztere umstellen das den After enthaltende Periprokt (Afterfeld). Selten (*Saleniidae*) wird der Apicalpol nur von einer Centralplatte eingenommen (Abb. 909). Indem ein Radius kürzer oder länger wird als die anderen untereinander gleichen Strahlen, entstehen länglichovale, seitlich symmetrische Formen mit centralem Mund und After (*Heterocentrotus*, *Echinometra*). Bei irregulären Seeigeln rückt die Afteröffnung aus dem Scheitelpol in den unpaaren Interradius (*Clypeastroidea*) (Abb. 904), oft erhält auch die Mundöffnung eine vordere excentrische Lage (*Spatangoidea*) (Abb. 905), und zwar in derselben Ebene; diese läßt sich ebenso bei den *Regularia* aus der besonderen Ordnung

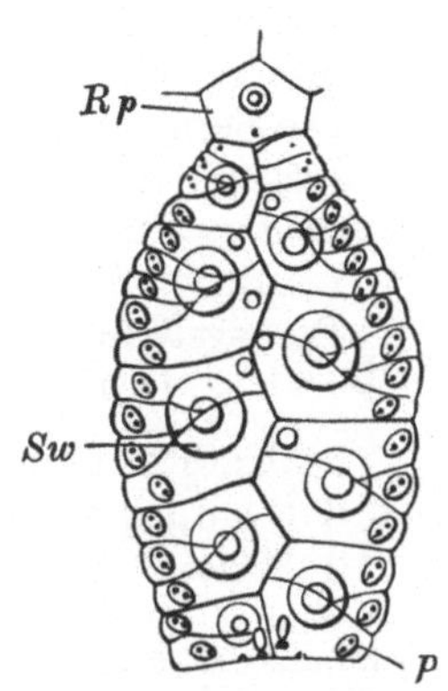

Abb. 939. Drittes Ambulacrum eines *Strongylocentrotus droebachiensis* von 3 mm. (Nach LOVÉN.) *Rp* Ocellarplatte. Die Großplatten zeigen die Zusammensetzung aus Primärplatten (*P*) mit je einem Doppelporus. *Sw* Stachelwarze. An den untersten Primärplatten je ein Sphaeridium.

der Peristomplatten feststellen (LOVÉNsche Symmetrieebene). Auch sind bei den meisten irregulären Seeigeln die Ambulacren an der Aboralseite des Körpers blattförmig (*petaloid*) verbreitert und bilden die sogenannte Ambulacralrosette.

Zu jedem Füßchen gehört in der Regel ein Porenpaar (Zufluß- und Abflußporus) und in der Regel zu einer Ambulacralplatte (Primärplatte) ein solcher Doppelporus. In vielen Fällen verschmelzen mehrere Primärplatten zu sogenannten Großplatten (*Echinidae*, *Echinometridae* u. a.) (Abb. 939). Bei vielen regulären Formen sind alle Ambulacralanhänge (Füßchen) von gleicher Form und mit einer durch Kalkstückchen gestützten Saugscheibe versehen; bei anderen entbehren die apicalen Füßchen der Saugscheibe und sind zugespitzt, oft auch am Rande eingeschnitten. Die irregulären Seeigel besitzen neben den Füßchen fast

AGASSIZ, A. a. H. L. CLARK: Hawaiian and other Pacific Echini. Mem. Mus. Comp. Zool. Harvard Coll. **34** (1907—1909). — HAWKINS, H. L.: Classification, Morphology and Evolution of the Echinoidea Holectypoidea. Proc. Zool. Soc. Lond. **1912**. — CLARK, H. L.: Catalogue of the recent Sea-Urchins (Echinoidea) in the British Museum. London 1925.

durchwegs verästelte Kiemenfüßchen auf der Ambulacralrosette. Pinselförmige Füßchen finden sich bei *Spatangoidea*. Als Madreporenplatte fungiert meist eine der Genitalplatten, doch verbreiten sich bei manchen Formen die Madreporenöffnungen über mehrere oder alle Apicalplatten (Abb. 904). Eigentliche POLIsche Blasen fehlen. Bei den *Spatangiden* finden sich an der Oberfläche der Schale bandförmige Streifen, *Fasciolen* (Abb. 905a), auf denen die *Clavulae* verbreitet sind. Pedicellarien kommen allgemein vor. Hautkiemen treten bei den meisten regulären Seeigeln an der Peristommembran auf (Abb. 911). Für die innere Organisation ist die Lage der Nerven und Ambulacralgefäßstämme unterhalb des Skelets hervorzuheben. Der Darm ist schlauchförmig und (die *Clypeastroidea* ausgenommen) mit Nebendarm versehen. Bei den *Regularia* und *Clypeastroidea* findet sich um den Schlund ein Kaugerüst mit Zähnen (Abb. 911). Als Ansatzstellen von Muskeln des Kauapparates dienen Apophysen der peristomialen Schalenplatten, die sich häufig zu einem sogenannten Aurikel zusammenschließen.

Die in der Entwicklung auftretenden Larven sind Pluteusformen mit Wimperepauletten oder Scheitelstab.

Die Seeigel leben vorzugsweise in der Nähe der Küste und ernähren sich von Mollusken, kleinen Seetieren und Fucoideen. Einige (*Psammechinus miliaris, Arbacia pustulosa, Cidaris* u. a.) besitzen das Vermögen, sich Höhlen in Felsen zum Aufenthalt zu bohren.

Die systematische Übersicht folgt im allgemeinen M. MEISSNER (BRONNS Klassen u. Ordn. d. Tierr.) im Anschlusse an MORTENSEN, DUNCAN, GREGORY.

1. **Unterordnung.** *Regularia*. Sphäroidische Seeigel, mit Mund und After an den entgegengesetzten Polen der Schale, mit Kauapparat.

1. Sektion. *Endobranchiata*. Ohne Mundkiemen.

Fam. *Cidaridae*. Dickschalige Seeigel mit kräftigen Stacheln. Ambulacren schmal. Die Ambulacral- und Interambulacralplatten setzen sich auf die Mundhaut fort. Sphäridien fehlen. *Cidaris cidaris* L. (*Dorocidaris papillata* LESKE). Atlant. Ozean, Mittelmeer. *Eucidaris tribuloides* LM. Westindien. *Phyllacanthus imperialis* LM. Ind. Ozean.

2. Sektion. *Ectobranchiata*. Mit Mundkiemen.

1. Tribus. *Streptosomata*. Schale beweglich. Nur die Ambulacralplatten setzen sich auf die Mundhaut fort. Mit inneren, an der Grenze von Ambulacral- und Interambulacralplatten befestigten Längsmuskeln zur Bewegung der Schale.

Fam. *Echinothuriidae*. Mit beweglich verschiebbaren Schalenplatten. *Asthenosoma varium* GR. Ind. Ozean. *Phormosoma placenta* WYV. TH. Tiefsee, Atlant. Ozean. *Echinothuria* WOODW. Fossil. Ob. Kreide.

2. Tribus. *Stereodermata*. Schale starr. An der Mundhaut meist nur zehn isolierte Ambulacralplatten (Buccalplatten).

Fam. *Saleniidae*. Mit persistierender Centralplatte. After subcentral (Abb. 909). Ambulacralfelder schmal. Poren in einer Reihe. *Salenia varispina* A. AG. Westindien.

Fam. *Diadematidae*. Afterfeld von mehreren Platten bedeckt. Schale dünnwandig. Stacheln meist lang, hohl und rauh. *Diadema saxatile* L. (*setosum* GRAY). Atlant. und Ind. Ozean. *Centrostephanus longispinus* PHIL. Mittelmeer, Atlant. Ozean.

Fam. *Arbaciidae*. Schale halbkugelförmig oder subkonisch, ziemlich dick. Analfeld aus vier dreieckigen Platten bestehend. Auriculae nicht geschlossen. *Arbacia aequituberculata* BLAINV. *A. lixula* L. (*pustulosa* LESKE). Atlant. Ozean, Mittelmeer.

Fam. *Temnopleuridae*. Auriculae geschlossen. Mit Grübchen oder Furchen an den Plattennähten. Stacheln meist kurz und dünn. *Temnopleurus toreumaticus* LESKE. *Salmacis bicolor* AG. Ind. Ozean.

Fam. *Echinidae*. Mit c-förmigen Spicula. Globifere Pedicellarien mit Endzahn und Seitenzähnen. *Psammechinus microtuberculatus* BLAINV. Atlant. Oz. Mittelmeer. *P. miliaris* P. L. S. MÜLL. Nordsee. Östl. Atlantik. *Echinus acutus* LM. *E. melo* LM. Atlant. Ozean, Mittelmeer. *E. esculentus* L. Nordeurop. Meere. *Paracentrotus lividus* LM. Atlant. Ozean, Mittelmeer.

Fam. *Toxopneustidae*. Globifere Pedicellarien mit Endzahn, ohne Seitenzähne. *Toxopneustes pileolus* LM. Ind., Paz. Ozean. *Tripneustes* (*Hipponoë*) *gratilla* L. Ind., Paz. Ozean.

Sphaerechinus granularis Lm. Atlant. Ozean, Mittelmeer. *Strongylocentrotus droebachiensis* Müll. Nordatlant. (Abb. 903).

Fam. *Echinometridae*. Schale im Umkreis mehr oder weniger länglich. Globifere Pedicellarien mit Endzahn und unpaarem kräftigen Seitenzahn. *Echinometra lucunter* L. *Heterocentrotus (Acrocladia) mammillatus* L. Schale länglich. Stacheln sehr groß, kantig. Ind. Ozean, Südsee. *Podophora atrata* L. Stacheln sehr kurz und dick. Ind., Paz. Ozean.

2. Unterordnung. *Irregularia*. Bilateralsymmetrische Seeigel mit centralem oder excentrischem Munde, After stets in den hinteren Interradius gerückt.

1. Sektion. *Gnathostomata*. Mund central. Kauapparat vorhanden.

1. Tribus. *Holectypoidea*. Kieferapparat schwach. Ambulacra nicht petaloid.

Fam. *Pygastridae*. Peristom groß. After etwas aus dem Scheitel nach hinten gerückt. Nur ein lebender Vertreter. *Pygastrides relictus* Lov. Karaib. Meer.

2. Tribus. *Clypeastroidea*, Schildigel. Kieferapparat wohlentwickelt. Ambulacra meist petaloid.

Fam. *Fibulariidae*. Petaloide rudimentär, am Ende offen. Kleine Formen. *Echinocyamus pusillus* Müll. Atlant. Ozean, Mittelmeer. *Fibularia ovulum* Gm. (*minuta* Pall.). Ind. Ozean.

Fam. *Laganidae*. Flache, fünfeckig ovale Formen. Petaloide lanzettförmig, am Ende nicht geschlossen. *Laganum depressum* Less. Ind., Paz. Ozean.

Fam. *Clypeastridae*. Große dickschalige Formen. Im Inneren der Schale finden sich Kalkpfeiler. Petaloide meist geschlossen. An der Oralseite nicht verzweigte Furchen. *Clypeaster rosaceus* L. Ind. Ozean (Abb. 904). *Diplothecanthus (Echinanthus) reticulatus* L. Westindien.

Fam. *Scutellidae*. Sehr flach, scheibenförmig. Schale meist mit Einschnitten oder Löchern. Petaloide geschlossen. Furchen der Oralseite verzweigt. Im Inneren der Schale durchbrochene Scheidewände oder Kalknetze. *Echinarachnius parma* Lm. Still. Ozean. *Echinodiscus auritus* Leske. Rotes Meer. *Encope emarginata* Leske. Westindien. *Rotula dentata* Leske. Afrik. Küste, Atlant. Ozean. *Scutella* Lam. Tertiär.

2. Sektion. *Atelostomata (Spatangoidea*, Herzigel). Ohne Kieferapparat.

1. Tribus. *Asternata*. Ohne Sternum und ohne Fasciolen.

Fam. *Echinoneidae*. Ambulacra bandförmig. Peristom central. Kleine Formen. *Echinoneus cyclostoma* Leske. Ind., Paz. Ozean. Hier schließen sich an: *Anochanus sinensis* Gr. China (?). *Echinolampas oviformis* Leske. Ind. Ozean.

2. Tribus. *Sternata*. Sogenanntes Sternum (große orale Platten des hinteren Interradius) wohlentwickelt. Häufig mit Fasciolen.

Fam. *Spatangidae*. Ambulacra petaloid verbreitert. Vorderes Ambulacrum reduziert. *Abatus (Hemiaster) cavernosus* Phil. Antarkt. *Schizaster canaliferus* Lm. Mittelmeer. *Brissus unicolor* Klein (*columbaris* Lm.). Atlant. Ozean, Mittelmeer. *Brissopsis lyrifera* Forb. (Abb. 905). Atlant. Ozean. *Spatangus purpureus* Müll. *Echinocardium cordatum* Penn. *E. mediterraneum* Forb. Atlant. Ozean, Mittelmeer.

Fam. *Ananchytidae*. Schale eiförmig, Ambulacra nicht petaloid. System der apicalen Platten verlängert. *Stereopneustes relictus* Meijere. Ind. Ozean. Hier schließt sich an *Pourtalesia miranda* A. Ag. Atlant. Ozean, Tiefsee. *Ananchytes* Mercati. Ob. Kreide.

4. Ordnung. Holothurioidea, Seewalzen[1].

In der Richtung der Hauptachse wurmförmig gestreckte Echinodermen mit lederartiger, von meist kleinen Kalkkörpern durchsetzter Körperbedeckung, mit einem Kranz meist retractiler Tentakel in der Umgebung des Mundes und terminaler Afteröffnung.

---

[1] Brandt, J. F.: Prodromus descriptionis animalium ab H. Mertensio observatorum. 1. Petropoli 1835. — Baur, A.: Beiträge zur Naturgeschichte der *Synapta digitata*. Dresden 1864. — Selenka, E.: Beiträge zur Anatomie und Systematik der Holothurien. Z. Zool. 17 (1867). — Théel, Hj.: Report on the Holothurioidea. Challenger Rep. 4, 14 (1882—1886). — Danielssen, D. C. og J. Koren: Holothurioidea. Norweg. North-Atl. Exp. Christiania 1882. — Ludwig, H.: Die Seewalzen. Bronns Klassen u. Ordn. des Tierreichs 1889—1892. — The Holothurioidea. Rep. Expl. „Albatross". Mem. Mus. Zool. Harvard Coll. 17 (1894). — Perrier, R.: Holothuries. Expéd. scient. du „Travailleur" et du „Talisman". Paris 1902. — Clark, H. L.: The Apodous Holothurians. Smithson. Contrib. to knowledge. 35. Washington 1907. — Östergren, Hj.: Zur Phylogenie und Systematik der Seewalzen. Zool. Stud. Tilläg. Prof. Tullberg 1907. — Becher, S.: Die Stammesgeschichte der Seewalzen. Erg. Zool. 1 (1908). — Vgl. ferner die Schriften von J. Müller, Semper, v. Marenzeller, Lampert, E. Hérouard, Woodland, Kawamoto u. a.

Der Körper der Holothurien ist walzen- oder wurmförmig in der Richtung der Hauptachse gestreckt und zeigt mehr oder minder eine Bilateralsymmetrie (Abb. 906). Letztere manifestiert sich zunächst im inneren Bau, prägt sich aber zuweilen auch in der äußeren Form dadurch aus, daß die eine Seite des Körpers (Bauchseite) sich abflacht und zu einer Kriechsohle wird. Dieser Sohle gehören drei Ambulacren (Trivium) an, in der Mitte mit dem dem Interradius des Genitalorganes gegenüberliegenden Ambulacrum. Die Körperbedeckung bleibt stets weich und lederartig, indem sich die Skeletbildung auf die Ablagerung zerstreuter Kalkkörper von bestimmter Form (gegitterter Täfelchen, Stühlchen, Rädchen, Anker) beschränkt (Abb. 907), die aber auch fehlen können (z. B. *Pelagothuria*). Selten (*Psolus*) treten größere Kalkplatten in der Rückenhaut auf, welche sich dachziegelförmig decken. Die Ambulacralfüßchen stehen in fünf Meridianreihen angeordnet (z. B. *Cucumaria*) oder sind gleichmäßig über die Oberfläche ausgebreitet (*Holothuria*) oder fehlen (*Synaptidae, Molpadiidae, Pelagothuria*) (Abb. 940). Sie sind meist cylindrisch und enden mit einer Saugscheibe, in anderen Fällen sind sie konisch und entbehren der Saugscheibe. Die um den Mund gestellten Tentakel, welche ebenfalls Ambulacralanhänge darstellen, sind fiederartig geteilt, selbst dendritisch verzweigt (Abb. 906) oder schildförmig, d. h. mit einer oft mehrfach geteilten Scheibe versehen (Abb. 916). Für die Bewegung kommt der Hautmuskelschlauch in Betracht, dessen Längsbündel sich an dem Kalkringe im Umkreise des Schlundes befestigen. Für das System der Wassergefäße kann es als charakteristisch gelten, daß der in der Regel einfache, zuweilen in mehrfacher Zahl vorhandene Steinkanal frei in der Leibeshöhle mit einem Kalkgerüst (sogenannte innere Madreporenplatte) endet. Bei vielen Tiefseeholothurien und einigen *Synaptiden* mündet der Steinkanal im dorsalen Interradius in der Nähe des Fühlerkranzes an der Haut nach außen. Der Darm ist schlauchförmig und führt durch eine Cloake nach außen, von der bei den meisten Formen die als Atmungsorgane fungierenden, baumförmig verästelten Wasserlungen entspringen (Abb. 916). Die linke Wasserlunge tritt bei den *Holothuriiden* mit den Wundernetzen des Darmblutgefäßsystems in Verbindung. Weitere Anhänge der Cloake sind die bei vielen *Holothuriiden* und einigen anderen Formen vorkommenden CUVIERschen Organe, drüsige Schläuche mit klebrigem Secret, die zur Cloakenöffnung herausgestoßen werden können. Das in einfacher Zahl vorhandene Genitalorgan liegt in dem Interradius der sogenannten Rückenseite und bildet ein Büschel verästelter Schläuche, deren einfacher Ausführungsgang meist in der Nähe des vorderen Körperendes sich nach außen öffnet. Die *Synaptiden* und *Molpadiiden* sind hermaphroditisch. Die in der Entwicklung auftretenden Dipleurulalarven sind Auricularien.

Die Holothurien leben auf dem Meeresboden meist an seichten Stellen in der Nähe der Küste, wo sie sich langsam kriechend fortbewegen, viele gehören der Tiefsee an. Die fußlosen *Synaptiden* bohren sich in den Sand ein. Merkwürdigerweise stoßen namentlich die *Holothuriiden* leicht den hinter dem Gefäßringe ab-

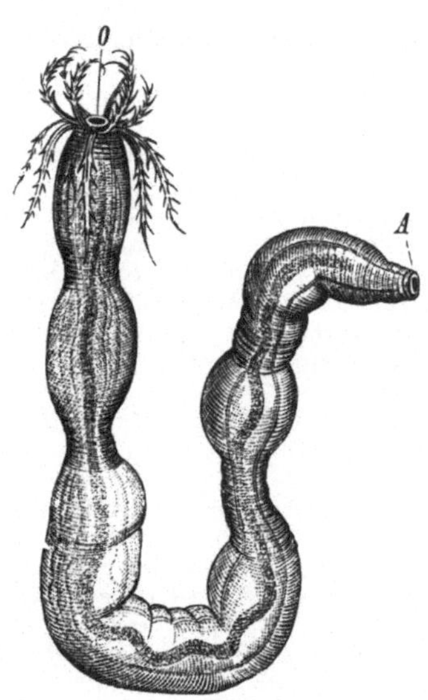

Abb. 940. *Leptosynapta inhaerens*. (Nach QUATREFAGES.) Etwa ¹/₂. *O* Mund, *A* After. Der Darm schimmert durch die Haut hindurch.

reißenden Darmkanal aus, vermögen denselben aber wieder zu ersetzen. Die Synaptiden brechen ihren Körper leicht in mehrere Teilstücke.

In der systematischen Übersicht ist H. LUDWIG gefolgt.

1. Unterordnung. *Actinopoda.* Alle äußeren Ambulacralanhänge, auch die Fühler, entspringen von den Radiärkanälen.

Fam. *Holothuriidae (Aspidochirotae).* Füßchen vorhanden. Fühler schildförmig. Rückziehmuskeln fehlen. Wasserlungen vorhanden. *Holothuria tubulosa* GM. Mittelmeer (Abb. 916). *H. polii* CHIAJE. Atlant. Ozean, Mittelmeer. *H. impatiens* FORSK. Weit verbreitet. *H. edulis* LESS. Ind. Ozean, Südsee. Als Trepang im Handel. *Stichopus regalis* CUV. Mit abgeflachter Bauchseite. Mittelmeer. Hier schließen sich an *Synallactes alexandri* LUDW. Galapagos-Ins. *Mesothuria intestinalis* ASC. et RATHKE. Atlant. Ozean, Mittelmeer. Beide Tiefseeformen.

Fam. *Elpidiidae (Elasipoda).* Füßchen vorhanden. Körper fast stets mit abgeflachter Bauchseite. Füßchen auf die Bauchseite beschränkt. Fühler schildförmig. Rücken mit kegelförmigen Ambulacralfortsätzen. Fühlerampullen, Rückziehmuskeln und Wasserlungen fehlen. Tiefseebewohner. *Elpidia glacialis* THÉEL. Arktisch. *Deima validum* THÉEL. Nördl. Still. Ozean. *Psychropotes longicauda* THÉEL. Ind. Paz. Ozean. Hier schließt sich die frei schwimmende füßchenlose und skeletlose *Pelagothuria* LUDW. an. Tiefsee, Golf von Panama.

Fam. *Cucumariidae (Dendrochirotae).* Füßchen vorhanden. Fühler baumförmig. Rückziehmuskeln wohlausgebildet. Wasserlungen vorhanden. *Cucumaria planci* BRDT. (*doliolum* AUT.). Mittelmeer (Abb. 906). *C. cucumis* RISSO. Adria. *Thyone fusus* MÜLL. Mittelmeer, Nordatlant. *Phyllophorus urna* GR. Mittelmeer. *Psolus phantapus* STRUSSENF. Mit scharf begrenzter söhliger Bauchscheibe. Haut mit großen Kalkplatten. Mund und After nach aufwärts gerückt. Nordatlant. *Rhopalodina lageniformis* GRAY. Mund und After dorsal zusammengerückt auf der Spitze eines stielförmigen Körperabschnittes. Kongoküste.

Fam. *Molpadiidae.* Füßchen fehlen. Fühler schlauchförmig oder gefingert. Wasserlungen vorhanden. *Caudina arenata* GD. Ostküste von Nordam. *Molpadia (Ankyroderma) musculus* RISSO. Mittelmeer. *M. oolitica* POURT. Arktisch, circumpolar.

2. Unterordnung. *Paractinopoda.* Nur Fühler vorhanden, deren Kanäle vom Ringkanal entspringen. Füßchen und Radiärkanäle fehlen.

Fam. *Synaptidae.* Fühler gefiedert oder gefingert. Wasserlungen fehlen. *Synapta maculata* CHAM. et EYS. Von Meterlänge. Ind. und Still. Ozean. *Labidoplax (Synapta) digitata* MONT. *Leptosynapta inhaerens* MÜLL. Atlant. Ozean, Mittelmeer (Abb. 940). *Synaptula hydriformis* LSR. (*Synapta vivipara* OERST.). Westindien. *Chiridota laevis* F. Nordatlant. *Myriotrochus rinkii* STEENSTR. Circumpolar. *Rhabdomolgus ruber* KEF. Kalkkörper der Haut fehlen. Helgoland.

2. Subphylum.

Homalopterygia.

Deuterostomier mit ventralem, auf das Prostoma zurückzuführendem After. Der fischchenähnliche Körper mit horizontalem Flossensaum.

Die baulichen Eigentümlichkeiten der hierher gehörigen *Chaetognatha* zusammengehalten mit den aus der Entwicklungsgeschichte sich ergebenden Tatsachen führen zu dem Schlusse, für diese Tiergruppe ein besonderes Subphylum zu bilden. In der sekundären Entwicklung des Mundes und der wahrscheinlichen Entstehung des Afters aus dem Prostoma besitzen die Homalopterygier gemeinsame Charaktere mit den Cölomoporen und Chordoniern.

8. Kladus.

Chaetognatha, Borstenkiefer[1].

Homalopterygier von fischchenähnlicher Gestalt, mit in Kopf-, Rumpf- und Schwanzabschnitt gegliedertem Körper, der einen horizontalen Flossensaum besitzt. Der Mund von Fanghaken umstellt. Mit aus Längsmuskelfasern gebildetem Hautmuskelschlauch, mit Cerebral- und Ventralganglion. Zwitter.

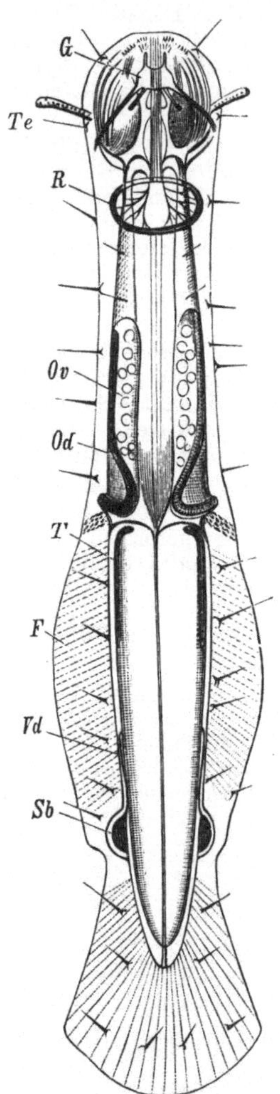

Abb. 941. *Spadella cephaloptera*, Rückenansicht. (Nach O. HERT-WIG, Deutung etwas verändert.) 30/1. *F* Flosse, *G* Cerebralganglion, *Te* Tentakel, *R* Geruchsorgan, *Ov* Ovarium, *Od* schlauchförmiges Receptaculum innerhalb des Oviductes, *T* Hoden, *Vd* Ductus deferens, *Sb* Samenblase.

Der bilateralsymmetrische Körper der planktonisch lebenden Chaetognathen (Abb. 941) ist durchsichtig und erinnert in seiner Erscheinung und fortschnellenden Bewegung an ein Fischchen. An demselben ist ein rundlicher Kopfabschnitt, ein walzenförmiger Rumpf- und ein sich gegen das Hinterende zuspitzender Schwanzabschnitt zu unterscheiden, eine Gliederung, der auch das Vorhandensein von drei Cölomsackpaaren entspricht (Abb. 85c). Der Schwanz und der Rumpf weisen eine verschieden ausgebildete horizontale, von Strahlen gestützte Flosse auf. Die Haut baut sich aus einem stellenweise geschichteten Epithel und einem Hautmuskelschlauch auf, der ähnlich wie bei den Anneliden aus vier, zwei dorsalen und zwei ventralen, Längsmuskelbändern besteht, zu welchen bei *Spadella* und *Eukrohnia* noch transversale, zwischen Ventrallinie und Seitenfeldern verlaufende Muskeln hinzukommen (Abb. 942). Die Rumpfmuskulatur ist quergestreift.

Der Mund liegt subterminal am Kopfe; vor ihm finden sich in Reihen angeordnete stachelartige Zähne, zu seinen Seiten Gruppen durch Muskeln beweglicher Fanghaken, die innerhalb einer den Kopf umsäumenden Hautfalte (Kopfkappe) entspringen. Er führt in ein geradgestrecktes Darmrohr, das an dem Hinterende des Rumpfes ventral im After ausmündet. Der Darm wird im Rumpf durch ein ventrales und dorsales Mesenterium in der Leibeshöhle befestigt. Ein Blutgefäß-

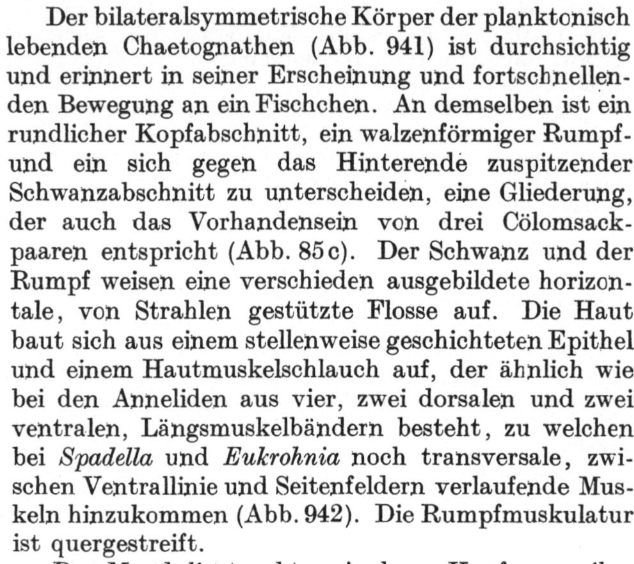

---

[1] Außer KROHN, WILMS, ELPATIEWSKY, BUCHNER vgl. KOWALEVSKY, A.: Embryologische Studien an Würmern und Arthropoden. Mém. Akad. St.-Pétersbourg 16 (1871). — BÜTSCHLI, O.: Zur Entwicklungsgeschichte der *Sagitta*. Z. Zool. 23 (1873). — HERTWIG, O.: Die Chaetognathen. Jena. Z. Naturwiss. 14 (1880). — GRASSI, B.: I Chetognati. Fauna u. Flora Golf Neapel 1883. — STRODTMANN, S.: Die Systematik der Chaetognathen usw. Arch. Naturgesch. 58 (1892). — DONCASTER, L.: On the Development of *Sagitta*. Quart. J. microsc. Sci. 46 (1902). — KRUMBACH, TH.: Über die Greifhaken der Chaetognathen. Zool. Jb. 18 (1903). — FOWLER, G. H.: The Chaetognatha of the Siboga Expedition. Leiden 1906. — v. RITTER-ZÁHONY, R.: Zur Anatomie des Chaetognathenkopfes. Denkschr. Akad. Wien 84 (1909). — Chaetognathi. Tierreich 29. Liefg. 1911. — STEVENS, N. M.: Further Studies on Reproduction in *Sagitta*. J. Morp. a. Physiol. 21 (1910). — VASILJEV, A.: La fécondation chez *Spadella cephaloptera* LGRHS. et l'origine du corps déterminant la voie germinative. Biol. generalis (Wien) 1 (1925).

system fehlt, Excretionsorgane sind nicht nachgewiesen. Das Nervensystem besteht aus einem im Kopfe gelegenen Cerebralganglion, das durch ein Connectiv mit einem großen, im Rumpfabschnitte gelegenen Ventralganglion in Verbindung steht. Dazu kommen noch zwei neben dem Munde gelegene Ganglien, welche durch eine Schlundcommissur untereinander und mit dem Kopfganglion verbunden sind. Bei *Sagitta hexaptera* legt sich an das Hinterende des Cerebralganglions ein Kanal mit Porus (Neuroporuskanal) an (K. C. Schneider). Während vom Cerebralganglion der Kopf innerviert wird, gehen vom Ventralganglion die Nerven für Rumpf und Schwanz ab und enden in einem Nervenplexus. Fast alle Teile des Nervensystems liegen im Epithel der Haut. Von Sinnesorganen finden sich am Kopf ein Paar Augen (invertierte Pigmentbecherocellen), ein dorsales, ringförmiges, bewimpertes Geruchsorgan (Flimmerkrone oder Corona), seltener (*Spadella*) Tentakel. Zahlreiche Gruppen von Sinneszellen mit Tastborsten liegen über den Körper verstreut.

Die Chaetognathen sind hermaphroditisch. Die paarigen Ovarien liegen im Rumpfcölom. Die Eier gelangen durch temporär sich bildende Öffnungen in den lateral gelegenen Oviduct, der am Hinterende des Rumpfes seitlich nach außen mündet. Innerhalb des Oviducts liegt ein blindgeschlossenes Receptaculum seminis, das eine von der Oviductöffnung gesonderte Ausmündung besitzt. In den durch eine Scheidewand getrennten Cölomhöhlen des Schwanzes finden sich die Hoden als wandständige Keimlager, deren Produkte in die Cölomhöhle und von hier durch kurze, mit einer Samenblase versehene Ductus deferentes nach außen gelangen.

Die Eier werden meist einzeln frei abgelegt. Die Entwicklung ist eine direkte. Die Furchung ist äqual, die Gastrula entsteht durch Invagination. Schon zu dieser Zeit lassen sich im Entoderm dem Gastrulamund gegenüber zwei Urgenitalzellen unterscheiden, die später in die Gastralhöhle austreten und schließlich in das Cölom gelangen. Am

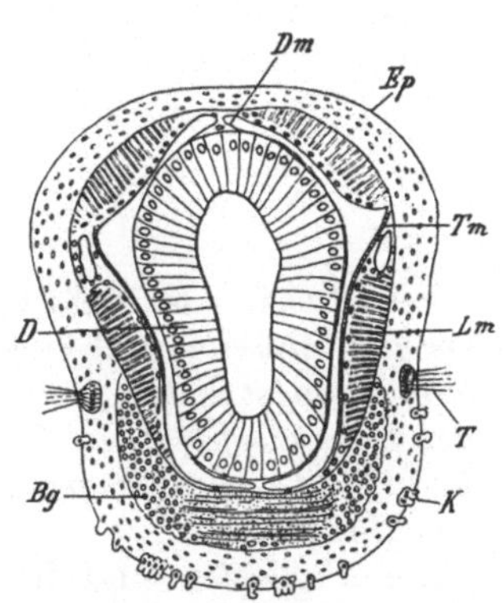

Abb. 942. Querschnitt durch den Rumpf von *Spadella cephaloptera*. (Nach O. Hertwig.) *Ep* Epidermis, *Lm* Längsmuskulatur, *Tm* Transversalmuskel, *T* Tastorgan, *K* Klebzellen, *Bg* Bauchganglion, *D* Darm, *Dm* dorsales Mesenterium.

aboralen Pole bildet das Entoderm zwei Falten, durch welche die Gastralhöhle in einen mittleren und zwei seitliche Räume zerfällt. Während die Zellbekleidung der letzteren zum Mesoderm wird, liefert die des mittleren Raumes die Darmwand, an welcher, dem sich schließenden Urmund gegenüber, der bleibende Mund zum Durchbruch kommt (Abb. 267). Vom Vorderende der Cölomsäcke schnüren sich die Cölomabschnitte des Kopfes ab, während die Scheidewand zwischen Rumpf- und Schwanzabschnitt des Cöloms erst nach dem Ausschlüpfen der Jugendform entsteht. Der Embryo wächst in die Länge und krümmt sich ventralwärts ein. Der Darmabschnitt der Schwanzregion wird rückgebildet. Über die Entstehung des Afters fehlen Beobachtungen; wahrscheinlich ist derselbe auf den Gastrulamund zurückzuführen.

Die Chaetognathen sind im Plankton aller Meere verbreitet. *Spadella cephaloptera* vermag mittels ventraler Klebzellen zu kriechen.

Klasse: **Sagittoidea, Pfeilwürmer.**

Fam. *Sagittidae*. *Sagitta hexaptera* Orb. Weit verbreitet. *S. bipunctata* Q. G. *Spadella cephaloptera* W. Busch. Atlant. Ozean, Mittelmeer (Abb. 941). *Eukrohnia (Krohnia) hamata* Möb. Weit verbreitet.

3. Subphylum.

Chordonia.

Deuterostomier mit dorsal vom Darm angelegter Chorda dorsalis, mit dorsal von ihr gelegenem Centralnervensystem, das als After fungierende Prostoma ventral oder sekundär dorsalwärts verlagert.

Die in diesem Subphylum zusammengefaßten *Tunicata, Acrania* und *Vertebrata* zeichnen sich durch ein dorsal vom Entoderm aus angelegtes Achsenskelet, die Chorda dorsalis, aus; dorsal von letzterer hat das Centralnervensystem seine Lage, ventral der Darm. Die Mundöffnung ist sekundär nahe dem Vorderende des Darmes entstanden, der After geht aus dem Prostoma hervor, das zuerst dorsalwärts verlagert ist und später an die Ventralseite oder wieder sekundär dorsalwärts verschoben wird. Bei allen im Wasser lebenden Formen dient der Pharynxabschnitt des Darmes durch Ausbildung von Spalten und zuweilen auch Kiemen an demselben der Respiration. Bei den am Lande lebenden Formen erscheint dieser Atmungsapparat nur im Embryonalleben und wird durch die Lungen substituiert.

9. Kladus.

Tunicata, Manteltiere[1].

Festsitzende oder freischwimmende Chordonier von sackförmigem oder tonnenförmigem, zuweilen mit einem Schwanzanhang (Hinterkörper) versehenem Körper, von einer meist dicken Cuticularbildung (sogenannter Mantel) umhüllt; Chorda nur selten beim ausgebildeten Tier erhalten, in der Regel samt dem Hinterkörper rückgebildet; mit weitem, zugleich der Respiration dienendem Pharyngealsack, mit Herz, hermaphroditisch.

Die *Tunicaten* sind freischwimmend oder festsitzend (Abb. 943, 944). Im ersteren Falle ist ein tonnenförmiger Vorderkörper und ein mit Chorda versehener schwanzartiger Hinterkörper zu unterscheiden (*Copelata*) (Abb. 945), oder letzterer fehlt (*Thaliacea*), was auch für alle festsitzenden Formen (*Tethyodea*) gilt.

Die Tunicaten verdanken ihren Namen dem Vorhandensein einer gallertigen bis cartilaginösen Hülle (Tunica, Mantel), welche den Körper vollständig umgibt. Der Mantel wird von einer Grundmasse mit eingeschlossenen Zellen gebildet, die aus einer der Cellulose gleichen Substanz, dem Tunicin, besteht; er erscheint, obwohl als cuticulare Ausscheidung des Hautepithels entstanden, in der Regel infolge eingewanderter (mesodermaler) Zellen als eine Form des Bindegewebes. Unter dem Mantel folgt das Körperepithel und ein gallertiges Bindegewebe, in welchem sämtliche Organe des Körpers lagern.

Die weite Mundöffnung liegt am Vorderende des Körpers und führt durch eine kurze, vom Ectoderm aus entstandene Mundhöhle in einen zugleich der Atmung dienenden Pharyngealsack, dessen Spalten sowie der After bei den *Copelata* direkt nach außen führen (Abb. 945 b). Bei allen übrigen Tunicaten ist ein durch Einsenkung von der Haut aus entstandener Cloakenraum vorhanden, in den die Kiemenspalten, der After sowie auch die Genitaldrüsen einmünden.

---

[1] SEELIGER, O.: Tunicata. Fortgesetzt von R. HARTMEYER u. G. NEUMANN. Bronns Klassen u. Ordn. des Tierreiches 1893—1913. — HERDMAN, W. A.: A revised Classification of the Tunicata. J. Linnean Soc. 23 (1891). — LAHILLE, F.: Recherches sur les Tuniciers des côtes de France. Toulouse 1890. — METCALF, M. M.: Notes on the Morphology of the Tunicata. Zool. Jb. 13 (1900). — DAHLGRÜN, W.: Untersuchungen über den Bau der Excretionsorgane der Tunicaten. Arch. mikrosk. Anat. 58 (1901). — ALDER, J. a. A. HANCOCK: The British Tunicata. 3 Vols. 3. Edited by J. HOPKINSON. London 1905—1912.

Die Ausmündung des Cloakenraumes liegt bei den *Thaliacea* an dem der Mundöffnung entgegengesetzten Körperende (Abb. 944), bei den festsitzenden *Tethyodea* dorsal in einiger Entfernung vom Mund
(Abb. 943).

Die aus kleinen Organismen und organischem Detritus bestehende Nahrung wird
durch Wimpereinrichtungen in den am Hinterende des Pharynx beginnenden Oesophagus
eingeführt. Ein den Pharynxeingang umsäumender Wimperbogen setzt sich in eine
ventrale Wimperrinne fort, die mit ihren
drüsigen Seitenwänden (Schleimdrüse) den
sogenannten Endostyl vorstellt; ferner findet
sich eine dorsale Wimperrinne vor. Die mit
dem Wasser in den Pharynx eingeführten
Nahrungsteilchen gelangen in den Wimper-
strom des Endostyls und werden vom Schleim
desselben eingeschlossen längs der Wimperbogen in die dorsale Wimperrinne und längs
dieser in den Oesophagus eingeleitet. Der
Oesophagus führt in den Magen, welcher in
den Darm übergeht.

Überall findet sich ventral ein rinnen-
förmiges und dorsal offenes oder ein schlauchförmiges, dann nur hinten und vorn in die
primäre Leibeshöhle sich öffnendes Herz, das,
in einem zarten Pericardium (Cölom) gelegen,
von dem einen nach dem anderen Ende hin
fortschreitende Contractionen ausführt. Bemerkenswert ist der plötzliche (von VAN
HASSELT bei Salpen entdeckte) Wechsel in
der Richtung der Contractionen, durch welche
nach momentanem Stillstande die Richtung
der Blutströmung eine umgekehrte wird. Die
Blutbahnen sind Lückenräume in dem die
primäre Leibeshöhle erfüllenden gallertigen
Bindegewebe.

Das Centralnerven-
system beschränkt sich
in der Regel auf ein ein-
faches, dorsal vom Pha-
rynx gelegenes Ganglion.

Die Tunicaten sind
Zwitter, oft jedoch mit
verschiedenzeitiger Reife
der beiderlei Genitalpro-
dukte. Die Geschlechts-
drüsen münden durch
besondere Gänge aus.
Neben der geschlecht-
lichen Fortpflanzung be-
steht fast allgemein die

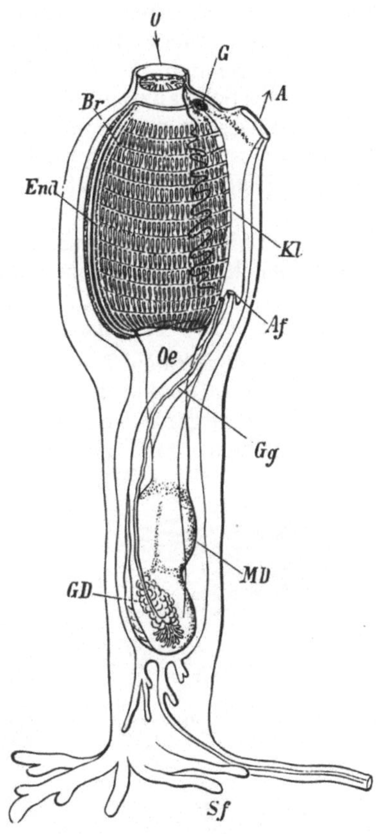

Abb. 943. *Clavelina lepadiformis* (aus règne
animal). Etwa ³/₁. *O* Mund, *Br* Kieme (Pharyngealsack), *End* Endostyl, *Oe* Oesophagus,
MD Magendarm, *Kl* Cloakenraum, *A* Auswurfsöffnung, *Af* After, *G* Ganglion, *GD* Genitaldrüse, *Gg* Ausführungsgang derselben,
Sf Stolonen.

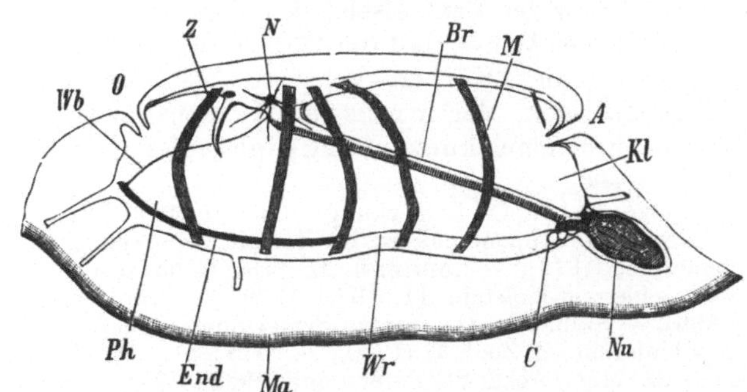

Abb. 944. *Salpa (Thalia) democratica*, Seitenansicht. ⁶/₁. *O* Mund, *Ph*
Pharyngealraum, *Kl* Cloakenraum, *A* Cloakenöffnung, *Br* Kieme, *N* Gan-
glion, *Ma* Mantel, *M* Muskelbänder, *Z* Züngelchen, *Wb* Wimperbogen,
End Endostyl, *Wr* Wimperrinne, *Nu* Eingeweidenucleus, *C* Herz.

ungeschlechtliche durch Sprossung oder Teilung, welche häufig zur Entstehung von Stöcken führt.

Die Embryonalentwicklung der Ascidien zeigt große Übereinstimmung mit jener der Acranier und Vertebraten. Es ist eine Chorda dorsalis vorhanden, die dem schwanzartigen Hinterkörper angehört und später mit diesem rückgebildet wird; nur bei den *Copelaten* bleibt dieser Körperabschnitt erhalten. Eine Metamerie des Schwanzes, die man in der regelmäßigen Anordnung der Muskelzellen und der Ganglien des dorsalen Nervenstranges zu finden suchte, ist nicht erweisbar. Die postembryonale Entwicklung ist bei den *Tethyodea* eine Metamorphose; bei den *Thaliacea* ist meist direkte Entwicklung verbunden mit Metagenese vorhanden.

Die Tunicaten sind durchwegs Meerestiere. Die glashellen Pyrosomen und Salpen leuchten mit prachtvollem Lichte.

1. Klasse. Copelata (Appendiculariae)[1].

Freischwimmende Tunicaten mit Ruderschwanz und persistierender Chorda dorsalis, ohne Cloakenraum.

In ihrer Organisation zeigen die Copelata große Übereinstimmung mit den Ascidienlarven. An ihrem Körper (Abb. 945) ist ein tönnchenförmiger Vorder-

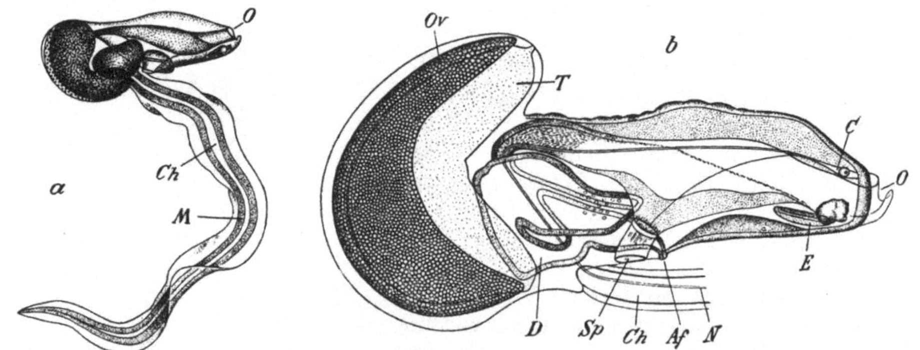

Abb. 945. a *Folia aethiopica*. (Nach LOHMANN, aus R. Hertwigs Zool.) — b Rumpf mit Schwanzbasis von *Oikopleura cophocerca*, Seitenansicht (nach FOL), $^{25}/_1$. *Af* After, *C* Gehirnganglion mit Statocyste, *Ch* Chorda dorsalis, *D* Darm, *E* Endostyl, *M* Schwanzmuskulatur, *N* Nervenstrang des Schwanzes, *O* Mund, *Ov* Ovarium, *Sp* rechte Kiemenspalte, *T* Hoden.

körper und ein seitlich abgeplatteter Ruderschwanz zu unterscheiden; letzterer entspringt an der Ventralseite des Vorderkörpers und zeigt eine Achsendrehung um 90° in der Weise, daß die Dorsalseite nach links gerichtet erscheint. Die am Vorderende des Körpers gelegene Mundöffnung führt in einen geräumigen Pharyngealsack, der von zwei Kiemenspalten (Spiracula) durchbrochen ist, welche durch einen kurzen Gang (Spiraculargang) nach außen münden. Am hinte-

[1] GEGENBAUR, C.: Bemerkungen über die Appendicularien. Z. Zool. 7 (1855). — FOL, H.: Études sur les Appendiculaires du détroit de Messine. Mém. Soc. phys. et d'hist. nat. de Genève 21 (1872). — LOHMANN, H.: Das Gehäuse der Appendicularien. Schrift. naturw. Ver. Schleswig-Holstein 11. Kiel 1899. — Die Appendicularien. Erg. Plankton-Exp. 2 (1896). — SEELIGER, O.: Einige Bemerkungen über den Bau des Ruderschwanzes der Appendicularien. Z. Zool. 67 (1900). — SALENSKY, W.: Études anatomiques sur les Appendiculaires. Mém. Acad. St.-Pétersbourg 1903—1904. — IHLE, I. E. W.: Die Appendicularien der Siboga-Expedition. Leyden 1908. — DELSMAN, H. C.: Beiträge zur Entwicklungsgeschichte von *Oikopleura dioica*. Verh. Rijksinst. Onderzoek. d. zee. 3 (1910). — Vgl. überdies die Arbeiten von GOLDSCHMIDT, DAMAS, MARTINI u. a.

ren Ende des Pharyngealsackes beginnt der verdauende Teil des Darmes, der ventral direkt nach außen mündet, da ein Cloakenraum fehlt. Im Pharyngealsack finden sich Endostyl sowie ventrale Wimperrinne; am Vorderende des Endostyls beginnt der an der Wand des Pharynx zum Oesophagus verlaufende Wimperbogen. Endostyl und Wimperbogen fehlen bei *Kowalevskia*. Das Herz ist eine flache muskulöse Rinne, welche die Dorsalwand des Pericards bildet und deren Lumen mit der primären Leibeshöhle in offener Verbindung steht. Nach SALENSKY kommuniziert die Pericardialblase bei *Oikopleura vanhoeffeni* noch mit dem Pharyngealsack. Bei *Kowalevskia* wird ein Herz vermißt. Ovarium und Hoden liegen im hinteren Abschnitte des Vorderkörpers; das Ovarium entleert durch Dehiscenz seine Produkte, der Hoden mittels eines Ductus deferens, der wahrscheinlich erst zur Zeit der männlichen Geschlechtsreife nach außen durchbricht. *Oikopleura dioica* ist getrenntgeschlechtlich. Das langgestreckte, in drei Partien eingeschnürte Gehirnganglion steht mit einer Wimpergrube und Statolithenblase in Verbindung und verlängert sich in einen ansehnlichen Nervenstrang, welcher in den Schwanz eintritt, an dessen Basis in ein Ganglion anschwillt und im weiteren Verlaufe unter Abgabe von Seitennerven mehrere kleinere Ganglien bildet. In dem Ruderschwanz liegt ventral vom Nervenstrang die Chorda dorsalis, welche die ganze Länge des Schwanzes durchzieht und der seitlich die Schwanzmuskulatur anliegt.

Die Copelaten bilden ein einfaches kugelförmiges, zuweilen aber (*Oikopleura*) kompliziert differenziertes gallertiges Gehäuse (s. S. 126, Abb. 119), das ihnen als Schwebevorrichtung, zum Schutze, in erster Linie jedoch zu leichterem Nahrungserwerb dient. Es wird verlassen und dann neugebildet. Morphologisch entspricht diese temporäre Cuticularbildung dem Mantel der übrigen Tunicaten.

Die ausschlüpfende Larve ist von einer Gallerthülle umgeben und noch mund- und afterlos.

Die Copelaten sind kleine pelagische Tiere, die sich mittels ihres Schwanzanhanges bewegen.

Fam. *Appendiculariidae*. Pharyngealsack wohl entwickelt. Herz vorhanden. *Oikopleura longicauda* VOGT. Weit verbreitet. *O. albicans* LEUCK. *O. cophocerca* GEGNB. Mittelmeer, Atlant. und Ind. Ozean (Abb. 945b). *O. dioica* FOL, getrenntgeschlechtlich. Weit verbreitet. *O. vanhoeffeni* LOHM. Nordatlant. *Appendicularia sicula* FOL. Atlant. Ozean, Mittelmeer. *Megalocercus abyssorum* CHUN. Mittelmeer. *Bathochordaeus charon* CHUN. 8,5 cm lang. Benguelastrom. *Folia aethiopica* LOHM. Atlant. Ozean (Abb. 945a). *Fritillaria pellucida* W. BUSCH. Weit verbreitet.

Fam. *Kowalevskiidae*. Wimperbogen, Endostyl und Herz fehlen. Im Pharyngealsack Reihen von Wimperzapfen. *Kowalevskia tenuis* FOL. Messina.

2. Klasse. Tethyodea (Ascidiacea), Seescheiden[1].

In der Regel festsitzende Tunicaten von sackförmiger Gestalt, mit Cloakenraum, dessen Ausmündung meist in der Nähe des Mundes gelegen ist, mit weitem Pharyngealsack.

---

[1] SAVIGNY, J. C.: Mémoires sur les animaux sans vertèbres 2. Paris 1816. — MILNE EDWARDS: Observations sur les Ascidies composées des côtes de la Manche. Mém. Acad. Paris 18 (1842). — VAN BENEDEN, P. J.: Recherches sur l'embryogénie, l'anatomie et la physiologie des Ascidies simples. Mém. Acad. Belg. 20 (1846). — GIARD, A.: Recherches sur les Synascidies. Archives de Zool. 1 (1872). — HELLER, C.: Untersuchungen über die Tunicaten des Adriatischen Meeres. Denkschr. Akad. Wien 1874—1877. — DE LACAZE-DUTHIERS, H.: Les Ascidies simples des côtes de France. Archives de Zool. 3 (1874); 6 (1877). — v. DRASCHE, R.: Die Synascidien der Bucht von Rovigno. Wien 1883. — VAN BENEDEN, E. et CH. JULIN: Recherches sur la morphologie des Tuniciers. Archives de Biol. 6 (1887). — HERDMAN, W. A.: Report on the Tunicata. Challenger Rep. 3 parts. 1882—1888. — KOWALEVSKI, A.: Weitere Studien über die Entwicklung der einfachen Ascidien. Arch.

Der Körper der Ascidien ist meist festgewachsen, seltener nur lose im Sande steckend, besitzt schlauch- oder sackförmige Gestalt (Abb. 943) und ist zuweilen gestielt. An seinem freien Ende sind zwei große Öffnungen zu unterscheiden, die Mundöffnung und die Ausmündung des Cloakenraumes, der hier überall entwickelt ist. Cloakenöffnung und Mundöffnung sind einander dorsal stark genähert; seltener liegen beide an den entgegengesetzten Körperenden (*Pyrosoma, Botryllus, Hexacrobylus*). Der Mantel ist meist dick, zuweilen gelatinös, oft knorpelig oder lederartig, und enthält mitunter Fibrillen oder Kalkspicula eingelagert. In manchen Fällen finden sich an der Manteloberfläche hornige Platten oder Stacheln, zuweilen (z. B. *Molgulidae*) ist der Mantel mit Fremdkörpern bedeckt. Er wird bei zahlreichen Tethyodeen von blutführenden Hautausstülpungen (sogenannten Mantelgefäßen) durchsetzt. Mundöffnung und Cloakenöffnung können durch randständige Läppchen sowie Ringmuskeln verschlossen werden. Längsverlaufende und transversale Muskeln dienen der Contraction des ganzen Leibes.

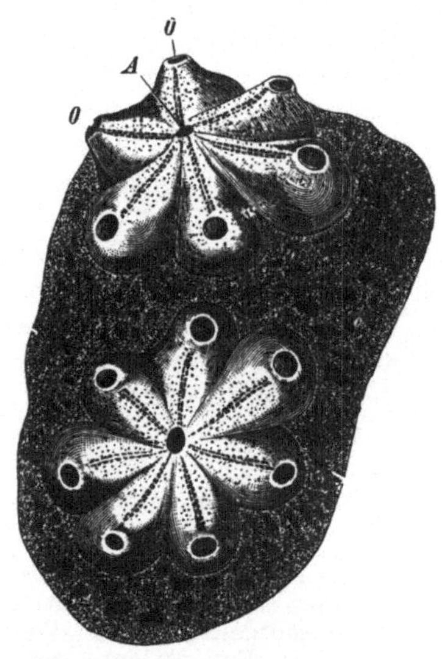

Abb. 946. *Botryllus schlosseri* (*violaceus*). (Nach M. EDWARDS.) Etwa 6/1. *O* Mundöffnung, *A* gemeinsame Cloakenöffnung einer Individuengruppe (Systems).

Die Mundöffnung führt in einen von zahlreichen kleinen Spalten durchbrochenen geräumigen Pharyngealsack (Kiemensack), dessen Eingang von einem Kreise einfacher oder verzweigter (zusammengesetzter) Tentakel umstellt ist (Abb. 943). An der Dorsalseite des Kiemensackes liegt der Cloakenraum, der nicht nur das durch die Kiemenspalten abfließende Wasser, sondern auch die Kotballen und Geschlechtsstoffe aufnimmt. Der Cloakenraum setzt sich im Umkreise des Kiemensackes bis zur Ventralseite hin in seitlichen Räumen, den Peribranchialräumen, fort, an deren Außenwand der Kiemensack durch häufig blutführende Trabekeln befestigt ist. Bei vielen Formen (*Halocynthia, Styela*) entwickeln sich an der äußeren Peribranchialwand eigentümliche Wucherungen, die sogenannten Parietalbläschen oder Endocarpen. Der Darmkanal samt den übrigen Eingeweiden entfaltet sich entweder, wie bei den solitären Ascidien, mehr zur Seite des Kiemensackes oder, wie bei den langgestreckten Formen der stockbildenden Ascidien, hinter demselben und bedingt damit nicht selten eine

mikrosk. Anat. 7 (1871). — Über die Knospung der Ascidien. Ebenda 10 (1874). — KUPFFER, C.: Zur Entwicklung der einfachen Ascidien. Ebenda 8 (1872). — SEELIGER, O.: Die Entwicklungsgeschichte der socialen Ascidien. Jena. Z. Naturwiss. 18 (1885). — v. DAVIDOFF, M.: Untersuchungen zur Entwicklungsgeschichte der *Distaplia magnilarva*. Mitt. Zool. Stat. Neapel 9 (1889—1891). — SALENSKY, W.: Beiträge zur Entwicklungsgeschichte der Synascidien. Ebenda 11 (1894). — DE LACAZE-DUTHIERS, H. et Y. DELAGE: Faune de Cynthiadées de Roscoff et des côtes de Bretagne. Mém. Acad. France 45 (1892). — CASTLE, W. E.: The early Embryology of *Ciona intestinalis*. Bull. Mus. Zool. Harvard Coll. 27 (1896). — JULIN, CH.: Recherches sur la phylogenèse des Tuniciers. Z. Zool. 76 (1904). — CONKLIN, E. G.: The Organisation and Cell-Lineage of the Ascidian-Egg. J. Acad. nat. Sci. Philadelphia 13 (1905). — PIZON, A.: L'évolution des Diplosomes. Archives de Zool. 1905. — HEINEMANN, PH.: Untersuchungen über die Entwicklung des Mesoderms und den Bau des Ruderschwanzes bei den Ascidienlarven. Z. Zool. 79 (1905). — HARTMEYER, R.: Zur Terminologie der Familien und Gattungen der Ascidien. Zool. Ann. 3 (1908). — Vgl. überdies die Schriften von KROHN, METSCHNIKOFF, OKA, DELLA VALLE, CHABRY, WILLEY, LAHILLE, MAURICE, DAMAS, SLUITER, GARSTANG, CAULLERY, KUHN u. a.

Gliederung des Körpers in zwei oder drei Abschnitte, die als Thorax, Abdomen und Postabdomen unterschieden werden. Die besondere Gestaltung des Kiemensackes bietet zahlreiche Modifikationen. Der Kiemensack zeigt häufig sekundäre Vorsprünge in Form von Blutbahnen enthaltenden Faltungen seiner Innenwand (sogenannte innere Längs- und Quergefäße) und papillenförmige Erhebungen, zuweilen nach innen vorspringende, bestimmt angeordnete Falten seiner gesamten Wand, Bildungen, die in der Systematik Verwertung finden. Desgleichen wechseln Zahl, Anordnung, Größe und Form der meist in Querreihen gestellten Kiemenspalten, welche rundlich, elliptisch, rechteckig, selbst spiralig gekrümmt sein können. Bei *Hexacrobylus* ist der Kiemensack glatt, nur mäßig weit und entbehrt der Kiemenspalten. Im Kiemensack finden sich ventral der Endostyl mit Bauchrinne sowie am Eingange die beiden Wimperbogen, an welche sich an der Dorsalseite die mediane bewimperte, zuweilen mit tentakelartigen Erhebungen besetzte sogenannte Dorsalfalte anschließt.

Der bewimperte Oesophagus bleibt kurz, trichterförmig und führt in einen Magen, dessen Wandung durch faltenartige Vorsprünge Komplikationen gewinnt, die zuweilen zur Ausbildung als Leber bezeichneter Anhangsdrüsen führen (*Molgulidae, Pyuridae*). Hinter dem Magen mündet eine den Darm umspinnende, verästelte Drüse ein. Der auf den Magen folgende Darm, der sich in der Regel in einen Dünndarm und langen Enddarm gliedert, bildet eine Schlinge und steigt nach dem Cloakenraum auf, in den die Analöffnung ausmündet.

Vom ventralen Hinterende des Kiemensackes entsteht bei den knospenbildenden Ascidien (*Styelidae* und *Botryllidae* ausgenommen) eine an ihrem Ursprunge meist paarige, nach hinten zu einer unpaaren sich vereinigende Ausstülpung des Entodermepithels, das sogenannte Epicard (Abb. 291), welches dorsal vom Herzen verläuft und den entodermalen Teil der Knospenanlage bildet. Ein homo-

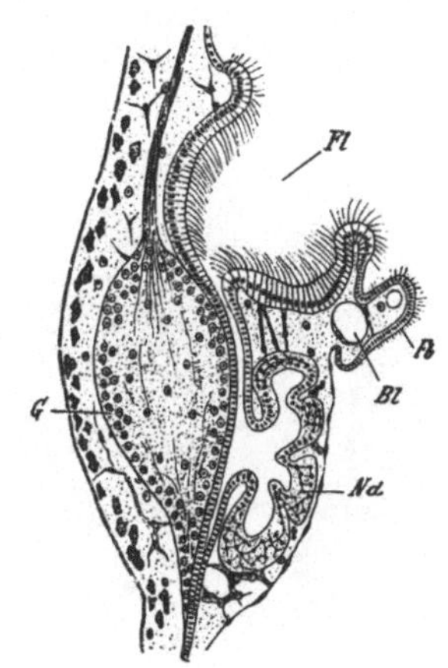

Abb. 947. Längsschnitt durch die Region des Ganglions (*G*) von *Clavelina lepadiformis*. (Nach SEELIGER.) *Fl* Wimpergrube, *Nd* Neuraldrüse, *Fb* Wimperbogen, *Bl* Blutlacunen.

loges Gebilde findet sich bei der solitären *Ciona intestinalis* in Gestalt zweier umfangreicher Säcke (Perivisceralhöhlen), die sich um die Eingeweide, einem Peritoneum ähnlich, ausbreiten.

Als Nieren (Speichernieren) deutet man geschlossene, in der Nachbarschaft des Darmes gelegene Epithelsäckchen, welche Concremente enthalten (Abb. 151). Sie sind bei solitären Ascidien gefunden und meist in größerer Zahl vorhanden; seltener (*Molgulidae*) ist ein einziger großer Sack ausgebildet. In anderen Fällen wird diese Niere durch isolierte oder zu Gruppen vereinigte Zellen repräsentiert.

Das Herz liegt in einem Pericardium eingeschlossen an der Bauchseite hinter dem Kiemendarm, zuweilen weit nach dem hinteren Körperende verschoben. Es ist entweder eine offene Rinne (viele *Molgulidae*) oder schlauchförmig. Sein Lumen mündet in ein reiches Lacunensystem der primären Leibeshöhle (sogenanntes Gefäßsystem).

Das Nervensystem beschränkt sich auf ein längliches, an der Rückenseite des Kiemendarmes gelegenes Ganglion, von welchem vorn, seitlich und hinten Nerven abgehen. Ein hinterer stärkerer Ganglienzellstrang (Rest des zum Rückenmarksrohre des Larvenschwanzes führenden Verbindungsstückes) erstreckt sich oft bis in die Gegend der Eingeweide und weist dort ein Intestinalganglion auf.

Von Sinnesorganen sind zum Tasten dienende Fortsätze des Integumentes (Läppchenbesatz der Körperöffnungen und Tentakel) sowie periʹpherische, in Epithelzellen endigende Nerven am meisten verbreitet. Als *Geruchs-* oder *Geschmacksorgan* deutet man die sogenannte Wimpergrube, eine mit Wimperzellen bekleidete, vor dem Ganglion gelegene, in den Pharynx vor dem Wimperbogen mündende Grube (Abb. 947). JULIN und E. VAN BENEDEN betrachten dieselbe im Zusammenhange mit einer an dem Ganglion gelegenen Drüse (*Neuraldrüse*) als Äquivalent der Hypophysis cerebri der Vertebraten. Als Lichtsinnesorgane betrachtet man Pigmentflecke, welche an den Lippen der großen Körperöffnungen bei solitären und stockbildenden Ascidien auftreten. Ein dem Ganglion hinten und unten anliegendes Auge kommt den *Pyrosomen* zu.

Beiderlei Geschlechtsorgane sind in demselben Tiere vereint und liegen in der Regel dicht nebeneinander. Sie sind unpaar oder paarig, zuweilen in eine große Zahl kleiner Gonaden getrennt (*Styela, Polycarpa*) und haben die Form verästelter oder gelappter Schläuche, deren Ausführungsgänge in die Cloake führen (Abb. 943). Bei *Didemniden* und einigen *Synoiciden* fehlen Eileiter. In diesen

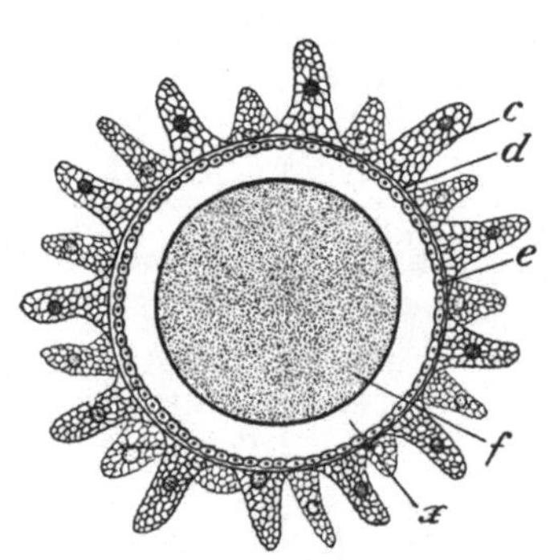

Abb. 948. Reifes Ei aus dem Ovidukt von *Ciona intestinalis*. (Nach KUPFFER.) *c* papillenförmig erhobene Follikelzellen, *d* Chorion, *e* vom Follikelepithel stammende sog. Testazellen, *f* Eizelle, *x* Gallertsubstanz.

Fällen gelangen die reifen Eier in die primäre Leibeshöhle und nach der hier erfolgten Befruchtung durch die Körperwand in den Mantel, wo die Embryonalentwicklung durchlaufen wird. Sonst gelangen die Eier entweder durch die Cloakeʹ in das Wasser und werden in diesem Falle mittels der schaumigen, zu Papillen sich erhebenden Zellen des sie umschließenden Follikels schwebend erhalten (Abb. 948); oder sie durchlaufen die Embryonalentwicklung in dem Cloakenraum, zuweilen einem besonderen Divertikel (Brutsack) desselben.

Neben der geschlechtlichen Fortpflanzung findet sich häufig die Vermehrung durch Querteilung oder Knospung, zufolge welcher es zur Bildung von (oft lebhaft gefärbten) Stöckchen kommt. Manche stockbildende Ascidien, wie *Perophora, Clavelina* erzeugen Stolonen, von denen aus sich neue Individuen entwickeln (s. S. 308, Abb. 291). Sonst fließen die Mantelbildungen der Einzeltiere zu einer gemeinsamen Mantelmasse zusammen, in welcher die Einzeltiere bei zahlreichen Formen zu regelmäßigen Gruppen (sogenannten Systemen) meist um gemeinsame Cloakenräume angeordnet sind (Abb. 946), in welche die Cloakenöffnungen der Einzeltiere münden. Die gemeinsamen Cloakenräume sind grubenförmige Vertiefungen der Mantelmasse. Der Stock von *Pyrosoma* ist freischwimmend.

Die Entwicklung (Abb. 949) beginnt mit einer nahezu äqualen Furchung, welche sich durch auffallende Symmetrie auszeichnet und zur Bildung einer Blastula führt. Diese gestaltet sich durch einen zwischen Einstülpung und Umwachsung die Mitte haltenden Vorgang zur Gastrula. Indem sich der anfangs weite Gastrulamund von vorn nach hinten an der Dorsalseite mehr und mehr verengt, wird er zu einer kleinen, am hinteren Körperende gelegenen Öffnung, vor welcher längs der abgeplatteten Dorsalseite eine flache mediane Rinne an der ectodermalen Zellenlage auftritt. Die Ränder dieser Rückenrinne, in deren Hinterende die Einstülpungsöffnung liegt, treten faltenartig hervor, umwachsen den engen Gastrulamund und schließen sich, von hinten nach vorn vorwachsend, zu einem vorn offenen Rohre, welches sich vom Ectoderm ablöst und zur Anlage des

Centralnervensystems wird. Der Neuroporus schließt sich später. Zur Zeit der
Entwicklung des Medullarrohres bildet der noch offene Gastrulamundrest eine
Verbindung (Canalis neurentericus) zwischen dem Centralkanal des ersteren und
der Darmhöhle. Die vordere Hälfte des Entodermsackes liefert den Kiemensack
nebst Darmkanal, die hintere Hälfte aus ihren dorsalen Zellen die Anlage der
Chorda, aus den seitlichen Teilen die Anlage des Mesoderms (Muskulatur, Blutkörperchen, Nieren und Genitalorgane), sowie einen ventralen Zellenstrang unterhalb der Chorda (rudimentärer Schwanzdarm) (Abb. 949h).

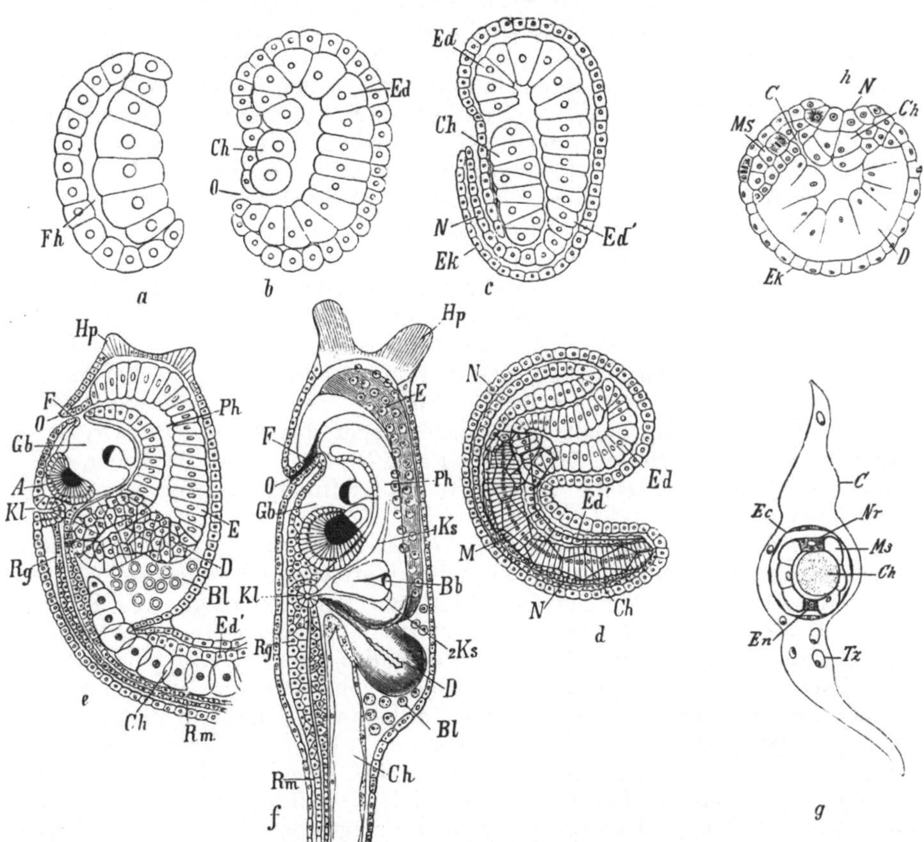

Abb. 949 a—f Entwicklung von *Phallusia mammillata*. (Nach A. KOWALEVSKI.) a Keimblase in der Einstülpung
begriffen. *Fh* Blastocöl. — b Gastrula. *O* Einstülpungsöffnung, *Ed* Entoderm, *Ch* Chordaanlage. — c Späteres
Stadium. *Ek* Ectoderm, *N* Anlage des Nervenrohres, *Ed′* Schwanzentoderm. — d Stadium mit Rumpf und
Schwanz, *M* Muskelzellen im Schwanz. — e Weiteres Stadium (vordere Körperhälfte). *Rg* Rumpfganglion,
Rm seine Verlängerung in den Schwanz, *Gb* Sinnesblase. *F* Öffnung derselben, *A* Auge, *O* Mundeinstülpung,
Ph Pharyngealsack, *E* Endostyl, *D* Darmanlage, *Kl* Atrialöffnung (Cloakenanlage), *Bl* Blutkörperchen, *Hp* Haft-
papillen. — f Vorderer Körperabschnitt einer freischwimmenden Larve. ₁*Ks*, ₂*Ks* Kiemenspalten, *Bb* Blutsinus
in der ersten Kiemenleiste. — g Querschnitt durch den Schwanz der Larve von *Clavelina lepadiformis*. (Nach
SEELIGER.) *C* Cellulosemantel, *Tz* Zellen desselben, *Ec* Ectodermepithel, *Nr* Nervenrohr, *Ch* Chorda, *Ms* Muskulatur, *En* Entoderm. — h Querschnitt durch einen Embryo von *Clavelina rissoana*. (Nach E. v. BENEDEN u. JULIN.)
C Cölom, *Ch* Chordaanlage, *D* Darmanlage, *Ek* Ectoderm, *Ms* Mesoderm, *N* Anlage des Nervensystems.

Im weiteren Verlauf der Entwicklung wächst der Hinterkörper des Embryos
mit Chordaanlage (einige *Molgulidae* ausgenommen) zu einem Schwanz aus,
dessen Achse von der nunmehr einfachen Zellreihe der Chorda eingenommen wird;
seitlich liegen die zu Muskeln sich entwickelnden Mesodermzellen, während
dorsal die Verlängerung des Nervenrohres, ventral zwei Reihen Entodermzellen
(Schwanzdarm) liegen (Abb. 949g). Der hervorgewachsene Schwanz biegt sich

ventralwärts ein und schlägt sich gegen den Körper um. Mit der weiteren Entwicklung beginnt das Ectoderm am Vorderende drei Papillen hervorzutreiben, die späteren Haftpapillen (Abb. 949f). Zur Zeit der Ausbildung des Schwanzabschnittes beginnt die Bildung des Mantels, der sich in der Schwanzregion zu einem dorsalen und ventralen Flossensaume erhebt (Abb. 949g). Die Anlage des Nervensystems wird in ihrem vorderen Abschnitte zu einer Sinnesblase, in welcher ein Auge und ein statisches Organ zur Anlage kommen; der hintere Abschnitt wird zum Schwanzteile des Rückenmarkes, an dessen Übergang zur Sinnesblase ein als Rumpfganglion bezeichnetes Mittelstück sich findet. Die Sinnesblase tritt später sekundär mit der ectodermalen Mundbucht in Verbindung; das Verbindungsrohr ist die Anlage der Wimpergrube. Der Pharyngealsack wächst nunmehr an seinem hinteren Ende in die blindsackförmige Anlage des Darmkanals aus, während der Schwanzdarm degeneriert. Mund und Cloakenöffnung werden dadurch gebildet, daß am vorderen Körperende und an zwei dorsalen Stellen der Haut trichterförmige Gruben entstehen; letztere vereinigen sich zur Cloake und ihre Durchbrechungen in den Pharyngealsack werden zu den ersten Kiemenspalten. Herz, Pericardium und Epicard gehen aus einer ventralen Ausstülpung der Pharynxwand zwischen Endostyl und Oesophagus hervor.

Nun durchbricht der Embryo die Eihaut und tritt in das Stadium der frei umherschwärmenden Larve ein, welche durch den Besitz eines Ruderschwanzes ausgezeichnet ist. Nach kurzer Zeit des Umherschwärmens setzt sich die Larve mittels der Haftpapillen fest und es erfährt nunmehr die ganze Schwanzregion, aber auch die Sinnesblase eine volle Rückbildung. Der Körper der ausgebildeten Ascidie entspricht somit bloß dem Vorderkörper der Larve. Die Organe der Larve machen nach erfolgter Festsetzung eine Drehung in der Richtung, daß die früher der Befestigungsstelle zugekehrte Mundöffnung ersterer gegenüber zu liegen kommt.

Bei der Knospung der stockbildenden Ascidien sind zwei Fälle zu unterscheiden: eine typische Knospung, die auch als stoloniale im allgemeinen bezeichnet werden kann, bei der das Innenblatt der Knospenanlage vom Entoderm (Epicard) aus angelegt wird (Abb. 291), und eine atypische (sogenannte palliale) Knospung, die bei den *Botryllidae* und *Styelidae* vorkommt und dadurch ausgezeichnet ist, daß das innere Knospenblatt vom ectodermalen Peribranchialepithel aus entsteht. Letztere ist wohl selbständig innerhalb dieser Formengruppe entstanden.

Unter den stockbildenden Ascidien, so bei *Distaplia, Diplosoma*, können bereits die geschwänzten Larven Knospen bilden; sonst beginnt die Knospung erst nach der Festsetzung. Das aus dem Ei hervorgegangene Individuum bildet sich nach Bildung der Knospen zurück, die Geschlechtsreife entwickelt sich zuweilen erst in einer späteren Knospengeneration. So z. B. erzeugt bei der durch sternförmige Gruppierung der Individuen um gemeinsame Cloaken ausgezeichneten Gattung *Botryllus* die aus dem Ei hervorgegangene junge Form (Oozoid) nach der Festsetzung eine Knospe (Blastozoid) und geht noch vor der völligen Reife des Tochterindividuums geschlechtslos zugrunde. Auch dieses weicht bald zweien durch Knospung erzeugten Individuen einer zweiten Generation, deren vier Sprößlinge sich kreisförmig gruppieren und nach dem Untergang der Erzeuger das erste System mit gemeinsamer Cloake bilden. In analoger Weise entstehen nun Sprößlinge, welche die ältere Generation zum Absterben bringen; die neu entstandenen Systeme sind aber ebenso vergänglich und machen wieder neuen Platz, so daß mit dem Wachstum des Stockes ein fortwährender Ersatz der älteren Generationen durch jüngere stattfindet. Erst die späteren Generationen werden geschlechtsreif, und zwar geht die weibliche Reife der männlichen voraus.

In der systematischen Gruppierung der sedentären Ascidien ist LAHILLE, SEELIGER und HARTMEYER gefolgt.

1. Ordnung. Aplousobranchiata (Krikobranchia).

Stockbildende Ascidien. Kiemensack einfach, stets ohne innere Längsgefäße. Körper der Einzeltiere mehr oder minder in zwei oder drei Abschnitte (Thorax, Abdomen, Postabdomen) gegliedert.

Fam. *Polycitoridae*. Stöcke entweder aus nur durch basale Stolonen verbundenen Einzeltieren bestehend oder massig, polsterförmig, nicht selten keulenförmig oder langgestielt. Gemeinsame Cloakenöffnungen und Systeme bald vorhanden, bald fehlend. Einzeltiere in Thorax und Abdomen gegliedert, in der Regel noch ein postabdominaler Ectodermfortsatz vorhanden. Mantel meist gelatinös. *Archiascidia neapolitana* JULIN. Stockbildung nicht sicher beobachtet. Neapel. *Clavelina lepadiformis* MÜLL. Einzeltiere durch Stolonen verbunden oder ganz gesondert. Europ. Meere (Abb. 943). *Polycitor (Distoma) crystallinus* REN. Atlant. Ozean, Mittelmeer. *Distaplia magnilarva* D. VALLE. Mittelmeer. *Sycozoa sigillinoides* LESS. Kolonie aus einem Kopf und langen dünnen Stiel bestehend. Südl. gemäßigte Meere.

Fam. *Didemnidae*. Stöcke gewöhnlich dünn und krustenförmig, seltener dick und polsterförmig. Systeme und gemeinsame Cloakenöffnungen stets vorhanden. Einzeltiere klein, in Thorax und Abdomen gegliedert. Mantel in der Regel Kalkspicula enthaltend. *Trididemnum cereum* GIARD. Mit drei Reihen Kiemenspalten. Nordwesteurop. Meere. *Didemnum candidum* SAV. Mantel hart infolge zahlreicher Kalkspicula. Golf von Suez. *Diplosoma (Leptoclinum) gelatinosum* M.-E. Mantel ohne Kalkspicula. Nordwesteurop. Meere.

Fam. *Synoicidae (Polyclinidae)*. Stöcke meit keulenförmig oder halbkugelig, zuweilen gelappt oder krustenförmig. Einzeltiere zumeist in Systemen geordnet, ihr Körper in drei Abschnitte gegliedert. Stock bisweilen in die einzelnen Systeme oder Einzeltiere gespalten. Mantel weich bis knorpelig hart, häufig mit Sand und Fremdkörpern incrustiert. *Polyclinum saturnium* SAV. Golf von Suez. *Amaroucium proliferum* M.-E. Europ. Meere. *Synoicum turgens* PHIPPS. Systeme des Stockes cylindrisch, nur an der Basis miteinander verbunden, sonst getrennt. Arkt. Meere.

2. Ordnung. Phlebobranchiata (Diktyobranchia).

In der Regel solitäre Ascidien, ohne Gliederung des Körpers in Thorax und Abdomen. Kiemensack stets mit inneren Längsgefäßen oder Rudimenten derselben, aber niemals mit echten Faltenbildungen.

Fam. *Rhodosomatidae (Corellidae)*. Körper sehr verschieden geformt, rundlich oder längsgestreckt, häufig deutlich gestielt, seitlich oder hinten festgeheftet. Mantel gelatinös oder knorpelig, zuweilen mit hornigen Platten. Kiemenspalten in der Regel in Spiralen angeordnet. *Rhodosoma verecundum* EHRBG. Mantel in einem Teile zu einer einer zweiklappigen Muschelschale ähnlichen Klappe umgebildet. Rotes Meer. *Chelyosoma macleayanum* BROD. et SOW. Körper in der Richtung der Hauptachse schildförmig flachgedrückt. Mantel mit umfangreichen hornigen Platten auf der freien Oberfläche. Arktisch. *Corella parallelogramma* MÜLL. Mittelmeer, Nordwesteurop. Meere.

Fam. *Hypobythiidae*. Körper in einen becherförmigen Vorderleib und stielförmigen Hinterleib mit terminaler Festheftungsscheibe gegliedert. Tiefseebewohner. *Hypobythius calycodes* MOS. Mantel mit zahlreichen plattenartigen Verdickungen. Nordpac. Ozean.

Fam. *Ascidiidae (Phallusiidae)*. Körper variabel geformt, gewöhnlich mit dem Hinterende befestigt, meist rundlich, selten gestielt. Mantel gelatinös oder knorpelig. *Phallusia mammillata* CUV. *Ascidia mentula* MÜLL. Atlant. Ozean, Mittelmeer.

Fam. *Perophoridae*. Stockbildend, Einzeltiere frei, nur durch feine Stolonen oder an der Basis verbunden. Mantel dünn. Kiemendarm sehr groß. *Perophora listeri* FORB. Atlant. Ozean, Mittelmeer.

Fam. *Cionidae*. Körper mehr oder minder cylindrisch, am Hinterende festgeheftet. Mantel gelatinös und mäßig dick. *Ciona intestinalis* L. Atlant. Ozean, Mittelmeer.

Fam. *Diazonidae*. Meist stockbildend. Körper in Thorax und Abdomen gegliedert. Mantel meist knorpelig hart. *Diazona violacea* SAV. Stock massig. Einzeltiere mit den oberen Enden (Thorax) frei, hintere Leibesabschnitte in einem gemeinsamen Mantel. Mantel mit Pigmentzellen. Mittelmeer.

3. Ordnung. **Stolidobranchiata (Ptychobranchia).**

Teils solitäre, teils stockbildende Ascidien. Kiemenwand meist sehr regelmäßig längsgefaltet.

Fam. *Molgulidae.* Körperform vorherrschend rundlich, seltener gestielt. Körper ge-wöhnlich nur lose im Sande steckend. Mantel gewöhnlich dünn, doch auch knorpelig, häufig mit haarförmigen Fortsätzen und Fremdkörperbelag. Mundtentakel zusammengesetzt. Kiemensack hochentwickelt, meist mit jederseits 5—7 Längsfalten. Kiemenspalten spiralig angeordnet. Genitaldrüsen zuweilen paarig. *Molgula (Caesira) ampulloides* Bened. Nord-westeurop. Meere. *Eugyra adriatica* Drasche. Adria. *Hexacrobylus psammatodes* Sluit. Kiemensack reduziert, Kiemenspalten fehlen. Tiefsee, Niederl. Ostind. Archipel.

Fam. *Pyuridae (Cynthiidae).* Körper rundlich, manchmal langgestielt, fast stets fest-sitzend. Oberfläche meist ohne Fremdkörper. Mantel meist lederartig, zäh, häufig mit Stacheln. Mundtentakel zusammengesetzt. Kiemensack mit 6—7 (selten 4—15) Falten jederseits. Kiemenspalten nicht spiralig gruppiert. Genitalorgane beiderseits oft in mehr-facher Zahl. *Pyura savignyi* Phil. Nordwesteurop. Meere, Mittelmeer. *P. chilensis* Mol. Chile. *Halocynthia (Cynthia) papillosa* Gunn. Mittelmeer. *Boltenia ovifera* L. Körper langgestielt. Nord. Meere. *Microcosmus sulcatus* Coqueb. Mittelmeer.

Fam. *Styelidae.* Solitär oder stockbildend. Kiemensack niemals mit mehr als vier wohl-ausgebildeten Falten jederseits. Kiemenspalten niemals spiralig. Genitalorgane in Bau, Zahl und Anordnung variabel. *Styela canopus* Sav. Rotes Meer. *S. plicata* Lsr. Weit ver-breitet. *Dendrodoa (Styelopsis) grossularia* Bened. Nordsee und Ostsee. *Polycarpa po-maria* Sav. (*singularis* Gun.). Mit zahlreichen Genitalorganen. Atlant. Ozean, Mittelmeer. *Polyzoa opuntia* Less. Stockbildend. Magelhaes-Straße.

Fam. *Botryllidae.* Stockbildende Ascidien, Stöcke dünn und krustenförmig oder flei-schig und knollenförmig. Einzeltiere nicht in Thorax und Abdomen gegliedert, in kreis-förmigen, elliptischen oder mäanderartigen Systemen angeordnet. Mantel umfangreich, von Gefäßen und Ampullen reich durchsetzt. Kiemendarm ohne innere Längsfalten. Genital-organe meist paarig. *Botryllus schlosseri* Pall. (*violaceus* M.-E.). Atlant. Ozean, Mittel-meer (Abb. 946). *B. renieri* Lm. Mittelmeer. *B. ruber* M.-E. St. Vaast.

Zu den Tethyodea ist wohl auch die zuweilen bei den Salpen im System eingeordnete Fam. *Octacnemidae* zu rechnen. Der Körper dieser Tunicaten ist polypenförmig, an der Oralseite in acht tentakelförmige Fortsätze ausgezogen. Das Tier ist mittels eines aboralen Haftfortsatzes befestigt, vermag jedoch wahrscheinlich auch frei zu schwimmen. Der Man-tel ist dünn, der Pharyngealsack besitzt zwei oder mehrere kleine Kiemenspalten. Bei einer Art ist Stockbildung beobachtet. Sind Tiefseebewohner. *Octacnemus bythius* Mos. Paz. Ozean. *O. patagoniensis* Metc. Koloniebildend. Patagonien.

4. Ordnung. **Ascidiae salpaeformes (luciae)** [1].

Freischwimmende pelagische Ascidienstöcke. Mund- und Cloakenöffnung der Einzeltiere an den Körperenden einander gegenüberliegend.

Die Ascidiae salpaeformes sind freischwimmende pelagische Ascidienstöcke von der Form eines fingerhutähnlich ausgehöhlten Tannenzapfens (Abb. 950). Die Einzeltiere liegen senkrecht zur Oberfläche in einer gemeinsamen dicken gallertig-knorpeligen, meist in Fortsätze sich erhebenden Mantelmasse derart, daß die Mundöffnungen nach außen, die Cloakenöffnungen in den inneren ge-meinsamen Cloakenraum gerichtet sind. Der Kiemensack ist weit und gegittert, ähnlich wie bei den Ascidien. Die Kiemenspalten sind schlitzförmig und ver-laufen meist dorsoventral. Darm und Genitalorgane liegen zusammengedrängt

---

[1] Huxley, Th.: On the Anatomy and Development of *Pyrosoma*. Trans. Linnean Soc. **1860**. — Keferstein, W. u. E. Ehlers: Zoologische Beiträge. Leipzig 1861. — Kowa-levski, A.: Über die Entwicklungsgeschichte der Pyrosomen. Arch. mikrosk. Anat. **11** (1875). — Joliet, L.: Études anatomiques et embryogéniques sur le *Pyrosoma giganteum*. Paris 1888. — Salensky, W.: Beiträge zur Entwicklungsgeschichte der Pyrosomen. Zool. Jahrb. **4** (1891); **5** (1892). — Seeliger, O.: Zur Entwicklungsgeschichte der Pyrosomen. Jena. Z. Naturwiss. **23** (1889). — Die Pyrosomen der Plankton-Expedition. Kiel u. Leipzig 1895. — Korotneff, A.: Zur Embryologie von *Pyrosoma*. Mitt. Zool. Stat. Neapel **17** (1905). — Julin, Ch.: Recherches sur le développement embryonnaire de *Pyrosoma gigan-teum*. Zool. Jb. Suppl. **15** (1912). — Neumann, G.: Die Pyrosomen der deutschen Tiefsee-Expedition **1913**.

(Abb. 951a). Das Ovarium bringt nur ein Ei zur Reife. Das Ganglion mit anliegendem Auge. Durch dieses letztere sowie durch die Lage der beiden Atemöffnungen und der Eingeweide, durch die Art der Fortpflanzung und die freie Locomotion nähern sich unsere Tiere den Thaliacea (Dolioliden). Neben der geschlechtlichen Fortpflanzung findet sich auch Knospung mittels eines am Hinterende des Endostyls gelegenen Stolo. Die Knospen wandern vom Stolo an ihren definitiven Ort, geleitet durch die Tätigkeit von sternförmigen Mantelzellen (Phorocyten).

Das dotterreiche Ei entwickelt sich im Eifollikel. Es erfährt eine discoidale Furchung und aus demselben geht ein Embryo hervor, der als verkümmertes ascidienähnliches Individuum (*Cyathozooid*) (Abb. 951b) durch Sprossung mittels Stolo eine Gruppe von vier Individuen (*Ascidiozooiden*) erzeugt, selbst aber zugrunde geht. Die vier Ascidiozooiden bilden die erste Anlage der Kolonie.

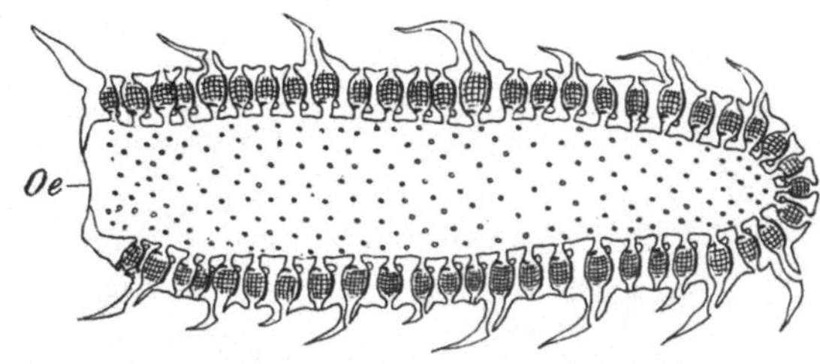

Abb. 950. *Pyrosoma*-Stock im Längsschnitt, etwas schematisiert (Original G.). Etwa $^{1\cdot5}/_1$. *Oe* Öffnung des gemeinsamen Cloakenraumes.

Die Pyrosomen führen ihren Namen von dem prachtvollen Licht, das ihr Leib ausstrahlt. Nach PANCERI sind es paarige, über der Mitte des Wimper-

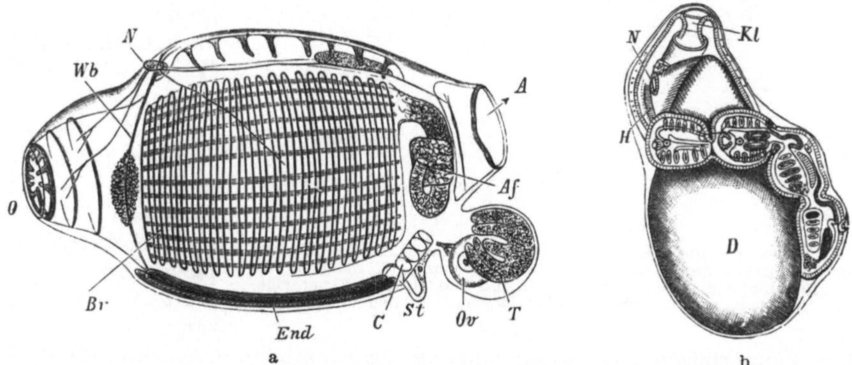

Abb. 951. a Ein Individuum von *Pyrosoma*. (Nach KEFERSTEIN u. EHLERS.) $^{30}/_1$. *O* Mund, *A* Cloakenöffnung, *Af* After, *Ov* Ovarium, *T* Hoden, *N* Ganglion, *Br* Kiemensack, *End* Endostyl, *Wb* Wimperbogen mit Leuchtorgan, *C* Herz, *St* Stolo prolifer. — b Cyathozooid von *Pyrosoma* (nach A. KOWALEVSKI). *H* Herz, *Kl* Cloake, *D* Dotter, im Umkreis die vier Ascidiozooids.

bogens gelegene mesodermale Zellengruppen, von denen die Lichterscheinung ausgeht (s. S. 180).

Fam. *Pyrosomatidae*, Feuerwalzen. *Pyrosoma atlanticum* PÉR. Über alle wärmeren Meere verbreitet. *P. spinosum* HERDM. Atlant. und Ind. Ozean. Wird bis 4 m lang.

3. Klasse. Thaliacea, Salpen[1].

Freischwimmende, glashelle Tunicaten von walzen- oder tonnenförmiger Körpergestalt, mit endständigen, einander gegenüberliegenden Mund- und Cloakenöffnung.

[1] Außer HUXLEY, KROHN, KOWALEVSKI, USSOW, METCALF, TRAUSTEDT, HEINE, APSTEIN, DOBER u. a. vgl. LEUCKART, R.: Zoologische Untersuchungen 2. Gießen 1854. — TODARO, FR.: Sopra lo sviluppo e l'anatomia delle Salpe. Atti Accad. dei Lincei. Roma 1875. — SALENSKY, W.: Neue Untersuchungen über die embryonale Entwicklung der Salpen. Mitt. Zool. Stat. Neapel 4 (1883). — SEELIGER, O.: Die Knospung der Salpen. Jena.

*Pharyngealsack mit zwei Reihen oder nur zwei Kiemenspalten. Eingeweide knäuel-
förmig zusammengedrängt. Mit Metagnese.*

Der glashelle Körper der Salpen (Abb. 952) ist walzen- oder tonnenförmig und
besitzt einen zarten oder einen dicken Mantel von gallertig-knorpeliger Konsistenz.
Der Mund liegt am vorderen, die Cloakenöffnung am hinteren Körperende, ersterem gegenüber, zuweilen etwas der Dorsalseite genähert (Abb. 944). Die Mundöffnung erweist sich als breite, von Lippen begrenzte Querspalte oder rundliche, mit
Läppchen besetzte, von Muskeln umsäumte Öffnung. Sie führt in den großen
Pharyngealsack, dessen hintere, an den großen Cloakenraum grenzende Wand bei
Dolioliden von zwei seitlichen Reihen von Spalten durchbrochen wird; bei *Salpiden* ist
jederseits bloß eine große Kiemenspalte vorhanden, so daß die Kiemenwand auf ein
medianes Band reduziert ist, das schräg von der Rückenfläche unterhalb des Gehirn-
ganglions nach hinten und ventral zur Oesophagusöffnung verläuft. Im Pharyngealraum verlaufen die

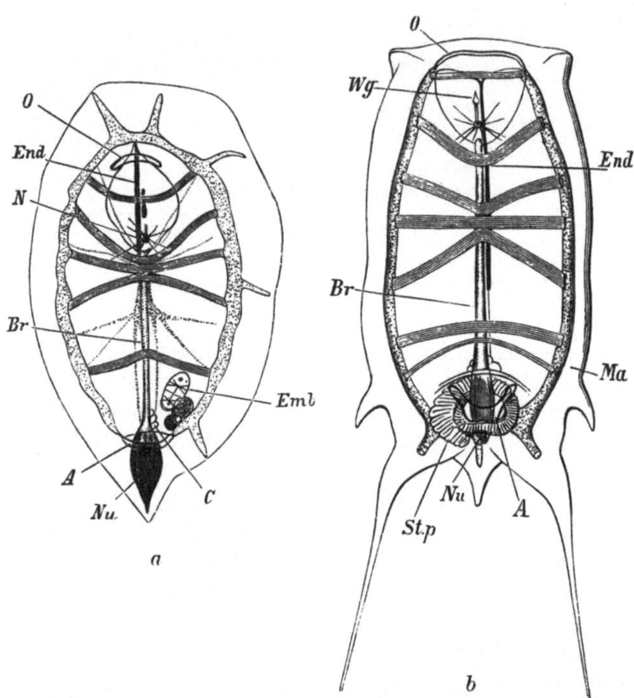

Abb. 952. *Salpa* (*Thalia*) *democratica*. (Original G.). ⁵/₁. a Geschlechtstier, b Ammengeneration. *O* Mund, *A* Cloakenöffnung, *N* Ganglion, *Br*
Kieme, *End* Endostyl, *Wg* Wimpergrube, *Ma* Mantel, *Nu* Eingeweidenucleus, *C* Herz, *Emb* Embryo, *Stp* Stolo prolifer.

beiden Wimperbögen, welche den Eingang der Atemhöhle umgrenzen und sich an
der Ventralseite in den Endostyl fortsetzen, von dem eine Wimperrinne zum Oesophagus führt. Am Eingange des Pharyngealraumes findet sich bei den *Desmomyaria* dorsal ein tentakelartiger Fortsatz (sogenanntes Züngelchen).

Der Nahrungskanal liegt, zu einem lebhaft gefärbten Knäuel (Nucleus) ver-

Z. Naturwiss. 19 (1885). — BROOKS, W. K.: The Genus *Salpa*. Mem. Biol. Labor. John
Hopkins Univ. Baltimore 1893. — GÖPPERT, E.: Untersuchungen über das Sehorgan der
Salpen. Morph. Jb. 19 (1893). — BORGERT, A.: Die Thaliacea der Plankton-Expedition.
Kiel u. Leipzig 1894. — HEIDER, K.: Beiträge zur Embryologie von *Salpa fusiformis*. Abh.
Senckenberg. naturforsch. Ges. 1895. — GEGENBAUR, C.: Über den Entwicklungscyclus von
Doliolum nebst Bemerkungen über die Larven dieser Tiere. Z. Zool. 7 (1856). — GROB-
BEN, C.: *Doliolum* und sein Generationswechsel usw. Arb. zool. Inst. Wien 4 (1882). —
ULIANIN, B.: Die Arten der Gattung *Doliolum* usw. Fauna u. Flora Golf Neapel 1884. —
BARROIS, J.: Recherches sur le cycle génétique et le bourgeonnement de l'Anchinie. J. de
l'Anat. et Physiol. 21 (1885). — KOROTNEFF, A.: La *Dolchinia mirabilis*. Mitt. Zool. Stat.
Neapel 10 (1891). — NEUMANN, G.: *Doliolum*. Wiss. Erg. dtsch. Tiefsee-Exp. 12 (1906). —
STREIFF, R.: Über die Muskulatur der Salpen und ihre systematische Bedeutung. Zool. Jb.
27 (1908). — IHLE, J. E. W.: Desmomyaria. Tierreich 32. Liefg. 1912. — NEUMANN, G.:
Cyclomyaria et Pyrosomida. Ebenda 40. Liefg. 1913.

packt, an der unteren und hinteren Seite des Körpers, mit den übrigen Eingeweiden, dem Herzen und den Geschlechtsorganen zusammengedrängt, um welche sich der Mantel nicht selten zu einer kugeligen Auftreibung verdickt. Isolierte concrementführende Zellen in der Nähe des Darmes werden als Nierenzellen aufgefaßt. Leuchtorgane finden sich bei *Cyclosalpa pinnata* als bandförmige mesodermale Zellgruppen (sogenannte Lateralorgane), die in der hinteren dorsalen Körperhälfte liegen.

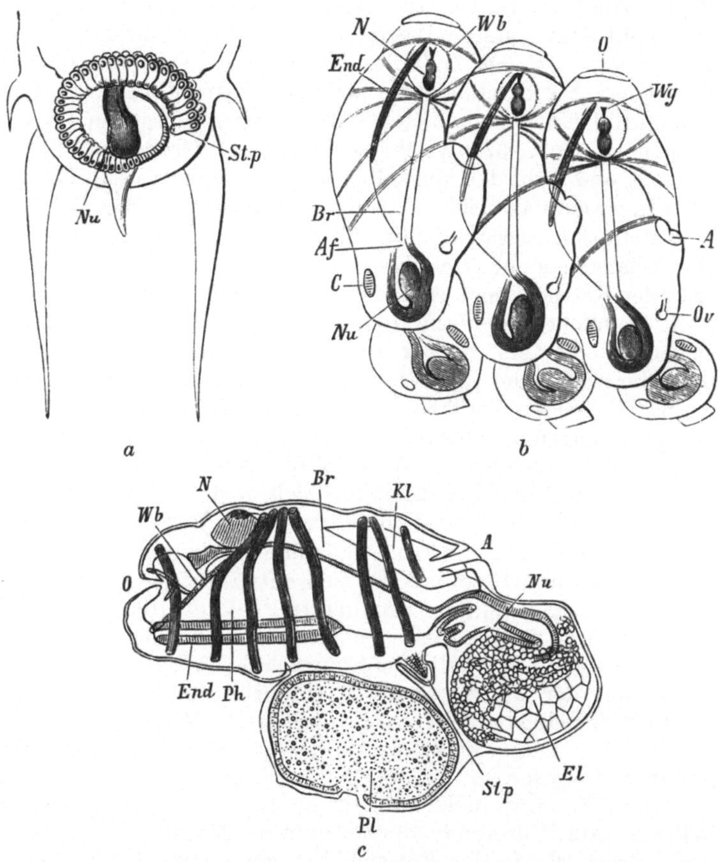

Abb. 953. a Hinterende der Ammenform von *Salpa* (*Thalia*) *democratica*. *Stp* Stolo prolifer, *Nu* Eingeweidenucleus. — b Endstück des Stolo = junge Kette, stärker vergrößert. *O* Mund, *A* Cloakenöffnung, *N* Ganglion, *Wg* Wimpergrube, *Wb* Wimperbogen, *End* Endostyl, *Af* After, *Br* Kieme, *Nu* Darm, *Ov* Ovarium, *C* Herz. — c Embryo von *Salpa* (*Thalia*) *democratica* (Original G.). *El* Elaeoblast, *Kl* Cloakenhöhle, *Pl* Placenta, *Ph* Pharyngealhöhle.

Nervensystem, Sinnes- und Bewegungsorgane zeigen im Zusammenhange mit der freien Locomotion einen höheren Grad der Ausbildung als bei den Ascidien. Das Gehirnganglion mit seinen zahlreichen Nerven lagert oberhalb der Anheftungsstelle des Kiemenbandes und erreicht eine ansehnliche Größe. Dorsal vom Gehirnganglion liegt, zuweilen an einem stielförmigen Fortsatz, ein meist hufeisenförmiges braunrotes Auge (*Desmomyaria*). Bei der Ammengeneration von *Doliolum* findet sich an der linken Körperseite eine durch einen langen Nerven mit dem Gehirn verbundene Statocyste. Auch die mediane Wimpergrube ist an der Pharynxwand vor dem Gehirne vorhanden. Eigentümliche, wahrscheinlich zum Tasten dienende Sinnesorgane werden bei *Doliolum* in den Läppchen der beiden Mantelöffnungen, aber auch an anderen Stellen der äußeren Haut beobachtet, und zwar als Gruppen rundlicher Sinneszellen.

Die Locomotion wird durch breite, den Körper reifen- oder bandartig umspannende Muskelbänder bewirkt, welche diesen bei ihrer Zusammenziehung verengen. Indem hierbei ein Teil des Wassers aus der Cloakenöffnung ausgestoßen wird, schießt der Körper infolge des Rückstoßes in entgegengesetzter Richtung fort.

Die Fortpflanzung der Salpen ist alternierend eine geschlechtliche und ungeschlechtliche; auf dem ersteren Wege entstehen die solitären Salpen, auf dem letzteren die Salpenketten. Die Individuen der Salpenkette sind die Geschlechtstiere, welche keinen Stolo bilden; die solitären Salpen pflanzen sich nur ungeschlechtlich durch Knospung mittels eines ventral gelegenen Stolo fort. Da beide Salpenformen (Abb. 952), welche sowohl durch Größe und Körpergestalt, als durch Verlauf und Zahl der Muskelbänder und anderweitige Differenzen der Kiemen und Eingeweide abweichen, in dem Lebenscyclus der Art gesetzmäßig alternieren, so stellt sich die Entwicklung als eine Metagenese dar, die noch größere Komplikation erlangen kann (*Doliolum*).

Die Salpen der Kettenformen sind Zwitter. Alsbald nach dem Freiwerden der Kette tritt die weibliche Geschlechtsreife ein, während sich der im Eingeweidenucleus gelegene Hoden erst später ausbildet. Meist reduzieren sich bei den *Desmomyarien* die weiblichen Genitalorgane auf einen vom Blut umspülten, ein einziges Ei einschließenden Follikel, der in einiger Entfernung vom Eingeweidenucleus durch einen engen, stielförmigen Gang an der rechten Seite in den Cloakenteil des Atemraumes ausmündet (Abb. 953 b). Allmählich verkürzt sich der Oviduct und der Follikel mit dem Ei nähert sich mehr und mehr der epithelialen Auskleidung der Atemhöhle. Der Follikel rückt bei Beginn der Embryonalentwicklung in eine hügelförmige, in die Atemhöhle vorspringende Vorwölbung, die sich an der Basis einschnürt, so daß der sich entwickelnde Embryo in einer Art Brutsack die weitere Entwicklung durchläuft. Infolge Rückbildung des Brutsackes ragt der Embryo später entweder frei in den Cloakenraum vor oder wird von einer neuen sogenannten Faltenhülle umschlossen.

Die Entwicklung der *Desmomyarier* ist eine direkte. Die Furchung verläuft inäqual, während derselben wandern sich loslösende Follikelzellen zwischen die Furchungszellen ein. Diese Follikelzellen (Kalymmocyten) unterliegen einem späteren Zerfall und werden von den Furchungszellen als Nahrung aufgenommen. Ein Larvenschwanz kommt nicht zur Ausbildung. Eine aus großen Zellen bestehende Zellmasse am Hinterende, der sogenannte Elaeoblast, wurde als Chordarest gedeutet. Im Verlaufe der Entwicklung verwächst der Embryo mit dem Muttertier und es bildet sich an dieser Verwachsungsstelle eine Placenta aus (Abb. 953c).

Die solitäre, geschlechtlich erzeugte Salpe bleibt geschlechtslos; dagegen bildet sie zahlreiche Knospen, welche durch Querteilung an einem ventralen Stolo entstehen und nach Rückbildung der stolonialen Verbindung durch sogenannte Haftpapillen zu einer Kette vereinigt sind. Der Stolo liegt in einer nach außen offenen Aushöhlung der Körperbedeckung. Bei der außerordentlichen Produktivität des Keimstockes trifft man stets mehrere Knospenansätze verschiedenen Alters hintereinander an, die sich successive als selbständige Ketten lösen. Die Anordnung der Individuen in der Kette ist zweizeilig, seltener (*Cyclosalpa*) ringförmig. Die Individuen der ausgebildeten Kette trennen sich leicht voneinander ab.

Komplizierter gestaltet sich die Entwicklung bei *Doliolum*, nicht nur durch die Metamorphose, welche die aus den abgesetzten Eiern hervorgegangenen Jun-

gen als geschwänzte Larven durchlaufen, sondern auch durch den Polymorphismus
der ungeschlechtlich produzierten Generation (Abb. 954). Die aus dem befruchteten Ei hervorgegangene Ammengeneration produziert an ihrem ventralen Stolo
Knospen (Urknospen), welche an der Oberfläche des Körpers mittels vom Hautepithel stammender Zellen (Phorocyten) wandernd auf den dorsalen hinteren Fortsatz der Amme (sogenannter Dorsalstolo) gelangen. Aus diesen Knospen gehen
Lateral- und Mediansprossen hervor. Die Lateralsprossen (Nährtiere) sind löffel-

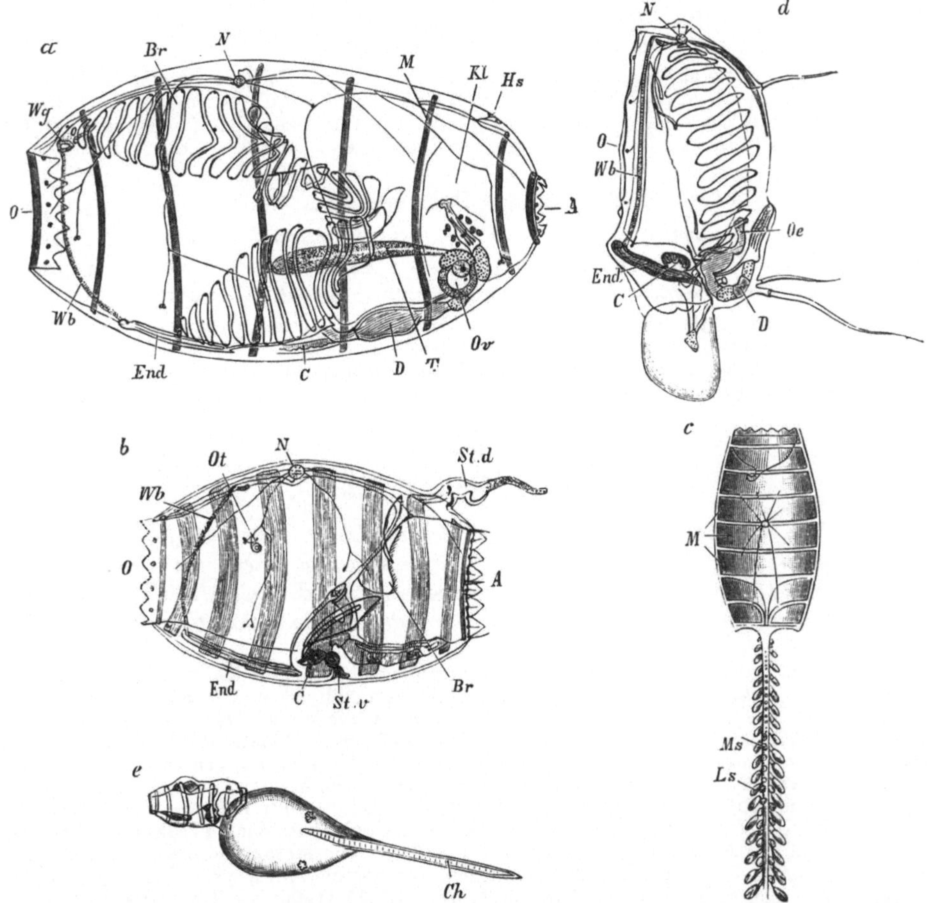

Abb. 954. Die Formen von *Doliolum.* a, b, d *D. denticulatum,* c *D. gegenbauri (troscheli),* e *D. mülleri.* (a, b, d, e nach
GROBBEN, etwa $^{30}/_1$, c nach GEGENBAUR, etwa $^1/_1$.) a Geschlechtstier. *O* Mund, *A* Cloakenöffnung, *Kl* Cloaken-
raum, *N* Nervencentrum, *Hs* Hautsinnesorgan, *Wb* Wimperbogen, *Wg* Wimpergrube, *End* Endostyl, *Br* Kieme,
C Herz, *D* Darm, *T* Hoden, *Ov* Ovarium, *M* Muskelreifen. — b Ammengeneration (jung). *Stv* Ventraler Stolo,
Std dorsaler Fortsatz, *Ot* Statocyste. — c Vollentwickelte Ammengeneration, mit ausgebildetem sogenannten
Dorsalstolo, ohne Darm und Kieme. *Ms* Mediansprossen, *Ls* Lateralsprossen. — d Das aus der Lateralsprosse
hervorgegangene Nährtier. *Oe* Oesophagus. — e Larve. *Ch* Chorda.

förmig gestaltete Individuen ohne Cloakenraum; sie pflanzen sich nicht fort,
sondern besorgen die Ernährung der sich entwickelnden Knospen und der Amme,
die mit ihrem weiteren ansehnlichen Wachstume Kieme und Darm rückbildet,
dagegen die Muskulatur zu mächtiger Entwicklung bringt. Die Mediansprossen
entwickeln sich zu Individuen (Pflegetieren), die bis auf den Mangel der Geschlechtsorgane den Geschlechtstieren gleichen und an einem ventralen Fortsatze

(ihrem Befestigungsstiele am Rückenfortsatze der Amme) die dritte Individuenform, die gleichfalls von der Amme gebildeten median gelegenen Knospen der Geschlechtstiere, zur Entwicklung bringen.

Die Salpen sind pelagische Tiere vorwiegend der wärmeren Meere und treiben in den oberen Schichten des Meerwassers schwimmend dahin.

1. Ordnung. Cyclomyaria.

Körper tonnenförmig, Mund- und Cloakenöffnung an den beiden entgegengesetzten Körperenden. Mantel zart. Muskeln ringförmig geschlossen. Hinterwand des Pharyngealsackes mit zwei Reihen von Kiemenspalten.

Fam. *Doliolidae*. Mit den Charakteren der Ordnung. *Doliolum denticulatum* Q. G. (Abb. 954a, b, d). *D. gegenbauri* ULJ. (*troscheli* GBR.) (Abb. 954c). Kosmopolit. *D. mülleri* KROHN. *D. rarum* GROBBEN. Mittelmeer, Atlant. und Ind. Ozean. *D. (Dolchinia) mirabile* KOROTNEFF. Mittelmeer. *Doliopsis savigniana* ESCHZ. (*Anchinia rubra* VOGT). Kosmopolit.

2. Ordnung. Desmomyaria.

Körper walzenförmig, Mund- und Cloakenöffnung nahezu terminal. Mantel dick. Muskeln bandförmig. Hinterwand des Pharyngealsackes von zwei großen Kiemenspalten durchbrochen und auf ein schmales Band reduziert.

Fam. *Salpidae*. Mit den Charakteren der Ordnung. *Cyclosalpa pinnata* FORSK. Kette in Ringform. *Salpa fusiformis* CUV. *S. maxima* FORSK. *S. (Thalia) democratica* FORSK. (Abb. 952). *S. (Jasis) zonaria* PALL. *Traustedtia multitentaculata* Q. G. Mit tentakelartigen Fortsätzen. Alle Kosmopoliten.

10. Kladus.
Acrania, Schädellose[1].

Fischförmige Chordonier von metamerischem Körper, ohne ausgebildeten Kopf, mit persistierender, durch den ganzen Körper sich erstreckender Chorda dorsalis, ohne paarige Extremitäten, durch Kiemenspalten atmend, welche mittels eines Peribranchialsackes ausmünden, ohne Herz, mit pulsierenden Gefäßstämmen.

---

[1] MÜLLER, JOH.: Über den Bau und die Lebenserscheinungen des *Branchiostoma lubricum* (*Amphioxus lanceolatus*). Abh. preuß. Akad. Wiss., Physik.-math. Kl. Berlin 1842. — KOWALEVSKI, A.: Entwicklungsgeschichte von *Amphioxus lanceolatus*. Mém. Acad. St.-Pétersbourg 1867. — Weitere Studien über die Entwicklungsgeschichte des *Amphioxus lanceolatus*. Arch. mikrosk. Anat. 13 (1877). — ROLPH, W.: Untersuchungen über den Bau des *Amphioxus lanceolatus*. Morph. Jb. 2 (1876). — SCHNEIDER, A.: Beiträge zur vergleichenden Anatomie und Entwicklungsgeschichte der Wirbeltiere. Berlin 1879. — HATSCHEK, B.: Studien über die Entwicklung des *Amphioxus*. Arb. Zool. Inst. Wien 4 (1881). — Über den Schichtenbau des *Amphioxus*. Anat. Anz. 3 (1888). — Die Metamerie des *Amphioxus* und des *Ammocoetes*. Ebenda 7 (1892). — Studien zur Segmenttheorie des Wirbeltierkopfes. 1. Mitt. Das Acromerit des *Amphioxus*. Morph. Jb. 35 (1906). — RAY LANKESTER, E.: Contributions to the knowledge of *Amphioxus lanceolatus*. Quart. J. microsc. Sci. 29 (1889). — WILLEY, A.: The later larval development of *Amphioxus*. Ebenda 32 (1891). — SPENGEL, J. W.: Beitrag zur Kenntnis der Kiemen des *Amphioxus*. Zool. Jb. 4 (1890). — BOVERI, TH.: Die Nierenkanälchen des *Amphioxus*. Ebenda 5 (1893). — Über die Bildungsstätte der Geschlechtsdrüsen usw. bei *Amphioxus*. Anat. Anz. 7 (1892). — v. EBNER, V.: Über den Bau der Chorda dorsalis des *Amphioxus lanceolatus*. Sitzgsber. Akad. Wiss. Wien, Math.-naturwiss. Kl. 1895. — JOSEPH, H.: Über das Achsenskelet des *Amphioxus*. Z. Zool. 59 (1895). — KIRKALDY, J. W.: A revision of the Genera and Species of the Branchiostomidae. Quart. J. microsc. Sci. 37 (1895). — HEYMANS, J. F. et O. VAN DER STRICHT: Sur le système nerveux de l'*Amphioxus* etc. Mém. cour. Acad. Belg. 56 (1898). — HESSE, R.: Die Sehorgane des *Amphioxus*. Z. Zool. 63 (1898). — VAN WIJHE, J. W.: Beiträge zur Anatomie der Kopfregion des *Amphioxus lanceolatus*. Petrus Camper 1 (1901). — Studien über *Amphioxus*. Verh. Akad. Amsterdam 1914. — LEGROS, R.: Contribution à l'étude de l'appareil vasculaire de l'*Amphioxus*. Mitt. Zool. Stat. Neapel 15 (1902). — ZARNIK, B.: Über segmentale Venen bei *Amphioxus* und ihr Verhältnis zum Ductus Cuvieri. Anat. Anz. 24

Der lanzettförmige Leib von *Branchiostoma* (*Amphioxus*) (Abb. 955) wird 5—6 cm lang und ist mit einem unpaaren Flossensaum besetzt, der sich vom Munde an über die Dorsalseite bis zum Porus des Peribranchialraumes erstreckt und in der Schwanzregion des Körpers zu einer lanzettförmigen Schwanzflosse vergrößert. Ventral zwischen Mund und Porus des Peribranchialraumes findet sich ein paariger Flossensaum (Seitenflosse, Metapleuralfalte) vor. Der Körper zeigt vielfache Asymmetrien; er ist gegliedert, die Metamerie tritt an den äußerlich sichtbaren Segmenten der Seitenrumpfmuskulatur hervor. Ein Kopfabschnitt ist nicht ausgebildet. Die Epidermis ist ein einschichtiges Epithel. Als Achsenskelet fungiert die Chorda dorsalis, die sich von der vorderen Körperspitze durch den ganzen Körper erstreckt. Sie besteht aus fibrillären Platten mit dazwischenliegenden Zellresten und einer dünnen Chordascheide (*Elastica*). Die Chorda wird von einer bindegewebigen Hülle scheidenartig umgeben, deren innere Lage sich schärfer abgrenzt; diese Hülle ist als skeletogenes Bindegewebe dem gleichnamigen Gewebe der Vertebraten zu vergleichen. Es setzt sich dorsal in Bindegewebsblätter, welche das Rückenmark umschließen, fort, ferner ventral in bindegewebige Bogen, endlich in die Muskelsepten, die bis an die Cutis reichen (Abb. 956).

Dorsal von der Chorda verläuft das Centralnervensystem als Rückenmark, das von einem Kanal (Canalis centralis) durchsetzt wird. Der vordere, kaum angeschwollene Abschnitt des Centralnervensystems mit erweitertem Centralkanal bezeichnet die Anlage des Gehirns. Vor demselben liegt eine linksgelegene kleine, als Riech- oder Wimpergrube bezeichnete Vertiefung der Epidermis, die bei jungen Tieren durch den Neuroporus mit dem Medullarrohre in offener Verbindung steht. Sie entspricht dem Geruchsorgan der Vertebraten. Das Vorderende des Nervensystems wird von einem großen unpaaren Pigmentflecke (als Vorläufer des Vertebratenauges angesehen) eingenommen. Überdies finden sich in fast ganzer Länge des Rückenmarkes an dem Centralkanal zahlreiche aus einer Sinnes- und einer Pigmentzelle aufgebaute Augen vor (Abb. 193). Vom Centralnervensystem entspringt in jedem Segmente ein Paar Spinalnerven, eine ventrale, rein motorische Wurzel zur Seitenrumpfmuskulatur,

(1904). — Über die Geschlechtsorgane von *Amphioxus*. Zool. Jb. **21** (1904). — CERFONTAINE, P.: Recherches sur le développement de l'*Amphioxus*. Archives de Biol. **22** (1906). — BOEKE, J.: Das Infundibularorgan im Gehirne des *Amphioxus*. Anat. Anz. **32** (1908). — GOODRICH, E. S.: On the Structure of the Excretory Organs of *Amphioxus*. Quart. J. microsc. Sci. **1902, 1909**. — KUTCHIN, H. L.: Studies on the peripheral nervous system of *Amphioxus*. Proc. Amer. Acad. Boston **1913**. — HUBBS, C. L.: A list of the Lancelets of the world etc. Occ. Pap. Mus. Zool. Univ. Michigan. Ann Arbor Nr. 105, **1922**. — FRANZ, V.: Morphologie der Akranier. Z. Anat. **27** (1927). — Vgl. ferner die Arbeiten von QUATREFAGES, v. KUPFFER, DOHRN, LANGERHANS, G. RETZIUS, MORGAN u. HAZEN, NEIDERT u. LEIBER, MACBRIDE, GOLDSCHMIDT, MOŽEJKO, DOGIEL u. a.

Abb. 955. *Branchiostoma* (*Amphioxus*) *lanceolatum.* 3/1. C Mundcirren, KS Kiemenspalten, L Leber, A After, P Porus des Peribranchialsackes, Ov Ovarien, Ch Chorda, RM Rückenmark.

sowie eine dorsale Wurzel, die zur Haut aufsteigt und keine Verbindung mit der ventralen Wurzel eingeht. Die dorsale Wurzel ist gemischter Natur und entsendet einen Visceralast. Sinnesknospen finden sich an den Mundcirren und am Velum.

Die Mundöffnung ist eine längliche, von einer hufeisenförmigen Lippe mit von Knorpelskelet gestützten Cirren eingefaßte Spalte. Sie führt in die Mundhöhle, welche von dem Schlunde durch eine mit Tentakeln besetzte und einem Sphincter versehene Falte, das *Velum*, abgegrenzt wird. Am Dache der Mundhöhle liegt vor dem Velum ein kompliziertes Wimperorgan (Räderorgan). Die Öffnung des Velums führt in den langen Pharyngealsack (Kiemendarm), der, von zahlreichen seitlichen Spalten durchbrochen, die Respiration besorgt. Jede

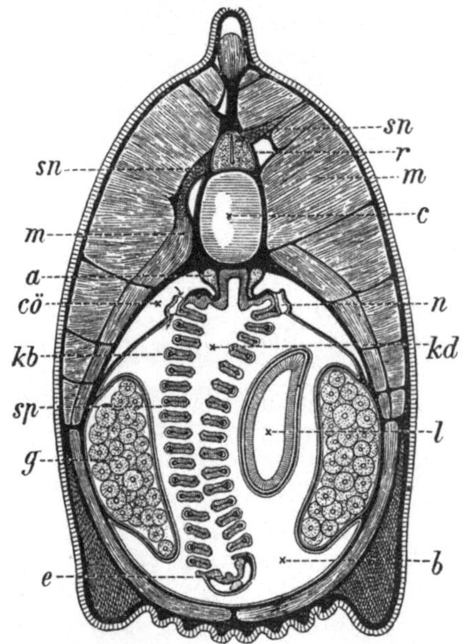

Abb. 956. Querschnitt durch die Kiemenregion von *Branchiostoma* (*Amphioxus*). *r* Rückenmark, *sn* abtretende Nerven, *m* Seitenrumpfmuskeln, *c* Chorda, *a* Aortenwurzel, *cö* subchordaler Cölomraum, *n* Niere (links durch Pfeile bezeichnet), *kd* Kiemendarm, *kb* Kiemenbogen, *sp* Kiemenspalten, *g* Geschlechtsorgane, *l* Leberblindsack, *b* Peribranchialraum, *e* Hypobranchialrinne, darunter Truncus arteriosus. (Nach RAY LANKESTER, verändert von TH. BOVERI aus R. Hertwig.)

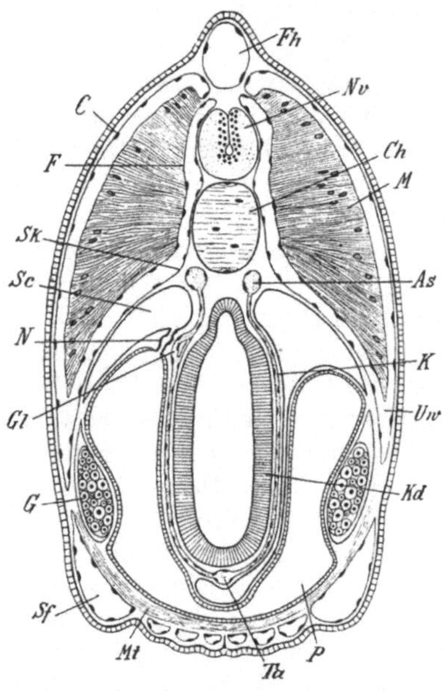

Abb. 957. Schematischer Querschnitt durch die Kiemenregion von *Branchiostoma*, links die Verhältnisse eines secundären, rechts die eines primären Kiemenbogens (aus KORSCHELT u. HEIDER). *Nv* Rückenmark, *Ch* Chorda, *Kd* Kiemendarm, *P* Peribranchialraum, *G* Genitalsäckchen, *As* Aortenwurzel, *K* Kiemengefäß, *Ta* Truncus arteriosus, *Gl* Glomerulus, *N* Nierenkanälchen, *Sk* Sclerablatt, *F* Fascienblatt, *M* Muskelplatte, *C* Cutisblatt, *Uw* Urwirbelhöhle (Myocöl), *Fh* dorsale Flossenhöhle, *Sc* subchordales Cölom, *Sf* Seitenfaltenhöhle, *Mt* Transversalmuskel.

(primäre) Kiemenspalte wird durch eine von der Dorsalseite hervorgewachsene Leiste (Zungenbalken) in zwei Spalten, überdies durch querverlaufende Stäbe (Synaptikel) in eine Anzahl von Lücken zerlegt. Die Wände der Kiemenspalten sind durch ein System von Skeletstäben gestützt. Ventral im Kiemendarm verläuft die flimmernde drüsige Hypobranchialfurche (Homologon des Endostyls der Tunicaten und der Thyreoidea der Vertebraten), welche vorn durch zwei Wimperbogen mit der an der Dorsalseite des Kiemensackes verlaufenden Epibranchialfurche zusammenhängt. Die Kiemenspalten münden in einen von der Haut aus entstandenen, die ganze Kiemenregion des Körpers umgebenden Peribranchialsack, der sich mittels Porus (Atrioporus) hinter der Kiemenregion ventral nach außen öffnet. Am hinteren Ende des Kiemendarmes beginnt das verdauende Darmrohr, das sich in gerader Richtung bis zum Schwanze fortsetzt und durch den links gelegenen After ausmündet. Es sondert sich in zwei Abschnitte, von denen der vordere rechtsseitig einen nach vorn neben der Kiemenregion in den Peribranchialraum hineinragenden Leberblindsack bildet. Im Peribranchialsack finden sich Drüsenwülste excretorischer Natur.

Das Blutgefäßsystem (Abb. 958) entbehrt eines Herzens, an dessen Stelle die größeren Blutgefäßstämme pulsieren. In seiner Anordnung entspricht es dem Typus der Vertebraten. Ein unterhalb der Hypobranchialrinne verlaufender Arterienstamm (Truncus arteriosus, Kiemenarterie) entsendet an jedem primären Kiemenbogen einen den Kiemendarm umgreifenden Gefäßbogen (Hauptgefäß der primären Kiemenbogen, Aortenbogen), der mittels einer contractilen Erweiterung (Bulbilli) entspringt. Dazu kommen weitere die Kiemenspaltenwand durchziehende Gefäße. Alle Gefäßbogen vereinigen sich unterhalb der Chorda in zwei längsverlaufenden Aortenwurzeln, die sich hinter dem Kiemendarm zu einer durch den ganzen Körper verlaufenden Aorta descendens vereinigen, welche durch Capillarlacunen in das Venensystem übergeht. Aorta und Aortenwurzeln liefern an jedem Muskelseptum seitliche Arterien (Parietalarterien), nach vorn setzen sich die Aortenwurzeln in die Carotiden fort. Das Venensystem besteht aus einem umfangreichen Lacunensystem (Gefäßsystem) am Darme (Darmsinus), aus dem die Vena subintestinalis entspringt. Diese führt als Pfortader das Blut zum Leberblindsack, an dem sie sich wieder in ein Lacunennetz (Leberpfortaderkreis) auflöst, das in der Lebervene seine Fortsetzung findet, welche das Blut in einen Sinus venosus (erweiterte Umbiegungsstelle der Lebervene in die Kiemenarterie) überführt. Außerdem unterscheidet man zwei vordere und zwei hintere Cardinalvenen, von denen die rechte sich nach hinten in die Caudalvene fortsetzt. Die Cardinalvenen münden durch einen Ductus Cuvieri am Hinterende der Kiemenregion und die hinteren noch durch einige nach hinten folgende segmentale Quervenen mittels eines Lacunennetzes (Parietallacune) in den Sinus venosus ein. Die Cardinalvenen nehmen auch das Blut aus den Parietalarterien sowie allen anderen Körpergefäßen auf. An den Genitaldrüsen bilden die Cardinalvenen ein umspinnendes Lacunennetz. Die Blutkörperchen sind farblos.

Die Cölomhöhle (Leibeshöhle) von *Branchiostoma* zerfällt in jedem Metamer im wesentlichen in zwei große Abschnitte, einen dorsalen, das *Myocöl* (Urwirbelhöhle), das vom Urwirbel eingeschlossen wird, und einen ventralen, das von den Seitenplatten umschlossene *Splanchnocöl* (Abb. 961). Aus der der Chorda anliegenden Wand des Myocöls entwickelt sich der Seitenrumpfmuskel, der

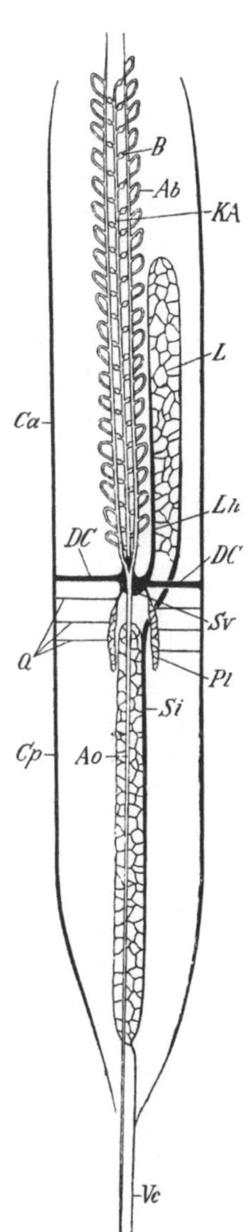

Abb. 958. Schema des Blutgefäßsystems von *Branchiostoma* (Original G., zum Teil nach ZARNIK.) *Ab* Aortenbogen, *Ao* Aorta descendens, *B* Bulbilli, *Ca* vordere, *Cp* hintere Cardinalvene, *DC* Ductus Cuvieri, *KA* Kiemenarterie, *L* Leberpfortaderkreis, *Lh* Lebervene, *Pl* Parietallacune, *Q* Quervenen, *Si* Vena subintestinalis, *Sv* Sinus venosus, *Vc* Vena caudalis.

später durch eine ventral einwachsende Falte des Myocölepithels (*Sclerafalte*) bis auf ein schmales Aufhängeband von der Chorda sich ablöst. (Abb. 957). Der mediale Teil der Sclerafalte legt sich an die Chorda und das Medullarrohr und liefert als *skeletogenes Blatt* das skeletogene Gewebe, der laterale wird zur Muskelfascie. Aus dem unterhalb des einschichtigen Hautepithels gelegenen Wandteile des Myocöls entsteht die Cutis. Das Splanchnocöl verliert die Metamerie und bildet einen einheitlichen Hohlraum, der jedoch in der Kiemenregion eine weitere Gliederung erfährt.

Die Niere besteht aus in der ganzen Kiemenregion branchiomer angeordneten Kanälchen (homolog den Vornierenkanälchen der Vertebraten), welche mit mehreren trichterförmigen Enden im subchordalen Cölom beginnen und in den Peribranchialsack ausmünden (Abb. 959). An den Trichterenden finden sich

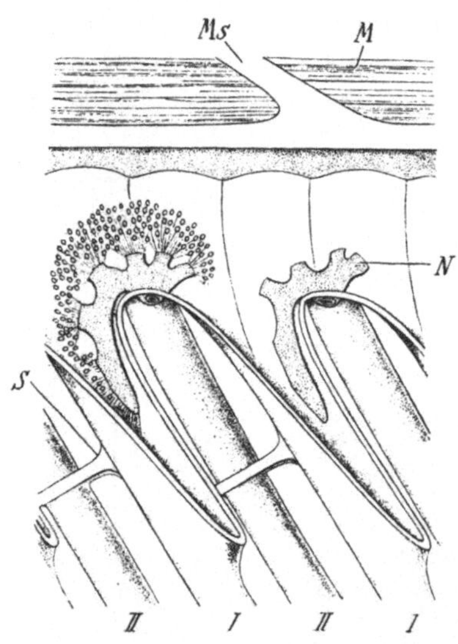

Abb. 959. Ein Stück vom Dorsalteil des Kiemendarmes von *Branchiostoma* mit zwei Nierenkanälchen (*N*). (Nach BOVERI.) *I* Primärer Kiemenbogen, *II* secundärer Kiemenbogen (Zungenbalken), *S* Synaptikel, *M* Segment des Seitenrumpfmuskels, *Ms* Muskelseptum.

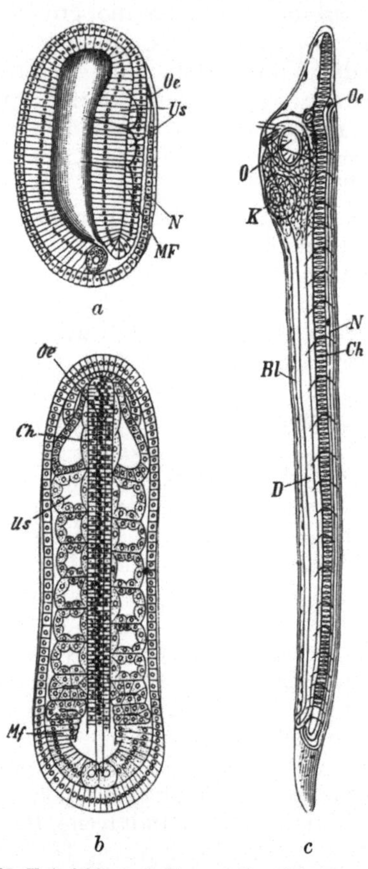

Abb. 960. Entwicklungsstadien von *Branchiostoma*. (Nach HATSCHEK.) a Stadium mit zwei Ursegmenten, im Medianschnitt; b Stadium mit neun Ursegmenten, Dorsalansicht, um die Asymmetrie in den Urwirbeln zu zeigen; c Larve mit Mund (*O*) und erster Kiemenspalte (*K*), Seitenansicht. $^{78}/_1$. *N* Nervenrohr, *Oe* Neuroporus, *Ch* Chorda dorsalis, *D* Darm, *Bl* subintestinales Blutgefäß, *Mf* Mesodermfalte. *Us* Ursegmente.

lange, durch die Leibeshöhle gespannte Kragenzellen (K. C. SCHNEIDER). Nach GOODRICH dagegen sind die Nierenkanälchen innen geschlossen und mit röhrenförmigen Geißelzellen, sogenannten Solenocyten, versehen. In der Höhe der Nierenkanälchen bilden die Hauptgefäße der Kiemenbogen ein Gefäßnetz (Glomus). Vor diesen Nephridien findet sich in der Mundregion ein bereits in den späteren Larvenstadien vorhandenes, nur linksseitiges viel größeres Nephridium (HATSCHEKsches Nephridium), das hinter dem Velum in den Kiemendarm einmündet. Die Genitalorgane bestehen aus metameren (vom Urwirbel abstammenden) Genitaldrüsen, welche in der Kiemenregion von der Lateralwand des Peribranchialraumes als Wülste in diesen vorspringen. Die Genitalprodukte gelangen durch Dehiszenz in den Peribranchialraum und von hier durch den Atrioporus nach außen.

Die Entwicklung von *Branchiostoma* ist eine Metamorphose. Die Furchung ist adäqual, schwach inäqual, die Gastrulation erfolgt durch Einstülpung (Abb. 260). Die Schließung des Gastrulamundes entspricht der Dorsalseite und der letzte Rest desselben dem Hinterende des Embryos, das auch durch zwei größere Polzellen gekennzeichnet sein soll. Durch seitliche Falten des Entoderms entstehen die Mesodermanlagen (Ursegmente) (Abb. 268), der Metamerie entsprechend in der Reihenfolge von vorn nach hinten, und zwar die vorderen Paare der Cölomsäcke einzeln, die hinteren durch Abgliederung von einer ungegliederten Anlage, während eine mediane dorsale Falte des Urdarms die Anlage der Chorda liefert. Zu gleicher Zeit entwickelt sich dorsal aus dem Ectoderm das hinten mit dem Darmrohr kommunizierende, vorn frei sich öffnende Nervenrohr. Die Branchiostomalarve verläßt mit etwa zwei Ursegmentanlagen (Abb. 960a) die Eihülle und schwimmt mittels ihrer Geißelbekleidung umher. Später gestaltet sich die walzenförmige Larve unter fortschreitender Längsstreckung und seitlicher Abplattung fischchenförmig. Frühzeitig tritt in der Entwicklung eine auffallende Asymmetrie (für Ursegmente, Mund, erste Kiemenspalte, After, Neuroporus) hervor. Der Larvenmund und der After brechen linkerseits durch, während die erste Kiemenspalte ventral entsteht (Abb. 960b, c). Vor dem Munde liegt die Öffnung einer von der ventralen Darmwand aus gebildeten Drüse (kolbenförmigen Drüse), die gegen Ende der Larvenzeit schwindet. In den folgenden Stadien legen sich in rechtsseitiger Lage die weiteren primären, metamer angeordneten Kiemenspalten an, die später an die linke Seite zu liegen kommen, dorsal von ihnen die Spalten der rechten Seite. Der anfangs freiliegende Kiemenapparat gelangt später durch Anlage der beiden Metapleuralfalten in eine

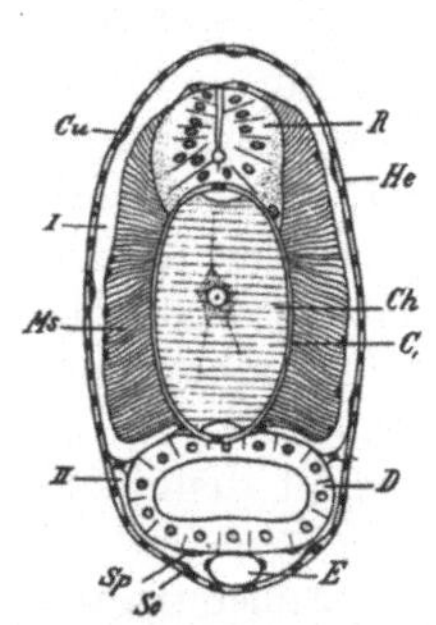

Abb. 961. Querschnitt einer Larve von *Branchiostoma*. (Nach HATSCHEK.) *He* Hautepithel, *Cu* Cutis (Unterhaut), *Ms* Seitenrumpfmuskel, *Ch* Chorda dorsalis, *C,* Chordascheide, *R* Rückenmark, *D* Darm, *E* Subintestinalvene, *Sp* Splanchnopleura, *So* Somatopleura, *I* Myocöl. *II* Splanchnocöl.

Rinne, die sich zum Peribranchialraum schließt. Der Larvenmund rückt ventralwärts und wird von einer Hautfalte überwachsen, durch welchen Vorgang die Mundhöhle und der sekundäre Mund gebildet wird, während der Larvenmund zur Öffnung des Velums wird. Jedes Cölomsäckchen (Ursegment) teilt sich in einen dorsalen (Urwirbel) und einen ventralen Abschnitt (Seitenplatten) und geht die bereits oben dargestellten Differenzierungen ein; während sich bei ersteren die Metamerie erhält, geht sie in den Seitenplatten verloren, deren Höhlungen zu dem einheitlichen Splanchnocöl zusammenfließen. Die Branchiostomalarven leben pelagisch und gehen erst in den letzten Stadien zu der Lebensweise des ausgebildeten Tieres im Sande über.

Die Acranier leben im Meeressande vergraben und führen eine Art sedentäre Lebensweise, mit welcher auch die vielfachen Asymmetrien im Bau zusammenhängen dürften. Trotz mancher Eigentümlichkeiten (Peribranchialraum) erweisen sich die Acranier den Vertebraten gegenüber als ursprüngliche Formen.

Klasse: **Leptocardia. Röhrenherzen.**

Mit den Charakteren des Kladus.

Fam. *Branchiostomidae. Branchiostoma (Amphioxus) lanceolatum* PALL. Lanzettfisch. Genitalorgane beiderseits. Mittelmeer, Nordsee (Abb. 955). *Br. californiense* COOP. Küste von Kalifornien. *Asymmetron (Heteropleuron) cultellus* PTRS.. Genitalorgane bloß rechterseits. Ind. Ozean. *A. lucayanum* ANDREWS. Ohne Schwanzflosse. West. Atlant. Ozean, Ind. Ozean.

11. Kladus.

Vertebrata (Craniota), Wirbeltiere[1].

Heteronom metamerische Chordonier mit differenziertem Kopf, mit mehr oder minder in Wirbel gegliedertem Achsenskelet, welches mittels dorsaler Ausläufer das Centralnervensystem, mittels ventraler die vegetativen Organe umschließt, in der Regel mit zwei Extremitätenpaaren, mit Herz.

Schon ARISTOTELES faßte die Wirbeltiere als *blutführende Tiere* zusammen und hob den Besitz einer knorpeligen oder knöchernen Skeletsäule als gemeinsames Merkmal derselben hervor. Erst LAMARCK führte den Namen *Wirbeltiere* in die Wissenschaft ein.

An dem metameren Körper der Vertebraten lassen sich stets eine Kopf-, Rumpf- und Schwanzregion unterscheiden. Der Kopf, aus einer Anzahl veränderter und miteinander inniger vereinigter, vorderer Metameren (meist werden 9—10 angenommen, nach HATSCHEK sind es acht, zwei prootische und sechs metaotische) hervorgegangen, trägt ventral den Eingang zum Darmkanal, sowie dorsal das Gehirn mit den höheren Sinnesorganen; die Rumpfregion enthält die Leibeshöhle (Cölom) mit den vegetativen Organen, während die Schwanzregion keine Leibeshöhle mehr umschließt. Die Rumpfregion kann sich weiter in eine Hals-, Brust-, Lenden- und Kreuzbeinregion gliedern. Diese Gliederung geht parallel dem Übergange vom Wasserleben zum Landleben und einer damit zu-

---

[1] Außer den Werken von CUVIER, J. F. MECKEL, J. MÜLLER, K. E. v. BAER, REICHERT, RATHKE, REMAK vgl. v. SIEBOLD u. STANNIUS: Lehrbuch der vergleichenden Anatomie 2. Berlin 1846. — STANNIUS, H.: Handbuch der Anatomie der Wirbeltiere. Berlin 1854. — OWEN, R.: On the Anatomy of Vertebrates. 3 Bde. London 1866—1868. — HUXLEY, TH. H.: A Manual of the Anatomy of vertebrated animals. London 1871. — GEGENBAUR, C.: Untersuchungen zur vergleichenden Anatomie der Wirbeltiere. Leipzig 1864—1872. — Vergleichende Anatomie der Wirbeltiere mit Berücksichtigung der Wirbellosen. 2 Bde. Leipzig 1898—1901. — PARKER, W. K. u. G. T. BETTANY: Die Morphologie des Schädels. Stuttgart 1879. — KÖLLIKER, A.: Entwicklungsgeschichte des Menschen und der höheren Wirbeltiere. Leipzig 1879. — BALFOUR, F. M.: Handbuch der vergleichenden Embryologie 2. Jena 1881. — WIEDERSHEIM, R.: Vergleichende Anatomie der Wirbeltiere. 7. Aufl. Jena 1909. — HERTWIG, O.: Handbuch der vergleichenden und experimentellen Entwicklungsgeschichte der Wirbeltiere. 3 Bde. Jena 1906. — OPPEL, A.: Lehrbuch der vergleichenden mikroskopischen Anatomie der Wirbeltiere 1—8. Jena 1895—1914. — ZIEGLER, H. E.: Lehrbuch der vergleichenden Entwicklungsgeschichte der niederen Wirbeltiere. Jena 1902. — REYNOLDS, S. H.: The vertebrate Skeleton. Cambridge 1897. — SCHNEIDER, A.: Beiträge zur vergleichenden Anatomie und Entwicklungsgeschichte der Wirbeltiere. Berlin 1879. — DOHRN, A.: Studien zur Urgeschichte des Wirbeltierkörpers. Mitt. zool. Stat. Neapel 1882—1907. — RABL, C.: Theorie des Mesoderms. Morph. Jb. 15 (1889); 19 (1892). — Bausteine zu einer Theorie der Extremitäten der Wirbeltiere 1. Leipzig 1910. — THACHER, J. K.: Median and paired fins, a Contribution to the History of Vertebrate Limbs. Trans. Connect. Acad. 3 (1877). — VAN WIJHE, J. W.: Über die Mesodermsegmente und die Entwicklung der Nerven des Selachierkopfes. Amsterdam 1882. — KUPFFER, C.: Studien zur vergleichenden Entwicklungsgeschichte des Kopfes der Cranioten. 4 Hefte. München u. Leipzig 1893—1900. — MAURER, F.: Die Epidermis und ihre Abkömmlinge. Leipzig 1895. — SCHAUINSLAND, H.: Beiträge zur Entwicklungsgeschichte und Anatomie der Wirbeltiere. Bibliotheca zoologica 39 (1903). — RETZIUS, G.: Das Gehörorgan der Wirbeltiere. Stockholm 1881—1884. — KOLTZOFF, N. K.: Entwicklungsgeschichte des Kopfes von *Petromyzon Planeri*. Ein Beitrag zur Lehre über Metamerie des Wirbeltierkopfes. Bull. Soc. Nat. Moskau 15 (1902). — HATSCHEK, B.: Studien zur Segmenttheorie des Wirbeltierkopfes. Morph. Jb. 39 (1909); 40 (1910); 61 (1929). — BÜTSCHLI, O.: Vorlesungen über vergleichende Anatomie. Leipzig, Berlin 1910—1924. — J. IHLE, P. VAN KAMPEN, H. NIERSTRASZ, J. VERSLUYS. Vergleichende Anatomie der Wirbeltiere. Berlin 1927. — L. BOLK, E. GÖPPERT, E. KALLIUS, W. LUBOSCH, Handbuch der vergleichenden Anatomie der Wirbeltiere. Berlin-Wien. I. 1931 (im weiteren Erscheinen). — Vgl. ferner die Arbeiten von GOETTE, EMERY, FRORIEP, KLAATSCH, HOCHSTETTER, HALLER, RÖSE, HASSE, SAPPEY, SEWERTZOFF, A. A. GRAY, NAEF u. a.

sammenhängenden mächtigeren Entwicklung und festeren Verbindung der paarigen Extremitäten am Rumpfe, von denen mit Ausnahme der *Cyclostomen*, denen paarige Extremitäten fehlen, sonst (von Rückbildungen abgesehen) zwei Paare vorhanden sind. Während bei den *Fischen* die Fortbewegung des Körpers durch Seitenbewegungen des Rumpfes erfolgt und die paarigen Extremitäten eine nur geringe Rolle bei derselben spielen, wird bei den am Lande lebenden *Amphibien, Reptilien, Vögeln* und *Säugetieren* die Bewegung von der Hauptachse in fortschreitender Entwicklung auf die Extremitäten unter gleichzeitiger Verkürzung des Rumpfes übertragen. Nur wo sekundär die paarigen Extremitäten infolge von Rückbildung ausfallen (*Gymnophionen, schlangenähnliche Eidechsen, Schlangen*), tritt wieder zugleich mit der Verlängerung des Rumpfes die Bedeutung des letzteren für die Locomotion durch Schlängelung hervor. Auch die schwierigste Art der Fortbewegung durch Flug findet sich im Kreise der Vertebraten vor.

Die paarigen Extremitäten treten in zwei scharf getrennten Hauptformen, der *Fischflosse* (*Ichthyopterygium*) und dem wohl auf diese zurückführbaren *pentadactylen Bein* (*Chiridium*) der übrigen Vertebraten (*Tetrapoda*) auf; letzteres kann wieder den besonderen Lebensverhältnissen entsprechend als Flossenfuß, Flügel angepaßt sein, zeigt aber nachweisbar dieselben Hauptteile. Vorder- und Hinterextremität weisen als homodyname Organe gleiche Einrichtungen auf. Außer den paarigen Extremitäten finden sich bei Vertebraten auch unpaare vor. Die letzteren, Rücken-, Schwanz- und Afterflosse der Fische, gehen als Differenzierungen aus einer medianen vom Kopf über den

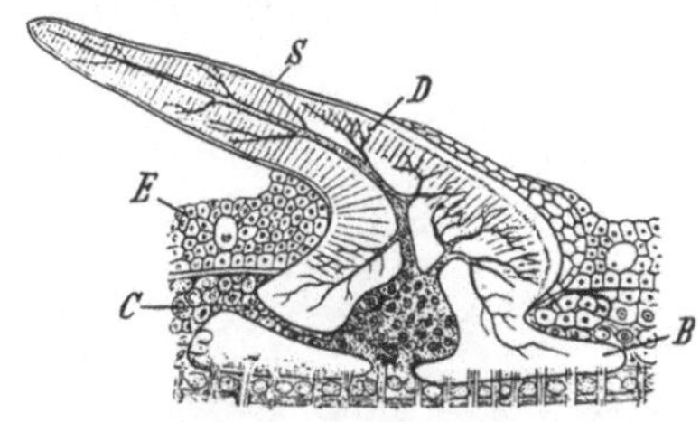

Abb. 962. Schnitt durch ein Stück Haut mit Placoidschuppe von *Mustelus laevis*. (Nach O. HERTWIG.) *E* Epidermis, *C* Cutis, *B* Basalplatte, *D* Dentin, *S* Schmelzoberhäutchen der Placoidschuppe.

Rücken und den Schwanz bis zum After hin sich erstreckenden unpaaren kontinuierlichen Flosse hervor. In gleicher Weise sind rücksichtlich ihres Ursprunges die paarigen Extremitäten nach BALFOUR, THACHER und MIVART als Differenzierungen aus einer paarigen, von der Kiemengegend bis zum After reichenden Seitenflosse abzuleiten.

Die Haut der Vertebraten baut sich aus der Oberhaut (*Epidermis*) und einer bindegewebigen, auch Muskeln enthaltenden Unterhaut (*Cutis*) auf (Abb. 962). Die Epidermis ist ein geschichtetes Epithel, dessen obere Schichten abgestoßen werden, während die unteren Schichten (*Stratum Malpighii*) als Matrix zum Ersatz der oberen dienen und zuweilen Träger von Pigmenten sind. Die Cutis setzt sich in ein tieferes, mehr oder minder lockeres *Unterhautbindegewebe* fort und ist nicht nur Trägerin von Pigmenten (Abb. 117), sondern auch von Nerven und Blutgefäßen. Wo sich Hautmuskeln in größerer Ausdehnung entwickeln, dienen dieselben ausschließlich der Bewegung der Haut und ihrer mannigfachen Anhänge. Gegen die Epidermis hin kann die Cutis in kleinen Papillen erhoben sein, welche für die Entwicklung der verschiedenen Anhangsgebilde der Haut von Bedeutung erscheinen. Von dem Epithel gehen nicht nur mannigfache Drüsenbildungen, sondern auch durch Verhornung äußere Anhänge, wie Haare, Federn, Schuppen, hervor. Desgleichen kann die Unterhaut durch Verknöcherung Schutzorgane (Hautknochen) liefern, welche zuweilen einen festen Hautpanzer entstehen lassen (Schuppen der Fische, Reptilien, Hautpanzer der Gürteltiere, Schildkröten). Von besonderer Bedeutung als Ausgangsformen für mannigfache Bildungen haben sich die bei *Selachiern* in der Haut auftretenden *Placoidschuppen* erwiesen (Abb. 962), an welchen eine knöcherne Basalplatte und ein zahnförmiger vorspringender Teil

(Hautzahn) zu unterscheiden ist. Die Hauptmasse des letzteren geht aus der Verknöcherung einer Cutispapille hervor, während ein äußeres cuticulares Schmelzoberhäutchen von der darüberliegenden Epidermis (Epithelscheide) herstammt.

Bei allen Vertebraten findet sich als erstes Achsenskelet die Chorda dorsalis, die sich jedoch nur in wenigen Fällen (*Cyclostomen, Holocephalen, Störe, Dipnoër*) zeitlebens im ganzen Umfange erhält. Dieselbe wird von einer doppelten *Chordascheide* umhüllt (Abb. 966a), einer zuerst gebildeten äußeren dünnen (*Elastica externa*) und einer inneren dickeren fibrillären (*innere Chordascheide*). Außen von der Chordascheide folgt das die Chorda rings umgebende *skeletogene Bindegewebe* (Abb. 964), welches durch eine ventrale, nach innen vorwachsende Wucherung (Sklerotomwucherung) der Urwirbel (Abb. 963) angelegt wird und dorsale, das Centralnervensystem, sowie ventrale, das die Eingeweide enthaltende Cölom bzw. in der Schwanzregion die Gefäßstämme umfassende Fortsetzungen entsendet, endlich mit den zwischen den Segmenten der Seitenrumpfmuskulatur verlaufenden Septen zusammenhängt. Das aus

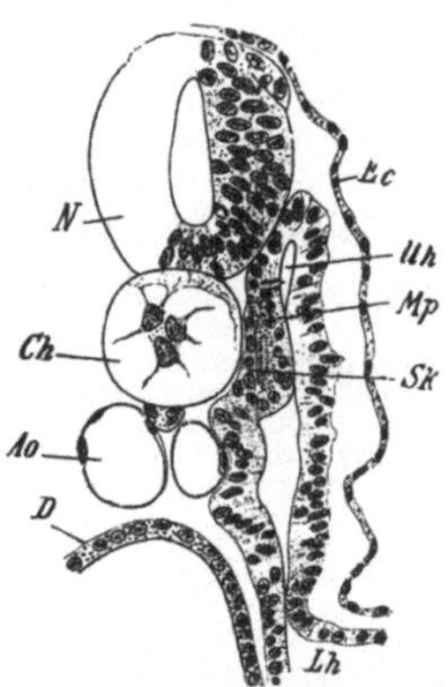

Abb. 963. Schnitt durch das Vorderende des Rumpfes eines Embryos von *Pristiurus* (Haifisch). (Nach C. RABL.) *N* Neuralrohr, *Ch* Chorda, *Ao* Aorta, *D* Darm, *Ec* Ectoderm, *Mp* Muskelplatte, *Sk* Sclerotomeinwucherung, *Uh* Urwirbelhöhle (Myocöl), *Lh* Splanchnocöl.

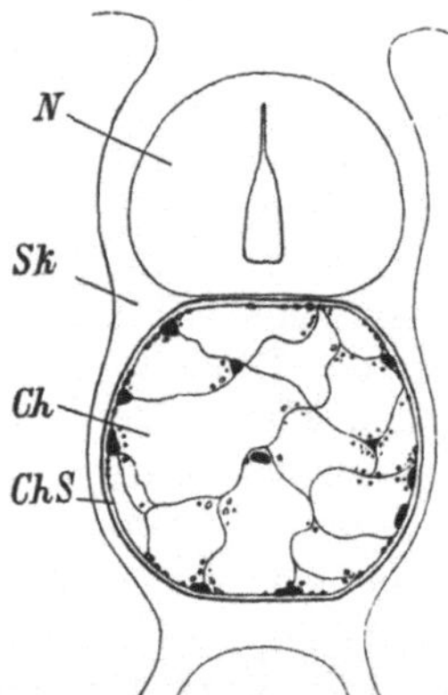

Abb. 964. Querschnitt durch die Chorda dorsalis (*Ch*) der Unkenlarve. (Nach GOETTE.) *ChS* Chordascheide, *Sk* skeletogene Schicht, *N* Rückenmark.

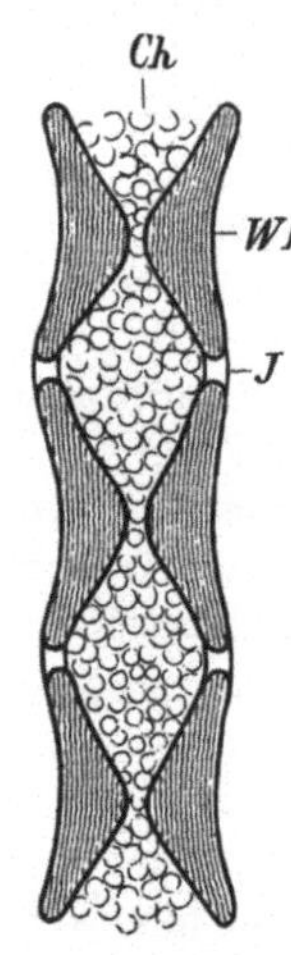

Abb. 965. Wirbelsäule eines Selachiers im Längsschnitt (schematisch). *Ch* Chorda, *Wk* Wirbelkörper, *J* häutiger, intervertebraler Abschnitt.

dem skeletogenen Gewebe hervorgegangene Skelet bleibt entweder zeitlebens bindegewebig oder wird knorpelig, oder es bildet der Knorpel die Grundlage eines später auftretenden knöchernen Skelets.

Die Entwicklung der Wirbelsäule geht von der skeletogenen Schicht aus, indem der Metamerie des Körpers entsprechend knorpelige oder knöcherne Ringe gebildet werden, welche die Anlage der Wirbel darstellen, während die dazwischenliegenden Teile als Ligamenta intervertebralia sich erhalten. Bei *Elasmobranchiern* und *Dipnoërn* dringen Zellen der skeletogenen Schicht auch in die innere Chordascheide ein, wogegen bei allen übrigen Vertebraten der Knorpel außen von der Chordascheide verbleibt. Als erste Repräsentanten des gegliederten festen Achsenskelets erscheinen in der sonst häutig bleibenden skeletogenen Schichte kleine knorpelige obere und untere Bogenstücke (*Petromyzonten*); auch bei *Holocephalen, Dipnoërn* und *Stören* wird die Gliederung des Achsenskelets durch die hier schon vollkommen ausgebildeten oberen und unteren Bogen vorgestellt (Abb. 966). Dazu kommt bei den übrigen Wirbeltieren ein die Chorda umgebender

Wirbelkörper, der die Chorda mehr oder minder vollständig verdrängt (Abb. 965). Ein *Wirbel* (Abb. 967) besteht sonach aus einem mittleren Hauptstück, dem *Wirbelkörper*, häufig mit Resten der Chorda in seiner Achse, aus dorsalen oberen Bogen (*Neurapophysen*), zwischen denen bei niederen Fischen noch weitere Knorpelstücke, die *Intercalaria* sich finden (Abb. 966b), und unteren Bogen, die als frei abstehende *Basalstümpfe* oder als bogenförmig geschlossene *Hämapophysen*

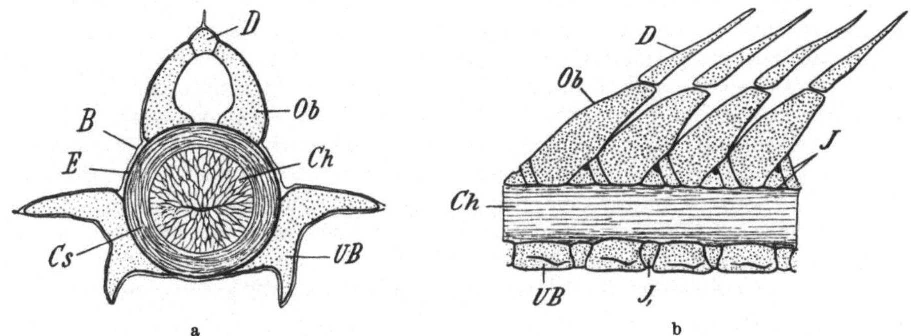

Abb. 966. Achsenskelet des Sterlets (*Acipenser ruthenus*) aus der Rumpfregion, a im Querschnitt, b Seitenansicht. (Original G.). *Ch* Chorda, *Cs* innere Chordascheide, *E* Elastica externa, *B* fibrilläres umhüllendes Bindegewebe, *Ob* obere Bogen, *UB* untere Bogen, *D* Dornfortsatz, *J, J'* Intercalaria.

auftreten; dem unteren Bogensystem gehören auch die *unteren Rippen* (Pleuralbogen) an. An die Neurapophysen sowie die Hämapophysen können sich unpaare Elemente, *Dornfortsätze*, anschließen, ebenso können sowohl an den oberen Bogen als auch den Wirbelkörpern noch Muskel- und Gelenkfortsätze (*Processus transversi, Pleurapophysen, Processus articulares*) auftreten. In Verbindung mit den Wirbeln treten auch größere, in den Muskelsepten gelegene Spangen, die *Rippen*,

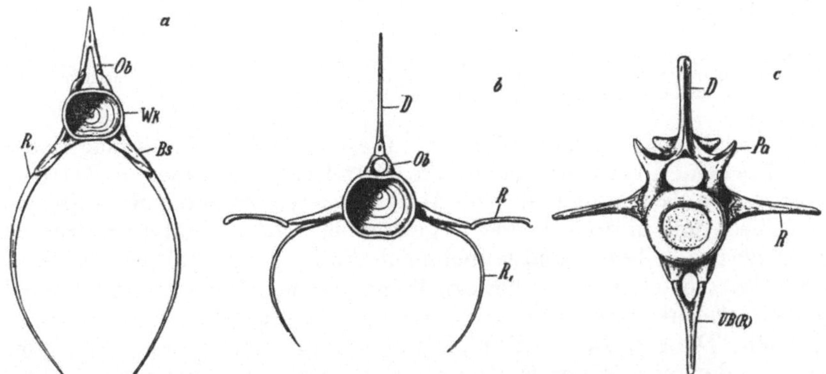

Abb. 967. a Rumpfwirbel vom Karpfen, b von *Polypterus*, c vorderer Schwanzwirbel vom Krokodil. *Wk* Wirbelkörper, *Ob* oberer Bogen, *D* Dornfortsatz, *Bs* Basalstumpf, *R* obere Rippe, *R,* untere Rippe (Pleuralbogen, in c den unteren Bogen (*UB*) bildend), *Pa* Gelenkfortsatz. (Original G.)

auf. Man unterscheidet obere und untere Rippen. Die letzteren lagern längs der Cölomwand unterhalb der Seitenrumpfmuskeln und gehören dem unteren Bogensystem an; sie werden auch als *Pleuralbogen* (Goette) bezeichnet. Die oberen Rippen lagern im horizontalen Septum zwischen dorsaler und ventraler Seitenrumpfmuskulatur. Beide Rippenbildungen kommen nebeneinander bei einigen Fischen (*Polypterus, Salmo, Clupea*) vor; sonst sind bei *Ganoiden, Teleosteern* und

56*

Dipnoërn bloß untere Rippen vorhanden; sie schließen sich in der Schwanzregion des Körpers zu dem Hämalbogen zusammen, mit Ausnahme vieler Teleosteer, deren Hämalbogen bloß durch die zusammengeschlossenen Basalstümpfe gebildet werden. Die Rippen der *Selachier, Amphibien, Reptilien, Vögel* und *Säuger* sind obere Rippen; untere Rippen erhalten sich hier in den Hämalbogen der Schwanzwirbel (Abb. 967 c).

Die Gliederung des Achsenskelets entspricht der Körpergliederung. Zunächst erscheint überall im Zusammenhange mit der Entwicklung des Gehirns und der Hauptsinnesorgane und mit dem hier gelegenen Eingangsabschnitt des Darmkanales der vorderste Teil des Achsenskelets in Fortsetzung der Wirbelkörper und der oberen Bogen zum *Schädel* ausgebildet, an dessen Ventralseite sich Skeletbogen (*Visceralbogen*) in der Wand des Vorderdarmes anschließen, von denen die vorderen als Kiefer den Mundeingang umgrenzen, die hinteren als Zungenbein- und Kiemenbogen fungieren. Beide Skeletteile zusammen bilden das *Kopfskelet* (Abb. 968). An dem hinter dem Kopfe folgenden Achsenskelet lassen sich zwei Regionen unterscheiden, die Rumpfregion mit rippentragenden Wirbeln zur Umgürtung der die Eingeweide bergenden Cölomhöhle und die durch die Lage des Afters nach vorn abgegrenzte Schwanzregion mit kanalartig geschlossenen unteren

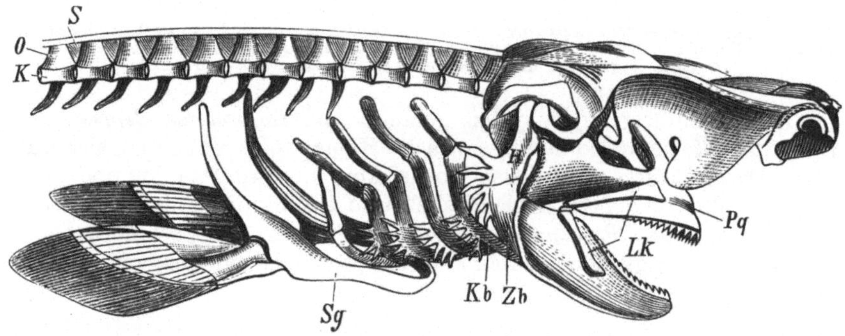

Abb. 968. Kopf und vorderer Abschnitt der Wirbelsäule von *Squalus* (*Acanthias*). (Nach CARUS u. OTTO, aus OWEN.) *K* Wirbelkörper, *O* oberer Bogen, *S* Schaltstück (Intercalare), *Pq* Palatoquadratum, *Lk* Lippenknorpel, *H* Hyomandibulare, *Zb* Zungenbeinbogen, *Kb* Kiemenbogen, *Sg* Schultergürtel.

Bogen (Hämalbogen) an ihren Wirbeln. Diese einfachste Gliederung findet sich bei den Fischen. Durch die mächtigere Entfaltung der paarigen Extremitäten und ihre festere Verbindung mit dem Achsenskelete tritt in der Rumpfregion eine weitere Gliederung in drei bis vier Regionen ein. Da die hintere Extremität die Hauptstütze des Leibes ist und vornehmlich die Propulsivkraft erzeugt, erscheint zunächst ihr Gürtel meist unbeweglich mit einem Abschnitte der Wirbelsäule verbunden, welcher sich durch die feste Verbindung seiner Wirbel auszeichnet (Abb. 969). Diese zwischen Rumpf und Schwanz gelegene Grenzregion, die *Kreuzbein-* oder *Sacralregion* ist anfangs nur durch einen einzigen (Amphibien), dann durch zwei (Reptilien) (Abb. 970) und bei den höheren Vertebraten durch eine größere Zahl von Wirbeln gebildet, deren Querfortsätze besonders mächtig werden und sich mittels der zugehörigen Rippenanlagen mit dem Darmbein des Extremitätengürtels fest verbinden. Durch die Verbindung der vorderen Extremität mit dem Rumpf tritt auch am vorderen Abschnitte eine festere Region auf, deren Rippen nicht nur durch besondere Länge, sondern durch den festen Anschluß an ein in der Medianlinie der Ventralseite auftretendes System von Knorpel- oder Knochenstücken (Brustbein, *Sternum*) ausgezeichnet sind (Brustregion, *Thorax*). So bleibt zwischen Thorax und Kopf einerseits und Thorax und Sacrum andererseits eine beweglichere Region eingeschoben; der die Brust mit dem Kopfe verbindende Abschnitt, der *Hals*, besitzt meist eine große Verschiebbarkeit seiner Wirbel, an denen noch Rippenreste erhalten bleiben, während die hinter der Brust folgende *Lendenregion (Lumbalregion)* durch die Größe ihrer Querfortsätze, zugleich aber auch durch eine größere Beweglichkeit ihrer Wirbel ausgezeichnet, der Rippen gewöhnlich entbehrt.

Am Kopfskelet unterscheidet man den dorsalen *Schädel (Cranium)*, dem sich ventral das *Visceralskelet* anschließt. Die Beziehung des Schädels zur Wirbelsäule hat zur Annahme einer Zusammensetzung des Schädels aus drei bis vier Wirbeln geführt. Gegen diese GOETHE-OKENsche Wirbeltheorie wurden zuerst von HUXLEY und GEGENBAUR wesentliche Einwürfe erhoben. Die auf die Zahl der Visceralbogen und die Verhältnisse der Kopfnerven basierte Auffassung letzterer Forscher sowie spätere entwicklungsgeschichtliche Untersuchungen haben ergeben, daß die Gliederung des knöchernen Wirbeltierschädels nicht als Ausgangspunkt genommen werden kann und nichts mit der Metamerie des Kopfes und dem Aufbau des Schädels aus Wirbeln zu tun hat. Die Zahl der in die Bildung des Kopfes eingegangenen Metameren (Mesodermsegmente) wird meist als 9—10 angenommen, ist nach HATSCHEK 8, zwei prootische und sechs metaotische. Was speziell die Zusammensetzung des Schädels aus Wirbeln anbelangt, so ist nur die Occipitalregion nachweisbar aus der Umwandlung von Wirbelanlagen hervorgegangen. Bei den *Cyclostomen* erscheinen letztere noch als Bogenelemente gesondert; der Cyclostomenschädel entbehrt somit der Occipitalregion und schließt mit der Ohrkapsel ab; er entspricht bloß der prootischen Schädelregion (daher die Cyclostomen von GEGENBAUR auch als *Hemicranier* bezeichnet werden).

Die nächste Stufe des Schädels zeigt das einheitliche Knorpelcranium der *Selachier* (Abb. 968), welches bereits eine Occipitalregion besitzt und in dieser basal von der Chorda dorsalis durchsetzt wird. Mit demselben stimmt im wesentlichen das embryonale Primordialcranium der höheren Wirbeltiere überein, denen im ausgebildeten Zustande ein knöchernes Schädelskelet zukommt. Das Knorpelcranium läßt anknüpfend an die Cyclostomen (Abb. 990) im Vorderabschnitte drei Regionen unterscheiden, die zu den drei Hauptsinnesapparaten in Beziehung stehen, die Ethmoidalregion mit der Grube zur Aufnahme des Riechorgans, die Orbitalregion mit der Augenhöhle und die Region der Gehörkapsel mit dem Laby-

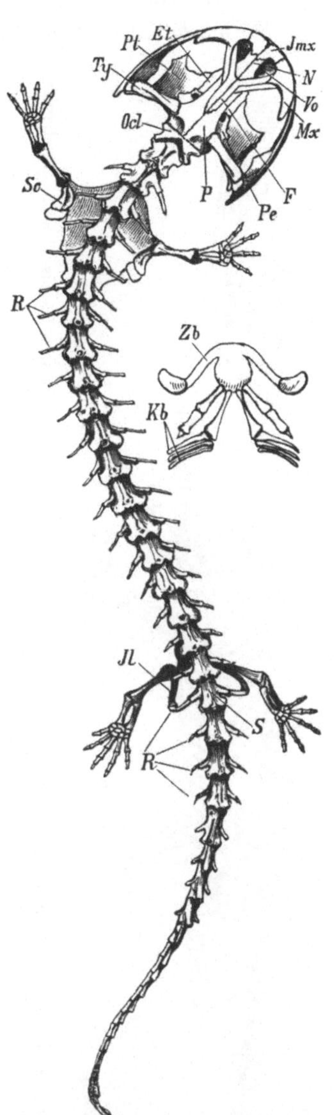

Abb. 969. Skelet von *Cryptobranchus* (*Menopoma*) *alleghaniensis. Ocl* Occipitale laterale, *P* Parietale, *F* Frontale, *Ty* Squamosum, *Pe* Prooticum, *Mx* Maxillare, *Jmx* Intermaxillare, *N* Nasale, *Vo* Vomer, *Et* Orbitosphenoideum, *Pt* Pterygoideum, *Sc* Schultergürtel, *Jl* Beckengürtel, *S* Sacralwirbel, *R* Rippen. Zungenbeinbogen (*Zb*) und Kiemenbogen (*Kb*).

rinthe; an sie schließt sich hinten die Occipitalregion an. Diese Regionengliederung kehrt beim knöchernen Schädel wieder. Die an letzterem zu unterscheidenden Knochen entstehen entweder durch Verknöcherung des Primordialknorpels bzw. vom Perichondrium aus (Ersatzknochen), oder leiten sich von der Haut entstammenden, auf die Placoidschuppen der Selachier zurückzuführenden Deckknochen her, welche sich dem Knorpelcranium anlegen und die knorpeligen Teile mehr und mehr verdrängen (Abb. 971).

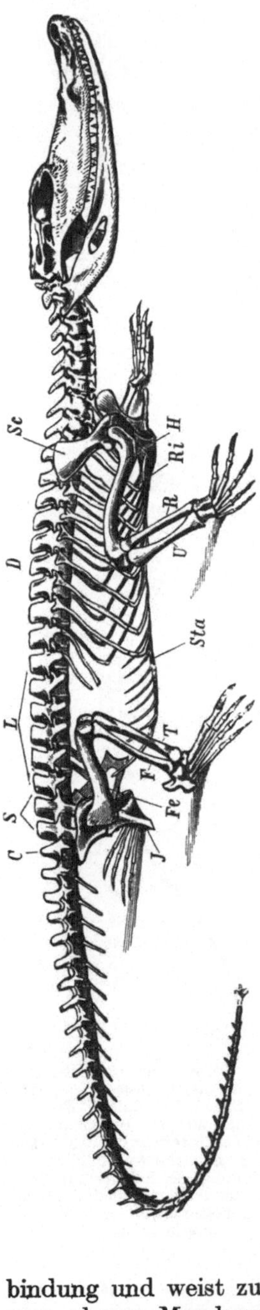

Entsprechend der Gliederung des Schädels in vier Regionen lassen sich vier Hauptgruppen von Knochen unterscheiden. In der Hinterhauptsregion liegen im Umkreise des Hinterhauptloches (Foramen occipitale magnum) basal das *Basioccipitale*, lateral die *Occipitalia lateralia*, dorsal das *Supraoccipitale*. In der Region des Labyrinths finden sich die Otica (*Prooticum*, *Opisthoticum*, *Epioticum* oder *Exoccipitale*), in der Orbitalgegend die Sphenoidalia oder Keilbeine, basal das *Basiphenoideum* und *Praesphenoideum*, lateral *Alisphenoideum* und vor demselben das *Orbitosphenoideum*; in der Ethmoidalregion das Siebbein (*Ethmoideum*), lateral davon das paarige *Ethmoideum laterale* oder *Praefrontale*. Sie alle sind Ersatzknochen. Dazu kommen Deckknochen, an der Dorsalseite das Scheitelbein (*Parietale*), Stirnbein (*Frontale*), ferner *Postfrontale* und *Squamosum*, in der Ethmoidalregion das *Nasale*; an der Ventralseite *Parasphenoideum* und *Vomer*. Durch Verschmelzung kann die Zahl der Schädelknochen eine geringere werden.

Das ventral dem Schädel angelagerte Visceralskelet umspannt den Eingang des vordersten Darmabschnittes. Es besteht aus einer Anzahl metamerer Bogen. Im Knorpelskelet, wie dauernd bei Selachiern (Abb. 968), zeigt dasselbe von vorn nach hinten zunächst Lippenknorpel, dann folgt der Kiefergaumenbogen, der sich in zwei Stücke, ein dorsales, den Oberkiefergaumenapparat (*Palatoquadratum*), und ein ventrales, den *Unterkiefer*, gliedert. Das dorsale Stück des folgenden Bogens, der Kieferstiel (*Hyomandibulare*), vermittelt die Befestigung des Kiefergaumenapparates am Schädel, der ventrale Teil stellt das Zungenbein (*Hyoideum*) vor; sodann folgen meist fünf gegliederte *Kiemenbogen* als Stütze der Kiemenspalten, die ebenso wie die Zungenbeinbogen median durch unpaare Stücke (*Copulae*) vereinigt sind.

Bei allen übrigen Vertebraten tritt der Kiefergaumenapparat mit dem Schädel in innigere Verbindung und weist zugleich Verknöcherungen auf. Das Palatoquadratum rückt vom oberen Mundrand ab, der nun von Oberkiefer (*Maxillare*) und Zwischenkiefer (*Praemaxillare* oder *Intermaxillare*) gebildet wird, die sehr wahrscheinlich

Abb. 970. Krokodilskelet. *D* Brustregion, *L* Lumbalregion, *S* Sacralregion, *Ri* Rippen, *Sc* Scapula, *H* Humerus, *R* Radius, *U* Ulna, *Sta* Sternum abdominale, *Fe* Femur, *T* Tibia, *F* Fibula, *J* Os ischii, *C* 1. Caudalwirbel.

als Deckknochen auf die oberen Lippenknorpel der Selachier zurückzuführen sind. Am Palatoquadratum tritt eine Reihe von Verknöcherungen auf, das *Quadratum*, ein Ersatzknochen, zur Einlenkung des Unterkiefers, als Deckknochen die Flügelbeine (*Pterygoidea*) und das Gaumenbein (*Palatinum*) (Abb. 971). Diese Knochenreihen bilden die obere Decke der Mundhöhle. Auch der untere ursprüngliche einfache Knorpelbogen (MECKELsche Knorpel) des Unterkiefers (*Mandibula*) wird jederseits durch eine Anzahl Knochen verdrängt (*Articulare, Angulare, Dentale* u. a.), von denen das Dentale den größten Umfang gewinnt. Von den genannten Knochenstücken sind Pterygoidea, Palatinum, Dentale ebenso die Maxillaria als Deckknochen im Zusammenhang mit Zahnbildungen entstanden. Auch Zungenbein und Kiemenbogen erweisen sich am knöchernen Skelet aus einer Anzahl von Knochenstücken aufgebaut. Dieser ganze Apparat ist

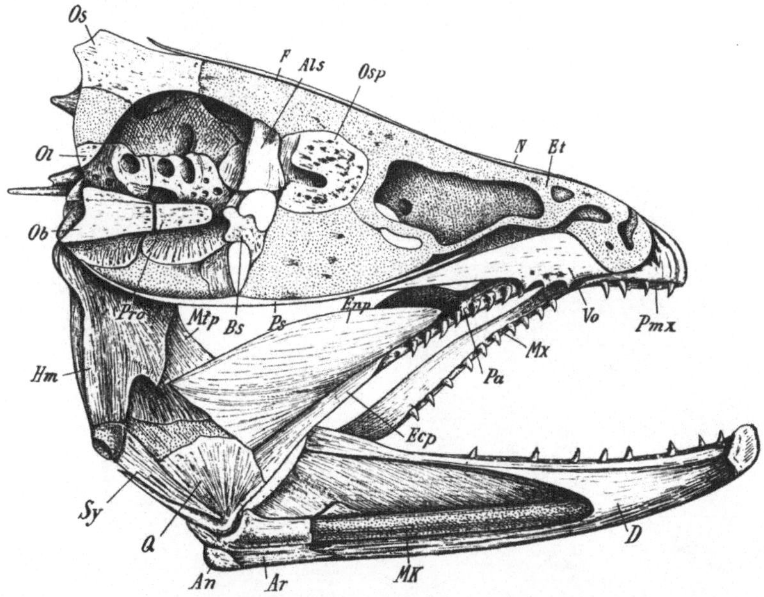

Abb. 971. Kopfskelet vom *Salmo salar* im Medianschnitt. (Nach BRUCH.) Die knorpeligen Teile punktiert. *Ob* Basioccipitale, *Ol* Occipitale laterale, *Os* Supraoccipitale, *Pro* Prooticum, *Bs* Basisphenoideum, *Als* Alisphenoideum, *Osp* Orbitosphenoideum, *F* Frontale, *Et* ethmoidaler Knorpel, *N* Supraethmoideum (Nasale), *Ps* Parasphenoideum, *Hm* Hyomandibulare, *Sy* Symplecticum, *Q* Quadratum, *Mtp* Metapterygoideum, *Ecp* Ecto-, *Enp* Entopterygoideum, *Pa* Palatinum, *Vo* Vomer, *Mx* Maxillare, *Pmx* Intermaxillare, *D* Dentale, *Ar* Articulare, *An* Angulare, *Mk* MECKELscher Knorpel (knorpelige Unterkieferanlage).

bei den durch Kiemen atmenden Wirbeltieren am vollständigsten entwickelt, verkümmert aber bei den am Lande lebenden Vertebraten bis auf geringe Reste (Zungenbein mit den beiden Hörnern, die Kehlkopfknorpel, von denen bei Säugern der vordere Teil des Schildknorpels vom 2. Kiemenbogen, der hintere Teil des Schildknorpels und die Stellknorpel vom 3. Kiemenbogen, der Ringknorpel vom letzten Kiemenbogen geliefert werden).

Im Extremitätenskelet zeigt sich die Verschiedenheit zwischen Fischflosse und pentadaktylem Fuß. An demselben unterscheidet man den *Gürtel* als Verbindungsteil mit dem Rumpfe und die freie Extremität. Der Gürtel bleibt entweder eine einfache Spange (Abb. 968) oder gliedert sich in mehrere Stücke. Der Gürtel der Vordergliedmaße, der Schultergürtel, besteht im letzteren Falle in der Regel aus drei Stücken, dem dorsalen Schulterblatt (*Scapula*) und zwei ventralen hintereinander gelegenen Bogenstücken, dem *Procoracoideum* (mit dem als Hautknochen über ihm entstandenen Schlüsselbein oder *Clavicula*) und dem *Coracoideum*; der Gürtel der Hinterextremität, der Beckengürtel, ebenfalls aus drei Elementen, dem Darmbein (*Os ilium*), welches die Verbindung mit dem Kreuzbein herstellt, dem Schambein (*Os pubis*) und dem Sitzbein (*Os ischii*), welche beide den ventralen Schluß vermitteln.

Was die freie Extremität anbelangt, so besteht das Skelet der fächerförmigen, in toto am Gürtelgelenk beweglichen Fischflosse (Ichthyopterygium), wie es sich bei *Selachiern* (Abb. 972 a) in ursprünglicher Form zeigt, aus einem Basale mit einer größeren Zahl peripheriewärts sich anschließender Seitenstrahlen. Dazu können noch weitere zwei Basalia mit Seitenstrahlen auftreten. Dann unterscheidet man an dem Selachierflossenskelet drei Abschnitte als *Metapterygium, Mesopterygium* und *Propterygium*. An die Seitenstrahlen schließen sich peripheriewärts noch von der Haut aus entstandene sogenannte Hornfäden in dem Flossensaume an.

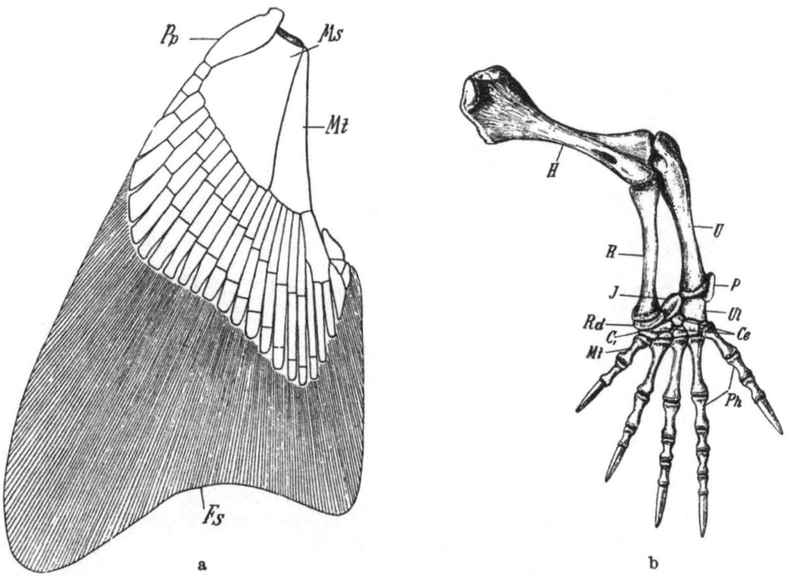

Abb. 972. a Skelet der linken Brustflosse von *Squalus acanthias*, Dorsalansicht. (Original G.) *Pp* Propterygium, *Ms* Mesopterygium, *Mt* Metapterygium, *Fs* Flossensaum mit den Hornfäden. — b Skelet der linken Vorderextremität von *Sphenodon*. (Original G.) *H* Humerus, *R* Radius, *U* Ulna, *Rd* Radiale, *J* Intermedium, *Ul* Ulnare, *P* Pisiforme, *Ce* Centralia, *C₁* erstes der fünf Carpalia, *Mt* Metacarpalia, *Ph* Phalangen.

In der Reihe der Fische zeigt das primäre Stammskelet der Extremität eine weitgehende Reduktion, während das sekundäre Hautskelet des Flossensaumes, die Flossenstrahlen, eine größere Entfaltung erfährt. Im Gegensatze zum Ichthyopterygium erscheint die pentadaktyle Extremität (Chiridium) säulenförmig entwickelt, in ihren einzelnen Abschnitten gelenkig, und weist eine geringe bestimmte Zahl von Skeletstücken auf, die allerdings infolge von Verwachsung oder Rückbildung eine Reduktion erfahren können. Am Chiridium (Abb. 972 b) unterscheidet man einen Stamm, die *Extremitätensäule*, und den reicher gegliederten Endabschnitt, die *Extremitätenspitze*. Das Skelet der Extremitätensäule wird durch lange Röhrenknochen gebildet und setzt sich aus zwei Abschnitten zusammen, aus dem Oberarm (*Humerus*), dem Oberschenkel (*Femur*) und dem Unterarm und Unterschenkel, welch letztere aus zwei nebeneinander liegenden Röhrenknochen bestehen (*Radius, Ulna—Tibia, Fibula*). Der terminale Abschnitt der Extremität, welcher sich durch eine größere Zahl von meist fünf der Länge nach nebeneinander liegenden Elementen auszeichnet, die Hand, bzw. der Fuß, besteht aus der Handwurzel (*Carpus*) und Fußwurzel (*Tarsus*), in denen eine proximale und distale Reihe von Knöchelchen sowie ein bis zwei Centralia bei voller Ausbildung zu unterscheiden sind, sodann aus der Mittelhand (*Metacarpus*) bzw. dem Mittelfuß (*Metatarsus*) und endlich aus den in *Phalangen* gegliederten Fingern und Zehen.

Das Centralnervensystem hat seine Lage in der von den dorsalen Skeletbogen gebildeten Rückenhöhle und läßt einen hinteren, längeren, strangförmigen Abschnitt (*Rückenmark*) und den vorderen vergrößerten und weiter differenzierten Abschnitt als *Gehirn* unterscheiden (Abb. 975). Hirn und Rückenmark gehen aus derselben Anlage, dem Medullarrohr hervor. Im Inneren wird das Rückenmark von einem engen Kanal (*Centralkanal*) durchsetzt, der sich in die Hohlräume des Gehirnes (Hirnhöhlen) fortsetzt (Abb. 974). Das Gehirn erscheint als Träger der geistigen Fähigkeiten und als Centralorgan der Sinneswerkzeuge, während das Rückenmark die vom Gehirn übertragenen Reize fortleitet und insbesondere die Reflexbewegungen vermittelt, indessen auch Centralherde gewisser Erregungen enthält. Die Masse des Gehirns und des Rückenmarks nimmt mit der höheren Lebensstufe fortschreitend zu, doch in ungleichem Verhältnisse, indem das Gehirn sehr bald das Rückenmark überwiegt. Die niederen Wirbeltiere besitzen ein relativ kleines Gehirn, dessen Masse von der des Rückenmarkes bedeutend übertroffen wird, die höheren Typen dagegen zeigen das umgekehrte Verhältnis um so entschiedener ausgeprägt, je mehr sich ihre Organisations- und Lebensstufe erhebt. Genetisch lassen sich überall drei primäre Hirnblasen (Abb. 973) unterscheiden, aus denen die fünf Hirnabschnitte des entwickelten Tieres (Abb. 974, 226) hervorgehen. Die vordere Hirnblase, das *Prosencephalon* (prächordaler Hirnabschnitt) gliedert sich in das Großhirn (*Telencephalon, Cerebrum*), an welchem lateral die paarigen

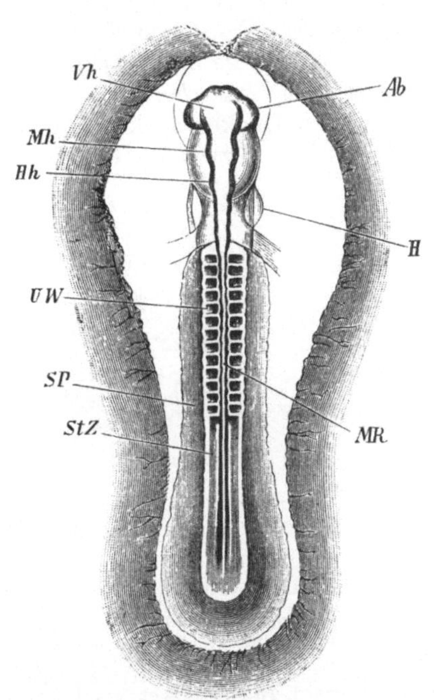

Abb. 973. Embryo des Huhnes vom Ende des zweiten Tages. (Nach KÖLLIKER.) *Vh* Vorder-, *Mh* Mittel-, *Hh* Hinterhirnblase, *Ab* Augenblasen, *MR* Medullarrohr, *UW* Urwirbel, *StZ* Urwirbelplatten (Mittelplatte), *SP* Seitenplatten des Mesoderms, *H* Herz.

Hemisphären hervortreten, deren Boden zu dem *Basalganglion* (*Corpus striatum*) verdickt ist, und in das Zwischenhirn (*Diencephalon*), dessen Seitenteil der Sehhügel (*Thalamus opticus*) bildet und das den III. Ventrikel enthält. An dem dünnwandigen Mittelteil des Großhirnes bildet sich eine schlauchförmige Ausstülpung seiner Dorsalwand, die *Paraphyse*, welche aber bei vielen Vertebraten später eine Rückbildung erfährt. Vor dem Ursprung der Paraphyse stülpt sich die dünne Dorsalwand in Verbindung mit der gefäßreichen inneren Hirnhaut in den III. Ventrikel und die beiden Ventrikel der Hemisphären hinein, einen sogenannten Plexus chorioideus bildend. Am Zwischenhirn finden sich an seiner dünnen Dorsalwand der obere Hirnanhang (*Zirbel, Corpus pineale, Epiphysis cerebri*), der bei *Petromyzon* augenartig ausgebildet ist und vor demselben bei einigen niederen Vertebraten (*Cyclostomen, Teleosteer, Sphenodon, Lacertilier*) das *Parietalorgan* (*Parapinealorgan*), das sich bei *Sphenodon* und den meisten *Lacertiliern* als rudimentäres unpaares Auge (Parietalauge) entwickelt. Ventral vertieft sich die Wand des Zwischenhirns zum *Infundibulum* mit dem unteren Hirnanhang (*Hypophysis cerebri*) (s. S. 242, Abb. 234), dessen dorsaler Teil aus dem Infundibulum hervorgeht, dessen ventraler Teil (Hypophysis im engeren Sinne) ursprünglich mit dem Geruchsorgan, wie noch bei *Cyclostomen* dauernd (Abb. 977), der Anlage nach verbunden ist, bei den übrigen Vertebraten jedoch ontogenetisch von der Anlage des Geruchsorganes getrennt, sich von der Mundbucht ableitet. Die mittlere Hirnblase wird zum *Mittelhirn* (*Mesencephalon*) oder der *Vierhügelmasse* (*Corpora quadrigemina*), während die hintere Hirnblase wieder zwei Abschnitte, das *Hinterhirn* (*Metencephalon*) oder *Kleinhirn* (*Cerebellum*) und das *Nachhirn* (*Myelencephalon*) oder *verlängerte Mark* (*Medulla oblongata*) mit der *Rautengrube* (*Fossa rhomboidalis*) liefert, deren dorsale Bedeckung durch ein dünnes Epithel gebildet wird, das in Verbindung mit der gefäßreichen inneren Hirnhaut die *Tela chorioidea ventriculi quarti* vorstellt.

Aus dem Rückenmark entspringen paarige Nerven (Abb. 224, 229) in der Weise, daß zwischen je zwei Wirbeln in metamerer Anordnung ein Nervenpaar (*Spinal-*

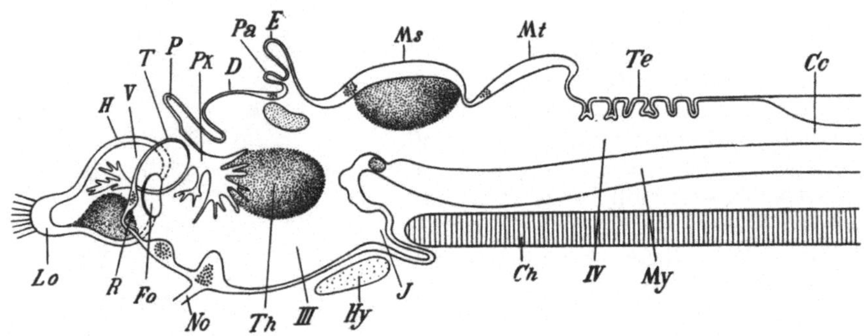

Abb. 974. Schema des Vertebratenhirns im Sagittalschnitt mit rechter Hemisphäre. (Nach BÜTSCHLI.) *Cc* Canalis centralis des Rückenmarkes, *Ch* Chorda dorsalis, *D* Diencephalon, *E* Epiphysis, *Fo* Kommunikation des dritten Ventrikels mit dem Ventrikel der Hemisphäre (Foramen Monroi), *H* Hemisphäre des Telencephalons, *Hy* Hypophysis, *J* Infundibulum, *Lo* Lobus olfactorius, *Ms* Mesencephalon, *Mt* Metencephalon, *My* Myelencephalon (Medulla oblongata), *No* Nervus opticus, *P* Paraphysis, *Pa* Parietalorgan, *Px* Plexus chorioideus ventriculi tertii, *R* Recessus neuroporicus (die Verschlußstelle des Neuroporus bezeichnend), *T* Telencephalon, *Te* Tela chorioidea ventriculi quarti, *Th* Thalamus opticus, *V* Ventrikel der Hemisphäre (Ventriculus lateralis), *III* dritter, *IV* vierter Ventrikel.

nerven) mit einer ventralen motorischen und einer dorsalen vorwiegend sensiblen Wurzel hervortritt. Im Verlaufe der dorsalen Wurzel findet sich ein *Spinalganglion*. Beide Wurzeln vereinigen sich zu einem Nervenstamme, der sich in einen gemischtnervigen dorsalen und ventralen sowie in einen von letzterem abgehenden Visceralast spaltet, welcher zum sympathischen Nervensystem sich verbindet. Nur bei *Petromyzon* bleiben die beiden aus dem Rückenmark entspringenden Wurzeln getrennt. Die zu den Extremitäten tretenden Spinalnerven bilden Geflechte (Plexus); entsprechend dem Austritt dieser stärkeren Nerven zeigt das Rückenmark häufig Anschwellungen.

Was die vom Gehirn entspringenden Nerven betrifft, so unterscheidet man im allgemeinen zwölf Hirnnerven in der Reihenfolge von vorn nach hinten: *Olfactorius, Opticus, Oculomotorius, Trochlearis, Trigeminus, Abducens, Facialis, Acusticus, Glossopharyngeus, Vagus, Accessorius Willisii* und *Hypoglossus. Olfactorius* und *Opticus* stehen den übrigen Hirnnerven insofern gegenüber, als sie Vorstülpungen des Gehirns vorstellen, während die übrigen Hirnnerven auf Spinalnerven zurückzuführen sind. Von den spinalen Hirnnerven bilden neben den Augenmuskelnerven (Oculomotorius, Trochlearis, Abducens) der Facialis und Acusticus mit dem

Trigeminus eine Gruppe (Trigeminusgruppe), während eine zweite Gruppe (Vagus-gruppe) den Vagus, Glossopharyngeus und Accessorius Willisii umfaßt, zu der bei den Amnioten der Hypoglossus als Hirnnerv hinzukommt. Diese Zusammenfassung beruht auf einer gewissen Zusammengehörigkeit der betreffenden Nerven, die sich zuweilen auch in gemeinsamen Ursprüngen erweist.

Außer dem cerebrospinalen Nervensystem unterscheidet man ein gesondertes Eingeweidenervensystem (*Sympathicus*). Es besteht aus einer Reihe von Ganglien, welche zu beiden Seiten der Wirbelsäule gelegen, mit den Spinalnerven und den spinalnervenartigen Hirnnerven durch *Rami communicantes* zusammenhängen und mit Ausnahme der *Cyclostomen* und *Elasmobranchier* auch untereinander durch Längscommissuren verbunden sind (Abb. 229). Sie bilden im letzteren Falle den sogenannten Grenzstrang des Sympathicus (*Truncus sympathicus*). Die Ganglien entsenden Nerven nach den Eingeweiden (Abb. 230), an denen reiche Geflechte mit eingeschobenen Ganglien gebildet werden.

Die Sinnesorgane schließen sich nach ihrer Lage in folgender Reihenfolge an. Zuerst das *Geruchsorgan* als paarige (bei *Cyclostomen* unpaar angelegte, aber später sich paarig entwickelnde), vor oder oberhalb des Mundes gelegene Sinnesgruben, welche in Vertiefungen, die Nasenhöhlen, zu liegen kommen, die bei den mittels Lungen atmenden Vertebraten durch hintere Öffnungen (Choanen) mit der Mundhöhle kommunizieren und zugleich zur Ein- und Ausleitung des Luftstromes in die Lungen dienen. Bei den durch Kiemen atmenden Wasserbewohnern dagegen ist die Nasenhöhle mit seltenen Ausnahmen (*Myxinoiden*) hinten geschlossen. Der Olfactorius entspringt jederseits am Vorderhirn meist in Form eines besonderen *Lobus olfactorius*. Eine ventral von der Nasenhöhle sich abkammernde und schließlich in die Mundhöhle mündende Nebennasenhöhle (JACOBSON*sches Organ*) (Abb. 186) findet sich bei Amphibien, den meisten Reptilien und den Säugetieren vor. Als zweites Hauptsinnesorgan folgen sodann die paarigen Augen, die nach dem Typus des inversen Blasenauges aufgebaut sind (vgl. S. 205, Abb. 201). Die beiden Sehnerven bilden eine Überkreuzung (*Chiasma*); ihr Ursprung liegt im Zwischen- und Mittelhirn. Der Augenbulbus kann bei allen Vertebraten durch einen aus sechs Muskeln gebildeten Muskelapparat bewegt werden. Dazu tritt von den Amphibien an ein Retractor bulbi; er fehlt den Schlangen und den Primaten. Ganz allgemein tritt ein statisches Organ auf, von dem aus sich bei am Lande lebenden Formen das Gehörorgan entwickelt. Es erscheint als kompliziert gestaltete Stato- bzw. Otocyste (sogenanntes *häutiges Labyrinth*) (vgl. S. 188 u. ff., Abb. 177) und gehört durch den Ursprung seines (auf die sensible Wurzel eines spinalnervenartigen Hirnnerven zurückführbaren) Nerven dem Nachhirne an. Die Geschmacksorgane liegen als Sinnesknospen (Schmeckbecher) (Abb. 188) in der Mundhöhle und werden von einem

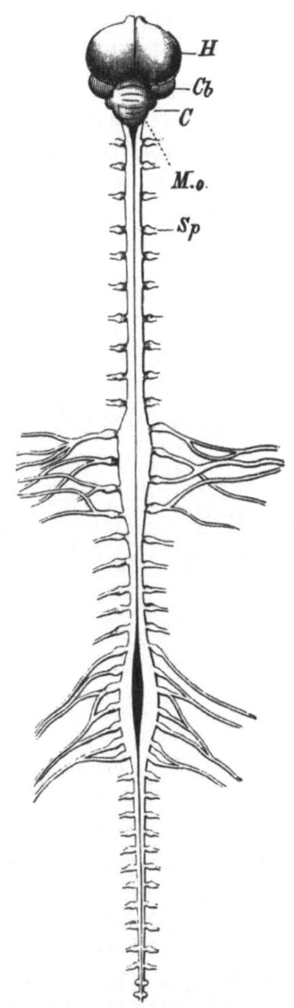

Abb. 975. Hirn und Rückenmark einer Taube. *H* Großhirn, *Cb* Vierhügel, *C* Cerebellum oder Kleinhirn, *Mo* Medulla oblongata, *Sp* Spinalnerven.

spinalnervenartigen Hirnnerven, *Glossopharyngeus*, versorgt. Als Tastorgane treten
über die Haut verbreitet verschieden entwickelte Tast- und Kolbenkörperchen
auf, die von Spinalnerven versorgt werden; zu den Tastorganen gehören auch die
Sinnesknospen der im Wasser lebenden Vertebraten (vgl. S. 183, 186, Abb. 170
bis 173, 175).

Die Bewegung des Körpers erfolgt durch die Seitenrumpfmuskulatur, die wie
bei den Acraniern eine axiale und metamerische ist und sich aus der dem Achsenskelete anliegenden Wand des Urwirbels entwickelt (Abb. 963). Die Extremi-
tätenmuskeln sind Derivate der Seitenrumpfmuskulatur. Die Urwirbelhöhle
(*Myocöl*) schwindet.

Das *Splanchnocöl* trennt sich zunächst in einen Pericardialraum, in dem das
Herz liegt, und eine größere hintere Pleuroperitonealhöhle; nur bei den *Myxinoiden, Elasmobranchiern* und Stören steht der Pericardialraum mit der Pleuroperitonealhöhle in Communication. Bei den *Säugern* trennen sich überdies die vorderen Teile der Pleuroperitonealhöhle, welche die Lunge enthalten, mit der Ausbildung des Zwerchfells (*Diaphragma*) als *Pleuralräume* von dem hinteren,
die übrigen Eingeweide enthaltenden Peritonealraum ab. Die Pleuroperitonealhöhle steht bei *Cyclostomen*, manchen Fischen und bei Krokodilen durch besondere
Poren (*Pori abdominales*) hinten mit der Außenwelt in Communication.

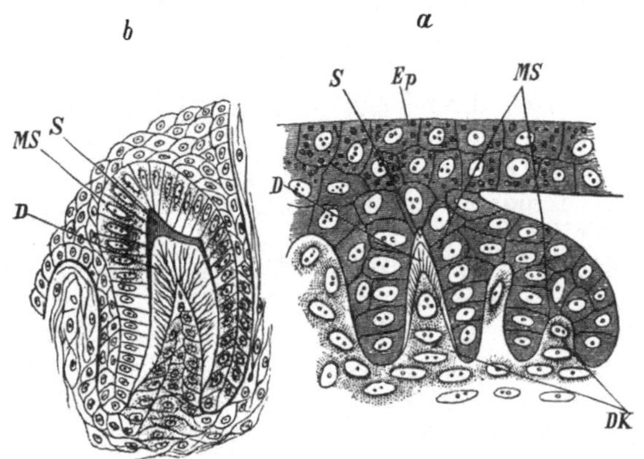

Abb. 976. Die Entwicklung des Zahnes von *Molge* (*Triton*). (Nach
O. HERTWIG.) a Die ersten Stadien der Zahnentwicklung, rechts
die erste Anlage, b späteres Entwicklungsstadium. *DK* Dentinkeim
(Cutispapille), *MS* Schmelzorgan (Epithelscheide), *D* Dentin,
S Schmelz, *Ep* Mundhöhlenepithel.

Der Darmkanal stellt sich
als ein Rohr dar, welches am
Vorderende etwas ventral
am Kopfe mit der Mundöff-
nung beginnt und an der
Basis der Schwanzregion
ebenfalls bauchständig durch
den After nach außen mündet. In der Regel übertrifft der Darmkanal die
Länge vom Mund zum After sehr bedeutend und bildet daher mehr oder minder
zahlreiche Windungen. In seinem Verlaufe innerhalb der Cölomhöhle erscheint
er mittels eines unterhalb der Wirbelsäule entspringenden Mesenteriums
suspendiert. Die Mundöffnung führt in die Mundhöhle, an deren Boden sich
die Zunge erhebt. Die Mundhöhle wird von den als Oberkiefergaumenapparat
und Unterkiefer bekannten Skeletbogen begrenzt, von denen der Unterkiefer
stets kräftige Bewegungen gestattet, während die Teile des Oberkiefergaumenapparates mehr oder minder fest untereinander und mit dem Schädel verbunden sind. Gewöhnlich sind die .Kiefer mit Zähnen bewaffnet, die als von
einem dünnen Schmelzoberhäutchen oder von verkalktem Schmelz, einer Epidermoidalbildung, überkleidete verknöcherte Cutispapillen (Dentin) der Mund-
schleimhaut sich als Homologa der Placoidschuppen erweisen (Abb. 976). Während bei den niederen Vertebraten Zähne an allen die Mundhöhle begrenzenden
Knochen auftreten können und das ganze Leben hindurch ein steter Zahnersatz
stattfindet, sind bei den Säugetieren die Zähne auf Ober- und Unterkiefer und
einen einmaligen Wechsel beschränkt. Nicht selten fallen die Zähne vollkommen
hinweg; sie sind dann durch eine hornige Umkleidung der scharfen Kieferränder

(Schnabel bei Vögeln, Schildkröten) oder andere Hornbildungen (Barten der Wale, Hornplatten) ersetzt. Der auf die Mundhöhle folgende erste Darmabschnitt gliedert sich in den *Pharynx*, welcher bei den im Wasser lebenden Vertebraten als Kiemendarm fungiert, die Speiseröhre und den Magen, der aber in einigen Fällen fehlt. Nun folgt der Dünndarm, dessen Anfangsstück (*Duodenum*) durch die Einmündung von Pancreas und Leber bezeichnet wird; er zeichnet sich nicht bloß durch seine bedeutende Länge aus, indem gerade dieser Abschnitt in Windungen zusammengelegt ist, sondern auch durch das Auftreten von inneren Falten und Zöttchen, welche die resorbierende Oberfläche bedeutend vergrößern. Der Endabschnitt, Enddarm, hebt sich meist durch Weite und kräftige Muskulatur ab und kann in Dickdarm (*Colon*) und Mastdarm (*Rectum*) gegliedert sein.

Von Anhangsdrüsen finden sich die in die Mundhöhle einmündenden *Speicheldrüsen*, welche jedoch bei vielen Wassertieren verkümmern, bzw. ganz hinwegfallen, ferner am Anfange des Dünndarmes *Pancreas* und *Leber*. Genetisch ist zu den Anhangsdrüsen des Darmes auch die *Schilddrüse* (*Thyreoidea*) und das *Bries*

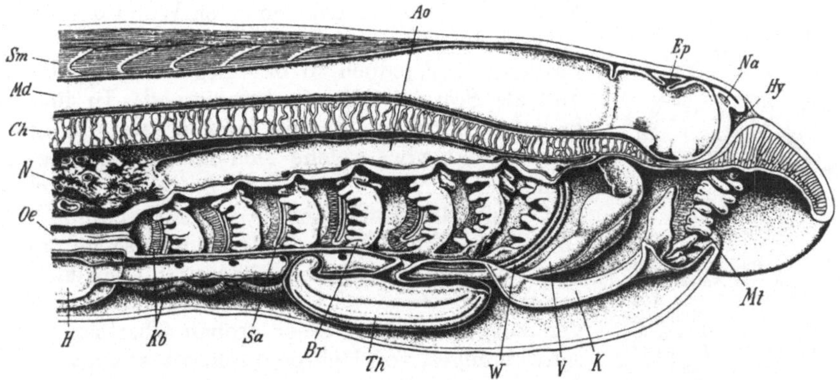

Abb. 977. Medianschnitt durch den Vorderkörper eines jungen Querders (*Ammocoetes*). (Nach DOHRN.) *Mt* Mundtentakel, *V* Velum, *K* Kiel der Unterlippe, *W* Pseudobranchialrinne, *Th* Thyreoidea, *Br* Kiemen, *Sa* äußere Kiemenöffnung, *Kb* Kiemenbogenknorpel, *H* Herz, *Oe* Oesophagus, *N* Kopfniere (Vorniere), *Ch* Chorda, *Md* Medullarrohr, *Sm* Seitenrumpfmuskeln, *Ao* Aorta descendens, *Ep* Epiphysis des Gehirns, *Na* Geruchsorgan, *Hy* Hypophysis cerebri.

(*Thymus*) zu rechnen, welche bei den ausgewachsenen Vertebraten Drüsen ohne Ausführungsgang (Incretdrüsen) vorstellen und in der Gegend des Kiemendarmes oder weiter hinter ihm ihre Lage haben. Die Thyreoidea entwickelt sich aus einer medianen ventralen Rinne des Kiemendarmes (Abb. 233, 977); sie ist ein Homologon des Endostyls der Tunicaten und der Hypobranchialfurche von *Branchiostoma*. Die Thymus wird stets paarig angelegt und entsteht aus den dorsalen, bei Säugern ventralen Teilen des Kiemenspaltenepithels. Bei erwachsenen Tieren erleidet die Thymus eine verschieden weitgehende Rückbildung. Aus dem Epithel des Kiemendarmes hervorgegangene incretorische drüsige Organe sind ferner die *Epithelkörperchen* (*Glandulae parathyreoideae*), die nur bei Fischen vermißt werden; sowie die *Suprapericardialkörper* (*ultimobranchialen Körper*), Organe unbekannter Funktion, die aus der hinteren Pharynxwand entstehen, bei den Elasmobranchiern auf der Dorsalwand des Pericardiums liegen, bei den übrigen Vertebraten Bläschen in der Halsgegend bilden, den Cyclostomen und Teleostomiern aber fehlen (s. auch S. 241—242).

Besondere Respirationsorgane finden sich überall vor, und zwar *Kiemen* oder *Lungen*. Die Kiemen entwickeln sich meist als lanzettförmige Blättchen an hinter dem Kieferbogen folgenden, von Visceralbogen gestützten *Kiemenspalten*, welche vom Pharynx nach außen führen und von denen bei Fischen 5—7 jederseits auftreten (Abb. 977). Von der äußeren Seite her werden die Kiemenspalten oft von einer Hautduplicatur (Kiemendeckel) überragt, an dessen unterem oder hinterem Rande ein Spalt zum Ausfließen des Atemwassers aus dem Kiemenraum freibleibt. Indessen können die Kiemen auch als verästelte Anhänge frei hervorragen (*Amphibien*). Mit dem Übergang zum Landleben tritt eine allmähliche Reduktion der Kiemenspalten und ein Ausfall der Kiemen ein. Bei den *Amphibien*, welche zeitlebens oder wenigstens in der Jugend im Wasser leben, sind Kiemenspalten und Kiemen, wenn auch zuweilen der Zahl und Dauer nach reduziert erhalten, ausgebildet. Bei den *Reptilien*, *Vögeln* und *Säugern*, welche Landtiere sind, treten die Kiemenspalten, jedoch ohne mehr Kiemen zu entwickeln und ohne stets nach außen durchzubrechen, nur im Embryonalleben und als reduzierte Gebilde (Abb. 978) auf, die später bis auf die vorderste, zum Gehörapparat in Beziehung getretene Spritzlochspalte, aus der die Paukenhöhle und Tuba auditiva (Eustachii) hervorgehen, vollständig schwinden. Die in der ganzen Wirbeltierreihe zu verfolgende Reduction des Kiemenapparates erfolgt von hinten her. Die Lungen sind

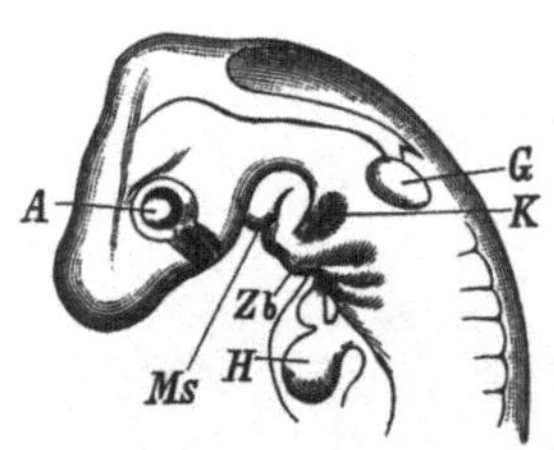

Abb. 978. Kopf und Vorderkörper eines Embryos von *Emys orbicularis*. (Nach RATHKE.) *A* Auge, *G* Gehörbläschen, *Ms* Mund, von Unter- und Oberkiefer begrenzt, *Zb* Zungenbeinbogen, *K* die erste, zwischen letzterem und dem Unterkieferbogen gelegene, zum Gehörgang werdende Kiemenspalte; auf dieselbe folgen drei weitere Spalten, *H* Herz.

Säcke, die sich aus der ventralen Wand des Pharynx entwickeln. Ein gleichwertiges Organ findet sich bei Fischen, hier jedoch in der Regel in dorsaler Lage und als *Schwimmblase* funktionierend. In ihrer einfachsten Form stellen die Lungen zwei mit Luft gefüllte Säcke vor, welche sich mittels eines gemeinsamen klaffenden Luftganges (Luftröhre, *Trachea*) in der Tiefe der Rachenhöhle in den Schlund öffnen (Abb. 130). Die Wandung der Lungensäcke trägt die respiratorischen Capillargefäße und erscheint meist infolge auftretender Falten und sekundärer Erhebungen zur Herstellung einer großen Oberfläche als ein schwammiges, von Röhren durchsetztes Organ. Beide Lungen erstrecken sich oft tief in die Pleuroperitonealhöhle hinein, bleiben aber bei den höheren Vertebraten auf den vorderen Abschnitt derselben beschränkt, welcher als Brusthöhle durch eine Querscheidewand (Zwerchfell) von dem hinteren Abschnitte (Bauchhöhle) mehr oder minder vollständig abgegrenzt sein kann. Am Eingange der in die Lungen führenden Luftwege verbindet sich mit dem Respirationsorgane das *Stimmorgan*, zu dessen Bildung meist der obere Abschnitt der Luftröhre als Kehlkopf (*Larynx*) umgestaltet ist. Auch Hautatmung (*Perspiratio*) kommt bei einigen Wirbeltieren vor; sie ist bei *Amphibien* von hervorragender Bedeutung.

Die Wirbeltiere besitzen ein geschlossenes Blutgefäßsystem, indem Arterien und Venen durch Capillarnetze in den Organen direkt ineinander übergehen. Überdies kommt ein Lymphgefäßsystem vor, das in den Lücken der primären Leibeshöhle wurzelt und in das Venensystem einmündet (Abb. 142). Sekundär wird auch die Cölomhöhle (Brust-, Bauchhöhle) durch Ausbildung von Öffnungen (Stomata) in das Lymphgefäßsystem einbezogen. Mit dieser Komplikation des Gefäßsystems hängt die Trennung des roten Gefäßblutes von der farblosen Lymphe zusammen. Die rote Farbe des Blutes ist an die Blutkörperchen (Erythrocyten) gebunden (S. 112, Abb. 100), außerdem kommen im Blute die aus der Lymphe stammenden Lymphocyten (Leucocyten, Lymphkörperchen) sowie die in neuerer Zeit unterschiedenen Thrombocyten (Blutplättchen) vor. Stets ist ein Herz ausgebildet. Es liegt ventral in einem besonderen Abschnitte des Cöloms (Pericardialraum), der vom übrigen Rumpfcölom durch eine Scheidewand getrennt ist; bei den *Myxinoiden, Elasmobranchiern* und Stören bleibt aber zwischen Pericardialraum und Pleuroperitonealhöhle zeitlebens eine Kommunikation. Das Herz liegt ursprünglich hoch oben hinter dem Kopfe (Fische), rückt aber bei den übrigen Wirbeltieren weiter nach hinten.

Die ursprünglichsten, mit den embryonalen Zuständen der höheren Vertebraten übereinstimmenden Verhältnisse zeigt das Blutgefäßsystem der Fische (Abb. 141). Das Herz ist hier einfach, s-förmig gekrümmt und besteht aus einem Ventrikel und einem Atrium mit Klappen am Ostium atrioventriculare. Bei einer Anzahl von Fischen (*Selachier, Ganoiden, Dipnoër*) schließt sich an die Herzkammer ein besonderer Herzabschnitt mit 2—8 Reihen halbmondförmiger Klappen, der *Bulbus cordis* oder *Conus arteriosus*, an. Bei Knochenfischen ist er rückgebildet. Aus der Herzkammer entspringt ein Arterienstamm (*Truncus arteriosus, Aorta ascendens*), der sich in die den Kiemendarm umgreifenden Aortenbogen teilt, von denen ursprünglich in der Regel 6, später 5—4 bei Fischen vorhanden sind. Sie lösen sich im Capillarsystem der Kiemen auf und finden ihre Fortsetzung in rückführenden Gefäßen, die sich dorsal vom Kiemendarm jederseits zu einem Längsstamm (Aortenwurzel) vereinigen, aus deren Verschmelzung die durch den ganzen Körper ziehende *Aorta descendens* hervorgeht, von der aus dorsal segmentale Arterien für die Leibeswand sowie ventral die Gefäße für die Eingeweide abgehen. Die Kopfarterien (*Carotiden*) entspringen vom ersten Aortenbogen. Das Venensystem besteht aus paarigen Venenstämmen, den vorderen und hinteren Cardinalvenen (*Venae cardinales anteriores* und *posteriores*), von denen die vorderen zu den *Venae jugulares* werden und das Blut vom Kopfe zurückführen, während die hinteren Cardialvenen das Blut aus der Rumpfwand und einem Teile der Eingeweide sammeln. Vordere und hintere Cardinalvenen einer Seite münden durch einen gemeinsamen Stamm (*Ductus Cuvieri*) in den zum Atrium führenden *Sinus venosus*. Das vom Darmkanal zurückkehrende Blut gelangt durch eine große Vene, die Pfortader (*Vena portae*), in die Leber, zerfällt innerhalb derselben in ein Capillarsystem (Leberpfortaderkreislauf), aus welchem eine oder mehrere Lebervenen (*Venae hepaticae*) das Blut in den Sinus venosus führen. Das aus dem Schwanzabschnitte des Körpers zurückkehrende Blut wird durch die (aus dem Schwanzabschnitte der Vena subintestinalis hervorgegangene) Caudalvene (*Vena caudalis*) aufgenommen. Letztere zerfällt innerhalb der Nieren zu einem Capillarsystem (Nierenpfortaderkreislauf), aus welchem durch *Venae revehentes* das Blut in die hinteren Cardinalvenen gelangt.

Mit dem Auftreten der Lungenatmung neben oder an Stelle der Atmung durch Kiemen erfolgt eine Teilung des Herzens durch Entwicklung einer Scheidewand und die Ausbildung eines besonderen Lungenkreislaufes (kleiner Kreislauf) neben dem Körperkreislauf (großer Kreislauf). Die Teilung ist entweder unvollkommen und betrifft zunächst den Vorhof (*Dipnoi, Amphibien*) oder auch teilweise die Kammer (die meisten *Reptilien*); oder sie ist vollkommen (*Krokodile, Vögel, Säugetiere*), so daß nunmehr das Herz aus zwei Kammern und zwei Vorhöfen besteht. Ein Bulbus cordis findet sich noch bei *Amphibien* vor, ist dagegen bei *Reptilien, Vögeln* und *Säugetieren* in den Ventrikel einbezogen. Mit der Teilung des Herzens tritt auch eine unvollkommene oder vollständige Teilung des von der Herzkammer entspringenden Truncus arteriosus in einzelne Gefäße ein (Abb. 979).

Von den embryonal in der 6-Zahl vom Truncus arteriosus entspringenden Aortenbogen bilden sich bei den *Amphibien, Reptilien, Vögeln* und *Säugetieren* die zwei vordersten stets vollkommen zurück (Abb. 979). Die vier hinteren bleiben meist nicht alle, auch nicht mehr in gleicher Stärke erhalten, indem vornehmlich der zweite der vier hinteren Bogen zur Wurzel der Aorta descendens wird. Der vorhergehende Aortenbogen entsendet die *Carotis*, der dritte kann reduziert erhalten bleiben (*Salamandra*) oder ausfallen, der letzte entsendet die *Arteria pulmonalis*. Letztere wird zur Hauptbahn, während die ursprüngliche Verbindung zur Aorta zu einer Nebenbahn (*Ductus arteriosus Botalli*) herabsinkt (z. B. *Salamandra*). In gleicher Weise verhält sich zuweilen der die Carotis entsendende 1. Bogen. Die Verhältnisse, wie sie *Salamandra* zeigt, führen zu jenen der übrigen Vertebraten. Bei diesen erfährt der vorletzte Aortenbogen eine vollständige Rückbildung, die Aortenwurzeln gehen beiderseits aus dem 2. Bogen hervor (*Reptilien*), selten (*Lacerta*) ist auch der erste erhalten, der *Ductus Botalli* der

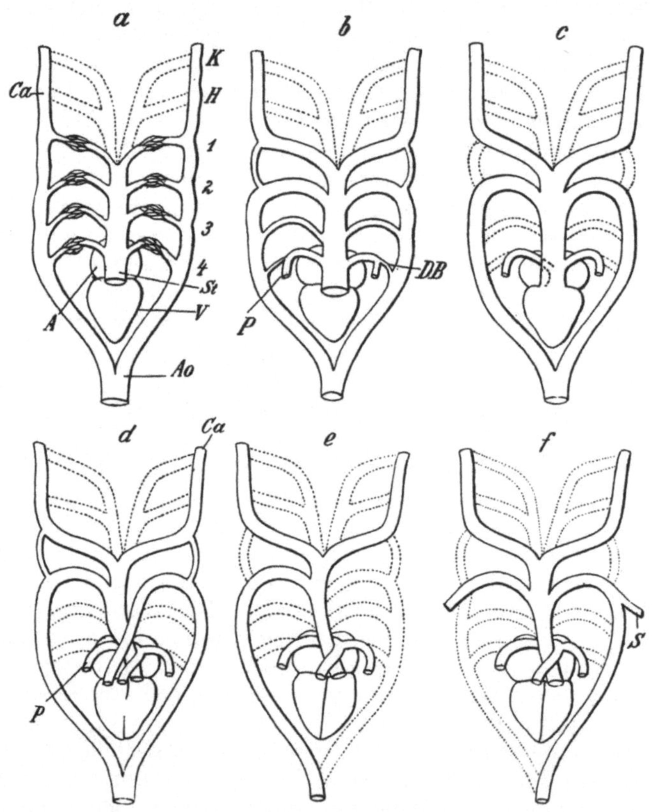

Abb. 979. Schemen der Arterienbogen mit dem Herzen: a vom Fisch, b von einem urodelen Amphibium, c vom Frosch, d von der Eidechse, e vom Vogel, f vom Säugetier. Die zugrunde gegangenen Gefäßabschnitte, in c auch das Septum im Arterienstamm punktiert dargestellt. (Nach BOAS, ergänzt und teilweise verändert.) *V* Herzkammer, *A* Vorkammer, *St* Arterienstamm, *K*, *H* die beiden ersten rückgebildeten embryonalen Aortenbogen, *1, 2, 3, 4* die vier hinteren Aortenbogen, *Ao* Aorta descendens, *Ca* Carotis, *P* Arteria pulmonalis, *DB* Ductus Botalli, *S* Arteria subclavia.

Arteria pulmonalis fehlt; bei *Vögeln* ist bloß einseitig der rechte, bei *Säugern* der linke 2. Aortenbogen zur Aortenwurzel entwickelt. Die übrigen erhaltenen Teile der Aortenbogen sind in allen Fällen zu den Stämmen der Nebenbahnen geworden. Zugleich mit diesen Differenzierungen des Aortensystems kommt es im Truncus arteriosus zu einer Scheidung der zur Lunge führenden Gefäßbahn, welche dann getrennt in der rechten Herzkammer entspringt und venöses Blut aus derselben empfängt, und den übrigen arteriellen Bahnen.

Was das Venensystem der übrigen Vertebraten betrifft, so findet sich ganz allgemein ein großer unpaarer Venenstamm, die untere Hohlvene (*Vena cava poste-*

rior) (Abb. 981), die unter den Fischen schon den *Dipnoi* und *Polypterus* zukommt. Sie entsteht als neue Vene von der Vena hepatica (oberster Teil der V. subintestinalis) aus, während ihr hinterer Abschnitt aus der Verschmelzung der hintersten Teile der Cardinales posteriores hervorgeht. Sie wird zur Hauptvene für den ganzen Hinterkörper. Damit im Zusammenhang wird das System der hinteren Cardinalvenen in verschiedenem Grade zu schwachen Venen rückgebildet; aus den vorderen Cardinalvenen gehen die Jugularvenen hervor. Die Fortsetzungen der Jugularvenen nebst dem Ductus Cuvieri werden nach Aufnahme der von den Vordergliedmaßen kommenden Vena subclavia als obere Hohlvenen (*Venae cavae superiores*) unterschieden. Bei den Säugetieren (Abb. 980) erscheinen die hinteren Cardinalvenen nur als Zweige der oberen Hohlvenen; bei vielen *monodelphen* Säugern wird nun das Blut der linken oberen Hohlvene durch eine Queranastomose in die rechte übergeführt, welche allein als obere Hohlvene persistiert, während die linke eine sehr bedeutende Reduktion erfährt und im Extrem, wenn nämlich auch

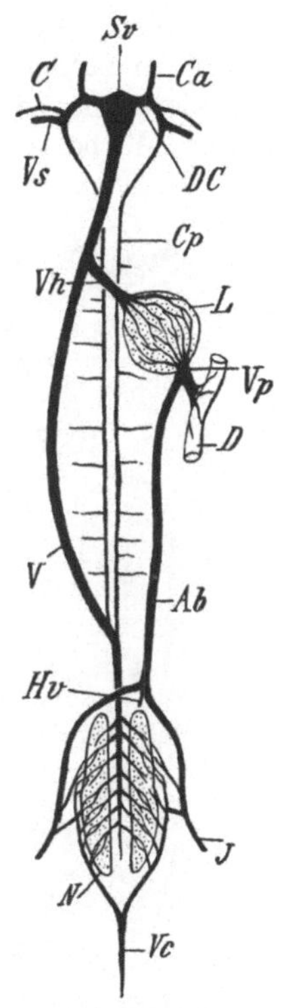

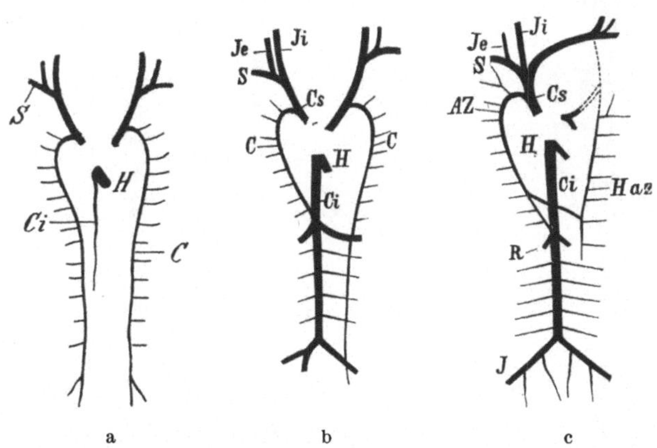

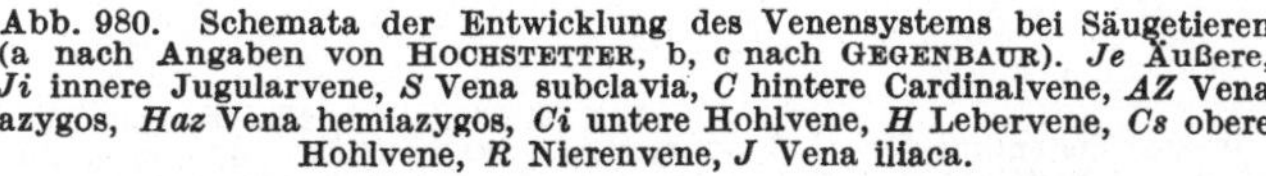

Abb. 980. Schemata der Entwicklung des Venensystems bei Säugetieren (a nach Angaben von HOCHSTETTER, b, c nach GEGENBAUR). *Je* Äußere, *Ji* innere Jugularvene, *S* Vena subclavia, *C* hintere Cardinalvene, *AZ* Vena azygos, *Haz* Vena hemiazygos, *Ci* untere Hohlvene, *H* Lebervene, *Cs* obere Hohlvene, *R* Nierenvene, *J* Vena iliaca.

Abb. 981. Venensystem von *Salamandra maculosa* (schematisch) (nach Angaben und Abbildungen von HOCHSTETTER). *Sv* Sinus venosus, *DC* Ductus Cuvieri, *Ca* vordere Cardinalvene, *Vs* Vena subclavia, *C* Vena cutanea *Cp* hintere Cardinalvene, *V* untere Hohlvene, *Vc* Vena caudalis, *J* Vena iliaca, *Hv* Harnblasenvene, *Ab* Vena abdominalis, *Vp* Pfortader, *Vh* Vena hepatica, *N* Niere, *L* Leber, *D* Darm.

das Blut der linken hinteren Cardinalvene (*V. hemiazygos*) durch einen Quergang in die rechte hintere Cardinalvene (*V. azygos*) geleitet wird, zum Sinus der Kranzvene des Herzens (*Sinus coronarius cordis*) rückgebildet erscheint. Außerdem entwickeln sich besondere Lungenvenen (*Venae pulmonales*), die in den linken Vorhof einmünden.

Während ein Leberpfortaderkreislauf bei allen Wirbeltieren wiederkehrt, fehlt das Nierenpfortadersystem den Säugetieren. Endlich ist noch eine an der Bauchwand zur Leber verlaufende Vene (*Vena abdominalis* oder *epigastrica*) zu erwähnen, welche bei Amphibien und Reptilien, auch Vögeln, vorkommt und Blut aus den hinteren Extremitäten, der Cloake, der Harnblase und der Bauchwand empfängt. Ihr entspricht die *Vena umbilicalis* der Säugerembryonen.

Das im ganzen Körper verbreitete Lymphgefäßsystem, dessen am Darm entspringende Gefäße auch als Chylusgefäße bezeichnet werden, weist einen subvertebralen Lymphsinus auf, der bei den höheren Vertebraten zu einem der Wirbelsäule entlang verlaufenden gesonderten Hauptstamm (*Ductus thoracicus*) wird (Abb. 142). Das Lymphgefäßsystem mündet in das Venensystem, zuweilen unter Vermittlung von *Lymphherzen* (Abb. 982). Letztere fehlen bei den Säugetieren. Im Verlaufe der Lymphgefäße finden sich drüsenartige Bildungen, die *Lymphdrüsen*, die Ursprungsstätten der Lymphkörper. Den Lymphdrüsen schließt sich die *Milz* (*Lien*) an; sie ist jedoch in das Blutgefäßsystem eingeschaltet. Zu den lymphatischen Organen ist auch das *Bries* (*Thymus*) zu zählen.

Die Nieren liegen als paarige Organe unterhalb der Wirbelsäule, retroperitoneal, und

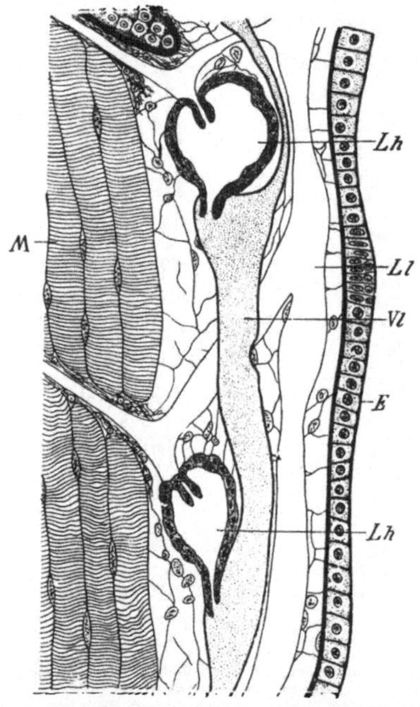

Abb. 982. Zwei Lymphherzen (*Lh*) in der Seitenlinie der Larve von *Salamandra maculosa*. Schnittbild. (Nach HOYER und UDZIELA.) *E* Hautepithel, *Lh* lateraler Lymphgefäßstamm, *M* Rumpfmuskulatur, *Vl* Lateralvene.

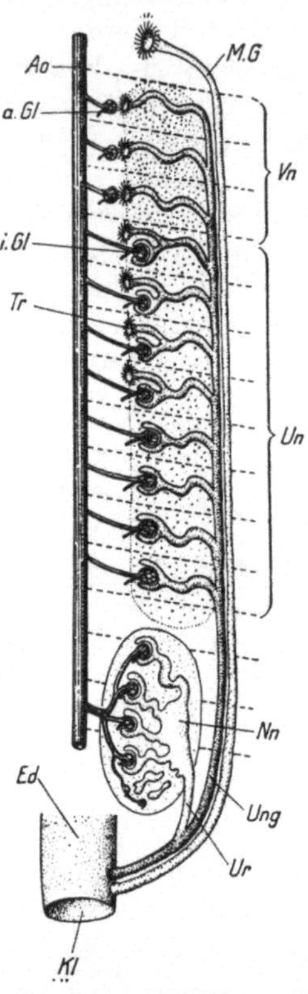

Abb. 983. Schema der Nierenorgane der Wirbeltiere. (Nach KÜHN.) *Ao* Aorta, *Ed* Enddarm, *a.Gl* äußerer, *i.Gl* innerer Glomerulus, *Kl* Kloake, *M.G* MÜLLERscher Gang, *Nn* Nachniere, *Tr* Trichter der Vornieren- und Urnierenkanälchen, *Un* Urniere, *Ung* Urnierengang, *Ur* Ureter, *Vn* Vorniere.

zeigen in der Reihe der Wirbeltiere drei Systeme von Harnkanälchen, die *Vorniere* (*Pronephros*), *Urniere* (WOLFFscher *Körper*, *Mesonephros*) und die *Nachniere* (*Metanephros*) (Abb. 983). Der zuerst entstehende Teil ist die Vorniere, welche sich auf wenige Segmente hinter dem Kopf beschränkt (Abb. 977). Sie besteht aus durch Nephrostomen mit dem Cölom kommunizierenden Kanälen, die in einen gemeinsamen Längsgang (*Vornierengang*) einmünden und zu einem in der Nähe gelegenen großen Wundernetz (*Glomus*) in Beziehung treten. Während die Vorniere (ausgenommen *Myxine, Bdellostoma*, viele Knochenfische, wo sie erhalten bleibt) schwindet, entsteht weiter hinten die *Urniere* (Abb. 148). Sie setzt sich aus ursprünglich segmental angeordneten, sekundär aber meist vermehrten Harnkanälchen zusammen, die durch den Vornierengang, der zum *Urnierengang*

(WOLFFschen *Gang*) wird, in die Cloake münden. Auch die Urnierenkanälchen stehen mittels Wimpertrichter mit dem Cölom in Verbindung; außerdem ist aber noch eine zweite Bildung, das MALPIGHIsche Körperchen vorhanden, bestehend aus einem Wundernetz (*Glomerulus*), das in einer flaschenförmigen Erweiterung des Urnierenkanälchens eingesenkt liegt. Bei *Fischen* und *Amphibien* fungiert die Urniere zeitlebens und ihre Wimpertrichter erhalten sich bei einigen *Selachiern* und den *Amphibien*. In den übrigen Fällen fehlen die Trichter beim ausgebildeten Tier. Bei den *Reptilien*, *Vögeln* und *Säugetieren* ist die Urniere nur ein embryonales Organ, das bis auf einige Reste später schwindet. Die Niere des ausgewachsenen Tieres ist die Nachniere, eine Neubildung, welche sich im Anschlusse an den

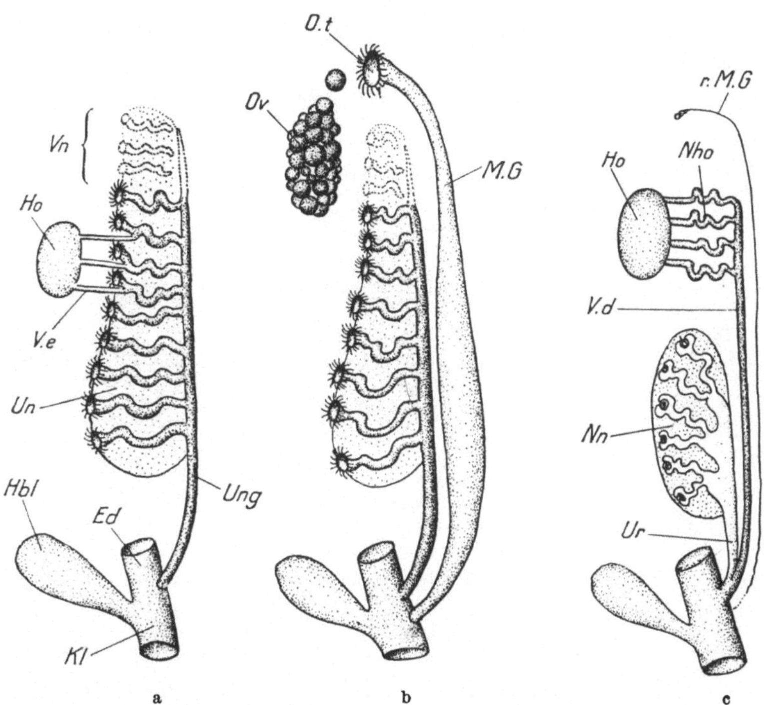

Abb. 984. Schemata der Urogenitalsysteme der Wirbeltiere. (Nach KÜHN.) a und b Selachier und Amphibien; a Männchen; b Weibchen; c Sauropsiden (Reptilien, Vögel), Männchen. *Ed* Enddarm, *Hbl* Harnblase, *Ho* Hoden, *Kl* Kloake, *M.G* MÜLLERscher Gang (Ovidukt), *rM.G* rudimentärer MÜLLERscher Gang beim Männchen, *Nho* Nebenhoden (= umgewandelter Urnierenteil), *Nn* Nachniere, *Ov* Ovarium, *O.t* Ostium Tubae, *Un* Urniere, *Ung* Urnierengang, *Ur* Ureter, *Vd* Ductus deferens, *Ve* Ductuli efferentes, *Vn* Vorniere.

hinteren Teil der Urniere entwickelt. Der aus einer Ausstülpung des Urnierenganges entstehende Ausführungsgang der Nachniere heißt *Ureter* (*Harnleiter*). Die Nachniere entbehrt stets der Nephrostomen. Sie stellt ein aus einer großen Zahl zusammengedrängter Harnkanälchen sich aufbauendes drüsiges Organ vor. Erweiterungen im Verlaufe des Urnierenganges fungieren bei den Fischen als Harnblase. Dagegen ist die Harnblase der Amphibien, Reptilien und Säuger eine Bildung der ventralen Cloakenwand.

Die *Nebennieren* (*Glandula suprarenalis*) sind in der Nähe der Nieren, zuweilen in der Nähe der Genitaldrüsen gelegene Organe, die sich aus einem drüsigen, aus dem Cölomepithel hervorgegangenen Teile (*Interrenalorgan*) und einem dem sympathischen Nervensysteme entstammenden Abschnitte (*Suprarenalorgan*,

Adrenalorgan) aufbauen. Bei den *Cyclostomen* und vielen Fischen bleiben Inter- und Suprarenalorgan durchaus getrennt (s. S. 243, Abb. 235).

Die Fortpflanzung der Wirbeltiere ist stets eine digene, und zwar gilt die Trennung der Geschlechter als Regel. Hermaphroditismus findet sich bei einigen Knochenfischen (*Serranus, Chrysophrys* u. a.). Beiderlei Geschlechtsdrüsen bilden sich im Cölomepithel und liegen als meist paarige drüsige Organe neben der Wirbelsäule. Die Ausführungsgänge sind mit wenigen Ausnahmen (*Cyclostomen, Somniosus, Teleosteer*, bei denen nur Cölomporen bzw. Genitalporen oder besondere Gänge vorhanden sind) auf Teile der Urniere (*Nebenhoden, Epididymis*) und die Urnierengänge (*Ductus deferens*, MÜLLERscher *Gang*) zurückzuführen; im

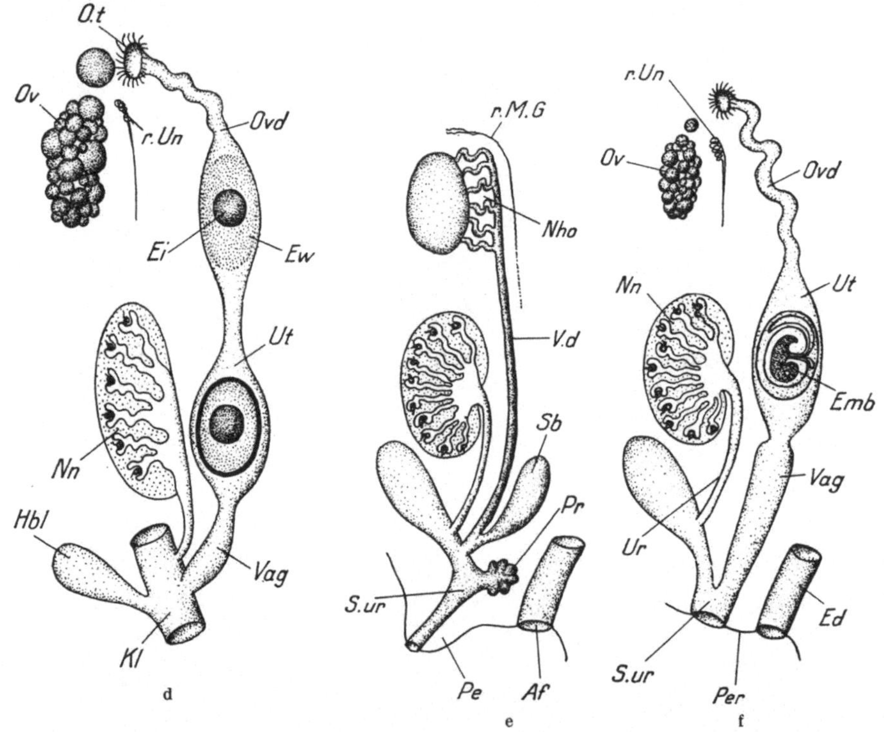

Abb. 985. Schemata der Urogenitalsysteme der Wirbeltiere. (Nach KÜHN.) d Sauropsiden (Reptilien, Vögel), Weibchen; e und f Säugetiere. *Af* After, *Emb* Embryo mit Embryonalhüllen, *Ei* Eizelle, *Ew* Eiweißhülle, von Drüsen der Oviductwand ausgeschieden, *Ovd* Oviduct, *Pe* Penis, *Per* Perineum, *Pr* Prostata, *Sb* Samenblase, *S.ur* Sinus urogenitalis, *r.Un* Rudiment der Urniere beim Weibchen, *Ut* Uterus, *Vag* Vagina (sonstige Buchstabenbezeichnung wie Abb. 984).

männlichen Geschlechte fungiert ein Teil der Urniere und der Urnierengang, im weiblichen der MÜLLERsche *Gang* als Ausleitungsapparat. Daneben finden sich Rudimente des ausführenden Apparates des anderen Geschlechtes vor. Die männlichen Keimprodukte gelangen direkt in die Ausführungsgänge, die weiblichen fallen in die Cölomhöhle, aus der sie durch die offenen Trichter der Oviducte (Tuben) aufgenommen werden (Abb. 984, 985). Die Gliederung der Ausführungsgänge in verschiedene Abschnitte, ihre Verbindung mit akzessorischen Drüsen und äußeren Copulationsapparaten bedingt den sehr mannigfachen, bei den Säugetieren am kompliziertesten gestalteten Bau der Geschlechtsorgane.

Bei den meisten Fischen werden die Genitalprodukte einfach in das Wasser entleert, wo sie sich begegnen, bei den Fröschen und einigen Schwanzlurchen

(*Hynobiidae, Cryptobranchidae,* wahrscheinlich auch *Sirenidae*) ist die Begattung eine äußere, in allen übrigen Fällen eine innere. Die meisten Fische, Amphibien und Reptilien sowie alle Vögel legen Eier ab. Lebendig gebärend sind außer einigen Fischen, Amphibien und Reptilien die Säugetiere.

Die Furchung ist äqual (Säugetiere) oder inäqual (*Petromyzon, Dipnoi, Ganoiden, Amphibien*) oder discoidal (*Teleosteer, Selachier, Reptilien, Vögel*). Die Anlage des Entoderms erfolgt durch einen Einstülpungsvorgang am späteren Hinterende, die Bildung des Mesoderms ist auf vom Entoderm aus erfolgende Abfaltung zurückzuführen (vgl. S. 286 und Abb. 269—277). Die Schließungslinie der Gastrula ist an der Oberfläche als sogenannte Primitivrinne ausgeprägt, welche die Längsrichtung des Embryos bezeichnet. Das äußere Blatt erzeugt dorsal durch zwei seitliche Aufwulstungen (Medullarwülste) eine Rinne (Anlage des Centralnervensystems), welche sich durch Zusammenwachsen ihrer Ränder der Länge nach schließt

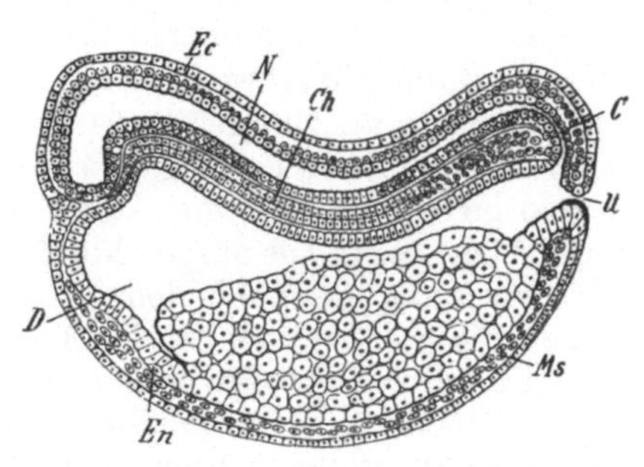

Abb. 986. Embryo der Unke (*Bombinator igneus*) nach Schluß der Rückenrinne im Medianschnitt. (Nach GOETTE.) *Ec* Ectoderm, *N* Neuralrohr, *Ch* Chorda dorsalis, *C* Canalis neurentericus, *D* Darmhöhle, *En* Entoderm, *Ms* Mesoderm, *U* Urmund (RUSCONIscher After).

(Abb. 272). Das so abgeschnürte Rohr ist die Anlage von Rückenmark und Gehirn, deren Höhlung eine Zeitlang mit der Darmhöhle kommuniziert (neurenterischer Kanal) (Abb. 986). Unterhalb des Nervencentrums legt sich vom Entoderm aus die Chorda dorsalis und zu deren Seiten das Mesoderm an. Letzteres bildet zwei Streifen lateral vom Darm und trennt sich in ein parietales und viscerales Blatt. Die zwischen beiden Blättern gelegene Höhle ist das Cölom. Der dorsale Abschnitt des Mesodermstreifens (Abb. 973) trennt sich alsbald ab (Mittelplatte) und gliedert sich von vorn nach hinten segmental in die sogenannten Urwirbel mit der Urwirbelhöhle (Myocöl) (Abb. 272, 277), während die lateralen Abschnitte (Seitenplatten) ungegliedert bleiben; der von den letzteren umschlossene Cölomteil ist das Splanchnocöl. An der Grenze von Urwirbel und Seitenplatten sondert sich der Urnierengang und medial von demselben entsteht in dem

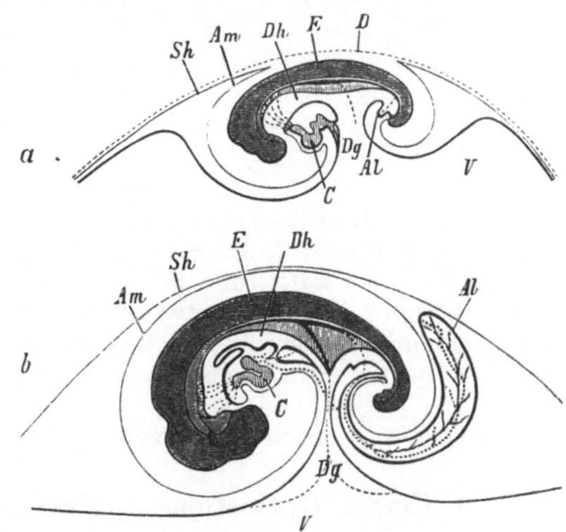

Abb. 987. Zwei Entwicklungsstadien des Hühnchens im Medianschnitt. (Nach v. BAER.) a Amnion (*Am*) und Allantois (*Al*) in Bildung begriffen. b Späteres Stadium mit geschlossenem Amnion. *E* Embryo, *D* Dotterhaut, *Sh* Serosa, *Dh* Darmhöhle, *Dg* Dottergang, *V* Dottersack, *C* Herz.

Splanchnocölepithel die Anlage der Genitaldrüse. Während dieser an der Dorsalseite des Embryos ablaufenden Vorgänge bildet sich an der Ventralseite das Darmrohr weiter aus und resorbiert allmählich den Dotter, der bei größerem Umfange in einem besonderen sackförmigen Anhange des Darmes, dem *Dottersacke,* aufgenommen ist (Abb. 988). Die Einstülpung zur Bildung des definitiven Mundes entsteht vorn etwas ventral, der auf den Gastrulamund zurückzuführende After bricht gleichfalls an der Bauchseite an der Basis der Schwanzregion durch. Bei Reptilien, Vögeln und Säugetieren entwickeln sich Embryonalhüllen (*Amnion, Serosa*), indem über dem kahnförmig gestalteten Embryo zwei (eine vordere und eine hintere) sich erhebende Falten verwachsen; in diesen Gruppen bildet sich ferner die *Allantois* aus, ein vom hintersten ventralen Teile des Enddarmes entstandener (der Amphibienharnblase homologer) Harnsack, aus dem auch die definitive Harnblase hervorgeht (Abb. 987, 988). Die *Allantois* entwickelt sich durch ihren Reichtum an Blutgefäßen zum embryonalen Atmungs- und Ernährungsorgan. Ihr peripherer Teil wird ebenso wie die Keimhüllen vor dem Verlassen des Eies resorbiert (Schildkröten) oder aber beim Verlassen der Eischale bzw. bei der Geburt abgestoßen. Die ausgeschlüpften Jungen der Vertebraten stimmen in Bau und Erscheinung meist mit dem Elterntier überein, nur bei den Amphibien und manchen Fischen, endlich bei den Petromyzonten besteht eine Metamorphose.

Die Einteilung der Wirbeltiere in die vier Klassen der Fische, Amphibien, Vögel und Säugetiere, welche Linné zuerst aufstellte, findet sich schon in dem System von Aristoteles begründet. Sodann hat Blainville mit Recht die Amphibien von den Reptilien getrennt und mit den Fischen als niedere den Reptilien, Vögeln und Säugern als höheren Wirbeltieren gegenübergestellt. Dieser Gegenüberstellung entspricht das Auftreten eines Amnions in der Embryonalentwicklung der höheren Wirbeltiere, die nach diesem Merkmale als *Amniota* den *Anamnia* (Fische und Amphibien) entgegengestellt wurden. Mit Rücksicht auf die näheren Beziehungen zwischen Reptilien und Vögeln unterschied Huxley drei Hauptabteilungen: *Ichthyopsida* (Fische, Amphibien), *Sauropsida* (Reptilien, Vögel) und *Mammalia*. Es entspricht jedoch den zahlreichen Eigentümlichkeiten nach die *Cyclostomen* mindestens als besondere Klasse aus den Fischen auszu-

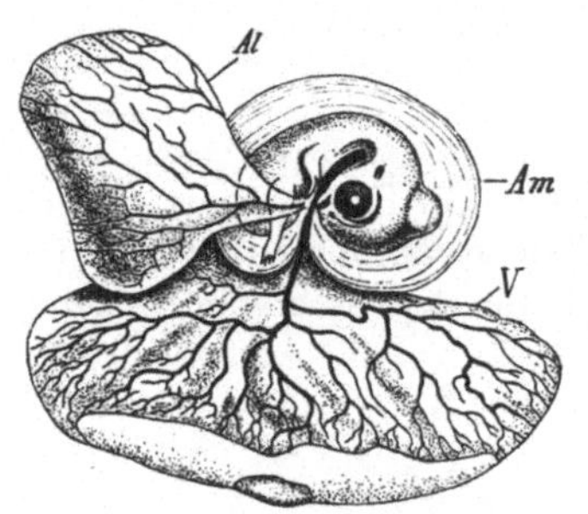

Abb. 988. Embryo des Hühnchens (nach Duval), ohne Serosa, im Amnion (*Am*), mit Allantois (*Al*) und Dottersack (*V*). ³/₄

scheiden, so daß folgende sechs Wirbeltierklassen zu unterscheiden sind: 1. *Cyclostomata*, 2. *Pisces*, 3. *Amphibia*, 4. *Reptilia*, 5. *Aves*, 6. *Mammalia*, von denen die vier letzteren auf Grund ihres Extremitätenbaues auch als *Tetrapoda* vereinigt werden. In noch zutreffenderer Weise wird den Besonderheiten der Cyclostomen im System Ausdruck verliehen, wenn diese als Gruppe allen übrigen Vertebraten, die als *Gnathostomata* zusammengefaßt wurden, gegenübergestellt werden.

Die ältesten Vorkommnisse von Wirbeltieren sind Fischreste aus dem Untersilur.

1. Klasse. Cyclostomata (Marsipobranchi), Rundmäuler[1].

Fischartige Vertebraten ohne paarige Extremitäten, mit Knorpelskelet und persistierender Chorda, mit Schädel ohne Hinterhauptregion, mit beutelförmigen Kiemengängen, mit unpaarer Nase und mit Saugmund.

---

[1] Außer Rathke, M. Schultze vgl. Müller, Joh.: Vergleichende Anatomie der Myxinoiden. Berlin 1834—1845. — Müller, W.: Über das Urogenitalsystem des *Amphioxus* und der Cyclostomen. Jena. Z. Naturwiss. 9 (1875). — Langerhans, P.: Untersuchungen über *Petromyzon Planeri*. Abh. Naturforsch. Ges. Freiburg 1875. — Schneider, A.: Beiträge zur vergleichenden Anatomie und Entwicklungsgeschichte der Wirbeltiere. Berlin 1879. — Parker, W. K.: On the Skeleton of the Marsipobranch Fishes. Philosophic. Trans. roy. Soc. London 1883. — Ahlborn, F.: Untersuchungen über das Gehirn der Petromyzon-

Die Cyclostomen (Abb. 989, 993) nähern sich in ihrer Leibesform den Fischen, in ihrer inneren Organisation jedoch stehen sie viel tiefer. Der Körper ist cylindrisch wurmförmig. Der Kopf geht allmählich in den Rumpf über. Die Haut bleibt nackt und ist reich an Schleimzellen. Große Schleimdrüsen sind die bei *Myxiniden* und *Bdellostomatiden* an den Körperseiten auftretenden sogenannten Schleimsäcke (Abb. 989). Paarige Flossen fehlen (wahrscheinlich infolge von Rückbildung), dagegen ist das System der unpaaren Flossen (bei den *Hyperotreta* verkümmert) entwickelt und durch knorpelige Strahlen gestützt. Als Achsenskelet persistiert die Chorda, deren Scheide eine feste fibröse Beschaffenheit besitzt, während in dem skeletogenen Gewebe bei *Petromyzon* metamerisch sich wiederholende knorpelige Einlagerungen in Form von Knorpelleisten als Rudimente von oberen und in der Schwanzgegend von unteren Bogen eine Anfangsstufe zur Wirbelanlage bilden.

Es ist eine das Gehirn umschließende knorpelig-häutige Schädelkapsel vorhanden (Abb. 990), in deren Basis die Chorda endet; zwei seitlich angefügte Knorpelblasen (Gehörkapsel) umgeben das statische Organ. Vorn schließt sich an die

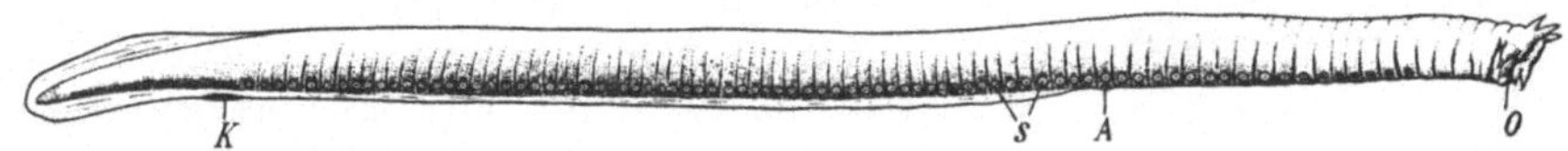

Abb. 989. *Myxine glutinosa.* (Original G.) ¹/₃. *A* Kiemenöffnung, *K* After, *O* Mund, *S* sogenannte Schleimsäcke.

Hirnkapsel die Nasenkapsel an. Eine Occipitalregion fehlt. Der Schädel der *Cyclostomen* entspricht der prootischen Schädelregion der übrigen Vertebraten. In Verbindung mit dem Schädel finden sich an der Stelle des Visceralskeletes knorpelige, den Gaumen und Schlund umgebende Spangen, so ein subocularer, als Kieferbogen gedeuteter Knorpelbogen mit einem als Hyoid gedeuteten Fortsatz, verschiedene Lippenknorpel und Knorpelplatten, bei *Petromyzonten* auch ein kompliziertes Gerüst von Knorpelspangen in der Umgebung der Kiemensäcke, die sich zum Teil an das Achsenskelet anheften.

Die Rundmäuler besitzen ein dem Fischtypus entsprechend gebautes, relativ kleines Gehirn mit den drei Hauptsinnesnerven und einer reduzierten Zahl spinalartiger Nerven. Glossopharyngeus und Vagus treten hinter der Schädelkapsel aus.

ten. Z. Zool. **39** (1883). — JULIN, CH.: Recherches sur l'appareil vasculaire et le système nerveux périphérique de l'*Ammocoetes*. Archives de Biol. 7 (1887). — GOETTE, A.: Entwicklungsgeschichte des Flußneunauges. Hamburg u. Leipzig 1890. — GAGE, S. H.: The Lake and Brook Lampreys of New York. Ithaca 1893. — AYERS, H. a. C. M. JACKSON: Morphology of the Myxinoidei. J. Morph. a. Physiol. **17** (1901). — BASHFORD DEAN: On the Embryology of *Bdellostoma stouti*. Festschr. f. KUPFFER 1899. — KOLTZOFF, K.: Entwicklungsgeschichte des Kopfes von *Petromyzon Planeri*. Bull. Soc. Natural. Moskau **1902**. — JOHNSTON, J. B.: The Cranial Nerve Components of *Petromyzon*. Morph. Jb. **34** (1905). — CORI, C. J.: Das Blutgefäßsystem des jungen *Ammocoetes*. Arb. zool. Inst. Wien **16** (1906). — STERZI, G.: Il sistema nervoso centrale dei Vertebrati. I. Ciclostomi. Padova 1907. — COLE, F. J.: A Monograph on the general Morphology of the Myxinoid Fishes etc. Trans. roy. Soc. Edinburgh **1906—1926**. — GLAESNER, L.: Studien zur Entwicklungsgeschichte von *Petromyzon fluviatilis*. Zool. Jb. **29** (1910). — DE SELYS-LONGCHAMPS, M.: Gastrulation et formation des feuillets chez *Petromyzon Planeri*. Archives de Biol. **25** (1910). — TRETJAKOFF, D.: Die Parietalorgane von *Petromyzon fluviatilis*. Z. Zool. **113** (1915). — LÖNNBERG, E., FAVARO, G.: Cyclostomi. Bronns Klassen u. Ordn. des Tierreiches **6**, 1. Abt. (1905—1913). — HANSEN, H.: Anatomie und Entwicklung der Cyclostomenzähne unter Berücksichtigung ihrer phylogenetischen Stellung. Jena. Z. Naturwiss. **56** (1919). — HATTA, S.: Über die Entwicklung des Gefäßsystems des Neunauges *Lampetra mitsukurii*. Zool. Jb. **44** (1923). — Vgl. ferner die Arbeiten von CALBERLA, KUPFFER, HATSCHEK, V. V. EBNER, G. RETZIUS, SCHAFFER, SEMON, NANSEN, BEARD, HOWES, WIEDERSHEIM, GASKELL, BUJOR, WORTHINGTON, LUBOSCH, EDINGER, MAAS, SHIPLEY u. a.

Das Rückenmark ist bandartig abgeplattet, die von demselben abgehenden dorsalen und ventralen Spinalnervenwurzeln vereinigen sich bei *Petromyzon* nicht. Stets sind zwei Augen vorhanden, doch können dieselben unter der Haut und selbst von Muskeln bedeckt äußerlich verborgen bleiben (*Myxine*, Querder). Das Auge von *Myxine* entbehrt der Muskel, der Iris und Linse. Die Epiphyse ist bei *Petromyzon* augenartig ausgebildet. Das Geruchsorgan ist eine unpaar angelegte, aber paarig sich ausbildende Grube, die oberhalb des Mundes durch ein einfaches Rohr (Nasenrohr) nach außen mündet (daher *Monorhina*). Bei *Petromyzonten* ist die Nasenöffnung dorsal gelegen und führt in ein kurzes Nasenrohr, an dem sich dorsal das sackförmige Geruchsorgan befindet und das sich weiter in einen langen blinden Hypophysenschlauch fortsetzt (Abb. 990). Bei den *Myxinoiden* aber liegt die Nasenöffnung am vorderen Körperende, das Nasenrohr ist sehr lang, der Hypophysenschlauch (Nasengaumengang) öffnet sich hinten in den Schlund und kann durch eine Klappenvorrichtung geschlossen werden. Diese Communication der Nasen- und Rachenhöhle dient zur Einfuhr des Wassers in die Kiemensäcke, da die Mundöffnung beim Festsaugen für den Durchgang des Wassers verschlossen bleibt. Das statische Organ reduziert sich auf ein einfaches häutiges Labyrinth, das noch nicht in Sacculus und Utriculus gegliedert ist und bloß einen (*Myxinoiden*) oder zwei halbkreisförmige Kanäle aufweist. Am Kopfe und an den Seiten des Rumpfes finden sich in regelmäßiger Folge Sinnesgrübchen mit einem Sinneshöcker, die den Seitenlinien der Fische entsprechen (Abb. 175 a).

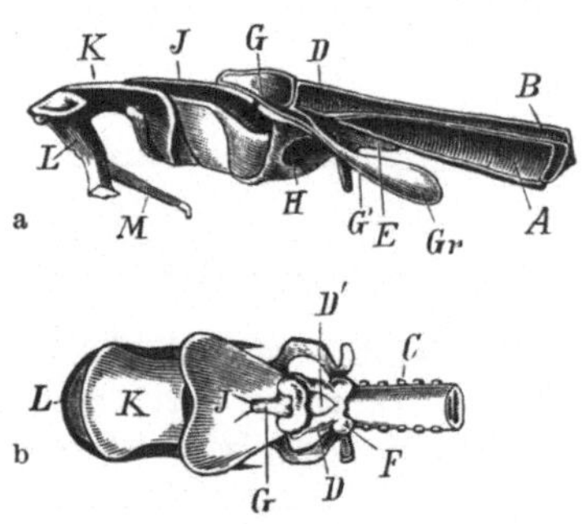

Abb. 990. Schädel und Anfang des Rückgrates von *Petromyzon marinus*. (Nach JOH. MÜLLER.) a Im Medianschnitt, b in der Dorsalansicht. *A* Chorda, *B* Rückgratkanal, *C* Rudimente von oberen Wirbelbogen, *D* knorpeliger, *D'* häutiger Teil des Schädelgewölbes, *E* Schädelbasis, *F* Gehörkapsel, *G* Nasenkapsel, *G'* Hypophysenschlauch (Nasengaumengang), *Gr* blindes Ende desselben, *H* Fortsatz des knöchernen Gaumens, *J* hintere, *K* vordere Deckplatte des Mundes, *L* Lippenring, *M* stielförmiger Anhang desselben.

Die von fleischigen Lippen oder von Barteln umgebene Mundöffnung ist kreisförmig und kann sich zu einer medianen Längsspalte zusammenlegen. Sie führt in eine trichterförmige Mundhöhle, die mit Hornzähnen bewaffnet ist (Abb. 991). Im Grunde des Trichters liegt das mit Zähnen besetzte Vorderende der stempelförmigen vorstoßbaren Zunge. An der Grenze von Mundhöhle und Kiemendarm findet sich eine dem Velum der Acranier homologe Falte (Abb. 977). Der auf die Mundhöhle folgende Pharynx geht entweder direkt in den der Respiration dienenden Kiemendarmabschnitt über oder (*Petromyzon*) setzt sich über dem ventral gelegenen Kiemensack als ein fälschlich als Oesophagus bezeichnetes Rohr in den bei *Petromyzon* mit niedriger Spiralfalte versehenen verdauenden Darm fort. Der letztere verläuft in gerader Richtung zum After. Ein Magen ist nicht ausgebildet, die Einmündung der Leber liegt hinter dem Kiemendarm. Ein kleines als Pancreas aufgefaßtes drüsiges Organ liegt in der Darmwand.

Der Kiemendarm erscheint weit nach hinten verschoben. Die Kiemen (Abb. 992) liegen zu seinen Seiten in 6 oder 7, zuweilen 10—15 Paaren von Kiemenbeuteln. Diese öffnen sich durch äußere Kiemengänge meist in ebensoviel getrennten Atemlöchern nach außen (Abb. 993); bei *Myxiniden* hingegen ist jederseits nahe am Bauche (Abb. 989) nur eine Öffnung vorhanden, zu welcher sich die äußeren Kiemengänge vereinigen und in der linkerseits noch ein besonderer zum Darm verlaufender Kanal (Ductus oesophago-cutaneus) (Abb. 992) ausmündet. Andererseits communizieren die Säcke mit dem Kiemendarm durch innere Kiemengänge;

bei *Petromyzon* ist der ganze Kiemendarm ventral vom Darm gelegen und stellt einen hinten blindgeschlossenen Kiemendarmsack vor, der nur am Vorderende mit dem Schlunde communiziert.

Das Wasser strömt von außen durch die äußeren Kiemenöffnungen, bei *Myxine* durch den Nasengang ein und fließt, wenn die Konstrictoren der Kiemensäcke wirken, entweder auf jenem ersteren Wege wieder ab (*Petromyzon*) oder durch den besonderen unpaaren Kanal der linken Seite nach außen.

Das Herz liegt unter und hinter dem Kiemenkorbe in einem Pericardialraum, der bei *Myxinoiden* mit der Pleuroperitonealhöhle in offener Verbindung bleibt. Es zeigt gleichwie das Gefäßsystem wesentlich den Typus der Kreislauforgane bei Fischen, doch fehlt ein Nierenpfortadersystem. Der bei Cyclostomen auftretende Aortenbulbus enthält nur zwei Klappen; ein Bulbus cordis fehlt. Bei *Myxine* und *Bdellostoma* finden sich an der paarig entspringenden Vena caudalis herzartige Anschwellungen (Corda venosa caudalia), bei *Myxinoiden* ist ferner ein Cor venosum portale an der Pfortader ausgebildet. Eine Milz als geson-
dertes Organ fehlt, sie wird
durch das Lymphoidgewebe des
Darmes repräsentiert (diffuse
Milz).

Die Nieren der Cyclostomen
entsprechen der Urniere. Sie
zeigen bei *Myxinoiden* ein ur-
sprüngliches Verhalten in ihrem
segmentalen Bau, indem in
einem Körpersegmente je ein
Harnkanälchen (mit MALPIGHI-
schem Körperchen) in den Nie-
rengang mündet. Bei *Petromyzon* ist die Niere vornehmlich
im hinteren Abschnitte des
Rumpfes ausgebildet, im vorderen rudimentär. Von der
Vorniere werden Reste beob-
achtet. Die Nierengänge münden auf einer Papille

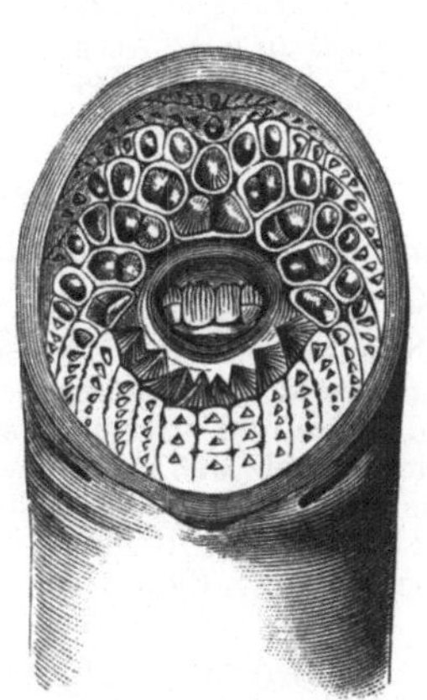

Abb. 991. Kopf von *Petromyzon marinus*, Ventralansicht, um die Hornzähne der Mundhöhle zu zeigen. (Nach HECKEL und KNER.) ¹/₁

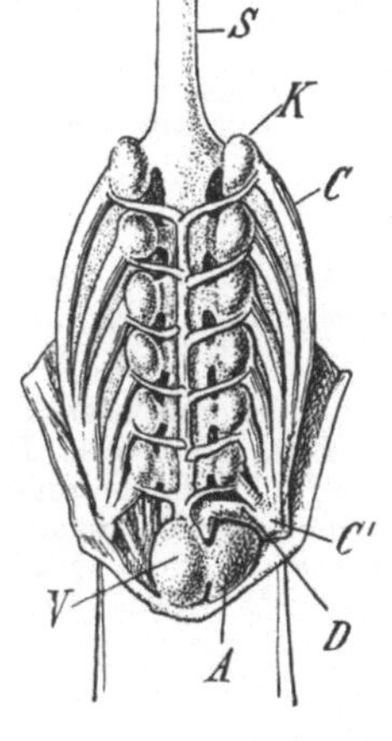

Abb. 992. Kiemendarm von *Myxine glutinosa*, Ventralansicht. (Nach JOH. MÜLLER.) *S* Schlundrohr, *K* Kiementasche, *C* äußere Kiemengänge, die sich in einem gemeinschaftlichen Gange (*C'*) vereinigen. *D* Ductus oesophago-cutaneus, *V* Ventrikel, *A* Atrium des Herzens.

hinter dem After, mit den paarigen Cölomporen (Abdominalporen) in einem gemeinsamen Gang (Urogenitalsinus). Die Geschlechter sind getrennt, *Myxine* soll protandrischer Hermaphrodit sein. Die Genitaldrüsen sind unpaar, ihre Produkte gelangen in die Leibeshöhle und von hier durch die beiden Cölomporen (Abdominalporen) mittels des gemeinsamen Urogenitalsinus nach außen.

Die Petromyzonten durchlaufen eine Metamorphose, die schon vor mehr als zwei Jahrhunderten dem Straßburger Fischer BALDNER bekannt war. Die jungen Larven (Querder) (Abb. 993, b, c, d) sind blind und zahnlos, besitzen einen kleinen, von einer hufeisenförmigen Oberlippe umsäumten Mund und wurden lange Zeit einer besonderen Gattung *Ammocoetes* zugerechnet. Denselben fehlt noch die Zunge; vorn in der Mundhöhle befindet sich ein Kranz von Tentakeln, hinten wird die Mundhöhle durch ein Velum gegen den Pharynx begrenzt. Der Darm entspringt am Hinterende des Kiemensackes (Abb. 977). Die Umwandlung der Querder in die Form des geschlechtreifen Tieres erfolgt im 4. Jahre und verläuft überaus rasch.

Die Cyclostomen leben zum Teile im Meere und steigen zur Laichzeit, zuweilen vom Lachs oder vom Maifisch getragen, in die Flüsse, auf deren Boden sie ihre Eier absetzen. Andere sind Flußfische. Sie leben in Schlamm und Sand, hängen sich an Steine, tote und lebende Fische fest, welch letztere sie annagen und auf diese Art zu töten vermögen, nähren sich aber auch von Würmern und kleinen Wassertieren. *Myxine* schmarotzt ausschließlich an Fischen, gelangt selbst in deren Leibeshöhle und liefert ein Beispiel eines entoparasitischen Wirbeltieres.

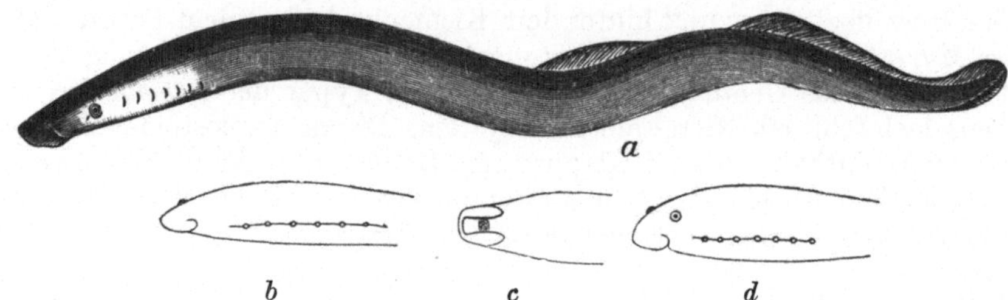

Abb. 993. a *Lampetra* (*Petromyzon*) *fluviatilis* (nach HECKEL u. KNER). ¹/₄. b, c, d Zur Verwandlung des *Ammocoetes branchialis* in *Lampetra* (nach v. SIEBOLD). b Kopfende einer augenlosen Larve, von der Seite gesehen, c dasselbe von unten gesehen, d späteres Stadium mit kleinen Augen, in der Seitenansicht.

1. Ordnung. Hyperoartia.

Cyclostomen mit blindgeschlossenem Nasengang, mit gesonderter Rückenflosse. Mund ohne Bartfäden, mit fleischigen Lippen.

Fam. *Petromyzontidae*, Neunaugen. Mit sieben äußeren Kiemenspalten jederseits. Kiemendarm hinten sackförmig geschlossen, mündet vorn in den Schlund. *Petromyzon marinus* L. Lamprete. Europ. Meere und atlant. Küste von Nordamerika. *Lampetra fluviatilis* L., Flußneunauge, Pricke (Abb. 993a). Küsten von Europa, Nordamerika, Japan. Steigen zur Laichzeit in die Flüsse. *L. planeri* BL., Kleines Neunauge. Mit *Ammocoetes branchialis*, dem Querder, als Larve (Abb. 993b—d). Im Süßwasser. Europa, Nordasien. *Mordacia mordax* RICH. Marin. Chile, Südaustralien, Tasmanien.

2. Ordnung. Hyperotreta.

Cyclostomen mit hinten geöffnetem Nasengang, ohne gesonderte Rückenflosse, Mund lippenlos, von Barteln umgeben, Augen rudimentär.

Fam. *Myxinidae*, Inger. Die äußeren Kiemengänge münden jederseits in einer gemeinsamen Öffnung. *Myxine glutinosa* L. Mit sechs Kiemenpaaren. Nordeurop. Meere (Abb. 989).

Fam. *Bdellostomatidae*. Die äußeren Kiemengänge münden getrennt nach außen. Alle marin. *Bdellostoma* (*Eptatretus*) *cirrhatum* BL. SCHN. Mit 6—7 Kiemenöffnungen jederseits. Südafrika. *B.* (*Polistotrema*) *stouti* LOCKINGTON. Mit 10—15 Kiemenöffnungen jederseits. Kalifornien.

2. Klasse. Pisces, Fische[1].

Im Wasser lebende beschuppte Vertebraten mit unpaaren Flossen und paarigen, als Flossen entwickelten Extremitäten, mit Kiemenatmung, mit einfachem, aus einer Kammer und einer Vorkammer bestehendem Herzen, ohne ventrale Harnblase.

---

[1] CUVIER et VALENCIENNES: Histoire naturelle des poissons. 22 Vols. Paris 1828—1849. — AGASSIZ, L.: Recherches sur les poissons fossiles. Neufchâtel 1833—1844. — GÜNTHER: Catalogue of the fishes in the British Museum. London 1859.—1870. — GÜNTHER, A.: Handbuch der Ichthyologie. Übers. von HAYEK. Wien 1886. — Report on the Deep-Sea fishes. Challenger Rep. **22** (1887). — HECKEL, J. u. R. KNER: Die Süßwasserfische der österreichischen Monarchie. Leipzig 1858. — v. SIEBOLD, C. TH.: Die Süßwasserfische von Mitteleuropa. Leipzig 1863. — GILL, TH.: Families and Subfamilies of Fishes. Mem. Acad. Washington **6** (1893). — DEAN, BASHFORD: Fishes, Living and fossil. New York 1895. — JORDAN a. EVERMANN: The fishes of North and Middle America. 4 Bde. Washington 1896—1900. — LEYDIG, F.: Über das Organ eines sechsten Sinnes. Nova Acta **1868**.— SCHULZE, FR. E.: Über die Sinnesorgane der Seitenlinie bei Fischen und Amphibien. Arch. mikrosk. Anat. **6** (1870). — HERTWIG, O.: Über das Hautskelet der Fische. Morph. Jb.

Die Eigentümlichkeiten des Baues ergeben sich im allgemeinen aus den Bedürfnissen des Wasserlebens. Obwohl wir im Kreise der Wirbeltiere aus allen Klassen Gruppen von Formen kennen, die sich im Wasser ernähren und bewegen, so ist doch nirgends die Organisation so bestimmt und vollkommen dem Wasserleben angepaßt wie bei den Fischen.

Die Körpergestalt (Abb. 994) ist im allgemeinen spindelförmig, mehr oder minder komprimiert, im einzelnen zahlreichen Modifikationen unterworfen. Es gibt ebensowohl zylindrische, schlangenähnliche Fische (*Aale*) wie kofferförmige (*Ostraciontidae*) oder ballonartig aufgetriebene Gestalten (*Tetrodontidae*). Andere Formen sind bandartig verlängert (*Trachypteridae*), wieder andere sehr stark kom-

primiert, kurz, hoch und unsymmetrisch (*Pleuronectidae*). Endlich kann auch eine dorsoventrale Abflachung zu platten, scheibenförmigen Fischgestalten führen (*Rochen*).

Für die Locomotion des Fisches kommen vornehmlich die seitlichen, durch mächtige Seitenrumpfmuskeln

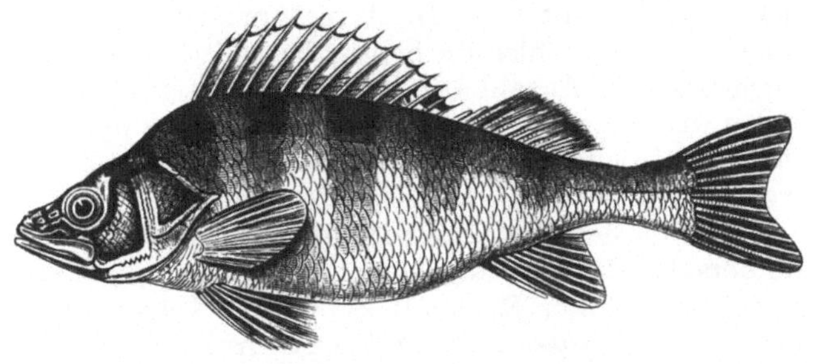

Abb. 994. *Perca fluviatilis* (aus règne animal). ¹/₄

bewirkten Bewegungen des Körpers in Betracht, deren Wirkung noch durch unpaare, einer Erhebung und Senkung fähige Flossenkämme des Rückens und Bauches verstärkt werden kann. Dagegen erscheinen die paarigen Extremitäten, die Brust- und Bauchflossen, mehr als Steuer für die Richtung der Bewegung. Diesem Modus der Bewegung entspricht die Regionenbildung des Körpers. Der Kopf sitzt unmittelbar und meist in fester Verbindung mit dem Rumpf auf. Eine bewegliche Halsregion fehlt. In seiner vorderen Partie zeigt sich der Rumpf starr, nach hinten zu wird er beweglicher und geht allmählich in den Schwanz über, welcher die größte Beweglichkeit zeigt und hierdurch als Hauptbewegungsorgan tauglich wird.

Die Körperbedeckung der Fische ist in der Regel ein Hautskelet in Form von Schuppen, Hautknochen, die in der Cutis ihre Lage haben und meist von der Epidermis überzogen bleiben. Man unterscheidet als *Placoid*-Schuppen kleinere,

1876—1881. — KLAATSCH, H.: Zur Morphologie der Fischschuppen. Ebenda 16 (1890). — GOETTE, A.: Beiträge zur vergleichenden Morphologie des Skeletsystems der Wirbeltiere. Arch. mikrosk. Anat. 15 (1878). — Über die Kiemen der Fische. Z. Zool. 69 (1901). — JAEGER, A.: Die Physiologie und Morphologie der Schwimmblase der Fische. Arch. f. Physiol. 94 (1903). — GOODRICH, E. S.: Notes on the Development, Structure and Origin of the Median and Paired fins of Fish. Quart. J. microsc. Sci. 50 (1906). — FAVARO, E.: Ricerche intorno alla morfologia ed allo sviluppo dei vasi, seni e cuori caudali nei Ciclostomi e nei Pesci. Atti Ist. Venet. Sci. 65 (1906). — BRAUER, A.: Die Tiefseefische. Wiss. Erg. dtsch. Tiefsee-Exp. 15. Jena 1906 bis 1908. — DE BEAUFORT, L. F.: Die Schwimmblase der Malacopterygii. Morph. Jb. 39 (1909). — WOODLAND, W. N. F.: On the Structure and Function of the Gasglands etc. of some Teleostean Fishes. Proc. Zool. Soc. London 1911. — STERZI, G.: Il systema nervoso centrale dei Vertebrati 2. Pesci. Padova 1912. — LICKTEIG, A.: Beitrag zur Kenntnis der Geschlechtsorgane der Knochenfische. Z. Zool. 106 (1913). — JACOBSHAGEN, E.: Untersuchungen über das Darmsystem der Fische und Dipnoer. Jena. Z. Naturwiss. 1911—1915. — ROSÉN, N.: Über die Homologie der Fischschuppen. Ark. Zool. Stockholm 1916. — GROTE, W., VOGT, C., HOFER, B.: Die Süßwasserfische von Mitteleuropa. Leipzig 1909. — Vgl. außerdem die Schriften von BLOCH, MONRO, RATHKE, STANNIUS, WILLIAMSON, OWEN, KÖLLIKER, GEGENBAUR, HASSE, STEINDACHNER, DOLLO, HAMMAR, BOTTARD, PAWLOVSKI u. a.

zahnähnliche Schuppen, die aus einer knöchernen Basalplatte und einem zahnförmig vorspringenden Teil bestehen (Abb. 962). Die Hauptmasse des letzteren ist Dentin, das jedoch noch ein von der Epidermis herstammendes Schmelzoberhäutchen besitzt. Als *Ganoid*-Schuppen bezeichnet man wenig übereinandergreifende, meist rhombische, seltener runde Schuppen mit einer äußeren Lage von Ganoin, das der äußersten dichten Dentinschicht (Vitrodentin) der Placoidschuppe entspricht und der Oberfläche der Schuppe einen starken Glanz verleiht. *Cycloid*- und *Ctenoid*-Schuppen nennt man mehr oder minder biegsame Schuppen, die locker in Schuppentaschen der Unterhaut und mit ihrem freien Rande dachziegelartig übereinander liegen; letzterer ist entweder glatt und gerundet (Cycloidschuppe) oder gezähnelt (Ctenoidschuppe). Zuweilen bleiben die Schuppen so klein, daß sie, unter der Haut verborgen, zu fehlen scheinen (*Aal*); bei wenigen Knochenfischen fehlen die Schuppen vollständig (meiste *Siluridae* u. a.), sind dagegen bei einer Anzahl von Teleosteern zu großen Stacheln oder zu in manchen Fällen durch Verwachsung aus mehreren Schuppen hervorgegangenen Knochenplatten entwickelt, die einen festen Panzer herstellen können (Panzerwelse, *Syngnathidae*, einige *Triglidae, Ostraciontidae*).

Die Haut der Fische ist reich an Schleimzellen. Als besondere Drüsen sind die am dorsalen Schwanzstachel von *Dasyatis* (*Trygon*) *pastinaca* sowie am Kiemendeckel und an der Rückenflosse einiger Teleosteer (*Scorpaena, Trachinus*) auftretenden *Giftdrüsen* hervorzuheben. Auf Hautdrüsen sind auch die bei Tiefseefischen vorkommenden *Leuchtorgane* (s. S. 179, Abb. 1028) zurückzuführen. Der Silberglanz der Fischhaut wird durch kleine Flitter (Guaninkristalle) der Unterhaut bedingt. Die Cutis ist auch Träger von Pigmentzellen (Chromatophoren), deren Pigmentverschiebungen den Farbenwechsel bei Fischen bedingen.

Im Skelet der Fische erscheinen verschiedene Entwicklungsstufen ausgeprägt. Bei den *Stören, Holocephalen* und *Dipnoërn* bleibt die von einer dicken Scheide umhüllte Chorda dorsalis in vollem Umfange erhalten; ihr sitzen knorpelige, zuweilen teilweise verknöcherte obere und untere Bogenstücke, auch mit Intercalaria auf (Abb. 966). Eine Differenzierung des Achsenskeletes in diskrete Wirbel tritt erst bei den *Haien* und *Rochen* auf, indem sich obere und untere Bogenstücke mit ringförmigen Stücken des skeletogenen Gewebes, den knorpeligen Wirbelkörpern, vereinigen. Die Chorda wird durch das Wachstum dieser letzteren vertebral eingeengt, so daß bikonkave (amphicöle) Wirbelkörper entstehen, deren konische Vertiefungen einen Abschnitt der Chorda, welcher mit dem benachbarten in der Regel noch im Centrum des Wirbelkörpers verbunden ist, enthalten (Abb. 965). Bei den Knochenganoiden und Teleosteern ossifizieren die bikonkaven (nur bei *Lepisosteus* mit einem vorderen Gelenkkopf versehenen) Wirbelkörper vollständig und verschmelzen mit den entsprechenden oberen und unteren knöchernen Bogenstücken zur Bildung eines vollständigen Wirbels (Abb. 967 a, b). In der Rumpfregion treten bei *Selachiern* obere, bei *Polypterus, Salmo, Clupea* obere und untere Rippen auf; den übrigen Fischen kommen nur untere Rippen (Pleuralbogen) zu. In der Schwanzregion schließen sich letztere zu den Hämalbogen zusammen mit Ausnahme vieler *Teleosteer*, deren Hämalbogen bloß durch die zusammengeschlossenen Basalstümpfe gebildet werden. Dazu treten oft als Ossifikationen der intermuskulären Ligamente die y-förmigen Fleischgräten auf. Die Wirbelsäule endet häufig mit einem stabförmigen Skeletstück (*Urostyl*); die ventral demselben ansitzenden, zu Platten vergrößerten und als Träger der Schwanzflosse fungierenden Hämalbogen werden *Hypuralia* genannt.

Auch der Schädel zeigt eine Reihe fortschreitender Entwicklungsstufen bis zu dem knöchernen Schädel der Teleosteer. Er bildet bei den *Selachiern* eine einheitliche Knorpelkapsel, deren Occipitalregion basal von der Chorda dorsalis durchsetzt wird (Abb. 968). Bei den Stören (Abb. 995) kommen zu der knorpeligen Schädelkapsel Knochenstücke hinzu, und zwar ein platter Basilarknochen, *Parasphenoideum*, sowie ein System von Deckknochen der Haut. Auch an dem knöchernen Schädel der übrigen Fische bleiben noch zusammenhängende Abschnitte des

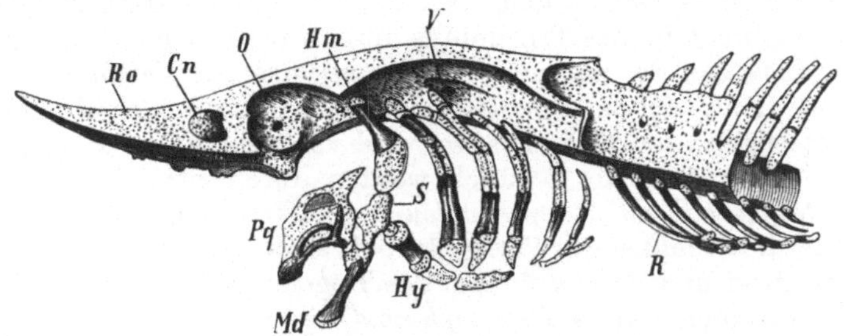

Abb. 995. Kopfskelet des Störs. (Nach WIEDERSHEIM.) *Ro* Rostrum, *Cn* Cavum nasale, *O* Orbita, *Hm* Hyomandibulare, *S* Symplecticum, *Pq* Palatoquadratum, *Md* Unterkiefer, *Hy* Zungenbein, *V* Vagusloch, *R* Rippen.

knorpeligen Primordialcraniums zurück (*Amiatus*, Hecht, Lachs) (Abb. 971); am längsten erhalten sich die Knorpelreste der Ethmoidalregion (*Silurus, Cyprinus*). Die Verbindung des Schädels (Abb. 971, 996) mit der Wirbelsäule entbehrt in

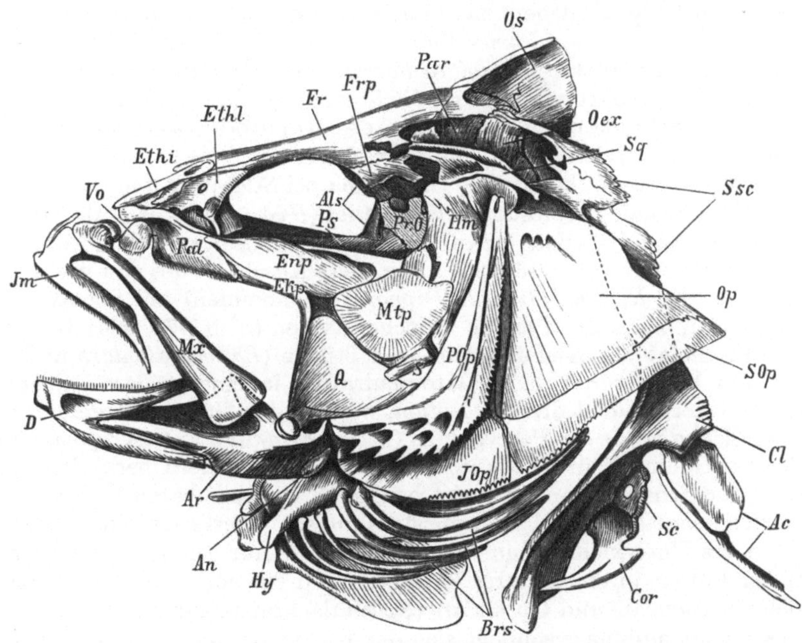

Abb. 996. Kopfskelet von *Perca fluviatilis* (aus règne animal). *Os* Supraoccipitale, *Oex* Exoccipitale (Epioticum), *Par* Parietale, *Sq* Squamosum, *Fr* Frontale, *Frp* Postfrontale, *PrO* Prooticum, *Als* Alisphenoideum, *Ps* Parasphenoideum, *Ethi* Ethmoideum medium, *Ethl* Ethmoideum laterale (Praefrontale), *Hm* Hyomandibulare, *S* Symplecticum, *Q* Quadratum, *Mtp* Metapterygoideum, *Enp* Entopterygoideum, *Ekp* Ectopterygoideum, *Pal* Palatinum, *Vo* Vomer, *Jm* Intermaxillare, *Mx* Maxillare, *D* Dentale, *Ar* Articulare, *An* Angulare, *Op* Operculum, *POp* Praeoperculum, *SOp* Suboperculum, *JOp* Interoperculum, *Hy* Hyoidbogen, *Brs* Radii branchiostegi, *Cl* Claviculare (Cleithrum GEGENBAUR), *Sc* Scapulare, *Cor* Coracoideum, *Ssc* Supraclavicularia, *Ac* akzessorische Stücke.

der Regel einer Articulation, das *Basioccipitale* besitzt die konische Vertiefung und Gestalt des Wirbelkörpers, es bildet die ventrale Begrenzung des Hinterhauptloches (Foramen magnum). Ihm folgen zur Seite die *Occipitalia lateralia* (mit den

Öffnungen zum Durchtritt des Vagus und Glossopharyngeus), während das durch eine starke Crista ausgezeichnete *Supraoccipitale* den dorsalen Abschluß bildet. Zwischen letzterem und dem Occipitale laterale liegt das *Epioticum (Exoccipitale)*. An ersteres schließen sich vorn das *Opisthoticum*, von sehr verschiedener Größe und Form (sehr groß bei *Gadus*, klein bei *Esox*) und das *Prooticum*, welches von Öffnungen zum Durchtritt des Trigeminus durchbrochen wird. Dazu kommt als äußeres Belegstück das *Squamosum (Pteroticum)*, das zur Verbindung mit dem *Hyomandibulare* dient. An der Schädelbasis findet sich zuweilen ein *Basisphenoideum*. Die Unterfläche der Schädelkapsel wird von dem langen *Parasphenoideum* bedeckt. Die Seitenwände des Schädels werden durch zwei Paare von Flügelknochen (*Orbitosphenoideum, Alisphenoideum*) gebildet. Von diesen legt sich das hintere Paar an die Schenkel des Parasphenoids an und ist mit seinen Öffnungen für die Augennerven und den Orbitalast des Trigeminus fast immer nachweisbar. Die Stücke des vorderen Paares (*Orbitosphenoid*) vereinigen sich oft am Boden des Schädels zur Herstellung eines medianen Knochens, der bei Reduktion der Schädelhöhle durch ein knorpeliges oder häutiges Septum vertreten ist. Das Schädeldach wird von knöchernen Platten gebildet. An das *Occipitale superius* schließen vorne zwei *Parietalia*, an diese das große *Frontale* an, zu dessen Seiten ein zum *Squamosum* reichendes und an der Gelenkverbindung mit dem Kieferstiel beteiligtes *Postfrontale (Sphenoticum)* liegt.

In der Ethmoidalregion finden wir in der Verlängerung der Schädelbasis einen unpaaren Knorpel oder Knochen, das *Ethmoideum medium*, von der großen, an das Parasphenoid anschließenden *Vomer*-Platte ventralwärts überdeckt und zwei seitliche paarige Knochenstücke, *Ethmoidea lateralia (Praefrontalia)*, welche von den Geruchsnerven durchbohrt werden und die Stütze der Nasengruben bilden. Endlich treten (zum Schutze der Seitenorgane des Kopfes) als akzessorische Hautknochen die *Ossa infraorbitalia* und *supratemporalia* auf.

Was das Visceralskelet betrifft, so findet sich bei *Selachiern* und *Stören* ein am Schläfenteil des Schädels befestigter Kieferstiel (*Hyomandibulare*), der dem aus *Palatoquadratum* und *Unterkiefer* bestehenden Kieferbogen und dem Zungenbein zur Befestigung dient (Abb. 968, 995). Der obere Abschnitt des ersteren (*Palatoquadratum*) ist (die *Holocephali* und *Dipnoi* ausgenommen) am Schädel durch Bänder beweglich befestigt. Bei den Knochenfischen (Abb. 971, 996) und Stören (Abb. 995) erscheint der Kieferstiel in zwei Stücke (*Hyomandibulare* und *Symplecticum*) und bei ersteren das Palatoquadratum in eine größere Anzahl von Knochen gegliedert: zuerst das *Quadratum*, welches das Unterkiefergelenk trägt; an dieses schließen vorne die Pterygoidea (*Meta-, Ecto-* und *Entopterygoideum*) an; dann folgt das Gaumenbein (*Palatinum*) und anschließend der Oberkieferapparat, mit dem an der Schnauzenspitze meist beweglich verschiebbaren Zwischenkiefer (*Prä-* oder *Intermaxillare*) und dem meist zahnlosen Oberkiefer (*Maxillare*). Die beiden Äste des Unterkiefers sind in der Mittellinie nur selten verwachsen und zerfallen mindestens in ein hinteres *Articulare* und ein vorderes *Dentale*, zu dem meist noch ein *Angulare* und *Operculare (Spleniale)* hinzukommen.

An das Hyomandibulare schließt sich der Kiemendeckel an, an welchem vier Knochenstücke, das sich an das Hyomandibulare anlegende *Praeoperculum*, sodann *Operculum, Suboperculum* und *Interoperculum*, unterschieden werden.

Hinter dem Kieferbogen folgt noch ein System von gleichwertigen, die Rachenhöhle umgürtenden, ventral durch *Copulae* verbundenen Bogen, von denen der vordere als Zungenbeinbogen am äußeren Rande eine Anzahl von Stäben (*Radii branchiostegi*) zur Stütze der sogenannten Kiemenhaut trägt, die übrigen als Kiemenbogen zum Tragen der Kiemenblättchen dienen (Abb. 997). Bei den Teleosteern entwickeln sich in der Regel vier Bogen zu Kiementrägern, während der hintere, auf den ventralen Abschnitt reduziert, die sogenannten unteren Schlundknochen (*Pharyngealia inferiora*) bildet. Die oberen, an der Schädelbasis sich anlegenden Knochenstücke der Kiemenbogen werden als obere Schlundknochen (*Pharyngealia superiora*) bezeichnet.

Das System der unpaaren Flossen ist der embryonalen Anlage nach auf eine mediane, über den Rücken und Schwanz bis zum After reichende kontinuierliche Flosse zurückzuführen, welche später durch Einschnitte unterbrochen wird, so daß sich dann in der Regel drei Partien als Rückenflosse (*Pinna dorsalis*), Schwanzflosse (*Pinna caudalis*) und Afterflosse (*Pinna analis*), sondern (Abb. 994). Das Skelet der unpaaren Flossen wird von basalen knorpeligen oder knöchernen *Flossenträgern* gebildet, während der periphere Flossensaum bei *Elasmobranchiern*, *Dipnoërn* durch Hornfäden gestützt wird. Bei den Fischen mit knöchernem Skelet sind im Flossensaume knöcherne *Flossenstrahlen* vorhanden, bei den *Te-*

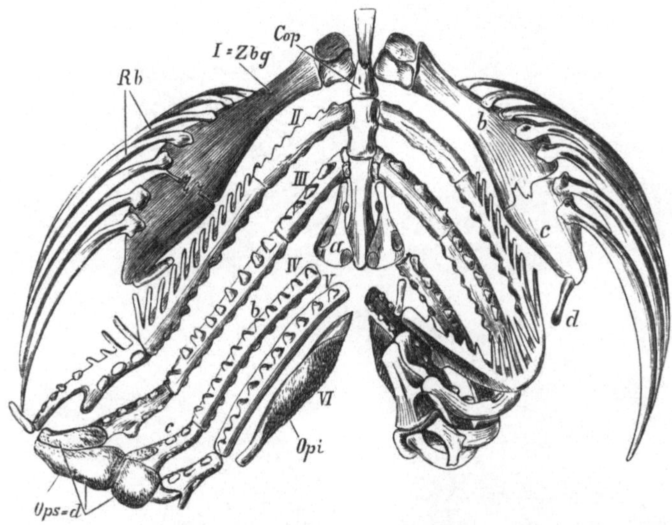

Abb. 997. Zungenbein und Kiemenbogen von *Perca fluviatilis* (aus règne animal). *I* (*Zbg*) Zungenbeinbogen, *II—V* Kiemenbogen, *a, b, c, d* Glieder derselben, die obersten Stücke sind die Ossa pharyngealia superiora (*Ops*), *VI* (*Opi*) die unteren Schlundknochen (O. pharyngealia inferiora), *Cop* Copulae, *Rb* Radii branchiostegi.

leosteern entweder harte, spitze Knochenstacheln, sogenannte Stachelstrahlen, oder weiche gegliederte Knochenstrahlen. Die Schwanzflosse setzt sich in der Regel aus einer Abteilung der dorsalen und ventralen, ursprünglich kontinuierlichen Flosse zusammen, variiert aber in der Form mannigfach. Bei den tiefer stehenden Fischen ist der ventrale Teil der Schwanzflosse bedeutender entfaltet und der Schwanzteil der Wirbelsäule dorsal aufwärts gekrümmt, wobei dorsaler und ventraler Lappen der Schwanzflosse äußerlich asymmetrisch erscheinen. Eine solche Schwanzflosse heißt *heterocerk*. Die *homocerke* Schwanzflosse erscheint äußerlich dorsoventral symmetrisch entwickelt. Aber auch in diesem Falle steigt das Achsenskelet im Schwanze dorsalwärts empor, so daß dabei eine innerliche Heterocercie besteht (Abb. 998). Doch gibt es Fälle, wo das Achsenskelet gerade bis hinten verläuft und die Schwanzflosse somit auch innerlich dorsoventral symmetrisch ist. Eine solche Schwanzflosse heißt *diphycerk*.

Die paarigen Extremitäten erscheinen in der den Fischen eigentümlichen Flossenform; die vorderen werden als *Brustflossen*, die hinteren als *Bauchflossen* bezeichnet. Die ersteren heften sich unmittelbar hinter den Kiemen an, während die beiden in der Mittellinie genäherten Bauchflossen nach hinten am Bauche (bei ursprünglichen Fischen dicht vor dem After) oder zwischen die Brustflossen gerückt, selbst vor diesen liegen (Bauch-, Brust- und Kehlflosser). In seltenen Fällen fehlen infolge von Rückbildung die Bauchflossen (*Aale*) und auch die Brustflossen (*Muraena*).

Der Schultergürtel ist bei den *Elasmobranchiern* (Abb. 968) meist ein einfacher, aber paarig angelegter Knorpelbogen. Bei den Stören wird dieser primäre Schultergürtel durch aufgelagerte Hautknochen (*Claviculare, Cleithrum*) in die bei *Teleosteern* bestehende Form übergeführt, indem auch im Knorpel selbst entstehende Ossifikationen die als *Scapulare, Coracoideum* bzw. *Procoracoideum* bezeichneten Stücke liefern. An das *Claviculare* (*Cleithrum* GEGENBAUR) sich dorsal

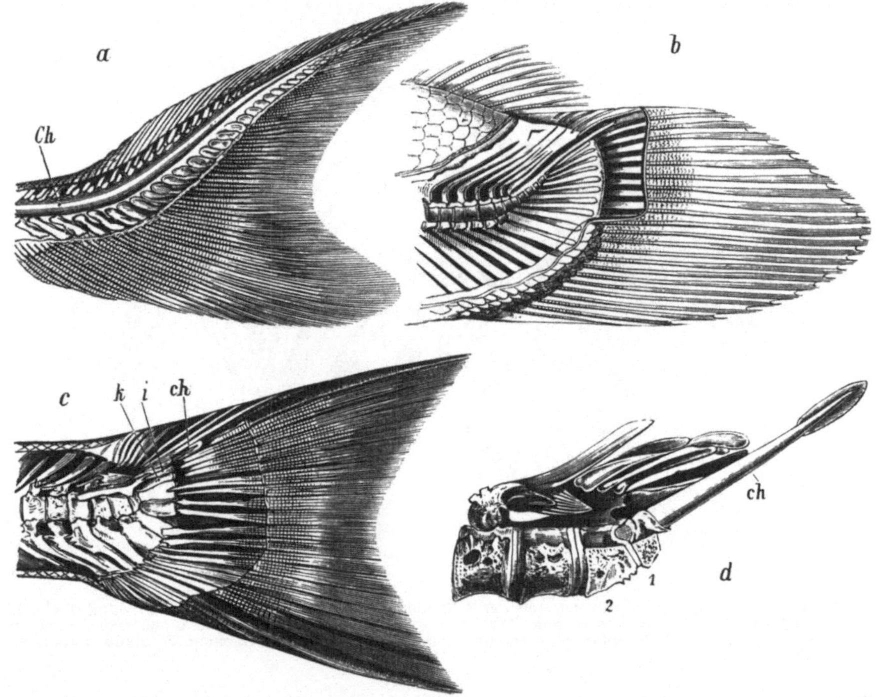

Abb. 998. Schwanzflosse a von *Acipenser sturio*, b von *Amiatus calvus*, c von *Salmo salar* (b, c nach KÖLLIKER). *Ch* Chorda dorsalis, *i* erster, *k* zweiter Flossenstrahlträger am Chordaende. — d Ende der Wirbelsäule von *Salmo salar* (nach KÖLLIKER). *1* letzter, *2* zweitletzter Wirbelkörper, *ch* Chordastab mit Knorpelplatten an seinem Ende.

anschließende Knochen, die *Supraclavicularia* (*Supracleithralia* GEGENBAUR), vermitteln die Befestigung des Schultergürtels am Schädel (Abb. 996). Der Beckengürtel bleibt stets ohne Verbindung mit dem Achsenskelet. Er tritt bei *Selachiern* meist in Form eines Knorpelbogens auf. Bei den übrigen Fischen geht er (ausgenommen *Crossopterygier* und *Dipnoër*) verloren und wird durch zwei aus Radien der Flosse hervorgegangene stabförmige oder dreieckige Skeletstücke (Basalstücke) ersetzt.

Das Skelet der freien Flosse besteht aus einem oder mehreren Basalia mit einer größeren Zahl peripheriewärts angefügter Seitenstrahlen. An letztere schließen sich bei *Selachiern* und *Dipnoërn* die von der Haut aus entstandenen Hornfäden des Flossensaumes an (Abb. 972 a). In der Reihe der übrigen Fische zeigt das primäre Stammskelet eine weitgehende Reduktion, während das sekundäre Hautskelet des Flossensaumes in Form knöcherner Flossenstrahlen eine größere Entfaltung erfährt.

Das Nervensystem der Fische zeigt im Vergleiche zu den höheren Vertebraten einfache Verhältnisse. Am Gehirn (Abb. 999) bleiben die Großhirnhemisphären klein, wogegen Mittel- und Hinterhirn stark entwickelt sind. Am Zwischenhirn springen ventral die für die Fische charakteristischen *Lobi inferiores* vor. Die Lobi olfactorii, von denen die Riechnerven entspringen, erscheinen als gesonderte, zuweilen mächtige Anschwellungen. An dem Nachhirne, der Medulla oblongata, ent-

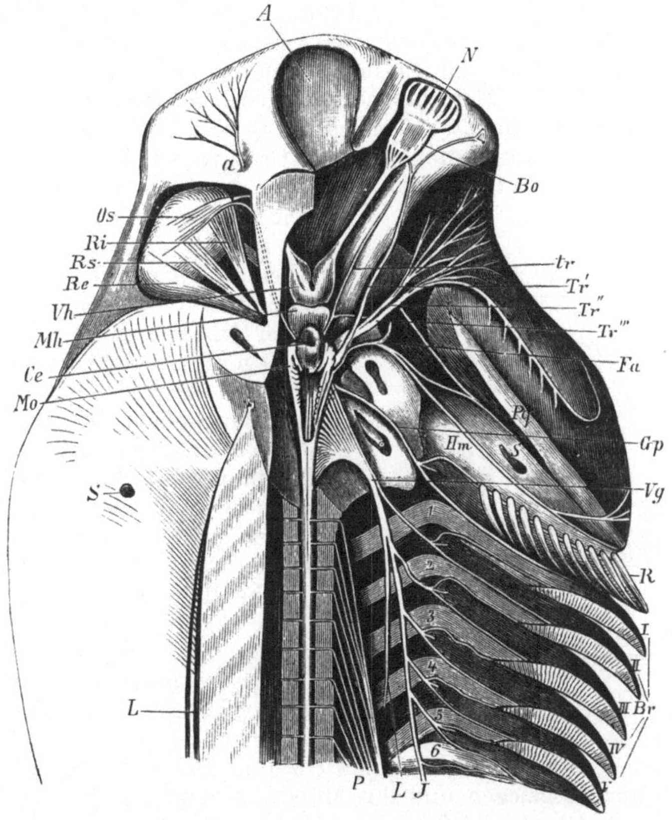

Abb. 999. Kopf mit freigelegtem Gehirn und vorderem Teil des Rückenmarkes von *Hexanchus griseus*. (Nach GEGENBAUR.) Rechterseits sind die Nerven frei präpariert; das rechte Auge ist entfernt. *A* Vordere Schädellücke, *N* Nasenkapsel, *Vh* Vorderhirn, *Mh* Mittelhirn, *Ce* Cerebellum, *Mo* Medulla oblongata, *Bo* Bulbus olfactorius, *tr* Trochlearis, *Tr'* erster Ast des Trigeminus, *a* Endzweig desselben auf der Ethmoidalregion, *Tr''* zweiter, *Tr'''* dritter Trigeminusast, *Fa* Facialis, *Gp* Glossopharyngeus, *Vg* Vagus, *L* Ramus lateralis, *J* Ramus intestinalis, *Os* Musculus obliquus superior, *Ri* M. rectus internus, *Re* M. rectus externus, *Rs* M. rectus superior, *S* Spritzloch, *Pq* Palatoquadratum, *Hm* Hyomandibulare, *R* Kiemenhautstrahlen, *I—VI* Kiementaschen, *1—6* Kiemenbogen, *Br* Kiemen, *P* Spinalnerven.

wickeln sich oft seitliche Anschwellungen, die *Lobi posteriores*, so bei Haien u. a. am Ursprunge des Vagus, bei den elektrischen Rochen als großer *Lobus electricus* (Abb. 160). Das Rückenmark, welches an Masse das Gehirn bedeutend überwiegt, erstreckt sich in der Regel durch den ganzen Rückgratkanal und zeigt in einigen Fällen (*Trigla, Mola*) an seinem vorderen Abschnitte dem Ursprunge der Spinalnerven entsprechende paarige oder unpaare Anschwellungen.

Als Sinnesorgane finden sich bei den Fischen sogenannte *Endknospen* (*becherförmige Organe*) über den ganzen Körper verbreitet, am zahlreichsten an den

Flossen, Lippen und Barteln. Sie ragen meist kuppenförmig über das Niveau der Epidermis und bestehen aus centralen Sinneszellen und sie umschließenden Hüllzellen. Diese und gleiche in der Mundhöhle auftretende Endknospen fungieren als *Geschmacksorgane*.

Desgleichen gehören wohl in die Kategorie der Tastorgane die Sinneshügel der *Seitenlinie* (Abb. 1000). Der Bau dieser Sinnesorgane unterscheidet sich von jenem der Sinnesknospen dadurch, daß die mit Stiften ausgestatteten Sinneszellen kürzer als die umschließenden Hüllzellen sind. Sie liegen in Rinnen oder Kanälen der Epidermis, gewöhnlich von Schuppen oder Kopfknochen eingelagert, und sind in drei Reihen (einer supra-, einer suborbitalen und einer mandibularen Reihe) am Kopfe, am Rumpfe in der sogenannten Seitenlinie angeordnet. Diese Kanäle sind durch (bei Ganoiden und Elasmobranchiern verästelte) Kanälchen nach außen offen (Abb. 1001). Eine besondere Art solcher Organe sind die *Nervensäckchen* von Ganoiden, die *Lorenzinischen Ampullen* (*Gallertröhren*) der Elasmobranchier, ampullenförmig beginnende mit Gallerte erfüllte, an der Haut ausmündende Röhren (Abb. 1013), und die unter der Haut gelegenen abgeschlossenen Savischen *Bläschen* von *Torpedo*.

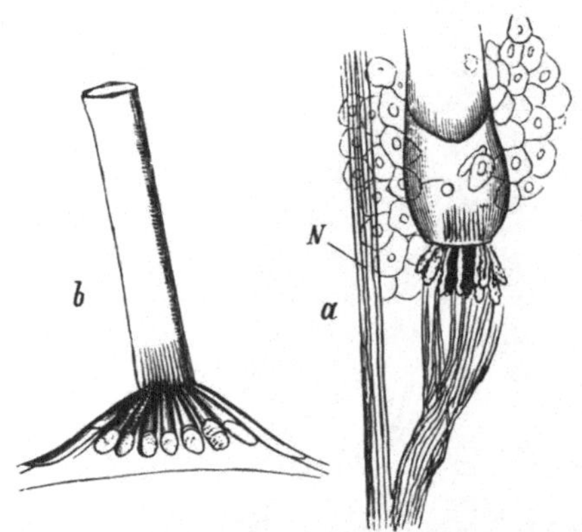

Abb. 1000. a Seitenorgan am Schwanze des Plötz. *N* Nerv. — b Seitenorgan am Kopfe, wahrscheinlich eines jungen Brachsen mit gallertigem Schutzröhrchen. (Nach Fr. E. Schulze.)

Alle zuletzt genannten Sinnesorgane erscheinen auf den Kopf und vorderen Rumpfabschnitt beschränkt und sind in größter Zahl an der Schnauze zu finden. Die sogenannten *Seitenlinien* funktionieren als Organe, durch welche dem Tiere Bewegungen des Wassers mitgeteilt werden (Strömungssinn). Sie sind am Rumpfe vom Nervus lateralis Vagi innerviert. Die Lorenzinischen Ampullen werden als Rezeptoren für Änderungen des hydrostatischen Druckes angesehen (Dotterweich).

Alle Fische besitzen paarige, mit Ausnahme der *Dipnoër* blindgeschlossene Nasengruben, an deren innerer in Falten erhobener Schleimhaut zwischen Wimperzellen die Riechzellen, zuweilen in Geruchsknospen angeordnet, liegen. Die Nasengruben sind bei *Elasmobranchiern* und *Dipnoërn* ventral, sonst dorsalseits der Schnauze gelegen und ihre Mündung meist durch eine Hautbrücke in eine vordere und hintere Öffnung geteilt.

Das *statische Organ* reduziert sich auf das häutige Labyrinth, das in Utriculus mit drei Bogengängen und Sacculus mit kleiner Lagena gegliedert ist. Es liegt bei *Chimaeren* und *Teleosteern* sowie *Ganoiden* zum Teil frei in der Schädelhöhle und steht bei den *Elasmobranchiern* mittels des Ductus endolymphaticus noch mit der Hautoberfläche in Zusammenhang (Abb. 1002). Bemerkenswert ist die Beziehung, welche bei einigen Knochenfischen zwischen statischem Organ und Schwimmblase besteht. Bei einigen *Clupeiden, Serraniden, Gadiden, Spariden* sind es zwei blindendigende Fortsätze der Schwimmblase, die an den perilymphatischen Raum des statischen Organs anstoßen, während bei den *Ostariophysi* (*Cypriniden, Siluriden* u. a.) durch eine Reihe von den vordersten Wirbeln entstammenden Knöchelchen (Weberscher Apparat) (Abb. 1003) diese Verbindung hergestellt wird. Durch diese Einrichtungen empfängt das Tier vom Ausdehnungszustande der Schwimmblase Kunde. Auch ein Hörvermögen scheint den Fischen nicht ganz zu fehlen.

Die Augen charakterisieren sich durch eine überaus flache *Cornea* und eine große, fast kugelrunde Linse, die mit ihrer vorderen Fläche aus der Pupille weit hervorragt (Abb. 1004). Die Sclera enthält Knorpel oder auch Knochen. Ein Ciliarkörper fehlt, ausgenommen die *Elasmobranchier* und *Chondroganoiden*, bei denen er schwach entwickelt vorkommt. Als eigentümliche Bildung des Fisch-

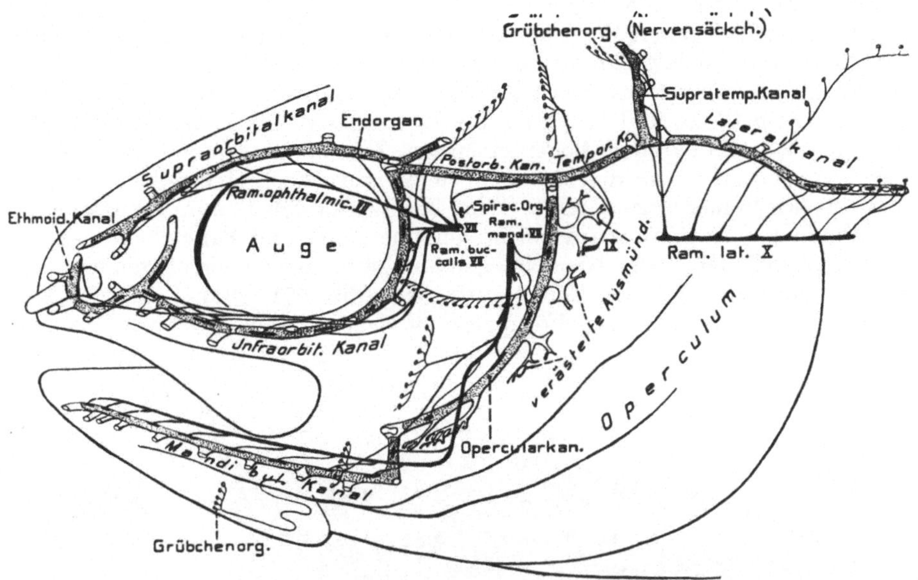

Abb. 1001. *Amiatus (Amia) calvus.* Kopf (linke Seite) mit dem Seitenkanalsystem und den zu ihm tretenden Nerven. Die Kanäle punktiert dargestellt, ihre Ausführungsgänge abgeschnitten gedacht, nur die des Opercularkanales in ihrer verästelten Form wiedergegeben. Die Nervenendorgane in den Kanälen schwarz, die grübchenförmigen Organe (Nervensäckchen) als kleine Ovale angedeutet. (Nach ALLIS aus BÜTSCHLI, Vorlesungen vergl. Anat.)

auges ist der *Processus falciformis* (reduziert bei *Elasmobranchiern* und *Dipnoërn*) hervorzuheben, eine die Retina durchsetzende, durch die embryonale Chorioidealspalte eintretende Falte der Chorioidea, die zu dem als *Campanula Halleri* bekannten (bei *Elasmobranchiern* rudimentären) Linsenmuskel (Musculus retractor lentis) zieht. Die Campanula Halleri bewirkt die Accomodation durch Annäherung der Linse an die Netzhaut. An der Eintrittsstelle der Sehnerven findet sich bei einigen *Teleosteern* und *Amiatus* die sogenannte *Chorioidealdrüse*, ein Wundernetz. Bei einer Anzahl von Fischen (*Cobitis, Cottus, Periophthalmus, Lepadogaster, Mormyriden, Protopterus annectens*) ist die Cornea in zwei Blätter gesondert, von denen das äußere, die sogenannte Brille, von dem inneren Corneablatte durch einen mit Flüssigkeit gefüllten Spaltraum getrennt ist, eine Bildung, die an die Brille des Schlangenauges erinnert.

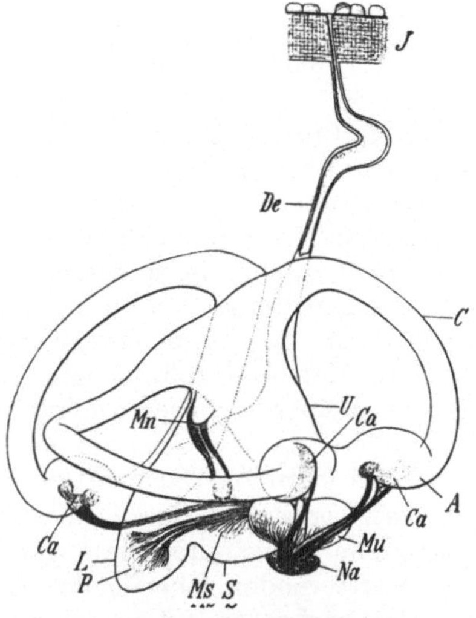

Abb. 1002. Häutiges Labyrinth von *Scylliorhinus canicula*. (Nach G. RETZIUS.) *A* Ampullen, *C* Ductus semicirculares, *Ca* Cristae ampullares, *De* Ductus endolymphaticus, *J* Kopfhaut, *L* Lagena, *Mn* Macula (acustica) neglecta, *Ms* Macula sacculi, *Mu* Macula utriculi, *Na* Nervus acusticus, *P* Papilla lagenae, *S* Sacculus, *U* Utriculus.

Eine Anzahl von Fischen (*Gymnotus, Malopterurus, Astroscopus*, Zitterrochen) besitzen elektrische Organe. Ähnlich gebaute Organe, jedoch ohne bemerkenswerte Elektrizitätswirkung, werden bei *Mormyrus* und *Raja* gefunden (vgl. S. 174, Abb. 160—162).

Die Verdauungsorgane beginnen mit der meist am Vorderende des Kopfes, seltener ventral gelegenen Mundöffnung; letztere stellt sich in der Regel als Querspalte dar und kann zuweilen mittelst verschiebbarer Stielknochen des Zwischen- und Oberkiefers vorgestreckt werden (*Labriden*). Mund- und Rachenhöhle zeichnen sich durch Weite und Reichtum an Zähnen aus. Oft finden sich im Oberkieferapparate zwei parallele Bogenreihen von Zähnen, eine äußere im Zwischenkiefer und eine innere an den Gaumenbeinen, wozu noch eine mittlere unpaare Zahnreihe des Vomer hinzukommt. Dem Unterkiefer gehört nur eine Bogenreihe von Zähnen an. Auch am Zungenbein, am Oberkiefer und Parasphenoideum sowie in der Regel auch an den Kiemenbogen und besonders an den oberen und unteren Schlundknochen können Zähne auftreten (Abb. 971, 997). Nach der Form unterscheidet man spitze, kegelförmige *Fangzähne* (Kamm-, Bürsten-, Sammet-

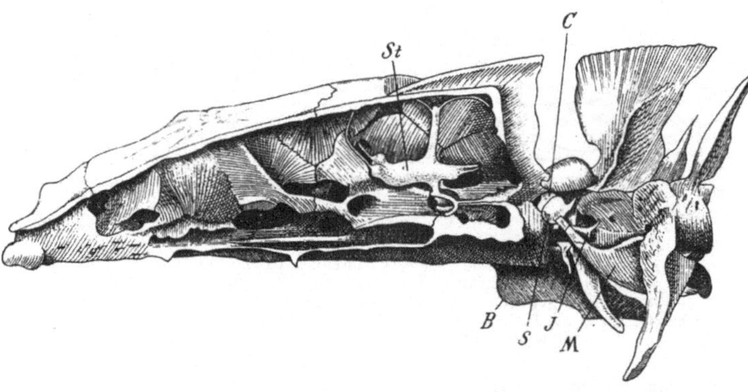

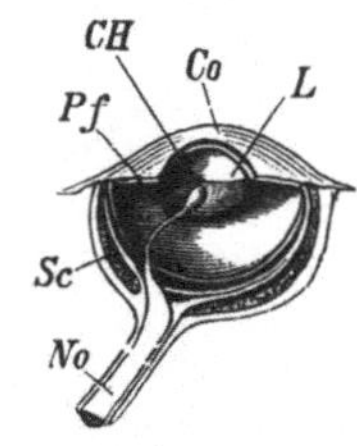

Abb. 1003. Schädel, seitlich teilweise eröffnet, und die ersten Wirbel des Karpfen (*Cyprinus carpio*). (Nach E. H. WEBER.) *B* Fortsatz des Basioccipitale, *C, J, M, S* WEBERsche Knöchelchen, *St* häutiges Labyrinth.

Abb. 1004. Auge von *Esox lucius*, horizontaler Durchschnitt. (Aus GEGENBAUR.) *Co* Cornea, *L* Linse, *Pf* Processus falciformis, *CH* Campanula Halleri, *No* Nervus opticus, *Sc* Verknöcherungen der Sclera.

zähne) und breite *Mahlzähne*. Auch können meißelförmige Zähne vorn im Kiefer zu messerförmigen Schneiden vereinigt sein (*Sparidae, Plectognathi*).

Am Boden der Mundhöhle kommt eine nur kleine, kaum bewegliche Zunge zur Entwicklung; der Schlund wird seitlich von den Kiemenspalten durchbrochen. Es folgt dann eine meist kurze, trichterförmige Speiseröhre und in der Regel ein weiter Magen, der sich häufig in einen ansehnlichen Blindsack auszieht (Abb. 1005). Am Anfange des durch eine Klappe abgesetzten Mitteldarmes erheben sich bei den Ganoiden und zahlreichen Knochenfischen blinddarmförmige Anhänge (*Appendices pyloricae*). Die Innenfläche des meist in mehrfachen Schlingen gewundenen Mitteldarmes zeichnet sich durch die Längsfalten der Schleimhaut aus, nur selten kommen Darmzotten vor; hingegen besitzt der hintere Darmabschnitt der *Elasmobranchier, Ganoiden* und *Dipnoër* eine eigentümliche, schraubenförmig gewundene Längsfalte, die sogenannte Spiralklappe, welche zur Vergrößerung der resorbierenden Oberfläche wesentlich beiträgt. Ein Rectum ist keineswegs überall scharf gesondert und dann nur überaus kurz, bei den *Selachiern* mit einem blindsackartigen Anhang versehen (Abb. 1006). Der After liegt in der Regel weit nach hinten und stets bauchständig, bei den Kehlflossern und einzelnen Knochenfischen ohne Bauchflossen rückt er auffallend weit nach vorne bis an die Kehle. Die Ausmündung des Darmes erfolgt direkt oder (*Elasmobranchii, Dipnoi*) mit-

tels einer Cloake, in der auch Harn- und Genitalorgane münden. Im ersteren
Falle liegt die Afteröffnung vor der Mündung der Harn- und Geschlechtsorgane.

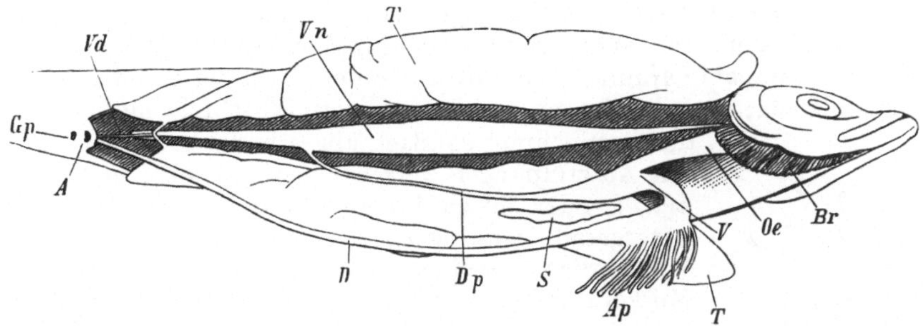

Abb. 1005. Darmkanal und Geschlechtsorgane von *Clupea harengus*. (Nach BRANDT.) *Br* Kiemen, *Oe* Oesophagus,
V Magen, *Ap* Appendices pyloricae, *D* Darm, *A* Afteröffnung, *Vn* Schwimmblase, *Dp* Luftgang, *S* Milz, *T* Hoden,
Vd sein Ausführungsgang, *Gp* Urogenitalöffnung.

Speicheldrüsen fehlen den Fischen, dagegen findet sich stets eine große, fettreiche,
meist mit einer Gallenblase versehene Leber sowie in der Regel auch eine Bauch-

speicheldrüse; letztere erscheint
zuweilen in kleine, im Mesenterium eingeschlossene Drüsengruppen verteilt oder, wie beim
Karpfen, *Morone* (*Labrax*), *Gobius* u. a., in die Leber eingebettet.

Auch bei den Fischen (mit
einigen Ausnahmen wie *Elasmobranchii*, *Pleuronectidae*, *Myctophidae* u. a.) findet sich ein den
Lungen der übrigen Wirbeltiere
homologes Organ, das bei *Dipnoërn*, *Lepisosteus*, *Amiatus* mit
Parietalzellen ausgestattet als
Lunge fungiert (Abb. 1007)
(wahrscheinlich ist auch die
zellig gebaute Schwimmblase
von *Gymnarchus* und *Arapaima*
sowie die stark vascularisierte
Schwimmblase von *Umbra* respi-
ratorisch), bei den übrigen
Fischen an der Innenfläche
meist glattwandig ist und zur
Schwimmblase wird, die sich
funktionell als hydrostatischer
Apparat erweist. Es ist fast
stets ein unpaarer, selten (*Polypterus*, *Protopterus*, *Lepidosiren*)
paarig geteilter, mit Luft ge-
füllter Sack, der an der Wir-

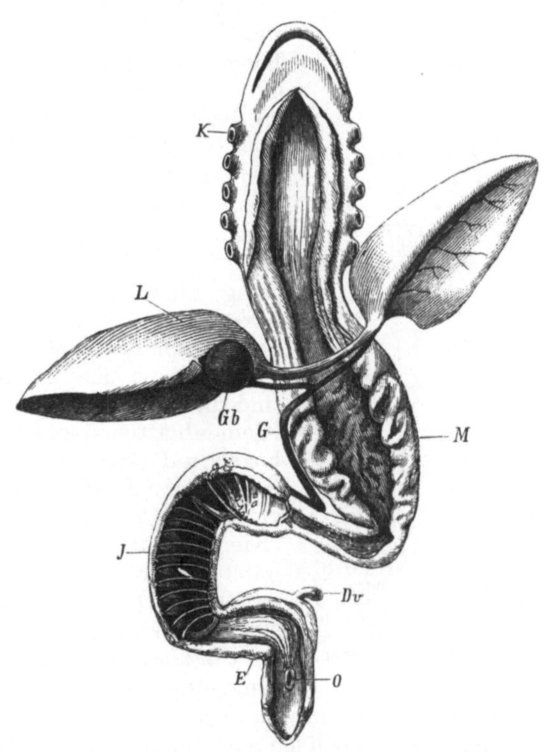

Abb. 1006. Darm von *Torpedo*. *K* Kiemenlöcher, *M* Magen
L Leber, *Gb* Gallenblase, *G* Gallengang, *J* Darm mit Spiral-
klappe, *E* Enddarm. *Dv* drüsiges Divertikel (Rectaldrüse),
O Einmündung der Oviducte.

belsäule über dem Darm liegt. Er steht bei den *Ganoiden*, *Dipnoërn* und
einer Anzahl von Teleosteern (*Malacopterygii*, *Ostariophysi*, *Apodes*, *Haplomi*),

die als *Physostomi* bezeichnet werden, mit dem Darm durch den Luftgang (*Ductus pneumaticus*) in Verbindung (Abb. 1005). Die Einmündung des letzteren liegt bei *Polypterus* und den *Dipnoi* ventral, sonst dorsal oder lateral. Zahlreichen Teleosteern (den sogenannten *Physoclisti*) dagegen fehlt der Luftgang und die Schwimmblase ist geschlossen. Bei einer Anzahl von *Clupeiden* besitzt die Schwimmblase eine zweite, postanale Öffnung nach außen. In der Form variiert die Schwimmblase mannigfach; zuweilen ist sie durch eine quere Einschnürung in einen vorderen und hinteren Sack abgeschnürt (Karpfen) oder ist mit Ausstülpungen versehen (so besonders bei den *Sciaeniden*), oder durch innere Septa in einzelne Kammern untergeteilt (zahlreiche *Triglidae* und *Siluridae*). Ihre Wand wird aus einer äußeren elastischen, zuweilen mit Muskeln versehenen Haut und einer inneren Schleimhaut gebildet; auch können Ossifikationen ihrer Wand eintreten (*Acanthopsidae*). Zuweilen treten sogenannte rote Körper (Wundernetze) auf, über welchen das Innenepithel der Schwimmblase drüsig ausgebildet ist (Gasdrüse). Der bei einigen Fischen bestehenden Beziehungen der Schwimmblase zum statischen Organ wurde bereits gedacht.

Als Respirationsorgane finden sich überall an den zwischen Schlund und Körperwand vorhandenen Spalten Kiemen. Bei den *Selachiern* sind es durch ebenso viel äußere als innere seitliche Öffnungen mündende Taschen, an deren vorderen und hinteren, durch Knorpelstäbchen gestützten Wänden die Kiemenblättchen gelegen sind (Abb. 1008 a). In der Regel finden sich 5 Paare Kiementaschen, von denen die letzte nur an ihrer Vorderwand eine Kiemenblättchenreihe besitzt. Dazu kommt häufig noch ein zwischen Kiefer- und Zungenbeinbogen verlaufender Gang, eine rudimentäre Kiementasche, das sogenannte *Spritzloch*, an welchem Rudimente von Kiemenblättchen ohne respiratorische Bedeutung, die *Pseudobranchie* des Spritzloches, sich finden. Bei *Ganoiden* und *Teleosteern* sind die Kiementaschen verkürzt und die lanzettförmigen Kiemenblättchen sitzen in Doppelreihen den vier Kiemenbogen auf, jederseits vier kammförmige Kiemen bildend (bei einigen *Plectognathi* u. a. auf drei reduziert), die von einem Kiemendeckel und der Branchiostegalmembran (Kiemenhaut) überdeckt werden (Abb. 1008 b); dadurch entsteht eine Kiemenhöhle mit einfacher hinterer Kiemenspalte. Auch an der Innenseite des Kiemendeckels finden sich Kiemenblättchen, die bei vielen *Ganoiden* wie auch bei *Chimaera* als Kiemen (*Nebenkieme, Kiemendeckelkieme*) fungieren, bei *Teleosteern* aber die respiratorische Bedeutung verloren haben und als *Pseudobranchie des Kiemendeckels* bezeichnet werden.

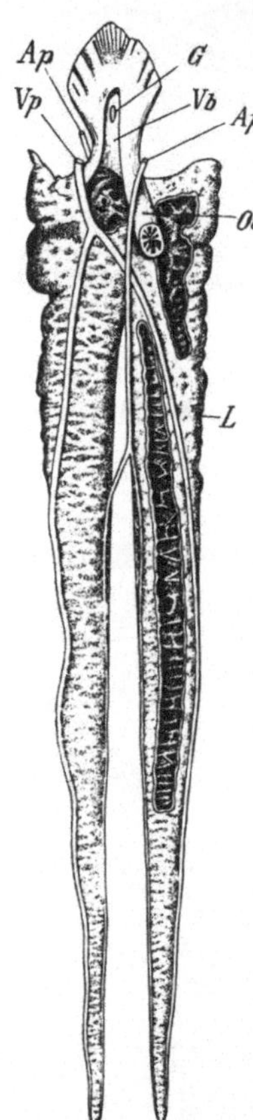

Abb. 1007. Lunge von *Protopterus annectens*, teilweise eröffnet. (Nach W. N. PARKER.) *L* Lunge, *Vb* Vestibulum der Lunge, *G* Einmündung der Lunge in den Pharynx, *Oe* Oesophagus, *Ap* Lungenarterien, *Vp* Lungenvene.

Ferner kommt noch ein Spritzloch, zuweilen (*Störe*) mit einer Pseudobranchie, den meisten *Ganoiden* zu. Zwischen den Kiementaschen der Selachier und den von einem Kiemendeckel überdeckten Kammkiemen der Ganoiden und Teleosteer steht die Kiemenbildung der *Chimaeren* unter den Elasmobranchiern, indem hier die Kiementaschen weniger lang sind und die Taschensepta nur bis zum distalen Ende der Kiemenblättchen reichen; dazu kommt eine die Kiemen überdeckende, am Hyomandibulare entspringende Hautfalte, die einen Kiemendeckel bildet.

Äußere Kiemen finden sich bei den Embryonen von *Elasmobranchiern, Lepidosiren* und *Polypterus*, ferner drei Paar rudimentärer äußerer Kiemen neben den hier auch vorhandenen inneren Kiemen bei *Protopterus* vor.

Bei einer Anzahl von Fischen, meist solchen, die auch außerhalb des Wassers Aufenthalt nehmen können, sind *akzessorische Atmungsorgane* vorhanden, welche von der gefäßreichen Kiemenhöhlenhaut aus ihre Entstehung nehmen. Sie stellen entweder labyrinthförmige Höhlungen im oberen vergrößerten Kiemenbogenknochen des 1. Kiemenbogens (*Labyrinthfische,* Abb. 1009) oder, wie bei gewissen Siluriden (*Clarias, Heterobranchus*), baumförmig verästelte Anhänge an ein bis zwei Kiemenbogen vor, die in eine dorsale Erweiterung der Kiemenhöhle hineinragen; ein gleicher, spiraliger Anhang (sogenannte Kiemenschnecke) findet sich bei einigen *Clupeiden* und *Heterotis.* Bei *Saccobranchus* und *Amphipnous* sind die akzessorischen Atmungsorgane dagegen in Form sackförmiger Ausstülpungen der dorsalen Kiemenhöhlenschleimhaut ausgebildet. Gleicherweise ist auch die Darmatmung bei *Misgurnus fossilis* und einigen südamerikanischen Süßwasser-

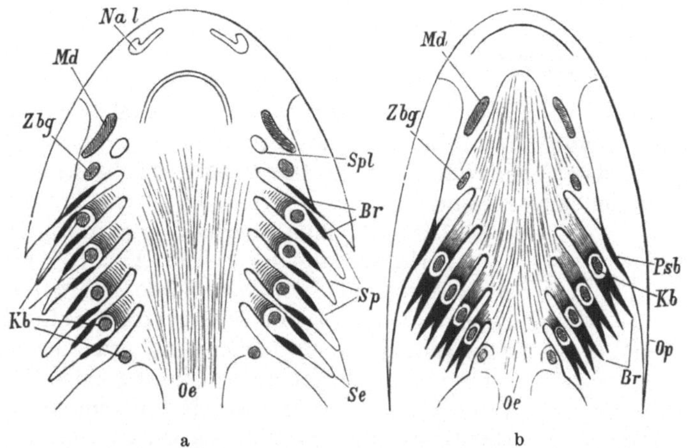

Abb. 1008. Horizontalschnitt durch die Kiemenhöhle mit Ansicht ihres Daches, a eines Haies, b eines Teleosteers. (Nach GEGENBAUR, verändert.) *Nal* Nasenloch, *Md* Mandibel, *Zbg* Zungenbeinbogen, *Kb* Kiemenbogen, *Oe* Oesophagus, *Spl* Spritzloch, *Br* Kiemen, *Sp* Kiemenspalten, *Se* Septa der Kiementaschen, *Psb* Pseudobranchie des Kiemendeckels (Kiemendeckelkieme), *Op* Kiemendeckel.

welsen (*Callichthys, Loricaria* u. a.) aufzufassen, indem bei diesen Fischen Luft in den sehr gefäßreichen Darm aufgenommen und durch den After ausgestoßen wird. Hautatmung von ansehnlicher Bedeutung findet sich beim Aal und *Misgurnus.*

Die Kreislaufsorgane der Fische (Abb. 141) zeigen ursprüngliche, mit den embryonalen Zuständen der höheren Vertebraten übereinstimmende Verhältnisse. Das Herz liegt weit vorn hinter dem Kopfe und dem Kiemengerüst, von einem Herzbeutel umschlossen, dessen Innenraum bei den Elasmobranchiern und Stören mit der Pleuroperitonealhöhle durch eine kanalartige Communication in Verbindung steht. Das *Herz* ist als einfaches venöses Kiemenherz, aus einem dünnwandigen weiten Vorhof und einer sehr kräftigen muskulösen Kammer zusammengesetzt, welche von jenem durch zwei Taschenklappen getrennt ist. Bei *Elasmobranchiern, Ganoiden* und *Dipnoërn* schließt sich an die Herzkammer ein besondere Herzabschnitt mit 2—8 Reihen halbmondförmiger Klappen, der *Bulbus cordir* oder *Conus arteriosus* (Abb. 1010), an, der bei den Knochenfischen rückgebildet ist. Dagegen beginnt bei letzteren der Truncus arteriosus (Aorta ascendens) mit einer zwiebelförmigen Erweiterung. dem *Bulbus arteriosus.* Der Truncus arteriosus teilt sich in paarige, der Zahl der Kiemenbogen entsprechende Gefäßbogen, in deren Verlauf das respiratorische Capillarnetz der Kiemenblättchen eingeschaltet ist (Abb. 979 a, 128). Die aus dem Capillarnetz hervorgehenden Gefäße (Epibranchialarterien) vereinigen sich zur Aorta descendens; die vorderste Epibranchialarterie entsendet die Gefäße des Kopfes. Das Venensystem besteht aus zwei vorderen (Jugularvenen) und hinteren Cardinalvenen, die sich jederseits zu einem Querkanal (Ductus Cuvieri) vereinigen. Letztere münden in einen vor dem Atrium gelegenen Sinus venosus ein. Aus den Ästen der Caudalvene entwickelt sich der Pfortaderkreislauf der Niere, aus dem das Blut dann in die hinteren Cardinalvenen gelangt. Das Venenblut des Darmes wird durch die Pfortader zur Leber geführt, in welcher es den Pfortaderkreislauf speist; eine oder mehrere Lebervenen führen dasselbe zwischen den beiden Ductus Cuvieri in den Sinus venosus. Bei den *Dipnoi* und *Polypterus* ist bereits eine untere Hohlvene vorhanden. Das Lymphgefäßsystem besteht in seinen Hauptstämmen in Form von Lymphsinus. Lymphherzen sind in einigen Fällen an der Einmündung in das Venensystem, so am Caudalsinus beobachtet. Milz, Thyreoidea und Thymus sind vorhanden. Die Thyreoidea liegt am Truncus arteriosus, die kleine Thymus oberhalb der Kiemenbogen.

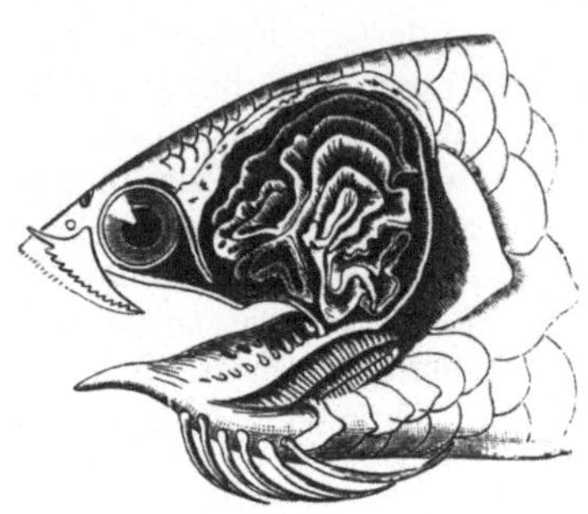

Abb. 1009. Kopf von *Anabas scandens* (aus règne animal) nach Abhebung des Kiemendeckels, um den Labyrinthapparat zu zeigen. $^1/_1$

Als Harnorgane der Fische (Abb. 1011) fungieren die persistierenden *Urnieren* (Mesonephros), welche sich längs der Wirbelsäule häufig vom Kopfe bis zum Ende der Leibeshöhle erstrecken und zwei zu einem gemeinsamen Gang (meist unter Bildung einer Harnblase) sich vereinigende Urnierengänge entsenden. Stets liegen Harnblase und Ausführungsgang derselben hinter dem Darmkanal. Jener mündet bei den männlichen Knochenfischen (*Salmoniden* ausgenommen) mit der Geschlechtsöffnung gemeinsam, beim Weibchen auf einer besonderen Papille hinter der Geschlechtsöffnung. Bei den *Elasmobranchiern* und *Dipnoërn* erfolgt die Ausmündung der Harn- und Genitalgänge gemeinsam mit dem Darm in eine Cloake.

Bei manchen Fischen (*Elasmobranchier*, *Ganoiden*, meiste *Dipnoi*, *Salmoniden*) liegen bei der Cloaken-, bzw. Afteröffnung besondere paarige Poren (Abdominalporen), durch welche die Pleuroperitonealhöhle mit der Außenwelt kommuniziert.

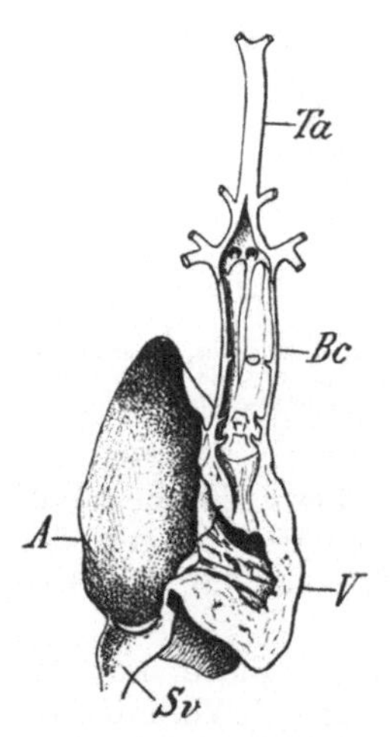

Abb. 1010. Herz von *Squalus acanthias* geöffnet. (Original G.) *Sv* Sinus venosus, *A* Atrium, *V* Ventrikel, *Bc* Bulbus cordis, *Ta* Truncus arteriosus.

Mit Ausnahme hermaphroditischer Formen, wie *Serranus*, *Chrysophrys* u. a., sind die Fische getrennten Geschlechtes, nicht selten mit geringeren (*Tinca*, *Cobitis*) oder bedeutenderen (*Macropodus*) äußeren Geschlechtsunterschieden. Ein auffallender Geschlechtsdimorphismus besteht bei einigen *Pediculaten* (*Ceratias*), bei denen die Männchen im Vergleich zum Weibchen zwergartig klein bleiben und dauernd als Parasiten mittels der Mundöffnung mit dem Weibchen verwachsen sind. Männliche und weibliche Genitalorgane verhalten sich nach Lage und Gestalt übereinstimmend. Die Ovarien erweisen sich als paarige, zuweilen auch unpaare Organe, die unterhalb der Nieren zu den Seiten des Darmes gelegen sind. Im einfachsten Falle gelangen die Eier nach Dehiscenz der Ovarialwand in die Leibeshöhle und von hier durch einen einfachen oder paarigen, hinter dem After befindlichen Genitalporus nach außen (*Somniosus, Salmonidae, Anguillidae*); bei den übrigen *Elasmobranchiern*, den *Dipnoërn* und meisten *Ganoiden* durch mit freier Öffnung in der Leibeshöhle beginnende Gänge (MÜLLERsche Gänge), an denen bei *Elasmobranchiern* eine Drüse, die Eileiterdrüse, entwickelt ist (Abb. 984 b). Dagegen sind bei den übrigen Teleosteern die Ovarien geschlossene Säcke mit Ausführungsgängen, die als unmittelbare Fortsetzungen der Genitaldrüsen erscheinen. Als Ausleitungsweg der paarigen Hoden fungiert bei den *Elasmobranchiern, Stören, Lepisosteus*, wahrscheinlich allen *Dipnoërn* ein Teil der Urniere (Abb. 984 a), während sonst die Samenleiter direkte Fortsetzungen der Hoden sind (Abb. 1005). Bei den Knochenfischen vereinigen sich sowohl die beiden Eileiter als auch Samenleiter zu einem unpaaren Gange; die Eileiter öffnen sich zwischen After und Mündung des Harnweges, die Samenleiter (*Salmoniden* ausgenommen) mit dem Harnblasengang durch einen gemeinsamen Urogenitalsinus auf der Urogenitalpapille nach außen; bei den *Elasmobranchiern* und *Dipnoërn* erfolgt die Ausmündung in eine Cloake. Äußere akzessorische Begattungsorgane finden sich nur bei den männlichen *Elasmobranchiern* als lange durchfurchte Knorpelanhänge der Bauchflossen.

Die meisten Fische legen Eier ab, nur wenige Teleosteer, wie z. B. *Zoarces*, viele *Cyprinodonten* u. a., sowie ein großer Teil der *Selachier* gebären lebendige Junge, welche meist in einem erweiterten, als Uterus fungierenden Abschnitte der Eileiter die embryonale Entwicklung durchlaufen. Meist tritt die Fortpflanzung nur einmal im Jahre, am häufigsten im Frühjahr ein, seltener im Sommer, ausnahmsweise, wie bei vielen *Salmoniden*, im Winter. Nicht selten treten zur Laichzeit Farbenveränderungen und Hautwucherungen (Perlausschlag) besonders beim männlichen Tiere auf (Hochzeitskleid). Beide Geschlechter sammeln sich dann oft in größeren Scharen, suchen seichte Brutplätze in der Nähe der Flußufer oder am Meeresstrande auf (Heringe); einige unternehmen ausgedehntere Wanderungen, durchstreifen in großen Zügen weite Strecken an den Küsten des Meeres (*Thunfische*) oder steigen aus dem Meere in die Flußmündungen auf und ziehen mit Überwindung großer Hindernisse (Salmsprünge) stromaufwärts bis in die kleineren Nebenflüsse (*Lachse, Maifische, Störe* usw.), wo sie an geschützten und nahrungsreichen Orten ihre Eier ablegen. Umgekehrt wandern die Aale zur Fortpflanzungszeit aus den Flüssen in die Tiefe des Meeres, aus welchem die Aalbrut wieder in die Mündungen der süßen Gewässer eintritt und stromaufwärts zieht. Die Befruchtung des abgesetzten Laiches im Wasser kann als Regel gelten (daher die Möglichkeit künstlicher Befruchtung und Piscikultur). Dagegen findet bei den lebendig gebärenden Fischen sowie bei den meisten Rochen, den Chimaeren und Hundshaien, welche sehr große, von einer hornigen Schale umschlossene Eier legen, eine innere Begattung statt. In wenigen Ausnahmsfällen besteht Brutpflege bei Weibchen (*Aspredo, Solenostoma*), zuweilen besorgen merkwürdigerweise die Männchen dieselbe (*Syngnathus, Hippocampus, Cottus, Gasterosteus, Chromis galilaeus*).

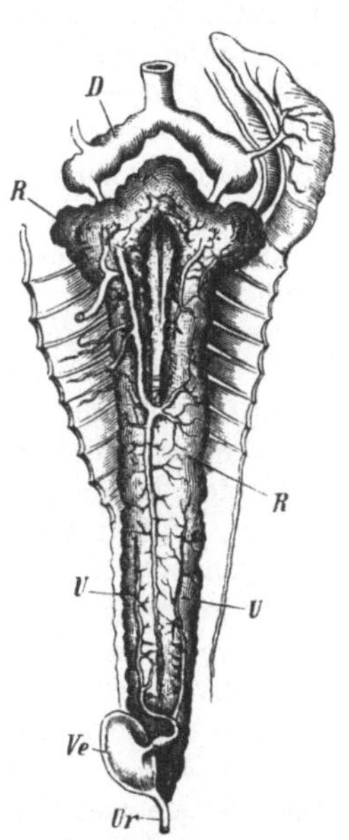

Abb. 1011. Nieren von *Salmo fario*. (Nach HYRTL.) *D* Ductus Cuvieri, *R* Nieren, *U* Urnierengang, *Ur* Ausführungsgang, *Ve* harnblasenartige Erweiterung.

Sowohl die kleineren, mit Mikropyle versehenen Eier der Knochenfische als die großen, von einer harten Hornschale umhüllten Eier der *Elasmobranchier* enthalten eine reiche Menge Nahrungsdotter. Demgemäß ist die Entwicklung im allgemeinen eine direkte und, obwohl die Körperform der ausgeschlüpften Jungen von der des ausgebildeten Tieres häufig wesentlich abweicht, fällt doch, von wenigen Ausnahmen abgesehen, eine wahre Metamorphose meist hinweg. Im allgemeinen verlassen die jungen Fische ziemlich frühzeitig die Eihüllen, mit mehr oder minder deutlichen Resten des bereits vollständig in die Leibeswandung aufgenommenen, aber bruchsackartig vortretenden Dottersackes. Amnion und Allontois fehlen.

Die meisten Fische sind Fleischfresser, eine geringere Zahl Schlamm- oder Pflanzenfresser. Der größte Teil der Fische lebt im Meere, indessen erscheint der Aufenthalt im süßen oder salzigen Wasser keineswegs für alle Fälle ein exklusiver. Viele, wie die *Elasmobranchier*, sind allerdings fast durchwegs auf das Meer, andere wie die *Cypriniden* und *Esociden*, auf die süßen Gewässer beschränkt; indessen gibt es auch Fische, welche periodisch, namentlich zur Laichzeit, in ihrem Aufenthalt wechseln (Lachse, Störe, Aal u. a.). Einige Fische leben in unterirdischen Gewässern und sind wie die Höhlenbewohner blind (*Amblyopsis spelaeus*). Außerhalb des Wassers sind nur wenige Fische längere Zeit imstande zu leben; im allgemeinen sterben die Fische im Trockenen um so rascher ab, je weiter ihre Kiemenspalte ist. Fische mit enger Kiemenspalte (*Aale*) besitzen außerhalb des Wassers eine ungewöhnliche Lebenszähigkeit. Am längsten vermögen, von den *Dipnoi* abgesehen, einige ostindische Süßwasserfische, die in labyrinthförmig ausgehöhlten oberen Kiemenbogenknochen einen akzessorischen Atmungsapparat besitzen, im Trockenen zu leben (*Anabas scandens*) (Abb. 1009). Die sogenannten fliegenden Fische (*Exocoetus, Cephalacanthus*) vermögen sich mittelst ihrer flügelartigen, großen Brustflossen in der Luft schwebend zu tragen. *Diodonten* und *Tetrodonten* treiben, wenn ihr Luftsack des Magens gefüllt ist, mit ballonförmig aufgetriebenem Körper und nach oben gekehrter Bauchseite auf den Wellen. Auch gibt es zahlreiche, oft sehr bizarr gestaltete Tiefseebewohner. *Fierasfer* lebt in den Wasserlungen von Holothurien.

Eine Anzahl von Teleosteern zeigt Tonproduktion. Stridulationsgeräusche, wohl meist akzidenteller Art, entstehen durch Reiben zwischen zwei Knochenstücken; sie werden bei *Balistes aculeatus* durch die innige Beziehung der betreffenden Knochen, hier von Schultergürtelknochen, zur Schwimmblase verstärkt. In anderen Fällen werden durch Vibration von Teilen der durch besondere Muskeln bewegten Schwimmblasenwand Töne hervorgerufen, am stärksten bei *Pogonias cromis*, dem Trommelfisch.

Durch das ausgedehnte Vorkommen fossiler Fischreste in allen geologischen Perioden erhalten die Fische für die Kenntnis der Entwicklungsgeschichte des Tierlebens auf der Erde eine hohe Bedeutung. In paläozoischen Formationen finden sich bloß *Selachier, Dipnoër* und *Ganoiden*. Im Silur und Devon bilden höchst absonderliche Fischgestalten, die Panzerfische (*Placodermi*), mit die ältesten Repräsentaten der Wirbeltiere. In der Trias treten die ersten Knochenfische auf. Von der Kreide an nehmen die Knochenfische in den jüngeren Formationen an Reichtum und Mannigfaltigkeit der Formen zu.

1. Unterklasse. ELASMOBRANCHII (PLAGIOSTOMATA) [1].

Knorpelfische mit Placoidschuppen in der Haut, mit primärem Flossenskelet, mit heterocerker Schwanzflosse, mit 5 (selten 6 oder 7) Paaren von Kiementaschen,

<hr>

[1] MÜLLER, JOH.: Über den glatten Hai des ARISTOTELES. Abh. preuß. Akad. Wiss.. Math.-physik. Kl. Berlin 1840. — MÜLLER, JOH. u. J. HENLE: Systematische Beschreibung

welche in der Regel in ebensoviel Kiemenspalten ausmünden, mit Bulbus cordis, mit Spiralklappe des Darmes und Cloake.

In ihrer äußeren Erscheinung sind die Elasmobranchier (Abb. 1012) von allen übrigen Fischen auffallend verschieden, zeigen aber auch untereinander große Abweichungen.

Die Haut enthält meist zahlreiche kleine Placoidschuppen (Abb. 962) und erhält dadurch eine chagrinartige Oberfläche. Zuweilen finden sich größere Knochenschilder reihenweise aufgelagert, welche durch spitze, dornartige Fortsätze, namentlich am Schwanze (Rochen), zum Schutze dienen. Seltener bleibt die Haut ganz nackt (*Torpedinidae*).

Die Elasmobranchier besitzen große Brustflossen, die bei den Rochen als seitliche Verbreiterungen des abgeflachten Körpers erscheinen; im letzteren Falle reichen die Brustflossen vermittelst der sogenannten Schädelflossenknorpel bis an das vordere Ende der Schnauze und lehnen sich durch hintere Suspensorien an das Beckengerüst der Bauchflossen an. Diese liegen stets in der Nähe des Afters und tragen im männlichen Geschlechte als Hilfsorgan der Begattung einen

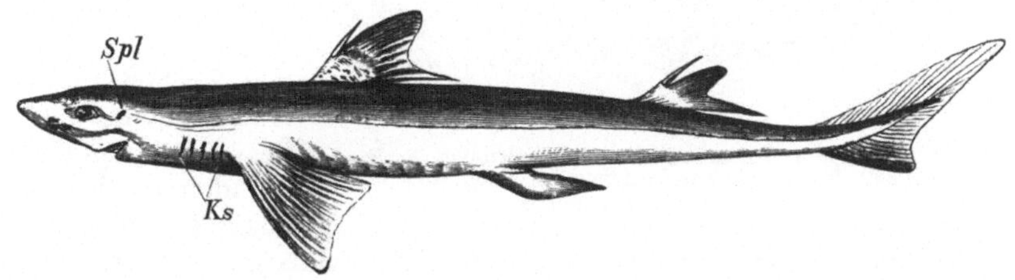

Abb. 1012. *Squalus acanthias* (*Acanthias vulgaris*). ¹/₁₀. *Spl* Spritzloch, *Ks* Kiemenspalten.

rinnenförmig ausgehöhlten Anhang mit Drüse. Auch die unpaaren Flossen können wohl entwickelt sein. Zuweilen findet sich vor den Rückenflossen ein spitzer Knochenstachel. Die Schwanzflosse zeigt eine ausgeprägte äußere Heterocercie.

Der Schädel bleibt eine ungeteilte Knorpelkapsel (Abb. 968), deren Basis bei *Holocephalen* und *Rochen* auf der Wirbelsäule des Rumpfes artikuliert. Der knorpelige Kieferbogen wird in der Schläfengegend mittelst des Kieferstiels (*Hyomandibulare*) am Schädel suspendiert. Der Oberkiefergaumenteil (*Palatoquadratum*) ist bei den *Selachiern* mit der Schädelkapsel beweglich verbunden, bei den *Holocephalen* dagegen mit derselben vereinigt. Auch die Wirbelsäule mit ihren Chordaresten zeigt eine vorherrschend knorpelige Beschaffenheit, doch

der Plagiostomen. Berlin 1841. — LEYDIG, FR.: Beiträge zur mikroskopischen Anatomie und Entwicklungsgeschichte der Rochen und Haie. Leipzig 1852. — GEGENBAUR, C.: Untersuchungen zur vergleichenden Anatomie der Wirbeltiere 3. Leipzig 1872. — SEMPER, C.: Das Urogenitalsystem der Plagiostomen usw. Arb. zool. zoot. Inst. Würzburg 2 (1875). — BALFOUR, F. M.: A monograph on the development of Elasmobranch Fishes. London 1878. — HASSE, C.: Das natürliche System der Elasmobranchier. Jena 1879—1885. — HUBER, O.: Die Copulationsglieder der Selachier. Z. Zool. 70 (1901). — FÜRBRINGER, M.: Über die spino-occipitalen Nerven der Selachier und Holocephalen. Festschr. f. GEGENBAUR. Leipzig 1897. — PHELPS ALLIS jr., E.: The Lateral Sensory Canals, the Eye-Muscles and the Peripheral Distribution of certain of the Cranial Nerves of *Mustelus laevis*. Quart. J. microsc. Sci. 45 (1902). — GARMAN, S.: The Chimaeroids, especially Rhinochimaera and its Allies. Bull. Mus. Comp. Zool. Harvard Coll. 41 (1904). — The Plagiostomia. Mem. Mus. Comp. Zool. Harvard Coll. 36 (1913). — REGAN, C. T.: A Classification of the Selachian Fishes. Proc. Zool. Soc. Lond. 1906. — DEAN, B.: Chimaeroid Fishes and their Development. Publ. Carnegie Inst. Washington 1906. — FERGUSON, J. S.: The Anatomy of the Thyroid Gland of Elasmobranches etc. Amer. J. Anat. 11 (1911). — Vgl. ferner die Arbeiten von CHEVREL, VAN WIJHE, C. RABL, HOCHSTETTER, ZIEGLER, RÜCKERT, EWART, BURCKHARDT, WIDAKOWICH, BORCEA, E. MÜLLER, O'DONOGHUE u. a.

kommt es bei *Selachiern* bereits zur Bildung diskreter amphicöler Wirbel, deren Ausbildung zahlreiche Verschiedenheiten bietet. Rippen (obere) treten nur als knorpelige Rudimente auf. Bei den *Holocephalen* bleibt die Chorda in voller Entwicklung erhalten und die Gliederung des Achsenskelets erscheint nur in den Bogenstücken ausgeprägt; *Chimaera* besitzt im Umkreise der Chorda Kalkringe, von denen 3—5 auf ein Bogenstück entfallen.

In der Kiemenbildung (Abb. 1008a) weichen die Selachier insofern von allen übrigen Fischen ab, als sie jederseits in der Regel fünf (selten 6—7) Kiementaschen besitzen, an deren durch knorpelige Seitenstrahlen der Kiemenbogen gestützten

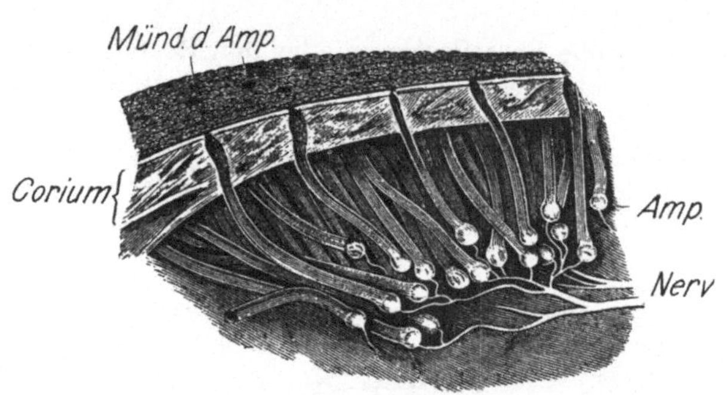

Abb. 1013. Eine Gruppe von Lorenzinischen Ampullen von *Scylliorhinus (Scyllium)*, bloßgelegt. (Aus Gegenbaur, Vergl. Anat.)

Zwischenwänden die Kiemenblättchen in ganzer Länge festgewachsen sind. Diese Kiementaschen erscheinen verhältnismäßig weit nach hinten gerückt und münden durch ebenso viele Spaltöffnungen nach außen, welche bei den Haien an den Seiten, bei den Rochen an der ventralen Fläche des Leibes liegen. Bei den *Chimaeren* münden sie jederseits in einer gemeinsamen Kiemenspalte, über welche sich eine Hautfalte (Kiemendeckel) vom Kiefersuspensorium aus ausbreitet. Häufig finden sich an der oberen Kopffläche hinter den Augen noch *Spritzlöcher*.

Der Mund liegt als Querspalte ventral von dem in ein Rostrum verlängerten Kopf. Palatoquadratum und Unterkiefer sind mit zahlreichen Zähnen besetzt, die reihenweise den Kieferrand überziehen und nach hinten in eine an der Innenseite der Kiefer gelegene Furche zu verfolgen sind. Hier entstehen stets neue Zahnreihen, als Ersatz für die am Kieferrande im Gebrauche stehenden. Außerdem kann auch die ganze Mundhöhle mit kleinen Zähnen besetzt sein. Bei den Haien

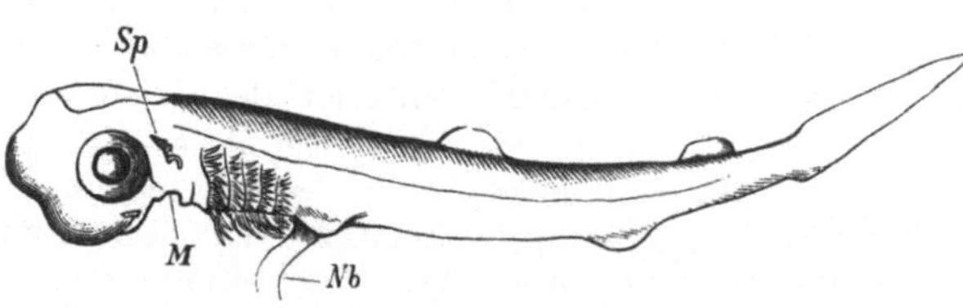

Abb. 1014. Embryo von *Squalus acanthias* mit äußeren Kiemen. *M* Mund, *Nb* Dottergang, *Sp* Spritzloch.

wiegen dolchförmige oder sägeförmig gezähnelte Zähne vor, während für die meisten Rochen konische oder pflasterförmige Mahlzähne charakteristisch sind. Der Nahrungskanal erweitert sich zu einem geräumigen Magen, bleibt aber verhältnismäßig kurz und enthält im Dünndarm eine sogenannte *Spiralklappe* (Abb. 1006). Eine Schwimmblase fehlt, wenngleich die Anlage eines Divertikels am Schlunde bei einigen Haien nachweisbar ist. Das Herz besitzt einen muskulösen Bulbus cordis (Conus arteriosus), der zwei bis fünf Klappenreihen enthält (Abb. 1010).

In der Bildung des Gehirns und der Sinnesorgane stehen die Elasmobranchier als die höchsten Fische da (Abb. 999). Die Hemisphären zeigen Längs- und Quereindrücke sowie Spuren von Windungen auf ihrer Oberfläche und sind von verhältnismäßig bedeutender Größe; auch kann sich das Kleinhirn so sehr entwickeln, daß von ihm das Nachhirn ziemlich überlagert wird. Die beiden Sehnerven erleiden eine partielle Kreuzung ihrer Fasern. Die Augen werden bei den Haien nicht allein durch freie Augenlider, sondern zuweilen auch durch eine bewegliche Nickhaut geschützt. Die Nasenöffnungen haben an der Unterseite des Rostrums ihre Lage. Eigentümliche Hautsinnesorgane der Elasmobranchier sind die LORENZINIschen Ampullen (Abb. 1013).

Die Harnorgane der Elasmobranchier sind paarige Nieren, an welchen sich zuweilen die Wimpertrichter (Nephrostomen) erhalten, und münden mit dem Darm in eine Cloake.

Die Geschlechter sind an der Form der Bauchflossen leicht unterscheidbar. Stets findet eine innere Begattung statt. Im männlichen Geschlecht dient der Vorderabschnitt der Urniere als Leitungsweg der paarigen Hoden. Die weiblichen Geschlechtsorgane bestehen aus einem großen einfachen oder doppelten Ovarium und paarigen, bei den eierlegenden Formen mit großen Drüsen (Nidamentalorgan) versehenen Oviducten, welche mit gemeinsamem, trichterförmigem Ostium beginnen und in ihrem weiteren Verlaufe je eine uterusähnliche Erweiterung bilden. Beide Eileiter münden vereinigt (nur bei den *Chimaeren* getrennt) hinter den Harnleitern in die Cloake ein (Abb. 1006). Bei *Somniosus* (*Laemargus*) erfolgt die Ausleitung der Geschlechtsprodukte durch Genitalporen. Die dotterreichen Eier sind (*Somniosus* ausgenommen) sehr groß und von einer Eiweißmasse und bald von einer häutigen, in Falten gelegten dünnen Hülle, bald von einer derben, pergamentartigen flachen Schale umschlossen, welche sich in vier hornartige

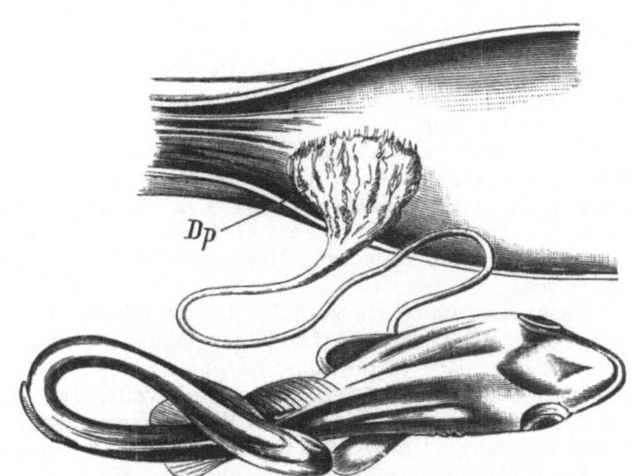

Abb. 1015. *Mustelus laevis* (glatter Hai des ARISTOTELES), durch die Dottersackplacenta (*Dp*) in Verbindung mit dem Uterus. (Nach JOH. MÜLLER.)

Auswüchse oder in gedrehte Schnüre zur Befestigung an Seepflanzen verlängert. Im letzteren Falle werden die Eier abgelegt (die meisten Rochen und Hundshaie), im ersteren dagegen (Zitterrochen und lebendig gebärende Haie) gelangen sie im Uterus zur Entwicklung, dessen Schleimhaut den Embryonen Nährmaterial zuführt. Die Elasmobranchierembryonen (Abb. 1014) besitzen einen großen Dottersack und äußere Kiemenfäden, die vor dem Ausschlüpfen verloren gehen. Selten wird die Verbindung von Mutter und Embryo eine engere und durch eine für den glatten Hai schon ARISTOTELES bekannte Dottersackplacenta vermittelt (Abb. 1015). Wie JOH. MÜLLER nachgewiesen hat, bildet der langgestielte Dottersack bei den Embryonen von *Mustelus laevis* und *Prionace* (*Carcharias*) eine große Menge von Zöttchen, welche, von der zarten Eihaut überzogen, in entsprechende Vertiefungen der Uterusschleimhaut eingreifen.

Die Elasmobranchier sind fast durchwegs Meeresbewohner, nur wenige finden sich in den größeren Flüssen Amerikas und Indiens. Alle nähren sich als Fleischfresser von größeren Fischen oder Krebsen und Muscheltieren. Die Zitterrochen besitzen ein elektrisches Organ.

1. Ordnung. Selachii.

Elasmobranchier von spindelförmiger bis abgeflachter Körpergestalt, mit 5—7 äußeren Kiemenspalten, Oberkiefergaumenapparat nicht mit dem Schädel verwachsen.

In diese Ordnung gehören die Haie und Rochen.

1. Unterordnung. *Diplospondyli.* Mit 6—7 Kiemenspalten. Eine einzige Rückenflosse; Analflosse vorhanden. Am Achsenskelete Wirbelkörper oft unvollkommen gesondert, in jedem Segmente zwei obere Bogen und zwei Intercalaria.

Fam. *Chlamydoselachidae.* Körper aalförmig, Mund vorderständig. Sechs Kiemenspalten. *Chlamydoselachus anguineus* GRMN. Altertümliche Tiefseeform. Japan, auch bei Madeira und Norwegen.

Fam. *Hexanchidae,* Grauhaie. Mit sechs oder sieben Kiemenspalten. Mund subventral. Lebendiggebärend. *Hexanchus (Notidanus) griseus* GM. (Abb. 999). *Heptranchias (Heptanchus) cinereus* GM. Mit sieben Paaren von Kiementaschen. Mittelmeer, Atlant. Ozean.

2. Unterordnung. *Asterospondyli.* Mit zwei Rückenflossen und einer Analflosse. Innerhalb des Wirbelkörpers eine ringförmige Verkalkung mit nach außen gehenden Kalkstrahlen.

Fam. *Scylliorhinidae,* Hundshaie. Zähne und Kiemenöffnungen klein. Eierlegend. *Scylliorhinus (Scyllium) canicula* L. *Catulus stellaris* L. *Pristiurus melanostomus* BP. Atlant. Ozean, Mittelmeer.

Fam. *Galeidae,* Glatthaie. Mit Nickhaut. Vivipar. *Mustelus (Galeus) laevis* RISSO. Mit Dottersackplacenta (Abb. 1015). Ist der glatte Hai des ARISTOTELES. *M. mustelus* RISSO (*vulgaris* M. H.). *Galeorhinus galeus* L. Atlant. Ozean, Mittelmeer. *Prionace (Carcharias) glauca* L., Blauhai. Weit verbreitet. *Carcharhinus (Carcharias) lamia* RAF., Menschenhai. Atlant. Ozean, Mittelmeer. Hier schließt sich an *Sphyrna zygaena* L., Hammerhai. Weit verbreitet.

Fam. *Lamnidae,* Riesenhaie. Große Haie mit weiten Kiemenspalten, Schwanz lateral gekielt. *Lamna cornubica* GM., Heringshai. Atlant. Ozean. *Carcharodon carcharias* L. (*rondeleti* M. H.). 10—12 m lang. *Alopias vulpes* GM., Fuchshai. Weit verbreitet. *Cetorhinus (Selache) maximus* GUNN., Riesenhai. Wird 10—12 m lang. Atlant. Ozean. Nährt sich wie die Bartenwale von kleinen Meerestieren, womit die Reuseneinrichtung der Kiemen zusammenhängt. *Rhinodon typicus* SMITH. Rauhhai. Bis 17 m lang. Südsee.

Fam. *Heterodontidae (Cestracionidae).* Mit breiten pflasterförmigen Zähnen. *Heterodontus (Cestracion) philippii* BLAINV. Ind. Ozean.

3. Unterordnung. *Cyclospondyli.* Zwei Rückenflossen, mit oder ohne Stachel. Analflosse fehlt. Innerhalb des Wirbelkörpers eine ringförmige Verkalkung.

Fam. *Squalidae.* Dorsalflossen mit Stachel. *Squalus acanthias* L. (*Acanthias vulgaris* RISSO), Dornhai. Atlant. Ozean, Mittelmeer (Abb. 1012). *Etmopterus spinax* L. (*Spinax niger* BP.). Europ. Meere. Hier schließt sich an: *Somniosus microcephalus* BL. (*Laemargus borealis* GTHR.), Eishai. Arkt. Meere.

4. Unterordnung. *Tectospondyli.* Zwei kleine Rückenflossen am Schwanz oder fehlend. Analflosse fehlt. Körper abgeplattet, Brustflossen groß, seitlich ausgebreitet. Caudalflosse klein oder fehlend. Innerhalb des Wirbelkörpers mehrere ringförmige Verkalkungen.

Diese Gruppe umfaßt die rochenähnlichen Haie sowie die Rochen.

Fam. *Rhinidae,* Meerengel. Brustflossen vorn nicht mit dem Kopfe verbunden. Kiemenöffnungen etwas ventral gerückt und teilweise von der Basis der Brustflosse bedeckt. *Rhina (Squatina) squatina* L. Weit verbreitet.

Fam. *Pristidae.* Brustflossen mäßig groß, nicht bis an den Kopf reichend. Schnauze in ein langes, mit großen zahnähnlichen Placoidschuppen besetztes Blatt ausgezogen. Kiemenöffnungen ventralwärts gerückt. *Pristis pristis* L. (*antiquorum* LATH.), Sägefisch. Atlant. Ozean, Mittelmeer.

Fam. *Rhinobatidae.* Haiähnliche Rochen mit kräftigem Schwanz, der jederseits eine Hautfalte besitzt. Scheibe nicht sehr breit. *Rhinobatus rhinobatus* BL. SCHN. (*granulatus* CUV.). Ind. Ozean.

Fam. *Rajidae.* Scheibe breit, rhombisch. Schwanz ansehnlich, jederseits mit einer Längsfalte. Ventralflossen groß. Eierlegend. *Raja clavata* L. *R. asterias* M. H. *R. batis* L. Atlant. Ozean, Mittelmeer. *R. miraletus* L. Mittelmeer.

Fam. *Torpedinidae*, Elektrische Rochen, Zitterrochen. Körper breit, Schwanz kurz und dick, mit seitlicher Hautfalte. Haut nackt. Mit elektrischem Organ zwischen Brustflosse und Kopf. *Torpedo marmorata* Risso. Atlant. Ozean, Mittelmeer, Ind. Ozean (Abb. 160). *Narcine brasiliensis* Olf. Brasilien. *Astrape* M. H. Ind. und Still. Ozean.

Fam. *Dasyatidae*, Stechrochen. Scheibe breiter als lang. Schwanz gewöhnlich peitschenförmig, mit einem dorsalen Stachel (Giftstachel) bewaffnet. *Dasyatis (Trygon) pastinaca* L. Weit verbreitet.

Fam. *Myliobatidae,* Adlerrochen. Scheibe breit; Kopfseite frei, an der Schnauze zwei abgetrennte Fortsetzungen der Brustflosse. Schwanz sehr lang, peitschenförmig. Nur eine Rückenflosse, hinter derselben ein Stachel. *Myliobatis aquila* L. Weit verbreitet.

2. Ordnung. Holocephali.

Elasmobranchier mit an dem Schädel vereinigtem Oberkiefergaumenapparat, mit einfacher Kiemenspalte und kleiner Kiemendeckelmembran.

Der dicke, bizarr gestaltete Kopf (Abb. 1016) besitzt große, der Lider entbehrende Augen. An der unteren Fläche der Schnauze liegt die kleine Mundöffnung. Der Oberkiefergaumenapparat ist mit dem Schädel vereinigt. Die

Abb. 1016. *Chimaera monstrosa*, Männchen. (Original G.) ¹/₆

Kiefer tragen nur wenige (oben 4, unten 2) Zahnplatten. Die nackte Haut ist von mächtigen Gängen des Seitenorgans durchsetzt. Spritzlöcher fehlen. Anstatt der Wirbelkörper finden sich dünne Kalkringe in der Chordascheide. Die Holocephalen legen Eier mit horniger Schale ab.

Fam. *Chimaeridae*, Seekatzen. *Chimaera monstrosa* L. (Abb. 1016). Weit verbreitet. *Callorhynchus callorhynchus* L. (*antarcticus* Lac.). Kap, Südsee.

2. Unterklasse. TELEOSTOMI.

Fische mit gewöhnlich vier Paar kammförmigen, am Rande der Kiemenbogen stehenden Kiemen, mit einer Kiemenspalte und mit Opercularapparat.

1. Ordnung. Dipnoi, Lurchfische[1].

Teleostomier mit diphycerker Schwanzflosse, die paarigen Extremitäten mit freigelenkigem basalen Stammglied und langem beschuppten Schafte. Chorda persistie-

---

[1] Bischoff, Th. L.: *Lepidosiren paradoxa*, anatomisch untersucht und beschrieben. Leipzig 1840. — Hyrtl, J.: *Lepidosiren paradoxa*. Prag 1845. — Günther, A.: Description of *Ceratodus* etc. Philosphic. Trans. roy. Soc. London 1871. — Ayers, H.: Beiträge zur Anatomie und Physiologie der Dipnoer. Jena. Z. Naturwiss. 18 (1884). — Parker, W. N.: On the Anatomy and Physiology of *Protopterus annectens*. Trans. Irish Acad. 30 (1892). — Semon, R.: Zoologische Forschungsreisen in Australien und dem Malayischen Archipel. I. *Ceratodus*. Mit Abhandlungen von Semon, H. Braus, K. Fürbringer, R. Bing u. R. Burckhardt, A. Greil u. a. Jena 1893—1913. — Dollo, L.: Sur la phylogénie des Dipneustes. Bull. Soc. Belge Géol. Brüssel 9 (1895). — Salensky, W.: Entwicklungsgeschichte des Ichthyopterygiums der Ganoiden und Dipnoer. (Russ.) Ann. Mus. Zool. Acad. St. Petersburg 1898. — Kerr, J. G.: The external features in the development of *Lepidosiren paradoxa*. Philosophic. Trans. roy. Soc. London 1900. — The development of *Lepidosiren paradoxa*. Quart. J. microsc. Sci. 45, 46 (1901—1902). — Vgl. ferner die Abhandlungen von Krefft, van Wijhe, B. Spencer, Wiedersheim, Ehlers, Budgett, Agar, Kellicott, Robertson u. a.

rend. Skelet knorpelig, zum Teil knöchern. Palatoquadratum mit dem Schädel fest vereinigt. Mit Kiemen- und Lungenatmung, mit Bulbus cordis und Spiralklappe des Darmes, mit Cloake.

Die Lurchfische (Abb. 1017, 1018) zeigen vielfache Übereinstimmungen mit den Amphibien, unter den Fischen stehen sie den *Brachioganoiden (Crossopterygiern)* am nächsten.

In Körpergestalt und Bau erscheinen sie entschieden als Fische. Der Körper ist mit Cycloidschuppen bedeckt. Der breite flache Kopf besitzt kleine seitliche

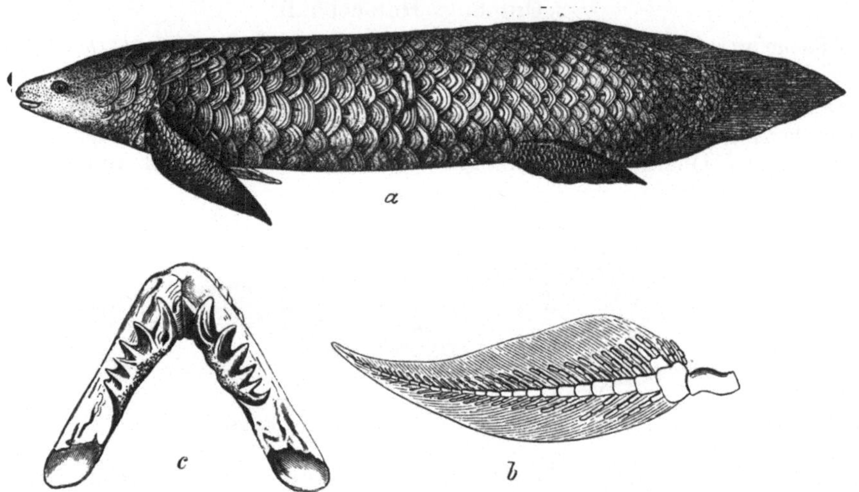

Abb. 1017. a *Neoceratodus forsteri.* ¹/₁₈. b Brustflosse. (Nach GÜNTHER.)   c Unterkiefer mit den Zahnplatten. (Nach KREFFT.)

Augen und eine ziemlich weit gespaltene Mundöffnung. Unmittelbar hinter dem Kopfe finden sich zwei Brustflossen, die ebenso wie die gleichgestalteten, weit nach hinten liegenden Bauchflossen bei *Neoceratodus* aus einem beschuppten Schafte und zwei seitlichen Flossensäumen bestehen. In ersterem findet sich eine

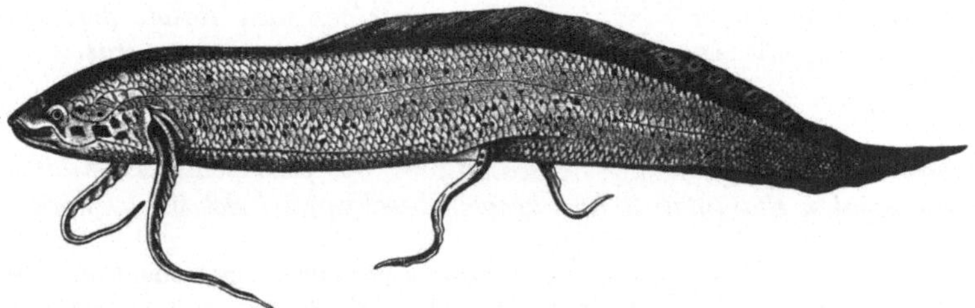

Abb. 1018. *Protopterus annectens.* (Nach GRAY, aus DOLLO.) ¹/₂₀

axiale Reihe von Knorpelstücken, welche mit Ausnahme des freigelenkigen Basalstückes beiderseits radiale Skeletstücke trägt, während der Flossensaum wie bei Elasmobranchiern von Hornfäden gestützt wird. Bei *Protopterus* und *Lepidosiren* erscheinen die paarigen Extremitäten reduziert, bei ersterem mit einseitigem Flossensaume versehen. Die paarigen Dipnoërflossen dienen auch zum Anstemmen. Die Schwanzflosse ist dorsoventral symmetrisch (sekundär diphycerk). Vor dem vorderen Flossenpaare bemerkt man jederseits eine Kiemenspalte, über welcher bei der afrikanischen Gattung *Protopterus* bis in das spätere

Alter drei äußere Kiemenbäumchen erhalten bleiben. Dazu kommen innere Kiemen, von denen bei *Neoceratodus* vier vorhanden sind; bei *Lepidosiren* und *Protopterus* tragen die beiden vorderen Kiemenbogen keine Kieme mehr. Auch besteht eine Nebenkieme am Zungenbeinbogen.

Im Skelet persistiert die Chorda dorsalis in vollem Umfange, von deren Faserscheide verknöcherte obere und untere Bogen ausgehen; in der Rumpfregion sind untere Rippen vorhanden. Nach vorne setzt sich die Chorda bis in die Basis des Schädels fort, welcher auf der Stufe der primordialen Knorpelkapsel stehen bleibt, jedoch bereits von Knochenstücken überdeckt wird. Weit stärker sind die Gesichtsknochen des Kopfes entwickelt, namentlich die Kiefer. Die Bezahnung besteht aus senkrecht gestellten schneidenden Platten. Das Palatoquadratum ist wie bei den tetrapoden Vertebraten mit dem Schädel fest vereinigt. Der Darmkanal besitzt eine Spiralklappe. Eine Cloake nimmt in gemeinsamer Öffnung die Ductus deferentes, bzw. die mit freiem Ostium in die Leibeshöhle sich öffnenden Oviducte und zu deren Seiten die Mündungen der Ureteren auf.

Die Nasengruben münden unter der Oberlippe und besitzen wie bei allen Luftatmern hintere Öffnungen, ziemlich weit vorne, am Dache der Mundhöhle.

Zwei (bei *Neoceratodus* nur ein einfacher) retroperitoneal über den Nieren gelegene Säcke mit Alveolen, die mittels eines kurzen gemeinschaftlichen Ganges

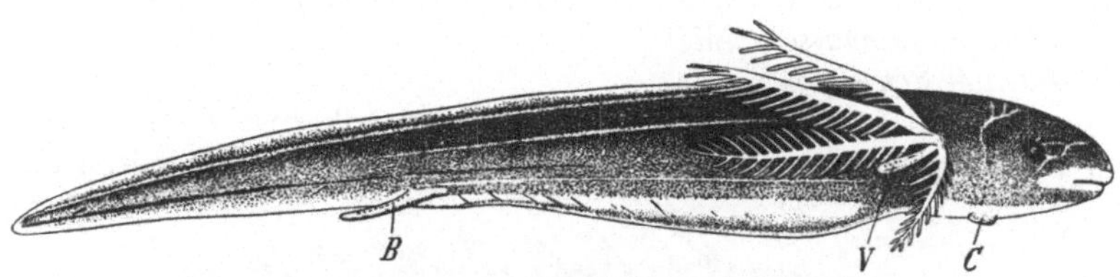

Abb. 1019. Larve von *Lepidosiren paradoxa*, mit äußeren Kiemen, 30 Tage nach dem Ausschlüpfen. (Nach Kerr.) $^{2\cdot6}/_1$. *C* Haftorgan, *V* Brustflosse, *B* Bauchflosse.

in die ventrale Wand des Schlundes einmünden, morphologisch der Schwimmblase äquivalent, verhalten sich als Lungen (Abb. 1007), indem sie venöses Blut aus einem Zweige des letzten Aortenbogens erhalten und arterielles Blut durch Lungenvenen zum Herzen zurückgelangen lassen. Zu dieser Übereinstimmung mit den Amphibien kommt mit der Ausbildung eines doppelten Kreislaufes die ähnliche Gestaltung des Herzens und der Hauptstämme des Gefäßsystems, indem eine unvollkommene Scheidung des Vorhofes sowie teilweise des Ventrikels in eine linke und rechte Abteilung vorhanden ist, welche sich auch auf den Bulbus cordis erstreckt. Letzterer besitzt entweder Klappenvorrichtungen ähnlich jenen der Ganoiden (*Neoceratodus*) oder enthält wie bei den Fröschen zwei seitliche Längsfalten, welche am vorderen Ende verschmelzen und die Scheidung des Lumens in zwei Hälften, für die Kiemenarterien und Lungengefäße, vorbereiten. Auch findet sich bereits eine Vena cava inferior.

Lepidosiren und *Protopterus* entwickeln sich mit Metamorphose. Die Larve erinnert an eine Kaulqappe, hat vier äußere Kiemen sowie ein Haftorgan unter dem Kopfe (Abb. 1019).

Die Dipnoër leben in den Tropen der alten und neuen Welt in Flüssen und Sümpfen, die in der heißen Jahreszeit eintrocknen.

1. Unterordnung. *Monopneumona*. Körper mit großen cycloiden Schuppen bedeckt (Abb. 1017). Vomer mit zwei schiefen, schneidezahnähnlichen Zahnlamellen. Gaumen mit einem Paar großer und langer Zahnplatten von flacher welliger Oberfläche und mit fünf bis sechs scharfen Zacken an der Außenseite. Unter-

kiefer mit zwei ähnlichen Zahnplatten. Flossen mit beschupptem Schafte und strahligem Doppelsaume. Mit 4 Kiemen. Die Lunge ist einfach und aus zwei symmetrischen Hälften zusammengesetzt. Hinter dem After ein Paar weiter Peritonealspalten.

Leben von kleineren Wassertieren und benutzen vorwiegend die Lunge zur Respiration, wenn das schlammige Wasser der Flüsse von Gasen organischer Stoffe erfüllt ist.

Fam. *Ceratodidae*. Mit den Charakteren der Unterordnung. *Neoceratodus forsteri* KREFFT. Burnettfluß, Maryfluß, Australien (Abb. 1017). *Ceratodus* AG. Mesozoisch.

2. Unterordnung. *Dipneumona*. Flossen schmal, mit gegliedertem Knorpelstab (Stammreihe) und Strahlen nur an einer Seite (*Protopterus*). Kiemen mehr reduziert. Lunge paarig entwickelt.

Protopterus vergräbt sich zur Trockenzeit im Schlamme und liegt hier in einer Höhlung, von einer Kapsel erhärteten Hautschleims umschlossen.

Fam. *Lepidosirenidae*. Mit den Charakteren der Gruppe. *Protopterus annectens* OWEN. Senegal (Abb. 1018). *P. aethiopicus* HECKEL. Nil. *Lepidosiren paradoxa* FITZ. Brasilien.

2. Ordnung. Brachioganoidea (Crossopterygii), Quastenflosser[1].

Teleostomier mit knöchernem Skelet, mit zwei breiten Kehlplatten, ohne Kiemenhautstrahlen, mit gerundeter diphycerker Schwanzflosse. Brust- und Bauchflossen mit beschupptem Schafte, welchen die Strahlen umkleiden. Schuppen mit Ganoinschicht, stark und rhombisch. Mit Bulbus cordis und Spiralklappe des Darmes, mit paariger ventraler Schwimmblase.

Die in der heutigen Lebewelt nur durch die afrikanischen *Polypteriden* vertretenen Brachioganoiden sind durch zahlreiche Eigentümlichkeiten charakteri-

Abb. 1020. *Polypterus senegalus*. 1/3

siert, die zu den Dipnoërn hinführen. Der Körper (Abb. 1020) wird in schiefen Binden von rhombischen Schuppen umgürtet, die mit einer glatten Ganoinschicht überzogen (Ganoidschuppen) und durch gelenkige Fortsätze verbunden sind. Der Kopf ist abgeplattet. Im Oberkiefergaumenapparat fehlt ein Symplecticum. Zwei Spritzlöcher sind vorhanden, dagegen fehlt eine Nebenkieme. Längs des Unterkiefers finden sich ventral zwei Jugularplatten. Kiemenhautstrahlen fehlen. An den paarigen Extremitäten ist ein beschuppter Schaft, den die Strahlen umkleiden, zu unterscheiden. Fulcra (stachelartige Schindeln am Vorderrande der Flossen) fehlen. Von der inneren Organisation ist der Besitz einer Spiralklappe des

---

[1] MÜLLER, JOH.: Über den Bau und die Grenzen der Ganoiden. Abh. preuß. Akad.Wiss. Physik.-math. Kl. Berlin 1846. — HYRTL, J.: Über den Zusammenhang der Geschlechts- und Harnwerkzeuge bei den Ganoiden. Denkschr. Akad. Wien 8 (1854). — KNER, R.: Betrachtungen über die Ganoiden als natürliche Ordnung. Sitzgsber. Akad. Wiss. Wien, Math.- naturwiss. Kl. 54 (1866). — LÜTKEN, CHR.: Über die Begrenzung und Einteilung der Ganoiden. Palaeontographica 22 (1872). — POLLARD, H. B.: On the Anatomy and Phylogenetic Position of *Polypterus*. Zool. Jb. 5 (1892). — BUDGETT, J. L.: On the Breeding habits of some West-African Fishes, with an Account of the Development of *Protopterus* and a Description of the Larva of *Polypterus lapradei*. Trans. Zool. Soc. London 16 (1901). — JUNGERSEN, H. F. E.: Über die Urogenitalorgane von *Polypterus* und *Amia*. Zool. Anz. 23 (1900). — KERR, J. G.: The development of *Polypterus senegalus*. The work of J. S. BUDGETT. Cambridge 1907. — Vgl. ferner die Schriften von HUXLEY, TRAQUAIR, GEGENBAUR, SMITH, SEMON, BOULENGER u. a.

Darmes und die paarige, unsymmetrisch entwickelte, ventral einmündende
Schwimmblase zu erwähnen. Im Gefäßsystem findet sich ein Bulbus cordis sowie
eine Vena cava inferior. Die Larve von *Polypterus* besitzt ein vor dem Munde
gelegenes Haftorgan und eine große federartige äußere Kieme am Hyoidbogen.

Fam. *Polypteridae*, Flösselhechte. Mit vielteiliger, in Flößchen zerfallener Rückenflosse.
Polypterus bichir GEOFFR. Nil, Senegal. *P. senegalus* CUV. Nil, Senegal, Niger (Abb. 1020).
Calamoichthys calabaricus J. A. SM. Ohne Bauchflosse. Westafrika.

3. Ordnung. **Chondroganoidea (Chondrostei), Störe[1].**

*Teleostomier mit persistierender Chorda und mit Knorpelskelet, Kopf in ein
Rostrum ausgezogen, Mund ventral, zahnlos oder mit kleinen Zähnen. Schädel
knorpelig, von Hautknochen überdeckt. Haut nackt oder mit Knochenplatten.
Kiemenhautstrahlen spärlich oder fehlend. Schwanzflosse heterocerk, mit Fulcra.
Mit Spiralklappe des Darmes und Bulbus cordis.*

Die Störe bilden einen besonders entwickelten Zweig von Fischen. Im Achsenskelet erhält sich die Chorda in vollem Umfange, die Wirbelsäule bleibt unvollkommen ausgebildet (Abb. 966), bloß durch obere und untere knorpelige oder
knöcherne Bogenstücke repräsentiert. Der Kopf ist in ein Rostrum ausgezogen

Abb. 1021. *Acipenser ruthenus*. (Nach HECKEL u. KNER.) $^1/_6$

(Abb. 1021), der knorpelige Schädel (Abb. 995) von Hautknochen überdeckt.
Der Mund liegt ventral und ist zahnlos oder trägt kleine Zähne. Die Nasenlöcher
liegen dorsal vor den Augen. Die Schwanzflosse ist heterocerk, mit stachelartigen
Schindeln (sogenannte Fulcra) am Vorderrande. Die Haut ist entweder nackt
oder wird von Knochenkörnern und Knochenplatten bedeckt. Die Flossen nähern
sich durch die Rückbildung des primären Stammskeletes und umfangreiche Ausbildung der Flossenstrahlen jenen der Teleosteer. Von inneren Organen ist der
Bulbus cordis, die Spiralklappe des Darmes sowie die mittels eines Ganges mit dem
Oesophagus verbundene Schwimmblase zu erwähnen. Die ausschlüpfenden
Larven besitzen einen Dottersack und ein Haftorgan vor dem Munde. Auch ist
das Auftreten von Zähnchen am Mundrande der Larven von *Acipenser* hervorzuheben.

Die Störe gehören durchwegs der nördlichen Erdhemisphäre an.

Fam. *Acipenseridae*, Störe. Mit fünf Längsreihen großer Knochenplatten. Schnauze
unten mit vier Barteln. Mund klein, zahnlos. Kiemendeckelkieme vorhanden. Kiemenhaut
ohne Strahlen. Spritzlöcher bei *Acipenser* vorhanden. Der Rogen als Kaviar im Handel.

---

[1] Außer den Arbeiten von HYRTL, KUPFFER, MOLLIER, JUNGERSEN, HOPKINS vgl.
FITZINGER, J. L. u. J. HECKEL: Monographische Darstellung der Gattung *Acipenser*. Ann.
Wien. Mus. 1 (1836). — DEMME, R.: Das arterielle Gefäßsystem von *Acipenser ruthenus*.
Wien 1860. — SALENSKY, W.: Recherches sur le développement du Sterlet. Archives de
Biol. 2 (1882). — DEAN, BASHFORD: The early development of Gar-Pike (*Lepidosteus*) and
Sturgeon (*Acipenser*). J. Morph. a. Physiol. 11 (1895). — EHRENBAUM, E.: Beiträge zur
Naturgeschichte einiger Elbfische (Stör). Wiss. Meeresuntersuch. Kiel u. Leipzig 1896. —
RYDER, J. A.: The Sturgeons and Sturgeon Industries etc. Bull. U. S. Fish Com. 8. Wa-
shington 1890.

Acipenser ruthenus L., Sterlet. Flüsse von Osteuropa, Nordasien (Abb. 1021). *A. sturio*
L., Stör. Atlant. Ozean, Westeuropa, Nordamerika. *A. naccari* Bp. Norditalien, Adria.
Huso huso L., Hausen. Wird bis 9 m lang. Becken des Schwarzen Meeres und Kaspisees.
Scaphirhynchus platorhynchus Raf. Mississippi.

Fam. *Polyodontidae*, Löffelstöre. Körper nackt oder mit sehr kleinen Knochenkörnern.
Schnauze lang, in ein dünnes Blatt verbreitert. Mund weit, mit vielen kleinen Zähnchen
in den Kiefern. Keine Barteln. Spritzlöcher vorhanden, Kiemendeckelkieme fehlt. *Polyo-
don (Spatularia) spathula* Walb. Flüsse südl. Nordamerika. *Psephurus gladius* Marts.
Yantsekiang.

<h3 align="center">4. Ordnung.　Rhomboganoidea[1].</h3>

*Teleostomier mit knöchernem Skelet. Körper von rhombischen Ganoidschuppen
bedeckt. Schwanz heterocerk. Kiemenhautstrahlen vorhanden. Flossen mit Fulcra.
Schwimmblase mit Parietalzellen. Mit Bulbus cordis und rudimentärer Spiralklappe
des Darmes.*

Der langgestreckte hechtförmige Körper der einzigen lebenden Gattung
Lepisosteus ist mit rhombischen Ganoidschuppen bedeckt und endet mit einer
heterocerken, scharf abgeschnittenen Schwanzflosse (Abb. 1022). Die Rückenflosse
ist weit nach hinten gerückt. Am Vorderrande der Flossen finden sich Fulcra.
Die Kiefer sind schnabelförmig verlängert. Die Wirbelkörper der knöchernen

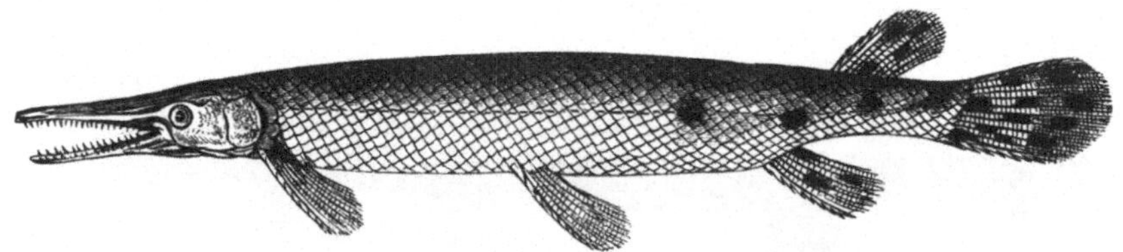

Abb. 1022. *Lepisosteus platystomus* (aus règne animal). 1/8

Wirbelsäule sind vorn konvex, hinten konkav (opisthocöl). Die Schwimmblase
ist lungenartig entwickelt, im Darm ist die Spiralklappe rudimentär. Spritzlöcher
fehlen, eine Nebenkieme am Kiemendeckel dagegen ist vorhanden. Die Jungen
verlassen als Larven mit großem Dottersack und vor dem Munde gelegener, mit
zahlreichen Papillen besetzter Saugscheibe die Eihülle.

Fam. *Lepisosteidae*. Mit den Charakteren der Ordnung. *Lepisosteus (Lepidosteus) os-
seus* L., Knochenhecht. *L. platystomus* Raf. In den Seen und Flüssen Nordamerikas
(Abb. 1022).

<h3 align="center">5. Ordnung.　Cycloganoidea[2].</h3>

*Teleostomier mit knöchernem Skelet. Körper von Cycloidschuppen bedeckt.
Schwanz heterocerk. Kiemenhautstrahlen zahlreich. Ventral zwischen den Unter-*

---

[1] Balfour, F. M. a. W. N. Parker: On the Structure and Development of *Lepidosteus*.
Philosophic. Trans. roy. Soc. London 1882. — Agassiz, A.: The development of *Lepidosteus*.
Proc. Amer. Acad. 1878—1879. — Mark, E. L.: Studies on *Lepidosteus*. Bull. Mus. Comp.
Zool. Harvard Coll. 19 (1890). — Dean, Bashford: The early development of Gar-Pike
(*Lepidosteus*) etc. J. Morph. a. Physiol. 11 (1895). — Vgl. ferner die Arbeiten von Gegen-
baur, Eycleshymer, Müller, Beard, Schreiner, Semon u. a.

[2] Franque, H.: Ad Amiam calvam accuratius cognoscendam. Berolini 1847. — Shufeldt, R. W.: The Osteology of *Amia calva* etc. Washington 1885. — Allis, E. P.: The
Anatomy and Development of the Lateral Line System in *Amia calva*. J. Morph. 2
(1889). — The cranial muscles and cranial and first spinal nerves in *Amia calva*. Ebenda.
12 (1897). — Dean, B.: The early development of *Amia*. Quart. J. microsc. Sci. 38 (1896).
— On the larval development of *Amia calva*. Zool. Jb. 9 (1896). — Whitman, C. O. a.
A. C. Eycleshymer: The egg of *Amia* and its cleavage. J. Morph. a. Physiol. 12 (1897). —
Außerdem vgl. die Arbeiten von Sagemehl, L. Schmidt, J. P. Mc. Murrich, Jungersen
u. a.

*kieferästen eine breite Jugularplatte. Fulcra fehlen. Mit Bulbus cordis und lungen-
ähnlicher Schwimmblase. Spiralklappe des Darmes rudimentär.*

Die einzige lebende Form dieser Gruppe, *Amiatus calvus* (Abb. 1023), nähert
sich im Bau den Knochenfischen (Clupeiden und Salmoniden), zu denen sie den
Übergang bildet. Außer den bereits hervorgehobenen Merkmalen ist das Fehlen
eines Spritzloches und einer Kiemendeckelkieme zu bemerken. Die Rückenflosse

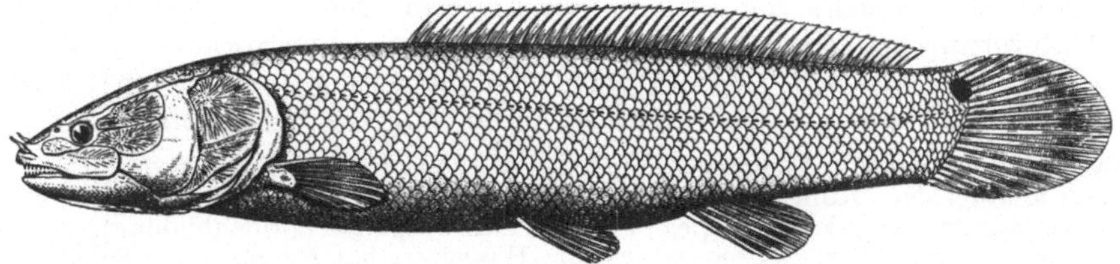

Abb. 1023. *Amiatus calvus.* (Original G.) ¹/₃

ist sehr lang, die heterocerke Schwanzflosse hinten abgerundet. Die ausschlüpfenden Larven besitzen wie bei *Lepisosteus* einen großen Dottersack und eine Saugscheibe vor dem Munde.

Fam. *Amiatidae.* Mit den Charakteren der Ordnung. *Amiatus (Amia) calvus* L., Kahl-
hecht. Süßwasser von Nordamerika (Abb. 1023).

6. Ordnung. Teleostei, Knochenfische[1].

*Teleostomier mit knöchernem Skelet, mit von Ctenoid- oder Cycloidschuppen,
seltener mit knöchernen Platten bedecktem Körper, mit jederseits in der Regel vier
Kiemen, mit Aortenbulbus, ohne Spiralklappe im Darm und ohne Bulbus cordis.*

Die Knochenfische umfassen die bei weitem größte Zahl aller Fische und
werden durch eine Reihe anatomischer Merkmale von den ihnen zunächst verwandten Cycloganoiden abgegrenzt, zu denen aber bei einigen Teleosteern Übergänge bestehen. Das Skelet charakterisiert sich durch die wohlgesonderten, meist
knöchernen bikonkaven Wirbel und durch den knöchernen Schädel, unter welchem
freilich oft noch Reste des ursprünglichen knorpeligen Primordialcraniums
zurückbleiben. Nur selten erscheint die Haut nackt oder scheinbar schuppenlos,
indem ihre sehr kleinen Schuppen nicht über die Oberfläche hervorragen, häufiger
treten in ihr knöcherne Schilder und Tafeln, namentlich hinter dem Kopfe auf;
in der Regel wird sie von cycloiden oder ctenoiden, dachziegelförmig gelagerten
Schuppen bedeckt. Die Teleosteer besitzen einen Bulbus arteriosus mit nur zwei
Klappen an seinem Ursprunge. Ein Bulbus cordis und eine Spiralklappe des
Darmes kommen nur selten und dann rudimentär vor. Die meist kammförmigen
Kiemen liegen unter einem Kiemendeckel, dem sich eine vom Zungenbogen

---

[1] BOULENGER, G. A.: A Synopsis of the Suborders and Families of Teleosteans Fishes.
Ann. Mag. Nat. Hist. **1904**. — HYRTL, J.: Das uropoetische System der Knochenfische.
Denkschr. Akad. Wien **1850**. — AGASSIZ, A.: On the young Stages of some osseous Fishes.
Proc. Amer. Acad. **13, 14, 17** (1877—1882). — AGASSIZ, A. a. C. O. WHITMAN: The development of osseous Fishes I. Mem. Mus. Comp. Zool. Harvard Coll. **14** (1885). — SÖRENSEN, W.:
Om Forbeninger i Svömmeblaeren, Pleura og Aortas Vaeg etc.; Vid. Selsk. Skr. Kopenhagen **1890**. — SWAEN, A. et A. BRACHET: Étude sur les premières phases du développement
des organes dérivés du mésoblaste chez les poissons téléostéens. Archives de Biol. **16** (1899);
18 (1901). — BOEKE, J.: Beiträge zur Entwicklungsgeschichte der Teleostier. Petrus Camper. **1903—1904**. — GUDERNATSCH, J. F.: The Thyreoid Gland of the Teleosts. J. Morph.
a. Physiol. **21** (1910). — ROSÉN, N.: Studies on the Plectognaths. Ark. Zool. Stockholm
1912—1916. — GRASSI, B.: Metamorphose der Muraenoiden. Jena **1913**, und zahlreiche
andere Schriften.

getragene, durch Radii branchiostegi gestützte Kiemendeckelhaut anschließt. Harn- und Geschlechtsorgane münden hinter dem After, entweder gesondert oder vereint auf einer Urogenitalpapille. Nur wenige Knochenfische gebären lebendige Junge, fast alle legen kleine Eier in sehr bedeutender Menge an geschützten Brutplätzen ab. Die Entwicklung vieler Formen gestaltet sich als Metamorphose.

Die systematische Gruppierung der zu den Teleosteern gehörigen Fische bietet große Schwierigkeiten. In der folgenden Übersicht sind die Unterordnungen nach dem Einteilungsversuche von BOULENGER angenommen.

1. Unterordnung. *Malacopterygii.* Schwimmblase, wenn vorhanden, mit dem Darm in Communication. Mesocoracoid (Spangenstück) vorhanden. Flossen ohne Stacheln. Vordere Wirbel distinkt, ohne WEBERsche Knöchelchen.

Fam. *Elopidae.* Mit knöcherner Kehlplatte. *Elops saurus* L. Trop. Meere.

Fam. *Mormyridae.* Kopf und Kiemendeckel mit nackter Haut. Kopf zuweilen schnabelartig verlängert. Auge klein, Cornea in zwei Blätter gespalten (Brillenbildung). Kiemenöffnung ein kleiner Schlitz. *Mormyrus caschive* HASSELQ., hat jederseits am Schwanz ein schwach elektrisches Organ. Nil. *Gymnarchus niloticus* CUV. Nil, Westafrika.

Fam. *Osteoglossidae.* Süßwasserfische mit von großen harten Schuppen bedecktem Körper. Rückenflosse der Afterflosse gegenüber auf dem Schwanze. *Osteoglossum bicirrosum* VAND. *Arapaima gigas* CUV. Bis 4,5 m lang. Größter Flußfisch. Brasilien, Guiana. *Scleropages leichhardti* GTHR. Barramunda. Burnettfluß, Maryfluß, Australien. *Heterotis niloticus* CUV. Afrika.

Fam. *Clupeidae,* Heringe. Mit ziemlich komprimiertem Körper, der mit Ausnahme des Kopfes von großen dünnen, leicht abfallenden Schuppen bedeckt ist. *Clupea harengus* L., Hering, in den nordischen Meeren. Läßt mehrere, nach Aufenthalt und Laichzeit verschiedene Rassen unterscheiden. Schart sich zur Laichzeit zu dichten Zügen zusammen. *C. (Harengula) sprattus* L., Sprott, in der Nord- und Ostsee. *Engraulis encrasicholus* L., Anschovis, Sardelle. Westeurop. Küste, Mittelmeer. *Alausa alosa* L., Maifisch. Wandert im Mai zur Laichzeit aus dem Meere in die Ströme. *A. pilchardus* WALB., Sardine. Mittelmeer.

Fam. *Salmonidae,* Lachse. Mit Fettflosse. Aus den Ovarien fallen die Eier in die Bauchhöhle und gelangen durch einen unpaaren Genitalporus nach außen. Zur Laichzeit, die meist in die Wintermonate fällt, zeigen beide Geschlechter oft auffallende Unterschiede. Große Raubfische, die vorzugsweise den Flüssen, Gebirgsbächen und Seen der nördlichen Gegenden angehören, klares kaltes Wasser mit steinigem Grunde lieben, aber auch im Meere Vertreter haben, welche zur Laichzeit in die Ströme und deren Nebenflüsse steigen. *Coregonus wartmanni* BL. Renke, Blaufelchen. In den Alpenseen. *C. albula* L., Maräne. Norddeutsche Seen. *Thymallus thymallus* L., Äsche. In den Gebirgswässern von Nord- und Mitteleuropa. *Osmerus eperlanus* L., Stint. Nord- und Ostsee. *Salvelinus alpinus* L. (*Salmo salvelinus* L.), Saibling. In den Gebirgsseen Mitteleuropas. *Hucho hucho* L., Huchen, großer Raubfisch. Im Donaugebiet. *Salmo salar* L., Lachs. In den nördl. Meeren. *S. lacustris* L., Seeforelle, Schwebforelle. In den Binnenseen der mitteleuropäischen Alpenländer. *S. trutta* L., Meerforelle, Lachsforelle. Nördl. Meere. *S. fario* L., Forelle. Im Süßwasser. Europa. *S. irideus* GIBB., Regenbogenforelle. Nordamerika.

Fam. *Stomiatidae.* Tiefseefische von langgestrecktem, meist unbeschupptem Körper, mit großem Munde, die Maxillaria stärker als die Intermaxillaria und mit Zähnen besetzt. Gebiß mit großen Fangzähnen. Augen groß. Bauchflossen gewöhnlich weit hinten. Brustflossen häufig reduziert, zuweilen fehlend. Mit Leuchtorganen. *Chauliodus sloanei* BL. SCHN. Mittelmeer, Atlant., Ind. Ozean. *Stomias boa* RISSO. Mittelmeer, Atlant. u. Paz. Ozean. *S. valdiviae* A. BR. Atlant. und Ind. Ozean. *Astronesthes niger* RICH. Atlant. Ozean.

Fam. *Sternoptychidae.* Körper schlank oder kurz und hoch, seitlich kompreß, nackt oder mit dünnen Schuppen. Mundspalte weit. Zähne meist klein. Mit Leuchtorganen. Tiefseeformen. *Cyclothone signata* GARM. Atlant. und Ind. Ozean, Adria. *Argyropelecus hemigymnus* COCCO. Körper kurz und hoch. Mit Teleskopauge. Atlant. und Ind. Ozean, Mittelmeer. *Sternoptyx diaphana* HERM. Atlant. und Ind. Ozean.

2. Unterordnung. *Ostariophysi.* Schwimmblase, wenn vorhanden, mit dem Darm in Communication. Mesocoracoid (Spangenstück) vorhanden. Flossen ohne Stacheln oder Rücken- und Brustflosse mit einem Stachel. Die vorderen 4 Wirbel stark modifiziert, oft verschmolzen, mit WEBERschen Knöchelchen (Abb. 1003).

Fam. *Characinidae.* Süßwasserfische, meist mit kleiner Fettflosse. *Macrodon trahira* SPIX. *Pygocentrus (Serrasalmo) piraya* CUV. Piraya, Karibenfisch. Gefährlicher Raubfisch. Brasilien, Guiana. *Salminus brevidens* CUV. Brasilien. *Hydrocyon forskali* CUV. Nil.

Fam. *Gymnotidae.* Körper aalförmig. Kiemenöffnung eng. *Gymnotus electricus* L., Zitteraal. Körper unbeschuppt. Mit mächtigem elektrischen Organ längs des Schwanzes. In Flüssen und Sümpfen von Brasilien und Guiana (Abb. 1024). *Sternarchus albifrons* L. Körper beschuppt. Brasilien. *Steatogenys elegans* STND. Mit schwach elektrischem Organ. In Flüssen. Südamerika.

Fam. *Cyprinidae,* Karpfen. Süßwasserfische mit enger, oft Barteln tragender Mundspalte, schwachen zahnlosen Kiefern, aber stark bezahnten unteren Schlundknochen (Abb. 1025). Das Basioccipitale mit einem Fortsatz (Abb. 1003), an welchem sich eine verhornte Platte des Darmepithels, der sogenannte Karpfenstein, findet. *Cyprinus carpio* L., Karpfen. *C. carassius* L. (*Carassius vulgaris* NILSS.), Karausche. Eine Abart desselben ist der Goldfisch. *Tinca vulgaris* CUV., Schleie. *Barbus barbus* L. (*fluviatilis* AG.), Barbe. *Gobio fluviatilis* FLEM., Gründling. *Rhodeus amarus* BL., Bitterling. Weibchen mit Legeröhre, bringt die Eier in die Kiemen der Flußmuscheln (Abb. 1026). *Alburnus lucidus* HECK., Laube, Uckelei. *Leuciscus rutilus* L., Rotauge, Plötze. *L.* (*Squalius*) *cephalus* L., Dickkopf, Schuppfisch, Altl. *Aspius aspius* L. (*rapax* AG.), Schied, Rapfen. Ist ein Raubfisch. *Chondrostoma nasus* L.,

Abb. 1024. *Gymnotus electricus.* (Nach SACHS.) Etwa ¹/₁₀

Näsling. *Abramis brama* L., Brachsen. *Phoxinus laevis* L. AG., Pfrille. Europa. *Aulopyge hügeli* HECK. Schuppenlos. In Flüssen von Dalmatien und Bosnien. *Catostomus catostomus* FORST. Nordamerika. Hier schließen sich die Schmerlen (*Acanthopsidae*) an. Schwimmblase in einer Knochenkapsel. *Misgurnus fossilis* L., Schlammpitzger. *Nemachilus barbatulus* L., Schmerle, Grundel. *Cobitis taenia* L., Steinpitzger. Europa.

Fam. *Siluridae,* Welse. Süßwasserfische, meist mit breitem, niedergedrücktem Kopf, starker Zahnbewaffnung und nackter oder mit Knochenschildern gepanzerter Haut. 1 bis 4 Paare von Barteln. *Clarias lazera* C. V. Afrika, Syrien. *Heterobranchus bidorsalis* GEOFFR. Nil. *Saccobranchus fossilis* BL. Mit Luftsack der Kiemenhöhlenschleimhaut, der weit nach

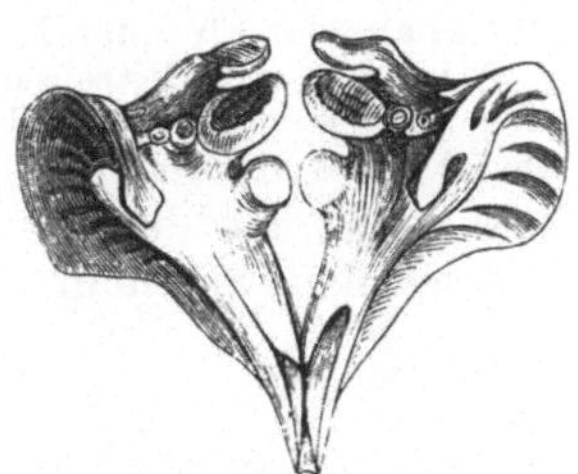

Abb. 1025. Untere Schlundknochen mit den Zähnen von Karpfen. (Nach HECKEL u. KNER.)

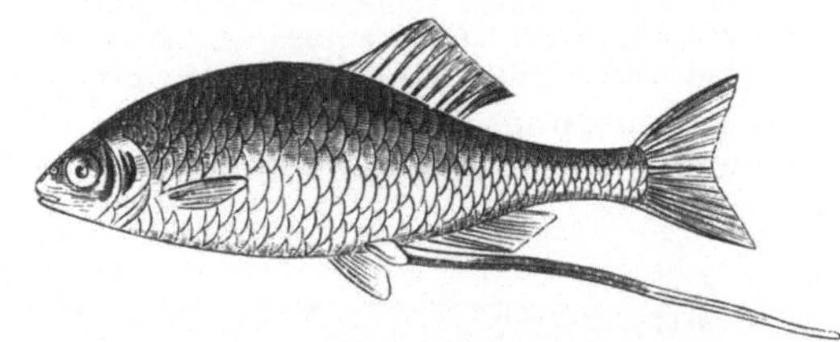

Abb. 1026. *Rhodeus amarus,* Weibchen. (Nach V. SIEBOLD.) ¹/₁

hinten reicht. Vorderindien. *Silurus glanis* L., Wels, Waller. Mit nackter Haut. Größter Knochenfisch Europas. *Amiurus nebulosus* RAF., Zwergwels. Nordamerika. *Malopterurus electricus* L., Zitterwels. Nil (Abb. 1027). *Callichthys* L., Panzerwels. Südamerika. Hier schließen sich an *Loricaria* L., *Aspredo* L., trop. Amerika. Letzteres mit Brutpflege, indem die Eier an die schwammig aufgelockerte Bauchhaut des Weibchens befestigt werden.

3. Unterordnung. *Symbranchii.* Aalähnliche Fische ohne paarige Flossen. Kiemenspalten in einen einzigen ventralen Schlitz verschmolzen. Schwimmblase fehlt.

Fam. *Amphipnoidae.* Ein Luftsack der Kiemenhöhle vorhanden. Fische des Süß- und Brackwassers. *Amphipnous cuchia* BUCH. HAM. Bengalen. Hier schließt sich an *Symbranchus marmoratus* BL. Südamerika.

4. Unterordnung. *Apodes.* Schwimmblase, wenn vorhanden, mit dem Darm in Verbindung. Intermaxillaria fehlen. Gürtel der Vorderextremität vom Schädel entfernt. Flossen ohne Stacheln. Bauchflossen fehlen.

Abb. 1027. *Malopterurus electricus.* (Nach CUVIER u. VALENCIENNES.) $^1/_{10}$

Fam. *Anguillidae,* Aale. Der langgestreckte Körper nackt oder mit rudimentären Schuppen. Als Larven der Aale und ihrer Verwandten haben sich die glashellen blattförmigen *Leptocephaliden* erwiesen. *Anguilla anguilla* L., europäischer Aal. Wandert zur Fortpflanzungszeit im Herbst aus den Flüssen in die Tiefe der westlichen Atlantik und erlangt hier die Geschlechtsreife. Die Larven, früher als *Leptocephalus brevirostris* bekannt, wandern im Oberflächenwasser wieder ostwärts und erreichen im Herbst im 3. Lebensjahr als sogenannte Glasaale die europäischen Flüsse, wo sie durch mehrere Jahre bis zur Fort-

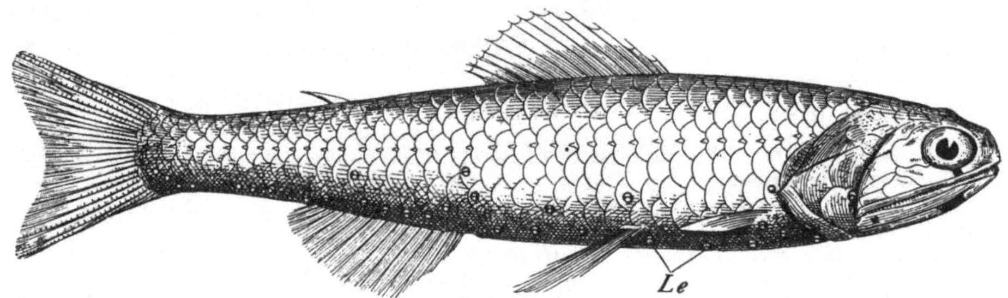

Abb. 1028. *Myctophum coeruleum (Scopelus engraulis).* (Nach GÜNTHER.) Etwa $^1/_1$. *Le* Leuchtorgane.

pflanzungszeit (Wanderzeit) heranwachsen; die Männchen bleiben nahe der Flußmündung, während die Weibchen tiefer die Flüsse aufwärts wandern. Atlant. Ozean, Mittelmeer, (s. S. 326, Abb. 300). *Conger conger* L. (*vulgaris* CUV.). In allen Meeren verbreitet. Hier schließt sich an *Muraena helena* L. Ohne Brustflossen. In allen Meeren verbreitet.

5. Unterordnung. *Haplomi.* Schwimmblase, wenn vorhanden, mit dem Darm in Communication. Flossen gewöhnlich ohne, selten mit wenigen Stacheln.

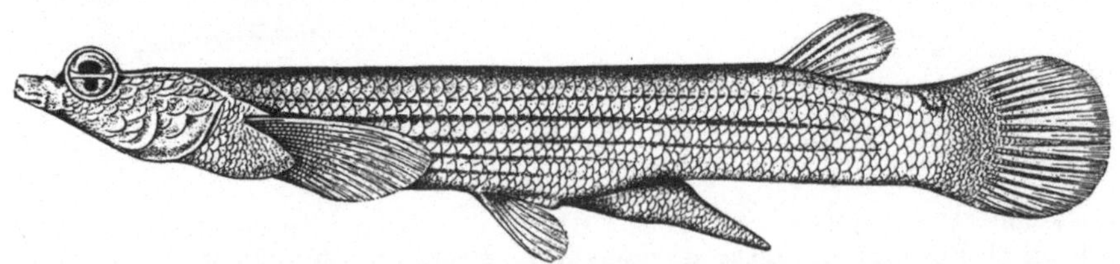

Abb. 1029. *Anableps tetrophthalmus,* Männchen. (Nach BOULENGER.) Etwa $^1/_2$

Fam. *Galaxiidae.* Körper nackt. Rückenflosse weit hinten. Im Süßwasser der südlichen Halbkugel. *Galaxias attenuatus* JEN. Neuseeland, Tasmanien, Südaustralien, Falklandsinseln, Südamerika.

Fam. *Esocidae.* Mit breitem, niedergedrücktem Kopfe, weit nach hinten gerückter Rückenflosse und verdeckten drüsigen Pseudobranchien. Gefräßige Raubfische mit weitgespaltenem Rachen und kräftiger Zahnbewaffnung. *Esox lucius* L., Hecht. Hier schließt sich an *Umbra krameri* J. MÜLL., Hundsfisch. Europa.

Fam. *Myctophidae*. Mit Fettflosse. *Myctophum coeruleum* KLZGR. (Abb. 1028) (*Scopelus engraulis* GTHR.). Ind. Ozean. *M. benoiti* COCCO. Mittelmeer, Atlant. Ozean. Mit Leuchtorganen. Tiefsee. *Ipnops murrayi* GTHR. Blind. Tiefsee, Südatlant. und Ind. Ozean.

Fam. *Cyprinodontidae*, Zahnkarpfen. Süßwasser- und Brackwasserfische, viele lebendig gebärend. *Cyprinodon* (*Lebias* CUV.) *calaritanus* C. V. Im Brackwasser. Südeuropa, Nordafrika. *Poecilia reticulata* PTRS. Guiana, Trinidad, Barbados. *Fundulus heteroclitus* L. Südl. Nordamerika. Im Brackwasser. *Anableps tetrophthalmus* BL. Mit geteiltem Auge. Im Süßwasser. Guiana (Abb. 1029). Hier schließt sich an *Amblyopsis spelaeus* DEK. Augen rudimentär. In Höhlen von Nordamerika.

6. Unterordnung. *Heteromi.* Schwimmblase ohne offenen Gang. Parietalknochen trennen die Frontalia vom Supraoccipitale. Gürtel der Brustflosse am Supraoccipitale oder Epioticum aufgehängt.

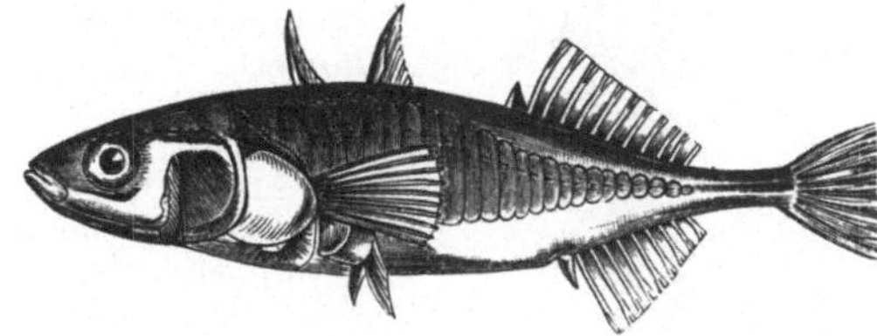

Abb. 1030. *Gasterosteus aculeatus*. (Nach HECKEL u. KNER.) $^1/_1$

Fam. *Fierasferidae*. Körper in einen langen Schwanz ausgezogen. Bauchflossen fehlen. After unter der Kehle. *Fierasfer acus* BRÜNN. Nackt. Lebt in Holothurien. Atlant. Ozean, Mittelmeer.

7. Unterordnung. *Catosteomi.* Schwimmblase, wenn vorhanden, ohne offenen Gang. Die Parietalia durch das Supraoccipitale getrennt. Coracoideum gewöhnlich sehr groß oder nach hinten verlängert. In diese Gruppe gehören auch die früher als *Lophobranchii* vereinigten Familien.

Fam. *Gasterosteidae*. Körper ohne Schuppen oder an den Seiten mit plattenartigen Schuppen. *Gasterosteus aculeatus* L., Stichling. Bekannt durch Nestbau und Brutpflege (Abbild. 1030). *G. pungitius* L., Kleiner Stichling. Süß- und Brackwasser. Europa (Abb. 1031). *G. spinachia* L., Seestichling. Nordeurop. Meere.

Fam. *Fistulariidae*. Körper langgestreckt. Mit röhrenförmig verlängerter Schnauze. *Fistularia tabacaria* L. Atlant. Ozean. *Aulostoma chinense* L. Ind. Ozean.

Fam. *Centriscidae*. Körper kompreß, gepanzert, Schnauze verlängert. *Centriscus scolopax* L., Schnepfenfisch. Atlant. Ozean, Mittelmeer. *Amphisile scutata* L. Ind. und Chin. Meer.

Fam. *Syngnathidae*. Mit gepanzerter Haut, röhrenförmig verlängerter zahnloser Schnauze. Kiemenöffnung eng, Kiemen büschelförmig. Bauchflossen fehlen, Brustflossen klein. Männchen mit Bruttasche (Abbild. 1032). *Syngnathus acus* L., Seenadel. *S. (Nerophis) ophidion* L. Auch Brust- und Schwanzflosse fehlen. *Hippocampus hippocampus* L. (*antiquorum* LEACH), Seepferdchen. Atlant. Ozean, Mittelmeer. *Phyllopteryx eques* GTHR., Fetzenfisch. Mit langen band-

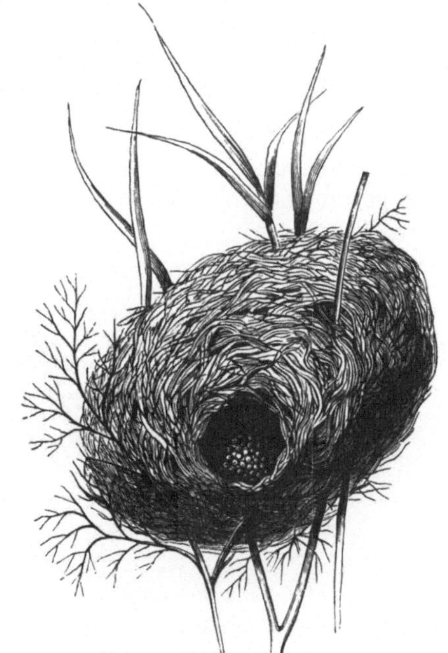

Abb. 1031. Nest des *Gasterosteus pungitius*. (Nach LANDOIS.) $^1/_1$

förmigen Fortsätzen. Meere Australiens. Hier fügt sich an *Solenostoma* LAC. Ind. Ozean. Hier besteht beim Weibchen Brutpflege, indem die Bauchflossen durch Verwachsung eine Tasche zur Aufnahme der Eier bilden.

Fam. *Pegasidae*. Mit gepanzerter Haut. Körper abgeflacht, mit großen, flügelförmig ausgebreiteten Brustflossen und kleinen Bauchflossen. Kopf mit röhrenförmiger zahnloser Schnauze. Kiemenöffnung eng. *Pegasus volans* L. Ostindien.

8. Unterordnung. *Percesoces*. Schwimmblase, wenn vorhanden, ohne offenen Gang. Parietalia durch das Supraoccipitale getrennt. Bauchflossen, wenn vorhanden, am Bauch oder wenigstens durch den Basalknochen nicht fest mit dem Clavicularbogen verbunden.

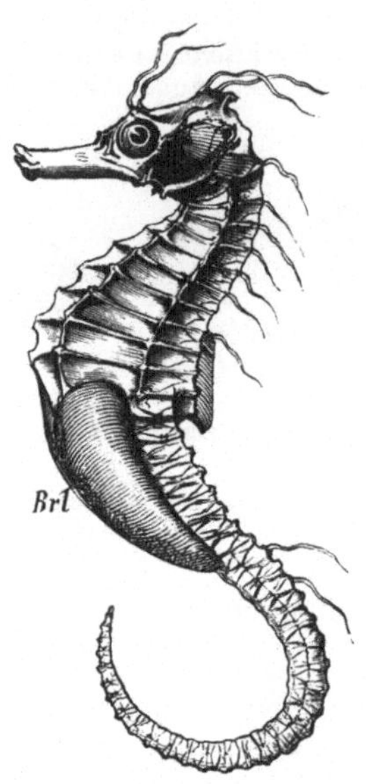

Abb. 1032. *Hippocampus*-Männchen mit der Bruttasche (*Brt*). ¹/₁

Fam. *Scombresocidae*. Marine Weichflosser mit cycloider Beschuppung und einer Reihe von gekielten Schuppen jederseits am Bauch. Untere Schlundknochen verwachsen. *Belone acus* Risso, Hornhecht. Mittelmeer. *Scombresox saurus* Walb., Makrelenhecht. *Hemirhamphus far* Forsk. Unterkiefer verlängert. Ind. Ozean, Atlant. Ozean. *Exonautes* (*Exocoetus*) *exsiliens* P. L. S. Müll., Flughecht. Brustflossen flügelförmig vergrößert. *E. rondeleti* C. V. (Abb. 1033). *Exocoetus volitans* L. Atlant. Ozean, Mittelmeer.

Fam. *Ammodytidae*. Körper gestreckt, mit sehr kleinen Schuppen bedeckt. Unterkiefer spitz, vorragend. Kiefer zahnlos. Bauchflosse fehlt. *Ammodytes tobianus* L., Sandaal. Nordsee.

Fam. *Mugilidae*, Meeräschen. Den Weißfischen nicht unähnliche Fische mit abgeflachtem Kopf, mit ziemlich großen Schuppen. Bezahnung schwach. Gehen gern ins Brackwasser. *Mugil cephalus* L. Mittelmeer. *Atherina hepsetus* L. Atlant. Ozean, Mittelmeer. *A. mochon* C. V. Mittelmeer. *A. lacustris* Bp. Mittelitalien. Seen. Wahrscheinlich Varietät von *A. mochon*.

Fam. *Anabantidae* (*Labyrinthici*), Labyrinthfische. Mit labyrinthförmigen Höhlungen im oberen Kiemenbogenknochen des 1. Kiemenbogens (Abb. 1009). Süßwasserfische. *Anabas scandens* Dald., Kletterfisch. Ostindien. *Polyacanthus* (*Macropodus*) *viridiauratus* Lac., Großflosser, Paradiesfisch. Baut ein Nest aus dem durch Aufnahme von Luftblasen schäumigen Mundsecret. Südchina. *Osphromenus olfax* Comm. Gurami. Sunda-Inseln.

9. Unterordnung. *Anacanthini*. Schwimmblase ohne offenen Gang. Parietalia getrennt durch das Supraoccipitale. Bauchflossen unter oder vor den Brust-

Abb. 1033. *Exonautes* (*Exocoetus*) *rondeleti*. (Nach Cuvier u. Valenciennes.) ¹/₃

flossen. Flossen ohne Stacheln. Caudalflosse ohne verbreiterte Hypuralknochen, symmetrisch.

Fam. *Macrouridae*. Der Körper mit langem, sich zuspitzendem Schwanz. Schwanzflosse fehlt. Vorzugsweise Tiefseefische. *Coelorhynchus* (*Macrurus*) *coelorhynchus* Bp. Mittelmeer. *Macrourus berglax* Lac. Nord. Meere.

Fam. *Gadidae*, Schellfische. Langgestreckte Fische mit kleinen weichen Schuppen, meist mehreren Rücken- und Afterflossen. Bauchflossen kehlständig. Kiemenspalte weit. *Gadus callarias* L., Dorsch (*G. morrhua* L., Kabeljau, die größere Form), getrocknet als

Stockfisch, gesalzen als Laberdan im Handel; aus der Leber wird der Lebertran bereitet. Atlant. Ozean, Ostsee. *Melanogrammus aeglefinus* L., Schellfisch. Nordsee. *Merluccius merluccius* L. (*vulgaris* FLEM.). Mittelmeer. *Lota vulgaris* CUV., Quappe, Rutte. Raubfisch des Süßwassers. Mitteleuropa. *Motella tricirrata* BL. Atlant. Ozean, Mittelmeer.

10. Unterordnung. *Acanthopterygii.* Schwimmblase ohne offenen Gang. Supraoccipitale in Kontakt mit den Frontalia. Bauchflossen brust- oder kehlständig. Basalstücke der Bauchflossen fest mit dem Gürtel der Brustflosse verbunden. Flossenstrahlen meist zu Stacheln entwickelt.

Fam. *Percidae*, Barsche. Brustflosser mit Ctenoidschuppen, mit gezähnelten oder bedornten Kiemendeckelstücken. *Perca fluviatilis* L., Flußbarsch, gefräßiger Raubfisch. Europa, Nordasien (Abb. 994). *Morone labrax* L. (*Labrax lupus* CUV.), Seebarsch. Atlant. Ozean, Mittelmeer. *Acerina cernua* L., Kaulbarsch, Flußfisch. Europa, Nordasien. *Lucioperca sandra* CUV., Zander, Schill. Flußfisch. Europa. *Aspro zingel* L. Donau. Hier schließt sich an *Serranus scriba* L., Zwitter. Mittelmeer. Ferner *Toxotes jaculator* PALL., Spritzfisch. Ostindien, Polynesien. *Lepomis auritus* L. (*Pomotis vulgaris* C. V.), Sonnenfisch. Nordamerikan. Seen.

Fam. *Sciaenidae*. Brustflosser mit ctenoiden Schuppen. Kiemendeckelstücke schwach oder nicht bewehrt. *Umbrina cirrhosa* L., Schattenfisch. *Sciaena umbra* L. (*Corvina nigra* BL.). *S. aquila* RISSO. Atlant. Ozean, Mittelmeer. *Pogonias cromis* L., Trommelfisch. Atlant. Küste, Nordamerika.

Fam. *Cepolidae*. Körper bandförmig mit sehr kleinen cycloiden Schuppen. *Cepola rubescens* L. Atlant. Ozean, Mittelmeer.

Fam. *Sparidae*. Meerbrassen. Mit ziemlich hohem Körper, meist mit feingezähnelten Ctenoidschuppen. Kiemendeckelstücke unbewaffnet. Manche Zwitter. *Sparus unicolor* Q. G. Australien. *Cantharus lineatus* MONT. *Box salpa* L. *Diplodus sargus* L. (*Sargus rondeleti* C. V.). *Charax puntazzo* L. *Pagellus erythrinus* L. *Chrysophrys aurata* L., Goldbrasse. Atlant. Ozean, Mittelmeer. Zwitter. Hier schließt sich an *Dentex dentex* L. (*vulgaris* C. V.). Mittelmeer, Atlant. Ozean.

Fam. *Mullidae*, Meerbarben. Körper niedrig, zusammengedrückt mit großen glattrandigen oder fein gezähnelten Schuppen. Zwei lange Barteln am Zungenbein. *Mullus barbatus* L. Atlant. Ozean, Mittelmeer.

Fam. *Chaetodontidae*. Lebhaft gefärbte Fische mit hohem, stark komprimiertem Körper. Rücken- und Afterflosse mehr oder minder mit Schuppen bedeckt. Kopf zuweilen schnauzenförmig. *Chaetodon fasciatus* FORSK. Ind. Ozean, Rotes Meer.

Fam. *Labridae*, Lippfische. Lebhaft gefärbte Fische mit aufgewulsteten vorstreckbaren Lippen. *Labrus maculatus* BL. Europäische Küste. *Crenilabrus pavo* BRÜNN. Mittelmeer. *Julis pavo* HASSELQ. Atlant. Ozean, Mittelmeer. Hier schließt sich an *Sparisoma* (*Scarus*) *cretense* L., Papageifisch. Mittelmeer, Atlant. Ozean. Ferner *Chromis galilaeus* HASSELQ. Mit Brutpflege beim Männchen. See Genezareth.

Fam. *Scombridae*, Makrelen. Von langgestreckter, mehr oder minder kompresser, zuweilen sehr hoher Körpergestalt, oft mit silberglänzender Haut, bald nackt, bald mit kleinen Schuppen, stellenweise auch, namentlich an der Seitenlinie, mit gekielten Knochenplatten bekleidet, meist mit halbmondförmig ausgeschnittener Schwanzflosse. Bilden zumal wegen des schmackhaften Fleisches einen wichtigen Gegenstand des Fischfanges. *Scomber scombrus* L., Makrele. *Orcynus* (*Thunnus*) *thynnus* L., Thunfisch. *Sarda* (*Pelamys*) *sarda* BL. Atlant. Ozean, Mittelmeer. Hier schließen sich an *Trachurus* (*Caranx*) *trachurus* L., Stocker, weit verbreitet. *Naucrates ductor* L. Wärmere Meere. *Xiphias gladius* L., Schwertfisch. Mittelmeer, Atlant. Ozean. *Lepidopus caudatus* EUPHR. Atlant. Ozean, Mittelmeer. *Brama raji* BL. Atlant. Ozean, Mittelmeer.

Fam. *Zeidae*. Körper stark komprimiert und hoch, mit sehr kurzem Rumpf. Schuppen sehr klein oder fehlend. Eine Reihe von knöchernen Platten längs der unpaaren Flossen und am Abdomen. *Zeus faber* L., Petersfisch, Heringskönig. Weit verbreitet.

Fam. *Pleuronectidae*, Seitenschwimmer. Leib komprimiert, scheibenförmig, mit sehr kurzem Rumpf und auffallend asymmetrisch. Die nach oben dem Lichte zugekehrte Seite ist pigmentiert (mit Farbenwechsel), die andere pigmentlos. Beide Augen liegen auf der pigmentierten Seite, nach welcher der Kopf gedreht und die Gruppierung seiner Knochen verschoben scheint. Larven symmetrisch. *Hippoglossus hippoglossus* L., Heilbutt. Wird bis 2 m lang. Nordeurop. Küsten. *Rhombus maximus* L., Steinbutt. *Pleuronectes platessa* L., Scholle, Goldbutt. Europ. Küsten. *Limanda limanda* L., Kliesche. *L. flesus* L., Flunder (steigt in die Flüsse). Nordeurop. Küsten. *Solea vulgaris* QUENSEL, Seezunge. Nordsee und Mittelmeer.

Fam. *Gobiidae*, Meergrundeln. Langgestreckte niedrige Fische, mit kehl- und brustständigen Bauchflossen, die sehr nahe aneinanderstehen oder zu einer Scheibe verwachsen.

Gobius niger L. Atlant. Ozean, Mittelmeer. *G. fluviatilis* PALL. In Flüssen Italiens und des südwestlichen Rußlands. *Callionymus lyra* L., Leierfisch. Atlant. Ozean, Mittelmeer. *Periophthalmus* BL. SCHN. Trop. Meere.

Fam. *Echeneidae.* Vordere Rückenflosse in eine Haftscheibe umgestaltet. *Echeneis naucrates* L., Schiffshalter. Weit verbreitet.

Fam. *Scorpaenidae.* Mehrere Kopfknochen bedornt. Präoperculum durch einen besonderen Stützknochen mit den Infraorbitalia verbunden. Einige mit Giftdrüsen an den Flossenstacheln. *Scorpaena porcus* L. *S. scrofa* L. Atlant. Ozean, Mittelmeer. Hier schließen sich an *Cottus gobio* L., Kaulkopf. Bekannt durch die Brutpflege des Männchens. In klaren Bächen. Europa. *Myoxocephalus scorpius* L., Seeskorpion. Nordeurop. Meere.

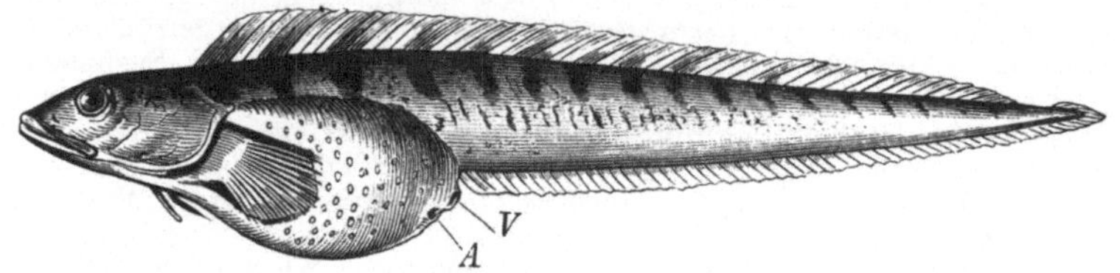

Abb. 1034. *Zoarces viviparus.* ¹/₃. *A* Afteröffnung, *V* Urogenitalöffnung.

Cyclopterus lumpus L., Seehase. Mit Saugscheibe, die aus den verwachsenen Bauchflossen hervorgeht. Nordeurop. Küsten. *Lepadogaster gouani* LAC. Zwischen den Bauchflossen eine große Haftscheibe. Mittelmeer, Atlant. Ozean.

Fam. *Triglidae*, Knurrhähne. Die Infraorbitalia mit dem Präoperculum zu einer sehr vollständigen Knochendecke vereinigt. Brustflossen groß, die drei ersten Strahlen gesondert und fühlerartig entwickelt. *Prionotus evolans* L. Atlant. Ozean. *Trigla gurnardus* L. *T. hirundo* BL. Atlant. Ozean, Mittelmeer. Hier schließt sich an *Cephalacanthus (Dactylopterus) volitans* L., Flughahn. Mittelmeer, Atlant. Ozean.

Fam. *Trachinidae.* Der Infraorbitalring artikuliert nicht mit dem Präoperculum. *Trachinus draco* L., Petermännchen. Mit Giftdrüse. Atlant. Ozean, Mittelmeer. Hier schließt sich an *Uranoscopus scaber* L. Mittelmeer. *Astroscopus guttatus* ABBOTT. Mit elektrischem Organ. Atlant. Küste von Nordamerika.

Fam. *Blenniidae.* Körper gestreckt, nackt oder mit kleinen Schuppen. 1—3 Rückenflossen über die ganze Rückenlänge. Bauchflossen kehlständig, zuweilen rudimentär. *Blennius tentacularis* BRÜNN. Mittelmeer. *B. vulgaris* POLLINI. Mittelmeer, Gardasee. *Anarrhichas lupus* L., Seewolf. Nord-Atlant. Hier schließt sich an *Zoarces viviparus* L., Aalmutter, lebendig gebärend. Nord- und Ostsee (Abb. 1034).

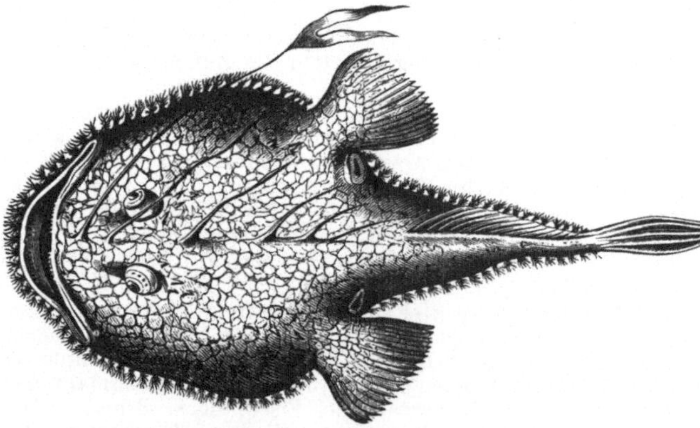

Abb. 1035. *Lophius piscatorius.* (Nach CUVIER u. VALENCIENNES.) ¹/₁₀

Fam. *Ophidiidae.* Körper gestreckt, Schwanz allmählich sich zuspitzend, ohne deutliche Schwanzflosse. Bauchflossen zu Filamenten reduziert. *Ophidium barbatum* L., Schlangenfisch. Mittelmeer.

Fam. *Trachypteridae.*, Bandfische. Körper bandartig, silberglänzend, nackt oder mit sehr kleinen Schuppen. Rückenflosse längs des ganzen Rückens. *Trachypterus trachypterus* (*taenia* BL. SCHN.). Mittelmeer. *Regalecus glesne* ASCAN. Wird bis 6 m lang. Tiefsee. Weit verbreitet.

Vielleicht schließt sich hier an *Gigantura chuni* A. BRAUER. Mit Teleskopaugen. Tiefsee, Golf von Guinea.

11. Unterordnung. *Opisthomi.* Schwimmblase ohne offenen Gang. Kiemendeckel wohl entwickelt, unter der Haut verborgen. Supraoccipitale in Kontakt

mit den Frontalia. Gürtel der Vorderextremität an der Wirbelsäule weit hinter dem Schädel aufgehängt. Bauchflossen fehlen.

Hierher gehört nur die Fam. *Mastacembelidae.* Süßwasserfische von Südasien und Afrika. *Mastacembelus armatus* LAC. Vorderindien, China.

12. Unterordnung. *Pediculati.* Schwimmblase ohne offenen Gang. Kiemendeckel groß, unter der Haut verborgen. Supraoccipitale mit den Frontalia in Kontakt. Bauchflossen kehlständig. Kiemenöffnung zu einem Loch reduziert. Haut nackt oder von rauhen Höckern bedeckt. Die Brustflossen, durch stielförmige Verlängerung der Wurzel armähnlich entwickelt, werden auch zum Fortschieben gebraucht.

Fam. *Lophiidae.* Von gedrungener plumper Körperform. Mit eigentümlichen Hautanhängen und angelartigen aufrichtbaren Fäden zum Heranlocken kleiner Fische. *Lophius piscatorius* L., Seeteufel. Europ. Küsten (Abb. 1035). *Melanocetus* GTHR. Tiefsee. Hier schließt sich an *Ogcocephalus (Malthe) vespertilio* L. Westindien. Ferner *Ceratias holbölli* KRÖY. Arkt. Meere. Männchen zwergartig klein und dauernd mit dem Weibchen mittels der Mundöffnung verwachsen.

13. Unterordnung. *Plectognathi.* Schwimmblase ohne offenen Gang. Opercularknochen mehr oder minder reduziert. Supraoccipitale in Kontakt mit den Frontalia. Maxillare und Intermaxillare fest verwachsen. Mundspalte eng. Kiemenspalten sehr reduziert. Körper mit Knochenschildern oder Stacheln bedeckt oder nackt. Bauchflossen können fehlen.

Fam. *Balistidae*, Hornfische. Der seitlich komprimierte Körper mit rauhkörniger oder von harten rhombischen Schildern bedeckter Haut. *Canthidermis*

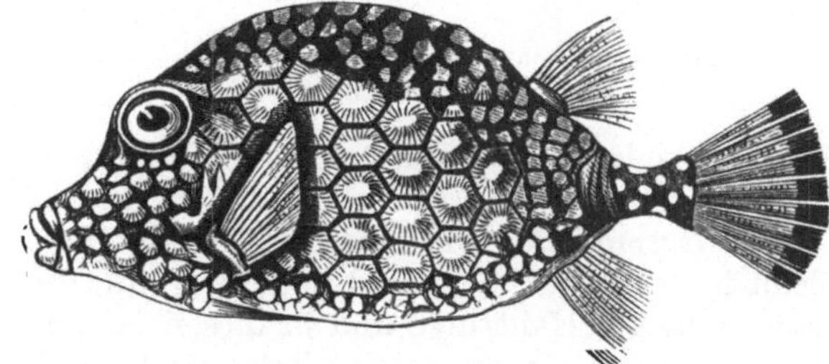

Abb. 1036. *Lactophrys (Ostracion) triqueter* (aus règne animal). Etwa $^1/_4$

(Balistes) maculatus BL. Atlant., Ind. Ozean. *Balistes capriscus* GM. *(carolinensis* GM.). Weit verbreitet.

Fam. *Ostraciontidae*, Kofferfische. Körperform kofferartig, dreikantig oder vierkantig, oft in hornartige Fortsätze auslaufend, mit festem, aus polyedrischen Knochentafeln gebildetem Hautpanzer, an welchem nur die Flossen und der Schwanz beweglich sind. *Lactophrys (Ostracion) triqueter* L. (Abb. 1036). Westindien. *L. tricornis* L. Atlant. Ozean.

Fam. *Tetrodontidae.* Mit rauhkörniger oder bestachelter Haut. Magen mit sehr großer ventraler Aussackung, die mit Luft gefüllt werden kann, wodurch die Tiere sich aufblähen können. *Tetrodon lagocephalus* L. Atlant. und Paz. Ozean. *Spheroides testudineus* L. Atlant. Ozean. *Ovoides fahaka* HASSELQ. Nil, Westafrika. Hier schließt sich an *Diodon hystrix* L. Igelfisch. Atlant. Ozean, Ind. Ozean.

Fam. *Molidae.* Körper komprimiert, kurz, hoch, mit sehr kurzem abgestutztem Schwanz. Hautbedeckung rauh. Bauchflossen fehlen. *Mola (Orthagoriscus) mola* L., Mondfisch. Wärmere Meere.

3. Klasse. Amphibia (Batrachia), Lurche[1].

Wechselwarme Wirbeltiere mit meist nackter Haut, mit als Füße entwickelten Gliedmaßen, mit Lungen und vorübergehender oder persistenter Kiemenatmung, mit einfacher Kammer und unvollständig oder vollständig doppelter Vorkammer des Herzens. Entwicklung in der Regel mittels Metamorphose.

---

[1] Außer J. WAGLER, MERREM, BOULENGER vgl. DUMÉRIL et BIBRON: Erpétologie générale etc. Paris 1834—1854. — RUSCONI, M.: Histoire naturelle, développement et métamorphose de la Salamandre terrestre. Pavie 1854. — GEGENBAUR, C.: Untersuchungen zur vergleichenden Anatomie der Wirbelsäule bei Amphibien und Reptilien. Leipzig 1862. — HERTWIG, O.: Über das Zahnsystem der Amphibien und seine Bedeutung für die Genese

Die äußere Körpergestalt erinnert zuweilen noch durch den Besitz eines flossenförmigen Ruderschwanzes an die Fische, weist jedoch schon auf den wechselnden Aufenthalt im Wasser und auf dem Lande hin, und es ist der Rumpf stets walzenförmig. Den Fischen gegenüber zeigt der Körper eine reichere Regionenbildung, indem außer dem Kopf eine Hals-, Brust-, Lenden- sowie Kreuzbeinregion unterschieden werden können, auf welche die Schwanzregion folgt. Es hängt dies mit den als Stützen des Körpers sich entwickelnden Extremitäten zusammen. Letztere sind als Füße mit 4—5 Zehen ausgebildet und dienen mehr als Nachschieber zur Fortbewegung des sich schlängelnden Rumpfes (Abb. 1049). Nur die *Anuren*, deren kurzer gedrungener Rumpf im ausgebildeten Zustande des Schwanzes entbehrt, besitzen kräftige, zum Laufen, zum Schwimmen (und dann mit Schwimmhäuten ausgestattete) und zum Sprunge, selbst zum Klettern taugliche Extremitätenpaare. Andererseits können die Extremitäten auch verkümmern und eine reduzierte Zehenzahl aufweisen, oder vollständig fehlen, wie bei den unterirdisch meist in feuchter Erde lebenden *Blindwühlern* (*Gymnophiona*); dann vereinfacht sich auch die

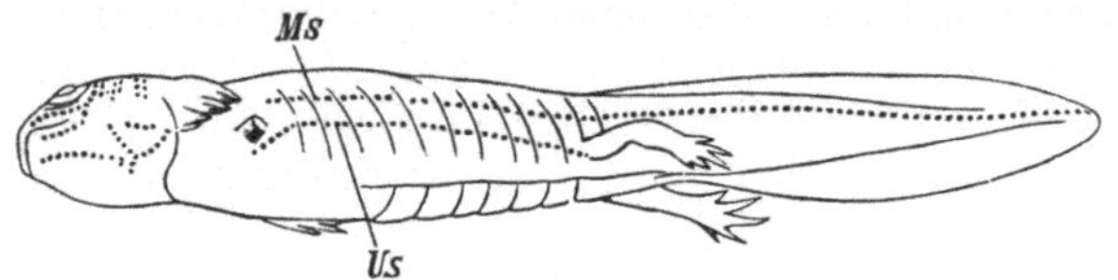

Abb. 1037. Larve von *Salamandra maculosa*. (Nach MALBRANC.) *Ms* Mittlere, *Us* untere Seitenlinie.

Regionenbildung des Rumpfes. Die Hand endet mit höchstens 4 Fingern (Daumen fehlt), der Fuß mit 5 Zehen.

Die drüsenreiche, auch für die Atmung (Perspiration) bedeutungsvolle Haut bleibt in der Regel nackt und schlüpfrig, nur die Blindwühler besitzen schienenartig verdickte Hautringe und in diesen Schüppchen. Doch waren die von der Steinkohlenzeit bis zur oberen Trias reich vertretenen *Stegocephalen* am Bauch und Rücken mit großen Schuppen bepanzert. Auch die Sinnesorgane der Seitenlinien (Abb. 1037) finden sich bei den im Wasser lebenden Formen, insbesondere im Larvenzustande wieder. Sehr allgemein liegen Drüsen und Pigmente in der Hautbedeckung (Abb. 90 b). Erstere sondern oft (die *Parotoiden* sowie Drüsen-

des Skelets der Mundhöhle. Arch. mikrosk. Anat. **11.** Suppl. 1874. — GOETTE, A.: Die Entwicklungsgeschichte der Unke. Leipzig 1875. — SPENGEL, J. W.: Das Urogenitalsystem der Amphibien. Arb. zool.-zoot. Inst. Würzburg **3** (1876). — BOAS, J. E. V.: Über den Conus arteriosus und die Arterienbogen der Amphibien. Morph. Jb. **7** (1882). — HERTWIG, O.: Die Entwicklung des mittleren Keimblattes der Wirbeltiere. Jena. Z. Naturwiss. **15, 16** (1881—1882). — HOCHSTETTER, F.: Beiträge zur vergleichenden Anatomie und Entwicklungsgeschichte des Venensystems der Amphibien und Fische. Morph. Jb. **13** (1887).— ZELLER, E.: Über die Befruchtung der Urodelen. Z. Zool. **49** (1890). — SCHULZE, F. E.: Über die inneren Kiemen der Batrachierlarven. Abh. preuß. Akad. Wiss., Physik.-math. Kl. Berlin 1888, 1892. — HOFFMANN, C. K.: Amphibien. Bronns Klassen u. Ordn. des Tierreiches. **1873**—1878. — COPE, E. D.: The Batrachia of North America. Bull. U. S. Nat. Mus. Washington 1889. — WERNER, F.: Die Reptilien und Amphibien Österreich-Ungarns und der Occupationsländer. Wien 1897. — Lurche und Kriechtiere. Brehms Tierleben. 4. Aufl. **4** (1912). — DÜRIGEN, B.: Deutschlands Amphibien und Reptilien. Magdeburg 1897. — GADOW, H.: Amphibia and Reptiles. London 1901. — BLES, E. J.: The lifehistory of *Xenopus laevis* DAUD. Trans. roy. Soc. Edinburgh **1905.** — MAYERHOFER, F.: Untersuchungen über die Morphologie und Entwicklungsgeschichte des Rippensystems der urodelen Amphibien. Arb. Zool. Inst. Wien **17** (1909). — SCHREIBER, E.: Herpetologia Europaea. 2. Aufl. Jena 1912. — HOYER, H. u. S. UDZIELA: Untersuchungen über das Lymphgefäßsystem von Salamanderlarven. Morph. Jb. **44** (1912).— LITZELMANN, E.: Entwicklungsgeschichtliche und vergleichend-anatomische Untersuchungen über den Visceralapparat der Amphibien. Z. Anat. **67** (1923). — Vgl. überdies die Arbeiten von DEITERS, HASSE, RETZIUS, LEYDIG, HOUSSAY, W. K. PARKER, ANDERSSON, GÖPPERT, BRACHET, IKEDA, DRÜNER, BETHGE, WIEDERSHEIM, CAMERANO, HOYER, FAVARO, H. RABL, VERSLUYS, SMITH u. a.

wülste an den Seiten und hinteren Extremitäten) ätzende und stark riechende Säfte ab, welche auf andere Organismen giftig wirken. Die mannigfachen Färbungen der Haut rühren vornehmlich von ramifizierten Pigmentzellen der Cutis her, welche bei den Fröschen das schon lang bekannte Phänomen des Farbenwechsels bedingen (Abb. 117).

Obwohl am Skelet die Chorda dorsalis in ganzer Länge (*Blindwühler, Sirenidae, Proteidae* u. a.) persistieren kann, kommt es stets zur Bildung knöcherner, zunächst bikonkaver Wirbel, welche durch Intervertebralknorpel verbunden sind. Bei den *Salamandriden* verdrängt allmählich der wachsende Intervertebralknorpel die in ihren Resten verknorpelnde Chorda, und es kommt durch weitere Differenzierung des ersteren zur Anlage eines Gelenkkopfes und einer Gelenkpfanne, die jedoch nur bei den vorwiegend mit procölen Wirbelkörpern versehenen *Anuren* zur völligen Sonderung gelangen; bei den *Salamandriden* sind die Wirbelkörper opisthocöl, bei *Plethodontiden* opisthocöl oder amphicöl. Die Zahl der Wirbel ist bei den langgestreckten Formen eine bedeutende; bei den *Anuren* dagegen besteht die Wirbelsäule in der Regel nur aus neun Wirbeln mit auffallend langen Querfortsätzen, auf welche ein ungegliedertes langes Knochenstück (sogenanntes Steißbein, *Os coccygis*) folgt, das einer Anzahl verschmolzener Schwanzwirbel entspricht (Abb. 1038). Kleine kurze (obere) Rippen (bei *Anuren* [ausgenommen die *Discoglossidae*] mit den Querfortsätzen verwachsen) finden sich mit Ausnahme des ersten Wirbels an fast allen Rumpfwirbeln; ein Anschluß an das Sternum findet niemals statt. Die Halsregion und die Sacralregion werden von je einem Wirbel gebildet (Abb. 969, 1038).

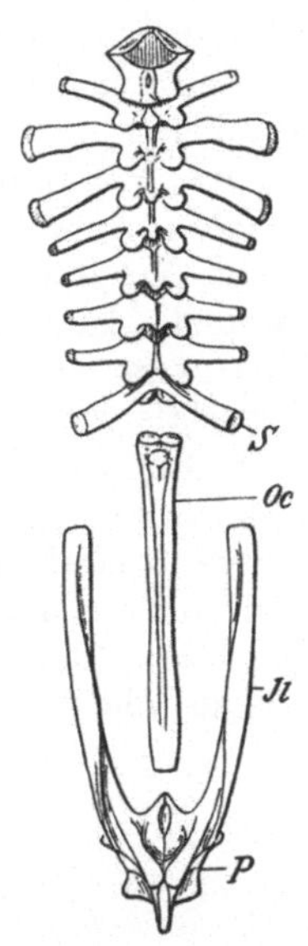

Abb. 1038. Wirbelsäule und Becken von *Rana ridibunda*. (Nach Boulenger.) *Jl* Os ilium, *Oc* Os coccygis, *P* Gelenkpfanne für die hintere Extremität, *S* Sacralwirbel.

Der knorpelige Primordialschädel wird teilweise von Knochen verdrängt, die teils Ossifikationen des knorpeligen Primordialcraniums (*Occipitalia lateralia, Prooticum, Orbitosphenoideum*) sind, teils als Belegknochen (*Parietalia, Frontalia, Nasalia, Vomer, Parasphenoideum*) ihren Ursprung nehmen (Abbild. 1039). In der Occipitalregion finden sich bloß zwei mächtige *Occipitalia lateralia* mit je einem Gelenkhöcker (Condylus) zur Verbindung

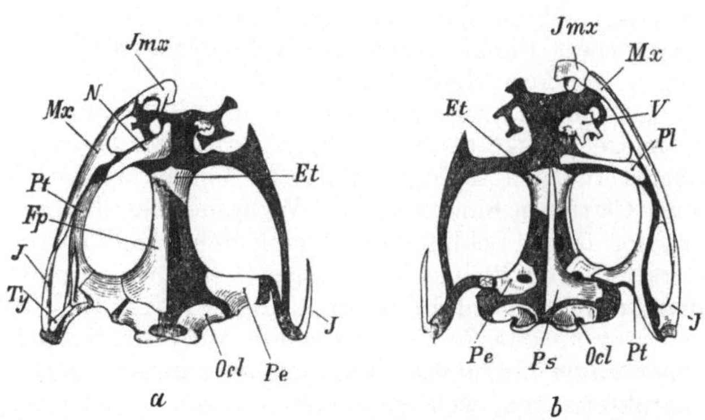

Abb. 1039. Schädel von *Rana esculenta*. (Nach Ecker.) a von der Dorsal-, b von der Ventralseite. *Ocl* Occipitale laterale, *Pe* Prooticum, *Et* Gürtelbein, *Ty* Squamosum, *Fp* Frontoparietale, *J* Quadrato-Jugale, *Mx* Maxillare, *Jmx* Intermaxillare, *N* Nasale, *Ps* Parasphenoideum, *Pt* Pterygoideum, *Pl* Palatinum, *V* Vomer.

mit dem vordersten Wirbel, so daß ein doppelter Condylus am Hinterhaupt besteht. In der vorspringenden Ohrgegend findet sich ein *Prooticum*, das von der *Fenestra vestibuli* (*ovalis*) durchbrochen wird. Die knorpelige Seitenwand des Schädels weist bei Urodelen ein paariges *Orbitosphenoid* auf, während es bei den Anuren unpaar ist und einen ringförmigen Knochen, das *Gürtelbein* (*Os en ceinture* CUVIER, *Sphenethmoidale* PARKER) bildet. An der Schädelbasis finden wir noch ein *Parasphenoideum*, an der Decke *Frontalia*, *Parietalia* und *Nasalia*, neben welchen bei Urodelen noch *Präfrontalia*, bei Gymnophionen auch *Postfrontalia* bestehen.

Das Palatoquadratum ist wie bei Lepidosiren dem Schädel fest angeschlossen. Es bildet jederseits einen weit abstehenden infraorbitalen Bogen, dessen Vorderende entweder frei bleibt oder mit dem Ethmoidalknorpel verschmilzt. Die am Ende des Palatoquadratums auftretende Ossifikation bildet das *Quadratum*, während eine dem Knorpel auflagernde, hammerförmige Deckplatte als *Squamosum*, auch als *Tympanicum* oder *Paraquadratum* bezeichnet wird. Ein von unten anliegender Knochen ist das *Pterygoideum*, an welches sich nach vorne das quer zum paarigen *Vomer* hinziehende *Palatinum* anschließt. Der äußere Kieferbogen, gebildet durch die *Intermaxillar*- und *Maxillar*-Knochen, kann mittels einer dritten hinteren Knochenspange (*Quadratojugale*) bis zum *Quadratum* (das bei *Anuren* im hinteren Teile des Quadratojugale enthalten ist) reichen, bleibt aber bei manchen Urodelen unvollständig, indem der Oberkiefer-

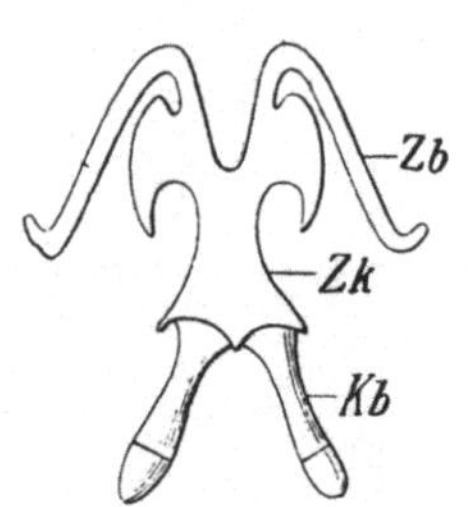

Abb. 1040. Zungenbein von *Bufo vulgaris*. (Nach DUGÈS.) *Zk* Zungenbeinkörper, *Zb* Zungenbeinbogen, *Kb* Fortsätze zur Stütze des Kehlkopfes.

knochen fehlt. Das *Hyomandibulare* erscheint in anderer Funktion beim Gehörapparat. Am Visceralskelet zeigt sich eine mehr oder minder tiefgreifende Reduktion im Zusammenhange mit der Rückbildung der Kiemenatmung. Die zeitlebens mit Kiemen versehenen Amphibien besitzen die Visceralbögen in größerer Zahl und in ähnlicher Gestalt, wie sie bei den übrigen Formen nur vorübergehend im Larvenleben sich finden. Hier treten noch 4—5 Bogenpaare auf, von denen das vordere den Zungenbeinbogen darstellt (Abb. 969). Die Copula bleibt einfach und wird von den beiden letzten Bogen nicht mehr erreicht. Bei den *Salamandriden* persistieren außer dem Zungenbeinbogen noch Reste von zwei Kiemenbogen. Die bei den *Anuren* (Abb. 1040) im ausgebildeten Zustande sich findenden Fortsätze am Hinterrande des Zungenbeinkörpers, die als Stütze des Kehlkopfes dienen, sind nicht Reste der Kiemenbogen, sondern Neubildungen.

An dem in ausgedehntem Umfange knorpeligen Schultergerüst unterscheidet man drei Stücke als *Scapulare*, *Procoracoideum* und *Coracoideum*, wozu noch ein oberes knorpeliges *Suprascapulare*, ferner bei den Anuren am Procoracoideum eine *Clavicula* hinzukommt. Während bei den geschwänzten Amphibien ein unterer fester Schluß des Gürtels fehlt und den ventral zusammentretenden Coracoidea ein kleines knorpeliges Sternum nur angefügt ist, kommt derselbe bei den Anuren sowohl durch die mediane Verbindung beider Hälften, als durch Anlagerung an das *Sternum* zustande, wozu am vorderen Ende zuweilen noch ein *Omosternum* hinzutritt. Für das Becken ist die schmale Form der Darmbeine charakteristisch, welche an den starken Querfortsätzen eines einzigen Wirbels befestigt, an ihrem ventralen Ende mit dem Sitz- und Schambeine verbunden sind. Bei den Anuren sind die Darmbeine sehr lang und die Pars ischiopubica des Beckens ist zu einer dorsoventralen Scheibe umgewandelt (Abb. 1038). Dem Vorderende des teilweise knorpeligen Ischiopubicum der Urodelen sitzt ein Knorpel (*Cartilago epipubica*) auf. Im Extremitätenskelet der Anuren verwachsen Radius und Ulna sowie Tibia und Fibula zu einem Knochen.

Das Gehirn bleibt zwar in allen Fällen klein (Abb. 229), doch sind die Hemisphären umfangreicher als bei Fischen. Zwischenhirn und Mittelhirn verhalten sich sehr einfach und lassen die bei Fischen bestehenden Complicationen vermissen. Das Kleinhirn stellt eine schmale Lamelle vor und das verlängerte Mark umschließt eine breite Rautengrube. Die Hirnnerven verhalten sich ähnlich wie bei den Fischen, indem nicht nur der *Nervus facialis* und die Augenmuskelnerven oft noch in den Bereich des *Trigeminus* fallen, sondern *Glossopharyngeus* und *Accessorius* durch Äste des *Vagus* vertreten werden. Der *Hypoglossus* ist wie dort erster Spinalnerv.

Von den Sinnesorganen sind Augen stets vorhanden, können allerdings rudimentär und unter der Haut verborgen sein (*Proteus, Typhlomolge, Gymnophionen*). Dem Amphibienauge fehlt ein Processus falciformis und die Chorioidealdrüse. Lidbildungen, und zwar ein schwaches oberes und unteres Augenlid, finden sich bei *Salamandriden, Plethodontiden* und *Ambystomiden*, während die *Anuren* außer dem oberen Augenlide ein großes unteres Augenlid (meist als Nickhaut bezeichnet) besitzen. Bei den Anuren tritt ein Retractor auf, durch welchen der große Augenbulbus weit zurückgezogen werden kann. Am inneren Augenwinkel mündet bei den *Anuren* und *Gymnophionen* eine Drüse (HARDERsche Drüse). Im Baue des *statischen Organes*, bzw. *Gehörorganes* schließen sich die Amphibien den Fischen an, doch zeigt die Lagena namentlich bei Anuren eine höhere Entwicklung und eine Papilla acustica basilaris cochleae (Abb. 177 b). Vom Ductus endolymphaticus können sich sackartige Ausstülpungen bilden, die bei Anuren dorsal längs des Rückenmarkes zu verfolgen sind und seitliche, in die Pleuroperitonealhöhle vorspringende Nebenäste (die sog. *Kalksäckchen*) bilden. Bei den meisten Anuren tritt noch eine Paukenhöhle hinzu, welche mit weiter Tuba auditiva (Eustachii) in den Rachen mündet und außen von einem in einen Knorpelring eingelassenen Trommelfell verschlossen wird, dessen Verbindung mit dem Vorhoffenster (Fenestra vestibuli) durch die wohl dem *Hyomandibulare* entsprechende *Columella* hergestellt wird, die aus einem das Vorhofsfenster mit einer knorpeligen

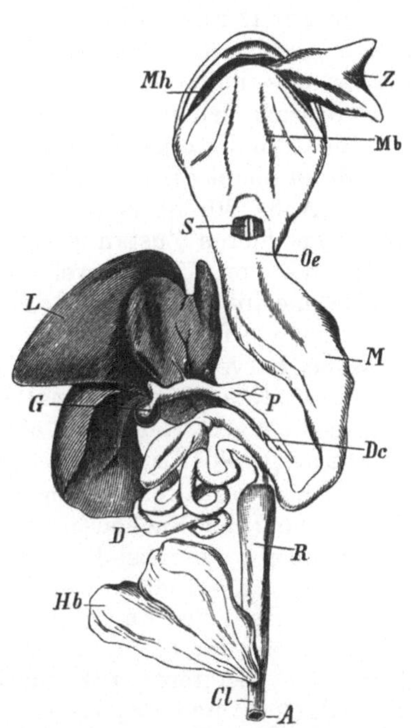

Abb. 1041. Der Darmtractus vom Frosch, von der Ventralseite gesehen. *Mh* Mundhöhle, *Mb* Mundbodenhaut, *Z* die herausgeschlagene Zunge, *S* Eingang in den Kehlkopf mit der Stimmritze, *Oe* Oesophagus, *M* Magen, *D* Dünndarm, *P* Pancreas, *L* Leber, *G* Gallenblase, *Dc* gemeinsamer Ausführungsgang von Leber und Pancreas, *R* Enddarm, *Hb* Harnblase, *Cl* Cloake, *A* Cloakenöffnung.

Endplatte (*Operculum*) verschließenden stabförmigen Stück (*Stapes*) und einem kleinen an das Trommelfell sich anlegenden Knorpelstäbchen (*Extracolumella* oder *Plectrum*) besteht. Bei fehlender (rückgebildeter) Paukenhöhle (*Gymnophionen, Urodelen*, einigen *Anuren*) werden diese Verschlußgebilde des Vorhofsfensters von Muskeln und Haut überzogen. Die *Geruchsorgane* sind stets paarig. Die gefaltete Riechschleimhaut liegt in Nasenhöhlen, die mit der Mundhöhle durch Choanen kommunizieren. Auch ein JACOBSONsches Organ kommt den Amphibien zu. Als Sitz des *Tastsinnes* ist die äußere nervenreiche Haut zu betrachten, in welcher bei den Larven, einigen *Urodelen* und den *Pipidae* Sinnesknospen (Seitenlinien) (Abb. 1037, 175 b), bei *Anuren* Tastflecken vorkommen. Ob die an der Zunge auftretenden Endknospen als Geschmacksorgane zu deuten sind, steht nicht fest.

Den Eingang in den *Verdauungskanal* (Abb. 1041) bildet eine mit weit gespaltenem Munde beginnende Mundhöhle, deren Kiefer- und Gaumenknochen (Vomer, Palatinum) in der Regel mit spitzen, nach hinten gekrümmten Zähnen bewaffnet sind, welche nicht zum Kauen, sondern zum Festhalten der Beute gebraucht werden. Selten fehlen Zähne, wie bei *Pipa, Bufoniden* und *Dendrobates*. Am Boden der Mundhöhle liegt eine drüsenreiche muskulöse Zunge, die entweder polsterförmig ist oder, wie bei den Fröschen, mit ihrem zweilappigen Hinterende nach vorn vorgeklappt werden kann. Zuweilen fehlt die Zunge (*Pipidae*). Am Darm unterscheiden wir einen kurzen Oesophagus, welcher in einen Magen führt, der sich bei den *Anuren* schärfer absetzt und etwas quergestellt ist. Der darauffolgende Mitteldarm beschreibt mehrfache Windungen und geht endlich in den blasenförmig erweiterten Enddarm über. Als Anhangsdrüsen des Darmes finden wir das Pancreas und die Leber mit Gallenblase, deren Ausführungsgang jenen des Pancreas aufnimmt.

Von Atmungsorganen finden sich in der Regel zwei Lungensäcke (bei *Gymnophionen* bleibt die eine Lunge rudimentär) mit glatter oder in Falten erhobener Wand (Abb. 130), neben derselben aber noch, sei es nur im Jugendalter oder auch im ausgebildeten Zustande (*Sirenidae, Proteidae*), drei (bei *Anuren*-Larven bis vier) Paare von Kiemen, welche bald in einem von einer Hautduplicatur bedeckten Raume mit äußerer Spalte eingeschlossen liegen, bald als ästige oder gefiederte Hautanhänge frei hervorragen (Abb. 1049). Zwischen den Kiemen finden sich 1—3, bei Larvenformen bis 4 Kiemenspalten vor. Der unpaare, durch Knorpelstäbe gestützte Eingangskanal zu den Lungen ist zuweilen einer Trachea, meist aber mehr einem Kehlkopfe ähnlich, der nur bei den *Anuren* zu einem Stimmorgane ausgebildet ist, welches laute, quakende Töne hervorbringt und häufig im männlichen Geschlechte einen Resonanzapparat in Form einer oder zweier durch Ausstülpung der Rachenschleimhaut gebildeter *Schallblasen* besitzt. Die Atembewegungen werden bei dem Mangel eines erweiterungs- und verengerungsfähigen Thorax durch die Muskulatur des Zungenbeins und die Bauchmuskeln bewirkt. Auch die Haut der Amphibien dient in hervorragendem Maße der Atmung, zuweilen neben ihr die ungemein blutgefäßreiche Mund- und Rachenschleimhaut (s. S. 139). Letzteres trifft für jene Fälle zu, in denen Lungen fehlen, wie bei *Plethodontiden* und *Onychodactylus*.

In den Kreislauforganen besteht ein Anschluß an die Dipnoër. Am Herzen ist der Vorhof unvollkommen oder vollkommen durch ein Septum in einen rechten und linken Vorhof geteilt (Abb. 1042), von denen der erstere die Körpervenen, der letztere die Lungenvenen aufnimmt. Dagegen bleibt die Herzkammer stets einfach, enthält daher gemischtes Blut und führt durch einen kurzen Bulbus cordis in den Truncus arteriosus; Bulbus cordis und Truncus arteriosus zeigen gleichfalls im Innern eine mehr oder minder weitgehende Sonderung in einzelne Gefäßbahnen. Bei den zeitlebens durch Kiemen atmenden Amphibien sowie in der ersten Larvenperiode finden sich vier Aortenbogen, die dorsal zur Aorta descendens zusammentreten und von denen die drei vorderen die Kiemengefäße abgeben. Der erste Bogen entsendet die Carotiden, der vierte die Arteria pulmonalis. Bei den *Salamandriden* und *Anuren* treten mit dem Schwunde der Kiemen Reductionen ein, welche der Gefäßverteilung der höheren Vertebraten entsprechen. Der zweite Aortenbogen wird überall, bei den *Anuren* (Abb. 979 c) ausschließlich zur Wurzel der Aorta, am ersten und vierten Bogen werden die Carotiden und die Arteria pulmonalis zu den Hauptstämmen, während die ursprünglichen Verbindungen zur Aorta descendens sich zu sogenannten Ductus Botalli zurückbilden oder vollständig fehlen. Auch der dritte Aortenbogen erleidet eine Reduction (*Salamandra*) (Abb. 979 b) oder fällt vollständig aus. Die mächtige Arteria cutanea entspringt bei den Anuren von der Arteria pulmonalis aus (Abb. 1042) Auch im Venensystem (Abb. 1042, 981) zeigt sich der Anschluß an die bei Fischen bestehenden Verhältnisse, doch ist überall eine untere Hohlvene vorhanden, während das System der hinteren Cardinalvenen eine Reduction erfährt. Dazu kommt eine längs der Bauchwand zur Leber verlaufende Vena abdominalis. Alle Venen münden in einen Sinus venosus zusammen. Außer dem Leberpfortaderkreislauf besteht auch ein solcher der Niere. Die Lymphgefäße der Amphibien begleiten die Blutgefäße als Geflechte oder weite lymphatische Bahnen. Nahe von den

Einmündungsstellen in die Venen treten Lymphbehälter auf, welche rhythmisch pulsieren und die Bedeutung von Lymphherzen besitzen; so liegen bei den Fröschen zwei Lymphherzen unter der Rückenhaut dorsal vom Querfortsatz des 3. Wirbels und zwei lateral vom Hinterende des Steißbeins; bei den Salamandern und Gymnophionen finden sich zahlreiche Lymphherzen in der Seitenlinie (Abb. 982). Die paarige *Thymus* und *Thyreoidea* sowie die *Milz* fehlen in keinem Falle.

Als Harnorgane fungieren die paarigen Urnieren, deren Ausführungsgänge auf warzenförmigen Vorsprüngen an der Hinterwand der Cloake münden; von der Vorderwand der Cloake entspringt die meist zweizipflige Harnblase. An den Harnkanälchen erhalten sich die Nephrostomen (Wimpertrichter), die jedoch bei den *Anuren* den Zusammenhang mit den Nierenkanälchen verlieren und eine sekundäre Verbindung mit dem Nierenpfortadersystem eingehen. Die Gestalt der Niere ist bei den *Urodelen* und *Gymnophionen* mehr langgestreckt (Abb. 1043), bei den *Anuren* gedrungen (Abb. 1042). Der Ventralseite der Niere liegt die bandartige Nebenniere an.

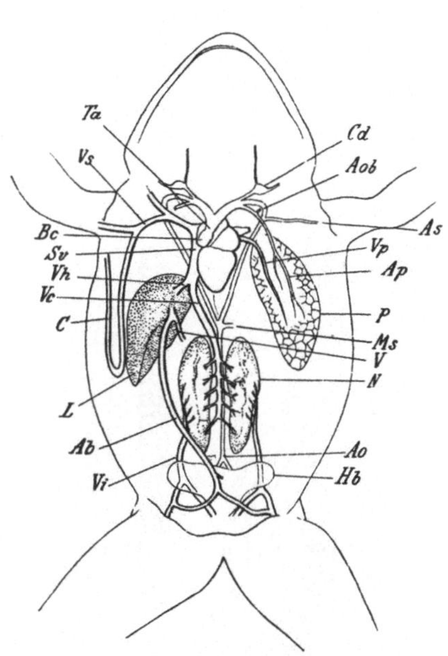

Abb. 1042. Gefäßsystem vom Frosch, die Venen stärker konturiert. Die Lunge bloß links, die paarigen Venen bloß rechts dargestellt (Original G.) *Bc* Bulbus cordis, *Ta* Truncus arteriosus, *Cd* sog. Carotidendrüse an der Wurzel beider Carotiden, *Aob* Aortenbogen, *Ao* Aorta descendens, *As* Arteria subclavia, *Ms* A. intestinalis communis, *Ap* A. pulmonalis mit dem Ursprung der A. cutanea, *P* Lunge, *L* Leber, *N* Niere, *Hb* Harnblase, *Sv* Sinus venosus, *Vc* Vena cava inferior, *Ab* V. abdominalis, *Vi* V. iliaca communis, *V* Vena portae, *Vh* V. hepatica, *C* V. cutanea, *Vs* V. subclavia, *Vp* V. pulmonalis.

Die Geschlechter sind getrennt und ein vollkommener Hermaphroditismus scheint nie vorzukommen, obwohl bei den männlichen Kröten der Gattung *Bufo* neben den Hoden cranialwärts ein aus Urkeimzellen sich herleitendes Organ (BIDDERsches Organ) gefunden wird, aus dem sich normale Eizellen bilden können. Ein solches ist auch beim Weibchen vorhanden.

Die Genitaldrüsen (Abb. 1043) sind stets paarig. Im männlichen Geschlecht sind die Hoden langgestreckt oder wie bei *Anuren* eiförmig. Überall fungiert beim Männchen der vordere Teil der Urniere (Geschlechtsniere) als Ausleitungsapparat (Nebenhoden). Die aus dem Hoden hervorgehenden Ductuli efferentes treten in einen Längskanal ein, von dem weitere Querkanäle den Samen in die Nierenkanäle und durch diese in den als Harnsamenleiter fungierenden Urnieren-

gang überführen, während vom hinteren Nierenabschnitte (Beckenniere) Aus-
führungskanälchen austreten, die gemeinsam mit dem Harnsamenleiter in die
Cloake münden. Dazu kommen bei den Salamandern Drüsen an der Cloakenwand
(Cloakendrüsen).

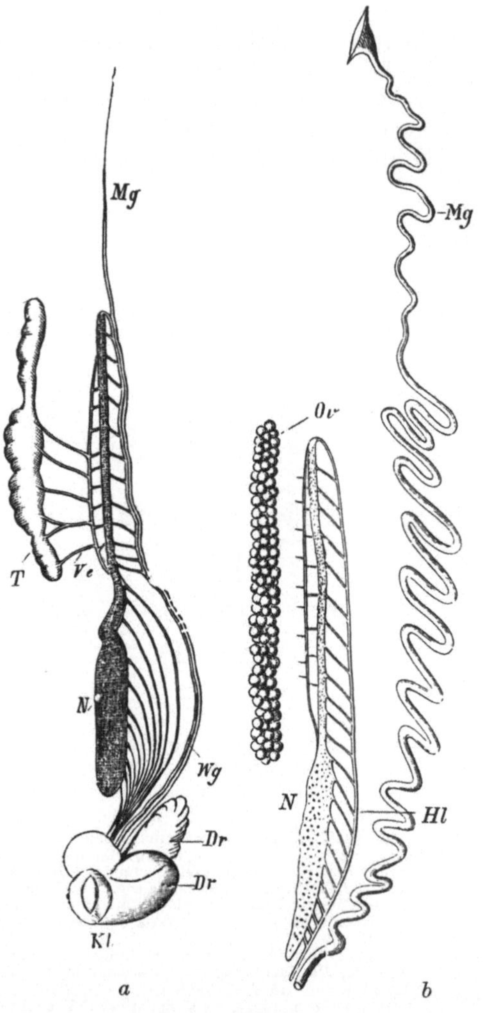

Die Ovarien lassen die Eier in die Leibeshöhle fallen; als Oviduct fungiert der beim männlichen Tiere rudimentäre MÜLLERsche Gang. Er beginnt mit freiem, trichterförmig erweitertem Ostium, nimmt einen geschlängelten Verlauf und mündet, oft unter Bildung einer uterusartigen Erweiterung neben dem als Harnleiter fungierenden Urnierengang in die Cloake, in deren Wand bei den meisten *Urodelen* schlauchförmige, zugleich als Samenbehälter (Spermatotheca) fungierende Drüsen liegen.

Männchen und Weibchen unterscheiden sich oft durch Größe und Färbung sowie durch andere, namentlich zur Brunstzeit im Frühjahre und Sommer hervortretende Eigentümlichkeiten (Hautkämme, Brunstschwielen am zweiten Finger [die sogenannte Daumenwarze], an Armen und Brust). Die Begattung ist meist eine äußere Vereinigung beider Geschlechter (*Anura, Cryptobranchidae, Hynobiidae* und wahrscheinlich *Sirenidae*) und die Befruchtung der Eier erfolgt außerhalb des mütterlichen Körpers. Bei den *Urodelen* findet sonst trotz Mangels äußerer Begattungseinrichtungen die Befruchtung innerhalb der Leitungswege statt, indem nach dem vorausgegangenen Liebesspiel beider Geschlechter das Männchen Spermatophoren nach außen abgibt, das Weibchen die Samenmasse letzterer in die Cloake aufnimmt und in die als Samenbehälter (Spermatotheca) fungierenden Schläuche der Cloakenwand gelangen läßt. In diesem Falle können die Eier im Inneren des weiblichen Körpers ihre Entwicklung durchlaufen und lebendige Junge auf einer früheren oder späteren Stufe der Ausbildung geboren werden (Landsalamander). Häufig sorgen die Eltern durch Instincthandlungen für das weitere Schicksal der Brut, wie z. B. der Feßler (*Alytes*, Abb. 1044) und die südamerikanische Wabenkröte. Während sich das Männchen des ersteren die

Abb. 1043. Linksseitiger Harn- und Geschlechtsapparat von
Salamandra maculosa. a des Männchens (mehr schematisch).
T Hoden, *Ve* Ductuli efferentes, *N* Niere, *Mg* rudimentärer
MÜLLERscher Gang, *Wg* WOLFFscher Gang oder Harnsamen-
leiter, *Kl* Cloake, *Dr* Cloakendrüsen. — b des Weibchens
(ohne den Cloakenteil). *Ov* Ovarium, *N* Niere, *Hl* der dem
WOLFFschen Gang entsprechende Harnleiter, *Mg* Oviduct
(MÜLLERscher Gang).

Eierschnur um die Hinterschenkel windet und bis zum Ausschlüpfen der Jungen mit sich herumträgt, streicht das Männchen von *Pipa* die abgelegten Eier auf den Rücken des Weibchens, welcher alsbald um die einzelnen Eier zellenartige Räume bildet, in denen die Embryonalentwicklung durchlaufen wird und die ausschlüpfenden Jungen ihre Metamorphose bestehen. Bei *Rhinoderma darwini* werden die Eier in dem Kehlsacke des Männchens bis nach beendeter Metamorphose geborgen. Bei anderen Gattungen, wie *Nototrema*, besitzt das Weibchen einen geräumigen Brutsack unter der Rückenhaut. Bei einigen Urodelen (*Cryptobranchidae*), manchen *Gymnophionen* und anderen bewachen die Eltertiere die abgelegten Eier. Von den Fällen der Brutpflege abgesehen, werden die Eier entweder einzeln vornehmlich an Wasserpflanzen angeklebt (Wassersalamander) oder in Schnüren oder unregelmäßigen Klumpen abgesetzt. Im letzteren Falle secernieren die Wandungen des Eileiters eine eiweißähnliche Substanz, welche die Eier sowohl einzeln umhüllt als untereinander verbindet und im Wasser mächtig aufquellend, eine gallertige Beschaffenheit annimmt.

Abb. 1044. *Alytes obstetricans.* Männchen mit der Eierschnur. $^1/_1$

Die verhältnismäßig kleinen Eier durchlaufen nach der Befruchtung eine inäquale Furchung (Abb. 256). Im weiteren Verlaufe der Entwicklung kommt es nicht — und hierin stimmen die Amphibien mit den Fischen überein — zur Bildung von Amnion und Allantois, jener für die höheren Wirbeltiere charakteristischen Embryonalorgane, wenngleich in der vorderen, aus der Cloakenwand entstandenen Harnblase eine der Allantois gleichwertige Bildung vorliegt. Auch besitzen die Embryonen keinen äußeren, vom Körper abgeschnürten Dottersack, da der Dotter frühzeitig in den Embryonalkörper eingeschlossen wird. Die Jungen verlassen — mit seltenen Ausnahmen direkter Entwicklung — frühzeitig als Larven die Eihüllen und durchlaufen eine Metamorphose. Die ausgeschlüpfte Larve lebt im Wasser und erinnert durch den seitlich komprimierten Ruderschwanz sowie den Besitz von äußeren Kiemen und vier Kiemenspalten an die

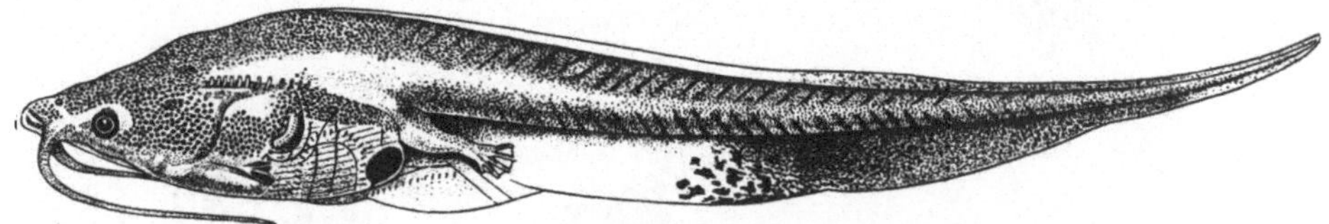

Abb. 1045. Larve von *Xenopus laevis.* (Nach BLES.) $^2/_1$

Fischform (Abb. 1045); sie entbehrt noch beider Extremitätenpaare, von denen bei *Urodelen* zuerst die vorderen mit fortschreitendem Wachstum des Leibes hervortreten. Die ausschlüpfenden Larven von *Molge, Siredon* und anderen Urodelen, ferner von *Xenopus* besitzen unterhalb des Auges einen langen tentakelförmigen, auch als Stützorgan fungierenden Fortsatz (vielleicht homolog dem Tentakel der *Gymnophionen*).

Bei den *Anuren* verlassen die kurzgeschwänzten extremitätenlosen Embryonen (Abb. 285) als sogenannte Kaulquappen, noch bevor die Mundöffnung zum Durchbruche gelangt ist, ihre Eihüllen und legen sich mittelst einer hufeisenförmigen, später in zwei rundliche Sauggruben sich umgestaltenden Haftscheibe, die ähnlich auch an der Kehle der Larven von *Molge* auftritt, an die gallertigen

Reste des Laiches fest. Die Larven der meisten Arten verlassen die Eihüllen mit mehr oder minder entwickelten Anlagen von drei äußeren, geweihartig sich ver-

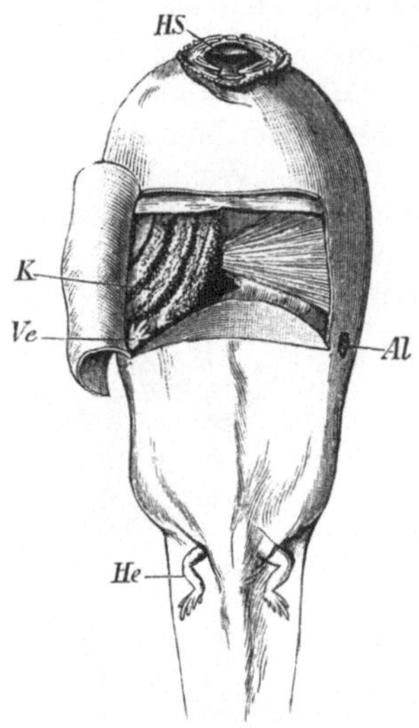

Abb. 1046. Larve von *Pelobates fuscus*. Ventralansicht mit geöffneter Kiemenhöhle. *K* innere Kiemen, *Al* linksseitige Öffnung der Kiemenhöhle, *HS* Hornschnabel, *Ve* vordere, *He* hintere Extremität.

ästelnden Kiemenpaaren. Später beginnt die selbständige Nahrungsaufnahme. Bald nachher verschwinden die äußeren Kiemenanhänge, während eine für beide Seiten gemeinsame Hautfalte nach Art eines Kiemendeckels die Kiemspalten überwächst und sich bis auf eine mediane oder linksseitige Öffnung schließt, durch welche das Wasser aus den Kiemenräumen abfließt (Abb. 1046). Während dieser Vorgänge haben sich neue Kiemenblättchen in doppelten Reihen an jedem der drei Kiemenbogen und am vierten Kiemenbogen entwickelt. Die Mundöffnung ist von einem Hornschnabel bekleidet, welcher zum Benagen von Pflanzenstoffen, aber auch animalischen Substanzen benutzt wird. Der Darmkanal hat unter Bildung vieler Windungen eine bedeutende Länge gewonnen und Lungen sind in Form von länglichen Säckchen am Schlunde hervorgewachsen. Mit fortschreitender Entwicklung (Abb. 1047) brechen an der Basis des inzwischen stark entwickelten Ruderschwanzes zuerst die hinteren Extremitäten hervor, der Kiemenapparat tritt mit dem Fortschritte der Lungenatmung mehr und mehr zurück

und es folgt nicht nur der Verlust der inneren Kiemenblättchen, sondern auch das Hervorbrechen der bereits längst in die Kiemenhöhle vorgewachsenen

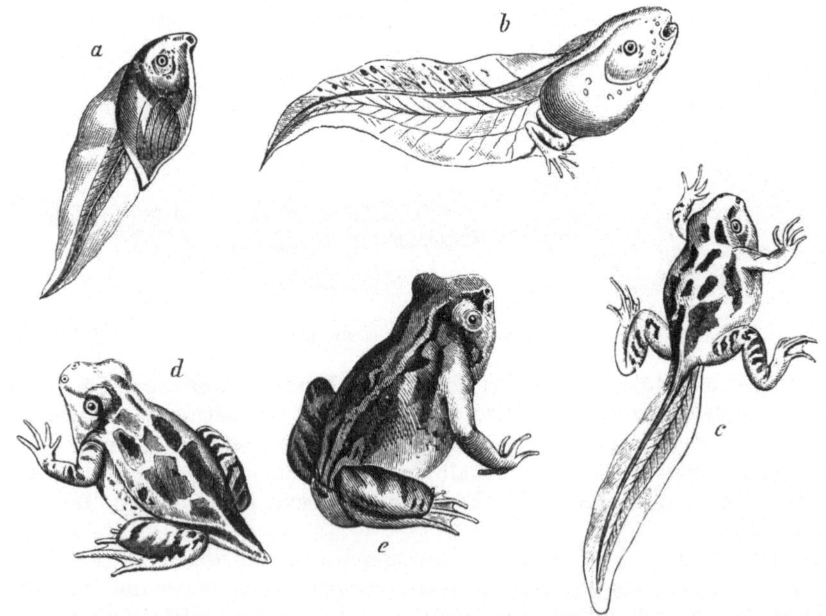

Abb. 1047. Spätere Entwicklungsstadien der Knoblauchkröte (*Pelobates fuscus*). a Larve noch ohne Extremitäten $^1/_1$, b ältere Larve mit Hinterextremitäten $^1/_1$, c Larve mit beiden Extremitätenpaaren $^1/_1$, d junge Knoblauchkröte mit Schwanzstummel $^{1·5}/_1$, e nach Rückbildung des Stummels $^{1·5}/_1$.

(Abb. 1047), unter der Haut verborgenen Vordergliedmaßen. Nun fällt auch der Hornschnabel ab, das ausschließlich Luft atmende Tier erfährt noch eine Rückbildung des Ruderschwanzes, um seine definitive Gestalt zu erhalten. Bei *Hylodes martinicensis* verläuft die Metamorphose innerhalb der festen Eihaut.

Die Larven der *Gymnophionen* sind wurmförmig und besitzen zwei (?) Kiemenspalten im Grunde einer Grube.

Bei *Proteiden* und *Sireniden* erhält sich ein früherer Entwicklungszustand (Neotenie), indem die Kiemen oder wie bei *Cryptobranchus* und *Amphiumiden* wenigstens eine Kiemenspalte persistieren; auch bleiben die Extremitäten in manchen Fällen stummelförmig oder kommen selbst nur im vorderen Paare zur Ausbildung.

In der Regel sind die Amphibien nur während der Larvenperiode an das Wasser gebunden, als Landtiere wählen sie dann im ausgebildeten Zustande feuchte schattige Plätze in der Nähe des Wassers, da eine feuchte Atmosphäre bei der ausgeprägten Hautrespiration allen Bedürfnis erscheint. Die Nahrung besteht fast durchwegs aus Insecten und Würmern, im Larvenleben jedoch bei den *Anuren* vorwiegend aus pflanzlichen Stoffen. Viele können monatelang ohne Nahrung ausdauern und so auch, wie z. B. *Anuren* im Schlamme vergraben überwintern. Alle Amphibien zeichnen sich durch große Lebenszähigkeit sowie manche durch bedeutendes Regenerationsvermögen aus.

Die ältesten bekannten Amphibien sind die schon im Carbon auftretenden *Stegocephalen*. Den Urodelen und Anuren zugehörige Formen sind erst aus dem Tertiär, von ersteren wenige aus der Kreide bekannt.

1. Ordnung. Stegocephali, Panzerlurche.

Fossile, den Schwanzlurchen ähnliche Amphibien mit aus Hautknochen gebildeter Panzerung der Schädeldecke und mit Foramen parietale, in der Regel mit aus knöchernen Schuppen bestehendem Hautskelet, mit drei zum Brustgürtel gehörigen Kehlbrustplatten, meist mit ansehnlicher erhaltener Chorda und unvollkommenen Wirbeln oder mit amphicölen Wirbelkörpern.

Die Stegocephalen lebten von der Carbonzeit bis in die Trias und erreichten teilweise eine sehr bedeutende Größe. Im Bau zeigen sie Beziehungen zu ursprünglichen Reptilien.

2. Ordnung. Gymnophiona (Apoda), Blindwühler, Schleichenlurche[1].

Meist kleinbeschuppte Lurche von wurmförmiger Gestalt, ohne Gliedmaßen, mit bikonkaven Wirbeln und kurzem Schwanz.

Der Rumpf der Gymnophionen erscheint wurmförmig verlängert, die Schwanzregion bleibt rudimentär. Die äußere Haut der Blindwühler enthält meist kleine Schüppchen, welche in quere Ringel bildenden Hautfalten gelagert sind (Abb. 1048). Das Skelet ist durch die bikonkave Form der Wirbelkörper und die wohlerhaltene Chorda ausgezeichnet. Der massive knöcherne Schädel zeichnet sich durch Reduktionen in der Zahl der Knochen infolge Verschmelzung sowie durch die, ähnlich

---

[1] WIEDERSHEIM, R.: Die Anatomie der Gymnophionen. Jena 1879. — BOULENGER, G. A.: Catalogue of Batrachia Gradientia s. Caudata and Batrachia Apoda in the Collection of the British Museum. London 1882. — A Synopsis of the Genera and Species of Apodal Batrachians. Proc. Zool. Soc. London 1895. — SARASIN, P. u. F.: Ergebnisse naturwissenschaftlicher Forschungen auf Ceylon. 2. Zur Entwicklungsgeschichte und Anatomie der ceylonesischen Blindwühle. Wiesbaden 1887—1890. — BRAUER, A.: Beiträge zur Kenntnis der Entwicklungsgeschichte und der Anatomie der Gymnophionen. Zool. Jb. **10, 12, 16** (1897—1902). — NIEDEN, FR.: Gymnophiona. Tierreich, 37. Liefg. **1913.** — Vgl. überdies die Arbeiten von JOH. MÜLLER, LEYDIG, PETER, FIELD, SEMON, FUHRMANN u. a.

wie bei ursprünglichen Reptilien, gedeckte Schläfenregion aus. Kiefer- und Gaumenbein tragen kleine, nach hinten gekrümmte Zähne. Schulter- und Beckengerüst nebst Extremitäten fehlen vollständig. An der unteren Seite des kegelförmigen Kopfes liegen die enge Mundspalte, vorn an der Schnauze die beiden

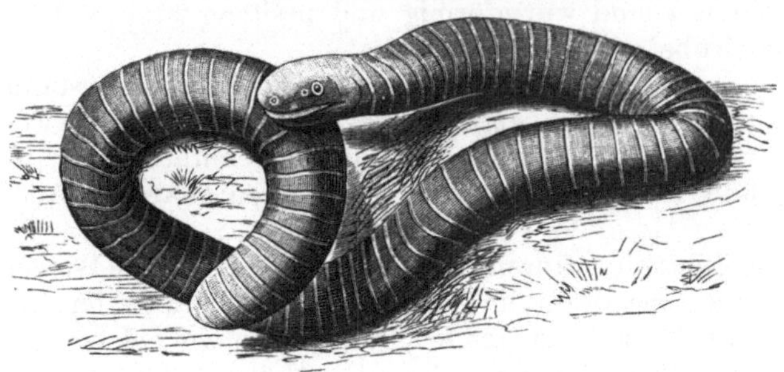

Nasenlöcher, in deren Nähe sich jederseits eine Grube bemerkbar macht. Diese sogenannten falschen Nasenlöcher enthalten einen kleinen vorstoßbaren Tentakel. Die Augen bleiben bei der unterirdischen Lebensweise stets klein und liegen unter der Haut, zuweilen sogar unter den

Abb. 1048. *Siphonops annulatus*. (Original G.) Etwa ¹/₂

Kopfknochen. Trommelfell und Paukenhöhle fehlen. Die eine Lunge ist rudimentär, ein Teil der Trachea lungenartig ausgebildet (Tracheallunge).

Die Blindwühler leben in den Tropen der alten und neuen Welt im Erdboden, nur *Typhlonectes* im Wasser, und ernähren sich besonders von Würmern und Insectenlarven.

Fam. *Caeciliidae*. Mit den Charakteren der Ordnung. *Caecilia gracilis* SHAW (*lumbricoidaea* DAUD.). Nördl. Südamerika. *Dermophis mexicanus* D. B. Zentralamerika. *Siphonops annulatus* MIKAN. Südamerika (Abb. 1048). *Ichthyophis* (*Epicrium*) *glutinosus* L. Ostindien, Sundainseln. *Typhlonectes natans* J. G. FISCH. Schuppen fehlen. Lebt im Wasser. Kolumbien.

3. Ordnung. Urodela (Caudata), Schwanzlurche[1].

Nackthäutige langgestreckte Lurche, meist mit vier kurzen Extremitäten und wohlentwickeltem Schwanz, mit oder ohne äußere Kiemen.

Der nackthäutige Leib endet mit einem langen, meist seitlich kompressen Ruderschwanz und besitzt in der Regel zwei Paare kurzer, weit auseinander ge-

Abb. 1049. *Necturus maculatus* (*Menobranchus lateralis*) (aus règne animal). ¹/₂

rückter Extremitäten, welche bei der verhältnismäßig schwerfälligen Fortbewegung auf dem festen Boden als Nachschieber wirken (Abb. 1049). Bei den

---

[1] Außer DAUDIN, BOULENGER, LEYDIG vgl. RUSCONI e CONFIGLIACHI: Del proteo anguino di Laurenti monografia. Pavia 1818. — RUSCONI: Amours des Salamandres aquatiques.. Milano 1821. — DUMÉRIL, A.: Observations sur la reproduction dans la ménagerie des Reptiles du muséum d'hist. nat. Des Axolotls etc. Nouv. Arch. Mus. d'hist. nat. Paris 1866. — HYRTL, J.: *Cryptobranchus japonicus*. Vindobonae 1865. — STRAUCH, A.: Revision der Salamandridengattungen. Mém. Acad. St.-Pétersbourg 1870. — WIEDERSHEIM, R.: *Salamandrina perspicillata* und *Geotriton fuscus*. Genua 1875. — DE BEDRIAGA, J.: Die Lurchfauna Europas. II. Urodela. Schwanzlurche. Moskau 1897. — OSAWA, G.: Beiträge zur Anatomie des japanischen Riesensalamanders. Mitt. med. Fak. Tokyo 1902. — Beiträge zur Lehre von den Eingeweideorganen des japanischen Riesensalamanders. Ebenda 1908. —

Sirenidae fehlen die Hinterbeine vollkommen, während die vorderen Extremitäten kurze Stummel bleiben.

Einige (*Proteidae, Sirenidae*) besitzen zeitlebens neben den Lungen jederseits zwei bis drei Kiemenspalten und drei äußere verzweigte Kiemen (*Perennibranchiata*). Andere (*Amphiumidae, Cryptobranchus*) verlieren im Laufe ihrer Entwicklung die Kiemen, behalten aber zeitlebens eine Kiemenspalte an jeder Seite des Halses (*Derotremata*); die übrigen Urodelen verlieren auch diese letzte vollständig.

Die kleinen, zuweilen rudimentären Augen entbehren mit Ausnahme der *Ambystomiden, Plethodontiden* und *Salamandriden* gesonderter Lider. Überall fehlen am Gehörorgan Trommelfell und Paukenhöhle. Die Nasenöffnungen liegen an der Spitze der vorspringenden Schnauze und führen in wenig entwickelte Nasenhöhlen, welche das Gaumengewölbe meist unmittelbar hinter den Kiefern durchbrechen. Die Bewaffnung der Mundhöhle wird von kleinen spitzen Hakenzähnen gebildet, welche sich in Unterkiefer, Oberkiefer und oft auch am Gaumenbeine oder Parasphenoid erheben. Die meist polsterförmige Zunge sitzt fast mit ihrer ganzen unteren Fläche am Boden der Mundhöhle fest. Merkwürdig erscheint das Verhalten des *Axolotls*, welcher schon von CUVIER, BAIRD und anderen für die Larve eines Salamandriden erklärt wurde. Nach den zuerst im Pariser Pflanzengarten von DUMÉRIL angestellten Beobachtungen verlieren die aus den Eiern des Axolotls gezogenen Exemplare unter geeigneten Verhältnissen die Kiemenbüschel und bilden sich zu einer mit der Salamandridengattung *Ambystoma* übereinstimmenden Form aus, während die ursprünglich aus Mexiko eingeführten Exemplare als Geschlechtstiere die Larvenform bewahren. Übrigens sind auch gelegentlich *Molge*-Arten mit vollkommen entwickelten Kiemenbüscheln geschlechtsreif befunden worden.

Fam. *Hynobiidae*. Ohne Kiemen im ausgebildeten Zustande. Wirbelkörper amphicöl. Gaumenzähne in V-förmigem Bogen. Weibchen ohne Spermatotheca, Männchen ohne Cloakendrüsen. Die Befruchtung der Eier erfolgt außerhalb des mütterlichen Körpers. Dürften die primitivsten recenten Urodelen sein. *Hynobius leechi* BLGR. Korea. *Onychodactylus japonicus* HOUTT. Mit Krallen an Fingern und Zehen. Lunge fehlt. Japan.

Fam. *Cryptobranchidae*. Ohne Kiemen im erwachsenen Zustande, zum Teil mit einem Kiemenloch. Weibchen ohne Spermatotheca, Männchen ohne Cloakendrüsen. Die Befruchtung der Eier erfolgt außerhalb des mütterlichen Körpers. *Megalobatrachus maximus* SCHLEG. (*Cryptobranchus japonicus* HOEV.), Riesensalamander. Ohne Kiemenspalte. Größte lebende Amphibienform, über 1 m lang. In Gebirgsbächen, China, Japan. *Cryptobranchus* (*Menopoma*) *alleghaniensis* DAUD. Mit einer Kiemenspalte jederseits oder nur links. Nordamerika.

Fam. *Amphiumidae*. Von aalförmiger Gestalt, mit vier sehr kurzen, zwei- oder dreizehigen Extremitäten, mit einer Kiemenspalte jederseits. Nur eine Gattung. *Amphiuma means* GARD. (*tridactylum* CUV.). Mississippi, Louisiana.

Fam. *Ambystomidae*. Ohne Kiemen im ausgebildeten Zustande. Gaumenzähne einen queren Bogen bildend. Wirbelkörper amphicöl. Mit Augenlidern. *Ambystoma tigrinum* GREEN (*mexicanum* COPE). Nordamerika, Mexiko. Wird im Larvenzustande geschlechtsreif (*Siredon pisciformis* SHAW) und pflanzt sich in der Siredonform (Axolotl) durch viele Generationen fort; die Verwandlung tritt nur unter besonderen Umständen ein.

Fam. *Salamandridae*. Ohne Kiemen im ausgebildeten Zustande. Gaumenzähne in zwei Längsreihen. Mit Augenlidern. *Salamandra maculosa* LAUR., gefleckter Erdsalamander. In Gebirgswäldern, Europa, Nordwestafrika, Westasien. *S. atra* LAUR., Alpensalamander. Gebiert nur zwei Junge, die ihre Metamorphose im Uterus durchlaufen. In den Alpen, Karst Herzegowina. *Molge* (*Triton*) *cristata* LAUR., Kammolch. Männchen zur Paarungszeit mit gezacktem Hautsaum auf dem Rücken. Europa, Westasien. *M. marmorata* LATR., Marmor-

ISHIKAWA, C.: Über den Riesensalamander Japans. Mitt. dtsch. Ges. Naturk. Ostas. Tokyo 11 (1908). — DE LANGE, D.: Studien zur Entwicklungsgeschichte des Japanischen Riesensalamanders. Tijdschr. nederl. dierkd. Vereenigg 14 (1916). — DUNN, E. R.: The soundtransmitting apparatus of Salamanders and the phylogeny of the Caudata. Amer. Naturalist 56 (1922).

molch. Frankreich, Pyrenäenhalbinsel. *M. blasii* DE L'ISLE, Bastard zwischen den beiden vorgenannten Arten. Nördl. Frankreich. *M. alpestris* LAUR., Alpenmolch. Europa. *M. vulgaris* L. (*taeniata* SCHNEID.). Europa, Westasien. *M. montandoni* BLGR. Nördl. Österreich, Karpathen. *M.* (*Pleurodeles*) *waltli* MICHAH. Pyrenäenhalbinsel, Marokko. *Salamandrina perspicillata* SAVI. Lunge rudimentär. Italien.

Fam. *Plethodontidae*. Ohne Kiemen im ausgebildeten Zustande. Gaumenzähne in zwei schrägen Querreihen. Parasphenoideum bezahnt. Mit Augenlidern. Alle lungenlos. Zunge mehr oder minder pilzförmig. *Plethodon glutinosus* GREEN. Nordamerika. *Batrachoseps attenuatus* ESCHZ. Nordamerika. *Spelerpes fuscus* BP., Höhlenmolch. Zunge pilzförmig, vorschnellbar. Italien. *S. uniformis* KEF. Wurmförmig, Gliedmaßen rudimentär. Costa Rica. *Typhlomolge rathbuni* STEJN. Augen punktförmig, Gliedmaßen lang. Mit drei äußeren Kiemen. Wahrscheinlich der geschlechtsreife Larvenzustand eines *Spelerpes*. In unterirdischen Gewässern. Texas.

Fam. *Proteidae*. Mit persistierenden Kiemen, ohne Oberkiefer. Zwischen- und Unterkiefer bezahnt. Mit zwei Kiemenspalten jederseits. *Necturus maculatus* RAF. (*Menobranchus lateralis* HARL.). In größeren Gewässern Nordamerikas (Abb. 1049). *Proteus anguinus* LAUR., Grottenolm. Augen klein, unter der Haut verborgen. Körper langgestreckt. Gliedmaßen kurz, vordere drei-, hintere zweizehig. In unterirdischen Gewässern. Krain, Istrien, Dalmatien, Herzegowina. Ist lebendig gebärend (gebiert zwei Junge), fakultativ aber eierlegend.

Fam. *Sirenidae*. Mit persistierenden Kiemen, ohne Oberkiefer, mit Hornschnabel. Zwischen- und Unterkiefer zahnlos. Körper aalartig, Vorderbeine kurz, mit drei oder vier Zehen, Hinterbeine fehlen. Die Befruchtung erfolgt wahrscheinlich außerhalb des mütterlichen Körpers. *Siren lacertina* L., Armmolch, mit drei Kiemenspalten jederseits. Süd-Carolina, Texas. *Pseudobranchus striatus* LEC. Mit einer Kiemenspalte. Nordamerika.

4. Ordnung. Anura (Ecaudata), Frösche, schwanzlose Lurche[1].

Nackthäutige Lurche von gedrungener Körperform, ohne Schwanz, mit meist procölen Wirbeln, verlängerten, oft zum Springen tauglichen Hinterbeinen sowie meist mit Paukenhöhle und Trommelfell.

Der Körper ist kurz, gedrungen und schwanzlos. Unter der Haut finden sich große Lymphräume, wodurch eine weitgehende Verschiebbarkeit der Haut bedingt wird. Am Kopfe sind bemerkenswert die weite Mundspalte sowie die großen Augen mit meist goldglänzender Iris, mit oberem Augenlide und mit durchsichtigem unteren Augenlide (meist als Nickhaut bezeichnet), das vollständig über den Bulbus gezogen werden kann. Die Nasenlöcher liegen weit vorne an der Schnauzenspitze und sind durch häutige Klappen verschließbar. Das Gehörorgan besitzt meist eine Paukenhöhle, welche mittels kurzer Eustachischer Tube mit der Rachenhöhle kommuniziert und an der äußeren Fläche von einem umfangreichen, bald freiliegenden, bald unter der Haut verborgenen Trommelfell geschlossen wird. Nur wenige Anuren sind zahnlos (*Pipa, Bufo*), in der Regel finden sich kleine Hakenzähne in einfacher Reihe wenigstens am Vomer, am Oberkiefer und Zwischenkiefer. Die Zunge wird nur bei den *Pipidae* vermißt, gewöhnlich ist dieselbe zwischen den Ästen des Unterkiefers in der Art befestigt, daß ihr hinterer Abschnitt frei bleibt und als Fangapparat aus dem weiten Rachen hervorgeklappt werden kann (Abb. 1041).

Am Skelet fehlen in der Regel gesonderte Rippen, die mit den ansehnlichen Querfortsätzen der Rumpfwirbel verwachsen sind (Abb. 1038). Schultergerüst und

[1] RÖSEL V. ROSENHOF: Historia naturalis ranarum nostratium. Nürnberg 1758. — DAUDIN, F. M.: Histoire naturelle des Rainettes, des Grenouilles et des Crapauds. Paris 1802. — RUSCONI: Développement de la grenouille commune. Milano 1826. — ECKER, A. u. WIEDERSHEIM: Die Anatomie des Frosches. Braunschweig 1864—1882. 2. Aufl. von E. GAUPP, 1896—1904. — LEYDIG, FR.: Die anuren Batrachier der deutschen Fauna. Bonn 1873. — BOULENGER, G. A.: Catalogue of Batrachia Salientia in the Collection of the British Museum. London 1882. — The Tailless Batrachians of Europe. London 1897—1898. — DE BEDRIAGA, J.: Die Lurchfauna Europas. I. Anura, Froschlurche. Moskau 1891. — NOBLE, G. K.: The Phylogeny of the Salientia. Bull. Amer. Mus. Nat. Hist. New York 46 (1922). — NIEDEN, FR.: Anura. I. Tierreich 46. Liefg. **1923**; II. 49. Liefg. **1926**.

Beckengürtel sind überall vorhanden, ersteres durch die Verbindung mit dem Brustbein, letzterer durch die stielförmige Verlängerung der Hüftbeine ausgezeichnet. Die hinteren Gliedmaßen sind kräftiger und länger als die vorderen, an ersteren finden sich fünf Zehen, an letzteren nur vier Finger, indem der Daumen fehlt.

In der meist nackten, bei einzelnen Formen (*Ceratophrys*, *Brachycephalus*) ein dorsales Knochenschild enthaltenden Haut häufen sich an manchen Stellen, besonders in der Ohrgegend, Drüsen mit milchigem scharfen Secrete an und bilden dort mächtig vortretende Drüsenwülste (Parotoiden). Auch kommen Drüsenanhäufungen an den Unterschenkeln (*Bufo calamita*) und an den Seiten des Körpers vor.

Die Fortpflanzung fällt in die Zeit des Frühjahres. Die Begattung bleibt eine äußere Vereinigung beider Geschlechter und geschieht fast durchgehends im Wasser. Das Männchen, zuweilen durch Brunstschwielen wie die dem zweiten Finger angehörige sogenannte Daumenwarze (*Rana*) oder die Drüse am Oberarm (*Pelobates*) oder auch der Brust ausgezeichnet, umfaßt das Weibchen vom Rücken aus mit den Vorderbeinen und ergießt die Samenflüssigkeit über den in Schnüren oder klumpenweise austretenden Laich.

Die Anuren sind zum Teile (Kröten und Laubfrösche) echte Landtiere, die besonders dunkle und feuchte Schlupfwinkel lieben, zum Teile in gleichem Maße auf Wasser und Land angewiesen. Erstere suchen das Wasser meist nur zur Laichzeit auf, kriechen, laufen und hüpfen auf dem Lande oder graben sich Gänge und Höhlungen in der Erde (*Pelobates*, *Alytes*), oder sie sind durch Haftscheiben an den Spitzen der Finger und Zehen zum Klettern befähigt (*Dendrobates*, *Hyla*).

Die frühere Gruppierung der Anuren in *Aglossa* und *Phaneroglossa* (je nach dem Fehlen oder Vorhandensein der Zunge), ebenso die Einteilung der Phaneroglossen in *Arcifera* und

Abb. 1050. *Xenopus laevis* (*Dactylethra capensis*). $^3/_5$

Firmisternia (bei ersteren Coracoide und Procoracoide durch einen bogenförmigen Knorpel, Epicoracoid, verbunden, der der einen Seite den der anderen überlagernd, bei letzteren die Coracoidea fest miteinander durch einen unpaaren medianen Epicoracoidknorpel verbunden) ist einer neuen systematischen Einteilung gewichen (NOBLE).

1. Unterordnung. *Opisthocoela*. Präsacralwirbel opisthocöl, Rippen wenigstens während der Entwicklung vorhanden.

Fam. *Pipidae*. Sacralwirbel mit dem Os coccygis verschmolzen. 7—5 Präsacralwirbel. Rippen in früheren Entwicklungsstadien vorhanden. Augen meist ohne bewegliche Lider. Zunge fehlt. Brustgürtel zwischen arcifer und firmistern, Epicoracoidknorpel nicht übereinander gelagert, sondern in der Mitte aneinander stoßend. *Pipa americana* LAUR. (*dorsigera* SCHNEID.), Wabenkröte. Finger in vier Fortsätze endigend. Zähne fehlen. Weibchen trägt die Eier und Larven in zelligen Wucherungen der Rückenhaut. Surinam, Brasilien. *Xenopus laevis* DAUD. (*Dactylethra capensis* CUV.), Krallenfrosch (Abb. 1050). Mit Zähnen im Oberkiefer. Die drei Innenzehen mit hornigen Krallen. Haut mit Schleimkanälen. Mit kurzem Tentakel unter dem Auge. Larven mit provisorischem langen Tentakel jederseits (Abb. 1045). West- und Südafrika. Hier schließt sich an *Hymenochirus boettgeri* TORN. Mit Schwimmhäuten zwischen den Fingern. Zahnlos. Zufolge Verschmelzung mit nur fünf präsacralen Wirbeln. Trop. Afrika.

956 Metazoa.

Fam. *Discoglossidae*. Sacralwirbel frei, Wirbelkörper biconvex; nicht weniger als ach Präsacralwirbel. Rippen im erwachsenen Zustand vorhanden. Zunge und Augenlider vorhanden. Brustgürtel arcifer. Kiemenloch der Larven median. *Discoglossus pictus* OTTH. Südwesteuropa, Nordwestafrika. *Bombinator pachypus* BP., Bergunke. Im Gebirge. West- und Südosteuropa. *B. igneus* LAUR., Tieflandunke. Männchen mit inneren Schallblasen. Im Tieflande, Osteuropa. *Alytes obstetricans* WAGL.. Geburtshelferkröte. Westeuropa (Abb. 1044). *Ascaphus truei* STEJN. Mit schwanzartigem Anhang. Nordamerika. *Liopelma hochstetteri* FITZ. Einziger Batrachier Neuseelands.

2. Unterordnung. *Anomocoela*. Sacralwirbel procöl, mit dem Os coccygis verschmolzen oder frei mit einem einzigen Condylus für das Os coccygis. Acht Präsacralwirbel, alle procöl (selten opisthocöl), niemals Rippen.

Fam. *Pelobatidae*. Sacraldiapophysen verbreitert. Brustgürtel arcifer. Pupille vertikal elliptisch. *Pelobates fuscus* LAUR., Knoblauchkröte. An der Innenseite der Ferse eine Hornschwiele, mit der sich das Tier eingräbt. Mittel- und Osteuropa. *Pelodytes punctatus* DAUD. Frankreich, Pyrenäenhalbinsel.

3. Unterordnung. *Procoela*. Sacralwirbel frei, procöl, mit doppeltem Condylus für das Os coccygis; acht bis fünf präsacrale Wirbel, procöl, ohne Rippen.

Fam. *Bufonidae*. Brustgürtel arcifer. Sacraldiapophysen cylindrisch oder verbreitert. Acht Präsacralwirbel. Endphalangen einfach oder T-förmig (selten krallenförmig). *Bufo vulgaris* LAUR., Erdkröte. Europa, Nordwestafrika, Asien. *B. viridis* LAUR. (*variabilis* PALL.), Wechselkröte. Europa, Nordafrika, Westasien. *B. calamita* LAUR., Kreuzkröte. Westeuropa. *Pseudophryne vivipara* TORN. Lebendig gebärend. Ostafrika. *Pseudis paradoxa* L. Larve sehr groß, so groß wie das erwachsene Tier. Guiana. *Hylodes martinicensis* D. B. Antillen. *Ceratophrys dorsata* WIED., Hornfrosch. Mit Rückenschild. Surinam, Brasilien. *Leptodactylus ocellatus* L. Südamerika.

Fam. *Hylidae*, Laubfrösche. Brustgürtel arcifer. Sacraldiapophysen verbreitert. Acht Präsacralwirbel. Endphalangen krallenförmig, durch einen Intercalarknorpel oder -knochen getragen. Finger und Zehen meist mit Haftscheiben. *Hyla arborea* L., Laubfrosch. Europa, Nordwestafrika, Asien. *Nototrema* (*Notodelphys*) *marsupiatum* D. B. Weibchen mit Bruttasche auf dem Rücken. Ecuador.

Fam. *Brachycephalidae*. Brustgürtel arcifer-firmistern oder firmistern. Sacraldiapophysen cylindrisch oder verbreitert. 8—5 Präsacralwirbel, in der Regel weniger als acht. Endphalangen niemals krallenförmig. *Dendrobates tinctorius* SCHNEID. Ohne Zähne. Finger und Zehen mit Haftscheiben. Trop. Amerika. *Rhinoderma darwini* D. B., Nasenfrosch. Das Männchen trägt in der mächtig entwickelten, unter die Bauchhaut sich erstreckenden Schallblase (Kehlsack) die Eier bis zur Entwicklung der Jungen. Chile. *Brachycephalus ephippium* FITZ. Mit Knochenschild über dem Sacralwirbel. Guiana, Brasilien.

4. Unterordnung. *Diplasiocoela*. Sacralwirbel bikonvex, mit doppeltem Condylus für das Os coccygis. Achter Wirbel bikonkav, davor sieben procöle Wirbel. Rippen fehlen.

Fam. *Ranidae*. Sacraldiapophysen cylindrisch oder schwach verbreitert. Brustgürtel firmistern. *Rana esculenta* L., Wasserfrosch. Männchen mit äußeren paarigen Schallblasen. Laicht nicht vor Ende Mai. Mittel- und Nordeuropa. *R. ridibunda* PALL., Seefrosch. Mittel- und Südosteuropa, Nordafrika, Westasien. *R. temporaria* L., Grasfrosch. Männchen mit inneren Schallblasen. Unterseite gelb und rotbraun marmoriert, Schnauze stumpf. Laicht schon im März. Meist in feuchten Bergwäldern. Europa, Nordasien. *R. arvalis* NILSS., Moorfrosch. Kleiner als voriger, mit spitziger Schnauze und weißem Bauch. Männchen zur Paarungszeit oberseits wie mit himmelblauem Reif überzogen. Deutschland, Österreich bis Nordasien. *R. agilis* THOMAS, Springfrosch. Langschnauzig und langbeinig. Mit weißem Bauch. Männchen ohne Schallblasen. Mittl. und südl. Europa, Kleinasien. *R. catesbyana* SHAW (*mugiens* aut.), Ochsenfrosch. Nordamerika. *Rhacophorus reinwardti* BOIE, Flugfrosch. Zehen und Finger durch eine Haut verbunden. Sundainseln. *Chiromantis guineensis* PETERS. Guinea.

Fam. *Brevicipitidae*. Sacraldiapophysen stark verbreitert. Brustgürtel firmistern. *Engystoma ovale* SCHNEID. Südamerika. *Callula pulchra* GRAY, indischer Ochsenfrosch. Ostindien. *Breviceps mossambicus* PTRS. Ostafrika. *Mantophryne robusta* BLGR. Mit Brutpflege des Männchens. Neuguinea.

4. Klasse. **Reptilia, Kriechtiere**[1].

*Wechselwarme beschuppte oder bepanzerte Wirbeltiere mit als Füße entwickelten
Gliedmaßen, mit ausschließlicher Lungenatmung und zwei Vorkammern sowie
doppelten, aber meist unvollkommen gesonderten Kammern des Herzens, Embryonen
mit Amnion und Allantois.*

Rücksichtlich der Körperform wiederholen sich im allgemeinen die bei den
Amphibien auftretenden Typen. Auch bei Reptilien hat der Rumpf noch vorwiegende Bedeutung für die Locomotion. Der Leib erscheint mit Ausnahme der
gedrungen gebauten Schildkröten langgestreckt und mehr oder weniger cylindrisch; er ist mit vier oder zwei Extremitäten versehen, welche in der Regel nur als
Stützen und Nachschieber des bei vielen Eidechsen wie bei den Schlangen mit der
Bauchfläche auf dem Boden dahingleitenden Körpers wirken, oder ist ganz fußlos,

Abb. 1051. *Sphenodon punctatum.* (Nach GADOW.) Etwa ¹/₄

wie bei den Schlangen und schlangenartigen Eidechsen, und dann wurmförmig verlängert. Den Amphibien gegenüber ist die Halsregion länger und auch Brust- und
Lendengegend schärfer abgegrenzt (Abb. 1051).

---

[1] Außer J. G. SCHNEIDER vgl. DUMÉRIL et BIBRON: Erpétologie générale etc. Paris
1834—1854. — HOFFMANN, C. K.: Reptilien. Bronns Klassen u. Ordn. des Tierreiches 1890.
— COPE, E. D.: The Crocodilians, Lizards and Snakes of North America. Rep. U. S. Nat.
Mus. Washington 1900. — GADOW, H.: Amphibia and Reptiles. London 1901. — BRAUN, M.:
Das Urogenitalsystem der einheimischen Reptilien. Arb. zool.-zoot. Inst. Würzburg 4
(1877). — HOCHSTETTER, F.: Beiträge zur Entwicklungsgeschichte des Venensystems der
Amnioten. II. Reptilien. Morph. Jb. 19 (1892). — GOETTE, A.: Über den Wirbelbau bei
den Reptilien usw. Z. Zool. 62 (1896). — SPENCER, W. B.: On the Presence and.Structure
of the Pineal Eye in Lacertilia. Quart. J. microsc. Sci. 27 (1886). — MILANI, A.: Beiträge
zur Kenntnis der Reptilienlunge. Zool. Jb. 7 (1894); 10 (1897). — VERSLUYS, J.: Die mittlere und äußere Ohrsphäre der Reptilien. Ebenda 12 (1899). — Das Streptostylieproblem
usw. Ebenda Suppl. 15 (1912). — MITSUKURI, K.: On the Fate of the Blastopore, the Relations of the Primitive Streak and the Formation of the Posterior End of the Embryo in
Chelonia etc. J. Coll. of Sci. Tokio 1896. — GREIL, A.: Beiträge zur vergleichenden Anatomie und Entwicklungsgeschichte des Herzens und des Truncus arteriosus der Wirbeltiere.
Morph. Jb. 31 (1903). — TÖLG, FR.: Beiträge zur Kenntnis drüsenartiger Epidermoidalorgane der Eidechsen. Arb. zool. Inst. Wien 15 (1904). — NOWIKOFF, M.: Untersuchungen
über den Bau, die Entwicklung und die Bedeutung des Parietalauges von Sauriern. Z. Zool.
96 (1910). — ISEBREE MOENS, N. L.: Die Peritonealkanäle der Schildkröten und Krokodile.
Morph. Jb. 44 (1911). — WERNER, F.: Beiträge zur Anatomie einiger seltener Reptilien usw.
Arb. zool. Inst. Wien 19 (1912). — Lurche und Kriechtiere. Brehms Tierleben. 4. Aufl. 4, 5
(1912—1913). — SCHREIBER, E.: Herpetologia europaea. 2. Aufl. Jena 1912. — SPANNER,
R.: Über die Wurzelgebiete der Nieren-, Nebennieren- und Leberpfortader bei Reptilien.
Morph. Jb. 63 (1929). — Vgl. ferner die Schriften von C. E. v. BAER, PANIZZA, RATHKE,
GEGENBAUR, LEYDIG, STANNIUS, VAN BEMMELEN, MEHNERT, STRAHL, GAUPP, SIEBENROCK,
W. K. PARKER, SABATIER, FÜRBRINGER, ANNANDALE, DUSTIN, W. J. SCHMIDT u. a.

Die Körperhaut besitzt im Gegensatze zu der vorherrschend nackten und weichen Haut der Amphibien eine derbe, feste Beschaffenheit, zunächst infolge von Verhornung der Epidermis, welche zur Bildung von Hornschuppen führt. In Verbindung mit solchen finden sich zuweilen Ossifikationen der Cutis (*Scincoiden, Anguiden, Gerrhosauriden,* einige *Geckoniden*); diese können auch zu größeren Knochentafeln werden, welche zur Entstehung eines harten, mehr oder minder zusammenhängenden Hautpanzers Veranlassung geben (*Krokodile, Schildkröten*). Allgemein treten in der Lederhaut sowie in den tiefen Schichten der Epidermis Pigmente auf, welche die mannigfaltige Färbung der Haut bedingen, seltener einen wahren Farbenwechsel (*Calotes, Anolis, Chamaeleon*) veranlassen.

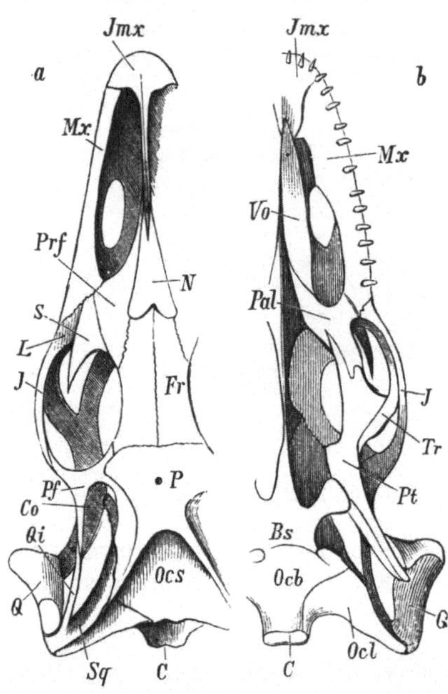

Abb. 1052. Schädel von *Varanus*. (Nach Gegenbaur.) a Von oben, b von unten. *C* Condylus occipitalis, *Ocs* Supraoccipitale, *Ocl* Occipitale laterale, *Ocb* Basioccipitale, *P* Parietale mit Parietalloch, *Fr* Frontale, *Pf* Postfrontale, *Prf* Präfrontale, *L* Lacrimale, *S* Supraorbitale (Supraciliare Cuvier), *N* Nasale, *Sq* Squamosum, *Q* Quadratum, *Qi* Quadratojugale, *J* Jugale, *Mx* Maxillare, *Jmx* Intermaxillare, *Co* Epipterygoideum (Columella), *Bs* Basisphenoideum, *Pt* Pterygoideum, *Pal* Palatinum, *Vo* Vomer, *Tr* Transversum.

Zahlreiche Eidechsen besitzen Reihen drüsenartiger Epidermoidalgebilde an der Innenseite des Oberschenkels und in der Nähe des Afters, welche sich mit großen Poren zuweilen auf warzigen Erhebungen öffnen (Schenkelporen, Analporen) (Abbild. 1062). Bei den Krokodilen münden größere Drüsen (Moschusdrüsen) an den Anallippen und ventral zu den Seiten der Unterkieferäste.

Das Skelet zeigt nur ausnahmsweise noch die embryonale Form einer knorpeligen Schädelbasis und persistierende Chordareste. An der Wirbelsäule (Abbild. 970) treten die Regionen bestimmter als bei den Amphibien hervor, wenn auch Brust und Lendengegend häufig noch keine scharfe Abgrenzung gestatten. Am Halse wird der erste Wirbel zum Atlas, der zweite zum Epistropheus. Während *Sphenodon* und die *Geckoniden* bikonkave Wirbel, bei letzteren mit intervertebral erhaltener Chorda besitzen, sind die stets knöchernen Wirbelkörper der übrigen Reptilien in der Regel procöl. Rippen (obere) sind allgemein und oft über die ganze Länge des Rumpfes verbreitet. Bei den Schlangen und schlangenähnlichen Echsen, welchen ein Brustbein fehlt, sind Rippen an allen Wirbeln des Rumpfes mit Ausnahme des ersten Halswirbels

(Atlas) vorhanden und zum Ersatze der fehlenden Extremitäten zu überaus freien Bewegungen befähigt. Auch bei den Eidechsen und Krokodilen kommen kurze Halsrippen vor. Die Rippen der Brust legen sich hier mittelst besonderer *Sternocostal*-Stücke an ein Sternum an, dem ein langgestrecktes sogenanntes *Episternum* aufliegt. Ein Sternum fehlt den Schlangen und manchen schlangenähnlichen Echsen sowie den Schildkröten.

Hinter dem Sternum folgt bei den Krokodilen und *Sphenodon* ein *Sternum abdominale* (*Parasternum*), das über den Bauch bis in die Beckengegend sich erstreckt und aus einer Anzahl von Knochenspangen, sogenannte Bauchrippen, zusammengesetzt ist. Die in der Regel in zweifacher Zahl vorhandenen Kreuzbeinwirbel besitzen sehr umfangreiche Querfortsätze und Rippenstücke.

Der Schädel (Abb. 1052) articuliert im Gegensatze zu den Amphibien mittelst unpaaren, oft dreiteiligen Condylus des Hinterhauptbeines auf dem Atlas und zeigt eine vollständige Verknöcherung fast aller seiner Teile, wobei das Primordialcranium meist beinahe vollständig verdrängt wird. Am Hinterhaupte treten sämtliche vier Elemente als Knochen auf; doch kann sowohl das *Basioccipitale* (Schildkröten), als das *Supraoccipitale* (Krokodile, Schlangen) von der Begrenzung des Hinterhauptloches (Foramen magnum) ausgeschlossen sein. An der Ohrkapsel tritt zur *Fenestra vestibuli* mit der Columella noch die *Fenestra cochleae* (*rotunda*) hinzu. An der Begrenzung der Fenestra vestibuli beteiligt sich das meist mit dem *Occipitale laterale* verschmelzende *Opisthoticum* (bei den Schildkröten gesondert). Dagegen liegt bei allen Reptilien ein gesondertes *Prooticum* vor den Seitenteilen des Hinterhauptes. Verschieden verhält sich die vordere Ausdehnung der Schädelkapsel und die Ausbildung des sphenoidalen Abschnittes. An der Schädelbasis tritt ein *Basiphenoideum* auf; doch ist auch ein *Parasphenoideum* vorhanden, das mit dem Basisphenoideum verwächst. *Alisphenoidea* und *Orbitosphenoidea* fehlen in der Regel und sind oft durch Fortsätze des Stirn- und Scheitelbeins (Schlangen) oder Scheitelbeins(Schildkröten) ersetzt. Im letzteren Falle und bei den Eidechsen besteht ein umfangreiches, häutiges Interorbitalseptum, welches auch Ossificationen enthalten kann. Die Schädeldachknochen (*Frontalia, Parietalia*) sind immer sehr umfangreich, bald paarig, bald unpaar. Häufig nimmt das *Frontale* nicht mehr an der Überdachung der Schädelhöhle teil und liegt nur dem Septum interorbitale auf. Der hinteren Seitenwand des Frontale schließen sich in der Schläfengegend *Postfrontalia* an. In der Ethmoidalregion bleibt die mittlere Partie teilweise knorpelig und wird dorsalwärts von paarigen *Nasalia*, an der Basis von dem bei Schlangen und Eidechsen paarigen *Vomer* bedeckt. Stets sind von dem Mittelabschnitte die *Ethmoidalia lateralia* (*Praefrontalia*) getrennt. An der Außenseite der letzteren treten, den Vorderrand der Orbita begrenzend, bei Eidechsen und Krokodilen Tränenbeine (*Lacrimalia*) auf.

Das *Squamosum* (bei Schlangen auch als *Supratemporale* bezeichnet) ist direkt dem Schädel aufgelagert und das *Quadratum* als starker Knochen ausgebildet, an dem in allen Fällen der Unterkiefer eingelenkt ist. Die Verbindung des Quadratums und des Kiefergaumenapparates mit dem Schädel ist bei *Sphenodon*, Schildkröten und Krokodilen eine feste, bei den Schlangen und Echsen mehr oder minder frei beweglich (Streptostylie). Im ersteren Falle sind nicht nur die großen Flügel- und Gaumenbeine mit dem Keilbein durch Nähte verbunden, sondern es ist auch der Zusammenhang des Quadratbeins mit dem Oberkieferbogen durch das *Jugale* und *Quadratojugale* (*Paraquadratum*) ein sehr fester. Bei Schlangen, Eidechsen und Krokodilen findet sich eine Querbrücke (*Os transversum*, auch als *Ectopterygoideum* aufgefaßt) zwischen Flügelbein und Oberkiefer, bei *Sphenodon*, den Eidechsen und Krokodilen ein oberer Schläfenbogen, durch welchen jederseits das Squamosum mit dem hinteren Stirnbein verbunden wird. Bei den Eidechsen, deren Oberkiefergaumenapparat und Quadratbein am Schädel mittelst Gelenkeinrichtungen verschiebbar sind, reduziert sich der Jochbogen, dagegen tritt meist ein stabförmiger Pfeiler (*Epipterygoideum, Columella cranii*) zwischen Flügelbein und Scheitelbein hinzu. Eine Columella cranii kommt auch den Rhynchocephalen zu. Am vollständigsten ist die Verschiebbarkeit der Gesichtsknochen bei den Schlangen, welche des Jochbogens ganz entbehren. Auch gestatten hier die beiden Äste des Unterkiefers, welcher sich wie bei allen Reptilien und niederen Wirbeltieren aus mehreren Stücken zusammensetzt, durch ein dehnbares Band am Kinnwinkel verbunden, eine bedeutende Verschiebung nach den Seiten.

Das Visceralskelet ist zum Zungenbein reduziert, von dessen vorderem Bogen das oberste Element (*Hyomandibulare*) als Columella zum Gehörapparat tritt. Am meisten ist das Zungenbein der Schlangen rückgebildet, an welchem nur ein Bogen zurückbleibt. Die Lacertilier besitzen ein schmales Zungenbein mit drei Paaren von Hörnern. Breit ist der Zungenbeinkörper der Krokodile und Schildkröten; jene besitzen nur hintere, die Schildkröten dagegen drei Paare teilweise gegliederte Hörner.

Im vorderen Extremitätengürtel finden sich stets *Scapula* und *Coracoideum*, zumeist auch eine *Clavicula*; ein wohlentwickeltes *Procoracoideum* kommt bloß den Schildkröten zu. Die Extremitäten sind meist fünfzehig (Abb. 972 b). Selten sind die Zehen durch Schwimmhäute verbunden (*Trionychiden, Krokodile*) oder die

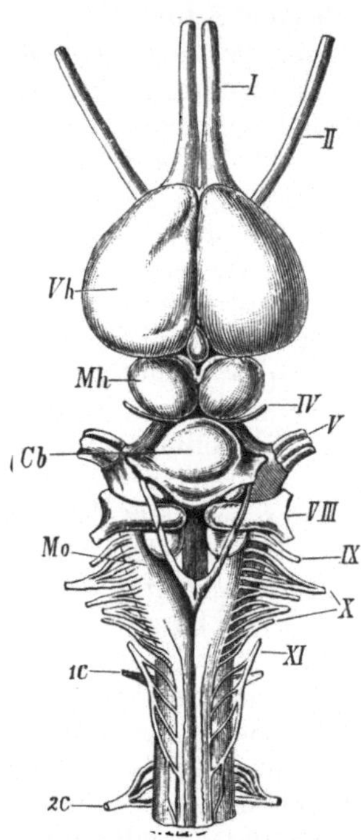

Abb. 1053. Gehirn des *Alligators*, von oben gesehen. (Nach RABL-RÜCKHARD.) *Vh* Vorderhirn (Großhirnhemisphären), *Mh* Mittelhirn (Corpora bigemina), *Cb* Cerebellum, *Mo* Medulla oblongata, *I* Olfactorius, *II* Opticus, *IV* Trochlearis, *V* Trigeminus, *VIII* Acusticus, *IX* Glossopharyngeus, *X* Vagus, *XI* Accessorius, *1c* erster Halsnerv, *2c* zweiter Halsnerv.

Extremitäten zu platten Ruderflossen umgebildet (fossile *Ichthyosaurier* und Seeschildkröten). Bei schlangenartigen Eidechsen können sowohl Vorder- als Hinterbeine vollkommen fehlen, Schulter- und Beckengürtel aber sind mehr oder weniger rudimentär vorhanden. Bei den Schlangen tritt in der Regel der Verlust der Extremitätengürtel hinzu; doch erhalten sich bei *Opoterodonten* Beckenrudimente, bei den *Boiden* und *Ilysiiden* auch Rudimente von Hinterbeinen, welche bis auf die bei *Boiden* häufig zu Seiten des Afters hervorstehende Kralle unter der Haut versteckt bleiben. Eine Kniescheibe (*Patella*) kommt bei manchen Eidechsen zur Ausbildung.

Das Nervensystem (Abb. 1053) erhebt sich weit über das der Amphibien. Am Gehirn treten die Hemisphären durch ihre ansehnliche Größe bedeutend hervor und beginnen das Mittelhirn zu bedecken. Das Cerebellum zeigt eine verschiedene, von den Lacertiliern zu den Krokodilen fortschreitende Entwicklung und erinnert bei letzteren durch den Gegensatz eines größeren mittleren Abschnittes und kleiner seitlicher Anschwellungen an das Kleinhirn der Vögel. Von den Gehirnnerven fällt der *N. facialis* nicht mehr in das Gebiet des *Trigeminus*, auch der *Glossopharyngeus* erscheint als selbständiger Nerv, der freilich mit dem *Vagus* mehrere Verbindungen eingeht; ebenso entspringt der *Accessorius Willisii* mit Ausnahme der Schlangen selbständig. Der *Hypoglossus* tritt in die Reihe der Hirnnerven.

Die Augen enthalten in der Sclera zuweilen (*Lacertilia, Testudinata*) Knochenplättchen. Bei Eidechsen und Krokodilen findet sich im Auge eine dem Processus falciformis des Fischauges entsprechende Falte der Chorioidea, der sogenannte *Zapfen* oder *Polster*. Ein oberes und unteres Augenlid sind vorhanden. Bei den Schlangen, *Geckoniden* und *Amphisbaeniden* verwachsen beide Augenlider zu einer durchsichtigen, uhrglasähnlichen Kapsel (Brille), welche, von der Cornea durch einen mit dem Secrete der Augendrüsen gefüllten Raum getrennt, eine Schutzeinrichtung des Auges bildet. Eine selbständige Nickhaut am inneren Augenwinkel ist stets von dem Auftreten einer besonderen Drüse (HARDERsche *Drüse*) begleitet. Eine Tränendrüse findet sich, ausgenommen die Schlangen, vor. Bei *Sphenodon* und den meisten *Lacertiliern* wurde noch ein medianes, als *Parietalauge* bezeichnetes Organ entdeckt, welches in der Scheitelgegend vor der Zirbel (Epiphyse) seine Lage hat (Abb. 1054). Die kleine Öffnung der Schädeldecke, in welche dasselbe hineingerückt erscheint, kennt man schon lange als *Foramen parietale* des Scheitelbeines. Die letzteres überdeckende Hautstelle ist pigmentlos und durchsichtig. Bei vielen *Lacertiliern* ist das Scheitelauge rudimentär oder fehlt; da, wo es besonders ausgebildet ist (*Spheno-* *don, Iguana, Varanus*), stellt es ein Blasenauge dar, dessen Vorderwand durchsichtig und gewöhnlich linsenartig verdickt ist, während die Seiten- und Hinterwand der Blase zur Retina ausgebildet sind, zwischen deren Elementen Pigmentzellen liegen und an deren hinterem Ende der Nerv eintritt (Abb. 1055). Das Augeninnere wird von einem Glaskörper erfüllt. Wahrscheinlich war dieses Parietalorgan bei fossilen Sauriern und Amphibiengattungen, deren Schädeldecke ein ansehnliches Parietalloch aufweist, mächtig entwickelt.

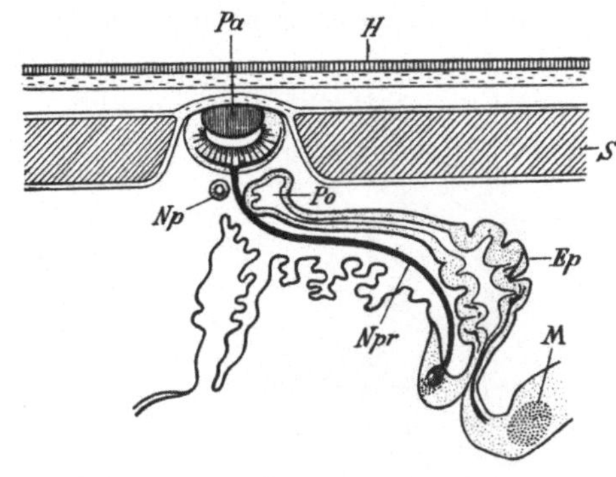

Abb. 1054. Schema der Parietalorgane eines Sauriers. (Nach STUDNIČKA.) *Ep* Epiphysis cerebri (Corpus pineale), *H* Kopfhaut, *M* Mittelhirn, *Np* Nebenparietalorgan, *Npr* Parietalnerv, *Pa* Parietalauge, *Po* Endblase des Pinealorgans, *S* Schädeldach.

Das Gehörorgan und statische Organ (Abb. 1056) besitzt bereits eine einfache schlauchförmige Schnecke (*Ductus cochlearis*) und ein entsprechendes Fenster (*Fenestra cochleae*). Der Ductus endolymphaticus tritt bei den *Geckoniden* aus dem Schädel heraus und schwillt in der Gegend des Schultergürtels zu einem gelappten, mit Concrementen erfüllten Sack an. Eine Paukenhöhle mit Ohrtrompete und Trommelfell fehlt den Schlangen und *Amphisbaeniden*; hier liegt das *Operculum*, welches das Vorhoffenster (Fenestra vestibuli) bedeckt, und die sich anschließende *Columella* (bestehend aus zwei Stücken, *Stapes* und *Extracolumella*) zwischen den Muskeln versteckt. Da, wo eine Paukenhöhle auftritt, legt sich die Columella mit ihrem knorpeligen Ende an das Trommelfell an. Insbesondere bei den *Crocodiliern* setzt sich die Paukenhöhle in benachbarte Schädelknochen fort. Auch

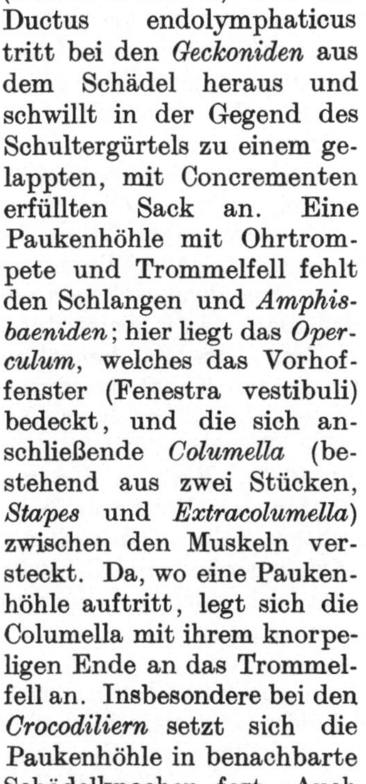
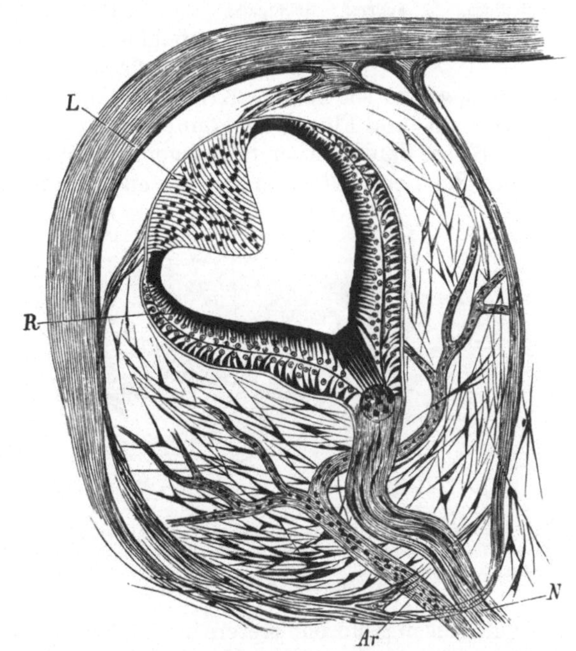

Abb. 1055. Parietalauge von *Sphenodon*. (Nach SPENCER.) *N* Nerv *R* Retina, *L* Linse, *Ar* Arterie mit ihren Verzweigungen.

ein kurzer äußerer Gehörgang tritt bei manchen Lacertiliern auf. Als erste Anlage eines äußeren Ohres kann man eine Hautklappe über dem Trommelfell der Krokodile betrachten.

Das Geruchsorgan der Reptilien zeigt vorzugsweise bei den Schildkröten und Krokodilen eine beträchtliche Vergrößerung der Schleimhautfläche, deren Falten durch knorpelige Muscheln gestützt werden. Die äußeren Nasenöffnungen sind bei den Wasserschlangen und Krokodilen durch Klappenvorrichtungen verschließbar. Die Choanen münden bei den Krokodilen und Schildkröten weit hinten am Gaumenteil des Rachens. Bei den Schlangen und Lacertiliern kommt auch ein JACOBSONsches Organ vor (Abb. 186). Der Geschmackssinn ist an die Zunge geknüpft, ausgenommen die Schlangen, bei denen die Zunge zum Tasten dient.

Als besondere Tastorgane der Haut sind *Tastflecke* und *Kolbenkörperchen*, erstere in regelmäßiger Anordnung an den Schuppen bei Blindschleichen, Schlangen, *Sphenodon* nachgewiesen.

Mit Ausnahme der Schildkröten, deren Kieferränder durch den Besitz einer schneidenden Hornbekleidung eine Art Schnabel bilden, finden sich in den Kiefern konische oder hakenförmige Fangzähne, welche die Beute festhalten, aber nicht zerkleinern können. In der Regel beschränken sich dieselben auf die Kiefer und erheben sich stets in einfacher Reihe, bei Eidechsen bald an dem oberen Rande (*Acrodonten*), bald an einer äußeren, stark vortretenden Leiste der flachen Zahnrinne innen angewachsen (*Pleu-*

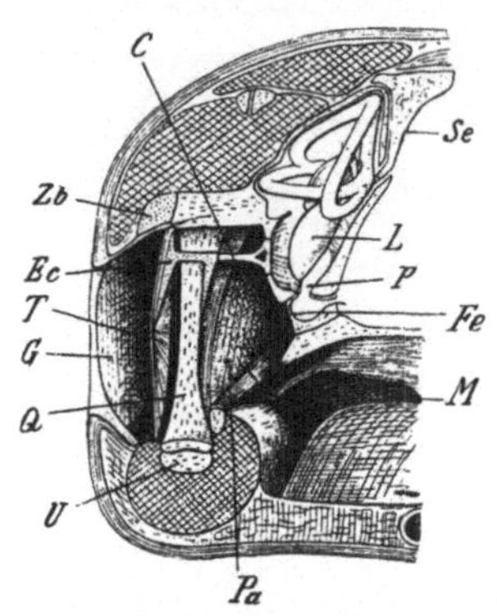

Abb. 1056. Gehörorgan eines Lacertiliers im Querschnitt des Kopfes. (Nach VERSLUYS.) *Pa* Paukenhöhle, *Q* Quadratum, *T* Trommelfell, *C* Stapes (Columella), *Ec* Extracolumella, *L* Lagena des Labyrinthes, *Fe* Fenestra cochleae, *P* perilymphatischer Raum, *Se* Saccus endolymphaticus, *G* äußerer Gehörgang, *U* Unterkiefer, *Zb* Zungenbeinbogen, *M* Mundhöhle.

rodonten), selten wie bei den Krokodilen, in besonderen Alveolen eingekeilt. Auch am Gaumen- und Flügelbein können Hakenzähne auftreten, welche dann häufig, wie z. B. bei den giftlosen Schlangen, eine innere Bogenreihe am Gaumengewölbe bilden. Bei den Giftschlangen treten bestimmte von einer Furche oder einem Kanale durchsetzte Zähne des Oberkiefers in nähere Beziehung zu den Ausführungsgängen von Giftdrüsen, deren Secret durch die Rinne des Furchenzahnes oder in den Kanal des durchbohrten Giftzahnes beim Biß in die Wunde einfließt (Abbild. 1057). Eine an den vier vorderen, am Vorderrande gefurchten Zähnen des Unterkiefers ausmündende Giftdrüse findet sich auch bei einer Eidechse (*Heloderma*). Außer den Lippendrüsen, zu denen auch

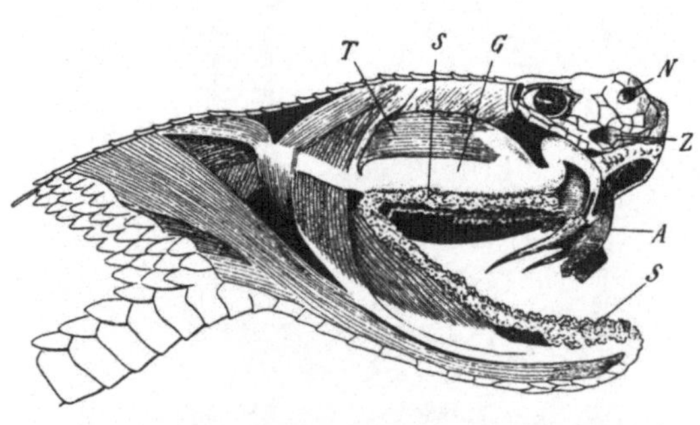

Abb. 1057. Kopf von *Crotalus durissus* mit präpariertem Giftapparat. (Nach DUVERNOY.) *G* Giftdrüse, *T* vorderer Schläfenmuskel, *S* Speichel- (Lippen-)drüsen, *A* Scheide der Giftzähne, *N* Nasenöffnung, *Z* Zügelgrube.

die Giftdrüsen gehören, treten in der Mundhöhle noch verbreitet Unterzungendrüsen auf. Am Boden der Mundhöhle liegt die muskulöse, sehr verschieden gestaltete Zunge, die gleichfalls Drüsen aufweist. Zuweilen ist die Zunge (Schlangen, manche Eidechsen) an der Spitze gespalten und an ihrer Basis in eine Scheide zurückziehbar. Als Fangorgan fungiert die keulenförmige, vorschnellbare, sehr drüsenreiche Zunge der *Chamaeleonten*.

Die Speiseröhre erscheint bei bedeutender Länge in außerordentlichem Grade erweiterungsfähig, ihre Wandung legt sich meist in Längsfalten zusammen und ist bei den Seeschildkröten mit großen, stark verhornten Papillen besetzt. Der Magen hält mit Ausnahme der Schildkröten, die einen quergestellten Magen besitzen, meist noch die Längsrichtung des Körpers ein. Der Magen der Krokodile gleicht sowohl durch die rundliche Form, als durch die Stärke der Muskelwandung dem Vogelmagen. Der Dünndarm bildet nur wenig Windungen und bleibt verhältnismäßig kurz, nur bei den von Pflanzenstoffen lebenden Landschildkröten übertrifft der Darm die Körperlänge um das 6—8fache. Der breite Enddarm beginnt in der Regel mit einer ringförmigen Klappe, zuweilen auch mit einem Blinddarm und führt in die Cloake, welche mit runder Öffnung oder wie bei den Schlangen und Eidechsen als Querspalte (daher *Plagiotremen*) unter der Schwanzwurzel mündet. Leber und Bauchspeicheldrüse werden niemals vermißt.

Zu beiden Seiten der Cloake setzt sich bei den Krokodilen und meisten Schildkröten die Leibeshöhle in sogenannte *Peritonealkanäle* fort, die bei Schildkröten blind endigen, bei erwachsenen Krokodilen aber durch Poren sich in die Cloake öffnen.

Die Reptilien atmen ausschließlich durch Lungen, welche entweder einfache geräumige Säcke mit maschigen Vorsprüngen der Wandung sind (meiste *Lacertilier*, Schlangen), oder durch die Ausbildung tief einspringender Septen und dadurch entstehender peripheriewärts gerichteter Nebenräume eine ansehnliche innere Oberflächenentwicklung und schwammige Beschaffenheit erhalten (*Varaniden*, Schildkröten, Krokodile). Bei den Schlangen und schlangenartigen Eidechsen verkümmert die Lunge der linken (bei *Amphisbaenen* der rechten) Seite mehr oder minder, während die Lunge der Gegenseite eine um so bedeutendere Größe erlangt; ihr hinteres Ende entbehrt sowohl der Parietalzellen als der respiratorischen Gefäße und stellt sich als ein Luftreservoir dar, welches während des langsamen Schlingaktes die Atmung möglich macht, wogegen bei einigen Schlangen (*Viperidae* u. a.) ein Teil der Trachea lungenartig ausgebildet ist (Tracheallunge).

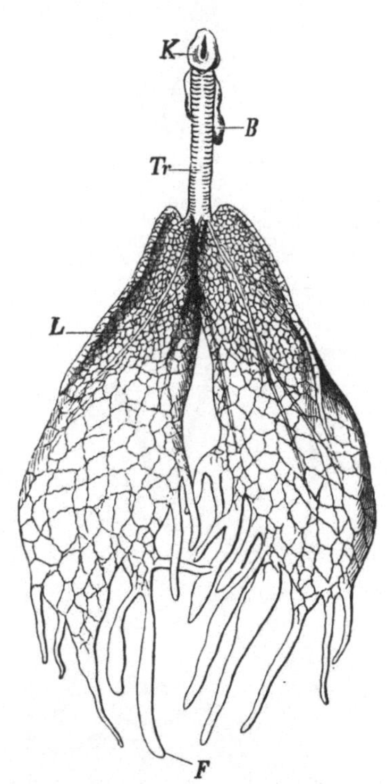

Abb. 1058. Die Lungen von *Chamaeleon vulgaris*. *K* Kehlkopf, *B* Kehlsack, *Tr* Trachea, *L* Lunge, *F* ihre maschenlosen Aussackungen.

Bei den meisten *Chamaeleonen* (Abb. 1058) und bei *Uroplatus* bildet der hintere Teil der Lunge zahlreiche der Parietalzellen entbehrende Aussackungen. In diesen Aussackungen finden wir Einrichtungen, welche bei den Vögeln in besonders mächtiger Entfaltung auftreten. Die zuführenden Luftwege sondern sich stets in einen mit spaltförmiger Stimmritze beginnenden Kehlkopf und in eine lange, von knorpeligen oder knöchernen Ringen gestützte Luftröhre, welche direkt oder mittelst Bronchien in die Lungensäcke führt. Eine häutige oder knorpelige Epiglottis findet sich bei zahlreichen Schildkröten, Schlangen und Eidechsen vor. Stimmeinrichtungen besitzen nur die Geckonen. Die für die Respiration erforderliche Lufterneuerung wird wohl überall auch mit Hilfe der Rippen bewerkstelligt, die Schildkröten ausgenommen, bei denen die Atmung durch Zurückziehen des Halses und der Vorderfüße sowie durch Bauchmuskeln

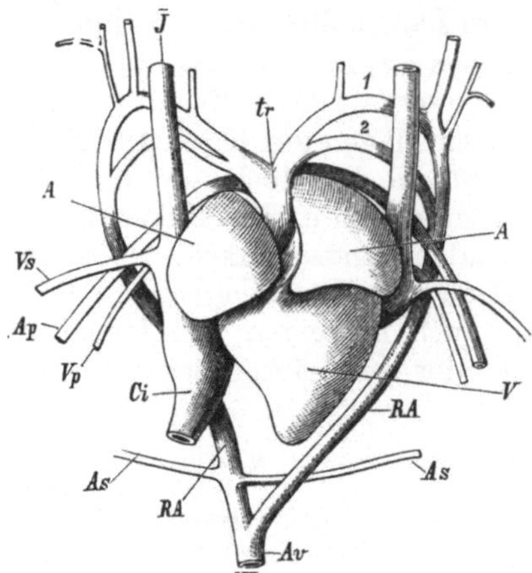

Abb. 1059. Herz einer *Lacerta muralis*. (Nach
WIEDERSHEIM.) *V* Ventrikel, *A* Atrien, *tr* Ar-
terientruncus, *1, 2* Aortenbogen, *Ap, Vp* Arteria
und Vena pulmonalis, *RA* Aortenwurzeln, *Av*
Aorta, *As* Arteriae subclaviae, *Ci* Vena cava inferior, *J* Venae jugulares, *Vs* Venae subclaviae.

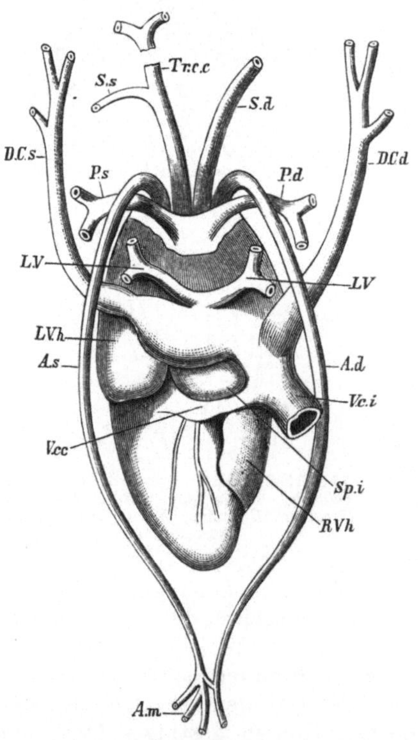

Abb. 1060. Herz von *Crocodilus niloticus* von hinten
gesehen. (Nach RÖSE.) *Tr. c. c.* Truncus caroticus
communis, *Ss* Arteria subclavia sinistra, *Sd* A. s.
dextra, *As* linker, *Ad* rechter Aortenbogen, *Am*
Arteria mesenterica, *DCs* linker, *DCd* rechter
Ductus Cuvieri, *LVh* linker, *RVh* rechter Vorhof, *Ps, Pd* Lungenarterien, *LV* Lungenvenen,
Sp. i. Spatium intersepto - valvulare, *Vcc* Vena
coronaria cordis, *Vc.i* Vena cava inferior.

und einen besonderen, ventral an der
Pleura entwickelten Musculus pulmonalis
(Exspirationsmuskel) erfolgt. Neben der
Lungenatmung besteht bei *Trionychiden*
eine Atmung durch die gefäßreiche Rachen-
schleimhaut.

Eine Kiemenatmung findet sich, von
den Amphibien aufwärts, bei den Reptilien, Vögeln und Säugetieren nicht mehr.
Indessen treten im Embryonalleben noch
Kiemen- oder Visceralspalten auf (Abbild. 978), welche später bis auf die erste,
zwischen Mandibular- und Zungenbeinbogen gelegene, verloren gehen. Diese
erste, dem Spritzloch der Haie homologe
Spalte tritt zum Gehörorgan in Beziehung
und wird zur Eustachischen Röhre und
Paukenhöhle, eine Fortsetzung des die
erste Spalte begrenzenden Wulstes zum
äußeren Gehörgang.

Die Kreislauforgane (Abb. 1059, 979 d)
führen in verschiedenen Abstufungen bis
zur vollkommenen Duplizität des Herzens
und zu weitgehender Scheidung des arteriellen und venösen Blutes. Zunächst wird
die Teilung des Herzens dadurch vollständiger, daß sich neben den beiden auch
äußerlich abgesetzten Vorhöfen die Kammer in eine rechte und linke Abteilung
sondert. Die Scheidewand der Kammer
bleibt bei den Schlangen, Eidechsen,
Schildkröten noch durchbrochen, ist dagegen bei den Krokodilen vollständig. Der
Bulbus cordis erscheint in den Ventrikel
einbezogen. Bei den Eidechsen sowie
Schildkröten scheint äußerlich ein gemeinsamer Arterienstamm aus der rechten
Kammerabteilung zu entspringen, die Ge-
fäßkanäle, in welche er geteilt ist, stehen
jedoch gesondert mit den beiden Kammern
in Communication, indem die Lungenar-
terie und der linke Aortenbogen das Blut
aus der rechten, der rechte Aortenbogen
aus der linken Kammerabteilung empfängt.
Bei den Krokodilen (Abb. 1061) gelangt
auch äußerlich diese Scheidung zur vollen
Ausbildung.

Die Aortenwurzeln gehen bei den meisten Eidechsen noch jederseits aus zwei
Aortenbogen, sonst bloß aus einem (Abbild. 1059, 1060) hervor. Die Carotiden
entspringen zuweilen an einem gemein-

samen Stamme aus dem rechten Aortenbogen. Auch erscheint bei Schildkröten, deren linke Aortenwurzel sehr eng ist, die Aorta vorzugsweise als Fortsetzung des rechten Aortenbogens. Ähnlich verhalten sich die Krokodile.

Im Falle einer unvollständigen Trennung der rechten und linken Herzkammer scheint die Vermischung beider Blutsorten teilweise schon im Herzen stattzufinden, obwohl durch besondere Klappeneinrichtungen der Eingang in die Lungengefäße von den Ostien der Aortenstämme derart abgesperrt werden kann, daß das arterielle Blut vornehmlich in diese letzteren, das venöse in jene einströmt. Jedenfalls findet sie in der Aorta descendens statt. Bei Krokodilen, deren Herzkammern vollständig geschieden sind, besteht außerdem eine Communication (*Foramen Panizzae*) zwischen linkem und rechtem Aortenbogen (Abb. 1061). Ein gesonderter Sinus venosus ist erhalten, tritt aber in engeren Anschluß an die rechte Vorkammer. In den venösen Kreislauf schiebt sich wie bei den Amphibien neben dem Pfortadersystem der Leber ein zweites für die Niere ein. Die Vorderabschnitte der hinteren Cardinalvenen erfahren eine Rückbildung und werden durch neue Venenstämme, die *Venae vertebrales*, substituiert. Das System der Lymphgefäße zeigt außerordentlich zahlreiche und weite Lymphräume und verhält sich ähnlich wie bei den Amphibien. *Lymphherzen* wurden nur in der hinteren Körpergegend an der Grenze von Rumpf und Schwanz auf Querfortsätzen oder Rippen in paariger Anordnung nachgewiesen. Die *Milz* fehlt niemals, ebensowenig die unpaare *Thyreoidea* und die paarige *Thymus*.

Die Nieren (Abb. 1062, 984 c) der Reptilien gehören wie die der Vögel und Säugetiere dem hinteren Rumpfabschnitt an und entsprechen der Nachniere (Metanephros), während von der Urniere nur Reste in anderer Funktion erhalten bleiben. Die Ausführungsgänge der Nieren, die Ureteren, führen in die Cloake, ausgenommen die Schildkröten, bei denen sie in den Hals der Harnblase münden. An der Vorderwand der Cloake erhebt sich bei Eidechsen (ausgenommen

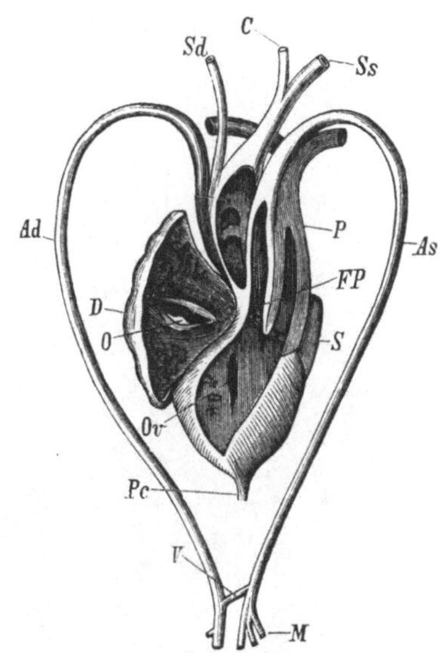

Abb. 1061. Herz mit den großen Gefäßstämmen von *Alligator mississippiensis*, zum Teil eröffnet, Ventralansicht. (Nach GEGENBAUR.) *D* Rechter, *S* linker Vorhof, *O* Ostium venosum des rechten Vorhofes, *Ov* rechtes Ostium atrioventriculare, *C* Truncus caroticus communis, *Sd, Ss* Arteriae subclaviae, *Ad* rechter, *As* linker Aortenbogen, *P* Arteria pulmonalis, *V* Verbindung des linken Aortenbogens mit dem rechten, *M* Arteria mesenterica, *Pc* Verbindung des Herzens mit dem Pericard, *FP* Stelle des Foramen Panizzae.

Amphisbaenidae, Varanidae) und bei Schildkröten eine Harnblase. Der Harn erscheint keineswegs überall in flüssiger Form, sondern oft (Eidechsen, Schlangen) als weißliche harnsäurehaltige Masse von fester Konsistenz. Die sog. Nebennieren liegen als langgestreckte Organe an oder vor der Niere.

Die Geschlechter sind getrennt. Die Genitalorgane (Abb. 1062, 984 c, 985 d) sind paarig. Im weiblichen Geschlechte fungieren die MÜLLERschen Gänge als Oviducte, im männlichen ist ein vorderer Abschnitt der Urniere zum Ausführungsapparat des Hodens als sog. Nebenhoden umgestaltet und der Urnierengang zum Ductus deferens geworden. Auch Rudimente des weiblichen Ausführungsapparates finden sich beim Männchen, gleichwie sich im weiblichen Geschlechte Rudimente von Nebenhoden und Ductus deferens (Epoophoron, GARTNERscher Kanal) erhalten können. Damit sind die Gestaltungsverhältnisse in den Genitalorganen erreicht, welche für alle Amnioten charakteristisch sind. Eileiter sowohl als Samenleiter münden gesondert in die Cloake ein, bei Schildkröten in den Hals der Harnblase. Erstere beginnen mit weitem Ostium, verlaufen vielfach geschlängelt und besorgen überall die Abscheidung einer Eiweißschicht und einer kalkhaltigen, meist weichhäutig bleibenden Eischale. Nicht selten verweilen die Eier in dem als Fruchtbehälter zu bezeichnenden Endabschnitt der Oviducte längere Zeit, zuweilen bis zum vollständigen Ablauf der Embryonalentwicklung. Im männlichen Geschlechte treffen wir fast überall Begattungsorgane an. Bei den Schlangen und Eidechsen sind es zwei glatte oder bestachelte Hohlschläuche, die in je einem

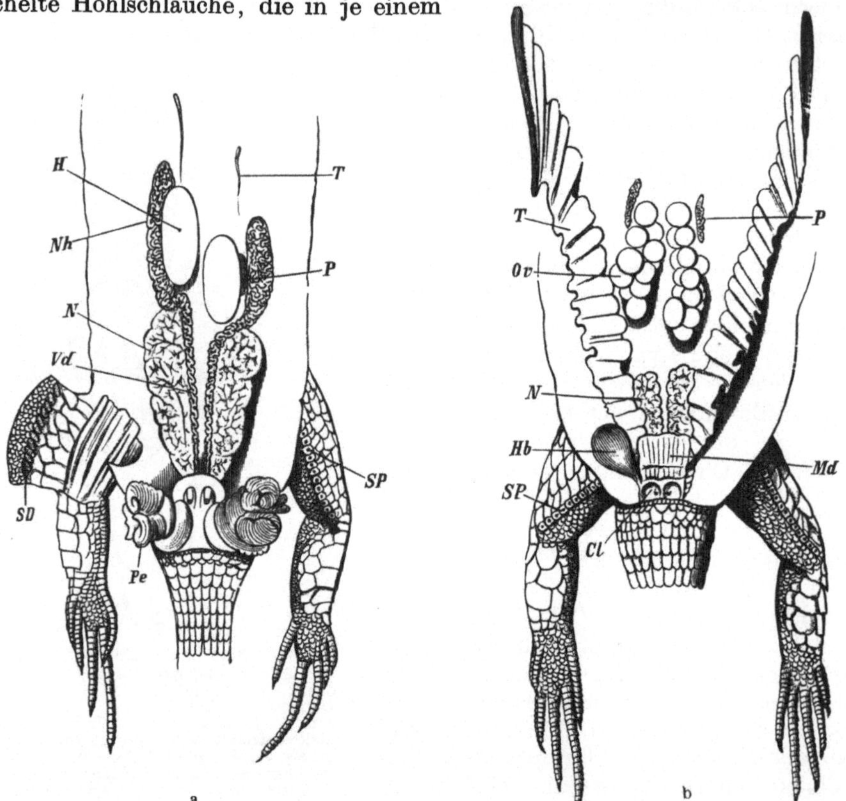

Abb. 1062. Urogenitalapparat von *Lacerta agilis*. (Nach einer Zeichnung von K. HEIDER.) a Des Männchens. *N* Niere, *H* Hoden, *Nh* Nebenhoden (Epididymis), *Vd* Samenleiter (Ductus deferens), *P* Nebenniere (?), *T* MÜLLERscher Gang (rudimentär), *Pe* Penis, *SP* Schenkelporen, *SD* drüsenartige Epidermoidalorgane. — b Des Weibchens. *Hb* Harnblase, *Md* Enddarm (aufgeschnitten), *Cl* Cloake, *Ov* Ovarium, *T* Eileiter (MÜLLERscher Gang).

taschenartigen Hohlraum an der Hinterwand der Cloake eingezogen liegen und hervorgestülpt werden (Abb. 1062 a). Im Zustande der Vorstülpung erscheint ihre Oberfläche von einer Rinne durchsetzt, welche das Sperma von den Genitalöffnungen aus der Cloake fortleitet. Bei den Schildkröten und Krokodilen dagegen erhebt sich eine unpaare, von einem fibrösen Körper (Corpus fibrosum) gestützte und mit einem Schwellkörper versehene Rute an der Ventralwand der Cloake. Auch diese Rute besitzt eine Rinne zur Aufnahme und Fortführung des Samens, kann aber nicht eingestülpt werden. Beim Weibchen sind entsprechende Rudimente (Clitoris) vorhanden. Die Begattung führt stets zur Befruchtung der Eier im Inneren des mütterlichen Körpers. Zahlreiche Reptilien, wie z. B. unter den

Schlangen die Kreuzotter und unter den Eidechsen die Blindschleiche sind ovovivipar. *Tiliqua, Chalcides,* vielleicht auch *Trachysaurus* gebären lebendige Junge. Die meisten legen Eier und graben sie in feuchter Erde an gesicherten warmen Plätzen ein. Eine Art Brutpflege findet sich bei Krokodilen, ferner bei manchen Riesenschlangen (*Python*), welche sich über den abgesetzten Eiern zusammenrollen und der sich entwickelnden Brut Wärme und Schutz gewähren.

Die Entwicklung der Reptilien ist eine direkte. Das große dotterreiche Ei erfährt eine discoidale Furchung. Am Embryo macht sich in der Kopfanlage eine Knickung bemerkbar, welche die Entstehung der Kopfbeuge, einer in stärkerem Maße den höheren Wirbeltieren zukommenden Bildung, veranlaßt. Der anfangs dem Dotter flach aufliegende Embryo setzt sich allmählich schärfer von dem Dotter ab. Letzterer liegt in einem Dottersacke aufgenommen, der zum Schlusse der Embryonalzeit schwindet. Charakteristisch ist das Auftreten von Amnion und Serosa sowie einer Allantois, die sich zum embryonalen Atmungsorgan entwickelt; mit dem Auftreten der Allantois steht der Ausfall der Kiemenatmung in Zusammenhang. Eine Allantoisplacenta findet sich bei *Tiliqua* und *Chalcides,* vielleicht auch bei *Trachysaurus,* für den bisher eine Dottersackplacenta angegeben wird. Die Eischale wird von den ausschlüpfenden Jungen bei *Krokodilen* und Schildkröten mittelst eines an der Schnauzenspitze gelegenen Hornzahnes, der sogenannten Eischwiele, bei den *Squamata* mittelst eines Zahnes (Eizahnes) des Zwischenkiefers geöffnet.

Einige Schlangen und Eidechsen reichen bis weit in den Norden hinauf, während die Krokodile größtenteils auf die heiße Zone beschränkt sind und Schildkröten zum Teile auch der gemäßigten Zone angehören. Die Reptilien der kalten und gemäßigten Gegenden verfallen in eine Art Winterschlaf, wie andererseits auch in den heißen Klimaten ein Sommerschlaf vorkommt, der mit dem Eintritt der Regenzeit sein Ende erreicht.

Die Reptilien haben ein überaus zähes Leben, können geraume Zeit ohne Nahrung bei beschränkter Respiration existieren. Manche erlangen ein hohes Alter (Krokodile, Schildkröten, Boiden). Die meisten Eidechsen sind imstande, den leicht abreißenden Schwanz zu regenerieren.

Die ältesten fossilen Reptilien, *Cotylosauria* und *Diaptosauria,* stammen aus dem Obercarbon. Von den zu letzteren gehörigen *Rhynchocephalia* hat sich eine Form (*Sphenodon*) bis in die Gegenwart erhalten. Eine reiche Mannigfaltigkeit von Sauriergruppen hat die Sekundärzeit (namentlich Trias und Jura) aufzuweisen, welche von einer großen Zahl gegenwärtig ausgestorbener Typen belebt war. Es sind dies die als besondere Ordnungen zu unterscheidenden *Ichthyosaurier,* welche flossenförmige Extremitäten besaßen und nackthäutig waren; die langhalsigen *Sauropterygier* (*Nothosaurus, Plesiosaurus*), wie die ersteren Meeresbewohner mit gleichfalls flossenartig entwickelten Gliedmaßen; ferner die in manchen Eigentümlichkeiten den Säugetieren ähnlichen *Theromorphen,* sodann die *Dinosaurier,* zum Teile kolossale Landbewohner; endlich die Flugsaurier (*Pterosaurier*) mit nackter Haut und mit Flughaut an den Vorderextremitäten, die durch starke Verlängerung des 5. Fingers ausgezeichnet waren.

1. Ordnung. Rhynchocephalia[1].

Eidechsenartige Reptilien mit amphicölen Wirbeln. Quadratum unbeweglich mit dem Schädel verbunden, Schläfe durch zwei horizontale knöcherne Bogen überbrückt. Bauchrippen vorhanden. Copulationsorgane fehlen.

---

[1] Günther, A.: Contribution to the Anatomy of *Hatteria.* Philosophic. Trans. roy. Soc. London **1867**. — Osawa, G.: Beiträge zur Lehre von den Sinnesorganen der *Hatteria punc-*

Der Körper ist leguanartig gestaltet (Abb. 1051) und trägt am Nacken sowie Rücken einen Kamm seitlich zusammengedrückter Schuppen, Schwanz mit drei Reihen von großen Höckerschuppen, sehr ähnlich wie bei der Schildkröte *Chelydra serpentina*. Im Skelet sind die Rhynchocephalen durch das unbeweglich mit dem Schädel verbundene Quadratum, den doppelten Schläfenbogen, den Besitz eines Sternum abdominale sowie das Vorhandensein von Hakenfortsätzen an einigen Rippen ausgezeichnet. Die Wirbelkörper sind amphicöl mit zwischenliegenden Bandscheiben. Auge groß, mit vertikaler Pupille. Trommelfell fehlt. Die Cloakenspalte ist quer, Copulationsorgane fehlen.

Die Rhynchocephalen sind die ursprünglichsten unter den recenten Reptilien, deren nächste Verwandte dem Jura und der Trias angehören. Nur eine lebende Art.

Fam. *Sphenodontidae*. Mit den Charakteren der Ordnung. *Sphenodon (Hatteria) punctatus* GRAY, Brückenechse. Auf einigen kleinen Inseln nahe der Nordinsel von Neuseeland (Abb. 1051).

2. Ordnung. Testudinata (Chelonia), Schildkröten[1].

Reptilien von kurzer, gedrungener Körperform, mit einem knöchernen Rücken- und Bauchschilde, mit zahnlosen, von einer Hornscheide bekleideten Kiefern. Quadratum mit dem Schädel unbeweglich verbunden.

Keine andere Gruppe von Reptilien erscheint so scharf abgegrenzt und durch Eigentümlichkeiten der Form und Organisation in dem Grade ausgezeichnet wie die der Schildkröten durch die Umkapselung des Rumpfes mittelst eines Knochenpanzers (Abb. 1063), der aus einem mehr oder minder gewölbten Rückenschilde (Carapax) und einem flachen, durch seitliche Querbrücken mit jenem verbundenen Bauchschilde (Plastron) besteht. Unter diesen Knochenpanzer können in der Regel Kopf, Extremitäten und Schwanz zurückgezogen werden.

Der Bauchschild enthält neun mehr oder minder entwickelte Knochenstücke, ein vorderes unpaares (*Interclaviculare* oder *Entoplastron*, das als homolog dem Episternum der übrigen Reptilien betrachtet wird) und vier paarige seitliche Stücke, die als *Clavicularia* oder *Epiplastron, Hyoplastron, Hypoplastron* und *Xiphiplastron* unterschieden werden, zwischen denen eine mediane, durch Haut oder Knorpel geschlossene Lücke zurückbleiben kann (*Trionyx, Chelonia* u. a.). Die Epiplastra werden den Claviculae der Saurier, die übrigen Plastronknochen häufig den sogenannten Bauchrippen der übrigen Reptilien verglichen. An der Bildung des umfangreichen Rückenschildes beteiligen sich plattenartige Verbreiterungen der Dornfortsätze (*Neural-* oder *Vertebral*-Platten) und Rippen (*Costal*-Platten) von acht (2.—9.) Rumpfwirbeln. Die Costalplatten entsenden

tata. Arch. mikrosk. Anat. **52** (1898). — HOWES, G. B. a. H. SWINNERTON: On the Development of the Skeleton of the Tuatara etc. Trans. Zool. Soc. London **16** (1901). — SCHAUINSLAND, H.: Beiträge zur Entwicklungsgeschichte und Anatomie der Wirbeltiere. Bioblitheca zoologica **39** (1903). — Vgl. außerdem die Arbeiten von DENDY, SIEBENROCK, BOULENGER, GISI, BYERLY u. a.

[1] BOJANUS, L. H.: Anatome Testudinis europaeae. Vilnae 1819. — RATHKE, H.: Über die Entwicklung der Schildkröten. Braunschweig 1848. — GRAY: Catalogue of Shield Reptiles in the Collection of the British Museum, Part I. London 1855, Suppl. 1870, Append. Part II. 1872. — AGASSIZ, L.: Embryology of the turtle. Natural History of the United States **3** (1857). — STRAUCH, A.: Chelonologische Studien. Mém. Acad. St.-Pétersbourg **1862**. — BOULENGER, G. A.: Catalogue of the Chelonians, Rhynchocephalians and Crocodilians in the British Museum. London 1889. — MEHNERT, E.: Gastrulation und Keimblätterbildung der *Emys lutaria taurica*. Morph. Arb. **1** (1891). — HOCHSTETTER, F.: Beiträge zur Entwicklungsgeschichte der europäischen Sumpfschildkröte (*Emys lutaria* MARSILI). Denkschr. Akad. Wien **81** (1907); **84** (1908). — SIEBENROCK, F.: Synopsis der recenten Schildkröten. Zool. Jb. Suppl. **10** (1909). — VERSLUYS, J.: Über die Phylogenie des Panzers der Schildkröten usw. Paläontol. Z. **1** (1914). — Außerdem vgl. die Arbeiten von WILL, MITSUKURI, DAVENPORT, BAUR, VAN BEMMELEN, VAILLANT, GOETTE u. a.

aufsteigende, die Rückenmuskeln frühzeitig überwölbende und verdrängende Fortsätze zu den Neuralplatten. Außerdem beteiligen sich an der Zusammensetzung des Rückenschildes die unpaare, median im Nacken gelegene *Nuchal*-Platte, in der Kreuzbeingegend die *Pygal*-Platte, sowie die seitlich am Rande gelegenen 22 *Marginal*-Platten. Seiner Entstehung nach geht der Knochenpanzer, mit Ausnahme der Neural- und Costalplatten, die von manchen Forschern aus Verbreiterungen der Dornfortsätze und Rippen entstanden angesehen werden, aus Hautknochen hervor, es ist jedoch wahrscheinlich, daß auch Neural- und Costal-

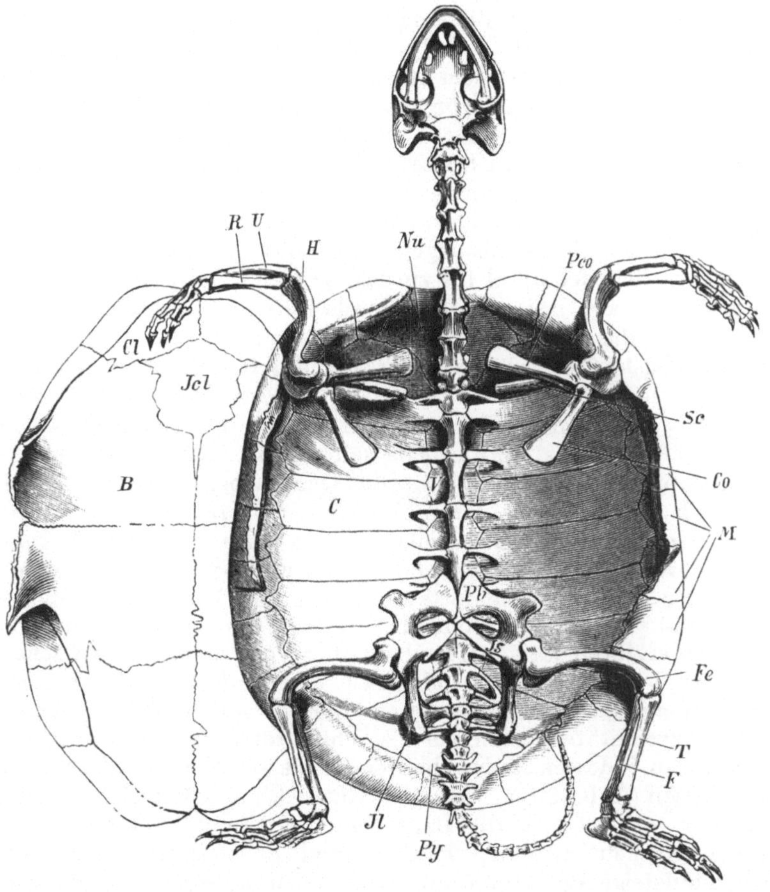

Abb. 1063. Skelet von *Emys orbicularis*. *V* Neuralplatten, *C* Costalplatten, *M* Marginalplatten, *Nu* Nuchalplatte, *Py* Pygalplatte, *B* Bauchschild, *Cl* Epiplastron, *Jcl* Entoplastron, *Sc* Scapula, *Co* Coracoideum, *Pco* Procoracoideum, *Pb* Os pubis, *Js* Os ischii, *Jl* Os ilium, *H* Humerus, *R* Radius, *U* Ulna, *Fe* Femur, *T* Tibia, *F* Fibula.

platten auf Hautknochen zurückzuführen sind. Bei *Dermochelys* ist ein (wahrscheinlich sekundärer) aus zahlreichen mosaikartig angeordneten Hautknochen gebildeter Panzer vorhanden, der ohne Zusammenhang mit dem Innenskelet bleibt. Er ist von dem Knochenpanzer der übrigen Schildkröten verschieden, von dem sich noch die Nuchalplatte und ein aus den paarigen Plastronplatten bestehender ventraler Knochenring unter dem äußeren Panzer vorfinden.

Auf der äußeren Fläche beider Schilder finden sich gewöhnlich noch größere Platten aufgelagert (Abb. 1064), welche der verhornten Epidermis ihren Ursprung verdanken und das *Schildpatt* liefern. Diese Schilder entsprechen in ihren Umrissen keineswegs den unterliegenden Knochenstücken, ordnen sich jedoch in regelmäßiger Weise derart an, daß man am Rückenschilde eine mittlere und zwei seitliche Reihen von Hornschildern und in der Peripherie einen Kreis von Randschildern, am Bauche ein bis zwei Doppelreihen von Hornschildern unterscheidet.

Im Gegensatze zu dem mittleren Abschnitte der Wirbelsäule, dessen Wirbel mit dem Rückenschilde fest verbunden sind, zeigen sich die vorausgehenden und nachfolgenden Abschnitte derselben in ihren Teilen überaus verschiebbar. Zur Bildung des frei beweglichen Halses, welcher sich unter Krümmungen mehr oder minder vollkommen zwischen die Schale zurückziehen kann, werden acht lange rippenlose Wirbel verwendet. Auf die zehn rippentragenden Wirbel folgen zwei (selten drei oder mehr) unter dem Rückenschilde vorstehende Kreuzbeinwirbel nebst einer beträchtlichen Zahl von sehr beweglichen Schwanzwirbeln.

An dem ziemlich gewölbten Kopf schließen die Schädelknochen durch Nähte fest aneinander und bilden ein breites Dach, welches sich in einen mächtig entwickelten Hinterhauptkamm fortsetzt und von paarigen Scheitelbeinen sowie umfangreichen Stirnbeinen gebildet wird. Von den ersteren erstrecken sich (mit Ausnahme von *Dermochelys*) absteigende lamellöse Fortsätze zu den Seiten der knorpelhäutigen Schädelkapsel bis zu dem kurzen *Basisphenoid*. Mit letzterem verwachsen findet sich bei manchen Schildkröten (*Dermochelys, Chelydra*) ein *Parasphenoideum*, das vielleicht allen Schildkröten zukommt. Die Schläfengegend ist am vollständigsten bei den Seeschildkröten durch breite Knochenplatten überdacht, welche durch das *Postfrontale, Jugale, Quadratojugale* und *Squamosum* gebildet werden. Hinter dem die Seitenwandungen der Schädelhöhle bildenden *Prooticum* erhält sich das *Opisthoticum* selbständig. Sämtliche Teile des Oberkiefergaumenapparates sind ebenso wie das Quadratbein mit den Schädelknochen fest und durch zackige Nähte verbunden. Ein *Os transversum* fehlt. Auffallend kurz bleibt der Gesichtsteil des Schädels, dem Nasalia fehlen. Der knöcherne Gaumen wird von den breiten, mit dem unpaaren *Vomer* verbundenen *Palatina* gebildet, hinter deren Gaumenfortsätzen sich die Choanen öffnen. Auch die Flügelbeine sind sehr breit und lamellös. Zähne fehlen, dagegen sind die kurzen Kieferknochen an ihren Rändern nach Art des Vogelschnabels mit scharf schneidenden, gezähnten Hornplatten überkleidet, mit deren Hilfe einzelne Arten (*Chelydra, Trionyx*) heftig beißen und empfindlich verwunden können.

Die vier Extremitäten befähigen die Schildkröten zum Kriechen und Laufen auf festem Boden, indessen sind sie bei den im Wasser lebenden Formen Schwimmfüße oder Flossen (Abb. 1064). Durch die Entwicklungsgeschichte des Bauch- und Rückenpanzers erklärt sich die Lage beider Extremitätengürtel und der entsprechenden Muskeln zwischen Rücken- und Bauchschild. Das Schulterblatt bildet einen aufsteigenden stabförmigen Knochen, dessen oberes Ende sich durch Band- oder Knorpelverbindung dem Querfortsatze des vordersten Brustwirbels anheftet. Ein mächtiges *Procoracoideum* erstreckt sich vom Schulterblatt nach dem unpaaren Stücke des Bauchschildes, dem es sich ebenfalls durch Knorpel- oder Bandverbindung anheftet. Das Becken stimmt mit dem Becken der Lacertilier nahe überein und ist mit dem Schilde mehr oder weniger fest verbunden.

Verdauungs- und Fortpflanzungsorgane schließen sich den Krokodilen an. Die Zunge ist auf dem Boden der Mundhöhle angewachsen. Der Oesophagus der Seeschildkröten ist mit spitzen, stark verhornten Papillen besetzt. Bei den *Cryptodira* des Süßwassers finden sich zwei Ausstülpungen der Cloakenwand respiratorischer Bedeutung (Analblasen). Die sehr umfangreiche Lunge erstreckt sich bis in die Beckengegend und ist am Rückenpanzer angewachsen. Hervorzuheben ist die Ausmündung der Geschlechtsausführungsgänge und Ureteren in den Hals der Harnblase, der somit als Urogenitalsinus fungiert. Die Augen liegen in geschlossenen Augenhöhlen und besitzen Lider und Nickhaut. Am Gehörorgan findet sich stets eine Paukenhöhle mit weiter Tuba, langer Columella und äußerlich sichtbarem Trommelfell.

Nach der tagelang währenden Begattung, bei welcher das Männchen auf dem Rücken des Weibchens getragen wird, erfolgt die Ablage einer geringen, bei den Seeschildkröten größeren Anzahl von Eiern in Erdgruben in der Nähe des Wassers. Die Eier der Seeschildkröten sind pergamentschalig, die der übrigen Schildkröten kalkschalig.

Die Schildkröten gehören größtenteils den wärmeren Klimaten an und nähren sich hauptsächlich vom Raube, von Mollusken, Krebsen und Fischen, die Landschildkröten von Vegetabilien.

Fossil treten sie zuerst in der oberen Trias auf, zahlreichere Reste finden sich in der Tertiärzeit.

1. Unterordnung. *Pleurodira.* Der Hals wird in der Ruhe nach einer Seite unter den Rückenschild gelegt. Halswirbel mit starken Querfortsätzen. Unterkiefer mit Gelenkkopf. Pterygoidea breit, median in Kontakt. Becken mit dem Panzer unbeweglich verbunden. Füße sind Schwimmfüße mit 4—5 Krallen. Im Süßwasser.

Fam. *Pelomedusidae.* Zahl der Bauchschildknochen elf. *Pelomedusa galeata* SCHOEPFF. Afrika. *Podocnemis expansa* SCHWEIGG. Südamerika.

Fam. *Chelyidae.* Mit neun Bauchschildknochen. *Chelys fimbriata* SCHNEID., Matamata - Schildkröte. Guiana. *Hydromedusa tectifera* COPE, Schlangenhalsschildkröte. Südamerika. *Chelodina longicollis* SHAW. Australien.

2. Unterordnung. *Cryptodira.* Hals S-förmig in vertikaler Ebene

Abb. 1064. *Caretta* (*Thalassochelys*) *caretta* (aus règne animal). $^1/_{20}$

zurückziehbar, Halswirbel ohne oder nur mit Spuren von Querfortsätzen, Körper des letzten Halswirbels mit dem des 1. Rumpfwirbels artikulierend. Unterkiefer mit Gelenkgruben. Pterygoidea in der Mitte schmal, median in Kontakt. Becken mit dem Panzer nicht fest verbunden.

Fam. *Chelydridae.* Große, rein aquatische und nächtliche Schildkröten mit Schwimmhäuten an den Füßen und vollständig zurückziehbarem Halse. Knöcherne Nuchalplatte mit rippenförmigen Seitenfortsätzen. Schwanz lang, Schwanzwirbel meist opisthocöl. Leben in großen Flüssen und Sümpfen. *Chelydra serpentina* L., Schnappschildkröte. *Macroclemys temmincki* HOLBR., Geierschildkröte. Nordamerika. Hier schließt sich an *Cinosternum pensilvanicum* GM., Klappschildkröte. Bauchpanzer in seinem Vorderabschnitt gegen den hinteren Abschnitt beweglich. Nordamerika.

Fam. *Testudinidae.* Nuchalplatte ohne rippenartige Fortsätze. Schwanzwirbel procöl. Land- und Wasserschildkröten, erstere mit gewölbtem Rückenpanzer und Klumpfüßen, letztere mit flachem Rückenpanzer und durch Schwimmhäute verbundenen Zehen. *Chrysemys picta* SCHNEID., Schmuckschildkröte. Nordamerika. *Clemmys caspica* GM., Flußschildkröte. Dalmatien, Herzegowina, südliche Balkanhalbinsel, Westasien. *Emys orbicularis* L. (*europaea* GRAY, *lutaria* MARSIGLI), Sumpfschildkröte. Bauchpanzer in seinem vorderen Abschnitte gegen den Hinterabschnitt beweglich. Europa, Westasien. *Testudo graeca* L., griechische Landschildkröte. Griechenland, Dalmatien, Südungarn. *T. marginata* SCHOEPFF. Griechenland. *T. ibera* PALL. Östl. Balkanhalbinsel, Westasien, Nordafrika. *T. gigantea* SCHWEIGG., Riesenschildkröte. Seychellen. *T. elephantopus* HARL., Riesenschildkröte. Galapagosinseln.

3. Unterordnung. *Cheloniidea*. Hals unvollständig in die Schale zurückziehbar, Halswirbel mit sehr kurzen Querfortsätzen. Becken mit dem Plastron nicht fest verbunden. Füße flossenartig. Phalangen ohne Condylen. Schwimmen sehr geschickt.

Fam. *Cheloniidae*. Seeschildkröten mit Hornschildern am Panzer. Füße mit ein oder zwei Krallen. *Caretta* (*Thalassochelys*) *caretta* L. Weit verbreitet (Abb. 1064). *Chelonia mydas* L., Suppenschildkröte. *Ch. imbricata* L., Karettschildkröte. Die schön gefleckten Hornplatten des Panzers liefern das Schildpatt des Handels. Weit verbreitet in den tropischen und subtropischen Meeren.

Fam. *Dermochelyidae*. Seeschildkröten, deren Panzer aus zahlreichen kleinen, mosaikartig angeordneten Hautknochen besteht, ohne Hornschilder, mit Längskielen, ohne Verbindung mit dem Innenskelet. Füße ohne Krallen. Parietalia ohne absteigende Seitenfortsätze. *Dermochelys* (*Sphargis*) *coriacea* L., Lederschildkröte. In allen tropischen und gemäßigten Meeren. Selten.

4. Unterordnung. *Trionychoidea*. Hals in vertikaler Ebene S-förmig zurückziehbar. Halswirbel ohne oder mit nur kurzen Querfortsätzen, Articulation zwischen letztem Hals- und erstem Rückenwirbel bloß durch die Querfortsätze. Unterkiefer mit Gelenkgruben. Pterygoidea breit, voneinander getrennt. Becken nicht mit dem Panzer verbunden. Füße sind Schwimmfüße mit 2—3 Krallen. Panzer ohne Hornschilder. Die Schnauze endigt in einen Rüssel.

Fam. *Carettochelyidae*. Marginalknochen vorhanden. Plastron ohne Fontanellen. *Carettochelys insculpta* RAMS. Neuguinea.

Fam. *Trionychidae*, Weichschildkröten. Flußschildkröten mit lederartiger Bekleidung des Panzers, Marginalplatten fehlen oder bilden eine unvollständige Reihe. Plastron mit Fontanellen. Lippenförmige Anhänge an den Kiefern, Füße breit, durch eine große Schwimmhaut ausgezeichnet. Die Tiere können infolge Funktion der gefäßreichen, zottenbildenden Rachenschleimhaut als Atmungsorgan tagelang unter Wasser verbleiben. *Trionyx triunguis* FORSK. Afrika, Syrien. *T. ferox* SCHNEID. Nordamerika. *T. sinensis* WGM. Ostasien.

3. Ordnung. **Emydosauria (Crocodilia)** [1].

Wasserbewohnende eidechsenartige Reptilien von bedeutender Größe, mit langem gekielten Ruderschwanz und kräftigen Extremitäten. Die Zehen der Hinterextremitäten durch Schwimmhäute verbunden, mit bepanzerter Haut, mit Sternum abdominale und eingekeilten Zähnen, mit unbeweglichem Quadratum.

Der eidechsenartige Körper der Krokodile (Abb. 970) besitzt einen langen kompressen, vorn paarig, hinten einfach gekielten Ruderschwanz. Die Vorderfüße enden mit fünf freien, die Hinterfüße mit vier mehr oder minder durch Schwimmhäute verbundenen Zehen. Die von Hornschuppen bedeckte Haut enthält auch, besonders auf der Rückenfläche, große und zum Teil gekielte Knochentafeln.

Der breite flache Schädel (Abb. 1065) ist durch die korrodierte Beschaffenheit der Knochenoberfläche ausgezeichnet und besitzt gesonderte *Alisphenoids*, oberhalb des Jochbogens eine seitliche, ferner eine obere Schläfengrube, die durch den

---

[1] OWEN, R.: Palaeontology. London 1860. — HUXLEY, TH.: On the dermal armour of Jacare and Caiman etc. J. Proc. Linnean Soc. 4 (1860). — RATHKE, H.: Untersuchungen über die Entwicklung und den Körperbau der Krokodile. Braunschweig 1866. — STRAUCH, A.: Synopsis der gegenwärtig lebenden Crocodiliden. Mém. Acad. St.-Pétersbourg 10 (1866). — BOULENGER, G. A.: Catalogue of the Chelonians, Rhynchocephalians and Crocodilians in the British Museum. London 1889. — VOELTZKOW, A.: Beiträge zur Entwicklungsgeschichte der Reptilien. Abh. Senckenberg. naturforsch. Ges. 26 (1899—1901). — HOCHSTETTER, F.: Beiträge zur Anatomie und Entwicklungsgeschichte des Blutgefäßsystems der Krokodile. VOELTZKOW, Reise in Ostafrika i. d. J. 1903—1905, 4 (1906). — Vgl. ferner die Schriften von CUVIER, PANIZZA, PARKER, BRÜHL, ED. VAN BENEDEN, GOETTE, RABL-RÜCKHARD, REESE, SIEBENROCK u. a.

oberen Schläfenbogen (*Postfrontale* und *Squamosum*) lateral begrenzt wird. Die Bedachung des Schädels geschieht durch ein unpaares Scheitelbein und Stirnbein, dem sich paarige *Nasalia* anschließen. Die mit dem Schädel fest verbundenen Kiefer verlängern sich zur Bildung einer gestreckten Schnauze, an deren Spitze sich die paarigen Zwischenkieferknochen einkeilen, während die ausgedehnten Oberkiefer die Seiten der Schnauze bilden. Das *Lacrimale* ist von großer Ausdehnung. Oberkiefer und Zwischenkiefer, welche die Nasenöffnungen begrenzen, entwickeln horizontale, in der Medianlinie vereinigte Gaumenfortsätze, welche zur Bildung der vorderen Partie des harten Gaumengewölbes zusammentreten. Hinter denselben stellen Gaumen- und Flügelbeine, in medianer Nahtverbindung anliegend, ein vollkommen geschlossenes Dach der Mundhöhle her, an dessen

Hinterrande die unteren, vorn vom paarigen *Vomer* umschlossenen Nasengänge münden. Die ausschließlich auf die Kieferknochen beschränkten kegelförmigen Zähne sitzen tief in Alveolen eingekeilt und zeigen wenig komprimierte streifige Kronen. Meist tritt der vierte Zahn des Unterkiefers durch seine Größe als Fangzahn hervor und greift beim Schließen des Rachens in eine Lücke oder in einen Ausschnitt des Oberkiefers ein. Die Wirbelkörper sind procöl. Rippen finden sich auch am Hals und an den vorderen Schwanzwirbeln (Abb. 967c). In der Bauchregion hinter dem Brustbein liegen Bauchrippen, ein sogenanntes Sternum abdominale bildend (Abbild. 970).

Die innere Organisation erhebt sich bei den Krokodilen am höchsten unter allen Reptilien. Die Augen besitzen senkrechte Pupillen und zwei Lider nebst Nickhaut. Die Nasenöffnungen liegen vorne an der Schnauzenspitze und können ebenso wie die weit nach hinten gerückten Ohren durch Hautklappen verschlossen werden. Die Rachenhöhle, an deren Boden eine

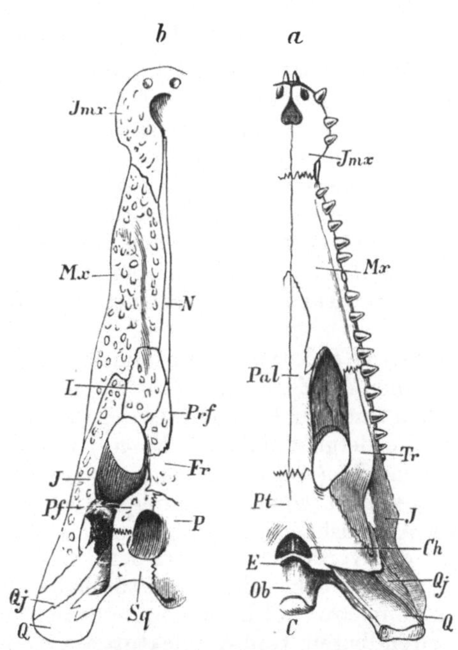

Abb. 1065. Schädel vom Krokodil. (Nach GEGENBAUR. a Ventralansicht, b Dorsalansicht. *Ob* Basioccipitale, *C* Condylus occipitalis, *P* Parietale, *Fr* Frontale, *Pf* Postfrontale, *Prf* Präfrontale, *N* Nasale, *L* Lacrimale, *Sq* Squamosum, *Q* Quadratum, *Qj* Quadratojugale, *J* Jugale, *Mx* Maxillare, *Jmx* Intermaxillare, *Tr* Transversum, *Pt* Pterygoideum, *Pal* Palatinum, *Ch* Choanae, *E* Ostium pharyngeum tubae auditivae (Eustachii).

platte, nicht vorstreckbare Zunge angewachsen ist, entbehrt der Speicheldrüsen und führt durch eine weite Speiseröhre in den rundlichen muskulösen Magen, welcher durch Form und Bildung, insbesondere durch aponeurotische Scheiben seiner muskulösen Wandung an den Vogelmagen erinnert. Auf den Magen folgt ein dünnwandiges, mit Zotten besetztes Duodenum, welches in den zickzackförmig gefalteten Dünndarm übergeht. Ein Blindsack des kurzen und weiten Dickdarmes fehlt. Letzterer mündet fast trichterförmig verengt in die Cloake, an deren Vorderwand das schwellbare unpaare Paarungsorgan seinen Ursprung nimmt. An den Anallippen und zu Seiten der Unterkieferäste münden Moschusdrüsen aus. Der Bau des Herzens (Abb. 1060, 1061) ist unter allen Reptilien am vollkommensten durch die strenge Sonderung einer rechten venösen und linken arteriellen Abteilung. Eine Harnblase fehlt. Als Eigentümlichkeit erwachsener

Krokodile verdient die Communication der Peritonealhöhle in die Cloake durch
Öffnungen von sogenannten Peritonealkanälen hervorgehoben zu werden.

Die Krokodile leben in den Mündungen und Lagunen großer Ströme wärmerer
Klimate der alten und neuen Welt und gehen zur Nachtzeit auf Raub aus. Die
hartschaligen Eier werden im Sande und in Löchern am Ufer abgesetzt und vom
Muttertier bis zum Ausschlüpfen der Jungen bewacht.

Fam. *Crocodilidae.* Mit den Charakteren der Ordnung. *Gavialis gangeticus* GM. Vorderindien. *Tomistoma (Rhynchosuchus) schlegeli* S. MÜLL. Malakka, Borneo, Sumatra. *Crocodilus niloticus* LAUR. Afrika. *C. americanus* LAUR. Florida bis Columbien. *C. porosus*
SCHNEID. Vorderindien bis Salomonsarchipel. *Alligator mississippiensis* DAUD. (*lucius*
CUV.). Nordamerika. *A. sinensis* FAUV. Jangtsekiang. *Caiman sclerops* SCHNEID. Cen-
tral- und Südamerika.

4. Ordnung. Squamata (Plagiotremata)[1].

*Reptilien mit Schuppen und Schildern der Haut, mit beweglichem Quadratum,
mit querer Cloakenspalte und doppeltem hinteren Begattungsorgan.*

1. Unterordnung. *Lacertilia,* Eidechsen. Pterygoideum in Kontakt mit dem
Quadratum. Clavicula vorhanden, wenn Gliedmaßen vorhanden sind. Zunge
flach. Augenlider meist beweglich. In der Regel mit Harnblase.

Die Eidechsen besitzen fast durchwegs eine langgestreckte, zuweilen schlangenähnliche Gestalt. Gewöhnlich finden sich vier Extremitäten, die den Rumpf in
der Regel nicht emporgehoben tragen und bei der Bewegung meist als Nachschieber wirken, übrigens auch zum Klettern (*Geckonen*) und Graben (*Scincus*)
benutzt werden können und meist mit fünf bekrallten Zehen enden. Zuweilen
bleiben sie so kurz, daß sie dem schlangenähnlichen Körper als Stummel anliegen,
an denen die Zehen gar nicht zur Sonderung gelangen (*Chamaesaura*). In anderen
Fällen sind nur kleine hintere Fußstummel (*Pygopus,* Abb. 1066) oder ausschließlich Vordergliedmaßen (*Chirotes*) vorhanden, oder es fehlen äußere Gliedmaßen
vollständig (*Anguis, Acontias, Ophisaurus*) (s. Abb. 319). Schultergürtel und
Becken sind jedoch vorhanden, auch findet sich bei allen Echsen, mit Ausnahme
der Amphisbaenen, wenigstens ein Rudiment des Brustbeines. Rippen fehlen
nur den vordersten Halswirbeln, zuweilen auch einigen Lendenwirbeln sowie den
Schwanzwirbeln. Eine eigentümliche Modifikation zeigen bei *Draco* die vorderen
Rippenpaare, welche sich außerordentlich verlängern und seitlichen als Flughaut
verwendbaren Hautduplicaturen zur Stütze dienen.

Die Schädelkapsel (Abb. 1052) reicht meist nur bis zur Orbitalgegend, wo sie
unvollständig durch häutige Teile geschlossen ist, denen sich oft ein häutiges

---

[1] TIEDEMANN: Anatomie und Naturgeschichte der Drachen. Nürnberg 1811. — JAN, G.:
Iconographie générale des Ophidiens. Paris 1860—1868. — LEYDIG, FR.: Die in Deutsch-
land lebenden Arten der Saurier. Tübingen 1872. — STRAUCH, A.: Synopsis der Viperiden.
Mém. Acad. St.-Pétersbourg **1869.** — Die Schlangen des russischen Reiches. Ebenda **1873.**
— Bemerkungen über die Geckonidensammlung des zoologischen Museums St. Petersburg.
Ebenda **1873.** — DE BEDRIAGA, J.: Beiträge zur Kenntnis der Lacertidenfamilie. Frankfurt
1886. — STEJNEGER, L.: The Poisonous Snakes of North America. Rep. U. S. Nat. Mus.
1893. — BOULENGER, G. A.: Catalogue of Lizards in the Collection of the British Museum.
London 1885—1887. — Catalogue of Snakes in the Collection of the British Museum. London 1893—1896. — WERNER, FR.: Prodromus einer Monographie der Chamäleonten. Zool.
Jb. **15** (1902). — Chamaeleontidae. Tierreich 27. Liefg. **1911.** — BRÜCKE, E.: Untersuchungen über den Farbenwechsel des afrikanischen Chamäleons. Denkschr. Akad. Wien
1852. — RATHKE, H.: Entwicklungsgeschichte der Natter. Königsberg 1839. — BALLO-
WITZ, E.: Die Entwicklungsgeschichte der Kreuzotter. Jena 1903. — PETER, K.: Normen-
tafel zur Entwicklungsgeschichte der Zauneidechse. KEIBELS Normentafeln. IV. Jena 1914.
— PHISALIX, M.: Anatomie comparée de la tête et de l'appareil venimeux chez les Serpents.
Ann. des Sci. natur. **1914.** — CAMP, CH. L.: Classification of the Lizards. Bull. Amer. Mus.
Natur. Hist. 48. New York 1923. — Vgl. außerdem die Schriften von GRAY, SCHLEGEL,
GÜNTHER, WENCKEBACH, PARKER, CALORI, BEDDARD u. a.

Interorbitalseptum anschließt. Einem stark vorspringenden Fortsatz der hinteren Schläfengegend liegt das Schuppenbein (*Squamosum*) fest an. Das hintere Ende des Oberkiefers ist häufig durch eine die Orbita umschließende Knochenbrücke (*Jugale*) mit dem hinteren Stirnbein verbunden, während von diesem ein Knochenstab, die Schläfengegend überbrückend (*Quadratojugale*), zu dem oberen Ende des Quadratbeines verläuft.

Ein wichtiger Charakter der Eidechsen im Gegensatze zu den Schlangen beruht auf dem Mangel der Verschiebbarkeit der Kieferknochen. Zwar sind Teile des Oberkiefer-Gaumenapparates mit dem Schädel beweglich verbunden, insbesondere die Flügelbeine, die sich den Gelenkfortsätzen des hinteren Keilbeines anlegen und meist an dem Quadratbeine articulieren (Streptostylie), indessen zeigen die einzelnen Knochen des Kiefer-Gaumenapparates untereinander und mit der vorderen Partie des Schädels einen festen Zusammenhang. Die Flügelbeine sind mit dem Oberkiefer durch ein *Os transversum* (*Ectopterygoid*) fest verbunden und dienen dem Scheitelbeine durch eine stabförmige *Columella cranii* zur Stütze (daher *Kionocrania*). An der Schädeldecke bleibt die Verbindung zwischen Scheitelbein und Hinterhaupt durch Bandmasse weich und verschiebbar. Am Schläfenbogen lenkt sich das Quadratbein beweglich ein und trägt den Unterkiefer, dessen Schenkel am Kinnwinkel in fester Verbindung stehen.

Die Bezahnung der Eidechsen bietet nach Form, Bau und Befestigung der Zähne eine weit größere Mannigfaltigkeit als bei den Schlangen, stellt sich indessen nicht so vollständig dar, indem der Gaumen niemals eine bogenförmig geschlossene innere Zahnreihe, sondern nur kleine seitliche Gruppen von Zähnen am Flügelbeine zur Entwicklung bringt. Fast immer sitzen die Zähne den Knochen unmittelbar auf, entweder am Kieferrande (*Acrodonten*) oder an der inneren Seite des Kiefers (*Pleurodonten*). Im Gegensatze zu den übrigen Eidechsen wird bei *Tiliqua* nur je ein Zahn in jedem Kiefer gewechselt.

Abb. 1066. *Pygopus* (*Bipes*) *lepidopodus* (aus règne animal). $^{1}/_{2}$

Die meisten Eidechsen besitzen Augenlider. Bei *Amphisbaenen* und *Geckonen* verwachsen die Augenlider wie bei den Schlangen zu einer uhrglasförmigen Kapsel (sogenannte Brille). Bei den *Scinciden* kann das untere Augenlid oft wie ein transparenter Vorhang emporgezogen werden, ohne das Sehen zu verhindern. Viele Eidechsen besitzen ein Parietalauge, welches das Parietalloch des Schädels einnimmt, dessen Vorkommen mit der Entwicklung jenes Organes zusammenhängt (Abb. 1052, 1054).

Die äußere Körperbedeckung der Eidechsen zeigt ähnliche Verhältnisse wie die der Schlangen, jedoch in weit größerer Mannigfaltigkeit. Bald finden sich platte oder gekielte Schuppen, die nach ihrer Form und gegenseitigen Lage als Tafelschuppen, Schindelschuppen, Wirtelschuppen unterschieden werden, bald

Schilder und größere Tafeln, für deren Verteilung am Kopf sich die bei den Schlangen bestehenden Verhältnisse wiederholen. Doch kommen auch mehr unregelmäßige Erhärtungen in Form warziger Höcker vor, die der Haut ein an die Kröten erinnerndes Aussehen verleihen (*Geckoniden*). Häufig finden sich größere Hautlappen an der Kehle, Kämme am Rücken und am Scheitel, ferner Faltungen der Haut an den Seiten des Rumpfes, am Halse usw. Bei zahlreichen Eidechsen kommen drüsenähnliche Epidermoidalorgane mit sogenannten Porenreihen längs der Innenseite des Oberschenkels und vor dem After vor (Abb. 1062).

In der Regel legen die Weibchen nach vorausgegangener Begattung — in den gemäßigten Gegenden im Sommer — weichschalige, die *Geckoniden* kalkschalige Eier; viele Gattungen (so *Anguis*) sind ovovivipar. Bei *Chalcides* und *Tiliqua* steht der Embryo mit dem Mutterleib durch eine Allantoisplacenta in Verbindung, vielleicht auch bei *Trachysaurus*, bei dem nach bisherigen Angaben eine Dottersackplacenta vorhanden ist. Diese drei Skinken sind lebendig gebärend.

Die meisten Lacertilier sind harmlose und durch Vertilgen von Insecten und Würmern nützliche Tiere; größere Arten, wie die Leguane, werden des Fleisches halber gejagt. Bei weitem die Mehrzahl, und zwar sämtliche größeren und oft prachtvoll gefärbten Arten bewohnen die wärmeren und heißen Klimate.

Fam. *Geckonidae* (*Ascalabotae*), Geckonen. Meist kleinere Eidechsen von molchähnlicher Form, viele mit Haftlamellen auf der Unterseite der Finger und Zehen, wodurch sie auch auf glatten und überhängenden Flächen gewandt zu laufen vermögen. Die Haut häufig durch heterogene Beschuppung ausgezeichnet. Wirbel amphicöl. Parietalia getrennt. Postorbital- oder Postfrontosquamosalbogen fehlen. Zunge glatt oder mit haarförmigen Papillen. Augenlider zu einer uhrglasförmigen Kapsel (Brille) verwachsen. Pupille meist vertikal. Manche Arten können Laute von sich geben. Legen kalkschalige Eier. *Stenodactylus petrii* ANDERS. Ohne Haftlappen. Wüsten Nordafrikas. *Hemidactylus turcicus* L. Mittelmeerländer. *Tarentola* (*Platydactylus*) *mauritanica* L. Mittelmeerländer mit Ausnahme von Westasien und Balkan (Abb. 1067). *Gymnodactylus kotschyi* STND. Griechenland, Süditalien, Westasien. *Phyllodactylus europaeus* GÉNÉ. Sardinien. *Gecko verticillatus* LAUR. *Ptychozoon homalocephalum* CRVDT. Mit fallschirmartigem seitlichen Hautsaum. Sunda-

Abb. 1067. *Tarentola mauritanica.*
¹/₂

inseln, Südostasien. Hier schließt sich an *Uroplatus fimbriatus* SCHNEID. Madagaskar.

Fam. *Pygopodidae.* Schlangenähnliche Eidechsen ohne Vordergliedmaßen, mit rudimentären, kaum merkbaren oder beschuppten flossenförmigen Hintergliedmaßen. Vereinigen Merkmale der Geckoniden, Schlangen und Varaniden. *Pygopus lepidopodus* LAC. Australien, Tasmanien (Abb. 1066). *Lialis burtoni* GRAY. Australien, Neuguinea.

Fam. *Agamidae.* Boden- oder baumbewohnende Eidechsen der alten Welt, oft durch Kehlsäcke und Rückenkämme ausgezeichnet. Gebiß acrodont, häufig deutlich in Schneide-, Eck- und Backenzähne differenziert. Supratemporalgrube nicht überdacht. Zunge dick. *Draco volans* L. Mit seitlicher als Flughaut verwendbarer Hautfalte. Sundainseln. *Calotes ophiomachus* MERR. *C. versicolor* DAUD. Trop. Asien. *Agama* (*Stellio*) *stellio* L. Hardun. Türkei, Cykladen, Westasien, Ägypten. *A. colonorum* DAUD. Trop. Afrika. *Chlamydosaurus kingi* GRAY, Kragenechse. Australien. *Lophura amboinensis* SCHLOSS. Amboina, Celebes, Java. *Uromastix spinipes* L., Dornschwanzeidechse. Ägypten. *Moloch horridus* GRAY. Mit sehr starken Stacheln und kleiner Mundöffnung. Australien.

Fam. *Iguanidae.* Den Agamiden sehr ähnliche, boden- oder baumbewohnende Eidechsen, jedoch pleurodont. Gehören Amerika, Madagaskar und den Fidschiinseln an. *Iguana tuberculata* LAUR., Leguan. Central- und Südamerika. *Basiliscus vittatus* WGM. Centralamerika. *Phrynosoma orbiculare* WGM. Mexiko.

Fam. *Zonuridae*, Wirtelschleichen. Bodenbewohnende, gedrungene oder mehr schlangenähnliche Eidechsen, mit wirtelig angeordneten Schuppen und einer Seitenfalte längs des Körpers, die mit sehr kleinen Schuppen bekleidet ist. Schläfengrube überdacht. *Zonurus cordylus* L. Kap. *Chamaesaura anguina* CUV. Südafrika.

Fam. *Anguidae*. Mit wohlentwickelten Beinen versehene oder fußlose, schlangenähnliche Eidechsen, zumeist mit gekrümmten Fangzähnen. In der Cutis knöcherne Schilder. *Ophisaurus (Pseudopus) apus* PALL. Körper mit Seitenfalte. Mit sehr kleinen Rudimenten der Hinterextremität. Südosteuropa, Westasien. *O. ventralis* L. Nordamerika. *Ophiodes striatus* SPIX. Mit sehr kleinen stielförmigen Rudimenten der Hinterextremität. Brasilien. *Anguis fragilis* L., Blindschleiche. Europa, Westasien. *Gerrhonotus* WGM. Mit wohlentwickelten Beinen. Nord- und Centralamerika.

Fam. *Helodermatidae*. Mit Postorbital-, aber ohne Postfrontosquamosalbogen. *Heloderma horridum* WGM. Mit gefurchten Zähnen und Giftdrüsen im Unterkiefer. Mexiko.

Fam. *Varanidae*. Große Eidechsen mit langem Kopf und Hals, starken Füßen und langem Schwanz. Postorbitalbogen unvollständig, Schläfengrube nicht überdacht. Zunge tief gespalten, in eine Scheide zurückziehbar. Sind Raubtiere. *Varanus griseus* DAUD. Erdvaran. Wüsten Nordafrikas bis Ostindien. *V. (Monitor) niloticus* LAUR., Nilvaran. Afrika. *V. salvator* LAUR. Ostindien, Ceylon. *V. komodoensis* OUWENS. Wird bis 3 m lang. Insel Komodo.

Fam. *Tejidae*. Amerikanische Eidechsen von varanus- bis schlangenähnlichem Habitus. Zunge mit schuppenförmigen, geschindelten Papillen oder schiefen Falten. Schläfengrube nicht überdacht. *Tupinambis teguixin* L., Teju. Brasilien. *Ameiva surinamensis* LAUR. Nördl. Südamerika. *Tejus teyou* DAUD. Südamerika.

Fam. *Amphisbaenidae*. Körper langgestreckt, wurmförmig. Haut schuppenlos, durch Längs- und Querfurchen gefeldert. Augen klein, Lider eine uhrglasförmige Kapsel (Brille) bildend. Schnauze vorspringend. Gliedmaßen fehlen, oder rudimentäre Vorderbeine (*Chirotes*) vorhanden. Schwanz kurz, abgerundet. Degenerierte Abkömmlinge der Tejiden, ohne Columella cranii, ohne Schläfenbogen, ohne Interorbitalseptum, mit unpaarem Zwischenkiefer. Leben unterirdisch. *Blanus cinereus* VAND. Spanien, Portugal. *Amphisbaena alba* L. *A. fuliginosa* L. Südamerika (Abb. 1068). *Chirotes canaliculatus* BONNAT. Mexiko.

Fam. *Lacertidae*. Meist kleinere, stets mit wohlentwickelten Gliedmaßen versehene Eidechsen der alten Welt. Schläfenbogen vorhanden. Schläfengrube überdacht. Zwischenkiefer unpaar. *Lacerta agilis* L., Zauneidechse. Europa. *L. viridis* LAUR., Smaragdeidechse. Europa, Westasien. *L. muralis* LAUR., Mauereidechse. Mit zahlreichen Varietäten. Mittel- und Südeuropa, Westasien, Nordafrika. *L. vivipara* JACQ. Nördl. und mittl. Europa, Nordasien. *L. ocellata* DAUD., Perleidechse. Pyrenäenhalbinsel, Südfrankreich, Nordwestafrika. *Algiroides nigropunctatus* D. B. Krain, Istrien bis Griechenland.

Fam. *Scincidae*, Wühlechsen. Eidechsen von geringer Größe mit paarigem Zwischenkiefer und meist cycloiden Schuppen. Bei vielen sind die Gliedmaßen rudimentär oder ganz rückgebildet. Häufig lebendig gebärend. *Trachysaurus rugosus* GRAY, Stutzechse. Australien. *Tiliqua (Cyclodus) scincoides* WHITE, Riesenskink. Australien. *Scincus scincus* L. (*officinalis* LAUR.), Apothekerskink, mit schaufelförmiger Schnauze und Grabfüßen. Sandwüsten von Nordafrika (Abb. 1069). *Eumeces schneideri* DAUD. NO.-Afrika, Westasien. *Chalcides (Gongylus) ocellatus* FORSK. Südeuropa, Nordafrika, Westasien. *Ch. (Seps) tridactylus* LAUR. Extremitäten sehr klein. Italien, Nordafrika. *Ablepharus pannonicus* FITZ., Natterauge. Südosteuropa, Westasien. Hier schließt sich an *Acontias meleagris* L. Äußere Gliedmaßen fehlen. Südafrika.

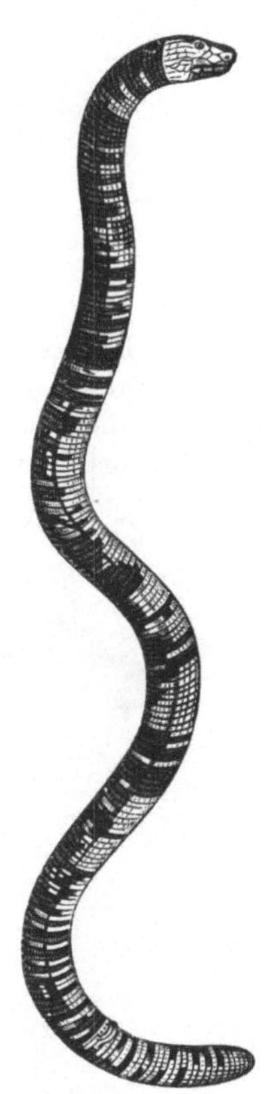

Abb. 1068. *Amphisbaena fuliginosa* (aus règne animal). 1/3

2. Unterordnung. *Rhiptoglossa*. Baumlebende, altweltliche Squamaten mit kantigem Kopf und Greiffüßen, deren Zehen zu zwei und drei verwachsen sind. Mit Greifschwanz. Zunge wurmförmig, vorschnellbar. Auge mit kreisrundem Lide. Parietalia unbeweglich mit dem Occipitale verbunden. Pterygoideum das Quadratum nicht erreichend. Ohne Columella cranii. Clavicula fehlt. Gebiß acrodont. Alle durch Farbenwechsel ausgezeichnet.

Fam. *Chamaeleontidae*. Mit den Charakteren der Unterordnung. *Chamaeleon chamaeleon* L. (*vulgaris* DAUD.), gemeines Chamäleon. Südl. Mittelmeerländer. *Ch. pumilus* DAUD. Lebendig gebärend. Kap. *Brookesia superciliaris* KUHL. Madagaskar. *Rhampholeon spectrum* BUCHH. Kamerun.

3. Unterordnung. *Ophidia*, Schlangen. Fußlose Squamaten ohne Schulter-
gürtel, mit zweispaltiger Zunge mit Scheide, meist mit überaus verschiebbaren
Kiefer- und Gaumenknochen, mit zu einer uhrglasförmigen Kapsel verwachsenen
Augenlidern, ohne Paukenhöhle und Harnblase.

Die Charaktere der Schlangen beruhen auf dem Mangel von Extremitäten
und auf der oft erstaunlichen Erweiterungsfähigkeit der Mundhöhle. Indessen
ist eine scharfe Abgrenzung von den Eidechsen nicht möglich. Rudimente von

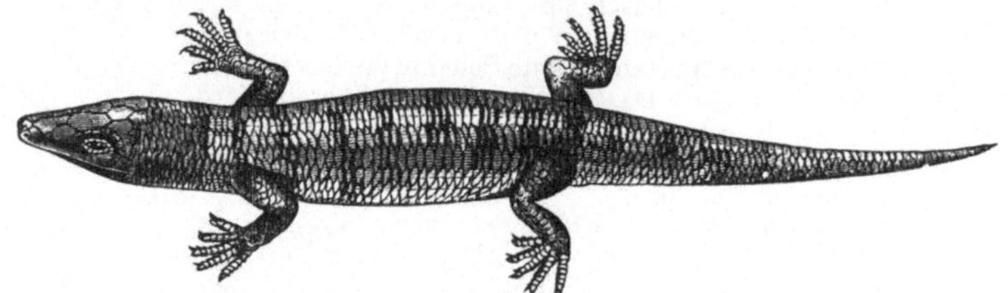

Abb. 1069. *Scincus scincus (officinalis)* (aus règne animal). $^1/_2$

hinteren Extremitäten finden sich bei den *Boiden* und *Ilysiiden* an der Schwanzwurzel und tragen bei ersteren häufig eine kegelförmige, zur Seite des Afters hervorstehende Kralle. Bei *Opoterodonten* sind noch Beckenknochen vorhanden.
Schultergürtel und Teile der Vorderextremitäten kommen jedoch nie vor.

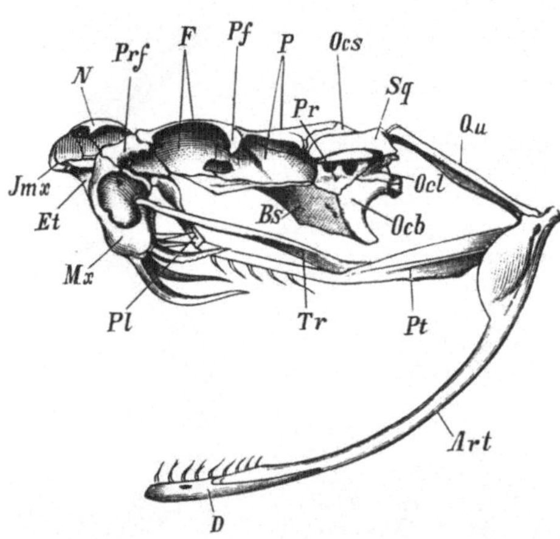

Abb. 1070. Kopfskelet von *Crotalus horridus*. *Ocb* Basioccipitale, *Ocl* Occipitale laterale, *Ocs* Supraoccipitale, *Pr*
Prooticum, *Bs* Basisphenoideum, *Sq* Squamosum (Supratemporale), *P* Parietale, *F* Frontale, *Pf* Postfrontale,
Prf Präfrontale, *Et* Ethmoideum impar, *N* Nasale, *Qu*
Quadratum, *Pt* Pterygoideum, *Pl* Palatinum, *Mx* Maxillare, *Jmx* Intermaxillare, *Tr* Transversum (Ectopterygoideum), *D* Dentale, *Art* Articulare des Unterkiefers.

Am Schädel der Schlangen (Abbild. 1070) fehlt eine Überbrückung
der Schläfengegend. Die Schädelhöhle ist sehr langgestreckt, die vorderen und mittleren Teile ihrer Seitenwand werden durch absteigende
Flügelfortsätze der Scheitel- und
Stirnbeine gebildet. Kiefer- und Gaumenknochen, durch ein *Transversum*
verbunden, zeigen eine so vollkommene Verschiebbarkeit (Streptostylie),
daß die Mundhöhle die Fähigkeit einer
beträchtlichen Erweiterung erhält.
Das Quadratbein lenkt sich äußerst
beweglich an dem *Squamosum (Supratemporale)* ein, welches ebenfalls meist
beweglich am Hinterhaupte angeheftet ist. Ebenso beweglich wie die
Teile des Oberkiefer-Gaumenapparates erweisen sich die beiden Äste des
Unterkiefers, welche, am Kinnwinkel
durch ein Band verbunden, eine sehr
bedeutende seitliche Verschiebung zulassen. Die Kieferbewaffnung wird von zahlreichen, nach hinten gekrümmten Fangzähnen gebildet, welche den Unterkiefer in
einfacher, den Oberkiefer-Gaumenapparat meist in doppelter, mehr oder minder
vollständig besetzter Bogenreihe bewaffnen und vornehmlich beim Verschlingen
der Beute als Widerhaken wirken. Auch im Zwischenkiefer können Hakenzähne
vorkommen (*Python*). Nur bei den Engmäulern (*Opoterodonten*) beschränken sich
die Zähne auf Oberkiefer oder Unterkiefer. Außer diesen soliden Hakenzähnen
kommen im Oberkiefer zahlreicher Schlangen gefurchte oder von einem an der
Vorderwand des Zahnes (an seiner Basis und vor der Spitze) sich öffnenden Kanale

durchbohrte Giftzähne vor, deren Basis mit dem Ausführungsgange einer Giftdrüse in Verbindung steht und das ausfließende Secret derselben fortleitet (Abb. 1057). Häufig enthält der sehr verkümmerte Oberkiefer jederseits nur einen einzigen großen, durchbohrten Giftzahn, dem aber stets noch größere und kleinere Ersatzzähne anliegen (*Solenoglyphen*). Selten treten gefurchte Giftzähne in größerer Zahl auf und sitzen entweder ganz vorne (*Proteroglyphen*) oder hinter einer Reihe von Hakenzähnen im Oberkiefer (*Opisthoglyphen*). In beiden Fällen ist der Oberkiefer größer als bei den *Solenoglyphen*, dagegen erlangt derselbe bei den Schlangen, welche der Giftzähne entbehren (*Aglyphodonten*), den größten Umfang und die reichste Bezahnung. Während die gefurchten Giftzähne unbeweglich befestigt sind, richten sich die durchbohrten Giftzähne mitsamt dem Kiefer, dem sie aufsitzen, beim Öffnen des Mundes auf und werden im Momente des Bisses in das Fleisch der Beute eingeschlagen. Gleichzeitig fließt das Secret der Giftdrüse, durch den Druck der Schläfenmuskeln ausgepreßt, in die Wunde ein und veranlaßt, mit dem Blute in Berührung gebracht, den raschen Eintritt des Todes.

Die als Schuppen, Schilder und Schienen auftretenden Horngebilde der Haut wechseln nach Form, Zahl und Anordnung mannigfach. Während die Rückenfläche des Rumpfes durchweg mit glatten oder gekielten Schuppen bekleidet ist, kann der Kopf sowohl von Schuppen, als von Schildern und Tafeln bedeckt sein, welche ähnlich wie bei den Eidechsen nach der besonderen Lage als Stirn-, Scheitel-, Hinterhauptschilder, ferner als Zwischennasen-, Nasen-, Augen-, Schläfen- und Lippenschilder unterschieden werden (Abb. 1071). Als den meisten Schlangen eigentümlich mögen die Schilder der Kinnfurche, die Rinnenschilder, hervorgehoben werden. Am Bauche finden sich meist breite Schilder, die wie Querschienen den Rumpf bekleiden, doch können auch hier

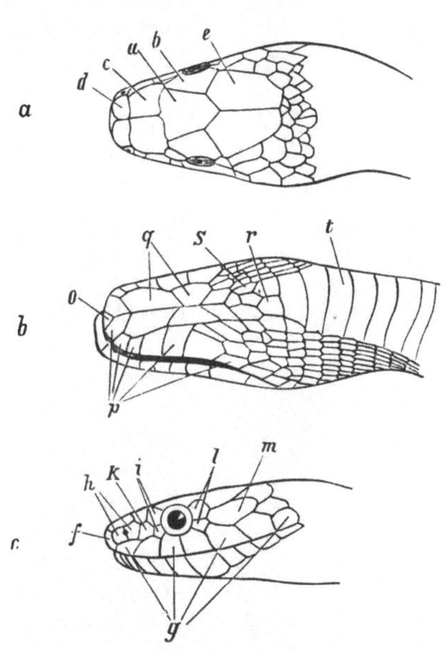

Abb. 1071. a Dorsale Ansicht, b ventrale Ansicht des Kopfes von *Coluber longissimus (aesculapii)*, c Seitenansicht des Kopfes von *Tropidonotus viperinus*. (Nach E. SCHREIBER.) *a* Stirnschild, *b* Brauenschilder, *c* vordere Stirnschilder, *d* Zwischennasenschilder, *e* Scheitelschilder, *f* Rüsselschild, *g* Oberlippenschilder, *h* Nasenschild, *i* vordere Augenschilder, *k* Zügelschild, *l* hintere Augenschilder, *m* Schläfenschild, *o* Kinnschild, *p* Unterlippenschilder, *q* Rinnenschilder, *r* Kehlschild, *s* Kehlschuppen, *t* Bauchschilder.

Schuppen und kleine mediane Schilder vorkommen; die Unterseite des Schwanzes wird dagegen in der Regel von einer paarigen, seltener von einer einfachen Reihe von Schildern bedeckt. Die Schlangen häuten sich mehrmals im Jahre, indem sie das Stratum corneum der Oberhaut in toto abstreifen.

Die innere Organisation entspricht dem langgestreckten Bau. Ein langer und dehnbarer dünnhäutiger Schlund führt in den sackförmig erweiterten Magen, auf welchen ein verhältnismäßig kurzer Dünndarm folgt. Der Kehlkopf erscheint außerordentlich weit nach vorne gerückt. Die linke Lunge ist kleiner oder fehlt, während die um so mächtiger entwickelte rechte Lunge an ihrem Ende ein schlauchförmiges Luftreservoir bildet, mitunter (z. B. *Viperidae*) ist noch eine große vordere, bis zur Kehlgegend reichende Tracheallunge vorhanden. Dem statischen Organe (Gehörorgane) fehlen Trommelfell und Paukenhöhle. Das Auge wird von einer aus den verwachsenen Lidern hervorgegangenen durchsichtigen uhrglasförmigen Kapsel (Brille) bedeckt. Die gabelig gespaltene Zunge dient als Tastorgan und ist von einer Scheide umschlossen, aus der sie selbst bei geschlossenem Munde durch einen Einschnitt der Schnauzenspitze weit vorgestreckt werden kann. Am Harnapparat fehlt die Harnblase.

Die Schlangen bewegen sich vornehmlich durch seitliche Krümmungen. Die zahlreichen Wirbel tragen am Rumpfe fast durchweg Rippen und werden durch freie Kugelgelenke ihrer konkav-konvexen Körper sowie durch horizontale Gelenkflächen der Querfortsätze in der Art verbunden, daß die Bewegung durch Krümmung in horizontaler Ebene erfolgt, ohne daß aber dorsoventrale Bewegungen ausgeschlossen sind. Auch stehen die Rippen in freier Gelenkverbindung mit den Wirbelkörpern und können in der Längsrichtung vor- und zurückgezogen werden, Bewegungen, welche die Locomotion wesentlich unterstützen. Durch abwechselndes Vorschieben der Rippen und Nachziehen der durch Muskeln sowohl miteinander, als mit den Rippen verbundenen Bauchschilder laufen die Schlangen in gewissem Sinne auf den äußersten Spitzen ihrer an Hautschildern befestigten Rippen.

Die Schlangen ernähren sich ausschließlich von lebenden Tieren, die sie im Schusse überfallen, töten und ohne Zerstückelung im ganzen verschlingen. Während die Speicheldrüsen ihr reichliches Secret ergießen, welches die Oberfläche der zu bewältigenden Beute schlüpfrig macht, und der Kehlkopf zwischen den Kieferästen zur Unterhaltung der Atmung hervortritt, haken sich die Kieferzähne abwechselnd fortschreitend immer weiter ein und es zieht sich gewissermaßen Mund und Schlund allmählich über die Beute hin. Nach Vollendung des anstrengenden Schlinggeschäftes tritt eine Abspannung aller Kräfte ein, es folgt eine Zeit träger Ruhe, während welcher die sehr langsame, aber vollständige Verdauung vonstatten geht.

Die Fortpflanzung geschieht nach vorausgegangener Begattung in der Regel durch Ablage wenig zahlreicher großer Eier, in denen die Embryonalentwicklung schon weit vorgeschritten sein kann. Indessen gibt es auch ovovivipare Schlangen, z. B. die Seeschlangen, die Mehrzahl der Vipern und Boiden.

Abb. 1072. *Typhlops lumbricalis* (aus règne animal). 1/3

Die meisten durch Größe und Schönheit der Farben ausgezeichneten Arten gehören den wärmeren Zonen an, nur kleine Formen reichen bis in die nördlichen gemäßigten Klimate. Viele Schlangen besuchen gern das Wasser und sind wahrhaft amphibiotisch. Andere bewegen sich größtenteils auf Bäumen und Gesträuchen oder auf sandigem Erdboden, andere ausschließlich im Meere. In den gemäßigten Ländern verfallen sie in eine Art Winterschlaf, in den heißen halten sie zur Zeit der Trocknis einen Sommerschlaf.

1. Sektion. *Boaeformia*. Transversum (Ectopterygoid) vorhanden, beide Kiefer bezahnt. Mit Coronoideum am Unterkiefer.

Fam. *Boidae*. Rudimente von Hinterextremitäten mit einer Kralle vorhanden. Supratemporale groß, das Quadratum an demselben aufgehängt. Hierher gehören die größten Schlangen (Riesenschlangen). *Eunectes murinus* L., Anakonda. Wird bis 10 m lang. Südamerika. *Python reticulatus* Schneid. Südostasien. *P. molurus* L., Tigerschlange. Vorderindien. *Boa constrictor* L. Central- und Südamerika. *Eryx jaculus* L., Sandschlange. Nordafrika, Westasien, Griechenland, Türkei.

Fam. *Ilysiidae.* Supratemporale klein. Rudimente von hinteren Extremitäten vorhanden. Kleinere, kurz- und stumpfschwänzige Schlangen mit stark irisierenden glatten Schuppen. *Ilysia (Tortrix) scytale* L. Südamerika. *Cylindrophis rufus* LAUR. Südostasien, Sundainseln.

Fam. *Uropeltidae.* Rudimente von Hinterextremitäten fehlen, ebenso das Supratemporale. Kleine spitzköpfige Schlangen mit kleinen Augen und abgestutztem, eigentümlich beschupptem Schwanz. Mit stark irisierenden Schuppen. *Rhinophis trevelyanus* KELAART. *Uropeltis grandis* KELAART. Ceylon.

2. Sektion. *Opoterodonta*, Wurmschlangen. Meist kleine Schlangen mit nicht erweiterungsfähiger enger Mundspalte, mit kurzem, dickem Schwanz. Augen rudimentär, oft äußerlich nicht bemerkbar. Ohne Transversum (Ectopterygoid), Pterygoideum nicht bis

Abb. 1073. *Elaps corallinus* (aus règne animal). ¹/₂   Abb. 1074. *Hydrus platurus* (aus règne animal). ¹/₄

zum Quadratum oder Palatinum reichend. Supratemporale fehlt, ebenso ein Coronoideum des Unterkiefers. Spuren des Beckens vorhanden.

Fam. *Typhlopidae.* Oberkiefer vertikal beweglich, bezahnt, Unterkiefer zahnlos. Schwanz oft in einen Stachel endigend. *Typhlops vermicularis* MERR. Griechenland, Westasien. *T. punctatus* LEACH. Trop. Afrika. *T. lumbricalis* L. Westindien (Abb. 1072).

Fam. *Glauconiidae.* Oberkiefer unbeweglich verbunden, zahnlos, Unterkiefer bezahnt. *Glauconia cairi* D. B. Nordostafrika.

3. Sektion. *Colubriformia.* Pterygoideum das Quadratum oder den Unterkiefer erreichend. Oberkiefer horizontal. Coronoideum des Unterkiefers fehlt. Supratemporale vorhanden.

Fam. *Colubridae.* Mit den Merkmalen der Sektion.

Aglyphodont (durchwegs mit soliden Zähnen, ohne Giftzähne): *Tropidonotus natrix* L., Ringelnatter. *T. tesselatus* LAUR., Würfelnatter. Europa, Westasien. *T. viperinus* LATR. Südwesteuropa. *Zamenis gemonensis* LAUR. (*viridiflavus* LAC.). Südeuropa, Westasien. *Coluber longissimus* LAUR. (*aesculapii* HOST), Äskulapnatter. Südeuropa, Österreich, Deutschland. *Coronella austriaca* LAUR., Glattnatter, ovovivipar. Europa, Westasien. *Dendrophis pictus* GM., Baumschlange. *Acrochordus javanicus* HORNST., Warzenschlange. Trop. Asien. *Dasypeltis scabra* L. Gebiß schwach, Speiseröhre von unteren Fortsätzen der 27 ersten Wirbel durchbohrt. Lebt von Vogeleiern, die durch die erwähnten Wirbelfortsätze geöffnet werden. Afrika.

Opisthoglyph (mit einem oder mehreren, meist stark verlängerten, gefurchten Giftzähnen zu hinterst im Oberkiefer): *Tarbophis fallax* FLEISCHM., Katzenschlange. Südosteuropa, Westasien. *Coelopeltis monspessulana* HERM. (*lacertina* WAGL.), Eidechsennatter. Mittelmeerländer. *Dryophis prasinus* BOIE, grüne Baumschlange. Trop. Asien. *Dipsadomorphus (Dipsas) dendrophilus* REINW. Sundainseln.

Proteroglyph (mit gefurchten Giftzähnen vorn im Oberkiefer, mitunter auch im Unterkiefer): *Naja tripudians* MERR., Brillenschlange. Mit brillenähnlicher Zeichnung auf der Dorsalseite des zu einer flachen Scheibe ausdehnbaren Halses. Trop. Asien. *N. haje* L., Schlange der Kleopatra. Afrika. *N. bungarus* SCHL. Größte Giftschlange. Südostasien. *N. nigricollis* RHDT., Speischlange. Trop. Afrika. *Bungarus fasciatus* SCHNEID. Südostasien. *Elaps corallinus* WIED, Korallenschlange. Südamerika (Abb. 1073). *E. fulvius* L. Nordamerika. *Acanthophis antarctica* SHAW, Stachelotter. Australien, Neuguinea. *Hydrus platurus* L. (*Pelamis bicolor* SCHNEID.). Mit seitlich kompressem Körper (Abb. 1074). *Platurus colubrinus* SCHNEID. Beide marine Schlangen. Ind. Paz. Ozean.

4. Sektion. *Amblycephalidiformia.* Oberkiefer horizontal, nach hinten gegen das Palatinum konvergierend. Das Pterygoideum weder das Quadratum noch den Unterkiefer erreichend. Schnecken fressende, baumlebende Dämmerungsschlangen mit großen Augen, ohne Kinnfurche.

Fam. *Amblycephalidae.* Mit den Merkmalen der Sektion. *Amblycephalus carinatus* BOIE. Java. *Leptognathus catesbyi* SENTZEN. *Dipsas bucephala* LAUR. Brasilien.

5. Sektion. *Solenoglypha.* Oberkiefer sehr kurz, vertikal an dem langen Transversum (Ectopterygoid) aufrichtbar, mit einem langen, hohlen, gekrümmten Giftzahn nebst Ersatzzähnen (Abb. 1070). Plump gebaute, vorwiegend nächtliche Giftschlangen mit triangulärem, meist beschupptem oder kleinbeschildertem Kopf und verhältnismäßig kurzem Schwanz. Schuppen gekielt.

Fam. *Viperidae.* Mit den Charakteren der Sektion. *Causus rhombeatus* LCHT. Trop. Afrika. *Vipera ursinii* BP., Spitzkopfotter. Niederösterreich, südl. Europa. *V. berus* L., Kreuzotter. Europa, Nordasien. *V. aspis* L. Südwestl. Europa. *V. ammodytes* L., Sandviper. Mit beschupptem, weichem Horn auf der Schnauze. Balkanhalbinsel, südl. Österreich, Westasien. *Bitis arietans* MERR., Puffotter. Trop. und südl. Afrika. *Cerastes cornutus* FORSK., Hornviper. Mit einem Horn über jedem Auge. Nordafrika, Syrien. *Echis carinata* SCHNEID., Efaschlange. Nordafrika bis Nordindien. Durch eine tiefe Grube (Abb. 1057) zwischen Nasenloch und Auge ausgezeichnet (Grubenottern): *Crotalus terrificus* LAUR. Nordamerika, Brasilien. *C. horridus* L. Nordamerika. Klapperschlangen. Mit aus differenzierten Hornschuppen hervorgegangener Klapper am Schwanzende. *Lachesis mutus* LAC. Central- und Südamerika. *Bothrops atrox* L., Lanzenschlange. Süd- und Centralamerika, Martinique. *B. jararaca* WIED. Südamerika. *Ancistrodon piscivorus* L., Wassermokassinschlange. Nordamerika. *A. halys* PALL. Südrußland, Mittelasien.

5. Klasse. Aves, Vögel[1].

Homöotherme befiederte Wirbeltiere mit vollständig in zwei Kammern und zwei Vorkammern getrenntem Herzen, mit zu Flügeln ausgebildeten Vorderextremitäten, eierlegend, Embryonen mit Amnion und Allantois.

---

[1] Außer TEMMINCK, BUFFON, V. BAER, REMAK vgl. TIEDEMANN, F.: Zoologie II, III. Anatomie und Naturgeschichte der Vögel. Heidelberg 1810—1814. — HUXLEY, T. H.: On the Classification of Birds. London 1867. — DRESSER, H. E.: A History of Birds of Europe. 8 Bde. London 1871—1881. Suppl. 1895—1896. — PALMÉN, J. A.: Über die Zugstraßen der Vögel. Leipzig 1876. — Catalogue of the Birds in the British Museum by SHARPE u. a. 27 Vols. London 1874—1895. — FÜRBRINGER, M.: Untersuchungen zur Morphologie und Systematik der Vögel. 2 Teile. Amsterdam 1888. — PARKER, W. K.: On the Morphology of the Duck and the Auk tribes. Irish Acad. 1890. — PARKER, T. J.: Observations on the Anatomy and Development of Apteryx. Philosophic. Trans. roy. Soc. London 1891—1892. — GADOW, H. u. E. SELENKA: Vögel. Bronns Klassen u. Ordn. des Tierreiches. Leipzig 1891—1893. — BEDDARD, F. E.: The Structure and Classification of Birds. London 1898. — HÄCKER, V.: Der Gesang der Vögel, seine anatomischen und biologischen Grundlagen. Jena 1900. — DUBOIS, A.: Synopsis Avium. Nouveau Manuel d'Ornithologie. Bruxelles. 2 Bde. 1899—1904. — NAUMANN, I. A.: Naturgeschichte der Vögel Mitteleuropas. 12 Bde., herausgeg. von C. HENNICKE, Gera-Untermhaus. — HARTERT, E.: Die Vögel der paläarktischen Fauna. 3 Bde. Berlin 1903—1922. — BREHMS Tierleben. Vögel. 4. Aufl. Leipzig 1911. — DUVAL, M.: Atlas d'Embryologie. Paris 1889. — NASSONOW, N.: Zur Entwicklungsgeschichte des afrikanischen Straußes. (Russ.). Arb. Zool. Kab. Univ. Warschau 1894—1896. — SCHAFFER, J.: Über die Sperrvorrichtung an den Zehen der Vögel. Z. Zool.

Im Gegensatze zu den wechselwarmen Vertebraten besitzen Vögel und Säugetiere eine hohe Eigenwärme ihres Blutes, die sich trotz der wechselnden Temperatur des äußeren Mediums ziemlich konstant erhält. Die hohe Eigenwärme setzt eine größere Energie des Stoffwechsels voraus. Die Flächen sämtlicher vegetativer Organe, so Lunge, Niere und Darmkanal, besitzen bei den Warmblütern (homöothermen Tieren) einen relativ (bei gleichem Körpervolum) größeren Umfang als bei den Kaltblütern, die Verrichtungen der Verdauung, Blutbereitung, Circulation und Respiration steigern sich zu weit höherer Energie. Bei dem Bedürfnisse reichlicher Nahrung nehmen die Prozesse des vegetativen Lebens einen rascheren Verlauf, und wie zu ihrer eigenen Unterhaltung die hohe und gleichmäßige Temperatur des Blutes notwendige Bedingung ist, so erscheinen sie selbst als die Hauptquelle der erzeugten Wärme. Da die Wärmeverluste bei sinkender Temperatur des äußeren Mediums größer werden, so müssen sich die Verrichtungen der vegetativen Organe in der kälteren Jahreszeit und in nördlichen Klimaten bedeutend steigern.

Neben der stetigen Zufuhr neuer Wärmemengen kommt für die Erhaltung der konstanten Temperatur des Warmblüters noch ein zweites Moment in Betracht, der durch die Körperbedeckung verliehene Wärmeschutz. Während die wechselwarmen Wirbeltiere eine nackte oder bepanzerte Haut besitzen, tragen die Vögel und Säugetiere eine aus Federn und Haaren gebildete, mehr oder minder dichte Bekleidung, welche die Ausstrahlung der Wärme in hohem Grade beschränkt. Dagegen entwickeln die großen Wasserbewohner mit spärlicher Hautbekleidung unter der Cutis mächtige Fettlagen als wärmeschützende und zugleich hydrostatische Einrichtungen.

Überall besteht zwischen den Faktoren, welche die Wärmeableitung begünstigen, und den Bedingungen des Wärmeschutzes und der Wärmebildung ein Wechselverhältnis komplizierter Art, welches die Ausgleichung der verlorenen und gewonnenen Wärme zur Folge hat. Einige Säugetiere vermögen nur für beschränkte Grenzen der schwankenden Temperatur ihre Eigenwärme zu bewahren; dieselben erscheinen gewissermaßen als unvollkommen homöotherm und verfallen bei zu großer Abkühlung in einen Zustand fast bewegungsloser Ruhe und herabgestimmter Energie aller Lebensverrichtungen, in den sogenannten Winterschlaf. In der Klasse der Vögel, deren Organisationsverhältnisse und höhere Eigenwärme keine Unterbrechung oder Beschränkung der Lebensverrichtungen gestatten, finden wir kein Beispiel von Winterschläfern, dagegen haben die geflügelten Warmblüter über zahlreiche Mittel der Wärmeanpassung zu verfügen; insbesondere setzt sie die Schnelligkeit der Flugbewegung in den Stand, vor Beginn der kalten Jahrezeit ihre Wohnplätze zu verlassen und in nahrungsreichere

73 (1903). — FISCHER, G.: Vergleichend-anatomische Untersuchungen über den Bronchialbaum der Vögel. Bibliotheca zoologica 45 (1905). — MASCHA, E.: Über die Schwungfedern. Z. Zool. 77 (1904). — ROTHSCHILD, W.: Extinct Birds. London 1907. — SCHULZE, FR. EILH.: Über die Luftsäcke der Vögel. Verh. VIII. Internat. Zool.-Kongr. 1911. — JUILLET, A.: Recherches etc. sur le poumon des Oiseaux. Archives de Zool. 1912. — EKMAN, S.: Sind die Zugstraßen der Vögel die ehemaligen Ausbreitungsstraßen der Arten? Zool. Jb. 33 (1912). — KNIESCHE, G., SPÖTTEL, W.: Über die Farben der Vogelfedern. Ebenda 38 (1914). — MÜLLER, B.: The Air-Sacs of the Pigeon. Smithson. Misc. Coll. 50 (1908). — CLARKE, W. E.: Studies in Bird Migration. London 1912. — STEINER, H.: Das Problem der Diastataxie des Vogelflügels. Jena. Z. Naturwiss. 55 (1907). — SPANNER, R.: Der Pfortaderkreislauf in der Vogelniere. Morph. Jb. 54 (1925). — WACHS, H.: Die Wanderungen der Vögel. Erg. Biol. 1 (1926). — HEINROTH, O. u. M.: Die Vögel Mitteleuropas, 3 Bde., Berlin 1924 bis 1928. — DÖRR, I. N.: Vogelzug und Mondlicht. Sitzgsber. Akad. Wien. 1932. — Vgl. außerdem die Arbeiten von JOH. MÜLLER, SAPPEY, CAMPANA, KÖLLIKER, NITZSCH, STRASSER, SUSCHKIN, PYCRAFT, MITCHELL, MENZBIER, BURI, SWENANDER, SHUFELDT, CORDS, SCHAUINSLAND, DIXON, H. RABL, BOTEZAT, FRANZ, REICHENOW, DEFANT, LUCANUS, PORSCH u. a.

wärmere Gegenden zu ziehen. Die gemeinsamen, über weite Länderstrecken ausgedehnten Wanderungen der Zugvögel treten gewissermaßen an die Stelle des ausfallenden Winterschlafes; bei den Säugetieren, deren Organisation einen Winterschlaf zuläßt, sind den Zügen der Vögel vergleichbare Wanderungen außerordentlich selten.

Die wesentlichste Eigentümlichkeit der Vögel, auf welche sich eine Reihe von Charakteren sowohl der äußeren Erscheinung als der inneren Organisation zurückführen läßt, ist die Flugfähigkeit. Dieselbe bedingt im Zusammenhang mit diesen Charakteren sowohl den scharfen Abschluß, als auch die verhältnismäßig große Einförmigkeit dieser Wirbeltierklasse, welche in der gegenwärtigen Lebewelt ohne Verbindungsglieder dasteht. Dagegen sind aus dem Solnhofener lithographischen Schiefer Reste (*Archaeopteryx lithographica*) von Tieren (*Saururae*) bekannt geworden, bei denen Charaktere der echten Vögel (*Ornithurae*) mit solchen der Eidechsen vereinigt erscheinen (Abb. 313). Für dieselben ist in erster Linie der Besitz eines langen, aus 20 Wirbeln bestehenden Schwanzteiles der Wirbelsäule charakteristisch, an welchem die Federn zweizeilig angeordnet waren, so daß je ein Paar einem Wirbel angehörte; Hals- und Rückenwirbel waren amphicöl. Der Kopf war ein Vogelkopf und trug im Ober-, Zwischen- und Unterkiefer Zähne. Die hintere Extremität hatte den Bau des Vogellaufes, die Hand jedoch nicht die Umbildung wie bei den Vögeln erfahren, sondern bestand aus drei mit Krallen bewaffneten, noch frei beweglichen Fingern, ohne Verwachsung der Mittelhandknochen. Leider konnte über das Verhalten des Brustbeines nichts Sicheres ermittelt werden. Dazu kamen noch wesentliche Besonderheiten in der Gestaltung des Rumpf- und Beckenskelets. Die Rippen waren sehr schwach und ohne Processus uncinati. Auch waren feine Bauchrippen vorhanden. Das Sacrum umfaßte nur 5—6 Wirbel, zu denen noch zwei freie Lendenwirbel hinzukamen. Die vordere Extremität war noch neben der hinteren zur Bewegung am Boden und zum Klettern verwendet, und der Flug muß ein unbeholfener Flatterflug gewesen sein, der leicht in einen Fallschirmflug überging (STELLWAAG).

Wohl ist es sicher, daß die *Saururae* eine den *Ornithurae* nahestehende Vogelgruppe vorstellen; indessen ist doch, nach den bisher bekannt gewordenen Befunden von *Archaeopteryx* zu schließen, der Gegensatz beider Abteilungen ein recht bedeutender und es ist keineswegs erwiesen, daß die ersteren ein direktes Glied in der Stammesentwicklung der Ornithuren repräsentieren. Die Besonderheiten in der hohen Spezialisierung von Flügel und Schwanz im Zusammenhang mit zahlreichen anderen Eigentümlichkeiten des Skelets machen es wahrscheinlich, daß die *Saururae* eine inadaptive Seitenlinie des Vogelstammes repräsentieren.

Die gesamte Körpergestalt des Vogels entspricht den beiden Hauptformen der Bewegung, dem durch die vordere Extremität vermittelten Fluge und dem ausschließlich durch das hintere Gliedmaßenpaar bewirkten Gehen und Hüpfen auf dem Erdboden. Bei dieser letzteren Bewegung stützt sich der eiförmige Rumpf in schräg horizontaler Lage auf die beiden säulenartig erhobenen hinteren Extremitäten, deren Fußfläche einen verhältnismäßig umfangreichen Raum umspannt. Nach hinten setzt sich der Rumpf in einen kurzen rudimentären Schwanz fort, dessen letztes Wirbelstück einer Gruppe von steifen Steuer- oder Schwanzfedern zur Stütze dient, nach vorne in einen langen beweglichen Hals, auf welchem ein leichter rundlicher Kopf mit vorstehendem hornigen Schnabel balanciert. Die Flügel liegen in der Ruhe zusammengefaltet den Seitenteilen des Rumpfes an.

Wie in der besonderen Gestaltung sämtlicher Organsysteme Beziehungen zur Erleichterung der fortzubewegenden Körpermasse nachzuweisen sind, so erscheint besonders für den Bau des Knochengerüstes die Herabsetzung des Gewichtes maßgebend. Dieselbe wird erreicht durch die *Pneumaticität*. Die Knochen enthalten

Lufträume, welche durch Öffnungen der überaus dichten und festen, aber auf eine verhältnismäßig dünne Lage beschränkten Knochensubstanz mit den Luftsäcken des Körpers communizieren. Die Pneumaticität ist bei denjenigen Vögeln am höchsten ausgebildet, welche mit einem raschen und ausdauernden Flugvermögen eine bedeutende Größe verbinden (Albatros, Nashornvögel, Pelikan); hier erscheinen sämtliche Knochen mit Ausnahme der Jochbeine und des Schulterblattes pneumatisch; im Gegensatze hierzu kann bei kleinen guten Fliegern die Pneumaticität sehr beschränkt sein (*Sterna*, *Larus*); beim Strauß, Kasuar usw., welche das Flugvermögen verloren haben, sind die meisten Knochen mit Mark gefüllt.

Am Kopfe (Abb. 1075) verwachsen die Schädelknochen, die Strauße u. a. ausgenommen, sehr frühzeitig zur Bildung einer leichten und festen Schädelkapsel, welche mittelst eines einfachen Condylus auf dem Atlas articuliert. *Squamosum* und Felsenbein (*Prooticum, Epioticum, Opisthoticum*) verschmelzen zu einem einzigen, mit dem *Occipitale* vereinigten Knochen, an welchem sich das Quadratbein einlenkt. An der Bildung der Schädeldecke beteiligen sich die *Parietalia*, sowie vornehmlich die umfangreichen *Frontalia*, welche

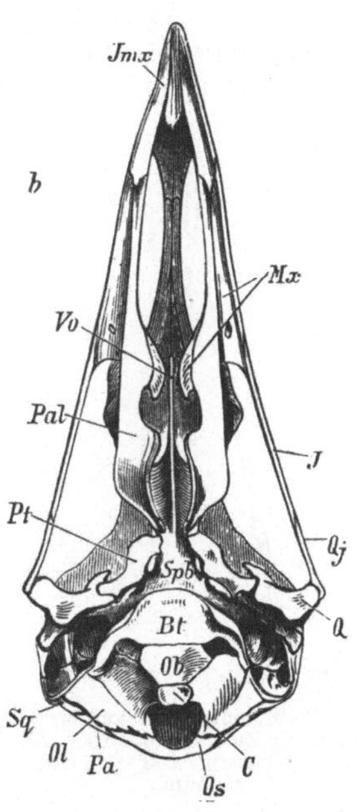

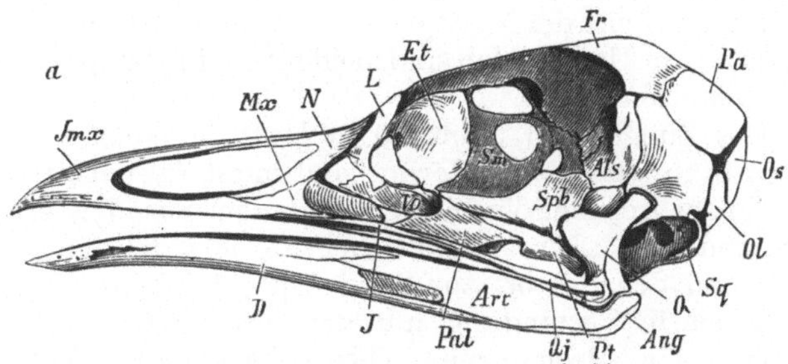

Abb. 1075. Schädel einer jungen *Otis tarda*, a von der Seite, b von unten gesehen. *Ob* Basioccipitale, *C* Condylus, *Ol* Occipitale laterale, *Os* O. superius, *Sq* Squamosum, *Bt* Parasphenoideum (Basitemporale), *Spb* Basisphenoideum mit vorderem Parasphenoideumteil, *Als* Alisphenoideum, *Sm* Septum interorbitale, *Et* Ethmoideum impar, *Pa* Parietale, *Fr* Frontale, *Mx* Maxillare, *Jmx* Intermaxillare, *N* Nasale, *L* Lacrimale, *J* Jugale, *Qj* Quadratojugale, *Q* Quadratum, *Pt* Pterygoideum, *Pal* Palatinum, *Vo* Vomer, *D* Dentale, *Art* Articulare, *Ang* Angulare.

beinahe den ganzen oberen Rand der großen, bei den Papageien durch einen unteren Ring geschlossenen Augenhöhlen begrenzen. Ein selbständiges *Lacrimale* tritt am vorderen Rande der Orbita auf. Ethmoidalregion und Schädelkapsel sind durch ein ansehnliches interorbitales Septum weit getrennt. Das letztere, zuweilen noch mit Resten der verschmolzenen *Orbitosphenoide*, bleibt häufig in seiner mittleren Partie häutig und ruht auf einem langgestreckten, dem *Basisphenoideum* entsprechenden Knochenstab. Mit demselben ist das *Parasphenoideum* verwachsen, das aus einer vorderen und zwei hinteren (*Basitemporalia*) Anlagen hervorgeht. Überall treten selbständige *Alisphenoids* auf. Die Siebbeinregion besteht aus einem in der Verlängerung des Septum interorbitale gelegenen, vertikal stehenden *Ethmoideum impar* und seitlichen, die Augen- und Nasenhöhlen trennenden *Praefrontalia* (*Ethmoidalia lateralia*). Vor ihnen entwickeln sich die beiden Nasenhöhlen mit ihrem knöchernen oder knorpeligen Septum, das, in der Verlängerung des unpaaren Siebbeinabschnittes gelegen, jederseits einer aufgerollten, zuweilen auch am *Vomer* befestigten Muschel (*Concha*) Ansatz gewährt. Die Gesichtsknochen vereinigen

sich zur Herstellung eines weit vorragenden, mit Hornrändern bekleideten
Schnabels, der mit dem Schädel mehrfach in beweglicher Verbindung steht. Das
Suspensorium des Unterkiefers und der Oberkiefer-Gaumenapparat verschieben
sich mittelst besonderer Gelenkeinrichtungen am Schläfenbein und an entsprechenden Fortsätzen des Basisphenoids (Streptostylie). Das am Schläfenbein eingelenkte *Quadratum* bildet außer der Gelenkfläche des Unterschnabels bewegliche
Verbindungen sowohl mit dem langen stabförmigen Jochbein durch das *Quadratojugale (Paraquadratum)*, als mit dem meist griffelförmigen, schräg nach innen
verlaufenden Flügelbeine (*Pterygoideum*), während die Basis des Oberschnabels
unterhalb des Stirnbeines eine dünne elastische Stelle zeigt oder von dem Stirnbein durch eine quere bewegliche Naht abgesetzt ist. Bewegt sich beim Öffnen
des Schnabels der Unterschnabel abwärts, so wird der auf das Quadratbein aus-
geübte Druck zunächst auf die stabförmigen Jochbeine und Flügelbeine übertragen, von diesen aber pflanzt er sich teils direkt, teils vermittelst der Gaumenbeine (*Palatina*) auf den Oberschnabel fort, so daß sich der letztere mehr oder

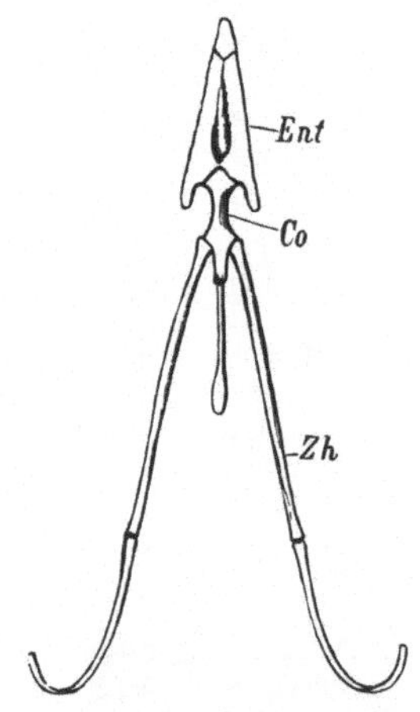

Abb. 1076. Zungenbein von *Corvus
cornix. Co* Zungenbeinkörper, *Zh*
Zungenbeinhorn, *Ent* Os entoglossum.

minder emporrichten muß. Den größten Teil des
Oberschnabels bildet der unpaare Zwischenkiefer, mit
dessen seitlichen Schenkeln die Oberkieferknochen
verwachsen, während ein mittlerer oberer Fortsatz
zwischen den Nasenöffnungen aufsteigt und sich an
der inneren Seite der Nasenbeine mit dem Stirnbein verbindet. Am Unterkiefer sind beide Äste in Symphyse
verschmolzen.

Das Zungenbein (Abb. 1076) läuft in einen hinteren Stab aus. Seine Hörner sind meist zweigliedrig
und entbehren der Verbindung mit dem Schädel, erstrecken sich aber zuweilen bogenförmig gekrümmt
über den Schädel bis zur Stirn (Specht); dann wird
durch sie in Verbindung mit der Muskulatur ihrer
Scheide ein Mechanismus (Federdruck) zum Vor-
schnellen der Zunge hergestellt.

An der *Wirbelsäule* (Abb. 1077) unterscheidet man
eine sehr lange bewegliche Halsregion, eine feste
starre Rücken- und Beckenregion und einen rudimentären, nur wenig beweglichen Schwanz. Die Sonderung von Brust- und Lendengegend wird bei den
Vögeln vermißt, da sämtliche Rückenwirbel Rippen tragen und die der Lendengegend entsprechende Region mit in die Bildung des Kreuzbeines einbezogen
ist. Auch erscheint die Hals- und Brustgegend nicht scharf abgegrenzt, indem
die Halswirbel wie bei den Krokodilen Rippen besitzen, welche mit den Querfortsätzen unter Bildung eines Foramen transversarium verschmelzen. Der
lange und überaus frei bewegliche Hals enthält 9—23 Wirbel (Schwan), welche
durch Sattelgelenke der Wirbelkörper untereinander verbunden sind; die ersten
zwei Halswirbel sind als Atlas und Epistropheus besonders ausgebildet. Die
kürzeren, durch Bandscheiben verbundenen Brustwirbel bleiben stets auf eine
geringere Zahl (5—10) beschränkt, haben mediane untere Fortsätze (Hypapophysen) und tragen sämtlich (obere) Rippen, an deren unterem Ende sich unter
einem nach hinten vorspringenden Winkel in gelenkiger Verbindung *Sternocostal-*
Knochen anheften, welche andererseits an dem Brustbeinrande articulieren und
bei ihrer Streckung das Brustbein von der Wirbelsäule entfernen; außerdem legen
sich aber die Rippen durch hintere Fortsätze (*Processus uncinati*) fest aneinander
an. Das Brustbein ist ein breiter und flacher Knochen, welcher nicht nur die Brust,

sondern auch einen großen Teil des Bauches bedeckt und sich in einen kielförmigen Kamm zum Ansatze der Flugmuskeln fortsetzt (*Carinatae*). Nur da, wo die Flugbewegung zurücktritt oder ganz verschwindet, verkümmert dieser Kamm des

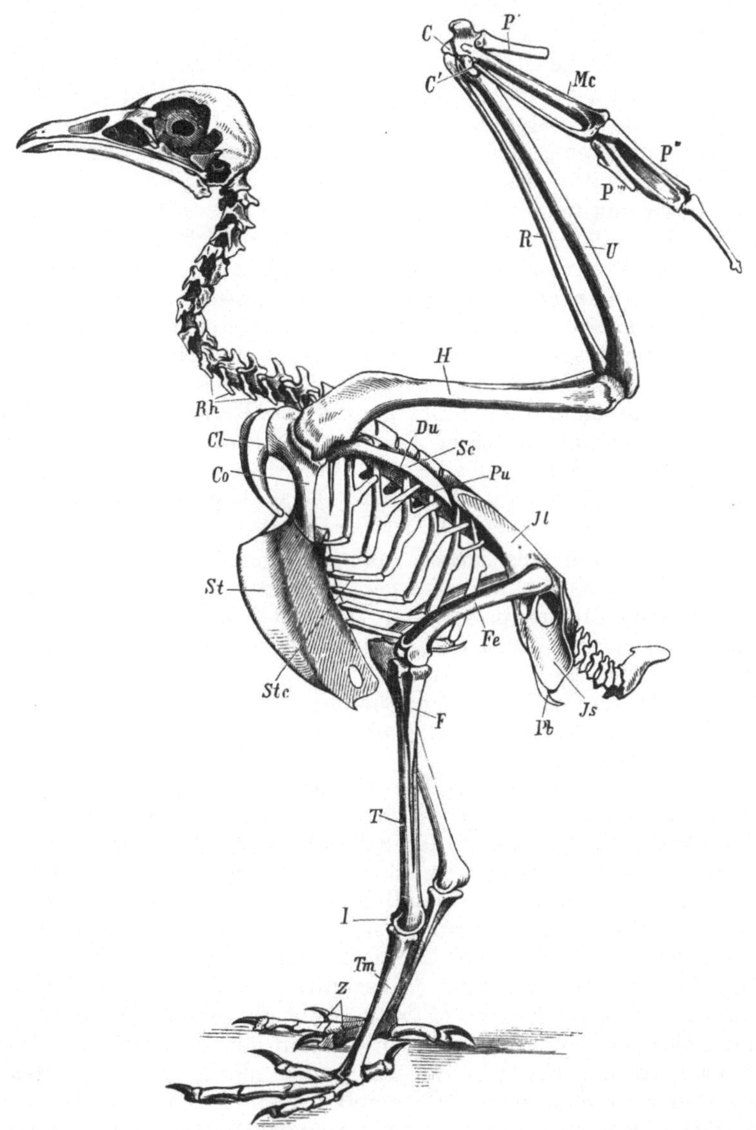

Abb. 1077. Skelet von *Neophron percnopterus*. *Rh* Halsrippen, *Du* Hypapophysen der Brustwirbel, *Cl* Clavicula, *Co* Coracoideum, *Sc* Scapula, *St* Sternum, *Stc* Sternocostalia, *Pu* Processus uncinati der Brustrippen, *Jl* Os ilium, *Js* Os ischii, *Pb* Os pubis, *H* Humerus, *R* Radius, *U* Ulna, *C, C′* Carpus, *Mc* Metacarpus, *P′, P″, P‴* Phalangen der drei Finger, *Fe* Femur, zwischen seinen Epicondylen ist die Kniescheibe (Patella) sichtbar, *T* Tarsotibia, *F* Fibula, *Tm* Tarso-Metatarsus, *I* Intertarsalgelenk, *Z* Zehen.

Brustbeins bis zum gänzlichen Schwunde (*Ratitae*). Auf die Brustwirbel folgt ein ziemlich umfangreicher Abschnitt der Wirbelsäule, welcher der Lendenregion, Kreuzbeingegend und einem Abschnitt der Caudalregion entspricht, aber durch die Verschmelzung zahlreicher Wirbel sowohl untereinander als mit den langen

Darmbeinen des Beckens die Charaktere des Kreuzbeines zeigt. In dem sehr langgestreckten, an 16—20 Wirbel in sich fassenden Sacrum läßt sich nämlich ein Lumbarteil (Präsacralwirbel) nachweisen, in den meist noch einige hintere Brustwirbel einbezogen sind. Dann folgt das eigentliche, aus zwei den Sacralwirbeln der Reptilien gleichwertigen Wirbeln gebildete Sacrum, welches in der Nähe der Pfanne des Hüftgelenks durch Seitenfortsätze (mit eingeschmolzenen Rippen) die Hauptstütze des Beckens bildet (*Acetabularwirbel*), und endlich ein aus den vorderen Caudalwirbeln hervorgegangener postsacraler Abschnitt. Der nun folgende kurze Schwanzteil besteht in der Regel aus sechs beweglichen Wirbeln und endet (die *Kasuare*, *Rheae*, *Kiwis* und *Tinamidae* ausgenommen) mit einem in eine senkrechte Platte erhobenen größeren Knochen, an welchen sich die Muskeln zur Bewegung der Steuerfedern des Schwanzes anheften. Dieser hohe pflugscharähnliche Endknochen (*Pygostyl*) ist aus 4—6 Wirbeln entstanden, so daß die Reduktion der Schwanzwirbelzahl den ausgestorbenen, mit langem Schwanz versehenen *Saururae* (*Archaeopteryx*) gegenüber keineswegs so beträchtlich ist.

Die Eigentümlichkeiten der vorderen Extremität stehen mit der Umbildung dieser zum Flügel im Zusammenhang. Ihre Verbindung mit dem Thorax ist eine überaus feste, da Flugorgane, deren Bewegung einen großen Aufwand von Muskelkraft voraussetzt, die erforderlichen Stützpunkte am Rumpfe bedürfen. Während die *Scapula* als langer sichelförmiger Knochen der Rückenseite des Brustkorbes aufliegt, erscheinen die Schlüsselbeine und Rabenbeine als säulenartige Stützen des Schultergelenkes am Sternum befestigt. Die beiden Schlüsselbeine sind zum Gabelknochen verwachsen (*Furcula*). Die Extremität besteht aus einem kurzen *Humerus*, einem längeren, aus *Radius* und *Ulna* gebildeten Unterarm und der reduzierten Hand. Diese enthält nur zwei Carpalknochen, ein verlängertes, aus drei verschmolzenen Metacarpalknochen gebildetes Mittelhandstück und drei Finger, den die sogenannte Alula (Afterflügel) tragenden Daumen, einen zweiten großen mittleren und einen kleinen dritten Finger. Oberarm, Unterarm und Hand legen sich im Zustande der Ruhe so aneinander, daß der Oberarm nach hinten, der längere Unterarm ziemlich parallel nach vorne gerichtet ist und die Hand wieder nach hinten umbiegt.

Der Gürtel der hinteren Extremität erscheint als langgestrecktes, mit einer großen Zahl von Wirbeln verbundenes Becken, welches mit Ausnahme des zweizehigen Straußes ohne Symphyse der Schambeine bleibt. Der kurze kräftige Oberschenkel ist schräg horizontal nach vorne gerichtet und zwischen Fleisch und Federn am Bauch verborgen, so daß das Kniegelenk äußerlich nicht sichtbar wird. Eine Kniescheibe (*Patella*) findet sich mit seltenen Ausnahmen. Der um vieles längere und umfangreichere Unterschenkel entspricht vorzugsweise dem Schienbeine, das mit dem proximalen Abschnitte des Tarsus zu einer *Tarsotibia* verschmolzen ist. Das Wadenbein (*Fibula*) bleibt als griffelförmiger Knochen an der äußeren Seite der Tarsotibia rudimentär. Auf den Unterschenkel folgt noch ein langer, nach vorne gerichteter Röhrenknochen, der *Lauf* (*Tarso-Metatarsus*), welcher aus den verschmolzenen Fußwurzelknochen der distalen Reihe und den *Metatarsalia* II—IV entstanden ist und bei einer überaus variablen Größe die Länge des Beines bestimmt. An seinem unteren Ende spaltet er sich in drei mit Gelenkrollen versehene Fortsätze für den Ansatz von ebensoviel (2., 3., 4.) Zehen, zeigt aber überall da, wo noch eine 1. Zehe vorhanden ist, am Innenrande ein kleines gesondertes *Metatarsale I*, an welches sich diese 1. (innere) Zehe anschließt. Die drei oder vier, bei *Struthio* auf zwei (3. und 4.) reduzierten Zehen bestehen aus mehreren Phalangen, deren Zahl von innen nach außen in der Art zunimmt, daß die erste Zehe zwei, die vierte (äußere) Zehe fünf Glieder besitzt. Die 5. Zehe fehlt stets.

Im Zusammenhange mit dem Flugvermögen ist die Brustmuskulatur (vorwiegend der *Pectoralis major*) mächtig entwickelt. Auch verdient eine eigentümliche Muskeleinrichtung an der hinteren Extremität erwähnt zu werden, der zufolge die Zehen des Vogels im Sitzen mechanisch gebeugt sind, wozu eine an den Sehnen der Zehenbeuger entwickelte Sperrvorrichtung hinzukommt, die in Knorpelhöckern besteht, zwischen welche Sperrschneiden der Sehnenscheide eingreifen.

Der wichtigste Charakter in der äußeren Erscheinung des Vogels ist die *Federbekleidung*. Nur an wenigen Stellen bleibt die bei den Vögeln dünne Haut nackt, so am Schnabel und an den Zehen, sodann meist am Laufe, zuweilen auch am Halse (Geier) und selbst am Bauche (Strauß), sowie an fleischigen Hautauswüchsen des Kopfes und des Halses (Hühnervögel, Geier). Während die nackte Haut am Schnabelgrunde als sogenannte Wachshaut (*Ceroma*) weich bleibt, verhornt sie gewöhnlich an den Schnabelrändern, die nur ausnahmsweise weich sind (Enten, Schnepfen) und dann überaus nervenreich als feines Tastorgan dienen. In gleicher Weise verhornt die Haut an den Zehen und am Laufe zur Bildung einer festen, zuweilen körnigen, häufiger in Schuppen, Schilder und Schienen gegliederten Horndecke, die systematisch wichtige Kennzeichen abgeben kann. Bildet dieselbe eine lange, zusammenhängende Hornscheide an der Vorderfläche und an den Seiten des Laufes, so heißt der Lauf „*gestiefelt*" (Singvögel). Als besondere Horngebilde sind die Nägel an den Zehen, ferner die sogenannten Sporen am hinteren und inneren Rande des Laufes bei männlichen Hühnervögeln, sowie zuweilen an der Hand (*Struthio, Casuarii,* Kiwi, *Parra,* Wehrvogel usw.) (Abb. 1095), meist am Daumengliede des Flügels hervorzuheben.

Die Federn der Vögel entsprechen den Schuppen der Reptilien und entstehen gleich diesen in ihrer ersten Anlage als Erhebungen der Haut, welche sich mit ihrer Basis in Follikel einsenken. Im Grunde der Einstülpung (Balg) findet sich dann eine gefäßreiche Hautpapille, deren Epithelbelag unter lebhafter Wucherung die Anlage der Feder bildet, welcher die epidermoidale Auskleidung des Follikels von außen als Scheide anliegt. An der Feder unterscheidet man den Achsenteil, Stamm oder Kiel (*Scapus*), mit Spule (*Calamus*) und Schaft (*Rhachis*) von der Fahne. Die drehrunde hohle Spule steckt in der Haut und umschließt durch Luftschichten getrennte kappenförmige Hornbildungen (Seele), der viereckige Schaft ist der vorstehende markhaltige Teil des Kieles, dessen Seiten zahlreiche, schräg aufwärts steigende Äste tragen, die mit ihren Nebenästen die Fahne (*Vexillum*) zusammensetzen. Über die untere, etwas konkave Seite des Schaftes zieht sich von dem Ende der Spule bis zur Spitze eine tiefe Längsrinne hin, in deren Grunde eine zweite Feder, der Afterschaft (*Hyporhachis*), entspringt, welcher ebenso wie der Hauptschaft zweizeilig angeordnete Äste entsendet, aber nur selten (Kasuar) die Länge des Hauptschaftes erreicht, häufiger dagegen (Schwung- und Steuerfedern) vollständig ausfällt. Die Äste (*Rami*) entsenden zweizeilig angeordnete Nebenstrahlen (*Radii*), von denen wiederum (wenigstens an den distalen Reihen) Wimpern und Häkchen ausgehen können, welche durch ihr gegenseitiges Ineinandergreifen den festen Zusammenhang der Fahne herstellen. Nach der Beschaffenheit des Stammes und der Äste unterscheidet man *Konturfedern (Pennae)* mit steifem Schaft und fester Fahne, *Dunen (Plumae)*, mit schlaffem Schaft und schlaffer Fahne, deren Äste rundliche oder knotige, der Häkchen entbehrende Strahlen tragen, endlich *Fadenfedern (Filoplumae)* mit dünnem borstenartigen Schaft, an dem die Fahne verkümmert oder fehlt. Die ersteren bestimmen die äußeren Umrisse des Gefieders und erlangen als Schwungfedern in den Flügeln und als Steuerfedern im Schwanze den bedeutendsten Umfang. Die Dunen bilden in der Tiefe des Gefieders, von den Konturfedern bedeckt, die wärmeschützende Decke. Die Fadenfedern dagegen finden sich mehr zwischen den Konturfedern verteilt und erlangen am Mundwinkel das Aussehen steifer Borsten (*Vibrissae*). Übrigens gibt es zwischen diesen Hauptformen von Federn zahlreiche Übergangsformen. Im Herbste findet ein vollständiger Federwechsel statt (*Herbstmauser*), wogegen die *Frühlingsmauser*, durch welche der Vogel sein *Hochzeitskleid* erhält, nur selten mit einer vollständigen Neubildung des Gefieders verbunden ist, in der Regel nur auf einer Verfärbung (wahrscheinlich chemischen Veränderung des vorhandenen Pigmentes) des Gefieders und wohl auch auf einer mechanischen Abstoßung gewisser Federteile beruht. Von Hautdrüsen findet sich meist oberhalb der letzten Schwanzwirbel eine zweilappige Drüse mit einfacher Ausführungsöffnung, die sogenannte *Bürzeldrüse*, deren schmieriges Secret zum Einölen der Federn dient. Die Federn können durch besondere Muskeln der Haut (Arrectores plumarum) aufgerichtet (gesträubt) werden.

Nur selten (*Struthio, Dromaeus, Apteryx, Aptenodytes*) breitet sich die Federbekleidung ununterbrochen über die gesamte Körperhaut aus, meist sind die Konturfedern in Reihen, sogenannten Federfluren (*Pterylae*) angeordnet, zwischen denen nackte (oder wenigstens nur mit Dunen besetzte) Felder, sogenannte Raine (*Apteria*) bleiben (Abb. 1078). Die Form und Verteilung dieser Felder bietet systematisch verwendbare Modifikationen.

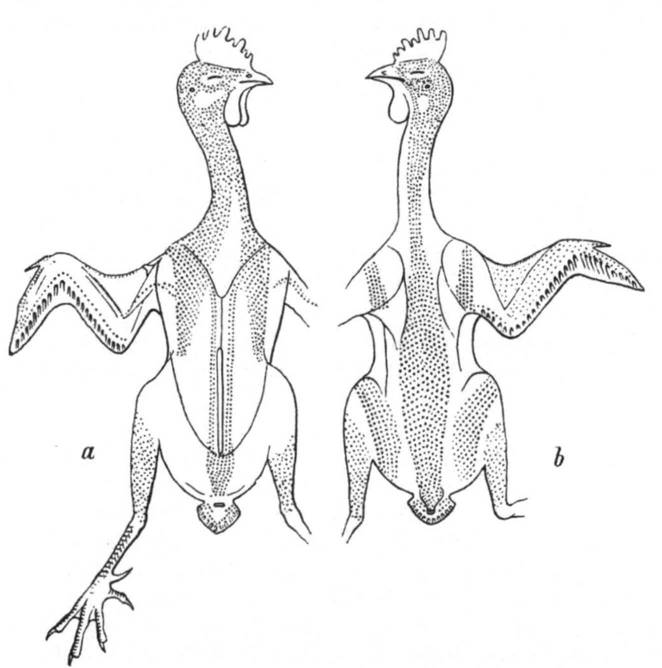

Abb. 1078. Pterylen und Apterien von *Gallus ferrugineus* (*bankiva*). (Nach NITZSCH.) a Bauchseite, b Rückenseite.

Die Gruppierung der Federn an den Vordergliedmaßen und am Schwanze bedingt die Verwendbarkeit jener als Flügel und des Schwanzes als Steuer. Der Flügel stellt gewissermaßen einen in zwei Gelenken, dem Ellbogen und Handgelenk, faltbaren Doppelfächer dar, dessen Fläche durch die großen Schwungfedern an der Unterseite von Hand und Unterarm, zum Teil aber auch durch besondere Hautsäume zwischen Rumpf und Oberarm und zwischen Oberarm und Unterarm gewonnen wird. Der untere Hautsaum erscheint für die Verbindung des Flügels am Rumpfe wichtig, die obere Flughaut dagegen erhält durch ein elastisches Band, welches sich an ihrem äußeren Rande zwischen Schulter- und Handgelenk ausspannt, eine Beziehung zu dem Mechanismus der Flügelentfaltung, indem das Band bei der Streckung des Vorderarmes einen Zug auf die Daumenseite des Handgelenkes ausübt und die gleichzeitige Streckung der Hand veranlaßt. Die großen Schwungfedern (*Remiges*) heften sich längs des unteren Randes von Hand und Unterarm an, und zwar in der Regel zehn Handschwingen oder Schwungfedern erster Ordnung von der Flügelspitze bis zum Handgelenk der Flügelbeuge, und eine meist beträchtlichere variable Zahl kleinerer Armschwingen oder Schwungfedern zweiter Ordnung am Unterarm bis zum Ellbogengelenk (Abb. 1079). Sämtliche Schwingen werden am Grunde von kürzeren Federn überdeckt, welche in dachziegelartig übereinanderliegenden regelmäßigen Reihen als Deckfedern (*Tectrices*) den Schluß der Flugfläche herstellen. Bei einer großen Zahl von Vögeln fehlt jedoch in der 5. Federnreihe des Unterarmes die Schwungfeder, ein Verhältnis, das als *Diastataxie* oder Aquintocubitalismus des Vogelflügels bezeichnet wurde. Eine Anzahl von Deckfedern am oberen Ende des Oberarmes bezeichnet man als Schulterfittich (*Parapterum*) und einige dem Daumengliede angeheftete (zuweilen durch einen Sporn vertretene) Federn als Afterflügel (*Alula*). In einzelnen Fällen kann der Flügel so weit verkümmern, daß das Flugvermögen überhaupt verloren geht, ein Verhältnis, das wir sowohl bei einzelnen Lauf- und Landvögeln (Riesenvögeln, Kiwi, Strauß, Kasuare, Rheae), als bei gewissen Wasservögeln antreffen, wie bei den Pinguinen, deren flossenähnliche Flügel als Ruderorgane dienen.

Die großen Konturfedern des Schwanzes heißen Steuerfedern (*Rectrices*), weil sie während des Fluges zur Steuerung der Bewegung benützt werden. Gewöhnlich finden sich 12 (zuweilen 10 oder 20 und mehr) Steuerfedern in der Art am hinteren Schwanzwirbel befestigt, daß sie sowohl einzeln bewegt und fächerförmig nach den Seiten entfaltet als in toto emporgehoben und gesenkt werden können. Die Wurzeln der Steuerfedern sind von zahlreichen Deckfedern umgeben, die in einzelnen Fällen eine außergewöhnliche Form und Größe erlangen und als Schmuckfedern eine Zierde des Vogels bilden (Pfau). Fällt das Flugvermögen hinweg, so verliert auch der Schwanz seine Bedeutung als Steuer, die Steuerfedern verkümmern oder fallen vollständig aus. Immerhin aber können in solchen Fällen einzelne Deckfedern als Zier- und Schmuckfedern eine ansehnliche Größe erlangen.

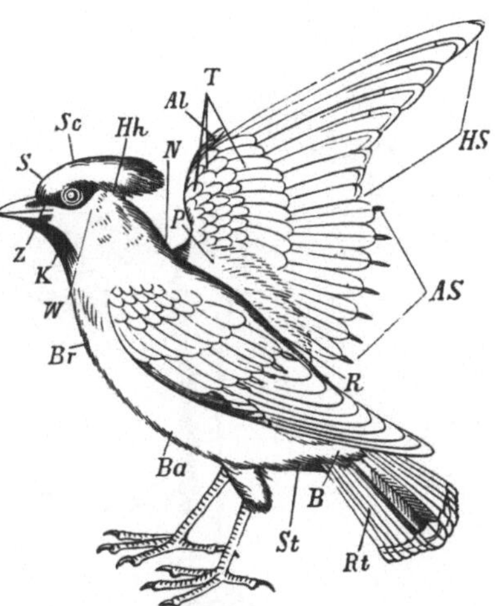

Abb. 1079. Das Gefieder und die Regionenbezeichnung desselben von *Ampelis* (*Bombycilla*) *garrulus*.(Nach REICHENBACH, etwas modificiert.) *S* Stirn, *Sc* Scheitel, *Hh* Hinterhaupt, *Z* Zügel, *W* Wange, *N* Nacken, *R* Rücken, *K* Kehle, *Br* Brust, *Ba* Bauch, *St* Steiß, *B* Schwanzdecke (Bürzel), *Rt* Schwanz, mit den Steuerfedern (*Rectrices*), *HS* Handschwingen, *AS* Armschwingen, *T* Deckfedern (Tectrices), *P* Schulterfittig (Parapterum), *Al* Eck- oder Afterflügel (Alula).

Die Hintergliedmaßen, welche vornehmlich die Bewegung des Vogels auf festem Boden vermitteln, zeigen nach der besonderen Bewegungsart des Vogels zahlreiche Verschiedenheiten. Zunächst unterscheidet man *Gangbeine* (*Pedes gradarii*) und *Watbeine* (*P. vadantes*) (Abb. 1080). Die ersteren sind weit vollständiger befiedert und wenigstens bis zum Fersengelenk mit Federn bedeckt, variieren aber mannigfach. An denselben unterscheidet man *Klammerfüße* (*P. adhamantes*) mit vier nach vorn gerichteten Zehen (*Cypselus*); *Kletterfüße* (*P. scansorii*), zwei Zehen sind nach vorn und zwei nach hinten gerichtet (*Picus*); *Spaltfüße* (*P. fissi*), drei Zehen nach vorn, eine nach hinten gerichtet, die Vorderzehen bis zum Grunde frei (*Tauben*); *Wandelfüße* (*P. ambulatorii*), drei Zehen nach vorn, die Innenzehe nach hinten gerichtet, Mittel- und Außenzehe am Grunde verwachsen (*Turdus*); *Schreitfüße* (*P. gressorii*), die Innenzehe steht nach hinten, von den drei nach vorn gerichteten Zehen sind Mittel- und Außenzehe bis über die Mitte verwachsen (*Alcedo*); *Sitzfüße* (*P. insidentes*), die Innenzehe steht nach hinten, die drei nach vorn gerichteten Zehen sind durch eine kurze Bindehaut verbunden (*Phasianus, Falco*). Zuweilen kann die äußere oder innere Zehe nach vorn und hinten gewendet werden; im ersteren Falle sind es Kletterfüße mit äußerer (*Cuculus*), im letzteren (*Colius*) Klammerfüße mit innerer Wendezehe. Gegenüber den Gangbeinen charakterisieren sich die Watbeine durch die teilweise oder völlig nackten,

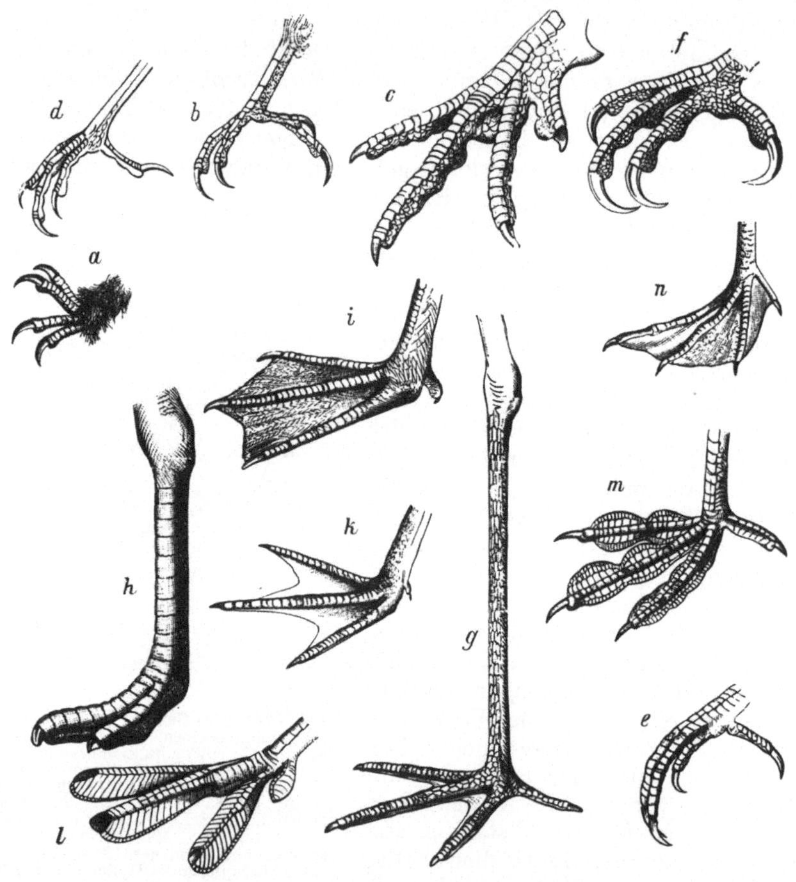

Abb. 1080. Die wichtigsten Fußformen der Vögel (b, c, d, f, n aus règne animal). a Pes adhamans von *Cypselus apus*, b P. scansorius von *Dendropicus cardinalis* (*Picus capensis*), c P. insidens von *Phasianus colchicus*, d P. ambulatorius von *Merula* (*Turdus*) *torquata*, e P. gressorius von *Alcedo ispida*, f P. insidens von *Falco biarmicus*, g P. colligatus von *Ephippiorhynchus* (*Mycteria*) *senegalensis*, h P. cursorius von *Struthio camelus*, i P. palmatus von *Merganser* (*Mergus*) *merganser*, k P. semipalmatus von *Recurvirostra avocetta*, l P. fissipalmatus von *Podicipes cristatus*, m P. lobatus von *Fulica atra*, n P. steganus von *Phaëton aethereus*.

unbefiederten Schienbeine; sie finden sich vornehmlich bei den Wasservögeln, unter denen die Sumpf- und Watvögel Watbeine mit sehr verlängertem Lauf, sogenannte *Stelzfüße* (*P. grallarii*), besitzen. An diesen letzteren unterscheidet man *geheftete Füße* (*P. colligati*), wenn die Vorderzehen an ihrer Wurzel durch eine kurze Haut verbunden sind (*Ciconia*); *halbgeheftete Füße* (*P. semicolligati*), wenn sich diese Hautverbindung auf Mittel- und Außenzehe beschränkt (*Limosa*). Als *Lauffüße* (*P. cursorii*) bezeichnet man kräftige Stelzfüße ohne Hinterzehe mit drei (*Rhea*) oder zwei (*Struthio*) starken Vorderzehen. Die kurzen Watbeine der *Ste-*

ganopodes, Pygopodes, Lamellirostres, Lari u. a., aber auch die längeren Beine der Sumpfvögel stellen sich mit Rücksicht auf die Fußbildung dar als: *Schwimmfüße* (*P. palmati*), wenn die drei nach vorne gerichteten Zehen bis an die Spitze durch eine ungeteilte Schwimmhaut verbunden sind (*Anas*); *Halbschwimmfüße* (*P. semipalmati*), wenn die Schwimmhaut nur bis zur Mitte der Zehen reicht (*Recurvirostra*); *Spaltschwimmfüße* (*P. fissipalmati*), wenn ein ganzrandiger Hautsaum an den Zehen hinläuft (*Podicipes*); *Lappenfüße* (*P. lobati*), wenn dieser die Gestalt breiter, an den einzelnen Zehengliedern eingekerbter Lappen erhält (*Fulica*). Wird die Hinterzehe mit in die Schwimmhaut aufgenommen, so bezeichnet man die Füße als *Ruderfüße* (*P. stegani*) (*Phalacrocorax*). Übrigens kann die Hinterzehe bei den *Tubinares*, Alken und Sumpfvögeln verkümmern oder vollständig ausfallen.

Das Gehirn der Vögel (Abb. 975, 226 f) steht nach Ausbildung weit über dem Reptiliengehirn und füllt die geräumige Schädelhöhle vollständig aus. Die Hemisphären entbehren noch oberflächlicher Windungen, sind aber groß und durch eine nur schmale Commissur verbunden. Sie bedecken nicht nur das Zwischenhirn, sondern auch die beiden zur Seite gedrängten *Corpora bigemina*. Ihre Basalganglien sind besonders mächtig entwickelt. Noch weiter schreitet die Differenzierung des Cerebellums vor, welches aus einem großen Mittelstücke, das mehr oder weniger zahlreiche Querfurchen aufweist, und kleinen seitlichen Anhängen besteht. Infolge der Nackenbeuge des Embryo setzt sich das verlängerte Mark winkelig vom Rückenmarke ab, dessen Dorsalstränge an der hinteren Anschwellung in der Lendengegend zur Bildung eines zweiten Sinus rhomboidalis auseinanderweichen. Die Hirnnerven sind sämtlich gesondert. Das Rückenmark reicht fast bis an das Ende des Rückgratkanals.

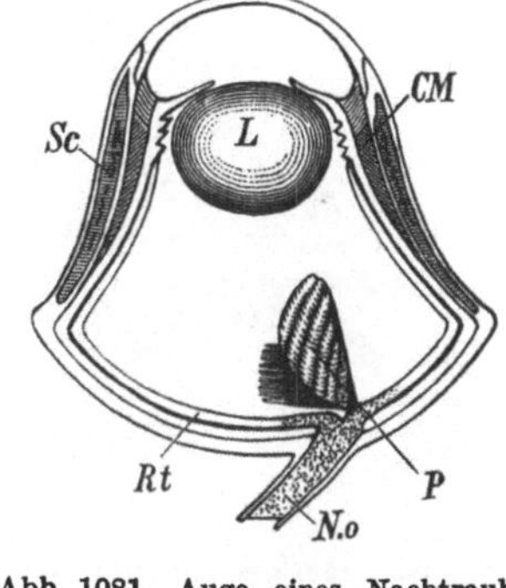

Abb. 1081. Auge eines Nachtraubvogels. (Aus WIEDERSHEIM.) *Co* Cornea, *L* Linse, *Rt* Retina, *P* Pecten, *No* Nervus opticus, *Sc* Verknöcherungen der Sclera, *CM* Ciliarmuskel.

Unter den Sinnesorganen erreichen die Augen stets eine bedeutende Größe und hohe Ausbildung. Überaus beweglich sind die Augenlider, namentlich das untere Lid und die durchsichtige Nickhaut, welche vermittels eines besonderen Muskelapparates vorgezogen wird; eine HARDERsche Drüse ist vorhanden. Auch eine Tränendrüse am äußeren Augenwinkel ist vorhanden. Der Augenbulbus (Abb. 1081) der Vögel erhält dadurch eine ungewöhnliche Form, daß der hintere Abschnitt mit der Ausbreitung der Netzhaut dem Segmente einer weit größeren Kugel entspricht als der kleine vordere. Beide sind durch ein Mittelstück, welches die Gestalt eines kurzen und abgestumpften, nach vorne verschmälerten Kegels besitzt, miteinander verbunden. Am bestimmtesten prägt sich diese Gestalt des Bulbus bei den Nachtraubvögeln, am wenigsten bei den Wasservögeln mit verkürzter Augenachse aus. Überall findet sich hinter dem Rande der Hornhaut in der Sclera ein Ring von Knochenplättchen. Die Hornhaut ist mit Ausnahme der Schwimmvögel stark gewölbt, während die vordere Fläche der Linse nur bei den nächtlichen Vögeln eine bedeutende Konvexität besitzt. Eine eigentümliche (bei *Apteryx* fehlende) Bildung des Vogelauges ist der sogenannte *Fächer* oder *Kamm* (*Pecten*), ein die Netzhaut durchsetzender, schräg durch den Glaskörper zur Linse verlaufender Fortsatz der Chorioidea, welcher dem sichelförmigen Fortsatze des Fischauges und dem Zapfen des Reptilienauges entspricht. Neben der Schärfe des Sehvermögens, welcher die bedeutende Größe und Entwicklung der Netzhaut parallel geht, zeichnet sich das Vogelauge durch große Accomodationsfähigkeit aus, die vornehmlich auf die hohe Ausbildung des in mehrere Partien geteilten quergestreiften Musculus ciliaris (ein Teil als CRAMPTONscher Muskel unterschieden), aber auch auf die große Beweglichkeit der muskulösen Iris (Erweiterung und Verengerung der Pupille) zurückzuführen ist.

Das Gehörorgan (mit statischem Organ) (Abb. 1082), von spongiöser Knochenmasse umschlossen, besitzt drei große halbzirkelförmige Kanäle und einen Schneckenschlauch mit der Lagena am Ende. Der Sacculus besitzt geringe Größe. Außer der vom *Operculum* verschlossenen *Fenestra vestibuli* ist eine zweite mehr rundliche Öffnung, die *Fenestra cochleae*, mit häutigem Verschlusse vorhanden. Stets findet sich eine geräumige Paukenhöhle, welche sich in Nebenräume der benachbarten Schädelknochen fortsetzt und durch die EUSTACHIsche Röhre dicht hinter den Choanen mit jener der anderen Seite vereinigt in den Rachen mündet. Nach außen wird die Paukenhöhle durch ein Trommelfell abgeschlossen, an welchem sich das lange stabförmige Gehörknöchelchen, die wie bei Reptilien aus zwei Stücken (*Stapes* und *Extracolumella*) gebildete *Columella* anheftet. Auf der äußeren Seite des Trommelfelles folgt dann ein kurzer äußerer Gehörgang, dessen Öffnung häufig von einem Kranze größerer Federn umstellt ist und bei den Eulen sogar von einer häutigen, ebenfalls mit Federn besetzten Klappe, einer rudimentären äußeren Ohrmuschel, überragt wird.

Das Geruchsorgan besitzt in den geräumigen, häufig durch eine unvollkommene Scheidewand (*Nares perviae*) getrennten Nasenhöhlen ein Paar von Muscheln, zu dem jedoch noch zwei Paare (ein oberes und unteres) muschelähnlicher Bildungen hinzukommen. Die beiden Nasenöffnungen liegen mit Ausnahme der Kiwis der

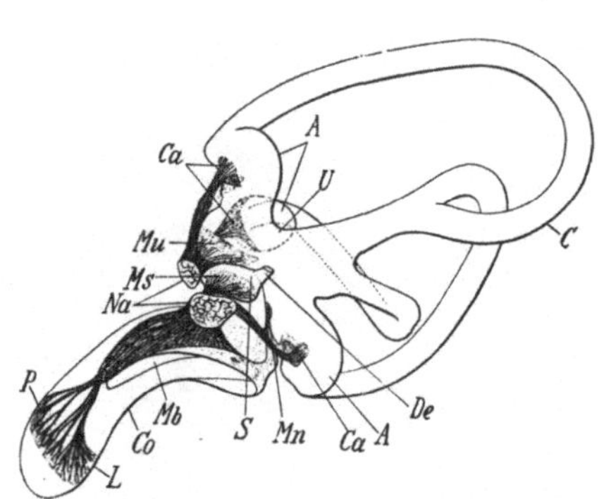

Abb. 1082. Häutiges Labyrinth der Hausgans, mediale Ansicht. (Nach G. RETZIUS.) *U* Utriculus, *S* Sacculus, *Co* Schneckengang, *L* Lagena, *C* Bogengänge, *A* Ampullen, *Mu* Macula acustica utriculi, *Ms* Macula ac. sacculi, *Ca* Crista ampullaris, *P* Papilla ac. lagenae, *Mb* Membrana basilaris des CORTIschen Organs, *Mn* Macula ac. neglecta, *De* Ductus endolymphaticus, *Na* Hörnerv.

Wurzel des Oberschnabels mehr oder minder genähert, zuweilen (Krähen) von steifen Haaren verdeckt und geschützt, bei den Sturmvögeln röhrig verlängert und zusammenfließend. Eine sogenannte Nasendrüse liegt meist auf dem Stirnbeine, seltener unter dem Nasenbeine oder am inneren Augenwinkel und öffnet sich mittels eines einfachen Ausführungsganges in die Nasenhöhle. Ein JACOBSONsches Organ fehlt beim ausgebildeten Tier.

Der Geschmack knüpft an die Endknospen des Gaumens und der weichen papillenreichen Basis der Zunge an, die nur bei den Papageien im ganzen Umfange weich bleibt, sonst überall eine feste Bekleidung besitzt. Allgemein kommt die Zunge neben dem Schnabel als Tastorgan in Betracht. Selten (Schnepfen, Enten) wird der Schnabel durch die Bekleidung mit einer weichen, an Tastkörperchen (GRANDRYschen Körperchen) (Abb. 171) und Kolbenkörperchen reichen Haut zum Sitz einer feineren Tastempfindung, wie überhaupt die Haut der Vögel reich an Kolbenkörperchen (Abb. 173a) ist.

Die Verdauungsorgane des Vogels zeigen trotz der mannigfach wechselnden Ernährungsart einen ziemlich übereinstimmenden Bau, dessen Eigentümlichkeiten zu dem Flugvermögen Beziehung haben. Die Kiefer sind von einer harten Hornscheide überdeckt und zum Schnabel umgestaltet. Wahre Zähne fehlen den jetzt lebenden Vögeln. (Die Deutung der in den Kiefern von Papageiembryonen beobachteten Papillen als Zahnpapillen ist nicht haltbar.) Während der Oberschnabel aus der Verwachsung von Zwischenkiefer, Oberkiefer und Nasenbeinen gebildet ist, entspricht der Unterschnabel den beiden Unterkieferästen, deren verschmolzener Spitzenteil als Dille (*Myxa*) bezeichnet wird. Die untere, vom Kinnwinkel bis zur Spitze reichende Kante heißt Dillenkante (*Gonys*), die Kante des Oberschnabels Firste (*Culmen*), die Gegend zwischen Auge und der von der Wachshaut (*Ceroma*) bekleideten Schnabelbasis der Zügel (*Lorum*). Form und

Abb. 1083. Schnabelformen. (a, b, c, d, k nach NAUMANN; g, i, m, o aus règne animal; l aus BREHM). a *Phoenicopterus roseus (antiquorum)*, b *Platalea leucerodia*, c *Emberiza citrinella*, d *Monticola (Turdus) cyanus*, e *Hierofalco candicans*, f *Merganser (Mergus) merganser*, g *Pelecanus conspicillatus*, h *Recurvirostra avocetta*, i *Rhynchops nigra*, k *Columba livia*, l *Balaeniceps rex*, m *Anastomus oscitans (coromandelianus)*, n *Pteroglossus*, o *Ephippiorhynchus (Mycteria) senegalensis*, p *Plegadis falcinellus (Falcinellus igneus)*, q *Cypselus apus*.

Ausbildung des Schnabels variieren nach der besonderen Ernährungsweise mannigfach (Abb. 1083).

Am Boden der Mundhöhle liegt die überaus bewegliche, sehr verschieden geformte Zunge, die hornige und fleischige Bekleidung eines paarigen oder unpaaren, am vorderen Ende des Zungenbeins befestigten Knorpels; sie dient zum Niederschlucken, häufig auch zur Aufnahme der Nahrung. Die Mundhöhle, bei den Pelikanen in einen umfangreichen, von den Kieferästen getragenen Kehlsack erweitert, nimmt das Secret zahlreicher Drüsen (Schleimdrüsen, wenige Speicheldrüsen) auf. Die Speiseröhre, deren Länge sich im allgemeinen nach der Länge des Halses richtet, bildet häufig, insbesondere bei den Raubvögeln, aber auch bei den größeren körnerfressenden Vögeln (Tauben, Hühnern, Papageien) eine kropfartige Erweiterung, in welcher die Speisen erweicht werden (Abb. 1084). Bei den Tauben trägt der Kropf zwei kleine rundliche Nebensäcke, deren Wandung zur Brutzeit einen käsigen, zum Atzen der Jungen in Verwendung kommenden Stoff absondert. Das untere Ende der Speiseröhre erweitert sich in einen drüsenreichen Vormagen, den Drüsenmagen, welcher in der Regel eine ovale Form besitzt und an Umfang von dem darauffolgenden Muskelmagen übertroffen wird. Dieser erscheint je nach der Beschaffenheit der Nahrung mit schwächeren (Raubvögel) oder mit kräftigeren (Körnerfresser) Muskelwandungen versehen. Im letzteren Falle wird er durch den Besitz von zwei festen gegeneinander wirkenden Reibplatten (einem verhärteten Drüsensecrete), welche die hornige Innenwand bilden, zur mechanischen Bearbeitung der erweichten Nahrungsstoffe vorzüglich befähigt. Der in der Regel lange Dünndarm umfaßt mit seiner vorderen, dem Duodenum entsprechenden Schlinge die Bauchspeicheldrüse, deren in zweifacher Zahl vorhandene Ausführungsgänge nebst den meist doppelten Gallengängen in diesen Abschnitt einmünden. Der kurze Dickdarm erscheint durch eine Ringklappe und den Ursprung von zwei Blinddärmen abgegrenzt und geht unter Bildung einer sphincterartigen Ringfalte in die die Ausführungsgänge des Urogenitalapparates aufnehmende Cloake über, an deren dorsaler Wand ein eigentümlicher drüsenartiger Sack, die *Bursa Fabricii*, einmündet, welche im Alter häufig schwindet.

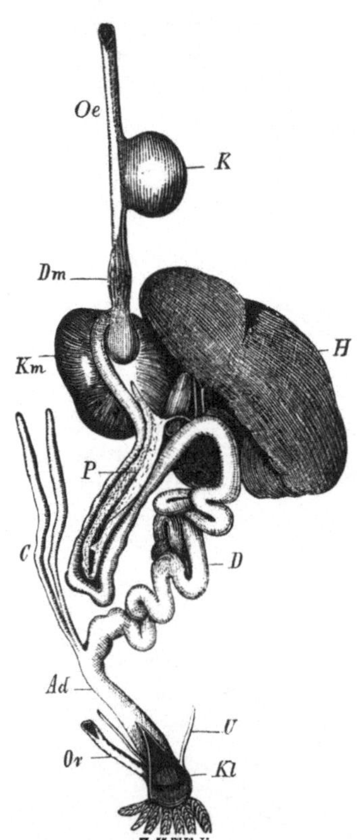

Abb. 1084. Darmkanal eines Vogels. (Aus BERGMANN u. LEUCKART). *Oe* Speiseröhre, *K* Kropf, *Dm* Drüsenmagen, *Km* Muskelmagen, *D* Dünndarm, *P* Pancreas, *H* Leber, *C* Blinddärme, *Ad* Dickdarm, *Ov* Oviduct, *Kl* Cloake, *U* Ureteren.

Die Vögel besitzen ein vollständig in zwei Kammern und zwei Vorkammern gesondertes Herz, welches, vom Herzbeutel umschlossen, in der Medianlinie liegt. Der rechte Ventrikel umgibt mantelförmig einen großen Teil des linken. Als eine Eigentümlichkeit des Herzens ist die besondere Ausbildung der rechten Atrioventricularklappe hervorzuheben, welche eine von der Kammerwand entspringende muskulöse Leiste vorstellt. Am linken Ostium atrioventriculare finden sich drei durch Chordae tendineae gespannte Klappen. Der Herzschlag wiederholt sich bei der lebhaften Atmung rascher als bei den Säugetieren. Die Aorta bildet einen einfachen rechten Aortenbogen (Abb. 979e). Der Bulbus cordis erscheint in den Ventrikel einbezogen. Die Venen münden mittels zweier oberer und einer unteren Hohlvene in die rechte Vorkammer, in welche auch der Sinus venosus einbezogen ist. Die vorderen Abschnitte der hinteren Cardinalvenen werden wie bei Reptilien durch *Venae vertebrales* substituiert. Das Nierenpfortadersystem ist bei den erwachsenen Vögeln vorhanden, tritt aber dadurch zurück, daß die Vena renalis afferens eine weite Anastomose mit der Vena renalis efferens bildet. Das Lymphgefäßsystem mündet durch zwei *Ductus thoracici* in die oberen Hohlvenen ein, communiziert aber sehr allgemein noch in der Beckengegend mit den Venen. *Lymphherzen* sind nur an den Seiten des Steißbeines beim Strauße und Kasuar, sowie bei einigen Sumpf- und Schwimmvögeln anzutreffen, werden aber häufig durch blasige, nicht contractile Erweiterungen vertreten. Die Milz sowie eine paarige Thyreoidea und Thymus finden sich allgemein vor.

Die Atmungsorgane beginnen hinter der Zungenwurzel mit der Kehlritze, welche durch einen wenig ausgebildeten oberen Kehlkopf (*Larynx*) in eine lange, von knöchernen Ringen gestützte Luftröhre führt. Die Luftröhre übertrifft nicht selten die Länge des Halses und verläuft dann, vornehmlich im männlichen Geschlechte, unter Biegungen, die entweder unter der Haut liegen (Auerhahn) oder selbst in den hohlen Brustbeinkamm eindringen (Singschwan). Mit Ausnahme von *Struthio*, der *Casuarii*, Störche und einiger Geier entwickelt sich das Stimmorgan an der Teilungsstelle der Luftröhre in die Bronchien. Beide Abschnitte beteiligen sich an der Bildung desselben und lassen den unteren Kehlkopf (*Syrinx*) hervorgehen (Abb. 1085). Indem die letzten Trachealringe und vorderen Bronchialringe eine veränderte Form erhalten und oft in nähere Verbindung treten, erscheinen das Ende der Trachea und die Anfänge der Bronchien komprimiert, oder

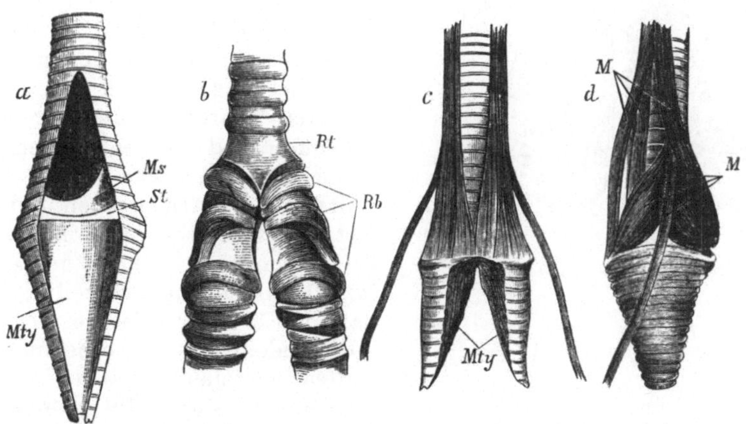

Abb. 1085. Unterer Kehlkopf des Raben. (Aus OWEN.) a Seitenansicht des geöffneten Kehlkopfes, b Kehlkopf nach Entfernung der Muskulatur, c mit den Singmuskeln von vorn, d von der Seite gesehen. *St* Steg (Pessulus), *Mty* Membrana tympaniformis interna, *Ms* Membrana semilunaris, *Rt* umgeformter letzter Trachealring, *Rb* die umgeformten drei ersten Bronchialringe, *M* Singmuskeln.

ersteres blasig aufgetrieben und zu der sogenannten Trommel umgeformt, welche sich bei den Männchen vieler Enten und Taucher zu unsymmetrischen, als Resonanzapparate wirkenden Nebenhöhlen (sogenannte Paukenhöhle und Labyrinth) erweitert. Das untere Ende der Trachea wird gewöhnlich von einer vorspringenden Knochenleiste, dem *Steg*, durchsetzt, welcher sich an der Teilungsstelle der Bronchien erhebt. Zwischen diesem und den Bronchialringen spannt sich wie in einem Rahmen die innere Paukenhaut (*Membrana tympaniformis interna*) aus. Bei den Singvögeln kommt als Fortsetzung der letzteren am Steg noch eine halbmondförmige Falte (*M. semilunaris*) hinzu. In zahlreichen Fällen tritt auch gegenüberliegend zwischen zwei Bronchialringen eine äußere Paukenhaut (*M. tympaniformis externa*) hinzu, welche gleichfalls ein Stimmband bildet und mit dem freien Rande der inneren Paukenhaut jederseits eine Stimmritze erzeugt. Zur Anspannung dieser als Stimmbänder fungierenden Falten dient ein an der Außenfläche von Trachea und Bronchien gelegener Muskelapparat, der am kompliziertesten bei den Singvögeln entwickelt ist. Die Lungen (Abb. 1086) sind klein und hängen nicht wie bei den Säugetieren von einem Pleuralsack überzogen frei in einer geschlossenen Brusthöhle, sondern sind durch Zellgewebe an die Rückenwand der Rumpfhöhle angeheftet und an den Seiten der Wirbelsäule in die Zwischenräume der Rippen eingesenkt. Die verhältnismäßig kurzen Bronchien führen beim Eintritt in die Lungen in eine Anzahl weiter häutiger Bronchialröhren. Von den Bronchialästen gehen wie Orgelpfeifen nebeneinander stehende Röhrchen aus, die sogenannten *Parabronchien* oder Lungenpfeifen, welche auch untereinander in offener Verbindung stehen. Letztere geben in radiärer Anordnung kurze Bronchioli ab, die sich weiter in ein von zahlreichen gleichweiten Kanälen gebildetes *Luftcapillarnetz* auflösen, das mit dem Blutcapillarnetz innig verflochten ist. Die Luftcapillarsysteme der einzelnen Parabronchien stehen stellenweise oder im ganzen Umfange miteinander in Communication (Abb. 1087). Als Ausstülpungen von Bronchialröhren der Lunge erstrecken sich ferner große Luftsäcke (Abb. 1086) in ziemlich konstanter Anordnung am Halse, vorn in den Zwischenraum der Furcula (peritrachealer Luftsack), sodann als Brustsäcke in die vorderen und seitlichen Partien der Brust und als Bauchsäcke nach hinten zwischen die Eingeweide bis in die Beckengegend der Bauchhöhle. Die letzteren führen in die Höhlungen der Schenkel- und Beckenknochen, die kleineren vorderen Säcke setzen sich in die Luftzellen der Armknochen und der Haut fort, welche letztere bei größeren, vortrefflich fliegenden Schwimmvögeln (*Sula, Pelecanus*) eine solche Ausbreitung erlangen, daß die Körperhaut bei der Berührung ein knisterndes Geräusch vernehmen läßt. Die Luftsäcke stellen vor allem Luftreservoire vor, welche, durch die Bewegungen des Rumpfes und der Extremitäten zusammengepreßt und erweitert, zu Ventilatoren der Lunge werden. Auch als Wärmeschutz kommen die Luftsäcke in Betracht. Gegenüber der Lunge der übrigen Wirbeltiere, die zugleich der Respiration und als Luftreservoir dient, ist im Atmungsapparat der Vögel eine Arbeitsteilung eingetreten, indem die Lunge zu intensiver Respiration befähigt ist, die Funktion der Luftreservoire den Luftsäcken zufällt. Bei solchen Einrichtungen muß im Zusammenhange mit der rudimentären Ausbildung des Zwerchfells und der eigentümlichen Gestaltung des Thorax der Mechanismus der eigentlichen Atmungsbewegung ein ganz anderer sein als bei den Säugetieren. Die Erweiterung des auch die Bauchhöhle umfassenden Brustkorbes tritt als Folge einer Streckung der Sternocostalknochen und der Entfernung des Brustbeines vom Rumpfe ein. Während des Fluges wird bei dem Flügelschlage durch den Druck auf die axillaren und subpectoralen Luftsäcke eine Ventilation der Lunge bewirkt und dadurch die Atembewegung ersetzt.

Die in den Schnabelwinkeln bei Nestjungen australischer *Amadinen* vor-

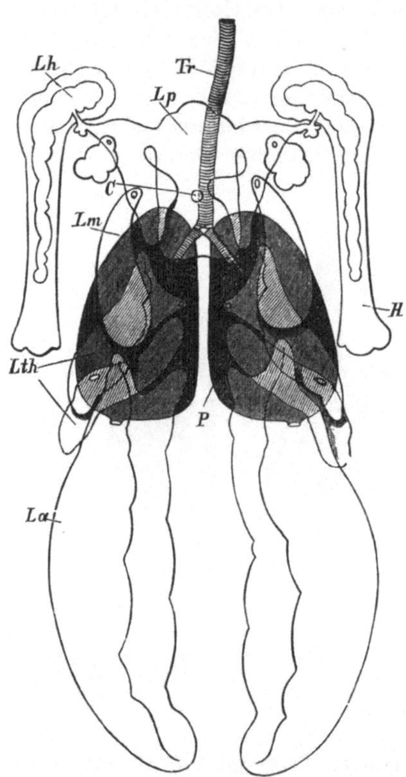

Abb. 1086. Lungen der Taube mit den Luftsäcken (die cervicalen sind weggelassen), schematisch. (Nach einer Zeichnung von C. HEIDER.) *Tr* Trachea, *P* Lunge, *Lp* peritrachealer Luftsack mit seinen Ausstülpungen (*Lh, Lm*) in den Humerus (*H*) und zwischen die Brustmuskulatur, *C* seine Verbindung mit den sternalen Lufträumen, *Lth* thoracale, *La* abdominale Luftsäcke.

kommenden, auch als Leuchtorgane gedeuteten Wärzchen haben sich bloß als lichtreflektierende Organe mit Tapetum erwiesen (CHUN).

Die großen langgestreckten Nieren entsprechen morphologisch dem Metanephros; sie liegen in den Vertiefungen des Kreuzbeines eingesenkt und zerfallen durch Einschnitte in eine Anzahl von Läppchen. Die Harnleiter verlaufen hinter dem Rectum und münden medialwärts von den Genitalöffnungen in die Cloake ein. Eine Harnblase fehlt. Das Harnsecret stellt sich nicht als Flüssigkeit, sondern als eine weiße, breiige, rasch erhärtende Masse dar. Der Niere liegt vorn die sog. Nebenniere an (Abb. 1089).

Die Genitalorgane schließen sich eng an jene der Reptilien an. Beim Männchen (Abb. 1089), welches sich nicht nur durch bedeutendere Größe und Körper-kraft, sondern auch durch lebhaftere Färbung des Gefieders sowie durch reichere Mannigfaltigkeit der Stimme auszeichnet, liegen an der vorderen Seite der Nieren zwei ovale, zur Fortpflanzungszeit mächtig anschwellende Hoden, von denen der linke meist der größere ist. Die wenig entwickelten, aus einem Teile der Urniere hervorgegangenen Nebenhoden führen in zwei an der Außenseite der Harnleiter herabsteigende Samenleiter, deren Enden häufig zu Samenblasen anschwellen und an der Hinterwand der Cloake auf zwei kegelförmigen Papillen ausmünden. Ein Begattungsorgan fehlt in der Regel. Dagegen ist bei *Apteryx, Rhea, Dromaeus, Casuarius,* den Enten, Gänsen, Schwänen, *Tinamiden* und bei *Crax* ein solches vorhanden. Hier entspringt an der ventralen Wand der Cloake ein gekrümmter, von zwei fibrösen Körpern gestützter Penis, an dessen

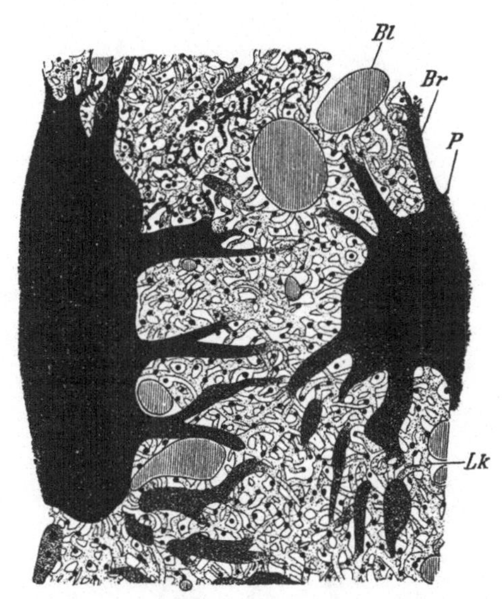

Abb. 1087. Schnitt durch zwei injizierte Parabronchien (*P*) mit dem zwischen ihnen vorhandenen Luftcapillarnetz (*Lk*) von *Taeniopygia castanotis*. (Nach G. FISCHER.) *Br* Bronchioli, *Bl* Blutgefäße.

Spitze (ausgenommen *Apteryx* und *Tinamiden*) ein ausstülpbarer Blindschlauch mündet; eine oberflächliche Rinne dient zur Fortleitung des Spermas während der Begattung. Bei *Struthio* zeigt der gleichfalls mit einer Rinne versehene Penis eine den männlichen Begattungsteilen der Schildkröten und Krokodilen analoge Entwicklung; unter den beiden fibrösen Körpern verläuft hier ein dritter cavernöser Körper, welcher an der eines vorstülpbaren Blindschlauches entbehrenden Spitze in einen schwellbaren Wulst, eine Glans penis, übergeht. Bei einigen Watvögeln (*Reiher, Ciconia*) erhebt sich an der ventralen Wand der Cloake ein warzenförmiger Vorsprung als Rudiment eines Penis.

An den weiblichen Geschlechtsorganen verkümmert das rechtsseitige Ovarium nebst dem Leitungsapparat oder schwindet vollständig (Abb. 1088). Um so umfangreicher werden zur Fortpflanzungszeit die Geschlechtsorgane der linken Seite, sowohl das traubige Ovarium, als der vielgewundene Eileiter, dessen oberer, mit weitem Ostium beginnender Abschnitt aus den Drüsen seiner längsgefalteten Schleimhaut das geschichtete, an den Enden zu den sogenannten Hagelschnüren (*Chalazae*) zusammengedrehte Eiweiß und im hinteren Teile die faserige Schalenhaut des Eies abscheidet. Der nachfolgende kurze und weite Abschnitt des Eileiters, der sogenannte Uterus, dient zur Erzeugung der mannigfach gefärbten porösen Kalkschale; der kurze und enge Endabschnitt mündet an der äußeren Seite des entsprechenden Harnleiters in die Cloake ein. Da, wo sich im männlichen Geschlechte Begattungsteile finden, treten auch im weiblichen Geschlechte Clitorisbildungen an derselben Stelle auf.

Die Vögel legen ohne Ausnahme Eier ab. Das ausschließliche Auftreten der oviparen Fortpflanzungsform steht zweifelsohne mit der Bewegungsart des Vogels im innigen Zusammenhange. Die umfangreiche Eizelle (Abb. 1090) enthält einen großen Nahrungsdotter; der Kern mit einer reichlicheren Ansammlung von Protoplasma erscheint an dem animalen Eipole als weißliche Scheibe (sogenannter Hahnentritt oder Narbe, *Cicatricula*). Am Dotter läßt sich ein weißer und gelber Dotter unterscheiden. Der erstere ist in nur geringer Menge als dünner Überzug an der Oberfläche, sowie in konzentrischen, den gelben Dotter durchsetzenden Schichten vorhanden. In größerer Menge findet er sich unterhalb der Narbe, einen bis zum Centrum der Eizelle vorspringenden Zapfen bildend, der mit kolbenförmiger Anschwellung (Latebra) endet. Nach außen ist die Eizelle von einer festen Dotterhaut umschlossen, sodann folgt das geschichtete Eiweiß, dessen innerste dichte Schichte sich in zwei aus sehr dichtem zusammengedrehten Eiweiß bestehende Stränge (Hagelschnüre oder *Chalazae*) fortsetzt, auf dieses die Schalenhaut, zwischen deren beiden Lamellen am stumpfen Eipole sich eine Luftkammer findet, und endlich die kalkige Schale. Die Entwicklung erfordert einen hohen, mindestens der Temperatur des Blutes gleichkommenden Wärmegrad, welcher dem Ei in der Regel durch die Körperwärme des brütenden Vogels

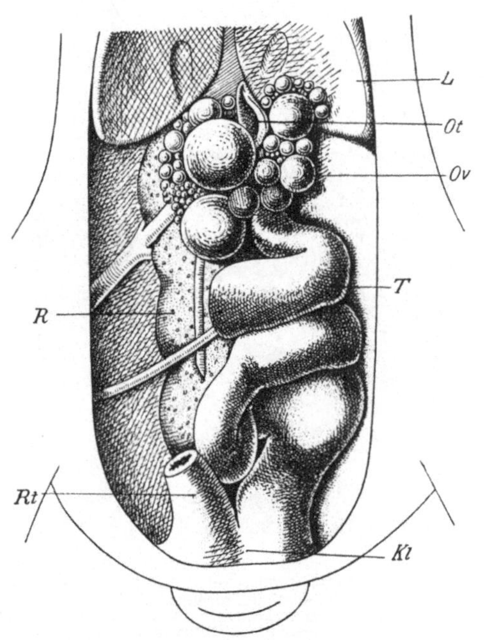

Abb. 1088. Weibliche Genitalorgane des Haushuhnes. (Nach L. FREUND.) *Kl* Cloake, *L* Lunge, *Ot* Ostium tubae, *Ov* Ovarium, *R* Niere, *Rt* Rectum, *T* Eileiter.

zugeführt wird. Die Befruchtung erfolgt bereits im obersten Abschnitte des Eileiters vor der Abscheidung des Eiweißes und der Schalenhaut und hat den alsbaldigen Eintritt der discoidalen Furchung zur Folge, welche nur den Bildungsdotter (Cicatricula) betrifft. Derselbe hat an dem gelegten Ei bereits die Furchung durchlaufen und sich zur sogenannten Keimscheibe entwickelt. An dem später kahnförmig vom Dotter sich abhebenden Embryo wachsen wie bei den Reptilien Amnion und Allantois hervor (Abb. 988). Die Dauer der Embryonalentwicklung wechselt sowohl nach der Größe des Eies, als auch nach der relativen Ausbildung der ausschlüpfenden Jungen. Der zum Auskriechen reife Vogel sprengt die Schale, und zwar am stumpfen Pole mittels eines scharfen, an der Spitze des Oberschnabels gelegenen zahnartigen Fortsatzes (Eischwiele).

Die ausschlüpfenden Jungen besitzen im wesentlichen die Organisation des elterlichen Tieres, wenngleich sie in dem Grade ihrer körperlichen Ausbildung noch weit zurückstehen können. Während die Hühnervögel, Kasuare, *Rheae* und Strauße, ferner die Sumpfvögel, die *Lamellirostres, Lariden, Pygopodes,* bereits bei ihrem Ausschlüpfen ein vollständiges Flaum- und Dunenkleid tragen und in der körperlichen Ausbildung so weit vorgeschritten sind, daß sie als *Nestflüchter* alsbald der Mutter auf das Land oder in das Wasser folgen und hier selbständig Nahrung aufnehmen, verlassen andere, wie die *Passeres, Coccygomorphae,* Tauben und Raubvögel usw. frühzeitig ihre Eihüllen; nackt oder nur stellenweise mit Flaum bedeckt, unfähig, sich frei zu bewegen und zu ernähren, bleiben sie als *Nesthocker,* gefüttert und gepflegt von den elterlichen Tieren, noch geraume Zeit im Nest.

Die Ernährung der Vögel ist eine sehr verschiedene. Manche Vögel leben vom Raube größerer Tiere, viele von Insecten, viele von Samen und Früchten. Blütenbesuchende Vögel der Tropen und Subtropen (so *Trichoglossidae, Trochilidae, Meliphagidae, Nectariniidae, Drepanididae*) vermitteln wie zahlreiche Insecten die Blumenbestäubung.

Das *Verhalten* der Vögel steht ungleich höher als das der Reptilien. Die hohe Ausbildung der Sinne, besonders der Augen, befähigt den Vogel zu einem scharfen Unterscheidungsvermögen, Instinkte und Lernvermögen sind reich entwickelt (S. 258f.). Bei einzelnen Vögeln erlangt die Gelehrigkeit und die Fähigkeit der Nachahmung eine außerordentliche Höhe (Star, Papagei).

Die körperliche Ausbildung und das instinktive Leben erreichen ihren Höhepunkt zur Zeit der *Fortpflanzung,* welche in den gemäßigten und kälteren Klimaten meist in die Zeit des Frühlings (beim Kreuzschnabel ausnahmsweise mitten in den Winter) fällt. Dann erscheint der Vogel in jeder Hinsicht verschönert und vervollkommnet. Die Befiederung zeigt einen intensiveren Glanz und reicheren Farbenschmuck. An die Stelle des mehr einfarbigen *Winterkleids,* welches die Herbstmauserung gebracht hatte, tritt das

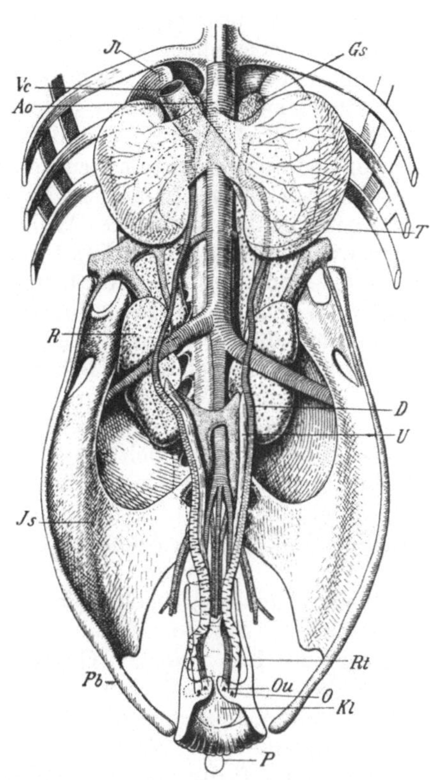

Abb. 1089. Männlicher Urogenitalapparat des Haushuhnes. (Nach L. FREUND.) *Ao* Aorta, *D* Ductus deferens, *Gs* Glandula suprarenalis, *Il* Os ilium, *Is* Os ischii, *Kl* Cloake, *O* Mündung des Ductus deferens, *Ou* Uretermündung, *P* Pygostyl, *Pb* Os pubis, *R* Niere, *Rt* Rectum, *T* Hoden, *U* Ureter, *Vc* Vena cava caudalis.

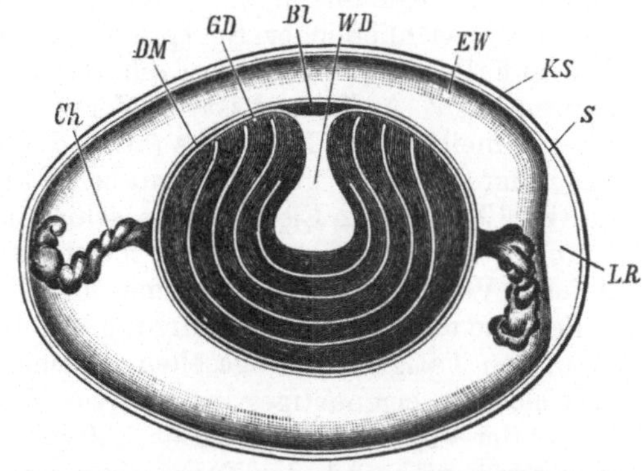

Abb. 1090. Schematischer Längsschnitt durch ein unbebrütetes Hühnerei. (Nach ALLEN THOMSON-BALFOUR.) ¹/₁. *Bl* Keimscheibe (sogenannte Narbe, Hahnentritt, Cicatricula), *GD* gelber Dotter, *WD* weißer Dotter, *DM* Dottermembran, *EW* Eiweiß, *Ch* Chalazen oder Hagelschnüre, *KS* Kalkschale, *LR* Luftkammer, *S* Schalenhaut.

lebhafter gefärbte *Hochzeitskleid*. Das Männchen läßt seinen Gesang erschallen, der ebenso wie die Schönheit des männlichen Gefieders als Reizmittel auf das Weibchen wirken mag. Von Befiederung und Stimme abgesehen, erscheint das ganze Betragen des Vogels unter dem Einflusse der geschlechtlichen Erregung verändert (Liebestänze, „*Balze*", als Vorspiel der Begattung). Mit Ausnahme der Hühner, Fasane u. a. leben die Vögel in Monogamie, oft nur zur Fortpflanzungszeit paarweise vereinigt, indem sie sich später zusammenscharen und in größeren Gesellschaften Züge und Wanderungen unternehmen. Indessen gibt es auch für das Zusammenwandern vereinzelter Pärchen einige Beispiele.

Die meisten Vögel bauen ein Nest und suchen für dasselbe einen geeigneten Platz meist in der Mitte ihres Wohnbezirkes. Nur wenige (Steinkäuze, Ziegenmelker usw.) begnügen sich damit, ihre Eier einfach auf den Erdboden abzulegen, andere (Raubmöwen, Seeschwalben, Strauße) scharren wenigstens eine Grube aus oder (Waldhühner) treten eine Vertiefung in Moos und Gras ein. Am kunstvollsten sind die Nester von Vögeln, welche fremde Stoffe mit ihrem klebrigen Speichel zusammenleimen (Kleiber) oder feine Geflechte aus Moos, Wolle und Halmen verweben (Weber). In der Regel baut das Weibchen ausschließlich das Nest und die Hilfe des Männchens beschränkt sich auf das Herbeitragen der Materialien, doch gibt es auch Beispiele für die Beteiligung des Männchens an der Ausführung des Kunstbaues (Schwalbe, Webervögel); in anderen Fällen (Hühnervögel, Edelfink) nimmt das Männchen am Nestbau überhaupt gar keinen Anteil. Viele Seevögel, wie die Alken und Pinguine legen nur ein Ei, die großen Raubvögel, Tauben, Segler und Kolibris zwei Eier. Ungleich höher steigt die Zahl derselben bei den Singvögeln, noch mehr bei den Lamellirostres, bei den Hühnern und Straußen. Ebenso verschieden ist die Dauer der Brutzeit, welche sich nach der Größe des Eies und dem Grade der Ausbildung des ausschlüpfenden Jungen richtet. Während die Kolibris und Goldhähnchen 11—12, die Singvögel 15 bis 18 Tage brüten, brauchen die Hühner 3 Wochen, die Schwäne die doppelte Zeit und die Strauße 7—8 Wochen zum Brutgeschäft, das im wesentlichen auf einer gleichmäßigen, oft durch nackte Stellen (Brutflecken) begünstigten Erwärmung der Eier durch den Körper des brütenden Vogels beruht. In der Regel liegt das Brutgeschäft ausschließlich dem Weibchen ob, das während dieser Zeit vom Männchen mit Nahrung versorgt wird. Nicht selten aber, wie bei Tauben, Kibitzen und zahlreichen Schwimmvögeln, lösen sich beide Gatten regelmäßig ab. Bei *Struthio* brütet das Weibchen nur die erste Zeit, später übernimmt das Männchen das Brutgeschäft vornehmlich zur Nachtzeit fast ausschließlich. Auch gibt es Beispiele von ausschließlicher Brutpflege des Männchens (*Rhea, Casuarii*), welches in diesem Falle zuweilen minder lebhaft gefärbt ist, wie bei *Rostratula* (*Rhynchaea*), *Phalaropus* usw. Auffallend ist das Verhalten zahlreicher Kuckucke, insbesondere unseres einheimischen Kuckucks (auch des Trupials), welcher Nestbau und Brutpflege anderen Vögeln überläßt und seine kleinen Eier einzeln in Intervallen von etwa 8 zu 8 Tagen dem Eiergelege verschiedener Singvögel unterschiebt. Die Pflege und Auffütterung der Jungen fällt meist ausschließlich oder doch vorwiegend dem weiblichen Vogel zu, dagegen nehmen in der Regel beide Eltern gleichen Anteil an dem Schutze und an der Verteidigung der Brut.

Von den Tätigkeiten abgesehen, welche auf die Fortpflanzung Bezug haben, äußert sich ein eigenartiges instinktives Verhalten in der Erscheinung der *Wanderungen* der Vögel (S. 334f.). Das Auftreten der Antriebe zum Aufbruch und die Orientierung während des Zuges sind erst unvollkommen aufgeklärt. Wenige Vögel der kälteren und gemäßigten Klimate halten im Winter an ihrem Brutorte aus (*Standvögel*, Steinadler, Eulen, Raben, Elstern, Spechte, Zaunkönige, Meisen, Waldhühner usw.); viele streichen ihrer Nahrung halber in größerem und kleinerem

Kreise umher (*Strichvögel*, so die Drosseln, Berg- und Edelfinken, Spechte, Goldammer, Haubenlerche). Andere unternehmen vor Eintritt der kalten und nahrungsarmen Jahreszeit Wanderungen und ziehen in großen Gesellschaften vereinigt aus
nördlichen Klimaten in gemäßigte, aus diesen in südliche Gegenden (*Zugvögel*,
Schwalben und Störche, Dohlen, Krähen und Stare, Wildgänse, Kraniche usw.),
um in denselben zu überwintern und mit beginnendem Frühjahr wieder in die
Heimat, das heißt die Gegend des Brutortes, zurückzukehren. Die Entstehung der
regelmäßigen, über große Ländergebiete sich bewegenden Züge scheint mit den kli-
matischen und geographischen Veränderungen, welche die Erdoberfläche während
der jüngeren Tertiärzeit und der auf diese folgenden Diluvialzeit erfahren hat, in
Beziehung zu stehen. Bei eintretendem Nahrungsmangel wird eine durch das
Flugvermögen unterstützte Migration in benachbarte, oft auch weiter entfernte
Gegenden erfolgt sein. Die ersten Anfänge des „Wanderns“ oder „Ziehens“ sind
in den während der kalten, nahrungsarmen Jahreszeit regelmäßig ausgedehnten
Streifzügen der Strichvögel zu erkennen. Während und infolge des allmählichen
Klimawechsels mußten sich aber die Verbreitungsbezirke der Vögel allmählich
ändern, mit dem Eintritt der Eiszeit von Norden nach Süden und später nach
derselben umgekehrt von Süden nach Norden bedeutend verschieben; und das
Ziehen nach diesen Richtungen ist bei dem Wechsel der Jahreszeiten in den
einander folgenden Generationen als regelmäßige Wanderung erhalten geblieben.
In der Gegenwart ist offenbar eine periodisch innerhalb des Jahres im Vogel selbst
ablaufende Veränderung des physiologischen Gesamtzustandes für das Wirksam-
werden des Zuginstinktes maßgebend. Für die Hauptzugzeit scheinen bei zur
Nachtzeit wandernden Vögeln in erster Linie das Mondlicht (um Vollmond herum),
erst in zweiter Linie die Witterungsbedingungen von Einfluß zu sein (DÖRR).
Die vielfachen Wege, auf denen die Zugvögel wandern, werden nicht einfach durch
die gerade Richtung von Süd und Nord bezeichnet, sondern sind höchst verschlungene „*Zugstraßen*“, welche im allgemeinen den uralten Wegen zu entsprechen scheinen, auf denen die Ausbreitung der Vogelart in früherer Zeit er-
folgte. Natürlich sind die Zugstraßen der Landvögel im allgemeinen verschieden
von denen der Sumpfvögel und Küstenvögel, welche letztere (z. B. Möwen,
Schwäne, Eiderente, Bernikelgans), durch die Nahrung an die Meeresküste ge-
fesselt, längs dieser über große Länderstrecken dahinziehen, aber auch ausgedehnte
Meeresstrecken überschreiten, welche in der Vorzeit durch Küstenland oder Inselgruppen vertreten waren (Grönland, Island, Färöer, England); ebenso weisen die
Straßen, auf denen die Zugvögel über das Mittelmeer nach Afrika gelangen, auf
zusammenhängendes Land oder Inselgruppen der vordiluvialen Zeit hin (Straße
von Gibraltar—Korsika, Sardinien, Tunis—Italien, Sizilien, Malta, Tripolis—
Kleinasien, Cypern, Ägypten). Jedoch auch in den übrigen Fällen erfährt der
Vogelzug längs der Küsten Verdichtungen. Für die Einhaltung von Zugstraßen
wirken eben noch bestimmte Naturverhältnisse (Wasserwege, meteorologische
Verhältnisse) mit ein, so daß nicht in allen Fällen die Zugstraßen den ehemaligen
Ausbreitungswegen der Art entsprechen (s. auch S. 334, Abb. 305).

Für die geologische Geschichte dieser Klasse liegt nur ein sehr spärliches Material vor. Von dem fiederschwänzigen *Archaeopteryx lithographica* des Jura (*Saururae*) (Abb. 313) abgesehen, gehören die ältesten Reste der Kreide an. Diese
Vögel zeichneten sich durch den Besitz von Zähnen aus (*Odontornithen*), welche
im Oberkiefer und Unterkiefer in Rinnen (*Odontocolcae, Hesperornis*) oder in
Gruben (*Odontotormae, Ichthyornis*) saßen, während den zahnlosen Zwischenkiefer
schnabelartig eine Hornscheide bekleidete. In der Tertiärzeit werden die Überreste
häufiger, sind indessen für eine nähere Bestimmung unzureichend; dagegen treten
im Diluvium zahlreiche Typen jetzt lebender Nesthocker, sowie merkwürdige

Riesenformen auf, von denen einzelne nachweisbar in historischer Zeit ausgestorben sind (*Aepyornis, Dinornis, Didus*).

Die Klassifikation der Vögel bietet mit Rücksicht auf die relative Einförmigkeit der Gestaltung und Organisation und in Hinsicht auf die vielen Konvergenzerscheinungen große Schwierigkeiten. Es erklären sich aus diesen Verhältnissen die so außerordentlich divergierenden Systeme der verschiedenen Autoren. Nimmt man mit HAECKEL die *Saururae* in die Klasse der Vögel auf, so sind ihnen nach demselben Autor alle übrigen Vögel als Subklasse *Ornithurae* gegenüberzustellen.

Die *Ornithurae* werden gewöhnlich nach MERREMS und HUXLEYS Vorgang in *Carinatae* (mit Brustbeinkamm) und *Ratitae* (ohne Brustbeinkamm, wie Strauße, Kiwi) eingeteilt, welche letztere jedoch in ihren Besonderheiten durch Rückbildung des Flugvermögens kaum als systematische Einheit gelten können. Einzelne flugunfähige Formen mit mehr oder weniger rückgebildeten Brustbeinkiel und Schwungfedern haben offenbar erst in jüngeren Perioden ähnliche Rückbildungen wie die Ratiten erfahren, repräsentieren aber Glieder von Carinatenfamilien, so der ausgestorbene *Didus* und der noch lebende *Stringops*.

Über die Stammesgeschichte der Vögel wurden sehr verschiedene Ansichten ausgesprochen. HUXLEY und GEGENBAUR glaubten aus der ähnlichen Gestaltung der hinteren Extremität gewisse *Dinosaurier* (*Ornithopodidae, Compsognathus*) als Stammformen betrachten zu können, aus denen sich zuerst die flugunfähigen Ratiten, später aus diesen die Carinaten entwickelt hätten. Dagegen betrachtete R. OWEN irrigerweise die langschwänzigen *Pterosaurier* (*Rhamphorhynchus*) als Ausgangsgruppe, um von denselben durch die *Archaeopterygier* als Zwischengruppe die *Carinaten* abzuleiten, wogegen er, und gewiß mit Recht, die Ratiten auf sekundär flugunfähig gewordene Formen zurückführte.

Noch unzutreffender ist die von einigen Autoren verfochtene Ansicht von einem diphyletischen Ursprunge der Vögel, nach welcher die Dinosaurier mit ihren reduzierten Vorderextremitäten zu den *Odontocolcae* (*Hesperornis*) und von diesen zu den flugunfähigen *Ratiten*, die Pterosaurier, beziehungsweise eine andere nicht näher zu bestimmende Sauriergruppe der mesozoischen Periode zu den *Carinaten* geführt habe. Die Übereinstimmung der Ratiten und Carinaten ist aber eine in allen wesentlichen Zügen so vollständige, daß die Entstehung dieses einheitlichen Typus von zwei verschiedenen Stammgruppen als höchst unwahrscheinlich bezeichnet werden muß.

Wenn auch die Ratiten in vieler Hinsicht auf einen primitiveren Entwicklungszustand hinweisende Eigenschaften zeigen, so sind diese zum Teil als sekundäre, im Anschluß an den früher oder später erfolgten Verlust des Flugvermögens eingetretene Umbildungen verständlich. Offenbar gingen dem Carinatenstamme abweichend gestaltete Typen mit geringerem Flugvermögen und primitivem Verhalten der Flügel und Befiederung voraus, aber diese deckten sich gewiß nicht mit den die Ratiten auszeichnenden Merkmalen. Man wird sich die Stammeltern der Vögel als saurierartige Tiere von geringer oder mittlerer Größe vorzustellen haben, welche arboricol waren, die Extremitäten zum Klettern und zum Sprunge benützten, während lamellenartig verlängerte seitliche Schuppen des Körpers und der Extremitäten (STEINER) beim Sprunge als Fallschirm dienten.

Die Stammformen der Vögel sind in mit den *Ornithopodiden* gemeinsamen Vorfahren zu suchen.

In der folgenden systematischen Übersicht ist großenteils V. CARUS gefolgt, dabei jedoch einigen anderen Gruppierungen Rechnung getragen.

1. Unterklasse. SAURURAE.

Vögel mit langem Schwanz und paarweise entsprechend den Wirbeln desselben angeordneten Konturfedern, mit Zähnen in den Kiefern, mit drei bekrallten eidechsenartigen Fingern der Hand, mit Bauchrippen und amphicölen Wirbeln.

Hierher gehört *Archaeopteryx lithographica* v. Mey. aus dem oberen Jura (Abb. 313).

2. Unterklasse. ORNITHURAE.

Vögel mit kurzem Schwanz und fächerförmig an demselben angeordneten Steuerfedern, mit von Hornscheiden bekleideten Kiefern und verwachsenen drei Fingern der Hand.

1. Ordnung. Struthiones, echte Strauße.

Flugunfähige Vögel von bedeutender Körpergröße ohne Brustbeinkamm (Ratitae), mit Pygostyl, mit weichen Schwung- und Schwanzfedern, mit zweizehigen Lauffüßen und breitem flachen Schnabel.

Die Struthiones sind die größten Vögel der heutigen Tierwelt. Sie besitzen einen breiten, flachen Schnabel. Die Mundspalte ist sehr tief. Der relativ kleine Kopf und der lange Hals sind wenig befiedert. Die hohen kräftigen Laufbeine haben bloß zwei (3. und 4.) Zehen mit stumpfen Nägeln (Abb. 1080 h). Im Skelet prägen sich im Zusammenhang mit der Verkümmerung der Flügel Eigentümlichkeiten aus, welche diese Vögel als ausschließliche Läufer charakterisieren. Fast sämtliche Knochen sind schwer, mit sehr reduzierter Pneumaticität. Das Brustbein stellt eine breite, wenig gewölbte Platte ohne Brustbeinkamm dar. Claviculae fehlen. Die Processus uncinati sind rudimentär. Im Beckengürtel besteht eine Symphyse der Schambeine. Am Schädel ist der Vomer kurz, ohne Articulation mit den Palatina und Pterygoidea. Ein Pygostyl ist ausgebildet. Das Gefieder bekleidet den Körper mit Ausnahme fast nackter Stellen am Kopfe, Hals, Extremitäten und Bauch ziemlich gleichmäßig, ohne eine Anordnung von Federfluren zu zeigen. Eine Dunenbekleidung fehlt, die Konturfedern besitzen einen biegsamen Schaft und weiche zerschlissene Fahnen. Ein Afterschaft fehlt. Die Flügel- und Schwanzfedern sind groß. Am 1. und 2. Finger, gelegentlich auch am 3. Finger, findet sich ein Nagel. Ein Syrinx fehlt. Penis ohne ausstülpbaren Blindschlauch. Am Brutgeschäfte beteiligen sich beide Geschlechter. Sind Nestflüchter.

Fam. *Struthionidae.* Mit den Charakteren der Ordnung. *Struthio camelus* L., zweizehiger Strauß. Erreicht eine Höhe von über 2,5 m. Lebt gesellig. Steppen Afrikas, Arabiens.

2. Ordnung. Rheae.

Flugunfähige Vögel von ansehnlicher Körpergröße, ohne Brustbeinkamm (Ratitae) ohne Pygostyl, mit weichem zerschlissenen Gefieder und dreizehigen Lauffüßen, mit breitem flachen Schnabel.

Die Rheae erinnern in ihrer äußeren Erscheinung an die echten Strauße, mit denen sie in eine Gruppe gestellt wurden, unterscheiden sich von letzteren jedoch in vielen Merkmalen.

Der Schnabel ist breit und flach. Kopf und Hals sind befiedert, das Gefieder weich, Flügel und Schwanzfedern groß. Ein Afterschaft fehlt. Der verkümmerte Flügel endet mit drei Fingern und trägt einen Sporn. Die Beine besitzen einen sehr langen Lauf und enden mit drei bekrallten Zehen. An dem wie bei den Struthiones schweren, wenig pneumatischen Skelete fehlt die Clavicula. Der Beckengürtel ist in einer Symphyse der Sitzbeine geschlossen. Am Schädel articuliert der Vomer mit den Palatina und Pterygoidea. Ein Syrinx ist vorhanden. Das Brutgeschäft wird bloß vom Männchen besorgt. Sind Nestflüchter.

Fam. *Rheidae.* Mit den Charakteren der Ordnung. *Rhea americana* L., Nandu. Lebt gesellig und polygam. Pampas des südl. Südamerika.

3. Ordnung. Casuarii.

Flugunfähige große Vögel ohne Brustbeinkamm (Ratitae), ohne Pygostyl, mit haarähnlichem Gefieder, mit stark reducierten Flügeln, mit dreizehigen Lauffüßen und gekieltem Schnabel.

Die Casuarii, früher mit den Rheae und Struthiones in eine Gruppe *Struthiomorphae* vereinigt, entfernen sich auch in ihrer äußeren Erscheinung von den letztgenannten Laufvögeln.

Der Schnabel ist gekielt, der Kopf und kürzere Hals sind meist nackt. Das Gefieder ist haarähnlich. Alle Federn mit gleichgroßem Afterschaft. Die Konturfedern der Flügel sind bei den Kasuaren auf fünf fahnenlose Stacheln reduciert. Der stark rudimentäre Flügel mit bloß einem einen Nagel tragenden Finger. Der Schwanz ist verkümmert. Die Beine sind kräftige Lauffüße mit kurzem Laufe und enden mit drei große Krallen tragenden Zehen. Im wenig pneumatischen Skelete fehlt eine Symphyse des Beckengürtels, ebensowenig ist ein Pygostyl ausgebildet. Rudimentäre Claviculae (bei *Dromaeus* zeitlebens ziemlich gut entwickelt) vorhanden. Im Kopfskelete sind die großen Gaumenfortsätze des Oberkiefers mit Vomer und Intermaxillare verwachsen. Der Vomer groß, mit Palatina und Pterygoidea in Articulation. Ein Syrinx fehlt. Das Brutgeschäft besorgt nur das Männchen. Sind Nestflüchter.

Fam. *Casuariidae,* Kasuare. Mit seitlich kompressem Schnabel. Kopf mit helmartigem Aufsatz. Kopf und Hals nackt, mit lebhaft gefärbter runzeliger Haut und herabhängenden Lappen. Konturfedern der Flügel stachelartig. Leben in Trupps. Sind Waldbewohner. *Casuarius emeu* LATH. (*galeatus* BONN.), Helmkasuar. Neuguinea.

Fam. *Dromaeidae.* Schnabel breit, mit Firste. Hals und Kopf kurz befiedert. Flügel und Schwanz ohne Schwingen und Steuerfedern. Schenkel befiedert. Leben in Trupps und sind Waldbewohner. *Dromaeus novae-hollandiae* LATH., Emu. Australien.

4. Ordnung. Dinornithes, Moas.

Ausgestorbene, meist große Vögel ohne Brustbeinkamm (Ratitae), mit sehr reducierten Flügeln oder ohne Flügel. Beine mächtig, drei- oder vierzehig.

Die Dinornithen (*Dinornis maximus, D. ingens* usw.) waren flugunfähige, straußenähnliche Vögel von plumpem Bau. Manche erreichten eine riesige Körpergröße (bis $3\,^1/_2$ m Höhe). Reiche Knochenreste derselben sind aus dem Pleistocän und aus der recenten Zeit von Neuseeland bekannt. Auch Fußspuren sowie Reste von Muskeln, Haut, Federn mit Afterschaft und Eifragmente wurden gefunden. Die Dinornithen sind gegenwärtig ausgestorben, wurden aber erst von den eingeborenen Maoris ausgerottet.

5. Ordnung. Aepyornithes.

Ausgestorbene große Vögel ohne Brustbeinkamm (Ratitae), mit augenscheinlich rudimentären Flügeln und langen starken, meist vierzehigen Beinen.

Im Pleistocän und Alluvium von Madagaskar gefundene Skeletreste und wohlerhaltene kolossale Eier (dreimal so groß als Straußeneier) weisen auf Riesenvögel (*Aepyornis*, darunter *Ae. maximus*, vielleicht der Vogel Rukh des Marco Polo) hin, die noch unzureichend bekannt sind. Manche Arten wurden wahrscheinlich erst in historischer Zeit ausgerottet.

6. Ordnung. Apteryges, Kiwis.

Vögel ohne Brustbeinkamm (Ratitae) und Pygostyl, mit stark reduzierten Flügeln, ohne Schwung- und Steuerfedern, mit kräftigen vierzehigen Beinen, langem und schlankem Schnabel.

Der Körper dieser Vögel, etwa von der Größe eines starken Huhnes, ist ganz und gar mit langen, locker herabhängenden, haarartigen Federn bedeckt, welche die Flügelstummel vollständig verdecken (Abb. 1091). Die kräftigen, niedrigen Beine sind mit Schildern bekleidet, die drei nach vorne gerichteten Zehen mit Scharrkrallen bewaffnet, die hintere Zehe kurz und vom Boden erhoben. Der von einem kurzen Halse getragene Kopf läuft in einen langen und rundlichen Schnepfenschnabel aus, an dessen äußerster Spitze die Nasenöffnungen münden. Am Skelet ist der Mangel einer Crista sterni hervorzuheben; auch kommt ein Pygostyl nicht zur Ausbildung. Die Claviculae fehlen. Processus uncinati sind wohl entwickelt. Hand mit nur einem einen Nagel tragenden Finger.

Die Kiwis sind Nachtvögel, die sich den Tag über in Erdlöchern versteckt halten und zur Nachtzeit auf Nahrung ausgehen. Sie ernähren sich von Insectenlarven und Würmern, leben paarweise und legen zur Fortpflanzungszeit, wie es scheint zweimal im Jahre, ein auffallend großes Ei, welches in einer ausgegrabenen Erdhöhle vom Männchen, nach anderen vom Männchen und Weibchen abwechselnd bebrütet werden soll.

Fam. *Apterygidae*. Mit den Charakteren der Ordnung. *Apteryx australis* SHAW. *A. mantelli* BARTL. *A. oweni* J. GD. Neuseeland (Abb. 1091).

7. Ordnung. **Tinamiformes.**

Carinate Vögel mit zusammengesetzten Schnabelscheiden, kurzen gerundeten Flügeln und kurzem Schwanz, ohne Pygostyl. Schädel straußenähnlich. Lauf lang.

Die Tinamiformes zeigen nächste verwandtschaftliche Beziehungen zu den Hühnervögeln und Rallen, weisen aber manche

Abb. 1091. *Apteryx oweni.* $^1/_4$

Merkmale auf, die bei den straußenartigen Vögeln zu finden sind. Sie sind von mittlerer Körpergröße, besitzen einen langen und sanft gebogenen Schnabel, kurze runde Flügel, einen sehr kurzen Schwanz, zuweilen ohne Steuerfedern, und einen langen Lauf; die Hinterzehe bleibt klein oder verkümmert. Im Skelet ist der Mangel der Ausbildung eines Pygostyls hervorzuheben, am Schädel trennt der breite Vomer die Palatina und Pterygoidea vom Sphenoidalrostrum (Dromaeognathie HUXLEY). Die Tinamiformes sind schlechte Flieger, laufen aber sehr schnell. Die zahlreichen schön gefärbten Eier werden in eine Mulde auf dem Boden abgelegt. Sind Nestflüchter.

Fam. *Tinamidae* (*Crypturidae*), Steißhühner. Mit den Charakteren der Ordnung. *Tinamus tao* TEMM. *Crypturus cinereus* GM. *Rhynchotus rufescens* TEMM. Südamerika.

8. Ordnung. **Gallinacei (Rasores), Hühnervögel, Scharrvögel.**

Carinate Land- oder Baumvögel von mittlerer, zum Teil bedeutender Körpergröße, von gedrungenem Baue, mit kurzen abgerundeten Flügeln, starkem, meist gewölbtem und an der Spitze herabgebogenem Schnabel und kräftigen Sitzfüßen, in der Regel Nestflüchter.

Die hühnerartigen Vögel besitzen im allgemeinen einen gedrungenen, reich
befiederten Körper mit kleinem Kopf und kräftigem Schnabel, kurzem oder
mittellangem Hals, meist kurzen abgerundeten Flügeln, mittelhohen Beinen und
wohlentwickeltem, aus zahlreichen Steuerfedern zusammengesetztem Schwanz.
Oft finden sich am Kopfe nackte Stellen sowie schwellbare Kämme und Hautlappen, letztere vornehmlich als Auszeichnungen des männlichen Geschlechtes.
Der Schnabel bleibt an seiner Basis weichhäutig und mit Federn bekleidet, zwischen denen eine harte Schuppe als Bedeckung der Nasenlöcher hervortritt. Das
Gefieder der Hühnervögel ist derb und straff, oft schön gezeichnet und mit reichen,
metallisch glänzenden Farben geziert (Männchen). Da die Flügel in der Regel
kurz und abgerundet sind, erscheint der Flug schwerfällig; nur die Steppenhühner
fliegen rasch. Die kräftigen, niedrigen oder mittelhohen Beine sind meist bis zur
Fußbeuge, selten bis zu den Zehen befiedert und enden mit Sitzfüßen (Abb. 1080 c).
Oberhalb der hocheingelenkten Hinterzehe findet sich oft am Lauf des Männchens
ein spitzer Sporn, welcher dem Tiere als Waffe dient. Die Hühner halten sich vornehmlich auf dem Boden auf. Zum andauernden Laufen vorzüglich tauglich,
suchen sie ihren Lebensunterhalt auf dem Boden, ernähren sich besonders von
Beeren, Knospen und Körnern, indessen auch von Insecten und Gewürm; sie bauen
auch ihr kunstloses Nest meist auf der flachen Erde in niedrigem Gestrüpp, seltener
auf hohen Bäumen und legen in dasselbe eine große Zahl von Eiern ab. In der
Regel lebt der Hahn mit zahlreichen Hennen vereint und kümmert sich nicht um
die Brutpflege. Sind meist Nestflüchter. Die Hühner erweisen sich als leicht
zähmbar und wurden daher schon seit den ältesten Zeiten als Haustiere nutzbar
gemacht.

Fam. *Cracidae (Penelopidae)*, Baumhühner. Große hochbeinige Baumvögel mit wohl-
gebildeten Schwingen und langem abgerundeten Schwanz. Lauf ohne Sporn. An Kopf und
Hals häufig nackte Stellen. *Crax alector* L., Hokko. *Pauxis (Urax) galeata* LATH. Südamerika. *Penelope cristata* L. Mittel- und Südamerika.

Hier schließen sich am besten die *Opisthocomidae*, Schopfhühner, an, die von manchen
in die Nähe der Rallen gestellt werden. *Opisthocomus hoazin* MÜLL. Sind halb Nesthocker.
Das Junge klettert mit Hilfe der Flügelkrallen des 1. und 2. Fingers. Südamerika.

Fam. *Megapodiidae*. Hochbeinige Hühner von mittlerer Größe, mit kleinem Kopf,
kurzem breiten Schwanz und sehr großen, stark bekrallten Füßen, deren lange Hinterzehe
in gleicher Höhe mit den Vorderzehen eingelenkt ist. Legen ihre großen Eier in einen Haufen zusammengetragener Pflanzenteile, die in Fäulnis geraten, oder in Vertiefungen des
Sandes. Die Jungen schlüpfen bereits mit dem Federkleide aus dem Ei. *Megacephalon
maleo* TEMM., Maleo. Auf Celebes. *Catheturus (Talegalla) lathami* LATH. *Megapodius duper-
reyi* LESS. et GARN. (*tumulus* J. GD.). Australien.

Fam. *Phasianidae*, echte Hühner. Der teilweise, besonders in der Wangengegend un-
befiederte Kopf ist häufig mit gefärbten Kämmen, Hautlappen oder Federbüschen geziert
und besitzt einen kurzen oder mittellangen, stark gewölbten Schnabel mit kuppig herab-
gebogener Spitze. Beide Geschlechter sind meist auffallend verschieden, das männliche
größer und reicher geschmückt. *Pavo cristatus* L., Pfau. Indien, Ceylon. *Argusianus ar-
gus* L., Argusfasan. Siam, Sumatra. *Meleagris gallopavo* L., Truthuhn. Mexiko, Texas.
Stammform des domestizierten Puters. *Lophophorus impeyanus* LATH. (*refulgens* TEMM.),
Glanzfasan. Himalaja. *Gennaeus nycthemerus* L., Silberfasan. China. *Phasianus colchicus* L., gemeiner Fasan. Südosteuropa, Transkaukasien. *Ph. (Syrmaticus) reevesi* GRAY,
Königsfasan. China. *Chrysolophus pictus* L., Goldfasan. China. *Gallus ferrugineus* GM.
(*bankiva* TEMM.), Bankivahuhn. Indien, Sundainseln. Stammform unseres Haushuhns.
Numida meleagris L., Perlhuhn. Westafrika. *Crossoptilon auritum* PALL., Ohrfasan. Südchina. *Tragopan satyra* L., Satyrhuhn. Süd-Himalaja. *Caccabis saxatilis* M. W., Stein-
huhn. In den Gebirgen von Mittel- und Südeuropa. *C. rufa* L., Rothuhn. Südwesteuropa.
Perdix perdix L., Rebhuhn. Europa, Centralasien. *Coturnix coturnix* L., Wachtel. Ist Zug-
vogel. Europa, Asien, Afrika. Hier schließt sich an *Colinus (Ortyx) virginianus* L. Nordamerika.

Fam. *Tetraonidae*, Waldhühner. Der Körper ist gedrungen, der Hals kurz, der Kopf
klein und befiedert, höchstens mit einem nackten Streifen über dem Auge. Beine niedrig,
meist bis auf die Zehen herab befiedert. *Tetrastes bonasia* L., Haselhuhn. Nord- und Mittel-

Europa und -Asien. *Tympanuchus cupido* L., Präriehuhn. Nordamerika. *Tetrao urogallus* L., Auerhuhn. *Lyrurus tetrix* L., Birkhuhn. Europa, Asien. Bastarde zwischen Auerhenne und Birkhahn als *Tetrao medius* MEY., Rakelhuhn, bekannt. *Lagopus mutus* MONTIN (*alpinus* NILSS.), Schneehuhn. Hoher Norden und Alpen. *L. albus* GM., Moorhuhn. Arkt. Zone.

Fam. *Pteroclidae*, Flughühner, Wüstenhühner. Kleine Hühner mit kleinem Kopf, kurzem Schnabel, niedrigen schwachen Beinen, langen spitzen Flügeln und keilförmigem Schwanz. Die kurzzehigen Füße mit hochsitzender stummelförmiger Hinterzehe oder ohne die letztere. *Pterocles arenarius* PALL., Sandflughuhn. Südeuropa, Nordafrika. *Syrrhaptes paradoxus* PALL., Fausthuhn. In den Steppen der Tatarei, gelegentlich im nördlichen Deutschland.

9. Ordnung. Columbae, Tauben.

Carinate Nesthocker mit schwachem, weichhäutigem, in der Umgebung der Nasenöffnungen blasig aufgetriebenem Schnabel, mit mittellangen zugespitzten Flügeln und niedrigen Sitz- oder Spaltfüßen.

Die Tauben schließen sich am nächsten den Flug- oder Wüstenhühnern an. Sie sind Vögel von mittlerer Größe mit kleinem Kopf, kurzem Hals und niedrigen Beinen. Der Schnabel ist länger als bei den Hühnern, aber schwächer und an der hornigen, etwas aufgeworfenen Spitze sanft gebogen (Abb. 1083 k). An der Basis des Schnabels erscheint die schuppige Decke der Nasenöffnungen bauchig aufgetrieben, nackt und weichhäutig. Die mäßig langen, zugespitzten Flügel befähigen zu einem raschen und gewandten Fluge. Der schwach gerundete Schwanz enthält meist 12, selten 14 oder 16 Steuerfedern. Das straffe Gefieder liegt dem Körper glatt an und zeigt sich nach dem Geschlechte kaum verschieden. Die niedrigen Beine sind nicht zum schnellen und anhaltenden Laufe tauglich und enden mit Spaltfüßen

Abb. 1092. *Columba livia.* (Nach NAUMANN.) Etwa ¹/₅

oder Sitzfüßen, deren wohlentwickelte Hinterzehe dem Boden aufliegt. Die Tauben besitzen einen paarigen Kropf, der zur Brutzeit bei beiden Geschlechtern ein rahmartiges Secret zur Atzung der Jungen absondert. Über alle Erdteile verbreitet, halten sie sich paarweise oder zu Gesellschaften vereint mehr in Waldungen auf und nähren sich fast ausschließlich von Körnern und Sämereien. Die im Norden lebenden Arten sind Zugvögel, die anderen Strich- und Standvögel. Sie leben in Monogamie und legen meist zwei Eier in ein kunstlos gebautes Nest. Am Brutgeschäft beteiligen sich beide Geschlechter. Die Jungen verlassen das Ei fast ganz nackt, mit geschlossenen Augenlidern und bedürfen geraume Zeit hindurch der mütterlichen Pflege.

Fam. *Columbidae*. Schnabel stets ungezähnt, mit glatten Rändern. *Carpophaga aenea* L. Indien, Sundainseln. *Columba livia* BRISS., Felstaube, schieferblau, mit weißen Deckfedern der Schwanzwurzel, zwei schwarzen Flügelbinden und schwarzer Schwanzbinde. Stammform der zahlreichen Rassen der Haustaube. Nistet auf Felsen und Ruinen und ist von den Küsten des Mittelmeeres an weit über Europa, Nordafrika und Asien verbreitet (Abb. 1092). *C. oenas* L., Holztaube. Europa, Westasien. *C. palumbus* L., Ringeltaube. Europa, Nordafrika, Westasien. *Ectopistes migratorius* L., Wandertaube. Nordamerika. Gegenwärtig ausgestorben. *Turtur turtur* L., Turteltaube. Europa, Nordafrika. *T. douraca* HDGS. (*risorius* PALL.), Lachtaube. Südosteuropa bis Japan. *Caloenas nicobarica* L. Nikobaren, Sundainseln. *Goura coronata* L., Krontaube. Neuguinea.

Fam. *Didunculidae.* Schnabel stark, mit hakig übergreifender Spitze. Unterschnabel mit zwei starken Zähnen. *Didunculus strigirostris* JARD., Zahntaube. Samoainseln (Abb.1093).

Fam. *Dididae*, Dronten. Mit rudimentären Schwanz und Flügeln. Schnabel länger als der Kopf, großenteils von weicher nackter Haut überzogen, an der hornigen Spitze hakig gekrümmt. Lauf kurz. Waren zur Zeit VASCO DA GAMAS auf einer kleinen Insel (Mauritius) an der Ostküste Afrikas und auf den Maskarenen noch häufig, sind aber im 17. Jahrhundert aus der Reihe der lebenden Vögel verschwunden. Wir kennen die Erscheinung dieser Tiere aus Resten und Bildern. *Didus cucullatus* L. (*ineptus* L.), Dodo. Mauritius. *Pezophaps solitarius* GM., Solitaire. Insel Rodriguez.

10. Ordnung. Grallae, Sumpfvögel.

Carinate Vögel mit verlängertem Hals und verlängerten Watbeinen, deren Vorderzehen geheftet oder mit gelappten Hautsäumen versehen oder frei sind. Hinterzehe klein oder fehlend. Schnabel meist schlank, vom Kopfe abgesetzt, am Grunde von weicher Haut bedeckt.

Die Sumpfvögel besitzen, von einigen Ausnahmen abgesehen, Watbeine mit großenteils nackter, frei aus dem Rumpfe vorstehender Schiene und verlängertem, oft getäfeltem oder geschientem Lauf. Nur wenige haben Laufbeine und sind

Abb. 1093. *Didunculus strigirostris.* (Nach GOULD.) Etwa ¹/₄

Landvögel (Trappe), einzelne (Wasserhühner) schließen sich in ihrer Lebensweise sowie durch die Kürze der Beine und Bildung der Zehen den Schwimmvögeln (Abb. 1080 k) an, schwimmen und tauchen gut, fliegen aber schlecht. Der Höhe der Beine entspricht ein verlängerter Hals und meist auch ein langer Schnabel. Übrigens variiert die Größe und Form des letzteren mannigfach. Auch die Füße zeigen sich nach der Größe und Verbindung der Zehen sehr verschieden. Die Flügel erlangen meist eine mittlere Größe, der Schwanz dagegen bleibt kurz. Die Konturfedern besitzen stets einen Afterschaft. Die Sumpfvögel sind bezüglich ihrer Nahrung auf das Wasser angewiesen, diesem jedoch in anderer Weise angepaßt als die Schwimmvögel. Sie leben mehr in sumpfigen Distrikten, am Ufer der Flüsse und durchschreiten seichte Stellen, um Schnecken und Gewürm oder Frösche und Fische aufzusuchen, nähren sich teilweise aber auch von Pflanzenteilen und Samen. Sie sind meist Zugvögel, leben paarweise in Monogamie, bauen kunstlose Nester auf der Erde, seltener auf dem Wasser und sind Nestflüchter.

Fam. *Rallidae*, Wasserhühner. Schnabel mittellang, hoch und seitlich komprimiert. Flügel kurz, abgerundet, daher der Flug meist schwerfällig. Schwanz auch kurz. Lauf mittellang, dagegen sind die meist dünnen, lang bekrallten Zehen sehr lang. Führen teils zu den Hühnervögeln hin. *Rallus aquaticus* L., Wasserralle (Abb. 1094). *Ocydromus australis* SPARRM. Flugunfähig. Neuseeland. *Crex crex* L. (*pratensis* BCHST.), Wiesenschnarre,

Wachtelkönig. *Porzana porzana* L. Europa, Westasien, Nordafrika. *Gallinula chloropus* L., Rohrhuhn. Europa, Asien, Afrika. *Porphyrio porphyrio* L., Sultanshuhn. Nord- und Westafrika. *Fulica atra* L., Bleßhuhn. Zehen von gelappten Hautsäumen umzogen (Abb. 1080 m). Europa, Asien, Nordafrika. Hier schließt sich an *Parra jaçana* L. Mit einem Sporn am Flügel. Südamerika.

Bei den Rallen sei die seltene *Mesoenas* (*Mesites*) *variegata* Js. GEOFFR. aus Madagaskar erwähnt. Es ist eine primitive Form, deren systematische Stellung nicht feststeht und für die als Überrest einer alten Gruppe in neuerer Zeit eine besondere Ordnung vorgeschlagen wird (LOWE).

Fam. *Scolopacidae*, Schnepfenvögel. Kopf mittelgroß, stark gewölbt, mit langem, dünnem und meist weichem, von nervenreicher Haut überkleidetem Schnabel. Vorderzehen geheftet oder mit kurzen Schwimmhäuten (Abb. 1080 k). *Recurvirostra avocetta* L., Säbelschnäbler (Abb. 1083 h). *Numenius arquatus* L., großer Brachvogel. Europa, Asien, Afrika. *Limosa lapponica* L., Uferschnepfe. Europa, Westsibirien, Nordafrika. *Totanus fuscus* L. Europa, Asien, Nordafrika. *Pavoncella* (*Machetes*) *pugnax* L., Kampfhahn. *Tringa canutus* L. Weit verbreitet. *Gallinago gallinago* L. (*media* LEACH), Bekassine, Sumpfschnepfe *Limnocryptes gallinula* L., Moorschnepfe. *Scolopax rusticola* L., Waldschnepfe. Europa, Asien, Nordafrika. *Rostratula* (*Rhynchaea*) *capensis* L. Afrika, Südasien.

Phalaropus lobatus L. (*hyperboreus* L.), Wassertreter. Die Männchen beider besorgen die Brutpflege. Norden der alten Welt.

Fam. *Charadriidae*, Läufer. Mit ziemlich dickem Kopf, kurzem Hals und mittellangem, hartrandigem Schnabel. *Haematopus ostralegus* L., Austernfischer. Europa, Asien, Nordafrika. *Vanellus vanellus* L. (*cristatus* M. W.), Kiebitz. Europa, Asien, Afrika. *Charadrius pluvialis* L., Goldregenpfeifer. Europa, Westasien. Hier schließen sich an *Cursorius gallicus* GM. (*isabellinus* MEY.). Nordafrika, Südwestasien. *Pluvianus aegyptius* L., Krokodilwächter. Mittelmeerländer. *Oedicnemus oedicnemus* L. (*crepitans* TEMM.), Triel. In Steppen von Südeuropa, Afrika, Westasien, auch Deutschland.

Fam. *Otididae*. Ziemlich große, schwere Vögel mit mittellangem,

Abb. 1094　*Rallus aquaticus*, Männchen. (Nach NAUMANN.)
Etwa ¹/₃

am Grunde breitem Schnabel. Schwanz und Flügel mittellang. Lauf lang und kräftig. Hinterzehe fehlt. *Otis tarda* L., Große Trappe. *O. tetrax* L., Zwergtrappe. Europa, Asien, Nordafrika.

Fam. *Cariamidae*. Mit mittellangem, an der Spitze hakigem Schnabel. Flügel kräftig, Schwanz lang. Füße sehr hoch. *Cariama* (*Dicholophus*) *cristata* L., Seriema. Lebt von Insecten, Eidechsen, Schlangen. Südamerika. Hier schließt sich an *Psophia crepitans* L., Trompetenvogel. Südamerika.

Fam. *Gruidae*, Kraniche. Mit langem Schnabel und Hals, mit langen Flügeln. Schwanz kurz, Lauf sehr lang. *Grus grus* L., Gemeiner Kranich. Europa, Nordafrika. *Anthropoides virgo* L., Jungfernkranich. Südeuropa, Asien, Nordafrika.

11. Ordnung. Lamellirostres, Siebschnäbler.

Carinate Wasservögel mit in der Regel breitem, am Grunde hohem und weichhäutigem Schnabel, dessen Ränder mit quer vorspringenden Hornplättchen. Flügel mäßig lang. Lauf meist kurz; Vorderzehen in der Regel durch ganze Schwimmhäute verbunden, Innenzehe nach hinten gerichtet, klein, frei.

Einen Hauptcharakter der Gruppe bildet der in der Regel breite Schnabel, der von einer weichen nervenreichen Haut bekleidet, an den Rändern Hornplättchen trägt und mit einer nagelartigen Kuppe endet. Dem Schnabel entsprechend ist die Zunge groß und am Rande gefranst. Der Körper ist meist gedrungen schwerfällig, der Hals lang. Die Flügel erreichen eine mäßige Länge, der Schwanz ist kurz. Die Füße sind Schwimmfüße (Abb. 1080 i). Die Tiere bewohnen vorzugsweise die Binnengewässer, die *Anatiden* schwimmen und tauchen vorzüglich. Die aus dem Schlamme gewonnene tierische Nahrung erbeuten sie durch Gründeln, nehmen aber auch Pflanzennahrung auf. Die Nester sind kunstlos und werden in der Nähe des Wassers, auch in Baum- und Felsenhöhlen angelegt und mit Dunen ausgekleidet. Sind Nestflüchter. Die Lamellirostres leben gesellig und sind Zugvögel.

Fam. *Anatidae.* Schnabel mittellang, Ränder gerade, Spitze mit hornigem Nagel. Beine kurz, Schienen bis fast zur Ferse befiedert. *Chen hyperboreus* PALL., Polargans. Nordasien, Nordamerika. *Anser anser* L. (*cinereus* M. W.), Wildgans. Stammform unserer Hausgans. Europa. *A. fabalis* LATH. (*segetum* GM.), Saatgans. Nordeuropa. *Branta bernicla* L., Ringelgans. *B. leucopsis* BECHST., Bernikelgans. Heimat der hohe Norden. *Cygnus cygnus* L. (*musicus* BCHST.), Wildschwan. *C. olor* GM., Höckerschwan. Europa, Asien, Nordafrika. *Tadorna tadorna* L., Brandente. *Anas boscas* L., Wildente, Stockente. Stammform unserer Hausente. Weit verbreitet. *Nettion crecca* L., Krickente. Europa, Asien, Nordafrika. *Spatula clypeata* L., Löffelente. In der gemäßigten Zone von Europa, Centralasien, Nordamerika. *Fuligula fuligula* L., Reiherente. Norden der alten Welt. *Somateria mollissima* L., Eiderente. Arkt. Europa und Amerika. *Mergus albellus* L., Kleiner Säger. *Merganser* (*Mergus*) *merganser* L., Großer Säger. Nordeuropa, Nordasien (Abb. 1083 f).

Fam. *Palamedeidae.* Mit komprimiertem, zugespitztem Schnabel, Hornlamellen zahlreich, aber

Abb. 1095. *Chauna chavaria* (aus règne animal). Etwa 1/10

schwach. Flügeln mit zwei dornigen Krallen. Füße hoch. Zehen nur am Grunde mit kleiner Bindehaut. *Palamedea cornuta* L., Wehrvogel. *Chauna chavaria* L., Hirtenvogel. Wird gezähmt. Trägt seinen Namen von seiner Verwendung als Hüter der Hühner- und Gänseherden. Südamerika (Abb. 1095).

Fam. *Phoenicopteridae.* Schnabel in der Mitte nach unten geknickt. Hornlamellen dicht und niedrig. Hals und Beine ungemein lang. Zehen kurz, mit ganzen Schwimmhäuten. Diese Tiere stimmen vielfach mit den Störchen überein, zu denen sie auch häufig eingereiht werden. *Phoenicopterus roseus* PALL. (*antiquorum* GRAY), Flamingo. Südeuropa, Asien, Afrika (Abb. 1083 a).

12. Ordnung. Ciconiae (Herodiones), Watvögel.

Carinate Vögel mit langem Schnabel, der sich vom Kopf kaum abhebt, bis zur Basis hornig ist, ohne Wachshaut; mit sehr verlängerten Hals und Beinen. Vorderzehen geheftet, Hinterzehe lang, auftretend.

Die Ciconiae weichen von den Grallae, mit denen sie früher vereinigt wurden, im Bau des Schnabels und Schädels ab. Die Augen- und Zügelgegend sind nackt. Alle zeichnen sich durch hohe Stelzfüße mit gehefteten Vorderzehen aus

(Abb. 1080g). Der Hals erscheint in der Regel sehr verlängert. Die Flügel sind mäßig lang. Konturfedern und Dunen besitzen einen Afterschaft. Sie leben an Gewässern und nähren sich vornehmlich von Wassertieren. Bauen ihre Nester meist auf Bäumen. Sind Nesthocker.

Fam. *Ibididae*. Mit langem, rundlichem, sichelförmig gekrümmtem Schnabel. Oberschnabel mit Längsfurchen. Zunge klein. *Ibis aethiopica* LATH. (*religiosa* CUV.), Heiliger Ibis. Afrika, Südwestasien. *Plegadis falcinellus* L., Sichelreiher. Weit verbreitet, auch Südeuropa (Abb. 1083 p). *Eudocimus ruber* L., Scharlachibis. Mittel- und Südamerika. *Geronticus* (*Comatibis*) *eremita* L., Waldrapp, Schopfibis. Nordafrika, Kleinasien, Syrien, bis zum 18. Jahrhundert auch in den Alpenländern. *Platalea leucerodia* L. Löffelreiher. Mittel- und Südeuropa, Afrika, Asien (Abb. 1083 b).

Fam. *Ciconiidae*, Störche. Von plumperem Körperbau. Schnabel dicker und höher. Oft nackte Stellen an Kopf und Hals. Klappern mit dem Schnabel. *Tantalus loculator* L. Amerika. *Ciconia ciconia* L., Storch. Mittel- und Südeuropa, Asien, Afrika. *Anastomus lamelligerus* TEMM., Klaffschnabel (Abb. 1083 m). *Ephippiorhynchus* (*Mycteria*) *senegalensis* SHAW (Abb. 1083 o), Sattelstorch. *Leptoptilus crumeniferus* LESS. (*argala* TEMM.), Marabu. Trop. Afrika.

Fam. *Ardeidae*, Reiher. Kopf klein, meist mit Federbusch im Nacken, mit scharfkantigem, langem Schnabel. Zehen lang und dünn. *Balaeniceps rex* J. GD., Schuhschnabel. Weißer Nil (Abb. 1083 l). *Ardea cinerea* L. Weit verbreitet. *Herodias alba* L. (*egretta* BCHST.), Silberreiher. Südeuropa, Asien, Afrika. *Ardetta minuta* L., Zwergrohrdommel. Süd- und Mitteleuropa, Asien, Afrika. *Nycticorax nycticorax* L., Nachtreiher. Weit verbreitet. *Botaurus stellaris* L., Rohrdommel. Europa, Asien, Afrika. *Cochlearius cancrophagus* L. (*Cancroma cochlearia* L.), Kahnschnabel. Südamerika.

13. Ordnung. Steganopodes, Ruderfüßer.

Carinate große Schwimmvögel mit kleinem Kopf, Schnabel mit einer Seitenfurche. Mit Ruderfüßen.

Die Steganopoden bilden eine wohlbegrenzte Gruppe, die verwandtschaftliche Beziehungen zu den Ciconiae und zu den Tubinares besitzt und vor allem durch die Ruderfüße (Abb. 1080n) charakterisiert ist. Der lange Schnabel variiert in seiner Form, besitzt aber immer Seitenfurchen, in denen die Nasenlöcher liegen. Sie nähren sich von Fischen, die sie schwimmend und im Stoße tauchend erbeuten. Ihr kunstloses Nest wird auf Felsen und Bäumen angelegt. Sind Nesthocker.

Fam. *Pelecanidae*. Schnabel lang, Oberschnabel mit hakiger Spitze, zwischen den Unterkieferästen ein großer Hautsack (Abb. 1083 g). *Pelecanus onocrotalus* GM., Pelikan. Europa, Nordafrika, Asien.

Fam. *Phalacrocoracidae*, Scharben. Schnabel mit scharfer hakiger Spitze. An der Basis des Unterschnabels ein kleiner Hautsack. Zehen stark bekrallt. *Phalacrocorax carbo* L., Kormoran. Weit verbreitet. *Plotus anhinga* L., Schlangenhalsvogel. Trop. Amerika. Hier schließt sich an *Fregata* (*Tachypetes*) *aquila* L., Fregattvogel. Trop. Meere.

Fam. *Sulidae*. Schnabel lang, sehr stark, in eine wenig herabgekrümmte Spitze ausgehend. Flügel und Schwanz sehr lang. *Sula bassana* L., Tölpel. Nordatlant. Ozean.

Fam. *Phaëthontidae*. Mit langem, an den Rändern gesägtem Schnabel. *Phaëton aethereus* L., Tropikvogel. Paz. und Atlant. Ozean.

14. Ordnung. Lari (Gaviae).

Carinate Wasservögel mit langen, spitzen oder mit kurzen Flügeln, mit Schwimmfüßen. Schnabel seitlich zusammengedrückt, meist mit hakiger Spitze. Nares perviae.

In dieser Ordnung erscheinen neueren Auffassungen gemäß Möwen und Alken vereinigt. Es sind Schwimmvögel mit langen schlanken oder kurzen Flügeln, welche gesellig leben und sich von Fischen und Mollusken ernähren. Sie tauchen mit großem Geschick, indem sie entweder aus der Luft im Stoße herabschießen (Stoßtaucher) oder beim Schwimmen plötzlich in die Tiefe des Wassers rudern (Schwimmtaucher).

Fam. *Laridae*, Möwen. Leichtgebaute, schwalben- oder taubenähnliche Schwimmvögel mit langen spitzen Flügeln und oft gabeligem Schwanz, verhältnismäßig hohen, dreizehigen

Schwimmfüßen und freier Hinterzehe. Sind Nestflüchter. Ihrer Lebensweise nach erscheinen sie als Raubvögel, die als Stoßtaucher die Beute erhaschen. *Sterna fluviatilis* NAUM. (*hirundo* L.), Seeschwalbe. Europa, Asien. *S. paradisaea* BRÜNN. Küstenseeschwalbe. Circumpolar. *Rhynchops nigra* L., Scherenschnabel. Nord- und Centralamerika (Abb. 1083 i). *Larus minutus* PALL., Zwergmöwe. Europ. Küsten, Sibirien. *L. ridibundus* L., Lachmöwe. Europa, Asien, Nordafrika. *L. argentatus* BRÜNN., Silbermöwe. Europa, Nordamerika. *L. canus* L., Sturmmöwe. Nordeuropa, Asien. *Stercorarius* (*Lestris*) *parasiticus* L., Raubmöwe. Nördl. Meere.

Fam. *Alcidae*, Alken. Flügel kurz, zum Fluge wenig tauglich, mit kleinen Schwungfedern. Die Schwimmfüße mit rudimentärer oder ohne Hinterzehe. Schwanz kurz, stufig. Haben ihre gemeinsamen Brutplätze an den Küsten (Vogelberge), wo sie ihre Eier einzeln in Erdlöchern oder Nestern ablegen und die ausschlüpfenden Jungen auffüttern. *Plautus* (*Alca*) *impennis* L., Riesenalk. Nordatlant. Gegenwärtig ausgerottet. *Alca torda* L., Tordalk. Nordatlant. *Uria troile* K., Dumme Lumme. *U. grylle* L., Grill-Lumme. *Fratercula* (*Mormon*) *arctica* L., Larventaucher. Nordatlant.

15. Ordnung. Tubinares, Sturmvögel.

Carinate möwenähnliche Vögel mit zusammengesetzter Hornscheide des starken, hakig gebogenen Schnabels. Nasenöffnungen röhrig verlängert. Mit Schwimmfüßen ohne oder mit stummelförmiger Hinterzehe.

Abb. 1096. *Fulmarus* (*Procellaria*) *glacialis*. (Nach NAUMANN). $^1/_5$

Die Sturmvögel, oft mit den Möwen in eine Gruppe *Longipennes* vereinigt, repräsentieren eine mit den Steganopoden und Impennes verwandte besondere Gruppe von Formen. Der hakig an der Spitze gebogene Schnabel besitzt zusammengesetzte Hornscheiden und röhrige Aufsätze der Nasenöffnungen (Abb. 1096). Die Füße sind Schwimmfüße mit ganz oder bis auf einen nageltragenden Stummel reduzierter Hinterzehe. Die Sturmvögel sind wahre pelagische Vögel von ausdauerndem Fluge. Nisten gemeinsam an felsigen Küsten, auf denen das Weibchen ein Ei ablegt. Sind Nesthocker.

Fam. *Procellariidae*. Mit den Charakteren der Ordnung. *Procellaria* (*Thalassidroma*) *pelagica* L., St. Petersvogel, Sturmschwalbe. Nordwesteuropa bis Westafrika. *Puffinus anglorum* BRISS., Sturmtaucher. Atlant. Ozean. *Fulmarus glacialis* L., Eissturmvogel. Nördl. Eismeer (Abb. 1096). *Diomedea exulans* L., Albatros. Südl. Still. und Atlant. Ozean.

16. Ordnung. Impennes (Sphenisciformes).

Flugunfähige carinate Vögel mit zusammengesetzter Schnabelscheide, mit flossenähnlichen Flügeln und kurzem Schwanz, mit kurzen Schwimmfüßen, deren vier Zehen alle nach vorn gerichtet sind.

Die in diese Gruppe gehörigen Pinguine stehen den Tubinares nahe. Ihr ziemlich langer gerader Schnabel besitzt eine aus mehreren Stücken zusammengesetzte Hornscheide. Die Flügel sind klein, flossenähnlich, ohne Schwungfedern und mit kleinen, schuppenartigen Federn bedeckt (Abb. 1097). Der Schwanz ist kurz, mit steifen Federn. Die kurzen Schwimmfüße besitzen eine verkümmerte, nach vorne gerichtete Hinterzehe und sind soweit nach hinten gerückt, daß der Körper auf dem Boden fast senkrecht getragen wird. Sie fliegen gar nicht. Sind vorzügliche

Schwimmtaucher und rudern dabei mittels der Flügel. Stehen zur Brutzeit in aufrechter Haltung und in langen Reihen — sogenannten Schulen — geordnet. Sie legen in eine Erdvertiefung nur ein Ei ab, welches sie in aufrechter Stellung bebrüten, aber auch zwischen den Beinen im Federpelze mit sich forttragen können. Beide Geschlechter beteiligen sich am Brutgeschäfte. Sind Nesthocker.

Fam. *Spheniscidae.* Mit den Charakteren der Ordnung. *Aptenodytes patagonica* FORST., Königspinguin. Antarkt. Inseln (Abb. 1097). *Eudyptes chrysocome* FORST. Feuerland, Kap, Antarkt. Inseln. *Spheniscus demersus* L., Brillenpinguin. Küste von Südafrika.

17. Ordnung. **Pygopodes, Steißfüßer.**

Carinate Vögel mit einfacher Schnabelscheide, mit kurzen Flügeln, mit kurzem oder verkümmertem Schwanz, mit Schwimmfüßen.

Die Pygopoden bilden in Hinsicht auf zahlreiche Eigentümlichkeiten eine besondere Gruppe, die noch am meisten Beziehungen zu den Steganopoden zeigt. Der Körper ist wie bei den Impennes walzenförmig. Der spitze, gerade Schnabel besitzt eine einfache Scheide. Die Flügel bleiben kurz, der Schwanz sehr kurz oder verkümmert. Der frei vorstehende Lauf ist seitlich stark komprimiert. Die Füße sind Schwimmfüße oder Spaltschwimmfüße (Abb. 1080 l). Die Pygopoden schwimmen vortrefflich und tauchen. Sie bauen auf dem Wasser ein schwimmendes Nest. Sind Nestflüchter.

Fam. *Colymbidae,* Taucher. Vorderzehen mit ganzer Schwimmhaut. Schwanz sehr kurz. *Colymbus glacialis* L., Eistaucher. Nördl. Amerika und Europa.

Fam. *Podicipedidae,* Haubentaucher. Vorderzehen mit breitem Hautsaume (Spaltschwimmfüße) (Abb. 1080 l). Schwanz verkümmert. *Podicipes fluviatilis* TUNST. (*minor* GM.), Flußtaucher. Mitteleuropa, Mittelasien. *P. cristatus* L., Haubentaucher. Weit verbreitet.

18. Ordnung. **Accipitres, Tagraubvögel.**

Kräftig gebaute carnivore carinate Vögel mit an der Spitze hakig übergreifendem Schnabel und stark bekrallten Sitzfüßen.

Die Tagraubvögel (Accipitres) bildeten mit den Nachtraubvögeln (Eulen, Striges) die Ordnung der *Raubvögel.* Neuere Untersuchungen lassen diese Zusammenordnung als eine nicht natürliche erscheinen und begründen die Trennung in verschiedene Ordnungen. Die Accipitres werden als den Kormoranen und Ciconiae verwandt betrachtet. Die Accipitres charakterisieren sich bei kräftigem Körperbau vornehmlich durch die hohe Entwicklung der Sinnesorgane sowie durch die besondere Ausbildung des Schnabels und der Fußbewaffnung. Der Schnabel (Abb. 1083 e) wird an der komprimierten Wurzel von einer weichen, die Nasenöffnung umschließenden Wachshaut bekleidet, die schneidenden Ränder und die hakig herabgebogene Spitze des Oberschnabels sind überaus hart und hornig. Alle zeichnen sich durch große Flügel aus. Die starken Zehen sind mit überaus kräftigen Krallen bewaffnet, welche die bis zur Fußbeuge befiederten Sitzfüße zum Fangen der Beute geeignet machen (Abb. 1080 f). Vor der Verdauung erweichen die Accipitres die aufgenommene Speise im Kropf, aus dem sie die zusammengeballten Federn und Haare als „Gewölle" ausspeien. In der Regel brütet das Weibchen

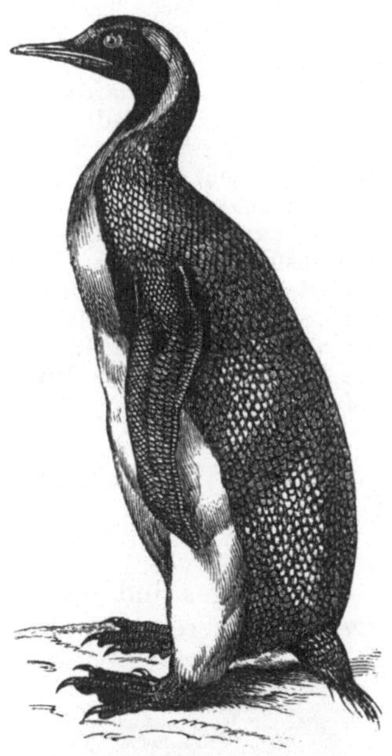

Abb. 1097. *Aptenodytes patagonica.* (Aus BREHM.) $^1/_{12}$

allein, dagegen beteiligt sich das Männchen an der Herbeischaffung der Nahrung. Sind Nesthocker und ernähren sich vom Raube.

1. Tribus. *Grypomorphae*. Mit Nares perviae. Syrinx ohne Muskeln.

Fam. *Cathartidae*. Schnabel mehr oder weniger verlängert. Kopf und oberer Teil des Halses nackt. *Sarcorhamphus gryphus* L., Kondor. Hochgebirge Südamerikas. *Cathartes papa* L., Königsgeier. Trop. Amerika. *Rhinogryphus aura* L., Truthahngeier. Amerika.

2. Tribus. *Aëtomorphae*. Mit Nares imperviae. Syrinx mit Muskeln.

Fam. *Serpentariidae*. Körper schlank, mit langem Hals, langen Flügeln und Schwanz und stark verlängerten Läufen. Schnabel mit ausgedehnter Wachshaut, seitlich komprimiert, stark gebogen. *Serpentarius (Gypogeranus) secretarius* SCOP., Sekretär. Mit Federbusch. Fliegt schlecht, läuft gut. Lebt von Schlangen. Afrika.

Fam. *Vulturidae*, Geier. Von bedeutender Körpergröße, mit langem, geradem, nur an der Spitze herabgebogenem Schnabel. Kopf und Hals bleiben oft großenteils nackt, der Nacken wird oft kragenartig von Flaumen und Federn umsäumt. *Vultur monachus* L., Mönchsgeier. Südeuropa, Nordafrika, Asien. *Gyps fulvus* GM., Weißköpfiger Geier. Europa, Nordafrika. *Neophron percnopterus* L., Aasgeier. Südeuropa, Afrika, Südwestasien.

Fam. *Falconidae*, Falken. Mit ziemlich kurzem und meist gezähntem Schnabel (Abbildung 1083 e), befiedertem Kopf (selten mit nackten Wangen) und Hals. Läufe mittelhoch, zuweilen befiedert. Krallen kräftig. *Gypaëtus barbatus* L., Lämmergeier, Bartgeier, Geieradler. Hochgebirge von Mittel- und Südeuropa, Centralasien. *Circus aeruginosus* L. (*rufus* GM.), Rohrweihe. *C. cyaneus* L., Kornweihe. *Astur palumbarius* L., Hühnerhabicht. Europa, Asien, Nordafrika. *Accipiter nisus* L., Sperber. Mittel-Europa und -Asien. *Aquila chrysaëtus* L., Steinadler. Europa, Nordasien, Nordamerika. *A. heliaca* SAV. (*imperialis* BCHST.), Kaiseradler. Südeuropa, Asien. *A. maculata* GM. (*naevia* BRISS.), Schreiadler. Europa, Asien, Nordafrika. *Haliaëtus albicilla* L., Seeadler. Nordeuropa, Nordasien. *Archibuteo lagopus* BRÜNN., Rauchfußbussard. Nord-Europa, -Asien, -Amerika. *Buteo buteo* L., Mäusebussard. Europa. *Milvus milvus* L. (*regalis* BRISS.), Gabelweihe, roter Milan. Europa, Kleinasien, Nordafrika. *Pernis apivorus* L., Wespenbussard. *Tinnunculus tinnunculus* L., Turmfalk, Rüttelfalk. Europa, Asien, Afrika. *Falco peregrinus* TUNST., Wanderfalk. Weit verbreitet. *F. subbuteo* L., Lerchenfalk, Baumfalk. Mittel- und Südeuropa. *Hierofalco candicans* GM., Jagdfalk. Im hohen Norden von Europa, Amerika (Abb. 1083 e).

Fam. *Pandionidae*. Mit Wendezehe. Schnabel kurz, mit langer Hakenspitze. *Pandion haliaëtus* L., Flußadler. Weit verbreitet.

19. Ordnung. Striges, Nachtraubvögel, Eulen.

Nächtliche carinate Raubvögel mit kurzem, hakig gekrümmtem Schnabel, mit Wendezehefüßen.

Die Striges sind durch manche Merkmale von den Accipitres, mit denen sie als *Raptatores* vereinigt waren, schärfer geschieden; ihrer Abstammung nach werden sie von einer Anzahl von Forschern mit den Caprimulgiden und Coraciae in nähere Beziehung gestellt.

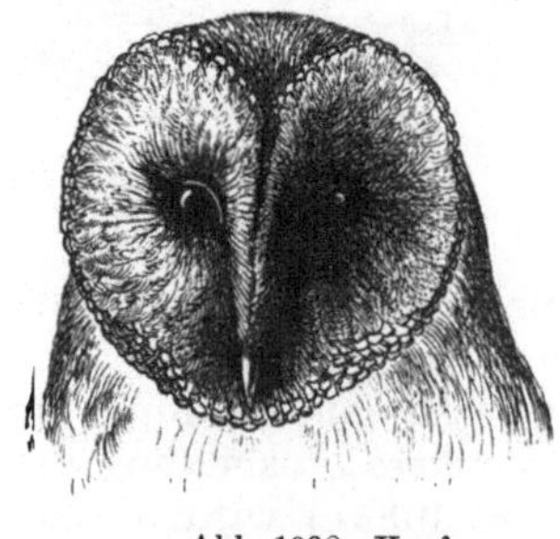

Der Körper der Eulen ist kurz, gedrungen, der Kopf groß, oft mit Ohrbüscheln versehen. Der kurze Schnabel erscheint stark entwickelt, von der Wurzel an hakig gekrümmt. Die große Ohröffnung wird meist von einem Ohrdeckel geschützt. Die Augen sind groß, nach vorn gerichtet und zuweilen von einem Kranze steifer Federn schleierartig umstellt (Abb. 1098). Die Flügel sind meist lang, der Schwanz kurz. Die meist kurzen Füße sind gewöhnlich ganz befiedert, die äußere Zehe eine Wendezehe. Am Darm fehlt ein Kropf, die Blinddärme zeichnen sich durch Länge aus. Syrinx mit einem Muskelpaare. Sind nächtliche Raubvögel und Nesthocker.

Abb. 1098. Kopf von *Strix flammea*. 1/4

Fam. *Strigidae*. Mit den Charakteren der Ordnung. *Asio otus* L. (*Otus vulgaris* FLEM.), Waldohreule. Europa, Asien, Nordafrika. *A. accipitrinus* PALL. (*Otus brachyotus* FORST.), Sumpfohreule. Kosmopolitisch. *Bubo bubo* L., Uhu. Europa. *Pisorhina scops* L., Zwergohreule. Süd- und Mitteleuropa, Asien, Nordafrika. *Syrnium aluco* L., Waldkauz. Europa,

Kleinasien, Nordafrika. *Surnia ulula* L., Sperbereule. Nordeuropa, Nordasien, Nordamerika. *Nyctea scandiaca* L. (*nivea* THUNB.), Schneeeule. Arktische Zone. *Carine* (*Athene*) *noctua* SCOP., Steinkauz. Mittel- und Südeuropa, Asien. *Glaucidium passerinum* L., Sperlingseule. Nord- und Mitteleuropa. *Strix flammea* L., Schleiereule. Weit verbreitet (Abb. 1098).

20. Ordnung. Psittaci, Papageien.

Carinate Vögel mit hohem, an dem Stirnbein gelenkig verbundenem Oberschnabel und kurzem, abgestutztem Unterschnabel, mit fleischiger dicker Zunge und mit Kletterfüßen, deren zwei nach vorn gewendete Mittelzehen an der Basis geheftet sind.

Die Papageien bilden eine wohlbegrenzte Vogelgruppe, die den Coccygomorphae am nächsten steht. Es sind Klettervögel mit lebhaft gefärbtem Gefieder. Der häufig gezahnte Oberschnabel ist an seiner mit dem Stirnbein gelenkig verbundenen Wurzel von einer Wachshaut bedeckt und greift mit hakenförmiger Spitze, die am Hinterrande Kerben (Feilenrillen) besitzt, über den kurzen abgestutzten Unterschnabel. Die Zunge ist dick und fleischig. Die Beine besitzen einen kurzen, netzförmig getäfelten Lauf und enden mit Kletterfüßen, deren beide an der Basis geheftete Mittelzehen nach vorn gekehrt, die Außen- und Innenzehe nach hinten gewendet sind. Die Füße werden auch handartig zum Ergreifen der Nahrung benutzt. Die Papageien sind Nesthocker; sie ernähren sich von Pflanzenstoffen und gehören den warmen Gegenden, die meisten Amerika an.

Fam. *Psittacidae.* Zunge glatt. Feilenrillen an der Hinterfläche der Oberschnabelspitze quer oder schräg. *Stringops habroptilus* GRAY, Eulenpapagei. Von eulenähnlichem Habitus, mit Federschleier. Flugunfähig. Neuseeland. *Callocephalon galeatum* LATH., Helmkakadu. Südaustralien. *Cacatua alba* P. L. MÜLL., Kakadu. Austro-malaiische Inseln. *Calopsitta novae-hollandiae* GM. Australien. *Psittacus erithacus* L., Jako. Afrika. *Ara ararauna* L., Ararauna. *A. macao* L., Arakanga. Trop. Amerika. *Psittacula passerina* L., Sperlingspapagei. Brasilien. *Eclectus roratus* MÜLL., Edelpapagei. Austro-malaiische Inseln. *Amazona* (*Chrysotis*) *amazonica* L., Amazonenpapagei. Südamerika. *Palaeornis torquata* BRISS., Halsbandsittich. Indien, Ceylon. *Platycercus elegans* GM. *Nanodes discolor* SHAW. *Melopsittacus undulatus* SHAW, Wellensittich. *Pezoporus formosus* LATH., Erdsittich. Australien.

Fam. *Trichoglossidae.* Zungenspitze pinselförmig, mit feinen Hornfasern. Feilenrillen der Oberschnabelspitze longitudinal. *Nestor notabilis* J. GD. Neuseeland. Fällt auch Tiere, besonders Schafe an. *Lorius lory* L., Papualori. Neuguinea. *Trichoglossus haematodes* L. Timor.

21. Ordnung. Coccygomorphae.

Carinate Vögel mit verlängertem, verschieden gestaltetem, zuweilen beweglich mit dem Schädel verbundenem Schnabel. Mit kleiner flacher Zunge. Flügeldeckfedern lang. Mit Schreit- oder Kletterfüßen, zuweilen mit ein oder zwei Wendezehen.

Nach HUXLEYS Vorgang erscheinen in dieser Ordnung eine Anzahl von Familien zusammengefaßt, welche in einem Teile auch als *Scansores* vereinigt werden. Es sind hier verschiedenartige Vögel vereint, welche entweder Kletterfüße oder Schreitfüße (Abb. 1080 e) besitzen, auch können eine oder zwei Zehen Wendezehen sein. Der Schnabel ist oft groß, zeichnet sich aber stets durch große Leichtigkeit aus und entbehrt einer Wachshaut. Der Oberschnabel ist zuweilen beweglich mit dem Schädel verbunden. Die Beine sind am Laufe selten befiedert, im übrigen genetzt oder getäfelt. Die meisten bewohnen Waldungen, nisten in hohlen Bäumen und nähren sich von Insecten, einige von Früchten. Sind Nesthocker.

Fam. *Rhamphastidae*, Pfefferfresser. Mit sehr großem, zahnrandigem Schnabel (Abbildung 1083 n) und schmaler, horniger, am Rande gefaserter Zunge. Flügel abgerundet, Schwanz groß. Mit Kletterfüßen. *Rhamphastos toco* MÜLL., Tukan. *Pteroglossus araçari* L., Arassari. Brasilien (Abb. 1099).

Fam. *Galbulidae*, Glanzvögel. Mit langem, starkem, pfriemenförmigem Schnabel, der am Grunde mit Borsten umgeben ist. Lauf sehr kurz. Innenzehe fehlt zuweilen. *Galbula viridis* LATH., Jakamar. Brasilien. Hier schließt sich an *Bucco macrorhynchus* GM., Bartkuckuck. Südamerika.

Fam. *Cuculidae*, Kuckucke. Mit sanft gebogenem, tief gespaltenem Schnabel, langen spitzen Flügeln, keilförmig zugespitztem Schwanz und Wendezehe an den Kletterfüßen.

Coccystes glandarius L., Heherkuckuck. Südeuropa, Westasien, Afrika. *Cuculus canorus* L., Gemeiner Kuckuck. Das Weibchen brütet die Eier nicht selbst, sondern legt sie einzeln in die Nester anderer Vögel. Europa, Asien, Afrika. *Chrysococcyx cupreus* BODD., Goldkuckuck. Trop. Afrika.

Fam. *Trogonidae*. Schnabel kurz und stark, mit meist gezähnten Rändern; die weite Mundspalte mit Borsten umgeben. Flügel kurz, Schwanz lang. Füße schwach. Mit Kletterfüßen, an denen die beiden äußeren Zehen nach vorn, die inneren nach hinten gerichtet sind. Gefieder weich, mit metallischem Glanz. *Trogon collaris* VIEILL. Trop. Amerika. *Pharomacrus mocinno* LA LLAVE (*Calurus resplendens* J. GD.). Mittelamerika.

Fam. *Musophagidae*. Vom Habitus der Hühnervögel, mit kräftigem, hohem, am Rand gezähntem Schnabel. Beine mit langen Läufen. *Turacus (Corythaix) persa* L. *Musophaga violacea* Is'. Afrika. Hier schließt sich an *Colius colius* L. (*capensis* GM.). Mit äußerer und innerer Wendezehe. Südafrika.

Fam. *Coraciadae*, Racken. Große, schön gefärbte Vögel mit scharfrandigem, tief gespaltenem und an der Spitze übergebogenem Schnabel, langen Flügeln. *Coracias garrula* L., Blauracke, Mandelkrähe. Europa, Westasien, Afrika.

Fam. *Meropidae*, Bienenfresser. Mit langem, sanft abwärts gebogenem und komprimiertem Schna-

Abb. 1099. *Pteroglossus araçari* (aus règne animal). ¹/₄

bel. Läufe kurz. Mit Schreitfüßen. Flügel zugespitzt, mit langen Deckfedern. *Merops apiaster* L. Südliches Europa, Westasien, Afrika.

Fam. *Upupidae*, Wiedehopfe. Mit langem, gebogenem, seitlich kompressem Schnabel. Flügeldecken und Lauf kurz. Die zwei äußeren vorderen Zehen nur an der Basis verbunden. *Upupa epops* L., Wiedehopf. Europa, Asien, Afrika.

Fam. *Bucerotidae*, Nashornvögel. Rabenähnliche Vögel von bedeutender Größe, mit kolossalem, überaus leichtem, gezähneltem und abwärts gekrümmtem Schnabel und hornartigem Aufsatz am Grunde des Oberschnabels. Zuweilen Teile des Kopfes und des Halses nackt. *Bucorvus abyssinicus* BODD. Abessinien. *Buceros rhinoceros* L. Malakka, Sumatra, Java, Borneo.

Fam. *Alcedinidae*, Eisvögel. Mit großem Kopf und langem, gekieltem, kantigem Schnabel, verhältnismäßig kurzen Flügeln und kurzem Schwanz. Läufe niedrig, mit Schreitfüßen. *Dacelo gigas* BODD. Australien. *Halcyon coromandus* LATH. Ostasien. *Alcedo ispida* L. Europa, Asien, Nordafrika. *Ceryle rudis* L., Graufischer. Südeuropa, Asien, Afrika.

22. Ordnung. Pici, Spechte.

Carinate Vögel mit starkem meißelförmigen Schnabel ohne Wachshaut. Zunge dünn, weit vorstreckbar. Flügeldeckfedern kurz. Mit stark bekrallten Kletterfüßen, Mittelzehen an der Basis verbunden.

Die Spechte sind kräftig gebaute, mit Kletterfüßen (Abb. 1080 b) ausgestattete Vögel, die früher mit den Papageien und kuckuckartigen Vögeln in einer Gruppe *Scansores* vereint waren. Doch unterscheiden sie sich vielfach von letzteren. Im Gefieder ist meist ein Stemmschwanz infolge großer Steifheit der mittleren Steuerfedern ausgebildet. Der Lauf ist vorn quergeschildert. Die lange und platte hornige Zunge trägt an ihrem Ende kurze Widerhaken und kann infolge eines eigentümlichen Mechanismus des Zungenbeines weit vorgeschnellt werden. Die Zungenbeinhörner reichen, in weitem Bogen gekrümmt, über den Schädel bis zur Schnabelbasis. Die Spechte klettern sehr geschickt mit Hilfe des Stemmschwanzes an Bäumen aufwärts und nähren sich von Insecten, die sie durch kräftiges Hämmern aus der Rinde oder dem Holze von Bäumen heraushacken. Sie legen ihre Eier in ausgemeißelte Baumhöhlen und sind Nesthocker.

Fam. *Picidae.* Mit den Charakteren der Ordnung. *Gecinus viridis* L., Grünspecht. Europa, Kleinasien. *G. canus* Gm., Grauspecht. Europa, Asien. *Dendrocopus major* L., *D. minor* L., *D. medius* L., Buntspechte. Europa, Asien. *Dendropicus guineensis* Scop. (*cardinalis* Gm.). Afrika. *Campophilus principalis* L. Südl. Nordamerika. *Picus martius* L., Schwarzspecht. Europa, Asien. *Picumnus cirrhatus* Temm., Zwergspecht. Ostbrasilien. *Jynx torquilla* L., Wendehals. Europa, Asien, Nordafrika.

23. Ordnung. Cypselomorphae.

Carinate Vögel mit breitem und kurzem oder dünnem, röhrenförmig verlängertem Schnabel ohne Wachshaut. Vorderarm und Hand viel länger als der Oberarm. Lauf oben befiedert oder unvollkommen oder nicht beschildert. Füße schwach, kaum zum Gehen tauglich, entweder Klammer- oder Wandelfüße.

Die in dieser Gruppe vereinigten Formen zeichnen sich dadurch aus, daß die Hand länger als der Unterarm, dieser länger als der Oberarm ist. Zeigefinger und Daumen tragen bei *Caprimulgus* einen Nagel. Der Schnabel ist kurz und breit, aber tief gespalten (Abb. 1083 q) oder, wie bei den *Trochiliden,* lang und zugespitzt. Am Unterkiefer ist jeder Ast in zwei hintereinander liegende, gelenkig verbundene Stücke geteilt. Der Lauf ist nackt oder unvollkommen beschildert oder großenteils befiedert. Die Füße sind Wandel- oder Klammerfüße (Abb. 1080 a), zuweilen mit Wendezehe. Alle Cypselomorphen fliegen rasch und ernähren sich von Insecten, die sie zum Teile im Fluge erhaschen. Sind Nesthocker.

Fam. *Caprimulgidae,* Nachtschwalben. Mit breitem flachen Kopf und kurzem, ungemein flachem, dreieckigem Schnabel, mit weichem eulenartigen Gefieder. Die Beine sehr schwach und kurz, am Fuß richtet sich die Hinterzehe halb nach innen, kann aber auch nach vorn gewendet werden. Die Mittelzehe ist lang und trägt meist eine kammförmig gezähnelte Kralle. Leben vorzugsweise im Walde und nähren sich insbesondere von Nachtschmetterlingen, die sie während des raschen leisen Fluges mit offenem Rachen erbeuten. Sie legen in der Regel zwei Eier auf dem flachen Erdboden. *Chordeiles virginianus* Gm. Nordamerika. *Caprimulgus europaeus* L., Gemeine Nachtschwalbe, Ziegenmelker. Europa, Asien, Nordafrika. Hier schließt sich an *Steatornis caripensis* Humboldt, Fettvogel. Lebt von Früchten. Südamerika.

Fam. *Cypselidae,* Segler. Schwalbenähnliche Vögel mit kurzem, breitem, nach der Spitze komprimiertem Schnabel, mit schmalen, säbelförmig gebogenen Flügeln, kurzen, zuweilen befiederten Läufen und stark bekrallten Klammerfüßen, zuweilen mit nach innen gerichteter Hinterzehe, auch Wendezehe. *Cypselus* (*Micropus*) *melba* L., Alpensegler. Europa, Nordafrika, Westasien. *C. apus* L., Mauersegler. Europa, Afrika, Asien (Abb. 1083 q) *Collocalia esculenta* L., Salangane. Verfertigt aus ihrem zähen Speichel die eßbaren Vogelnester. Molukken, Salomons-Inseln, Nordaustralien.

Fam. *Trochilidae,* Kolibris, Schwirrvögel. Die kleinsten aller Vögel, mit buntem, metallglänzendem, oft schillerndem Gefieder und zierlichen Wandel- oder Spaltfüßen. Der lange pfriemenförmige Schnabel stellt durch die überragenden Ränder des Oberschnabels eine Röhre dar, aus welcher die bis zur Wurzel gespaltene lange Zunge vorgeschnellt werden kann. Der Flug ist schwirrend. *Patagona gigas* Vieill., Riesenkolibri. Westl. Südamerika. *Phaëtornis superciliosus* L. Nordbrasilien, Guiana. *Topaza pella* L. Guiana. *Trochilus colubris* L. Nord- und Centralamerika. *Lophornis magnificus* Vieill. Brasilien. *Chaetocercus bombus* J. Gd. Kleinster Vogel, 6,5 cm lang. Ekuador, Nordperu.

24. Ordnung. Passeres.

Carinate Vögel mit sehr verschieden gestaltetem Schnabel ohne Wachshaut. Flügeldeckfedern kurz. Lauf vorn mit größeren (meist 7) Tafeln, die zuweilen mit den seitlichen zu einem Stiefel verwachsen. Mit gracilen Wandelfüßen, deren nach hinten gerichtete Innenzehe stärker und länger als die zweite Zehe ist. Mit Singmuskelapparat.

Die Passeres bilden eine natürliche, sehr umfangreiche Ordnung. Die Konturfedern besitzen einen kleinen dunigen Afterschaft. Die Zahl der Handschwingen ist stets 10 oder 9, die Flügeldeckfedern sind kurz. Die Beine enden mit gracilen Wandelfüßen (Abb. 1080 d). Alle dieser Ordnung zugehörigen Formen haben eine besondere knöcherne Röhre (Siphonium), welche Luft aus der Paukenhöhle in die Lufträume des Unterkiefers führt. Der Schnabel ist sehr verschieden gestaltet. Ein Stimmapparat ist immer ausgebildet; an dessen Aufbau beteiligt sich entwéder nur das untere Ende der Trachea oder auch die Anfänge der Bronchen. Seine Muskeln sind in 1—3 Paaren rechts und links oder in 2—5 Paaren an der Vorder- und Hinterfläche angeordnet. Viele Passeres verfertigen sehr kunstvolle Nester. Sie sind Nesthocker. Als Nahrung dienen meist Insecten, vielen aber Samen und Früchte.

1. Unterordnung. *Clamatores*, Schreivögel. Die erste Handschwinge in der Regel lang. Lauf vorn stets mit Tafeln, seitlich zuweilen mit langen Stiefelschienen oder Körnern. Syrinx entweder nur aus der Trachea hervorgegangen oder unter Beteiligung der Bronchen, mit 1—3 Paaren seitlich angeordneter Muskeln.

Fam. *Formicariidae*. Schnabel kürzer oder kaum länger als der Kopf, gerade oder schwach gekrümmt. Flügel kurz, gerundet. Rückenfedern eigentümlich wollig. *Formicarius colma* GM. Brasilien. *Thamnophilus major* VIEILL. Südamerika.

Fam. *Dendrocolaptidae*. Schnabelspitze stets komprimiert. *Dendrocolaptes certhia* BODD. Brasilien, Guiana. *Furnarius rufus* GM., Töpfervogel. Südamerika.

Fam. *Pittidae*. Mit kräftigem, dickem und geradem Schnabel. Schwanz abgestutzt. Lauf hoch. Gefieder sehr schön gefärbt. *Pitta brachyura* L. Ostindien, Ceylon.

Fam. *Cotingidae*. Mit weichem, prachtvoll gefärbtem Gefieder, Schnabel ziemlich groß, Spitze hakig, gekerbt. Flügel lang, spitz. *Rupicola crocea* VIEILL. *Cotinga cayana* L. Hier schließt sich an *Pipra aureola* L. Guiana, Amazonas.

Fam. *Tyrannidae*. Schnabel rund, Oberschnabel mit hakiger Spitze und seichter Einkerbung. Beine stark. *Tyrannus carolinensis* GM. Nordamerika.

Fam. *Menuridae*. Schwanz verlängert, beim Männchen mit aufrechten Federn. *Menura superba* DAVIES, Leierschwanz. Australien.

2. Unterordnung. *Oscines*, Singvögel. Die erste Handschwinge kurz oder rudimentär oder fehlend. Lauf gestiefelt oder an den Seiten mit ungeteilter Schiene. Syrinx von Trachea und Bronchen gebildet, meist mit 5 Paar an der Vorder- und Hinterseite angeordneter Muskeln.

Fam. *Hirundinidae*, Schwalben. Kleine, zierlich gestaltete Singvögel. Schnabel kurz, an der Spitze zusammengedrückt, mit sehr weiter Spalte. Flügel verlängert, mit nur neun Handschwingen. Schwanz gegabelt, Läufe kurz. Fertigen als Kleiber ein kunstvolles Nest. *Hirundo rustica* L., Rauchschwalbe. *Chelidon urbica* L., Hausschwalbe. Europa, Afrika, Asien. *Clivicola riparia* L., Uferschwalbe. Europa, Asien, Afrika, Amerika. *C. rupestris* SCOP., Felsenschwalbe. Südeuropa, Nordafrika, Asien.

Fam. *Muscicapidae*, Fliegenschnäpper. Schnabel kurz, an der Basis breit und niedergedrückt, vorn etwas komprimiert, mit hakiger eingekerbter Spitze. *Butalis grisola* L. *Muscicapa atricapilla* L. *M. collaris* BCHST. Europa, Westasien, Nordafrika. *Terpsiphone paradisi* L. Ostindien, Ceylon. Hier schließt sich an *Ampelis* (*Bombycilla*) *garrulus* L., Seidenschwanz. Im hohen Norden von Europa, Amerika.

Fam. *Sylviidae*, Sänger. Kleine Singvögel mit pfriemenförmigem Schnabel. Lauf vorn getäfelt. Gefieder seidenartig weich. *Acrocephalus* (*Calamoherpe*) *arundinaceus* L. (*turdoides* MEY.), Rohrsänger. Europa, Afrika. *Locustella luscinioides* SAVI. Südeuropa, Nordafrika. *Hypolais hypolais* L. (*icterina* VIEILL.), Gartensänger, Bastardnachtigall, Spotter. Europa, Afrika. *Sylvia nisoria* BCHST., Sperbergrasmücke. *S. sylvia* L., Dorngrasmücke. *S. hortensis* GM., Gartengrasmücke. *S. atricapilla* L., Mönchsgrasmücke, Schwarzplättchen. *Phylloscopus* (*Phyllopneuste*) *sibilatrix* BCHST., Weidenzeisig. *Regulus regulus* L., *R. ignicapillus* BREHM, Goldhähnchen. Europa, Westasien, Nordafrika. *Accentor modularis* L., Graukehlchen. *A. collaris* SCOP. (*alpinus* GM.), Alpenflüevogel. Europa, Kleinasien. Hier schließt sich an *Liothrix lutea* SCOP., Sonnenvogel, Chinesische Nachtigall. Südchina,.Süd-Himalaja. *Cisticola cisticola* TEMM. (*schoenicola* BP.), südeuropäischer Schneidervogel. Näht Schilfblätter zum Nestbau zusammen. Südeuropa, Nordafrika, Asien. *Pycnonotus xanthopygus* H. E., Bülbül. Arabien, Syrien, Nordafrika, Cypern.

Fam. *Turdidae*, Drosseln. Größere Singvögel von kräftigem Körperbau, mit mäßig langem, etwas komprimiertem, vor der Spitze leicht gekerbtem Schnabel (Abb. 1083 d). Die Beine sind hochläufig und in der Regel gestiefelt. *Aëdon luscinia* L., Nachtigall. Europa,

Nordafrika. *A. major* GM. (*philomela* BCHST.), Sprosser. Europa, Westasien, Nordafrika. *Erithacus rubecula* L., Rotkehlchen. Europa, Kleinasien, Nordafrika. *Cyanecula caerulecula* PALL. (*suecica* L.), Blaukehlchen. Europa, Asien, Nordafrika. *Ruticilla tithys* SCOP., Hausrotschwänzchen. *Pratincola rubetra* L., Braunkehlchen. Europa, Südwestasien, nördl. Afrika. *Saxicola oenanthe* L., Steinschmätzer. Europa, Asien, Nordafrika, Nordamerika. *Monticola saxatilis* L., Steinrötel. *M. cyanus* L., Blaudrossel, Einsamer Spatz. Südl. Europa, Asien, Nordafrika. *Merula merula* L., Schwarzamsel. Europa, Südwestasien, Nordafrika. *M. torquata* L., Ringdrossel. Europa, Nordafrika. *Turdus iliacus* L., Weindrossel. *T. musicus* L., Singdrossel. Europa, Asien, Nordafrika. *T. pilaris* L., Wacholderdrossel, Krammetsvogel. *T. viscivorus* L., Misteldrossel. Europa, Westasien. *T. migratorius* L., Wanderdrossel. Nordamerika. Hier schließen sich an: *Mimus polyglottus* L., Spottdrossel. Nord- und Mittelamerika. *Cinclus cinclus* L. (*aquaticus* BCHST.), Wasseramsel. Europa, Asien. *Anorthura troglodytes* L. (*Troglodytes parvulus* KOCH), Zaunkönig. Europa, Nordafrika, Westasien.

Fam. *Motacillidae*, Bachstelzen. Körper schlank. Schnabel ziemlich lang, an der Spitze eingeschnitten. Schwanz lang, ausgerandet. Laufen sehr gewandt. *Motacilla alba* L., Bachstelze. Europa, Asien, Nordafrika. *Anthus pratensis* L., Wiesenpieper. Europa, Westasien, Nordafrika.

Fam. *Alaudidae*, Lerchen. Von erdfarbenem Gefieder, mit mittellangem Schnabel, langen breiten Flügeln, langem Schulterfittich und kurzem Schwanz. Die Hinterzehe mit spornartigem Nagel. *Otocorys alpestris* L., Alpenlerche. Nördl. Europa, Asien, Amerika. *Melanocorypha calandra* L., Kalanderlerche. Südl. Europa, Westasien, Nordafrika. *Alauda arvensis* L., Feldlerche. *Galerita cristata* L., Haubenlerche. Europa, Asien, Nordafrika. *Lullula arborea* L., Heidelerche, Baumlerche. Europa, Westasien, Nordafrika.

Fam. *Paridae*, Meisen. Kleine, schön gefärbte und überaus bewegliche Sänger von gedrungenem Körperbau, mit spitzem, kurzem, fast kegelförmigem Schnabel. *Parus major* L., Kohlmeise. Europa, Westasien, Nordafrika. *P. ater* L., Tannenmeise. *P. palustris* L., Sumpfmeise. Europa, Asien. *P. caeruleus* L., Blaumeise. Europa, Kleinasien, Nordafrika. *Lophophanes cristatus* L., Haubenmeise. Europa. *Acredula caudata* L., Schwanzmeise. Nord- und Mitteleuropa, nördl. Asien. *Aegithalus pendulinus* L., Beutelmeise. Südeuropa, Asien. *Panurus biarmicus* L., Bartmeise. Mittel- und Südeuropa, westl. Centralasien.

Fam. *Laniidae*, Würger. Große kräftige Singvögel mit hakig gebogenem, stark gezähntem Schnabel, starken Bartborsten und mäßig hohen, scharf bekrallten Füßen. Machen auf Insecten, sowie kleine Vögel und Säugetiere Jagd und spießen ihre Beute gern auf Dornen auf. *Lanius minor* GM., Schwarzstirniger Würger. Europa, Südwestasien, Afrika. *L. excubitor* L., Großer Würger. Europa, nördl. Asien. *L. senator* L. (*rufus* BRISS.), Rotköpfiger Neuntöter. *L. collurio* L., Dorndreher. Europa, Westasien, Afrika.

Fam. *Corvidae*, Raben. Große Singvögel, Schnabel stark und dick, vorn etwas gekrümmt und leicht ausgebuchtet, am Grunde die Nasenlöcher deckende Borstenfedern. Füße groß und stark. Leben gesellig. Einzelne stellen Vögeln und kleinen Säugetieren nach. *Corvus corax* L., Kolkrabe. Europa, Nordasien, Nordamerika. *C. cornix* L., Nebelkrähe. Europa, Westasien. *C. corone* L., Rabenkrähe, Krähe. Europa, Nordasien. *Colaeus monedula* L., Dohle. Europa, Nordafrika, Westasien. *Trypanocorax frugilegus* L., Saatkrähe. Europa, Asien. *Pyrrhocorax pyrrhocorax* L., Alpendohle. Alpen, Gebirge Südeuropas. *Nucifraga caryocatactes* L., Tannenheher. Nordeuropa, Nordasien. *Pica pica* L., Elster. Europa, Asien, Nordwestl. Amerika. *Garrulus glandarius* L., Eichelhäher. Europa.

Fam. *Paradiseidae*, Paradiesvögel. Prächtig gefärbte Vögel mit mittellangem, sanft gebogenem, komprimiertem Schnabel. Füße sehr stark und großzehig. Die beiden mittleren Steuerfedern oft fadenförmig verlängert und nur an der Spitze mit kleiner Fahne. Männchen mit Büscheln zerschlissener Federn an den Seiten des Körpers und auch an Hals und Brust. *Paradisea apoda* L. *Cicinnurus regius* L. Neuguinea, Aru-Inseln (Abb. 1100). *Parotia sefilata* PENN. (*sexpennis* BODD.). Neuguinea.

Fam. *Oriolidae*. Mit ziemlich kegelförmigem, abgerundetem Schnabel. Lauf kurz. *Oriolus oriolus* L. (*galbula* L.), Pirol, Goldamsel, Pfingstvogel. Europa, Südwestasien, Afrika.

Fam. *Sturnidae*, Stare. Singvögel mit geradem oder wenig gebogenem, starkem Schnabel mit zuweilen gekerbter Spitze. Flügel lang und spitz. Lauf lang, kräftig. Hinterzehe lang und stark. *Sturnus vulgaris* L., Gemeiner Star. Europa, Südwestasien, Nordafrika. *Pastor roseus* L., Rosenstar. Süd- und Mitteleuropa, Asien. *Gracula religiosa* L. Südindien, Ceylon. *Buphaga africana* L., Madenhacker. Afrika.

Fam. *Icteridae*, Trupiale. Schnabel so lang oder länger als der Kopf, meist gerade, schlank kegelförmig, spitz, ohne Ausschnitt, Dillenkante länger als die halbe Firste. Schwanz lang, gerundet. Füße kräftig, Hinterzehe lang. *Icterus jamacaii* GM., Brasilien. *I. baltimore* L. Nord- u. Centralamerika. *Quiscalus versicolor* VIEILL. Östl. Nordamerika.

Fam. *Ploceidae*, Webervögel. Mit kräftigem kegelförmigen Schnabel. Schnabelfirste zwischen die Stirnfedern einspringend. Bauen beutelförmige Nester. *Ploceus philippinus* L. (*baya* BLYTH). Ostindien, Ceylon. *Textor albirostris* VIEILL. *Vidua principalis* L. *Stega-*

nura paradisea L. *Philaeterus socius* LATH. *Amadina fasciata* GM. *Estrilda (Habropyga)* *astrild* L. Afrika. *Taeniopygia castanotis* J. GD. Australien.

Fam. *Fringillidae*, Finken. Mit kurzem dickem Kegelschnabel (Abb. 1083 c) ohne Kerbe, aber mit basalem Wulst, Schnabelfirste nicht zwischen die Stirnfedern einspringend. Im Flügel bloß neun Handschwingen. *Fringilla coelebs* L., Buchfink. Europa, Südwestasien. *F. montifringilla* L., Bergfink. Europa, Asien. *Cannabina cannabina* L., Hänfling. Europa, Westasien, Nordafrika. *Acanthis linaria* L., Leinfink. Nord-Europa, -Asien, -Amerika. *Carduelis carduelis* L., Distelfink, Stieglitz. Europa, Nordafrika, Südwestasien. *Chrysomitris spinus* L., Zeisig. *Passer montanus* L., Feldsperling. *P. domesticus* L., Haussperling, Spatz. Europa, Asien, Nordafrika. *Serinus canaria* L., Kanarienvogel. Kanarische Inseln. *S. serinus* L., Girlitz. Europa, Kleinasien, Nordafrika. Wird als Unterart von *S. canaria* angesehen. *Loxia curvirostra* L., Fichtenkreuzschnabel. Europa, Nordasien, Nordamerika. *Pyrrhula pyrrhula* L., Gimpel, Dompfaff. Europa, Nordasien. *Chloris chloris* L., Grünling. Europa, Südwestasien, Nordafrika. *Coccothraustes coccothraustes* L., Kernbeißer. Europa, Asien, Nordafrika. *Cardinalis cardinalis* L. (*virginianus* BP.), Kardinal. Südl. Nordamerika.

Abb. 1100. *Cicinnurus regius*, Weibchen und Männchen. Etwa 1/3

Emberiza schoeniclus L., Rohrammer, Rohrspatz. Europa, Asien. *E. citrinella* L., Goldammer. Europa, Westsibirien. *E. hortulana* L., Ortolan. Europa, Westasien, Nordafrika. *E. cia* L., Zippammer. Südeuropa, Kleinasien bis Afghanistan. *Plectrophenax nivalis* L., Schneeammer. Nordeuropa, Nordasien, Nordamerika. Hier schließt sich an *Tanagra episcopus* L. Giuana.

Fam. *Certhiidae*, Klettermeisen. Mit schlankem, glattrandigem Schnabel. Schwanz mittellang, oft mit steifen Schaftspitzen der Steuerfedern. Füße mit großen, stark gekrümmten Krallen. *Sitta europaea* L., Kleiber. Nordeuropa, Nordasien. *Certhia familiaris* L., Baumläufer. Europa, Nordafrika, Asien, Nordamerika. *Tichodroma muraria* L., Mauerläufer. Hochgebirge Europas, Nordafrikas, Asiens.

Fam. *Nectariniidae*, Sonnenvögel, Honigsauger. Kleine gedrungene Vögel mit metallisch glänzendem Gefieder, mit langem, dünnem, gebogenem, spitzem Schnabel. Zunge vorstreckbar, röhrenförmig, tief gespalten. *Nectarinia metallica* LCHT. N.O.-Afrika, Südarabien. *N. famosa* L. *Cinnyris splendida* SHAW. Südafrika.

Fam. *Meliphagidae*, Honigfresser. Mit dünnem gekrümmten Schnabel. Schwanz lang und breit. Die Zunge vorstreckbar, mit pinselförmiger Spitze. *Meliphaga phrygia* LATH. Australien. *Prosthemadera novae-zealandiae* GM. Predigervogel. Neuseeland. Im Aussterben.

Fam. *Drepanididae*, Kleidervögel. Den Meliphagiden in Bau und Zunge sehr ähnlich. Schnabel sehr verschieden. Besitzen einen eigentümlichen unangenehmen Geruch. *Drepanis pacifica* GM. Fast ausgerottet. *Vestiaria coccinea* FORST. Hawai-Inseln.

6. Klasse. Mammalia, Säugetiere[1].

Homöotherme behaarte Vertebraten mit meist vier als Füße entwickelten Extremitäten, mit vollständig in zwei Vorkammern und zwei Kammern geteiltem Herzen, in der Regel lebendige Junge gebärend, die sie mittels des Secretes von Milchdrüsen aufsäugen. Embryonen mit Amnion und Allantois.

Die Säugetiere sind durch die Gestaltung beider Extremitätenpaare als Füße vornehmlich zum Landaufenthalte befähigt. Indessen treffen wir auch hier Formen an, welche in verschiedenem Grade dem Wasserleben angepaßt sind, ja sogar ausschließlich das Wasser bewohnen oder mit einer Flughaut (*Patagium*) ausgestattet als Flattertiere in der Luft sich bewegen und hier ihre Nahrung finden. Außer dem Kopf unterscheidet man am Körper eine Hals-, Brust-, Lenden-, Kreuzbein- und Schwanzregion. Nur beim Ausfalle der hinteren Extremitäten (*Cetacea, Sirenia*) fehlt eine Sacralregion, bei den Cetaceen ist überdies die Halsregion äußerlich nicht unterscheidbar.

Dasselbe, was die Befiederung für die Vögel, ist das Haarkleid für die Säugetiere (von RAY und OKEN „*Haartiere*" genannt). Obwohl die kolossalen Wasserbewohner und die größten Landtiere der Tropen nackt zu sein scheinen, so fehlen doch auch hier die Haare nicht an allen Stellen, indem z. B. die Cetaceen wenigstens in einigen Fällen an den Lippen kurze Borsten tragen. Auch das Haar

---

[1] v. SCHREBER, JOH. CH. D.: Die Säugetiere usw.; fortges. von A. GOLDFUSS u. J. A. WAGNER. 7 Bde. u. 5 Suppl. Erlangen u. Leipzig 1775—1855. — GEOFFROY ST. HILAIRE, E. et FRÉD. CUVIER: Histoire naturelle des Mammifères. Paris 1819—1835. — PANDER,CH. u. E. D'ALTON: Die vergleichende Osteologie. Bonn 1821—1828. — TEMMINCK, C. J.: Monographie de Mammalogie. Paris u. Leiden 1825—1839. — DE BLAINVILLE, H. D.: Ostéographie. Paris 1839—1854. — OWEN, R.: Odontography. 2 Vols. London 1840—1845. — GIEBEL, C. G.: Die Säugetiere in zoologischer, anatomischer und paläontologischer Beziehung. Leipzig 1859. — Odontographie. Leipzig 1855. — GIEBEL, C. G., LECHE, W. u. E. GÖPPERT: Mammalia. Bronns Klassen u. Ordn. des Tierreiches 1874—1914. — OSBORN, H. F.: Evolution of Mammalian Molar Teeth to and from the triangular type, edited by W. K. GREGORY. New York 1907. — FLOWER, W. H. a. R. LYDEKKER: An Introduction to the study of Mammals living and extinct. London 1891. — KÜKENTHAL, W.: Über den Ursprung und die Entwicklung der Säugetierzähne. Jena. Z. Naturwiss. 26 (1892). — DE MEIJERE, H.: Über die Haare der Säugetiere, besonders über ihre Anordnung. Morph. Jb. 21 (1894). — LECHE, W.: Zur Entwicklungsgeschichte des Zahnsystems der Säugetiere. Bibliotheca zoologica 1895—1907. — BONNET, R.: Die Mammarorgane im Lichte der Ontogenie und Phylogenie. Erg. Anat. 7 (1897). — ELLENBERGER, W. u. H. BAUM: Handbuch der vergleichenden Anatomie der Haustiere. 16. Aufl. Berlin 1926. — TROUESSART, E. L.: Catalogus Mammalium. 2 Bde. Berolini 1897—1899 u. Suppl. 1904—1905. — LYDEKKER, R.: Die geographische Verbreitung und geologische Entwicklung der Säugetiere. Deutsch übers. von G. Siebert. Jena. 2. Aufl. 1901. — WEBER, M.: Die Säugetiere. 2. Aufl. Jena 1927—1928. — VAN BENEDEN, E. et CH. JULIN: Recherches sur la formation des annexes fœtales chez les Mammifères. Archives de Biol. 5 (1884). — HUBRECHT, A. A. W.: Studies on Mammalian Embryology. Quart. J. microsc. Sci. 30—35 (1890—1894). — FÜRBRINGER, M.: Zur Frage der Abstammung der Säugetiere. Festschr. f. HAECKEL. Jena 1904. — PALMER, T. S.: North American Fauna. 23. Index generum Mammalium. Washington 1904. — MILLER, G. S.: Catalogue of the Mammals of Western Europe. London 1912. — BREHMS Tierleben. Säugetiere. 4. Aufl. 1912—1916. — ELLIOT, D. G.: Check-List of Mammals of the North American Continent. Chicago 1905. — TOLDT jun., C.: Über eine beachtenswerte Haarsorte und über das Haarformensystem der Säugetiere. Ann. naturhist. Hofmus. Wien 24 (1910). — GREGORY, W. G.: The orders of Mammals. Bull. Mus. Nat. Hist. New York 27. 1910. — VAN BENEDEN, E.: Recherches sur l'embryologie des Mammifères. Archives de Biol. 26, 27 (1911—1912). — RABL, C.: Édouard van Beneden und der gegenwärtige Stand der wichtigsten von ihm behandelten Probleme. Arch. mikrosk. Anat. 88 (1915). — ANTONIUS, O.: Grundzüge einer Stammesgeschichte der Haustiere. Jena 1922. — SONNTAG, C. F.: The comparative Anatomy of the Tongues of the Mammalia. Proc. Zool. Soc. Lond. 1921—1925. — ADAMETZ, L.: Lehrbuch der allgemeinen Tierzucht. Wien 1926. — Vgl. ferner die Arbeiten von HYRTL, GERVAIS, GAUDRY, COPE, MARSH, W. KOWALEVSKY, RÜTIMEYER, SCHLOSSER, AMEGHINO, TURNER, BOAS, HOCHSTETTER, ROESE, OUDEMANS, MAURER, SCHAFFER u. a.

(Abb. 1101) ist eine Epidermoidalbildung und erhebt sich mit zwiebelartig verdickter Wurzel (Haarzwiebel) auf einer gefäßreichen Papille (Pulpa) im Grunde eines Follikels der Haut, des Haarbalges, während sein oberer Teil, der Schaft, frei aus der Oberfläche der Haut hervorragt. Nach der Stärke und Festigkeit des Haarschaftes unterscheidet man zunächst Licht-, Stichel- oder Grannenhaare und Wollhaare. Die ersteren sind grob und steif, die letzteren meist kürzer, zart, gekräuselt und umstellen in größerer oder geringerer Zahl je ein Stichelhaar. Je feiner und wärmeschützender der Pelz, um so bedeutender wiegen die Wollhaare vor (Winterpelz). Die Stichelhaare werden durch bedeutendere Stärke zu Borsten, welche wiederum durch fortgesetzte Dickenzunahme in Stacheln übergehen (Igel, Stachelschwein). Weit verbreitet findet sich noch eine spärlich auftretende dritte Haarform, die Leithaare, welche sich durch größere Länge, Stärke und Steifheit gegenüber den Stichelhaaren auszeichnen. An den Follikeln der stärkeren Haare

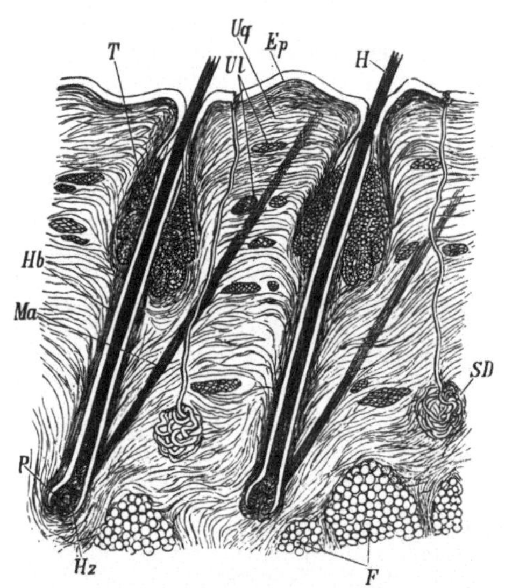

Abb. 1101. Schnitt durch die Kopfhaut des Menschen. *Ep* Epidermis, *Uq* Querzüge, *Ul* Längszüge des Cutisbindegewebes, *H* Haar, *Hz* Haarzwiebel, *P* Papille des Haares, *Hb* Haarbalg, *Ma* Musculus arrector pili, *T* Talgdrüsen, *SD* Schweißdrüsen, *F* Fettkörper.

heften sich glatte Muskeln (*Arrectores pilorum*) der Unterhaut an, durch welche jene einzeln bewegt werden, während die quergestreifte Hautmuskulatur ein Sträuben des Haarkleides und Emporrichten der Stacheln über größere Hautflächen veranlaßt. Die Haare stehen in regelmäßiger Anordnung, gewöhnlich in Gruppen. Auch kann die Epidermis kleinere Hornschuppen oder große, dachziegelartig übereinandergreifende Schuppen bilden, erstere am Schwanze von Nagetieren und Beutlern, letztere auf der gesamten Rücken- und Seitenfläche der Schuppentiere, welche durch diese Art der Epidermoidalbekleidung einen hornigen Hautpanzer erhalten. Zu den Epidermoidalbildungen gehören ferner die Hornscheiden der Boviden (Cavicornier), die Hörner der Rhinocerotiden sowie die mannigfachen Hornbekleidungen der Zehenspitzen, welche als Plattennägel (*Unguis lamnaris*), Kuppennägel (*U. tegularis*), Krallen (*Falcula, Unguicula*) und Hufe (*Ungula*) unterschieden werden.

Eine andere Form des Hautpanzers entsteht durch Ossification der Cutis bei den Gürteltieren, deren Hautknochen aneinandergrenzende Platten sowie in der Mitte des Leibes breite, verschiebbare Knochengürtel bilden. Zu den Hautverknöcherungen gehören ferner die periodisch sich erneuernden Geweihe der Hirsche.

Als Hautdrüsen haben die acinösen *Talgdrüsen* und die tubulösen *Schweißdrüsen* und *Duftdrüsen* eine große Verbreitung (Abb. 1101). Jene sind ständige Begleiter der Haarbälge, finden sich aber auch an nackten Hautstellen und sondern eine fettige Schmiere ab, welche die Hautoberfläche weich erhält. Die tubulösen, meist als Schweißdrüsen fungierenden Drüsen zeigen die Form eines knäuelartig verschlungenen Drüsenkanals mit spiralgewundenem Ausführungsgang und werden nur selten vermißt (*Cetacea, Sirenia, Manis* u. a.). Bei zahlreichen Säugetieren kommen noch an verschiedenen Hautstellen größere Drüsen mit stark riechenden Secreten vor, welche in der Mehrzahl aus einer Vereinigung von soge-

nannten Talgdrüsen und Schweißdrüsen bestehen. Dazu gehören z. B. die Muffel-
drüsen des Rindes, die Occipitaldrüse der Kamele, die in Vertiefungen der Tränenbeine liegenden Schmierdrüsen von *Cervus*, *Antilope*, *Ovis*, die hinter dem Gehörne
gelegene sogenannte Brunstfeige der Gemse, die Schläfendrüse der Elefanten, die
Gesichtsdrüsen der Fledermäuse, die Klauendrüsen der Wiederkäuer, die Seiten-
drüsen der Spitzmäuse und von *Arvicola* (*Microtus*) *terrestris*, die Sacraldrüse von
Dicotyles (*Tayassus*), die sich dorsal hinter der Schwanzwurzel findende sogenannte
Violdrüse des Fuchses, die Drüsen am Schwanze des Desman, die Cruraldrüsen der
männlichen Monotremen usw. Am häufigsten finden sich dergleichen Absonderungsorgane in der Nähe des Afters oder in der Inguinalgegend und liegen dann oft
in besonderen Hautaussackungen, wie z. B. die Analdrüsen zahlreicher Raubtiere,
Nager und Edentaten, die Zibetdrüsen der Viverren, der Moschusbeutel von
Moschus moschiferus, die Bibergeilsäcke an der Vorhaut des männlichen Bibers

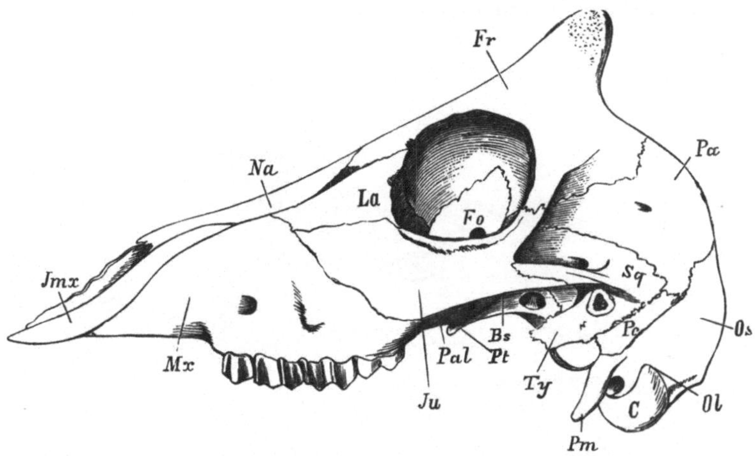

Abb. 1102. Schädel einer Ziege in seitlicher Ansicht. *Ol* Occipitale laterale, *C* Condylus, *Pm* Processus para-
mastoideus, *Os* Supraoccipitale, *Sq* Squamosum, *Ty* Tympanicum, *Pe* Petrosum, *Pa* Parietale, *Fr* Frontale,
La Lacrimale, *Na* Nasale, *Fo* Foramen opticum, *Mx* Maxillare, *Jmx* Intermaxillare, *Ju* Jugale, *Pal* Palatinum,
Pt Pterygoideum, *Bs* Basisphenoideum.

und die Bisamdrüsen der Bisamratte. Aus Schweißdrüsen hervorgegangene
Schleimdrüsen finden sich bei *Hippopotamus*.

Zu den Hautdrüsen gehören auch die *Milchdrüsen* der weiblichen Säuger, die
stets an der Ventralseite des Körpers in der Inguinalgegend, am Bauch und an der
Brust zur Entwicklung kommen, beim Männchen rudimentär bleiben. Bei den
Monotremen münden die Drüsenschläuche des hier als Mammardrüse unterschie-
denen Organs in einem eingesenkten Drüsenfelde, während sonst papillenförmige
Erhöhungen, Zitzen, die Ausmündungsöffnungen der Milchdrüsen tragen.

Das Skelet wird durch schwere, markhaltige Knochen gebildet und nur in einzelnen Schädel- und Gesichtsknochen kommen pneumatische Höhlen vor. Der
Schädel (Abb. 1102) erscheint als geräumige Kapsel, deren Knochenstücke nur ausnahmsweise frühzeitig (Schnabeltier) verschmelzen, in der Regel zeitlebens größtenteils durch Nähte gesondert bleiben. Doch gibt es viele Fälle, in denen am ausgewachsenen Tiere die Nähte teilweise oder sämtlich verschwunden sind (Affen,
Wiesel). Die umfangreiche Ausdehnung der Schädelkapsel wird nicht nur durch
bedeutende Größe des Schädeldaches, sondern auch dadurch erreicht, daß die
seitlichen Schädelknochen an Stelle des Interorbitalseptums sich bis in die Eth-
moidalgegend nach vorn hin erstrecken. So kommt es, daß das *Ethmoideum*

(*Lamina cribrosa*) an der Begrenzung des vorderen und unteren Teiles der Schädelhöhle teilnimmt (Abb. 1103). Auch die Temporalknochen nehmen an derselben
Anteil, indem nicht nur das *Petrosum* mit dem *Mastoideum*, sondern zuweilen
auch das *Squamosum* die zwischen *Alisphenoid* und den Seitenteilen des Hinterhauptes bleibende Lücke ausfüllen. In der Hinterhauptgegend sind *Supraoccipitale, Basioccipitale* und *Occipitalia lateralia* fast stets zu einem *Os occipitale*
verwachsen, das auf dem ersten Halswirbel mit zwei Gelenkhöckern articuliert.
Häufig besitzt dasselbe jederseits einen den Seitenteilen (*Occipitalia lateralia*) zugehörigen Fortsatz (*Processus paramastoideus*). In der Gegend des Gehörorganes
erscheinen die Otica (*Pro-, Opistho-, Epioticum*) zum *Petrosum* vereinigt und dieses
häufig mit dem *Mastoideum* zu einem *Perioticum* verwachsen; an dasselbe fügt
sich das *Squamosum* als größere Knochenschuppe und von außen das häufig und
ursprünglich stets ringförmige Paukenbein (*Tympanicum*, wahrscheinlich dem
Quadratojugale [Paraquadratum] der übrigen Amnioten homolog) an, welches den
äußeren Gehörgang umschließt und sich häufig zu einer an der Unterseite des

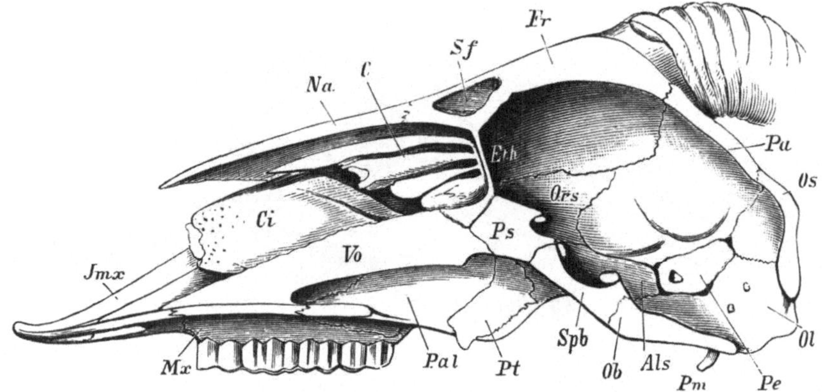

Abb. 1103. Schöpsenschädel, median durchsägt, von innen gesehen. *Ob* Basioccipitale, *Ol* Occipitale laterale,
Os Supraoccipitale, *Pe* Petrosum, *Spb* Basisphenoideum, *Ps* Praesphenoideum, *Als* Alisphenoideum, *Ors* Orbitosphenoideum, *Pa* Parietale, *Fr* Frontale, *Sf* Sinus frontalis, *Eth* Ethmoideum, *Na* Nasale, *C* Ethmoturbinalia,
Ci Maxilloturbinale (Os turbinatum), *Pt* Pterygoideum, *Pal* Palatinum, *Vo* Vomer, *Mx* Maxillare, *Jmx* Intermaxillare, *Pm* Processus paramastoideus.

Schädels vorspringenden Kapsel (*Bulla*) erweitert. An der Basis des Schädels
(Abb. 1103) erhalten sich häufig vorderer und hinterer Keilbeinkörper (*Praesphenoideum, Basisphenoideum*) lange Zeit gesondert; letzterer trägt die hinteren Keilbeinflügel (*Alisphenoidea*), ersterer die vorderen Keilbeinflügel (*Orbitosphenoidea*).
Dorsal schließen sich die beiden häufig miteinander verwachsenen *Parietalia* an,
hinter welchen zuweilen ein accessorisches Scheitelbein (*Os interparietale*) zur Entwicklung kommt; dieses verschmilzt jedoch in der Regel mit dem *Occipitale superius*, seltener mit den Scheitelbeinen. Minder häufig als die beiden Scheitelbeine
verwachsen die Stirnbeine (*Frontalia*). Postfrontalia fehlen. Zum vorderen Verschluß der Schädelhöhle wird die durchlöcherte Platte (*Lamina cribrosa*) des Siebbeines (*Ethmoideum*) verwendet, welches bei Affen wie beim Menschen mit einem
(dann als *Lamina papyracea* bezeichneten) Teile zur Bildung der inneren Augen-
höhlenwand beiträgt. In allen anderen Fällen liegt das Siebbein vor den Augenhöhlen und wird seitlich von den Maxillarknochen umlagert, erlangt dann aber
auch eine bedeutende Längenausdehnung. An die *Lamina perpendicularis* des
Siebbeines schließt sich vorne die knorpelige Nasenscheidewand, von unten der
Vomer an. Dem Siebbeine sitzen im hinteren Abschnitte der Nasenhöhle die zwei

und mehr oberen Muschelpaare (*Conchae ethmoidales* oder *Ethmoturbinalia*) auf, welche als gesonderte Verknöcherungen entstehen und mit dem Siebbein verwachsen. Im vorderen Abschnitte der Nasenhöhle endlich treten als selbständige Ossificationen die unteren Muscheln (*Maxilloturbinale, Os turbinatum*) auf, welche an der inneren Seite des Oberkiefers anwachsen; sie sind den einzigen Conchae der Reptilien homolog. An der äußeren Fläche der Siebbeinregion lagern sich als Belegknochen die Nasenbeine (*Nasalia*) und seitlich die Tränenbeine (*Lacrimalia*) an, die von manchen als den Praefrontalia der übrigen Amnioten homolog angesehen werden. Das Tränenbein (bei den Robben und Delphinen als selbständiger Knochen vermißt) dient zur vorderen Begrenzung der Augenhöhle, tritt aber zugleich gewöhnlich als Gesichtsknochen an der äußeren Fläche hervor.

Charakteristisch für die Säugetiere ist die innige Vereinigung des Schädels mit dem Oberkiefer-Gaumenapparat und die Beziehung des Quadratums zur Paukenhöhle. Diese hat zur Folge, daß sich der Unterkiefer direkt am Squamosum einlenkt ohne Vermittlung eines *Quadratums* (sekundäres Kiefergelenk), dessen morphologisch gleichwertiges Knochenstück schon im Laufe der Embryonalentwicklung an die Außenfläche der Ohrkapsel in die spätere Paukenhöhle gerückt und zum Amboß (*Incus*) umgebildet ist, während das obere Stück des MECKELschen Knorpels (*Articulare* des Unterkiefers) zum Hammer (*Malleus*) wurde (REICHERT). Dagegen wird der Steigbügel (*Stapes*), mit Ausschluß der aus der Labyrinthkapsel entstehenden, die Fenestra vestibuli verschließenden Steigbügelplatte (Operculum), auf das obere Stück des Zungenbeinbogens (*Hyomandibulare*) zurückgeführt. *Pterygoidea, Palatina, Maxillaria* und *Intermaxillaria* bieten ähnliche Verhältnisse wie bei Schildkröten und Krokodilen. Die Pterygoidea verschmelzen in manchen Fällen mit dem Keilbein und stellen dann dessen *Processus pterygoidei* vor. Ein *Jugale* legt sich an das Squamosum an. Überall haben wir die Bildung einer die Mund- und Nasenhöhle trennenden Gaumendecke, den harten Gaumen, hinter welchem die Choanen münden. Der Unterkiefer wird vom *Dentale* gebildet; beide Unterkieferhälften verwachsen in manchen Fällen miteinander.

Die Schädelkapsel wird bei den Säugetieren durch das Gehirn so vollständig ausgefüllt, daß ihre Innenfläche einen relativ genauen Abdruck der Gehirnoberfläche darbietet. Sie ist bei dem bedeutenden Umfange des Gehirns weit geräumiger als in irgendeiner anderen Wirbeltierklasse, bietet aber in den einzelnen Gruppen mannigfache Abstufungen der Größenentwicklung, zugleich auch im Verhältnisse zur Ausbildung des Gesichtes. Das Zungenbein ist auf eine stegartige Querbrücke (Zungenbeinkörper) zweier Bogenpaare reduziert, bei den Brüllaffen mächtig entwickelt und ausgehöhlt.

Die Wirbelsäule zeigt mit Ausnahme der Cetaceen die fünf als Hals, Brust, Lenden, Kreuzbein und Schwanz bezeichneten Regionen (Abb. 1104). Bei diesen der Hintergliedmaßen entbehrenden Wasserbewohnern fällt die Unterscheidung einer Sacralregion aus und geht die Lendengegend direkt in den Schwanz über; andererseits ist hier die Halsregion auffallend verkürzt und durch die Verwachsung der vordersten oder aller Wirbel fest und unbeweglich. Die Wirbelkörper kehren einander meist ebene Flächen zu und stehen allgemein durch elastische Bandscheiben (*Ligamenta intervertebralia*) in Verbindung; nur die Halswirbel der meisten Huftiere sind opisthocöl und dadurch freier beweglich. Die Halsrippen sind mit den Wirbeln unter Bildung eines Foramen transversarium verwachsen. Der erste Halswirbel (*Atlas*) ist ein hoher Knochenring mit breiten, flügelartigen Querfortsätzen, auf deren Gelenkflächen die beiden Condyli des Hinterhauptbeines die Hebung und Senkung des Kopfes vermitteln. Die Drehung des Kopfes nach rechts und nach links geschieht dagegen durch die Bewegung des Atlas um einen medianen, dem nachfolgenden Wirbel, dem *Epistropheus*, angehörenden Fortsatz

65*

(*Dens epistrophei*), welcher morphologisch dem vom Atlas gesonderten und mit
dem Körper des Epistropheus vereinigten Wirbelkörper des Atlas entspricht. Die
Rückenwirbel charakterisieren sich durch hohe Dornfortsätze und durch den
Besitz von großen (oberen) Rippen, von denen sich die vorderen an dem meist
langgestreckten, aus zahlreichen hintereinander gereihten Knochenstücken zusammengesetzten Brustbeine (*Sternum*) durch Knorpel anheften, während die hinteren als sogenannte falsche Rippen das Brustbein nicht erreichen. Vor dem
Sternum liegt noch in manchen Fällen ein *Episternum* (*Prosternum* GEGENBAUR),
das bei *Monotremen* von ansehnlichem Umfange ist. Während die Zahl der Halswirbel fast konstant 7 bleibt, bei *Trichechus* (*Manatus*), auch bei *Choloepus* sich
auf 6 vermindert, bei *Bradypus* und *Scaeopus* um 1 oder 2 vermehrt, bietet die Wir-
belzahl der nachfolgenden Regionen größere Variationen. Die Zahl der Thoraco-
lumbalwirbel ist am geringsten bei Fledermäusen und dem Orang (16—15) und be-

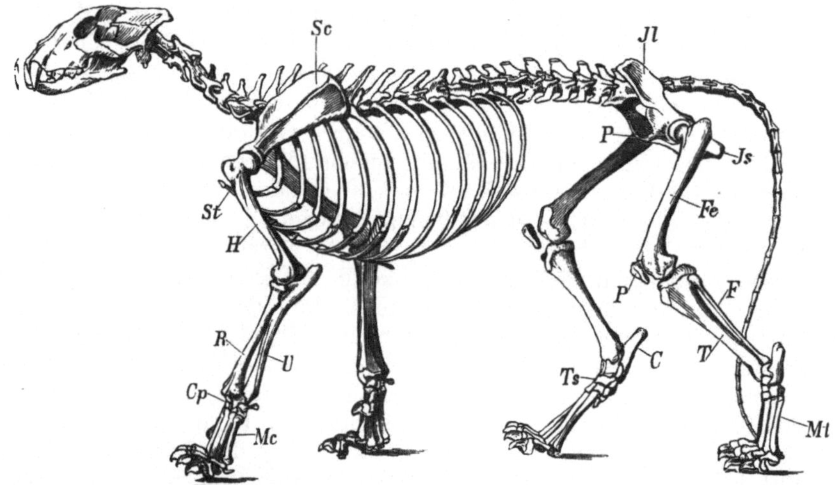

Abb. 1104. Skelet des Löwen. (Nach GIEBEL, Bronns Klassen u. Ordnungen.) *St* Sternum, *Sc* Scapula, *H* Humerus,
R Radius, *U* Ulna, *Cp* Carpus, *Mc* Metacarpus, *Jl* Os ilium, *P* Os pubis, *Js* Os ischii, *Fe* Femur, *T* Tibia, *F* Fibula,
P Patella, *Ts* Tarsus, *Mt* Metatarsus, *C* Calcaneus.

trägt in den meisten Ordnungen 19 oder 20, steigt aber bei vielen Ungulaten
(*Perissodactylen*) auf 23, ja 24 und wird am größten bei *Procavia* (28—29). Die
Sacralwirbel charakterisieren sich durch feste Verschmelzung untereinander und
Verbindung ihrer Seitenfortsätze (nebst Rippenresten) mit den Hüftbeinen. Die
Sacralregion wird in manchen Fällen nur durch einen Wirbel repräsentiert (einige
Beutler, Huftiere, Nager), zu dem in anderen Fällen ein zweiter (einige Beutel-
tiere, viele Carnivoren) und weitere Schwanzwirbel hinzukommen, die zu einem
einheitlichen *Os sacrum* verschmelzen. Mit diesem treten zuweilen noch folgende
Caudalwirbel in synostotische Verbindung, die aber nicht mit dem Os ilium verbunden sind (von GEGENBAUR als *pseudosacrale* Wirbel unterschieden), jedoch eine
Verbindung mit dem Os ischii eingehen können (*Xenarthra, Pteropus*). Die nach
Zahl und Beweglichkeit überaus wechselnden Schwanzwirbel verschmälern sich
nach dem Ende der Leibesachse und besitzen nicht selten (Känguruh und Ameisenfresser) untere Dornfortsätze, verlieren aber nach hinten zu mehr und mehr sämtliche Fortsätze.

Von den beiden Extremitätenpaaren fehlen die vorderen in keinem Falle. Am
Schultergürtel vermißt man da, wo die Vordergliedmaßen bei der Locomotion nur

zur Stütze des Vorderleibes dienen oder eine einfache pendelartige Bewegung ausführen, wie beim Rudern, Gehen, Laufen, Springen usw., das *Schlüsselbein* (Wale,
Huftiere, Raubtiere), während sich sonst die *Scapula* mittels einer mehr oder minder starken, stabförmigen *Clavicula* dem Brustbein anfügt. Das hintere Schlüsselbein (*Coracoideum*) reduziert sich fast allgemein auf den Rabenfortsatz (*Processus
coracoideus*) des Schulterblattes und bildet nur bei den *Monotremen* eine große,
zum Brustbein reichende Knochenplatte. In festerer Verbindung mit dem Rumpfe
als die vorderen Gliedmaßen stehen die hinteren Extremitäten, deren Gürtel im
Zusammenhange mit dem Rudimentärwerden oder Ausfallen der hinteren Extremität bei den Walen und Sirenen rudimentär bleibt und durch zwei ganz lose
mit der Wirbelsäule verbundene Knochen vertreten wird. Bei allen anderen Säugetieren ist das Becken mit den Seitenteilen des Kreuzbeines verbunden, seltener
verwachsen und durch Symphyse der Scham- und Sitzbeine oder nur der Schambeine ventral geschlossen; sie fehlt bei den Talpiden. Das Becken der Säuger hat eine
von vorn nach hinten und ventral gerichtete Stellung. Die es zusammensetzenden
drei Knochen verwachsen zum sog. Hüftbein (*Os coxae*). Die *Aplacentalia* besitzen
vorn an den Schambeinen zwei sog. Beutelknochen (*Ossa marsupialia*). Die im
Schulter- und Beckengürtel eingelenkten Gliedmaßen erfahren bei den schwimmenden Säugetieren eine beträchtliche Verkürzung und bilden entweder, wie die
Vordergliedmaßen der *Cetaceen* und *Sirenen*, platte, in ihren Knochenstücken unbewegliche (bei den Sirenen mit Ellenbogenbeuge) Flossen, bei den Cetaceen mit
stark vermehrter Phalangenzahl der Finger (Hyperphalangie), oder wie bei den
Pinnipedien flossenartige Beine, die auch als Fortschieber auf dem Lande gebraucht werden können. Bei den Flattertieren erlangen die Vordergliedmaßen
in Verbindung mit einer zwischen den ungemein verlängerten Fingern, der Extremitätensäule und den Seiten des Rumpfes ausgespannten Hautfalte eine bedeutende Längenentwicklung. Sowohl an den Flossen der Cetaceen als an den
Fluggliedmaßen der Fledermäuse fehlen Nagelbildungen, im letzteren Falle mit
Ausnahme des aus der Flughaut vorstehenden, stets krallentragenden Daumens.
Bei den Landsäugetieren verhalten sich die Extremitäten sowohl an Länge als hinsichtlich ihrer besonderen Gestaltung überaus verschieden. Der röhrenförmige
Humerus steht im allgemeinen rücksichtlich seiner Länge im umgekehrten Ver-
hältnis zu dem Metacarpalteil des Vorderfußes. *Radius* und *Ulna* übertreffen den
Oberarm fast allgemein an Länge, ebenso an der Hintergliedmaße *Tibia* und
Fibula den Oberschenkel (*Femur*). Die Ulna bildet das Charniergelenk des Ellen-
bogens und läuft hier in einen Hakenfortsatz (*Olecranon*) aus; der Radius verbindet
sich dagegen mit der Handwurzel und ist oft um die Ulna drehbar (*Pronatio,
Supinatio*), in anderen Fällen jedoch mit der Ulna verwachsen, welche dann bis
auf den Gelenkfortsatz ein rudimentärer, grätenartiger Stab bleibt. An der Hintergliedmaße, deren Kniegelenk einen nach hinten offenen Winkel bildet und fast stets
von einer Kniescheibe (*Patella*) bedeckt wird, kann sich zuweilen (Beutler) auch
die Fibula an der Tibia bewegen, in der Regel aber sind diese beiden Knochen verwachsen und die nach hinten und außen gelegene Fibula meist verkümmert. Weit
auffallender sind die Verschiedenheiten am terminalen Abschnitt der Gliedmaßen
(Abb. 1105). Die Fünfzahl der Finger bzw. Zehen reduziert sich in vielen Fällen in
allmählichen Abstufungen, indem zuerst die aus zwei Phalangen zusammengesetzte
Innenzehe (Daumen) rudimentär wird und hinwegfällt; dann die kleine Außenzehe
sowie die zweitinnere Zehe verkümmern oder verschwinden, im ersteren Falle zuweilen als kleine, vom Boden erhobene sogenannte Afterklauen an der hinteren
Fläche des Fußes (Wiederkäuer) persistieren. Endlich reduziert sich auch die
zweitäußere Zehe oder fällt ganz aus, so daß die Mittelzehe zur ausschließlichen
Stütze der Extremitäten übrigbleibt (Einhufer). Dieser Reduktion der Zehen geht

eine Vereinfachung und Veränderung der Fußwurzel- und Mittelfußknochen
parallel, indem die Mittelfußknochen der rudimentären oder völlig ausfallenden
seitlichen Zehen zu den sogenannten Griffelbeinen verkümmern oder ganz ausfallen und die beiden mittleren Metacarpalia (Metatarsalia) oft zu einem starken und
langen Röhrenknochen (Canon) verschmelzen (Wiederkäuer). Die kleinen Wurzelknochen, welche zur Herstellung des Fußgelenkes verwendet werden und den
durch die auftretende Extremität erzeugten Stoß wesentlich zu vermindern haben,
ordnen sich meist in zwei bzw. drei Reihen an, aus welchen an den hinteren Gliedmaßen gewöhnlich zwei Knochen, das Sprungbein (*Talus* oder *Astragalus*) und
Fersenbein (*Calcaneus*), bedeutend hervortreten. Die Zehen des Vorderfußes
kann man nach Analogie des menschlichen Körpers Finger nennen, zur Hand wird
der Vorderfuß durch die Opponierbarkeit des inneren Fingers oder Daumens
(Pollex). Auch am Fuße der hinteren Extremität ist zuweilen die große Zehe
(Hallux) opponierbar, hiermit aber der Fuß noch nicht zur Hand, sondern nur zum
Greiffuß (Affen) geworden, da zum Begriffe der Hand auch die besondere Anord-

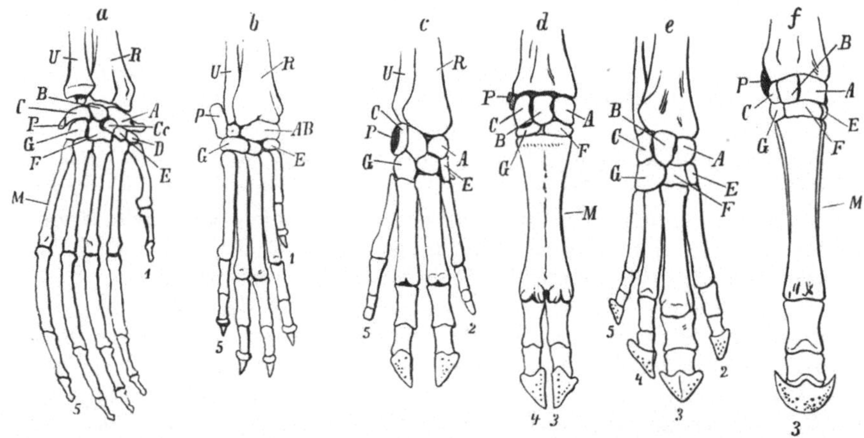

Abb. 1105. Handskelete. a Vom Orang, b Hund, c Schwein, d Rind, e Tapir, f Pferd. (b, c, d, e, f nach GEGENBAUR.)
R Radius, *U* Ulna, *A* Scaphoideum, *B* Lunare, *C* Triquetrum, *D* Trapezium, *E* Trapezoides, *F* Capitatum, *G* Ha-
matum, *P* Pisiforme, *Ce* Centrale carpi, *M* Metacarpus, 1—5 erster bis fünfter Finger.

nung der Knochen der Wurzel und der Muskulatur wesentlich erscheinen. Nach
der Art und Weise, wie die Extremität beim Laufen den Boden berührt, unter-
scheidet man Sohlengänger (Plantigraden), Zehengänger (Digitigraden) und
Spitzengänger (Unguligraden). Bei den letzteren ist die Zahl der Zehen und
Mittelfußknochen bedeutend reduziert und die Extremität durch Umbildung des
Mittelfußes zu einem langen Röhrenknochen ansehnlich verlängert.

Das Nervensystem (Abb. 1106) zeichnet sich durch Größe und hohe Entwicklung des Großhirns aus, dessen Hemisphären einen so bedeutenden Umfang gewinnen, daß sie selbst das Kleinhirn teilweise bedecken. Meist bei mehr kleinen
Formen bleibt die Oberfläche der Großhirnhemisphären glatt, sonst treten an derselben Eindrücke auf, welche sich mehr und mehr zu regelmäßigen Furchen zur
Begrenzung von Windungen (*Gyri*) anordnen. Es findet sich ferner eine die Großhirnhemisphären verbindende Commissur (der Balken, *Corpus callosum*), die bei
Monotremen und Marsupialien noch fehlt. Dagegen treten die als Vierhügel sich
darstellenden *Corpora quadrigemina* an Umfang zurück und werden großenteils
oder vollständig von den hinteren Lappen der Großhirnhemisphären überdeckt.
Unterer Hirnanhang (*Hypophysis*) und sogenannte Zirbel (*Epiphysis*) werden in

keinem Falle vermißt. Das Kleinhirn (*Cerebellum*) ist mächtig entwickelt und besitzt mehr oder weniger zahlreiche Querfurchen. Es zeigt eine Gliederung in ein Mittelstück, den sogenannten Wurm (*Vermis*), und die seitlichen *Kleinhirnhemisphären*. Zwischen letzteren ist eine große ventrale Commissur, die Varolsbrücke (*Pons Varoli*) vorhanden, die sich bei den höheren Formen der Säugetiere zu einer mächtigen Anschwellung an der Übergangsstelle des Gehirnstammes in die Rückenmarkstränge vergrößert. Die zwölf Hirnnerven sind vollständig gesondert. Das Rückenmark erfüllt den Wirbelkanal gewöhnlich nur bis zur Kreuzbeingegend, in welcher es mit einem Büschel von Nerven (*Cauda equina*) endet.

Unter den Sinnesorganen zeigt das Geruchsorgan durch die Komplikation des Siebbeinlabyrinthes eine größere Entfaltung der Riechschleimhautfläche als in einer anderen Wirbeltierklasse (Abbild. 187). Die geräumige Nasenhöhle läßt einen unteren, nur als Luftweg dienenden Abschnitt unterscheiden, in welchem das zuweilen (*Phoca*) kompliziert gefaltete Maxilloturbinale seine Lage hat, das bei den Säugern kein Riechepithel mehr besitzt. Letzteres ist nur an den Ethmoturbinalia des oberen Abschnittes der Nasenhöhle sowie an dem oberen Teile der Nasenscheidewand ausgebreitet. Die beiden Nasenhöhlen, durch eine mediane Scheidewand gesondert, communizieren oft mit Nebenräumen benachbarter Schädel- und Gesichtsknochen (*Sinus frontales, sphenoidales, maxillares*) und münden mittels paariger Öffnungen nach außen, welche bei den des Geruchsvermögens entbehrenden Cetaceen zu einer medianen Öffnung verschmelzen können (*Zahnwale*); in diesem Falle dienen die Nasengänge lediglich als Luftwege. Die äußeren Nasenöffnungen werden in der Regel durch Knorpelstückchen gestützt. Aus ihrer Verlängerung kommt es in mehreren Fällen zur Entwicklung eines meist durch Knorpel gestützten Rüssels, welcher zum Wühlen und Tasten, bei beträchtlicher Ausbildung (Elefant) als Greiforgan benutzt wird. Bei tauchenden Säugetieren können die Nasenöffnungen durch Muskeln (Seehunde) oder durch Klappenvor-

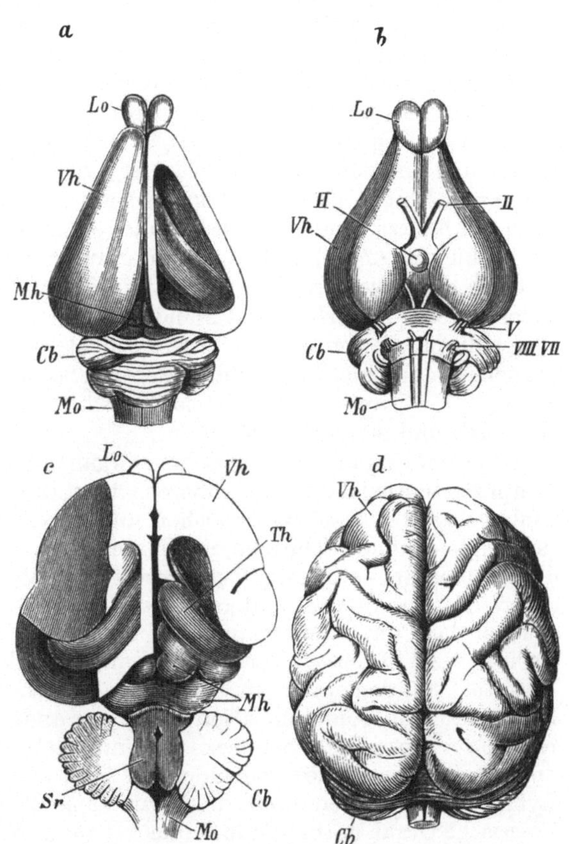

Abb. 1106. Gehirn a des Kaninchens, von oben, Dach der rechten Hemisphäre abgetragen mit Einblick in den Seitenventrikel; b von unten; c der Katze, rechterseits der seitliche und hintere Abschnitt des Vorderhirns abgetragen, fast in gleicher Ausdehnung auch linkerseits, ebenso die Kleinhirnhemisphären zum großen Teile entfernt; d vom Orang. (a, b, c nach GEGENBAUR, d aus règne animal.) *Vh* Großhirnhemisphären, *Mh* Corpora quadrigemina, *Cb* Cerebellum, *Mo* Medulla oblongata, *Lo* Bulbus olfactorius, *II* Nervus opticus, *V* N. trigeminus, *VII, VIII* N. facialis und N. acusticus, *H* Hypophysis cerebri, *Th* Thalamus opticus, *Sr* Fossa rhomboidalis.

richtungen geschlossen werden. Häufig findet sich an der äußeren Nasenwand oder in der Höhle des Oberkiefers eine Nasendrüse (STENOsche *Nasendrüse*). Die inneren Nasenöffnungen (Choanen) münden stets paarig und weit nach hinten am Ende des weichen Gaumens in den Rachen. Den Säugetieren kommt auch das JACOBSONsche Organ zu. Es besteht aus zwei unterhalb der Nasenhöhle gelegenen Kanälen, welche mit der Mundhöhle am Gaumen durch die STENSONschen Gänge in Verbindung stehen.

Die Augen verhalten sich nach dem Grade ihrer Ausbildung verschieden und sind bei den in der Erde lebenden Säugetieren überaus klein, in einigen Fällen (*Spalax, Chrysochloris*) ganz unter der Haut verborgen, unfähig, Lichteindrücke aufzunehmen. Sie liegen meist an den Seiten des Kopfes in einer unvollständig geschlossenen, mit der Schläfengegend verbundenen Orbita, nur bei den *Primaten* nach vorn gekehrt. Außer dem oberen und unteren Augenlide findet sich eine Nickhaut (häufig mit HARDERscher Drüse), wenngleich nicht in der vollkommenen Ausbildung und ohne den Muskelapparat der Nickhaut der Vögel, zuweilen auf ein kleines Rudiment (*Plica semilunaris*) am inneren Augenwinkel reduziert. Der Augapfel besitzt eine mehr oder minder sphärische Gestalt (bei den Cetaceen u. a. mit verkürzter Achse) und kann häufig durch einen Retractor bulbi in die Orbita zurückgezogen werden. Die Tränendrüse (*Glandula lacrimalis*) liegt an der oberen äußeren Seite der Orbita und mündet in den Conjunctivalsack; von hier wird ihr Secret durch die am inneren Augenwinkel beginnenden Tränenröhrchen in den Tränensack und aus diesem durch den *Ductus nasolacrimalis* in die Nasenhöhle abgeleitet. Ein Tapetum der Chorioidea trifft man bei den Carnivoren, Delphinen, Huftieren und einigen Beutlern an.

Das Gehörorgan (mit statischem Organ) (Abb. 177d, 180) zeichnet sich durch komplizierte Ausbildung des äußeren Ohres, durch die Dreizahl der in der Paukenhöhle gelagerten Gehörknöchelchen und durch die meist in zwei bis drei Spiralgängen gewundene Schnecke, welche mit dem *Sacculus* des häutigen Labyrinthes durch einen engen Canal (*Ductus reuniens*) in Verbindung steht, aus, während von dem *Utriculus* die drei halbkreisförmigen Canäle ausgehen. Der Schneckengang, welcher das CORTIsche Organ (Abb. 181), den Endapparat des Nervus cochlearis enthält, wird in seinem Verlaufe von mit Lymphe (*Perilymphe*) erfüllten Räumen begleitet, von denen der eine (*Scala vestibuli*) mit dem den Vorhof einnehmenden Lymphraum in Communication steht, der andere (*Scala tympani*) mit dem ersteren an der Kuppel der Schnecke zusammenhängt und gegen die Paukenhöhle hin durch die membranös verschlossene *Fenestra cochleae* angrenzt. Die beiden Lymphräume werden durch die *Lamina spiralis* voneinander geschieden. Der das CORTIsche Organ enthaltende Schneckengang (*Scala media*) liegt gegen die Außenseite der Schnecke gedrängt und wird von der Scala vestibuli durch eine schräg ausgespannte Membran, die *Membrana Reissneri*, geschieden. Das häutige Labyrinth ist mit Flüssigkeit (*Endolymphe*) gefüllt und enthält im Utriculus und Sacculus die Statolithen. Die Paukenhöhle ist ungleich geräumiger und keineswegs immer auf den Raum des oft blasig vorspringenden Paukenbeines beschränkt, sondern mit Höhlungen benachbarter Schädelknochen in Communication gesetzt. Am umfangreichsten ist sie bei Cetaceen, bei denen sich der Schall nicht wie bei den Luftbewohnern durch Trommelfell und Gehörknöchelchen dem Vorhofsfenster mitteilt, da der Gehörgang verschlossen ist, sondern von den Kopfknochen aus durch die Luft der Paukenhöhle auf das Fenster der Schnecke fortpflanzen und von da auf das Labyrinthwasser der Scala tympani übertragen soll. Das häutige Labyrinth liegt geschützt in dem Felsenbein eingebettet, welches bei den Cetaceen nur durch Bandmasse mit den benachbarten Knochen zusammenhängt. Von den drei in der Paukenhöhle gelegenen Knöchelchen (Steigbügel, Amboß,

Hammer) dient der bei Monotremen, einigen Marsupialien, *Manis* noch säulenförmige, sonst steigbügelförmige *Stapes* mit seiner (dem Operculum der niederen Vertebraten homologen) Platte zum Verschlusse der Fenestra vestibuli, während der Hammer sich an das Trommelfell anschließt. Die Eustachische Tube mündet bei den Cetaceen in den Nasengang, in allen anderen Fällen in die Rachenhöhle. Ein äußeres Ohr fehlt den Monotremen, vielen Pinnipedien und den Cetaceen, bei denen auch der äußere Gehörgang außerordentlich eng ist; rudimentär bleibt es bei den Wasserbewohnern, die ihre äußere Ohröffnung durch eine klappenartige Vorrichtung verschließen können, und bei den in der Erde wühlenden Säugetieren. In allen anderen Fällen wird dasselbe durch einen überaus verschieden geformten, durch Knorpelstücke gestützten äußeren Aufsatz gebildet, der meist durch besondere Muskeln bewegt werden kann.

Der Tastsinn knüpft sich vorzugsweise an Nervenausbreitungen in der Haut der Extremitätenspitze, aber auch an die Zunge, den Rüssel und die Lippen, in welchen sehr allgemein, aber auch an anderen Körperstellen, lange borstenartige Tasthaare (*Vibrissae*, Sinushaare) mit eigentümlichen Nervenverzweigungen des Balges eingepflanzt liegen. Von Tastorganen finden sich Tast- oder Merkelsche Zellen, die Meissnerschen Körperchen (in reichster Menge an den Volar- und Plantarflächen der Extremitäten bei Primaten), endlich Kolbenkörperchen (Abb. 170, 172, 173 b).

Der Geschmacksinn hat seinen Sitz vornehmlich an der Zungenwurzel und scheint eine weit höhere Ausbildung als in irgendeiner anderen Tierklasse zu erreichen. An der Zungenwurzel (Abbild. 1107) sind es die Papillae circumvallatae und die am Zungenrande gelegenen Papillae foliatae, an denen die Geschmacksknospen (Abb. 188) in größter Menge vorkommen. Letztere treten auch vereinzelt an den über die ganze obere Fläche der Zunge verstreuten Papillae fungiformes sowie am weichen Gaumen auf.

Am Eingang in die Verdauungsorgane findet sich fast allgemein eine Zahnbewaffnung der Kiefer. Nur einzelne Gattungen, wie *Echidna*, *Manis* und *Myrmecophaga*, entbehren der Zähne durchaus,

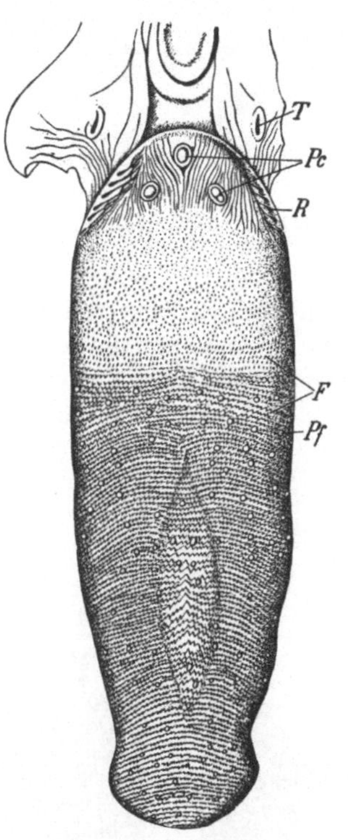

Abb. 1107. Zunge von *Didelphys virginiana*, Oberansicht. (Nach B. Haller.) *Pc* Papillae circumvallatae, *R* P. foliatae (Randorgan), *Pf* P. fungiformes, *F* P. filiformes, *T* Tonsille.

während die Bartenwale wenigstens im Foetus noch Zahnkeime entwickeln, hingegen an der Innenfläche des Gaumens senkrechte, in Querreihen gestellte Hornplatten (Barten) tragen (Abb. 1108), die den mächtig entwickelten Gaumenleisten der übrigen Säuger entsprechen. Hornzähne finden sich bei *Ornithorhynchus*, Hornplatten bei den *Sirenia*.

Niemals zeigt das Gebiß der Säugetiere eine so reiche Bezahnung, wie wir sie bei den Fischen, Amphibien und Reptilien antreffen, indem sich die Zähne auf Oberkiefer, Zwischenkiefer und Unterkiefer beschränken. Dazu kommt, daß die Entstehung der Zahnanlagen bereits mit dem Embryonalleben abschließt. Auch werden diese im Gegensatze zu den angewachsenen Zähnen der Reptilien frühzeitig von der Kieferanlage aufgenommen und brechen später aus derselben hervor. Die Zähne (Abb. 1109) sind daher stets in Alveolen eingekeilt. An den meisten Zähnen läßt sich eine äußere aus dem Zahnfleisch vorstehende Partie des Zahnes, die *Krone*, von der eingekeilten *Wurzel* unterscheiden. Solche Zähne heißen *Wurzelzähne*; sie besitzen ein abgeschlossenes Wachstum im Gegensatze zu jenen Zähnen, die am unteren Ende beständig fortwachsen (Hauer der Elefanten, Nagezähne der Rodentia usw.), die Unterscheidung von Wurzel und Krone nicht gestatten und *wurzellose Zähne* genannt werden. Die wurzellosen Zähne sind aus Wurzelzähnen hervorgegangen.

Die Krone der Wurzelzähne wird in der Regel von Schmelz überzogen, während im übrigen die Oberfläche des die Hauptmasse bildenden Dentins von dem sogenannten Cement (einem vom Alveolarperiost entstandenen Knochengewebe) bedeckt ist, das in manchen Fällen auch auf der Zahnkrone abgesetzt wird (Abb. 1110d). Die wurzellosen Zähne sind schmelzlos oder nur teilweise von Schmelz bedeckt, so die Nagezähne der meisten Rodentia nur an der Vorderfläche, der Stoßzahn des Elefanten bloß mit einem schmalen longitudinalen Schmelzband.

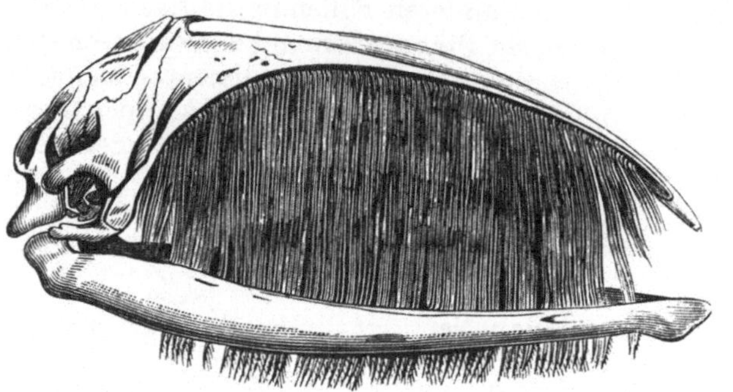

Abb. 1108. Schädel von *Balaena mysticetus* mit den Barten (aus règne animal).

Selten und nur da, wo das Gebiß als Apparat zum Erfassen der Beute verwendet wird, verhalten sich die Zähne nach Form und Leistung in allen Teilen der Kieferknochen gleichartig als kegel- oder stiftförmige Fangzähne, wie bei den Delphinen, *Dasypodidae*; dann ist die Zahl derselben eine verhältnismäßig bedeutende; ihr geht eine Verlängerung der Kiefer parallel. Diesem *homodonten* Gebisse steht das sonst vorkommende *heterodonte* Säugetiergebiß gegenüber, in welchem eine Arbeitsteilung eintritt, indem nur ein Teil der Zähne zum Ergreifen, ein anderer zur Zerkleinerung der Nahrung Verwendung findet (Backenzähne) und demgemäß entsprechend umgestaltet erscheint. Die Zahl der Zähne ist hier eine beschränkte und der Kiefer kürzer. Das homodonte Gebiß der Säugetiere ist sekundär aus dem heterodonten entstanden. Man unterscheidet in letzterem Falle nach ihrer Lage in den vorderen, den seitlichen und hinteren Teilen der Kiefer Schneidezähne (*Dentes incisivi*), Eckzähne (*D. canini*) und Backenzähne, von denen vordere, bereits im Milchgebiß vertretene *D. praemolares*

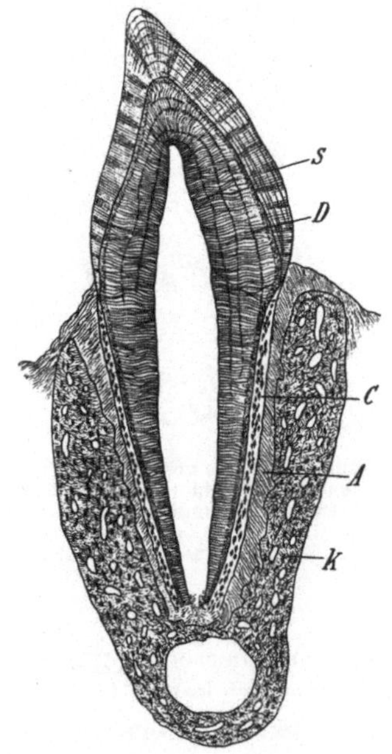

Abb. 1109. Prämolarzahn der Katze in situ, im Längsschliff. (Nach WALDEYER.) *S* Schmelz, *D* Dentin, *C* Cement, *A* Alveolarperiost, *K* Unterkiefer.

und hintere *D. molares* unterschieden werden. Die Schneidezähne haben meißelförmige Gestalt und dienen zum Abschneiden und Ergreifen der Nahrung, oben gehören sie dem Zwischenkiefer an. Die Eckzähne, welche sich zu den Seiten der

Schneidezähne, je einer in jeder Kieferhälfte, erheben, sind kegelförmig oder auch hakenförmig und scheinen vornehmlich als Waffen zum Angriff und zur Verteidigung geeignet. Nicht selten aber (Nagetiere, Wiederkäuer) fehlen sie ganz und das Gebiß zeigt eine weite Lücke (*Diastema*) zwischen Schneidezähnen und Backenzähnen. Die letzteren dienen besonders zur feineren Zerstückelung der aufgenommenen Nahrung und haben meist höckerige oder mit Mahlflächen versehene Kronen sowie mehrfache Wurzeln.

Als ursprüngliche Form des Säugetierzahnes wird die Kegelform (*haplodonter* Zahntypus) angesehen, welche in den Eckzähnen, vielfach auch in den Schneidezähnen beibehalten ist. Die mannigfaltigsten Differenzierungen haben die Backenzähne durch Vergrößerung der Krone und verschiedenartig geformte Fortsatzbildungen erfahren. Man betrachtet sie in der Weise aus dem Kegelzahn hervorgegangen, daß sich zunächst an seinem Vorder- und Hinterrande je eine kleinere Nebenspitze entwickelte, die in gleicher Reihe mit der Hauptspitze stehen (*triconodonter* Typus jurassischer Säugetiere, sekundär wieder entwickelt bei *Pinnipedien*); in der für die Backenzähne der rezenten Säugetiere charakteristischen Ausgangsform, dem *tritubercularen* Typus, sind die Nebenspitzen im Oberkiefer nach außen, im Unterkiefer nach innen verschoben. Dazu kam an den Backenzähnen am Hinterende ein weiterer Bestandteil, Ferse oder *Talon*, durch welchen der *Tubercularsectorial*-Zahn charakterisiert ist (wie Reißzahn der Carnivoren) (Abb. 1110a). Das Gebiß wird als *secodont* bezeichnet, wenn, wie bei Insectivoren, Carnivoren, die Krone schneidend ist, als *bunodont*, wenn die verbreiterte Krone vier konische Höcker trägt. Verlängern und vereinigen sich diese Höcker zu zwei quergestellten Jochen, so heißt das Gebiß *lophodont* (Abb. 1110b), gestalten

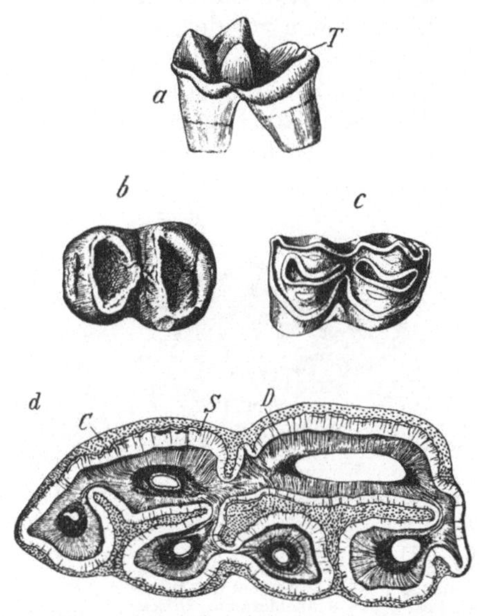

Abb. 1110. Verschiedene Zahnformen. (Original G.) a Unterer Reißzahn von *Lutra lutra* (Tubercularsectorial-Typus), Medialansicht. *T* Talon. — b Unterer Molar (lophodont) von *Tapirus indicus*. Obenansicht der Krone. — c Unterer Molar (selenodont) von *Cervus canadensis*. Obenansicht der Krone. — d Querschliff durch den stark schmelzfaltigen Backenzahn des Pferdes. *S* Schmelz, *D* Dentin, *C* Cement.

sich dieselben sichelförmig, so wird das Gebiß *selenodont* (Abb. 1110c). Die Täler zwischen den Jochen können wieder mit Cement ausgefüllt sein (Backenzähne der Elefanten und Wiederkäuer, Zähne vom Pferd) (Abb. 1110d). Nun tritt aber auch noch eine andere Form von Backenzähnen auf, die *multituberculare*, mit unregelmäßig gestellten Höckern, und zwar findet sich dieselbe bei ältesten Säugetierresten und im vergänglichen Gebiß von *Ornithorhynchus*.

Entweder — wie bei den Cetaceen und meisten Edentaten — persistieren die Zähne zeitlebens und das Gebiß erfährt keine Erneuerung (*Monophyodonten*), oder es findet ein einmaliger Zahnwechsel statt (*Diphyodonten*) (Abb. 1111). Nicht nur die Schneide- und Eckzähne des Milchgebisses werden durch neue ersetzt, auch an die Stelle der Backenzähne des Milchgebisses treten neue, die *Praemolaren*, und das *Milchgebiß* wird in das bleibende des ausgebildeten Tieres übergeführt. Im Gegensatze zu den (vorderen) Backenzähnen des Milchgebisses brechen die hinteren Backenzähne (*Dentes molares*) später, zuweilen erst nach mehr oder minder vollständiger Beseitigung des Milchgebisses hervor und zeichnen sich jenen gegenüber meist — in manchen Fällen trifft das umgekehrte Verhältnis zu — sowohl durch die Größe und Zahl der Wurzeln, als den Umfang der Krone aus. Die vorderen Backenzähne sind in der Regel kleiner und mit mehr scharfspitziger als höckeriger Krone versehen, sie fallen leichter aus und heißen deshalb auch Lückenzähne. Der Zahnwechsel betrifft nicht immer alle Zähne des Milchgebisses, das sich somit teilweise im bleibenden Gebisse erhält (*Erinaceus*); er beschränkt sich bei den *Marsupialia* auf einen Zahn (hintersten Prämolar), so daß deren bleibendes Gebiß fast ganz dem Milchgebisse entspricht. Ein sogenannter horizontaler Zahnwechsel durch von hinten erfolgenden Nachschub neugebildeter Zähne als Ersatz abgenutzter vorderer findet sich bei *Elephas*, den *Sirenia*, *Macropus* u. a. Bei Robben, einigen Edentaten bleibt das Milchgebiß rudimentär und verfällt zuweilen vor der Geburt der Resorption.

Man bedient sich zur einfachen Darstellung des Gebisses bestimmter Formeln, in denen die Zahl der Vorder- und Eckzähne, Prämolaren und Molaren in Ober- und Unterkinnlade angegeben ist. Die noch nicht durch Ausfall hinterer Backenzähne oder seitlicher Schneidezähne reduzierte Normalzahl des diphyodonten Gebisses führt zur Normalform $\dfrac{3\ 1\ 4\ 3}{3\ 1\ 4\ 3}$.

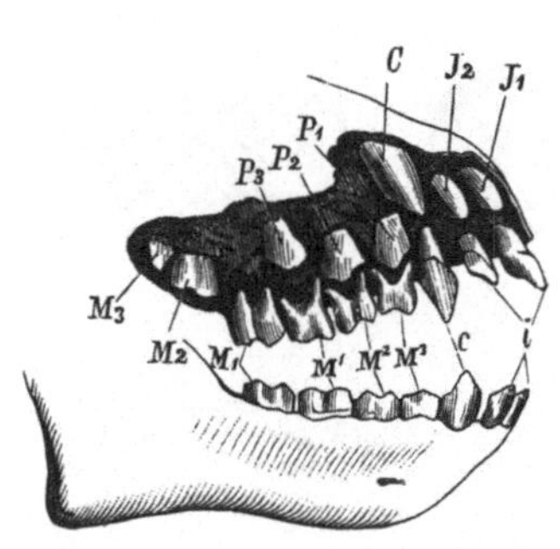

Abb. 1111. Gebiß im Wechsel von *Cebus*. (Nach OWEN.) *i* Schneidezähne, *c* Eckzähne, M^1, M^2, M^3 Molaren des Milchgebisses; J_1, J_2 Schneidezähne, C Eckzahn, P_1, P_2, P_3 Prämolaren, M_1, M_2, M_3 Molaren des bleibenden Gebisses.

Von der Entwicklung des Säugetierzahnes ist hervorzuheben, daß die Schmelzanlage des Zahnes dem Epithel der *Zahnleiste* (*Schmelzleiste*) entstammt, welches in früher Foetalzeit längs der Kieferanlage in die Tiefe wuchert. Die unter der Schmelzleiste entstehenden zapfenförmigen Dentinkeime der Cutis wachsen jener entgegen; über jedem der letzteren bildet die Schmelzleiste einen kappenartigen Aufsatz des Dentinkeimes, den Schmelzkeim, während sich das umgebende Bindegewebe als „Zahnsäckchen" verdichtet. Jener gestaltet sich unter allmählicher Abschnürung von der Primitivfalte zu dem Schmelzsäckchen um, indem sich die inneren, sternförmig werdenden Zellen zu einer schleimigen Schmelzpulpa umwandeln; dagegen gewinnt das dem Dentinkeim auflagernde Zellenstratum eine hohe cylindrische Form und erzeugt die Schmelzsubstanz. Nicht sämtliche Zahnanlagen stehen auf der gleichen Entwicklungsstufe, vielmehr sind einzelne vor den anderen vorausgeschritten und kommen demgemäß auch früher zum Durchbruch. Die bleibenden Zähne, welche vielleicht scheinbar als besondere Serie (zweite Dentition) unter Verdrängung der früher hervorgebrochenen und als Milchzähne fungierenden Zähne zum Durchbruch gelangen, bilden sich im Zusammenhang mit dem Schmelzkeim der Milchzähne aus Schmelzkeimen des Primitivfaltenrestes.

Für eine Anzahl Beutler, *Erinaceus* u. a. wurden auch Anlagen eines dem Milchgebisse vorangehenden *prälactealen* oder *Vormilchgebisses* nachgewiesen (LECHE, WOODWARD). Nimmt man hinzu, daß auch dem permanenten Gebisse folgende Zahnanlagen beobachtet sind, so gelangt man zu der Annahme von vier Dentitionen bei den Säugetieren.

Neben den Hartgebilden im Eingange der Verdauungshöhle sind für die Einführung und Bearbeitung der Speise weiche, bewegliche Lippen an den Rändern der Mundspalte und eine fleischige, sehr verschieden geformte Zunge von wesentlicher Bedeutung (Abb. 1112). Lippen fehlen bei den Monotremen, deren Kieferränder von einer Hornschicht überdeckt sind. Die Lippen setzen sich nach hinten in die Wangenhaut fort, welche seitlich die Kieferspalte überdeckt und sich nicht selten bei Nagern, Affen usw. in weite Aussackungen, sogenannte *Backentaschen*, erweitert. Durch die Ausbildung von Lippen und Wangen entsteht zwischen letzteren und den Kieferrändern ein Vorhof der Mundhöhle (*Vestibulum oris*). Lippen- und Wangenschleimhaut besitzen bei vielen Säugern papillen-

förmige (besonders bei Wiederkäuern) oder leistenförmige Erhebungen. Die Zunge ist stets sehr muskulös und beweglich; sie ragt, ausgenommen die Cetaceen, mit freier Spitze am Boden der Mundhöhle hervor und erscheint an ihrem vorderen Teile vornehmlich zum Tasten und Fühlen, in einzelnen Fällen aber auch zum Ergreifen (Giraffe) und Erbeuten (Ameisenfresser) der Nahrung befähigt. Ihre Bedeutung als Hilfsorgan der Nahrungsaufnahme hängt auch mit dem Vorhandensein mannigfach gestalteter, oft verhornter und Widerhäkchen tragender Papillen (Papillae filiformes) an ihrer oberen Fläche zusammen (Abbild. 1107). Als Stütze der Zunge dient das Zungenbein, dessen vordere Hörner sich an den Griffelfortsatz des Schläfenbeines anheften, während die hinteren den Kehlkopf tragen, sodann

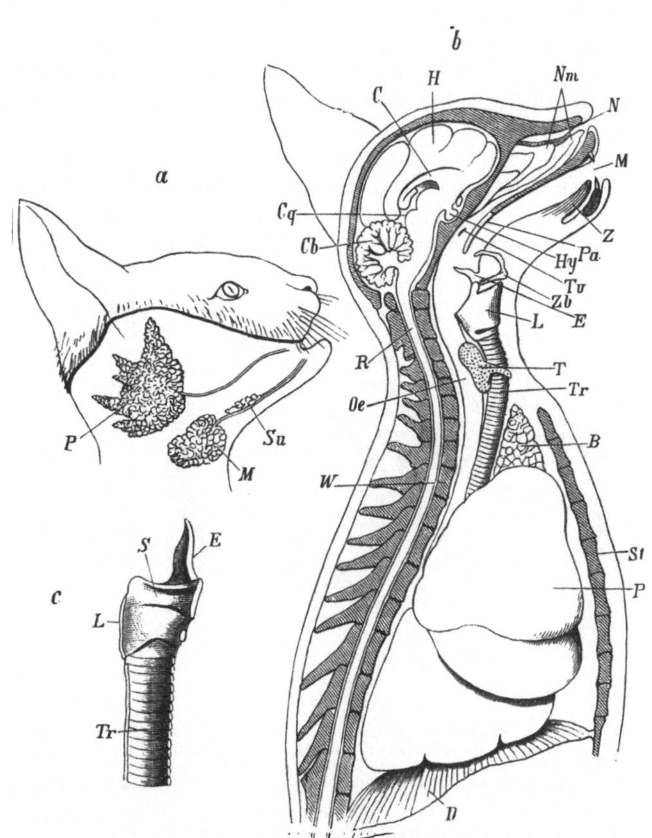

Abb. 1112. Eingang des Verdauungsapparates sowie der Respirationsorgane des Kätzchens. (Nach einer Zeichnung von C. HEIDER.) a Kopf mit den frei gelegten Speicheldrüsen. *P* Parotis, *M* Submaxillaris, *Su* Sublingualis. — b Längsschnitt durch Kopf und Brust, die Respirationsorgane in Seitenansicht. *N* Nasenöffnung, *Nm* Nasenmuscheln, *M* Mund, *Z* Zunge, *Pa* Gaumensegel, *Oe* Oesophagus, *L* Kehlkopf, *E* Kehldeckel (Epiglottis), *Zb* Zungenbein, *Tr* Trachea, *P* Lunge, *D* Zwerchfell, *T* Thyreoidea, *B* Thymus, *Tu* Öffnung der Tuba auditiva in den Rachen, *H* Großhirnhemisphäre, *C* Corpus callosum, *Cq* Corpora quadrigemina, *Cb* Cerebellum, *R* Rückenmark, *Hy* Hypophysis, *W* Wirbelsäule, *St* Sternum. — c Längsschnitt durch den Kehlkopf (*L*) und Anfangsteil der Trachea (*Tr*). *S* Stimmband, *E* Kehldeckel.

ein das Os entoglossum vertretender Knorpelstab (*Lytta*). Unterhalb der Zunge tritt zuweilen (am stärksten bei *Prosimiae*, *Marsupialia*) eine einfache oder doppelte blattförmige Hervorragung auf, welche als *Unterzunge* bezeichnet wird. Das Dach der Mundhöhle wird von dem harten Gaumen gebildet, dessen Schleimhaut in regelmäßigen Abständen quere Gaumenleisten bildet, welche bei den Bartenwalen sich zu mächtigen Hornplatten, den Barten, entwickeln. In Fortsetzung des harten Gaumens findet sich als den Säugetieren eigentümliches Gebilde das Gaumensegel (*Velum palatinum*), welches die Grenze zwischen Mundhöhle und

Pharynx bildet. Mit Ausnahme der Cetaceen besitzen alle Säugetiere Speicheldrüsen, eine Ohrspeicheldrüse (*Parotis*), eine *Submaxillaris* und *Sublingualis*, deren flüssiges Secret vornehmlich bei den Pflanzenfressern in reicher Menge ergossen wird. Die auf den weiten Schlund folgende Speiseröhre besitzt meist eine ansehnliche Länge, indem sie erst unterhalb des Zwerchfelles in den Magen einführt. Dieser stellt in der Regel einen einfachen, quergestellten Sack dar, gliedert sich aber häufig in eine Anzahl von Abschnitten, die, am vollkommensten bei den Wiederkäuern ausgeprägt, als verschiedene Mägen unterschieden werden (Abb. 124). Der Magen zeichnet sich durch den Besitz von Labdrüsen (Abb. 125) aus, sein Pylorusabschnitt schließt sich vom Anfang des Dünndarms durch einen Ringmuskel nebst nach innen vorspringender Falte mehr oder minder scharf ab. Der Darmkanal zerfällt in Dünndarm und Dickdarm, deren Grenze durch das Vorhandensein sowohl einer Klappe, als auch meist eines namentlich bei Pflanzenfressern mächtig entwickelten Blinddarms, von dem ein Teil zum sog. wurmförmigen Fortsatz (*Processus vermiformis*) verengt sein kann, bezeichnet wird (Abb. 1113). Die vordere Partie des Dünndarms, das Duodenum, enthält in seiner Schleimhaut die sogenannten BRUNNERschen Drüsen und nimmt das Secret der ansehnlichen Leber und Bauchspeicheldrüse auf. Zuweilen entbehrt die mehrfach gelappte Leber einer Gallenblase; ist diese aber vorhanden, so vereinigen sich Gallenblasengang (*D. cysticus*) und Lebergallengang (*D. hepaticus*) zu einem gemeinsamen Ausführungsgange (*D. choledochus*). Der Dünndarm zeigt die beträchtlichste Länge bei den Gras- und Blätterfressern; er ist sowohl durch die zahlreichen Falten und Zöttchen seiner Schleimhaut, als durch den Besitz einer großen Menge schlauchförmiger Drüsen (LIEBERKÜHNsche Drüsen) ausgezeichnet

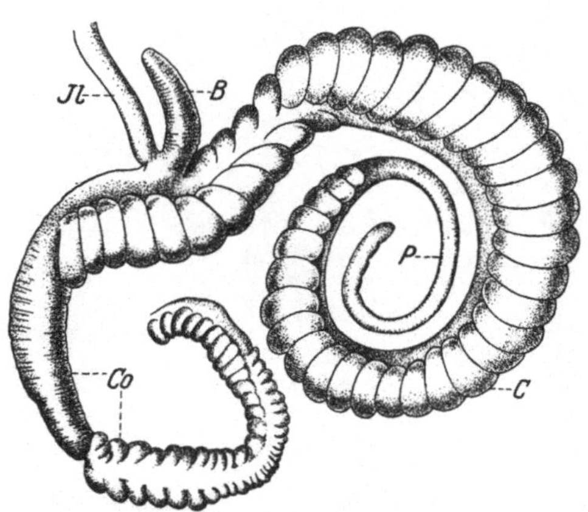

Abb. 1113. Darmstück von *Ochotona (Lagomys) alpinus.* (Nach LECHE.) *B* fingerförmiger Anhang, *C* Blinddarm (Coecum), *Co* Dickdarm (Colon), *Il* Endstück des Dünndarms (Ileum), *P* Processus vermiformis.

(s. S. 134, Abb. 125). Der Endabschnitt des Dickdarms, der Mastdarm, mündet, ausgenommen die durch den Besitz einer Cloake an die Verhältnisse bei niederen Vertebraten anschließenden *Monotremen*, hinter der Urogenitalöffnung, wenn auch zuweilen (*Marsupialia*) mit dieser noch von einem gemeinsamen Walle umgrenzt, indem die embryonal noch vorhandene Cloake durch den Damm (Perineum) in einen ventralen Teil, den Sinus urogenitalis, und in einen dorsalen, den Enddarm mit der Afteröffnung getrennt wird.

Die paarigen Lungen (Abb. 1112) sind frei in der Brusthöhle suspendiert; sie sind meist (ausgenommen *Cetaceen, Sirenia* u. a.) in einzelne Lappen geteilt und zeichnen sich durch den Reichtum der Bronchialverästelungen aus, deren feinste Ausläufer in konischen, an den Wänden mit halbkugeligen Ausbuchtungen (Alveolen) versehenen terminalen Luftsäckchen (*Sacculi alveolares*) enden. In den Scheidewänden aneinanderstoßender Alveolen finden sich Löcher, in besonders großer Zahl bei Fledermäusen, Insectivoren. Die Atmung geschieht vornehmlich durch Bewegungen des für die Säugetiere charakteristischen *Zwerchfelles* (*Diaphragma*), das eine vollkommene, meist quergestellte Scheidewand zwischen Brust- und Bauchhöhle bildet und bei der Contraction seiner muskulösen Teile als Inspirationsmuskel wirkt, indem die Brusthöhle erweitert wird (Abb. 132). Daneben kommen Hebungen und Abductionen der Rippen bei der Erweiterung des Thorax in Betracht. Die Luftröhre verläuft mit seltener Ausnahme (*Bradypus*) gerade, ohne Windungen und teilt sich an ihrem unteren Ende in zwei zu den Lungen führende Bronchien, zu denen noch ein kleiner Nebenbronchus der rechten Seite hinzukommen kann. Sie wird durch knorpelige, hinten offene Halbringe, nur ausnahmsweise durch vollständige Knorpelringe gestützt und beginnt in der Tiefe des Schlundes hinter der Zungenwurzel mit dem Kehlkopf (*Larynx*), welcher, von den hinteren Hörnern des Zungenbeines getragen, durch den Besitz von unteren Stimmbändern, komplizierten Knorpelstücken (Ringknorpel [*Cartilago cricoidea*], Schildknorpel [*C. thyreoidea*], die beiden Gießbecken- oder Stellknorpel [*C. arytaenoideae*]) und Muskeln zugleich als Stimmorgan eingerichtet ist. Den Cetaceen fehlen an ihrem Kehlkopf, welcher im Grunde des Pharynx pyramidal bis zu den Choanen hervorsteht, die Stimmbänder. Die spaltenförmige Stimmritze wird von einem beweglichen Kehldeckel (*Epiglottis*) überragt, der am oberen Rande des Schildknorpels festsitzt, beim Herabgleiten der Speise sich senkt und die Stimmritze schließt. Zuweilen finden sich am Kehlkopfe häutige oder knorpelige Nebenräume, welche teils (Kehlsäcke von *Balaena*) die Bedeutung von Luftbehältern haben, teils (manche Affen) als Resonanzapparate zur Verstärkung der Stimme dienen und bei Brüllaffen zum Teil in den gehöhlten Zungenbeinkörper eintreten.

Das Herz (Abb. 1114) der Säugetiere ist wie das der Vögel in eine rechte venöse und linke arterielle Abteilung mit Vorhof und Kammer (zuweilen, wie bei *Halicore*, auch äußerlich) gesondert. Die rechte Atrioventricularklappe besteht mit Ausnahme der *Monotremen* aus drei (daher *Valvula tricuspidalis*), die linke aus zwei (*V. bicuspidalis*) häutigen Platten, welche durch sehnige Fäden (*Chordae tendineae*) mit

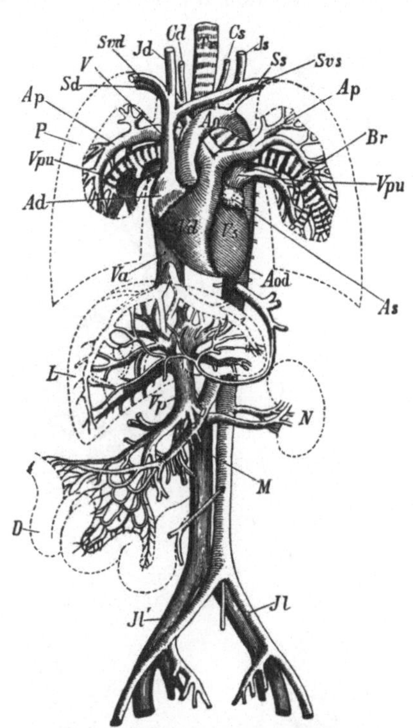

Abb. 1114. Kreislaufapparat des Menschen. (Aus OWEN, nach ALLEN THOMSON.) *Vd* rechter, *Vs* linker Ventrikel, *Ad* rechtes, *As* linkes Atrium, *Ao* Arcus aortae, *Aod* Aorta descendens, *Cd* Carotis dextra, *Cs* C. sinistra, *Sd* Arteria subclavia dextra, *Ss* A. subclavia sinistra, *M* A. mesenterica superior, *Jl* A. iliaca communis, *Va* Vena cava inferior, *V* V. cava superior, *Jl'* V. iliaca communis, *Vp* V. portae, *Jd* V. jugularis dextra, *Js* V. j. sinistra, *Svd* Vena subclavia dextra, *Svs* V. subclavia sinistra, *Ap* Arteria pulmonalis, *Vpu* Vena pulmonalis, *Tr* Trachea, *Br* Bronchen, *P* Lunge, *L* Leber, *N* Niere, *D* Darm.

den Papillarmuskeln der Kammerwand verbunden sind. Bei Wiederkäuern findet sich ein Herzknochen am Annulus fibrosus. Der Bulbus cordis erscheint in die Herzkammer einbezogen. Das Herz liegt vom Pericardium umschlossen und entsendet einen linken Aortenbogen (Abb. 979f.), aus dem häufig eine rechte Anonyma mit den beiden Carotiden und der rechten Subclavia und eine linke Subclavia, oder drei Gefäßstämme, eine rechte Anonyma mit rechter Carotis und rechter Subclavia, eine linke Carotis und linke Subclavia nebeneinander entspringen. In den rechten Vorhof, in welchen der Sinus venosus aufgenommen ist, münden bei Monotremen. Marsupialien, vielen Nagern und Insectivoren, sowie Elefanten außer der unteren zwei obere Hohlvenen ein, sonst ist außer der unteren bloß eine rechte obere Hohlvene vorhanden, indem das Blut der linken oberen Hohlvene durch eine Queranastomose in die rechte geleitet wird, während die linke eine sehr bedeutende Reduction erfährt und im Extrem, wenn nämlich auch das Blut der linken hinteren Cardinalvene (*V. hemiazygos*) durch einen Quergang in die rechte (*V. azygos*) übergeführt ist, zum Sinus der Kranzvene des Herzens (*Sinus coronarius cordis*) rückgebildet erscheint (Abb. 980). Ein Leberpfortaderkreislauf ist überall vorhanden, das Nierenpfortadersystem fehlt. Wundernetze sind namentlich für arterielle Gefäße bekannt geworden und finden sich an den Extremitäten grabender und kletternder Tiere (*Loris, Myrmecophaga, Bradypus* usw.), an der Carotis rings um die Hypophysis bei Wiederkäuern, bei den letzteren auch an der Ophthalmica in der Tiefe der Augenhöhle, endlich an den Intercostalarterien und den Venae iliacae der Delphine. Die Lymphgefäße, jene des ganzen hinteren Körperabschnittes in einem längs der Wirbelsäule verlaufenden *Ductus thoracicus* gesammelt, münden in das obere Hohlvenensystem. Lymphherzen fehlen. Lymphdrüsen finden sich im ganzen Körper vor; zu denselben gehören auch die an der Wand des Pharynx gelegene *Tonsilla* und die PEYERschen Plaques des Mitteldarmes. Die *Milz*, ferner die vornehmlich in früher Jugendzeit entwickelte *Thymus* und die Schilddrüse (*Thyreoidea*) (Abb. 1112) haben allgemeine Verbreitung.

Die Nieren (Abb. 1115) entsprechen dem Metanephros und bestehen zuweilen aus abgesetzten, am Nierenbecken vereinigten Läppchen (Seehunde, Delphine), erscheinen jedoch in der Regel als kompakte Drüsen von bohnenförmiger Gestalt; sie liegen in der Lendengegend außerhalb des Bauchfelles. Die aus dem sogenannten Nierenbecken entspringenden Harnleiter (*Ureteres*) münden bei den *Monotremen* direkt in den Sinus urogenitalis, bei den übrigen Säugern in die vor dem Darm gelegene Harnblase ein, deren Ausführungsgang, die Harnröhre (*Urethra*), zusammen mit dem Leitungsapparate der Genitalorgane in den vor dem After gelegenen *Sinus* oder *Canalis urogenitalis* ausmündet. Oberhalb der Niere findet sich die sog. *Nebenniere.*

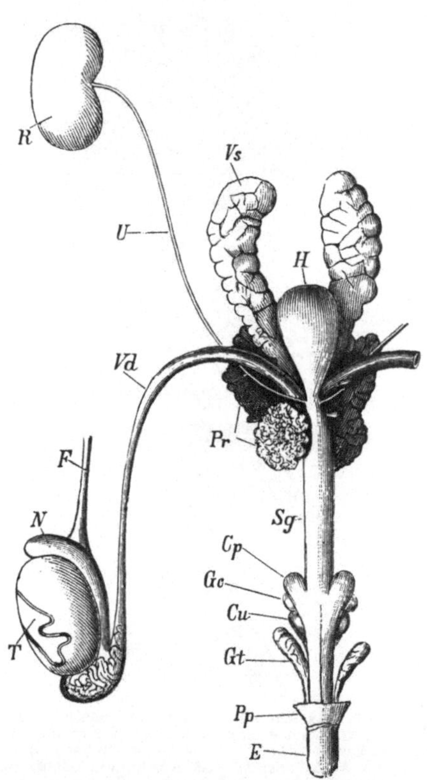

Abb. 1115. Harn- und Geschlechtsorgane von *Cricetus cricetus*. (Nach GEGENBAUR.) *R* Niere, *U* Ureter, *H* Harnblase, *T* Hoden, *F* Funiculus spermaticus (Samenstrang), *N* Nebenhoden, *Vd* Ductus deferens, *Vs* Samenbläschen (Vesicula seminalis), *Pr* Prostata, *Sg* Sinus urogenitalis (Urethra), *Gc* COWPERsche Drüsen, *Gt* TYSONsche Drüsen, *Cp* Corpora cavernosa penis, *Cu* Corpus cavernosum urethrae, *E* Glans penis (Eichel), *Pp* Praeputium.

Für die männlichen Geschlechtsorgane (Abb. 985e, 1115) der meisten Säugetiere ist zunächst die Lagenveränderung der ovoiden Hoden charakteristisch. Bei den *Monotremen*, vielen *Edentata Xenarthra, Elephas, Procavia, Sirenen*, einigen *Insectivoren* bleiben die Hoden in ursprünglicher Lage in der Nähe der Nieren, bei einigen *Edentaten*, den *Cetaceen* senken sie sich bis zur Beckenregion hinab; in allen anderen Fällen treten sie unter Vorstülpung des Bauchfelles in den Leistenkanal (viele Nager, *Pholidota, Tubulidentata*), häufiger noch aus diesem hervor in eine doppelte, zum Hodensack umgestaltete Hautfalte ein. Nicht selten (Nager, Fledermäuse, Insectenfresser) steigen sie jedoch nach der Brunstzeit mit Hilfe der als *Cremaster* vom schiefen Bauchmuskel gesonderten Muskelschleife durch den offenen Leistenkanal wieder in die Bauchhöhle zurück. Während der Hodensack (*Scrotum*) in der Regel hinter dem Penis liegt, hat derselbe bei den Beuteltieren vor dem männlichen Begattungsgliede seine Lage. Die aus der Urniere (WOLFFschen Körper) hervorgegangenen, knäuelförmig gewundenen Ausführungsgänge der Hoden gestalten sich zum Nebenhoden und führen in die beiden Ductus deferentes, welche unter Bildung drüsenartiger Erweiterungen und Nebensäckchen (Samenbläschen) dicht nebeneinander in den langen, die Fortsetzung der Urethra bildenden Sinus (Canalis) urogenitalis einmünden. An dieser Stelle münden die Ausführungsgänge der sehr verschieden gestalteten, oft in mehrfache Drüsengruppen zerfallenen *Prostata*, weiter unten ein zweites Drüsenpaar, die COWPERschen *Drüsen*, in den Sinus (Canalis) urogenitalis ein. Häufig erhalten sich zwischen den Mündungen der Samenleiter Reste der im weiblichen Geschlechte zum Leitungsapparate verwendeten MÜLLERschen Gänge (das sogenannte WEBERsche Organ, *Uterus masculinus*), deren Teile sich in den Fällen sogenannter Zwitterbildung bedeutend vergrößern und in der dem weiblichen Geschlechte eigentümlichen Weise differenzieren können.

Überall schließen sich dem Ende des Urogenitalkanales (der sog. Urethra) äußere Begattungsteile an, welche stets einen schwellbaren, bei den Monotremen in einer Tasche der Cloake verborgenen *Penis* (Rute) bilden. Derselbe wird durch cavernöse Schwellkörper gestützt, und zwar durch das die Urethra umgebende *Corpus cavernosum urethrae*, sowie ein bei *Monotremen* noch nicht cavernöses *Corpus fibrosum*, bei den übrigen Säugetieren paarige *Corpora cavernosa penis*, welche von den Sitzbeinen entspringen und nur selten untereinander verschmelzen. Auch können sich knorpelige oder knöcherne Stützen, sogenannte Penisknochen (viele Raubtiere und Nager, meiste *Primaten*) entwickeln, besonders häufig im Innern der von dem Schwellkörper der Urethra gebildeten Eichel (*Glans*), welche nur ausnahmsweise (manche Beutler) gespalten ist, in ihrer Form sonst mannigfach wechselt und in einer an Drüsen (*Glandulae Tysonianae*) reichen Hautduplicatur (Vorhaut, *Praeputium*) zurückgezogen liegt.

Die Ovarien (Abb. 985 f) verhalten sich nur bei den Monotremen infolge rechtsseitiger Verkümmerung unsymmetrisch. In allen anderen Fällen sind sie beiderseits gleichmäßig entwickelt und finden sich in unmittelbarer Nähe der trichterförmig erweiterten Ostien der Leitungswege, an Falten des Peritoneums getragen, zuweilen von denselben sogar vollständig umschlossen. Der Oviduct gliedert sich in die mit freiem Ostium beginnende Tube, welche in allen Fällen paarig bleibt, in den erweiterten, zuweilen paarigen, häufiger unpaaren Mittelabschnitt, den *Uterus*, und den mit Ausnahme der Beutler unpaaren Endabschnitt, die *Vagina* oder Scheide, welche hinter der Öffnung der Urethra in den kurzen Urogenitalsinus oder Vorhof mündet. Der Urogenitalsinus ist zuweilen (*Elephas, Crocotta, Edentata Xenarthra*) ein sehr tiefer Kanal, der bei der Begattung als Vagina fungiert. Bei den Monotremen münden die beiden schlauchförmigen Fruchtbehälter, ohne eine Vagina zu bilden, auf papillenartigen Erhebungen in den noch mit dem Darm in eine Cloake zusammenmündenden Urogenitalsinus ein (Abb. 1116a). Bei den Beutlern sind Uterus und Vagina doppelt (Abb. 1125). Bei den übrigen Säugern unterscheidet man nach den verschiedenen Stufen der Duplizität des Fruchtbehälters (bei einfacher Vagina) den *Uterus duplex*, mit äußerlich mehr oder minder durchgeführter Trennung und doppeltem Muttermund (Nagetiere u. a.), den *Uterus bipartitus*, mit einfachem Muttermund, aber fast vollkommener innerer

Scheidewand (Schwein, manche Chiropteren), den *Uterus bicornis* (Abb. 1116 b) mit gesonderten oberen Hälften der beiden Fruchtbehälter (Huftiere, Carnivoren, Cetaceen, Insectivoren), und endlich den *Uterus simplex* (Abb. 1116 c) mit einfacher Höhle, aber um so kräftigeren Muskeln der Wandung (Edentata Xenarthra, Primaten). Das Vestibulum mit seinen den COWPERschen Drüsen entsprechenden DUVERNEYschen (BARTHOLINschen) Drüsen grenzt sich von der Scheide durch eine Einschnürung, zuweilen auch durch eine innere Schleimhautfalte (*Hymen*) ab. Die äußeren Geschlechtsteile werden durch zwei äußere Hautwülste, die den Scrotalhälften entsprechenden großen Schamlippen, durch kleinere (übrigens nicht immer vorhandene) innere Schamlippen zu den Seiten der Geschlechtsöffnung und durch die der Rute gleichwertige, mit Schwellgeweben und Eichel versehene *Clitoris* gebildet. Diese kann zuweilen (bei *Ateles, Alouata*) eine an-

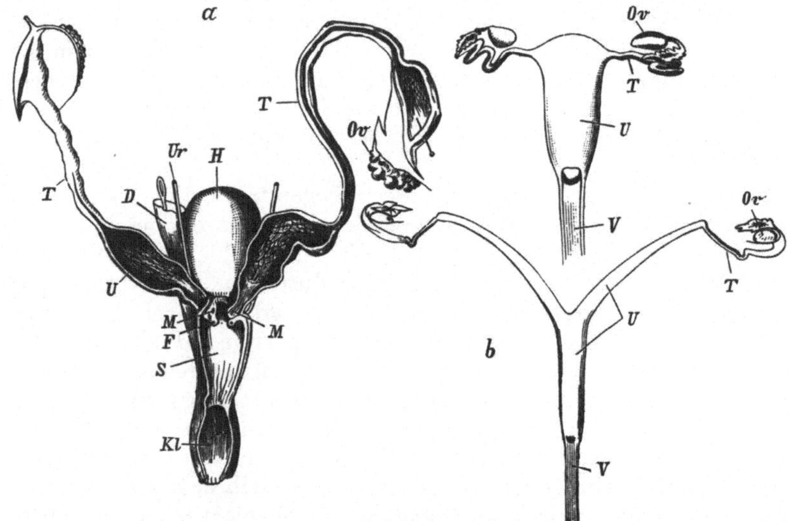

Abb. 1116. Weibliche Geschlechtsorgane, a von *Ornithorhynchus* (nach OWEN), b Uterus bicornis von *Genetta* (*Viverra*) *genetta*, c Uterus simplex von *Pithecus* (*Macacus*) *nemestrinus*. *Ov* Ovarium, *T* Oviduct (Tube), *U* Uterus, *V* Vagina, *H* Harnblase, *Ur* Ureter, *M* Mündung des Uterus, *F* Einmündung des Ureter, *S* Sinus urogenitalis, *Kl* Cloake, *D* Darm, dessen Einmündung in die Cloake durch eine eingeführte Sonde bezeichnet.

sehnliche Größe erreichen und von der Urethra durchbohrt sein (einige Insectivoren, Chiropteren, zahlreiche Nager, Lemuroideen). In solchen Fällen einer Clitoris perforata kommt es natürlich nicht zur Entstehung eines gemeinsamen Urogenitalsinus. Bei *Crocotta* wird die sehr große Clitoris vom kanalartigen Urogenitalsinus durchzogen. Clitorisknorpel oder -knochen finden sich bei vielen Carnivoren, Rodentien u. a. Reste der Urniere und Urnierengänge erhalten sich zuweilen als sogenanntes *Parovarium* oder *Epoophoron* und als GARTNERsche Gänge. Morphologisch repräsentieren die weiblichen Genitalien eine frühere Entwicklungsstufe der männlichen, welche in den Fällen sogenannter Zwitterbildung durch Bildungshemmung eine mehr oder minder weibliche Gestaltung erhalten können. In der Regel werden beide Geschlechter an der verschiedenen Form der äußeren Genitalien leicht unterschieden. Häufig prägt sich in der gesamten Erscheinung ein Dimorphismus aus, indem das größere Männchen eine abweichende Haarbekleidung trägt, zu einer lauteren Stimme befähigt ist und durch den Besitz starker Zähne oder besonderer Waffen (Geweihe) ausgezeichnet erscheint. Dagegen bleiben die Milchdrüsen und Zitzen im männlichen Geschlechte rudimentär.

Die Zeit der Fortpflanzung (Brunst) fällt meist in das Frühjahr, selten gegen Ende des Sommers (Wiederkäuer) oder selbst in den Winter (Wildschwein, Raubtiere). Eine unabhängig von der Begattung eintretende Erscheinung, von welcher die Brunst im weiblichen Geschlechte begleitet wird, ist der Austritt eines oder mehrerer Eier aus den Follikeln des Ovariums (GRAAFschen Follikeln), in denen sie sich entwikkeln, in die Tuben. Die Eier, durch C. E. v. BAER entdeckt, sind klein, in der Regel dotterarm und von einer hellen Membran (*Zona pellucida*) umgeben (Abb. 248), um die gewöhnlich eine Eiweißhülle abgelagert ist. Die Befruchtung der Eier scheint überall im Eileiter zu erfolgen. Bei den *Monotremen* wird das dotterreiche Ei im Oviduct von einer pergamentartigen Schale umgeben und bei *Ornithorhynchus* abgelegt, bei *Echidna* gelangt es in den Beutel. Alle übrigen Säuger (*Marsupialia, Monodelphia*) sind vivipar und die Entwicklung des Embryos erfolgt im mütterlichen Körper. Die Furchung ist meist äqual; die

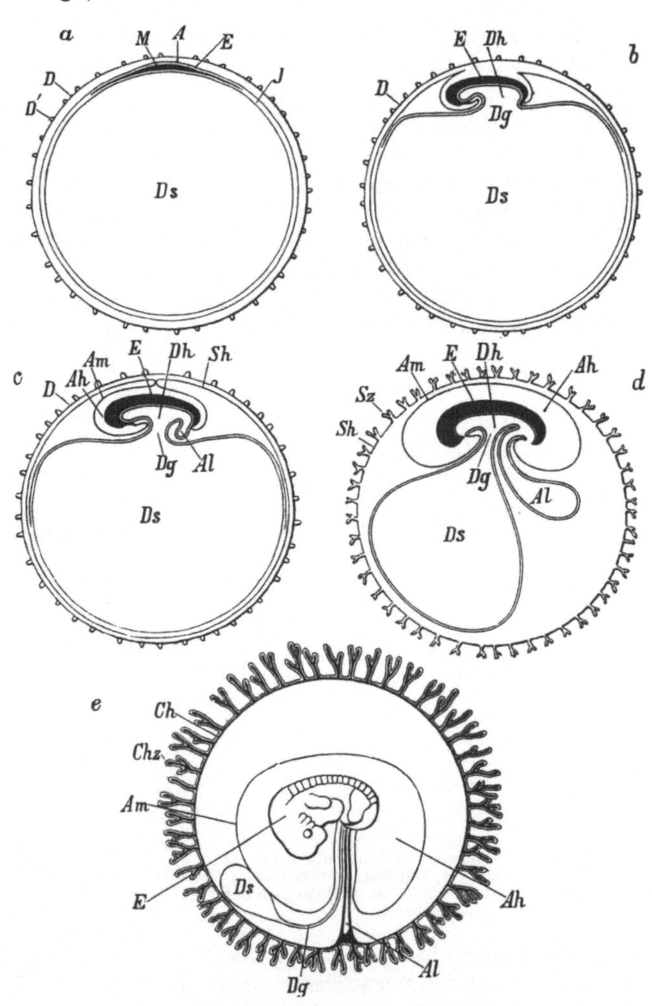

Abb. 1117. Schematische Figuren zur Darstellung der Entwicklung der foetalen Eihüllen eines Säugetieres. (Nach KÖLLIKER.) a Ei mit erster Embryonalanlage; b am Embryo Dottersack und Amnion in Bildung begriffen; c Embryo mit sich schließendem Amnion und hervorsprossender Allantois; d Entwicklungsstadium mit zottentragender seröser Hülle, Embryo mit Mund und Afteröffnung; e Stadium, bei dem die Gefäßschicht der Allantois sich rings an die seröse Hülle angelegt hat und in die Zotten derselben hineingewachsen ist, Dottersack verkümmert, Amnionhöhle im Zunehmen begriffen. D Zona pellucida, D' ihre Zöttchen, Sh seröse Hülle (Chorion), Sz Zotten derselben, Ch secundäres Chorion, Chz Chorionzotten, Am Amnion, Ah Amnionhöhle, E Embryonalanlage (Embryo), A dieser angehörende Verdickung des äußeren Blattes, M des mittleren Blattes, J inneres Blatt, Ds Höhle der Keimanlage (Cystocöl C. RABL), später Höhle des Dottersackes (Nabelblase), Dh Darmhöhle, Dg Dottergang, Al Allantois.

sich rasch vergrößernde Keimblase legt sich zunächst mittels der *Zona pellucida* (auch *Prochorion* genannt), später nach Bildung des Amnions mittels der Serosa der Uteruswand an. Bei den *Marsupialien* bleibt gleichwie bei *Monotremen* die Serosa glatt und die später auftretende Allantois klein. Dagegen ist der Dottersack groß und legt sich an die Serosa; er besorgt die Ernährung und Atmung des Embryos durch Vermittlung seiner Gefäße, der *Vasa omphalomesenterica*.

Bei den *Monodelphia* (Abb. 1117) entwickelt die Serosa Zotten und wird dann auch Zottenhaut (*Chorion*) genannt. Zugleich verbindet sich der peripherische Teil der hier größeren Allantois mit dem Chorion und wächst mit seinen Gefäßen in die Chorionzotten hinein; das Chorion ist so zum sekundären Chorion (*Allantochorion*) geworden. Damit wird nicht bloß die Verbindung zwischen mütterlichem Uterus und Embryo inniger, sondern auch eine verhältnismäßig große Fläche foetaler Gefäßverzweigungen entwickelt, deren Blut mit dem Blute der Uteruswand in engen endosmotischen Verkehr tritt. Die Allantois gewinnt damit die Bedeutung eines Atmungs- und Ernährungsorgans für den Embryo, wofür auch bei Marsupialien Analoga bestehen. Der Dottersack bleibt bei den Monodelphia klein, als sogenannte Nabelblase (*Vesicula umbilicalis*).

Im einfachsten Falle ist das Chorion mit der Allantois im ganzen Umfange in Verbindung und bildet überall Zotten (Abb. 1117e), die sich der Uterusschleimhaut genau anlegen. Dieses mit zahlreichen zerstreuten Zotten besetzte *Allantochorion* wird auch *Placenta diffusa* genannt und findet sich bei den Perissodactylen, Suiden, Hippopotamiden, Tylopoden, Traguloideen, Sirenen, Pholidota, Lemuroideen und Cetaceen. In allen übrigen Fällen sind die Zotten nur an bestimmten Stellen, jedoch um so mächtiger als Zottenbüschel entwickelt, denen entsprechend die Uterusschleimhaut gewuchert erscheint, wodurch es zur Bildung eines Mutterkuchens (*Placenta*) kommt (Abb. 1118). Bei den Wiederkäuern mit Ausnahme der Tylopoden und der Traguloideen kommen am ganzen Chorion zahlreiche kleine Placenten (*Cotyledonen*) zur Ausbildung (Abb. 1155). In letzterem Falle sowie bei der sogenannten Placenta diffusa bleiben die Zotten des Chorions mit der Uterinwand in loser

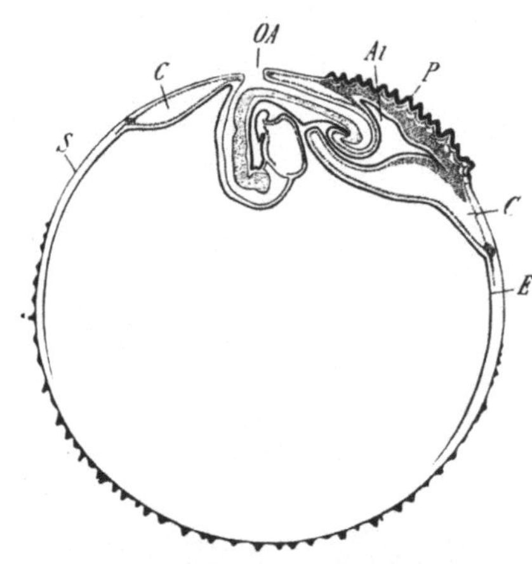

Abb. 1118. Längsschnitt durch ein Embryonalstadium des Kaninchens vor Schluß des Amnions. (Nach ED. VAN BENEDEN u. JULIN.) *OA* Amnionöffnung, *Al* Allantois, *S* seröse Hülle (Chorion), *P* Placentaanlage, *C* extraembryonales Cölom, *E* Entoderm des Dottersackes.

Verbindung und lösen sich bei der Geburt aus derselben heraus. Bei allen anderen Säugetieren verwachsen Chorionzotten und Uterinschleimhaut inniger, so daß bei der Geburt eine Schicht der Uterusschleimhaut als sogenannte *Decidua* mit abgelöst und zugleich mit dem foetalen Teile der Placenta als Nachgeburt ausgestoßen wird; stets bleiben die Chorionzotten dann auf eine Stelle beschränkt. Eine solche sogenannte Vollplacenta ist entweder ringförmig (*Placenta zonaria* der Carnivoren, Tubulidentaten) oder scheibenförmig (*Pl. discoidea*), wie bei manchen Edentata Xenarthra, den Insectivoren, Chiropteren, Dermoptera, Nagern, Affen (Abb. 1118).

Je nach dem Vorhandensein oder Fehlen einer Placenta und Decidua hat man die Säugetiere auch in *Placentalia* und *Aplacentalia*, erstere wieder in *Deciduata* und *Adeciduata* eingeteilt.

Mit Rücksicht auf die Bedeutung der Placenta als Atmungsorgan und der Funktionslosigkeit der Lungen gestaltet sich auch der foetale Kreislauf anders als nach der Geburt (Abb. 1119). Vom Herzen wird das Blut in die Aorta descendens getrieben, welche zwei große Gefäße für die Placenta (*Arteriae umbilicales*) abgibt. Das aus der Placenta durch eine Vene (*V. umbilicalis*) zurückkehrende Blut geht der Hauptmasse nach durch einen die Leber durchsetzenden Verbindungsgang (*Ductus venosus Arantii*) in die untere Hohlvene und aus dieser zum Teil in den rechten, zum größten Teil jedoch infolge einer besonderen Klappeneinrichtung sogleich in den linken Vorhof durch eine Öffnung der Vorhofsscheidewand (*Foramen ovale*). Das Blut, welches in die rechte Kammer gelangt, kehrt mit Ausnahme eines kleinen Teiles für die Lungen durch einen Verbindungsgang (*Ductus arteriosus Botalli*) der Arteria pulmonalis mit der Aorta direkt in den Körperkreislauf zurück. Es führen somit alle arteriellen Gefäße gemischtes Blut.

Die Dauer der Trächtigkeit richtet sich nach der Körpergröße und Entwicklungsstufe, in welcher die Jungen zur Welt kommen. Am längsten währt dieselbe bei den großen Land- und kolossalen Wasserbewohnern (Huftiere, Cetaceen), welche unter günstigen Verhältnissen des Nahrungserwerbes und geringen Bewegungsausgaben leben. Die Jungen dieser Tiere erscheinen bei der Geburt in ihrer körperlichen Ausbildung so weit vorgeschritten, daß sie alsbald der Mutter zu folgen imstande sind. Relativ geringer ist die Tragzeit bei den Carnivoren, deren Junge nackt und mit geschlossenen Augen geboren werden und längere Zeit noch hilflos der mütterlichen Pflege bedürfen. Am kürzesten aber währt dieselbe bei den Beutlern, deren frühzeitig geborene Junge in eine von Hautfalten gebildete Tasche der Inguinalgegend gelangen, sich hier an die Zitzen der Milchdrüsen festhängen und wie in einem zweiten Fruchtbehälter ausgetragen werden, in welchem das Secret der Milchdrüsen die Ernährung sehr frühzeitig übernimmt. Die Zahl der geborenen Jungen wechselt ebenfalls überaus mannigfach in den verschiedenen Gattungen. Die großen Säugetiere, welche länger als 6 Monate tragen, gebären in der Regel nur 1, seltener 2 Junge, bei den kleineren aber und einigen Haustieren (Schwein) steigert sich dieselbe beträchtlich, so daß 12—16, ja selbst 20 Junge mit einem Wurfe zur Welt kommen können. Meist deutet die Zitzenzahl des Muttertieres auf die Zahl der Nachkommen hin, welche nach der Geburt längere oder kürzere Zeit hindurch an den Zitzen der Milchdrüsen aufgesäugt (bei den *Monotremen* durch das Secret der Mammardrüsen ernährt) werden.

Manche Säugetiere leben einsiedlerisch und nur zur Zeit der Brunst paarweise vereinigt; es sind das vornehmlich solche Raubtiere, welche auf einem bestimmten Jagdreviere, wie der Maulwurf, in unterirdischen Gängen, ihren Lebensunterhalt erjagen. Andere leben in Gesellschaften, in welchen häufig die ältesten und stärk-

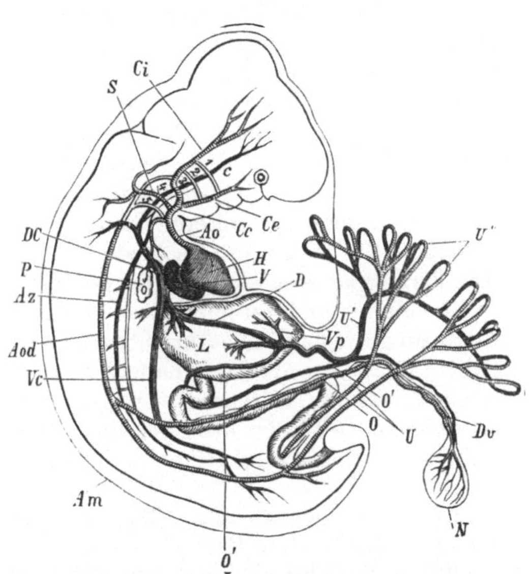

Abb. 1119. Anordnung der Hauptgefäße im menschlichen Foetus, schematisch. (Nach ECKER u. HUXLEY.) *H* Herzkammer, *V* Vorhof, *Ao* Aortenstamm, *Cc* Carotis communis, *Ce* C. externa, *Ci* C. interna, *S* Arteria subclavia, *1, 2, 3, 4, 5* die Aortenbogen, der bleibende linke nicht sichtbar, *Aod* Aorta descendens, *O* Arteria omphalomesenterica, *O'* Vena omphalomesenterica, *U* Arteriae umbilicales mit den placentaren Verzweigungen (*U''*), *U'* Vena umbilicalis, *Vp* Pfortader (Vena portae), *Vc* Vena cava inferior, *C* vordere Cardinalvene, *D* Ductus venosus Arantii, *DC* Ductus Cuvieri, *Az* Vena azygos, *P* Lunge, *L* Leber, *N* Nabelblase, *Dv* Dottergang (Ductus omphalomesentericus), *Am* Amnion.

sten Männchen die Sorge des Schutzes und der Führung übernehmen. Die meisten gehen am Tage auf Nahrungserwerb aus. Einige, wie die Fledermäuse, kommen in der Dämmerung und Nacht aus ihren Schlupfwinkeln zum Vorschein, auch die meisten Raubtiere und zahlreiche Huftiere schlafen am Tage. Blumen besuchende Fledermäuse (*Macroglossus, Glossophaga*) vermitteln auch die Blumenbestäubung. Einige Nager, Insectenfresser und Raubtiere verfallen während der kalten, nahrungsarmen Jahreszeit in ihren oft sorgfältig geschützten Schlupfwinkeln in ausgepolsterten Erdbauten in einen unterbrochenen (Bär, Dachs, Fledermäuse) oder andauernden (Siebenschläfer, Haselmaus, Igel, Murmeltier) Winterschlaf und zehren während dieser Zeit bei gesunkener Körperwärme, schwacher Respiration und verlangsamtem Kreislauf von den während der Herbstzeit aufgespeicherten Fettmassen. Ein Sommerschlaf kommt bei einigen tropischen Formen (*Centetes, Chirogaleus*) vor. Wanderungen sind bekannt von den Renntieren, südafrikanischen Antilopen und dem nordamerikanischen Büffel, von Seehunden, Walen und Fledermäusen, insbesondere aber von dem Lemming, der in ungeheuren Scharen von den nordischen Gebirgen aus nach Süden in die Ebene wandert und sich in der Richtung seiner Reise durch keinerlei Hindernisse zurückhalten läßt, selbst Flüsse und Meeresarme durchsetzt. Bei vielen Säugetieren erleidet die Behaarung entsprechend dem Wechsel der Jahreszeiten einen periodischen ausgiebigen Wechsel, so daß ein dunklerer kürzerer Sommerpelz und ein dichterer längerer, heller oder weißer Winterpelz unterschieden werden kann.

Die *Verhaltensweisen* der Säugetiere erheben sich zu einer höheren Entwicklung als in irgendeiner anderen Tierklasse (vgl. S. 259). Die Engrammreaktionen werden immer mehr gesteigert. Die Abrichtbarkeit, welche einzelne Säugetiere vor anderen in hohem Grade kundgeben, haben diese zu bevorzugten Haustieren, zu unentbehrlichen, für die Kulturentwicklung des Menschen höchst bedeutungsvollen Arbeitern und Genossen des Menschen gemacht (Pferd, Hund). Immerhin aber spielen instinktive Tätigkeiten im Leben der Säugetiere auch noch eine große Rolle.

Zahlreiche Säugetiere zeigen Bauinstinkte, die sie zur Anlage von geräumigen Gängen und kunstvollen Bauten über und in der Erde befähigen, von Wohnungen, die nicht nur als Schlupfwinkel zum Aufenthalte während der Ruhe, sondern auch als Bruträume dienen. Fast sämtliche Säugetiere bauen für ihre Brut besondere, oft mit weichen Stoffen überkleidete Lager, einige sogar wahre Nester, ähnlich denen der Vögel, aus Gras und Halmen über der Erde. Zahlreiche Bewohner von Gängen und Höhlungen der Erde tragen Wintervorräte ein, von denen sie während der sterilen Jahreszeit, zuweilen nur im Herbste und Frühjahr (Winterschläfer) zehren.

Was die geographische Verbreitung der Säugetiere anbetrifft, so finden sich einzelne Ordnungen, wie die Fledermäuse und Nager, in allen Weltteilen vertreten. Von den Cetaceen und Pinnipedien gehören die meisten Arten den Polargegenden an. Ausschließlich aus Beuteltieren — von einigen Nagern und Fledermäusen abgesehen — besteht die Fauna Australiens.

Die ältesten fossilen Reste von Säugetieren finden sich in der oberen Trias und im Jura (Stonesfielder Schiefer) und gehören den ausgestorbenen *Multituberculata* (*Allotheria*) an, andere weisen auf insectivore Beuteltiere und insectivore Monodelphia hin. Erst in der Tertiärzeit tritt die Säugetierfauna in reicher Ausbreitung auf.

1. Unterklasse. MONOTREMATA (ORNITHODELPHIA, PROTOTHERIA), CLOAKENTIERE[1].

Aplacentale Säugetiere mit reptilienähnlicher Gestaltung des Schultergürtels (Os coracoideum), mit Beutelknochen, zuweilen mit Beutel, mit persistierender Cloake, eierlegend.

Unter allen recenten Säugetieren zeichnen sich die Monotremen durch eine Anzahl ursprünglicher, an niedere Wirbeltiere anschließender Charaktere aus. Zu diesem Schlusse berechtigt das Vorhandensein eines an das Brustbein angefügten Os coracoideum, welches bei allen übrigen Säugern auf einen Fortsatz am Schulterbein reduziert ist. Auch kann in diesem Sinne das Vorhandensein von zwei dem Schambeine angefügten Knochen verwertet werden, welche als Beutelknochen bei den Marsupialien wiederkehren. Eine wichtige Eigentümlichkeit ist das Vorhandensein einer Cloake, indem wie bei den Reptilien das erweiterte Ende des Mastdarms die Mündungen der Geschlechts- und Harnwege aufnimmt (Abb. 1116a).

Zweifelsohne entspricht der Mangel der Bezahnung und die schnabelförmige Gestalt der Kiefer, welche von Horn bedeckt sind und beim Schnabeltiere breite Hornplatten an Stelle der Zähne tragen, einem sekundären Verhältnis, da wir für die ältesten Vorfahren der Säugetiere ein reich bezahntes Gebiß vorauszusetzen haben. In der Tat haben neuere Untersuchungen nachgewiesen, daß die Schnabeltiere im jugendlichen Alter

Abb. 1120. *Echidna (Tachyglossus) aculeata.* $^1/_{4.5}$

Dentinzähne besitzen, welche ausfallen; diese Zähne (2 oben, 3 unten) sind ganz ähnlich gestaltet wie die der mesozoischen *Multituberculata*. Auch die einfache Gestaltung der inneren Organe bekundet die niedere Entwicklungsstufe. Am Gehirn fehlt der Balken (Corpus callosum). Die Hoden bewahren ihre ursprüngliche Lage vor den Nieren. Der kurze, von einem Corpus fibrosum und einem Corpus cavernosum urethrae gestützte Penis liegt in einer in die Cloake einmündenden Tasche und nimmt durch eine an seiner Wurzel befindliche Öffnung das Sperma aus dem Sinus urogenitalis auf, während der Harn durch die Cloake abfließt. Das rechtsseitige Ovarium ist verkümmert, das linke traubig gestaltet; bei *Zaglossus* sind beide Ovarien gleich entwickelt. Die geschlängelten Oviducte erweitern sich in ihrem unteren Abschnitte zu einem muskulösen Eierbehälter und münden getrennt in den Sinus urogenitalis ein (Abb. 1116a). Es sind Mammardrüsen vorhanden, die dem Ursprung nach von den Milchdrüsen der übrigen Säugetiere verschieden zu sein scheinen. Die zahlreichen Drüsenschläuche, welche aus tubulösen, den Schweißdrüsen ähnlichen, mit Haarbälgen verbundenen Drüsen der Haut entstanden sind, münden jeder-

---

[1] Thomas, O.: Catalogue of the Marsupialia and Monotremata in the Brit. Museum. London 1888. — Owen, B.: Article „Monotremata" in Todds Cyclopaedia of Anatomy **3** (1843). — Gegenbaur, C.: Zur Kenntnis der Mammarorgane der Monotremen. Leipzig 1886. — Poulton, E. B.: The true teeth and horny plates of Ornithorhynchus. Quart. J. microsc. Sci. **29** (1889). — Semon, R.: Zoologische Forschungsreisen in Australien und dem Malayischen Archipel. Monotremen und Marsupialien **2, 3**. Jena 1894—1908. — Wilson, J. T. a. J. P. Hill: Observations on the Development of Ornithorhynchus. Philosophic. Trans. roy. Soc. London 1908. — Cabrera, A.: Genera Mammalium. Monotremata. Marsupialia. Madrid 1919. — Vgl. ferner die Schriften von Mivart, Sixta, Smith, Lydekker u. a.

seits auf einem schwächer behaarten, kreisförmig umwallten Hautfeld, wie es in ähnlicher Weise bei den übrigen Säugetieren der Zitzenbildung vorausgeht. Die Monotremen besitzen eine Schenkeldrüse, die an einem durchbohrten Sporn des Tarsus ausmündet; beim Weibchen bleibt sie rudimentär; wahrscheinlich liegt ein bei der Begattung als Reizmittel fungierendes Organ vor. Schließlich möge die unvollkommene Homoeothermie der Monotremen angeführt werden. Haacke und Caldwell haben nachgewiesen, daß ein weichhäutiges Ei, welches dem Reptilienei ähnlich ist, abgelegt wird. Das Schnabeltier soll zwei Eier in eine Erdhöhle ablegen und in einer Art Nest ausbrüten, der Ameisenigel dagegen legt jedesmal nur ein Ei, das in einem am Bauche zur Fortpflanzungszeit sich entwickelnden Beutel gebracht und hier ausgebrütet wird. Die Cloakentiere finden sich nur in Australien, Tasmanien und Neuguinea und gehören einer einzigen Ordnung an.

Abb. 1121. *Ornithorhynchus anatinus.* $^1/_{5.5}$

Fam. *Echidnidae.* Die äußere Körperform der Ameisenigel erinnert an die Ameisenfresser unter den Edentaten und die Igel. Sie besitzen ein dichtes Stachelkleid und eine röhrenartig verlängerte Schnauze mit enger Mundspalte und wurmförmig vorstreckbarer Zunge; Zähne fehlen. Die kurzen fünfzehigen Beine enden mit kräftigen Scharrkrallen. Die Eier werden in einem Beutel ausgebrütet. *Echidna (Tachyglossus) aculeata* Shaw, Ameisenigel. Australien, Neuguinea, Tasmanien (Abb. 1120). *Zaglossus (Proechidna) bruijni* Pet. et Dor. Nordwest-Neuguinea.

Fam. *Ornithorhynchidae.* In der äußeren Körperform und Lebensweise kombiniert das Schnabeltier, vom Entenschnabel abgesehen, Fischotter und Maulwurf, wie ja auch die Bezeichnung als Wassermaulwurf von den Ansiedlern Australiens treffend gewählt worden ist. Das Schnabeltier trägt einen dichten weichen Haarpelz als Bekleidung des flachgedrückten Leibes und besitzt einen platten Ruderschwanz. Die Kiefer sind nach Art eines Entenschnabels zum Gründeln im Schlamme eingerichtet, aber jederseits mit zwei Hornplatten bewaffnet und von einer hornigen Haut umgeben, welche sich an der Schnabelbasis schildartig erhebt. Die Beine sind kurz, ihre fünfzehigen Füße enden mit starken Krallen, sind aber zugleich mit Schwimmhäuten versehen. *Ornithorhynchus anatinus* Shaw (*paradoxus* Blbch.), Schnabeltier. In Flüssen von Tasmanien und Südaustralien (Abb. 1121).

2. Unterklasse. MARSUPIALIA (DIDELPHIA), BEUTELTIERE[1].

Aplacentale, vivipare Säugetiere mit zwei Beutelknochen, beim Weibchen in der Regel mit einem von diesen gestützten, die Zitzen umfassenden Beutel, mit verschieden, meist reich bezahnten Kiefern und auf einen (hintersten) Prämolar beschränktem Zahnwechsel.

---

[1] Owen, R.: Article „Marsupialia" in Todd's Cyclopaedia of Anatomy 3 (1842). — Waterhouse, G. R.: A natural history of the Mammalia. V. Marsupialia. London 1846. — Selenka, E.: Studien über Entwicklungsgeschichte der Tiere. IV. Das Opossum. Wiesbaden 1886—1887. — Thomas, O.: Catalogue of the Marsupialia and Monotremata in the Brit. Museum. London 1888. — Winge, H.: Jordfundne og nulevende Pungdyr (Marsupialia). E Museo Lundi 1893. — Lydekker, R.: Handbook to the Marsupialia and Monotremata. London 1894. — Dollo, L.: Les ancêtres des Marsupiaux étaient-ils arboricoles? Miscell. biol. déd. au Prof. Giard. Paris 1899. — Bensley, A.: On the evolution of the Australian Marsupialia with Remarks on the Relationship of the Marsupials in General. Trans. Linnean Soc. Lond. 1903. — Semon, R.: Zoologische Forschungsreisen in Australien und dem Malayischen Archipel. Monotremen und Marsupialier 2, 3. Jena 1894—1908. — van den Broek, A. J. P.: Untersuchungen über die weiblichen Geschlechtsorgane der Beuteltiere. Petrus Camper. Deel 3. 1915. — Untersuchungen über den Bau der männlichen Geschlechtsorgane der Beuteltiere. Morph. Jb. 41 (1910). — Hartman, C. G.: Stu-

Die Haut der Marsupialier ist gut und meist weich behaart, der Schwanz häufig beschuppt. In der äußeren Erscheinung, in der Art der Ernährung und Lebensweise weichen die Beutler beträchtlich voneinander ab und wiederholen im allgemeinen unter allerdings bedeutender Modifikation die wesentlichen Typen der monodelphen Säugetiere; viele sind Pflanzenfresser, andere sind omnivor, andere leben als echte Raubtiere von Insecten, Vögeln und Säugetieren. Die Wombats repräsentieren die Nagetiere, die flüchtigen, in gewaltigen Sätzen springenden Känguruhs entsprechen den Wiederkäuern und vertreten gewissermaßen in Australien das fehlende Wild, die Flugbeutler (*Petaurus*) gleichen den Flughörnchen, die kletternden Phalangisten (*Phalanger*) erinnern in Körperform und Lebensweise an die Fuchsaffen, andere, wie die *Perameliden*, an die Macrosceliden unter den Insectivoren. Auch maulwurfähnliche Beutler (*Notoryctes*) sind bekannt geworden. Die Raubbeutler schließen sich in der Bildung des Gebisses ebensowohl den Carnivoren als den Insectenfressern an.

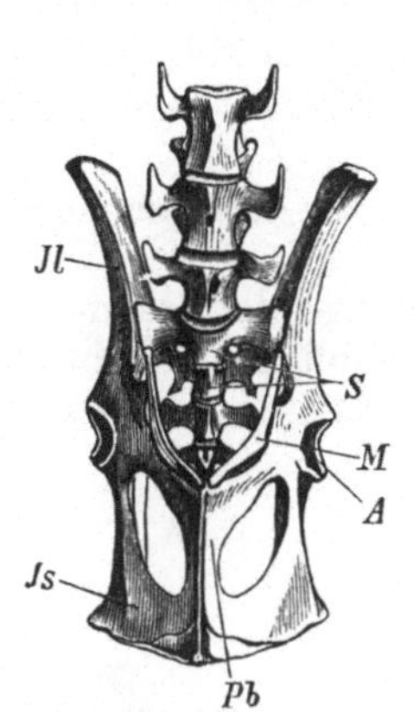

Abb. 1122. Das Becken mit dem angrenzenden Teile der Wirbelsäule von *Macropus*. *A* Acetabulum (Hüftgelenkspfanne), *Js* Os ischii, *Jl* Os ilium, *M* Beutelknochen (Ossa marsupialia), *Pb* Os pubis, *S* die beiden Sacralwirbel.

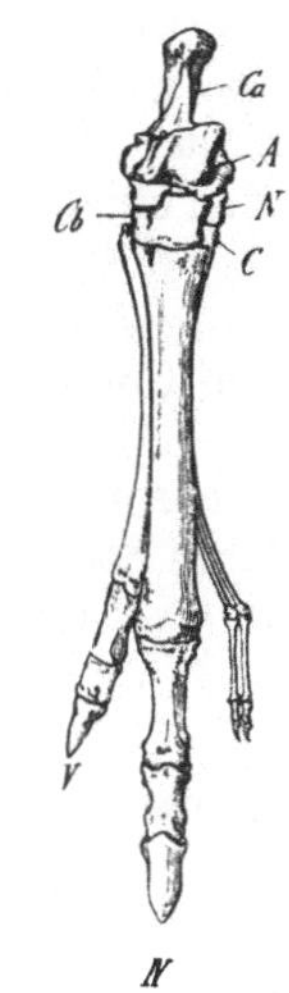

Abb. 1123. Skelet des rechten Fußes von *Macropus*. (Nach FLOWER u. LYDEKKER.) *IV*, *V*, 4. und 5. Zehe, erstere die stärkste. *Ca* Calcaneus, *A* Talus oder Astragalus, *Cb* Cuboideum, *N* Naviculare, *C* Cuneiforme.

Am Skelet ist die geringe Entwicklung der Schädelhöhle und die starke Einwärtsbiegung des Processus angularis am Unterkiefer hervorzuheben. Die Augenhöhle ist hinten offen (Abb. 1126). Ein Hauptcharakter der Beutler liegt in dem Besitze zweier (bei *Thylacinus* rudimentärer) Beutelknochen (Abb. 1122) und beim Weibchen eines an der Bauchseite von zwei Hautfalten gebildeten Beutels (*Marsupium*), welcher die auf in der Regel 4—2 Zitzen befindlichen Öffnungen der Milchdrüsen umschließt und die hilflosen Jungen nach der Geburt aufnimmt. Doch können die Zitzen auch in großer Zahl längs der ganzen Bauchseite auftreten; dann fehlt der Beutel (gewisse *Didelphyiden*).

Am Endteile der hinteren Extremität vollzieht sich eine Reduktion der Zehen, jedoch in ganz anderer Weise als bei den Monodelphia, indem dieselbe von innen nach außen erfolgt. Wo, wie bei den Känguruhs, ähnlich wie bei den Huftieren nur zwei Zehen als Hauptstützen der Hinterextremität Verwendung finden, sind es daher die beiden äußeren, während die drei inneren verkümmern (Abb. 1123). Im allgemeinen herrscht die ursprüngliche Fünfzahl der

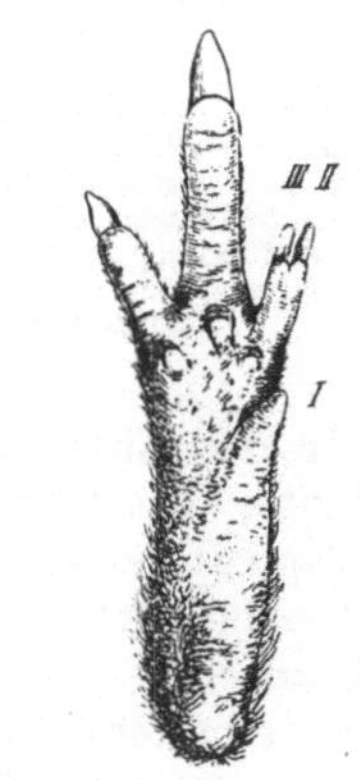

Abb. 1124. Planta des rechten Fußes von *Perameles obesula*. (Nach THOMAS aus DOLLO.) *I* Große Zehe, rudimentär, *II, III* die 2. und 3. Zehe reduziert, in Syndactylie.

dies on the Development of the Opossum *Didelphys virginiana*. J. Morph. a. Physiol. **2** (1916); **32** (1919). — OSGOOD, W. H.: A monographic study of the American Marsupial *Caenolestes* etc. Field Mus. Nat. Hist. Publ. Chicago **1921**. — FLYNN, T. THOMSON: The Yolk-Sac and allantoic Placenta in *Perameles*. Quart. J. microsc. Sci. **67** (1923). — Vgl. ferner die Abhandlungen von GOULD, BROOM, CARLSSON, HILL, RÖSE, WOODWARD, CALDWELL, EGGELING, BOAS, CABRERA u. a.

nägel- oder krallentragenden Zehen vor. Mit Ausnahme der *Didelphyiden* und *Dasyuriden* und einiger anderer sind die verkleinerten 2. und 3. Zehe bis zur Endphalange durch die Haut innig verbunden (Syndactylie) (Abb. 1124). Die große 1. Zehe (Hallux) ist, wenn wohl entwickelt, stets opponierbar und entbehrt des Nagels.

Die Kiefer sind reich und mannigfach bezahnt. Der Zahnwechsel ist auf den hintersten Prämolar reduziert, so daß das bleibende Gebiß der Marsupialier bis auf den einen Prämolar dem Milchgebisse der Monodelphia entspricht. Bei *Phascolomys* fällt auch der Wechsel dieses einen Zahnes hinweg; sämtliche Zähne sind hier wurzellos.

Am Gehirn bleiben die Großhirnhemisphären klein und das Corpus callosum fehlt.

Die Ausführungsgänge der Harn- und Geschlechtsorgane bleiben auf einer niederen Stufe. Die weiblichen Geschlechtsorgane bestehen aus zwei häufig traubigen Ovarien, deren Eileiter sich in zwei vollkommen getrennte Fruchtbehälter fortsetzen, welchen die eigentümlich gestaltete, ebenfalls doppelte Scheide folgt (Abb. 1125a). Die weiblichen Ausführungsgänge bleiben bei den *Didelphyiden* durchaus getrennt. Meist verschmelzen aber die beiden Scheiden da, wo sie die Mündungen der Fruchtbehälter aufnehmen, zu einem gemeinsamen Abschnitt, der einen zuweilen durch eine Scheidewand geteilten Blindsack bildet, welcher bei *Macropodiden* in directe Communication mit dem Sinus urogenitalis tritt. Von dem gemeinsamen Abschnitt entspringen die Scheidenkanäle als zwei henkelartig abstehende Röhren und münden in den Canalis urogenitalis ein. Da die äußere Öffnung des letzteren mit dem After ziemlich zusammenfällt, kann man auch den Beutlern eine Art Cloake zuschreiben. Im männlichen Geschlecht ist die Rute zuweilen gespalten (Abbild. 1125b). Das Scrotum liegt vor dem Penis.

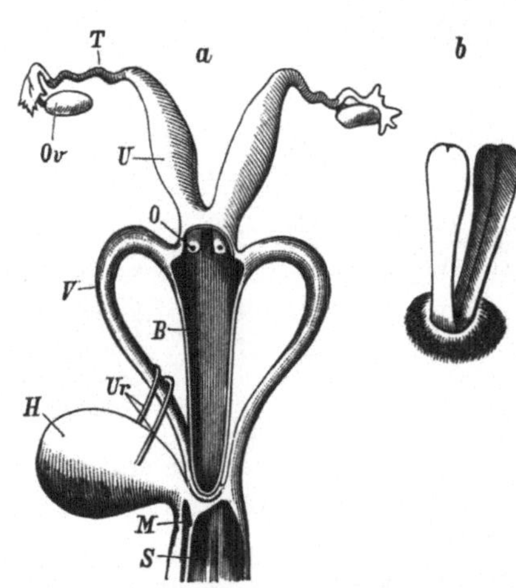

Abb. 1125. a Weibliche Geschlechtsorgane von *Halmaturus*. (Nach GEGENBAUR.) *O* Äußerer Muttermund, *Ov* Ovarium, *T* Oviduct, *U* Uterus, *V* Vagina, *B* Scheidenblindsack, *Ur* Ureteren, *H* Harnblase, *M* ihre Mündung in den Sinus urogenitalis (*S*). — b Gespaltener Penis von *Didelphys philander*. (Nach OTTO aus GEGENBAUR.)

In der Entwicklung fehlt in der Regel eine Placenta, die nur bei *Perameles* auftritt. Die Geburt tritt früh ein; das Riesenkänguruh trägt nicht länger als 39 Tage und gebiert einen blinden nackten Embryo von etwa Nußgröße mit kaum schtbaren Extremitäten, welcher vom Muttertier in den Beutel gebracht wird, sich an einer der Zitzen mittels seines Saugmundes festhängt und acht bis neun Monate in dem Beutel verbleibt. Jene Formen, die keinen Beutel besitzen, tragen ihre Jungen sehr frühzeitig auf dem Rücken mit sich.

Die meisten Beutler bewohnen Australien, viele auch die Inseln der Südsee und die Molukken, die *Didelphyiden* mit der reichsten Bezahnung Südamerika. Fossile Reste finden sich zuerst in der Trias.

1. Ordnung. **Polyprotodontia.**

Fleischfressende, selten omnivore Beutler mit vollständigem Gebiß. Im Oberkiefer jederseits 5—3, im Unterkiefer 4—3 kleine Schneidezähne. Eckzähne wohl entwickelt, Backenzähne mit scharfen Spitzen.

Fam. *Didelphyidae*, Beutelratten. Mit beschupptem Wickelschwanz und fünf freien Zehen an den Hintergliedmaßen. Beutel meist aus zwei Falten bestehend oder fehlend. Gebiß: $\frac{5}{4}\frac{1}{1}\frac{3}{3}\frac{4}{4}$ (Abb. 1126). Klettern vortrefflich. Sind die ursprünglichsten der recenten Beutler. *Didelphys virginiana* KERR, Opossum. Nordamerika. *D. (Marmosa) murina* L. (*dorsigera* L.), Aeneasratte. *Chironectes minimus* ZIMM. Mit Schwimmhaut zwischen den Zehen. Central- und Südamerika.

Fam. *Dasyuridae*. Schwanz kein Wickelschwanz. An den Hintergliedmaßen keine Syndactylie, Hallux klein oder fehlend. Zahl der Schneidezähne bloß $\frac{4}{3}$. Zeigen den Habitus von Raubtieren und Insectivoren und sind teilweise Klettertiere, teilweise Springer und Läufer. *Thylacinus cynocephalus* HARR., Beutelwolf. Gebiß:

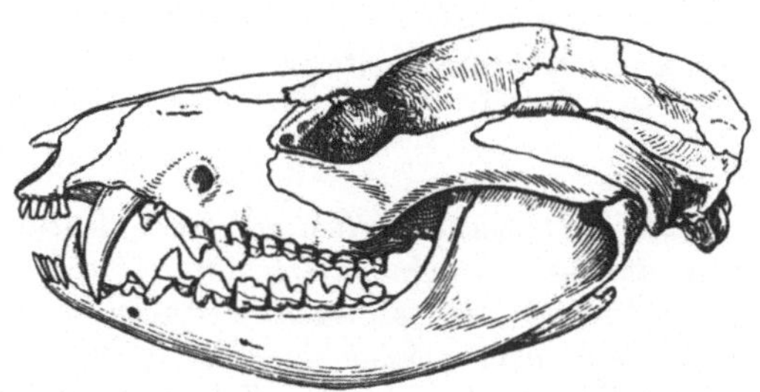

Abb. 1126. Schädel von *Didelphys virginiana*. (Original G.)

$\frac{4}{3}\frac{1}{1}\frac{3}{3}\frac{4}{4}$. Größter Raubbeutler. Tasmanien. Im Aussterben (Abb. 1127). *Sarcophilus harrisi* BOITARD (*satanicus* THOS.), Teufel. Tasmanien. *Dasyurus viverrinus* SHAW, Beutelmarder. Gebiß: $\frac{4}{3}\frac{1}{1}\frac{2}{2}\frac{4}{4}$. Südaustralien, Tasmanien. *Phascogale penicillata* SHAW, Beutelbilch. Australien. *Myrmecobius fasciatus* WTRH., Ameisenbeutler. Mit reichstem recenten Säugergebiß: $\frac{4}{3}\frac{1}{1}\frac{3}{3}\frac{5}{6}$. Beutel fehlt. Süd- und Westaustralien.

Abb. 1127. *Thylacinus cynocephalus*. (Aus BREHM.) $^{1}/_{12}$

Fam. *Notoryctidae*. Maulwurfähnlich, mit kurzen kräftigen Extremitäten, die vorderen mit Scharrkrallen. 2. und 3. Zehe nicht syndactyl. Hallux mit Nagel. Gebiß: $\frac{3}{3}\frac{1}{1}\frac{2}{2}\frac{4}{4}$. *Notoryctes typhlops* STIRL., Beutelwurf. Südaustralien.

Fam. *Peramelidae*, Beuteldachse. Mit Grabhänden, an denen der Daumen und der 5. Finger verkümmert sind. Hinterfüße stark, ähnlich jenen des Känguruhs. 2. und 3. Zehe verkümmert, syndactyl, die 4. sehr groß, Hallux rudimentär oder fehlend (Abb. 1124). Gebiß: $\frac{4-5}{3}\frac{1}{1}\frac{3}{3}\frac{4}{4}$. Erinnern an die Macrosceliden Afrikas. *Perameles obesula* SHAW, Bandikut. Australien, Tasmanien. *Choeropus ecaudatus* OGILBY (*castanotis* GRAY). Australien.

2. Ordnung. **Caenolestoidea.**

Insectivore Beutler mit reichem Gebiß, innerer unterer Schneidezahn vergrößert und nach vorn gerichtet, Backenzähne vierhöckerig. 2. und 3. Zehe nicht syndactyl. Beutel fehlt.

Fam. *Caenolestidae.* Schließen sich im Gebiß mit $\frac{4}{3}\frac{1}{1}\frac{3}{3}\frac{4}{4}$ den Polyprotodonten an, doch sind die vorderen unteren Schneidezähne wie bei Diprotodonten entwickelt. *Caenolestes fuliginosus* TOM. Wird 13 cm lang. Im Hochgebirge. Ekuador.

3. Ordnung. **Diprotodontia.**

Pflanzenfressende, selten omnivore Beutler mit reduziertem Gebiß. Im Oberkiefer jederseits 3—1, im Unterkiefer ein großer, nach vorn gerichteter Schneidezahn. Eck-zähne fehlend oder schwach. Backenzähne vierhöckerig oder zweijochig. Prämolar zu-weilen schneidend. 2. und 3. Zehe syndactyl.

Fam. *Phascolomyidae.* Von plumper Körper-form, mit rudimentärem Schwanz, Beine kurz und gedrungen, 2. und 3. Zehe schwach syn-dactyl. Gebiß: $\frac{1}{1}\frac{0}{0}\frac{1}{1}\frac{4}{4}$, ähnlich wie bei Nagern ausgebildet; alle Zähne wurzellos. *Phascolomys ursinus* SHAW, Wombat. Tasmanien.

Fam. *Phalangeridae.* Meist von schlanker Körperform, in der Regel mit langem Schwanz, der oft Greifschwanz ist. 2. und 3. Zehe syn-dactyl. Hallux ohne Nagel und opponierbar. Sind arboricol. *Pseudochirus canescens* WTRH. Neuguinea. *Phalanger (Phalangista) orientalis* PALL., Kuskus. Gebiß: $\frac{3}{2}\frac{1}{0}\frac{3}{3}\frac{4}{4}$. Timor, Am-boina und benachbarte Inseln. *Trichosurus vul-pecula* KERR, Fuchskusu. Australien (Abb. 1129). *Petaurus sciureus* SHAW., Beutelflugeichhörnchen.

Abb. 1129. *Trichosurus vulpecula.* $^1/_6$

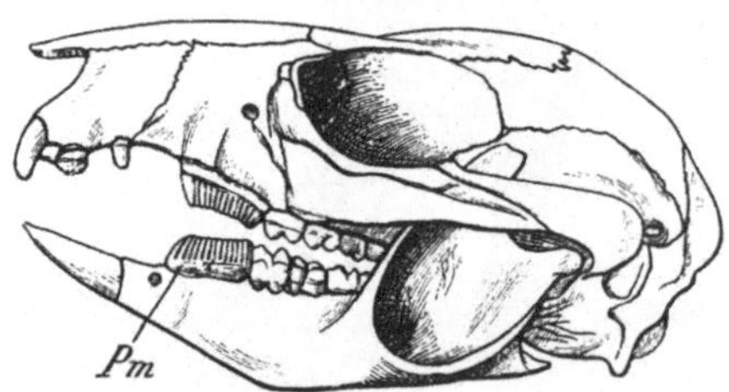

Abb. 1128. Schädel von *Bettongia lesueuri.* (Nach FLOWER u. LYDEKKER.) *Pm* Prämolar mit compresser geriefter Krone.

Mit Flughaut zwischen Vorder- und Hinterbeinen. Ostaustralien. *Tarsipes spenserae* GRAY (*rostratus* GERV. et VERR.). Westaustralien. *Phascolarctus cinereus* GLDF., Beutelbär, Koala. Gebiß: $\frac{3}{1}\frac{1}{0}\frac{1}{1}\frac{4}{4}$. Körper plump, Schwanz rudimentär. Ostaustralien.

Fam. *Macropodidae,* Känguruhs. Mit kleinem Kopf, schwachen Vorderbeinen und sehr kräftigen, zum Sprunge dienenden Hinterbeinen. Schwanz lang, meist als Stemmschwanz entwickelt und an der Wurzel verdickt, seltener prehensil. Hinterfüße sehr lang, mit vier hufartig bekrallten Zehen, von denen die 4. und 5. sehr lang und kräftig sind (Abb. 1123). 2. und 3. Zehe syndactyl. Gebiß: $\frac{3}{1}\frac{0-1}{0}\frac{2-1}{2-1}\frac{4}{4}$. Magen colonähnlich gestaltet. Schließen sich an die Phalangeriden nahe an. *Potorous tridactylus* KERR (*Hypsiprymnus murinus* CUV.), Känguruhratte. Südaustralien, Tasmanien. *Bettongia lesueuri* Q. G. Prämolaren mit kompresser geriefter Krone (Abb. 1128). Australien. *Dendrolagus ursinus* SCHL. et MÜLL., Baumkänguruh. Neuguinea. *Petrogale penicillata* GRAY, Felsenkänguruh. Ost-australien. *Macropus giganteus* ZIMM., Riesenkänguruh. Australien. *M. (Halmaturus) ruficollis* DESM. Ostaustralien.

3. Unterklasse. MONODELPHIA (PLACENTALIA)[1].

Placentale vivipare Säugetiere ohne Beutelknochen und Beutel, in der Regel mit auf die Schneide-, Eck- und vorderen Backenzähne (Prämolaren) ausgedehntem Zahnwechsel.

Die monodelphen Säugetiere vertreten den marsupialen gegenüber die höhere Organisationsstufe unter reicherer und mannigfaltigerer Spezialisierung der Formen. Ernährt von der im Fruchtbehälter des trächtigen Muttertieres sich entwickelnden Placenta, gelangt der Foetus zu einer vollständigeren Ausbildung und wird in weit fortgeschrittenem, wenn auch keineswegs überall gleichem Zustande der Reife geboren. Ein Marsupium samt seinen beiden Stützknochen am Becken fehlt. Es ist fraglich, ob sich die Monodelphia aus Marsupialien entwickelt haben. Viel wahrscheinlicher ist es, daß beide Gruppen gemeinsame Vorfahren besitzen, aus denen sie sich in zwei divergierenden Reihen weiterentwickelten. In letzteren haben sich, ähnlichen Lebensverhältnissen entsprechend, vielfach konvergente Erscheinungen, wie in der besonderen Gestaltung der Gebißformen, ergeben. Als Ausgangsformen der Monodelphia sind primitive Insectivoren zu betrachten, aus denen die heutigen *Insectivoren* und die fossilen *Creodontia* hervorgingen, denen die heute lebenden *Carnivoren* und *Cetaceen* entstammen. Aus Insectivoren sind die *Dermopteren* und die *Chiropteren* sowie die *Primaten* hervorgegangen. Im Unter-Eocän hat sich auch der *Ungulaten*-Stamm entwickelt und in den alteocänen, mehrfach auf Creodontien hinweisenden *Condylarthra* sind Reste der Vorfahren der Huftiere und vielleicht der *Tubulidentata* zu suchen. Der Ursprung der *Rodentia*, die einen sehr alten Monodelphenstamm repräsentieren, ist wahrscheinlich auf Insectivoren zurückzuführen, für die *Edentata Xenarthra* und die *Pholidota* sind bisher keine sicheren Anknüpfungen gefunden.

Zweifelsohne war das Gebiß der ältesten monodelphen Säuger ein reich bezahntes, was aus dem Gebiß der ältesten fossilen Diphyodonten erhellt. Bemerkenswert ist das häufige Vorkommen wurzelloser Zähne. Im allgemeinen ist das Milchgebiß schwächer und einfacher gestaltet, das bleibende höher entwickelt und mehr spezialisiert. Jenes enthält den konservativeren Teil der Bezahnung, zeigt bei den nahestehenden Gattungen und Familien nur geringe Differenzen und bleibt auf einer niedrigeren Stufe zurück, dem Gebisse der Vorfahren ähnlicher, ein Verhältnis, welches zuerst Rütimeyer durch den Nachweis begründete, daß im Milchgebisse der Ungulaten Eigentümlichkeiten des Gebisses der geologischen Vorgänger erhalten sind, und daß es diesem ähnlicher ist als dem ihm folgenden bleibenden Gebisse, welches in bestimmter Richtung progressiv spezialisiert erscheint.

Der besonderen Gestaltung des Gebisses und hiermit im Zusammenhange der Ernährungs- und Lebensweise entspricht die Differenzierung des Terminalstückes der Extremitäten nebst seiner Hornbekleidung. Wenn auch in der Regel die Fünfzahl der Zehen erhalten oder höchstens die Innenzehe hinweggefallen ist und die Krallenform des Nagels prävaliert, so gibt es doch zahlreiche Fälle von Reduktionen, für welche bei den monodelphen Säugetieren ein anderes Gesetz maßgebend ist als bei den marsupialen, indem zuerst die innere (erste), dann die äußere (fünfte), hierauf die zweitinnere (zweite) und zuletzt die zweitäußere (vierte) Zehe verkümmert, beziehungsweise völlig wegfällt. Die zurückbleibenden Zehen erfahren gleichzeitig mit ihrer Hornbekleidung eine mehr oder minder

---

[1] Außer Cope, Marsh, W. Kowalevski vgl. Schlosser, Max: Die Affen, Lemuren, Chiropteren, Insectivoren, Marsupialien, Creodonten und Carnivoren des europäischen Tertiärs und deren Beziehungen zu ihren lebenden und fossilen außereuropäischen Verwandten. Beiträge zur Paläontologie Österreich-Ungarns. Wien 1887, 1888, 1890.

bedeutende Verstärkung. Die Nägel werden zu gewaltigen Sichelkrallen (Faultiere) oder zu verbreiterten Hufen (Ungulaten). Auch kann bei anderen Formen die Innenzehe der hinteren und vorderen Extremitäten als Daumen opponierbar sein.

1. Ordnung. Insectivora, Insectenfresser[1].

Plantigrade monodelphe Säugetiere mit bekrallten, meist fünfzehigen Füßen, vollständig bezahntem Gebiß, kleinen Eckzähnen und scharfspitzigen Backenzähnen.

Kleine Säugetiere, welche in ihrer Erscheinung verschiedene Typen der Nager wiederholen, in der Lebensweise sich den Raubtieren nähern. Im Bau haben sie zahlreiche ursprüngliche Charaktere bewahrt. Der meist langgestreckte Schädel zeigt eine im ganzen ziemlich primitive Gestaltung. Das Paukenbein bleibt oft ein Ring, der Jochbogen schwach oder fehlt vollständig (*Sorex* u. a.). Im Gebiß (Abb. 1130) besteht eine große Mannigfaltigkeit; die Schneidezähne variieren in der Zahl, die Eckzähne sind klein und nicht immer scharf von den Schneidezähnen und vorderen Backenzähnen unterschieden. Die zahlreichen Backenzähne mit ihren spitzhöckerigen Kronen zerfallen in vordere, meist einspitzige kegelförmige Prämolaren und in hintere wahre Backenzähne, bei welchen in vielen Fällen eine noch sehr einfache primitive Gestaltung sich erhalten hat. Die Lage des oberen Eckzahnes rücksichtlich der Naht zwischen Oberkiefer und Zwischenkiefer ist eine veränderliche.

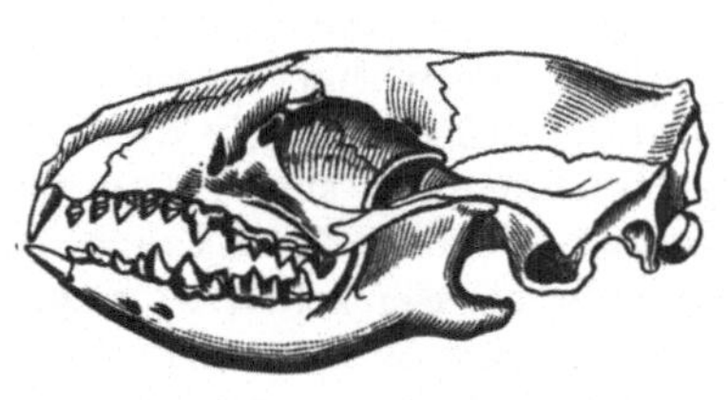

Abb. 1130. Schädel von *Erinaceus europaeus*.

Das Milchgebiß ist in den einzelnen Familien sehr ungleich ausgebildet. Beim Igel erhält sich ein Teil desselben im bleibenden Gebiß; bei *Centetiden* und *Chrysochloriden* fällt der Zahnwechsel in späteres Lebensalter, beziehungsweise erst nach Abschluß des Körperwachstums; beim Maulwurf ist das Milchgebiß rudimentär und bei den Spitzmäusen auf das Foetalleben beschränkt.

Ein Schlüsselbein ist fast stets vorhanden. Tibia und Fibula verschmelzen oft in ihrer distalen Partie. Der Hoden verbleibt bei einigen Formen in ursprünglicherer Lage in der Nähe der Niere. Die Zitzen liegen an der Brust oder am Bauche; der Uterus ist zweihörnig, die Placenta scheibenförmig. Die Insectivoren sind Sohlengänger mit nackten Sohlen und starken Krallen an den meist fünfzehigen Füßen. Sie gehören vornehmlich der alten Welt, nur wenige Nordamerika an, und ernähren sich von kleineren Tieren, Insecten und Würmern, die sie bei ihrer Gefräßigkeit in großer Menge vertilgen.

Fam. *Tupajidae*, Spitzhörnchen. In Körperform an die Eichhörnchen erinnernd, mit buschigem Schwanz, jedoch mit langer spitzer Schnauze. Leben auf Bäumen von Insecten und Früchten. *Tupaja (Cladobates) ferruginea* RAFFL. Ostindien, Java, Borneo.

Fam. *Macroscelididae*. Hüpfende, an die Wüstenmäuse erinnernde Insectivoren mit im Metatarsus auffallend verlängerten Hinterbeinen. Mit rüsselförmig verlängerter Schnauze. *Macroscelides proboscideus* SHAW (*typus* A. SM.). *Petrodromus tetradactylus* PET. Afrika.

---

[1] Außer PARKER, SUNDEVALL, GILL, WINGE, VERNHOUT, DEPENDORF, STAMM, J. SCHAFFER u. H. RABL, W. E. LE GROS CLARK u. a. vgl. DOBSON, G. E.: A monograph of the Insectivora. London 1883—1890. — HUBRECHT, A. A. W.: De Placentatie van de Spitsmuis (*Sorex vulgaris*). Verh. Akad. Amsterdam 1893. — LECHE, W.: Zur Entwicklungsgeschichte des Zahnsystems der Säugetiere. II. Phylogenie. Bibliotheca zoologica 37 (1902); 49 (1907). — AERNBÄCK-CHRISTIE-LINDE, A.: Der Bau der Soriciden und ihre Beziehungen zu anderen Säugetieren. Morph. Jb. 36 (1907). — CARLSSON, A.: Die Macroscelididae und ihre Beziehungen zu den übrigen Insectivoren. Zool. Jb. 28 (1909). — KAUDERN, W.: Studien über die männlichen Geschlechtsorgane von Insectivoren und Lemuriden. Zool. Jb. 31 (1911). — CABRERA, A.: Genera Mammalium. Insectivora. Galeopithecia. Madrid 1925.

Fam. *Talpidae.* Mit sehr kleinen oder rudimentären Augen. Die kleinen Ohrmuscheln durch den Pelz verborgen. Ohne Beckensymphyse. Die Vorderextremitäten mehr oder weniger als Grabfüße entwickelt. *Desmana (Myogale) moschata* L., Desman, Bisamrüßler. Mit Moschusdrüse an der Schwanzwurzel, mit Schwimmhaut zwischen den Zehen. An Seen von Südrußland, Westasien. *Talpa europaea* L., Maulwurf. Hand mit Scharrkrallen und Os falciforme. Pelz samtweich. Gebiß: $\frac{3}{3}\frac{1}{1}\frac{4}{4}\frac{3}{3}$. Baut eine künstliche unterirdische Wohnung, die durch eine lange Laufröhre mit den täglich vermehrten Nahrungsröhren des Jagdgebietes in Verbindung steht. Die Wohnung besteht aus einer weich ausgepolsterten Centralkammer und zwei Kreisröhren, von denen die kleinere obere durch drei Gänge mit der Kammer communiziert, die größere untere in gleicher Ebene mit der Kammer liegt. Aus der oberen gehen fünf bis sechs Verbindungsgänge in die untere, von der eine Anzahl wagerechter Gänge ausstrahlen und meist bogenförmig in die gemeinsame Laufröhre einmünden. Nordeuropa bis Japan. *T. caeca* SAVI, der blinde Maulwurf, im südlichen Europa. *Condylura cristata* L., Sternmaulwurf. *Scalopus (Scalops) aquaticus* L., Wasserwurf. Nordamerika.

Fam. *Soricidae*, Spitzmäuse. Mit rüsselförmiger Schnauze, weichem Haarkleid und kurz behaartem Schwanz. Jochbogen fehlt, ebenso Beckensymphyse. Drüsen an den Seiten des Rumpfes oder an der Schwanzwurzel verursachen den unangenehmen Moschusgeruch dieser Tiere. Sorexgebiß: $\frac{3}{2}\frac{1}{0}\frac{3}{1}\frac{3}{3}$. *Sorex araneus* L. (*vulgaris* L.), Waldspitzmaus. *S. minutus* L., Zwergspitzmaus. *Neomys (Crossopus) fodiens* PALL., Wasserspitzmaus. Europa, Nordasien. *Crocidura russulus* HERM., Hausspitzmaus. Europa, Asien, Nordafrika. *Pachyura etrusca* SAVI. Südeuropa. Kleinstes Säugetier (Abb. 1131).

Abb. 1131. *Pachyura etrusca.* (Nach BREHM.) $^1/_1$

Fam. *Erinaceidae.* Zuweilen mit Stacheln bekleidet, die bei mächtiger Entwicklung des Hautmuskelschlauches dem sich zusammenkugelnden Körper einen vollkommenen Schutz gewähren. *Erinaceus europaeus* L., Igel. Mit Stachelkleid. Gebiß: $\frac{3}{2}\frac{1}{1}\frac{3}{2}\frac{3}{3}$ (Abb. 1130). Gräbt sich eine Höhle mit zwei Ausgängen etwa fußtief in die Erde und hält einen Winterschlaf. Europa, Asien. *Gymnura gymnura* RAFFL. Stachellos. Hinterindien, Sumatra, Borneo.

Fam. *Potamogalidae.* Clavicula fehlt. Mit seitlich kompressem, starkem Schwanze. *Potamogale velox* DU CHAILLU. Westafrika.

Fam. *Centetidae.* Mit Stachelkleid. Schwanz rudimentär. Jochbogen unvollständig. *Centetes ecaudatus* GM., Tanrek. Madagaskar. *Microgale longicaudata* THOS. Madagaskar. Hier schließt sich an *Solenodon* BRDT. Kuba, Haiti.

Fam. *Chrysochloridae.* Dem Maulwurf in Körperform ähnlich; Schwanz fehlt. Pelz goldig irisierend. Augen vom Integument bedeckt, Ohrmuscheln im Pelz verborgen. Stehen verwandtschaftlich zu den Centetiden wie die Talpiden zu den Soriciden. *Chrysochloris aurea* PALL., Goldmaulwurf. Kapland.

2. Ordnung. Dermoptera, Pelzflatterer[1].

Monodelphe Säugetiere mit bekrallten 5zehigen Füßen, mit seitlicher Flughautfalte zwischen Hals, Gliedmaßen und Schwanz. Mit vollständig bezahntem Gebiß, Schneidezähne vielspitzig, die unteren kammförmig.

Die Dermopteren, die früher bald den Lemuroideen, bald den Insectivoren eingereiht wurden, werden am besten mit M. WEBER als eigene Säugetierordnung geschieden. Sie weisen nach ihrem Bau auf einen Ursprung von primitiven Insectivoren hin.

Der Kopf ist länglich, der schlanke Körper besitzt vier mit starken Krallen bewehrte Extremitäten (Abb. 1132). Die Dermopteren sind Klettertiere mit seit-

---

[1] Außer POCOCK, SHUFELDT vgl. LECHE, W.: Über die Säugetiergattung *Galeopithecus.* Svensk. Vet. Akad. Hdl. **21** (1886). — DEPENDORF, TH.: Zur Entwicklung des Zahnsystems des *Galeopithecus.* Jena. Z. Naturwiss. **23** (1896). — CHAPMAN, H. C.: Observations upon *Galeopithecus volans.* Proc. Acad. natur. Sci. Philadelphia. **1902**. — DE LANGE, DAN.: Früheste Entwicklungsstadien und Placentation von *Galeopithecus.* Verh. kon. Akad. Wetensch. Amsterdam. **1919**.

licher Flughautfalte (Patagium) zwischen Hals, Extremitäten und Schwanz, die als Fallschirm dient. Körper und Flughaut sind reich behaart. Die Gebißformel ist wahrscheinlich $\frac{2}{3}\frac{1}{1}\frac{2}{2}\frac{3}{3}$, die Deutung der Eckzähne und vordersten Prämolaren unsicher. Die Schneidezähne sind kompreß, vielspitzig, die unteren kammförmig. Die Zunge ist lang. Der Uterus ist ein Uterus duplex, von Zitzen sind zwei brustständige Paare vorhanden. Die Placenta ist discoidal.

Die Tiere leben von Früchten und Blättern.

Fam. *Galeopithecidae.* Mit den Charakteren der Ordnung. *Galeopithecus volans* L., Fliegender Maki. Sundainseln, Hinterindien (Abb. 1132).

3. Ordnung. Chiroptera, Handflügler, Fledermäuse[1].

Monodelphe Säugetiere mit vollständig bezahntem Gebiß und großer, zu Flügeln entwickelter Flughaut zwischen den verlängerten Fingern der Hand, sowie zwischen Extremitäten und Seitenteilen des Rumpfes.

Gegenüber einer Anzahl von Säugetieren (*Petaurus, Pteromys, Galeopithecus*), die sich einer seitlichen Flughaut als Fallschirm beim Sprunge bedienen, sind die Fledermäuse zu einem von dem des Vogels allerdings sehr verschiedenen Fluge befähigt durch eine weit größere und elastischere, größtenteils nackte Flughaut (Patagium), welche sich zwischen dem Rumpfe, den Extremitäten und den außerordentlich verlängerten Fingern ausspannt (Abb. 1133). Nur der stets bekrallte zweigliedrige Daumen der Hand sowie der ebenfalls mit Krallen bewaffnete

Abb. 1132. *Galeopithecus volans.* (Aus VOGT u. SPECHT.) $^1/_5$

Fußabschnitt der Hintergliedmaße bleiben von der Flughaut ausgeschlossen. Häufig verleihen die mächtig entwickelten Ohrmuscheln und kompliziert gebauten Nasenaufsätze dem Gesichte einen absonderlichen Ausdruck (Abb. 1134). Mit Ausnahme dieser Hautwucherungen sowie der dünnen elastischen Flughäute, welche mit jenen einen großen Reichtum an Nerven und ein feines Tastgefühl gemeinsam

---

[1] Außer PETERS, KEYSERLING u. BLASIUS, GROSSER, REDTEL, E. VAN BENEDEN, KOLMER vgl. LECHE, W.: Zur Kenntnis des Milchgebisses und der Zahnhomologie bei *Chiroptera.* Lunds Univ. Årsskr. 14 (1877). — DOBSON, G. E.: Catalogue of the *Chiroptera* in the Brit. Mus. London 1878. — ROBIN, H. A.: Recherches anatomiques sur les Mammifères de l'ordre des Chiroptères. Ann. des Sci. natur. 1881. — WINGE, H.: Jordfundne og nulevende Flagermus (*Chiroptera*). E Museo Lundi 1892. — ALLEN, H.: A monograph of the Bats of North America. Bull. U. S. Nat. Mus. 1893. — MILLER, G. S.: The families and genera of Bats. Bull. U. S. Nat. Mus. Washington 1907. — ANDERSEN, K.: Catalogue of the *Chiroptera* in the Collections of the British Museum. 2. Aufl. 1. London 1912. — O. PORSCH: Crescentia — eine Fledermausblume. Österr. Botan. Zeitschr. 80.

haben, ist die Oberfläche des Körpers mit weichen dichtgestellten Haaren bedeckt, deren Rindenlage tütenartige vorspringende Schüppchen bildet. Größere Hautdrüsen mit stark, oft widerlich riechendem Secrete sind allgemein verbreitet (z. B. Gesichtsdrüse, Nackendrüse). Das leichtgebaute Knochengerüst (Abb. 1133) zeichnet sich sowohl durch Festigkeit des Brustkorbes (an dem der Besitz einer Crista sterni, die Verknöcherung der Sternocostalknorpel an die Vögel erinnern), als durch die Länge des Kreuzbeins, mit dem auch die Sitzbeine verwachsen können, aus. Ober- und Unterschenkel bleiben im Gegensatze zu dem verlängerten Arm kurz, der fünfzehige Fuß läuft am Fersenbeine in einen spornartigen Fortsatz (Calcar) aus, welcher zur Anspannung der Schenkel- und Schwanzflughaut dient. Unter den Sinnesorganen bleiben die Augen meist sehr klein. Bemerkenswert für das Auge der *Megachiroptera* sind Kegelbildungen, aus Chorioidealgewebe und Pigmentepithel aufgebaut, die radiär angeordnet die Retina papillenförmig er-

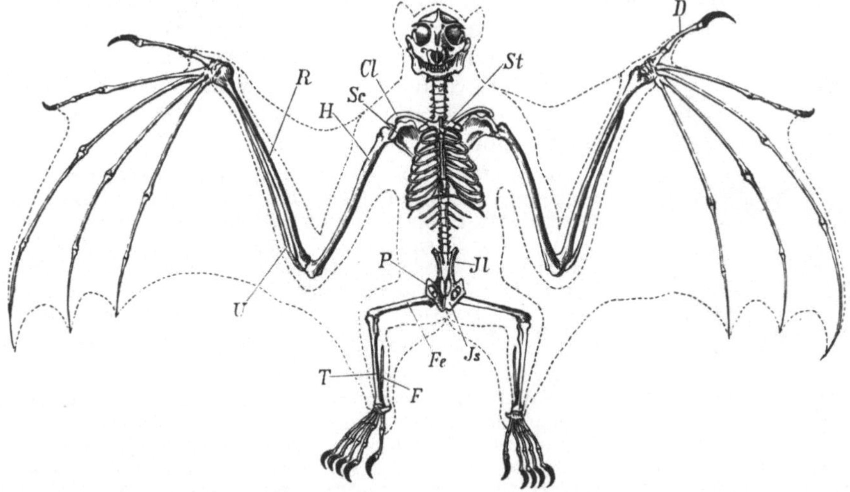

Abb. 1133. Skelet von *Pteropus*. (Nach OWEN, wenig verändert.) $^1/_7$. *St* Sternum, *Cl* Clavicula, *Sc* Scapula *H* Humerus, *R* Radius, *U* Ulna, *D* Daumen, *Jl* Os illum, *P* Os pubis, *Js* Os ischii, *Fe* Femur, *T* Tibia, *F* Fibula.

heben und durchbohren. Gehör und Gefühl erscheinen bei der nächtlichen Lebensweise von hervorragender Bedeutung. Geblendete Fledermäuse vermögen, wie schon SPALLANZANI wußte, beim Fluge mit großem Geschicke allen Hindernissen auszuweichen.

Im Gebisse erinnert die Form der Zähne bei den insectenfressenden Fledermäusen an jene der Insectivoren; bei den frugivoren Chiropteren sind die sonst scharfen Höcker der Backenzähne stumpfer. Die oberen Schneidezähne stets wenig zahlreich. Das Milchgebiß zeichnet sich durch hakig gebogene spitze Zähne aus, mittels welcher sich das Junge an der Zitze des Muttertieres festhält. Der Uterus ist doppelt, zweihörnig oder einfach, die Placenta discoidal. Die Zitzen sind in einem brustständigen Paar vorhanden.

Die Fledermäuse sind in der Regel kleinere Nachttiere und nähren sich meist von Insecten; unter den außereuropäischen Arten gibt es einige (*Desmodus*), die auch Vögel und Säugetiere angreifen und deren Blut saugen, andere leben von Früchten. Blumen besuchende Chiropteren (*Macroglossus, Glossophaga*) vermitteln die Blumenbestäubung. Viele verfallen in einen Winterschlaf. Sie bringen meist nur ein Junges zur Welt und tragen dasselbe auch während des Fluges mit sich umher.

1. Unterordnung. *Megachiroptera.* Mit gestrecktem, hundähnlichem Kopf, kleinen Ohren und großen Augen, Schwanz rudimentär oder fehlend. Außer dem Daumen trägt der dreigliedrige Zeigefinger eine Kralle (Abb. 1133). Das Gebiß besitzt vier oder zwei oft ausfallende Schneidezähne, einen Eckzahn und vier bis sechs Backenzähne mit platter, stumpfhöckeriger Krone. Die kleinen Zwischenkiefer bleiben in Verbindung untereinander. Die Zunge ist mit zahlreichen rückwärts gerichteten Hornstacheln besetzt. Bewohnen die Wälder der heißen Gegenden Afrikas, Ostindiens und Australiens und sind frugivor. Viele werden ihres wohlschmeckenden Fleisches halber gegessen.

Fam. *Pteropodidae.* Mit den Charakteren der Unterordnung. *Pteropus vampyrus* L. (*edulis* E. GEOFFR.), Kalong, Fliegender Hund. Gebiß: $\frac{2}{2}\frac{1}{1}\frac{3}{3}\frac{2}{3}$. Indo-australischer Archipel. *Roussettus aegyptiacus* E. GEOFFR. Ägypten. *Nyctimene* (*Harpyia*) *cephalotes* PALL. Mollukken. *Macroglossus* (*Kiodotus, Carponycteris*) *minimus* E. GEOFFR. Vorderindien bis Australien.

2. Unterordnung. *Microchiroptera.* Mit kurzer Schnauze, großen Ohrmuscheln und kleinen Augen. Nur der Daumen trägt eine Kralle. Backenzähne spitzhöckerig, mit Querjochen. Die Zwischenkiefer sind klein, durch eine Spalte median getrennt oder fehlen. Leben von Insecten, zuweilen auch von Früchten. Wenige saugen Blut.

Fam. *Rhinolophidae.* Mit um die Nasenlöcher hochentwickelten Nasenanhängen, die aus einem hufeisenförmigen Vorderblatt, einem mittleren Sattel (Sella) und einer hinteren, meist senkrechten Lanzette bestehen. Ohren groß, zuweilen (*Megaderma*) vereinigt. *Megaderma lyra* E. GEOFFR., Ziernase. Ostindien. *Rhinolophus hipposideros* BCHST., Kleine Hufeisennase. *Rh. ferrumequinum* SCHREB., Große Hufeisennase. Gebiß: $\frac{1}{2}\frac{1}{1}\frac{2}{3}\frac{3}{3}$. Europa, Asien, Afrika. *Hipposideros* (*Phyllorhina*) *tridens* E. GEOFFR. Ostafrika, Persien.

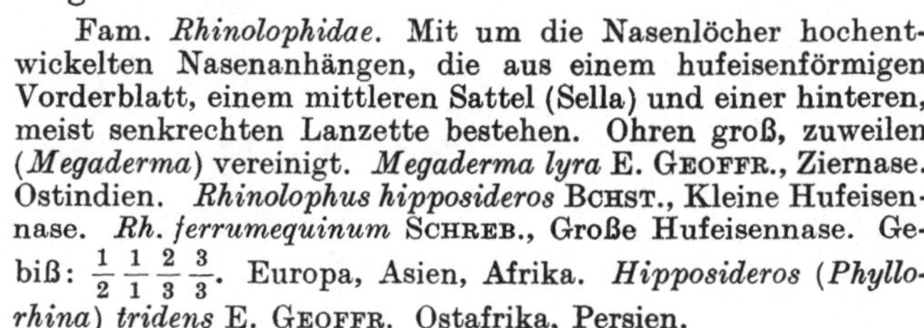

Abb. 1134. Kopf von *Vampyrus spectrum* (aus règne animal). ½

Fam. *Phyllostomatidae.* Nase mit medianem Hautanhang. Ohrmuschel mäßig groß, mit Lappen (Tragus) am basalen Innenrande. Mittelfinger mit drei Phalangen. *Phyllostoma hastatum* PALL. Brasilien. *Vampyrus spectrum* L., Vampyr. Centralamerika (Abb. 1134). *Desmodus rotundus* E. GEOFFR. (*rufus* WIED), blutsaugend. Central- und Südamerika. *Glossophaga soricina* PALL. Mittelamerika.

Fam. *Emballonuridae.* Nasenlöcher ohne Hautanhänge. Ohren groß, mit kleinem Tragus. Schwanz meist kurz, zum Teil frei vorragend. *Emballonura monticola* TEMM. Indomalaiische Inseln. *Taphozous perforatus* E. GEOFFR. Ägypten. *Rhinopoma microphyllum* E. GEOFFR. Schwanz lang. Ägypten, Ostindien. *Molossus rufus* E. GEOFFR. Trop. Amerika. *Chiromeles torquatus* HORSF., Nacktfledermaus. Haut fast nackt. Eine tiefe Tasche unterhalb der Achselhöhle zur Aufnahme des Jungen. Große Sundainseln.

Fam. *Vespertilionidae.* Nasenlöcher ohne Hautanhänge. Ohren mäßig groß, mit Tragus. Schwanz lang. *Plecotus auritus* L., Ohrenfledermaus. *Barbastella* (*Synotus*) *barbastellus* SCHREB., Mopsfledermaus. Europa, Asien, Nordafrika. *Vespertilio murinus* L. Europa, Ostasien. *Eptesicus* (*Vesperugo*) *serotinus* SCHREB., Spätfliegende Fledermaus. *Pterygistes noctula* SCHREB., Frühfliegende Fledermaus. Europa, Asien, Afrika. *Pipistrellus pipistrellus* SCHREB., Zwergfledermaus. Europa, Nordasien. *Myotis myotis* BCHST., Gemeine Fledermaus. Gebiß: $\frac{2}{3}\frac{1}{1}\frac{3}{3}\frac{3}{3}$. Europa, Nordafrika, Asien. *Miniopterus schreibersi* NATT. Südeuropa, Afrika bis Australien.

4. Ordnung. Rodentia (Glires), Nagetiere[1].

Kleine monodelphe Säugetiere mit bekrallten Zehen, mit $\frac{1}{1}$, selten $\frac{2}{1}$ zu Nagezähnen entwickelten Schneidezähnen, ohne Eckzähne, mit 3—6 schmelzfaltigen Backenzähnen.

---

[1] Außer BRANDT, THOMAS, SCHLOSSER, ADLOFF vgl. WATERHOUSE, G. R.: A natural history of the Mammalia. II. Rodentia. London 1848. — COUES, E. a. J. A. ALLEN: Mono-

Die Nagetiere bilden eine außerordentlich vielgestaltige, nach Aufenthalt und Bewegungsart überaus divergierende, in ihrem Bau aber sehr einheitliche wohlbegrenzte Säugergruppe, von welcher manche Typen über die ganze Erde verbreitet sind. Sie sind vorwiegend Sohlenläufer mit frei beweglichen Zehen, die meistens mit Krallen, nur wenige mit Kuppennägeln oder gar hufähnlichen Nägeln bewaffnet sind. Alle nähren sich von vegetabilischen, meist harten Stoffen, insbesondere Stengeln, Wurzeln, Körnern und Früchten, und nur wenige leben omnivor. Dieser Ernährungsart ist die Gestaltung des Gebisses angepaßt, welches einen der Arterhaltung besonders günstigen Typus zu repräsentieren scheint, der in ganz ähnlicher Form von Säugetieren verschiedener Gruppen (*Phascolomys, Chiromys, Procavia*) in konvergenter Entwicklung erworben wurde. Dasselbe (Abb. 1135) besitzt oben und unten zwei meißelförmige, etwas gekrümmte wurzellose Schneidezähne (*Simplicidentata*), hinter denen im Oberkiefer bei den *Duplicidentata* noch zwei kleinere Schneidezähne vorhanden sind. Während im letzteren Falle der Schmelz noch allseitig die Zähne überzieht, ist er bei den Simplicidentata auf die Vorderfläche beschränkt. Die hintere Fläche derselben nutzt sich daher durch den Gebrauch rasch ab, um so mehr, als die Einrichtung des schmalen, seitlich komprimierten Kiefergelenkes während des Kaugeschäftes die Verschiebung des Unterkiefers von hinten nach vorne notwendig macht. In dem Maße der Abnutzung schiebt sich der wurzellose, beständig wachsende Zahn vor. Die von den Schneidezähnen durch eine weite Lücke getrennten Backenzähne, indem Eckzähne stets fehlen, besitzen meist quergerichtete Schmelzfalten und nur im Falle omnivorer Lebensweise eine höckerige Oberfläche. Treten sie in Wirksamkeit, so zieht das Tier den Unterkiefer so weit zurück, daß die Reibung der Schneidezähne vermieden wird, schiebt aber beim Kauen, der Lage der Querleisten entsprechend, den Unterkiefer in der Longitudinalrichtung vor. Die Zahl der Prämolaren ist verschieden, manchen fehlen sie ganz und damit fällt zugleich der Zahnwechsel hinweg (*Muridae*). Molaren sind meist drei jederseits oben und unten vorhanden.

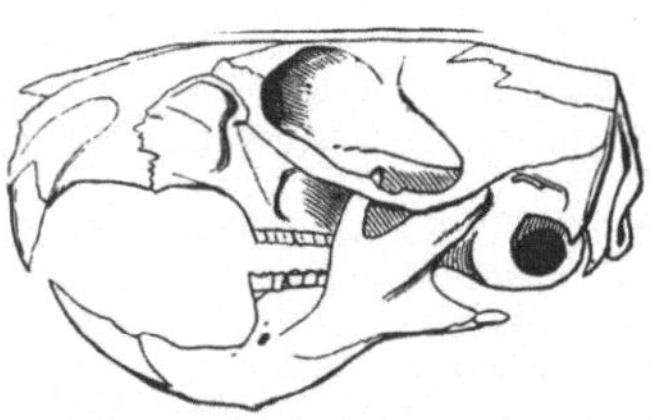

Abb. 1135. Schädel von *Cricetus cricetus*. (Nach Giebel, Bronns Klassen u. Ordnungen.)

Viele Nager äußern Kunsttriebe, indem sie Nester bauen, komplizierte Höhlungen und Wohnungen graben und Wintervorräte anhäufen. Häufig besitzen sie Backentaschen. Einige verfallen zur kalten Jahreszeit in einen tiefen Winterschlaf, andere stellen in großen Scharen Wanderungen an. Sie gebären zahlreiche Junge, einige in vier bis sechs Würfen des Jahres, und besitzen demgemäß eine große Zahl von Bauch- und Brustzitzen. Uterus meist ein Uterus duplex, Fruchtkuchen scheibenförmig.

1. Unterordnung. *Duplicidentata (Lagomorpha)*. Im Oberkiefer hinter den Nagezähnen ein zweites kleineres Paar. Schneidezähne an der ganzen Oberfläche von Schmelz bedeckt. Backenzähne wurzellos.

Fam. *Ochotonidae*. Kleine Nager mit kurzen Ohren, ohne äußeren Schwanz. Vorder- und Hinterbeine fast gleich groß. *Ochotona (Lagomys) pusillus* Pall., Zwergpfeifhase. Südosteuropa. *O. alpinus* Pall., Alpenpfeifhase. Gebirge Sibiriens.

---

graph of North-American Rodentia. U. S. Geol. Surv. 11. Washington 1877. — Selenka, E.: Studien zur Entwicklungsgeschichte der Tiere 1, 3. Wiesbaden 1883—1884. — Winge, H.: Jordfundne og nulevende Gnavere (Rodentia). Kjöbenhavn 1887. — Duval, M.: Le placenta des Rongeurs. J. Anat. et Physiol. Paris 1889—1892. — Fleischmann, A.: Embryologische Untersuchungen. H. 2 u. 3. Wiesbaden 1891, 1893. — Tullberg, T.: Über das System der Nagetiere. Upsala 1899.

Fam. *Leporidae*. Mit langen Ohren und kurzem Schwanz. Hinterbeine verlängert. Gebiß: $\frac{2\ 0\ 3\ 3}{1\ 0\ 2\ 3}$. *Lepus europaeus* PALL. (*timidus* SCHREB.), Feldhase. Süd- und Mitteleuropa, Westasien. *L. timidus* L. (*variabilis* PALL.), Schneehase. Nordeuropa, Nordasien, Alpen, Pyrenäen, Kaukasus. *Cuniculus* (*Oryctolagus*) *cuniculus* L., europäisches Kaninchen. Südwesteuropa, Nordafrika.

2. Unterordnung. *Simplicidentata*. Im Oberkiefer nur zwei Nagezähne. Schneidezähne bloß an der Vorderseite mit Schmelz überzogen. Backenzähne wurzellos oder mit Wurzel.

1. Sektion. *Sciuromorpha*. Frontale mit oder ohne Postorbitalfortsatz. Jochbogen zart, hauptsächlich durch das Jugale gebildet. Der Processus angularis des Unterkiefers geht vom Unterrand des letzteren ab.

Fam. *Aplodontiidae*. Backenzähne wurzellos. Postorbitalfortsatz fehlt. Führen eine grabende Lebensweise. *Aplodontia* (*Haplodon*) *rufa* RAF. Nordamerika.

Fam. *Sciuridae*. Auf Bäumen, seltener auf dem Erdboden in selbstgegrabenen Höhlen lebende Nager mit cylindrischem, behaartem Schwanz. Postorbitalfortsatz vorhanden. Backenzähne mit Wurzeln. Gebiß: $\frac{1\ 0\ 2-1\ 3}{1\ 0\ 1\ 3}$. *Sciurus vulgaris* L., Eichhörnchen. Europa, Nordasien. Die sibirische Varietät als Feh bezeichnet. *Eutamias asiaticus* GM., Backenhörnchen. Nordasien. *Citellus* (*Spermophilus*) *citellus* L., Ziesel. Osteuropa. *Cynomys socialis* RAF. (*ludovicianus* ORD.), Präriehund. Nordamerika. *Marmota* (*Arctomys*) *marmota* L., Murmeltier. Hält einen langen Winterschlaf. Alpen, Pyrenäen, Karpathen. *M. bobac* PALL., Bobak, Steppenmurmeltier. Polen, Rußland, Mittelasien. *Sciuropterus* (*Pteromys*) *russicus* TIEDEM. (*volans* L.), Flughörnchen. Mit Flughaut. Sibirien, Osteuropa.

Fam. *Castoridae*. Große plumpe Nager mit plattem, beschupptem Schwanz. Hinterfüße mit Schwimmhaut. Postorbitalfortsatz fehlt. Backenzähne wurzellos, mit queren Schmelzfalten. Zwei das Bibergeil (Castoreum) absondernde Drüsensäcke münden in die Vorhaut ein. Bekannt durch die Bauten. *Castor fiber* L., Biber. Europa, Asien. *C. canadensis* KUHL, amerikanischer Biber. Nordamerika.

Fam. *Geomyidae*. Am Erdboden lebende oder grabende Nager mit großen, außen an der Wange sich öffnenden behaarten Backentaschen. *Geomys bursarius* SHAW, Taschenmaus. Nordamerika.

Fam. *Anomaluridae*. Mit großem Infraorbitalkanal. Ohne Postorbitalfortsatz. *Anomalurus fraseri* WTRH. Mit seitlicher, durch einen Knorpelstab gestützter Flughautfalte. Schwanz ventral an der Basis mit großen Schuppen. Westafrika. Hier dürfte sich anschließen *Pedetes caffer* PALL., der Springhase, den Jaculiden ähnlich. Südafrika.

2. Sektion. *Myomorpha*. Postorbitalfortsatz fehlt. Jochbogen zierlich, das Jugale auf den langen Processus zygomaticus des Oberkiefers aufgestützt. Der Processus angularis des Unterkiefers geht vom Unterrande des letzteren ab.

Fam. *Gliridae* (*Myoxidae*). Zierliche baumlebende Nager mit langem, behaartem Schwanz und kurzen Füßen. Backenzähne mit Wurzeln. Am Darm fehlt das Coecum. Halten einen tiefen Winterschlaf. *Muscardinus avellanarius* L., Haselmaus. Mitteleuropa. *Glis* (*Myoxus*) *glis* BRISS., Siebenschläfer, Bilch. Europa, Westasien. *Eliomys quercinus* L. (*nitela* PALL.), Gartenschläfer. Mittel- und Südeuropa.

Fam. *Jaculidae* (*Dipodidae*). An der Erde lebende Nager mit kurzen Beinen oder mit sehr langen, zum Sprunge dienenden Hinterbeinen, an denen die verlängerten Mittelfußknochen meist zu einem Lauf verschmolzen sind, und mit mächtigem, meist bequastetem Springschwanz. *Sicista* (*Sminthus*) *subtilis* PALL. Westasien, Osteuropa. *Zapus hudsonius* ZIMM., Hüpfmaus. Nordamerika. *Alactaga saliens* GM. Asien, Südrußland. *Jaculus jaculus* L. (*Dipus aegyptius* HASSELQ.), Wüstenspringmaus. Nordostafrika, Arabien. *J. sagitta* PALL. Südrußland, Asien.

Fam. *Muridae*. Verschiedengestaltige, meist an der Erde lebende Nager. Gebiß: $\frac{1\ 0\ 0\ 3-2}{1\ 0\ 0\ 3-2}$ (Abb. 1135). Molaren mit Wurzeln oder wurzellos. Schwanz zuweilen kurz, meist dünn behaart und beschuppt. Magen zusammengesetzt, mit Hornschicht (Abb. 124 c). *Cricetus cricetus* L., Hamster. Mit großen inneren Backentaschen. Baut unterirdische Gänge und Kammern, in denen er Wintervorräte anhäuft, und hält einen kurzen Winterschlaf. Wird Getreidefeldern sehr schädlich. *Evotomys hercynicus* MEHL. (*glareolus* SCHREB.), Waldwühlmaus. *Microtus* (*Arvicola*) *arvalis* PALL., Feldmaus. Mitteleuropa. *M. agrestis* L., Erdmaus. Nord- und Mitteleuropa. *Arvicola scherman* SHAW, Große Wühlmaus, Wasserratte, Schermaus. Wirft Erdhaufen wie der Maulwurf auf. Mitteleuropa. *A. amphibius* L. Großbritannien. *Fiber zibethicus* L., Bisamratte, Ondatra. Nordamerika. In Böhmen angesiedelt und von dort aus weit in Mitteleuropa verbreitet. *Lemmus* (*Myodes*) *lemmus* L., Lemming. Bekannt durch die Wanderungen, welche diese Tiere in ungeheuren Scharen vor dem Aus-

bruch der Kälte unternehmen. Arkt. Europa, Asien, Grönland. *Acomys cahirinus* E. GEOF-
FROY, Stachelmaus. Ägypten, Palästina. *Cricetomys gambianus* WTRH., Hamsterratte.
Trop. Afrika. *Mus musculus* L., Hausmaus. Kosmopolit. *M. spicilegus* PETENYI, östliche
Hausmaus. Ost- und Südeuropa. *M. sylvaticus* L., Waldmaus. Europa, Westasien. *Micro-
mys agrarius* PALL., Brandmaus. *M. minutus* PALL., Zwergmaus. Europa bis Sibirien.
Epimys rattus L., Hausratte. Erst im Mittelalter aus Westasien in Europa eingewandert,
gegenwärtig von der Wanderratte verdrängt. Kosmopolit. *E. norwegicus* ERXL. (*decuma-
nus* PALL.), Wanderratte. Über die ganze Erde verbreitet, aus Westasien stammend.
Hydromys chrysogaster E. GEOFFR., Schwimmratte. Australien. Hier schließt sich an *Spalax
typhlus* PALL., Blindmaus. Maulwurfähnlich, Augen klein, von der Haut bedeckt. Schwanz
fehlt. Südosteuropa, Westasien.

3. Sektion. *Hystricomorpha*. Postorbitalfortsatz fehlt. Jochbogen und Jugale stark.
Der Processus angularis des Unterkiefers geht von der Seitenwand des letzteren ab.
Gebiß: $\frac{1}{1} \frac{0}{0} \frac{1}{1} \frac{3}{3}$.

Fam. *Bathyergidae*. Der plumpe Körper mit stummelförmigem Schwanz. Augen und
Ohren klein. Leben nach Art der Maulwürfe. *Bathyergus maritimus* GM. *Georhynchus capensis* PALL., Erdgräber. Südafrika. *Heterocephalus glaber* RÜPP., Nacktmull. Äußere
Ohren fehlen. Körper mit allenthalben verstreuten Spürhaaren, sonst nackt. Südabes-
sinien, Schoa.

Fam. *Octodontidae*, Trugratten, Schrotmäuse. In ihrer Körpergestalt an Ratten erinnernd. Zehen mit starken Krallen. Backenzähne wurzellos. *Octodon degus* MOL., Strauch-
ratte. Chile, Peru. *Myocastor* (*Myopota-
mus*) *coypus* MOL., Sumpfbiber, Nutria,
Koypu. Brasilien bis Patagonien.

Fam. *Hystricidae*. Plumpe, gedrungene Nager mit kurzer stumpfer Schnauze
und dorsalem Stachelkleid. Schwanz
kein Greifschwanz. Fußsohlen nackt.
Grabende nächtliche Tiere. *Hystrix cristata* L., Stachelschwein. Stacheln des
Schwanzes abgestutzt. Südeuropa, Nordafrika, Kleinasien. *Atherura macroura* L.
Cochinchina, Malakka.

Fam. *Coëndidae*, Kletterstachler.
Plumpe Nager mit dorsalem Stachelkleid, Schwanz meist ein Greifschwanz.

Abb. 1136. *Agouti* (*Coelogenys*) *paca* (aus règne animal). $^1/_{10}$

Fußsohle behaart. Leben auf Bäumen. *Erethizon dorsatus* L. Nordamerika. *Coëndu*
(*Cercolabes*) *prehensilis* L., Kuandu. Südamerika.

Fam. *Viscaciidae* (*Chinchillidae*). An der Erde lebende Nager mit verlängerten Hintergliedmaßen, langem, buschigem Schwanz und weichem Pelz. Backenzähne wurzellos, la-
mellär. *Viscacia viscacia* MOL. (*Lagostomus trichodactylus* BROOK.), Viskatscha, Pampashase.
Argentinien. *Lagidium peruanum* MEYEN, Hasenmaus. Peru, Chile. *Chinchilla* (*Eriomys*)
lanigera MOL., Wollmaus. *Ch. brevicaudata* WTRH., Chinchilla. Liefert das kostbare Chin-
chillenpelzwerk. Kordilleren.

Fam. *Caviidae* (*Subungulata*). Die Füße enden vorn meist mit vier, hinten mit drei
Zehen, welche hufähnliche Nägel tragen. Fußsohlen nackt. Schwanz kurz. *Dolichotis patagonica* SHAW, Mara. Patagonien. *Dasyprocta aguti* L., Aguti, Goldhase. Guiana, Nordbrasilien. *Agouti* (*Coelogenys*) *paca* L., Paka. Central- und Südamerika (Abb. 1136). *Cavia
cutleri* BENN. Peru. Stammform des zahmen Meerschweinchens. *C. aperea* ERXL., Aperea.
Südbrasilien. *Hydrochoerus capybara* ERXL., Wasserschwein. Füße mit kurzer Schwimmhaut. Größtes lebendes Nagetier. Nordöstl. Südamerika.

5. Ordnung. **Pholidota**[1].

*Monodelphe Säugetiere, zahnlos. Körper mit großen Schuppen bekleidet. Die
Füße mit starken Scharrkrallen.*

---

[1] v. RAPP, W.: Anatomische Untersuchungen über die Edentaten. Tübingen 1852. —
FLOWER, W. H.: On the mutual Affinities of the Animals composing the order Edentata.
Proc. Zool. Soc. London 1882. — WEBER, M.: Beiträge zur Anatomie und Entwicklung des
Genus *Manis*. WEBERS zool. Erg. einer Reise in Niederländisch-Ostindien. II. Leyden 1892.
— Vgl. ferner die Arbeiten von TURNER, HOCHSTETTER, JENTINK, POCOCK u. a.

Die *Pholidota* wurden früher mit den *Tubulidentata* in einer Ordnung *Edentata Nomarthra* vereinigt, bis nähere Kenntnis eine gemeinsame Abstammung dieser Formen als unerwiesen ergab.

Der Körper der *Pholidota* wird von dachziegelartig angeordneten Hornschuppen bedeckt (Abb. 1137). Haare finden sich nur an den schuppenfreien Teilen der Haut. Vorder- und Hinterbeine enden mit starken Scharrkrallen. Ein Gebiß fehlt. Bei Embryonen findet sich eine rudimentäre Zahnleiste (?). Die Mundöffnung ist eng, die Zunge wurmförmig. Der Magen wird von einer Hornhaut, im Pylorusteil in manchen Fällen von Hornzähnen bekleidet. Auge und äußeres Ohr sind auffallend klein. Zitzen achselständig. Der Uterus ist ein Uterus bicornis, die Placenta diffus und adeciduat. Die Pholidota nähren sich von Ameisen und Termiten und sind meist gute Kletterer.

Abb. 1137. Kopf von *Manis temmincki*, Zunge vorgestreckt. (Aus BREHM.) $^1/_8$

Fam. *Manidae*, Schuppentiere. Mit den Charakteren der Ordnung. *Manis pentadactyla* L. Vorderindien, Ceylon. *M. tetradactyla* L. *M. gigantea* ILL. Westafrika. *M. temmincki* SMUTS, Steppenschuppentier. Süd- und Ostafrika (Abb. 1137). *M. javanica* DESM. Hinterindien, Sundainseln.

6. Ordnung. Edentata Xenarthra[1].

Monodelphe Säugetiere mit schmelzlosen wurzellosen gleichartigen Zähnen oder zahnlos. Letzte Brust- und Lendenwirbel mit accessorischen Gelenkfortsätzen. Füße mit kräftigen Krallen.

Diese früher mit den Edentata Nomarthra (*Pholidota, Tubulidentata*) als *Edentata* vereinigte Säugetierordnung umfaßt nach Lebensweise und Körpergestalt divergierende Formen, die jedoch im Bau große Einheitlichkeit zeigen.

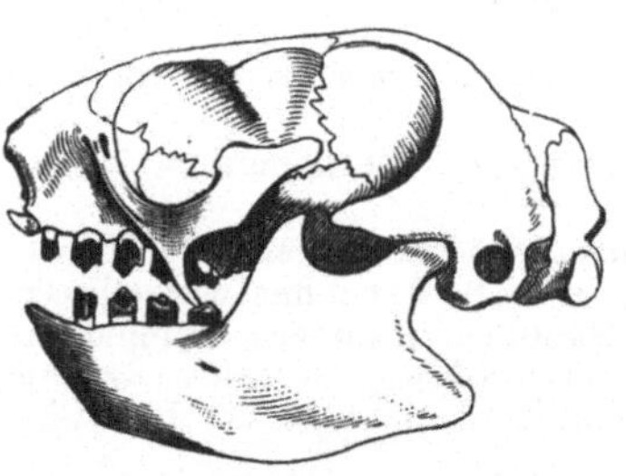

Abb. 1138. Schädel von *Scaeopus torquatus*.

Die Körperbedeckung ist entweder ein langes dichtes Haarkleid oder besteht aus Knochentafeln der Unterhaut, welche sich auf dem Rükken in beweglichen Gürteln anordnen (Abb. 1139); denselben entsprechen Hornschuppen der Oberhaut, während das Haarkleid zurücktritt. Die Füße enden mit Sichel- oder Scharrkrallen. Der Schädel ist meist lang, bei den *Bradypodiden* kurz und besitzt nur bei den *Dasypodiden* einen vollständigen Jochbogen. Am Jochbein der *Bradypodiden* ist das Vorkommen eines absteigenden Fortsatzes bemerkenswert (Abb. 1138). Lenden- und hintere Brustwirbel weisen außer der normalen Ver-

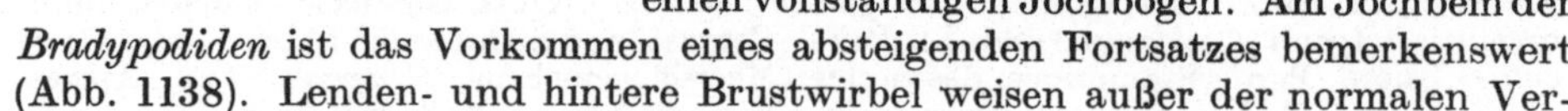

[1] Außer RAPP, FLOWER, BURMEISTER, OWEN, AMEGHINO, LYDEKKER, HYRTL, v. JHERING, ANTHONY, HOCHSTETTER, POCOCK, TURNER, FORBES vgl. MACALISTER, A.: A monograph of the anatomy of *Chlamydophorus*. Trans. Irish Acad. **25** (1873). — POUCHET, G.: Mémoire sur le grand fourmilier (*Myrmecophaga jubata*). Paris 1874. — MURIE, J.: On the habits, structure and relation of the threebanded *Armadillo*. Trans. Linnean Soc. London 1875. — RÖMER, F.: Über den Bau und die Entwicklung des Panzers der Gürteltiere. Jena. Z. Naturwiss. **27** (1892). — FERNANDEZ, M.: Beiträge zur Embryologie der Gürteltiere. Morph. Jb. **39** (1909). — Die Entwicklung der Mulita. Rev. del Mus. de La Plata **21** (1915). — NEWMAN, H. H. a. J. T. PATTERSON: The development of the ninebanded *Armadillo* etc. J. Morph. a. Physiol. **21** (1910). — PATTERSON, J. T.: Polyembryonic development in *Tatusia novemcincta*. Ebenda **24** (1913). — KAUDERN, W.: Studien über die männlichen Geschlechtsorgane von Edentaten. I. Xenarthra. Ark. Zool. Stockholm **9** (1915).

bindung noch eine weitere (xenarthrale) mittels accessorischer Gelenkfortsätze auf. Das Becken steht auch durch sein Os ischii mit den vorderen verwachsenen Schwanzwirbeln (pseudosacrale Wirbel) in Verbindung.

Das Gebiß besteht in der Regel aus gleichartig gestalteten, wurzellosen und des Schmelzes entbehrenden Zähnen. Mit Ausnahme von *Dasypus sexcinctus* fehlen überall die Schneidezähne. Ob die eckzahnartig entwickelten vordersten Zähne von *Choloepus* mit den Eckzähnen der übrigen Säuger zu vergleichen sind, erscheint unsicher. Das Milchgebiß ist meist unterdrückt, bis auf *Tatus*, bei dem ein Wechsel der vorderen Zähne stattfindet. Vollständig zahnlos sind die *Myrmecophagiden*. Die Zunge ist hier wurmförmig, auch bei den Gürteltieren langgestreckt. Durch Komplikation zeichnet sich der Magen der pflanzenfressenden Faultiere aus. Der Uterus ist ein Uterus simplex. Die Urogenitalöffnung führt in einen langen Urogenitalkanal, der als Vagina fungiert. Dieser führt zur Vagina, die durch eine Scheidewand teilweise, bei *Bradypus* vollständig in zwei Vaginalkanäle geschieden ist. Die Placenta ist discoidal, kuppel- oder gürtelförmig und deciduat. Zitzen meist brust- oder bauchständig. Bemerkenswert ist die bei *Tatus hybridus* und *T. novemcinctus* beobachtete Polyembryonie, d. h. die Ent-

Abb. 1139. *Tatus novemcinctus*. (Original G.) ¹/₅

stehung mehrerer (7—12, bzw. 4) Embryonen durch Teilung aus einer Embryonalanlage, wobei sich alle Embryonen eines Wurfes als gleichweit entwickelt und gleichen Geschlechtes erweisen.

Die Ameisenbären sind Insectenfresser und halten sich auch auf Bäumen auf, die Gürteltiere sind omnivor und graben mit ihren mächtigen Scharrkrallen Erdhöhlen, die Faultiere nähren sich von Blättern und klettern vortrefflich. Alle sind träge, stumpfsinnige Tiere mit kleinem, der Windungen entbehrendem Gehirn und bewohnen ausschließlich Central- und Südamerika.

Fam. *Bradypodidae*, Faultiere. Mit kurzem, rundlichem Kopf. Vorderbeine sehr lang, Zähne $\frac{5}{4}$ (Abb. 1138). Die Körperbedeckung bildet ein langes, dürrem Heu ähnliches Haarkleid. Schwanz rudimentär. Leben ausschließlich auf Bäumen, auf denen sie sich mittels der Sichelkrallen hängend und anklammernd langsam bewegen. Auf dem Erdboden vermögen sie sich nur äußerst unbehilflich und schwerfällig hinzuschleppen. *Bradypus tridactylus* L., Ai, dreizehiges Faultier. Brasilien. *Scaeopus torquatus* ILL., Kragenfaultier. Südbrasilien, Peru. *Choloepus didactylus* L., Unau, zweizehiges Faultier. Nördl. Südamerika.

Fam. *Myrmecophagidae*, Ameisenbären. Körper behaart, Kopf verlängert, die Mundöffnung eng; aus derselben ist die lange wurmförmige, klebrige Zunge weit vorstreckbar. Kiefer schwach, zahnlos. Die Tiere besitzen kräftige Scharrkrallen an den Vorderbeinen. Leben von Ameisen und Termiten, die sie aus den aufgegrabenen Bauten mittels der klebrigen Zunge hervorholen. *Myrmecophaga tridactyla* L. (*jubata* L.), Großer Ameisenbär. *Tamandua tetradactyla* L. *Cyclopes* (*Cyclothurus*) *didactylus* L., Zwergameisenbär. Central- und Südamerika.

Fam. *Dasypodidae*, Gürteltiere, Armadille. Die Körperbedeckung besteht aus Cutisknochen, denen Schuppen der Epidermis entsprechen, während die Behaarung zurücktritt. Die Hautskeletplatten bilden gewöhnlich an der Dorsalseite des Kopfes ein besonderes

Kopfschild, auf dem Rücken ein Schulter- und Kreuzschild, zwischen denselben bewegliche Rückengürtel. Auch der Schwanz ist mit Skeletplatten bedeckt. Die kurzen Extremitäten enden mit kräftigen Scharrkrallen. Zähne zahlreich, stiftförmig, mindestens $\frac{7}{7}$.

Die Gürteltiere sind nächtliche omnivore Tiere, welche sich eingraben. Manche besitzen die Fähigkeit, sich zusammenzukugeln. *Tatus* (*Tatusia*) *novemcinctus* L., langgeschwänzter Tatu. Von Texas bis Paraguay (Abb. 1139). *T. hybridus* DESM. *Dasypus* (*Euphractus*) *sexcinctus* L. Südamerika. *D.* (*Chaetophractus*) *villosus* DESM. Argentinien. *Priodontes giganteus* E. GEOFFR., Riesengürteltier. Mit im ganzen gegen 100 Zähnen. Südamerika. *Chlamydophorus truncatus* HARL., Schildwurf. Der die Skeletplatten tragende Teil der Rückenhaut bildet einen nur in der Mittellinie des Rückens befestigten freien Schild. Westargentinien.

<h3 align="center">7. Ordnung. Tubulidentata[1].</h3>

Monodelphe Säugetiere mit reduziertem, aus schmelzlosen wurzellosen Backenzähnen von röhriger Struktur bestehendem Gebiß. Körper behaart, Finger und Zehen mit hufähnlichen Scharrkrallen.

Die *Tubulidentata* wurden früher mit den *Pholidota* als *Edentata Nomarthra* zusammengefaßt. Eingehendere Kenntnis ihres Baues hat jedoch weitgehende Ver-

Abb. 1140. *Orycteropus afer.* (Aus BREHM.) Etwa $^1/_{10}$

schiedenheiten und Eigentümlichkeiten gezeigt, die nähere verwandtschaftliche Beziehungen ausschließen. Nach M. WEBER sind die *Tubulidentata* primitive Säuger und ihre Stammformen in primitiven Condylarthra zu suchen, aus denen weiter die Ungulaten hervorgegangen sind. Gegenwärtig reiht sie WEBER als besondere Ordnung an die Ungulaten an. Nach SONNTAG wären sie an die Hyracoidea unter den Ungulaten anzuschließen.

Der Körper der *Tubulidentata*, zu denen bloß die Gattung *Orycteropus* gehört, ist von einem spärlichen Haarkleide bedeckt (Abb. 1140). Der Kopf geht in eine röhrenförmige Schnauze aus. Die Füße endigen mit großen hufähnlichen Scharrkrallen. Die Bezahnung ist heterodont und besteht aus wurzel- und schmelzlosen säulenförmigen Backenzähnen von eigentümlicher röhriger Struktur (zahlreiche

[1] v. RAPP, W.: Anatomische Untersuchungen über die Edentaten. Tübingen 1852. — DUVERNOY: Mémoire sur les Orycteropes. Ann. des Sci. natur. 1853. — FLOWER, W. H.: On the mutual Affinities of the Animals composing the order Edentata. Proc. Zool. Soc. London 1882. — SONNTAG, CH.: A Monograph of *Orycteropus afer.* Ebenda 1925—1926. — Vgl. ferner die Arbeiten von RÖSE, HYRTL, TURNER, THOMAS u. a.

Pulpapapillen im Dentin). Die Zahl der Zähne beträgt beim ausgewachsenen Tier 4—5, während 3—2 vordere, mehr griffelförmige Zähne hinfällig sind. Das Milchgebiß bleibt rudimentär. Die Mundöffnung ist eng, die Zunge schmal, riemenförmig. Das äußere Ohr ist auffallend groß. Der Uterus ist ein Uterus duplex. Zitzen bauchständig und inguinal. Die Placenta ist zonar (ob adeciduat, ist nicht sicher bekannt). Die *Tubulidentata* nähren sich von Ameisen und Termiten.

Fam. *Orycteropodidae.* Mit den Charakteren der Ordnung. *Orycteropus afer* PALL. (*capensis* GM.), Erdferkel. Südafrika (Abb. 1140). *O. aethiopicus* SUND. Nordostafrika.

8. Ordnung. Carnivora (Ferae), Raubtiere[1].

Meist fleischfressende monodelphe Säugetiere mit Raubtiergebiß; Unterkiefer mit nur ginglymischer Bewegung. Schlüsselbein rudimentär oder fehlend; die fünf- und vierzehigen Füße mit Krallen.

Die Carnivoren bilden eine natürliche Ordnung der Säugetiere, deren scharfe Charakterisierung Schwierigkeiten bietet, die sich jedoch durch eine Summe gemeinsamer Eigentümlichkeiten als zusammengehörig erweisen. Alle sind mit Krallen an den Zehen bewaffnet. Das Gebiß (Abb. 1141) besteht aus kleinen Schneidezähnen, großen gekrümmten Eckzähnen und schneidenden Backenzähnen. Der walzenförmige Gelenkkopf des Unterkiefers gestattet nur eine einfache ginglymische Bewegung und schließt Seitenbewegungen aus. Das Schlüsselbein ist rudimentär oder fehlt. Die Zitzen liegen am Bauche. Der Uterus ist zweihörnig, die Placenta gürtelförmig. Die meisten Raubtiere

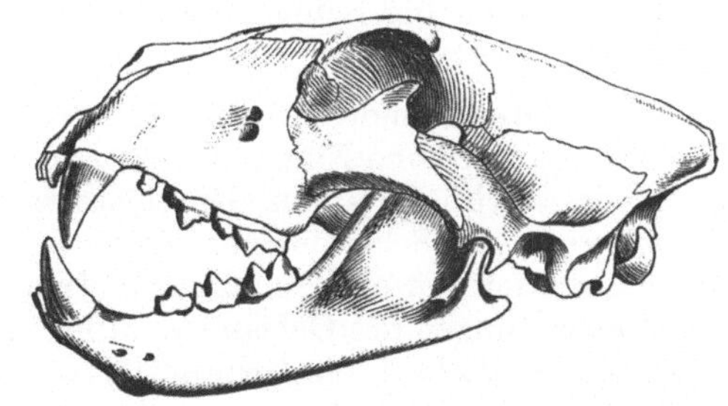

Abb. 1141. Schädel von *Felis leo.* Der obere kleine Molar nicht sichtbar.

nähren sich vom Fleische frisch getöteter Tiere, viele sind omnivor, manche leben vorwiegend von Vegetabilien.

1. Unterordnung. *Fissipedia.* Terrestre Raubtiere mit differierenden Backenzähnen, unter denen in jedem Kiefer einer als „Reißzahn" hervortritt, mit freien, stark bekrallten Zehen.

Die fissipeden Raubtiere sind vor allem durch ihr Gebiß ausgezeichnet. Es (Abb. 1141) besteht aus Wurzelzähnen und enthält alle drei Zahnarten, zunächst oben und in der Regel auch unten drei einwurzelige kleine Schneidezähne, zu deren Seiten einen mächtigen spitzen Eckzahn, sodann eine Anzahl von Backenzähnen, die in *Lückenzähne* (*Dentes spurii*), einen meist durch Größe hervortretenden *Reißzahn* (*D. sectorius*) und in *Höckerzähne* (*D. molares*) unterschieden werden. Die Differenzierung des Gebisses ist auf die Ausbildung eines einzigen großen und wirksamen Reißzahnes (Abb. 1110a) gerichtet, während die übrigen Molaren eine

[1] GRAY, J. E.: Catalogue of Carnivorous, Pachydermatous and Edentate Mammalia in Brit. Mus. London 1869. — MIVART, G.: A Monograph of the Canidae. London 1890. — LYDEKKER, R.: Handbook to the Carnivora. I. London 1895. — WINGE, H.: Jordfundne og nulevende Rovdyr (Carnivora). E Museo Lundi. Kjöbenhavn 1895.— FLEISCHMANN, A.: Embryologische Untersuchungen. I. Wiesbaden 1889. — MURIE, J.: Researches upon the Anatomy of the Pinnipedia. I—III. Trans. Zool. Soc. London 7—8 (1870—1874). — ALLEN, J. A.: History of North American Pinnipeds. U. S. Geol. a. Geogr. Surv. Washington 1880. — TURNER, W.: Report on the Seals. Challenger Rep. 26 (1888). — BROMAN, J.: Untersuchungen über die Embryonalentwicklung der Pinnipedia. Deutsche Südpolar-Exp. 11 (1910); 16 (1921). — Vgl. ferner die Schriften von KÜKENTHAL, P. J. VAN BENEDEN, FLOWER, SCHEIDT u. a.

fortschreitende Reduction in Zusammensetzung und Zahl erfuhren. Die Lückenzähne sind sämtlich Prämolaren, der Reißzahn des Oberkiefers entspricht dem hintersten Prämolaren, dagegen ist der untere Reißzahn der vorderste Molar. Im Milchgebiß ist der nächst vorliegende Zahn, somit $\frac{P_3}{P_4}$, Reißzahn. Am schwächsten erweisen sich die scharfkantigen und komprimierten Lückenzähne. Die mehrwurzeligen Höckerzähne besitzen stumpfhöckerige Kronen und variieren in Größe und Zahl. Aus einem Gebiß $\frac{3\ 1\ 4\ 3}{3\ 1\ 4\ 3}$ ohne Reißzähne, wie es die fossilen *Creodontien*, die Stammformen der Carnivoren, zeigen, geht infolge Reduktion des dritten oberen Molars ein Gebiß $\frac{3\ 1\ 4\ 2}{3\ 1\ 4\ 3}$, wie es Bären und Caniden zukommt, hervor. Bei den Viverriden fehlt auch der dritte untere Molar. Nun reduzieren sich aber auch Prämolaren, indem zunächst der erste Prämolar des Unterkiefers, dann auch der entsprechende des Oberkiefers ausfällt, während die zurückgebliebenen Molaren von hinten nach vorne in der Rückbildung weiter vorschreiten. So erhalten wir schließlich bei den Felidae ein Gebiß von der Zusammensetzung $\frac{3\ 1\ 3\ 1}{3\ 1\ 2\ 1}$. Auch die Schneidezähne können um einen vermindert sein (*Latax, Melursus*).

Die äußere Form des Schädels in Verbindung mit der größeren oder geringeren Kieferlänge, der hohe Kamm des Schädels zum Ansatze und die mächtige Krümmung des Jochbogens zum Durchgange der kräftigen Beißmuskeln, die quere Gelenkgrube des Schläfenbeins sowie der walzenförmige Gelenkkopf des Unterkiefers, welcher nur eine einfache ginglymische Bewegung gestattet, erweisen sich den Einrichtungen des Gebisses parallel. Die Schläfengrube steht mit der Orbita in weiter Verbindung, ein Orbitalring fehlt meist.

Die vorderen Extremitäten enden meist mit fünf, die hinteren mit vier freien Zehen, welche mit starken Krallen bewaffnet sind und an den Vordergliedmaßen auch zum Ergreifen der Nahrung gebraucht werden. Zuweilen (*Felidae, Viverridae*) sind die Krallen einziehbar. Nur wenige, wie die Bären, sind Sohlengänger, indem sie mit der ganzen Sohle des Fußes den Boden berühren, andere, wie die Zibetkatzen, treten nur mit dem vorderen Teile der Sohlen, den Zehen nebst Mittelfuß auf und sind Halbsohlengänger; die behendesten Raubtiere dagegen, wie die Hunde und Katzen, sind Zehenläufer (Abb. 1104). Den meisten fissipeden Raubtieren kommen Analdrüsen zu, welche einen intensiven Geruch verbreiten. Die Jungen werden in unvollkommenem Zustande geboren.

Die Raubtiere zeichnen sich durch Kraft, Beweglichkeit und scharfe Sinnesorgane aus. Sie leben vornehmlich von Fleisch und Blut warmblütiger Tiere, die sie überfallen und töten, einige (*Ursidae, Procyonidae*) sind omnivor, die *Hyaenidae* besonders Aasfresser. Ihre Verbreitung erstreckt sich, Australien ausgenommen, über die ganze Erde.

1. Sektion. *Arctoidea*. Tympanicum schüsselförmig, die ganze Außenwand der Trommelhöhle bildend. Maxilloturbinale groß. Bulla tympani ohne Scheidewand. Cowpersche Drüsen fehlen. Penisknochen groß.

Fam. *Canidae*. Zehenläufer mit nicht zurückziehbaren Krallen der meist fünfzehigen Vorder- und vierzehigen Hinterfüße. Bulla tympani groß. Reißzahn groß. Darm mit Coecum. Meist mit Analdrüsen. *Canis lupus* L., Wolf. Gebiß: $\frac{3\ 1\ 4\ 2}{3\ 1\ 4\ 3}$. Europa, Asien, Nordamerika. Stammform der Haushunde. *C. latrans* Say, Präriewolf, Coyote. Nordamerika. *C.* (*Lycalopex*) *thous* L. Südamerika. *C. aureus* L., Schakal. Südosteuropa, Asien, Nordafrika. *C. dingo* Blbch., Wildhund Australiens, verwilderter Haushund. *C.* (*Vulpes*) *vulpes* L., Fuchs. Europa, Asien, Nordafrika. *C.* (*Alopex*) *lagopus* L., Eisfuchs, Blaufuchs, Polarfuchs. Arktische Regionen. *C.* (*Alopex*) *corsac* L. West- und Centralasien. *C.* (*Megalotis*) *zerda* Zimm., Wüstenfuchs, Fennek. Nordafrika. *C. procyonoides* Gray.

Marderhund. Japan, Nordchina. *Otocyon megalotis* DESM., Löffelhund. Süd- und Ostafrika.

Fam. *Ursidae.* Sohlengänger von plumper Körpergestalt mit gestreckter Schnauze und breiten Sohlen der fünfzehigen Füße. Schwanz sehr kurz. Bulla tympani klein. Darm ohne Coecum. Kein Reißzahn. Molaren stumpfhöckerig, langgestreckt. Gebiß: $\frac{3}{3}\frac{1}{1}\frac{4}{4}\frac{2}{3}$. *Ursus maritimus* ERXL., Eisbär. Arktisch. *U. arctos* L., Brauner Bär. Europa, Nordasien. *U. horribilis* ORD, Grizzlybär. Nordwestamerika. *U. americanus* PALL., Baribal. Nordamerika. *Melursus ursinus* SHAW (*labiatus* BLAINV.), Lippenbär. Lebt vornehmlich von Früchten und Honig. Ostindien, Ceylon.

Fam. *Procyonidae,* Kleinbären. Sohlengänger. Schwanz lang. Bulla tympani klein. Darm ohne Coecum. Reißzahn klein. Oben und unten nur zwei Molaren. *Ailurus fulgens* F. CUV. Himalaja. *Potos flavus* SCHREB. (*Cercoleptes caudivolvulus* PALL.), Wickelbär. Nördl. Süd- und Centralamerika. *Nasua rufa* DESM., Rüsselbär. Brasilien. *Procyon lotor* L., Waschbär. Pflegt die Nahrung ins Wasser zu tauchen. Nordamerika.

Fam. *Mustelidae,* Marder. Teils Sohlengänger, teils Halbsohlengänger von langgestrecktem Körper, mit niedrigen Beinen und fünfzehigen Füßen. Bulla tympani klein, Darm ohne Coecum. Reißzahn klein. Molaren $\frac{1}{2}$ oder $\frac{1}{1}$. Analdrüsen vorhanden. *Meles meles* L. (*taxus* BODD.), Dachs. Europa, Nordasien. *Zorilla striata* SHAW (*zorilla* ERXL.). Afrika. *Mephitis mephitis* SCHREB., Stinktier. Nordamerika. *Gulo gulo* L. (*borealis* NILSS.), Vielfraß. Arktisch. *Tayra* (*Galictis*) *barbara* L., Hyrare. Mittel- und Südamerika. *Mustela*

Abb. 1142. *Viverra civetta.* (Aus BRANDT u. RATZEBURG.) $^{1}/_{12}$

(*Martes*) *martes* L., Edelmarder. Europa, Nordasien. *M. zibellina* L., Zobel. Boreales Europa und Asien. *M. foina* ERXL., Steinmarder. Europa, Asien. *M. lutreola* L., Nerz. Nordosteuropa. *M.* (*Putorius*) *putorius* L., Iltis, Ratz. Mitteleuropa. Eine albinotische domestizierte Spielart des Iltis ist das Frettchen (*P. furo* L.). *M. nivalis* L. (*vulgaris* ERXL.), Wiesel. Europa, Nordasien. *M. erminea* L., Hermelin. Europa, Nord- und Mittelasien, Nordafrika. *Lutra lutra* L., Fischotter. Europa, Asien, Nordafrika. *Latax lutris* L. (*Enhydra marina* ERXL.), Seeotter. Küsten des nördl. Stillen Ozeans. Im Aussterben.

2. Sektion. *Herpestoidea.* Tympanicum ringförmig, nur einen Teil der Außenwand der Trommelhöhle bildend. Maxilloturbinale klein. Bulla tympani mit Scheidewand. COWPERsche Drüsen vorhanden. Coecum vorhanden. Penisknochen klein oder fehlend. Mit Analdrüsen.

Fam. *Viverridae.* Von langgestreckter, bald mehr den Katzen, bald mehr den Mardern ähnelnder Körperform, mit spitzer Schnauze und langem Schwanz. Die meist fünfzehigen Füße berühren bald mit der halben Sohle oder nur mit den Zehen, deren Krallen zurückziehbar oder nicht zurückziehbar sind, den Boden. *Viverra civetta* SCHREB., afrikanische Zibetkatze. Afrika (Abb. 1142). *V. zibetha* L., Zibetkatze. Südasien, China. Alle beide mit großen Drüsensäcken zwischen After und Geschlechtsteilen, die ein schmieriges, moschusartig riechendes Secret, das Zibet, liefern. *Genetta genetta* L., Genettkatze, Ginsterkatze. Südfrankreich, Spanien, Nordafrika. *Paradoxurus hermaphroditus* SCHREB. Südasien, Sumatra, Java. *Mungos* (*Herpestes*) *ichneumon* L., Ichneumon, Pharaonsratte, Manguste. Nordafrika, Südspanien, Kleinasien, Palästina. *M. mungo* GM. (*griseus* E. GEOFFR.), Mungos. Ostindien. *Cryptoprocta ferox* BENN. Madagaskar.

Fam. *Hyaenidae.* Hochbeinige Zehenläufer mit devexem Rücken, der eine Mähne trägt. Füße meist vierzehig, mit nicht zurückziehbaren, stumpfen Krallen. Gebiß: $\frac{3}{3}\frac{1}{1}\frac{4}{3}\frac{1}{1}$. *Crocotta* (*Hyaena*) *crocuta* ERXL., gefleckte Hyäne. Süd- und Ostafrika. *Hyaena hyaena* L.

(*striata* Zimm.), gestreifte Hyäne. Südwestasien, Nordafrika. *Proteles cristatus* Sparrm., Erdwolf. Südafrika.

Fam. *Felidae*. Zehengänger von schlankem, zum Sprunge befähigtem Körperbau, mit kurzen Kiefern. Gebiß: $\frac{3}{3}\frac{1}{1}\frac{3}{2}\frac{1}{1}$. Reißzahn und Eckzahn mächtig ausgebildet. Von den beiden Lückenzähnen bleibt der vordere des Oberkiefers verkümmert. Beim Gehen wird das letzte Zehenglied senkrecht aufgerichtet, so daß es den Boden nicht berührt und die Krallen vor Abnutzung gesichert bleiben. *Felis leo* L., Löwe. Afrika, Südwestasien. *F. tigris* L., Tiger. Asien. *F. concolor* L., Silberlöwe, Puma. Amerika. *F. onza* L., Jaguar. Südamerika bis Mexiko. *F. pardus* L., Leopard, Panther. Asien, Afrika. *F. serval* Schreb., Serval, Tigerkatze. Afrika. *F. pardalis* L., Pantherkatze, Ozelot. Amerika. *F. silvestris* Schreb. (*catus* L.), Wildkatze. Europa, Westasien. *F. ocreata* Gm. (*maniculata* Cretz.), Falbkatze. Afrika, Syrien, Arabien. Stammform der Hauskatze. Doch dürfte bei manchen Hauskatzen die europäische Wildkatze mit in Frage kommen. *Lynx lynx* L., Luchs. Nordeuropa, mitteleurop. Gebirge. Nordasien. *L. caracal* Güld., Wüstenluchs. Westasien. *Acinonyx* (*Cynailurus*) *jubatus* Schreb., Tschita, Jagdleopard, Gepard. Südwestasien.

2. Unterordnung. *Pinnipedia*. Wasserbewohnende Raubtiere mit uniformen Backenzähnen; mit Flossenfüßen, deren fünf Zehen durch eine Schwimmhaut verbunden sind und meist rudimentäre Nägel tragen.

Der Körper der Pinnipedien ist vollständig dem Wasserleben angepaßt, langgestreckt, spindelförmig, besitzt vier Flossenfüße und endet mit einem kurzen konischen Schwanz. Der Kopf bleibt im Verhältnisse zum Rumpf auffallend klein, von kugeliger Form, mit aufgewulsteten Lippen und entbehrt meist äußerer Ohrmuscheln. Die Oberfläche des Körpers ist in der Regel mit einer kurzen, aber dicht anliegenden glatten Haarbekleidung bedeckt. Die kurzen Extremitäten enden mit einer breiten Ruderflosse, zu welcher die fünf mit stumpfen oder scharfen Krallen bewaffneten Zehen durch eine Schwimmhaut verbunden sind. Beim Schwimmen wird das vordere Extremitätenpaar an den Leib angelegt und zur Ausführung seitlicher Wendungen auch als Steuer benutzt, während die nach hinten gerichteten Hinterfüße als Ruderflosse dienen.

Im Gebiß sind die Backenzähne gleichartig gebildet, ein Reißzahn fehlt, doch bestehen bei den Seehunden und Walrossen Verschiedenheiten in der Zahnform. Bei ersteren ist das Gebiß zu einem Fangorgan entwickelt, die Backenzähne sind kompreß und mit scharfen Zacken versehen (sekundäre Triconodontie); bei den Walrossen besitzen die Backenzähne flache Kronen. Das Milchgebiß ist rudimentär.

Die Robben nähren sich vorzugsweise von Fischen, die Walrosse von Seetang, Krebsen und Weichtieren, deren Schalen sie mittels der Backenzähne zertrümmern. Die Pinnipedien leben gesellig und sind an kälteren Küstengegenden beider Erdhälften verbreitet.

Fam. *Otariidae*. Die Hinterfüße können nach vorn gekehrt werden. Sohlenflächen nackt. Eine kleine Ohrmuschel vorhanden. *Eumetopias* (*Otaria*) *jubatus* Schreb., Seelöwe. Nordpaz. Ozean. *Arctocephalus ursinus* L., Seebär. Nördl. Still. Ozean. Liefert den echten wertvollen Sealskin.

Fam. *Odobenidae*. Die Hinterfüße können nach vorn gekehrt werden. Äußere Ohren fehlen. Die oberen Eckzähne sind große, wurzellose, nach unten gerichtete Hauer, die Backenzähne sind anfangs stumpf zugespitzt, schleifen sich aber allmählich ab und reduzieren sich später auf drei in jeder Kinnlade, wozu noch in der Oberkinnlade ein nach innen gerückter Schneidezahn kommt. *Odobenus* (*Trichechus*) *rosmarus* L., Walroß. Gebiß des jungen Tieres: $\frac{3}{3}\frac{1}{1}\frac{5}{4}$; im Alter: $\frac{1}{0}\frac{1}{1}\frac{3}{3}\frac{0}{0}$. Nördl. Atlant., Polarmeer.

Fam. *Phocidae*. Hinterfüße nach hinten gerichtet, nicht nach vorn kehrbar, die Bewegung am Lande erfolgt daher sprungweise mittels des Rumpfes. Äußeres Ohr fehlt. Hand- und Fußsohle behaart. *Cystophora cristata* Erxl., Klappmütze. Das Männchen vermag die Haut an der Nase aufzublasen. Arkt. Atlant. Ozean. *Macrorhinus leoninus* L., See-Elefant. Männchen mit kurzem Rüssel. Südsee, Antarkt. *Monachus albiventer* Bodd., Mönchsrobbe. Mittelmeer. *Halichoerus grypus* Nilss. Nordsee. *Phoca vitulina*, Seehund. Gebiß: $\frac{3}{2}\frac{1}{1}\frac{4}{4}\frac{1}{1}$. *P. groenlandica* Fabr. Nördl. Meere.

9. Ordnung. Cetacea, Wale[1].

Wasserbewohnende monodelphe Säugetiere mit spindelförmigem unbehaarten Leib, flossenähnlichen Vorderfüßen und horizontaler Schwanzflosse, mit geringen inneren Rudimenten hinterer Extremitäten.

Die Wale erscheinen so vollständig an das Wasserleben angepaßt, daß sie sich in Körpergestalt und Skeletgliederung der Fischform nähern (Abb. 1143, 1144). Einzelne Arten erlangen eine kolossale Körpergröße, wie sie nur das Wasser zu tragen und die See zu ernähren imstande ist. Ohne äußerlich sichtbaren Halsteil geht der Kopf in den walzigen Rumpf über, ebenso fehlt eine Sacralregion. Das Schwanzende bildet eine horizontale Hautflosse, zu der auf der Rückenfläche häufig noch eine Fettflosse hinzukommt. Die Haut ist glatt und drüsenlos; die Behaarung fehlt bei den größeren Formen so gut wie vollständig, indem sich hier nur in einigen Fällen an der Oberlippe zeitlebens oder wenigstens während der Foetalzeit (mit Ausnahme von *Monodon* und *Delphinapterus*) Borstenhaare finden. Horntuberkel treten zuweilen in der Gegend der Rückenflosse auf (*Phocaena*); sie werden gleichwie die auf der Rückenlinie von *Neophocaena* (*Neomeris*) *phocae-*

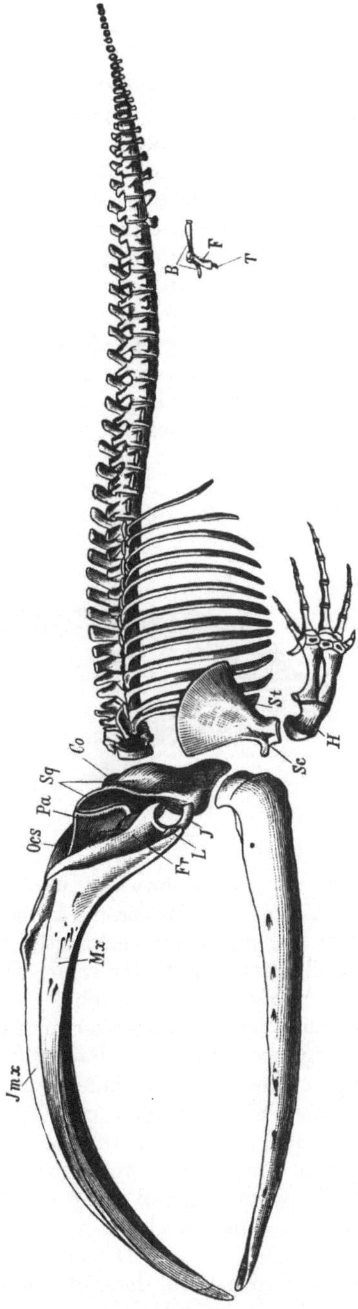

Abb. 1143. Skelet von *Balaena mysticetus*. (Nach Eschricht u. Reinhardt.) *Ocs* Occipitale, *Co* Condylus occipitalis, *Sq* Squamosum, *Pa* Parietale, *Fr* Frontale, *Jmx* Intermaxillare, *Mx* Maxillare, *J* Jugale, *L* Lacrimale, *St* das bloß mit der ersten Rippe verbundene Sternum, *Sc* Scapula, *H* Humerus, *B* Becken-, *F* Femur- *T* Tibiarudiment.

---

[1] ESCHRICHT, D. F.: Zoologisch-anatomisch-physiologische Untersuchungen über die nordischen Waltiere. Leipzig 1849. — ESCHRICHT, D. F. og J. REINHARDT: Om Nordhvalen. Kjöbenhavn 1861. — VAN BENEDEN, P. J. et P. GERVAIS: Ostéographie des Cétacés. Paris 1868—1880. — WEBER, M.: Studien über Säugetiere. I. Beitrag zur Anatomie und Phylogenie der Cetaceen. Jena 1886. — KÜKENTHAL, W.: Vergleichend-anatomische und entwicklungsgeschichtliche Untersuchungen an Waltieren. Jena 1889—1893. — Die Wale der Arktis. Fauna Arctica. I. Jena 1901. — Untersuchungen an Walen. Jena. Z. Naturwiss. 45 (1909); 51 (1914). — Zur Stammesgeschichte der Wale. Sitzgsber. preuß. Akad. Wiss., Physik.-math. Kl. Berlin 1922. — GULDBERG, G. a. F. NANSEN: On the Development and Structure of the Whale. I. Bergens Mus. Skrift. 5 (1894). — ABEL, O.: Die Morphologie der Hüftbeinrudimente der Cetaceen. Denkschr. Akad. Wien 81 (1907). — FREUND, L.: Walstudien. Sitzgsber. Akad. Wiss. Wien, Math.-naturwiss. Kl. 1912. — ANDREWS, R. C.: Monographs of the Pacific Cetacea. I. Mem. amer. Mus. Nat. Hist. 1914. — ARENDSEN HEIN, S. A.: Contributions to the Anatomy of *Monodon monoceros*. Verh. Akad. Amsterdam 1914. — Vgl. außerdem die Schriften von RAPP, DAUDT, TURNER, FLOWER, NEUVILLE u. a.

noides sich findenden Platten als Reste eines Hautpanzers betrachtet (KÜKENTHAL). Dagegen entwickelt sich in der dicken, mit großen Papillen versehenen Lederhaut, gewissermaßen als Ersatz des mangelnden Pelzes, eine mächtige Fettmasse, die sowohl als Wärmeschutz wie zur Erleichterung des specifischen Gewichtes dient und nur in der an den Papillarkörper grenzenden Schicht fehlt. An dem oft schnauzenförmig verlängerten Kopfe fehlen stets äußere Ohrmuscheln, die Augen sind auffallend klein und oft in die Nähe des Mundwinkels, die Nasenlöcher auf die Stirn gerückt. Die vorderen Extremitäten stellen kurze, äußerlich unge-gliederte Ruderflossen dar, welche nur als Ganzes bewegt werden, die hinteren fehlen als äußere Anhänge gänzlich.

Der Schädel besitzt dem großen, oft schnabelförmig verlängerten Gesichtsteil gegenüber einen nur geringen Umfang und zeigt sich häufig asymmetrisch, vor-herrschend rechtsseitig entwickelt; seine Knochen liegen, durch freie Schuppen-nähte gesondert, lose aneinander, die Parietalia erscheinen seitlich abgedrängt, das Felsenbein bleibt von den übrigen Teilen des Schläfenbeines isoliert. Die Nasen-beine erscheinen rudimentär. An der Wirbelsäule sind die Halswirbel verkürzt und die vordersten oder alle miteinander verwachsen. Eine Sacralregion ist nicht un-terscheidbar. Bei den *Mystacoceti* hat nur die erste Rippe eine Verbindung mit einem Sternum. Von der hinteren Extremität finden sich fast stets Beckenrudi-

Abb. 1144. *Delphinus delphis* (aus règne animal). $^{1}/_{20}$

mente, wozu bei Bartenwalen noch ein Femur- und zuweilen ein Tibiarudiment hinzutritt. Die Vorderextremität stellt ein Ruder vor, dessen Skelet durch die un-beweglich verbundenen verkürzten Ober- und Unterarmknochen nebst Carpalia und Handknochen gebildet wird. Die Zahl der Phalangen ist vermehrt (Hyper-phalangie). Eine Clavicula fehlt.

Die schnabelartig verlängerten Kiefer tragen entweder sehr zahlreiche konische, gleichartig gestaltete, als Fangzähne ausgebildete Wurzelzähne oder die Be-zahnung erscheint in verschiedenem Maße bis zum völligen Schwund reduziert. Im letzteren Falle kommen die Zahnkeime noch im foetalen Leben zur Entwick-lung, die aus ihnen entstandenen Zahnrudimente durchbrechen jedoch nie das Zahnfleisch und werden vor der Geburt resorbiert (Bartenwale). Das Gebiß der Wale soll dem Milchgebiß entsprechen. Bei den Bartenwalen treten substituierend für das ausgefallene Gebiß am Gaumen hornige, transversal gestellte Platten, die *Barten*, auf (Abb. 1108). Die einfache oder doppelte Nasenöffnung ist mehr oder minder hoch hinauf auf den Scheitel gerückt und führt senkrecht absteigend in die Nasenhöhle, welche als paariger, hinten einfacher Nasenkanal absteigt und am Gaumensegel vom Schlunde durch einen Schließmuskel abgeschlossen werden kann. Die Ansicht, daß die Wale durch die Nasenöffnungen (Spritzlöcher) Wasser ausspritzen, hat sich als irrtümlich herausgestellt; es ist der ausgeatmete, in Form einer Rauchsäule sich verdichtende Wasserdampf, der zu der Täuschung eines aus-gespritzten Wasserstrahles Veranlassung gab. Die Sclera des Auges ist sehr dickwandig und ein enormer Retractor bulbi vorhanden. Die Zunge ist nicht vorstreckbar. Der Oesophagus bildet (die *Physeteriden* ausgenommen) am Ende eine kropfartige Aussackung (Abb. 124 d). Die sehr geräumigen ungelappten Lungen erstrecken sich ähnlich wie die Schwimmblase der Fische weit nach hinten und bedingen wesentlich mit die horizontale Lage des Rumpfes im Wasser; auch das Zwerchfell nimmt eine entsprechend horizontale Lage ein. Dem meist röhrenförmigen, bis in die Choanen hinaufragenden Kehlkopf fehlen Stimmbänder. Sackartige Erweiterungen an der Aorta und Pulmonalarterie sowie die sogenannten Schlagadernetze mögen dazu dienen, beim Tauchen der Atemnot einige Zeit lang vorzubeugen.

Die Hoden liegen hinter den Nieren innerhalb der Bauchhöhle. Die Weibchen gebären ein einziges (die der kleineren Arten selten zwei) verhältnismäßig weit vorgeschrittenes Junges, welches noch längere Zeit der mütterlichen Pflege bedarf. Die beiden Zitzen der Milchdrüsen liegen in der Inguinalgegend. Der Uterus ist zweihörnig, die Placenta diffus.

Die Wale leben meist gesellig, zuweilen in Herden vereinigt; die kleineren suchen gern die Küsten auf und gehen auf ihren Wanderungen selbst in die Flußmündungen, die größeren lieben mehr das offene Meer und die kalten Gegenden. Beim Schwimmen, das sie mit großer Meisterschaft und Schnelligkeit ausführen, halten sie sich in der Regel nahe an der Oberfläche. Die riesigen Bartenwale, welche den am Gaumen aus den Barten gebildeten Seihapparat tragen, ernähren sich von kleinen Seetieren, Nacktschnecken, Quallen, die Zahnwale mit ihrem gleichförmigen Raubgebiß von Cephalopoden, Fischen. Der Ursprung der Wale dürfte in Creodontien zu suchen sein. Nach KÜKENTHAL sind Zahn- und Bartenwale diphyletischen Ursprunges.

1. Unterordnung. *Mystacoceti*, Bartenwale. Mit Barten, Kiefer zahnlos (Abb. 1108). Schädel symmetrisch, mit zwei Nasenlöchern.

Fam. *Balaenidae*, Glattwale. Rostrum schmal und stark gebogen. Bauchhaut glatt. Handflosse breit, Rückenflosse fehlt. *Balaena mysticetus* L., Grönlandwal. Bis 20 m lang. Vornehmlich Gegenstand des Walfischfanges. Arkt. Meere. *B. glacialis* BONNAT (*biscayensis* ESCHR.)., Nordkaper. Nördl. Atlant. Ozean. *B. australis* DESMOUL. Südl. Atlant. Ozean.

Fam. *Balaenopteridae*, Furchenwale. Rostrum flach. Zahlreiche Längsfalten der Haut in der Kehlgegend (Kehlfurchen). Handflosse schmal, Rückenflosse vorhanden. *Megaptera nodosa* BONNAT. (*longimana* RUD., *boops* aut.), Buckelwal. *Balaenoptera acuto-rostrata* LAC., Zwergwal. *B. borealis* LESS., Seiwal. *B. musculus* L. (*sibbaldi* GRAY), Blauwal, bis 31 m lang. *B. physalus* L. (*musculus* aut.), Finnwal. Alle nordatlant. Hier schließt sich an *Rhachianectes glaucus* COPE, Grauwal. Ohne Rückenflosse. Nördl. Still. Ozean.

2. Unterordnung. *Odontoceti*, Zahnwale. Mit zahlreichen oder einzelnen Zähnen, ohne Barten. Nur ein Nasenloch. Schädel asymmetrisch.

Fam. *Physeteridae*. Kopf von enormer Größe, bis zum Vorderende aufgetrieben durch Ansammlung flüssigen Fettes (Walrat, Spermaceti). Oberkiefer zahnlos, Unterkiefer mit großen, konischen Zähnen. Leben von Tintenfischen. *Physeter catodon* L. (*macrocephalus* L.), Kaschelot, Pottwal. Darmconcremente liefern die wohlriechende graue Ambra. In allen gemäßigten und warmen Meeren. *Hyperoodon ampullatus* FORST. (*rostratus* MÜLL.), Dögling. Mit zwei Zähnen im Unterkiefer. Nordatlant., Mittelmeer.

Fam. *Platanistidae*, Flußdelphine. Zahlreiche Zähne in beiden Kiefern. Kopf äußerlich vom Körper durch eine halsartige Einengung abgesetzt. Handflosse breit und abgestutzt. Leben in Flüssen. *Platanista gangetica* LEBECK. In Flüssen Ostindiens. *Inia geoffroyensis* BLAINV. In Flüssen Südamerikas.

Fam. *Delphinapteridae*. Kopf gerundet. Schnauze stumpf. Handflosse klein und breit. Dorsalflosse fehlt. *Delphinapterus leucas* PALL., Weißwal, Beluga. Zehn Zähne in jeder Kieferhälfte, hinfällig. *Monodon monoceros* L., Narwal. Im Oberkiefer nur zwei nach vorn gerichtete Zähne, die im weiblichen Geschlecht klein bleiben, von denen aber der eine (meist linksseitig) im männlichen Geschlecht zu einem kolossalen, schraubenförmig gefurchten Stoßzahn wird. Die übrigen kleinen Zähne beider Kiefer fallen früh aus. Arkt. Meere.

Fam. *Delphinidae*. Beide Kiefer mit gleichgestalteten Kegelzähnen, jedoch nicht immer in ganzer Länge bewaffnet. Handflosse sichelförmig, Rückenflosse vorhanden. *Neo-*

phocaena (*Neomeris*) *phocaenoides* Cuv. Ind. Ozean. *Phocaena phocaena* L., Braunfisch. Nur 1¹/₂ m lang. Steigt in die Flußmündungen und lebt von Fischen. Nordatlant., Nordpaz. Oz. *Orca orca* L. (*gladiator* Bonnat.), Butzkopf, Schwertwal. Rückenflosse sehr hoch, schwertähnlich. In allen Meeren. *Globicephala melas* Traill (*globiceps* Cuv.), Grind. Nordatlant., Südpaz. Ozean. *Delphinus delphis* L., Delphin. In allen Meeren (Abb. 1144). *Tursiops tursio* Fabr., Tümmler. Weit verbreitet.

10. Ordnung. Ungulata, Huftiere [1].

Monodelphe, meist große Landsäugetiere, deren verbreiterte Endphalangen der Extremitäten Hufe tragen.

Die Ordnung der Ungulaten umfaßt eine große Zahl in Bau und Erscheinung wohl gesonderter Gruppen meist großer Landsäugetiere, deren Zusammengehörigkeit jedoch durch fossile Formen hergestellt wird. Der in der Regel große Körper wird von hohen Extremitäten getragen, die zu einer raschen Locomotion auf dem Erd-

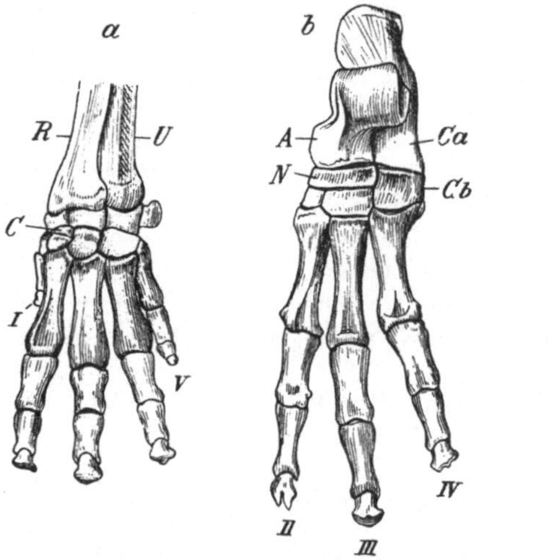

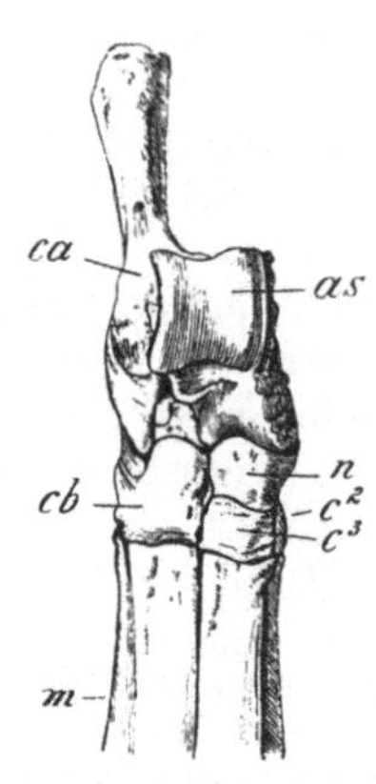

Abb. 1145. a Vorder-, b Hinterfuß von *Procavia* (*Dendrohyrax*) *arborea*. (Nach Zittel.) *R* Radius, *U* Ulna, *C* Centrale, *A* Astragalus, *Ca* Calcaneus, *Cb* Cuboideum, *N* Naviculare, *I—V* 1.—5. Finger (Zehe).

Abb. 1146. Rechter Tarsus von *Sus scrofa*. (Nach Flower.) *ca* Calcaneus, *as* Astragalus, *cb* Cuboideum, *n* Naviculare, *c²*, *c³* Cuneiformia, *m* Metatarsalia.

boden befähigen. Die Spitzen der Finger und Zehen sind mit plumpen breiten Nägeln (Halbhufen) oder mit Hufen ausgestattet, die die Endphalange umschließen. Mit der Fähigkeit rascher Locomotion hängt zusammen, daß die Huftiere Zehengänger oder Spitzengänger (unguligrad) sind, zugleich meist eine Reduktion der Zehenzahl, Verlängerung des Metacarpus und Metatarsus aufweisen (Abb. 1105). Die ursprünglich reihenweise (seriale Anordnung der Wurzelknochen (*Taxeopodie*) ist bei den *Hyracoidea* (Abb. 1145) und *Proboscidea* (von manchen Forschern bei diesen als sekundär betrachtet) zu finden; sie hat bei den *Perissodactylen* und *Artiodactylen* eine Änderung durch Verkeilung und Verschiebung er-

---

[1] Cope, E. D.: The Classification of the Ungulate Mammalia. Proc. amer. Philos. Soc. **1882**. — Osborn, H. F.: The evolution of the Ungulate foot. Trans. amer. Philos. Soc. **1889**. — Rütimeyer, L.: Beiträge zur vergleichenden Odontographie der Huftiere. Verh. naturforsch. Ges. Basel **1863**. — Kowalevski, W.: Monographie der Gattung *Anthracotherium* usw. Palaeontographica 1876. — Schlosser, M.: Beiträge zur Kenntnis der Stammesgeschichte der Huftiere. Morph. Jb. **12** (1886). — Leuthardt, F.: Über die Reduktion der Fingerzahl bei Ungulaten. Zool. Jb. **5** (1891). — Lydekker, R.: Catalogue of the Ungulate Mammals in the Collection of the Brit. Museum **1, 4, 5**. London 1913—1916. Lydekker, R. a. G. Blaine: **2, 3** (1914).

fahren, womit größere Festigkeit und Stützkraft erreicht wurde. Diese sogenannte *Diplarthrie* kommt im Fußwurzelskelet durch die Articulation des Astragalus (Talus) mit dem Naviculare und Cuboideum zum Ausdruck (Abb. 1146), während bei taxeopoder Anordnung der Tarsalia der Astragalus bloß mit dem Naviculare articuliert (Abb. 1145 b).

Bei den lebenden Huftieren mit Diplarthrie tritt eine Reduction der Finger und Zehen ein, indem zunächst die innere Zehe bzw. Finger bis zum völligen Schwunde zurücktrat. Mit dieser und der weiter fortschreitenden Reduction machte sich ein Gegensatz in dem Größenverhältnisse der zurückbleibenden Zehen geltend, indem in der einen Reihe die Mittelzehe an Umfang bedeutend prävalierte und die ganze Last des Körpers in der Verlängerung der Extremitätensäule stützte (*Perissodactyla*); in der anderen Reihe übernahmen Mittel- und vierte Zehe gleichmäßig dieselbe Function und gelangten zu gleichgroßem, bedeutendem Umfang (*Artiodactyla*). Auch ist im ersten Falle die Zahl der Zehen in der Regel eine unpaare, im letzteren eine paarige. Eine Clavicula fehlt stets. Die Huftiere sind größtenteils

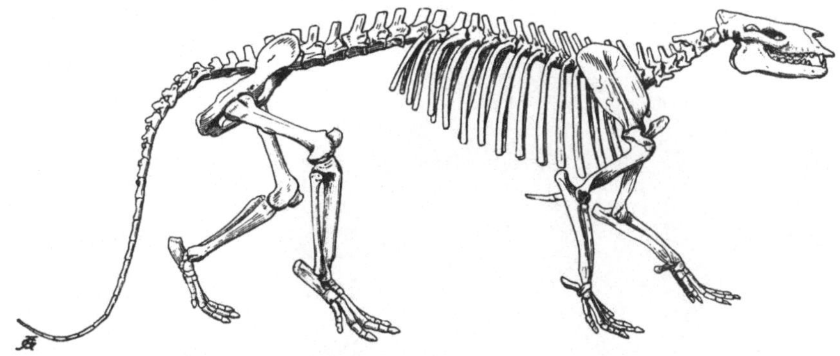

Abb. 1147. *Phenacodus primaevus.* (Nach OSBORN.) $^1/_{17}$

Pflanzenfresser, manche omnivor. Die Backenzähne haben breite höckerige oder jochige Kronen (Abb. 1110 b, c).

1. Unterordnung. *Condylarthra.* Ausgestorbene Ungulaten mit beinahe taxeopodem Fußbau, mit fünf Fingern und Zehen. Gebiß vollständig, mit mehr omnivorenähnlichem Verhalten der Molaren.

Die Condylarthra (Abb. 1147) sind die ursprünglichsten Huftiere, die dem ältesten Tertiär angehören. Ihre Extremitäten besaßen noch fünf Finger und fünf Zehen, von denen die äußeren schon sehr klein waren. Stehen zwischen Huftieren und Fleischfressern, und zwar den Creodontien am nächsten. Der Oberarm ist in seinem unteren Teile über dem Epicondylus ähnlich wie bei den Creodontien und Carnivoren durchbohrt. Ulna und Fibula sehr kräftig. Im Tarsus articuliert der Astragalus nur mit dem Naviculare. Die Carpalien sind beinahe serial angeordnet mit Centrale carpi. Gebiß: $\frac{3\ 1\ 4\ 3}{3\ 1\ 4\ 3}$. Incisiven und Caninen ähnlich wie bei den Creodontien, Backenzähne ähnlich wie bei Omnivoren. Die Prämolaren sind von ziemlich einfachem Bau, die Molaren tritubercular oder vier- bis sechshöckerig. Auch Schädel, Scapula, Becken und Astragalus zeigen Anklänge an die Carnivoren. Wahrscheinlich sind aus diesen vornehmlich im Eocän Nordamerikas gefundenen Huftieren (*Phenacodus, Periptychus, Meniscotherium*) die Perissodactyla und Artiodactyla hervorgegangen, während sie selbst sowohl in Schädelform und Gebiß, als in der Gestaltung der Extremitäten und deren Bewaffnung mit nagelähnlichen Hufen auf Fleischfresser als Ausgangsformen hinweisen.

2. Unterordnung. *Hyracoidea* (*Lamnungia*), Klippschliefer[1]. Kleine Ungulaten mit äußerlich vierzehigen Vorder- und dreizehigen Hinterfüßen, deren Endphalangen breite Nägel tragen. Fußbau taxeopod. Gebiß mit wurzellosen oberen Schneidezähnen, Backenzähne lophodont.

Die Klippschliefer sind kleine, dem Bobak ähnliche Huftiere. Der Körper (Abb. 1148) ist dicht behaart, gestreckt, mit bis 29 Dorsolumbalwirbeln, die Vorderfüße sind äußerlich vierzehig, doch ist außerdem noch ein rudimentärer Daumen vorhanden, die hinteren dreizehig (Abb. 1145), mit ebensoviel breiten Nägeln versehen; an der inneren Zehe des hinteren Fußes ist der Nagel krallenartig. Die Tiere sind Sohlengänger. In dem Bau des Fußes sind sie taxeopod. Der Carpus enthält ein Centrale. Auch die Articulation des Astragalus mit der Fibula weist auf ein altes Verhalten hin. Der Schwanz ist stummelförmig. Im Gebisse fehlen die Eckzähne; von den Schneidezähnen findet sich nur ein oberer, derselbe ist wurzellos und nagezahnähnlich; im Unterkiefer sind zwei Schneidezähne vorhanden. Die sieben Backenzähne schließen sich am nächsten jenen der Rhinoceroten an. Die ersten Prämolaren fallen früh aus. Von inneren Organen ist ein Paar von Blindsäcken im Verlaufe des Colons hervorzuheben. Der Uterus ist zweihörnig, die Placenta zonar.

Abb. 1148. *Procavia habessinica*. (Nach einer Photographie des Zool. Gartens in Berlin.) $^1/_{5·7}$

Die Hyracoideen leben gesellig in felsigen Gegenden, manche auf Bäumen und klettern gewandt. Sie repräsentieren in der heutigen Tierwelt eine alte Ungulatenform, die mit den Condylarthra nahe verwandt ist.

Fam. *Procaviidae*. Mit den Charakteren der Unterordnung. Gebiß: $\frac{1}{2}\frac{0}{0}\frac{4}{4}\frac{3}{3}$. *Procavia* (*Hyrax*) *capensis* PALL., Daman. Südafrika. *P. syriaca* SCHREB., vielleicht der Saphan des Alten Testaments. Syrien, Palästina, Sinaihalbinsel *P. habessinica* H. E. Abessinien. (Abb. 1148). *P.* (*Dendrohyrax*) *arborea* A. SMITH. Südostafrika.

3. Unterordnung. *Proboscidea*, Rüsseltiere[2]. Große Ungulaten mit langem, beweglichem Rüssel, mit fünfzehigen Klumpfüßen und kleinen Hufen. Fußbau

---

[1] BRANDT, J. F.: Untersuchungen über die Gattung der Klippschliefer. Mém. Acad. St.-Pétersbourg 1869. — GEORGE, H.: Monographie anat. des Mammifères du genre Daman. Paris 1875. — THOMAS, O.: On the species of the *Hyracoidea*. Proc. Zool. Soc. London 1892. — KAUDERN, W.: Studien über die männlichen Geschlechtsorgane von *Sirenia, Hyracoidea* und *Proboscidea*. Zool. Jb. 40 (1917). — THURSBY-PELHAM, D.: The Placentation of *Hyrax capensis*. Philosophic. Trans. roy. Soc. London 213 (1924). — Vgl. ferner die Arbeiten von ADLOFF, LONSKY, TURNER u. a.

[2] FORBES, W. A.: On the anatomy of the African Elephant. Proc. Zool. Soc. London 1879. — MIALL, L. C. a. GREENWOOD: Anatomy of the Indian Elephant. J. Anat. a. Phys. 12, 13 (1878—1879). — WATSON, M.: On the anatomy of the female organs of the Proboscidea. Trans. Zool. Soc. London 11 (1881). — CHAPMAN, H. C.: The placenta and generative apparatus of the Elephant. J. Acad. Nat. Sci. Philadelpia 8 (1881). — RÖSE, C.: Über den Zahnbau und Zahnwechsel von *Elephas indicus*. Morph. Arb. 3 (1893). — SALENSKY, W.: Zur Phylogenie der Elephantiden. Biol. Zbl. 23 (1903). — ANDREWS, C. W.: On the

taxeopod. Eckzähne fehlen, die oberen Schneidezähne zu großen Stoßzähnen entwickelt, Backenzähne groß, zusammengesetzt.

Die Prosciden, zu denen die Elefanten gehören, sind die größten lebenden Landtiere und repräsentieren eine isoliert stehende Ungulatengruppe.

Die dicke Haut erscheint durch Falten gefeldert und nur spärlich mit Haaren besetzt, die an dem Schwanze borstenartig sind und zu einem Büschel sich häufen. Der Kopf ist kurz und hoch, durch Höhlen in den Stirn- und Parietalknochen aufgetrieben, mit überaus verkürzten und hohen Kiefern (Abb. 1149) und mit langem, beweglichem Rüssel. Das Hinterhaupt fällt steil, fast senkrecht ab. Besonders mächtig sind die senkrecht gestellten Zwischenkiefer mit ihren großen wurzellosen Stoßzähnen, denen frühzeitig ausfallende Milchzähne vorausgehen. Eckzähne fehlen. Backenzähne finden sich in jedem Kiefer bloß sechs (drei Prämolaren, die dem Milchgebisse angehören, und drei Molaren), von denen jedoch nur einer oder zwei in jedem Kiefer gleichzeitig vorhanden sind, indem die hinteren, an Größe und Zahl der Lamellen zunehmenden Zähne erst hervortreten, wenn die vorderen ausgefallen sind. Die Backenzähne sind groß und besitzen zahlreiche hohe lamelläre Querjoche, die durch Cement verbunden sind.

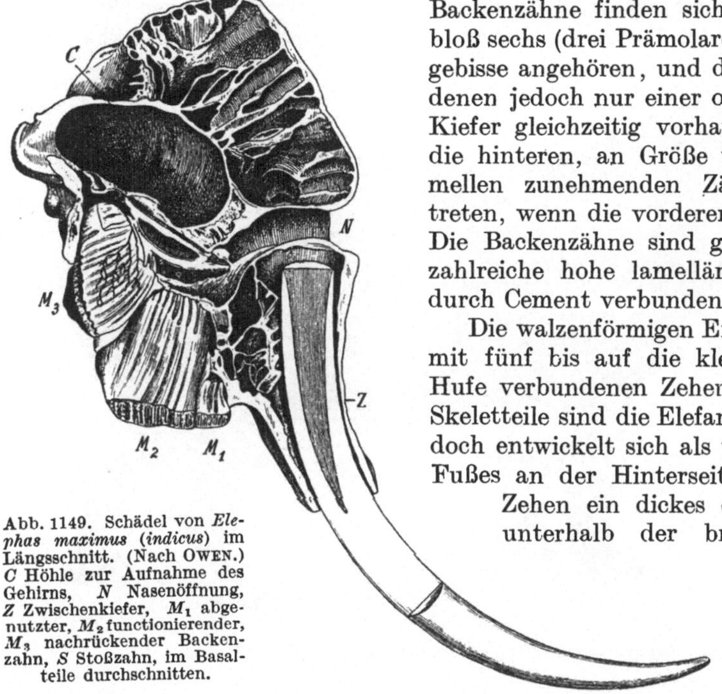

Die walzenförmigen Extremitäten enden mit fünf bis auf die kleinen nagelartigen Hufe verbundenen Zehen. Nach Lage der Skeletteile sind die Elefanten Zehengänger; doch entwickelt sich als weitere Stütze des Fußes an der Hinterseite der Finger und Zehen ein dickes elastisches Polster unterhalb der breiten verhornten Sohlenfläche, mit welcher die Extremitäten nach unten abschließen. Im Skelet erscheinen Hand- und Fußwurzelknochen reihenweise angeordnet (taxeopoder Bau). Ein Centrale carpi ist nur in der Jugend getrennt erhalten. Auch ist die Articulation der Fibula mit dem Calcaneus hervorzuheben.

Abb. 1149. Schädel von *Elephas maximus* (*indicus*) im Längsschnitt. (Nach OWEN.) *C* Höhle zur Aufnahme des Gehirns, *N* Nasenöffnung, *Z* Zwischenkiefer, M_1 abgenutzter, M_2 functionierender, M_3 nachrückender Backenzahn, *S* Stoßzahn, im Basalteile durchschnitten.

Charakteristisch für die Elefanten ist der Rüssel, der aus der äußeren Nase und der Oberlippe hervorgeht und ein sehr bewegliches muskulöses Greiforgan mit einem fingerartigen Fortsatz an der Spitze bildet. Die Hoden behalten eine ursprüngliche Lage in der Nähe der Niere. Die Weibchen besitzen einen zweihörnigen Uterus und brustständige Zitzen. Die Placenta ist gürtelförmig.

Die Elefanten leben in Herden und bewohnen feuchte, schattige Gegenden im heißen Afrika und Indien. Die hohen geistigen Fähigkeiten machen den Elefanten

Evolution of the Proboscidea. Philosophic. Trans. roy. Soc. London 1904. — BOAS, J. E. V. a. S. PAULLI: The Elephants Head. I. Jena 1908; II. Kopenhagen 1925. — TOLDT jun., K.: Über die äußere Körpergestalt eines Fetus von *Elephas maximus*. Denkschr. Akad. Wien 1913. — Vgl. ferner die Schriften von MAYER, M. WEBER, WEITHOFER, A. v. MOJSISOVICS, SCHLESINGER u. a.

zu einem zähmbaren, äußerst nützlichen Tiere, das schon im Altertume zum Last-
tragen, auf der Jagd und im Kriege verwendet wurde.

Fam. *Elephantidae*, Elefanten. Mit den Charakteren der Unterordnung. *Elephas* (*Loxo-
donta*) *africanus* BLBCH. Afrika südl. der Sahara. *E. maximus* L. (*indicus* CUV.). Südostasien.

4. Unterordnung. *Perissodactyla*, Unpaarzeher[1]. Ungulaten mit diplarthralem
Fußbau, mit vorwiegend entwickelter Mittelzehe und meist unpaarer Zehenzahl,
mit vollständig bezahntem Gebiß und lophodonten oder selenolophodonten
Backenzähnen.

Der Hauptcharakter der Perissodactylen liegt in der umfänglichen Entwicklung des 3. Fingers und der 3. Zehe, welche zur Hauptstütze des Körpers werden
(Abb. 1105 e, f). Die Zehenzahl ist fast stets eine ungerade. Dies gilt durchaus für
die hintere Extremität, während an der vorderen auch vier Finger (*Tapir*) auftreten. Die neben der Mittelzehe stehenden Finger und Zehen sind kleiner und

Abb. 1150. *Tapirus terrestris* (mit Benutzung mehrerer Abbildungen). $^1\!/_{16}$

schwinden bei den *Equiden* bis auf die als sogenannte Griffelbeine sich erhalten-
den Metacarpalia und Metatarsalia (Abb. 314).

In ihrer äußeren Erscheinung bieten die Perissodactylen ziemliche Verschiedenheiten.

Das Gebiß ist vollständig, doch kann der Eckzahn fehlen. Die Backenzähne
sind lophodont oder selenolophodont. Die drei letzten Prämolaren gleichen den
Molaren und liegen in geschlossener Reihe; der erste Prämolar erfährt eine Reduktion und schwindet schließlich.

---

[1] CUVIER, G.: Recherches sur les ossements fossiles. Paris 1846. — RÜTIMEYER, L.:
Beiträge zur Kenntnis der fossilen Pferde. Basel 1863. — MURIE, J.: On the Malayan
Tapir. J. Anat. a. Physiol. 5 (1872). — PARKER, W. N.: On some points in the anatomy
of the Indian Tapir. Proc. Zool. Soc. London 1882. — HATCHER, J. B.: Recent and fossil
Tapirs. Amer. J. Sci. 1896. — OWEN, R.: Anatomy of the Indian Rhinoceros. Trans. Zool.
Soc. London 4 (1850). — BEDDARD, F. E. a. F. TREVES: On the anatomy of *Rhinoceros su-
matrensis*. Proc. Zool. Soc. London 1889. — Vgl. ferner die Schriften von D'ALTON, LEISE-
RING, NEHRING, GARROD, MAYER, SCLATER, FLOWER, GEORGE, SALENSKY u. a.

Der Uterus ist zweihörnig, die Zitzen liegen inguinal. Die Placenta ist diffus. Alle sind Pflanzenfresser.

Fam. *Tapiridae*, Tapire. Mittelgroße, kurz behaarte Huftiere, deren mittelhohe Vorderbeine mit vier, die Hinterbeine mit drei Zehen enden. Die Schnauze endet mit kurzem nackten Rüssel. Schwanz sehr kurz. Gebiß: $\frac{3}{3}\frac{1}{1}\frac{4}{3}\frac{3}{3}$ von relativ ursprünglichem Typus. Die Backenzähne mit zwei Querjochen (Abb. 1110 b). *Tapirus terrestris* L. (*americanus* BRISS.), Anta. Südamerika (Abb. 1150). *T. indicus* CUV., Schabrakentapir. Ostasien, Sumatra.

Fam. *Rhinocerotidae*, Nashörner. Große plumpe Tiere mit außerordentlich dicker, oft durch Falten in größere Felder geteilter Haut und reduzierter Behaarung, mit einem oder zwei und dann hintereinander stehenden Hörnern (Epidermoidalbildungen) auf dem stark gewölbten Nasenbeine. Schwanz mäßig lang. Die niedrigen Extremitäten enden mit drei Fingern und Zehen. Gebiß: $\frac{1-2}{1}\frac{0}{1}\frac{4}{4}\frac{3}{3}$. Schneidezähne in der Zahl variabel, meist hinfällig. Der obere Eckzahn fehlt stets. Die Backenzähne sind lophodont, der vorderste fällt früh aus. *Rhinoceros sondaicus* DESM. (*javanus* CUV.). Südasien bis Java. *R. unicornis* L. (*indicus* CUV.). Nepal, Assam. Beide mit einem Horn. *Dicerorhinus sumatrensis* CUV. Malakka, Sumatra, Borneo. *Diceros bicornis* L. Süd- und Centralafrika. *Ceratotherium simum* BURCH. Centralafrika. Alle mit zwei Hörnern.

Fam. *Equidae* (*Solidungula*), Pferde. Hochbeinige schlanke Huftiere, die nur mit dem starken, von breitem Hufe umgebenen Endgliede (Hufbein) der Mittelzehe den Boden betreten (Abb. 1105 f). Die 2. und 4. Zehe sind auf die Metacarpal- und Metatarsalknochen (Griffelbeine) reduziert. Körper behaart. Schwanz mäßig lang, zuweilen lang behaart. Das Gebiß: $\frac{3}{3}\frac{1}{1}\frac{4}{4.}\frac{3}{3}$ (Abb. 1151). Die Schneidezähne, die sich in geschlossener Bogenlinie aneinanderfügen, zeichnen sich durch die querovale Grube ihrer Kaufläche aus. Eckzähne sind in beiden

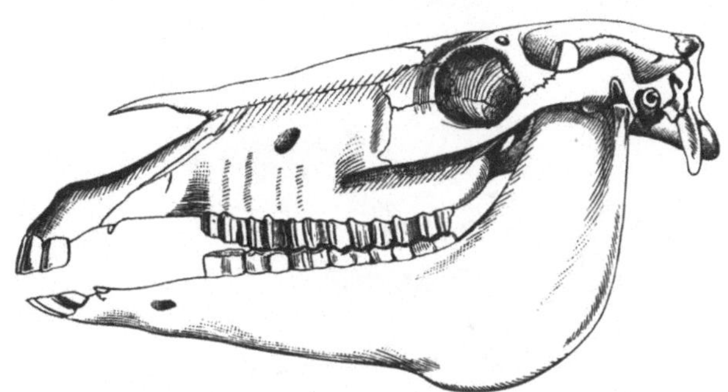

Abb. 1151. Schädel vom europäischen Hauspferd.

Kiefern gewöhnlich nur im männlichen Geschlecht vorhanden und bleiben kleine, kegelförmige „Haken". Die Backenzähne sind selenolophodont. Der erste Prämolar, gewöhnlich nur oben, bleibt rudimentär und fällt früh aus. Die Tiere leben in Herden und bewohnen vornehmlich die Steppen von Asien und Afrika. *Equus grévyi* OUST. Ursprünglichster recenter Equide. Nordostafrika. *E. zebra* L, Bergzebra. Südafrika. Im Aussterben. *E. quagga* GM., Quagga. Südafrika. Gegenwärtig ausgerottet. *E. przevalskii* POLJAKOFF, asiatisches Wildpferd. Dsungarei. Im Aussterben. Stammform des mongolischen Hauspferdes. *E. gmelini* ANTONIUS, Tarpan, europäisches Wildpferd. Südrußland. Seit 1876 ausgerottet. Als Stammformen des europäischen Hauspferdes kommen zunächst zwei Wildformen in Betracht, der Tarpan, auf den sich die leichtgebauten orientalischen und osteuropäischen Hauspferde zurückführen lassen (ANTONIUS), und ein in der Quartärzeit vorhandenes, vielleicht zu Römerzeiten noch in Spanien lebendes schweres Pferd, das dem occidentalen schweren Hauspferde (norischen, deutschen u. a.) den Ursprung gab. In den heutigen Kulturrassen liegt vielfach Mischung beider Formen vor. Nicht selten tritt bei verschiedenen Rassen des Hauspferdes in der Fußbildung ein Rückschlag ein, indem sich das innere Griffelbein des Vorderfußes in eine Afterzehe fortsetzt. Sehr selten sind Hauspferde mit zwei Afterzehen (Hipparionfüßen) beobachtet worden. (Rückschlag in der Färbung, Rücken- und Schulterstreifen). *E. kiang* MOORCR., Kiang. Tibet, Kaschmir. *E. hemionus* PALL., Dschiggetai, Kulan, Halbesel. Südl. Sibirien, Turkestan, Mongolei. *E. onager* BRISS. Afghanistan, Nordostindien, Persien. *E. asinus* L. (*africanus* FITZ., *taeniopus* HGL.), Wildesel. Nordostafrika. Domestiziert der Hausesel. Bastarde von Pferd und Esel sind das Maultier (Eselhengst und Pferdestute) sowie der Maulesel (Pferdehengst und Eselstute).

5. Unterordnung. *Artiodactyla*, Paarzeher[1]. Ungulaten mit diplarthralem

---

[1] Außer den Schriften von SUNDEVALL, BROOKE, OWEN, GARROD, LÖNNBERG, PANCERI, STEHLIN, KEIBEL, CHAPMAN u. a. vgl. MILNE EDWARDS, A.: Recherches anatomiques,

Fußbau, mit vorwiegender, gleichmäßig starker Entwicklung der 3. und 4. Zehe, mit paariger Zehenzahl. Gebiß häufig reduziert. Backenzähne bunodont oder selenodont.

Die Artiodactylen lassen unter den heute lebenden Formen zwei große Gruppen unterscheiden, von denen für die eine das Wiederkauen der Nahrung eigentümlich ist. Diesen *Ruminantia* stehen die *Nonruminantia* gegenüber. Letztere sind plumpe, schwer gebaute Formen mit niedrigen Beinen, dicker Haut und spärlichem, straffem Borstenkleid, erstere schlank und gracil, hochbeinig, mit dichtem, eng anliegendem Haarkleid.

In der Bildung des Fußes ist den Artiodactylen eigentümlich, daß die Zahl der Finger und Zehen eine paarige ist und der 3. sowie 4. Finger und Zehen die Stütze des Körpers bilden (Abb. 1105 c, d). Bei *Hippopotamus* nehmen noch die 2. und 5. Zehe beim Auftreten an der Unterstützung des Körpers teil. Sonst rücken letztere rudimentär geworden nach hinten und berühren als Afterzehen den Boden nicht mehr oder schwinden vollständig (Giraffen, Kamel). Mit Ausnahme von *Hippopotamus*, bei dem der 3. Finger gegenüber dem 4. etwas länger ist, sind diese zwei Finger und Zehen gleich stark entwickelt. Auch erfahren die betreffenden Mittelhand- und Mittelfußknochen eine ansehnliche Länge, legen sich fest aneinander oder verschmelzen zu einem einfachen langen Knochen (Canon), so bei den *Ruminantia*.

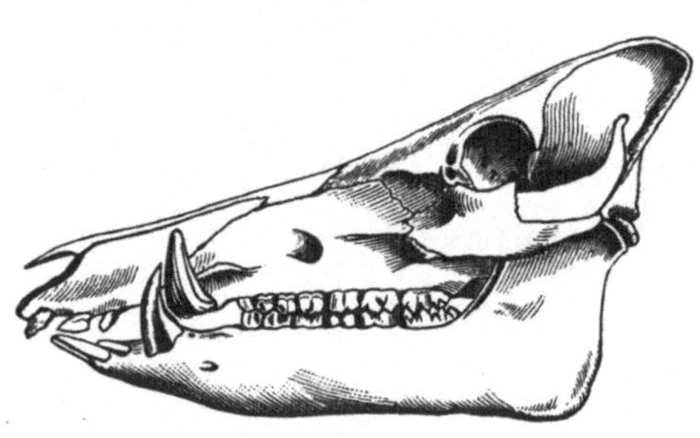

Abb. 1152. Schädel von *Sus scrofa*.

Das Gebiß ist bei *Sus* noch vollständig. Sonst tritt eine Reduction der oberen Schneidezähne und zuweilen der oberen Eckzähne ein. Im Unterkiefer sind die Schneidezähne stets vollständig erhalten. Von Backenzähnen finden sich in der Regel drei Prämolaren und drei Molaren; die Prämolaren weichen von letzteren in ihrer Ausbildung ab.

Die Krone der Backenzähne ist entweder bunodont oder selenodont (Abb. 1110 c). Der Eckzahn ist zuweilen wurzellos (Suiden, *Moschus* und andere).

Von den übrigen Merkmalen ist die Komplikation des Wiederkäuermagens hervorzuheben. Die Zitzen sind inguinal, seltener abdominal. Der Uterus ist zweihörnig, die Placenta diffus (*Nonruminantia, Tylopoda, Traguloidea*) oder mit Cotyledonen (übrige *Ruminantia*) (Abb. 1155).

1. Sektion. *Nonruminantia*, Nichtwiederkäuer. Backenzähne bunodont, Eckzähne stets vorhanden (Abb. 1152). Magenform einfach. Die Metatarsalia und Metacarpalia der 3. und 4. Zehe nicht verschmolzen (Abb. 1105 c).

zoolog. et paléont. sur la famille des Chevrotains. Ann. des Sci. natur. **1864**. — RÜTIMEYER, L.: Versuch einer natürlichen Geschichte des Rindes. Denkschr. Schweiz. naturforsch. Ges. **1867—1868**. — Beiträge zu einer natürlichen Geschichte der Hirsche. Abh. Schweiz. paläont. Ges. **1881, 1883**. — LOMBARDINI, L.: Sui Cammelli. Pisa 1879. — BOAS, J. E. V.: Zur Morphologie des Magens der Kameliden und der Traguliden usw. Morph. Jb. **16** (1890). — LYDEKKER, R.: The deer of all lands. London 1898. — Wild oxen, sheep and goats of all lands. London 1898. — SCLATER, P. L. a. THOMAS, O.: The Book of Antelopes. 4 Teile: London 1894—1900. — GRATIOLET, P.: Recherches sur l'anatomie de l'Hippopotame. Paris 1867. — v. NATHUSIUS, H.: Vorstudien für die Geschichte und Zucht der Haustiere, zunächst am Schweineschädel. Berlin 1884. — DE ROTHSCHILD, M. et H. NEUVILLE: Recherches sur l'Okapi et les Giraffes etc. Ann. des Sci. natur. Paris **1909**. — TOLDT jun., K.: Äußerliche Untersuchung eines neugeborenen *Hippopotamus amphibius* usw. Denkschr. Akad. Wien **1915**. — v. SCHUMACHER, S.: Histologische Untersuchung der äußeren Haut eines neugeborenen *Hippopotamus amphibius*. Ebenda **1917**.

Fam. *Hippopotamidae* (*Obesa*). Von plumper Gestalt, Kopf mit breiter, stumpfer, angeschwollener Schnauze. Die kurzen Beine besitzen vier Zehen, die alle den Boden berühren. Haut sehr dick, mit spärlichem Borstenkleid. Gebiß: $\frac{2}{2}\frac{1}{1}\frac{4}{4}\frac{3}{3}$. Die unteren Schneidezähne und die Eckzähne sind wurzellos. Lebensweise amphibiotisch. *Hippopotamus amphibius* L., Nilpferd, Flußpferd. Afrika südl. der Sahara.

Fam. *Suidae*, Schweine. Mit meist wenig dichtem Borstenkleid und kurzrüsseliger Schnauze. Das Gebiß (Abb. 1152) besitzt alle Zahnarten, doch ist die Zahnreihe nicht vollkommen geschlossen. Die Schneidezähne stehen schräg horizontal und erfahren in einzelnen Gattungen eine Reduktion. Die wurzellosen Eckzähne stark verlängert, dreiseitig, im männlichen Geschlecht als „Hauer" gewaltige Waffen. Nur die 3. und 4. Zehe berühren den Boden, während die kleineren Außenzehen als Afterzehen nach hinten liegen (Abb. 1105c). Sind omnivor. *Sus vittatus* MÜLL. SCHL., Bindenschwein. Ostasien, Java, Sumatra. Stammform der Hausschweine Ostasiens. *Sus scrofa* L., Wildschwein. Gebiß: $\frac{3}{3}\frac{1}{1}\frac{4}{4}\frac{3}{3}$. In weiter Verbreitung. Stammform einer großen Zahl von Rassen des europäischen Hausschweines. Das neapolitanische, kraushaarige ungarische, andalusische Schwein, das Bündtnerschwein sind auf ein mediterranes Wildschwein (auch als *S. mediterraneus* bezeichnet) zurückzuführen, das Anklänge an *Sus vittatus* zeigt. Doch hat auch Mischung beiderlei zahmer Rassenformen stattgefunden. *Potamochoerus africanus* GMEL. (*choeropotamus* LESS.), Flußschwein. Süd- und Ostafrika. *P. porcus* L., Pinselschwein. Westafrika. *Babirussa babyrussa* L., Hirscheber. Celebes. *Phacochoerus aethiopicus* PALL., afrikanisches Warzenschwein. Afrika. *Dicotyles* (*Tayassus*) *tajacu* L. (*torquatus* CUV.), Nabelschwein, Pekari. Amerika. *D. pecari* FISHER (*labiatus* CUV.), Bisamschwein. Central- und Südamerika.

2. Sektion. *Ruminantia*, Wiederkäuer. Backenzähne selenodont (Abbild. 1110 c). Gebiß unvollständig, indem meist die oberen Schneidezähne fehlen und dann auch die Eckzähne nicht mehr vorhanden sind (Abb. 1153). Im Unterkiefer sechs schaufelförmige Schneidezähne, unterer Eckzahn meist schneidezahnartig ausgebildet. Magen kompliziert, mit Schlundrinne. Metacarpalia und Metatarsalia der 3. und 4. Zehe verschmelzen zum Canon (Abbild. 1105 d).

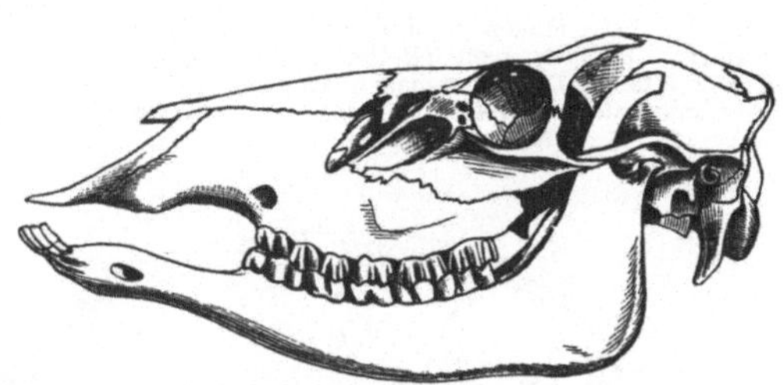

Abb. 1153. Schädel von *Cervus canadensis*.

Physiologisch und anatomisch charakterisieren sich die Ruminantien durch das Wiederkauen und die hierauf bezügliche Bildung des Magens. Die Nahrung besteht überall aus vegetabilischen Substanzen, welche nur geringe Mengen von Eiweißstoffen enthalten und daher in großen Quantitäten aufgenommen werden müssen. In dieser Beziehung erscheint die Arbeitsteilung zwischen Erwerb und Aufnahme der Nahrung einerseits und Mastication andererseits als eine vorteilhafte, bei anderen Säugetieren sonst nicht vorkommende Einrichtung. Das Abrupfen und Eintragen der Nahrung fällt der Zeit nach mit der freien Bewegung, das Kauen und Zerkleinern mit dem Ausruhen zusammen. Die Fähigkeit des Wiederkauens beruht auf dem komplizierten Bau des Magens, welcher aus vier eigentümlich verbundenen Abteilungen besteht (Abb. 1154). Die nur oberflächlich gekaute, grobe Speise gelangt zunächst in die erste und größte sackförmige Magenabteilung, den Pansen (*Rumen*). Von hier tritt dieselbe in den kleinen Netzmagen (*Reticulum*) über, welcher als ein kleiner rundlicher Anhang des Pansen erscheint und nach den netzartigen Falten seiner Innenfläche benannt wird. Nachdem die Speise hier durch zufließende Secrete erweicht ist, steigt sie mittels eines dem Erbrechen ähnlichen Vorganges durch die Speiseröhre in die Mundhöhle zurück, wird einer zweiten gründlichen Mastication unterworfen und gleitet nun in breiiger Form durch eine Rinne, die von der Einmündung der Speiseröhre zur dritten Magenabteilung zieht und deren wulstförmige Ränder sich jetzt aneinanderschließen, in die dritte Magenabteilung, den Blättermagen oder Psalter (*Omasus*). Aus diesem kleinen, nach den zahlreichen blattartigen Falten seiner inneren Oberfläche benannten Abschnitt gelangt die Speise in den vierten Magen, den längsgefalteten Labmagen (*Abomasus*), in welchem die Verdauung unter Zufluß des Secretes der zahlreichen Labdrüsen ihren weiteren Fortgang nimmt (s. S. 135). Der Blättermagen ist bei den *Tylopoden* noch nicht ausgebildet, bei den *Traguliden* rudimentär.

Am Kopfe der Ruminantien sind häufig Hörner und Geweihe vorhanden.

Mit Ausnahme Australiens, wo die Wiederkäuer erst als Zuchttiere eingeführt wurden, finden sich dieselben über die ganze Erde verbreitet. Sie sind friedliebend und halten herdenweise zusammen. Leben meist polygamisch.

1. Tribus. *Tylopoda*. Geweih- und hornlose Wiederkäuer ohne Afterzehen, mit schwieliger, alle drei Phalangen deckender Sohle hinter den kleinen nagelartigen Hufen. Im Zwischenkiefer noch der laterale Schneidezahn vorhanden. Eckzähne stark, auch der untere von den Schneidezähnen getrennt. Die Knochen in Carpus und Tarsus getrennt. Blättermagen nicht ausgebildet. Placenta diffus.

Fam. *Camelidae*. Mit den Charakteren der Tribus. *Camelus bactrianus* L., zweihöckeriges Kamel, Trampeltier. Gebiß: $\frac{1}{3}\frac{1}{1}\frac{3}{2}\frac{3}{3}$. Centralasien. *C. dromedarius* L., Dromedar, einhöckeriges Kamel. Nur domestiziert bekannt. Westasien, Indien und Nordafrika. Wird auch als domestizierte Rasse des zweihöckerigen Kamels angesehen. *Lama* (*Auchenia*) *huanachus* MOL., Huanako. Die domestizierte Form desselben ist das Lama. Das Pako oder Alpaka ist wahrscheinlich die domestizierte Form von *L. vicugna* MOL., Vicugna. Westl. Südamerika.

2. Tribus. *Traguloidea*. Geweih- und hornlose Wiederkäuer mit vollständigen Seitenzehen. Obere Schneidezähne fehlen. Oberer Eckzahn vorhanden, unterer schneidezahnartig entwickelt und den Schneidezähnen angeschlossen. Blättermagen rudimentär. Placenta diffus.

Fam. *Tragulidae*, Zwerghirsche. Kleine zierliche Tiere mit hauerartigen oberen Eckzähnen beim Männchen. Gebiß: $\frac{0}{3}\frac{1}{1}\frac{3}{3}\frac{3}{3}$. *Hyemoschus aquaticus* OGILBY. Westafrika. *Tragulus kanchil* RAFFL. Hinterindien, Große Sundainseln.

3. Tribus. *Pecora*. In der Regel Geweihe oder Hörner tragende Wiederkäuer mit rudimentären Afterzehen. Obere Schneidezähne fehlen. Unterer Eckzahn schneidezahnartig entwickelt und den Schneidezähnen angeschlossen. Blättermagen wohlentwickelt und gesondert. Placenta mit Cotyledonen (Abb. 1155).

Fam. *Cervidae*, Hirsche. Von schlankem Bau, meist mit Geweihen im männlichen Geschlecht und zwei Afterklauen. Schwanz kurz. Fehlt das Geweih, so erreichen beim Männchen die oberen Eckzähne eine bedeutende Größe und sind bei *Moschus* wurzellos. Backenzähne mit geringer Höhe der Zahnkronen. Gebiß: $\frac{0}{3}\frac{1}{1}\frac{3}{3}\frac{3}{3}$ (Abb. 1153). Selten fehlt der obere Eckzahn. Von systematischer Bedeutung erscheint das Geweih, welches mit Ausnahme des Rentiers auf das männliche Geschlecht beschränkt ist; dasselbe ist ein solider Hautknochen, welcher auf einem Knochenzapfen der Stirn (*Rosenstock*) aufsitzt und sich mit der kranzförmig verdickten Basis desselben

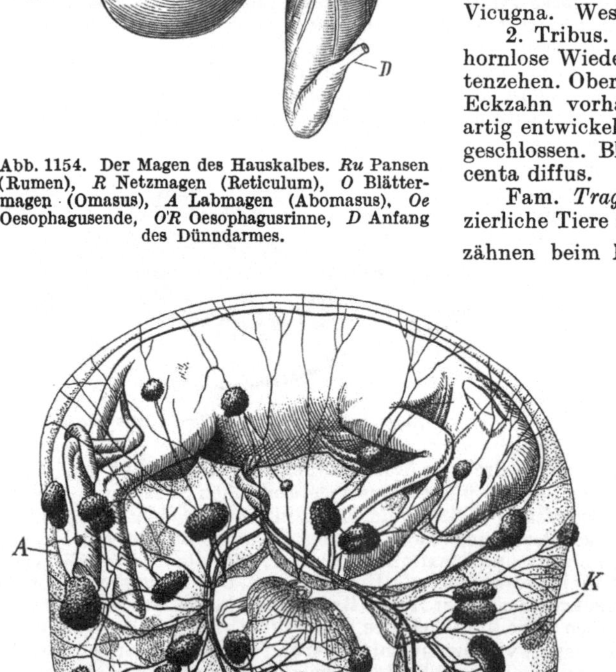

Abb. 1154. Der Magen des Hauskalbes. *Ru* Pansen (Rumen), *R* Netzmagen (Reticulum), *O* Blättermagen (Omasus), *A* Labmagen (Abomasus), *Oe* Oesophagusende, *O'R* Oesophagusrinne, *D* Anfang des Dünndarmes.

Abb. 1155. Fruchtblase mit Foetus vom Schaf. (Nach O. SCHULTZE.) *A* Amnion, *K* Cotyledonen des Chorion.

(*Rose*) in regelmäßig periodischem Wechsel ablöst, um abgeworfen und erneuert zu werden. Übrigens ist dem Geweihe nicht der Wert als vornehmliches Kennzeichen zur Unterscheidung beizulegen. Die älteren Cerviden waren überhaupt geweihlos, ähnlich wie unter den jetzt lebenden Formen die einen alten Typus repräsentierende Gattung *Moschus*.

Moschus moschiferus L., Moschustier. Ohne Geweih, mit hauerartig entwickelten Eckzähnen im männlichen Geschlecht und Moschusbeutel zwischen Nabel und Rute. Im Hochgebirge Centralasiens von Tibet bis Sibirien (Abb. 1156).

Hydropotes inermis SWINH. Geweihlos, Männchen mit großem Eckzahn. Ostchina. *Muntiacus (Cervulus) muntjak* ZIMM., Muntjak. Südasien, Sumatra, Java, Borneo. *Odocoileus (Cariacus) virginianus* BODD. Nordamerika. *O. campestris* F. CUV., Pampashirsch. Südamerika. *Capreolus capreolus* L., Reh. Europa, Südwestasien. *Cervus aristotelis* CUV. *C. axis* ERXL. Ostindien. *C. elaphus* L., Edelhirsch. Europa, Kleinasien. *C. canadensis* ERXL., Wapiti. Nordamerika. *C. dama* L., Damhirsch. Südeuropa, Kleinasien, Nordafrika. *Alce (Alces) alces* L. (*palmatus* GRAY), Elch, Elen. Nordeuropa, Nordasien. *Rangifer tarandus* L., Rentier. In beiden Geschlechtern mit Geweihen. Arkt. Europa, Asien und Amerika.

Fam. *Bovidae (Cavicornia)*, Horntiere. Teils schlanke, teils plump gebaute Wiederkäuer, in der Regel in beiden Geschlechtern mit Hohlhörnern, die als bleibende, überaus verschieden gestaltete Hornscheiden einem Fortsatze des Stirnbeines aufsitzen und nur bei *Antilocapra* einem periodischen Wechsel unterliegen. Gebiß: $\frac{0}{3}\frac{0}{1}\frac{3}{3}\frac{3}{3}$. Die Krone der Molaren ist hoch. Den Hirschen gegenüber zeigt die Familie der Horntiere weitergreifende Spezialisierungen.

Antilocapra americana ORD, Gabelgemse. Hornscheide kompreß mit vorderer Zacke, wird jährlich abgeworfen. Prärien von Nordamerika.

Bubalis (Alcelaphus) buselaphus PALL., Kuhantilope. Nordafrika. *B. caama* G. CUV., Hartbiest. *Damaliscus pygargus* PALL., Buntbock. *Connochaetes (Catoblepas) gnu* ZIMM., Gnu. *Cephalophus grimmius* L. Südafrika. *Neotragus pygmaeus* L., Zwergantilope. Westafrika.

Abb. 1156. *Moschus moschiferus*, Männchen. (Aus BRANDT u. RATZEBURG.) $^{1}/_{12}$

Tetracerus quadricornis BLAINV. Ostindien. *Oreotragus oreotragus* ZIMM. (*saltatrix* BODD.). Ostafrika vom Cap bis Abessinien. *Antilope cervicapra* L. Ostindien. *Pantholops hodgsoni* ABEL. Tibet. *Saiga tatarica* L., Saiga-Antilope. Südosteuropa, Westasien. *Antidorcas marsupialis* ZIMM. (*euchore* FORST.), Springbock. Südostafrika. *Gazella dorcas* L., Gazelle. Nordafrika, Westasien. *Hippotragus leucophaeus* PALL., Blaubock. Südafrika. Seit 1800 ausgerottet. *Oryx beisa* RÜPP. Nordostafrika. *O. algazel* PALL., Säbelantilope. Nördl. Afrika. *Addax nasomaculatus* BLAINV., Mendesantilope. Nordafrika. *Boselaphus tragocamelus* PALL., Nilghai. Ostindien. *Tragelaphus scriptus* PALL. *Strepsiceros strepsiceros* PALL. (*kudu* GRAY), Kudu. Central- und Südafrika. *Taurotragus oryx* PALL. (*canna* DESM.), Elenantilope. Ost- und Südafrika. *Rupicapra rupicapra* L., Gemse. Alpen, Karpathen, Pyrenäen, Balkan, Kaukasus. *Oreamnos (Haplocerus) montanus* ORD (*americanus* BLAINV.), Schneeziege. Felsengebirge Nordamerikas. *Budorcas taxicolor* HDGS. Takin, Indochina.

Hemitragus jemlahicus H. SM. Tahr, Himalaja. *Capra aegagrus* GM., Bezoarziege. Südosteuropa, Westasien. Stammform einiger europäischer Hausziegen. Als Stammform der meisten europäischen Hausziegenformen wird von ADAMETZ die im Diluvium von Galizien gefundene *Capra prisca* ADAMETZ angesehen. *C. falconeri* WAGN. Markhor, Schraubenhornziege. Himalaja, Afghanistan. *C. ibex* L., Alpensteinbock. Alpen. Im Aussterben. *Ammotragus lervia* PALL. (*tragelaphus* DESM.), Mähnenschaf. Nordafrika. *Ovis ammon* L. (*argali* PALL.), Argali. Mittel- u. Ostasien. *O. musimon* SCHREB., Muflon. Sardinien, Korsika.

O. cycloceros Hutt. (*arkal* Brdt.), Steppenschaf. Tibet bis Westasien. Die beiden letztgenannten Arten sind die Stammformen der europäischen Hausschafe, erstere der kurzschwänzigen Rassen (Haidschnucke und des Marschschafes) letztere der langschwänzigen Rassen (Merinos, Zackelschafe und mitteleuropäischen Landschafe). Doch hat auch Mischung beiderlei zahmen Rassenformen stattgefunden.

Ovibus moschatus Zimm., Moschusochs. Grönland, Arkt. Nordamerika.

Anoa depressicornis H. Sm. Celebes. *Buffelus* (*Bubalus*) *bubalus* L., Büffel. Ostindien. Domestiziert auch in Südosteuropa, Ägypten, Westasien. *B. caffer* Sparrm. Ost- und Südafrika. *Bibos gaurus* H. Sm., Gaur. Ostindien. Die domestizierte Form ist der Gayal. *B. banteng* Raffl. (*sondaicus* Müll. Schl.), Banteng. Indochina, Java, Borneo. Stammform des südasiatischen Hausrindes. *Poëphagus grunniens* L., Yak, Grunzochs. Centralasien. *Bison bonasus* L., Wisent, mit Unrecht Auerochs genannt. Früher im mittleren Europa weit verbreitet, gegenwärtig als Wildform ausgerottet. *B. bison* L. (*americanus* Gm.). Nordamerika. *Bos primigenius* Bojan., Ur, Urochs, Auerochs. In historischer Zeit ausgerottet, früher in Europa verbreitet. Die Stammform des europäischen Steppenrindes, Niederungsrindes und des Frontosusrindes, ferner der ältesten Rinder Afrikas. Auch die Zebus, Bückelrinder von Südasien und Afrika, gehen höchstwahrscheinlich auf eine dem Ur nahestehende Wildform (*Bos namadicus* Falc. aus dem Pleistozän Indiens) zurück. Die übrigen europäischen Hausrinder werden auf eine zweite europäische, gegenwärtig ausgestorbene Wildform (*Bos europaeus* [*brachyceros*]) zurückgeführt (Adametz). Doch hat auch Mischung beiderlei Kulturformen stattgefunden.

Fam. *Giraffidae*. Mit wenigstens zwei von der behaarten Haut überzogenen Hornzapfen an der Stirne. Seitenzehen und -Finger fehlen. Gebiß: $\frac{0\ 0\ 3\ 3}{3\ 1\ 3\ 3}$. *Okapia johnstoni* Scl., Okapi. Centralafrika. *Giraffa camelopardalis* L., Giraffe. Mit sehr langem Hals und langen Vorderbeinen. Afrika.

11. Ordnung. Sirenia (Seekühe) [1].

Monodelphe, im Wasser lebende plumpe Säugetiere mit flossenförmigen, im Ellenbogengelenk beweglichen Vordergliedmaßen, ohne Hintergliedmaßen, mit horizontaler Flosse am Schwanze. Gebiß herbivor, reduciert.

Die Sirenen gleichen in ihrer Erscheinung den Walen, weichen von denselben jedoch in zahlreichen wesentlichen Charakteren ab; Bau und fossile Übergangs-

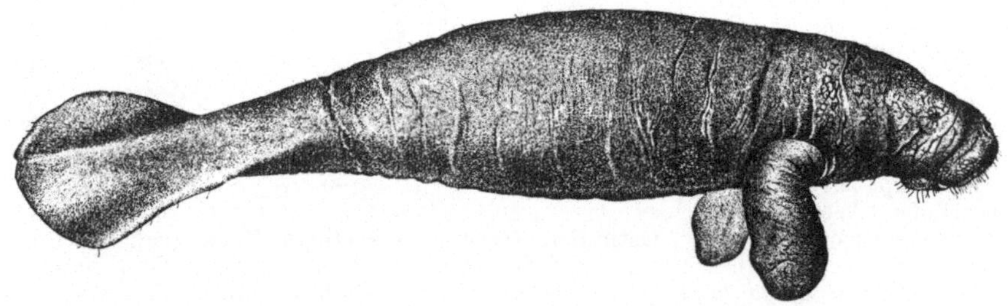

Abb. 1157. *Trichechus manatus*, junges Tier. (Nach Murie.) Etwa 1/11

formen weisen auf die Ableitung der Sirenen von primitiven Ungulaten (Condylarthra) und vielleicht gemeinsamen Ursprung mit den Proboscideen, so daß die

---

[1] Brandt, J. F.: Symbolae sirenologicae. Mém. Acad. St.-Pétersbourg 1845—1869. — Murie, J.: On the form and structure of the Manatee. Trans. Zool. Soc. London 8 (1872); ferner 11 (1879). — Hartlaub, C.: Beiträge zur Kenntnis der *Manatus*-Arten. Zool. Jb. 1 (1886). — Kükenthal, W.: Vergleichende anatomische und entwicklungsgeschichtliche Untersuchungen an Sirenen. Semon: Zool. Forschungsreisen in Australien. IV. Jena 1897. — v. Lorenz, L.: Das Becken der Stellerschen Seekuh. Abh. Geol. Reichsanst. Wien 19 (1904). — Matthes, E.: Beiträge zur Anatomie und Entwicklungsgeschichte der Sirenen. I. Jena. Z. Naturwiss. 53 (1915). — Petit, G.: Recherches anatomiques sur l' apareil génitourinaire mâle des Sireniens. Arch. Morph. gén. expér. 23. Paris 1925. — Vgl. ferner die Arbeiten von Vrolik, Harting, Gill, H. Dexler u. L. Freund, Kaudern u. a.

Übereinstimmung in der dem Wasseraufenthalte angepaßten Körperform mit Walen auf convergente Entwicklung zurückgeführt werden muß. Der spindelförmige Leib mit dem ventral abgesetzten Kopfe endet mit mäßig breiter horizontaler Hautflosse (Abb. 1157). Die Vorderextremitäten sind im Ellbogengelenk bewegliche Flossen, die fünffingerige Hand trägt bei *Trichechus* (*Manatus*) vier rudimentäre Nägel. Die Hinterextremität fehlt bis auf Reste des Beckens, die mit einem Wirbel der Wirbelsäule ligamentös verbunden sind. Die Haut ist dick, drüsenlos und spärlich beborstet. Der Schädel schließt sich im Bau an jenen der Huftiere an, in gleicher Weise das Gebiß und die innere Organisation. Der Mund ist von einer wulstigen Oberlippe gedeckt. In der Mundhöhle finden sich am Intermaxillare und dem Vorderabschnitte des Unterkiefers Hornplatten. Im Gebiß sind Schneidezähne und Eckzähne rückgebildet bis auf einen Schneidezahn im Oberkiefer bei *Dugong* (*Halicore*), der sich beim Männchen zu einem wurzellosen Stoßzahn ausbildet. Von Backenzähnen finden sich nur Molaren, bei *Trichechus* (*Manatus*) bis acht, selten mehr als sechs in jeder Kieferhälfte, die einem horizontalen steten Wechsel von hinten nach vorn unterliegen, indem die vorn ausfallenden Zähne durch am Hinterende der Reihe neuentstehende Zähne ersetzt werden; sie sind mit zwei Jochen versehen. Bei *Dugong* finden sich fünf bis sechs Backenzähne, von denen die vorderen zwei bis drei ausfallen. *Hydrodamalis* (*Rhytina*) war zahnlos.

Die Zitzen sind brustständig, der Uterus zweihörnig, die Placenta gürtelförmig.

Die Sirenen nähren sich an der Meeresküste von Pflanzen, steigen auch weit in die Flußmündungen.

Fam. *Trichechidae.* Gebiß nur aus selten mehr als sechs Molaren mit fortgesetztem horizontalen Wechsel. Schwanzflosse spatelförmig. *Trichechus manatus* L. (*Manatus latirostris* HARL.), amerikanischer Manati. Küsten Amerikas von Florida bis Nordbrasilien, Antillen (Abb. 1157). *T. senegalensis* DESM. Westafrika.

Fam. *Dugongidae* (*Halicoridae*). Mit einem oberen Schneidezahn, der sich beim Männchen zu einem Stoßzahn entwickelt. $\frac{5}{5}$ bis $\frac{6}{6}$ Molaren, die später stiftförmig werden und von denen die vorderen zwei bis drei ausfallen. Schwanzflosse in zwei seitliche Lappen ausgezogen. *Dugong* (*Halicore*) *dugon* P. L. S. MÜLL., Dugong. Ind. Ozean.

Fam. *Hydrodamalidae.* Zahnlos. Schwanzflosse halbmondförmig. *Hydrodamalis gigas* ZIMM. (*Rhytina stelleri* RETZ.), STELLERsche Seekuh, Borkentier. Beringsmeer. War bis 8 m lang. Seit 1790 ausgestorben.

<h2 style="text-align:center">12. Ordnung. Primates[1].</h2>

Monodelphe Säugetiere mit vollständigem heterodonten Gebiß, Vorder- und Hinterextremitäten mit fünf Fingern, deren erster in der Regel opponierbar; meist mit Plattennägeln. Augenhöhlen nach vorn gerichtet.

---

[1] AUDEBERT, J. B.: Histoire naturelle des Singes et des Makis. Paris 1800. — SCHLEGEL, H.: Monographie des Singes. Leide 1876. — FORBES, H. O.: A Handbook to the Primates. 2 Vols. London 1894. — WINGE, H.: Jordfundne og nulevende Aber (Primates). E Museo Lundi. Kjöbenhavn 1895. — MILNE EDWARDS, A. et GRANDIDIER: Madagascar, Histoire naturelle des Mammifères. Paris 1875. — LECHE, W.: Untersuchungen über das Zahnsystem lebender und fossiler Halbaffen. Festschr. f. GEGENBAUR. III. Leipzig 1896. — SELENKA, E.: Studien zur Entwicklungsgeschichte der Tiere. H. 7—11. Menschenaffen usw. Wiesbaden 1898—1913. — HUBRECHT, A. A. W.: Furchung und Keimblattbildung bei *Tarsius spectrum*. Verh. Akad. Amsterdam **1902**. — ELLIOT, D. G.: A Review of the Primates. 3 Bde. New York 1912. — TOLDT jun., K.: Über Hautzeichnung bei dichtbehaarten Säugetieren, insbesondere bei Primaten. Zool. Jb. **35** (1913). — KOLLMANN, M. et L. PAPIN: Études sur les Lémuriens. I. Ann. des Sci. natur. **1914**. — WOOLLARD, H. H.: The Anatomy of *Tarsius spectrum*. Proc. Zool. Soc. London **1925**. — Außerdem vgl. die Arbeiten von VROLIK, DUVERNOY, GEOFFROY ST. HILAIRE, MIVART, OWEN, TURNER, GRAY, v. BISCHOFF, HUXLEY, ZUCKERKANDL u. a.

Die Primates, zu denen die Affen, Tarsioidea und Halbaffen gehören, sind Klettertiere, deren Vorder- und Hinterextremitäten mit ihren fünf freien Fingern und Zehen durch die Opponierbarkeit des Daumens bzw. der großen Zehe als Hand- und Greiffuß entwickelt sind. Die Endphalangen der Extremitäten sind meist mit Plattennägeln, seltener mit Kuppennägeln oder Krallen bewaffnet. Das Gebiß ist in der Regel vollständig und heterodont.

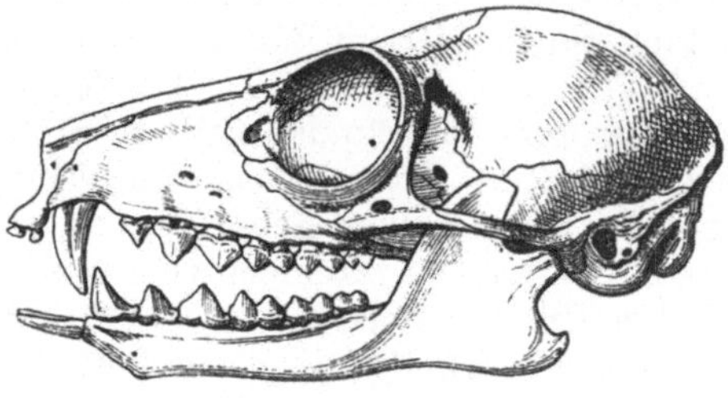

1. Unterordnung. *Prosimiae (Lemuroidea), Halbaffen*. Primaten mit insectivorenähnlichem Gebiß, ohne geschlossene Augenhöhlen.

Abb. 1158. Schädel von *Lemur varius*. (Nach A. MILNE EDWARDS u. GRANDIDIER.)

Die Halbaffen zeigen in Erscheinung und Lebensweise viel Ähnlichkeit mit den Affen. Ihr schlanker Körper trägt ein dichtes, oft wolliges Haarkleid und erscheint zum Baumleben vorzüglich eingerichtet. Der raubtierähnliche Kopf besitzt ein behaartes Gesicht und große Augen. Das Gebiß erinnert an jenes der Insectivoren (Abb. 1158). Meist finden sich je zwei Schneidezähne, von denen die oberen klein bleiben und durch eine weite mediane Lücke von denen der anderen Seite getrennt sind, die unteren lang sind und mehr oder minder horizontal stehen. Denselben hat sich der untere Eckzahn in seiner Form adaptiert, während der erste untere Prämolar die stark vorstehende Form des Eckzahnes gewonnen hat. Den meist in der Dreizahl auftretenden drei- bis vierhöckerigen Prämolaren folgen drei Molaren. Der Unterkiefer bleibt mit persistenter Trennung seiner beiden Hälften im Kinnwinkel. Von den Extremitäten sind die vorderen kürzer als die hinteren. Die Halbaffen haben bereits die Hände und Greiffüße der Affen, ebenso auch Plattennägel an Fingern und Zehen, die zweite Zehe des Fußes stets ausgenommen, welche mit einer langen Kralle bewaffnet ist (Abb. 1160). *Daubentonia* (*Chiromys*) besitzt Krallennägel, einen Plattennagel bloß an der opponierbaren Innenzehe der hinteren Extremität. Der Schwanz zeigt sehr verschiedene Größe und Entwicklung, ist jedoch nie ein Greifschwanz.

Die mehr oder minder nach vorn gerichteten Augenhöhlen sind zwar von einem Orbitalring vollständig umrandet, indessen gegen die Schläfengrube in der Regel nicht geschlossen. Die Clitoris ist von der Urethra

Abb. 1159. *Daubentonia* (*Chiromys*) *madagascariensis*. (AUS VOGT u. SPECHT.) Etwa ¹/₅

durchbohrt. Uterus zweihörnig. Meist sind mehrere an Brust und Bauch gelegene Zitzenpaare vorhanden. Placenta diffus.

Die Halbaffen bewohnen ausschließlich die heißen Gegenden der alten Welt, vornehmlich Madagaskar, ferner Afrika und Südasien. Sie sind fast sämtlich Nachttiere, klettern sehr geschickt, aber träge und langsam und ernähren sich von Früchten, Insecten und kleinen Wirbeltieren.

Fam. *Lemuridae,* Fuchsaffen, Makis. Haarkleid wollig. Hinterbeine wenig länger als die Vorderbeine. Schwanz lang. Gebiß: $\frac{2}{2}\frac{1}{1}\frac{3}{3}\frac{3}{3}$ (Abb. 1158). Die oberen Incisivi können rudimentär werden oder ausfallen. *Lemur varius* Is. Geoffr. *L. macaco* L. Männchen schwarz, Weibchen rostrot. *L. mongoz* L. *L. catta* L. *Myoxicebus* (*Hapalemur*) *griseus* E. Geoffr., Halbmaki. *Microcebus murinus* Mill. (*pusillus* E. Geoffr.), Zwergmaki. *Chirogaleus* E. Geoffr. Madagaskar.

Fam. *Indrisidae.* Hinterbeine lang, die Zehen, mit Ausnahme des Hallux, durch eine Haut verbunden. Schwanz von verschiedener Länge. *Indris* (*Lichanotus*) *indris* Gmelin (*brevicaudatus* E. Geoffr.), Indri. *Propithecus diadema* Benn., Vließmaki. Madagaskar.

Fam. *Daubentoniidae.* Mit nagetierähnlichem Gebiß: $\frac{1}{1}\frac{0}{0}\frac{1}{0}\frac{3}{3}$. Mit Krallennägeln an den verlängerten dünnen Fingern und Zehen. Nur die opponierbare große Zehe des Hinterfußes endet mit einem Plattennagel. *Daubentonia* (*Chiromys*) *madagascariensis* Gmelin, Aye-Aye, Fingertier. Madagaskar (Abb. 1159).

Fam. *Galaginidae.* Kleine Halbaffen, deren hintere Gliedmaßen viel länger als die vorderen sind. Tarsus sehr lang. *Galago senegalensis* E. Geoffr. (*Otolicnus galago* Schreb.). Trop. Afrika (Abb. 1160). *G. crassicaudatus* E. Geoffr. Ostafrika.

Fam. *Nycticebidae.* Körper meist plump. Vorder- und Hintergliedmaßen ziemlich gleich lang. Zeigefinger rudimentär. Tarsus kurz. Schwanz kurz oder fehlt. *Perodicticus potto* E. Geoffr. Westafrika. *Nycticebus coucang* Bodd., Plumplori. Ostindien. *Loris* (*Stenops*) *tardigradus* L. (*gracilis* E. Geoffr.), Schlanklori. Ostindien, Ceylon.

2. Unterordnung. *Tarsioidea, Langfüßer.* Primaten, deren Augenhöhle von der Schläfengrube bis auf eine Fissur getrennt ist. Im Gebiß die oberen Schneidezähne spitz und aneinander geschlossen, die unteren vertikal stehend.

Die *Tarsioidea* wurden gewöhnlich mit den *Lemuroidea* zu den *Prosimiae* als eigene Untergruppe eingeordnet. Sie zeigen jedoch außer den Übereinstimmungen mit Lemuroideen auch einige mit den Affen, so daß sie von M. Weber und anderen Forschern als besondere Primatenunterordnung getrennt werden. Nach Leche ist die einzige bisher gehörige Gattung *Tarsius* ein Relikt einer Stammgruppe, aus der Lemuroideen und Affen hervorgegangen sind.

Die Tarsioideen sind kleine Tiere mit wolligem Haarkleid, mit kurzem runden Kopf,

Abb. 1160. *Galago senegalensis.* (Aus Vogt u. Specht.) ¹/₄

großen Ohren und auffallend großen Augen. Die Orbita ist bis auf eine Fissur von der Schläfengrube getrennt. Die Gliedmaßen sind lang, Calcaneus und Naviculare stark verlängert. Die schlanken Finger und Zehen haben scheibenförmig verbreiterte Enden und besitzen Plattennägel, nur die zweite Zehe und Mittelzehe einen Krallennagel. Der Körper endet mit einem langen Schwanz. Im Gebiß stehen die unteren Schneidezähne vertikal, die unteren Eckzähne sind von gewöhnlicher Form; die oberen Schneidezähne sind aneinander geschlossen. Der Uterus ist zweihörnig, die Clitoris nicht von der Urethra durchbohrt. Von Zitzen sind zwei inguinale und zwei brustständige vorhanden. Die Placenta ist discoidal.

Die Tarsioidea sind nächtliche baumlebende Tiere, die sich hüpfend bewegen. Ihre Nahrung besteht aus Eidechsen, kleinen Krebsen, Insecten und Früchten.

Fam. *Tarsiidae.* Mit den Charakteren der Unterordnung. Gebiß: $\frac{2}{1}\frac{1}{1}\frac{3}{3}\frac{3}{3}$. *Tarsius tarsius* Erxl. (*spectrum* Pall.), Gespenstmaki, Koboldmaki. Waldungen der Malaiischen Inseln.

3. Unterordnung. *Simiae (Anthropoidea), Affen.* Primaten mit geschlossener Augenhöhle, mit meißelförmigen, in geschlossener Reihe stehenden Schneidezähnen.

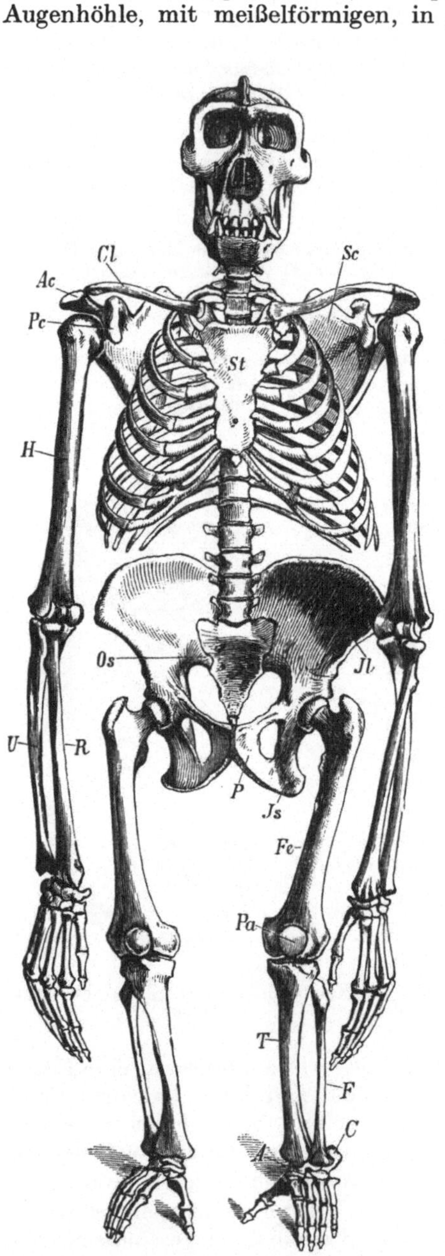

Der Körperbau der Affen erscheint in der Regel schlank und gracil, wie ihn die schnellen und leichten Bewegungen von Baumtieren voraussetzen, indessen kommen auch plumpe, schwerfällige Gestalten vor, die, wie die Paviane, Waldungen meiden und felsige Gebirgsgegenden zu ihrem Aufenthalte wählen. Mit Ausnahme des stellenweise kahlen menschenähnlichen Gesichtes und schwieliger Teile des Gesäßes (Gesäßschwielen) trägt der Körper ein mehr oder minder dichtes Haarkleid, welches sich nicht selten an Kopf und Rumpf in Form von Quasten und Mähnen verlängert. Die Haut ist bei einzelnen Arten in bestimmter lokaler Verteilung stark im Corium pigmentiert und erscheint dann unabhängig von der Haarfärbung symmetrisch licht und dunkel gezeichnet. Die kahlen Körperstellen zeichnen sich oft durch lebhafte rote oder blaue Färbung aus.

Im Zusammenhange mit der Größenzunahme des Gehirnes wird die Schädelkapsel runder und das Foramen magnum rückt allmählich mehr und mehr von der hinteren Fläche nach unten herab. Auch die Ohrmuschel hat etwas menschenähnliches, ebenso die Stellung der nach vorne gerichteten Augen, deren Höhlen gegen die Schläfengruben vollkommen geschlossen sind (Abbild. 1161). Von den Extremitäten sind die vorderen meist länger als die hinteren. Ein Schlüsselbein ist stets vorhanden. Der Unterarm gestattet eine Drehung des Radius und die Ulna (Pronatio und Supinatio) der Hand, deren Finger, die Krallaffen ausgenommen, Kuppen- oder Plattennägel tragen. Der Daumen kann rudimentär sein oder fehlen. Das Becken ist lang und gestreckt, wird aber bei den Anthropomorphen niedriger, mehr und mehr dem menschlichen ähnlich, wenngleich es immer flacher bleibt. Tibia und Fibula bleiben stets beweglich gesondert. Die hintere Extremität endet in allen Fällen mit einem kräftig entwickelten Greiffuß, den man nach Knochenbau und

Abb. 1161. Skelet von *Gorilla gorilla. St* Sternum, *Sc* Scapula, *Ac* Acromion, *Pc* Processus coracoideus, *Cl* Clavicula, *H* Humerus, *R* Radius, *U* Ulna, *Os* Os sacrum, *Jl* Os ilium, *Js* Os ischii, *P* Os pubis, *Fe* Femur, *Pa* Patella, *T* Tibia, *Fi* Fibula, *C* Calcaneus, *A* Astragalus.

Anordnung der Muskulatur in keiner Weise berechtigt ist, als Hand zu bezeichnen. Überall trägt die opponierbare große Zehe einen Plattennagel, während die übrigen Zehen mit Krallen bewaffnet sein können (Krallaffen). Die Sohlenfläche von Hand und Fuß ist nackt. Die Länge des Schwanzes ist eine sehr verschiedene; zuweilen erscheint er als Greifschwanz ausgebildet.

Das Gebiß (Abb. 1162, 1163) enthält in jedem Kiefer vier meißelförmige Schneidezähne, welche in geschlossener Reihe stehen, stark vortretende konische Eckzähne und bei den Affen der alten Welt und den Krallaffen fünf, bei den übrigen Affen der neuen Welt sechs stumpfhöckerige Backenzähne. Die Größe der fast wie bei den Raubtieren vorstehenden Eckzähne bedingt das Vorhandensein einer ansehnlichen Zahnlücke zwischen dem Eckzahne und ersten Backenzahne des Unterkiefers.

Rücksichtlich der inneren Organe ist im Vergleiche zu den übrigen Säugetieren eine Reduktion des Geruchsorganes hervorzuheben. Der Uterus ist stets ein Uterus simplex, die Placenta discoidal. Die Milchdrüsen und Zitzen sind brustständig und nur in einem Paare vorhanden. Das Weibchen bringt nur ein Junges (seltener zwei oder drei) zur Welt, welches mit großer Liebe geschützt und gepflegt

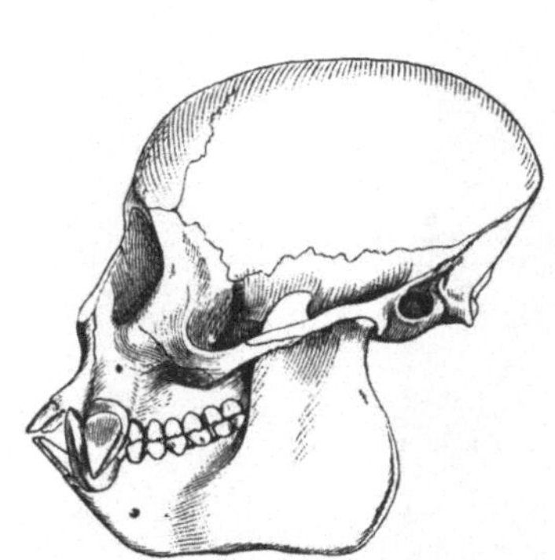

Abb. 1162. Schädel von *Pithecia satanas.*

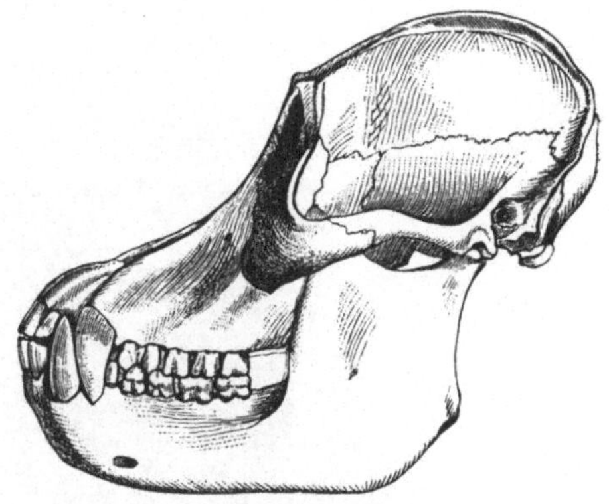

Abb. 1163. Schädel von *Pongo pygmaeus.*

wird. In psychischer Hinsicht stehen diese Tiere neben dem Hund, Elefant und anderen an der Spitze der Säugetiere.

Die meisten Affen leben in Waldungen der heißen Klimate, nur wenige einsiedlerisch, die meisten halten sich in größeren Gesellschaften zusammen, deren Führung das größte und stärkste Männchen übernimmt. Sie nähren sich vornehmlich von Früchten und Sämereien, jedoch auch von Insecten, Eiern und Vögeln.

Unter den fossilen Formen haben großes Aufsehen die von E. DuBois im unteren Pleistocän auf Java gefundenen Reste (Schädeldach, Femur und Zähne) eines Primaten, *Pithecanthropus erectus*, denen sich neue Funde in China anschließen, als menschenähnliche Übergangsform erregt.

1. Sektion. *Platyrhina*, Plattnasen. Affen der neuen Welt mit drei Prämolaren in jeder Kieferhälfte (Abb. 1162). Knorpelige Nasenscheidewand breit, Nasenlöcher seitlich gerichtet. Backentaschen und Gesäßschwielen fehlen überall.

Fam. *Callithrichidae* (*Arctopitheci*), Krallaffen. Von geringer Körpergröße, mit behaarten Ohren, mit langem, buschig behaartem Schwanz. Mit Krallen, nur die große Zehe trägt einen Plattennagel. Daumen nicht opponierbar. Gebiß: $\frac{2}{2}\frac{1}{1}\frac{3}{3}\frac{2}{2}$. Sie werfen zwei, selbst drei Junge und nähren sich von Eiern, Insecten und Früchten. *Callithrix* (*Hapale*) *jacchus* L., Sahui, Ouistiti, Seidenäffchen. *Leontocebus* (*Midas*) *rosalia* L., Löwenäffchen. Brasilien.

Fam. *Cebidae.* Finger und Zehen mit Plattennägeln. Daumen opponierbar, fehlt zuweilen. Gebiß: $\frac{2}{2}\,\frac{1}{1}\,\frac{3}{3}\,\frac{3}{3}$ (Abb. 1162). Schwanz häufig ein Greifschwanz. *Aotus (Nyctipithecus) trivirgatus* HUMBOLDT, Nachtaffe. Guiana, Peru. *Saimiri (Chrysothrix) sciureus* L., Saimiri. Brasilien, Guiana. *Callicebus (Callithrix) personatus* E. GEOFFR., Springaffe. Brasilien. *Pithecia satanas* HFFM., Para. *Cebus capucinus* L., Kapuzineraffe. Guiana, Brasilien bis Paraguay. *Lagothrix lagotricha* HUMB., Wollaffe. *Ateles paniscus* L., Koaita. Guiana, Brasilien. *Alouatta (Mycetes) seniculus* L., Brüllaffe. Mit trommelförmigem gehöhlten Zungenbeinkörper. Südamerika.

2. Sektion. *Catarrhina,* Schmalnasen. Affen der alten Welt mit schmaler Nasenscheidewand. Nasenlöcher nach vorn gerichtet. Nur zwei Prämolaren in jeder Kieferhälfte. Gebiß: $\frac{2}{2}\,\frac{1}{1}\,\frac{2}{2}\,\frac{3}{3}$ (Abb. 1163). Backentaschen und Gesäßschwielen meist vorhanden. Der Schwanz ist niemals ein Greifschwanz, in einigen Fällen stummelförmig oder fällt als äußerer Anhang weg.

Abb. 1164. *Gorilla gorilla.* (Aus VOGT u. SPECHT). $^{1}/_{13}$

Fam. *Cercopithecidae.* Catarrhinen mit schmalem Sternum. Vorderextremitäten nicht länger als die Hinterbeine. Gesäßschwielen sind stets, Backentaschen meist vorhanden. *Papio (Cynocephalus, Mormon) sphinx* L. (*maimon* L.), Mandrill. Westafrika. *P. hamadryas* L., Mantelpavian. Arabien, Abessinien, Sudan. Heiliger Affe der alten Ägypter. *P. porcarius* BRUNN. Südafrika. *Theropithecus gelada* RÜPP., Dschelada. Gebirge von Abessinien. *Pithecus fascicularis* RAFFL. (*Macacus cynomolgus* BLYTH), Makak. Siam, Sundainseln. *P. (Nemestrinus) nemestrinus* L., Schweinsaffe. Malakka, Sumatra, Java, Borneo. *P. rhesus* AUDEB. Ostindien. *Simia sylvanus* L. (*Inuus ecaudatus* E. GEOFFR.), Magot. Schwanzlos. Nordwestafrika, Gibraltar. *Lasiopyga (Cercopithecus) callitrichus* Is. GEOFFR. (*sabaeus* aut.), Grüne Meerkatze. Westafrika. *Colobus abyssinicus* OK. (*guereza* RÜPP.), Stummelaffe. Daumen stummelförmig. Abessinien. *Nasalis larvatus* WURMB, Nasenaffe. Borneo. *Pygathrix (Semnopithecus, Presbytis) entellus* DUFR., Hulman. Ostindien. Als heiliger Affe von den Hindus verehrt. *P. aurata* E. GEOFFR. (*maura* GRAY), Budeng. Java, Sumatra, Borneo. *P. nemaeus* L., Kleideraffe. Kochinchina.

Fam. *Hylobatidae*, Gibbons, Langarmaffen. Catarrhinen mit breitem Sternum. Vorderextremitäten auffallend lang. Backentaschen fehlen. Mit kleinen Gesäßschwielen. Schwanzlos. *Symphalangus (Hylobates) syndactylus* DESM., Siamang. Sumatra. *Hylobates lar* L. Malakka.

Fam. *Pongoidae (Anthropomorphae)*. Catarrhinen mit breitem Sternum. Vorderextremitäten länger als die hinteren. Backentaschen und Gesäßschwielen fehlen. Schwanzlos. Schädel mit Augenbrauenwülsten. Bauen sich Nester auf Bäumen. Hierher gehören die größten Affen. *Pongo pygmaeus* HOPPIUS (*Simia satyrus* L.), Orang-Utan. Borneo, Sumatra. *Pan satyrus* L. (*Troglodytes niger* E. GEOFFR.), Schimpanse. Lebt in kleineren Gesellschaften. West- und Centralafrika. *Gorilla gorilla* WYM. (*gina* Is. GEOFFR.), Gorilla. Lebt gesellig in Wäldern. Westafrika. Wird bis 2 m hoch (Abb. 1164). *G. beringei* MTSCH., Berggorilla. Centralafrika.

An die Catarrhinen schließt sich der Mensch an, über dessen Stellung in der Klasse der Säugetiere man verschiedener Meinung ist, je nach dem Werte, welcher den Eigentümlichkeiten seines körperlichen Baues beigelegt wird. Während CUVIER, OWEN und andere für den Menschen eine besondere Ordnung (*Bimana*) aufstellen, schätzen Forscher, wie HUXLEY und seine Anhänger, die Merkmale, welche den Menschen von den anthropomorphen Affen unterscheiden, weit geringer und schlagen dieselben im Anschluß an die Auffassung LINNÉs, welcher den Menschen mit den Affen in seiner Ordnung der *Primates* vereinigte, nicht höher als Familiencharaktere an.

Literaturhinweise.

(s. auch die Fußnoten im Text!)

I. Theoretische und allgemeine Biologie.

HARTMANN, M.: Die Welt des Organischen, in: Das Weltbild der Naturwissenschaften. Stuttgart 1921.
— Allgemeine Biologie. Jena 1927.
HERTWIG, O. u. G. HERTWIG: Allgemeine Biologie. 6. u. 7. Aufl. Jena 1923.
LOTZE, R. H.: Allgemeine Physiologie des körperlichen Lebens. Leipzig 1851.
MEYER, AD.: Logik der Morphologie im Rahmen einer Logik der gesamten Biologie. Berlin 1926.
WOLTERECK, R.: Grundzüge einer allgemeinen Biologie. Stuttgart 1932.

II. Geschichte der Biologie.

v. BUDDENBROCK, W.: Bilder aus der Geschichte der biologischen Grundprobleme. Berlin 1930.
BURCKHARDT, R.-ERHARD, H.: Geschichte der Zoologie und ihrer wissenschaftlichen Probleme. (Sammlung Göschen Nr 357 u. 823.) Berlin u. Leipzig 1921.
LOCY, W. A.: Die Biologie und ihre Schöpfer. Jena 1915.
RÁDL, EM.: Geschichte der biologischen Theorien. I., II. Leipzig 1905, 1909.

III. Lehrbücher der Zoologie und zusammenfassende Darstellungen.

ABEL, O.: Lehrbuch der Paläozoologie. 2. Aufl. Jena 1924.
BOAS, J. E. V.: Lehrbuch der Zoologie für Studierende. 9. Aufl. Jena 1922.
FRIEDERICHS, K.: Die Grundfragen und Gesetzmäßigkeiten der land- und forstwissenschaftlichen Zoologie, insbesondere der Entomologie. Berlin 1930.
Handbuch der Zoologie. Gegründet von W. KÜKENTHAL, herausgeg. v. THILO KRUMBACH, Berlin. Im Erscheinen.
HERTWIG, R.: Lehrbuch der Zoologie. 15. Aufl. Jena 1931.
KÜHN, A.: Grundriß der allgemeinen Zoologie. 4. Aufl. 1930.
PLATE: Allgemeine Zoologie und Abstammungslehre. I, II. Jena 1922, 1924.
STECHE: Grundriß der Zoologie. 2. Aufl. Leipzig 1922.
STEMPELL, W.: Zoologie im Grundriß. Berlin 1926.
ZIEGLER-BRESSLAU: Zoologisches Wörterbuch. 3. Aufl. Jena 1927.
Artikel im Handwörterbuch der Naturwissenschaften. 10 Bände. Jena 1912 bis 1915. 2. Aufl. im Erscheinen.
Artikel in Tabulae biologicae, herausgeg. von C. OPPENHEIMER u. L. PINCUSSEN. Bd. 4 1927 u. Supplementbände.

IV. Darstellungen einzelner Tiergruppen.

(s. auch die Fußnoten des speziellen Teils!)

Biologie der Tiere Deutschlands, herausgeg. von P. SCHULZE, im Erscheinen (seit 1922) Berlin.
BRAUN, M. u. SEIFERT: Die tierischen Parasiten des Menschen, ein Handbuch für Studierende und Ärzte. 6. Aufl., Bd. 1. Leipzig 1925; 3. Aufl., Bd. II. Leipzig 1926.
DACQUÉ, E.: Vergleichende biologische Formenkunde der fossilen niederen Tiere. Berlin 1921.
EYFERTH-SCHOENICHEN, Einfachste Lebensformen des Tier- und Pflanzenreiches. 2 Bde. 5. Aufl. Berlin 1927.
Handbuch der Entomologie, herausgeg. von CHR. SCHRÖDER. Im Erscheinen. Jena, seit 1912.
NÜSSLIN-RHUMBLER: Forstinsektenkunde. Berlin 1927.
Artikel über die einzelnen Tiergruppen im Handwörterbuch der Naturwissenschaften. 10 Bde. Jena 1912—1915. 2. Aufl. im Erscheinen.

V. Morphologie.

BÜTSCHLI: Vorlesungen über vergleichende Anatomie. 1.—5. Lfg. Berlin 1910—1931.

ELLENBERGER u. BAUM: Handbuch der vergleichenden Anatomie der Haustiere. 17. Aufl. Berlin 1932.

Handbuch der Morphologie der wirbellosen Tiere. 2. bzw. 3. Aufl., begr. von LANG, fortgesetzt von HESCHELER mit zahlreichen Mitarbeitern. Im Erscheinen begriffen.

HEIDER, K.: Entwicklungsgeschichte und Morphologie der Wirbellosen. Leipzig 1928.

JACOBSHAGEN, E.: Allgemeine vergleichende Formenlehre der Tiere. Leipzig 1925.

IHLE, VAN KAMPEN, NIERSTRASS, VERSLUYS: Vergleichende Anatomie der Wirbeltiere. Berlin 1927.

SCHIMKEWITSCH: Lehrbuch der vergleichenden Anatomie der Wirbeltiere. Stuttgart 1921.

VI. Physiologie.

BAYLISS, W. M.: Grundriß der allgemeinen Physiologie. Berlin 1926.

v. BUDDENBROCK, W.: Grundriß der vergleichenden Physiologie. Berlin 1928.

Handbuch der Biochemie, herausgeg. von C. OPPENHEIMER. 9 Bde. Jena 1923—1928 Erg.-Bd. 1930.

Handbuch der normalen und pathologischen Physiologie, herausgeg. von BETHE, v. BERGMANN, EMBDEN, ELLINGER. 18 Bde. Berlin 1925—1932.

Handbuch der vergleichenden Physiologie, herausgeg. von WINTERSTEIN. 4 Bde. Jena 1911—1925.

HERTER: Tierphysiologie. I. Stoffwechsel und Bewegung. II. Reizerscheinungen. (Sammlung Göschen Nr 972 u. 973.) Leipzig 1927, 1928.

HESSE u. DOFLEIN: Tierbau und Tierleben. Bd. 1: Der Tierkörper als selbständiger Organismus. Leipzig 1910. Bd. 2: Das Tier als Glied des Naturganzen. Leipzig 1914.

JORDAN, H. I.: Allgemeine vergleichende Physiologie der Tiere. Leipzig 1929.

Lehrbuch der allgemeinen Physiologie, herausgeg. von E. GELLHORN (mit ASHER, v. BUDDENBROCK, OPPENHEIMER, SPEK). Leipzig 1931.

STEMPELL u. KOCH: Elemente der Tierphysiologie. 2. Aufl. Jena 1923.

STROHL: Die Giftproduktion bei den Tieren. Leipzig 1926.

v. TSCHERMAK: Allgemeine Physiologie. Bd. 1^1. Berlin 1916. Bd. 1^2. Berlin 1924.

VERWORN: Allgemeine Physiologie. 7. Aufl. Jena 1922.

VII. Anleitungen zu praktischem Arbeiten.

HOFMANN, H.: Leitfaden für histologische Untersuchungen an Wirbellosen und Wirbeltieren. Jena 1931.

JORDAN, H. I., unter Mitwirkung von G. CH. HIRSCH: Übungen aus der Vergleichenden Physiologie. Berlin 1927.

KRÜGER, P.: Tierphysiologische Übungen. Berlin 1926.

KÜHN, A.: Anleitung zu tierphysiologischen Grundversuchen. Leipzig 1917.

KÜKENTHAL, W.-E. MATTHES: Leitfaden für das zoologische Praktikum. 10. Aufl. Jena 1931.

NIERSTRASS, H. F. u. G. CH. HIRSCH: Anleitung zu makroskopisch-zoologischen Übungen. I. Wirbellose Tiere. Jena 1922. II. Wirbeltiere. 2. Aufl. Jena 1930.

REICHENOW, E. u. G. WÜLKER: Leitfaden zur Untersuchung der tierischen Parasiten des Menschen und der Haustiere. Leipzig 1929.

RÖSELER, P. u. H. LAMPRECHT: Handbuch für biologische Übungen. Berlin 1914.

STEMPELL, W.: Leitfaden für das mikroskopisch-zoologische Praktikum. 3. Aufl. Jena 1925.

VIII. Bestimmungsbücher.

BROHMER (und zahlreiche Mitarbeiter): Fauna von Deutschland. 3. Aufl. Leipzig 1925.

BRAUER (und zahlreiche Mitarbeiter): Süßwasserfauna Deutschlands. Im Erscheinen. Jena seit 1909.

Die Tierwelt Deutschlands und der angrenzenden Meeresteile, herausgeg. von Fr. DAHL, im Erscheinen (seit 1925). Jena.

Die Tierwelt der Nord- und Ostsee, herausgeg. von G. GRIMPE und E. WAGLER (mit zahlreichen Mitarbeitern), im Erscheinen. Leipzig.

Die Tierwelt Mitteleuropas, herausgeg. von P. BROHMER, P. EHRMANN, G. ULMER, im Erscheinen seit 1928). Leipzig.

DÖDERLEIN, L.: Bestimmungsbuch für deutsche Land- und Süßwassertiere. München und Berlin: Mollusken und Wirbeltiere 1931. Insekten I. Teil 1932.

Verzeichnis der zoologischen Namen.

Aal (europäischer) 936.
Aal (nordamerikanischer) 326.
Aalmutter 940.
Aasfliege 729.
Aasgeier 1016.
Aaskäfer 733.
Abatus 853.
Abdominalia 607.
Abendpfauenauge 724.
Abida 781.
Ablepharus 977.
Abothrium 502.
Abraliopsis 805.
Abramis 935.
Abraxas 723.
Abyla 449.
Abylopsis 449.
Acalephae 451.
Acalyptera 729.
Acantharia 159, 167, 408.
Acanthia 747.
Acanthias 926.
Acanthis 1022.
Acanthobdella 561.
Acanthobothrium 502.
Acanthocephali 525.
Acanthochiasma 408.
Acanthochites 757.
Acanthocinus 735.
Acanthocystis 406.
Acanthodoris 779.
Acanthodrilus 556.
Acantholophus 661.
Acanthometron 408.
Acanthonchocotyle 490.
Acanthophis 982.
Acanthopsidae 935.
Acanthopterygii 939.
Acarapis. 667
Acarina 663.
Acarus 668.
Accentor 1020.
Accipiter 1016.
Accipitres 1015.
Acentropus 722.
Acephala 783.
Acephalocysten 504.
Acera 777.

Acerentomon 863.
Acerentulus 683.
Acerina 939.
Achaeta 556.
Achatina 781.
Achatinella 781.
Achelia 673.
Acherontia 724.
Acheta 709.
Acholoë 549.
Achtheres 601.
Acidalia 723.
Acilius 733.
Acineta 423.
Acinonyx 1068.
Acipenser 932.
Aciptilia 722.
Acmaea 771.
Acnidosporidia 415.
Acoela 482.
Acomys 1061.
Acontias 977.
Acotylea 484.
Acraeidae 724.
Acrania 100, 118, 227, 874.
Acredula 1021.
Acrida 709.
Acrocephalus 1020.
Acrochordus 981.
Acrocladia 853.
Acrodonten 975.
Acronycta 723.
Acropora 470.
Acroptera 728.
Acrorhynchus 483.
Acrydium 709.
Actaeon 777.
Actinelius 409.
Actinia 469.
Actiniaria 469.
Actinoloba 469.
Actinolophus 406.
Actinometra 846.
Actinomma 409.
Actinomyxidia 415.
Actinophrydia 405.
Actinophrys 38, 55, 68, 405.
Actinopoda 855.
Actinosphaerium 405.
Actinotrocha 808.
Actinula 440.

Aculeata 742.
Adamsia 469.
Addax 1081.
Adeciduata 1044.
Adela 722.
Adelea 413.
Adephaga 732.
Adlerrochen 927.
Admetus 651.
Admiral 724.
Aëdes 727.
Aëdon 1020.
Aega 636.
Aegeria 722.
Aegina 444.
Aegineta 444.
Aeginopsis 444.
Aegithalus 1021.
Aeglea 626.
Aeneasratte 1051.
Aeolidoidea 779.
Aeolis 779.
Aeolosoma 555.
Aeolothrips 713.
Aepyornis 1006.
Aepyornithes 1006.
Aequorea 443.
Aesche 934.
Aeschna 716.
Aeskulapnatter 981.
Aetheria 792.
Aëtomorphae 1016.
Affen 1086.
Afterfrühlingsfliegen 714.
Afterskorpione 659.
Afterraupen 741.
Afterspinnen 660.
Agama 976.
Agalma 450.
Agalmopsis 450.
Agelastica 736.
Agelena 657.
Ageniaspis 742.
Aggregata 56, 68, 413.
Aglaophenia 443.
Aglaura 444.
Aglia 723.
Aglossa 722.
Aglossa (Frösche) 955.
Aglyphodonten 979.
Agouti 1061.

Agrilus 734.
Agriolimax 781.
Agrion 716.
Agriotes 734.
Agroeca 657.
Agrotis 723.
Aguti 1061.
Ai 1063.
Ailanthusspinner 723.
Ailurus 1067.
Aiptasia 469.
Alactaga 1060.
Alauda 1021.
Alaurina 482.
Alausa 934.
Albatros 1014.
Albertia 508.
Albunea 626.
Alburnus 935.
Alca 1014.
Alce 1081.
Alcedo 1018.
Alcelaphus 1081.
Alces 1081.
Alciopa 550.
Alcippe 607.
Alcyonaria 467.
Alcyonella 813.
Alcyonidium 814.
Alcyonium 467.
Alepas 606.
Aleurodes 749.
Algiroides 977.
Alima 612.
Alken 1014.
Allantonema 519.
Alligator 974.
Allocreadium 493.
Alloeocoela 483.
Allolobophora 556.
Allotheria 1046.
Alma 556.
Alona 587.
Alopex 1066.
Alopias 926.
Alouatta 1088.
Alpaka 1080.
Alpendohle 1021.
Alpenflüevogel 1020.
Alpenlerche 1021.
Alpenmolch 954.
Alpenpfeifhase 1059.
Alpensalamander 953.